Lexikon der Zahnmedizin

Hoffmann-Axthelm

Lexikon der Zahnmedizin

6. (11.), neu bearbeitete und erweiterte Auflage

Quintessenz Verlags-GmbH
Berlin · Chicago · London · São Paulo · Tokio
Moskau · Prag · Warschau · Sofia

Die Deutsche Bibliothek – CIP-Einheitsaufnahme

Lexikon der Zahnmedizin / von Walter Hoffmann-Axthelm.
Unter Mitarb. von Ulrich Berger ... - 6., völlig neubearb. Aufl.
- Berlin; Chicago; London; São Paulo; Tokio; Quintessenz-
Verl.-GmbH, 1995
(Quintessenz-Bibliothek)
ISBN 3-87652-609-4
NE: Hoffmann-Axthelm, Walter

Medizin und Zahnmedizin als Wissenschaften sind ständig im Fluß. Experimentelle und klinische Forschung erweitern permanent unsere Kenntnisse, speziell hinsichtlich der operativen und medikamentösen Therapie. Autoren und Verlag haben größte Mühe darauf verwandt, daß alle Angaben genau dem Wissensstand bei Fertigung des Buches entsprechen. Dennoch ist jeder Benutzer aufgefordert, die Beipackzettel der verschiedenen Präparate zu prüfen, um in eigener Verantwortung festzustellen, ob die Empfehlungen der Firmen hinsichtlich der Dosierung oder Beachtung von Kontraindikationen sowie Arzneimittelneben- und -wechselwirkungen von den Angaben und Vorschriften dieses Buches abweichen. Jegliche Anwendung von Arzneien, Materialien, Präparaten und Behandlungsmethoden erfolgt in eigenverantwortlicher Tätigkeit des jeweiligen Arztes oder Zahnarztes.

In diesem Buch sind die geschützten Warennamen (Warenzeichen) nicht unbedingt besonders kenntlich gemacht worden. Aus dem Fehlen eines Hinweises kann nicht geschlossen werden, daß es sich um freie Warennamen handelt.

quintessenz bibliothek

Satz: Grafisches Atelier Michael Gradias Wolfenbüttel
Druck und Einband: Ebner Ulm
Printed in Germany

ISBN 3-87652-609-4

Vorwort zur 6. (11.) Auflage

37 Jahre nach seiner Erstausgabe liegt der „Hoffmann-Axthelm" nun in einer völlig neu bearbeiteten und stark erweiterten Auflage vor. Anders als bei den früheren Ausgaben hat der Begründer und langjährige Herausgeber des Nachschlagewerkes, Herr Professor Dr. Dr. *Walter Hoffmann-Axthelm*, aus Altersgründen darauf verzichtet, die Überarbeitung selbst zu leiten. Ihm gebührt das große Verdienst, das Lexikon zu einem Standardwerk in der deutschsprachigen Zahnmedizin gemacht zu haben. Durch seinen unermüdlichen Einsatz und die Auswahl kompetenter Mitarbeiter wurde das Werk schon bald nach dem ersten Erscheinen zu einer unverzichtbaren Orientierungshilfe für Benutzer im gesamten Dentalbereich und erzielte bis heute eine Auflagenhöhe wie kein anderes zahnmedizinisches Buch in deutscher Sprache zuvor. Verlag und Redaktion möchten sich an dieser Stelle bei Herrn Professor *Hoffmann-Axthelm* für die fruchtbare Zusammenarbeit der zurückliegenden Jahre bedanken. Sein Name wird untrennbar mit dem „Lexikon der Zahnmedizin" verbunden bleiben.

Unser Dank gilt aber auch dem neu zusammengestellten Team von namhaften Autoren aus Klinik, Praxis und Forschung, die an der Überarbeitung für die vorliegende Ausgabe mitgewirkt haben. Bei der Neuauflage sollte der rasant steigenden Informationsflut und der zunehmenden Spezialisierung im zahnmedizinischen Bereich Rechnung getragen werden. Allgemeinmedizinische Begriffe wurden nur noch dann berücksichtigt, wenn sie einen deutlichen Bezug zur Zahnmedizin aufweisen oder für diese gänzlich unverzichtbar sind. Dadurch war es möglich, unter Beibehaltung eines vertretbaren Gesamtumfangs zahlreiche neue Stichwörter aufzunehmen, die aktuelle Entwicklungen in der modernen Zahnheilkunde widerspiegeln. So wurden z.B. der Implantologie, der Prophylaxe oder der Laserzahnmedizin eigene Fachgebiete eingeräumt. Aber auch Themen wie Praxismanagement, Abrechnung, Rechtsfragen und EDV, die in der zahnärztlichen Praxis eine immer größere Rolle spielen, werden ausführlicher als bisher behandelt.

Neben der inhaltlichen Aktualisierung standen bei der Überarbeitung die formale Aufbereitung der Artikel nach einheitlichen Kriterien und der Ausbau des Verweissystems im Vordergrund. Stets wurde das Ziel verfolgt, das Werk den Bedürfnissen des Ratsuchenden noch besser anzupassen und die Benutzerfreundlichkeit weiter zu erhöhen. Da jedoch kein Lexikon so vollkommen ist, als daß es nicht noch verbessert werden könnte, ergeht wie bei den früheren Auflagen die Bitte, die Redaktion auf zweifellos vorhandene Versäumnisse und Unstimmigkeiten aufmerksam zu machen. Besonders erwünscht sind Angaben zu neuen Stichwörtern, die in der nächsten Auflage berücksichtigt werden sollten.

Quintessenz Verlag
Lexikonredaktion

Übersicht der Fachgebiete und Mitarbeiter

Die Numerierung der Fachgebiete in dieser Aufstellung dient in Verbindung mit den Ziffern am Schluß der Lexikonartikel als Verfassernachweis. Steht am Schluß mehr als eine Fachgebietsnummer, so lagen unterschiedliche Definitionen des Stichwortes aus mehreren Fachgebieten vor, die von der Lexikonredaktion zu einem Artikel zusammengeführt wurden.

1 **Zahnerhaltung** Professor Dr. med. dent. Günther Ahrens, Hamburg.

2 **Kiefer- und Gesichtschirurgie/Anästhesiologie** Professor Dr. med. dent. Wilfried Schilli, Ärztl. Direktor der Abteilung Klinik und Poliklinik für Mund-, Kiefer- und Gesichtschirurgie, Klinik für Zahn-, Mund- und Kieferheilkunde der Albert-Ludwigs-Universität Freiburg.

3 **Fehlbildungen** Professor Dr. med. Dr. med. dent. Ulrich Joos, Direktor der Klinik und Poliklinik für Mund- und Kiefer-Gesichtschirurgie, Zentrum für Zahn-, Mund- und Kieferheilkunde der Universität Münster.

4 **Prothetik/Werkstoffkunde/Funktionsdiagnostik und -therapie** Professor Dr. med. dent. Heiner Weber, Ärztl. Direktor der Poliklinik für Zahnärztliche Prothetik II, Zentrum für Zahn-, Mund- und Kieferheilkunde der Universität Tübingen. Professor Dr. med. dent. Erich Körber, ehem. Ärztl. Direktor der Poliklinik für Zahnärztliche Prothetik I, Zentrum für Zahn-, Mund- und Kieferheilkunde der Universität Tübingen.

5 **Kieferorthopädie** Dr. med. dent. Jörg Steinhardt, Passau.

6 **Parodontologie** Professor Dr. med. dent. Rolf Nolden, Direktor der Poliklinik für Zahnerhaltung und Parodontologie, Zentrum für Zahn-, Mund- und Kieferheilkunde der Universität Bonn. Akad. Rat Priv.-Doz. Dr. med. dent. Matthias Frentzen, Oberarzt der Poliklinik für Zahnerhaltung und Parodontologie, Zentrum für Zahn-, Mund- und Kieferheilkunde der Universität Bonn.

7 **Pharmakologie** Professor Dr. med. Elisabeth Knoll-Köhler, Institut für Pharmakologie, Universitätsklinikum der Freien Universität Berlin.

8 **Hygiene/Mikrobiologie** Professor Dr. rer. nat. Dr. habil. Klaus Bößmann, Wissenschaftlicher Direktor an der Klinik für Zahnerhaltungskunde und Parodontologie, Zentrum Zahn-, Mund- und Kieferheilkunde der Universität Kiel.

9 **Anatomie und Histologie des Kopfes/Allgemeine Anatomie** Professor Dr. med. Pablo Santamaria, Institut für Anatomie der Universität Münster.

10 **Physiologie/Physik** Professor Dr. med. Christoph Weiss, Direktor des Instituts für Physiologie der Medizinischen Universität Lübeck.

11 **Orale Schleimhauterkrankungen** Professor Dr. med. dent. Wilfried Schilli, Ärztl. Direktor der Abteilung Klinik und Poliklinik für Mund-, Kiefer- und Gesichtschirurgie, Klinik für Zahn-, Mund- und Kieferheilkunde der Albert-Ludwigs-Universität Freiburg.

12 **Dermatologie** Professor Dr. med. Günter Stüttgen, Berlin.

13 **Psychologie/Psychosomatik** Professor Dr. phil. Hans Peter Rosemeier, Dipl.-Psychologe, Leiter des Instituts für Medizinische Psychologie der Freien Universität Berlin.

14 **Röntgenologie** Professor Dr. med. dent. Eberhard Sonnabend, ehem. Ärztl. Direktor der Poliklinik für Zahnerhaltung und Parodontologie, Klinik für Zahn-, Mund- und Kieferkrankheiten der Universität München. Priv.-Doz. Dr. med. dent. Christoph Benz, Oberarzt an der Poliklinik für Zahnerhaltung und Parodontologie, Klinik für Zahn-, Mund- und Kieferkrankheiten der Universität München.

15 **Prophylaxe/Epidemiologie** Professor Dr. med. dent. Klaus Pieper, Leiter des Funktionsbereichs Kinderzahnheilkunde und Jugendzahnpflege, Abteilung für Zahnerhaltung, Medizinisches Zentrum für Zahn-, Mund- und Kieferheilkunde der Philipps-Universität Marburg.

16 **Notfallmedizin** Priv.-Doz. Dr. med. Dr. med. dent. Markus D. W. Lipp, Oberarzt der Klinik für Anästhesiologie, Klinikum der Johannes-Gutenberg-Universität Mainz; Leitender Notarzt der Stadt Mainz.

17 **Fotografie** Dr. med. dent. Wolfgang Bengel, Bensheim.

18 **Implantologie** Professor Dr. med. Dr. med. dent. Volker Strunz, Arzt für Mund-, Kiefer-Gesichtschirurgie, Berlin. Dr. med. dent. Maria E. Galandi, Zahnärztin, Hamburg.

19 **HNO-Krankheiten** Professor Dr. med. Hans R. Nitze, Chefarzt der HNO-Klinik im Krankenhaus Neukölln, Berlin.

20 **Allgemeinmedizin** Professor Dr. med. Fritz Gramlich, Berlin.

21 **Ergonomie/Praxismanagement** Dr. med. dent. Karlheinz Kimmel, Koblenz.

22 **Embryologie des Kopfes** Priv.-Doz. Dr. med. Bernd Zimmermann, Institut für Anatomie der Freien Universität Berlin.

23 **Biochemie/Chemie** Professor Dr. med. Dr. rer. nat. Walter Knöchel, Leiter der Abteilung Biochemie, Fakultät für Theoretische Medizin der Universität Ulm.

24 **Rechtsfragen/Standesbegriffe** Dr. jur. Susanne Tiemann, Köln.

25 **Abrechnung** Dr. med. dent. Winfried Klaas, Herrenberg.

26 **Medizinische Informatik und Statistik** Dr. rer. pol. Rolf Engelbrecht, Institut für Medizinische Informatik und Systemforschung, Neuherberg.

27 **Alterszahnheilkunde** Dr. med. dent. Klaus-Peter Wefers, Abteilung Zahnärztliche Prothetik, Zentrum für Zahn-, Mund- und Kieferheilkunde am Klinikum der Justus-Liebig-Universität Gießen.

28 **Forensische Zahnheilkunde/Odonto-Stomatologie** Professor Dr. med. dent. Werner Hahn, Kiel.

29 **Kinderzahnheilkunde** Dr. med. dent. Riitta Rosendahl, Akad. Oberrätin, Oberärztin der Poliklinik für Zahnerhaltung, Zentrum für Zahn-, Mund- und Kieferheilkunde der Universität Tübingen.

30 **Anatomie der Zähne und des Parodonts** Professor em. Dr. med. Dr. med. dent. Gert-Horst Schumacher, Institut für Anatomie der Universität Rostock.

31 **Laser in der Zahnmedizin** Priv.-Doz. Dr. med. dent. Heinz van Benthem, Gemeinsame Einrichtung Experimentelle Zahnheilkunde, Zentrum für Zahn-, Mund- und Kieferheilkunde der Universität Münster.

32 **Allgemeine Pathologie** Professor Dr. med. Herwart F. Otto, Direktor des Pathologischen Instituts der Universität Heidelberg. Dr. med. Andrea Whalley, Wissenschaftliche Assistentin am Pathologischen Institut der Universität Heidelberg.

33 **Psychiatrie/Neurologie** Dr. med. Dr. phil. Rolf Saupe, Dipl.-Psychologe, Leiter der Abteilung für Psychiatrie, Krankenhaus Stade.

34 **Allgemeines** Lexikonredaktion

Lexikonredaktion Dr. Heinz Hoyer, Hamburg, unter Mitarbeit von Priv.-Doz. Dr. Michael J. Noack, Berlin, und Priv.-Doz. Dr. Hannes C. Wachtel, München.

Lektorat Dr. Wolfgang Hink, Berlin. Thomas Ludewig, Wiesbaden.

Redaktionelle Koordination Diedrich Meenen, Berlin.

Hinweise zur Benutzung

Die Reihenfolge der Stichwörter richtet sich ohne Berücksichtigung von Leerzeichen, Kommata oder Bindestrichen streng alphabetisch nach der Schreibweise. Die Umlaute ä, ö, ü werden wie a, o, u, der Buchstabe ß wird wie ss eingeordnet. Die Schreibungen ae, oe und ue stehen nach ad, od bzw. ud. Buchstaben mit Akzent- oder anderen Sonderzeichen (z.B. à, å, ç, ë) werden wie solche ohne Zeichen eingeordnet.

Die in der ursprünglichen lateinischen oder griechisch-lateinischen Schreibweise erscheinenden Fachausdrücke werden mit ae und oe bzw. mit c geschrieben, ihre eingedeutschten Formen mit Umlaut bzw. k oder z. Die Schreibweise chemischer Fachausdrücke richtet sich in der Regel nach dem klinischen Gebrauch. Findet sich ein Begriff nicht in seiner eingedeutschten Schreibweise mit k oder z bzw. mit Umlaut, so ist stets unter c bzw. ae und oe nachzuschlagen und umgekehrt.

Schwierige Wortfugen und Zusammensetzungen sind mit einem Fugenzeichen (|) versehen. Diese Fugenzeichen dienen dem Verständnis der Terminologie und geben Hinweise auf die Silbentrennung.

Bei Stichwörtern, die aus Personennamen und Substantiven zusammengesetzt sind, stehen die biographischen Angaben in Klammern hinter dem Stichwort. Es werden folgende Daten angegeben: Vorname(n), Anfangsbuchstabe des Familiennamens, Fachrichtung(en), Hauptwirkungsort(e), Geburts- und ggf. Todesjahr.

Stichwörter am Anfang der Artikel sind fett gedruckt. Innerhalb der Artikel sind Buchstaben bei der Auflösung von Abkürzungen sowie Ziffern zur Kenntlichmachung von unterschiedlichen Bedeutungen eines Stichwortes fett gedruckt. Gesperrte Schrift wird bei unterschiedlichen Bedeutungen eines Stichwortes in verschiedenen Fachgebieten zur Hervorhebung der vorangestellten Gebietsbezeichnungen verwendet. Personennamen sind außerhalb der biographischen Angaben kursiv gesetzt.

Ein Verweis (→) dient zum Auffinden des Stichwortes, unter dem ein Sachverhalt erläutert wird. Er kann innerhalb eines Textes aber auch auf einen Artikel deuten, der einen Aspekt genauer beleuchtet. Mit der Abkürzung vgl. (vergleiche) wird in der Regel am Ende eines Artikels auf weiterführende Artikel aufmerksam gemacht.

Sofern zu einer Abbildung eine Quellenangabe vorhanden ist, wird dies durch eine in eckigen Klammern rechts unter der Abbildung stehende Zahl kenntlich gemacht. Die zugehörige Quellenangabe findet sich unter dieser Nummer in einem Quellenverzeichnis im Anhang des Lexikons.

Abkürzungsverzeichnis

Hier vermißte Abkürzungen finden sich als Stichwörter im Textteil. Bei Adjektiven werden die Endungen -isch und -ich abgekürzt. Stichwörter werden in ihren Artikeln mit dem Anfangsbuchstaben abgekürzt, wobei flexionsbedingte Endungen angegeben sind.

A.	Arteria
Aa.	Arteriae
Abb.	Abbildung
Abk.	Abkürzung
Adj.	Adjektiv
adj.	adjektivisch
Adv.	Adverb
adv.	adverbial
ahd.	althochdeutsch
allg.	allgemein
altengl.	altenglisch
amerik.	amerikanisch
Anästh.	Anästhesiologie, Anästhesiologe
anästh.	anästhesiologisch
Anat.	Anatomie, Anatom
anat.	anatomisch
ant.	anterior
Anthrop.	Anthropologie, Anthropologe
anthrop.	anthropologisch
arab.	arabisch
Bakt.	Bakteriologie, Bakteriologe
bakt.	bakteriologisch
bes.	besonders
betr.	betrifft, betreffen, betreffend
Bez.	Bezeichnung
bzw.	beziehungsweise
ca.	circa
Chem.	Chemie, Chemiker
chem.	chemisch
Chir.	Chirurgie, Chirurg
chir.	chirurgisch
DD	Differentialdiagnose
dd	differentialdiagnostisch
Dermat.	Dermatologie, Dermatologe
dermat.	dermatologisch
d. h.	das heißt
Dim.	Diminutivum (Verkleinerungswort)
einschl.	einschließlich
Embryol.	Embryologie, Embryologe
embryol.	embryologisch
engl.	englisch
entspr.	entsprechend, entspricht
evtl.	eventuell
f	Femininum (weibliches Substantiv)
frz.	französisch
Gen.	Genitiv
ggf.	gegebenenfalls
Ggs.	Gegensatz
gr.	griechisch
Gyn.	Gynäkologie, Gynäkologe
gyn.	gynäkologisch
h	hora (Stunde)
Histol.	Histologie, Histologe
histol.	histologisch
HNO	Hals-Nasen-Ohren-
Hyg.	Hygiene, Hygieniker
hyg.	hygienisch
i. a.	im allgemeinen
IANC	International Anatomical Nomenclature Comittee
i. d. R.	in der Regel
i. e. S.	im engeren Sinne
insbes.	insbesondere
insges.	insgesamt
Int.	Internist
int.	internistisch

ital.	italienisch
i. w. S.	im weiteren Sinne
KG	Körpergewicht
Kieferchir.	Kieferchirurgie, Kieferchirurg
kieferchir.	kieferchirurgisch
Kieferorth.	Kieferorthopädie, Kieferorthopäde
kieferorth.	kieferorthopädisch
Kurzw.	Kurzwort
lat.	lateinisch
Lit.	Literatur, Schrifttum
lt.	laut
m	Maskulinum (männliches Substantiv)
M.	Musculus
max.	maximal
Med.	Medizin, Mediziner
med.	medizinisch
mhd.	mittelhochdeutsch
Mill.	Millionen
min	Minute
mind.	mindestens
mlat.	mittellateinisch
Mm.	Musculi
n	Neutrum (sächliches Substantiv)
N.	Nervus
niederl.	niederländisch
Nn.	Nervi
Neurol.	Neurologie, Neurologe
neurol.	neurologisch
o. a.	oder anderes
o. ä.	oder ähnliches
OK	Oberkiefer
Ophth.	Ophthalmologie, Ophthalmologe
ophth.	ophthalmologisch
Orthod.	Orthodontie, Orthodont
orthod.	orthodontisch
Otol.	Otologie, Otologe
otol.	otologisch
Päd.	Pädiatrie, Pädiater
päd.	pädiatrisch
Parodontol.	Parodontologie
Pathol	Pathologie, Pathologe
pathol.	pathologisch
Pharm.	Pharmakologie, Pharmakologe
pharm.	pharmakologisch
Phys.	Physik, Physiker
physik.	physikalisch
Physiol.	Physiologie, Physiologe
physiol.	physiologisch
pl	Plural (Mehrzahl)
PNA	Pariser Nomina Anatomica
Präp.	Präparat
Proth.	(zahnärztliche) Prothetik, Prothetiker
proth.	prothetisch
Psychol.	Psychologie, Psychologe
psychol.	psychologisch
®	registriertes Warenzeichen
R.	Ramus
Radiol.	Radiologie, Radiologe
radiol.	radiologisch
Rö.	Röntgen-, Röntgenologie, Röntgenologe
rö.	röntgenologisch
Rr.	Rami
s	Sekunde
sing	Singular (Einzahl)
s. o.	siehe oben
sog.	sogenannt
spez.	speziell
s. u.	siehe unten
Subst.	Substantiv
subst.	substantivisch
Syn.	Synonym
Tab.	Tabelle
u. a.	unter anderem, und anderes
u. ä.	und ähnliches
UK	Unterkiefer
usw.	und so weiter
u. U.	unter Umständen
V.	Vena
v. a.	vor allem
Verb.	Verbum
verb.	verbal
versch.	verschieden
Vet.	Veterinär (Tierarzt)
vgl.	vergleiche
Vit.	Vitamin
Vv.	Venae
Za.	Zahnarzt
zahnmed.	zahnmedizinisch
z. B.	zum Beispiel
Zhk.	Zahnheilkunde
ZMK	Zahn-, Mund- und Kiefer-
ZNS	Zentralnervensystem
Zool.	Zoologie, Zoologe
zool.	zoologisch
z. T.	zum Teil
zw.	zwischen
z. Z.	zur Zeit

A

A.: Abk. für → Arteria. 9

Aa.: Abk. für Arteriae, → Arteria. 9

AAM: Abk. für **a**ngeborener **a**uslösender **M**echanismus; arttypische Reizkonfiguration (z.B. Kindchenschema), in der Schlüsselreize stereotypes Verhalten beim Kommunikationspartner veranlassen (z.B. Pflegeverhalten). Solche Reaktionen können auch durch Attrappen ausgelöst werden (besonders wirkungsvoll durch überproportionale Auslöser, beispielsweise Puppengesicht). Vgl. Aggression, Tötungshemmung. 13

AAR: Abk. für → **A**ntigen-**A**ntikörper-**R**eaktion. 8

a|bakteriell: ohne Bakterien. 8

Abbau: in der Chemie die Umgestaltung komplizierter Verbindungen zu einfacheren, z.B. durch Abspaltung von Atomgruppen. Von besonderer Bedeutung für die Aufklärung der Konstitution chemischer Verbindungen. 23

Abbau von Organen: → Atrophie, → Involution. A. des Knochens: → Rarefikation. A. der Alveolen: → Höhenabbau, → Seitenabbau. A. der Kiefer: → Greisenkiefer. 2

Abbé-Neuber-Lippen|plastik (Robert A., Chir., New York, *1851, † 1928; Gustav N., ungar. Chirurg, *1850, † 1932): operative Vergrößerung der Oberlippe auf Kosten der Unterlippe. Die Oberlippe wird in der Mitte gespalten. Gegenüber wird aus der vollen Dicke der das Material spendenden Unterlippe ein seitlich am Lippenrot gestielter dreiecksförmiger Lappen herausgeschnitten (Abb. a), um 180° um den Stiel geschwenkt und in der geschaffenen Lippenspalte mit Schichtnähten fixiert, wobei besonders auf die Lippenrot-Lippenweiß-Grenze zu achten ist (Abb. b). Flüssige Ernährung erst mit Nasensonde, dann oral durch Saugrohr. Stieldurchtrennung und Einnähung des Lappenrestes nicht vor drei Wochen. Meist ist nach völliger Heilung noch eine Nachkorrektur erforderlich. 2

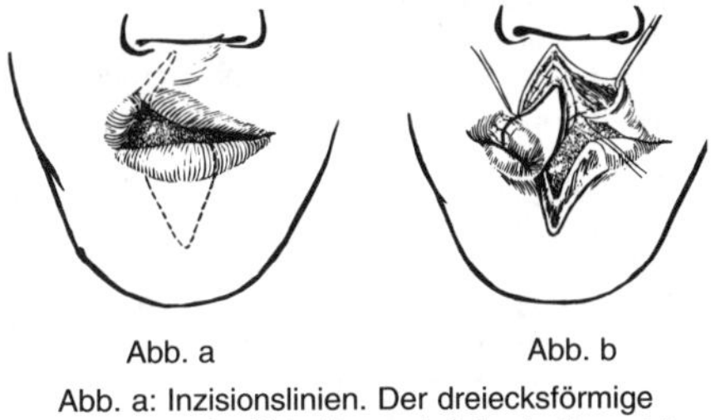

Abb. a Abb. b

Abb. a: Inzisionslinien. Der dreiecksförmige Lappen aus der Unterlippe wird durch die rechte Arteria labialis inferior ernährt.
Abb. b: Der Lappen wird nach oben in den Defekt rotiert und dort eingenäht. Der Stiel mit dem ernährenden Gefäß wird nach 15 Tagen durchtrennt. [52]

Abbildungs|maß|stab: Größenverhältnis zwischen fotografischer Bildgröße und Objektgröße.

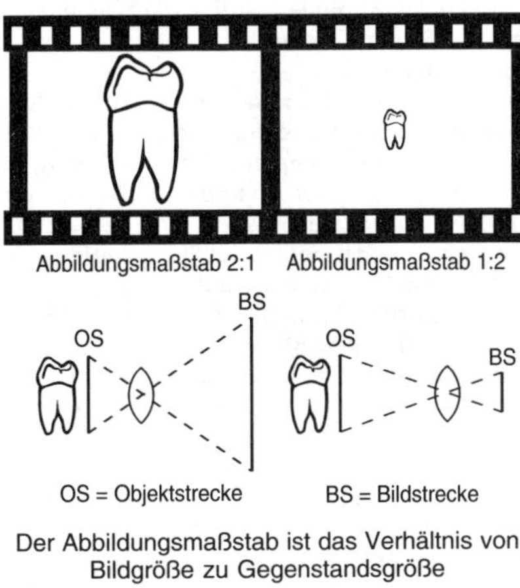

Der Abbildungsmaßstab ist das Verhältnis von Bildgröße zu Gegenstandsgröße [1]

Wird als Bruch oder als Vergrößerungsfaktor angegeben. Eine Aufnahme im A. von 1:5 gibt das Objekt in 1/5 der natürlichen Größe wieder oder in 0,2facher Vergrößerung (Abb.). Der A. kann berechnet werden, indem man die → Auszugsverlängerung durch die → Brennweite des Objektivs dividiert oder indem man eine Millimeterskala in die Schärfenebene legt und die abgelesene Strecke zum Filmformat ins Verhältnis setzt. In der → Dentalfotografie sind A.e von etwa 1:1, besser 2:1 erforderlich. Größere A.e lassen sich erreichen mit → Nahlinse, → Makroobjektiv, → Telekonverter bzw. → Makrokonverter, → Balgengerät, → Zwischenringen oder Umkehrring. [17]

Abbinde|expansion f: Ausdehnung (Volumenzunahme) beim Übergang aus einer plastischen in eine feste Phase, z.B. bei → Gips zwischen 0,05 und 1,0% linear. [4]

Abbinde|kontraktion f: Volumenverminderung beim Erhärten, z.B. bei → Elastomeren zwischen 0,04 und 0,7% linear. [4]

Abbinden: das Festwerden, d.h. der Übergang vom flüssigen über pastenartigen in den festen Zustand von Mitteln durch chem. und/oder physikal. Prozesse, speziell die Versteifung und Erhärtung von angemischten Gipsen, Zementen und Abformmassen. Durch Zusätze und Maßnahmen läßt sich die Abbindung verzögern und beschleunigen, letzteres z.B. durch NaCl-Zusatz zu gipshaltigen Präparaten, Verändern der vorgeschriebenen Anmischverhältnisse und vorheriges Temperieren der Ausgangskomponente. Letztere Maßnahme hat die geringsten Änderungen der Eigenschaften der erhärteten Masse zur Folge. Während des Abbindens sollen die Massen nicht mehr verformt werden. - In der Chirurgie → Unterbindung. [4]

Abbindung: Ultima ratio der → Blutstillung: Mit einer → Blutdruckmanschette oder einem Tuch kann eine komplette Unterbrechung der Blutversorgung einer Extremität erreicht werden. Risiken: lokale Gewebs- und Nervenschädigungen, → Hypoxie der Extremität. Vgl. Druckverband, Wundverband. [16]

Abbot-Füllung (Frank A., Za., Berlin, *1836, † 1857): → Zinngoldfüllung. [1]

Abbot-Hammer: mechanischer Hammer zum Kondensieren von → Goldklopffüllungen. [1]

ABC der Wiederbelebung: Atemwege freimachen (Zunge, Zahnersatz), Rückbeugung des Kopfes. Beatmung Mund zu Nase, Mund zu Mund, besser mit Maske oder Endotrachealtubus und Atembeutel (12-16/min), → Mund-zu-Mund-Beatmung. Compressio des Herzens durch Eindrücken des unteren Sternumdrittels um 3-5 cm ca. 60mal/min, → Herzmassage. Drogen, z.B. 1 mg Adrenalin i.v., 250 ml 8,4%ige Natriumbikarbonatlösung i.v. [2]

ABDA-PHARMA f: Datenbank (→ Datenbanken), basierend auf den Arzneimitteldaten der ABDA (Arbeitsgemeinschaft deutscher Apothekerverbände/Frankfurt), die diese Daten für den Apothekenbetrieb erstellt und pflegt. Sie unterteilen sich in ABDA-FAM (Fertigarzneimittel, einschl. aller Packungsgrößen und Preise, ca. 111.000 Einträge), ABDA-STOFFE (Wirkstoffe der Arzneimittel, ca. 19.000 Einträge) und ABDA-INTER (Wechselwirkungen auf Wirkstoffgruppenebene, ca. 500 Einträge). Die Datenbank wird vom → DIMDI und Daig & Lauer angeboten. Das → ZI vertreibt sie an Ärzte im Rahmen des Systems AMIS. [26]

Abdingung: Vertrag zwischen Zahnarzt und Patient zur Vereinbarung einer Vergütung, die von der amtlichen → Gebührenordnung für Zahnärzte abweicht, bzw. von Leistungen, die über die von der gesetzlichen → Krankenversicherung getragene Versorgung hinausgehen. Rechtsgrundlage sind § 30 Abs. 4 SGB V sowie der → Bundesmantelvertrag (Zahnärzte). Da es sich um einen privatrechtlichen → Vertrag handelt, müssen zur Wirksamkeit der A. alle für einen Vertragsabschluß erforderlichen Voraussetzungen gegeben sein. [24]

Ab|domen (lat.) n: Körperhöhle zwischen Bekkenboden, Lendenwirbel, Bauchwandmuskeln und → Zwerchfell. Im A. befindet sich der größte Teil der Verdauungs-, Harn- und Fortpflanzungsorgane. [9]

ab|dominal: zum Bauch gehörig. [9]

Abdruck: Methode zur → Abformung des bezahnten oder unbezahnten Ober- bzw. Unterkiefers mit dem Ziel der Herstellung eines entsprechenden Modells. [4]

Abdruck, anatomischer: → Situationsabdruck. [4]

Abdruck, bio|dynamischer: → Funktionsabdruck. [4]

Abdruck|masse: → Abformmaterialien. [4]

Abdruck|pfosten: systemspezifisches Hilfsteil in verschiedenen → Implantatsystemen. Der A. wird in das Implantat geschraubt oder aufgesetzt und dient der exakten Übertragung der Implantatposition auf das Arbeitsmodell zur Herstellung der → Suprastruktur mit der Abformung. [18]

ab|ducens (lat.): wegführend (von der Körpermitte), z.B. Nervus abducens (→ Hirnnerven). [9]

Ab|duktoren (lat.) m pl: gemeinsamer Name für diejenigen Muskeln, die bei der Bewegung eines Gliedes von der Mittellinie des Körpers bzw. von der Achse einer (der) Gliedmaße(n) fort in Tätigkeit treten. [9]

Ab|duzens|lähmung: Lähmung des N. abducens, meist nach → Diphtherie, bei tertiärer Syphilis, → Encephalomyelitis disseminata oder → *Gradenigo*-Syndrom. Vgl. abducens. [20]

Abell-Zange: orthod. Drahtbiegezange mit kugelförmigen, konvex und konkav ineinanderpassenden Greifflächen (Abb.). 5

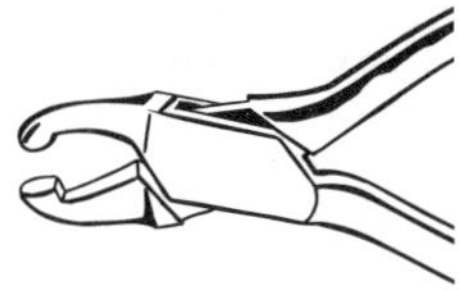

Ab|erration f: fehlerhafte Lage oder Anlage eines Organs, auch Keimversprengung, → Ektopie oder → Heterotopie, z.B. von Zahnkeimen. Im Gegensatz zur → Dystopie und zur → Retention handelt es sich bei der A. um ein weitgehendes Abirren des Zahnes von seinem normalen Platz. 5

Abform|gips: Abdruckgips; Gipsprodukt, dessen Eigenschaften (z.B. Fließvermögen) für Zwecke der Abformung optimiert sind. Zusammensetzung: ca. 95% Alabastergips, außerdem Bolus rubra (zur Farbgebung und Bruchschärfe), Talkum (scharfe Bruchkanten), Abbindebeschleuniger, z.B. K_2SO_4, Pfefferminzöl und andere geschmacksverbessernde Stoffe. Die Abbindeexpansion (ca. 0,1%) trägt zur guten Abbildungsgenauigkeit bei; vgl. Gips. 4

Abform|löffel, Abdruck|löffel: Träger der Abformmaterialien bei der Herstellung des Abdrucks. Konfektionierte Löffel gibt es in verschiedenen Formen und Größen, der Kieferform angepaßt für total-, partiellbezahnte und zahnlose Kiefer, z.B. nach *Ehricke* (→ *Ehricke*-Löffel). Bei der Anwendung von Alginatmassen eignen sich zur besseren Fixierung der Massen perforierte Löffel. Zu den halbindividuellen Löffeln rechnet man jene von *Schreinemakers* (→ *Schreinemakers*-Methode). Nach einem Situationsmodell individuell hergestellte A. aus Kunststoff oder Metall werden für den → Funktionsabdruck bevorzugt. Für die gleichzeitige Abformung von Ober- und Unterkiefer mit kombinierter Bißlagebestimmung können zusammensetzbare A., z.B. *Ivotrey*-Mundabformgerät, verwendet werden. Die genannten Löffel können in ihrer Lage zueinander den individuellen Verhältnissen im Mund angepaßt werden. Diese Methode bringt in vielen Fällen eine Vereinfachung bei der Anfertigung von → Funktionsabdrücken und bei der Bißnahme; vgl. individueller Löffel. 4

Abform|massen: → Abformmaterialien. 4

Abform|materialien n pl: Abdruckmassen zur Abformung der Zähne und Kiefer. Starr irreversibel: → Abformgips, Zinkoxid-Eugenol-Pasten, Kunststoffabformpasten (Akryl-Polymer). Starr reversibel: thermoplastische Kompositionsmassen (→ *Stent*-Masse, *Kerr*-Masse, ab 55-60° plastisch). Bestandteile sind Harze (Kopal, Kolophonium, Schellack), Wachse (Stearin, Paraffin), Guttapercha, Talkum, Farbstoffe. - Adheseal® aus Wachsen und Harzen hat eine besonders niedrige Verarbeitungstemperatur. Elastisch reversibel: Hydrokolloide aus → Agar-Agar (70% Wasser). Verfestigung bei ungefähr 40°. Muß zur Verflüssigung zunächst gekocht werden. Elastisch irreversibel: → Alginate aus Braunalgen, werden mit Wasser angerührt. → Silikone, gummielastische, makromolekuläre Verbindung der Silikongruppe. → Elastomere, → Polysulfid-Kautschuk, → Polyäther-Gummimassen. Akzelerator in Pastenform. Ausschlaggebend für die Qualität der A. sind Verarbeitungszeit, Abformschärfe (Wiedergabepräzision), Fließverhalten, Volumenbeständigkeit und Gewebeverträglichkeit. 4

Abform|methode, muko|dynamische f: im Gegensatz zur mukostatischen Abformmethode (→ Abformmethode, mukostatische), die Abformung des Prothesenlagers während der Funktion mit → Abformmaterialien, die entweder relativ spät abbinden oder thermoplastisch im Mund verformbar sind. Neuerdings wird auch der Ausdruck „myodynamisch" verwendet, da nicht die Schleimhaut, sondern die Muskulatur die Dynamik bewirkt. 4

Abform|methode, muko|statische f: fast drucklose Abformung des Prothesenlagers mit speziellen Abformmassen (Muco-Seal®, Adheseal®), wobei sich materialabhängig spiegelglatte Abformungen ohne detaillierte Reproduktion des Schleimhautreliefs ergeben. Die mit dieser Methode abgeformte Basis liegt in ihrer äußeren Begrenzung zwischen einem maximal ausgedehnten und einem funktionell stark reduzierten Plattenumfang. Vgl. Abformmethode, mukodynam. 4

Abform|methoden f pl: Verfahren zur Herstellung einer Negativform für die Anfertigung von Arbeitsmodellen. Es wird unterschieden zwischen 1. → Kupferringabformungen mit thermoplastischen oder elastischen Massen; 2. Löffelabformungen, einzeitiges Verfahren (→ Doppelmischabdruck, → Einkomponentenabformung, Sandwichabformung); 3. Löffelabformungen, zweizeitiges Verfahren (→ Korrekturabdruck, Futterabformverfahren, Doppelabformverfahren). 4

Abformung: Abdruck; Verfahren zur Abformung der Kiefer, von Kieferteilen und Zähnen. Zur A. werden konfektionierte Metall-Löffel oder individuell angefertigte Kunststoff-Löffel verwendet. Je nachdem, ob man die A. mit einem einzigen Material oder mit zwei unterschiedlich konsistenten Materialien ausführt, unterscheidet man Einphasen- und Zweiphasen-A. Die gewonnene Hohlform wird zur Anfertigung eines möglichst naturgetreuen Arbeitsmodells in der Regel mit Gips ausgegossen. → Situations-, → Funktions-, → Korrektur-, → Doppelmisch-, → Kau-, → Schluckabdruck. Histor.: Abdrucknahme mit in warmem Wasser erweichtem Siegelwachs und Ausgießen mit Gips wurde zuerst 1756 von dem Berliner Hofzahnarzt *Philipp Pfaff* (1713-1766) beschrieben. Die Benutzung von Abformlöffeln empfahl um 1820 *Christophe François Delabarre* (Paris, 1777-1862). Der erste Funktionsabdruck geht auf den Zahnarzt → *Schrott,* Mühlhausen i. Elsaß, (1864) zurück (→ *Schrott*-Abdruckverfahren). Vgl. Abformmethoden. 4

Abkauung: → Abrasion der Kauflächen. 4

Abklatsch|geschwüre: entstehen sekundär z.B. bei → Stomatitis ulcerosa durch Anlagern bereits vorhandener Geschwüre an gegenüberliegende Schleimhautpartien. 2

Abklatsch|krebs: durch unmittelbare Absiedlung entstandene Tumormetastase auf der einem Primärtumor gegenüberliegenden Organwand (z.B. Lippenkarzinom-Zungenspitzenmetastase). 32

Abklatsch|präparat n: **1.** mikroskop. Präparat, das die z.B. auf einer Nährbodenoberfläche oder auf Schleimhäuten vorliegenden Verhältnisse widerspiegelt. Ein Objektträger, Deckgläschen oder Kunststoffplättchen wird auf die Oberfläche der Kultur oder Schleimhaut gedrückt, ohne seitl. Verschiebung wieder entfernt, danach gefärbt und mikroskopisch beurteilt. Beim Abdruck von einer feuchten, unebenen Schleimhautoberfläche kann man nicht immer damit rechnen, daß die Lage der Mikroorganismen im Präparat noch den ursprünglichen Verhältnissen entspricht. Cave Fehldeutungen! **2.** Nährboden in Spezialform, z.B. als → Agarflex-Kultur zum Nachweis von Mikroorganismen auf Flächen. 8

Ab|lation (lat.) f: Ablatio; Abtragung, Ablösung, → Amputation, z.B. Ablatio retinae, Netzhautablösung. 2

Abnahme|prüfung: in §4 der → Röntgenverordnung vorgeschriebene Prüfung eines Röntgengenerators durch einen Sachverständigen vor Inbetriebnahme mit Herstellung der Referenzaufnahme für die Konstanzprüfung. Die A. muß nach Veränderungen, die Strahlenschutz und Bildqualität beeinflussen, mindestens jedoch alle 5 Jahre wiederholt werden. Ausführungsbestimmungen der A. in DIN 6868 Teil 51. Vgl. Qualitätssicherung. 14

ab|oral (lat.): der vom Munde entfernt liegende Teil eines Organes, z.B. des Darmes. 9

ab|ortiv (lat.): unfertig; Bez. für abgekürzt verlaufende Krankheit, die sich eine Zeitlang in gewöhnlicher Weise entwickelt und dann plötzlich in Genesung übergeht. Auch Behandlungsmethoden, die einen solchen Krankheitsverlauf herbeiführen. 20

ab ovo (lat.): vom Ei an; übertragen: von Anfang an. 9

Ab|rasio ad linguam f: natürliche Abrasionsform (→ Abrasion der Kauflächen), die auch zur Gestaltung des Kauflächenprofiles bei künstlichen Zahnreihen (Prothesen, Brücken, Kronen) herangezogen werden kann (→ Attrition, → Schliffflächen, exzentrische). 4

Ab|rasion (lat.) f: Abrasio; allg. der infolge Reibung auftretende Materialverlust aus der Oberfläche fester Körper. Chir.: Bez. für die mit dem sog. „scharfen Löffel“ oder der Kürette vorgenommenen Eingriffe. Vgl. Tribologie. 4

Ab|rasion der Kauflächen f: Abnutzung der Kauflächen durch → Attrition (= Schleifen am

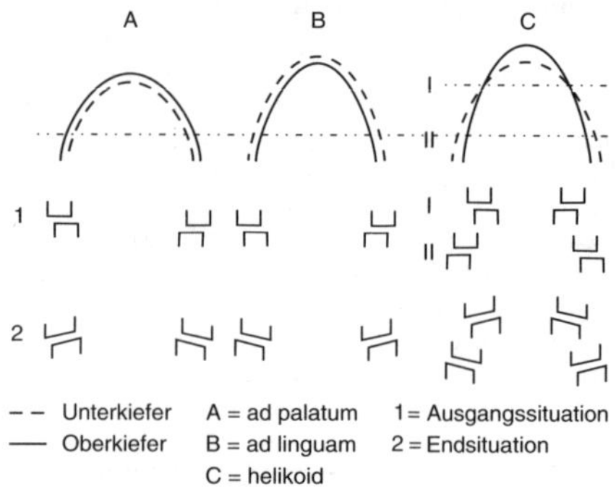

Abrasion der Kauflächen: generalisierte Abrasion [96]

Gegenzahn) oder → Demastikation (= Abnutzung der Zahnkauflächen durch Speisenabrasion; Abkauung). Größere unphysiolog. Abrasionsflächen entstehen häufig bei übermäßiger Beanspruchung (→ Bruxismus, → Parafunktionen). Bei der Attrition entstehen exakt aufeinander passende Abrasionsflächen. Bei Demastikation sind sie abgerundet und zeigen oft keinen Antagonistenkontakt. Durch die interdentale Abrasion wird der Kontaktpunkt zur Kontaktfläche. Bei der generalisierten Kauflächenattrition (Abb.)

treten charakteristische Kauflächenneigungen (Abrasio ad palatum, → Abrasio ad linguam, horizontale und helikoide Abrasionsformen) auf. Die Formen sind abhängig von der Stellung der Zahnreihen des Ober- und Unterkiefers zueinander. Mit Ausnahme der Abrasio ad palatum geeignet als Vorbild für die Gestaltung künstlicher Kauflächen. [4]

Ab|rasion, inter|stitielle f: Abschliff der Zahnkronen an ihrer approximalen Berührung, wobei in der Gebrauchsperiode des Gebisses der → Kontaktpunkt infolge der natürlichen Zahnbeweglichkeit zu einer Kontaktfläche wird. Die

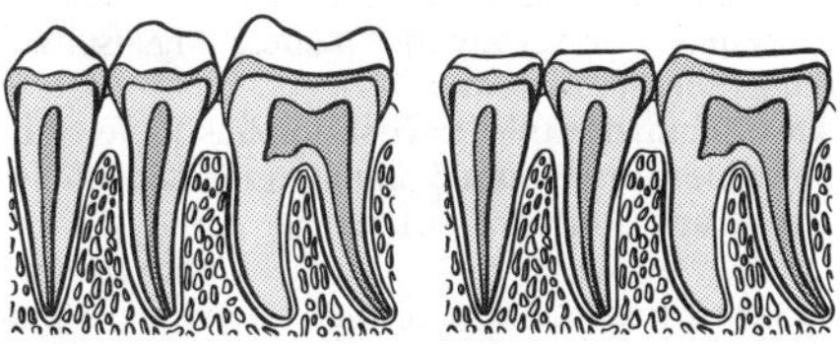

mesiale Kronenseite wird dabei konkav, die distale konvex abradiert. Die Verkürzung des Kronendurchmessers wird durch die mesiale Zahnwanderung aufgehoben (Abb.). [1]

Ab|rasion, ok|klusale f: Abschliff der Zahnkronen an ihrer okklusalen Fläche, bedingt durch Abkauung durch den Antagonisten. Die okklusale Abrasion kann zum Verschwinden des gesamten Schmelzes führen. In ausgeprägten Fällen kann es zur Freilegung der → Pulpa kommen. [1]

Abrechnung: Anforderung des Honorars der an der vertragszahnärztlichen Versorgung teilnehmenden Zahnärzte bei der Kassenzahnärztlichen Vereinigung (KZV) für die entsprechend der vertraglichen Regelungen erbrachten Leistungen mittels eines → Behandlungsausweises (→ Krankenschein, Zahnschein) für konservierende und chirurgische Leistungen oder eines Heil- und Kostenplanes mit → Kostenübernahmeerklärung der Krankenkasse für Zahnersatz, Parodontosebehandlung, kieferorthopädische Leistungen und Verletzungen des Gesichtsschädels.

Die A. erfolgt im vertragszahnärztlichen Bereich nach → Einzelleistungen (sog. Einzelleistungsvergütung, im Gegensatz zur → Kopf- oder Fallpauschale). Die KZVen ermitteln für die einzelnen Krankenkassen die Honorargesamtsummen und stellen eine entsprechende Rechnung, die von der Krankenkasse an die KZV mit befreiender Wirkung bezahlt wird. Diese verteilt nun wiederum an die einzelnen Vertragszahnärzte entsprechend deren Abrechnung.

Die A. wird an Hand der Aufzeichnungen entsprechend den Gebührenregelungen im → Bewertungsmaßstab (Bema) für die Pflichtkassen (früher RVO-) bzw. den Gebührentarifen A bis E bei den → Ersatzkassen durchgeführt. Sie erfolgt in der Regel quartalsweise, bei Verletzungen des Gesichtsschädels monatlich und beim Zahnersatz nach der Eingliederung. Die KZVen legen den Honorarverteilungsmaßstab und nähere Abrechnungsbestimmungen fest. Sie prüfen alle Abrechnungen auf rechnerische und sachliche (gebührenordnungsgemäße) Richtigkeit.

Die paritätisch mit Vertragszahnärzten und Vertretern der Krankenkassen besetzten → Prüfungseinrichtungen führen die → Wirtschaftlichkeitsprüfung durch. Vgl. Abrechnungsbestimmungen. [25]

Abrechnungs|bestimmungen: A. regeln u.a. die äußere Form, die Termine und die rechnerische und sachliche Richtigkeit der → Abrechnung des Vertragszahnarztes. Sie sind in den → Gesamtverträgen, → Honorarverteilungsmaßstäben und in besonderen, von den Organen (Vorstand, Vertreterversammlung der KZVen) festgelegten Vorschriften enthalten. [25]

Abrechnungs|nummer: durch die → Kassenzahnärztlichen Vereinigungen an ihre abrechnenden vertragszahnärztlichen Mitglieder vergebene mehrstellige Zahl, die durch Kodierung Hinweise zur Fachgruppenzugehörigkeit enthalten kann. Die A. dient der Verwaltungsvereinfachung und wird von den Vertragszahnärzten auf ihren → Abrechnungsstempeln geführt. [25]

Abrechnungs|quartal n: Bezeichnung für das Kalenderquartal, in dem bestimmte vertragszahnärztliche Leistungen erbracht wurden. [25]

Abrechnungs|stelle: in der Regel identisch mit der → Kassenzahnärztlichen Vereinigung (KZV) des Bundeslandes oder Regierungsbezirkes. Bei großen KZVen dezentrale Untergliederungen mit beschränkten Aufgabenbereichen (→ Abrechnung, allgemeine Kollegenbetreuung) ohne Rechtspersönlichkeit, sie werden auch als Bezirksstelle, Verwaltungsstelle, Geschäftsstelle bezeichnet. [25]

Abrechnungs|stempel: enthält den Vor- und Zunamen sowie akademische Titel des Vertragszahnarztes, den Niederlassungsort, die → Abrechnungsnummer und kann weitere Zusätze (Straße, Haus- oder Telefonnummer) enthalten. [25]

Abrechnungs|weg: Zahlungsweg; Weg der Vergütung des → Vertragszahnarztes für erbrachte Leistungen. Für den Bereich der konservierenden und chirurgischen Leistungen verläuft der A. von den Krankenkassen über die → Kassenzahnärztlichen Vereinigungen an den Zahnarzt. Bei Zahnersatz und kieferorthopädischen Leistungen ist unter bestimmten Voraussetzungen die „direkte (Teil-)Abrechnung" mit dem Versicherten möglich, der seinen Kassenanteil von seiner Kasse erstattet bekommt („Kostenerstattung"). 25

Ab|ruptio (lat.) f: das Abreißen, Losreißen, Zerbrechen. 2

Absatz|zahn: → Talonzahn. 1

Absaug|anlage: Ausrüstungselement (→ Zahnarzthelferin-Element) zur Entfernung von Spraynebel, Flüssigkeiten und Materialteilchen aus dem Mund des liegenden Patienten (→ Absaugtechnik). Ziel des Absaugens ist die Verbesserung

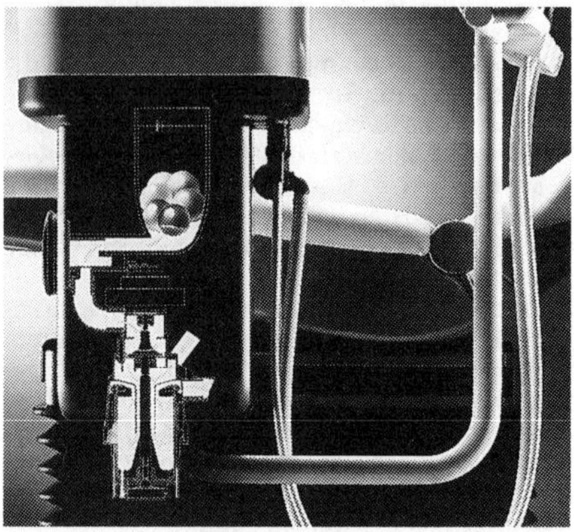

Absauganlage mit Amalgam-Abscheidevorrichtung (Siemens) [94]

von Übersicht, Hygiene und Sauberkeit des Arbeitsfeldes. Als Einzelelement an → Behandlungsplatz oder Zentralanlage installiert. Bei neuen Modellen mit Amalgam-Abscheidevorrichtung kombiniert (Abb.). 21

Absaug|katheter m: möglichst großlumige und flexible Röhre zur Entfernung von flüssigen und festen Gegenständen aus dem Mund- und Rachenraum. Vgl. Absaugpumpe, Aspiration, Fremdkörper. 16

Absaug|pumpe: hand- oder fußbetriebene Apparatur zur Entfernung von Flüssigkeiten und → Fremdkörpern aus dem Mund- und Rachenraum. Anforderungen: Sog >0,3 bar, Volumen des Absaugbehälters >200 ml, Durchmesser des Absaugschlauches >10 mm. Vgl. Absaugkatheter, Aspiration 16

Absaug|technik f: Arbeitsverfahren zum Verbessern der Übersicht und Sauberkeit des Arbeitsfeldes am liegenden Patienten; grundlegende Hygienemaßnahme. Arbeitsmittel: → Absauganlage und Absaugkanüle. Bekannte Verfahren: nach *Schön/Gierl* und *Hilger*. (sog. „Vier-Hand-Technik"). Teil der zahnärztl. Präparationstechnik (→ Präparationstechnik, zahnärztliche). 21

Absaugung: Maßnahme zur Trockenhaltung des Behandlungsbereiches bzw. zur Säuberung einer Operationswunde mit Hilfe von Speichel- oder Sekretsaugern. 1

Ab|scessus (lat.) m: → Abszeß. 2

Abscheidungs|thrombus m: → Thrombus. 20

Abschirm|gerät: kieferorth. Apparatur zur Durchführung einer → Abschirmtherapie. Schädliche muskuläre Einflüsse werden mit dem A. eliminiert. Vgl. Mundvorhofplatte, Zungenschild, Zungengitter, Bionator. 5

Abschirm|therapie f: funktionelle kieferorth. Therapie mittels Druckelimination. Schädliche muskuläre Einflüsse werden bei der A. ausgeschaltet, um eine ungestörte Gebißentwicklung zu ermöglichen. Dazu dienen → Abschirmgeräte. 5

Abschlags|zahlungen: (meist monatliche) Zahlungen der → Kassenzahnärztlichen Vereinigungen (KZVen) an ihre Mitglieder auf die zu erwartende → Abrechnung nach einem durch die Organe (Vorstand, Vertreterversammlung) festgelegten Schlüssel (Honorarverteilungsmaßstab). 25

Ab|sence (frz.) f: Abwesenheitszustand; kurzzeitige epileptische Bewußtseinsstörung, i.d.R. ohne motorische Entäußerungen, u.U. jedoch konjugierte Augenbewegung nach oben. Vgl. Epilepsie. 33

Absiedlung: → Metastase. 2

ab|solut (lat.): in keiner Weise eingeschränkt, schlechthin unbedingt (im Gegensatz zu relativ); auch: von Wasser befreit (z.B. Alkohol). 10

ab|solute Feuchtigkeit: die Wassermenge in Gramm ausgedrückt, die in 1 cbm Luft als Dampf vorhanden ist. 10

ab|solute Maße: in den Einheiten Länge, Masse, Zeit (Zentimeter, Gramm, Sekunde) ausgedrückte Maße. 10

ab|solute Temperatur f: Temperatur, gemessen vom sog. absoluten Nullpunkt (-273,16° C), bei dem der Druck der Gase = 0 angenommen wird. 10

ab|solute Wägung: Reduzierung des Gewichtes auf den leeren Raum. 10

Ab|sorber (lat.) m: bei Narkoseapparaten in den Gasstrom eingeschalteter Behälter mit → Atemkalk (Gemisch von Natrium- und Kalziumhydroxid) zur Bindung des ausgeatmeten Kohlendioxids. 2

Ab|sorption (lat.) f: **1.** Physiol.: Aufnahme von Stoffen aus dem Verdauungskanal in den Körper. Vgl. Resorption. **2.** Phys.: das Eindringen von Gasen durch Diffusion in Flüssigkeiten oder Festkörper (Absorptionsmittel, Absorbens). Vgl. Adsorption. **3.** Phys.: die Dämpfung elektromagnetischer Wellen bei Durchgang durch Medien; sie ist physikalisch als materialspezifischer Absorptionskoeffizient darstellbar (vgl. *Lambert-Beer*-Gesetz). [10, 31]

Abstammungs|lehre: Deszendenztheorie; Fortführung des Darwinismus. Lehre von der Entwicklung der Lebewesen, z.B. des Menschen aus frühmenschlichen und tierischen Arten. [9]

Abstands|quadrat|gesetz: radiol. Regel, nach der die Intensität einer Strahlung umgekehrt proportional dem Quadrat des Abstands von der Strahlenquelle ist. Spezielle Bedeutung bei der Abnahme der Intensität von → Röntgenstrahlen mit zunehmender Entfernung vom → Brennfleck. [14]

absteigend: → descendens. [9]

Abstinenz|erscheinungen: nach Entzug von Morphin oder ähnl. Analgetika auftretende psychische Erregung, Schrei- und Weinkrämpfe, Herzinsuffizienz, Kreislaufregulationsstörungen. [2]

Abstrich: Entnahme von bakteriologischem Untersuchungsmaterial mittels gestielten sterilen Wattetupfers oder Platinöse. [8]

Abstriche: → Honorarberichtigungen. [25]

Abstütz|dorn: Hilfsmittel zur vertikalen Abstützung → aktiver Platten (v.a. im Unterkiefer), auch Drahtelement am → Aktivator. [5]

Abstützung: → Verankerung. [5]

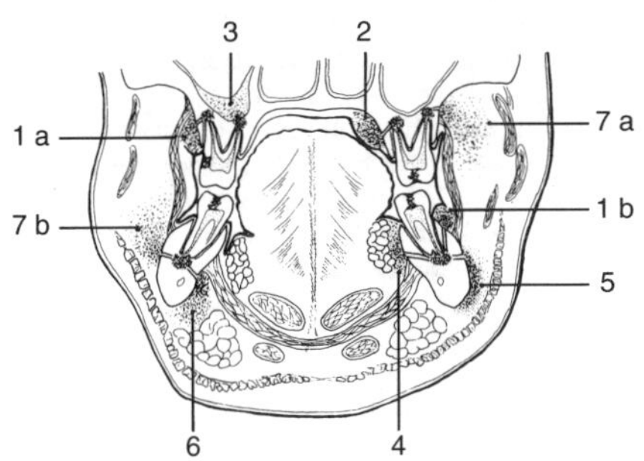

Abszeß
Abszeßformen im Kieferbereich
1 a und 1 b: submuköse Abszesse; 2: palatinaler Abszeß; 3: Kieferhöhlenempyem; 4: sublingualer Abszeß; 5: perimandibulärer Abszeß; 6: submandibulärer Abszeß; 7a und 7 b: Wangenabszesse. [53]

Ab|szeß (lat.) m: abgeschlossene Eiteransammlung innerhalb des Gewebes, die unter dessen Nekrose und eitriger Einschmelzung (Abszeßhöhle) durch krankhafte Vorgänge entstanden ist. Sie umgibt sich im Gegensatz zur → Phlegmone mit einer Abszeßmembran, einem Wall von Granulationsgewebe (Abb.). [2]

Ab|szeß, chronischer m: sehr langsam zunehmende, schmerzlose Eiteransammlung, ohne kollaterales Ödem scharf von der Umgebung abgegrenzt. [2]

Ab|szeß der Spatien m: → Spatium. Vgl. Parodontal-, Kongestions-, Senkungsabszeß. [2]

Ab|szeß, heißer m: akut entstandener A. [2]

Ab|szeß, kalter m: chronisch-tuberkulös entstandener A. Enthält keinen Eiter, sondern eiterartige, käsige Massen; → Skrofuloderm. [2]

Ab|szeß, marginaler m: → Parodontalabszeß. [2]

Ab|szeß, palatinaler m: Gaumenabszeß. Therapie: nur Längsspaltung (wegen Arteria palatina!) und Exzision eines Gewebestreifens, Tamponade. (Abb. → Abszeß). [2]

Ab|szeß, para|tonsillärer m: von den Tonsillen ausgehender A., der meist am weichen Gaumen in Erscheinung tritt. [2]

Ab|szeß, peri|mandibulärer m: A., der den Unterkieferkörper umgibt (Abb. → Abszeß). Leitsymptom: Unterkieferrand nicht tastbar. Therapie: Außenspaltung, Dränage. [2]

Ab|szeß, sub|kutaner m: unter der Haut gelegener A. [2]

Ab|szeß, sub|muköser m: unter der Schleimhaut befindlicher A. (Abb. → Abszeß). [2]

Ab|szeß, sub|peri|ostaler m: Abszeß unter der Knochenhaut. [2]

Abtötungs|zeit: Phase der Betriebszeit eines Autoklaven oder Heißluftsterilisators, während der die Abtötung von Mikroorganismen erfolgt. Sie beginnt am Ende der → Ausgleichszeit. Beträgt (einschl. Sicherheitszuschlag) im herkömmlichen → Autoklav bei 120 °C 20 min, im → Heißluftsterilisator bei 180 °C 30 min. Die A. ist nach dem → DAB der Bundesrepublik mit der „Sterilisierzeit“ identisch, die nach dem DAB der DDR Abtötungs- und Ausgleichszeit umfaßte. [8]

Abwehr|apparat m: die Gesamtheit aller zellulären und → humoralen Abwehrkräfte des Organismus gegenüber Infektionen. [8]

Abwehr|mechanismen m pl: Mechanismen, die das → Ich gegen Triebimpulse schützen. Die Wahrnehmung wird dabei durch Verzerrungen oder Verdrängungen in ihrer Realitätstreue reduziert. Vgl. Projektion, Rationalisierung. [13]

Abwehr|stoffe: → Antikörper. [8]

Acantho- (gr.): → Akantho-. [12]

Acanthosis (gr.) f: → Akanthose. 11

Acanthosis nigricans f: seltene Dermatose, Proliferation der Stachelschicht der Oberhaut. Es handelt sich dabei um dunkle, unscharf begrenzte, fortschreitende, verhornende, papillomatöse Wucherungen in den großen Gelenkbeugen und der Achselhöhle, aber auch an der Zungen-, Lippen- und Wangenschleimhaut. 30% orale Manifestation mit Leuködem und Papillomatose. Von der benignen A.n. bei Jugendlichen wird die maligne A.n. älterer Menschen unterschieden, die häufig mit abdominellen → Adenokarzinomen einhergeht. 11, 12

ac|celerans (lat.): beschleunigend; Bez. für Äste des → Sympathikus, die die Herztätigkeit beschleunigen. Vgl. Reizleitungssystem des Herzens. 20

ac|cessorius (lat.): hinzutretend, akzessorisch. N. accessorius: gebräuchliche Kurzform für N. accessorius vagi, Beinerv des Vagus, der den M. sternocleidomastoideus und den M. trapezius versorgt (→ Hirnnerven). 9

ac|cretus (lat.): angewachsen. 9

Acenocoumarol: (→ Cumarin)-Derivat; Antikoagulans, Vit.-K-Antagonist. 7

Acet- (lat.): → Azet-. 23

Aceto|bacter m: → Essigbakterien. 8

Acetyl|salicyl|säure: Abk. ASS; Salicylsäure-Derivat, → Cyclooxigenase-Inhibitor. ASS wirkt antiaggregat. auf Thrombozyten, analget., antipyret., dosisabhängig antiphlogist., harnsäureretinierend oder urikusor. und hemmend auf die Synthese Vit.-K-abhängiger Gerinnungsfaktoren. Neben den allgemeinen Nebenwirkungen der Cyclooxigenase-Inhibitoren kann bei entsprechender Disposition ein Gichtanfall auftreten, Gerinnungsstörungen, bei Glukose-6-Phosphat-Dehydrogenase-Mangel eine hämolyt. Anämie, das *Reye*-Syndrom und allerg. Reaktionen. → Arzneimittelinteraktionen mit Substanzen mit Wirkung auf Blutungs- und Gerinnungszeit, renalen Natrium-Transport und Säuresekretionsmechanismus, gastrale Muzin- und Salzsäure-Produktion sind bei entsprechender Begleitmedikation zu beachten. Anwendung als → Analgetikum, → Antipyretikum, → Antiphlogistikum sowie zur Thromboseprophylaxe. 7

A|chalasie f: neuromuskuläre Erkrankung der glatten Ösophagusmuskulatur mit vermehrter Empfindlichkeit gegenüber Parasympathikomimetika. Fehlen der normalen Peristaltik, der Erschlaffung im unteren Ösophagussphinkter beim Schluckakt. Ursache unbekannt. 20

A|chromat m: fotografisches Nahlinsensystem, das aus mindestens zwei verkitteten Linsen besteht und wegen der hierdurch möglichen Korrektur von Bildfehlern eine wesentlich bessere Abbildungsqualität ermöglicht, als mit einfachen → Nahlinsen erreichbar ist. 17

a|chromatisch (gr.): ohne chromatische Abweichung. Als a. werden optische Linsensysteme bezeichnet, bei denen die → chromatische Aberration korrigiert ist. 10

Achsen des Körpers: die Schnittlinien der anatomischen Ebenen im menschlichen Körper; sie bestimmen in der Nomenklatur die Raumrichtungen. 1. Die vertikale oder longitudinale Achse = Schnittlinie einer frontalen und einer sagittalen Ebene; unterscheidet als Richtung bzw. Lage den Begriff superior = weiter oben (nach den → JNA cranialis = Richtung Schädel) vom Begriff inferior = weiter unten (nach den JNA caudalis = Richtung Steißbein). 2. Die sagittale Achse = Schnittlinie einer sagittalen und einer transversalen Ebene; unterscheidet als Richtung bzw. Lage den Begriff anterior = weiter vorn (nach den JNA für den Kopfbereich rostralis = Richtung Gesicht) vom Begriff posterior = weiter hinten (nach den JNA für den Kopfbereich nuchalis = Richtung Nacken). 3. Die transversale Achse = Schnittlinie einer frontalen und einer transversalen Ebene; unterscheidet als Richtung bzw. Lage den Begriff medialis = näher zur Symmetrieebene vom Begriff lateralis = weiter von der Symmetrieebene entfernt. 9

Achsen|merkmal: Neigung der Wurzellängsachsen nach distal. Das 1960 von *Schröder* beschriebene A. kann als typisches Kennzeichen zur Unterscheidung rechter und linker Zähne benutzt werden; vgl. Wurzelmerkmal. 30

Achsen|zylinder m: → Axon. 9

Achs|richtung von Implantaten: → Implantatachse. 18

Achter|ligatur f: dient der Befestigung eines Tampons auf einer Extraktionswunde durch 8-förmig um die Nachbarzähne geschlungenen Faden (Abb.). Nicht ratsam, da der Tampon bald zum Bakteriendepot wird. 2

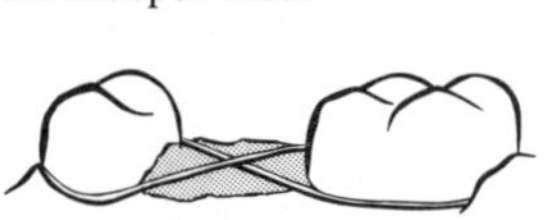

Achylie (gr.) f: Achylia; Fehlen der zur Verdauung notwendigen Sekrete. Achylia gastrica: Fehlen der gesamten Sekretbildung im Magen; Ausfall der Salzsäuresekretion, der Pepsinogen- und Wassersekretion, des → Intrinsic factor. Vorkommen: chronische atrophische → Gastritis, altes Ulkusleiden, Magenkarzinom. Therapie: Grundkrankheit, Vitamin B_{12}, Eisen-, Pepsin-Salzsäure-Präparate. Vgl. Pepsine. [34]

Aciclovir: 9-[(2-Hydroxyethoxy)-methyl]-Guanin; → Virostatikum. Wirkungsspektrum: Herpes-simplex-Viren Typ I und II, Varizella-/ Zoster-Viren. Wirkungsmechanismus: durch virale Thymidinkinase Umwandlung in Acycloguanosin-Monophosphat, das nach Phosphorylierung durch zelleigene Kinasen zum Triphosphat während der Replikation in die DNA eingebaut wird. Aufgrund des Fehlens der 3-Hydroxy-Gruppe im Zuckeranteil kommt es zum Kettenabbruch. Da das Acycloguanosin-Monophosphat kein Substrat für die 3-Exonuclease ist, bleibt die DNA-Polymerase an der viralen DNA gebunden. Die Inkorporation ist selbstlimitierend. Indikation in Zhk.: Herpes-simplex-Infektionen im orofazialen Bereich. [7]

Acido|philus|bakterien f pl: → Laktobazillen. [8]

Acidosis (lat.) f: → Azidose. Vgl. Säure-Basen-Haushalt. [10]

Acinus (lat.) m: beerenförmiges Drüsenendstück. [9]

Ackerknecht-Organ (Eberhard A., Veterinäranat., Zürich, *1883, † 1969) n: 1912 von *Ackerknecht* beschriebene embryonale Epithelausstülpung nahe den Mündungen der Glandulae submandibulares und sublinguales, die dem → *Chievitz*-Organ der Parotis enspricht und allgemein bei Säugetieren vorkommt. Beim Menschen verschwindet sie im 7. Embryonalmonat. [9]

Acne (gr.) f: → Akne. [12]

Acne conglobata (cystica) f: besondere Reaktionsform der Akne mit Entwicklung eitriger, abszedierender Einschmelzung; flächige Ausbreitung, Abheilung unter Keloiden. [12]

Acne excoriée f: Entwickung artifizieller Erosionen (Kratzeffekte) als Dermatomanie (Psychose). [12]

Acne necroticans f: an Stirn- und Schläfenhaargrenze, im Bartbereich, selten auch auf Brust und Rücken schubweise auftretende Papeln, die zentral nekrotisch werden und pockenartige Narben hinterlassen. [12]

Acne rosacea f: → Rosazea. [12]

Acne venenata f: durch Brillantine, rohes Petroleum, Kohle-Teer-Destillate, Asbest, Perchlornaphthalin (Comedonen) hervorgerufene Aknevariante. Eine Sonderform stellt die Acne cosmetica dar, die sich im Zuge der Anwendung von Hautpflegemitteln mit entsprechenden Inhaltsstoffen einstellt. [12]

Acne vulgaris f: Gesichtpickel; mit primärem Verschluß der Follikelostien mit Hornpfropfbildung (→ Komedonen) einhergehende bakterielle Entzündung der Haarfollikel und Talgdrüsen und dadurch bedingte Knötchenbildungen, häufig auch Schultern, Brust und Rücken befallend. Meist mit der Pubertät auftretend und wieder abklingend. Ähnliche, z.T. durch Medikamente entstandene Follikelentzündungen sind Jodakne, Bromakne sowie Pernakrankheit. Therapie: äußerlich durch Waschungen mit → Syndets und Anwendung von Desinfizienzien und Schälmitteln (u.a. Vitamin-A-Säure), durch Breitbandantibiotika und weibliche Hormone (Ovulationshemmer, → Antiandrogene), ferner Mitbehandlung von Darmstörungen. [12]

Acro- (gr.): → Akro-. [9]

Acryl-: → Akryl-. [4]

ACTH: Abk. für **a**dreno**k**ortiko**t**ropes **H**ormon; glandotropes Hormon des Hypophysenvorderlappens, das die Hormonproduktion (Sekretion) der Nebennierenrinde steuert. Wahrscheinliche Bildung in den basophilen Teilen des Hypophysenvorderlappens. Therapeutische Anwendung: wie → Kortison (bei funktionstüchtigen Nebennieren), auch bei Glukokortikoidunverträglichkeit. Biolog. Wirkungen: Stimulation der Biosynthese und Sekretion von Nebennierenrinden-Steroidhormon. [10, 23]

Actino|bacillus m: → Aktinobazillus. [34]

Actinobacillus actinomycetem comitans: besonders häufiger Begleitkeim von Actinomyces israelii bei Aktinomykose; mikroaerophil. Mit verschiedenen Formen der → Parodontitis assoziiert. [8]

Actino|myces m pl: → Aktinomyzeten. [8]

Actino|myces israelii m pl: grampositiver → Anaerobier aus der Ordnung der Aktinomyzeten, sogenannter Leitkeim, der vor allem in tiefen Zahnfleischtaschen gefunden wird. Vgl. Aktinomyzeten. [6]

acuminatus (lat.): spitz. [9]

acusticus (gr.): das Gehör betreffend. Nervus a.: jetzt Nervus vestibulocochlearis (→ Hirnnerven). [9]

acutus (lat.): akut, plötzlich und heftig beginnend. [2]

ad (lat.): zu, nach. [9]

ADA: Abk. für **A**merican **D**ental **A**ssociation. [24]

A|daktylie f: erbliches Fehlen aller Finger und Zehen, meist gemeinsam mit anderen Mißbildungen. Vgl. *Hanhart*-II-Syndrom. [3]

Adamantinom (gr.) n: (*Malassez,* 1885), heute bevorzugt nach der angelsächsischen Nomenklatur → Ameloblastom. [2]

Adamanto|blasten m pl: schmelzbildende Zellen, → Ameloblasten. [30]

Adams|apfel: Prominentia laryngea; Vorsprung der → Cartilago thyreoidea beim Mann. Vgl. Larynx. 19

Adams-Klammer (C. Philip A., schott. Za.): in der Kieferorth. und in der Proth. zu verwendende Klammerart, die mit je zwei die Bukkalflächen des betreffenden Zahnes umfassenden, approximal ansetzenden Füßchen versehen ist (Abb.). Als kieferorth. → Halteelement v.a. für erste Molaren und Prämolaren geeignet. 5

Adams-Stokes-Anfall (Robert A., Chir., Dublin, *1791, † 1875; William S., Int., Dublin, *1804, † 1878): *Adams-Stokes*-Syndrom; Schwindelanfälle, Ohnmacht und Krämpfe (Verringerung des Herzminutenvolumens, Abnahme der Hirndurchblutung, zerebrale Hypoxie), verursacht durch vorübergehenden atrioventrikulären bis kompletten → Herzblock. Vorkommen: akute oder chronische, diphtherische oder rheumatische Myokarditis, Koronarsklerose, Myokardinfarkt. Therapie: Alupent® (4- bis 8mal 20 mg peroral), → Schrittmacher. 20

Adams-Zange: Drahtbiegezange mit zwei innen glatten Vierkantbacken (Abb.). 5

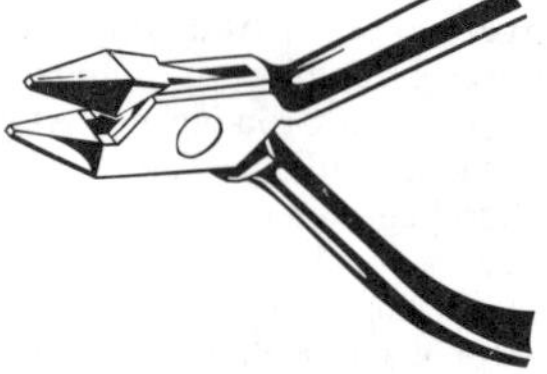

Ad|aptation (lat.) f: Adaption; **1.** Veränderung der Lebensweise und Organbildung infolge von veränderten Lebensbedingungen und äußeren Einwirkungen, z.B. → Akklimatisation. Funktionelle A. im Organismus: Umbau einer Gewebestruktur entsprechend einer veränderten Beanspruchung. Diese Lehre von der Entwicklungsmechanik geht auf *Roux* (1873) zurück. Sie ist die wissenschaftliche Grundlage der Orthopädie. Vgl. *Roux*-Gesetz. Spez. Anpassung des Auges an veränderte Lichtverhältnisse. Im zahnmed. Bereich überwiegend für die Gewöhnung an Zahnersatz bzw. an Konstruktionsänderungen bei prothetischer Neuversorgung verwendet. Das A.-svermögen ist im höheren Lebensalter reduziert, weshalb sich anstelle einer kompletten einzeitigen Neuversorgung häufig ein sukzessives Vorgehen im Sinne von → Aufbauprothesen empfiehlt. **2.** Verringerung der Unterschiede zwischen funktionellen Gegebenheiten des

Adaptationsmöglichkeiten der Kopfstütze eines Patientenstuhles [94]

Menschen und Forderungen der Arbeit und Umwelt. A. an die Behandlungssituation durch Veränderung der → Arbeitshaltung und → Arbeitsposition, sowie der Patientenlagerung (Abb.). Vgl. Ergonomie, Basiskonzept. 5, 21, 27, 32

Ad|aptations|syndrom n: Anpassungssyndrom, allgemeines (Hans Selye, Physiol., Montreal, *1907, † 1982); unspezifische Anpassungsreaktionen des Organismus auf längerdauernde Streßeinwirkung (z.B. Trauma, Operation, Infektion, Hitze, Kälte, starke physische und psychische Belastungen u.a.). Es werden drei Phasen unterschieden: 1. Alarmreaktion mit Schock (verminderte Mikrozirkulation lebenswichtiger Organe, arterielle Hypotonie); 2. Stadium des Widerstandes mit entzündlicher Abwehr und Anpassung an die anhaltende Belastung; bei überschießender Reaktion sollen Anpassungskrankheiten wie z.B. gastrointestinale Ulcerationen und progressive rheumatoide Arthritiden entstehen; 3. das Erschöpfungsstadium als Phase der Dekompensation (bis zum Tode) tritt dann ein, wenn im 2. Stadium keine Heilung erfolgt. Pathogenese: Aktivierung des Zwischenhirn-, Hypophysen-Nebennierenrindensystems mit vermehrter Sekretion von adrenokortikotropem → Hormon (ACTH) und Gluko- und Mineralokortikoiden, Änderungen im Entzündungsverhalten, im Blutbild, im Kohlenhydratstoffwechsel und Mineralhaushalt. [20, 27, 32]

Ad|aptations|test m: Verfahren, bei dem in der Form standardisierte Prüfkörper vom Patienten intraoral durch Berühren und Abtasten mit Zunge, Lippe und Wange erkannt werden sollen. Der A. versucht, Aussagen über ein mögliches (altersbedingtes) Nachlassen des Adaptationsvermögens zu treffen. Vgl. Adaptation, Formlegetest. [27]

Ad|apter m: in der Kieferorth. und in der Proth. gebräuchliches Instrument zum Anpassen von kieferorth. Bändern und Kronenringen an den Zahn (Abb.). Verschiedene Formen möglich. [5]

ad|aptiert: angepaßt, → Adaptation. [20, 27]

ad|aptiv: zur → Adaptation führend. [27]

Ad|aptopher m, pl Adaptophoren: Adapterolive; aus zahnärztl. Basismaterialien hergestellte → Nasenolive, die einen Schlauchverbinder (Adapter) trägt. Erleichtert in Verbindung mit transnasalen Nährsonden die zeitweilige Abkopplung von der extrakorporalen Nährstoffpumpe. Vgl. künstliche Ernährung. [27]

ad|dental: dem Zahn anliegend, z.B. Anliegen der Zunge; s. a. → Sigmatismus. [30]

Addison-Krankheit (Thomas A., Arzt, London, *1793, † 1860): chron. primäre Nebennierenrindeninsuffizienz. Ätiologie: Tuberkulose, Syphilis, Tumoren, Rindenatrophie infolge Embolie, Thrombose und Blutungen, leukämische Infiltrate, Amyloidose, Insuffizienz des Hypophysenvorderlappens (→ ACTH). Symptome: hochgradige Ermüdbarkeit, dyspeptische Beschwerden, Kopfschmerzen, braune Haut- und Schleimhautpigmentierungen durch Überproduktion von melanozytenstimulierendem Hormon, progrediente Abmagerung durch Dehydration mit Bluteindickung, Hypoglykämie, Hypotonie, Reststickstofferhöhung, Hyponatriämie, Hypochlorämie, Hyperkaliämie. [20]

Ad|ditions|effekt m: in der Rö. (Bildentstehung) benutzte Bezeichnung für die Überlagerung schattengebender Strukturen aus verschiedenen Objektebenen. Vgl. Summationseffekt, Subtraktionseffekt. [14]

Adenitis (gr.) f: allg. Drüsenentzündung; Lymphknotenentzündung (→ Lymphadenitis).[32]

Adeno|hypo|physe (gr.) f: drüsiger Vorderlappen der → Hypophyse. [10]

adeno|id: drüsenähnlich, auch lymphatisch (da die Lymphknoten früher als Drüsen angesehen wurden). [19]

Adeno|iden|kiefer: → Kieferkompression infolge Mundatmung bei → adenoiden Vegetationen. Oft kombiniert mit → hohem Gaumen. [5]

adeno|ide Vegetationen f pl: lymphatische Wucherungen im Nasen-Rachen-Raum. Hypertrophe Rachenmandeln sind bei Kleinkindern regelmäßig vorhanden und bilden sich in der Pubertät meist vollständig zurück. Sie sind oft Ursache von → Mundatmung und damit von Kieferanomalien sowie chronischen Rachen-, Bronchial- und Mittelohrkatarrhen. [19]

adeno|id-zystisches Karzinom n: → Zylindrom. [2, 19]

Adeno|karzinom n: Krebsgeschwulst, die sich von Epithelien exokriner Drüsen herleitet oder von den zylinderzellhaltigen Schleimhäuten ausgeht. Je nach Differenzierungsgrad ahmen diese Tumoren drüsenartige Strukturen nach. Wachstumsmuster: anaplastisch, alveolär, mukinös (als Zeichen einer Sekretionsleistung), papillär, tubulär, ulzerierend. [32]

Adeno|lymphom n: Cystadenoma lymphomatosum, *Warthin*-Tumor; gutartiges, monomorphes Adenom der Glandula parotis; besteht aus tubulär-zystischen bzw. papillären Strukturen, die von onkozytär diffenziertem Epithel ausgekleidet und von lymphatischem Gewebe mit Lymphfollikeln umgeben sind. Gelegentlich bilateral auftretend. [2, 32]

Adenoma (gr.) n: Adenom; gutartiger epithelialer Tumor, der von Drüsengewebe parenchymatöser Organe oder von einer Schleimhaut ausgeht; papilläres oder expansives Wachstum, oft mit fibröser Kapsel, aus der er chir. herausgeschält werden kann. Der histologische Aufbau erinnert an das Drüsengewebe, in dem es entstanden ist. Die A.e der innersekretorischen Drüsen besitzen hormonale Aktivität und wirken sich entsprechend aus, vgl. z.B. Akromegalie, Osteodystrophia fibrosa generalisata/localisata. Je nach vorherrschendem Differenzierungsmuster unterschieden als trabekuläres A. (A. solidum mit Bälkchenstrukturen), tubuläres A. (mit Ausbildung von Drüsenschläuchen), follikuläres A. (azinöses oder alveoläres A., mit schwammartiger Struktur; an den Speicheldrüsen: Azinuszelladenom), glanduläres A. (drüsig; z.B. Zystadenom), papilläres A. (→ Papillom), fibröses A. (Fibroadenom, Adenofibrom). Adenome können hormonale Aktivität besitzen und entspr.

Symptome induzieren. Maligne Entartung kommt vor, ebenso Entstehung von Adenosarkomen. 2, 32

Adenoma sebaceum n: talkdrüsenreiches Fibroadenom, in den mittleren Gesichtpartien anzutreffende derbe, dichtstehende, unterschiedlich große, halbkugelige, z.T. etwas transparente Knötchen, die zusammen mit → Teleangiektasien auftreten. Ähnliche Knötchen zeigen sich u.U. auch auf der Gingiva, neben und unter den Zehen- und Fingernägeln (*Koenen*-Tumoren) sowie an inneren Organen (Nierenblutungen). Das erbliche Leiden ist mit tuberöser Hirnsklerose kombiniert und wird als *Bourneville-Pringle*-Krankheit den → Phakomatosen zugerechnet. 2, 12

Adenomatose f: überschüssiges, i.d.R. gutartiges Wachstum von Drüsengewebe; auch die Entwicklung von multiplen Adenomen, z.B. **mul**tiple **e**ndokrine **A**. (MEA). 32

Adenomatose, familiäre f: familiäre Polyposis; autosomal dominant vererbte Erkrankung, bei der entweder lediglich im Kolon (Adenomatosis coli) oder im gesamten Magen-Darm-Trakt zahlreiche Adenome (> 100) auftreten. Die familiäre Adenomatosis coli ist eine obligate → Präkanzerose. 32

Adenosin|tri|phosphat (gr.) n: Abk. ATP; organisches energiereiches Phosphat, das u.a. bei den Phosphorylierungsprozessen des Glukoseabbaues beteiligt ist. Wichtigste energiespeichernde Verbindung im Organismus, kommt auch in der Muskulatur vor. Wichtig für Syntheseprozesse des Organismus als Energielieferant. 23

adeno|trop: mit Affinität zu Drüsen, z.B. a.e Hormone: Hormone der Hypophyse, die auf bestimmte Drüsen wirken; a.e Viren: Viren, die besonders an drüsigen Organen Erscheinungen hervorrufen, wie z.B. der Erreger der → Parotitis epidemica. 8, 10

adeno|trope Hormone n pl: Hormone der Hypophyse, die auf bestimmte Drüsen wirken, z.B. thyrotropes Hormon, das auf die Schilddrüse wirkt. 10

adeno|trope Viren n pl: Viren, die besonders an drüsigen Organen Erscheinungen hervorrufen, wie z.B. der Erreger der → Parotitis epidemica. 10

Adeno|viren n pl: → DNS-haltige, ätherresistente Viren von polyedrischer Gestalt und 70-90 nm Durchmesser, mehr als 30 Serotypen. Erreger von Infekten der Atemwege, (seltener) des Darms und einer Keratokonjunktivitis. Einige Typen beim Tier onkogen (tumorerzeugend). Die meisten Typen besitzen Hämagglutinin. Züchtung in Gewebekultur. Serol. Diagnose mit → Komplementbindungsreaktion. 8

Adeno|zystom n: Zystadenom; Mukoepidermoidtumor der Speicheldrüsen, seltene Variante des → Mischtumors mit Schleimzysten. Keine bindegewebige Kapsel. Nicht immer gutartig, z.T. Metastasen bildend. Bevorzugt die kleinen Drüsen der Mundschleimhaut. Vorkommen v. a. in Ovar, Mamma, Niere, Lunge, Schilddrüse und Speicheldrüsen. 2, 32

a|dental: zahnlos. 5

Aderer-Zange: orthod. Spezialzange zum Biegen von scharfen Knicken im Draht, z.B. für Retentionen, Ösen und Nasen (Abb.). 5

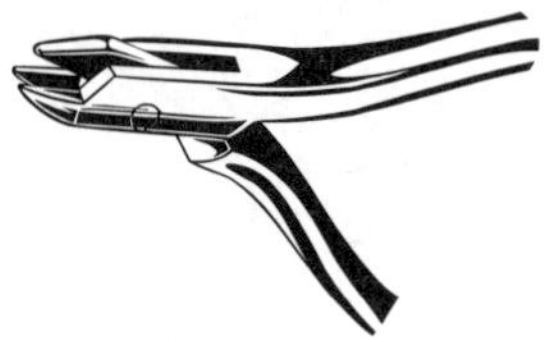

Adern: Blutgefäße; → Arterien (Schlagadern), → Venen (Blutadern). 9

ADH: Abk. für **anti**d**i**uretisches **H**ormon, Adiuretin, → Vasopressin. 10

Ad|häsion (lat.) f: **1.** Phys.: die Anziehungskraft zwischen Molekülen verschiedener Körper (Flächenanziehung); Prinzip der Adhäsionsprothese, die die Adhäsionskräfte zwischen Schleimhaut und Prothesenbasis, verstärkt durch den Speichel, ausnützt. A. kann weiterhin verstärkt werden durch Adhäsionspulver, → Tragant. Nach heutiger Auffassung haftet die Prothese allerdings nur indirekt, nicht durch Adhäsion, sondern durch den Luftdruck. Dabei ist das Fließen des Speichels als Abdichtung des Unterdruckraumes von Bedeutung; hierbei hat die Viskosität des Speichels und damit auch die Adhäsion Einfluß. Vgl. Prothesenhalt. **2.** Path.: die Verklebung seröser Häute durch Entzündungsprodukte, so daß patholog. Verwachsungen entstehen können. 4, 10

Ad|häsions|osteo|genese f: → Verbundosteogenese, → Osseointegration; Neubildung von Knochen auf der Oberfläche eines → Implantates ohne bindegewebige Zwischenschicht. Insertion von Kollagenfasern des Knochens auf der Implantatoberfläche. Hohe Zug- und Scherfestigkeit des → Implantat-Knochen-Verbunds. 18

Ad|häsiv|brücke: → Marylandbrücke. 4

ad|häsive Re|stauration f: Kunststoffüllungen, deren Haftung am Schmelz durch Schaffung eines Mikroreliefs verbessert wird. Dies wird erreicht durch vorsichtiges, einminütiges Anätzen des Schmelzes mit 40%iger Orthophosphorsäure. Durch Auflösung von Anteilen der Schmelzprismen entsteht ein retentives Ätzmuster, das zur Oberflächenvergrößerung und damit zur verbesserten mechanischen Haftung der Füllung führt. Das Präparationsprinzip der klassischen → Kavität kann damit wegen der möglichen Substanzschonung teilweise verlassen werden. Vgl. Ätztechnik. [1]

Ad|häsiv|verband: modellierbarer, auf feuchter Schleimhaut haftender Pektin-Gelantine-Verband zur intraoralen Wundabdeckung. Vgl. Zahnfleischverbände. [6]

Adie-Syn|drom (William A., Neurol., *1886, † 1935) n: → Pupillotonie. [33]

Adipositas f: Fettleibigkeit, Adj.: adipös. [20]

Aditus (lat.) m: Eingang, Zugang; z.B. A. laryngis: obere Kehlkopföffnung. [9]

adjustieren (lat.): zurichten; z.B. Einstellen der individuellen Werte am → Artikulator, Einschleifen von Prothesen. [4]

Adnexe (lat.) m pl: Anhangsgebilde, insbesondere die Eileiter (Tuben) an der Gebärmutter (Uterus). [9]

Adoles|zenten|engstand: → Engstand. [5]

A|dontie f: Zahnlosigkeit; → Anodontie. [30]

ad|oral: → perioral. [30]

Ad|renalin (lat.) n: Epinephrin, Brenzkatechinmethylaminoäthanol; → Katecholamin; Hormon des Nebennierenmarks (Abb.), von *Takamine* und *Aldrich* 1901 in kristalliner Form dargestellt, 1903 von *Stoll* synthetisiert (Suprarenin®).

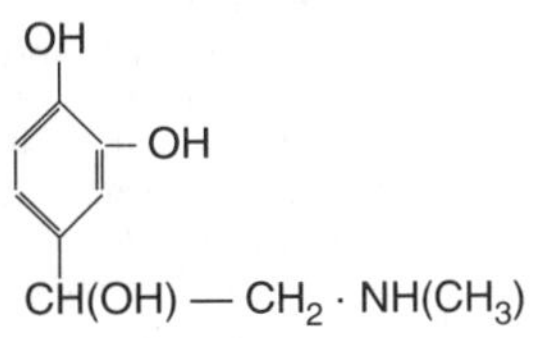

Strukturformel des Adrenalins

A. wird aus adrenergen Nervenendigungen des sympathischen Nervensystems und aus dem Nebennierenmark freigesetzt. Sympathomimetikum, oxidationslabil. Regulierung der Blutverteilung im Körper (Kontraktion der Hautgefäße, Erweiterung der Herzkranzgefäße und der Gefäße der Skelettmuskulatur, Erhöhung des Blutdrucks), Stimulierung der Reizbildung und -leitung (Tachykardie, Vergrößerung des Herzminutenvolumens), Erweiterung der Pupille und der Lidspalte, Hemmung der Magen- und Darmmotilität, Erschlaffung der Bronchialmuskulatur, Hemmung der Bronchialsekretion, Kontraktion der Milz, Hyperglykämie durch gesteigerten Glykogenabbau in der Leber. Wegen vasokonstriktorischer Wirkung als Zusatz zu Lokalanästhetika verwendet: 1 Tropfen der offizinellen Solutio adrenalini hydrochlorici (1 : 1.000) auf 10 ml Anästhesielösung. A. dient zur → Herz-Lungen-Wiederbelebung sowie zur Anwendung beim anaphylaktischen → Schock. Bei der Herz-Lungen-Wiederbelebung ist A. das Katecholamin der ersten Wahl, Dosis: 1-2 mg. i. v., Wiederholung alle 3 min. Beim anaphylaktischen Schock wird A. je nach Wirkung mit Dosen von 0,1 mg wiederholt intravenös appliziert. Kontraindikation für A.-Zusätze in lokalanästhet. Lösungen: absolut unbehandeltes Engwinkelglaukom, → Sulfit-Sensibilität, relativ: Zusatzmedikation mit → Antidepressiva, die den neuronalen Norepinephrin-up-take-Mechanismus hemmen, Koronarinsuffizienz, Herzrhythmusstörungen, unbehandelte Hypertension und Hyperthyreose sowie Narkose mit halogenierten Kohlenwasserstoffen. Vgl. Norepinephrin. [7, 10, 16]

ad|ren|erge Nerven m pl: Nerven des Sympathikusteiles des → vegetativen Nervensystems (postganglionäre Sympathikusfasern), die Impulse durch Freisetzen chemischer Wirkstoffe (Neurohormone), vor allem des Adrenalins und des Noradrenalins (ergotroper Effekt), übertragen. [10]

ad|ren|erge Rezeptoren m pl: durch → Katecholamine wie → Adrenalin und → Norepinephrin erregbare Rezeptoren im Herzen, in Blutgefäßen und in den Bronchien. Man unterscheidet Alpha-Rezeptoren, Beta$_1$- und Beta$_2$-Rezeptoren. Periphere Blutgefäße enthalten Alpha- und Beta-Rezeptoren. Adrenalin und Noradrenalin führen über eine Erregung der Alpha-Rezeptoren zu einer Vasokonstriktion. [10]

Ad|reno|chrom n: entsteht durch Zyklosierung und Dehydrierung von → Epinephrin. Es oxidiert leicht zu Melanin. [7]

ad|reno|genitales Syndrom n: Vermehrung der androgenen Hormonbildung (→ Androgene) in der Nebennierenrinde, gleichzeitige Minderung der Produktion von → Hydrokortison. Unterscheidung des kongenitalen a.n S.s (genetisch fixierte Störung der Kortisolsynthese durch Enzymdefekte, Kleinwuchs, Vermännlichung bei Mädchen, Pseudopubertas praecox bei Knaben) vom erworbenen a.n S. (Nebennierenadenom oder -karzinom). [20]

ad|reno|kortiko|tropes Hormon n: → ACTH. [10]

Adreno|zeptoren m pl: Rezeptoren der endogenen → Katecholamine → Epinephrin und → Norepinephrin. Einteilung und Lokalisation mit Hilfe unterschiedl. affiner → Agonisten und → Antagonisten sowie gentechn. Methoden in $\alpha_{1A/B/C}$-, $\alpha_{2A/B/C}$-β_1-, β_2-, β_3-A. Lokalisation der A.: α_1-A. ausschließl. postsynapt. an z.B. glatten Muskelzellen (Gefäße, Uterus, Bronchiolen, Längsmuskulatur und Sphinkteren des Magen-Darm-Traktes, M. sphincter vesicae, Vas deferens, M. dilatator pupillae, M. erector pili), Herzmuskel, Speicheldrüsen. α_2-A. sowohl präsynapt. (an noradrenergen und cholinergen Nervenendigungen) als auch postsynapt. (Gefäßmuskulatur, Fettzellen, endokrine Zellen des Pankreas, Thrombozyten, Mastzellen, zentrales Nervensystem). β_1-A. postsynapt. (Speicheldrüsen, an der Zahl dominierend über β_2-A. in juxtaglomerulären Zellen, Herz), β_2-A. sowohl präsynapt. (noradrenerge Nervenendigungen) als auch postsynapt. (an Zahl dominierend über β_1-A. in z.B. glatten Muskelzellen der Gefäße, Bronchiolen, Längsmuskulatur und M. sphincter vesicae, Uterus, Leberzellen, Skelettmuskulatur, endokrinen Pankreaszellen, Mastzellen). β_3-A.: Lokalisation: Fettzellen. 7

Ad|sorption (lat.) f: Anlagerung gasförmiger oder gelöster Stoffe an der Oberfläche eines festen oder flüssigen Körpers. Eine chemische Reaktion findet hierbei nicht statt. 10, 23

Ad|stringenzien (lat.) n pl: Gruppenbez. für Substanzen, die durch Denaturierung von Oberflächenproteinen zu einer Membranverdichtung führen. Einsatz in der Zhk. zur lokalen Blutstillung wie z.B. Alaun oder Aluminiumsalze als Lösung oder imprägnierte Retraktionsringe oder -fäden. 7

Adult peri|odontitis (engl.) f: → AP. 6

Ad|ventitia (lat.) f: Tunica externa; dritte, äußere Wand der Gefäße, des Ösophagus, der Trachea, deren lockeres Bindegewebe die Verbindung zur Umgebung herstellt; vgl. Gefäßwand. 9

Ad|ventitia|zellen f pl: Makrophagen, die der Gefäßwand anliegen. Im Gegensatz zu den → Perizyten befinden sie sich außerhalb der Basalmembran der Kapillaren. 9

ad|versiv (lat.): kontralateral; zugekehrt, zugewandt, gegenüber empfindlich. 9

Ad|versiv|anfall: fokaler epileptischer Anfall mit Kopf- und Rumpfwendung zu der zum zerebralen Herd kontralateralen Seite; Bewußtsein ist erhalten. → Epilepsie. 33

A|dynamie f: allg. Körperschwäche infolge von Alter, erschöpfenden Krankheiten, Überanstrengung, Hunger usw. Adj.: adynamisch. 20

A.E.: Abk. für → Antitoxin-Einheit. 8

Aerobacter aerogenes n: früher: Bacterium lactis aerogenes, weil im Käse Löcher bildend, heutiger Gattungsname: Enterobacter. Schleimbildendes, gramnegatives Stäbchen (Kapselbakterium), verwandt mit den Kolibakterien. Findet sich im Säugerdarm, aber auch in der freien Natur weit verbreitet. Im Darm harmlos, außerhalb des Darms jedoch nicht selten Erreger von Entzündungen und Eiterungen. 8

Aero|bier m pl: Mikroorganismen, die nur bei Zutritt von Sauerstoff gedeihen (obligate A.). Auch ohne Sauerstoff gedeihend: → fakultative A. 8, 15

Aero|cele colli f: angeborene oder erworbene, vom Kehlkopf oder Rachen ausgehende bruchsackartige lufthaltige Geschwulst, Schleimhautausstülpung, Luftzyste. 3

Aero|dont|algie f: Aerodontopathie; von pathol. Prozessen des bezahnten Kiefers ausgehendes Schmerzsyndrom, das in Höhen (über ca. 3.000 m) auftreten kann (Barotrauma). 1

aero|gen: 1. durch die Luft übertragen, **2.** gasbildend (von Bakterien). 8

Aero|phagie f: Luftschlucken und -aufstoßen, plötzliches Entweichen von Luft aus dem Magen. Ursachen: Hiatushernie (organisch) oder psychisch. 20

Aero|sil n: Aerogel Silica, Siliziumdioxid; Binde- und Verdickungsmittel mit hohem Wasserbindevermögen, für Zahnpasten und Arzneimittel. Ergibt einen geschmeidigen, formbeständigen Pastenstrang. 1

Aero|sol n: Gemenge aus feinsten Flüssigkeitstropfen und Luft, dessen Inhalation der Anfeuchtung der Atemluft und dem Einbringen von Medikamenten dient. A.e können bei der Präparation mit gleichzeitiger → Spraykühlung als Spraynebel aus der Mundhöhle austreten. Es besteht Infektionsgefahr bei mangelhafter → Absaugtechnik und fehlendem Gesichtsschutz. 2, 21

Aero|zele f: lufthaltige Zyste, z.B. Pneumatozele der Nasennebenhöhlen, Laryngozele. 32

Aether pro narcosi m: besonders reiner Äther zur → Inhalationsnarkose; in braunen, gut verschlossenen Flaschen kühl und lichtgeschützt aufbewahren. 2

AEV: Abk. für **V**ereinigung der **A**rbeiter-**E**rsatzkassen. Vgl. Ersatzkassen. 24

a|febril: fieberfrei. 20

Affekt (lat.) m: heftig erregte → Emotion, Gemütsbewegung, → Gefühl mit gesteigerter Dynamik. Je nach → Temperament und → Persönlichkeit individuell typischer Affektverlauf, unterschiedliche Ansprechbarkeit. A.e (z.B. Zorn, Schreck) sind von kurzer Dauer, die Eigenkontrolle kann beeinträchtigt sein. Affektivität ist die Gesamtheit des → Erlebens der Gefühlswelt einer Person. 13

Affekt|handlung: im → Affekt unüberlegt begangene Kurzschlußhandlung. Primitivreaktion ohne Einschaltung der höheren Persönlichkeit. 33

Affekt|inkontinenz f: verminderte Steuerbarkeit von Gefühlen (z.B. Tränenausbrüche, Wutanfälle ohne erkennbaren Anlaß). Vorkommen: häufig im höheren Lebensalter nach → Apoplexie, auch persönlichkeitsbedingt ohne morphologisches Substrat. 27

affektive Psychose f: manisch depressive Erkrankung, Zyklothymie; zyklisch zwischen → Manie und schwerer → Depression verlaufende Erkrankung. Der Verlauf kann bipolar zwischen Manie und Depression schwanken. Bei monopolaren Verläufen herrscht Depression vor. Rein manische Verläufe sind selten. Intervallprophylaxe durch → Lithium. 33

Affektivität f: persönliche Eigenschaft der Vielfalt und Ausdifferenziertheit der Emotionsverarbeitung eines Individuums im Unterschied zur Emotionsverarbeitung bei anderen Individuen. Vgl. Emotion. 33

Affen|lücke: Primatenlücke; physiol. → Diastema im menschl. Milchgebiß zwischen II und III im Oberkiefer und III und IV im Unterkiefer, so

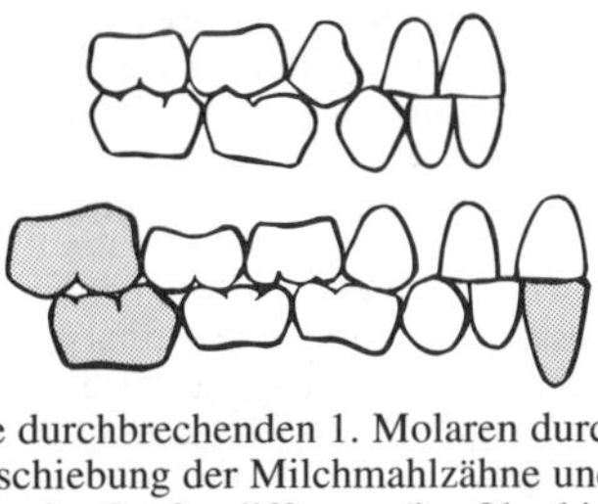

daß die durchbrechenden 1. Molaren durch Mesialverschiebung der Milchmahlzähne und Ausnützung der Größendifferenz (im Oberkiefer ist der 2. Milchmahlzahn $1^1/_2$-2 mm kleiner als im Unterkiefer) ihre Regelbißeinstellung finden (Abb.). Nach *Baume* entfällt mithin eine zweite physiol. Bißverschiebung. Vgl. Diastema, *Zielinsky*-Modus. 5

af|ferent (lat.): zuführend, z.B. als Bez. für zu einem Organ hinführende Gefäße. In der Reflexlehre werden die sensiblen und sensorischen Nervenbahnen, welche Reize hirnwärts (zentripetal) leiten, als a.e Bahnen bezeichnet. Vgl. Reflexbogen. 33

Af|finität (lat.) f: in der Chemie Bezeichnung für das durch den elektrochem. Charakter bestimmte Bestreben der Stoffe, sich miteinander zu verbinden. 23

a|fibrilläres Zement n: Zement, in welchem sich keine kollagenen Fibrillen befinden. Es tritt als Kronenzement hauptsächlich in Form von Zementzungen und -inseln am zervikalen Schmelzrand permanenter Zähne auf. → Zementarten. 30

Afla|toxine n pl: → Mykotoxine. 8

Ag: chem. Symbol für → Silber. 23

A|gamma|globulin|ämie f: Mangel an → Gammaglobulinen, angeboren oder erworben, dadurch gestörte Antikörperbildung mit erhöhter Infektanfälligkeit. 20

Agar-Agar (malai.) m oder n: Pflanzengallerte, in Ostasien und Kalifornien durch Kochen von Rotalgen gewonnen, Eindickungsmittel. Bakt. Nährboden: Nährbouillon + 1,5-3% Agar (Nähragar). Ist in elastischen Abformmaterialien und Doubliermassen enthalten. → Hydrokolloide. 4, 8

Agar-Diffusions|test m: dient zur qualitativen Bestimmung der Empfindlichkeit von Bakterien gegen Chemotherapeutika und Antibiotika. Die Nährbodenplatte wird mit dem zu testenden Keim bespatelt, darauf werden kreisrunde Blättchen (∅ 6-9 mm) oder zahnradförmige Schablonen aus Filterpapier gelegt. Die Blättchen bzw. jede Zacke des Zahnrades sind mit einem der zu testenden Mittel imprägniert. Ablesung der wachstumsfreien Höfe nach 20 Std. Bebrütung bei 37 °C (Lochtest, Tablettentest und Zylindertest, die dem gleichen Zweck dienten, sind veraltet). 8

Agarflex-Kultur f: Nährböden auf flexibler Unterlage zur Durchführung von → Abklatschpräparaten. 8

A|genesie f: angeborenes Fehlen einer Organanlage. Vgl. Aplasie. 3

A|geusie f: Aufhebung der Geschmacksempfindung bei Schädigungen der Nn. lingualis (des N. facialis) und glossopharyngeus im Bereich der Geschmacksknospen sowie bei Störungen im Bereich der zerebralen Geschmacksbahnen. Komplette zentrale A. ist wegen der bilateralen Versorgung und der Beteiligung mehrerer Nerven sehr selten. 33

AgF: Abk. für „Arbeitsgemeinschaft für Funktionsdiagnostik" in der → DGZMK. 4

Agger nasi (lat.) m: Wulst der seitlichen Nasenwand vor dem vorderen Ende der mittleren Muschel. 9

Ag|glomeration (lat.) f: → Aggregation. 8

Ag|glutination (lat.) f: **1.** Verklebung; **2.** Zusammenballung von Bakterien und Blutkörperchen zu großen, mit dem bloßen Auge erkennbaren Agglutinaten durch spezifische Antikörper;

vgl. *Gruber*-Reaktion, *Widal*-Reaktion, Hämagglutinine. 8

Ag|glutinations|titer m: die stärkste Verdünnungsstufe eines agglutininhaltigen Serums, die gerade noch eine Bakterien- oder Erythrozytenagglutination bewirkt. 8

Ag|glutinine n pl: Antikörper im Serum, die eine Zusammenballung von Zellen bewirken. Der Organismus (Mensch und höhere Tiere) bildet bei Infektionskrankheiten und nach Injektion von Erregern (→ Immunisierung) A., die in vitro zu einer Zusammenballung der gleichen Erreger führen (→ *Gruber*-Reaktion, → *Widal*-Reaktion). Hämagglutinine gegen Erythrozyten der Blutgruppen A und B finden sich im Normalserum; sie können zur Bestimmung der → Blutgruppen in vitro verwendet werden. Vgl. Immunisierung. 8

Ag|gravation f: Übertreibung von Krankheitserscheinungen. Diagnostisch unspezifisch, kommt bei zahlreichen psychischen Störungen vor. 33

Ag|gregation (lat.) f: Agglomeration; unspezifische Zusammenballung von Blutzellen (z.B. in Geldrollenform) u.a. Zellen in kolloidalem Milieu (z.B. Plasma). 32

Ag|gregat|zustand: die Art, wie die Moleküle (Massenteilchen) eines Körpers sich vereinigen (fest, flüssig oder gasförmig). 23

Ag|gressine (lat.) n pl: aggressive → Enzyme; außer → Toxinen besitzen Infektionserreger eine Reihe von Enzymen, die als Teilursachen ihrer Pathogenität angesehen werden können: Hämotoxine (lösen die Membranen der Erythrozyten), Plasmakoagulasen (hemmen durch Koagulation fibrinogenhaltiger Flüssigkeit im Gewebe den Zustrom der Phagozyten), Fibrinolysine (z.B. Streptokinase, lösen Fibringerinnsel), → Hyaluronidasen (erhöhen die Permeabilität der Bindegewebe durch Abbau der → Hyaluronsäure), Kollagenasen und Elastasen (zerstören die faserigen Stützelemente der Bindegewebe). 8

Ag|gression (lat.) f: innerartliches Instrument zur Regulation von Sozial- und Rangverhalten (Hackordnung, Revierverhalten). Tritt als Folge von → Frustration auf. In Droh- und Demutsgebärden kommt es aufgrund angeborener auslösender Mechanismen (→ AAM) zu Aggressionshemmung (→ Tötungshemmung). → Ethologie. 13

Ag|gressivität (lat.) f: **1.** Ausmaß individueller Aggressionsbereitschaft in gegebener Situation im Sinne einer → Persönlichkeitseigenschaft. **2.** aus organischer Hirnschädigung, → Psychosen oder abnormer Persönlichkeit resultierendes Sozialverhalten mit auffällig gesteigerter Angriffsneigung. 13, 27

Agitiertheit: diagnostisch unspezifischer Begriff für motorische Erregung und Unruhe, tritt z.B. im Rahmen von senilem hirnorganischem → Psychosyndrom oder auch bei agitierten → Depressionen auf. 33

A|glossie (gr.) f: Fehlen der ganzen Zungenanlage, auch für Fehlen der Sprechfähigkeit verwendete Bez. Vgl. *Hanhart*-II-Syndrom. 3

A|glutition (lat.) f: Schluckunfähigkeit. 20

A|gnathen (gr.) m pl: Kieferlose, Vorform der Fische (Silur, Devon) mit Saugmund. 22

A|gnathie (gr.) f: angeborenes Fehlen des Ober- oder Unterkiefers. Sehr seltene Fehlbildung, hierbei wurde auch Verwachsung beider Ohranlagen beobachtet (Synotie). 3

A|gnosie (gr.) f: Störung des Erkennens bzw. Wiedererkennens von Sinneseindrücken bei Erhalt der primären Wahrnehmung. Zugrunde liegt eine Störung der jeweiligen Assoziationsfelder des Gehirns. Akustische A.: Unfähigkeit, Töne oder Geräusche in ihrer Bedeutung zu erkennen (parietotemporale Schädigung). Optische A.: „Seelenblindheit"; Unfähigkeit, optische Sinneseindrücke in ihrer Bedeutung zu erfassen. Im gleichen Sinne unterscheidet man taktile A. und olfaktorische A. 33

A|gonist (gr.) m: Ligand (z.B. → Neurotransmitter, Hormon, → Pharmakon), der aufgrund der Struktur und Stereospezifität hochaffin an ein Makromolekül (→ Rezeptor) bindet, das dabei seine Konformation ändert und intrazellulär einen Effekt auslöst (= reiner A., → intrinsische Aktivität = 1). Inverser A. ist ein Ligand, dessen Rezeptorbindung zur Aktivierung des Rezeptormoleküls führt, dessen zellulärer Effekt aber entgegengesetzt zur Wirkung des reinen A.en ist. Partieller A.ist ein Ligand, dessen Rezeptorbildung nur zur Teilaktivierung eines Rezeptormoleküls führt, d.h. ein A. mit einer intrins. Aktivität zwischen 0 und 1. 7

Agora|phobie: Platzangst; unbeherrschbare → Angst vor dem Aufenthalt in der Öffentlichkeit, z.B. auf Straßen oder Plätzen. Entscheidend ist die Entfernung von einem schützenden vertrauten Raum, außerdem die Begleitung durch eine vertraute Person, die indirekt (durch ihre Unterstützung) die → Phobie aufrechterhalten hilft. Als Methode der → Verhaltenstherapie reduziert systematische → Desensibilisierung die A. erfolgreich. 13

A|granulo|zytose f: akutes, meist fieberhaftes und septisches, sehr schweres Krankheitsbild, charakterisiert durch extreme → Neutropenie und nekrotisierende infizierte Schleimhautulzerationen (bes. Mund, Gastrointestinaltrakt,

Vagina). Pathogenese: Entwicklungs- und Reifungshemmung der Knochenmarkgranulopoese. Ätiologie: 1. toxisch-chemisch (organische Arsen-, Stickstoff-Lost-, Benzol-Verbindungen; Radium, Röntgen), obligat dosisabhängig. 2. medikamentös-allergisch (Aminophenazone, Ataraktika, Tranquilizer, Antibiotika wie Chloramphenikol, Sulfonamide, Goldpräparate), fakultativ bei besonderer Patientenempfindlichkeit. 3. toxisch-infektiös: schwere allgemeine Infektionen (Typhus, Diphtherie, Virusinfekte). Therapie: Absetzen aller potentiell agranulozytoseauslösender Medikamente, Infektionsbekämpfung (Breitbandantibiotika) unter Berücksichtigung der auslösenden Faktoren, Glukokortikosteroidtherapie nur unter antibiotischem Schutz, gelegentlich Frischblutinfusionen, Gammaglobulin-Dauertransfusion, Lokalbehandlung der Nekrosen. [20]

AH 26®: erhärtende Wurzelfüllpaste auf Pulver/Pastenbasis. Bestandteile des Pulvers: Wismutoxid 60%, Silber 10%, Hexamethylentetramin 25%; Paste: Polymer von Bisphenol (Propyliden-Diphenol) 100%. [1]

Ah-Linie: „Linie" im Bereich der Schleimhaut des Oberkiefers am Übergang vom harten zum weichen Gaumen. Der bogenförmige Verlauf wird beim Anlauten des Buchstaben A sichtbar. An der A. soll der hintere Prothesenrand der oberen Totalprothese enden. Besser wird diese Grenze jedoch beim → Nasenblaseffekt sichtbar. Die meisten Autoren empfehlen, den palatinalen Prothesenrand 1-2 mm von der A. entfernt (distal) in die bewegliche Schleimhaut zu legen. [4]

AIDS: Abk. für engl. **a**cquired **i**mmune **d**eficiency **s**yndrome; erworbenes Immundefekt-Syndrom. Vermutlich 100% Letalität. Erreger ist ein Retrovirus, das humane Immundefizienz-Virus → HIV. Erstmals 1981 als eigenständiges Krankheitsbild beschrieben; charakterisiert durch meist im Spätstadium einer HIV-Infektion auftretende Störung des zellulären Immunsystems. Blutkontrolle mit → ELISA-Test und Westernblot-Test. HIV-Übertragung erfolgt ausschließlich parenteral durch Inokulation erregerhaltiger Körperflüssigkeit, z.B. bei Geschlechtsverkehr. Risikogruppen sind u. a. Drogenabhängige, Prostituierte, Homosexuelle, jedoch auch zunehmend Heterosexuelle. Symptome: Lymphdrüsenschwellungen (Lymphadenitis), → *Kaposi*-Sarkome, chronisches Fieber, neurologische Störungen. Oral: → Candidamykose und → Haarzunge, *Kaposi*-Herde. Tod durch opportunistische Infektionen (meist der Lunge, Pneumocystitis carinii). Da eine kausale Therapie z. Zt. nicht bekannt ist, werden prophylaktische Maßnahmen propagiert (Kondombenutzung). Die Behandlung von A.-Patienten, bzw. nachweislich HIV-infizierten Personen sowie der Umgang mit Untersuchungsmaterial unterliegt zwingend den bei Hepatitis-B-Infektionen einzuhaltenden Schutzmaßnahmen (→ HIV-Infektionsschutz). N e u r o l o g i e : Neben einer besonderen Affinität zu CD4-positiven Zellen (Lymphotropismus) besitzt HIV-I eine mindestens ebenso ausgeprägte, zumeist CD4-Antigen-unabhängige Affinität zu nervalen Strukturen (Neurotropismus). Im Rahmen der HIV-I-Serokonversion kommt es in 3-8% aller Fälle zu einer akuten Meningitis und Polyradikulitis-ähnlichen Bildern sowie seltener zu Enzephalitiden. Im Verlauf der Erkrankung entwickeln ca. 45% aller HIV-I-Infizierten zentral (ZNS) und peripher (PNS) neurologische Störungen. Autoptisch lassen sich in ca. 85% der Fälle im ZNS oder PNS HIV-I-assoziierte Veränderungen oder der Erreger direkt nachweisen. Im fortgeschrittenen Stadium werden im ZNS direkt HIV-I-induzierte Erkrankungen (HIV-I-Enzephalopathie - auch AIDS-dementia-complex-, progressive Myelopathie) von opportunistischen Infektionen und Tumoren unterschieden (v.a. zerebrale Toxoplasmosen (30% aller ZNS-Störungen), primär intrazerebrale Non-*Hodgkin*-Lymphome u.a.). Im Bereich des PNS treten in ca. 40-80% distal symmetrische, meist motorisch betonte Polyneuropathien auf. Der Liquor cerebrospinalis (CSF) ergibt im Verlauf der Erkrankung regelhaft leichte Entzündungszeichen mit Pleozytose, Eiweißerhöhung sowie Hinweise für eine anti-HIV-I-spezifische intrathekale IgG-Synthese. In ca. 15% gelingt die Anzüchtung des Virus aus dem CSF. Als prognostisches Maß kann der CD4/CD8-Quotient im CSF - unabhängig vom extranervalen Immunsystem - dramatisch erniedrigt sein. [11, 12, 20, 33]

Ainsworth-Apparat (George Cook A., Za., Boston, *1852, † 1948) m: → Dehnungsapparat. [5]

A-I-Probe: Funktionsprobe nach *Gutzmann* zur Feststellung des offenen Näselns (→ Rhinolalia aperta). Man läßt nacheinander die Vokale A und I aussprechen, wobei man die Nase des Patienten abwechselnd freiläßt und durch Zusammendrücken der Nasenflügel schließt. Bei offenem Näseln verdunkelt sich der Klang bes. des I-Lautes, gleichzeitig nehmen die untersuchenden Finger starke Vibrationen an den Nasenflügeln wahr. [11, 12, 19, 20, 33]

Airotor m: unter der Bezeichnung *Borden*-A.

1957 in den USA eingeführte zahnärztliche Bohrmaschine, die durch eine Druckluftturbine äußerst hochtourig (bis zu 400 000 Umdrehung/min) angetrieben wird. Die Turbine befindet sich in einem Winkelstück, an dem zur Kühlung des Bohrers eine Wasser-Sprayeinrichtung angebracht ist. → Bohren, hochtouriges. 34

Akademie Medizinische Informatik f: Die A.M.I. hat als Ziel die fachliche Fort- und Ausbildung von Informatikern, Ärzten, Pflege- und Funktionsdiensten sowie von den in Verwaltung, Management und anderen Bereichen des Gesundheitswesens Tätigen. Die Fortbildungsinhalte sind sowohl methodischer als auch inhaltlicher Art, dazu gehören z.B. Techniken von → Datenbanken, Qualitätssicherung, Krankenhaus- und → Arzneimittelinformationssysteme. 26

Akantho|keratom (gr.) n: → Keratoakanthom. 12

Akantho|lyse f: in der Stachelzellenschicht der → Epidermis durch Verlust der Interzellularbrücken (Desmosomen) entstehende Lückenbildung. Vgl. Pemphigus. 12

Akanthose f: Wucherung der Stachelzellenschicht (Stratum spinosum) des Hauptepithels mit Zapfenbildung in das subepitheliale Bindegewebe. Vgl. Acanthosis nigricans. 12

AKG: Abk. für Arbeitskreis für Gerostomatologie e.V.; bundesweiter wissenschaftlicher Arbeitskreis für Alterszahn-, -mund- und -kieferheilkunde, zugleich nationale Organisation des → E.C.G. Registergericht Gießen. 27

A|kinesie f: diagnostisch unspezifische Bez. für Bewegungsarmut und Bewegungshemmung der Rumpf-, Extremitäten- und Gesichtsmuskulatur, z.B. im Rahmen einer → *Parkinson*-Krankheit, eines Parkinsonoids als Nebenwirkung bei Neuroleptika-Therapie oder im Rahmen eines psychotischen Stupors. Als akinetisches Syndrom bezeichnet man eine im Corpus striatum lokalisierte Störung, die als Teil des *Parkinson*-Syndroms auftritt. 33

Ak|klimatisation (lat.) f: Anpassung von Lebewesen durch Gewöhnung oder natürliche Auslese an neue physikal. und klimat. Gegebenheiten. Auch Anpassung an fremde Lebensformen sowie „seelische" und Verhaltensanpassung an andere Umweltbedingungen. 10

Ak|kommodation f: i.w.S. Anpassung, z.B. an Krankheitseinflüsse, Abhärtung. I.e.S. A. des Auges: Einstellung der Augenlinse auf verschiedene Entfernungen. A.slähmung: Lähmung des Ziliarmuskels des Auges, z.B. durch Atropin. 20

Ak|kumulation (lat.) f: Anhäufung. 23

Akme (gr.) f: Höhepunkt im Verlauf einer Krankheit oder einer Kurve (z.B. Fieberkurve). 32

Akne (gr.) f: Sammelbezeichnung für verschiedene Erkrankungen der Talkdrüsen, die mit Entzündungsvorgängen einhergehen. → Acne vulgaris. 12

Akne durch Medikamente: Akneform, die durch eine Reihe von Arzneimitteln ausgelöst werden kann: 1. Kortikosteroide, akzidentelle bakterielle akneiforme Follikulitis, bedingt durch Minderung der Abwehr gegen Keime. Aussaat gleichförmiger Effloreszenzen; 2. Halogene (Jod und Brom), spätere, sek. Komedonenbildung; 3. Lithium-Salze, bei Therapie psychiatrischer Krankheiten; 4. Sedativa, besonders bei überstandener Akne in der Pubertät; 5. Vitamin B_{12}. 12

A-Kontakt m: Kontaktpunkt zwischen dem Scherhöcker eines Oberkieferzahnes und dem Stützhöcker seines Antagonisten; vgl. Antagonisten. 4

ak|quirieren: erwerben, z.B. einen Infekt. Vgl. AIDS. 20

A|kranie f: angeborenes Fehlen des Schädeldaches. Das Neugeborene ist nicht lebensfähig. 3

Akren (gr.) n pl: die Körperspitzen, z.B. Nase, Kinn, Zunge, Finger, Zehen; Adj. akral. Vgl. akro-. 9

Akrinor®: Theodrenalin, → Vasopressoren. 2

akro- (gr.): in Verbindungen: auf endende Körperstellen, Extremitäten bezüglich. 9

Akro|asphyxie f: → Asphyxie, → Akrozyanose, → *Raynaud*-Syndrom. 12

Akro|dermatitis chronica atrophicans (*Herxheimer*) f: chron. Entzündung, die mit livider ödematöser Schwellung umschriebener Hautpartien beginnt, der schlaffe Atrophie folgt und die später u.U. in straffe sklerodermiforme Atrophie übergehen kann. Prädilektionsstellen sind Hand- und Fußrücken, Ellenbogen und Knie. Im atrophischen Stadium ist die befallene Haut blau-braun-rötlich verfärbt und wie Zigarettenpapier fältelbar. Ursache: durch Zeckenbiß übertragene Infektion mit Spirochaeta burgdorferi. Therapie: mit Antibiotika, besonders im Anfangsstadium heilbar. 12

Akro|dermatitis enteropathica f: hereditäre, aber meist erworbene, durch Zinkmangel bedingte Hauterkrankung, z.B. bei künstlicher Ernährung. Akral lokalisierte, im Bereich von Mund, Nase und Anogenitalregion auftretende, psoriasiforme, nässende Herde. Bei ausgeprägter A. e. telogenes Effluvium. Therapie: Zinkoxid (Solvezink oder Zinksulfat oral). 12

Akr|odontie f: Bezahnung mit dem Kieferrand aufsitzenden Zähnen, die nicht in Alveolen verankert sind (Abb.). A. kommt z.B. bei Reptilien vor. Vgl. Pleurodontie und Thekodontie. [30]

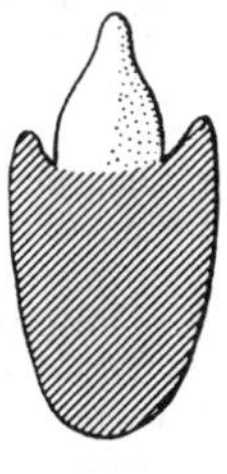

Akro|megalie f: i.a. im 2. und 3. Lebensjahrzehnt auftretende Erkrankung, hervorgerufen durch Überproduktion von Wachstumshormon in der → Hypophyse. Ätiologie: eosinophiles Adenom oder Karzinom des Hypophysenvorderlappens. Symptome: Verdickung der peripheren Körperteile (→ Akren), im Gesicht (Abb.) besonders von Stirn, Nasenwurzel, Nase, Lippen

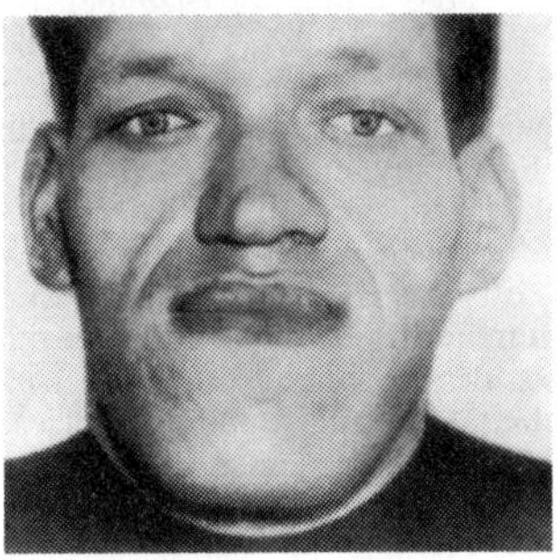

Veränderungen im Gesicht

und Zunge, an Händen und Füßen besonders der distalen Phalangen; Zahnersatz sitzt nicht mehr (Vorstehen des Unterkiefers: Progenie). Kann am Zahnsystem durch → Hyperzementosen in Erscheinung treten. Vergrößerung der inneren Organe, der Schilddrüse, des Herzens, der Leber und Nieren, des Pankreas und des Magen-Darm-Kanals. Hypertrichosis universalis. Später → Osteoporose. Bei 50% Sehstörungen infolge Druck der vergrößerten Hypophyse auf die peripheren Sehbahnen in den Sehnerven, mitunter auch → Diabetes insipidus oder → Diabetes mellitus. [20]

Akro|mikrie f: Kleinwuchs des Gesamtskeletts mit Verkürzung und Verdünnung der peripheren Knochenteile, Haarausfall und bisweilen Mikrozephalie, Hypogenitalismus. [20]

Akro|sarkoma Kaposi (Moritz K. K., Dermat., Wien, *1837, † 1902): Sarcoma idiopathicum multiplex haemorrhagicum Kaposi; → *Kaposi-Sarkom*. [2]

Akro|sporen f pl: Konidiosporen, → Konidien. [8]

Akro|zephalie f: Spitzkopf, Hochkopf; Krankheitsbild, das durch frühzeitigen Verschluß der Schädelnähte entsteht. Vgl. Kraniosynostose. [3]

Akro|zephalo|syn|daktylie f: seltene genge-bundene hereditäre Störung mit Schädigung des mesenchymalen Primordialkraniums und des Chondrokraniums. Dies bedingt eine Dysmorphie im Bereich des Hirn- und Gesichtsschädels mit kurzem, hohem Schädel, teils Turmschädel, Hypertelorismus, breiter Nasenwurzel, flachen Orbitae und Exophthalmus. Extreme Rücklage des Oberkiefers, dadurch ausgeprägte Pseudoprogenie mit offenem Biß. Ursache: frühzeitige Synostose sämtlicher Nähte am Neuro- und Viszerokranium. Außerdem häutige oder ossäre → Syndaktylie, selten auch → Polydaktylie. Therapie: frühzeitige Ostektomie am Hirnschädel, später Le-Fort-III-Osteotomie. [3]

Akro|zyanose f: Blausucht (→ Zyanose) der Akren, Stauungshyperämie der Gliedmaßen, auch der Ohren und Wangen, die blaurot verfärbt sind und sich kalt anfühlen. Neurohormonale, konstitutionell bedingte Störung der peripheren Durchblutung; zugrunde liegen Erweiterungen der Venolen und maximale Verengungen der Arteriolen (Akroasphyxie). An den Händen häufig mit starker Schweißabsonderung (→ Hyperhidrosis) verbunden. A. bei Pulmonalstenose (angeborener Herzfehler), sekundär bei Pulmonalstenose. [12]

Akrylate n pl: Bezeichnung für die Polymerisationskunststoffe der → Akrylsäure-Gruppe „Akrylharze". Das Polymerisationsprodukt aus Pulver und flüssigem Monomer dient als Basismaterial für Prothesen (Polymethacrylsäuremethylester). [4]

Akrylat|füllung: Kunststoffüllung auf Methylmetacrylbasis. Heute nicht mehr gebräuchlich (Pulpaschädigung). Vgl. Füllungstherapie. [1]

Akryl|nitril: $CH_2{=}CH \cdot CN$; farblose Flüssigkeit, Ausgangssubstanz für → Kunststoffe. [4]

Akryl|säure: $CH_2{=}CH \cdot COOH$; einfachste ungesättigte organische Säure, stechend riechende Flüssigkeit, die bei 140° siedet. Die Derivate der A. sind Ausgangsprodukte für synthetische → Kunststoffe. [4]

Aktino|bazillus m: Gattung gramnegativer, zarter, unbewegl., teils → mikroaerophiler Stäbchen, zur Familie der Pasteurellaceae gehörend. [8]

Aktino|mykose f: besser: aktinomykotische Mischinfektion. Strahlenpilzerkrankung, Erreger sind echte Bakterien: Actinomyces israelii oder

Actinomyces naeslundii, fadenbildende, auch kokkoid zerfallende, grampositive → Anaerobier oder die aerob wachsende Nocardia asteroides (→ Nocardia), häufig begleitet von anderen Bakterien. Keime leben als Parasiten in der Mundhöhle und dringen sehr wahrscheinlich durch Trauma oder odontogenen Infekt in das Gewebe ein. Dort bilden sich häufig sandkorngroße → Drusen (Abb.), deren Auffinden im Eiter oder Granulationsgewebe als Nachweis einer Infektion durch → Aktinomyzeten gilt. Ein sicherer Nachweis ist die Kultur.

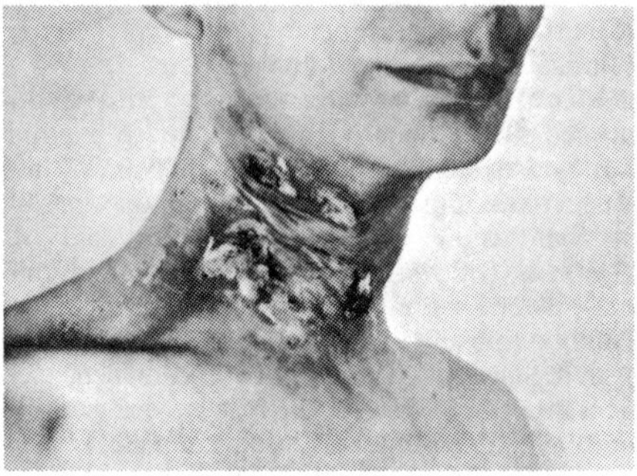

Klinisches Bild der Aktinomykose mit multiplen Abszessen und Fisteln

Klinische Befunde: Die charakteristische Erscheinungsform der A. ist eine derbe, rote, ziemlich unempfindliche Schwellung, die sich meist allmählich entwickelt. Sie wird dann zunehmend weicher, ihr Inhalt beginnt zu fluktuieren, er drängt gegen eine Oberfläche und fistelt schließlich; es bildet sich ein chronisch entzündetes Höhlensystem mit schlechter Heilungstendenz. Die Läsion hat die Tendenz, sich lokal auszubreiten. Es kann auch zur Aussaat über die Blutbahn kommen. In ungefähr der Hälfte aller Fälle von A. ist der Primärherd zervikofazial lokalisiert; befallen sind die Gewebe des Gesichts, des Nackens, der Zunge und der Kiefer. Ungefähr 1/5 der Fälle zeigt vorwiegenden Befall der Lunge mit Abszessen und Empyemen (thorakale A.). Ein gleich hoher Prozentsatz erkrankt an einer abdominalen A., wobei der Primärherd im Blinddarm, im Appendix oder in den Beckenorganen gefunden wird. Es kann auch zu multiplen Fisteln kommen. Therapie: Abszeßeröffnung, Röntgenbestrahlung (Reizdosis um 100 R), Jod-Iontophorese, Vakzine-Therapie, Eigenblutbehandlung, vor allem hohe kombinierte Penizillin-Tetrazyklingaben über längere Zeit. Immunität: Es ist nicht bekannt, ob es nach einer Infektion mit Aktinomyzeten zu irgendeiner Immunität kommt. 8

Aktino|myzeten m pl: Strahlenpilze; es handelt sich um Bakterien der Ordnung Actinomycetales. 3 medizinisch wichtige Gattungen: 1. Actinomyces: normales Vorkommen in der menschlichen Mundhöhle als Epiphyten der Mundschleimhaut und in Plaque. A. israelii (anaerob bis mikroaerophil): Erreger der → Aktinomykose. Die körnigen → Drusen im Eiter oder Granulationsgewebe sind Fadengeflechte, umgeben von einer organischen Matrix aus Polysacchariden und Proteinen mit inkrustiertem Kalziumphosphat. A. naeslundii (aerob) ist gelegentlich an einer Aktinomykose beteiligt, ist aber wie A. odontolyticus und A. viscosus ein wichtiger Mikroorganismus der Plaque. A. viscosus ist sehr wahrscheinlich an der Entstehung von Parodontopathien beteiligt. Von allgemeinmedizinischer Bedeutung sind 2. die Gattung → Nocardia, die über aerobe Keime Infektionen der Atemwege verursacht oder durch Verletzungen der Haut eindringt (→ Nocardiosen) und 3. aerobe Streptomyzeten als Produzenten verschiedener Antibiotika wie Chloramphenicol, Aureomycin, Neomycin, Streptomycin. 8

Aktino|myzetom n: bei der Strahlenpilzkrankheit (Actinomyces israelii) auftretende, aus aktinomykotischem Granulationsgewebe bestehende tumorartige Läsion. Der Erreger dringt meist von der Mundhöhle auf dem Lymphwege in die Haut der Wangen und des Halses ein. Es entstehen blaurote, brettharte, wulstförmige Infiltrate mit Abszeß- und Fistelbildungen. Häufig am Kieferwinkel lokalisiert. 32

Aktino|therapie f: Behandlung mit aktinischen Strahlen. 2

Aktions|potential n: Abk. AP; vorübergehende Änderung des (Ruhe-) Membranpotentials, z.B. von Muskel- oder Nervenzellen, die im Zusammenhang mit den für die Zellart typischen Funktionen (Kontraktion bei der Muskelzelle, Fortleitung einer Information bei der Nervenzelle) auftritt. Die Dauer der Potentialschwankung des AP ist gewebetypisch. Sie liegt bei 1 ms in myelinisierten motorischen Nerven des Warmblüters, bei 200 ms im Herzmuskel. → Summenaktionspotential. 10

Aktivator m: **1.** Kieferorthop.: passives Behandlungsgerät der → Funktionskieferorthopädie nach *Andresen* und *Häupl* mit dreidimensionaler Wirkungsweise (Abb.). Wirksam ist nicht der ruhende, sondern der durch Muskeltätigkeit in Bewegung gesetzte A., der eine von der Ruhelage der Kiefer abweichende Stellung

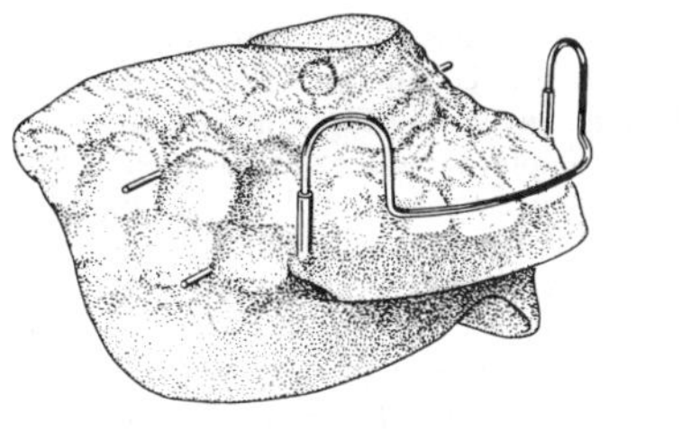

Aktivator nach *Andresen* und *Häupl* [21]

begünstigt und so die Einnahme der habituellen Ruhelage verhindert. Bei → Distalbiß kommt es durch den in Vorbißstellung konstruierten Apparat (→ Konstruktionsbiß) infolge Gewebeumbaus zu einer Formänderung des Kiefergelenkes und einer Stellungsänderung des Unterkiefers. Zur Therapie von Distalbissen und tiefen Bissen ist der A. besonders geeignet. Wird auch empfohlen zur Behandlung von offenen Bissen und Progenien; diese A.en sind jedoch anders konstruiert (→ Progenieaktivator). Bei Einzelzahnbewegungen ist Verankerung durch Abstützdorne zwischen dem 2. Prämolaren und 1. Molaren erforderlich. Der A. wird auch zur Führung des intakten Unterkieferanteils nach Frakturen und Resektionen verwendet. Er gilt als Prototyp aller funktionskieferorthopädischen Apparaturen. **2.** W e r k s t o f f k u n d e : Substanz organischer oder anorganischer Natur, die u.a. enzymatische Prozesse beschleunigt (z.B. als Koenzym wie Mg^{++}, Mn^{++}, Zn^{++} oder Vitamine der B-Gruppe). Gegensatz: Inhibitoren, Enzymhemmer, wie z.B. SH-Gruppeninhibitoren. In der Polymerisationschemie werden unter A. Stoffe verstanden, die entweder die Wirksamkeit eines Katalysators erheblich steigern oder die Bildung besonderer Reaktionsprodukte veranlassen. Vgl. Akzeleratoren. [4, 5]

aktive Platte: herausnehmbare kieferorth. Apparatur, von *A. M. Schwarz* unter Verwendung der → Dehnschraube entwickelt (Abb.) und zu

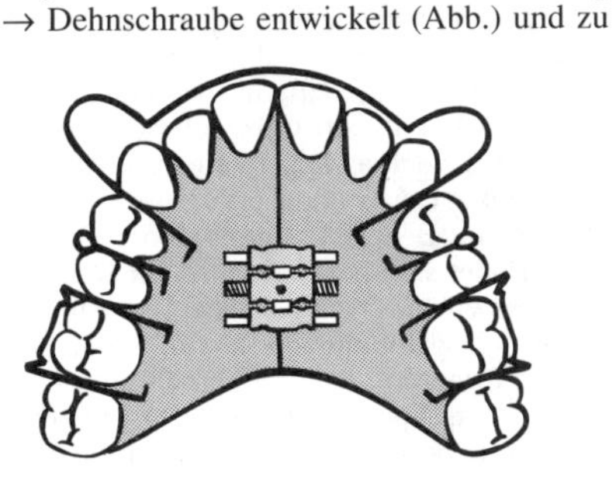

vielseitiger Anwendung in Ober- und Unterkiefer gebracht. Durch Hilfselemente (→ Federn etc.) sind Einzel- und Gruppenbewegungen von Zähnen in transversaler, sagittaler und vertikaler Richtung möglich. Mittels → Doppelplatten können auch Korrekturen der → Bißlage erreicht werden. [5]

aktive Zahn|fleisch|tasche: Zeichen eines akuten Schubes einer → Parodontitis marginalis. Klinische Symptome: Blutung bei Sondierung der Tasche, erhöhte Abgabe von Sulkusflüssigkeit, eventuell → Pus. In der Regel mit einem → Attachmentverlust verbunden. Vgl. Zahnfleischtasche. [6]

Aktivieren: in der Prothetik und Kieferorthopädie das In-Spannung-Versetzen von Klammern, Schrauben, Federn usw. [5]

aktuelles Karies|risiko n: zu einem bestimmten Zeitpunkt bestehende Gefahr der Entstehung kariöser Läsionen. → Kariesrisiko. [29]

Aku|punktur f: altchinesische Therapieform, die mit Hilfe von Nadelstichen in ganz bestimmte Punkte auf durch den Körper gelegte Meridiane Krankheiten heilen soll. Am gebräuchlichsten Körper-, Ohr- und Schädelakupunktur. Indikationen Zhk.: Schmerzzustände, entzündl. Kieferklemme. [2]

Aku|punktur|analgesie f: Analgesie für zahnärztl. oder andere Eingriffe, bei der die Akupunkturnadeln elektrisch stimuliert werden. Indiziert bei Unverträglichkeit von Lokal- und/oder Allgemeinanästhetika. [2]

Aku|punktur|anästhesie f: Kombination von konventioneller Allgemeinnarkose mit elektrischer Stimulation von Akupunkturnadeln. Meist Beginn mit intravenöser Einleitung und Fortsetzung mit → Lachgas und Akupunktur. [2]

akustisch (gr.): das Gehör(-organ) betreffend. [9]

akut (lat.): acutus; plötzlich beginnend und heftig verlaufend, im Ggs. zu → chronisch. [32]

akute Gingivitis f: akute Entzündung der → Gingiva mit Rötung, Schwellung und Exsudation. Ursache können mechanische oder thermische Verletzungen und/oder bakterielle Beläge sein. Sofern bakterielle Beläge die Ursache sind und langfristig bestehen bleiben, geht die akute Gingivitis innerhalb weniger Tage in eine → chronische Gingivitis über. [6]

akute nekrotisierende ulzeröse Gingivitis f: Abk. ANUG; meist schlagartig beginnende, ansteckende, sehr schmerzhafte Entzündung der interdentalen, später auch der übrigen → Gingiva mit Nekrosen und Ulzerationen. Häufig verbunden mit Mundgeruch, fauligem Geschmack und Lymphknotenbeteiligung mit erhöhter Körpertemperatur. Die ANUG ensteht meist auf dem Boden einer → akuten Gingivitis oder einer → chronischen Gingivitis und ist charakterisiert durch einen schubweisen Verlauf. Der Übergang in eine → Stomatitis oder eine → ulzeröse Gingivoparodontitis ist möglich. Ursache: mangelhafte Mundhygiene; wahrscheinliche Erreger: fusiforme Stäbchen und Spirochäten. Nach Abheilung der Ulzera verbleiben in der Regel interdentale Krater und Nischen sowie eine wulstige Gingiva mit umgekehrt girlandenförmigem Verlauf. 6, 11

Ak|zeleration (lat.) f: Entwicklungsbeschleunigung; der Zahnwechsel erfolgt z.B. heute allgemein 1-2 Jahre früher als um die Jahrhundertwende. 10

Ak|zeleratoren (lat.) m pl: in der Kunststoffchemie chemische Zusätze, z.B. tertiäre Amine, die den Polymerisationsprozeß ohne zusätzliche äußere Wärmezufuhr in Gang setzen. → Aktivatoren, → Autopolymerisation. 4

ak|zessorisch (lat.): hinzutretend, unterstützend, überzählig. 30

Ak|zessorius|lähmung: Lähmung des XI. → Hirnnervs. Als Folge Schiefhals, hängende Schulter und Abstehen des Schulterblattes (sog. Engelflügel). Vgl. accessorius. 20

ak|zidentell: akzidentiell; zufällig eintretend, nicht zum typischen Krankheitsbild gehörend, z.B. a.e → Herzgeräusche, die nicht mit organischen Herzfehlern zusammenhängen. 20

Al: chem. Zeichen für → Aluminium. 23

A|lalie f: Unfähigkeit zur Bildung artikulierter Laute durch Schädigung der äußeren Sprachwerkzeuge (Muskulatur oder Nervenversorgung von Mund, Kehlkopf usw.) sowie durch Läsion der Nervenbahnen. Idiopathische A.: → Hörstummheit. 33

Ala major, A. minor (lat.) f: Anteile des → Os sphenoidale. 9

Ala nasi (lat.) f: Nasenflügel. 9

Alare (lat.) n: Abk. Al; kraniometr. Meßpunkt, seitlichster Punkt des Nasenflügelansatzes (Abb. → Meßpunkte). 5

Alarm|reaktion f: → Adaptationssyndrom. 20

Alarm|symptom n: Zeichen einer akuten Störung der → Vitalfunktion, das ohne weitere Diagnostikmaßnahmen die sofortige Wiederherstellung und Aufrechterhaltung der Vitalfunktion erfordert. Vgl. Begleitsymptom, Warnsymptom. 16

Albers-Schoenberg-Krankheit (Heinrich A.-S., Radiol., Hamburg, *1865, † 1921): → Marmorknochenkrankheit. 20

Albinismus m: einfach rezessiv vererbte Pigmentfreiheit des Integuments (Haut, Iris, Retina, Sklera, Uvealtrakt, Haare). Pathogenese: Mangel an dem zur Pigmentbildung unentbehrlichen Kupfereiweißenzym Tyrosinase. Klinik: zarte, gegen Sonnen- und UV-Bestrahlung empfindliche Haut, rote bis blaurote Iris, Nystagmus, Brechungsanomalien, Lichtscheu. Therapie: Schutzsalben, Augenschutzgläser. 20

Albrecht-Pinzette f: → Pinzette. 21

Albrecht-Wurzelfüllung (Julius A., Za., Frankfurt/M., *1865, † 1918): flüssige Wurzelfüllung, die wegen hohen Diffusionsvermögens leicht in Seitenkanäle und Dentin eindringt. Erhärtet im Wurzelkanal. Vgl. Wurzelkanalbehandlung. 1

Albright-Krankheit (Fuller A., Arzt, Boston, *1900): fast ausschließlich beim weiblichen Geschlecht vorkommende Variante der → Osteofibrosis deformans juvenilis mit zusätzlicher umschriebener Hautpigmentation im Segmentbereich der befallenen Knochen und → Pubertas praecox. 20

Albright-Lightwood-Krankheit: → *Lightwood-Albright*-Syndrom. 20

Albright-Martin-Syndrom (Eric. M., zeitgenöss. Int., Genf) n: Pseudohypoparathyroidismus. 20

Albumin n: in allen tierischen und pflanzlichen Zellen sowie den meisten Körperflüssigkeiten vorkommende Eiweißkörper, die durch gute Wasserlöslichkeit, relativ niedriges Molekulargewicht (etwa 15.000-70.000) und Fehlen von Kohlenhydratanteilen gekennzeichnet sind und von den gleichermaßen verbreiteten → Globulinen besonders durch fehlende Aussalzbarkeit in nicht gesättigten Ammoniumsulfatlösungen sowie ihr Verhalten bei der → Elektrophorese unterschieden werden. Der Anteil des A.s am Gesamtprotein des Plasmas beträgt etwa 50-60%. Aufgaben: Stabilisieren des Plasmavolumens durch hohe wasserbindende Kraft (kolloidosmotischer Druck), hohes Bindungsvermögen für Serumkalzium sowie direkt und indirekt reagierendes → Bilirubin, Vehikelfunktion für → Fettsäuren und Pharmaka (Sulfonamide, Penizilline), Funktion als Abstromregler (Bewerkstelligung des gezielten Transportes von Stoffwechselprodukten, Enzymen und Hormonen an die Organe des Bedarfs). Verminderung der Albumine findet sich bei Serumproteinabnahme (→ Hypoproteinämie) mit gleichzeitiger Albuminabnahme (Hypalbuminämie), z.B. beim nephrotischen Syndrom, bei Unterernährung, Darmerkrankungen (Sprue, Enteropathie), Lebererkrankungen (Leberzirrhose) und Ödembildung. Vorkommen auch als angeborener Defekt (Analbuminämie). [20]

Albumin|urie f: Ausscheidung von Eiweiß im Urin, richtiger → Proteinurie, da Ausscheiden von → Albumin und → Globulinen. [20]

Aldehyd m: Alcohol dehydrogenatus; organische Verbindung mit der charakteristischen Aldehydgruppe (Abb.). A.e entstehen im allgemeinen durch Oxidation primärer → Alkohole und können zu → Karbonsäuren weiteroxidiert werden. [23]

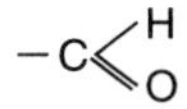

Strukturformel der Aldehydgruppe

Aldo|hexosen f pl: → Kohlenhydrate. [23]

Aldo|lase f: ein am Kohlenhydratabbau über den → *Embden-Meyerhof*-Weg beteiligtes Enzym. Spaltet FDP (Fruktose-1,6-Diphosphat) in 2 Triosen (Zucker mit 3 C-Atomen). Bei Karies signifikant im Speichel vermindert. [23]

Aldo|pentosen f pl: → Kohlenhydrate. [23]

Aldosen f pl: → Kohlenhydrate. [23]

Aldo|steron n: ein aus der amorphen Fraktion von Nebennierenrindenextrakten isoliertes kristallinisches → Kortikosteroid mit besonderer Wirkung auf den renalen Na^+/K^+-Koeffizienten (25mal so stark wirksam wie Desoxykortikosteron, Mineralokortikoide); Förderung der Na^+-Rückresorption aus den distalen Nierentubuli und im Sammelrohr, Vermehrung der K^+-Ausscheidung. → Aldosteronismus. [10]

Aldo|steronismus m: Erkrankung infolge Fehlfunktion der Nebennierenrinde, → Hypoaldosteronismus, → Hyperaldosteronismus. [20]

Alexine (*Buchner*) (gr.) n pl: Abwehrstoffe, Moleküle, die die Fähigkeit haben, Lebewesen aufzulösen. Thermolabil, im zellfreien Serum, eiweißartig. Identisch mit *Ehrlichs* Komplement. [8]

Algesie (gr.) f: Schmerzempfindlichkeit. Vgl. Hypalgesie, Hyperalgesie, Analgesie. [32]

Alginate (lat.) n pl: Grundlage eines irreversiblen, elastischen Abformungsmaterials zur Abformung von Zähnen und Kieferanteilen. A. bestehen aus Salzen der Alginsäure, die aus Rot- und Braunalgen gewonnen wird. Hauptbestandteil der A. ist das (wasserlösliche) Natriumalginat (14%), das beim Mischen mit Wasser ein → Hydrokolloid bildet. Durch Zusatz von $CaSO_4$ (10%) fällt Kalziumalginat aus, dabei Übergang vom Sol in den Gelzustand. Weiter enthalten sie Natriumphosphat als Reaktionsverzögerer (Retarder), Karbonate, Diatomeenerde u.a. als Füllmittel. Aufbewahrung der Alginatabdrücke nur im → Hygrophor. [4]

Alginat-Isoliermittel: wässerige Na-Alginat-Lösung (ca. 3%), auf Gipsoberflächen aufgepinselt, reagieren mit dem Ca des Gipses. Es fällt ein dünner, am Gips haftender Ca-Alginatfilm aus, der als Formtrennmittel gegen Kunststoff bei der Herstellung von Prothesen, kieferorthopädischen Apparaten u.ä. dient. Vgl. Alginate. [4]

alimentär (lat.): durch die Ernährung hervorgerufen. [20]

A-Linie: → AH-Linie. [4]

alio loco: andernorts, nicht in eigener Praxis. [27]

aliphatische Verbindungen: gesättigte oder ungesättigte Kohlenwasserstoffe mit kettenförmiger Anordnung der Kohlenstoffatome im Molekül. Ihr Name rührt daher, daß zahlreiche geradkettige Kohlenwasserstoffe erstmalig aus Fetten gewonnen wurden. Sie stehen auf Grund des Bindungscharakters der an ihrem Aufbau beteiligten Atome im Gegensatz zu → aromatischen Verbindungen. [23]

Alkali: (arab.) n, pl Alkalien, Adj. alkalisch: chem. → Hydroxide der → Alkalimetalle. Ihre wäßrigen Lösungen sind durch gewisse Eigenschaften charakterisiert (brennender, laugiger Geschmack; Fähigkeit, rotes Lackmuspapier (→ Lackmus) blau zu färben, sog. alkalische Reaktion), die auf ihren hohen Gehalt an Hydroxyl(OH)-Ionen zurückzuführen sind. Demzufolge werden hydroxylionenhaltige Lösungen generell als alkalische Lösungen bezeichnet. Vgl. Basen, Hydrolyse, Laugen. [23]

Alkali|metalle n pl: gemeinsame Bezeichnung für die Elemente der I. Hauptgruppe des → Periodensystems: Lithium, Natrium, Kalium, Rubidium, Zäsium und Frankium. Sie sind charakterisiert durch große Weichheit, für Metalle sehr niedrige spezifische Gewichte, außerordentlich leichte Schmelzbarkeit und niedrige Siedepunkte. [23]

Alkali|neutralisation (*Burckhardt* 1935) f: Verfahren zur Hautfunktionsprüfung. Alkalilösung mit Farbstoffindikator wird auf die Haut gebracht und die Zeit bis zum Farbstoffumschlag bestimmt. Bei Verlangsamung besteht Anfälligkeit gegen Seifen, Zement u.ä. Alkalischäden der Haut können Wegbereiter der Hautallergie (vgl. Ekzem) sein. [12]

Alkali|reserve f: das im Blut zur Neutralisation auftretender Säuren (besonders Kohlensäure, Milchsäure) nicht fixgebundene Alkali, das der Kohlensäure zur Bikarbonatbildung zur Verfügung steht. Dazu dienen vor allem verschiedene Puffersysteme, deren wichtigstes das Kohlensäure-Bikarbonat-System ist. Dessen Einfluß auf die aktuell H^+-Ionenkonzentration zeigt die *Henderson-Hasselbach*-Gleichung.

$$[H^+] = k \cdot \frac{[H_2CO_3]}{[HCO_3^-]}$$

Messung der A. meist als Standardbikarbonat: Bikarbonatgehalt des Blutes nach O_2-Sättigung, bei 37° und einem Co_2-Partialdruck von 40 mm Hg im Apparat nach *van Slyke*. Normalwert: 25 mVal/l (23-28 mVal/l). Vgl. Säure-Basen-Haushalt. 10

Alkalose (arab. al-qali, Pottasche) f: Zunahme des pH-Wertes, Verminderung der Wasserstoffionenkonzentration. Vgl. Säure-Basen-Haushalt. 20

Alkane n pl: → Paraffine. 23

Alkohol (arab.) m: Spiritus, Weingeist, chemische Bezeichnung Äthylalkohol oder Äthanol; die organische Verbindung C_2H_5OH wird durch → Gärung gewonnen und enthält eine oder mehrere Hydroxyl(OH)-Gruppen im Molekül. Je nach der Anzahl der OH-Gruppen im Molekül unterscheidet man ein-, zwei- und mehrwertige A.e. So ist → Äthylalkohol, C_2H_5OH, einwertig; → Glyzerin, $C_3H_5(OH)_3$, dreiwertig. (Die Bezeichnung hat nichts mit dem Begriff der → Wertigkeit zu tun!) Primäre A. enthalten eine oder mehrere Gruppen -CH_2OH, sekundäre A. eine oder mehrere Gruppen > CH(OH), tertiäre A. die Gruppe COH.

A. wird als Lösungsmittel, zur Darstellung von Essig, Äther, Chloroform usw., zur Konservierung anatomischer Präparate, als Genußmittel und Antiseptikum verwendet. Alcoholus absolutus enthält 99,4 - 99,1 Gewichtsprozente wasserfreien Äthylalkohols. Pharm. → Spiritus. 23

Alkohol|embryo|pathie f: Schädigung des Kindes durch Alkoholismus der Mutter. Häufigkeit: 2 auf 1.000 Geburten in der BRD. Ursache: chronischer Alkoholismus der Mutter. Klinisches Bild: Minderwuchs, Mikrozephalus, geistige Retardierung, hypotone Muskulatur, selten Gaumenspalte. Schlechte Prognose. 3

Alkohol|gärung: → Gärung, alkoholische. 23

Alkoholismus m: Alkoholsucht mit den durch sie hervorgerufenen psychischen und physischen Erscheinungen. Die WHO unterscheidet zwischen Mißbrauch und Abhängigkeit. 5 Kriterien: 1. abnormes Trinkverhalten, 2. somatische alkoholverursachte Schäden, 3. psychosoziale alkoholbedingte Schäden, 4. Toleranzsteigerung bzw. Entzugssymptome (körperliche Abhängigkeit), 5. Zentrierung des Denkens und Strebens auf Alkohol (psychische Abhängigkeit). Vgl. Dipsomanie. 33

Allantois (gr.) f: embryonaler Harnsack, bildet sich am Beginn der 3. Embryonalwoche als fingerförmige Aussackung des Dottersackes in den Haftstiel hinein. Der kaudale Teil wird später in die Bildung der Harnblase einbezogen, während der kraniale Teil als → Urachus bis zum Nabel reicht und obliteriert zum Ligamentum umbilicale medianum wird. 22

Allantois|kultur f: Züchtung von Viren in der Allantoishöhle bebrüteter Hühnereier. 8

Allele (gr.) n pl: Partner einer Erbanlage, die an gleiche Stellen eines Chromosomenpaares gebunden sind; trennen sich bei der *Mendel*-Spaltung so, daß nur einer vererbt wird. 8

Allen|these f: operativ in den Körper eingebrachte Fremdstoffe wie Metalle, Kunststoffe, → Aluminiumoxidkeramik; meist zum Knochen-, Gelenk- oder Zahnwurzelersatz; vgl. Implantat. 18

All|ergene n pl: einfache oder zusammengesetzte Proteine oder Polysaccharide, die eine humorale und/oder zelluläre Immunantwort auslösen können und einen der Sensibilisierung fähigen Organismus (→ allergische Diathese) zur Bildung von → Antikörpern veranlassen. Allergenarten: Inhalations- (z.B. Pollen), Ingestions- (z.B. Fisch), Kontakt- (z.B. Wolle, Chemikalien; Zhk.: prothet. Werkstoffe), Injektions- (z.B. gruppenfremdes Blut) und Invasions-A. (z.B. Bakterien). Vgl. Allergie. 20

All|ergie f: eine teils angeborene, teils erworbene spezifische Reaktivität gegen bestimmte sehr verschiedenartige, für den normalen Organismus in der in Frage kommenden Quantität harmlose Stoffe (→ Allergene). Die Erscheinungsformen reichen von der Rhinitis bis zum anaphylaktischen Schock. Kennzeichnung dieser Reaktivität durch den ganz bzw. teilweise ausgebildeten allergischen Symptomenkomplex, charakterisiert durch Freisetzung sog. → Mediatoren als Folge einer Antigen-Antikörper-Reaktion (→ Anaphylaxie, → Idiosynkrasie, → allergische Krankheiten). Klassifikation antikörpervermittelter Überempfindlichkeiten: humorale Soforttypreaktionen: I. Anaphylaxie, → Atopie, II. zytotoxische Reaktionen (→ Agranulozytose), III. Immunkomplexreaktionen (Vaskulitis, Serumkrankheit); zelluläre Spätreaktionen: IV. durch Tuberkulin, andere Proteine und einfache chemische Substanzen ausgelöste, langsam verlaufende Reaktionen (Kontaktdermatitis). Zur Vermeidung Angaben in einem → Allergiepaß beachten. Die Therapie richtet sich nach der Ausprägung: Antihistaminika bei leichten Manifestationen, Kortison und → Adrenalin bei schweren Manifestationen. Vgl. Penizillinallergie. [16, 20]

Allergie|paß: Dokument, das nach qualifizierter Testung auf Allergene dem Patienten ausgestellt wird und von diesem vor jeder allgemein- oder zahnärztlichen Behandlung dem Arzt vorgelegt werden muß. Vgl. Allergie. [16]

all|ergische Dia|these f: erhöhte, in der Körperverfassung liegende, vererbbare Bereitschaft zur Sensibilisierung. [20]

all|ergische Krankheiten: Allergosen; durch → Antigen-Antikörper-Reaktionen verursachte und durch klinisch-pharmakolog. → Mediatoren hervorgerufene Krankheiten, z.B. Heuschnupfen, Asthma bronchiale, *Quincke*-Ödem, Colica mucosa, Colitis ulcerosa, Urtikaria, gewisse Ekzeme. Auch die → Autoimmunkrankheiten und die bei Organtransplantationen auftretenden Abstoßungs-(Immun-)reaktionen gehören hierher.[20]

All|ergosen f pl: → allergische Krankheiten. [20]

allgemeine Geschäfts|bedingungen: Abk. AGB; allgemeine Vertragsbedingungen; Bedingungen, die von einem Vertragspartner für alle von ihm abzuschließenden vergleichbaren Verträge vorformuliert werden. Das Recht der AGB wird geregelt im Gesetz zur Regelung des Rechts der Allgemeinen Geschäftsbedingungen (AGB-Gesetz). AGB sind in besonderer Weise von der Rechtsprechung überprüfbar unter den Aspekten von Treu und Glauben und der Sittenwidrigkeit. Insofern umfangreiche Rechtsprechung. [24]

Allgemeine Ortskrankenkasse: Abk. AOK; Krankenkassen, die für die Versicherung der Arbeitnehmer generell zuständig sind, wenn nicht → Betriebskrankenkassen oder → Innungskrankenkassen zuständig sind. Solche dürfen aber nur errichtet werden, wenn der Bestand und die Finanzierungsfähigkeit der AOK dadurch nicht gefährdet werden. Die Ortskrankenkassen sind in den Landesverbänden und diese wiederum in einem Bundesverband zusammengeschlossen.[24]

allgemeine Versicherungs|bedingungen: Abk. AVB; von den privaten Versicherungen festgesetzte Bedingungen für alle Versicherungsverträge, die den Versicherungsgegenstand und -anspruch bestimmen und auf deren Basis die individuellen Versicherungsverträge abgeschlossen werden. [24]

Allo|gnathie f: von der Norm abweichende Bißart. [5]

Allo|plastik f: → Plastik. [2]

Allo|tropat®: Hydroxylapatit in Granulatform als Knochenersatzmaterial, wird verwendet zur → Augmentation des Kieferkammes und zur Auffüllung von Knochendefekten. Vgl. Hydroxylapatitkeramik. [18]

Allo|tropie f: Fähigkeit mancher chemischer Elemente, in verschiedenen Formen (Modifikationen) aufzutreten, die unterschiedliche Eigenschaften aufweisen. So kommt z.B. elementarer Kohlenstoff in der Natur als Graphit und als Diamant vor. [23]

All|oxan n: chemische Verbindung, die durch Oxidation der Harnsäure gebildet werden kann; A. bewirkt bei Laboratoriumstieren einen Diabetes (Alloxan-Diabetes). [23]

Allo|zephalie f: vom normalen Durchschnitt abweichende Schädelformen mit den Spielarten Makrozephalie, Mikrozephalie, Stenozephalie.[3]

Alopecia (gr.) f: → Alopezie. [12]

Alopecia androgenetica f: männlicher Typus des Haarausfalls. Telogen-Effluvium in Form von Geheimratsecken und weiteren Zeichen einer männlichen Glatzenbildung oder als diffuse → Alopezie. Pathogenese: Androgenwirkung an follikulären Rezeptoren bei genetisch bedingter unterschiedlicher Empfindlichkeit. Provokation durch Androgentherapie bei Mammakarzinom, spontane Entwicklung bei Überwiegen androgener Faktoren (*Ludwig*). [12]

Alopecia areata f: kreisrunder Haarausfall mit fehlenden oder nur geringen Haarbodenveränderungen. Bandförmige Lokalisation und Hinterhaupt (Ophiasis), assoziierte Nageldystrophie. Oft mit Vitiligo kombiniert. Histologisch steht eine Rundzellinfiltration (I-Lymphozyten) im unteren Teil des Follikels (bienenschwärmähnlich), verbunden mit degenerativen Veränderungen und Entwicklung dystrophischer Haare bei Gefäßschwund, Kommahaare, sowie Melaninvermehrung der dermalen Papille im Vordergrund. Pathogenetisch: Autoimmunopathie unter vegetativer Stigmatisierung diskutabel (*Thies*). [12]

Alopecia atrophicans f: Pseudopelade Brocq; irreversibler narbiger Haarausfall. Übergang aus Folliculitis decalvans. Herde in Kombination mit Lichen acuminatus werden als *Graham-Little*-Syndrom bezeichnet. Atrophischer Endzustand eines Lichen ruber, welcher an der Kopfhaut in dieser Form auch isoliert vorkommen kann. Histologisch stehen bei diesen narbigen Alopezien in Frühstadien lymphozytäre Infiltrationen im Vordergrund. [12]

Alopecia specifica (syphilitica) f: kleinfleckige → Alopezie im Sekundärstadium der Lues, etwa 5 Monate nach Infektion. [12]

Alopecia symptomatica diffusa f: im Verlauf interner und lokaler Krankheiten auftretender

Haarausfall, bei Infektionskrankheiten, → *Basedow*-Krankheit, → Kachexie, Eisenmangel, Thalliumvergiftung, → Erythrodermie; ferner beobachtet als unerwünschte Nebenwirkung bei der Therapie mit Antikoagulantien und → Zytostatika. 12

Alopezie (gr.) f: Haarausfall oder erworbener Haarmangel. Vgl. Hypotrichose. 12

Alopezie, narbige f: u.a. nach → Lichen ruber planus, → Pyodermie, → Favus, → Lupus vulgaris, → Erythematodes, Verbrennungen und Verätzungen auftretende A. 12

Alprazolam n: 1,4-Benzodiazepin-Derivat; → Tranquilizer mit einer Eliminationshalbwertszeit von 12-15 h und einem pharmakodynam. aktiven → Metaboliten mit einer Eliminationshalbwertszeit von 11-15 h. Auch → Benzodiazepine. 7

Alten|pflege|heim: Altenheim, welches der umfassenden Pflege und Betreuung chronisch kranker und langfristig pflegebedürftiger alter Menschen dient. Ein A. ist nach seiner baulichen, funktionellen und personellen Ausstattung darauf ausgerichtet, vergehende Kräfte alternder Menschen medizinisch-pflegerisch zu kompensieren und zu reaktivieren. Vgl. Altenwohnheim. 27

Alten|wohn|heim: gewerblich, gemeinnützig oder staatlich geführte institutionelle Zusammenfassung von separaten Wohnungen oder Appartements, die hinsichtlich Anlage und Ausstattung den besonderen Lebensbedürfnissen alter Menschen entsprechen und möglichst lange eine unabhängige Lebensform gewährleisten sollen. Im Bedarfsfall werden Verpflegung und Betreuung durch den Träger des A.s organisatorisch gesichert. Im Unterschied zu privaten Altenwohnungen und Altenwohnanlagen gilt in der Bundesrepublik Deutschland für A.e das Heimgesetz. Vgl. Altenpflegeheim. 27

Alter: Dauer der Existenz, quantifiziert nach Zeiteinheiten (z.B. Lebensalter in Jahren), auch der letzte Lebensabschnitt des Menschen (insbes. Greisen-A.). Die Weltgesundheitsorganisation (WHO) unterscheidet zwischen alternden Menschen (50-60 Jahre), älteren Menschen (61-75 Jahre), alten Menschen (76-90 Jahre), sehr alten Menschen (91-100 Jahre) und den Langlebigen (über 100 Jahre). Dagegen wird im deutschen Sprachraum zumeist weniger differenziert von → Seneszenz (65-80 Jahre) und → Senium (über 80 Jahre) gesprochen. Im Gegensatz zum chronologischen (numerischen, kalendarischen) A., das rein quantitativ die zurückgelegten Lebensjahre mißt, versucht das biologische (funktionale) A., individuell den morphologischen und funktionellen Entwicklungs- bzw. Degenerationsgrad des Organismus oder einzelner Organe zu berücksichtigen (sog. Leistungsalter). Vgl. Altern. 27

Alteration (lat.) f: krankhafte Zell- und Gewebsveränderung, psych. Gemütsbewegung (auch Alteriertheit), Aufregung. Verb: (sich) alterieren: (sich) aufregen, erregen; Adj.: alteriert. 27

Altern: physiologischer Prozeß des Altwerdens mit individuell unterschiedlich ausgeprägtem Rückgang der körperlichen und geistigen Leistungsfähigkeit. Kennzeichnend sind morphologische und funktionelle Veränderungen von Zellen und Geweben (→ Alternstheorien), die sich u.a. in verlangsamter Zellerneuerung, → Atrophie der Binde- und Stützgewebe (Knochenatrophie), nachlassendem Hautturgor (→ Geroderm) und mangelhafter Ausschleusung von Stoffwechselendprodukten (→ Lentigo senilis) manifestieren. Als psychische Kennzeichen des A.s fallen zumeist Einbußen im Kurzzeitgedächtnis, Anpassungsschwierigkeiten (→ Adaptation) und eine zunehmende Labilität im Gefühlsleben auf (→ Affektinkontinenz, → Depression). 27

alternans (lat.): abwechselnd, alternierend (z.B. Pulsus alternans, auch Pulsus irregularis) → Puls. 10

Alternativ|behandlung: Behandlungsmöglichkeit, die bei der gleichen Diagnose neben einer bzw. mehreren anderen Therapiemöglichkeiten besteht. Der Patient muß hierüber aufgeklärt werden. Vgl. Aufklärung. 24

Alterns|forschung: → Gerontologie. 27

Alterns|theorien f pl: wissenschaftl. Denkmodelle, die überwiegend molekularbiologische und/oder genetische Faktoren als Ursachen für → Altern und Tod belebter Systeme ansehen. In der aktuellen Forschung kommt dabei der sog. → Programmtheorie und der → Mutationstheorie eine besondere Aufmerksamkeit zu. 27

Alters|ab|bau des Kiefers: → Greisenkiefer. 27

Alters|begrenzung der vertrags|zahnärztlichen Tätigkeit: Die Zulassung als → Vertragszahnarzt endet ab 1. Januar 1999 am Ende des Kalendervierteljahres, in dem der Vertragszahnarzt sein 68. Lebensjahr vollendet (SGB V § 95 Abs. 7). 25

Alters|bestimmung: Feststellung des Lebensalters durch Auswertung anthropologischer Merkmale wie z.B. des Grades der Verknöcherung von Epiphysenfugen und Suturen, der Zahn- und Gebißbefunde und der vorhandenen Ausprägung des Kieferwinkels (→ Greisenkiefer). Die A. kommt vorwiegend im Bereich der forensischen

Medizin zur Anwendung (z.B. im Zusammenhang mit Leichenfunden) oder in Entwicklungsländern, in denen die Dokumentation sozialer Daten mangelhaft ist und damit häufig das Lebensalter von Bürgern ermittelt werden muß. [27]

Alters|bestimmung, dentale: Das Alter eines Menschen kann nur annähernd aus dem Zahnsystem bestimmt werden. Bei Kindern erleichtern die Durchbruchszeiten die Zuordnung zu bestimmten Altersstufen, bei Erwachsenen ist sie

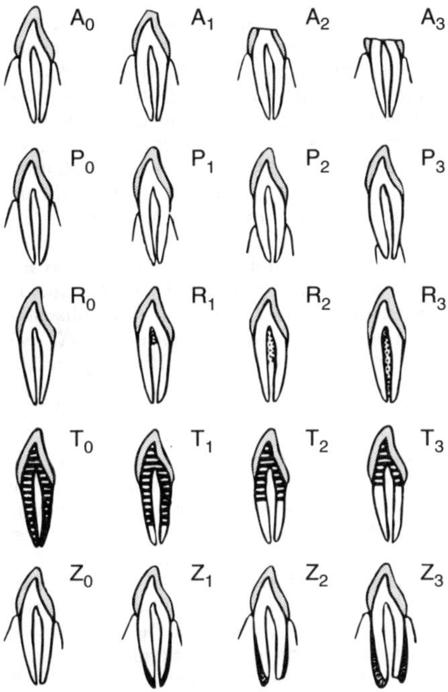

Klasseneinteilung für Abrasion (A_0-A_3), Parodontalverhältnisse (P_0-R_3), Reizdentinanlagerung (R_0-R_3), Transparenz (T_0-T_3) und Zementanlagerung (Z_0-Z_3). [50]

mittels Röntgenaufnahmen, färberisch-feingeweblich oder an Zahnschliffen möglich. Die Lichtdurchlässigkeit nimmt mit zunehmendem Alter der Zähne zu. *Gustafson* hat die Abrasion in vier altersabhängige Klassen eingeteilt (sehr ungenau), im Schliff ist zwischen 40 und 70 Jahren eine lineare Zementvermehrung zu erkennen. Auch die Parodontalverhältnisse und Wurzelresorptionen werden bestimmten Altersgruppen zugeordnet. [28]

Alters|brand: Altersgangrän; ab dem 7. Lebensjahrzehnt vermehrt auftretende, arteriosklerotisch bedingte, trockene → Gangrän im Bereich der → Akren (meist einzelner Zehen oder Finger), die subakut auftreten und innerhalb weniger Tage zur spontanen → Amputation führen kann. Vgl. Arteriosklerose, Ischämie. [27]

Alters|dis|position f: Erkrankungsneigung mit → Prävalenz für eine bestimmte Altersklasse. So sind z.B. Masern und Windpocken typische Kinderkrankheiten, während der → Myokardinfarkt ab dem 60. Lebensjahr gehäuft auftritt. [27]

Alters|flecke: → Lentigo senilis. [27]

Alters|haut: Geroderm; durch → Atrophie und → Dehydration hervorgerufene Runzelbildung und Verwelkung der Haut als natürliches Merkmal des → Alterns. Talg- und Schweißsekretion nehmen ab; Neigung zu Austrocknung und → Purpura (Gefäßbrüchigkeit). Es bilden sich prämaligne Pigmentflecke, → Keratosen, → Warzen, senile → Angiome. Die physiologischen Alterungsvorgänge der Haut sind von der UV-bedingten Alterung (photo aging) zu trennen. Therapie: Vit.-A-Säure (lokal 0,05%); Prophylaxe: Vermeiden von Sonnenstrahlen. Vgl. Präkanzerosen. [12, 27]

Alters|heil|kunde: → Geriatrie. [27]

Alters|heim: Altenheim; → Altenwohnheim, → Altenpflegeheim. [27]

Alters|katarrh m: im höheren Lebensalter auftretende chron.-katarrhalische Entzündung der Luftwege. Nicht selten Begleitsymptom von → Asthma bronchiale und Asthma cardiale. [27]

Alters|pyramide f: gebräuchlichste Form der grafischen Darstellung der Altersstruktur einer Bevölkerung. Die Basis der A. ergibt sich aus den zahlenmäßig am stärksten vertretenen jüngeren Jahrgängen und die Spitze aus den umgekehrt proportional abnehmenden, noch lebenden älteren Geburtsjahrgängen jeweils nach Geschlechtern getrennt (Abb.). Der pyramidale Aufbau läßt sich heute nur noch bei Naturvölkern

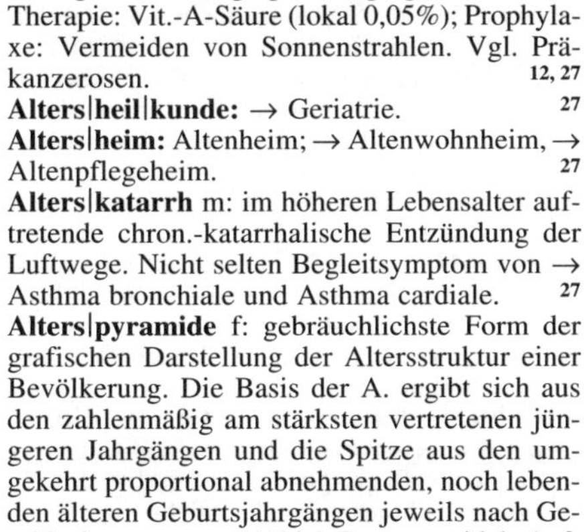

Altersaufbau der Wohnbevölkerung im Deutschen Reich und in der Bundesrepublik Deutschland [75]

und in den meisten Entwicklungsländern feststellen, während in den modernen Industriegesellschaften des 20. Jahrhunderts aufgrund des Geburtenrückganges bei gleichzeitiger Zunahme der → Lebenserwartung ein Übergewicht der älteren Jahrgänge zu verzeichnen ist (Pilzform). Vgl. Alter. 27

Alters|schizo|phrenie f: Spätschizophrenie; im hohen Lebensalter auftretende, schubweise verlaufende Form psychotischen Irrsinns, welcher mit psychomotorischer Unruhe, Wahnvorstellungen, gelegentlich auch Gedächtnisstörungen, jedoch ohne Einschränkungen hinsichtlich der Intelligenz und des Bewußtseins einhergeht. Vgl. Alter, Psychomotorik. 27

Alters|schwäche: Marasmus senilis (→ Marasmus). 27

Alters|schwach|sinn: → Demenz, senile. 27

Alters|schwer|hörigkeit: → Presbyakusis. 27

Alters|sichtigkeit: → Presbyopie. 27

Alters|star: → Katarakt, seniler. 27

Alters|stimme: heisere, schwache Stimme mit auffällig vermehrtem Luftverbrauch bei der Lautbildung. Ursachen: altersbedingte → Atrophie der Larynxmuskulatur, spezifische Entzündungen, seltener bei Trichinose und Diphtherie. 27

Alters|stufen: Stadien der körperlichen und/oder geistigen Entwicklung des Menschen berücksichtigende, durch qualitative Merkmale (z.B. Zahndurchbruch, gesetzl. Volljährigkeit) gegliederte und sekundär am Lebensalter orientierte gruppenmäßige Zusammenfassung von Mitgliedern eines Kollektivs. Eine individualgeschichtlich bedeutsame, mit starken psychologischen Problemen behaftete A. ist das Rentenalter. Vgl. Altersverteilung. 27

Alters|tod: Lebensende allein aufgrund natürlichen Verschleisses von Organen und Organsystemen ohne Beteiligung von Pathologismen. Kommt beim Menschen i.d.R. nicht vor. 27

Alters|verteilung: Darstellung einer → Population oder eines Kollektivs, aufgeschlüsselt nach dem Lebensalter der Individuen. Die Zuordnung erhobener Daten erfolgt dabei zumeist unter Bildung definierter Altersklassen, deren Einteilung im Ggs. zu den → Altersstufen rein quantitativ, oft in der Form von Zehnjahresintervallen erfolgt. 27

Alters|warzen: im → Senium auftretende, schwärzlich-ockerfarbene, breitbasig inserierende und scharf umschriebene, gutartige Hautveränderungen, häufig in seborrhoischen Bezirken. Vgl. Seborrhö(e), Warzen. 27

Alters|zahn|heil|kunde: → Gerostomatologie. 27

Alterung: Veränderungen der Struktur und/oder Textur des molekularen Aufbaues von Stoffen, die durch Lagerung oder Gebrauch, von selbst oder beabsichtigt (z.B. durch erhöhte Temperatur) auftreten (Autoreaktion). Bei Amalgamen: erwünschte Härtesteigerung; bei → Kunststoffen: Verfärbung, Verformung, Rißbildung durch Feuchtigkeit, Licht, Luftsauerstoff. 4

Alumen (lat.) n: Alaun. 23

Aluminium (lat.) n: chem. Element, Symbol Al, Ordnungszahl 13, Atomgew. 26,97. A. kommt in der Natur nicht rein vor, sondern in Form der kieselsauren Tonerde in Tonschiefer, Ton, Lehm, vor allem im Bauxit (50-60% Aluminiumoxid). Reines A. hat eine weiße Farbe, ist sehr dehnbar und leicht. An der Luft verändert es sich nicht, hat aber zu vielen chem. Körpern eine große Affinität. Im Mund ist es nur als Reinstaluminium mit 0,5-2% Magnesium und 1% Silizium haltbar. Schmelzpunkt 658°. A. aceticum: Essigsaure Tonerde. 23

Aluminium-Formol-Toxoid n: Abk. ALFT, Impfstoff zur aktiven Immunisierung; dabei ist das Toxin bei Erhaltung seiner immunisierenden Wirksamkeit durch Formalin entgiftet (Toxoid oder Anatoxin), durch Al-Hydroxid gefällt, so daß die entstandenen Flöckchen nur langsam im Gewebe resorbiert werden, der Impfstoff folglich eine Depotwirkung entfaltet. 8

Aluminium|oxid n: Al_2O_3; Grundstoff für Schleif- und Poliermittel sowie keramische Verblendmaterialien. Vgl. Keramik, Aluminiumoxidkeramik, dentalkeramische Massen, Feldspat. 4

Aluminium|oxid|keramik f: Al_2O_3; extrem hartes, chem. nahezu → inertes Material. Anwendungsbereiche: Maschinenbau, in der Medizin zum Gelenkersatz, in der Zahnmedizin als → enossale Implantate zum Zahnwurzelersatz, z.B. Tübinger, Münchener, Biolox-Implantat. → Implantatformen. Al_2O_3-Einkristalle: Modifikation der A. (monokristalline A.); diese sind glasklar und besitzen höhere mechanische Festigkeitswerte als Al_2O_3-Vielkristalle. Al_2O_3-Vielkristalle: Modifikation der A. (polykristalline A.); diese sind weniger dicht gesintert als Al_2O_3-Einkristalle, sind weiß und besitzen weniger gute mechanische Festigkeitseigenschaften. Eine weitere Verschlechterung kann durch Wasseraufnahme eintreten (Alterung der porösen Keramik). 4, 18

Aluminium|sulfat: Adstringens (→ Adstringenzien) mit blutungsstillender Wirkung. Es ist u.a. Inhaltsstoff zahnärztl. Retraktionsfäden. 7

alveolär (lat.): zu einer → Alveole (Kiefer oder

Lunge) gehörend, bläschenartig, z.B. Endstück einer Drüse oder Endkammer der Lunge. 30

Alveolar-Appositions|plastik f: chirurgisches Verfahren zur Korrektur des alveolären Kollapses nach Zahnverlust. Hierbei wird die vestibuläre Einziehung des Kieferkammes durch die subperiostale Implantation von Hydroxylapatit-Granulat oder eines entsprechend zugerichteten Hydroxylapatitplättchens aufgefüllt, so daß es möglich wird, ästhetisch befriedigenden Zahnersatz einzugliedern. Vgl. Alveolar-Extensionsplastik, Hydroxylapatitkeramik. 18

Alveolar|a|trophie f: Form einer klinisch mehr oder weniger entzündungsfrei verlaufenden Rückbildung des → Parodontiums mit Schwund des Alveolarknochens einschließlich der Interdentalsepten. Entspricht dem früher als Parodontose bezeichneten Krankheitsbild. Vgl. involutive Parodontopathien. Im zahnlosen Kiefer als → Greisenkiefer bezeichnet. 6, 27

alveoläre Drüsen: Drüsen (z.B. Duftdrüsen), bei denen der sezernierende Abschnitt, die Endkammer, die Form eines Bläschens hat (Abb. → Glandula parotis). 9

Alveolar-Extensions|plastik f: chirurg. Verfahren zur Verbreiterung eines nach Zahnverlust atrophierten Alveolarfortsatzes. Nach Längsspaltung des atrophierten knöchernen Alveolarfortsatzes (Bone splitting) werden die Kortikalislamellen gespreizt und der entstandene Zwischenraum mit autologen Knochenstückchen oder mit granulärer poröser Hydroxylapatitkeramik aufgefüllt. U.U. kann in einen auf diese Weise verbreiterten Alveolarfortsatz im gleichen Eingriff oder zu einem spät. Zeitpunkt ein enossales Implantat (→ Implantat, enossales) eingesetzt werden. Vgl. Alveolar-Appositionsplastik. 18

Alveolar|fortsatz: Processus alveolaris, zahntragender Fortsatz des Oberkiefers (Abb.). In ihm befinden sich die Zahnfächer (→ Alveole) zur Verankerung der Zahnwurzeln. Nach Zahnverlust erfolgt Rückbildung. Vgl. Alveolarteil. 30

Alveolar|furche: in der Embryonalentwicklung auftretende Vertiefung am inneren bzw. äußeren Rand des → Alveolarwalls. Sie verschwindet mit der Ausbildung des sekundären Gaumens bzw. des Unterkiefers. 30

Alveolar|index m: Kieferindex. 30

Alveolar|kamm|erhöhung: → Augmentation. 18

Alveolar|kamm|glättung: chirurgische Formung des knöchernen Alveolarfortsatzes z.B. durch Beseitigung scharfer Alveolenränder. Vgl. präprothetische Chirurgie, *Luer*-Zange. 2

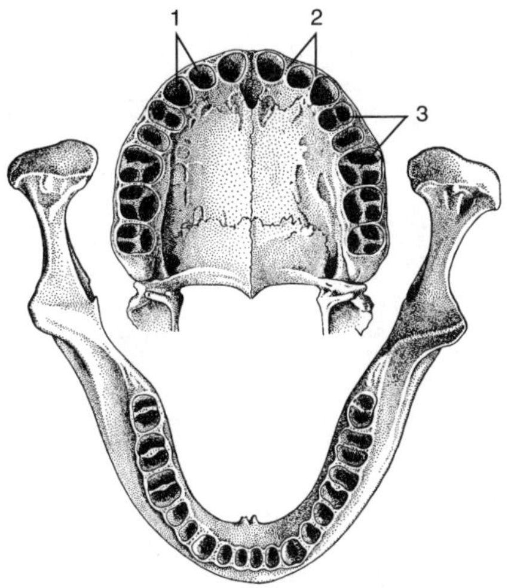

Alveolarfortsatz
Alveolarfortsatz des Oberkiefers und Alveolarteil des Unterkiefers mit Alveolen.
1: Alveoli dentales; 2: Septa interalveolaria; 3: Septa interradicularia. [4]

Alveolar|kamm|plastik f: Aufbau eines atrophischen, nicht mehr prothesenfähigen Kieferkammes durch Implantation von Knorpel (am besten körpereigen). Oft kombiniert mit → Mundvorhofplastik. 2

Alveolar|knochen: → Os alveolare. 30

Alveolar|limbus m: Rand der → Alveole. 30

Alveolar|luft: Luft in den Alveolen, die unter Raumluftatmung ca. 5-6% CO_2 und 15-16% O_2 enthält. 2

Alveolar|punkt: → A-Punkt. 5

Alveolar|pyor|rhöe f: veralteter Sammelbegriff für alle Zahnbetterkrankungen, streng genommen jedoch nur die entzündliche Form, die → Parodontitis marginalis profunda. 6

Alveolar|teil: Pars alveolaris, zahntragender Teil des Unterkiefers. In ihm befinden sich die Zahnfächer (→ Alveole) zur Verankerung der Zahnwurzeln. Vgl. Alveolarfortsatz. 30

Alveolar|theorie f: Theorie zur Erklärung des Zahndurchbruchs. Sie besagt, daß die Eruption eines Zahns durch Knochenapposition am Alveolenboden erfolgt. 30

Alveolar|wall: während der Embryonalentwicklung auftretende Erhebung zwischen Lippen- und Wangenfurche einerseits sowie innerer Alveolarfurche andererseits (Abb. s. S. 30). 30

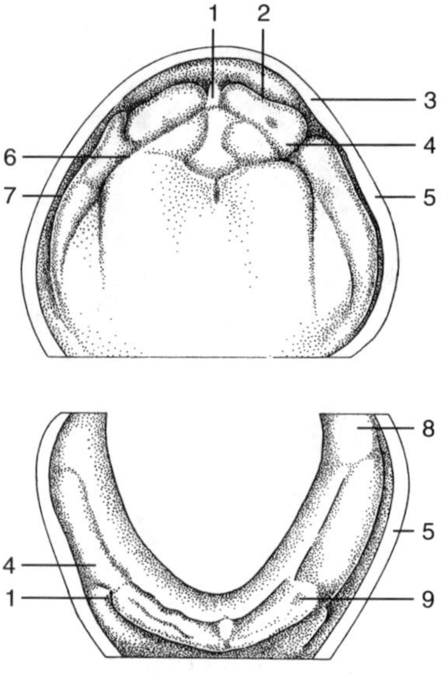

Alveolarwall
Rekonstruktionsmodell des Ober- und Unterkiefers eines Embryos von 72 mm Länge, von der Mundhöhle her gesehen. 1: Labiotektalband; 2: Labiogingivalfurche; 3: Oberlippe; 4: Alveolarwall; 5: Wange; 6: innere Alveolarfurche; 7: Wangenfurche; 8: Pseudoalveolarwall; 9: Lingualwall. [4]

Alveole f: **1.** Zahnfach; Vertiefung zur Verankerung der Zahnwurzel. Die A.n befinden sich im → Alveolarfortsatz des Oberkiefers oder im → Alveolarteil des Unterkiefers. Benachbarte A.n werden durch Septa interalveolaria getrennt und zweiwurzlige Zähne durch Septa interradicularia unterteilt. **2.** Lungenbläschen. [30]

Alveolen|abbau: → Höhenabbau, → Seitenabbau der Alveole. [2]

Alveolen|stabilisatoren m pl: → geschlossene Implantate zur Reduktion der Alveolarfortsatzresorption nach Zahnextraktion. A. bestehen aus → Aluminiumoxidkeramik oder dichter → Hydroxylapatitkeramik und werden in der passenden Größe in die frische Alveole eingesetzt. Entscheidend für den Behandlungserfolg ist die gute Passung (ggf. sollte die Alveole mit Normbohrern auf die Implantatgröße und -form abgestimmt werden) und der dichte primäre Nahtverschluß. [18]

Alveoli dentales (PNA) m pl: → Alveole. [30]

Alveoli pulmonales f pl: Lungenalveolen, vgl. Lunge. [9]

Alveolitis f: Entzündung der Zahnalveole, im allgemeinen als Folgezustand einer Zahnextraktion (→ Dry socket). A. atrophicans: → Parodontitis marginalis progressiva. [2,6]

Alveolitis atrophicans f: progressive Parodontopathie; vgl. Parodontolyse. [2]

Alveolon n: Alveon, Anoprosthion, Prosthion superius; dem → Prosthion entsprechender Meßpunkt am knöchernen Alveolarfortsatz. Vgl. Meßpunkte. [5]

Alveolotomie f: chirurgische Korrektur. Vgl. präprothetische Chirurgie, Alveolarkammglättung. [2]

Alveon n: → Alveolon. [5]

Alzheimer-Krankheit (Alois A., Neurol., Psychiater, München, Breslau, *1864, † 1915): präsenil (zwischen dem 50. und 60. Lebensjahr) einsetzende, progredient verlaufende Atrophie der Großhirnrinde. Möglicherweise erblich. Führt zu irreversibler → Demenz. Begleitsymptome: → Aphasie, → Apraxie und Logoklonie. [27,33]

Amalgam (mlat.) n: i.w.S. jede Legierung von Quecksilber mit Metallen, i.e.S. das in der ganzen Welt am häufigsten verwendete Füllungsmaterial. In der Bundesrepublik werden jährlich etwa 60 Millionen A.füllungen gelegt. A. wird als flüssige (Quecksilber) und feste Phase (Amalgampulver oder Alloy) geliefert. Beide Phasen ergeben, im Verhältnis 1:1 miteinander vermischt, eine zähe Masse, die in die → Kavität eingebracht wird und dort erhärtet. A. unterliegt in der Mundhöhle starken chemischen und mechanischen Beanspruchungen, die zu Veränderungen im Sinne von Korrosion, Volumenveränderungen oder zur → Abrasion führen können. Der Zwang zur Verbesserung der Materialeigenschaften hat zu ständigen Veränderungen der A.e geführt. Obwohl bereits seit dem Mittelalter bekannt, findet A. erst seit Mitte des 19. Jahrhunderts breitere Anwendung. Akzeptable Qualitätsstandards gibt es seit der ADA-Spezifikation Nr. 1 von 1960, die einen Silbergehalt von mindestens 65% festlegte. Bei der Abbindung (AgSn + Hg = AgHg + HgS-n) entsteht mit der HgSn-Phase eine Korrosionsanfällige Komponente, Gamma-2-Phase genannt. Wesentliche Verbesserungen gelangen durch Eliminierung dieser Phase mit Entwicklung der modernen Non-Gamma-2-A.e. Diese enthalten wesentlich mehr Kupfer (bis zu 30%). Die bereits bei Zimmertemperatur austretenden Dämpfe des Quecksilbers sind giftig. Der → MAK-Wert beträgt 0,1mg/m^3, wird aber bei Beachtung der Verarbeitungsvorschriften nie erreicht. Deshalb besteht keinerlei Gefährdung des Praxispersonals. → MAK; → Quecksilberintoxikation. Neuerdings steht A. als Füllungsmaterial im Kreuzfeuer der Kritik, weil toxische Schäden durch Quecksilberspuren befürchtet werden, die aus bereits fertigen Füllungen austreten sollen. Die Unbedenklichkeit konnte aber nachgewiesen werden: der Quecksilberaustritt aus frischen Füllungen ist so minimal, daß er überhaupt nur mit modernsten chemischen Methoden nachweisbar ist. Er ist wesentlich geringer als die Hg-Aufnahme durch die tägliche Nahrung. Vgl. Füllungstherapie, merkuroskopische Expansion. 1

Amalgamator m: Gerät (Silamat, Dentomat usw.) zum Anmischen von dosierter Amalgamfeilung und Quecksilbermenge. Durch maschinelle → Trituration und optimales Mischungsverhältnis verbesserte Füllungsqualität. 1

Amalgam|kondensierer m: *Bergendahl*-Kondensierer; Gerät zur maschinellen Verdichtung des Amalgams in der → Kavität. Die Vorteile gegenüber der Handkondensation werden nicht einheitlich beurteilt. 1

Amalgam|pistole f: spritzenartiges Gerät aus Metall oder Kunststoff zum Einbringen von plastischem Amalgam in die vorbereitete Kavität (Abb.). Vermeidet Hautkontakt. 1

Amalgam|stopfer: hand- oder maschinenbetriebene Instrumente zum Verdichten (Kondensieren) des → Amalgams in der Kavität. Zum Erreichen optimaler Verdichtung sind plane Stirnflächen der Instrumente erforderlich (Abb.). 1

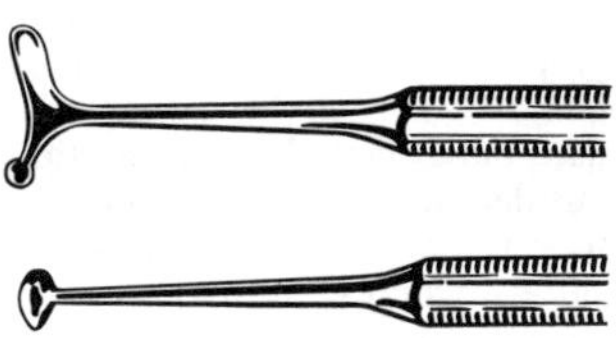

Kugel- bzw. birnenförmige Amalgamstopfer (veraltet)

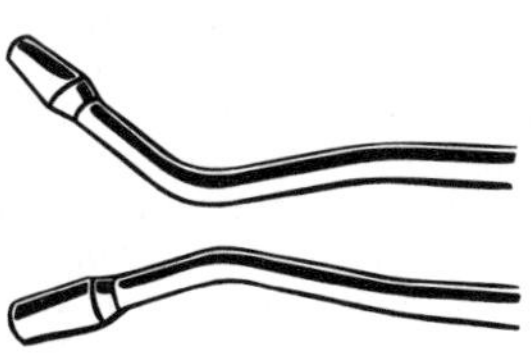

Handstopfinstrumente mit planen Flächen [89]

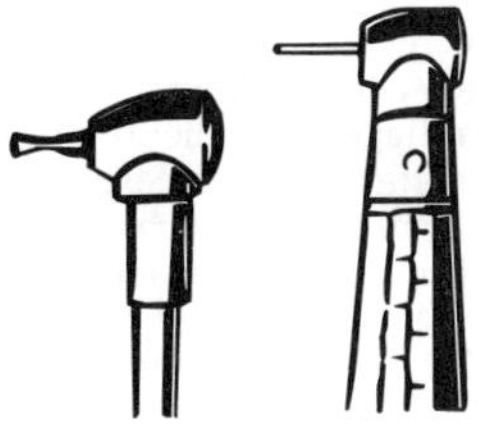

Maschinengetriebene Amalgamstopfer [89]

Amalgam|tätowierung f: Einlagerung kleiner Amalgam-Splitter in Weichgewebe (Gingiva). Blauschwarze, scharf abgegrenzte kleine Flekken. 11

Amalgam|träger: Instrument mit geriffelter Tragfläche zum Einbringen des Amalgams in die vorbereitete Kavität (Abb.). 1

Amau|rose (gr.) f: vollständige Erblindung. 20

ambi|dext: mit beiden Händen gleich geschickt. 33

Ambly|opie f: Schwachsichtigkeit ohne organ. Befund am Auge. 20

Amboß: → Gehörknöchelchen. 9

Ambo|zeptor (lat.) m: Hämo-, Bakteriozeptor, Zytolysin; spezifischer, thermostabiler Antikörper, der sowohl Komplement als auch zelluläre Antigene (Erythrozyten, Bakterien) bindet und diese auflöst. Gelöste Antigene werden vom A. unter Komplementverbrauch gebunden. Nachweis durch → Komplementbindungsreaktion. 8

Ambu-Beutel: selbstblähender Gummi- oder Kunststoffbeutel mit Nichtrückatmungsventil zur künstlichen Beatmung durch rhythmische Kompression (Abb.). 2

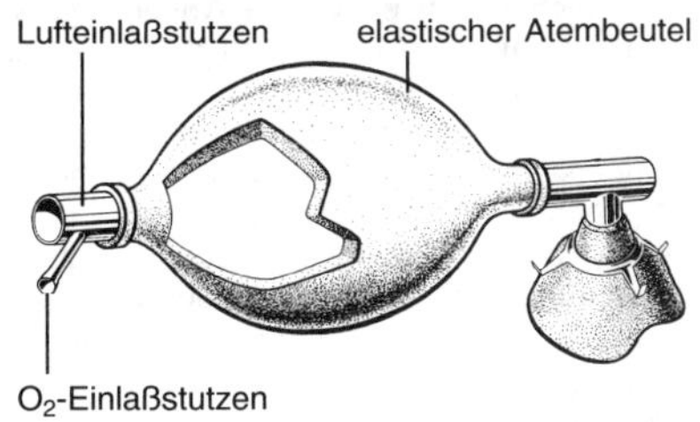

A|melie (gr.) f: angeborenes Fehlen sämtlicher Extremitäten. 3

Amelo|blasten m pl: Schmelzbildner, Adamantoblasten oder Ganoblasten. Prismatische, ekkrin sezernierende Zellen, die ihre Teilungsfähigkeit verloren haben. Sie zeigen Polarisierung, der Zellkern liegt basal, die Zellorganellen liegen in der Mitte und die Sekretvorstufen am apikalen Zellpol, an dem sich ein ca. 4 µm langer *Tomes*-Fortsatz befindet (Abb.). Sie sind ca. 40 µm lang, 4-5 µm breit und durch Desmosomen bzw. Nexus untereinander sowie mit den Zellen des Schmelzretikulums verbunden. Vgl. *Tomes*-Fortsätze, Schmelzkolben. 30

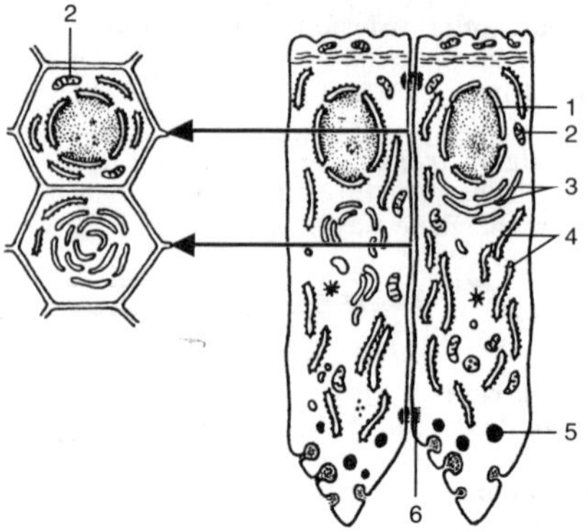

Strukturschema der Ameloblasten im Längs- und Querschnitt. 1: Zellkern; 2: Mitochondrien; 3: *Golgi*-Apparat; 4: endoplasmatisches Retikulum; 5: Ameloblastenkörper; 6: Desmosomen. [2]

Amelo|blasten|bewegung: Retraktion der Ameloblasten. Mit der Sekretion der Schmelzmatrix und ihrer Mineralisation entfernen sich die Ameloblasten vom Dentin. Die A. erfolgt nicht gradlinig, sondern wellen- oder spiralförmig, woraus sich die Form der Schmelzprismen erklärt. 30

Amelo|blasten|körper: Sekretkörper in Präameloblasten. Sobald die Ameloblasten ihre volle Reife erreicht haben, erfolgt die Abgabe der A. 30

Amelo|blastom n: (*Churchill,* 1934), Adamantinom (*Malassez* 1885), Ganoblastom (v. *Ebner,* 1922). Echte, epitheliale, meist zystische Geschwulst im Kieferknochen, ausgehend von den → *Malassez*-Epithelresten der → Epithelscheide (Abb. 1). Onkologisch rechnet es zu den → Basaliomen; leicht infiltrierendes Wachstum, neigt zu Rezidiven, zeigt jedoch keine Metastasenbildung. Karzinomatöse Entartung kommt vor. Histologisch ähnelt es dem → Schmelzorgan. Die von Epithelzügen umschlossenen Epithelzellen schmelzen ein, wodurch es zur Zystenbildung kommt. Bleibt diese zystische Umwandlung aus, so kommt es (selten) zur Bildung des soliden A.s, das aber histol. auch meist Partien mit kleinen Zysten enthält. Das klinische Bild wird bestimmt durch eine sich langsam vergrößernde, schmerzlose Auftreibung der befallenen Kieferregion, wobei der Unterkiefer, vor

Abb. 1: Histolog. Bild eines follikulären Ameloblastoms mit pallisadenartig angeordneten Zellen und zentraler Verflüssigung

allem Kieferwinkel und aufsteigender Ast, wesentlich häufiger befallen ist als der Oberkiefer (5:1). Je nach Ausmaß des Tumors und Abbau des Knochens läßt sich beim zystischen A. palpatorisch Knochenhärte, das → *Dupuytren*-Geräusch oder Fluktuation feststellen. Die Schleimhaut ist unverändert; bei Punktion des Lumens läßt sich eine gelbliche visköse Flüssigkeit gewinnen. Das Röntgenbild zeigt, ob es sich um ein solides, ein einkammeriges (monozystisches) oder ein vielkammeriges (polyzystisches) A. (Abb. 2) handelt. Die zystischen A.e wachsen schneller als die soliden, was auf den osmotischen Innendruck der Zystenflüssigkeit zurückzuführen sein dürfte. Differentialdiagnostisch ist das monozystische A. oft nur schwer von der odontogenen Zyste zu trennen; hier entscheidet die Probeexzision. Therapie: Das operative Vorgehen wird durch den Umstand bestimmt, daß das A. auf der Grenze zwischengut- und bösartig steht. Zwei Methoden bieten sich an: Die radikalchirurgische (*Axhausen*) entfernt das A. durch Resektion des befallenen Kieferteiles weitgehend im Gesunden, behandelt es also wie einen bösartigen Tumor. Die konservative (*Pichler* und *Trauner*) beschränkt sich auf eine sorgfältige, bis in jeden Winkel vordringende Exkochleation des Tumorgewebes. Bei übergroßer Hohlgeschwulst wird zunächst gefenstert, wodurch nach Fortfall des Innendrucks der Zystenflüssigkeit eine Verkleinerung und Knochenapposition eintritt. Von einer postoperativen Zerstörung evtl. zurückgebliebener Geschwulstpartikel durch Radium, Diathermie oder Ätzung ist man wegen der Knochenschädigung abgegangen. Je nach Lage des Falles werden heute beide Methoden angewandt. Bei konservativer Therapie muß mit Rezidiven gerechnet werden, was

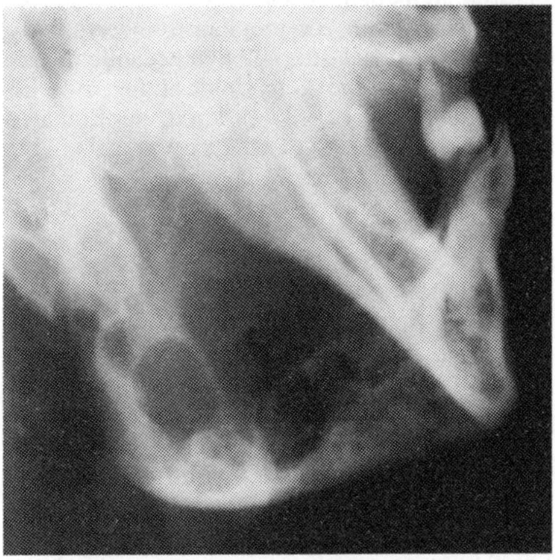

Abb. 2: Rö.-Bild eines polyzystischen Ameloblastoms mit typischen wabenartigen, polyzystischen Aufhellungen im horizontalen und aufsteigenden Ast

jedoch bei der geringen Neigung zu karzinomatöser Entartung zu verantworten ist. Röntgenbestrahlung zeitigt keine Erfolge. [2]

Amelo|genese f: Amelogenesis; Schmelzbildung. Die A. beginnt zeitlich etwas später als die Dentinbildung und vollzieht sich in drei Schritten: 1. Bildung der Schmelzmatrix, 2. Mineralisation der Schmelzmatrix, 3. Schmelzreifung. Sie ist eine Syntheseleistung der Ameloblasten. [30]

Amelo|genesis im|perfecta f: genetisch bedingte Dysplasie des → Schmelzes (Abb. a bis c). Beruht auf Hypoplasie, Hypomaturation oder

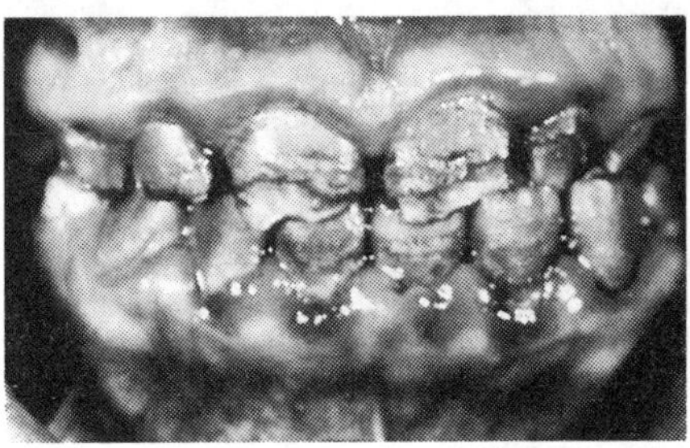

Abb. a

Hypokalzifikation, deshalb verschiedene Erscheinungsformen. (z.B. dünner, stark verfärbter, rauher, gefurchter oder grübchenartiger Schmelz). Morbidität z.B. in den USA 1:15.000. Dentin und Wurzel sind intakt. Kann infolge starker

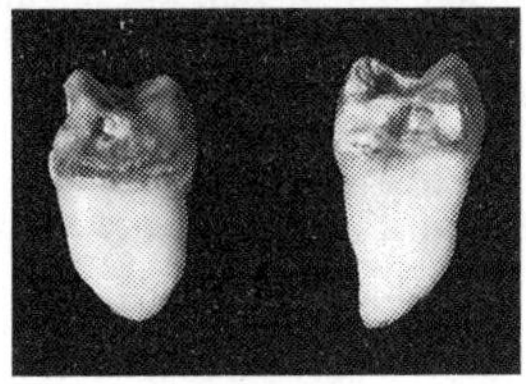

Abb. b

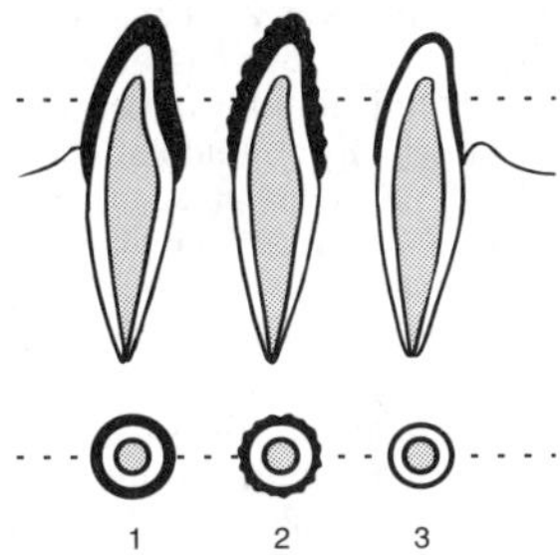

Abb. c 1: normal; 2: weiblich; 3: männlich.

Abnutzung des Schmelzes zu Beschwerden führen. Therapie: → Krone, → Jacketkrone. Vgl. Odontogenesis imperfecta. [1]

Amelo|genesis im|perfecta non hereditaria segmentalis f: → Odontodysplasie. [29]

Ameziniummetil|sulfat n: indirektes → Sympathomimetikum, Antihypotonikum. Blutdruckanstieg vorzugsweise über Erhöhung des peripheren Widerstandes. Pharmakokinetik: orale → Bioverfügbarkeit 60%; Eliminationshalbwertszeit 9 ± 3 h; → Biotransformation durch → Funktionalisierungsreaktionen; renale Elimination der → Metabolite. Nebenwirkungen: gelegentl. gastrointestinale und zentralnervöse Störungen. Kontraindikation: 1. Trimenon der Schwangerschaft, Allergie gegen A. [7]

AMG: Abk. für → **A**rznei**m**ittel**g**esetz. [24]

A|mimie f: maskenhafte Starre der Gesichtszüge. [20]

Amine n pl: aus Ammoniak durch Kohlenwasserstoff-Substitution der H-Atome ableitbare Verbindungen. Biogene A.: organische, meist N-haltige Basen mit niedrigem Molekulargewicht, Bildung in pflanzlichen oder tierischen Makro- oder Mikroorganismen, Bedeutung für den Ablauf normaler Lebensprozesse, enge Beziehungen zu Eiweißstoffen, Kohlenhydraten und

Fetten. Wichtigste biogene A.: Noradrenalin, Histamin, → Serotonin. Aromatische A.: z.B. Anilin, Grundgerüst vieler Pharmaka. [23]

Amin|fluorid n: aliphatisches Amin mit angelagerter Fluorwasserstoffsäure zur lokalen Fluoridprophylaxe der → Karies. Im Handel als Elmex®-Gelee, -Konzentrat und -Zahnpaste. [1]

Amino|benzol n: → Anilin. [23]

Amino|capron|säure: synthet. Antifibrinolytikum, kompetitiver Hemmstoff der Plasminogen-Aktivierung, Wirkungsintensität kleiner als → Tranexamsäure. Nebenwirkungen: Übelkeit, Erbrechen, Diarrhöe, orthostat. Regulationsstörungen. Indikation in der Zhk.: bei Hämophilie zur Kurzzeitbehandlung vor Zahnextraktion und 2-8 Tage danach, um Hämorrhagien zu vermeiden und Bedarf für Substitution mit → Antithrombin III zu senken. Kontraindikationen: relativ: Niereninsuffizienz, Schwangerschaft. [7]

Amino|glycosid-Antibiotika n pl: Bez. für Derivate des Streptamins bzw. Desoxystreptamins mit alphaglykosid. gebundenen Zuckern oder Aminozuckern wie z.B. Gentamicin, Sisomicin, Netilmicin, Tobramycin, Amikacin usw. mit hoher Wirkungsintensität im gramnegativen Bereich bei fehlender Anaerobier-Aktivität. Keine Indikation in der Zhk. bei dentogen induzierten orofazialen Entzündungen. [7]

Amino|gruppe: NH_2-Gruppe. [23]

Amino-Penicilline n pl: Gruppenbez. für → Penicilline mit einer NH_2-Gruppe in der dem Benzolkern benachbarten CH_2-Gruppe des → Benzyl-Penicillins. Dadurch kommt es zur Erweiterung des antimikrobiellen Wirkungsspektrums des Benzyl-Penicillins im gramnegativen Bereich um Escherichia coli, Shigellen, Salmonellen, Proteus mirabilis, Bordetella pertussis, Haemophilus influenzae. Die Wirkungsintensität ist im grampositiven Bereich geringer als die des Benzyl-Penicillins. Indikation in der Zhk.: dentogen induzierte Sinusitis maxillaris, Endokarditis-Chemoprophylaxe, und in Kombination mit → Clavulansäure (→ Augmentan) bzw. Sulbactam (→ Sultamicillin) bei schweren, dentogen induzierten Infektionen. Nebenwirkungen: wie → Schmalspektrum-Penicilline, zusätzl. gastrointestinale Störungen (SGOT-Anstieg, selten: pseudomembranöse Kolitis), makulöse Exantheme (→ Ampicillin-Rash). [7]

Amino|säuren: bei der Hydrolyse von Proteinen entstehende chemische Verbindungen mit 2 charakteristischen funktionellen Gruppen: Aminogruppe - NH_2 und Karbonsäuregruppen - COOH (Abb.). Einteilung in nicht-essentielle A., die der Organismus aus geeigneten Vorstufen synthetisieren kann, und essentielle (unentbehrliche) A., für deren Synthese keine α-Ketosäuren oder andere Vorstufen bestehen: Valin, Leuzin, Isoleuzin, Lysin, Methionin, Threonin, Phenylalanin, Tryptophan. Sonderfunktionen: neben der Funktion als Eiweißbaustein kontrolliert z.B. die A. Lysin das Längenwachstum der Röhrenknochen, Förderung des Einbaues von Kalzium ins Skelett. Bei Versuchstieren Kariesreduktion durch Zulage von Lysin. [23]

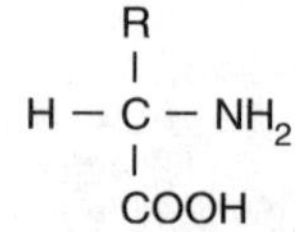

Strukturformel einer Aminosäure
(α-Aminokarbonsäure)

AMIS: Abk. für ein **A**rznei**m**ittel-**I**nformations**s**ystem, das als Konzept mit zugehörigen Daten vom → ZI an Hersteller und Vertreiber von Praxiscomputersystemen gegeben wird (gegen Lizenzgebühren für die Daten). Dabei übernimmt das ZI Entschlüsselung, Selektion, Formatierung, Korrektur und Ergänzung. Zugriffe sind definiert über Präparat, Wirkstoffgruppe und Indikationsgruppe. A. enthält Daten über die qualitative und quantitative Zusammensetzung von ca. 3.500 Wirkstoffen, Indikationen, Preise, Festbeträge, Packungsgrößen und teilweise Tagesbehandlungskosten, Warn- und Dosierungshinweise. Vgl. Datenbank. [26]

A|mitose f: von *Flemming* 1882 beschriebene direkte Kernteilung ohne Auflösung der Kernhülle. Chromosomen und eine Teilungsspindel werden nicht sichtbar. Es ist nicht bekannt, wie die Verteilung der Chromosomen im Zellkern erfolgt; die A. kommt sehr selten vor. Vgl. Mitose. [30]

Amitriptylin: Dibenzocycloheptadien-Derivat, → trizykl. Antidepressivum. A. hemmt die Wiederaufnahme der → Neurotransmitter → 5-Hydroxitryptamin und → Norepinephrin in die Präsynapse und ist → Antagonist an m-Cholinozeptoren. Nebenwirkungen siehe → Antidepressiva. A. potenziert die Wirkung zentraldeprimierender Pharmaka sowie die der → Anticholinergika und → Sympathomimetika. A.-Medikation gilt als relative Kontraindikation für Katecholaminzusätze in → lokalanästhet. Lösungen. [7]

Ammen|phänomen n: → Satellitenwachstum. [8]

Ammoniak n: farbloses, stechend riechendes Gas, NH_3, das in der Natur bei der Zersetzung organischer Stickstoffverbindungen entsteht.

Großtechnisch wird A. nach dem *Haber-Bosch*-Verfahren aus Wasserstoff und Stickstoff bei ca. 500 °C unter hohem Druck in Gegenwart eines → Katalysators hergestellt. A. dient zur Herstellung von Düngemitteln, → Salmiak, Farbstoffen. [23]

A|mnesie (gr.) f: Gedächtnisstörung mit dauerndem oder vorübergehendem Erinnerungsverlust für alle oder nur einige Erinnerungsbilder. Anterograde A.: Erinnerungslücke für die Zeit nach der Wiederkehr des Bewußtseins. Retrograde A.: Erinnerungslücke für die Ereignisse unmittelbar oder längere Zeit vor dem Bewußtseinsverlust (z.B. bei → Commotio cerebri, → Contusio cerebri oder epileptischen Anfällen).[33]

Amnion (gr.) n: die gefäßlose innere → Eihaut der Fruchthülle. Bildet sich sehr früh aus dem → Embryoblasten und produziert die Amnionflüssigkeit (Fruchtwasser). [9, 22]

Amöbe (gr.) f: niedrigstes, einzelliges, tierisches Lebewesen (Klasse der Rhizopoda), ohne Membran, das sich durch Ausstrecken und Wiedereinziehen der Pseudopodien fortbewegt und fortwährend seine Form verändert. → Entamoeba histolytica und Entamoeba gingivalis. [8]

a|morph (gr.): formlos, weder kristallartig noch organisiert, z.B. Glas, Harz. [4]

A|morphus m: völlige Mißgestaltung, höchster Grad einer Mißbildung. [3]

Amoxicillin: Hydroxiderivat des → Ampicillins, semisynthet. → Penicillin mit erweitertem antimikrobiellen Wirkungsspektrum. Antimikrobielle Wirkungscharakteristika, Nebenwirkungen, Indikationen → Amino-Penicilline. A. hat bei oraler Applikation gegenüber Ampicillin den Vorteil einer nahrungsunabhängigen und höheren → Bioverfügbarkeit. [7]

Ampère (André Marie A., frz. Phys., *1775, † 1836) n: 1 Ampère (A) ist die Basiseinheit des → SI-Systems für die elektrische Stromstärke. → SI-Basiseinheiten. [10]

Amphibien|zähne: gleichförmige, mit prismenloser Schmelzschicht überzogene Zähne (→ Homodontie). Säugetierzähne besitzen eine aus Prismen aufgebaute Schmelzschicht. [30]

amphi|trich: bipolar begeißelt (von Bakterien).[8]

Amph|odontose f: Bez. für → Parodontose, die vor allem in der russischen und bulgarischen Literatur verwendet wird. [6]

Ampho|lyte n pl: chemische Verbindungen, die in saurer Lösung Kationen und in alkalischer Lösung Anionen bilden. Beispiel für solche Verbindungen: → Aminosäuren. [23]

Ampho|tenside n pl: früher Ampholytseifen, amphoter reagierende, oberflächenaktive Desinfektionsmittel, chemisch Aminosäuren. Für hygienische Händedesinfektion sowie für Grobdesinfektion geeignet; vgl. Tenside. [8]

Amphoterie (gr.) f, Adj. amphoter: Eigenschaft mancher chemischen Verbindungen, z.B. Al_2O_3, sowohl als → Säure wie als → Base reagieren zu können. [23]

Ampicillin: semisynthet. → Penicillin mit erweitertem antimikrobiellen Spektrum. Antimikrobielle Wirkungscharakteristika, Nebenwirkungen, Indikation usw. → Amino-Penicilline, antimikrobieller Wirkungsmechanismus → Penicilline. A. hat eine niedrige orale → Bioverfügbarkeit. Bei entsprechender Indikation zur oralen Therapie daher → Amoxicillin oder → Bacampicillin statt A. verordnen. [7]

Ampicillin-Rash m: makulöses Exanthem während (meist zwischen 5. und 10. Behandlungstag) oder bis zu 10 Tagen nach 8-14tägiger Behandlung mit → Amino-Penicillin. Das Exanthem klingt häufig unter der Therapie oder nach Absetzen des Amino-Penicillins spontan ab. Es ist klin. schwer vom penicillinallerg. Exanthem zu unterscheiden. Allopurinol oder präexistente Erkrankungen wie infektiöse Mononukleose, chron. lymphat. Leukämie, Zytomegalie- und andere Virusinfektionen, Salmonellose usw. steigern die Inzidenz auf nahezu 100%. [7]

Amplitude (lat.) f: Ausschlag eines schwingenden Körpers, auch Schwingungsweite von Wellen. In der Medizin Differenz zwischen systolischem und diastolischem Druck bei der Blutdruckmessung. [10]

Ampulle (lat.) f: **1.** kleines Glasgefäß mit leicht abzufeilendem Hals, in das keimfreie, zu Einspritzungen bestimmte Flüssigkeiten eingeschmolzen sind. **2.** anat. erweiterter Abschnitt eines röhrenförmigen Hohlorgans, z.B. des Mastdarmes. [9]

Amputation (lat.) f: i.w.S. die chirurgische Abtrennung endständiger Körperteile, bei Gliedmaßen außerhalb des Gelenks (sonst → Exartikulation), i.e.S. → Vitalamputation, → Mortalamputation. [1, 2]

Amputations|paste: Paste zur Versorgung der bei der → Mortalamputation zurückbleibenden devitalisierten → Wurzelpulpa. A. soll infolge ihrer eiweißfällenden Wirkung antiseptische Bedingungen herstellen und die Erhaltung des Zahnes bewirken. Nur noch bei Milchzähnen gebräuchlich, da unbiologische Methode. [1]

Amyg|dala (gr.) f: → Tonsille. [19]

Amy|lasen (gr.) f pl: Stärke (→ Amylum) und → Glykogen spaltende → Enzyme. Es gibt zwei Arten, nämlich die im Speichel, Blutserum und

Pankreassaft vorkommende α-Amylase, die das Stärkemolekül über die → Dextrine zu α-Maltose (→ Maltose) abbaut, und die besonders in höheren Pflanzen sowie in Hefen vorkommende β-Amylase, die das Stärkemolekül direkt zu β-Maltose abbaut. [23]

Amyl|nitrit: Ester der salpetrigen Säure, NO-Pharmakon. Wirkungsmechanismus, Nebenwirkungen usw. siehe → Nitrate, organische. Wirkungseintritt bei Applikation per inhalationem: 10-15 s, Wirkungsdauer: 5-10 min. [7]

amyloide De|generation f: degenerative Veränderung des Pulpagewebes unter Einlagerung von Amyloid (Eiweißkörper, der nur unter krankhaften Umständen im Gewebe entsteht). [1]

Amylo|id|niere: Nierenbeteiligung bei der sekundären → Amyloidose. Klinik: nephrotisches Syndrom, chronische → Niereninsuffizienz. [20]

Amylo|idose f: amyloide Degeneration; Gewebsentartung mit fibrillenbildenden Proteinen, Bildung aus physiologischem Serumeiweißbestandteil bzw. aus leichten Immunglobulinketten. Histologie: grüne Doppelbrechung nach Kongorotanfärbung, Bildung von mesenchymalen Zellen, interzelluläre Bindegewebsablagerung. Generalisierte A.: → Amyloidniere, chronisch-rheumatische Erkrankungen; lokalisierte A.: Form der A., die bes. an Haut, Respirationstrakt und Rektum auftritt (Rektumschleimhautbiopsie). Vgl. Paramyloidose, Plasmozytom. [11, 20]

Amylo|pektin n: Teil der Stärke. Mit Jod rotviolette Färbung. Ergibt zusammen mit der → Amylose (Blaufärbung mit Jod) Stärke. Enthält wenig Phosphat, ergibt in Wasser eine kleisterähnliche Masse. [23]

Amylose (gr.) f: der innere Teil der Stärkekörner, der vom Jod blau gefärbt wird, im Gegensatz zum sich rotviolett färbenden → Amylopektin. [23]

Amylum (gr.) n: Stärke ($C_6H_{10}O_5$); Bestandteil fast aller Pflanzen; wird aus Kartoffeln, Weizen, Reis hergestellt; ein zartes geruchloses Pulver, das sich mit Jod tiefblau färbt. Beim Erhitzen auf 200 °C verwandelt sich Stärke in → Dextrin. [23]

Ana|bolika n pl, sing Anabolikum: den Stoffwechsel, insbesondere die Eiweißsynthese anregende Stoffe (im wesentlichen Hormone, z.B. anabole Steroide). [10]

an|aerob (gr.): ohne (Luft-)Sauerstoff lebend. [34]

an|aerobe Kultur|verfahren: Züchtung von Bakterien unter Abwesenheit von Sauerstoff. 1. mechanisch: Anaerostat nach *Zeissler* (luftleeres Glasgefäß); in moderner Form Begasung von Gefäßen oder Inkubatoren mit N_2 und/oder CO_2; Hochschichtagar (nach *Veillon*). 2. chemisch: Pyrogallol in alkal. Lösung (nach *Buchner*); Überführung von O_2 in CO_2 durch brennende Kerze (sog. candle jar); katalytische Überführung von O_2 mit eingeleitetem H_2 in H_2O (nach *Macintosh* und *Fildes*). 3. biologisch: → *Fortner*-Verfahren. 4. ohne Luftabschluß: im Bouillonröhrchen mit niedrigem Redoxpotential durch Zusatz von lebenden oder toten Gewebestücken oder von reduzierenden Verbindungen (Natriumthioglykolat, Zystein, Glutathion u.a.). [8]

An|aero|bier m pl: Mikroorganismen, die nur bei Sauerstoffabschluß bzw. niedrigem → Redoxpotential leben, → fakultative A. wachsen mit und ohne Sauerstoff; obligate A. wachsen nur in Abwesenheit von Sauerstoff. [8, 15]

An|aesthesia dolorosa f: Aufhebung der Berührungsempfindung bei erhaltener bzw. stark gesteigerter Schmerzempfindlichkeit, im Trigeminusbereich als Komplikation nach Durchtrennung des Trigeminus oder therapeutischer Zerstörung des Ganglion trigeminale bei → Neuralgie. [33]

An|aesthesin®: p-Aminobenzoesäureäthylester. Feine, kaum wasserlösliche Kristalle. Lokalanästhetikum in Streupulvern, Salben, Zäpfchen, Dragees und Bonbons mit hoher Allergiequote. [2]

anal (lat.): den After (Anus) betreffend. [9]

Ana|leptika (gr.) n pl, sing Analeptikum: Kreislauf und Atmung anregende Substanzen mit kurzer Wirkungsdauer wie Pentretazol (Cardiazol®), Nicethamid (Coramin®), Amiphenazol (Daptazile®), Bemegrid (Eukraton®), Lobelin, Etamivan (Vandid®), Prethcamid (Micoren®), die heute keine Anwendung mehr finden, da sie den Sauerstoffverbrauch erhöhen und Krämpfe und Sympathikusaktivierung hervorrufen können. Größere Sicherheitsbreite hat Doxapram (Dopram®, Dopril®). [2]

An|algesie f: Sensibilitätsstörung mit völliger Aufhebung der Schmerzempfindung durch Verletzung oder medikamentöse Unterbrechung der Leitungsbahnen, häufig auch bei Hysterie. Vgl. Sensibilitätsstörung, Paralgesie. [33]

An|algesie, zentrale f: Ausschaltung der Schmerzempfindung für kurzdauernde schmerzhafte Eingriffe durch Inhalation von → Lachgas oder → Trichloräthylen. Dabei wird das Stadium I der → Narkose nicht überschritten. [2]

An|algetika n pl: Arzneistoffe (→ Pharmakon) zur Schmerzstillung. Einteilung nach bevorzugtem Angriffsort, Wirkungsstärke und Wirkungsprofil in A. vom → Opioid-Typ, auch zentral, stark oder narkot. wirksame A. genannt, und in

A. vom Salicylat-Typ, auch schwach wirksame oder antipyret. wirksame A. genannt, mit teilweise zusätzlich antiphlogist. Wirkungseigenschaften. → Cyclooxigenase-Inhibitoren. [7]

an|algetisches Stadium n: → Narkose. [2]

An|algia (gr.) f: → Analgesie. [2]

An|algo|sedierung f: kombinierte Gabe von Sedativa (Valium®, Tacitin®) und Analgetika (Fortral®) bei ängstlichen und erregten Patienten, angewendet in Kombination mit Lokalanästhesie. Gefahr der Atemdepression! [2]

Ana|lyse (gr.) f: Auflösung, Zerlegung eines zusammengesetzten Ganzen in seine Bestandteile. Gegensatz: Synthese. In der Chemie wird zwischen qualitativer und quantitativer A. unterschieden; bei ersterer werden lediglich die Bestandteile eines Stoffes oder Stoffgemenges, bei letzterer auch deren Gewichtsmenge oder Mengenverhältnisse ermittelt. [23]

An|ämie f: Blutarmut; Verminderung von Erythrozyten und/oder → Hämoglobin. Pathogenetisch zu unterscheiden 1. → Blutungsanämie, 2. → hämolytische Anämien, 3. → hypoplastische (hyporegeneratorische) Anämien infolge Eisen-, Eiweiß-, Vitamin-B_{12}- und Folsäuremangel oder durch toxische Einflüsse wie → Zytostatika, bei Niereninsuffizienz und unter energiereicher Bestrahlung. [20]

an|ämisch: blutarm, blutleer; Adj. zu → Anämie. [20]

Ana|mnese (gr.) f: die Vorgeschichte des Patienten in bezug auf die gegenwärtige Krankheit nach seinen eigenen Angaben, dient u.a. zur Evaluierung von Risikofaktoren und Erkennung von → Risikopatienten. Verfahren: Fragebogen und/oder Gespräch, Kombination von Fragebogen und Gespräch ist sinnvoll. Dabei sollten relevante Komplexe abgeklärt, Leitsymptome abgefragt und eventuelle Probleme gezielt angesprochen werden. → Anamnesebogen, Gespräch, zahnärztliches. [16, 20, 33]

Ana|mnese|bogen: Formular zur Erhebung einer standardisierten → Anamnese. [16]

Anankasmus (gr.) m: krankhafter Zwang, Zwangsvorstellungen bei selbstunsicheren und übergewissenhaften Patienten. Vgl. Zwangsneurose. [33]

Ana|phase f: Phase der Kernteilung, in der die Trennung der Chromosomen erfolgt. [9]

Ana|phorese f: der Transport von elektrisch negativ geladenen Substanzen (Anionen) durch elektrischen Strom zur Anode. Vgl. Elektrophorese. [10]

ana|phylaktischer Schock: Auslösung bei i.v.-Reinjektion eines Antigens, gegen das im Plasma zirkulierende Antikörper enthalten sind. Ablauf der Antigen-Antikörper-Reaktion in der Blutbahn. Freisetzung von Schocksubstanzen (→ Mediatoren). Klinik: Vasodilatation, Steigerung der Kapillarpermeabilität, Kontraktion der glatten Bronchialmuskulatur, Dyspnoe, Blässe, Zyanose, Tachykardie, Hypotonie, Schweißausbruch, Glottisödem, Angst, Erregung, hypovolämisches finales Kreislaufversagen. Therapie: bei Insektenstich Abschnüren der Extremität, Umspritzung mit Adrenalin (1:1.000, 1 ml), Glukokortikoide i.v. (1-2 g), Antihistaminika i.v., → Plasmaexpander (→ Dextran), Adrenalin-Infusionen (10fach verdünnte Stammlösung 1:1000 s.c.); Therapie des Glottisödems: Aludrin®-Dosier-Aerosol, Aludrin® sublingual, evtl. Intubation, Tracheotomie. [20]

Ana|phylaxie f: von *Portier* und *Richet* erstmals experimentell am Tier erzeugtes Phänomen, das das Gegenteil von → Immunität darstellt: reaktionslose Verträglichkeit der Erstinjektion eines nichttoxischen Antigens (Sensibilisierungsdosis), nach Zweitinjektion des gleichen Antigens nach 2- bis 3wöchigem Intervall (Sensibilisierungszeit) Auftreten von heftigen, je nach Tierart symptomatisch unterschiedlichen, lokalen oder systemischen Reaktionen. A. ist beim Menschen lebensbedrohlich. Vorkommen: Serumtherapie, Insektenstiche, Penizillin. Klinik: → anaphylaktischer Schock. [20]

Ana|plasie f: die Gestaltveränderung (Entdifferenzierung) der sich überstürzt teilenden Tumorzelle im Vergleich zur Mutterzelle, vor allem bei unreifen (meist bösartigen) Gewächsen. Vgl. Metaplasie. [2]

Ana|sarka (gr.) f: Hautödem; Hautwassersucht durch Abströmen von Blutplasma und Elektrolyten als Folge von Kapillardruckerhöhung. Vorkommen: Rechtsinsuffizienz, nephrotisches Ödem mit schwerer Hypalbuminämie. [34]

An|ästhesie (gr.) f: Unempfindlichkeit gegenüber Schmerz-, Temperatur-, Berührungsreizen; künstliche Ausschaltung der Schmerzempfindung. Man unterscheidet örtliche (→ Lokalanästhesie, → Leitungsanästhesie) und allgemeine Anästhesie (→ Narkose). [2]

An|ästhesie der Pulpa f: Schmerzausschaltung für pulpachirurgische Eingriffe durch Blockade der sensorischen Nervenstränge im zirkumapikalen Gewebe (Lokalinfiltration) oder durch weiter zentral gelegene Unterbrechung der Reizleitung (→ Leitungsanästhesie). Bei der Vitalexstirpation nicht immer zuverlässig, obwohl die gleiche Anästhesie zur schmerzfreien Zahnextraktion ausreicht. [1]

An|ästhesie|zwischen|fälle: am häufigsten als Störung der Atmung (Aspirationspneumonie, Asphyxie durch Verlegung der Atemwege oder → Laryngospasmus) und des Herz-Kreislauf-Systems (Blutdruckabfall oder Herzstillstand) bei Narkosemittelüberdosierung (Pulsbeschleunigung bei zu flacher Narkose); auch Heiserkeit und Kehlkopfschäden nach Intubation, Zahnverlust durch Laryngoskopie; Lähmung peripherer Nerven durch Lagerungsfehler möglich. [2]

An|ästhesio|logie f: Lehre von der Schmerzausschaltung. [2]

An|ästhetika (gr.) n pl, sing Anästhetikum: schmerzausschaltende Mittel. Lokale A. → Lokalanästhetika. Allgemeine A. → Narkotika. [2]

an|astig|matisch: a. sind Linsensysteme, bei denen der → Astigmatismus, d.i. der optische Fehler der nicht punktförmigen Abbildung, korrigiert ist. [10]

Ana|stomose f: angeborene oder erworbene (operativ) Verbindung von Blut- und Lymphgefäßen oder Darmteilen. Bei Nerven auch Austausch von Nervenfasern. [9]

Ana|stomosierung f: operativ geschaffene Verbindung von Hohlorganen untereinander. [9]

Ana|tomie (gr.) f: Zergliederungskunst; Wissenschaft, die sich mit der Form und dem Bau des Körpers und seiner Teile beschäftigt. Die pathologische A. deckt krankhafte Zustände auf. Die topographische A. handelt von den gegenseitigen Lagebeziehungen der einzelnen Organteile. Die mikroskopische A. behandelt die Strukturen, die wegen ihrer geringen Größe nicht mit dem Auge sichtbar sind. Die funktionelle A. stellt den Zusammenhang zwischen Form und Funktion jedes Organs fest. [9, 32]

ana|tomische Ebenen: die Grundebenen, auf die sich die in der Anatomie verwendeten Richtungen (→ Achsen des Körpers) und Bezeichnungen beziehen. Die sagittalen Ebenen liegen parallel zur Symetrieebene, die frontalen vertikal und rechtwinklig zu den sagittalen Ebenen. Die transversalen (auch horizontale Ebenen genannt) liegen rechtwinklig zu beiden vorgenannten (Abb.). [9]

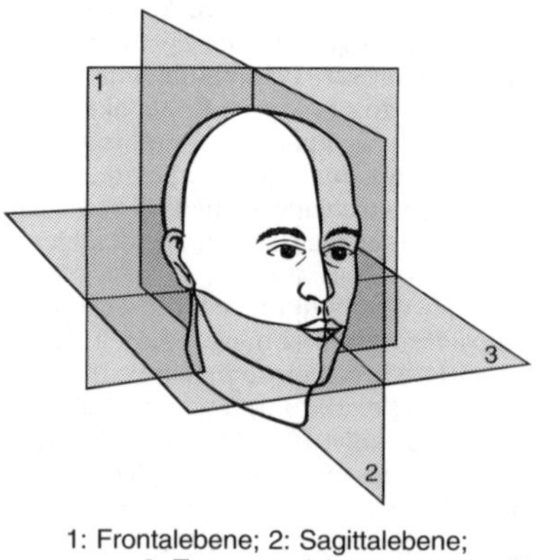

1: Frontalebene; 2: Sagittalebene; 3: Transversalebene. [100]

Ana|toxin n: → Aluminium-Formol-Toxoid. [8]

Anbau|linien: → *Retzius*-Linien. [30]

An|brenn|technik f: → Aufbrenntechnik; siehe auch → Metallkeramik, → dentalkeramische Massen. [4]

ANB-Winkel: Winkel aus der → FRS-Analyse, bestimmt durch → A-Punkt, → Nasion und → B-Punkt. Geeignet zur Beurteilung der gegenseitigen sagittalen Beziehungen von Ober- und Unterkiefer. Orientiert sich im Gegensatz zum → *Holdaway*-Winkel nur an Knochenpunkten. [5]

Andresen-Häupl-System (Viggo A., Kieferorth., Oslo, *1870, † 1950; Kurt H., Proth., Kieferorth., Innsbruck, Prag, Berlin, Düsseldorf, *1893, † 1960) n: → Funktionskieferorthopädie. [5]

Androgene n pl, sing Androgen: Gruppe der männlichen Sexualhormone (→ Testosteron), Hodenhormone, von den Hodenzwischenzellen gebildet. [10]

Andro|logie f: Männerheilkunde, insbesondere die Wissenschaft von den Störungen der männlichen Zeugungsfähigkeit und deren Behandlung. [12]

Andro|steron n: neben → Testosteron und den NNR-Androgenen das wichtigste männliche Sexualhormon, das aus Cholesterol synthetisiert wird. Das deutlich vermännlichend wirkende A. wird in der Leber aus dem Testosteron abgebaut. [10]

andro|trop: das männliche Geschlecht bevorzugend. [3]

Andro|tropismus m: Knabenwendigkeit; bevorzugtes Auftreten von Erbfaktoren und Krankheiten beim männl. Geschlecht. [3]

An|enzephalie f: Anenzephalus; Mißgeburt ohne Gehirnanlage. Die knöcherne Schädelbasis ist von der Dura, einem Hirnrudiment und den weichen Hirnhäuten bedeckt. Wegen des Aussehens auch „Krötenkopf" genannt. [3]

An|ergie f: quantitativ und qualitativ abgeschwächte Reizbeantwortung von Überempfindlichkeitsreaktionen (Hyperergie) bis zur Reaktionslosigkeit. Positive A.: erworbene Immunität. Negative A.: Fehlen einer erworbenen Immunität. Vgl. Allergie. [20]

An|eurysma (gr.) n: umschriebene, durch erworbene oder angeborene Wandschwäche bedingte Ausweitung eines arteriellen Gefäßes oder des

Herzens. Die Gefäßwandschwächung kann auf Degeneration, Entzündung, metabolische und hämodynamische Störungen, Fehlbildungen oder Verletzungen zurückzuführen sein. Formalpathogenetisch unterscheidet man: 1. Echtes A. (A. verum) mit Aussackung aller drei Gefäßwandschichten. 2. Unechtes A. (A. spurium), bei dem zunächst ein perivasales Hämatom vorliegt, das durch Granulationsgewebe organisiert und später endothelialisiert wird und mit der Gefäßlichtung in offener Verbindung steht (meist nach Gefäßverletzungen). 3. Dissezierendes A. (A. dissecans), bei dem ein Intimariß zu einer sog. Wühlblutung innerhalb der Media mit Kanalisation der Gefäßwand führt, meist mit distaler Einmündung in das ursprüngliche Gefäßlumen. Formen: A. sacciforme (sackartig), A. fusiforme (diffus, die gesamte Gefäßzirkumferenz umfassend), A. cuneiforme (kahnförmig, nur nach einer Seite gerichtet), A. serpentinum (starke Gefäßschlängelung infolge mehrerer, dicht aufeinanderfolgender Gefäßausweitungen). Mykotisches A.: Gefäßwandschwächung durch Bakterien oder pilzhaltige Emboli in den Vasa vasorum. Luisches A.: Typische Manifestation der tertiären Lues Syphilis im Rahmen der Mesaortitis syphilitica luica, meist in der Aorta ascendens und im proximalen Aortenbogen lokalisiert. Arteriovenöses A.: aneurysmatische Verbindung zw. einer Arterie und einer Vene in Form einer arteriovenösen Fistel. [32]

Anfechtung: nachträgliche Unwirksamkeitserklärung einer Willenserklärung bzw. eines → Vertrages (§§ 119 ff. BGB). Gründe können Irrtum, Täuschung oder Drohung sein. [24]

Anfrischen: Exzision der Ränder älterer Wunden, um frische, heilungsbereite Wundflächen zu erhalten. [2]

angeborene Zähne: bei der Geburt bereits durchgebrochene Zähne, z.B → Dens natalis. Vgl. Dentes connatales, prälaktale Zähne. [30]

Angestellten|versicherung: → Verband der Angestellten-Krankenkassen. [25]

Angestellter Zahn|arzt: Begriff aus den SGB V und der Zulassungsordnung. Ein bei einem → Vertragszahnarzt angestellter Zahnarzt, der selbst alle Voraussetzungen für eine → Zulassung erfüllt, diese aber nicht anstrebt. Wird bei der → Degression zusätzlich mit 70 von Hundert der normalen Gesamtpunktmenge geführt. [25]

Angi|ektasie f: gleichmäßige Erweiterung eines Gefäßes über eine lange Strecke, oft unter Einbezug von Seitenästen (im Ggs. zum → Aneurysma). Die arterielle und kapilläre A. (Arteriektasie) entsteht häufig infolge eines Kollateralkreislaufes; charakteristische, eigenständige Krankheitsbilder infolge Arteriektasie sind nicht bekannt. Bei venösen Ektasien unterscheidet man diffuse (→ Phlebektasie) und knotige, d.h. mit wechselndem Kaliber einhergehende Venenerweiterungen (→ Varikosis). Lymphangiektasien kommen primär als Fehlbildung oder sekundär im Rahmen eines Kollateralkreislaufes z.B. infolge Vernarbung nach → Lymphangiitis, umfangreicher Lymphknotenresektion, Strahlenschäden u.a. vor. [32]

Angießen: Gußverfahren, bei dem ein geschmolzenes Metall an ein bereits festes Metallwerkstück zur festen Verbindung „angegossen" wird (z.B. → Stiftaufbau an einen fertigen Wurzelstift). Voraussetzung ist die Erhitzung des fertigen Werkstückes nahe dem Schmelzpunkt und eine oxidfreie Oberfläche. [4]

Angi|itis (gr.) f: Vasculitis; entzündlicher Prozeß, der sich in der Gefäßwand selbst oder im Bereich der Adventitia von Gefäßen abspielt, lokal oder systemisch auftretend. Je nachdem ob nur die Intima, die Media, die Adventitia oder alle Wandschichten betroffen sind, spricht man von Endangiitis, Mesangiitis, Periangiitis, Panangiitis. Pathogenese: virale, bakterielle oder parasitäre Infektion, allergisch-hyperergisch, physik. und chem. Schäden. [32]

Angina (lat.) f: allg. zur Bezeichnung von mit Enge und Angst einhergehenden Krankheitszuständen (→ Angina abdominalis, → Angina pectoris), i. e. S. zur Bezeichnung der akuten Entzündung des lymphatischen Rachenringes (→ Tonsillitis, → Angina tonsillaris). [19, 20]

Angina ab|dominalis f: durch Mesenterialarterienverengung bzw. -verschluß (Gefäßthrombose oder -embolie) arteriosklerotischer Natur hervorgerufene → Ischämie von Darmabschnitten mit Gefahr der Darmnekrose (Darminfarkt) mit Bauchfellentzündung (Peritonitis) und Darmverschluß. Symptome: heftige, krampfartige intermittierende Schmerzattacken, meist unmittelbar nach den Mahlzeiten, Erbrechen. [20]

Angina Ludovici (Wilhelm von Ludwig, Chir. und Gyn., Stuttgart, *1790, † 1865) f: veraltet für entzündliche Mundboden-, Rachen- und Halsprozesse mit sekundärer Rachenenge. Vgl. Tonsillitis. [19]

Angina pectoris f: klin. Syndrom mit anfallsweisen retrosternalen Schmerzen (Krampf, Enge- und Angstgefühl), nach links, in Arm, Nacken, Unterkiefer und Schulter ausstrahlend, durch akuten Sauerstoffmangel des Myokards. Als stabile A. p. nur unter körperlicher Belastung, als instabile Form auch in Ruhe, dann oft als Vorzeichen eines → Herzinfarktes. 1. A. p. vera: koronare Faktoren (Stenosierung der Kranzgefäße durch Arteriosklerose, Arteriitis, postinfektiöse Intimaverquellung), extrakoronare Faktoren (Aortenklappenfehler). Komplikationen: akute Rhythmusstörungen (→ Kammerflimmern), → Myokardinfarkt, → Herzinsuffizienz. 2. funktionelle A. p.: spastische Reaktionsbereitschaft der Koronarien (bei extremen Anstrengungen, Hyperthyreose, Aufregungen, Nikotinabusus). Bei beiden Formen wichtige Risikofaktoren: Störungen im Fett-, Kohlenhydrat- und Harnsäure-Stoffwechsel, Hypertonie. Akute Auslöser können sein: Anstrengung, Aufregung, Angst, Schmerzen, plötzlicher Blutdruckanstieg, Koronarspasmen. Die Therapie bei einem Angina-pectoris-Anfall besteht aus: Abbruch der zahnärztlichen Behandlung, Überprüfung der Vitalfunktion, fachgerechte Lagerung, Sauerstoffapplikation, Nitroapplikation und Alarmierung des → Notarztes. Weitere Diagnostik und Therapie: EKG, evtl. mit Belastung, koronare Angiographie. Therapie: Soforttherapie mit Nitroglyzerin sublingual (1-2 Kapseln Nitrolingual®), Schmerzbekämpfung (Fortral®, Morphin. hydrochloric.), Sedierung (Valium®), evtl. Wiederbelebungsmaßnahmen, falls lebensbedrohlich. Dauertherapie: konservativ (Beachtung der Risikofaktoren, → Beta-Rezeptorenblocker (Dociton®, Visken®), verzögernd wirkende Nitrate (Isosorbiddinitrat: Isoket retard®, Corovliss®), zusätzl. evtl. Digitalisierung bei Herzinsuffizienz, Kalziumantagonisten (Isoptin®, Adalat®). Chir.: aortokoronare → Bypass-Operation oder → Angioplastie. Vgl. Angst; Herzkrankheit, koronare; Koronarinsuffizienz. [16, 20]

Angina tonsillaris f: → Tonsillitis. [19, 20]

Angio|blasten m pl: gefäßbildende Zellen. [9]

Angio|blastom n: Tumor der Gefäßgewebes, vgl. Hämangiom, Lymphangiom. A. des Kleinhirns: → *Hippel-Lindau*-Krankheit. [32]

Angio|graphie f: → Arteriographie. [2]

Angio|keratome n pl: (→ Keratom) rötliche, graublaue Knötchen aus zystisch erweiterten Kapillaren bestehend, über denen die Oberhaut z.T. hornartig verdickt ist, auch an der Zunge beobachtet. Isoliertes A. kann thrombosieren und malignem → Melanom ähneln. Therapie: Exzision. Vgl. Teleangiektasien. [12]

Angiolen (gr.) f pl: die Gefäße der Endstrombahn, also → Arteriolen, → Kapillaren, Venolen. [9]

Angio|lith m: → Phlebolith. [32]

Angio|logie f: Lehre von den Gefäßen. [9]

Angiom n: gutartiger Gefäßtumor, der durch Wucherung von Blutgefäßen entsteht oder von Zellelementen eines Gefäßes ausgeht. Vgl. Hämangiom, Angiomyom, Glomustumor, Lymphangiom. [32]

Angio|myom n: gutartiger, gut begrenzter Tumor aus geschlängelten dickwandigen Gefäßen und Bündeln gut differenzierter Muskelzellen, meist von weicher Konsistenz, oft schmerzhaft. Häufig am Hand- oder Fußgelenk lokalisiert. [32]

Angio|neurose f: Angioneuropathie; nichtorganische Durchblutungsstörungen mit Änderungen des Blutdurchflusses in der Gefäßperipherie durch nervale Einflüsse und sekundäre neurogene Änderungen der Gefäßeigenschaften. Klinik: Vasokonstriktion als Dauerzustand oder intermittierende funktionelle Akrosyndrome (sog. Leichenfinger). Angioneurotisches Ödem: → *Quincke*-Ödem, → *Raynaud*-Syndrom, → Akrozyanose. [20]

Angio|pathie f: Gefäßleiden, z.B. → Arteriosklerose. [20]

Angio|plastie f: perautane transluminale Erweiterung arteriosklerotischer Gefäßstenosen durch Ballonkatheter. [20]

Angio|sarkom n: → Hämangioendotheliom, malignes. [32]

Angio|spasmus m: Gefäßkrampf. [20]

Angio|tensin n: A.e werden aus einem in der Leber gebildeten Globin, dem Angiotensinogen (Hypertensin), durch Einwirkung des aus der Niere stammenden Renin im Blut gebildet; zunächst das biolog. inaktive A. I, das dann durch das im Plasma vorhandene „Converting enzyme" in das Oktapeptid A. II umgewandelt wird. A. II hat eine Halbwertszeit von ~2 min, ist stark vasokonstriktor. wirksam und stimuliert die Freisetzung von → Aldosteron aus der Nebennierenrinde. Durch Angiotensinasen wird es inaktiviert. [10]

Angle-Apparatur (Edward Hartley A., Orthod., Minneapolis, St. Louis, Pasadena, *1855, † 1930)

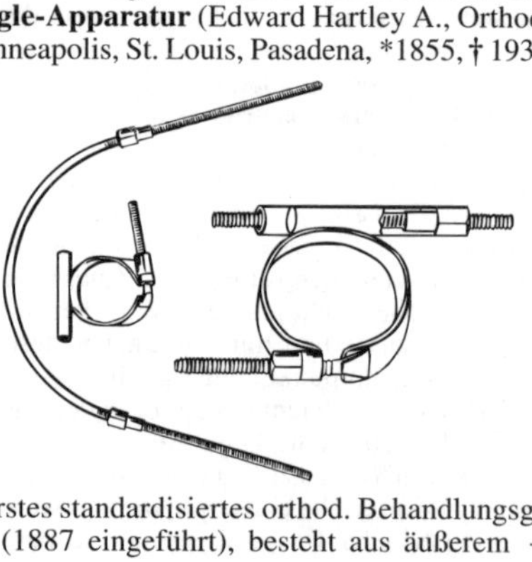

f: erstes standardisiertes orthod. Behandlungsgerät (1887 eingeführt), besteht aus äußerem →

Expansionsbogen und Schraubendbändern (Abb.). Beherrschte, von *Angle* als Universalapparatur verwandt, jahrzehntelang die orthod. Therapie. Vgl. Expansionsbogen, Labialbogen.[5]

Angle-Klassifikation f: 1899 von *E. H. Angle* vorgestellte Einteilung der Gebißanomalien nach der mesiodistalen Lagebeziehung der ersten Molaren als Schlüssel der Okklusion (Abb.). Alle Anomalien mit Neutralbiß gehören demnach in

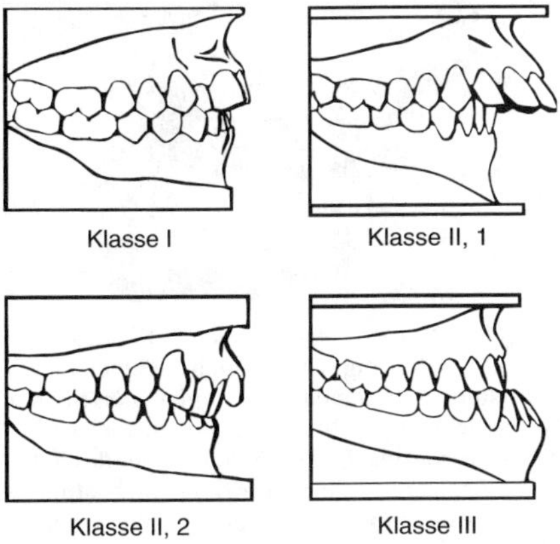

die Klasse I, alle Anomalien mit Distalbiß in Klasse II, wobei als Abteilung II/1 Fälle mit vorstehenden Schneidezähnen (als Unterabteilung mit einseitig distaler Okklusion) und als Abteilung II/2 Fälle mit invertierten Schneidezähnen (als Unterabteilung mit einseitig distaler Okklusion) bezeichnet werden. Alle Anomalien mit Mesialbiß gehören der Klasse III an. Die A. hat, wenn sie auch zu ihrer Zeit erstmalig System in die orthodontische Diagnostik brachte, den Nachteil, daß sie Anomalien gleicher Ätiologie und Genese nur ihrer Molarenbeziehung wegen zerreißt. Sie ist außerdem nicht zuverlässig, da sich die Molarenbeziehung während der Gebißentwicklung verändert. Dennoch wird sie mit Modifikationen nach wie vor angewandt. Vgl. Gebißanomalien. [5]

Angle-Linie: → Harmonielinie. [5]

Angst: Sammelbegriff für Flucht- und Vermeidungsverhalten. Bei Annäherung an das bedrohende Objekt (für den Zahnarzt z.B. ein schwieriger Patient) entstehen für alle Ausprägungsgrade der A. typische → Gefühle aversiver Qualität und charakteristische → Emotionen, die als psychologische → Reaktionen meßbar sind (Pulsbeschleunigung, trockener Mund, Würgereiz). Ängste und → Phobien werden nach den sie auslösenden situativen Bedingungen benannt (Erwartungsangst im Wartezimmer, Verlustangst bei Extraktion, → Agoraphobie, → Klaustrophobie). Behandlung der A. durch → autogenes Training, systematische → Desensibilisierung und → Psychotherapie. [13]

Ängstlichkeit: individuelle Angstbereitschaft als Persönlichkeitsvariable. Vgl. Angst. [13]

Ångström (Anders Jonas Å., schwed. Astronom u. Phys., Uppsala, *1814, † 1874) n: nicht mehr zugelassene Längeneinheit; 1 Å = 10^{-7} mm = 0,1 nm (Nanometer). [10]

angularis (lat.): winkelig, eckig, zum Winkel gehörig. [30]

Angulation (lat.) f: **1.** Kippung der Zahnachse nach mesial bzw. distal bei lückiger Zahnreihe. Vgl. Inklination. **2.** für die kieferorth. Behandlung mit der → Edgewise-Technik typische Drahtbiegung in der Vertikalebene, die auch als Biegung 2. Ordnung bezeichnet wird. Sie berücksichtigt die mesiale Kronenneigung der Zähne. A.en im Oberkiefer-Frontzahnbereich werden als → Artistics bezeichnet. [5]

Angulus (lat.) m: Winkel. [9, 11]

Angulus infectiosus (lat.) m: → Faulecke. [11]

Angulus mandibulae (lat.) m: Unterkieferwinkelbereich zwischen Corpus und Ramus mandibulae, dessen mediale Fläche als Tuberositas pterygoidea bezeichnet wird. [9]

Angulus oris (lat.) m: Mundwinkel. [9]

Angulus venosus (lat.) m: Venenwinkel, an dem die Lymphstämme einmünden, gebildet durch die Vereinigung von V. jugularis interior und V. subclavia zur V. brachiocephalica. [9]

Anhänger|brücke: → Freiendbrücke. [4]

An|hidrose f: Fehlen oder Verminderung der Schweißabsonderung. [20]

An|hidrosis hypo|trichotica f: multiple ektodermale Fehlbildungen, bestehend in Anhidrose, Hypotrichose, Hypo- bzw. Anodontie, Progerie und Ozaena sowie Veränderungen an Augenlidern und Wimpern. Normale geistige und körperliche Entwicklung. Erbleiden, meist bei Knaben. Vgl. Ektodermalsyndrom. [3]

An|hydrit m: ursprünglich Bez. für in der Natur vorkommendes gesteinsbildendes $CaSO_4$. Heute auch allgemein für wasserfreien Gips. [23]

an|hydro-: unter Wasseraustritt entstanden, wasserfrei, z.B. Anhydro-Verbindungen (Verbindungen, die durch Wasseraustritt entstanden sind).[23]

Anilide n pl: Derivate des → Anilins, in denen ein Wasserstoffatom der → Aminogruppe durch einen Säurerest ersetzt ist. Medizinisch besonders wichtige A. sind Azetanilid und Phenazetin. [23]

Anilin (arab.) n: Aminobenzol, $C_6H_5NH_2$; farblose, ölartige, giftige Flüssigkeit, die sich an der Luft rasch braun färbt. Ausgangsmaterial für Farbstoffe und pharmazeutische Präparate. A. wurde erstmalig bei der Kalkdestillation von → Indigo gefunden. Technisch wird A. heute fast ausschließlich durch Reduktion von Nitrobenzol hergestellt. 23

An|ionen n pl: ein- oder mehrfach elektr. negativ geladene → Ionen, die im elektr. Feld zur Anode wandern. 10, 23

An|is|odontie f: → Heterodontie. 1, 30

an|iso|gnath: Bez. für Kiefer, bei denen der untere Zahnbogen innerhalb des oberen liegt, wie z.B. beim Menschen. Ggs.: → isognath. 5

An|iso|korie f: ungleiche Weite der Pupillen. Pupillenstörung bei einseitiger Schädigung der okulopupillären Innervation. In geringem Maße kommen Differenzen der Pupillenweite auch bei Gesunden vor. Vgl. *Horner*-Syndrom, Pupillotonie. 33

an|iso|trop: a. werden Stoffe (meist Kristalle) genannt, die - richtungsabhängig - unterschiedliche physikalische Eigenschaften aufweisen. → Anisotropie. 10

An|iso|tropie f: besonders bei Kristallen auftretende Richtungsabhängigkeit physikalischer Eigenschaften wie z.B. richtungsabhängige Lichtgeschwindigkeit in sog. doppelbrechenden Kristallen (→ *Nicol*-Prisma), richtungsabhängige elektr. Leitfähigkeit, Elastizität, Wärmeleitfähigkeit und Magnetisierbarkeit. Med.: Die optische A. wird z.B. im Polarisationsmikroskop und bei polarisationsoptischen Untersuchungen des Initialstadiums der Karies benutzt. 10

An|iso|zytose f: Nebeneinander von Erythrozyten ungleicher Größe ohne Formveränderung. Vorkommen bei jeder schwereren → Anämie. Vgl. Mikrozyten. 20

Anker|elemente n pl: → Konstruktionselemente zur Abstützung von herausnehmbarem und/oder festsitzendem Ersatz, die fest auf den Pfeiler, einen natürlichen Zahn, zementiert (verankert) sind. Es sind dies Kronen, Stiftkronen, Stege, Primärteleskope und Overlays. 4

Anker|implantat n: → Implantatformen. 18

Anker|zahn: stabiler Zahn, auf den proth. durch → Verbindungselemente die Kaukraft abnehmbarer Prothesen übertragen oder der kieferorthop. zur Verankerung einer orthod. Apparatur benutzt wird. 4

Ankyl|odontie f: Verwachsung der Zahnwurzel mit der Alveole infolge Fehlens der Wurzelhaut, z.B. nach → Replantation. Vgl. Ankylose. 6

Ankylo|glossie f: Ankyloglossum; angeborene Verwachsung der Zunge mit dem Boden der Mundhöhle infolge zu kurzen Zungenbändchens (Abb.). Kommt auch durch Narbenstrang nach Verletzungen vor. Häufig Hinweis auf → *Hanhart*-II-Syndrom. Vgl. Frenulektomie, V-Y-Verschiebung, Z-Plastik. 3

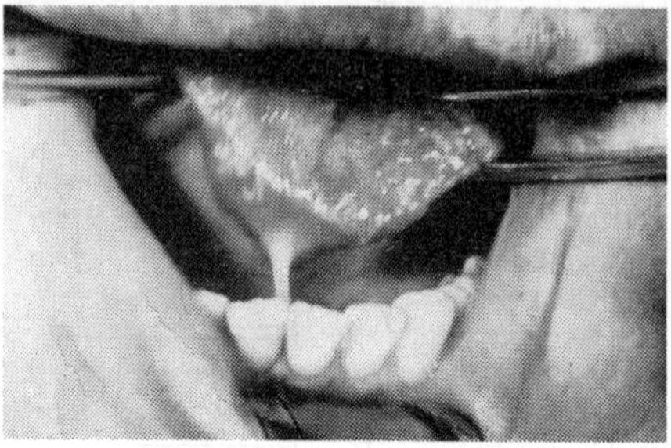

Ankylose (gr.) f: Ankylosis; i.e.S. knöcherne Gelenkversteifung, i.w.S. auch knöcherne Verwachsung von Zähnen bzw. Implantaten mit dem Alveolarknochen. Im Kiefergelenk meist infolge Osteomyelitis des Unterkiefers oder des Schläfenbeins, nach akuter Arthritis, Arthropathia deformans oder metastatischer Gelenkerkrankung (Typhus, Scharlach, Pyämie, Gonorrhoe). In anderen Fällen sind Entwicklungsstörungen oder Traumata als Ursache anzunehmen, gelegentlich angeboren. 18, 32

Anmischen: Vorgang des Vermischens von Präparate, die in mehreren Komponenten geliefert oder benutzt werden, z.B. gipshaltige Präparate, Füllungsmaterialien, Abformmassen auf Alginat- oder elastomerer Basis, Akrylatkunststoffe für Prothesen. Das A. erfolgt entweder von Hand oder in speziellen Mischapparaturen und muß bis zur homogenen Verteilung der Einzelkomponenten untereinander fortgesetzt werden. 4

An|ode (gr.) f: mit dem positiven Pol einer Stromquelle verbundene → Elektrode. In der Röntgenröhre Träger des → Brennflecks. 10

An|odontie f: völlige Zahnlosigkeit, fälschlich auch für das Fehlen mehrerer Zähne gebraucht. Bei der echten A. sind die Zahnkeime nicht angelegt. Sie tritt i.a. als Folge einer Entwicklungsstörung des äußeren oder mittleren Keimblattes oder der beiden Keimblätter gemeinsam mit anderen Abartigkeiten auf (→ Anhidrosis hypotrichotica, → Dysostosis acrofacialis, → Ektodermalsyndrom). Vgl. Hypodontie. 5, 27, 30

An|omalie f: Unregelmäßigkeit; mehr oder weniger starke Abweichung von der Norm, z.B. Entwicklungsstörung. 3

An|ony|chie f: Fehlen der Nägel an Fingern und Zehen, angeboren oder infolge Dermatosen. [12]
an|onymus (gr.): namenlos. [9]
An|opheles (gr.) f: Gabelmücke. Zahlreiche Arten übertragen → Malariaplasmodien, einige auch → Filarien. Die Larven haben kein Atemrohr, sie schwimmen waagerecht unter der Oberfläche von meist stehenden Gewässern. [8]
An|oph|thalmie f: angeborenes Fehlen, zumindest aber Verkümmerung eines oder beider Augäpfel. [3]
An|orexia nervosa f: Anorexia mentalis, Pubertätsmagersucht; fast ausschließlich bei Mädchen in und nach der Pubertät auftretende, oft extreme Abmagerung, meist durch psychosomatische und familiendynamische Prozesse ausgelöst. Dienzephale Nahrungstriebstörungen mit sekundären Abbremsungen der inneren Sekretion der Adenohypophyse, Nebenniere und Geschlechtsdrüsen. [20]
An|orexie f: herabgesetzte Eßlust, Appetitmangel bei funktionstüchtigen Kauwerkzeugen. Ätiologie: psychische Emotionen, Hirnschädigungen, → Anorexia nervosa, Magen-Darm-Erkrankungen, hochfieberhafte Infektionskrankheiten. [20]
an|organisch: unbelebt, mineralisch. Die a.e Chemie untersucht die Elemente und Verbindungen der unbelebten Natur. A.e Herzgeräusche sind Geräusche, die nicht mit organischen Herzfehlern zusammenhängen (akzidentelle → Herzgeräusche). [20, 23]
An|orgasmie f: sexuelle Funktionsstörung, Ausbleiben des Orgasmus beim Koitus; bei der Frau häufiger als beim Mann. [13]
An|osmie (gr.) f: Verlust des Geruchssinns durch Zerstörung der Geruchsnerven oder der entsprechenden Zentralregion, z.B. bei Schädelbasisbrüchen oder Tumoren, seltener bei → progressiver Paralyse, → Tabes dorsalis oder → Encephalomyelitis disseminata. [34]
An|ox|ämie f: → Hypoxämie. [20]
An|oxie f: lokales oder allgemeines Fehlen von O_2 bei wichtigen Störungen der O_2-Versorgung mit lokalen oder allgemeinen Störungen. Häufiger hypoxämische A.: mangelhafte O_2-Versorgung eines Organs oder des ganzen Organismus wegen Erniedrigung des arteriellen O_2-Druckes (Aufenthalt in großen Höhen, Berg- oder Höhenkrankheit). Anämische A.: Herabsetzung der O_2-Kapazität bei Anämie. Vgl. Hypoxämie. [20]
An|oxy|biose f: Leben ohne Sauerstoff. [8]
An|passung: → Adaptation. [5]
Anpassungs|syndrom, allgemeines n: → Adaptationssyndrom. [34]
Anpreß|kraft: durch die Anwendung → rotierender Instrumente wirksame Kraft auf eine bearbeitete Substanz. Früher als Arbeitsdruck (in g) bezeichnet. Einheit: Newton (N). Umrechnungsformel von g und kp in N: 1000 g = 1 N, 1 kp = 9,80665 N, 1 kg m/s² ≈ 9,81 N, 500 g (Arbeitsdruck) ≈ 5 N (Anpreßkraft). Gegenüber anderen technischen Bereichen kann in der Zahnarztpraxis und im zahntechnischen Labor nicht von Druck gesprochen werden, weil die Einwirkung nicht auf eine exakt definierte Fläche (mm^2, cm^2, m^2) erfolgt. Die Bezugsfläche ändert sich ständig und ist in der Arbeitspraxis nicht bestimmbar (DIN-Information E 30/G/301 med). [21]
Anreicherungs|verfahren: Laborverfahren zur Anreicherung von Bakterien, Viren oder auch Wurmeiern zu deren besserem Nachweis. Die Anreicherung kann durch Zentrifugation, optimale Kulturbedingungen oder im Tier erfolgen. Vgl. Antiforminverfahren. [8]
Anrühren: → Anmischen. [4]
Ansa (lat.) f: Schleife, Schlinge. I. d. R. die von zwei Fasern austauschenden Nerven gebildete Schlinge. [9]
Ansa cervicalis (IANC) f: Hypoglossusschlinge, im → Trigonum caroticum vor dem Gefäß-Nervenstrang gebildet aus Fasern des 1. und 2. Zervikalnerven, die sich dem N. hypoglossus anschließen. Innerviert die Unterzungenbeinmuskulatur. [9]
Ansa Halleri f: → *Haller*-Schlinge, oft auftretende Verbindung zwischen N. facialis und N. glossopharyngeus vor der V. jugularis interna. [9]
Ansa nervi hypo|glossi (JNA) f: → Ansa cervicalis (IANC). [9]
Ansatz: Insertion eines Muskels (→ Insertio). [9]
Ansäuern: chem. Zusetzen von Säure zu einer Flüssigkeit bis zur sauren Reaktion. [23]
Anscheins|beweis: auch Prima-facie-Beweis genannt; Beweisgrundsatz vor Gericht und im Rechtsleben; greift ein, wenn eine Tatsache nach der Lebenserfahrung oder dem ersten Anschein typisch ist für einen bestimmten Lebenssachverhalt. Im → Haftungsprozeß, wenn ein Schaden als typisch für einen bestimmten Behandlungsfehler angesehen werden kann. Eine Sorgfaltspflichtverletzung wird dann als bewiesen angesehen. Der Zahnarzt kann die Vermutung entkräften. [24]
Anschoppung: erstes Stadium der lobären → Pneumonie mit Atelektase (Luftleere der Lungenbläschen) und Exsudation von fibrinreichem Plasma, Volumenzunahme des erkrankten Lungenteils. Charakteristischer klinischer Perkussions- und Auskultationsbefund. [34]

anserinus (lat.): Gänse-, z.B. Pes anserinus („Gänsefuß"), Cutis anserina (→ Gänsehaut).[12]

Anspruchs|berechtigte: Mitglieder einer → Pflicht- (früher RVO-) Kasse, einer → Ersatzkasse, der Bundesknappschaft oder anderer Versicherungsträger sowie deren mitversicherte Angehörige. [25]

Ansteckung: → Infektion. [8]

Ant|agonismus (gr.) m: **1.** gegeneinander gerichtete Wirkungsweisen von zwei funktionellen Einheiten (z.B. von Muskeln: Flexoren/Extensoren), auch eine gegenseitige Ausschließung zweier Krankheiten oder entgegengesetzte Wirkung zweier Gifte. **2.** Bei biochemischen Substanzen unterscheidet man einen kompetiven A., bei dem zwei unterschiedliche → Antagonisten um denselben Rezeptor wettstreiten, und den nicht kompetiven A., bei dem der Antagonist die Rezeptorstruktur so verändert, daß die Bindung des Agonisten an den Rezeptor keinen Effekt auslösen kann. **3.** Bei Bakterien besteht ein A. insofern, als die Kultur einer Art auf einem bestimmten Nährboden diesen ungeeignet macht für die Ansiedlung einer anderen Art. **4.** In der Zhk. die Wirkung der Zähne des Oberkiefers gegen die des Unterkiefers bei normalem Zusammenbeißen. [4, 8, 32]

Ant|agonismus, singulärer m: Zahnstellung, bei der jeweils nur ein Zahn mit einem Antagonisten okkludiert (Abb.). Dieser Zustand kann ein- oder beidseitig bestehen. Kieferorth. bedingt durch mesiale bzw. distale Falschlage des

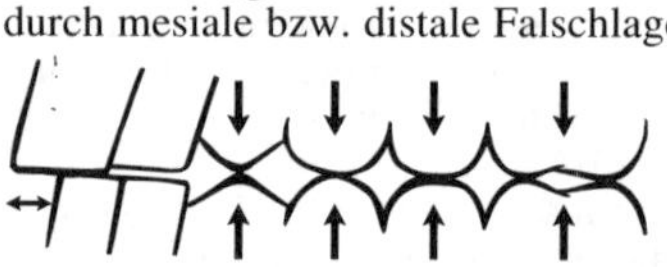

Unterkiefers oder durch Zahnwanderung im Ober- bzw. Unterkiefer um eine halbe Prämolarenbreite. [5]

Ant|agonist (gr.) m: Inhibitor oder Blocker; ein Ligand (z.B. → Pharmakon), der an einen → Rezeptor bindet, ohne eine Rezeptor-Aktivierung und damit eine Sekundärreaktion auszulösen (→ intrinsische Aktivität = 0). Die Charakterisierung des A.en als kompetitiver oder nicht kompetitiver, reversibler oder irreversibler A. erfolgt durch Analyse der → Dosis-Wirkungs-Kurve des → Agonisten in Gegenwart des A.en.[7]

Ant|agonisten m pl: Körper oder Organe von entgegengesetzter Wirkung; z.B. Beuge- oder Streckmuskeln, N. sympathicus und N. vagus. In der Zhk. Gegenzähne, d.h. Zähne, die beim normalen Schließen des Mundes einander treffen. [4, 10]

ant|agonistisches Potential n: Fähigkeit einer Mikroorganismenart oder -gruppe, durch Stoffwechselleistungen einer anderen Mikroorganismenart entgegenzuwirken (z.B. Basen-versus Säureproduktion). [8]

Anteigen: → Anmischen. [4]

Ante|in|klination f: Gebißschwenkung nach vorn (schiefes → Vorgesicht). Vgl. Gebißwinkel. [5]

ante mortem: (unmittelbar) vor dem Tod. [27]

Ante|position f: in der Kieferorth. Vorverlagerung, Gebißvorstand (gerades → Vorgesicht). Eine solche A. des Gebisses bedeutet eine Parallelverlagerung desselben in der Sagittalen. Sie wird gemessen durch den → Gesichtswinkel. Ggs.: → Retroposition. [5]

anterior (lat.): anterius; der, die, das vordere; vorn liegend. [30]

Ant|helix f: die zur Ohrkrempe (Helix) parallel laufende Windung der Ohrmuschel. (Abb. → Auricula). Minderausprägung oder Fehlen führt zur häufigsten Ohrmuschelmißbildung, den abstehenden Ohren. [19]

Anthrax (gr.) m: → Milzbrand. [8]

Anthrax|bazillen m pl: → Milzbrandbazillus.[8]

An|thropo|logie f: Oberbegriff für die Lehre vom Menschen und dessen wissenschaftliche Erforschung. [9]

An|thropo|metrie f: Meßtechnik am Menschen, die sich an bestimmten anthropologischen Meßpunkten am Skelett und am Lebenden orientiert, daraus Proportionen ableitet und Indizes aufstellt. Praktisch verwertet in der kieferorth. Diagnostik. Vgl. Meßpunkte, *Pont*-Index, Frankfurter Horizontale, *Camper*-Gesichtswinkel. [5]

Anti|androgene n pl: den → Gestagenen nahestehende Hormonabkömmlinge, verhindern Bindung von → Androgenen an die Zellstrukturen und blockieren die Androgeneffekte. Therapeutische Anwendung bei → Akne, → Alopezie, → Hirsutismus, → Hypertrichose. [12]

anti|bakteriell: gegen Bakterien wirksam. Wirkung kann biologischer, thermischer, chemischer oder mechanischer Natur sein. Vgl. bakteriostatisch, bakterizid. [8]

Anti|biogramm: aus Versuchen abgeleitete Darstellung der Empfindlichkeit eines Bakterienstammes gegen bestimmte Antibiotika. Sollte vor der Therapie erstellt werden. [34]

Anti|biose f: die Fähigkeit lebender Mikroorganismen bzw. ihrer Produkte, auf → Mikroben wachstumshemmend oder vernichtend zu wirken. Vgl. Mundflora. [8]

Anti|biotika n pl: im ursprüngl. Sinn Bez. für Stoffwechselprodukte von Mikroorganismen mit zytotox. (z.B. antimikrobiellen) Wirkungseigenschaften. Seitdem es gelungen ist, A. halb- oder vollsynthet. herzustellen, ist der Begriff A. syn. mit → Chemotherapeutika. [7]

Anti|cholin|ergika n pl: Parasympatholytika, Vagolytika, m-Cholinozeptoren-Blocker; A. sind Substanzen, die die Erregungsübertragung an parasympathischen Nervenendigungen hemmen bzw. die muskarinähnlichen Wirkungen des Acetylcholins an postsynaptischen → Rezeptoren blockieren. [7]

Anti|depressiva n pl: → Psychopharmaka zur symptomat. Behandlung von Depressionen aus der Gruppe der tri- und tetrazyklischen Aminpräparate. Sie wirken thymolept. (depressionslösend, stimmungsaufhellend), thymeret. (psychomotor. aktivierend, antriebssteigernd) und strukturabhängig zusätzl. anxiolyt. und sedativ. Wirkungsweise vermutlich primär über eine Hemmung des neuronalen → Norepinephrin- und/oder 5-Hydroxitryptamin-Uptakes wie z.B. die → trizykl. A. oder über eine Hemmung des Norepinephrin- und/oder 5-Hydroxitryptamin-Abbaus (→ Monoaminooxidase-Inhibitoren). A. kommen zunehmend im höheren Lebensalter zur Anwendung. Als Nebenwirkungen im zahnmed. Bereich treten wegen ihrer anticholinergen Eigenschaften nicht selten Mundtrockenheit und Folgeprobleme beim → Prothesenhalt auf. Vgl. Xerostomie. [7, 27, 33]

Anti|dot (gr.) n: Bezeichnung für Gegenmittel zur spezifischen Behandlung von Vergiftungen. [7]

Anti|emetika n pl: → Arzneistoffe (→ Pharmakon) zur Unterdrückung von Übelkeit und Erbrechen aus der Gruppe der → Anticholinergika (z.B. → Scopolamin), → Antihistaminika (z.B. Diphenhydramin, Dimenhydrinat), → Neuroleptika (z.B. → Promethazin, → Triflupromazin), Dopamin-Antagonisten (→ Metoclopramid) und → 5-Hydroxitryptamin-Rezeptor-Antagonisten (z.B. Ondansetron). [7]

Anti|epileptika n pl: Antikonvulsiva; chem. heterogene Substanzgruppe zur Prophylaxe und/ oder symptomat. Behandlung von zentral bedingten Krampfzuständen. Sie umfaßt u.a. Hydantoin- (z.B. Zentropil®), → Barbitursäure-, Iminostilben-, Succinimid-, Oxazolidindion- und → Benzodiazepin-Derivate sowie die Valproinsäure. Indikation in der Zhk. nur für das 1,4-Benzodiazepin-Derivat → Diazepam als Notfall-Medikament bei Krampfanfällen infolge einer Intoxikation mit einem → Lokalanästhetikum als Medikament der 2. Wahl nach Sauerstoffzufuhr. Vgl. Epilepsie. [7, 33]

Anti|formin|verfahren: → Anreicherungsverfahren für Tbc-Untersuchungsmaterial. Sputum oder Eiter mit 50% Antiformin verflüssigen, 30 min stehenlassen, zentrifugieren. Im Sediment Tbc-Bakterien; andere Bakterien und Zellen werden durch die Antiformineinwirkung aufgelöst. Heute werden modernere Anreicherungsverfahren angewendet (z.B. mit Trinatriumphosphat, → Tenside). [8]

Anti|gen-Anti|körper-Reaktion f: Abk. AAR; dient in der Diagnostik zum Nachweis unbekannter Antigene mittels bekannter Antikörper (→ *Gruber*-Reaktion) oder unbekannter Antikörper mit Hilfe bekannter Antigene (→ *Widal*-Reaktion) in vitro. AAR spielt im Organismus eine wichtige Rolle bei der Infektabwehr, bei allerg. Erkrankungen, bei Bluttransfusionen, bei der Transplantatabstoßung u.a. Vgl. HLA, Rhesus-Faktor. [8]

Anti|gen|drift: Ergebnis der allmählichen Veränderung von Antigenen unter dem Druck einer natürlich erworbenen Immunität der Bevölkerung. Typisch für Influenzavirus. Ursache immer wiederkehrender Epi- bzw. Pandemien, da Antikörper gegen veränderte Antigene fehlen. [8]

Anti|gene n pl: Abk. für Antisomatogene; Moleküle, die nach zumeist parenteraler Verabreichung lymphoide Zellen zur Bildung und Absonderung von Molekülen (→ Antikörper) reizen, die die Wirkung der Antigenmoleküle aufheben, sie neutralisieren. Antigen wirken Proteine, Polysaccharide und zusammengesetzte Eiweißkörper (Glukoproteide, Lipoproteide u.a) von hohem Molekulargewicht (Größenordnung 10^4), soweit sie vom Organismus als fremd empfunden und in adäquater Menge zugeführt werden. → heterophile A. [8]

Anti|globulin|test: → *Coombs*-Test. [8]

Anti|histaminika n pl: Bez. für Gruppen von Arzneistoffen unterschiedl. chem. Struktur, die die Wirkungen des Histamins im Körper hemmen oder aufheben, als kompetitive → Antagonisten an H_1- (glatte Muskelzellen, Herz, chromaffine Zellen des Nierenmarks, Kapillarendothel), H_2- (Gefäße, Sinusknoten, Magenschleimhaut) oder H_3-Rezeptoren (präsynaptisch), als Histidindecarboxylase-Inhibitoren (→ Tritoqualin) oder als Hemmstoffe der Histamin-Freisetzung (Cromoglicinsäure, Ketotifen). Therapeut. werden bei akut auftretenden allerg. Reaktionen überwiegend Histamin-Antagonisten eingesetzt. Diese haben strukturabhängig zusätzlich antiserotonerge, -adrenerge, -cholinerge und lokalanästhet. Wirkungen, durch die das Nebenwirkungsprofil der jeweiligen Substanz bestimmt wird. Von klin. prakt. Bedeutung ist die Einteilung der A. in Substanzen mit sedativen Nebenwirkungen wie → Clemastin, → Dimetinden, → Diphenhydramin, Mebhydrolin, Pheniramin u.a. und solche ohne sedative Nebenwirkungen wie z.B. → Astemizol, → Mequitazin, → Terfenadin. Indikation der A. in der Zhk.: adjuvante Therapie anaphylakt. Reaktionen. [7]

Anti|hyper|tensiva n pl: Bez. für chem. heterogene Substanzgruppe mit unterschiedl. Angriffsorten und molekularen Wirkungsmechanismen zur Blutdrucksenkung wie z.B. → Diuretika, α_1- oder β-Adrenozeptoren-Blocker, → Calciumkanal-Blocker, α_2-Adrenozeptor-Agonisten sowie Substanzen mit Wirkung am Renin-Angiotensin-Aldosteron-System. In der Zhk. ist nur der Calciumkanal-Blocker → Nifedipin als Notfallmedikament von Bedeutung. [7]

Anti|hyper|tonika n pl: Antihypertensiva, blutdrucksenkende Mittel; z.B. Reserpin (Rauwolfia-Präp.), Beta-Rezeptorenblocker (→ Betarezeptoren), Diuretika. Betablockade bewirkt Bradykardie, Diurese eine Minderung des Blutvolumens. [34]

Anti|kathode f: spez. Bezeichnung der → Anode einer Röntgenröhre, an der die von der Kathode kommenden Elektronen → Röntgenstrahlen erzeugen. [10]

Anti|koagulanzien n pl: Mittel zur Verzögerung der Blutgerinnung (Behandlung und Prophylaxe von Thrombose, Embolie, Herzinfarkt); wichtigste Gruppen: → Heparine (nur parenteral wirksam), → Kumarine und Indandionderivate (beide oral wirksam). Cave Zahnextraktion bei Patienten unter A.-Therapie! Antidot bei Heparin: Protamin®; bei Kumarinen: Konakion®. [34]

Anti|konvulsiva n pl: → Antiepileptika. [7]

Anti|körper (*Behring*): Immunkörper, → Immunglobuline; spez. → Globuline, die im Körper als Reaktionsprodukte nach Einverleibung von → Antigenen entstehen (z.B. → Antitoxine, → Lysine, → Agglutinine, → Präzipitine, → Opsonine) und fähig sind, mit dem homologen Antigen zu reagieren. Vgl. Immunisierung, Isoantikörper. [8]

Anti|körper, fluoreszierende: mit fluoreszierendem Farbstoff gekoppelte Antikörper, die bei bestimmten serologischen Reaktionen verwendet werden, z.B. → FTA-Test. [8]

Anti|körper|mangel|syndrom n: Fehlen notwendiger Antikörper und Opsonine für die Phagozytose von Bakterien und für die antikörper- und zellvermittelte → Zytotoxizität durch Herabsetzung oder Fehlen eines oder mehrerer Immunglobuline, bes. der → Gammaglobuline. Klinik: große Anfälligkeit für bakterielle Infekte (Luftwege, Magen-Darm-Trakt), septische Krankheitsbilder bei normaler → Blutsenkungsreaktion. [20]

Anti|lympho|zyten|serum n: Abk. ALS; Therapeutikum zur Modifizierung der Transplantationsimmunität durch Verödung des lymphoretikulären Gewebes. Erzeugung eines artspezifischen heterologen Antiserums gegen Mäuse-, Ratten-, Meerschweinchen-, Pferdelymphozyten in Kaninchen oder Pferd. Wirkung: → Immunsuppression, Verminderung zirkulierender Lymphozyten, Verarmung des lymphoiden Gewebes, Herabsetzung der Produktion zirkulierender Antikörper. Anwendung: Verhinderung der Abstoßungsreaktion gegen Organ- und Gewebstransplantate. [20]

Antimon (arab.) n: chemisches Element, Symbol Sb (Stibium), Ordnungszahl 51, Atomgewicht 121,76. Wichtigstes Erz ist der Grauspießglanz, Sb_2S_3, aus dem metallisches A. gewonnen wird, das besonders zur Herstellung von → Legierungen, z.B. Letternmetall (eine Pb-Sb-Legierung), verwendet wird. Gewerblicher Umgang mit A.-Verbindungen kann eine orangerote bis gelblichbraune Verfärbung der Zähne und des Zahnfleischsaumes bewirken, die nicht entfernbar ist. [23]

Anti|mykotika n pl: Gruppenbez. für Arzneistoffe zur Behandlung von Mykosen. Einteilung der A. nach chem. Gruppenzugehörigkeit, antifungalem Spektrum oder Applizierbarkeit. Wichtige Substanzen sind u.a. Amphotericin B, → Nystatin, → Pimaricin, 5-Fluorcytosin, Griseofulvin, Clotrimazol, Keto-, Flu- Itra-, Tio- und Econazol. [7]

Anti|phlogistika n pl: Bez. für entzündungshemmende Arzneistoffe. Die A. werden in steroidale (biosynthet. und synthet. → Glukokortikoide) und nicht-steroidale A. (NSAID, engl. non steroidal anti-inflammatory drugs) wie Superoxid-Dismutase und → Cyclooxigenase-Inhibitoren eingeteilt. [7]

Anti|pyretika n pl: Arzneistoffe zur Fiebersenkung wie z.B. Derivate der Salizylsäure (→ Acetylsalicylsäure), des Acetanilids (→ Paracetamol) und des Pyrazolons (→ Metamizol). [7]

Anti|rheumatika n pl: Gruppenbez. für Arzneistoffe zur Behandlung von Krankheiten des rheumat. Formenkreises wie die symptomatisch wirksamen → Antiphlogistika und die „Basistherapeutika" wie Chloroquin, Goldverbindungen, D-Penicillamin und Immunsupressiva (z.B. Methotrexat). [7]

Anti|sepsis f: Zustand der Keimarmut durch Desinfektion. Maßnahmen zur Erzielung eines

Zustandes bedingter Keimfreiheit (Keimarmut) z.B. an Körperteilen durch die Anwendung von → Antiseptika (Desinfektionsmittel). Eingeführt 1847 durch *Semmelweis* (Chlorwasser), fundiert durch *Lister* (1867) mit dem Karbolsäure-Spray. [8]

Anti|septik f: Keimverminderung durch Befeuchten oder Pudern von Wunden und Verbandstoffen mit einem → Antiseptikum. Chem. Vernichtung der in die Wunde geratenen Bakterien. [8]

Anti|septikum n: mikrobenfeindliches Mittel zur Wundbehandlung (vor allem bakteriostatisch wirksam). Typische Antiseptika: Farbstoffe, z.B. Akridinderivate, Triphenylmethane; organische Quecksilbersalze, z.B. Phenylhydrargyrumborat; Silbersalze; Jod; Oxidationsmittel, z.B. H_2O_2, Kaliumpermanganat, Perborat; ätherische Öle; Phenolderivate. [8]

Anti|serum n: → Antikörper enthaltendes Serum eines immunen Tieres (oder Menschen); vgl. Immunserum. [8]

Anti|streptolysin-Reaktion f: Neutralisierung des → Streptolysin O von β-hämolysierenden Streptokokken der Gruppen A, C und G durch Serumantikörper (γ-Globulin). [8]

Anti|thrombin III: Proteinase-Inhibitor, α_2-Globulin, identisch mit Heparin-Cofaktor. A. wird bei operativen Eingriffen zur Blutungsprophylaxe bei genetisch bedingtem A.-Mangel eingesetzt. [7]

Anti|toxine n pl: humorale → Antikörper im Blut immunisierter Menschen und Tiere, die die Fähigkeit haben, die homologen Toxine zu binden und dadurch unschädlich zu machen (v. *Behring*). Vgl. Toxine. [8]

Anti|toxin|einheit: Abk. AE; → Immunitätseinheit. [8]

anti|toxisches Serum n: Serum, das Antitoxine enthält; zur prophylaktischen oder therapeutischen passiven Immunisierung (z.B. bei Diphtherie, Tetanus, Schlangenbissen usw.). Vgl. Immunisierung. [8]

Anti|tragus m: der dem → Tragus gegenüberliegende Teil der Ohrmuschel (Abb. → Auricula). [19]

Anti|tussiva n pl: Bez. für Arzneistoffe, die die reflektorische Erregbarkeit des Hustenzentrums in der Medulla oblongata hemmen. Therapeutisch kommen → Opioide (wie z.B. → Codein, Dihydrocodein, Hydrocodon, Normethadon) oder ein Benzylisochinolyl-Derivat (z.B. Noscapin) zur Anwendung. Alle Opioide wirken dosisabhängig atemdepressiv, bronchokonstriktorisch, hemmend auf die mukoziliäre Klärfunktion, analget., schwach sedativ und obstipierend. Indikation in der Zhk. zur Aufhebung einer Behandlungsunfähigkeit wegen Reizhustens. [7]

Antrieb: Luft- (→ Turbine) oder elektrische (→ Mikromotor) Leistungsquelle für den Rotationsvorgang der → rotierenden Instrumente (Abb.). [21]

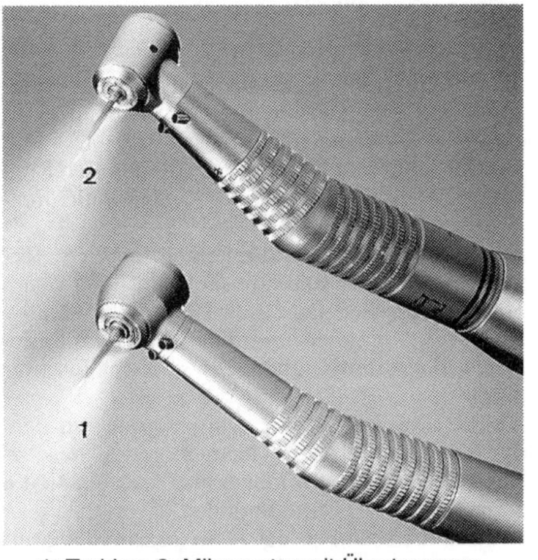

1: Turbine; 2: Mikromotor mit Übertragungsinstrument. Beide mit integrierten Licht- und Spray-Vorrichtungen (KaVo). [95]

Antro|skopie f: → Sinuskopie. [2, 19]

Antro|tomie f: operative Eröffnung des Antrums durch Aufmeißelung des Warzenfortsatzes bei → Mastoiditis, einer Komplikation der Mittelohrvereiterung. Fast immer wird in gleicher Sitzung eine radikale Mastoidektomie vorgenommen. [19]

Antrum (gr.) n: Höhle. [9]

Antrum|empyem n: → Kieferhöhlenempyem. [2]

Antrum|fistel: gangartige, sondierbare Verbindung zwischen Mund- und Kieferhöhle. Oft klinisch bedeutungslos. Vgl. Antrumperforation. [2]

Antrum Highmori (gr.) n: Sinus maxillaris, → Kieferhöhle. [9]

Antrum masto|ideum (gr.) n: Hohlraum des Warzenfortsatzes, mit der → Paukenhöhle in Verbindung stehend. [9]

Antrum|obturator m: in früherer Zeit angewandter stöpselartiger Verschluß einer zur Mundhöhle hin eröffneten Kieferhöhle aus Kautschuk, Metall, Glas. Heute operativ-plastische Deckung. [2]

Antrum|perforation f: pathol. Verbindung zwischen Mund- und Kieferhöhle, meist nach Extraktion oberer Molaren oder Prämolaren. → Nasenblasversuch. Bei normaler Blutpfropfbildung meist Spontanheilung, daher nicht sondieren (Infektionsgefahr!), keine Tamponade der frischen Perforation! Andernfalls plastische Deckung durch Mundvorhof- oder → Palatinallappen. [2]

Antrum|punktion f: → Punktion der Kieferhöhle. [2]

ANUG: Abk. für → akute nekrotisierende ulzeröse Gingivitis. [6, 11]

Anulus (lat.) m: kleiner Ring. [9]

Anulus fibrosus m: der aus Faserknorpel bestehende Ring der Zwischenwirbelscheibe, der den elastischen → Nucleus pulposus umgibt. [9]

Anulus migrans linguae m: wandernder Ring auf der Zunge, entspricht der → Exfoliatio areata linguae. [11]

Anulus tendineus m: die gemeinsame ringförmige Sehne der Augenmuskeln an der Fissura orbitalis superior. Durch ihr Loch ziehen die → Arteria ophthalmica und die Nerven oculomotorius, nasociliaris, abducens und opticus hindurch. [9]

Anulus tympanicus m: Knochenring, an dem das Trommelfell beim Neugeborenen ansetzt. Beim Erwachsenen bildet er als Os tympanicum einen Anteil des Os temporale. [9]

An|urie f: Absinken der Harnausscheidung auf Mengen unter 100 ml in 24 Stunden. Komplette A.: völlig fehlende Harnausscheidung. Eintritt akut oder über ein Stadium der Oligurie (Verminderung der Harnmenge auf Werte zwischen 100 und 500 ml in 24 Stunden). Führt über Retention harnpflichtiger Substanzen zur Autointoxikation des Körpers und Tod in → Urämie, wenn nicht in 4-10 Tagen die Nierenfunktion wiederkehrt oder z.B. durch Hämodialyse ersetzt wird. Ursachen der A.: 1. prärenal Abnahme der Nierenzirkulation: Konstriktion der Nierenarterie; 2. renal Zunahme des intrarenalen Widerstands: ischämische Nierengewebsschädigung (kreislaufbedingt, Schockniere), nephrotoxische Vorgänge (Tetrachlorkohlenstoff, Sublimatvergiftung), akute Niereninsuffizienz (Crush-Niere); 3. postrenal: durch reflektorische Reizung der ableitenden Harnwege (Nierenkolik bei Nierensteinleiden). Entstehungsmechanismen der verminderten Harnproduktion: 1. Absinken der glomerulären Filtration; 2. vermehrte Harnrückresorption bei der Tubuluspassage; 3. Kombination von 1. und 2. [20]

Anxio|lytika n pl: Gruppenbez. für Arzneistoffe zur Behandlung von Angstzuständen. Von prakt. Bedeutung für die Zhk. sind z.Z. ausschließl. Derivate des 1,4- → Benzodiazepins. Vgl. Tranquilizer. [7, 29]

Anzeige|pflicht: Pflicht zur Mitteilung bestimmter Sachverhalte im Einzelfall. Besteht für den Zahnarzt auf verschiedenen Gebieten, z.B. bei Gefährdungen für die allgemeine Sicherheit und Ordnung oder bei Kenntnis von einem geplanten Verbrechen. Ist abzuwägen gegenüber der zahnärztlichen → Schweigepflicht. Vgl. Meldepflicht. [24]

Anzeige|pflicht von Krankheiten: → Meldepflicht. [8]

AO: Abk. für Arbeitsgemeinschaft für Osteosynthese. Gruppe Schweizer Chirurgen, die vor 30 Jahren die operative Frakturbehandlung standardisierten. Inzwischen internationale Gruppe. [2]

AOK: Abk. für → **A**llgemeine **O**rtskranken**k**asse. [24]

Aorta (gr.) f: seit dem Corpus Hippocraticum große Körperschlagader; sie entspringt aus der linken Herzkammer, zieht zuerst nach oben (A. ascendens), dann bogenförmig nach hinten (Arcus aortae), dann nach abwärts (A. descendens) und bildet die A. thoracica und abdominalis (Brust- und Bauchaorta). [34]

Aorten|herz: durch Insuffizienz bzw. Stenose der Aortenklappe (weniger deutlich durch eine therapieresistente Hypertonie) hervorgerufene, durch klin. und röntgenolog. Untersuchung (Durchleuchtung, Aufnahme) feststellbare, besondere Herzkonfiguration infolge einer Hypertrophie und evtl. Dilatation des linken Ventrikels, röntgenolog. „Schuh-, Schafnasenform", prominenter Aortenknopf. [32]

Aorten|klappe: → Valva. [9]

Aorten(klappen)insuffizienz f: Schlußunfähigkeit der Klappe zwischen linker Herzkammer und Aorta während der Ventrikeldiastole. Folgen: Blutrückfluß aus der Aorta in den linken Ventrikel in der Diastole mit erhöhter Volumenbelastung, Pendelblut, schneller und hoher Puls. Therapie: Herzglykoside, Klappenersatz. [34]

Aorten|lues f: → Mesaortitis syphilitica. [32]

AP: Abk. für **A**dult **p**eriodontitis; Verlaufsform einer → Parodontitis marginalis profunda. Langsam fortschreitende Parodontitis im Erwachsenenalter. Als Ursache werden eine nicht ausreichende Mundhygiene und lokale Faktoren, die die Pflege erschweren (überstehende Ränder von Füllungen und Kronen, insuffizienter Zahnersatz), angesehen. Therapie: → systematische Parodontalbehandlung. [6]

Apaceram®-Implantat n: enossales Implantat (→ Implantat, enossales), bestehend aus einem kompakten Hydroxylapatitmantel, der einen Titankern besitzt; vgl. Implantattypen. [18]

Apalcillin: semisynthet. → Breitspektrum-Penicillin aus der Gruppe der Acylamino-Penicilline mit Anti-Pseudomonas-Aktivität, ohne β-Lactamase- und Säurestabilität. [7]

a|patho|gen: keine Krankheiten hervorrufend; insbes. für Mikroorganismen, die nicht Krankheitserreger sind. [32]

Apatite (gr.) m pl: Mineralien mit der allgemeinen Summenformel $Ca_{10}(PO_4)_6X_2$, wobei X entweder ein Hydroxylion (→ Hydroxylapatit) oder ein Fluoridion (→ Fluorapatit), aber auch ein anderes Anion sein kann. A. bilden sehr stabile Ionengitter mit einem Schmelzpunkt > 1.600 °C. Wesentliche biolog. Ca- und P-Quelle, am Bau und Stoffwechsel der Zähne und Knochen beteiligt. Die karieshemmende Wirkung von → Fluoriden wird u.a. durch Erhöhung des Fluorgehalts im A. des Schmelzes erklärt, wodurch sowohl dessen Kristallgefüge verbessert (Schmelzhärtung) als auch die Löslichkeit des entstandenen fluorreichen A.s (sog. Fluorapatit) herabgesetzt wird. [15, 30]

Ap|ek|tomie f: → Wurzelspitzenresektion. [1, 2]

Apert-Syndrom (Eugine A., Päd., Paris, *1868, † 1940) n: → Akrozephalosyndaktylie. [3]

Apertura (lat.) f: Öffnung; z.B. A. piriformis: die birnenförmige Öffnung des Gesichtsschädels, der die Nase aufsitzt. [9]

Apex (lat.) m: Spitze. A. cuspidis: Spitze eines Zahnhöckers. A. linguae: Zungenspitze. A. nasi: Nasenspitze. A. radicis dentis: Wurzelspitze eines Zahns. [30]

Apexifikation f: Methode zur Behandlung eines devitalen Zahnes mit noch nicht abgeschlossenem Wurzelwachstum (Abb.). Nach Reinigung

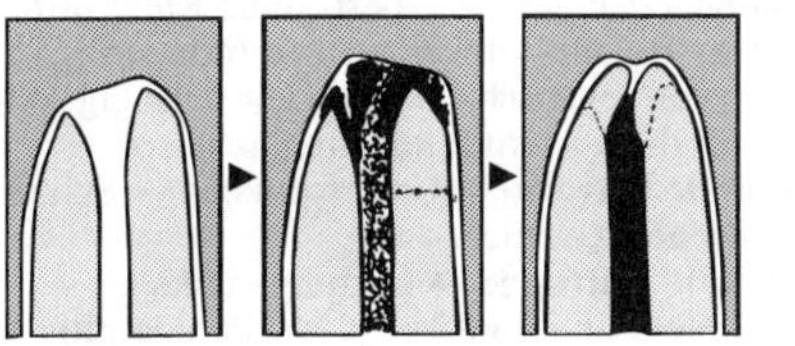

a b c

a: Pulpa nekrotisch; b: Apexifikation unter $Ca(OH)_2$-Wirkung; c: definitive Wurzelfüllung. [60]

wird der Wurzelkanal mit einer Paste (z.B. → Kalziumhydroxid) provisorisch abgefüllt. Der offene Apex wird entweder durch Hartsubstanzbildung im Bindegewebe oder durch Tätigkeit der Zellen aus der *Hertwig*-Epithelscheide verschlossen. Regelmäßige Kontrollen mit Pastenwechsel sind erforderlich. Bei Erfolg wird der Kanal anschließend definitiv abgefüllt. Behandlungsdauer durchschnittl. 12-18 Monate. [29]

Apexo|genese f: das physiologische Wachstum der → Wurzelspitze. [29]

A|phasie f: vollkommener Sprachverlust. *Broca*-A.: motorische A.; Unmöglichkeit, Begriffe in Wörter umzusetzen, ohne daß die Sprachmuskeln gelähmt sind; Störung der geregelten Zusammenarbeit der Sprachmuskeln durch Ausschaltung des motorischen Sprachzentrums; abzugrenzen von der → Dysarthrie. *Wernicke*-A.: sensorische A.; Verlust des Sprachverständnisses, des Gedächtnisses für die Wortbedeutung durch Ausschaltung des sensorischen Sprachzentrums. Vgl. Dysphasie. [33]

A|phonie f: Stimmlosigkeit aufgrund unterschiedlicher Ursachen. [20]

Aphthae epizooticae f: → Maul- und Klauenseuche. [11, 12]

Aphthae tropicae f: Sprue. [11, 12]

Aphthen (gr.) f pl: habituelle oder chron.-rezidivierende Defekte, die als Solitäraphthe (einzeln) oder sporadisch als schmerzhafte, grauweiße, von einem schmalen roten Rand umgebene → Erosionen auf der Mundschleimhaut erscheinen (Abb.). A. entstehen ohne sicheren Hinweis für eine Infektion und werden von den vornehmlich

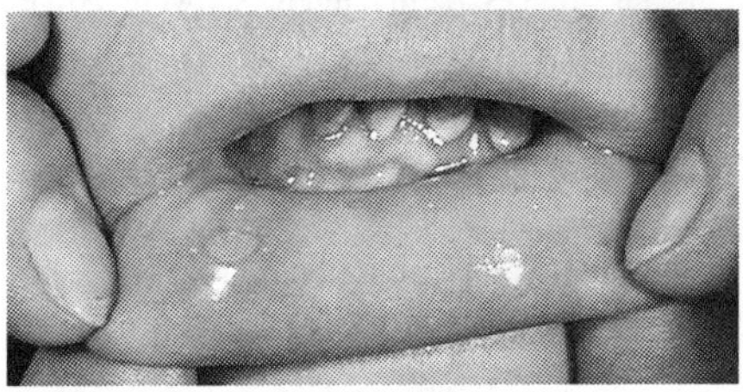

Solitäraphthe

durch Viruserkrankungen hervorgerufenen Aphthoiden getrennt. Unterteilung: 1. chronisch rezidivierende, habituelle A.: Bevorzugt während des Zahnwechsels, bei Verdauungsstörungen, Menses und Allgemeinleiden. Schubweises Auftreten, das oft lebenslänglich anhält. Disposition erblich. 2. infektiöse Aphthoide (Stomatitis aphthosa): Erreger: Viren der Herpes simplex-Gruppe. Therapie: allg. Regelung der Verdauungsfunktion (Enzymsubstitution), roborierende Maßnahmen, u.a. mit Vitamin-B-Komplex, Vitamin B_{12} und C, Kalzium, Eisengaben, Sedativa. Lokal: Panthenol®-Tabletten lutschen, Touchieren mit Salizylspiritus (2%), Argentum nitricum (1%), Aureomyzinlösung, Herviros®, Spülungen mit H_2O_2, Hexoral®, Subcutin®, Anwendung von Kortikoidhaftsalben. Zu unterscheiden von der → Stomatitis herpetica aphthosa. Vgl. *Bednar*-Aphthen, *Behcet*-Krankheit. [11, 12]

Aph|thoid Pospischill-Feyrter (Friedrich F., Pathol., Göttingen, *1895, † 1973) n: seltene Form der Herpes-Virus-Infektion der Mundschleimhaut; oft als Zweitkrankheit z.B. nach Masern, Keuchhusten, Scharlach auftretend. Es handelt sich um schnell aufschießende, reiskorn- bis fingernagelgroße, zentral gedellte, einzeln und in Gruppen stehende blasige Elemente mit Randerythem. Die Herde konfluieren und zeigen peripheres Weiterschreiten. Erhebliche Störung des Allgemeinbefindens. Bei schwerem Verlauf entstehen Ulzerationen, der Ösophagus und die äußere Haut können mitbeteiligt sein. 11, 12

A|phthongie f: Sprachstörung durch Auftreten von Krämpfen im Gebiet des N. hypoglossus. Kein selbständiges Krankheitsbild, sondern charakteristisch entweder für monosymptomatische Hysterie oder für besonders schwere Formen des Stotterns. 19

Aph|thosis epi|zootica f: → Maul- und Klauenseuche. 11

Aph|thosis generalisata Touraine (Albert T., Dermat., Paris, *1883, † 1961) f: Aphthenbildung an allen Schleimhäuten, schwere Allgemeinerkrankung (Abb.). 11

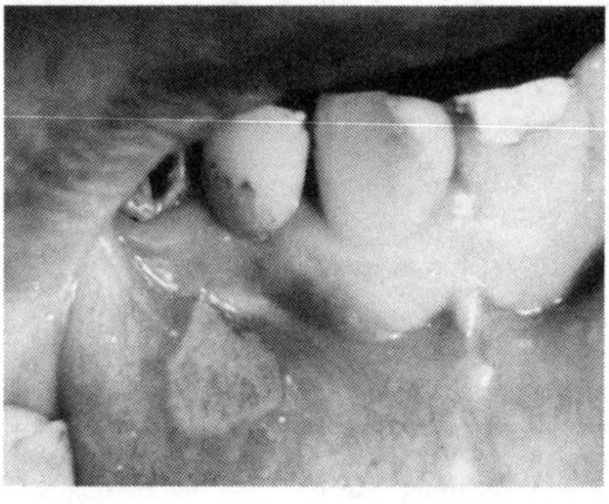

Aphthosis *Touraine*, schmerzhafte Aphthe mit entzündlicher Rötung, solitär im Bereich der Unterlippenumschlagfalte

Aph|thosis Neumann (Isidor N., Dermat., Wien, *1837, † 1906) f: akut einsetzende Infektionskrankheit mit hohem Fieber, makulopapulösem Exanthem, Stomatitis aphthosa sowie aphthösen Entzündungserscheinungen an den Schleimhäuten (Konjunktiva, Geschlechtsteile, Anus). Ätiologie: Infektion mit unbekanntem Virus. Weibliche Jugendliche bevorzugt. 11

API: Abk. für → Approximalraumplaqueindex. 6, 15

apikal (lat.): den Scheitel oder die Spitze (in der Zhk. die Wurzelspitze) betreffend, in ihrer Richtung gelegen. 30

apikale Basis f: von *Lundstroem* 1923 eingeführte Bez. für den Kieferabschnitt zwischen Alveolarfortsatz und Basis maxillae bzw. mandibulae. Wird von *A. M. Schwarz* als Wurzelgrund bezeichnet. Die a. B. liegt in Höhe der Wurzelspitzen, also vertikal unterschiedlich (Abb). Wird optisch von vorne (transversal) oder

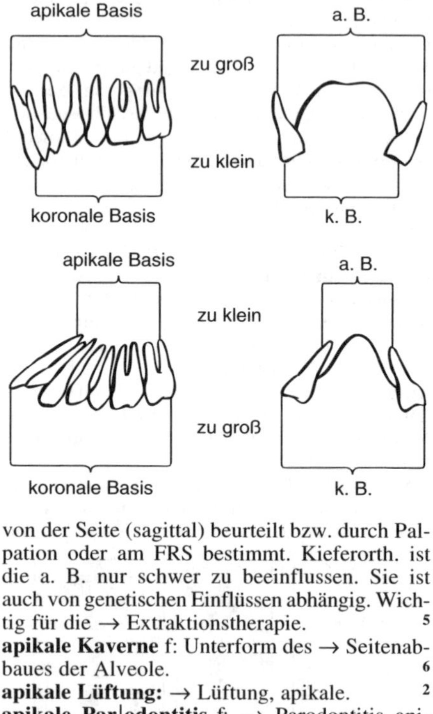

von der Seite (sagittal) beurteilt bzw. durch Palpation oder am FRS bestimmt. Kieferorth. ist die a. B. nur schwer zu beeinflussen. Sie ist auch von genetischen Einflüssen abhängig. Wichtig für die → Extraktionstherapie. 5

apikale Kaverne f: Unterform des → Seitenabbaues der Alveole. 6

apikale Lüftung: → Lüftung, apikale. 2

apikale Par|odontitis f: → Parodontitis apicalis. 2

apikales Delta n: → Delta apicale. 30

Apiko|tomie f: → Wurzelspitzenresektion. 2

A|plasie f: Nichtanlage von Organen, z.B. von einzelnen Zähnen. Vgl. Hypodontie, Oligodontie, Anodontie, Agenesie. 3, 5

A|pnoe (gr.) f: Atemstillstand infolge Lähmung des Atemzentrums (Vergiftung, Verletzung, Durchblutungsstörung) oder der Atmungsmuskulatur (medikamentös, Verletzung), vorübergehend auch nach → Hyperventilationssyndrom. 2

APO-Ebene: A-Po-Ebene, A-Pog-Ebene, Dentalebene; Ebene aus der → FRS-Analyse nach

Ricketts. Hat ihre Festlegungspunkte im Oberkiefer (→ A-Punkt) und im Unterkiefer (→ Pogonion), gibt Auskunft über die Position der Schneidezähne des Oberkiefers bzw. des Unterkiefers zum Schädel. [5]

Apo|enzym n: Bestandteil der → Holoenzyme; stets ein hochmolekulares Protein. [23]

A-Pog-Ebene: → APO-Ebene. [5]

Apollonia f: Schutzheilige der Zahnleidenden und Zahnärzte, starb 249 n. Chr. in Alexandria den Märtyrertod. Ihr wurden zuvor vom Pöbel sämtliche Zähne ausgeschlagen. [34]

Apo|neurose (gr.) f: bei *Hippokrates* das Ende des Muskels, wo er in die Sehne übergeht. Sehnenhaut, flächenhaft ausgedehntes sehniges Gewebe. → Galea aponeurotica. [9]

Apo|neurosis linguae f: die bindegewebige Submukosa des Zungenrückens. [9]

Apo|physe (gr.) f: → Processus. [9]

apo|plektisch: → Apoplexie. [20]

Apo|plexie (gr.) f: Apoplexia cerebri, Schlaganfall, Gehirnschlag, apoplektischer Insult; lokaler Sauerstoffmangel des Gehirns mit Bewußtseinsstörungen und Lähmungserscheinungen, die ein- oder doppelseitig auftreten können. Ursächlich muß zwischen Hirnblutungen und den häufigeren Hirninfarkten (ischämische Nekrosen) unterschieden werden. Gefäßrupturen bei → Hypertonie und Hirnarteriensklerose haben eine schlechte Prognose, während enzephalomalazische Herdläsionen sich oft weitgehend zurückbilden können. Die Therapie beschränkt sich zumeist auf isovolämische Blutverdünnung, Behandlung der → Herzinsuffizienz, Blutdruckregulierung und physikalische Rehabilitationsmaßnahmen. [20]

apparent (lat.): sichtbar, manifest, klinisch wahrnehmbarer Krankheitsverlauf (z.B. Entzündung); Ggs.: inapparent. [32]

Appendix (lat.) f, pl Appendizes: Anhangsgebilde, spez. gebraucht für den 6-8 cm langen Wurmfortsatz (A. vermiformis) des Blinddarms (Abb.). In der Prothetik ein Federstiel zwischen

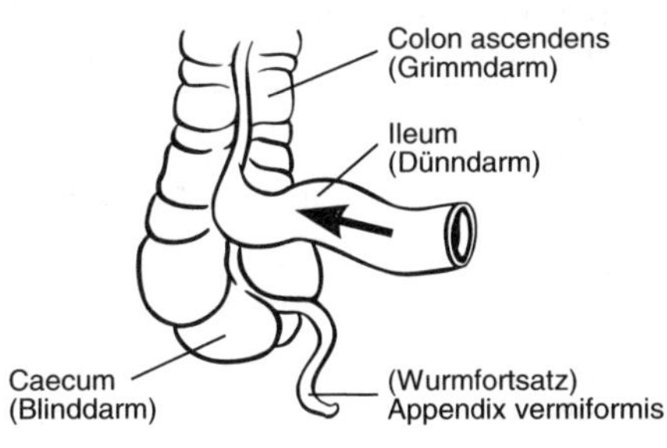

Prothesenbasis und der parodontalgetragenen Klammeranlage. [9]

Apperzeption f: gerichtete, durch das Bewußtsein angeleitete und bewertete → Wahrnehmung. [33]

Appetenz|verhalten: Suchverhalten unter bedürfnisgesteuertem Mangelzustand zum Zwekke der Reduktion der Bedürfnisspannung. Befriedigung geht meist mit einer beobachtbaren triebverzehrenden oder konsumatorischen → Endhandlung einher. Vgl. Bedürfnis, Trieb und Motivation. [13]

Appliance (engl.) f: Anwendung, auch Bez. für Geräte, Apparate, z.B. in der Kieferorthopädie.[5]

Applikation, extra|vasale f: alle Arten der Körperzuführung eines → Pharmakons mit Ausnahme der intravasalen A. wie z.B. perorale (p.o.), sublinguale, bukkale, rektale, intramuskuläre (i.m.), subkutane A. (s.c.), epidermale, epidurale, subdurale, intrathekale, pulmonale A. [7]

Applikation, intra|vasale f: direkte Verabreichung z.B. eines Arzneistoffes in die Blutbahn (intravenös (i.v.), intraarteriell (i.a.) oder intrakardial (i.c.)). [7]

Apposition (lat.) f: appositionelles Wachstum, Auflagerung neuer Schichten auf bereits vorhandene. [9]

Approbation f: staatliche Bestallung als Arzt, Zahnarzt oder Apotheker. Die Inhaber der A. sind nach der Bundesärzteordnung und dem → Zahnheilkundegesetz allein befugt, die Heilkunde bzw. die Zahnheilkunde auszuüben. Anspruch auf die A. hat jeder, der die nach den Prüfungsordnungen vorgesehene Ausbildung erfolgreich mit einem Examen abgeschlossen hat und keine Merkmale aufweist, die ihn persönlich unzuverlässig machen würden. Bei Vorliegen solcher Merkmale kann die A. auch später entzogen bzw. das Ruhen der A. vorläufig angeordnet werden. Dies ist insbesondere bei Straftaten der Fall. Die A. wird i.d.R. vom Regierungspräsidenten aufgrund der A.sordnung erteilt. [24]

Approximal|fläche: die dem Nachbarzahn zugekehrte Fläche der Zahnkrone. [30]

Approximal|karies f: Karies an der → Approximalfläche eines Zahnes. Wegen der schlechten Reinigungsmöglichkeiten der Approximalräume sehr häufig. Diagnose schwierig, oft nur im Röntgenbild möglich. [1]

Approximal|raum: → Interdentalraum. [1, 30]

Approximal|raum|plaque|index m (*Lange*, 1981): Abk. API; dient zur vereinfachten klinischen Kontrolle der Mundhygiene des Patienten. Nach Anfärben mit Plaquerelevatoren wird der Interdentalraum inspiziert und der Plaqueindex an den vestibulären und oralen Approximalflächen registriert. Der A. wird berechnet als Prozentsatz verschmutzter Approximalräume der insgesamt beurteilten Interdentalräume. [6, 15]

A|praxie f: Unfähigkeit oder Einschränkung der Fähigkeit zur Ausführung zweckmäßiger Handlungen bei erhaltener Beweglichkeit. Störung der sprachdominanten Hemisphäre im Bereich der prämotorischen, parietalen und der suprakapsulären Region sowie der Kommissurenfasern des Balkens. Konstruktive A.: Räumlich gestaltende Handlungen sind nicht mehr möglich, obwohl jede Einzelbewegung motorisch ausgeführt werden kann. Ideatorische A.: Störung der richtigen Handlungsfolge. Gliedmotorische A.: Feinkoordination für komplexe motorische Leistungen mißlingt. [33]

Aptal-Harz-Chloropercha® f: Wurzelfüllpaste, bestehend aus → Chloropercha, Chlorkresol, Thymol und Bariumsulfat. Auch mit Silber und Zinkoxidzusatz. Veraltet. [1]

A|ptya|lismus m: Fehlen der Speichelabsonderung, → Xerostomie. [20]

A-Punkt: Alveolarpunkt; kephalometr. Meßpunkt an der tiefsten Stelle der Einziehung zwischen → Spina nasalis anterior und dem Zahnfach des oberen mittleren Schneidezahns (Subspinale). Vorderes Ende der oberen → apikalen Basis. [5]

Aqua plumbi f: Bleiwasser; → Aqua. [12]

Äqui|densito|metrie f: Methode, das Auflösungsvermögen von Röntgenaufnahmen zu verbessern, indem Linien oder Flächen gleicher Transparenz (Äquidensiten) anschaulich gemacht werden, z.B. durch verschiedene Färbung. Das Schwarzweißbild wird dabei in eine farbige Darstellung umgesetzt. [14]

Äqui|librierung (lat.) f: Maßnahmen zum Ausgleich der → Okklusion durch Profiländerung oder Rekonstruktion der Kauflächen. [4]

äqui|potente Wirkung: Wirkung gleichen Ausmaßes verschiedener Verbindungen. [2]

Äqui|valent|dosis f: nur für Strahlenschutzzwecke verwendetes Produkt aus → Energiedosis D und einem dimensionslosen Bewertungsfaktor q, der die unterschiedliche biologische Strahlenwirkung berücksichtigt: $H = q \cdot D$. Der Bewertungsfaktor ist unter bestimmten Expositionsbedingungen für Röntgen-, β- und γ-Strahlung 1, für Neutronenstrahlung 3-10 und für α-Strahlung 10. SI-Einheit: 1 Sv (→ Sievert) = 1 J/kg; alte Einheit: → Rem. Die Photonen-Ä. löst in der Orts- und Personendosimetrie für Röntgen- und γ-Strahlen die Ionendosis als Dosisgröße ab: 1 Sv = 100 R. [14]

Äqui|valent|gewicht: 1. Ä. eines Elementes: das Atomgewicht dividiert durch die Wertigkeit. Z.B. beträgt das Ä. von Sauerstoff 16 : 2 = 8, das von Silizium 28,06 : 4 = 7,015. 2. Ä. einer Verbindung: das Molekulargewicht dividiert durch die Anzahl der Äquivalente eines Stoffes, mit dem die Verbindung reagiert. Z.B. werden bei der Reaktion von Schwefelsäure mit Natrium 2 H-Atome der Schwefelsäure durch Natrium ersetzt: $H_2SO_4 + 2\ Na = Na_2SO_4 + H_2$. Da Natrium einwertig ist, werden 2 Äquivalente Natrium bei der Reaktion mit der Schwefelsäure umgesetzt und das Ä. der Schwefelsäure beträgt damit 98,08 : 2 = 49,04. [23]

Äqui|valenz (lat.) f: Gleichwertigkeit, gleiche chemische Wertigkeit. [23]

Arachidon|säure: 5, 8, 11, 14-Eicosatetraensäure; 4fach ungesättigte essentielle Fettsäure. Ausgangssubstanz der → Prostaglandine, des → Thromboxans, des Prostacyclins, der → Leukotriene und Lipoxine. [7]

Arachnia f: zu den Strahlenpilzen zählende Gattung grampositiver anaerober Fadenbakterien mit der einzigen Art A. propionica. → Kommensale der Mundschleimhaut, bes. der Zahnfleischtaschen. Sehr selten Erreger einer → Aktinomykose. [8]

Arachno|daktylie f: Spinnenfingrigkeit, Dolichostenomelie; äußerst variables Erbleiden, bestehend in Abartung des mittleren Keimblattes, die sich in abnorm langen Extremitäten, Hand- und Fußknochen, Dolichozephalie, Unterentwicklung der Weichteile, Augen-, Herz-Gefäß-Anomalien, neurologischen und psychischen Störungen, hohem Gaumen, Gaumenspalte, Zwischenkieferhypoplasie, Spitzenwachstum des Unterkiefers, aber auch Vogelgesicht, verzögerter Dentition, Hypodontie und Stellungsanomalien der Zähne äußert. [3]

Arachno|idea f: die Spinngewebshaut des Gehirns und Rückenmarks. → Meningen. [9]

Arachno|iditis f: Entzündung der Spinngewebshaut des Gehirns (Arachnoidea) und Rückenmarks. Form der → Meningitis. [20]

Arbeit: im physikalischen Sinne das Produkt aus Kraft und Weg, ausgedrückt in Nm (Newtonmeter). I.w.S. Tätigkeit in einem zahnmedizinischen und/oder zahntechnischen → Arbeitssystem. Auch Bezeichnung für zahntechnische Werkstücke. [21]

Arbeits|abstand, freier: Abstand zwischen der Vorderkante des fotografischen Objektivs und dem Objekt. In der → Dentalfotografie ist ein ausreichend großer f. A. wichtig, um ein Objekt ohne störende perspektivische Verzeichnung aufnehmen zu können, sowie aus beleuchtungstechnischen und hygienischen Gründen. Der f. A. ist eine Funktion der → Brennweite. Daher soll das verwendete → Makroobjektiv in der Dentalfotografie eine Brennweite von mindestens 100 mm haben. [17]

Arbeits|drehzahl: tatsächliche → Drehzahl von → rotierenden Instrumenten in Funktion (bei → Turbine ca. 60% der Nenn- bzw. Leerlaufdrehzahl, 160.000 - 250.000 min^{-1}). [21]

Arbeits|feldleuchte: Teil der → Behandlungsplatz-Ausrüstung für das Ausleuchten des Mundes bei Behandlungsmaßnahmen. Anforderungen: DIN 67 505. [21]

Arbeits|gemeinschaft Deutscher Zahn|ärztekammern: Abk. ADZ; 1989 entstanden durch Austritt der Zahnärztekammern Bayern, Niedersachsen und Nordrhein aus dem → Bundesverband der Deutschen Zahnärzte (BDZ) e.V. Löste sich zum 1. Januar 1993 auf. Die Kammern traten nach Änderung der Satzung des BDZ, der sich in Bundeszahnärztekammer (BZÄK) umbenannte, diesem wieder bei. [25]

Arbeits|gestaltung: fachliche, technische, ergonomische, hygienische und organisatorische Festlegung der Arbeitssystemelemente und ihrer Beziehungen, Gestaltung von → Arbeitsplätzen, Arbeitsumgebung usw. möglichst nach arbeitswissenschaftlichen Erkenntnissen; vgl. Arbeitswissenschaft. [21]

Arbeits|haltung: Art der Körperhaltung bei sitzender oder stehender → Arbeitsweise des Zahnarztes und der Behandlungsplatz-Assistenz. [21]

Arbeits|hygiene f: Gesamtheit hygienischer Maßnahmen in der Arbeitswelt. Die A. ist ein Teilgebiet der → Arbeitsmedizin und → Hygiene und dient dem vorbeugenden Gesundheitsschutz gegen Gefährdungen aller Art durch die Berufsarbeit. Faktoren: Beleuchtung, Lärm, Belüftung, Beschaffenheit des Arbeitsraumes, Arbeitskleidung, Gesichts- und Atemschutz, Zustand der Sozialräume (Wasch-, Umkleide-, Aufenthaltsräume, Toiletten). Gefahrenschutz und Ästhetik im Bereich der Arbeit. Im zahnärztl. Bereich auch Oberbegriff für Infektionsschutz. [21]

Arbeits|medizin f: Fach der Medizin, das der Sozial- und Präventivmedizin sowie der → Arbeitswissenschaft nahesteht und sich mit den Wechselwirkungen zwischen allen Einflüssen der Arbeit und der Gesundheit des Menschen befaßt. Die A. hat wesentlich vorbeugende Tendenzen; sie umfaßt → Arbeitshygiene, → Arbeitsphysiologie, → Arbeitspsychologie, Arbeitspathologie und wirkt sich auf Arbeitsschutz- und Sozialgesetzgebung aus. Arbeitsmedizinische Vorsorgeuntersuchungen sind nach UVV (→ Unfallverhütungsvorschrift) VBG 100/103 bei Neueinstellungen in der Zahnarztpraxis erforderlich. [21]

Arbeits|mittel: Geräte, Instrumente, Maschinen, Werkzeuge, chemische Erzeugnisse, (z.B. Desinfektionsmittel) u.a., die im Arbeitsprozeß verwendet werden. [21]

Arbeits|modell: Gipsmodell, auf welchem der Techniker das Werkstück (Krone, Brücke, Prothesenbasis in Wachs) modelliert. Die Wachsmodelle für Kronen und Brücken werden abgenommen und für den Guß in eine Muffel eingebettet. Prothesenbasen können zur → Polymerisation auf dem A. in eine Küvette eingebettet werden. Vgl. Meistermodell, Modellgußverfahren. [4]

Arbeits|motivation f: die Summe der Antriebe und Einflüsse, die den Menschen veranlassen zu arbeiten. Sie bestimmt die Einstellung des Menschen zu seinen Arbeitsaufgaben und zugleich seine Leistungsentfaltung. [21]

Arbeits|physiologie f: Teilgebiet der angewandten Physiologie und der → Ergonomie mit der Aufgabe, die Zusammenhänge zwischen A. und biologischen Möglichkeiten des gesunden menschlichen Organismus zu untersuchen. Sie erstrebt schonenden Einsatz der menschlichen Arbeitskraft und zeigt Wege zu rationellen Arbeitsformen. Im zahnärztlichen Bereich unterliegt auch die Patientenlagerung arbeitsphysiologischen Gesetzmäßigkeiten. [21]

Arbeits|platz: Stelle im Arbeitssystem, an der eine Arbeitsperson beschäftigt wird. Der Aufbau des A.es beeinflußt das Arbeitsergebnis, die Belastung und → Arbeitssicherheit der Arbeitsperson, daher bemüht man sich unter Anwendung arbeitswissenschaftlicher Erkenntnisse um die optimale → Arbeitsgestaltung des A.es (DIN 33 400). [21]

Arbeits|position f: vom Zahnarzt und/oder der Zahnarzthelferin eingenommene Position am zahnärztlichen → Behandlungsplatz. Klassifikation und Identifikation im Rahmen der → Basiskonzepte und der DIN 13 923 (Zifferblattsystem: z.B. Position 3 des Zahnarztes und Position 9 der Zahnarzthelferin (Abb. s. S. 54). [21]

Arbeits|psychologie f: Wissenschaft von den Wechselbeziehungen zwischen Arbeit und psychischen Faktoren. Teil der → Ergonomie. [21]

Arbeits|recht: besonderes Recht des Arbeitnehmers. Ursprünglich Grundlage für Arbeitsvertrag mit der Regelung der Beziehungen zwischen Arbeitnehmer und Arbeitgeber. Jugend- und Mutterschutz gehört zum A. [21]

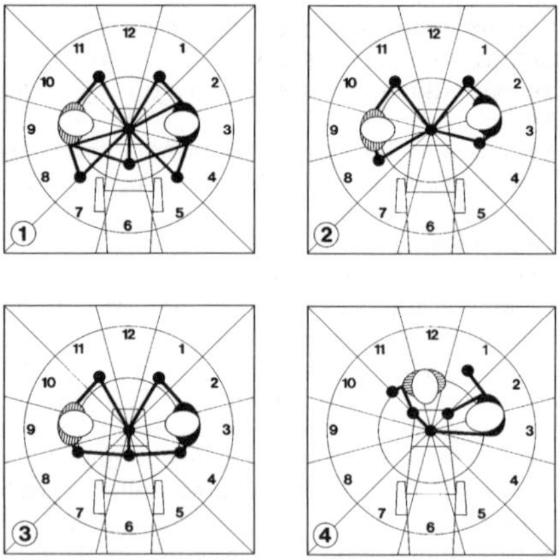

Arbeitsposition und Greifwege innerhalb der Basiskonzepte 1 - 4

Arbeits|seite: → Laterotrusionsseite; die Kauseite eines Kiefers beim Kauakt im Gegensatz zur → Balanceseite. [4]

Arbeits|sicherheit: Verhinderung hygienischer, technischer, chemischer und sonstiger gesundheitlicher Gefährdungen im Zusammenhang mit der beruflichen Arbeit. Schutzmaßnahmen zum Teil durch Gesetze, Verordnungen, Vorschriften, Richtlinien und Normen (→ Regelwerke) geregelt (Infektionsschutz). [21]

Arbeits|soziologie: Wissenschaft im Zusammenhang mit den sozialen Verhaltens- und Orientierungsformen sowie der sozialen Beziehungen und Prozesse in der Arbeitswelt. → Arbeitswissenschaft. [21]

Arbeits|stuhl: Sitzgelegenheit für berufliche Zwecke. In der → Zahnarztpraxis am → Behandlungsplatz Spezialstuhl für Zahnarzt bzw. Zahnarzthelferin. Normen: DIN 13 935 (Zahnärztlicher Arbeitsstuhl), DIN 13 923 (→ Behandlungsplatz-Ausrüstung). Falsch: Arbeitssessel. [21]

Arbeits|system n: Zusammenwirken von Mensch und → Arbeitsmittel zur Erfüllung einer Arbeitsaufgabe. Norm: DIN 33 400 (Definitionen/Gestaltung). Die Zahnarztpraxis und die zahnärztliche Versorgung werden als medizinisch-technisch-sozio-ökonomisches A. bezeichnet. Vgl. Versorgung, zahnmedizinische; Zahnarztpraxis, Präparationstechnik, zahnärztliche. [21]

Arbeits|teil: derjenige Teil des Fräs-, Bohr- oder Schleifwerkzeugs, mit dem der jeweilige Bearbeitungsvorgang ausgeführt wird. Normen: → ISO 6360 (Formen) und → ISO 2157 (Größen). Vgl. Arbeitsteilgröße. [21]

Arbeitsteil-Durch|messer: → Arbeitsteilgröße. [21]

Arbeitsteil|größe: der jeweils größte Durchmesser des → Arbeitsteils → rotierender Instrumente. Nach der ISO-Norm 2157 ist die Einheit 1/10 mm; vgl. ISO-Nummernsystem. [21]

Arbeitsteil-Länge: die Länge des aktiven Teils der → rotierenden Instrumente. Einheit: mm. [21]

Arbeits|unfähigkeits|bescheinigung: ärztliche Bestätigung, daß der Arbeitnehmer seinen Pflichten aus dem Arbeitsvertrag wegen Krankheit nicht nachkommen kann. Kann nur nach tatsächlicher Untersuchung auf dem entsprechenden Vordruck erfolgen. Eine Rückdatierung des Beginns der Arbeitsunfähigkeit ist nur im Ausnahmefall zulässig (in der Regel bis zu 2 Tagen) und beeinträchtigt anderenfalls den Beweiswert der Bescheinigung. Bei Ausstellung unrichtiger Bescheinigungen verletzt der Zahnarzt berufsrechtliche und vertragszahnärztliche Pflichten. In solchen Fällen kann vom Disziplinarausschuß das Ruhen der Kassenzulassung bis zu einem halben Jahr angeordnet werden. Die Bescheinigung kann verlängert werden. [24]

Arbeits|weise: das ergonomische Arbeitsverhalten von Zahnarzt und Zahnarzthelferin am → Behandlungsplatz in bezug auf → Arbeitshaltung und → Arbeitsposition sowie auf → Greifwege und Sichtverhältnisse innerhalb der → Basiskonzepte 1-4. Klassifikation und Identifikation nach DIN 13 923/ISO 4073. [21]

Arbeits|weise, tupfende: Präparationsvorgang bei hohen und höchsten → Drehzahlen ohne ständigen Kontakt des → rotierenden Instruments mit dem Arbeitsobjekt. Tupfende A. verhindert ungewolltes Abbremsen, Schädigung des Zahnes und der Hilfsmittel durch Überhitzung. Diese tupfende A. wird auch als „intermittierendes Präparieren" bezeichnet. [21]

Arbeits|wissenschaft: befaßt sich mit allen Fragen, die mit menschlicher Arbeit zusammenhängen. Hauptziel ist der rationale Einsatz der menschlichen Arbeitskraft unter Anpassung der Arbeitsbedingungen an die physischen und psychischen Eigenschaften des Menschen. Als Forschungsgebiet umfaßt die A. eine Reihe von selbständigen Teilgebieten, die aber nicht streng gegeneinander abgrenzbar sind: → Arbeitsphysiologie, → Arbeitspsychologie, → Arbeitsmedizin, → Arbeitshygiene, Arbeitspathologie, → Arbeitssoziologie, → Arbeitssicherheit, → Arbeitsrecht. Auch die → Ergonomie ist Teil der A. [21]

arbiträr (frz./lat.): dem Ermessen überlassen,

beliebig, willkürlich. Im Zusammenhang mit der Scharnierachsenlokalisation ist der Ausdruck „mittelwertig“ angezeigt; vgl. Scharnierachsenlokalisator. 4

Arbo|viren n pl: kleine (um 20 nm Durchmesser), → RNS-haltige Viren, die durch Arthropoden (Gliederfüßler), meist Insekten oder Zekken, auf Mensch und Tiere übertragen werden (*ar*thropod *bo*rne). Erreger fast ausschließlich tropischer und subtropischer Infekte wie Gelbfieber, Dengue, Pappatacifieber, aber auch der zentraleuropäischen Frühsommerenzephalitis. Vgl. Virussystematik. 8

Archäo|pteryx f: ausgestorbener Urvogel, der ebenso wie die ausgestorbene Urschildkröte Triassochelys Zähne besaß. 30

Arcon-Artikulator m: Gelenksimulator; er besitzt einen entsprechend den anatomischen Verhältnissen gestalteten Gelenkteil, d.h. die Kondylen befinden sich am Unterteil, das Kondylargehäuse mit der Einstellung für den → *Bennett*-Winkel am Oberteil des → Artikulators (Whip-mix, SAM, *Stuart*). 4

Arcus (lat.) m: Bogen. 9

Arcus alveolaris m: der äußere bogenförmige Rand der Alveolen. 9, 27

Arcus branchialis m: → Kiemenbogen. 9, 27

Arcus dentalis m: Zahnbogen. Man unterscheidet den oberen und den unteren Zahnbogen (A. d. superior und inferior). Beim Menschen sind sie der Form einer Parabel 2. und 3. Grades angenähert. 9, 27, 30

Arcus hyo|ideus m: Zungenbeinbogen, → Kiemenbogen. 9, 27

Arcus lipoides m: A. senilis; Gerontotoxon, Greisenbogen, weißliche Trübung am Hornhautrand des Auges alter Menschen durch Lipoideinlagerung. 27

Arcus mandibularis m: Mandibularbogen, → Kiemenbogen. 9, 27

Arcus palato|glossus m: vorderer Gaumenbogen, gebildet vom M. palatoglossus. 9, 27

Arcus palato|pharyngeus m: hinterer Gaumenbogen, gebildet vom M. palatopharyngeus. 9, 27

Arcus super|ciliaris m: Knochenwulst des Os frontale in der Augenbrauengegend. 9, 27

Arcus zygomaticus m: → Jochbogen. 9, 27

Areola (lat.) f: kleiner Hof. 11

argent|affin: → argyrophil. 9

Argentum nitricum n: Silbernitrat, Höllenstein, $AgNO_3$; Mittel zum Ätzen der Schleimhaut, Imprägnieren der Dentinkanälchen als Kariesprophylaxe oder gegen sensible Zahnhälse (Schwarzfärbung durch Silberausfällung). Nicht mehr gebräuchlich. Vgl. Ätzmittel. 1

Argon (gr.) n: → Edelgase. 23

Argon|ionen|laser m: → Gaslaser mit Ar^{2+}-Ionen als → laseraktivem Material; verschiedene Wellenlängen von 351 nm bis 528 nm mit den Hauptwellenlängen bei 488 nm (blaugrün) und 514 nm (grün). 31

Argyrie (gr.) f: Argyrose; bei längerem innerlichen Gebrauch von Silberpräparaten (z.B. Targesin) entstehende blaugraue Färbung der Haut, Schleimhaut und Skleren durch Ablagerung von Silbersulfid. 12

argyro|phil: argentaffin; Eigenschaft mancher histologischer Strukturen, sich mit Hilfe von Silbersalzen darstellen zu lassen, wenn sie vorher mit einer reduzierenden Substanz behandelt worden sind. 9

Argyrose (gr.) f: → Argyrie. 12

A|ribo|flavinose f: eine Vitamin-B_2-Mangelkrankheit, die sich in Cheilosis, → Faulecken, Mund- und Zungenbrennen, Durchfällen, Hornhautinfiltraten und seborrhoischen Veränderungen der Haut, Rhagadenbildung an Nase, Augenwinkeln, Ohrmuscheln, brüchigen Nägeln usw. äußert. Vgl. *Plummer-Vinson*-Syndrom. 11, 20

Arkansas|stein: Ölstein, heller Quarz. Dient, mit Rizinusöl angefeuchtet, zum Schärfen feiner Schneidewerkzeuge. 4

Arko|grammetrie f: Arkogramm-Meßmethode; von *Herren* eingeführtes Verfahren, bei dem nach dem Prinzip des → *Pont*-Index die Abhängigkeit der Bogenbreite und der Bogenlänge von den summierten Kronenbreiten der Schneidezähne, Eckzähne und Prämolaren angegeben wird. Die A. verwendet eigene Lokalisationspunkte, nicht die Meßpunkte nach *Pont*. Bei höherem Aufwand nimmt die Genauigkeit im Vergleich zur *Pont*-Methode zu. Bei der A. ergeben sich geringere Kieferbreitenangaben als beim *Pont*-Verfahren. 5

Arko|gramm-Meß|methode f: → Arkogrammetrie. 5

Arku|meter-Ausmessung: von *Kinast* eingeführte Methode der → Gebißanalyse. Mittels einer Meßblattscheibe und EDV-Unterstützung wird der Zahnbogenumfang ausgemessen und in Relation zur → apikalen Basis gebracht, zusätzlich werden die Ergebnisse der → FRS-Analyse berücksichtigt. Bei der A. kommen nur sagittale modellanalytische Meßwerte zur Anwendung. 5

Arndt-Zeichen: Symptom bei → *Möller-Hunter*-Zunge, über die herausgestreckte Zunge laufen flüchtige anämische Wellen. 11

aromatisch (gr.): angenehm riechend und

schmeckend; besonders in bezug auf pflanzliche, ätherische Öle enthaltende Stoffe; a.e Wässer werden durch Mazeration und Destillation solcher Stoffe erhalten. [23]

aromatische Verbindung: zusammenfassende Bezeichnung für das → Benzol, seine Derivate, und zyklische Verbindungen, deren chemischer Bindungscharakter dem Benzol ähnelt. [23]

ARPA: Abk. für Arbeitsgemeinschaft für Parodontologie. Deutsche ARPA 1924 von *Weski* in Berlin gegründet, 1973 offiziell in Deutsche Gesellschaft für Parodontologie (DGP) umbenannt. ARPA Internationale 1932 von *Loos*, *Hulin*, *Held*, *Jaccard* und *Weski* gegründet, 1973 aufgelöst. [6]

Ar|retierung (frz.) f: Sperrvorrichtung an Arterien- und Tuchklemmen, Nadelhaltern u.a., um das Instrument in der Schlußstellung festzuhalten. Meist durch Einrasten in eine Zahnung (Abb. → *Péan*-Arterienklemme). [2]

Ar|rhythmie f: Störung einer rhythmischen Tätigkeit, besonders Unregelmäßigkeit der Herztätigkeit. Vgl. Herz. [20]

Arrosion (lat.) f: „Annagen", „Anfressen", bes. von Knochen oder Gefäßwänden durch Entzündungsvorgänge, Ulzera, Tumoren, Nekrosen u.a.; bei Gefäßarrosion Gefahr der Arrosionsblutung. [32]

Arsen (gr.) n: chem. Element, Symbol As, Ordnungszahl 33, Atomgewicht 74,91. A. kommt in metallischer und nichtmetallischer Modifikation (→ Allotropie) vor. Findet sich in der Natur bes. in Verbindung mit Metallen (Arsenide), aber auch gediegen als Scherbenkobalt (Fliegenstein). Lösliche As-Verbindungen sind stark toxisch. → Arsenik. [23]

arsenige Säure: nur in wäßriger Lösung bekannte Arsensauerstoffsäure der Formel H_3AsO_3. Entsteht durch Vereinigung von → Arsenik mit Wasser. [23]

Arsenik n: Scherbenkobalt, As_2O_3; zur Devitalisation der Pulpa verwendete Substanz. Verursacht Gewebsnekrosen, nicht mehr gebräuchlich. Vgl. Ätzmittel. [1, 23]

Arsen|par|odontitis f: durch Überdosierung eines Arsenpräparates bei der → Devitalisation der Pulpa hervorgerufene → Parodontitis. Entsteht durch die sich entwickelnde Entzündungsreaktion, die über die Hyperämie bis zur Nekrose führt. [1]

Arsen|tri|oxid: zur Devitalisation einer nicht erhaltungswürdigen Zahnpulpa, wenn eine Zahnerhaltung angestrebt wird und die Vitalextirpation oder ein anderer medikamentöser Eingriff kontraindiziert ist. Kontraindikationen: Milchzähne, jugendliche Pulpen mit weitem Foramen apicale, Pulpitis purulenta, akute apikale Parodontitis und Folgezustände des pulpentoten Zahnes. Nebenwirkungen: Initialschmerzen, bei direktem Kontakt mit der Mundschleimhaut Nekrosen. [7]

Arsenum metallicum n: natürliche Form des Arsens, → Scherbenkobalt. [1]

Arte|fakt n: Kunstprodukt; auch Selbstbeschädigung, z.B. Säureätzungen der Mundschleimhaut zur Vortäuschung chron. rezidivierender → Aphthen. [12]

Arteria (gr.) f, pl Arteriae: Abk. A., pl Aa.; Arterie (→ Arterien). [9]

Arteria alveolaris inferior f: aus der A. maxillaris. Tritt durch das Foramen mandibulae in den Unterkieferkanal ein, den sie durch das Foramen mentale wieder verläßt. Versorgt Knochen und Weichteile des Unterkiefers sowie die Zähne. [34]

Arteria angularis f: Endast der → A. facialis, versorgt den medialen Augenwinkel. Durch Anastomosen mit Ästen der A. ophthalmica und der A. infraorbitalis entsteht ein arterieller Ring am Eingang in die Augenhöhle. [9]

Arteria basilaris f: aus der Vereinigung beider → Aa. vertebrales, versorgt den Hirnstamm, das Innenohr, das Kleinhirn und einen Teil des Großhirns. [9]

Arteria buccalis f: aus der → A. maxillaris, versorgt die Wange, den M. buccinator und Teile der Mundschleimhaut. [9]

Arteria carotis externa f: äußere Kopfschlagader, gibt folgende Äste ab: A. thyroidea superior, → A. lingualis, → A. facialis, A. pharyngea ascendens, Rami sternocleidomastoidei, A. occipitalis, A. auricularis post., → A. temporalis superficialis, → A. maxillaris; versorgt den gesamten Kopf bis auf das Gehirn, das Innenohr, die Orbita und einen Anteil der Nasenhöhle. [9]

Arteria carotis interna f: innere Kopfschlagader, zieht ohne Abzweigung schädelwärts, durchbohrt die Schädelbasis im Canalis caroticus, gibt im Schädelinneren nach vorn die A. ophthalmica (Augenschlagader) ab, nach oben die Hirnschlagadern. [9]

Arteria centralis retinae f: aus der A. ophthalmica, versorgt die Netzhaut. Ihre Endäste, die Arteriolae retinae, können vom Augenarzt direkt beobachtet werden und sind in der ophthalmologischen Diagnose von erheblicher Bedeutung. [9]

Arteriae alveolares superiores anteriores f pl: aus der A. infraorbitalis (und A. alveolaris superior posterior aus der A. maxillaris), versorgen die oberen Zähne und das Zahnfleisch (Abb. → A. maxillaris). [9]

Arteriae cerebri f pl: Hirnschlagadern aus der

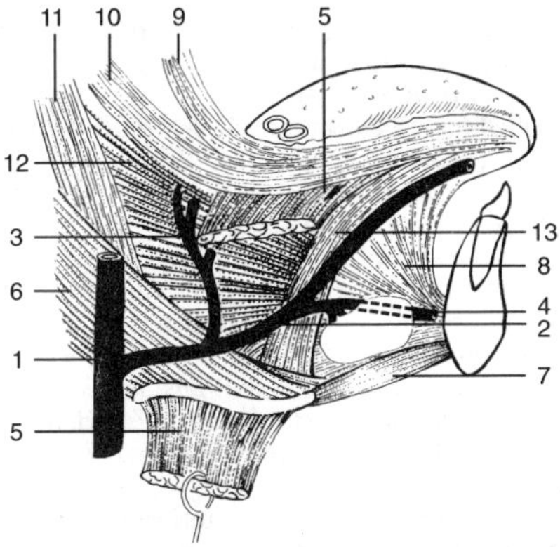

A. lingualis
1: A. carotis externa; 2: A. lingualis; 3: A. dorsalis linguae; 4: A. sublingualis; 5: M. hyoglossus; 6: M. constrictor pharyngis medius; 7: M. geniohyoideus; 8: M. genioglossus; 9: M. palatoglossus; 10: M. styloglossus; 11: M. stylopharyngeus; 12: M. pharyngoglossus; 13: M. longitudinalis inferior.

→ A. carotis interna bzw. → A. vertebralis, versorgen das Großhirn. [9]

Arteriae ethmoidales f pl: aus der → A. ophthalmica für die Nasenhöhle und den vordersten Bereich der Dura mater. [9]

Arteriae meningeae f pl: für die Hirnhäute; bedeutendste: A. meningea media aus der A. maxillaris. [9]

Arteriae palpebrales f pl: für die Lider. [9]

Arteriae temporales profundae f pl: aus der → A. maxillaris für den M. temporalis. [9]

Arteriae tympanicae f pl: Arterien für die Paukenhöhle. A. tympanica anterior aus der → A. maxillaris, A. tympanica superior aus der A. meningea medias, A. tympanica inferior aus der A. pharyngea ascendens. [9]

Arteria facialis (früher maxillaris externa) f: Gesichtsschlagader, kommt aus der → A. carotis externa und zieht um den Unterkieferrand vor dem Masseteransatz (hier tastbar) schräg über das Gesicht zum medialen Augenwinkel. Gibt die → A. palatina ascendens, die Rami tonsillares und glandulares, die Aa. submentalis, labialis inferior und labialis superior ab und versorgt Gaumensegel, Rachen- und Gaumenmandeln, Unterkieferdrüse, Gesichts- und Mundweichteile, Nasenflügel. Ihr Endast heißt A. angularis. [9]

Arteria infra|orbitalis f: ein Endast der → A. maxillaris. Sie verläßt den Canalis infraorbitalis durch das Foramen infraorbitale. Gibt die Aa. alveolares sup. anteriores für Kieferhöhle, Zahnfleisch, obere Frontzähne ab, versorgt Nase, Unterlid und Oberlippe. [9]

Arteria lingualis f: Zungenschlagader, kommt aus der A. carotis externa in Höhe des Zungenbeins und gibt die Rami dorsales linguae und → A. sublingualis ab; endet als A. profunda linguae und versorgt Glandula sublingualis, Mundbodenschleimhaut und Zunge (Abb.). [9]

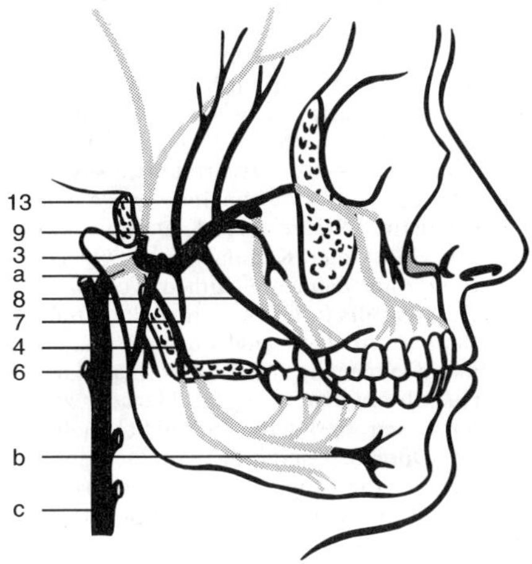

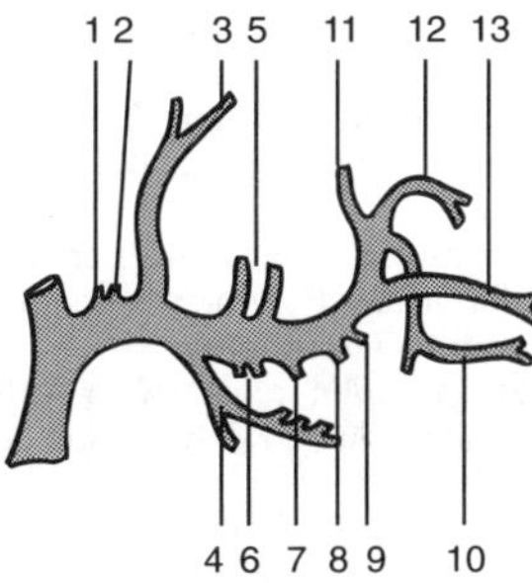

Arteria maxillaris
Versorgungsgebiet und Astfolge der A. maxillaris:
a: A. maxillaris; b: A. mentalis; c: A. carotis externa;

Äußerer Abschnitt:
1: A. auricularis profunda; 2: A. tympanica anterior; 3: A. meningea media; 4: A. alveolaris inferior;

Mittlerer Abschnitt: (grau)
5: Aa. temporales profundae; 6: A. masseterica; 7: Rr. pterygoidei; 8: A. buccalis;

Innerer Abschnitt:
9: A. alveolaris superior posterior; 10: A. palatina descendens; 11: A. canalis pterygoidei; 12: A. sphenopalatina; 13: A. infraorbitalis. [78]

Arteria masseterica f: kommt aus der A. maxillaris, zieht durch die Incisura mandibulae zum Musculus masseter. [9]
Arteria maxillaris f: Kieferschlagader (Abb. s. S. 57). Aus der A. carotis externa als stärkerer der beiden Endäste unter dem Kiefergelenk entspringend, zieht sie, vom Ramus mandibulae bedeckt, durch die Fossa infratemporalis in die Fossa pterygopalatina, wo sie sich aufteilt. Sie gibt ab die A. auricularis profunda zum Kiefergelenk und äußeren Gehörgang, A. tympanica anterior, → A. alveolaris inferior, A. meningea media, → A. masseterica, → Aa. temporales profundae, → A. buccalis, → Aa. alveolares superiores post., → A. infraorbitalis, → A. palatina descendens, → A. canalis pterygoidei, A. sphenopalatina. Sie versorgt Kiefergelenk, Gehörgang, Dura mater, Kaumuskulatur, Ober- und Unterkiefer mit Zähnen, Gaumen, Tonsillen. [9]
Arteria mentalis f: die → A. alveolaris inferior verläßt als A. m. den Canalis mandibulae durch das Foramen mentale (Abb. → A. maxillaris). [9]
Arteria ophthalmica f: Augenschlagader, zweigt aus der A. carotis interna in der Schädelhöhle ab, nach Durchtritt durch das Foramen opticum versorgt sie die Augenhöhle, einen Teil der Nasenhöhle und den vordersten Bereich der Dura mater. [9]
Arteria palatina ascendens f: steigt aus der → A. facialis am Schlund empor zu Gaumensegel und -mandeln. [9]
Arteria palatina descendens f: aus der → A. maxillaris, zieht durch den Canalis palatinus major zum Gaumen. [9]
Arteria spheno|palatina f: aus der A. maxillaris, zieht durch das Foramen sphenopalatinum zur Nasen- und Kieferhöhle. [9]
Arteria sub|lingualis f: aus der → A. lingualis, versorgt Mundboden und Zahnfleisch des Unterkiefers. [9]
Arteria sub|mentalis f: aus der → A. facialis unterhalb des M. mylohyoideus, zieht zum Kinn und versorgt u.a. die Glandula submandibularis. [9]
Arteria temporalis super|ficialis f: oberflächliche Schläfenschlagader, kommt aus der → A. carotis externa (Endast), zieht an der Parotis vorbei vor dem Ohr in die Schläfengegend und verzweigt sich in Richtung Stirn und Scheitel; versorgt Parotis, Gesichtsmuskulatur, Haut der Schläfen- und Stirngegend. [9]
Arteria vertebralis f: für den hinteren Teil des Gehirns, stammt aus der A. subclavia, zieht durch das Foramen transversarium der 6 obersten Wirbel und durch das Foramen occipitale magnum. Aus der Vereinigung beider Aa. vertebrales entsteht die → A. basilaris. [9]
Arteri|ektasie f: → Angiektasie. [32]
arteriell (gr.): zu einer Arterie gehörig; a.es Blut: das helle, sauerstoffreiche Blut der Arterien mit Ausnahme der Lungenarterien. [10]
Arterien (gr.) f pl: Schlagadern; Blutgefäße, in denen das in den Lungen mit Sauerstoff angereicherte Blut vom Herzen zur Peripherie des Körpers strömt, mit Ausnahme der Aa. pulmonales, durch die venöses Blut aus dem Herzen in die Lunge gelangt. Vgl. Blutkreislauf. [9]
Arterien|klemme: Instrument zum Abklemmen blutender Gefäße. → *Kocher*-A., → Moskitoklemme, → *Péan*-A. [2]
Arterien|verkalkung: → Arteriosklerose. [32]
Arterien|wand: besteht aus Tunica intima, Tunica media, Tunica externa (adventitia), dazwischen Elastica interna bzw. externa (Abb.). [9]

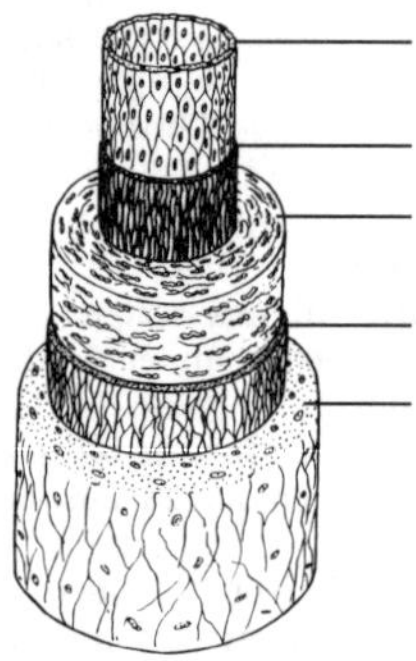

Arteri|itis f: Arterienentzündung als Begleiterscheinung hyperergischer Reaktionen bei → Infektionskrankheiten und → Rheumatismus. Bei Hautmanifestationen ischämische Schmerzen, Zyanose bis zu Gangrän. Sonderformen: → Thrombangiitis obliterans und → Arteriitis temporalis. [20]
Arteriitis temporalis f: Schläfenarterienentzündung, mit heftigen Kopfschmerzen, manchmal ischämischen Hirninsulten und Amaurose einhergehend. Histologisch besteht eine Riesenzellarteriitis der Temporalarterien. Sichere Therapie mit Glukokortikoiden. [20]
Arterio|graphie f: röntgenol. Darstellung von Arterien durch Injektion eines Kontrastmittels. [2]
Arteriole f: feinste (präkapillare) Verzweigung der Schlagadern vor dem Übergang in das Kapillarnetz. [9]
Arterio|sklerose f: Sammelbegriff für primär nicht entzündliche chronische Arterienerkran-

kungen, bei denen ein fibröser Umbau zur Verdickung, Verhärtung und zum Elastizitätsverlust der Gefäßwand führt. Dazu gehört u.a. die → Atherosklerose. Überaus häufige Gefäßkrankheit, generalisiert gleichsam als → Systemkrankheit oder mehr lokalisiert, wobei bestimmte Gefäßgebiete prädisponiert und wegen charakteristischer Folgen zu diagnostizieren sind. Aortensklerose: Linksherzbelastung, sog. Elastizitätshochdruck; Koronarsklerose (A. der Herzkranzarterien): Angina pectoris vera (→ Angina pectoris), → Myokardinfarkt; Zerebralsklerose (A. der Hirnarterien): senile Demenz, → Apoplexie; A. der Beinarterien: → Claudicatio intermittens, Gangrän; A. der Darmgefäße: Angina abdominalis. Eine gewisse sog. Physiosklerose (physiologischer Elastizitätsverlust der arteriellen Gefäße älterer Menschen) ist davon abzugrenzen. Allgemeine Pathogenese: 1. Intimaödem, d.h. Aufwölbung der Gefäßinnenhaut durch eiweißhaltige Flüssigkeit, die sich zu homogenem Hyalin verfestigt. 2. Bildung von Bindegewebsfasern (Sklerosierung) und Auftreten von Lipoidablagerungen, besonders Cholesterinestern (Lipoidphanerose) in diesen Herden. 3. Evtl. geschwüriger Aufbruch und Verkalkung der sog. Plaques. Folgen: Lumeneinengung, Elastizitätsverlust mit Rupturgefahr, Gefahr der Thrombusabscheidung oder Emboliebildung. Ursächlich sind Konstitution (geographische, familiäre Unterschiede), mechanische und entzündliche Schädigungen, → Hypertonie, Fettstoffwechselstörungen, Diabetes, Übergewichtigkeit und Nikotinabusus wesentlich. Potenziertes Erkrankungsrisiko bei Zusammentreffen mehrerer Faktoren. 20, 32

arterio|venös: Arterien und Venen bzw. die Verbindung von Arterien und Venen betreffend; arteriovenöse Fistel: abnorme direkte Verbindung zw. venösem und arteriellem System unter Umgehung des mikrozirkulatorischen Kreislaufs distal der Fistel. 32

Ar|thralgie f: allg. Bez. für Gelenkschmerz, z.B. infolge → Arthritis, Fehlstatik u.a. 32

Ar|thritis f: Gelenkentzündung. Akute A. des Kiefergelenks: meist traumatische Infektion des Kiefergelenks (Schußverletzung), seltener fortgeleitet (Osteomyelitis) oder hämatogen (→ Polyarthritis, → Rheumatoid bei Gonorrhoe). Die Synovialmembran ist in ein entzündlich gerötetes Gewebe verwandelt, das seröse und bei pyogenem Infekt eitrige Flüssigkeit in die Gelenkhöhle absondert. Zur Linderung der Spannung nimmt der Kiefer die → *Bonnet*-Stellung ein. In leichteren Fällen Rückbildung des Exsudates, in schweren Eiterdurchbruch meist zum Gehörgang, aber auch durch die Parotis nach außen. Oft bleibt eine Schädigung der Knochen- und Knorpelsubstanz zurück, die eine Ankylose zur Folge haben kann. Bei der rheumatoiden Polyarthritis (→ Rheumatismus) ist das Kiefergelenk nur selten befallen. Sie verläuft ohne Eiterbildung als seröse und fibrinöse Entzündung und ist meist durch intraartikuläre Injektion von → Kortison günstig zu beeinflussen. Die chron. A. entsteht häufig aus der akuten rheumatischen A. Die Synovialmembran verwandelt sich in dickes Granulationsgewebe, das später narbig schrumpft und die Bewegungsmöglichkeit einschränkt (arthrogene Kieferklemme). Spezifische Formen der chronischen A. treten bei Tbc und Lues auf, sind aber am Kiefergelenk äußerst selten. A. deformans: → Arthropathia deformans. A. urica: → Gicht. 20

Ar|thro|dese f: operat. Versteifung eines Gelenkes. 2

ar|thro|gen: vom Gelenk ausgehend. 9

Ar|thro|lyse f: Mobilisierung eines versteiften Gelenkes. 2

Ar|thro|pathia deformans f: Arthrosis deformans; chron. Gelenkleiden mit Abnutzung des Knorpels, Auffaserung des Knochens, die zur Defektbildung (Usur) und in den Randpartien zu überstürztem Knorpelanbau mit Zackenbildung führt. Häufig am Kiefergelenk. Frühsymptom: erschwerte Mundöffnung vor allem morgens, Knacken während der Öffnungsbewegung (intermediär) durch Veränderungen am Köpfchen und Auffaserung des Diskus. Beschwerden. Späterhin Kieferklemme. Ursachen: Fehlbelastung der Knorpelflächen durch Bißanomalien (vor allem → Tiefbiß), einseitige oder völlige Zahnlosigkeit, disloziert verheilte Fraktur, minderwertige Knorpelsubstanz, Altersdegeneration des Knorpels. Therapie: prothetische und kieferorthopädische Maßnahmen (Bißerhöhung durch Funktionskieferorthopädie), hyperämisierend mit Kurzwelle, äußerlich Mobilat®-Salbe, intraartikuläre Injektion von Hyaluronidase und Kortison. In schweren Fällen Diskusexzision, operat. Gelenksneubildung. 2

Ar|thro|plastik f: Neubildung eines Gelenks, z.B. des Kiefergelenks bei Arthropathia deformans, knöcherner Ankylose u.ä. 2

Ar|throse (gr.) f: Arthropathia deformans, Arthritis deformans, Osteoarthrose, Osteoarthritis; chronisch degeneratives Gelenkleiden mit langsam fortschreitendem Knorpelschwund, meist der großen Gelenke. Charakteristische Begleitveränderungen sind subkartilaginäre → Hyperostosen.

Randexostosen, Knochenzysten (→ Pseudozysten), gelegentlich auch Synovitiden und Gelenkergüsse. Man unterscheidet: 1. Primäre A.: Knorpeldegeneration ohne erkennbare Ursache; vermutl. im Rahmen des allg. Alterungsprozesses. 2. Sekundäre A. mit direkter Knorpelschädigung, z.B. postinfektiös, nach Gelenkfraktur, chronischem Kompressionstrauma (z.B. bei Langsteckenläufern). [32]

Ar|thro|tomie f: Gelenkeröffnung durch Schnitt. [2]

Ar|thro|tomo|graphie f: Schnittdarstellung eines Gelenks mit Verwischungstomographie, → Computertomographie oder → Kernspinresonanztomographie. Die A. des Kiefergelenks ist bedeutsam für → Gnathologie, Kieferorthopädie und Kieferchirurgie. Auch → Tomographie. [14]

Arthus-Phänomen (Maurice A., Physiol., Lausanne, *1862, † 1945) n: mit artfremdem Eiweiß oder einem anderen Antigen sensibilisierte Tiere reagieren nach örtlicher Injektion des gleichen Antigens mit starker Entzündung bis zur Nekrose, die als A. bezeichnet wird, nach intravenöser Injektion mit anaphylaktischem Schock. Vgl. Anaphylaxie. [8]

Articulare (lat.) n: **1.** Embryol.: kleiner, auf der knorpligen Grundlage des 1. → Kiemenbogens entstehender Ersatzknochen, aus dem mit dem Quadratum das primäre Kiefergelenk und (bei den Säugern) der Hammer (→ Gehörknöchelchen) entsteht. **2.** Kieferorth.: Abk. Ar; Meßpunkt nach *Björk*, Schnittpunkt einer an den hinteren Rand des aufsteigenden Unterkieferastes gelegten Geraden mit dem unteren Rand des Schläfenbeins. Vgl. Meßpunkte. [5, 9]

Articulare|winkel: → Gelenkwinkel. [5]

Articulatio (IANC) (lat.) f: Gelenk, bewegl. Verbindung von mit Knorpel überzogenen Knochenenden, die von einer mit Gelenkschmiere (Synovia) gefüllten Gelenkkapsel umschlossen sind, z.T. mit Gelenkzwischenscheiben, wie z.B. beim → Kiefergelenk (A. temporomandibularis). [9]

Artificial dentin (engl.) n: → *Fletcher*-Zement. [1]

Artificial Intelligence (engl.) f: → Künstliche Intelligenz (KI). [26]

Artikain: → Lokalanästhetikum vom Amidtyp. Wirkungsmechanismus, Nebenwirkungen: siehe → Lokalanästhetika. Indikation in der Zhk.: zur Leitungs- und Infiltrationsanästhesie in Kombination mit → Epinephrin. [7]

artikulär: die Gelenke betreffend. [9]

Artikulation (lat.) f: **1.** Articulatio, Gelenk. **2.** Sprachbildung durch koordinierte Bewegungen der peripheren Sprachorgane (Lippen, Zähne [nur passiv], Zunge, Gaumensegel, Rachen, Kehlkopf). **3.** Gleitbewegungen der Zahnreihen aufeinander im Gegensatz zur freien Unterkieferbewegung beim Öffnen und Schließen des Mundes. Als A. wird auch die Unterkieferbewegung unter Zahnkontakt bezeichnet (dynam. → Okklusion). Die Form der Gleitbewegung ist abhängig von der Höckerform, der Neigung der Seitenzähne, vom Schneidezahnüberbiß, vom Verlauf der → *Spee*-Kurve, des → *Bennett*-Winkels und der Neigung der → Gelenkbahn. Berührungsverhältnisse bei der A. sind individuell sehr verschieden. A. im Dreipunktkontakt (Dreipunktartikulation): Aufstellung der künstlichen Zähne dergestalt, daß bei jeder Bewegungsphase (Vor- und Seitbiß) jeweils mindestens drei Zähne (drei Punkte), die die Ecken eines möglichst gleichseitigen Dreieckes bilden, Kontakt behalten. Die Punkte befinden sich jeweils im Molarengebiet und im Frontzahngebiet, so daß ein Abhebeln der Prothese vermieden wird. Einseitige A. besteht, wenn die Zahnreihen nur auf der Kauseite oder auf der Balanceseite (Nichtkauseite) Kontakt haben. Vgl. Kalottenartikulation, Artikulationsausgleich, Balancekontakte. [4]

Artikulations|ausgleich: balancierte Okklusion, Artikulationsgleichgewicht; A. besteht, wenn alle Zähne in der Gleitphase (Vor- und Seitbiß) Kontakt haben mit dem Ziel, die Belastung auf möglichst viele Parodontien zu verteilen und deren Belastbarkeit anzupassen. Wird heute nur noch bei der Versorgung mit Totalprothesen angestrebt, wobei allerdings auf Frontzahnkontakte in der Schlußokklusion verzichtet wird. Beim natürlichen Gebiß und beim festsitzenden Ersatz versucht man, bei Lateralbewegungen eine Front-Eckzahn-Führung aufzubauen, wobei dann eine Disklusion zwischen den Seitenzähnen zu beachten ist. Vgl. Balancekontakte, Schlußokklusion, Okklusionskonzepte. [4]

Artikulations|papier: Artikulationsseide; dünne Farbträgerstreifen aus Papier oder Seide, die zur Erkennung und Markierung von Antagonistenkontakten in der Okklusion benutzt werden. Sie erfüllen die Funktion von → Registraten. [4]

Artikulator (lat.) m: „Gelenksimulator“; Gerät, das mit eingesetzten Zahn- und Kiefermodellen die Bewegung der Kiefer zueinander in mehr oder weniger großer Vollkommenheit außerhalb des Mundes nachzuahmen gestattet. Der → Mittelwert-A. (nach *Gysi*, Heilbronn) arbeitet mit fixer Gelenkbahnneigung und Schneidezahnführung. Der halbindividuelle A. (nach *Gysi*, Hanau, Whip-Mix-A. [Abb.], SAM-Artikulator, Condylator, Dentatus) erlaubt die individuelle Einstellung der Gelenkbahnneigung, des → *Ben-*

nett-Winkels und der Schneidezahnführung. Beim volljustierbaren A. können zusätzlich zu den Möglichkeiten der Einstellung des halbindividuellen A.s die Bewegungsbahnen der Kondylen auch räumlich festgehalten werden (TMJ-Artikulator, *Stuart*-Artikulator, Denar-Artikulator). Die schädelbezogene Orientierung der Modelle erfolgt mittels eines Gesichtsbogens. Nach

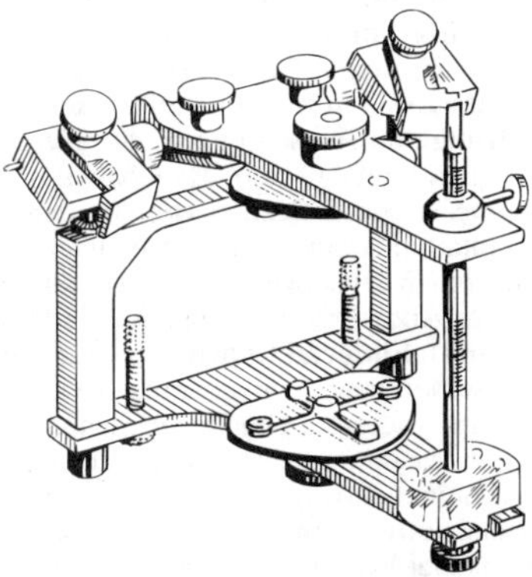

Whip-Mix-Artikulator

der Bauart unterscheidet man → Arcon- und Nonarcon-A.en. Beim Nonarcon-A. befindet sich die Kondylarkugel am Oberteil und die „Gelenkfläche" am Unterteil des A.s (Beispiel: Dentatus-A.). Dadurch wird bei einer simulierten Unterkiefer-Protrusionsbewegung der Oberkiefer-Teil nach posterior bewegt. → Okkludator, → Mastikator, → Vertikulator, → *Gysi*-A. 4

Artistics (engl.) pl: für die kieferorth. Behandlung mit der → Edgewise-Technik typische Drahtbiegung für die Frontzähne (Abb.); auch → Angulation. 5

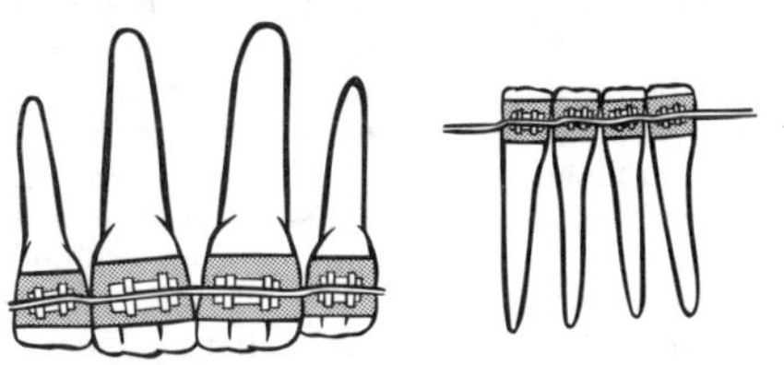

Die artistische Einstellung der Inzisivi [22]

Ary|knorpel: Kurzbez. für → Cartilago arytanoidea. 19

arytaeno|ideus: zum Gießbeckenknorpel des Kehlkopfes gehörend. Vgl. Cartilago arytanoidea. 19

Arznei|ex|an|theme n pl: vielgestaltige Haut- und Schleimhautveränderungen, die meist bei individueller Überempfindlichkeit als allergische Nebenwirkung (Tab.), aber auch bei nicht immunologisch bedingter Intoleranz durch Arzneimittel auf hämatogenem Wege entstehen (makulöse, urtikarielle, purpurische und lichenoide Hautausschläge). Häufig bestehen Juckreiz und Eosinophilie, selten Fieber. An der Mundschleimhaut variiert das Bild von fleckig-urtikariellen, bullösen, knotig-vegetierenden zu hämorrhagisch-ulzerösen Läsionen. Auslöser können sein: Antibiotika, Barbiturate, Sulfonamide, Phenolphthalein, Goldsalze, Wismut, Analgetika, besonders Phenacetin, Pyrazolon, Chinin usw. Fixe A. treten nach erneuter Medikamentengabe immer an gleicher Stelle auf. Es sind bis handtellergroße, rundliche livide, später rotbräunliche, fleckige, gelegentlich blasig werdende Herde. Hände und Genitale sind bevorzugt befallen. In einem Drittel aller Fälle ist die Mundschleimhaut beteiligt (Lippenödem, schnell einreißende

Klassifikation allergischer Arzneimittelreaktionen		
Erkrankung	Typ (*Coombs* und *Gell*)	Arzneimittel (Beispiele)
Anaphylaxie	I	Penicillin, Allergenextrakte, Chymopapain
Serumkrankheit	III,I (?)	Antivenom, Antilymphozytenglobuline
Arzneimittelfieber	III (?), IV (?)	Penicillin, Barbiturate, Phenytoin, Sulfone, Chinin
Vaskulitis	III,IV (?)	Allopurinol, Sulfone, Jodverbindungen
SLE	III (?)	Hydralazin, Procainamid, Isoniazid, Phenytoin
Hämolytische Anämien (*Coombs*-Test positiv)	II	Penicillin, Phenazetin, Methyldopa, Chinidin
Thrombozytopenie	II	Chinin, Chinidin, Sulfonamide
Urtikaria, Angioödem	I,III (?)	Penicillin, Sulfonamide
Kontaktallergie	IV, I	→ Kontaktekzem allergisches
Erythema exsudativum multiforme	?	Sulfonamide, Phenytoin, Phenylbutazon
fixes Arzneimittelexanthem	IV (?)	Phenytoin, Barbiturate
toxische epidermale Nekrolyse	IV (?)	Sulfonamide
Erythema nodosum	?	nicht steroidale Antiphlogistika usw.
Purpura (Vaskulitisform)	?	Jodverbindungen, Sulfonamide, Barbiturate
Photoallergisierung	IV	Sulfonamide

Blasen, pseudomembranöse Beläge und Ulzera). Therapie: Meiden der Noxe; innerlich Kortikoide. [12]

Arznei|form: galenische Zubereitung für die therapeut. Anwendung, bestehend aus einem oder mehreren Arzneistoffen (→ Pharmakon) und verschiedenen Hilfsstoffen, die für die Formulierung, exakte Dosierung und Qualitätserhaltung notwendig sind. [7]

Arznei|mittel: laut § 2 Abs. 1 Nr. 1 AMG „Stoffe und Zubereitungen aus Stoffen, die dazu bestimmt sind, durch Anwendung am oder im menschlichen Körper Krankheiten, Leiden, Körperschäden oder krankhafte Beschwerden zu heilen, zu lindern, zu verhüten oder zu erkennen“. Diese Definition umfaßt Fertigarzneimittel sowie Herstellungen nach individueller Rezeptur. Fertigarzneimittel unterliegen der Zulassungspflicht, müssen gekennzeichnet sein und eine Packungsbeilage enthalten. Apothekenpflichtige A. dürfen nur in Apotheken in den Verkehr gebracht werden. Hiervon wird nicht die unmittelbare Einnahme eines A.s während der Behandlung erfaßt. Zu den A.n zählen auch Füllungsmaterial, Liner, Lacke, Bondings, Abdeckpasten, provisorisches Verschlußmaterial für Kavitäten u.ä., Kunststoffe, Keramikmaterial, künstliche Zähne, Brücken, Kronen, Voll- und Teilprothesen. Umstritten ist jedoch dabei nach wie vor, ob dies eine Zulassungspflicht bedingt. [24]

Arzneimittelabhängigkeit, physische: Eine p. A. äußert sich durch das Auftreten von Entzugssymptomen nach abruptem Absetzen oder abrupter starker Dosisreduktion eines chron. applizierten → Agonisten (z.B. → Benzodiazepine, → Opioide) oder → Antagonisten (z.B. → β-Adrenozeptoren-Blocker) als Ausdruck eines regulativen Adaptionsprozesses an den Verlust der Arzneistoff-Wirkung. Die Entzugssymptome äußern sich überwiegend in Form vegetativer Reaktionen. P. A. ist meistens mit → Toleranz verbunden. [7]

Arzneimittelabhängigkeit, psychische: zwanghafter Wunsch zur regelmäßigen oder period. Wirkstoffeinnahme, um positive Empfindungen zu schaffen oder negative zu vermeiden. Das Abhängigkeitspotential hängt von der Art und Intensität der durch die Wirkstoffeinnahme (drug taking behaviour) erreichten Belohnung (positiv empfundene Stimuli) ab. P. A. bei → Opioiden, → Barbituraten, barbituratähnl. Substanzen, → Tranquilizern, Psychostimulanzien u.a. [7]

Arznei|mittel|abusus m: (engl. drug misuse); psych. und/oder phys. Funktionsstörungen als Folge von in Art und Umfang nicht bestimmungsgemäßer Arzneistoffanwendung. [7]

Arznei|mittel|gesetz: in der Fassung des Gesetzes zur zweiten Änderung des Arzneimittelgesetzes vom 21.08.1986 BGBl. I S. 1296 Gesetz zur Definition des Begriffs des Arzneimittels und seiner rechtlichen Relevanz. [24]

Arznei|mittel|gewöhnung: → Toleranz. [7]

Arznei|mittel|informations|system n: ein Informationssystem auf dem Gebiet der Arzneimittel, das z.B. Informationen über die Zusammensetzung von Arzneimitteln, ihre Nebenwirkungen usw. geben kann. Daneben sind auch Funktionen wie das Suchen von Arzneimitteln, von Indikationen oder Wirkstoffen und das Anzeigen von Wechselwirkungen zwischen zwei oder mehr Arzneimitteln möglich. [26]

Arznei|mittel|inter|aktionen f pl: Arzneimittelwechselwirkungen; jede quantitative und/oder qualitative Änderung eines oder mehrerer Wirkungen eines → Arzneistoffs bei gleichzeitiger oder nacheinanderfolgender Applikation mehrerer Arzneistoffe. Diese A. können erwünscht (im Rahmen einer Kombinationstherapie) oder unerwünscht sein. A. können pharmazeut., pharmakokinet. und/oder pharmakodynam. Ursachen haben. Siehe auch → Inkompatibilität. [7]

Arznei|mittel|intoleranz f: → Arzneimittelüberempfindlichkeit. [7]

Arznei|mittel|neben|wirkungen: A. sind alle Wirkungen eines → Pharmakons, die außerhalb der therapeut. erwünschten Wirkung auftreten. Sie können außerhalb und/oder im Rahmen des pharmakodynamischen Profils eines → Arzneistoffes auftreten. Die im Rahmen des pharmakodynam. Profils auftretenden A. sind dosisabhängig, voraussehbar, reproduzierbar. Außerhalb des pharmkodynamischen Profils eines Arzneistoffes liegen allerg., photoallerg., phototox. und Autoimmun-Reaktionen, die überwiegend durch chem. reaktive → Metabolite ausgelöst werden. [7]

Arznei|mittel|über|empfindlichkeit: Arzneimittelintoleranz; unter A. versteht man eine genet. bedingte verstärkte Reaktion auf → Arzneistoffe bei Applikation therapeut. üblicher Dosen. [7]

Arznei|mittel|verordnung: Teil der zahnärztlichen Tätigkeit, auch der vertragszahnärztlichen Versorgung im Zusammenhang mit den vom Zahnheilkundegesetz umfaßten Behandlungskompetenzen. Im vertragszahnärztlichen Bereich an das Wirtschaftlichkeitsgebot gebunden. Diese wird definiert durch die Richtlinie des Bundesausschusses der Ärzte und Krankenkassen für eine ausreichende, zweckmäßige und wirtschaftliche vertragszahnärztliche Versorgung, Abschnitt C: Verordnung von Arzneimitteln. Nicht verordnungsfähig sind Arzneimittel, die als sogenannte Bagatellarzneimittel aus der vertragszahnärztlichen Versorgung ausgenommen sind (Negativliste). [24]

Arznei|mittel|wechsel|wirkungen: → Arzneimittelinteraktionen. [7]

Arznei|stoff: → Pharmakon. [7]

Arznei|stoff|liberation f: Arzneistoff-Freisetzung; steuerbarer Vorgang der Freisetzung eines Arzneistoffs (→ Pharmakon) aus einer festen, halbfesten oder flüssigen → Arzneiform in den Lösungszustand. Die Arzneimittelfreisetzung beeinflußt die → Bioverfügbarkeit des Arzneistoffs. [7]

Ärzte|muster: Arzneimittel, die dem Zahnarzt vom Hersteller kostenlos zur Verfügung gestellt werden. Ihre Weitergabe gegen Entgelt stellt einen groben Verstoß gegen Berufsrecht, Vertragsarztrecht und → Arzneimittelgesetz dar. Auch kann der Betrugstatbestand (§ 263 StGB) erfüllt sein. [24]

Arzt|wahl: freie Bestimmung des Patienten, welchen Arzt bzw. Zahnarzt er in Anspruch nimmt. Entspricht dem Selbstbestimmungsrecht. In der Gesetzlichen Krankenversicherung ist die freie A., abgesehen von Notfällen, nur aus dem Kreis der zur vertragsärztlichen Versorgung zugelassenen Ärzte möglich. [24]

As: chem. Bezeichnung für → Arsen. [23]

Ascaris lumbricoides (gr.) f: Spulwurm des Menschen. Weibchen 25 cm, Männchen 17 cm lang, bleistiftdick, an den Enden spitz. Hinterende des Männchens hakenförmig gebogen. Leben im Dünndarm. Das Weibchen legt täglich ca. 200.000 Eier. In der Außenwelt, im Wasser oder in feuchtem Boden entwickeln sich im Ei die Embryonen. Diese gelangen mit verunreinigter Nahrung (Rohkost) in den menschlichen Darm. Die Larven durchbohren die Darmwand und gelangen über die Leber und das rechte Herz in die Lunge, wo sie am 8. Tag nach ihrer Aufnahme 2 mm lang sind. Von dort wandern sie mit verschlucktem Sputum wieder in den Darm, wo sie zu geschlechtsreifen Würmern heranwachsen. Nachweis: Eier im Stuhl. [8]

ascendens (lat.): aufsteigend; z.B. Ramus a., der aufsteigende Ast (eines Knochens, Nervs, Blutgefäßes usw.). [9]

Ascher-Syndrom (Karl W. A., Ophth., Cincinnati, *1887) n: Kombination von → Blepharochalasis mit variabler Lippenveränderung (Doppellippe[n] infolge Schleimhautduplikatur, konstante Lippenschwellung infolge Hypertrophie der Lippenspcicheldrüsen [Abb.] oder infolge

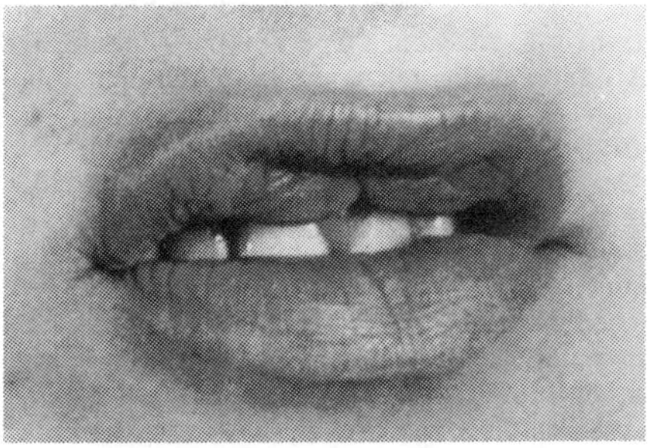

chron. oder rezidivierenden Ödems) mit mehr oder minder deutlicher juveniler Struma bzw. endokrinen Störungen; Ursache: pararheumatische Erkrankung? Vgl. *Melkersson-Rosenthal*-Syndrom; Makrocheilie. [12]

Ascher-Zement (Hugo A., Za., Berlin, *1863) m: der erste brauchbare, von dem Chemiker *Paul Steenbock* entwickelte und von *Ascher* eingeführte Silikatzement. Vgl. Zemente. [1]

Aschoff-Knötchen (Ludwig A., Pathol., Freiburg, *1866, † 1942): → Rheumatismus. [20]

A|sepsis f: absolute Keimfreiheit in der Umgebung von Wunden. [1]

A|septik f: Methode der Wundbehandlung, bei der durch Sterilisation der Instrumente, des Verbandmaterials, Händedesinfektion usw. das Eindringen von Krankheitserregern bei Operation und Wundbehandlung von vornherein vermieden wird. Früher nur → Antiseptik. Vgl. Sterilisation. [8]

A|sialie f: fehlende Speichelabsonderung, → Xerostomie. [20]

A|siderose f: Eisenmangel im Organismus. Vgl. Anämie. [20]

Askariden (gr.) f pl: → Ascaris lumbricoides. [8]

Äskulap m: gr. Asklepios, lat. Aesculapius; griech.-röm. Gott der Heilkunde. Sein Attribut, ein Stab mit einer Schlange (Äskulapstab), ist das Symbol der ärztlichen Heilkunst (Schlangenkopf nach rechts: Zeichen der Ärzte; Schlangenkopf nach links: Zeichen der Zahnärzte; Schlangenkopf nach links über einer Schale: Zeichen der Apotheker). [20]

A|somnie f: Schlaflosigkeit. [20]

Asparagin|säure: saure Aminosäure mit 2 COOH-Gruppen, die in vielen Eiweißkörpern enthalten ist. Kommt oft als Amid vor. [23]

Aspergillose (lat.) f: exogene Schimmelpilzerkrankung, meist durch Aspergillus fumigatus hervorgerufen. Die Infektion kann primär durch massive Einatmung von Pilzsporen oder sekundär auf dem Boden einer vorbestehenden Erkrankung erfolgen. Aspergillome (tumorartige A.) entwickeln sich sekundär durch den Befall vorbestehender Hohlräume, die von bräunlich-krümeligem Pilzmyzel ausgefüllt werden. [32]

Aspergillus (lat.) m: Gießkannenschimmel. Pilze auf Lebensmitteln und Bakterien-Nährböden, einige sind pathogen. Bilden Fruchtträger mit kugeliger Endanschwellung, der strahlenartige Konidienstielchen entsprießen. Das Gebilde sieht einer Gießkanne ähnlich. A. flavus und einige andere Arten bilden die hepatotoxischen Aflatoxine. [8]

Asphalin®-Paste f: Präparat zur Gangränbehandlung, das Trioxymethylen, Thymol, Kampfer, Zinkoxid und Paraformaldehyd enthält (histor.). [1]

Asphalin®-Tabletten f pl: aus Trioxymethylen, Kampfer, Thymol und Zinkoxid bestehende Tabletten, die bei normaler Temperatur langsam verdampfen und, mit Wurzelbehandlungsinstrumenten in ein luftdicht schließendes Gefäß eingebracht, diese desinfizieren sollen (histor.). [1]

asphyktisches Stadium n: Stadium IV der Äthernarkose. Abb. → Narkose. [2]

Asphyxie (gr.) f: Pulslosigkeit. Durch Sauerstoffmangel infolge Atmungsstörung oder Verlegung der Atemwege hervorgerufene Atmungs- und Kreislaufschwäche. In der → Narkose durch Überdosierung des Narkosemittels hervorgerufen. Lebensbedrohlicher Zustand! [2]

Aspiration (lat.) f: Ansaugung von Gasen, flüssigen oder festen Stoffen infolge Unterdrucks in Trachea und Lunge durch Einatmungsluft. Z.B. können in Schrecksituationen Fremdkörper in die Luftwege geraten und sich im Kehlkopf oder im Bronchialsystem verkeilen. Symptome: anfangs krampfartiger Hustenanfall, später → Dyspnoe wechselnden Grades. Akute Gefahr bei partieller oder totaler Verlegung mit konsekutivem → Atemstillstand und → Hypoxie. Nachweis: direkte Laryngoskopie, Auskultation (abgeschwächtes Atemgeräusch), Thoraxröntgenaufnahme. Therapie: umgehende Entfernung mittels → Absaugpumpe und → Absaugkatheter, → *Magill*-Zange sowie → *Heimlich*-Handgriff bzw. durch direkte Laryngoskopie oder Bronchoskopie. Vgl. Atemnot, Atemwege, Laryngoskop, Schaukelatmung, Schnappatmung, Vitalfunktion, Zyanose. [16, 19]

Aspirations|pneumonie f: besondere Form der sekundären Bronchopneumonie (→ Pneumonie): Aspiration von Mageninhalt, bes. Kontrastmittel, Abführmittel oder Paraffin, mit Gefahr einer Lungengangrän. Oft mit segmentärer Anordnung als Segmentpneumonie. [20]

ASS: Abk. für → Acetylsalicylsäure. [7]

Assembling|verfahren: Anfertigung von Kronen und Brücken mit Hilfe von vorgefertigten Modellierteilen aus Kunststoff. Die einzelnen Glieder werden zu einem Gerüst zusammengewachst und anschließend in Metall gegossen. Die Okklusalfläche wird durch Wachskorrektur individuell-funktionell gestaltet. Unterschiedlich zu den übrigen Verfahren wird nach dem Guß der ästhetische Kunststoffanteil nicht auf ein Metallgerüst polymerisiert, sondern in ein Metallhohlgerüst einpolymerisiert. Hierzu ist das Metallgerüst in allen Dimensionen hinterschnitten. Die Hinterschneidungen liegen in vorgeformten Formteilen vor. [4]

Assimilation f: Angleichung, spez. Umwandlung der aufgenommenen Nahrungsmittel in Gewebsbestandteile des Organismus. [10]

Assistent m: Hilfskraft des Zahnarztes, entweder zur Ableistung der Vorbereitungszeit (§ 3 → Zulassungsverordnung für Vertragszahnärzte) oder zur Entlastung des Zahnarztes bei Krankheit, Fortbildung, berufspolitischer Tätigkeit usw. Muß für vertragszahnärztliche Versorgung immer von der → Kassenzahnärztlichen Vereinigung genehmigt werden. Darf nur in unselbständiger Tätigkeit beschäftigt werden. [24]

Assoziation (lat.) f: Verknüpfung, Verbindung von Bewegungen, Empfindungen. Chem. Zusammenlagerung mehrerer Moleküle. [23]

A|steatose f: fehlende Talgdrüsenabsonderung. [20]

Astemizol: → Antihistaminikum, kompetitiver Antagonist an H_1-Rezeptoren mit hoher Rezeptorselektivität. [7]

A|sthenie f: allg. Körperschwäche (→ Adynamie), Verminderung der Erregbarkeit. Adj.: asthenisch. [20]

Ästhesie (lat.) f: Empfindungsvermögen. → Anästhesie. [32]

Ästhetik|linie: von *R. M. Ricketts* eingeführte Bez. für eine → Profillinie, die Nasen- und Kinnspitze (→ Hautpogonion) berührt. Zu ihr werden Ober- und Unterlippe in Beziehung gesetzt, wobei die Unterlippe ihr näher sein soll als die Oberlippe (Abb. s. S. 65). [5]

a|sthetischer Gesichts|typ m: nach *Kretschmer* durch ein Winkelprofil gekennzeichneter Gesichtstyp. Das Kinn ist fliehend, der Oberkiefer klein und schmal. Asthenischer Habitus: → Konstitution. [5]

Ästhetische Zahnheilkunde: von den USA ausgehende Richtung der Zhk., bei der das → Blei-

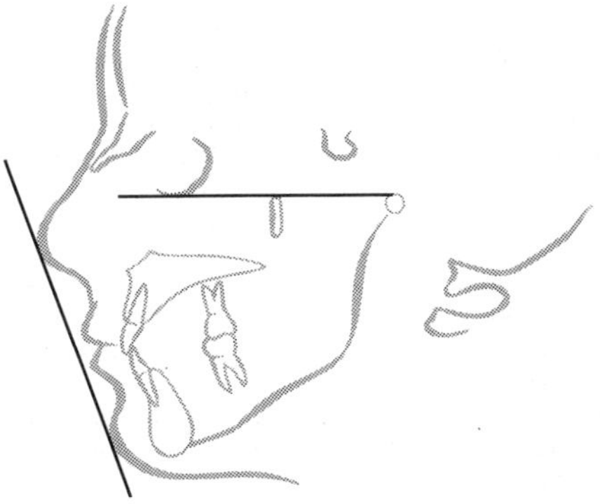

Ästhetiklinie

chen (Bleaching) auch vitaler Zähne sowie Zahnform- und Zahnstellungskorrekturen durch Bonding (→ Ätztechnik) mit → Komposits eine dominierende Rolle spielen. 1

Asthma (gr.) n: anfallsweise auftretende, vorwiegend exspiratorische Atemnot. Unterschieden werden A. bronchiale und psychogenes A. 1. A. bronchiale: komplexes Krankheitsbild mit unterschiedlicher Ätiopathogenese: Ursachen können exogen allergisch (Natriumsulfitzusätze in jedem Lokalanästhetikum mit Vasokonstriktor), chemisch-toxisch oder physikalisch-irritativ, belastungsabhängig sowie analgetikainduziert sein. Kennzeichen des akuten Asthmaanfalls ist eine massive Obstruktion der kleinen Atemwege. Leitsymptome sind → Atemnot (verlängertes Exspirium), exspiratorisches Giemen, Unruhe und → Tachykardie. Die Therapie des akuten Asthma-bronchiale-Anfalls besteht in der medikamentösen Weitstellung der kleinen → Atemwege. Vgl. Bronchospasmus, anaphylaktischer Schock. 2. psychogenes A.: Antwort auf individuell bedeutsame Situationen. Komplikationen: Emphysemlunge, → Cor pulmonale. Therapie: spezifisch: Antigenelimination, spezifische Hyposensibilisierung; unspezifisch: Bronchospasmolytika, Sekretolytika, Antibiotika, Kortikoide (10-20 mg Prednisolonäquivalent zur Dauertherapie); Bronchodilatatoren: Adrenalin, Ephedrin, Aludrin®, Euphyllin®, Dosieraerosole; kein Morphium (es lähmt das Atemzentrum); psychosomatische Therapie. Bei Status asthmaticus: Euphyllin®-Dauertropf, hohe Steroiddosen, Überdruck-Sauerstoffinhalation. 16, 20

A|stigmatismus m: Brennpunktlosigkeit; Sehstörung infolge abnormer Krümmung der Hornhaut. 20

A|stomie f: Fehlen der Mundöffnung. Seltene Mißbildung. 3

Astro|sphäre f: während der Zellteilung auftretende feinstrahlige ellipsoide Struktur des Zentroplasmas zwischen Diplosom und Chromosomen. → Mitose. 30

Astro|zyt m: eine Form von → Neuroglia. 9

a|symptomatisch: ohne Krankheitszeichen (Symptome). 20

A|sy|stolie f: vollständiger Ausfall der Herzaktion aufgrund fehlender Erregung. Diagnose nur im → Elektrokardiogramm möglich. Vgl. Herz-Kreislauf-Stillstand. 16

aszendierend (lat.): aufsteigend. 9

Atavismus (lat.) m: Entwicklungsrückschlag, Wiederauftreten von Eigentümlichkeiten, die entwicklungsgeschichtlich überholt sind, z.B. Schwanzbildung, evtl. auch der → Mesiodens. 3

Ataxie (gr.) f: ungeordnet: Störung von Koordination willkürlicher und unwillkürlicher Bewegungen bei erhaltener Muskelkraft. Vorkommen bei zerebralen, spinalen und peripheren Erkrankungen, z.B. Kleinhirnerkrankungen: zerebellare A. Spinal: Hinterstrangataxie mit Ausfall der Tiefen- bei erhaltener Oberflächensensibilität (→ Tabes dorsalis). Mischformen dieser beiden bei der hereditären A., die in zwei Formen gegliedert wird: hereditär-spinale A. (*Friedreich*) und hereditär-zerebellare A. (*Pierre Marie*). 34

Atem|beutel: Gasreservoir am Narkosegerät, für Erwachsene 1,5-3 Liter fassend (Abb.). → Ambu-Beutel. 2

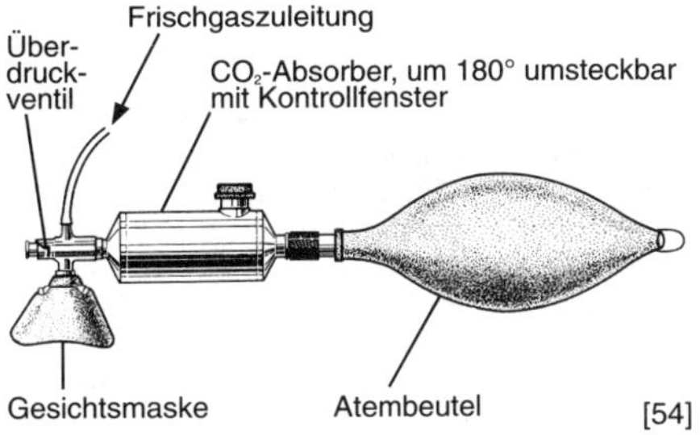

[54]

Atem|kalk: Gemisch von Natrium- und Kalziumhydroxidkörnern zur Kohlendioxidabsorption in Narkosegeräten (→ Absorber). Ein zugesetzter Farbindikator zeigt an, wann die Absorptionskraft erschöpft ist. 2

Atem|minuten|volumen n: Luftmenge, die pro Minute geatmet wird; normalerweise 4 Lit./min./m² Körperoberfläche = 6-8 Lit./min. bei Erwachsenen. → Vitalkapazität der Lunge. 2

Atem|not: Alarmsymptom einer akuten Störung der Vitalfunktion Atmung; kann sich als schwere → Dyspnoe oder → Schnappatmung manifestieren. Vgl. Atemstillstand, Atemwege, Bronchospasmus, Hyperventilations-Syndrom. [16]
Atem|spende: → Mund-zu-Mund-Beatmung. [2]
Atem|still|stand: Alarmsymptom bei Ausfall der Vitalfunktion Atmung: Fehlen jeglicher Atembewegungen und -geräusche. Ursachen können sowohl peripherer (Atemwegsverlegung durch → Aspiration) als auch zentraler (→ Intoxikation) Natur sein. Die Therapie besteht in sofortigem Freimachen der → Atemwege und → Beatmung. Vgl. Absaugpumpe und -katheter, Bradypnoe, Fremdkörper, Herz-Lungen-Wiederbelebung, Hypoxie, Intubation, Wendeltubus. [16]
Atem|volumen, maximales n: → Vitalkapazität der Lunge. [10]
Atem|wege: anatomische Strukturen zum Luftaustausch zwischen Umgebung und Lungenalveolen: Mund, Nase, Rachenraum sowie Trachea und große Bronchien. In den A.n findet kein Gasaustausch statt, eine vollständige Verlegung führt jedoch zum → Atemstillstand. Vgl. Asthma bronchiale, Hypoxie, Stridor. [16]
Atem|wegs|widerstand: engl. resistance; Normwerte 1-3 cm H_2O/l/s beim Erwachsenen; starke Erhöhungen durch mechanische Verlegung der Atemwege, im Asthmaanfall oder bei chronischen Bronchitiden. [2]
Atem|zentrum n: die Atmung regulierende Kerngebiete in der Medulla oblongata, die auf dem Blutwege (Kohlensäuregehalt, H-Ionenkonzentration) und nerval beeinflußt werden. [10]
Atem|zug|volumen n: pro Atemzug geförderte Luftmenge, beim normalen Erwachsenen ca. 500 ml. [2]
Äthanol n: → Alkohole. [23]
Äther (gr.) m: Diäthyläther, Schwefeläther, Aether sulfuricus, C_2H_5-O-C_2H_5. Bei 34,5 °C siedende, leicht bewegliche, farblose Flüssigkeit mit charakteristischem Geruch. Sehr leicht entzündlich, im Gemisch mit Sauerstoff hochexplosibel! Gutes Lösungsmittel für Fette und andere organische Substanzen. [2, 23]
ätherische Öle: im Pflanzenreich verbreitet vorkommende, meist farblose, leicht flüchtige Öle von angenehm aromatischem, selten auch widerlichem Geruch. Chemisch sehr verschieden, oft komplizierte Gemische zahlreicher aromatischer Verbindungen. Wenig löslich in Wasser, gut löslich in Alkohol und Äther. Alle wirken antiseptisch und lokal reizend. [34]
Atherom (gr.) n: „Grützbeutel". Echtes A.: aus embryonal abgeschnürten Epidermisteilen entstanden (als → Epidermoidzyste). Unechtes A.: Talkretentionszyste, die durch Verlegung des Follikelganges durch Hornmassen entsteht; vorwiegend auf dem behaarten Kopf, aber auch im Gesicht und am Rumpf als solitäre oder multiple, auf der Unterlage verschiebliche Knoten unterschiedlicher Größe anzutreffen. Therapie: Ausschälung. [12]
Atheromatose f: Atherosis; die degenerativ-nekrotisierenden Veränderungen der Innenschicht der Arterien (Intima) bei → Atherosklerose. [32]
Athero|sklerose f: besondere Form der → Arteriosklerose. Multifaktorielle, chronisch fortschreitende Gefäßerkrankung, die durch systemische exogene und endogene sowie durch örtliche Risikofaktoren in Gang gesetzt und unterhalten wird; morphologisch gekennzeichnet durch herdförmige, progressive pathol. Einlagerungen von Lipiden, komplexen Kohlenhydraten (vorwiegend Glykoproteinen), Blut und Blutbestandteilen und Kalzium in die Arterienmedia mit reaktiver Bindegewebsvermehrung. Zu den wichtigsten Risikofaktoren gehören arterielle Hypertonie, Hyperlipidämie/Adipositas, Zigarettenrauchen, Diabetes mellitus, örtliche hämodynamische Faktoren, Alter, Geschlecht, Bewegungsmangel. Betroffen sind v.a. große Arterien vom elastischen und muskulären Typ (Aorta, A. carotis, A. iliaca, Hirnarterien, Koronararterien). [20, 32]
Athetose f: hyperkinetisches Krankheitsbild mit unwillkürlichen, unkoordinierten, gegen den Willen träge ablaufenden, „wurmförmigen" Bewegungen der Hände und Finger, seltener der Füße und Zehen, die Gesunde nicht ausführen können. Ursache: Mittelhirnschädigung; „idiopathisch" meist beiderseits („athétose double"). Durch zerebrale Kinderlähmung oder im fortgeschrittenen Alter bei Epilepsie und nach Hemiplegie meist einseitig (Hemiathetose). [34]
Äthyl|alkohol m: → Alkohole. [23]
Äthylen|oxid n: sehr reaktionsfreudiges, bakterizides, fungizides und viruzides Gas (Abb.), das bei geeigneter Luftfeuchtigkeit und normalem oder erhöhtem Druck zur Sterilisation von hitzeempfindlichen Instrumenten und Apparaten verwendet wird. Sicherheit der Wirkung nicht

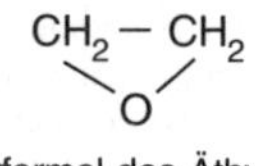

Strukturformel des Äthylenoxids

gleichzusetzen mit thermischer Sterilisation. Ä. penetriert einige Kunststoffolien. Toxisch bei

Berührung und Einatmung, maximale Arbeitsplatzkonzentration 100 p.p.m. Wird wegen hoher Sicherheitsforderungen nur in Krankenhäusern und Kliniken verwendet, nicht in der Arzt- oder Zahnarztpraxis. Vgl. Gassterilisation, Sterilisation. [8]

Ätio|logie (gr.) f: Lehre von den (auslösenden) Krankheitsursachen (z.B. Ä. der Tuberkulose: Infektion mit dem Mycobacterium tuberculosis); i.w.S. auch die Krankheitsursache(n) selbst. [32]

ätio|trop: auf die Krankheitsursache wirkend. [8]

Atlas (gr.) m: der oberste Wirbel, der, wie der Sage nach der Riese Atlas die Erde, den Schädel trägt. [9]

Atmo|sphäre f: **1.** Lufthülle der Erde. **2.** Ältere Maßeinheit für Druck. Im Internationalen System der Einheiten (→ SI-System) entspricht eine Atmosphäre (1 atm) = 101 kPa (Kilopascal); 1 kPa = 0,0099 atm. Pa (Pascal) ist definiert als: m^{-1} x kg x s^{-2} (N x m^{-2}). (→ SI-Einheiten, abgeleitete). Die darin enthaltene Einheit der Kraft N (Newton) ist definiert als: m x kg x s^{-2}. [10]

Atmung: Aufnahme von Sauerstoff in den Organismus und seine Zellen, Gewinnung von Energie durch die Einlagerung von Sauerstoff in organische Substanzen und Abgabe von Kohlensäure und Wasser. 1. *äußere A.*: Respiration, Lungenatmung; Bindung von Luftsauerstoff an → Hämoglobin in der Lunge und Abgabe von Kohlendioxid; Voraussetzung ist neben intakter Lungendurchblutung der ständige Wechsel von Inspiration (Einatmung) und Exspiration (Ausatmung), die durch das → Atemzentrum gesteuert werden. Normalfrequenz in Ruhe bei Erwachsenen 14-18 Züge/min. Abwehr von Bakterien und Antigenen in den oberen Luftwegen erfolgt durch lymphatisches Gewebe; außerdem Funktionen im Wärmehaushalt und als Stoffwechselorgan. Plötzlicher Atemstillstand, → Apnoe, erfordert *künstliche A.*: Nachahmung der mechanischen Atemvorgänge durch einen Helfer (wichtigste Methode: → Mund-zu-Mund-Beatmung) oder Apparate (→ Ambu-Beutel, → Narkoseapparat). 2. *innere A.*: Gewebe- oder Zellatmung; Sauerstoffaufnahme aus dem Blut in die Zelle, die chemische Umsetzung des Sauerstoffs in der Zelle und die Abgabe von CO_2 aus der Zelle in das Blut in der sog. Atmungskette (Kette hintereinander geschalteter Redoxsysteme) mit oxidativer Phosphorylierung, d.h. mit Bildung von → Adenosintriphosphat aus Adenosindiphosphat und anorganischem Phosphor: dabei große Bedeutung der → Zytochrome; Zytochrom aa^3 ist das *Warburg*sche Atmungsenzym (*Otto Heinrich W.*, Biochemiker, *1883, † 1970, Berlin). [10]

Atmungs|störungen: → Nasenatmungsstörung, → Mundatmung, → respiratorische Insuffizienz. [20]

Atome (gr.) n pl: die kleinsten Teile eines chemischen → Elements, die auf chemischem Wege nicht weiter zerlegt werden können. Die A. bestehen aus dem sich aus → Protonen und → Neutronen aufbauenden Atomkern und den → Elektronen, die letzteren auf bestimmten Bahnen umkreisen. Träger der Masse des Atoms und bestimmend für das → Atomgewicht ist der Atomkern. [10]

Atom|gewicht: die Masse eines → Atoms, genauer die mittlere Masse des natürlichen Gemisches seiner → Isotopen, wobei die Masseneinheit gleich $^1/_{16}$ der (mittleren) Masse des Sauerstoffatoms ist. Das A. ist kein „Gewicht“, sondern eine Verhältniszahl. [10]

A|tonie f: Schlaffheit, Aufhebung des → Tonus der Muskulatur. [20]

A|topie f: Bezeichnung für genotypisch bedingte Überempfindlichkeit, die bei erstmaligem Kontakt mit bestimmten Stoffen zu einer allergischen Krankheit führt. Vgl. Ekzem. [8]

A|topie-Syndrom n: polygen vererbte Bereitschaft zu allergischen Erkrankungen vom Typ I (nach *Coombs* und *Gell*) einschließlich der Neurodermitis constitutionalis atopica. Hierzu gehören allergische → Rhinitis, allergisches → Asthma und atopische Dermatitis (→ Neurodermitis constitutionalis atopica). Familiäre, abnorme immunologische Reagibilität des Gewebes mit vermehrter IgE-Synthese (→ Immunglobuline). → Allergie vom Typ 1 (Soforttyp), meist hervorgerufen durch Umweltallergene wie Hausstaub, Blütenpollen, Nahrungsallergene. Etwa 10% der Bevölkerung ist betroffen, oft nur abortive Manifestation. [12]

a|topisches Ekzem n: → Ekzem, atopisches. [12]

Atosil®: → Promethazin, → Phenothiazine. [2]

ATP: Abk. für → Adenosintriphosphat. [23]

a|traumatisch: gewebsschonend; a.e Naht: fortlaufende Naht mit einem Faden, der mit der Nadel verschweißt ist. Gewebsschonend durch Fortfall des Nadelöhrs. [2]

A|tresie f: angeborenes oder erworbenes (durch Verletzung, Verbrennung) Fehlen einer normalen Öffnung. [3]

A|trophia alveolaris prae|senilis f: Atrophia alveolaris praecox; vorzeitig auftretender, nicht entzündlicher Zahnbettschwund. Überholte Bezeichnung für → involutive Parodontopathien. [6]

A|trophie (gr.) f: durch allg. Ernährungsstörungen verursachter Schwund eines Körperteiles, der sowohl durch Volumenabnahme (einfache A.) wie durch Verringerung der Gewebselemente (numerische A., → Hypoplasie) erfolgen kann. Außerdem können Ursachen sein: Nichtgebrauch des betreffenden Organs (Inaktivitätsatrophie), Entzündungen, zehrende Krankheiten (Tbc, Krebs), Alter, Druck usw. A. der Kiefer: → Greisenkiefer. Vgl. Trophoneurose, *Sudeck*-A. 27, 32

A|tropho|dermia vermiculata f: Ansammlung von wurmstichartigen, grübchenförmigen Einsenkungen im Wangenbereich. Therapie: Schleifen der Haut. 12

Atropinum sulfuricum: → Anticholinergikum, kompetitiver → Antagonist des Acetylcholins an m-Cholinozeptoren. Indikationen in der Zhk.: 1. bradykarde Herzrhythmusstörungen als Folge relativer oder absoluter Überdosierung lokalanästhet. Substanzen (Notfallmedikament); 2. zur Hemmung der Speichelsekretion (strenge Indikation). 7

Attached gingiva (engl.) f: am Alveolarknochen befestigtes Zahnfleisch, alveoläre Gingiva. Es ist unverschieblich mit dem Periost des Alveolarknochens verbunden und erstreckt sich in einer Breite von 3-9 mm bis zur Mukogingivallinie. → Gingiva. 30

Attachment (engl.) n: Anat.: dentogingivale Verbindung mit epithelialem und bindegewebigem Anteil: im Bereich des Saumepithels über hemidesmosomale Strukturen mit der Zahnoberfläche, im Bereich des Bindegewebes über → *Sharpey*-Fasern mit dem Wurzelzement. Vgl. Os alveolare, Parodontium. Kieferorth.: A. als orthod. Hilfsmittel zur Kraftübertragung vom Drahtbogen auf den Zahn. A.s werden entweder über eine (Netz-) Basis (Schmelzätztechnik) oder über ein Metallband an den Zähnen befestigt. A.s sind z.B. Schlitze, → Tubes, Haken und Ösen. Vgl. Brackets. Proth.: A.s (pl) → Verbindungselemente. 4, 5, 6

Attachment|verlust: Verlust an → Attachment durch Abbau infolge einer → Parodontitis marginalis oder einer → involutiven Parodontopathie. 6

Attachment, weichgewebiges, am Implantat: Verbindung des tegumentalen Weichgewebes mit dem Implantat; je nach → Implantattyp kommt es zur Ausbildung von → Hemidesmosomen oder lediglich zu einer narbigen Kontraktion des → periimplantären Weichgewebes. 18

Attest (lat.) n: Bescheinigung über den Gesundheitszustand des Patienten; A.e müssen richtig und vollständig sein, anderenfalls wird das Berufsrecht verletzt. Die Ausstellung unrichtiger Atteste wird gem. § 278 StGB mit Freiheitsstrafe bis zu 2 Jahren oder mit Geldstrafe bestraft. 24

Attrition f: Abtrieb; in der Zhk. physiol. Abnutzung der Kauflächen durch reflektorische Berührung von Oberkiefer- und Unterkieferzahnreihen beim Schlucken, Gähnen, Sprechen, etwa 1.500 x pro Tag. → Abrasion. 4

Ätz|kalk: CaO, gebrannter Kalk; gibt mit Wasser $Ca(OH)_2$, gelöschten Kalk, beide in geschlossenen Gefäßen aufzubewahren! Zur Desinfektion von Sputum, Stuhl, Aborten usw. 8

Ätz|mittel: Kaustika; gewebszerstörende Mittel zur Entfernung überschüssigen Gewebes. Saure Ä. verursachen Koagulationsnekrose, alkalische Kolliquationsnekrose, häufig unter Bildung eines Ätzschorfs. Bei Wucherungen der → Gingiva, → Pulpapolyp, kleineren Blutungen. Früher wurden Trichloressigsäure, Chromsäure, Silbernitrat oder Arsenik verwendet, heute werden mildere Mittel wie Kalziumhydroxyd oder aber die Behandlung mit → Elektrochirurgie bevorzugt. 1

Ätz|muster: durch → Ätztechnik veränderte Schmelzoberfläche. Makroskopisch durch milchglasähnlichen Aspekt, mikroskopisch durch starke Rauhigkeit und Hervortreten der Prismenenden charakterisiert. Vgl. Schmelz. 1

Ätz|technik f: Schmelzanrauhung zur Verbesserung der mechanischen Haftung von Versieglungskunststoffen oder Komposits durch Auftragen von etwa 50%iger Phosphorsäure. Vgl. Fissurenversieglung, adhäsive Restauration. 1

Au: chem. Bezeichnung für Aurum, → Gold. 23

Au-Antigen n: → Australia-Antigen. 8

Audi|mutitas f: → Hörstummheit. 19

Audio|an|algesie f: Versuch einer Schmerzausschaltung oder -linderung bei Patienten während zahnärztlicher Behandlungsmaßnahmen durch den Einsatz von Musik. Trägt zum Angstabbau bei. 2

Audio|metrie f: Prüfung des Gehörs mittels elektroakustischer Meßgeräte (Audiometer). Man unterscheidet: 1. Schwellen-A.: Bestimmung des eben hörbaren Tones; 2. überschwellige A.: Messungen im gut hörbaren Bereich; 3. Sprach-A.: Prüfung des Sprachverständnisses mit genormten zweistelligen Zahlwörtern, Einsilbern und Sätzen; 4. objektive A.: Bestimmung der akustisch evozierten Potentiale aus dem EEG durch Mittelwertrechner. 19

auditivus (lat.): auditiv; das Hören betreffend. 19

Audry-Drüsen: → Talgdrüsen, heterotope. 11

Aufbau|pro|these f: funktionstüchtige Neuprothese, die bei Patienten mit vermindertem Adaptationsvermögen in mehreren Teilschritten aus dem insuffizienten (bislang getragenen) Zahnersatz hergestellt wird. Zwischen den einzelnen Teiländerungen (z.B. Bißlageveränderung, → Unterfütterung, Gestaltung des → Funktionsrandes etc.) werden jeweils mehrwöchige Gewöhnungsphasen gewährt. 27

Aufbereitung der Wurzel|kanäle: alle Maßnahmen zur Vorbereitung der Wurzelkanäle für die endgültige Wurzelfüllung. Ziel der A. d. W. ist es, den Kanal zu erweitern und durchgängig zu machen, infizierte Gewebsreste zu entfernen und ein möglichst keimfreies Milieu zu erzeugen. Die A. d. W. erfolgt größtenteils mechanisch mit → Wurzelkanalinstrumenten, sie kann mit chemischen Mitteln unterstützt werden: Chelatbildner (→ EDTA), Alkalien (Natriumhypochlorit 5%), desinfizierende Mittel (Wasserstoffsuperoxid 3%) und Säuren (nicht mehr gebräuchlich). Vgl. Wurzelkanalbehandlung. 1

Aufbewahrung: Den Zahnarzt treffen verschiedene Aufbewahrungspflichten: Behandlungsunterlagen müssen nach dem → Bundesmantelvertrag (Zahnärzte) nach Abschluß der Behandlung mindestens 3 Jahre aufbewahrt werden, Röntgenaufnahmen und Aufzeichnungen über Röntgenuntersuchungen laut Röntgenverordnung nach der letzten Untersuchung 10 Jahre und Aufzeichnungen über die halbjährlichen Belehrungen des Personals 5 Jahre, Karteikarten und Betäubungsmittelbücher nach der → Betäubungsmittel-Verschreibungs-Verordnung 3 Jahre vom Tag der letzten Eintragung an. Bücher über Einnahmen und Ausgaben, Inventarverzeichnisse und Bilanzen müssen nach dem Steuerrecht 10 Jahre aufbewahrt werden, Aufzeichnungen und sonstige Abrechnungsunterlagen 7 Jahre. 24

Aufbiß: kieferorth. Behelf zur Beeinflussung der Bißhöhe, frontal durch → Aufbißwulst, womit bei tiefem Biß den Seitenzähnen das Hochwachsen ermöglicht wird, seitlich durch am Plattenbehelf angebrachte Kunststoff- oder Drahtauflage, um z.B. bei → offenem Biß die Seitenzähne am weiteren Herauswachsen zu hindern. 5

Aufbiß|aufnahme: Röntgenaufnahmetechnik zur Darstellung von Oberkiefer, Unterkiefer oder Mundboden, bei der ein folienloser Film (geeignetes Format 5,5x7,5 cm → Zahnfilm) in die Okklusalebene gebracht wird. Der Zentralstrahl wird in bezug auf die Zähne mehr oder weniger axial ausgerichtet (Abb. 1). Zur Darstellung und Lokalisation von verlagerten Zähnen (Abb. 2), Fremdkörpern und → Speichelsteinen. 14

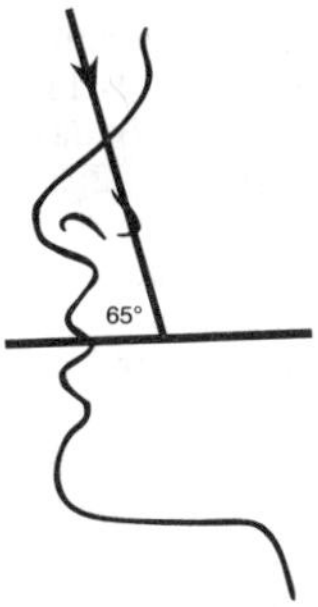

Abb. 1: Zentralstrahlverlauf für Oberkieferaufbißaufnahmen

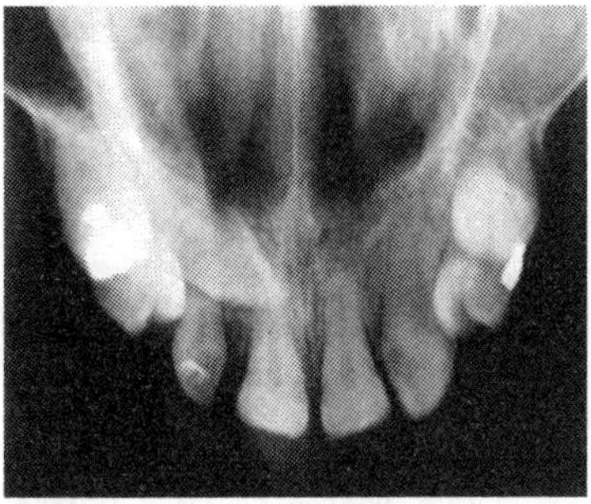

Abb. 2: Oberkieferaufbißaufnahme mit verlagertem Eckzahn

Aufbiß|behelf: → Aufbißschiene. 4

Aufbiß|gitter: kieferorth. Hilfselement im Frontzahnbereich zur Beeinflussung der → Bißlage in vertikaler und sagittaler Richtung, an festsitzenden und abnehmbaren Apparaturen anzubringen (Abb.). 5

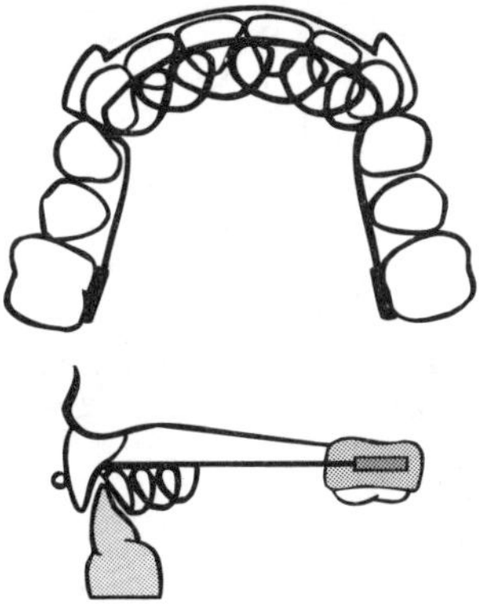

Aufbiß|hilfe: Hilfsmittel zum Öffnen bzw. Offenhalten des Mundes bei Behinderten oder nicht kooperativen Kindern, z.B. das Beißholz aus gedämpfter Buche (Maße: 1x2, 5x12 cm). Das zwischen die Zahnreihen hochkant gehaltene Holz verhindert die Schließung des Mundes. Auch andere Materialien (z.B. Gummi oder Plastik) und Formen (z.B. Keil- und Hufeisenform) sind möglich. 29

Aufbiß|kappe: kieferorth. Hilfsmittel zur Vertikalbewegung in Form meist gegossener erhöhter Kronen, die infolge besonderer Belastung zur Versenkung der getroffenen und Verlängerung der nicht belasteten Zähne führen (Abb.). 5

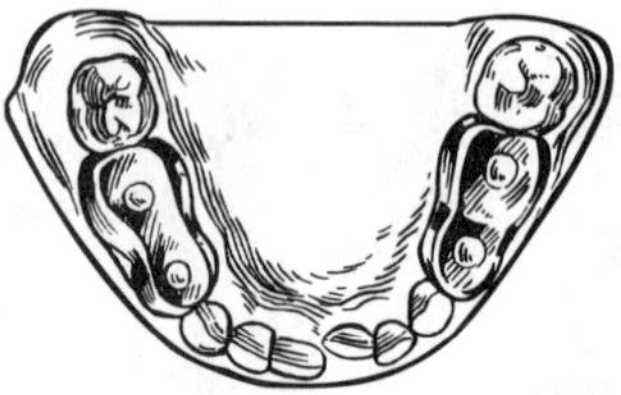

Aufbiß|platte: kieferorth. Apparatur, bestehend aus Plattenkörper, → Halteelementen, → Labialbügel und einem erhöhten Aufbiß, meist im Oberkiefer verwendet. A. mit frontalem Aufbiß: der Aufbiß fängt den Biß der verlängerten Schneidezähne unter gleichzeitiger Entlastung der Seitenzähne auf, er kann als gerade oder geneigte Fläche (→ schiefe Ebene) oder rillenförmig gestaltet sein (Abb.).

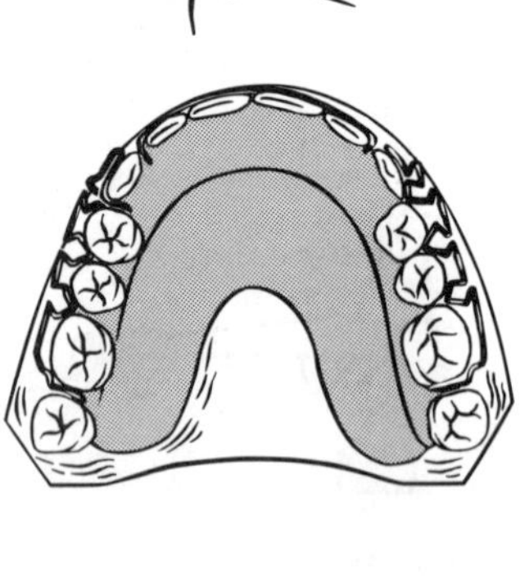

A. nach *Sved*: Platte mit frontalem Plateau, bei der die Schneidekanten der Frontzähne vom Basiskunststoff umfaßt werden, um protrudierenden Kräften (→ Protrusion) entgegenzuwirken. Mit der A. nach *Sved* wird versucht, mittels einer abnehmbaren Plattenapparatur eine → stationäre Verankerung zu erreichen. A. mit seitlichen Aufbissen: die Aufbisse stützen die Seitenzähne ab, die Frontzähne werden entlastet. A.n mit seitlichen Aufbissen werden zum Schließen → offener Bisse oder zur Ausschaltung der → Okklusion bei der Überstellung von → Kreuzbissen verwendet. 5

Aufbiß|schiene: Aufbißbehelf, Okklusionsschiene, Knirscherschiene, Nachtschiene; in der Parodontologie eine zwischen den Zahnreihen des Ober- und Unterkiefers an einem Kiefer temporär angebrachte Kunststoffplatte, die den Zähnen direkt aufliegt und - oft im Zusammenhang mit parodontalchirurgischen Maßnahmen - der Festigung gelockerter Zähne dient (Abb. 1). Auch

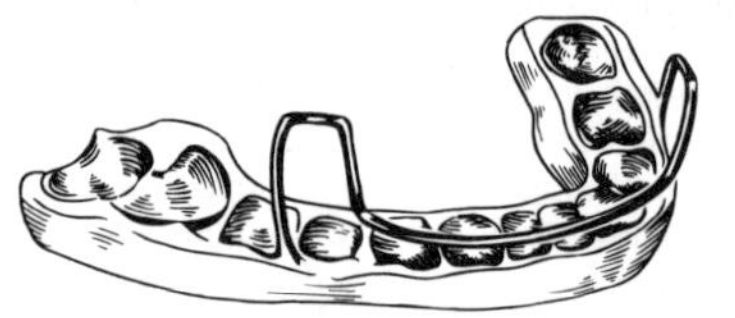

Abb. 1

zur Veränderung der Aufbißverhältnisse, z.B. bei Myoarthropathien, und zur Entlastung von Zähnen, Parodontien und Kiefergelenken bei Parafunktionen. Beispiele: → Miniplast®-Schiene, modifizierter → *Hawley*-Retainer, → Interzeptor nach *Schulte* (Seitenzahnbereich), → Jig nach *Lucia* (in der Front). In der Kieferorthopädie Hilfsmittel zum gleichen Zweck wie die → Aufbißkappe, das im Frontzahngebiet aufzementiert wird (Abb. 2). Wirkt nach *Simon* als Wachstumsbremse. Im Seitenzahngebiet dient die A.

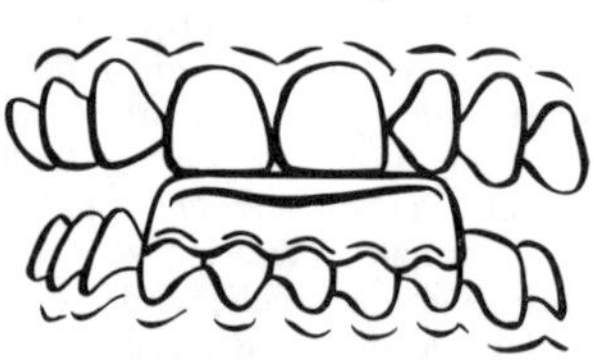

Abb. 2

zur Sperrung des Bisses (Overlay-Sperre) bei Behandlung des frontalen Kreuzbisses. Cave: Bißsenkung! 4, 5

Aufbiß|wulst: am kieferorth. Plattengerät frontal angebrachter Auf- bzw. Einbiß zum Kauebenenausgleich mit dem Ziel einer Verkürzung der Frontzähne und Verlängerung der Seitenzähne. Vgl. Aufbißplatte. 4, 5

Aufbrenn|keramik f: → Metallkeramik, → dentalkeramische Massen, → Aufbrennmassen. 4

Aufbrenn|massen: zahnfarbene, keramische Massen aus Feldspat und Quarz, die auf Metallgerüste aufgebrannt werden, Verbindung mit dem Metall über 02-Brücken und mechanische Retentionen. Verwendung bei Kronen und Brükken zur Verkleidung der Metallgerüste. → Metallkeramik, → dentalkeramische Massen. 4

Aufbrenn|technik f: Verlängerung der Wurzel künstlicher Zähne durch Auftragen und Modellieren von Keramikmasse bestimmter Farbe an den Zahn unter Berücksichtigung der Masseschwindung beim darauffolgenden Brand. Auch zur Herstellung und individuellen Glasur von → Pontics. → Metallkeramik, → dentalkeramische Massen. 4

Aufguß|tierchen: → Infusorien. 8

Aufhänge|apparat des Zahnes: → Parodontium. 30

Aufhellung: Transparenz; dunkler (belichteter) Bezirk auf dem als Negativ betrachteten Röntgenbild. Entspricht einer strahlendurchlässigen (radioluzenten) Region. Gegensatz: → Verschattung. 14

Aufklappung: operative Ablösung eines Schleimhaut-Periostlappens vom Kieferknochen zur Freilegung von Wurzelresten, zur Vornahme einer Wurzelspitzenresektion u.ä. 2

Aufklärung: Information des Patienten als Voraussetzung rechtswirksamer Einwilligung in die Behandlung. Muß sich auf Diagnose, Therapie einschließlich Alternativen sowie Risiken beziehen. Umfangreiche Rechtsprechung. Unterlassene A. führt zum Tatbestand der Körperverletzung sowie zivilrechtlicher Haftung einschließlich Schmerzensgeld. 24

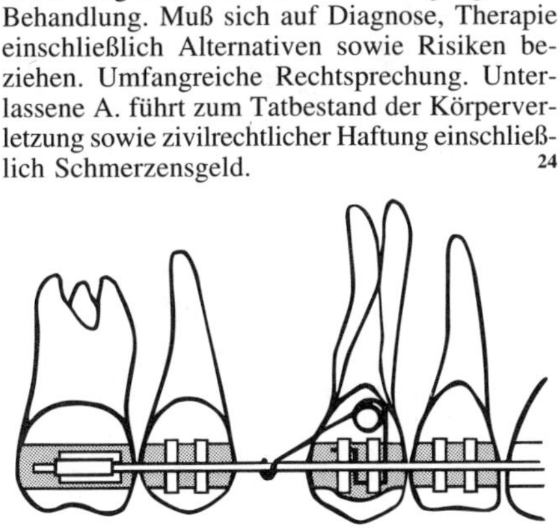

Aufrichtefeder

Aufrichte|feder: Hilfselement bei der → Edgewise-Technik (Abb.). Soll die Aufrichtung eines Zahnes bewirken und unterstützt somit Angulationsbiegungen (→ Angulation). 5

Aufsichts|behörde: Stelle zur Überwachung der Rechtmäßigkeit des Handelns von Selbstverwaltungen. Zahnärztekammern und → Kassenzahnärztliche Vereinigungen unterliegen der Rechtsaufsicht durch die entsprechenden Landesbehörden (die Gesundheitsministerien), die → Kassenzahnärztliche Bundesvereinigung unterliegt der Rechtsaufsicht durch das Bundesarbeitsministerium. Die A. hat über die Rechtmäßigkeit des Handelns der Körperschaft zu wachen und Rechtswidrigkeiten zu beanstanden (sogenannte Verpflichtungsanordnungen). 24

Aufsichts|pflicht: Verantwortung des Zahnarztes für das Handeln seines Personals, wenn er es mit Verrichtungen beauftragt, die für den Patienten relevant sind. Er muß diese Tätigkeiten anordnen, beaufsichtigen und kontrollieren. 24

Aufwachsen, dia|gnostisches: Kronenmodellation in Wachs am Gipsmodell im Artikulator, nachdem daran eine Probepräparation vorgenommen wurde. Dient zur Beurteilung der für die Artikulation notwendigen Schleifmaßnahmen vor der Präparation des natürlichen Zahnes im Mund. Vgl. Aufwachstechnik. 4

Aufwachs|technik f: systematischer Wiederaufbau der Kauflächen beschliffener Zähne im Bereich von Inlays, Kronen und Zwischengliedern. Die Kauflächenelemente (Höckerkegel, Höckerabhänge, Dreieckwülste und Randleisten) werden schrittweise in Wachs aufgetragen. Durch gegenseitige Dreipunktauflagerung der kugelförmigen Höckerspitzen in den antagonistischen Fissuren bzw. Zweipunktlagerung im Bereich der Randleisten wird eine von jeglichem Horizontalschub freie, rein vertikale Belastung in der Okklusion erreicht. Die Artikulationsbewegungen werden durch die Grenzbewegungen des Individualartikulators bestimmt und sollen auf der Arbeitsseite einen frühkontaktfreien Gruppenkontakt bzw. eine klare → Eckzahnführung aufweisen. 4

Aufzeichnungen: → Dokumentation. 24

Auge: lat. Oculus (Abb. s. S. 72). 9

Augen|ebene: → Orbitalebene. 5

Augen|hintergrund: Fundus oculi; das mit dem Augenspiegel wahrnehmbare Bild der Innenfläche des Auges, bestehend aus Netzhaut, Gefäßen, Papille, → Macula, → Chorioidea (Abb.). Veränderungen weisen diagnostisch auf Augen-

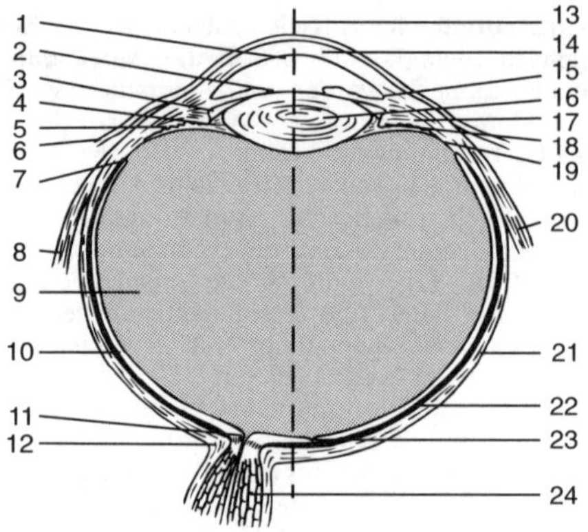

Auge
1: vordere Augenkammer; 2: Iris; 3: hintere Augenkammer; 4: Zonula ciliaris; 5: Processus ciliares; 6: Conjunctiva; 7: Ora serrata retinae; 8: M. rectus med.; 9: Glaskörper; 10: Retina; 11: Optikusscheide; 12: Papilla n. optici; 13: optische Achse; 14: Cornea; 15: Iriswinkel; 16: Linse; 17: Ziliarkörper; 18: M. ciliaris; 19: Pars ciliaris retinae; 20: M. rectus lat.; 21: Sclera; 22: Choroidea; 23: Fovea centralis retinae; 24: N. opticus.

leiden, Arteriosklerose, Hirndrucksteigerungen u.a. Krankheiten hin. 9

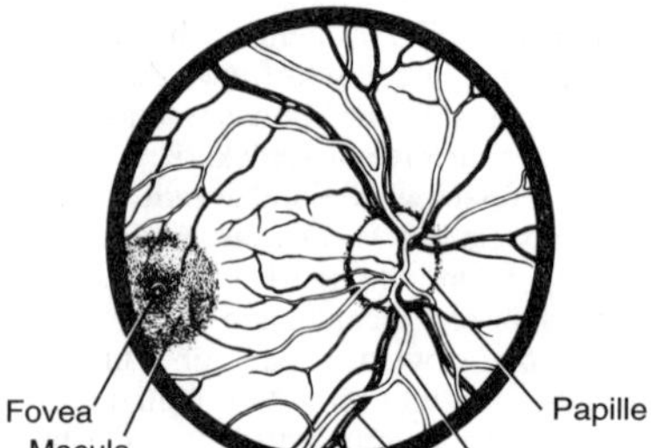

Augenhintergrund

Augen|höhle: → Orbita. 9

Augen|schutz: für hygienisch einwandfreie Arbeitsweise in Verbindung mit → Gesichtsschutz obligatorisch (→ Unfallverhütung VBG 103). Bei der Anwendung von → rotierenden Instrumenten können auch → Aerosole versprüht und größere Materialteilchen abgesprengt und ins Gesicht (Auge) geschleudert werden. Weitere Schutzmaßnahme: → Absaugtechnik. 21

Augen|senk|rechte: Augenebene; → Orbitalebene. 5

Augen|zahn: populäre Bezeichnung für den oberen Eckzahn, dem im Volksmund Beziehungen zum Auge nachgesagt werden. Vgl. Dentes canini. 30

Augmentan®: fixe Kombination von → Amoxicillin und → Clavulansäure im Massenverhältnis 4 : 1. In Gegenwart von Clavulansäure rücken β-lactamasesynthetisierende und damit amoxicillinresistente Stämme von z.B. Staphylococcus aureus, Haemophilus influenzae, Bacteroides fragilis und melaninogenicus, anaeroben Streptokokken, Escherichia coli, Klebsiella pneumoniae, Proteus spp. in den Wirkungsbereich des Amoxicillins. A. ist in der Zhk. Mittel der 1. Wahl bei schweren orofazialen Infektionen oder bei Penicillintherapieversagen infolge Betalactamaseproduzierender Keime. A. ist für die orale und parenterale Applikation verfügbar, Nebenwirkungen → Amino-Penicilline. 7

Augmentation (lat.) f: chir. Kieferkammerhöhung. Absolute A.: Aufbau des atrophierten Kieferkammes durch Auf- oder Zwischenlagerung von Knochen oder Keramik zur Verbesserung des Prothesenlagers. Relative A.: Absenkung von Vestibulum und/oder Mundboden. Vgl. präprothetische Chirurgie. 18

Aug|punkt: → Orbitale. 5

Aura (lat.) f: Oberbegriff für alle subjektiven sensorischen Wahrnehmungen in der Anfangsphase eines epileptischen Anfalles. Auch → Epilepsie. 16, 33

Auricula (lat.) f: Ohrmuschel (Abb. n. *Feneis*); → Auris. 9

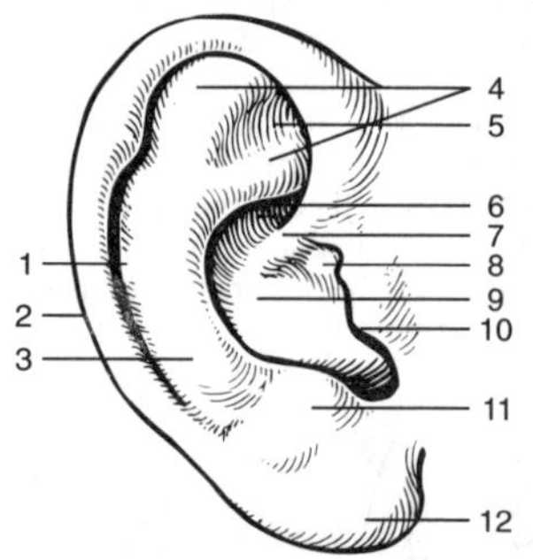

1: Scapha; 2: Helix; 3: Crus helicis; 4: Crura anthelicis; 5: Fossa triangularis; 6: Cymba conchae; 7: Anthelix; 8: Incisura anterior; 9: Concha auriculae; 10: Tragus; 11: Antitragus; 12: Lobulus auriculae (Ohrläppchen). [10]

Auriculare (lat.) n: Abk. Au; auf der Jochbeinwurzel liegender kraniometrischer → Meßpunkt senkrecht über der Mitte des Porus acusticus externus. 5

Aurikular|anhänge: Ohrmuschelrudiment; angeborene Haut-Knorpel-Zapfen in Ohrnähe, ein- oder mehrfach (Polyotie); meist vor dem Tragus, auch auf der Wange (Melotie). Oft gemeinsam mit Gesichtsspalten, → branchiogen. Therapie: Exzision. 19

aurikulo|temporales Syndrom n: von *Frey* 1923 beschriebenes einseitiges Erröten und Schwitzen im Versorgungsbereich des N. auriculotemporalis (Gegend vor dem Ohr) nach Eiterungen, Verletzungen, operativer Entfernung und bei Atrophie der Parotis. Ätiologie ungeklärt. Geringe Neigung zur Rückbildung. Therapie in schweren Fällen: Unterbrechung des Nervs durch chirurgischen Eingriff oder Alkoholinjektion. 20

Aurikulo|temporal|punkt m: Druckpunkt vor dem Ohr in Höhe des Jochbogens, der bei Affektionen des Nervus trigeminus schmerzt. 2

Auris (lat.) f: Ohr, spez. das ganze Ohr als Hörorgan; vgl. Ohr. 9

Aurum (lat.) n: → Gold. 23

Aus|dehnungs|ko|effizient m: Zahlengröße für die Wärmeausdehnung eines Körpers bei einer Temperatursteigerung um 1 °C.

$$\text{Linearer A.: } \alpha = \frac{1}{l} \cdot \frac{\Delta l}{\text{grd}}$$

$$\text{kubischer A.: } \gamma = \frac{1}{V} \cdot \frac{\Delta V}{\text{grd}}$$ 4

Ausgleichs|elemente n pl: → Konstruktionselemente, die solche Kräfte herabsetzen, die durch Einwirkung von Anker-, Halte- und Stützelementen allein nicht kompensiert werden können. Sie dienen dazu, die Horizontalbelastung der Zähne durch lineare bzw. trigonale Pfeilerversteifung mit Hilfe von Schubverteilern wie Brückenzwischengliedern, Stegen, Schaltsätteln, → Gaumenbügeln, → Unterzungenbügeln von Einstückgußprothesen herabzusetzen. → Torsionsbügel, → Kippmeider. 4

Ausgleichs|zeit: Phase der Betriebszeit eines → Autoklavs oder → Heißluftsterilisators zwischen Anzeige der Betriebstemperatur (120 °C bzw. 180 °C) am Kontrollthermometer und dem Erreichen dieser Temperatur am kältesten Punkt des Sterilisationsguts (Zeit des Temperaturausgleichs). Unsicherheitsfaktor, da an Armaturen von → Kleinsterilisatoren nicht ablesbar. 8

Auskultation (lat.) f: Wahrnehmung im Körper entstehender Schallwellen bei direkter Behorchung. Diagnostisch besonders wertvoll am Herzen zur Feststellung von Klappenfehlern (Abb.), an den Lungen (Atemgeräusch und Nebengeräusche), über großen Gefäßen (Stenosegeräusche) und Darm (Ileus). 20

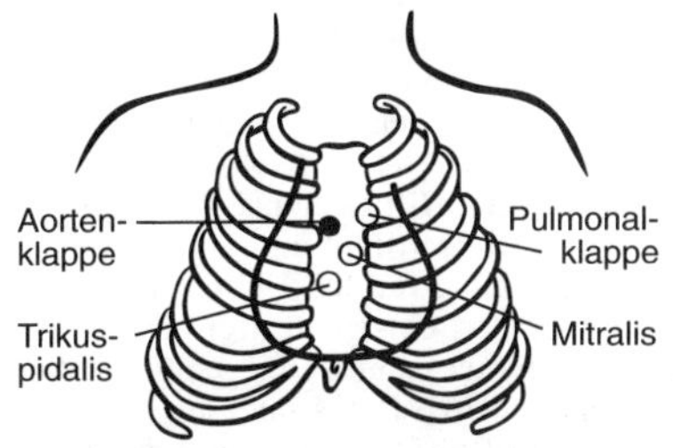

Auskultationsstellen der einzelnen Herzklappen

Auskunfts|verweigerungs|recht: Recht des Zahnarztes und seines Personals, aufgrund der → Schweigepflicht gegenüber Dritten und Behörden die Auskunft zu verweigern. Dies gilt im Prozeß in Gestalt des Zeugnisverweigerungsrechtes. Ist der Zahnarzt selbst betroffen, ist der Zugriff auf seine Aufzeichnungen Ermittlungsbehörden zumindest dann verwehrt, wenn der Zahnarzt nicht selbst einer strafbaren Handlung dringend verdächtig ist. Vgl. Dokumentation. 24

Auslenkungs|verhalten von Implantaten: → Implantatkinematik. 18

Aussatz: → Lepra. 20

Ausschuß für Untersuchungs- und Heil|methoden: ein bei der KZBV eingerichteter Ausschuß, der Stellungnahmen zur Anwendung bestimmter Methoden und Materialien abgibt. Diese Stellungnahmen muß der Zahnarzt beachten. Er soll neue Methoden und Materialien nicht anwenden, solange der Ausschuß nicht Stellung genommen hat. 24

Außen|bogen: → Headgear, → Labialbogen, → Hochlabialbogen. 5

Austausch|trans|fusion f: Blutübertragung mit dem Ziel, das Blut des Empfängers möglichst vollständig durch Blut des Spenders zu ersetzen. Meist bei Neugeborenen mit Erythroblastose (→ Rhesus-Faktor). 20

Austenit (nach *W. C. Roberts-Austen*) m: besonderes Kristallgefüge, das z.B. dem nichtrostenden Chromnickelstahl und den eisenfreien Kobalt-Chrom-Molybdän-Gußlegierungen eigen ist. Im Gegensatz zum → Ferrit besitzt Austenit ein flächenzentriertes kubisches 14-Punktgitter, wodurch er weich und zäh wird. Bei gleicher Festigkeit wie Ferrit doppelt so hohe Dehnung, deshalb besonders auch dort gut geeignet, wo Tiefziehfähigkeit in hohem Maße erforderlich ist. Unmagnetisch. 4

Australia-Anti|gen n: das → Hepatitis-B-Oberflächenantigen HBsAG, das erstmals bei einem australischen Eingeborenen nachgewiesen wurde (*Blumberg* 1963). 8

australischer Draht: hochelastischer orthod. Draht, schwarzgrau, in verschiedenen Stärken, der nach dem Biegen nicht mehr warm behandelt werden darf. 5

Auszubildende: Hilfspersonal, das der Zahnarzt nach dem Berufsausbildungsgesetz zur praktischen Ausbildung für den Helferinnenberuf beschäftigt. A. darf einstellen, wer persönlich und fachlich geeignet ist und eine geeignete Ausbildungsstätte besitzt. Der Ausbildungsvertrag bedarf der Schriftform und ist ein Arbeitsvertrag. Er ist in das von der Zahnärztekammer geführte Berufsausbildungsverzeichnis einzutragen. Der Ausbildende hat den A.n sachlich und persönlich auszubilden. Die Verletzung der Ausbildungspflicht kann eine Geldbuße, die Entziehung der Befugnis zur Einstellung und Ausbildung sowie eine Schadensersatzpflicht gegenüber dem A.n und das Recht des A.n zur fristlosen Kündigung nach sich ziehen. Der A. ist zur Arbeitsleistung verpflichtet. Das Berufsausbildungsverhältnis endet grundsätzlich mit Ablauf der Zeit, für die es eingegangen ist, unabhängig davon mit Bestehen der Abschlußprüfung. Es ist während seines Bestandes grundsätzlich unkündbar, außer wenn hierfür ein wichtiger Grund vorliegt (§ 15 BbiG). Die Ausbildungsvergütung muß angemessen sein. 24

Auszugs|verlängerung: in der Fotografie die Verlängerung des Objektivauszuges durch spezielles Zubehör wie → Zwischenring, → Balgengerät, doppelten Schneckengang eines → Makroobjektivs u.ä. Die A. ist eine Möglichkeit, größere Abbildungen auf der Filmebene zu erzeugen, da mit größer werdender Bildweite auch die Abbildung größer wird. Wird die Belichtung hierbei nicht über eine → TTL-Messung ermittelt, muß der durch die A. hervorgerufene Lichtverlust durch Berücksichtigung eines Verlängerungsfaktors kompensiert werden. 17

Autismus (gr.) m: autistisches Verhalten; Unzugänglichkeit, Wirklichkeitsferne, Kontaktverlust, Gleichgültigkeit und Absperrung bei Geisteskrankheiten; auch als kindlicher A. mit starkem → Mutismus und infolgedessen Entwicklungsverzögerung. Dieses Defizit ist in gewissem Umfang einer → Verhaltenstherapie zugänglich. 13

Auto|ag|gression f: Angriff auf den eigenen Körper. Auch Schädigung von Organen und Geweben durch → Autoantikörper; vgl. Autoimmunkrankheiten. 33

Auto|anti|körper: zirkulierende Antikörper, deren spezifische Wirkung gegen körpereigene Antigene (Zellen, Gewebe) gerichtet ist. Können nur bei Verlust der → Immuntoleranz entstehen und wirken meist zytolytisch (zellauflösend). → Autoimmunkrankheiten, hämolytische → Anämie. 8

auto|chthon: von selbst oder an Ort und Stelle entstanden, nicht durch Fernwirkung; auch eingeboren. 3

Auto|de|struktion f: Selbstzerstörung eigener Körpergewebe. Mechan. z.B. durch Nägelkauen, Gebißfehlbildungen durch Fingerlutschgewohnheiten, pathologische → Abrasionen der Zähne und Schäden des Parodonts durch Knirschen und Pressen (→ Miniplastschiene). Histochem. durch körpereigene Enzyme, z.B. während Immunabwehrreaktionen. Vgl. Parafunktionen. 1

Auto|fokus|kamera f: fotografische Kamera, die in der Lage ist, die Bildschärfe selbst zu ermitteln und die Objektiveinstellung entsprechend zu verändern. Notwendig ist hierfür ein ausreichender Bildkontrast, der im Makrobereich nicht immer gegeben ist. In der → Dentalfotografie allenfalls für periphere Aufgaben wichtig, z.B. für Reproduktionen. A.s haben in der → Makrofotografie den Nachteil, daß auf einen zentralen Objektpunkt fokussiert wird. Dadurch wird die vor der Einstellebene liegende → Schärfentiefe nicht genutzt. 17

auto|gen: von selbst bzw. im Körper selbst entstanden. 33

auto|genes Training n: von *J. H. Schultz* 1920 eingeführte autosuggestive Konzentrations- und Entspannungsübungen zur Ruhigstellung und selbsttätigen Regulierung autonomer Funktionen (durch ihre Harmonisierung Beseitigung der Folgen neurotischer Fehlhaltungen). Die Methode kann unter ärztlicher Leitung sinnvoll von Patientengruppen mit ähnlichen Störungen angewandt werden (Gruppentherapie). Sie ist auch zur Angstreduktion bei zahnarztphobischen Patienten geeignet. A. T. wird oft als Einleitung bei verhaltenstherapeutischen Übungen eingesetzt. → Psychotherapie. 33

Auto|immun|krankheiten: Autoaggressionskrankheiten; durch → Autoantikörper hervorgerufene Antigen-Antikörper-Reaktionen, die zu Erkrankungen verschiedener Organsysteme führen. Haut: → Pemphigus, Pemphigoid. Haut und innere Organe: Erythematodes acutus, → Periarteriitis nodosa, → Dermatomyositis, → *Sjögren*-Syndrom, Sklerodermie; rheumatoide Arthritis; hämolytische → Anämie, → *Werlhof-*

Krankheit und Fertilitätsstörungen, → Encephalomyelitis disseminata, Immun-Thyroiditis. Therapie: Immunsuppressiva, Steroide. [12]
Auto|infektion f: Selbstinfektion, z.B. mit Eitererregern bei Impetigo contagiosa durch Kratzen; Selbstinfektion mit Metazoen (z.B. Oxyuren durch Kratzen am After): Autoinvasion. [8]
Auto|inokulation (lat.) f: → Autoinfektion. [8]
Auto|intoxikation f: Selbstvergiftung des Organismus durch giftige, im Körper selbst gebildete Stoffwechselprodukte oder durch solche darmeigener Bakterien. [20]
Auto|invasion f: → Autoinfektion. [8]
Auto|klav (lat.) m: Heißdampfsterilisator, Sterilisator, in dem durch gespannten, gesättigten, luftfreien Wasserdampf von 1-3 bar Überdruck die Krankheitserreger und auch ihre Dauerformen, die Sporen, in verhältnismäßig kurzer Zeit abgetötet werden; Temperaturen von 120 - 141 °C, wobei der Temperaturanstieg vom Anstieg des Überdruckes abhängig ist. Vgl. Abtötungszeit, Dampfsterilisation, Sterilisation. [8]
auto|log: autogen; vom gleichen Lebewesen stammend; z.B. a.es Transplantat. [8]
Auto|lyse f: abakterielle Selbstauflösung, durch aktivierte Zellenzyme erfolgender Abbau von Organeiweiß, postmortal oder (seltener) in vivo. In der Bakt. Selbstauflösung von Mikroorganismen mit Hilfe zelleigener Enzyme. [20]
Auto|makro|tubus m: für die Dentalfotografie geeignetes Hilfsmittel zur → Auszugsverlängerung, bestehend aus teleskopierend verschiebbaren Metalltuben. [17]
Auto|maton n: Apparat zum Trockenhalten der unteren Zahnreihen in der konservierenden Zhk., der gleichzeitig Watterollen fixiert und Wange und Zunge abdrückt. [1]
Auto|matrix® f: → Ringmatrizenspanner. [1]
auto|nomes Nerven|system n: vegetatives → Nervensystem. [9, 10]
Auto|plast m: Kurzform für Autopolymerisat. [4]
Auto|plastik f: Deckung von Gewebsverlusten durch körpereigenes Gewebe. Vgl. Plastik. [2]
Auto|polymerisation f: → Polymerisation, die spontan, d.h. ohne Zufuhr von Wärme erfolgt. Der Ausdruck wird auch, neben Schnell- oder Selbstpolymerisation, für die bei Zimmer- bzw. Körpertemperatur erfolgende Erhärtung durch Polymerisation des Monomers in Monomer-Polymer-Gemischen auf Akrylatbasis gebraucht, wie sie für Prothesenreparaturen oder Füllungen benutzt werden (Autopolymerisat). [4]
Aut|op|sie (gr.) f: Leichenschau; i.e.S. Obduktion, → Sektion. [32]
Auto|rezeptor m: präsynapt. gelegener → Rezeptor, der modulierend auf die Freisetzung des neuronspezifischen Transmitters wirkt. [7]
Auto|rotations|trans|plantation f: von *Ewen* 1965 entwickelte Operationsmethode, bei der aus der Umgebung einer parodontalen Knochentasche ein am Periost gestieltes Knochentransplantat in den Defekt geschwenkt wird. [6]
Auto|sit m: wörtl. „Selbsternährer". Bei einer Doppelmißbildung der ausgebildete Partner im Gegensatz zum Parasiten. [8]
Auto|sterilisation f: die Fähigkeit eines Mediums, die in ihm enthaltenen Keime selbst zu vernichten. Bekannt z.B. bei Ölen. [8]
Auto|sug|gestion f: Selbstbeeinflussung; Suggestion, die man sich selbst gibt. Kognitive Eigenvorstellungen und Deutungsschemata beeinflussen den eigenen Affekt und die physiologische Reaktionslage. Praktisch angewendet in der → Psychotherapie. Vgl. autogenes Training, Coping. [33]
Auto|vakzine f: Eigenimpfstoff. → Vakzine, die den Erreger enthält, der vorher vom gleichen Patienten gezüchtet worden ist. Der Erreger wird durch Erhitzen abgetötet und in einer Suspension in geeigneter Dichte als Impfstoff verwendet. [8]
Auxine (lat.) n pl: pflanzliche Wuchsstoffe, auch Phytohormone genannt, die von den Pflanzen selbst synthetisiert werden. [23]
Avidität (lat.) f: Tendenz von → Antikörper-Molekülen (→ Antikörper), mit dem → Antigen eine mehr oder weniger feste Bindung einzugehen. [8]
a|virulent: ohne krankmachende Wirkung. Vgl. Virulenz. [8]
a|vital: schlechte Bezeichnung für leblos, tot. Besser: → devital. [1]
A|vitaminosen f pl: Vitaminmangel- bzw. -defizitkrankheiten, charakterisiert durch Störungen der physiologischen Funktionen infolge Mangels an einem oder mehreren Nahrungsmittelbestandteilen, die für Gesundheit und Wohlbefinden notwendig sind. Primärer Vitaminmangel (ungenügende Aufnahme von Nährstoffen) und sekundärer Vitaminmangel (Versagen der Resorption durch krankhafte Vorgänge am Magen-Darm-Kanal, bei angeborenem Stoffwechseldefekt, bei Infektionskrankheiten, Schwangerschaft und Stillzeit). Strenggenommen handelt es sich häufiger um Hypovitaminosen als um echte A. [20]
A|vulsion f: → Luxation von Zähnen. [29]
Axhausen-Gaumenplastik (1936) (Georg A., Kieferchir., Berlin, *1877, † 1960): Verbesserung der Brückenlappenplastik von *v. Langenbeck* (1862). [2]
axial (lat.): in der Richtung der Achse. [30]

Axio|graph m: Gerät zur Erfassung der Scharnierachse, der Gelenkbahnneigung, der → *Bennett*-Bewegung und des *Bennett*-Winkels (Abb.). Am Oberkiefer sind mittels eines brillenartigen Gestelles rechts und links vertikale Schreibplatten in der Gegend der → Scharnierachse angebracht. Ein am Unterkiefer fixierter → Gesichtsbogen enthält am dorsalen, scharnierachsnahen Ende Achsstifte, mit denen die sagittale Kondylenbahn aufgezeichnet wird. Zur Messung der

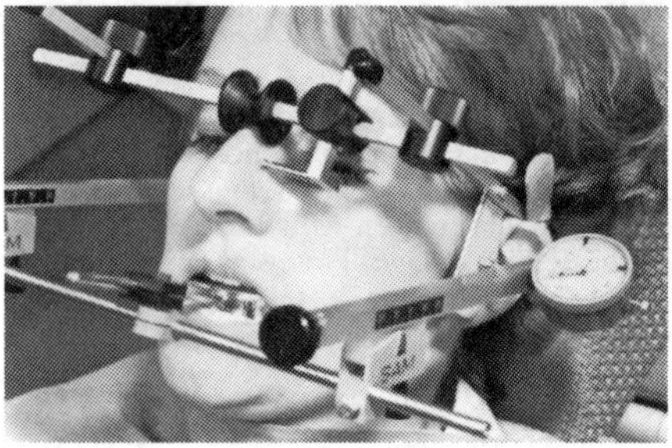

Axiograph (SAM)

Bennett-Bewegung werden die Achsstifte gegen Meßuhren ausgetauscht, an denen sie bei der Lateralbewegung ablesbar ist. [4]

Axio|graphie f: Methode zur Bestimmung der räumlichen Bewegung des Unterkiefers zum Oberkiefer mit Hilfe des → Axiographen. [4]

Axis (lat.) m: Drehwirbel; zweiter Halswirbel, um dessen zapfenförmigen Fortsatz sich der oberste Wirbel, der → Atlas, dreht. Früher Epistropheus. [9]

Axon (gr.) n: Achsenzylinder, Neurit; der erregungsleitende Fortsatz der Nervenzelle (→ Neuron), der den Nervenreiz auf eine weitere Zelle (Nerven- oder Muskelzelle) überträgt. Im Gegensatz zu den Dendriten enthält er kein rauhes endoplasmatisches Retikulum (→ RER). [9]

a|zelluläres a|fibrilläres Zement n: aus mineralisierter Grundsubstanz bestehendes Zement, das keine Zementozyten und keine Kollagenfibrillen enthält. Man findet es als → Kronenzement. → Zementarten. [30]

a|zelluläres äußeres Faser|zement n: Zement, das radiär verlaufende *Sharpey*-Fasern (extrinsic fibers) enthält und im zervikalen Drittel der Zahnwurzel vorkommt. → Zementarten. Vgl. *Sharpey*-Fasern. [30]

azeo|tropische Gemische: Gemenge von zwei oder mehreren verschiedenen Flüssigkeiten, die einen bestimmten, konstanten Siedepunkt haben, z.B. Wasser-Monomer-Gemisch. Auch ein eutektisches Gemisch in der Metallkunde besitzt einen konstanten Schmelzpunkt; vgl. Eutektikum. [4]

A|zephalus m: Fehlgeburt ohne Kopf bzw. mit Kopfrudiment, i.d.R. nicht lebensfähig. [3]

Azetate (lat.) n pl: Salze der → Essigsäure. [23]

Azeton (lat.) n: Essiggeist, $CH_3 \cdot CO \cdot CH_3$, einfachstes → Keton. Farblose, aromatisch riechende Flüssigkeit, Siedepunkt 56 °C, mit Wasser in jedem Verhältnis mischbar. Sehr gutes Lösungsmittel für zahlreiche organische Substanzen, z.B. Kampfer, Fette, Harze und Guttapercha. Entsteht bei Stoffwechselstörungen, z.B. Diabetes, aus β-Hydroxybuttersäure, wird durch Nieren und Lungen (charakteristischer Geruch der Ausatmungsluft) ausgeschieden. [23]

Azeton|urie f: Auftreten von → Azeton und meist von weiteren Ketonkörpern (Ketonurie): Azetessigsäure, β-Hydroxybuttersäure. Zeichen einer Ketonämie. Vorkommen bei Hungerzustand, wiederholtem Erbrechen, azetonämischem Erbrechen der Kinder, bei Thyrotoxikose und hohem Fieber infolge Kohlenhydratmangels und bei der diabetischen Azidose. → Säure-Basen-Haushalt. [34]

Azetyl|cholin n: gehört zu den sog. Neurohormonen und wird bei Erregung des Parasympathikus freigesetzt. Es überträgt den Reiz vom Nerven auf das Erfolgsorgan. [23]

Azidität (lat.) f: Säuregehalt einer Lösung. [23]

Azidocillin: semisynthet. Penicillin mit erweitertem antimikrobiellem Wirkungsspektrum (→ Amino-Penicilline). Gegenüber → Ampicillin, → Amoxicillin, → Bac- bzw. → Pivampicillin geringere antibakterielle Potenz. [7]

azido|phil: mit sauren Farbstoffen, z.B. Eosin, färbbar. [9]

Azido|philus|bakterien f pl: → Laktobazillen. [8]

Azidose (lat.) f: Erhöhung der Wasserstoffionenkonzentration (Säuerung) mit pH-Verschiebung unter 7,3; metabolische A.: durch Anhäufung fixer Säuren, meist Milch- und Brenztraubensäure infolge Sauerstoffmangels; respiratorische A.: H^+-Ionenanhäufung durch CO_2-Akkumulation infolge Ateminsuffizienz (Hypoventilation). Vgl. Säure-Basen-Haushalt, *Kußmaul*-Atmung. [2]

azinöse Drüsen: → Drüsen, azinöse. [9]

Azlocillin: semisynthet. → Breitspektrum-Penicillin aus der Gruppe der Acylureido-Penicilline mit hoher Anti-Pseudomonas-Aktivität, aber ohne β-Lactamase- und Säurestabilität. [7]

Aztreonam: Monobactam-Antibiotikum (→ Beta-Lactam-Antibiotika). Keine Wirksamkeit bei grampositiven Aerobiern und Anaerobiern. [7]

a|zygos: unpaarig. [3]

B

B: chem. Symbol für → Bor. 23
Ba: chem. Symbol für → Barium. 23
Baader-Dermato|stomatitis (Ernst B., zeitgen. Int., Hannover) f: Allgemeinerkrankung mit katarrhalischer oder pseudomembranöser Entzündung der Schleimhäute und mit → Exanthemen, Schluckbeschwerden, hohem Fieber und → Zyanose. → Erythema exsudativum multiforme, pluriorifizielle → Ektodermose, mit denen sie identisch sein dürfte. 11, 12
Babcock-Pro|genie|operation (William Wayne B., Chir., Philadelphia, *1872, † 1963) f: auch nach *Lane, Bruhn, Lindemann, Aleman;*

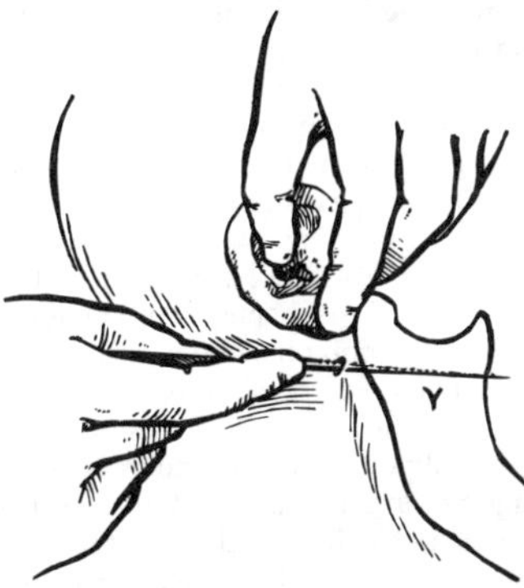

Babcock-Progenieoperation, transkutan, im oberen Bereich des aufsteigenden Astes

horizontale Durchtrennung des aufsteigenden Astes oberhalb des Foramen manibulae mit Stichsäge von außen (Abb.). Einstellung des Unterkiefer-Körpers in Normalstellung und intermaxilläre Verschnürung. Vgl. *Kostečka*-Progenieoperation. 2
Babinski-Reflex (Joseph F. B., Neurol., Paris, *1857, † 1932): pathol. Fußsohlenreflex. Positiv bei isolierter Dorsalflexion der Großzehe unter gleichzeitiger Plantarflexion oder Spreizen der anderen Zehen bei Bestreichen der Fußsohle. Normalerweise positiv im 1. Lebensjahr. Sonst B. und die anderen patholog. Zehenzeichen (*Oppenheim, Gordon, Rossolimo, Mendel-Bechterew*) positiv meist im Anschluß an zerebrale Krampfanfälle, nach höheren Skopolamindosen. Positives Pyramidenbahnzeichen; vgl. Pyramidenbahm. 34
Bacampicillin: semisynthet. Penicillin mit erweitertem antimikrobiellen Wirkungsspektrum; Ampicillin-Ester (= → Prodrug), durch Hydrolyse Freisetzung von → Ampicillin. Die orale Bioverfügbarkeit des Ampicillins aus B. liegt bei 90%, daher bei oraler Therapie Vorteile gegenüber Ampicillin. Antimikrobielles Wirkungsspektrum, Wirkungs-Intensität, Nebenwirkung, Indikation usw. → Amino-Penicilline. B. bietet keinen Vorteil gegenüber → Amoxicillin. 7
Bacillus (lat.) m: → Bazillus. 8
Bacillus anthracis m: → Milzbrandbazillus. 8
Bacillus brevis (*Flügge,* 1894) m: aerober Bodenbazillus, begeißelt, mit zentraler Spore 0,4-0,5 : 2,0-3,0 µm, verwandt mit Bac. mesentericus. Er bildet das Antibiotikum Tyrothrizin. Vgl. Erdbazillen. 8
Bacillus fusi|formis m: → Fusobacterium. 8
Bacillus histolyticus m: → Clostridium histolyticum. Vgl. Gasödem. 8
Backen|zähne: → Dentes praemolares. 30
Bäcker|karies f: schnell verlaufende, am Zahnhals beginnende und sich flächenhaft, besonders labial und bukkal hinziehende Zahnkaries. Der floride Ablauf wird auf die Retention von Mehl- und Zuckerstaub bei Zuckerbäckern, Bonbonkochern und Konditoren zurückgeführt. Entschädigungspflichtige Berufskrankheit. Vgl. Glattflächenkaries. 1

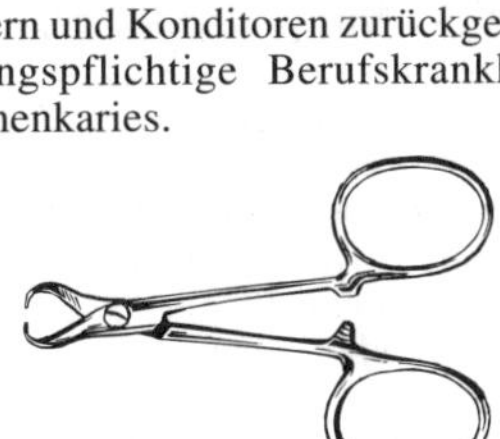

Backhaus-Klemme

Backhaus-Klemme: federnde Tuchklemme zur

Befestigung der Abdecktücher bei der Operation (Abb.). [2]

Bacteria n pl: → Bakterien. [8]

Bacterionema matruchotii f: → Leptotrichia; im Gegensatz zu L. buccalis aerob und stärker verzweigt als diese. Saprophyt der Mundhöhle, auch in der → Plaque. [8]

Bacterium coli n: → Kolibakterien. [8]

Bacterium melaninogenicum n: → Bacteroides. [8]

Bacterium pyocyaneum n: → Pseudomonas. [8]

Bacteroides (gr.) m: Gattung gramnegativer, sporenloser, anaerober Stäbchen; gehören zur normalen Flora von Mund- und Darmschleimhaut. Wichtiger Vertreter ist B. melaninogenicus, ein starker Proteolyt, der u.a. Kollagenase bildet und sich bei Parodontopathien vermehrt in der subgingivalen Plaque findet. Vermehrt bei schlechter Mundpflege sowie bei Infektionen wie Fusospirochätosen und Aktinomykose. Bilden auf Blutagar hämolytische, schwarze Kolonien; ihr Pigment ist kein Melanin. - Weitere Arten: B. oralis, B. fragilis, C. corrodens. [8]

Bagatell|arznei|mittel: bei geringfügigen Gesundheitsstörungen angewendete Arzneimittel, sind keine Pflichtleistung der Gesetzlichen Krankenversicherung (GKV), können aber auf Privatrezept verordnet werden. Vgl. Krankenversicherung. [25]

Bajonett|biegung: in der → Edgewise-Technik eine Drahtbiegung in der Horizontalebene, die ein → Offset und → Toe-in am Bogenende bewirkt. Auch Bez. für eine Stoppbiegung am → Headgear, die am Innenbogen mesial der Headgearröhrchen der Bänder angebracht wird. [5]

Bajonett|riegel: → Halteelement. Die im abnehmbaren Teil des Zahnersatzes gelegene, in einer bajonettartig geschlitzten Hülse geführte Achse greift in eine Aussparung im festsitzenden Teil; vgl. Riegel. [4]

Bajonett|verschluß: Verbindung zweier Teile (z.B. einer Kanüle mit der eigentlichen Spritze) derart, daß ein Vorsprung des einen Teils in einen zur Längsachse erst parallelen, dann etwa rechtwinkligen Schlitz des anderen Teils eingeschoben wird. [2]

Bajonett|zange: Zange mit bajonettartig gewinkelten Branchen (seitlich versetzten Armen) zur Extraktion von Zahnwurzeln im Seitenzahnbereich des Oberkiefers (Abb.). [2]

Bakteri|ämie f: Vorhandensein von Bakterien in der Blutbahn, z.B. beim Abdominaltyphus. Auch → Pyämie, → Septikämien, hämorrhagische, → Sepsis. [8]

Bakterien (gr.) f pl: einfachste, chlorophyllfreie, pflanzliche Lebewesen, die sich durch Querteilung vermehren und z.T. aktiv beweglich sind. Sie besitzen eine Hülle, die von äußerer Schleimschicht (oder Kapsel), Zellwand und → Plasmalemm gebildet wird, Zytoplasma und ein ringförmiges DNS-Fadenmolekül, das die Funktionen des Zellkerns besitzt. Die Dicke der B. beträgt etwa 1 µm, Länge unterschiedlich. Auf künstlichen Nährboden züchtbar. Es gibt pathogene und apathogene B. Pathogene können sich virulent und avirulent verhalten. Bakterienarten, die nur in Gegenwart von Luftsauerstoff wachsen: obligate Aerobier; solche, die nur bei Fehlen des Luftsauerstoffs wachsen: obligate Anaerobier; solche, die sowohl mit als auch ohne Luftsauerstoff wachsen, heißen fakultative Aerobier oder Anaerobier. Wenn B. Dauerformen (Sporen) bilden, bezeichnet man sie als → Bazillen. Einteilung: → Bakteriensystematik. [8]

bakterien|arme Zone f: Zone im Bereich einer Dentinkaries, die durch geringen Keimbefall charakterisiert ist. Vgl. Karieszonen. [1]

Bakterien|bewegung: Eigenbewegung der Bakterien, die gegenüber der Unbeweglichkeit eine höhere Entwicklungsstufe darstellt, da die Ortsveränderung Berührung mit neuen Nährstoffen verschafft. Der Fortbewegung dienen bei den echten Bakterien (Eubacteriales) Geißeln aus Fibroprotein, die polar oder → peritrich angeordnet sein können. Spirochäten bewegen sich mit Hilfe eines kontraktilen Fibrillenbündels, das beiderseits subpolar inseriert und zwischen Zytoplasmamembran und äußerer Zellhülle liegt. → Simonsiella und → Myxobakterien bewegen sich kriechend (unter Schleimabsonderung?) auf Oberflächen. [8]

Bakterien|enzyme n pl: Biokatalysatoren der Bakterienzelle, die entweder von der lebenden Zelle abgegeben werden oder erst nach ihrem Zerfall freiwerden. Sie regeln den Abbau von Substraten und den Aufbau der Leibessubstanz. [8]

Bakterien|filter m oder n: bakteriendichte Filter, deren Poren kleiner sind als Bakterien, *Berkefeld*-F. (gebrannte Diatomeenerde), *Chamberland*-Filter (Porzellan), *Seitz*-Filter (Asbest), Membran-Filter (Zellulosemembran), Glasfilter (gesintertes Glas). Viren gehen durch die Filterporen hindurch und werden deshalb filtrierbare Erreger genannt. Auch → Pyrogene passieren die meisten Filter. [8]

Bakterien|resistenz f: → Resistenz von Bakterien. 8

Bakterien|systematik f: Taxonomie, Einteilung der Bakterien nach dem Grad ihrer Ähnlichkeit. Das bisherige System ist weitgehend ein künstliches, d.h. es gründet sich auf die Merkmale der Bakterien (Form, Gramverhalten, biochem. und serolog. Eigenschaften), doch kommt man z.Z. mit Hilfe molekularbiologischer, vor allem genetischer Methoden einem natürlichen System, das auf phylogenetischen Verwandtschaften beruht, immer näher. Die systematischen (taxonomischen) Einheiten sind: Klasse (classis) - Ordnung (ordo) - Familie (familia) - Stamm (tribus) - Gattung (genus) - Art (species) - Unterart (varietas, subspecies). Es existieren verschiedene Systeme, doch ist allein das von *Bergey* eingeführte (*Bergey's* „Manual of Determinative Bacteriology") allgemein anerkannt (Tab.). Die Nomenklatur ist in allen Systemen binominal, d.h. die Artnamen sind zweiteilig (Gattungsname + Artepithet). Der Gattungsname ist immer ein Substantiv, das Artepithet ein Adjektiv (z.B. aureus), Partizip (marcescens) oder Substantiv (coli) bzw. Eigenname im Genitiv (israelii). Da die Feststellung einer phylogenetischen Verwandtschaft oberhalb der Familien bis heute nahezu unmöglich ist, beschränkt man sich zur Zeit weitgehend auf die Aufstellung von Familien als höchsten Einheiten, die in taxonomisch unverbindlichen Gruppen (ohne lateinische Namen) zusammengefaßt und denen Gattungen unsicherer Zugehörigkeit locker attachiert sind (mit * versehen). Die praktische Bakteriologie hat nach wie vor als Hauptrichtlinie die vegetative Wuchsform der Bakterien:

kugelige Wuchsform	Schraubenform
Diplokokken	Vibrionen
Streptokokken	Spirillen
Staphylokokken	Spirochäten
Tetraden	
Sarzinen	

Zylindrische Wuchsform	
sporenlose Stäbchen	Sporenbazillen
Kolibakterien	Bacillus anthracis
Salmonellen	- subtilis
Shigellen	Clostridium
Laktobazillen	perfringens
Diphtheriebakterien	- tetani
u.a.	- botulinum u.a.

Einteilung der Bakterien nach *Bergey's* „Manual of Systematic Bacteriology", Vol. 1 und 2, 1984 (stark gekürzt):

Sektion, Ordnung oder Gruppe	Familie	bedeutende Gattung
Spirochaetales	Spirochaetaceae	Treponema, Borrelia, Leptospira
gramneg. aerobe Stäbchen u. Kokken	Pseudomonadaceae	Pseudomonas
Legionellacea	Legionella	
Neisseriacea	Neisseria Brucella, Bordetella	
gramneg. fakultativ anaerobe Stäbchen	Enterobacteriaceae	Escherichia, Salmonella, Shigella, Klebsiella, Enterobacter, Serratia, Proteus, Yersinia
	Vibrionaceae	Vibrio
	Pasteurellaceae	Pasteurella Haemophilus Actinobacillus
gramneg. anaerobe Bakterien	Bacteroidaceae	Bacteroides Fusobacterium Leptotrichia Selenomonas*
gramneg. anaerobe Kokken	Veillonellaceae	Veillonella
grampos. Kokken	Micrococcaceae	Micrococcus Staphylococcus
		Streptococcus pyogene Streptokokken, orale Streptokokken Enterokokken
		Peptococcus Peptostreptococcus Sarcina
sporenbildende Stäbchen und Kokken	Bacillaceae	Bacillus Clostridium

Sektion, Ordnung oder Gruppe	Familie	bedeutende Gattung
grampos. sporenlose Stäbchen	Lactobacillaceae	Lactobacillus Listeria*
Aktinomyzeten u. verwandte		Corynebacterium
Organismen	Actinomycetaceae, Mycobacteriaceae	Actinomyces Bacterionema Mycobacterium
	Nocardiaceae	Nocardia
	Streptomycetaceae	Streptomyces
Rickettsiales	Rickettsiaceae	Rickettsia Coxiella
Chlamydiales	Chlamydiaceae	Chlamydia
Mycoplasmatales	Mycoplasmataceae	Mycoplasma

8

Bakterio|noxine (*Knorr*) n pl: Inhaltsstoffe von → Leukozyten, die Bakterien im Wachstum hemmen oder sogar abtöten; wahrscheinlich identisch mit Endolysinen (*Petterson*), Leukinen (*Schneider*) und Phagozytin (*Hirsch*). 8

Bakterio|phagen m pl: virusartige Partikel, die bestimmte Bakterien befallen und (meist) zur Auflösung bringen; nicht nur art-, sondern auch typspezifisch, was zur Differenzierung verschiedener Typen (Lysotypen) innerhalb einer Art ausgenutzt wird. Phagen vermehren sich in der Wirtszelle, zerstören sie und werden wieder frei (virulente Phagen); sie können auch in ruhendem Zustand in der Wirtszelle verharren (temperente Phagen) und mit deren Genom auf die Tochterzellen vererbt werden. In der Natur finden sich die Phagen im gleichen Biotop wie ihre spezifischen Wirte. 8

Bakterio|stase f: Keimhemmung; Verhinderung des Keimwachstums und der Keimvermehrung ohne Abtötung. B. ist reversibel. 15

bakterio|statisch: die Vermehrung von Bakterien hemmend; b. wirken Konservierungsmittel, auch einige Antibiotika und Chemotherapeutika. Desinfektionsmittel dagegen müssen → bakterizid wirken. 8

Bakterio|tropine n pl: → Opsonine. 8

Bakterio|zine n pl: → Kolizine. 8

Bakteri|urie f: Vorkommen und Ausscheidung von Bakterien im Harn. Oft ohne Symptome. Mehr als 10^5 Keime im Milliliter Harn (signifikante B.) lassen auf Infektion der ableitenden Harnwege schließen. 8

bakterizid: bakterientötend. Vgl. antibakteriell, bakteriostatisch. 8

Balanced anaesthesia (engl.) f: Narkose mit einem Hypnotikum und einem Analgetikum unter Muskelrelaxation. 2

Balance|kontakt m pl: Kontakte im Seitenzahnbereich auf der → Balanceseite bei der Mediotrusionsbewegung. Dabei treten untere bukkale und obere palatinale Molarenhöcker bei der → Mediotrusionsbewegung in Kontakt. B.e werden bei der Aufstellung künstlicher Zähne für Vollprothesen angestrebt. Im natürlichen Gebiß sucht man sie zu vermeiden, da leicht → Hyperbalancen entstehen, die zur Disklusion auf der Arbeitsseite führen. Auch Myoarthropathien können dadurch ausgelöst werden. → Okklusionskonzepte, → Eckzahnführung. 4

Balance|seite: → Mediotrusionsseite; die Nichtarbeits-, Nichtkauseite eines Kiefers beim Kauakt. 4

Balantidium coli n: parasitische Wimperninfusorienart (Klasse Ciliophora). Erzeugt im Darm des Menschen Balantidienruhr. 8

Balgen|gerät: in der Fotografie verwendetes Hilfsmittel zur → Auszugsverlängerung, mit dem die Bildweite und damit der → Abbildungsmaßstab stufenlos verstellt werden kann. In der → Dentalfotografie werden B.e seltener für klinische Aufnahmen eingesetzt, da sie in der Handhabung umständlich sind. Eine Ausnahme bildet das kompakt gebaute Novoflex-Balgengerät, das auch die Springblendenfunktion ohne Drahtauslöser überträgt. 17

Balg|geschwulst: → Atherom. 12

Balken|harn|blase: kompensatorische Hypertrophie der inneren Harnblasenmuskulatur infolge lange bestehender Abflußerschwerung (z.B. Prostatahyperplasie, Sphinktersklerose, Harnröhrenverengung). Zystoskopisch erkennt man netzartig angeordnete Bälkchen, die von einer dünnen Schleimhaut überzogen sind und gegen das Blaseninnere vorspringen; die zw. ihnen liegenden Mulden werden als Pseudodivertikel bezeichnet. 32

Balkwill-Winkel (Francis Hancock B., Za., Plymouth *1837?, † 1922): Neigung des → *Bonwill*-Dreiecks gegen die Kauebene, durchschnittlich 22°, bzw. Neigung der Verbindungslinie zwischen Kondylus und Inzisalpunkt gegen die *Camper*-Ebene (Abb.). Hat Bedeutung bei der

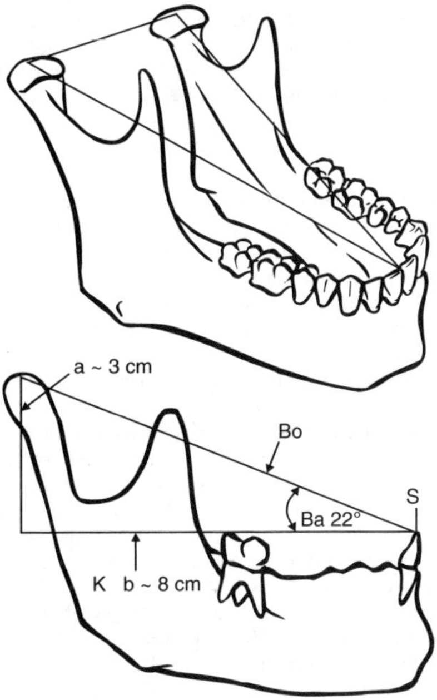

Unterkiefer mit eingezeichnetem *Bonwill*-Dreieck (oben). Unten die sagittale Projektion des *Bonwill*-Dreiecks (Bo): *Balkwill*-Winkel (Ba) = Winkel des *Bonwill*-Dreiecks zur Kauebene (etwa 22°); a: Abstand der Kauebene vom Kondylus nach *Gysi*, b: horizontaler Abstand des Schneidezahnes vom Gelenk. [97]

schädelbezüglichen Orientierung der Modelle in einem → Artikulator. Vgl. Bißnahme. 4

Ballast|stoffe: Bestandteile pflanzlicher Nahrung, die im Verdauungstrakt nur zum geringen Teil durch Enzyme abgebaut werden. Im wesentlichen Zellulose, Hemizellulose, Pektin und Lignin. Mangel an B.n begünstigt gastrointestinale (Obstipation, Kolonreizung und -karzinom, Hämorrhoiden) und Stoffwechselleiden (→ Fettleibigkeit, → Diabetes mellitus, → Hyperlipämie). 34

Ballottement (frz.) n: das Durchtasten einer kugelartigen Geschwulst, die sich hin- und herbewegen läßt. 2

Balters-Ein|stück|gerät (Wilhelm B., Proth., Kieferorth., Bonn, Waldbröl, *1893, † 1973): → Bionator. 5

Bälz-Krankheit (Erwin B., Arzt, Tokio, *1849, † 1913): oberflächliche schmerzlose Form der → Cheilitis glandularis apostematosa. 11

Band: 1. Kieferorthop.: bei festsitzenden kieferorth. Behandlungstechniken verwendeter, den Zahn umgebender Metallstreifen. Am B. wird das → Attachment befestigt. Eingeführt von P. *Fauchard*, weiterentwickelt von *Angle*.

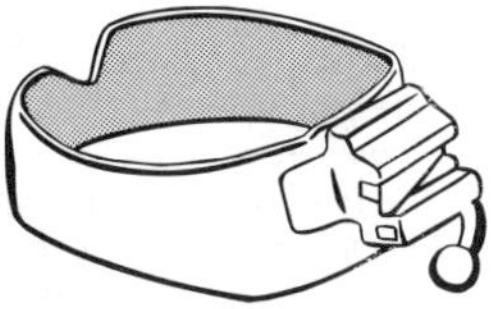

Band mit Attachment

Früher individuell angepaßt, heute vorgefertigt und mit Attachment versehen erhältlich (Abb.). **2.** Anat.: → Ligamentum. 5, 9

Band|abnehm|zange: Zange zum Abheben aufzementierter kieferorth. Bänder. Modelle nach *Pullen* und - mit Kunststoffblock zum Abstützen am Zahn - nach *Zielinsky* (Abb.). Vgl. Band. 5

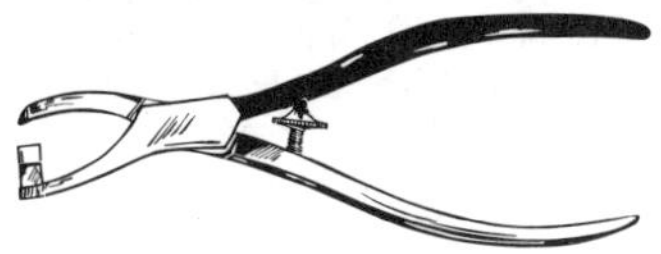

Bandabnehmzange nach *Zielinsky*

Band|ad|apter m: → Adapter. 5

Band|apparat: anat. Summe aller Bänder (Ligamenta) eines Organs oder einer Funktionseinheit, z.B. eines Gelenks. 9

Band|bogen: ribbon arch; orthodont. Apparat, Verbesserung des Expansionsbogens, von *Angle* angegeben 1. als vertikaler B. (0,9x0,56) und 2. als horizontaler B. (0,56x0,71). Kaum noch angewandt. 34

Band|erweiterungs|zange: → *Peeso*-Zange. 4

Band|form|zange: gebogene Zange mit flachen, abgeschrägten Backen (Abb.), die bei kieferorth. und Kieferbruchbehandlung zur Herstellung individueller Bänder dient. Vgl. Band. 5

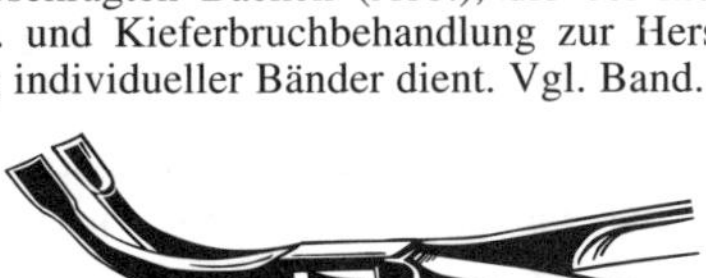

Band|krone: künstliche Zahnkrone aus Metall, bei der ein gelöteter Ring (Band) den beschliffenen Zahn umfaßt. Die Kronenkaufläche ist meist gegossen und mit dem Ring verlötet. → Krone, künstliche. 4

Band|matrize f: → Matrize. 1

Band|scheibe: Zwischenwirbelscheibe, Discus intervertebralis; zwischen den einzelnen Wirbeln der → Wirbelsäule befindliche bindegewebige Scheibe aus Faserknorpel (Anulus fibrosus) die den gallertartigen → Nucleus pulposus umschließt. 9

Band|scheiben|prolaps m: Bandscheibenvorfall, entsteht durch degenerative Veränderungen des Bandscheibengewebes infolge Druck oder Trauma im Bereich der gesamten Wirbelsäule, bes. zervikal und lumbal (Belastung!). 1. einfachste Form stellt die primäre Bandscheibendegeneration dar, die in der Regel zu Kreuzschmerzen führt, aber auch symptomlos sein kann. 2. Protrusio des lädierten → Anulus fibrosus (A. f.). Dabei werden die Zwischenwirbelscheiben breit in den Wirbelkanal vorgepreßt. Die Dehnung des A. f. bewirkt heftige Schmerzen. Durch Druck auf die benachbarten Nervenwurzeln können in Abhängigkeit von der Höhenlokalisation Ischias- oder Armplexusschmerzen auftreten. 3. B. im eigentlichen Sinne, wenn der Nucleus pulposus durch einen Einriß im A. f. unter das hintere Längsband der Wirbelsäule quillt = Nucleus-pulposus-Hernie, Diskushernie. Der B. kann fixiert oder reponierbar sein. In letzterem Falle mobiler B. B. ist im lumbalen Bereich die häufigste Ursache der Ischias. Häufig ausgelöst durch „Verheben". Therapie orthopäd.: Dehnung, Gymnastik. Bei Versagen: Operation durch Neurochirurgen. 34

Band|wurm: → Zestoden. 8

Bang-Krankheit (Bernhard Laurits Frederik B., Arzt, Tierarzt, Kopenhagen, *1848, † 1932): seuchenhaftes Verkalben der Rinder; beim Menschen Febris undulans. Erreger: Brucella abortus. Übertragung auf den Menschen durch alimentäre oder Kontaktinfektion. → Brucellosen. 8

Bank|knochen: → homologer Knochen, der von Knochenbanken bezogen werden kann. B. wird in einer Konservierungsmittellösung aufbewahrt und kann u.a. zur → Augmentation des Kieferkammes und zur Auffüllung knöcherner Defekte eingesetzt werden. Problematisch sind mögliche immunologische Abwehrmechanismen. 18

Bank|knorpel: konservierter homologer (humaner) Knorpel als Transplantat. (Konservierung durch Gefriertrocknung, Cialit). → Transplantation. 2

Bárány-Versuch (Robert B., Otol., Wien, Uppsala, *1876, † 1936): Versuch zur Feststellung von Labyrinthschäden und Kleinhirnprozessen. Labyrinthreizung durch Einspritzung von kaltem Wasser (20 °C) in den äußeren Gehörgang bewirkt beim Gesunden → Nystagmus nach der anderen Seite, mit warmen Wasser (47 °C) nach der gleichen Seite. 33

Bárány-Zeige|versuch: Versuch zur Feststellung von Erkrankungen des Vestibularapparates, des Kleinhirns oder des Stirnhirns. Durch Auf- und Abbewegung des Armes mit vorgestrecktem Zeigefinger muß der Patient den vorgehaltenen Zeigefinger des Untersuchers treffen. Positives Versuchsergebnis bei Seitenabweichungen der herdseitigen Hand (meist nach außen). 33

Barbitale: Bez. für Derivate der → Barbitursäure (→ Barbiturate). 7

Barbiturate n pl: Barbitale; Sammelbez. für Arzneistoffe mit dem Grundgerüst der → Barbitursäure und Substitution der beiden H-Atome am C-5-Atom durch z.B. Alkyl-, Cycloalkyl- und/oder Arylgruppen. Wirkungsmechanismus soweit bekannt: Potenzierung des → GABA-induzierten Chlorid-Einstroms (GABA) durch 1. Bindung an den $GABA_A$-Chlorid-Kanal-Komplex und Verlängerung der Öffnungsdauer des Chlorid-Kanals; 2. Begünstigung der GABA-Bindung; Hemmung der synaptischen Übertragung kalziumabhängiger Aktionspotentiale, damit auch der Neurotransmitterfreisetzung. Wirkungsprofil: sedativ, hyperalgetisch, hypnotisch (REM-Perioden-Störung), narkotisch (geringe → therapeut. Breite), antikonvulsiv (in narkot. Dosen alle B., in subnarkotischen Dosen z.B. bei Phenobarbital). Die Nebenwirkungen sind Ausdruck der therapeutischen Wirkungen. Paradoxe Reaktionen (Erregungszustände) sind möglich. Darüberhinaus verfügen B. über ein Abhängigkeitspotential, führen zur → Toleranz, Enzyminduktion in der Leber sowie zu allerg. Reaktionen. Indikation in der Zhk.: Bei Kontraindikation gegen → Benzodiazepine zur Behandlung akuter Krampfanfälle bei Überdosierung mit → Lokalanästhetika als Mittel der 2. Wahl nach Sauerstoffzufuhr. 7

Barbitur|säure: Malonylharnstoff, bitter schmeckende Prismen, schlecht wasserlösl., schwach sauer, pharmakodynamisch inaktiv. Durch aliphat., cycloaliphat. oder aromat. Disubstitution am C-5 entstehen hypnot., antikonvulsiv und narkot. wirksame Barbiturate (= Oxy-Barbiturate) bzw. durch Ersatz des 0 am C-2 durch S. → Thiobarbiturate. 7

Barbitur|säure-Präparate n pl: Barbiturate, Abkömmlinge des Malonylharnstoffs, Schlaf- und

Narkosemittel (Abb.). Nebenwirkungen: Depression der Atmung und des Herz-Kreislauf-Systems, Enzyminduktion der Leber. Wichtigste

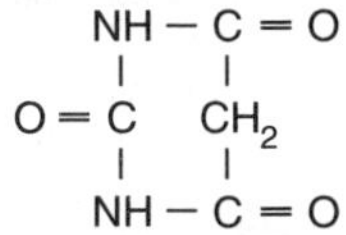

Strukturformel der Barbitursäure

Narkotika: Hexobarbital (Evipan®), Methohexital (Brevimytal®, Brietal®, Brevital®), Thipental (Trapanal®); gebräuchliche Schlafmittel: Phenobarbital (Luminal®, Phenaemal®), Zyklobarbital (Phanodorm®), Hexobarbital (Evipan®), Pentobarbital (Nembutal®, Neodorm®), Heptabarbital (Medomin®). [2]

Bare fiber (engl.) f: von der Ummantelung befreites Faserende eines → Laserlichtleiters zur Übertragung von Laserstrahlung auf Hart- oder Weichgewebe im → Kontaktverfahren. [31]

Barium (gr.) n: chem. Element, Symbol Ba, Ordnungszahl 56, Atomgewicht 137,36. Findet sich in der Natur vor allem in Form des Sulfats ($BaSO_4$, Schwerspat) und des Karbonats ($BaCO_3$, Witherit). Seine Verbindungen ähneln in ihren Eigenschaften weitgehend denen des → Kalziums und des → Strontiums, sind jedoch im Gegensatz zu diesen, soweit sie löslich sind, toxisch. Von med. Interesse ist Bariumsulfat, $BaSO_4$, ein weißes, in Wasser und verdünnten Säuren praktisch unlösliches Pulver, das auf Grund seines hohen Absorptionsvermögens für Röntgenstrahlen als → Kontrastmittel (Magen- und Darmkonturen) benutzt wird. [23]

Barlow-Krankheit (Thomas B., Int., London, *1845, † 1945): → Moeller-Barlow-Krankheit. [20]

Bart|flechte: → Folliculitis barbae, Trichophytia profunda barbae. [12]

basal (gr.): am Grund (Basis) liegend. [9]

Basal|band: → Cingulum. [30]

Basal|bogen: von *Bluntschli* beschriebene funktionelle Knochenstruktur des Ober- und Unterkiefers (Abb.). Er dient dem Alveolarfortsatz als Traggerüst zum Auffangen des Kaudrucks. Im Unterkiefer liegt die Grenze des B.s zum Alveolarteil etwas oberhalb des Mandibularkanals. Die Übertragung des Kaudrucks auf den B. erfolgt über Spongiosabälkchen, die sich im Bereich der Alveolen zu Kegeln formieren. Vom B. wird der Kaudruck über 3 → Kaudruckpfeiler auf die Schädelkapsel übertragen. [30]

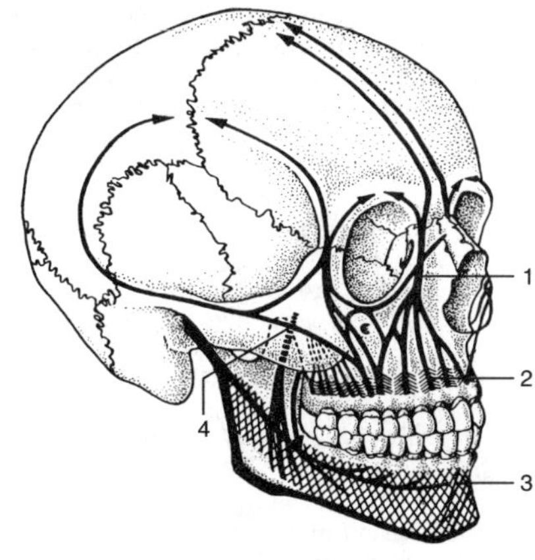

Basalbögen und Kaudruckpfeiler
1: Stirnnasenpfeiler; 2: Basalbogen des Oberkiefers; 3: Basalbogen des Unterkiefers; 4: Jochbogenpfeiler. [3]

Basaliom n: sog. Basalzellenepitheliom, Epithelioma basocellulare, ein vom Stratum basale des Epithels ausgehender, meist solider Tumor, der bösartig-infiltrierend wächst, aber keine Metastasen bildet. In der Gesichtshaut, bevorzugt in Nasolabialfalte und Oberlippe, als derbe, gelb- bis dunkelbraune Geschwulst, überwiegend bei älteren Menschen. Selten in den Schleimhäuten, auch der Mundhöhle. Man unterscheidet verschiedene Typen wie vegetierend-fibrosierendes, noduläres und ulzerierendes B. Letzteres wird auch als → Ulcus terebrans oder U. rodens bezeichnet. Histolog. differenziert in eine solide, zystische, adenoide und keratotische Form. Therapie: Exzision im gesunden Gewebe. Vgl. Epidermis. [2]

Basal|lamina f: ca. 60 nm dicke homogene Matrixschicht aus Typ-IV-Kollagen, einem B.-spezifischen → Proteoglykan, Fibronektin und Laminin direkt unterhalb aller einschichtigen Epithelien und Endothelien an der Grenze zum Mesenchym bzw. Bindegewebe. Laminin soll die Haftung der Epithelzelle an die B. vermitteln. Die B. wird vom Epithel gebildet. [22]

Basal|linie: von *de Coster* beschriebene nach dem 7. Lebensjahr unveränderliche, dabei vererbungsmäßig gebundene Schädellinie, die vom Vorderrand des Türkensattels über den oberen Rand des Keilbeinkörpers (Planum sphenoideum) entlang der Oberseite der Lamina cribrosa des Siebbeines und der inneren Wand des Stirnbeines mit dem Sulcus sagittalis verläuft (Abb.).

Sie ist im Röntgenbild als eine der frontalen Kontur des Gehirns entsprechende Linie zu verfolgen. Als Bezugspunkte werden der vordere Rand der Sella turcica, die sphenoethmoidale Naht, das Foramen caecum (hinter dem unteren

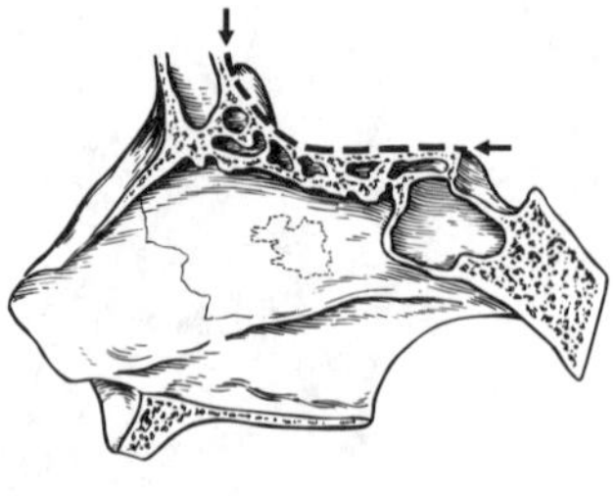

Rande der Crista frontalis, der Leiste im unteren Abschnitt der Stirnbeinschuppe) und die diese verbindenden Linien angegeben. Diese im Schädelinneren liegenden Punkte bleiben als einzig bisher bekannten vom Wachstum des Gesichtsschädels unberührt und sind daher als Fixpunkte anzusehen. 5

Basal|membran f: Glashaut, zwischen Epithel-, Muskel- und Nervengewebe und Blutgefäßen einerseits und Bindegewebe andererseits gelegene, 0,5 bis 1,5 μ dicke, homogen erscheinende Membran. Sie besteht aus einem homogenen, PAS-positiven und einem fibrillären, häufig argyrophilen Anteil. 9

Basal|winkel: → Sphenoidalwinkel. 5

Basal|zellen f pl: bilden das Stratum basale, die unterste Schicht des mehrschichtigen Plattenepithels; zylindrische Zellen. Abb. → Epidermis, → Epithel. 12

Basal|zellen|krebs: entartetes → Basaliom. 2

Basedow-Krankheit: (Karl Adolf von B., Arzt, Merseburg, *1799, † 1854): Überfunktionszustand der → Schilddrüse. Merseburger Trias (Abb.): Exophthalmus (Protrusio bulbi im allg. beidseitig, Klaffen der Lidspalte, Glanzauge), Struma (weich, häufig über der Struma schwirrendes Geräusch infolge verstärkter Blutzirkulation), Tachykardie (Pulszahl bis zu 200 nicht selten). Feinschlägiger Tremor von Fingern und Zunge, rasch und dauernd vorhanden. Steigerung des Grundumsatzes bis zu 100% in schweren Fällen, Verdauungsstörungen, Speichelfluß, Haarausfall, Abmagerung, Beschleunigung der oberflächlichen Atmung, bisweilen Polyurie, mitunter Eiweiß im Urin, niedriger diastolischer Blutdruck, bei längerem Verlauf Herzvergrößerung. Lymphatische Blutbildverschiebung, Hyperplasie des lymphatischen Systems. Erkrankung bei Frauen 5mal häufiger als bei Männern. Amenorrhoe bei Frauen, Potenzstörungen beim Mann selten. Diagnostik durch Bestimmung der Schilddrüsenhormone im Blut und mittels Schilddrüsenszintigraphie sowie -Sonographie einfach. Ätiologie: 1. → Autoimmunkrankheit: Bindung von schilddrüsenstimulierenden Antikörpern

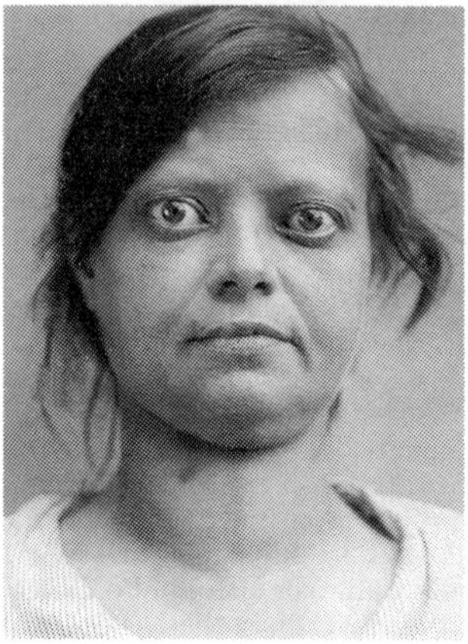

Basedow-Krankheit (Exophthalmus und Struma)

(LATS, → TSH) an TSH-Rezeptoren der Schilddrüsenzelle, Induktion einer vermehrten Hormonproduktion und -sekretion; 2. infektiös-toxisch; 3. dienzephal-hypophysär; 4. seelische und physische Streßsituationen, hormonelle Krisen; 5. familiär in Jodmangelgegenden; 6. Jodüberdosierung bei Jodmangelstruma. 20

Baseler Nomina Anatomica pl: Abk. BNA, die in Basel 1895 angenommenen anatomischen Bezeichnungen. Heute nicht mehr gültig, aber gelegentlich noch gebraucht. 9

Basen (gr.) f pl: chem. Verbindungen, die in wäßriger Lösung infolge → Dissoziation in positiv geladene Metallionen und negativ geladene Hydroxyl(OH)-Ionen eine alkalische oder basische Reaktion geben (z.B. rotes → Lackmus blau färben) und laugenartig schmecken. Als mehrsäurige Basen bezeichnet man B., die mehrere OH-Gruppen abzuspalten vermögen. Die B. bilden mit Säuren Salze. Je nachdem ob bei der Umsetzung mit einer Säure ein Teil oder alle OH-Gruppen der betreffenden B. durch einen Säurerest ersetzt werden, erhält man basische bzw. neutrale Salze. Vgl. Alkalien, Hydrolyse, Laugen. 23

Basen|überschuß: Basenexzeß (BE); Differenz zwischen aktuell und unter Standardbedingungen (pCO_2 40 mm Hg; pH 7,40; Temp. 37,0 °C) titrierbarer Base im Blut (mval/l). 2

basilar (gr.): zur Basis gehörig. 9

Basion (gr.) n: Abk. Ba; vorderer Medianpunkt des Hinterhauptsloches, kraniometr. → Meßpunkt. 5

Basis, apikale f: → apikale Basis. 5

Basis|brücke: → Brücke, bei der die Brückenzwischenglieder, mit Kunststoff verkleidet oder mit Porzellanfacetten versehen, weitgehend natürliche Zahnform haben und dem Zahnfleisch (also der Basis) punktförmig bzw. kleinflächig

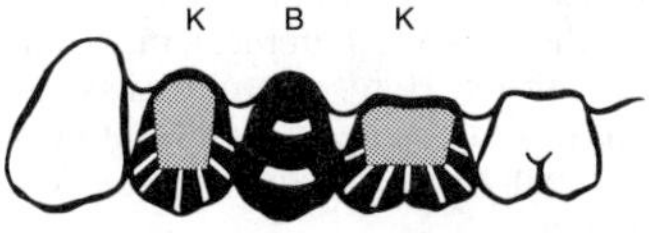

Das Brückenzwischenglied hat punktförmigen oder kleinflächigen Kontakt zur Schleimhaut

anliegen (Abb.). Im Frontzahngebiet aus ästhetischen und phonetischen Gründen notwendig. Im Seitenzahngebiet sind sog. → Schwebebrücken aus hygienischen Gründen zweckmäßiger. 4

Basis cranii f: → Schädelbasis. 9

Basis|ebenen|winkel: → Basiswinkel. 5

Basis|fraktur f: → Schädelbasisfraktur. 2

Basis|konzept n: Art der → Arbeitsweise von Zahnarzt und Behandlungsplatz-Assistenz sowie

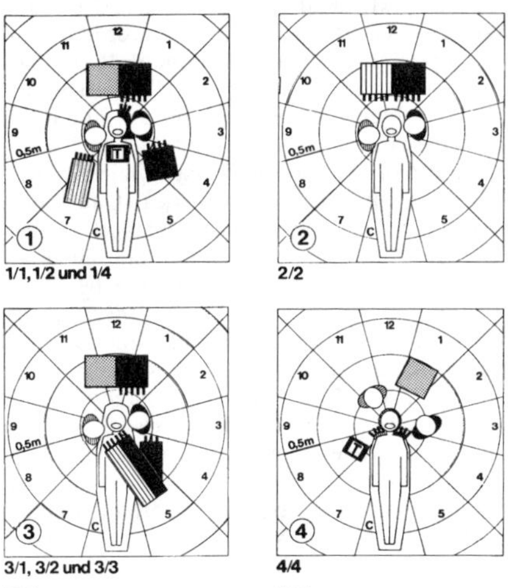

Zahnarztelemente ZH-Elemente

Basiskonzepte BK 1 - BK 4 mit allen DIN/ISO-Indexnummern (DIN 13923/ISO 4073)

der dafür geeigneten → Behandlungsplatz-Ausrüstung. Klassifikation und Identifikation nach DIN 13 923/ISO 4073 (Abb.). Alle Arbeitsweisen und Behandlungsplatz-Ausrüstungen in vier B.en erfaßbar. Bezeichnung auf Grund der Position der → Zahnarzt- und → Zahnarzthelferinnen-Elemente. 21

Basis mandibulare f: der untere Rand des Unterkieferkörpers; vgl. Mandibula. 9

Basis|narkose f: Bez. für langanhaltende Narkose nach rektaler Applikation von Narkosemitteln, z.B. Tribromäthanol oder Barbituraten. Nur bei Kindern. 2

Basis|platten: → Bißschablonen. 4

Basis|winkel: Basisebenenwinkel, Grundebenenwinkel; Winkel in der FRS-Analyse, der von den beiden Kiefergrundebenen, der → Spinaebene und der → Unterkiefergrundebene gebildet wird. Drückt die Beziehung zwischen den oberen und den unteren Kieferbasen aus, ebenso die Inklination der Unterkiefergrundebene. Bei horizontaler → Wachstumsrichtung ist der B. klein, bei vertikaler Wachstumsrichtung groß (Abb. → FRS-Analyse). 5

baso|phil: mit basischen Farbstoffen gut färbbar; z.B. b.e Zellen, → Granulozyten. 9

Batrachos (gr.): → Ranula. 2

Battey-Stämme: sog. atypische → Mykobakterien, die kein Pigment bilden und für den Menschen schwach pathogen sind (etwa wie M. avium); Erreger tuberkuloseähnlicher Infektionen. 8

Bauch: → Abdomen. 9

Bauch|fell: → Peritoneum. 9

Bauch|speichel|drüse: → Pankreas. 9

Baume-Modus (Louis Joseph B., Kieferorth., Genf, *1913) m: theoretische Erklärung für die korrekte, d.h. neutrale Einstellung der ersten Molaren während der ersten → Wechselgebißperiode trotz geradem Abschluß der Postlaktealebene. Die ersten Molaren sollen sich unter Ausnutzung des Platzangebotes der sog. → Affenlücken primär in neutraler Interkuspidation einstellen. Vgl. *Friel-Korkhaus*-Modus, *Zielinsky*-Modus. 5

Baycain®: → Tolycainum. 2

Bayes|sches Theorem n: Grundlage für die Bayessche Statistik, die die Wahrscheinlichkeit einer Hypothese angesichts bestimmter Daten angibt. Es wird in probabilistischen Expertensystemen eingesetzt und erschließt so vorhandene medizinische Daten für eine Entscheidungsunterstützung. 26

bazillär: durch → Bazillen verursacht; Form, Gestalt von Bazillen. 8

Bazillen (lat.) n pl: sporenbildende → Bakterien, aerobe B.: → Milzbrandbazillen, aerobe → Erdbazillen u.a.; anaerobe B.: → Clostridium. [8]

Bazillen|träger: → Keimträger. [8]

Bazillus (lat.) m: Gattungsname für aerobe, sporenbildende, stäbchenförmige → Bakterien. [8]

Bazillus des malignen Ödems m: → *Novy*-Bazillus. [8]

BCG-Impfstoff: Bacille *Calmette-Guérin;* eine jahrelang auf gallehaltigem Nährboden fortgezüchtete, dadurch avirulent gewordene Kultur boviner Tuberkelbakterien zur Tbc-Schutzimpfung. [8]

BDZ: Abk. für → **B**undesverband der **D**eutschen **Z**ahnärzte e.V. [25]

Beanspruchung, psychische: individuelle, zeitlich unmittelbare Auswirkung der psychischen Belastung, im Menschen (→ Belastung, psychische) in Abhängigkeit von seinen individuellen Voraussetzungen. Norm: DIN 33 405 (Definitionen). [21]

Beatmung: Technik zur Aufrechterhaltung des Gasaustausches bei einem → Atemstillstand. Zu unterscheiden ist zwischen B.en ohne Hilfsmittel (→ Mund-zu-Nase- oder → Mund-zu-Mund-B.) sowie Techniken mit Hilfsmitteln (→ Beatmungsmasken, → Beutel-Masken-B.). Die B. stellt einen entscheidenden Anteil der → Herz-Lungen-Wiederbelebung dar. Vgl. Atemwege, Intoxikation. [16]

Beatmung, künstliche: kontrollierte B., Aufrechterhaltung des äußeren Gasaustausches bei zentralem Atemstillstand oder Versagen der Atemmuskulatur mittels Gesichtsmaske oder Endotrachealtubus und Beatmungssystem (→ Ambu-Beutel, Ventil, Frischgasquelle). [2]

Beatmungs|beutel: Hilfsmittel zur Durchführung einer → Beatmung, das aus kompressibler Einheit und Patientenventil besteht. Anforderungen: sichere Funktion auch bei extremen Bedingungen, leichte Bedienung. Widerstandsfähigkeit sowie hygienische Aufbereitungsmöglichkeit. Vgl. Beatmungsmaske, Atemstillstand. [16]

Beatmungs|maske: Hilfsmittel zur → Beatmung eines Patienten in Verbindung mit einem → Beatmungsbeutel. Anforderungen an eine Maske sind: an die Anatomie des Patienten angepaßt, selbstfüllender elastischer Maskenwulst, durchsichtiger Maskendom. Vgl. Atemstillstand. [16]

Becher|zellen f pl: schleimbildende, becherförmige Epithelzellen, die einzeln oder in Gruppen im Epithel des Atmungs- und Verdauungstrakts liegen. [9]

Bechterew-Krankheit (Wladimir von B., Neurol., Leningrad, *1857, † 1927): *Strümpell-Bechterew-Marie*-Krankheit, Spondylarthritis ankylopoetica; chronisch progredient verlaufende entzündliche Bindegewebskrankheit mit überwiegendem Befall des Achsenskeletts (Iliosakralgelenke, kleine Wirbelgelenke, Bandapparat der Wirbelsäule). Klinik: Erkrankung vorwiegend jüngerer Männer, schleichender Beginn mit Kreuzschmerzen, zunächst Befall der Iliosakralgelenke, nach oben steigend mit zunehmender Versteifungstendenz der gesamten Wirbelsäule in kyphotischer Haltung, später Einschränkung der thorakalen Atembreite, Röntgenbild der sog. Bambusstabwirbelsäule mit Verkalkung der vorderen und seitlichen Wirbelsäulenbänder. Therapie: Antirheumatika, Indometazin, Röntgenbestrahlungen, sog. Herdsanierung zwecklos. [20]

Beclomethason: halogeniertes → Glukokortikoid zur inhalativen Therapie allerg. Atemwegserkrankungen. [7]

Bedarfs|planung: Mittel zur Sicherstellung der vertragszahnärztlichen Versorgung und gleichmäßigen Verteilung der Vertragszahnärzte. Erfolgt aufgrund der Bedarfsplanungsrichtlinien (§ 102 SGB V). Hiernach soll auf 2.400 Einwohner ein Zahnarzt entfallen. KZV, die Landesverbände der Krankenkassen und die Verbände der Ersatzkassen erstellen Bedarfspläne (§ 99 SGB V) im Einvernehmen mit zuständigen Landesbehörden. Bei Nichteinigung kann der → Landesausschuß angerufen werden, der auch sonst den Bedarfsplan berät. Die B. ist jeweils der Entwicklung anzupassen. Nach der Zahnärzte-ZV (§§ 15 ff. Zulassungsverordnung für Vertragszahnärzte) sind bestimmte Maßnahmen bei bestehender Unter- bzw. Überversorgung möglich (Sperrung von Zulassungsbezirken, Ermächtigung). [24]

Bednar-Aphthen (Alois B., Päd., Wien, *1816, † 1888) f pl: Ulcera pterygoidea; Gaumengeschwüre bei Säuglingen, rein traumatisch entstanden beim Auswischen des Mundes durch Druck auf den Hamulus pterygoideus. Nur bei ungepflegten, abwehrgeschwächten Kindern. Keine Aphthen. Vgl. *Epstein*-Pseudodiphtherie. [11]

Bedürfnis: erworbenes soziales Motiv (B. nach Kontakt, Nähe, Leistung, Anerkennung, Erfolg, Selbstverwirklichung). Im Unterschied zum vitalen Primärtriebgeschehen werden B.se als sekundäre Motive angesehen, also als zielgerichtete, durch Lernen modifizierbare Verhaltensabläufe. Bedürfnisablauf: Mangelzustand (Appetenz) führt zu unruhigem Suchverhalten; im Falle der Erlangung des Objektes kommt es zur Reduktion der Bedürfnisspannung durch Befriedigung in Form der konsumatorischen → Endhandlung. Vgl. Motivation. [13]

Begg-Bracket (P. Raymond B., Kieferorth., Adelaide, *1898, † 1983) n: spez. Brackettyp für die sog. → *Begg*-Technik. Das B. erlaubt Kippungen (Einpunktkontakt). In der Horizontalebene verhindert ein Zweipunktkontakt Rotationen. Der Bogen wird mit Stiften, sog. Lock-pins, im → Slot befestigt. Vgl. Bracket. [5]

Begg-Technik: kieferorth. Technik, bei der spezielle Drähte und Brackets verwendet werden. Zahnbewegungen werden mittels leichter Gummizüge bewirkt. Die → Verankerung erfolgt über die Art des Kraftangriffes und über → Verankerungsbiegungen vor den Molaren. Der Ablauf der Behandlung wird in drei Stadien eingeteilt. Stadium 1: Bißöffnung, Frontzähne in Kopfbiß, Seitenzähne in Klasse 1, Beheben von → Engständen und Rotationen; Stadium 2: Schließen der Extraktionslücken (nur bei Behandlung mit Extraktion); Stadium 3: Aufrichten der Schneidezähne, Aufrichten gekippter Seitenzähne. Abschließend erfolgt das Finishing, die Feineinstellung der Zähne vor der Entfernung der Apparatur. Vgl. Light-wire-Technik. [5]

Begleit|symptom n: unspezifisches Zeichen bei einer Störung der → Vitalfunktion, das eine weitere Differenzierung ermöglicht. Typische B.e sind: Angst, Verwirrtheit, Bewußtseinsstörungen, Schmerzen, Kreislaufstörungen. Vgl. Alarmsymptom, Warnsymptom. [16]

Behandlungs|ausweis: → Kranken-, → Überweisungs- oder Kfo-Berechtigungsscheine, die von den gesetzlichen Krankenkassen an die Mitglieder ausgegeben oder von Zahnärzten im Rahmen der vertragszahnärztlichen Versorgung zur Inanspruchnahme weiterer Vertragszahnärzte ausgestellt werden. Die Vordrucke, meist im DIN-A-5-Querformat, sind als Anlagen Bestandteile der Verträge. Sie dienen als Abrechnungsunterlage des Vertragszahnarztes gegenüber seiner → Kassenzahnärztlichen Vereinigung (KZV), die ihn nach Prüfung auf rechnerische und sachliche (gebühren oder gebührengemäße) Richtigkeit zur Bezahlung an die zuständige Krankenkasse weiterleitet. Begrenzte Gültigkeit, z.T. vom Versicherten zu unterzeichnen. Läßt sich nach einem Verlust der Behandlungsausweise die Abrechnung nicht rekonstruieren, so zahlen die Krankenkassen auf dem Kulanzweg unter Vermittlung durch die KZV ohne Anerkennung einer Rechtspflicht eine pauschale Abfindung. [25]

Behandlungs|bedürftigkeit: im Sinne des → SGB V gegeben bei einem regelwidrigen, erworbenen oder angeborenen Körper- oder Geisteszustand, der körperliche, geistige oder seelische Beschwerden verursacht. Das bedeutet im Umkehrschluß, daß ohne Beschwerden diese Zustände keine Krankheiten sind. [25]

Behandlungs|erfolg: erfolgreicher Abschluß einer Behandlung; ist von individuellen Umständen abhängig und deshalb nicht garantierbar. Vgl. Behandlungsvertrag. [24]

Behandlungs|fall: die gesamte, von demselben Vertragszahnarzt innerhalb eines Kalendervierteljahres (→ Abrechnungsquartal) durchgeführte vertragszahnärztliche Behandlung. Bei kieferorthopädischer Behandlung werden hierunter Abrechnungsteile der → Komplexgebühren für den gesamten Behandlungsablauf verstanden. [25]

Behandlungs|gerät: Teil der → Behandlungsplatz-Ausrüstung mit schlauchgebundenen Ausstattungsteilen, Arbeitsmittel-Ablagen und anderen Vorrichtungen für zahnärztliche Behandlungsmaßnahmen. Norm: DIN 13 936. [21]

Behandlungs|pflicht: vertragszahnärztliche Pflicht. Behandlung darf nur in begründeten Fällen abgelehnt werden (bei Forderung nach nicht indizierter Behandlung, Überlastung des Zahnarztes, Verhalten des Patienten, das ein vertrauensvolles Behandlungsverhältnis von vornherein unmöglich macht). Gleiches gilt für Ablehnung der Weiterbehandlung. Die Krankenkasse muß davon unterrichtet werden. B. gilt immer in Notfällen. [24]

Behandlungs|plan, kieferorthopädischer: Kfo-Plan; ist vor Beginn der kieferorthopädischen Behandlung der Krankenkasse zur Kostenübernahmeerklärung einzureichen. Diese kann einen Gutachter einschalten. Die genehmigten Leistungen unterliegen nicht der nachträglichen → Wirtschaftlichkeitsprüfung. Das Verfahren entspricht dem beim Zahnersatz (Heil- und Kostenplan) und bei der Parodontalbehandlung (→ Parodontalstatus). [25]

Behandlungs|platz: Funktionsbereich der → Zahnarztpraxis, der speziell der Ausführung zahnärztlicher Leistungen am Patienten dient. Traditionell: Sprechzimmer. Vgl. Arbeitsplatz. [21]

Behandlungs|platz-Ausrüstung: → Behandlungsgeräte (→ Zahnarzt- und → Zahnarzthelferinnen-Elemente), → Patientenstuhl, → Arbeitsstühle, → Arbeitsfeldleuchte, Schrankelemente und andere Ausrüstungsgegenstände am zahnärztlichen → Behandlungsplatz. Klassifikation und Identifikation nach DIN 13 923/ISO 4073 im Rahmen der → Basiskonzepte. [21]

Behandlungs|vertrag: Vertrag zwischen Zahnarzt und Patient über die zahnärztliche Behandlung. Kann ausdrücklich oder konkludent zustandekommen. Bei Minderjährigen vom Grad der

Geschäftsfähigkeit abhängig. Der B. ist ein Dienstvertrag (§ 611 ff. BGB), der den Zahnarzt nicht zum Erfolg der Behandlung, sondern zur Behandlung lege artis verpflichtet und den Patienten zur Zahlung der zahnärztlichen Vergütung. Kommt nur bei Privatpatienten bzw. bei sozialversicherten Patienten im Kostenerstattungssystem zustande. [24]

Behandlung, zahn|ärztliche: die im → SGB V beschriebene ausreichende, zweckmäßige, notwendige und wirtschaftliche Erkennung, Heilung oder Linderung einer Krankheit, sie ist Teil der von den Krankenkassen zu gewährenden Krankenpflege. Vgl. Behandlungsbedürftigkeit.[25]

Behaviorismus (engl.) m: stark auf empirisch-experimenteller Basis arbeitende, pragmatisch auf die Untersuchung des fremdbeobachtbaren Verhaltens gerichtete Psychologielehre. Im Gegensatz zur → Ethologie Untersuchung von Versuchstieren unter strengen Laborbedingungen (*Skinner*-Box) und unter Ausblendung ablenkender Variablen auch aus der natürlichen Umgebung. Vgl. Lernen, Konditionierung, Verhaltenstherapie und Verhaltensmedizin. [13]

Behçet-Krankheit (Hulushi B., Dermat., Istanbul, *1889, † 1948): chron., in Schüben verlaufende Erkrankung mit Erscheinungen an Haut, Schleimhäuten und Augen. In der Mundhöhle Auftreten multipler, unregelmäßig geformter, leicht erhabener Aphthen, die sich rasch zurückbilden, Stomatitis, sekundär können unterminierende, sehr schmerzhafte Ulzerationen entstehen. Erscheinungen auch an den übrigen Schleimhäuten des Körpers. Papulopustulöse → Exantheme und rheumatoide Erscheinungen. Hypertrophie der Speichel- und Tränendrüsen. An den Augen Konjunktivitis, Uveitis, Glaskörpertrübungen u.a. Jahrzehntelanger chron. Verlauf, der meist zur Erblindung führt, gehäuft im Mittelmeerraum auftretend. Ätiologie: nekrotisierende Angiitis, evtl. Autoimmunkrankheit. Beziehungen zu *Heerfordt*-Krankheit, *Mikulicz*-Syndrom, *Sjögren*-Syndrom werden diskutiert. [11]

Behring-Gesetz (Emil v. B., Bakt., Marburg, *1854, † 1917): „Das Blutserum von Individuen, die gegen eine Infektionskrankheit immun geworden sind, kann diese Immunität auf andere übertragen." (Passive Immunität von Säuglingen in den ersten Lebensmonaten gegen Diphtherie, Masern, Scharlach usw., aber nicht gegen Keuchhusten.) Vgl. Immunisierung. [8]

Beihilfe: beamtenrechtlicher Anspruch auf Kostenzuschüsse zur ärztlichen und zahnärztlichen Behandlung inkl. Heil- und Hilfsmitteln. Richtet sich nach Beihilfeverordnungen der Länder.[24]

Bein|haut: Knochenhaut, → Periost. [9]

Bein-Hebel (Louis B., Dentist, Koblenz, *1872): → Hebel. [2]

Beispiel|fall|prüfung: Mittelweg zwischen der Einzelfall- und der → Durchschnittsprüfung bei der → Wirtschaftlichkeitsprüfung, wenn eine Überschreitung der Durchschnittswerte, aber kein offensichtliches → Mißverhältnis vorliegt. Dient der Absicherung des rein statistischen Vergleiches. [25]

Beläge: alle sekundär am Zahn nach seinem Durchtritt und am Zahnfleisch entstehenden Auflagerungen. Man unterscheidet weiche Beläge (z.B. → Plaques, → Materia alba) und harte Beläge (z.B. → Zahnstein, → Konkremente). [1,6]

Belastung, psychische: Gesamtheit der Einflüsse, die von außen auf den Menschen zukommen und auf ihn psychisch einwirken. Unmittelbare Folgen → Beanspruchung, psychische. Norm: DIN 33 405 (Definitionen). [21]

Belastungs|dys|pnoe f: → Atemnot, die sich nach (leichter) körperlicher Anstrengung manifestiert und Zeichen für eine koronare Herzkrankheit sein kann. Vgl. Hyperventilationssyndrom, Dyspnoe, Ruhedyspnoe. [16]

Belastungs|par|odontose f: überholter Begriff für → traumatogene Parodontopathien. [6]

Beleg|knochen: Bindegewebsknochen, Deckknochen, Faserknochen; ensteht durch desmale → Ossifikation und bildet u.a. die Schädeldachknochen, die meisten Gesichtsknochen, die Schuppe und das Tympanon des Schläfenbeines sowie Teile des Schlüsselbeins. [9,22]

Beleuchtungs|qualität f: Güte der Leuchtdichte und Lichtfarbe für einen bestimmten Zweck. Für die zahnärztl. Praxis beschreibt die DIN 67 505 die Anforderungen an die B. im Behandlungsbereich. [21]

Beleuchtungs|stärke: Intensität des Lichtes in → Lux. Norm: 67 505 (Minimum der Arbeitsfeld-B. 8.000 Lux). [21]

Bellocq-Röhrchen (Jean-Jaques B., Chir., Paris, *1730, † 1807): gebogenes, röhrenförmiges Instrument, das in die Nase eingeführt wird. Aus dem Röhrchen wird eine Feder herausgeschoben, die oral im Rachen sichtbar wird; dient zum Einlegen der retrograden Nasentamponade (Abb.). [19]

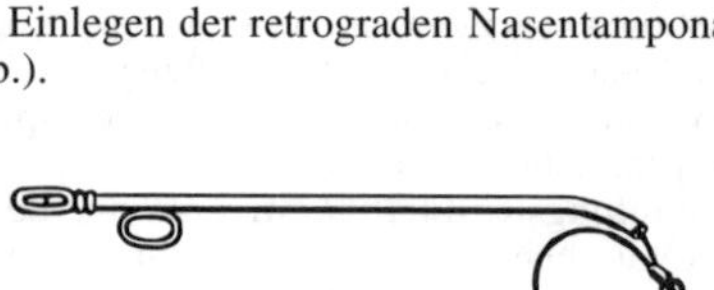

Bell-Phänomen (Sir Charles B., Chir., London, *1774, † 1842) n: bei Lähmung der oberen Äste des N. facialis bleibt beim Lidschluß die Augenspalte offen, so daß das physiol. Aufwärtsdrehen des Bulbus beim beabsichtigten Lidschluß sichtbar wird. [2]

Belüftungs|element n: *Evans*-Element; bezeichnet eine besondere Korrosionssituation mit örtlich beschleunigter Korrosion, verursacht durch unterschiedliche Belüftung einer Metalloberfläche und Ausbildung eines Korrosionselementes. Dabei werden die weniger belüfteten Bereiche beschleunigt abgetragen. In der Folge bilden sich galvanische Elemente zwischen ihnen. Zu dieser Korrosionsart kann auch die Spaltkorrosion gezählt werden. [4]

Bema: Abk. für Bewertungsmaßstab. [25]

Bence-Jones-Eiweißkörper (Henry B.-J., Arzt, London, *1813, † 1873): pathologisches → Paraprotein, das normalerweise nicht im Blutplasma vorkommt. Ausfällung bei Erwärmung auf Temperaturen zwischen 45° und 60° und erneute Löslichkeit bei weiterer Erhitzung, immunologisch Bruchstücke von Gammaglobulinmolekülen. Vorkommen bei → Myelomen, multiplen, Makroglobulinämie, Karzinomen des Intestinal- und Genitaltraktes. [20]

benigne (lat.): gutartig; z.B. b. → Tumoren. [32]

benignes Schleim|haut|pemphigo|id n: Gingivitis desquamativa; seltene Dermatose, bei der es zu subepithelialer Blasenbildung in der Schleimhaut kommt. Vgl. gingivoparodontale Manifestationen systemischer Erkrankungen. [6]

Benignität f: Gutartigkeit einer Krankheit oder eines Krankheitsverlaufes. Die B. von → Neoplasien ist gekennzeichnet durch relative Zellreife, vorwiegend expansives, nicht destruierendes, nicht infiltratives Wachstum u. fehlende Metastasierung. [32]

Bennet-Bewegung (Sir Norman Godfrey B., Kieferchir., London, *1870, † 1947): ein seitliches Versetzen des Unterkiefers während der Lateralbewegung (Abb.). Dabei kann der ruhende Kondylus folgende Bewegungen ausführen: 1. nach oben (Laterosurtrusion), 2. nach unten (Laterodetrusion), 3. nach vorne (Lateroprotrusion), 4. nach hinten (Lateroretrusion). Erfolgt die Seitwärtsbewegung unmittelbar zu Beginn einer Lateralbewegung (dies betrifft beide Kondylen) so spricht man von einer initialen Seitwärtsbewegung (immediate sideshift). Findet diese Seitwärtsbewegung später, also im Verlauf der Lateralbewegung statt, so nennt man das eine integrierte B. (progressive sideshift) → *Bennett*-Winkel. [4]

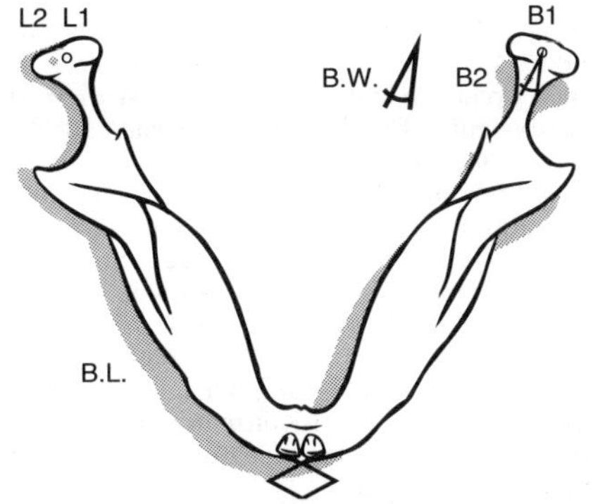

Schematische Darstellung der Unterkieferbewegung horizontal. Der *Bennett*-Winkel zeichnet sich ab am linken Kondylus bei der Rechtslateral-Bewegung zwischen einer geraden Vorschubbewegung unter Lateral-Bewegung von B1 nach B2. Der Pfeilwinkel (gotischer Bogen) wird durch die Unterkieferschneidezähne ausgefahren. Die *Bennett*-Bewegung kann am „ruhenden" Kondylus nach lateral erfolgen von L1 nach L2. [97]

Bennett-Winkel: Der B. entsteht durch die Bewegung des „schwingenden" Kondylus auf der Balanceseite (Abb.). Er wird dargestellt durch die Projektion zweier Geraden auf eine Horizontalebene (Frankfurter Horizontale). Eine Gera-

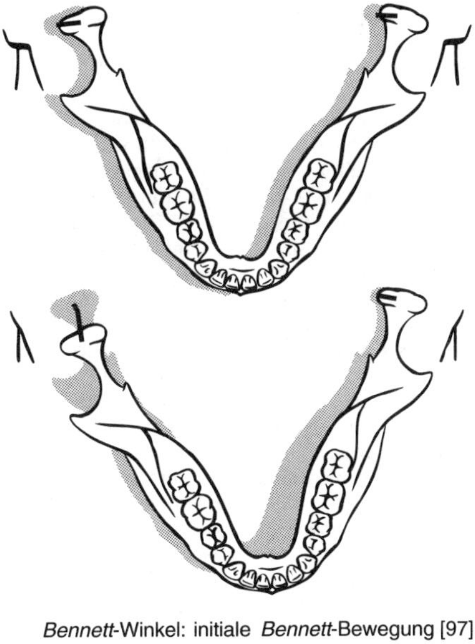

Bennett-Winkel: initiale *Bennett*-Bewegung [97]

de verläuft parallel zur Mediansagittalebene, die andere verbindet Anfang und Ende der Bahn eines Kondylenpunktes bei der → Mediotrusionsbewegung. Der B. beträgt zwischen 10° und 20°. → *Bennett*-Bewegung. 4

Benommenheit: leichteste Form der → Bewußtseinsstörung. Verlangsamtes, aber formal geordnetes Denken, keine Verkennungen. Steigerungen: → Somnolenz, → Sopor, → Koma. 33

Benzathin-Penicillin: → Depot-Penicillin, schwerlösl. Salz des → Benzyl-Penicillins mit Benzathin. B. ist aufgrund der niedrigen max. erreichbaren Penicillin-Konzentration nicht zur Behandlung dentogen induzierter, orofazialer Infektionen geeignet. 7

Benzin (arab.) n: Gemisch flüssiger leichtsiedender → aliphatischer Verbindungen, die bei 55 bis 100 °C aus Steinkohlenteer, Braunkohlenteer und Erdöl destilliert oder synthetisch hergestellt werden. Chem. verschiedene Körper, doch sämtlich farblos und sehr flüchtig, riechen aromatisch, lösen Kautschuk, Guttapercha, Fette, sind mit Alkohol und Äther mischbar und leicht entzündlich, ihr Dampf bildet mit Luft ein sehr explosibles Gemisch. Das Deutsche Arzneibuch kennt nur das Benzinum Petrolei: Petroleumbenzin; die farblosen, nicht fluoreszierenden Bestandteile des Petroleums, die bei 55-75 °C destillieren. Med. zur Hautreinigung, auch in antirheumatischen Einreibungen. 23

Benzocain: → Lokalanästhetikum vom Ester-Typ zur Oberflächenanästhesie mit schnellem Wirkungseintritt (ca. 30 s) und kurzer Wirkungsdauer (12-15 min). 7

Benzodiazepine: 1.4-B., → Psychopharmaka. Einteilung nach terminaler Halbwertszeit (→ Halbwertszeit, terminale) der Ausgangssubstanz und/oder deren → Metaboliten in kurz-, mittellang- und langwirksame B. B. fördern über B.-Rezeptoren, die strukturell und funktionell mit → $GABA_A$-Rezeptoren verbunden sind, die Bindung von GABA an GABA-Rezeptoren und erhöhen damit die Offenwahrscheinlichkeit der Chlorid-Kanäle. Wirkungsprofil: anxiolytisch, muskelrelaxierend, sedativ, antikonvulsiv, hypnotisch, amnestisch. B. haben eine große → therapeut. Breite. Nebenwirkungen sind überwiegend Ausdruck der therapeut. Wirkung. Daneben werden paradoxe und allergische Reaktionen, → Toleranz, psych. und phys. Niedrig- bzw. Hochdosis-Abhängigkeit (→ Arzneimittel-Abhängigkeit psych./phys.) sowie → Arzneimittelinteraktionen mit zentraldämpfenden Substanzen, Alkohol und Muskelrelaxanzien beobachtet. Indikationen in der Zhk.: zur Basissedation vor zahnärztl. Eingriffen, Narkoseeinleitung und zur symptomat. Behandlung von Konvulsionen. Kontraindikationen: Allergie gegen B., Myasthenia gravis, akutes Engwinkelglaukom, Alkoholkrankheit, Drogenabhängigkeit, 1. Trimenon der Schwangerschaft. Verordnungshinweise beachten. 7

Benzoe f: Harz aus siamesischen Styraxarten, enthält Benzoesäure und Benzoesäureester; Zusatz zu Schweineschmalz (Adeps suillus), um dessen Ranzigwerden zu hemmen: Adeps benzoatus. Als Tinctura Benzoes zum Betupfen wunder Stellen. 23

Benzoe|säure: Acidum benzoicum (Abb.); weiße Nadeln, in Wasser schwer, in Alkohol und Äther leicht löslich. Angenehmer Geruch. Expektorans, mildes Antiseptikum. 23

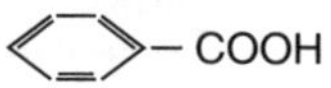

Strukturformel der Benzoesäure

Benzol n: klare Flüssigkeit, aus Steinkohlenteer durch Destillation gewonnen (Abb.). Grundsubstanz der aromatischen Verbindungen. Wirkt antiseptisch, stark toxisch (Knochenmarkschädigung). 23

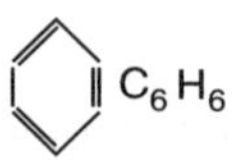

Strukturformel des Benzols

Benzoyl|per|oxid n: $C_6H_5CO\text{-}O\text{-}O\text{-}COC_6H_5$, farbloses kristallines Pulver. Initiator für Radikalkettenreaktionen in der Polymerchemie. Gebräuchlicher Katalysator der Aushärtungsreaktion bei in der Zhk. üblichen Prothesen- und Füllungskunststoffen, z.B. → Methakrylsäure. Maximale Arbeitsplatz-Konzentration: 5 mg/m^3. 1, 23

Benzyl-Penicillin: Derivat der 6-Aminopenicillansäure zur parenteralen Applikation. Wirkungsspektrum, Indikationen, Kontraindikationen siehe → Schmalspektrum-Penicilline. Antimikrobieller Wirkungsmechanismus, klin. Wirkungsweise siehe → Penicilline. 7

Beratung: von den Ärzten am häufigsten, bei den Zahnärzten seltener abgerechnete Leistung, da sie Abrechnungseinschränkungen unterliegt, sofern sie neben anderen Leistungen erbracht wird. Als alleinige Leistung jedoch uneingeschränkt abrechnungsfähig. 25

Beratungs|zahn|arzt: haupt- oder nebenamtlich bei den Krankenkassen angestellte Zahnärzte, in der Regel auch im gegenseitigen Einvernehmen als vertragszahnärztliche → Gutachter durch die Kassenzahnärztlichen Vereinigungen bestellt. [25]

Bereitschafts|dienst: berufsrechtliche Verpflichtung, während sprechstundenfreier Zeiten zur Versorgung von Patienten zur Verfügung zu stehen. [24]

Bergen-Kephalo|metrie f: → FRS-Analyse. [5]

Bergen-Technik: von *Hasund* entwickelte Variante der → Edgewise-Technik. Der Behandlungsverlauf wird in fünf Behandlungsphasen unterteilt: → Nivellierungsphase, → Führungsphase, → Kontraktionsphase, → Justierungsphase und → Retentionsphase. [5]

Beriberi (sudanes. steifer Gang) f: Vitamin-B_1-Avitaminose, noch endemisch bei Völkern mit überwiegender Ernährung durch geschälten und polierten Reis, auch bei schwerem Alkoholismus. Vitamin B_1 ist wichtig für Herzmuskel und Nervenzellen. Akute B. als Shoshin mit raschem akuten Rechtsherzversagen, chron.-trockene Form mit symmetrisch aufsteigender → Polyneuritis und Parästhesien und chron.-feuchte Form mit → Ödemen und Rechtsherzversagen. Therapie: → Vitamine. [20]

Beriplast HS®, Fibrinkleberset Behring: Indikation in der Zhk. zur Blutstillung, als Adjuvans zur Blutungsprophylaxe bei Hämophilie-Patienten, zur Gewebeklebung und Nahtsicherung. Bei Anwendung wird das Fibrinogen mit Fibrinolyse-Inhibitoren, Faktor XIII und Calcium versetzt und lokal durch Thrombingabe zur Gerinnung gebracht. [7]

Berkefeld-Filter (Wilhelm B., Fabrikant, Celle, *1836, † 1897) m oder n: → Bakterienfilter. [8]

Bernklau-Meß|blatt (Karl B., Kieferorth. T, Herford, *1894, † 1979): → Meßnetz. [5]

Berry-Syndrom n: → Dysostosis mandibulofacialis. [3]

Berten-Hebel: → Hebel. [2]

Berten-Zange (Jakob B., Prof. Zhk., München, *1855, † 1934): → Prämolarenzange. [2]

Bertoni-Anatomic-Schraube®: Schraube, die eine gleichzeitige transversale und sagittale Erweiterung des Zahnbogens erlaubt. Bei der B. sind zwei Schraubenkörper miteinander verbunden. [5]

Berufs|bezeichnung: Berufsbezeichnung „Zahnarzt" ist geschützt, darf nicht für gewerbliche Zwecke verwendet werden. Zahnarzt darf jede Verwendung durch Dritte nicht gestatten. [24]

Berufs|ekzem n: vorwiegend an den Händen auftretendes → Ekzem, ausgelöst durch Stoffe des beruflichen Umgangs (Desinfektionsmittel, Lokalanästhetika, Handschuhgummi, Terpentin, Lacke, Schmieröle, Zemente usw.). Durch den → Läppchentest kann mit einer gewissen Sicherheit die auslösende Ursache im Falle einer Kontaktallergie ermittelt werden. [12]

Berufs|freiheit: Grundrecht aus Art. 12 GG, schützt vor staatlichen Eingriffen in die Freiheit der Berufswahl und Berufsausübung. Kann durch Gesetz oder aufgrund eines Gesetzes im Interesse des Gemeinwohls geregelt werden. [24]

Berufs|geheimnis: → Schweigepflicht. [24]

Berufs|gericht: Gericht für besondere Sachgebiete im Sinne des Art. 101 Abs. 2 GG anstelle der allgemein zuständigen Gerichte. Kann nur durch Gesetze errichtet werden. Dies ist für den Bereich des zahnärztlichen Berufsrechts durch Kammergesetze der Länder erfolgt. Ist besetzt mit einem Berufsrichter als Vorsitzendem und zwei Zahnärzten als Beisitzern. Das Landesberufsgericht als zweite Instanz besteht aus Senaten, die mit 3 Berufsrichtern einschließlich des Vorsitzenden und 2 Zahnärzten als Beisitzern besetzt sind. Wird bei den Verwaltungsgerichten bzw. bei dem Oberverwaltungsgericht gebildet. Die berufsrichterlichen Mitglieder werden von der Landesregierung bestellt, die nicht berufsrichterlichen Beisitzer von Wahlausschüssen gewählt. Das B. entscheidet auf Antrag der Zahnärztekammer, der Aufsichtsbehörde oder des Zahnarztes selbst über Verletzungen der Berufspflichten. Als Maßnahmen des B.s kommen in Betracht: Warnung, Geldbuße, Entziehung des aktiven und passiven Berufswahlrechts, Aberkennung der Mitgliedschaft in den Organen der Zahnärztekammer. [24]

Berufs|haft|pflicht|versicherung: Versicherung zur Abdeckung der Risiken aus der berufsrechtlichen → Haftung. Zum Abschluß der B. in bestimmter Höhe besteht eine berufsrechtliche Verpflichtung. Leistungen der B. erfolgen nicht bei Schlechterfüllung von Verträgen. [24]

Berufs|krankheiten: Gewerbekrankheiten; Schädigungen des Körpers, entstanden durch wiederholte bzw. längere Zeit hindurch einwirkende Einflüsse, die in der Arbeitsweise selbst begründet sind. Das einzelne schädigende Moment ist in seiner augenblicklichen Wirkung kaum erkennbar, die über längere Zeit fortdauernde schädigende Einwirkung führt zur sinnfälligen Erkrankung. Nach der Verordnung zur Änderung der 7. Berufskrankheiten-Verordnung (vom 8.12.76) neue Auflistung. 1. chemische Einwirkungen: Metalle, Metalloide (Blei, Quecksilber, Chrom, Arsen, Phosphor), Erstickungsgase (Kohlenmonoxid), Lösemittel, Schädlingsbekämpfungsmittel und sonstige chemische Stoffe (Nitro-Aminoverbindungen des Benzols, Erkrankungen der Zähne durch Säuren); 2. physikalische Einwirkungen: mechanisch (Erschütterungen, vibrationsbedingte Durchblutungsstörungen), Druckluft, Lärm, Strahlen; 3. Infektionserreger, Parasiten: Hepatitis, Toxoplasmose, Tuberkulose; 4. Atemwegserkrankungen: anorganische Stäube (Silikose, Lungenfibrose, Asbestose), organische Stäube (Farmerlunge), obstruktive Atemwegserkrankungen durch allergisierende oder auch chemisch-irritative, toxische Stoffe; 5. Hautkrankheiten: Hautkrebs durch Teer o.ä. Vgl. Bäckerkaries. [20]

Berufs|ordnung: Regelungen der → Zahnärztekammern auf der Grundlage der Heilberufsgesetze der Länder (Satzungsrecht). Enthält materielle Regelungen für die gesamte berufliche Tätigkeit der Zahnärzte. Muß durch Aufsichtsbehörde genehmigt und veröffentlicht werden. Vgl. Berufspflichten. [24]

Berufs|pflichten: Regeln für die Ausübung des zahnärztlichen Berufs. Sind in der → Berufsordnung verankert. Beispiele: gewissenhafte und persönliche Berufsausübung, → Schweigepflicht, → Kollegialität, Weiterbildungspflicht, → Fortbildungspflicht, → Haftpflichtversicherung, Abhalten von → Sprechstunden, zahnärztliche → Dokumentation, Ausstellen von Gutachten und → Zeugnissen, Beschäftigung von → Assistenten und → Vertretern, Modalitäten gemeinsamer Berufsausübung, → Notfalldienst, → Werbeverbot, Gestaltung von Praxisschildern, Möglichkeit von Anzeigen, Einsatz und Ausbildung von Hilfspersonal, Gebührenbemessung und -nachprüfbarkeit, Titelführung, außerberufliches Verhalten. [24]

Berufs|verbot: Untersagung der Berufsausübung für bestimmte oder unbestimmte Zeit; kann bei einer strafgerichtlichen Verurteilung wegen einer Tat, die unter Mißbrauch des zahnärztlichen Berufes oder grober Verletzung der zahnärztlichen Pflichten begangen worden ist, vom Gericht für 1-5 Jahre ausgesprochen werden. Die Approbationsbehörde ist an diese Entscheidung gebunden. [24]

Berufungs|ausschuß: Beschwerdeinstanz im Zulassungsverfahren. Vgl. Zulassungsausschuß. [24]

Bescheinigung, ärztliche: → Attest. [24]

Beschichtungs|verfahren für dentale Implantate: Plasmaspritzbeschichtung, bei der in Schutzgasatmosphäre bei hoher Temperatur (erzeugt durch einen Lichtbogen-Plasmabrenner) der Beschichtungswerkstoff (z.B. Titanpulver oder → Hydroxylapatitkeramik) auf den metallenen Implantatkörper aufgespritzt wird; vgl. Plasmabeschichtung. [18]

Beschichtungs|werk|stoffe für dentale Implantate: Werkstoffe zur Beschichtung metallischer Implantatkörper zur Erzielung besserer biologischer Eigenschaften (Titanpulver, Glaskeramikpulver, Tri- oder Tetrakalziumphosphatpulver, gasförmiger Kohlenwasserstoff). Vgl. Beschichtungsverfahren. [18]

Beschwerde|ausschuß: Beschwerdeinstanz im Verfahren der → Wirtschaftlichkeitsprüfung. [24]

Besnier-Boeck-Schaumann-Krankheit (Ernest B., Dermat., Paris, *1831, † 1909; Cäsar B., Dermat., Oslo, *1845, † 1917; Jörgen S., Dermat., Stockholm, *1879, † 1953): → *Boeck*-Sarkoid. [2]

Bestallung: → Approbation. [24]

Beta-Adrenozeptoren-Blocker: β-Adrenozeptoren-Antagonisten (→ Antagonist); Gruppenbez. für Pharmaka, die durch kompetitiven Antagonismus an den β-Adrenozeptoren (→ Adrenozeptoren) die Wirkung körpereigener (→ Norepinephrin, → Epinephrin) oder exogen applizierter → Agonisten abschwächen bzw. aufheben. Das Wirkungsprofil aller B. ist qualitativ gleich. Sie wirken negativ chromo-, dromo-, ino- und bathnotrop, erhöhen den Tonus der Bronchial-, Arteriolen-, Uterus- und Darmmuskulatur, hemmen die Reninfreisetzung. Einteilungsprinzipien der B. sind Wirkungspotenz, dosisabhängige Kardioselektivität, zusätzl. Alpha-Adrenozeptoren-blockierende Wirkung, → intrins. und lokalanästhet. Aktivität. Indikation in der Zhk.: als Notfalltherapeutikum bei relativer und absoluter Katecholaminüberdosierung mit vitalbedrohl. Tachyarrhythmie (→ Propanolol, → Metoprolol). [7]

Betabactyl®: fixe Kombination von → Ticarcillin und → Clavulansäure. [7]

Betablocker m: → Betarezeptoren. [10]

Beta-Lactam-Anti|biotika n pl: Gruppenbez. für → Antibiotika mit einem 4-gliedrigen β-Lactam-Ring wie z.B. → Penicilline, → Cephalosporine, Cephamycine, Oxacepheme, Peneme, Carbapeneme, Monobactame, Clavame. B. hemmen die Peptidoglycan-Biosynthese durch kovalente Bindung an penicillinbindende Proteine (Trans-, Endo-, Carboxypeptidasen sowie Transglycosidasen). Sie wirken in therapeutischen Dosen sekundär bakterizid auf B.-empfindl. Keime und haben eine große → therapeut. Breite. [7]

Beta-Lactamase-Inhibitoren m pl: B. wie z.B. → Clavulansäure oder → Sulbactam werden aufgrund ihrer β-Lactam-Grundstruktur an das aktive Zentrum der → Beta-Lactamasen gebunden und hydrolysiert. Die Hydrolyse-Produkte binden kovalent an das aktive Zentrum des Enzyms und blockieren irreversibel dessen Funktion. Sie haben selbst keine klin. relevante antibakterielle Aktivität. [7]

Beta-Lactamasen: bakterielle Enzyme, die durch hydrolyt. Spaltung des Beta-Lactam-Ringes → Beta-Lactam-Antibiotika inaktivieren. → Beta-Lactamase-Inhibitoren. [7]

Beta-Lysine n pl: unspezifische, gegen grampositive Bakterien gerichtete, thermostabile, bakterizide Stoffe im Blut (aus Thrombozyten), in geringer Konzentration auch im Speichel. [8]

Beta|methason: hologeniertes Glukokortikoid. Die antiphlogistische Potenz ist, bezogen auf → Kortison, 25fach größer. Die biolog. Wirkungsdauer liegt bei 36-54 h. [7]

Beta-Oxy|butter|säure: β-Hydroxybuttersäure. [23]

Beta-Propiol|akton n: farblose, nicht brennbare Flüssigkeit, die Bakterien und Viren abtötet; flüssig oder nach Verdampfen für Sterilisation verwendbar, doch ist die Frage der Toxizität (Karzinogenität) noch nicht endgültig geklärt. [8]

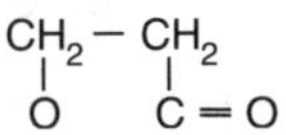

Strukturformel des Beta-Propiolaktons

Beta|rezeptoren m pl: auf Adrenalin und verwandte adrenerge Substanzen reagierende → Rezeptoren (→ adrenerge Rezeptoren) mit an Gefäßen hemmender und am Herzen fördernder Wirkung. Blockade der β-Rezeptoren durch entsprechende Betarezeptorenblocker führt zur Verminderung von Herzfrequenz und Minutenvolumen. Klin. Indikationen: leichte Hypertonie, hypertone Regulationsstörungen, Zustand nach Myokardinfarkt. [10]

Beta-Sympatho|mimetika: β-Mimetika-β-Adrenozeptoren-Agonisten (→ Adrenozeptoren, → Agonist); Bez. für Substanzen, die über β-Adrenozeptoren unter Vermittlung eines G_s-Proteins die Adenylylcyclase aktivieren und dadurch die intrazelluläre Konzentration von cAMP erhöhen. Einteilung nach β-Adrenozeptoren-Selektivität in 1. unspezif. wirksame B. (z.B. Orciprenalin, $\beta_1 = \beta_2$), 2. in Substanzen mit höherer Affinität zu β_2- als zu β_1-Adrenozeptoren (→ Salbutamol, → Fenoterol, Terbutalin, Clenbuterol u.a.) und 3. in Substanzen, deren Affinität zu β_1-größer als zu β_2-Adrenozeptoren ist (z.B. Dobutamin). [7]

Betäubungs|mittel (BtM): gemäß Betäubungsmittelgesetz (BtMG) Gruppenbez. für Substanzen mit psychotropen Wirkungen, die zur psych. oder psych. und phys. Abhängigkeit führen können. Im BtMG werden die BtM eingeteilt in 3 Gruppen. In Gruppe A finden sich 9 Opioide, die vorwiegend als Analgetika eingesetzt werden, in Gruppe B 14 BtM für andere Anwendungsgebiete als die Schmerzbekämpfung, und in der Gruppe C befinden sich die in Anlage III Teil B und C genannten BtM. [7]

Betäubungs|mittel|rezept: gesetzl. vorgeschriebenes, dreiteiliges amtl. Formblatt zur Verordnung von Betäubungsmitteln, das jede zur Ausübung des ärztl. Berufes berechtigte Person bei der Bundesopiumstelle im Institut für Arzneimittel des Bundesgesundheitsamtes anfordern kann. Diese B.-Formblätter tragen auf dem Codierrand der Teile I und III die Bundesgesundheitsamt-Nummer des anfordernden Arztes und das Ausgabedatum in Verbindung mit der laufenden Nummer des Formblattes. Teil I und Teil II sind zur Vorlage in der Apotheke bestimmt, Teil III bleibt beim Verschreibenden und muß 3 Jahre gegen Entwendung gesichert aufbewahrt werden. Die B.e dürfen, außer im Vertretungsfall, nicht übertragen werden. → Betäubungsmittel-Verschreibungs-Verordnung. [7]

Betäubungs|mittel-Verschreibung: nach der → Betäubungsmittel-Verschreibungs-Verordnung darf ein verschreibungsfähiges → Betäubungsmittel nur auf einem dreiteiligen amtl. Formblatt verordnet werden. Auf dem Formular müssen folgende Angaben gemacht werden: Name, Vorname, Anschrift des Patienten (bzw. bei Verschreibung für den Praxisbedarf der Vermerk „Praxisbedarf"), Ausstellungsdatum, Bez. und Darreichungsform des Betäubungsmittels, Menge pro Packungsinhalt bzw. bei abgeteilten Betäubungsmitteln pro abgeteilter Form und Stückzahl. Diese muß in arabischen Ziffern angegeben und in Worten wiederholt werden. Gebrauchsanweisung mit Einzeldosis (ED) und Tagesdosis (TD) auf dem Rezept oder Übergabe in schriftlicher Form an den Patienten mit dem Signaturvermerk „gemäß schriftlicher Anweisung". Ungekürzte eigenhändige Unterschrift sowie Name, Berufsbezeichnung, Anschrift und Telefonnummer des verschreibenden Arztes. Verschrieben werden darf eines oder im Rahmen eines besonderen Therapiekonzeptes zwei der zugelassenen Betäubungsmittel in den festgelegten Höchstmengen für den Bedarf von bis zu 30 Tagen, jedoch je Anwendungstag nicht mehr als 1/10 dieser Mengen. In begründeten Einzelfällen dürfen für einen in Dauerbehandlung des verschreibenden Arztes stehenden Patienten die festgesetzten Höchstmengen und die Verschreibungsdauer überschritten werden. Diese Verschreibung muß innerhalb von 3 Tagen der Landesbehörde angezeigt werden. Für den Praxisbedarf dürfen Betäubungsmittel einschließlich Alfentanil, Kokain, Pentobarbital und Sufentanil bis zur Menge eines durchschnittlichen Zweiwochenbedarfs verschrieben werden. Der Verbleib muß auf amtlichen Karteikarten nachweisbar sein. 7

Betäubungs|mittel-Verschreibungs-Verordnung (BtM (VV)): 4. Novelle der Verordnung vom 1. Februar 1993 über Verschreiben, Abgabe und Nachweis des Verbleibs von → Betäubungsmitteln. 7

Beteiligung: Befugnis zur Teilnahme an der Versorgung ersatzkassenversicherter Patienten. Entsprach der → Zulassung im Bereich der Primärkassen und war von ihrem Bestehen abhängig. Wurde durch den Beteiligungsausschuß bei der → Kassenzahnärztlichen Vereinigung erteilt. Seit der Einführung des Gesundheitsstrukturgesetzes umfaßt die Zulassung zur vertragszahnärztlichen Versorgung auch die Befugnis zur Teilnahme an der zahnärztlichen Versorgung Ersatzkassenversicherter. Die B. wird nicht mehr erteilt. 24

Betriebs|kranken|kasse: spezifische Krankenkassenart; kann vom Arbeitgeber errichtet werden, wenn der Betrieb regelmäßig mindestens 450 Versicherungsverpflichtete beschäftigt. Darf den Bestand oder die Leistungsfähigkeit vorhandener Ortskrankenkassen nicht gefährden. Mitglieder sind alle im Betrieb beschäftigten Versicherungspflichtigen. Die im Betrieb tätigen Versicherungsberechtigten können als Mitglieder beitreten. 24

Beutel-Masken-Beatmung: Form der → Beatmung eines Patienten mit → Atemstillstand durch Nutzung eines → Beatmungsbeutels und einer → Beatmungsmaske. 16

Beutelrock-Bohrer (Isidor B., Dentist, München, *1847, † 1914): langer, biegsamer, flammenförmiger Bohrer zum Erweitern der Wurzelkanäle (Abb.). Wegen Perforationsgefahr nicht mehr in Gebrauch. Vgl. Bohrerformen. 1

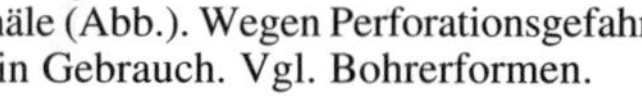

Bevölkerung: Gesamtzahl der Einwohner eines bestimmten Territoriums ohne Berücksichtigung staatlicher oder ethnischer Zugehörigkeiten. Die B.szahl wird durch umfassende Volkszählungen (Zensen) oder Stichproben (Mikrozensen) i.d.R. dekadisch ermittelt. Für die Zwischenzeit erfolgt mittels der amtlichen Geburten- und Sterbetafeln sowie Ein- und Auswanderungsstatistik eine errechnete Aktualisierung. 27

Bevölkerungs|entwicklung: → Alterspyramide. 27

Bevölkerungs|politik f: Einflußnahme des Staates auf die quantitative und qualitative Entwicklung seiner → Population mittels sozialer und gesetzgeberischer Maßnahmen. 27

Bevölkerungs|statistik f: Statistik zur Beschreibung quantitativer und qualitativer Veränderungen einer → Population. Die B. berücksichtigt also neben der Zahl der Bevölkerung auch soziale Merkmale wie Alter, Geschlecht, Familienstand, Konfessionszugehörigkeit usw. Vgl. Bevölkerung. 27

Bevölkerungs|wissenschaft: → Demographie. 27

Beweis|last: Pflicht zum Nachweis von Tatsachen im Rechtsverkehr, trifft denjenigen, der einen Anspruch geltend macht. Im Kunstfehlerprozeß beim Patienten. Wegen Grundsatz der Waffengleichheit aber z.T. Beweislastumkehr bei Verletzung von zahnärztlichen → Berufspflichten als Ursache für Schaden (z.B. unterlassene Aufklärung) oder bei schuldhaften groben Behandlungsfehlern. Bei typischen Geschehensabläufen Anscheinsbeweis. Vgl. Kunstfehler. 24

Bewertung: in der medizinischen Informatik (→ Informatik, medizinische) eingesetzte Verfahren zur Beurteilung der Benutzbarkeit und Nützlichkeit von med. Informationssystemen; vgl. Arzneimittelinformationssystem. 26

Bewertung, analoge: Berechnung einer nicht in den amtlichen Gebührenordnungen enthaltenden Leistung durch Ansatz einer hinsichtlich des Zeit- und Materialaufwandes sowie des Schwierigkeitsgrades gleichwertige Position. Für nicht in der → Gebührenordnung Zahnärzte (GOZ) beschriebene Leistungen gelten weiterhin die Bestimmungen der alten Gebührenordnung Ärzte (GOÄ). 25

Bewertungs|ausschuß: Gremium, bestehend aus 7 von der KZBV bestellten Vertretern sowie je einem von den Bundesverbänden der Krankenkassen, der Bundesknappschaft und den Verbänden der Ersatzkassen bestellten Vertreter zur Festsetzung des einheitlichen Bewertungsmaßstabs für die vertragszahnärztlichen Leistungen (→ Bewertungsmaßstab) nach § 87 SGB V. Wird zum erweiterten Bewertungsausschuß durch Erweiterung um einen unparteiischen Vorsitzenden und 4 weitere unparteiische Mitglieder, wenn einstimmige Beschlußfassung nicht zustande kommt. 24

Bewertungs|maß|stab: Abk. Bema; dient der relativen oder auch absoluten Bewertung zahnärztlicher Leistungen, letztere wird → Gebührenordnung für Zahnärzte genannt. Im vertragszahnärztlichen Bereich wurde zwischen den Vertragspartnern der einheitliche B. (Bema) als Anlage zum → Bundesmantelvertrag (Zahnärzte) entsprechend dem → SGB V zur Bewertung vertragszahnärztlicher Leistungen durch Zahlen ausgehandelt. Er enthält die Bema-Nummer, die Leistungsbeschreibung, die Abkürzung und die → Bewertungszahl. Diese ergibt durch Multiplikation mit dem → Punktwert das Honorar in DM. Der Punktwert wird zwischen den Vertragspartnern entsprechend den im SGB V genannten Kriterien in meist jährlichem Turnus ausgehandelt. Der B. besteht aus fünf Teilen: konservierende, chirurgische und röntgenologische Leistungen (1), Kieferbruchbehandlung (2), kieferorthopädische Behandlung (3), Parodontosebehandlung (4) und Zahnersatz (5); die entsprechende Bezeichnung im Ersatzkassenvertrag lautet A bis E. Ergänzt wird der Bema-Text durch „Beschlüsse und Feststellungen der Arbeitsgemeinschaft KZBV - VdAK/AEV nach § 22 des Zahnersatzvertrages“, der „Technischen Kommission gem. Anlage 5 zum BMV-Z“, „Richtlinien des Bundesausschusses der Zahnärzte und Krankenkassen“ sowie verschiedene „Gemeinsame Rundschreiben“ der Vertragspartner. Zum Bema-Text gibt es ergänzende Kommentare, die von den → Kassenzahnärztlichen Vereinigungen erarbeitet und von den Krankenkassen (inoffiziell) anerkannt werden. [25]

Bewertungs|zahl: drückt das relative Wertverhältnis der einzelnen vertragszahnärztlichen Leistungen zueinander aus. Durch Multiplikation mit dem vereinbarten → Punktwert ergibt sich das Honorar für die einzelne Leistung. [25]

Bewußtlosigkeit: Alarmsymptom der → Vitalfunktion Bewußtsein: Ausfall der Reaktionen auf Ansprache oder kräftigen Schmerzreiz. Ursachen können neurologischer oder kardio-pulmonaler Genese sein. Vgl. Fremdkörper, Aspiration, Herz-Kreislauf-Stillstand, Intoxikation, Hypoxie, Koma. [16, 33]

Bewußt|sein: Gesamtheit der dem Menschen gegenwärtigen psychischen Vorgänge. Psychiatrisch: voller Grad von Klarheit, Fülle, Beweglichkeit, Ablauftempo und Rangordnung inneren Erlebens. [13]

Bewußtseins|störung: Sammelbegriff für Zustände, in denen keine volle Bewußtseinsklarheit vorliegt. Unterschieden werden qualitative B.en (→ Verwirrtheit, → Dämmerzustand, → Delir) und quantitative B.en (→ Benommenheit, → Somnolenz, → Sopor, → Koma). Bei beiden Kategorien kann → Amnesie auftreten. [33]

Bezold-Jarisch-Reflex (Albert von B., Otol., Jena, Würzburg, *1836, † 1868; Adolf J., Physiol., Innsbruck, *1891, † 1965) m: reflektorischer Mechanismus zur Steuerung des Kreislaufs durch Presso- und Chemorezeptoren. Hemmung der Herzleistung, einhergehend mit Blutdrucksenkung und Pulsverlangsamung über die sensiblen Rezeptoren der Herzmuskulatur und des Vasomotorenzentrums, Reizung durch O_2-Mangel, Druckanstieg u.a. [20]

Bezugs|punkte, anthropo|logische: → Meßpunkte. [5]

Bi: chem. Bezeichnung für Bismutum, → Wismut. [23]

bi|alveolär: die Alveolarfortsätze des Ober- und Unterkiefers betreffend, z.B. b.e → Protrusion, b.e → Retrusion. [5]

Bichat-Fettpfropf (Marie Fr. Xav. B., Anatom, Paris, *1771, † 1802): rundlicher Fettpfropf in der Wange vor dem Musc. masseter, Corpus adiposum buccae. [9]

Biege|festigkeit: Biegegrenze, -spannung; Widerstand von Werkstoffen gegen Kräfte, die senkrecht zu deren Längsachse angreifen, bzw. die Spannung, die hierbei im Werkstück auftritt. [4]

Biegungs|bruch: durch starke Biegungsbeanspruchung des Knochens entstandener Bruch. [2]

Bienen|wachs: Ausscheidungsprodukt aus Drüsen der Honigbiene. Roh gelb bis braun, gebleicht weiß. Chem.: Gemisch von Zerotinsäure-Palmitinsäure-Myrizylester. Spez. Gew. 0,960-67, Schmelzpunkt 63-66 °C. Verleiht als Beimischung zu Wachsen Geschmeidigkeit und Modellierbarkeit. [4]

Biermer-An|ämie (Anton B., Anat., Breslau, *1827, † 1892) f: → Anämie. [20]

Bier-Stauung (August Karl G. B., Chir., Berlin, *1861, † 1949) (1892): Stauungshyperämie als Heilmittel bei Entzündungen, durch Anlegen einer Gummibinde, z.B. um den Hals bei Gesichtsfurunkel. [2]

Bifidus|bakterien f pl: anaerobe, säurebildende, V-förmig verzweigte, den → Aktinomyzeten verwandte Stäbchenbakterien; bilden die normale Darmflora des natürl. ernährten Säuglings. Auch im Darm des Erwachsenen; in der Mundhöhle Bifidobacterium dentium. [8]

Bi|furkation f: Gabelung eines Röhrenorgans, z.B. der Wurzeln oberer Prämolaren oder unterer Molaren (Bifurcatio radicis dentis). Vgl. Trifurkation. [30]

Bi|geminie f: im Zusammenhang mit der → Extrasystole auftretender Doppelschlag, dem eine kompensatorische Pause folgt. [34]

Bi|kus|pidat m: durch zwei Kauhöcker gekennzeichneter Zahn. Vgl. Dentes praemolares. [30]

Bi|kuspidaten|zange: → Prämolarenzange. [2]

Bild|analyse, rechner|gestützte f: Methode, bei der ein Computer die durch ein bildgebendes Verfahren entweder direkt (→ Computertomographie, → Kernspinresonanztomographie) oder indirekt (mikrodensitometrische Röntgenfilmauswertung) gewonnenen elektrischen Signale nach verschiedenen (auch interaktiv veränderbaren) Gesichtspunkten bewertet. Möglich sind u.a. Kontrastverstärkung, Unterdrückung unerwünschter Störsignale oder Einfärbung signalgleicher Bildareale (→ Äquidensitometrie). Auch lassen sich aus den Signalen eines Computertomographen dreidimensionale Darstellungen errechnen, die z.B. für die Operationsplanung in der Kieferchir. bedeutsam sind. 14

biliär (lat.): die Galle betreffend. 12

Bili|rubin n: gelbroter Gallenfarbstoff, Bildung aus dem Hämoglobin zerstörter Erythrozyten im → RES (Hauptmenge), Protoporphyrin und Zellhäminen (sehr wenig), Erythroblasten, die im Knochenmark untergehen. Dann Transport zur Leber unter Albuminbindung als indirekt reagierendes B., dort Entkoppelung vom Albumin, Veresterung mit Glukuronsäure, Ausscheidung des konjugierten B.s in die Gallenkapillaren, durch die Gallenwege in den Darm. Im Darm Reduktion zu Urobilinogen, Oxidation zu Urobilinen, Ausscheidung der Hauptmenge durch den Stuhl. Enterohepatischer Kreislauf: Teilrückresorption des Urobilinogens über Pfortader, Wiederausscheidung mehr durch die Leber, weniger durch die Nieren. Vermehrte Urobilinogenurie bei gestörter Exkretion durch die Leber (Leberschaden), kein Urobilinogen im Stuhl und Harn bei totalem Gallengangsverschluß. 20

Bili|rubin|urie f: Auftreten von Bilirubin im dadurch bierbraun verfärbten Harn bei hepatozellulärem Ikterus (akute chronische Hepatitis, dystrophische Schübe bei Zirrhose). 20

Bili|verdin n: Oxidationsprodukt des → Bilirubins. 29

Billroth-Batist (Christian B., Chir., Wien, *1829, † 1894) m: gelber, wasserundurchlässiger Stoff für feuchte Verbände u.ä. 2

Billroth-Gemisch: Narkotikum, bestehend aus 3 Teilen Chloroform, 1 Teil Alkohol und 1 Teil Äther. 2

Billroth-Operation f: teilweise Magenresektion und Vereinigung des Stumpfes mit dem → Duodenum (*Billroth* I) oder mit der obersten Schlinge des Jejunums (*Billroth* II). 2

bi|lobär: zweilappig. 9

bi|maxillär: Ober- und Unterkiefer betreffend, z.B. b.e → Protrusion. 5

Bi|metall n: miteinander verbundene Metallstreifen mit verschiedenen Wärmeausdehnungskoeffizienten. Ihre Krümmung bei Temperaturänderung wird für Meßzwecke und Schaltungen ausgenützt. 10

Bimler-Gebiß|former (Hans-Peter B., Kieferorth., Wiesbaden, *1916): → Gebißformer. 5

Bims|stein (SO_2, Al_2O_3, Fe_2O_3): schaumig aufgeblähte, erstarrte Lava, reich an Kieselsäure; dient pulverisiert als Schleifmittel. *Mohs*-Härteskala: 5-6. 4

Binde|gewebe: Form des Stützgewebes, an dem die Grundsubstanz flüssig ist. Es kann sein: straff, reich an Kollagenfasern (Sehnen, Bänder), elastisch, reich an elastischen Fasern (Nackenband), retikulär, reich an Retikulinfasern (Lymphknoten) oder locker, arm an Fasern (Tunica submucosa); vgl. Bindegewebszellen. 9

Binde|gewebs|kapsel, peri|implantär: bindegewebige Umscheidung eines enossalen Implantates (→ Implantat, enossales) anstelle der → Osseointegration. Ursache für die Entstehung einer B. ist meist eine thermische Knochenschädigung bei der Präparation des Implantatbettes aufgrund zu hoher Drehzahl und/oder zu starkem Andruck des Fräsers oder Bohrers oder mangelnder Kühlung. 18

Binde|gewebs|knochen: → Faserknochen. 9

Binde|gewebs|knorpel: → Faserknorpel. 9

Bindegewebs|krankheiten: → Kollagenosen. 20

Binde|gewebs|tumor m: mesenchymale Geschwulst; → Fibrom, → Fibrosarkom. 32

Binde|gewebs|zellen: Zellen, die im → Bindegewebe vorkommen. Einige sind ortsansässig: → Fibroblasten, → Fibrozyten, → Retikulumzellen, → Histiozyten, und bilden einen Zellverband, andere sind frei: → Mastzellen, → Makrophagen, → Plasmazellen, Fettzellen und die verschiedenen Formen von → Leukozyten. 9

Binde|haut: → Konjunctiva. 9

Binder-Syndrom (Karl-Heinz B., Za., Ludwigshafen, 1962) n: → Dysostosis maxillonasalis. 3

Bindung: Masse, die bei → Schleifern die einzelnen Körner aneinander oder an einen Trägerkörper bindet. Bindungsmittel bestehen u.a. aus Kunstharz, Magnesit, Keramik oder Metall. Man unterscheidet danach keramische, organische oder metallische B. 21

Bindung, chemische: der Zusammenschluß von Atomen oder Ionen zu Molekülen. Man unterscheidet 1. die heteropolare oder salzartige und 2. die homöopolare Bindung (primäre Bindungen) sowie die metallische Bindung. Daneben können Nebenvalenzkräfte wirksam werden (Dipolwirkungen, → van-der-Waal-Kräfte). 23

Bing-Kopfschmerz|syndrom (Neurol., Basel,

*1878, † 1955): *Horton*-Syndrom, Erythroprosopalgie, Cluster-Kopfschmerz. Anfallsweise auftretender halbseitiger Kopfschmerz im Bereich von Stirn und Auge mit begleitender Rötung, Miosis und Tränenfluß. Wiederholt sich in Anfallsserien, die meist nachts beginnen, nach längeren, auch mehrjährigen Remissionen. Männer häufiger befallen als Frauen. Beginn im 3. Lebensjahrzehnt. Differentialdiagnose: Migräne, Trigeminusneuralgie, Glaukom. [34]

bio|aktiv: Eigenschaft von Implantatmaterialien, die aufgrund ihrer chemischen Zusammensetzung Reaktionen im umliegenden Knochen auszulösen vermögen. [18]

Bio|äqui|valenz f: Gleichwertigkeit zweier → Arzneiformen mit gleichem Wirkstoff hinsichtl. der → Bioverfügbarkeit. [7]

Bioceram®-Blatt|implantat n: Blattimplantat aus monokristalliner → Aluminiumoxidkeramik; vgl. Implantattypen, Implantatformen. [18]

Bioceram®-Schrauben|implantat n: schraubenförmiges → Implantat aus monokristalliner → Aluminiumoxidkeramik; vgl. Implantattypen. [18]

Bio|chemie f: Lehre von der chem. Zusammensetzung organischer Körper und von den chem. Vorgängen in denselben. [23]

Bio|chemische Pharmako|logie f: Teilgebiet der Pharm., das sich mit der Aufklärung der molekularen Wirkungsmechanismen von Arzneistoffen befaßt. [7]

Bio|degradation f: Abbau von implantierten Materialien durch den Organismus (Korrosion, Lösung oder Resorption); vgl. Metallose. [18]

Bio|feed|back (engl.) n: verhaltensmedizinische Technik der rückmeldenden Darbietung von körpereigenen psychophysiologischen Daten, mit deren Hilfe Patienten willkürliche Kontrolle von psychosomatisch relevanten Funktionen erreichen können. Vgl. Lernen, Verhaltensmedizin und Verhaltenstherapie. [13]

Bio|gene Amine n pl: Gruppenbez. für körpereigene, durch Decarboxylierung von Aminosäuren im Organismus entstandene Mono- und Diamine. [7]

Bio|glas: amorphe apatithaltige Glasarten, die nach → Implantation vom lebenden Gewebe toleriert werden. Problematisch sind die mechanischen Eigenschaften (geringe Bruchfestigkeit). [18]

bio|inert: Eigenschaft von Materialien, sich im biologischen Milieu → inert zu verhalten. Der vitale Knochen lagert sich b.en Materialien nach → Implantation direkt an, es kommt jedoch nicht zu einer Reaktion zwischen → Implantatmaterial und Lagergewebe. [18]

Bio|kata|lysatoren m pl: vorwiegend → Enzyme, die chemische Reaktionen im Organismus in Gang bringen. [20]

Bio|kompatibilität f: Gewebeverträglichkeit; Zusammenpassen von Werkstoff (Material) mit biologischem Gewebe; z.B. angemessene Gewebereaktion an der Grenzfläche zum dentalen Implantat im Gingivabereich und im knöchernen Lagergewebe; → Osseointegration. [4, 18]

Bio|logie f: im allgemeinen Sinne „Lehre vom Leben", Wissenschaft vom Bau und von der Physiologie der Lebewesen sowie ihrer Beziehungen zueinander und zur Außenwelt. Jede Funktion, die für den Ablauf normaler Vorgänge nötig und wichtig ist, ist eine biologische (naturgerechte). [9]

bio|logischer Wirkungs|grad: → Wirkungsgrad, biologischer. [5]

Biolox®-Implantat n: schraubenförmiges Implantat aus polykristalliner → Aluminiumoxidkeramik nach *Brinkmann;* vgl. Implantattypen. [18]

Bio|mathematik f: in der Biologie und Medizin angewandte mathematische Verfahren zur Modellbildung. [26]

Bio|mechanik f: Anwendung der grundlegenden mechanischen Gesetze auf die Bewegungsabläufe der belebten Welt. Wichtig bei der Planung, Anwendung und Dimensionierung kieferorth. Kraftapplikationen. [5]

Bio|met m: Abk. für biometrischer Mittelwert im Gegensatz zum naturwissenschaftlichen Regel- bzw. Normbegriff. Biometgebißwinkel: → Gebißwinkel. Biometgesicht: Mittelwert-, Norm- oder Durchschnittsgesicht in der Dreiteilung der

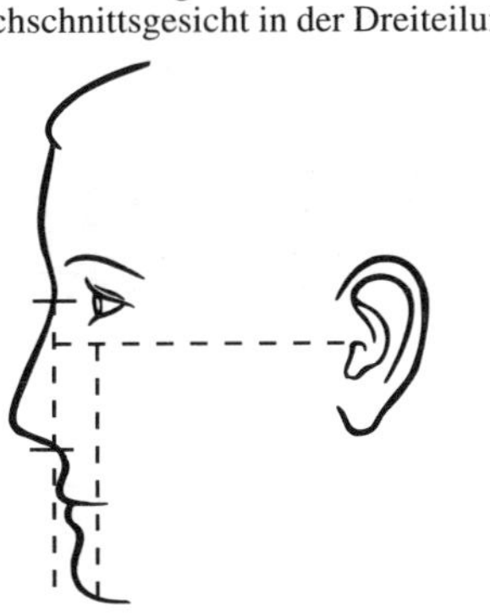

Gesichthöhe in drei etwa gleiche Teile nach *Hallmann.* 1. Stirnhöhe zwischen Haaransatz (Trichion) und Nasenpunkt (Nasion); 2. Nasenhöhe zwischen Nasion und Subnasale; 3. Kieferhöhe zwischen Subnasale und Kinnpunkt (Gonion). Biometgesicht in sagittaler Beziehung: → Gesichtigkeit. Biometprofilfeld: Mundmittelfeld, das je nach der Tiefe des Nasensattels verschieden breite Feld zwischen Orbital- und Nasensenkrechten (Abb.). In ihm liegen die durchschnittlichen Umrisse der Mundgegend beim Erwachsenen mit Durchschnitts-(Biomet-)Gesicht. 5

Bio|metrie f: Messen von biologischen, biomedizinischen Vorgängen oder Untersuchungsobjekten mit Methoden der → Biomathematik und → Statistik. Dazu werden Verfahren zur Versuchsplanung, Versuchsdurchführung und Auswertung herangezogen. Weitere Verfahren sind → Simulation und Schätzung. Ergebnisse sind → Parameter, z.B. → Mittelwerte (= Biomet), → Perzentile. 26

Bio|morphose f: sog. Lebenswandlung; die physiolog. alternsbegleitenden Veränderungen hinsichtlich Gestalt und Struktur eines Organismus im Laufe des Lebens. 27

Bio|nator m: von *Balters* 1952 entwickelt: kieferorth. Entwicklungshilfe mit Lippen- und Zungenbügel ohne Schraube in drei Grundformen (Abb.): 1. das Grundgerät bei Störungen in Höhe,

Grundgerät

Abschirmgerät

Umkehrgerät

Tiefe, Breite (dreidimensional), z.B. bei Distallage, Deckbiß, Kompression; 2. das Abschirmgerät bei frontal offenem Biß (Lutschunarten, Zungenfehlfunktion), Lückenstand, Zahnachsendrehungen; 3. das Umkehrgerät bei Unterkiefervorstand, Oberkieferrücklage und Kopfbiß. Die Geräte wirken nicht aktiv, sondern sollen durch Neuorientierung aller Mundraumfunktionen und bei gesicherter Unterkieferhaltung auch in der → Ruheschwebe, d.h. durch Enthemmung, die Voraussetzungen für eine gesunde Gebißentwicklung schaffen. 5

bio|pro|gressive Technik f: von *Ricketts* und *Gugino* entwickelte kieferorth. Behandlungstechnik mittels festsitzender umlaufender Bögen und Teilbögen. Typisch ist der → Utility-arch, der an den Molaren und Frontzähnen befestigt ist. → Verankerung durch Wurzeltorque (→ Torque), → Toe-in, → Tip-back und Expansion. 5

Biopsie f: Entnahme von Gewebe am Lebenden zur histologischen oder zytologischen Untersuchung, z.B. durch Punktion (Nadelbiopsie), Saugen (Saugbiopsie), → Probeexzision mit dem Skalpell oder endoskopisch (Zangenbiopsie). 32

Bi|orbital|punkt: Schnittpunkte der Verbindungslinie beider → Orbitale mit der → Raphe-Median-Ebene. Anzuwenden, falls die beiden Orbitalpunkte in verschiedenen → Frontalebenen liegen. Vgl. Gnathostat. 5

bio|reaktiv: Eigenschaft von → Implantatmaterialien, mit vitalem Knochen eine chemische Bindung einzugehen. Es finden Ionenaustauschvorgänge zwischen Knochen und Implantat statt, die zu einer → Biodegradation des Implantatwerkstoffes führen. 18

Bior|rheuse f: der dem biologischen → Alter entsprechende, stufenlose „Lebensfluß". 27

Bio|stabilität von dentalen Implantaten f: Materialeigenschaft von → dentalen Implantaten, möglichst geringe Implantatveränderungen durch eine Reaktion mit dem umliegenden Gewebe oder Milieu (über Korrosion, Lösung oder Resorption) mit möglichen Sekundärveränderungen im Organismus wie → Metallose oder → Biodegradation zu verursachen. 18

Bio|stimulation f: bislang postulierte, wissenschaftlich jedoch noch nicht nachgewiesene stimulierende Wirkung niederenergetischer Laserstrahlung (→ Softlaser, → Midlaser) auf verschiedene biologische Prozesse und Systeme mit z.Z. noch unbekanntem Wirkungsmechanismus. 31

Bio|stimulatoren m pl: → Zelltherapie. 20

Biotes®-Implantat n: schraubenförmiges, zweiphasiges → Titanimplantat nach *Brånemark;* vgl. Implantattypen. 18

bio|tolerant: Werkstoffeigenschaft von → Implantaten, die zu einer bindegewebigen Umscheidung nach Insertion in den Knochen führt. Diese scheint durch Fremdkörperreaktionen oder geringgradige → Metallosen bedingt zu sein. 18

Bio|top m oder n: Lebensraum, der verschiedenartigen Organismen die ihnen zusagenden Lebensbedingungen bietet, wie z.B. die Mundhöhle bestimmten Bakteriengruppen. 8

Bio|transformation f: Metabolisierung; Pharm.: chem. Veränderungen von Pharmaka durch enzymat. Reaktionen (→ Funktionalisierungsreaktionen und/oder → Konjugationsreaktionen), wodurch chem. Verbindungen (→ Metabolite) entstehen, die pharmakodyn. ebenfalls wirksam (z.B. → Diazepam - → Oxazepam), weniger wirksam (→ Lidocain - Monoethylglycinxylidid), unwirksam sind (Oxazepam - Oxazepamgluconat) oder erst in die wirksame Form überführt werden. → Giftung; → Prodrug. Ausmaß und Geschwindigkeit der B. sind von genet. Faktoren abhängig und werden durch Lebensalter, Geschlecht, Ernährungszustand, Hormonstatus, Biorhythmen, patho-physiol. Zustände, Fremdstoffe usw. beeinflußt. 7

Bio|verfügbarkeit: Die B. charakterisiert die Geschwindigkeit und das Ausmaß, mit der der therapeut. wirksame Teil eines → Pharmakons aus einer bestimmten → Arzneiform im Blutkreislauf erscheint. Die B. per oral applizierter Pharmaka ist abhängig von den physikal.-chem. Eigenschaften des Pharmakons (Oktanol/Puffer, Verteilungskoeffizient, pK_a-Wert bei sauren und basischen Pharmaka, Mol-Gewicht, Struktur, Oberfläche usw.), der → Arzneiform, den physiol. Parametern des Magen-Darm-Traktes (Füllungszustand, pH-Wert, Motilität, Perfusionsrate) und dem Ausmaß des metabol. First-pass-Effektes. Sie wird bestimmt durch die Fläche unter der Plasmaspiegel/Zeitkurve (Area under the curve, AUC) oder der kumulativen Urinausscheidung. 7

Bio|verfügbarkeit (absolut): beschreibt das Ausmaß der B. eines → Pharmakons aus einer → Arzneiform im Vergleich zur intravenösen Gabe (= 100%). 7

Bio|verfügbarkeit (relativ): beschreibt das Ausmaß der B. eines → Pharmakons aus einer → Arzneiform im Vergleich zu einer Standardarzneiform. Die Bestimmung der absoluten wie auch der relativen B. erfolgt durch den Vergleich der korrespondierenden Flächen unter den Plasmaspiegel/Zeitkurven (AUC, Dost-Prinzip) oder der kumulativen Urinausscheidung. 7

Bio|zönose f: gesamte Lebensgemeinschaft, die einen → Biotop besiedelt; z.B. die Mundflora und -fauna. 8

bi|polar: 1. a l l g .: zweipolig. **2.** E l e k t r .: Teilchen, die sowohl positive, wie negative Ladungen tragen. **3.** A n a t .: Nervenzellen mit zwei Neuriten z.B. in Netzhaut und innerem Ohr. **4.** K l i n .: Spezielle Bedingungen bei der Ableitung bioelektrischer Signale, z.B. Elektrokardiogramm (EKG) oder Elektroenzephalogramm (EEG). 10

Bi|pro|trusion f: Kurzbez. für bimaxilläre → Protrusion. 5

Bi|pupillar|linie: durch die Mitten beider Pupillen gedachte Gerade, die normalerweise horizontal verläuft. Dient als Orientierung bei der → Bißnahme und der → Fotoanalyse. 4, 5

bis- (lat.): Wortteil mit der Bedeutung „zweifach, doppelt"; als Vorsilbe bi-. 23

Biskuit|brand: Brandgrad keramischer Massen, bei dem noch keine Glasur auftritt. → dentalkeramische Massen. 4

Biß: Schlußbiß; das Zusammentreffen und Ineinandergreifen der beiden Zahnreihen in der Okklusionsstellung (→ Okklusion). Auch Bez. für → Bißlage. 5

Biß|analyse f: → Gebißanalyse. 5

Biß|anomalie f: Verfehlen der regelrechten Verzahnung der Zahnreihen beim Schlußbiß (→ Okklusion), gemessen in → Prämolarenbreiten. In mesiodistaler Richtung: → Distalbiß, → Mesialbiß, → Progenie; in vertikaler Richtung: → offener Biß, → Tiefbiß; in transversaler Richtung: → Kreuzbiß, → Nonokklusion. 5

Biß|art: Art des Ineinandergreifens (oder Verfehlens) der Zahnreihen in der Schlußbißstellung (→ Okklusion). Vgl. Bißlage. 5

Biß|beziehung: vorhandene Lagebeziehung des oberen Eckzahnes zum unteren Eckzahn und des oberen Molaren zum unteren Molaren ungeachtet der wahren (durch Umdenken festgestellten) → Bißlage. Vgl. Okklusion. 5

Biß|ebene: → Okklusionsebene. 5

Biß|erhöhung: → Bißhebung. 5

Biß|flügel|aufnahme: intraorale Röntgenaufnahme mit speziellem → Bißflügelfilm, bei der

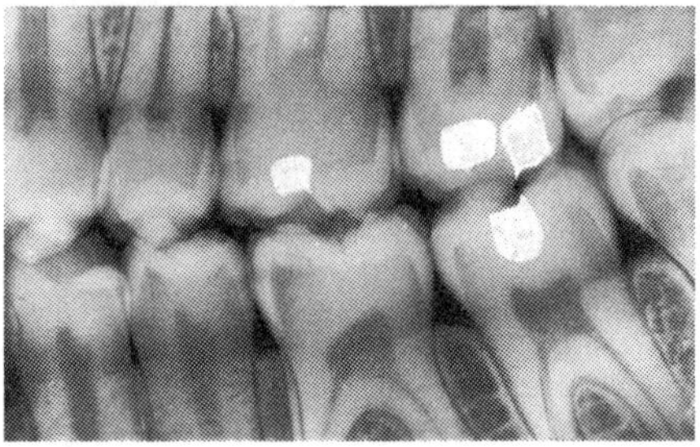

Bißflügelaufnahme der Seitenzähne im 2. und 3. Quadranten

die Kronen, die zervikalen Wurzelabschnitte und die marginalen Parodontien einer Seite des Ober- und Unterkiefers zugleich abgebildet werden (Abb.). Zur Ermittlung beginnender → Approximalkaries, zur Kontrolle von Kronen- und Füllungsrändern und zur Diagnostik des parodontalen → Interdentalraumes 14

Biß|flügel|film: engl. bitewing film; von *H. R. Raper* 1925 entwickelter, spezieller intraoraler Röntgenfilm zur Anfertigung von → Bißflügelaufnahmen. Der Patient beißt zur Fixierung des

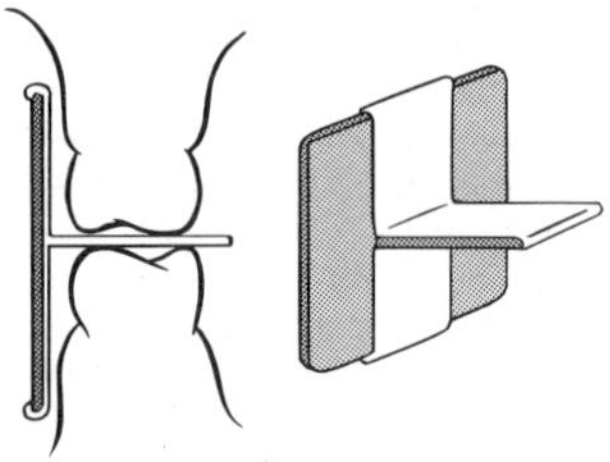

Bißflügelfilm aus Zahnfilm und Klebestreifen

Filmes auf den in der Mitte des Filmes angebrachten Flügel. Aufnahmetechnik auch möglich mit normalem Zahnfilm, um den ein Klebeband gelegt wird (Abb). 14

Biß|formen des Neu|geborenen: Einteilung der sagittalen Lagebeziehungen von Ober- und Unterkiefer beim Neugeborenen. Nach *A. M. Schwarz* sind drei Typen je nach Größe und Neigungswinkel des → inzisalen Plateaus zu unterscheiden: 1. flacher oder steiler Stufenbiß, hiervon ist der flache Stufenbiß mit schräg vorwärts gerichteten Zahnkeimen die günstigere Voraussetzung für eine gesunde Gebißentwicklung, während beim steilen Stufenbiß mit steiler Keimlage eher die Gefahr ungenügenden Vorwachsens des Unterkiefers und Verpassens der Milchschneidezähne besteht (→ Tiefbiß); 2. Schachtelbiß, als Abart des steilen Stufenbisses ist er der Vorläufer des genuinen → Deckbisses im Milchgebiß, zeigt jedoch eine ausgereifte Kieferbildung; 3. progener Biß, eine sehr seltene unreife Form, ist als persistierende embryonale → Progenie aufzufassen, die sich durch geringe Wachstumstendenz normalisieren kann. 5

Biß|hebung: Vergrößerung des Abstandes zwischen Ober- und Unterkiefer in der Vertikalebene. **1.** Physiol. in drei Phasen: a. mit dem Durchbruch der Milchmolaren, b. mit dem Durchbruch der ersten Molaren, c. mit dem Durchbruch der Prämolaren und zweiten Molaren. **2.** Kieferorthopäd.: therapeutische B. durch aktive Maßnahmen (mittels aktiver kieferorth. Apparaturen) oder passiv (mittels → Funktionskieferorthopädie). **3.** Prothet., wenn der Biß beim Erwachsenen infolge → Abrasion der Kauflächen oder Verlust der seitl. Zahnreihen (Stützzonen) gesenkt war. Ein derart geschädigtes Gebiß kann durch proth. Maßnahmen, evtl. unter gleichzeitigem Vorbringen des Unterkiefers bis zur früheren Kieferrelation wieder funktionstüchtig gemacht werden. Geeignete Mittel: → Aufbißschienen, Kronen, Brücken, Onlays, abnehmbare, möglichst abgestützte Prothesen. Gegebenenfalls muß die B. in mehreren Etappen erfolgen, um die Anpassungsfähigkeit der Kiefergelenke nicht zu überfordern. Vgl. Bißsenkung. 4, 5

Biß|höhe: der individuell unterschiedliche Vertikalabstand zwischen Ober- und Unterkiefer in Schlußbißstellung. Kann bestimmt werden durch Messung des Abstandes zwischen → Subnasale und → Gnathion. Die normale B. besteht nach Abschluß des Zahndurchbruchs. Vgl. Bißhebung, Bißsenkung. 5

Biß|lage: tatsächliche sagittale Lagebeziehung des Unterkiefers zum Oberkiefer. Die B. stimmt nur dann mit der → Okklusion überein, wenn keine sagittalen Verschiebungen von Seitenzähnen vorliegen. Diese werden bei der → Gebißanalyse über den sagittalen → Symmetrievergleich entdeckt. Die B. muß - im Gegensatz zur Okklusion - für alle Zähne gleich sein. Allerdings gibt es seitenungleiche B.n infolge mandibulärer Verschiebung. Physiol. B.: Regelbiß, Eugnathie, Neutralbiß. Patholog. B.: → Bißanomalien. 5

Biß|luxation f: → Zwangsbiß. 5

Biß|marke: charakteristische, durch Beißen entstandene Spuren auf der Haut, Schleimhaut und an Gegenständen, die zur Verbrechensbekämpfung fixiert werden müssen. Sicherung durch maßstabgerechtes Farbfoto und/oder Abdrücke oder Folien. Beurteilung nur durch Spezialisten. Wegen Hautturgorveränderungen Befundwiederholung nach 1 und 2 Stunden. 28

Biß|nahme: Kieferrelationsbestimmung; Maßnahme zur dreidimensionalen Festlegung der Unterkieferposition gegenüber dem Oberkiefer und zur Orientierung der Kiefer zum Schädel. Meist wird bei der B. die Schlußbißlage angestrebt, → Schlußokklusion. Die Bestimmung der vertikalen Kieferbeziehungen geht von der → Ruheschwebe aus, die der horizontalen wird mit Hilfe des → Pfeilwinkels oder eines → Checkbisses bestimmt. Vgl. Axiographie, Pantographie, Gesichtsbogen, Scharnierachsenlokalisator, *Dawson*-Griff, Okklusion, Zentrik. 4

Biß, offener: → offener Biß. 5

Biß|schablone f: dem Kiefer angepaßte, mit Wachswall versehene Kunststoff- oder Schelllackplatte (Basisplatte), etwa in Form und Größe der zukünftigen Prothese. Durch Einbiß der Gegenzähne in den erwärmten Wachswall oder durch Einstellen einer oberen und unteren Bißschablone im Mund wird die Lagebeziehung der Kiefer zueinander festgelegt. → Bißnahme. [4]

Biß|senkung: Verkürzung des Vertikalabstandes (Vertikaldimension) von Ober- und Unterkiefer zueinander, die durch Abrasion der Zahnkauflächen, ferner nach umfangreichen Extraktionen, die zum Verlust mehrerer Stützzonen geführt haben, eingetreten ist. Die Bißsenkung geht meistens mit einer Rückverlagerung des Unterkiefers einher. Vgl. Bißhebung, Tiefbiß. [4]

Biß|sperre: Kiefersperre; Unfähigkeit, die Zahnreihen in die Schlußbißstellung zu bringen. Traumatisch durch → Luxation eines oder beider Kiefergelenksköpfchen, weiter bei Kiefermißbildungen (→ offener Biß) und als Fehlresultat einer kieferorthopäd. Behandlung oder eines Zahnersatzes. In der Kieferorthopädie auch als vorübergehende therapeutische Maßnahme durch Einsetzen einer → schiefen Ebene oder einer → Aufbißplatte bzw. eines funktionskieferorthopäd. Apparates. [2]

Biß|spur|aufnahme: fotografische Aufnahme aus dem Bereich der Forensik, bei der die Spuren eines Einbisses festgehalten werden. [17]

Biß, tiefer: → Tiefbiß. [5]

Biß|verletzung: Folge eines → Krampfanfalles (Zungenbiß) oder einer vor allem bei Kindern auftretenden Komplikation nach einer Lokalanästhesie. Durch Beißen, Kauen oder andere Manipulationen im anästhesierten Gebiet entstehen Verletzungen der oralen Schleimhaut oder der Lippen. Erscheinungsbild: zentral ein grauweißes Gebiet, umgeben mit einem roten Rand, oft begleitet von erheblicher Schwellung. Therapie: Spülungen mit physiol. Kochsalzlösung; evtl. palliativ anästhesierende Salbe. [16, 29]

Biß|verschiebung: physiologische Veränderung der sagittalen Lagebeziehungen von Ober- und Unterkiefer während der Gebißentwicklung. Die 1. physiolog. B. ist die Vorentwicklung des Unterkiefers beim Säugling aus der Rücklage in eine Regelbißlage, bei der die beiden Kieferkämme im Frontzahnbereich einander gegenüberstehen. Die 2. physiolog. B. entsteht durch die Verlängerung des oberen Milchzahnbogens, wodurch eine Mesialverschiebung des Unterkiefers ermöglicht wird und die 1. Molaren sich in Regelstellung einstellen können (→ *Zielinsky*-Modus). Im bleibenden Gebiß tritt nach *A. M. Schwarz* eine 3. physiolog. B. auf. In der Kieferorthopädie wird mit B. auch eine therapeutische Veränderung der → Bißlage bezeichnet. [5]

Biß|zügler: von *van Thiel* entwickeltes bimaxilläres aktivfunktionelles Gerät, das mit Klammern im Unterkiefer befestigt und mit einer Dehnschraube versehen ist. [5]

Bite|wing film (engl.) m: → Bißflügelfilm. [14]

bi|venter (lat.): → digastricus; doppelbäuchig. [9]

Bizzozero-Knötchen (Giuglio B., Pathol., Padua, Turin, *1846, † 1901): → Desmosomen. [9]

Björk-Formel: Messung aus der → FRS-Analyse. Die Länge der vorderen Schädelbasis (S-N) soll der Länge der Unterkieferbasis entsprechen. Die Unterkieferbasis darf höchstens 5 mm länger sein als die Schädelbasis: S-N : Pog-Go = X : (X + 5 mm). [5]

Björk-Winkel: → Summenwinkel. [5]

BKK: Abk. für **B**etriebs**k**ranken**k**asse. [25]

B-Kontakt: Kontaktpunkt zwischen den Stützhöckern zweier → Antagonisten. [4]

BKS: Abk. für **B**lut**k**örperchen**s**enkungsgeschwindigkeit, → Blutsenkungsreaktion. [20]

Black-Kaudruckmesser (Greene Vardiman B., Prof. d. Zhk., Chikago, *1836, † 1915): Dynamometer; → Kaudruck. B.-Regel der Kavitätenpräparation: → Extension for prevention (Ausdehnung als Vorbeugung). [4]

Black-Regel der Kavitätenpräparation (Greene Vardiman B., Prof. d. Zhk., Chicago, *1836, † 1915): → Extension for prevention, → Kavitätenklassen. [1]

Black stain (engl.) f: schwarze → Zahnbeläge des Milchgebisses. Vgl. Melanodontie. [1]

bland (lat.): mild, komplikationsarm, nicht entzündlich, nicht infiziert, z.B. blande Struma: nichtentzündliche, nichtmaligne, diffuse oder knotige, → euthyreote Schilddrüsenvergrößerung. [32]

Blandin-Nuhn-Drüse (Philippe B., Anat., Paris, *1798, † 1849, Friedrich N., Anat., Heidelberg, *1814, † 1889): Glandula lingualis anterior; Schleim und Speichel absondernde (muköse und seröse) Drüse an der Unterseite der Zungenspitze, die bis zur Umschlagstelle von der Zungen- zur Mundbodenschleimhaut reichen kann. [9]

Blasen|mole f: gutartige Trophoblastzellgeschwulst mit traubenförmiger Umwandlung der Plazentazotten in bis zu haselnußgroße, mit heller Flüssigkeit gefüllte Bläschen. Je nachdem ob der Tumor die Plazenta ganz oder nur teilweise erfaßt, handelt es sich um eine totale oder partielle B. Ursache unklar; gehäuft bei Erstgebärenden und Erstgebärenden mit vorangegangener Blasenmole. In 10-15% der Fälle entwickelt sich eine invasive Blasenmole mit Einwachsen von molig veränderten Zotten in das Myometrium und/oder in Blutgefäße der Gebärmutterwand (Letalität 5-10%), in 2,5-5% entwickelt sich ein Chorionkarzinom. Klinik: Blutungen in der ersten Schwangerschaftshälfte, massiv erhöhter Beta-HCG-Titer, auffallendes Mißverhältnis zwischen Schwangerschaftsdauer und Uterusgröße, Schneeflockenmuster im Ultraschallbild. 32

Blastom (gr.) n: Neoplasie, Gewächs, Tumor; gewebliche Neubildung i.S. eines eigenständigen, ungehemmten, irreversiblen Überschußwachstums. 32

Blasto|meren f pl: die durch die Befruchtung entstehenden Furchungszellen des Eies. 22

Blasto|mykose, maligne f: seltene, vorwiegend in Übersee vorkommende, durch → Blastomyzeten bedingte granulomatöse Mykose mit ernster Prognose. Beim Typ *Busse-Buschke* gibt es neben pulmonaler und septischer Verlaufsform auch einen primären Befall der Haut und Schleimhäute in Gestalt von Granulationsgeschwülsten, derben Infiltraten und nekrotischen Ulzerationen (Torulose, Kryptokokkose). Beim Typ *Gilchrist* handelt es sich um von einem primären Lungenherd ausgehende Hautmetastasen. Die Lippen sind bevorzugt befallen. Therapie: Ketoconazol oral (nizoral). 12

Blasto|myzeten m pl: Sproßpilze, Pilze, die sich durch Sprossung vermehren. Zu ihnen gehören auch die Hefen. Erkrankungen: → Soor (→ Candida albicans), → Blastomykose, maligne. Erkrankungen werden anscheinend durch Antibiotika begünstigt. 8

Blasto|porus m: Urmund; Öffnung der → Gastrula nach außen. Hat mit der endgültigen Mundöffnung nichts zu tun. 22

Blasto|zyste f: Keimbläschen; nach dem Embryonalstadium der → Morula folgende Entwicklungsstufe am 5. bis 6. Embryonaltag mit Ausbildung eines parazentral gelegenen flüssigkeitsgefüllten Hohlraumes, der zur Bildung des einschichtigen → Trophoblasten und einer inneren Zellmasse, dem → Embryoblasten, führt. 22

Blastula (gr.) f: Blastozyste, Keimbläschen; Entwicklungsstadium in der frühen Embryogenese nach der → Morula, charakterisiert durch die Ausbildung eines flüssigkeitsgefüllten Hohlraumes im Innern des Keimes. 22

Blas|versuch: → Nasenblasversuch. 2

Blättchen|test m: → Agar-Diffusionstest. 8

Blattern: alte Bezeichnung für → Pocken. 12

Blatt|feder: kieferorth. Bewegungselement, Federelement zur → Protrusion von Zähnen. Vgl. Feder. 5

Blatt|gold|füllung: → Goldklopffüllung. 1

Blatt|implantat n: → Implantatformen. 18

Blatt|säure: Zyanwasserstoff, HCN, siedet bei 26°, farblose Flüssigkeit, tötet schnell alle Tiere, nicht aber Pflanzen und nicht alle Bakterien, also das stärkste Entwesungsgas, aber kein Desinfektionsmittel. Gebräuchliche Menge 10 g/m^3. Dosis letalis 1 mg/kg Körpergewicht. 100 mg/m^3 in der Atmungsluft lebensgefährlich. 8

Blau|dia|positiv n: bewährte Form des → Schriftdiapositivs, i.d.R. mit weißer Schrift auf blauem Grund. Kann über das Diazoverfahren, durch Blautonung sowie durch Verwendung spezieller Filme (Polablue-Film, Vericolor slide film) hergestellt werden. Vorteilhaft sind die ausgeglichene Raumhelligkeit bei der Projektion sowie ein als angenehm empfundener Schrifthintergrund. 17

Blau|säure: Zyanwasserstoff, HCN, siedet bei 26°, farblose Flüssigkeit, tötet schnell alle Tiere, nicht aber Pflanzen und nicht alle Bakterien, also das stärkste Entwesungsgas, aber kein Desinfektionsmittel. Gebräuchliche Menge 10 g/m^3. Dosis letalis 1 mg/kg Körpergewicht. 100 mg/m^3 in der Atmungsluft lebensgefährlich. 34

Blau|sucht: hochgradige → Zyanose, führt zu bläulicher Verfärbung des gesamten Körpers (z.B. bei angeborenen Herzfehlern). 20

Bleeding points (engl. Blutungspunkte) m pl: → Markierungspinzette. 6

Blei: metallisches Element, Plumbum (Pb), Atomgewicht 207,21. Wichtigstes natürliches Vorkommen ist das Sulfid (PbS, Bleiglanz), aus dem es technisch gewonnen wird. Pb hat graue Farbe, ist sehr weich, schmilzt bei 327° C und ist in → Salpetersäure löslich. Früher wurde es zum Füllen der Zähne benutzt (daher der Ausdruck „Plombieren“ von franz. plomber). Pharmakologisch: → Plumbum. 10, 23

bleibende Zähne: → Dentes permanentes. 30

Bleichen der Zähne: Beseitigung der Verfärbung pulpatoter Zähne. Nach Exkavieren der gröbsten Verfärbungen mehrmalige Einlage von mit Wasserstoffsuperoxid oder auch Hypochlorit getränkten Wattepellets. Ultraviolettbestrahlung kann unterstützend wirken. Wirkt nur bei organischen Verfärbungen, Nachdunkeln möglich. Vgl. Verfärbungen der Zahnkrone. 1

Blei|glas: Glas, das wegen seines Gehaltes an Bleiverbindungen bei entsprechender Dicke für → Röntgenstrahlen undurchgängig ist, aber genügend durchsichtig bleibt. 14

Blei|gleich|wert: Bleiäquivalent; radiol. Strahlenschutzwert eines Stoffes, der in mm Bleidicke gleicher Wirkung ausgedrückt wird. So entspricht z.B. eine Ziegelwand von 11 cm Dicke 1 mm Blei. Bei zahnärztl. Röntgenaufnahmen muß der → Strahlenschutz für den Körper des Patienten unterhalb des Halses mindestens 0,4 mm aufweisen. Meist wird hierzu eine Bleigummischürze von 0,5 mm Blei verwendet. 14

Blei|saum: Halo saturninus; bläulich-schwärzliche Linie, die sich am Zahnfleischrand bei chron. Bleiintoxikation und vorhandener Gingivitis durch Einlagerung von Bleisulfid bildet. 11

Blende: Vorrichtung am Röntgengerät zur seitlichen Begrenzung des Strahlenbündels. Für Zahnaufnahmen mit intraoral eingelegtem Film

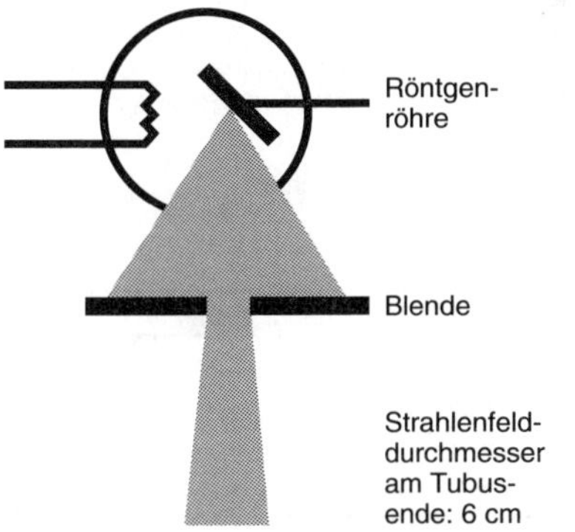

Die Blende grenzt das Strahlenfeld ein

muß die fest im → Tubus eingebaute Blende nach DIN 6811 das Nutzstrahlenbündel auf höchstens 6 cm Durchmesser im vorgeschriebenen → Brennfleck-Haut-Abstand begrenzen (Abb.). Vgl. Irisblende. 14

Blennor|rhöe f: Eiterfluß, meist bezogen auf eine eitrige Augenentzündung. 20

Ble|pharitis (gr.) f: Entzündung des Augenlids, meist des Lidrandes. 20

Ble|pharo|chalase f: Blepharochalasis; nach ödematösem Vorstadium allmählich extrem erschlaffende und dann schürzenförmig herabhängende Oberlidhaut. → *Ascher*-Syndrom. 12

Ble|pharo|spasmus m: Augenlidkrampf bei skrofulöser Lichtscheu, bei Fazialiskrampf (→ Tic), bei Tetanus und Hysterie. 8

Blick|krampf: krampfhafter Blick in eine bestimmten Richtung, meist nach oben, mit vorübergehendem Unvermögen, diese Blickstellung zu ändern. Extrapyramidale Hyperkinese, z.B. als Neuroleptikanebenwirkung, bei → *Parkinson*-Krankheit oder postenzephalitisch. 33

Blick|lähmung: Ausfall einer Augenbewegungsfunktion bei erhaltener Funktionsfähigkeit der Augenmuskeln. Konjugierte B.: assoziierte Abweichung beider Bulbi, bei Großhirnprozessen zur erkrankten Seite hin, bei pontinen Erkrankungen und bei epileptischen fokalen Anfällen zur kontralateralen Seite. Dissoziierte B.: Konvergenzlähmung; Unfähigkeit zur Einwärtsbewegung beider Bulbi. 33

Blind|darm: Intestinum caecum; das unterhalb der Einmündung des Dünndarmes gelegene Ende des Dickdarmes mit dem 6-8 cm langen Wurmfortsatz. Vgl. Appendix. 9

blind-nasale In|tubation f: Einführen eines Endotrachealtubus ohne Sicht durch die Nase, wenn Laryngoskopie nicht möglich (Ankylose der Kiefergelenke, Kieferklemme usw.). In Lokal- oder Allgemeinanästhesie. 2

Blisters (engl.) f pl: Aufwölbungen an Amalgamoberflächen, insbes. bei zinkhaltigen → Amalgamen. 1

Bloch-Sulzberger-Krankheit (Bruno B., Dermat., Basel, Zürich, *1878, † 1933; Marion Baldun S., amerik. Derm., *1885): Incontinentia pigmenti; angeborene Pigmentdermatose, bestehend in braunen und grauen reiser-, netz- oder spritzerförmigen Hautfärbungen, die Gesicht und Schleimhäute freilassen, verbunden mit multiplen Abartungen. Diese bestehen in Augenveränderungen, Hautveränderungen und Störungen in der Zahnentwicklung (verzögerte Dentition, Hypodontie, Mikrodontie, Hypoplasien, Zapfenzähne, Kieferanomalien). 12

Block: → Herzblock. 20

Block|bewegung: orthod. Bewegung einer zusammenhängenden Gruppe von Zähnen. 5

Block|verankerung: starre Zusammenfassung möglichst vieler Zähne als Widerstand gegen die kieferorthopäd. Bewegung einzelner. Vgl. Verankerung. 5

Blow-out-Fraktur f: Orbitabodenfraktur; der Inhalt der Orbita sackt dabei in die Kieferhöhle durch. 2

Blumen|kohl|tumor m: Tumor mit blumenkohlartiger Oberfläche, z.B. → Papillom. 32

Blut: Sanguis; Transportmittel, das Stoffe auf Kreislaufwegen befördert, und zwar Nahrungsstoffe und deren Abbauprodukte, Wirkstoffe (→ Vitamine, → Hormone, → Enzyme), Abwehrstoffe (z.B. → Antikörper), Gase (Sauerstoff, Kohlendioxid, Stickstoff) aber auch Wärme. Neben dieser Transportfunktion, die Blut mit allen Organfunktionen verknüpft, hat es noch die Eigenfunktionen der → Blutgerinnung, der Pufferung und, teilweise, der Abwehrfunktionen. Ge-

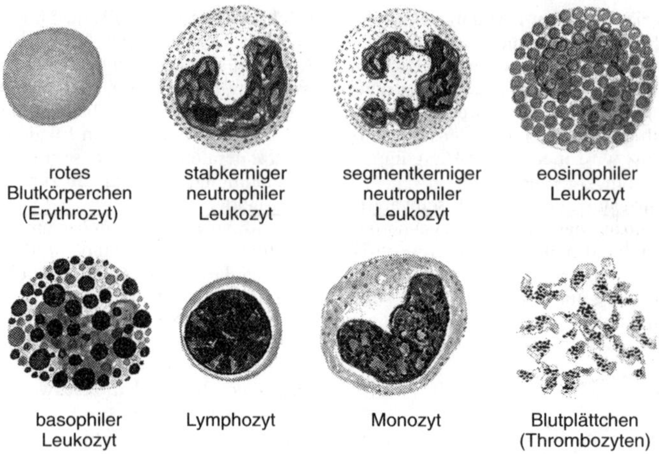

Blutbild. Abb. 1
Die einzelnen im Blutausstrich darstellbaren Blutkörperchen

samtblutmenge: physiologisch in engen Grenzen variierend, etwa 7-8% des Körpergewichts. Zusammensetzung: eine Suspension korpuskulärer Elemente (Zellvolumenanteil bzw. Hämatokrit 45%) in Plasma (55%). [20]
Blut|agar m oder n: verflüssigter Nähragar, der bei etwa 50 °C mit defibriniertem Blut (5-10%) vermischt wurde. Dient zur Züchtung anspruchsvoller Bakterien und zur Feststellung der hämolysierenden Fähigkeiten von Bakterien. α-Hämolyse: Vergrünung durch oxidative Umwandlung des Hämoglobin. β-Hämolyse: vollständige Hämolyse durch Zerstörung der Erythrozytenmembran. [8]
Blut|armut: → Anämie. [20]
Blut|austausch: → Austauschtransfusion. [20]
Blut|bank: Sammelstelle für konserviertes Blut, in der die einzelnen Blutgruppen aufbewahrt und, für 2-4 Wochen ungerinnbar gemacht, im Kühlschrank für Infusionszwecke bereitgehalten werden. [20]
Blut|bild: Hämatogramm; Nebeneinanderstellung der Hämoglobin-, Erythrozyten- und Leukozytenwerte (Erythrozyten in Millionen und Leukozyten in Tausend), Differenzierung der Leukozyten im gefärbten Blutausstrich (meist kombinierte Färbung nach *Pappenheim*) hinsichtlich der prozentualen Zusammensetzung (Abb. 1 und 2). Grundlage jeder klinischen Untersuchung des Blutes. Meist Verwendung von Vordrucken, Stempeln oder Autoanalysern. [20]

rotes Blutbild:	
Hämoglobin	14-16 g%
Erythrozyten	4,5-5,0 Mill/mm^3
Färbekoeffizient (HG_E)	32×10^{-12}g
weißes Blutbild (sog. Differentialblutbild):	
Leukozyten	7000-9000/mm^3
Basophile Leukozyten	< 1 %
Eosinophile Leukozyten	2-5 %
jugendliche Leukozyten	<1 %
stabkernige Leukozyten	< 3 %
segmentkernige Leukozyten	60-70 %
Lymphozyten	20-30 %
Monozyten	2-6 %

Blutbild. Abb. 2

Blut|bildung: → Hämatopoese. [10]
Blut|druck: Bezeichnung für den Perfusionsdruck in den großen, arteriellen Gefäßen. Der systolische B. bezeichnet den Druckwert während der Kontraktion des Herzens, als diastolischer B. wird der Druck während der Erschlaffungsphase bezeichnet. Als Normwerte gelten 120 mmHg (systolischer B.) und 80 mmHg (diastolischer B.). Regelung durch Pressorezeptoren im Arteriensystem. Vgl. Hypertonie, Hypotonie, Synkope, Schock. [10, 16]

Blut|druck|abfall: plötzlicher Abfall des systolischen → Blutdruckes unter einen kritischen Wert. Symptome: Schwindelattacken, Schwarzwerden vor den Augen, Übelkeit, Bewußtseinsverlust. Vgl. Schock, Synkope, Kollaps. 16

Blut|druck|anstieg: Ansteigen des systolischen oder diastolischen → Blutdruckes über den Normwert hinaus. Ursachen: Schmerzen, Angst, Streß, Vasokonstriktoren. Vgl. Hypertonie. 16

Blut|druck|manschette f: Gerät zur manuellen Bestimmung des → Blutdruckes. 16

Blut|druck|messung: meist nach *Riva-Rocci:* nach Anlegen einer aufblasbaren Gummimanschette mit Manometer am Oberarm Luft einpumpen, bis Radialispuls nicht mehr tastbar. Dann langsam ablassen und ablesen, wenn Puls wieder erscheint (systolischer Puls); oder nach *Korotkoff:* Auskultation in der Ellenbeuge während des Luftablassens; Auftreten des 1. Arterientons = systolischer Druck, bei weiter absinkendem Manschettendruck plötzliches Leiserwerden = diastolischer Druck. → Systole, → Diastole. 10

Blut|drüsen: Drüsen mit → Inkretion, Hormondrüsen (Hypophyse, Schilddrüse usw.). 9

Blut|eiweiß: → Albumin, → Globulin, → Eiweiß. 10

Blut|eiweiß|nachweis, biologischer: → Präzipitine. 8

Blut|erguß: → Hämatom. 2

Bluter|krankheit: → Hämophilie. 20

Blut|farbstoff: → Hämoglobin. 10

Blut|gas|analyse f: Laboratoriumsmethode zur Bestimmung der Atmungsgase Sauerstoff und Kohlendioxid sowie des Säure-Basen-Haushaltes durch Messung von pH und Bikarbonat im Blut. Dient der Erkennung von Ventilationsstörungen, Durchblutungsstörungen der Lunge sowie Krankheitszuständen, die mit einer Azidose oder Alkalose einhergehen. 20

Blut|gerinnung: Teil der → Blutstillung, ein quantitativ ablaufender Vorgang, gebunden an ein Optimum der gerinnungsfördernden Faktoren (Abb. 1) und gerinnungshemmenden Inhibitoren und abhängig von der Wechselwirkung humoraler und Plättchenfaktoren über verschiedene Phasen (Abb. 2). Vorphase: Bildung von Thromboplastin (Thrombokinase), entweder als Gewebsthrombokinase oder Blutthromboplastin vorliegend. 1. Gerinnungsphase: proteolytischer Abbau des Plasmaprothrombins unter Einwirkung von Gewebsthrombokinase, Blutthromboplastin und Kalzium zum Thrombin mit visköser Metamorphose der Thrombozyten (Verschmelzung mit Erhöhung der Klebrigkeit

Faktor I	=	→ Fibrinogen
Faktor II	=	→ Prothrombin
Faktor III	=	Thromboplastin (Thrombokinase)
Faktor IV	=	ionisiertes Kalzium
Faktor V	=	Proakzelerin (Akzeleratorglobulin = Labil factor)
Faktor VI	=	Akzelerin (aktivere Form des Faktor V)
Faktor VII	=	Prokonvertin (Prothrombin-Akzelerator)
Faktor VIII	=	antihämophiles Globulin A
Faktor IX	=	antihämophiles Globulin B (Christmasfactor)
Faktor X	=	antihämophiles Globulin C
Faktor XI	=	Plasma-Thromboplastinantecedent
Faktor XII	=	*Hagemann*-Faktor
Faktor XIII	=	fibrinstabilisierender Faktor

Abb. 1: Blutgerinnungsfördernde Faktoren

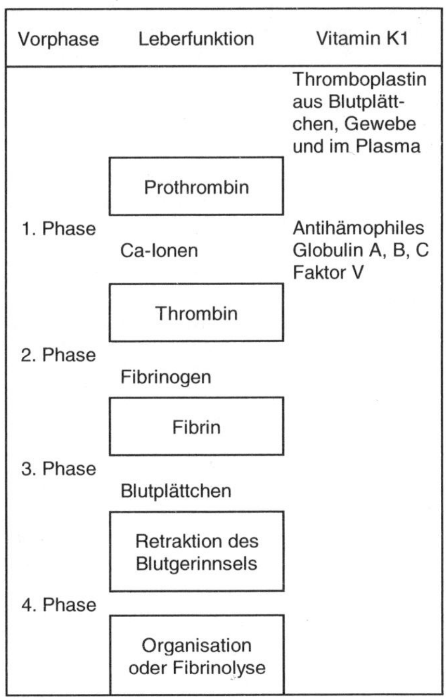

Abb. 2: Schematische Darstellung der Gerinnungsphasen

und Haftfähigkeit und Freiwerden gefäß- und gerinnungsaktiver Substanzen). 2. Gerinnungsphase: Entstehung des festen → Fibrins aus dem im Plasma gelösten → Fibrinogen unter Thrombineinwirkung. 3. Gerinnungsphase (Nachgerinnung): Retraktion des Fibrinnetzes durch Thrombozyteneinwirkung und Serumauspressung. In einer 4. Phase besteht die Möglichkeit, durch Plasminaktivierung Fibringerinnsel in Fibrinpeptide aufzulösen (z.B. Fibrinolyse durch Streptokinase). **10, 20**

Blut|gerinnungs|störungen: Störungen des normalen Blutstillungsmechanismus aufgrund einer krankhaften Blutungsbereitschaft (→ hämorrhagische Diathese). Pathogenetische Einteilung: 1. → Koagulopathien auf dem Boden einer Gerinnungsstörung; 2. → Thrombozytopathien durch mangelhafte Plättchenfunktion bzw. -zahl; 3. Angiopathien mit vorherrschender pathologischer Gefäßreaktion bei vaskulären hämorrhagischen Diathesen. B. zeigen sich in der Praxis als → Nachblutung. **20**

Blut|gerinnungs|zeit: Zeitdauer von der Entnahme des flüssigen Blutes bis zur vollständigen Umwandlung in festen Zustand der Fibrinbildung. Normalwert: 5-8 min. Verkürzung: nach starken Blutverlusten, bei → Hämolysine und Polyzythämie. Verlängerung: bei → Koagulopathien und → Thrombozytopathien. **20**

Blut|gruppen: Begründung der 4 B. 0, A, B und AB auf der Existenz zweier verschiedener agglutinabler Substanzen A und B im Menschen, entweder einzeln (Blutgruppe A und B) oder zusammen (Blutgruppe AB) vorkommend oder ganz fehlend (Blutgruppe 0); gleichzeitiges Vorkommen von Hämagglutininen, die nicht gegen eigene Blutkörperchen gerichtet sind; im Serum A Agglutinin β, Erythrozyten der Blutgruppe B agglutinierend; im Serum B Agglutinin α; im Serum von Blutgruppe 0 beide Agglutinine α und β; Blutgruppe AB kein Agglutinin enthaltend. Konstanz der Blutgruppeneigenschaften während des ganzen Lebens. Universalempfänger: keine Agglutination fremder Erythrozyten durch Serum von AB-Trägern. Universalspender: Gruppe 0-Träger nur Spenderblut der Gruppe 0 vertragend, jedoch Transfusionsmöglichkeit der 0-Erythrozyten bei allen anderen Gruppenträgern. Untergruppen: in der Blutgruppe A und AB Unterscheidungsmöglichkeit stark und schwach reagierender Untergruppen. **10**

Blut|gruppen|bestimmung: Bestimmung der Gruppen A, B, AB und 0 durch Mischung von Patienten-Erythrozyten mit Testseren bekannten Agglutiningehaltes und durch Mischung von Testzellen bekannter Gruppenzugehörigkeit mit dem unbekannten Patienten-Serum. **10**

Blut|hochdruck: → Hypertonie. **20**

Blut|körperchen: zelluläre Blutbestandteile (44 -46%) → Erythro-, → Leuko-, → Thrombozyten. **10**

Blut|körperchen, rote: → Erythrozyten. **10**

Blutkörperchen, weiße: → Leukozyten. **10**

Blut|kreis|lauf: endeckt 1628 von *William Harvey*. Erfolgt beim Menschen im bis auf Endstrecken in der Milz vollkommen geschlossenen Blutgefäßsystem, bestehend aus Arterien,

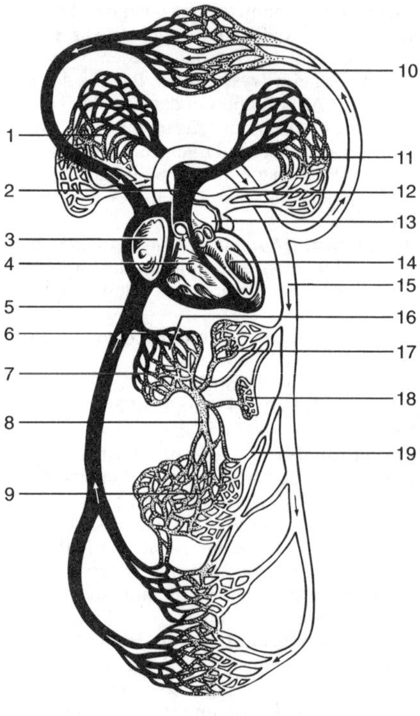

Körper-Blutkreislauf
1: Kapillargebiet der rechten Lunge; 2: Lungenarterie; 3: rechter Herzvorhof; 4: rechte Herzkammer; 5: untere Hohlvene; 6: Lebervene; 7: Kapillargebiet der Leber; 8: Pfortader; 9: Kapillargebiet des Darms; 10: Kapillargebiet von Kopf, Hals und Armen; 11: Kapillargebiet der linken Lunge; 12: linke Lungenvene; 13: linker Herzvorhof; 14: linke Herzkammer; 15: Aorta; 16: Kapillargebiet der Leber; 17: Kapillargebiet des Magens; 18: Kapillargebiet der Milz; 19: Darmarterie.

Kapillaren, Venen; Antrieb durch das Herz. Der große oder Körper-Kreislauf dient der Organversorgung: linke Herzkammer-Aorta-Arterien-Arteriolen-Kapillaren-Venen-obere/untere Hohlvene-rechter Herzvorhof (Abb.). Der kleine oder Lungenkreislauf ermöglicht den Gasaustausch des Blutes (→ Atmung) in der Lunge: rechte Herzkammer-Lungenarterie-Lungenkapillaren-Lungenvenen-linker Herzvorhof. Der Pfortaderkreislauf ist ein Teilgebiet des Körperkreislaufs, in welchem das Darmvenenblut noch die Leber als zweites Kapillargebiet durchströmt. [9, 10]

Blut|kreis|lauf, fetaler: das aus der Plazenta mit Sauerstoff und Nährstoffen angereicherte Blut gelangt über die Nabelvene entweder direkt (Ductus venosus arantii) oder über das Kapillarnetz der Leber in die → Vena cava inferior, wo es zu einer Mischung mit dem venösen Blut der unteren Körperhälfte kommt. Von dort fließt das immer noch sauerstoffreiche Blut in den rechten Vorhof und wird durch spezielle Falten bei nur geringer Vermengung mit dem venosen Blut der V. cava superior durch das → Foramen ovale in den linken Vorhof und schließlich in die linke Kammer geleitet. Durch die → Aorta gelangt das Blut weiter zum Kopf und in die untere Körperhälfte. Das venöse Blut des Kopfes fließt durch die V. cava sup. zurück in die rechte Herzhälfte und von dort teilweise durch die Pulmonararterie in die Lunge und teilweise durch den Ductus arteriosus in die Aorta (nach Abgang der Kopfarterien). Durch Aorta descendens und Aa. umbilicales wird das Blut zurück in die Plazenta geführt. Unmittelbar nach der Geburt kommt es durch steigende Lungendurchblutung und das fehlende Plazentablut zu einem Druckabfall im rechten Vorhof und einem Druckanstieg im linken Vorhof. Die Umkehr des Druckgefälles bedingt den Schluß des Foramen ovale und eine Strömungsumkehrung im → Ductus arteriosus, der so bald obliteriert (Abb.). [9]

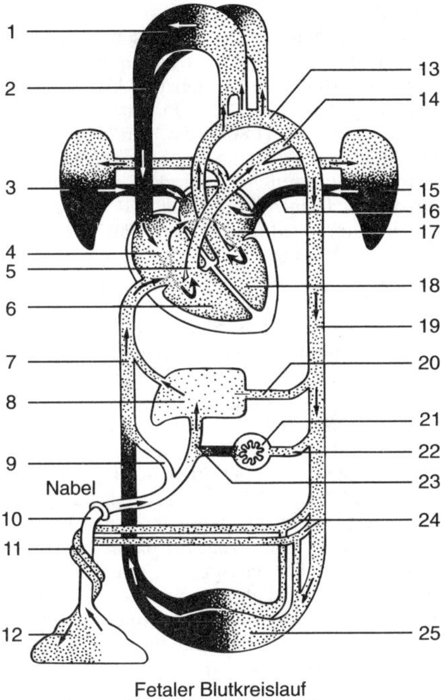

Fetaler Blutkreislauf
1: Kopf und obere Extremitäten; 2: Vena cava superior; 3: rechte Lunge; 4: rechter Vorhof; 5: Arteria pulmonalis; 6: rechter Ventrikel; 7: Vena cava inferior; 8: Leber; 9: Ductus venosus Arantii; 10: Vena umbilicalis; 11: Aa. umbilicales; 12: Plazenta; 13: Aorta; 14: Ductus arteriosus Botalli; 15: linke Lunge; 16: Vena pulmonalis; 17: linker Vorhof; 18: linker Ventrikel; 19: Aorta descendens; 20: Arteria hepatica; 21: Darmsystem; 22: A. mesenterica; 23: Vena portae; 24: Aa. iliacae; 25: untere Extremitäten.

Blut|kreislauf|störungen: → Zirkulationsstörungen. [20]

Blut|kultur f: Züchtung von Erregern aus Patientenblut. Entnahme von Blut im Anstieg des Fiebers (ca. 5 ml), das zur Hälfte mit flüssigen Nährmedien vermischt wird, zur anderen Hälfte mit verflüssigtem Nähragar, der bei ca. 45 °C nach Mischung in einer Petrischale zu einem festen Nährboden erstarrt. Bebrütung bei 37 °C. [8]

Blut|mauserung: Bildung der Erythrozyten im Knochenmark (→ Erythropoëse) und ihr Abbau im RES (Leber, Milz u.a.) nach einer Funktionszeit im Blut von etwa 120 Tagen. [10]

Blut|plasma n: → Plasma. [10]

Blut|plättchen: → Thrombozyten. [10]

Blut|schwamm: → Hämangiom. [12]

Blut|senkungs|reaktion f: Abk. BSR, BSG, BKS; Messung der Geschwindigkeit und Größe der Erythrozytensedimentation unter Standardbedingungen im Blutplasma. Beeinflussende Faktoren: Plasmaproteine (Fibrinogen, Globuline), Zahl und Beschaffenheit der Erythrozyten, Hämoglobin- und Lipidgehalt. Methode *Westergren:* 0,4 ml 3,8%ige Natriumzitratlösung + 1,6 ml Blut in 2 ml-Spritze. Ablesung im *Westergren*-Senkungsröhrchen nach 1 und 2 Stunden. Normalwerte: Mann bis 5 mm, Frau bis 8 mm nach 1 Stunde. Diagnostische Bedeutung: unspezifische Routinemethode, BSR-Beschleunigung beim Vorliegen eines krankhaften Geschehens, am stärksten bei exsudativen Entzündungen, einschmelzenden Tumoren, Nephrose, Plasmozytom, wertvoll für die Beobachtung eines Krankheitsverlaufs, jedoch kein Ausschluß einer Krankheit durch eine normale BSR. 20

Blut|serum n: Blutplasma ohne Fibrinogen, → Serum. 10

Blut|status m: Zusammenstellung aller bei einem Patienten notwendigen Blutuntersuchungen. Vgl. Blutbild. 20

Blut|stillung: 1. Verfahren zur Unterbrechung einer arteriellen oder venösen → Blutung. Vgl. Abbindung, digitale Kompression, Druckverband, Wundverband. **2.** physiologischer Schutzmechanismus zur Verhütung von Blutverlusten nach außen oder in die Gewebe durch → Blutgerinnung. Störungen des normalen Blutstillungsmechanismus aufgrund einer krankhaften Blutungsbereitschaft (→ hämorrhagische Diathese). 16, 20

Blut|sturz: plötzlich einsetzende, starke Blutverluste durch Bluterbrechen (→ Hämatemesis) oder durch Aushusten von Blut (→ Hämoptysis). 20

Blut|trans|fusion f: Übertragung von Blut eines Menschen (Spender) auf einen anderen Menschen (Empfänger), zunehmend auch Eigenbluttransfusionen als Blut- und Volumenersatz bei akuten und chronischen Blutverlusten oder zur Substitution von fehlenden Blutbestandteilen. Direkte Bluttransfusionen sind zugunsten der indirekten Übertragungstechnik mit Blutkonserven, die von Blutbanken hergestellt werden, aufgegeben worden. Austauschtransfusion: Erreichung eines vollständigen Blutwechsels durch Transfusion eines Mehrfachen des körpereigenen Blutvolumens mit den Indikationen: Neugeborenenerythroblastose, akute Anurie, CO-Vergiftung. Vorbedingung jeder Transfusion: Blutgruppengleichheit zwischen Spender und Empfänger. Sicherheitsmaßnahmen: Kreuzprobe (Vermischen von Spendererythrozyten mit Empfängerserum und umgekehrt) und *Oehlekker*-Probe (Übertragung von 10-20 ml Spenderblut, Wartezeit 2 min, weitere Transfusion von 20 ml, bei guter Tolerierung der ganzen Blutmenge). Transfusionszwischenfälle: Hämolyse mit Oligurie und Anurie, Fieberreaktionen, allergische Reaktionen, Blutdruckabfall, Lungenödem, Luftembolie. Vgl. Infusionsgerät, Rhesus-Faktor. 20

Blut|übertragung: → Bluttransfusion. 20

Blutung: Verlust von Blut infolge von Verletzungen oder Blutungsleiden. Blutungsleiden können drei Funktionssysteme betreffen: Plasmafaktoren (Koagulopathie), Thrombozyten (Thrombopenie, Thrombopathie) und Gefäße (Angiopathie). Vgl. Blutstillung. 16

Blutungs|an|ämie f: Blutarmut durch akute Blutverluste mit großen Blutungen nach außen (Verletzungen, aus Ösophagusverizen und Ulzera) oder nach innen (Haematothorax), führt zu hypovolämischem Schock mit zunächst normalem Blutbild, später durch Einstrom von Gewebswasser in die Blutbahn zu normochromer Anämie. Therapie: Blutstillung, Plasmaexpander und Bluttransfusionen. Chronische Blutverluste bei Hypermenorrhöe, Magendarmtumoren und Hämorrhoiden verursachen hypochrome Eisenmangelanämien mit Ferritinverminderung. Therapie: Sanierung der Blutungsquelle, orale Eisenzufuhr. 20

Blutungs|typen m pl: Ekchymosen: kleinherdige flächenhafte B.; Epistaxis: Nasenbluten; Extravasat: aus Blutgefäßen (meist in kleinen Mengen) ausgetretendes Blut; Hämarthros: Blut in der Gelenkhöhle; Hämaskos: Blut in der freien Bauchhöhle; Hämatemesis: Bluterbrechen; Hämatom: Bluterguß; Hämatoperikard: Blut im Herzbeutel; Hämatothorax: Blut in der Pleurahöhle; Hämaturie: Blut im Urin; Hämoptoe: Hämopthise: Bluthusten; Hyposphagma: Blutung unter die Augenbindehaut; Meläna: Ausscheidung schwarz verfärbten Stuhls infolge hämatinisierten Blutes; Menorrhagie: verstärkte Menstruationsblutung; Petechien: punktförmige Blutung; Purpura: sehr zahlreiche punktförmige Blutungen; Rhexisblutung: Blutung infolge Gefäßzereißung; Sugillation, Suffusion: unscharf begrenzte blutige Durchtränkung des Gewebes. 32

Blutungs|zeit: wichtige Untersuchung zur Differenzierung der → hämorrhagischen Diathesen, verlängert bei Thromozytopathien und Fibrinogenopenien. Technik (nach *Duke*): Einstich in Fingerbeere oder Ohrläppchen mit Hämostilette, laufendes Abtupfen der austretenden Bluttropfen bis zum Sistieren der Blutung. Normalzeit: 3-5 min. Viele Fehlerquellen. 10

Blut|vergiftung: → Pyämie, → Sepsis. 20

Blut|zucker: → Glykämie. 20

Blut|zucker|test|streifen: Plastikstreifen mit chemischer Reaktionszone zur Bestimmung des aktuellen Blutzuckerwertes. Innerhalb von 2 min läßt sich hiermit der Wert semi-quantitativ bestimmen. Vgl. Hypoglykämie, Hyperglykämie, Glykämie. 16

BMA: Abk. für **B**undes**m**inisterium für **A**rbeit und Sozialordnung. 25

BMV-Z: → Bundesmantelvertrag (Zahnärzte). 24

BNA: Abk. für → Baseler Nomina anatomica;

1895 erster Versuch der Verabschiedung einer internationalen, allgemein gültigen Anatomischen Nomenklatur. 1935 wurde sie im Deutschen Reich durch die → JNA ersetzt. [9]

Bochdalek-Drüsen|schläuche (Vincent Alexander B., Anat., Prag, *1801, † 1883): schlauchartige Reste des → Ductus thyroglossus am Foramen caecum der Zunge. [2, 9]

Bochdalek-Gang: → Ductus thyroglossus. [2, 9]

Bochdalek-Ganglion n: Verdickung im Plexus dentalis superior des → Nervus maxillaris, in dem sich dessen mittlerer und vorderer Zahnast vereinigen. [2]

Bochdalek-Zyste f: → Zungengrundzyste. [2, 9]

Bodily movement (engl. körperliche Bewegung) n: von *C. S. Case* 1893 eingeführte Bez. für die Bewegung eines Zahnes im ganzen, d.h. seine Parallelverschiebung (Translation) unter Beibehaltung seiner Achsenstellung (Abb.). Vgl. *Case*-Apparatur, Edgewise-arch, Zwillingsbogen. [5]

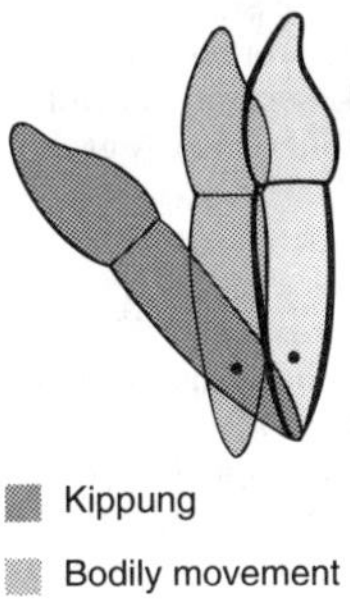

Boeck-Sarkoid (Caesar B., Dermat., Oslo, *1845, † 1917): Morbus *Besnier-Boeck-Schaumann,* Lymphogranulomatosis benigna, Sarkoidose; Systemerkrankung mit Beteiligung bes. von Lungen, Knochen, Lymphknoten, Leber, Herz, Augen, Haut. Meist chron. verlaufend. Akute Form ist das *Löfgren*-Syndrom. Frühsymptom: Vergrößerung der Hiluslymphknoten. Später: Schneeflocken- und Narbenlunge, zystische Knochenveränderungen, Befall weiterer innerer Organe; selten auch isolierte Mundschleimhautherde. An der Haut (zu 50% beteiligt) zeigen sich kleinere oder größere braunrote Knoten oder scheibenförmige Infiltrate, die meist nach langer Dauer ohne Narbe abklingen. Feingeweblich liegen umschriebene Epitheloidzellinfiltrate vor, mit wenig Riesenzellen und Lymphozyten. Die Diagnose wird 1. durch Rö.-Untersuchungen der Lungen (Hiluslymphknoten), durch Biopsie und durch den spezifischen → *Kveim*-Test gestellt. Angiolupoid, → *Heerfordt*- und → *Mikulicz*-Krankheit, → *Jüngling*-Krankheit und → Lupus pernio werden dem B. zugerechnet. Therapie: Langzeitgaben von → Zytostatika, → Kortikoiden. [12]

Boedecker-Instrumente (Karl Friedrich Wilhelm B., Zahnarzt, New York, Berlin, *1846, † 1910) n pl: 5 Instrumente zum Modellieren von Wachsmodellen für Inlays im Mund. Veraltet. [1]

Boennecken-Amputations|paste (Heinrich B., Za., Prag, *1862, † 1937): Paste zur Devitalisation der Pulpa aus je 1 Teil Kokain, Thymol und 40%iger Formalinlösung sowie 3 Teilen Vaseline und 7 Teilen Zinkoxid. [1]

Bogen|merkmal: Krümmungsmerkmal (*Mühlreiter*); unterschiedliche Querwölbung der vestibulären Kronenfläche (Abb.). Die mesiale Kronenhälfte ist stärker gekrümmt als die distale. Bei sehr starker Krümmung spricht man von mesiovestibulärer Randprominenz. Das B. dient zur Unterscheidung von rechten und linken Zähnen. Vgl. Erkennungsmerkmale. [30]

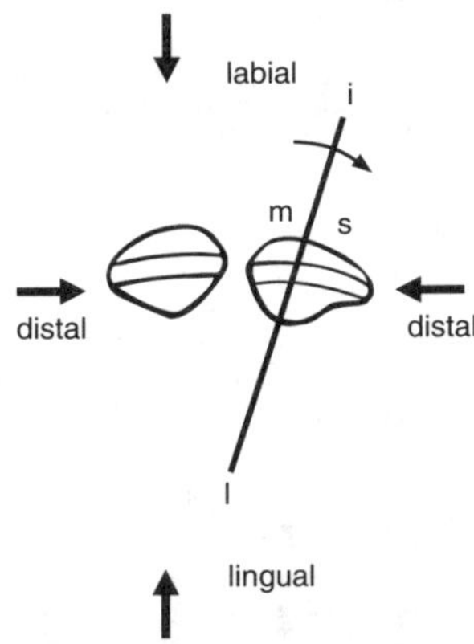

Bogen- oder Krümmungsmerkmal
Die mesiale Kronenhälfte (m) ist stärker gekrümmt als die distale (s)

Bogen|schnitt: → *Partsch*-Bogenschnitt. [2]

Bogen-Schraube: Transversalschraube nach *Müller* zur Dehnungstherapie im Unterkiefer. [5]

Bohn-Knötchen (Heinrich B., Päd., Königsberg, *1832, † 1888): *Epstein*-Perlen; stecknadelkopfgroße, weiße, zystische Epitheleinschlüsse am Gaumen beiderseits der Raphe, die bei 35% der Neugeborenen vorkommen und sich spontan zurückbilden. Entsprechen den sog. → *Serres*-Drüsen am Alveolarfortsatz. [3, 11, 30]

Bohren: spanabhebendes Verfahren, das mit einem rotierenden, in Richtung seiner Drehachse bewegten Werkzeug (Instrument) arbeitet. Der

Definition entsprechend können damit nur Löcher erzeugt werden. Fälschlicherweise werden in der Präparations- und Zahntechnik fast alle spanabhebenden Verfahren (→ Fräsen, → Schleifen) als B. bezeichnet. Vgl. Präparationstechnik, zahnärztliche. [21]

Bohren, hochtouriges: zahnärztliches Präparieren mit Umdrehungsgeschwindigkeiten von über 20.000 U/min. Durch technische Weiterentwicklung konnten Umdrehungszahlen bis zu 400.000 U/min. erreicht werden (Tab.). Die höheren Materialanforderungen (z.B. ist die Verwendung von → Hartmetallbohrern und → Diamantinstrumenten erforderlich) werden aufgewogen durch Beschleunigung der Behandlung und Schonung des Patienten wegen verringerter Vibration. Intensive Wasserkühlung ist erforderlich. [1]

Normaltourig	5.000 - 9.000 U/min
Schnelltourig	10.000 - 20.000
Hochtourig	20.000 - 60.000
Höchsttourig	bis zu 400.000

Gebräuchliche Geschwindigkeitsbereiche bei zahnärztlichen Präparationen

Bohrer: → rotierendes Instrument, das in axialer Richtung mit definierter Schneide spanabhebend arbeitet (→ Bohren, → Zahnbohrer). Norm: DIN 13 920, 13 950, 13 951. [21]

Bohrer|formen: Gestalt der Arbeitsköpfe zahnärztlicher Bohrer. Die B. bestimmen wegen spanabhebender Arbeitsweise der Bohrer die Arbeitsrichtung. Am häufigsten verwendete B. (mit Arbeitsrichtung): Rosenbohrer (in jede Richtung), Fissurenbohrer (parallelwandige Materialabtragung), Kegelbohrer (unterschnittene Abtragung) (Abb.). [1]

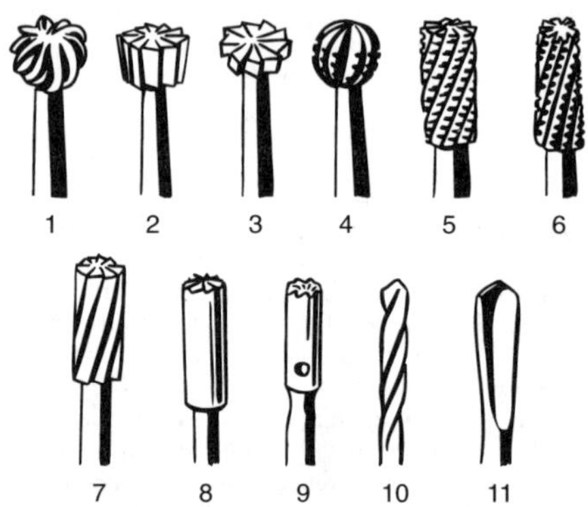

1: Rosenbohrer; 2: Kegelbohrer; 3: Radbohrer; 4: Rosenbohrer mit Querhieb; 5: Fissurenbohrer mit Querhieb; 6: konischer Fissurenbohrer mit Querhieb; 7: Fissurenbohrer mit einfachem Hieb; 8: Versenkbohrer; 9: Trepanbohrer; 10: Spiralbohrer; 11: Speerbohrer.

Bohrer|größe: größter Durchmesser des → Arbeitsteils eines → Bohrers. Die ISO-Bezeichnung (ISO-Norm 2157) richtet sich nach dem größten Durchmesser des Arbeitsteils in 1/10 mm (005-070 = 0,50-7,00 mm). Vgl. Arbeitsteilgröße, ISO-Nummernsystem. [21]

Bohrer|hals: der meist konische Teil des Schaftes, der Bohrerkopf und Bohrerschaft miteinander verbindet. [21]

Bohrer|kopf: das → Arbeitsteil eines → Bohrers (→ Fräsers), das die Schneideelemente trägt und in Form und Größe variieren kann. [21]

Bohrer|lehre: Hilfsmittel für das Aussuchen und Einsortieren einzelner → Bohrergrößen; die Lochung der B. entspricht dem jeweiligen → Arbeitsteil-Durchmesser. [21]

Bohrer|schaft: Bohrer ohne das → Arbeitsteil (Kopf). Der B. besteht aus Bohrerhals und Einspannteil (→ ISO 6360). Vgl. ISO-Nummernsystem. [21]

Bohr|maschine: früher (bis 1957) ausschließlich gebrauchter elektrischer → Antrieb für → rotierende Instrumente. Die Kraftübertragung erfolgt über Bohrschlauch oder → *Doriot*-Gestänge, → Hand- oder → Winkelstück mit verschiedenen Über- und Untersetzungen bzw. → Drehzahlbereichen. Seit Einführung der → Turbine und des → Mikromotors weniger gebräuchlich. [21]

Bohr|schablone f: Hilfsmittel zur Übertragung der geplanten → Implantatposition und Achsrichtung vom Planungsmodell auf den Operationssitus. Am gebräuchlichsten ist eine nach diagnostischer Aufstellung bzw. diagnostischem Aufwachsen auf dem Planungsmodell angefertigte Tiefziehschiene, in die entsprechende Bohrlöcher bzw. Führungshülsen eingearbeitet werden. Intraoperativ wird durch die Führungsbohrung der Schiene hindurch die → Pilotbohrung für das Implantat angelegt. [18]

Bohr|trauma n: Schädigung der Pulpa durch zu große Wärmeentwicklung beim Bohren. Mögl. Ursachen: zu großer Druck, zu hohe Drehzahl, stumpfe Bohrer. Vgl. Schleiftrauma. [1]

Boitel-Verankerung (Edouard B., Za., Neuchatel, *1919): ein Brückenzwischenglied, das einseitig mit einer Pfeilerkrone verbunden ist und im Bereich des anderen Pfeilers beweglich in einer entsprechenden Vertiefung eines Inlays ruht (Abb.). [4]

Boitel-Verankerung

Bolk-Gebiß|formel (Lodewik B., Anat., Amsterdam, *1866, † 1930): → Zahnformel. 1, 30
Bolk-Höcker: seltener kleiner zusätzlicher Hökker an der mesiobukalen Fläche des zweiten oder dritten oberen Molaren. → Tuberculum *Carabelli*. 1
Bolk-Zahn|bildungs|theorie f: → Dimertheorie. 1, 30
Bolo|skop n: Fremdkörpersuchgerät. Festlegung durch Röntgenstrahlen in verschiedenen Richtungen. 2
Bolton-Analyse (Wayne A. B., Orthod., Seattle, Wash., *1922) f: Berechnung des Zahngrößenverhältnisses von Ober- und Unterkiefer. Die Mesiodistaldurchmesser der 6 Frontzähne (Anterior ratio) bzw. der 12 Zähne vom 1. Molaren zum 1. Molaren (Over-all ratio) werden gemessen. Die Daten werden mit Normwerten aus 2 Tabellen verglichen. Anterior ratio: Das Verhältnis der Unterkieferfrontzähne zu den Oberkieferfrontzähnen beträgt im Mittel 77,2%. Overall ratio: das Verhältnis beträgt im Mittel 91,3%. Die B. dient vorwiegend zur Klärung der Indikation in der Extraktionstherapie. 5
Bolton-Dis|krepanz f: Zahnbreitenmißverhältnis zwischen Ober- und Unterkiefer. Vgl. *Bolton*-Analyse. 5
Bolton-Linie: Verbindungslinie zwischen → *Bolton*-Punkt und → Nasion. (Abb. → maxillofaziales Dreieck). 5
Bolton-Punkt: Punkt aus der → FRS-Analyse. Höchster Punkt der Fossa condylaris hinter dem Condylus occipitalis, also der Gelenkfläche am Hinterhauptsbein, mit welcher der Schädel auf dem obersten Halswirbel, dem Atlas, ruht. 5
Bolu-Regel: Abk. für die Einschleifregel „**bu**kkal-**o**ben, **l**ingual-**u**nten". Gedankenbrücke für die Technik des → Einschleifens der Artikulation. 4
Bolus (gr.) m: Bissen, Klumpen. 4
Bolus-alba: weißer Ton, basisch kieselsaure Tonerde, Aluminiumsilikat, wird als Streupulver und Salbengrundlage benutzt. 4
Bolus|tod: Tod durch Verschluß der Atemwege durch Fremdkörper, z.B. zahnprothetische Abdruckmittel, Behandlungsbehelfe oder Nahrungsmittel. Klinisch: Erstickungstod oder reflektor. Herzstillstand. Vgl. Aspiration. 28
Bonding agents (engl.) n pl: Haftvermittler; bei der Ätztechnik verwendetes flüssiges Medium zwischen angeätztem Schmelz und Füllung. I.a. identisch mit Füllungskunststoff, aber dünnflüssig und füllstofffrei. Verbessert die Haftung. Erlaubt die Verwendung von → Komposits in fester Konsistenz. Vgl. Füllungstherapie, adhäsive Restauration. 1
Bone chips (engl.) pl: kleine autologe Knochenspäne zur Transplantation. Vgl. Plastik. 2
Bone factor (engl.) m: Bezeichnung für die Reaktion des Knochengewebes auf Reize und Maß für die individuelle Reaktionslage des → Parodontiums. Bei Parodontalinsuffizienz ist der B. f. negativ, bei Parodontalresistenz positiv. 6
Bonefit (engl.): Implantate, die von der ITI-Gruppe entwickelt wurden (→ ITI). 2
Bone morphogenetic protein (engl.) n: knochenmorphogenetisches Protein; saures hydrophobes Polypeptid, das die Knochenbildung induziert. Kommt normalerweise nur in Knochen und Dentin vor. 18
Bone splitting (engl.) n: Verfahren zur → Alveolar-Extensionsplastik. 18
Bonner System n: Organisationsform der → Jugendzahnpflege. Nicht nur die regelmäßigen Kontrolluntersuchungen in Kindergärten und Schulen, sondern auch die erforderlichen Gebißsanierungen werden von hauptamtlichen Jugendzahnärzten durchgeführt. 15
Bonnet-Stellung (Amédée B., Chir., Lyon, *1809, † 1858): typische Gelenkstellung (Position demi-fléchie, Mittelstellung), die der Kranke bei Ergüssen in die Gelenkhöhle instinktiv einnimmt. Am Kiefergelenk ist die Gelenkhöhle bei Verschiebung zur gesunden Seite mit leichter Öffnung am größten. Dadurch tritt Entlastung und Schmerzminderung ein. 2
Bonnevie-Ullrich-Syndrom (Kristine B., Zool., Oslo, *1872, † 1950; Otto U., Päd., Bonn, *1894, † 1957) n: → Dyskraniodysphalangie. 3
Bonwill-Artikulator (William Gibson Arlington B., Za., Philadelphia, *1833, † 1899): erster brauchbarer → Artikulator (1864); vgl. Mittelwertartikulator. 4
Bonwill-Dreieck: ein gedachtes, gleichseitiges Dreieck zwischen dem Mittelpunkt der beiden Kiefergelenkköpfchen und dem inzisalen Berührungspunkt der unteren, mittleren Schneidezähne (Inzisalpunkt) (Abb.). Die Seitenlänge dieses

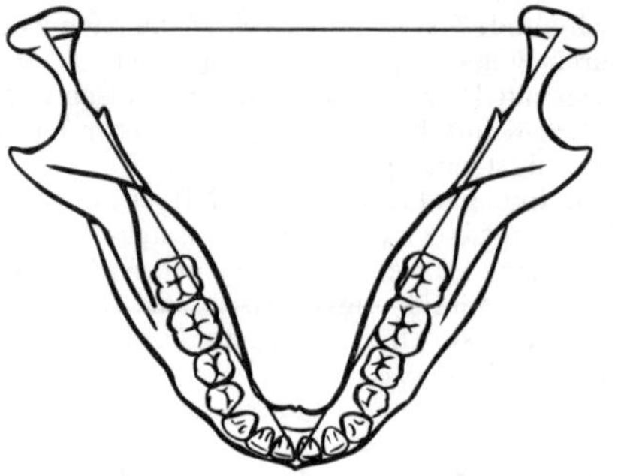

Dreiecks beträgt nach neueren Untersuchungen 11,5 cm. Es dient als Hilfsmittel zur Einstellung der Arbeitsmodelle in den → Artikulator. Vgl. *Balkwill*-Winkel. [4]

Bonwill-Klammer: Klammerart, deren vier Arme zwei Zähne umfassen, wobei die Auflagen für die Klammern durch den approximalen Verbindungssteg gebildet werden (Abb.). Die auf die Prothese einwirkenden Zug-, Schub- und Kaukräfte werden dadurch auf zwei Pfeilerzähne verteilt. Sie wird häufig auf der Gegenseite einer freiendenden Modellgußprothese verwendet. [4]

Bonyhárd-Klammer (Bela B., ungar. Proth., *1899, † 1944): Kugelkopfklammer (Abb. a), deren mehr oder weniger langer Stiel im bukkalen Sattelteil der Prothese verankert ist. Irrtümlicherweise wird die J-Klammer (n. *Scheu*) (Abb. b), die dem Zahn in Zahnhalsnähe schildchenförmig anliegt, als *Bonyhárd*-Klammer bezeichnet. Die *Budlong*-Klammer (Abb. c) hat gegenüber der J-Klammer wesentlich längere Arme. [4]

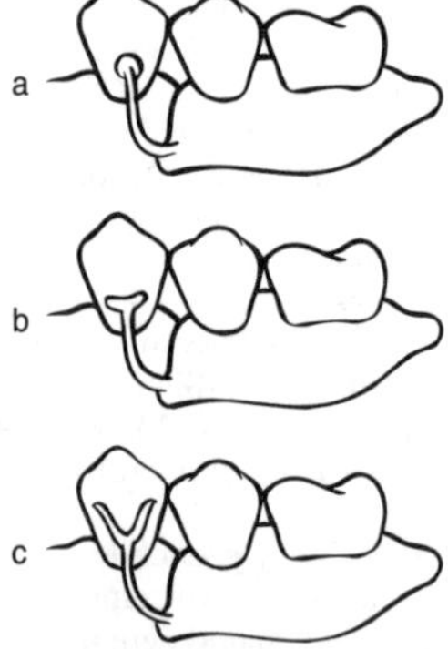

a: Kugelkopfklammer; b: J-Klammer;
c: *Budlong*-Klammer.

Böök-Syndrom (Jan Arvid B., Humangenetiker, 1948) n: dominant vererbtes → Ektodermalsyndrom mit Palmoplantarkeratose, Aplasie (Nichtanlage) der Prämolaren, → Hyperhidrosis, Ergrauen der Haare. [3]

Bor: chem. Element, Symbol B; Ordnungszahl 5, Atomgewicht 10,82, Nichtmetall. [23]

Borax m: Natriumtetraborat, $Na_2B_4O_7 \cdot 10H_2O$; wichtigstes Salz des → Bor, wird als Flußmittel beim Gießen und Löten von Metallen benutzt. [23]

Bordetella (Jules J. Bapt. V. Bordet, Bakt., Brüssel, *1870, † 1961) f: Gattung aerober, gramneg., unbewegl. Stäbchen, die als wichtigste Arten B. pertussis (Keuchhusten) und B. parapertussis (leichtere, keuchhustenähnl. Erkrankung) umfaßt. [8]

Bor|karbid n: schwarze, glänzende Kristalle, die aufgrund ihrer Härte für den Diamantenschliff geeignet sind. [4]

Borrelia (nach Amédée B., Bakt., Paris, *1867, † 1936) f: Spirochätengattung (0,5 µm dick), → Bakteriensystematik. Schwer züchtbar auf/in künstlichen Nährböden. Nachweis: Dunkelfeld oder Färbung (Anilinfarben oder nach *Giemsa*). Verschiedene Borrelia-Arten (B. recurrentis, B. duttonii u.a.) sind Rückfallfieber-Erreger. Übertragen in Europa durch Läuse, in warmen Ländern meist durch Zecken. Auf normaler Mundschleimhaut B. buccalis und die etwas zartere B. vincentii; beide stark vermehrt bei → Fusospirochätosen. [8]

Bor|säure: Acidum boricum, H_3BO_3. Farblose Kristalle, die sich fettig anfühlen. Zu ca. 4% im kaltem Wasser löslich. Sehr schwaches Antiseptikum. [23]

Bose-Häkchen (Chir., Gießen, *1840, † 1900): einzinkiger Wundhaken zum Offenhalten der Tracheotomiewunde. [2]

Boston-Horizontale f: Boston-Linie; anthropolog. Hilfslinie für die → Profilanalyse. Sie wird gebildet durch den oberen Bildrand der Röntgenaufnahme bei ungezwungener aufrechter Kopfhaltung. Läuft nicht parallel zur → Frankfurter Horizontalen. [5]

Bostroem-Theorie f: aufgegebene Theorie, nach der die → Aktinomykose durch Gräserkauen entsteht. Die an Gräsern befindlichen Streptomyceten sind jedoch Aerobier, der Erreger der Aktinomykose (A. israelii) ein strenger Anaerobier. Heute gilt die → *Naeslund*-Theorie. [8]

Botulinus|bazillen m pl: Clostridium botulinum; gehören zu den anaeroben Sporenbildnern: 0,9-4x8 µm, beweglich, rundliche Enden. Grampositiv. Ovale Sporen liegen an einem Ende, dadurch Löffel- oder Tennisschlägerform. Nicht der Bazillus erzeugt die Erkrankung, sondern seine Toxine. Als Schmutzbazillus des gedüngten und ungedüngten Bodens wuchert er in Lebensmitteln und bildet darin Ektotoxin, das erst durch halbstündiges Kochen zerstört wird. Es wird bei der Verdauung nicht zerstört, sondern von Magen- und Dünndarmschleimhaut resorbiert. Erreger des Botulismus, einer Vergiftung (Intoxikation!) durch das in Konserven gebildete Neurotoxin der B., deren Sporen das Erhitzen überstanden haben. [8]

Botulismus (lat.) m: bakterielle Lebensmittelvergiftung durch das Toxin der → Botulinusbazillen (keine Infektion, sondern Vergiftung!). Verläuft klinisch meist als Bulbärparalyse; Tod durch Lähmung des Atemzentrums. [8]

Bougie (frz.) f: Dehnsonde; stabförmiges Instrument aus Metall oder Kunststoff, das besonders zur Erweiterung von Kanälen und Hohlräumen des Körpers dient. [2]

bovin (lat.): vom Rind stammend. [8]

Bowen-Formel (Rafael Lee B., Chem., Washington): Formel für durch Epoxid-Reaktion modifizierte Füllungskunststoffe auf Methakrylat-Basis (z.B. Glykidyl-Methakrylat) oder

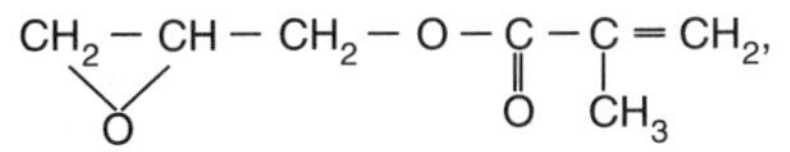

Diglykidyläther des Bisphenol A mit Methakrylsäure. → Polymerisationsschrumpfung, Verträglichkeit sowie das Adhäsionsvermögen mit den Zahngeweben erscheinen verbessert. [34]

Bowen-Krankheit (John Templeton B., Dermat., Boston, *1857, † 1941): *Bowden*-Syndrom; idiopathische → Präkanzerose, histiologisch bereits intraepitheliales Stachelzellkarzinom bei intakter Basalzellschicht. Variante im Genitalbereich: → Erythroplasie. [12]

Bowman-Kapsel (Sir William B., Anat., London, *1816, † 1892): Capsula glomeruli. → Nierenkörperchen. [9]

B-Punkt: kephalometr. Meßpunkt, tiefste Stelle der Einziehung zwischen der Zahnfachvorwölbung der unteren mittleren Schneidezähne und dem knöchernen Kinnvorsprung. Vorderes Ende der unteren → apikalen Basis (Abb. → Menton). Entspricht dem → A-Punkt des Oberkiefers. [5]

Br: chem. Zeichen für → Brom. [23]

brachio|zephales Wachstum: → Wachstumstyp. [5]

Brachy|daktylie f: Kurzfingrigkeit; erblich bedingte Verkürzung einzelner oder meherer Finger (bzw. Zehen). [3]

brachy|faziales Wachstum: → Wachstumstyp. [5]

Brachy|genie f: → Mikrogenie. [5]

Brachy|gnathie f: → Mikrognathie. [5]

brachy|odont: Bez. für Zähne mit niedriger Krone und engem Foramen apicis dentis, wie z.B. die des Menschen. Ggs.: → hypselodont. [1]

Brachy|zephalie f: angeborene abnorme Kürze des Kopfes, bei dem der Längsdurchmesser dem queren Durchmesser etwa gleicht. Ursache: frühzeitige → Synostose von Schädelnähten. [3]

Bracket (engl. Halter) n: orthod. Befestigungselement für festsitzende kieferorth. Behandlungsapparaturen, das entweder auf ein → Band aufgeschweißt oder direkt auf den Zahn aufgeklebt

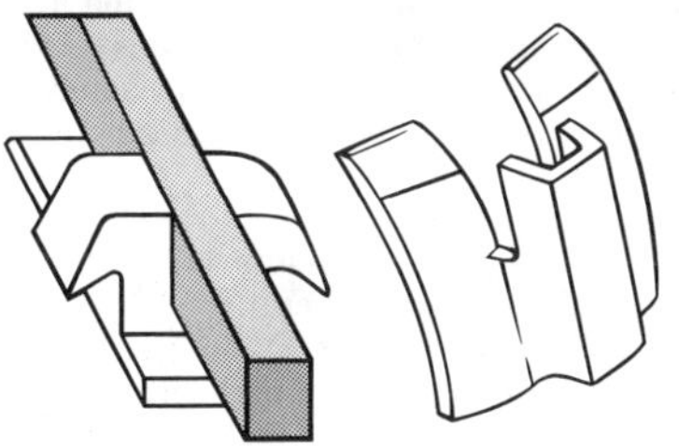

a: Bracket für Edgewise-Technik;
b: Bracket für Light-wire-Technik.

wird. Sehr viele Modifikationen (Abb.). Vgl. Edgewise-Technik. [5]

Bradlaw-Plexus (1939): → *Raschkow*-Plexus. [10]

Brady|kardie f: Verlangsamung des Herzschlages unter 50 Schläge/min. Folge vagaler Reaktionen oder → Reizleitungsstörungen. Vgl. Kollaps, Kreislaufversagen. [10, 16]

Brady|kinin n: hormonartige Substanz, die zu den → Kininen gehört und im Blutplasma unter Einwirkung von → Kallikrein entsteht. Dehnt die Gefäße aus, steigert die Durchlässigkeit der Kapillaren und senkt dadurch den Blutdruck. Hat als Mediator Bedeutung beim anaphylaktischen Schock. [20]

Brady|pnoe f: langsame Atemfrequenz, meist Folge von zentralen → Intoxikationen. Eine ausgeprägte B. kann auch zur → Hypoxie und zur → Bewußtlosigkeit führen. Die Therapie besteht in der → Beatmung. Vgl. Atemstillstand, Atemnot, Atemwege, Koma, Schnappatmung. [16]

brady|troph: „langsam ernährt", z.B. Gewebe mit langsamem → Stoffwechsel wie die Hartgewebe des Zahnes. [23]

Branche (frz.) f: Greifarm einer Zange. [2]

Branchial|bogen: → Kiemenbogen. [9]

Branchial|fisteln f pl: Fisteln, die eine nach außen offene Verbindung zum Pharynx haben. B. entstehen durch Eröffnung der → Verschlußmembran zwischen 2. → Schlundtasche und 2. → Kiemenfurche bei Persistenz letzterer. [22]

Branchial|organ n: → Kiemenapparat. [22]

branchio|gen: von den → Kiemenbögen ausgehend, wie z.B. seitl. → Halsfisteln und → Halszysten, → Aurikularanhänge u.a. [2]

branchio|gene Organe n pl: Organe oder Organteile, die während der embryonalen Entwicklung aus den → Schlundtaschen entstehen. [22]

Brand: → Gangrän. [32]

Brand|leiche: durch Hitzeeinwirkung zerstörter menschlicher Körper. Bei → Identifizierung notwendige Daten sind Hitzegrade und Einwirkungszeit, da sich Gewebe und andere Materialien in Abhängigkeit von diesen Faktoren verändern. Befunddokumentation mittels Fotografien, präparativer Entnahmen vom Ober- und Unterkiefer (Asservieren) und Röntgenuntersuchung. Bei Schäden durch hohe Hitzegrade konservative Spurensicherung notwendig. Beachte: Nicht mit Gewalt Mund öffnen, da Gewebe nicht mehr elastisch und zerfallendes Gewebe sowie Materialreste nicht mehr einzuordnen sind (Zahn- oder Kieferfrakturen). [28]

Brånemark-Implantat (Per-Ingvar B., Anat., Göteborg, *1929) n: → Biotes®-Implantat; enossales dentales Implantat (→ Implantat, enossales); Schraube aus glattem Reintitan, entwickelt und wissenschaftlich begründet von Brånemark; (→ Osseointegration); zweiphasiges Implantatsystem; vgl. Implantattypen. [2, 18]

Branhamella (Sara Branham, amerik. Bakt.) f: neuer Gattungsname für → Neisseria, da diese Art → Moraxella genetisch nähersteht als Neisseria. [8]

brauner Tumor m: gutartige, mit Pseudozysten versehene Resorptionsgeschwulst des Knochens (meist der langen Röhrenknochen) bei → Osteodystrophia fibrosa generalisata. [32]

Braun-Pfropfung (Chir., Berlin, *1871, † 1940): Einpflanzung kleiner Epithelstückchen in das Granulationsgewebe, von denen ausgehend die Überhäutung des Defektes erfolgt. [2]

Braun|stein: Mangan(IV)oxid, MnO_2. Als Elektrode bei Trockenelementen verwendet. [23]

Braunüle®: intravenöse Kunststoffkanüle für mehrstündige Infusionen. [2]

Brech|scheren|apparat: scherenartig okkludierende Reißzähne (P_4, M_1) bei Karnivoren zum Zerschneiden von Fleisch und Zerbrechen von Knochen. Vgl. Fangapparat. [30]

Breckhus-Krone: → Teilkrone. [4]

Bregma (gr.) n: Schnittpunkt der Kranz- und Pfeilnaht des Schädels. [9]

Breiten-Längen|index des Unter|kiefers m: Mandibular-Index nach *Thomson*; anthrop. Index zur Klassifizierung des Unterkiefers. Einteilung nach *Lindegard* und *Sonesson* in dolichostenomandibuläre, mesomandibuläre und brachyeurymandibuläre Formen. Mittelwert: 98-105.

$$\text{Formel: Index} = \frac{(\text{Unterkieferlänge x } 100)}{\text{Kondylenbreite}}$$ [5]

Breit|spektrum-Penicilline n pl: Gruppenbez. für → Penicilline mit breitem Wirkungsspektrum im grampositiven und/oder gramnegativen Keim-Bereich unter Einschluß gramnegativer Problemkeime zur parenteralen Anwendung. Zu ihnen gehören Carboxy- (→ Ticarcillin, → Temocillin u.a.) und Acylamino-Penicilline (→ Mezlo-, → Azlo-, → Pipera-, → Apalcillin). [7]

Breit|stand der Zähne: nach *A. M. Schwarz* eine lückige Zahnstellung, verbunden mit Breitkiefer. [5]

Brems|strahlung: in der Röntgenröhre durch Abbremsung der beschleunigten Elektronen auf der Anode entstehende Strahlung mit einem kontinuierlichen Spektrum, dem sich meistens einige Spektrallinien der charakteristischen, vom Anodenmaterial abhängigen Strahlung überlagern. [14]

Brenn|eisen: Cauterium actuale; Instrument, das früher zur Zerstörung der schmerzhaft erkrankten Pulpa verwandt wurde. → Galvanokauter. Vgl. Elektrochirurgie. [1]

Brenn|fleck: Fokus; die Stelle der → Anode einer → Röntgenröhre, auf die das von der → Kathode ausgehende Elektronenstrahlenbündel auftrifft und die → Röntgenstrahlen erzeugt (wahrer B). Der effektive (optisch wirksame) B. ist die Projektion der Fläche des wahren B. auf eine zum → Zentralstrahl senkrechte Ebene. Die Größe des B.s bestimmt Belastbarkeit und Zeichenschärfe der Röntgenröhre. [14]

Brenn|fleck-Haut-Abstand: Abstand zwischen → Brennfleck der Röntgenröhre und Hautoberfläche des Patienten. Die Einhaltung des nach DIN 6811 bei intraoralen Zahnaufnahmen vorgeschriebenen Abstandes wird durch den → Tubus gewährleistet. [14]

Brenn|punkt: → Fokus, → Brennfleck. [14]

Brenn|weite: in der Fotografie der Abstand des (bildseitigen) Brennpunktes zur hinteren Linsenhauptebene. Die B. bestimmt den freien → Arbeitsabstand. In der → Dentalfotografie sind → Makroobjektive mit Brennweiten von mind. 100 mm notwendig. 17

Brenz|trauben|säure: α-Ketopropionsäure, $CH_3 \cdot CO \cdot COOH$. Wichtiges intermediäres Produkt im Kohlenhydratstoffwechsel. Bei Mangel an Vitamin B_1 kommt es zu Brenztraubensäureanhäufung, die durch Gabe von B_1 schnell wieder normalisiert wird. 23

Bridging (engl.) n: Regeneration der Dentinabdeckung einer artefiziell eröffneten Pulpa durch neues Dentin. Vgl. Überkappung der Pulpa. 1

Brillat|verfahren (Eugen Brill, Za., Berlin, *1874): Verfahren, Keramikfüllungen direkt auf dem aus einem Abdruck gewonnenen Einbettmassenmodell ohne Platinfolie zu brennen. 4

Brillen|hämatom n: dunkelblaue Ringe, die brillenartig die Augen umgeben. Entstehen durch Blutung in das Zellgewebe der Orbita. 2

Brill-Symmers-Krankheit (Nathan B., Int., New York, *1860, † 1925; Douglas S., Pathol., New York, *1879, † 1952): chron. Lymphknotenerkrankung, die zu den → Retikulosen gehört. 20

Brinell-Härte (schwed. Chem., *1849, † 1925): Kugeldruckprobe, bei der eine gehärtete Stahlkugel stoßfrei gegen das Versuchswerkstück gepreßt wird. Je geringer die Eindringtiefe bzw.

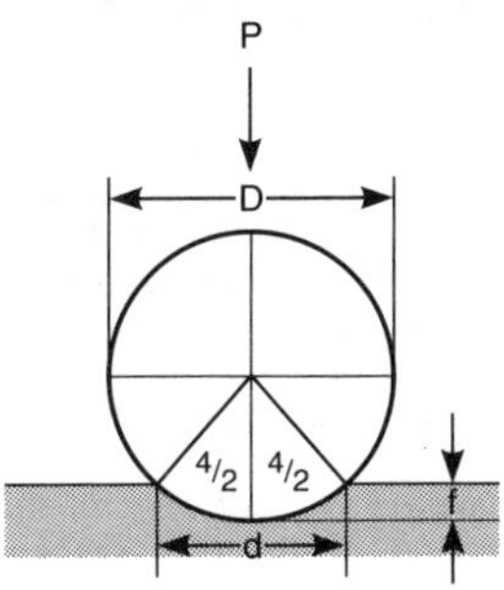

$$\textit{Brinell}\text{-Härte } H = \frac{2P}{\pi D\left(D-\sqrt{D^2-d^2}\right)} \text{ oder } \frac{P}{\pi D f} \text{ oder } \frac{2P}{\pi D^2 (1-\cos \varphi/2)}$$

P = Prüflast in kg, D = Durchmesser der Kugel in mm, d = Durchmesser des Kugeleindrucks in mm, *f* = Eindrucktiefe. Die Belastung ist so zu wählen, daß der Durchmesser des Kugeleindrucks d = 0,2 - 0,5 D wird.

die eingedruckte Fläche, desto härter ist das Material. Die *Brinell*-Härtezahl gibt die Belastung pro mm² der Oberfläche der eingedrückten Kugelkalotte an (Abb.). → Härtemessung.
Zur Kennzeichnung der angewandten Versuchsbedingungen ist folgende Schreibweise gebräuchlich:

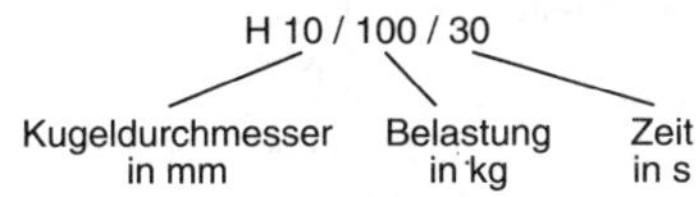

4

Broadbent-NS-Ebene (Birdsall Holly B., Orthod., Cleveland, *1894, † 1977): kraniometrische Bezugsebene der vorderen Schädelgrubenbasis vom → Nasion zur Mitte der → Sella turcica (Abb.). Vgl. Sphenoidalwinkel, Gebißwinkel, *Schwarz*-NSe-Ebene. 5

Broca-Ebene (Paul B., Anthrop., Paris, *1824, † 1880): → Französische Horizontalebene. 5

Broca-Gesichts|winkel: kraniometr. Winkel zwischen den Verbindungslinien vom → Nasospinale zur Mitte des äußeren Gehörgangs und vom Nasospinale zum → Ophryon. 5

Broca-Sprach|zentrum: vorderes, motorisches Sprachzentrum im Fuße der 3. li. Frontalwindung des Gehirns und wahrscheinlich auch in den benachbarten Teilen der Insel lokalisiert. Ordnet das Zusammenspiel der Artikulationsmechanismen. 34

Brodie-Ab|szeß (Sir Benjamin C. B., Chir., *1783, † 1862) m: zentraler Knochenabszeß bei Osteomyelitis. 2

Brodie-Bite (Allen G. B., Kieferorth., Illinois/Chicago, *1897, † 1976) m: *Brodie*-Syndrom; beidseitige Nonokklusion, bedingt durch ein extremes Breitenmißverhältnis zwischen Ober- und Unterkiefer. Vgl. Kreuzbiß. 5

Brom n: chem. Element, Symbol Br; Ordnungszahl 35, Atomgewicht 79,92. Dunkelbraune Flüssigkeit. Bromsalze (KBr, NaBr, NH_4Br) werden als Sedativa, z.B. bei Epilepsie, verwendet. 23

Bromazepam: 1,4-Benzodiazepin-Derivat, → Tranquilizer mit einer terminalen Halbwertszeit (→ Halbwertszeit, terminale) von 15-28 h. Auch → Benzodiazepine. 7

Brom|silber: chemische Verbindung von Brom und Silber (AgBr), die licht- und röntgenstrahlenempfindlich ist. Infolge der Licht- oder Röntgenstrahleneinwirkung wird die chem. Verbindung gelockert. Das veränderte B. wird durch Entwikkeln in metallisches Silber von verschieden schwarzer Tönung überführt. [14]

bronchial (gr.): den Bronchien zugehörig. [9]

Bronchial|asthma n: → Asthma. [20]

Bronchial|baum: besteht aus Luftröhre, rechtem und linkem Hauptbronchus, Lappen- u. Segmentbronchien (Bronchi lobares et segmentales), kleinen End- und Atmungsbronchien (Bronchioli terminales et respiratorii). → Bronchien.[9]

Bronchialkarzinom: Die Mehrzahl sog. Lungenkrebse sind bösartige Neubildungen, die vom Bronchialbaum ausgehen als verhornendes und nicht verhornendes Plattenepithel-, Adenokarzinom, polymorphzelliges, wenig differenziertes groß- und kleinzelliges Karzinom. Oft frühzeitige Metastasierung (Knochen, Hirn, hämatogene Rundherdbildungen in der Lunge), während subjektive Zeichen anfangs gering sind (längerdauernder trockener Reizhusten, evtl. wenig blutiger Auswurf, Gewichtsabnahme, allg. Krankheitsgefühl), daher die große Bedeutung rechtzeitiger Röntgenkontrolle, die das B. als Rundherd, häufiger aber eine von ihm verursachte Belüftungsstörung (Atelektase) von Lungenabschnitten zeigt. Diagnosesicherung evtl. mittels → Bronchoskop mit Probeexzision. Zunahme in den letzten Jahren gilt als sicher, ebenso wie auslösende Bedeutung chron. Nikotinmißbrauchs: Männer erkranken über 4mal häufiger als Frauen. Therapie: Operation (am ehesten bei peripherem Sitz), Röntgenbestrahlung, → Zytostatikum (letzteres unbefriedigend). [34]

Bronchi|ektasien f pl: chron., angeborene oder erworbene Erkrankung mit zylindrischer, sackartiger oder zystischer Erweiterung der Bronchien und Sekundärinfektion. Symptome: schleichender Beginn, eitrig-schleimiger, bes. morgendlicher Auswurf, nicht selten Hämoptoe. Therapie: Breitbandantibiotika, Expektorationsförderung, evtl. Resektion eines isoliert erkrankten Gebiets. Vgl. *Kartagener*-Syndrom. [34]

Bronchien (gr.) m pl, sing Bronchus: die beiden Hauptäste (Bronchi principales) der Luftröhre, rechter und linker Hauptbronchus, deren Verzweigungen, die Lappen- (B. lobares) und Segmentbronchi (B. segmentales, Abb.). Bilden mit der Luftröhre den → Bronchialbaum. [9]

Bronchitis f: Katarrh mit entzündlicher Hyperämie der Bronchialschleimhaut, akut (nach „Erkältung", Virusinfektion mit bakterieller Sekundärinfektion, fieberhaft, schleimig-eitriger Auswurf, oft als Tracheobronchitis), chronisch

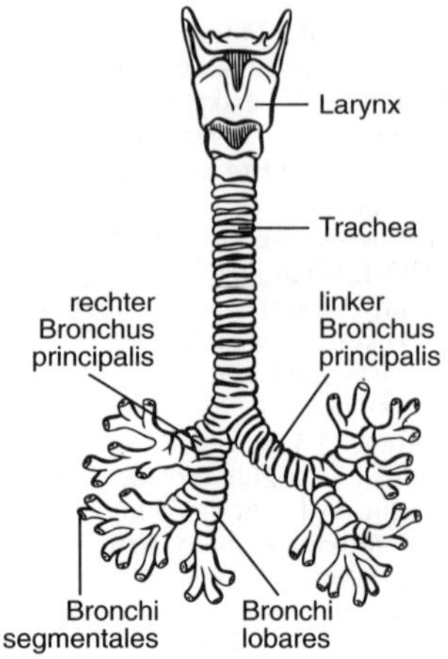

Bronchien

oder rezidivierend, WHO-Definition: „Husten an den meisten Tagen, aber wenigstens 3 Monate lang in mindestens 2 aufeinanderfolgenden Jahren". Unterschieden werden: 1. einfache oder unkomplizierte chronische B.; 2. chronisch-rezidivierend (schleimig-)eitrige B.; 3. chronische B. mit → Asthma (asthmatoid) mit intermittierender reversibler Obstruktion; 4. chronisch obstruktive B. mit dauernder generalisierter Obstruktion. Ätiologie: Zigarettenrauchen, Luftverschmutzung, Klima, Jahreszeiten, berufliche Exposition. Therapie: 1. Ausschaltung aller auslösenden Momente (Raucherkatarrh); 2. Beseitigung bakterieller Infektionen (Sulfonamide, Antibiotika); 3. Expektorationsförderung, Sekretverflüssigung (Aerosolinhalationen, 5-8%iges Kaliumiodat, Guajakolpräparat); 4. evtl. Digitalisbehandlung (Cor pulmonale chronicum). [20]

Broncho|di|latatoren m pl: die Bronchien erweiternde Mittel. Bei Asthmaanfall und chron. Bronchitis Inhalation von adrenergen Stimulatoren wie Salbutamol (Sultanol®), Fenoterol (Berotec®), Terbutalin (Bricanyl®) und Glukokortikoiden (Viarox®, Sanasthmyl®). Zusätzlich Aminophyllin und Glukokortikoide i.v. Vgl. Asthma bronchiale. [2]

Broncho|graphie f: Röntgendarstellung des Bronchialbaumes oder einzelner Abschnitte desselben mit instilliertem, leichtresorbierbarem → Kontrastmittel zur Diagnostik von Wandveränderungen oder Verlegung einzelner Abschnitte des → Bronchialbaumes. [14]

Broncho|pneumonie f: akute Infektion der Alveolarräume, die sich herdförmig, z. T. disseminiert auf die den Bronchien benachbarten, peribronchialen Alveolen beschränkt; Erreger: Viren, Pilze, Bakterien. [34]

Broncho|skop n: flexible oder starre → Glasfaseroptik mit Beleuchtungseinrichtung zur Inspektion des Kehlkopfes, der Luftröhre und der größeren Bronchien. Verwendung auch bei → blindnasaler Intubation. Vgl. Laryngoskop. [2]

Broncho|spasmo|lytika n pl: Gruppenbez. für Arzneistoffe mit relaxierender Wirkung auf die Bronchialmuskulatur wie → Beta-Sympathomimetika (→ Fenoterol, → Reproterol, → Salbutamol, Terbutalin u.a.), → Phosphodiesterase-Inhibitoren (→ Theophyllin-Ethylendiamin, Euphyllin) und m-Cholinozeptoren-Antagonist (Ipratropium-, Oxitropiumbromid). [7]

Broncho|spasmus m: Bronchiolospasmus; akute Verengung der kleinen Luftwege infolge einer Verkrampfung der glatten Muskulatur der Bronchiolen, Erhöhung des Strömungswiderstandes. Folgen: erhebliche obstruktive Ventilationsstörung mit funktionellem Emphysem. Luftnot. Vorkommen: → Asthma, → Tetanie (durch Hyperventilation), → Anaphylaxie, auch bei → Intubationsnarkose, endotracheale; vgl. Atemstillstand, Ruhedyspnoe. [16, 20]

Bronchus (gr.) m: Einzahl von → Bronchien. [9]

Bronze (ital.) f: alle Kupferlegierungen, ausgenommen → Messing. Früher nur für Kupfer-Zinn-Legierung üblich, die heute als Zinn-Bronze bezeichnet wird. [23]

Bronze|dia|betes m: Erkrankung aus dem Formenkreis der → Hämochromatose mit Eisenablagerung im Pankreas und mit diabetischer Stoffwechselstörung. [20]

Broussard-Bracket n: spezielles → Bracket mit zusätzlichem vertikalem → Slot zur Aufnahme von → Aufrichtefedern. [5]

Brown-Bewegung (Robert B., engl. Botaniker, *1773, † 1858): *Brown*-Molekularbewegung; zitternde Bewegung mikroskopisch kleiner, in Flüssigkeit oder Gas schwebender Teilchen, entstanden durch Stöße der Flüssigkeitsmoleküle als Folge ihrer ungeordneten Wärmebewegung. [10]

Brown spot (engl.) m: bräunlich verfärbte Initialkariesläsion. Vgl. White spot, Initialkaries. [29]

Brucellosen (nach dem engl. Militärarzt David Bruce, *1855, † 1931) f pl: durch Brucella-Arten hervorgerufene Krankheiten. → Zoonosen, die durch Kontaktinfektion oder alimentär auf den Menschen übergehen können. Brucella abortus: → Bang-Krankheit, seuchenhaftes Verkalben der Rinder; B. melitensis: → Maltafieber (Ziege, Schaf); B. suis: Schweinebrucellose. [8]

Bruch: 1. Knochenbruch; → Fraktur, → Kieferbruchbehandlung. 2. Eingeweidebruch; → Hernia. [2]

Bruch|dehnung beim Zugversuch: die Längenänderung eines Prüfkörpers im Augenblick des Bruches. [4]

Bruch|festigkeit: Bruchgrenze; bei Zug-, Druck-, Torsions- oder Biegebelastung jene Grenze, bis zu der ein Werkstoff belastet werden kann, ohne zu brechen. Der Begriff Bruchgrenze bezieht sich insbes. auf die Zugbelastung. Vgl. Zugfestigkeit. [4]

Brụch|spalt|ab|szeß m: Abszeß im Bereich eines Knochenbruches. [2]

Brücke: 1. Anat.: → Pons. **2.** festsitzender Zahnersatz, der seine Abstützung lediglich an Zähnen und Wurzeln findet und mit diesen im Gegensatz zur rein parodontal getragenen, abnehmbaren Einstückgußprothese durch Kronenersatz (Brückenpfeiler) fixiert wird. Man unterscheidet am Brückenersatz: die Anker (K = Ankerelemente) wie Kronen und Inlays, und den Brückenkörper (B = Zwischenglieder) (Abb.).

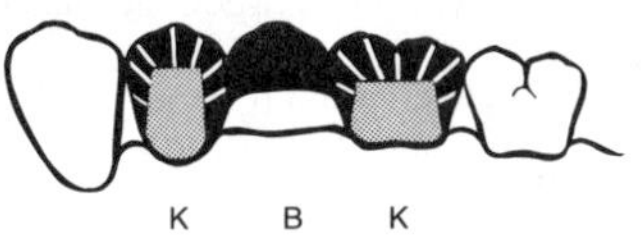

Je nach Anordnung der Pfeiler gibt es ein- oder mehrspannige Brücken und → Freiendbrücken (Extensionsbrücken). Brückenersatz kann festsitzend, aber auch bedingt oder unbedingt abnehmbar gestaltet werden. Bedingt abnehmbare Brükken können nur vom Zahnarzt ertfernt werden, da sie durch Verschraubungen verschiedenster Art befestigt sind. Unbedingt abnehmbare Brükken sind so konstrutiert, daß der Patient diese selbst entfernen kann (→ Teleskopkronen). Bei der Gestaltung der Zwischenglieder sind hygienische, ästhetische und funktionelle Gesichtspunkte zu beachten. [4]

Brücke zur provisorischen Versorgung: Nach Alginat-Abdruck der präparierten Zähne wird, zum Teil aus vorgefertigten Teilen, im Labor eine provisorische → Brücke, meist aus Kunststoff, hergestellt, was einige Stunden erfordert. Daher Schnellmethode: Vor Präparation Alginat-Abdruck, in welchem der Raum zwischen den Pfeilern freigelegt wird. Nach Beschleifen wird der Abdruck mit selbsthärtendem Epimin-Polyadditionskunststoff (Scutan®, Trim®) gefüllt und über die beschliffenen Zähne gestülpt. Dadurch entsteht ein Provisorium in Form der früheren Zähne. Bei diesen Kunststoffen erhöhte

Allergiegefahr. Die so angefertigte provisorische Brücke wird mit einem provisorischen Zement befestigt. [4]

Brudzinski-Zeichen (Josef von B., Päd., Warschau, *1874, † 1917): Beugung der Beine bei passivem Vorwärtsbeugen des Kopfes oder Druck auf die Symphyse als Schutzreflex zur Herabsetzung der Dehnung der hinteren Wurzeln bzw. der Meningen. Symptom bei → Meningitis. [33]

Bruhn-Ex|tensions|gerät (Christian B., Kieferchir., Düsseldorf, *1868, † 1942): Extensionsgerät zur Nachbehandlung der Mikrogenieoperation. [2]

Bruhn-Pro|genie|operation f: → *Babcock*-Progenieoperation. [2]

Brünieren: 1. Burnishing; Glätten einer Amalgamfüllung nach dem Stopfen oder Schnitzen mit kugelförmigen glatten Instrumenten. **2.** Bräunen von Metallen (Eisen, Stahl, Messing) durch metallurgische Nachbehandlung. [1]

Brünings-Faß|zange (B., Otorhinolaryngologe, Jena, München, *1876, † 1958): rhinolog. Instrument mit ovalen, gefensterten Greifarmen zum Ausräumen polypösen Gewebes aus der Kieferhöhle. [19]

Brunn-Epithel|scheide (Albert von B., Anat., Rostock, *1849, † 1895): *Brunn*-Wurzelscheide, → Epithelscheide. [30]

Brust: Pectus. [9]

Brust|bein: → Sternum. [9]

Brust|fell: → Pleura. [9]

Brust|raum: Innenraum des → Thorax. Im B. befinden sich der Hauptanteil des Atmungsapparates, der Thymus und das Herz mit den größten Gefäßen des Körpers. Unter normalen Bedingungen ist der Druck im Brustraum stets niedriger als in der Atmosphäre (sog. negativer Druck). [9]

Brut|schrank: Behälter mit gleichbleibender Temperatur durch Thermoregulator zur Mikrobenzüchtung. [8]

Bruxismus (gr.) m: unbewußter Zahnkontakt mit Leermastikationsbewegungen oder Preßphasen, der zu einer → Abrasion der Zähne oder Kiefergelenkschäden führt. Oft verantwortlich für eine starke Überlastung der Zähne, der Kaumuskulatur und der Kiefergelenke. Werden diese Bewegungen auch bewußt durchgeführt, so spricht man von Bruxomanie. Vgl. Parafunktionen, Autodestruktion. [1, 4, 6]

Bruxo|manie f: Knirschen und Pressen der Zähne bei Tag. [6]

Bruzellosen f pl: → Brucellosen. [8]

Brygmus (gr.) m: Zähneknirschen. → Bruxismus. [4]

BSG: 1. M e d .: Abk. für **B**lutsenkungs**g**eschwindigkeit, → Blutsenkungsreaktion. **2.** A l l g e m .: Abk. für Bundessozialgericht. [20, 25]

BSR: Abk. für → **B**lut**s**enkungs**r**eaktion. [20]

BtM (VV): Abk. für → **B**e**t**äubungs**m**ittel-**V**erschreibungs-**V**erordnung. [7]

Buc|ca (lat.) f: Wange, Backe. [9]

buccalis (lat.): bukkal, die Wange betreffend. [9]

Bucca lobata f: → Makropareiie. [11]

Buc|cinator (lat.) m: Kurzform für → Musculus buccinator, Wangenmuskel. [9]

Bucinatorius (lat.) m: Kurzform für M. b., Wangen- oder Trompetermuskel (JNA). Jetzt M. buccinator. [9]

Buckley-Methode (John Peter B., Za., Hollywood, *1873, † 1942) f: → Gangränbehandlung mit Trikresol-Formalin (historisch). [1]

Bucky-Blende (Gustav B., Rö., Berlin, New York, *1880, † 1963): Blende aus parallelen, in Strahlenrichtung aufgestellten Bleistreifen, die, während der Röntgenaufnahme durch Federkraft über den Film bewegt, die → Streustrahlung abfängt. [14]

Budget (frz.) n: → Festbetrag. [25]

Budlong-Klammer: → *Bonyhárd*-Klammer. [4]

Buerger-Erkrankung (Leo B., Chir., Wien, New York, *1879, † 1943): → Thrombangiitis obliterans. [20]

Bügel|prothese f: herausnehmbarer partieller Zahnersatz, dessen Prothesensättel im Oberkiefer durch → Transversalbügel, im Unterkiefer durch → Unterzungenbügel verbunden sind. [4]

BUGO: Abk. für Bundesgebührenordnung; entspricht der → Gebührenordnung für Zahnärzte (GO-Z). [24]

Buhner|graph m: Zusatzausrüstung für Artikulatoren zur Bestimmung der Kondylenlage vor und nach einer Behandlung. Vgl. TMR-System. [4]

buk|kal (lat.): die Wange betreffend, wangenwärts gerichtet. [9]

Bukkal|ok|klusion f: seitlicher Scherenbiß. Vgl. Kreuzbiß. [5]

Bukkal|schild: Wangenschild oder -pelotte des → Funktionsreglers. Das B. soll den Einfluß der perioralen Muskulatur ausschalten. Durch die Ausdehnung des B.es kommt es zu Zugkräften im Bereich der Alveolaraußenwände und somit zu einer transversalen Nachentwicklung der Zahnbögen. [5]

Bukkinator|schlaufen: seitliche Abschnitte des Lippenbügels beim → Bionator. Die B. schirmen den Bukkinatormuskel im Mundvorhof ab und sollen so eine transversale Nachentwicklung des Zahnbogens ermöglichen. [5]

Bukkinator|stütze: Ausweitungen der Prothesenaußenfläche des totalen Zahnersatzes im Unterkieferbereich unter Ausnutzung der → Bukkinatortasche. [4]

Bukkinator|tasche: Ausweitung des Mundvorhofes wangenwärts im Bereich des zweiten Unterkiefermolaren bis etwa zur halben Zahnbreite des zweiten Prämolaren. Sie wird begrenzt durch den einwärts ansteigenden Boden der Kammeroberfläche, die nachgiebige Wangenschleimhaut und - kranialwärts - den größten Querschnitt des Musculus buccinator. Einer der Extensionsbereiche für totale Unterkiefer-Prothesen. → Bukkinatorstütze. [4]

Bukko|gingival|furche: während der Embryonalentwicklung auftretende Vertiefung zwischen Alveolarwall und Wange. Sie entspricht dem hinteren Abschnitt des Vorhofs beim Erwachsenen. Vgl. Alveolarfurche. [30]

bukko|lingual: bukkooral im Unterkieferbereich. [9]

bukko|oral: vom Vestibulum oris zum Innern des Mundes gerichtet. [9]

bukko|palatinal: bukkooral im Oberkieferbereich. [9]

Bülau-Dränage f: dient dem kontinuierlichen Abfluß von Exsudat aus dem Interkostalraum bei Pleuraempyem. Bei diesem Verfahren wird der Rückstrom von Außenluft in den Thorax verhindert und eine Entleerung durch Heber- bzw. Saugwirkung erzielt. [2]

bulbär (lat.): das verlängerte Mark betreffend (Bulbus rhachiticus → Medulla oblongata). [9]

Bulbär|para|lyse f: Ausfall der motorischen Hirnnervenkerne in der Medulla oblongata als Folge von Infarkten, Blutungen, Aneurysmen, Tumoren oder bei Kompression durch Halswirbelprozesse. Progressive B.: durch Degeneration der in der Medulla oblongata gelegenen motorischen Nervenkerne oder ihrer Leitungsbahnen kommt es zu Lähmungen der Lippen-, Zungen-, Gaumen- und Kehlkopfmuskulatur mit Sprach- und Schluckstörungen, Atrophie der Zunge und Fehlen der Gaumen-, Masseter- und Würgereflexe; auch bei progressiver spinaler Muskelatrophie. [33]

Bulbär|sprache: schlecht artikulierte, langsame Sprache infolge Störung der Innervation der am Sprechvorgang beteiligten Muskeln bei → Bulbärparalyse. [33]

Bulbus (gr.) m: anat. für verschiedene knollige Anschwellungen; z.B. B. oculi: Augapfel, B. olfactorius: Riechkolben, Fortsatz des Gehirns, in den die Geruchsnerven (Nervi olfactorii) einmünden. [9]

Bulimia nervosa f: psychiatrisches Syndrom eines gestörten Eßverhaltens mit Heißhungerattacken, selbstinduziertem Erbrechen, Mißbrauch von → Laxanzien, Verlust der körperlichen Identität und progredienter dentaler Destruktion durch → Demineralisation des Zahnschmelzes infolge wiederholter Magensäurekontamination. [27]

Bulla (lat.) f: mit Flüssigkeit gefüllte Blase der Haut oder Schleimhaut, die im Epithel (bei → Pemphigus) oder intra- bzw. subepidermal entstanden sein kann (z.B. Druck- und Brandblase); vgl. Erosion. [12]

bullosus, bullös: blasig. [12]

Buna m oder n: synth. Kautschuk, aus Azetylen über Butadien mit Natrium als Katalysator hergestellt. [23]

Bundes|ausschuß: Gremium aus Vertretern der Zahnärzte und Krankenkassen. Beschließt Richtlinien für die → Wirtschaftlichkeit der vertragszahnärztlichen Versorgung (§ 91, 92 SGB V) sowie Bedarfsplanungsrichtlinien (§ 102 SGB IV). [24]

Bundes|mantel|vertrag (Zahnärzte): Abk. BMV-Z; Vereinbarung zwischen der → Kassenzahnärztlichen Bundesvereinigung und den Bundesverbänden der Krankenkassen. Regelt den allgemeinen Inhalt der → Gesamtverträge (§ 83 SGB V). [24]

Bundes|schieds|amt: Schlichtungsgremium bei Nichtzustandekommen von Verträgen in der vertragszahnärztlichen Versorgung; erfüllt die Aufgaben des → Schiedsamtes für den vertragszahnärztlichen Bereich auf Bundesebene. [24]

Bundes|seuchen|gesetz: (BSeuchG v. 18.7.1961, Novelle v. 18.12.1979), regelt die Verhütung und Bekämpfung übertragbarer Krankheiten beim Menschen. Enthält meldepflichtige Krankheiten, bestimmt Personenkreis, der sich Untersuchungen auf Keimträgertum bzw. Dauerausscheidung unterziehen muß, gibt Anweisungen für Schließung von Schulklassen beim Auftreten bestimmter Infektionen, enthält Quarantänevorschriften u.a.m. [8, 24]

Bundes|sozial|hilfe|gesetz: Abk. BSHG; seit 1961 in der Bundesrepublik Deutschland bestehendes Gesetz, das die rechtliche Grundlage für die öffentliche Fürsorge darstellt und den Anspruch auf Empfang von Sozialhilfe bei individuellen Notlagen regelt. [27]

Bundes|verband der Deutschen Zahn|ärzte: Abk. BDZ; wurde 1953 in der Rechtsform eines eingetragenen Vereins gegründet; gleichzeitig wurden der Verband der Zahnärztlichen Berufsvertretung (VDZB) und der Verband Deutscher Dentisten (VDD) aufgelöst. Vertrat bis zur Gründung der → Kassenzahnärztlichen Bundesvereinigung im Jahre 1954 die Kammern und KZVen der BRD. 1989 traten die Kammern der Länder Bayern, Niedersachsen und Nordrhein aus und gründeten die Arbeitsgemeinschaft Deutscher Zahnärztekammern e.V. (ADZ) mit dem Ziel, alle weiteren Kammern auch zum Beitritt zu bewegen, was jedoch nicht gelang. Das Schisma brachte große politische Nachteile für die deutsche Zahnärzteschaft, deshalb änderte zum 1. Januar 1993 der BDZ seine Satzung, die ADZ löste sich auf und ihre Kammern traten dem neuen BDZ bei, der unter → „Bundeszahnärztekammer - Arbeitsgemeinschaft der Deutschen Zahnärztekammern e.V. (BZÄK)“ firmiert. 25

Bundes|zahn|ärzte|kammer: Abk. BZÄK; Zusammenschluß der → Zahnärztekammern auf Bundesebene; gegründet zum 1. Januar 1993 durch Veränderung der Satzung des BDZ e.V. und Wiedereintritt der Landeskammern von Bayern, Niedersachsen und Nordrhein, die ihre Arbeitsgemeinschaft ADZ e.V. gleichzeitig auflösten. Rechtsform eingetragener Verein. Vertritt die Interessen der Deutschen Zahnärzteschaft im In- und Ausland. Geführt von einem Präsidium mit einem Präsidenten und drei Vizepräsidenten sowie einem siebenzehnköpfigen Vorstand, bestehend aus allen Landeskammerpräsidenten. 24, 25

Bun|odontie f: mit rundlichen oder konischen Höckern versehene Kauflächen von Molaren. Man findet sie als Anpassung an den Kauvorgang bei Omnivoren, z.B. Mensch und Schwein. 30

buno|loph|odont: Bez. für Zähne mit höcker-/leistenförmiger Kaufläche, z.B. bei Halbaffen. 30

buno|selen|odont: Bez. für Zähne mit Höckern und halbmondförmigen Profilen auf der Kaufläche, z.B. bei fossilen Schweinen. 30

Bunsen-Brenner (Robert Wilhelm B., Chem., Heidelberg, *1811, † 1899): Gasbrenner, der durch Seitenöffnungen eine regulierbare Luftbemengung ermöglicht, so daß das Gas mit einer sehr heißen Flamme (um 1.650°) vollständig und farblos verbrennt. 4

bunte Reihe: biochemische Methoden zur Differenzierung von Bakterien. Besteht aus Nährböden, denen verschiedene Zucker und Alkohole zugesetzt sind, wobei der Abbau des jeweiligen Substrates durch einen Farbindikator angezeigt wird. 8

Buph|thalmus m: → Hydrophthalmus. 20

Bupivacain: → Lokalanästhetikum vom Amidtyp zur Infiltrations- und Leitungsanästhesie bei langandauernden kieferchirurg. Eingriffen. B. hat eine 8fach größere anästhet. → Potenz als → Procain. Der Wirkungseintritt ist langsam, die Wirkungsdauer lang. 7

Bupivacainum n: L-n-Butyl-DL-piperidin-2-Karbonsäure-2,6-dimethylanilid, Carbostesin®, Bupivacain®; Lokalanästhetikum zur Infiltrations- und Leitungsanästhesie (0,25-0,5%ig). Lange Wirkungsdauer. 2

Buprenorphin n: semisynthet. Tebain-Derivat, → Opioid-Analgetikum, partieller µ-Agonist (→ Agonist). B. ist stärker und länger analget. wirksam als → Morphin. Indikation: starke Schmerzen, die mit → Cyclooxigenase-Inhibitoren nicht beherrschbar sind. Die Rezeptur muß nach der → Betäubungsmittel-Verschreibungs-Verordnung erfolgen. Dosierung: 0,3-0,6 mg bei 70 kg Körpergewicht, bisher keine Sucht nachgewiesen. 2, 7

Burdach-Strang (Karl Fr. B., Physiol., Königsberg, *1776, † 1847): Fasciculus cuneatus, → Hinterstränge des Rückenmarks. 9

Bürette (frz.) f: ein graduiertes Glasrohr, das zur Messung von Flüssigkeitsmengen im Laboratorium benutzt wird. 23

Burow-Dreieck (Karl A. von B., Chir., Königsberg, *1809, † 1874): dreieckiges Hautstück, das exzidiert wird, wenn bei einer Verschiebeplastik zur Defektdeckung durch die Hautraffung eine Falte entsteht. 2

Burri-Färbung (Robert B., schweizer Bakt., *1867, † 1952): → Tuschefärbung. 8

Bursa (gr.) f: Beutel, Tasche, Schleimbeutel. 9

Bursa pharyngea f: *Luschka*-Tasche, Schlundtasche; embryonale Ausstülpung der hinteren Rachenwand, von der selten eine kleine Grube am unteren Ende der Rachenmandel zurückbleibt. Vgl. Schlundtaschen. 9

Bursa synovialis f: Schleimbeutel; mit Gelenkflüssigkeit (→ Synovia) gefüllter Beutel meistens in Gelenknähe. Er dient der reibungslosen Verschiebung von Muskeln, Sehnen u.a. gegeneinander. 9

Burstone-Linie (Charles J. B., Orthod., Minneapolis, 1958): Profillinie, die → Subnasale und Kinnspitze (→ Hautpogonion) berührt. Die Oberlippe soll 3,5 mm, die Unterlippe 2,2 mm nach vorn über die Linie hinausreichen. Abb. → Lippenanalyse nach *Burstone*. 5

Burton-Zeichen: → Bleisaum. 11

Busse-Buschke-Krankheit (Otto B., Pathol., Posen, *1867, † 1922): europäische → Blastomykose, maligne (= Kryptokokkose). 12

Butanilicain: → Lokalanästhetikum vom Amidtyp mit unzureichender elektrophysiol., toxikolog. und klin. Charakterisierung. 7

Butazetoluid n: 2-Methyl-6-chlor-butyl-aminoazetanilid, Hostacain®; Infiltrations- und Leitungsanästhetikum (0,5-4%ig), ohne Vasokonstringenzien. [2]

Butterfly-Kanüle f: kleinlumige, kurze Metallkanüle mit Plastikflügeln zur leichteren Handhabung und Befestigung bei intravenösen Injektionen. [2]

Butter|säure: Fettsäure, die in Butter, Fleischflüssigkeit und im Schweiß vorkommt; entsteht bei der Buttergärung. [23]

butyricus (gr.): zur Buttersäure gehörig, z.B. Clostridium butyricum: anaerobes sporenbildendes, grampositives Stäbchenbakterium. Spaltet verschiedene Zucker unter Bildung von Buttersäure. [8]

BVMI: Abk. für **B**erufs**v**erband **M**edizinischer **I**nformatiker e.V. Er unterstützt als berufsständische Vertretung durch Information, Beratung und Fortbildung in erster Linie seine Mitglieder, aber auch andere Beteiligte am Gesundheitswesen. Dies geschieht in eigenen Veranstaltungen, durch Seminare und Beratungsstände auf fachbezogenen Ausstellungen und Messen und im Rahmen der → Akademie Medizinische Informatik. [26]

Bypass-Operation f: gefäßchirurgischer Eingriff bei chron. Arterienverschlüssen. 2 Möglichkeiten: Umleitung oder Überbrückung 1. mit alloplastischem Gefäßersatz (gestrickte Dacronprothese) oder 2. mit autologer Vene (vorwiegend V. saphena magna). Letzteres Methode der Wahl zur aortakoronaren Venenumleitung bei obliterierenden Erkrankungen der Herzkranzgefäße. Vgl. Angioplastie. [20]

C

C: **1.** Chem.: Symbol für → Kohlenstoff (Carboneum); **2.** Phys.: Abk. für → Celsiusgrade. **3.** Zhk.: Abk. für **C**aninus (Eckzahn). Vgl. Zahnformel. 23, 30

Ca: **1.** Chem.: Symbol für → Kalzium. **2.** Med.: klin. Abk. für Carcinoma, → Karzinom (Krebs). 2, 23

CADIAG-2 (Abk.): → Expertensystem zur Rheumadiagnostik, entwickelt von *Adlassnig* an der Universität Wien unter Verwendung der Fuzzy-Set-Theorie zur Darstellung unsicheren Wissens. 26

caecus (jetzt auch nach IANC cecus) (lat.): blind. 9

caeruleus (lat.): dunkelblau. Morbus caeruleus: → Zyanose. 20

Café-au-lait-Fleck: Naerus pigmentosus; Milchkaffeeflecke, Hautpigmentierungen, z.B. bei → Neurofibromatose. 12

Caffey-Silverman-Krankheit (John C., Päd., Rö., New York; Henry S., Päd., Denver, *1918): → Hyperostosis corticalis infantilis. 20

Calciferolum (Europ. Arzneibuch) n: Ergokalziferol, → Vitamine. 23

Calcium n: → Kalzium. 1

Calcium|hydroxid: C. wirkt in wäßriger Lösung infolge Freisetzung von OH-Ionen antibakteriell und ätzend. Bei Kontakt mit Pulpagewebe induziert C. Bildung von Tertiärdentin, mit der geschlossenen Dentindecke reparatives Dentin. Nach Applikation im aufbereiteten Wurzelkanal begünstigt C. die Ausheilung von apikalen Läsionen und die Apexifikation bei Zähnen mit nicht abgeschlossenem Wurzelwachstum. 7

Calciumkanal-Blocker: Bez. für Arzneistoffe, die die Offenwahrscheinlichkeit der Ca^{2+}-Kanäle vom L-Typ und damit den langsamen Ca-Einwärtsstrom reduzieren. Diese Kanäle befinden sich in glatten Muskelzellen, Sinus- und AV-Knoten, Herzmuskelzellen. Vertreter dieser Stoffgruppe sind Verapamil, → Nifedipin und Diltiazem. Indikation in der Zhk. besteht nur für Nifedipin als Notfalltherapeutikum zur Behandlung der hypertensiven Krise. 7

Calculus (lat.) m: Steinchen, → Konkrement. C. dentalis: → Zahnstein. C. salivalis: Speichelstein, Konkrement in den Speichelkanälen, → Speichelstein. 6

Calculus-Surface-Index (engl.) m: Abk. CSI; Zahnsteinindex, bei dem alle vier Flächen der unteren vier Incisivi bewertet werden. Es ist lediglich ein Ja/Nein-Entscheid für supra- oder subgingivalen Zahnstein erforderlich. Der CSI pro Individuum nimmt maximal die Zahl 4x4 an. Vgl. Zahnsteinindex. 15

Caldwell-Luc-Operation (George W. C., Arzt, USA, *1834, † 1918; Henry L., Otolaryngol., Paris, *1855, † 1925) f: → Kieferhöhlenoperation. 2

Caliculus gustatorius (IANC) (lat.): Geschmacksbecher. 10

Callahan-Methode (John R. C., Za., Cincinnati, *1853, † 1918) f: Methode zur Behandlung der → Gangrän mit 50%iger Schwefelsäure (historisch). 1

Callender maxillary clips (George William C., Chir., London, *1830, † 1875) (engl.) m pl: Bezeichnung für Knochenfortsätze des Oberkiefers, welche die Vorderseite des Zwischenkiefers bedecken. 9

Callus (lat.) m: → Kallus. 32

Callus luxurians (lat.) m: übermäßige Bildung von → Kallus bei der Frakturheilung, mit Knochenbildung in die angrenzenden Weichteile hinein. Häufig bei ungenügender Ruhigstellung oder entzündlichen lokalen Begleiterscheinungen. 32

Calmette-Impfung (Albert C., Bakt., Paris, *1863, † 1933): → BCG-Impfstoff. 8

Calor (lat.) m: Hitze, Wärme; Symptom der Entzündung. Die Erwärmung der entzündlich veränderten Areale ist Folge einer starken → Hyperämie. 32

Calvaria (lat.) f: Schädeldach. 9

Calx (lat.) f: **1.** Anat.: Ferse, Hacke; der vom Fersenbein (Calcaneus) geformte Teil des Fußes. **2.** Chem.: Kalk, → Kalzium. 23

Calxy® m: Kalziumhydroxid-Präparat, pH-Wert etwa 12. Von *B. W. Hermann* eingeführt zum

Desinfizieren des Wurzelkanals und zur Behandlung der erkrankten oder eröffneten Pulpa. [1]

Camper-Ebene (Dieter C., Anat., Amsterdam, *1722, † 1789): Nasoaurikularebene, Ebene durch beide Traguspunkte und die Spina nasalis anterior; verläuft annähernd parallel zur → Okklusionsebene und wird bei Herstellung von totalem Zahnersatz zu deren Festlegung herangezogen. [4]

Camper-Gesichtswinkel (Dieter C., Anat., Groningen, *1722, † 1789): gebildet durch eine Linie vom Traguspunkt zur Spina nasalis anterior und einer Linie von der Prominenz der Stirn bis zur Spina nasalis. Dieser Winkel beträgt etwa 80-90° (Abb.). [4]

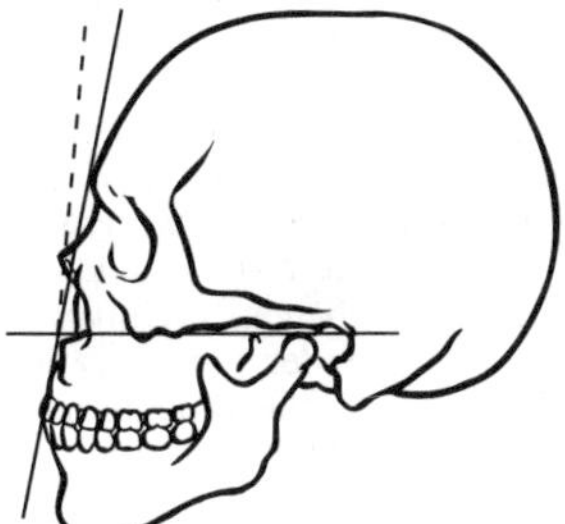

Campylo|bacter n: Bakteriengattung, umfaßt einen Teil der früher den Vibrionen zugerechneten Arten. C. sputorum: → Kommensale der Mundschleimhaut, gramnegatives, mikroaërophiles, gekrümmtes, polar begeißeltes Stäbchen. [8]

Canales alveolares m pl, sing → Canalis: führen vom → Canalis infraorbitalis, den Foramina alveolaria oder dem → Canalis mandibulae zu den Zähnen. [9, 30]

Canales palatini minores m pl: Kanäle für die gleichnamigen Arterien und Nerven im Pyramidenfortsatz des Gaumenbeins. [9]

Canaliculi dentinales m pl: → Dentinkanälchen. [30]

Canalis (lat.) m: Kanal, Gang, röhrenförmiges Gebilde. Im Knochen verlaufende Kanäle mit Nerven und Gefäßen. [30]

Canalis caroticus m: führt die A. carotis interna durch die Schädelbasis in die Schädelhöhle. [9]

Canalis centralis m: Zentralkanal im Rückenmark, wird von Ependym begrenzt. [9]

Canalis facialis m: Canalis *Falloppii*; Fazialiskanal; Knochenkanal, der den N. facialis durch die Felsenbeinpyramide des Schläfenbeins am Innenohr vorbei zum Foramen stylomastoideum leitet. → Nervus facialis. [9, 30]

Canalis incisivus m: Ductus nasopalatinus; paariger Knochenkanal, der neben der Nasenscheidewand beginnt und auf der oralen Seite des Gaumens, dicht hinter den oberen mittleren Schneidezähnen am Foramen incisivum, unpaarig mündet. Er enthält den N. nasopalatinus und Gefäße. [9, 30]

Canalis infra|orbitalis m: Knochenkanal, der am Boden der Orbita verläuft und am Foramen infraorbitale auf der Vorderseite des Oberkiefers mündet. Er führt gleichnamige Nerven und Gefäße. [9, 30]

Canalis mandibulae m: führt innerhalb des Unterkieferkörpers vom Foramen mandibulae zum Foramen mentale. Enthält Nervus, Arteria und Vena alveolaris inferior. [9, 30]

Canalis naso|lacrimalis m: Knochenkanal, der die Augenhöhle mit dem unteren Nasengang verbindet. Er enthält den Tränennasengang (Ductus nasolacrimalis), der die Tränenflüssigkeit in die Nasenhöhle leitet. [9, 30]

Canalis naso|palatinus m: → Canalis incisivus. [9]

Canalis palatinus major m: verbindet die Fossa pterygopalatina mit der Mundhöhle, führt den Nervus palatinus major und die Arteria palatina descendens. [9, 30]

Canalis pterygo|ide|us m: Canalis *Vidianus*; Knochenkanal, der in der Basis des Processus pterygoideus des Keilbeins nach vorn verläuft. Er leitet die Nn. petrosi major und profundus zur Fossa pterygopalatina. [9, 30]

Canalis radicis dentis m: → Wurzelkanal. [30]

Canalis vertebralis m: Wirbelkanal. [9]

Canalis Vidii m: → Canalis pterygoideus. [9]

Cancer (lat.) m: Bez. für Krebs; → Karzinom. [32]

Cancrum oris n: → Noma. [11]

Candida albicans f: Hefepilz; veraltete Syn. sind Monilia und Oidium albicans. Erreger des

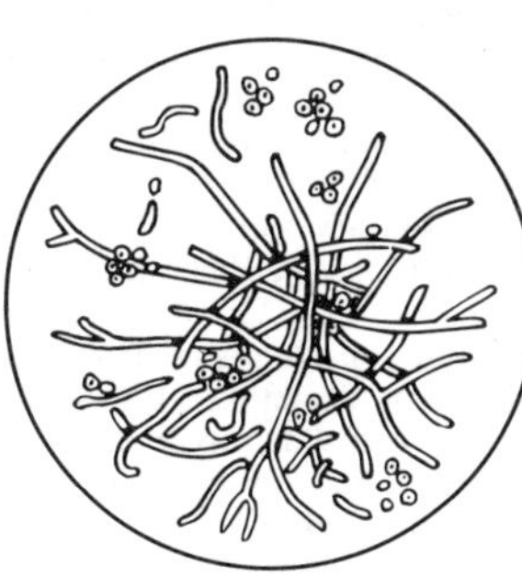

Myzel und hefeähnliche Zellen von Candida albicans

→ Soor. Wächst als Fadengeflecht (Pseudomyzel), in dem sich rundliche und ovale Fruchtformen (Blasto-, Chlamydosporen) finden (Abb.). Gehört zu den → Fungi imperfecti. In der gesunden Mundhöhle durch den Antagonismus der → Mundflora eingeschränkt, wuchert er nach deren Ausschaltung durch Antibiotika; weiterhin bei Stomatitis prothetica, bei dystrophischen Säuglingen, kachektischen älteren Personen und bei Aids-Patienten. [8]

Candida|mykose f: Candidiasis, Candidosis; → Soor. [8]

Candidiasis f: → Soor, → Mykosen. [12]

Candidosis (lat.) f: → Soor. [11]

Canicola-Fieber: → Kanikola-Fieber. [8]

Caninus (lat.) m (pl Canini): Eckzahn; → Dentes canini. [30]

Capdepont-Zahn|dys|plasie (C., Za., Paris, *1867, † 1917) f: → Dentinogenesis imperfecta. [1]

Capillus (lat.) m: Haupthaar. [9]

Capistrum (lat.) n: Halfterverband; Verband um Schädel und Unterkiefer. C. duplex: doppelter Halfterverband, der auf beiden Seiten vor und hinter das Ohr gelegt wird. C. simplex: einfacher Halfterverband. [2]

Capitulum (lat.) n: Köpfchen; rundliche Verdickung am Ende eines Knochens. [9]

Capno|cyto|phaga f: Gattung gramnegativer, spindelförmiger, flexibler Stäbchenbakterien mit gleitender Bewegung; Wachstum unter erhöhter CO_2-Spannung; aerob und anaerob; → Kommensalen der Mundschleimhaut, aber stark vermehrt in Zahnfleischtaschen bei Parodontitis. 3 Arten: C. sputigena, C. ochracea, C. gingivalis. Wohl identisch mit → Sphaerocytophaga. [8]

Capsid (lat.) n: → Kapsid. [8]

Capsula (lat.) f: „der kleine Kasten"; in der Anatomie vielseitig verwendeter Begriff für sehr unterschiedliche Gebilde. [9]

Capsula articularis f: Gelenkkapsel, Manschette aus Kollagenfasern, die die Gelenkknochen zusammenhält und den Gelenkraum begrenzt. [9]

Caput (lat.) n: Kopf, auch Gelenk- oder Muskelkopf. [9, 20]

Caput mandibulae n: Gelenkköpfchen des Unterkiefers, eiförmige Verdickung am Processus condylaris. [9]

Caput medusae n: Medusenhaupt; sichtbare Erweiterung der Venen der Bauchhaut durch Ausbildung eines Kollateralkreislaufes bei Stauungen in der Bauchhöhle infolge Pfortaderverschluß, z.B. bei Leberzirrhose. [9, 20]

Caput membranaceum n: sog. Kautschukschädel mit unvollständiger Verknöcherung der Schädelknochen bei Osteogenesis imperfekta. [20]

Caput obstipum n: → Tortikollis. [9, 20]

Caput quadratum n: beulenartige Auftreibung der Stirnhöcker bei gleichzeitiger Abflachung des Hinterkopfes als Folge einer → Rachitis. [9, 20]

Caput trigonum n: → Trigonozephalie. [9, 20]

Caput turritum n: → Turmschädel. [9, 20]

Carabelli-Höcker (Georg C., Edler von Lunkaszprie, Za., Wien, *1787, † 1842): → Tuberculum *Carabelli*. [30]

Carbamazepin: Dibenzazepin-Derivat, → Antiepileptikum. Indikation in der Zhk. zur symptomat. Therapie einer Trigeminusneuralgie. [7]

Carbocain®: → Mepivacain. [2]

Carboneum n: → Kohlenstoff, chem. Symbol C. [23]

Carborundum: → Karborund. [4]

Carbostesin®: → Bupivacain. [2]

Carboxyl|gruppe: → Karbonsäuren. [23]

Carcinom(a): → Karzinom. [32]

Carcinoma in situ n: → präinvasives Karzinom, intraepitheliale Neoplasie GIII (G = → Grading); umschriebenes, nichtinvasives, intraepithelial wachsendes → Karzinom ohne Durchbrechung der Basalmembran. Kommt nicht in jedem Epithel vor; Vorkommen in Kehlkopfschleimhaut, Bronchialwand, Zervix, Vulva, Mamma, Übergangsepithel der Harnwege, Analhaut. [32]

Cardia (gr.) f: → Kardia. [9]

cardiacus (gr.): cardialis, kardial; zum Herzen gehörig. [9]

Cardio|lipin n: hochempfindliches Antigen für Luesreaktionen; stickstofffreies Phosphatid aus Rinderherzmuskel mit Zusatz von Lezithin und Cholesterin; verwendet für → Komplementbindungsreaktion und → VDRL-Test. [8]

Caries dentium f: → Karies. [1]

Caries florida (lat.) f: „blühende Karies", rapide Verlaufsform der K. [1]

Caries profunda (lat.) f: tiefe Karies, i.e.S. ein soweit fortgeschrittenes Stadium, daß die Pulpa bereits in Gefahr ist und besondere Maßnahmen zu ihrem Schutz erforderlich sind. [1]

Caries sicca (lat.) f: trockene Karies, zum Stillstand gekommene oder sich nur langsam entwickelnde kariöse Schmelzläsion, meist bei Verbesserung des umgebenden Biotops, etwa nach Extraktion des Nachbarzahnes. [1]

Caries tarda (lat.) f: langsame Karies, chronische Verlaufsform, etwa wegen günstiger Mundverhältnisse, z.B. guter Zahnpflege oder Fluoridprophylaxe. [1]

Carmalt-Drüse: retromolar, auch glossopalatinal gelegene gemischte Speicheldrüse, die

gelegentlich bei → Dentitio difficilis des unteren Weisheitszahnes mitbefallen wird. [2]
Carmichael-Krone (John P. C., Za., Milwaukee, *1856, † 1946): → Teilkrone. [4]
Caro luxurians (lat.) f: „wildes" Fleisch, übermäßig wuchernde Granulationen beim Wundheilungsprozeß, v.a. im Bereich der Gingiva als → Epulis (granulomatosa) und in der Haut als → Granuloma teleangiectodes (pyogenicum). [32]
Carotis (gr.) f: → Karotis. [9]
Carticain n: 4-Methyl-3-(2-propylamino-propioamido)-thiopen-2-karbonsäure-methylester-hydrochlorid, Ultracain®; Lokalanästhetikum mit besonderer Tiefenwirkung. Weißes, feinkristallines Pulver, wasserlöslich und hitzesterilisierbar. Zusatz von Vasokonstringenzien: 0,5 mg% bzw. 1 mg% (= forte), 1 : 200.000 bzw 1 : 400.000 Epinephrin. [2]
Cartilago (lat.) f: Knorpel. [9]
Cartilago alae nasi f: Nasenflügelknorpel, Gerüst des Nasenflügels, bestehend aus einem großen und mehreren kleinen Knorpeln. [9]
Cartilago articularis f: Gelenkknorpel, der hyalin- oder faserknorplige Überzug der Gelenkkörper. [9]
Cartilago arytae|no|idea f: Aryknorpel, Gießbeckenknorpel, Stellknorpel; paarig der Ringplatte des Ringknorpels aufsitzender Knorpel. An seinem vorderen Fortsatz setzt jeweils ein Stimmband an. Die seitlichen Fortsätze der Aryknorpel sind Ansatz der wesentlichen Kehlkopfmuskeln. Durch Drehung um eine vertikale Achse und durch Verschiebung in der koronaren Ebene kann die Stimmritze geschlossen und geöffnet werden, so daß sie Atmung und Stimmgebung ermöglicht. [9, 19]
Cartilago crico|idea f: Ringknorpel des Kehlkopfs. [9]
Cartilago epi|glottica f: Kehldeckelknorpel. [9]
Cartilago mandibularis f: → *Meckel*-Knorpel, nur in der embryonalen Zeit vorhanden. [9]
Cartilago septi nasi f: Knorpelplatte, die die knöcherne Nasenscheidewand nach vorn ergänzt. [9]
Cartilago thyro|idea f: Schildknorpel, der größte Kehlkopfknorpel, beim Mann den Adamsapfel bildend (Abb. → Larynx). [9]
Caruncula (lat.) f: Fleischwärzchen. [11]
Caruncula sublingualis f: Wärzchen an der Mündung der Ausführungsgänge der Glandula sublingualis und der Glandula submandibularis. [11, 12]
Carving (engl.) n: Schnitzen, i.e.S. Nachbearbeitung des Oberflächenreliefs frisch gelegter Amalgamfüllungen mit schneidenden Instrumenten. Quetschung des Materials und damit Anreicherung von Quecksilber an der Oberfläche wird vermieden. [1]
Case-Apparatur (Calvin Suveril C., Orthod., Chicago, *1847, † 1923) f: durch Molarenbänder fixiertes, festsitzendes orthod. Doppelbogensystem, bestehend aus einem hochlabialen stärkeren und einem koronalen schwächeren Bogen (Abb.). Zur Vermeidung von Ligaturen werden

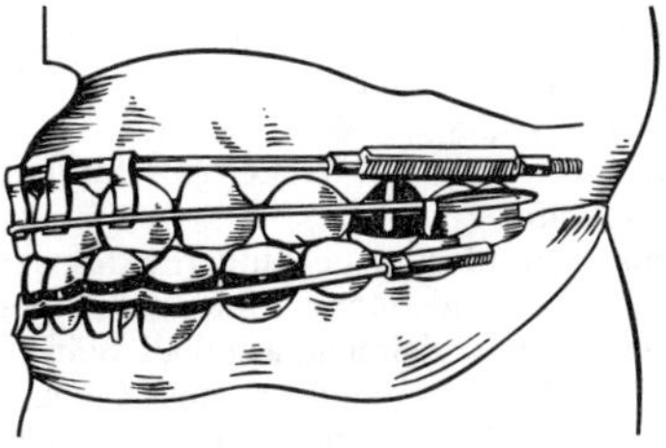

die Bögen in mit dornartigen Fortsätzen versehenen *Case*-Hakenbändern eingeklinkt. Dies ermöglicht ein → Bodily movement auch einzelner Zähne. [5]
CASNET (Abk.): → Expertensystem zur Diagnose und Therapie des Glaukoms. C. wurde von *Kulikowski* an der Rutgers Universität (USA) entwickelt. [26]
Castle-Faktor (William C., Int., Boston, *1897) m: → Intrinsic factor. [20]
Cataracta f: → Katarakt. [20]
Catgut n: → Katgut. [2]
caudalis (lat.): kaudal; steißwärts, also im Körper unten gelegen. [9]
Caulk-Matrize f: → Matrize. [1]
Causticin®: Präparate unterschiedlicher Zusammensetzung, → Arsentrioxid, → Phenol, → Lokalanästhetika (vom Estertyp) zur Devitalisierung der Pulpa. [7]
Cauterium (gr.) n: alte Bezeichnung für Ätzmittel. C. actuale: historische Bezeichnung für das → Brenneisen, das bis zur Mitte des 19. Jahrhunderts auch zum Abtöten der Pulpa verwandt worden ist. [1, 2]
Cava-Kompressions|syndrom n: Unterbrechung des venösen Blutrückstroms in der Cava inferior bei Schwangeren im dritten Trimenon durch Kompression des Gefäßes. Prophylaxe: liegende Behandlung nur in Linksseitenlage durchführen. [16]
cave (lat.): Warnhinweis im Sinne von: Vorsicht! Beachte! Vermeide! [34]
Caverne (lat.) f: → Kaverne. [32]
Cavernom n: → Kavernom. [32]

cavernosus: → kavernös, mit Hohlräumen versehen. [32]

Cavit®: provisorisches Verschlußmittel, das unter Speichelzutritt erhärtet. [1]

Cavitas (lat.) f: spaltartige Höhle. C. abdominalis: Bauchhöhle. C. articularis: Gelenkhöhle. C. coronalis: Kronenabschnitt der Pulpahöhle. C. dentis (pulparis): Zahnhöhle im Zahnbein (→ Cavitas dentis). C. laryngis: Innenraum des Kehlkopfes. C. nasi: Nasenhöhle. C. oris: Mundhöhle. C. pericardialis: Herzhöhle. C. pharyngis: Schlundhöhle. C. pleuralis: Pleurahöhle. C. thoracis: Brusthöhle. Vgl. Cavum. [30]

Cavitas coronalis f: coronaler Abschnitt der → Cavitas dentis. [30]

Cavitas dentis f: Cavitas pulparis, Pulpahöhle, Pulpakammer; im Inneren eines Zahns gelegener Raum, der die Zahnpulpa enthält. Seine Form entspricht der äußeren Form des Zahns. Man unterscheidet den in der Zahnkrone gelegenen Teil, Cavitas coronalis, und die → Wurzelkanäle. Mit zunehmendem Alter nimmt das Lumen der C. d. durch anhaltende Dentinproduktion ab. [30]

Cavitron® n: → Ultraschallgerät zum Entfernen von Zahnhartbelägen. [1, 6]

Cavum (lat.) n: Hohlraum. C. conchae: Höhlung der Ohrmuschel. C. coronalis: → Cavitas coronalis; C. dentis: → Cavitas dentis. C. trigeminale: Aussackung der harten Hirnhaut, in welcher sich das Ganglion trigeminale (*Gasser*-Ganglion) befindet. [30]

cavus (lat.): hohl; z.B. → Vena cava, Hohlvene. [9]

CBS®-Implantat (CBS: Abk. für engl. **c**rystalline **b**one **s**crew) n: schraubenförmiges enossales Implantat (→ Implantat, enossales) aus polykristalliner → Aluminiumoxidkeramik nach *Sandhaus;* vgl. Implantattypen. [18]

CC-Punkt: Bezugspunkt aus der → FRS-Analyse nach *Ricketts*. Schnittpunkt der Verbindungslinie von → Nasion und → Basion mit der → Fazialachse. [5]

Cd: chem. Symbol für → Kadmium. [23]

cecus (lat.) (IANC): blind. [9]

Ceka-Anker: passives Halteelement in Form eines doppelkegeligen Druckknopfes. Vollwertiges Verbindungselement, wenn er mit einem Stütz- und Kippmeiderelement versehen ist (Abb.). [4]

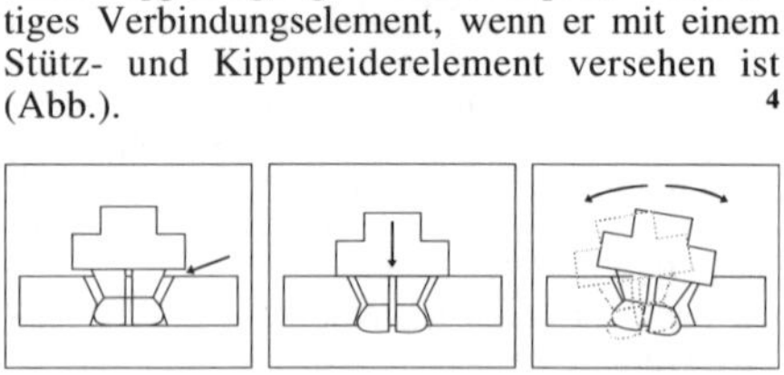

Cellula (lat.) f: kleiner Hohlraum, → Zelle. [9]

cellularis (lat.): die Zelle betreffend, aus Zellen bestehend. [9]

Celsius|grade m pl: die von dem schwedischen Astronomen *Anders Celsius* 1742 eingeführte Unterteilung der Quecksilbersäule zwischen der Temperatur von Eis und siedendem Wasser (bei Normalbedingungen) in 100 Teile. [10]

Cementum (IANC; lat.) n: Zahnzement, → Zement. [30]

Cementum cellulare n: Zellen enthaltendes Zahnzement. Es tritt bevorzugt an Wurzelspitzen und in der Bi- und Trifurkation mehrwurzliger Zähne auf. Vgl. Zementarten. [30]

Cementum non|cellulare n: zellfreies Zahnzement. Vgl. Zementarten. [30]

Central-, Centri-: Zentr-. [9]

cephalicus (gr.): zum Kopf gehörend. [9]

Cephalo-: Zephalo-, Kephalo-; vgl. Kephalometrie. [9]

Cephalosporine: Derivate der 7-Aminocephalosporansäure, → Beta-Lactam-Antibiotika. Die zur Zeit zur oralen Applikation verfügbaren C. sind zur kalkulierten Therapie dentogen induzierter Infektion nicht geeignet, da sie das Keimspektrum nicht abdecken. Die anaerobierwirksamen 7-Methoxy-C. wie Cefoxitin und Cefotetan sind z.Z. nur parenteral verfügbar. Auch → Latamoxef. [7]

CER: Abk. für **C**aries, **E**xtractio, **R**estauratio; entspricht dem DMF-Index. Vgl. Kariesindex. [1]

Cerclage (frz. Faßbinden, Reifenanlegen) f: Umschlingung, z.B. Drahtumschlingung eines Zahnes. [2]

Cerebellum (lat.) n: → Kleinhirn. [9]

cerebralis (lat.): zum → Gehirn gehörig. [9]

cerebro|spinalis: zu Gehirn und Rückenmark gehörig. [9]

Cerebrum (lat.) n: die beiden Gehirnhälften; → Gehirn. [9]

Cerec®-System n: Verfahren zur Herstellung von Keramikfüllungen ohne herkömmliche Abformmaßnahmen in einer Sitzung durch maschinelles Ausschleifen aus einem fabrikgefertigten, qualitativ hochstehenden Dentalporzellanblock. Ein elektronisches System speichert die mit optischem Abdruck gewonnenen Daten. Die Herstellung der Keramikfüllung erfolgt mit Hilfe eines Mikroprozessors. [1]

Cerestore-Verfahren: System zur Herstellung vollkeramischer Kronen. Auf einen hitzebeständigen Epoxy-Meistermodellstumpf wird ein Keramikkäppchen gepreßt, das nach dem Brand mit Keramikmasse beschichtet wird; vgl. Glaskeramik. [4]

CER-Index (CER = Caries, Extractio, Restauratio) m: → DMF-Index, → Kariesindex. [15]
Certainty factor (engl.) m: bei der Entwicklung von → Expertensystemen verwendete Technik der Bewertung der Sicherheit einer Aussage oder Schlußfolgerung oder ein Maß der Unsicherheit und Unvollständigkeit des Wissens. [26]
Cervera-Funktions|platte: C-Funktionsplatte; abnehmbare funktionskieferorthopädisch wirkende Einzelplatte ohne Verankerung, mit frontaler einfacher oder doppelter Metallaufbißplatte sowie seitlichen Pelotten versehen. Indikationsgebiet ist das gesamte Wechselgebiß. Meist Endbehandlung mit festsitzender kieferorth. Apparatur erforderlich. Wird in verschiedenen Modifikationen angegeben. Vgl. Funktionskieferorthopädie. [5]
Cervera-Modeler m: C-Modeler; Kombination von → Headgear und einer den oberen Zahnbogen umfassenden Kunststoffschiene, die mit dem Headgear fest verbunden ist. Fertigprodukt, v.a. zur Therapie von *Angle*-Klasse-II/1-Fällen (→ *Angle*-Klassifikation) geeignet. [5]
cervicalis (lat.): den Hals betreffend; → zervikal. [9]
Cervix (lat.) f: Hals, Nacken; z.B. C. dentis: → Zahnhals. [9]
Cestodes (gr.) f pl: → Zestoden. [8]
C-Funktions|platte: → *Cervera*-Funktionsplatte. [5]
CGS-System n: absolutes Maßsystem basierend auf den Grundeinheiten Centimeter, Gramm und Sekunde; im weiteren Sinne sind auch Systeme für Elektrizität und Magnetismus abgeleitet. [10]
Chalasie (gr.) f: Insuffizienz eines Sphinkters, z.B. der Kardia mit gastroösophagealem Reflex und → Sodbrennen. Vgl. Achalasie. [20]
Chalazion (gr.) n: Hagelkorn; derbe Verhärtung am Lidknorpel infolge chron. granulierender Entzündung einer → *Meibom*-Drüse. Vgl. Hordeolum. [2]
Chamä|zephalie f: Flach- und Breitköpfigkeit. Schädeldeformierung mit niedriger Gesichtsform. [3]
Charlin-Syndrom n: Neuralgie des N. nasociliaris mit anfallartig auftretenden Schmerzen im inneren Augenwinkel. [19]
Charters-Methode f: → Zahnbürsttechniken. [6]
Chasmus (gr.) m: Gähnkrampf; häufiges Gähnen als Zeichen chronischer Ermüdung, auch bei Hirnkrankheiten. [20]
Check|biß: Methode zur Bißregistrierung mit Hilfe von intraoralen → Registraten, die die Kieferlage fixieren (meist aus Wachs, evtl. Kunststoff- oder thermoplastischer Kompositionsmasse). Wird verwendet zur Bestimmung der Lagebeziehung von Ober- und Unterkiefer in typischen Okklusionsstellungen (→ Grenzpositionen) und dient zur Einstellung der → Gelenkbahn und des → *Bennett*-Winkels im → Artikulator. [4]
Check|liste f: Kontrolliste, mit deren Hilfe die Funktionsfähigkeit eines Gerätes, die Reihenfolge von Arbeitsabläufen, die Vollständigkeit einer Arbeitsmittelzusammenstellung u.ä. überprüft wird. [21]
Check-up (engl.) n: im anglo-amerik. Sprachgebrauch Bez. für die Gesamtheit einer ärztl.-diagnostischen Untersuchung. Im Deutschen auch: durchchecken, durchuntersuchen. [21]
Chediak-Mikro|reaktion (Alexander Moises C., Serologe, Havanna) f: zum serolog. Syphilisnachweis, für Massenuntersuchungen geeignet. Dabei wird ein Bluttropfen mit einem Objektträger aufgefangen und lufttrocken der Untersuchungsstelle eingesandt. Bluttropfen wird mit 3,5% NaCl gelöst und mit *Meinicke*-Extrakt vermischt; Ergebnis nach 3 Min. ablesbar. Positiv, wenn Erythrozyten zu groben, schwarzen Schollen verklumpen. [8]
Cheilion (gr.) n: Abk. Ch.; Mundwinkelpunkt, kraniometr. → Meßpunkt. [5]
Cheilitis (gr.) f: Lippenentzündung. Unterteilung in: C. glandularis, C. exfoliativa, zum Teil in Verbindung mit verschiedenen Ekzemformen; C. actinica, vornehmlich an der Unterlippe als isolierte Lippenerkrankung oder in Zusammenhang mit Lichtdermatosen ggf. bei Anwendung von Photosensibilisatoren, Sonderform: Anatolische Sommercheilitis als klimagebundene Lippenerkrankung; → C. abrasiva praecancerosa; schließlich symptomatische Cheilitiden wie beim → *Melkersson-Rosenthal*-Syndrom, als dessen Partialbild: C. granulomatosa *Miescher*, → *Melkersson-Rosenthal*-Syndrom, mehr Oberlippe als Unterlippe befallend. Therapie: Kortikosteroide, intralaesional. [11, 12]
Cheilitis ab|rasiva prae|cancerosa f: hartnäkkig persistierende erosive Veränderungen an der Unterlippe bei älteren Männern, mit der Möglichkeit maligner Entartung (→ Spinaliom). Therapie: Exzision. [11, 12]
Cheilitis ex|foliativa f: Cheilitis desquamativa; therapeutisch schwer beeinflußbare, durch Rötung, Schwellung, Schuppung, Pustel- und Krustenbildung gekennzeichnete chronische Entzündung der Unterlippe. [11]
Cheilitis ex|foliativa chronica actinica f: durch Sonnenbestrahlung hervorgerufene ent-

zündliche Erkrankung des Lippenrots, geht mit blasig-erosiven Veränderungen, Rhagadenbildung mit serös-blutiger Sekretion und Ulzerationen einher und klingt mit kleinlamellöser Schuppung ab. Rezidivierend in den Sommermonaten, vorwiegend in trockenem, sonnigem Klima auftretend. 11, 12

Cheilitis glandularis apostematosa f: durch Infektion mit Eitererregern aus → C. glandularis simplex entstehend. Unter z.T. erheblicher Lippenschwellung können mit Krusten bedeckte Ulzerationen und Fisteln entstehen; chron. Verlauf, kaum Allgemeinerscheinung. → *Bälz*-Krankheit. 11, 12

Cheilitis glandularis simplex f: unscheinbare, durch Wucherung der drüsigen Lippenorgane bedingte, kaum Beschwerden verursachende, gelegentlich zu → Makrocheilie führende Veränderung; meist im Bereich der Unterlippe vorwiegend älterer Männer. Im Saumgebiet der Lippen und der angrenzenden Schleimhaut finden sich stecknadelkopfgroße purpurrote, z.T. leukoplakisch umsäumte Erhabenheiten, die zentral eine trichterförmige Öffnung zeigen, aus der auf Druck tautropfenähnl. visköses Sekret tritt. → Präkanzerose. Therapie: Rö. oder Exstirpation des Lippendrüsenkonglomerats von der Schleimhautseite aus. 11, 12

Cheilitis granulomatosa f: in Schüben chronisch verlaufende Erkrankung des Parenchyms der Lippenschleimhaut. Klinischer Verlauf: plötzliches Anschwellen einer oder beider Lippen,

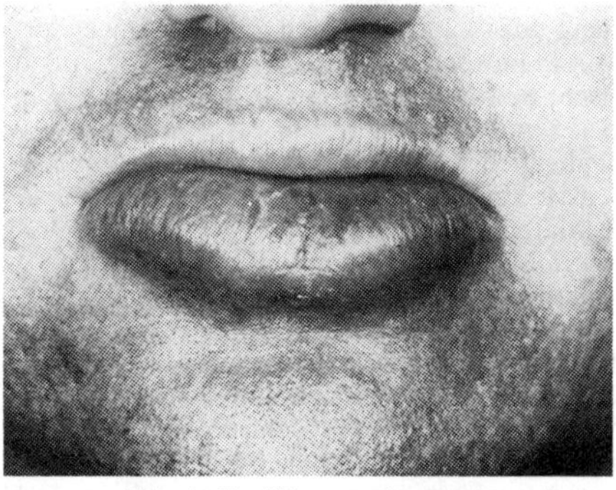

Abb. 1: Cheilitis granulomatosa

das nach Tagen zurückgeht, nach erster und zweiter Wiederholung bleibt Schwellung meist bestehen (Abb. 1). Die C. g. ist mit Parästhesien sowie peripherer Fazialisparese verbunden. Tritt auch an Wange (Pareiitis granulomatosa, Makropareiie, Bucca lobata) und Zunge (→ Glossitis

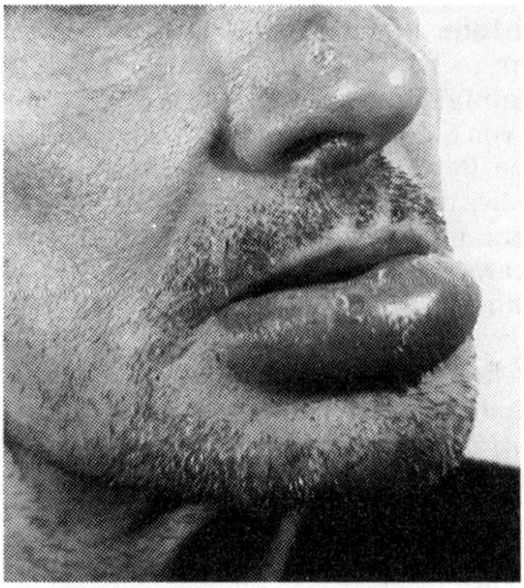

Abb. 2: *Melkersson-Rosenthal*-Syndrom
Persistierende Schwellung der Unterlippe, die sich episodenhaft auf Kortikosteroidkristallsuspension-Injektion intraläsional für einen Monat zurückbildete.

granulomatosa) auf. Histolog.: granulomatöse Umwandlung der Subkutis mit *Langhans*-Riesenzellen, Epitheloidzellen, vereinzelten Plasmazellen. Ätiologie unbekannt. Leitsymptom des → *Melkersson-Rosenthal*-Syndroms (Abb. 2). Therapie: ausgedehnte Keilexzision. Symptomatisch sind mit → Kortisonen Besserungseffekte zu erzielen. 11, 12

Cheilitis plasma|zellularis f: Entzündung der Lippen, pathogenetisch eine Variante der Plasmocytosis circumorificialis. 12

Cheilitis vulgaris f: aufgesprungene Lippen. Ursachen: häufiges Ablecken, Wind und Staub, Kontaktekzem durch Lippenstift oder Zahnpasta. Therapie: Ursachen vermeiden, Fettsalben. 11, 12

Cheilo|gnatho|palato|schisis f: Cheilognathouranoschisis, Lippen-Kiefer-Gaumen-Spalte, Wolfsrachen; → Lippenspalte. 3

Cheilo|phagie f: Lippenbeißen, Morsicatio labiorum, Morsicatio buccarum; Geschwüre in Lippenrot oder Wangenschleimhaut durch ständiges Benagen, gewohnheitsmäßig oder neurotisch. Auch nach Leitungsanästhesie des N. mandibularis, bes. bei Kindern. 2, 11

Cheilo|plastik f: operative Lippenbildung, auch operativer Verschluß einer Lippenspalte. 3

Cheilosis f: Schwellung der Lippen mit Borkenbildung und Wundwerden der Mundwinkel (→ Faulecken). Meist Vitamin-B_2-Mangel. Vgl. Ariboflavinose. 11

Chelat|bildner: Chelatoren; Stoffe, die → Chelate bilden können. 1

Chelate (gr.) n pl: Metallchelate sind organische ringartige Verbindungen, deren zentrales (Metall-)Atom salzartig und/oder koordinativ gebunden ist (z.b. Hämoglobin, Chlorophyll). Die Chelation wird vielseitig angewandt, z.B. bei der Wasserenthärtung und der quantitativen Analyse. Chelatbildner (→ EDTA) werden in der Zhk. u.a. zur Erweiterung von Wurzelkanälen angewandt. Bei der kariösen Demineralisation der Zahnhartsubstanz sollen Chelatbildungen eine Rolle spielen (*Schatz* und *Martin*), → Metallkomplexbindung. [23]

Chemie (arab.) f: Wissenschaft von den chemischen Elementen, ihren Verbindungen und deren Umwandlungen und Reaktionen. Zwei Hauptgebiete: die anorganische Ch., die alle Elemente und Verbindungen der unbelebten Natur umfaßt, und die organische Ch., die die Kohlenstoffverbindungen (z.T. aus der belebten Natur) zum Gegenstand hat. [23]

Chemolyse f: Auflösung organischer Substanzen durch chem. Reaktionen. [23]

Chemosis (gr.) f: wulstartige Schwellung der Augenbindehaut (→ Konjunktiva) um die Hornhaut herum durch entzündliches Ödem. [20]

Chemo|taxis f: Chemotropismus (*Pfeffer*); Anziehung bzw. Abstoßung von Molekülen oder Zellen. Z.B. Gonokokken locken Phagozyten an (positive C.), Staphylokokken lähmen Leukozyten durch Leukozidin (negative C.), Bakterien oder deren Zerfallsprodukte locken Granulozyten in der Zahnfleischtasche an. [8]

Chemo|therapeutika n pl: biosynthet. oder synthet. gewonnene Wirkstoffe mit unterschiedl. chem. Struktur, die Infektionserreger oder Tumorzellen im Wachstum zu hemmen oder abzutöten vermögen. [7]

Cherubismus (lat.) m: Zustand, in welchem Kinder durch beidseitige Auftreibung des Unter- und Oberkiefers (als Folge Pausbacken und Augenaufschlag) einem Barockengel ähneln. Ursache unbekannt, evtl. → Osteofibrosis deformans juvenilis. Beginnt im 1. Lebensjahr, nach der Pubertät Neigung zur Rückbildung, daher keinesfalls modellierende Operation o.ä. [3]

Cheyne-Stokes-Atmung (John C., *1777, † 1836; William S., *1804, † 1878; Ärzte in Dublin): periodisches An- und Abschwellen der Tiefe der Atemzüge, durch Pausen unterbrochen, als Zeichen einer zerebralen Störung. Vgl. Intoxikation. [10, 16]

Chiasma opticum n: teilweise Kreuzung der beiden Sehnervenstränge an der Sella turcica (Abb.). [9]

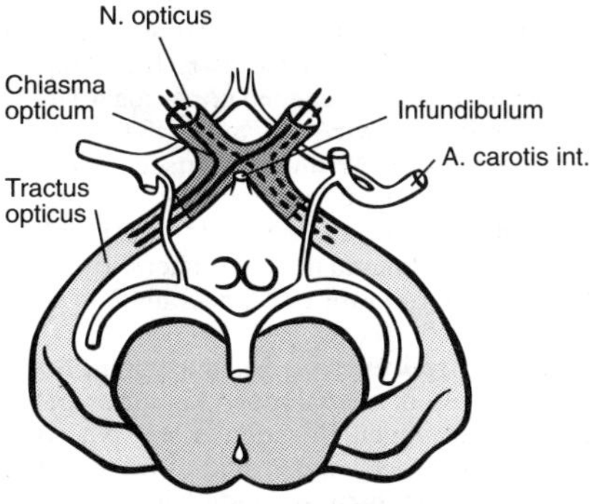

Chievitz-Organ (Anat., Kopenhagen, *1850, † 1901) n: kurzer, kolbig endender, epithelialer Gang, der sich bei Embryonen von 8-100 mm Länge in der Nähe der Parotismündung findet. Er wird als Rest einer Parotis primitiva angesehen und verschwindet nach kurzem Bestand, manchmal unter Zurücklassung eines Epithelzapfens. Aus Resten des Ganges können epitheliale Tumoren (Mischtumor, Karzinom) entstehen. Vgl. *Ackerknecht*-Organ. [2]

Chinolone: Gruppenbez. für → Gyrase-Hemmstoffe mit 4-Oxo-1,4-dihydrochinolon als Grundstruktur, wie z.B. Flumequin, Norfloxacin, Pefloxacin, Ofloxacin und Ciprofloxacin. Für die z.Z. im Handel befindlichen Derivate gibt es keine Indikation in der Zhk., da das dominierende Keimspektrum bei dentogen induzierten orofazialen Infektionen nicht abgedeckt wird. [7]

Chip|karte: eine Plastikkarte im Scheckkartenformat mit einem elektronischen Baustein, dem Chip, zur Speicherung von Daten. Man unterscheidet die → Speicherchipkarte und die → Prozessorchipkarte. Die einfache Speicherchipkarte wird als Krankenversicherungskarte eingesetzt. Für einen Einsatz in der med. → Dokumentation ist aus Gründen des → Datenschutzes die Prozessorchipkarte geeigneter. [26]

Chir|urgie f: Zweig der Medizin, der die Heilung von Gesundheitsstörungen unter Zuhilfenahme von Instrumenten oder mechanischen Mitteln, also durch operative (blutige) oder orthopädische Maßnahmen, erstrebt. [2]

chir|urgischer Knoten: Knoten, bei dem die Fäden vor dem Zusammenziehen doppelt umeinander geschlungen werden (Abb. → Knotenarten). [2]

ChKM: Abk. für **Ch**lorphenol-**K**ampfer-**M**enthol; Kombination antiseptischer Substanzen, angewandt als Einlage in Wurzelkanälen bei → Gangränbehandlung. [1]

Chlamydia (gr.) f: sphäroide Mikroorganismen (Durchmesser 0,2-1,5 µm), zwischen Bakterien und Viren stehend. Besitzen gram-negative Zellwand, Zellkern sowie RNS und DNS (wie Bakt.), vermehren sich aber nur in Wirtszelle (wie Viren). Zwei Arten: C. trachomatis, Erreger von → Trachom, Einschlußkonjunktivitis und Lymphogranuloma inguinale: C. psittaci, Erreger von Psittakose, Ornithose und Pneumonie von Tieren. [8]

Chlamydo|sporen f pl: Mantelsporen, Sporen mit einer sehr derben, doppelt konturierten Hülle, die von einigen Pilzarten, z.B. → Candida albicans, gebildet werden und einen wichtigen diagnostischen Hinweis darstellen. [8]

Chlo|asma (gr.) n: grau-bräunliche Flecken an Stirn und den Partien um den Mund herum, bei Schwangeren, aber auch jungen Mädchen. Hormonale Ursache, verstärkte Melaninsynthese. Therapie: Vit.-A.-Säurederivate lokal. [12]

Chlor (gr.) n: gasförmiges Element aus der Gruppe der Halogene, Symbol Cl, Ordnungszahl 17, Atomgewicht 35,46; kommt häufig in Verbindungen vor, bes. mit Natrium als Kochsalz (Seesalz, Steinsalz); grünlichgelbes, giftiges Gas von stechendem Geruch. [23]

Chlor-Akne f: Akneform mit Komedonen, Papeln, Pusteln und Pigmentierungen, entwickelt sich über Inhalation und perkutane Permeation von chlorierten Hydrokohlenwasserstoffen. Die Talgdrüsen sind Ausscheidungsorgan der auslösenden Stoffe. [12]

Chlor|amphenicol: Breitspektrum-Antibiotikum (→ Antibiotika) mit hoher Anaerobierwirksamkeit. Aufgrund potentieller Hämatotoxizität (z.B. irreversible Panzytopenie, aplast. Anämie (Häufigkeit 1 : 19000 bis 1 : 200.000) Reserve-Antibiotikum. Für lebensbedrohl. orofaziale Infektionen, wenn risikoärmere Antibiotika unwirksam sind. [7]

Chlor|äthyl n: Äthylchlorid, Aether chloratus; klare, leicht entzündliche Flüssigkeit von eigenartigem Geruch, sehr flüchtig. Formel: C_2H_5Cl. Siedepunkt: 12 °C. Heute nur noch verwandt zur Kälteanästhesie (→ Vereisung) und zur → Sensibilitätsprüfung der Pulpa dentis. [2]

Chlor|diazep|oxid: 1,4-Benzodiazepin-Derivat, Librium®; → Tranquilizer mit einer Eliminationshalbwertszeit von 5-30 h und einem pharmakodynam. aktiven → Metaboliten mit einer Eliminationshalbwertszeit von 50-100 h. Auch → Benzodiazepine. Dämpft Angst- und Spannungszustände und potenziert die Wirkung von Alkohol und → Hypnotika. [2, 7]

Chlor|gas|methode f: Methode nach *Weigele* zur Desinfektion des Wurzelkanals bei → Gangrän (historisch). [1]

Chlor|hexamed®: antiseptisches Präparat auf der Basis von → Chlorhexidindiglukonat, u.a. zur chemischen Plaquehemmung (→ Plaquehemmung, chemische). Als Lösung mit 0,1%, als Spray mit 0,3%, als Konzentrat mit 10% und als Dental-Gel mit 1% erhältlich. [29]

Chlor|hexidin n: → Chlorhexidindiglukonat. [6]

Chlor|hexidin|di|gluconat: Hexamethylenbisbiguanid-Derivat. Antiseptikum, verdünnt zur Mundspülung, auch als Spray. Präparate: anti-Plaque®, Chlorhexamed®. Wirkungsspektrum: gram+- und gram- Bakterien, einige Pilze, keine Viren. C. ist in Kombination mit anderen Mundhygienemaßnahmen zur Unterstützung der instrumentellen Behandlung einer bakteriellen Gingivitis, zur Gingivitis-Prophylaxe bei eingeschränkter Mundhygienefähigkeit und als Adjuvanz zur systemischen Chemotherapie bei der Endokarditisprophylaxe zahnärztlicher Patienten geeignet. Durch langsame Desorption von Zahnhartsubstanz, Gingiva und Mundschleimhaut wird ein Attachement von Bakterien verhindert und ein Antiplaque-Effekt über mehrere Stunden erzielt. Nebenwirkungen: reversible Braunfärbungen der Zähne und der Zungenoberfläche bei nicht bestimmungsgemäßem Gebrauch; desquamative Veränderungen der Mukosa, Geschmacksirritation, sensorische Sensationen, intraorale Keimfloraveränderungen, Kontaktallergie, Photosensibilisierung. Kontraindikation: Allergie gegen C. Vgl. Hexetidin. [6, 7, 15]

Chloride n pl: Verbindungen von Metallen, Nichtmetallen oder organ. → Radikalen mit → Chlor. [23]

Chlor|odontie f: Grünfärbung der Zähne als Folge von Ikterus gravis neonatorum (→ Ikterus). Betroffen sind die Schneidezähne und Molaren des Milchgebisses, in Ausnahmefällen die Sechsjahrmolaren. Durch Imprägnierung der Zahnhartsubstanzen mit → Biliverdin entstehen z.Z. der Geburt im zervikalen Kronensegment bandförmige, meistens grünliche Schmelzveränderungen. Die → Geburtslinie ist deutlich zu erkennen. Im inzisalen Drittel der Milchschneidezähne sowie auf den Kauflächen der Molaren finden sich Hypoplasien. [29]

Chloro|form n: Trichlormethan, $CHCl_3$. Klare, bei 60-62 °C siedende Flüssigkeit von süßlichem Geruch und brennendem Geschmack. Nicht brennbar. Als Chloroformium pro narcosi (bes. reines Chl.) in kleinen, lichtgeschützten Flaschen zur Inhalationsnarkose. Gefahr: primärer Herztod bei Narkosebeginn, sog. „Chloroformtod“, daher als Narkotikum nicht mehr zu verwenden. [23]

Chlorom (gr.) n: herdförmig akzentuierte, tumoröse, extramedulläre leukämische Infiltration (insbes. der Haut) in der terminalen Phase der chronischen myeloischen → Leukämie. Wegen der hohen Anreicherung von Peroxidase zeigen solche Tumoren makroskopisch graugrüne Schnittflächen. Chlorombildungen können auch bei akuten myeloischen Leukämien auftreten mit gehäufter Manifestation am Schädel und an den Meningen. [32]

Chloro|percha f und n: in Chloroform gelöste Guttapercha, die, in pastenartiger Konsistenz angerührt, ein reizloses Wurzelfüllmittel darstellt. [1]

Chloro|phyll n: der grüne Farbstoff der Blätter. Es gibt zwei Arten, nämlich das blaugrüne C. a und das gelbgrüne C. b, die in allen bisher untersuchten Pflanzen im Verhältnis 3:1 auftreten. Im Gegensatz zu den → Häminen, denen sie strukturell sehr ähnlich sind, enthalten sie ein komplex gebundenes Mg-Atom. C. hat desodorierende Wirkung. [23]

Chlor|phenol-2,4,6-Trichlorphenol, 4-: Antiseptikum mit dosisabhängiger Zytotoxizität. Da unter klin. Bedingungen eine exakte Dosierung nicht möglich ist, ist 4-Chlorphenol-2,4,6-Trichlorphenol weder als Ätzmittel zur Desinfektion kariöser Höhlen (Pulpitis-Gefahr) noch zur Behandlung empfindlicher Zahnhälse (Gefahr von Schleimhautnekrosen) indiziert. [7]

Chlor|phenol, 4-: Antiseptikum, dessen zytotox. Effekt größer ist als der antibakterielle. 4-C. ist daher weder zur Auswaschung der Kavität vitaler Zähne wegen der Gefahr der Pulpaschädigung noch zur Behandlung empfindlicher Zahnhälse wegen möglicher Schleimhautschädigung oder infizierter Wurzelkanäle geeignet. Darüber hinaus ist eine antibakterielle Wirkung auf das Keimspektrum des infizierten Wurzelkanals nicht gesichert. [7]

Chlor|phenol-Kampfer, 4-: Depot-Antiseptikum, dessen Wirksamkeit und Sicherheit als Desinfektionsmittel bzw. desinfizierende Einlage in der Endodontie nicht belegt ist. Aufgrund hoher Zytotoxizität kann eine Schädigung des periapikalen Gewebes bzw. bei Kontakt mit vitalem Pulpagewebe eine Pulpitis nicht ausgeschlossen werden. [7]

Chlor|phenol-Kampfer-Menthol, 4- (CHKM): Depot-Antiseptikum, dessen Einsatz aufgrund der Zytotoxizität und des fehlenden Nachweises einer antibakteriellen Wirkung auf die Keimflora des Wurzelkanals in der Endodontie kontraindiziert ist. CHMK kann Kontaktallergien induzieren. [7]

Chlor|phenol-Kampfer-Menthol-Thymol, 4- (CHKMT): Depot-Antiseptikum. Die antibakterielle Wirksamkeit des CHKMT auf das anaerobe Keimspektrum des infizierten Wurzelkanals ist datenmäßig nicht belegt, die Zytotoxizität ist nicht bekannt. Die Anwendung starker Desinfizienzien gilt in der Endodontie als kontraindiziert. [7]

Chlor|promazin: Dimethylaminopropylchlorphenothiazin-hydrochlorid, $C_{17}H_{19}N_2ClS$-HCl. Neuroplegikum, starkes Sedativum, antiemetisch und temperatursenkend. Anwendung u.a. bei der → Hypothermie. Präp.: Megaphen®. [34]

Chlor|tetra|cyclin: → Tetracyclin-Derivat mit einer oralen → Bioverfügbarkeit von ca. 30% und einer Eliminationshalbwertszeit von ca. 5 h. [7]

Chlor|wasser|stoff: HCI, farbloses, in Wasser reichlich lösliches Gas, das an der Luft stark raucht. Kommt in geringen Mengen in vulkanischen Gasen frei vor. Vgl. Salzsäure. [23]

Chlumsky-Lösung (Chir., Krakau, *1867): Lösung aus 30 Teilen Chlorphenol, 60 Teilen Kampfer und 10 Teilen absolutem Alkohol zur Behandlung infizierter Alveolen und als Einlagemittel bei der Wurzelbehandlung. [2]

Choanal|a|tresie f: angeborener Verschluß der → Choanen durch häutige oder knöcherne Membranen, dadurch keine Nasenatmung. Therapie: frühzeitige operative Eröffnung. [3]

Choanal|polyp m: Polyp im Nasenrachenraum. Vgl. Nasenpolypen. [19]

Choanen (gr.) f pl: die in den Nasenrachenraum mündenden, hinteren Nasenöffnungen. [9]

Cholera|vibrionen m pl: Kommabazillus, Vibrio comma, 1883 von *R. Koch* in Alexandria entdeckter Erreger der asiatischen Cholera. Seit 1961 Cholera-Pandemie durch Vibrio eltor. Gramnegative kommaförmige, durch polare Geißeln bewegliche Schraubenbakterien. [8]

Chole|steatom n: Perlgewächs; → Epidermoidzyste zwischen Arachnoidea und Hirnrinde; auch Bez. für Dermoid- und Epidermoidzysten des Kiefers, in welchen sich die abgestoßenen Epithelmassen in verhornte, zwiebelschalenartig gelagerte Lamellen verwandelt haben. Das C. bzw. Pseudo-C. im Mittelohr entsteht nach Trommelfellperforation durch Einwanderung von Plattenepithel. [19]

Chole|sterin n: Cholesterol; einwertiger ungesättigter Alkohol aus der Gruppe der → Sterine überwiegend aus androgener Produktion stammend, wichtiger Zellbaustoff. Ausgangsstoff für die Gallensäuren, das Vitamin D und die sog.

Steroidhormone (NNR-Hormone, Sexualhormone). Etwa 2 g werden täglich mit der Galle sezerniert, $^4/_5$ davon aber rückresorbiert (enteropathischer Kreislauf, Vehikelfunktion im Fettsäuretransport). Bestandteil aller Zellmembranen (membranabdichtende Wirkung), reichlich in Gehirn, Nebennieren, Ovar, Eidotter. Im Blutserum als freies C. (40-70 mg% normal) und verestertes C. (mit Fettsäuren), zusammen bilden sie das Gesamt-C., dessen Wert altersabhängig von 120 auf 250 mg% zunehmen kann. Wichtig sind endogene Fettstoffwechselstörungen mit C.-Werten über 220 mg% als Risikofaktoren für → Arteriosklerose (in deren Plaques C. reichlich vorkommt) und Myokardinfarkt. Vermehrung des C.s bei Diabetes mellitus, Fettsucht, Nephrosen, Hypothyreose, manchen → Lipoidosen u.a. Klinischer Hinweis: → Xanthelasma, → Arcus. Durch die Eigensynthese im Organismus (1-2 g in 24 Stunden) ist allein mit cholesterinarmer Ernährung der Risikofaktor nicht auszuschalten. Ergänzend wirken Statine und Fibrate cholesterinsenkend. [20]

Chole|sterinose f: → *Hand-Schüller-Christian*-Krankheit. [20]

Cholin (gr.) n: CH_2OH-CH_2 $N(CH_3)_3OH$. Derivat des Äthanolamins. C. spielt als Bestandteil des Lecithins eine wichtige Rolle im Fettstoffwechsel. Ferner ist C. Bestandteil des → Azetylcholins. [23]

Chondritis (gr.) f: die vom gefäßreichen Perichondrium ausgehende Knorpelentzündung, meist in Form einer Osteochondritis. Bei der C. kommt es zur Umwandlung von Adventitiazellen in Chondroklasten (die einen Abbau der Knorpelgrundsubstanz bewirken) und zur Umwandlung der freigewordenen Knorpelzellen in Bindegewebszellen. [32]

Chondro|blasten m pl: knorpelbildende Zellen.[9]

Chondro|blastom n: seltener, in der Epiphyse langer Röhrenknochen lokalisierter, gutartiger Knochentumor. Histologisch charakterisiert durch einen hohen Gehalt an runden bis polygonalen chondroblastenähnlichen Zellen mit dazwischenliegenden großen Riesenzellen sowie einer gitterförmigen kartilaginären Matrix. [32]

Chondro|dys|trophie f: Chondrodysplasie; angeborene, autosomal-rezessiv erbliche Störung der enchondralen Verknöcherung. Störung des Längenwachstums der langen Röhrenknochen und der Gesichtsschädelentwicklung: dysproportionaler Zwergwuchs bei normal großem Rumpf und Kopf, sog. Dackelbeine, kurze Armstummel, Sattelnase (sog. Hofnarr- oder Clowntyp).[20]

Chondro|ekto|dermal|dys|plasie f: *Ellis-van-Creveld*-Syndrom; angeborene kombinierte ekto- und mesodermale Entwicklungsstörung. Fehlanlage des Knorpels mit Zwergwuchs, Polydaktylie, Exostosen, schuppenartigen Nägeln, die z.T. auch ganz fehlen können, wenigen sehr feinen Haaren sowie Form- und Strukturveränderungen der Zähne, auch Hypodontie. Angeborene Herzfehler, psychische und körperliche Retardierung. Vgl. Dysostosis acrofacialis. [3]

Chondro|itin|schwefel|säure: ein Mukopolysaccharid, bestehend aus einem Polymer von N-Azetyl-galaktosaminsulfat und Glukuronsäure. Macht mit → Hyaluronsäure einen wichtigen Bestandteil solcher Bindegewebsarten aus, denen große Streck- und Druckkräfte zugemutet werden (Knorpel und Sehnen). [23]

Chon|drom (gr.) n: gutartiger, sehr langsam wachsender Tumor aus Knorpel mit wenigen gleichmäßig differenzierten Chondrozyten. Sie sind zentral (→ Enchondrom) oder exzentrisch bzw. auf der Außenseite der Knochens (periostales C.) lokalisiert. C.e der langen Röhrenknochen neigen zur malignen Entartung (= sekundäre Chondrosarkome), C.e der kurzen Röhrenknochen (Hand- und Fußknochen, 40% aller C.e) dagegen nicht. [32]

Chondro|malazie f: generalisierte Knorpelerweichung, führt zu Deformierungen an Ohren, Nase, Gelenken und oberen Luftwegen. [19]

Chondro|matose f: synoviale Chondromatose, diffuse Enchondromatose der Gelenkkapsel; der C. liegt eine chondroide → Metaplasie des Gelenkkapselgewebes zugrunde, bei der breitbasige oder gestielte Knorpelinseln auftreten. Seltene Erkrankung ungeklärter Ätiologie. Fast ausschließlich monoartukulär auftretend, wobei in absteigender Häufigkeit Knie-, Ellenbogen, Hüft- und Schultergelenk befallen werden. [32]

Chondro|osteom n: → Osteochondrom. [32]

Chondro|sarkom n: zweithäufigster maligner Knochentumor. Das primäre C. entwickelt sich direkt aus ortsständigem Knorpelgewebe, meist in den Epiphysen langer Röhrenknochen, und breitet sich in die Metaphysen aus: Hauptlokalisation im Stammskelett (einschl. Schultergürtel, proximaler Femur und proximaler Humerus). Tritt bevorzugt im mittleren und höheren Lebensalter auf. Das sekundäre C. entwickelt sich aus einem zunächst gutartigen Knorpeltumor (z.B. → Chondrom); meist bei jüngeren Patienten. [32]

Chorda (gr.) f: Saite, Strang. [34]

Chorda dorsalis f: die Urwirbelsäule beim Embryo. [9]

Chorda|speichel: dünnflüssiger, muzinarmer

Speichel der → Glandula submandibularis. Kann erzeugt werden durch elektr. Reizung der sekretorischen Fasern der → Chorda tympani. [10]

Chorda tympani f: Paukensaite; Abzweigung des im N. facialis verlaufenden N. intermedius. Nach Verlassen des N. facialis durchzieht sie den Canaliculus chordae tympani, Paukenhöhle und Fissura petrotympanica und geht in den N. lingualis über. Führt sekretorische Fasern über das Ganglion submandibulare zu den Glandulae submandibularis und sublingualis sowie den vorderen Zungendrüsen, afferente Geschmacksfasern von den Papillae fungiformes der Zunge über das Ganglion geniculi des → Nervus indermedius zu den Geschmackszentren des Gehirns; vgl. N. facialis. [9]

Chorda vocalis f: Stimmlippe; die C. v. besteht aus dem M. vocalis, der von der Innenfläche des Schildknorpels zum Processus vocalis der Cartilago arytaenoidea zieht und schräg in das aus elastischen Fasern bestehende Stimmband (Ligamentum vocale) einstrahlt, das den freien Rand der C. v. bildet. Sie ist mit Schleimhaut überzogen. [19]

Chordom n: seltener embryonaler Restgewebstumor, der von Resten der → Chorda dorsalis ausgeht und gehäuft in der spheno-occipitalen Region und im Os sacrum auftritt. Zeigt lokal invasives, destruktives Wachstum; Metastasen werden in 10% der Fälle beobachtet. Bei hoher Rezidivquote hat es v.a. wegen der Lokalisation (Kopfregion) eine schlechte Prognose. Die Symptomatik richtet sich nach der lokalen Verdrängung bzw. Zerstörung nervalen Gewebes. [32]

Chorea (gr.) f: choreatisches Syndrom, Veitstanz; Erkrankung des Striatums im Hirnstamm mit generalisiert herabgesetztem Muskeltonus, raschen, unwillkürlichen, überschießenden Schleuderbewegungen, auch mit Grimassieren und Sprachstörungen einhergehend (hyperkinetisch-hypotones Syndrom). 1. C. major *Huntington* oder chronica progressiva: autosomal-dominant vererbbar, Manifestation meist um 35. Lebensjahr, Entwicklung psychischer Veränderungen und Demenz durch gleichzeitige Stirnhirnatrophie. 2. C. minor *Sydenham:* meist völlig reversible Funktionsstörung des Striatums, dem rheumatischen, streptokokkenallergischen Formenkreis zugeordnet (→ Polyarthritis, rheumatisches Fieber, → Endokarditis), häufig Mädchen im Schulalter befallen, evtl. spätere Neuerkrankung von der Schwangerschaftsmitte an (C. gravidarum). Therapie antirheumatisch. [20]

Chorio|idea f: Aderhaut des → Auges (Abb. → Auge). [9]

Chorion (gr.) n: mittlere Haut der den Embryo umgebenden → Eihäute, bildet sich aus dem → Mesoderm und → Trophoblast, ist bis zur 8. Woche vollständig von Zotten umgeben und dient der Ernährung des Embryos (C. villosum). Danach kommt es bis auf den die spätere Plazenta bildenden Teil zur Degeneration der Zotten und zur Entstehung eines glatten C.s (C. laeve). Die Zotten in der → Dezidua vermehren und verzweigen sich und bilden das Zottenchorion (C. frondosum), aus dem der fetale Anteil der Plazenta entsteht. [9, 22]

Chorion-Allantois|kultur f: → Eihautkultur. [8]

Chorion|epitheliom n: Chorionkarzinom; vom Chorionepithel ausgehender, bösartiger, hormonell aktiver (β-HCG) Tumor; entsteht in 40-50% der Fälle aus einer → Blasenmole, in den anderen Fällen entweder auf dem Boden einer normalen Schwangerschaft, eines Spontanabortes oder ganz selten aus einer Extrauteringravidität; tritt aber auch ohne Gravidität als teratogenes C. auf, das aus versprengten chorioepithelialen Keimen in Ovar, Hoden, Mediastinum, Lunge, Leber oder im Retroperitoneum entsteht; sehr bösartig und sehr selten. Hiervon abzugrenzen ist die Chorionepitheliosis, eine gutartige, rückbildungsfähige choriale Invasion in das Myometrium der Gebärmutterwand ohne Zerstörung der Muskulatur und ohne Gefäßeinbrüche. [32]

Chorion|gonado|tropin n: plazentares Gonadotropin, artspezifisches Glykoproteid. Es ersetzt während der Schwangerschaft anscheinend die Hypophysenvorderlappenfunktion und gewährleistet den Bestand des Corpus luteum graviditatis. [20]

Chori|stie (gr.) f: Wachstum von heterotopem, d.h. ortsfremdem Gewebe infolge embryonaler Versprengung in ein anderes Keimblatt, z.B. Magenschleimhaut und Pankreasgewebe im → *Mekkel*-Divertikel. Bildet sich aus derartigem Gewebe ein tumorartiges Gebilde, spricht man von Choristom (keine echte Geschwulstbildung!). Das Choristoblastom ist die (seltene) bösartige Form. Vgl. Hamartie. [32]

Christensen-Phänomen (Carl C., Za., Kopenhagen, *1857, † 1921): Beobachtung, daß Bißwälle bei der → Bißnahme im Verlauf der Anfertigung von Totalprothesen während der Vorschubbewegung im rückwärtigen Abschnitt häufig auseinanderklaffen und zwar um so mehr, je steiler die → Gelenkbahn ist und je flacher die Bißwälle sind. Dies beweist, daß Gelenkbahnneigung ebenso wie → Okklusionsebene einen Einfluß auf die Unterkieferbewegung haben, und daß ihre Berücksichtigung

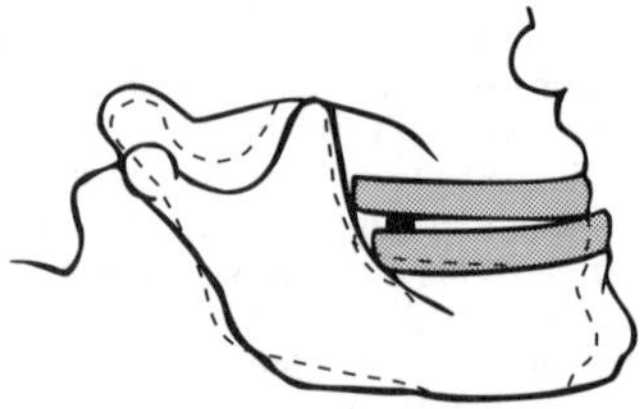

bei der Herstellung von Zahnersatz notwendig ist (Abb.). [4]
Christmas disease n (engl.): → Hämophilie. [20]
Chrom (gr.) n: metallisches Element, Symbol Cr, Ordnungszahl 24, Atomgewicht 52,01. Sehr hartes, silberweißes Metall, das bei 1890 °C schmilzt und in der Natur nur in Erzen vorkommt. Wird dem Stahl zur Verbesserung seiner Eigenschaften beigegeben und dient, elektrolytisch Metallgegenständen appliziert, als Rostschutzmittel. [23]
chrom|affin: Eigenschaft der histologischen Strukturen, die die Salze mancher Metalle (Osmium, Chrom, Silber) reduzieren und so gefärbt und dargestellt werden können. [9]
Chromatin (gr.) n: die basisch anfärbbare Substanz des Zellkernes, besteht vorwiegend aus → Desoxyribonukleinsäure. C. steuert die Proteinsynthese der Zelle und damit ihre Funktion. Man unterscheidet in der Interphase das funktionsfähige, elektronendurchlässige Euchromatin und das ruhende, spiralisierte, elektronendichte Heterochromatin. C. ist der Träger der genetischen Information. [9]
chromatisch (gr.): auf Farbe bezüglich. [9]
chromatische Ab|erration f: in optischen Linsensystemen entstehender Abbildungsfehler. Im erzeugten Bild treten an den Konturen farbige Ränder auf. Die c. A. beruht auf der stärkeren Brechung der kurzwelligen Anteile des sichtbaren Lichts. Linsensysteme, in denen keine c. A. auftritt, werden als → achromatisch bezeichnet. [10]
Chromato|graphie f: physikalische Methode zur Trennung von Stoffgemischen für analytische und präparative Zwecke, die auf der unterschiedlichen → Adsorption oder Löslichkeit der einzelnen Komponenten des betreffenden Stoffgemisches beruht. Eine sehr wichtige Anwendungsform ist die → Papierchromatographie. [23]
Chromato|phoren n pl: Farbstoffkörnchen (Melanin, Lipochrom) enthaltende Bindegewebszellen, die beim Menschen in der Haut, der Aderhaut und der Iris des Auges vorkommen. [9]
Chrom-Kobalt-Legierungen f pl: Kobalt-Chrom-Legierungen; → NEM-Legierung. [4]
Chrom-Nickel-Legierungen f pl: → Nickel-Chrom-Legierungen, → NEM-Legierung. [4]
Chromo|bakterien: Gruppenbezeichnung für pigmentbildende, gramnegative Stäbchen der Gattungen Flavobacterium, Serratia, Chromobacterium. → Bakteriensystematik. [34]
chromo|gen (gr.): Farbstoffe bildend. [23]
chromo|phil: leicht färbbar. [9]
chromo|phob: schwer oder gar nicht färbbar. [9]
Chromo|somen n pl: stäbchen- oder fadenförmige Gebilde in artspezifischer Anzahl und Ausprägung, die in der Metaphase der Zellteilung (→ Mitose) in der Zelle sichtbar werden. Beim Menschen 22 Chromosomenpaare (homologe C.) und 2 Geschlechtschromosomen. Sie sind in der Interphase im Zellkern entspiralisiert und stellen das von Zelltyp zu Zelltyp unterschiedlich strukturierte → Chromatin dar (Hetero- und Euchromatin). Sie bestehen aus → Desoxyribonukleinsäure und Proteinen (Histone) und enthalten die genetische Information (→ Gen) in Form spezifischer Nukleotidsequenzen. Im entspiralisierten Zustand kann die genetische Information abgelesen werden, wodurch die Stoffwechsel- und Syntheseleistungen der Zelle gesteuert werden. Welche C.abschnitte zu welchem Zeitpunkt abgelesen (exprimiert) werden, wird endogen durch positive oder negative Rückkopplung und exogen durch Induktoren (Hormone, Mediatoren etc.) gesteuert. [9, 22]
Chron|axie f: Die Nutzzeit der doppelten Rheobase. Rheobase: minimale Reizstromstärke, die beim Fließen eines galvanischen Stromes gerade eben zur (gewebetypischen) Antwort (z.B. Zuckungen beim Muskel, Aktionspotential beim Nerven) führt. Nutzzeit: die Zeit, die ein Strom von doppelter Rheobasenstromstärke fließen muß, um die gewebetypische Reaktion auszulösen. Pathologische Veränderungen der Erregbarkeit (z.B. nach Denervierung von Muskelfasern) lassen sich durch Bestimmung der C. quantitativ erfassen. In der Zhk. z.B. zur → Sensibilitätsprüfung der Pulpa. [10]
chronisch (gr.): sich langsam entwickelnd, langsam verlaufend, lange dauernd. Ggs. zu → akut. [32]
chronische Gingivitis f: Bez. für klinische Erscheinungsbilder der → Gingivitis, die einen langfristigen Verlauf haben, aber unterschiedliche Symptome (variable Entzündungszeichen, hyperplastische Wucherungen) aufweisen. Die Entzündung bleibt auf die Gingiva beschränkt und löst keinen Knochenabbau aus. Durch anatomische prädisponierende Faktoren und durch Umstellungen und Dysregulationen im Hormonhaushalt kann die Symptomatik verstärkt wer-

den (z.B. → Pubertätsgingivitis, → Schwangerschaftsgingivitis). Vgl. Gingivahyperplasie. 6
Chrono|pharmakologie f: Teilgebiet der → Pharmakologie, das sich mit der Auswirkung der zirkadianen Rhythmizität biolog. Abläufe auf die Dynamik und Kinetik von Arzneistoffen befaßt. Zirkadiane Rhythmen werden z.B. bei der Therapie mit Glukokortikoiden, Zytostatika usw. berücksichtigt. 7
Chvostek-Zeichen (Franz C., Int., Wien, *1835, † 1884): Eigenreflex bei mechanischer Übererregbarkeit motorischer Nerven. Beklopfen der Wange im Fazialisbereich zwischen Mundwinkel und Ohr führt zu Zuckungen, bes. am Mundwinkel, z.B. bei Tetanie. 33
Chylus (gr.) m: Milchsaft; die Darmlymphe, d.h. die resorbierten, durch den Fettgehalt milchig aussehenden Stoffe des Speisebreis, die durch den Milchbrustgang (Ductus thoracicus) in die venöse Blutbahn gelangen. 20
Chymase f: Chymosin; → Labenzym. 23
Chymus (gr.) m: Speisebrei, der nach beendeter Magenverdauung in den Dünndarm tritt. 10
Cialit n: organ. Quecksilbersalzlösung, dient u.a. als medizinisches Konservierungsmittel. Vgl. Gefriertrocknung. 2
Ciclacillin: C. ist ein → Amino-Penicillin, das dem → Ampicillin bzw. → Amoxicillin in der antimikrobiellen Wirkung unterlegen ist. 7
Cieszynski-Regel (Anton C., Za., Lemberg, *1882, † 1941): → Halbwinkeltechnik, → Isometrieregel. 14
Cilia (lat.) n pl, sing Cilium: Augenwimpern. 9
Cimetidin: C. ist ein kompetitiver → Antagonist des Histamins an Histamin-H_2-Rezeptoren (Magenschleimhaut, Herz, Gefäße) (→ Rezeptoren). Indikation in der Zhk.: Zusatzmedikation bei der Behandlung des anaphylakt. Schocks oder anaphylaktoider Reaktionen. Bei zu schneller intravenöser Applikation kann es zum Blutdruckanstieg und Arrhythmien kommen. Vgl. Antihistaminika. 7
Cinch-back (engl.) n: Begriff aus der kieferorth. Behandlungstechnik mit festsitzenden Apparaturen, Anspannen eines mit einer Kontraktionsschlaufe versehenen Bogens nach distal ohne Zuhilfenahme einer Drahtligatur. Der Bogen wird am distalen Ende nach gingival abgebogen. 5
Cingulum (lat.) n: Gürtel. 30
Cingulum basale n: C. dentis; Schmelzwulst am Zahnhals, der sich bis zur Höckerbildung verdicken kann. Besonders ausgeprägt an Milchmolaren, wo es sich zum Tuberculum molare (→ Randtuberkel) vorwölben kann (Abb.). 30

Cingulum
Oberer Milchmolar mit Tuberculum molare

Circulus (lat.) m: Kreis. 9
Circulus arteriosus cerebri m: kreisförmige Arterienverbindung zwischen Arteria basilaris, A. cerebri posterior, A. communicans posterior, A. carotis interna, A. cerebri anterior und A. communicans anterior an der basalen Großhirnfläche. 9
Circulus arteriosus oris m: von den anastomosierenden Aa. labiales superior und inferior gebildeter Arterienring um die Mundöffnung. 9
Circulus vitiosus m: med. gleichzeitiges Bestehen zweier krankhafter Zustände, die sich wechselseitig ungünstig beeinflussen. 9
Circum|ferential wiring (engl.): Drahtumschlingung des gebrochenen (Unterkiefer-)Knochens zur Ruhigstellung nach Reposition oder zur Fixierung von Verbandplatten. 2
Cito|percha® f und n: provisorisches Verschlußmittel, das durch Gipsgehalt unter Speicheleinfluß erhärtet. 1
C-Klammer: kieferorth. → Halteelement, welches c-förmig, nahe der Gingiva aus der Plattenbasis kommend, um den Zahn herum bis in den Approximalraum reicht. Wird zur → Verankerung von Platten an Prämolaren und Molaren verwendet. 5
C-Kontakt: Zahnkontakt zwischen dem Stützhöcker eines Oberkieferzahnes und dem Scherhöcker seines → Antagonisten. 4
Cl: chem. Zeichen für → Chlor. 23
Clauberg-Agar (Karl-Wilhelm C., Bakt., Berlin, *1893) m oder n: Blut-Glyzerin-Tellurit-Agar zum kulturellen Nachweis von → Diphtheriebakterien. 8
Claudicatio (lat.) f: Hinken. 20
Claudicatio inter|mittens f: intermittierendes, d.h. anfallsweise auftretendes Hinken auf dem Boden peripherer Extremitätengefäßerkrankungen. Symptome: krampfartige Wadenschmerzen nach bestimmter Gehstrecke, Latenzschmerz durch belastungsabhängige Muskelischämie. Formen: 1. entzündliche Gefäßwanderkrankungen: Endangiitis obliterans, Thrombangiitis obli-

terans (*Winiwarter-Buerger*-Krankheit): rheumatische Infektion, als Zusatzreize Kälte- oder Nässeschaden, spastische Durchblutungsstörungen, Nikotin; 2. nichtentzündliche arterielle, periphere Gefäßsklerose: Gefäßintimaschädigung, Permeabilitätsstörung, Wandödem. Vgl. Arteriosklerose. 20

Clavelin-Linie: Verlängerung des Hinterrandes des aufsteigenden Unterkieferastes, soll bei fast allen Rassen senkrecht auf der → Frankfurter Horizontalen stehen. Nach anthropolog. Erkenntnissen fraglich. 5

Clavulan|säure: → Beta-Lactam-Antibiotikum, geringe antimikrobielle Aktivität, Hemmstoff der mikrobiellen → Beta-Lactamasen Typ I C, II, III, IV, V (Klassifikation nach *Richmond-Sykes*). Durch Kombination mit nicht-β-lactamasestabilen → Beta-Lactam-Antibiotika Erweiterung des antimikrobiellen Wirkungsspektrums auf entsprechende β-lactamasebildende Mikroorganismen. Fixe Kombination mit → Amoxycillin: → Augmentan®; mit → Ticarcillin: → Betabactyl®. 7

Clavus (lat.) m: → Klavus. 12

Cleanser (engl.) n: Reinigungsmittel für Prothesen, meist Peroxidreiniger (auch Perborate, Persulfate), häufig durch Chelatoren, insbesondere aber durch die reinigende Kraft bewegter Gasperlen (O_2, CO_2) verstärkt (Schnellreiniger). I.w.S. reinigende Agenzien bei zahnärztlichen Präparationen. 1

Clearance (engl.) n oder f: Entharnungsvermögen, d.h. diejenige Plasmamenge, aus der die Nieren innerhalb einer Zeiteinheit einen bestimmten Stoff ausgeschieden haben. Zur Bestimmung wird vornehmlich das (radioaktiv markierte) Polysaccharid Inulin (MG-5.000) verwendet; sog. Inulinclearance. 10

Clearance, totale n oder f: pharmakokinet. Begriff für die pro Zeiteinheit von einem Arzneistoff befreite Blutmenge. Der Extraktionsprozess findet hauptsächlich in Niere und Leber statt. Die aus dem Plasmakonzentrationsverlauf meßbare totale Clearance ist die Summe aller Eliminationsanteile (z.B. renal, hepat., biliär, pulmonal usw.). 7

Clemastin: Ethanolaminderivat, Antiallergikum, kompetitiver Histamin-Antagonist (→ Antagonist) an H_1-Rezeptoren und m-Cholinozeptoren mit sedativen und anticholinergen Nebenwirkungen; Wirkungsmechanismus, Indikationen → Antihistaminika, (Wirkungsdauer 8-14 h), relativ hoher Bewährungsgrad; für Langzeitanwendung geeignet. 7

Clemizol-Penicillin: → Depot-Penicillin, schwerlösl. Salz aus → Benzyl-Penicillin und Clemizol (→ Antihistaminika). Wirkungsspektrum, Nebenwirkungen usw. siehe → Schmalspektrum-Penicilline, antimikrobieller Wirkungsmechanismus und klin. Wirkungsweise siehe → Penicilline. 7

Clindamycin: → Antibiotikum, halbsynthet. Lincosamid-Derivat. Antimikrobielles Wirkungsspektrum, klin. Wirkungsweise siehe → Lincosamide. Pharmakokinetik: orale → Bioverfügbarkeit: 70-90% (nahrungsunabhängig), Plasmaproteinbindung: 60-90% (konzentrationsabhängig), → Verteilungsvolumen, scheinbares: 0,66 l/kg KG (im Knochengewebe 50% des Serumspiegels, reichert sich in Granulozyten und Makrophagen an), → Halbwertszeit, terminale: ca. 3 h; → Biotransformation: → Funktionalisierungs- und → Konjugationsreaktionen, Elimination: biliär und renal (renal vornehml. in inaktiver Form). Nebenwirkungen: gastrointestinale Reaktionen (pseudomembranöse Kolitis nicht häufiger als unter anderen → Chemotherapeutika), selten Leber- und Knochenmarkschädigungen sowie allerg. Reaktionen. Bei schneller intravenöser Applikation Herzstillstand mögl. Indikation in der Zhk.: neben → Augmentan als Initialtherapie bei komplizierten orofazialen Infektionen dentogenen Ursprungs oder bei Penicillin-Allergie sowie zur Endokarditis-Chemoprophylaxe bei Penicillin-Allergie. Kontraindikationen: Allergie gegen C., schwere Lebererkrankungen, Morbus *Crohn*, Colitis ulcerosa, Laktationsperiode, Myasthenia gravis, *Parkinson*-Syndrom. 7

Cliradon®: → Ketobemidon. 2

Clivus ossis occipitalis (lat.) m: C. basilaris, C. Blumenbachii; schrägabfallende Fläche an der Innenseite der Schädelbasis, gebildet von der Rückenfläche der → Sella turcica des Keilbeins und dem Körper des Hinterhauptsbeines. 9

Clobazepam: ein 1,5-Benzodiazepin-Derivat, → Tranquilizer mit einer terminalen Halbwertszeit (→ Halbwertszeit, terminale) von 18-42 h und einem pharmakodynam. wirksamen → Metaboliten mit einer Eliminationshalbwertszeit von 30-120 h. Auch → Benzodiazepine. 7

Clock|wise-Wachstum: Abk. cw; → Wachstumsrichtung. 5

Clomipramin: Dibenzoazepin-Derivat, → trizykl. Antidepressivum, das die neuronale Wiederaufnahme von → Norepinephrin stärker als die des → 5-Hydroxitryptamins hemmt und → Antagonist an m-Cholinozeptoren ist. Nebenwirkungen: → Antidepressiva. C. potenziert die Wirkung zentraldeprimierender Pharmaka sowie die der → Anticholinergika und → Sympathomimetika. C.-Medikation gilt als relative Kontraindikation für Katecholaminzusätze in → lokalanästhet. Lösungen! 7

Clonazepam: 1,4-Benzodiazepin-Derivat, → Antiepileptikum mit einer terminalen Halbwertszeit (→ Halbwertszeit, terminale) von 18-39 h. Auch → Benzodiazepine. 7

Cloquet-Profil|winkel (Jules Germain C., Anat., Paris, *1790, † 1883): kraniometr. Winkel zwischen den Verbindungslinien vom → Infradentale zur Mitte der äußeren Gehörgangsöffnung und vom Infradentale zur → Glabella. 5

Clorazepat: 1,4-Benzodiazepin-Derivat, → Tranquilizer, → Prodrug, → Halbwertszeit, terminale des pharmakodynam. aktiven → Metaboliten liegt zwischen 50-100 h. Auch → Benzodiazepine. 7

Clostridium (gr.) n: Gattung anaerober, grampositiver Sporenbazillen, deren Spore den Bazillenleib oft auftreibt, z.B. C. botulinum: → Botulinusbazillen. C. histolyticum: Erreger der Gasbrandgruppe. Schlankes, bewegliches Stäbchen mit ovaler zentraler oder subterminaler Spore. Stärkster Proteolyt, besitzt Kollagenase. Im Tierversuch (Meerschweinchen) kommt es zur Auflösung von Muskulatur, Faszien und Gelenkkapseln und somit zur Spontanamputation. → Gasödem. C. novyi: → *Novy*-Bazillus. C. perfringens: *Welch-Fraenkel*-Gasbazillus, Erreger des → Gasödems und → Darmbrands. C. tetani: → Tetanusbazillen. - Vgl. Bakteriensystematik. 8

Cluster-Kopf|schmerz: *Bing-Horton*-Syndrom. 33

C-Modeler m: → *Cervera*-Modeler. 5

Co: chem. Symbol für → Kobalt. 23

CO: chem. Bez. für Kohlenoxid, CO_2: → Kohlendioxid. 23

CO_2-Laser m: → Gaslaser mit CO_2-Molekülen als → laseraktivem Material, mehrere Wellenlängen zwischen 9 µm und 11 µm mit einer Hauptwellenlänge von 10, 6 µm. 31

Coating (engl.) m: Lacküberzug. → Lacke. 4

Cochlea (lat.) f: Schnecke, Teil des Hörorgans. 9

Codein (gr.) n: → Opioid-Analgetikum, → Agonist an µ-, δ- und κ-Opioid-Rezeptoren (→ Opioid-Rezeptoren) mit geringerer Affinität als → Morphin. In äquianalget. Dosen sind die Wirkungen und Nebenwirkungen gleich dem Morphin. Indikation als → Antitussivum sowie → Analgetikum in Kombination mit → Paracetamol oder → Acetylsalicylsäure. Rezeptur unterliegt in Lösungen bis zu 2,5% oder abgeteilter fester Form bis zu 100 mg nicht der → Betäubungsmittel-Verschreibungs-Verordnung; Einzelmaximaldosis für Erwachsene 0,1 g bzw. Tagesmaximaldosis 0,3 g per os nach → DAB 8. 7

Co|enzyme n pl: → Koenzyme. 23

Coe-Pak®: anmischbarer eugenolfreier Parodontalverband, während des Abbindens kohäsiv, daher leicht zu applizieren. Vgl. Zahnfleischverbände. 6

Co|fermente n pl: → Koenzyme. 23

Coffer|dam m: → Kofferdam. 1

Coffin-Feder (Walter Harris C., engl. Za., London, *1853, † 1916) f: Ω-förmige Schlaufe aus 1,0 mm starkem federhartem Stahldraht, die, in einen sagittal durchtrennten → Monoblock oder → Aktivator eingebaut, die Möglichkeit zur Kiefererweiterung bietet (Abb.). Allerdings ist

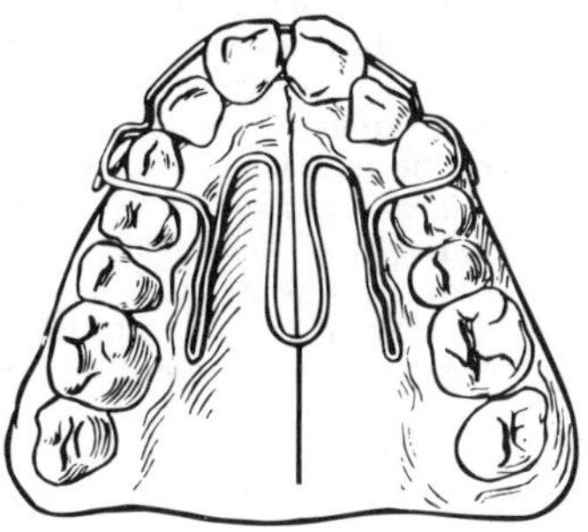

diese Kraft nicht so exakt dosierbar wie bei einer Dehnschraube. 5

Coffin-Platte: Expansionsplatte; kieferorthopäd. Gerät, das aus einer Gaumenplatte besteht, die den Front- und Seitenzähnen palatinal anliegt. Sie ist in der Mitte entsprechend der Gaumennaht durchsägt, die Hälften werden durch einen starken, W-förmig gebogenen Draht, dessen Enden im Kunststoff befestigt sind, auseinandergedrängt (→ *Coffin*-Feder). Durch entsprechendes Biegen der Feder kann der Druck auf die Alveolarfortsätze gleichmäßig oder bei Bedarf anterior verstärkt werden. Wegen exakterer Dosierbarkeit werden statt der Federn jetzt → Dehnschrauben verwandt. Vgl. aktive Platte. 5

Coffin-System n: von *W. H. Coffin* eingeführtes Verfahren, gedrängt und unregelmäßig stehenden Zähnen dadurch Platz im Kieferbogen zu schaffen, daß man diesen mittels der → Expansionsplatte nach und nach erweitert. 5

Col (engl.) m: → Interdental Col. 30

col|lateralis (lat.): seitlich. 9

College-Pinzette f: → Pinzette. 21

Collier de Venus (frz. Halsband der Venus) n: Leucoderma colli syphiliticum. 12

Collum (lat.) n: Hals; verschmälerter Teil; z.B. C. dentis: → Zahnhals, C. mandibulae: Unterkieferhals. [9, 30]
Collum|winkel: → Kollumwinkel. [30]
Coloboma (gr.) n: → Kolobom. [20]
Colon (gr.) n: Grimmdarm. → Darm. [9]
Columella (lat.) f: Spezialbezeichnung in der Kieferchir. für das häutige Nasenseptum, den Nasensteg. [19]
Columna vertebralis (lat.) f: → Wirbelsäule. [9]
Coma (gr.) n: → Koma. [20]
Coma basedowicum n: Bewußtseinsverlust im Rahmen einer thyreotoxischen Krise, verbunden mit hochgradiger Sinustachykardie, Anstieg der Körpertemperatur, → Kreislaufversagen. Die Therapie beschränkt sich für den Zahnarzt auf symptomatische Maßnahmen, der → Notarzt ist hinzuzuziehen. [16]
Coma dia|beticum n: schwerste Komplikation des stoffwechselentgleisten → Diabetes mellitus. Auslösend wirken Infekte oder eigenmächtige Insulinreduzierung. Unterschieden werden zwei Komaformen mit dem gemeinsamen Symptom der Bewußtlosigkeit und Blutzuckererhöhung: 1. Folge der → Azidose mit stark erhöhtem Blut- und Harnketonkörperspiegel, Azetongeruch des Patienten, kompensatorische *Kußmaul*-Atmung mit tiefen, schnellen Atemzügen, starker Erhöhung des Standardbikarbonats oder Absinken der → Alkalireserve; 2. C. hyperosmolare, Folge der Exsikkose und Hyperosmolarität ohne Ketoazidose, keine Ketonkörperausscheidung bei fehlendem Azetongeruch, keine *Kußmaul*-Atmung. DD: → Hypoglykämie. [16, 20]
Coma hepaticum n: Schädigung des ZNS als Folge einer Leberinsuffizienz mit wechselndem Ausfall der Leberzellfunktion, kein Abbau giftiger Stoffwechselprodukte. Pathophysiologie: Anstieg der vorwiegend hepatisch oxidierten Aminosäuren, Hyperammoniämie (Unvermögen der Überführung des anfallenden Ammoniak in Harnstoff). 2 Formen: 1. Leberzerfallskoma: rasch einsetzende Bewußtseinsstörung durch Lebernekrosen, Virushepatitis, Intoxikationen (Pilze); 2. Leberausfallskoma: zusätzliche exogene Faktoren (Ösophagusvarizen-, Gastrointestinalblutung, Alkohol). [20]
Coma uraemicum n: Endstadium der akuten oder chronischen → Niereninsuffizienz mit Azidoseentwicklung durch Ausscheidungsstörung im Stoffwechsel gebildeter fixer Säuren und Mineralhaushaltsstörungen (Störungen im Verhältnis von intra- zu extrazellulärem Kalium mit Hyperkaliämie). Zerebrale und neuromuskuläre Symptome: grobe Muskelzuckungen, periphere Neuropathien, Krampfanfälle. Vgl. Urämie. [20]
Combustio (lat.) f: Kombustion; → Verbrennung. [32]
Comedones (lat.) m pl: → Komedonen. [12]
Commissura (lat.) f: → Kommissur. [9]
Commotio (lat.) f: Kommotio; Erschütterung eines Organs, auch die dadurch entstehenden, meist reversiblen Funktionsstörungen. [20, 33]
Commotio cerebri f: Gehirnerschütterung; reversible traumatische Schädigung des Gehirns mit kurzzeitiger Bewußtlosigkeit, oft retrograder, seltener anterograder → Amnesie, Erbrechen, postkommotionellem Kopfschmerz, Schwindel und vorübergehender Hirnleistungsschwäche. [33]
Commotio cordis f: Erschütterung des Herzens. Durch stumpfe Traumen des Brustkorbes hervorgerufenes Bild mit Einflußstauung am Herzen, Störung der koronaren Durchblutung, Rhythmusstörungen und Blutdruckabfall. [20]
Commotio spinalis f: Rückenmarkserschütterung mit mehr oder weniger rasch vorübergehenden Reizungs- und Lähmungserscheinungen von Seiten des Rückenmarks nach Traumen der Wirbelsäule. Meist bedingt durch vasomotorische Störungen. [20]
communicans (lat.): verbindend. [9]
Community Periodontal Index of Treatment Needs (engl.) m: Abk.: CPITN; ein in Zusammenarbeit mit der WHO entwickelter Screening-Index zur Erfassung der parodontalen Behandlungsbedürftigkeit für epidemiologische Studien. Der C. wird mit einer speziellen, bei 3,5 und 5,5 mm markierten Knopfsonde bestimmt. Das Gebiß wird in sechs Sextanten eingeteilt und jeder Sextant nach dem schwersten darin vorkommenden Symptom eingestuft. Vgl. Screening-Test. [6, 15]
Compacta (lat.) f: → Kompakta. [9]
Compliance (engl.) f: **1.** Lungendehnbarkeit: Bestimmung der Atmungsarbeit zur Überwindung des endobronchialen pulmonalen Widerstandes; Erniedrigung bei Lungenfibrose, Erhöhung beim Emphysem. **2.** Bereitschaft des Patienten zur Mitarbeit bei therapeut. Maßnahmen, insbesondere zur Einhaltung der Behandlungsvorschriften und Erfolg in der Prophylaxe. **3.** Therapeuten-C.: Zuverlässigkeit, mit der der Arzt sich an die therapeutischen Regeln seines eigenen Fachgebietes hält. [10, 15, 33]
Composites n pl: → Komposits. [1]
Compound periodontitis f: → Parodontitis marginalis profunda. [6]
Compressio (lat.) f: Kompression; Quetschung, Druck. [20]

Compressio cerebri f: Hirnquetschung; Drucksteigerung innerhalb des Schädels durch Blutung, Liquorstauung, Gewächse, Entzündungsprozesse u.a. Äußert sich durch motorische Unruhe, langsamen, gespannten Puls (Druckpuls), Bewußtseinsstörungen, später kleinen beschleunigten Puls. [20]

Computer|analysen f pl: computergestützte Untersuchungsmethoden in der Kieferorth. mit verschiedenen Zielsetzungen: 1. Verbesserung, Vereinfachung und Beschleunigung versch. Untersuchungsmethoden (→ Gebißanalyse bzw. → FRS-Analyse o.ä.). 2. → Wachstumsanalyse und prognostische Beurteilung. 3. Therapieplanung (v.a. auch zur Planung kombinierter kieferorth./kieferchir. Behandlungen). 4. Verlaufskontrolle und Dokumentation. [5]

Computer|blitz|gerät: → Elektronenblitzgerät mit integriertem oder separatem Sensor, der die Menge des reflektierten Lichts mißt. In der Dentalfotografie ist die → TTL-Blitzsteuerung vorzuziehen, da hierbei die Lichtmenge innerhalb der Kamera gemessen wird und Fehlbelichtungen durch lichtabsorbierendes Zubehör ausgeschlossen sind. [17]

Computer|graphik f: mit Hilfe eines EDV-Programms auf dem Bildschirm erzeugte Graphik oder Textdarstellung, die auf Farbumkehrfilm übertragen und dann als Graphik- oder Textdiapositiv verwendet werden kann. Vgl. Schriftdiapositiv. [17]

Computer|tomo|graphie f: spezielles Röntgenschichtaufnahmeverfahren, bei dem durch ein bewegtes Röhrendetektorsystem eine Vielzahl von Schwächungswerten gewonnen wird, aus denen ein Computer ein Schnittbild errechnet. Durch die überlagerungsfreie Darstellung in Verbindung mit den Möglichkeiten der rechnergestützten → Bildanalyse ist die C. z.B. bei der Lokalisation von Oberkiefertumoren und Mittelgesichtsfrakturen der Verwischungstomographie überlegen. Vgl. Tomographie. [14]

Concha (gr.) f: Muschel, muschelartige Bildung. [9]

Concha auriculae f: Höhlung der Ohrmuschel, Abb. → Auricula. [9]

Concha nasalis f: jede der drei übereinanderliegenden Nasenmuscheln, Concha nasalis inferior, media und superior. C. n. superior und C. n. media, sind Teile des Os ethmoidale. Die C. n. inferior ist ein selbständiger Knochen. Jede C. n. begrenzt nach medial einen Nasengang. Abb. → Nasenwand, seitliche; → Kieferhöhle. [9]

Concretio (lat.) f: flächenhafte Verklebung, Verwachsung benachbarter seröser Häute infolge entzündlicher Prozesse. C. dentium: Verwachsung von Zähnen (→ Dentes concreti). [1,32]

condylaris (gr.): zum Condylus gehörig; der Processus condylaris (IANC) ist der des Unterkiefers. → Kondyl-. [9]

Condylion (gr.) n: äußerer (C. externum) bzw. innerer Endpunkt (C. internum) des Gelenkköpfchens des Unterkiefers (Caput mandibulae). Anthrop. → Meßpunkte. [5]

Condyloform®-Backen|zähne: → Kondylartheorie. [4]

Condyloma (gr.) n: → Kondylom. [12]

Condylus (gr.) m: Gelenkkopf, z.B. das Köpfchen des Processus condylaris des Unterkiefers. [9]

Confusio dentium f: Verschmelzung von Zähnen, → Dentes confusi. [1]

Congelatio (lat.) f: lokale → Erfrierung. [32]

congenitus (lat.): kongenital, angeboren. [3]

Conjunctiva (lat.) f: → Konjunktiva. [9]

Conjunctivitis f: → Konjunktivitis. [20]

connatalis: connatus; angeboren. [3]

Conn-Syndrom (Jerome C., Endokrinologe, Michigan, *1907) n: Überfunktion der Nebennierenrinde (→ Hyperaldosteronismus). Vgl. Mineralokortikoide. [20]

Constrictor (lat.) m: → Konstriktor. [9]

Consumptio (lat.) f: Aufzehrung, Abnutzung. [32]

Contactus (lat.) m: Berührung, Kontakt. [8]

Contagium (lat.) n: → Kontagium. [8]

Contiguitas f: Nachbarschaft; per contiguitatem: durch Ausbreitung auf die Nachbarschaft. Vgl. continuus. [2]

Continuous flow (engl.) m: bei der Apparatnarkose Bezeichnung für ununterbrochene Narkosegaszufuhr (während In- und Exspiration) im Gegensatz zum → Intermittent flow. [2]

continuus (lat.): zusammenhängend, ununterbrochen; z.B. Continua febris: anhaltendes Fieber ohne wesentliche Schwankungen. [32]

Contre|coup (frz.) m: Gegenstoß, Bez. für Schädigungen fernab der Gewalteinwirkung, z.B. Fraktur des Processus condylaris bei Schlag gegen die Kinnspitze. [2]

Contusio (lat.) f: → Kontusion, traumatische Organschädigung mit sichtbaren Folgen. [2]

Contusio cerebri f: Gehirnprellung; offenes oder geschlossenes Hirntrauma durch stumpfe Gewalteinwirkung, Schädelfrakturen oder Fremdkörper. Herdsymptome stehen im Vordergrund (häufig traumatische Anosmie, passagere Herdsymptome im EEG). Der Liquor ist oft Xanthochrom. Die Allgemeinsymptome sind die gleichen wie bei → Commotio cerebri, häufig (nicht immer) sind sie jedoch stärker ausgeprägt. [33]

Conus (gr.) m: → Konus. 9

Convexity-Winkel: → Konvexität. 5

Cooley-An|ämie (Thomas C., Päd., *1871, † 1945) f: Thalassämie (hämolyt. Anämie). 20

Coombs-Test (Robin C., Pathol., Cambridge, *1921) m: dient zum Nachweis der an den Erythrozyten des Blutes haftenden Glutinine; die fraglichen Erythrozyten werden nach mehrfachem Waschen mit *Coombs*-Serum zusammengebracht. Agglutination beweist, daß die Erythrozyten mit inkompletten Antikörpern beladen waren (positiver C.). Im indirekten C. werden die frei im Serum befindlichen Glutinine nachgewiesen. In der klinischen Praxis wird der C. z.B. bei Verdacht auf Erythroblastose zum Nachweis von Rh- und anderen blockierenden Antikörpern bei Neugeborenen (direkter C.) und bei Schwangeren (indirekter C.) benutzt, ferner zur Klärung gewisser Transfusionszwischenfälle sowie als Verträglichkeitsprobe vor Bluttransfusionen, zum Nachweis von inkompletten Antikörpern bei erworbenen hämolytischen Anämien und bei gewissen Infektionskrankheiten (z.B. → Brucellosen). Vgl. Rhesusfaktor. 8

Cooper-Schere (Sir Astley P. C., Chir., London, *1768, † 1841): über die Fläche gebogene Schere (Abb.). 2

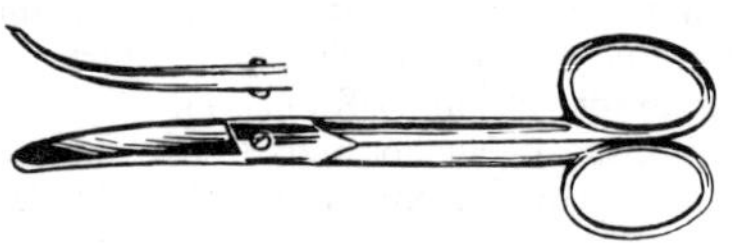

Cope-Osborn-Theorie (Edward Drinker C., *1840, † 1897; Henry Faifield O., amerik. Paläontologe, *1857, † 1935) f: → Trituberkulartheorie. 30

Coping (engl.) n: aus der Verhaltenspsychologie stammender Begriff, der das Problemlösungs- und Streßbewältigungsverhalten beschreibt. Sozialmedizinisch bedeutsam, da von der Beeinflussung des C.-Verhaltens präventive Effekte erhofft werden. 4, 33

Copings (engl.) f pl: → Transferkappen. 4

Cor (lat.) n: → Herz. 20

Cor adiposum n: Fettherz. 20

Cor bovinum n: Ochsenherz; pathologisch beidseitig vergrößertes Herz bei globaler → Herzinsuffizienz. 20

Core-vent-Implantat® n: schraubenförmiges, zweiphasiges enossales Implantat aus → Titan. → Implantat, enossales, → Implantat, zweiphasiges. 18

Corium (gr.) n: → Korium. 12

Cornea (lat.) f: → Kornea. 9

Cornu (lat.) n, pl cornua: Horn. 9

Cornu cutaneum n: Hauthorn, hornige Hautwucherung. 9

Cornu majus, C. minus n: großes bzw. kleines Horn des Zungenbeins; vgl. Zungenbein. 9

Cornu pulpae n: → Pulpahorn. 30

Corona (lat.) f: allg. kranz- oder kronenförmiges Gebilde. 12

Corona clinica f: klinische Krone; → Corona dentis. 30

Corona dentis f: Zahnkrone (→ IANC); der über dem Zahnfleisch hervorragende Teil des Zahnes = klinische Zahnkrone, der vom Schmelz bedeckte Teil = anat. Zahnkrone. 12, 30

Corona veneris f: syphilitische Papelbildungen an der Stirn. 12

Corona-Viren m pl: Erreger von Erkältungskrankheiten und vielleicht auch von Gastroenteritiden; pleomorphe Partikel von 60-220 nm Durchmesser mit endständig aufgetriebenen, aus der Hülle ragenden „spikes“; Nukleinsäure ist einsträngige RNS. 8

corono|ideus: kronenartig, z.B. der → Processus c. (Muskelfortsatz) des Unterkiefers. 9

Corpora arenacea n pl: Psammomkörperchen; sandkörnchenartige Kalkablagerungen, besonders in Tumoren der Durainnenfläche. Auch bei Altersdegeneration der Pulpa als → Dentikel. 27

Cor pulmonale n: Rechtsherzbelastung durch Druckerhöhung im arteriellen Lungenkreislauf, bedingt durch Erkrankungen der Lungen und des Bronchialsystems oder der Lungengefäße. C. p. acutum: bei großer → Lungenembolie, → Status asthmaticus mit plötzlichem tödlichen Rechtsherzversagen unter ungünstiger Mitwirkung pulmokoronarer Reflexe. C. p. chronicum: bei pulmonalen Vasopathien (rezidivierende Lungenembolien, thrombangitische und sklerosierende Vorgänge in kleinen Lungengefäßen), Lungenleiden (→ Asthma bronchiale, Emphysem, Bronchiektasen, Silikose, Lungenfibrosen), Thorakopathien (Kyphoskoliose, Trichterbrust), Herzleiden (Mitralstenose, Links-rechts-shunt-Vitien). Symptomatik: Brustdruck, Lufthunger, Bewußtseinstrübung nach Anstrengungen, Zyanose, Tachykardie, Hypotonie, Polyglobulie, Trommelschlegelfinger. EKG: Rechtsbelastungszeichen. 20

Corpus (lat.) n, pl Corpora: Körper. 2, 9

Corpus adiposum buccae n: der rundliche Fettpfropf (→ *Bichat*-Fettpfropf) in der Wange, den Musculus buccinator deckend und vor dem M. masseter. 2, 9

Corpus alienum n: → Fremdkörper. 2, 9

Corpus ciliare n: → Ziliarkörper. [2, 9]
Corpuscula renis (lat.) n pl: → Nierenkörperchen. [9]
Corpus|culum (lat.) n: Körperchen. [9]
Corpus geniculatum laterale n: laterale Vorwölbung am hinteren Ende des Thalamus, eingeschaltet in die Sehbahn. [9]
Corpus geniculatum mediale n: mediale Vorwölbung am hinteren Ende des Thalamus, eingeschaltet in die Hörbahn. [9]
Corpus luteum n: innersekretorische Drüse. Gelbkörper, entstehend aus den Resten des gesprungenen *Graaf*-Follikels im Ovar. [10]
Corpus-luteum-Hormon n: Progesteron. 1934 in kristalliner Form durch *Butenandt* dargestellt. Produktionsstätten: Corpus luteum, Nebennierenrinde, Plazenta (nach dem vierten Schwangerschaftsmonat, vorher Ovar). Die durch Follikelhormon proliferierte Schleimhaut wird durch das C. in die Sekretionsschleimhaut übergeführt (drüsige aufgelockerte Schleimhaut zur Nidation eines befruchteten Eies). Unter Corpus-luteum-Hormon Abnahme der Motilität des Uterus und Unterdrückung der Ovulation. [10]
Corpus mamillare n: halbkugelförmiges Gebilde an der unteren, freien Fläche des Hypothalamus. Das C. m. ist Teil des limbischen Systems. [9]
Corpus mandibulae n: basaler, parabolisch gebogener Teil des Unterkiefers, der beiderseitig im Angulus mandibulae in den Ramus mandibulae übergeht. Das C. m. verjüngt sich nach oben zum Alveolarbogen (Pars alveolaris), der die Fächer für die Wurzeln der Zähne (Alveoli dentales) trägt. [9]
Corpus maxillae n: Körper des Oberkiefers, → Maxilla. [9]
Corpus vitreum n: → Glaskörper des Auges. [9]
Cortex (lat.) m: → Kortex. [9]
corti-: korti-. [9]
Corticalis (lat.) f: → Kortikalis. [9]
Cortison n: → Kortison. [7, 10]
Coryne|bakterien f pl: → Korynebakterien. [8]
Costa (lat.) f: Rippe. [9]
Costen-Syndrom (James C., Otorhinolaryngologe, St. Louis, 1934) n: neuralgiforme Beschwerden, die vom Kiefergelenk ausgehen und zum myofazialen Syndrom gehören. Sie äußern sich in Ohrenschmerzen, Ohrensausen, Schwerhörigkeit durch Tubenverschluß, ausstrahlenden Schmerzen in Zunge und Hinterkopf, → Globusgefühl und Parästhesien, entstanden durch Verlagerung des Kiefergelenkköpfchens nach dorsal als Folge von Bißanomalien, Zahnlosigkeit oder schlecht funktionierenden Prothesen mit direkter und indirekter Reizung der umgebenden Nerven (N. auriculotemporalis, Chorda tympani). Röntgenologisch zeigt sich eine Abflachung der Vorderfläche des Gelenkköpfchens. [19]
Coster-Auswertung (Jean Lucien de C., Kieferorth., Brüssel, *1893, † 1962): → Netzdiagramm. [5]
Coster-Linie: → Basallinie. [5]
Coulomb (Charles C., Physiker, Paris, *1736, † 1806) n: Einheit der elektrischen Ladung; abgeleitete SI-Menge der elektr. Ladung, der Elektrizitätsmenge. 1 Coulomb (c) = die Elektrizitätsmenge, die während einer Sekunde bei einem konstanten elektr. Strom der Stärke 1 Ampere (A) durch einen Leiter fließt. [10]
Counter-clockwise-Wachstum: Abk. ccw; → Wachstumsrichtung. [5]
Coupling agents (engl.) n pl: → Bonding agents. [1]
Coupling sugar (engl.) m: enzymatisch aus Stärke hergestellter Zuckerersatzstoff (Zyklodextrin). 60% Süßkraft von → Saccharose. [23]
Cover denture (engl.) n: → Deckprothese. [4]
Coxa (lat.) f: Hüfte. C. valga: Vergrößerung des Schenkelhalswinkels. C. vara: Verkleinerung des Schenkelhalswinkels. [9]
Coxiella burnetii f: Erreger des Q-Fiebers, einer atypischen Pneumonie mit typhösen oder grippeähnlichen Erscheinungen, verwandt mit → Rickettsien (→ Bakteriensystematik). Erregerreservoir sind Wild- und Haustiere; die Krankheit wird durch Kontakt mit tierischen Ausscheidungen, durch Tröpfchen oder Staub, vielleicht auch alimentär übertragen. [8]
Coxsackie-Viren n pl: verwandt mit Poliomyelitis-Viren (→ Enteroviren). Nach histologischen Veränderungen bei Babymaus 2 Gruppen (A, B) mit zahlreichen Serotypen. Beim Menschen Erreger von Herpangina, Stomatitis herpetica, asept. Meningitis, Myelitis, Infektionen der Atemwege („Sommergrippe") und des Magen-Darm-Kanals (A) sowie von Myalgia epidemica (Bornholmer Krankheit), Enzephalomyokarditis, aseptischer Meningitis und paralytischer Meningomyelitiden (B). Nachweis durch Isolierung des Virus aus Rachenspülflüssigkeit oder Stuhl bzw. durch Antikörpernachweis (→ Komplementbindungsreaktion, Neutralisationsversuch). [8]
Cozymase f: → Kozymase. [23]
CPITN: Abk. für → **C**ommunity **P**eriodontal **I**ndex of **T**reatment **N**eeds. [6, 15]
Cr: chem. Symbol für → Chrom. [23]
Cramer-Schiene (Friedrich C., Chir., Wiesbaden, *1847, † 1903): leiterförmige, biegsame

Schiene aus 2 stärkeren Längs- und dünneren Querdrähten, spez. zur Ruhigstellung der Extremitäten. [2]
Crampons (frz.) m pl: → Krampons. [4]
Crampus m: → Krampfanfall. [20]
Crane-Kaplan-Pinzette f: → Markierungspinzette. [6]
cranialis (gr.): schädelwärts gelegen, kranial. [9]
Cranio-: Kranio-. [9]
Cranium (gr.) n: → Schädel. [9]
Cranium cerebrale n: der Hirnschädel. [9]
Cranium viscerale n: → Gesichtsschädel. [9]
Craquelierung (frz.) f: → Kraquelierung. [4]
crassus (lat.): dick; z.B. Intestinum c.: Dickdarm. → Darm. [9]
Craurosis (gr.) f: → Kraurose. [12]
C-reaktives Protein n: Abk. CRP; sehr schnell nach Infekten im Serum auftretender Eiweißkörper, bereits nach einigen Tagen verschwindend (Akute-Phase-Protein). Präzipitation mit Polysaccharid C von Pneumokokken. Indikator bei akuten bakteriellen, rheumatischen Erkrankungen. Bestimmung: → Latextest. [20]
Credé-Prophylaxe (Karl S. F. C., Gyn., Leipzig, *1819, † 1892) f: Prophylaxe der Gonoblennorrhöe der Neugeborenen durch Einträufeln je eines Tropfens 1% Silbernitratlösung in jeden Bindehautsack des Auges. Vorübergehend durch Penizillin ersetzt, kehrt man jetzt wegen Allergisierungsgefahr und zunehmender → Resistenz der Kokken zum $AgNO_3$ zurück. [8]
Creep (engl.) n: → Flow. [1]
Creeping attachment (engl. kriechende Befestigung) n: erwünschte Wanderung von marginaler Gingiva in koronaler Richtung über Teile einer ehemals freiliegenden Wurzeloberfläche, gefördert durch Schaffung einer plantationsfähigen Wurzeloberfläche und durch Ausschaltung ungünstiger mechanischer Zugbelastung an zu schmaler Gingiva propria, z.B. nach Gingivaextension durch → *Edlan-Mejchar*-Technik oder freies → Gingivatransplantat. [6]
Crepitatio (lat.) f: → Krepitation. [2]
Cres|cent (engl.) f: orthod. Klammerart, die den Zähnen vestibulär oder oral bogenförmig marginal anliegt. [5]
Creta (kretische Erde): Kreide; ungereinigter kohlensaurer Kalk. → Kalzium. [23]
CRF: Abk. für **C**orticotropin **r**eleasing **f**actor; → Inkretion. [10]
Crib (engl.) f: von *Jackson* 1887 entwickeltes orthod. Einstückgerät, auf das die → *Jackson*-Klammer und das → *Crozat*-Gerät zurückgehen. [5]
Criss-cross-Elastics (engl.) pl: bei Kreuzbißstellung einzelner Seitenzähne verwendete → Gummizüge. Werden von einem lingualen (palatinalen) zu einem bukkalen → Attachment gehängt. [5]
Crista (lat.) f: Kamm; anat. Bezeichnung für leistenartige Vorsprünge. [9]
Crista galli f: „Hahnenkamm", → Os ethmoidale. [9]
Crista infra|temporalis f: unterteilt die Außenseite des großen Keilbeinflügels in einen sagittalen und einen horizontalen Teil. [9]
Crista infra|zygomatica (JNA) f: Jochbeinleiste, zieht vom Jochbeinansatz des Oberkiefers zur vorderen Wangenwurzel des 1. Molaren. Auch Crista zygomaticoalveolaris genannt. [9]
Crista marginalis f: Randleiste oder Seitenkante einer Zahnkrone. [30]
Crista palatina f: bezeichnet die Kante an der unteren Fläche der Lamina horizontalis des Gaumenbeins in der Nähe des hinteren Gaumenrandes. [9]
Crista temporalis f: Leiste an der Innenfläche des → Ramus (mandibulae). Dient dem → M. temporalis zum Ansatz. [9]
Crista trans|versalis f: quer verlaufende Kante zwischen zwei Höckern einer Zahnkrone. [30]
Crohn-Krankheit (Burril C., Arzt, New York, *1932): gehäuft bei jüngeren Erwachsenen und um das 70. Lebensjahr vorkommende, schubweise-chronisch verlaufende Darmentzündung (regionale → Enteritis) mit schweren Störungen der intestinalen → Resorption, die eine temporäre oder permanente → künstliche Ernährung (→ Nasenolive) erfordert. Selten mit oraler Beteiligung (hyperplastische, entzündliche Wangenschleimhaut, → Cheilitis). Als Ursache wird eine lokale immunologische Reaktion diskutiert. [11, 27]
Cromagnon|rasse: eiszeitliche Menschenrasse, benannt nach dem Fundort Crô-Magnon in Frankreich, mit langem Schädel, breitem Gesicht, schmaler Nase und steiler Stirn. [9]
Cross|bite (engl.) m: → Kreuzbiß. [5]
Cross linking (engl.) n: → Vernetzung. [4]
Cross-over-Versuch: bei einem C., z.B. in einem Arzneimitteltest, erhält zunächst ein Teil des → Kollektivs das Prüfpräparat, der andere Teil das Referenzpräparat. Nach einer ausreichend langen Testphase werden die Präparate getauscht. Dadurch ist sowohl ein Einzelvergleich als auch ein Vergleich beider Teilkollektive möglich. [26]
Croup (engl.) m: → Krupp. [8]
Crouzon-Syndrom (Octave C., Neurol., Paris, *1874, } 1938) n: → Dysostosis craniofacialis. [3]

Crown|less teeth (engl.) m pl: abgekaute Zähne bei → Dentinogenesis imperfecta. 1

Crozat-Gerät (George B. C., Orthod., New Orleans, *1893, † 1966): herausnehmbare orthod. Drahtapparatur, bestehend aus palatinal bzw. lingual ansetzendem Bügel aus mechanisch vergütbarem Stahldraht (1,3 mm) mit Zusatzfedern für Einzelzahnbewegungen (Abb.).

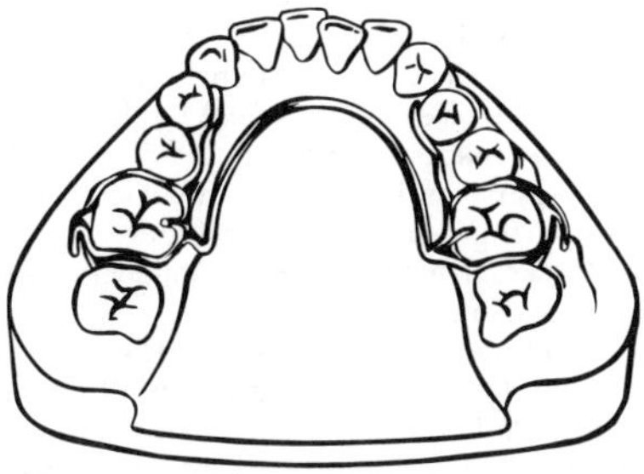

Zierlichere Fortentwicklung der → Crib von *Jackson*. Vgl. *Jackson*-Klammer, Juxtavestibularbogen. 5

Cruor(gerinnsel): → Kruor(gerinnsel). 32

Crus (lat.) n: Unterschenkel, auch allg. Schenkel. 9

Crusta (lat.) f: → Kruste, Borke, Schorf; gehört zu den sekundären → Effloreszenzen. C. osteoides, C. petrosa, C. radicis: ältere Bez. für das → Zement der Zahnwurzel. 32

Crutanium n: Weiterentwicklung der Kobalt-Chrom-Legierungen durch Zusatz von → Titan (Dünnflüssigkeit der Schmelze, erhöhte Streckgrenzwerte). Vgl. NEM-Legierung. 4

Crypto|coccus neo|formans m: Sproßpilz, Erreger der Kryptokokkose oder europ. → Blastomykose, maligne (Pneumonie, Meningitis). Sphärische Zellen mit breiter Schleimkapsel. Erregerreservoir ist Boden. Infektion aerogen. Cryptococcus-Arten (selten) auch auf der menschl. Mundschleimhaut und im Wurzelkanal bei Pulpitis nachgewiesen. 8

Cu: chem. Symbol für → Kupfer. 23

Culex (lat.) m: große Stechmückenart unserer Zonen. C. fatigans: überträgt in wärmeren Ländern die Filarienlarven. C. pipiens: Hausmücke, nach ihrem singenden Summton benannt. 8

Cumarine n pl: indirekt wirkende Antikoagulanzien. C. hemmen aufgrund struktureller Ähnlichkeit mit Vit. K dosisabhängig die Synthese Vit.-K-abhängiger Gerinnungsfaktoren (II, VII, IX). Die Zahl der Cumarin-Derivate ist groß. Therapeutisch häufig angewendet werden: Acenocoumarol, Warfarin, Phenprocoumon. Bei Patienten mit Cumarintherapie muß unmittelbar vor operativen Eingriffen eine Quick-Wert-Kontrolle durchgeführt werden. 7

Cupido|bogen: → Kupidobogen. 9

Cuprum (lat.) n: → Kupfer. 23

Cuprum sulfuricum n: → Kupfersulfat. 23

Curettage (frz.) f: → Kürettage. 6

Curtius-Syndrom (Friedrich C., Int., Lübeck, 1925) n: kongenitaler Riesenwuchs einer Gesichtshälfte, der sich besonders an der Maxilla auswirkt. Außerdem Syndaktylie, Nagel- und Hautdystrophie, Naevusbildung, Mikrozephalie, Zahndysplasien sowie Hypodontie; Sehstörungen und verschiedene psychische Fehlentwicklungen. Wahrscheinlich erblich. 3

Cushing-Syndrom (Harvey C., Chir., Philadelphia, *1869, † 1931) n: durch Hyperkortizismus hervorgerufenes multifaktorielles Krankheitsbild: meist im Alter von 18-30 Jahren auftretend, abnormer Fettansatz in Gesicht (Vollmondgesicht), Nacken und Rumpf, die Extremitäten bleiben schlank (Stammfettsucht). Die Haut ist extrem trocken, düsterrot verfärbt, an den Stellen des stärksten Fettansatzes breite, atrophische, blaurote Striae, besonders an der seitlichen Bauchwand und am Gesäß. Haarausfall am Kopf, im Gesicht und am Rumpf virile Hypertrichose. Vaskuläre Erscheinungen wie Akrozyanose an Händen und Füßen, arterieller Hochdruck. Osteoporose mit Neigung zu Spontanfrakturen (in 35%). Hyperglykämie, Glykosurie, Hypercholesterinämie, Polyzythämie, polymorphkernige Leukozytose, Grundumsatzherabsetzung, Polyphagie, Polydipsie, Polyurie, starke Ermüdbarkeit und Schwäche, Anfälligkeit gegenüber Infektionen, Zyklusstörungen bei Frauen, Wachstumshemmung bei Kindern. Ursachen: Störung im dreigliedrigen Regelkreis von Hypothalamus, Hypophysenvorderlappen und Nebennierenrinde; basophiles Hypophysenvorderlappenadenom, Hirntrauma, Enzephalitis; Nebennierenrindenhyperplasie (Kortizismus). Iatrogen bei Langzeittherapie mit hohen Glukokortikoiddosen. 20

cus|pidatus (lat.): zugespitzt. Dens c.: Zahn mit einer Spitze, → Dentes canini. 30

Cus|pis dentis f: Zahnhöcker. Auf der Kaufläche von Prämolaren gibt es Cuspis lingualis und Cuspis vestibularis, auf der von Molaren Cuspis distalis, Cuspis distolingualis, Cuspis distovestibularis, Cuspis mesiolingualis und Cuspis mesiovestibularis (Abb.). Einhöckrig sind Eckzähne, zweihöckrig Prämolaren, dreihöckrig können der untere 2. Prämolar, der obere 2. Molar

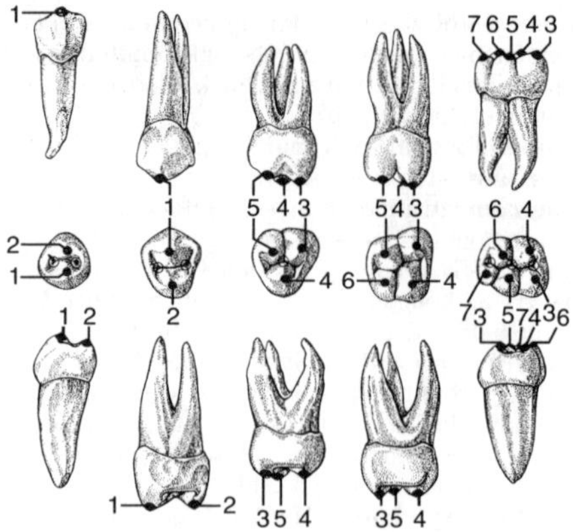

Zahnhöcker von permanenten Zähnen
Obere Reihe von vestibulär, mittlere Reihe von okklusal, untere Reihe von mesial. 1: Cuspis vestibularis; 2: Cuspis lingualis; 3: Cuspis mesiovestibularis; 4: Cuspis mesiolingualis; 5: Cuspis distovestibularis; 6: Cuspis distolingualis; 7: Cuspis distalis. [3]

und Weisheitszähne sein, vier- und fünfhöckrig sind Molaren. 30

cutaneus (lat.): die Haut betreffend. 9

Cuticula (lat.) f: Häutchen; feste Zellausscheidung an der Oberfläche von Epithelien, bes. der Epidermis. Sie dient dem mechan. Schutz und der Abschirmung des inneren Milieus und ist oft durch Einlagerungen von Kalk oder Chitin (bei Herbivoren und Muscheln) verstärkt. C. dentis, C. enamdi: → Schmelzoberhäutchen. 30

Cutis (lat.) f: Haut, Integumentum commune. Die elastische Hülle des Körpers von etwa 1,6 m^2 Fläche. Dient als Schutz- und Speicherorgan, durch die Blutgefäße und Schweißdrüsen als Wärmeregulator, durch Talg- und Schweißdrüsen als Ausscheidungsorgan sowie über die Druck-, Chemo- und Thermorezeptoren als Tastorgan. Weiterhin als Synthese- und Speicherorgan von Zytokinen und Mediatoren, die in das Gefäßsystem abgegeben werden können. Sie besteht aus den drei Schichten Oberhaut (→ Epidermis), Lederhaut (→ Korium) und Unterhaut (Subkutis oder Tela subcutanea) (Abb.). 9, 12

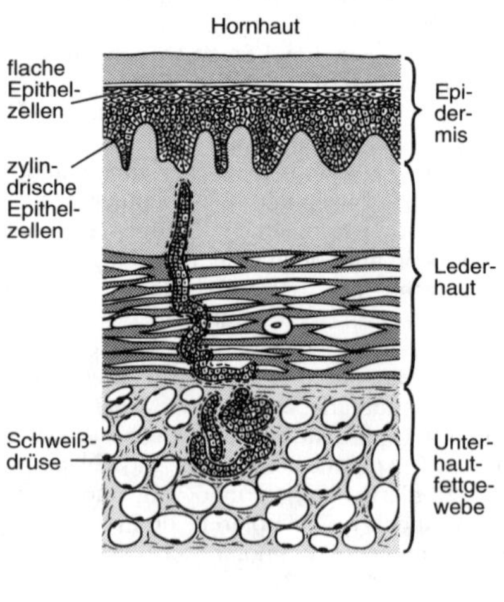

Cutis anserina f: → Gänsehaut. 9, 12

Cutis hyper|elastica f: abnorme Dehnbarkeit der Haut bei gut erhaltener Elastizität. 9, 12

Cutis laxa f: Schlaffhaut, Haut ohne Elastizität, z.B. Altershaut. 9, 12

Cutis marmorata f: marmorierte Haut; infolge ungleicher Gefäßweite oder durch Pigmentierung z.B. als Folge chron. Hitzeeinwirkung. 9, 12

Cutis rhombica nuchae f: charakteristische rhomb. Furchung der chron. lichtgeschädigten Nackenhaut alter Menschen. 9, 12

cw-Laser m: Abk. für continuouswave-Laser; → Dauerstrichlaser. 31

Cyclamat® n: nichtkalorischer Süßstoff, 30mal süßer als Rohrzucker (Abb.). 1

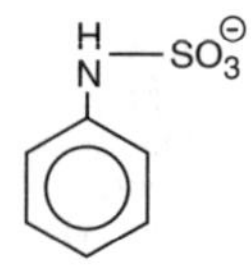

Cyclooxigenase-Inhibitoren m pl: Gruppenbez. für reversible oder irreversible Hemmstoffe der Cyclooxigenase, wie Derivate der Anthranilsäure, Arylessigsäure, Arylpropionsäure, des Pyrazolons, der Enolsäure, der Salizylsäure u.a., die als → Analgetika, → Antipyretika und/oder → Antiphlogistika therapeutisch genutzt werden. Trotz chem. Heterogenität haben die C. qualitativ gleichartige Nebenwirkungen auf den Gastrointestinaltrakt (erosive bis ulzerative Gastritis, Diarrhö), auf die Niere (Natrium und Wasser-Retention, Oligurie, Nierenversagen u.a.), auf das zentrale Nervensystem (neurolog., psychiatr. Störungen), auf die Thrombozyten (Hemmung der Aggregation), Schwangerschaft (Abschwächung der Wehen, Geburtsverlängerung, bei Föten vorzeitiger Verschluß des Ductus arteriosus) und auf die Leber (Transaminaseanstieg). C. können → pseudoallerg. Reaktionen auslösen. Kontraindikationen: Magen-Darm-Ulzera, dekompensierte Herz- und Niereninsuffizienz, Hypertonie, Blutbildungs- und Gerinnungsstörungen, Asthma bronchiale, Alter > 65, Schwangerschaft; Allergie gegen Wirkstoff, PAR-Allergie gegen C. 7

Cyst-: → Zyst-. 32

Cyst|adenoma n: → Zystadenom. 32

Cysticercus (gr.) m: → Zystizerkus. 8

Cyto-: Zyto-. 9

Czermak-Inter|globular|räume (Johann Nepomuk C., Physiol., Würzburg, Jena, Leipzig, *1828, † 1873): → Interglobularräume. 30

Czermak-Spiegel|probe: Funktionsprüfung zur Feststellung des offenen Näselns (→ Rhinolalia aperta) mit Hilfe einer glänzenden Metallplatte, die beim Aussprechen der Vokale oder der Explosivlaute an die Oberlippe gelegt wird. Bei offenem Näseln läuft die Platte infolge des Luftaustritts durch die Nase in verschiedenem Ausmaß an. 19

D

DAB: Abk. für → Deutsches Arzneibuch. 7

Dakryon (gr.) n: anthropolog. → Meßpunkt an der vorderen oberen Spitze des Tränenbeins. 5

Dakryo|zystitis f: Entzündung des Tränensacks. Vgl. *Toti*-Operation. 20

Daktylo|gramm n: Fingerabdruck; individuelles Muster der Fingerbeere, kann mit Stempelfarbe abgenommen und zu Vergleichszwecken auf Papier übertragen werden. Von Bedeutung in der Kriminologie und Genetik. 28

Damen|bart: zumeist bei älteren Frauen (sog. Altweiberbart) auftretende Zunahme der Kinn- und Oberlippenbehaarung infolge Androgenüberschusses nach Erreichen des → Klimakteriums oder symptomatisch bei Gewebsproliferation (Tumoren) der Nebennierenrinde (→ Nebenniere). 27

Dämmer|schlaf: eine Art Halbschlaf mit Einschränkung bzw. Aufhebung der Schmerzempfindung, wobei der Kranke durch grobe Reize noch erweckbar ist, durch Skopolamin-Morphingemische (Scophedal®) hervorzurufen. 2

Dämmer|zustand: qualitative Bewußtseinsstörung, in der der Patient scheinbar geordnet und wach komplexe Handlungen vornehmen kann, die oft nicht seiner sonstigen Persönlichkeit entsprechen. Im EEG zeigen sich epileptiforme Potentiale. Für die Episode besteht Amnesie. Sonderform ist der Somnambulismus (Schlafwandeln). 33

Dampf|sterilisation f: Keimfreimachung im strömenden Dampf von 100 °C (→ Tyndallisieren) oder mit gespanntem Dampf von 120-139 °C im Autoklav. Vgl. Sterilisation, Autoklav. 8

Dämpfungs|element n: Implantatbauteil, meist aus Kunststoff, zur Dämpfung der auf das Implantat auftreffenden Kräfte, d.h. zur Nachahmung der Funktionen des Parodonts bei enossalen Implantaten (→ Implantat, enossales). Je nach Lage des D.s spricht man von intra- oder epimobilen Elementen. → IMZ-®, → LOck-Implantat®. 18

Dane-Partikel n: Virus der Hepatitis B (Serumhepatitis); 42 nm ∅; besteht aus Hülle (Protein) und „Kern" (core, DNS), die beide antigen wirken. HB_SAg: Hüllenantigen (s = surface), identisch mit → Australia-Antigen; HB_CAg: „Kern"-Antigen (c = core). Gegen beide Antigene werden im Organismus Antikörper gebildet: anti-HB_S und anti-HB_C. Vgl. Hepatitis. 8

Daniell-Element (John Frederic D., engl. Phys., *1790, † 1845) n: 1835 von *Daniell* erfundenes galvanisches (Kupfer-Zink-)Element, das elektrische Energie durch einen elektrochemischen Vorgang erzeugt. Aufgrund der besseren Löslichkeit von Zink im Vergleich zu Kupfer gehen

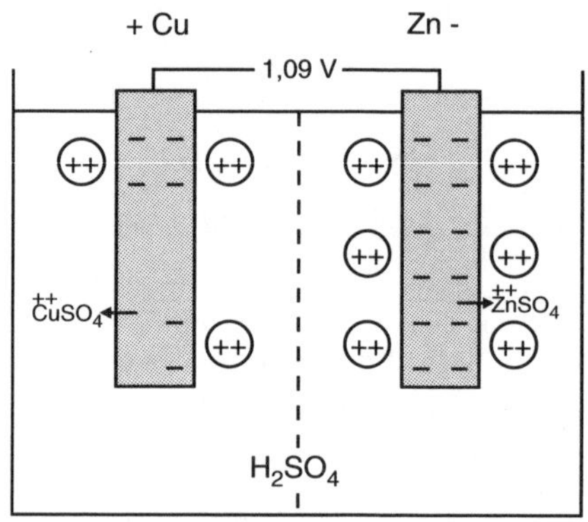

pro Zeiteinheit mehr Zinkteilchen in Form von Zn^{2+}-Ionen in Lösung als Kupferteilchen in Form von Cu^{2+}-Ionen. Da die Leitungselektronen in beiden Metallen zurückbleiben, nimmt der Zinkstab gegenüber der Lösung eine stärker negative Ladung an als der Kupferstab, der deshalb den positiven Pol des Elementes bildet (Abb.). → Spannungsreihe (der Metalle). 10

Darier-Krankheit (Ferdinand J. D., Dermat., Paris, *1856, † 1938): seltene → Genodermatose, → Dyskeratose mit schmutziggrauen, knötchenförmigen Verhornungen, die zu großen Herden zusammenfließen können. Vorzugsweise sind Schläfen, Ohrumgebung, Rumpfseiten, Achselhöhlen und Leistenbeugen befallen. Die Schleimhäute, vor allem des Mundes, sind häufig miterkrankt. Es finden sich dann derbe, punkt- bis stecknadelkopfgroße, scharf begrenzte perlmuttweiße bis graue, flache oder spitze, zentral gedellte Knötchen, einzeln oder in Reihen oder z.T. dicht stehend und polygonal geformt. Therapie: lokal Vit.-A-Säure, oral Retinoide. [12]

Dark teeth (engl.) m pl: → Dentinogenesis imperfecta. [1]

Darm: Intestinum; Teil des → Verdauungsapparates. Der Verdauungskanal vom Magenpförtner (→ Pylorus) bis zum After, bestehend aus Dünndarm (Intestinum tenue), Dickdarm (I. crassum) und Mastdarm (→ Rektum), die sich weiter unterteilen lassen. Dünndarm: a) Zwölffingerdarm (→ Duodenum), b) Leerdarm (→ Jejunum), c) Krummdarm (Ileum). Dickdarm: a) Blinddarm (C[a]ecum) mit dem Wurmfortsatz (→ Appendix), b) Grimmdarm (Colon ascendens, transversum, descendens, sigmoideum). Der Dünndarm ist 6-7 m lang und dient der Verdauung und Resorption der Nahrung. Dickdarm und Mastdarm sind 1,5 m lang und dienen vor allem der Eindickung und Ausstoßung des unverdaulichen Darminhaltes als Kot. [9]

Darm|brand: Enteritis necroticans, meist tödlich verlaufende nekrotisierende Entzündung des Dünndarms, hervorgerufen durch → Clostridium (perfringens), Typ C; trat in Mitteleuropa fast ausschließlich in den Hungerjahren nach den beiden Weltkriegen auf. [8]

Daten|banken: in der Informatik benutzte Technik, Daten und ihre Beschreibung, Datenstruktur und Namen, zu speichern. Allgemein gebrauchter Begriff für eine Menge von Dateien, die eine bestimmte Aufgabe abdecken, z.B. Literaturdatenbanken. Beispiele für medizinische D.: → ABDA-PHARMA, → AMIS, → DIAGNOSIS, → EMBASE, → INTOX, → MEDIKAT, → MEDIQUICK, → MEDLINE, → SEDBASE, → Rote Liste. Vgl. DIMDI, MEDLARS, NLM. [26]

Daten|schutz: vom → Datenschutzgesetz geforderte Maßnahmen, um den Mißbrauch personenbezogener Daten zu verhindern. [24, 26]

Daten|schutz|gesetz: Gesetz zum Schutz gegen den Mißbrauch personenbezogener Daten, die in maschinellen oder manuellen Karteien geführt werden. Für den öffentlichen Dienst und die private Wirtschaft sind das Bundesdatenschutzgesetz (BDSG) und darauf basierende Landesdatenschutzgesetze maßgebend. Vgl. Schweigepflicht. [26]

Daten|träger: Einheit der elektronischen Datenverarbeitung zum mechanischen, magnetischen oder optischen Aufzeichnen von Daten, z.B. Magnetband, Magnetplatte, Diskette, Optical Disk. [26]

Daten|träger|austausch: Verfahren zum Austausch von Daten, z.B. zwischen → Praxiscomputern und den kassenzahnärztlichen Vereinigungen zum Zweck der Abrechnung. [26]

Dauer|ausscheider: gesunde Menschen, die nach Überstehen einer Krankheit mit Hustentröpfchen, Stuhl oder Urin Krankheitserreger ausscheiden (z.B. Diphtherie-D., Typhus-D.). Durch unbekannte D. bes. in Lebensmittelgewerbe und Küchenbetrieben entstehen häufig Epidemien. Vgl. Keimträger. [8]

Dauer|gebiß: Gesamtheit der permanenten Zähne, die zu lückenlosen Zahnbögen aneinandergereiht sind. [30]

Dauer|strich|laser m: Betriebsart eines → Lasers mit zeitlich kontinuierlicher Emission von Strahlung. [31]

Daumen|lutschen: bei Säuglingen und Kleinkindern an das Saugen anknüpfende Gewohnheit, später (bis zur Pubertät) als Reaktion entwicklungsgestörter und in mangelnder Nestwärme aufwachsender Kinder. Führt zu → lutschoffenem Biß, → Lutschprotrusion und auch zu Schwielenbildung am Lutschfinger. Abgewöhnung durch physiolog. geformte Flaschenmilchsauger und Schnuller, → Mundvorhofplatte, Ellenbogenmanschetten, Bestreichen mit bitteren Essenzen, psych. Beeinflussung. Vgl. Dyskinesien. [5]

Davis-Krone: Porzellanvollkrone mit Aussparung für Spezialwurzelstift (Abb.). [4]

Dawson-Griff: zur Führung des Unterkiefers für die Positionierung der Kondylen. Zahnarzt steht hinter dem Patienten; die Fingerspitzen beider Hände werden am horizontalen Unterkieferast angelegt und drücken den Unterkiefer nach kranial. Der Daumen drückt das Kinn leicht nach kaudal. Dadurch wird der Kondylus gegen die distale Wand des Tuberculum articulare geführt, er liegt dabei 0,3-0,5 mm vor der retralen Kontaktposition des Kondylus. Vgl. Kieferrelationsbestimmung, Bißnahme. [4]

DCP: Abk. für **d**ynamic **c**ompression **p**late (engl.); dynamische Kompressionsplatte (Abb.) für die → Osteosynthese. [2]

Dynamische Kompressionsplatte [83]

DD: Abk. für → **D**ifferential**d**iagnose. [2]

D.D.S.: Abk. für engl. **D**octor of **D**ental **S**urgery (Doktor der Zahnchirurgie); ein durch amerik. Schulen seit 1841 verliehener Titel. [24]

DDT: Abk. für **D**ichlor-**d**iphenyl-**t**richlor-methylmethan. Kontaktinsektizid, auch für Menschen bei oraler Aufnahme stark toxisch. [8]

Dead tracts (engl.) m pl: Zone im kariösen Dentin. Vgl. Karieszonen. [1]

Debilität (lat.) f: leichtester Grad geistig-kognitiver Schwäche. Vgl. Intelligenzmangel, angeborener. [33]

Debris (frz., engl.) m: Überbleibsel, Rückstände der Nahrung in der Mundhöhle. [6]

Débris épi|thél|iaux par|adent|aires (frz.) m pl: → *Malassez*-Epithelreste. [30]

decidu|us (lat.): hinfällig; → Dentes decidui. [30]

Deck|biß: nach *A. M. Schwarz* ein sperrender Schneidezahnüberbiß. Polygen vererbte → Dysgnathie mit 4 Kardinalsymptomen: 1. Steilstand der mittleren Oberkieferschneidezähne; 2. Labioinklination der seitlichen Oberkieferschneidezähne; 3. tiefer Biß; 4. Steilstand der Unterkieferfrontzahnreihe (Abb.). Es sind unterschiedliche

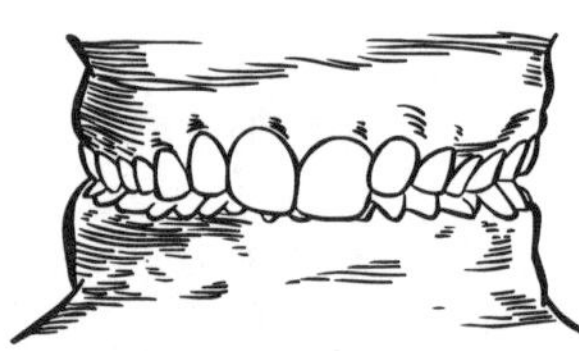

Formen und Ausprägungsgrade möglich, so kann das Überlappen der mittleren durch die seitlichen Schneidezähne fehlen oder einseitig vorkommen (halber Deckbiß), auch der tiefe Biß ist nicht immer vorhanden. D. kommt mit Neutral- und mit Distalbiß vor. Untergeordnete Symptome sind: Großnasenprofil, große → apikale Basis im Oberkiefer, kleines Untergesicht, tiefe Supramentalfalte. [5]

Deckelung: → Festbetrag bei der Berechnung der Gesamtvergütung. [25]

Deck|knochen: Knochen, der direkt aus dem Bindegewebe entstanden ist. [9]

Deck|prothese f: Cover denture; teleskopierende Totalprothese, vorwiegend schleimhautgelagert, in der Regel auf 1-3 sog. → Resilienzteleskopen abgestützt (Abb.). Zwischen Primär- und Sekundärkrone bleibt ein Zwischenraum von 0,3-0,5 mm. Erst in der Funktion wird dieser Zwischenraum infolge der Schleimhautresilienz überwunden. Streng genommen handelt es sich um

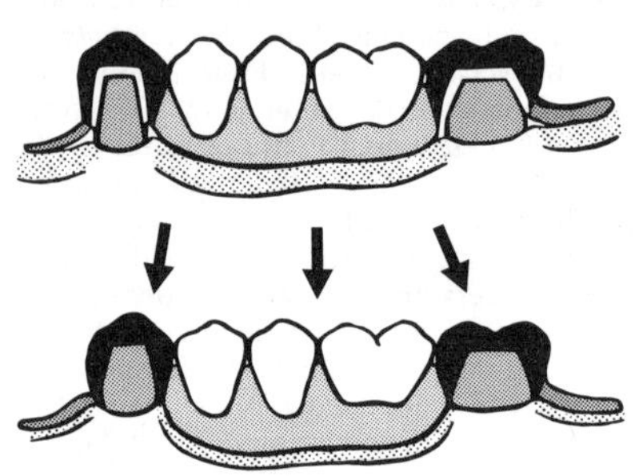

eine partielle Prothese. Die Basisgestaltung entspricht jedoch einer Totalprothese, und es besteht eine Saughaftung. Zwischen Primär- und Sekundärteleskop soll keine Friktion bestehen. Da die restlichen Zähne besonders schonend belastet werden, ergibt sich eine günstige Wechselwirkung zwischen Totalprothese und Restzähnen. Außerdem besteht eine Ausbaufähigkeit bis zur rein schleimhautgelagerten, nicht abgestützten Totalprothese. Es besteht die Möglichkeit, auch Zähne mit einer relativen Insuffizienz des Parodontiums in den prothetischen Ersatz mit einzubeziehen, da bei Verlust eines Zahnes die Deckprothese leicht erweitert werden kann. [4]

Décollement (frz.) n: Schindung, Abscherung der Haut. [12]

De|crementum (lat.) n: Abnahme im Sinne des Abklingens einer Krankheit (Stadium decrementi). [20]

Decubitus (lat.) m: → Dekubitalgeschwür. [32]

Decussatio (lat.) f: → Dekussation. [9]

Deep scaling (engl.) n: → Scaling, → Kürettage, subgingivale. [6]

Defekt|fraktur f: Knochenbruch mit Verlust von Knochenteilen, häufig bei Schußverletzungen. [2]

Defekt|heilung: Wiederherstellung eines relativen Gesundheitszustandes mit Verbleiben eines restlichen organischen oder funktionellen Schadens (z.B. bindegewebiger Ersatz untergegangenen Organparenchyms); vgl. Fibrose. [32]

Defekt|prothese f: Prothese zur Deckung angeborener oder erworbener Defekte im Gesichts-Kieferbereich: → Epithese, → Obturator, → Resektionsprothese, chirurgische → Prothese. [4]

Defensor|schiene: im Mund getragener Schutzwall aus weichbleibendem Kunststoff, für Boxer u.ä. [2]

De|fibrillation f: Applikation von Energie auf das Myokard zur gleichzeitigen Depolarisation einer großen Zahl von Myokardzellen. Therapie bei → Kammerflimmern oder -flattern; applizierte Energie beträgt 200/220/360 Joule. Vgl. Herz-Kreislauf-Stillstand, Kammerflattern, Herz-Lungen-Wiederbelebung. [16]

De|flexion f: Formveränderung eines Drahtes. Das D.s-Vermögen eines kieferorth. Drahtes ist abhängig von der Länge (l), dem Durchmesser (d), einer Materialkonstante (E) sowie der angewendeten Kraft (P) und kann nach folgender Formel berechnet werden:

$$\sigma = \frac{(P \times l^3)}{(E \times d^4)}$$ [5]

De|formation (lat.) f: Formänderung, Verformung ohne Änderung des Volumens. Die bleibende und die elastische D. (materialkundlich) sind Kenngrößen für die elastischen Abformwerkstoffe. Die elastische D. wird durch Belasten eines Prüfkörpers mit einem festgelegten Gewicht über eine bestimmte Zeit durchgeführt und die Abnahme der Höhe gemessen. Eine hohe elastische D. ist gleichbedeutend mit einem weichen Gummi und umgekehrt. Die bleibende D. wird durch Zusammenpressen eines Prüfkörpers um einen bestimmten Betrag über eine festgelegte Zeit geprüft. Die nach Entlastung verbleibende, nicht vollständig erfolgte Rückstellung wird als bleibende D. bezeichnet. [4]

De|formierung: Verformung; kieferorth. Formveränderung der Kieferbögen infolge von Mundatmung, Lutschunarten, falscher Schlaflage, Geburtstrauma, → Rachitis u.a. Vgl. Dyskinesien. [5]

De|formität f: Abweichung von der natürlichen Form, Mißbildung, Verunstaltung, Fehlbildung. [3]

De|generation (lat.) f: nicht einheitlich definierter Oberbegriff für Organ-, Gewebs- oder Zellschädigungen, die morphologisch faßbar sind und mit einer reversiblen oder irreversiblen Struktur- und Funktionsänderung im Sinne einer Leistungsminderung einhergehen (gelegentlich mit sekundären dystrophischen Verkalkungen oder Verknöcherungen). Formen: 1. Degenerationsformen, die mit einer Störung des Wasserhaushaltes der Zelle einhergehen: hydropische D., vakuolige D. (trübe Schwellung): Zellhydrops infolge Permeabilitätsstörung mit körniger Desaggregation des Zytoplasmas, vakuoliger Aufweitung des endoplasmatischen Retikulums sowie Schwellung der Mitochondrien; 2. Degenerationsformen, die mit einer abnormen Einlagerung von Stoffen in der Zelle einhergehen: amyloide D.: → Amyloidose; braune D.: bei chronischen Erkrankungen und im Alter vorkommende Degeneration mit Braunfärbung der Organe durch intrazelluläre Einlagerung von → Lipofuszin, fettige D.: durch chronische Hypoxie bedingte, fein-, mittel- oder großtropfige Zellverfettung; meist herdförmig, im Grenzzonenbereich zweier Arterienäste, fibrinoide D. (Syn.: fibrinoide Verquellung): Degeneration des kollagenen Bindegewebes mit Insudation von Fibrin und Serumeiweißen in die Grundsubstanz und Aufquellung der kollagenen Fasern, die ein homogen-glasiges Aussehen annehmen, häufig bei allergisch-hyperergischen Prozessen; gallertige D.: ein längerdauernder Hungerzustand führt zum allg. Abbau des Depotfettes; in Knochenmark und Epikard wird dabei vermehrt Wasser in das sich zurückbildende und in retikuläres Bindegewebe umgewandelte Fettgewebe eingelagert; hepatolentikuläre D. (Syn.: M. *Wilson*, hepatocerebrale D.): autosomalrezessiv vererbte, biläre Kupferausscheidungsstörung in Verbindung mit einer gestörten Caeruloplasminsynthese; die Speicherung ionisierten Kupfers führt u.a. zu einer → Zirrhose der Leber sowie zur D. von Ganglienzellen und reaktiver Vermehrung abnormer Gliazellen mit schwerer Störung des extrapyramidalen Systems; hyaline D.: Degeneration des kollagenen Bindegewebes mit Ablagerung von heterogenen Eiweißgemischen, bes. von Glykoproteiden, häufig in der Gefäßwand bei hypertonischen und diabetischen Angiopathien und bei der → Atherosklerose; *Zenker*sche D.: wachsartige D. der Skelettmuskulatur mit Schwellung und Hyalinisierung der Muskelfasern (bes. M. rectus abdominalis und Diaphragma) bei einigen schweren, fieberhaften Erkrankungen, z.B. Typhus abdominalis und Leptospirosen; mukoide D. (Syn.: myxoide D., zystische D.): Zunahme atypischer Proteoglykane im Bindegewebe mit Ausbildung von schleimhaltigen Pseudozysten (z.B. zystische Medionekrosis der Aorta). D. der Pulpa: → Pulpadegeneration. [1, 27, 32]

De|generation, kollo|ide (kollo|idale): Sonderform der Koagulationsnekrose, die ursprünglich im Rahmen der Lues cerebrospinalis und der progressiven Paralyse beschrieben worden ist. Die kolloid-degenerativ veränderten Gewebspartien wirken speckig-homogen und sind in den Randpartien vielfach sekundär verkalkt und weisen gelegentlich eine knöcherne Metaplasie auf.[32]

de|generativ (lat.): in → Degeneration begriffen. 32

De|glutition f: das Hinunterschlucken, der → Schluckakt. 19

De|gression (lat.) f: ab einer Gesamtpunktmenge aus der vertragszahnärztlichen Behandlung (konservierende Behandlung, Kieferchirurgie, Zahnersatz und Kieferorthopädie) von 350.000 Punkten je Kalenderjahr verringert sich der Vergütungsanspruch für die weiteren vertragszahnärztlichen Behandlungen um 20 vom Hundert, ab 450.000 um 30 vom Hundert und ab 550.000 um 40 vom Hundert. Bei Gemeinschaftspraxen gilt dies je Sozius. Der angestellte Zahnarzt steht mit 70 vom Hundert der Punktmenge zu Buche, der Vorbereitungsassistent mit 25 vom Hundert. Kostenerstattungen werden in die Berechnung miteinbezogen (SGB V § 85, Abs. 4b). 25

De|hiszenz (lat.) f: das Auseinanderweichen bzw. Klaffen einer Wunde. Knochendehiszenz: Fehlen der die Wurzeloberfläche bedeckenden Knochenlamelle. Vgl. Fenestration. 6

Dehnbarkeit: maximale D., Duktilität; Maß für die Beanspruchbarkeit von Metallen (z.B. Draht), Plasten u. a. durch Verformung bis zum Erreichen der Bruchgrenze. 5

Dehn|platte: kieferorth. Plattenbehelf mit zentraler → Dehnschraube und Halterung an den Zähnen, von *Nord* 1928 eingeführt, von *A. M. Schwarz* nahezu zum Universalgerät entwickelt. Vgl. aktive Platte, Expansionsplatte. 5

Dehn|schraube: von *Nord* 1928 eingeführte, exakt dosierbare Kraftquelle zur transversalen Erweiterung des Oberkiefers (Abb. 1 und 2). Auch

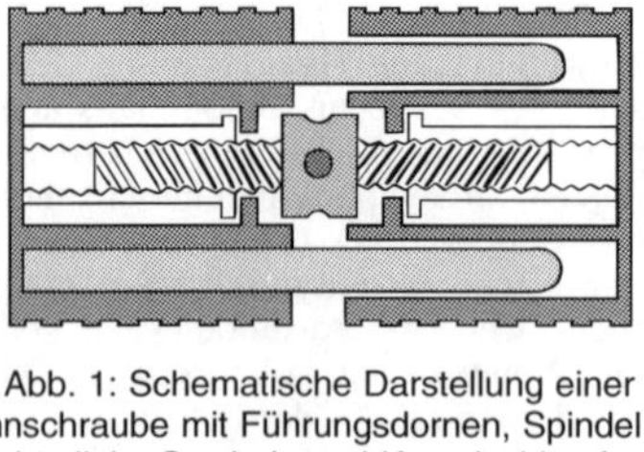

Abb. 1: Schematische Darstellung einer Dehnschraube mit Führungsdornen, Spindel mit Rechts-links-Gewinde und Kreuzlochkopf zum Einstecken des Schlüssels [23]

im Unterkiefer verwendet, führt hier jedoch regelmäßig zum → Rezidiv. Hubhöhe bei 1/4 Umdrehung ist 0,2 mm. Als halbe Dehnschraube mit einer Hubhöhe von 0,1 mm für sagittale

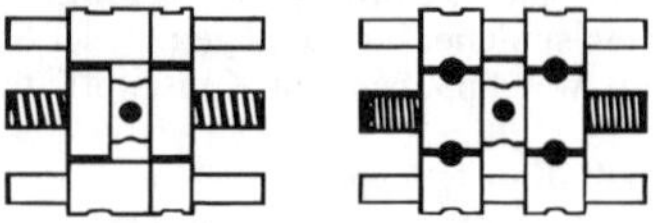

Abb. 2: Schmale und breite Transversalschraube für die Oberkiefer-Plattenapparatur [24]

Anwendung geeignet, und zwar als Mesialschraube zum Lückenschluß und als Distalschraube zur sagittalen Erweiterung der Zahnbögen. Anwendung auch beim → Aktivator, außerdem viele Spezialschrauben, z.B. für → Progenieaktivatoren und Einzelzahnbewegungen. 5

Dehnung: Quotient aus der bei Zugbeanspruchung auftretenden Verlängerung und der ursprünglichen Länge ($\varepsilon = \Delta L/L_0$). 4

Dehnungs|apparat m: *Ainsworth*-Apparat; kieferorth. Apparat, der mittels eines labialen Bogenteiles im Bereich der 1. Prämolaren angreift, um die hier meist größte Enge wirkungsvoll durch Übertragung auf linguale Balken zu beseitigen (Abb.). 5

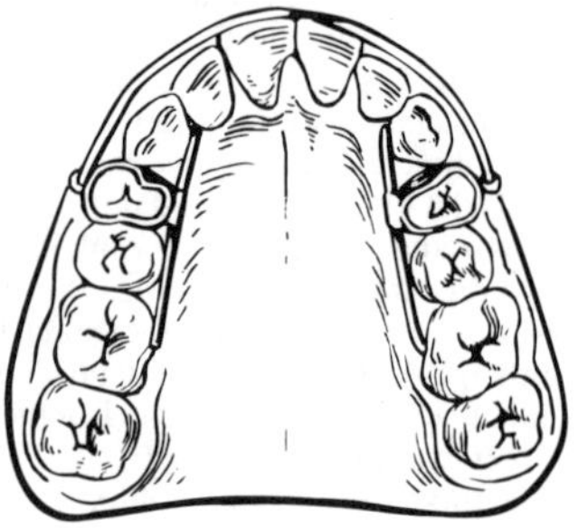

De|hydrasen f pl: Dehydrogenasen, Reduktasen; allg. Bezeichnung einer Gruppe von Oxidationsenzymen, die eine Abspaltung des Wasserstoffs aus bestimmten Substraten bewirken. Sie sind sehr substratspezifisch und werden deshalb meist durch ihre Substrate benannt. (Milchsäuredehydrogenase, Zitronensäuredehydrogenase usw.). Die sog. Dehydrase I entspricht der → Kozymase. 23

De|hydratation f: Verkleinerung des extrazellulären Raums. Unterschieden werden 1. isotone D.: isotone Flüssigkeitsverluste durch Erbrechen, Durchfälle oder Aszitespunktionen; 2. hypotone D.: Na^+-Mangel durch Wasserzufuhr nach Schwitzen, durch Erbrechen oder Quecksilberdiurese; 3. hypertone D.: H_2O-Mangel durch mangelhafte Wasserzufuhr oder übermäßigen Wasserverlust. 20

De|hydrierung f: Abspaltung von → Wasserstoff aus einer chem. Verbindung (nicht zu verwechseln mit → Dehydratation). 23

De|hydrogenasen f pl: → Dehydrasen. 23

De|kadenz f: Entartung, Niedergang einer → Population durch Überalterung, Verfall einer Gesellschaft durch Verlust der kulturellen Grundwerte. 27

de|kalzinieren: entkalken. 9

de|kantieren (frz.): eine Lösung durch allmähliches Abgießen von ihrem Bodensatz befreien. 23

De|karboxylierung f: Reaktion an der Karboxylgruppe eines Proteinmoleküls, wobei erstere in Form von CO_2 abgespalten werden kann. Dieser Abbau als Nebenweg führt zu den sog. biogenen Aminen, die Gewebshormone (Histamin) darstellen. Enzymatische Beschleunigung dieses Vorgangs durch das Enzym Dekarboxylase. 20

De|kompensation f: Versagen organischer Funktionen, im allgemeinen nach dem Versuch von Ausgleichs- und Anpassungsmechanismen, z.B. kardiale D. (Herzinsuffizienz mit Kreislaufrückwirkungen: Stauung, Ödembildung), D. eines Diabetes mellitus, einer Leberzirrhose, einer Nierenerkrankung (Niereninsuffizienz). 20

De|kontamination f: Beseitigung einer → Kontamination. 8

De|kortikation f: chirurg. Therapie bei → Osteomyelitis, Abtragen der äußeren Kortex und Auflagern gutdurchbluteter Weichteile. 2

De|kubilat|geschwür: Ulcus decubitale, Dekubitus; → trophische Störung v.a. von Haut und Unterhaut mit Ausbildung von Nekrosen infolge langdauernder Druckeinwirkung mit Kompression von Gefäßen und lokaler Ischämie. Vorkommen: z.B. bei Bettlägerigkeit, insbes. an Körperstellen, an denen die Haut dem Knochen unmittelbar anliegt, beim Tragen schlechtsitzender Prothesen oder Verbände, im Mund durch Prothesendruck oder kieferorth. Apparate; wird begünstigt durch → Kachexie, → Dystrophie etc. 20, 32

De|kubitus (lat.) m: → Dekubitalgeschwür. 20

De|kuspidation f: „Enthöckerung", systematisches Kürzen der Zahnhöcker als Entlastungsbehandlung und Kariesprophylaxe. 4

De|kussation (lat.) f: Kreuzung von Nervenbahnen. 9

Delaire-Maske (Jean D., Kieferchir., Nantes/Frankreich, *1923): Gesichtsmaske; Behandlungsgerät zur orthopädischen Beeinflussung der Maxilla (Vorverlagerung, Rotation o.ä.). Besteht aus je einer Abstützung an der Stirn und am

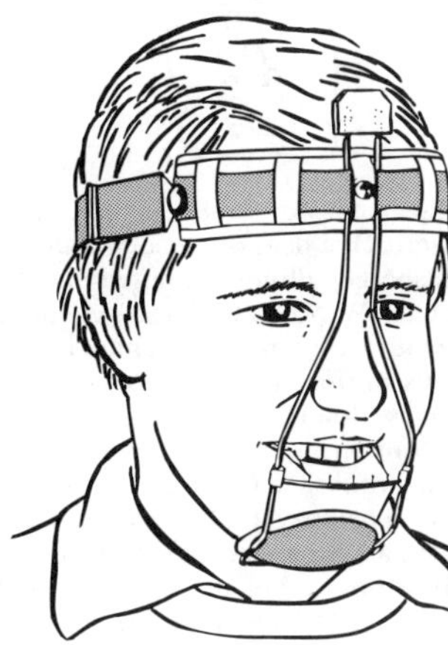

Tübinger Modell der *Delaire*-Gesichtsmaske [21]

Kinn, die durch vertikale Streben verbunden sind → Gummizüge bewirken die Kraftübertragung auf den Oberkiefer. 2, 5

Delaire-Operation f: Spaltung des horizontalen Astes der Mandibula zur Rückverlagerung. Vgl. Progenieoperation. 2

De|legation: Übertragung von Funktionen auf zahnärztliches Hilfspersonal. Nach dem → Zahnheilkundegesetz nur möglich, wenn es sich nicht um Leistungen handelt, die zahnmedizinisch-wissenschaftlicher Erkenntnisse bedürfen. Für zulässige D.en bestehen Richtlinien der Bundeszahnärztekammer von 1984. Immer Anordnung und Kontrolle durch den Zahnarzt erforderlich. 24

deletär (lat.): schädlich, verderblich, tödlich. 32

Delir (lat.) n: Delirium; reversible → Psychose vom akuten exogenen Reaktionstyp mit örtlicher und zeitlicher Desorientierung, wahnhaften oder illusionären Verkennungen und meist optischen, aber auch akustischen oder haptischen Halluzinationen. Folge von Fieber, Intoxikationen (z.B. Alkohol, aber auch Antidepressiva, Digitalis o.a.) oder Hirnverletzungen. Delirium tremens: Alkoholdelir. 33

Dell|warze: → Molluscum contagiosum. 12

Delta apicale n: apikales Delta; apikale Ramifikation, die häufige dreiecksförmige Verzweigung des Wurzelkanals am Apex (Abb.). [1, 30]

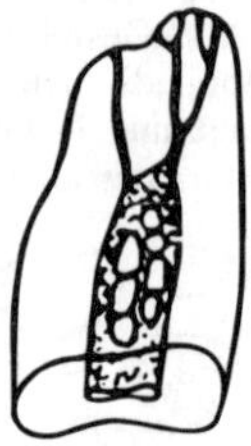

Delta|kiefer: nach *Mayrhofer* ein dreiecksförmiger Oberkiefer, bei dem die beiden Zahnbogenseiten beinahe geradlinig verlaufen und sich in einem spitzen Winkel zwischen den mittleren Schneidezähnen treffen. Vgl. Schmalkiefer. [5]

Deltazismus m: fehlerhafte Aussprache des D- oder T-Lautes. Sonderform des Stammelns. [19]

De|markation (frz.) f: Abgrenzung entzündlichen oder nekrotischen Gewebes von gesundem Gewebe durch leukozytäre Infiltration im Grenzbereich; Demarkationslinie = Grenzlinie. [32]

De|mastikation f: Abkauung, physiologisch durch den Kaueffekt schleifender Nahrungsstoffe. → Abrasion. [4]

dem-bone (engl.): demineralisierter humaner Knochen zur Defektauffüllung. [2]

Demeclocyclin: → Tetracyclin-Derivat mit einer enteralen Resorptionsquote von ca. 60% und einer terminalen Halbwertszeit (→ Halbwertszeit, terminale) von 8-10 h. [7]

De|menz f: Dementia; erworbener hirnorganischer Mangel (Verlust) kognitiver und affektiver Fähigkeiten mit Gedächtnisstörungen als Achsensymptom, Auffassungsverlangsamung, Umständlichkeit sowie u.U. sekundär Reizbarkeit und → Depression. Folge hirnorganischer Prozesse, z.B. bei → *Alzheimer*-Krankheit und → *Pick*-Krankheit; auch als Endzustand anderer Krankheiten: alkoholische, choreatische, epileptische, paranoide, paralytische, senile, traumatische D. Angeborener Intelligenzmangel wird nicht als Demenz, sondern nach der Intensität als Debilität, Imbezillität und Idiotie bezeichnet. Dementia praecox: jugendliches Irresein. Präsenile D.: bereits im mittleren Lebensabschnitt einsetzende Verblödung. Senile D.: auf Hirnschädigung (→ Involution, Zerebralsklerose) beruhender, nicht rekonvaleszenzfähiger Altersschwachsinn mit Verlust der intellektuellen Fähigkeiten, bes. der Gedächtnisleistungen. [27, 33]

De|mineralisation f: Entkalkung durch Verarmung an Mineralien, z.B. → Osteomalazie; i.e.S. kariöse Entkalkung des → Schmelzes durch Freisetzung von PO_4^{3-}- und Ca^{2+} -Ionen aus den Kristalliten des Schmelzes bei Überschuß von H^+-Ionen. Die in der Plaque entstehenden schwachen organischen Säuren wirken lange und mit Unterbrechungen auf den Schmelz ein. Zunächst vergrößern sich die interkristallinen Zwischenräume. Es bildet sich der sog. → Kreidefleck (Subsurface lesion), bis die Oberfläche einbricht und die → Kavität entsteht. [1, 6, 15]

Demo|graphie f: Wissenschaft von der → Bevölkerung, beschreibt Ursachen und Folgen von Veränderungen in der Bevölkerungsstruktur, bedient sich dabei vor allem der → Bevölkerungsstatistik unter Berücksichtigung historischer, medizinischer, ökonomischer, psychologischer und soziologischer Fragestellungen. [27]

de|naturierter Alkohol m: Alkohol, durch Zusatz von Pyridinbasen aus steuerlichen Gründen für den Genuß unbrauchbar gemacht (vergällter Alkohol), so daß er nur für techn. Zwecke verwandt werden kann. [23]

Dendriten (gr.) m pl: zytoplasmatische Fortsätze eines → Neurons, zu dem ein Nervenreiz aus einer anderen Nervenzelle übertragen werden kann. Die D. haben im Gegensatz zum Axon die gleiche Struktur wie das → Perikaryon. Ein Neuron hat in der Regel zahlreiche D. [9]

Denker-Operation f: → Kieferhöhlenoperation. [19]

Denker-Röhrchen (Alfred D., Otorhinolaryngologe, München, *1863, † 1941): Röhrchen zur Spülung der Kieferhöhle durch das natürliche Ostium im mittleren Nasengang; wird vor allem bei Kindern verwendet. [19]

Dens (lat.) m, pl Dentes: Zahn; i.e.S. echter Zahn oder Dentinzahn; aus → Schmelz, → Dentin, → Zement und Zahnpulpa (→ Pulpa dentis) bestehender Zahn. Er ist durch den Zahnhalteapparat im Kiefer verankert. Teile des D. sind die Zahnkrone, der Zahnhals und die Zahnwurzel(n). Im Inneren des D. befindet sich die Pulpakammer (→ Cavitas dentis). Sie ist durch den → Wurzelkanal mit dem Parodontium verbunden (Abb. s. S. 153). Vgl. Zähne. [30]

Dens angularis m: Eckzahn (wegen der eckigen Kronenform sowie aufgrund seiner Stellung als Eckpfeiler der Zahnreihe), → Dentes canini. [30]

Dens axis m: zapfenförmiger Fortsatz des 2. Halswirbels. Um ihn dreht sich der 1. Halswirbel (Atlas) im unteren Kopfgelenk. [30]

Dens bi|cus|pidatus m: Zahn mit zweihöckriger Krone, z.B. Prämolar (→ Dentes praemolares). [30]

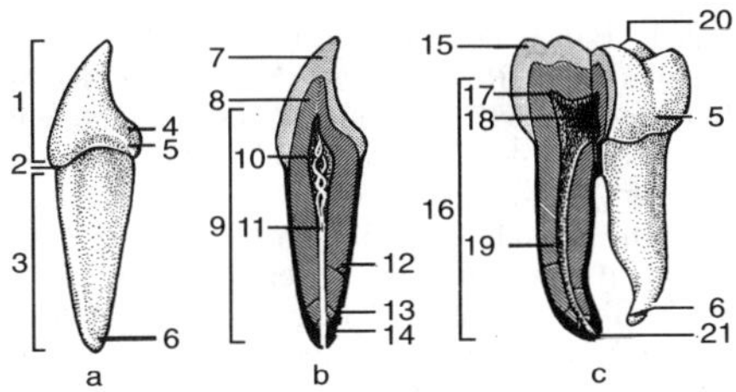

Dens
Aufbau der Zähne. a: Schneidezahn; b: Schneidezahn im Längsschnitt; c: unterer Mahlzahn, halbseitig aufgeschnitten. 1: Corona dentis; 2: Collum dentis; 3: Radix dentis; 4: Tuberculum dentale; 5: Zingulum; 6: Apex radicis dentis; 7: Enamelum; 8: Dentinum; 9: Pulpa dentis; 10: Pulpa coronalis; 11: Pulpa radicularis; 12: Seitenkanal; 13: Cementum; 14: apikale Ramifikation; 15: Cuspis dentis; 16: Cavitas dentis; 17: Pulpahorn; 18: Cavitas coronalis; 19: Canalis radicis dentis; 20: Apex cuspidis; 21: Foramen apicis dentis. [3]

Dens cus|pidatus m: einhöckriger Zahn, Eckzahn, → Dentes canini. [30]
Dens emboli|formis m: → Zapfenzahn, Griffel, Kegelzahn; → Mesiodens. [5, 30]
Dens e|vaginatus m: zusätzliche Bildung eines Höckers oder eines → Tuberculum in der Mitte der Prämolarenkaufläche, selten auch bei Eckzähnen und Molaren. Bei 50% mit Beteiligung der Kronenpulpa. Vorwiegend bei Mongolen (1-4%). Beim Abbrechen durch Okklusionskräfte Infektionsgefahr der Pulpa. [29]
Dens in dente m: → Dens invaginatus. [30]
Dens in|vaginatus m: relativ seltene, meist einseitig an Frontzähnen auftretende Formvariation eines Zahns, die hauptsächlich den Schmelz

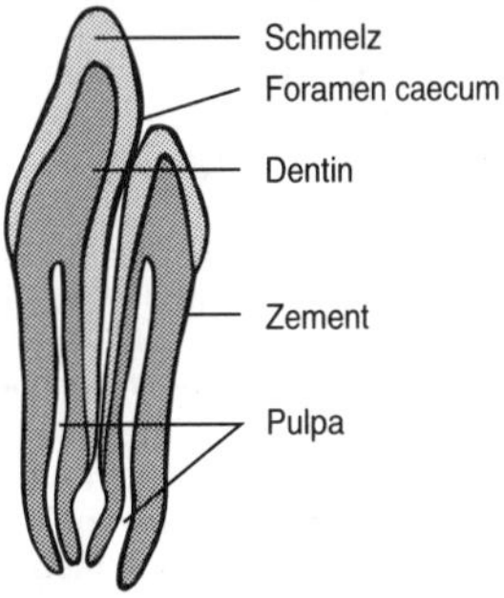

betrifft. Sie entsteht durch Einstülpung oder Faltung (Invagination) des Schmelzorgans, woraus sich auch die Bezeichnung Dens in dente ableitet. Diese von *Busch* (1897) stammende Bezeichnung ist irreführend, da umgekehrt wie beim Zahn das Dentin den Schmelz umhüllt (Abb.). [30]
Densito|metrie f: photoelektr. Messung und Registrierung der Schwärzung fotografischen Materials, z.B. zur rö. Untersuchung von Kontrastmitteln oder Hohlräumen (Zysten u.ä.). Vgl. Äquidensitometrie. [14]
Dens lacerans m: Reißzahn. Meist vom 4. Prämolar und 1. Molar gebildeter Zahn mit scharfen Kanten und Spitzen. Sie bilden den → Brechscherenapparat und finden sich bei Insektivoren sowie bei Karnivoren, die ihre Nahrung zerreißen und nicht kauen. [30]
Dens natalis m: Zahn, der bei der Geburt bereits durchgebrochen ist, meist der untere mittlere Schneidezahn (Schutz der Brustwarze durch Saughütchen erforderlich). Er kommt bevorzugt bei Knaben vor, meist erblich. Vgl. Dens neonatalis, Dentes connatales, prälaktale Zähne. [30]
Dens neo|natalis m: Zahn, der während der → Neonatalperiode durchbricht. Vgl. Dens natalis, Dentes connatales. [30]
Dens sapientiae m: → Weisheitszahn. [30]
Dens sectorius m: → Dens lacerans. [30]
Dens serotinus m: → Weisheitszahn. [30]
densus (lat.): dicht. [30]
Dent|agra n: Zahnschmerz. [30]
Dental College (engl.): Dental School, School of Dentistry; zahnärztl. Fachschule in den USA, oft einer Universität angegliedert. [24]
Dental|depot n: Verkaufsstelle zahnärztl. und zahntechnischer Geräte, Instrumente und Materialien usw. [21]
Dentale n: embryonale Vorstufe des zahntragenden und bei allen Säugetieren einzigen Unterkieferknochens. Entsteht als paariger Deckknochen im Bindegewebe, das dem *Meckel*-Knorpel aufliegt. Eine beim Neugeborenen in der Kinnmitte noch vorhandene bindegewebige Verwachsung verknöchert später, so daß sich die einheitliche Mandibula bildet. [30]
Dental|ebene: → APO-Ebene. [5]
dentales Alter: nach der Anzahl durchgebrochener Zähne und/oder (genauer) unter Zuhilfenahme von Röntgenaufnahmen anhand des Entwicklungsstandes der Zahnkeime bestimmtes Alter. Das d. A. kann erheblich vom chronologischen Alter abweichen. [5]
Dental|fluorose f: → Fluorose der Zähne. [1, 15]
Dental|fotografie f: Teilgebiet der medizinischen und damit der wissenschaftlichen Fotografie, das sich mit den Anwendungen der Fotografie in Zahnmedizin und Zahntechnik befaßt. Dies sind

hauptsächlich die peri- und → intraorale Fotografie (mit → Operationsfotografie), die → Porträtfotografie und die Profilfotografie, die → Sachfotografie zahntechnischer Objekte (auch die Fotografie von Operationspräparaten, → Präparatefotografie) und die → Reproduktion (z.B. Herstellung von → Schriftdiapositiven). Daneben ist die Fotografie selbst teilweise Instrument wissenschaftlicher Untersuchungen. Hauptverwendungszweck der Aufnahmen ist die Dokumentation von Zuständen und ihrer Veränderungen aus wissenschaftlichen und forensischen Gründen. Daneben werden die Aufnahmen als Medium der Kommunikation (Illustrationen bei Vorträgen und Veröffentlichungen) eingesetzt. Da sich die D. ganz überwiegend im Nahbereich abspielt, ist die Verwendung eines nahaufnahmetauglichen → Dentalfotosystems notwendig. Ebenso sind bestimmte Hilfsmittel wie → Fotospiegel und → Retraktoren erforderlich, um primär nicht einsehbare Areale im Bereich der Mundhöhle aufnehmen zu können. Um aussagefähige Fotos zu erhalten, sollten die Aufnahmebedingungen (Bildausschnitt, → Brennweite, Beleuchtung) reproduzierbar sein. Dies wird durch Einhaltung gewisser Standardbedingungen (intraoraler → Fotostatus) erleichtert. 17

Dental|foto|system n: Fotosystem, das für die Verwendung im Bereich der → Dentalfotografie geeignet ist. Ein derartiges Basissystem läßt sich

Medical Nikkor 120 mm [1]

aus Gerätebausteinen praktisch aller Kameraproduzenten zusammenstellen. Es besteht aus einem Kleinbild-Spiegelreflex-Kameragehäuse (→ Spiegelreflexkamera) und einem → Makroobjektiv mit einer → Brennweite von 100-120 mm, das → Abbildungsmaßstäbe bis 1:1, besser 2:1 erlaubt. Beleuchtet wird mit einem → Elektronenblitzgerät (→ Ringblitz, → Makroblitz, Ringblitz-Seitenblitz-Kombination), dessen Lichtmenge über eine → TTL-Blitzsteuerung oder - wie bei den → Medical-Objektiven - automatisch über die Blende geregelt wird (Abb.). Praktische Hilfsmittel sind (integrierter) Winder, auswechselbare → Sucherscheibe mit Netzgitterraster und Datenrückwand. Spezielle Anforderungen machen Variationen bezüglich der Zusammenstellung erforderlich (z.B. längere Brennweite, um formatfüllende Spiegelaufnahmen vom Molaren zu erhalten). Vgl. Sofortbildfotografie. 17

Dent|algie f: Zahnschmerz. 2

Dental|hygienikerin f: fachlich weitergebildete Zahnarzthelferin, die in einigen Bereichen, u.a. der Prophylaxe und Mundhygiene, tätig werden kann. 6

Dental hygienist (engl.) f: in den USA eine an einem Dental College geschulte Zahnarzthelferin, die gewisse Arbeiten wie Abformungen, Polituren, allg. Beratungen, Zahnsteinentfernungen u.a. selbständig am Patienten durchführt. Ähnliche Berufsbilder in Skandinavien und einigen anderen Ländern. 6

Dental|index m: prozentuales Verhältnis der Dentallänge (geradlinige Entfernung vom mesialen Rand des 1. Prämolaren zum distalen Rand des 3. Molaren) zur Schädelbasislänge (Nasion-Basion-Abstand).

$$\frac{\text{Dentallänge x 100}}{\text{Schädelbasislänge}} = \text{Indexwert nach } \textit{Flower}$$

Bei Patienten mit Werten unter 42 spricht man von Mikrodontie, ab 42, aber unter 44, von Mesodontie und ab 44 von Makrodontie. 5

dentalis (lat.): dental; zum Zahn gehörig, die Zähne betreffend. 30

dental|keramische Massen: hartporzellanähnliche Massen zur Herstellung von industriell gefertigten Mineralzähnen, individuell gefertigten Keramikmantelkronen (→ Jacketkronen) und für → Metallkeramik. D. M. bestehen aus → Feldspat (60-80 % Gewichtsanteil), Quarz (15-25% G.) und Karolin (0-5% G.). Metalloxide verleihen ihnen ein zahnfarbenes Aussehen. In der Metallkeramik werden d. M. in speziellen Brennverfahren auf individuell modellierte Metallgerüste aufgebrannt. Vgl. Glaskeramik. 4

Dental lamina (engl.) f: → Zahnleiste. 29

Dental|länge: → Dentalindex. 5

Dental|laser m: laienhafte Sammelbezeichnung für in der Zhk. eingesetzte → Laser. 31

Dental|laute: Laute, die unter Anlegen der Zunge an die obere Zahnreihe gebildet werden. [19]
Dental|paß: Dokument zur odontologischen → Identifizierung mit ausführlichem Zahnbefund. Zusatz zum Personalausweis. Vgl. Kennzeichnung von Zähnen, Kennzeichnung von Zahnersatz. [28]
dental plaque (engl.) n: → Plaque. [6, 15]
dentatus (lat.): gezähnt. [30]
Dentes adulti m pl: veraltete Bez. für → Dentes permanentes. [30]
Dentes caduci m pl: veraltete Bez. für Milchzähne, → Dentes decidui. [30]
Dentes canini (IANC) m pl: Eckzähne. Erkennungsmerkmale: größte Zähne im Frontzahngebiet, 2 kurze Schneidekanten, Höckerspitze etwas mesial verlagert, Krümmungsmerkmal und Winkelmerkmal ausgebildet. Facies vestibularis und Facies lingualis zeigen längs verlaufenden Mittelgrat. Kräftige Randleisten, formstabiles Tuberculum dentale. Approximalflächen dreieckig, die distale etwas niedriger als die mesiale. Einwurzlig, die mesiale Wurzelfläche breiter und flacher als die distale, meist Längsfurchen, Wurzelmerkmal deutlich.
Oberer Eckzahn: größer als der untere Eckzahn, Lingualfläche kann starken Mittelgrat zeigen. Eine Schliffacette am Tuberculum dentale kann ihn vom unteren Eckzahn unterscheiden. Längste, häufig stark gebogene Wurzel. Gesamtlänge 25,6 ± 2,7 mm; Kronenlänge: 9,7 ± 1,4 mm; Wurzellänge 15,9 ± 2,4 mm; mesiodistale Kronenbreite: 7,3 ± 0,6 mm; Durchbruchsalter: 11,8 ± 1,3 Jahre (♂) bzw. 11,2 ± 1,2 Jahre (♀).
Unterer Eckzahn: Krone im Verhältnis zur Wurzel länger und schmaler als beim oberen Eckzahn. Bei Jugendlichen können Randtuberkel vorkommen. Kronenflucht deutlich, Facies vestibularis oberhalb der Schmelz-Zement-Grenze stärker gekrümmt. Wurzel und Vorhoffläche bilden einen Winkel von 25-27°. Schwacher Mittelgrat, schwaches Tuberculum dentale. Facies contactus mesialis hat steil verlaufende Schmelz-Zement-Grenze, Höhendifferenz zur distalen kann bis zu 3 mm betragen (wichtig für Unterscheidung zwischen rechts und links). Zwei Schliffacetten auf der Vorhoffläche. Wurzel seitlich abgeplattet, tiefere Längsfurchen auf den Approximalflächen, apikale Krümmung fehlt. Gesamtlänge: 25,1 ± 2,3 mm; Kronenlänge: 9,8 ± 1,4 mm; Wurzellänge: 15,3 ± 2,1 mm; mesiodistale Kronenbreite: 6,6 ± 0,6 mm; Durchbruchsalter: 11,1 ± 1,6 Jahre (♂) bzw. 10,2 ± 1,3 Jahre (♀). [30]
Dentes columellares m pl: säulenförmige → Prismenzähne, hauptsächlich bei Molaren vorkommend. [30]
Dentes concreti m pl: Zähne, deren Wurzeln durch einen Zementmantel verbunden sind (Abb.). Die Zementverbindung kann während der Entwicklung von zwei benachbarten Zähnen oder durch Zementbildung, z.B. Hyperzementose, entstehen. [30]

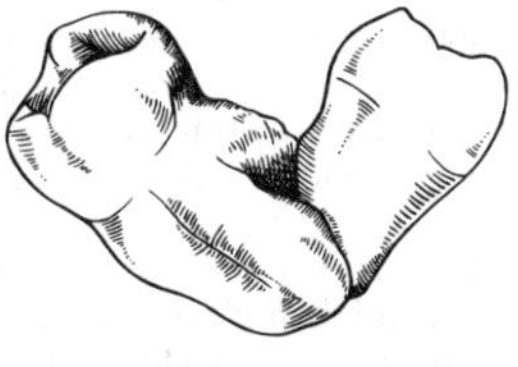

Dentes confusi m pl: verschmolzene Zähne mit gemeinsamem Dentinkörper (Abb.). Sie entstehen entweder durch Vereinigung zweier oder mehrerer Zahnanlagen oder durch Keimspaltung. [30]

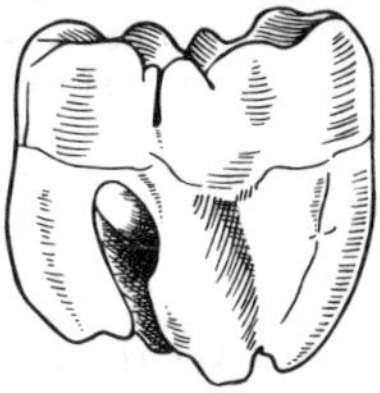

Dentes con|natales m pl: bereits bei Neugeborenen vorkommende Zähne, deren Häufigkeit mit 1 : 10.000 bis 1 : 12.000 angegeben wird. Es sind kappenförmige, meist wurzellose untere Frontzähnchen, die häufig schon nach einigen Tagen oder Wochen wieder ausfallen. *Schröder* und *Moral* (1918) halten sie für prälaktale Gebilde. [30]
Dentes decidui m pl: Dentes lactales, Milchzähne. Sie brechen vom 6.-7. Lebensmonat an durch, meist in folgender Reihenfolge: beide unteren mittleren Schneidezähne, alle oberen Schneidezähne, beide unteren lateralen Schneidezähne, erste Milchmolaren, Milcheckzähne und zuletzt zweite Milchmolaren im 20.-30. Lebensmonat (→ Dentition). Das Milchgebiß hat 20 Zähne, gegenüber dem permanenten Gebiß (32 Zähne) fehlen Prämolaren und dritte Molaren. Zwischen dem 6. und 12. Lebensjahr fallen sie nach Resorption der Wurzeln aus und werden durch permanente Zähne ersetzt. Milchzähne unterscheiden sich von permanenten Zähnen durch ihre Anzahl, die kürzere Lebensdauer, ihren weiß-

lichen porzellanartigen Farbton, ihre geringere Masse, die relativ kurzen gedrungenen Kronen, die Formkonstanz, eine stärkere Vorwulstung des unteren Schmelzrandes, die weiträumigeren Pulpakammern und Wurzelkanäle, ihren relativ dünnen Dentinmantel, stärkere Abbiegungen ihrer Wurzeln, schnellere Abrasionen und Wurzelresorptionen. [30]

Dentes geminati m pl: → Zwillingszähne. [1, 30]

Dentes incisivi m pl: Schneidezähne. Die vier Schneidezähne besitzen folgende Erkennungsmerkmale: Kronen schaufel- oder meißelförmig, Schneidekante, Facies contactus dreieckig, einwurzlig.

Oberer mittlerer Schneidezahn: größter Schneidezahn. Bei Jugendlichen meist drei Randtuberkel auf der Schneidekante, Krümmungsmerkmal, Winkelmerkmal gut ausgebildet, mesiovestibuläre Randprominenz vorhanden, großer Profilwinkel (16-20°). Facies lingualis formvariabel, Randleisten können stark hervortreten. Facies contactus mesialis breiter und weniger gewölbt als die Facies contactus distalis. Kräftigste Wurzel, im Querschnitt rund, Wurzelmerkmal deutlich. Gesamtlänge: 22,2 ± 1,9 mm; Kronenlänge: 9,2 ± 1,5 mm; Wurzellänge: 13,0 ± 1,7 mm; mesiodistale Kronenbreite: 8,1 ± 0,9 mm; Durchbruchsalter: 7,4 ± 1,0 Jahre (♂) bzw. 7,1 ± 1,0 Jahre (♀).

Oberer seitlicher Schneidezahn: kleiner als der obere mittlere Schneidezahn. Bei Jugendlichen meist zwei Randtuberkel, seltener drei, Winkelmerkmal deutlich, Krümmungsmerkmal weniger gut ausgebildet. Facies lingualis sehr formvariabel, besonders das Tuberculum dentale. Foramen caecum kann vorkommen. Facies contactus stärker gewölbt als beim oberen mesialen Incisivus. Wurzelmerkmal meist nachzuweisen. Zahlreiche Formvariationen sprechen für regressive Tendenz. Gesamtlänge: 21,5 ± 1,8 mm; Kronenlänge: 8,6 ± 1,2 mm; Wurzellänge: 12,9 ± 1,6 mm; mesiodistale Kronenbreite: 6,4 ± 0,7 mm; Durchsbruchsalter: 8,5 ± 1,0 Jahre (♂) bzw. 8,0 ± 0,8 Jahre (♀).

Untere Schneidezähne: kleiner als die oberen Schneidezähne, aber formbeständiger. Bei Jugendlichen meist drei Randtuberkel, Vorhoffläche meist glatt, Schmelz-Zement-Grenzen stärker gekrümmt als bei den oberen Schneidezähnen, besonders auf der mesialen Approximalfläche. Facies lingualis hat schwache Randleisten, flaches Tuberculum dentale. Facies contactus flach gewölbt. Querschnitt der unteren Schneidezahnwurzel oval, seitlich abgeplattet. Längsrinne auf der Mesial- und Distalfläche, die distale schneidet meist tiefer ein.

Unterer mittlerer Schneidezahn: kleinster Zahn im menschlichen Gebiß, Winkelmerkmal nur schwach oder gar nicht ausgebildet, Krümmungsmerkmal kaum nachzuweisen, Wurzelmerkmal aufgehoben oder umgekehrt. Gesamtlänge: 20,3 ± 1,8 mm; Kronenlänge: 7,5 ± 1,3 mm; Wurzellänge: 12,8 ± 1,6 mm; mesiodistale Kronenbreite: 5,1 ± 0,6 mm; Durchbruchsalter: 6,3 Jahre (♂) bzw. 6,2 Jahre (♀). Unterer seitlicher Schneidezahn: größer als der mittlere Schneidezahn, Krone breiter, zwei Schliffacetten auf der vestibulären Kronenfläche, Winkelmerkmal und Wurzelmerkmal etwas deutlicher. Gesamtlänge: 21,8 ± 1,9 mm; Kronenlänge: 8,2 ± 1,1 mm; Wurzellänge: 13,7 ± 1,6 mm; mesiodistale Kronenbreite: 5,7 ± 0,6 mm; Durchbruchsalter: 7,8 ± 1,0 Jahre (♂) bzw. 7,5 ± 0,9 Jahre (♀). [30]

Dentes lactales m pl: Milchzähne; → Dentes decidui. [30]

Dentes molares m pl: Molaren, Mahlzähne. Größte Zähne des menschlichen Gebisses mit mehrhöckriger Kaufläche. Es gibt 2 Milchmolaren und 3 permanente Molaren in jedem Kieferquadranten. Letztere sind Zuwachszähne.

Obere Molaren: 4 Höcker, 2 vestibuläre und 2 linguale, die distalen niedriger als die mesialen, H-förmiges Fissurensystem, vordere mesiovestibuläre und hintere distolinguale Fissur, Facies vestibularis und Facies lingualis im okklusalen Drittel gefurcht. 3 Wurzeln, eine stärkere linguale, 2 schwächere vestibuläre. Wurzelmerkmal immer deutlich ausgebildet.

Oberer 1. Molar (Sechsjahrmolar): Kronenumriß rhombenförmig, Cuspis mesiolingualis am größten, Cuspis distolingualis am kleinsten. Facies vestibularis annähernd quadratisch. Facies lingualis schmaler, kann Tuberculum *Carabelli* tragen; Foramen caecum kann vorkommen. Krümmungsmerkmal deutlich. Mesiale Approximalfläche höher als distale. Starke Wurzelspreizung. Gesamtlänge: 19,5 ± 1,8 mm; Kronenlänge: 6,2 ± 0,8 mm; Wurzellänge: 13,3 ± 1,7 mm; mesiodistale Kronenbreite: 10,0 ± 0,8 mm; Durchbruchsalter: 6,2 Jahre (♂ und ♀).

Oberer 2. Molar (Zwölfjahrmolar): etwas kleiner als der obere 1. Molar. Distolingualer Hökker zeigt Rückbildungstendenzen. Bei Fehlen desselben dreihöckriges Kronenmuster, Y-förmiges Fissurensystem, dreieckiger Kronenumriß. Tuberculum *Carabelli* kommt seltener vor. Gesamtlänge: 19,6 ± 1,9 mm; Kronenlänge: 6,6 ± 0,8 mm; Wurzellänge: 13,0 ± 1,8 mm; mesiodistale Kronenbreite: 9,3 ± 0,9 mm; Durchbruchsalter: 12,4 ± 1,2 Jahre (♂) bzw. 12,1 ± 1,2 Jahre (♀).

Oberer 3. Molar (Weisheitszahn): große Ähnlichkeit mit dem oberen 2. Molar. Sehr formunbeständig, meist drei- oder vierhöckrig. Wurzeln sehr formvariabel. Verminderungen und Vermehrungen sind möglich. Gesamtlänge: 18,4 ± 2,0 mm; Kronenlänge: 6,2 ± 0,9 mm; Wurzellänge: 12,2 ± 2,0 mm; mesiodistale Kronenbreite: 8,7 ± 1,0.
Untere Molaren: rechteckiger Kronenumriß, kreuzförmiges Fissurensystem. Facies vestibularis und Facies lingualis mit Sulkus im okklusalen Drittel, Foramen caecum kann vorkommen. 2 Wurzeln, die mesiale nach vorn konvex gebogen, die distale gerade. Kronenflucht und Wurzelmerkmal deutlich.
Unterer 1. Molar (Sechsjahrmolar): beim fünfhöckrigen Typ 3 Querfissuren. Höckerstellung meist unsymmetrisch, kann aber auch, mit Ausnahme des distalen, symmetrisch sein. Mesiovestibulärer Höcker am größten, der distale am kleinsten, der mesiolinguale Höcker größer als der distolinguale. Bei vierhöckrigen Sechsjahrmolaren symmetrische Höckeranordnung. Facies vestibularis rechteckig. Mesiale Approximalfläche etwas breiter als die distale. Gesamtlänge: 20,3 ± 1,7 mm; Kronenlänge: 5,8 ± 0,9 mm; Wurzellänge: 14,5 ± 1,7 mm; mesiodistale Kronenbreite: 10,8 ± 0,8 mm; Durchbruchsalter: 6,1 Jahre (♂) bzw. 5,8 Jahre (♀).
Unterer 2. Molar (Zwölfjahrmolar): 4 Höcker, seltener nur 3. Wurzelspreizung geringer als beim Sechsjahrmolar. Gesamtlänge: 20,2 ± 1,7 mm; Kronenlänge: 6,1 ± 0,9 mm; Wurzellänge: 14,1 ± 1,7 mm; mesiodistale Kronenbreite: 10,6 ± 0,8 mm; Durchbruchsalter: 11,8 ± 1,3 Jahre (♂) bzw. 11,4 ± 1,3 Jahre (♀).
Unterer 3. Molar (Weisheitszahn): starke Größen- und Formvarianten. Kronenmuster kann vereinfacht oder komplizierter sein, meist 4 oder 5 Höcker. Kleiner als der 2. Molar, aber größer als der obere Weisheitszahn. Wurzeln sehr unregelmäßig. Gesamtlänge: 18,9 ± 1,9 mm; Kronenlänge: 6,1 ± 0,9 mm; Wurzellänge: 12,8 ± 1,9 mm; mesiodistale Kronenbreite: 10,4 ± 1,0 mm. 30

Dentes multi|cuspidati m pl: Zähne mit mehrhöckriger Kaufläche, z.B. Molaren, die drei bis fünf Höcker besitzen. Vgl. Dentes molares. 30

Dentes para|molares m pl: → Paramolaren. 30

Dentes per|manentes m pl: bleibende Zähne. 32 Zähne des bleibenden Gebisses. 30

Dentes prae|lactales m pl: → prälaktale Zähne. 30

Dentes prae|molares m pl: Prämolaren, Dentes bicuspidati. Zwei vor den 3 Molaren stehende Zähne. Ihre Vorgänger sind die beiden Milchmolaren. Erkennungsmerkmale: Krone meist zweihöckrig, Längsfissur etwas lingual verschoben, an den gegabelten Enden vertieft, vestibulärer Kronenteil größer als der linguale. Facies vestibularis und Wurzeln (sofern einwurzlig) haben Ähnlichkeit mit Eckzahn, überwiegend einwurzlig, Wurzelmerkmal deutlich. Cuspis vestibularis höher als Cuspis lingualis, letztere etwas nach mesial verschoben, kräftige Randleisten. Facies vestibularis mit deutlich vortretenden Kronenecken, schwacher Mittelgrat, Krümmungsmerkmal deutlich. Facies contactus trapezförmig. Schmelz-Zement-Grenze verläuft distal steiler als mesial.
Oberer 1. Prämolar: Krümmungsmerkmal in 77 % umgekehrt. Cuspis vestibularis etwas distal versetzt, mesiale Kante verlängert, Randtuberkel kann vorkommen. Facies vestibularis hat flachen, distal verschobenen Mittelgrat, die mesiale Facette ist breiter. Mesiale Approximalfläche zervikal eingedellt, die distale konvex. Zwei Wurzeln, Radix vestibularis kräftiger als Radix lingualis. Gesamtlänge: 20,7 ± 2,0 mm; Kronenlänge: 7,1 ± 1,0 mm; Wurzellänge: 13,6 ± 1,8 mm; mesiodistale Kronenbreite: 6,7 ± 0,6 mm; Durchbruchsalter: 10,6 ± 1,6 Jahre (♂), bzw. 10,2 ± 1,5 Jahre (♀).
Oberer 2. Prämolar: Krone kleiner und symmetrischer als die des oberen 1. Prämolars, vestibulärer Höcker flacher, Längsfissur nicht so scharf, Nebenhöcker können vorkommen. Cuspis vestibularis und Mittelgrat etwas mesial verschoben; das Krümmungsmerkmal wird dadurch deutlich. Es kann aber auch aufgehoben sein oder sogar umgekehrt (in 44%). Einwurzlig. Gesamtlänge: 20,8 ± 2,0 mm; Kronenlänge: 6,7 ± 0,9 mm; Wurzellänge: 14,4 ± 1,9 mm; mesiodistale Kronenbreite: 6,5 ± 0,7 mm; Durchbruchsalter: 11,5 ± 1,5 Jahre (♂) bzw. 11,1 ± 1,4 Jahre (♀).
Untere Prämolaren: Höcker flacher, Randleisten schwächer, Randtuberkel am vestibulären Hökker seltener als bei den oberen Prämolaren. Es gibt zwei- und dreihöckrige Kronenformen, zweihöckrig hauptsächlich beim 1. Prämolar. Krümmungsmerkmal und Kronenflucht immer deutlich. Zweihöckriger Typ: Beide Höcker sind mesial verschoben, sie können durch Mittelleiste verbunden sein, die Längsfissur ist dann in 2 Grübchen geteilt. Dreihöckriger Typ: Eine Cuspis vestibularis, 2 Cuspides linguales, Fissur Y-förmig, der distolinguale Höcker meist niedriger als der mesiolinguale. Untere Prämolaren sind einwurzlig und besitzen Längsfurchen auf den Approximalflächen, die mesiale ist tiefer als die distale.

Unterer 1. Prämolar: 75% zweihöckrig, 25% dreihöckrig. Gesamtlänge: 21,5 ± 1,8 mm; Kronenlänge: 7,8 ± 1,1 mm; Wurzellänge: 13,7 ± 1,7 mm; mesiodistale Kronenbreite: 6,6 ± 0,6 mm; Durchbruchsalter: 11,1 ± 1,3 Jahre (♂) bzw. 10,6 ± 1,3 Jahre (♀).
Unterer 2. Prämolar: kräftigster Prämolar, dreihöckriger Typ überwiegt. Gesamtlänge: 21,9 ± 1,9 mm; Kronenlänge: 6,7 ± 1,1 mm; Wurzellänge: 15,2 ± 1,8 mm; mesiodistale Kronenbreite: 6,8 ± 0,7 mm; Durchbruchsalter: 11,9 ± 1,4 Jahre (♂), bzw. 11,3 ± 1,4 Jahre (♀). 30

Dentes super|numerarii m pl: überzählige Zähne. Nach Sitz und Form unterscheidet man typische, d.h. normal geformte, und atypische D.s. Letztere sind sehr formvariabel, ihr Prototyp ist der Zapfenzahn (→ Dens emboliformis). 30

Dentes supplementarii m pl: → Supplementärzähne. 30

Denticulus m: → Dentikel. 1

Dentifikation f: Zahnbildung, → Odontogenese. 30

Dentikel m: Hartgebilde im Pulpakavum oder Wurzel von dentinähnlicher Struktur. Histologisch unterschieden werden wahre D. (während der Dentinbildung entstanden), freie D. (vorwiegend bei großer jugendlicher Pulpa), adhärente D. (mit Kanalwand verwachsen) und interstitielle D. (vom normalen Dentin eingeschlossen). Zuweilen Ursache neuralgiformer Beschwerden. Größere D. können Pulpa- und Wurzelkanalbehandlung erschweren. Röntgenolog. nicht immer zu diagnostizieren. 1

Denti|meter n: Instrument zur Messung des Zahnumfanges mittels eines Metalldrahtes (Abb.). Vgl. Ringmaß. 4

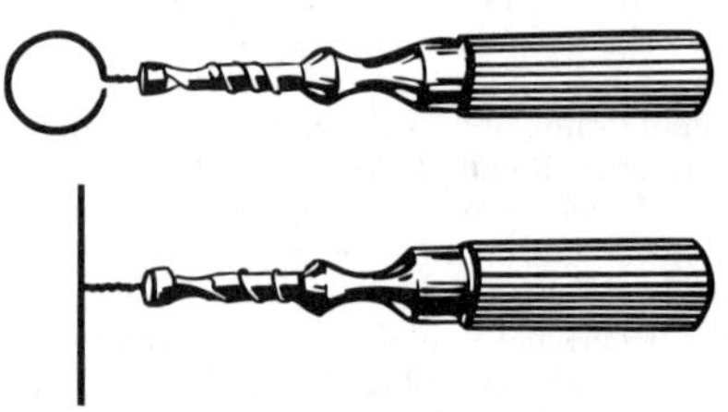

Dentin n: Dentinum (IANC), Substantia eburnea, Zahnbein; Hauptmasse des Zahns, sie umschließt die Pulpa, ist im Kronenteil von → Schmelz überzogen und im Wurzelteil von → Zement bedeckt (Abb.). D. ist härter als Knochen, aber weicher als Schmelz. Es enthält eine organ. Matrix, die vorwiegend aus kollagenen Fibrillen besteht. Die anorgan. Anteile werden wie bei allen Hartgeweben vorwiegend von Hydroxylapatitkristallen gebildet. Erste histologische Darstellung 1681 durch *Leeuwenhoek*.

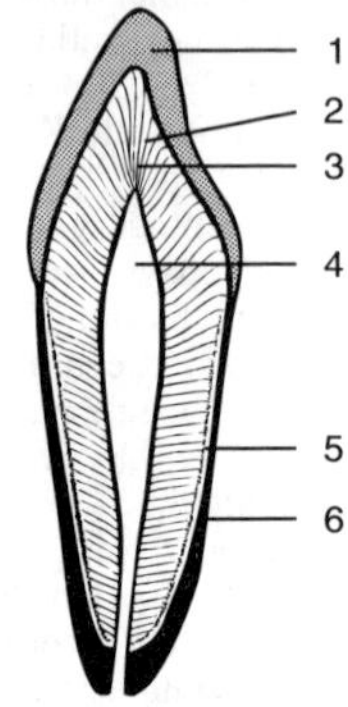

Zahn im Längsschnitt mit Zahnhartgeweben
1: Schmelz; 2: Dentin; 3: Dentinkanälchen; 4: Pulpahöhle; 5: *Tomes*-Körnerschicht; 6: Zement.

Methoden der Darstellung: Schliffe, Schnitte (entmineralisiert), Ultradünnschnitte. Typische Strukturen sind → Dentinkanälchen, Tubuli dentinales, → Interglobularräume, → *Tomes*-Körnerschicht sowie Schicht- oder → Wachstumslinien. D. wird von → Odontoblasten gebildet und ist im Gegensatz zum Zahnschmelz regenerationsfähig. Während der Gebrauchsperiode erfolgt ständig Neubildung, die zur Einengung der Pulpahöhle führt. Vgl. Dentinstrukturen, Dentinarten. 30

Dentin|an|ästhesie f: Methode der Schmerzausschaltung, früher als Druckanästhesie empfohlen, später durch Unterkühlung des Bohrers (Nondolor-Gerät), durch Iontophorese (Dentatron-Gerät), Elektrophorese oder elektrischen Strom ersetzt. Alle Methoden sind unsicher, praktisch empfehlenswert ist nur die lokale → Infiltrationsanästhesie. 1

Dentin|arten: topographisch unterscheidbare Formen des Dentins, nämlich → Manteldentin und zirkumpulpales Dentin (Abb. s. S. 159), → peritubuläres Dentin und → intertubuläres Dentin sowie → Kronendentin und → Wurzeldentin. Je nach dem Zeitpunkt der Bildung spricht man von → Primärdentin, → Sekundärdentin und → Tertiärdentin. Primärdentin entsteht bei der Zahnentwicklung, Sekundärdentin in der Gebrauchsperiode als Anpassung an die Abnutzung der Zähne, Tertiärdentin (Reizdentin oder irreguläres Dentin) durch lokale Stimuli, z.B. Entzündungen. 30

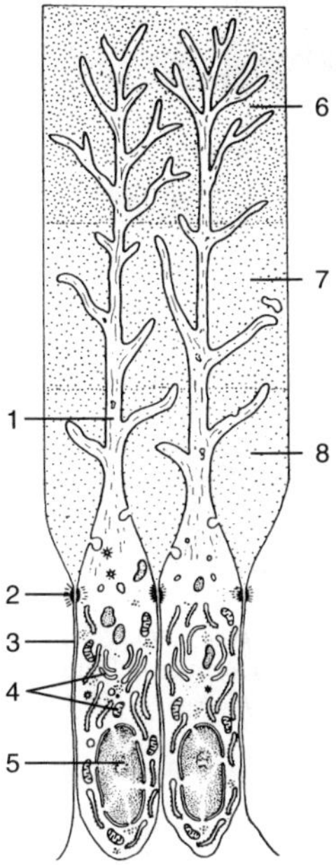

Dentinarten
Topographische Gliederung des Dentins
1: *Tomes*-Fortsatz; 2: Desmosom; 3: Perikaryon; 4: Zellorganellen; 5: Zellkern; 6: Manteldentin; 7: zirkumpulpales Dentin; 8: Prädentin.

Dentin|bildung: → Dentinogenese. 30

Dentin|brücken: in Wurzelkanälen vorkommendes Dentin. Es kann die Kanäle unterteilen. Die Trennung wird komplett, wenn die Dentinbrükken zu Dentinscheidewänden zusammenfließen. 30

Dentin|dys|plasie f: Anomalie des Dentins, tritt in zwei Formen auf. Typ I: fehlende oder rudimentäre Wurzeln, obliterierte Pulpakammern, periapikale Läsionen, Kronen normal bis bernsteinfarben transluzent, Fehlstellungen der Zähne. Typ II: Abnorme Form der Pulpakammer mit vielen Dentikeln. Vgl. Dentinogenesis imperfecta. 1

Dentin|fibrillen f pl: alte Bez. nach von *Ebner* für kollagene Fibrillen der Grundsubstanz des Dentins, etwa 0,5 µm dick und zu Bündeln von 2 µm Durchmesser vereinigt. Elektronenmikroskop. Untersuchungen haben gezeigt, daß sie im Dentin mineralisiert sind. 30

Dentin|flüssigkeit: → Dentinliquor. 30

Dentin|fortsätze: ältere Bez. für → Odontoblastenfortsätze. 30

Dentin|hypo|plasie f: Strukturelle Anomalie des Dentins, tritt in Verbindung mit lokal und generalisiert verursachten → Schmelzhypoplasien auf. Außer bei schweren, die Wurzel- und Zahnformen verstümmelnden Formen oft nur histologisch erkennbar. 1

Dentin|implantat, auto|genes n: bei der Vitalamputation auf dem Pulpastumpf aufgebrachte Dentinbohrspäne. Sie begünstigen als Keimzentren die Bildung einer Hartsubstanzbarriere. Vgl. Überkappung der Pulpa, Stufenmeßtechnik. 1

Dentin|kanälchen: Tubuli dentinales (IANC), Canaliculi dentinales; radiär von der Pulpa zur Peripherie ziehende Kanälchen, in denen sich die Odontoblastenfortsätze befinden (Abb.). In

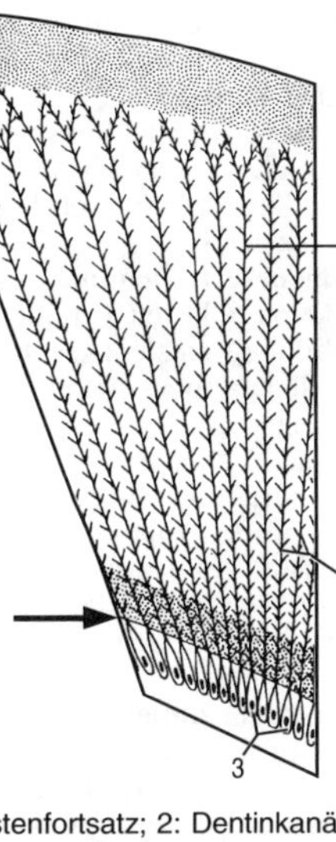

1: Odontoblastenfortsatz; 2: Dentinkanälchen; 3: Odontoblasten.

Längsschliffen erscheinen die leicht S-förmigen Krümmungen als Streifen (→ *Schreger*-Streifen). Die D. wurden von *Leuwenhoek* (1722) zuerst beobachtet. Ihr Durchmesser beträgt in der Nähe der Pulpa 3-4 µm und nahe der Oberfläche ca. 1 µm. Die Anzahl der D. vermindert sich von der Pulpa (65.000-70.000/mm²) zur Schmelz-Dentin-Grenze (16.000-20.000 /mm²). 30

Dentin|kleber: Haftvermittler. 1

Dentin|liquor m: flüssiger Inhalt der Dentinkanälchen einschließlich des Inhalts der Odontoblastenfortsätze und des übrigen im mineralisierten Dentin zwischen organischen und anorganischen Bausteinen vorhandenen freien Wassers. Der D. ist eine zellfreie und wasserklare Flüssigkeit, die sich in ihrer Zusammensetzung vom Blutplasma und der Gefäßlymphe unterscheidet. Der osmotische Druck beträgt etwa 7 Atmosphären. Die extrahierten Liquorproteine stimmen mit den Serumproteinen in ihrem elektrophoretischen Verhalten sowie in ihren prozentualen Relationen überein. In freier Form finden sich regelmäßig 7-12 verschiedene Aminosäuren. Bemerkenswert ist der hohe Gehalt an Serin, Asparaginsäure, Glutaminsäure und Lysin. Es ist bisher ungeklärt, warum solche hochmolekularen D.-Bestandteile wie die Proteine in ähnlicher Weise wie im Serum auftreten, wohingegen niedermolekulare Verbindungen wie Aminosäuren oder entsprechende Kohlenhydrate teils höhere, teils niedrigere Konzentrationen aufweisen. Im Tierversuch wird die Zuckerkonzentration im D. von den Schwankungen des Blutzuckerspiegels beeinflußt. Der Übertritt körperfremder Substanzen (Sulfonamide, Penizilline, Tetrazyklin) nach intravenöser, intramuskulärer oder peroraler Verabreichung wurde beobachtet. 30

Dentino|genese f: Dentinbildung. Dentin wird von → Odontoblasten gebildet. Noch vor der Schmelzbildung entsteht an der Spitze der → Zahnpapille amorphes organ. → Prädentin, das sich entlang des inneren Schmelzepithels und der → Wurzelscheide ausbreitet. Es folgen die → Prädentinreifung und Mineralisation. Letztere beginnt in den Matrixvesikeln, die von den Odontoblasten gebildet werden. Durch Einlagerungen von Apatitkristallen entstehen Mineralisationszentren, die sich über das gesamte Prädentin ausbreiten. 30

Dentino|genesis imperfecta f: Glaszähne, Opalescent dentin, Dark teeth, Crownless teeth; seltene Strukturanomalie des Dentins. Typ I: Manifestation der Osteogenesis imperfecta, Vererbung autosomal dominant; Defekt der Kollagenreifung. Odontoblasten werden durch mesenchymale Zellen ersetzt, die atypisches Dentin bilden; Wurzeln kurz, Kronen bernsteinfarbig-bläulich schillernd, Schmelz splittert leicht ab, deshalb starke Abnutzung der Kronen (Abb. a u. b).

Abb. a

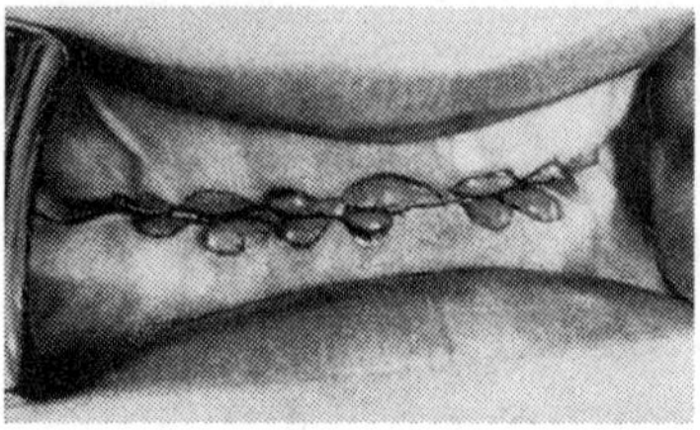

Abb. b

Typ II: Keine Symptome der Osteogenesis imperfecta. Dentin sehr weich. Morbidität 1:8.000. Vgl. Odontogenesis imperfecta. 1

dentino|gene Substanz f: Dentinoid; die lichtoptisch strukturlos erscheinende Schicht zwischen mineralisiertem Dentin und dem Odontoblastensaum. Nach älteren Auffassungen galt diese Schicht als Vorstufe des Dentins, das durch Umwandlung des Protoplasmas der Odontoblasten entstehen sollte (formative Tätigkeit des Protoplasmas nach *O. Hertwig*). Heutige Auffassung: → Prädentin. 30

Dentino|id n: → dentinogene Substanz, → Prädentin. 30

Dentinom n: seltener Tumor unsicherer Genese im oder am Kiefer, bestehend aus dentinartigen Weich- und Hartgeweben mit Einschlüssen odontogenetischen Epithels. Bei höherer Differenzierung von unregelmäßigen Dentinkanälen durchzogen, die pulpaähnliches Gewebe, jedoch ohne Nerven, enthalten können. 2

Dentin|scheide|wände: → Dentinbrücken. 30

Dentin|scherbe: alte Bezeichnung für erste Anlage des Dentins bei der Zahnentwicklung, → Odontogenese. 30

Dentin, sensibles n: überempfindliches Dentin; Überreaktion auf chemische, mechanische oder osmotische Reize, z.B. durch saure Säfte, Zahnbürste oder Süßigkeiten, oft im Zusammenhang mit der Retraktion des Gingivalrandes. Behandlungsprinzip: Verschluß der Dentinkanäle durch Fällungsreaktionen auf der Basis von Strontium oder Fluorid. Oft therapieresistent. Vgl. Dentin. 1

Dentin|sklerosierung: Verschluß der → Dentinkanälchen durch Bildung von → Sekundärdentin. Die D. beginnt im Wurzeldentin und breitet sich kronenwärts aus. Sie kann auch durch Karies und Füllungsmaterialien stimuliert werden. 30

Dentin|splitter|über|kappung: → Dentinimplantat, autogenes. 1

Dentin|strukturen f pl: lichtmikroskopisch erkennbare Strukturen im Dentin. Im mineralisierten Dentin bestehend aus → Dentinkanälchen,

→ Interglobularräumen und → *Tomes*-Körnerschicht, im entkalkten Dentin aus globulären Strukturen (→ Globulardentin), → Semilunarbezirken, → Wachstumslinien, → Odontoblastenfortsätzen sowie kollagenen → Dentinfibrillen. [30]

Dentin|versorgung: Dentinverband; Schutz des freiliegenden vitalen Dentins. Immer erforderlich, wenn nach Unfall (Kronenfraktur), Kronen- oder Inlaypräparation das vom Schmelz entblößte Dentin längere Zeit dem Mundhöhlenmilieu ausgesetzt wird. Die D. besteht aus einer gewebsfreundlichen Schutzschicht in Lack- oder Zementform (meistens auf Zinkoxid-Nelkenöl- oder Kalziumhydroxidbasis), die wiederum durch provisorische Kronen oder → Zement gegen die Mundhöhleneinflüsse geschützt wird.[1]

Dentin|zähne: vorwiegend aus Dentin bestehende Zähne. Der Schmelzüberzug ist häufig nur dünn, z.B. Stoßzähne des Elefanten und des Narwals oder Hauer des Walrosses. [30]

Dentist m: in Deutschland bis 1951/52 Berufsbezeichnung für staatl. anerkannte, aber nicht bestallte Zahnbehandler ohne akademische Ausbildung. Im angelsächsischen Sprachraum Bezeichnung für Zahnarzt. [24]

Dentitio difficilis f: erschwerter Zahndurchbruch. 1. Sog. Zahnungsbeschwerden beim Durchbruch der Milchzähne (Schwellung und Entzündung der Schleimhaut, Speichelfluß), die mit Allgemeinstörungen (Temperaturen, Krämpfe, Bronchitis, Magen-Darm-Störungen) verbunden sind. Meist falsche Deutung eines Allgemeinleidens, für das keine exakte Diagnose gestellt werden konnte. Vgl. Zahnfieber, Spasmophilie (Zahnkrämpfe). 2. Im bleibenden Gebiß vorwiegend beim Durchbruch des Weisheitszahnes meist infolge Platzmangels. Schwellung der schmerzhaft entzündeten zirkumkoronalen Gingiva, eitriges Sekret, Lymphadenitis. Die Therapie besteht in Reinigen der Zahnfleischkapuze über dem Weisheitszahn und systematischem Zurückdrängen der Schleimhaut durch wiederholtes und verstärktes Tamponieren. Bei Rezidiven oder Fehlstellung des Weisheitszahnes dessen Entfernung. Bei schwerem Krankheitsbild antibiotische Therapie. Gefahr der Abszeßbildung. [2]

Dentitio duplex f: doppelte Dentition, → Diphyodontie. [30]

Dentitio fetalis f: bereits gegen Ende der Schwangerschaft intrauterin stattfindender Zahndurchbruch. Vgl. Dens natalis. [1]

Dentition f: Zahndurchbruch. 1. D.: Milchzahndurchbruch (6. Monat ± 2 Monate bis 2. Jahr ± 4 Monate; Abb. a). 2. D.: Durchbruch der bleibenden Zähne (6. Jahr ± 9 Monate bis 12. Jahr ± 6 Monate; Abb. b); Weisheitszahndurchbruch mit

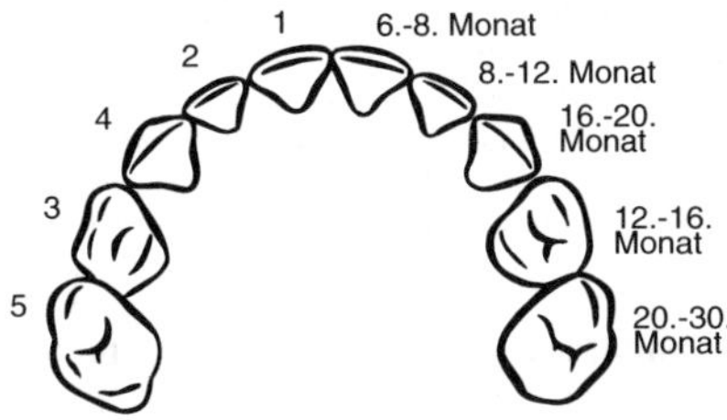

Abb. a

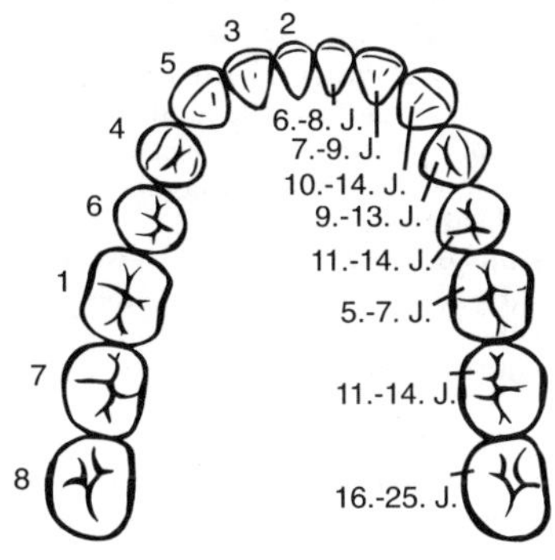

Abb. b

etwa 18 Jahren, die Weisheitszähne sind jedoch häufig nicht angelegt oder retiniert. 3. D. → Dentitio tertia. Der Zahndurchbruch unterliegt individuellen Schwankungen, er kann verzögert (→ Dentitio tarda) oder beschleunigt (→ Akzeleration) verlaufen. Vgl. Mineralisationszeiten.[1]

Dentitions|geschwüre: → Aphthen. [30]

Dentitions|zysten f pl: Eruptionszysten; Zysten, die sich ganz oberflächlich über den noch nicht durchgebrochenen Zähnen durch Vorwölbung des Zahnsäckchens bilden. Meist bei Milchzähnen. Die Therapie besteht in Abtragung der Membran. [2]

Dentitio praecox f: Zahndurchbruch vor der normalen Durchbruchszeit, betrifft vorwiegend die Milchzahnreihe, wenn die Keime unmittelbar unter der Mukosa liegen, zuweilen hereditär. Vorzeitiges Erscheinen der bleibenden Zähne wird nur bei zu frühem Verlust der Milchzähne beobachtet. [1]

Dentitio tarda f: Zahndurchbruch mit deutlich von der normalen Variationsbreite abweichender Verzögerung. Hereditär oder als Folge von Ernährungsstörungen bzw. Erkrankungen (Rachitis, konnatale Lues, Störungen der inneren Sekretion, besonders von Schilddrüse, Nebenschilddrüsen, Hypophyse usw.). Auch Bez. für den Durchbruch retinierter Zähne. 1

Dentitio tertia f: Durchbruch einer dritten Zahnanlage, ist nicht exakt beobachtet worden. Fehldeutungen bei dem Erscheinen retiniert gewesener Zähne nach Verlust der normalen Zahnreihe. 1

Dentobuff®: Präparat zur schnellen Bestimmung der Pufferkapazität des Speichels. 29

Dentocoll®: erste brauchbare, auch in abgebundenem Zustand elastische Abformmasse auf der Basis von → Agar-Agar, erfunden 1924 von dem Wiener Arzt *Alphons Poller* (*1879, † 1930). Gleichzeitig gab dieser zur Abformung von Körperteilen das etwas abweichend zusammengesetzte Negocoll® bekannt. Abgelöst durch die auf der Basis von → Alginaten beruhenden Präparate. Vgl. Abformmaterialien. 4

Dentocult®-LB: ein → Dip-slide-Test zur quantitativen Bestimmung der → Laktobazillen im Speichel. 29

Dentocult®-SM: ein → Dip-slide-Test zur quantitativen Bestimmung von → Streptococcus mutans im Speichel. 29

dento|fazial: Zähne und Gesicht betreffend. 30

dento|gen: von den Zähnen ausgehend, besser: → odontogen. 30

dento|gingivale Leiste: von *Bolk* 1911 eingeführte Bez. für → Zahnleiste. 30

dento|gingivaler Verschluß: → dentogingivale Verbindung. 30

dento|gingivale Verbindung: die feste Beziehung des gingivalen Verbindungsepithels mit dem zervikalen Zahnschmelz (→ Epithelansatz) sowie die Verbindung kollagener Fasern mit dem supraalveolären Zahnzement (Abb.). 30

Dento|logie f: Wissenschaft vom Zahn, besser: → Odontologie. 30

dento|mandibulär: Zähne und Unterkiefer betreffend. 30

dento|maxillär: Zähne und Oberkiefer betreffend. 30

Dento|pathie f: allg. Bez. für Erkrankungen und Fehlbildungen (→ Zahndysplasien) der Zähne, besser: → Odontopathie. 30

Dento|sero|logie f: Methoden zur Bestimmung von Blutgruppen, Enzymen und genetischen Codes (Vaterschaftsbestimmung) aus Zahnhartgeweben und Zahnpulpa, nur 3 - 4 Monate nach Todesdatum erfolgversprechend. Vgl. Identifizierung. 28

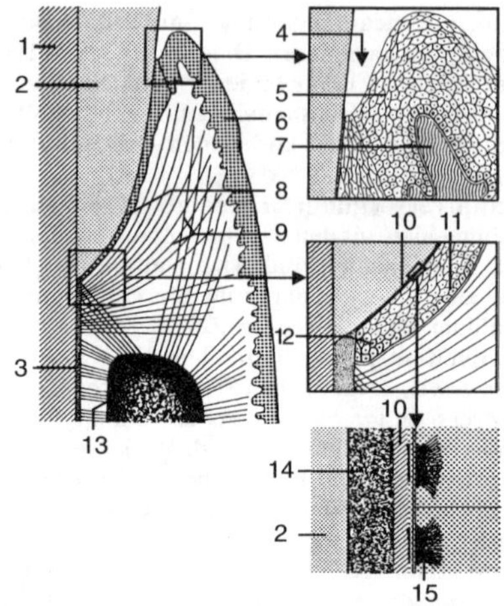

dentogingivale Verbindung
1: Dentin; 2: Schmelz; 3: Zement; 4: Sulcus gingivalis; 5: Sulkusepithel; 6: orales Gingivaepithel; 7: Bindegewebspapille; 8: Verbindungsepithel; 9: dentogingivaler Faserapparat; 10: innere Basallamina; 11: äußere Basallamina; 12: Basalzellen; 13: Os alveolare; 14: Cuticula enameli; 15: Halbdesmosom. [2]

De|nudatio f: Entblößung; Fehlen respektive Entfernung einer natürlichen Hülle, z.B. Entblößtsein einer Zahnwurzel vom Zahnfleisch und Alveolarrand, Entblößtsein des Zahnbeins von Schmelz durch Abkauung, zu starkes Putzen u.ä. 1

De|pigmentierung f: Schwund des (Haut-)Farbstoffes (Melanin). 12

De|pilation (lat.) f: Enthaarung. 12

De|polymerisation f: Umwandlung von → hochpolymeren Verbindungen in solche niedrigeren Molekulargewichts. 23

Depot|arznei|formen: → Arzneiformen mit gestaffelter, hinhaltender oder gleichmäßig hinhaltender Arzneistoffliberation aus einer Arzneiform zum Zwecke der Verlängerung einer Arzneimittelwirkung oder Herabsetzung der system. Toxizität. 7

Depot-Penicilline: Gruppenbez. für schwerlösl. Salze des → Benzyl-Penicillins wie → Procain-, → Clemizol-, Benzathin-Benzyl-Penicillin. Vorteil der D.: lange Wirkungsdauer; Nachteil: relativ niedrige Penicillin-Plasmakonzentration. 7

De|pression f: i.w.S. Zustand des Abgesenktseins (z.B. Atemdepression), i.e.S. Syndrom trauriger Verstimmung mit Verlangsamung der seelischen Abläufe, Denkhemmung, Schwermut (Melancholie), Verlust an Zukunftsglauben, Selbstvorwürfen, Schlaf-, Appetit- und Libidostörungen und Neigung zu Selbstmordabsichten. Endogen als Phase der manisch depressiven Erkrankung oder als exogene Psychose, z.B. im Klimakterium, Alter, oder bei verschiedenen organischen Hirnerkrankungen. Auch als abnorme Reaktion auf besonders belastende Erlebnisse (→ Frustration). Senile D.: involutionsbedingte seelische Verstimmung im höheren Lebensalter mit Offenbarung negativer Charakterseiten, oft begleitet von auffälligem Sozialverhalten (→ Agitiertheit, → Hypochondrie). [27, 33]

De|pression von Milch|molaren: → Reinklusion. [5]

De|pressoren (lat.) m pl: „Blutdruckzügler". Fasern des Nervus vagus, die durch Hemmung der Herztätigkeit eine Blutdrucksenkung bewirken. [10]

De|privation (lat.) f: Entbehrung, Entziehung. [12]

De|puration f: in der allgemeinen Medizin Säuberung im Sinne von Abführung, daher als Synonym für Zahnreinigung nur schlecht geeignet. [6]

Derivat (lat.) n: chem. Verbindung, die sich aus einer anderen herstellen oder zumindest theoretisch von ihr ableiten läßt. So ist z.B. das → Chloroform, $CHCl_3$, ein D. des → Methans CH_4. [23]

Derivation (lat.) f: Ableitung; Derivatisierung. Chem. Veränderung einer Substanz durch Austausch von Atomen oder Atomgruppen. [23]

Derma (gr.) n: → Cutis; Haut. [12]

Dermatitis (gr.) f: Hautentzündung; Rötung, ödematöse Schwellung, Bläschen- und Blasenbildung, Nässen, Krustenbildung, Schuppung. [12]

Dermatitis all|ergica f: nach vorausgegangener Sensibilisierung durch äußeren Kontakt hervorgerufene allergische Hautentzündung (→ Ekzem). [12]

Dermatitis herpetiformis f: → *Duhring*-Krankheit. [12]

Dermatitis, peri|orale f: kleine Pusteln und → Papeln auf geröteter Haut im Kinn-Lippen-Wangenbereich, meist bei jüngeren Frauen. Bei besonderer Konstitution spielen ungeeignete Kosmetika, längerer Gebrauch von → Kortikosteroiden äußerlich, mit Infektionsfolge eine Rolle. Therapie: → Tetracycline innerlich. [12]

Dermatitis solaris f: Sonnenbrand. [12]

Dermatitis toxica f: durch chem. toxische Irritantien (Krotonöl, Essigsäure) ausgelöste Hautentzündung. [12]

Dermatologie f: Lehre von den der Haut eigenen und von innen sich in der Haut darstellenden Krankheiten. [12]

Dermatom n: **1.** Instrument zur Bildung von Epidermislappen (nach *Thiersch*), Spalthautlappen und Epidermis-Cutis-Lappen (nach *Wolfe* und *Krause*) in einstellbarer Dicke (→ *Thiersch*-Plastik, → *Wolfe-Krause*-Lappen). Mit Trommeln arbeitende Modelle nach *Reese* sowie nach *Paget* und *Hood*; Elektrodermatome nach *Mollowitz*. **2.** Hautsegment, von spinalen Nervenwurzeln und vegetativen Leitungen innerviert, einem organ. oder funktionell erkrankten Organ segmentär zugeordnet. **3.** Hauttumor. [2]

Dermato|mykosen f pl: Wachstum von humanpathol. Pilzen in der Hornschicht bzw. im Haar. Unterteilung in Epidermophytie (Hornschichtbefall), Trichophytie (Hornschicht und ggf. Haarfollikel), Mikrosporie (Hornschicht und Haarschaft), Favus (Kopfhaut). Infektionen mit Hefe- oder Sproßpilzen wie Candidamykosen der Haut- und Schleimhaut, Pityriasis versicolor (nur Hornschicht), Infektionen mit Schimmelpilzen wie Aspergillose, Alternaria. [12]

Dermato|myo|sitis f: Entzündung der Haut und der Muskulatur, auch Beteiligung der Atem-, Schluck- und Herzmuskulatur; Lungenfibrose, Nephritis, Osteoporose, Neuritis. 1. akute Form geht mit weinrotem, charakteristisch ödematösem Erythem einher (Lidödeme). Sitz: meist Gesicht, Brustausschnitt, Nacken, Ellbogen, Knie, Fingergrundgelenke. Schmerzhaftigkeit und Ermüdbarkeit der Muskeln. Erhöhte Temperaturen, hohe → Blutsenkungsreaktion, erhöhte → Transaminasen. Ein Teil der Patienten weist Mundschleimhauterscheinungen auf (düsterrote Erytheme, Teleangiektasien, Ödeme des Zahnfleisches, der Zunge und der Lippen, Erosionen, Nekrosen und Leukokeratosen). 2. chron. Form durch buntscheckige Hautveränderungen, Teleangiektasien, Erytheme, Pigmentierungen, Hyperkeratosen und weiße sklerotische Atrophien gekennzeichnet (Poikilo-Dermatomyositis). Hohe Mortalitätsquote; → Hautsyndrome, paraneoplastische (in der Mehrzahl der Fälle). [12]

Dermato|phyten m pl: Haut- und Haarpilze. [8]

Dermato|plastik f: plastischer Ersatz von Hautdefekten. [12]

Dermatosen f pl: Hautkrankheiten im allgemeinen. [12]

Dermato|stomatitis f: → *Baader*-Dermatostomatitis. [11]

dermato|trop: auf die Haut wirkend. [12]

dermato|trope Viren n pl: rufen Infektionen mit Hauterscheinungen, z.B. Masern, Röteln, Pocken (Variola), Windpocken, Herpes zoster, Herpes simplex, hervor. [8]

Dermato|zo|on n: tierischer Hautschmarotzer. → Skabies, Larva migrans, Myiasis. [12]

Dermo|graphismus m: Hautschrift; auf strichförmige stumpfe Reizung hin erfolgende Reaktion der Haut. Durch reaktive Weitstellung, Verengerung oder infolge Durchlässigwerdens der Hautkapillaren im Bereich der Strichreizung entsteht der rote, weiße oder erhabene (urtikarielle) D. [34]

Dermo|id|zyste f: Dermoid; Zyste, deren Wand Hautstruktur mit Haarbälgen, Talg- und Schweißdrüsen zeigt und die eine breiige Masse aus verbrauchten Epithelzellen und Drüsenprodukten enthält. Entsteht durch fetale Einstülpung der Keimblätter im Bereich embryonaler Spalten und in Regionen ehemaliger Gesichtsspalten durch versprengte Epithelzellen, am Kopf vor allem am oberen Orbitalrand, in der Mundhöhle bevorzugt auf der Mittellinie des Mundbodens, wo sie sich entweder sublingual mit Hochheben der Zunge oder submental nach außen entwickelt. Meist bei Jugendlichen vor der Pubertät. Therapie: Ausschälung. Die relativ häufigen D.n des Ovars enthalten oft zahnähnliche Gebilde. [2]

de|scendens (lat.): herabsteigend. [9]

Deschamps-Nadel (Josef F. D., Chir., Paris, *1740, † 1824): Unterbindungsnadel mit Öhr an der abgestumpften Spitze und mit Griff, die zum Unterfahren von Gefäßen und Durchführen von Nahtmaterial in der Tiefe dient (Abb.). [2]

De|sensibilisierung f: **1.** eigentlich Hyposensibilisierung, Immuntherapie; bei bekanntem, durch Hauttestungen festgestelltem Antigen Applikation steigender Antigenmengen, Erzeugung spezifischer Immunkörper, die das Antigen blockieren. **2.** systematisches psychotherapeutisches Entspannungsverfahren in Kombination mit Erregungsreizen zur Kontrolle bzw. Reduzierung einer → Angst oder → Phobie (auch von → Streß) unter Anwendung des Prinzips der reziproken Hemmung (aus der → Verhaltenstherapie), nach welchem Entspannung und Erregung nicht gleichzeitig auftreten können, mit Hilfe einer Hierarchie, einer Leiter subjektiv klassifizierbarer Ausprägungsgrade von Angst, Vermeidungsreaktion oder Stressorenwirkung. [13, 20]

Des|infektion f: Zerstörung oder Entfernung von Ansteckungsstoffen, bes. Mikroben. Erfaßt bei Bakterien nur die vegetativen Formen und nicht Bazillensporen. So können Sporen von Tetanus- und Gasödembazillen überleben; deswegen dürfen Instrumente, mit denen die Epitheldecke verletzt wird, nicht desinfiziert, sondern müssen sterilisiert werden (→ Sterilisation). Physikalische D.: Abtötung der Keime durch Hitze (Pasteurisierung, Auskochen, Dampf, Ausbügeln) oder durch Strahlen. Chemische D.: durch Alkohole, Phenole, Aldehyde, Halogene, Tenside, quartäre Ammoniumbasen, Äthylenoxid, Ozon u.a. Händedesinfektion: hygienische Händedesinfektion erfaßt nur Keime, die von der Umgebung her auf die Haut gelangt sind und oberflächlich haften. Brauchbar sind Mittel auf der Basis halogenierter Phenole, Amphotenside, quartäre Ammoniumsalze u.a. Oberflächlich auf der Haut haftende Sporen werden nicht abgetötet, sie sollen bei der chirurg. Händedesinfektion mechanisch durch die Waschung entfernt werden. Hochgradige Keimarmut der Haut selbst wird ausschließlich durch Alkohol erreicht (80% Äthyl- oder 70% Isopropylalkohol, 5 min Einwirkung), alle anderen Mittel hemmen nur mehr oder weniger stark das Wachstum der hauteigenen Keime. Hautdesinfektion: Alkohole + → Antiseptika, welche die Wirkung des Alkohols verstärken und die Keimarmut über eine gewisse Zeit stabilisieren, z.B. Jodtinktur. Instrumentendesinfektion: Wirksam sind vor allem Aldehyde, Phenole, gnat. Ammoniumverbindungen, Bignanide und Alkohole bei Einwirkzeiten zwischen 15 und 60 min. Blut an Instrumenten erschwert den Desinfektionserfolg (Übertragung von Hepatitis-Viren durch Spritzen, die mit Alkohol desinfiziert wurden, darum Forderung der Sterilisation (→ Hepatitis). Raumdesinfektion: laufende D. am Krankenbett und Schlußdesinfektion (Scheuerdesinfektion + Formaldehyddurchgasung). Schnelldesinfektion: rasche Abtötung von Seuchenerregern. 1. thermisch: 5-10 min lange Erhitzung auf 100 °C tötet alle Seuchenerreger, nicht aber Sporen, z.B. von Tetanus- und Gasbrand-Bazillen. Nachteile: infektiöses eiweißreiches Material koaguliert; durch die Retraktion entstehen Hohlräume, in denen die Keime (vor allem Viren) der Hitzeeinwirkung entzogen werden. Gefahr der Übertragung von Hepatitis-Viren durch ausgekochte, vorher nicht genügend gereinigte Injektionsnadeln; 2. chemisch: 70%iger Äthylalkohol tötet wie kein anderer bakterizider Wirkstoff innerhalb weniger Minuten Seuchenerreger ab. Nachteil: Wirkung in Gegenwart von Eiweiß (Blut, Eiter, Serum) unsicher. Handelsüblicher Alkohol kann Sporen von Tetanus- und Gasödembazillen enthalten; nur keimfrei filtrierter Alkohol ist steril.

Sputumdesinfektionsmittel bei Tbc enthalten neben Phenolen starke Basen zur Verflüssigung des Sputums. D. bei Viruskrankheiten: durch Alkalien, Formalin, Chlor und andere Oxidantien. Wurzelkanaldesinfektion: → Wurzelkanalbehandlung. 1, 8

Desipramin: Dibenzoazepin-Derivat, → Metabolit des → Imipramins, → trizykl. Antidepressivum. D. hemmt die neuronale → Norepinephrin-Wiederaufnahme stärker als die des → 5-Hydroxitryptamins und ist → Antagonist an m-Cholinozeptoren. Nebenwirkung: → Antidepressiva. D. potenziert die Wirkung von → Anticholinergika und → Sympathomimetika. D.-Medikation gilt als relative Kontraindikation für Katecholaminzusätze in → lokalanästhet. Lösungen. 7

Desmarres-Lidhalter (Louis-A. D., frz. Augenarzt, *1810, † 1882): Lidklemme in Form eines gebogenen gestielten Blattes (Abb.). 2

Desmo|dont n: ältere Bez. für Ligamentum parodontale; → Parodontalligament. 30

desmo|dontales Trauma n: → traumatogene Parodontopathien. 6

Desmo|dontal|polyp m: chronisch entzündliche Bindegewebswucherung des Desmodonts, bevorzugt bei artefizieller → Perforation des Bodens der Pulpakammer. Leicht zu verwechseln mit → Pulpapolyp. 1

desmo|gen: vom Bandapparat ausgehend, durch Schädigung des Bandapparates verursacht. 32

Desmo|id n: außerordentlich derber, lokal infiltrierend wachsender, rezidivfreudiger Bindegewebstumor, der im allg. seinen Ausgang von Fazien nimmt. Häufigste Lokalisation ist die hintere Rektusscheide (abdominelles D.), vorwiegend bei vielgebärenden Frauen im 3.-5. Dezennium; extraabdominelle Manifestationen im Schultergürtel, Gesäß, Oberschenkel und in der Oberarmregion. Ätiologie unbekannt; als Pathogenese wird eine abnorme Proliferation von Myofibroblasten angenommen. 32

Desmo|lyse f: degenerative Erweichung und Auflösung von Fasern der Interzellularsubstanz. 32

Desmo|som n: besonders zugfeste Haftungsstellen der Epithelzellen, die auch als Zonula (Macula) adherens bezeichnet wird. Eng umschriebene Kontaktzone an Zellmembranen aus Zytoplasmaverdichtungen mit Anhäufung von Tono-

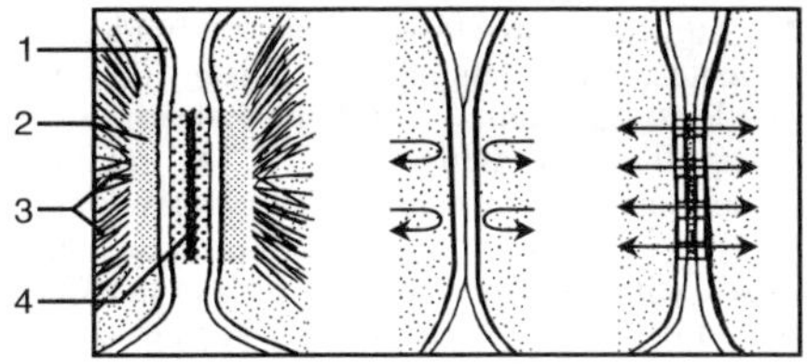

1: Zellmembran; 2: Hemidesmosom; 3: Tonofilamente; 4: Kittsubstanz.

filamenten, dem Plasmalemm und einer sehr dichten, scheibenförmigen Interzellularplatte; zwei benachbarte Zellen sind jeweils durch zwei Halbdesmosome miteinander verbunden, von denen jedes einer der benachbarten Zellen angehört (Abb.). 9, 30

Des|organisation f: pathol.-anatom.: Aufhebung der spezifischen morphologischen oder funktionellen Organisation in Zellen oder Geweben (z.B. bei malignen Tumoren). 32

Des|oxidation f: teilweise oder gänzliche Entziehung von Sauerstoff. 23

11-Des|oxy|kortiko|steron: Nebennierenrindenhormon. Bei Unterfunktion der Nebennierenrinde, Schock, Verbrennungen, Infektionen und Intoxikationen. Meist als Azetat (Cortiron®, Percorten®) in öliger Lösung angewandt, ferner als wasserlösliches Glykosid. Vgl. Mineralokortikoide. 34

Des|oxy|ribo|nuklease f: Enzym, das → Desoxyribonukleinsäure depolymerisiert; vorhanden in einigen pathogenen Bakterien, z.B. Staphylococcus aureus, Streptococcus pyogenes, Neisseria gonorrhoeae u.a. 8

Des|oxy|ribo|nuklein|säure: Abk. DNS, Polynukleotid, enthält die Purinbasen Adenin und Guanin sowie die Pyrimidinbasen Thymin und Zytosin an den C_5-Zucker Desoxyribose gebunden (Base + Zucker = Nukleosid); durch Bindung an Phosphorsäure entsteht das Nukleotid. Durch Veresterung des Phosphatmoleküls mit der jeweils benachbarten Nukleosidpentose entsteht ein Fadenmolekül aus (bei Bakt.) rd. 10^7 Nukleotiden. Dieser Faden ist mit einem komplementären Polynukleotidfaden, in dem sich immer die gleichen, durch Wasserstoffbrücken verbundenen Basen gegenüberstehen (Adenin - Thymin, Zytosin - Guanin), seilartig gedreht („Doppelhelix"). Die DNS stellt die genetische Information der Zelle dar; sie steuert über → Ribonukleinsäure und Proteine den gesamten Zellstoffwechsel und ist zum größten Teil im Zellkern lokalisiert. 23

De|squamation (lat.) f: Abschuppung der Haut,

Ablösung der obersten, verhornten Epidermisschichten, bei Schleimhäuten Ablösung der obersten Epithelschichten, z.B. beim Katarrh. [12]

de|squamative Gingivitis f: → benignes Schleimhautpemphigoid, → gingivoparodontale Manifestationen systemischer Erkrankungen. [6]

Destillation (lat.) f: Verfahren, das eine Flüssigkeit in einer Retorte durch Erhitzen in Dampf verwandelt, um diesen dann in einer abgekühlten Vorlage wieder zu verflüssigen (Destillat). Auf diese Weise wird z.B. Wasser von den in ihm gelösten, nicht verdampfenden Salzen befreit (Aqua destillata). Trockene D.: Zersetzung organischer, nicht flüchtiger Verbindungen durch Hitze bei Luftabschluß, wobei feste, flüssige und gasförmige Produkte gewonnen werden. [23]

de|struierend: destruktiv; zerstörend, bösartig, zum Zerfall führend. [32]

De|struktion (lat.) f: Zerstörung. Verb.: destruieren. [32]

De|tergenzien (lat.) n pl: Reinigungsmittel, neuere Bezeichnung → Tenside. [8]

de|terminante Gruppe: Teil eines Antigenmoleküls, der die Spezifität des Antikörpers bestimmt und sich an das spezifische bindungsfähige Areal des Antikörpers anheftet. [8]

De|torsion (lat.) f: Verdrehung, Beseitigung einer anomalen → Torsion. [2]

De|tritus m: Gewebstrümmer; breiige oder körnige Reste zerfallener Zellen. [6]

De|tumeszenz f: Abschwellung. [2]

Deufa-Metall: silberfreie Zinn-Antimon-Legierung von guter Farb- und Mundbeständigkeit, geeignet für Guß von Phantomarbeiten sowie als Angußmetall für Stiftzähne. Schmilzt bei 300 °C. [4]

Deuterium (gr.) n: → Wasserstoff. [23]

Deuteromer n: älterer lingualer Teil eines trikonodonten Reptilienzahns, der nach der → Dimertheorie mit einem jüngeren vestibulären Teil einer Zahnanlage (Protomer) zu einem Zahn verschmolzen ist (Abb.). [30]

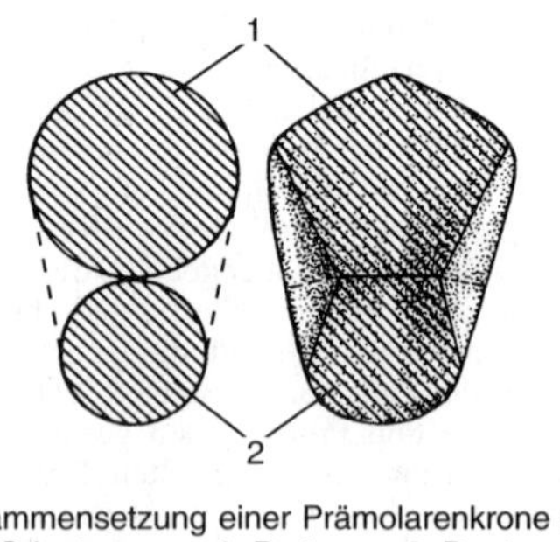

Zusammensetzung einer Prämolarenkrone aus zwei Odontomeren. 1: Protomer; 2: Deuteromer.

Deutero|pathie f: im Gefolge einer anderen (primären) auftretende Zweitkrankheit. [20]

Deutsche Horizontal|ebene: → Frankfurter Horizontalebene. [5]

Deutsches Arzneibuch: Abk. DAB; amtl. Deutsche Pharmakopoe, in der Vorschriften für die Zubereitung von Arzneistoffen (→ Pharmakon) und der Umgang mit Arzneistoffen zusammengefaßt sind. Ins DAB aufgenommene Arzneistoffe, Bezeichnung „offizinell", sind von garantiert standardisierter Beschaffenheit. [7]

Deutsches Institut für Normung n: Abk. DIN; Zentrale der Normungsaktivitäten in Deutschland. Arbeitsergebnisse der DIN-Normenausschüsse werden als → DIN-Normen veröffentlicht. Für die zahnmedizinische (zahntechnische) Fachwelt ist der DIN-Normenausschuß Dental zuständig. [21]

De|viation f: Abweichung vom richtigen, gewöhnlichen Weg, von der richtigen Lage usw., z.B. → Septumdeviation (seitl. Verlagerung der Nasenscheidewand) oder seitliches Abweichen bei Unterkieferöffnungsbewegungen. [4,19]

Dé|viation con|juguée (frz.) f: konjugierte → Blicklähmung. [33]

de|vital: leblos, tot. [1]

de|vitaler Zahn: Zahn ohne oder mit devitaler Pulpa. Das Dentin besitzt keine Lebensreaktionen, auch keine Sensibilität. Die Bezeichnung devital ist nur teilweise treffend, da der d. Z. durch das → Parodontium mit dem umgebenden Gewebe in Verbindung steht. So sind Umbauten des Zementmantels und sogar Bruchheilungen möglich. [1]

De|vitalisation f: Nekrotisierung oder Entfernung der Pulpa. Chemisch durch stark nekrotisierende Mittel auf Arsen- oder Paraformaldehydbasis, wegen Gefahr der Diffusion in körpereigenes Gewebe nicht mehr in Gebrauch, allenfalls bei der Kinderbehandlung in akuten Schmerzfällen. Mechanisch durch → Exstirpation der Pulpa unter Lokalanästhesie. Vgl. Wurzelkanalbehandlung. [1]

De|voration f: das Schlucken, der → Schluckakt. [19]

Dexamethason: halogeniertes → Glukokortikoid, antiphlogist. → Potenz auf Gewichtsbasis 25fach größer als die des → Hydrokortisons. D. hat keine mineralokortikoide Wirkung. Die biolog. Halbwertszeit beträgt 36-72 h, die Cushing-Schwellendosis liegt bei 1,5 mg/Tag. [7]

Dexon®-Naht|material n: synthetisches Nahtmaterial, geflochtener absorbierbarer Faden aus Polyglykolsäure. Wird in 30-60 Tagen hydrolytisch abgebaut (nicht enzymatisch). Auch Vicryl®. [2]

Dextrane: hochmolekulare Polysaccharide, die von Leuconostoc mesenteroides aus Saccharose synthetisiert werden und überwiegend aus α-1,6-glycosid. verknüpfter α-D-Glukose aufgebaut sind. Durch Säurehydrolyse und anschließende Fällungsfraktionierung entstehen D. unterschiedlichen Molekulargewichts. D. 60 und D. 40 sind Volumenersatzmittel. Pro Gramm D. werden 20-25 ml Wasser in der Blutbahn reteniert bzw. aus dem extravasalen Raum aufgenommen. → Halbwertszeit, terminale: D. 40 ca. 3-4 h, D. 60 > 6-8 h. Die Elimination erfolgt bei D.n mit Molgew. < 50.000 überwiegend renal. D. mit darüber liegenden Molgewichten werden im retikuloendothelialen System gespeichert und langsam enzymat. abgebaut (≈ 70 mg/kg KG/Tag). [7]

Dextrine n pl: Sammelbegriff für verschiedene Abbauprodukte der Stärke. [23]

Dextrose (lat.) f: Traubenzucker, → Glukose. [23]

De|zidua f: Reaktionsgewebe des Uterus auf die → Nidation und die Invasion des Synzytiotrophoblasten (→ Trophoblast) mit charakteristischen, glykogen- und fettreichen Deziduazellen, die wahrscheinlich der Ernährung des frühen Embryos dienen. Die D. bildet später den maternalen Teil der Plazenta. [22]

D-Fluoretten®: → Fluoridtabletten mit Vitamin-D-Zusatz. Auch → Fluoridprophylaxe, → Natriumfluorid. [29]

DGZMK: Abk. für **D**eutsche **G**esellschaft für **Z**ahn-, **M**und- und **K**ieferheilkunde e.V. (Zentralverein); bedeutendste wissenschaftliche Vereinigung der deutschen Zahnärzte. Der Zentralverein hat seinen Sitz in Düsseldorf. Die DGZMK ist assoziiert mit der → DGZPW und unterhält fachbezogene Arbeitsgemeinschaften und Arbeitskreise. [27]

DGZPW: Abk. für **D**eutsche **G**esellschaft für **Z**ahnärztliche **P**rothetik und **W**erkstoffkunde e.V.; mit der → DGZMK assoziierte einschlägige wissenschaftl. Fachgesellschaft. Unterhält als Tochtergesellschaft die Arbeitsgemeinschaft Dentale Technologie e.V. Registergericht Berlin. [27]

Di: Abk. für → Diphtherie. [8]

Diabetes insipidus m: Wasserharnruhr; Dachbegriff für Krankheitsbilder mit dienzephal-hypophysärer Störung des Wasserstoffwechsels. Ätiologie: 1. hypothalamisch bei Funktionsausfall ADH-produzierender Neurone (→ ADH): idiopathisch, sekundär (Tumoren, Endzündungen); 2. renal bei rezessiv erblicher ADH-Resistenz der Nierentubuli; 3. bei Schädeltrauma, Lues connata, Tuberkulose, Scharlach, postenzephalitische Zustände. Symptome: abnormes Durstgefühl (Polydipsie, Polyurie: 6-10 Liter pro Tag), normale Nierenfunktion bei Harnkonzentrationsunfähigkeit (Eiweiß, Zucker negativ). Nach Pitressin® (ADH-Präparat) Rückgang der Harnmenge. [20]

Diabetes mellitus m: Zuckerkrankheit, Zuckerharnruhr. Störung des Kohlenhydratstoffwechsels bei 1-2% der Bevölkerung, wobei neben seltenen anderen Formen hauptsächlich der Typ I (jugendlicher D.) vom Typ II (Altersdiabetes) unterschieden wird. Beim Typ I soll eine virusinduzierte Immungenese die *Langerhans*-Inseln im → Pankreas zerstören, was einen absoluten Insulinmangel (Insulinmangel-D.) zur Folge hat. Typ II geht durch einen genetisch bedingten Defekt der Insulinrezeptoren an den glukoseverbrauchenden Zellen eher mit einer kompensatorischen Überproduktion von → Insulin (Hyperinsulin-D.), aber einer mangelhaften Insulinwirkung einher und wird durch Adipositas begünstigt. Prädiabetes bedeutet u.a. diabetische Elternschaft, latenter D. vorübergehende Insulinpflicht (z.B. in der Schwangerschaft), asymptomatischer oder präklinischer D. eine eingeschränkte Glukosetoleranz bei normalem Nüchternblutzucker und manifester D. Blutzuckerwerte > 120 mg% im Nüchternzustand. Pathogenese: mangelhafter Einstrom von Glukose in die Zelle, ersatzweise Glukoneogenese durch Fett- und Eiweißverbrennung führen zur → Hyperglykämie, Azidose, → Hyperlipidämie und Zellfunktionsstörungen. Symptome: Polyurie, Durst, Juckreiz, Hunger, Mattigkeit und Gewichtsverlust, erhöhte Infektneigung. Unbehandelt droht das → Coma hepaticum. Spätfolgen: → Arteriosklerose mit peripheren Durchblutungsstörungen bis zur Gangrän, Fettleber, Augenveränderungen, Hauterkrankungen, Parodontitis, Glomerulosklerose, Retinopathia diabetica, Polyneuritis diabetica. Therapie des D. m.: Diät, schnell und protrahiert wirkende Insuline, orale Antidiabetika. Zuckernachweis im Blut und Urin auch als Vorsorgeuntersuchung durch → Blutzuckerteststreifen sehr einfach. [16, 20]

Diabrosis (gr.) f: Durchnagen, Durchfressen, → Arrosion. [32]

DIACONS (Abk.): → Expertensystem zur Therapieunterstützung bei der Behandlung von Diabetes mellitus. D. wurde als Experimalsystem auf Großrechnerbasis entwickelt und macht Vorschläge zur Insulintherapie unter Angabe von Sicherheitsfaktoren (→ Certainty factor). Es wurde von *Schneider/Engelbrecht* in enger Zusammenarbeit mit den klinischen Partnern *Renner/Piwernetz* entwickelt und stellt somit ein typisches Beispiel für Expertensystementwicklungen dar: Forschungseinrichtungen (hier GSF-MEDIS) und Spezialisten/Experten (hier Diabeteszentrum München Bogenhausen) arbeiten bei der Entwicklung zusammen. Vgl. DIADOQ. [26]

DIADOQ (Abk.): → Expertensystem zur Unterstützung des Arztes bei der Behandlung von Diabetespatienten. Basis ist eine vollständige Dokumentation der Patientendaten. Die Wissensbasis besteht aus Regeln, probabilistischen und neuronalen Netzen. Grundlage sind typische Fälle, die in klinischen Einrichtungen gesammelt und dokumentiert werden. D. ist ein Teil des → MEDWIS-Projektes. [26]

Dia|gnose (gr.) f: Unterscheidung, Erkennung der Krankheiten. Vgl. Differentialdiagnose. [20]

DIAGNOSIS: → Datenbank mit über 2.000 Kasuistiken aus der inneren Medizin. D. ist deutschsprachig und wird ständig weiterentwickelt. Bei der Eingabe von Symptomen liefert D. eine Auswahl möglicher Diagnosen. D. steht als Voll- und Kompaktversion für den PC mit eigener Abfragesprache zur Verfügung. Außerdem wird eine Version über das → DIMDI online angeboten. [26]

Dia|gnosis ex juvantibus f: eine aufgrund der Wirkung der therapeutischen Maßnahmen gestellte Diagnose. [20]

Dia|gnosis per ex|clusionem f: eine indirekt, d.h. durch Ausschluß anderer Vermutungsdiagnosen gestellte Diagnose. [20]

Dia|gnostik f: Summe der Maßnahmen zur Erkennung eines Krankheitsbildes. [20]

Dia|gnostik|linie: nach *Raleigh Williams* (1969) Verbindungslinie zwischen dem tiefsten Punkt (A) auf der Mittellinie des Zwischenkiefers (zwischen Spina nasalis ant. [→ Spinagerade] und

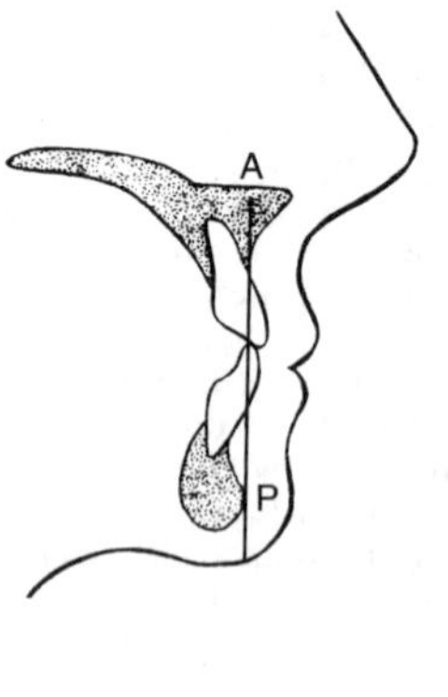

→ Prosthion) und dem → Pogonion (P). Liegt die Schneidekante der mittleren unteren Schneidezähne auf dieser Linie, so besteht nach *Williams* ein ausgewogenes Lippenprofil (Abb.). [34]

Diagnostik, prä|implantologische f: diagnostische Maßnahmen zur Beurteilung der lokalen und allgemeinen Situation vor der → Implantation mit dem Ziel der Auswahl des Implantates sowie der Planung von Implantatposition und -anzahl. Hierzu zählen neben einer allgemeinmed. Anamnese und ggf. Untersuchung vor allem lokale Untersuchungen: klinische Inspektion, Modellanalyse, Röntgendiagnostik. Folgende Punkte sind zu klären: Höhe und transversale Ausdehnung des Alveolarfortsatzes, Distanz zu Kieferhöhlen-/Nasenboden bzw. Mandibularkanal, Schleimhautdicke und -beschaffenheit, interradikulare Distanz bei vorhandenen Nachbarzähnen, intermaxilläre Beziehungen, Funktionsstörungen, Breite des korrespondierenden Zahnes. [18]

dia|gnostisch: in bezug auf die Erkennung der Krankheit. [20]

Diagonal|gesetz: Regel, derzufolge Okklusionsstörungen (→ Gleithindernisse) im Seitenzahngebiet parodontale Erkrankungen im diagonal

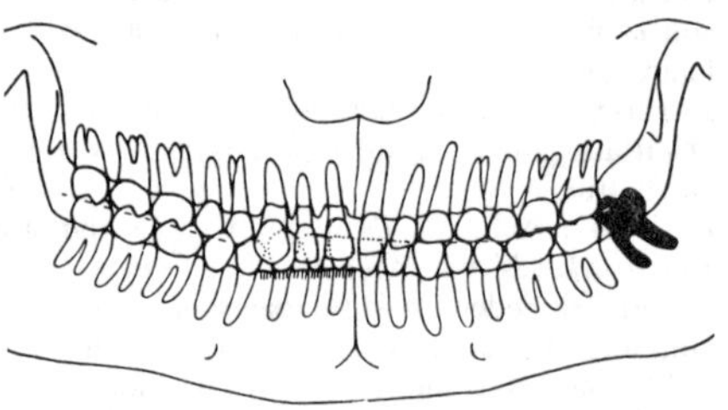

Parodontale Schäden im Frontzahnbereich rechts durch Artikulationshindernis des linken unteren Weisheitszahnes

gegenüberliegenden Frontzahnbereich des Ober- und Unterkiefers bewirken, z.B. Kippung nach Verlust der Nachbarzähne bzw. Herauswachsen nach Verlust der Antagonisten (Abb.). Vgl. Artikulation. [4]

Dia|gramm (gr.) n: graphische Darstellung errechneter oder beobachteter Werte, Präsentation statistischer Größen in Histogrammen, Stabdiagrammen, Kreisdiagrammen, Kuchendiagrammen etc. [26, 34]

Dialog|komponente f: Teil eines → Expertensystems, das die Schnittstelle zwischen System und Benutzer darstellt. [26]

Dialog|system n: ein Informationssystem, das

im Dialog mit dem Benutzer Informationen zur Verfügung stellt. 26

Diamant (gr.) m: Edelstein, härtestes Material, farblos, aus reinem kristallisierten Kohlenstoff. Als Diamantstaub verschiedener Korngröße wird er galvanisch der Oberfläche von Schleifkörpern eingelagert, die dem Beschleifen der Zähne und der Bearbeitung zahntechnischer Werkstücke dienen. Vgl. Diamantinstrumente. 4, 21

Diamant|finierer: Instrument mit extra-feinem (Korngröße 15-45 µm) Diamantbelag zum Glätten (Finieren) von Zahn-, Füllungs- und Werkstück-Oberflächen. → Finierer. 21

Diamant|instrument (besser: Diamantwerkzeug) n: in der Präparations- und Zahntechnik benutzte → Schleifer mit FG (= Friction Grip = Reibungshaftung), Winkel- oder Handstückschaft. Das → Arbeitsteil des Werkzeugs wird auf galvanischem Weg mit → Diamantkörnung belegt. Für zahntechnische Zwecke werden auch gesinterte Diamantwerkzeuge angewandt. Hier ist die Metallbindung mit Diamantkörnung durchsetzt. 21

Diamant|körnung: Größe des Belags von rotierenden → Diamantinstrumenten (→ Schleifer). Norm: ISO 6360. Standardbelag ISO 524. 21

Dia|meter (gr.) m: Durchmesser. 21

Dia|metral-tensile-strength: → Reißfestigkeit. 4

Dia|pedese (gr.) f: → Emigration; Durchtritt zellulärer Blutbestandteile durch die intakte Kapillarwand ins Gewebe; 1. physiol., 2. bei entzündlichen Prozessen (v.a. Leukozyten), 3. bei starker Blutstauung, v.a. Erythrozyten (Diapedesblutung). 32

Dia|phano|skopie f: Durchleuchtung, spez. die Untersuchung der Kieferhöhlen mittels Durchleuchtung durch Einführung einer Lichtquelle in die Mundhöhle (in dunklem Raum). Eine pathologisch veränderte Kieferhöhle ist meist weniger lichtdurchlässig. Nicht sehr zuverlässig. 1

Dia|phragma (gr.) n: Trennwand. 9

Dia|phragma oris n: Mundboden; Trennwand des → Cavum oris und des Spatium submandibulare. Wird von den → Mundbodenmuskeln gebildet. 9

Diar|rhöe (gr.) f: Durchfall; dünner (unzureichend eingedickter) Stuhl, häufig Entleerung aus verschiedensten Ursachen, z.B. alimentär, allergisch, enzymatisch, hormonell, infektiös, medikamentös, psychisch oder toxisch. 34

Dia|stase f: **1.** Auseinanderweichen, z.B. von Gelenkflächen, von Frakturenden, der geraden Bauchmuskeln (Rektusdiastase), u.a. **2.** → Amylase; Enzym, Stärke und Glykogen abbauend. 2

Dia|stema (gr.) n: pl Diastemata; Zwischenraum zwischen den Zähnen, beim Menschen meist zwischen den mittleren oberen Schneidezähnen (Abb.), wird dann als D. mediale oder nach *Virchow* (1895) als Trema bezeichnet. Tritt kombiniert mit einem durch das D. hindurchgewachsenen Lippenbändchen (→ Frenulum labii) auf. Erblich. Im Milchgebiß oft physiologisch, → Frenulum tectolabiale. Als unechtes Diastema

bezeichnet man eine nach (häufig divergierendem) Durchbruch der mittleren Schneidezähne auftretende Lückenbildung, die bei Erscheinen der seitlichen Schneidezähne bei intaktem Zahnbogen normalerweise von selbst verschwindet, indem diese die mittleren Schneidezähne aufrichten und median zusammenschließen (Selbstkorrektur). Auch bei Nichtanlage der seitlichen Schneidezähne oder deren Ausbildung als Zapfenzähne, bei retiniertem → Mesiodens (daher Röntgenkontrolle) und durch Zungengewohnheiten. 5

Dia|stole f: die in rhythmischem Wechsel mit der → Systole erfolgende Erschlaffung und Blutfüllung eines Herzabschnittes, von Vorhof und Ventrikel, bei alternierenden Aktionsphasen beider Teile. 10

Diät (gr.) f: Lebensweise, besonders in bezug auf Ernährung, die von der normalen wesentlich abweicht und durch ihre Form prophylaktisch und therapeutisch wirksam ist. Formula-D.: mit Vitaminen und Mineralstoffen angereichertes, quantitativ definiertes Eiweiß-Fett-Kohlenhydrat-Konzentrat. Salzarme D.: kontrollierte Nährstoffaufnahme bei Einschränkung des Kochsalzanteils. Vgl. Exsikkose, künstliche Ernährung, Nasenolive. 27

Dia|thermie f: Verfahren zur Erwärmung von Gewebe im Inneren des Körpers durch Verwendung von Hochfrequenzströmen. Die Hochfrequenzströme besitzen niedrigere Spannung, aber größere Stromstärke als die Teslaströme. Bei der D.-Behandlung werden kontinuierliche (ungedämpfte) Schwingungen benötigt, die durch eine besondere Funkenstrecke erzeugt werden. Bei modernen Apparaten treten an deren Stelle Glühkathodenröhren. Auch werden kürzere Wellenlängen verwendet (Kurzwellendiathermie). Dadurch, daß diese Hochfrequenzströme etwa eine Million mal in der Sekunde die Richtung ändern, wird eine Änderung im Chemismus der Gewebe vermieden, und so erklärt sich das Fehlen jeder Reizwirkung. Es wird eine Durchwärmung gerade der tiefen Gewebsschichten erreicht, wie sie mit keiner anderen Methode möglich ist. Die Hauptanwendungsgebiete des Verfahrens sind vor allem chron. Entzündungen. 20

Dia|thermie, chir|urgische f: → Elektrochirurgie. 2

Dia|these f: individueller und angeborener, oftmals vererbter Zustand mit verändertem Reaktionsvermögen. Konstitutionelle Sondertypen in der Reaktionsverfassung: → allergische D., → exsudative D., → lymphatische D. (Lymphatismus), → hämorrhagische D. 20

Di|äthyl|äther m: → Äther. 23

Diatomeen|erde: Kieselgur, Infusorienerde, bestehend aus den Kieselpanzern einzelliger Meeresorganismen, der Diatomeen, die sich in größeren Lagern finden. Verwendung in Bakterienfiltern (*Berkefeld*-Filter) sowie als Schleif- und Poliermittel. 8

Diatorics (engl.) m pl: Lochzähne; künstl. Kauflächenzähne ohne → Krampons, die an der Basis ausgehöhlt und seitl. durchlocht sind, so daß sie am Prothesenmaterial Halt finden. 4

Diazepam: 1,4-Benzodiazepin-Derivat. Wirkungsmechanismus, -profil, usw. siehe → Benzodiazepine. Indikationen in Zhk. als → Anxiolytikum (Prämedikation) und Antikonvulsivum (→ Antiepileptika); z.B. bei → Lokalanästhetikum-Intoxikation. Präp.: Valium®, → Tranquilizer für Entspannung, Beruhigung und Schlaf. Normaldosis bei Erwachsenen von 10-20 mg ohne Nebenwirkungen. 2, 7

Dia|zonien f pl: von *Preiswerk* 1895 beschriebene dunkle Streifen auf Schmelzschliffen, die durch quer geschnittene Schmelzprismen verursacht werden. Vgl. Parazonien, *Schreger*-Streifen. 30

Di|chlor|di|fluor|methan: Kälteaerosol (Siedepunkt -29,8 °C bei 101,308 kPa) zur Sensibilitätsprüfung der Pulpa unter Ausnutzung des Abkühlungseffektes des D.s beim Übergang vom flüssigen in den gasförmigen Zustand. Bei intensivem Wärmeentzug, insbes. bei zu langer direkter Besprühung des Zahnes können Schmelzsprünge auftreten. 7

Dicho|glossie f: angeborene Zweiteilung der Zunge. 3

dicho|tomisch: gabelig, in zwei gleichwertige Teile geteilt. 3

Dichte: Physik: Vornehmlich benutzt zur Bezeichnung der Raumdichte der Masse homogener Körper, d.h. der Masse eines Stoffes pro Volumeneinheit. Die Masse (m) homogener Körper ist proportional zu deren Volumen (V): m = @ V. Der Proportionalitätsfaktor @ heißt Dichte: @ = $\frac{m}{V}$; in der SI-Einheit kg m^{-3}. Vgl. Spezifisches Gewicht (veraltet). 10

Dick|darm: Intestinum crassum. → Darm. 9

Dicker Tropfen: luftgetrockneter Bluttropfen. Er dient der Erkennung vereinzelter Blutparasiten. Das Blut wird nicht fixiert und mit wäßriger *Giemsa*-Lösung hämolysiert und gefärbt. Die Erkennung von Blutparasiten (Kerne rot, Plasma blau) wird dann nicht mehr durch die Erythrozyten gestört. 8

Diclofenac: Arylessigsäure-Derivat, → Antiphlogistikum mit analget. und antipyret. Wirkungen. → Cyclooxigenase-Inhibitor. Die antiphlogist. Potenz des D. ist größer als die der → Acetylsalicylsäure. Nebenwirkungen: → Cyclooxigenase-Inhibitoren. Indikation in der Zhk. als Antiphlogistikum (strenge Indikationsstellung). 7

Dicloxacillin: → Isoxazolyl-Penicillin. 7

Dicor®-Verfahren: Verfahren zur Herstellung von Vollkronen und Inlays auf der Basis von → Glaskeramik. Die Wachsform wird eingebettet, ausgebrannt und danach wird niedrigschmelzendes Glas in die entstandene Hohlform gegossen. Die anschließende Wärmebehandlung (Keramisieren) bewirkt die gewünschten physikalischen Eigenschaften sowie eine schmelzähnliche Transparenz. Die Farben werden aufgetragen und mehrmals im Keramikofen eingebrannt. 4

Dieck-Cieszynski-Einstellung (Wilhelm D., Za., Berlin, *1867, † 1935; Anton C., Za., Lemberg, *1882, † 1941): → Halbwinkeltechnik. 14

Di|elektrikum n: Sammelbez. für feste, flüssige oder gasförmige Stoffe, die den elektrischen Strom nicht oder kaum leiten. Dielektrizitätskonstante (DK) ist die Verhältniszahl zwischen der Kapazität eines → Kondensators im Vakuum und der Kapazität mit dem jeweiligen Material als Dielektrikum. 10

Dienst|vertrag: §§ 611 ff. BGB; Vertrag, nach dem Dienste geschuldet werden und nicht für den Erfolg, sondern für die ordnungsgemäße Leistung gehaftet wird. → Behandlungsvertrag. 24

di|enzephal: das → Zwischenhirn betreffend. 9

Di|enzephalon n: → Zwischenhirn. 9

Differential|dia|gnose f: Abk. DD; Unterscheidung ähnlicher Krankheitsbilder. Vgl. Diagnose. 20

Differenzierung: im Rahmen der phänotypischen Entwicklung lebendiger Strukturen (Zellen, Gewebe, Organe, Organismen) erfolgende

Spezialisierung gemäß genetisch vorgegebenen und epigenetisch modifizierenden Einflüssen. Die D. ist objektivierbar an morphologischen (Morphogenese) und funktionellen Zustandsänderungen der Zellen und Gewebe im Laufe der Entwicklung. → Induktion. In der histologischen Technik bezeichnet man als D. die Nachbehandlung der gefärbten Präparate mit dem Zweck, den Farbkontrast der einzelnen Strukturen zu vergrößern. [9, 22]

Differenzierungs|theorie f: Theorie zur Entstehung der Zahnformen bei Säugetieren und beim Menschen; → Trituberkulartheorie. [30]

Difformität f: Entstellung, Mißbildung, Fehlbildung. [3]

diffus (lat.): ausgebreitet, ohne bestimmte Grenze. Gegensatz: → zirkumskript. [2]

diffuse A|trophie f: heute nicht mehr gebräuchliche Bez. für → Parodontitis marginalis profunda. [6]

Diffusion (lat.) f: Stofftransport in Gasen, Flüssigkeiten und Festkörpern durch die Relativbewegung der Teilchen (Wärmebewegung). Die Diffusionsgeschwindigkeit steigt mit zunehmender Temperatur und sinkt mit zunehmender Dichte. D. bewirkt u.a. die allmähliche Vermischung von Gasen, Flüssigkeiten oder Lösungen unterschiedlicher Konzentration. Vgl. Osmose. [10, 23]

Diffusions|test m: → Agar-Diffusionstest. [8]

Diflunisal: Derivat der Salizylsäure, → Cyclooxigenase-Inhibitor mit analget., antipyret. und antiphlogist. Eigenschaften. [7]

di|gastricus (gr.): zweibäuchig, z.B. der → Musculus digastricus. [9]

Digestions|traktus m: → Verdauungsapparat. [9]

Digitus motuus m: toter Finger; bleicher, kühler, gefühlloser Finger infolge Durchblutungsstörung. Vgl. *Raynaud*-Syndrom. [20]

Dignität (lat.) f: Wertigkeit, z.B. eines Tumors. Im Sinne von gut- oder bösartig (→ benigne oder → maligne). [2]

Di-Guglielmo-Syndrom (Giovanni di G., Hämat., Rom, *1886, † 1961) n: → Erythroleukämie. [11]

Di|jod|tyrosin s: Zwischenprodukt bei der Thyroxinsynthese, neben Mono-, Tri- und Tetrajodthyrosin im Thyroglobulin des Schilddrüsenkolloids enthalten. Abgeschwächte Thyroxinwirkung durch D. im normalen und hypothyreotischen, thyroxindämpfende Wirkung im hyperthyreotischen Organismus. [10]

Di|krotie f: Doppelgipfeligkeit des Pulses bei Bradykardie und Verminderung des peripheren Gefäßtonus, palpatorische Wahrnehmung der durch Klappenschluß bedingten Rückstoßwelle. Vorkommen: bei fieberhaften Infektionskrankheiten. [20]

Diktion (lat.) f: Ausdrucksweise, Sprechweise. [19]

Di|latation f: Erweiterung, Ausdehnung eines Hohlorgans, z.B. des Herzens oder der Speiseröhre. [20]

Di|latator (lat.) m: **1.** Instrument zum Erweitern von Kanälen und Höhlen des Körpers, z.B. → Bougie. **2.** Anat. Bezeichnung für erweiternden Muskel (z.B. M. dilatator pupillae). [2]

Di|lazeration (lat.) f: Zerreißung, Zerfetzung, z.B. eines permanenten Zahnkeims durch Milchzahntrauma oder Wurzelknickung während der Entwicklung. [30]

DIMDI: Abk. für **D**eutsches **I**nstitut für **M**edizinische **D**okumentation und **I**nformation. D. ist in der Medizin der größte Informationsanbieter Europas und bietet über 80 → Datenbanken an, z.B. → MEDLINE, → ABDA-PHARMA, → MEDIKAT , → INTOX und → MEDIQUICK. Daneben ist das D. für die Bereitstellung von Klassifikationen wie z.B. der → ICD zuständig. Das D. bietet seine Dienste über Terminalanschlüsse und Btx an. [26]

Dimer|theorie f: von *Bolk* (1913/14) entwickelte Zahnbildungstheorie, wonach der Säugetierzahn aus einer zweiteiligen Anlage hervorgeht, daher auch Zweielementetheorie genannt. Die beiden von *Bolk* als Odontomere bezeichneten Teile setzen sich aus dem phyogenetisch älteren vestibulären Protomer und dem später hinzugekommenen Deuteromer zusammen. Im Prinzip ist die D. eine → Konkreszenztheorie. [30]

Dimethyl-p-toluidin: Starter bzw. Beschleuniger der Kettenreaktion bei der Polymerisation von Methylmethakrylat. [23]

Dimetinden: Antihistaminikum, kompetitiver Antagonist an H_1-Rezeptoren und m-Cholinozeptoren mit sedativen und anticholinergen Nebenwirkungen; Wirkungsmechanismus, Indikationen: → Antihistaminika, Wirkungsdauer 4-6 h. [7]

DIN f: ursprünglich Abk. für **D**eutsche **I**ndustrie-**N**ormen. Nachdem der Normenausschuß der deutschen Industrie im Jahre 1926 die Bezeichnung „Deutscher Normenausschuß“ erhalten hatte, wird DIN als „Das ist Norm“ gedeutet. Beide Begriffe sind überholt. Heute gilt das Wort als Abkürzung für → Deutsches Institut für Normung e.V.; → DIN-Normen. [21]

Dingman-Pro|genie|operation (Reed O. D., zeitgen. amerik. Kieferchirurg, Ann Arbor) f: Verkürzung des horizontalen Unterkieferastes meist um die Breite des (extrahierten) 1. Molaren. Zweizeitiges, extra- und intraorales Vorgehen unter Schonung des Gefäß-Nervenbündels. Besonders angezeigt bei gleichzeitig bestehendem → offenem Biß. Nachteil: geringe Knochenanlagerungsflächen mit Gefahr der Bildung einer → Pseudarthrose. 2

DIN-Normen f pl: von DIN-Normenausschüssen erarbeitete und vom → Deutschen Institut für → Normung geprüfte und herausgegebene Normen. 21

Di|optrie f: Abk. dpt oder dtr; Maßeinheit für die Brechkraft eines optischen Systems. Eine D. entspricht der Brechkraft eines optischen Systems von 1 m (1000 mm) → Brennweite. D = 1/f (f = Linsenbrennweite in m); konkav = +, konvex = -. Die Verwendung der Einheit D. vereinfacht die Berechnung der Brechkraft von Linsenkombinationen (z.B. Kombination einer → Nahlinse mit einem Objektiv in der Dentalfotografie). 10, 17

Di|osmose f: doppelseitige → Diffusion durch poröse Scheidewände. 10

Di|peptidasen f pl: proteolytische Enzyme, die Dipeptide in ihre beiden Bausteine, d.h. in 2 Aminosäuren, spalten. 23

Diphenhydramin: Antihistaminikum, kompetitiver → Antagonist an H_1-Rezeptoren und m-Cholinozeptoren mit antiemet., anticholinergen und stark sedativen Wirkungen (Wirkungsdauer 4-6 Std.); Wirkmechanismus: → Antihistaminika; Indikationen als Antihistaminikum: → Sedativum, → Antiemetikum. 7

Diph|therie (gr.) f: Infektionskrankheit durch → Diphtheriebakterien. Inkubationszeit 3 bis 5 Tage. Übertragung durch Tröpfcheninfektion (Anhusten), häufiger von gesunden → Keimträgern oder → Dauerausscheidern (erst 3 negative Abstriche von Mandeln, Rachen, Nase zeigen nach Gesundung das Aufhören der Infektiösität) als von Erkrankten (bereits während der Inkubation infektiös). Infekt auch durch Gegenstände. Keine lückenlose Immunität nach Erkrankung, aktive Schutzimpfung mit Diphtherietoxoid gibt nach 3-6 Wochen Schutz für einige Jahre, am besten Wiederholung nach 4 Wochen. Klinik: Beginn mit Abgeschlagenheit, mäßigem Fieber, Schluckbeschwerden, dann weiße Stippchen auf geschwollenen und geröteten Rachenmandeln, konfluierend zu typischem weißen zusammenhängenden Belag, oft auf das Zäpfchen übergreifend, elastisch-fest (bei Abreißen kommt es leicht zu einer Blutung), Schwellung der Lymphknoten am Unterkieferwinkel, typischer Geruch. Komplikationen: Membranausbreitung in den Kehlkopf mit heiserem Husten und Erstickungsanfällen (→ Krupp), lebensrettende Intubation oder Tracheotomie; Nasen-D. mit blutig-seröser Sekretion. Meist sind nicht Lokalbefunde, sondern durch Diphtheriebakterienektotoxine bedingte Fernwirkungen klin. entscheidend, z.B. bei der malignen D.: schwerstes Krankheitsgefühl, bräunliche oder schmutzig-graue Beläge im Rachen, unscharf begrenzt, äußerliche Schwellung des Halses (sog. Cäsarenhals), gering erhöhte Temperaturen, schlechte Pulsfüllung, Fernwirkungen: toxische Kreislaufschädigung mit vasomotorischem Kollaps, Myokarditis mit Reizleitungsstörungen (klin. plötzlicher Herztod), Polyneuritis mit Gaumensegellähmung, Augenmuskellähmungen, evtl. Schluck- und Atemlähmung (gute Rückbildungstendenz); Serumtherapie: Diphtherieantitoxin (20.000 bis 100.000 I.E., die eine Hälfte i.m., die andere Hälfte i.v., cave Serumüberempfindlichkeit), außerdem wäßriges Prokain-Penicillin (300.000 bis 2.000.000 I.E.). 20

Diphtherie|bakterien f pl: gehören zu den → Korynebakterien (Corynebacterium diphtheriae). Grampositiv, mit keulenförmigen Verdickungen an den Enden (Polkörnchen). Züchtung auf Serumböden (→ *Löffler*-Behandlung), *Clauberg*-Blut-Tellurit-Agar u.a. Toxinnachweis durch Tierversuch am Meerschweinchen oder durch Gelpräzipitation (→ *Elek*-Test). Übertragung durch Tröpfchen oder Staub. Erregerreservoir sind → Keimträger. Vgl. *Neisser*-Polkörnchenfärbung, Bakteriensystematik. 8

Diph|thero|ide (gr.) n pl: grampositive Stäbchen mit einem oder zwei aufgetriebenen Enden; Sammelbezeichnung für apathogene Korynebakterien-Arten; auch Actinomyces israelii zerfällt in älterer Kultur in derartige Stäbchen. 8

Di|phthongie f: Doppelstimme bei Neubildungen an den Stimmbändern oder deren einseitiger Lähmung. 19

Di|phy|odontie f: doppelte Zahnbildung bei den meisten Säugetieren und beim Menschen. 20 Milchzähne werden durch 20 permanente Zähne ersetzt. Vgl. Monophyodontie und Polyphyodontie. 30

Dipidolor®: → Piritramid. 2

Di|plegia f: doppelseitige Lähmung. 2, 20

Di|plegia facialis f: beidseitige Gesichtslähmung. → Lähmung. 2, 20

Di|plegia masticatoria f: beidseitige Lähmung des motor. Trigeminusastes (motor. Anteil des → Nervus mandibularis). 2

Di|plegia spastica in|fantilitis f: *Little*-Krankheit (Sammelbez. für zerebrale Kinderlähmung). 20

Diplo|coccus m: → Pneumokokken. 8

Di|ploe (gr.) f: die schwammige Knochensubstanz zwischen den beiden Tafeln des Schädeldaches. [9]
Diplo|kokkus m: → Pneumokokken. [8]
Diplo|phonie f: → Diphthongie. [19]
Di|plopie f: → Doppeltsehen. 1. Monokulare D.: durch Brechungsfehler im Auge oder Akkomodationskrampf verursacht. 2. Binokulare D.: durch Sehachsenabweichung (→ Strabismus) verursacht, z.B. bei Augenmuskellähmung oder -einklemmung infolge Fraktur periorbitaler Knochen. [2]
Di|plo|som n: Zentriol in Form eines Doppelkörnchens (nach *Montgomery,* 1904). Vgl. Zentrosom. [30]
Di|pol m: Phys.: **1.** Trennung der positiven und negativen Ladungsschwerpunkte an einem Atom oder Moleküle durch Verschiebung im Elektronenbesitzanteil. Zahlreiche Moleküle besitzen ein permanentes Dipolmoment. Sie heißen deshalb polare Moleküle oder Dipolmoleküle; **2.** Körper, der sich hinsichtlich magnet. Felder wie ein elektr. D. bezüglich elektr. Felder verhält; **3.** im Bereich elektromagnet. Wellen strahlendes System, dessen Linearabmessungen klein gegen die Wellenlänge sind (*Hertz*scher D.). [10]
Dip-slide-Test m: ein Agar-Objektträger-Test. Vgl. Dentocult®-LB und Dentocult®-SM. [29]
Dipso|manie f: Quartalstrunksucht; periodisches Auftreten krankhaften, unwiderstehlichen Zwangs zum Alkoholmißbrauch, der Tage oder Wochen anhalten kann. [33]
Di|saccharide: Doppelzucker, $C_{12}H_{22}O_{11}$; Vorkommen als Malzzucker (→ Maltose), Milchzucker (Laktose), Rohrzucker (→ Saccharose). [34]
Disclosing solution (engl.) f: Farblösung zum Sichtbarmachen der Zahnbeläge; Plaquedetektor. → Plaquerevelatoren. [1, 15]
Discus (gr.) m: → Diskus. [9]
Discus articularis m: Gelenkscheibe aus → Faserknorpel, die zwischen den artikulierenden Flächen eines Gelenkes liegt. Teilt den Gelenkspalt in zwei Räume. D. a. (articulationis temporomandibularis): Diskus des Kiefergelenks, aus → Faserknorpel bestehende Gelenkscheibe, die ringsum mit der Gelenkkapsel verwachsen ist und so das Gelenk in zwei Kammern teilt; wird bei der Mundöffnung vom Gelenkkopf als „transportable Gelenkpfanne" mit nach vorn genommen. Am D. a. articulationis temporomandibularis inseriert ein Anteil des M. pterygoideus lateralis. [9]
Discus inter|vertebralis m: Zwischenwirbelscheibe, → Bandscheibe. [9]
Dish face (engl.): → Schüsselgesicht. [5, 19]
Disking (engl.) n: → Verschleifen von Karies. [29]
Dis|klusion (lat.) f: 1. gestörte → Okklusion; 2. Aufhebung der Seitenzahnkontakte bei → Laterotrusion oder → Protrusion. Vgl. Okklusionskonzepte. [4]
Dis|krepanz|berechnung: Berechnung des Verhältnisses zwischen Platzangebot und Platzbedarf im Zahnbogen. Die Berechnung gibt Auskunft darüber, ob die kieferorth. Ausformung der Zahnbögen ohne oder nur mit Extraktion möglich ist. Berücksichtigt werden Modell- und FRS-Befund, daher werden unterschieden: 1. dentale Diskrepanz (DD), aus der → Gebißanalyse; 2. sagittale Diskrepanz (SD), aus der → FRS-Analyse; 3. totale Diskrepanz (TD), die Gesamtunstimmigkeit. [5]
Dis|krimination f: **1.** Psychiatrie: Fähigkeit zur intellektuellen Unterscheidung von Sinn- und Bedeutungsinhalten bei der verbalen Kommunikation. **2.** Neurol.: getrennte Wahrnehmung von 2 gleichzeitig gesetzten Hautreizen (z.B. mit einem Tastzirkel). [27]
Diskus (gr.) m: Scheibe, Gelenkscheibe. [9]
Diskus|hernie f: → Bandscheibenprolaps. [20]
Dis|locatio f: → Dislokation. [2]
Dis|locatio ad axim f: → Dislokation mit Achsenknickung. [2]
Dis|locatio ad latus f: → Dislokation mit Seitenverschiebung. [2]
Dis|locatio ad longitudinem cum contractione f: → Dislokation mit Längsverschiebung unter Verkürzung. [2]
Dis|locatio ad longitudinem cum dis|tractione f: → Dislokation mit Längsverschiebung unter Verlängerung. [2]
Dis|locatio ad peripheriam f: → Dislokation mit Verdrehung oder Rotation. [2]
Dis|lokation f: Lageveränderung, z.B. von Bruchenden frakturierter Knochen (Abb.); Verlagerung eines Körperteiles oder Organs. → Dystopie. [2]

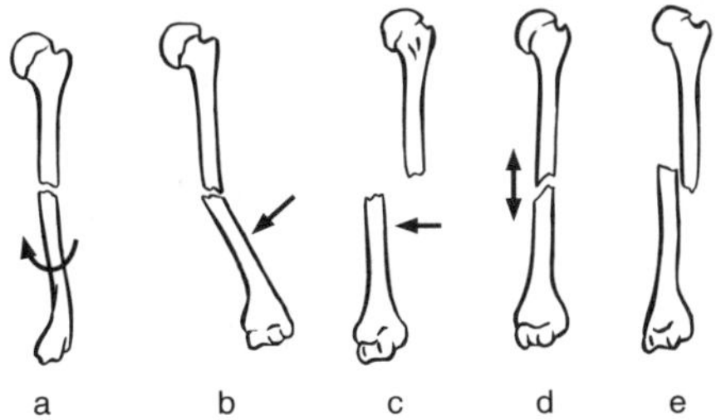

a: ad peripheriam; b: ad axim; c: ad latin;
d: ad longitudinem cum distractione;
e: ad longitudinem cum contractione.

dis|loziert: nicht an der richtigen Stelle stehend, verschoben, verrenkt. [2]

Dis|pensaire|betreuung: vorbeugender Gesundheitsschutz durch ständige Beobachtung und Betreuung bestimmter Bevölkerungsgruppen, z.B. von Jugendlichen, Frauen, Arbeitern in gesundheitsgefährdenden Betrieben u.ä. [15]

Dis|persion (lat.) f: Chem.: Verteilung eines festen Stoffes oder einer Flüssigkeit (disperse Phase) in einem Gas oder einer Flüssigkeit (Dispersionsmittel oder Dispergens). Unter diesen Begriff fallen → Emulsionen, → Suspensionen und kolloidale Lösungen (→ Kolloide). [23]

Dis|persions|grad m: Ausmaß der Verteilung einer dispersen Phase in einem Dispersionsmittel. [23]

Display (engl.) n: elektronische Anzeige mit Zahlen, Worten und/oder Bildern (z.B. Drehzahl-, Zeit- und Temperaturanzeigen bei zahnärztlichen und zahntechnischen Geräten), Bildschirm des EDV-Systems. [21]

Dis|position (lat.) f: **1.** Med.: Anlage, besondere Empfänglichkeit für Krankheiten, die angeboren oder erworben sein kann. **2.** Pharm.: pharmakokinet. Begriff, der die → Verteilung und Elimination eines Arzneistoffes (→ Pharmakon) beschreibt. [7, 20]

Dis|proportionierung f: Reaktion, bei der eine Verbindung mittlerer Oxidationsstufe in solche höherer oder niedrigerer Oxidationsstufen übergeht. Abbruchreaktion beim Kettenwachstum von Polymeren durch Zerfall von Radikalen in die gesättigten und ungesättigten Homologen. [23]

Dis|sektion f: Zerschneidung; → Hemisektion. [6]

Dis|semination (lat.) f: Ausbreitung einer Seuche oder eines Krankheitsprozesses in Form kleiner, zerstreuter Herde. [8]

dis|seminiert: zerstreut, ausgesät. [8]

Dis|sertation f: → Inauguraldissertation. [24]

Dis|simulation f: bewußter Versuch des Patienten, krankhafte Symptome abgeschwächt darzustellen oder zu verbergen. Ggs.: → Simulation. [33]

Dis|solution (lat.) f: Auflösung; prozentuale Auflösung eines festen → Pharmakons (A) oder einer → Arzneiform (B) in einem flüssigen System in Abhängigkeit von der Zeit. (A) beschreibt die substanzspezif. Eigenschaft des → Wirkstoffes (wahre oder intrins. Auflösungsgeschwindigkeit), (B) beschreibt die effektive Freisetzung der Wirksubstanz aus einer Arzneiform (scheinbare Auflösungsgeschwindigkeit des Wirkstoffes). Die Bestimmung der pharmazeut. Verfügbarkeit durch Angabe z.B. der → Dissolutionshalbwertszeit oder der → Dissolutionseffizienz ist wichtig für die Beurteilung einer Arzneiform und eines Qualitätsvergleiches verschiedener Arzneiformen mit gleichem Wirkstoff. [7]

Dis|solutions|effizienz f: Zeit, in der 90% des Wirkstoffes in Lösung gegangen sind. [7]

Dis|solutions|halb|werts|zeit: Zeit, in der 50% des in einer → Arzneiform enthaltenen → Wirkstoffes gelöst sind. [7]

Dis|soziation (lat.) f: Trennung, Lockerung des Zusammenhangs, Spaltung eines Moleküls in Atomgruppen oder Ionen. Man spricht von thermischer D., wenn diese Spaltung durch Wärmeeinwirkung erfolgt. Unter elektrolytischer D. versteht man den mehr oder weniger vollständigen Zerfall → heteropolarer Verbindungen in Lösungen oder Schmelzen. [23]

di|stal (lat.): von der Körpermitte bzw. einem Zentralorgan entfernt liegend; Ggs.: → proximal. In der Zhk. bezeichnet man die der Mittellinie abgewandte Seite des Zahns als die d.e Seite; Ggs.: → mesial. [30]

Distal|biß: Rückbiß; Okklusionsanomalie, bei welcher der Unterkiefer weiter zurückliegt als normal (mandibuläre Retrusion). Entspricht Klasse II der → *Angle*-Klassifikation. Therapie heute meist durch funktionskieferorth. Geräte (→ Aktivator, → Bionator) oder → Vorbißgitter, Vorbißdoppelplatte nach *Schwarz* u.a. Nur noch in extremen Fällen Behandlung durch Gummizüge. Einseitiger D.: meist Mandibularverschiebung, also bei Differenz der unterkiefereigenen Mitte zur Raphe-Median-Ebene durch Seitenverschiebung des Kiefergelenks einer Seite, auch (unecht) durch Mesialwanderung einer oberen Seitenzahnreihe (nach Umdenken Neutralbiß) oder einer unteren Seitenzahnreihe (nach Umdenken Distalbiß). Vgl. Bißanomalien, Bißlage. Physiol. D.: beim Neugeborenen normale Bißlage als harmonische Anpassung des Kieferwachstums an die naturgemäße Art der Nahrungsaufnahme. [5]

distal|ex|zentrisch: → exzentrische Projektion. [14]

Distal|feder: Drahtfeder an kieferorth. Plattenbehelfen, meist als Interdentalfeder zur → Retrusion einzelner Zähne. [5]

Di|stalisation f: als Lutschfolge durch lokale Druckeinwirkung entstandene Eckzahnverschiebung im Oberkiefer nach mesial, im Unterkiefer nach distal bei noch durchaus bestehendem → Neutralbiß (Abb. 1 s. S. 175). Im Milchgebiß gilt ein Abstand zwischen den Distalflächen der oberen und unteren Eckzähne von unter 2 mm als D. (Abb. 2 s. S. 175). [5]

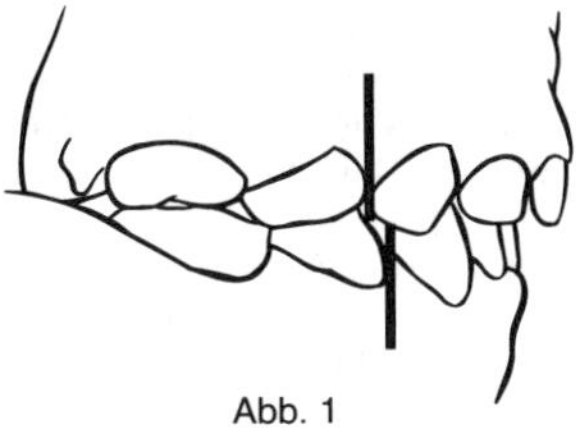

Abb. 1

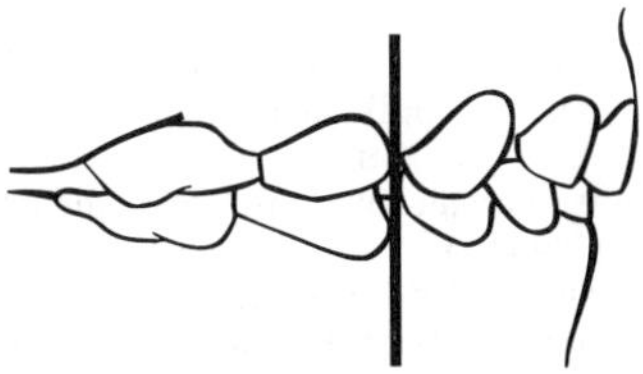

Abb. 2

Distal|ok|klusion f: → Distalbiß. [5]

Distal|schraube: in sagittaler Richtung eingelagerte halbe → Dehnschraube meist besonders zierlichen Typs zur Rückbewegung einzelner Zähne oder Zahngruppen. [5]

Distal|stand: paraxialer Falschstand (→ Fehlstellung von Zähnen) eines einzelnen Zahnes oder mehrerer Zähne in distaler Richtung. Als Folge der Extraktion eines 1. Molaren im → Wechselgebiß rückt der hochkommende 2. Molar nach mesial in die Lücke ein, die Zähne vor der Lükke stellen sich, verglichen mit der gesunden Seite, weiter distal ein und stehen im Distalstand. [5]

Distal wedge operation (engl.) f: Bindegewebsexzision distal des letzten Molaren bei → Lappenoperationen, Weisheitszahntaschen und retromolaren Pseudotaschen. Nach keilförmiger Exzision werden die Wundränder durch subgingivale Keilexzision ausgedünnt und vernäht. So wird eine straffe Anlagerung auf dem Alveolarfortsatz erreicht. [6]

Distanz|hülse: Konstruktionselement von zweiphasigen dentalen Implantatsystemen. Bei zweiphasigen, submukös einheilenden Implantaten wird nach der Einheilphase in einem zweiten operativen Eingriff das Implantat freigelegt und mit einer D. verlängert, damit es das Mukoperiost perforiert und prothetisch versorgt werden kann. Die D. stellt an diesen Implantaten den → Implantathals dar. [18]

Distanz|osteo|genese f: bindegewebige Einscheidung eines in den Knochen eingebrachten alloplastischen (→ Plastik) Fremdkörpers im Sinne einer dauerhaften Demarkation. Im Ggs. zum Desmodont natürlicher Zähne sind die Fasern bei der D. nicht funktionell ausgerichtet und inserieren nicht am Implantat. Ursache für die D. sind entweder eine Relativbewegung zwischen Implantat und Knochen während der Einheilung (→ Primärstabilität) oder ungünstige Eigenschaften des Implantatwerkstoffes (→ biotolerant). [18]

Di|stick|stoff|oxid n: → Stickoxidul; → Lachgas. [2]

di|sto-: → distal-. [30]

disto|bukkal: der Mittellinie abgewandt und wangenwärts gelegen, auch distovestibulär. [30]

disto|ex|zentrisch: → exzentrische Projektion. [14]

disto|labial: der Mittellinie abgewandt und lippenwärts gelegen. [30]

disto|lingual: der Mittellinie abgewandt und zungenwärts gelegen. [30]

Disto|molaren m pl: Retromolaren; überzählige Molaren am Ende der Zahnreihe. Bei Naturvölkern werden sie wesentlich häufiger beobachtet als bei zivilisierten Völkern. Vgl. Paramolaren. [30]

disto|oral: der Mittellinie abgewandt und mundwärts gelegen (distopalatinal oder distolingual). [30]

disto|palatinal: der Mittellinie abgewandt und gaumenwärts gelegen. [30]

Dis|torsion f: Verstauchung, Zerrung der Gelenkkapselbänder mit Zerreißung und Blutaustritt. Auch für leichte Luxation des Zahnes ohne Stellungsveränderung gebraucht. [2]

Disto|version f: in der Kieferorth. Bez. für die Stellung eines Zahnes distal von seinem normalen Platz. [5]

disto|vestibulär: der Mittellinie abgewandt und zum Mundvorhof hin gelegen. [30]

Dis|traktion f: Auseinanderziehen gebrochener Knochen im Streckverband, auch Überdehnung; in der Kieferorthopäd. Begriff aus der Gnathostatik (*Simon*): zu weiter Abstand der seitlichen Zahnreihen von der Raphe-Median-Ebene in querverlaufender Richtung. → Expansion. [34]

Dis|ziplinar|recht: Vorschriften, die Rechte und Pflichten der KZV zum Einschreiten bei Verstößen des Vertragszahnarztes gegen vertragszahnärztliche Pflichten beinhalten; obliegt der KZV bei Verletzung vertragszahnärztlicher Pflichten. Die Satzung der KZV enthält die Disziplinarordnung. Diese regelt das Disziplinarverfahren (§ 81 Abs. 5 SGB V). Mögliche Maßnahmen sind Verwarnung, Verweis, Geldbuße bis zu 20.000,- DM und Anordnung des Ruhens der Zulassung bis zur Dauer von 6 Monaten. Das Verfahren findet vor dem Disziplinarausschuß und vor dem Disziplinarbeschwerdeausschuß statt. [24]

Di|uretika n pl: Gruppenbez. für Arzneistoffe, die die Harnausscheidung (Diurese) fördern. Einteilung in osmot. wirksame D. und → Saluretika. 7

di|vergieren (lat.): von einem Punkt auseinanderstreben. Adj.: divergent. 4

Di|vertikel (lat.) n: Ausbuchtung, Ausstülpung, blind endendes Anhängsel an Hohlräume, erworben, z.B. am Dickdarm und am Ösophagus (→ Pulsionsdivertikel, → Traktionsdivertikel) oder angeboren (→ *Meckel*-Divertikel, → *Rathke*-Tasche). 20

Di|vinyl|äther m: Inhalationsnarkotikum für kurzdauernde Eingriffe, auch kombiniert mit → Äther oder → Lachgas. Präp.: Vinydan®. 2

Di|zephalus m: Mißgeburt mit zwei mehr oder weniger vollständigen Köpfen. 3

D.M.D.: → Doktorgrad. 24

DMF-Index m: (DMF: Abk. für engl. decayed, missing, filled) Index, der die Summe der kariösen (D), fehlenden (M) und gefüllten (F) Zähne oder Zahnflächen pro Person angibt. Beim DMF-T-Index werden die erkrankten Zähne (T = teeth), beim DMF-S-Index die erkrankten Zahnflächen (S = surfaces) gezählt. Der D. ist ein Index für bleibende Zähne. Der maximal möglichen DMF-T-Index beträgt 28, da Weisheitszähne unberücksichtigt bleiben. Im Milchgebiß Verwendung des dmf-t- bzw. dmf-s-Index, zuweilen auch def-Index (e = extractio), um den physiolog. Zahnverlust von der Extraktion unterscheiden zu können. → Kariesindex. 1, 15

DNS: Abk. für → Desoxyribonukleinsäure. 23

Doca: Abk. für Desoxikortikosteronazetat, → Mineralokortikoide. 20

Docht|drainage f: → *Weiser*-Dochtdrainage. 1

Doctor (lat.) m: → Doktorgrad. 24

Doktor|grad m: im Mittelalter höchster akademischer Grad mit unbeschränkter Lehrbefugnis. Jetzt mit dem Namen verbundener, durch Gesetz geschützter Titel, der dem Doktoranden aufgrund einer → Inauguraldissertation verliehen wird (Promotion). Für den europäischen Za. wurde der D. zuerst 1914 in Zürich als Dr. med. dent., dann 1919 in Baden als Dr. chir. dent. und im gleichen Jahr in Preußen als Doctor medicinae dentium eingeführt. Diesem schlossen sich allmählich die Länder des Deutschen Reiches, auch Baden, an. Doktortitel im medizinischen und zahnmedizinischen Bereich: Dr. med.: Doctor medicinae; Dr. h.c.: Doctor honoris causa (ehrenhalber); Dr. med. (dent.) habil.: Doctor medicinae (dentium) habilitatus (Doktor, der das Habilitationsverfahren für Medizin bestanden hat); Dr. med. univ.: Doctor medicinae universalis (Doktor der gesamten Heilkunde, u.a. in Österreich). Zahnmedizinischer Doktortitel in England und an einigen amerik. Hochschulen: D.M.D. (Dentariae Medicinae Doctor); sonst in den USA → D.D.S. (Doctor of Dental Surgery). 24

Dokumentation (lat.) f: in der EDV benutzter Ausdruck für die Beschreibung von Verfahren etc. in Form von Handbüchern, z.B. Systemdokumentation. In der Medizin üblicher Ausdruck für die verfügbare Information über einen Patienten, (Falldokumentation). Der Arzt hat Dokumentationspflicht; d. h. für den Zahnarzt: Aufzeichnungen über die Behandlung. → Berufspflicht und Nebenpflicht aus dem → Behandlungsvertrag. Aus der D. müssen die einzelnen Leistungen und die Diagnose sowie die Behandlungsmaßnahmen ersichtlich sein. In der Regel besteht Anspruch des Patienten auf Einsicht. Die D. ist nach Berufsrecht 3 Jahre, nach → Bundesmantelvertrag (Zahnärzte) 5 Jahre und bezüglich der Röntgenaufnahmen und sonstiger Aufzeichnungen über Röntgenuntersuchungen 10 Jahre nach der letzten Untersuchung, bezüglich Aufzeichnungen über Röntgenbehandlungen 30 Jahre nach der letzten Behandlung aufzubewahren. Bei Verletzung der D.spflicht liegt ein Verstoß gegen Berufsrecht und vertragszahnärztliche Pflichten vor. Es kommt ggf. zur Beweislastumkehr im Haftungsprozeß. Vgl. Haftung, Datenschutzgesetz. 24, 26

Dokumentation, medizinische f: 1. Speicherung der med. Patientendaten/Dokumente in Krankenakten oder im Computer; 2. Anwendung entsprechender Verfahren zur Speicherung (wie z.B. Diagnoseverschlüsselung) sowie zur Auswertung der → Dokumentation. 26

Dolantin®: → Pethidin. 2

Dolder-Gelenk (Eugen D., Prof. Zhk., Zürich): *Dolder*-Geschiebe; → Steggelenk, → Steggeschiebe. 4

dolicho|faziales Wachstum: → Wachstumstyp. 5

Dolicho|steno|melie f: → Arachnodaktylie. 3

Dolicho|uranie f: Schmalgaumen. 5

dolicho|zephales Wachstum: → Wachstumstyp. 5

Dolicho|zephalie (gr.) f: Langkopf; Kopf, bei dem die Länge die Breite wesentlich übertrifft. 34

Doloform®: Paste mit Paraform, → Lidocain, Polidocanol. Vgl. Paraformaldehyd. 7

Dolor (lat.) m: Schmerz. 2

dolorosus (lat.): schmerzhaft. 2

Dolor post extractionem m: Nachschmerz nach Zahnextraktion, meist beruhend auf Wundinfektion (→ Dry socket), Sequesterbildung oder scharfen Rändern der Alveolarlamellen, neuritischen Beschwerden. 2

dominant: überdeckend; in der Vererbungslehre der sich im äußeren Erscheinungsbild durchsetzende stärkere Anlagepaarling (Allel) des Genpaares, während das überdeckte, schwächere „rezessive" Allel zwar vererbt wird, aber nicht in Erscheinung tritt. [34]

Donaldson-Nadel (Robert Bruce D., Za., Washington, *1826, † 1907): endständig gezähnte Nadel zur Entfernung von Pulparesten aus dem Wurzelkanal. Vgl. Exstirpationsnadel. [1]

Donders-Raum (Franz D., Physiol., Ophth., Utrecht, *1818, † 1889): Raum zwischen hartem Gaumen und Zunge, in welchem schon bei normaler Zungenlage ein leichter Unterdruck herrscht. Hier wird durch entsprechende Zungenbewegungen und Abdichtung zum Pharynx eine beabsichtigte Saugwirkung erzeugt. [19]

Dontisolon®: Kombinationspräparat mit → Prednisolon, Neomycin (Aminoglykosid-Antibiotikum), Aminoquinurid, Zimtöl und Kamillenöl. Indikation: als Paste oder Salbe zur kurzfristigen, lokalen, symptomat. Behandlung schmerzhafter Entzündungen in der Mundhöhle. Kontraindikationen: Allergie gegen Einzelkomponenten des Kombinationspräparates. [7]

Dopamin-Rezeptoren m pl: → Rezeptoren des Dopamins und synthetischer Analoga, Mitglieder der Superfamilie G-Protein-gekoppelter Rezeptoren. Einteilung in 2 Hauptklassen nach Ligandenbindungs-, molekularbiolog. und pharmakolog. Daten. D_1-Rezeptoren aktivieren, D_2-Rezeptoren hemmen die Adenylylcyclase oder wirken unabhängig von der Adenylylcyclase durch Steigerung der Kalium- oder Senkung der Calcium-Leitfähigkeit. Lokalisation der D_1-Rezeptoren: zentrales Nervensystem, Retina, Blutgefäße (renal/mesenterial), Herzmuskel. Lokalisation der D_2-Rezeptoren: im nigrostrialem-, mesolimbischen- und tuberoinfundibulären System, in der Chemorezeptortriggerzone und peripher an noradrenergen Nervenendigungen. → Neuroleptika. [1,7]

Doppel|abdruck: → Doppelmischabdruck. [4]

Doppel|arm|auflage|klammer: kombiniertes Halte- und Stützelement; vgl. *Ney*-Klammersystem. [4]

Doppel|arm|klammer: sattelnahes → Halteelement in Verbindung mit einem sattelfernen Haltestützelement. [4]

Doppel|bindung: Chem.: Verbindung zweier Atome durch zwei Elektronenpaare. Alle mit den beiden Doppelbindungspartnern direkt verbundenen Atome liegen geometrisch in einer Ebene. [23]

Doppel|biß: **1.** Vorkommen zweier gewohnheitsmäßig eingenommener Schlußbißlagen: einer skelettal vorgegebenen retralen Position und einer weiter ventral gelegenen zweiten Position. **2.** Die noch nicht im Gelenk manifestierte Vorbißstellung des Unterkiefers bei → Bißverschiebung, die vom Patienten eingenommen werden kann, während der ursprüngliche → Distalbiß noch besteht. [5]

Doppel|blatt-Implantat n: enossal-subperiostales Blattimplantat (→ Implantatformen) aus → Tantal nach *Herskovits.* [18]

Doppel|bogen: → *Case*-Apparatur. [5]

Doppel|brechung: Physik, Optik: Beim Durchtritt durch → anisotrop(e) Stoffe, insbesondere Kristalle, wird ein Lichtstrahl in zwei Komponenten zerlegt, er erfährt D. Der eine Strahl folgt dem *Snellius*schen Brechungsgesetz (ordentlicher Strahl), der andere, außerordentliche Strahl, weicht von der Richtung des ordentlichen Strahles ab. Die Differenz der Brechzahl der beiden Strahlen charakterisiert die → Anisotropie des Kristalles. Beide Strahlen werden linear, senkrecht zueinander polarisiert. → *Nicol*-Prisma. [10]

Doppel|hohl|zylinder|implantat n: → ITI-Hohlzylinderimplantate. [18]

Doppel|krone: → Teleskopkrone. [4]

Doppel|lippe: → Labium duplex. [3]

Doppel|misch|abdruck: Sandwichabformung; einphasiges Abdruckverfahren für beschliffene Zähne in der Kronen- und Brückenprothetik. Dabei wird im gleichen Arbeitsgang dünnflüssiges Abformmaterial (mittels einer Spritze in die Zahnfleischtasche appliziert) und zähflüssiges Abformmaterial für die Abformung des Stumpfes verwendet. Beide Materialien binden dann gleichzeitig ab. Werden die beiden Materialien (Phasen) zeitlich nacheinander eingebracht, so spricht man von → Korrekturabdruck. → Zweiphasenabdruck, → Abformmethoden, → Abformung. [4]

Doppel|platte: von *A. M. Schwarz* entwickelte, zweiteilige kieferorth. Apparatur, etwa in Form eines schräg durchgesägten → Aktivators (Abb.).

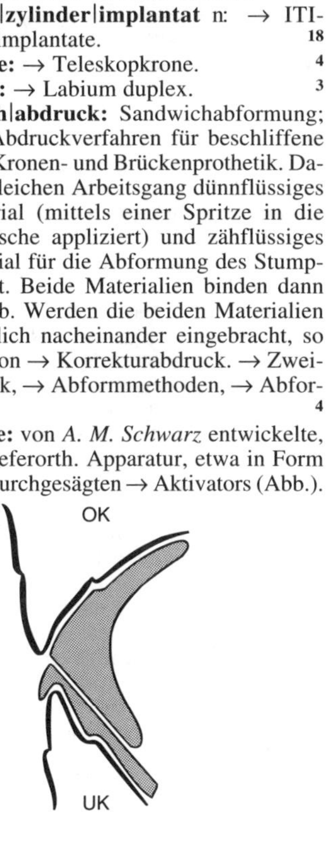

Die → Bißverschiebung erfolgt nach dem Prinzip des → Jumping the bite. Gleichzeitig können mit der D. Einzelzahnfehlstellungen beseitigt werden. Von *Schwarz* später als → Vorschubdoppelplatte bezeichnet, im Gegensatz zur → Rückschubdoppelplatte zur Behebung eines Vorbisses. Nachteil der D. ist die starke Einengung des Mundraumes. [5]

Doppel|salze: aus zwei oder mehr Salzen bestehende chem. Verbindungen, die in wäßriger Lösung weitgehend in die → Ionen der sie aufbauenden einfachen Salze dissoziieren, wodurch sie sich von den → Komplexverbindungen unterscheiden. [23]

Doppel|strom|kanüle f: zwei nebeneinanderliegende Kanülen verschiedenen Kalibers zur → Saugspülung infizierter Wurzelkanäle. [1]

Doppelt|sehen: → Diplopie. Störung der Koordinierung beider Augen durch Verlagerung eines Augapfels, meist als Folge einer durch die Orbita gehenden Fraktur. [2]

Doppel|zähne: Zusammenfassende Bez. für → Dentes concreti, → Dentes confusi und → Dentes geminati (→ Zwillingszähne). [30]

Dopram®: Dopril®; → Doxapram. [2]

Doriot-Gestänge: Vorrichtung für die Kraftübertragung von einer → Bohrmaschine auf das → Hand- oder → Winkelstück, bestehend aus Scharnieren, Drehgelenken und Schnurlaufrädern, an denen die Antriebskupplung befestigt ist. [21]

dorsal (lat.): rückenwärts, also im Körper nach hinten gewandt. [9]

Dorsum (lat.) n: Rücken. [9]

Dorsum linguae n: Zungenrücken. [9]

Dorsum nasi n: Nasenrücken. [9]

Dorsum sellae n: hintere Sattellehne der → Sella turcica des Keilbeins. [9]

Dosierungs|intervall n: zeitlicher Abstand zwischen zwei aufeinanderfolgenden Dosen eines → Pharmakons. Das D. bestimmt die Schwankungsbreite der Pharmakonkonzentration und damit den therapeut. Effekt. Die Festlegung des D.s orientiert sich an der → Eliminationshalbwertszeit (→ Halbwertszeit, terminale) des Pharmakons unter Berücksichtigung des pathophysiol. Zustandes und einer evtl. Begleitmedikation des Patienten, soweit sie auf die Verteilung oder Elimination des Pharmakons Einfluß nehmen. [7]

Dosierungs|schema n: Verabreichungsschema für ein → Pharmakon zur Erzielung therapeut. wirksamer Blutkonzentrationen. Das D. basiert auf den pharmakokinet. und pharmakodynam. Eigenschaften des → Pharmakons unter Berücksichtigung des pathophysiologischen Zustandes des jeweiligen Patienten. [7]

Dosi|meter n: Gerät zur Messung einer Strahlendosis (→ Ionendosis, → Energiedosis). Zum Strahlenschutz des Personals werden → Filmdosimeter (Filmschwärzung durch Strahlung) und → Füllhalterdosimeter (Ionisationskammer) verwendet. [14]

Dosis (gr.) f: pharm. Bez. für die meist auf die Gewichtseinheit bezogene Menge eines Wirkstoffes in einer → Arzneiform. D. effectiva: wirksame Dosis. D. letalis: todbringende Dosis. D. maximalis: Maximaldosis. Radiol. Maßeinheiten der D.: → Dosiseinheiten. [7, 14]

Dosis 50, effektive: Abk. ED_{50}; mittlere Effektivdosis; diejenige Dosis eines → Pharmakons, mit der bei 50% der Patienten der beabsichtigte therapeut. Effekt beobachtet wird. Auch → Konzentration 50, effektive. [7]

Dosis 50, letale f: Abk. LD_{50}; diejenige Dosis eines → Pharmakons, bei der im Tierversuch 50% der Individuen sterben. [7]

Dosis|äqui|valent n: → Äquivalentdosis. [14]

Dosis|einheiten: radiol. Maßeinheiten für die Dosen ionisierender Strahlung, für die Ionendosis C/kg (alte Einheit: → Röntgen), für die Energiedosis → Gray (alte Einheit: → Rad) und für die Äquivalentdosis → Sievert (alte Einheit: → Rem). [14]

Dosis, maximale f: Richtdosis für ein → Pharmakon als max. Einzeldosis (Einzelmaximaldosis = EMD) oder als max. Tagesdosis (Tagesmaximaldosis = TMD). [7]

Dosis-Wirkungs-Kurve f: graph. Darstellung der Wirkung eines → Pharmakons in % als Funktion des Logarithmus der verabreichten Dosis. Die Wirkung wird dabei auf der Ordinate (y-Achse), die Dosis auf der Abszisse (x-Achse) aufgetragen. Der Kurvenverlauf ist meist S-förmig, der Effekt in einem mittleren Dosisbereich proportional zum Logarithmus der Dosis zunehmend. [7]

Dost-Prinzip n: Gesetz der korrespondierenden Flächen; sagt aus, daß die Fläche unter der Blutspiegel/Zeitkurve (Area under the curve, AUC) proportional der absorbierten Arzneistoffmenge ist. Mit dem Prinzip der korrespondierenden Fläche kann das Ausmaß der → Bioverfügbarkeit von → Pharmaka aus verschiedenen → Arzneiformen experimentell unter der Voraussetzung einer vollständigen Absorption bestimmt werden. [7]

Dotter|sack: der vom extraembryonalen Mesoderm gebildete und mit Dottermasse gefüllte Hohlraum. Aus der Blastozystenhöhle entwikkelt sich der primitive Dottersack, der durch Einwanderung entodermaler Zellen zum sekundären D. wird. In der frühen embryonalen Entwicklung hat der D. an der Ernährung des Embryos Anteil. Ab der 3. Schwangerschaftswoche haben sich im D. Blutzellen und -gefäße entwickelt, die zum primitiven embryonalen Blutkreislauf gehören. In der 4. Woche wird der D. als primitives Darmrohr größtenteils in den Embryo einbezogen. Er bildet sich dann während der Schwangerschaft zurück. In 2% der Fälle bleibt ein Stück des Dotterganges als *Meckel*-Divertikel am Ilium erhalten. 22

doublieren (frz.): verdoppeln, z.B. von Gipsmodellen. 4

Douglas-Raum (James D., Anat., London, *1675, † 1742): Excavatio rectouterina; Bauchfellfalte zwischen Gebärmutter und Mastdarm, der sog. „Schlammfang" der Bauchhöhle. 9

Dowel (engl.) m: Dübel. → Dübelkrone. 4

Dowel pin (engl.) m: konfektionierter Stift zur Befestigung von → Dübelkronen im Wurzelkanal. 4

Down-Syndrom (John Haydon Langdon D., engl. Arzt, *1828, † 1896) n: (Mongolismus), *Langdon-Down*-Syndrom, Trisomie 21; chromosomale Abweichung durch dreifaches Vorliegen des Chromosoms 21. Klinisches Erscheinungsbild: Minderwuchs, schräge Augenstellung durch Epikanthusfalte, tiefsitzende Ohren, häufig Hypodontie und Unterentwicklung des Oberkiefers mit Pseudoprogenie. Generalisierte Muskelhypotonie führt u.a. zu fehlendem Lippenschluß und Zungenvorfall. Typisch ist ferner eine unterschiedlich ausgeprägte intellektuelle Minderbegabung. Die Geburtenrate liegt weltweit bei 650 : 1 und steigt mit dem Alter der Mutter. Vgl. orofaziale Regulationstherapie, → Makroglossie, relative. 3, 33

Doxapram: 1-Äthyl-2 (2-Morphinoäthyl)-3,3-Diphenyl-2-Pyrolidinon-Hydrochloridhydrat (Dopram®), Atem-Analeptikum, das vorwiegend die Chemorezeptoren stimuliert, mit größerer Sicherheitsbreite als bisher übliche → Analeptika. Dosierung bis zu 3 mg/kg Körpergewicht. 2

Doxepin: Dibenzoxepin-Derivat, → trizykl. Antidepressivum. D. hemmt die Wiederaufnahme von Norepinephrin und → 5-Hydroxitryptamin in die Präsynapse und ist → Antagonist an Histamin- und m-Cholinozeptoren. Nebenwirkungen siehe → Antidepressiva. D. potenziert die Wirkung zentraldeprimierender Pharmaka sowie die der → Anticholinergika und → Sympathomimetika. D.-Medikation gilt als relative Kontraindikation für Katecholaminzusätze in → lokalanästhet. Lösungen. 7

Doxycyclin: semisynthet. Tetracyclin-Derivat, Breitband-Antibiotikum mit hoher oraler → Bioverfügbarkeit. Siehe → Tetracycline. 7

Doyen-Klemme (E. L. D., frz. Chir., *1859, † 1916): federnde Tuchklemme zur Befestigung von Operationstüchern (Abb.). 2

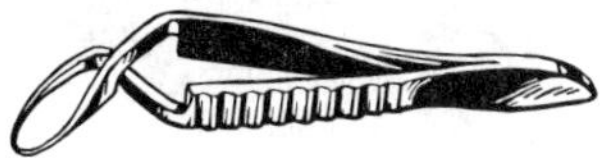

DPT-Impf|stoff: Dreifach-Impfstoff gegen Diphtherie, Pertussis und Tetanus; auch kombiniert mit Poliomyelitis- (Quatro-Virelon®) und Masernvakzine (Quinto-Virelon®). 8

D-Punkt: angenommener orthod. Punkt in der Mitte des Unterkieferkörpers auf der Kinnmitte (Abb. → Menton). 5

Dr.: Abk. für **D**ok**t**o**r**; → Doktorgrad. 24

Draht|extension f: bei Knochenbrüchen, bes. der Extremitäten, wird nach *Klapp-Kirschner* durch ein Bohrloch im peripheren Fragment ein Draht geführt, auf den durch Gewichtsbelastung ein Dauerzug ausgeübt wird. Die D. dient zur Reposition dislozierter Frakturenden sowie zur Kontraktions- und Dislokationsprophylaxe durch Überwindung des gegensinnig wirkenden Muskelzuges. 2

Draht|ösen|verband: Notverband bei Kieferbruch, z.B. *Hauptmeyer*-Kieferbruchschienen. Fortlaufende Ligatur aus 0,4 mm starkem weichem Stahldraht, bei der mittels eines Schuhknöpfers Ösen zum Einhängen der intermaxillären Gummizüge angewickelt werden (Abb.). 2

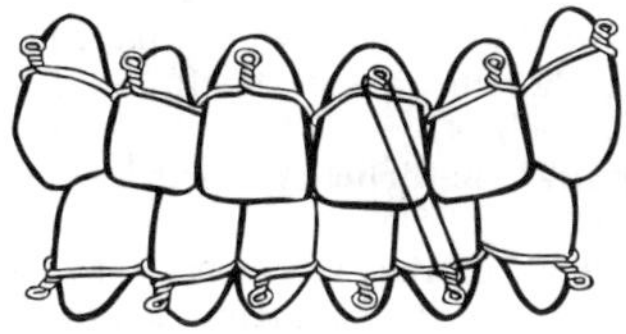

Draht|puls: harter, gespannter Puls bei erhöhtem Blutdruck. 20

Draht|säge: → *Gigli*-Drahtsäge. 2

Draht|schiene: → *Cramer*-Schiene. 2

Draht|schienen|verband: wird an die vorhandenen Zähne tangential angelegt, um bei Kieferbrüchen die Kiefer oder nach Unterkieferresektionen die Kieferstümpfe in der richtigen Lage zueinander zu erhalten. Voraussetzung ist das Vorhandensein einer ausreichenden Bezahnung. Ein fester Draht, nach der Form des Kiefers gebogen, wird durch Drahtligaturen an den Zähnen befstigt. Dislozierte Brüche des Ober- bzw.

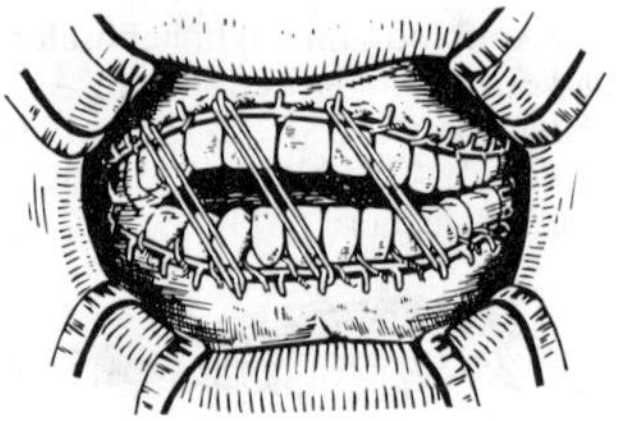

Unterkiefers werden durch Hilfsbogen im Gegenkiefer und intermaxilläre Gummizüge reponiert (Abb.). Für Erstversorgung auch → Drahtösenverband, → Schlaufendrahtverband, → *Sauer*-Notverband. Vgl. Schiefe Ebene. 2

Dränage (engl., frz.) f: Ableitung von Wundsekreten wie überhaupt von patholog. Flüssigkeitsansammlungen aus Körperhöhlen durch Dräns, meist Gummischläuche, die mit seitlichen Öffnungen versehen sind, aber auch durch locker eingelegte Gummilaschen oder Gazestreifen. Verb: dränieren. Vgl. *Redon*-Saugdränage. 2

Dreh|achse des Kiefergelenks: → Interkondylarachse. 4

Dreh|meißel: meißelartiges, mit einem horizontalen Griff versehenes Instrument. 2

Dreh|moment n: **1.** Phys.: bei → Antrieben ein Kräftepaar, das auf einen drehbar gelagerten Körper (z.B. Antriebswelle) in einer zur Drehachse senkrechten Ebene einwirkt, die Drehbewegung des Körpers beschleunigt bzw. verzögert oder an ihm Arbeit leistet. Seine Einheit ist 1 Nm (Newtonmeter). **2.** Kieferorth.: Produkt aus der einwirkenden Kraft und dem kürzesten Abstand zum → Drehpunkt: M = F x d, wobei F die einwirkende Kraft und d den Abstand bezeichnet. 5, 21

Dreh|punkt, natürlicher: → Kippungsachse, natürliche. 5

Dreh|riegel: gebräuchliches passives → Halteelement für abnehmbare, teleskopierende Brükken. Die halbmondförmige, im abnehmbaren Teil

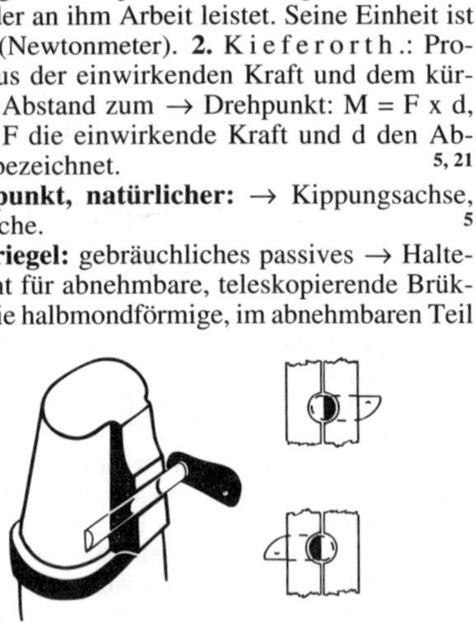

gelegene Riegelachse rutscht im geöffneten Zustand senkrecht an der Riegelnocke des Primärkäppchens vorbei und wird in die Aussparung teilweise oder vollständig eingedreht. (Drehriegel mit 90° und 180° Drehwinkel). Damit werden Außen- und Innenteleskop verriegelt (Abb.). Vgl. Riegel. 4

Dreh|stand: Fehlstellung eines Zahnes durch Drehung um seine Längsachse. 5

Dreh|zahl: die Anzahl der von einem rotierenden Körper je Zeiteinheit ausgeführten Umdrehungen, ausgedrückt in der techn. Einheit min^{-1} (überholt: U/min, U pm). Normen: DIN 1301. 21

Dreh|zahl|bereich: Die in der zahnärztlichen Arbeitspraxis gebräuchlichen → Drehzahlen (niedertourig: 20 - 6.000 min^{-1}, mitteltourig: 6.000 - 40.000 min^{-1}, hochtourig: 40.000 - 250.000 min^{-1}) werden mit verschiedenen → Antrieben und → Übertragungsinstrumenten erreicht. Bei den → Hand- und → Winkelstücken für Mikromotoren sind die Farbmarkierungen Grün (niedertourig), Blau (mitteltourig) und Rot oder Orange (hochtourig) ein Code für die verschiedenen Bereiche. 21

Dreh|zahl, biege|kritische: → Drehzahl, bei der ein rotierendes Werkzeug während der Anwendung oder durch sonstige äußere Einflüsse verbogen werden kann. Die b. D. ist abhängig von den Einspannbedingungen in der → Turbine oder im → Hand- und → Winkelstück sowie von der aus der Halterung herausragenden Masse (ungleiche Massenverteilung) und den Führungseigenschaften des Schaftmaterials. 21

drei|dimensionaler Zirkel m: von *Korkhaus* entwickeltes Gerät zur meßtechnischen Erfassung der Zahnbogenmaße im Munde des Patienten sowie am Abguß (Abb.). Mit einmaliger Messung sind sowohl Breite wie Länge des Zahnbogens als auch die Gaumenhöhe ablesbar. 5

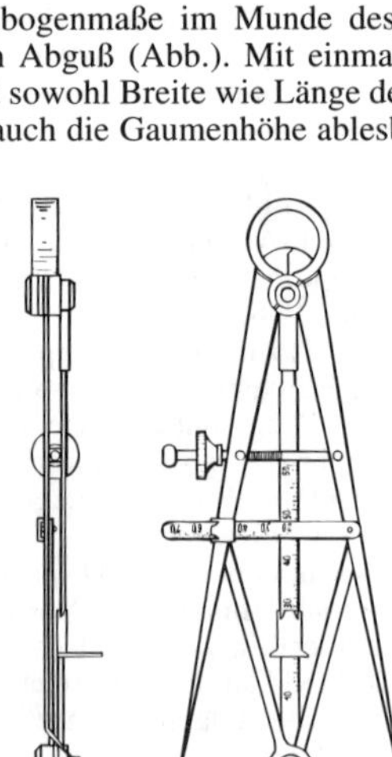

3-D-Modell|foto|bühne: Hilfsmittel für die → Modellfotografie, bestehend aus einem Winkelspiegel, einem Modelltisch und einer Führungsstange zur Montage der Kamera. Frontal- und beide Lateralansichten können auf einer Aufnahme festgehalten werden. [17]

Drei|ecks|klammer: kieferorth. → Halteelement. Klammer, die mit ihrem dreiecksförmigen Ende in den gingivalen Abschnitt des Approximalraumes nebeneinanderstehender Zähne hineinreicht. [5]

Dreifach-Schutz|impfung: → Immunisierung. [8]

Drei|punkt|artikulation f: Aufstellung eines künstlichen Gebisses dergestalt, daß bei jeder Bewegungsphase (Vor- und Seitbiß) jeweils mindestens 3 Zähne („Punkte") Kontakt behalten, so daß ein Abhebeln der Prothese vermieden wird. → Artikulation, → Artikulationsausgleich; vgl. Okklusionskonzepte. [4]

Drei|viertel|krone: → Halbkrone, → Teilkrone. [4]

Drigalski-Conradi-Agar (Karl Wilhelm v. D., Bakt., Berlin, *1871, † 1950; Heinrich C., Bakt., Dresden, *1876) m oder n: elektiver Nährboden für Darmbakterien, auf dem pathogene Darmkeime (Typhus, Paratyphus usw.) blau und Kolibakterien infolge Milchzuckergärung rot wachsen. [8]

Drillings|nerv m: → Nervus trigeminus. [9]

Drogen|abhängigkeit: von der → WHO vorgeschlagene Bez. (engl. drug dependence) für alle Toxikomaniearten anstelle des vielfältig interpretierten Begriffs Sucht. Definition: Zustand psychischer und/oder körperlicher Abhängigkeit von einer zentralnervös wirkenden Substanz. Psychische Abhängigkeit ist ein „unbezwingbares, gieriges, seelisches Verlangen, mit der Einnahme der Drogen fortzufahren, und dem Zwang, sich die Drogen um jeden Preis zu beschaffen". Unterschieden werden deskriptiv-pharmakologisch 7 Typen der Abhängigkeit: 1. Morphin-Typ, 2. Kokain-Typ, 3. Cannabis-Typ, 4. Amphetamin-Typ, 5. Khat-Typ, 6. Halluzinogen-Typ, 7. Barbiturat-Typ. Schwere gesundheitliche und soziale Folgen der D. sind bekannt. [20]

Droperidol: 1-[3-(4-Fluor-benzoyl)-propyl]-1,2,3,6-tetrahydro-4-pyridylbenzimidazolin-2-on (Dehydrobenzperidol®); Neuroleptikum; bewirkt psycho-motorische Ruhe; starker antiemetischer Effekt. → Neuroleptanalgesie. [2]

Drossel|grube: → Fossa jugularis. [9]

Drossel|vene f: → Vena jugularis interna. [9]

Druck: entsteht, wenn eine Kraft F senkrecht auf eine Fläche A wirkt. Wenn die Kraft nach außen gerichtet ist, entsteht ein Zug oder eine mechanische Spannung.

$$\text{Berechnung: } p = \frac{F}{A}$$

(p: Druck, F: Betrag der Kraft, A: Fläche). Einheiten: Die ergänzende SI-Einheit (→ SI-Einheiten, abgeleitete) des Druckes (der Spannung) ist das Pascal (Pa):

$$1\ \text{Pa} = 1\ \frac{\text{N}}{\text{m}}\ 2 = 1\ \frac{\text{Ka}}{\text{m} \cdot \text{s}}\ 2$$

Weitere Druckeinheiten: Bar: 1 bar = 10^5 Pa; Millimeter Quecksilbersäule: 1 mm Hg = 133,32 Pa. [4]

Druck|an|ästhesie f: Einpressen anästhetisch wirkender Medikamente in das Dentin mittels Kautschuk, überholt. Vgl. Dentinanästhesie, Anästhesie der Pulpa. [1]

Druck|brecher: stressbreaker (engl.); federnde Auflage zur Übertragung der Kaukraft vom abnehmbaren Zahnersatz auf Ankerzähne (Abb.).

[68]

Irreführender Ausdruck, da der Druck (im Fall einer Prothese besser „Kraft") nicht gebrochen oder gar aufgehoben werden kann. Es findet lediglich eine Umverteilung der Belastung zwischen Pfeilerzahn und Prothesensattel statt. [4, 21]

Druck|lähmung: → Druckneuritis. [20]

Druck|messer: kierferorth. Hilfsgerät nach *Borschke* zum Messen von Drahtfederkräften. [5]

Druck|neuritis f: Nervenentzündung durch Druck auf den Nervenstamm. Ursachen: überschüssige Kallusbildung nach Frakturen, Bandscheibenschäden, mechanischer Druck durch Lagerung (Operation!). → Neuritis. Kann in stärkerem Grad auch zu irreparabler Lähmung führen (Drucklähmung). [34]

Druck|puls: langsamer, gespannter Puls bei Hirndruck, z.B. bei → Compressio cerebri. [20]

Druck|verband: Maßnahme zur Stillung von stärkeren, venösen sowie arteriellen → Blutungen. Vgl. Abbindung, Wundverband, digitale Kompression. [16]

Drum-Schiene (Walter D., Za., Berlin, *1897): → Miniplast-Schiene. [4]

Drusen f pl: aus der Kristallographie entnommene Bezeichnung für die sandkorngroßen Gebilde im Eiter und Granulationsgewebe der → Aktinomykose oder Strahlenpilzerkrankung (Abb.), die durch den sie (beim Rind) umgebenden Strahlenkranz der Krankheit den Namen gaben. Vgl. Aktinomyzeten. [8]

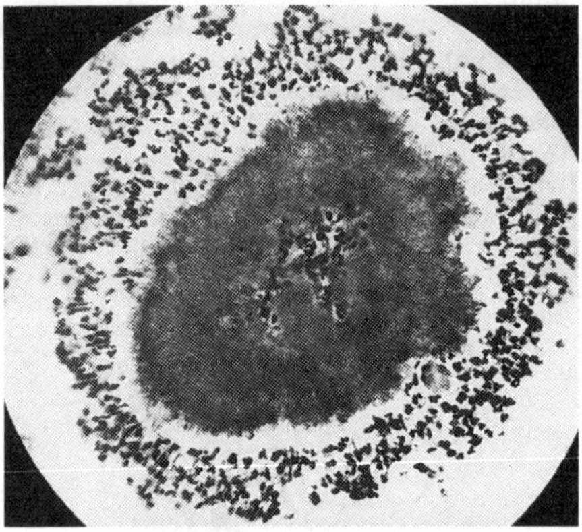

Zerquetschte Druse. Zentrales Myzel und periphere kolbenartige Auftreibungen.

Drüsen: Glandulae; Organe, deren wesentliche Bestandteile Epithelzellen sind, die unterschiedliche Substanzen synthetisieren und auf die äußere bzw. innere Körperoberfläche (→ exokrine D.) oder ins Blut (→ endokrine D.) ergießen. Die sezernierenden Zellen können dabei intakt bleiben (ekkrine D.), einen unerheblichen Anteil ihres Zytoplasmas einbüßen (endoplasmokrine D.), einen erheblichen Teil des Zytoplasma verlieren (apokrine D.) oder im Ganzen zugrunde gehen (holokrine D.). [9]

Drüsen, azinöse: Drüsen, an denen die sezernierenden Zellen sich in beerenförmigen Bällchen, Acini, mit einem kleinen Lumen in der Mitte zusammenfinden; z.B. die Speicheldrüsen. [9]

Drüsen|fieber: → Monozytenangina. [20]

Dry mouth (engl.): → Xerostomie. [2]

Dryo|pithekus|muster: Bez. aus der Paläontologie für die asymmetrische Anordnung der Lingualhöcker unterer Molaren (nach dem Dryopithekus, dem ältesten fossilen Menschenaffen). [30]

Dry socket (engl.): infizierte Alveole nach Zahnextraktion, bei der das Koagulum der Auflösung verfallen ist. Therapie: Ausschäumen mit H_2O_2, Auswischen z.B. mit → *Chlumsky*-Lösung, Ausstäuben mit Jodoform, feste Tamponade, bei starkem Schmerz mit Lokalanästhetikum (Lidocain) getränkt. [2]

Dübel|krone (auch „Dowel-" [sprich Daul] oder Düwel-): künstliche Zahnkrone, die als → Stiftkrone und zu Brückenarbeiten verwendet wird. Sie besitzt eine eingebrannte Höhlung, die zur Aufnahme eines Spezialstiftes dient (Abb.). [4]

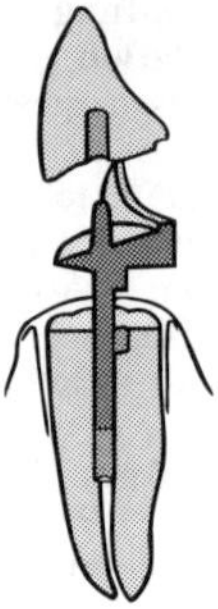

dublieren (frz.): verdoppeln. [4]

Dublier|massen: Werkstoffe zur Vervielfältigung von Originalmodellen, meist auf Silikonbasis. [4]

dublierte Füllung: von W. E. *Driscoll* 1874 beschriebene Füllungsmethode; in den noch weichen Zement der Füllungsunterlage wird das plastische Amalgam eingestopft, wodurch die Verankerung der Füllung erhöht werden soll. Überholt. Vgl. *Robicse*-Füllung. [1]

Ductulus (lat.) m: kleiner Gang, Kanälchen. [9]

Ductus (lat.) m: Gang, Kanal, Ausführungsgang von Drüsen. [9]

Ductus Botalli m: → Foramen ovale (*Botalli*). [34]

Ductus in|cisivus m: Ductus nasopalatinus; embryonaler Gang vom Foramen incisivum zur Nase. [34]

Ductus naso|lacrimalis m: Tränennasengang, → Canalis nasolacrimalis. [9]

Ductus par|otide|us (stenonianus) m: Ausführungsgang der Ohrspeicheldrüse. → Glandula parotis. [9]

Ductus sub|linguales minores m pl: kleine Ausführungsgänge der Glandula sublingualis, die neben der Zunge durch den Mundboden in die Mundhöhle münden. [9]

Ductus sub|lingualis major (*Bartholini*) m: großer Ausführungsgang der Glandula sublingualis, der in der → Caruncula sublingualis zusammen mit dem → Ductus submandibularis durch den Mundboden in die Mundhöhle mündet. [9]

Ductus sub|mandibularis (*Whartoni*) m: 5-6 cm langer Ausführungsgang der Unterkieferspeicheldrüse. Zieht hakenförmig um den hinteren Rand des M. mylohyoideus (→ Mundbodenmuskeln) herum, bildet die Plica sublingualis des Mundbodens und mündet zusammen mit dem → Ductus sublingualis major in der → Caruncula sublingualis beiderseits des → Frenulum linguae. [9]

Ductus sudori|feri m pl: Ausführungsgänge der Schweißdrüsen. [9]

Ductus thoracicus m: → Milchbrustgang. [9]

Ductus thymo|pharyn|ge|us m: → Halsfistel, laterale. [9]

Ductus thyro|glossus m: embryonaler Verbindungsgang von der Schilddrüse zur Zunge. Von ihm bleibt ein vom Foramen cecum linguae an der Spitze des → Sulcus terminalis linguae ausgehender kurzer Kanal zurück. In ätiologischem Zusammenhang mit dem D. t. stehen mediane → Halszyste und → Halsfistel, → Zungengrundzyste und → Zungengrundstruma (Abb. → Thyroglossuszysten). [9]

Ductus|zysten f pl: → Duktuszysten. [2]

Duhring-Krankheit (L. A. D., Dermat., USA, *1845, † 1913): Dermatitis herpetiformis *Duhring*, dem → Pemphigoid (bullöses) nahestehende knötchen-, bläschen- und blasenförmige, stark juckende → Dermatose mit schubweisem, langdauernden Verlauf. Mundschleimhautbefall selten (stets Immunglobulin-A-Ablagerung unter der Basalmembran). Allgemeinzustand meist wenig beeinträchtigt. Es besteht Eosinophilie und Jodempfindlichkeit, häufig kombiniert mit glutensensitiver → Enteropathie, exsudative. [12]

Duktilität f: → Dehnbarkeit. Adj. duktil. [4, 5]

Duktus (lat.) m: verdeutschte Form von → Ductus, Gang. [2, 9]

Duktus|zysten f pl: Thyreoglossus- oder Zungengrundzysten (abhängig von der Lokalisation); sackartige Geschwülste aus Resten embryonaler Gänge. → Halszyste, mediane, → Zyste (nasopalatinale). [2, 9]

Dunkel|feld: mikroskopische Untersuchungsmethode, bei der infolge Totalreflexion nur solche Strahlen das Objektiv erreichen, die von korpuskulären Elementen auf dem Objektträger gebeugt wurden. Zellen und Bakterien zeigen helleuchtende Konturen auf dunklem Grund. Dient zur Beurteilung der Morphologie zarter Erreger (z.B. Spirochäten) und der Art ihrer Bewegung. [8]

Dunlop-Methode f: → Zahnfleischdruckverband. [6]

Dünn|darm: Intestinum tenue, → Darm. [9]

Duo|block: → LS-Duoblock. [5]

Duo|block|schraube: von *Leger* und *Sörensen* entwickelte, doppelt geführte paarige Spezialschraube für den gleichnamigen → Progenieaktivator. Einbau über eine spezielle Einbauhilfe. [5]

Duo|denum (lat.) n: Zwölffingerdarm, der sich dem → Pylorus des Magens unmittelbar anschließende erste Abschnitt des Dünndarmes; er hat ungefähr die Länge von 12 nebeneinandergelegten Fingern (30 cm). In das D. entleeren sich die Sekrete des → Pankreas und die → Galle (Abb. → Pankreas). [9]

Duplikatur (lat.) f: Doppellagerung zweier Bereiche einer serösen Haut. [9]

Duplizi|dentaten m pl: Säugetiere, die im Oberkiefer 2 hintereinanderliegende Schneidezahnpaare besitzen (die Ordnung der Hasenartigen). [30]

Dupuytren-Geräusch (Guillaume D., Chir., Paris, *1777, † 1835): Knittergeräusch beim Druck auf eine Zyste, deren äußere Knochenwand schon pergamentartig dünn geworden ist. [2, 20]

Dupuytren-Kontraktur f: zunehmende Beugekontraktur vorwiegend des 4. und 5. Fingers durch Schrumpfung der Palmeraponeurose, meist beidseitig. Genetische Disposition wird vermutet, Auftreten bei Diabetes mellitus und chron. Lebererkrankungen gehäuft. [2, 20]

dural: zur → Dura mater encephali gehörend. [9]

Dur|aluminium n: Legierung aus Aluminium, Kupfer, Mangan und Magnesium. [4]

Dura mater encephali f: harte Hirnhaut des Gehirns, → Meningen. [9]

Duranest®: → Etidocain. [2]

Duraphat®: Fluoridlack zur Kariesprophylaxe (→ Marburger Prophylaxemodell) und zur Behandlung empfindlicher Zahnhälse. Enthält 5% Natriumfluorid (entspricht 2,2% Fluorid), suspendiert in alkoholischer Harzlösung. [29]

Durchgangs|flora f: transient flora (engl.); der Teil einer autochthonen Mikroflora (Mundhöhle, Haut, Darm usw.), der nicht regelmäßig, sondern nur gelegentlich und vorübergehend nachweisbar ist. [8]

Durchschnitts|gesicht: → Biometgesicht (→ Biomet). [5]

Durchschnitts|prüfung: bei der → Wirtschaftlichkeitsprüfung durch die → Prüfungseinrichtungen wird der einzelne Vertragszahnarzt an den durchschnittlichen Werten meist der gesamten → Kassenzahnärztlichen Vereinigung, aber auch ggf. vergleichbarer Gruppen gemessen. Eine Abweichung läßt evtl. auf unwirtschaftliche Behandlungsweise schließen. Die Rechtssprechnung verlangt, sofern nicht ein offensichtliches → Mißverhältnis vorliegt, die Absicherung durch Prüfung beispielhafter Einzelfälle (→ Beispielfallprüfung). Der D. gegenüber steht die Einzelfallprüfung. Vgl. Wirtschaftlichkeitsprüfung. [25]

Durchzugs|kraft: richtiger: → Vorschubkraft; Eigenschaft eines → Antriebs und dessen Instrumentenlager, ein → rotierendes Instrument trotz Andrucks (→ Anpreßkraft) in Bewegung zu halten. Luftgetriebene Antriebe haben eine geringere D. als Elektromotoren (→ Mikromotoren).[21]

Duro|dentin n: Vitrodentin; von *W. J. Schmid* 1940 geprägte Bez. für eine schmelzartige Abart des Dentins, die die Spitzen von Fischzähnen überzieht und sich auf dem Zahnhals fortsetzt. [30]

Duro|plaste m, auch n, pl: härtbare → Kunststoffe, die durch Erwärmen nicht wieder erweicht werden können. Sie sind nicht schweißbar, nicht plastisch verformbar, unlöslich und nur schwach quellbar. D. werden mit dem Markenzeichen „S-R“ (engl. solvent-resistent) bezeichnet. → Thermoplaste. [4]

DVMD: Abk. für **D**eutscher **V**erband **M**ed. **D**okumentare e.V., die berufsständische Vertretung dieser Beschäftigten im Gesundheitswesen mit der Fachausbildung an den entsprechenden Fachschulen, z.B. in Ulm, Dresden und Gießen. Daneben werden vor allen Dingen Aufgaben der Fort- und Weiterbildung unter dem Dach der → Akademie MI wahrgenommen. [26]

Dycal®: selbsthärtendes Kalziumhydroxidpräparat zur indirekten oder direkten → Überkappung der Pulpa. Basispaste: 42% Salizylsäureester, 47% Kalziumphosphat; Katalysatorpaste: 50% Kalziumhydroxid, 35% Sulfonamid. [1]

Dye-Laser m: → Farbstofflaser. [31]

dyn (gr.) n: diejenige → Kraft, welche einer Masse von 1 g eine Beschleunigung von 1 cm · sec^{-2} erteilt, also 1 dyn = 1 g · cm · sec^{-2} · 10^5 dyn = 1 Dyn (Großdyn) = 1 N = 1 mkg/s^2; → SI-Einheit, abgeleitete. [10]

dynamisch (gr.): die Kräfte oder die Bewegung betreffend; d.e Elektrizität: Gegensatz zur statischen E.; meist synonym für galvanischen Strom; d.es Gleichgewicht der Kräfte: namentlich dann gebraucht, wenn an einer Stelle ebensoviel Kraft zuströmt, wie an einer anderen abströmt. [10]

Dynexan®: lokalanästhetisch wirksame Präparate verschiedener Zusammensetzung zur Oberflächenanästhesie mit und ohne antimikrobielle bzw. antiphlogist. Komponente (Dynexan-Salbe, Dynexan A-Gel, Dynexan-MHP, Corti-Dynexan u.a.). Indikation: supportiv zur symptomat. Behandlung schmerzhafter und entzündl. enoraler Erkrankungen. Kontraindikation: Allergie gegen Einzelkomponenten des Kombinationspräparates. [7]

Dyn|orphine n pl: analget. wirksame endogene Opioide (→ Opioide, endogene). D. entstehen im Verlauf des Prozessings aus Präprodynorphin durch hydrolyt. Spaltung. Sie wirken im zentralen Nervensystem über → Opioid-Rezeptoren vornehml. als κ-Opioid-Rezeptor-Liganden. [7]

Dys|arthrie f: Störungen der Koordination des äußeren Sprechvorganges infolge von Erkrankungen der zentralen Bahnen und Kerne der am Sprechvorgang beteiligten Nerven. [33]

Dys|artikulation f: fehlerhafte Gelenkfunktion; in der Zhk. gestörte → Artikulation der Zahnreihen. [4]

Dys|basie f: Gehstörung, z.B. → Claudicatio intermittens. [20]

Dys|bulie f: gestörte Willensbildung. Vgl. Bulimia nervosa. [27]

Dys|cephalie f: → Dyszephalie. [20]

Dys|chromie f: Verfärbung an Haut und Schleimhäuten, auch an den Zähnen (→ Verfärbungen der Zahnkrone). [1, 11]

Dys|chylie f: in quantitativer und qualitativer Hinsicht fehlerhafte Sekretion der Speichel- und Schleimdrüsen. [27]

Dys|enterie (gr.) f: entzündliche Erkrankung des Dickdarms; vgl. Ruhr. [8]

Dys|funktion f: → Dyskinesie. [4, 5]

Dys|genese f: Fehlentwicklung einzelner oder mehrerer Organe. [3]

Dys|germinom n: seltener maligner Keimzelltumor des Ovars, der sowohl histologisch als auch biologisch dem → Seminom des Hodens sehr ähnlich ist. Bevorzugtes Auftreten im 2. und 3. Lebensjahrzent (50% der Betroffenen sind jünger als 20 J.). Der Tumor ist sehr strahlensensibel, die Prognose deshalb relativ gut (Fünfjahresüberlebensrate 50-90%). [32]

Dys|geu|sie f: → Parageusie. [20]

Dys|glossie f: Sprechstörungen mit sichtbaren pathol. Veränderungen der Sprechorgane. Man unterscheidet: dysplastische D. mit Sprechstörungen aufgrund mangelhafter Anlage des peripheren Sprechorgans; paralytische D. mit Sprechstörungen bei Nervenlähmungen der Sprechorgane und traumatische D. mit Sprechstörungen nach Verletzungen der Sprechorgane. Diese peripher-expressive Sprachstörung, auch als organische oder mechanische → Dyslalie bezeichnet, kann nach der Artikulationsstelle differenziert werden in: 1. labiale D. bei Lippenspalte, stärkeren Verletzungen der Lippen, Insuffizienz oder

Verlust der Oberlippe, Verletzungen oder Verlust der Unterlippe oder bei ein- oder beidseitiger Fazialislähmung; 2. linguale D. bei angeborenen Veränderungen der Zunge, bei Erkrankungen und Verletzungen der Zungenspitze oder des Zungenkörpers und Mundbodens, bei Verlust eines größeren Teiles oder der ganzen Zunge oder bei ein- oder beidseitiger Hypoglossuslähmung; 3. maxillomandibuläre und dentale D. bei Form- und Lageveränderung der Kiefer, bei Über- oder Unterentwicklung des Unterkiefers, bei Kieferspalte als angeborenem Defekt, bei verstümmeltem oder verkümmertem Oberkieferkörper, bei falschen Bißlagen, konstitutionellen und traumatischen Zahnstellungsanomalien oder falsch konstruiertem Zahnersatz; 4. palatonasale D. bei erworbenen oder angeborenen Gaumendefekten, bei ein- oder beidseitiger → Gaumensegellähmung sowie bei konstitutionellen oder traumatischen Erkrankungen und Verletzungen der Nase und des Nasenbodens. [19]

Dys|gnathie f: Folgezustand einer verkehrten Entwicklung der Kiefer, die in Unstimmigkeiten der Zahnstellung, der → Okklusion, der → Artikulation, der Kieferform, der Kiefergelenke, der Lage des Gebisses zum Schädel und damit auch der Funktion bestehen kann. Genetisch bedingt oder durch innere Einflüsse (→ Rachitis), sekundär auch durch äußere Einflüsse (→ Dyskinesie). [5]

Dys|hidrose f: Aufschießen kleiner sog. Schweißbläschen an Fingerseitenflächen, auf Handtellern und Fußsohlen. Starker Juckreiz. Häufig tritt Sekundärinfektion mit Lymphangitis hinzu. Ursachen: meist hämatogenes Streuphänomen bei Fußmykose (→ Mykid); ferner → Arzneiexantheme, → Kontaktekzem, allergisches. Therapie: Bläschen eröffnen, → Kortikosteroide. [12]

Dys|hidrosis lamellosa sicca f: feine, oft rundliche Schuppensäume in Handinnenflächen. Ätiologie: → Mykid. [12]

Dys|keratose f: Verhornungsstörung der Haut. Vgl. Keratine. [12]

Dys|kinesie f: Dysfunktion; Störung im normalen Bewegungsablauf. Oral: → Parafunktionen. Neurol.: → Ataxie. [5, 20]

Dys|kranie f: Schädelmißbildung, → Dysostose des Schädels. [3]

Dys|kranio-Dys|opie-Syndrom n: Dyszephalie mit Vogelgesicht, Stirnhöckern, ein- oder doppelseitigem Mikrophthalmus, Hyperplasie des Oberkiefermassivs, Mikrostoma, Ohrmuschelfehlbildungen, Wirbel- und Rippenanomalien. [3]

Dys|kranio|dys|phalangie f: Kombination multipler Mißbildungen, Dyskranie, Pterygiumbildung über den Gelenken und am Hals, Mißbildungen der Gliedmaßen, Störungen der Hirnnervenfunktion, Hypoplasie der Mandibula, Minderwuchs, psych. Störungen, lymphangiektatische Ödeme, Teleangiektasien, Hyperelastizität und Vulnerabilität der Haut, Überstreckbarkeit der Gelenke, Thoraxdeformierungen, Muskelhypotonie, wechselnde degenerative Zeichen wie Mißbildungen des Auges, Epikanthus, hoher Gaumen. [3]

Dys|kranio|pygo|phalangie f: multipler Fehlbildungskomplex, bestehend in rudimentärer → Hexadaktylie, Mikrotie, Augenmißbildungen, Mikrogenie, hohem Gaumen, Lippen-Kiefer-Gaumen-Spalte. [3]

Dys|krasie (gr.) f: **1.** aus der antiken Heilkunde stammender Ausdruck für fehlerhafte Zusammensetzung der Körpersäfte. **2.** in der Hämatologie allg. Bez. für jede von der Norm abweichende Zusammensetzung des Blutes. **3.** wenig gebräuchliche Bez. für Diathese. [32]

Dys|lalie f: Unfähigkeit, bestimmte Laute oder Lautverbindungen auszusprechen oder richtig zu bilden. Kann funktionell bedingt sein infolge mangelhafter Entwicklung der Sprache oder als habituelle D. eine gewohnheitsmäßige Störung der Aussprache darstellen. Die audiogene D. (Schwerhörigensprache) ist Folgezustand einer seit der Kindheit bestehenden Schwerhörigkeit, durch den die Sprachentwicklung verzögert und die Lautbildung in charakteristischer Weise entstellt wird. Während bei der dysgnostischen D. eine Unterscheidung bestimmter Phoneme immer unmöglich ist, ist bei der konditionierten D. die Unterscheidung bestimmter Phoneme nur bei eigener Lautsprache unmöglich. Bei der dyspraktischen D. ist eine Unterscheidung der Phoneme möglich, aber aus organischen Gründen nicht realisierbar. Die organische oder mechanische D. wird heute als → Dysglossie bezeichnet. [19]

Dys|melie f: Mißgestaltung von Extremitäten. Fehl- oder Nichtanlagen von Fingern, Zehen, Händen oder Füßen. [3]

Dys|morphia mandibulo|oculo|facialis f: ektodermales Fehlbildungssyndrom, autosomal rezessiv vererblich, auch Neumutationen werden diskutiert. Generalisierter Minderwuchs, Dyszephalie, kongenitale Kataraktbildung, Mikrogenie, Zahnanomalien und Hypotrichose. Im Gesicht imponieren große Stirnhöcker, gebogene schmale Nase, Vogelgesicht, intraoral Dentes natales, Milchzahnpersistenz, Hypodontie oder Hyperodontie, sehr hohe Kariesneigung. [3]

Dys|odontie f: Störungen und Fehlbildungen in

der Zahnanlage mit gehäuften Zahn- und Zahnstellungsanomalien. 30

Dys|ok|klusion f: → Malokklusion. 5

dys|onto|genetisch: durch Entwicklungsstörung verursacht, z.B. d. → Zysten, die durch Versprengung epithelialen Gewebes entstehen. 30

Dys|ostose f: Dysostosis; Wachstumsstörung des Knochens, entstanden infolge mangelhafter, fehlerhafter oder unzeitiger Verknöcherung vor allem des fetalen Knorpels oder als Folge einer primären Entwicklungsstörung. Am Schädel frühzeitiger Verschluß der Schädelnähte mit ausgeprägten Wachstumsstörungen des Neuro- und Viszerokraniums. 3

Dys|ostose, kranio|faziale f: → Dysostosis craniofacialis. 2

Dys|ostosis acro|dentalis f: Entwicklungsstörung mit Spalthand und Spaltfuß, Fingerunter- oder -überzahl und Zahnunterzahl. 3

Dys|ostosis acro|facialis f: Wachstums- und Entwicklungsstörung der Unterkieferakren mit mangelhaftem Symphysenschluß (Unterkieferspalt) und Schwundvorgängen an den angrenzenden Zahnkeimen (Dentitions- und Dentifikationsstörungen). Als Hemmungsmißbildung aufzufassen, zumal regelmäßig auch die Extremitätenakren beteiligt sind (Sechsfingrigkeit). Zahnunterzahl im unteren Frontbereich mit Persistenz der Milchzähne und häufigem Fehlen der Nachfolger. Unregelmäßig dominant auftretendes Erbleiden. 3

Dys|ostosis cleido|cranialis f: familiär auftretende Skeletterkrankung mit teilweisem oder völligem Fehlen der Schlüsselbeine, spätem bzw. unvollständigem Verschluß der Fontanellen, unterentwickeltem Gesichtsschädel und anderen Skelettanomalien, Hyperodontie, Zahnretentionen, follikulären Zysten. Persistieren der Milchzähne, Entwicklungs- und Durchbruchshemmung der bleibenden Zähne. Meist zahlreiche überzählige Zahnkeime. Ursache ist eine Ossifikationsstörung im zweiten Fetalmonat. Dominant erblich. 3

Dys|ostosis cranio|facialis f: meist durch Neumutation entstandene Fehlbildung durch prämature → Synostosen sämtlicher Schädelnähte, verbunden mit Turmschädel und → Hypertelorismus, Hypoplasie und Rücklage des Oberkiefers sowie offenem Biß und spitzem hohen Gaumen, im Röntgenbild häufig typischer Wolkenschädel. Therapie frühzeitige Ostektomie am Neurokranium, später Kraniotomie mit *Le-Fort*-III-Osteotomie. 3

Dys|ostosis mandibularis f: Mißbildungskomplex des Schädels, bestehend in Hypoplasie des aufsteigenden Unterkieferastes, Aplasie des Kiefergelenks, Stellungsanomalien der Zähne und Ohrmißbildungen. Fehlentwicklung des 1. → Kiemenbogens. Wird als Vorstufe einer Unterkieferaplasie aufgefaßt. 3

Dys|ostosis mandibulo|facialis f: *Treacher-Collins*-Syndrom; beidseitige Fehlbildung des ersten Kiemenbogens und der ersten Kiemenfurche mit Ober- und Unterkieferfortsatz. Ausprägung einer charakteristischen Fischmaulphysiognomie durch Hypoplasie des Ober- und Unterkiefers, ferner Ohrmuschelmißbildung, Lidkolobome, antimogoloider Lidachsenverlauf, kleine Kieferhöhlen, hoher Gaumen, rudimentäre Zahnleisten. Ätiologie: dominant erbliche Fehlentwicklung im Bereich des ersten Kiemenbogens in der 4.-5. Embryonalwoche. 3

Dys|ostosis maxillo|facialis f: maxillofaziales Syndrom; Mißbildungskomplex infolge Fehlbildung des 1. → Kiemenbogens mit Jochbein- und Oberkieferhypoplasie, entspr. Okklusionsstörung, Pseudoprogenie, → Dyslalie, schmaler Nase und schmalem Untergesicht. Rezessiv erblich. 3

Dys|ostosis maxillo|nasalis f: maxillonasales Syndrom; angeborener Mißbildungskomplex aus dem Formenkreis der → Kraniosynostosen mit kurzer steiler Schädelbasis, Sattelnase, Hypoplasie und starker Rücklage des Oberkiefers sowie offenem Biß, hohem Gaumen und Pseudoprogenie. Gleichzeitig muskuläre Störung im Naseneingangsbereich. Therapie: im Säuglingsalter neurochirurgische Kraniotomie, später *Le-Fort*-II- oder *Le-Fort*-III-Osteotomie. 3

Dys|ostosis multi|plex f: angeborene multiple Skelettdeformierung mit Störung des Fettstoffwechsels. Äußert sich in Minderwuchs, großem, plumpem Schädel mit eingezogener Nasenwurzel, wulstigen Lippen, großer Zunge, charakteristischem Gesichtsausdruck (→ Gargoylismus). Außerdem Sehstörungen, Skelettanomalien, Leber- und Milzvergrößerung, Imbezillität, Taubheit, Neigung zu Zahnkaries, Hypertrichose. Erbleiden. 3

Dys|ostosis oro|digito|facialis f: → Dysplasia linguofacialis. 3

Dys|pepsie f: Störung der Darmverdauung bei anatomisch intakter Schleimhaut. Symptome: Übelkeit, Sodbrennen, Oberbauchschmerzen, Blähungen, Aufstoßen, Völlegefühl während und nach dem Essen. Gärungs-D.: Störung der Kohlenhydratverdauung, Vergärung der Stärke im unteren Dünn- und Dickdarm durch Kolibakterien, Entstehung peristaltikreizender Stoffe (Buttersäure), Gärungsstuhl (Gasbildung, stechender

Geruch, saure Reaktion). Fäulnis-D.: Störung der Eiweißverdauung, Fäulnis ausschließlich im Dickdarm, Fäulnisstuhl (faulig riechend, alkalische Reaktion). [20]

Dys|phagie f: Gefühl des Druckes oder des Steckenbleibens von Speisebrei infolge Passagebehinderung während des Schluckaktes. Ursachen: entzündliche, tumoröse Erkrankungen in Mundhöhle, → Pharynx, → Larynx oder Schilddrüsenbereich. Vgl. Schluckbeschwerden. [20, 27]

Dys|phasie f: Störung der Sprachfunktion, die den Verlust der Wort- und Satzbildung sowie des Wort- und Satzverständnisses beinhaltet. Man unterscheidet: 1. amnestische D.: gute Artikulation, unveränderte Prosodie, geringer Informationsgehalt des Gesprochenen, Sprachverständnis kaum gestört; 2. *Broca*-D.: motorische D. bei umschriebener Läsion im vorderen Anteil der Sprachregion (A. praerolandica), angestrengtes langsames Sprechen, vereinfachte Syntax, Agrammatismus, Dysprosodie, Sprachverständnis wenig gestört; 3. *Wernicke*-D.: sensorische D. bei umschriebener Läsion im hinteren Anteil der Sprachregion (A. temporalis posterior), Logorrhoe, Paragrammatismus, gute Prosodie und Artikulation, aber sehr geringer Informationsgehalt, Sprachverständnis schwer gestört; 4. globale D.: Läsion der gesamten Sprachregion (A. cerebri media), starke Einschränkung der Sprachproduktion, auffällig reduziertes Sprachverständnis, zusätzlich immer Halbseitenlähmung. Vgl. Aphasie. [19, 27]

Dys|phonie f: Störung der Stimme in Form von Heiserkeit, Resonanzlosigkeit, allg. Leistungsschwäche, rascher Ermüdbarkeit u.ä. Man unterscheidet: 1. dysplastische D. (Störungen aufgrund mangelhafter Anlage des Stimmorgans); 2. dysgenetische D. (Störung infolge mangelhafter Stimmentwicklung); 3. endokrin bedingte D.; 4. habituelle D. (gewohnheitsgemäßige Störungen der Sprache); 5. psychogene D.; 6. symptomatische D. (Störung durch entzündliche Vorgänge im Stimmorgan); 7. paralytische D. (Störung bei Nervenlähmungen des Stimmorgans); 8. myogene D. (Störung nach Muskelschädigung im Stimmorgan); 9. traumatische D. (Störung nach Verletzungen des Stimmorgans). [19, 27]

Dys|plasia dento|facialis f: Entwicklungsstörung mit angeborenem Katarakt und angeborenen Zähnen. [3]

Dys|plasia linguo|facialis f: Mißbildungskomplex, bestehend in schütterer Kopfbehaarung, → Epikanthus, Plattnase, medianer Oberlippenspalte und multiplen Ober- und Unterlippenkerben, → Gaumenspalte, Zungenspalte, aber auch Zerlegung der Zunge in verschieden große, kugelige Segmente, Stellungsanomalien der Zähne und Hypodontie. Weiterhin Kurzfingrigkeit mit Beugung (Klinodaktylie) des Kleinfingers, verminderte Intelligenz. Nur weibliches Geschlecht betroffen. [3]

Dys|plasia oculo|auricularis f: durch Neumutation entstandene Dysplasie, einseitige Entwicklungsstörung des 1. und 2. Kiemenbogens. Halbseitige Gesichtshypoplasie, Hypoplasie der Ohrmuschel, selten Atresie des äußeren Gehörganges, Unterentwicklung des Unterkiefers, meist Fehlen des Kiefergelenks. Gleichzeitig Makrostomie mit Zahnunter- oder -überzahl. [3]

Dys|plasia oculo|dento|digitalis f: Mißbildungskomplex mit kleinen Augen, → Hypertelorismus, Nasenhypoplasie, Fingerverwachsungen und Schmelzhypoplasien mit gelblich-brauner Verfärbung. [3]

Dys|plasie f: Dysplasia, Fehlentwicklung; durch gestörte Zell-, Gewebs- und Organentwicklung entstandene Mißbildung, z.B. → Dysostosen oder → Gesichtsspalten. D. der Zähne: → Zahndysplasien. [1]

Dys|plasie, fibröse f: → Osteofibrosis deformans juvenilis. [3]

dys|plastisch: fehlentwickelt, mißgebildet. [3]

dys|plastischer Typ m: → Konstitution. [4]

Dys|pnoe f: Atemstörung; subjektiv empfundene Atemnot, Lufthunger, Kurzatmigkeit mit dem Zwang gesteigerter Atemtätigkeit, erhöhte Arbeit der an der Atmung beteiligten Muskulatur zur Überwindung elastischer Atem- und Strömungswiderstände. Folge: Sauerstoffuntersättigung des Blutes. Inspiratorische D.: Einströmungshindernisse in oberen und mittleren Luftwegen (→ Diphtherie, Glottisödem, Bronchitis). Exspiratorische D.: Erhöhung des Strömungswiderstandes in der Ausatmung bei Erkrankungen mit Ventilationsstörung (→ Asthma bronchiale, spastische Bronchitis). Kardiale D.: bei Linksherzinsuffizienz, anfangs als Belastungs-D., schwerer als Ruhe-D. Therapie: nur kausal. Vgl. Atemwege, Aspiration, Ruhedyspnoe. [16, 20]

Dys|protein|ämie f: quantitative Verschiebung der normalen Eiweißfraktionen im → Serum, z.B. bei → nephrotischem Syndrom. [20]

Dys|raphie f: Offenbleiben der Skelettschließungslinien durch embryonale Entwicklungsstörung, z.B. bei → Gaumenspalte. [3]

Dys|raphie-Syndrom n: Sammelbegriff für dominant erbliche Konstitutionsanomalien mit → Spina bifida als Leitsymptom. Weiterhin → Gaumenspalte, → Trichterbrust, → Halsrippen, psychische Störungen u.a. [3]

Dys|topie f: Verlagerung von Organen, z.B. von Zahnkeimen. Im Gegensatz zur → Aberration, → Ektopie oder → Heterotopie handelt es sich nur um geringgradige Verlagerungen, z.B. Kippung eines Weisheitszahnes, Retention eines oberen Eckzahnes u.ä. Vgl. Retention. [5]

Dys|trophia adiposo|genitalis f: Morbus *Fröhlich;* Adipositas mit weibl. Fettverteilungstyp, Hypogenitalismus, oft Minderwuchs bei Hypophysen- oder Hypothalamustumor. Sehr selten, wird häufig mit der harmlosen Pubertätsadipositas verwechselt. [20]

Dys|trophia brevi|collis con|genita f: Kombination multipler Fehlbildungen mit den Symptomen des → *Klippel-Feil*-Syndroms, Mikrogenie, hohem Gaumen, Minderwuchs und beidseitigem → Pterygium (colli). Vgl. Dyskraniodysphalangie, Pterygium-Syndrom. [3]

Dys|trophia myo|tonica (*Curschmann*): familiäres Erbleiden mit Dystrophie der Muskulatur an Gesicht, Kaumuskeln, Vorderarmen und kleinen Handmuskeln, Peroneusmuskulatur bei allgemeiner Muskelschwäche, vergesellschaftet mit myotonischen Symptomen (Myotonica congenita) und endokrinen Störungen wie Stirnglatze, frühzeitigem Linsenstar, Amenorrhoe und Hodenatrophie. [34]

Dys|trophie f: Dystrophia; Ernährungsstörungen, die den Gesamtorganismus (bei Verdauungs- und Resorptionsstörungen, Unter- und Fehlernährung, hormonalen Faktoren) oder einzelne Körper- und Gewebsteile (bei Störung der Nerven- und Gefäßversorgung) betreffen. Spez. auch Ernährungsstörungen bei Säuglingen. [20]

Dys|trophien des Knochens f pl: → Osteopathien. [2]

Dys|zephalie f: allg. Bez. für Schädelmißbildungen, → Dysostosen des Schädels. [3]

E

Early sideshift (engl.) f: → *Bennett*-Bewegung.[4]
EBA-Zement m: Zement, der bezügl. seiner mechan. Eigenschaften zwischen provisor. und permanenten Zementen liegt, aber pulpaschonender ist als letztere. Bestandteile: Zinkoxid-Eugenol mit Zusatz von o-Äthoxybenzoesäure. Vgl. Zemente. [1]
Ebene, schiefe: → schiefe Ebene. [5]
Ebner-Drüsen (Victor von E., Anat., Graz, Wien, *1842, † 1925): seröse Spüldrüsen, die ihr Sekret in die Gräben der → Papillae vallatae der Zunge abgeben. [9]
Ebner-Entkalkungs|flüssigkeit: eine 10-15%ige Kochsalzlösung, die 1-3 % reine Salzsäure enthält. Dient in der Mikroskopie zur Entkalkung kalksalzhaltiger Gewebe und Organe, z.B. der Zähne. [9]
Ebner-Fibrillen f pl: im Dentin und Zement vorkommende, nach *von Ebner* benannte Fibrillen (→ Dentinfibrillen). E. im → Zement sind 3 bis 6 µm dick. [30]
Ebner-Halb|monde: → *Gianuzzi*-Halbmonde.[9]
Ebner-Linien: im Dentin sichtbare → Wachstumslinien. [30]
Ebonit n: Hartgummi. → Kautschuk. [4]
eburneus (lat.): elfenbeinern; Substantia eburnea (BNA, JNA): → Dentin. [30]
Eburnifikation f: Eburnisation; Verknöcherung, im Rö.-Bild sichtbare Verdichtungen der Knochenstruktur, bes. der Spongiosa. Vgl. Marmorknochenkrankheit, Osteosklerose. [2]
E.C.G.: Abk. für **E**uropean **C**ollege of **G**erodontology; wissenschaftl. Vereinigung der Alterszahnheilkundler aus den europäischen Ländern und Mittelmeeranrainerstaaten. [27]
Echinococcus m: → Echinokokkus. [8]
Echinokokkus m: Blasenwurm, Hülsenwurm, → Finne vom Hundebandwurm, auch beim Menschen. Aus den Eiern werden im Magen des Wirts die Onkosphären frei, durchbohren die Darmwand und gelangen in Leber, Lunge, Gehirn usw., wo sie zum E., einer bis kindskopfgroßen, mit Flüssigkeit gefüllten Blase, heranwachsen. [8]
Echo|enzephalo|graphie f: dient der schnellen Diagnostik von raumfordernden Hirnprozessen (z.B. von epi- und subduralen Hämatomen) nach dem Impuls-Echo-Verfahren mittels → Ultraschall. [34]
Echo|kardio|gramm n: Darstellung kardialer Strukturen (Hypertrophie einzelner Kammerabschnitte bis zur einer Tiefe von 16 cm). Prinzip der Reflexion von → Ultraschall(wellen) an kardialen Strukturen. Auch Echographie, → Sonographie. [10]
ECHO-Viren n pl: (Kurzform für engl. **e**nteric **c**ytopathogenic **h**uman **o**rphan viruses); Gruppe der Enteroviren. Erreger von abakterieller Meningitis, poliomyelitisähnlichen Krankheitsbildern, infantilen Diarrhöen und Infektionen der Luftwege („Sommergrippe"). [8]
Eck|zahn|außen|stand: → Eckzahntiefstand. [5]
Eck|zähne: → Dentes canini. [30]
Eck|zahn|führung: willkommenes „Artikulationshindernis". Die oberen Eckzähne führen über ihre palatinalen Flächen die Unterkieferbewegung in der Weise, daß bei Seitwärtsbewegungen die Seitenzähne sofort außer → Okklusion gestellt werden. Auch bei der Protrusionsbewegung werden durch die Führung der Frontzähne im Oberkiefer die Seitenzähne diskludiert. Diese Front-Eckzahnführung wird auch als organische Okklusion bezeichnet. Sie wird derzeit besonders bei Brückenersatz und kombiniertem Ersatz empfohlen da nur die Eckzähne aufgrund ihrer anat. Form und ihrer starken Wurzel die auftreffenden Kräfte aufzufangen vermögen. (Nomenklatur der → AgF: dynamische Okklusion zwischen Ober- und Unterkiefereckzähnen.) Vgl. Okklusionskonzepte. [4]
Eck|zahn|hochstand: → Eckzahntiefstand. [5]
Eck|zahn|tiefstand: Eckzahnhochstand, Eckzahnaußenstand; Falschlage oberer und/oder unterer Eckzähne außerhalb der Zahnreihe. Da von solchen Eckzähnen die Kauebene im allg. nicht erreicht wird, gilt, okklusionsdiagnostisch auf diese bezogen, die Bezeichnung Eckzahntiefstand. Verursacht durch Zusammenbruch der

Stützzonen infolge vorzeitigem Milchmolarenverlust (Lückenschluß von hinten) und durch Größenmißverhältnis von Milch- und bleibenden Frontzähnen (Lückenschluß von vorn) sowie von Zahn- und Kiefergröße. Vgl. Infraposition. 5

Eck|zahn|zeichen: Signum canini, höckerige Verkümmerung der Eckzahnspitzen im Milchgebiß als Zeichen einer Embryopathie. 30

Eck|zahn|zug|feder: meist helixförmige Schlaufenbiegung im Drahtbogen der festsitzenden kieferorth. Behandlungstechniken (Abb.), mittels derer die Eckzähne in der → Führungsphase körperlich (achsengerecht) nach distal bewegt werden. Viele Formen möglich. Vgl. Loop. 5

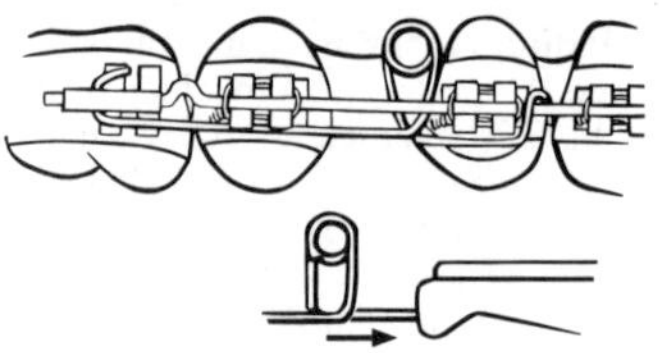

Eczema sebor|rho|icum n: → Ekzem. 12

ED: Abk. für → Encephalomyelitis disseminata. 33

Edel|gase: gasförmige Elemente mit symmetrisch aufgebauter Elektronenhülle mit 2 (Neon) bzw. 8 (alle übrigen) Elektronen in der äußersten Schale. Helium, Neon, Argon, Krypton, Xenon, Radon sind reaktionsträge, daher u.a. für Schutzgasschweißungen verwendet (insbes. Argon). 23

Edel|metalle: gegen chem. Einflüsse sehr widerstandsfähige Metalle, die sich z.B. weder an feuchter noch an trockener Luft verändern. Zu ihnen gehören → Gold, → Silber, → Quecksilber, Rhenium und die sog. → Platin-Metalle. 10, 23

Edel|stahl: rostsicherer Stahl. Die meisten für den technischen Gebrauch entwickelten Stähle vermögen den Anforderungen im Dentalbereich oder in der Langzeitimplantologie nicht zu entsprechen; hierfür ist eine höhere Konzentration der passivierenden Zusätze (bes. Chrom, Molybdän) erforderlich → Wilpa, → Stahl. 4

Edentaten (lat.) m pl: Säugetiere mit monophyodontem Gebiß. Sie zeichnen sich durch vielfache odontologische Sonderbildungen aus. Zu ihnen gehören sowohl die sekundär zahnlosen Ameisenbären und Schuppentiere als auch die mehr oder weniger bezahnten Gürteltiere und Faultiere. Gürteltiere können bis zu 100 meist isodonte schmelz- und wurzellose Zähne tragen, was als Neuerwerb anzusehen ist. Während Delphine bis zu 260 Zähne besitzen, trägt der Narwal nur einen rostral gerichteten Stoßzahn (Abb.). 30

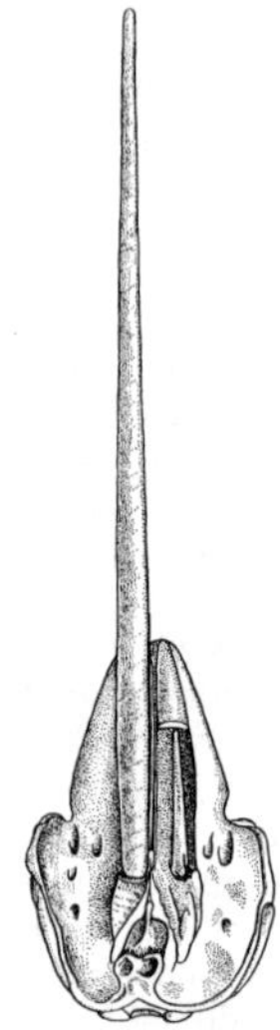

Schädel eines Narwals Monodon. Die Zwischenkiefer sind aufgefräst. Der linke Stoßzahn erreicht meist eine Länge von 2 Metern. Der rechte Zahn bleibt klein und bricht nicht durch.

Edentation f: Zahnlosigkeit durch Zahnentfernung. 30

Edge|wise-arch (engl.) m: Kantbogen, nach *Angle* aktiver Vierkantaußenbogen, der unverrückbar in entsprechenden Vierkantschlössern (→ Brakkets) der bebänderten Zähne liegt (Abb.). Er

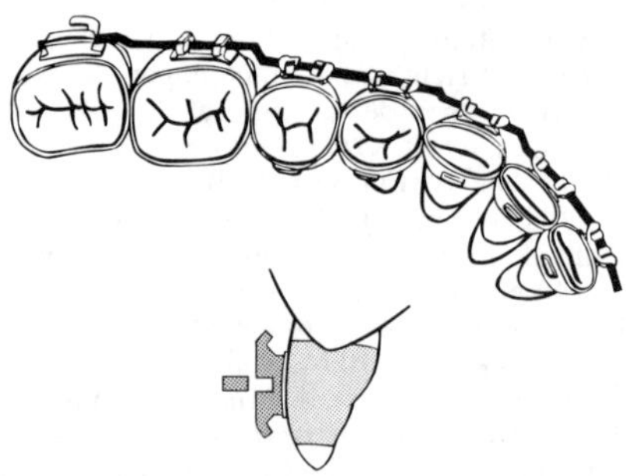

bewirkt daher unter Vermeidung einer Kippung jede gewünschte körperliche (dreidimensionale) Bewegung der betreffenden Zähne (→ Bodily movement). Der Bogen soll von

Anfang an die angestrebte Idealform aufweisen. Vgl. Eckzahnzugfeder, bioprogressive Technik, Straight-wire-Technik, Utility-arch, Zwillingsbogen. 5

Edge|wise-Technik f: kieferorth. Behandlungstechnik mit festsitzenden Apparaturen. Die Zähne werden mit Bändern (→ Band) oder → Brakkets versehen, in welche durchlaufende Drahtbögen eingebunden werden. Die klassische E. basiert seit *Angle* auf 4 Behandlungsstadien: 1. Ausrichten des Zahnbogens mit runden Drähten; 2. Einleiten des Lückenschlusses nach Extraktion und/oder dentoalveoläre Korrektur der sagittalen Fehlstellung mit runden Drähten; 3. vollständiger Lückenschluß und/oder endgültige sagittale Korrektur der Dysgnathie mit Hilfe des → Edgewise-arch (Vierkantbogen); 4. Abschluß der aktiven Behandlung mittels eines Vierkantbogens in → Idealbogenkonzept. Die konventionelle E. kommt in zahlreichen Modifikationen zur Anwendung. 5

Edlan-Mejchar-Technik f: mukogingivale Plastik zur Verbreiterung der Gingiva propria (→ Gingiva). Die bewegliche Schleimhaut des Mundvorhofs wird auf dem Knochen fixiert, dessen Periost den Schleimhautdefekt deckt. Modifikation nach *Schmid* und *Mörmann* (1976): Ein im Verlauf der Linea girlandiformis gestielter Mukosalappen wird nach Abschieben des darunter frei präparierten Periosts nach apikal direkt dem Knochen angepreßt. Vgl. Gingivaextension. 6

EDTA: Edetinsäure, Ethylendiamintetraessigsäure, bildet mit Metallionen lösliche Komplexe, deshalb zur Aufbereitung von Wurzelkanälen, z.B. Calcinase®, Largal ultra®, RC-Prep®. 34

EDV-Anlage: bestehend aus Hard- und Software und dazugehöriger Organisation und Bedienung. Die Hardware unterteilt sich in Ein- und Ausgabeeinheiten, externe und interne Speichereinheiten und die Verarbeitungseinheit (CPU). Die Größe einer E. wird nach den externen Speichermöglichkeiten, der internen Speichermöglichkeit und der Verarbeitungsgeschwindigkeit in MIPS (Millionen Instruktionen per Sekunde) gemessen bzw. beschrieben. 26

EEG: Abk. für → Elektroenzephalographie und Elektroenzephalogramm. 10, 33

Effektiv|dosis f: → Dosis 50, effektive. 7

efferent (lat.): herausführend; Gegensatz: → afferent. 9

efficacy (engl.): Maß für die max. Wirkungsstärke eines → Pharmakons (E_{max}). 7

Ef|flores|zenz (lat.) f: „Hautblüte“, Elementarbestandteil klinischer Erscheinungen an der Haut.

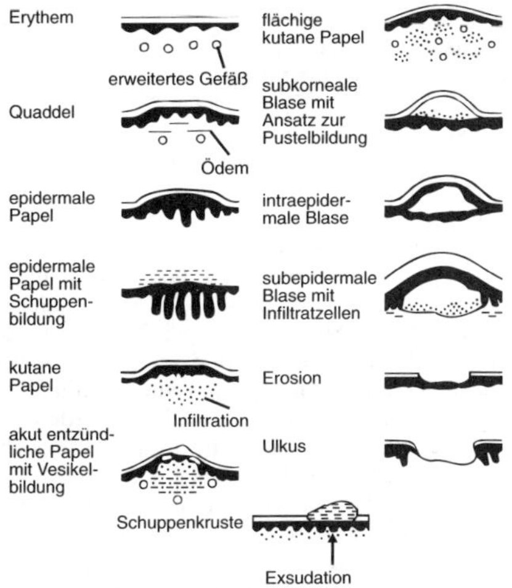

Schematische Darstellung der Effloreszenzen (Auswahl)

Die genaue Bestimmung der E. ist die Grundlage der dermatologischen Diagnose (Abb.). Unterschieden werden primäre E.en (Fleck, → Quaddel, Knötchen, Knoten, Bläschen, Blase, → Zyste, → Pustel) und sekundäre E.en (→ Schwiele, Schuppe, Kruste, → Erosion, → Rhagade, → Fissur, Gerschwür [→ Ulkus], → Nekrose, → Atrophie, → Narbe). Aus den primären E.en entwickeln sich im Krankheitsverlauf die sekundären E.en. 12

Effortil®: Etilefrin; → Vasopressoren. 2

E|gression f: → Extrusion. 5

Ehricke-Löffel (Arnold E., Za., Berlin, * 1890, † 1970): Abdrucklöffel, den anat. Verhältnissen angepaßt, zur Abformung voll und partiell bezahnter sowie unbezahnter Kiefer. 4

Ehringsdorfer Kiefer: Fund zweier Unterkiefer (1914 und 1916) vom Präneandertalertyp (Homo sapiens praeneandertalensis) in Ehringsdorf bei Weimar, an denen sich parodontaler Knochenabbau nachweisen läßt. 6

Ei-Amnion|kultur f: Züchtung von Erregern in der Amnionhöhle des embryonierten Hühnereies (*Buddinger* und *Polk* 1939). Vor allem zur Viruszüchtung. 8

Ei|dotter|kultur f: Züchtung von Erregern im Dottersack des embryonierten Hühnereies. 8

Eier|stock: → Ovarium. 9

Ei|häute: die den Embryo umgebenden Hüllen → Chorion, → Amnion und → Dottersack (Dezidua), wobei die beiden ersten vom Embryo gebildet werden, während die Dezidua Teil der Uterusschleimhaut ist und ab der 5. Schwangerschaftswoche rudimentiert. [9, 22]

Ei|haut|kultur f: Chorion-Allantoiskultur zur Viruszüchtung. Beimpfung der Chorion-Allantoishaut durch ein Loch in der Schale des bebrüteten Hühnereis. [8]

Ei|leiter: → Tuba uterina. [9]

Einbetten: **1.** Zhk.: das Einbringen von Prothesen- und Füllungsmodellen aus Wachs in die mit → Einbettmasse gefüllte Gußmuffel oder in die Küvette; **2.** Mikroskop.: das Einbringen von entwässerten und fixierten Geweben in Zelloidin oder Paraffin, um sie in feine Schnitte zerlegen zu können; **3.** Embryol.: → Nidation. [4]

Einbett|massen: Massen, in die für Gußzwekke das Wachsmodell eingebettet wird. Sie bestehen aus einer feuerfesten Grundsubstanz (→ Quarz, Tridymit, Cristobalit) und einem Bindemittel (Gips oder Phosphat, daher gips- bzw. phosphatgehende Einbettmassen) und erstarren, mit Wasser angemischt, zu einer festen Masse. Für das Gießen hochschmelzender Legierungen können diese gipshaltigen Einbettmassen nicht benutzt werden, da bei den hohen Temperaturen der Gips zersetzt wird und dadurch eine Schädigung der Gußlegierung durch Schwefelaufnahme möglich ist. [4]

Einbiß|ebene: einfachste Behandlungsapparatur zur Verkürzung von Frontzähnen in Form einer gegossenen, aufzementierten Frontzahnschiene. [5]

Einbiß|nahme: → Konstruktionsbiß. [5]

Einbiß|rille: Vertiefung an einer funktionskieferorth. Apparatur zur Führung der Frontzähne des Gegenkiefers in die durch den → Konstruktionsbiß ermittelte (gewünschte) → Bißlage. [5]

Einfach|satz: die in der → Gebührenordnung Zahnärzte (GOZ) genannten DM-Beträge für zahnärztliche Leistungen, hauptsächlich bei Privatpatienten (Selbstzahler). Hiervon kann ein Mehrfaches bis zum Höchstsatz (3,5fach), gemessen an der Schwierigkeit der Leistung, dem zeitlichen Aufwand, den Umständen bei der Ausführung der Leistung und den örtlichen Verhältnissen, in Ansatz gebracht werden. 2,3fach ist der sog. Regelsatz, für dessen Überschreiten eine entsprechende Begründung abgegeben werden muß. Für technische Leistungen (z.B. Rö.) ist 1,8fach der Höchstsatz. Eine Überschreitung auch des Höchstsatzes ist möglich, wenn dieses vor der Behandlung mit dem Patienten schriftlich vereinbart wurde (Abdingung). [25]

Eingrab|technik f: Bißnahme, Registriermethode, bei welcher zunächst intraoral die Bewegungen des Unterkiefers mittels Führungsstiften in ein selbsthärtendes plastisches Material eingegraben werden. Anschließend werden die erhärteten Führungsflächen in den Artikulator gebracht und die Bewegungen nachgefahren. Über einen Übertragungsbogen werden die Bewegungen auf das Artikulatorgelenk übertragen, wobei wiederum plastisches Material in den Artikulator-Gelenkpfannen geformt wird. Besonders geeignet hierfür ist der individuell einstellbare → Artikulator, → TMJ-Artikulator. Vgl. Bißnahme. [4]

Einheilungs|phase f: Zeit zwischen der chirurgischen Insertion und der prothetischen Versorgung und funktionellen Belastung eines → Implantates. Je nach Lokalisation und → Implantattyp muß eine unterschiedliche E. abgewartet werden. Vgl. Implantationsverfahren, ein- und zweiphasig. [18]

Einheits|membran f: → Zytomembrane. [9]

Einhelfer|methode f: Form der → Herz-Lungen-Wiederbelebung, bei der ein Helfer sowohl die → Beatmung als auch die → Herzdruckmassage ausführt. Vgl. Herz-Kreislauf-Stillstand. [16]

Einkessel|generator m: Röntgengenerator, bei dem sich Hochspannungserzeuger und Röntgenröhre zusammen in einem Schutzgehäuse befinden. Als → Einpulsgenerator mit Festanodenröhre im zahnärztlichen Röntgengerät. [14]

Einkomponenten|abformung: Abformung, bei der präparierte Pfeilerzähne mit der Abformmasse umspritzt werden und der Löffel gleichzeitig mit demselben Material zur Gesamtabformung gefüllt wird. Die Verwendung eines → individuellen Löffels ist dabei angezeigt. Vgl. Abformmethoden, Einphasenabformverfahren. [4]

Einkristall m: Kristall mit ungestörtem, innerhalb der Gesamtmasse einheitlichen Gitteraufbau. [10]

Einlage: in die Zahnkavität, die Pulpakammer und/oder den Wurzelkanal mittels Watte oder Papierspitzen eingebrachtes Medikament, das mit einem leicht entfernbaren Verschlußmittel provisorisch abgedeckt wird. Dient der Devitalisation, Desinfektion, Imprägnierung oder auch nur der Beobachtung. [1]

Einlage|füllung: Gußfüllung, Inlay; Füllung, deren Form außerhalb des Mundes hergestellt wird, i.a. durch Gußtechnik. Sie wird nach Ausarbeitung und Politur mit → Zement in der → Kavität befestigt. Ggs.: plastische Füllung. [1]

Einphasen|abform|verfahren: → Einkomponentenabformung. [4]

Einpuls|generator m: früher Halbwellenapparat, Einphasenröntgengenerator, bei dem die direkt an die Röhre gelegte, herauftransformierte Netzwechselspannung nur während jeder zweiten Halbperiode Strahlung entstehen läßt. Gerät mit geringer Leistung und inhomogener, großenteils weicher Röntgenstrahlung. Einpulsgeneratoren werden fast nur noch für Zahnfilmaufnahmen eingesetzt. Auch → Röntgengenerator. 14

Einrenkung: Wiederherstellung der richtigen Lage und Stellung ausgerenkter Gelenke. → Luxation. 2

Einschleifen: Maßnahmen zur Harmonisierung der → Okklusion und → Artikulation entsprechend des indizierten → Okklusionskonzeptes, um funktionelle Störungen zu vermeiden bzw. auszuschalten. Man unterscheidet das diagnostische Einschleifen (instrumentelle → Gebißanalyse, funktionelle), das therapeutische → Einschleifen natürlicher Zähne bei Funktionsstörungen und das prothetische Einschleifen von Zahnersatz, um Fehler, die bei der technischen Herstellung sowie in der → Kieferrelationsbestimmung aufgetreten sind, auszugleichen. Ziel ist es in jedem Fall, eine stabile Okklusion und störungsfreie Artikulation herzustellen, die sich in physiologischer Beziehung zur Muskulatur und den Kiefergelenken befindet. Entsprechend dem Zahnbestand wird entweder eine → Schneidezahn-Eckzahnführung, eine unilateral-balancierte oder balancierte Artikulation hergestellt. Vgl. Reokkludieren, Remontage. In der Funktionskieferorthopädie: Modifikation eines Gerätes mit dem Ziel, gesteigerte Muskeltätigkeit auf die Zähne zu übertragen unter Ausschaltung aller der Zahnbewegung entgegenstehenden Kräfte. Das Gerät wird für die beabsichtigte Verschiebung jedes einzelnen Zahnes so vorbereitet, daß die Führungsflächen zu Belastungs- oder Entlastungsflächen umgeformt werden. 4, 5

Einschleifen, diagnostisches: okklusales Bearbeiten von Gipsmodellen im → Artikulator, um festzustellen, welche Veränderungen im Kauflächenkomplex nach dem Einschleifen zu erwarten sind. Die einzelnen Schliffe können in eine Einschleifliste eingetragen und später im Munde des Patienten nachvollzogen werden. Vgl. Gebißanalyse, funktionelle. 4

Einschleifen natürlicher Zähne: Bearbeiten der Zahnkauflächen mit Schleifkörpern zur Beseitigung inkongruenter Berührungsverhältnisse der Zahnreihen (Aufhebung von Fehlbelastungen im Zuge der Parodontalprophylaxe). Damit wirkt man der parafunktionellen, horizontalen Belastungsrichtung entgegen und erreicht eine physiologische, vertikale Belastung. *Schuyler* beseitigt prophylaktisch Frühkontakte, Gleithindernisse und flächenförmige Abrasionsmarken in der Okklusion und Artikulation. Bei Störungen in der Artikulation werden die lingualen Abhänge der bukkalen Höcker im Oberkiefer und die bukkalen Abhänge der lingualen Höcker im Unterkiefer beschliffen (→ Bolu-Regel). Ziel des Einschleifens ist ein maximaler Vielpunktkontakt bei gleichzeitiger Belastung der Zahnreihen in der Schlußokklusion und Vermeidung von Störkontakten bei der Artikulation (→ *Lauritzen*-Technik). 4

Einschleif|liste: → Einschleifen, diagnostisches; → *Lauritzen*-Technik. 4

Einsichts|fähigkeit: → Einwilligung. 24

Einsichts|recht: Recht des Patienten, in die zahnärztliche → Dokumentation Einsicht zu verlangen. 24

Einspann|länge: Eindringtiefe des → rotierenden Instruments in das Spannelement der → Turbine oder des → Übertragungsinstruments. Je nach E. und Länge sowie Art der herausragenden Masse des Werkzeugs kann die → Drehzahl reduziert werden oder einen biegekritischen Zustand erreichen. 21

Einstellicht: in einem → Elektronenblitzgerät integrierte Konstantlichtquelle, die die Einstellung von Kamera und Objektiv vor der mit dem Elektronenblitz belichteten Aufnahme ermöglichen soll. Findet sich bei einigen → Makroblitz-Geräten und → Medical-Objektiven sowie bei Studioblitzanlagen. Im Nahbereich ist die Verwendung eines E.s nur bei fixierter Kamera sinnvoll. 17

Einstell|schlitten: Hilfsmittel für die → Makrofotografie, das die millimetergenaue Verschiebung eines Balgengerätes oder einer Kamera über einen Zahntrieb erlaubt. Kreuzschlitten erlauben nicht nur die Verstellung in axialer, sondern auch in transversaler Richtung. 17

Einstellung: sozialpsychologischer Oberbegriff für Meinungen, Haltungen, Standpunkte, gruppenabhängige Urteile (Stereotype) und → Vorurteile. Im Unterschied zum → Verhalten ist die E. leichter änderbar; Verhalten (im Sinne erwünschten Verhaltens) und E. sind in einer Person oft nicht kongruent. 13

Einstück|guß|prothese f: nach dem Modellgußverfahren hergestellte partielle Prothesenbasis mit → Stütz- und → Halteelementen vorwiegend aus → Kobalt-Chrom-Molybdän-Legierungen. Vorteile: 1. große Stabilität, 2. grazile Dimensionierung, 3. keine Störung der Sprachbildung, 4. keine Geschmacksbeeinträchtigung, 5. große Wärmeleitfähigkeit. Vgl. Modellgußverfahren. 4

Einwilligung: Einverständniserklärung des Patienten mit einem Diagnose- oder Heileingriff; der Patient muß in jede Behandlungsmaßnahme einwilligen, um die Behandlungsmaßnahme zu rechtfertigen. Eine Rechtfertigung besteht nur bei wirksamer E. Hierzu ist eine ordnungsgemäße → Aufklärung durch den Zahnarzt erforderlich. Bei Minderjährigen ist die E. von der Einsichtsfähigkeit abhängig. Die E. hat durch den Patienten persönlich zu erfolgen und muß zum Zeitpunkt der Behandlung gegeben sein. 24

Einzel|fall|prüfung: → Wirtschaftlichkeitsprüfung. 24

Einzel|leistung: zahnärztliche Leistung entsprechend der Beschreibung im → Bewertungsmaßstab (Bema) oder analoger Gebührenordnungen. Grundlage für die Bezahlung der → Gesamtvergütung nach E. entspr. § 85 SGB V. 25

Einzel|leistungs|vergütung: Berechnungsmöglichkeit der → Gesamtvergütung nach → Einzelleistungen auf der Grundlage des → Bewertungsmaßstabes (Bema). Andere Berechnungsarten: → Festbetrag, → Fallpauschale, → Kopfpauschale oder Kombinationen dieser. 25

Einzel|zahn|implantat n: → Implantat zum Ersatz eines einzelnen Zahnes; auch mehrere E.e nebeneinander möglich. 18

Eisen: chem. Element, Symbol Fe (Ferrum), Ordnungszahl 26, Atomgewicht 55,85. Metallisches E. ist oft der Hauptbestandteil von Meteoriten; in der Erdrinde findet sich E. nur in Form von Verbindungen. In verdünnten → Säuren löst sich E. unter Freiwerden von Wasserstoff; konzentrierte → Salpetersäure macht E. für Säuren unangreifbar (sog. Passivierung). E. rostet an der Luft, d.h., es wird von der Oberfläche her allmählich in Eisenoxidhydrat umgewandelt. 23

Eisen|bindungs|kapazität f: Abk. EBK; die im Serum gebundene Eisenmenge. Das Transportprotein für das Serumeisen, das → Transferrin, ist in etwa zu 30% mit Eisen besetzt. Die restliche Bindungskapazität wird als freie (FEBK) und die gesamte als totale Eisenbindungskapazität (TEBK) bezeichnet. Bei → Eisenmangelanämien ist die FEBK erhöht, bei der → Hämochromatose entsprechend erniedrigt. Normalwerte: Serumeisen bei Männern 10-28 μ mol/l, bei Frauen 7-26 μ mol/l; TEBK 45-73 μ mol/l. 20

Eisen|mangel|an|ämie f: ungenügende Hämoglobinbildung bei Eisenmangel. Ursachen: 1. eisenarme Nahrung; 2. Eisenresorptionsstörungen (Malabsorption, Diarrhöe); 3. Eisenverluste (physiologisch: Menstruation, Geburt; pathologisch: akute oder chronische Blutung). Vgl. Anämie. 20

Eis|essig: wasserfreie → Essigsäure. 23

Eiter: Pus; meist gelbliches, rahmartiges, entzündliches Exsudat, bestehend aus zahlreichen neutrophilen → Granulozyten, nekrotischen Gewebszellen und Serumanteilen. Meist durch → pyogene Keime (u.a. Staphylokokken, Streptokokken, Pneumonkokken, Meningokokken) hervorgerufen. Frischer E. ist geruchlos oder riecht fade; der durchdringende Fäulnisgeruch zeigt sich erst, wenn Fäulnisprozesse mit der Eiterung verknüpft sind, z.B. bei der → Gangrän der Pulpa. Vgl. Empyem, Abszeß, Phlegmone. Steriler E., in dem keine Mikroorganismen nachgewiesen werden können (z.B. bei Eiterung durch sterilen Fremdkörper). Der E., der bei Wundheilungen per secundam intentionem gebildet wird, enthält keine Zersetzungsprodukte und Mikroorganismen. Vgl. Abszeß. 8, 32

Eiweiß: hochmolekulare, aus → Aminosäuren aufgebaute Stoffe, die mengenmäßig den größten Anteil der organ. Verbindungen im Körper stellen und vor allem funktionell entscheidende Bedeutung haben (Abb.). Außerordentliche Spezifität (Individual- und Organ-Spezifität) durch

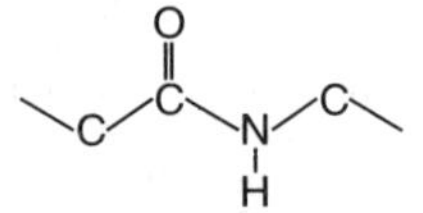

Strukturformel der Peptidbindung

wechselnde Verknüpfung der Aminosäuren zu einer Polypeptidkette (Primärstruktur), die oft in Schraubenform (α-Helix, Sekundärstruktur) oder gestreckt (β-Faltblatt) vorliegt und nochmals dreidimensional angeordnet ist (Tertiärstruktur). Schließlich evtl. Verbindung mehrerer Peptidketten (Submoleküle; Quartärstruktur) und vor allem Aufnahme von Nichteiweißkomponenten, wodurch die bisher beschriebenen Proteine zu Proteiden werden (Nukleo-, Glyko-, Lipo-, Chromoproteide), die vielfältigste Aufgaben erfüllen. 23

Eiweiß|minimum, physio|logisches n: geringste zur Verhinderung einer negativen N-Bilanz (die dem täglichen Substanzabbau entspricht) zuzuführende Eiweißmenge (25-80 g je nach Qualität). Das funktionelle, hygienische Eiweißminimum liegt etwas darüber, wobei das Eiweißoptimum sehr unterschiedlich sein kann (bei Wachstum, Schwangerschaft, Infektions- und Krebserkrankungen hoch). 20

Eiweiß|probe im Harn: → Proteinurie. 20

Ei|zahn: bei Schlangen und Eidechsen vorkommende Verstärkung des Prämaxillare. Der E.

dient zum Öffnen der Eischale vor dem Schlupf und bildet sich danach zurück. [30]

Ejakulation (lat.) f: Samenerguß. [9]

Ek|chondrom n: gutartiger Tumor, der aus reifem hyalinen Knorpel besteht, exzentrisch bzw. auf der Außenseite des Knochens lokalisiert ist (→ periostales Chondrom) und selbst auch verknöchern kann. [32]

Ek|chymosen f: → Petechien. [12]

EKF-Index m: (EKF: Abk. für Extraktion, Karies, Füllung); → DMF-Index, → Kariesindex. [15]

EKG: Abk. für → **E**lektro**k**ardio**g**ramm. [10]

Ek|lampsie (gr.) f: schwere Schwangerschaftstoxikose. Symptomentrias: generalisierte Ödeme (Gewichtszunahme), Proteinurie, Hypertonie. Ferner treten generalisierte Krampfanfälle, Retinopathie und zerebrale Herdsymptome (Hemiplegie, Hemianästhesie) auf. Pathophysiologie: generalisierter Arteriolenspasmus. Frühgestose, -toxikose: Hyperemiesis gravidarum. Therapie: Bettruhe, Sedierung, vorsichtige Blutdrucksenkung, Chloralhydratklysmen. [20]

Eklipse (gr.) f: Phase der intrazellulären Virusvermehrung, während der - nach Eindringen der Virusnukleinsäure in die Wirtszelle - keine Infektiosität der aufgeschlossenen Zellen nachweisbar ist. [8]

Ektasie (gr.) f: Erweiterung, Ausdehnung eines Hohlorgans (einschl. der Gefäße). [32]

Ekto|derm n: Ektoblast; äußeres Keimblatt. Die äußere Schicht der Gastrula, aus welcher sich die Epidermis mit ihren Gebilden (Haare, Zahnschmelz, Nägel), das zentrale und periphere Nervensystem und die funktionell wichtigsten Teile der Sinnesorgane bilden. [9, 22]

ekto|dermal: vom äußeren Keimblatt abstammend. [9]

Ekto|dermal|syndrom n: erbliche, das äußere Keimblatt betreffende Entwicklungsstörung, die sich äußert in → Anhidrose infolge Fehlens der Schweißdrüsen, allgemeiner → Hypotrichose und Veränderungen im Zahnsystem: Anodontie bzw. Hypodontie, Zahnmißbildungen. Außerdem Störung der Geruchs- und Geschmackssinne, der Speichel- und Tränensekretion sowie Fehlbildungen der Lippen und des äußeren Ohres. Vgl. Anhidrosis hypotrichotica. [3]

Ekto|dermose f: Erkrankung der vom → Ektoderm ausgehenden Gebilde, vor allem der Haut. [12]

Ekto|dermose, pluri|ori|fizielle f: fieberhafte Allgemeinerkrankung mit Erbrechen, hochgradigem Abgeschlagensein, katarrhalischen und pseudomembranösen Entzündungen der Schleimhäute, Schwellung an Lippen und Zunge, Blasenbildung und Ulzerationen, diphtheroiden Belägen der Mundhöhle und schleimig-eitriger → Konjunktivitis, Rhinitis sowie Entzündung der Genitalschleimhäute und → Exanthemen. Vor allem im Frühjahr bei jüngeren Menschen. Schweren Verlaufsformen des → Erythema exsudativum multiforme und Beziehung zu → *Fuchs-*, *Baader-* und → *Stevens-Johnson*-Syndrom. [12]

Ekt|odontium n: außen gelegenes Zahngewebe, Zahnschmelz, → Schmelz. [30]

Ekto|konchion n: Abk. Ek; kephalometr. Meßpunkt, äußerer Augenwinkelpunkt (Abb. → Meßpunkte). [5]

Ekto|loph m: Verbindung der vestibulären (bukkalen) Höcker eines multituberkulaten Molaren durch eine Schmelzleiste (Außenjoch). Vgl. Metaloph, Protoloph. [30]

Ektomie (gr.) f: Ausschneidung, operative Totalentfernung im Gegensatz zur → Resektion, z.B. → Zystektomie (vollständige Entfernung einer Zyste). [2]

Ekto|molare n: Abk. Ekm; kraniometr. Meßpunkt am äußeren Alveolarrand des 2. oberen Molaren (Abb. → Meßpunkte). [5]

Ekto|parasiten m pl: Schmarotzer der äußeren Haut. [8]

ek|toper Zahn|durchbruch: Zahndurchtritt an einer von der Norm abweichenden Stelle, häufig bei Oberkiefereckzähnen. Vgl. Ektopie. [29]

ekto|phytisch: → exophytisch. [8]

Ek|topie f: Aberration; Ortsverlagerung eines Organs, z.B. ektopische → Talgdrüsen. [3]

ekto|skopisch: äußerlich (ohne optische Hilfsmittel) wahrnehmbar. [34]

Ekto|toxine n pl: Exotoxine; proteinartige Giftstoffe, antigen, meist thermolabil, die von lebenden Bakterien (z.B. Diphtherie-, Tetanus-, Gasödem-, Botulinusbazillen) abgegeben werden; teils (Botulinustoxin) thermostabil, resistent gegen proteolytische Enzyme. Sie lassen sich durch Formaldehyd bei Erhaltung ihrer Antigenität entgiften (vgl. Formoltoxoid). [8]

Ek|tropium (gr.) n: Ausstülpung, z.B. der Lippen, der Augenlider durch Narbenzug (E. cicatriceum), Fazialislähmung (E. paralyticum), Altersschlaffheit (E. senile), Orbikulariskrampf (E. spastikum). Vgl. Entropium. [2]

Ekzem (gr.) n: juckende, nicht ansteckende Entzündung des Hautorgans (häufigste Hauterkrankung), die akut beginnen und chron. werden kann bzw. nach Abheilung zu Rückfällen neigt. Äußere Reize können durch chem. oder physikal. Irritation zum orthoergischen bzw. toxischen Kontakt-E. (→ Dermatitis toxica) führen. Bei entsprechender Disposition können unter Mitwirkung des Lymphsystems extern oder intern an die Haut herangebrachte → Allergene ein allergisches → Kontaktekzem auslösen. Lymphohämatogen kann sich das E. generalisieren; akutes Stadium: Rötung, Knötchen-Bläschen, Nässen, Krustenbildung; chron. Stadium: Lichenifikation, → Desquamation, → Hyperkeratosen, → Fissuren, → Rhagaden. Das E. kann im weiteren Verlauf abheilen, aber auch ins akute Stadium zurückkehren. [12]

Ekzem, atopisches n: Neurodermitis constitutionalis atopica; endogenes Ekzem. Polygen vererbtes Krankheitsbild. Charakteristischer Verteilungsmodus unter Bevorzugung der Knie- und Ellbeugen. Trockene Haut aufgrund fehlender Wasserbindung der Hornschicht. Neigung zur allergischen Reaktion vom Frühtyp über Bindung von IgE an Mastzellen aber auch an *Langerhans*-Zellen der Epidermis. [12]

Ekzem, degeneratives n: Abnützungsdermatose; Folge obligater Schädigung durch Alkali, fettlösende Substanzen, zu häufigem Kontakt mit Wasser. Die so vorgeschädigte Haut kann durch Allergene (u.a. Chrom, Nickel, Terpentin, Pflanzen-Allergene) leichter sensibilisiert werden. [12]

Ekzem, dys|hidrotisches n: → Dyshidrose. [12]

Ekzem, endo|genes n: konstitutionelles Ekzem, → Neurodermitis constitutionalis atopica. [12]

Ekzem, im|petigimisiertes n: eitrige → Superinfektion eines Ekzems. → Impetigo contagiosa. [12]

Ekzem, mikro|bielles n: von bakteriellen → Allergenen (→ Staphylokokken) ausgelöste scheibchenförmige, erosiv-nässende oder krustöse Herde, z.B. bei Stauungen der Unterschenkel (Stauungsekzem), in den Körperfalten (intertriginöses Ekzem), ferner im Bereich von Ulzera und Fisteln entstehend. Neigt zur exanthemischen Streuung über den ganzen Körper (→ Mikrobid). [12]

Ekzem, para|sitäres n: durch Hautparasiten entstehendes E. Hautparasiten können infolge dauernder Reizwirkung ihrer Stoffwechselprodukte auf das Hautorgan zu E.-Bildung führen oder bei sekundärem Befall die Abheilung eines aus anderer Ursache entstandenen E.s hindern (→ Epidermophytie, → Skabies). [12]

Ekzem, patho|genetische Differenzierung f: Ekzem, Kontakt-Ekzem sind zum Teil synonym gebrauchte Begriffe, zum Teil getrennt abgehandelte, wenn darunter verschiedene pathogenetische Mechanismen verstanden werden. Ekzem: vorwiegend epidermale Reaktion mit der Leiteffloreszenz Papulo-vesikel (akutes Stadium). Dermatitis: vorwiegend subepidermale Reaktion mit dem Leitsymptom Ödem und Rötung. Übergeordneter Begriff: Dermo-epidermitis. 1. Exogene Auslösung: tox. Ekzem/Dermatitis; toxisch-degenerativ: Einwirkungszeit, Substanzkonzentration, auch Akkumulativ, Reaktion = Konzentration x Zeit; allergisch: allerg. Kontaktekzem; Spätreaktion, Typ IV nach *Coombs* und *Gell*, Sensibilisierung nach Haptenpermeation über Bildung von Hauptproteinkonjugaten, Prozessierung durch *Langerhans*-Zellen (Makrophagen), T-Lymphozytenstimulation; 2. Endogene Auslösung: humorales Kontaktekzem, Haptenangebot von Blut zur Epidermis. [12]

Elastase f: proteolytisches Enzym, das Elastin der elastischen Fasern abbaut; gefunden bei Aktinomyzeten, Pseudomonas, Flavobacterium, Clostridium histolyticum, Bacillus subtilis, Staphylococcus epidermidis. [8]

Elastizität f: Eigenschaft eines Körpers, die durch eine Krafteinwirkung hervorgerufene Formänderung nach Aufhören dieser Krafteinwirkung vollkommen wieder auszugleichen, d.h. in seine ursprüngliche Form zurückzukehren. [4]

Elastizitäts|ko|effizient m: Zahlengröße, die angibt, welche Verlängerung ein Stab von 1 m Länge und 1 mm^2 Querschnitt durch die Belastung mit 1 kp erfährt. Der reziproke Wert ist der → Elastizitätsmodul. [4]

Elastizitäts|modul m: Zahlengröße für die Belastung, die nötig ist, um einen senkrecht aufgehängten Stab oder Draht von 1 mm^2 Querschnitt um seine eigene Länge zu verlängern (der reziproke Wert des → Elastizitätskoeffizienten). [4]

Elastomere: Sammelbezeichnung für Polymere, deren plastisch-elastisches Verhalten dem des → Kautschuks sehr ähnlich ist. Hierzu gehören u.a. → Silikone und → Polysulfid-Kautschuke. [4]

Elbrecht-Schiene (August E., Za., Neu-Isenburg, *1892, † 1944): Parodontoseschiene, die

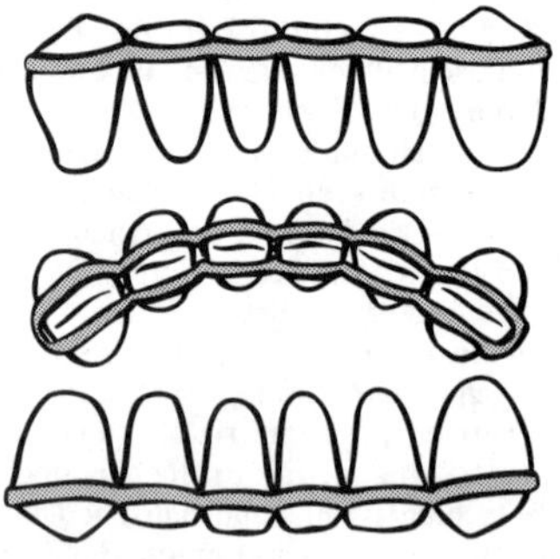

aus einer abnehmbaren, oral und vestibulär gelegenen Schienungsklammer besteht und im →

Modellgußverfahren hergestellt wird. Aus kosmetischen Gründen kann die labial verlaufende Schienungsklammer im Frontzahnbereich durch interdentale Greifer ersetzt werden. Okklusale Auflagen schützen die Schiene gegen Absinken. Sie ist in Grenzen mit partiellen Prothesenteilen, → Schalt- und → Freiendprothesen zu kombinieren (Abb.). Wegen der Gefahr einer Kariesinduktion nicht mehr gebräuchlich. [4]

Elek-Test (zeitgen. brit. Bakt.) m: Nachweis der Toxinbildung durch Diphtheriebakterien mittels Präzipitation durch spezifische Antikörper im Agar-Gel. Modifikation der Gelpräzipitation. Vgl. Gele, Präzipitation. [8]

elektiv (lat.): auswählend; z.B. e.e Wirkung: Wirkung in bestimmter Richtung, auf bestimmte Teile. Bestimmte Zellen oder Gewebe verhalten sich z.B. Farbstoffen gegenüber anders als andere, also elektiv. [9]

Elektiv-Nährböden: Selektiv-N.; Bakterien-Nährböden, die infolge Zusatz von Hemmstoffen gegen störende Bakterien nur die gewünschte Bakterienart wachsen lassen (z.B. → *Clauberg*-Agar). [8]

elektrischer Strom: Bewegung elektrischer Ladungen in einem Leiter; Stromstärke gemessen in → Ampère (A). Der elektrische Strom hat magnetische (ein stromdurchflossener Leiter ist von einem magnetischen Feld umgeben), thermische (Erwärmung des Leiters) und chemische Wirkungen (Stromdurchgang verursacht in nichtmetallischen Leitern chemische Veränderungen). [10]

elektrische Spannung: → Potential, gemessen in → Volt (V). [10]

elektrische Wellen: → elektromagnetische Schwingungen. [10]

Elektrizität f: eine der Grundformen der → Energie. Sie kommt als positive und als negative E. vor. Träger der E. sind Protonen (positiv geladene Teilchen) und Elektronen (negativ geladene Teilchen), deren Wirkungen sich neutralisieren. Bei Überschuß einer Art ist ein Körper elektrisch geladen. Elektrisch gleichnamig geladene Körper stoßen sich ab, ungleichnamig geladene ziehen sich an. In einem elektrisch leitenden Medium bewegen sich die Ladungsträger vom Ort höherer zum Ort niedrigerer Ladung (elektr. Ströme). Dabei entstehen magnetische Kraftfelder. [10]

Elektrochemie f: Lehre von den Beziehungen zwischen elektrischen und chemischen Erscheinungen, insbesondere von der Umsetzung elektrischer Energie in chemische und umgekehrt. [10, 23]

Elektro|chirurgie f: Kaltkaustik; chirurgische Operationstechnik mit Hilfe von Hochfrequenzströmen zur gezielten Zerstörung von Weichgewebe durch Zerkochen. Zur Koagulation blutender Kapillaren und zum Schneiden dienen Elektroden in Knopf-, Nadel- oder Schlingenform. Bei Tumorpatienten wird die E. verwandt, um die Verschleppung von Tumorzellen in die Blutbahn zu verhindern. [2]

Elektrode, ionen|sensitive f: Indikatorelektrode in der analytischen Chemie zur Messung der Konzentration oder Aktivität von Wasserstoffionen (pH-Elektrode), von Na^+, K^+, Li^+ usw. sowie Anionen (F^-, Cl^- usw.) mittels Potentialvergleiches an spezifischen Membranen (Glasmembranen, Kristallmembranen) gegen die Normalelektrode. [10]

Elektroden f pl: in einen → Elektrolyten eintauchende Leiter bzw. Leiter, zwischen denen Lichtbogen oder Funken übergehen. [10]

Elektro|enzephalo|graphie f: Abk. EEG; diagnostische Methode, bei der mit Hilfe von Verstärkereinrichtungen (Elektroenzephalograph) die physiologischen und pathologischen Hirnrindenströme durch den intakten Hirnschädel registriert und in Kurven umgesetzt werden, um daraus Schlüsse auf zerebrale Erkrankungen zu ziehen. Z.B. treten typische Veränderungen mit trägen und spitzen Wellenabläufen (waves and spikes) bei Epilepsien auf. Ferner ist u.a. die Lokalisation umschriebener Rindenherde (Tumoren, Abszesse, traumatische Schädigungen) möglich. [33]

Elektro|haut|test m: Abk. EHT; Herdtestverfahren. Chronisch-entzündl. Prozesse induzieren „Störzonen“ (Regionen gestörter Gefäßregulation auf der Haut, die mit Hilfe schwacher Gleichströme durch Hautrötung sichtbar gemacht werden. Vgl. Herddiagnostik. [1]

Elektro|kardio|gramm n: Abk. EKG. Registrierung der bei jeder Herztätigkeit entstehenden Aktionsströme bzw. Potentialdifferenzen, nach Ableitung von der Körperoberfläche (Extremitäten, Brustwand) und Verstärkung im Elektrokardiographen, EKG-Gerät: transistor- oder röhrenbestückte Einfach- oder Simultan- (Mehrkanal-, Synchron-)schreiber mit gleichzeitiger Aufzeichnungsmöglichkeit für Puls- und Herzschallkurve (Abb.). Ableitung mit Platten oder Saugelektroden. Folgende Systeme haben sich als diagnostisch aussagekräftig durchgesetzt: 1. Standardableitungen von den Extremitäten nach *Einthoven;* 2. bipolare Extremitätenableitungen nach *Goldberger;* 3. bipolare Brustwandableitung nach *Nehb;* 4. unipolare Brustwandableitung nach *Wilson:* herznahe „präkordiale“

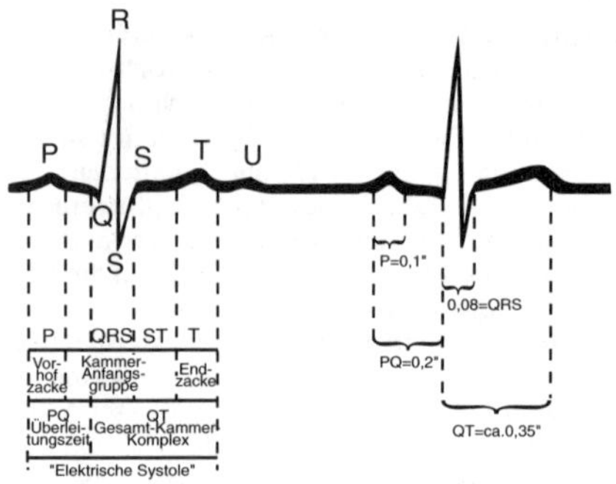

Ableitung mit einer differenten Tastelektrode, in Herzhöhe um die vordere Brustwand wandernd gegen eine indifferente Sammelelektrode. Diagnostische Bedeutung bei Rhythmusstörungen, Blockierung der Erregungsleitung, Herzinfarkt (u.U. nur durch EKG erkennbar), Ischämie, Myokarditis, Mineralhaushaltsstörungen; keine direkten Aussagen über die Herzkraft. Vgl. Herzrhythmusstörungen, Kammerflimmern, Kammerflattern, Tachykardie, Reizleitungsstörungen. 10, 16

Elektro|ko|agulation f: → Elektrochirurgie. 2

Elektro|krampf|therapie f: Abk. EKT; somatische Behandlungsform psychischer Störungen, bei der mittels elektrischen Stroms z.B. ein kontrollierter epileptischer Anfall zu therapeutischen Zwecken induziert wird. Der Strom wird dem Gehirn mittels zweier Elektroden, am Schläfenbein des Schädels plaziert, zugeführt. Am weitesten verbreitet ist heute eine unipolare Reizung über der nichtdominanten Hemisphäre mit Wechselstrom zwischen 70 und 130 Volt bei 200-800 mA, zugeführt in Serien sehr kurzer Impulsströme (0,5-5 ms). Dies führt zu einem Krampf mit initialer tonischer und anschließender klonischer Phase. Durch Modifikation des elektrischen Gerätes und Einsatz von Narkose und Beatmung sowie peripherer Muskelrelaxation ist das Verfahren weitgehend nebenwirkungsfrei geworden. Absolute Indikationen sind die perniziöse Katatonie und die Suizidalität bei (pharmako-) therapieresistenter phasischer Depression. Gute therapeutische Wirkungen sind bei wahnhafter Depression und Depression im Involutionsalter beschrieben worden. Zwang, Angst und Hypochondrie sind relative Kontraindikationen. 33

Elektrolyse f: Zersetzung gelöster oder geschmolzener chemischer Verbindungen, der sog. Elektrolyte, durch Einwirkung elektrischen Stroms. Diesem Verfahren kommt eine beträchtliche technische Bedeutung zur Elektrometallurgie, → Galvanoplastik, → Galvanostegie). In der Mundhöhle können elektrolytische Prozesse dadurch ausgelöst werden, daß verschiedenartige Metalle mit dem Speichel als Elektrolyt ein → Element bilden, einen geringen Strom erzeugen (→ *Daniell*-Element) und zu (unerwünschten) chemischen Umsetzungen (→ Korrosion) führen. 10

Elektrolyte m pl: chemische Verbindungen, die in gelöstem oder geschmolzenem (mitunter auch festem) Zustand den elektrischen Strom leiten, wobei sie eine Zersetzung erfahren. Durch letztere unterscheiden sie sich von den → Metallen und den metallisch leitenden Stoffen. E. dissoziieren in wäßriger Lösung in → Ionen. 10

elektro|magnetische Schwingungen: periodische Zustandsänderungen des elektromagnetischen Feldes, die sich im Raume mit Lichtgeschwindigkeit ausbreiten (auch elektrische oder *Hertz*-Wellen genannt). Hinsichtlich Reflexion, Brechung, Beugung und Polarisation verhalten sie sich wie Lichtwellen. 10

Elektro|magnetismus m: Lehre von der magnetischen Wirkung elektrischer Ströme und der elektrischen Wirkung magnetischer Felder. 10

Elektro|myo|graphie f: Abk. EMG; diagnostische Methode zur Bestimmung von Funktionsstörungen in Muskeln oder peripheren motorischen Nerven. Registrierung der Aktionsströme von Muskeln mit Oberflächen- oder Nadelelektroden und fotografische Darstellung mittels Kathodenstrahloszillographen. Dient u.a. der Differenzierung von neurogenen und myogenen Lähmungen sowie der Objektivierung von Spastik, Rigor und Tremor. 33

Elektron (gr.) n: kleinstes Teilchen der negativen → Elektrizität. Alle Elektronen sind einander gleich, ihre Masse beträgt ca. $^{1}/_{1800}$ der Masse eines Wasserstoffatoms. Dualismus von Korpuskel- und Wellennatur (*De Broglie* 1924), mit Wellenlängen von 0,004 nm im Beschleunigungsfeld von 80 kV. Vgl. Atome, Kathodenstrahlen, Radioaktivität. 10

Elektronen|blitz|gerät: Blitzgerät für die Fotografie, bei dem die elektrische Energie (zugeführt über Batterie, Akku oder Netz) in einem Kondensator gespeichert wird. Die Entladung erfolgt über einen Zündkondensator beim Auslösen der Kamera. Moderne → Computerblitzgeräte und Geräte für → TTL-Blitzsteuerung verfügen über einen Thyristor, der eine vollständige Entladung des Kondensators verhindert, wenn ihm nach Messung über einen Sensor mitgeteilt wurde, daß genügend Licht abgestrahlt worden ist (verkürzte Blitzfolgezeit). Vorteile der E.e sind neben der großen Lichtmengenabgabe und der kompakten Bauweise die kurze Leuchtzeit und der Tageslichtcharakter des Lichts. [17]

Elektronen|mikroskop n: Übermikroskop; Mikroskop, das nicht mit Licht, sondern mit → Elektronen arbeitet. Infolge der (im Vergleich zu Lichtstrahlen) bedeutend kürzerenWellenlänge der Elektronenstrahlen wird eine Bildauflösung erreicht, welche die des Lichtmikroskops um 2 Zehnerpotenzen übertrifft. Als Transmissions-E.: optisches Abbildungssystem mit Elektronenstrahlen, die das Untersuchungsobjekt durchsetzen. Das Auflösungsvermögen erreicht entsprechend den kurzen Wellenlängen der Elektronen ca. 0,2 nm und übertrifft die des Lichtmikroskops um mehr als 2 Zehnerpotenzen. Als Raster-E. (Scanning-E.): benutzt zur Abbildung den am Objekt rückgestreuten Anteil der Elektronen, und zwar nach zeilenförmiger Abtastung durch den Primärstrahl (Prinzip der Fernsehröhre). [10]

Elektronen|schleuder: Gerät zur Beschleunigung von → Elektronen auf einer Kreisbahn. Mittels des „Injektors" werden Elektronen geringer Energie zentral in das Beschleunigungsrohr injiziert. Ein zirkulär angebrachtes Magnetfeld beschleunigt diese Elektronen auf eine Energie von mehreren Millionen Volt Spannung: 30-45 MeV im Betatron (*Siemens*) und im Asklepitron (*Brown-Boveri*). Die beschleunigten Elektronen können auch auf eine Anode gelenkt werden und erzeugen dort ultrakurze Röntgenstrahlen. Anwendung zur Tumortherapie. [10]

Elektronen|volt n: Abk. eV. Energiemaß in der Strahlenlehre. Die Energie, die ein → Elektron beim Beschleunigen durch 1 Volt Spannung gewinnt. [10]

Elektronisches Computergestütztes Registrier-System n: Abk. ECRS; Geräte zur elektronischen Aufzeichnung der Unterkieferbewegung in drei Ebenen (*A. Luckenbach* 1984). Jeder Punkt des Unterkiefers - z.B. Kiefergelenk oder Inzisalpunkt - kann in seinem Bewegungsablauf auf dem Bildschirm verfolgt oder mit seiner Bahn festgehalten und graphisch dargestellt werden. [4]

Elektro|phorese f: (bei niedermolekularen Teilchen auch → Ionophorese), Wanderung elektrisch geladener Teilchen (Ionen) im Gleichstromfeld. Verfahren zur Trennung von Stoffgemischen (verschiedener Ladung und/oder Molekülgröße). Kontinuierlich und diskontinuierlich als Träger-E. (Papier, Stärkegel, Akrylamid) mit Färbung der Proteinfraktionen, als trägerfreie E. in Pufferlösung und als sog. Disk-E. (Übereinanderschichtung von 2 Akrylamidgelen mit verschiedenem pH-Wert, Konzentrierung der Proteine vor Trennung der Komponenten). Klinische Bedeutung: Erfassung fast aller wichtigen Dysproteinämien, Nierenerkrankungen (nephrotisches Syndrom), Lebererkrankungen, chronisch-entzündlicher Prozesse, maligner Erkrankungen, Plasmozytome. Normalwerte (gering von methodischen Einzelheiten abhängig): etwa 63% Albumin, 3% α_1-, 7% α_2-, 10% β- und 16% γ-Globulin. Klinische Bedeutung der Liquor- und Urin-E. Immun-E.: Kombination einer Agargel-E. mit serologischer Präzipitationreaktion, die sehr weitgehende Aufschlüsselung der Serumeiweiße und Identifizierung von bis zu 50 Proteinkomponenten erlaubt. [10, 23]

Elektro|schock: → Elektrokrampftherapie. [33]

elektro|statische Einheit: Einheit der Elektrizitätsmenge im elektrostatischen → CGS-System. Diejenige Elektrizitätsmenge, welche im luftleeren Raum auf eine gleichgroße in der Entfernung von 1 cm mit der Kraft 1 → dyn wirkt. [10]

Elektro|valenz f: elektrochemische Wertigkeit; Anzahl der positiv und negativ geladenen → Ionen, die bei der elektrolytischen → Dissoziation eines Moleküls oder Teiles eines Moleküls auftreten. → Elektrolyte. [10]

Elementar|analyse f: qualitative Bestimmung der in einer chemischen Verbindung enthaltenen Elemente. [10]

Elementar|körperchen: → Virion. [8]

Elementar|membran f: → Zytomembran. [9]

Elementar|teilchen: kleinste Teilchen, aus denen die Materie aufgebaut ist. Hierzu gehören u.a. → Elektron, → Neutron, → Positron, → Proton. [10]

Elemente (lat.) n pl: **1.** Chem.: historische Definition: Stoffe, die auf chemischen Wege nicht weiter zerlegt werden können; exakte Definition: Stoffe, deren sämtliche Atome die gleiche → Kernladungszahl haben. Reinelemente sind E., deren Atome alle die gleiche Masse haben. Als Mischelemente werden E. bezeichnet, die Gemische von → Isotopen darstellen. Die E. werden unterteilt in → Metalle und → Nichtmetalle. **2.** Phys.: Vorrichtungen, die mit Hilfe chem. Reaktionen elektr. Strom erzeugen. [23]

Elephantiasis (gr.) f: durch Lymphstauung und Bindegewebswucherung bedingte unförmige Anschwellung verschiedener Körperpartien (z.B. Lippe, Geschlechtsteile, Arme und Beine). Ursachen: Folgezustand nach → Erysipel-Rückfällen, operativen Lymphknotenausräumungen. In den Tropen durch Verlegung der Lymphwege nach Filarieninfektion. → Trophödem, *Melkersson-Rosenthal*-Syndrom. [12]

Elephantiasis gingivae f: → Fibromatosis gingivae. [12]

Elevatorium (lat.) n: stumpfes Instrument zum Abheben des Periosts vom Knochen (Abb.). [2]

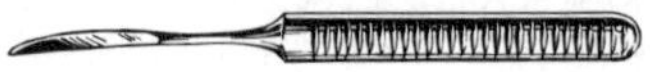

Elgiloy-Draht®: orthod. Spezialdraht, der sehr weich ist und sich daher besonders für Bögen mit vielen Schlingen eignet. Kann nach dem Biegen durch vorsichtige Erwärmung (Spiritusflamme) gehärtet werden. [5]

Eliminations|halbwerts|zeit: → Halbwertszeit, terminale. [7]

E-Linie: → Ästhetiklinie. [5]

ELISA m od. n: (Abk. für engl. **e**nzyme-**l**inked **i**mmuno**s**orbent **a**ssay); Enzym-Immunassay, serol. Test zum Antikörpernachweis. Antigen wird an feste Phase (z.B. Reagenzglaswand) gekuppelt, daran der zu bestimmende Antikörper gebunden; nach Inkubation wird zweiter, enzymmarkierter (z.B. Peroxidase) Antikörper, der für den 1. Antikörper spezifisch ist (Antihuman-IgG), zugesetzt. Nach Auswaschen Bestimmung der Enzymaktivität des gebundenen, zweiten enzymmarkierten Antikörpers. Aktivität der Menge des gebundenen 1. Antikörpers direkt proportional; vgl. AIDS. [8]

Ellis-van-Creveld-Syndrom (Richard E., Päd., London; S. v. C., Päd., Amsterdam, 1940) n: → Chondroektodermaldysplasie. [3]

E|longation f: → Extrusion. [5]

Eloxal|verfahren: elektrische **Ox**idation des **Al**uminiums, eine Oberflächenveredelung zum Korrosionsschutz. [4]

Email (frz.) n: leichtflüssiges, oft durch Metalloxide gefärbtes, undurchsichtiges Glas, das zur Verzierung von metallischen Gegenständen oder zur Herstellung schützender Deckschichten für Gebrauchsgegenstände dient. Gelegentlich zur Herstellung von künstlichem Zahnfleisch an Metallprothesen verwendet. Populär für → Schmelz gebraucht. [4]

Emanation (lat.) f: **1.** Allg.: Ausfluß; emanieren, hervorgehen aus. **2.** Philos.: E. der Welt aus dem Göttlichen, des Unvollkommenen aus dem Vollkommenen. **3.** Phys.: Bezeichnung für gasförmige Stoffe, die von bestimmten radioaktiven Elementen (→ Radioaktivität) ständig abgegeben werden und selbst auch radioaktiv sind. → Radon. [10]

EMBASE: Abk. für Excerpla Medica Database; eine der größten biomedizinischen bibliographischen → Datenbanken mit teilweise umfangreichen Angaben zur Literatur über Arzneimittel. Sie enthält mehr als 4,5 Mio. Einträge seit 1974 aus über 3.500 Zeitschriften. Jährlicher Zuwachs etwa 350.000 Einträge. Sie wird von Elsevier erstellt und vom → DIMDI angeboten. Der Zugang ist u.a. durch EMTREE, den EMBASE-Thesaurus erleichtert, der hierarchisch medizinische Konzepte beschreibt. Ergänzungen werden wöchentlich hinzugefügt. [26]

Embden-Meyerhof-Weg (Gustav E., dt. Physiol., *1874, † 1933; Otto M., Chem., Heidelberg, Philadelphia, *1884, † 1951): Abk. EMW; erster Teil des Glukoseabbaues bis zur Brenztraubensäure. Bei anaeroben Bedingungen Bildung von Milchsäure (Laktatdehydrogenase, LDH), bei aeroben Bedingungen weiterer Abbau über den → Zitronensäurezyklus. Energiegewinn im EMW aus Glukose: 2 Mol Adenosintriphosphat, 1 Mol $NADH_2$. Wichtig für Abbau in Speichel und Zahnbelägen. [23]

Em|bolie (gr.) f: das Hineingeraten eines Fremdkörpers in den Blutkreislauf, der sich in Gefäßengen einkeilt. Meist losgelöster Teil eines → Thrombus. Der steckengebliebene Pfropf heißt Embolus. Ausgehend von einer Venenthrombose dringt der Embolus durch das re. Herz in die Lungenarterien, wodurch der Lungenkreislauf erschwert oder blockiert werden kann; von einer arteriellen Thrombose in eine Arterienenge, als deren Folge in dem betroffenen Organ (Gehirn, Milz, Kranzgefäße des Herzens u.a.) ein anämischer → Infarkt entsteht. Bakterien-E.: Eindringen von Bakterien in die Venen. → Fettembolie, Luftembolie. Vgl. Thrombose, Lungenembolie. [34]

em|boli|form: pfropfenförmig, z.B. → Dens emboliformis. [30]

Em|bolus (gr.) m: korpuskuläre, flüssige oder gasförmige, im Blutplasma nicht lösliche Substanz, die mit dem Blutstrom verschleppt werden und ein Gefäß verschließen kann. Vgl. Embolie. [30]

Em|bryo (gr.) m, auch n: im Anfangsstadium der Entwicklung begriffener Keim; beim Menschen die Leibesfrucht bis zur Herausbildung der Organanlagen Ende des dritten Schwangerschaftsmonats (später → Fetus); → Embryogenese. [9, 22]

Em|bryo|blast m: innere Zellmasse der → Blastozyste, aus der der Embryo, das Amnionepithel, das Entoderm des Dottersacks, die Allantois und das Mesenchym der Eihäute hervorgehen. [22]

Em|bryo|genese f: Entwicklung des befruchteten Eies durch Zellteilung (Furchung) über die Stadien → Morula und → Blastozyste zum → Embryoblasten und Differenzierung und Wachstum des → Embryos mit Ausbildung der verschiedenen Organe (Organogenese) bis zum Ende der 12. Schwangerschaftswoche. [22]
Em|bryo|logie f: Lehre von der Entwicklung des Embryos, → Entwicklungsgeschichte. [9, 30]
em|bryo|nal: zum Embryo gehörig. [9]
Em|bryo|nal|periode f: erster Abschnitt der Keimesentwicklung; sie dauert beim Menschen von der Befruchtung bis zum 60. Entwicklungstag. Vgl. Entwicklungsgeschichte. [30]
Em|bryo|pathie f: exogene Störung eines primär normal angelegten Embryos durch teratogene Noxen. Der Zeitpunkt der Einwirkung der Noxe ist entscheidend für die Ausprägung der Fehlbildung. Noxen: Infektionen, ionisierende Strahlung, Medikamente. → Thalidomid-Embryopathie, → Alkoholembryopathie, → Rötelnembryopathie. [3, 22]
EMD: Abk. f. **E**inzel**m**aximal**d**osis. [34]
Emesis (gr.) f: Vomitus, → Erbrechen. [20]
EMG: Abk. für → Elektromyographie und Elektromyogramm. [33]
E|migration (lat.) f: Auswanderung von Blutzellen durch die intakte Gefäßwand, → Diapedese. [32]
E|migrations|karies f: Kariesanfälligkeit bei vorwiegend kariesresistenten Personen, die in ein fremdes Land übergewechselt sind. Wird als Folge von Milieuänderung und dadurch verstärkten kariogenen Einflüssen angesehen. [1]
Eminentia (lat.) f: anat. Vorsprung. [9]
Emissaria (lat.) n pl, sing Emissarium: Venae emissariae; kleine venöse Anastomosen zwischen den Durasinus und den oberflächlichen Schädelvenen. [9]
E|mission (lat.) f: **1.** Med.: Entleerung, z.B. der Harnblase. **2.** Phys.: Aussendung von Elektronen und Ionen durch Glühkathoden. **3.** Bezeichnung für Lärm, Rauch, Gase, Dämpfe, die vor allem durch die Industrie produziert werden. Vgl. Immission. [10]
EMK: Abk. für **e**lektro**m**otorische **K**raft, auch als Urspannung bezeichnet. Physik. Größe für die Spannung von Stromquellen, Einheit Volt. [10]
Emotion f: psychophysiologisches Reaktionsmuster (z.B. → Angst, Wut), das mit Erlebenskategorien subjektiver Bedeutung (→ Gefühl, → Affekt) einhergeht. E. kann mit oder ohne auslösendes äußeres Ereignis auftreten. Die Reaktion Weinen tritt nicht nur auf, weil eine traurige Gefühlsregung vorliegt, sondern die traurige Empfindung wird ebenfalls durch das Weinen beeinflußt. [13]
Emotionalität f: individuelle Bereitschaft, Gefühle wahrzunehmen, im Erleben → Emotionen zuzulassen und diese nonverbal anderen zu signalisieren (→ Kommunikation). Manchmal als Affektivität bezeichnet. [13]
Empfang: Eingangs- bzw. Organisationsbereich in der → Zahnarztpraxis (Abb.). Zentraler → Funktionsbereich für Termin- und Arbeitsplanung sowie für Kommunikation mit Patienten. Meist Standort der Patientenkartei. [21]

Empfangsbereich (Baisch Delta) [92]

Empfehlungs|vereinbarung: Erklärung von → Kassenzahnärztlicher Bundesvereinigung und Bundesverbänden der Krankenkassen über die angemessene Veränderung der Gesamtvergütung. Soll auf regionaler Ebene angemessen berücksichtigt werden. Ist nicht abzugeben, wenn die → konzertierte Aktion im Gesundheitswesen eine entsprechende Empfehlung mit Zustimmung der Träger der gesetzlichen Krankenversicherung und der Vertragszahnärzte abgegeben hat. [24]
Em|physem (gr.) n: anomales Vorkommen von Luft oder anderen Gasen in Geweben, Organen oder Körperhöhlen, z.B. durch Perforation, Insufflation, auch bakteriell (→ Gasödem). Vermehrter Luftgehalt der Lungen: → Lungenemphysem. [2]
Em|physem|bazillus m: Bacterium emphysematosus, *Welch-Fränkel*-Gasbazillus, → Clostridium, häufigster Erreger des Gasödems. [8]
Em|physem, subkutanes n: Hautemphysem; Eindringen von Luft in das Unterhautzellgewebe, z.B. infolge abnormer Verbindung mit den Luftwegen oder Nasennebenhöhlen (Bronchialsystem); spez. durch das Einblasen von Luft in den leeren Wurzelkanal. Es zeigt sich in einer schmerzlosen, unscharf begrenzten Hautschwel-

lung, die unter knisterndem Geräusch leicht wegdrückbar ist. 2

empirisch: auf Erfahrung und Experimenten beruhend. Ggs: theoretisch. 15

Em|pyem (gr.) n: Empyema; Eiteransammlung in anatomisch präformierten Höhlen (Pleuraraum, Kieferhöhle). → Kieferhöhlenempyem, → Pleuritis. 2

Emulgatoren (lat.) m pl: Emulgiermittel; Hilfsstoffe für die Herstellung von → Emulsionen. 23

Emulsion (lat.) f: Flüssigkeit, in der eine andere Flüssigkeit in kolloidaler Verteilung enthalten ist. Vgl. Kolloide. 23

Ena|melom n: abnorme Schmelzbildung, die den → Schmelzperlen entspricht. 30

Ena|melum (IANC) n: Zahnschmelz; → Schmelz. 30

En|anthem (gr.) n: Schleimhautausschlag. → Exanthem. 12

En|cephalitis f: → Enzephalitis. 20

En|cephalo|myelitis dis|seminata f: multiple Sklerose; Abk. ED oder MS. Entmarkungskrankheit mit Entwicklung herdförmiger, entzündlicher, später sklerosierender Herde mit Markscheidenzerfall. Degeneration der Nervenzellen und -fasern im ZNS, meist im Rückenmark, aber auch im Gehirn, die multipel auftreten. Ursache noch unbekannt. Chron. Erkrankung, die im Schüben verläuft und meist im 2. oder 3. Lebensjahrzehnt beginnt. In typischen Fällen mit → Nystagmus, Doppelbildern, temporaler Abblassung der Papillen, skandierender Sprache, Intentionstremor, Ataxie, fehlenden Bauchdeckenreflexen und spastischen Lähmungen. 33

En|cephalon (gr.) n: → Gehirn. 9

en|chondral (gr.): innerhalb des Knorpels. 9

En|chondrom n: zweithäufigste gutartige Knochengeschwulst; besteht aus reifem hyalinen Knorpel (→ Chondrom) und liegt in der Knochenmarkshöhle. E.e können in jedem Knochen auftreten, bevorzugen jedoch die Phalangen der Hände und Füße. Sehr langsames Wachstum; symptomarm, wird meist zufällig entdeckt. 32

Enchondromatose f: Auftreten multipler → Enchondrome v.a. in den Metaphysen des Hand- und Fußskeletts sowie der langen Röhrenknochen als Folge einer Entwicklungsstörung der enchondralen Ossifikation. Die Einzelherde für sich betrachtet sind von solitären → Chondromen nicht zu unterscheiden. Bei streng halbseitiger Lokalisation: Morbus *Ollier* (Syn. Hemichondrodystrophie oder → Dysplasie Typ *Ollier*); maligne Entartung in bis zu 50% der Fälle. 32

End|amoeba f: → Entamoeba. 8

End|angi|itis f: → Endarteriitis. 20

End|arterien f pl: Arterienzweige, die das Ende einer Arterie bilden, sich in Kapillaren auflösend, ohne vorher unter sich oder mit anderen Arterien zu anastomosieren, so daß ein Kollateralkreislauf unmöglich ist. Bei Embolie stirbt daher, z.B. in der Milz oder im Gehirn, das peripher gelegene Gewebe ab (anämischer → Infarkt). 9

End|arteri|itis f: endzündliche Arteriopathie, fast ausschließlich Arterien des muskulären Typs, Fuß- und Unterschenkelarterien befallend. Pathogenese: Nikotin, Kälteschäden, chronische Infekte führen zur Lumeneinengung. Symptome: → Thrombangiitis obliterans. 20

End|arteri|itis obliterans f: → Thrombangiitis obliterans. Vgl. Angiitis. 32

End|darm: → Rektum. 9

En|demie f: ständig auftretende Durchseuchung mit einer bestimmten Krankheit innerhalb eines geographischen Gebietes. 15

Endhandlung, konsumatorische: triebverzehrender Abschluß mit Entspannung motivationaler Kräfte im Bedürfnisablauf. Unter vollständiger Beseitigung des vorausgegangenen Mangelzustandes kommt es zur Reduktion der Bedürfnisspannung (meist im Sinne von Befriedigung). Vgl. Bedürfnis, Trieb und Motivation. 13

Endo|derm n: → Entoderm. 9

End|odont n: Begriff aus der amerik. Fachliteratur, der Pulpa und Dentin umfaßt, ggs. Parodont. Die Endotonie befaßt sich also mit der Anatomie, Pathologie und Therapie dieser Gewebe. 1

End|odontie f: → Endodont. 1

endo|dontisches Implantat n: → Implantat, endodontisches. 18

End|odontium n: innen gelegene Zahngewebe (Pulpa und Dentin), → Pulpa-Dentin-Organ. 30

End|odonto|logie f: Endodontie; → Endodont. 1

End|odontoma n: → Pulpagranulom. 29

endo|gen: im Körper selbst (ohne äußeren Einfluß) entstehend, nicht von außen eingeführt. Ggs.: exogen. 34

Endo|kard n: die der Innenfläche der Herzmuskulatur (Myokard) aufliegende seröse Innenhaut, die auch die Herzklappen bildet. Entspricht der Intima der Gefäße. 9

Endo|karditis f: Herzinnenhautentzündung, vorzugsweise am Endokardsegel der Klappen mit hämodynamisch stärkstem Klappenschluß (Mitral- und Aortenklappe). Häufige Folge daher Herzklappenfehler durch narbige Schrumpfung, Einrisse, Bildung von Plättchenthromben. Es kommt zur Insuffizienz (Klappenschlußunfähigkeit mit Rückstrom von Pendelblut) oder zur Stenose (Einengung der Öffnungsfläche mit Behinderung des normalen Blutstroms), oft tritt beides kombiniert auf. Formen: 1. rheumatische E., Endocarditis verrucosa: meist Teil einer rheumatischen Pankarditis (Kombination von Endo-, Myo- und Perikarditis) als streptokokkenallergische Bindegewebsreaktion. 2-3 Wochen vorher oft akute Tonsillitis, aber auch eine Fokalinfektion kann die Sensibilisierung bewirken. Fieber, Tachykardie, Herzgeräusche sind die wenig charakteristischen Zeichen der rheumatischen E., die auf Prednison-Aminophenazon-Therapie anspricht; 2. bakterielle E.: akut verlaufend oder als subakute bakterielle E. (Endocarditis lenta) protrahiert remittierend, bakterielle Klappenbesiedlung bes. durch Streptococcus mitis und sanguis, Enterokokken u.a. Keime, die zu größeren septischen Embolien führen können. Subklinische Klappenvorschädigung durch rheumatische E. ist häufig. Diagnostisch entscheidend: häufige → Blutkulturen. Besserung der Prognose durch gezielte hochdosierte Antibiotikatherapie. Wichtige Erregereintrittspforten: Mundhöhle, Tonsillen, Zahnwurzelgranulome; durch Extraktion Gefahr einer Bakteriämie mit Endokarditis, daher bei Patienten mit Herzklappenfehlern und Zustand nach Herzoperationen Penizillinprophylaxe mit 1maliger Gabe von 2 Mill. I.E. Propizillin bzw. bei Penizillin-Unverträglichkeit 600 mg Clindamycin vor dem Eingriff. Mundduschen sind kontraindiziert. Bei unklaren Fieberzuständen nach Zahnextraktion an bakterielle Endokarditis denken. Vgl. Valva. 20

endo|krine Drüsen: Drüsen mit innerer Sekretion, → Inkretion; Ggs.: → exokrine Drüsen. 34

Endo|krino|logie f: Lehre von den inkretorischen (endokrinen) Drüsen und ihren Inkreten (Hormonen). 20

Endo|lysine n pl: → Bakterionoxine. 8

Endo|metrie f: Bestimmung der Länge des Wurzelkanals mit Hilfe der elektrischen Widerstandsmessung. Der Widerstand zwischen einer in den Wurzelkanal eingeführten Sonde und einer vom Patienten gehaltenen Handelektrode entspricht der Eindringtiefe der Instrumentenspitze. Neuere Geräte erlauben eine einfache Wurzellängenbestimmung nach diesem Prinzip. Vgl. Wurzelkanalinstrumente. 1

Endo|metriose f: verlagerte Gebärmutterschleimhaut, gelegentlich auch umschrieben im Mund anzutreffen. Während der Regel anschwellend, schmerzend und gelegentlich blutend. Kann ursächlich auch durch hämatogene Verschleppung entstehen. Wegen der Möglichkeit maligner Entartung ist operative Entfernung angezeigt. 12

Endo|mitose f: innere Kernteilung. Wie bei der → Mitose werden zwar die Chromosomen durch Längsspaltung vermehrt, aber die Zellteilung bleibt aus. Es entstehen Zellen mit vielfachen Chromosomensätzen (polyploide Zellen), z.B. Knochenmarksriesenzellen; in geringer Zahl sind polyploide Zellkerne in allen Organen zu finden. Patholog. in bösartigen Tumoren. 30

Endo|molare n: Abk. Enm; kraniometr. Meßpunkt am inneren Alveolarrand des oberen 2. Molaren. (Abb. → Meßpunkte). 5

Endo|parasiten m pl: im Körperinnern lebende Schmarotzer. 8

endo|phytisch: nach innen wachsend; Ggs.: → exophytisch. 32

endoplasmatisches Retikulum n: → Retikulum, endoplasmatisches. 9

Endo|prothese f: in das Körperinnere eingebrachte Prothese aus alloplastischem Material, z.B. zum Ersatz von Gelenkköpfen, Blutgefäßen, Zahnwurzeln u.a. 2

Endorphine n pl: von endogen und → Morphin abgeleitete Gruppenbez. für endogene Opioidpeptide (→ Opioide, endogene). E. haben teils Hormon-, teils Neurotransmitterfunktionen und wirken über → Opioid-Rezeptoren Typ μ, δ und κ. 7

Endo|skopie f: Untersuchung von Körperhöhlen mittels elektrischer Beleuchtung und Spiegelvorrichtung, z.B. endoskopische Untersuchung der Mundhöhle, des Nasen- und Rachenraumes. Vgl. Bronchoskop, Sinuskopie, Zystoskopie. → Glasfaseroptik. 2

End|ost (gr.) n: die feine Schicht faserigen Bindegewebes, welche die Innenräume des Knochens auskleidet. 9

Endo|struktur f: der im Knochen oder im Tegument befindliche Teil eines → dentalen Implantates; vgl. Exostruktur, Implantatteile. 18

Endo|thel n: einschichtiges Plattenepithel, das Herz, Blut- und Lymphgefäße auskleidet. Die Auskleidung der Körperhöhlen heißt → Mesothel. 9

Endo|theliom n: ursprünglich Sammelbegriff für alle von einem Endothel ausgehenden Geschwülste, jetzt nur noch Bez. für die meist bösartigen Tumoren des Blut- und Lymphgefäßendothels (→ Hämangioendotheliom, → Lymphangioendotheliom, malignes). Die von Pleura, Perikard und Peritoneum ausgehenden Tumoren werden als → Mesotheliome, die von den Hirnhäuten ausgehenden als → Meningeome bezeichnet. 32

Endo|theliosen f pl: → Retikulosen. 8

endo|therme Reaktion f: chem. Reaktion, bei der Wärme verbraucht wird. Ggs.: → exotherme Reaktion. [23]

Endo|toxine n pl: in Zellwand bes. von gramnegativen Bakterien vorkommende, an Polysaccharid gebundene Lipide. Wirkung ist unspezifisch, d.h. bei den E.n der verschiedenen Bakterienarten gleich. E. werden beim Zerfall der Zelle frei. Ihre Toxizität ist wesentlich geringer als die der → Ektotoxine. Sie sind thermostabil und nichtantigen. Vgl. Toxine. [8]

endo|tracheal: innerhalb der Luftröhre. [19]

Endo|tracheal|narkose f: → Intubationsnarkose, endotracheale. [2]

Endo|tracheal|tubus m: aus Plastik oder Gummi hergestellte Röhre, die nach Einführung in die Trachea eine sichere und effektive Aufrechterhaltung freier → Atemwege und die → Beatmung eines Notfallpatienten ermöglicht. Vgl. Atemstillstand, Aspiration, *Guedel*-Tubus, Herz-Lungen-Wiederbelebung, Intubation. [16]

Endpfeiler|brücke: auf zwei natürl. Pfeilerzähnen endender Brückenersatz. [4]

Endplatte, motorische: Endorgan der motorischen Nervenfaser in der Muskulatur, welche den Impuls des Nerven auf die quergestreifte (willkürliche) Muskelfaser überträgt. Abb. → Neuron. [10]

En|ergie (gr.) f: Phys. die Arbeitsfähigkeit oder der Arbeitsvorrat eines Körpers oder einer Summe von Körpern. [10]

En|ergie|dosis f: radiol. Strahlendosis, die als die von ionisierender Strahlung auf das durchstrahlte Material (z.B. lebendes Gewebe) übertragene Energie, bezogen auf die Masse des Materials, definiert ist. SI-Einheit: → Gray (Gy), 1 Gy = 1 J/kg; alte Einheit: → Rad. Praktische Bedeutung hat in der Strahlentherapie die Umrechnung der meßbaren → Ionendosis J in die Energiedosis D : $D = f \cdot J$. Der Umrechnungsfaktor f hängt von der Ordnungszahl und Dichte des betreffenden Materials sowie von der Energie der Strahlung ab. [14]

Enfluran: 1,2-Trifluoro-2chloräthyl-difluoromethyläther (Ethrane®); Inhalationsnarkotikum. [34]

Enge, retro|sternale: Symptomenbeschreibung bei Vorliegen eines Anfalles von → Angina pectoris oder eines → Myokardinfarktes. Vgl. Anamnese, Angina pectoris. [16]

englische Krankheit: → Rachitis. [20]

Engstand: häufig vorkommende Anomalie, bei der der im Zahnbogen zur Verfügung stehende Raum zu klein ist, um alle Zähne harmonisch und in angemessenem Approximalkontakt unterzubringen, es kommt zur → Fehlstellung von Zähnen und zum E., v.a. in den Frontzahnbereichen. Apikaler E.: bezieht sich auf die → apikale Basis, die Zahnkronen sind nach distal gekippt; frontaler E.: Ursache teils endogener (Mißverhältnis zwischen Zahn- und Kiefergröße), teils exogener Natur (Milchzahnverlust, Milchzahnkaries o.ä.); gemischter E.: bei gedreht durchbrechenden Schneidezähnen fehlt meist der Impuls zum Breitenwachstum der Zahnbögen, die Zähne behalten ihre engstehende Keimlagenposition bei; koronaler E.: bezieht sich auf die Zahnkronen und ist oft mit steilstehender Front vergesellschaftet. Ätiologisch können 3 Formen des E.s unterschieden werden: 1. primärer E.: endogen durch Mißverhältnis zwischen Zahn- und Kiefergröße; 2. sekundärer E.: exogen, z.B. durch Platzverlust in den → Stützzonen; 3. tertiärer E.: Adoleszentenengstand, im Bereich der Unterkieferfront nach Abschluß des Wachstums auftretend. Ursache fraglich. Die kieferorth. Behandlung eines E.s kann durch Extraktion oder Distalisierung von Zähnen sowie durch → Strippen (Zahnbreitenreduktion) erfolgen. [5]

En|kauston dentis n: veraltete Bez. für → Schmelz. [30]

En|ke|phaline n pl: Bez. für die beiden endogenen Opioidpentapeptide Methionin - Enkephalin (H-Tyr-Gly-Gly-Phe-Met-OH) und Leucin - Enkephalin (H-Tyr-Gly-Gly-Phe-Leu-OH), die im Verlauf des Processings aus dem Präproopiomelanocortin, Präproenkephalin A und Präproenkephalin B entstehen. E. wirken im zentralen Nervensystem über → Opioid-Rezeptoren. [7]

Enolase f: ein am Kohlenhydratabbau auf dem *Embden-Meyerhof*-Weg beteiligtes Enzym, das spezifisch durch Fluorionen infolge Bildung eines unlöslichen Magnesiumfluorphosphatkomplexes gehemmt wird. [23]

En|ophthalmus m: Zurücksinken des Augapfels durch Verlust des Orbitalfettes im Alter oder bei → Blow-out-Fraktur, auch infolge Schädigung des Sympathikus. Symptom des → *Horner*-Syndroms. [2]

en|oral: innerhalb der Mundhöhle; griech.-lateinische Hybride, daher besser: intraoral. [30]

en|ossal: innerhalb des Knochens, besser: intraossal, enostal. [9, 18]

en|ossales Implantat n: → Implantat, enossales. [18]

en|ostal: innerhalb des Knochens, intraossal. [9]

En|ostose f: Enostom, Knochentumor, z.B. → Osteom, der sich im Innern des Knochens entwickelt. Kann im Unterkiefer Neuralgien des N. alveolaris inferior verursachen. [2]

Enslin-Trias f: Entwicklungsstörung, bestehend

in Turmschädel, Exophthalmus und adenoiden Wucherungen. Ätiologie umstritten. [3]

Ent|amoeba f: Endamoeba (→ Amöbe); Gattung der Rhizopoda (Wurzelfüßer) mit charakteristischer Kernstruktur. 1. Apathogen: a) E. gingivalis, Mundamöbe, von 2. Dentition ab nachweisbar, bei 50-75% der Erwachsenen im Zahnbelag. b) E. coli, große Dickdarmamöbe. c) E. hartmanni, kleine Dickdarmamöbe, vielleicht nur kleine Rasse der pathogenen E. histolytica; 2. Pathogen: E. histolytica, Erreger der subtrop.-trop. Amöbenruhr, bildet vierkernige Zysten; Minutaform (Darmlumenform) ohne pathogene Bedeutung, Magnaform (Gewebsform) pathogenes Stadium. [8]

Entartung: → Degeneration; der Begriff wird häufig im Sinne von maligner Entartung gebraucht. [32]

Ent|differenzierung f: Umwandlung normal differenzierter Zellen in atypische Zellen oder auch Umwandlung von differenzierten Tumorzellen in undifferenziertere. [32]

Enteritis (gr.) f: Darmentzündung, Darmkatarrh. [8]

Enteritis|bakterien f pl: → Salmonellen, die gastro-enteritische Krankheitsbilder verursachen. Keime bleiben auf den Darm beschränkt, keine Bakteriämie (wie bei Typhus, Paratyphus). Man kennt heute fast 2.000 fakultative Enteritiserreger unter den Salmonellen; am häufigsten sind Salmonella typhi-murium (sog. Breslau-Bakterium) und S. enteritidis (sog. *Gärtner*-Bakt.). Infektion erfolgt durch Aufnahme kontaminierter Nahrungsmittel (Fleisch, Fisch, Milch, Eier, Krustentiere u.a.). Prognose günstiger als bei typhösen Salmonellosen. [8]

Enteritis necroticans f: → Darmbrand. [8]

Entero|bacter m: → Aerobacter aerogenes. [8]

Entero|coccus m: → Enterokokkus. [8]

Entero-hepatischer Kreislauf: Elimination eines Stoffes (z.B. eines → Pharmakons) über die Leber in die Galle und von der Galle in den Darm. Reabsorption aus dem Darm über Pfortader und Leber in den großen Kreislauf. Der E.K. erniedrigt die system. Verfügbarkeit des Stoffes und damit dessen Wirkung bei gleichzeitiger Verlängerung der Wirkungsdauer. [7]

Entero|kokkus m: Streptokokkengruppe, die im Darm, aber auch in der Mundhöhle vorkommt; wichtigster Vertreter Streptococcus faecalis. → Streptokokken. [8]

Enteron (gr.) n: → Darm. [8]

Entero|pathie, ex|sudative: proteinverlierende E., chron. Eiweißverlust in den Darmtrakt ohne kompensierende Proteinsynthese. Vorkommen: → Enteritis regionalis, Colitis ulcerosa. [34]

Entero|toxin n: thermostabiles, antigen wirkendes Toxin, das einen Teil der Stämme von Staphylococcus aureus bildet; führt bei starker Vermehrung derartiger Stämme in einem Nahrungsmittel zu alimentärer Intoxikation. Ein anders zusammengesetztes E. wird von → Choleravibrionen und manchen E. coli-Stämmen gebildet. [8]

Entero|virus n: Gruppe der → Poliomyelitis-, → Coxsackie- und → ECHO-Viren. → RNS-haltig, ∅ 25 nm. [8]

Enterozoen n pl: tierische Darmschmarotzer. [8]

Entkalkung: → Demineralisation. [1]

Entlastungs|abdruck: → Kompressionsabdruck. [4]

Entlastungs|bügel: Versteifungsbügel; Bügel bei Brückenarbeiten, der über den Gaumen von einer Seite zur anderen geht. Er findet Anwendung, wenn die benutzbaren Brückenpfeiler allein nicht genügen würden, um die horizontalen Kaudruckkräfte aufzunehmen. [4]

Entlastungs|prothesen f pl: Prothesen mit der Aufgabe, erkrankte Zähne belastungsmäßig zu schonen, z.B. bei Parodontopathien. [4]

Entlastungs|schiene: → Aufbißschiene. [4]

Entmischung: → Seigerung. [23]

Ento|derm n: Entoblast; das innere → Keimblatt, bildet den epithelialen Anteil des Verdauungstraktes, des Atmungsapparates, der Schilddrüse, der Epithelkörperchen, des Thymus, der Harnblase und der Harnröhre. → Gastrula. [9, 22]

Entomo|logie f: Insektenlehre. [8]

En|tropium n: Einkrempelung des Lidrandes, auch der Lippen, durch Narbenbildung oder altersbedingte Erschlaffung. Vgl. Ektropium. [2]

Entseuchung: → Desinfektion. [8]

Entwesung: Desinfestation, Desinsektion; Abtötung von Insekten und anderen tierischen Schädlingen. → Insektizide. [8]

Entwicklungs|geschichte: die Entwicklung eines Individuums (→ Ontogenese), die in zwei durch die Geburt getrennten Zeitabschnitten verläuft. Man unterscheidet daher zwischen pränataler und postnataler Entwicklung. E. gliedert sich in → Embryonalperiode, → Fetalperiode, → Neonatalperiode, → Perinatalperiode und → Postnatalperiode. Vgl. Phylogenese. [30]

Entwicklungs|hemmung: vorübergehende oder endgültige, häufig nur umschriebene Unterbrechung der normalen Keimesentwicklung infolge verschiedener Noxen (Umweltfaktoren und genetische Faktoren). [30]

Entwicklungs|phasen: Abschnitte der körperlichen und geistigen Entwicklung. Beim Menschen unterscheidet man Säuglingsalter (bis 9 Monate), Kleinkindalter (bis ca. 5 Jahre), Schul- oder

Großkindalter (6-10 Jahre), Jugendalter mit Pubertät (♀: 10-17 Jahre; ♂: 12-18 Jahre) und Adoleszenz (♀: 12-21 Jahre; ♂:14-25 Jahre).[30]

Entwicklungs|störungen: Abweichnungen vom normalen Entwicklungsprozeß durch Umweltfaktoren oder genetische Faktoren. Meist überschneiden sich beide Faktorengruppen. [30]

entzündliche Par|odontal|erkrankungen: zusammenfassende Bez. für → Gingivitis und → Parodontitis. Gemeinsamer ätiologischer Faktor neben anderen Ursachen: → mikrobielle Plaque. [6]

Entzündung: Inflammatio; komplexe Abwehrreaktion des Gefäßbindegewebes auf Zell- oder Gewebsschäden mit dem Zweck, die schädigenden Einflüsse zu beseitigen oder zu inaktivieren und die reizbedingte Gewebsschädigung zu reparieren. Entzündungsursachen: mechanische Reize (Druck, Reibung, Fremdkörper), chem. (Säuren, Basen, Schwermetalle, bakterielle Toxine, Allergene, Immunkomplexe) oder physik. (ionisierende Strahlen, UV-Licht, Temperatur) Faktoren, Mikroorganismen (Bakterien, Viren, Pilze Parasiten), krankhafte Stoffwechselprodukte, entgleiste Enzyme, bösartige Tumoren. Die verschiedenen Entzündungen bilden in Abhängigkeit von Ätiologie, Pathogenese, Ausbreitung und zeitlichem Ablauf ein entsprechendes pathol.-anat. Substrat aus, welches die betreffende Entzündung charakterisiert. Das entzündliche Geschehen wird durch Anhängen der Silbe „-itis" gekennzeichnet (z.B. Hepatitis, Dermatitis). I. Lokale Entzündungsreaktionen: die (klassischen) lokalen Entzündungszeichen (Kardinalsymptome nach *Celsus* und *Galen*) sind 1. Rubor (Rötung infolge Hyperämie), 2. Calor (Erwärmung, ebenfalls Folge der Hyperämie und örtl. Stoffwechselsteigerung), 3. Tumor (Gewebsschwellung infolge Exsudation), 4. Dolor (Schmerz; als Folge der erhöhten Gewebsspannung und schmerzauslösender Entzündungsprodukte, z.B. Bradykinin), 5. Functio laesa (Funktionsstörung, z.B. infolge Schmerz oder Schwellung). II. Allg. Entzündungsreaktionen: Der Gesamtorganismus reagiert je nach Art und Intensität des Entzündungsreizes i.d.R. mit einer beschleunigten Bildung von Granulozyten (= Granulozytose mit Linksverschiebung) und einer Zunahme der Synthese bestimmter Plasmaproteine, die zu einer Erhöhung der Blutkörperchensenkungsgeschwindigkeit (BSG) führen, einer Steigerung des Stoffwechsels (Fieber) mit Auslösung von Immunreaktionen sowie mit subjektiven Erscheinungen wie Krankheitsgefühl, Abgeschlagenheit etc. Nach ihrem zeitlichen Ablauf werden Entzündungen unterteilt in perakute E. (schlagartiger Beginn mit äußerst heftiger Reaktion und meist tödl. Verlauf), akute E. (plötzlich einsetzend, heftig und von meist kurzer Dauer) subakute E. (verzögerter Verlauf, mit nur schwach ausgeprägten Merkmalen eines typ. akuten Geschehens) chronische E. (schleichender Beginn ohne heftige Reaktionen; kann primär chronisch beginnen oder aus einer akuten E. hervorgehen = sekundär chronisch). Morphol. Verlaufsformen: 1. Exsudative Entzündung mit Austritt von Serumbestandteilen und/oder Blutzellen in das Entzündungsgebiet; als seröse E., serös-schleimige E. (mit erhöhter Schleimsekretion), fibrinöse E. (mit fibrinogenreichem Exsudat, wobei Fibrinogen zu Fibrin polymerisiert), pseudomembranöse E. (mit flachem Fibringerinnsel auf der Schleimhaut), membranöse E. (mit flächenhaftem fibrinösem Exsudat, das verbunden ist mit darunterliegenden Schleimhautnekrosen), nekrotisierende, hämorrhagische oder eitrige Entzündung; 2. granulomatöse Entzündung mit herdförmigen Proliferationen von Zellen und Ausbildung von Granulomen; je nach Zellcharakter unterschieden als Sarkoidosetyp (→ Epitheloidzellen, → *Langhans*-Riesenzellen), Tuberkulosetyp (wie bei Sarkoidgranulomen, jedoch mit zentraler Nekrose), Pseudotuberkulosetyp (abszedierende retikulohistiozytäre Lymphadenitis), rheumatischer Typ (Histiozyten, Lymphozyten, Plasmazellen, wenig Granilozyten mit zentraler, fibrinoider Nekrose (*Aschoff-Geipel*-Knötchen), rheumatoider Typ (Histiozyten, Bindegewebsfasern mit großem Nekrosezentrum) Fremdkörpertyp (Makrophagen, mehrkernige Riesenzellen; 3. proliferative Entzündung mit Vermehrung von faserbildenden Zellen und Bildung von Zwischenzellsubstanz; als reparative oder reparativ-organisatorische Form oder als entzündungsbeherrschende Reaktion bei immunpathologischen Prozessen. Die Prognose des Entzündungsvorganges hängt ab von Art, Stärke und Dauer des Entzündungsreizes sowie von der örtlichen und allg. Reaktionsfähigkeit des Organismus; entweder Wiederherstellung des Gesundheitszustandes mit Herbeiführen des Normalzustandes (Restitutio ad integrum) oder mit Verbleiben eines funktionellen oder organischen Restschadens (→ Defektheilung) oder chronische E. mit Weiterschwelen des Entzündungsprozesses. [32]

Ent|zündung, pseudo|membranöse: fibrinöse Entzündung von Schleimhäuten mit Ausbildung eines membranartigen Oberflächenschorfes von schmutziggrauer bis graugelblicher Farbe, bestehend aus geronnenem Fibrin (Exsudat), Blut-

und Gewebszellen. Man unterscheidet 1. eine oberflächliche (kruppöse) Form (= pseudomembranös nicht nekrotisierende Entzündung), bei der keine tieferreichenden Schleimhautnekrosen vorliegen; die vorwiegend aus geronnenem Fibrin bestehenden Pseudomembranen lassen sich leicht (ohne Substanzverlust) abziehen. Vorkommen z.B. bei Rachendiphtherie, → Krupp, 2. tiefe oder diphtheroide Form (= pseudomembranös nekrotisierende Entzündung) mit flächenhaften, mehr oder weniger tief reichenden Schleimhautnekrosen, bei der das nekrotische Gewebe zum Bestandteil der Pseudomembran wird; bei Ablösung entsteht ein geschwüriger, blutender Schleimhautdefekt. Vorkommen v.a. bei Diphtherie, schwerer lokaler Schleimhautinfektion (z.B. durch Streptokokken). [32]

Entzündungs|zellen f pl: alle an der lokalen oder allg. Abwehr von entzündlichen Prozessen beteiligten Leukozyten, Lymphozyten und Zellen des retikulohistiozytären Systems. [32]

E|nukleation (lat.) f: Ausschälung, z.B. des Augapfels aus der Augenhöhle. [2]

Enulis (gr.) f: → Granulationsgeschwulst, die zentral im Kieferkörper liegt. → Epulis. [2]

En|uresis f: Bettnässen. E. nocturna: nächtliches Bettnässen von Kindern, aber auch Erwachsenen. [33]

En|zephalitis f: entzündliche Erkrankung des Gehirns, meist auf infektiöser Grundlage; metastatisch bei Grippe, Sepsis oder Endokarditis oder fortgeleitet aus der Umgebung bei Nebenhöhlenerkrankungen oder Otitis media, evtl. mit Ausbildung von Hirnabszessen (eitrige E.); auch bei Ausdehnung einer → Poliomyelitis auf die graue Substanz des Gehirns als Polioenzephalitis. Disseminierte E.: multiple, mehr oder weniger umschriebene Entzündungsherde im Verlauf von Keuchhusten, Masern, Pocken, Windpokken oder nach Pockenschutzimpfung als postvakzinale E. Vgl. Encephalomyelitis disseminata. Hämorrhagische E.: kleine, meist punktförmige Blutungsherde bei Typhus, Pneumonie, Keuchhusten und Masern. Epidemische E.: Encephalitis lethargica, „Kopfgrippe", europäische Schlafkrankheit; Viruserkrankung des ZNS mit entzündlichen Vorgängen vorwiegend der grauen Substanz des Gehirns; das akute Stadium ist charakterisiert durch unüberwindliche Schlafsucht (Lethargie), Hirnnervenlähmungen, Hyperkinesen, hohes Fieber, Erbrechen und meningeale Reizerscheinungen. [33]

En|zephalo|graphie f: röntgenol. Darstellung der Hirnventrikel und des Subarachnoidalraumes durch Liquoraustausch gegen Luft nach Lumbal- oder Subokzipitalpunktion. Aus den beobachteten Formveränderungen lassen sich diagnostische Schlüsse zur Lokalisation raumbeengender zerebraler Prozesse und auf Hirnatrophien, Hydrozephalus usw. ziehen. → Elektroenzephalographie; Pneumenzephalographie, Echoenzephalographie. [33, 34]

En|zym|dia|gnostik f: photometrischer Nachweis von Enzymaktivitäten, die intrazellulär anders als im Blutplasma in relativ hohen Konzentrationen vorliegen. Bei Störung der Membranfunktion vermehrter Enzymübertritt in das Serum. [20]

Enzyme (gr.) n pl: früher: Fermente; katalytisch wirksame → Eiweiße (Biokatalysatoren), ohne die kein Stoffwechselvorgang abläuft. Intra- und extrazellulär vorkommend, sind sie, oft durch hohe Substrat- und Reaktionsspezifität gekennzeichnet, von Temperatur, pH-Wert, Substratkonzentration und spezifischen Hemmstoffen stark wirkungsabhängig. Einige sind einfache Eiweiße (Proteine), viele zusammengesetzt aus einem Protein (Apoenzym) und einer niedrigmolekularen spezifischen aktiven Gruppe (→ Koenzym, prosthetische Gruppe, zusammen Holoenzym genannt). Benennung teils mit ursprünglichen Trivialnamen (Pepsin, Trypsin); durch Anhängen der Silben -ase an das Substrat (Maltase, Amylase); durch Kennzeichnen der Wirkung (Alkohol-Dehydrogenase; große Gruppen: Hydrolasen, → Oxidoreduktasen, Transferasen, Lyasen, Lipasen). Der verwirrenden, jeglichen Literaturvergleich erschwerenden Benennungsunsicherheit soll nach internationaler Übereinkunft durch ein vierstelliges Kennzahlsystem begegnet werden (z.B. Amylase = 3.2.1.1.). Praktisch-medizin. Bedeutung gewinnt zunehmend die sog. → Enzymdiagnostik. Vgl. Holoenzyme, Koenzyme. [23]

Enzym-Immun|assay m oder n: auch in der Form Enzym-Immunoassay. Immunologische Bestimmung biologisch aktiver Substanzen in Körperflüssigkeiten. Die → Antigen-Antikörper-Reaktion wird durch die nachfolgende Bestimmung eines angekoppelten Enzyms nachgewiesen. Der Test wird vor allem zum Nachweis der Wirkung von Medikamenten, Hormonen und Proteinen eingesetzt. Vorteil gegenüber dem Radio-Immunassay: kein Umgang mit radioaktiven Stoffen bei gleicher Empfindlichkeit. [8]

Enzym|muster n: Auftreten mehrerer charakteristischer Enzymaktivitäten, die bei bestimmten Krankheiten durch Schädigung von Organzellen vermehrt extrazellulär nachweisbar sind. Klinische Beispiele: Myokardinfarkt, Lebererkrankungen. [20]

En|zymo|pathien f pl: Störungen im Enzymhaushalt des Körpers. Vgl. Enzyme. 20

Enzym|test m: biochem. Untersuchungsmethode, bei der man die Spezifität der Enzyme zum quantitativen und qualitativen Nachweis von bestimmten Substraten benutzt, z.B. Glukoseoxidase für Glukose, Milchsäuredehydrogenase für Milchsäure u.a. Grundlagen von *Otto Warburg* erarbeitet. 23

Eosin (gr.) n: roter, grün fluoreszierender Farbstoff, beim Erhitzen von Resorzin mit Phthalsäureanhydrid gewonnen. Wird in der Mikroskopie als Bestandteil der *Giemsa-* und *May-Grünwald-*Lösung gebraucht. 9

eosino|phil: mit → Eosin gut färbbar; Zellen, die bes. gut den sauren Farbstoff Eosin aufnehmen, sind z.B. eosinophile → Granulozyten, e.e Zellen der → Hypophyse, die das Wachstumshormon produzieren. 9

eosino|philes Knochen|granulom n: → Knochengranulom, eosinophiles. 2, 11

Eosino|philie f: vermehrtes Vorkommen eosinophiler Granulozyten. Charakteristischer Befund als Zeichen einer allergischen Komponente bei → Sinusitis. 11

Ependym|zellen f pl: eine Form von → Neuroglia. 9

Eph|eliden (gr.) f pl: Sommersprossen; fleckenförmige Zonen stärkerer Pigmentierung der → Basalzellen. 12

Epidemie f: gehäuftes Auftreten von bestimmten Infektionskrankheiten in örtlicher und zeitlicher Begrenzung. 15

Epi|demio|logie f: Wissenschaft von der Bestimmung und Verteilung der Krankheiten. Sie befaßt sich mit der Untersuchung der Verteilung von Krankheiten, physiologischen → Variablen und sozialen Krankheitsfolgen in menschlichen Bevölkerungsgruppen sowie mit den Faktoren, die diese Verteilung beeinflussen (Definition der Weltgesundheitsorganisation).
Die deskriptive E. beschreibt die Verteilung von Krankheiten und physiolog. Variablen in einer definierten Bevölkerung. Die analytische E. erforscht aufgrund gezielter Hypothesen Zusammenhänge und Determinanten von Krankheiten. Die experimentelle E. versucht, aufgrund statist. Versuchsplanung die Effektivität von Maßnahmen der → Prävention oder der Intervention zu erforschen. 15, 26

epi|demische Genick|starre: → Meningitis. 20

epi|demische Kinder|lähmung: → Poliomyelitis. 20

Epi|dermis f: Oberhaut, äußerste gefäßlose Schicht des Hautorgans, unterteilt in unterste Basalzellschicht (= Keimschicht = Stratum basale; zylindrische Zellen, von denen die Regeneration der E. ausgeht), Stachelzellschicht (= Stratum spinosum), Körnerzellschicht (= Stratum granulosum), Glanz (= Stratum lucidum) und Hornschicht (= Stratum corneum), aus abgestorbenen Epithelzellen bestehend, die sich allmählich abstoßen (Abb.). In der E. sind die

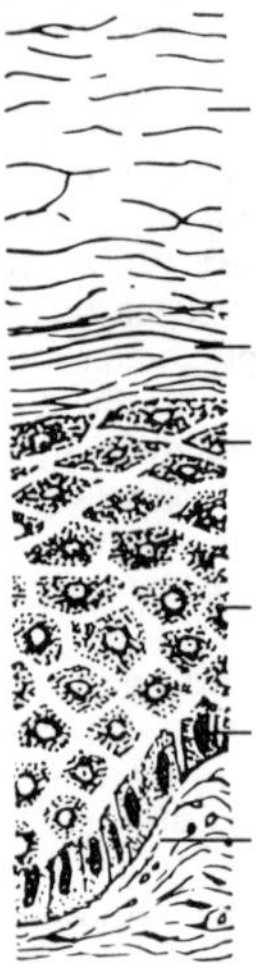

Langerhans-Zellen (als periphere Makrophagen) und die pigmentbildenden Melanozyten integriert. Sie ist über die Basal-Lamina mit der darunterliegenden Lederhaut (→ Korium) verbunden. 12

Epi|dermo|id|zyste f: Zyste von ähnlicher Genese wie die → Dermoidzyste, nur hat der Zystenbalg nicht den ausgesprochenen Hautcharakter, da sein Bindegewebe nur mit Epidermis ausgekleidet ist. Enthält graugelben, salbenartigen Brei aus Keratinmassen der abgestoßenen Epithelien. Keine Haarbälge, Schweiß- und Talgdrüsen wie die → Dermoidzyste. Kann sich überall finden, selten innerhalb der Knochen; in den Kieferknochen bevorzugt am Kieferwinkel. 2

Epi|dermo|lysis acuta toxica f: *Lyell*-Syndrom; mit großflächig blasiger Hautablösung einhergehende, sehr schwere, akute Erkrankung (Abb.), besonders Mund-, Nasen-, Rachenschleimhaut, Augen und Konjunktiven sind mitbefallen. Kann in jedem Lebensalter auftreten. Ätiologie: wahrscheinlich polyäthiologisch (Zusammenwirken von Bakterientoxin und Arzneiallergen). Wurde meistens nach Barbituraten, Chinin, Penizillin,

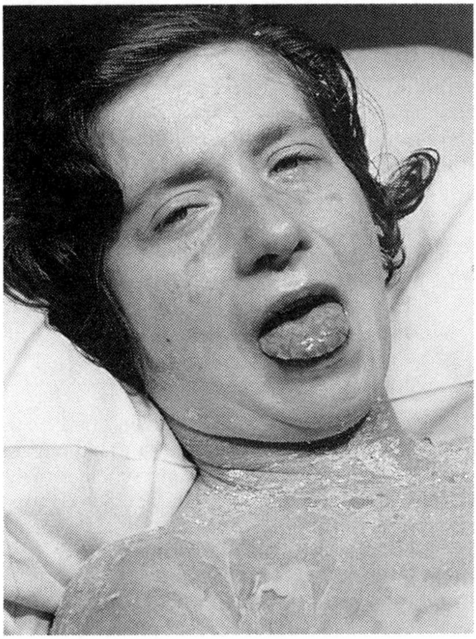

Lyell-Syndrom. Arzneimittelbedingter Zustand am 6. Krankheitstag.

Analgetika, Sulfonamiden sowie nichtsteroidalen Antiphlogistika beobachtet. Therapie: Sofort Infusion, Kortikosteroide. 12

Epi|dermo|lysis bullosa hereditaria f: Stoßblasensucht (→ Genodermatose), angeborene Neigung der Haut, an Ellenbogen, Knien, Händen, Füßen auf geringe Traumen hin (Druck, Stoß) mit Blasenbildung zu reagieren. Auch an der Mundschleimhaut und im Ösophagus können Blasen auftreten sowie sekundär narbige → Synechie. Kann, da es sich um eine erbliche Systemkrankheit des äußeren Keimblattes handelt, mit Schmelzhypoplasien einhergehen. 12

Epi|dermo|phytie f: sehr verbreitete Pilzerkrankung der Haut, die sich vor allem zwischen den Zehen als juckende, feuchte Epithelabschilferung zeigt. Bei akutem Auftreten, das mit eitrigen Bläschen einhergeht, kann es im weiteren Verlauf zur Ekzematisation kommen (Pilzekzem), wobei die Gefahr der Generalisation besteht. Zehen- und Fußnägel sind unter Verdickung und Bröckligwerden häufig mitbefallen. Infektion erfolgt von Mensch zu Mensch oder von feuchten pilzhaltigen Fußböden und Holzrosten in Badeanstalten. Erregernachweis in randständigen Schuppen mikroskopisch (Präparat mit 10%iger Kalilauge) und kulturell. Therapie: Antimykotika lokal; intern: → Griseofulvin. → Mykid, → Mykosen, → Onychomykose, → Tinea, → Trichophytie. 12

Epi|dermo|phyton floccosum n: Fadenpilz-Gattung, Erreger von Haut- und Nagelmykosen. 8

epi|dural: auf der → Dura mater encephali gelegen. 34

Epi|dural|an|ästhesie f: Periduralanästhesie; einzeitige oder kontinuierliche Injektion eines Lokalanästhetikums in den → Epiduralraum zur Schmerzausschaltung bei Operationen oder inoperablen Tumoren. 2

epi|durales Hämatom n: zwischen Dura mater und Gehirn befindliches Hämatom, meist traumatisch entstanden durch Verletzung der A. meningea media. 20

Epi|dural|raum: Cavum epidurale; Raum zwischen Duralsack des Rückenmarks und Periost des Wirbelkanals, der vorwiegend von Bindegewebe ausgefüllt ist. 9

Epi|gastrium n: Oberbauchgegend, Magengrube. 9

Epi|glabella f: → Ophryon. 5

Epi|glottis f: Kehldeckel; ein flacher mit einem Stiel am Schildknorpel befestigter Knorpel, der die Funktion hat, beim Schluckakt den Kehlkopf abzudecken (Abb. → Larynx). 19

Epi|gnathus m: Doppelmißbildung, bei der die eine Frucht (Parasit, oft nur ein behaarter Polyp) dem Kiefer, Gaumen (Palatopagus) oder Keilbein (Episphenoid) der anderen (Autosit) aufsitzt. 3

Epi|kanthus m: Mongolenfalte; angeborene sichelförmige Hautfalte am inneren Rand des oberen Augenlides, die sich zum unteren Augenlid spannt. Vgl. *Down*-Syndrom. 3

Epi|kard n: das dem Herzen anliegende Blatt des Herzbeutels (Perikard). 9

Epi|krise f: Endurteil über einen abgelaufenen Krankheitsprozeß, zugleich dessen wissenschaftliche Auswertung. 2

Epi|kutan-Test m: Nachweis des ursächlichen Kontaktallergens bei Verdacht auf eine Haut- oder Schleimhautallergie (→ Berufsekzem, → Kontakt-Dermatitis und → -Stomatitis). Vgl. Läppchentest (Patch-Test). 12

E|pilation (lat.) f: Enthaarung. 12

Epi|lepsie f: plötzlich einsetzende Funktionsstörung des Gehirns mit exzessiv gesteigerten und synchronisierten Entladungen der Neuronen. Sammelbezeichnung für eine Gruppe von Krankheiten (epilept. Anfälle). Hirnlokal umschriebene pathol. Entladungen führen zu partiellen Anfällen (→ *Jackson*-Anfälle, psychomotorische Anfälle). Bei Ausweitung der neuronalen Erregung kommt es zu Bewegungsstörungen als Petit mal (→ Absencen) oder Grand mal. Ursachen: Traumen, metabolische Störungen oder endogene Faktoren (geringer hereditärer Anteil). [33]

Epinephrin: → Adrenalin. [7]

Epipak®: Lösung mit Dialuminiumpentahydroxidchlorid und Polyethylenimin-HCl als Retraktionslösung. → Adstringenzien. [7]

Epi|pharynx m: Pars nasalis pharyngis (IANC); oberer nasaler Abschnitt des Rachenraumes. [9]

Epi|phora f: Tränenträufeln. [20]

Epi|physe (gr.) f: **1.** Gelenkende der Röhrenknochen, das mit dem Mittelstück, der Diaphyse, anfangs durch Knorpel (Epiphysenfuge), später durch Knochengewebe unter gemeinsamer Markraumbildung verbunden ist. Die Epiphysenfugen stellen die Wachstumszonen für das Längenwachstum der Knochen dar. **2.** → Zirbeldrüse. [9]

Epiphyten m pl: pflanzliche Parasiten, die auf anderen Pflanzen leben. Übertragen für → Exostosen. [8]

Episom n: DNS-Partikel in Bakterienzelle, die autonom (frei im Zytoplasma) oder ins Chromosom integriert vorkommen kann. E.e enthalten z.B. genetische Information für Konjugationsfähigkeit (F-Episom). Vgl. Plasmid. [8]

Epi|spheno|id n: → Epignathus. [3]

Epi|staxis f: Nasenbluten, verursacht durch Varizen am → Locus *Kiesselbachii* bei chron. Rhinitis und/oder Bluthochdruck, Verletzungen oder Tumoren. Die Therapie ist abhängig von Ursache, Schwere und Lokalisation der Blutung. Sie besteht in lokaler Anwendung von Vasokonstriktoren, Verätzen oder Verkautern der entsprechenden Gefäße, vorderer und/oder hinterer Nasentamponade sowie Unterbindung der Aa. maxillaris und/oder ethmoidalis. Beim älteren Patienten häufig Anzeichen für eine → Ruptur der A. sphenopalatina unter Antikoagulantientherapie, bei akuter → Hypertonie, nach langer Liegendbehandlung. [19, 27]

Epi|stro|pheus (JNA) m: Drehwirbel (zweiter Halswirbel), heißt jetzt → Axis. [9]

Epi|taxie f: Aufwachsen einer Kristallart auf eine andere (Wirtskristall) mit ähnlicher Struktur der Verwachsungsfläche. Strukturanalogien zwischen → Hydroxylapatit und Faserproteinen, insbes. Keratin, bestimmen die Mikromorphologie des Zahnschmelzes. [10]

Epi|thel n: aus dichtgedrängten, miteinander verbundenen Zellen bestehender Gewebsverband, der die äußeren und inneren Oberflächen des Körpers ein- oder mehrschichtig überzieht und die Drüsen bildet (Abb.). In der Regel gefäßlos. Die Zellen erhalten die Nährstoffe durch eine → Basalmembran. Sind nicht alle Zellen in direktem Kontakt mit der Basalmembran, spricht man von mehrschichtigem E. Dieses kann unverhornt, wenn auch die äußersten Zellen vital bleiben (z.B. an der Mundschleimhaut), oder verhornt sein, wenn aus den äußersten Zellen Horn entstanden ist, (z.B. an der Epidermis).

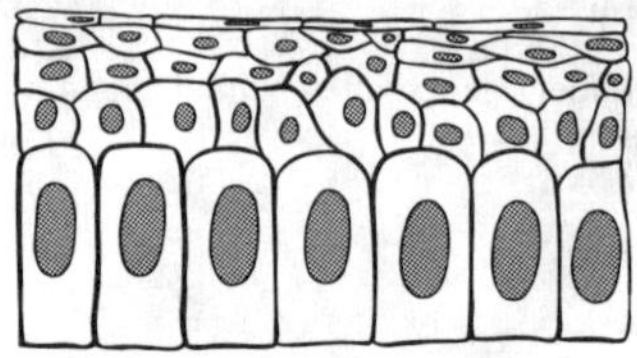

Bei den einschichtigen E.ien stehen alle Zellen in direktem Kontakt mit der Basalmembran. Je nach Struktur und Funktion unterscheidet man: Plattenepithel (z.B. an den Blutgefäßen), Flimmerepithel (z.B. an den Atemwegen), Pigmentepithel (z.B. an der Netzhaut) und weitere spezielle Formen. [9]

Epi|thel|ansatz: nach *Gottlieb* (1921) organische Verbindung des inneren Saumepithels mit der Schmelzoberfläche. Sie erfolgt durch Halbdesmosomen an der inneren Basallamina, die das Insertionsgebiet am Zahn bedeckt. Vgl. dentogingivale Verbindung. [30]

epi|thelial: das → Epithel betreffend. [9]

Epi|theliom n: Epithelioma; Epithelgewächs, Neubildung des → Epithels. Zu den benignen Epitheltumoren gehören → Warzen und → Papillome, Talg- und Schweißdrüsenadenome, Leukoplakie, ferner Pseudotumoren (→ Epidermoid und → Dermoidzysten), das → Keratoakanthom (Pseudokanzerose) u.a. Maligne E.e sind verhornende Plattenepithelkarzinome (→ Spinaliome). Von lokaler Malignität sind → Basaliome, → Zylindrome sowie die ekzemähnlichen intraepithelialen, mit Verhornungsanomalien einhergehenden Karzinome (→ *Bowen*- und → *Paget*-Krankheit). [12]

Epi|thelioma adeno|ides cysticum n: familiär gehäuft auftretende Hauterkrankung mit Ausbildung von multiplen, etwa linsengroßen, halbkugeligen zystischen → Adenomen im Korium, bes. im Bereich der Nasen-Wangen-Falten. [32]

epi|thelio|mes|en|chymale Inter|aktion f: induzierende Wechselwirkung zwischen Epithel und Mesenchym. Bei der → Differenzierung ektodermaler, entodermaler und mesodermaler Strukturen sind oft wechselseitige, auch mehrmals ablaufende Induktionsvorgänge zwischen mesodermalem → Mesenchym einerseits und ektodermalem bzw. entodermalem Epithel andererseits nachzuweisen, die durch direkte → Zell-Zell-Kontakte, durch Matrixbestandteile (→ Basallamina, → Kollagen, → Proteoglykane) oder über stoffliche Induktoren vermittelt werden können. 22

Epi|thelisation f: Epithelisierung; reparative Epithelbildung bei der Wundheilung, ausgehend von intaktem Epithelgewebe im Bereich der Wundränder oder erhalten gebliebenen Epithelinseln. Vgl. *Braun*-Pfropfung. 32

Epi|thel|körperchen: → Nebenschilddrüsen. 9

Epi|thel|leiste: von *Hertwig* (1874) geprägter Begriff für → Zahnleiste. 30

epi|thelo|id: epithelähnlich. 9

Epi|thelo|id|zellen f pl: epithelzellenartige Histiozyten, die durch Phagozytose von Tuberkelbakterien ihren morphologischen Charakter verändern und sich palisadenförmig um ein tuberkulöses Granulom (Tuberkel) aufreihen. Vorkommen auch bei → *Boeck*-Sarkoid, Lues III u.a. 32

Epi|thel|perlen: bei Neugeborenen an der Mundschleimhaut auftretende kleine weiße zystische Erhabenheiten (Epitheleinschlüsse). Vgl. *Bohn*-Knötchen und *Serres*-Körper. 30

Epi|thel|reste: → *Malassez*-Epithelreste. 30

Epi|thel|scheide: Wurzelscheide, auch *Hertwig*-E. oder *Brunn*-E. Duplikatur des Schmelzepithels. Ihre basalen Ränder biegen sich papillenwärts um und bilden ein Diaphragma. Die breite apikale Öffnung verkleinert sich später zum Foramen apicis dentis. Auf der Innenseite der E. liegende Mesenchymzellen differenzieren sich zu Odontoblasten, auf der Außenseite gelegene zu Zementoblasten. Mit der Zementbildung wird die E. zerstört, verbliebene Nester bilden die → *Malassez*-Epithelreste. 30

Epi|thesen (gr.) f: → Defektprothesen, die zu Verlust gekommene Gewebeteile (des Kiefers, der Wangen, Lippen, Nase, Augen usw.) möglichst naturgetreu in Form und Farbe ersetzen. Bevorzugte Materialen sind heute Kunststoffe, Glas und keramische Massen. 4

Epontol®: → Propanididum. 2

Ep|oxid|harze: Epoxi-, Äthoxylinharze; härtbare Kunstharze, die durch Umsetzen von Epichlorhydrin mit aromatischen Hydroxyverbindungen entstehen. Sie werden technisch als Klebemittel, histolog. zur Einbettung in der Elektronenmikroskopie verwendet, sind in der Zhk. in → Füllungswerkstoffen (z.B. → Komposits) und Modellmaterialien eingearbeitet. 4

Eprouvette (frz.) f: Reagenzglas. 23

EPS: Abk. für **e**xtrazelluläre **P**oly**s**accharide; hochmolekulare Kohlenhydrate (Glukane oder Fruktane) in der Zahnplaque (außerhalb der Bakterienzellen). → Glukane gibt es in löslicher (10%) und unlöslicher Form (90%). Lösliche Glukane setzen sich überwiegend aus α-1,6-gebundenen Glukosemolekülen zusammen, unlösliche Glukane überwiegend aus α-1,3-gebundenen. Werden vornehml. durch Streptococcus mutans aus Saccharose mit Hilfe von Glukosyltransferasen synthetisiert. EPS sind ein wesentl. Bestandteil der Plaquematrix. 15

Epstein-Barr-Virus n: Erreger der infektiösen → Monozytenangina, gehört zu den Herpesviren; auch in Verbindung gebracht mit *Burkitt*-Lymphom, Karzinom im postnasalen Raum und Sarkoidose; kausale Beziehung bei Tumoren jedoch nicht gesichert. 8

Epstein-Perlen: → *Bohn*-Knötchen. 11

Epstein-Pseudo|diphtherie f: Bildung von spekkigen, diphtherieähnlichen Belägen an der Schleimhaut des weichen Gaumens mit *Bohn*-Knötchen und hyperkeratotischen Gingivazysten. 11

Ep|ulis f: der Gingiva aufsitzende Granulationsgewebsgeschwulst. Die unterschiedenen Formen der E. entsprechen den verschiedenen Funktions- und Reifestufen des Granulationsgewebes. Die E. granulomatosa besteht aus sehr gefäßreichem Granulationsgewebe, ist äußerst weich und bläulich-rot (Abb. 1).

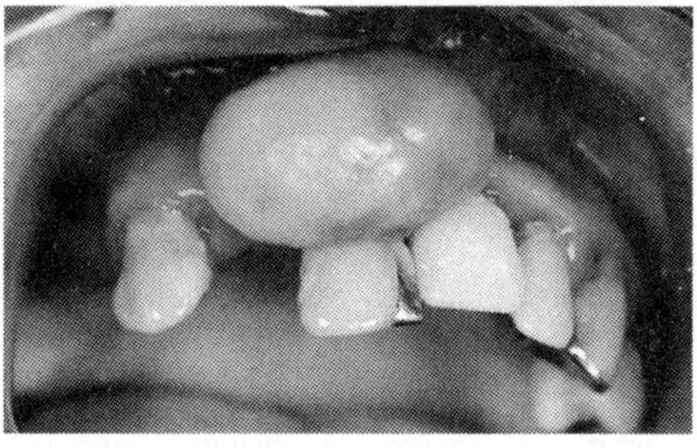

Abb. 1

Therapie: Abtragung, Ätzung. Häufigster Typ ist die E. gigantocellularis, das Riesenzellgranulom. Die Riesenzellen der gefäßreichen Geschwulst sind teils aus Kapillarwandzellen, teils aus Histiozyten hervorgegangen.

Häufig gestielt (Abb. 2), weich, meist von bläulich-roter Farbe, aber auch durch Hämosiderinablagerungen als Blutungsfolge braun gefärbt. Die E. gigantocellularis entsteht nach Traumen (Zahnextraktion) oder bei entzündlichen Reizen und in Zusammenwirken von anderen, vor allem hormonalen Faktoren (→ Osteodystrophia fibrosa generalisata, Schwangerschaft). Ausgangspunkt ist oft das Gewebe des Zahnhalteapparates (→ Parodontium), 2. - 4. Lebensjahrzehnt bevorzugt. Sehr rezidivfreudig, aber absolut gutartig.

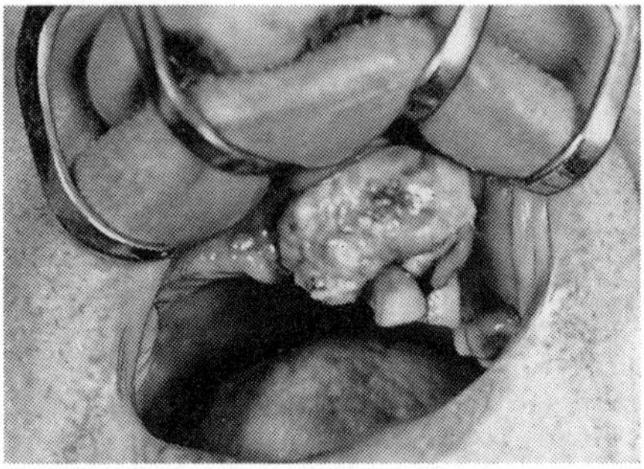

Abb. 2

Keine Metastasen. Bedingt autonomes Wachstum, das auch den Knochen angreift. Therapie: Abtragung mit oberster Knochenschicht, bei Rezidiv Zahnentfernung. Ein höheres Reifungsstadium stellt die wesentlich seltenere E. fibrosa dar, die von derber Konsistenz und blassem Aussehen ist. Sie enthält ausgereifte Bindegewebsfasern wie das Fibrom, daher auch die Bez. E. fibromatosa. Selten zentral im Kieferkörper als Enulis. Vgl. Granulationsgeschwülste, Osteoklastom. 11

Ep|ulis con|nata f: Epulis congenita; angeborene Epulis unklarer Genese, keine Granulationsgeschwulst. Bevorzugt bei Mädchen am Oberkiefer. Sehr selten. Beziehungen zum → Neurom und zum → Myoblastenmyom werden diskutiert. 11

Erbrechen: Emesis, Vomitus; durch Antiperistaltik erfolgende orale Entleerung aus dem oberen Intestinum multifaktorieller Genese (mikrobiell, toxisch, psychisch) mit teils erheblichen Wasser- und Elektrolytverlusten. Diagnostik immer auch mit Endoskopie. Therapie muß die Ursache berücksichtigen. Bei Exsikkose und/oder Alkalose korrigierende Infusionstherapie. 20

Erb-Zeichen n: erhöhte elektrische Erregbarkeit der Muskulatur auf sonst unterschwellige galvanische Reize bei → Tetanie und → Spasmophilie. 34

Erd|bazillen f pl: verschiedene, grampositive, aerobe und anaerobe, biochem. sehr aktive, sporenbildende Bakterien des Bodens. Bekannteste aerobe Arten: Bacillus subtilis (Heubazillus), Bacillus mesentericus (Kartoffelbazillus), Bacillus mycoides (Wurzelbazillus), → Bacillus brevis. Produzenten von Polypeptid-Antibiotika (Bacillus brevis: Tyrothricin; Bacillus licheniformis: Bacitracin; Bacillus polymyxa: Polymyxin B; Bacillus colistinus: Colistin) und Erreger von Nahrungsmittelvergiftungen (Bacillus cereus). Bacillus subitilis wird zum mikrobiologischen Nachweis der Phenylketonurie verwendet (*Guthrie*-Test). Native Erdsporen verschiedener Artzugehörigkeit, z.B. Bacillus stearothermophilus, dienen zur biologischen Prüfung von Dampf- und Heißluftsterilisatoren (sog. Sporenpäckchen). - Anaerobe Erdbazillen (Gattung Clostridium) sind wichtige Krankheitserreger: des Wundstarrkrampfs (→ Tetanus), des → Gasödems und einer Form der Nahrungsmittelvergiftung (→ Botulismus). 8

Erdbeer|zunge: typische Zungenveränderung bei Kindern mit angeborenem Herzfehler. Auch für → Himbeerzunge gebraucht. 11

Erdheim-Tumor (Jakob E., Pathol., Wien, *1874, † 1937) m: langsam wachsendes → Kraniopharyngiom. 32

Erfassungs|beleg: Formular zur strukturierten Erfassung von Daten für die spätere Eingabe in eine → EDV-Anlage. 26

Erfrierung: Congelatio; E. 1. Grades: Blässe, Abkühlung, Gefühllosigkeit; nach Wiedererwärmung Hyperämie, Schmerzen, Juckreiz; E. 2. Grades: Ödem- und Blasenbildung; E. 3. Grades: durch Nekrosen gekennzeichnet. Akut erfrorene Körperteile in Wasser auftauen, Wassertemperatur langsam steigern; innerlich heiße Getränke. 12

Ergasto|plasma n: eine im lichtmikroskop. Präparat sichtbare stark umschriebene oder generalisierte Basophilie des → Hyaloplasmas. Der Begriff E. wird heute nicht mehr gebraucht, da inzwischen bekannt ist, daß es sich um einen Artefakt handelt, der wegen unvollständiger Fixierung des → RER (rauhes endoplasmatisches Retikulum) entsteht. 9

Ergebnis|qualität f: die Art der Arbeitsergebnisse im Zusammenhang mit der zahnmedizinischen Versorgung in den einzelnen Fachweltbereichen und → Arbeitssystemen. 21

Ergo|metrie f: Messung der Arbeitsleistung z.B. der Muskulatur durch besondere Apparatur (Ergometer, Ergograph). 10

Ergo|nomie f: Wissenschaft von der Anpassung der Arbeit an den Menschen und umgekehrt, unter Einbeziehung individueller und lokaler Faktoren. Meist im engeren Sinne auf Arbeitsphysiologie, → Arbeitshygiene und → Arbeitspsychologie bezogen. 21, 26

ergo|trop: im Sinne einer Leistungssteigerung wirkend. [10]

Erguß: Flüssigkeitsansammlung in einer Körperhöhle. Vgl. Empyem, Exsudation, Transsudat. [2]

Erhaltungs|dosis f: E. ist die Dosis eines Arzneistoffs, die zur Aufrechterhaltung der therapeut. erforderl. Konzentration innerhalb der Eliminationshalbwertszeit (→ Halbwertszeit, terminale) der Substanz zugeführt werden muß. [7]

Erhaltungs|therapie f: Maßnahmen zur Stabilisierung des Behandlungserfolges nach parodontalchirurgischen Maßnahmen. Vgl. Recall-System. [6]

Erhaltungs|umsatz: → Grundumsatz. [10]

Erkennungs|merkmale: Merkmale zur Bestimmung der Seitenzugehörigkeit von Zähnen (Abb.). Vgl. Bogenmerkmal, Winkelmerkmal und Wurzelmerkmal. [30]

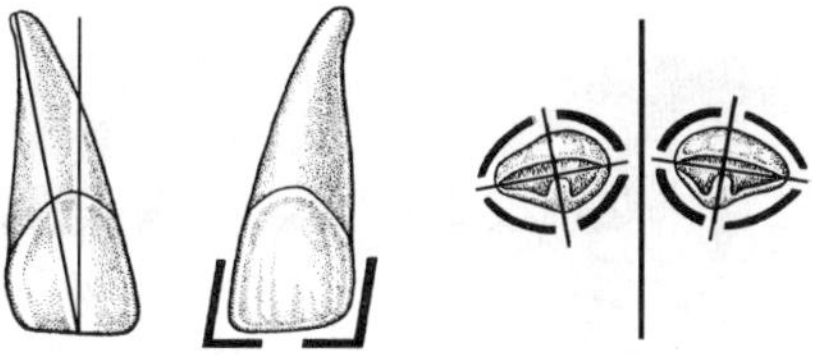

Merkmale zur Bestimmung der Seitenzugehörigkeit von Zähnen. a: Wurzelmerkmal; b: Winkelmerkmal; c: Bogen- oder Krümmungsmerkmal. [13]

Erklärungs|komponente f: Teil eines → Expertensystems, das Erklärungen für dessen Aussagen liefert, z.B. die Therapievorschläge erläutert und aus der → Wissensbasis begründet. [26]

Erleben: durch Selbstbeobachtung (Introspektion) ermittelbares innerpsychisches Geschehen, im Gegensatz zu fremdbeobachtbarem → Verhalten nur mit geringerer Objektivität feststellbar. [13]

Erlenmeyer-Kolben (Emil E., Chemiker, München, *1825, † 1909) m: konisches Glasgefäß für chem. Zwecke. [23]

Ermächtigung: Erlaubnis zur Teilnahme an der vertragszahnärztlichen Versorgung, der Zulassung nachgeordnet (§ 31 Zahnärzte-ZV, § 10 a BMV-Z). Die E. ist zeitlich, räumlich und ihrem Umfang nach begrenzt. Sie setzt Eignung für die vertragszahnärztliche Versorgung voraus. Kommt in Betracht für: nichtzugelassene Zahnärzte mit deutscher Bestallung oder zahnärztlich geleitete Einrichtungen bei bestehender oder unmittelbar drohender Unterversorgung oder für einen begrenzten Personenkreis, nach § 10 a BMV-Z auch für bestimmte zahnärztliche Leistungen (Kfo) und nach § 31 Abs. 3 ZO-Z für Ausländer mit Erlaubnis zur Zahnheilkunde in selbständiger Tätigkeit in Abhängigkeit von der Berufserlaubnis. [24]

Ernährungs|ana|mnese f: Erfassung der Ernährungsgewohnheiten. Wichtig für eine → Ernährungsberatung im Rahmen der Kariesprophylaxe. Die E. sollte bes. darauf abzielen, zucker- und säurehaltige Speisen und Getränke zu erfassen. [15]

Ernährungs|beratung: E. soll dem Patienten seine ihm unbewußten Ernährungsfehler und -probleme bewußt machen und seine Gewohnheiten verbessern. Motto der E: möglichst selten zuckerhaltige Zwischenmahlzeiten. [15]

Ernährungs|lenkung: gezielte Steuerung bzw. Reduktion der Aufnahme kariogener Kohlenhydrate und Zufuhr von faserigen Nahrungsbestandteilen zur Unterstützung der natürlichen Selbstreinigungsmechanismen. [29]

Ernst-Häkchen (Franz E., Za., Berlin, *1887, † 1947): einfaches Drahthäkchen an Achterligatur zur provisorischen intermaxillären Verschnürung von Kieferbrüchen (Abb.). [2]

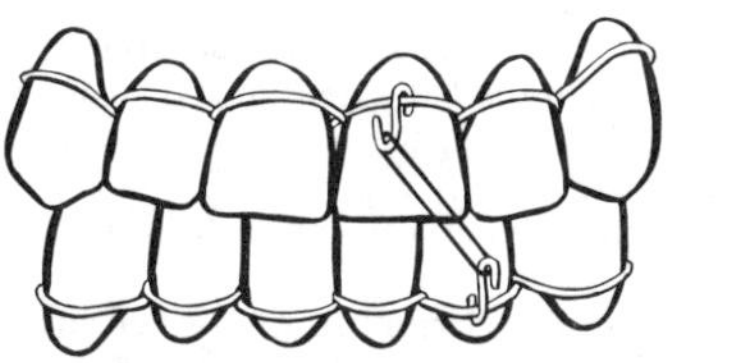

Ernte|fieber: Feldfieber, Schlammfieber; Spirochäteninfektion, hervorgerufen durch Leptospira grippotyphosa. Erregerreservoir ist die Feldmaus, die die Spirochäten im Urin ausscheidet. [8]

Erosion (lat.) f: Gewebsdefekt der Haut oder Schleimhaut, der infolge seiner oberflächlichen Lage ohne Narbenbildung abheilt. An den Zähnen: Odontolyse; chronischer, schmerzloser, muldenförmiger Schmelzverlust. Vorwiegend an zervikalen Labialflächen, aber auch an okklusalen und oralen Flächen. Befallshäufigkeit von Schneidezähnen zu Molaren abnehmend. Ursache: mechanisch oder durch nicht kariogene Säureeinwirkung aus der Nahrung, z.B. Zitronen-, Grapefruit-, Orangensaft, Coca Cola etc. E.en sind häufig. Sie können sich im Spätstadium nach Freilegung des Dentins gelbbräunl. verfärben; u. U. Hinweis auf → Bulimia nervosa. → Keilförmige Defekte. [1, 12, 15]

erratisch (lat.): zu unregelmäßigen Zeiten auftretend (z.B. Schüttelfröste), umherwandernd (z.B. Schmerzen). 20

Erreger|wechsel: Eliminierung eines Krankheitserregers durch Antibiotika und Auftreten eines neuen, nunmehr resistenten Erregers. Bei Doppelinfektion: Verschwinden eines der beiden Krankheitserreger bei gleichzeitigem Hervortreten des anderen. 8

Ersatz|dentin n: → Sekundärdentin. 1

Ersatz|kassen: Krankenkassen neben den sog. Primärkassen für Angestellte und Arbeiter. Seit der 15. Aufbauverordnung vom 1.4.1937 Körperschaften des öffentlichen Rechts. Mitglieder sind Versicherungspflichtige oder Versicherungsberechtigte, die ihren Beitritt freiwillig erklärt und hierdurch die Befreiung von der Versicherung bei der Plichtkasse erwirkt haben (§§ 168 f. SGB V). Die E. sind im VdAK bzw. AEV zusammengeschlossen. 24

Ersatz|zähne: Zähne der zweiten Dentition, welche die Milchzähne ersetzen. Die 12 permanenten Molaren sind keine E., sondern → Zuwachszähne. 30

Ersatz|zahn|leiste: vom freien Rand der Zahnleiste ausgehende Epithelsprossungen; von *Hertwig* 1874 erwähnt und von *Röse* 1891 genauer beschrieben. Die E. dringt lingual von den Milchzahnkeimen ins Kiefermesenchym vor. Aus ihr bilden sich die 20 Keime der Ersatzzähne. Vgl. Zahnleiste. 30

erschwerter Zahn|durchbruch: → Dentitio difficilis. 2

Erstarrungs|schrumpfung: → Schrumpfung. 4

Erste Hilfe: Allg. → ABC der Wiederbelebung, Herzmassage, Koniotomie, Krikotomie, Mund-zu-Mund-Beatmung, Notfallkoffer, stabile Seitenlage (→ Seitenlage, stabile), Tracheotomie, → transtracheale Ventilation. → Vergiftung. Spez. Zhk.: → Nachblutung. 34

Eruption (lat.) f: Ausbruch eines Ausschlags; der Ausschlag selbst. Eruptiodentium: Zahndurchbruch, → Dentition. 30

Eruptions|hämatom n: durch intensives Reiben der Gingiva vorwiegend an der Eruptionsstelle der Milchschneidezähne entstehendes → Hämatom. Die → Rupturen der kleinen Gefäße verhindern den normalen Durchbruch nicht. Therapie ist nicht erforderlich. 29

Eruptions|zysten f pl: → Dentitionszysten. 2

erweiterte Fissuren|versiegelung: bei maximaler Fissurenkaries ohne Dentinbeteiligung oder verfärbten kariesverdächtigen Fissuren angewandte Modifikation der → Fissurenversiegelung. Dabei wird vor der Versiegelung die betroffene Fissur (bzw. der Fissurenanteil) mit einem spitz zulaufenden Diamanten trichterförmig aufgezogen. 29

Er: YAG-Laser m: → Festkörperlaser mit einem mit Er^{3+}-Ionen dotierten YAG-Kristall als → laseraktivem Material und einer Wellenlänge von 2,94 µm. Die Eignung der Er: YAG-Laserstrahlung zur Bearbeitung der Zahnhartgewebe und -substanzen wird gegenwärtig erprobt. 31

Erysi|pel (gr.) n: Wundrose; durch Streptokokkeninfektion verursachte, unter Frösteln und Temperaturanstieg entstehende, sich heiß anfühlende, oft zungenförmig weiterschreitende Hautrötung und Schwellung; in schweren Fällen mit blasiger Abhebung der Oberhaut einhergehend und selten zu tiefen Abszedierungen führend. Schmerzhafte regionale Lymphknotenschwellungen. Es besteht die Gefahr toxischer Herz- und

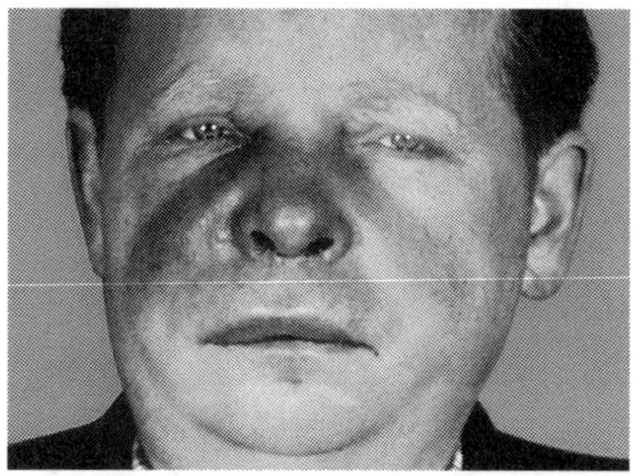

Nierenschädigung. Kann auf die Schleimhäute übergehen, aber auch diese primär befallen und auf sie beschränkt bleiben (selten). Bei Larynxbefall Erstickungsgefahr! Eintrittspforte der Erreger sind häufig unscheinbare → Fissuren der Lippen und der Naseneingänge (Abb.). Therapie: Sanierung der Eintrittspforten, Allgemeinbehandlung durch Antibiotika. Rezidivierende E.e führen durch Obliteration ableitender Lymphbahnen zu umschriebenen Dauerödemen. → Makrocheilie, → Elephantiasis. 12

Erysi|pelo|id n: Schweinerotlauf. Erreger: Erysipelothrix insidiosa. Inkubationszeit 1 bis 2 Tage. Infektion durch unscheinbare Verletzungswunden bei Umgang mit verseuchtem Fisch, Wild oder altem Fleisch. Scharf abgegrenzte, langsam fortschreitende Rötung und Schwellung, meist an den Händen lokalisiert; ohne Fieber verlaufend, prompt auf antibiotische Therapie ansprechend. 12

Ery|them (gr.) n: Erythema; diffuse oder stellenweise Rötung der Haut oder Schleimhaut infolge Hyperämie, an der Gaumenschleimhaut oft bei schlecht sitzender Prothese zu beobachten. → Arzneimittelexanthem. [12]

Ery|thema chronicum migrans n: hellrotes, peripher sich ausbreitendes solitäres Erythem nach Zeckenstich. Im Gegensatz zum Erythema anulare *Darier* kein Ineinanderfließen der Herde, sondern solitäre Erytheme (selten multipel). Ätiologisch: Infektion mit Borrelia Burgdorferi. Therapie: Klinomycin, Erythromycin u.a. mindestens 10 Tage. [12]

Ery|thema ex|sudativum multi|forme n: *Stevens-Johnson*-Syndrom, *Fiessinger-Rendu*-Syndrom; häufig mit rheumatoiden Beschwerden einhergehendes vielgestaltiges → Exanthem mit Flecken, Blasen und kokardenartigen Herden, bevorzugt auf Streckseiten der Hände und Arme. Bei schwerem Verlauf unter Fieber Befall der Schleimhäute (pluriorifizielle → Ektodermose). Virale und allergische Genese. [11, 12]

Ery|thema fugax n: flüchtige, fleckige oder flächenhafte Hautrötung mit Anstieg der Hauttemperatur, vorzugsweise des Gesichtes (z.B. Schamröte, E. pudoris), des Halses und der Gegend des Blusenausschnittes bei vegetativer Labilität (angiopathischer Konstitution). Häufige Provokation durch Alkohol (Sekt, Cognac). [12]

Ery|thema gyratum repens n: paraneoplasitisches Hautsyndrom in Form von Erythemen mit randständigen Schuppensäumen. [12]

Ery|thema nodosum n: bläulich-rote, in und unter der Haut gelegene knotige Infiltrate, die oft mit Fieber und Gelenkschmerzen eruptiv vorwiegend an den unteren Gliedmaßen auftreten und nach etwa zwei Wochen spontan unter gelbgrünlicher Verfärbung abklingen. Die Mundschleimhaut ist in Gestalt düsterroter knotiger Erytheme nur selten mitbefallen. Es handelt sich um ein poliätiologisches Syndrom. Häufigkeit bei Sarkoidose ca. 30%. Mobilisierte Zahnherde können auslösend wirken. → *Löfgren*-Syndrom. [12]

Ery|thema|todes m: Schmetterlingsflecht; → Kollagenose, gilt als Prototyp einer → Autoimmunkrankheit. 1. E. cutaneus (lokalisiert, disseminiert). Der Schwerpunkt der Erkrankung liegt auf der Haut, nur geringe allgemeine Symptome. Scharf begrenzte, rötlich-livid tingierte Herde mit zentralen, follikulären Hyperkeratosen, die zapfenförmig in die Follikelöffnungen hineinragen. Im Zuge der weiteren Entwicklung zentrale Atrophien, Depigmentierungen, → Teleangiektasien (Abb.). Auf dem Kopf narbige Alopezie. 2. E. systemicus. Hier stehen mehr papulöse ödematöse Veränderungen besonders im Gesicht und an den Ohren im Vordergrund. Weiterhin Livedo racemosa mit Beinulzerationen.

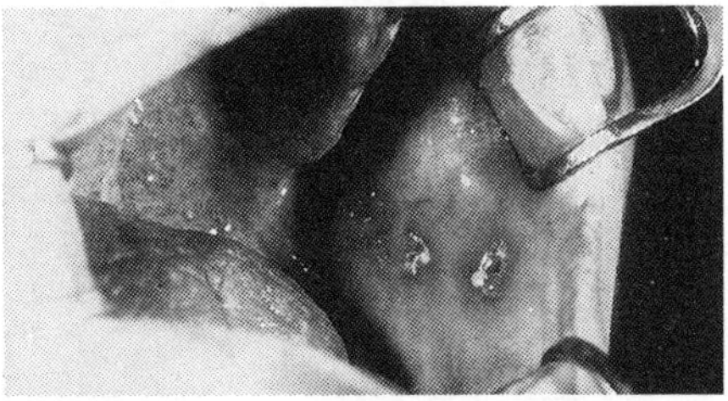

Schleimhautbefall in Form von Rötung und Erosionen bei systemischen Erythematodes.

Differentialdiagnostisch ist von seiten der exanthematischen Veränderungen eine polymorphe Lichtdermatose in Erwägung zu ziehen, die sich aber nicht selten in weiterer Entwicklung als Erythematodes entpuppt. Erythemschwelle auf UV erniedrigt. Im weiteren Verlauf mündet der viszerale E. in eine Nephritis ein, die mit Urämie endet. Labordiagnostik: antinubleäre Antikörper (ANA, ENA), → Leukozytopenie. Charakteristisch die durch Immunfluoreszenz nachzuweisende Adsorption von Gamma-Globulinen an der veränderten z.T. mehrschichtigen Basalmembran der Epidermis und Besetzung der Lymphozyten mit Fluorescein-Natrium-markiertem Anti-Gamma-Globulin. [12]

Ery|them|dosis f: biologisches Maß für die Wirkung der Strahlen auf die Haut, definiert durch deren jeweiligen Rötungsgrad. [14]

Erythro|blasten m pl: → Erythropoese. [9]

Ery|thro|blastose f: Sammelbegriff für Krankheiten, bei denen kernhaltige Erythrozytenvorläufer im peripheren Blut vorkommen. Heute nur noch zur Bezeichnung des Morbus haemolytikus neonatorum, der fetalen Erythroblastose, gebraucht. → Rhesus-Faktor. [10]

Ery|thro|dermie f: mit Rötung, Verdickung und Schuppung einhergehende Entzündung des gesamten Hautorgans, schweres Krankheitsbild. Primäre E.: dabei handelt es sich um Lymphome wie → Mykosis fungoides, leukämische E. oder → Lymphogranulomatose. Sekundäre E.: entsteht durch Generalisierung von Dermatosen und schließt → Ekzeme, → Psoriasis,→ Lichen ruber planus ein. Therapie: Immunsuppression. Mundschleimhautbefall je nach der Grundkrankheit möglich. [12]

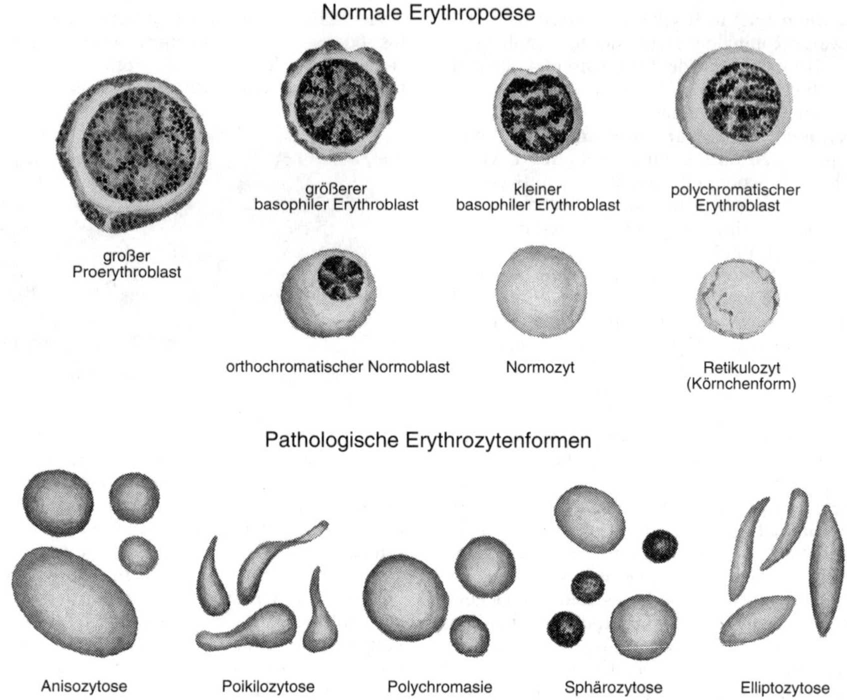

Abb. 1: Normale Erythropoese und pathologische Erythrozytenformen

Ery|thro|dontie f: rotbraune Verfärbung der Milchzähne durch Einlagerung von Porphyrinen im Dentin bei angeborener Porphyrie. Vgl. Porphyrin. [1]

Ery|thro|leuk|ämie f: Erythrämie, *Di-Guglielmo*-Syndrom; Spezialform der akuten → Leukämie mit konstantem Vorkommen von kernhaltigen Vorstufen der Erythropoese, den Erythroblasten, neben den jungen Vorstufen der Granulopoese. Klinisch ähnlicher Verlauf wie bei der akuten Leukämie; führt u. a. zu Schwellungen der Gingiva mit Blutungen und Nekrosen. [11, 20]

Ery|thro|mycin: → Makrolid-Antibiotikum, Schmalspektrum-Antibiotikum (→ Antibiotika) mit bakteriostat. Wirkungsweise. Aufgrund geringer Wirkungsintensität bei Anaerobiern und stark schwankender oraler → Bioverfügbarkeit in Abhängigkeit von der Galenik und individuellen Faktoren sollte E. in der Praxis mit ausschließlicher oraler Therapiemöglichkeit zur Behandlung dentogen induzierter, orofazialer Infektionen nicht eingesetzt werden. [7]

Ery|thro|plakie f: scharf umschriebene, im Niveau liegende dunkelrote Schleimhautveränderung mit gekörnter Oberfläche; berührungsempfindlich, leicht blutend. Die Kombination mit → Leukoplakie wird gefleckte E. genannt. Therapie: Exzision. → *Bowen*-Krankheit, → Mundhöhlenkrebs. [12]

Ery|thro|plasie f: samtartige, scharf umschriebene, düsterrote Verdickung der Schleimhaut durch intraepitheliale Wucherung vorwiegend an der Genitalschleimhaut älterer Männer. Seltener in der Mundhöhle. Obligate Präkanzerose. Therapie: Exzision. Schleimhautvariante der → *Bowen*-Krankheit. [11]

Ery|thro|poe|se f: Bildung der → Erythrozyten postfetal, physiologisch im Knochenmark, unter krankhaften Zuständen auch postfetal außerhalb des Knochenmarks in der Leber und Milz.

Abb. 2: Megalozyt und Vorstufen

Unreifste Zelle Proerythroblast mit dunklem, blauschwarzen Zytoplasmasaum und rundem Kern, bei der Reifung in den größeren basophilen und kleineren polychromatischen Makroblasten oder Erythroblasten mit breiterem Zytoplasmasaum übergehend. Letzte kernhaltige Reifungsstufe ist der kleinere Normoblast mit sehr dichtem Kern und oxyphilem Zytoplasma (Zeichen der vollständigen Hämoglobinbildung). Nach Kernausstoßung Entstehung des Retikulozyten (Normalwert 10 $^0/_{00}$) mit feinem, netzartigen Gerüst der Substantia reticulogranulofilamentosa, am häufigsten in Körnchenform; daraus Entstehung des reifen Normozyten (Abb. 1). Patholog. E.: Megalozyt, großer, meist ovaler Erythrozyt, dessen kernhaftige Vorstufe der orthochrome und polychrome Megaloblast ist; Zeichen einer Hyperplasie der E. bei der perniziösen → Anämie (Abb. 2). → Retikulozytenkrise. 10

Ery|thro|poetin: erythropoetisches Glykoproteinhormon, Molekulargewicht 30.000, stimuliert im Knochenmark die Bildung von Erythroblasten aus Stammzellen. Bildungsort Niere und Leber. Gewebshypoxie steigert die Bildung von E. 10

Ery|thro|prosop|algie f: *Bing-Horton*-Syndrom. 33

Ery|thro|zyten m pl: Blutkörperchen (Normalwerte Mann 4,5-5 Mill., Frau 4-4,5 Mill./mm^3),

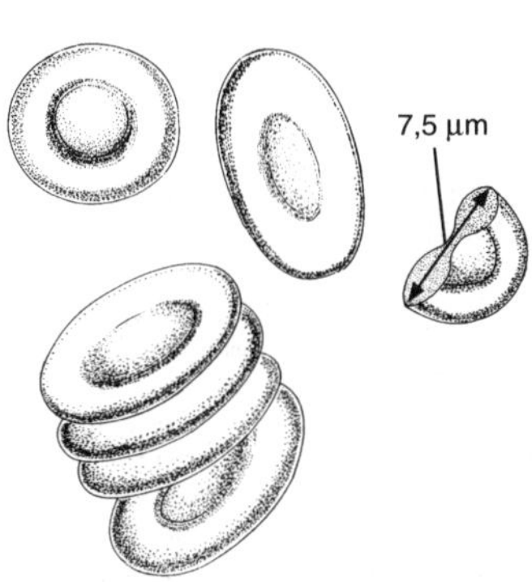

bestehend aus dem Stroma (Gerüstsubstanz mit Eiweißkörpern, Lipiden und Salzen) und dem → Hämoglobin. Transportieren vor allem Sauerstoff (Abb.). Morphologische Veränderungen: Mikrozytose*:* E. mit überdurchschnittlich kleinem Durchmesser; Makrozytose*:* E. mit überdurchschnittlich großem Durchmesser; Megalozytose*:* → Erythropoese, Vermehrung besonders großer E. Mikrosphärozytose*:* Kugelzellenanämie bei familiärem hämolytischen Ikterus; Elliptozytose*:* familiärer hämolytischer Ikterus (Abb. → Erythropoese). 9, 10

Ery|thro|zytose f: → Polyglobulie. 20

Es: Bez. für einen psych. weitgehend unbewußten, triebgeleiteten, libidinösen Bereich. Vgl. Instanz, Libido, Psychoanalyse, Unbewußtes. 13

Escherichia coli f: → Kolibakterien. 8

Esmarch-Handgriff (Johann F. A. von E., Chir., Kiel, *1823, † 1908): Methode zur Öffnung des Mundes bei → Bewußtlosigkeit. Mit dem Zeigefinger einer Hand wird der jeweilige Kieferwinkel umfaßt, der Daumen in Eckzahnregion zwischen Unterlippe und Kinn gelegt. Nach initialer Rotation kann der Unterkiefer so nach anterior gezogen und unter weiterer Rotation geöffnet werden. Vgl. Aspiration, Atemwege, Beatmung, Herz-Lungen-Wiederbelebung. 16

essentiell (lat.): **1.** lebensnotwendig, wesentlich, z.B. e.e → Aminosäuren. **2.** selbständig (oft im Sinne von → idiopathisch). E.e Krankheitserscheinungen sind nicht symptomatisch, sondern stellen ein eigenes Krankheitsbild (oft ohne erkennbare organische Ursache) dar. 34

Essenz (lat.) f: Auszug aus Naturstoffen, der die wesentlichen bzw. wirksamen Bestandteile des Stoffes enthält (z.B. → ätherische Öle). 23

Essig|äther m: besser Essigester, Äther aceticus, $CH_3 \cdot CO \cdot O \cdot C_2H_5$. Klare Flüssigkeit von erfrischendem Geruch, Riechmittel bei Ohnmacht. 23

Essig|bakterien f pl: gramnegative Kurzstäbchen, die in langen Ketten zusammenhängend die Essighaut (Mycoderma aceti, Essigmutter) bilden; verwandeln bei Luftzutritt Äthylalkohol in Essigsäure (*Pasteur* 1868), von der sie bis zu 14% ertragen (Acetobacter pasteurianus, A. aceti). 8

Essig|säure: Acidum aceticum, $CH_3 \cdot COOH$. Stechend sauer riechende Flüssigkeit. Ätzmittel. 23

Estazolam: 1,4-Benzodiazepin-Derivat; → Tranquilizer mit einer Eliminationshalbwertszeit (→ Halbwertszeit, terminale) einschließlich seiner pharmakodynam. aktiven → Metabolite von 10-30 h. Auch → Benzodiazepine. 7

Ester (Kunstwort) m: Verbindungen, die durch Reaktion eines → Alkohols mit einer anorganischen oder organischen → Säure unter Wasseraustritt entstehen. Zweibasige Säuren liefern zwei Reihen von E., nämlich neutrale und saure E. Durch Säuren oder → Alkalien können E. in ihre Komponenten zerlegt werden (Verseifung, Hydrolyse). Vgl. Lipide. 23

Esterasen f pl: → Enzyme, die Ester spalten. Zu den bekanntesten gehören die Lipasen, die Phosphatasen und die Sulfatasen. 23

Esthetic plane (engl.) f: → Ästhetiklinie. 5

Estlander-Lippen|plastik (Jakob August E., Chir., Helsinki, *1831, † 1881) f: operat. Vergrößerung der Unterlippe auf Kosten der Oberlippe. In Umkehrung des Verfahrens von → *Abbé-Neuber* (Abb.) wird ein in der Nasolabialfalte

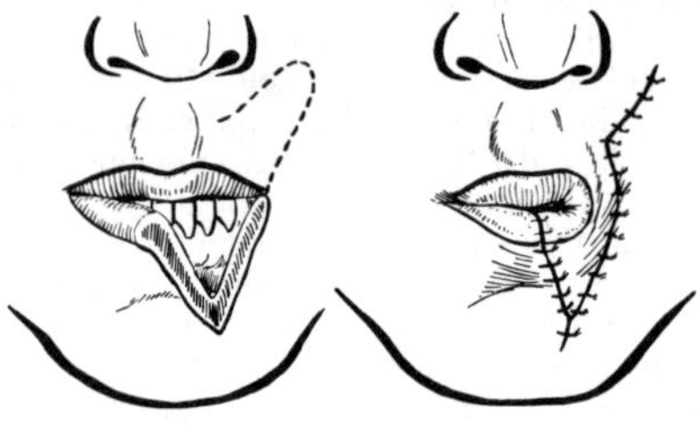

gebildeter gestielter Dreieckslappen nach unten geschwenkt und in die aufgespaltene Unterlippe eingenäht. 2

Etagen|naht: → Schichtnaht. 2

et al.: Abk. für lat. et alii (und andere). 34

Etching liquid (engl.) f: Ätzflüssigkeit; Ätztechnik. 1

ethmo|idalis (gr.): zum Siebbein (Os ethmoidale) gehörig. 9

Etho|logie f: vergleichende Verhaltensphysiologie; Beobachtung angeborenen Verhaltens des Tieres statt im Labor in der natürlichen Umgebung, dem ökologischen Setting des Mitglieds einer Art. Vertreter: *Lorenz, Tinbergen, von Holst, Eibl-Eibesfeldt.* Vgl. Aggression, AAM, Behaviorismus, Instinkt und Prägung. 13

Ethrane®: → Enfluran. 2

Ethylen|diamin|tetra|essigsäure: Abk. EDTA; Chelatbildner. → EDTA. 7

Etidocain: → Lokalanästhetikum vom Amidtyp, dessen anästhet. → Potenz 6fach größer als die des → Procains ist. Der Wirkungseintritt ist schnell (pk_a-Wert 7,7), die Wirkungsdauer lang. Indikation in der Zhk. zur Infiltrations- und Leitungsanästhesie bei langandauernden kieferchirurg. Eingriffen. Präp.: Duranest®. 2, 7

Etilefrin: N-Ethyl-Analoge des Phenylephrins, direkter $alpha_1$ > $alpha_2$- und Beta-Adrenozeptor-Agonist (→ Agonist), Antihypotensivum, Wirkungs-Potenz < als → Epinephrin, Erhöhung des Blutdrucks über beta-mimet. kardiale Wirkungen und Erhöhung des peripherenWiderstandes. Indikationen in der Zhk.: für per-os-Medikation fraglich aufgrund einer nur 35%igen oralen → Bioverfügbarkeit, parenteral bei hypoton. Kreislaufdysregulation. 7

Etomidate: 1-Äthyl-l-(α-methyl-benzyl) imidazol-5-karboxylat; Hypnotikum zur Narkoseeinleitung. 2

Eugenol n: aus dem Öl der Gewürznelke gewonnenes, in der Zhk. häufig verwendetes, stark riechendes Präparat. Wegen seiner schmerzmildernden und entzündungshemmenden Eigenschaften oft Bestandteil von → Einlagen oder provisor. Zementen. Unverdünnt pulpaschädlich. Bei Kontakt mit periapikalen Gewebe ist mit reaktiven Entzündungsprozessen zu rechnen. E. kann Kontaktallergien auslösen. 1, 7

Eu|gnathie f: Regel-, Norm- bzw. ausgeglichenes Gebiß, im weiteren Sinne wohlgeformtes Kausystem, dessen Gewebe sich im Zustand funktioneller Anpassung befindet (nach *Andresen*). Es ist zwischen morpholog. und funktioneller E. zu unterscheiden. Letztere setzt allseitig ungehinderten Schleifkontakt bei funktioneller Anpassung voraus, ohne daß das Vorhandensein aller 32 Zähne erforderlich ist. Zwischen E. und → Dysgnathie bestehen fließende Übergänge. Vgl. Biomet. 5

Eu|karyonten m pl: → Prokaryonten. 8

Eu|krasie (gr.) f: Begriff der → Humoralpathologie für die normale, ausgewogene Zusammensetzung der Körpersäfte. Ggs.: → Dyskrasie. 32

Eu|myzeten pl: Eumycetes; höhere Pilze (im Gegensatz zu niederen oder Algenpilzen). Zwei Unterklassen: Schlauchpilze (Ascomycetes, z.B. Penicillium) und Ständerpilze (Basidiomycetes, z.B. eßbare Hutpilze). 8

Eu|nuchismus (gr.) m: Keimdrüsenhormonmangel beim Mann nach Kastration. 20

Eu|nucho|idismus m: durch die Unterfunktion des endokrinen oder spermatogenetischen Hodengewebes verursachter Zustand. Formen: 1. hypogonadotroper E. (bei gleichzeitigem Hypopituitarismus, Hypophyseninsuffizienz); 2. hypergonadotroper E. (bei primärer Testesinsuffizienz). Ursachen: Dysgenesie der Samenkanälchen, Mumpsorchitis. Symptome: Hypogenitalismus, langbeiniger Hochwuchs (sog. Stehriese bzw. Sitzzwerg), Mongolengesicht, zerknittertes Aus-

sehen, Osteoporose; psychosexuelle Unbeständigkeit. Vgl. Eunuchismus. [20]
eu|odont: Bez. für ein intaktes oder saniertes, in jeder Weise funktionstüchtiges Zahnsystem. [30]
Eury|gnathie f: breit aufgebauter Oberkiefer, mongol. Rassenmerkmal. [5]
Euryon (gr.) n: Abk. Eu; anthropolog. Meßpunkt, der am weitesten lateral gelegene Punkt der seitlichen Schädelwand bzw. des Kopfes (Abb. → Meßpunkte). [5]
Eury|prosopie f: Breitgesichtigkeit (Brachyzephalie). [5]
eury|som: breitwüchsig, spez. Vergröberung eines Kindergesichts in der Präpubertät oder Pubertät, hervorgerufen durch hypophysär bedingte Wachstumsinkongruenzen (nach *Korkhaus*), auf gleicher Basis wie etwa die Pubertätsakromegalie. Tritt häufiger bei Knaben auf. [5]
Eustachi-Röhre (Bartolomeo E., päpstl. Leibarzt, Rom, *1524, † 1574): → Tuba auditiva. [19]
Eu|tektikum n: sind zwei Metalle im flüssigen Zustand ineinander löslich, im festen aber unlöslich, so scheiden sich beim Abkühlen bei einer bestimmten Zusammensetzung der Legierung die einzelnen Metalle bei einer gleichbleibenden Temperatur nebeneinander ab. Dieses Gemisch wird als E. bezeichnet; die Schmelztemperatur desselben, die immer unterhalb der Schmelztemperatur der Bestandteile liegt, heißt eutektische Temperatur. Ist ein Metall in höherer Konzentration vorhanden, so scheidet sich dieses solange in reiner Form ab, bis die restliche Schmelze die sog. „eutektische Zusammensetzung"erreicht. Vgl. Legierung. [4]
Eu|tekto|id n: Eutektikum, das im festen Zustand beim Abkühlen durch Entmischung entsteht. [4]
eu|thyreot: mit normaler Schilddrüsenfunktion (z.B. e.e Struma), im Ggs. zu hyper- oder hypothyreot. [32]
eu|troph (gr.): gut und richtig ernährt. [10]
Evaluation (lat.) f: in der med. Informatik (→ Informatik, medizinische) eingesetzte Verfahren zur → Bewertung der entwickelten med. Informationssysteme. Je nach dem Stand der Entwicklung unterscheidet man zwischen → Verifizierung, → Validierung, technischer und med. Bewertung. Vgl. TA. [26]
evaporieren (lat.): Konzentrieren einer Lösung (oder einer Suspension) durch Verdampfen von Lösungsmittel. [10]
Evasion (lat.) f: pharmakokinet. Begriff, der alle Vorgänge, die zur Ausscheidung eines → Pharmakons und/oder seiner → Metabolite aus dem Organismus führen, umfaßt (Harn, Faeces, Galle, Speichel, Schweiß, Milch oder ausgeatmete Luft). [7]
Evipan®: Barbituratsäurederivat, → Hexobarbital. [2]
Ewing-Sarkom (James E., Pathol., New York, *1866, † 1943) n: rundzellenreiches Knochenmarksarkom, vor allem in Becken und Röhrenknochen, aber auch in Kieferknochen, mit Metastasenbildung in Wirbelsäule, Schädelbasis, Lunge. Verläuft anfangs unter den Symptomen einer lokalen akuten Entzündung. Differentialdiagnose: Osteomyelitis. Bes. bei männlichen Jugendlichen und Kindern. Ungünstige Prognose. [2]
Exairese f: → Exhärese. [2]
Ex|anthem (gr.) n: Exanthema; meist schubweise ablaufende, über den Körper ausgebreitete monomorphe Hautausschläge allergischer, toxischer oder infektiöser Herkunft (→ Effloreszenz). Akutes E.: Hautausschlag bei akuten Infektionskrankheiten (z.B. Masern, Scharlach, Typhus usw.). Vgl. Arzneiexantheme, Erythem, Enanthem, Roseola syphilitica. [12]
Ex|artikulation f: operatives Absetzen eines Gliedabschnittes im Gelenk. Auch Auslösen des Unterkiefers. [2]
Ex|azerbation (lat.) f: Verschlimmerung, Steigerung, Wiederaufbrechen einer Krankheit (z.B. bei Tuberkulose). [32]
Excimer (engl.) n: Abk. von **exc**ited **dim**er, angeregtes Dimer; zweiatomiges Molekül, gebildet aus einem Edelgas- und einem Halogenatom, das nur im angeregten Zustand existiert (z.B. ArF*, KrF*, XeCl*, XeF*). [31]
Excimer|laser m: → Gaslaser mit → Excimern als → laseraktivem Material mit Wellenlängen, je nach Gasfüllung, von 193 nm (ArF*), 248 nm (KrF*), 308 nm (XeCl*) oder 351 nm (XeF*). In der Zhk. werden E. mit Wellenlängen von 193 nm und 308 nm derzeit hinsichtlich ihrer Eignung zur Präparation von Zahnhartgeweben und -substanzen erprobt. [31]
Ex|enteratio bulbi f: Herausnahme des Augapfels. [2]
Ex|enteration f: Entfernung von Eingeweiden. [2]
Ex|enteratio orbitae f: Herausnahme des Inhalts der Augenhöhle, nicht nur des Bulbus. [2]
Ex|foliatio areata linguae f: Lingua geographica (Landkartenzunge), Anulus migrans linguae, Glossitis exfoliativa marginata; veränderliche, ringförmige, hellrote Bezirke der Zunge durch Abstoßung der Hornausläufer der → Papillae filiformes mit gelblichen Randpartien (Abb.). Langwieriger, zeitweilig spontan abheilender Schälungsprozeß, oft in Verbindung mit

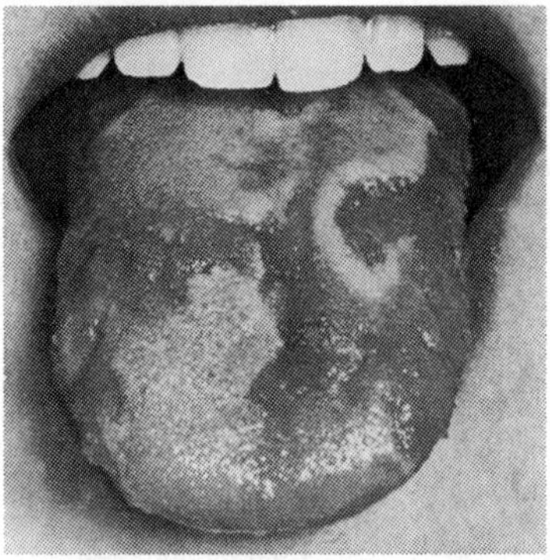

→ Lingua plicata (Faltenzunge). Unbeeinflußbar, hält lebenslang an, ist aber absolut harmlos. Ätiologie unbekannt. [11, 12]

Ex|foliation f: Abblättern, das Sichabstoßen der Epidermis in Schuppen, Membranen oder Krusten. [11]

Ex|foliations|zytologie f: vergleichende → Zytologie abgeschilferter Zellen. [11]

Ex|härese f: Exhairese; Entfernung, Herausnahme z.B. eines Nervenastes. → Neurex(h)airese. [2]

Ex|humierung f: Wiederausgrabung einer Leiche. [32]

Exitus (lat.) m: Ausgang, Ende, E. letalis = tödlicher Ausgang einer Krankheit oder eines Unfalls. [32]

ex juvantibus: wörtlich: aus den helfenden Heilmitteln, Diagnose einer Krankheit aus der Wirksamkeit spezifischer Mittel, z.B. einer tertiären Lues aus der Heilwirkung von Jodkali. [2]

Ex|kavation f: Entfernen kariösen Dentins mit langsam rotierenden → Fräsern, → Bohrern oder Handinstrumenten (Abb.). Trockenpräparation mit einwandfreien → Stahl- oder → Hartmetallfräsern (max. → Drehzahl 1500 min^{-1}). [21]

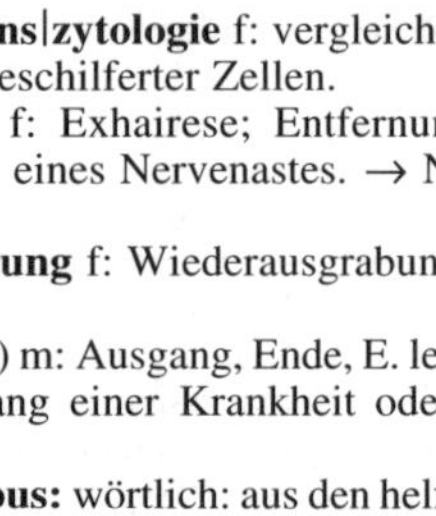

Exkavation mit Fräser (Bohrer) ISO-Form 001

Ex|kavator m: schneidendes Handinstrument zur Entfernung kariösen Zahnbeins. Unterschieden werden löffelförmiger, beilförmiger und über die Fläche gebogener, schaufelförmiger E. (Abb.).[1]

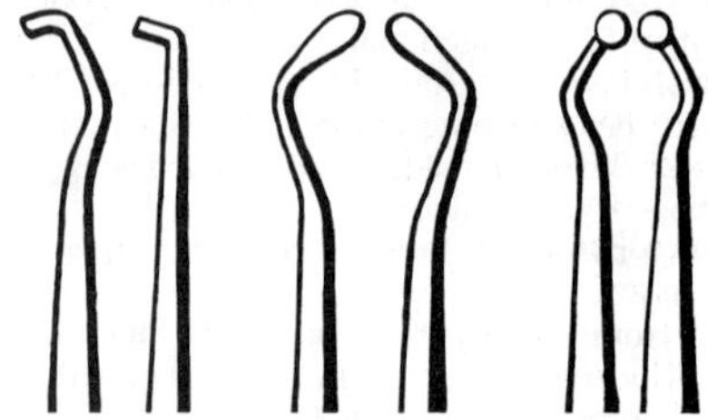

Exkavatoren

Ex|kochleation f: Auskratzung mit dem scharfen Löffel. [2]

Ex|koriation (lat.) f: (→ Korium), oberflächliche Hautabschürfung. [12]

Ex|krement (lat.) n: Faeces; Darmausscheidung, Kot, Stuhl. [10]

Ex|kret (lat.) n: Ausscheidung, die für den Körper wertlos ist (Harn, Schweiß). Gegensatz: → Sekret. [10]

Ex|odontismus m: übertriebener Radikalismus in der Zahnentfernung, insbes. als sog. Sanierungsmaßnahme bei vermuteter Herderkrankung. In den USA ausgelöst zur Bekämpfung der sog. „oral sepsis". Gerade dort aber in seiner Sinnlosigkeit erkannt, wurde er zum Förderer zahnerhaltender Methoden, insbes. der Pulpa- und Wurzelbehandlung. Vgl. Fokalinfektion. [1]

exo|gen: außen (durch äußeren Einfluß) entstehend, von außen stammend. Ggs.: endogen. [34]

Exo|glossie f: Heraushängen der Zunge aus der Mundspalte. Vgl. Makroglossie. [3]

exo|krine Drüsen: → Drüsen, deren Sekret durch einen Gang nach außen ausgeschieden wird; Ggs.: → endokrine Drüsen. [34]

Ex|oph|thalmus m: Protrusio bulbi; Hervortreten des Augapfels, nerval bei Überfunktion der Schilddrüse (→ *Basedow*-Krankheit) infolge Krampf der Augenmuskeln (Sympathikusreizung) oder mechanisch durch Tumor im Gehirn und hinter dem Auge, durch Entzündungsprozesse hinter dem Augapfel oder bei Schädelmißbildungen. [20]

exo|phytisch: nach außen wachsend (z.B. → Exostosen). Ggs.: → endophytisch. [32]

Ex|ostose f: ein sich nach außen entwickelndes Knochengewächs (→ Osteom). Am Schädel, vor allem an Stirn- und Scheitelbein, in der Kieferhöhle, am Gaumen und an den Alveolarfortsätzen des Unterkiefers. Multiple E.n treten als Erbleiden auf, gelegentlich in Verbindung mit → Enchondromatose. 2

Exo|struktur f: der frei in die Mundhöhle ragende Teil eines → dentalen Implantates; vgl. Endostruktur; Implantatteile. 18

exo|therme Reaktion f: chem. Reaktion, die unter Wärmeentwicklung verläuft. Ggs.: → endotherme Reaktion. 23

Exo|toxin n: → Ektotoxine. 8

Ex|pansion f: Ausdehnung, Erweiterung. In der Kieferorthopädie transversale Abweichung (Breitendifferenz), bezogen auf die → Raphe-Median-Ebene (zu weit von dieser entfernt). Je nach Hälftengleichheit oder -ungleichheit wird unterschieden zwischen bilateral-symmetrisch, bilateral-asymmetrisch und unilateral, je nach den betreffenden Kieferabschnitten zwischen anterior (vorn), posterior (hinten) und total. Gegensatz: Kompression. Vgl. Distraktion. 5

Ex|pansions|bogen: orthod. Universalapparat nach *Angle* (→ *Angle*-Apparatur) mit Schraubband und Röhrchen (Abb. 1). Die Kraftübertragung vom federnden Bogen auf die Zähne geschieht vermittels Drahtligaturen, also durch Zugwirkung. Möglichkeiten bei entsprechender Formung des Bogens bei Federspannung nach außen: Transversalbewegung der Seitenzähne (jedoch nie rein transversal, sondern verbunden

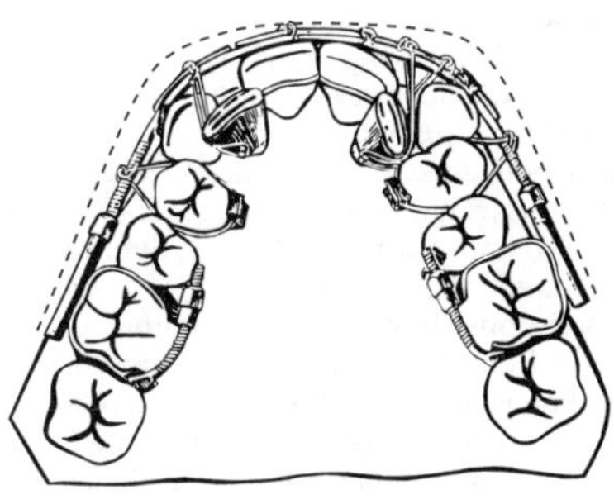

Abb. 1

mit Mesialbewegung und Drehung der Ankermolaren um die Längsachse und → Retrusion der Front). Bei nach innen verlaufender Federkraft ist die Wirkung umgekehrt: distolinguale Bewegung der Molaren und Streckung des Zahnbogens. Eine modifizierte Form nach *Baker* ohne Gewindeeinschnitt, aber mit angelöteten Gleithäkchen zur Aufnahme von Gummizügen versehen, ist zur Zahnbogenverkürzung und, bei

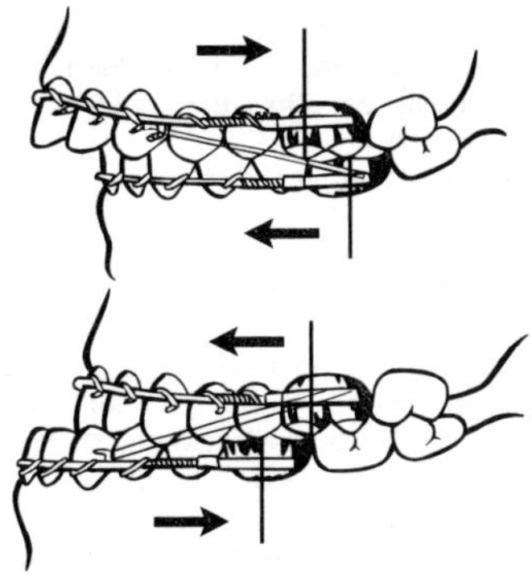

Abb. 2: Modifizierter Expansionsbogen nach *Baker* zur Vor- (oben) bzw. Rückverlagerung des Unterkiefers (unten)

intermaxillärer → Verankerung, zur Vor- oder Rückverlagerung des Unterkiefers zu benutzen (Abb. 2). Vgl. Bandbogen. 5

Ex|pansions|platte: → aktive Platte zur transversalen Erweiterung bzw. Nachentwicklung des Oberkiefers mittels einer → Dehnschraube oder → *Coffin*-Feder. Früher wurden E.n auch im Unterkiefer verwendet, dies wird heute abgelehnt, da transversale Erweiterungen des Unterkiefers grundsätzlich rezidivieren (→ Rezidiv). Vgl. *Coffin*-Platte. 5

ex|pansiv (lat.): ausdehnend, ausbreitend, verdrängend; z.B. expansives Wachstum, das verdrängende Wachstum gutartiger Geschwülste. 32

Ex|pektorieren: Auswerfen, speziell von Schleim aus den Bronchien. 20

Ex|perten|systeme n pl: pragmatisch: EDV-gestützte Informationssysteme, die Aufgaben eines Experten teilweise oder ganz übernehmen können; informatisch: wissensbasierte Systeme, die Methoden der → Künstlichen Intelligenz einsetzen. In der Medizin unterstützen E. die Diagnostik, Therapie, Planung und Ausbildung und verwenden dazu Expertenwissen. Beispiele: → CADIAG 2, → CASNET, → DIACONS, → DIADOQ, → HEPAXPERT, → HYPERCON, → ILIAD, → INTERNIST, → MED1, → MYCIN, → PRO M.D., → QMR. E. besitzen folgende Komponenten: → Dialogkomponente, Problemlösungskomponente, → Erklärungskomponente, → Wissenerwerbskomponente, → Wissensbasis und → Inferenzkomponente. 26

Ex|plantation f: Entfernung eines → Implantates wegen bindegewebiger Einscheidung oder chronischer Entzündung im → Implantatlager. Im letzteren Fall kann das Implantat erst entfernt werden, wenn die im apikalen Bereich noch bestehende → Implantat-Knochen-Verbund durch Umfräsen zerstört wurde. Hier haben sich → Trepanfräser bewährt. [18]

Ex|ploration f: → Gespräch, zahnärztliches. [33]

Ex|position (lat.) f: Grad der Gefährdung für einen Organismus, der sich aus der Häufigkeit und Intensität äußerer Bedingungen, denen der Organismus ausgesetzt ist, für die Entstehung einer Krankheit ergibt (z.B. Asbestexposition - Pleuramesotheliom). Vgl. Diposition. [32]

Ex|sikkantia (lat.) n: austrocknende, Flüssigkeit absorbierende Mittel, z.B. Watte, Kohlenpulver, Alkohol. [23]

Ex|sikkose f: Exsikkation; systemische Austrocknung bei negativer Flüssigkeitsbilanz (→ Dehydratation) infolge Störungen des Wasser-Elektrolyt-Haushalts. Tritt als Salzmangelsyndrom nach starkem Erbrechen, anhaltender → Diarrhöe, exzessivem Schwitzen und bei salzarmer Diät auf. Wird im höheren Alter überwiegend durch unzureichende Tagestrinkmengen ausgelöst und verhindert eine ausreichende → Salivation. Vgl. Xerostomie. [20, 27]

Ex|spiration (lat.) f, Exspirium n: Ausatmung. [10]

Ex|stirpation f: i.a. radikale Entfernung erkrankter Organteile oder eines ganzen Organs. I.e.S. Pulpa-E. als Mittel der → Devitalisation. Die Pulpa-E. wird mit → Exstirpationsnadeln unter Lokalanästhesie durchgeführt. [1]

Ex|stirpations|nadel: Pulpaextraktor, Nervennadel; dünne, mit Widerhaken versehene Nadel zur Entfernung der Pulpa (Abb.). Vgl. Exstirpation. [1]

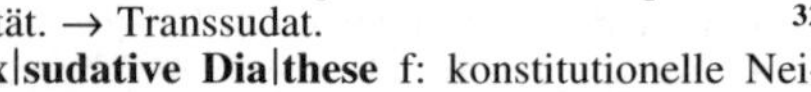

Ex|sudation f: entzündliche Ausschwitzung einer eiweißhaltigen, zellarmen Flüssigkeit (Exsudat) aus den Blutgefäßen in das benachbarte Interstitium oder auf innere oder äußere Körperoberfläche infolge erhöhter Gefäßpermeabilität. → Transsudat. [32]

ex|sudative Dia|these f: konstitutionelle Neigung, bes. im Kindesalter, auf unbedeutende Reize mit einer Anzahl von Haut- und Schleimhauterkrankungen im Sinne eines (Oberflächen-) Katarrhs zu reagieren, Neigung zu Exsudationen, wobei das klinische Bild der → Skrofulose entsteht. [11]

Ex|tension (lat.) f: Ausdehnung, Zug. [4]

Ex|tension for pre|vention (engl.): *von G. V. Black* entwickelte wichtige Richtschnur für die Kavitätenpräparation. Die Ränder der Kavität sollten in habituell sauberen Zonen liegen, um spätere → Sekundärkaries zu vermeiden. Zunehmendes Mundhygienebewußtsein erlaubt heute, diese Regel mehr und mehr zu verlassen und damit bei der Präparation Zahnsubstanz zu schonen. Vgl. Kavität, Kavitätenpräparation, Füllungstherapie. [1]

Ex|tensions|ab|druck: → Funktionsabdruck. [4]

Ex|tensions|brücke: → Freiendbrücke. [4]

Extensions|implantat n: im Gegensatz zu zahnwurzelförmigen Implantaten extendiertes Implantat, z.B. → *Linkow*-Blattimplantat; vgl. Implantatformen. [18]

Ex|tensions|prothese f: Plattenprothese mit erweiterter Basis (*Fish*, London 1932); vgl. Abformmethode, mukostatische. [4]

Ex|tensions|verband: Verband, der einen dauernden Zug an einem Körperteil ausübt. → Drahtextension. [2]

Ex|tensor (lat.) m: Strecker, Streckmuskel. [9]

ex|terior (lat.): außen gelegen. [9]

Ex|terna (lat.) f: Kurzbez. für Tunica externa, die äußere Arterienwand, → Adventitia (Abb. → Arterienwand). [9]

ex|ternes Granulom n: Parodontitis luxurians idiopathica. [29]

Extra|dural|an|ästhesie f: → Epiduralanästhesie. [2]

extra|genital: außerhalb der Geschlechtsteile, (z.B. die orale Übertragung der Syphilis durch Kuß u.a.). [8]

ex|trahieren: → Extraktion. [2]

Ex|traktion f: das Herausziehen, z.B. eines Zahnes, eines Fremdkörpers, Zangenextraktion des Kindes beim Geburtsakt. Verb.: extrahieren. [2]

Ex|traktions|instrumente n pl: → Zahnzangen, → Bajonettzange, → Geißfuß, → Hebel, → Keilzange, → Kralle, → Kuhhornzange, → Separierzange. Historische E.: → Pelikan, Schlüssel, *Serre*-Schraube, Überwurf. [2]

Ex|traktions|therapie f: Entfernung von Zähnen zur Behebung örtlicher Stellungsanomalien im Zahnbogen. Asymmetrische E.: E. ohne Rücksicht auf gleichmäßige Platzverteilung. Symmetrische E.: Entfernung jeweils der gleichen Zähne beider Zahnbogenhälften beider Kiefer zum Zwecke der Platzschaffung und mit dem Ziel symmetrischer Verteilung des gewonnenen Raumes. Gesteuerte und systematische E.: → Steuerung des Zahndurchbruchs, → Reihenextraktion, → *Tweed*-Methode, → *Bolton*-Analyse. [5]

Ex|traktions|zangen: → Zahnzangen. [2]

extra|pyramidales System n: → striäres System. [33]

Extra|systole f: Abk. ES; wichtigste, außerhalb des Sinusknotens einfallende Erregungsausbreitung im → Myokard mit supraventrikulärem (Vorhof-ES) oder ventrikulärem (Kammer-ES) Ursprung. E.n können einzeln, gehäuft oder als sog. Salven auftreten. Vgl. Bigeminie, Herzrhythmusstörungen. 16, 20

extra|uterin: außerhalb des Uterus. 9

Extra|vasat n: die aus einem Gefäß in das umliegende Gewebe ausgetretene Flüssigkeit (z.B. Blut, Plasma oder Lymphflüssigkeit). 32

Extra|version f: psychometrisch gesicherter Persönlichkeitstypus mit Tendenz zu spontaner Kontakt- und Reizsuche. Vgl. Introversion. 33

extra|zellulär: außerhalb der Zelle. 9

extra|zelluläre Poly|saccharide n pl: schleimartige Substanzen mikrobiellen Ursprungs, umhüllen Mikroorganismen, befähigen sie zur Koloniebildung und bieten Schutz bei ungünstigem biologischem Milieu. Die Matrix der → Plaque besteht bis zu 20% aus e.n P.n, die mit Hilfe extrazellulärer → Glukosyltransferasen unter

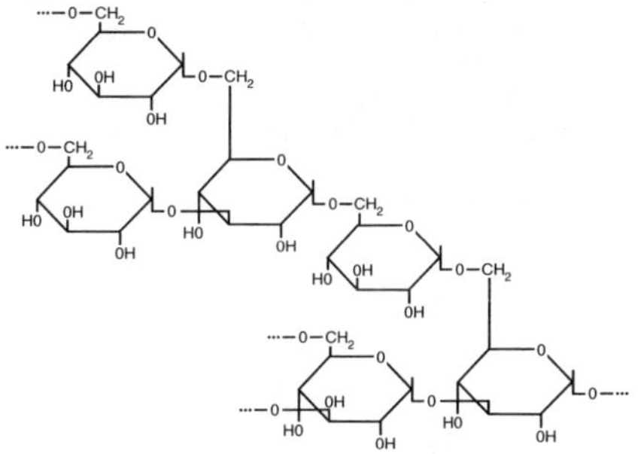

Ausschnitt aus einer plaquebildenden α-1, 6-, α-1, 3- Dextran [63]

Spaltung von Saccharose gebildet werden. Die entstehenden wasserunlösl. Dextrane sind 1,6-gebundene Glukosemoleküle mit 1,3- oder 1,2-verknüpften Seitenketten (Abb.). Sie machen etwa 10% der e.n P. aus. Der Rest ist wasserlöslich. Zur Synthese der e.n P. sind viele Plaquebakterien fähig, insbes. Streptococcus mutans. Vgl. Karies. 1

Extra|zellular|raum: → Interzellularraum. 9

Extrinsic factor (engl.) m: das mit der Nahrung zugeführte Vitamin B_{12}, Koppelung mit → Intrinsic factor zu einer bakteriell nicht zerstörbaren Komplexbildung. Pathogenetische Bedeutung bei der perniziösen → Anämie. 20

Ex|trusion f: Elongation, Egression; Verlängerung von Zähnen, ein Vorgang, der entwicklungsmäßig mit Abschluß des Wurzelwachstums beendet ist und erst im Alter wieder einsetzt. Vorher auftretende Verlängerungen sind durch besondere Faktoren bedingt, wie etwa durch das Fehlen eines Antagonisten oder durch Parodontopathien, oder künstlich hervorgerufen, wie z.B. (erwünscht oder unerwünscht) bei kieferorth. Einwirkung. 5

Ex|tubation f: Entfernung des → Trachealtubus, z.B. nach der Narkose. Verb.: extubieren. 2

Ex|ulzeration f: Exulceratio; → Ulzeration; Geschwürsbildung, geschwüriger Zerfall. 32

Ex|zementose f: → Hyperzementose. 1

ex|zentrische Pro|jektion f: in der zahnärztl. Röntgentechnik verwendete Einstellung des → Zentralstrahles der Röntgenröhre, die von der Senkrechten auf die Tangente des Zahnbogens abweicht, und zwar mesioexzentrisch von mesial schräg nach distal oder distoexzentrisch von distal schräg nach mesial (Abb.). Die e. P. wird

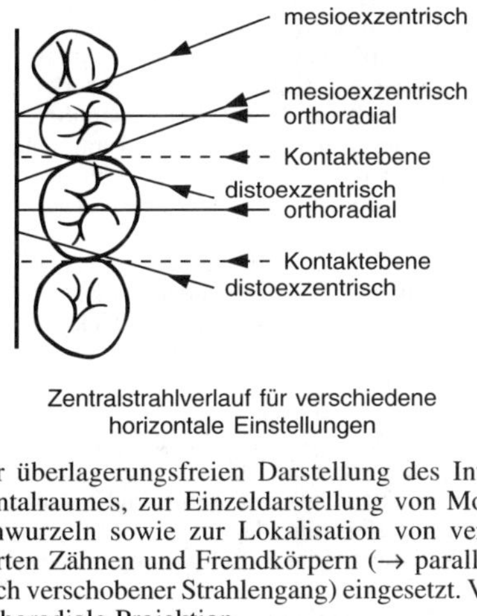

Zentralstrahlverlauf für verschiedene horizontale Einstellungen

zur überlagerungsfreien Darstellung des Interdentalraumes, zur Einzeldarstellung von Molarenwurzeln sowie zur Lokalisation von verlagerten Zähnen und Fremdkörpern (→ parallaktisch verschobener Strahlengang) eingesetzt. Vgl. orthoradiale Projektion. 14

Ex|zentrizität f: Abweichen des Instrumentenkopfs (→ Arbeitsteil) von der Instrumentenachse oder ungenauer (exzentrischer) Lauf des Instruments wegen ungenügender Einspannbedingungen (Länge, Art des Lagers usw.). Verbogene Instrumente schlagen und erzeugen mit ihrem exzentrischen Lauf eine erhöhte → Vibration. 21

Ex|zision f: Ausschneidung, z.B. einer Narbe. Verb: exzidieren. 2

Ex|zitations|stadium n: Erregungsstadium, Stadium II der Narkose. → Narkose. 2

F

F: chem. Zeichen für → Fluor. 23

Face|bow (engl.) m: **1.** Proth.: → Gesichtsbogen. **2.** Kieferorth.: → Headgear. 4, 5

Face lifting (engl.) n: Straffung der Gesichtshaut zur Beseitigung von Falten durch Mobilisierung der Subkutis und Exzision von Hautstreifen an den Randpartien des Gesichts. 2

Facette (frz.) f: Verkleidungskörper aus Porzellan oder Kunststoff, der dem Ersatzzahn ein zahnähnliches, natürliches Aussehen gibt. 4

Facetten|krone: → Verblendkrone. 4

Fächer|dehn|schraube: → Dehnschraube zur transversalen Nachentwicklung des Oberkiefers. 5

Fachwelt, zahnmedizinische: Gesamtheit aller Berufe und Partnerbereiche im Zusammenhang mit der zahnärztlichen Versorgung der Bevölkerung (Dentallabor, → Zahnarztpraxis, ZMK-Klinik, Fachhandel, Dentalindustrie, Verlage mit fachspezifischem Programm, Organisationen und Institutionen wie Kassenzahnärztliche Vereinigungen, Krankenkassen, Zahnärztekammern, Zahntechnikerinnungen). 21

facialis: → fazial. 9

Facies (lat.) f: Gesicht; auch Oberfläche, Fläche, Seite. Anat. Bez. für Zahnflächen. 9, 20

Facies contactus (IANC) f: Facies approximalis; Kontaktfläche, mit dem Nachbarzahn in Berührung stehende Fläche. 9, 20

Facies distalis f: der Mittellinie abgewandte Fläche der Zähne. 9, 20

Facies hippocratica f: Facies abdominalis; charakteristischer Gesichtsausdruck bei Bauchfellentzündung. 9, 20

Facies leontina f: Löwengesicht infolge knotiger Verdickung der Haut bei → Lepra. 20, 30

Facies lingualis (IANC) f: Facies oralis; der Zunge zugewandte Fläche des Unterkiefers bzw. der Unterkieferzähne. 9

Facies mesialis (IANC) f: der Mittellinie zugewandte Fläche der Zähne. 9, 20

Facies occlusalis (IANC) f: Facies masticatoria; Kaufläche. 9

Facies palatina (IANC) f: Facies oralis; Gaumenfläche. 9

Facies tetanica f: Risus sardonicus beim → Tetanus. 9, 20

Facies vestibularis (IANC) f: Facies facialis; Außenfläche der Zähne. 9, 20

Fädeln: Reinigen der Interdentalräume mit Hilfe von → Zahnseide. Der Faden wird unter Spannung sägend, aber gut abgestützt, eingeführt. Durch quer zur Fadenrichtung auf- und abgeführte Bewegungen wird der Zahnhals gereinigt. Zum Halten des Fadens gibt es zwei Methoden: das Wickeln des Seidenstückes an den Enden um die beiden Mittelfinger oder das Bilden einer Schlaufe durch Zusammenbinden der Enden. Schon im Kleinkinderalter eine routinemäßige Prophylaxemaßnahme (elterliche Unterstützung erforderlich); → Interdentalhygiene. 15, 29

Faden|bakterien f pl: kein taxonomischer Begriff. Fadenform haben → Aktinomyzeten, → Leptotrichia und → Simonsiella, aber auch medizinisch unwichtige Arten. 8

Faeces (lat.) f pl: → Fäzes. 8

Faex (lat.) f: → Hefe. 23

Fahrenheit (Gabriel Daniel F., dt. Physiker, *1686, † 1736): führte 1724 eine Temperaturskala ein, die von der Temperatur eines Salmiak-Eis-Gemisches (0 °F = -17,8 °C) bis zum Siedepunkt des Wassers reicht und in 212 Grade eingeteilt ist. 10

Fahrlässigkeit: Verschuldenmaßstab im Haftungsrecht; laut § 276 BGB handelt fahrlässig, „wer die im Verkehr erforderliche Sorgfalt außer acht läßt". Diese ist nach einem objektiven Maßstab zu bestimmen, und zwar nach demjenigen, „was der normale und gesunde Verkehr erfordert, ohne daß auf eingerissene Nachlässigkeiten und Unsitten Rücksicht zu nehmen ist". Das Verschulden des Erfüllungsgehilfen (Assistent, Vertreter) ist im gleichen Umfang zu vertreten wie eigenes Verschulden (§ 278 BGB). 24

Faint (engl.) n: vagovasale Synkope, ausgelöst durch Abnahme der zirkulierenden Blutmenge. Führt zum orthostatischen Kollaps mit Schwindel, Ohnmachtsneigung, Tachykardie mit kleiner Blutdruckamplitude. Die zwangsläufig eintretende Horizontallage ist als Schutzreflex zu verstehen. 20

Fainting (engl.): Bezeichnung für eine → Bewußtlosigkeit, z.B. infolge eines → Kollaps oder einer → Synkope. 16

Fäkalien (lat.) f pl: Kot. 8

Faktoren|analyse f: statistische Forschungsmethode zur Klassifizierung von → Variablen in voneinander unabhängigen Gruppen. Das Ergebnis sind Indexzahlen, die angeben, wie gut die Variable in die Gruppe paßt. 26

Fakultät (lat.) f: Wissenschaftsgruppe an der Universität, z.B. die medizinische. Jetzt meist durch den Begriff Fachbereich ersetzt. 24

fakultative An|aerobier m pl: Mikroorganismen, die sich i. allg. an der Luft vermehren, aber auch unter Sauerstoffabschluß wachsen können. 8

falci|formis: sichelförmig; → Falx. 9

Fall|hand: Herabhängen der Hand im Handgelenk beim Anheben des Armes durch Lähmung des N. radialis. 34

Fall-Kontroll-Studie f: bestimmte Form der → retrospektiven Studie. Geht von Personen mit einer bestimmten Krankheit aus und von solchen, die diese Krankheit nicht haben. Es werden Kranke untersucht und befragt und mit Kontrollprobanden verglichen. Problematisch bei F.n ist, daß die Kranken meistens keine repräsentative Stichprobe darstellen und bei der Auswahl der Kontrollen Selektionsphänomene nur schwer zu vermeiden sind. 15

Fallopio-Kanal (Gabriele F., Anat., Padua, *1523, † 1562) m: → Canalis facialis. 9

Fall|pauschale: Berechnungsmöglichkeit der → Gesamtvergütung nach einem Pauschalbetrag für den Behandlungsfall. Andere Berechnungsarten: → Festbetrag, → Einzelleistungsvergütung, → Kopfpauschale oder Kombinationen dieser. 25

Fall|sucht: → Epilepsie. 33

Fällung: chem: Ausscheidung eines Lösungsbestandteils durch Zugabe von Ionen, die mit diesem eine unlösliche Verbindung bilden (z.B. Fällung von Bariumionen mittels Sulfationen), oder durch Veränderung der Polarität des Lösungsmittels; bei Metallen Ausscheidung eines Lösungsbestandteils durch Einbringen eines unedleren Metalls in die Lösung, z.B. Fällung von Kupferionen einer Kupfersulfatlösung an einem eingetauchten Eisennagel. Ursache: elektrolytische → Spannungsreihe. 23

Fall|wert: Fallkostendurchschnitt; der durchschnittliche DM-Betrag eines → Behandlungsfalles je → Vertragszahnarzt oder aber auch je Kassenzahnärztliche Vereinigung. 25

falsch|negativ: negatives Testergebnis trotz Vorhandensein der Erkrankung, die mit dem durchgeführten Test detektiert werden sollte. 32

falsch|positiv: positives Testergebnis, obwohl die fragliche Erkrankung nicht vorliegt. 32

Falsch|stand von Zähnen: regelwidriges Durchbrechen von Zähnen außerhalb der Zahnreihe bei hochgradigem Platzmangel, wobei zwischen oralem (palatinalem, lingualem) und vestibulärem (bukkalem, labialem) Falschstand unterschieden wird. Vgl. Eckzahntiefstand. 5

Falsett|stimme (ital.): Kopfstimme, die im Gegensatz zur → Fistelstimme ohne sprunghafte Klangänderung vom Piano zum Vollton entwikkelt werden kann. 19

Falsum|präparat n: → Placebo. 7

Falt|apparatur f: von *Simon* entwickelter biologisch-mechanischer orthod. Apparat aus 0,6-mm-Stahldraht-Vollbändern, die ohne Schweißung nur durch Falzen mit Spezialzangen hergestellt werden. *Simon* verwendet Labialbogen und Lingualbogen sowie einen labialen und lingualen → Federbalkenapparat. Die Federn werden durch Winkelbildung nach dem Verfahren von *de Nevrezè* befestigt (Abb. a). Die bandlose F. nach *Simon* ist eine aus 0,7 mm starkem federhartem

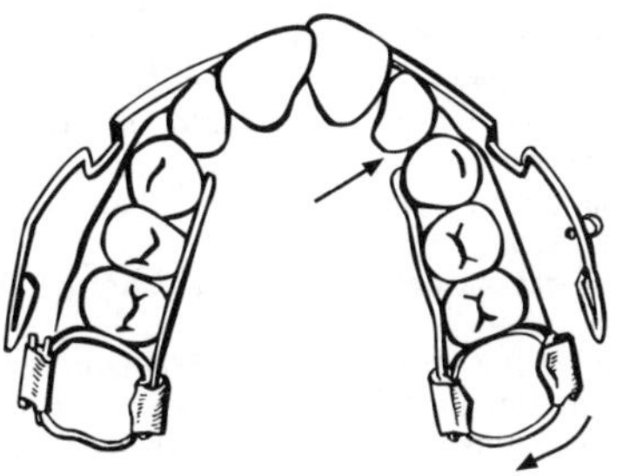

Abb. a: Befestigung der Federn

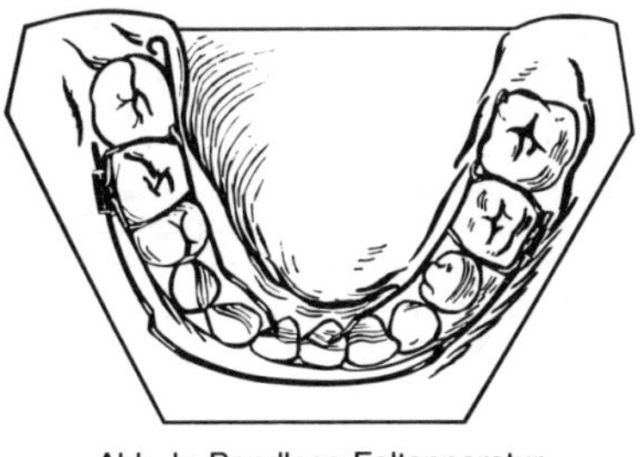

Abb. b: Bandlose Faltapparatur

Draht bestehende, an den 2. Milchmolaren oder 2. Prämolaren (abnehmbar) befestigte Einstückapparatur (Abb. b). Sie wird in zweckentsprechender Abänderung als Ohne-Band-Lingualbogen (Obali), Ohne-Band-Balkenlingualbogen, Ohne-Band-Labialfederbalkenapparat (Obalafba) für Ober- und Unterkiefer sowie als Falteinbißschiene, die mittels der Widderhornklammer

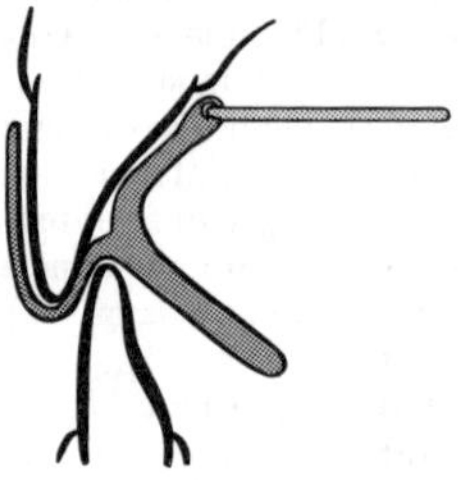

Abb. c: Falteinbißschiene

gleichfalls an den 2. Prämolaren befestigt wird, eingesetzt. Die Falteinbißschiene enthält als wirksamsten Teil das in der Mitte fest angefaltete Einbißblech als nach hinten und unten innen gerichtete schiefe Ebene, die je nach Fortschreiten der Gelenkumstellung, z.B. bei mandibulärer → Retraktion, verstellbar ist und als Widerlager ein labialwärts über die Kronen verlängertes Faltblech aufweist (Abb. c). 5

Falten|zunge: → Lingua plicata. 11

Falx (lat.) f: Sichel; anat. sichelförmige Bindegewebsplatte, z.B. F. cerebri, der sichelförmige Fortsatz der → Dura mater encephali zwischen den Großhirnhemisphären. 9

familiärer Ikterus m: → *Meulengracht*-Syndrom. 20

Famulus (lat.) m: Student der Medizin, der sich unter Anleitung und ohne Entscheidungsbefugnis an einer Krankenanstalt praktisch betätigt. Unterliegt der → Schweigepflicht. 24

Fang|apparat: kräftig ausgebildete Eckzähne bei Karnivoren (z.B. Hunde, Katzen). Der F. dient zum Ergreifen und Festhalten der Beute. 30

Faradisation (Michael F., engl. Phys., *1791, † 1867) f: Anwendung eines niederfrequenten Wechselstroms zu Heilzwecken. Bei → Sensibilitätsprüfung der Pulpa durch F. muß zunächst die individuell verschiedene Reizschwelle an einem gesunden Zahn festgestellt werden. Vermehrte Reizempfindlichkeit läßt auf Entzündungszustände, aufgehobene (außer bei akuter Periodontitis) auf Pulpentod schließen. Da der Speichel als Leiter wirkt, sind die zu untersuchenden Zähne trocken zu legen. 10

Färbe|index m: → Färbekoeffizient. 10

Färbe|ko|effizient m: absoluter Hämoglobingehalt des einzelnen Erythrozyten.
Berechnung: 16 g-% Hb = 16 g in 100 ml Blut =

$$\frac{16}{100.000}\,\text{g in 1 mm}^3$$

$$HB_E = \frac{\text{Hb (in g-\%) x 10}}{\text{Erythrozytenzahl (in Mill.)}} \text{ x } 10^{-12}\text{ g}$$

Normalwert: 32 x 10^{-12} g.
Hypochromie: unter 28; Hyperchromie: über 34. 10

Farb|indikatoren m pl: → Indikatoren. 23

Farb|ring: Farbschlüssel, künstliche Zähne, die für die Wahl der Zahnfarbe an einem Ring oder fächerartig an einem Metallgerüst angebracht sind. 4

Farb|stoff|bakterien f pl: → Chromobakterien. 8

Farb|stoffe: Organische F. dienen verschiedenen Zwecken: 1. als Zusätze in Prothesenkunststoffen oder künstlichen Zähnen, die ein zahnfleisch- oder zahnähnliches Aussehen bewirken sollen, 2. zur Kenntlichmachung von zu injizierenden Lösungen, z.B. Oberflächenanästhetika, 3. zur Erkennung bzw. Demonstration von → Plaques (z.B. Fuchsin, Erythrosin), 4. zur histologischen Untersuchung. 1.-3. sollten den Bedingungen des Lebensmittelgesetzes entsprechen. 4

Farb|stoff|laser m: Lasertyp mit gelösten organischen Farbstoffen (z.B. Coumarin) als → laseraktivem Material. Durch die Breitbandigkeit der Laserübergänge in diesen Farbstoffen ist bei F.n die Wellenlänge über einen Bereich von ca. 50-100 nm kontinuierlich einstellbar. Eine Vielfalt unterschiedlicher Farbstoffe überdeckt einen Spektralbereich der Laserstrahlung von ca. 400 nm bis ca. 900 nm. 31

Fascia (lat.) f: → Faszie, dünne, bindegewebige Haut, die einzelne oder mehrere benachbarte Organe (bes. Muskeln) umgibt. 9

Fascia bucco|pharyngea f: zieht vom M. buccinator zur Außenfläche der Schlundmuskulatur. 9

Fascia cervicalis f: früher F. colli; das straffe Bindegewebe des Halses, das in 3 Blättern den Muskelmantel und den Eingeweideschlauch des Halses umhüllt und verschiedene Bindegewebsräume abgrenzt. 9

Fascia inter|pterygo|idea f: umhüllt den M. pterygoideus med., deckt die posteromediale Seite des M. pterygoideus lat., setzt an der Fissura sphenopetrosa an und verdickt sich nach lateral als Lig. sphenomandibulare. 9

Fascia linguae f: → Aponeurosis linguae. 9

Fascia masseterica f: die den M. masseter umhüllende Faszie. 9

Fascia par|otidea f: umhüllt die Glandula parotis und hängt fest mit den Faszien der angrenzenden Muskeln, z.B. dem M. masseter, zusammen. 9

Fascia temporalis f: an der Außenfläche des M. temporalis zum Jochbogen ziehend. 9

Fas|ciculus (lat.) m: Faserstrang, Muskelfaser- oder Nervenbündel; z.B. F. opticus: Sehnervenbündel, jetzt Nervus opticus. 9

Faser|apparat: hauptsächlich aus Kollagenfasern bestehende Faserstrukturen zur Befestigung von Zähnen. Man unterscheidet den dentoalveolären F. zwischen Zahn und Alveolenwand, den intraalveolären F. zwischen Zahnwurzel und Alveolenwand, den dentogingivalen F. zwischen Zahn und Gingiva sowie den supraalveolären F., der außerhalb der Alveolen im Zahnfleisch liegt. Vgl. Ligamentum dentoalveolare. 30

faser|haltige Zemente m pl: → Gitterwerkstoffe. 1

Faser|knochen: → Belegknochen. 9

Faser|knorpel: Fibrocartilago; Bindegewebsknorpel mit lichtmikroskop. wahrnehmbaren kollagenen Fibrillen (im Gegensatz zum hyalinen Knorpel). Findet sich u.a. im → Diskus des Kiefergelenks und in den Bandscheiben. 9

Fasern, elastische: Bindegewebsfasern, die die Fähigkeit haben, sich bei der Einwirkung einer Kraft zu dehnen und Energie zu speichern. Mit der gespeicherten Energie können sie sich wieder verkürzen und dabei eine Arbeit leisten. 9

Fasern, kollagene: zugbeständige Fasern aus → Kollagen, die einen Teil der → Interzellularsubstanz des Bindegewebes, des Knorpels, des Knochens und des Dentins bilden und der Grund für die Zugbeständigkeit dieser Gewebe sind. 9

Fasern, motorische: efferente Fasern; Nervenfasern, die die Erregung von den Nervenzentren zur Muskulatur bzw. zu den Drüsen leiten. Die m.n F. können → striomotorisch oder → lissomotorisch sein. 9

Faser|zement n: fibrilläres Zement; zellfreies Zement, das *Sharpey*-Fasern und kollagene Fibrillen enthält und an der Wurzeldentinoberfläche vorkommt. Vgl. Zementarten. 30

Faß|zange: Chir.: → Kornzange; Anästh.: → *Magill*-Zange; Technik: → Tiegelzange. 2

Fastigium (lat.) n: **1.** Höhepunkt (einer Krankheit). **2.** Anat.: Dach des 4. Hirnventrikels. 30

Faszie (lat.) f: Fascia; dünne, bindegewebige Haut, die einzelne oder mehrere benachbarte Organe (bes. Muskeln) umgibt; vgl. Aponeurose. 9

Faszikulieren: Muskelwogen; regellos auftretende Kontraktionen einzelner Muskelfasern oder -bündel. I.d.R. durch die Haut sichtbar, im EMG (→ Elektromyographie) nachweisbar. 33

Fauces (lat.) f pl: die dreieckigen Flächen der seitlichen Rachenwände, in denen die Gaumenmandeln liegen. Sie bilden, mit dem Gaumensegel als Dach, den Isthmus faucium (Rachenenge). 9

Fauchard-Krankheit (Pierre F., Za., Paris, *1678, † 1761): alte Bez. für → Parodontopathien. 6

Faul|ecke: Perlèche, Angulus infectiosus; Einrisse am Mundwinkel mit Ulzeration und Krustenbildung, vor allem bei Kindern und Erwachsenen mit Speichelfluß an den Mundwinkeln. Sehr hartnäckig, weil die Risse beim Mundöffnen immer weiter einreißen und dann nicht heilen können (Abb.). Als Ursachen kommen in Frage: → Achylie, Cheilitis bei Vitamin-B_2-Mangel,

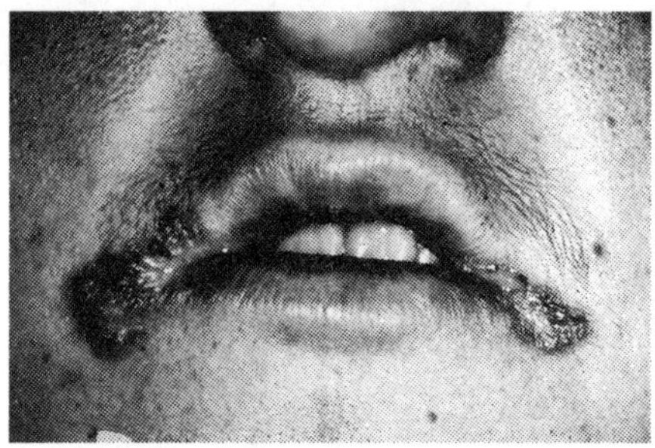

Rhagaden und Rötungen mit vesikulösen/pustulösen Veränderungen.

Eisenmangelanämie, Soormykose bei latentem Diabetes, bakterielle Infektion, mechanisch als Folge von Tiefbiß, schlechtsitzendem Zahnersatz, häufigem Herausnehmen umfangreicher Plattenprothesen, Zahnlosigkeit bzw. der dadurch bedingten Faltenbildung. Therapie: Bißhebung, Vitamin-B_2- und Eisengaben, Sanierung der Mundhöhle. Bei Infektion mit → Candida albicans Moronal®-Salbe. Vgl. Ariboflavinose, *Plummer-Vinson*- und *Sjögren*-Syndrom. 12

Fäulnis|bakterien f pl: spalten mit Hilfe proteolytischer Enzyme (Proteasen, Peptidasen) Eiweiß und Peptide. Durch Abbau von Aminosäuren entstehen H_2S, Indol, Skatol und Ammoniak, dieses auch durch Urease aus Harnstoff. Indolbildung aus Tryptophan dient zur Unterscheidung von Bakteriengruppen (z.B. Escherichia coli indolpositiv, Salmonellen indolnegativ). Typische Fäulnisbakterien: Pseudomonas species; gramnegative Stäbchen: Proteus species; grampositive Stäbchen: Bacillus species, Clostridium species. → Bakteriensystematik. [8]

Fauna f: (nach der röm. Göttin der Fruchtbarkeit) Tierwelt eines bestimmten geographischen Gebietes. [8]

Fausse route (frz.) f: falsa; in der Zhk. Perforation der Wurzelwand infolge falschgerichteten Aufbohrens des Wurzelkanals. [1]

Faust|schlag, präkordialer: Maßnahme zur Umwandlung von mechanischer Energie in eine organisierte elektrische Erregung des Myokards im Rahmen der → Herz-Lungen-Wiederbelebung. Auf die Mitte des Sternums wird ein kräftiger F. aus ca. 30 cm Höhe ausgeführt - Voraussetzung für die Anwendung ist das beobachtete Auftreten eines → Herz-Kreislauf-Stillstandes oder von → Kammerflimmern im → Elektrokardiogramm. [16]

Favus (lat.) m: Grindpilzflechte, Erbgrind. Seltene, von Mensch zu Mensch, auch von Tieren (Mäuse) übertragene Fadenpilzinfektion, die zu festhaftenden borkigen Krankheitsherden führt; vorwiegend erkrankt die kindliche Kopfhaut. Ausheilung mit Narben (→ Alopezie). Therapie: → Griseofulvin. [12]

Fäzes (lat.) f pl: Faeces; Kot, Stuhl. [8]

fazial (lat.): das Gesicht betreffend, z.B. → Nervus facialis, → Arteria facialis. [9]

Fazial|achse: Achse aus der → FRS-Analyse nach *Ricketts*. Die F. liegt zwischen → CC-Punkt und → Gnathion. Die F. zeigt die → Wachstumsrichtung des Unterkiefers an. [5]

Fazial|bogen: → Headgear. [5]

Fazial|ebene: Ebene zwischen Infraorbitalpunkt und → Pogonion. → infraorbital. [5]

Fazial|ebenen|winkel: Winkel zwischen der → Frankfurter Horizontalen und der Nasion-Pogonion-Linie. Es gibt Hinweise zur sagittalen Einlagerung des Unterkiefers. [5]

Fazial|fläche: äußere gesichtsnahe Wand des Oberkiefers, auch Außenfläche der Zähne. [30]

Fazialis m: eingedeutschte Kurzform für → Nervus facialis, → Hirnnerven. [9]

Fazialis|knie: Abb. → Nervus facialis. [9]

Fazialis|kon|traktur f: Zusammenziehung, dauernde Spannung der vom N. facialis versorgten Gesichtsmuskeln. Tritt oft nach alten, peripheren Fazialislähmungen im Sinne einer Defektheilung auf. [33]

Fazialis|krampf: Krampf der Gesichtsmuskulatur, als Spasmus facialis bei organ. Erkrankungen. Als → Tic convulsiv meist psychogen. Häufig bei Trigeminusneuralgien. [8]

Fazialis|parese f: periphere meist einseitige Lähmung oder Schwäche des N. facialis. Hauptsymptome: offenstehende, schlußunfähige Lidspalte (→ Lagophthalmus; unbedingt Uhrglasverband, sonst Gefährdung des Auges), Herabhängen des Mundwinkels auf der gelähmten Seite, mangelhafte Fähigkeit, die Stirn zu runzeln, den Mund zu spitzen, zu pfeifen und die Wangen aufzublasen, sowie Hyperakusis. Oft kombiniert mit Geschmacksstörungen in den vorderen zwei Dritteln der Zunge. [33]

Fazialis|reflex m: → *Chvostek*-Zeichen. [10]

Fazial|winkel: → Gesichtswinkel. [5]

F.D.I.: Abk. von → **F**édération **D**entaire **I**nternationale. [24]

F.D.I.-Spezifikationen f pl: von den Kommissionen der **F**édération **D**entaire **I**nternationale erarbeitete, international anerkannte Festlegungen der Eigenschaften von zahnärztlichen Materialien und Verfahrensweisen. [4]

Fe: chem. Symbol für Ferrum (→ Eisen). [23]

febril (lat.): fieberhaft, fiebrig. [20]

Febris (lat.) f: Fieber. [20]

Febris continua f: Fieber, bei dem die Temperaturerhöhung annähernd gleich bleibt. [20]

Febris recurrens f: Rückfallfieber; Spirochäteninfektion durch verschiedene Borrelia-Arten (→ Bakteriensystematik), übertragen teils durch Läuse (europäisches Rückfallfieber), teils durch Zekken (afrikan. Rückfallfieber u.a.). [8]

Febris undulans f: Fieber mit länger, evtl. Wochen andauernden Temperaturerhöhungen, denen fieberfreie Intervalle folgen, z.B. bei → Brucellosen, → Lymphogranulomatose. [20]

Feder: 1. Kieferorth.: Drahtelement zur aktiven Zahnbewegung an festen und abnehmbaren kieferorth. Apparaturen aus federhartem 0,35-0,8 mm starkem Stahldraht, je nach Verwendungszweck offen bzw. freiendig (Fingerfeder) oder geschlossen, interdental, labial oder lingual in Form von Schlaufen, Schlingen, geraden, interdentalen Rücklauf- oder Rundfedern, die mittels Wicklung, Lötung oder Schweißung, befestigt werden. Vgl. Faltapparatur. **2.** Proth.: → Gebißfedern. [5]

Fédération Dentaire Internationale (frz.) f: Abk. F.D.I.; die internationale Vereinigung der Zahnärzte, gegründet 1900 von *Charles Godon* in Paris, mit Sitz z.Z. in London. [24]

Feder|balken|apparat m: von *Simon* entwickelte orthod. Apparatur aus federhartem Stahldraht (0,6-0,7 mm), eine Verbesserung des → Frühdehnungsapparates nach *Körbitz*. Seine Befestigung findet er durch Falt-, Schraub- oder Vollbänder mit vertikalen Röhrchen, in die die schlingenartig gebogenen, mit U-förmigen Verstellschlaufen versehenen Bögen eingeschoben werden (Abb.). Diese Schlaufen sind auch für

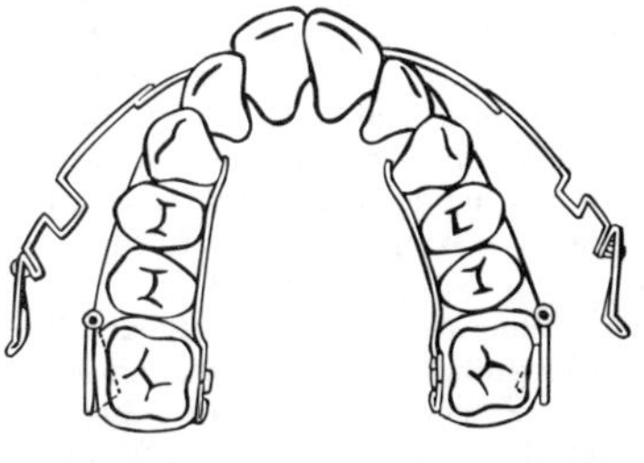

intra- und intermaxilläre → Gummizüge verwendbar. Charakteristisch für diesen Apparat ist die Auflösung des Innenbogens in palatinale Balken (Federn), wodurch bei Dehnung besondere Verbreiterung der Eckzahn-Prämolaren-Gegend zu erreichen ist. [5]

Feder|bolzen|schraube: kieferorth. Schraube, welche die Funktionen von Schraube und → Feder vereint, da sich im Innenraum des Schraubenkörpers eine Druckfeder befindet. Für Einzelzahnbewegungen (auch Rotationen) geeignet. [5]

Feder|bügel|aktivator m: von *Muzj* aus dem → Aktivator entwickeltes kieferorth. Behandlungsgerät, das in der Kauebene durchschnitten ist und dessen Teile durch Drahtschlaufen wie beim → Gebißformer distal miteinander verbunden sind (Abb.). Außer größerer Elastizität

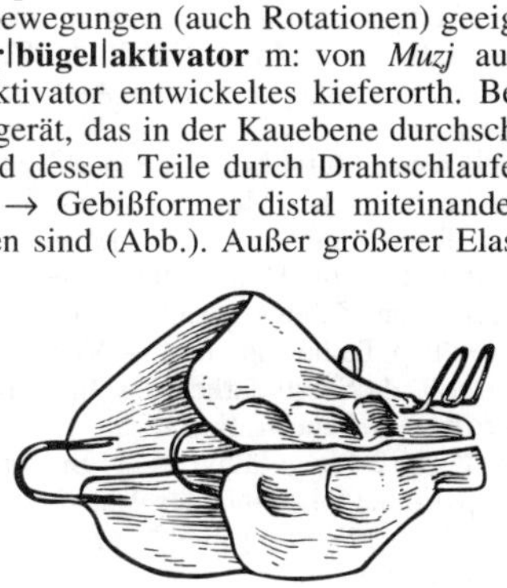

[25]

hat diese Modifikation gegenüber dem Einstückaktivator auch den Vorteil, jeden Kiefer gesondert beeinflussen zu können (z.B. Dehnung oben durch Schraube, unten keine Dehnung) und vor allem eine allmähliche und fließende Einstellung der Bißlage ohne Neuanfertigung durch Verstellung der Drahtelemente bei geringer Sprachbehinderung zu bewirken. Vgl. U-Bügel-Aktivator. [5]

Feder|gelenk: zur Behebung falscher Bißlagen von *Fränkel* 1956 aus dem → *Herbst*-Okklusionsscharnier entwickelter, aus genormten Elementen bestehender Behelf, der zwischen eine Bukkopalatinalplatte des Oberkiefers und eine Bukkalplatte des Unterkiefers geschaltet wird (Abb.). Neben der funktionellen, weil schrittweisen und elastischen Wirkungsweise sind

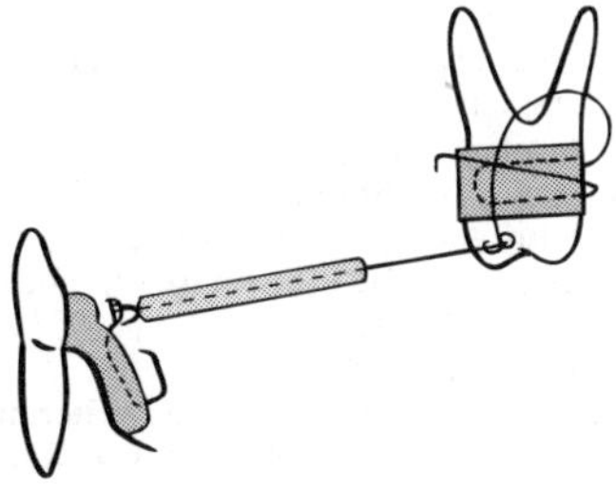

Grazilität, Dosierbarkeit des Sagittalschubs bei seitlich frei beweglichem Unterkiefer und abgekürzte Behandlungszeit seine Vorzüge. Anwendbar bei Spätfällen von → Distalbiß und bei Versagen oder Unzumutbarkeit der üblichen FKO-Geräte. [5]

Fede-Riga-Geschwür: → Keuchhustengeschwür. [8]

Feder|rand: dünn auslaufender Rand bei → Inlays. Vgl. Füllungstherapie. [1]

Feder|stifte: Befestigungsmittel für abnehmbare Brücken (*Richelmann*). Modifikation nach *Peeso* (geschlitzte Stifte, die in Kanülen genaue Führung finden), *Eugen Müller* und *Dill*. Vgl. Rillen-Schulter-Stiftgeschiebe. [4]

Feer-Krankheit (Emil F., Päd., Zürich, *1923): Akrodynie; Kleinkinderkrankung des → vegetativen Nervensystems, die sich in Wesensveränderung, Schwitzen, Tachykardie, erhöhtem Blutdruck mit Schlaf- und Appetitstörungen, Schmerzen in den Extremitäten und zyanotischen Händen und Füßen äußert. Orale Symptome: Trophoneurotisch bedingte Gingivitis und Stomatitis, die sich bis zum ulzerösen Stadium steigern kann und auch Lippen und Zunge befällt, multiple Zahnlockerung durch Auflösung des Alveolarknochens (Polyalveolyse), die zum Ausfall ganzer Zahngruppen führen kann. [20]

Fehl|stellung von Zähnen: vom Ideal abweichende Position der Zähne im Zahnbogen. Man unterscheidet 3 Arten, aus denen sich weitere ableiten lassen: 1. Drehung (Rotation) mit a) zentrischer Rotation: Drehung des Zahnes um die zentrale Längsachse, b) exzentrischer Rotation: Drehung des Zahnes um eine Längsachse parallel zur zentralen Längsachse; 2. Kippung (→ Inklination) mit a) zentrischer Inklination: Kippung des Zahnes um den physiologischen Drehpunkt (→ Kippungsachse, natürliche), b) exzentrischer Inklination: Kippung des Zahnes um eine Querachse, die ober- oder unterhalb des physiologischen Drehpunktes liegt; 3. „Falschstand als Ganzes“ (→ Falschstand von Zähnen) (paraxiale Stellung): in der Sagittalebene vor allem beim zweiten Prämolaren des Unterkiefers (→ Prämolarendistalwanderung), in der Vertikalebene z.B. → Eckzahntiefstand, Verlängerung (→ Supraposition) oder Verkürzung (→ Infraposition) von Zähnen. 5

Fehr-Kalotten|artikulation (Carl Ulrich F., Prof. der Zhk., Berlin, *1889, † 1955) f: → Kalottenartikulation. 4

Feilen: Kleininstrumente zur Erweiterung des Wurzelkanals, z.B. → Rattenschwanzfeile. 1

Feilung: Lieferform des Amalgampulvers, → Amalgam. 1

Fein|bearbeitung: Zerspanung, bei der Kavitätenwände und -ränder sowie Zahnstümpfe mit unterschiedlichen Werkzeugen (z.B. → Finierer) unter Einhaltung einer sehr geringen Schnitttiefe bearbeitet werden. F. verringert die → Rauhtiefe bei Versorgung mit Füllungen und Kronen (→ finieren). 21

Fein|gold|folie: 24karätige Goldfolie, Blattgold, → Gold. 1

Fein|metall: das reine Edelmetall, das in einer Legierung enthalten ist, z.B. Feingold, Feinsilber. 4

Feiung: Immunisierung; stille F. ist die natürliche Immunisierung ohne wahrnehmbare Krankheitserscheinungen. 8

Feldfieber: → Erntefieber. 8

Feld|spat: zu 60% am Aufbau der Erdrinde beteiligtes Mineral. Sämtliche Feldspatarten sind Alumosilikate des Na, K oder Ca, z.B. Orthoklas (Kalifeldspat), K Al Si_3O_8. 4

Felsen|bein|pyramide f: Teil des Schläfenbeins (Pars petrosa), der das Hör- und Gleichgewichtsorgan enthält. Röntgenolog. Darstellung durch die Aufnahmen nach *Schüller* (seitl., → Kiefergelenk) und *Stenvers* (sagittal). 9

Felty-Krankheit (Augustus Roi F., Int., Hartford/Conn., *1895): → *Still*-Krankheit der Erwachsenen. Sonderform der chronischen → Polyarthritis. Führt zu schweren Gelenkveränderungen. 8

Felypressin: (2-Phenylalanin-8-lysin) Vasopressin-Analogon mit schwacher antidiuret. und starker vasokonstriktor. Wirkung. Der vasokonstriktor. Effekt ist Folge der Erhöhung der intrazellulären Kalzium-Konzentration durch rezeptorvermittelte Aktivierung der Phospholipase C und Spaltung von Phosphatidylinositol-4,5-diphosphat zu Inositol-1,4,5-Triphosphat, das aus intrazellulären nicht-mitochondrialen Speichern Kalzium-Ionen freisetzt. Der Wirkungseintritt des F.s ist langsamer als die des → Epinephrins. F. ist im Handel in fixer Kombination mit → Prilocain in einer Verdünnung 1:1.850.000 = 0,03 IE/ml. In dieser Konzentration wirkt F. ausschließl. auf die postkapillaren Gefäße, hat keinen Hämostase-regulierenden Einfluß und ist ohne system. Nebenwirkungen. 7

Fenestration (lat.) f: Fensterbildung, z.B. in der Wand übergroßer → Zysten zur Entlastung vom Druck der Zystenflüssigkeit. Bei längerem Offenhalten durch → Obturator verkleinern sich diese allmählich, so daß sie in einem 2. Eingriff komplikationslos operiert werden können. F. auch zwischen Kiefer- und Nasenhöhle bei der Kieferhöhlenoperation. F. in der Parodontol.: Fehlstellen in der knöchernen Bedeckung der Zahnwurzel unterhalb des Limbus alveolaris. Oft Ursache für Rezessionen. Vgl. Dehiszenz. 6

Fenoterol: → Bronchospasmolytikum, → Beta-Sympathomimetikum mit dosisabhängiger β_2-Adrenozeptoren-Selektivität (→ Adrenozeptoren). Wirkungsmechanismus, Nebenwirkungen usw.: → Salbutamol. Indikation in der Zhk. als Aerosol zur Therapie eines akuten Asthma-bronchiale-Anfalls. 7

Fenster|krone: Metallkrone, bei der der labiale Teil aus kosmetischen Gründen so ausgeschnitten ist, daß am Zahnfleischrand nur ein etwa 5 mm breiter Ring bleibt und die Schneidekante des natürlichen Zahnes gleichmäßig umsäumt wird; durch → Teilkronen und → Verblendkronen überholt, da Sekundärkaries sehr häufig. 4

Fensterung: → Fenestration. 2

Fentanyl®: 1-(2-Phenyläthyl)-4-(N-proprionyl)-anilinopiperidin. Opiatähnliches Analgetikum mit atemdepressiver Wirkung. → Neuroleptanalgesie, → Thalamonal®. 2

Fermentation (lat.) f: durch → Enzyme (Fermente) verursachte Zersetzung, bes. Gärung. 8

Fermente (lat.) n pl: ältere Bezeichnung für → Enzyme. 23

Fermo|serum n: antitoxisches Serum vom Tier, dessen antigen wirkende Albumine zur Verhütung von Serumkrankheit und Serumschock enzymatisch abgebaut werden. 8

Fern|lappen|plastik f: z.B. → Rundstielplastik. 2

Fern|röntgen|bild, frontales: frontookzipitale Aufnahme, pa-Aufnahme (z.B. nach *Ricketts*); Röntgenaufnahme, die v.a. Auskunft über

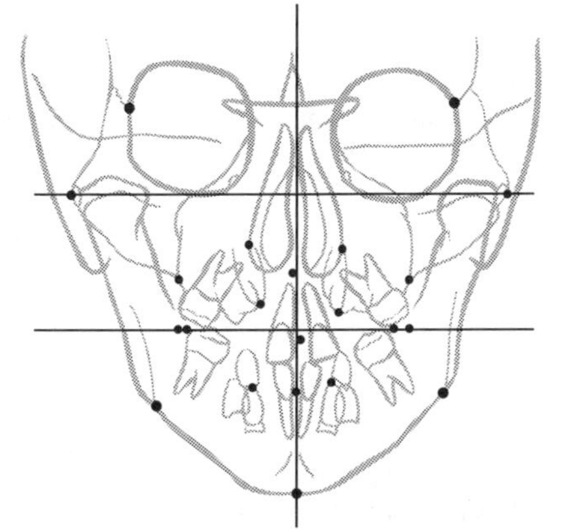

Gesichtsasymmetrien, mandibuläre Verschiebungen und die Möglichkeit der dentalen oder skelettalen Zahnbogenerweiterung gibt (Abb.). [5]

Fern|röntgen|seiten|bild: Abk. FRS; laterale Röntgenaufnahme des gesamten Schädels und der Halswirbelsäule (Abb.). 1931 in Deutschland von *Hofrath* und in den USA von *Broadbent* in die kieferorth. Diagnostik eingeführt.

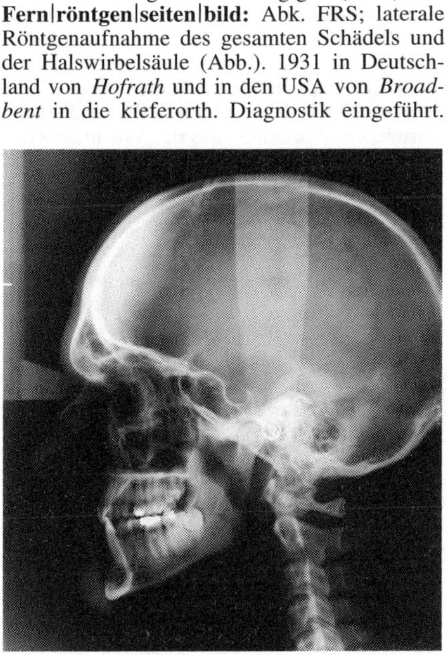

Das F. ist ein Summationsbild, die dreidimensionale Struktur eines Körpers wird auf eine Fläche reduziert. Somit werden am F. keine realen Strukturen befundet, sondern ein Kunstprodukt. Durch den Vergleich der Schädelanatomie mit den Röntgenkonturen wird Einblick in das Schädelskelett gewonnen. Vgl. FRS-Analyse, Wachstumsanalyse, Meßpunkte, Schädelwachstumsanalyse. [5]

Fern|röntgen|seiten|bild|ana|lyse f: → FRS-Analyse. [5]

Fern|röntgen|stereo|metrie f: → Stereometrie. [5]

Ferrit (lat.) m: Mischkristall, der aus fast reinem Eisen besteht und max. 0,04% Kohlenstoff lösen kann. Bei Erwärmung wird der F. in → Austenit umgewandelt. In der allgemeinen Technik werden F.e als Stahl bezeichnet. [4, 23]

Ferritin n: im Blut bestimmbare Eiseneiweißverbindung, die den Gesamteisenbestand des Organismus anzeigt. Normalwert 34-310 ng/ml. Erniedrigte Werte sprechen für Eisenmangel, erhöhte Werte bei erniedrigtem Serumeisen für exsudative Krankheitsbilder wie Tumoren, Rheumatismus und Endzündungen, während Erhöhungen von Serumeisen und Ferritin bei der Hämochromatose und der sideroachrestischen Anämie angetroffen werden. [20]

Ferri|verbindungen: Verbindungen des dreiwertigen Eisens. [23]

Ferro|verbindungen: Verbindungen des zweiwertigen Eisens. [23]

Fertilität (lat.) f: Fruchtbarkeit. [20]

Fest|betrag: Plafond, Budget, Deckelung, gedeckelte → Gesamtvergütung; Möglichkeit der Festlegung der → Gesamtvergütung nach § 85 SGB V, die von den Krankenkassen mit befreiender Wirkung an die → Kassenzahnärztlichen Vereinigungen (KZVen) gezahlt werden. Diese verteilen entsprechend dem Honorarverteilungsmaßstab an ihre Mitglieder. Wurde für die Jahre 1993, 1994 und 1995 vom Gesetzgeber festgeschrieben. [25]

Fest|körper|laser m: Lasertyp mit einem Einkristall (z.B. Yttrium-Aluminiumoxid-Granat, YAG) oder einem Glas als Träger für das eigentliche → laseraktive Material (z.B. Nd^{3+} - oder Er^{3+} -Ionen). [31]

fetal (lat.): zum → Fetus gehörig. [9]

Fetal|kreis|lauf: → Blutkreislauf, fetaler. [22]

Fetal|periode f: auf die Embryonalperiode folgender Abschnitt der Keimesentwicklung, die sich beim Menschen vom 61. Tag bis zur Geburt erstreckt. Vgl. Entwicklungsgeschichte. [30]

Fette: → Lipide. [23]

Fett|embolie f: durch Eindringen feiner Fetttropfen in die Blutbahn (am häufigsten bei Knochenbruch) bewirkte arterielle Gefäßverschlüsse, bes. bei Lokalisation im Hirn lebensbedrohlich. → Embolie. [20]

Fett|leibigkeit: Adipositas; Übergewicht durch Fettansatz. Ursachen: 1. organische Krankheiten (selten!): Hypothalamustumoren, Insulinome, Enzephalitis, → *Cushing*-Syndrom, → Eunuchismus, → Dystrophia adiposogenitalis mit regionärer Fettansammlung; 2. nichtorganische Ursachen: falsche Ernährung, gewohnheitsmäßige Überernährung, berufliche Einflüsse, materielle Lebenseinstellung, Süßigkeitenabusus bei Raucherentwöhnung als Ersatzbefriedigung. Gefahren: → Risikopatient, → Risikofaktoren. Idealgewicht: Körpergröße in cm minus 100 abzüglich 10% bei Männern, 15% bei Frauen entspricht in kg dem Gewicht mit der größten mittleren Lebenserwartung (Versicherungsmedizin). Als Sollgewicht wird für Personen unter 40 Jahren das Idealgewicht, für Ältere das Normalgewicht (Körpergr. minus 100 ohne Abzug für Männer und minus 10% bei Frauen) empfohlen. Therapie: energiedefinierte Reduktionskost, viel Bewegung, keine Apetitzügler! Vgl. Lipomatose. 20

Fett|säuren: Kohlenwasserstoffe, die an einem Ende eine Karboxylgruppe tragen; Freisetzung aus ihrer Esterverbindung mit Glyzerin durch Hydrolyse (Verseifung); wichtigste F. des Organismus, die den Charakter des Körperfetts definieren: Stearinsäure, Palmitinsäure, Ölsäure. Essentielle F.: keine Synthese im Körper, Aufnahme mit der Nahrung, da dringend im Organismus erforderlich (Linolsäure, Arachidonsäure). → Ungesättigte F. in Planzenölen mit hohem Linolsäuregehalt haben Bedeutung für die Verlangsamung der Arteriosklerose-Entwicklung. 23

Fetus (lat.) m: Fötus; Schwangerschaftsprodukt vom Abschluß der Embryonalperiode bis zur Geburt. Während der Fetalperiode kommt es zu Wachstum, Differenzierung und Reifung der in der → Embryogenese angelegten Organe, die Körperform ist fertig ausgebildet, jedoch kommt es noch zu Änderungen der Proportionen. 22

feuchte Kammer: → Hygrophor. 4

Feuer|mal: → Hämangiom. 12

FG-Instrument n: FG: Abk. für engl. frictiongrip (Reibungshalt); durch Reibungssitz (Einklemmen) ohne besondere technische Vorrichtungen (Verriegelung usw.) in ihren Lagern gehaltene Bohr-, Fräs- und Schleifwerkzeuge. F.e werden in → Turbinen und hochtourigen Winkelstück-Übertragungselementen (über 40.000 min^{-1}) benutzt. Schaftdurchmesser der Standard-F.e: 1,60 mm (± 0,01 mm Toleranz nach ISO-Norm 1797). 21

FGP-Technik f: FGP: Abk. für engl. functionally general path; Methode zur funktionellen Gestaltung von Kronenkauflächen. Im Mund des Patienten wird Wachs im Okklusalbereich durch die → Antagonisten während der Unterkieferbewegung geformt. Die grob vorgeformte Kaufläche wird im → Artikulator gegen die Antagonistenzahnreihe unter Führung der Nachbarzähne bewegt. Dabei soll sich eine „funktionell gestaltete" Oberfläche herausbilden. 4

Fibrae (lat.) f pl: Fasern des Binde-, Muskel- oder Nervengewebes. F. cementoalveolares verbinden den Zahn mit der Alveolenwand; topographisch unterscheidet man verschiedene Abschnitte (→ Ligamentum dentoalveolare). F. alveologingivales strahlen vom Periost des Alveolarfortsatzes in die Schleimhaut aus. F. circulares umschlingen den Zahnhals (Ligamentum circulare dentis). F. dentogingivales ziehen vom Zahnhals in die Schleimhaut. F. interdentales decussatae verbinden vestibuläre und linguale Zahnpapille. 9, 30

fibrillär (lat.): fibrillenartig. 9

fibrilläres Zement n: → Faserzement. 30

Fibrillen (lat.) f pl: feine Fasern, bes. Muskel- und Nervenfasern. 9

Fibrillieren (lat.): fibrilläres Zittern; rasch aufeinander folgende Zuckungen (Kontraktionen) kleiner Bündel von Muskelfasern. 10

Fibrin (lat.) n: Blutfaserstoff. Endprodukt der Gerinnung, Entstehung aus der Vorstufe → Fibrinogen, das im Blut gelöst ist und durch das Enzym Thrombin partiell proteolysiert wird. Polymerisation der dabei freigesetzten Fibrinmonomere während der 2. Blutgerinnungsphase zu Fibrin; → Blutgerinnung. 10

Fibrin|kleber: Prinzip besteht in der Ausnutzung der letzten Phase der Blutgerinnung in Form eines Zweikomponentenklebers. Die erste Komponente enthält als Hauptbestandteil Fibrinogen, die zweite Komponente (der Härter) enthält Thrombin und $CaCl_2$. Nach dem Vermischen der beiden Komponenten erfolgt Gerinnung, d.h. Verfestigung des Klebers. Langzeitabbau durch Fibrinolyse bis zur vollständigen Resorption. 2

Fibrinogen n: Blutgerinnungsfaktor I; wird in der 2. Phase der → Blutgerinnung unter Einwirkung von Thrombin in die Fibrinopeptide A und B und das Fibrionomer umgewandelt. F. ist ein Glykoprotein mit einem Molekulargewicht zw. 330.000 und 340.000 und wandert in der Elektrophorese zw. b- und g-Globulinen (= b2). Wird im retikuloendothelialem System der Leber und des Knochenmarks gebildet und rasch umgesetzt (biolog. Halbwertszeit ca. 5 Tage); kommt v.a. im Plasma (2-4,5 g/l) und zu etwa 20% außerhalb des Blutes (Interstitium, Exsudaten etc.) vor. Die Serumkonzentration kann krankhaft erhöht (z.B. bei akuter oder chron. Infektion, Plasmozytom) oder vermindert (z.B. bei Verbrauchskoagulopathie, Leberparenchymschaden) sein. 32

Fibrinolyse f: in Phasen ablaufende, enzymatisch-proteolytische Auflösung von Fibringerinnseln in Fibrinspaltprodukte; 1. Phase: Aktivierung von Plasminogen (durch Gewebs- oder Plasmaaktivatoren, Streptokinase); 2. Phase: Bildung von Plasmin unter dem Einfluß des Aktivators aus dem Proenzym Plasminogen; 3. Phase: Spaltung von Fibrin bzw. Fibrinogen durch Plasmin in Fibrin- bzw. Fibrinogenspaltprodukte. Innerhalb der intakten Gefäßbahn wird ständig in kleinsten Mengen Fibrin gebildet und durch das fibrinolytische System gleichzeitig wieder aufgelöst; beide Systeme stehen normalerweise im Gleichgewicht. Vgl. Blutgerinnung. 32

fibrinös (lat.): durch Bildung von Fibrin gerinnend. 9

fibrinöse Entzündung: akute → Entzündung mit entzündlicher Gefäßschädigung und Ausschwitzung von Blutplasma mit → Fibrinogen, das außerhalb der Gefäße zu Fibrin polymerisiert. Entsteht bevorzugt im Bereich seröser Höhlen (Pleura, Perikard, Peritoneum), Synovia, in der Lunge (Lobärpneumonie) und an Schleimhäuten. Ursachen: infekt-toxische oder mechanisch-traumatische Faktoren, chem. Noxen (z.B. Quecksilber), toxische Metabolite (z.B. bei Urämie) und (subseröse) Infarkte. 32

Fibro|adenom n: → Adenom mit hohem Bindegewebsanteil; makroskopisch meist scharf begrenzter Knoten von derb-elastischer Konsistenz mit grau-weißer Schnittfläche. Häufigstes gutartiges Gewächs der weiblichen Brustdrüse. 32

Fibro|blasten m pl: Bindegewebszellen, die die Fähigkeit haben, kollagene und elastische Fasern zu bilden. 9

Fibro|cartilago f: → Faserknorpel. 9

fibro|epithelial: aus Binde- und Epithelgewebe bestehend. 9

Fibro|epitheliom n: gutartig differenzierter Tumor (→ Epitheliom) aus Binde- und Epithelgewebe; Vorkommen z.B. als → Papillom der Haut. 32

Fibro|häm|angiom n: → Hämangiofibrom. 32

Fibro|lipom n: → Lipom mit hohem Bindegewebsanteil. 32

Fibrom n: Fibroma, Fibroblastom; gutartiger, langsam und expansiv wachsender Bindegewebstumor, echte Neubildung. Häufig in der Mundhöhle, wo es breitbasig aufsitzend oder gestielt (Fibroma pendulum) auftreten kann. Das Fibroma durum (hartes Fibrom) wird von derbem fibrillärem Bindegewebe, das Fibroma molle von lockerem faserarmem gebildet. Kommt es zur Entstehung von Osteoid, so sprechen wir vom Fibroma ossificans. Andersartige Tumoren mit starker Bindegewebswucherung bezeichnet man als Fibrochondrome, -myome, -sarkome usw. Fibroma teleangiektaticum: F. mit reichlichen und stark ausgebildeten Blutgefäßen. Intrakutanes F.: → Histiozytom. Gelappte F.e: → Lappenfibromatose. Vgl. Fibromatose, Neurofibromatose. 2, 11, 32

Fibromatose f: Fibromatosis; multiples Auftreten von Fibromen, z.B. → Neurofibromatose. Vgl. Lappenfibromatose. 11

Fibromatose, symmetrische f: derbe Bindegewebswucherungen am Alveolarfortsatz des Oberkiefers, seltener auch des Unterkiefers, die symmetrisch die letzten Molaren umfassen (Abb.).

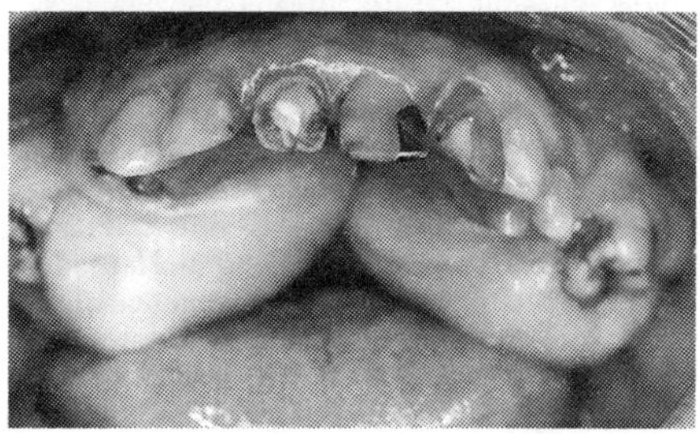

Ursache ungeklärt. Keine Entzündungsprodukte, auch keine echten Tumoren, also keine → Fibrome, sondern anlagebedingte geschwulstartige Fehlbildungen (Hamartome) des gingivalen Bindegewebes. Erblich; hormonale Genese wird diskutiert. Zweifellos identisch mit der → Fibromatosis gingivae. Therapie: Exzision mit Periost. Rezidiv abhängig vom Vorhandensein der Zähne. 2, 11

Fibromatosis gingivae f: alte Bezeichnung: Elephantiasis gingivae; geschwulstartige derbe

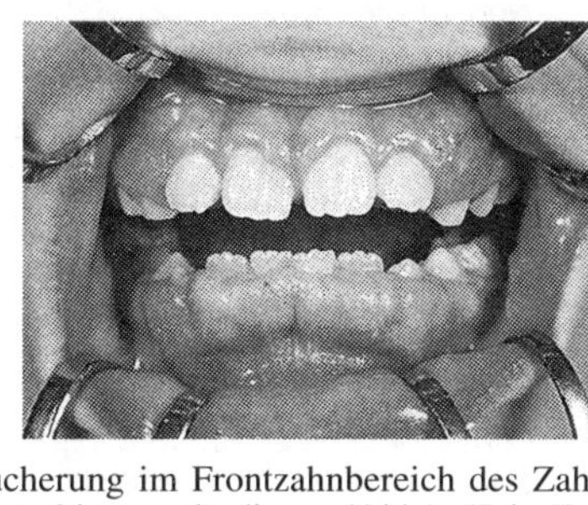

Wucherung im Frontzahnbereich des Zahnfleisches, blasser als dieses (Abb.). Kein Entzündungsprodukt, sondern anlagebedingte, z.T. dominant erbliche Fehlbildung des gingivalen Bindegewebes unbekannter Ätiologie, häufig mit endokrinen Störungen verbunden (Hypotrichose, Akromegalie u.a.). Gelegentlich kombiniert mit symmetrischer → Fibromatose, mit der sie identisch sein dürfte. Auftreten ist vom Vorhandensein der Zähne, meist erst der bleibenden, abhängig. Therapie: Exzision. Es ist jedoch fast mit Sicherheit ein Rezidiv zu erwarten. Eine der F. g. ähnliche Wucherung kann durch chron. Einnahmen von → Hydantoinen und Cyclosporin entstehen. Hier besteht die Therapie, wenn Absetzen oder Übergang zu Ersatzpräparaten nicht möglich, gleichfalls in Exzision, laufender Zahnsteinentfernung und gründlicher, täglicher Zahnfleischmassage. [2,11]

fibrös (lat.): aus faserigem Bindegewebe bestehend. [2]

Fibro|sarkom n: → Sarkom des Bindegewebes. [2]

Fibrose f: häufig auch als Sklerose bezeichnete diffuse Bindegewebsvermehrung mit Proliferation von Fibroblasten und vermehrter Kollagenbildung. Vorkommen u.a. bei chronisch produktiven (granulierenden) → Entzündungen, als Ersatz von zugrunde gegangenem Organparenchym (→ Narbe; → Defektheilung), bei chronischer Blutstauung (Stauungsinduration), bei chronischen Stoffwechselstörungen verschiedener Ätiologie (z.B. Intimafibrose bei Aleriosklerose). [32]

fibröse Knochen|dys|plasie f: → Osteofibrosis deformans juvenilis. [2]

Fibro|zyten m pl: inaktive → Fibroblasten. Vorkommen insbesondere im straffen → Bindegewebe. [9]

Fieber: Febris; allg. neuroregulatorische und peripher durch Pyrogene ausgelöste antiinfektiöse Maßnahme als Teilerscheinung einer vegetativ-nervösen Gesamtumschaltung (Definition nach *Hoff*). Erhöhung der Körpertemperatur über den Normalwert (36-37 °C bei Messung in der Achselhöhle, unter der Zunge durchschnittlich 0,3 °C und rektal 0,5°C höher). Temperaturen zwischen 37,1 und 38,0 °C sind subfebril. Hohes F. beginnt bei etwa 39,5 °C, über 41,5 °C spricht man von hyperpyretischem F. Vorkommen von F.: Infektionen, Resorption zugrundegegangener Gewebe (Infarkt, Blutergüsse, Verbrennungen), bösartige Tumoren und Bluterkrankungen, endokrine Störungen (Hyperthyreose), Hirnprozesse (zentrales F. bei Apoplexie, Commotio cerebri, Enzephalitis, Hirntumoren). Arzneifieber (engl. drug fever): bei Medikamentenallergien (cave Fehldiagnose!), durch verunreinigte Injektionsflüssigkeiten und Infusionslösungen als Pyrogenreaktion. Metallstaubinhalation bedingt das Gießerei- und Zinkfieber. Pathogenese: Reizung des Wärmezentrums durch Pyrogene (Pyrexin, *Menkin*-Stoffe, Polysacharidkomplexe). Stoffwechselwirkungen des F.s: Steigerung des Eiweißumsatzes, Verminderung der Kochsalzausscheidung. F.-Typen: remittierendes, intermittierendes, septisches (große Tagesschwankungen); → Febris continua (Typhus, Lobärpneumonie), → Febris undulans (Lymphogranulomatose, Bruzellosen), Febris recurrens (Rückfallfieber); zweiphasiges F. (Masern, Pokken). [20]

Fiessinger-Rendu-Syndrom (Noel F., Anatom, Paris, *1881, † 1946; Henri J. R., Intern., Paris, *1844, † 1902) n: → Erythema exsudativum multiforme. [11]

Fila (lat.) n pl, sing Filum: Fasern. [9]

Filamente (lat.) n pl: fadenförmige Strukturen. Histologisch unterscheidet man nach ihrer Dikke → Mikrofilamente (5-7 nm Durchmesser) und → intermediäre F. (8-10 nm Durchmesser). [9]

Filamente, inter|mediäre n pl: Strukturen des Zytoskelettes, deren Durchmesser kleiner ist als der der Mikrotubuli und größer als der der Mikrofilamente. Daher die Bezeichnung intermediär. Die i.n F. bilden keine einheitliche Struktur. Zu ihnen rechnet man u.a. die Gliafilamente, die Neurofilamente und die Tonofilamente. [9]

Fila ol|factoria (lat.) n pl: → Nn. olfactorii. [9]

Filarien (lat.) f pl: Nematodes; sehr dünne, lange Rundwürmer bei Menschen und Tieren (bes. in dern Tropen). Sitz der reifen F.: Bindegewebe, Unterhautzellgewebe, Lymphsystem. Von hier aus gelangen die Larven (Mikrofilarien) ins Blut. Mit dem Blut kommen sie in den Magen blutsaugender Moskitos, beim Stechen werden sie auf einen neuen Wirt übertragen. [8]

Filial|generation f: Tochtergeneration; Generation von Nachkommen, die aus einer Kreuzung hervorgehen. Die erste F. (Kinder) wird als F_1, die darauffolgende (Enkel) als F_2 bezeichnet. [3]

Film|dosimeter n: Filmplakette; in der Radiol. für den → Kontrollbereich verwendetes → Dosimeter zur Personendosismessung aus der von ionisierender Strahlung verursachten Filmschwärzung. Zentrale Auswertung in monatlichen Abständen. Meßbereich von 0,2 mSv bis 0,5 Sv. [14]

Film|empfindlichkeit: für Röntgenfilme nach DIN 6867 das Produkt aus 1 mGy und dem Reziprokwert der Luftkerma (→ Kerma) für optische Nettodichte 1, früher: reziproke → Ionendosis in → Röntgen (R) für Filmschwärzung 1 (D-speed: 12 < 1/J ≤ 24; E-speed: 24 < 1/J ≤ 48). Strahlenqualität und Entwicklungsbedingungen sind zu berücksichtigen. [14]

Film|halter: in der zahnärztl. Rö. verwendete Vorrichtung zur Fixierung des intraoralen Filmes, meist in Verbindung mit einer Einstellhilfe für den → Zentralstrahl (Abb.). Notwendig für → Rechtwinkeltechnik und → Paralleltechnik. [14]

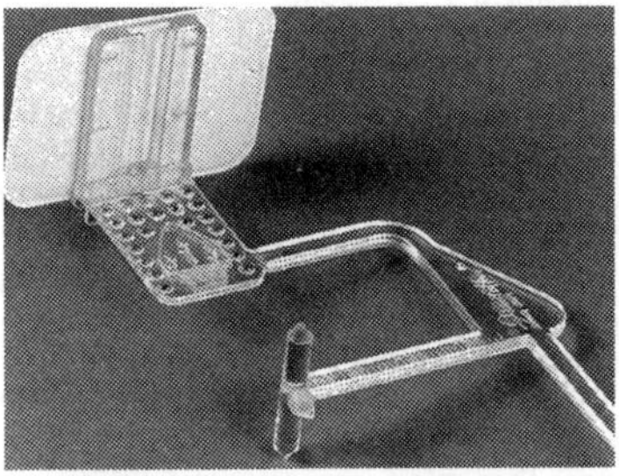

Filmhalter z.B. aus dem Uni-Bite®-System

Filter m/n: **1.** Bakt.: → Bakterienfilter. **2.** Rö.: Metallbleche, meist aus Aluminium, die im Strahlengang weiche Strahlung stärker schwächen als härtere. Damit wird Strahlung herausgefiltert, die Patienten belastet, nicht aber den Film schwärzt. Gesamtfilterung eines Röntgengeräts nach DIN 6811: bis 70 kV Härtungsgleichwert von 1,5 mmAl, über 70 kV 2,5 mmAl. Durch Ausgleichs-F. können Strukturen mit sehr großen Unterschieden in Dichte und/oder Dicke auf einem Röntgenbild dargestellt werden (Weichteilprofil im Fernröntgenseitenbild). Zusatzfilterung ist für Kiefergelenkaufnahmen nach *Parma* erforderlich. [14]

Filz|laus: Phthirus pubis; besitzt kurzen gedrungenen Körper, findet sich vorwiegend in Schamhaaren, seltener an Körper- und Barthaaren (auch Augenbrauen), fast nie im Kopfhaar; übertragen meist beim Geschlechtsverkehr. Kein Krankheitsüberträger, überlebt fern vom Menschen nur 24 Std. Therapie: Jacutin®-Gel. [8]

Fimbria (lat.) f: Franse. [2]

Fimbria incisiva f: → *Robin-Magitot*-Falte. [2]

fimbriatus (lat.): mit Fransen versehen; z.B. Plica fimbriata, Unterzungenfalte. [9]

Fimbrien (lat.) f pl: in der Bakteriologie stachelartige Fortsätze bei Bakterien, die kürzer und zarter, aber zahlreicher als Geißeln sind. Mit Hilfe der F. können sich die Bakterien an Zellen anheften und so z.B. eine Hämagglutination herbeiführen. F. können neben Geißeln beim gleichen Bakterium vorkommen. F.-Bildung wird durch ein → Plasmid gesteuert. → Haare. [8]

Finger|feder: kieferorth. → Feder zur Mesial- oder Distalbewegung von Zähnen. [5]

Finger|hut|brücke: Brücke, bei der ein oder mehrere Pfeiler mit Kunststoffmantelkronen oder Jacketkronen versehen sind, die über gegossene Ringanker gesetzt werden. An der Verbindungsstelle zum Brückenkörper sind die Kronen ausgeschliffen oder von vornherein mit entsprechenden Aussparungen versehen (Abb.). [4]

finieren (lat.): eine Füllung nach ihrer Fertigstellung versäubern, die Ränder einer Kavität glätten usw. Das Finieren erfolgt mit einem feinwelligen bohrerartigen Instrument, dem → Finierer. [1, 21]

Finierer (lat.) m: spanabhebende Rotationsinstrumente zum Glätten von Kavitäten- und Füllungsrändern sowie Füllungsoberflächen. Ihre Form ähnelt Bohrern, sie weisen aber wesentlich feinere Hiebe auf (Abb.). Vgl. ISO-Nummernsystem (Formen 289, 233 und 156), Feinbearbeitung. [1, 21]

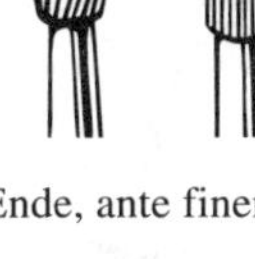

Finis (lat.) m: Ende, ante finem: (kurz) vor dem Tode. [20]

Finite element method (engl.) f: Abk. FEM; Darstellung komplexer Zug-, Druck- und Scherkräfte z.B. in der → Biomechanik, aufgebaut als Gefüge einfacher Kraftvektoren. [4]

Finne: Bandwurmlarve, entwickelt sich aus dem Embryo des Wurmeies. Sie durchbohrt die Magen-Darmwand des Zwischenwirtes und gelangt mit dem Lymph- oder Blutstrom in unterschiedliche Organe. Infektion des Menschen durch Genuß von ungekochtem Fleisch (Finnen des Schweine- bzw. Rinderbandwurmes, → Zestoden). Für den Hundebandwurm (Taenia echinococcus) ist der Mensch Zwischenwirt (Echinokokkenzysten in Leber, Lunge, Gehirn usw. des Menschen). 8

First-pass-Effekt m: präsystem. Transformation, First-pass-Elimination; Bez. für die teilweise oder vollständige → Biotransformation eines → Pharmakons während der Resorption aus dem Intestinaltrakt durch Enzyme der Darmschleimhaut und Leber. 7

Fischer-Winkel (R. F. T. schweiz. Za.): Winkel zwischen der Kondylenbahn bei der Vorschubbewegung und der Kondylenbahn des schwenkenden Kondylus bei der → Mediotrusionsbewegung, projiziert auf eine Medianebene. Je steiler der F., je größer also die Differenz zwischen den beiden Kondylenbahnen, desto steiler können die Höcker der Seitenzähne gestaltet werden, ohne daß bei der Mediotrusionsbewegung unphysiologische Schubkräfte für die Seitenzähne auftreten. 4

Fisch|schuppen|krankheit: → Ichthyosis. 12

Fissur (lat.) f: in der Dermat. sekundäre → Effloreszenz; tiefer schmerzhafter Hauteinriß bei derb infiltrierter Haut, z.B. an Lippe (→ Faulecke), Anus, Ferse. → Rhagade. 12

Fissur (lat.) f: Fissura; anat. Spalte, Ritze. Spalt im Schmelz der Kaufläche von Molaren und Prämolaren. Jeder Zahntyp besitzt ein typisches

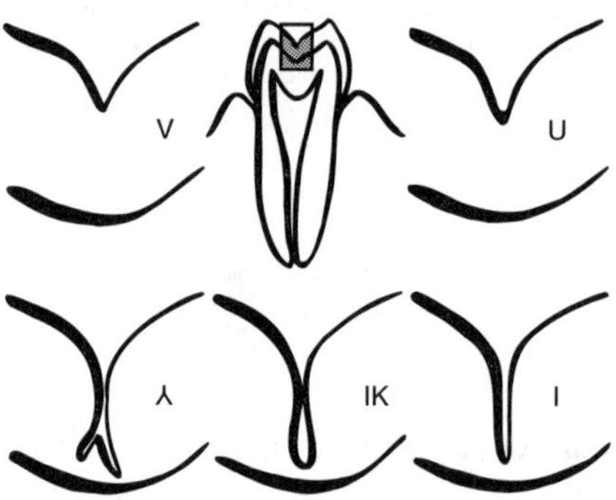

Fissurenformen
V-Typ: kommt in 34% aller Zähne vor; U-Typ: 14%; I-Typ: 19%; IK-Typ: 26%; andere Typen: 7%. [64]

→ Fissurenmuster. Auch kleinere grübchenförmige Einziehungen, sog. Foramina coeca, bes. in den unteren Prämolaren und oberen Eckzähnen sind F.en i.w.S. im Längsschnitt unterschiedliche Konfiguration (Abb.). F.en sind Prädilektionsstellen für die Karies. Vgl. Fissurenversiegelung. F. auch als unvollständiger Knochenbruch (Haarbruch). 1, 9, 30

Fissura orbitalis inferior f: zwischen großem Keilbeinflügel, Oberkiefer und Jochbein im Boden der Orbita; Durchtritt von V. und A. infraorbitalis und N. zygomaticus von der Fossa pterygopalatina in die Augenhöhle. 9

Fissura orbitalis superior f: zwischen großem und kleinem Keilbeinflügel. Durchtritt von N. oculomotorius, N. trochlearis, N. ophthalmicus und N. abducens in die Augenhöhle. 9

Fissura petro|tympanica f: *Glaser*-Spalte, zwischen Knochenleiste der vorderen Fläche der Felsenbeinpyramide und dem Os tympanicum; Durchtritt der → Chorda tympani aus der Paukenhöhle in die Fossa infratemporalis. 9

Fissura pterygo|maxillaris f: zwischen Processus pterygoideus des Keilbeins und Oberkiefer. Verbindung zwischen → Fossa infratemporalis und → Fossa pterygopalatina. Durchtritt der → A. maxillaris. 9

Fissuren|beschleifung: prophylaktisches Ausschleifen der Fissuren, insbes. der Sechsjahrmolaren, zum Zwecke der Kariesprophylaxe. F. hat neueren wissenschaftl. Untersuchungen zufolge keinen nennenswerten kariesprophylakt. Effekt. Besser ist die → Fissurenversiegelung. 15

Fissuren|bohrer: zylindrisches oder konisches → rotierendes Instrument mit seitlichen Schneiden mit oder ohne Querhieb nach DIN 13 952, Blatt 1 und 2. Ursprünglich zum Aufziehen von Fissuren benutzt. Norm: DIN 13 951. Abb. → Bohrerformen. 1, 21

Fissuren|karies f: häufigste Form der Karies, begünstigt, weil die Kaufläche mit den Fissuren beim Zahndurchbruch zuerst durchbricht, also dem Mundhöhlenmilieu am längsten ausgesetzt ist, und die Plaqueretention durch die Fissuren gefördert wird. 1

Fissuren|muster: Fissurenverläufe auf der Kaufläche von Prämolaren und Molaren. Das Muster ist sehr verschieden; grundsätzlich unterscheidet man zwischen einer in mesiodistaler Richtung verlaufenden Längsfissur und der sie kreuzenden Querfissur. An den Kreuzungs- und Verzweigungsstellen von Fissuren findet sich meist Vertiefungen (→ Fovea). 30

Fissuren|versiegelung: kariesprophylaktische Maßnahme, bei der Grübchen und Fissuren durch einen dünnen Kunststoffüberzug vor der kariogenen Noxe geschützt werden. Ergänzung der → Fluoridprophylaxe, da diese in Fissuren weniger wirksam ist. Verbindung mit dem Schmelz durch → Ätztechnik. Material: selbsthärtende oder lichthärtende, gefüllte oder ungefüllte Komposits. Nachkontrollen erforderlich, da Versiegelungen gelegentlich verlorengehen. [1, 15]

Fistel: 1. pathol. röhrenförmiger Gang, der von einem Hohlorgan oder krankhaft bedingtem Hohlraum ausgeht und an der äußeren Körperoberfläche mündet (äußere F.) oder nur im Körperinneren verläuft (innere F.). Als komplette (doppelmündig) oder inkomplette F. (mit nur einer Mündung, die andere endet blind); als komplexe F. besteht sie aus mehreren, miteinander kommunizierenden Gängen (sog. Fuchsbaufistel). Vorkommen: angeboren (kongenitale F.; z.B. als Halsfistel, Urachusfistel) oder krankhaft erworben (bei nekrotisierenden Entzündungsprozessen, z.B. chron. Osteomyelitis; Anal- und Darmfisteln, insbes. bei Morbus *Crohn*). **2.** therapeutisch angelegte Kurzschlußverbindung; z.B. Liquorfistel, *Witzel*-Fistel. [32]

Fistel|stimme: extrem hohe, kaum modulationsfähige Stimme bei Männern noch oberhalb der Kopfstimme und des Falsetts. Entsteht dadurch, daß die Stimmbänder nur mit dem inneren Rand schwingen. Sie ist Folge organ. Veränderungen der Stimmlippenlänge oder stark gestörter muskulärer Koordination bei → Rekurrensparese oder bei Stimmritzenkrampf. [19]

Fistula colli f: → Halsfistel. [19]

Fixatio (lat.) f: Befestigung. [4]

Fixation, trans|dentale f: → Transfixation. [18]

Fixator m: Bißhalter; Hilfsapparat zur Erhaltung der durch den Konstruktionsbiß gewonnenen → Bißhöhe und → Bißlage der beiden Modellhälften bei der Herstellung von kieferorthop. Apparaturen (Abb.). [5]

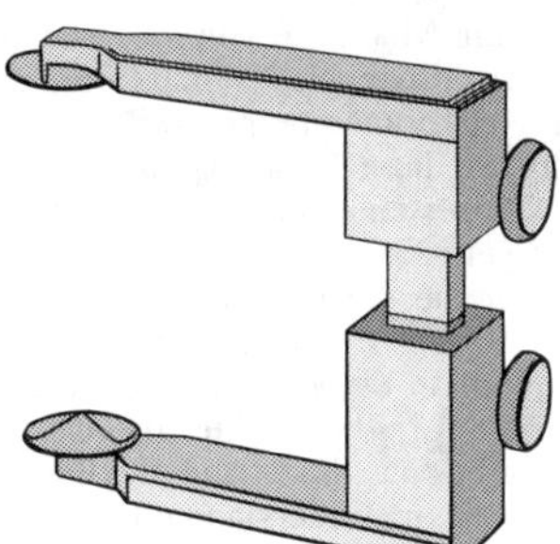

[27]

Fixierung (lat.) f: Mikroskop.: Befestigung lufttrockenen Materials auf dem Objektträger durch Erhitzung (Hitzefixierung), Behandlung mit Methylalkohol bzw. Ätheralkohol oder Osmiumtetroxid, in der Histologie mit Formalin u.a. [8]

FKO: Abk. für → **F**unktions**k**iefer**o**rthopädie. [5]

Flach|front: abgeflachter oberer Frontzahnbogen durch → Retrusion bei großer → apikaler Basis. Gegensatz: → Spitzfront. [5]

Flach|lagerung: Positionierung bestimmter Notfallpatienten. Eine flache Rückenlagerung ist indiziert bei Patienten *ohne* → Bewußtlosigkeit, bei Verdacht auf Volumenmangel (→ Dehydratation), → Kollaps sowie als prophylaktische Maßnahme bei der Applikation der Lokalanästhesie. Vgl. Seitenlage, stabile; Schocklagerung, Rükkenlagerung. [16]

Flagellaten (lat.) f pl: Mastigophora; Geißeltierchen, Protozoen mit → Geißeln, die als Bewegungsorganelle oder zum Einstrudeln der Nahrung in die Mundöffnung der Mikrobe dienen. Die Geißeln können in der Ein- oder Mehrzahl vorhanden sein. Pathogen: → Leishmaniasen, → Trypanosoma, → Trichomonas, → Lamblia intestinalis. [8]

Flaherty-Sterilisation f: „Schnellsterilisation" durch 5-10 s währendes Eintauchen der zu sterilisierenden Kleininstrumente, Watte, Papierspitzen in geschmolzenes Weichlot (Zinn-Blei) bei etwa 250 °C. Keine sichere Sterilisiermethode! [8]

Flap operation (engl.) f: Eingriff unter Lappenbildung, z.B. → *Neumann-Widman*-Operation. Vgl. Lappenoperation. [6]

Flaschen|karies f: Nursing bottle syndrome, Zuckerteekaries; Milchzahnkaries, die oft zirkulär auf den Labialflächen der Oberkieferfrontzähne, in ausgeprägten Fällen auch bei Molaren und Unterkieferfrontzähnen gravierende Zerstörungen verursacht. Ursache: häufige und lange Aufnahme stark gesüßter Flaschennahrung oder gesüßter Getränke, auch häufiges Stillen. DD: generalisierte Schmelzbildungsstörungen. Therapie: Füllungen, Überkronung oder Extraktion. [1, 29]

Flavin|enzyme n pl: Enzyme, die das → Koenzym Riboflavin (Vitamin B_2) benötigen. Besonders bekannt sind die F. der Atmungskette, die am Wasserstofftransport teilhaben. Die aktive Form des Koenzyms ist ein Phosphorsäureester des Riboflavins. [23]

Flavo|bacterium n: Gattung aerober, gramnegativer, meist unbeweglicher Bakterien, die gelbes Pigment bilden. Natürliches Vorkommen in Boden und Wasser. Beim Menschen (selten) auf der Rachenschleimhaut und als Meningitiserreger: F. meningosepticum, unbeweglich, bekapselt, oxydasepositiv, biochem. wenig aktives Stäbchen. [8]

Fleck: → Macula. [12]

Fleck|fieber: Flecktyphus, Typhus exanthematicus; schwere, hochfieberhafte Infektionskrankheit. Erreger: → Rickettsia *Prowazeki* (→ Rikkettsien). Übertragung durch Kleiderläuse, Staub, Patientenblut. Eindringen der Erreger durch kleinste Hautwunden. Inkubationszeit 11-12 Tage. Akuter Beginn mit schwerer Abgeschlagenheit, etwa 11 Tage kontinuierliches Fieber um 40-41°C, Benommenheit durch → Enzephalitis. Das F.exanthem ist kleinfleckig, schmutzig-livid und nicht erhaben, es tritt an Rumpf, Handteller und Fußsohlen auf, gelegentlich konfluierende Petechien. Komplikationen: Nervenlähmungen, Bronchopneumonien, akutes Herz-Kreislauf-Versagen. Diagnosesicherung: → *Weil-Felix*-Reaktion. Therapie: Breitbandantibiotika, Plasma, Humanalbumin; Entlausung. [20]

Flessinger-Rendu-Syndrom (Noël F., Anat., Paris, *1881, † 1946; Henri J. R., Int., Paris, *1844, † 1902) n: → Ektodermose, pluriorifizielle. [12]

Fletcher-Zement (Thomas F., Za., London, *1840, † 1903) m: Artificial dentine; 1874 angegebenes provisorisches Verschlußmittel. Pulver: Zinkoxyd mit Zusätzen von $ZnSO_4$, $MgCO_3$; Flüssigkeit: H_2O mit Dextrin, gummiarabicum (erhöht Klebkraft) Borsäure der Phenol, Thymoe, Jodoform, Formalin (desinfizierend). [1]

Flexner-Dys|enterie|bakterien (Simon F., Path., Philadelphia, *1863, † 1946) f pl: Shigella (→ Ruhrbakterien). [8]

Flexor (lat.) m: Beugemuskel. [9]

Flexur f: Flexura; Biegung, Krümmung. [9]

Fliegenstein: natürliches, kristallines → Arsen.[1]

Fließen (von Metallen): → Flow. [4]

Flimmer|epithel n: Epithel, dessen Zellen an ihrem freien Ende feine Flimmerhärchen tragen, die eine lebhafte Bewegung zeigen. Mit F.ien ist der Atemweg, zu dem auch die Kieferhöhlen gehören, ausgekleidet (Abb.). [9]

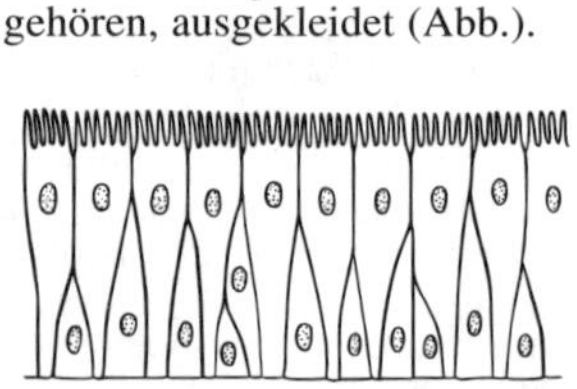

Flockungs|reaktionen f pl: Ballungs-, Trübungsreaktionen; Serum von Syphilitikern gibt beim Zusammentreffen mit lipidhaltigen, alkohol. Organextrakten unter geeigneten Versuchsbedingungen eine mit bloßem Auge erkennbare Ausflockung. → *Kahn*-Test, → *Chediak*-Mikroreaktion, → Cardiolipin(-Test). [8]

Flöhe: blutsaugende, flügellose Insekten (Ordnung Aphaniptera), ziemlich streng, aber nicht obligat an bestimmte Wirte angepaßt; relativ harmlos der Menschenfloh (Pulex irritans), gefährlich vor allem der Rattenfloh (Xenopsylla cheopis) als Überträger der Pest. [8]

Flora (nach der röm. Blumengöttin) f: Pflanzenwelt eines bestimmten geographischen Gebietes, auch die Mikroben einer bestimmten Körpergegend, z.B. → Mundflora. [6, 8]

florid (lat): aktiv, rasch fortschreitend, z.B. floride Tuberkulose, floride Karies. [1]

flottieren (frz.): flattern, in der Zhk. gebraucht für die abnorme Beweglichkeit des Zahnfleisches beim → Schlotterkamm. [2]

Flow (engl.) m: Verformung eines Werkstoffs (z.B. Amalgam) über längere Zeit durch Fließen, als Folge einer Belastung, die kleiner ist als die maximale Druckfestigkeit. Definiert als Änderung der Ausgangslänge (in %). [1, 4]

Flucloxacillin: ein → Isoxazolyl-Penicillin. Bei oraler Therapie aufgrund besserer oraler → Bioverfügbarkeit und geringerer hepatotox. Potenz → Dicloxacillin verordnen. [7]

Flügel|biß|aufnahme: → Bißflügelaufnahme.[14]

Flügel|fort|sätze: Processus pterygoidei des Keilbeins. [9]

Flügel|gaumen|grube: → Fossa pterygopalatina. [9]

Flügel|muskel: Musculus pterygoideus medialis und lateralis. → Kaumuskeln. [9]

Fluid|impf|stoff: (im Gegensatz zu Absorbatimpfstoff) nicht an Aluminiumhydroxid adsorbiertes Toxoid; führt schneller zu Antikörperbildung als Absorbatimpfstoff, erbringt aber niedrigeren Antikörpertiter. [8]

Fluid-mosaic-Modell n: von *Singer* und *Nicolson* (1972) entwickelte Vorstellung über die Struktur von Biomembranen: Phospholipide in wäßrigem Medium bilden spontan flüssig-kristalline Doppelschichten (bilayer), in die Proteine unregelmäßig eingebettet sind und als integrale Proteine die gesamte Membran durchdringen oder mit ihrem hydrophoben Teil nur in die Membran eintauchen. Die freie Beweglichkeit der Lipidmoleküle in der Doppelschicht ergibt eine fluide und flexible Struktur mit hohem elektr. Widerstand und Impermeabilität für polare Moleküle. Die Membranproteine sind globuläre Proteine, deren Eindringen in die Lipidphase durch die Aminosäuresequenz und die Lage der unpolaren Gruppen determiniert wird. Durch die Membranproteine erhält die Biomembran eine mosaikähnliche Struktur. In einigen Biomembranen können die

Proteine eine diffusionsbedingte Beweglichkeit aufweisen. 7

Fluidum (lat.) n: Flüssigkeit; übertragen: die von einer Person oder Sache ausgehende Wirkung. 9

Fluktuation (lat.) f: das Gefühl des Schwappens beim Betasten einer Flüssigkeitsansammlung in einer elastischen Hülle. Die F. wird dargestellt, indem man mit einem Finger der einen Hand die Flüssigkeitsansammlung eindrückt (z.B. Abszeß), so daß der in geringer Entfernung danebengelegte Finger der anderen Hand angehoben wird (stets beidhändig durchführen!). Verb: fluktuieren. 2

Flumazenil: → Antagonist mit partiell agonistischen Eigenschaften an → Benzodiazepin-Rezeptoren (→ Rezeptor). 7

Flunitrazepan: 1,4-→Benzodiazepin-Derivat, → Hypnotikum, → Halbwertszeit, terminale ca. 18 h. 7

Fluor n: zur Gruppe der Halogene gehörendes, gasförmiges Element, chem. Symbol F, Ordnungszahl 19, relative Atommasse 18,989, 1wertig. Wegen seiner außergewöhnl. starken Reaktionsfähigkeit kommt F. in der Natur nicht in elementarer Form, sondern nur in Verbindungen vor. Wichtige Fluormineralien sind Flußspat (CaF_2), Kryolith (Na_3AlF_6) und → Fluorapatit. F. ist ein essentielles Spurenelement und kommt als Fluorid (F^-) regelmäßig im menschlichen Organismus vor. 15

Fluor|apatit m: Mineral, das in der Natur außerordentl. weit verbreitet ist. Kommt im Zahnschmelz nicht in reiner Form vor. Das Fluoridion kann vielmehr an einigen Stellen in das Kristallgitter des → Hydroxylapatits eingebaut werden. 15

Fluor|bilanz: das Verhältnis von Fluoridaufnahme, -retention im Skelett und -ausscheidung. Bei ausgeglichener F. werden 30% des resorbierten Fluorids im Skelett retiniert; durch Stoffwechselvorgänge im Knochen wird die gleiche Menge mobilisiert und ausgeschieden. Bei positiver F. ist die Fluoridausscheidung geringer als die Fluoridaufnahme (oft während des Wachstums). Bei negativer F. ist das Verhältnis umgekehrt. Vgl. Homöostase. 29

Fluoreszenz (engl.) f: materialspezifische, charakteristische Leuchterscheinung von Festkörpern, Gasen und Flüssigkeiten nach Anregung mit Licht-, Röntgen- oder Teilchenstrahlung. Die F. kann u.a. zur Analyse genutzt werden. Vgl. Spektroskopie, Lasermeßtechnik, Verstärkerfolie. 14, 31

Fluoreszenz-Färbung: Bakterienfärbung mit fluoreszierenden Stoffen (P. *Hagemann,* Köln 1938); Auswertung im Fluoreszenzmikroskop bei UV-Beleuchtung. Besonders zum direkten Nachweis von Tuberkelbakterien gebräuchlich. 8

Fluoreszenz|foto|grafie f: fotografisches Verfahren, bei dem das Bild durch Licht, das durch Fluoreszenz hervorgerufen wurde, aufgebaut wird. Notwendig hierfür sind Erreger- und Sperrfilter. Angewandt werden kann die F. zur Darstellung von (pathologischen) Autofluoreszenzphänomenen oder nach Verabreichnung von Fluorochromen bei einer Fluoreszenzangiographie. 17

Fluoretten®: → Fluoridtabletten. 29

Fluoride n pl: Salze der Fluorwasserstoffsäure wie z.B. die in der Natur vorkommenden Verbindungen Flußspat (CaF_2) und Kryolith (Na_3AlF_6). F. werden zur Vorbeugung von Karies, zur Unterstützung der Behandlung der Initialkaries und zur Behandlung überempfindl. Zahnhälse genutzt. Die kariesprotektive Wirkung der F. wird auf die Erhöhung der Säureresistenz der Zahnhartsubstanz, der Hemmung des Zuckerabbaus durch säureproduzierende Mikroorganismen in den Zahnplaques und auf die Begünstigung der Remineralisation initialer kariöser Läsionen zurückgeführt; → Fluoridprophylaxe. 1, 7, 15

Fluorid|fluid n: hochkonzentrierte Fluoridlösung zur lokalen Applikation. Fluoridgehalt: 1,15% (11,5 mg/ml = 11.500 ppm). Anwendung als Kariesprophylaktikum oder zur Desensibilisierung empfindlicher Zahnhälse. Applikation durch Einbürsten oder Touchieren. Vgl. Fluoridierung. 29

Fluorid|gel n: Fluoridgelee; hochkonzentriertes Fluoridpräparat zur lokalen Applikation. Fluoridgehalt: 1,25% (12,5 mg/ml = 12.500 ppm). Anwendung als Kariesprophylaktikum in der Gruppen- und in der häuslichen Prophylaxe. Wöchentliche Applikation durch 2-3minütiges Einbürsten. In der zahnärztlichen Praxis erfolgt die Applikation 2-4mal jährlich mit → Fluoridtrays. Kontraindikation bei Kindern unter 5 Jahren. Vgl. Fluoridierung. 29

Fluoridierung f: → Fluoridprophylaxe. 7, 15

Fluorid|intoxikation f: Vergiftung durch Aufnahme hoher Fluoriddosen. Akute F.: Symptomatik abhängig von eingenommener Fluoriddosis. → Letaldosis von Fluorid: 30-60 mg/kg KG. Erste Erscheinungen: Übelkeit, Erbrechen, → Diarrhoe. Schwere Vergiftung: → Hypokaliämie, Krämpfe und Herzarrhythmien; Tod tritt innerhalb von 2-4 h durch Herzversagen oder Atemlähmung ein. Therapie: bei niedriger Dosis 1,6-

8 mg/kg KG) erbrechen lassen, Milch, evtl. Magenspülung, bei hohen Dosen und Intoxikationserscheinungen sofortige Einweisung ins Krankenhaus. Chronische F.: erste Erscheinung: → Fluorose der Zähne; bei jahrzehntelanger Aufnahme hoher Fluoriddosen kommt es zusätzlich zu Osteosklerose (bei Fluoriddosen von 4-8 mg/Tag), → Exostosen (bei Fluoriddosen von 8-20 mg/Tag) und neurologischen Ausfallerscheinungen sowie evtl. Nierenschäden (bei Fluoriddosen von 20-80 mg/Tag). [29]

Fluorid|lack m: in Harzlösung suspendierte, je nach Präparat variierende Fluoridverbindung zur lokalen Applikation. Durch gutes Haftvermögen und somit mehrstündige Fixierung der Fluoride auf der Zahnoberfläche große Tiefenwirkung. Anwendungsgebiete: Kariesprophylaxe, Dentindesensibilisierung. Vgl. Fluoridierung, Duraphat. [29]

Fluorid|prophylaxe f: Vorbeugung gegen Zahnkaries durch systemische oder lokale Anwendung von Fluoriden; 1. systemische F.: enterale Zufuhr über Trinkwasser (Fluorid-Konzentration: 1 ppm), Kochsalz (Fluorid-Konzentration: 250 ppm), → Fluoridtabletten; unter dem Einfluß der systemischen F. wird bei der Mineralisation des Schmelzes verstärkt Hydroxyl- und Fluorapatit gebildet; 2. lokale F.: mit Zahnpasten (Fluorid-Konzentration bis 1500 ppm), Gelees (Fluorid-Konzentration bis 12500 ppm), Lakken (Fluorid-Konzentration bis 23000 ppm), Lösungen, Spüllösungen (Fluorid-Konzentration: 500 ppm für die tägliche Anwendung, 2000 ppm für die wöchentliche). Die Wirkung der lokalen F. beruht im wesentlichen auf einer Erhöhung der Remineralisationsrate. [15]

Fluorid|tabletten: enteral und lokal wirkende Fluoridpräparate zur Kariesprophylaxe. Im Speichel lösliche Natriumfluoridpräparate sind vorzuziehen, sie sind auch als Kombinationspräparate mit Vitamin D erhältlich. Die Dosierung ist an das Lebensalter und den Fluoridgehalt des Trinkwassers anzupassen (ab 0,7 ppm keine Tabletten). Empfehlung der DGZMK: 1. und 2. Lebensjahr: Vitamin-D-Kombinationspräparat, 0,25 mg Fluorid täglich; 3. Lebensjahr: 2 x 0,25 mg Fluorid täglich; 4.-6.: Lebensjahr 3 x 0,25 mg Fluorid täglich; ab 7. Lebensjahr: 1 mg Fluorid täglich, Einnahme mindestens bis zum 12. Lebensjahr. Präparate: Afluon®, D-Fluoretten®, Fluoretten®, Fluorkalkol®, Zymafluor®. → Fluoridprophylaxe. Vgl. Apatit. [15, 29]

Fluorid|tray n: individuell, z.B. im Tiefziehverfahren, hergestellter oder aber konfektionierter, zumeist aus Gummi oder geschäumten Kunststoffmaterial bestehender Applikationslöffel für → Fluoridgel. [29]

Fluorose f: → Dentalfluorose, → Skelettfluorose. [15]

Fluorose der Zähne f: Zahnfluorose; gefleckter, poröser Schmelz. Entsteht durch zu hohe Fluoridkonzentration der Gewebsflüssigkeiten während der Schmelzbildung. Störung von Kristallwachstum, Prismenentwicklung und Schmelzreifung. Sekundär gelb-bräunl. Verfärbung durch Einlagerung organ. Stoffe (Abb.).

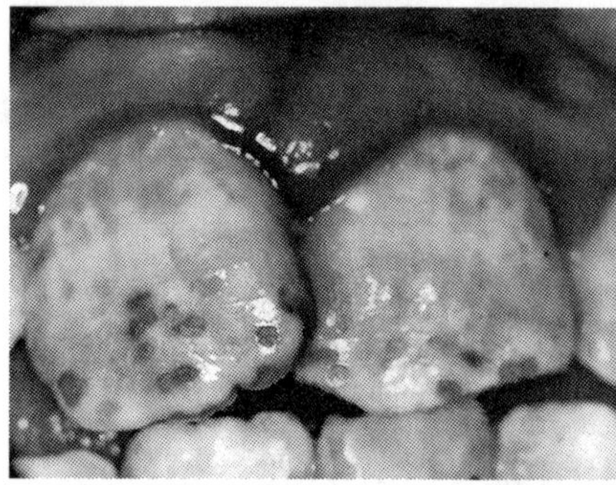

Schwere Fluorose der oberen Frontzähne

Tritt in endemischen Fluorosegebieten z.B. Afrikas oder Indiens auf. Leichtere Form: → Mottling. [1, 15]

Fluor|wasser|stoff: chem. Bez. HF; unterhalb 19,5 °C farblose, stark rauchende Flüssigkeit, oberhalb 19,5 °C farbloses Gas. Löst sich reichlich in Wasser. Örtlicher F.-Gehalt des Trinkwassers ist zu beachten. [23]

Fluothane®: → Halothanum. [2]

Flurazepam: 1,4-Benzodiazepin-Derivat, Hypnotikum mit einer Eliminationshalbwertszeit (→ Halbwertszeit, terminale) von 1,5 h und einem pharmakodynam. aktiven → Metaboliten mit einer Eliminationshalbwertszeit von 50-100 h. Auch → Benzodiazepine. [7]

Flush (engl. erröten) m: anfallsartige Rötung des Gesichtes durch Serotoninausschwemmung bei Karzinoid. Vgl. Serotonin. [20]

Flüssigkeits|lunge: Fluid lung, Überwässerungslunge; interstitielles Ödem (Differentialdiagnose: alveoläres → Lungenödem) als Folge von schwerer Hypervolämie (nach Infusion großer Flüssigkeitsmengen, Ausscheidungsstörung der Nieren). Symptome: schwerste → Dyspnoe, Diffusionsstörung bei unauffälligem klinischen Befund. [20]

Fluß|säure: wäßrige Lösung von → Fluorwasserstoff. Der gewerbliche Umgang mit F. (Glasindustrie) kann heftige Schleimhautreizungen mit Geschwürsbildung zur Folge haben. [23]

Fluxion (lat.) f: Wallung, Blutandrang, → Flush. [20]

Focus (lat.) m: → Fokus. [2]

foetidus (lat.): fötide; übelriechend. [11]

Foetor m: übler Geruch, Gestank. [11]

Foetor ex ore m: übler Geruch aus dem Mund, meist durch tiefzerstörte Zähne, mangelhafte Mundpflege, Zahnsteinansatz, → Stomatitis, Zahnfleischtaschen, Tumorzerfall, nach Eingriffen in der Mundhöhle, Entzündungen der Tonsillen, der Nase und ihrer Nebenhöhlen. Im Gegensatz zu diesen lokal bedingten Gerüchen wird der durch mundferne Prozesse erzeugte Geruch der Ausatmungsluft als → Halitosis bezeichnet. [11]

fokal (lat.): auf einen Fokus (Herd) bezüglich. [2]

Fokal|infektion f: Fokaltoxikose, Herdinfektion; durch Streuung eines bakterienhaltigen Entzündungsherdes hervorgerufene, klin. oft diffuse Krankheitserscheinungen. Meist keine hämatogene Streuung von Bakterien, sondern deren toxin- und allergenwirksame Stoffwechsel- und Abbauprodukte. Gute Abkapselung der Herde mit wenig virulenten Bakterien, Sterilität sekundärer Krankheitsherde. F. und Sepsis sind Gegensätze, F. aber vielleicht schwächste Sepsisform (nach *Rössle*). Charakteristische Auslösung erheblicher Fernwirkungen von einem geringfügigen, oft unbemerkten Herd aus. Als Herdlokalisationen gelten Zähne (zirkumapikale Granulome, devitale Zähne, Parodontitis), chronische Tonsillen- und Nebenhöhlenentzündungen, Gallenwegs-, Wurmfortsatz- und Eierstockentzündungen. Beteiligte Bakterien: Strepto-, Staphylo- und Pneumokokken, Kolibakterien. Eine kausale oder wenigstens aktivierende Bedeutung der F. für alle Formen des echten entzündlichen → Rheumatismus (Polyarthritis, rheumatisches Fieber, Endo-, Myo-, Perikarditis, Neuritiden, Glomerulonephritis) ist möglich, für → Kollagenosen dagegen sehr umstritten, daher unterschiedliche Einstellung zur Herdbeseitigung (Zahnextraktion, Tonsillektomie usw.). Die pathogenetische Potenz eines Herdes versucht man (bisher unbefriedigend) mittels zahlreicher Tests zu ermitteln. Bis jetzt nur klinisch-empirische, aber wenig wissenschaftliche Fundierung der ganzen Theorie der Fokalinfektion. → Oralsepsis; → Herddiagnostik. [20]

Fokal|test m: Test bei → Fokalinfektion; → Herddiagnostik. [2]

Fokus (lat.) m: **1.** Phys.: der → Brennfleck, in dem sich z.B. die durch Linsen oder Hohlspiegel gesammelten Strahlen treffen. **2.** Med.: chron. Entzündungsherde und sonstige lokale Gewebsveränderungen, die über ihre Nachbarschaft hinaus Fernwirkungen hervorrufen; → Herd. [1, 2]

Fokussier|hand|stück m: optisches Endstück eines strahlübertragenden Systems (→ Laserlichtleiter, → Spiegelgelenkarm) zur Positionierung und Fokussierung der Laserstrahlung bei medizinischer Anwendung mit dem → Nonkontaktverfahren. [31]

Folia salviae n pl: Salbeiblätter, von Salvia officinalis. Als Aufguß zu Mundspülungen. Adstringierende Wirkung. [8]

Folie (lat.) f: Metallblatt, auf unter 0,15 mm Dicke ausgewalzt. [4]

Folin|säure: → Folsäure. [23]

Folliculitis barbae f: eitrige Bartflechte, eitrige Entzündung der Haarbälge (→ Follikel) im männlichen Bartbereich. Es handelt sich dabei um verstreute rote, z.T. pustulös umgewandelte bzw. mit gelben Schuppenkrusten bedeckte, je von einem Haar durchbohrte Knötchen, die manchmal, vor allem auf der Oberlippe, bei chron. Schnupfen subnasal zu plattenförmigen Herden zusammenfließen; hartnäckiger Verlauf. Therapie: nach kultureller Züchtung der Erreger (meist Staphylokokken) und Resistenzbestimmung Anwendung von Desinfizientien, Antibiotika innerlich und äußerlich, → Autovakzine. [12]

Folliculitis ex|pulsiva f: → Osteogingivitis neonatorum. [29]

Folliculus (lat.) m: → Follikel. [9]

Folliculus lymphaticus m: → Lymphfollikel. [9]

Follikel (lat.) m: Folliculus; einfaches epithelausgekleidetes Säckchen, besonders der Haut, ferner → Zahnsäckchen (Folliculus dentis), Haarbalg (Folliculus pili), Lymphknötchen (→ Lymphfollikel), weniger korrekt Zungenfollikel (Folliculi linguales) = Zungenbälge, das lymphatische Gewebe am Zungengrund, das die Tonsilla lingualis bildet (Abb. → Zunge); auch das gereifte Ei des Eierstocks → *Graaf*-Follikel. [9]

Follikel|sprung: Reifung, volle Hormonbildung und Eröffnung des → *Graaf*-Follikels unter der Wirkung von follikelstimulierendem und Luteinisierungshormon. Vgl. Ovulation. [10]

follikulär (lat.): schlauchartig. In der Zhk.: das → Zahnsäckchen betreffend, von ihm ausgehend. [30]

Follikular|zyste f: → follikuläre Zyste. [2]

Follikulitis f: **1.** Dermat.: Entzündung der Haarbälge der Haut. → Folliculitis barbae, →

Furunkel. **2.** Z h k .: Infektion des Zahnsäckchens des bleibenden Zahnes. Ursache meist periapikale Infektion des Milchzahnes. Symptomatik ähnlich wie bei → Osteomyelitis. Therapie: Extraktion des Milchzahnes unter antibiotischer Abdeckung. [12, 29]

Fol|säure: Pteroylglutaminsäure, $C_{19}H_{19}O_6N_7$, zum Vitamin-B-Komplex gehörend. Vorstufe der Folinsäure. Orangefarbene Kristalle, in heißem Wasser etwas löslich, gut löslich in Essigsäure, Ameisensäure, Pyridin. Vorkommen: Hefe und andere Kleinlebewesen, dunkle Gemüse (Spinat), Milch, Leber, Niere und Muskel. Tagesbedarf: etwa 0,1-0,2 mg. Tetrahydrofolsäure wirkt als Koenzym bei allen Zellteilungsvorgängen, bes. wichtig für die Blutbildung. Mangelerscheinungen: makrozytäre Anämien, Gingivitis, Diarrhöe, neurologische Störungen. F. ist für sich allein zur Behandlung der perniz. → Anämie ungeeignet! Präparate: Folgamma®, Millevit®. [23]

Fontana-Versilberungs|methode (Dermat., Turin, *1880) f: dient zur färberischen Darstellung zarter Bakterien, z.B. von Spirochäten. [8]

Fontanelle (frz.) f: die noch nicht von Knochen verschlossenen Stellen am Schädel des Fetus und neugeborenen Kindes. Zwischen Stirn- und

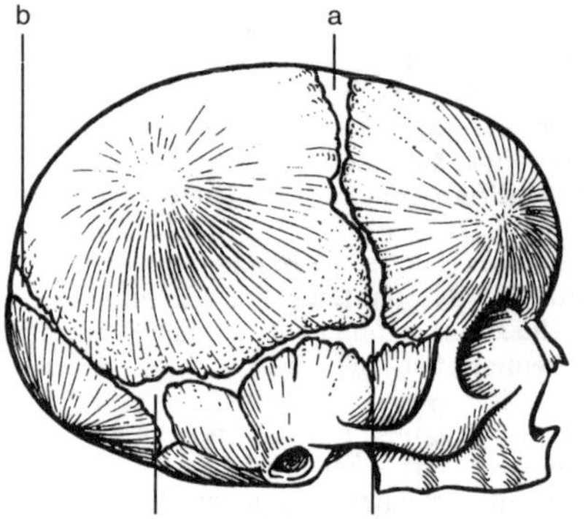

[10]

Scheitelbeinen liegt die große F. (Fonticulus anterior [a]), weiter nach hinten die kleine (Fonticulus posterior [b]), an jeder Seite 2 seitliche F.n (Fonticulus sphenoidalis [c] und mastoideus [d]) (Abb.). [9]

Foramen (lat.) n: anat. Bez. für eine Öffnung in Zähnen (→ Foramen apicis dentis), in Knochen zum Durchtritt von Leitungsbahnen oder in Weichteilen. [30]

Foramen apicale n: → Foramen apicis dentis. [1]

Foramen apicale, physio|logisches n: Übergangsstelle des Wurzelkanals in das desmodontale Gewebe. [1]

Foramen apicis dentis n: Öffnung des → Wurzelkanals an der Spitze der Zahnwurzel für den Durchtritt von Nerven und Gefäßen. [30]

Foramen caecum dentis n: blinde Einsenkung an der Zungenseite oberer Schneidezähne, bes. häufig bei den seitlichen; führt bei stärkerer Ausprägung zum → Dens invaginatus. [30]

Foramen caecum linguae n: kleine Einsenkung an der Grenze zwischen Zungenkörper und Zungengrund. Rudiment des embryonalen → Ductus thyroglossus (Abb. → Zunge). [9, 30]

Foramen eth|mo|idale n: Öffnung in der Lamina orbitalis des Siebbeins; das F. e. anterius und das F. e. posterius dienen dem Durchtritt gleichnamiger Leitungsbahnen. [30]

Foramen incisivum n: Mündung des → Canalis incisivus, hinter den oberen Schneidezähnen in der Mittellinie des Gaumens gelegen. [9, 30]

Foramen infra|orbitale n: vordere Öffnung des → Canalis infraorbitalis unterhalb des Margo infraorbitalis des Oberkiefers; Austritt des gleichnamigen Nervs und Gefäßes. [9, 30]

Foramen jugulare n: in der hinteren Schläfengrube zwischen Os temporale und Os occipitale gelegene Öffnung. Sie dient dem Durchtritt der Vena jugularis interior und der Nn. glossopharyngeus, vagus und accessorius. [9, 30]

Foramen lacerum n: Öffnung zwischen Felsenbeinpyramide und Keilbeinkörper für den Durchtritt der Nn. petrosus major und minor. Es ist nur am mazerierten Schädel vorhanden, beim Lebenden ist es von Faserknorpel ausgefüllt. [9, 30]

Foramen magnum n: großes Hinterhauptloch für den Durchtritt der Medulla oblongata, A. vertebralis, A. spinalis anterior und posterior, Plexus venosi vertebrales interni und spinale Wurzel des N. accessorius. [9, 30]

Foramen mandibulae n: an der Innenfläche des aufsteigenden → Ramus mandibulae. Eintritt des Nervus alveolaris inferior und der gleichnamigen Arterie in den → Canalis mandibulae. [9, 30]

Foramen mentale n: an der Außenfläche des Unterkieferkörpers zwischen dem ersten und zweiten Prämolaren liegende Öffnung des → Canalis mandibulae. Austritt des gleichnamigen Nervs und Gefäßes. [9]

Foramen mentale mediale n: an der Innenseite oberhalb der Spinae mandibulae in der Unterkiefermitte gelegenes Grübchen. Röntgenologisch darstellbar. Dient in der Kieferorthopädie zur Bestimmung der Kinnmitte (*Petrik*). Vgl. Meßpunkte. [9, 30]

Foramen nutricium n: Öffnung im Knochen, durch die Versorgungsgefäße in das Knochenmark dringen. [30]

Foramen ovale n: **1.** Loch in der → Ala major des Os sphenoidale; Durchtritt des → N. mandibularis. **2.** Öffnung in der Vorhofscheidewand des fetalen Herzens, durch die das Blut direkt vom rechten in den linken Vorhof übergeht. Bleibt manchmal auch nach der Geburt offen; → Blutkreislauf, fetaler. [9, 30]

Foramen palatinum majus n: Hauptmündung des → Canalis palatinus major am Gaumen. Austritt des gleichnamigen Nervs und Gefäßes. [9]

Foramen rotundum n: Öffnung im großen Keilbeinflügel zum Durchtritt des 2. Astes des N. trigeminus zur Fossa pterygopalatina. [9, 30]

Foramen spheno|palatinum n: verbindet die Fossa pterygopalatina mit der Nasenhöhle. Durchtritt der meisten Nerven und Gefäße der Nasenhöhle. [9]

Foramen spinosum n: Öffnung in der Ala major des Os sphenoidale für den Durchtritt der A. meningea media. [9, 30]

Foramen stylo|masto|ideum n: Ausgang des Canalis facialis für den N. facialis an der Unterseite der Felsenbeinpyramide. [9]

Foramina ethmoidalia anterius et posterius n pl: Verbindung von der Orbita zur Nasenhöhle bzw. zu den Siebbeinzellen. Durchtritt der gleichnamigen Nerven und Gefäße. [9]

Foramina palatina minora n pl: kleinere Mündungen des → Canalis palatinus major hinter dem → Foramen palatinum majus. Austritt der gleichnamigen Nerven und Gefäße. [9]

Förder|spirale: → *Lentulo*-Spirale. [1]

Fordyce-Drüsen (John F., Dermat., New York, *1859, † 1925): → Talgdrüsen, heterotope. [11]

Forensische Odonto-Stomatologie f: Anwendung zahnmedizinischer Kenntnisse auf dem Gebiet der Justiz. Da die Hartsubstanz der Zähne gegen Temperatur, Wasser und chemische Einflüsse fast unempfindlich ist und Stellungsanomalien, Zahnfüllungen, Zahnersatz, Haut- und Schleimhautveränderungen individuell sind, können diese Merkmale zur → Identifizierung herangezogen werden. Zur Befundaufnahme bei unbekannten Toten (Katastrophen) und zur Aufklärung von Verbrechen werden vom Zahnarzt genaue Befunde, unterstützt durch Abdrücke und Fotos, erstellt. Hierzu sind u.a. notwendig: zahnärztliches Untersuchungsbesteck, *Gigli*- und Bogensäge, Fotoausrüstung (möglichst 1:1 in Farbe), Abdruckmaterial und Abdrucklöffel, Filterpapier, Plastikbeutel und Klebebänder, OP-Kleidung und gute Lampen. Die Befunde sind auf vorgeschriebenen pinkfarbenen Formularen (gegenüber blauen bei Ante-mortem-Befunden) im → Two-digit-System zu erstellen. Bei Biß- und Schartspuren sollten bald nach dem Ereignis Abdrücke mit weichem Abdruckmaterial genommen werden, da sie schnell abflachen. Anheftende Flüssigkeiten (Speichel) werden mit Filter aufgesaugt oder mit (mit physiologischer Kochsalzlösung benetztem) Tupfer abgewischt. Die Auswertung erfolgt in Speziallaboratorien. In diesem Fach werden ferner neben der Identifizierung auch die rechtlichen Belange der zahnärztlichen Praxis erarbeitet.
Lit.: FDI Guidelines for Dental Identification Procedures. CDEP 112, 1989. R. Endris: Katastrophenmedizin. Kriminalistikverlag, Heidelberg 1982. [28]

Form|aldehyd m: einfachster Aldehyd, Formel: H-COH. Stechend riechendes Gas. 35%ige wässrige Lösung wird als Formalin oder Formol bezeichnet. Starke keimtötende Wirkung. Bildet auch langkettige Polymere (Paraformaldehyd) die langsam F. abgeben. In der Zhk. als Zusatz zu Devitalisationsmitteln (→ Toxavit ®). [1, 23]

Form|aldehyd|begasung: endodontische Methode zur Desinfektion des infizierten Wurzelkanals. Wegen Nebenwirkungen heute nicht mehr vertretbar. [1]

Formation (lat.) f: Bildung, Gestaltung oder Anordnung (bestimmter Gewebe). [34]

formative Reize: Reize, die zur Vermehrung der Zellenzahl anregen (*Virchow*, 1858). [9]

Formes frustes (frz.) f pl: nicht voll ausgeprägte Krankheitsbilder. [20]

Form|kongruenz f: Gleichheit von → Präparations- und Instrumentenform bei verschiedenen Arten (z.B. → Diamant- und → Hartmetallinstrumenten) und Funktionen (z.B. Bohren und Finieren) (Abb.). [21]

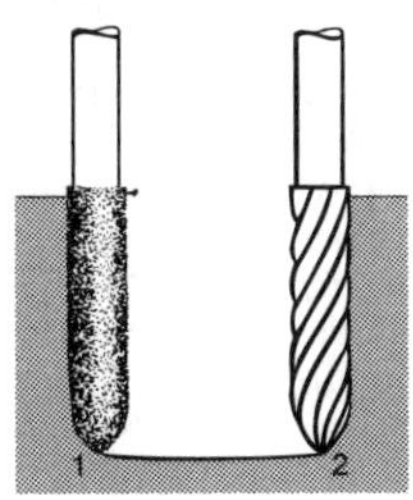

ISO-Form 289
1 Diamantinstrument; 2 Hartmetallfinierer

Form|konstanz f: Beibehaltung der Form des aktiven Teils des Instruments (→ Arbeitsteil) während der Anwendung; es tritt lediglich eine gleichmäßige Abnutzung z.B. des Diamantbelags oder der Schneiden ein. [21]

Form|lege|test: Abk. FLT; Prüfung des räumlichen Vorstellungsvermögens durch Zusammenfügen unterschiedlich geformter Einzelteile in definierter Zeit. Vgl. Adaptationstest. [27]

Formo|kresol|lösung: für die medikamentöse Einlage bei der Vitalamputation an Milchzähnen verwendete Lösung. Zusammensetzung nach *Buckley:* 19% Formaldehyd, 35% Kresol, 15% Glyzerin, 31% Aqua destillata. Vgl. Formokresolpulpotomie. [29]

Formo|kresol|pulpo|tomie f: therapeutische Variante der Vitalamputation an Milchzähnen. Nach Entfernung der Kronenpulpa wird das Gewebe im oberen Drittel der Wurzelpulpa mit → Formokresollösung fixiert. Zwei gebräuchliche Methoden: Fünf-Minuten-Applikation und Sieben-Tage-Einlage. [29]

Formol|toxo|id n: durch Formaldehyd entgiftetes bakterielles → Ektotoxin, wird zur aktiven Immunisierung verwendet. [8]

Fornix (lat.) m: Gewölbe, insbesondere verwendet zur Bezeichnung des gewölbeförmigen Faszikels des Hippocampus und Hypothalamus. [9]

Fornix pharyngis m: Schlunddach, Dach der Pars nasalis pharyngis (IANC) an der Unterseite des Keilbeinkörpers und der Pars basilaris des Hinterhauptbeines. [9]

Fort|bildungs|pflicht: Pflicht zur jeweiligen Aktualisierung der fachlichen Kenntnisse; gehört zu den → Berufspflichten und vertragszahnärztlichen Pflichten. Besteht bezüglich des neuesten Standes der zahnmedizinischen Wissenschaft zur Vermeidung von Haftungsrisiken und strafrechtlicher Folgen sowie bezüglich der für die zahnärztliche Berufsausübung geltenden Vorschriften. Behandlungsfehler aufgrund unterlassener Fortbildung lösen Schadensersatzpflicht aus. [24]

Fortner-Verfahren (Josef F., Vet., Berlin, *1893, † 1969): Methode zur Züchtung mikroaerophiler Bakterien. Auf dem unterteilten Nährboden in einer Petrischale wird auf die eine Seite der zu untersuchende Abstrich, auf die andere Seite Serratia marcescens (Bacterium prodigiosum) geimpft. Nach luftdichtem Verschluß und Bebrütung verbraucht Serratia marcescens den Sauerstoff innerhalb der Platte unter gleichzeitiger Produktion von CO_2 und schafft damit die Lebensbedingungen für den sauerstoffintoleranten Keim. Auch als Deckglaskultur mit Hohlschliff-Objektträger. [8]

Fortral®: → Pentazocin. [2]

Fosdick-Test m: → Kariestest, bei dem die Menge Schmelzpulver bestimmt wird, die innerhalb von 4 Stunden in einer Speichel-Glukose-Mischung durch bakterielle Säurebildung in Lösung geht. Keine zuverlässige Methode zur Bestimmung des Kariesrisikos. [8]

Fossa (lat.) f: Grube, Vertiefung. [9]

Fossa canina f: Eckzahngrube, in der Mitte der Außenfläche des Oberkieferkörpers, unterhalb des Foramen infraorbitale. [9]

Fossa digastrica (mandibulae) f: paariges Grübchen unterhalb der → Spinae mentales, Ansatzstellen des vorderen Bauches des M. digastricus. [9]

Fossa hypo|physialis f: → Sella turcica. [9]

Fossa incisiva f: kleine Grube am harten Gaumen, in die der → Canalis incisivus mit den Foramina incisiva mündet. [34]

Fossa infra|temporalis f: der Raum zwischen Ala major, Processus pterygoideus, Hinterfläche des Os maxillare, Ramus mandibulae, M. pterygoideus medialis und M. temporalis. Beinhaltet vor allem den M. pterygoideus lateralis, die A. maxillaris und die Verästelung des N. mandibularis. [9]

Fossa jugularis f: tiefe Grube an der Unterseite der Felsenbeinpyramide des Schläfenbeins (Os temporale) neben dem Foramen jugulare, die den Bulbus der Vena jugularis interna aufnimmt. [9]

Fossa mandibularis f: quergerichtete, ovale Grube des Schläfenbeins an der äußeren Schädelbasis, die zur Aufnahme des Gelenkköpfchens des Unterkiefers dient. [9]

Fossa pterygo|idea f: Grube zwischen den beiden flügelförmigen Blättern des Processus pterygoideus; dient dem Musculus pterygoideus medialis zum Ursprung (→ Kaumuskeln). [9]

Fossa pterygo|palatina f: Flügelgaumengrube, Grube zwischen dem Processus pterygoideus onis sphenoidalis, Os maxillare und Os palatinum; enthält die letzten Abzweigungen zur A. maxillaris und des N. maxillaris. [9]

Fossa scapho|idea f: kleine Grube an der Wurzel der Lamina medialis des Processus pterygoideus. In ihr entspringt ein Teil des M. tensor veli palatini. [9]

Fossa supra|tonsillaris f: Grube oberhalb der Gaumenmandel, der von Tonsillensubstanz freibleibende Teil zwischen den → Gaumenbögen. [9]

Fossa temporalis f: Schläfengrube, gebildet durch die Squama des Os temporale und benachbarte Flächen des Os parintale, des Os frontale und der Ala major ossis sphenoidalis. [9]

Fossa zygomatica f: → F. infratemporalis. [9]

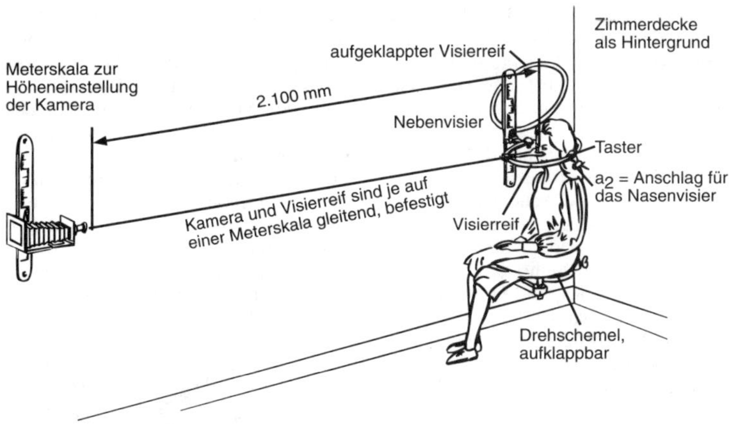

Fotostat

Fossula (lat.) f: Grübchen. 9

Fossulae tonsillares (lat.) f pl: Cryptae t.; Epithelbuchten in den Gaumentonsillen. 9

Foto|analyse f: Bez. für verschiedene in der Kieferorth. angewandte Verfahren zur Analyse des Gesichtsschädels anhand von En-Face- und Profilfotos, z.B. die → Fotostatik nach *Simon*. Es wurde angenommen, daß jeder ausgeprägten → Dysgnathie ein entsprechender Gesichtsaufbau zugeordnet sei. Die Korrelation ist jedoch nicht eng, der individuelle Gesichtsschädelaufbau ist weitgehend unabhängig von der Struktur des Gebißbereiches. 5

Foto|bühne: Hilfsmittel für die → Modellfotografie, bestehend aus einem → Reprogerät mit einer Kiefermodellbühne. Durch verschiedene Höhen und Neigungen bleibt bei den unterschiedlichen Modellansichten der Kamera-Modell-Abstand konstant, so daß ein Nachfokussieren entfällt. Alle Aufnahmen können so durch Mehrfachbelichtungen auf dem Negativ festgehalten werden. 17

Foto|grafie f: → Dentalfotografie. 17

Foto|spiegel: Hilfsmittel für die → intraorale Fotografie. F. ermöglichen die Aufnahme nicht direkt einsehbarer Areale und verringern das Problem der → Schärfentiefe. Rückseitenverspiegelte Glasspiegel ergeben Doppelbilder. Geeignet sind Metallspiegel, die gut zu sterilisieren sind, und oberflächenverspiegelte (metallbedampfte) Glasspiegel (Abb.). Vgl. Spiegelaufnahme. 17

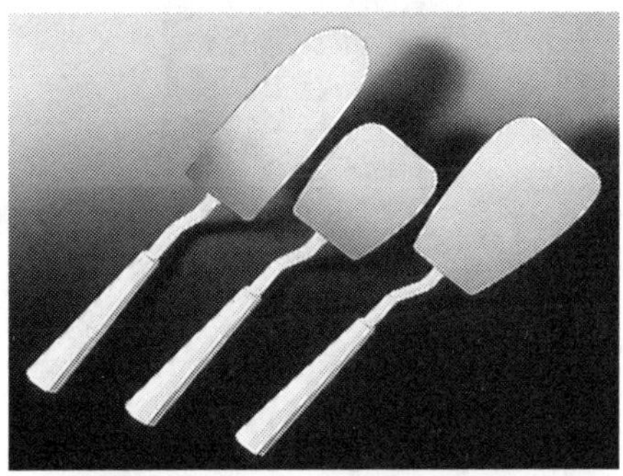

Fotospiegelsatz nach *Rateitschak* [14]

Foto|stat m: fotografisches Aufnahmegerät zur Herstellung einheitlicher, nach den Gesetzen der → Fotostatik nach *Simon* ausgerichteter Profil- und Frontalaufnahmen. Es steht auf einem Stativ mit Kopfbrettchen und Nasengabel, um stets gleiche Entfernung vom Objekt zum Objektiv bei einem Abbildungsmaßstab von 1 : 4 unter stets gleich montierter Kunstlichtbeleuchtung zu garantieren. Voraussetzung ist, daß die Plattenebene absolut vertikal und in der Profilaufnahme parallel zur Sagittalebene, daß die → Ohr-Augen-Ebene absolut horizontal und senkrecht zur Plattenebene steht und daß die optische Achse bei beiden Aufnahmen durch die → Biorbitalpunkte verläuft. Diese Fotostataufnahme wird metrisch unter Verwendung von Hilfslinie (→ Frankfurter Horizontalebene, → Orbitalebene, → Nasion-Sella-Ebene, → Glabellasenkrechte u.a.) ausgewertet und kann zur Gesichtsanalyse bei Behandlungsbeginn und zur Schlußkontrolle verwandt werden (Abb. s. S. 245). [5]

Foto|statik f: metrische und visuelle Auswertung von Frontal- und Profilaufnahmen unter stets gleicher Orientierung des Patienten und gleichen technischen Voraussetzungen. Eine aus der Kriminalistik stammende, von *Simon* für die Kieferorth. ausgearbeitete Methode mittels des → Fotostaten. Da die → Raphe-Median-Ebene am Kopf nicht bestimmbar ist, muß das gnathostatische Dreiebenensystem abgewandelt und statt dessen die durch das → Nasion verlaufende Ebene genommen werden, die senkrecht zur → Frontalebene verläuft. [5]

Fotostatus, intra|oraler m: fotografischer Status der Zahnreihen, bestehend aus fünf Aufnahmen: Frontalansicht, linke und rechte Lateralansicht sowie Okklusalansichten von Ober- und

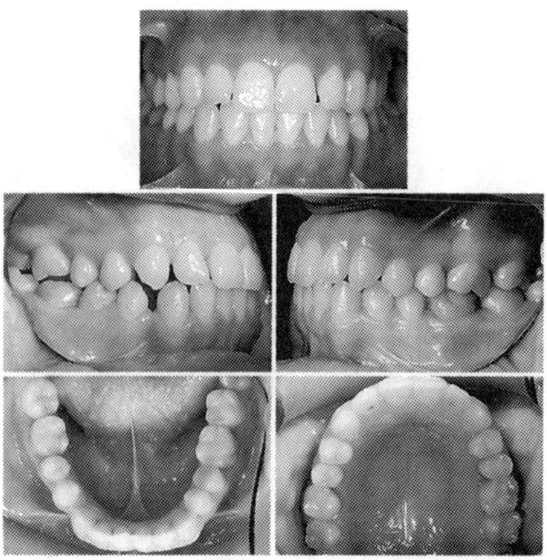

Intraoraler Fotostatus, bestehend aus einer frontalen, zwei lateralen und zwei okkusalen Ansichten der Zahnreihen

Unterkiefer (Abb.). Ein nach Standardbedingungen aufgenommener F. ergibt reproduzierbare Aufnahmen und vereinfacht die → intraorale Fotografie. [17]

Fötus m: → Fetus. [22]

foudroyant (frz.): blitzartig (für raschen Krankheitsverlauf gebraucht). [20]

Fournier|füllungen: von C. J. *Linderer* 1834 beschriebene Füllungsmethode. In kreisrunde Kavitäten wurden Intarsien aus Walroßzähnen geklebt. Später lieferten *Ash* und *S. S. White* Porzellanzylinder, von denen abgetrennte Scheiben in die mit Spezialbohrern kreisrund präparierten Kavitäten eingesetzt wurden. [1]

Fournier-Narben (Jean Alfred F., Dermat., Paris, *1832, † 1915): → *Parrot*-Streifen. [1, 12]

Fournier-Zähne: → *Hutchinson*-Zähne. [1, 12]

Fovea (lat.) f: rundliche Grube. Auf der Kaufläche von Prämolaren und Molaren gelegene Vertiefungen (Abb.). Je nach Lokalisation unterscheidet man: F. centralis, F. distalis, F. mesialis, F. triangularis distalis, F. triangularis mesialis. F. dentis: Gelenkgrube am vorderen Atlasbogen für den Zahn des Axis. [9, 30]

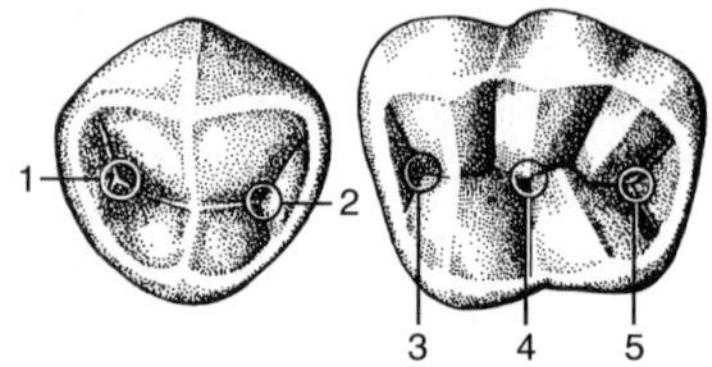

Vertiefungen auf der Kaufläche von Prämolaren und Molaren. 1: Fovea mesialis; 2: Fovea distalis; 3: Fovea triangularis mesialis; 4: Fovea centralis; 5: Fovea triangularis distalis.

Fovea retro|molaris f: längliche, schmale Vertiefung zwischen vorderer Kante des Ramus mandibulae (Abb. → Mandibula) und der → Crista temporalis. → Trigonum retromolare (JNA). [9]

Fovea sub|lingualis f: Vertiefung an der Innenseite des Unterkieferkörpers oberhalb der → Linea mylohyoidea, der sich die Glandula sublingualis anlagert. [9]

Fovea sub|mandibularis f: Vertiefung an der Innenseite des Unterkieferkörpers unterhalb der → Linea mylohyoidea, der sich die Glandula submandibularis anlagert. [9]

Foveola f: Grübchen. [9]

Foveolae palatinae f pl: Gaumengrübchen, gelegentlich auftretende Vertiefungen am harten Gaumen neben der Mittellinie. [9]

Fox-Fordyce-Drüsen (George F., Dermat., New York, *1846, † 1937; John F., Dermat., New York, *1858, † 1925): → Talgdrüsen, heterotope. [11]

Fox-Fordyce-Morbus m: chron. Erkrankung der apokrinen Schweißdrüsen. [12]

Fox-Krankheit (William T. F., Dermat., London, *1836, † 1879): → Epidermolysis bullosa hereditaria. [11]

Fraenkel-Bazillus (Eugen F., Path., Hamburg, *1853, † 1925) m: *Welch-Fraenkel*-Gasbazillus, → Clostridium perfringens, Erreger des → Gasödems. [8]

Fragilitas ossium con|genita f: → Osteogenesis imperfecta letalis. [3]

Fragilitas ossium hereditaria f: erblicher Komplex mesodermaler Fehlentwicklungen, bestehend in Knochenbrüchigkeit, blauen Skleren, Schwerhörigkeit. Weiterhin Überbeweglichkeit der Gelenke, verzögerte Dentition, Störungen in der Dentinstruktur, seltener Lippen- und Gaumenspalte. Nach Ende des Wachstums meist Festigung des Skeletts. [3]

Fragilitas ossium tarda f: → Osteogenesis imperfecta tarda. [3]

Fragilität (lat.) f: Zerbrechlichkeit, bes. von Knochen und Zähnen. Adj.: fragil. Vgl. Osteopsathyrose. [2]

fraktionierte Aussaat: Methode zur Erzielung einzel stehender Bakterienkolonien. Dabei wird das Material fraktioniert auf einem festen Nährboden ausgestrichen. Die Öse wird nach Anlegung eines Impfstriches ausgeglüht, und nur die Keime werden weiter ausgestrichen, die am Ende des Impfstriches auf dem Nährboden liegengeblieben waren. [8]

fraktionierte Sterilisation f: → Tyndallisieren. [8]

Fraktur (lat.) f: Knochenbruch, Durchtrennung der Kontinuität eines Knochens. Nach der Ursache unterschieden in Abriß-, Abscher-, Biegungs-, Kompressions- und Torsionsfraktur. → Dislokation, → Kieferbruch. Bei komplizierter F. besteht eine gleichzeitige Durchtrennung der deckenden Weichteile (offener Bruch). Zahnfraktur: Abbrechen eines Zahnes od. seiner Wurzel, meist beim Extraktionsversuch. Die Wurzel ist dann „frakturiert". Kleine Wurzelreste vitaler Zähne können ggf. im Kiefer belassen werden. → Wurzelfraktur, → Spontanfraktur, → Fraktur, pathologische. [2]

Fraktur, pathologische f: Fraktur unter normaler Funktion bei extremer Schwächung des Knochens durch pathologische Prozesse. Vgl. Spontanfraktur. [2]

Framboesia tropica (frz.) f: kontagiöse, syphilisähnliche, nicht-venerische Tropenkrankheit. Hautsymptom: himbeerähnliche Papeln der Haut. Erreger: Treponema pertenue. [8]

Franceschetti-Syndrom (Adolphe F., Ophthalmol., Genf, *1896, † 1968) n: → Dysostosis mandibulofacialis. [3]

Francke-Nadel (Arzt, München, *1859, † 1920): eine durch Federkraft vorschnellende Lanzette zur Durchbohrung der Haut zwecks Entnahme kleiner Blutmengen; auch Schnäpper genannt. [2]

Fränkel-Funktions|regler (Rolf F., Kieferorth., Zwickau, 1961): → Funktionsregler. [5]

Fränkel-Weichselbaum-Diplo|kokkus (Albert F., Int., Berlin, *1848, † 1916; Anton W., Pathol., Wien, *1845, † 1920) m: → Diplococcus pneumoniae. [8]

Frankfurter Horizontal|ebene: Deutsche Horizontalebene; auf dem Anthropologenkongreß in Frankfurt/M. 1882 festgelegte, 1884 eingeführte anthrop. Meßebene, bestimmt durch das → Porion, den oberen Rand des Porus acusticus

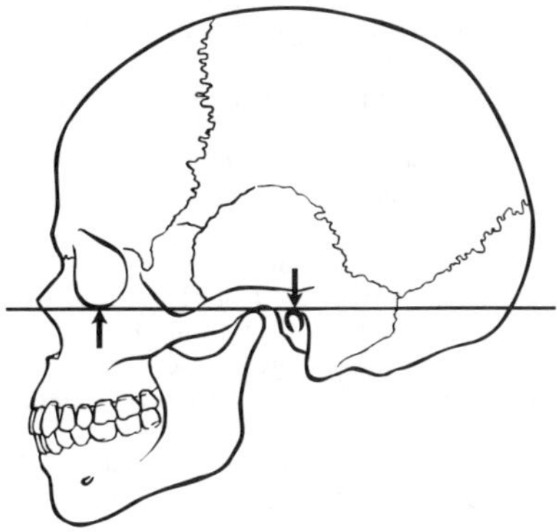

externus, und das → Orbitale, den tiefstgelegenen Punkt des unteren Augenhöhlenrandes (Abb.). Vgl. Ohr-Augen-Ebene, Meßpunkte, Gesichtsbogen. [4,5]

Frankfurter System n: Organisationsform der → Jugendzahnpflege. Planmäßige Untersuchung durch haupt- oder nebenamtliche Jugendzahnärzte mit nachfolgender Überweisung zur Behandlung an die freie Praxis. [15]

Französische Horizontal|ebene: anthrop. Meßebene, bestimmt durch den tiefsten Punkt der Gelenkhöcker des Hinterhauptsbeines und das → Prosthion (Point alvéolaire). Hat sich nicht durchgesetzt, da sehr stark geneigt und am Lebenden kaum bestimmbar. [5]

Fräser (nicht: Fräse): In der Zhk. gebräuchliches → rotierendes Instrument, das in axialer und/oder radialer Richtung mit definierter Schneide spanabhebend arbeitet. Norm: DIN 13 951. In die Bohrmaschine eingespannt, dient der F. der Bearbeitung von Kunststoff bzw. Metall sowie als chirurgischer F. der Knochenformung. [4,21]

Fräs|schablone f: → Bohrschablone. [18]

Fräs|technik f: Verfahren in der Zahntechnik zur Herstellung von gefrästen Kronen (→ Konus-, → Teleskopkrone), Hilfsteilen usw. Fräsgeräte sind als → Parallelometer mit Motor konstruiert. Frästechniken z.B. nach *Gaerny, Gründler, K.H. Körber* und *Pfannenstiel.* 21

Freedom in centric (engl.) f: → Okklusionskonzept, welches davon ausgeht, daß in habitueller Interkuspidation ein Bewegungsfreiraum (±0,5 mm) sowohl in sagittaler als auch in transversaler Richtung vorhanden sein muß, also keine so starre Verschlüsselung der antagonistischen Zahnreihen vorliegen darf. Dies deshalb, um regulatorische Kontrollbewegungen im Zahnreihenschluß zuzulassen. Eine freedom in centric setzt einen Höckerspitzen-Gruben-Kontakt voraus. Ziel ist es, besonders bei → Bruxismus, eine Überlastung des Zahnhalteapparates zu vermeiden. → Okklusionsfeld. 4

Free way space (engl.) m: Interokklusalabstand; Schließbewegung des Unterkiefers aus seiner → Ruheschwebe in → zentrale Okklusion oder → habituelle Okklusion ohne artikuläre Phase, d.h. ohne ein Abgleiten des Unterkiefers aus einer initialen Kontaktposition in eine habituelle Position. Schließbewegungen dieser Art treten nur bei funktionell völlig ausgeglichenen Gebissen auf. 4, 5

freie Heilfürsorge: Versorgung von Soldaten der Bundeswehr, Angehörigen des Polizeivollzugsdienstes im Bundesgrenzschutz und Zivildienstleistenden. Zählt zur vertragszahnärztlichen Versorgung (§ 75 Abs. 3 SGB V). Die → Kassenzahnärztliche Vereinigung muß die Versorgung sicherstellen. 24

Freiend|brücke: Anhängerbrücke, Endpfeilerbrücke, Extensionsbrücke; Brücke, bei der ein Ende der Brücke mesial oder distal nicht mit einem Pfeilerzahn, sondern mit einem Zwischenglied endet. In Ausnahmefällen möglich, wenn

das Anhängerglied nicht mehr als ein Drittel der gesamten Brückenlänge, z.B. eine Prämolarenbreite, darstellt (Abb.). 4

Freiend|prothese f: ein- oder doppelseitig frei endende partielle Prothese, die am distalen Sattelende keine parodontale Abstützungsmöglichkeit besitzt. Kann rein schleimhautgetragen oder zusätzlich auf den Zähnen parodontal-gingival abgestützt sein. Die besondere Problematik bei der parodontal-gingival gelagerten Prothese besteht darin, daß die Nachgiebigkeit der Restzähne in ihrer Alveole unter Kaudruck wesentlich geringer ist als die der Schleimhaut unter dem Prothesensattel. Die Prothese kippt daher beim Kauen um den Auflagepunkt an den Zähnen. Durch → Verbindungselemente zwischen restlichen Zähnen und Prothesensattel (Gelenke, Geschiebe) kann die Prothesenlagerung beeinflußt werden. Für die Belastungsverteilung wird die sattelferne, starre Lagerung der partiellen Prothese empfohlen (Abb.). Die Indikation

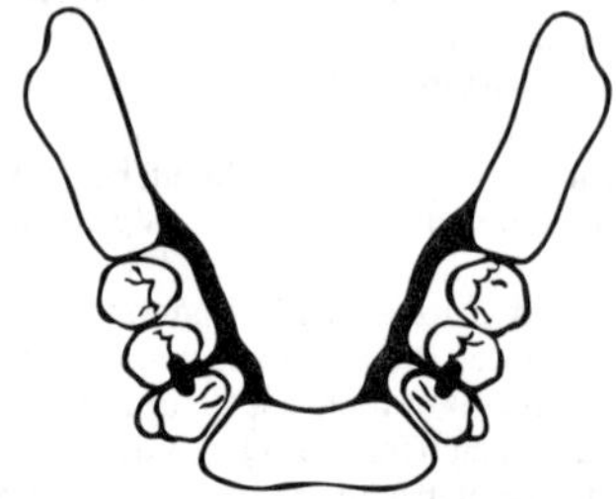

Doppelseitig verkürzte und unterbrochene Zahnreihe. In der Front abgestützte (sattelfern gelagerte) Modellgußprothese (Freiendprothese).

zur einseitigen F. ohne zusätzlichen Sublingualbügel bzw. Gaumenbügel als Ausgleichselement (→ Monoreduktor) ist aus Gründen mangelhafter Stabilisierung und im Hinblick auf forensische Folgen (Gefahr des Aspirierens oder Verschluckens) begrenzt. Vgl. Prothese, partielle. 4

Freiend|sattel: → Freiendprothese, → Monoreduktor. 4

freier Mitarbeiter: weisungsunabhängige Mitarbeiter. In der Zahnarztpraxis nicht möglich, da sowohl → Assistenten als auch Hilfspersonal den Weisungen des Zahnarztes unterworfen sein müssen. Wird steuerlich nur anerkannt, wenn Weisungsunabhängigkeit besteht. 24

Freier Verband Deutscher Zahnärzte: freiwillige Vereinigung (eingetragener Verein) der Zahnärzte mit Sitz in Bonn. Besteht seit 1955 und umfaßt z.Z. rund 25.000 Mitglieder. 24

Freistellung: in der → Sachfotografie häufig angewandtes Verfahren, das es erlaubt, Objekte quasi schwebend und schattenfrei vor einem Hintergrund beliebiger Farbe aufzunehmen. Der Bildinhalt wird damit auf das Wesentliche konzentriert, die Wahrnehmung durch den Betrachter verbessert. Die F. erfolgt durch eine geeignete Anordung von Hintergrund und Beleuchtung unter Verwendung von Glasplatten oder speziellen → Objekttischen. 17

Fremdkörper: Corpus alienium; durch Körperöffnungen oder transkutan in den Körper eingedrungene bzw. iatrogen eingebrachte unphysiologische Gegenstände (z.B. auf dem → Atemwege, durch → Perforation oder bei diagnost. bzw. therapeut. Eingriffen). Bei einem Eindringen in die Atemwege kann es zu einem obstruktiven → Atemstillstand kommen (→ Aspiration). Gerät ein großer F. in die Luftröhre (Bolus), müssen lebensrettende Sofortmaßnahmen innerhalb kürzester Frist erfolgreich sein, um eine → Hypoxie zu vermeiden. Vgl. Bolustod. Bei längerem Verbleiben im Körpergewebe kann es zu Fremdkörperreaktionen in der Umgebung kommen (→ F.-Abszeß, → F.-Granulom). [16, 32]

Fremdkörper|ab|szeß m: Bildung eines → Abszesses um einen infizierten → Fremdkörper; entweder als akute primäre Entzündungsreaktion oder infolge Sekundärinfektion eines → Fremdkörpergranuloms, häufig mit nachfolgender Perforation oder Bildung einer → Fistel (z.B. Fadenfistel). [32]

Fremdkörper|granulom n: chronische proliferative (granulomatöse) Entzündungsreaktion in der Umgebung von schwer oder nicht resorbierbaren körperfremden (z.B. Metall-, Glas-, Holzsplitter, Nahtmaterial, Talkum) oder körpereigenen Materialien (z.B. Cholesterin-, Uratkristalle, Amyloid). Histologisch besteht das F. aus Bindegewebe, einem lymphoplasmazellulären Infiltrat, eingewanderten Makrophagen und einer Ansammlung von mehrkernigen Riesenzellen (→ Fremdkörperriesenzellen), die das Fremdmaterial phagozytieren oder sich ihnen anlagern. [32]

Fremd|körper|riesen|zellen f pl: durch Fremdkörperreiz induzierte und durch Fusion von Makrophagen entstandene, außerordentlich große, bizarr gestaltete, mehrkernige Riesenzellen mit Fähigkeit zur Phagozytose, z.B. im → Fremdkörpergranulom (Abb. → Riesenzellen). [32]

Frémissement (frz.): → Fremitus. [2]

Fremitus (lat.) m: Schwirren; das Erzittern der Brustwand, das beim Sprechen der Kranken über verdichteten Lungenteilen verstärkt fühlbar wird. [2]

Fremitus dentium m: das „Wurzelschwirren" bei der Perkussion eines devitalen Zahnes, erzeugt durch den apikalen Knochendefekt. [2]

Frenul|ektomie f: Frenektomie; Ausschneidung des Lippenbändchens. Da sich das persistierende obere Lippenbändchen beim Zahnwechsel meist zurückbildet, ist die chirurgische Entfernung erst ab dem 7. Lebensjahr angezeigt. Der Eingriff besteht in Exzision des Bändchens von seinem Ansatz am Alveolarfortsatz durch das Diastema hindurch palatinal bis zur Papille. Restlose Entfernung des Periosts, evtl. mit Bohrer. Knochenentfernung und kieferorthopäd. Nachbehandlung bei rechtzeitiger Operation (7. bis 8. Jahr) im allg. nicht erforderlich. → Diastema, → Frenulum labii superioris anomale. [2]

Frenulo|plastik f: chirurgische Behandlung von nahe auf den Alveolarkamm bzw. in die marginale Gingiva einstrahlenden Lippen- und Wangenbändchen. Die Technik besteht in der einfachen Durchtrennung (Fren[ul]otomie) in der → V-Y-Verschiebung oder der → Z-Plastik. Vgl. Frenulektomie. Entsprechend wird bei der Lösung eines zu kurzen Zungenbändchens (→ Ankyloglossie) verfahren. [2]

Frenulum (lat.) n: Bändchen; Bezeichnung für Haut- und Schleimhautfalten. [9]

Frenulum labii inferioris n: unteres Lippenbändchen; mediane Schleimhautfalte von der Innenseite der Unterlippe zum Alveolarfortsatz; → Frenulektomie. [9]

Frenulum labii superioris n: oberes Lippenbändchen; mediane Schleimhautfalte von der Innenseite der Oberlippe zum Alveolarfortsatz; → Fren(ul)ektomie. [9]

Frenulum labii superioris anomale n: tief ansetzendes, bis zur Papilla incisiva durchgewachsenes Lippenbändchen, eine der Ursachen des Diastema; bei Fortbestand des beim Neugeborenen physiolog. F. tectolabiale. → Frenulektomie. [9]

Frenulum linguae n: Zungenbändchen; mediane Schleimhautfalte von der Zungenunterfläche zum Unterkiefer. [9]

Frenulum tecto|labiale n: → Frenulum labii superioris anomale. [5, 9]

frequenter Puls: beschleunigte → Pulsfrequenz. [20]

Frequenz (lat.) f: **1.** Phys.: Anzahl der vollständig ausgeführten Schwingungen je Zeiteinheit, techn. Einheit: Hertz (Hz). Vgl. Vibration. **2.** Med.: → Herz-F., → Puls-F. [10, 21]

Freß|zellen: → Phagozyten, → Osteoklasten. [9]

Frey-Syndrom n: → aurikulotemporales Syndrom. [2]

Frialit®-Implantat n: → dentales Implantat; als → Sofort- oder → Spätimplantat verwendbar. Typ Tübingen: Stufenzylinder-Implantat aus polykristalliner Aluminiumoxidkeramik, rund und oval in verschiedenen Durchmessern. Typ München: Modifikation des Typs Tübingen, ausschließlich als Spätimplantat indiziert. Vgl. Implantattypen. [18]

Frialit-2®-Implantat n: Modifikation des → Frialit-Implantats Typ Tübingen; Stufenzylinder oder -schraube aus → Titan, verwendbar als → Sofort- oder → Spätimplantat, mit vorgefertigten prothetischen Aufbauteilen. 18

Friedländer-Pneumonie|bakterien (Carl, F., Pathol., Berlin-Friedrichshain, *1847, † 1887) f pl: Bacterium oder Diplobacillus pneumoniae; Klebsiella pneumoniae *Friedländer*. Heute relativ häufiger (Hospitalismus-)Erreger von Lobär- und Bronchopneumonien u.a. Infektionen. Gramnegative Kapselbakterien. 8

Friel-Korkhaus-Modus (Gustav K., Kieferorth., Bonn, *1895, † 1978) m: Erklärung für eine korrekte, d.h. neutrale Einstellung der bleibenden ersten Molaren zur Zeit der 1. → Wechselgebißperiode trotz geradem Abschluß der → Postlaktealebene. Die Theorie besagt, daß nach Fertigstellung des Milchgebisses eine funktionsbedingte Einebnung der Höcker und Schneidekanten stattfindet, die dem Unterkiefer als ganzes die Möglichkeit gibt, nach anterior zu gleiten und so in neutrale Verzahnung zu gelangen. Vgl. *Baume*-Modus, *Zielinsky*-Modus. 5

Frigidität (lat.) f: veralteter Begriff für geschlechtliche „Kälte". Durch die Sexualforschung heute als mangelnde Befriedigung oder → Anorgasmie beschrieben. 13

Friktion (lat.) f: Reibung, speziell bei der Massage. Technisch: Haftung durch Reibung, z.B. bei → Teleskopkronen. 4

Fritten (lat.) n: Erhitzen keramischer Massen, so daß die einzelnen Teile zusammenkleben, ohne daß die ganze Masse in Fluß gerät (Fritte). Dient zur Steigerung der Transparenz künstlicher Zähne. 4

Frons quadrata f: annähernd rechtwinklige Stirn, gelegentlich als Folge von Rachitis. 3

frontal (lat.): in einer frontalen Ebene gelegen. → anatomische Ebenen. 9

Frontal|bogen: → Labialbogen. 5

Frontal|ebene: jede durch einen beliebigen Meßpunkt senkrecht zur → Raphe-Median-Ebene und zur → Ohr-Augen-Ebene errichtete Ebene, z.B. Glabella-, Nasion-, Orbitalebene. Abb. → Mediansagittalebene. 5

frontalis (lat.): zur Stirn gehörig. 9

Fronto|mandibular|index m: Verhältnis der kleinsten Stirnbreite zur Kieferwinkelbreite. 5

fronto|okzipital: in Richtung Stirn-Hinterhaupt. 9

Fronto|temporale n: Abk. Ft; anthrop. Meßpunkt am vordersten Punkt der Ursprungsfläche des M. temporalis. (Abb. → Meßpunkte). 5

Front|zahn|bogen: der von den → Frontzähnen gebildete Teil des Zahnbogens. 5

Front|zähne: Schneide- und Eckzähne, → Dentes incisivi, → Dentes canini. 30

Front|zahn|führung: → Okklusionskonzept, welches den Frontzähnen eine Führungsfunktion zuschreibt. Alleinige Führung bei Exkursionsbewegungen über Schneidezähne führt zur → Disklusion im Seitenzahngebiet. In der Nomenklatur der → AgF: Dynamische → Okklusion zwischen Ober- und Unterkieferfrontzähnen. 4

Front|zahn|stufe, sagittale: Aufhebung des abgestimmten Frontzahnüberbisses durch einen in der Sagittalebene zu bestimmenden Abstand zwischen den Berührungsflächen der oberen und unteren Frontzähne, gemessen in Schlußbißstellung. Vgl. Frontzahnüberbiß, abgestimmter. 5

Front|zahn|überbiß: → Scherenbiß. 5

Front|zahn|überbiß, abgestimmter: → Neutralbiß mit physiologischem vertikalen und sagittalen Überbiß der Frontzahnreihen. Beim Kauakt bleiben auch bei Vorschubbewegung bis zum → Kantenbiß alle Seitenzähne in Kontakt mit dem Gegenkiefer. 5

Frosch|geschwulst: → Ranula. 2

Frosch|hals: → *Klippel-Feil*-Syndrom. 3

Frost|beulen: → Perniones. 12

FRS: Abk. für → **F**ern**r**öntgen**s**eitenbild. 5

FRS-Analyse f: Kurzform für **F**ern**r**öntgen**s**eitenbild-Analyse. Auswertung des → Fernröntgenseitenbildes zur Diagnose in der Kieferorth. Der Gesichtsschädel wird nach der kraniometrischen Technik ausgemessen, indem → Meßpunkte (Weichteile- und skelettale M.) am Röntgenbild aufgesucht, verbunden und die entstandenen Winkel oder Strecken beurteilt werden (Abb. 1 bis 3). Zahlreiche unterschiedliche Analyseverfahren, z.B.: F. nach *Downs*: Ziel der Analyse ist die Schaffung harmonischer Beziehungen zwischen klinischem Bild, fotografischem Profilbild und FRS. Es gibt daher keine Normwerte und kein Normgesicht. Harmonie kann bei unterschiedlicher skelettaler Grundlage bestehen. F. nach *Hasund*: Bergen-Kephalometrie. Anhand des vorliegenden → Gesichtstyps werden individualisierte, „fließende" Normwerte für die verwendeten Winkel und Strecken im Fernröntgenseitenbild festgelegt (Abb. 4). So kann beurteilt werden, ob innerhalb eines bestehenden Wachstumsmusters (→ Wachstumsrichtung) Harmonie oder Dysharmonie vorliegt. F. nach *Ricketts*: Die Analyse ist Teil eines komplexen Diagnose-, Behandlungsplanungs- und Überwachungssystems. Es müssen über die gemessenen Werte hinaus (Abb. 5), das zu erwartende Wachstum und die therapeutischen Effekte mitbeurteilt werden. Daher Bezug auf sog. Wachstumszentren, Feststellung

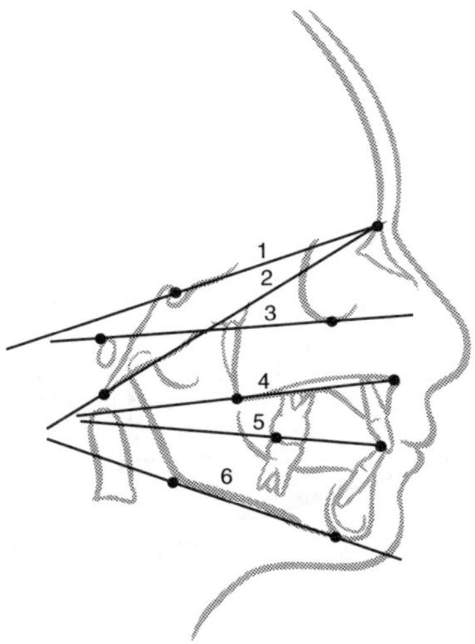

FRS-Analyse
Abb. 1: horizontale Bezugsebene
1 = Sella-Nasion-Ebene; 2 = Basion-Nasion-Ebene; 3 = Frankfurter Horizontale;
4 = Spinaebene; 5 = Kauebene (Okklusionsebene);
6 = Mandibularebene (Unterkieferebene).

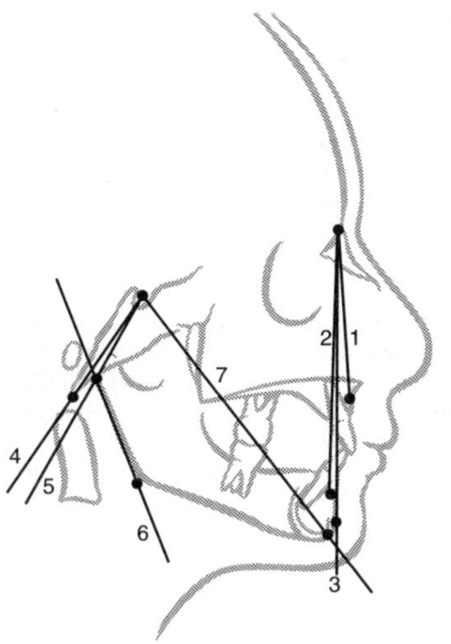

FRS-Analyse
Abb. 2: vertikale Bezugsebenen
1 = Nasion-A-Punkt; 2 = Nasion-B-Punkt;
3 = Nasion-Pogonion (Gesichtsebene);
4 = Sella-Basion; 5 = Sella-Articulare
(seitliche Schädelbasis); 6 = Gonion-Articulare
(aufsteigender UK-Ast); 7 = Y-Achse (Broadbent).

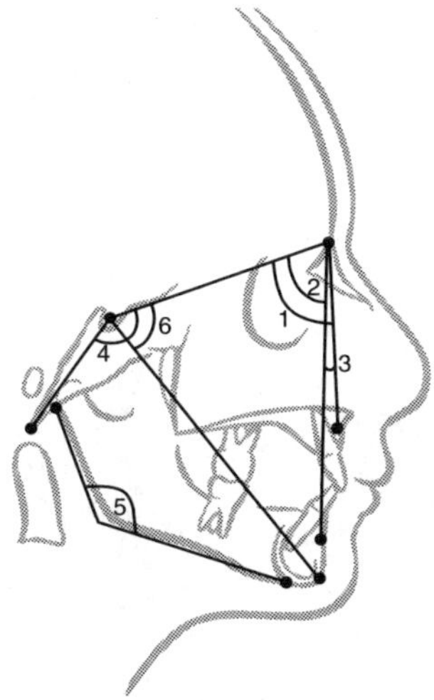

FRS-Analyse
Abb. 3: Winkelmessungen
1 = SNA-Winkel; 2 = SNB-Winkel; 3 = ANB-Winkel;
4 = NSBa-Winkel; 5 = Gonionwinkel;
6 = Y-Achse (Broadbent).

der → Wachstumsrichtung und weiterer Parameter. Es erfolgt eine → Wachstumsvorhersage mit und ohne Behandlung, erst daraus ergibt sich die endgültige Behandlungsplanung. F. nach *Steiner*: Synthese verschiedener F.n (Abb. 6). Die Analyse beruht auf der Angabe von Normwerten, die mit den individuellen Gegebenheiten verglichen werden. Zusammen mit den Ergebnissen aus der → Gebißanalyse wird entschieden, ob mit oder ohne Extraktion von Zähnen zu behandeln ist. F. nach *Tweed*: Kern der Analyse ist ein durch die → Frankfurter Horizontalebene (FH), die → Unterkiefergrundebene (MP) und die Längsachse der zentralen unteren Schneidezähne (I) gebildetes Dreieck (Abb. 7). Therapeutisch beeinflußbar ist der Winkel MP-I, der Winkel FH-MP ist unveränderlich. Ab einem Winkelwert FH-MP von > 30 kann durch Korrektur der Schneidezahnstellung kein gutes Behandlungsergebnis mehr erreicht werden, es muß die Extraktion von Zähnen erfolgen; demnach müßten in 80% aller Fälle Zähne extrahiert werden. 5

Frucht|zucker: → Fruktose. 23

Frühdehnungs|apparat m: von *Körbitz* 1910 entwickelter Apparat, mit dem die bis dahin üblichen zahlreichen Ligaturen als Kraftübertragungsmittel vermieden werden. Er faßt einzelne Zahngruppen durch linguale Balken zusammen,

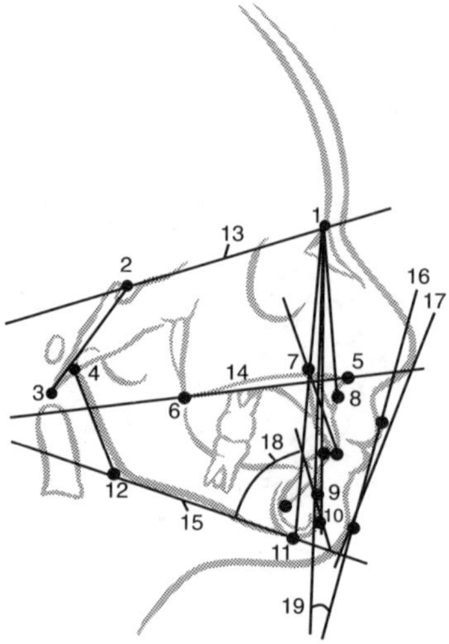

FRS-Analyse
Abb. 4: FRS-Analyse nach *Hasund.*

Meßpunkte:

1= Nasion (N); 2 = Sella (S); 3 = Basion (Ba); 4 = Articulare (Ar); 5 = Spina nasalis anterior (Sp); 6 = Pterygomaxillare (Pm); 7 = Spina Strich (Sp'); 8 = A-Punkt (A); 9 = B-Punkt (B); 10 = Pogonion (Pg); 11 = Gnathion (Gn); 12 = Gonion-Tangentenpunkt (tgo).

Bezugsebenen:

13 = Nasion-Sella-Linie (NSL); 14 = Nasallinie (NL); 15 = Mandibularlinie (ML); 16 = H-Linie (*Holdaway*-Linie); 17 = Ästhetiklinie (*Ricketts*).

Winkelmessungen:

18 = *Norderval*-Winkel (N-Winkel); 19 = *Holdaway*-Winkel (H-Winkel).

so daß die Federkraft auf diese Balken des Labialbogens nur mittels einzelner Ligaturen übertragen wird. Vgl. Dehnungsapparat. 5

Fruktifikation (lat.) f: Bildung von Samen und Sporen auf geschlechtlicher, weitergehend auch auf ungeschlechtl. Grundlage; so auch die Bildung von → Konidien. 8

Fruktose (lat.) f: Fruchtzucker, Lävulose. Linksdrehende Ketohexose, Monosaccharid (→ Kohlenhydrate). Vorkommen im Rohrzucker (Disaccharid aus Glukose und F.). Insulinunabhängiger Abbau im Organismus möglich, daher wichtigste Ketose in der Infusionstherapie. 23

Fruktose|intoleranz f: hereditäre Abbaustörung

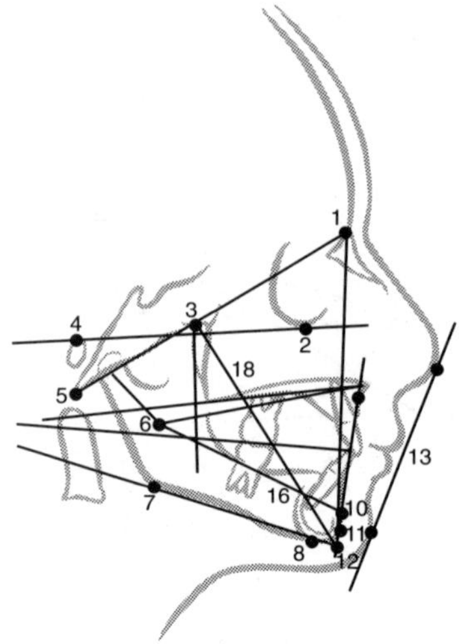

FRS-Analyse
Abb. 5: FRS-Analyse nach *Ricketts.*

Meßpunkte:

1 = Nasion (NA); 2 = Orbitale (O); 3 = PT-Punkt (PT); 4 = Porion (PR); 5 = Basion (BA); 6 = Xi-Punkt (XI); 7 = Gonion (GO); 8 = Menthon (ME); 9 = A-Punkt (A); 10 = PM-Punkt (PM); 11 = Pogonion (PO); 12 = Gnathion (GN).

Bezugsebenen:

13 = Ästhetiklinie, 14 = PT-Vertikale, 15 = Condylarachse, 16 = Corpusebene, 17 = Fazialebene, 18 = Fazialachse; 19 = APO Ebene.

der Fruktose. Fruktose kann nicht verwertet werden, da das entsprechende Leberenzym Phosphofruktaldolase fehlt. Schwere Entwicklungsstörungen bei Säuglingen. Fruktoseabstinenz erforderlich. Da Fruktose auch Baustein des Rohrzuckers ist, wird dieser ebenfalls nicht vertragen. Folge: weitgehende Kariesfreiheit bei Personen mit F. 1

Frustration (lat.) f: Reaktion auf den erzwungenen Abbruch einer Handlung oder eines Bedürfnisablaufes (→ Bedürfnis) vor der befriedigenden Endhandlung. Der Verhinderung können Ärger oder → Aggression folgen; die Art der Frustrationsverarbeitung oder -toleranz gilt als wichtige Variable im motivationalen Persönlichkeitsgeschehen. 13

FTA-Test m: FTA Abk. für engl. **f**luorescent **t**reponemal **a**ntibody test; spezifische Seroreak-

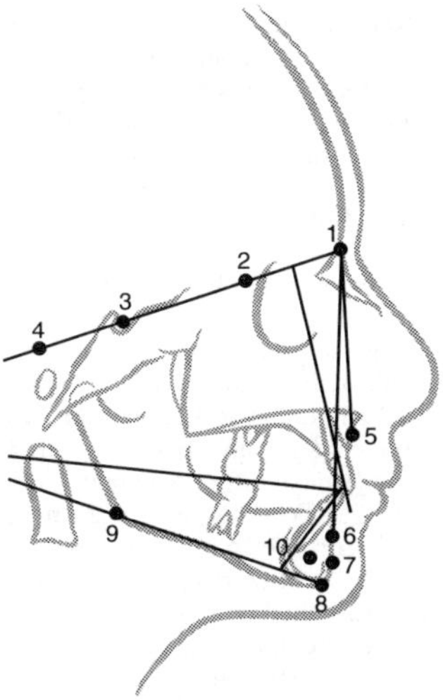

FRS-Analyse
Abb. 6: FRS-Analyse nach *Steiner.*

Meßpunkte:

1 = Nasion (N); 2 = L-Punkt (L); 3 = Sella (S); 4 = E-Punkt (E); 5 = A-Punkt; 6 = B-Punkt; 7 = Pogonion (Pog); 8 = Gnathion (Gn); 9 = Gonion (Go); 10 = D-Punkt (D).

Konstruktion:

D-Punkt, etwa Kreismittelpunkt der Symphyse. E-Punkt, Schnittpunkt der Linie SN mit der Senkrechten am distalsten Punkt des Gelenkkopfes. L-Punkt, Schnittpunkt der Linie SN mit der Senkrechten an den Punkt Pog.

tion zum Nachweis der Syphilis. Eine auf dem Objektträger angetrocknete Suspension von Treponema pallidum wird zunächst mit Patienten-Serum, nach Abspülen mit fluoreszierendem Antihumanglobulin überschichtet. Wenn von Treptonemen Antikörper aus Patienten-Serum gebunden werden, bindet sich an gleicher Stelle auch fluoreszierendes Antiglobulin. Im UV-Mikroskop nachweisbar. F. wird als erster etwa 14 Tage nach Infektion positiv. [8]

Fuchs-Syndrom (Ernst F., Ophth., Wien, *1851, † 1930) n: entzündliche Haut- und Schleimhauterkrankung, die Beziehungen zur → *Baader*-Dermatostomatitis und zur pluriorifiziellen Ektodermose aufweist bzw. mit ihnen identisch ist. Vgl. Ektodermose, pluriorifizielle. [11]

Führungs|dorn: → Fingerfeder. [5]

Führungs|draht: Hilfsmittel (Sporn, Schlinge)

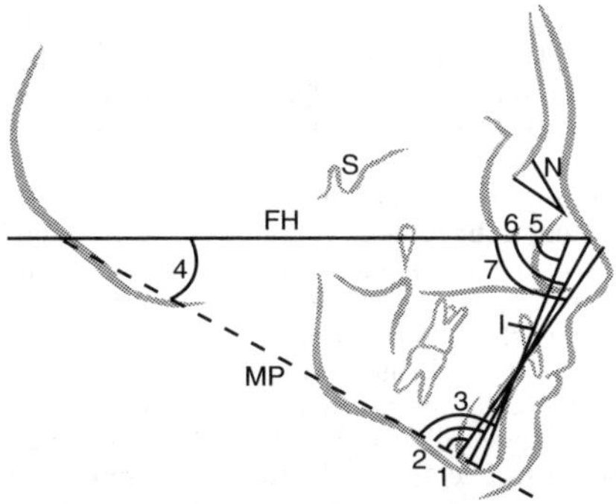

FRS-Analyse
Abb. 7: FRS-Analyse nach *Tweed.*

aus Stahldraht für Einzelzahnbewegungen am kieferorth. Plattengerät. Vgl. Feder. [5]

Führungs|element n: → Verbindungselement, das dem Prothesensattel eine definierte Bewegung verleiht, z.B. Steg als Auflageachse. [4]

Führungs|flächen: am → Aktivator eingeschliffene Flächen, die die Führung einzelner Zähne oder auch des ganzen Unterkiefers übernehmen und so die Einstellung (gegebenenfalls durch Gelenkumstellung) in die gewünschte Bißlage übernehmen. [5]

Führungs|gewinde|schneider: → Gewindeschneider. [18]

Führungs|phase f: zweite Behandlungsphase in der → *Bergen*-Technik. Während der F. wird eine körperliche Führung der Zähne am Draht vollzogen. Die Schwierigkeit liegt während der F. hauptsächlich in der → Verankerung. Vgl. Edgewise-Technik. [5]

Führungs|stift: Führungsteller; → Schneidezahnführungsstift. [4]

Fukose f: eine Methylpentose, zuerst im Blasentang gefunden und u.a. im Speichel nachgewiesen. Wird bei Säurehydrolyse zerstört. [3]

Fuligo (lat.) f und m: bräunlichschwarzer Belag auf der Mundhöhlenschleimhaut bei schwer und anhaltend Fiebernden. [3]

Full|band-Technik (engl.) f: → Multibandtechnik. [5]

Füllhalter|dosi|meter n: Taschendosimeter; in der Radiol. zur Personendosismessung für den → Kontrollbereich verwendetes → Dosimeter. Arbeitet nach dem Prinzip der Ionisationskammer. Jederzeit ablesbar, Skalenendwerte von 2 mSv bis 5 Sv. [14]

Füll|stoffe: Zusätze zu Kunststoffen für Prothesen oder Füllungen bzw. Abformmassen, die bestimmte Eigenschaften (z.B. Ausdehnungskoeffizient, Härte, Aussehen) verbessern (TiO_2, Glasfasern, -kugeln, -mehl, Quarzsand, -mehl, Aerosil u.a.) oder nur das Material verbilligen sollen. [1]

Füllung: → Füllungstherapie. [1]

Füllungs|therapie f: Therapie der Karies durch Ersatz der erkrankten Zahnhartsubstanzen mit alloplastischem Material. Wegen des fehlenden Stoffwechsels sind kariös erkrankte Zahnhartsubstanzen nicht ausheilungsfähig. Die Therapie hat deshalb ihre vollständige Ausräumung zum Ziel. Hierzu dienen zahnärztliche Schleif- und Bohrinstrumente. Da die Karies unterminierend vordringt, werden zunächst die überhängenden harten Schmelzränder durch hochtouriges Schleifen unter Wasserkühlung abgetragen. Dann erfolgt das Entfernen der weichen kariösen Substanz durch Bohren mit geringer Drehzahl. Je nach Größe, Lokalisation und geplantem Füllungsmaterial ist es erforderlich, der entstehenden → Kavität eine bestimmte Form zu geben, um die Haltbarkeit der Füllung zu gewährleisten. Die erste Systematik der Kavitätenpräparation stammt von *Black.* Er unterteilte die Kavitäten in 5 Klassen und schlug bestimmte Formen vor. Zweck: Der Rand der Füllung soll in habituell sauberen Zonen liegen (Extension for prevention), die Füllung soll dem Kaudruck standhalten und nicht herausfallen (Widerstands- und Retentionsform). Die Prinzipien gelten für alle Füllungsarten, bedingen jedoch Variationen hinsichtlich Zahntyp und Material. Für den Seitenzahnbereich kommen Gold- und Amalgamfüllungen in Betracht. Am hochwertigsten ist die Goldfüllung. Sie besteht aus hochkarätigen Legierungen aus 85-95% Gold, 1-4% Palladium, 1-10% Platin, 10-15% Silber, 0-10% Kupfer, 0-1% Zink. Vorteile: Resistenz gegenüber Mundhöhleneinflüssen, Form- und Randbeständigkeit, Gewebsverträglichkeit. Nachteile: vom Zahn abweichende Farbe, hohe Temperaturleitfähigkeit, aufwendige Verarbeitung (Guß), hohe Material- und Verarbeitungskosten. → Amalgam ist das am häufigsten verarbeitete Füllungsmaterial für den Seitenzahnbereich. Vorteile: kostengünstiger als Gold. Nachteile: ebenfalls keine zahnähnliche Farbe, bruchbegünstigende Sprödigkeit, hohe Anforderungen an die Verarbeitung im Mund. Amalgam weist jedoch ein günstiges Kosten-Nutzen-Verhältnis auf, deshalb gibt es z.Z. für die Standardversorgung im Seitenzahnbereich keine Alternative. Füllungen für die Frontzähne stellen einen Problembereich der Zahnerhaltungskunde dar. Es ist bisher nur teilweise gelungen, den hohen Materialanforderungen an Farbgebung, Transparenz und Mundbeständigkeit technologisch zu entsprechen. Die Entwicklung der → Komposits erbrachte allerdings wesentliche Fortschritte, die durch die Einführung der → Ätztechnik noch verbessert wurden. Vgl. Bohren, Bohrerformen, Schleifkörper, Diamant. [1]

Füllungs|werkstoffe: Materialien für die → Füllungstherapie; sie können provisorisch oder permanent, plastisch oder starr sein. Provisorische F. (z.B. Zinkoxid-Eugenol) dienen zum kurzzeitigen Abdecken von → Einlagen oder → Kavitäten. Permanente F. sind plastisch, erhärten in der Kavität (Kunststoffe, Amalgam) oder werden als fertiger Formkörper mit Zement in der Kavität befestigt (→ Inlays). [1]

fulminant (lat.): blitzartig, → foudroyant. [20]

Functio|graph m: Gerät zur intraoralen Registrierung und Therapie von Okklusionsstörungen (*M. Kleinrok,* 1980). Mit einem zentralen Stützstift wird zunächst der → Pfeilwinkel auf einer Unterkieferschreibplatte aufgezeichnet. Der Stützstift des F.en kann durch Drehung einer Schraube federnd nachgiebig gewandelt werden. Dadurch wird es möglich, eine weitere Kurve

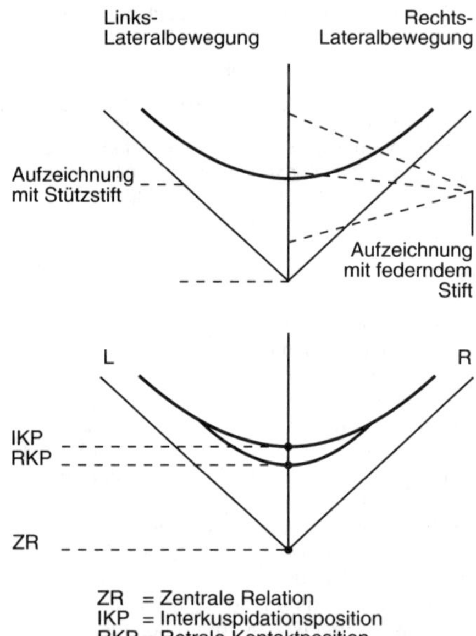

ZR = Zentrale Relation
IKP = Interkuspidationsposition
RKP = Retrale Kontaktposition

auf derselben horizontalen Platte des Unterkiefers bei zahnkontaktgeführten Bewegungen und im Schlußbiß zu zeichnen (Abb.). Aus dem Abweichen der zahnkontaktgeführten Aufzeichnung bei Unterkieferbewegungen von der Norm kann auf Okklusionsstörungen geschlossen werden. Zusätzlich kann ein sog. Führungskanal in der median-sagittalen Linie auf die Unterkieferschreibplatte aufgebracht werden. Mit diesem und dem federnden Stift kann die Unterkieferschließbewegung kondylengerecht geführt werden, und vorzeitige Kontakte zwischen der retralen Kontaktposition und der Interkuspidationsposition können auf kontrollierbare Weise lokalisiert und eingeschliffen werden. Dasselbe bei der Protrusionsbewegung. [4]

Functio laesa f: gestörte → Funktion; klassische Zeichen einer → Entzündung, häufig auch bei → Frakturen, Gelenksluxation und Kontusion. [32]

Functionally generated path (engl.) m: → FGP-Technik. [4]

Funda (lat.) f: Schleuder, Schleuderverband, Binde, die von beiden Enden her bis auf ein entsprechendes Mittelstück gespalten wird. Das letztere kommt auf die Wunde u.ä., während die vier Zipfel in geeigneter Weise miteinander verknüpft werden. So kommt bei der Kinnschleuder (F. maxillae) das Mittelstück auf dem Kinn zu liegen, die oberen beiden Enden werden im Nacken, die unteren auf dem Kopf miteinander verknüpft. [2]

Funda maxillae f: → Funda. [2]

Funda nasi f: Nasenschleuderverband. [2]

Fundus (lat.) m: anat. Boden eines Hohlorgans, spez. F. oculi, → Augenhintergrund. [9]

Fünf|jahres|überlebens|rate f: prozentualer Anteil der an einem malignen Tumor erkrankten Patienten, der nach fünf Jahren nicht an den Folgen des Grundleidens gestorben ist. [32]

Fungi (lat.) m pl, sing Fungus: → Pilze. [8]

Fungi imperfecti m pl: Pilze ohne sexuelle Fruktifikationsformen. Vermehrung erfolgt durch asexuell entstandene Fruchtformen (→ Konidien, Arthrosporen, → Chlamydosporen). [8]

fungi|statisch: das Pilzwachstum hemmend. [8]

fungizid: → Pilze abtötend. [8]

Fungus (lat.) m: → Pilz; alte Bezeichnung speziell für tuberkulöse Granulationen. [8]

funikulär (lat.): einen (Nerven-)Strang betreffend. [9]

Funken|erosions|verfahren: dient der Herstellung präziser Funktionselemente bei Kronen und Brückengerüsten. Mittels Lichtbogen wird am Werkstück (Kathode) ein Abbrand kleiner Metallpartikel erzeugt. Das Werkstück wird durch die Oberfläche der Formelektrode (Anode) gestaltet. Das F. wird auch zur Anfertigung von Kronen, Brücken und Einlagefüllungen eingesetzt. [4]

Funktion (lat.) f: Functio; die einem Organ, einem Gewebe oder einer Zelle zugeordnete Tätigkeit. Vgl. Functio laesa. [32]

Funktionalisierungs|reaktionen f pl: Phase-I-Reaktionen; Einführung oder Freilegung → funktioneller Gruppen eines → Pharmakons durch Oxidation, Reduktion oder Hydrolyse, wodurch meist Löslichkeit und Wirkung beeinflußt werden. F. sind reduziert u.a. bei Lebererkrankungen, im Senium, bei Mangelernährung usw. Auch → Biotransformation. [7]

funktionell (lat.): die organ. Tätigkeit betreffend. [4]

funktionelle Anpassung: nach *Roux* (1895) morphologisch erfaßbare Veränderungen von Geweben und Organen nach veränderten Beanspruchungen (Muskelhypertrophie bei schwerer körperlicher Arbeit, Formänderungen einzelner Herzabschnitte bei Klappenfehlern, Knochenumbau nach Frakturen). Grundlage der → Funktionskieferorthopädie. [5]

funktionelle Biß|tiefe: Maß der vertikalen Unabgestimmtheit im Frontzahnbereich. Geschätzt wird der vertikale Abstand der bleibenden ersten Molaren bei einer Stellung im → Kopfbiß der Frontzähne. Die f. B. sollte vor der Anfertigung eines → Konstruktionsbisses für einen → Aktivator bestimmt werden. [5]

funktionelle Gebiß|analyse f: → Gebißanalyse, funktionelle. [4]

funktionelle Gruppen: reaktionsfähige Stellen von Molekülen organ.-chem. Verbindungen. Hierzu gehören die Hydroxyl-, Amino-, Nitro-, Sulfo-, Carbonyl-, Carboxyl-, Nitril-Gruppe und Halogenatome. Von den f.n G. werden induktive Wirkungen des elektrostat. Feldes - auf das Kohlenwasserstoffgerüst der Verbindungen ausgeübt, die zu einer Veränderung der Elektronendichte führen (induktiver Effekt). [7]

funktionelle Krankheiten: gestörte Organfunktionen ohne zunächst nachweisbare patholog.-anatom. Veränderungen. Fließende Übergänge zu organ. Krankheiten, abhängig von Dauer und Grad funktioneller Störungen, sind möglich. [20]

funktionelles System n: als funktionelle Einheit zusammengefaßte Gewebe gleichgerichteter oder gleichartiger Tätigkeit, jedoch kein Organ im anatomischen Sinne und vom Nachbargewebe nicht scharf getrennt, sondern ineinander übergehend, z.B. → Parodontium und → Kiefergelenk. [4]

Funktions|abdruck: Verfahren zur Gewinnung eines Modelles, das zur Herstellung der definitiven Prothesenbasis dient (*Joh. Joseph Schrott* 1864). Im Gegensatz zum → Situationsabdruck werden beim F. Weichteilpartien im Zustand der Funktion abgeformt, wobei bes. die beim zahnlosen Kiefer beweglichen Schleimhautanteile am zukünftigen Prothesenrand (→ Funktionsrand) berücksichtigt werden. Da beim zahnlosen Kiefer der Funktionsrand für den Unterdruck unter einer Totalprothese von entscheidender Bedeutung ist, bezeichnet man ihn auch als Ventilrand. Weitere Arten des F.s sind: → Kauabdruck (*Spreng*), → Schluckabdruck (*Hromatks*), mukostatischer Abdruck (→ Abformmethode, mukostatische) mit Adheseal (*Herbst*), Abdruck nach der → *Schreinemakers*-Methode sowie der biodynamische Funktionsabdruck (*Schön-Singer*), der bei partiellen Prothesen, bes. bei verkürzten Zahnreihen zur Anwendung kommt und Abdruck und Bißnahme in einem Arbeitsgang kombiniert. [4]

Funktions|analyse f: → Gebißanalyse, funktionelle. [4]

Funktions|bereiche: Arbeitsbereiche mit unterschiedlichen Aufgaben in der → Zahnarztpraxis (Abb.). [21]

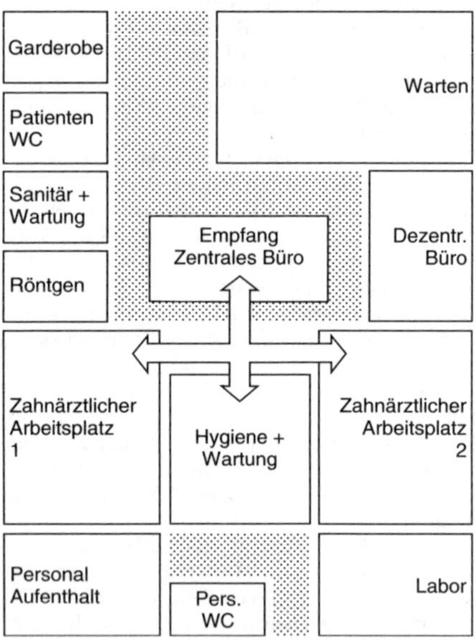

Funktionsbereiche in der Zahnarztpraxis

Funktions|diagnostik f: die zu Beginn einer Behandlung durchgeführte Befunderhebung und Erfassung der für eine mögliche Therapie wichtigen Daten. Zur F. gehören neben dem Röntgenstatus und dem allgemeinen Mundbefund der Zahnstatus, der Okklusionsbefund sowie die Erfassung der funktionellen Bewegungen des Unterkiefers und spez. die Untersuchung der Muskulatur. Gegebenenfalls ist ein Röntgenbild der Kiefergelenke bei geschlossenem Kiefer zweckmäßig. Aus den Abweichungen von der Norm können Anhaltspunkte für die Therapie und für die Prothesenkonstruktion gewonnen werden. [4]

Funktions|kiefer|ortho|pädie f: Abk. FKO, norwegisches System; von *Andresen* und *Häupl* 1935 entwickeltes therapeutisches Konzept der kieferorth. Behandlung mittels funktionskieferorth. Apparaturen, z.B. mit dem → Aktivator. Besonders zum Bißausgleich und zur Bißnivellierung geeignet. Dabei werden artikuläre, mandibuläre und dentoalveoläre Veränderungen erzielt (Abb. 1 und 2). 2 verschiedene Theorien zum

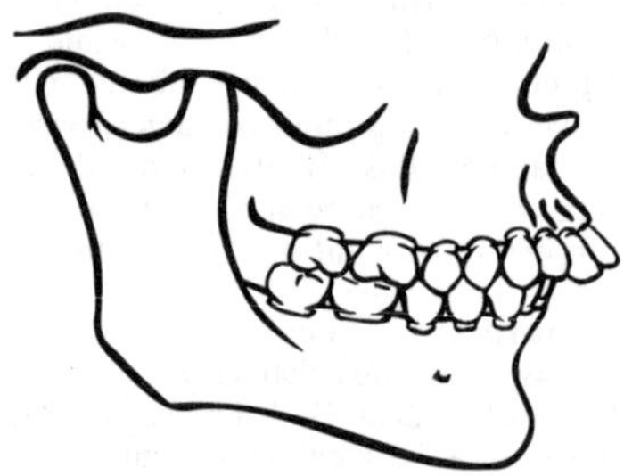
Abb. 1: Distalbiß mit oberer Spitzfront

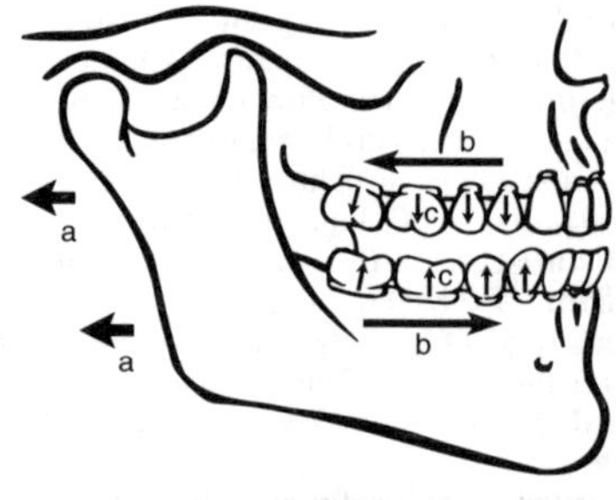

Abb. 2: Wirkungsweise des Artikulators
a: mandibuläre (artikuläre) Wirkung (Pfeile)
b: sagittale dentoalveoläre Wirkung (Pfeile)
c: vertikale dentoalveoläre Wirkung (Pfeile); Bißnivellierung durch Be- bzw. Entlasten (Einschleifen). [28]

Wirkungsmechanismus: 1. Erschütterungstheorie nach *Häupl*: Es wirkt nur die lose im Mund liegende Apparatur als funktioneller Stimulator, indem die Zähne zwischen Apparatur und Muskulatur quasi in Schwingungen versetzt werden („molekulare Erschütterung") und die Erregbarkeit der beteiligten Muskulatur gesteigert wird; 2. Theorie der diagonalen Verklemmung nach *Herren*: Nicht die bewegte, sondern die intermaxillär diagonal verklemmte Apparatur bewirkt die Umbauvorgänge; die Apparatur wirkt, weil sie den Unterkiefer in ein exzentrische Lage bringt, dabei kommt es zu Umbauvorgängen infolge von Druckeinwirkung. Neben dem Aktivator gibt es eine Vielzahl funktionskieferorth. Apparaturen, z.B. → Bionator, → Gebißformer, → Funktionsregler, → Kinetor und viele andere. Geschichte: → Monoblock. [5]

Funktions|löffel: → individueller Löffel, der nach einem → Situationsabdruck hergestellt und für den → Funktionsabdruck verwendet wird. [4]

Funktions|rand: Prothesenrand, der unter Aktivierung der die Prothesenbasis begrenzenden beweglichen Schleimhautpartien und Muskelgruppen zur Abformung gelangt. Da die Muskulatur in einen gewissen Spannungszustand versetzt wird, löst der Prothesenrand bei der Totalprothese damit eine Ventilwirkung aus. Man spricht daher auch von einem Ventilrand. [4]

Funktions|regler: von *Fränkel* 1961 entwickeltes kieferorth. Gerät in Form einer skelettierten Mundvorhofplatte, die, jeweils von den entwicklungsgehemmten Partien des Kiefers abstehend, dessen Nachentwicklung bewirken soll (Abb.).

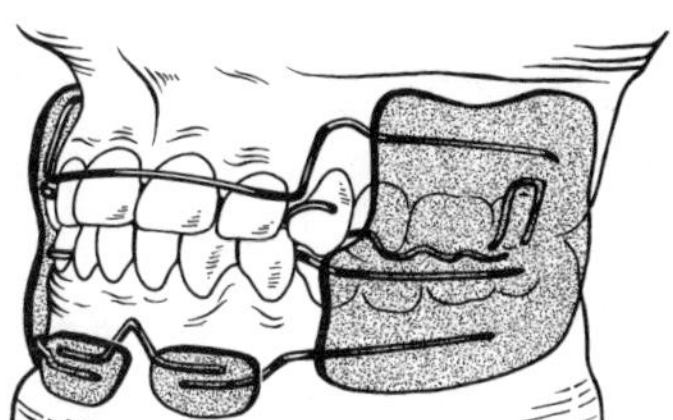

Durch das Freibleiben von Plattenelementen steht der Mundinnenraum der Zunge ungehindert zur Verfügung, so daß sich ihre formbildende Kraft voll auswirken kann. Gleichzeitig werden durch frontale Pelotten die Lippen in der Gegend der Naso- und Mentolabialfalte gestützt, wodurch sich die Normalisierung des Lippenschlusses ergibt. Auch vermag der F. nach Anbringen von

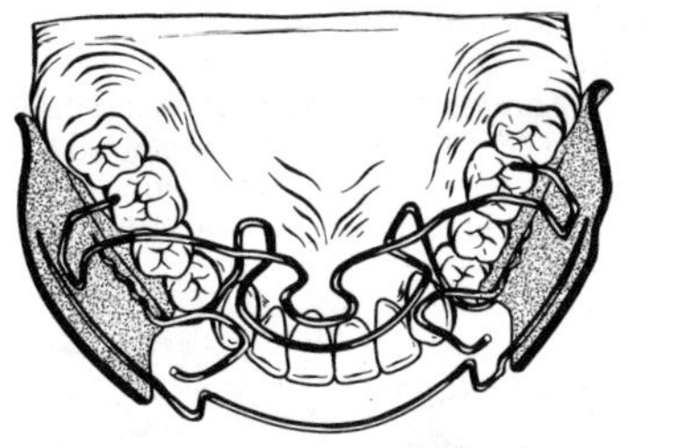

Drahtelementen und von Schraubspindeln gleichzeitig Einzelaufgaben wie Lückenöffnungen und Behebung von Dystopien einzelner Zähne und Zahngruppen auf mechan.-orthod. Weise zu lösen. Vgl. Funktionskieferorthopädie. [5]

Fürbinger-Methode (Paul F., Int., Jena, Berlin, *1849, † 1930) f: → Desinfektion (Hände). [8]

Furcht: Realangst; adäquate Reaktion in tatsächlicher Bedrohung mit dem Gefühl von → Angst, das z.B. eine Flucht auslösen kann. [13]

Furkation (lat.) f: Gabelung der Wurzel bzw. der Wurzeln eines Zahnes. Vgl. Bifurkation, Trifurkation. [6]

Furkations|befall: Ausbildung interradikulärer Taschen bei zwei- und dreiwurzeligen Zähnen. Nach *Hamp, Nyman, Lindhe* werden drei Grade für den Furkationsbefall unterschieden: Grad I: horizontale Knochenresorption mit einer Eindringtiefe der Meßsonde von weniger als 3 mm; Grad II: horizontale Knochenresorption mit einer Eindringtiefe der Meßsonde von mehr als 3 mm; Grad III: von vestibulär nach oral durchgängige Furkation. [6]

Furnier|krone: nach Art einer → Halbkrone (Abb.) ähnlich der *Carmichael*-Krone. [4]

Furosemid: Sulfamoylanthranilsäure-Derivat, Schleifendiuretikum. Indikation in der Zhk. als Notfallmedikament zur Initialbehandlung eines kardial bedingten Lungenödems neben Sauerstoffzufuhr und → Diazepam zur Sedierung. Durch die dilatatorische Wirkung auf die Kapazitätsgefäße und Senkung des intravasalen Volumens durch Steigerung der Diurese nimmt der linksventrikuläre Füllungsdruck ab, wodurch sich die Lungenstauung zurückbildet. Absolute Kontraindikation: Allergie gegen F. oder → Sulfonamide. [7]

Furrer-Zange: zum Abnehmen von (vorher entsprechend perforierten) Kupferringen bei Kronenabformung, mit Arrettierung (Abb.). Auch zum Entfernen von Metallkronen verwandt. [4]

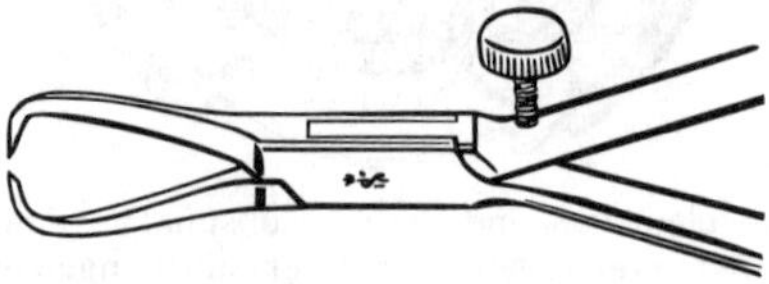

Fürsorge|einrichtung: Einrichtung zur Hilfe für bedürftige Kollegen; besteht bei der → Kassenzahnärztlichen Vereinigung. Unterstützungsbeiträge aus der F. sind auf eine eventuell zu gewährende Sozialhilfe anzurechnen (§ 2 Bundessozialhilfegesetz). Richtlinien werden von der KZV erlassen. [24]

Furunkel (lat.) n: tiefe, zu eitriger Einschmelzung führende Entzündung des Haarfollikels. Bei ständig rezidivierenden F.n spricht man von Furunkulose, bei der an evtl. zugrundeliegenden Diabetes mellitus zu denken ist. Beim Oberlippenfurunkel besteht die Gefahr der aufsteigenden Thrombophlebitis via Sinus cavernosus (→ Sinus). Bei Einbeziehung randwärts stehender weiterer → Follikel in den entzündl. Prozeß bildet sich ein Karbunkel. Therapie: lokal Ichthyol®, Watteverband, Antibiotika, systemisch (Erregerkultur!). [12]

fusiforme Bakterien f pl: schlanke, an den Enden spitz zulaufende Stäbchen, gehören teils zur Gattung → Fusobacterium (*Knorr*), teils zur (provisorischen) Gattung → Sphaerocytophaga (*Gräf*). [8]

Fusion (lat.) f: Verschmelzung. [4]

Fusions|punkt: Schmelzpunkt, → Legierung. [4]

Fuso|bacterium n: Gattung zahlreicher Arten gramnegativer, unbeweglicher, anaerober, spindelförmiger Stäbchen, darunter als wichtigste F. nucleatum. Epiphyten der normalen Mundschleimhaut, stark vermehrt bei mangelhafter Mundhygiene und → Fusospirochätosen. [8]

Fuso|spirillosen f pl: unkorrekte Bezeichnung für Fusospirochätosen. [8]

Fuso|spiro|chätosen f pl: durch eine anaerobe Mischflora verursachte, meist putride Infektionen, bei denen im mikroskopischen Bild → fusiforme Bakterien und → Spirochäten (nicht Spirillen!) dominieren. Man unterscheidet oberflächliche F. (→ Gingivitis, → Stomatitis ulcerosa, ulzerierende → Tonsillitis, → Hospitalbrand, Ulcus tropicum u.a.) und tiefe F. (→ Noma, Lungengangrän u.a.). [8]

Fuß|pilze: → Dermatomykosen, oberflächliche. [12]

Futter|abformung: → Abformlöffel. [1]

G

G.: Abk. für Ganglion. [9]

GABA: engl. Abk. für → Gamma-Aminobuttersäure. [7]

GABA-Rezeptoren m pl: aufgrund von Ligandenbindungsstudien Einteilung in $GABA_A$- und $GABA_B$-Rezeptoren. Der $GABA_A$-Rezeptor ist mit dem Chlorid-Kanal gekoppelt. Seine Aktivierung erhöht die Chloridleitfähigkeit und dadurch die Polarisation der Membran. $GABA_A$-Rezeptoren sind postsynapt. an inhibitorischen Synapsen lokalisiert. Siehe → Benzodiazepine. $GABA_B$-Rezeptoren finden sich vornehmlich präsynaptisch im Hirn und peripheren Nervensystem. Sie gehören zur Gruppe G-Protein-gekoppelter Rezeptoren. [7]

Gabel|mücke: → Anopheles. [8]

Gable-Biegungen (engl.): Drahtbiegungen bei der kieferorth. Behandlungstechnik mit festsitzenden Apparaturen, welche einem Kippen der Zähne in Extraktionslücken vorbeugen. Vgl. Edgewise-Technik. [5]

Gaffkya (Georg Th. August Gaffky, Bakt., Gießen, *1850, † 1918) f: Gattung grampositiver Kokken in Tetradenlagerung; beim Menschen G. tetragena mit breiter Kapsel, normaler Epiphyt der Schleimhäute der oberen Luftwege. [8]

Galaktose f: Monosaccharid, Baustein von Milchzucker, Molekülverbindung mit Glukose-Laktose. [23]

Galea aponeurotica (lat.) f: Sehnenhaube auf dem Schädeldach, die sich zwischen dem Hinterhaupts- und dem Stirnbauch des M. occipitofrontalis verschieblich ausspannt. Vgl. Aponeurose. [9]

Galenik (Galen, altgriech. Arzt, *129, † 199) f: → Arzneiform. [7]

Galenos: gr. Arzt aus Pergamon, um 129-199; Leibarzt des röm. Kaisers Marc Aurel. Autor einer umfangreichen Schriftensammlung über das gesamte bis dahin erarbeitete Wissen, das er, gestützt auf eigene anatom. und physiol. Kenntnisse, zu einem System ausbaute („Galenismus"). Ergänzte die vier Kardinalsymptome der → Entzündung des Celsus durch die → Functio laesa. [32]

Galle: goldgelbe Flüssigkeit, in einer Menge von 800-1200 ml täglich in der Leber gebildet; gleichzeitig Sekret, das Verdauung und Resorption der Fette im Darm ermöglicht, und Exkret für Stoffwechselprodukte und Fremdstoff (Arzneimittel u.a.). Ableitung: intrahepatische Gallengänge, Ductus hepaticus und Ductus choledochus, an der *Vater*-Papille in den Zwölffingerdarm. [10]

Gallen|blase: Vesica fellea; liegt im Nebenschluß über den Ductus cysticus als birnenförmiges muskulöses Hohlorgan mit etwa 50 ml Galle, die durch Wasserentzug konzentriert und sezerniert wird. Bestandteile: 1. Gallensäuren, wichtig zur Spaltung und Emulgierung des Nahrungsfettes zusammen mit Pankreaslipase; 2. Gallenfarbstoffe, Abbauendstufen von Hämoglobin (→ Bilirubin) und Myoglobin; 3. Cholesterin. Durch Cholezystokinin im Duodenum Auslösung der Gallenblasenkontraktration, aktiviert duch die Fetteinwirkung auf die Darmschleimhaut. (Abb. → Pankreas). [10]

Gallerte (lat.) f: elastische Masse aus eingedickten pflanzlichen oder tierischen Säften. [23]

Galopp|rhythmus m: Dreierrhythmus von 1. Herzton, 2. Herzton und einem Zusatzton, bei hoher Frequenz wie Pferdegalopp. Bei rheumat. Karditis, auch Mitralöffnungston bei Mitralstenose. [20]

Galvano|kauter m: nicht mehr gebräuchliches, mit Drahtschlingen versehenes Instrument, das durch einen hindurchgeleiteten galvanischen Strom glühend heiß gemacht wird. Dient zur Gewebszerstörung und zur Blutstillung. [2]

Galvano|plastik f: Verfahren, die elektrisch leitend gemachten Oberflächen von Gegenständen auf galvanischem Wege mit einer Metallschicht zu bedecken. Ermöglicht eine sehr genaue Wiedergabe von Oberflächen-Details ermöglicht. In der Zhk. wird vor allem das Verkupfern und Versilbern von Abdrücken aus elastomeren Abformwerkstoffen zur Modellherstellung benutzt. [4]

Galvano|stegie f: Herstellung dünner metallischer Überzüge auf anderen Metallen mittels → Elektrolyse. [4, 10]

Gameten (gr.) m pl: Keimzellen, Geschlechtszellen; zur Befruchtung dienende Zellen mit halbem Chromosomensatz (→ Spermatiden, → Oozyten). Vgl. Malariaplasmodien. [9, 22]

Gameto|genese f: Bildung und Entwicklung spezialisierter Keimzellen (→ Gameten), beim Mann als Spermatogenese mit Bildung befruchtungsfähiger Samenzellen (→ Spermatiden), bei der Frau mit Bildung reifer Eizellen (→ Oozyten). Von Bedeutung bei der G. ist die durch zwei aufeinanderfolgende Reifeteilungen (→ Meiose) erfolgende Halbierung des Chromosomensatzes (Haploidie). [22]

Gameto|pathie f: Bezeichnung für pränatale Entwicklungsstörungen, die durch Fehlerhaftigkeit der männl. oder weibl. Geschlechtszelle bedingt sind, z.B. *Down*-Syndrom. [3]

Gamma n: **1.** Buchstabe g des griech. Alphabets. **2.** veraltete Bez. für → Mikrogramm. [10]

Gamma-Amino|butter|säure: Abk. GABA; Bildung aus Glutaminsäure durch pyridoxalphosphatabhängige Glutaminsäuredecarboxylase. GABA ist der wichtigste inhibitorische → Neurotransmitter im zentralen Nervensystem. [7]

Gamma|globuline n pl: → Globuline mit Eigenschaften eines → Antikörpers, die in der freien → Elektrophorese die geringste, anodenwärts gerichtete Mobilität besitzen und zu denen die Mehrzahl der → Immunglobuline gehört. Therapeut. Anwendung: Infektprophylaxe. Fehlen von G.n: → Agammaglobulinämie. [10, 20, 23]

Gamma|globulin|gruppen: → Gm-Gruppen. [10]

Gamma|strahlen: eine durch radioaktiven Zerfall freigesetzte Quantenstrahlung (= Photonenstrahlung) hoher Energie. Med. und biolog. kein Unterschied zu techn. erzeugten Rö.-Strahlen. Physik. weisen die G. gegenüber den Rö.-Strahlen eine andere, spezielle Energieverteilung auf. → Radioaktivität. [14]

Gammatron n: → Kobaltkanone. [14]

Gammazismus m: Kehlstammeln; undeutliche Aussprache der Laute g und k, die oft durch d und t ersetzt werden. [19]

Gammo|pathie, mono|klonale f: Gruppe von Krankheitsbildern, die klinischer Ausdruck einer abnormen Proliferation eines bestimmten Plasmazellklons mit erhöhter Konzentration von Immunglobulinen einer Klasse, eines Typs und einer Spezifität sind. Klinik: → Plasmozytome, → Makroglobulinämie *Waldenström*. Vgl. Paraproteine. [20]

Ganglien|zelle f: Nervenzelle, der eigentliche Zellkörper des Neuron. Abb. → Neuron. [9]

Ganglio|lyse f: → Neuralgie des N. trigeminus. [2]

Gan|glion (gr.) n, pl Ganglia, auch Ganglien: **1.** Nervenknoten; Anschwellungen der Nerven, an denen sich → Perikaryen befinden. Die sensiblen Ganglien enthalten die Perikaryen der pseudounipolaren → Neuronen (Abb. a). Die motorischsekretorischen Ganglien können → sympathisch oder → parasympathisch sein. Sie enthalten die Perikaryen der die glatten Muskeln

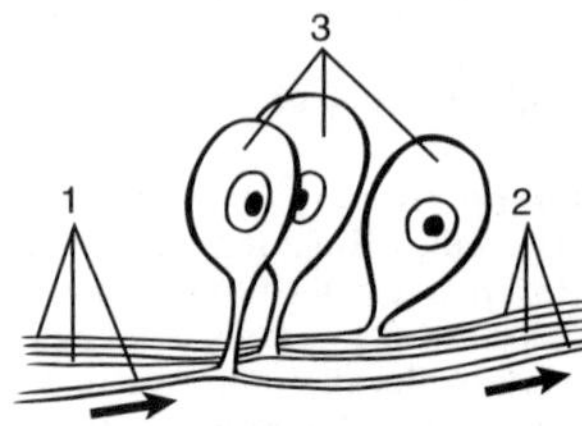

Abb. a: Schematischer Aufbau eines sensiblen Ganglions
1: aus den peripheren Nervenendigungen stammende Fasern; 2: Fasern, die in die Nervenzentren ziehen; 3: Perikaryen (pseudounipolare Neurone).

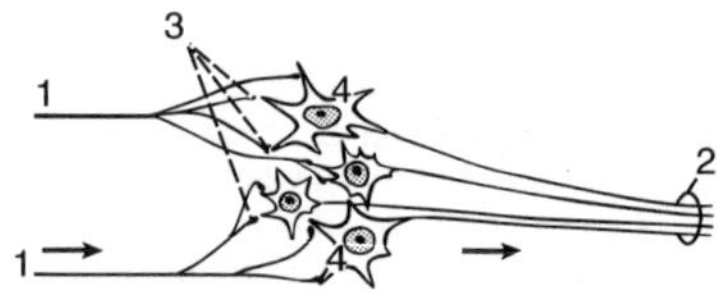

Abb. b: Schematischer Aufbau eines motorischen Ganglions (der Pfeil zeigt die Richtung des Nervenreizes)
1: präganglionäre Fasern; 2: postganglionäre Fasern; 3: Synapsen; 4: Perikaryen (multipolare Neurone).

und Drüsen erregenden Neuronen; in ihnen liegen die → Synapsen zwischen präganglionären und postganglionären Neuronen (Abb. b). **2.** Überbein; Zyste mit gallertigem Inhalt in Gelenknähe an Hand- und Fußrücken. [9, 33]

Ganglion cervicale superius n: sympathisches, vor der Wirbelsäule gelegenes Ganglion mit efferenten Fasern für die Kopfarterien, den M. dilatator pupillae (die Pupille erweiternder Muskel), die Mm. arrectores pilorum und Drüsen der Kopfhaut. [9]

Ganglion cervico|thoracicum n: Ganglion stellatum; sternförmiges Ganglion, das eine Verschmelzung des 7. und 8. Hals- und 1. Brustganglions des sympathischen → Grenzstranges des Sympathikus darstellt und vor dem 7. Halswirbelquerfortsatz liegt. Es hat Verbindungen efferenter und afferenter Art zum Plexus bra-

chialis und versorgt die Gefäße des Halses und Armes sowie Drüsen, Muskulatur, Gelenke und Knochen in diesem Gebiet. Über viszerale Fasern bestehen Verbindungen zu Ösophagus, Trachea, Herz und Pleura parietalis. Bei Durchblutungsstörungen ist mit → Procain eine Blockade möglich. [33]
Ganglio|neurom n: Gangliozytom; seltener, gutartiger Nervenzelltumor aus differenzierten, regellos angeordneten Ganglienzellen und Gliazellelementen. Tritt bevorzugt an Strukturen des Sympathikusgewebes oder in der Nebenniere auf, selten intrakraniell. Vor allem bei Kindern, Jugendlichen und jungen Erwachsenen. [32]
Ganglion geniculi n: sensibles Ganglion am → Fazialisknie, gibt Geschmacksfasern aus dem N. indermedius über den N. facialis und die Chorda tympani zum N. lingualis. [9, 33]
Ganglion inferius n: das untere vorwiegend sensible Ganglion des N. glossopharyngeus, unterhalb des Foramen jugulare gelegen. [33]
Ganglion inferius nervi glossapharyngei n: sensibles Ganglion des N. glossopharyngeus außerhalb der Schädelhöhle, unterhalb des Foramen jugulare. [9]
Ganglion inferius nervi vagi n: sensibles Ganglion des N. vagus außerhalb der Schädelhöhle in der Nähe des Ganglion cervicale superius. [9]
Ganglion oticum n: parasympathisches Ganglion am N. mandibularis unterhalb des → Foramen ovale. Erhält präganglionäre Fasern aus dem N. glossopharyngeus über die → *Jacobson*-Anastomose. Die postganglionären Fasern versorgen die → Glandula parotis. [9, 33]
Ganglion pterygo|palatinum n: Ganglion sphenopalatinum (BNA); parasympath. Ganglion am 2. Trigeminusast im oberen Teil der Fossa pterygopalatina. Erhält präganglionäre Fasern aus dem N. facialis über den N. petrosus maior. Die postganglionären Fasern versorgen die Drüsen der Nasenhöhle und des Gaumens sowie die Glandula lacrimalis. Vgl. *Sluder*-Neuralgie. [9, 33]
Ganglion spirale n: in der Schnecke verstreutes sensibles Ganglion des N. cochlearis (→ Nervus vestibulocochlearis). [9]
Ganglion sub|mandibulare n: parasympathisches Ganglion am hinteren Rand des M. mylohyoideus. Erhält präganglionäre Fasern aus dem N. facialis über die Chorda tympani und den N. lingualis. Die postganglionären Fasern versorgen die Speicheldrüsen am Mundboden. [9, 33]
Ganglion superius n: das obere Ganglion des N. glossopharyngeus, im Foramen jugulare gelegen. [33]
Ganglion superius nervi glosso|pharyngei n: intrakraneales sensibles Ganglion des N. glossopharyngeus. [9]
Ganglion superius nervi vagi n: intrakraneales sensibles Ganglion des N. vagus. [9]
Ganglion tri|geminale (IANC) n: ältere Bez.: Ganglion semilunare *Gasseri* (BNA); zur Radix sensoria (früher Portio major) des N. trigeminus gehörendes Ganglion auf der Spitze der oberen

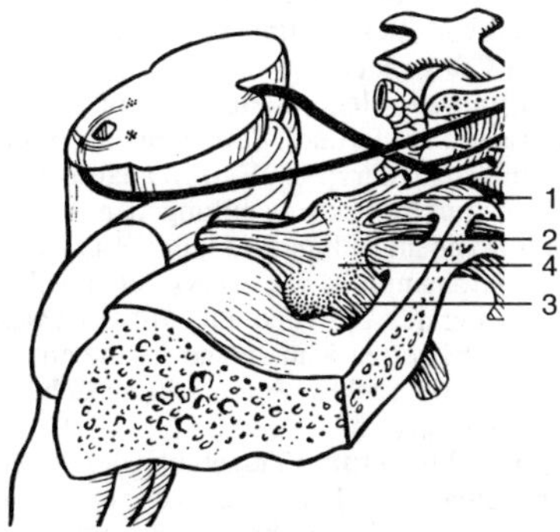

1: N. ophthalmicus; 2: N. maxillaris;
3: N. mandibularis; 4: Ganglion trigeminale.

vorderen intrakranealen Seite der → Felsenbeinpyramide. Aus diesem Ganglion ziehen die drei Hauptäste N. ophthalmicus, N. maxillaris und N. mandibularis heraus (Abb.). → N. trigeminus. [9, 33]
Ganglion vestibulare n: in der → Felsenbeinpyramide gelegenes sensibles Ganglion des → N. vestibularis. [9]
Ganglio|plegika n pl, sing Ganglioplegikum: Ganglienblocker. Hexa- und Pentamethonium, Nitroprussidnatrium (Nipruss®), Pentolinium (Ansolysen®), Trimetaphan (Arfonal®). Hauptwirkung: Blutdrucksenkung. [2]
Ganglioside (Kunstwort) n pl: Lipoide; vgl. Lipide. [23]
Ganglio|zytom n: → Ganglioneurom. [32]
gangraenosus: gangränös; mit einer → Gangrän behaftet. [32]
Gan|grän (gr.) f: Brand (weil betroffenes Gewebe wie verbrannt aussieht). Formen: 1. Gangraena sicca (trockene G.): ischämische → Nekrose (v.a. an der Körperoberfläche) mit Eintrocknung und Schrumpfung des betroffenen Gewebes durch Wasserverlust, histologisch einer → Koagulationsnekrose entsprechend. Häufig auf dem Boden diabetischer Angiopathien oder atherosklerotischer Durchblutungsstörungen. Die trockene G. entspricht dem Prinzip der → Mumifizierung; 2. Gangraena humida (feuchte G.):

Nekrose infolge primärer oder sekundärer Besiedlung durch Fäulnisbakterien mit Verflüssigung des Gewebes in eine jauchig-stinkende schwarzgrünliche Masse; histologisch einer → Kolliquationsnekrose entsprechend. Vorkommen an Extremitäten und bakteriellen Infektionen leicht zugänglichen inneren Organen (z.B. Zunge, Darm, Uterus). [32]

Gan|grän|behandlung: Methoden zur möglichst vollständigen Beseitigung der Abbauprodukte einer → Gangrän der Pulpa, zur Ausheilung der Folgen und zur Herstellung eines rezidivfreien Dauerzustandes. Gründl. Säuberung des Wurzelkanals mechan. durch → Wurzelkanalinstrumente sowie durch Wechselspülungen mit 5%igen Natriumhypochlorid und 3%igem H_2O_2 und mit Desinfektionsmitteln wie Calxyl oder Alkohol. Erweiterung des Wurzelkanals mit Abschabung der evtl. infizierten Kanalwände. Eine abschließende bakteriendichte Wurzelfüllung sichert den Behandlungserfolg. [1]

Gan|grän der Pulpa f: Zersetzung der abgestorbenen Pulpa durch Fäulniserreger zu einer grau bis schwarz gefärbten schmierigen, aasartig stinkenden (Indol, Skatol, Schwefelwasserstoff) Masse. 1. Offene Gangrän: der Eingang zum Wurzelkanal liegt zur Mundhöhle offen frei; 2. geschlossene G.: der Kanal ist abgeschlossen, so daß keine Verbindung zur Mundhöhle besteht; 3. totale G.: die gesamte Pulpa ist gangränös zerfallen; 4. partielle G.: apikale Teile der Pulpa sind chron. erkrankt (Pulpitis ulcerosa profunda) und gegen das darüber befindliche gangränös zerfallene Gewebe durch ein Geschwür abgetrennt. [1]

Gan|gränes|zenz f: das Brandigwerden. [32]

gan|gränes|zierend: brandig werdend, eine → Gangrän ausbildend. [32]

Gangränopsis f: gangränös-ulzerierende Prozesse der Mundhöhle mit Gesichtszerstörung; z.B. unter dem klin. Bild einer → Stomatitis ulcerosa, → Noma. [32]

Gano|blasten m pl: Bezeichnung nach von *Ebner* für → Ameloblasten. [30]

Gano|blastom n: → Ameloblastom. [2]

Gano|genese f: → Amelogenese. [30]

Gano|id|schuppen: → Hautzähne. [11]

Gänse|haut: Cutis anserina; Veränderung der Haut durch Kälte, psychische Einflüsse u.a. Infolge Kontraktion der Musculi arrectores pilorum werden die → Follikel aufgerichtet und die Haarbalgmündungen knötchenartig vorgedrängt. [12]

Gardner-Syndrom (Eldon J. G., amerik. Genetiker, 1912) n: dominant erbliches familiäres Leiden, multiple Fehlbildungen des Bindegewebes, besonders betroffen sind Darm, Knochen und Haut. Meist multiple Osteome oder Osteofibrome am Kiefer-, Siebbein- und Keilbeinbereich. Extraoral sichtbare tumoröse Vorwölbungen, oft verstärkt durch kutane Fibrome, Atherome und Dermoidzysten. Immer verbunden mit multiplen Kolonpolypen mit hoher Neigung zu karzinomatöser Entartung (regelmäßige Vorsorgeuntersuchungen). [3]

Gargoy|lismus (engl.) m: charakteristischer Gesichtsausdruck bei der → Dysostosis multiplex, der der Fratze eines gotischen Wasserspeiers ähnelt. [3]

Gärtner-Bakterien (August G., Hyg., Jena, *1848, † 1934) f pl: → Enteritisbakterien. [8]

Gärung: anaerobe Spaltung organischer Verbindungen. 1. Milchsäuregärung: Abbau der Glukose zu Milchsäure unter Abwesenheit von Sauerstoff (anaerob; sog. → Glykolyse); 2. alkoholische Gärung: anaerober Abbau von Zucker zu Alkohol, z.B. durch Hefen (Bier-, Weinhefe). Durch Enzyme der Hefe wird Glukose zu Brenztraubensäure abgebaut, diese unter Bildung von CO_2 zu Azetaldehyd durch Dekarboxylierung, der wiederum zu Äthylalkohol reduziert wird. $C_6H_{12}O_6$ wird zu $2C_2H_5OH + 2CO_2$. [23]

Gas|laser m: Lasertyp mit Träger- und/oder → laseraktivem Material in Gasform. Dies können ionisierte Gase (→ Argonionenlaser), Moleküle (→ CO_2-Laser), → Excimere (→ Excimerlaser) oder auch Metalldämpfe sein. [31]

Gas|ödem n: Gasbrand; Wundinfektion mit Braunfärbung der Wundumgebung, Emphysembildung, dadurch Gasknistern, grüngraues zerfallendes Muskelgewebe, fötide, kaum Eiterbildung. Meist foudroyanter Verlauf, ungünstige Prognose. Typische Kriegsinfektion. Erreger; → Gasödembazillen, Versuch einer → Serumtherapie, Sulfonamide, breite Eröffnung, an Extremitäten Amputation. [8]

Gas|ödem|bazillen m pl: 1. *Welch-Fraenkel*-Gasödembazillen (→ Clostridium); 2. → *Novy*-Bazillus (Clostridium novyi); 3. *Koch*-Ödembazillen (Clostridium septicum) → Pararauschbrandbazillen; 4. Clostridium histolyticum (→ Clostridium), selten, aber sehr toxisch. Gasbrandbazillen sind toxinbildende, anaerobe → Erdbazillen, die Sporen bilden. Bei Gasödem finden sich fast immer mehrere Arten von ihnen zusammen mit aeroben und anaeroben nicht toxinbildenden Schmutzbazillen, oft auch Kokken, Proteusbakterien u.a. → Bakteriensystematik. [8]

Gasping (engl.) n: Schnappatmung mit 1-4 Atemzügen pro min bei Eintritt des Todes. [2]

Gasser-Ganglion (Johannes Laurentius G., Anat., Wien, *1723, † 1765) n: → Ganglion trigeminale. [9]

Gas|sterilisation f: Entkeimung mittels bakterizider Gase wie → Äthylenoxid, Propylenoxid, β-Propiolakton, Formaldehyd, Methylbromid. Wirksamstes und brauchbarstes Gas ist z.Z. Äthylenoxid. Vgl. Sterilisation. [8]

gastrisch (gr.): gastricus; zum → Magen gehörig, ebenso in Zusammensetzungen gastro-. [9]

Gastritis f: Magenkatarrh; Magenschleimhautentzündung. Formen: 1. akute G.: exogen (Alkohol, Nikotin, kalte und heiße Speisen, Medikamente, Lebensmittelvergiftung), erosiv-hämorrhagisch (Schlucken von Säuren, Basen, Schwermetallen), endogen, infektiöstoxisch (fieberhafte Darmerkrankungen, Urämie). Symptome: Übelkeit, Appetitlosigkeit, Brechreiz und Erbrechen. Therapie: kurze Nahrungskarenz, evtl. Magenspülung, vorsichtiger Kostaufbau. Dringliche Therapie der erosiven Magenverätzung: Bekämpfung des initialen → Schocks (Blut, Plasma, Flüssigkeit parenteral), Beseitigung und Neutralisation des Ätzmittels; 2. chronische G.: durch wiederholtes Einwirken obengenannter Noxen Entstehung histologischer Schleimhautveränderungen (atrophische, hypertrophische G.), die allein (nicht das Röntgenbild) die Diagnose bestimmen. Uncharakteristische Beschwerden. Positive Korrelationen zu Magenkarzinom und perniziöser → Anämie mit Achylie. [20]

Gastro|enteritis, akute infektiöse f: durch infizierte Lebensmittel oder Trinkwasser hervorgerufener akuter Brechdurchfall, Inkubation 4-48 Stunden, Erreger meist → Salmonellen, Dysenteriebakterien oder auch Staphylokokken. Meist kurzer Verlauf mit guter Prognose. [20]

Gastro|entero|kolitis f: gleichzeitige Endzündung der Schleimhäute von Magen, Dünn- und Dickdarm. Klinik: Brechdurchfall. [20]

gastro|intestinal: Magen und Darm betreffend. [9]

Gastro|skopie f: Magenspiegelung; fiberendoskopische Untersuchung des Ösophagus, Magens und oberen Duodenums. Durch hohe Beweglichkeit des von außen steuerbaren Gerätekopfes können alle Bezirke voll eingesehen werden. Über einen Instrumentierkanal lassen sich Gewebeproben entnehmen und können therapeutisch Blutungen gestillt, Stenosen beseitigt und Adenome entfernt werden. [20]

Gastrula (gr.) f: Becherkeim; embryolog. die aus der → Blastula durch Einstülpung entstehende Entwicklungsform, bestehend aus einer Höhle (Darmleibeshöhle, Urdarm) und einer durch den Urmund unterbrochenen, aus → Entoderm und → Ektoderm bestehenden (doppelten) Wand. Vgl. Keimblatt. [22]

Gastrulation f: nach Bildung der zweiblättrigen → Keimscheibe erfolgende Einstülpung und Faltung des Embryos und Umwandlung in den dreiblättrigen Keim. Vgl. Gastrula. [22]

Gates-Bohrer: Instrument zur Wurzelkanalerweiterung (Abb.). [1]

Gaucher-Krankheit (Philippe G., Dermat., Paris, *1854, † 1918): Speicherkrankheit, bei der es infolge konstitutionell bedingter Störung des Lipoidstoffwechsels zu Einlagerungen von bestimmten → Lipiden (Zerebrosiden) kommt, und zwar vornehmlich im Retikulum, in der Milz, der Leber und den Lymphknoten. Meist riesiger Milztumor, im späteren Verlauf entwickeln sich hypochrome Anämie, Leukopenie und Thrombopenie, die schließlich zu einer schweren → hämorrhagischen Diathese führen. Auch osteolytische Prozesse, ausgehend vom Knochenmark, die zu Auftreibungen und Spontanfrakturen führen können. Zahnfleischveränderungen und Blutungen wie bei Skorbut und akuter Leukämie wurden beobachtet. Differentialdiagnostisch wichtig ist u.a. die → *Werlhof*-Krankheit. [20]

Gaumen: Palatum, das Dach der Mundhöhle. Der harte Gaumen (Palatum durum) wird gebildet von den Processus palatini der Oberkieferbeine und den Laminae horizontales der Gaumenbeine (Abb.). Der sich anschließende

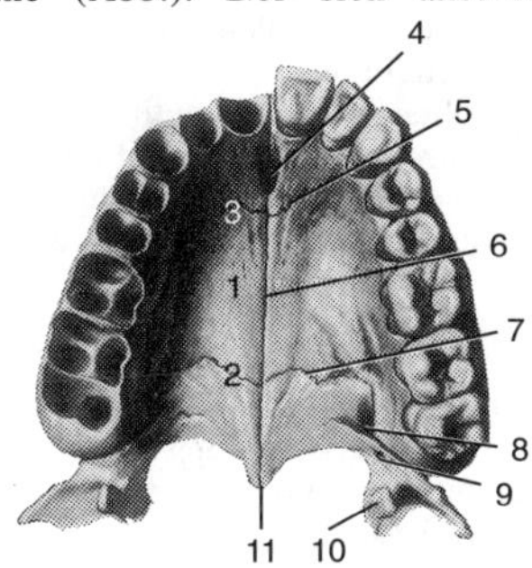

1: Processus palatinus der Maxilla (Oberkieferknochen); 2: Lamina horizontalis des Os palatinum (Gaumenbein); 3: Os incisivum (Zwischenkiefer), beim Erwachsenen i. a. nicht wahrnehmbar; 4: Foramen incisivum; 5: Sutura incisiva; 6: Sutura palatina mediana; 7: Sutura palatina transversa; 8: Foramen palatinum majus; 9: Foramina palatina minora; 10: Hamulus pterygoideus; 11: Spina nasalis posterior.

weiche Gaumen (Palatum molle, Gaumensegel,Velum palatinum) besteht aus Muskeln und endigt im Zäpfchen. Vgl. Gaumenmuskeln. [9]

Gaumen|bein: der paarig hinter dem Oberkieferkörper gelegene Schädelknochen (Os palatinum). [9]

Gaumen|bögen: zwei muskulöse Schleimhautfalten, die vom hinteren Rande des Gaumensegels divergierend seitlich und dann abwärts verlaufen (Arcus palatoglossus und Arcus palatopharyngeus). Dazwischen die Gaumenmandeln.[9]

Gaumen|breite: Entfernung der Innenränder der Alveolen der beiden 2. Molaren (→ Endomolare) voneinander. [5]

Gaumen|bügel: → Palatinalbogen. [5]

Gaumen|bügel (gegossen): soll bei vorhandenem Frontzahnbestand die seitlichen Prothesenhälften eines abnehmbaren Ersatzes miteinander verbinden und verläuft meistens kurz vor dem Übergang vom harten zum weichen Gaumen. Seine Aufgabe ist die Stabilisierung der Prothese und ihre Fixierung am Prothesenlager, bes. bei horizontaler Belastung. Bei einseitigen Freiendlücken wird der Gaumenbügel möglichst als → Torsionsbügel gestaltet und dient damit außerdem als Schubverteiler. Vgl. Ausgleichselemente. [4]

Gaumen|falten: → Plicae palatinae transversae. [9]

Gaumen|fortsatz: → Processus palatinus. [9]

Gaumen, gotischer: → hoher Gaumen. [4]

Gaumen|höhe: die senkrechte Entfernung des Gaumendaches von einer die beiden Hinterränder der 1. Molarenalveolen verbindenden Geraden in der Mittellinie. [5]

Gaumen|höhen|index m: anthrop. Index zur Klassifizierung der Gaumenhöhe. Einteilung nach *Bauer* in niedergaumige, mittelhochgaumige und hochgaumige Formen. Mittelwert: 28-40. [5]

$$\text{Formel: Index} = \frac{(\text{Gaumenhöhe x 100})}{\text{Gaumenbreite}}$$

Gaumen|index m: anthrop. Index zur Klassifizierung des Gaumens. Einteilung in schmalgaumige, mittelgaumige und breitgaumige Formen. Mittelwert: 80-85. [5]

$$\text{Formel: Index} = \frac{(\text{Gaumenbreite x 100})}{\text{Gaumenlänge}}$$

Gaumen|länge: geradlinige Entfernung des → Orale vom → Staphylion. [5]

Gaumen|lappen|plastik f: → Palatinallappen.[2]

Gaumen|leiste: → Crista palatina. [9]

Gaumen|mandel: Tonsilla palatina (→ Tonsilla). [9]

Gaumen|muskeln: bilden die Muskelmasse des weichen Gaumens und haben Ansatz oder Ursprung am → Gaumensegel. *M. levator veli palatini* (der Gaumenheber): spannt sich zwischen Felsenbein und der hinteren Seite des Gaumensegels. Hebt und preßt das Gaumensegel gegen die Rachenwand und verschließt so beim → Schluckakt den Mundraum zur Nasenhöhle. *M. palatoglossus:* spannt sich zwischen vorderer Seite des Gaumensegels und Zungenrand. Preßt das Gaumensegel gegen die Wurzel der Zunge, verschließt den Mundraum zum Rachen und ermöglicht so das Saugen. *M. palatopharyngeus:* spannt sich zwischen hinterer Seite des Gaumensegels und Rachenwand. Hebt beim → Schluckakt den Rachen. *M. tensor veli palatini:* entspringt am → Processus pterygoideus und setzt am Seitenrand des Gaumensegels an. Spannt das Gaumensegel und ermöglicht so die Funktion aller anderen Gaumenmuskeln. Öffnet die → Tuba auditiva. *M. uvulae:* bildet das Gaumenzäpfchen. [9]

Gaumen|naht: → Sutura palatina mediana/transversa. [9]

Gaumen|naht|erweiterung: Abk. GNE; Gaumennahtsprengung; Möglichkeit der Gaumenerweiterung durch Bewegen der seitlichen Zahnreihen mitsamt dem Kieferkörper von der Mitte (Sutura palatina mediana) nach außen. Das Verfahren dieser durchschnittlich in 2-3 Wochen

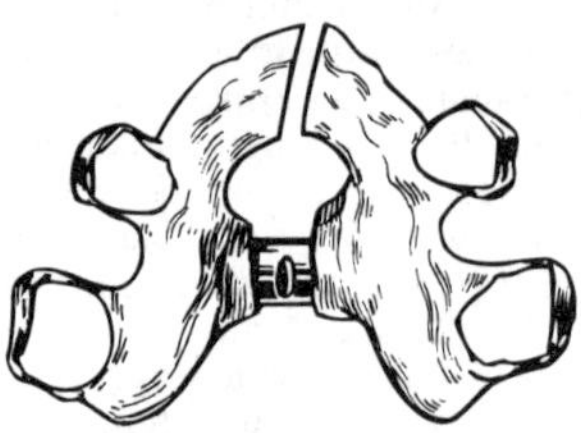

Abb. 1

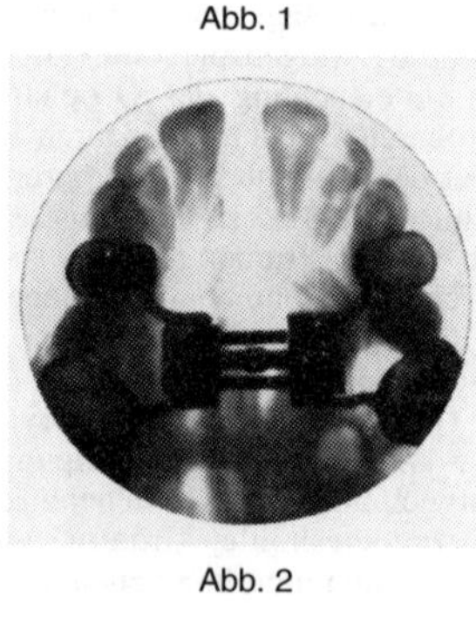

Abb. 2 [29]

durchgeführten Schnelldehnung wurde zuerst 1860 von *E. C. Angell* in San Francisco ausgeführt. Die Bez. G. ist richtiger als Gaumennahtsprengung, da Schleimhaut und selbst Periostüberzug zumeist intakt bleiben. Der Wert dieser Behandlungstechnik liegt nächst der Verbreiterung extremer Schmalkiefer in der oft schnellen Beseitigung einer Mundatmung durch Abflachung des Gaumendaches und dabei einer, wenn auch metrisch minimalen, so doch in der Auswirkung erheblichen Vergrößerung des Nasenlumens sowie der Beseitigung von Septumdeviationen, die operativ erst nach dem 16. Lebensjahr behoben werden können. Der am meisten verwendete Behelf für die G. ist eine durch mindestens vier Bänder (→ Band) an den Zähnen befestigte Schraubplatte (Abb. 1), doch werden auch festsitzende Apparaturen benutzt (Abb. 2). 5

Gaumen|ob|turator m: → Obturator. 2

Gaumen|platte: den harten Gaumen bedeckende Kunststoff- oder Metallplatte als Basis für herausnehmbaren Zahnersatz oder kieferorthopäd. Gerät. → Obturator. 2

Gaumen|segel: Palatum molle (IANC), Velum palatinum, der weiche Gaumen, der die Mundhöhle vom Rachen abzuschließen vermag. 9

Gaumen|segel|lähmung: Lähmung der Muskulatur des weichen Gaumens (ein- oder doppelseitig) bei Erkrankungen des Vagus- oder Glossopharyngeuskerns, meist bei oder nach → Diphtherie, reversibel; bei Tumoren im Foramen jugulare irreversibel. Symptome: näselnde Sprache durch unzureichenden Abschluß des nasalen Raumes, Fehlschlucken. 19

Gaumen|segel|reflex m: reflektorische Hebung des weichen Gaumens nach seiner Berührung. Ausfall bei → Bulbärparalyse. 33

Gaumen|segel|spalte: → Velumspalte, → Uvula bifida. 22

Gaumen|spalte: Palatoschisis, Uranoschisis, Palatum fissum; angeborene Hemmungsmißbildung, die den harten und weichen Gaumen zusammen (Abb. 1), den weichen Gaumen aber auch isoliert befallen kann (→ Velumspalte). Handelt es sich um eine durchgehende Totalspalte, also mit Spaltung der Oberlippe, so spricht man von Cheilognathopalatoschisis (sog. Wolfsrachen, Abb. 2). Zugrunde liegt dieser Spaltbildung eine Hemmung der embryonalen Entwicklung in der 6.-7. Schwangerschaftswoche (Ätiologie → Gesichtsspalten). Für die operative Behandlung der Gaumenspalte bestehen zwei entgegengesetzte Konzepte: 1. frühzeitiger Verschluß vor Beginn der Sprachentwicklung; 2. Verschluß nach Abschluß des Oberkieferwachstums. Bevorzugte Techniken: Brückenlappenmethode oder Verwendung von Vomerläppchen im Sinne von *Pichler* oder *Campbell.* Verschluß des weichen Gaumens, möglichst exakte Muskelrekonstruktion. Teilweise mit gleichzeitiger

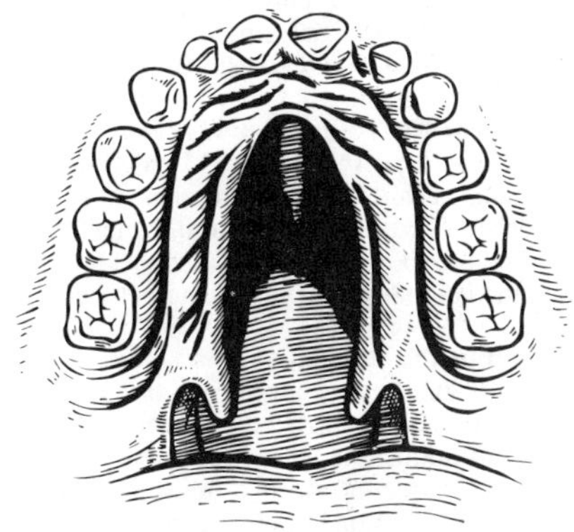

Abb. 1: Gaumenspalte

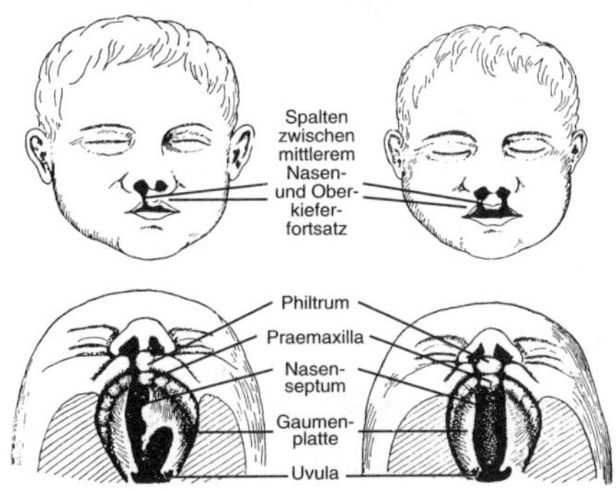

Abb. 2: Durchgehende Totalspalte (Cheilognathopalatoschisis) [46]

plastischer Verlängerung nach dorsal. In manchen Fällen ist die Anwendung einer → Pharynxplastik angezeigt, um den nasalen Abschluß zu erreichen. Bei atraumatischem Vorgehen nach diesem Verfahren sind in der Regel Entwicklungsstörungen des Oberkiefers minimal und Zahnstellungsanomalien nicht gravierend, auch ist meist keine Sprachheilbehandlung erforderlich. Häufig als Begleitsymptom erblicher Mißbildungskomplexe, z.B. Arhinenzephalie, Arthrogryposis multiplex congenita, → Dysostosis mandibularis, → Dysostosis mandibulofacialis, → Dysplasia linguofacialis, → Dysraphie-Syndrom,

→ *Grauhan*-Syndrom, → *Hanhart*-II-Syndrom, → *Klippel-Feil*-Syndrom, → *Robin*-Syndrom. Okkulte G.: Spaltung des harten Gaumens, dessen Gaumenbedeckung jedoch geschlossen dem Knochenspalt aufliegt; es besteht aber eine Muskeldiastase im weichen Gaumen, so daß die dünne Bedeckung in der Mittellinie wegen ihrer leichten Transparenz als Zona pellucida bezeichnet wird (submuköse Gaumenspalte). Vgl. Lippenspalte. 3

Gaumen|wulst: Torus palatinus (→ Torus). 9

Gc-System: Gc: Abk. für engl. **g**roup specific **c**omponent; erbliche Serumgruppen, α_2-Globuline, durch Präzipitation und Immunelektrophorese nachweisbar; für Vaterschaftsbestimmung und anthropologische Untersuchungen herangezogen. 8

Gebär|mutter: → Uterus. 9

Gebiets|bezeichnung: aufgrund von Weiterbildung erworbene Zusatzbezeichnung, die auf besondere Kenntnisse in einem bestimmten beruflichen Gebiet oder Teilgebiet hinweist („Zahnarzt für ..."). Begründet kein eigenes zahnärztliches Berufsbild. In den → Heilberufsgesetzen muß geregelt sein: Gebietsrichtung, Mindestdauer der Weiterbildung, Verfahren der Anerkennung, Stellung weitergebildeter Zahnärzte und Ermächtigung zur Weiterbildung. 24

Gebiß: Gesamtheit der Zähne des Ober- und Unterkiefers. Die 20 Zähne der 1. Dentition bilden das deziduale G. oder Milchgebiß, die 32 Zähne der 2. Dentition das permanente oder bleibende G. Das G. besteht aus einem oberen und einem unteren Zahnbogen. 30

Gebiß|ana|lyse f: systematische Untersuchung des Gebisses zunächst am Patienten, dann am Modell. Ober- und Unterkiefer werden einzeln und in habitueller, manchmal auch in retraler → Okklusion befundet und vermessen (Bewertung der sagittalen, transversalen und vertikalen Abweichungen, Bestimmung von Okklusion und → Bißlage). Ergebnisse der G. sollten niemals alleine, sondern nur im Kontext mit weiteren diagnostischen Erhebungen (→ FRS-Analyse, Röntgenbefund, → Fotostatik o.ä.) zu einer kieferorth. Diagnose und damit Therapie führen. Vgl. *Pont*-Index. 5

Gebißanalyse, funktionelle f: Funktionsanalyse; diagnostisches Vorgehen mit dem Ziel, Störungen im Bewegungsablauf und krankhafte Reaktionen in den Geweben zu erkennen, Belastung und Belastbarkeit aufeinander abzustimmen und einen harmonischen Ablauf der Funktion zu stabilisieren. Im einzelnen untersucht sie: 1. die okklusalen Beziehungen und deren Auswirkungen auf das umgebende Gewebe (Parodontium); 2. die → Grenzpositionen der Unterkieferbewegung; 3. die Kieferrelation im Schlußbiß; 4. die Funktion und das reaktive Verhalten der Kaumuskulatur; 5. den Einfluß der Kiefergelenke auf die Unterkieferbewegung. Man unterscheidet die klinische f. G. durch Inspektion, Palpation und Auskultation von der instrumentellen. Durch diese werden insbesondere okklusale Störungen ermittelt, nachdem eine Registrierung der Kieferrelation und eine Übertragung der Kiefermodelle in den Artikulator durchgeführt worden ist. → Funktionsdiagnostik. 4

Gebiß|an|omalien f pl: Dysgnathien; jede Abweichung des Gebisses vom morphologischen, funktionellen und ästhetischen Optimum. Den G. können exogene oder endogene Ursachen zugrunde liegen, meistens liegen jedoch Mischformen vor. Ältere Einteilungen der G. stammen u.a. von *Marjolin* (1829), *Kneisel* (1836), *Carabelli* (1842), *Welcker* (1862), *Margitot* (1872), *Iszlai* (1891) und *Angle* (1899). Diesen Einteilungen liegen nur morphologische Kriterien zugrunde, sie werden daher mit Ausnahme der → *Angle*-Klassifikation nicht mehr verwendet. Sehr verbreitet ist die genetische Einteilung der G. nach *Korkhaus* und *A. M. Schwarz*, modifiziert nach *Reichenbach*: 1. Kompressionsanomalien mit Neutral- und Distalbiß: a) Kieferkompression mit engstehender Protrusion, b) Kieferkompression mit lückiger Protrusion, c) Kieferkompression mit frontalem Engstand; 2. offener Biß mit Neutral- und Distalbiß: a) lutschoffener Biß, b) echter (rachitischer) offener Biß; 3. Deckbiß mit Neutral- und Distalbiß; 4. Progenie mit Neutral- und Mesialbiß; 5. Kieferwachstumshemmung und Zahnwanderung durch vorzeitigen Zahnverlust; 6. sonstige Unregelmäßigkeiten. Nach den Erkenntnissen der Ätiologieforschung (*Schulze, Tammoscheit*) sind die G. in der Regel polygen im Sinne multifaktorieller Vererbung bedingt. Die obige Einteilung müßte demnach aktualisiert werden. 5

Gebiß|federn: bogenförmige Federn im vestibulären Raum zur Abstützung des oberen Zahnersatzes am unteren. Heute nur noch bei (Oberkiefer-) → Resektionsprothesen. 4

Gebiß|formel: → Zahnformel. 30

Gebiß|former: von *Bimler* aus dem → Aktivator abgeleitetes, aber auf ein Minimum an Werkstoff reduziertes, elastisches Einstückgerät aus federhartem Stahl der Stärken 0,7-0,9 mm, das somit den Rahmen der reinen → Funktionskieferorthopädie sprengt (Abb.). Mit dem G. ist es möglich, Teilerscheinungen einer Kieferverbildung mit gleitender Überleitung in den Regelbiß mit ein und demselben Gerät zu beheben. Er wird in 3 Grundtypen hergestellt, für Fälle mit schräger oder engstehender Front (Typ A),

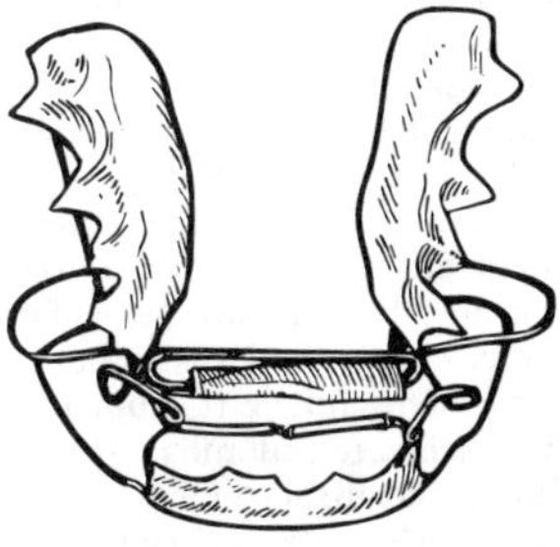

Fälle mit oberer Steilfront (Typ B) und Fälle mit progener Verzahnung (Typ C), und kann dank seiner Grazilität auch tagsüber getragen werden, was wiederum die Behandlungsdauer wesentlich herabsetzt. 5

Gebiß|klassifikation f: → *Angle*-Klassifikation. 5

Gebiß|luxation f: → Zwangsbiß. 5

Gebiß|neigung: seitliche Schieflage der Kauebene im Vergleich zur Gesichtswaagerechten, kenntlich zu machen durch Aufbeißenlassen auf einen Spatel. 5

Gebiß|reduktion, phylo|genetische f: Rückbildungserscheinungen von der → Zahnformel der Ursäuger bis zu der des Kulturmenschen, vermutlich zu verstehen als Inaktivitätsatrophie, die sich bei diesem fortwirkend in regressiver Mißbildung oder Nichtanlage der seitlichen oberen Schneidezähne und der Weisheitszähne äußert. Es bestehen dabei fließende, lediglich graduelle Übergänge von der Verkleinerung der betreffenden Zähne über die Bildung von → Zapfenzähnen bis zur Nichtanlage. 5

Gebiß-Schädel-Korrelation f: anthrop. das Größenverhältnis des Gebisses (der Kiefer) zum Schädelvolumen, wie es mittels anthrop. → Meßpunkte bestimmt wird. Beim Vor- und Frühmenschen überwiegt eindeutig das (megagnathe) Gebiß. 5

Gebiß|schema: → Zahnschema. 30

Gebiß|schwenkung: → Gebißwinkel. 5

Gebiß|winkel: Inklinationswinkel (Zeichen: I ∢); Winkel, den die → Ohr-Augen-Ebene mit der → Spinaebene bildet. Er ist von ausschlaggebender Bedeutung für den Einbau des Gebisses als Ganzes im Schädel und schwankt zwischen 0 und 17°. Seine Durchschnittsgröße liegt bei 7-8°. Ein größerer Winkel von 15-17° ergibt eine Gebißschwenkung nach hinten (Retroinklination), ein kleinerer von 0-4° eine solche nach vorn (Anteinklination). 5

Gebrauchs|dauer: Standzeit; Zeitspanne, in der ein → rotierendes Instrument mit einwandfreiem Ergebnis benutzt werden kann. Unsachgemäßes Benutzen kann die durchschnittliche G. einschränken, sachgemäßes Benutzen nach Anleitung durch den Hersteller oder auf Grund wissenschaftlicher Empfehlung kann sie erhöhen. 21

Gebrauchs|tauglichkeit: Eignung eines Gutes für seinen bestimmungsgemäßen Verwendungszweck auf Grund objektiv und nicht objektiv feststellbarer Gebrauchseigenschaften, deren Beurteilung sich aus verschiedenen individuellen Bedürfnissen ableitet (DIN 66 500). 21

Gebühren|ordnung für Zahn|ärzte: Abk. GO-Z; gültig in der Fassung vom 22.10.1987 (BGB1. I Seite 2316), die die GO-Z vom 18.03.1965 (BGB1. I Seite 123) ablöste. Die G. besteht aus einem allgemeinen Teil und einem Gebührenverzeichnis mit einem Katalog zahnärztlicher Leistungen sowie einem jeweils zugewiesenen Punktwert. Läßt Raum für Honorarvereinbarungen betreffend den Gebührensatz. Grundlage für die Abrechnung gegenüber Privatpatienten. 24

Geburts|linie: Neonatallinie; zwischen prä- und postnatal gebildetem Schmelz besonders stark hervortretende → *Retzius*-Linie. Sie ist an Schliffen von Sechsjahrmolaren und Milchzähnen erkennbar. Ihre Entstehung beruht auf der Umstellung im Stoffwechsel zur Geburt. Ebenfalls als G. wird eine im Dentin bei Sechsjahrmolaren und Milchzähnen vorkommende grobe Schichtlinie bezeichnet (→ *Owen*-Konturlinien). Sie ist Folge einer etwa 15 Tage anhaltenden Ruhepause der Mineralisation, tritt aber auch nach Stoffwechselstörungen im Kindesalter auf. 30

Gefahren|zone: Umgebung, in der ein Notfallpatient weiteren Schädigungen ausgesetzt ist oder werden kann, z.B. in einem Kraftfahrzeug oder ungeschützt auf der Straße. Auch der Zahnarztstuhl muß u. U. als G. angesehen werden: Ein Patient mit → Krampfanfall kann sich an den spitzen Gegenständen zusätzlich verletzen. Eine wirkungsvolle → Herz-Lungen-Wiederbelebung ist im Zahnarztstuhl ebenfalls nur schwer durchzuführen. Die Rettung aus einer G. erfolgt mit dem → *Rautek*-Griff. 16

Gefäße: alle röhrenförmigen Gebilde des Körpers, die Flüssigkeit enthalten, im engeren Sinne die Blut- und Lymphgefäße. 9

Gefäß|ektasie f: → Aneurysma. 32

Gefäß|klemme: Instrument zum Abklemmen

blutender Gefäße. → *Kocher*-Arterienklemme, → Moskitoklemme, → *Péan*-Arterienklemme.[2]
Gefäß|mal: → Naevus. [12]
Gefäß|naht: operative Vereinigung zweier (Blut-)Gefäßstümpfe mit Hilfe des Operationsmikroskops (Intima auf Intima, Ränder nach außen gestülpt). [2]
Gefäß|nävus m: → Naevus. [12]
Gefäß|ruptur f: Riß eines (Blut-)Gefäßes. [2]
Gefäß|wand: Wandung der Blutgefäße. [9]
Geflecht: → Plexus. [9]
gefleckter Schmelz: → Mottling. [1]
Gefrier|trocknung: Lyophilisation; Konservieren von Knochen, Knorpel und Weichgewebe durch schnelles Einfrieren auf etwa -70 °C und anschließendes Verdampfen der Feuchtigkeit im Vakuum. Konservierungsmethode für Lebensmittel, biol. Transplantationsmaterial (Knochen, Gefäße), Serum, Impfstoffe, Bakterien u.a. Zellen. [2, 8]
Gefühl: subjektiv nachempfindbare, mit phänomenaler Sprache beschreibbare Erlebniskategorie (z.B. → Angst, Trauer, Wut). G.e werden von meßbaren psychophysiologischen → Reaktionen (→ Emotion, → Affekt) und entsprechendem Verhalten begleitet. [13]
Gegen|kiefer|schlinge: kieferorth. Behelf an Apparaten, die von der kiefereigenen Platte aus eine Beeinflussung des Gegenkiefers bewirken sollen, so z.B. bei der aktiven Platte mit Gegenkieferbügel und beim → Gebißformer Typ C. [5]
Geheim|haltung: → Schweigepflicht. [24]
Gehirn: Cerebrum, Enzephalon, Encephalon (Abb.); die Nervenzentren in der Schädelhöhle (Neurocranium). Umfaßt: Endhirn (Telencephalon), Zwischenhirn (Diencephalon), Mittelhirn (Mesencephalon) und Rautenhirn (Rhombencephalon) einschließlich des Kleinhirns (Cerebellum). [9]
Gehirn|erschütterung: → Commotio cerebri.[20]
Gehirn|erweichung: → Paralyse, → progressive Paralyse. [20]
Gehör: → Labyrinth, → Ohr. [9]
Gehör|gang: Meatus acusticus; der äußere (externus) G. führt von der Ohrmuschel zum Trommelfell, ist in seinem äußeren Abschnitt knorpelig, in seinem inneren knöchern. Die Auskleidung wird durch eine Einstülpung der äußeren Haut gebildet, die zahlreiche Drüsen besitzt, durch welche das Ohrenschmalz (Cerumen) abgesondert wird. Der innere (internus) ist der Eingang in den Canalis facialis. (→ Ohr). [9]
Gehör|knöchelchen: Ossicula auditus; drei miteinander gelenkig verbundene kleine Knöchelchen in der Paukenhöhle. Hammer (Malleus), Amboß (Incus), Steigbügel (Stapes). Sie haben die Aufgabe, die Schwingungen des Trommelfells verstärkt auf das eigentliche Gehörorgan im Innenohr (→ Labyrinth) zu übertragen. Abb. → Ohr. [9]
Geißeln: peitschenschnurartige Fäden, die bei Bakterien und Protozoen überwiegend der Bewegung dienen. Bakteriengeißeln entspringen von einem Basalkorn im Zytoplasma und sind aus meist drei Subfibrillen seilartig gedreht; ihre Dicke beträgt um 20 nm; chem. bestehen sie aus dem Fibroprotein Flagellin, das antigene Eigenschaften besitzt (H-Antigen). Protozoengeißeln: → Flagellaten. [8]

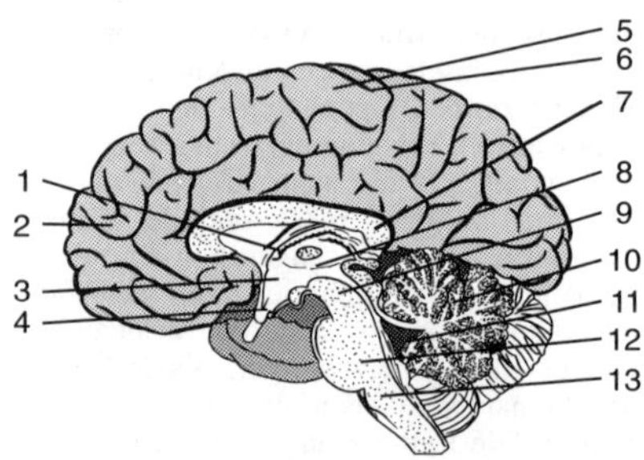

1: Plexus chorioideus des III. Ventrikels; 2: Großhirn; 3: Zwischenhirn; 4: Processus infundibularis; 5: Gyrus praecentralis; 6: Sulcus centralis; 7: Balken; 8: Wand des III. Ventrikels; 9: Mittelhirn; 10: Kleinhirn; 11: IV. Ventrikel; 12: Rautenhirn; 13: Medulla oblongata.

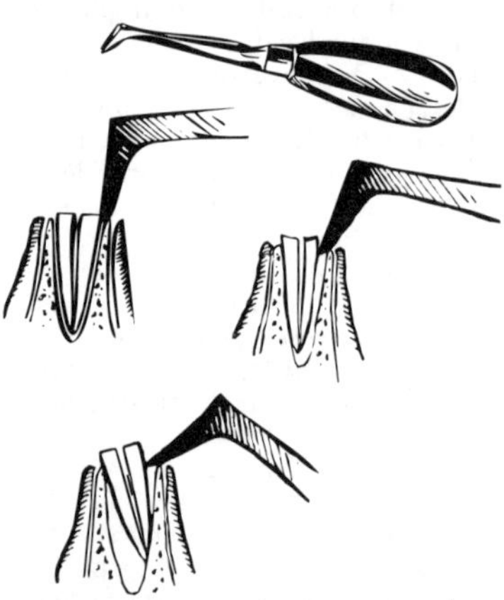

Geiß|fuß: Instrument in Gestalt eines abgewinkelten Hebels zur Entfernung unterer Zahnwurzeln (Abb.). Kaum noch verwandt. [2]

Geistes|krankheit: → Psychose. 33
Geistes|schwäche: → Intelligenzmangel, angeborener. 33
gelappte Fibrome n pl: → Lappenfibromatose. 2
Gelastypt® M: absorbierbarer Gelatineschwamm mit Ethacridin. Indikation in der Zhk.: postoperative Blutstillung nicht infizierter Wurzelflächen. 7
Gelatine (lat.) f: farb- und geschmacklose Leimsubstanz aus Knochen und Bindegewebe, auch → Gallerte. 23
gelatinös: gallertartig, leimartig. 23
Gelb|färbung der Zähne: → Xanthodontie. 1
Gelbkörper: → Corpus luteum. 10
Gelbsucht: → Ikterus, → Hepatitis. 20
Gel|diffusion f: → Immundiffusion. 8
Gele n pl: gallertartig erstarrte kolloidale Lösungen. Vgl. Kolloide. 23
Gelenk: anat. → Articulatio; spez.: → Kiefergelenk; proth. → Resilienzgelenk. 9
Gelenk|bahn: Kondylenbahn; Bewegungsbahn des Kondylus bei der Vorschub- und Lateralbewegung des Unterkiefers. Beim Kiefergelenk wird die Führungsbahn des Gelenkkopfes durch

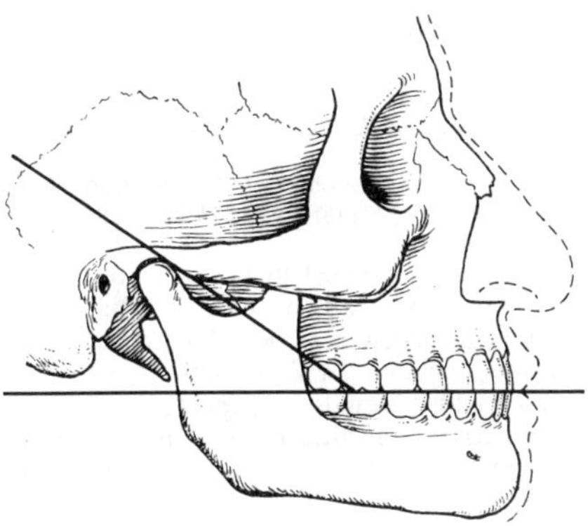

die hintere Fläche des Gelenkhöckers (Abb. → Kiefergelenk) und die → Artikulation des Zahnsystems bestimmt. Die Führungsbahn bildet mit der → Okklusionsebene im Durchschnitt einen Winkel von 34° (Abb.), der auch beim sog. Mittelwertartikulator berücksichtigt wird. Bei der Protrusionsbewegung bewegen sich beide Kondylen nach vorne unten. Bei der Mediotrusionsbewegung bewegt sich der Kondylus auf der Balanceseite nach vorne unten innen. Die Bewegung des Kondylus auf der Arbeitsseite erfolgt als Rotation um eine vertikale Achse. Horizontal nach außen: Laterotrusion oder → *Bennett*-Bewegung, nach lateral oben: Laterosurtrusion, nach lateral unten: Laterodetrusion, nach lateral hinten: Lateroretrusion, nach lateral vorne: Lateroprotrusion. 4
Gelenk|bahn|artikulator m: → Artikulator. 4
Gelenk|bahn|messung: intraoral mittels → Checkbiß, extraoral mittels des → Gesichtsbogens. 4
Gelenk|bahn|winkel: Winkel zwischen der Gelenkbahn und der → Frankfurter Horizontalen (zwischen 30 und 50°). 4
Gelenk|fort|satz: Processus condylaris, Abb. → Mandibula. 9
Gelenk|grube des Kiefergelenks: → Fossa mandibularis. 9
Gelenk|prothese f: Prothesensattel ist mit der Haltevorrichtung (Klammer, Geschiebe) durch ein Gelenk verbunden, das bei Belastung die Resilienz der Schleimhaut berücksichtigt. → Resilienzgelenk, → Resilienzgeschiebe, → Scharniergelenk, → Verbindungselemente. 4
Gelenk|rheumatismus m: → Rheumatismus. 20
Gelenk|winkel: von *Björk* definierter Winkel aus der → FRS-Analyse. Wird begrenzt durch → Sella-Punkt, → Artikulare und → Gonion und befindet sich somit zwischen dem oberen und dem unteren Abschnitt des Gesichtsschädels. Die Größe des G.s ist von der Unterkieferlage abhängig: große Winkelwerte bei retrognather, kleine Winkelwerte bei prognather Kieferlage. Der G. kann therapeutisch beeinflußt werden. Vgl. Retrognathie, Prognathie. 5
Gelita-Tampon®: Gelatineschwamm zum Tamponieren von Extraktionswunden; auch mit Zusatz von 5% kolloidalem Silber (Gelita-Silber-Tampon). 2
Gemeinschafts|praxis f: Sozietät; Zusammenschluß von niedergelassenen Zahnärzten zur gemeinsamen Ausübung zahnärztlicher Tätigkeit. Tritt wie eine Einzelpraxis auf und kann nur als BGB-Gesellschaft (§§ 705 ff. BGB) gebildet werden. Die Gründung ist nur mit anderen Vertragszahnärzten möglich. Die vorherige Zustimmung des → Zulassungsausschusses ist erforderlich, in jedem Fall die Anzeige gegenüber der → Zahnärztekammer. 24
Gemella (lat.) f: Gattung gramlabiler, aerober, katalasefreier, oxidasenegativer Diplokokken; einzige Art G. haemolysans (früher: Neisseria haemolysans), Epiphyt der Mundschleimhaut, apathogen. 8
Geminatio dentis f: Zwillingsbildung von Zähnen, → Zwillingszähne. 1

Gen (gr.) n: der im Zellkern bzw. in den → Chromosomen befindliche Erbfaktor. Einheit der Erbanlage; eine in der Nukleotidsequenz der → Desoxyribonukleinsäure in den Chromosomen festgelegte Informationseinheit zur Ausprägung eines bestimmten Erbmerkmals. Im eigentlichen Sinne stellt ein G. die Matrize zur Herstellung biologisch aktiver Proteine (→ Enzyme) dar, durch die der Stoffwechsel einer Zelle auf ein bestimmtes Merkmal (Syntheseleistung) hin gerichtet wird, wobei ein Gen durch Ein- bzw. Ausschluß bestimmter Genabschnitte mehrere Enzyme codieren kann. [3, 22]

Gena (lat.) f: Wange, auch Bucca (IANC) oder Mala. [9]

Generalisierung f: Verallgemeinerung, Verbreitung im gesamten Organismus. [20]

Generation f: Gesamtheit der in einem bestimmten Zeitraum in einer Bevölkerung Geborenen, im eigentlichen Sinne Gegenüberstellung der G. der Eltern jener der Kinder u.ä. Genetisch: die Summe aller von einem gemeinsamen Vorfahren gleich weit entfernten Abkömmlinge. [3]

Generika n pl: Arzneistoffe, die unter dem internationalen Stoffnamen (generic name) auf den Markt gebracht werden. Sie unterliegen nach dem AMG 1976 der Zulassungspflicht durch das Bundesgesundheitsamt (BGA). Die Hersteller der Nachahmerpräparate können sich im Bereich Wirksamkeit und Unbedenklichkeit auf die Unterlagen des erstzugelassenen Arzneimittels berufen. [7]

Genese (gr.) f: Genesis; Entstehung, Entwicklung. [9]

Genetik f: Lehre von der Vererbung. [3]

genetisch: die Entstehung oder Entwicklung betreffend, entwicklungsgeschichtlich oder erblich bedingt. [9]

Genick|starre: → Meningitis. [8]

genio|glossus: von der Spina mentalis zur Zunge ziehend; Musculus g., → Zungenmuskeln. [9]

genio|hyo|ideus: vom Kinn zum Zungenbein ziehend. Vgl. Musculus g. [9]

Genitalien (lat.) n pl: Geschlechtsorgane. [9]

Geno|dermatosen f pl: erbliche Hautkrankheiten: 1. angeborene Dysplasien, → Phakomatosen, → ektodermales Syndrom, → Epidermolysis bullosa hereditaria; 2. Keratosen, → Ichthyosis, → *Darier*-Krankheit, → Meleda-Krankheit, → Polykeratosis congenita, → Keratoma; 3. degenerative Systemkrankheiten, → Pseudoxanthoma elasticum. → *Rothmund*-Syndrom. [12]

Genom n: die Summe der in den → Chromosomen vorhandenen Erbfaktoren (→ Gene). Vgl. Plasmon. [3]

Geno|typus m: Erbbild; Summe aller Gene, nicht dem → Phänotypus entsprechend, der durch Umwelteinflüsse wesentlich mitgeformt wird. [20]

genuin (lat.): **1.** ursprünglich, echt, unverfälscht. **2.** angeboren, erblich. Oft als Synonym für → idiopathisch gebraucht. [32]

Genus (lat.) n: Geschlecht, Gattung. [9]

geometrische Unschärfe: in der Rö. der Anteil der Bildunschärfe, der durch die geometrischen Bedingungen der Projektion auftritt. Entscheidend sind Brennfleckgröße, Brennfleck-Film- und Brennfleck-Objekt-Abstand. Da der Brennfleck der Röntgenröhre kein Punkt, sondern eine Fläche ist, entsteht auf dem Film bei der Abbildung eines Objektrandes ein Halbschatten (Abb.).

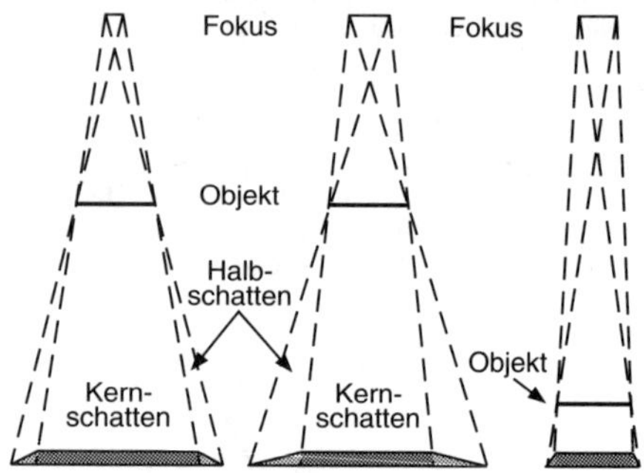

Auswirkung von Brennfleckgröße und Brennfleck-Objekt-Abstand (rechts) auf die Halbschattenbreite

Je kleiner der Brennfleck und je größer der Brennfleck-Objekt-Abstand ist, um so schmaler werden die Halbschatten. In der zahnärztl. Rö. wird beim → Langtubus der Vorteil des großen Brennfleck-Objekt-Abstands ausgenutzt. [14]

Geotrichum candidum n: Oidium lactis, Oospora lactis; Milchschimmel, häufig in saurer Milch, Butter, Käse, Sauerkraut usw. Kommt auch im Mund Gesunder vor; pathogen als Erreger von Bronchial- und Lungengeotrichose, selten auch einer soorähnlichen Infektion der Mundhöhle. [8]

GER: Abk. für **g**lattes **e**ndoplasmatisches → **R**etikulum. Röhrenförmige, miteinander verbundene, durch eine Zytomembran vom Zytoplasma abgegrenzte Räume, die bei manchen Zellen, vor allem bei steroidproduzierenden, zu finden sind, aber auch bei anderen wie Hepatozyten oder quergestreifter Muskulatur vorkommen. Ihre Funktion ist noch nicht endgültig geklärt. [9]

gerader Biß: → Kantenbiß. [5]

Ger|agogik f: Teilgebiet der modernen Erziehungswissenschaften, das sich mit der Anleitung und Motivation von Senioren zu einem geistig und körperlich aktiven Lebensabend befaßt. Versucht der → Degeneration entgegenzuwirken. Adj.: geragogisch. [27]

Gerber-Wulst (Paul-Henry G., Otorhinolaryngologe, Königsberg, *1863, † 1919): Vorwölbung des Nasenbodens durch eine von den Schneidezähnen ausgehende radikuläre → Zyste oder eine → Naseneingangszyste. [19]

Ger|iatrie f: Zweig der Medizin, der sich mit den Krankheiten des alternden und alten Menschen beschäftigt. Zahnärztl. G.: Teilgebiet der → Gerostomatologie, das sich konzeptionell mit der zahnärztl. Versorgung und Betreuung von Alterspatienten befaßt. Sie beschäftigt sich mit der Erweiterung der zahnmedizin. Fachwissenschaft um die speziellen Anforderungen alter Menschen. Wichtige Aufgabenfelder: die Sicherstellung der zahnärztl. Betreuung angesichts fortschreitender Immobilität dieser an Umfang und Bedeutung zunehmenden Bevölkerungsgruppe (→ Alterspyramide) und die Berücksichtigung der im Alter infolge multipler Erkrankungen häufig notwendigen → Multimedikation. [27]

Ger|iatrika n pl: Sammelbegriff für Arzneimittel, die der Verhinderung bzw. Verlangsamung von Alterungsvorgängen, der Reaktivierung degenerierten Gewebes, dem Ausgleich altersbedingter Nährstoff- und Hormondefizite und/oder der symptomatischen Linderung von Altersbeschwerden dienen sollen. Ihre Wirksamkeit ist weitgehend umstritten. [27]

Gerinnung: → Blutgerinnung. [10]

Gerinnungs|thrombus m: → Thrombus. [10]

Germ|ektomie f: Entfernung eines Zahnkeimes aus kieferorthopäd. Indikation. Vgl. Zahnkeimtransplantation. [2]

Germinom n: bösartiger Tumor des Keimgewebes. [2]

Gero|derm n: → Altershaut. Altersunabhängig bei pathologischer Funktion von → Hypophyse, → Schilddrüse und → Gonaden. [27]

Ger|odonto|logie f: → Gerostomatologie. [27]

Gero|hygiene f: Teilgebiet der → Sozialmedizin, das sich mit kausalen Zusammenhängen zwischen Umweltbedingungen und der Gesundheitsentwicklung im → Senium befaßt. [27]

Geronto|logie f: Alternsforschung. Auf der → Biomorphose und → Biorrheuse aufbauende wissenschaftl. Erforschung der physiol. und pathol. Veränderungen alternder und alter Menschen. Die zahnärztl. G. beschäftigt sich mit der Entwicklung adäquater Behandlungskonzepte unter besonderer Berücksichtigung der oralen Strukturbiologie und des medikosozialen Verhaltens der älteren Patienten. Vgl. Gerohygiene, Geroprophylaxe, Gerostomatologie. [27]

Geronto|pharmako|logie f: Die G. untersucht den Einfluß des Seniums auf Dynamik und Kinetik von Arzneistoffen. [7]

Geronto|toxon n: Arcus Lipoides; → Arcus. [27]

Gero|pro|phylaxe f: präkurative Bemühungen zur → Prävention von chronisch-entzündlichen und atrophisch-degenerativen Erkrankungen im höheren Lebensalter. Eine besondere Bedeutung kommt hierbei im zahnmedizin. Bereich der Früherkennung von Mundhöhlenkrebs (Neoplasmenprophylaxe) zu. [27]

Gero|stomato|logie f: Gerodontologie, Alterszahnheilkunde; Zweig der modernen Zahn-, Mund- und Kieferheilkunde, der sich mit geriatrischen und gerontologischen Fragestellungen im Bereich der Mundhöhle befaßt. Ausgehend von der zahnärztl. Prothetik versucht die G., über die zahnmedizin. Fachwissenschaft hinaus vor allem spezifische psycholog.-geragogische und gesellschaftliche Aspekte zu integrieren. Ein weiteres Betätigungsfeld der G. ist die Erforschung und Weiterentwicklung des technischen Umfelds von Alterspatienten im Sinne einer adäquaten Versorgung. [27]

Gersten|korn: → Hordeolum. [12]

Gerüst|implantat n: Metallgerüst, das zwischen Knochenoberfläche und Periost (subperiostal, → Implantat, subperiostales) implantiert wird. Pfosten durchbrechen die Mukoperiostschicht, um den Zahnersatz aufzunehmen. Heute unübliches Verfahren, da große Gewebeschäden im Mißerfolgsfall. [18]

Gesamt|länge: Maßangabe der Abmessung von Werkzeug- bzw. Instrumentenspitze bis zum Schaftende; die Einheit ist 1 mm. [21]

Gesamt|vergütung: von der Krankenkasse nach Maßgabe des → Gesamtvertrages für die vertragszahnärztliche Versorgung an die → Kassenzahnärztliche Vereinigung entrichteter Betrag. Die KZV verteilt die G. unter die Vertragszahnärzte. Die G. kann nur Leistungen betreffen, die als Sachleistung bewertet werden. Die Verteilung erfolgt nach dem → Honorarverteilungsmaßstab (HVM). Die G. kann als Festbetrag, unter Berücksichtigung des Bewertungsmaßstabes nach Einzelleistungen, nach Kopfpauschale, Fallpauschale oder einem System berechnet werden, das sich aus der Verbindung dieser oder weiterer Berechnungsarten ergibt. Die Höhe der G. wird im Gesamtvertrag vereinbart. Veränderungen richten sich nach der Entwicklung der durchschnittlichen Grundlohnsumme, der Praxiskosten und der vertragszahnärztlichen Arbeitszeit sowie Art und Umfang der zahnärztlichen Leistungen, soweit sie auf einer gesetzlichen oder satzungsmäßigen Leistungsausweitung beruhen (§ 85 SGB V). [24, 25]

Gesamt|vergütung, gedeckelte: → Festbetrag.[25]

Gesamt|verträge: ergänzen nach dem Sozialgesetzbuch (SGB V) auf Bundesländerebene den → Bundesmantelvertrag Zahnärzte (BMV-Z) und werden von den Kassenzahnärztlichen Vereinigungen mit den Landesverbänden der Krankenkassen und den Verbänden der Ersatzkassen über die vertragszahnärztliche Versorgung entspr. § 83 SGB V geschlossen. Sie sollen die gleichmäßige, ausreichende, zweckmäßige und wirtschaftliche Versorgung gewährleisten und die zahnärztlichen Leistungen angemessen vergüten. Sie beinhalten die Regelung der angemessenen Vergütungshöhe (→ Punktwert, Pauschale), Vergütungsart (Einzelleistungsvergütung) und Abrechnungsbestimmungen sowie Rechte und Pflichten der an der Kassenzahnärztlichen Versorgung beteiligten Zahnärzte und Krankenkassen. [25]

gesättigt: nicht zu weiterer Aufnahme befähigt. Chem.: 1. Lösung, die so viel der betreffenden Substanz enthält, daß das Lösungsmittel nichts mehr von ihr aufnehmen kann; 2. Substanz, die keine Doppelbindungen enthält. Vgl. ungesättigt. [23]

Geschäfts|fähigkeit: Fähigkeit, im Rechtsverkehr Rechte und Pflichten zu übernehmen; beim Abschluß von Behandlungsverträgen und sonstigen Verträgen zu beachten. Kinder unter 7 Jahre sind geschäftsunfähig (§ 104 BGB), Verträge können nur mit den gesetzlichen Vertretern geschlossen werden. Ab dem 7. Lebensjahr beschränkte Geschäftsfähigkeit (§ 106 BGB), Verträge können mit Einwilligung des gesetzlichen Vertreters wirksam abgeschlossen werden. Einwilligung entbehrlich bei Verträgen, deren Gegenleistung vom Minderjährigen aus eigenen Mitteln beglichen wird, oder wenn der Vertrag im Zusammenhang mit einem bereits bestehenden Arbeitsverhältnis steht. [24]

Geschiebe: attachments (engl.), Befestigungen; dienen zum Ausgleich von konvergierenden und divergierenden Brückenpfeilern und als → Verbindungselemente zwischen Restzahnbestand und rein oder vorwiegend parodontal getragenem Zahnersatz. Sie gehören zu den Verbindungselementen und bezeichnen parallel gefräste Patrizen und Matrizen, deren Haltefunktion durch Reibung, und deren Stützfunktion durch einen Anschlag erreicht wird, z.B. *Ney-Chayes-* (Abb. a), *Brown-Sörensen-* (Abb. b), *Schröder*-Geschiebe, → Rillen-Schulter-Federgeschiebe (*Biaggi-Steiner*). Vgl. Resilienzgeschiebe, Steggeschiebe. [4]

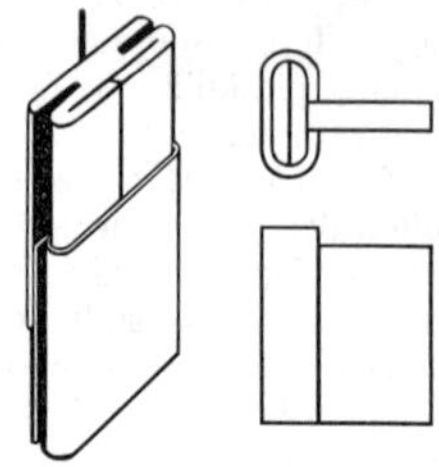

a b

Geschiebe|gelenk: scharnierartige Verbindung zwischen Anker (Krone oder Brücke) und herausnehmbarem Sattelteil. Neben der Scharnierbewegung ist auch ein leichter horizontaler Bewegungsspielraum vorhanden. Besonders geeignet für bilaterale Freiendprothesen. → Verbindungselemente. [4]

Geschlechts|chromo|somen n pl: die 2 Chromosomen, die gemeinsam das individuelle Geschlecht bedingen. Bei den Säugetieren sind die G. der männlichen Zelle verschieden und werden X und Y genannt. Die weiblichen Zellen dagegen besitzen zwei gleiche X-G. [9]

Geschlechts|drüsen f pl: Keimdrüsen, Gonaden; → Ovarium, → Testes. [9]

Geschlechts|krankheiten: im wesentlichen durch den Geschlechtsverkehr übertragene Krankheiten; vgl. Syphilis, Gonorrhöe, Ulcus molle. [8]

Geschlechts|verteilung: Zuordnung (statist.) erhobener Daten nach dem Geschlecht der Probanden. [27]

Geschmacks|knospen: Geschmacksbecher; Zellenbällchen im Epithel mancher → Papillen der Zunge, die auf einige im Speichel gelöste Substanzen reagieren und gewisse Nervenfasern erregen. Sie werden von den Nerven Facialis und Glossopharyngeus, einige vom N. vagus versorgt. Vgl. Geschmacksnerven, Abb. → Papilla. [9]

Geschmacks|nerven m pl: N. glossopharyngeus versorgt die → Papillae vallatae und foliatae, N. intermedius versorgt über Chorda tympani und N. lingualis die → Papillae fungiformes. N. vagus sensibel, ohne Geschmacksempfindung (Abb.). 9

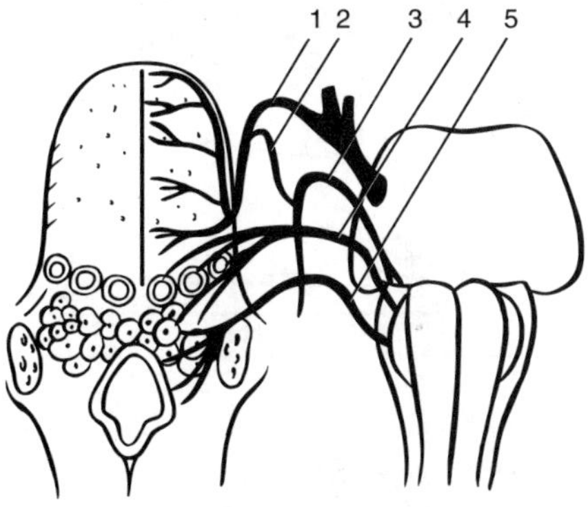

Geschmacksnerven
1: N. lingualis; 2: Chorda tympani; 3: N. facialis; 4: N. glossopharyngeus; 5: N. vagus.

Geschmacks|sinn: die Fähigkeit, gewisse, im Speichel gelöste Substanzen auf nervale Weise

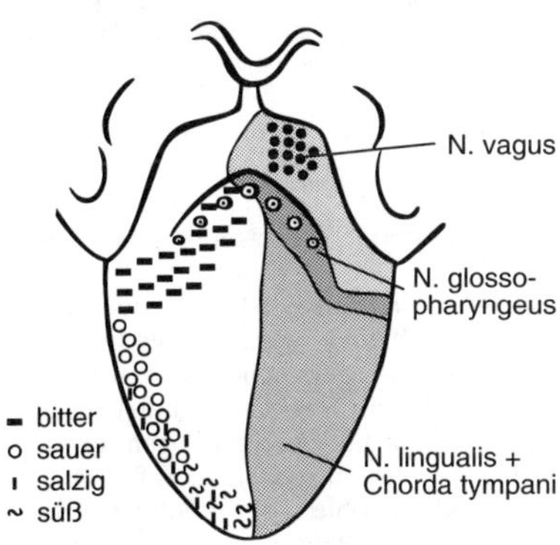

Geschmacksempfindung (rechts) und sensible Versorgung (links) der Zunge. Schema nach *Rein-Schneider.*

zu erkennen. Die Geschmacksrichtungen sind: salzig, süß, sauer und bitter (Abb.). Vgl. Geschmacksknospen. 9

Geschwindigkeit: bei → rotierenden Instrumenten (Werkzeugen) auch Umlauf- oder Umfanggeschwindigkeit genannt, die den von einem Peripherpunkt in der Zeiteinheit zurückgelegten Weg betrifft. SI-Einheit: min^{-1} oder s^{-1} (Zahl der Umdrehungen). Spricht man von → Schnittgeschwindigkeit, ist auch die → Vorschubkraft noch zu berücksichtigen, die je nach Art des → Antriebs und der → Anpreßkraft die Schnittgeschwindigkeit mehr oder weniger beeinflussen kann. 21

Geschwulst: → Tumor. 32

Geschwulst|lehre: → Onkologie. 32

Geschwür: → Ulcus. 32

Gesetz der korrespondierenden Flächen: → Dost-Prinzip. 7

Gesicht: → Facies. 9

Gesichtigkeit: Einlagerung des Gesichtsschädels, unabhängig von seiner sonstigen Verbildung, im Gesamtschädel. Die G. wird anhand von Fotostataufnahmen (→ Fotostat) oder (seltener) → Fernröntgenseitenbildern ermittelt. Dabei kann der Gesichtsschädel von seiner durchschnittlichen Lage nach vorne oder hinten abweichen, so daß sich folgende 3 Gruppen ergeben: 1. Durchschnittsgesicht (→ Biomet); 2. Vorgesicht; 3. Rückgesicht. Dabei sind das gerade

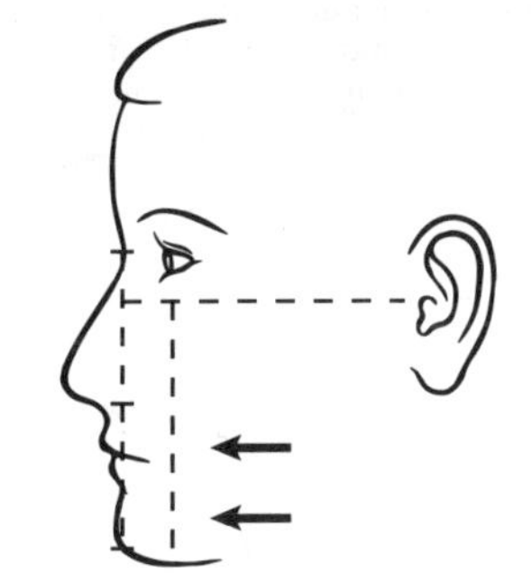

Abb. 1: Gerades Vorgesicht bzw. Vorstand im ganzen

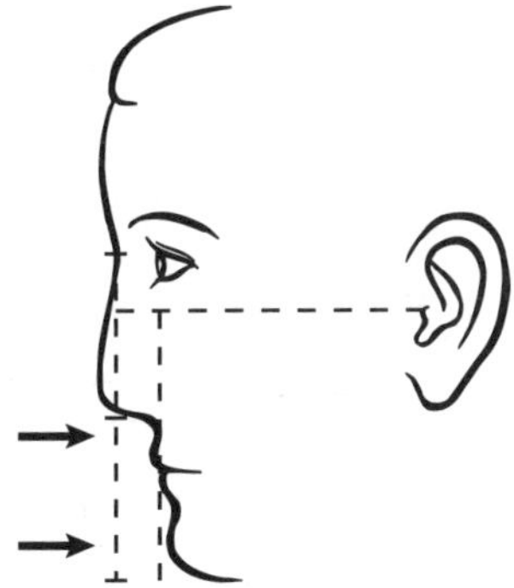

Abb. 2: Gerades Rückgesicht bzw. Rückstand im ganzen

Vorgesicht (Abb. 1) und das gerade Rückgesicht (Abb. 2) Parallelverschiebungen nach vorn oder hinten gegenüber dem geraden Durchschnittsgesicht (Abb. → Biomet). Daneben gibt es zusätzlich noch Gebißschwenkungen (→ Gebißwinkel) bzw. Profilverläufe (→ Profilanalyse) dieser drei G.en nach vorn und hinten, so daß sich insgesamt 9 verschiedene Gesichtstypen ergeben: Durchschnitts-, Vor- und Rückgesicht jeweils mit geradem, fliehendem oder progenem (→ Progenie) Profilverlauf. Zusammenhänge von G.en und Profilverläufen mit bestimmten → Dysgnathien werden angegeben, die Korrelationen sind jedoch nicht hoch. 5

Gesichts|atrophie f: → Hemiatrophia faciei progressiva. 2

Gesichts|bogen: 1. Proth.: Übertragungsbogen; von *Gysi* 1916 entwickeltes Gerät zur schädelbezüglichen Orientierung der Kiefermodelle im → Artikulator. Der G. ist ein extraoraler Metallbügel, der am Patienten angelegt wird, z.B. an den vermuteten → Scharnierachsenreferenzpunkten und an den Infraorbitalia (Abb. 1).

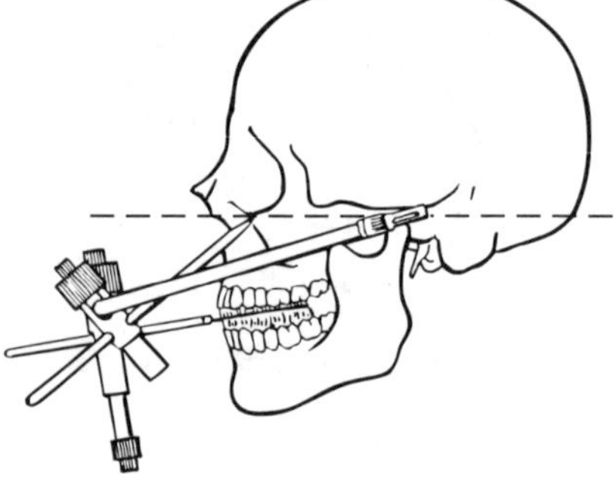

Abb. 1

Dadurch wird die Lage des Oberkiefers zur → Frankfurter Horizontalen und zum Kiefergelenk fixiert. Mit Hilfe desselben G.s (auch Mittelwertgesichtsbogen) erfolgt die Übertragung der Modelle in einen Artikulator (Abb. 2). Will man eine exakte Ermittlung der Scharnierachsenreferenzpunkte, so verwendet man den → Scharnierachsenlokalisator mit entsprechendem G. **2.** Kieferorth.: diagnost. Hilfsmittel, mit dem die Modelle zur → Frankfurter Horizontalen und zur Orbitalsenkrechten (→ Orbitale) in Beziehung gesetzt werden. Geräte nach *Simon, Andresen, R. Schwarz,* SAM, *Gerlach* (Abb. 3) u.a. Auch Bez. für ein aktives extraorales Behandlungsgerät (→ Headgear). 4, 5

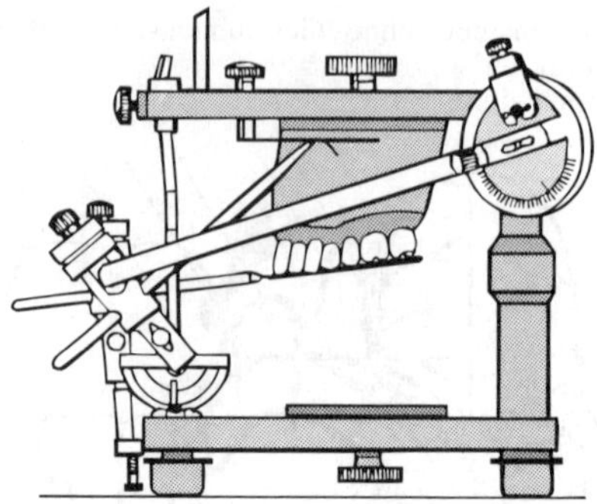

Abb. 2

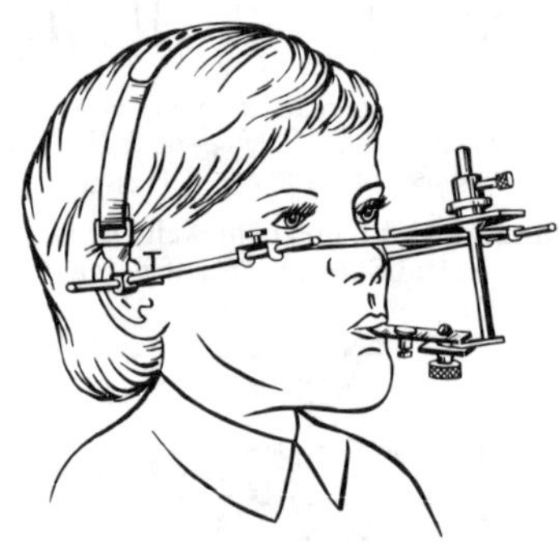

Abb. 3: Kieferorth. Gesichtsbogen nach *Gerlach*

Gesichts|entwicklung: strukturelle Ausformung des Gesichtsschädels während der Ontogenese. In der 4. Embryonalwoche entsteht durch das Vorwachsen von Oberkiefer- und Unterkieferfortsatz aus dem 1. → Kiemenbogen sowie durch Vorwölbung des unpaaren Stirnfortsatzes die primitive Mundhöhle (→ Mundbucht). Die auf dem Stirnfortsatz lateral angelegten Riechplakoden wandern medialwärts und werden dabei zu Riechgruben, an denen sich medial und lateral die Nasenwülste aufwölben. Die Verschmelzung der medialen Nasenwülste untereinander und der lateralen und medialen Nasenwülste mit dem Oberkieferfortsatz führt zur Bildung des Zwischenkieferstückes des Oberkiefers und zur Bildung des → Philtrums. Die endgültige Ausformung des Gesichtes erfolgt während der 6. bis 12. Embryonalwoche. 22

Gesichts|höhe: Maß in der → FRS-Analyse. Unterschieden werden vordere und hintere G. Als vordere G. wird der Abstand zwischen → Nasion und → Gnathion, als hintere G. der Abstand zwischen → Sella-Punkt und → Gonion bezeichnet. Vgl. Schädelwachstumsanalyse. [5]

Gesichts|höhen|verhältnis: Gesichtshöhenratio; in der → Schädelwachstumsanalyse nach *Jarabak* zu ermittelndes Verhältnis von hinterer (Sella-Gonion) zu vorderer (Nasion-Menton) Gesichtshöhe. Vgl. Gesichtshöhe. [5]

Gesichts|höhen|winkel, unterer: Winkel aus der → FRS-Analyse nach *Ricketts*. Der u. G. liegt zwischen → Spina nasalis anterior, → Xi-Punkt und → PM-Punkt. Große Winkelwerte weisen auf einen skelettal offenen, kleine Winkelwerte auf einen skelettal tiefen Biß hin. [5]

Gesichts|index, morphologischer m: Fazialindex nach *Kellmann;* anthrop. Index zur Klassifizierung der Hauptproportionen des Gesichtes. Mittelwert: 85-90.

$$\text{Formel: Index} = \frac{(\text{Gesichtshöhe x } 100)}{\text{Jochbogenbreite}}$$

Vgl. Schädelmaße, anthropologische. [5]

Gesichts|knochen: → Os. [9]

Gesichts|krampf: → Fazialiskrampf, Tic convulsif (→ Tic). [2]

Gesichts|länge: Entfernung zwischen → Basion und → Prosthion (obere G.) bzw. Entfernung zwischen Basion und → Gnathion (untere G.). [5]

Gesichts|maske: → *Delaire*-Maske. [5]

Gesichts|nerv m: → Nervus facialis. [9]

Gesichts|rose: → Erysipel. [12]

Gesichts|schädel: Cranium viscerale; knöcherne Basis des Gesichts, bestehend aus Ober- und Unterkiefer, Joch-, Gaumen-, Zungenbein, Nasenskelett, Flügelfortsätzen des Keilbeins. [9]

Gesichts-Schädel-Beziehung: relatives Lage- und Größenverhältnis von Gesichts- (Viszerokranium) und Hirnschädel (Neurokranium). Wird z.B. in der → Schädelwachstumsanalyse beurteilt. Vgl. Meßpunkte. [5]

Gesichts|schutz: Masken, Brillen und sonstige Schutzvorrichtungen gemäß UVV VBG 103 und Hygieneleitfaden des Deutschen Arbeitskreises für Hygiene in der Zahnarztpraxis (DAHZ). Schutz vor Kontaminationen durch Blut, Speichel und andere Substanzen z.B. bei der Anwendung von → rotierenden und Ultraschallinstrumenten. Vgl. Augenschutz. [21]

Gesichts|skoliose f: → Skoliose. [3]

Gesichts|spalten: Prosoposchisis, Schizoprosopie; angeborene Spalte infolge gestörter Verschmelzung bestimmter Gesichtswülste. Formen: → Lippenspalte, quere Gesichtsspalte, schräge Gesichtsspalte, Nasenspalte, Lidspalte, Stirnspalte, → Gaumenspalte, Zungenspalte, Kieferspalte, Unterlippenspalte (Abb. 1). Genetik: nach *His* wachsen bestimmte Teile der fünf Gesichtswülste in einer bestimmten Embryonalzeit nicht zusammen, so daß bestimmte embryonale Furchen in mehr oder minder großer Ausdehnung erhalten bleiben. Nach *Fleischmann* (Zool. in Erlangen) besteht eine embryonale Schwäche

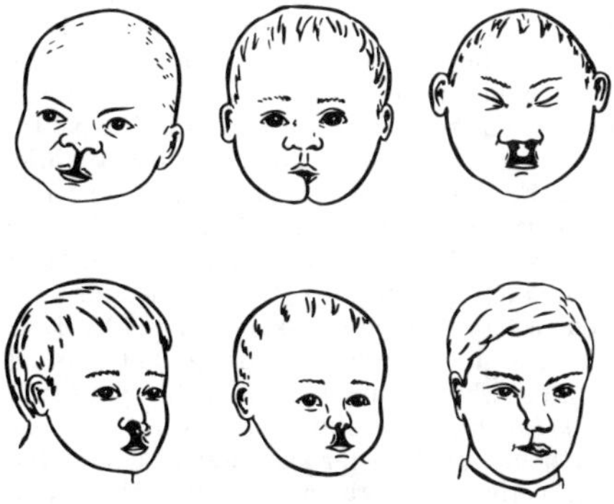

Abb. 1

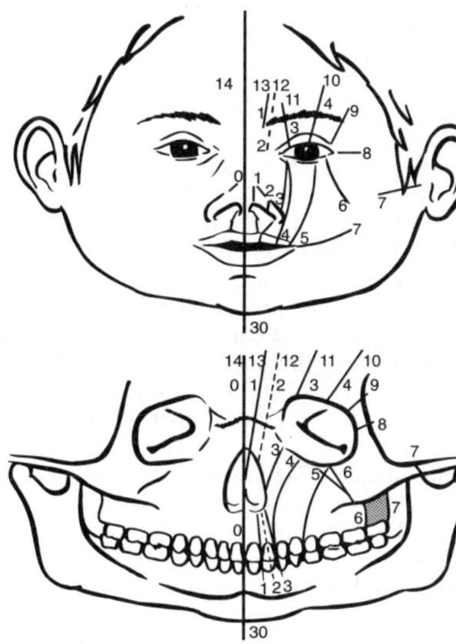

Abb. 2: Klassifikation nach *Tessier* [47]

des Mesenchyms, so daß bestimmte mesenchymale Teile nicht, wie in der 6.-7. Schwangerschaftswoche vorgesehen, das Epithel durchbrechen können. Ätiologie: das Vorkommen von Gesichtsspalten wurde bisher mit endogenen

Faktoren, vor allem der Erblichkeit, begründet. In den letzten Jahren hat man aber infolge der besseren Erforschung der Embryopathien nachweisen können, daß den exogenen Faktoren eine erhöhte Bedeutung bei der Entstehung dieser Hemmungsbildung zukommt (Schock- und Schreckzustände, Phänokopien, Rötelnembryopathie, Toxoplasmose). Demnach multifaktorielles Krankheitsbild, das erbliche Disposition besitzt, das aber erst durch Zusammentreffen endogener Anlage mit exogenem Reiz Spaltbildung manifest werden läßt. *Töndury* beschrieb erste Keimlinge mit Gesichtsspalten. Die Erblichkeit tritt deutlich zurück, die vorliegenden weltweiten Statistiken sprechen von einer Heredität von höchstens 30%. Untersuchungen ergaben an sehr großem Krankengut 17%. Vorkommen der G. im Verhältnis zur Gesamtgeburtenzahl bei Überprüfung von 100 000 Geburten 1 : 850 (*Haym*). Behandlung: operativ. Die G. werden heute nach *Tessier* klassifiziert. Unterschieden werden die Formen 0-14, die sich entsprechend über das Gesicht verteilen (Abb. 2). Eine häufigere Form ist die schräge Gesichtsspalte die quer durch die Oberlippe am Nasenflügel vorbei bis zum Augenlid und auch in die Iris hinein verläuft. Die Therapie umfaßt in der Regel 2 Schritte: 1. Weichteilverschluß im Säuglingsalter; 2. osteoplastischer Verschluß im Wachstumsalter. 3

Gesichts|typ m: Klassifikation von Gesichtern (im Profil) mittels der → FRS-Analyse. Werden z.B. die Beziehungen des Gesichtsschädels zur Schädelbasis untersucht, kann man einen orthognathen, retrognathen und prognathen G. unterscheiden (→ Orthognathie, → Retrognathie, → Prognathie). G. und kieferorth. Anomalie sind nicht eng miteinander korreliert, es gibt jedoch ein statistisch gesichertes gehäuftes Auftreten einiger → Dysgnathien bei bestimmten G.en. 5

Gesichts|winkel: Fazialwinkel; von → Sphenoidale, → Nasion und → Prosthion (vorderes Ende der apikalen Oberkieferbasis) begrenzter Winkel in der → Raphe-Median-Ebene. Sein Mittelwert liegt bei 81-82°. Bei → Anteposition kann der G. bis 92° und darüber, bei → Retroposition bis 70° und darunter betragen. Vgl. *Broca*-Gesichtswinkel, *Camper*-Gesichtswinkel, Profilwinkel. 5

Gespräch, nicht|direktives: aus der Gesprächspsychotherapie entnommene Technik, die erfolgreich allgemein auf Beratungssituationen, Situationen der Kontaktaufnahme (auch in der ärztlichen Praxis) und der akuten Konfliktbewältigung übertragen wurde. Der Arzt/Berater muß in seiner persönlichen Haltung und im Sprachverhalten insbesondere die Faktoren emotionale Echtheit, Wertschätzung des Klienten und einfühlendes Verständnis (Empathie) glaubwürdig vermitteln. Dies wird wesentlich erleichtert durch ein gezieltes Verbalisieren der emotionalen Inhalte der Gesprächsbeiträge des Klienten/Patienten. 33

Gespräch, zahn|ärztliches: wesentliches Medium der Beziehungsaufnahme, Anamneseerhebung, Diagnosestellung und Beratung, über die Art der Gesprächsführung werden → Gesundheitsverhalten und → Krankheitsverhalten wesentlich beeinflußt. Spez. einzelne nichtdirektive Techniken der Gesprächspsychotherapie fördern den Aufbau einer Arzt-Patient-Beziehung und die Informationsaufnahme durch den Patienten im Beratungsgespräch. Vgl. Psychotherapie, Prävention. 33

Gesta|gene n pl: synthetische Hormone, die ähnliche funktionelle Eigenschaften haben wie das natürliche Gelbkörperhormon → Corpus-luteum-Hormon, das neben den → Östrogenen wichtigste weibliche Sexualhormon; Steroidverbindungen, die die proliferierte Uterusschleimhaut in die Sekretionsphase umwandeln und den Uterus in der Schwangerschaft ruhigstellen. 10

Gesundheits|verhalten: immunogenes Verhalten, aktives, präventives Verhalten, mit dem die Notwendigkeit ärztliche oder zahnärztlicher Hilfe vermieden wird. Gegenstand der Gesundheitspsychologie. Vgl. Prävention, Krankheitsverhalten, Gespräch, zahnärztliches. 33

Gewächs: → Tumor. 32

Gewährleistung: Haftung für Schlecht- oder Nichterfüllung einer vertraglichen Verpflichtung; greift im Werkvertragsrecht bei Vorliegen von Mängeln ein. Besteht in Nachbesserung (§ 633 Abs. 2 BGB, ordnungsgemäße Erfüllung der Lieferungspflicht), Wandelung (Rückgängigmachung des Vertrages) oder Minderung (§ 634 Abs. 1 Satz 3 BGB, Herabsetzung der Vergütung). Beruht der Mangel auf Verschulden, kann statt Wandelung oder Minderung Schadensersatz wegen Nichterfüllung verlangt werden (§ 635 BGB). Gewährleistungsansprüche verjähren innerhalb von 6 Monaten (§ 638 BGB), im vertragszahnärztlichen Bereich bei Füllungen und Zahnersatz nach 2 Jahren (§ 135 Abs. 4 SGB V). 24

Gewährleistung für vertrags|zahn|ärztliche Leistungen: Der → Vertragszahnarzt hat für Füllungen und die Versorgung mit Zahnersatz eine zweijährige Gewähr zu übernehmen. Ausnahmen hiervon bestimmen die → Kassenzahnärztliche Bundesvereinigung und die Spitzenverbände (SGB V § 135, Abs. 4). [25]

Gewebe: Verband gleichartig gebauter Zellen mit gleicher funktioneller Aufgabe und Differenzierung, Baustein im Gesamtorganismus und Träger einer Teilfunktion. Einteilung in 4 Grundgewebe: 1. Epithelgewebe; 2. Binde- und Stützgewebe; 3. Muskelgewebe; 4. Nervengewebe. [30]

Gewebe|kleber: → Fibrinkleber, → Histoacryl. [2]

Gewebe|kultur: Züchtung von menschlichem oder tierischem Gewebe, das in einer Nährflüssigkeit weiterlebt. [9]

Gewebe|lehre: → Histologie. [9]

Gewebe|reaktion f: Antwort des umliegenden Gewebes auf die → Implantation eines Fremdkörpers. Abhängig vom → Implantatmaterial unterscheidet man verschiedene Formen der → Osteogenese bei der enossalen Implantation. [18]

Gewebs|ekzeme f pl: Berufsekzeme. [12]

Gewerbe|krankheiten: → Berufskrankheiten. [12]

Gewichts|kraft: umgangssprachlich als Gewicht bezeichnet; die Kraft, mit der ein Körper von der Erde angezogen wird. Sie ist das Produkt aus Masse m in kg und der Fallbeschleunigung g in m x s^{-2}. Einheit der G. ist das Newton N (m x kg x s^{-2}.). → SI-Einheiten, abgeleitete. [10]

Gewichtsprozente n pl: Menge eines gelösten Stoffes (in g) in 100 g der Lösung (nicht des Lösungsmittels!). [23]

Gewinde|schneider: Bestandteil des Instrumentariums von → Schraubenimplantaten. G. können mit Handschlüssel, Handratsche oder Reduzierwinkelstück betrieben werden und dienen der Vorbereitung des → Implantatbettes. Nach der Präparation der Knochenkavität mit entsprechenden Normbohrern und -fräsern wird mit dem G. ein Gewinde in den Knochen geschnitten, in das das Schraubenimplantat eingeschraubt wird. Es gibt auch Implantate mit selbstschneidendem Gewinde. Diese benötigen keinen G. [18]

Gg.: Abk. für Ganglia. [9]

Ghost teeth (engl.) m pl: röntgenologisches Erscheinungsbild der Zähne bei → Odontodysplasie. [29]

GI: Abk. für → **G**ingival**i**ndex. [6]

Gianuzzi-Halbmonde (Guiseppe G., ital. Physiol., Siena, *1839, † 1876): *Ebner*-Halbmonde; halbmondförmige seröse Drüsenzellgruppen, die die sonst mukösen Tubuli der gemischten Speicheldrüsen, z.B. der Glandula submandibularis und Gl. sublingualis, abschließen. (Abb. → Glandula sublingualis, Abb. b). [9]

Gicht: hereditäre Nukleinsäurestoffwechselstörung mit uneinheitlichem Erbmodus. Einteilung: 1. primäre G. mit normaler und erhöhter Harnsäureausscheidung; 2. sekundäre G. mit gesteigertem Harnsäureumsatz und verminderter renaler Harnsäureausscheidung; 3. sekundäre Hyperurikämie. Symptome der primären Gicht: häufig nächtliche akute Arthritis (reichliche Mahlzeiten, stärkerer Alkoholkonsum), Podagra (Befall des Großzehengelenks), Chiragra (Finger- oder Handgelenk) mit teigiger Hautschwellung und -rötung, → Fieber, → Hyperurikämie. Wochen- und jahrelange symptomenfreie Intervalle, später bei häufiger auftretenden Attacken, Uratablagerungen an Ohrmuscheln, Händen, Füßen, Ellenbogen. Komplikationen: Gichtniere (mit Nephrolithiasis), vaskuläre Veränderungen. Therapie: in erster Linie Allopurinol und Benzbromaron, aber auch Cholchizin, Phenylbutazon, Prednison, → Indometazin (Amuno®), Probenezid (Benemid®), Diät. [20]

Giemen: exspiratorisches, hochfrequentes Atemgeräusch, → Leitsymptom des → Asthma-bronchiale-Anfalls. Ursache ist eine massive Obstruktion der kleinen → Atemwege infolge eines → Bronchospasmus und konsekutiver Strömungsphänomene. Vgl. Dyspnoe. [16]

Giemsa-Lösung (Gustav G., Chem., Hamburg, *1867, † 1948): Lösung von Eosin-Azur-Methylenblau in Glyzerin und Methylalkohol. In der Mikroskopie zur Färbung von Blut, Protozoen usw. benutzt (*Romanowsky*-Färbung). [9]

Gieson-Färbung (Ira Th. van G., Pathol., New York, *1866, † 1913): spez. Bindegewebsfärbung mit Hämatoxylin und Nachfärbung mit Pikrinsäure-Säurefuchsin-Gemisch. Färbt kollagene Bindegewebsfasern rot, Kerne braun, Muskelplasma gelb. [9]

Gießbecken|knorpel: → Cartilago arytaenoidea. [9, 19]

Gift|informations|zentrale f: öffentliche Einrichtung, die Auskünfte zu allen Arten akzidentieller Vergiftungen gibt. Die aktuellen Telefonnummern sollten stets griffbereit sein. [16]

Giftung: durch enzymat. Reaktionen (metabol. Aktivierung) ausgelöste Umwandlung eines Stoffes im Körper zu Gift (z.B. Methanol zu → Formaldehyd, Parathion zu Paraoxon). [7]

Gift|zahn: Sonderbildung eines Zahns bei Schlangen. Er besitzt an seiner konkaven Seite entweder einen Kanal oder eine Furche für den Abfluß des Sekrets der Giftdrüse. [30]

Gigantismus (gr.) m: hypophysärer Riesenwuchs, entstanden durch Überproduktion von somatotropen (Wachstums-)Hormonen des Hypophysenvorderlappens bei Jugendlichen. Bei Erwachsenen resultieren die Erscheinungen der → Akromegalie. Vgl. Hypophyse. 20

Gigli-Draht|säge (Leonardo G., Gyn., Florenz, *1863, † 1908): schnurartige Säge, ursprünglich für Eingriffe in der Geburtshilfe, von *Kostečka* zur Durchtrennung des aufsteigenden Astes der Mandibula bei der Progenieoperation verwandt. Abb. → *Kostečka*-Progenieoperation. 2

Gilchrist-Krankheit (Thomas C. G., Dermat., Baltimore, *1862, † 1927): → Blastomykose, maligne. 12

Gilford-Hutchinson-Syndrom (Hastings G., Chir., London, *1861, † 1941; Sir Jonathan H., Chir., London, *1828, † 1913) n: Zwergwuchs mit hochgradiger physiognomischer Vergreisung von den frühesten Lebensjahren an, ggf. mit sklerotischen Veränderungen von Haut und Hautanhangsgebilden (Sklerodermie, Glatzenbildung, Nageldystrophie) einhergehend. 27

Gilmore-Reiter: Matrizenteil einer Steggelenk-Verbindung für partielle Prothesen (*Gilmore* 1912). Ursprünglich wurde als Steg (z.B. zwischen zwei Kronen) ein runder Steg verwendet. Heute wird hauptsächlich ein eiförmiger Steg (→ Steggelenk nach *Dolder*) eingefügt. Der G. (Matrizenteil) dient als Halte- und/oder Stützelement. 4

Gingicain® M: → Tetrakain. 2

Gingiva (lat.) f: Zahnfleisch; Teil der Mundschleimhaut. Die G. bildet den Abschluß des Parodontiums und sichert die Kontinuität der Körperoberfläche. Sie wird von mehrschichtigem Plattenepithel bekleidet, darunter liegen

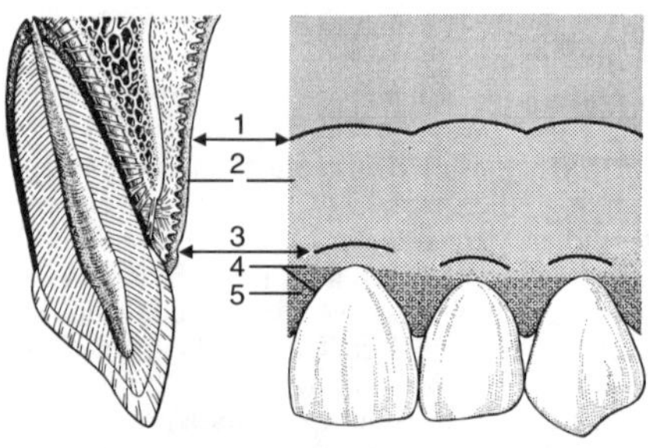

Abschnitte der Gingiva
1: Mukogingivalfurche; 2: Gingiva alveolaris;
3: Gingivafurche; 4: Margo gingivalis;
5: Papilla gingivalis.

Bindegewebsstrukturen des supraalveolären Faserapparats. Topographisch unterscheidet man die G. propria (G. alveolaris, attached gingiva), sie ist mit dem Alveolarknochen fest verwachsen, den Margo gingivalis, er bildet den 1-2 mm breiten Zahnfleischsaum, welcher den Zahnhals umgibt, und ist mit dem Schmelz durch den Epithelansatz verbunden, und die Papilla gingivalis oder interdentalis (→ Interdentalpapille), sie fugt den → Interdentalraum aus (Abb.). Die G. ist verhornt und erhält durch ihre rosa Farbe und ihre Tüpfelung ein orangenschalenähnliches Aussehen. Die G. besitzt ein funktionell orientiertes Fasersystem, das die Aufgabe hat, das Zahnfleisch am Zahn zu befestigen. Die Grenze zwischen G. propria und der beweglichen Alveolarschleimhaut der G. mucosa bildet die → Linea girlandiformis (Mukogingivallinie). 30

Gingiva|durchtritts|stelle: Ort des Gingivadurchtritts von → dentalen Implantaten. Da diese als → offene Implantate dadurch gekennzeichnet sind, daß sie einerseits → enossal oder → subperiostal liegen, andererseits jedoch zur Aufnahme von Zahnersatz in die Mundhöhle hineinragen, müssen sie die orale Mukosa dauerhaft perforieren. Ob es in Analogie zum weichgewebigen → Attachment am natürlichen Zahn entsprechende Strukturen an Implantaten gibt, ist noch umstritten. Einige Autoren beschreiben eine hemidesmosomale Epithelanheftung an Implantaten und die Insertion von Fasern des subepithelialen Bindegewebes an der Implantatoberfläche. Im Ggs. hierzu beschreiben andere lediglich die reizlose Anlagerung der Mukosa und des submukösen Bindegewebes an die Implantatoberfläche. Vgl. Peripilastrium. Analog zur marginalen Parodontitis am natürlichen Zahn kann es zu entzündlichen Veränderungen der periimplantären Weichgewebe kommen (→ Peripilastritis). 18

Gingiva|epi|thel n: mehrschichtiges, schwach verhorntes Plattenepithel des Zahnfleischs mit hoher Mitoserate der basalen Zellen. 30

Gingiva|extension f: Verbreiterung der Gingiva propria (→ Gingiva) durch Verlagerung der mukogingivalen Grenze nach apikal zur Ausschaltung störender Einflüsse durch Bänder und Muskelfasern. Vgl. Schleimhauttransplantation, *Edlan-Mejchar*-Technik, Gingivatransplantat (freies), Mundvorhofplastik. 6

Gingiva|furche: ungleichmäßig ausgebildete Einsenkung der → Gingiva, auf der vestibulären Seite deutlicher erkennbar als auf der lingualen. Man findet sie vorwiegend im Bereich der Frontzähne und Prämolaren. 30

Gingiva|hyper|plasie f: Fibromatosis gingivae, Gingiva hyperplastica; generalisierte oder auf Zahngruppen begrenzte derbe, fibröse Verdickung der Gingiva. Sie wird häufig im Tuber- und Gaumenbereich der Molaren angetroffen. Die fibrös verdickte Gingiva ist primär entzündungsfrei, durch Ausbildung von Pseudotaschen kommt es häufig sekundär auch zu entzündlichen Veränderungen der Gingiva (→ Gingivitis). Die gewucherte Gingiva ist derb, fest, von normal blaßroter oder eher blasser Farbe mit gestippelter, manchmal leicht granulierter Oberfläche. Primär keine Blutung bei Berührung oder Sondierung. Infolge der Gewebsvermehrung sind die Sondierungstiefen vergrößert, obwohl kein Attachmentverlust eingetreten ist (Pseudotaschen). Infolge erheblicher Behinderung der Mundhygiene kommt es fast immer zu sekundären entzündlichen Veränderungen der Gingiva. Idiopathische fibröse G.: Vorkommen in jedem Lebensalter, generalisiert oder begrenzt auf den Molaren- und Tuberbereich des Oberkiefers, Genese unbekannt. Es gibt Hinweise darauf, daß die fibröse G. auch hereditär auftritt. Medikamentös bedingte fibröse G.: mögliche Begleiterscheinung bei Einnahme bestimmter Medikamente, z.B. Diphenylhydantoin-, Zyklosporin- und Nifedipin-Präparate. Die fibrösen Gingivawucherungen beginnen in der Regel interdental und erfassen erst später auch die übrige Gingiva. Sie können solche Ausmaße annehmen, daß die gesamten Zahnkronen bedeckt sind. Die Gingiva anteriorer Zähne ist häufiger und oft stärker betroffen. 6

gingival: das Zahnfleisch betreffend. 30

Gingival|index m: Abk. GI; Methode nach *Löe* und *Silness* (1963) zur Beurteilung des gingivalen Entzündungsgrades. Bukkal, mesial und lingual wird die Gingiva nach der folgenden Einteilung beurteilt: Grad 0: keine Entzündung; Grad 1: geringe Entzündung, leichte Farbveränderung und geringe Oberflächenveränderung; Grad 2: mäßige Entzündung, Rötung, Ödem und Hypertrophie der Gingiva, Blutung auf Druck; Grad 3: schwere Entzündung, starke Rötung und Hypertrophie, Tendenz zu spontaner Blutung, Ulzeration. Das Mittel aus den bukkal, lingual und mesial erhobenen → Indizes (→ Index, therapeutischer) gilt als GI pro Zahn. Das Mittel aller befundeten Zähne wird als GI pro Patient bezeichnet. 6

Gingival|polyp m: → Zahnfleischpolyp. 1

Gingival|randschräger: wichtiges vernachlässigtes Handinstrument zum Glätten zervikoapproximaler Kavitätenränder zur Vermeidung der Randkaries (Abb.). 1

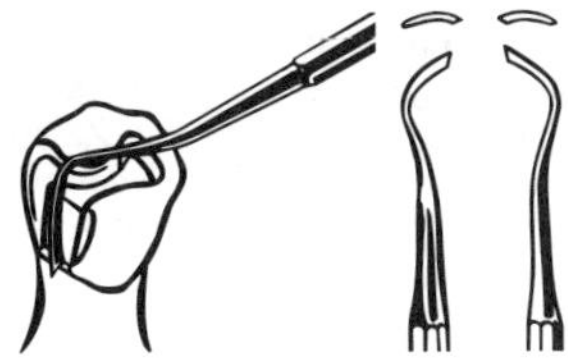

Gingival|spalten: → *Stillman*-Spalten. 6

Gingival|sulkus|flüssigkeit: → Sulkusflüssigkeit. 6

Gingival|verdrängung: Methoden zur vorübergehenden Abdrängung der → Gingiva vom Zahn durch Einlegen von → Retraktionsfäden. Effekt: Blutstillung und bessere Übersicht, dadurch genauere Abdrucknahmen und exaktere Füllungsrandgestaltung möglich. 1

Gingival|zysten f pl: → Zyste. 2

Gingiva papillaris f: → Interdentalpapille. 30

Gingiva|retraktion f: oft verwendet als Synonym für → Gingivarezession. 6

Gingiva|rezession f: Zurückweichen der Gingiva im Verlaufe der involutiven Parodontalerkrankung (→ involutive Parodontopathien) oder durch Verletzung der Gingiva an einzelnen Zähnen, mit oder ohne marginal entzündliche Erscheinungen einhergehende, zunehmende Entblößung der Zahnhälse, meist vestibulär, selten oral. Klinisch identisch mit der Parodontitis marginalis rareficiens. Ursachen: Anatomie (Stellung des Zahnes), Knochenfenestration bzw. -dehiszenz, traumatische Zahnpflege, traumatische Okklusion, Parafunktionen, in die marginale Gingiva einstrahlende Lippen-, Wangen- oder Zungenbänder bzw. fehlende Gingiva propria. Symptomatische Therapie: atraumatische Zahnpflege, → Gingivaextension. Vgl. *Stillman*-Spalten. 6

Gingiva|transplantat, freies n: vorwiegend vom harten Gaumen entnommenes Schleimhauttransplantat von 0,6 - 1,0 mm Dicke, das zur Verbreiterung der Gingiva propria nach einer Gingivaextension in den mukogingivalen Bereich verpflanzt wird. Die Entnahme erfolgt mit dem Skalpell oder einem speziell dafür entwikkelten → Mukotom. Vgl. Schleimhauttransplantation, Gingivaextension. 6

Gingiva|zyto|gramm n: mikroskopische Analyse von Gingivazellen nach Abstrich, dient zytomorpholog. Untersuchungen über den Verhornungsgrad und über die Erneuerungszeit der Epithelzellen des Zahnfleisches. 6

Gingiv|ec|tomia post prae|parationem f: Gingivektomie nach der Präparation eines → Interdentalraumverschlusses. 6

Gingiv|ektomie f: chirurgische Entfernung von

Gingivageweben. Externe G.: bei hyperplastischen Wucherungen (→ Gingivahyperplasie) und Bildung von Pseudotaschen (→ Zahnfleischtaschen), kann mit dem Skalpell oder auf elektrochir. Wege durchgeführt werden. Anschließend meist modellierende → Gingivoplastik notwendig. Das Operationsgebiet wird in der Regel mit Zahnfleischverband postoperativ geschützt; früher auch chir. Behandlung der Parodontitis marginalis durch Abtragung des Zahnfleisches bis zum Fundus der Zahnfleischtasche, dabei gleichzeitig Schaffung eines günstigen, gleichmäßig nach apikal abfallenden Zahnfleischreliefs. Ziel ist die Beseitigung der Zahnfleischtasche und der marginalen Parodontitis; Nachteil: weit freiliegende Zahnhälse. Interne G. vom Zahnfleischrand aus ohne Aufklappung oder Abtragung des Zahnfleisches: Entfernung des Taschenepithels und der subepithelialen Granulationen mit dem Skalpell. Substanzverlust soll vermieden werden. Vgl. Lappenoperation. 6

Gingivitis f: akute oder chronische Entzündung der Gingiva. Symptome: Rötung, Schwellung, Blutung nach Sulkussondierung, erhöhte Fließrate der Sulkusflüssigkeit, Ulzeration. Erhöhte Sondierungstiefen ohne → Attachmentverlust (Pseudotaschen). Je nach Verlauf und Pathogenese werden verschiedene Formen unterschieden: → akute Gingivitis, → chronische Gingivitis, → akute nekrotisierende ulzeröse Gingivitis (ANUG). Vor allem in der älteren Literatur sind weitere Einteilungen zu finden. 6, 11

Gingivitis bei Leukämie f: schwammige Verdickung, Blutungsneigung des ganzen Zahnfleisches durch leukämische Infiltrate (Makrulie). 6, 11

Gingivitis de|squamativa f: früher Gingivosis; dystrophische Zahnfleischerkrankung mit degenerativen Veränderungen des Bindegewebes. Unregelmäßige Areale, feuerrot, glatt und glänzend, Epithel leicht abzuschälen. In schweren Fällen blutende Stellen mit intensivem Erythem. Häufig bei Frauen im Klimakterium (hormonal bedingt). Immunologische Ursache wird diskutiert. Therapie: symptomatisch. 6, 11

Gingivitis eruptiva f: Entzündung der Gingivaränder an durchbrechenden Zähnen infolge vorübergehend auftretender Taschenbildung und dadurch begünstigter Plaqueretention. Verschwindet spontan mit fortschreitendem Zahndurchbruch. Vgl. Gingivitis. 29

Gingivitis gravidarum f: → Schwangerschaftsgingivitis. 6, 11

Gingivitis haemor|rhagica f: Blutungen im Zahnfleischbindegewebe, an bläulich-rötlichen Schwellungen erkennbar. Beginn an der Interdentalpapille. Bei → Skorbut, → *Möller-Barlow*-Krankheit u.a. hämorrhagischen Diathesen. Therapie: Behandlung der Grundleiden. 6, 11

Gingivitis hyper|plastica f: fälschlich Gingivitis hypertrophicans; Schwellung, Rötung, Blutungsneigung, Verdickung des Zahnfleisches zuerst an den Interdentalpapillen, dann auf die marginale Gingiva übergreifend. Pseudotaschen, die → Attached Gingiva bleibt frei (Abb.). Entzündungserscheinungen treten auch gelegentlich

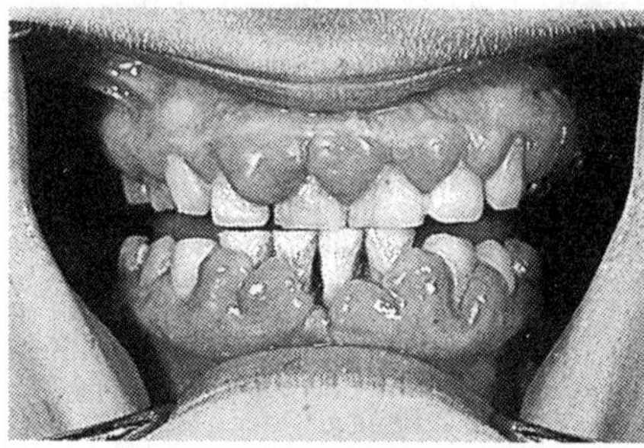

zurück (→ Fibromatosis gingivae). Ursachen im wesentlichen unbekannt, häufig intern (endokrine und ZNS-Störungen) und/oder medikamentös (Hydantoin-Präparate). Therapie: Mundhygiene, Bürstentechnik. → Gingivoplastik. Grundleiden beachten. 6, 11

Gingivitis in der Pubertät f: durch die hormonale Umstellung besteht allg. verstärkte Blutungsneigung, auch im Zahnfleischbereich: charakteristisch ist die ödematose Schwellung und Rötung der Interdentalpapillen. Therapie: vermehrte Mundpflege, Zahnfleischmassage. 6, 11

Gingivitis neo|plastica f: Sammelbegriff für weniger häufig vorkommende lokalisierte und generalisierte Gingivawucherungen unterschiedlicher Genese wie z.B. alle Formen von → Epulis, → Fibromatosis gingivae und Hydantoinhyperplasie. Vgl. Gingivitis, Hydantoine. 29

Gingivitis simplex f: Entzündung der Gingiva. Pathol.-anat.: von Lymphozyteninfiltraten ausgehende Entzündung des Zahnfleisches ohne Knochenabbau. Klin.: Schwellung, Rötung des Zahnfleisches, Blutungsneigung, an den Interdentalpapillen beginnend und dort am stärksten entwickelt. → Beläge, → Konkremente. Keine Lockerung des Zahnes, kein Knochenabbau röntgenol. nachweisbar (Abb.). Ausgang weiterer entzündl. Formen, die nach bestimmten Gewebsreaktionen oder der Ätiologie benannt werden. Therapie: Entfernung lokalirritierender Faktoren, Mundhygiene. Vgl. Stomatitis. 6, 11

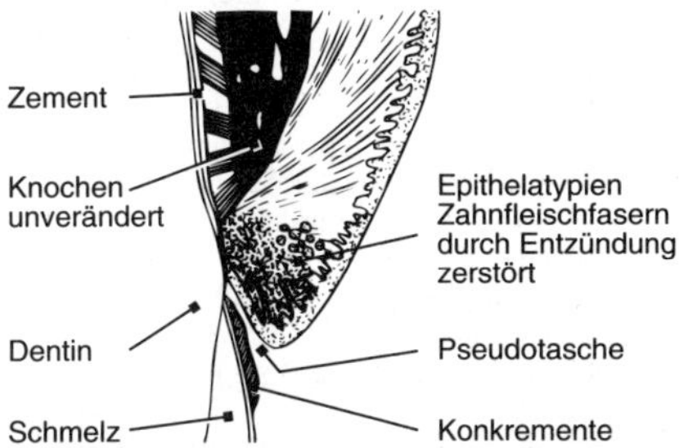

Gingivitis toxica f: bei Schwermetallvergiftung (Quecksilber, Wismut, Blei) dunkler, bläulichschwarzer Saum im Zahnfleisch durch Sulfidbildung (Abb.). Voraussetzung ist immer das Bestehen einer anderen Form der Gingivitis. Therapie: allg. Mundpflege. 6, 11

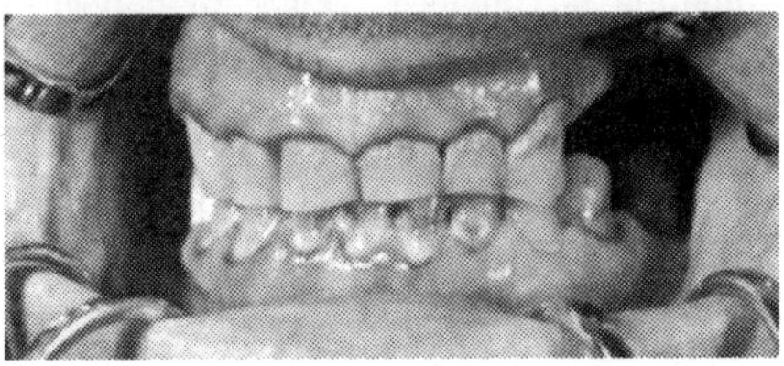

Gingivitis ulcerosa f: Gingivitis necroticans, Gingivitis gangraenosa; geschwürige Zahnfleischentzündung. Ulzerationen, beginnend an der Interdentalpapille, greifen auf die marginale Gingiva über und führen zu Gewebsdefekten. Bei Abklatschgeschwüren an Lippe und Wange Übergang in → Stomatitis ulcerosa. Therapie: allg. antibiotisch und lokal intensiv mit Dontisolon®-Verbänden. Bei rechtzeitiger Behandlung Heilung, andernfalls bleiben Defekte im Interdentalraum in Form von → Zahnfleischnischen zurück, die dann zur → Paradontitis marginalis profunda führen. 6, 11

Gingivo|ektomie f: Gingivektomie. 6

gingivo|par|odontale Manifestationen systemischer Erkrankungen f pl: bei einer großen Zahl von Allgemeinerkrankungen wie z.B. Infektionskrankheiten, Erkrankungen des Blutsystems, Stoffwechselerkrankungen und Hauterkrankungen auftretende krankhafte Veränderungen an der Gingiva oder am Parodontium. Diese Veränderungen müssen von den plaquebedingten Formen der → Gingivitis und → Parodontitis unterschieden werden. Da aber in der Regel bei diesen Leiden die Mundhygiene beeinträchtigt ist, kommt es fast immer sekundär auch zu plaquebedingten entzündlichen Veränderungen (Tab.). 6

1. Stoffwechselerkrankungen:
   - Diabetes Typ 1
   - Ernährungsstörungen (Kwashiorkor) und/oder Avitaminosen
2. Funktionsstörungen oder Chemotaxisdefekte von neutrophilen Granulozyten und Monozyten:
   - *Chediak-Higashi*-Syndrom
   - Lazy-leucocyte-Syndrom
   - Morbus *Crohn*
3. Hämatologische Erkrankungen:
   - zyklische Neutropenie
   - Agranulozytose
   - Antikörper-Mangelsyndrom
   - Panmyelopathien (u.a. Aleukämie, Monozytenleukämie, myeloische Leukämie)
4. Systemische Erkrankungen mit dermatologischem Befund:
   - benignes Schleimhautpemphigoid (Gingivitis desquamativa)
   - Lichen oralis (planus, erosivus, bullosus)
   - Pemphigus vulgaris
5. Gingivo-parodontale Manifestationen viraler Erkrankungen:
   - primäre und sekundäre Gingivo-Stomatitis herpetica
   - Herpes zoster
   - AIDS-Manifestationen
6. Gingivo-parodontale Teilaspekte bei genetisch bedingten Syndromen:
   - *Papillon-Lefèvre*-Syndrom
   - *Down*-Syndrom (Mongolismus)
   - *Albright*-Syndrom
   - *Rathbun*-Syndrom (Hypophosphatasie)

Gingivo|plastik f: operative Maßnahme zur Wiederherstellung einer normalen Gingivaarchitektur, angezeigt bei → Gingivahyperplasie und bei Zahnfleischnischen. Ziel der G. ist es vor allem, durch Rekonturierung der Gingiva Retentionsnischen zu beseitigen und so die Mundhygiene zu erleichtern. Die Formung des Zahnfleisches kann mit dem Skalpell oder auf elektrochir. Wege erfolgen. Vgl. Lappenoperation. 6

Gingivosis f: Gingivitis desquamativa; → benignes Schleimhautpemphigoid, → gingivoparodontale Manifestationen systemischer Erkrankungen. 6, 11

Gingivo|stomatitis herpetica f: → Stomatitis herpetica aphthosa. 11

Ginglymus (gr.): → Scharniergelenk. 4

Gips: Kalziumsulfat, Selenit, $CaSO_4$. In der Natur als Dihydrat (mit 2 Mol. Kristallwasser) und als Anhydrit. Modifikationen: Gipskristalle

(Montmartit), faseriger Gips (Schaum-Seiden-Strahl-Gips), spätiger Gips (Gipsspat, Marienglas, Frauenglas, Selenit), körniger Gips (Alabastergips), blättriger, dichter, porphyrartiger und erdiger Gips. Durch Erhitzen (oberhalb 107 °C) geht er in das technisch wichtige Halbhydrat, den Stuckgips, über. Vom Halbhydrat gibt es je nach Brennvorgang zwei Zustandsformen: Beim Brennen im offenen Kessel entsteht das β-Hemihydrat (Stuckgips), im Autoklaven unter Druck das α-Hemihydrat (Spezialformgips), die Grundlage der → Hartgipse. Bei Temperaturen oberhalb 200° bildet sich zunächst löslicher Anhydrid, dann unlösliches Anhydrit und totgebrannter Gips. Beim Brennen oberhalb 850 °C bildet sich der Estrichgips, ein basisches Anhydrit. Vgl. Abbinden, Abformgips. [4]

Gips|verband: Verband von Binden, die mit Gipspulver bestreut sind. Dieses wird durch Eintauchen der Binden in Wasser breiig und erstarrt nach dem Anlegen so, daß ein fester Verband entsteht. [2]

Giromatik®: Vorrichtung zur mechan. Aufbereitung enger Wurzelkanäle mittels Viertelkreisbewegung von Reibahlen oder gezahnten Nadeln, durch Winkelstück in alternierende Bewegungen versetzt. Auch mit gleichzeitiger Kanalspülung. [1]

Gitter|werkstoffe m pl: zahnärztliches, plastisches Füllmaterial mit Einlagerung von faserigen keramischen Stoffen. [34]

GKAR: Abk. für **G**esetz über das **K**assen**a**rzt**r**echt (vom 17.8.1955); maßgebliche Gestaltungsgrundlage für das heutige Kassenarztrecht. [24]

GKV: Abk. für **G**esetzliche **K**ranken**v**ersicherung. [25]

Gl.: Abk. für → Glandula; pl Gll. (Glandulae). [9]

Glabella (lat.) f: Abk. G, kraniometr. Meßpunkt, unbehaarte Stelle zwischen den Augenbrauen, höchste Erhebung des Stirnbeins oberhalb der Sutura frontonasalis, Mitte zwischen den Arcus superciliares. (Abb. → Meßpunkte). [5]

Glabella|ebene: senkrecht auf der → Raphe-Median-Ebene errichtete → Frontalebene, die durch die → Glabella verläuft. [5]

Glabella|senkrechte: Profilsenkrechte; nach *Kantorowicz* das von der → Glabella auf die → Ohr-Augen-Ebene gefällte Lot. Anthrop. Meßlinie, die normalerweise Ober- und Unterlippe berührt. Vgl. Profilanalyse. [5]

glando|trop: auf Drüsen einwirkend, z.B. g.e → Hormone. [9]

Glandula (lat.) f, pl Glandulae: → Drüsen. [9]

Glandula admaxillaris f: → G. parotis accessoria. [9]

Glandulae buccales f pl: Schleimdrüsen der Wangenschleimhaut. [9]

Glandulae labiales f pl: Schleimdrüsen in der Submukosa der Lippen. [9]

Glandulae linguales f pl: Schleimdrüsen der Zunge. [9]

Glandulae molares f pl: retromolares (JNA), seromuköse Drüsen in der Wangenschleimhaut gegenüber dem 3. unteren Molaren. [9]

Glandulae mucosae f pl: Schleimdrüsen. [9]

Glandulae palatinae f pl: Schleimdrüsen der Gaumenschleimhaut. [9]

Glandulae retromolares (JNA) f pl: → Glandulae molares. [9]

Glandulae salivales f pl: Speicheldrüsen. [9]

Glandulae sudori|ferae f pl: Schweißdrüsen. [9]

Glandulae tarsales f pl: → *Meibom*-Drüsen; Talgdrüsen in der Lidplatte (Tarsus) des Auges, deren Ausführungsgänge am inneren Lidrand münden; sie fetten diesen ein und verhindern so das Überfließen der Tränenflüssigkeit. [9]

Glandulae tartaricae f pl: → *Serres*-Körper. [30]

Glandula lacrimalis f: Tränendrüse; liegt an der lateralen Wand der Augenhöhle. [9]

Glandula lingualis anterior f: → *Blandin-Nuhn*-Drüse; paarig unter der Zungenspitze, sondert Schleim und Speichel ab. [9]

Glandula parotis f: Ohrspeicheldrüse, größte Speicheldrüse, vor dem Ohr und dem M. sternocleidomastoideus, dem M. masseter und dem

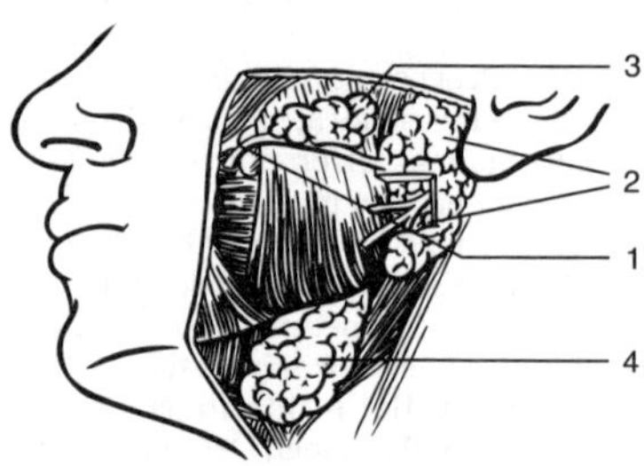

1: Ductus parotideus; 2: Glandula parotis; 3: Glandula parotis accessoria; 4: Glandula submandibularis. [10]

Ramus mandibulae aufliegend (vgl. Parotisloge). Umfaßt den hinteren Rand der aufsteigenden Astes mit dem Processus retromandibularis. Der 5-6 cm lange Ausführungsgang, Ductus parotideus, mündet in der Papilla parotidea in Kronenhöhe des 2. Molaren. Liefert ein seröses Sekret (Abb.). [9]

Glandula parotis accessoria f: häufig vorhandene zusätzliche Drüse in der Umgebung des

Ausführungsganges, dem M. masseter aufliegend (Abb. → G. parotis). [9]

Glandula parotis primitiva f: → *Chievitz*-Organ. [9]

Glandula pitui|taria f: → Hypophyse. [9]

glandularis (lat.): drüsenartig, zu einer Drüse gehörig. [9]

Glandula sublingualis f: Unterzungenspeicheldrüse, gemischt serös-mukös. Mündet mit dem Ductus sublingualis in der Caruncula sublingualis, mit den Ductus sublinguales minores in der Unterzungenfalte, in den Mundboden (Abb. a und b). [9]

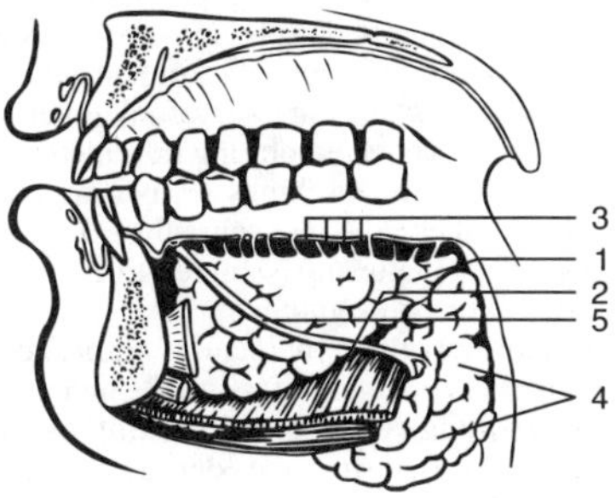

Abb. a
1: Glandula sublingualis; 2: M. mylohyoideus; 3: Ductus sublinguales; 4: Glandula submandibularis; 5: Ductus submandibularis. [10]

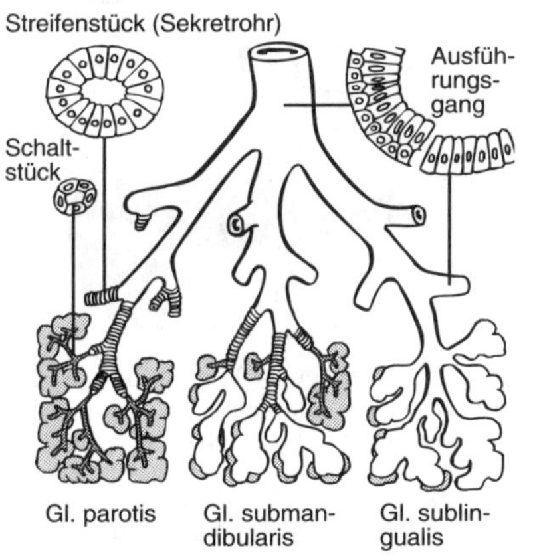

Abb. b
graue Endkammern = serös
weiße Endkammern = mukös

Glandula submandibularis f: Unterkieferspeicheldrüse, mündet mit dem Ductus submandibularis in der → Caruncula sublingualis. Gemischt serös-mukös (Abb.) → Glandula parotis, → Glandula sublingualis. [9]

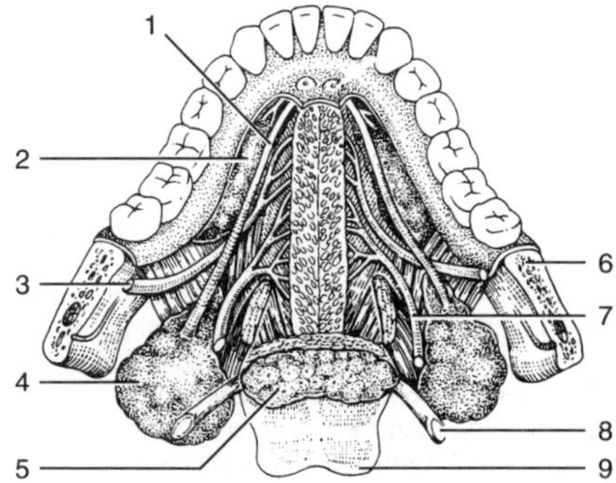

1: Ductus submandibularis; 2: Gl. sublingualis; 3: N. lingualis; 4: Gl. submandibularis; 5: hinterster Teil der Zunge mit der Tonsille; 6: Schnitt durch den Unterkieferast; 7: N. hypoglossus; 8: großes Horn des Zungenbeins; 9: Epiglottis. [80]

Glanz|bad: eine aus verschiedenen Säuren zusammengesetzte Lösung zur nicht spanabhebenden Oberflächenbearbeitung von Metallen. Der zu glänzende (zu polierende) Gegenstand wird als Anode in das G. gehängt, im Sinne einer negativen Galvanisation werden dann die hervorstehenden Rauhigkeiten abgetragen und es erfolgt eine Einebnung der Oberfläche. [4]

Glas: anorg. Schmelzprodukt (1.300-1.550°) aus Quarzsand, Feldspat mit Flußmitteln (bes. Soda) und Stabilisatoren (meist Kalk), das ohne merkliche Kristallisation abgekühlt und erstarrt ist. Homogener, amorpher, spröder Werkstoff von hoher Transparenz und geringer Leitfähigkeit. [4]

Glasgow Coma Scale f: Kriterienkatalog zur schnellen neurologischen Einschätzung einer → Bewußtseinsstörung. Mit diesem Index werden die Qualitäten Augenöffnen, verbale Antwort und motorische Reaktion beurteilt. Vgl. Koma.[16]

Glaser-Spalte (Johann Heinrich G., Anat., Basel, *1629, † 1675): → Fissura petrotympanica. [9]

Glas|faser|optik f: Glasfiberoptik. Lichtleitsystem mit starker Lichtquelle zur besseren Beleuchtung des zahnärztlichen Arbeitsfeldes, durch ein Bündel feinster biegsamer Glasfasern mit verschiedenen Brechungsindizes können die Strahlen einer Lichtquelle zusammengefaßt und fortgeleitet werden. In der Zhk. für die Beleuchtung unzugänglicher Stellen, z.B. durch Einbau in die Turbine, zur besseren Erkennung der Approximalkaries, für die → Lichtpolymerisation von Kompositfüllungen. Vgl. Glasfiber. [1, 21]

Glas|fiber f: feinste Glasfaser. G.n werden u.a. zur Verstärkung in Kunststoffprodukte eingelagert. Flexible G.n dienen, zu einem Kabel gebündelt, dem endoskopischen Licht- und Bildtransport in der Glasfiberoptik, z.B. beim Bronchoskop oder Gastroskop. Eine Glasfiberoptik wird auch in Lichtpolymerisationsgeräten zur Abbindung von → Komposits verwendet. [1]

Glasgow Coma Scale f: Kriterienkatalog zur schnellen neurologischen Einschätzung einer → Bewußtseinsstörung. Mit diesem Index werden die Qualitäten Augenöffnen, verbale Antwort und motorische Reaktion beurteilt. Vgl. Koma. [16]

Glas|ionomer|zement m: Werkstoff der restaurativen Zhk., der durch Reaktion (Ionenaustausch) von Aluminiumsilikatglaspulver mit Polykarboxylsäuren erhärtet. Keine Unterfüllung erforderlich. Durch Ionenaustausch zwischen Zement und Zahnhartsubstanz ergibt sich eine hervorragende Haftung. Nach Vorbehandlung von Schmelz bzw. Dentin mit 37%iger Phosphorsäure bzw. 50%iger Zitronensäure bei flachen Erosionen und → keilförmigen Defekten keine Verankerung der Füllung erforderlich. [1]

Glas|keramik f: **1.** Chem.: sog. bioaktives Implantatmaterial, aus SiO_2, CaO, $Ca(PO_3)_2$ und Na_2O bestehend, geht mit dem Knochen einen Verbund ein. (In der HNO-Heilkunde zum Gehörknöchelchenersatz, in der zahnärztlichen Implantologie aus Festigkeitsgründen nicht geeignet.) **2.** Proth.: vergießbares Glas (als Hauptbestandteil Tetrafluorsilikat), aus dem Einzelrestaurationen vor allem in der Front hergestellt werden können. → Dicor-Verfahren; vgl. Cerestore-Verfahren. [4, 18]

Glaskohle|implantate n pl: enossale Implantate aus Glaskohlenstoff, die wegen hoher Mißerfolgsraten für die Routineanwendung in der Praxis ungeeignet sind. → Implantat, enossales. [18]

Glas|körper: Corpus vitreum. Die gallertige, glasartig durchsichtige, den Augapfel ausfüllende Substanz. Abb. → Auge. [9]

Glas|spatel|druck: (Diaskopie) wird zur Unterscheidung von → Erythem und → Purpura gebraucht; durch Gefäßerweiterung bedingte Hautflecke lassen sich wegdrücken, Blutaustritte, → Pigment oder Verfärbung durch zellige Infiltrate (Lupus vulgaris, *Boeck*-Sarkoid) werden verdeutlicht. [12]

Glasur f: glasartiger Überzug auf keramischen oder metallischen Werkstücken (→ Email). [4]

Glas|zähne: → Dentinogenesis imperfecta. [1]

Glattflächen|karies f: Kariesbefall an den Glattflächen der Zähne, also nicht an den Okklusalflächen mit Fissuren und Grübchen, sondern an den glatten approximalen, labialen und oralen Zahnflächen. [1]

Glaukom (gr.) n: grüner Star; Augenkrankheit durch Erhöhung des Drucks im Augeninnern; als Folge Sehnervenatrophie, Sehstörungen mit grünlichem Reflex der Linse. Prophylaxe: Druckprüfung bei älteren Patienten. [20]

Gleit|hindernisse: verlängerte antagonistenlose Zähne können mit dem Gegenkiefer G. bilden, die die Bewegungsfunktion des Unterkiefers stören und nach dem → Diagonalgesetz von *Thielemann* im diagonal gegenüberliegenden Kiefer Diastemen und Abbauprozesse des Knochens verursachen können. G. können auch lokal auslösende Ursachen von → Parafunktionen sein. [4]

Gleit|loch: 1. Knochenbohrung im äußeren Fragment (mit weitem Durchmesser) bei Zugschraubenosteosynthese (→ Zugschraube). **2.** Loch in Osteosyntheseplatte mit schiefer Ebene zur → Kompressionsosteosynthese. [2]

Gleit|schiene: zwei ineinander greifende, an Unter- und Oberkiefer befestigte Schienen, spez. zur Behandlung von → Defektfrakturen des Unterkiefers mit der Aufgabe, den gesunden Kieferteil in der ihm eigenen Bewegungsbahn zu

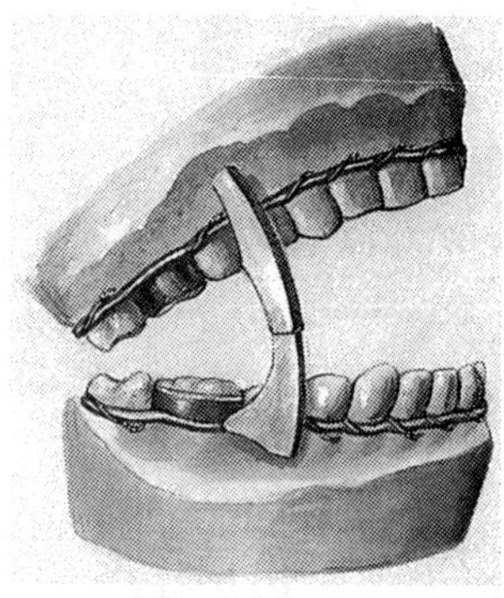

führen, so daß er bei der Mundöffnung weder in horizontaler noch in sagittaler Richtung abzuweichen vermag (Abb.). Jetzt meist → Schiefe Ebene. [2]

gleno|idalis (gr.): gelenkgrubenartig, zu einer Gelenkgrube gehörig, z.B. Fossa glenoidalis des Kiefergelenks, jetzt F. mandibularis. [9]

Glia: Kurzform für → Neuroglia. [9]

Gliadin (gr.) n: Eiweißkörper der sog. Prolamingruppe, Bestandteil des → Gluten, enthält Glutaminsäurepeptide und wird u.a. in Weizenkörnern gefunden. [23]

Glia|zellen f pl: → Neuroglia. [9]
Gliom n: Sammelbegriff für alle von der → Neuroglia ausgehenden, v.a. im Gehirn (seltener im Bereich des Rückenmarks oder der Hirnnerven) lokalisierten, echten Tumoren des ZNS unterschiedlicher Differenzierung. Unterarten: Astrozytome, Spongioblastome, Retinoblastome, Oligodendrogliome, Glioblastome. [32]
Glisson-Schlinge (Francis G., Arzt, Cambridge, *1597, † 1677): am Kopf befestigte Schwebevorrichtung, die eine Streckung der Wirbelsäule bewirkt. [20]
Gll.: Abk. für Glandulae. [9]
Globin (lat.) n: Eiweißkomponente des → Hämoglobin (96% des Hämoglobinmoleküls); andere Komponente: O_2-tragende → prosthetische Gruppe Häm (4%). 4 Globinketten, deren jede eine Hämgruppe trägt, bilden das Hämoglobin. [23]
Globular|dentin n: Gesamtheit des Dentins, das globuläre Strukturen enthält. Diese sind an der massiven Ablagerung metachromatischer Farbstoffe in globulärer Form oder an konzentrisch angeordneten feinen Schichtlinien erkennbar. Vgl. Interglobularräume. [30]
Globuline (lat.) n pl: sehr heterogene Gruppe von Eiweißen mit vielfältigen biolog. Funktionen und großer Verbreitung. In Serum nach dem Verhalten bei (Papier-) → Elektrophorese eingeteilt in α_1- und α_2-G. (Lipo- und Mukoproteide, vermehrt bei akuten Entzündungen, Tumoren, Leukämie, Nephrosen), β-G. (Lipoproteide, Prothrombin, → Transferrin; vermehrt bei Nephrosen, Plasmozytom, Tumoren) und γ-G. (Immunglobuline). Antikörper gegen Diphtherie, Keuchhusten, Wundstarrkrampf, Poliomyelitis und viele weitere Infektionskrankheiten; vermehrt bei chron. Entzündungen, Plasmozytom, Kollagenosen, Leberzirrhose). Gereinigtes γ-G. wird zur Infektionsprophylaxe (Hepatitis epidemica) und -behandlung injiziert. [23]
globulo|maxilläre Zyste f: → Zyste. [2]
Globus (lat.) m: Kugel, kugelförmiges Gebilde, Klumpen. [19]
Globus|gefühl: Fremdkörper- und Engegefühl im Hals, das mit wechselnder Lokalisation und zu verschiedenen Tageszeiten auftritt und zu Schluckzwang führt. Bei Entzündungen im Rachenraum, Tonsillenhypertrophie, langer Uvula u.a., aber auch ohne objektiven Befund. [19]
Glomeruli (IANC) (lat.) m pl: kleine Knäuel, speziell die Kapillarschleifen, die mit der *Bowman*-Kapsel die → Nierenkörperchen bilden. Abb. → Nierenkörperchen, → Nieren. [9]
Glomerulo|nephritis f: Formen abakterieller, beidseitig symmetrischer Entzündungen der Nierenrinde mit primärem Befall der Glomeruli; Entzündungen vorwiegend durch immunologische Mechanismen bedingt. Verlaufsformen: 1. akutes Nephritissyndrom, postinfektiöse Poststreptokokken-G.; *Löhlein*-Herdnephritis bei subakuter → Endokarditis mit Mikrohämaturie; akutes Nierenversagen; 2. chron. G., Niereninsuffizienz: klin. Leitsymptome und Funktionsstörungen: Hämaturie, Proteinurie, Verlust funktionstüchtiger Nephrone, tubuläre Natriumretention. [34]
Glomus (lat.) n: Knäuel; z.B. G. caroticum: Karotisknötchen in der Karotisteilung, das als Chemorezeptor den Sauerstoffgehalt des Blutes registriert und sich an der Atmungs- und Blutdruckregulation beteiligt. [9]
Glomus|tumor m: seltener, angiomähnlicher, (neuro-myoarterieller) meist schmerzhafter → Tumor. Manchmal multipel auftretend, fast immer benigne verlaufend. Vielfach im Bereich der Nägel lokalisiert, auch im Mundbereich anzutreffen. Therapie: Exzision. [12]
Gloss|algie f: Zungenschmerz, → Zungenbrennen. [11]
Gloss|an|thrax m: der gefährliche → Milzbrand der Zunge. [8]
Gloss|ektomie f: operative Entfernung der Zunge oder größerer Teile derselben. [2]
Glossina (gr.) f: Stechfliegen-Gattung (Tsetsefliege), die die Trypanosomen der Schlafkrankheit überträgt. Wichtigste Arten G. palpalis, G. morsitans. [8]
Glossitis (lat.) f: Zungenentzündung, akut in Verbindung mit Stomatitis bei Infektionskrankheiten, Intoxikationen und Allergien: z.B. Kontaktglossitis durch Anästhesin-Bonbons; physikalisch: z.B. G. solaris nach Schlaf in der Sonne mit offenem Mund; chron. bei Hypovitaminose und Eisenmangel, bei Magen-Darmstörungen (u.a. Leberzirrhose), ferner bei Syphilis und Tuberkulose. → *Moeller-Hunter*-Glossitis, Pellagra, *Plummer-Vinson*- und *Sjögren*-Syndrom. G. traumatica chronica: durch Prothesendruck. [11]
Glossitis areata exfoliativa f: → Exfoliatio areata linguae. [11]
Glossitis granulomatosa f: → Makroglossie, diffuse Vergrößerung der Zunge mit regelmäßig höckriger Oberfläche, tiefer Längs- und unregelmäßiger Querfurchung (Abb.). Die Papillen sind teils abgeflacht, teils entwickeln sich beetartige Vegetationen (→ Präkanzerose). Histologisch besteht ein Nebeneinander von Ödem und miliarer Granulomatose (lympho-histiozytäre Epitheloidzellknötchen). Ätiologie: polyätiologisch, infektionsallergisch (?). Symptom des →

Melkersson-Rosenthal-Syndroms. G. interstitialis syphilitica, Syn. G. indurativa: → Gumma; chronisch tertiärluische G. mit unregelmäßiger Sklerosierung (Verhärtung) des Zungenkörpers

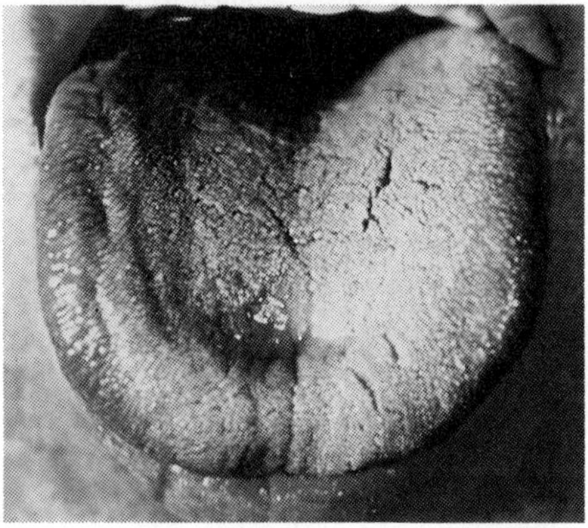

durch Proliferation des spezifischen Granulationsgewebes. Meist Bildung von Rhagaden, die sich sekundär unspezifisch infizieren. Auch sklerosierende oder interstitielle G. Die Folge ist eine → Lingua lobata. [11]

Glossitis papulosa acuta f: selten beobachtetes Auftreten von Pockenpusteln an der Zunge durch Übertragung der → Vakzine vom Impfling auf Personen ohne Impfschutz. Vgl. Vakzinationsschäden. [11]

Glossitis rhombica mediana f: Lingua *Brocq-Pautrier;* intensivrote oder leukoplakisch veränderte, rhombische oder ovale, von Zungenpapillen freie beschwerdelose Herdbildung im Bereich des mittleren Zungenrückens (Abb.). Es handelt sich um eine fissurale Hemmungsbildung. Harmlos! [11]

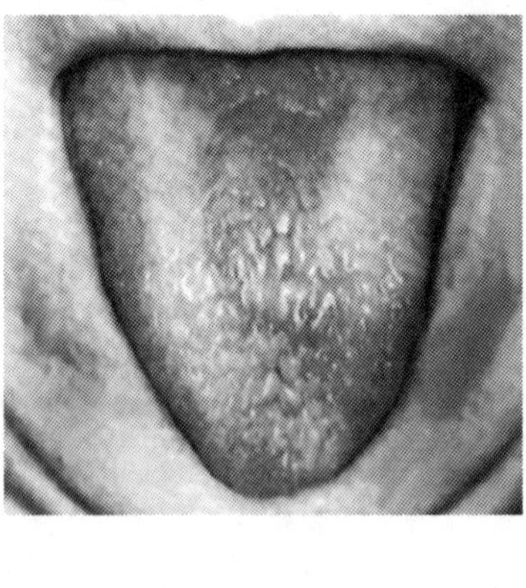

Glosso|dynie f: → Zungenbrennen. [11]

Glosso|pexie f: Fixieren des Zungenkörpers in gewünschter Lage durch chirurgische Naht. [3]

glosso|pharyngeus: Zunge und Schlund betreffend. → Nervus glossopharyngeus, → Hirnnerven. [9]

Glosso|pharyngeus|lähmung: Lähmung des Zungenschlundnervs, als Folge Aufhebung der Geschmacksempfindung im hinteren Zungendrittel und am Gaumen. [2]

Glosso|pharyngeus|neuralgie f: → Neuralgie des Nervus glossopharyngeus. → *Sicard*-Syndrom, → Styloid-Syndrom. [2]

Glosso|plegie f: meist nur halbseitige Zungenlähmung durch Ausfall des Nervus hypoglossus, wobei die herausgestreckte Zunge nach der kranken Seite abweicht. [2]

Glosso|ptose f: Zungenrückfall, auch das Zurücksinken der Zunge bei tiefer Bewußtlosigkeit (Narkose). Konstitutionell ein Symptom des Krankheitsbildes des → Status lymphaticus zusammen mit Unterfunktion des lymphatischen Gewebes. Dabei kommt es zu Hypertrophie des → lymphatischen Rachenringes mit Mundatmung, katarrhalischer Anfälligkeit, herabgesetztem Allgemeinzustand, Anämie, Eßunlust und Schlaffheit der Zunge, meist vergesellschaftet mit → Schmalkiefer in Spitzfrontstellung, dem sog. → Adenoidenkiefer. Vgl. *Robin*-Syndrom. [5]

Glosso|schisis f: Schizoglossie; Längsspaltung der Zunge. [3]

Glosso|spasmus m: Zungenkrampf. [2]

Glosso|zele f: Hervortreten der Zunge bei → Makroglossie. [3]

Glottis (gr.) f: der von den beiden Stimmbändern (Plicae vocales) gebildete Stimmapparat, auch Kurzbezeichnung für die Stimmritze (Rima glottidis). [9]

Glottis|krampf: → Laryngospasmus. [2]

Glottis|lähmung: Stimmbandlähmung, im allg. infolge → Rekurrensparese. [2]

Glottis|ödem n: meist akute ödematöse Anschwellung der Kehlkopfschleimhaut auf entzündlich-allergischer Basis, auch durch Verletzungen, eitrige Prozesse, Insektenstiche, Infektionskrankheiten (Diphtherie), tuberkulöse, syphilitische, blastomatöse Prozesse. Lebensgefährlich. Besonders gefährlich ist das Kehlkopfeingangsödem (Schwellung der Epiglottis und im Bereich der Cartilago arytaenoidea) bei oder nach Zungengrundanginen oder -abszessen wegen drohender plötzlicher Verlegung des Atemweges. Therapie: Eiskrawatte, hochdosierte Kortikoide i.v., Tracheotomie. Vgl. Ödem. [2, 19]

Gluco|corticoide n pl: → Glukokortikoide. [7]

Glucocorticosteroide n pl: → Glukokortikoide.[7]
Glukagon n: Hormon der A-Zellen (20% der *Langerhans*-Inselzellen im → Pankreas), Polypeptid aus 29 Aminosäuren. Wirkungsmechanismus: Abbaubeschleunigung des Leberglykogens durch Aktivierung der Leberphosphorylase und Hyperglykämieerzeugung. Antagonistischer Charakter zu Insulin. [20]
Glukane n pl: Bausteine der Plaquepolysaccharide. Dextrane; vgl. extrazelluläre Polysaccharide. [1]
Gluko|kortikoide n pl: Glukosteroide; Glukokortikosteroide; Gruppe von Steroidhormonen, deren Hauptwirkung den Glukosehaushalt betrifft. Sie werden vornehmlich in der Zona fasciculata, daneben auch in der Zona reticularis der Nebennierenrinde gebildet. In der Reihenfolge ihrer funktionellen Bedeutung sind die wichtigsten G.: Kortisol oder → Hydrokortison, → Kortison und Kortikosteron. Haupteffekte: Verstärkte Neubildung von Glukose aus Aminosäuren in Leber und Niere (→ Glukoneogenese). Schwächung der zellgebundenen Immunität durch Hemmung der Eiweißsynthese in Lymphozyten. Antiinflammatorisch durch Hemmung der Proliferation von Fibroblasten und Granulationsgewebe. Med.: zur Therapie heute überwiegend synth. G. wie z.B. → Betamethason oder → Dexamethason verwendet. Einsatz z.B. bei rheumatischen Erkrankungen, Allergien, chron. Lungenfibrose, Morbus *Boeck*, bestimmten Formen von Blutzellbildungsstörungen, zur Immunsupression bei Organtransplantationen. Indikation in der Zhk. ausschließl. zur pharmakodynam. Therapie. [7, 10]
Gluko|neo|genese f: Glukoseneubildung, z.B. durch Steigerung des Eiweißabbaus; Vorkommen bei → Diabetes mellitus und Hungerperioden, z.B. → Anorexia nervosa. [23]
Glukose (gr.) f: Dextrose, Traubenzucker, Glykose. Rechtsdrehendes Monosaccharid (→ Kohlenhydrate) mit 6 C-Atomen (Hexose, $C_6H_{12}O_6$). In Trauben und vielen Früchten enthalten; der Blutzucker besteht fast nur aus G., die Baustein des → Glykogen ist. Vgl. Diabetes mellitus, Glukosurie. [23]
Glukosidase f: → Maltase. [23]
Glukos|urie f: Zuckerausscheidung im Urin. Unterschieden wird zwischen diabetischer G. (Diabetes mellitus, Diabetes renalis) und nichtdiabetischer G. (alimentäre G., kortikoidinduzierte G. bei Langzeitsteroidtherapie, zentrale G. bei Apoplexie, Myokardinfarkt). [20]
Glukosyl|trans|ferase f: extrazelluläres Ferment kariogener Mikroorganismen. G. befähigt viele Plaquebakterien, aus dem Mundmilieu stammende Saccharose zu spalten, um mit Hilfe der gewonnenen Energie → extrazelluläre Polysaccharide aufzubauen. [1]
Gluten (lat.) n: Kleber, aus → Gliadin und → Glutenin bestehende Eiweißfraktion des Weizens (80%). [23]
Glutenin (lat.) n: schwerlöslicher, komplexer Eiweißkörper, Bestandteil des → Gluten im Weizen. Gehört zu den sog. Prolaminen. [23]
Glutinine (lat.) n pl: → *Coombs*-Test. [8]
Glycerol|tri|nitrat: Ester der Salpetersäure, NO-Pharmakon, Wirkungsmechanismus u.a. → Nitrate, organ. Wirkungseintritt als Spray nach 10-15 s, als Zerbeißkapseln nach 1-2 min. Wirkungsdauer: Spray 10-30 min, Kapseln 20-40 min. [7]
Glyk|ämie f: Blutzuckerkonzentration, normal nach der reduzierenden Methode 70-120 mg/dl, nach der enzymatischen 60-110 mg/dl, unterliegt mannigfachen Regulationen. [20]
Glykogen n: tierische Stärke, als Polysaccharid Speicherform der → Glukose im Organismus. Charakteristische Braunfärbung durch Jod. Etwa 150 g in der Leber, 200 g in der Muskulatur; Insulin zur Synthese notwendig. [23]
Glyko|kalix f: äußerst dünne, dem → Plasmalemm (Zellmembran) fast aller Zellen aufliegende Schicht von Polysacchariden. Sie stabilisiert die Zellmembran, fördert oder hemmt den Stofftransport durch die Zellmembran, hat Einfluß auf die Oberflächenspannung und Haftung der Zellen. Plasmalemm und G. bilden eine funktionelle Einheit. Die G. spielt eine Rolle beim → Epithelansatz. [9]
Glykokoll n: Glyzin; einfachste Aminosäure ($H_2N \cdot Ch_2 \cdot COOH$), in vielen → Eiweißen, bes. reichlich im → Kollagen. [23]
Glykoldimethakrylat n: Bestandteil quervernetzter Kunststoffe. [23]
Glykolyse f: Abbau der Kohlenhydrate unter Energiefreisetzung. Anaerobe G. = Milchsäuregärung. → *Embden-Meyerhof*-Weg. [23]
Glyko|proteine, -proteide n pl: Kohlenhydrat-Eiweißverbindungen, besonders α_2-Globuline in der → Elektrophorese. Auch im Speichel. Vermehrt bei entzündl. und degenerativen Krankheiten und Kollagenosen. [23]
Glykose (gr.) f: → Glukose. [23]
Glykos|urie f: → Glukosurie. [20]
Glyzerin (gr.) n: $CH_2OH \cdot CHOH \cdot CH_2OH$; farblose, sirupartige Flüssigkeit von süßlichem Geschmack, mit Wasser und Alkohol mischbar. Verwendung als Abführmittel, zu Mundschleimhautpinselungen (Borax-Glyzerin), als Zusatz zu

Zahnpasten, Salben und Schüttelmixturen. Vgl. Triglyzeride. 23

GMDS: Deutsche Gesellschaft für Medizinische Informatik, → Biometrie und → Epidemiologie. Die GMDS ist die wissenschaftliche Fachgesellschaft für die drei Fachgebiete. Sie ist in methodisch ausgerichteten Arbeitsgruppen und medizinisch orientierten Arbeitskreisen organisiert und vergibt zusammen mit der Gesellschaft für Informatik (GI) das Zertifikat Medizinischer Informatiker. 26

Gm-Gruppen: Gm: Abk. für Gammaglobulin; erbliche Serumgruppen, die als Gm (a+) oder Gm (a-) auftreten können. Gm (a+)-Seren verhindern die Agglutination mit inkompletten Rh-Antikörpern beladener RhO-Erythrozyten durch Serum von Patienten mit chron. Gelenkrheumatismus. Gm-Gruppen spielen beim Vaterschaftsnachweis und bei anthrop. Untersuchungen eine Rolle. 8

Gnathion (gr.) n: Abk. Gn, Kinnpunkt; anthrop. Meßpunkt, tiefster Punkt am knöchernen Unterkieferrand in der Mediansagittalebene (Abb. → Meßpunkte). 5

gna|thisch (gr.): auf den Kiefer bezogen, den Kiefer betreffend. 30

Gnatho|dynamo|meter n: Kaudruckmesser nach *Black.* → Kaudruck. 4

gna|tho|gen: vom Kiefer ausgehend. 30

Gnatho|logie f: wörtlich Lehre vom Kiefer, auch Syn. für Prothetik; Wissenschaft, die sich mit der Anatomie, Histologie, Physiologie und Pathologie des stomatognathen Systems befaßt und die Behandlung auf der Grundlage von Befunderhebung, Diagnose und Planung umfaßt. Die Funktionen von Kiefergelenk, Muskulatur, Parodontium und Okklusion werden so aufeinander abgestimmt, daß unphysiologische Belastungen der Gewebe vermieden werden. Besondere therapeut. Schwerpunkte: → Bißnahme, Okklusion, Aufwachstechnik, Funktionsdiagnostik. 4

Gnatho|metrie f: von *A. M. Schwarz* beschriebene metrische Strukturuntersuchung im Gebißbereich anhand von → Fernröntgenseitenbildern zur kieferorth. Befunderhebung (z.B. Achsenneigung der Frontzähne) und zur Feststellung des Anteils der Anomalie an der Entstellung des Profils. Vgl. Gnathophysiognometrie. 5

Gnatho|palato|schisis f: Kiefergaumenspalte, → Gnathoschisis. 3

Gnatho|physio|gno|metrie f: Methode nach *Andresen* zur kieferorth. Diagnostik durch gemeinsame Wiedergabe von Gesicht und Gebiß mittels der Fotografie (Abb.). *Andresen* unterscheidet 3 harmonische Gnathophysiognomien

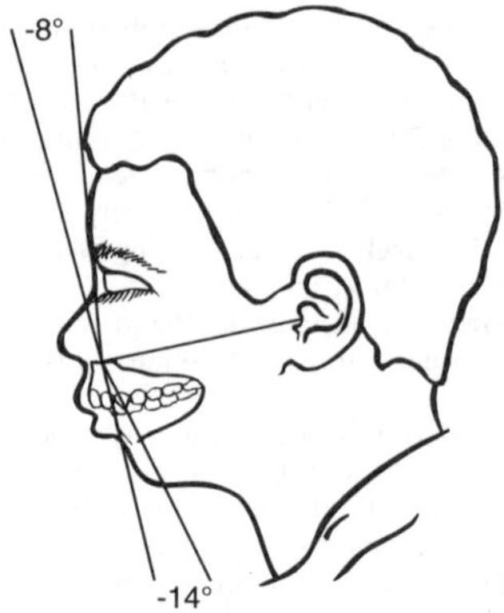

(Neutro-, Pro- und Retrozentralphysiognomie) und 3 disharmonische Gnathophysiognomien (Neutro-, Pro- und Retrozentraldysgnathie). 5

Gnatho|schisis f: angeborene Spaltung des Oberkiefers, meist in Verbindung mit → Lippenspalte (Cheilognathoschisis) und → Gaumenspalte (Cheilognathopalatoschisis). Selten auch Spaltung des Unterkiefers. 3

Gnatho|stat m: von *Simon* 1919 eingeführtes diagnostisches Hilfsmittel in der Kieferorth., das die Lage des Gebisses zu anthrop. Meßpunkten und zur → Frankfurter Horizontalebene über einen speziellen → Gesichtsbogen in Beziehung setzt (Abb.). Es wird eine kephalometrische Messung der Anomalien in dreidimensionalem Bezug zur → Raphe-Median-Ebene (transversale Abweichungen), zur → Orbitalebene (sagittale Abweichungen) und zur Frankfurter Horizontalebene (vertikale Abweichungen) ermöglicht. 5

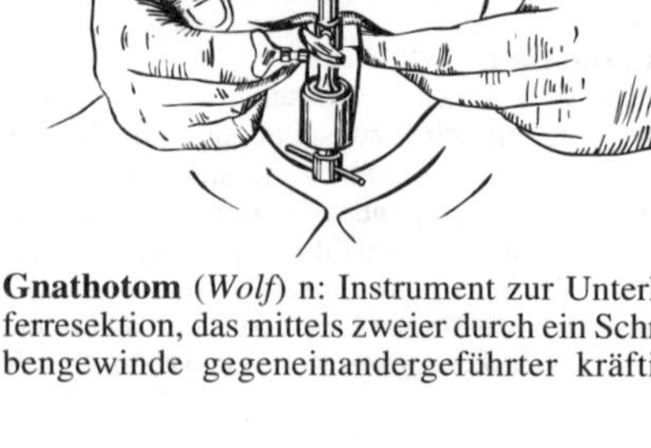

Gnathotom (*Wolf*) n: Instrument zur Unterkieferresektion, das mittels zweier durch ein Schraubengewinde gegeneinandergeführter kräftiger

Schneiden den Unterkieferkörper durchtrennt (Abb.). 2

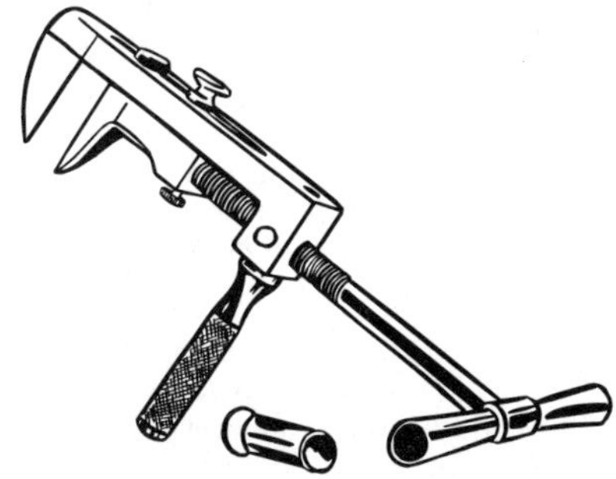

Gnathotom nach *Wolf*

Gnoto|biose f: keimfreie Aufzucht von Versuchstieren. G. war eine wesentl. Voraussetzung für Untersuchungen über die → Kariogenität verschiedener Mikroorganismen. 15

Go: Abk. für → Gonorrhöe. 8

GO-Ä: Abk. für **G**ebühren**o**rdnung für **Ä**rzte vom 12.11.1982 (BGB1. I Seite 1885). Entspricht im Aufbau der Gebührenordnung für Zahnärzte. 24

Gold: Aurum; Au, gelbes, glänzendes Metall, fast bleiweich, vom spez. Gew. 19,3; Atomgewicht 196,7; schmilzt bei Weißgluthitze (Schmelzpunkt 1.064°), verflüchtigt schon merklich bei 1.100°. Es ist das dehnbarste aller Metalle und kann durch Hämmern zu Blättchen von 0,00014 mm Dicke ausgeschlagen werden (Aurum foliatum; Blattgold). Von Säuren wird es wenig angegriffen, löst sich im Chlorstrom zu Aurichlorid, in Königswasser zu Goldchlorid-Chlorwasserstoffsäure. Reines Gold ist zu technischen Zwecken zu weich, man benutzt es (→ Goldklopffüllung) als Füllungsmaterial für Zähne. Für zahntechnische Zwecke wird es hauptsächlich mit Kupfer, Silber, Platin und Zink legiert. Vgl. Spargold. 4

Goldenhar-Syndrom (M. G., Ophthalmol., Genf, 1952) n: → Dysplasia oculoauricularis. 3

Gold|guß|füllung: → Einlagefüllung. 1

Gold|klopf|füllung: Füllung, die durch Pressen oder leichtes Hämmern von sehr dünner Goldfolie (0,00015 mm) direkt in der Kavität entsteht. Etwa 1870-1920 in Gebrauch. Optimal bezügl. Dauerhaftigkeit und Randschluß, aber sehr arbeitsaufwendig. Heute nur noch in Einzelfällen, weitgehend abgelöst durch → Einlagefüllung. 1

Gold|knopf|zähne: keramische Frontzähne, die zur Retention an der Rückenfläche zwei mit Knöpfen versehene Stifte tragen. Diese bestehen aus einem Nickelkern mit dünner Goldauflage, für deren Verankerung im Zahnkörper zwei aus einer Edelmetallegierung bestehende Hülsen eingebrannt werden. In diese Hülsen werden später die Stifte eingelötet (Abb.). 4

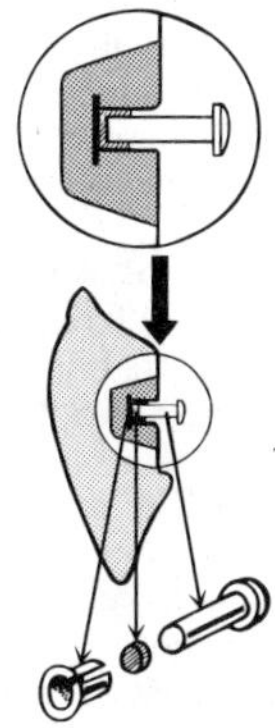

[69]

Gold|rechnung: → Karat. 4

Gold- und Silber|scheideanstalten: Einrichtungen zur metallurgischen Aufarbeitung von Edelmetallabfällen: Feilung (Reste, Abfälle, Tischgekrätz, zur weiteren Verarbeitung gesammelt), Planschen (in Tiegeln zusammengeschmolzene Feilung) für den metallurgischen Scheideprozeß vorbereitet. 34

Golgi-Apparat (Camillo G., Histol., Pavia, *1844, † 1926) m: Netz- oder Binnenapparat der jeder kernhaltigen Zelle eigenen, meist in Kernnähe gelegenen → Zellorganellen, die lichtmikroskopisch als knäuel- oder balkenartige Struktur erscheinen. Einzelheiten nur elektronenmikroskop. erfaßbar; besteht aus scheiben- oder schüsselförmigen, 0,8 bis 1,5 µm großen glattwandigen Zisternen (Diktyosomen), die in Gruppen zu fünf bis zehn dicht gepackt liegen. In ihnen werden von der → Zelle produzierte Stoffe (Eiweiß, Sekrete usw.) gesammelt, nachträglich verändert (Reifung) und transportiert. Abb. → Zelle. 9

Goll-Strang (Friedrich G., Physiol., Zürich, *1829, † 1903): Fasciculus gracilis. → Hinterstränge des Rückenmarks. 9

Gomphosis (gr.) f: nagelähnliche Einkeilung, z.B. von Knochenfragmenten bei Brüchen. Früher fälschlich für die Befestigung der Zähne im Alveolarfortsatz angewandt. Die Zahnwurzel ist nicht starr in die Alveole eingekeilt, sondern durch das → Periodontium elastisch mit dem Kiefer verbunden (→ Syndesmose). 2

Gonaden (gr.) f pl: hormonbildende Geschlechtsdrüsen, Keimdrüsen. → Ovarium, → Testes. [10]

Gonado|tropine n pl: 1. glandotrope → Hormone des Hypophysenvorderlappens (HVL): das follikelstimulierende Hormon (FSH), das luteinisierende Hormon (LH oder ICSH, interstitial cell stimulating hormone) und das luteotrope Hormon (LTH oder Prolaktin); vgl. Hypophyse. 2. glandotrope Hormone des Chorions der Plazenta, die Choriongonadotropine HCG und HPL, die in ihrer Wirkung den hypophysären G.n ähnlich sind. [10]

Gonidien n pl: → Akrosporen. [8]

Gonion (gr.) n: Abk. Go; kraniometr. Meßpunkt, am weitesten nach unten, hinten und außen gelegener Punkt am Winkel des Unterkiefers (Abb. → Meßpunkte). [5]

Gonion|winkel: → Kieferwinkel. [5]

Gonokokken f pl: Neisseria gonorrhoeae; gramnegative Diplokokken (*Neisser* 1879). Erreger der → Gonorrhöe. Sehr empfindlich gegen Austrocknung, daher praktisch ausschließlich beim Geschlechtsverkehr übertragen. Nachweis im Direktpräparat mit Methylenblau und nach → *Gram*-Färbung (intra- und extrazellulär gelagerte, gramnegative Diplokokken); Kultur: Beimpfung von Spezialnährböden (z.B. Kochblutagar), anschließend Prüfung auf Zukkerverwertung in → bunter Reihe. G. vergären nur Glukose. [8]

Gonor|rhöe (gr.) f: Abk. Go., Tripper; eitriger Schleimhautkatarrh der Geschlechtsorgane, hervorgerufen durch die von *Neisser* entdeckten → Gonokokken. Diese sexuell erworbene Erkrankung kann über Entzündung von Prostata und Nebenhoden beim Mann sowie der Eileiter bei der Frau zur Unfruchtbarkeit führen. Besonderheiten sind die G. der Rektumschleimhaut und die Vulvovaginitis kleiner Mädchen. Therapie: Penicillin an je zwei aufeinanderfolgenden Tagen, 4 Mill. I.E. i.m. Bei Penicillinallergie und Penicillinresistenz u.a. Spectinomycin (Stanilo) je 2 g an zwei Tagen. [12]

Goodpasture-Syndrom (Ernest G., Pathol., *1886, † 1960) n: Erkrankung der Basalmembranen in Lunge und Nieren. Die Pathogenese ist ungeklärt, diskutiert werden Streptokokkeninfekte, Autoantikörper und ein exogenes Allergen. Symptome: 1. hochfieberhafte, hämorrhagische Pneumonie mit Hämoptoen; 2. intrakapilläre → Glomerulonephritis mit Hämaturie, Albuminurie, Hypertonie; 3. schwere progrediente Anämie, rasch progrediente Niereninsuffizienz. [20]

Gore-Tex®: Membran aus Polytetrafluorethylen zur → Guided tissue regeneration. [2]

Gorlin-Goltz-Syndrom (Robert Gorlin, Stomatol., Minneapolis; Robert Goltz, Dermat., Minneapolis) n: autosomal-dominant erbliche Störung, charakterisiert durch Zusammentreffen von Basalzellnaevi, multiplen Kieferzysten, Rippenanomalien, Verhornungsstörungen an Hand- und Fußflächen sowie Verkalkung der Sella turcica und der Falx cerebri. Kieferzysten in ca. 40% im Kieferwinkelbereich und Oberkieferseitenzahnbereich. Charakteristische Resorptionen an den Zahnwurzeln. Hohe Rezidivneigung, da Keratozysten. [3]

Gorlin-Zyste (Robert J. G., Stomatol., Minneapolis, *1923) f: kalzifizierende Zyste im Kiefer, Sonderform der odontogenen → Zysten. Gutartig. [2]

Goshgarian-Bügel: → Palatinalbogen. [5]

gotischer Bogen: → Pfeilwinkel. [4]

gotischer Gaumen: → hoher Gaumen. [4]

Gottlieb-Lösung (Bernhard G., Za., Wien, *1885, † 1950): aus zwei Lösungen bestehendes Präparat zur Kavitätenbehandlung. 40%iges Zinkchlorid und 20%iges Kaliumferrozyanid werden nacheinander in die Kavität eingebracht. Der entstehende Niederschlag von Zinkeisenzyanid soll die Dentinkanäle verstopfen und kariesvorbeugend und pulpaschützend wirken. Nicht mehr in Gebrauch, aus toxikologischer Sicht nicht unbedenklich. [1, 6]

GO-Z: Abk. für → **G**ebührenordnung für **Z**ahnärzte. [24]

Graaf-Follikel (Reinier de G., Anat., Delft, *1641, † 1673) m: Endstadium der Follikelentwicklung im Ovar. Vgl. Ovulation, Corpus luteum. [10]

Gracey-Küretten (Clayton H. G., Za., Ann Arbor/USA, *1888, † 1955) f pl: sehr fein gearbeitete und der Zahnform angepaßte Handinstrumente für die → Kürettage der Wurzeloberflächen bei der Parodontalbehandlung. Der Schneidenquerschnitt beträgt bei diesen feinen Instrumenten nur 0,7 mm - 1,1 mm. G. weisen folgende Charakteristika auf: 1. zahnflächenspezifische Formgebung; 2. Abschrägung der Schneidekante; 3. Krümmung der Schneide; 4. nur eine Schneidekante. Wenn der untere Schaftanteil der Kürette parallel zur Zahnachse ausgerichtet ist, liegt die Schneidekante im richtigen Anstellwinkel. Vgl. Kürette in der Parodontologie. [6]

Gradenigo-Syndrom (Giuseppe G., Otol., Turin, *1859, † 1926) n: bei akuter, auf die Pyramidenspitze übergreifender Mittelohrentzündung auftretender Symptomenkomplex: in die Schläfen- und Scheitelgegend ausstrahlende Schmerzen, Parese des N. abducens mit Doppelbildern und neuralgiforme Beschwerden im Bereich des N. trigeminus. 19

Grading (engl.) n: histolog. Differenzierungsgrad eines malignen Tumors; stellt eine Ergänzung zum → TNM-System dar. Einteilung: G1 = hochdifferenzierter Tumor (meist geringe Malignität); G2 = mitteldifferenzierter Tumor (meist mäßiggradige Malignität); G3 = wenig differenzierter Tumor (meist hohe Malignität); G4 = undifferenzierter (anaplastischer) Tumor. 32

Graefe-Zeichen (Albrecht F. von G., Ophth., Berlin, *1828, † 1870): zurückbleiben des Oberlids beim Blick nach unten, z.B. bei → Hyperthyreose. 20

Graft-versus-host-reaction (engl.) f: immunologische Reaktion, hervorgerufen durch lymphoide (immunkompetente) Zellen eines Transplantats, die Antikörper gegen Antigene des Transplantatempfängers bilden. 8

Gram-Färbung (Hans Chr. J. G., Bakt., Kopenhagen, *1853, † 1938): wichtigste diagnostische Färbung der Bakt. Der lufttrockene und durch Flamme fixierte Ausstrich wird wie folgt behandelt: wäßrige Lösung Karbol-Gentianaviolett 2 min; wäßrige Lösung Jod-Jodkalium 1 min, Entfärbung mit 96% Alkohol, bis keine Farbwolken mehr abgehen; Spülung mit Wasser; Gegenfärbung mit 1 : 10 verdünntem Fuchsin 2 min; abspülen mit Wasser, trocknen. Grampositiv (dunkelviolett): Staphylokokken, Streptokokken, Pneumokokken, Sporenbildner, Di-Bakterien, Laktobazillen, Listerien, Aktinomyzeten, Pilze. Gramnegativ (rot): Gonokokken, Meningokokken, Escherichia coli, Salmonella typhi, S. paratyphi, S. enteritidis und Shigellen, hämoglobinophile Bakterien, Erreger der hämorrhagischen Septikämien, Fäulniserreger (Proteus, Pseudomonaden u.a.), Rotzbakterien, Brucella, Fusobakterien, Schraubenbakterien. Für das unterschiedliche Verhalten bei der G. ist in erster Linie die unterschiedliche Dicke des Mureinanteils (Peptidoglykan) der Bakterienzellwand verantwortlich. Die besonders dicke Mureinschicht grampositiver Bakterien bildet mit Gentianaviolett und Jod-Jodkalium einen Komplex, der auch durch Alkohol nicht aufgelöst werden kann. 8

Gramm n: Abk. g (früher gr.),Gewichtseinheit; das Gewicht von 1 cm^3 reinem Wasser, gewogen bei + 4°. 10

Gramm|äquivalent n: die dem Äquivalentgewicht entsprechende Menge (in g) eines Elements bzw. einer Verbindung. 23

Gramm|atom n: die Anzahl Gramm eines Elements, die seinem → Atomgewicht entspricht. 23

Grammolekül n: → Mol. 23

Granular|zell|tumor m: *Abrikosoff*-Tumor; frühere Bez.: Myoblastenmyom, Myoblastom; gutartiger, seltener, jedoch für die Mundhöhle typischer Tumor mit charakteristischer Zytoplasmagranulierung. Entwickelt sich mit Vorliebe im Bereich der Zunge, aber auch in der Subkutis von Rumpf und Arm. Der Tumor führt zu einer proliferativen Mitreaktion des Epithels in Form einer papillären (pseudokarzinomatösen) Hyperplasie. Bei Mädchen kommt der Tumor gelegentlich als → Epulis connata des Unterkiefers vor. 32

Granulation (lat.) f: Ausbildung einer körnigen (Oberflächen)Struktur. 32

Granulations|geschwülste: aus Granulationsgewebe entstehende gutartige tumorartige Gebilde, auf dem Kieferkamm als → Epulis bezeichnet, aber auch als zentrale Granulome innerhalb des Kieferkörpers auftretend (→ Enulis). Sie zeigen eine stärkere Wachstumsneigung als das übliche proliferierende Granulationsgewebe, jedoch ist ihre Einordnung in die echten Tumoren nicht gerechtfertigt. Sie werden als Ausdruck einer abundanten lokalen Reparation nach Schädigung des Knochens bzw. des Periosts angesehen. Histologisch zeigen sie verschiedene Bestandteile (Rund-, Riesen-, Plasmazellen, Fibroblasten, Kapillaren, Leukozyten usw.). 11

Granulations|gewebe: junges, gefäßreiches, von Lymphozyten, Plasmazellen, Monozyten, Makrophagen, Fibroblasten und Fibrozyten durchsetztes Bindegewebe, das sich reaktiv bei der Wundheilung und bei chron. Entzündungen ausbildet und nach einiger Zeit in Narbengewebe übergeht (→ Defektheilung). Ausgangsgewebe ist das ortsständige Gefäßbindegewebe. Bei überschießend wachsendem G. spricht man von → Caro luxurians. 32

Granulom n: knötchenförmige, geschwulstähnliche Neubildung aus → Granulationsgewebe als Gewebsreaktion auf chronisch-entzündliche oder allergisch-infektiöse Prozesse. Wird bei bestimmten Erkrankungen wegen seines relativ charakteristischen histol. Aufbaus als „spezifisches“ G. bezeichnet, z.B. *Aschoff-Geipel*-Knötchen bei rheumatischem Fieber, als Tuberkulom, Leprom, Aktinomyzetom, syphilitisches Gumma, bei Sarkoidose. Vgl. Knochengranulom, eosinophiles; Pulpagranulom; Epulis; Enulis; Granulationsgeschwülste. 2, 11, 32

Granuloma eosino|philicum faciei n: nur im Gesicht meist multipel anzutreffende, langsam größer werdende livid-rotbräunliche, flache Papeln und Knoten mit apfelsinenschalenartiger Oberfläche. Feingeweblich liegen im oberen →

Korium eosinophile Infiltrate vor. Therapie: intrafokale Kortikoid-Injektionen; vgl. Retikulosen. [12]

Granuloma gan|graenes|cens n: *Wegener*-Granulomatose; zu ulzeröser Zerstörung führende Geschwülste, eitrige Granulome im Mund-Nasen-Gesichtsbereich bildend. Schweres, mit septischem Fieber, manchmal mit Lungen- und Nierenbeteiligung einhergehendes Krankheitsbild. Maligne Sonderform der → Periarteriitis nodosa. Therapie: Immunsuppression (Zytostatika, Kortikosteroide, Rö.-Bestrahlung). [12]

Granulom, apikales n: Bildung von Granulationsgewebe in der Umgebung der Wurzelspitze auf Kosten des Knochens, verursacht durch einen chron.-ostitischen Prozeß, der im allg. durch gangränös zerfallenes Pulpagewebe unterhalten wird (Parodontitis apicalis chronica). Es umgibt sich mit einer bindegewebigen Kapsel und enthält außer Bindegewebsfasern und Gefäßen Leukozyten, Lymphozyten, Histiozyten, Plasmazellen u.a. Häufig finden sich Verbände von Epithelzellen, die den → *Malassez*-Epithelresten entstammen und Veranlassung zur Zystenbildung geben. Stellt sich im Rö.-Bild als linsen- bis

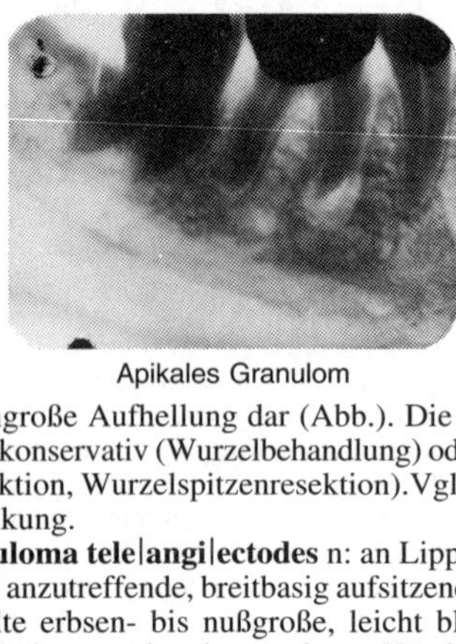

Apikales Granulom

erbsengroße Aufhellung dar (Abb.). Die Therapie ist konservativ (Wurzelbehandlung) oder chir. (Extraktion, Wurzelspitzenresektion). Vgl. Herderkrankung. [1, 2]

Granuloma tele|angi|ectodes n: an Lippen und Zunge anzutreffende, breitbasig aufsitzende oder gestielte erbsen- bis nußgroße, leicht blutende Granulationsgeschwulst, auch an Händen und Genitalien. Therapie: Exzision mit „Wurzel". Pathogenetisch: Angiom mit Sekundärinfektion. [11, 12]

Granulom, eosino|philes n: → Knochengranulom, eosinophiles. [2]

Granulom, internes n: → Pulpagranulom. [2]

Granulom, peripheres n: → Epulis. [2]

Granulom, spezifisches n: Produkt einer spezif. chron. Entzündung, z.B. → Tuberkulose, → Syphilis, → Aktinomykose, → Lepra. [2]

Granulom, zentrales n: → Enulis. [2]

Granulo|poese f: Entwicklung und Reifung der → Granulozyten im Knochenmark aus unipotenten Stammzellen. → Leukopoese. [9]

Granulo|zyten m pl: Zusammenfassung der verschiedenen Leukozyten, die in ihrem Zytoplasma lichtmikroskopisch sichtbare Granula enthalten. G. können basophil, eosinophil oder neutrophil sein. [9]

Granulum (lat.) n: pl Granula; Körnchen. [9]

Grassline-Ligaturen (engl.) f pl: Schrumpfbänder, die im feuchten Zustand kontrahieren. Sie wurden angelegt, um kleine Lücken im Rahmen der systematischen Parodontalbehandlung zu schließen. Wegen der Unsicherheiten bei der Handhabung heute nicht mehr in Verwendung. [6]

Grauhan-Syndrom (Max G., Chir., Senftenberg, *1886, † 1945) n: seltene Mißbildungskombination, bestehend in Lippen-Kiefer-Gaumen-Spalte sowie Mißbildungen der Finger und des Urogenitaltraktes. [3]

Gray (Louis G., Phys. und Radiol., London, *1905, † 1965) n: Abk. Gy; radiol. SI-Einheit der → Energiedosis, 1 Gy = 1 J/kg. Löst das Rad (rd) ab, 1 rd = 0,01 Gy. [14]

Gregg-Syndrom (Sir Norman McAllister G., Arzt, Sydney, *1892, † 1966) n: → Rötelnembryopathie. [3, 8]

Greif|wege: Wegstrecken und Bewegungsrichtungen der Hände von Zahnarzt und Zahnarzthelferin während der Arbeitsschritte bzw. -abläufe am zahnärztlichen → Behandlungsplatz. Je nach → Basiskonzept und dazugehöriger → Behandlungsplatz-Ausrüstung ergeben sich unterschiedliche Wegstrecken und Bewegungsrichtungen (Abb. → Arbeitsposition). [21]

Greig-Syndrom (David G., Arzt, Edinburgh, 1924) n: familiärer Hypertelorismus; degenerative Konstitutionsanomalie, deren Leitsymptom ein → Hypertelorismus ist. Entwicklungsstörung, bestehend in vorzeitiger Verknöcherung von Nähten der frontalen Schädelbasis. Außerdem verbreiteter Nasenrücken, Brachy-, Mikro- oder Stenozephalie. Häufig Minderwuchs, Hernien, Kiefermißbildungen, Zahnanomalien, Epilepsie u.a. [3]

Greisen|gesicht: starke Faltenbildung im Gesicht von Säuglingen und Kleinkindern infolge geweblicher Austrocknung (Exsikkose) bei schweren Darmstörungen. [3]

Greisen|kiefer: auf Altersinvolution und → Degeneration beruhende progrediente Atrophie des Corpus manibulae und der Alveolarfortsätze beider Kiefer (Abb.). Verstärkt den aus der Bißsenkung bei fehlender antagonistischer Abstützung resultierenden Eindruck einer (Alters-, Pseudo-) Progenie (→ Progenie). [27]

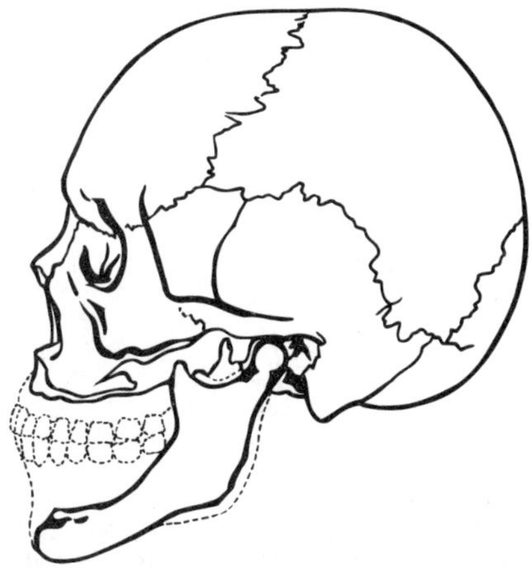

Grenz|membran f: → Basalmembran. [9]

Grenz|positionen f pl: Grenzbewegungen der Unterkieferbewegungen, die die maximale Ausdehnung aller funktionellen Unterkieferbewegungen darstellen. Es werden G. der unteren Schneidezähne und der Kondylen beschrieben, die horizontal durch → Pfeilwinkel frontal und sagittal im → *Posselt*-Diagramm aufgezeichnet werden können. Beim Übertragen dieser Daten auf einen Artikulator gelingt es, die individuellen G. des Patienten bei der Unterkieferbewegung nachzuahmen. [4]

Grenz|strang des Sympathikus: Truncus sympathicus; eine Reihe sympathische Ganglien beiderseits längs der gesamten Wirbelsäule, die durch Nervenfasern verbunden sind. Im Kopfbereich liegt das → Ganglion cervicale superius; vgl. Spatium retrostyleum. [9]

Grenz|wert für zugängliche Strahlung: Abk. GZS; maximale Strahlungsintensität nach DIN VDE 0837, die bei einem Lasersystem aufgrund seiner Bauart nach den allgemein anerkannten Regeln der Technik frei zugänglich ist. Gemäß des GZS erfolgt die Klassifizierung der Lasersysteme in die → Laserklassen I bis IV. [31]

Griffel|fortsatz: Processus styloideus des Schläfenbeins. [9]

Griffel|zähne: → Zapfenzähne. [1]

Grippe: Influenza; Infektionskrankheit, hervorgerufen durch → Influenzaviren der Typen A, B und C, absolut unregelmäßig auftretend. Bei akuten Atemwegsinfektionen noch andere Viren pathogen (z.B. Adeno-, Rhinoviren). Infektion durch Tröpfchen von Mensch zu Mensch und Staub. Klinik: Inkubationszeit 1-4 Tage, plötzlicher Fieberanstieg (evtl. Schüttelfrost), Kopf-, Glieder- und Kreuzschmerzen, gleichzeitig Schnupfen, → Tonsillitis, → Pharyngitis, → Laryngitis, → Tracheitis, → Bronchitis, auch → Konjunktivitis. Kritischer Fieberabfall nach etwa 3 Tagen. Komplikationen: bakterielle Superinfektionen wie Sinusitis, Otitis, → Bronchopneumonien (meist am 4.-7. Tag), Pleuritis mit Empyembildung, Myokarditis, seltener → Enzephalitis, toxische Kreislaufstörungen, bei Resistenzschwäche und alten Menschen oft tödlich. Therapie: Antipyretika, Analgetika, spezifische Chemotherapie ist nur bei Sekundärinfektionen sinnvoll. Prophylaxe: aktive Schutzimpfung mit epidemiologisch angepaßtem Impfstoff im Herbst. [20]

Griseofulvin n: fungistatisch, nicht fungizid wirkendes Antibiotikum, aus den Kulturen von Penicillium griseofulvum gewonnen. Nach oraler Einnahme dringt es in die Hornsubstanz der Haut, Haare und Nägel ein. Wirksam gegen Fadenpilzerkrankungen (→ Epidermophytie, → Trichophytie, → Mikrosporie, → Favus) in Kombination mit äußerer Behandlung, ohne Effekt bei Sproßpilzkrankheiten (→ Soor, → Blastomykose, maligne) und bei → Schimmelpilzen. [12]

Größen|bezeichnung: bei Bohr-, Fräs- und Schleifinstrumenten vom jeweiligen Kopfdurchmesser abhängig. Nach ISO-Norm 2157 ist das Ausgangsmaß 1/10 mm (0,10 mm) und 1/100 mm bei Endodontieinstrumenten. Die ISO-Größe 009 hat also einen Kopfdurchmesser von 9/10 mm (0,9 mm) (→ Arbeitsteilgröße). [21]

Großnasen|profil n: von *Korkhaus* beschriebenes typisches Merkmal bei Patienten mit → Deckbiß, das durch starke Entwicklung des Mittelgesichts entsteht. Die Bez. beruht auf dem in der Sagittalen weit vorspringenden, sozusagen die Nase tragenden → Subnasale. [5]

Gruber-Reaktion (Max v. G., Hyg., München, *1853, † 1927) f: Identifizierung von unbekannten, aus Ausscheidungen oder Blut gezüchteten Erregern (meist Enterobacteriaceae, → Bakteriensystematik) mit Hilfe von Antiseren, die bekannte Agglutinine enthalten. Auf dem Objektträger (qualitativ) und im Röhrchentest (quantitativ) durchführbar. Vgl. *Widal*-Reaktion. [8]

Grünberg-Rekon|struktion f: Ermittlung der → Bißlage über Rekonstruktion idealer Verhältnisse innerhalb der Einzelkiefer. Die G. erfolgt über den sagittalen → Symmetrievergleich. [5]

Grund|ebenen: → Spinaebene, → Unterkiefer-Grundebene. 5

Grund|ebenen|basis|winkel: → Basiswinkel. 5

Grund|gesamtheit, statistische: Menge der Merkmalsträger einer Untersuchung, Studie, etc. In einer epidemiologischen Studie ist dies die zu untersuchende → Population. 26

Grund|substanz f: allg. die von Zellen gebildete, homogen erscheinende, ungeformte Interzellularsubstanz, in der Zellen und die geformten Teile (Fasern) eingebettet sind. Sie dient als deren Binde- und Einschlußmittel und spielt beim Bindegewebsstoffwechsel eine Rolle. 9

Grund|umsatz: Energieumsatz eines Menschen; gemessen morgens, in Ruhe liegend, nüchtern, bei Indifferenztemperatur seiner Umgebung und normaler Körpertemperatur. Früher mit indirekter Kalorimetrie bestimmte Umsatzgröße, heute meistens durch → Radiojodtests ersetzt. 10

grüner Star: → Glaukom. 20

grüne Zähne: → Chlorodontie. 1

Grün|holz|fraktur f: Knochenbruch, bei dem, ähnlich wie bei grünem Holz die Rinde, der Periostschlauch erhalten bleibt. Daher nur geringe Dislokation. Bes. bei Jugendlichen. Vgl. Gaumennahterweiterung. 5

Grün|span: giftiger Belag von Kupferazetat, mit dem sich Kupfer bei Einwirkung von Luft und Essigsäure überzieht. 23

Gruppen|führung: dynamische → Okklusion zwischen mehreren Zähnen auf der Laterotrusionsseite (Nomenklatur der → AgF). 4

Gruppen|pro|phylaxe f: Vorbeugemaßnahmen, die größere und kleinere Gruppen erreichen. G. ermöglicht Kontinuität der Maßnahmen und ein günstiges Kosten-Nutzen-Verhältnis. Sie wird vornehmlich in Kindergärten und Schulen durchgeführt. Vgl. Obleutekonzept, Individualprophylaxe. 15

Grütz|beutel: → Atherom. 12

Gubernaculum dentis n: bindegewebiger Strang im Kiefer 3- bis 3 $^1/_2$ jähriger Kinder, der vom Säckchen des bleibenden Zahns zum Zahnfleisch zieht und Epithelzellen enthält, die aus dem Schmelzorgan stammen. Vgl. *Serres*-Körper. 30

Guedel-Tubus (Arthur E. G., Anästhesist, Los Angeles, *1883) m: Mund-Rachentubus, Hilfsmittel zur → Beatmung, insbesondere bei schwierigen anatomischen Gegebenheiten; verhindert das Zurückfallen der Zunge. Die den anatomischen Formen des Mundrachenraumes angepaßte Gummiröhre wird oropharyngeal eingelegt. Der G. ist nur bei bewußtlosen Patienten indiziert. Vgl. Wendeltubus (Abb.). 2, 16

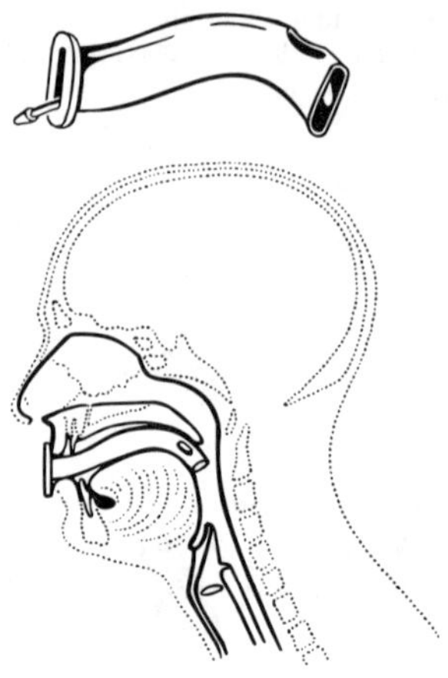

Guérin-Fraktur (Jules R. G., Chir., Paris, *1801, † 1886) f: Oberkiefer-Querbruch, der den harten Gaumen mit den Alveolarfortsätzen und den unteren Teil der Processus pterygoidei umfaßt, also eine durch die Kieferhöhlen gehende quere Absprengung des eigentlichen Kieferkörpers. Häufig. Geringe Dislokation, starkes Nasenbluten infolge Zerreißung der Kieferhöhlenschleimhäute. Entspricht dem Typ I in der Einteilung von *LeFort*. Abb. → *LeFort*-Frakturlinien. 2

Guided tissue regeneration (engl.) f: Abk. GTR; gesteuerte Gewebeneubildung durch Implantation einer Membran (→ Gore-Tex®) um den Zahnhals bei einer → Lappenoperation, um das Epitheltiefenwachstum zu begrenzen, damit die langsamer regenerierenden desmodontalen Zellen mehr Zeit haben, die gereinigte Wurzeloberfläche neu zu besiedeln, so daß ein → New attachment entsteht. Nicht resorbierbare Folien müssen in einem 2. Eingriff wieder entfernt werden. Eine Regeneration des Knochens erfolgt nur in begrenztem Umfang. 2, 6

Gumma (lat.) n: Syphilom, Gummiknoten, schmerzlose Granulationsbildung mit Neigung zur Einschmelzung (tertiäres Stadium der Syphilis). Nach Erweichung und Entleerung eines gummiartig fadenziehenden Inhalts scharf umgrenzte, „wie mit dem Locheisen geschlagene" Geschwürsbildung. In der Mundhöhle bevorzugt auf der Mittellinie des harten Gaumens auftretend und diesen perforierend (Abb.); auch an der Zunge (→ Glossitis) und der Lippe; ferner an inneren Organen vorkommend; differentialdiagnostisch sind Krebs und Tuberkulose auszuschließen. Therapie: → Syphilis. 11, 12

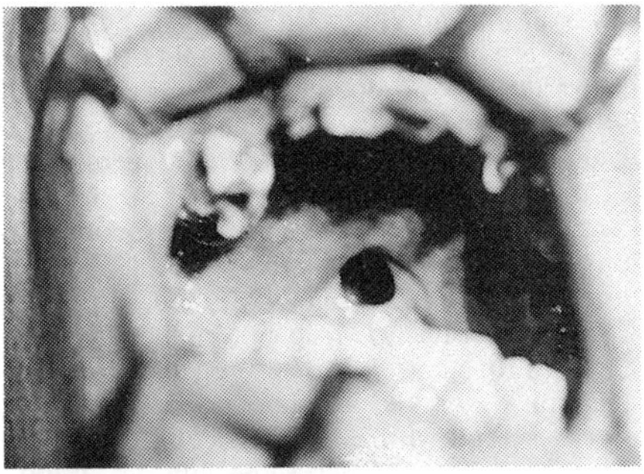

Durch Gumma perforierter harter Gaumen

Gummi|stopper: kleine Gummischeiben zum Aufschieben auf → Wurzelkanalinstrumente, um die maximale Eindringtiefe zu markieren. Die für den Behandungserfolg ungünstige Verletzung des periapikalen Gewebes kann dadurch leichter vermieden werden. 1

Gummi|züge: elastische Kunststoffringe oder -ketten, die durch verschiedenartige Behelfe an den Zähnen des Ober- und/oder Unterkiefers befestigt sind, angewandt in der Kieferorth. und

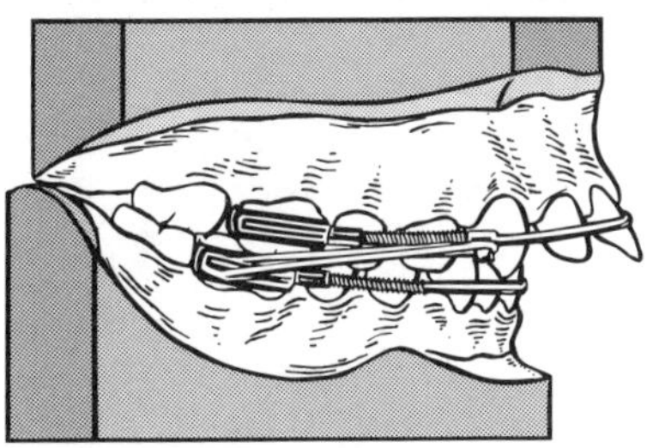

Intermaxillärer Gummizug der Klasse II.

der Kieferbruchbehandlung. Kieferorth.: Es kommen → intramaxilläre (Klasse I) und → intermaxilläre (Klasse II, III und IV) G. zur Anwendung. Klasse I: Bewegung einzelner Zähne, z.B. zum Lückenschluß; Klasse II: dentoalveoläre Korrektur von Distalverzahnungen bzw. -bissen (→ Distalbiß). Die Zugrichtung verläuft vom Oberkiefer mesial zum Unterkiefer distal (Abb.); Klasse III: dentoalveoläre Korrektur von Mesialverzahnungen bzw. -bissen (→ Mesialbiß). Die Zugrichtung verläuft vom Oberkiefer distal zum Unterkiefer mesial; Klasse IV: Die G. verlaufen rechteckig zwischen Ober- und Unterkiefer, z.B. zum Schließen → offener Bisse oder zur Korrektur von → Kreuzbissen. 5

Gummy smile (engl.) n: Lachen, bei dem Teile des oberen Alveolarfortsatzes sichtbar werden. Bei zu kurzer Oberlippe oder zu langem Alveolarfortsatz, angeboren oder als Folge unzweckmäßiger kieferorth. Behandlung. 5

Gunning-Schiene (Thomas Brian G., Za., New York, *1813, † 1889) (1862): Ober- und Unterkiefer umfassende Kieferbruchschiene, jetzt aus Kunststoff. 2

Gürtel|rose: → Herpes zoster. 12

Guß|apparate: technische Vorrichtungen zum Gießen von Metallen. Um eine optimale Füllung der Gußform zu gewährleisten, werden verschiedene Kräfte angewandt: 1. durch Zentrifugalkräfte wird das geschmolzene Metall in die Muffel eingepreßt (Hand- oder Maschinenschleudern); 2. durch Dampf- oder Luftüberdruck bzw. -unterdruck Einpressen bzw. Einsaugen des Schmelzgutes. G. sind erforderlich, um die Oberflächenspannung des geschmolzenen Metalls zu überwinden und eine gute Formfüllung zu gewährleisten. 4

Guß|füllung: → Einlagefüllung. 1

Guß|kappe: → *Richmond*-Krone. 4

Guß|klammer, vermessene: eine nach dem → Modellgußverfahren gefertigte Klammer. → *Ney*-Klammersystem. 4

Guß|verfahren: Herstellung von Füllungen, Kronen, Brücken und Prothesenteilen nach einem Wachsmodell, welches in einer Gußmuffel in feuerfester Masse eingebettet, ausgebrannt und dann mit einem Gußmetall ausgefüllt wird (Abb.). → Gußapparate. 4

Gutachter: sachverständige Person in Gerichtsverfahren und sonstigen Verfahren. Der G. wird von der Zahnärztekammer benannt. Er ist zur Begutachtung verpflichtet (§ 407 ZPO, 75 StPO). Im Prozeß ist er vom Gericht zu bestellen. Er kann von den Prozeßparteien wegen Besorgnis der Befangenheit abgelehnt werden. Das Gericht kann sich über ein Gutachten nicht ohne weiteres hinwegsetzen und muß es angemessen berücksichtigen. Die Entschädigung des G.s richtet sich nach dem Gesetz der Entschädigung von Sachverständigen und Zeugen (SZEG vom 22.11.

1976, BGBl. 76, 3221). Für die vertragszahnärztliche Versorgung besteht eine Vereinbarung über das Gutachterverfahren: einvernehmliche Bestellung des G.s (Anlagen 6, 9 und 12 zum BMV-Z). Der G. kann im Auftrag der Krankenkasse den → Heil- und Kostenplan sowie ausgeführte Leistungen begutachten. Gegen die Stellungnahme des G.s kann der → Prothetik-Einigungsausschuß angerufen werden. Im VdAK-Bereich gibt es Obergutachter. [24]

Güte|schaltung: besondere Betriebsart des → Lasers zur Erzeugung kurzer Laserimpulse (< 10^{-9} s) mit hoher Leistung (auch Q-switch genannt). Durch Unterbindung der Verstärkung des Wellenfeldes im optischen Resonator während des Pumpvorganges wird eine größere Besetzungsinversion im → laseraktiven Material erreicht. Die so gespeicherte Energie entlädt sich in einem kurzen Laserimpuls hoher Leistung, einem sog. Riesenimpuls. Vgl. Laser. [31]

Gutta|percha (malai.) f und n: eingedickter Saft von Bäumen der Palagium- und Isonandraarten (Sumatra). Kautschukähnl., wasserunlösl., lösl. in Chloroform und Terpentinöl. Bei Zimmertemperatur zäh und lederartig, bei 48 °C weich und knetbar. Schmilzt bei 110-120 °C. Mit Zusatz von Füllmitteln (z.B. Zinkoxid, Schlemmkreide) provisor. Verschlußmittel. In Chloroform gelöst als → Chloropercha zur Wurzelfüllung. [1]

Gutta|percha|stifte: zu dünnen Stiften verschiedener Stärke ausgeformte → Guttapercha zur Verdichtung und Adaptierung der → Chloropercha an der Kanalwand bei der Wurzelfüllung. Vgl. Wurzelkanalstifte. [1]

guttural (lat.): die Kehle betreffend. [19]

Gyno|tropismus m: Mädchenwendigkeit; bevorzugtes Auftreten von Erbfaktoren und Krankheiten beim weibl. Geschlecht. [3]

Gyrase-Hemmstoffe: Bez. für eine chem. heterogene, bakterizid wirksame Substanzgruppe, deren Wirkung auf einer Hemmung der bakteriellen DNA-Gyrase beruht. Die z.Z. auf dem Markt vorhandenen G. sind aufgrund unzureichender Anaerobieraktivität zur Therapie dentogen induzierter orofazialer Infektionen nicht geeignet. [7]

Gyrus (gr.) m: Gehirnwindung. [9]

Gysi-Artikulator (Alfred G., Za., Zürich, *1865, † 1935) m: einer der ersten brauchbaren Mittelwertartikulatoren, entwickelt nach den Prinzipien der *Gysi*-Artikulationslehre. Vgl. Artikulator, Artikulation. [1, 4]

H

H: chem. Zeichen für Hydrogenium, → Wasserstoff. 23
H_2O: chem. Formel für Wasser. 23
H_2O_2: chem. Formel für Wasserstoffperoxid, → Hydrogenium peroxydatum. 23
HA: Abk. für → **H**ydroxyl**a**patit. 2
HAA: Abk. für **h**epatitis **a**ssociated **a**ntigen (engl.); identisch mit → Australia-Antigen. 8
Haar: Pilus; unterteilt in Haarschaft (aus Hornelementen gebildete Rinde und Außenhaut), außerhalb der Haut; Haarwurzel, in der Haut, reicht

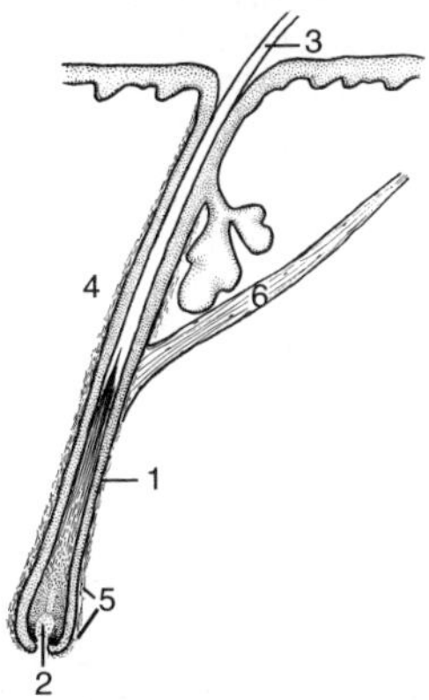

1: Follikel; 2: Papille; 3: Kopfhaar; 4: Haarwurzel; 5: Bulbus; 6: Musculi arrectores pilorum.

bis in die → Subkutis und wird von Wurzelscheiden umgeben, die den Follikeltrichter (→ Follikel) bilden; Talgdrüseneinmündung. Seitlich setzt ein Muskelstrang an. Die kolbenförmige, zellreiche Wachstumszone (H.-bulbus) sitzt auf der gefäßreichen, bindegewebigen H.papille (Abb.). Langhaar befindet sich an Kopf, Bart, Achseln und Genitale; Borstenhaar an Brauen, Wimpern, Ohr und Nase; Wollhaar (Lanugo-H.) an übriger Haut. Kopfhaar wächst etwa 1,5 cm im Monat. Haarwachstumsphasen unterteilt in 1. Anagen, Wachstumsphase (2-6 Jahre); 2. Katagen, Übergangsphase (2 Wochen); 3. Telogen, Ruhephase (2-4 Monate). Vgl. Pore, Talgdrüse. 12
Haar|gefäße: → Kapillaren. 9
Haar|leuko|plakie: nicht abwischbare belagähnliche Verdickung an den Zungenrändern als prognostisch ungünstiges Zeichen bei → AIDS. 20
Haar|zunge: Lingua villosa nigra, Nigrities linguae, Melanoglossie; zottige, dunkelgrünliche bzw. schwärzliche Veränderung des Zungenrückens (Abb.), meist bei älteren Männern, kurz

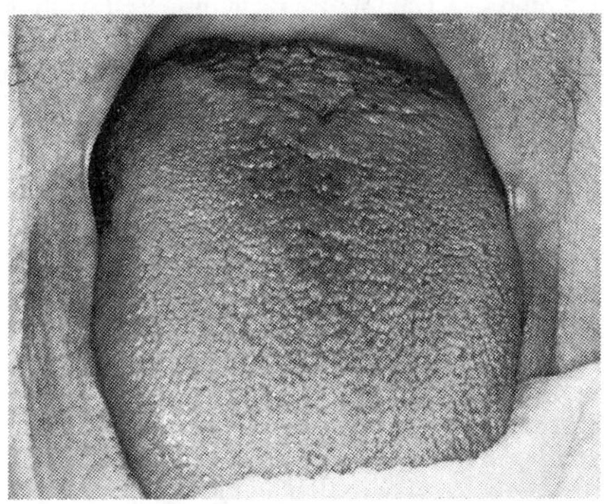

dauernd, rezidivierend oder auch lange persistierend. Es handelt sich dabei um haarartig verlängerte, verhornte, bis 2 cm lange Papillae filiformes. Ursache: polyätiologisches Syndrom u.a. bei Magen-Darm-Störungen, Vitamin-B-Mangel, als Folge lokaler chem. Reize (Mundspülwasser, Nikotin) oder bei gestörter Mundflora nach oraler und interner Penizillintherapie. Therapie: Vitamine A, B, Nikotinsäureamid, symptomat. kürzen mit gebogener Schere. H_2O_2 und Röntgenstrahlen können auslösend oder heilend wirken. 11
HAB I: Abk. für **H**omöopath. **A**rznei**b**uch mit verbindl. Vorschriften für die Herstellung von homöopath. Arzneimitteln. 7
Habilitation f: Erwerb der akadem. Lehrbefug-

nis aufgrund wissenschaftl. Leistung nach Abhaltung einer Lehrprobe. 24

Habits (engl.) n pl: Angewohnheiten, gehören in den Formenkreis der → Parafunktionen. Im jugendlichen Alter, bes. bei Kindern, führen H. wie Daumenlutschen, Lippensaugen, Lippenbeißen, Fehlfunktionen der Zunge, abnorme Lese- und Schlafgewohnheiten zu Stellungsanomalien. Im mittleren und höheren Alter bleiben Anpassungen auf H. aus, dann kommt es zu Zahnlockerung und profunder → Parodontitis. Weitere H. sind Fingernagelbeißen, Beißen auf Bleistifte, Brillenbügel, Pfeifenmundstücke. Beruflich Nadel- und Nägelhalten zwischen den Zahnreihen, ungünstiges Ansetzen von Musikinstrumenten. Knirschen und Pressen, vor allem bei schwerer Arbeit und beim Sport. Vgl. Dyskinesie. 4, 5

Habituation (lat.) f: Erlöschen des Orientierungsreflexes bei wiederholter Reizdarbietung. Vgl. Introversion. 33

habituell (lat.): gewohnheitsmäßig, oft wiederkehrend (→ Habitus); z.B. habituelle Luxation (→ Luxation, habituelle). 4

Habitus (lat.) m: äußerer Gesamteindruck und Merkmalkombination eines Menschen im Hinblick auf Wechselbeziehungen zwischen Körperbau- und Charaktertypen sowie bestimmten Krankheitsneigungen (*Kretschmer*). Beispiele: H. apoplecticus: pyknischer H., → Plethora, Neigung zu Schlaganfall. H. phthisicus: asthenischer Körperbau mit langgestreckter Thoraxform, zarter blasser Haut, Tuberkuloseneigung. H. paralyticus (*Stiller*): extreme Steigerung der asthenischen Körperform. Vgl. Konstitution. 20

Habsburger Unter|lippe: der betonte Kinnvorsprung und die wulstig aufgeworfene Unterlippe als Merkmal der seltenen monogen vererbten Form der → Progenie in der habsburgischen Dynastie, die über 9 Generationen verfolgt werden kann. 5

Hack|biß: Abreißbewegung der sog. Temporaliskauer (dysfunktioneller Okklusionstyp), die fast ausschließlich aus Öffnungs- und Schließbewegungen, durchgeführt mit dem M. temporalis, besteht, im Gegensatz zu dem kautüchtigeren Rundbiß der Masseterkauer, wobei der Masseter als dominierende Muskelgruppe allseitige Mahlbewegungen zuläßt. Der H. findet sich verhältnismäßig häufig bei kaubehindernden Anomaliengruppen wie → Zwangsbiß, → Deckbiß, → Kreuzbiß, → Tiefbiß, → Progenie. 5

Hackenbruch-Umspritzung (Peter T. H., Chir., Wiesbaden, *1865, † 1924): Lokalanästhesie durch rhombische Umspritzung des Operationsfeldes mit einem Betäubungsmittel. 2

Hadern|krankheit: → Milzbrand; häufig Infektion durch Lumpen (Hadern). 8

Haderup-Dental-Steno-Nomen|klatur (Victor H., Za., Kopenhagen, *1845, † 1913) f: → Zahnschema. 30

Haemo|philus m: Gattung aerober, unbeweglicher, gramnegativer Stäbchen, die Wachstumsfaktoren X (Hämin) und V (Nikotinamid-Adenin-Dinukleotid, NAD) benötigen; wichtigste Arten: H. influenzae, H. aegyptius (epid. Konjunktivitis), H. ducreyi (→ Ulcus molle). 8

Haft|lacke: Auf Naturharz- oder Kunststoffbasis hergestellte klebrige Lacke, die eine bessere Haftung der → Abformmaterialien auf dem Abdrucklöffel erzielen sollen. 1

Haft|oxide n pl: in der → Metallkeramik die an der Grenzfläche zur keramischen Verblendung an der Metalloberfläche vorhandenen Oxide unedler Metalle, die bei Edelmetallegierungen bewußt zulegiert werden bzw. in Nichtedelmetallegierungen (NEM) vorhanden sind und die Haftung zwischen dem Metallgerüst, z.B. einer Brücke, und der keramischen Schicht vermitteln. 4

Haft|pflicht|versicherung: Versicherung, die für den Fall der → Haftung des Zahnarztes gegenüber dem Patienten eintritt. Ihr Abschluß gehört zu den → Berufspflichten. Sie ist bei jedem Versicherungsfall schnellstmöglich zu verständigen. Die H. tritt meist nicht für Verletzungen des Behandlungsvertrages ein, z.B. für Fehler am Zahnersatz, sondern nur, wenn der Patient geschädigt wird, insbesondere bei Schmerzensgeldansprüchen. 24

Haft|pulver: → Prothesenhalt. 4

Haftung: Einstehen für Fehler der zahnärztlichen Tätigkeit bei Verletzung des → Behandlungsvertrages: Pflicht zur Behandlung lege artis, Behandlung nur bei → Einwilligung, Anwendung der Sorgfalt, die von einem ordentlichen, pflichtgetreuen Zahnarzt normalerweise zu erwarten ist sowohl bezüglich der richtigen Anwendung von Diagnose- und Therapiemaßnahmen als auch bezüglich des Einsatzes medizinisch indizierter Maßnahmen. Parallel dazu besteht H. aus unerlaubter Handlung (§§ 823 ff. BGB) wegen Schädigung des Körpers, der Gesundheit und eines sonstigen Rechts des Patienten. H. für einen Schaden tritt nur ein, wenn dieser durch ein rechtswidriges Handeln des Zahnarztes verursacht worden ist. Dabei gilt das Verschuldensprinzip, d.h., H. tritt nur ein, wenn der Zahnarzt vorsätzlich, mindestens aber fahrlässig gehandelt hat. Der Zahnarzt haftet grundsätzlich auch für Fehler seiner Gehilfen (§ 831 Abs. 1 Satz 1 BGB), wenn ihn bei der Auswahl der Gehilfen ein Verschulden trifft oder er seine Überwachungspflichten nicht erfüllt hat. H. verlangt → Schadensersatz, also Ersatz des gesamten materiellen Schadens. Dieser kann beim Patienten aus Behandlungskosten, Arzneimittelkosten, entgangenem Gewinn und Minderung der Erwerbsfähigkeit bestehen. Bei H. aus unerlaubter Handlung kann neben Schadensersatz u.U. → Schmerzensgeld beansprucht werden (§ 847 BGB). Die Höhe wird vom Gericht nach freiem Ermessen bestimmt (§ 287 ZPO). [24]

Haftungs|prozeß m: Prozeß, in dem der Patient seine Ansprüche gegen den Zahnarzt geltend macht. Grundsätzlich muß der Patient beweisen, daß der Zahnarzt gegen die Regeln zahnärztlicher Kunst verstoßen oder seine Sorgfaltspflicht verletzt hat. Der Grundsatz der Waffengleichheit kann im Einzelfall aber bis zu einer Beweislastumkehr führen, insbes. wenn der Zahnarzt eine Berufspflicht (z.B. Aufklärungspflicht) verletzt hat und dies für den Schaden ursächlich sein könnte. Immer trägt der Zahnarzt die Beweislast für die Voraussetzungen einer ordnungsgemäßen → Einwilligung des Patienten. Beweislastumkehr erfolgt auch, wenn Behandlungsunterlagen nicht vorgelegt, unverständlich angefertigt oder nachträglich verändert worden sind. Bei typischen Geschehensabläufen genügt der → Anscheinsbeweis. Der H. ist ein Sachverständigenprozeß. Vgl. Gutachter. [24]

Hagel|korn: → Chalazion. [12]

Hajek-Claus-Stanze (Markus H., Otorhinolaryngologe, Wien, *1861, † 1941; Georg C., Otorhinolaryngologe, Berlin, *1890, † 1945): rhinolog. Instrument zur weiten Eröffnung der fazialen Wand der Maxilla bei der → Kieferhöhlenoperation (Abb.). [19]

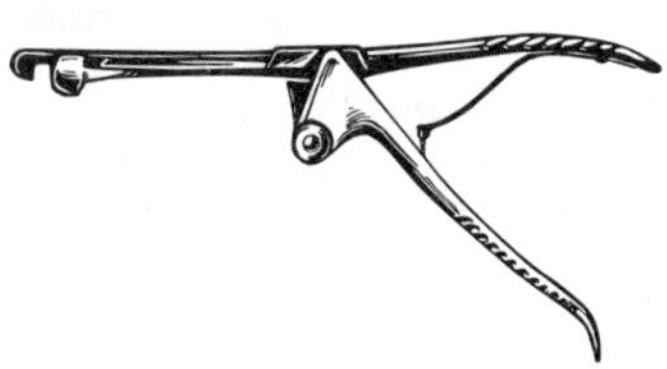

Halb|anti|gene n pl: → Haptene. [8]

Halb|kronen (A.G. Bennet, Philadelphia 1888): H. und Dreiviertelkronen dienen vornehmlich als Brückenanker. Sie lassen die labiale Zahnfläche frei. Vgl. Teilkronen. [4]

Halb|leiter|laser m: Lasertyp mit einer Halbleiterdiode als → laseraktivem Material mit Wellenlängen im nahen infraroten Spektralbereich (z.B. GaAlAs, 750 nm - 905 nm). H. werden in der Zhk. u.a. zur → Biostimulation eingesetzt. [31]

Halb|pfeil: nur nach einer Seite pfeilförmig ausgebogene Pfeilklammer nach *A. M. Schwarz,* die an → aktiven Platten bei Platzmangel Verwendung findet. [5]

Halb|re|tention f: nach *Korkhaus* eine vertikale Entwicklungsverhaltung nach erfolgtem Durchbruch, z.B. der Milchmolaren oder der Sechs-Jahr-Molaren, wobei diese die Kauebene niemals erreichen. Kenntlich an fehlenden Abrasionsflächen. Eine Form der → Infraokklusion. [5]

Halbseiten|blindheit: Hemianopsie; halbseitige Blindheit; Ausfall einer Hälfte des Gesichtsfeldes beiderseits durch Schädigung des Sehnervs in oder hinter dem → Chiasma opticum, bedingt durch die halbseitige Kreuzung der Sehnervenfasern im Chiasma. Homonyme H.: gleichseitige H. (links oder rechts) bei Schädigung der Sehbahn oder des Tractus opticus (hinter den primären Sehzentren) mit Gesichtsfeldausfall kontralateral der Nervschädigung. Heteronyme H.: Ausfall unterschiedlicher Gesichtsfeldhälften durch Schädigungen des Chiasma bei vorwiegend sellären (→ Sella turcica) oder parasellären Prozessen. [20, 33]

Halb|seiten|lähmung: Hemiplegie; akut auftretender oder chronisch bestehender Ausfall aller motorischen und sensiblen Funktionen einer Körperhälfte, häufig verbunden mit einer → Aphasie. Folge von intrazerebralen Blutungen oder Infarkten. Vgl. Hemiparese. [16, 20]

halb|seitige Gesichts|hyper|trophie f: → Hemihypertrophia faciei. [3]

Halb|wellen|generator m: Halbwellenapparat; in der Rö. alte Bez. für → Einpulsgenerator. [14]

Halb|werts|zeit, terminale: bezogen auf einen Arzneistoff die Zeit ($t_{1/2}$), in der die Arzneistoffkonzentration im Blut (bzw. Plasma, Serum) auf die Hälfte des Ausgangswertes abgefallen ist:

$$t_{1/2} = \frac{l\pi \; 2 \text{ x } V}{Cl}$$

Die t. H. wird beeinflußt durch pathophysiolog. Zustände und Zusatzmedikation, die die Elimination und/oder Verteilung des → Pharmakons verändern. Die H. eines Pharmakons bestimmt dessen Wirkungsdauer und ist Grundlage des → Dosierungsschemas. [7]

Halb|winkel|technik: isometrische Projektion; intraorale Röntgenaufnahmetechnik zur Erzielung größengleicher Abbildungen der Zähne. Dabei wird der → Zentralstrahl im apikalen Bereich senkrecht auf die zwischen Längsachse

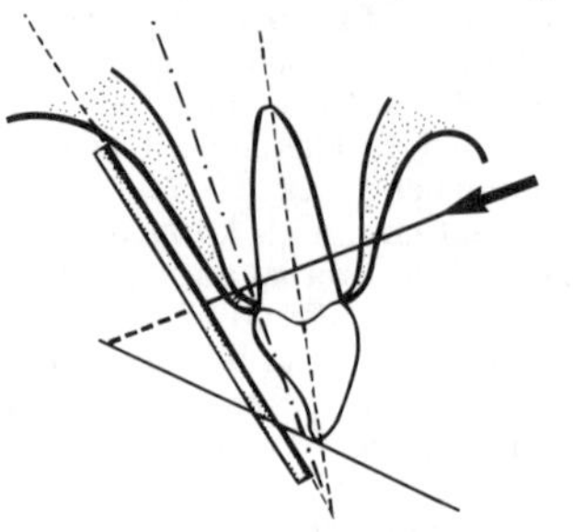

Zentralstrahlverlauf (Pfeil) für die Halbwinkeltechnik an einem Oberkieferfrontzahn

des Zahnes und Filmebene liegende Winkelhalbierungsebene gerichtet. Objekt und Bild entsprechen dann den Schenkeln eines gleichschenkligen Dreiecks (Abb.). Die Darstellung des Objektes ist zwar größengleich, jedoch werden einzelne Objektbereiche mit unterschiedlicher Vergrößerung auf den Film projiziert; das Bild ist verzerrt. Weniger verzerrte Darstellungen lassen sich mit der → Paralleltechnik und der → Rechtwinkeltechnik erreichen. → Projektionslehre. 14

Halfter|verband: → Capistrum. 2

Hali|sterese f: Schwund der Mineralsalze im ausgebildeten Knochen, z.B. bei der → Osteomalazie. 20

Halitosis f: übler Geruch der Ausatmungsluft, im Gegensatz zum lokal bedingten → Foetor ex ore verursacht durch mundferne Affektionen wie Bronchitis, Lungenkrankheiten, Magen- und Darmkrankheiten, Nieren- und Blasenleiden, chron. Bleivergiftung u.a. 20

Halitus m: Hauch, Atem, Ausdunstung. 20

Haller-Schlinge (Albrecht v. H., Physiol., Göttingen, *1708, † 1777): → Ansa Halleri. 9

Halluzination (lat.) f: Sinnestäuschung; Wahrnehmung ohne Reiz, kommt in allen Sinnesbereichen vor und tritt im Rahmen von Intoxikation, → Delirien und → Psychosen auf. 33

Halluzino|gene n pl: Stoffe, die Wahrnehmungen verändern oder auch erst erzeugen. Vgl. Psychopharmaka, Psychotomimetika. 33

Halo (gr.) m: Rand, Hof, z.B. um die Augen. H. saturninus: → Bleisaum, H. senilis: Arcus lipoides (→ Arcus). 11

Halogen|beleuchtung: Glühlampe mit Zusatz von Halogenen (Jod, Brom) in der Gasfüllung. Höhere Lichtausbeute, keine Kolbenschwärzung. Auch für zahnärztliche Zwecke (z.B. Lichtpolymerisation von Kompositen) angewandt. 21

Halogene n pl: Bezeichnung für die Nichtmetalle → Fluor, → Chlor, → Brom → und → Jod. Sie sind dadurch charakterisiert, daß sie mit Metallen ohne Beteiligung von Sauerstoff direkt Salze (sog. Halogenide) zu bilden vermögen. Von dieser, zur Zeit ihrer Entdeckung besonders auffallenden Fähigkeit leitet sich ihr Name ab. Der berufliche Umgang mit H.n kann zu Reizungen der Mund-, Rachen- und Nasenschleimhaut führen, verbunden mit verstärkter Speichelsekretion. 23

haloniert: von einem Ring (→ Halo) umgeben, spez. auf die Augen bezogen. 20

Halothanum: Fluothane®, 2-Brom-2-chlor-1, 1, 1-trifluoräthan. Inhalationsnarkotikum, Anwendung nur mit → Narkoseapparat mit genauer Dosierungseinrichtung. 2

Hals: Collum. 9

Hals|arterie f: → Arteria carotis interna/externa. 9

Hals|ausräumung: Halsdissektion; → Neck dissection. 2

Hals|entzündung: → Angina. 19

Hals|fistel f: abnorme röhrenförmige Verbindung zwischen inneren Halsorganen und der Körperoberfläche. Innere branchiogene Fisteln als Folge von Rudimenten der → Schlundtaschen sind sehr selten. 22

Hals|fistel, laterale: Fistula colli lateralis connata, Kiemengangsfistel; angeborener (branchiogener) Fistelgang im vorderen seitlichen Halsdreieck mit Maul am Vorderrand des M. sternocleidomastoideus; ausgehend von Resten des 2. → Kiemengangs oder (öfter) Resten des von der 3. Schlundtasche zum Thymus ziehenden embryonalen Ductus thymopharyngeus, verwachsen mit dem großen Horn des Zungenbeins. Therapie: Exstirpation mit Entfernung des Ansatzes am Zungenbeinhorn. Abb. → Kiemenbogen. 2, 22

Hals|fistel, mediane: Fistula colli medianis; in der Halsmitte verlaufender angeborener Fistelgang aus persistierendem → Ductus thyroglossus, sekundär entstanden infolge Durchbruches der medianen → Halszyste oder deren Operationsversuch. Therapie: Exstirpation mit Entfernung des Ansatzes am Zungenbeinkörper. → Thyroglossuszyste. 2

Hals|rippen: angeborene abnorme Bildung von Rippen oder Rippenstummeln meist am 7. Halswirbel. Durch den Druck dieser zusätzlichen Rippen auf die Arteria subclavia und den Plexus brachialis können Beschwerden und Durchblutungsstörungen in den oberen Extremitäten entstehen. [3]

Halsted-Klemme (William Stuart H., Chir., Baltimore, *1852, † 1922; 1884 erste Mandibularanästhesie): → Moskitoklemme. [2]

Hals|zyste, laterale f: angeborene Zyste im vorderen seitlichen Halsdreieck. Entstehung: → Halsfistel, laterale. [2]

Hals|zyste, mediane f: Zyste auf der Mittellinie des Halses unter- oder oberhalb des Zungenbeins, entstanden aus Epithelresten des embryon. Ductus thyroglossus, der von der Schilddrüse zum Foramen caecum der Zunge zieht (Abb. → Thyroglossuszyste). Nach Spontandurchbruch nach außen, durch Inzision oder unvollkommene Ausschälung entsteht die mediane → Halsfistel. [2]

Hals|zyste, multi|lokuläre f: → Hygroma cysticum colli. [2]

Hals|zysten f pl: Rudimente des → Sinus cervicalis, der 2. → Schlundtasche oder der 2. → Kiemenfurche, die im späten Kindesalter zu schmerzlosen Schwellungen im Halsbereich oder am Kieferwinkel führen können. [22]

Halteapparat des Zahns: → Parodontium. [30]

Haltedorn: kieferorth. → Halteelement zur sagittalen Abstützung, also zur Vermeidung mesiodistaler Zahnbewegungen. [5]

Halteelemente: halten die Prothese am Prothesenlager fest. Die Haltefunktion wird durch Federkraft, → Friktion (Reibung), Verkeilung oder durch Verriegelung zwischen Halteelement und Zahn bzw. zwischen Patrize und Matrize des Halteelementes hergestellt. Aktive Haltewirkung wird durch das Halteelement selbst (z.B. → Klammer), passive durch ein zusätzliches Teil (z.B. → Riegel) hergestellt. Als H. werden auch die in der Kieferorth. gebräuchlichen Befestigungsvorrichtungen für herausnehmbare Apparaturen bezeichnet. [4, 5]

Häm (gr.) n: → Hämoglobin. [10]

Häm|adsorptions|test m: Verfahren zum Nachweis erfolgreicher Virusvermehrung (Austritt von Virus-Hämagglutinin). Erythrozytenbindung an virusinfizierte Zellen der Gewebekultur mit homologen Immunseren. [8]

Häm|agglutinations|hemm|test m: → *Hirst*-Test. [8]

Häm|agglutinine n pl: → Antikörper, die eine → Agglutination von roten Blutkörperchen bewirken. Vgl. Isohämagglutinine. [8]

Häm|angio|endo|theliom, benignes n: infantiles H.; gutartige Gefäßendothelproliferation mit Ausbildung vereinzelter Kapillaren; kommt i.d.R. nur bei Kleinkindern und Neugeborenen vor, vornehmlich in der Kopf-Halsregion. [32]

Häm|angio|endo|theliom, malignes n: Hämangiosarkom, Hämangioendothelsarkom; seltener, hochmaligner Tumor aus irregulär angeordneten, unregelmäßig anastomosierenden Gefäßen, die mit ein- oder mehrschichtigem, atypischem Endothel ausgekleidet sind. Infiltrierendes Wachstum in die Umgebung. Häufig in Mamma, Leber, Milz, Lunge, Schilddrüse, Skelettmuskel, selten in Knochen und Haut lokalisiert. Systemisches intravaskuläres Wachstum kommt vor (Angioendotheliomatosis proliferans systemica). [32]

Häm|angio|fibrom n: kavernöses → Hämangiom mit stark entwickeltem fibrösen Zwischengewebe. [32]

Häm|angiom n: Haemangioma; Oberbegriff für benigne Gefäßtumoren der Haut und der Schleimhäute, ein → Angiom im engeren Sinne. Haemangioma simplex: meist in flächiger Ausbreitung im Gesicht, auch auf der Mundschleimhaut und am übrigen Körper anzutreffen, mit zunehmendem Alter bläulicher werdend und gegebenenfalls polster- und knötchenförmige Auswüchse bildend (Abb.). Vgl. Naevus flammeus, Teleangiektasie, *Klippel-Trenaunay*-Syndrom, *Sturge-Weber*-Krankheit.

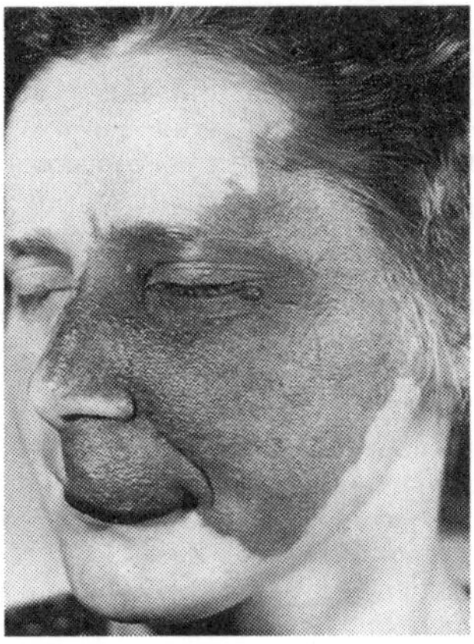

Haemangioma simplex

Haemangioma cavernosum: als Blutschwamm mit einschichtigem Endothel; große Bluträume enthaltende hellrote traubenförmige, über oder unter dem Hautniveau liegende, bläulich schimmernde Gebilde, die sich meist in den ersten Lebenstagen nach der Geburt entwickeln.

Manchmal wachsen sie beim Säugling beunruhigend rasch, doch ist Spontanheilung häufig. Sind Wangen oder Zahnfleisch befallen, kann gelegentlich kombiniert eine → Hypoplasie des Unterkiefers einhergehen. Cave: Todesfälle nach Zahnextraktion (Röntgenkontrolle!). Vork. oft auch in inneren Organen (Leber, Gehirn, Nieren, Lungen). Haemangioma racemosum: Rankenangiom; Tumor, bestehend aus dichtgedrängt nebeneinanderliegenden Arterien bzw. muskulärer arteriovenöser Anastomose. Kaum in der Mundhöhle, häufig im Gesicht. Therapie: Operation. Haemangioma senile: 1. kapilläres Hämangiom, flach vorgewölbtes, meist linsengroßes, bläuliches Gebilde im Lippensaumgebiet älterer Menschen; 2. als hellrote Punkte („Rubinpunkte“) und bis linsengroße, halbkugelige ausdrückbare Knötchen in großer Zahl auf der Rumpfhaut älterer Menschen auftretend. Therapie: Verödungen, Kaustik. Vgl. Angiokeratome, Glomustumor. [11, 12, 32]

Häm|angio|sarkom n: → Hämangioendotheliom, malignes. [32]

Häm|arthros (gr.) m: Bluterguß in einer Gelenkhöhle, meist durch äußere Gewalteinwirkung. Gehäuft bei Blutern (→ Hämophilie). [32]

Hamartie (gr.) f: umschriebene atypische Differenzierung von (ortsständigem) Keimgewebe ohne autonomes Wachstum; häufig in der Haut, Lunge und Leber lokalisiert (z.B. an der Haut als → Naevus). Ist sie tumorartig formiert, spricht man von einem Hamartom. Das Hamartoblastom ist die (seltene) bösartige Form. Multiples Auftreten (Hamartose oder Phakomatose) kommt vor (z.B. → *Peutz-Jeghers*-Syndrom). Vgl. Choristie. [32]

Hämat|emesis f: Bluterbrechen durch Magengeschwüre, Ösophagusvarizen (Pfortaderstauung bei Leberzirrhose). Therapie: endoskopische Blutstillung; Blutersatz. Differentialdiagnose: → Hämoptoe. [20]

Hämatin n: Oxidationsstufe des Häm (Oxyhäm), des prosthetischen Farbstoffanteils (→ prosthetische Gruppe) beim Spaltungsvorgang des Hämoglobinmoleküls durch Zusatz starker Säuren oder Alkalien oder durch Verdauung im Magendarmkanal. Hämatinämie und Hämatinikterus bei perniziöser → Anämie. [20]

hämato|gen: aus dem Blut entstanden. [9]

Hämato|gramm n: → Blutbild. [20]

Hämato|idin n: → Bilirubin. [10]

Hämato|krit m: Volumenanteil der Erythrozytengesamtmenge in 100 ml Blut, aufschlußreich bei Wasserverschiebungen zwischen Plasma und Erythrozyten bzw. zwischen Blut und Gewebe. Normalwerte: bei erwachsener Frau 41%, beim erwachsenen Mann 46%. Verringerung bei Anämie, Vermehrung bei → Polyzythämie und → Polyglobulie. Bestimmung: elektronisch oder mit der Mikrohämatokritzentrifuge. [20]

Hämato|logie f: Lehre vom Blut und den Blutkrankheiten. [20]

Hämatom n: Haematoma; Bluterguß; umschriebenes oder flächenhaftes Blutextravasat im Gewebe (i.w.S. auch in präformierten Hohlräumen, z.B. als Hämatothorax, Hämarthros) als Folge einer → Rhexis- (Gefäßruptur, -arrosion) oder seltener einer Diapedeseblutung (v.a. hämorrhagische Diathese) → Diapedese; i.e.S. das subkutane H. Epidurales H.: Blutung zw. Dura mater und Schädelknochen infolge Ruptur einer menigealen Arterie, meist der A. menigea media bei Schädelverletzung im Schläfenbeinbereich; das H. entwickelt sich i. a. rasch und führt innerhalb weniger Stunden (1-12) - ohne freies oder mit freiem Intervall - zu einer Compressio cerebri; zeigt im Karotisangiogramm typ. Gefäßabdrängung und ist möglichst innerhalb 24 h operativ zu beheben. Symptome: Bradykardie, langsamer, gespannter Puls (Druckpuls), Kopfschmerzen, Bewußtseinstrübung, Paresen. Subdurales H.: breitflächiger, venöser Bluterguß zw. Dura mater und Arachnoidea, meist infolge eines leichten Traumas (Bagatelltrauma) mit Verletzung der sog. Brückenvenen; i.d.R. protrahierte bis chronische Symptomatik mit nach längerem Intervall (Wochen bis Monate) auftretenden zerebralen Herdsymptomen und Hirndruckerscheinungen (Kopfschmerzen, Bewußtseinseintrübung). Vgl. Brillenhämatom. [20, 32]

Hämato|poese f: Blutbildung, spez. Bildung roter Blutkörperchen (Abb.). Vgl. Erythropoese, Leukopoese, Thrombopoese. [20]

Hämato|porphyrie f: Porphyrie (→ Porphyrin). [20]

Hämato|porphyrin|derivate n pl: Abk. HPD; Abbauprodukte des Hämoglobins, deren therapeutischer und diagnostischer Nutzen auf ihrer gegenüber gesundem Gewebe größeren Verweildauer in manchen Tumoren beruht. HPD absorbieren Strahlung im blauen und roten und fluoreszieren im roten Spektralbereich. HPD werden bei der → photodynamischen Therapie und der Fluoreszenzdiagnostik maligner Tumoren z.Z. experimentell erprobt. [31]

Hämato|xylin n: Ätherextrakt aus dem Holz des Campeche- oder Blutholzbaums. Farbstoff, dessen farblose Kristalle sich in Basen blauviolett lösen. In der Mikroskopie zur Färbung der sauren Strukturen benutzt. [9]

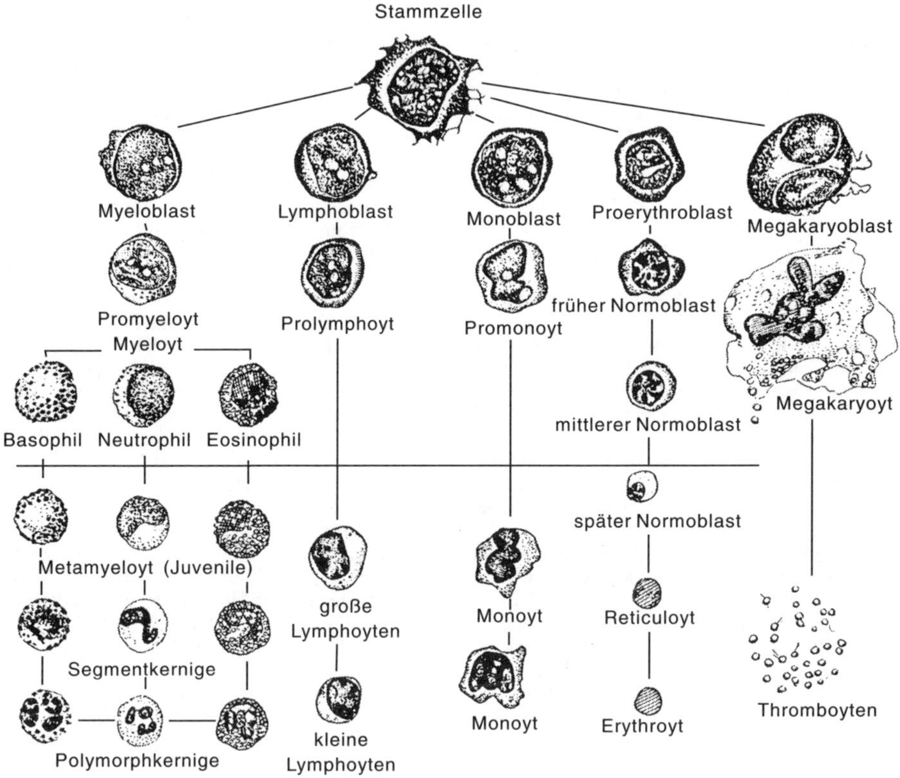

Hämatopoese [45]

Hämat|urie f: Blutharnen; Auftreten ungelöster roter Blutkörperchen im Urin. Unterschieden werden die nur mikroskopisch nachweisbare Mikrohämaturie und die Makrohämaturie (äußerlich erkennbarer Blutharn) sowie der fleischwasserfarbene Harn (Aufplatzen der im hypotonen Harn auftretenden Erythrozyten). Vorkommen: Tumoren (Blutung ohne Schmerzen), Steine (Blutung mit Schmerzen) oder Entzündungen in Niere, Harnleiter oder Harnblase; Warnzeichen bei Antikoagulantientherapie. 20

Hämi|globin n: → Methämoglobin. 10

Hämin n: Komplexverbindung, die durch Oxidation des 2wertigen Eisens im Prophyrinskelett des Hämoglobins zu 3wertigem Eisen entsteht. Die entsprechende Eiweißverbindung ist das → Methämoglobin. 20

Hammer: → Gehörknöchelchen. 9

Hämo|blastosen f pl: geschwulstartiges Wuchern von Blutzellen des hämatopoetischen und des lymphoretikulären Systems, z.B. Leukämien. Einteilung: medulläre H. (primäre Knochenmarklokalisation), extramedulläre H. oder maligne Lymphome (primäres Auftreten in lymphatischen Organen. 20

Hämo|chromatose f: angeborener, offenbar dominant vererbbarer Stoffwechseldefekt mit beschleunigter und vermehrter Eisenresorption und gesteigerter Gewebsaffinität für Eisen. Führt zu Leberzirrhose (→ Zirrhose) oder diabetischer Pankreaszirrhose, tritt meist bei älteren Männern auf. Braungrauschmutzige Hautverfärbung (Ablagerung von Hämosiderin und Melanin), selten Mundschleimhautbeteiligung. Vgl. Bronzediabetes. 20

Hämo|globin n: Abk. Hb; Blutfarbstoff, der während der → Erythropoese in den kernhaltigen roten Vorstufen und in den Retikulozyten gebildet wird. Das Chromoproteid besteht aus dem Globin (94%) und dem Häm (6%) als eisenhaltige prosthetische Gruppe. Das Gesamtmolekül besteht aus 4 Peptidketten mit je 1 Häm. Es kommen 4 verschiedene Peptidketten vor, von denen in den einzelnen Hämoglobinen A_1, A_2 und F immer 2 Peptide identisch sind. Die Funktionen des H.s sind der O_2-Transport und die Blutpufferung. H. wird zu → Bilirubin abgebaut und mit der Galle ausgeschieden. 20

Hämo|globin|urie f: Ausscheidung von freiem Hämoglobin oder damit beladenen hyalinen Zylindern. Nach gruppenfremden Bluttransfusionen, bei → Schwarzwasserfieber. 34

Hämo|konzentration f: Bluteindickung; Abnahme des Plasmavolumens nach isotonem Flüssigkeitsverlust (Erbrechen, Durchfall, Blutverlust). Gefahr des akuten lebensbedrohlichen Kreislaufversagens. 20

Hämo|lysine n pl: → Antikörper des Serums (→ Lysin), die die Erythrozytenmembran auflösen und den Blutfarbstoff (→ Hämoglobin) aus den Blutkörperchen (Erythrozyten) austreten lassen (Hämolyse). Die H. der Bakterien, die keine Antikörper, sondern oft Antigene sind, werden zur Unterscheidung von den Immunhämolysinen besser als Hämotoxine bezeichnet. Vgl. Aggressine, Ambozeptoren, Wa.R. 8

hämo|lytische An|ämie f: gesteigerter Erythrozytenzerfall bei verkürzter Überlebenszeit der Erythrozyten mit hämolytischem Syndrom: normochrome Anämie mit Retikulozytose über 30‰ und Haptoglobinverminderung. Nur bei krisenhaftem Erythrozytenzerfall auch Ikterus mit Vermehrung des indirekten Bilirubins. Pathogenetische Einteilung: 1. angeborene, korpuskuläre Defekte wie Sphärozytose (→ S., hereditäre) oder Hämoglobinopathien bei der Thalassämie und intrazelluläre Stoffwechselstörung (Glukose-6-phosphatdehydrogenasemangel); 2. erworbene, extrakorpuskuläre Formen, mechanisch bedingt bei Herzklappen- und Gefäßersatz oder autoimmunhämolytisch durch Kälte- und Wärmeagglutinine aber auch medikamentös und toxisch (z.B. Malaria) verursacht. 20

Hämo|parasiten m pl: tierische Krankheitserreger (Protozoen, Metazoen), die im Blut des Wirts schmarotzen. 8

Hämo|philie f: Bluterkrankheit; wichtigste → Koagulopathie, Unterscheidung der A-Form (Mangel an antihämophilem Globulin, AHG, Faktor VIII) von der B-Form (Fehlen des Christmas-Faktors, Faktor IX). Befällt fast ausschließlich Männer, Übertragung durch phänotypisch gesunde Mütter (Konduktorinnen), mit rezessiv geschlechtsgebundenem Erbgang. Klinik: von Jugend an bestehende vermehrte Blutungsneigung, Unstillbarkeit der Blutungen nach kleinen Verletzungen (nach Zahnextraktion ausgedehnte Blutungen unter Haut und Muskulatur, in die Mundschleimhaut), hämophile Gelenkblutungen (Knie- und Ellenbogengelenk mit sekundärer Deformierung und Totalversteifung). Therapie: 1. Volumenersatz: Frischzitratblut, Frischplasma; 2. H.A.: antihämophiles Kyropräzipitat, AHG; 3. H.B: Prothrombinkonzentrate; 4. lokal: Tamponade mit Thrombin- und Thrombokinasepräparaten. Operationen nur bei lebensbedrohlicher Indikation! Die früher bei der Therapie gefürchtete Übertragung von Hepatitis-B-Viren und HIV mit den Hämoderivaten ist heute praktisch ausgeschlossen. 20

Hämo|ptoe f: → Hämoptysis. 20

Hämo|ptysis f: Hämoptoe; Alarmsymptom einer Störung der Vitalfunktion Atmung: deutliches Abhusten von Blut, häufig verbunden mit einer → Dyspnoe. Vgl. Atemstillstand, Schnappatmung. Bei großen Mengen → Blutsturz, ursächlich durch Gefäßarrosionen bei Aneurysmen, Tuberkulose und Bronchialkarzinom. Kleinere Mengen bei Lungenstauung, Lungenembolie und entzündlichen Erkrankungen des bronchopulmonalen Systems; vgl. Atemstillstand, Schnappatmung. 16, 20

Hämor|rhagie f: Blutung; Austritt von Blut aus den Gefäßen. Man unterscheidet: Haemorrhagia per diabrosin: Arrosionsblutung (→ Arrosion); Haemorrhagia per diapedesin: Austritt von roten Blutkörperchen durch die makroskopisch nicht veränderte Gefäßwand; Haemorrhagia per rhexin: Blutung infolge von Zerreißung der krankhaft veränderten Gefäßwand. 20

hämor|rhagische Dia|these f: Blutungsneigung, die auf Störungen im Ablauf der Blutstillung beruht und an der Haut zu flohstichartigen Blutungen (→ Petechien) oder Blutfleckenbildungen bzw. zu inneren Blutungen (Hämatome) führt. Drei Hauptgruppen: 1. → Thrombozytopenien und -pathien: Blutungsbereitschaft infolge einer Verminderung bzw. Funktionsstörung der Thrombozyten; klin. Formen: essentielle Thrombozytopenie (→ *Werlhof*-Krankheit, idiopathische thrombozytopenische Purpura mit autoimmunologischer Genese), hereditäre hämorrhagische → Thrombasthenie; 2. → Koagulopathien; 3. vaskuläre Blutungsneigung durch vermehrte Gefäßdurchlässigkeit bei intakter Gerinnungsfähigkeit des Blutes; klin. Formen: Altersveränderungen der Gefäße, Vitaminmangelerkrankungen, infektiöse, allergische und neurovaskuläre Gefäßstörungen, angeborene Gefäßmißbildungen. Unterscheidung durch Art und Lokalisation der Blutung: → Purpura (typisch für thrombozytopenische und vaskuläre Blutungsneigung), Auftreten von → Petechien, an abhängigen Partien bes. zahlreich, durch Glasspateldruck nicht auslöschbar; kleinere Flächenblutungen in Kombination mit Petechien und Schleimhautblutungen (Nasenbluten, im Bereich der Mundhöhle, des Zahnfleisches und der übrigen Schleimhäute) bei → Thrombozytopathien; große flächenhafte Blutungen, → Sugillationen, Ekchymosen (→ Petechien) bei Koagulopathien. Therapie durch Ersatz von Thrombozyten und plasmatische Gerinnungsfaktoren möglich. Bei vaskulärer oder entzündlich-immunologischer Genese Einsatz von Glukokortikoiden. [20]

hämor|rhagische Septik|ämien f pl: → Septikämien, häm. [8]

Hämo|siderin n: eine der histochemischen Formen des Speichereisens ($^1/_4$-$^1/_3$ des gesamten Eisenbestandes im Organismus), im Gegensatz zu Ferritin nicht wasserlöslich (lipoid-, mukopolysaccharidhaltig). Bei überreichlichem Eisenangebot Ablagerung von H. Vorkommen bei intravaskulärer Blutzerstörung in Leber-, Milz-, Knochenmark- und Nierenzellen. Hämosiderose: starke H.-Ablagerung. [20]

Hämo|stase f: spontane Blutstillung, durch die der Blutaustritt aus dem verletzten Gefäß beendet wird. [20]

Hämo|styptika n pl: Hämostatika; Gruppenbez. für blutstillende Substanzen zur lokalen Anwendung wie z.B. → Adstringenzien, Fibrin, Gelantine, → Thrombin, oder zur system. Applikation wie z.B. → Aminocapronsäure, → Tranexamsäure, → Antithrombin III, → PPSB-Konzentrat, → Phytomenadion u.a. [7]

Hämo|toxine n pl: bessere Bezeichnung für bakterielle → Hämolysine. [8]

Hamulus (lat.) m: Häkchen. [9]

Hamulus pterygo|ideus m: hakenförmiger Fortsatz am Processus pterygoideus des Keilbeins, um den sich der M. tensor veli palatini (Gaumenspanner) mit einer Sehne schlingt. [9]

Hanau-Artikulations|quint f: das Abhängigkeitsverhältnis der 5 Artikulationsfaktoren: Gelenkbahn, → *Spee*-Kurve, Höckerhöhe, Schneidezahnführung, Okklusionsebene. [4]

Formel:

$$\frac{HCN \times FZF}{KK \times HH \times OE}$$

HCN	Kondylenbahnneigung
FZF	Frontzahnführung
KK	Kompensationskurve
HH	Höckerhöhe
OE	Orientierungsebene (Schädelbezugsebene).

Hand-Fuß-Mund-Ex|anthem n: Infekt durch verschiedene → ECHO-Viren, Inkubationszeit 4-8 Tage, Häufigkeitsgipfel im Spätsommer. Unterschiedliche große graue Bläschen/Pusteln mit rotem Hof an Händen und Füße, aphthenartiger Mundbefall. Ohne besondere Allgemeinbeschwerden tritt meist Rückbildung in wenigen Tagen ein. Es bleibt → Immunität. → Exanthem. Vgl. Aphthen. [12]

Hand|instrumente: Instrumente, die vor der Erfindung der zahnärztl. Bohrmaschine zur Kavitätenpräparation dienten, z.B. → Schmelzmesser, Schmelzmeißel und Gingivalrandschräger. Heute noch gebräuchl. bei Erfordernis besonderer Exaktheit. Ggs.: rotierende Instrumente. [1]

Hand|röntgen|bild: Röntgenaufnahme zur Analyse der Handentwicklung, durch die nach *Björk* (1964) die aktuelle individuelle Wachstumsphase ermittelt werden kann (Abb. 1). *Björk* unterteilt

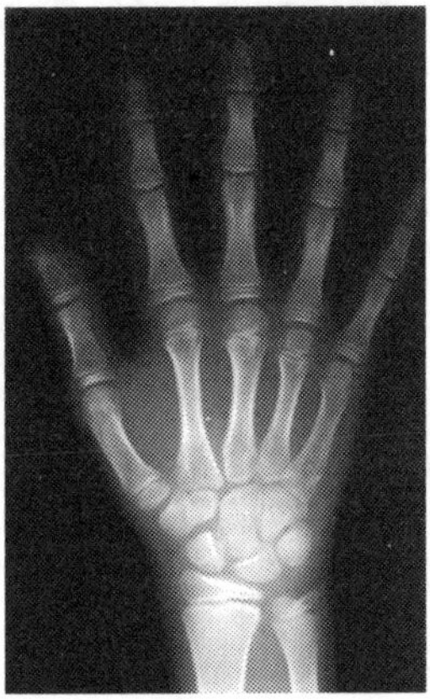

Abb. 1

in folgende Stadien (Abb. 2): PP2: an der proximalen Phalange des 2. Fingers sind Epi- und Diaphyse gleich breit, wenig Wachstum; MP3: an der medialen Phalange des 3. Fingers sind die Epi- und Diaphyse gleich breit, wenig Wachstum; Pisi: sichtbare Verknöcherung des Os pisiforme, Hauptwachstumsphase steht bevor; S: Sesambeine sind röntgenologisch nachweisbar, Hauptwachstumsphase steht direkt bevor; MP3cap: mediale Phalange des 3. Fingers weist eine kappenförmige Epiphyse auf, Hauptwachstumsphase; DP3u: distale Phalange des 3. Fingers ist durchgehend verknöchert, Wachstum

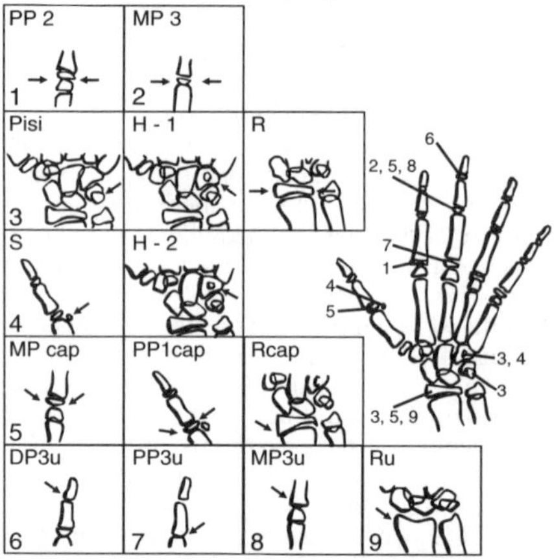

Abb. 2: Auswertungsbogen für Röntgenaufnahmen der Hand: Reifungsstadien nach *Grave* und *Brown*. 1. PP 2 = gleiche Breite von Epi- und Diaphyse; 2. MP 3 = gleiche Breite von Epi- u. Diaphyse; 3. Pisi sichtbare Verknöcherung vom Os pisiforme, H-1 sichtbare Höcker des Os hamatum, R. gleiche Breite von Epi- und Diaphyse; 4. S sichtbare Verknöcherung von Sesambein, H-2 gut abgrenzbarer Höcker des Os hamatum; 5. MP3cap Umkapslung der Dia- durch die Epiphyse, Rcap Umkapslung der Dia- durch die Epiphyse; 6. DP3u vollständige Verknöcherung der Epiphysenlinie; 7. PP3u vollständige Verknöcherung der Epiphysenlinie; 8. MP3u vollständige Verknöcherung der Epiphysenlinie; 9. Ru vollständige Verknöcherung der Epiphysenlinie. [30]

abnehmend; PP3u: proximale Phalange des 3. Fingers ist durchgehend verknöchert, Wachstum abnehmend; MP3u: mediale Phalange des 3. Fingers ist durchgehend verknöchert, Wachstum abnehmend; Ru: Radius ist durchgehend verknöchert, kein nennenswertes (Schädel-) Wachstum mehr zu erwarten. Die Stadien der Handskelettentwicklung werden auch als Reifezeichen bezeichnet. Vgl. Wachstumskurve, Funktionskieferorthopädie. 5

Hand-Schüller-Christian-Krankheit (Alfred H., Päd., Philadelphia, *1868, † 1949; Athur S., Neurol., Wien, *1874, † 1958; Henry C., Arzt, Boston, *1876, † 1951): seltene Variante der → Histiozytose bei Kindern (selten Erwachsene). Röntgenologisch an knöchernem Aufhellungsherd erkennbar, vor allem an den platten Schädelknochen (Landkartenschädel), im Becken, Oberschenkel. Außerdem → Exophthalmus, → Diabetes insipidus, → Exantheme, → Stomatitis, → Infantilismus. Beginn in den ersten Lebensjahren. Erstsymptom oft hartnäckige Stomatitis. Bei Befallensein der Kiefer schmerzloser Zahnausfall durch Eindringen der granulösen Infiltrate (*Langerhans*zellen) in den Knochen, der meist im Molarenbereich beginnt, unter Umständen eine Parodontose vortäuschend, die oft ohne jegliche Entzündungserscheinungen verläuft. 12

Hand|stück: Griff für → rotierende Instrumente, der dazu dient, die für deren Einsatz erforderliche Kraft zu übertragen (Abb.). → Übertragungsinstrument. 21

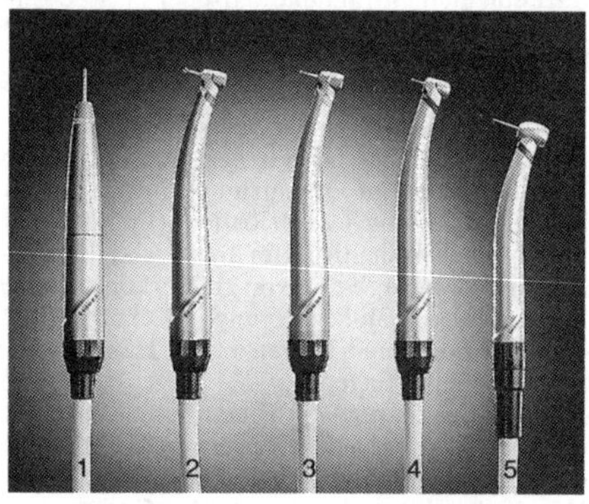

Handstücke für verschiedene Drehzahlbereiche 1: gerade (mit Mikromotor); 2 - 4: Winkelstücke mit verschiedenen Übersetzungen (und Mikromotor); 5: Turbinen-Winkelstücke (Siemens II)

Hand|stück, abgewinkelt: zahnärztliches H. (Winkelstück), dessen Hauptachse mit der Instrumentenachse einen Winkel bildet. 21

Hand|stück, gerade: zahnärztliches H., dessen Hauptachse mit der des Instrumentes zusammenfällt. 21

Hand|stück, rechtwinklig: einfach abgewinkeltes zahnärztliches H., dessen Hauptachse mit der Instrumentenachse einen rechten Winkel bildet. 21

Handwerks|ordnung: Gesetz zur Regelung der rechtlichen Stellung des Handwerks; gilt für jede handwerkliche Tätigkeit, insofern aber nur für das gewerbliche Labor, nicht für die Tätigkeit des Zahnarztes im → Praxislabor. 24

Handwerks|rolle: Verzeichnis der handwerklichen Betriebe. Jedes gewerbliche zahntechnische Labor muß in die H. eingetragen sein. Dies gilt nicht für das Praxislabor. Eintragung erfolgt nur, wenn das Labor von einem Handwerksmeister geleitet wird. 24

hängender Kopf: Lagerung des Kopfes, die es gestattet, in Narkose Mund- und Nasenoperationen vorzunehmen ohne Gefahr der Aspiration von Blut in die oberen Luftwege. 2

hängender Tropfen: mikroskop. Methode zur Prüfung der Beweglichkeit von Bakterien. Zur Untersuchung lebender Zellen bringt man einen kleinen Tropfen der betreffenden Flüssigkeit auf ein Deckgläschen. Dieses wird derart auf einen Hohlschliff-Objektträger gelegt, daß der Tropfen gerade in der Mitte der Höhlung hängt, deren Rand vorher mit Vaseline bestrichen ist. 8

Hanhart-I-Syndrom n: hypophysärer Zwergwuchs. 3

Hanhart-II-Syndrom n: ektodermale Dysplasie mit Schädelmißbildung, Vogelgesicht, Hypodontie, Mikro- bis → Aglossie, → Peromelie, häufig Gaumenspalten. Selten Verwachsung beider Kiefer. 3

Hanhart-Löffler-Syndrom (Ernst H., Int., Ascona, 1947) n: erbliche Mißbildungskombination mit Gaumenspalte und Fehlen einer oder beider Nieren. 3

Haplo|dontie f: die einfache kegelförmige Zahnform bei Zahnwalen und den meisten Reptilien. 1

haploid (gr.): → Meiose. 9

Haptene (gr.) n pl: halbantigene, niedermolekulare Stoffe, die nur in Verbindung mit körpereigenem Eiweiß Antikörperbildung induzieren, eine Antigen-Antikörper-Reaktion jedoch auch ohne dieses Trägereiweiß auslösen. 8

Hapto|globine n pl: Plasmaproteine, die freies Hämoglobin binden können; drei Typen bekannt: Hp 1-1, Hp 2-1, Hp 2-2, mit Stärkegel-Elektrophorese trennbar. Da genetisch festgelegt, für Abstammungsnachweis (Vaterschaftsausschluß) verwertbar. 8

Hard|laser m: überwiegend von Herstellern verwendete laienhafte Bezeichnung für Lasersysteme hoher Ausgangsleistung (→ Laserklasse IV) zur Abgrenzung gegenüber sog. → Soft- und → Midlasern. 31

Harmonie|linie: von *Angle* definierte Linie, die bei befriedigendem Profil und korrekter Okklusion die Meßpunkte → Nasion, → Subnasale und → Hauptpogoniom berührt (Abb.). Vgl. Profillinien. 5

Harn: Urin, von den Nieren über die Harnwege abgesonderte Flüssigkeit, mit der vom Organismus Eiweißabbauprodukte (→ Urea) und Salze ausgeschieden werden. Durch verschiedenartige Harnanalysen können Stoffwechsel- und andere Krankheiten festgestellt werden (z.B. *Esbach-*, *Heller*-Probe); vgl. *Nylander*-Probe. 10

Harn|leiter: → Ureter. 9

Harn|röhre: → Urethra. 9

Harn|säure: Acidum uricum; chem. ein Trihydroxypurin, Endprodukt des Nukleoproteid-(Purin-)Stoffwechsels. Exogene H. stammt aus den Kernsubstanzen der Nahrung (→ Gicht), endogene H. wird aus körpereigenem Zellum- und -abbau trotz purinfreier Kost im Urin ausgeschieden. Serumspiegel normal < 400 µmol/l (bis 6,4 mg%), erhöht bei Gicht, Nierenkrankheiten mit Retention, Leukämien und erhöhter Zellmauserung (besonders unter Zytostatikatherapie). In Gichtknochen als Mononatriumurat vorliegend, im Urin als freie H. und Natriumurate („Ziegelmehl“, Urintrübung in der Kälte). 20

Harn|säure|dia|these f: Stoffwechsel- oder Ausscheidungsstörung der → Harnsäure mit Neigung zu hohen Blutspiegeln, Gicht und Konkrementbildung im Urin. 20

Harn|sediment n: durch Zentrifugieren oder Sedimentieren angereicherte ungelöste Inhaltsstoffe des Urins. Organisierte Bestandteile: Erythrozyten, Leukozyten; hyaline, granulierte, Wachs-, Koma- und andere Zylinder, Platten- und Rundepithelien; Bakterien, Hefen und Pilze (viele der genannten nur pathologischerweise); nicht organisierte Bestandteile: kristalline und amorphe Salze (Urate, Phosphate, Oxalate) und Harnsäure; teils charakteristische Kristallformen. Besonders die organischen Bestandteile lassen aus Art und Menge wichtige diagnostische Schlüsse bei Nieren- und Blasenerkrankungen zu. 20

Werkstoff/ Hilfswerkstoffe	Zerspanung				Verzahnungsart						
	Grobfräsen	Formfräsen	Feinfräsen	Feinstfräsen	SG	GE	G	N	E	EF	DF
Gipse	*				●*	●	◐		◐	○	○
		*				●	●	◐	●	○	○
Edelmetall Legierung	*				○	○	○	○	●		
		*			○	○	○	◐	●		
			*		○	○	○	◐	◐	●	○
				*	○	○	○	◐		●	●*
NEM-Legierung für Brücken	*				○	○	○	○	●		
		*			○	○	○	◐	●		
			*		○	○	○	◐	◐	●	
				*	○	○	○	◐		●	●**
Kunststoff Verblendungen		*			○	○	○	●	●		
			*		○	○	○	◐	◐	●	
				*	○	○	○	◐		●	
NEM-Legierung für Modellguß	*				○	○	○		●		
		*			○	○	○	◐	●		
			*		○	○	○	◐	◐	●	
				*	○	○	○	◐	◐	●	
Kunststoffe für Prothetik, Löffel, Modelle	*					●	◐		◐	○	○
		*				●	●	◐	●	○	○
			*		○			●	●	○	○

Legende:
● sehr gut geeignet
◐ geeignet
○ ungeeignet

SG = Super-Grob
GE = Grob-Kreuzverzahnung
G = Grob
N = Normal

E = Kreuzverzahnung
EF = Kreuzverzahnung-fein
DF = Diamant-fein

*für nassen Gips
**zum Auftauen zu verblendender Flächen

Arbeitsteile und Indikation von Hartmetall-Fräsern für zahntechnische Zwecke [93]

Harn|stoff: → Urea. 23

Harn|stoff-Wasser|stoff|per|oxid: Antiseptikum. 7

Härte|messung: → *Brinell*-Härte, *Knoop*-Härteprüfung, *Mohs*-Härteskala, *Rockwell*-, *Shore*-Härteprüfung, *Vickers*-Härte. 4

Hart|gipse: Gipse, die sich durch besondere Härte auszeichnen. Bestehen aus einem bes., in der Regel im Autoklaven gebrannten → Gips (Spezialformgips, → Hemihydrat, α-Hemihydrat). Heute überwiegend als synthetischer Gips (Nebenprodukt bei der industriellen Produktion von Phosphorsäure-Kalziumsulfatdihydrat) angeboten. 4

Hart|gummi: → Kautschuk. 4

Hart|metall|bohrer: Bohrer, deren arbeitender Kopf im wesentlichen aus Wolframkarbid (*Vickers*-Härte 1650, normaler Bohrerstahl 780-830) besteht. Bedingt bessere Schnittleistung, Einsparung von Arbeitszeit, längere Brauchbarkeit. 1

Hart|metalle: Werkstoffe von besonders großer Härte. Schmelzbare H. sind Kobalt-Chrom-Legierungen, während gesinterte H. meist aus Wolframkarbid mit Zusatz von Kobalt oder Nikkel bestehen. 1

Hart|metall-Fräser: → rotierendes Instrument (→ Fräser) mit einem Arbeitsteil aus Hartmetall (ISO 500), das in axialer und/oder radialer Richtung mit definierter Schneide spanabhebend arbeitet. Normen: DIN 13 950, 13 951, ISO 6360 (Abb.). 21

Hart|metall-Fräser, zahn|technischer: meist großkalibrigere → Fräser mit verschiedenartigen → Arbeitsteilen aus Hartmetall (ISO 500) zur Bearbeitung zahntechnischer Werkstücke (Abb.). 21

Hart|metall|instrument n: → rotierendes Instrument (Werkzeug) mit einem Arbeitsteil aus Wolframkarbid. *Vickers*-Härte (VH) ca. 1450-1650, vergleichsweise bei Zahnbohrern aus Stahl 780-830. Vorteile gegenüber Stahlinstrumenten: bessere Schneidleistung und längere → Gebrauchsdauer bei sachgemäßer Anwendung. Über- und Unterschreiten der Richtdrehzahlen vermeiden, nicht verkanten und hebeln. → Anpreßkraft und Kühlung nach Angaben des Herstellers. Nicht mit H_2O_2 in Verbindung bringen. 21

Hart|substanz|barriere f: Bridging; Selbstverschluß der artifiziell eröffneten Pulpa durch Bildung von Tertiärdentin. Gilt als günstiges Ergebnis einer → Vitalamputation oder einer direkten → Überkappung der Pulpa. Wird induziert durch Aufbringen von Kalziumhydroxid als Überkappungsmittel auf die Dentinwunde. 1

Harz|chloro|percha f und n: Material für die → Wurzelfüllung aus → Chloropercha mit Zusätzen von Kolophonium zur besseren Haftung an der Kanalwand, z.B. Aptal-Harz-Chloropercha®. 1

Harze: → Kunstharze. 4

Hasen|pest: → Tularämie. 8

Hasen|scharte: → Lippenspalte. 3

Hassall-Körperchen (Arthur Hill H., engl. Arzt, *1817, † 1894): → Thymus. 9

Häufigkeit: Anzahl von Meßwerten in einzelnen Kategorien, z.B. Patienten mit Karies, ergibt die absolute Häufigkeit. Teilt man die H. durch die Gesamtzahl der Patienten, ergibt sich die relative H. Die Multiplikation mit 100 ergibt den Prozentwert. 26

Häufigkeits|verteilung: tabellarische Darstellung der Häufigkeiten in einzelnen Kategorien. H. wird auch als → Histogramm oder → Polygon dargestellt. Werden die einzelnen Häufigkeiten Kategorie für Kategorie aufsummiert, spricht man von kumulierter H. Relative Häufigkeiten lassen sich entsprechend in Prozentwertverteilung oder kumulierte Prozentwertverteilung umsetzen. 26

Häupl-System (Karl H., Proth., Kieferorth., Innsbruck, Prag, Berlin, Düsseldorf, *1893, † 1960) n: *Andresen-Häupl*-System; → Funktionskieferorthopädie. 5

Haupt|ant|agonist m: der Zahn, dessen Hauptteil bei der Okklusion mit dem entsprechenden Antagonisten zusammentrifft. H. des oberen 1. Molars ist der untere 1. Molar und → Nebenantagonist der untere 2. Molar. Vgl. Zahn-zu-Zweizahn-Beziehung. 30

Hauptmeyer-Kiefer|bruch|schienen (Friedrich H., Za., Essen, *1882, † 1950): → Drahtösenverband, → Schlaufendrahtverband. 2

Haut: → Cutis, vgl. auch Altershaut. 12

Haut|atmung: Sauerstoffaufnahme und Kohlendioxidabgabe durch die Haut, mit etwa 1% der Lungenatmung beim Menschen unbedeutend. Perspiratio insensibilis, unsichtbare Wasserverdunstung: Wasser, das durch die Haut verdunstet und von der Lunge bei Aufsättigung der Atemluft mit Wasserdampf abgegeben wird; Abgabe eines beträchtlichen Teils der Wärmeproduktion. P. sensibilis: Transpiration, Schweißabsonderung. 20

Haut|einheits|dosis f: Abk. HED; Hauterythemdosis; veraltete Strahleneinheit, → Dosiseinheiten. 14

Haut|farbstoff: → Melanin. 12

Haut|funktions|prüfungen: → Alkalineutralisation, → Dermographismus, → Glasspateldruck, → Intrakutantest, → Läppchentest, → Lichttreppe, → Pricktest, → Scratch-Test, → Thermographie. 12

Haut|krebs: → Spinaliom. 12

Haut|marke: → Bißmarke. 28

Haut|ödem n: → Anasarka. 20

Haut|pogonion n: Abk. pog; orthod. → Meßpunkt, am weitesten vorstehender Punkt des Weichteilkinns. Vgl. Pogonion. 5

Haut|porion n: orthod. → Meßpunkt, oberster Punkt des Gehöreinganges (im Gegensatz zum kraniometrischen → Porion, dem höchsten Punkt der knöchernen Gehörgangsöffnung), der 3-4 mm unterhalb des → Tragion und 4-6 mm unterhalb des Porion liegt. Die durch ihn gelegte → Ohr-Augen-Ebene differiert von der durch das Tragion gelegten → Frankfurter Horizontalebene um 2°. Eingeführt von *A. M. Schwarz*. 5

Haut|punkte: → Meßpunkte. 5

Haut|reflex m: an der Haut auslösbarer → Reflex, z.B. Bauchdeckenreflex. 10

Haut|syndrome, para|neo|plastische n pl: → onkogene Hautveränderungen, bei denen es sich nicht um → Metastasen handelt; verschwinden nach Beseitigung des Primärtumors bzw. rezidivieren mit dem Tumor. (Akanthosis nigricans, paraneoplastische Akrokeratose, → Erythema gyratum repens. Außerdem ist bei folgenden Dermatosen an ein Tumorleiden innerer Organe zu denken: bullöses → Pemphigoid, → Dermatomyositis sowie bei → Pruritus erworbenen → Ichthyosen, spontanen → Hypertrichosen, erworbenen Tylosen (→ Tylosis) der Handflächen. 12

Haut|tuberkulose f: → Tuberkulose der Haut. 8

Haut|zähne: dornartige, aus Schmelz und Dentin bestehende Fortsätze der rhombischen Plakoid- oder Ganoidschuppen, die Körper, Mundhöhle und Rachen von Haifisch- und Rochenarten bedecken (Abb. a). Im Kieferbereich erscheinen sie als primitive haplodonte Kegelzähne.

Abb. a

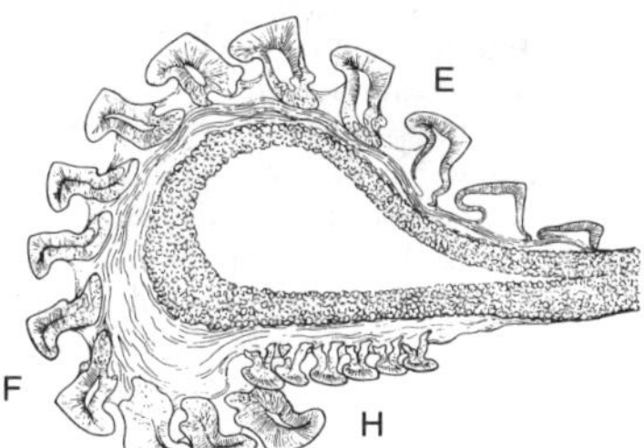

Abb. b

H = Hautzähne; F = funktionierende Gebißzähne; E = Ersatzzähne (nach *Landolt*).

Sie wechseln, vom Mundinnern nachrückend (Abb. b), unbeschränkt und stellen die Urform der Zähne dar, deren ektodermalen Ursprung sie demonstrieren. → Trituberkulärtheorie; → Haplodontie. 34

Havers-Kanäle (Clopton H., engl. Anatom,

* um 1650, † 1702) m pl: Gefäßkanäle in den Knochen, die von den *Havers*-Lamellen, konzentrisch angeordneten Knochenlamellen, umgeben sind. Enthalten Arterie und Vene und bilden insgesamt das *Havers*-System. 9

Hawley-Retainer (Charles Augustus H., Za., Ann Arbor, *1861, † 1929) m: veraltetes Haltegerät (→ Retentionsapparat), das aus einer palatinalen Kautschukspange und einem Labialbügel besteht (Abb.). Aus ihm entwickelte *Andresen* seinen → Aktivator. 5

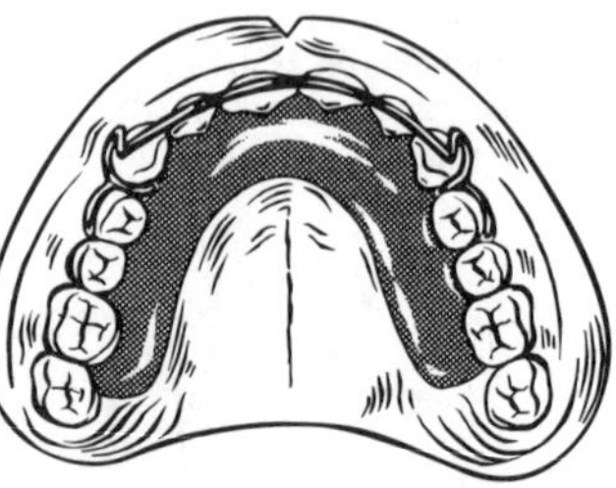

Hayem-Lösung (Georges H., Arzt, Paris, *1841, † 1933): zur Erythrozytenzählung benützte konservierende Verdünnungsflüssigkeit. 20

HB: Abk. für → ***Brinell*-Härte**. 4

HCD-Amalgam n: high copper dispersant amalgam, Dispersionsamalgam; moderner Amalgamtyp mit verbesserten Eigenschaften und hohem Kupferanteil. Vgl. Amalgam. 1

HCl: chem. Symbol für → Salzsäure. 23

Head|gear (engl.) n: Außenbogen, Gesichtsbogen, Facebow; ein durch extraorale Züge aktivierter Drahtdoppelbogen, bestehend aus einem intraoralen, an den oberen Zähnen (Molaren) verankerten Bogen und dem (äußeren) Gesichtsbogen (Abb.). Beide sind fest miteinander verbunden. Variieren lassen sich bei der Anwendung die Länge und Angulation des Außenbogens, die Gestaltung des Innenbogens (transversale Erweiterung/Kompression), Kraftrichtung und -ansatz (zervikaler H., horizontaler H., High-pull-H. und Vertical-pull-H.) sowie die Kraftgröße (orthodontischer/orthopädischer H.). Meist in Kombination mit festsitzenden kieferorth. Behandlungsapparaturen verwendet, z.B. in der →

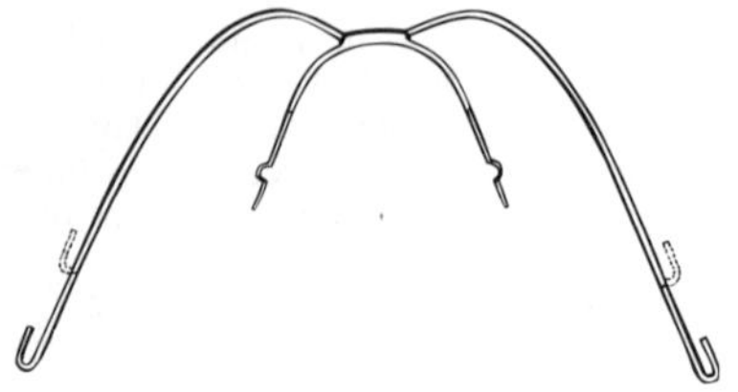

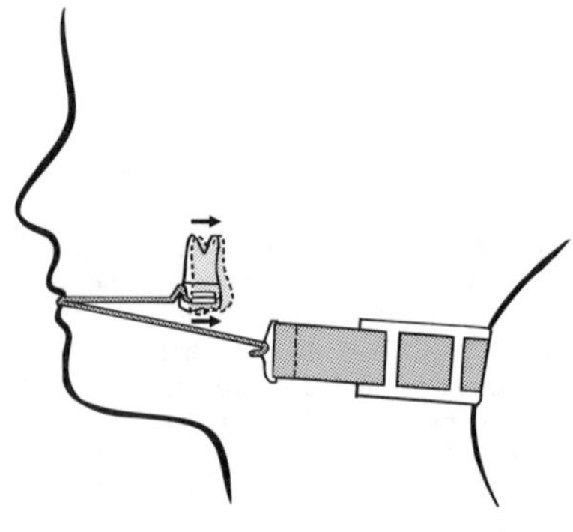

Edgewise-Technik. Auch im Unterkiefer anwendbar. 5

Head|gear-Aktivator-Therapie f: → Kombinationsheadgear. 5

Head-Zonen (Sir Henry H., Neurol., London, *1861, † 1940) f pl: Hautbereiche, in denen viszerosensible Reflexe als lokale Hautüberempfindlichkeit bei inneren Erkrankungen auftreten. Ausnutzung umgekehrt bei örtl. Wärmeapplikation. 20

heat|less (engl.): „nicht hitzend"; Bezeichnung für einen groben Schleifstein zur Bearbeitung von Metall („Heatless"-Stein). 4

Hebel: Extraktionsinstrument, das, am Zahn bzw. der Wurzel angesetzt, mit Hilfe eines Stützpunktes (→ Hypomochlion) und der Hebelkraft die Wurzel aus der Alveole luxiert. Man unterscheidet 1. gerade und 2. abgebogene H. 1. *Bein*-H. mit im Querschnitt gewölbtem, dünn auslaufendem Ende, das keilartig in den Parodontalspalt hineingeschoben wird (Abb. a und b); *Berten*-H. mit spitz auslaufendem Ende, das auf der einen Seite flach, auf der anderen gewölbt ist. Die konkave Fläche stützt am Vorderzahn ab, die scharfen Seitenkanten sind die angreifenden Regionen (Abb. c). Ähnlich, nur mit einer bajonettförmigen Abweichung, ist der alte → *Lecluse*-H. (1754) geformt, der speziell für Weisheitszähne verwandt wurde. 2. Krallenhebel nach *Schlemmer,* nach *Winter-Barry*

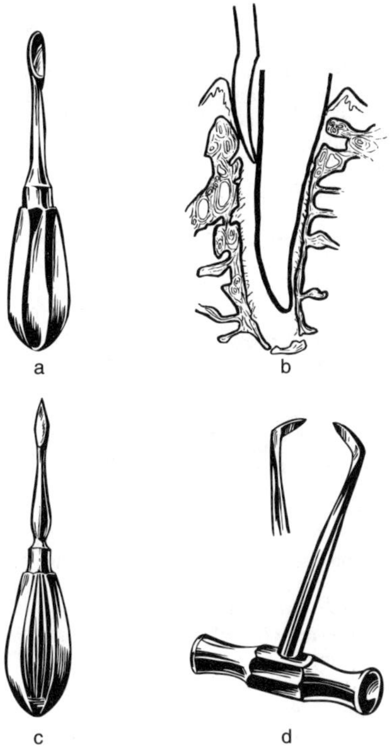

a: *Bein*-Hebel; b: *Bein*-Hebel im Parodontalspalt; c: *Berten*-Hebel; d: *Winter-Barry*-Hebel.

(die sog.„Amerikaner", Abb. d) und nach *Trauner*. Diese dienen vor allem der Entfernung einer zurückgelassenen Wurzel unterer Molaren durch die leere Alveole unter Durchstoßung des Septums. → Kralle, → Geißfuß. 2

H-Ebene: H-Linie; modifizierte → Frankfurter Horizontalebene, die parallel zur Verbindung Nasion/Se-Punkt (→ Meßpunkte) verläuft. 5

Hebe|phrenie f: Form der → Schizophrenie mit meist schleichendem Beginn im jugendlichen Alter, charakterisiert durch Distanzlosigkeit und läppisches, albernes, oft faxenhaftes Verhalten. Im weiteren Verlauf Verschrobenheit, zunehmende Antriebsverarmung und Denkstörungen. Im Vergleich zu den akuten Formen der Schizophrenie eher ungünstige Prognose. 33

HED: Abk. für → Hauteinheitsdosis, → Dosiseinheiten. 14

Hedström-Feile: Handinstrument zur Aufbereitung der Wurzelkanäle mit tief eingeschnittenem schraubenartigen Gewinde zum Abraspeln der Kanalwände (Abb.). Wird in verschiedenen Stärken geliefert. Wegen ihrer Starre und hohen Bruchgefahr sollen die elastischen → *Kerr*-Nadeln den Kanal vorher gangbar machen (Abb.).[1]

Heerfordt-Syndrom (Christian F. H., Ophthal., Kopenhagen, *1871, † 1953) n: Uveoparotitis; derbe, schmerzlose Schwellung der Speicheldrüsen, oft auch der Tränendrüsen. Hyperplasie des → retikuloendothelialen Systems, Abgeschlagenheit, subfebrile Temperatur, außerdem → Uveitis, Konjunktivitis, evtl. Fazialisparese, Rekurrensparese. Chron. entzündliche Prozesse an Mamma, Ovarien, Testes. → *Boeck*-Sarkoid. 2, 19, 27

Hefen: Sproßpilze, einzellige, durch Sprossung sich vermehrende Mikroorganismen; Zellen meist ellipsoid, seltener kugelig oder gestreckt, unbeweglich. Nach dem Vermögen zur Sporenbildung Einteilung in zwei Gruppen: 1. sporenbildende Hefen (echte H.): Saccharomyces (vor allem Kultur-, Bier-, Brennerei- und Preßhefen, auch Schaumwein- und Obsthefen), Blastomyces (Erreger von Systemmykosen); 2. sporenlose Hefen, (hefeähnliche Pilze) gehören zu → Fungi imperfecti: → Candida albicans, → Geotrichum candidum, → Cryptococcus neoformans. Hefen sind in der Natur (an Pflanzen, im Boden, bei Tieren) weit verbreitet. Verwendung in Gärungsindustrie und Bäckereibetrieben; in Medizin zu Heilzwecken (Faex medicinalis), da reich an Vitamin B und Protein. 8

Heidelberger Kiefer: Unterkiefer einer menschl. Frühform (Homo erectus). 1907 in Mauer bei Heidelberg gefunden, vermutlich der 1. Zwischeneiszeit (über 300.000 Jahre alt) angehörend. Das voll erhaltene Gebiß hat rein menschl. Charakter (Abb.). 9

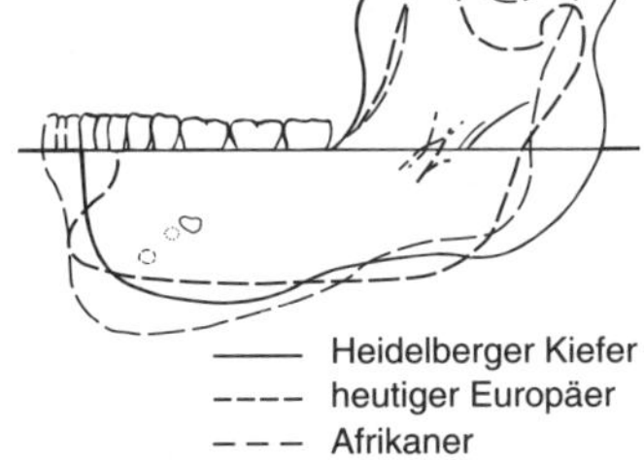

Heidemann-Spatel: doppelendiger Spatel mit über die Kante und über die Fläche abgewinkelter Arbeitsfläche zum Formen von plastischen Füllungen (Abb.). [1]

Heidenhain-Halbmonde: → *Gianuzzi*-Halbmonde. [9]
Heil|an|ästhesie f: Methode zur Heilung einer beginnenden → Pulpitis dentium. Anästhesielösung, meistens ohne gefäßverengenden Zusatz, wird in die Gegend der Wurzelspitze oder als Leitungsanästhesie appliziert. Wirkung unsicher. [1]
Heil|berufs|gesetz: Kammergesetz; Ländergesetz zur Regelung der Zuständigkeiten der Kammern der Heilberufe. [24]
Heil- und Kosten|plan: Abk. HKP; gibt Aufschluß über eine vorgesehene Behandlung und ihre Kosten. Ist insbesondere für jede prothetische Behandlung gemäß der Anlage 12 zum → Bundesmantelvertrag (Zahnärzte) aufzustellen (Anlage 3 a des BMV-Z, § 17 Abs. 1 BMV-Z). Die Aufstellung des HKP muß vor Beginn der Behandlung erfolgen. Die Krankenkasse gibt auf dem HKP ihre Kostenübernahmezusage. Erst danach soll mit der prothetischen Behandlung begonnen werden. Die Zusage der Krankenkasse ist ein Verwaltungsakt gegenüber dem Versicherten und dem Zahnarzt. Sie kann nur unter den Voraussetzungen des Sozialgesetzbuchs (SGB X) widerrufen bzw. zurückgenommen werden. Seit dem Gesundheitsreformgesetz kann für die Aufstellung des HKP eine Vergütung nurmehr nach privatrechtlicher Vereinbarung verlangt werden. [24]
Heilung: Wiederherstellung des Gesundheitszustandes mit Herbeiführen des Normalzustandes (Restitutio ad integrum) oder mit Verbleiben eines funktionellen oder organischen Restschadens (→ Defektheilung). H. per primam (intentionem) → Primärheilung, H. per secundam (intentionem) → Sekundärheilung. [32]
Heimlich-Hand|griff (Henry H., amerik. Arzt): nicht ungefährliche Methode zur Entfernung eines → Fremdkörpers (Bolus) bei vollständiger Verlegung der → Atemwege. Durch plötzliche abdominale Kompression kann ein Fremdkörper über die hieraus resultierende thorakale Druckerhöhung aus der Trachea entfernt werden. Risiken sind: Verletzung innerer Organe, Rigurgitation von Mageninhalt. Vgl. Aspiration, *Magill*-Zange. [16]
Heine-Medin-Krankheit (Jakob von H., Orthop., Cannstatt, *1800, † 1879; Oskar M., Päd., Stockholm, *1847, † 1927): → Poliomyelitis. [20]
Heiß|luft|sterilisator m: Gerät zum Sterilisieren von thermostabilen Instrumenten und Materialien durch trockene Heißluft von 180 °C nach dem Umluftprinzip; die Abtötungs- oder Sterilisationszeit beträgt mindestens 30 min, die Betriebszeit bis 90 min. Vgl. Kleinsterilisator, Sterilisation. [8]
Heister-Mund|sperrer (Lorenz H., Chir., Helmstedt, *1683, † 1758): Kieferöffnung durch Andrehen einer Flügelschraube, die 2 zwischen die Zahnreihen geschobene Spreizhebel öffnet. Es empfiehlt sich, diese mit Schlauchgummi zu umgeben (Abb.). [2]

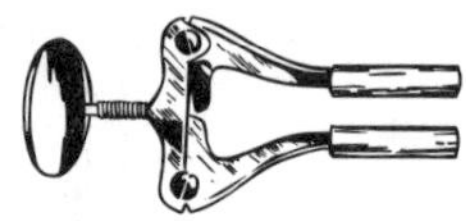

Helikoidal|schraube: einphasiges → Schraubenimplantat (→ Implantat, einphasig) aus → Tantal oder → Titan nach *Heinrich* und *Tramonte*. Vgl. Implantatformen. [18]
Helio|therapie f: Heilbehandlung durch Sonnenbestrahlung. [12]
Helix (gr.) f: Anat.: der umgekrempelte äußere, freie Rand der Ohrmuschel. Abb. → Auricula. [9]
Helix|schlaufe: Schlaufenbiegung nach dem Sicherheitsnadelprinzip in einem kieferorth. Drahtbogen. [5]
helkogen (gr.): aus einem Geschwür entstanden, ein Geschwür erzeugend. [32]
Heller-Schraube: kombinierte Zug- und Druckschraube (Sagittalschraube) zur isolierten Bewegung einzelner nicht endständiger Zähne. [5]
Helminthe (gr.) f: allg. Bezeichnung für in Mensch und Tier parasitisch lebende (Eingeweide-)Würmer. [8]
HELP: Krankenhausinformationssystem (KIS) mit wissensbasierten Komponenten z.B. zur Überwachung der Arzneimittelverordnungen. H. wurde von *Warner* an der Universität von Utah (USA) entwickelt und enthält kleine abgrenzbare Module mit Regeln, die z.B. bei Arzneimittelunverträglichkeiten den Arzt warnen. Die Arbeiten an H. sind Basis des amerikanischen Standards für die Beschreibung von medizinischem Wissen in den Medical Logic Modules (MLM) und dem System → ILIAD. Vgl. Expertensystem. [26]
Hemer|al|opie f: Nachtblindheit; Unvermögen der Augen, sich der Dunkelheit anzupassen, bei Vitamin-A-Mangel, Alkoholismus u.a. [20]

hemi- (gr.): in Zusammensetzungen halb-, halbseitig. 2

Hemi|an|opsie f: → Halbseitenblindheit. 33

Hemi|atrophia faciei progressiva f: *Romberg*-Krankheit (1846). Fortschreitender Schwund von Haut-Unterhautfettgewebe, Muskulatur und Knochen einer Gesichtshälfte, evtl. auch der Zungenhälfte sowie Haarausfall. Die befallenen Partien sinken ein („Januskopf"). Ursache fraglich, Trophoneurose (N. trigeminus, Sympathikus)? Nicht zu verwechseln mit der Inaktivitätsatrophie infolge Ausfalls des N. facialis beim Heranwachsenden. 2

Hemi|atrophia linguae f: halbseitiger Schwund der Zunge bei Läsion des N. hypoglossus oder entsprechenden zentralen Störungen. Oft bei → Hemiatrophia faciei progressiva. 2

Hemi|gnathie f: Fehlen oder Unterentwicklung einer Kieferhälfte, meist infolge Keimschädigung. 2

Hemi|hydrat n: wasserarme Form des Kalziumsulfats, $CaSO_4 \cdot {}^1/_2H_2O$ (oder $2CaSO_4 \cdot H_2O$), gebrannter Gips = Hartgips, α-Hemihydrat (im Autoklaven in Sattdampfatmosphäre gebrannt), Alabastergips, β-Hemihydrat (trocken, in offenen Kochern gebrannt). 23

Hemi|hyper|trophia faciei f: fortschreitende Größenzunahme einer Gesichtshälfte, auch einer Körperseite. Ursache unbekannt. Vgl. *Curtius*-Syndrom. 3

Hemi|kranie f: → Migräne. 20

Hemi|makro|glossie f: einseitige Zungenverdickung durch vikariierende Fettwucherung auf der gelähmten Seite bei → Glossoplegie. 2

Hemi|parese f: leichtere Lähmung einer Körperhälfte. 20

Hemi|plegie f: → Halbseitenlähmung. 16, 20

Hemi|sektion f: Dissektion; chirurg. Entfernung einer nicht erhaltungsfähigen Zahnhälfte, meist eines unteren Molaren, nach Wurzelkanalbehandlung des zu belassenden Zahnteils (Abb.). 6

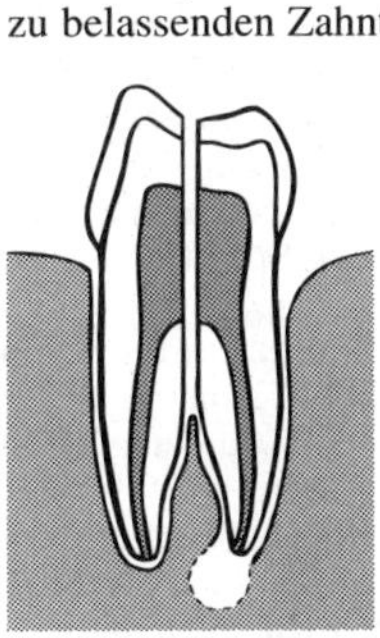

Hemisektion: Schema einer Schnittführung

Hemmungs|miß|bildung: Entwicklungsstillstand bestimmter Organe auf einer embryonalen oder fetalen Stufe aus endogenen oder exogenen Gründen, so daß z.B. → Gesichtsspalten entstehen. 3

Henderson-Hasselbach-Gleichung (Lawrence Joseph He., Biochem., Boston, *1878, † 1942; Karl Albert Ha., Biochem., Kopenhagen, *1874, † 1962): zur Berechnung des Ionisationsgrades eines → Pharmakons mit bekanntem pK_a-Wert für beliebige → pH-Werte eines Gewebes bzw. Puffers.

Für saure Pharmaka gilt: $pk_a\text{-}pH = \log \frac{c_n}{c_i}$.

Für bas. Pharmaka gilt: $pH\text{-}pk_a = \log \frac{c_n}{c_i}$.

c_i = ionischer Anteil; c_n = nichtionischer Anteil. 7

Henle-Schleife (Friedrich Gustav Jakob H., Anat., Zürich, Heidelberg, Göttingen, *1809, † 1885): der U-förmige Abschnitt des Nierenkanälchens, bestehend aus einem absteigenden und einem aufsteigenden Teil. Bestandteil des Nephron. (Abb. → Nieren, Abb. b). 9

Henoch-Purpura (Eduard H., Päd., Berlin, *1820, † 1908) f: → Purpura fulminans. 20

Hepar (gr.) n: → Leber. 9

Heparin n: aus der Leber gewonnene gerinnungshemmende Substanz, hitzestabil, Mukoitin-Polyschwefelsäureester, pharm. Mediator. Gerinnungshemmend, zur Prophylaxe von Thrombosen und Embolien. Präp.: H. Novo®, Liquemin®. Antidot bei Blutungen: Protramin®. Vgl. Mastzellen. 34

Hepatisation f: „leberähnliche" Verfestigung des Lungengewebes durch Gerinnung der fibrinreichen Intraalveolarflüssigkeit bei (Lobär)→ Pneumonie; klinisch massive Dämpfung und lautes Bronchialatmen im erkrankten Bezirk. 34

Hepatitis f: Leberentzündung; i.e.S. akute Virushepatitis, oft mit → Ikterus als (nicht obligatorischem) gemeinsamem Symptom ätiologisch verschiedener Arten. 3 Formen: 1. Hepatitis A: früher „epidemische Hepatitis", Erreger H.-A-Virus (HAV), relativ kurze Inkubationszeit (15-50 Tage); Hepatitis-Antigene negativ; 2. Hepatitis B: früher „Serum-", „Spritzen-" oder „Transfusions-H."; Erreger H.-B-Virus (HBV), lange Inkubationszeit (50-180 Tage), Hepatitis-Antigene positiv; 3. Hepatitis C: Erreger H.-C-Virus (HCV), besondere serolog. Verlaufsform. Klinik: Übertragungsmodus bei H. A meist oral, aber auch parenteral durch Fäzes, Blut oder Speichel von Erkrankten. Lebenslange Immunität nur gegen H. A. Übertragung bei H. B fast immer parenteral durch Bluttransfusionen, verunreinigte Spritzen oder jedweden Blut-Blut-Kontakt. Klinisch keine Differenzierung zwischen den H.formen. Subfebriles, gastrointestinal dyspeptisches, grippales, rheumatoides, subikterisches Vorstadium bis zu 14 Tagen; weiche Lebervergrößerung, geringe Milzvergrößerung, dunkelbrauner Urin, entfärbter Stuhl. Bereits im Vorstadium erhöhte Transaminasewerte. Verlaufsbeobachtungen mit → Enzymdiagnostik und Antikörperbildung gegen HAV, HBV oder HCV. H. ohne Ikterus nicht selten und besonders gefährlich. Bei allen H.formen kommt es entweder zur Rückbildung der klinischen Symptome und Beschwerden mit Ausheilung in wenigen Wochen oder: 1. Rezidiven bzw. Übergang in chron. Stadium mit Subikterus und großer, derber Leber und evtl. Übergang in Leberzirrhose (etwa 5%), → Zirrhose; 2. Übergang in akute/subakute gelbe Leberatrophie mit Entwicklung eines → Coma hepaticum, dann häufig letaler Ausgang. Therapie aller Formen: Bettruhe bis zur Normalisierung der Transaminasen, kohlenhydratreiche, fettarme Diät; im allgemeinen keine Steroide. Entschädigungspflichtige Berufskrankheit (Anlage 1 der Berufskrankheiten-Verordnung vom 8.12.76: Nr. 3101 „Infektionskrankheiten"). Prophylaktisch kann gegen H.-B-Infektion mit HB_5Ag-Impfstoff (HB_5AG: Hepatitis B surface antigen) immunisiert werden. Impfungen müssen spätestens alle 5 Jahre aufgefrischt werden. Wegen erhöhtem Infektionsrisiko wird Zahnärzten die Impfung empfohlen. [20]

Hepatitis-Anti|gene n pl: kleinmolekulare Substanzen, die im Serum Hepatitiskranker nachweisbar sind. Die Viruspartikel im Patientenblut bei Hepatitis B besitzen 3 Antigene: HBs-Antigen (Surface-Antigen gegen Partikelhülle), HBc-Antigen (Core-Antigen gegen Partikelkern), HBe-Antigen. Infektionen mit Hepatitis-A-, -B- und -C-Viren können durch Antikörpernachweis objektiviert werden. Wichtige Serologie zur Diagnose akuter Virushepatitiden und ihrer Folgezustände, zur Abgrenzung gegenüber toxischen, medikamentösen und anderen Hepatopathien. [20]

Hepato|megalie f: klin. Dachbegriff für jede Lebervergrößerung. Vorkommen: 1. Lebererkrankungen (chron. → Hepatitis, Leberzirrhose, → Zirrhose); 2. Herzerkrankungen (Rechtsinsuffizienz, → Cor pulmonale); 3. Stoffwechselkrankheiten (Fettleber bei Alkoholabusus, → Diabetes mellitus, Fettmast); 4. Blutkrankheiten (chron. Leukämien, Lymphogranulomatose). [20]

HEPAXPERT: Abk., → Expertensystem zur Unterstützung der Labordiagnostik bei Hepatitisverdacht. H. wurde von *Adlassnig* an der Universität Wien entwickelt. [26]

Herbst-Ok|klusions|scharnier (Emil H., Za., Münster, *1872, † 1940): orthod. Gerät speziell zur Spätbehandlung der mandibulären → Retrusion (Distalbiß) oder der → Progenie (Mesialbiß). Es zwingt den Unterkiefer unter Blockierung von Transversalbewegungen mechanisch bei jedem Kieferschluß zur Vor- oder Rückschubbewegung. Das H. ist ein Behelf, der unseren

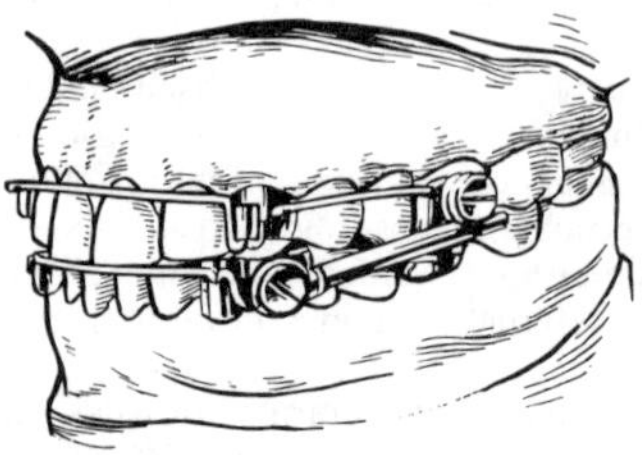

heutigen Vorstellungen von „biologischen" Mitteln nicht mehr entspricht, der aber in resistenten Fällen noch immer mit Erfolg angewandt wird. Technisch besteht der Apparat aus einer → Blockverankerung beider Kiefer mit Bebänderung von jeweils mindestens 4 Zähnen und einem beide Kiefer intermaxillär verbindenden Gleitscharnier in der Modifikation nach *A. M. Schwarz* (Abb.). [5]

Herbst-Ringmaß (Wilhelm H., Za., Bremen, *1842, † 1917): → Ringmaß. [4]

Herd: Fokus, sog. Krankheitsherd; meist chronisch-entzündliche Veränderung im Körper, die in der Lage ist, an anderen Körperstellen eine Folgeerkrankung (Herderkrankung) hervorzurufen. [1]

Herd|dia|gnostik f: Herdtest; Verfahren zur Ermittlung eines Herdes als Ursache einer Zweiterkrankung. Dazu gehören die klassischen medizinischen klinischen und Laboruntersuchungsmethoden. Besondere Testmethoden zum Nachweis spezieller Übertragungsformen wie Bakterientoxine, Allergene, neurale Faktoren etc. sind wegen mangelnder Spezifität kaum noch in Gebrauch. [1]

Herd|erkrankung: Herdinfektion, Herdgeschehen, → Fokalinfektion, durch einen → Herd hervorgerufene Erkrankung. Vgl. Herddiagnostik. [1, 20]

Herd|geschehen: → Herderkrankung. [1]

hereditär (lat.): erblich, ererbt; Bez. für Familienkrankheiten wie Hämophilie. [3]

Heredität f: Erblichkeit, Vererbung. [3]

Heredo|pathie f: Erbleiden, Erbkrankheit. Vgl. Konduktor. [3]

Herm|aphroditismus (nach Hermaphroditos, dem Sohn des Hermes und der Aphrodite) m: echte Zwitterbildung, gleichzeitiges Vorkommen männl. und weibl. Keimdrüsen, getrennt oder als Zwitterdrüse, bei einem Individuum. Die äußeren Geschlechtsmerkmale können dabei vorwiegend weibl., vorwiegend männl. oder zwittrig gestaltet sein. Sehr selten, viel häufiger ist → Pseudohermaphroditismus. Vgl. Intersexualität. [3]

Hernia (gr.) f: Hernie, Bruch; Vorfall von Eingeweideteilen aus der Bauchhöhle in Ausstülpungen des Bauchfells. Auch Vorfall des Rückenmarks oder Gehirns (→ Meningozele). [20]

Herp|angina Zahorsky (John Z., Pädiat., *1871) f: durch → Coxsackie-Virus hervorgerufene, mit hohem Fieber, Nackensteifigkeit und Erbrechen einhergehende Erkrankung der hinteren Mundhöhle (Gaumenbögen, Tonsillen, Uvula); auf gerötetem Grund stehen froschlaichartige Bläschen, die sich zu oberflächlichen, grau-weißlichen Geschwüren umwandeln; rascher, benigner Verlauf. Symptomat. Behandlung. → Stomatitis herpetica aphthosa. [11, 12]

Herpes labialis m: akutes Auftreten des → Herpes simplex auf den Lippen in Begleitung fieberhafter Krankheiten wie Grippe, Pneumonie, Angina, Erysipel usw., bei Sonneneinwirkung oder

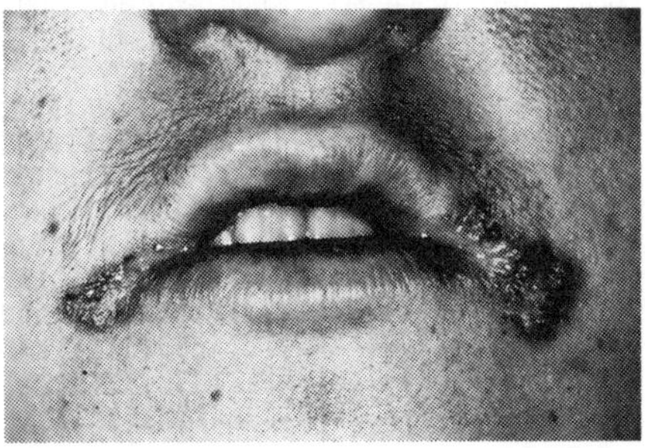

periodisch während der Menstruation; auch psychogene Faktoren werden diskutiert. Nach Platzen der Bläschen bilden sich nässende → Erosionen (Abb.), die bald abheilen. Therapie: viruzide Externa (Virunguent®), oral Aciclovir (Zovirax), Cremes. → Stomatitis herpetica aphthosa. [12]

Herpes recidivans m: periodisch wiederkehrender Herpes. [12]

Herpes simplex m: Bläschenflechte, Bildung wasserhelle Flüssigkeit enthaltender Bläschen auf der Haut oder der Schleimhaut, vor allem an den Übergangsstellen. Virusinfekt. Therapie: viruzide Externa, oral Aciclovir. [11, 12]

Herpes|viren m pl: DNS-haltige (→ DNS), polyedrische Viren mit einer äußeren Lipidhülle, ätherempfindlich; ∅ 180 nm; Gruppe umfaßt Erreger des Herpes simplex (Herpesvirus hominis), das Varizellen-Zoster-Virus, das Zytomegalievirus und (beim Affen) das Herpesvirus simiae. Züchtung in Gewebekultur und auf Chorioallantoismembran des Hühnerembryos. Serolog. Diagnose durch Neutralisationstest und → KBR. [8]

Herpes zoster m: Zoster, Gürtelrose; in Gruppen auftretende, halbseitig in Segmentbezirken lokalisierte Bläschen, denen oft Schmerzen, Brennen und Rötung der Haut vorangehen. Zugrunde liegt eine Viruserkrankung der Spinalganglien bzw. bei Erkrankung im Kopfbereich des Ganglion trigeminale (Erreger identisch mit Varizellen-Virus). Die Viren benutzen die Nervenbahn zur Peripherie. Bei Erkrankung des 1. Astes

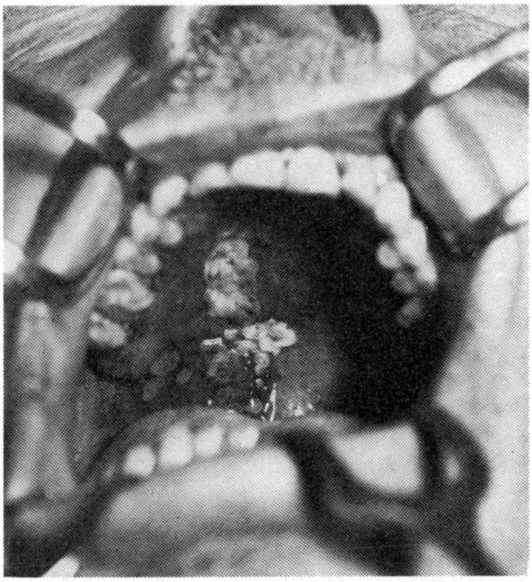

Abb. a: Befall des Trigeminus II (harter und weicher Gaumen).

des N. trigeminus kann die Hornhaut des entsprechenden Auges mitbeteiligt sein. Bei Erkrankung des 2. und 3. Trigeminusastes kann die Mundhöhle miterkranken (Abb. a und b). Die Diagnose wird durch das halbseitige Auftreten erleichtert. Die Bläschen platzen bald und heilen innerhalb von 2 Wochen ab; gelegentlich entwickeln sich gangränöse Schorfe (Zoster gangraenosus), die Narben hinterlassen. Schwerere Verläufe insbesondere des Zoster generalisatus als sicheres Zeichen einer Immunschwäche zwingen zur Untersuchung auf entsprechende Krankheiten. Die benachbarten Lymphknoten sind stets mehr oder weniger schmerzhaft geschwollen. Nachfolgend können neuralgiforme Beschwerden, Hyperästhesien und Fazialisparese bzw. Taubheit (Z. oticus/*Hunt*-Neuralgie) auftreten. Therapeutische Probleme bieten die Postzosterneuralgien. Rezidivierende Schübe eines Z. im

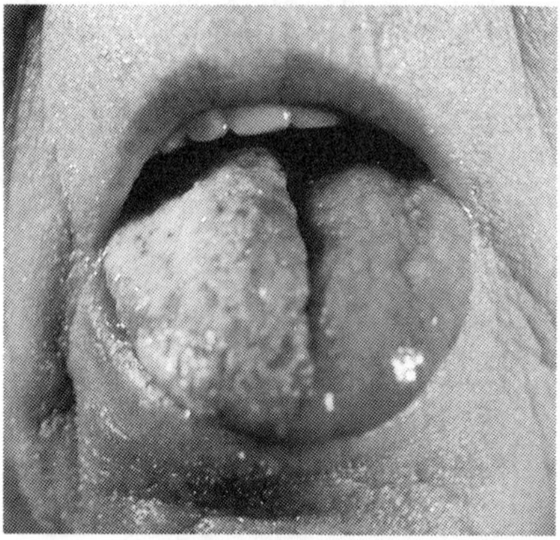

Abb. b: Zoster der Zunge bei Zosterbefall Trigeminus III.

gleichen Segment zwingen zur Untersuchung auf einen segmentgebundenen Tumor. Therapie: Analgetika, Antiphlogistika, Vitamin B hochdosiert i.m., Gammaglobulin i. m.; lokal: desinfizierendes und anästhetisierendes Gel oder Puder, Aciclovis hochdosiert. Vgl. Zoster oticus, Zostervirus. 11, 12

herpeti|formis: herpesartig, herpesähnlich. 11

Hertwig-Epithel|scheide (Oskar H., Anat., Berlin, *1849, † 1922): → Epithelscheide. 30

Hertwig-Weyers-Syndrom (Paula H.; Helmut W., Päd., Stade) n: → Oligodaktylie-Syndrom.3

Hertz (Heinrich H., dt. Phys., *1857, † 1894) n: Maßeinheit der → Frequenz. 1 Hertz (Hz) = 1 Schwingung pro Sekunde. H.-Wellen: → elektromagnetische Schwingungen. 10

Herxheimer-Jarisch-Reaktion (Karl H., Dermat., Frankfurt, *1861, † 1944; Adolf J., Dermat., *1850 † 1902) f: nach Beginn der Chemotherapie der Syphilis können durch plötzlichen massiven Treponemenzerfall (→ Treponema) Fieber (Schüttelfrost) und Intensivierung des → Exanthems (→ Syphilid) auftreten. Äquivalente Phänomene auch bei Erregerzerfall anderen Typs unter Chemotherapie. 12

Herz: Cor; muskulöser, vom Herzbeutel umgebener Hohlkörper, durch eine Scheidewand (Septum) in eine rechte und eine linke Hälfte unterteilt. Die rechte pumpt das venöse Blut in den

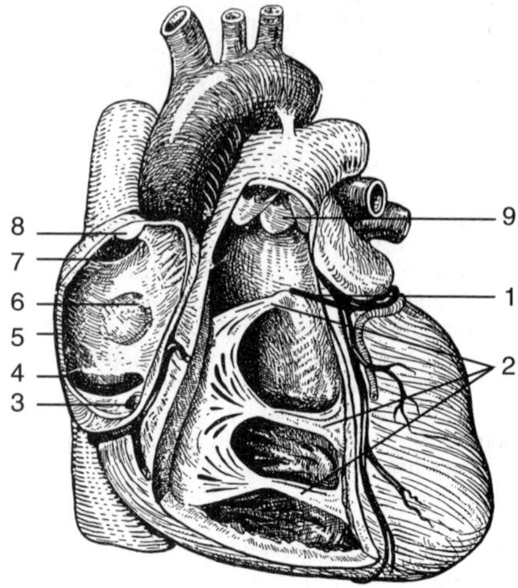

1: Herzscheidewand; 2: Papillarmuskeln und Sehnenfäden zur Dreisegelklappe; 3: Mündung der Kranzvene in den rechten Vorhof; 4: Mündung der unteren Hohlvene; 5: Venenraum des rechten Vorhofs; 6: ovale Grube; 7: Mündung der oberen Hohlvene; 8: Grenzleiste (angeschnitten); 9: Taschenklappe der Lungenarterie.

kleinen oder Lungenkreislauf, die linke das arterielle in den großen oder Körperkreislauf (Abb. → Blutkreislauf). Jede Hälfte ist wiederum unterteilt in Vorhof (Atrium) und Kammer (Ventrikel), die durch das Klappensystem der Atrioventrikularklappen (rechts Trikuspidalklappe, linke Mitralklappe) miteinander verbunden sind (Abb.). Die Zusammenziehungsperiode (Systole) treibt das Blut durch zwei weitere Klappen (Gefäßklappen: rechts Pulmonarklappe, links Aortenklappe) aus den Kammern in die Arterien, die Erschlaffungsperiode (Diastole) läßt es aus den Venen in die Vorhöfe und von dort in die Kammern einströmen. Die Herzmuskulatur wird ernährt durch die beiden Kranzgefäße (Abb. → Koronararterien), die als erste Abzweigungen die Aorta verlassen. Wie alle Gefäße besteht das H. aus drei Schichten, dem Endokard, dem Myokard und dem Epikard (→ Perikard), nur ist die (mittlere) Muskelschicht besonders ausgeprägt. Vgl. Reizleitungssystem des Herzens. 9

Herz|asthma n: Asthma cardiale. 20

Herz|beutel: → Perikard. 9

Herz|block: atrioventrikuläre Leitungsstörung, entweder lediglich mit Verlängerung der normalen Überleitungszeit ohne wesentliche klin. Erscheinungen oder mit zunehmender Verlängerung derselben bis zur vollständigen Blockierung bzw. mit dauernder vollständiger Unterbrechung und Einspringen sekundärer oder tertiärer Zentren. Ätiologie: degenerative oder entzündliche Herzmuskelschädigungen, Koronarinsuffizienz. Therapie: Atropin, Orciprenalin (Alupent®); Schrittmacher. 20

Herz|dämpfung: Feststellung der wahren Herzgröße in ihrer Projektion auf die vordere Brustkorbwand durch Schalldämpfung bei → Perkussion, als absolute H. über dem nicht lungenbedeckten brustwandnahen Herzteil, als relative H. entsprechend den Herzgrenzen. 20

Herz|druck|massage: indirekte Kompression des Herzens durch Verkleinerung des Raumes zwischen Sternum und Wirbelsäule im Rahmen einer → Herz-Lungen-Wiederbelebung. Wirkmechanismus dürfte die allgemeine Druckerhöhung im Thorax sein. Bei optimaler Technik der H. kann eine kardiale Auswurfmenge von 20-40% des Ruhewertes erreicht werden. Der richtige Druckpunkt befindet sich auf der kaudalen Sternumhälfte, drei Querfinger oberhalb des Processus xiphoideus (Schwertfortsatz des Brustbeins). Die Kompressionsfrequenz sollte 80 - 100 pro min betragen, je nach Ausführungsmodus werden 15 Kompressionen bei der → Einhelfermethode und 5 Kompressionen bei der → Zweihelfermethode ausgeführt - intermittierende → Beatmungen sind durchzuführen. Vgl. Herz-Lungen-Wiederbelebung. 16

Herz|fehler: Herzklappenfehler; entweder erworben durch entzündlich-narbige Veränderungen bestimmter Klappensegel mit klin. feststellbarer Störung der Herzbewegung oder angeboren durch fetale Fehlentwicklungen. Hämodynamische Folgen: Schlußunfähigkeit der Klappensegel, Insuffizienz oder mangelhafte Öffnungsfähigkeit, Stenose der Klappen, Mehrbelastung der entsprechenden Vorhof- und Kammerabschnitte durch Pendelblutvolumina und Widerstandserhöhung mit → Herzinsuffizienz als Folge. 1. Angeborene H.: a) mit → Zyanose (Morbus caeruleus): Beimischung venösen Blutes in den arteriellen Kreislauf über bestehenden Kurzschluß zwischen großem und kleinem Kreislauf (*Fallot*-Tetralogie, Truncus arteriosus, Trikuspidalatresie), Transposition der großen Gefäße (*Eisenmenger*-Syndrom); b) ohne Zyanose: Vorhof- und Ventrikelseptumdefekt (bei Überwiegen des sog. Links-Rechts-Shunt), Pulmonalstenose, offener Ductus arteriosus *Botalli.* 2. Erworbene H.: Folgezustände nach rheumatischer oder bakterieller → Endokarditis am Klappenapparat. Diagnose: organische → Herzgeräusche durch Strömungsänderungen, Veränderung der Herzfigur. Die Herzchirurgie arbeitet rekonstruierend und mit künstlichem Klappenersatz. 20

Herz|figur: Herzform; Summe der durch Perkussion und Röntgenologie festgestellten Grenzlinien der Herzsilhouette (Abb.). Charakteristische Abwandlung verschiedener Bogenteile durch Herzfehler im Röntgenbild wird diagnostisch verwertet, z.B. bei Aortenherz, Mitralherz. 20

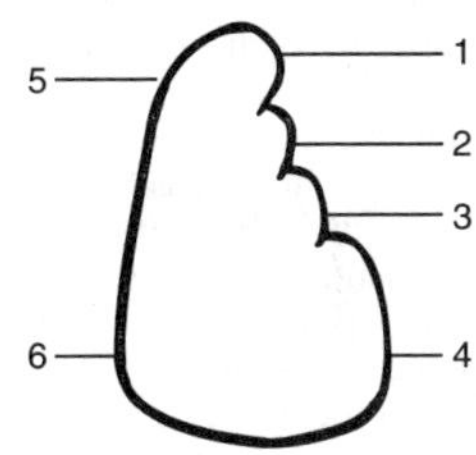

1: Aortenbogen; 2: Pulmonalarterienbogen; 3: linker Vorhofbogen und Herzohrbogen; 4: linker Kammerbogen; 5: oberer Hohlvenenbogen; 6: rechter Vorhofbogen und rechtes Herzohr.

Herz|flimmern: → Kammerflimmern, → Vorhofflimmern. 20

Herz|frequenz f: Zahl der Herzaktionen pro min, normal 120-140 beim Neugeborenen, 60-80 beim Erwachsenen in körperlicher Ruhe. Vgl. Puls. 10

Herz|geräusche: anhaltende Strömungsgeräusche während einer Bewegungsphase des Herzens, neben den normalerweise bei der Herzaktion entstehenden Herztönen in der Anspannungsphase als systolische H. oder in der Erschlaffungsphase der Klammern als diastolische H., hörbare, schabend-rauschende Schallerscheinungen. „Organische" endokardiale H. bei → Herzfehlern, „unorganische" akzidentelle H. bei Blutstrombeschleunigung (Fieber), Viskositätsherabsetzung (Anämie), → Arteriosklerose u.a.; Differenzierung oft schwierig. 20

Herz|grube: der vor dem Schwertfortsatz des Brustbeins gelegene Teil der Oberbauchgegend (Epigastrium). 9

Herz|infarkt m: deutsche Bezeichnung für → Myokardinfarkt. 16, 20

Herz|insuffizienz f: akut oder chronisch auftretende Leistungseinschränkung eines herzmuskelgesunden oder -kranken Herzens. Ursachen: mechanische Behinderung der Kontraktions- und Dilatationsfähigkeit (Herzbeutelverwachsungen, raumfordernde Brustkorbprozesse), Herzmuskelschädigung (koronare Durchblutungsstörungen, Infektionen, Intoxikationen, hypokaliämische Herzmuskelstoffwechselstörung, energetisch-dynamische H.), veränderte Druck-Volumenbelastung durch Störung der intrakardialen Blutströmung (angeborene, erworbene Herzfehler). Klinisch wichtige Unterscheidung: Linksinsuffizienz (schwerste akute Form: → Dyspnoe und → Lungenödem) und Rechtsinsuffizienz (→ Cor pulmonale, Stauungserscheinungen im großen Kreislauf). Therapie: Digitalisglykoside aus der Lanata- und Purpureareihe, Diuretika; keine Digitaloide! Vgl. Angina pectoris, Myokardinfarkt. [16, 20]

Herz|jagen: → Tachykardie. [20]

Herz|katheter m: venöse oder arterielle Einführung von Kunststoffschläuchen in einzelne Herzhöhlen zur quant. Bestimmung der Herzinsuffizienz, Messung von Druck u. Volumen, Schätzung der Pumpfunktion. [34]

Herz|klappen: → Valva. [9]

Herz|klappen|fehler: → Herzfehler. [20]

Herz|krankheit, koronare: zumeist chronisch verlaufende Verengung der Herzkranzgefäße, in der ersten Phase zumeist asymptomatisch, bei entsprechender Ausprägung treten jedoch die Symptome von → Angina pectoris, → Herzinsuffizienz und → Herzrhythmusstörungen auf. Der → Myokardinfarkt stellt die dramatischste Manifestation dar. [16]

Herz|kranz|gefäße: → Koronararterien. [9]

Herz-Kreislauf-Stillstand: plötzliches Versagen der kardialen Pumpleistung infolge von verschiedenen Ursachen: kardiale Genese (→ Herzrhythmusstörungen), pulmonale Genese (→ Hypoxie) oder zerebrale Genese (Schädigung des Stammhirns). Ein H. erfordert die sofortige → Herz-Lungen-Wiederbelebung. [16]

Herz-Lungen-Wiederbelebung: Methode zur künstlichen Aufrechterhaltung einer minimalen Kreislauf- und Atmungsfunktion bei → Herz-Kreislauf-Stillstand. Unmittelbar nach Diagnosestellung muß eine H. nach den festen Empfehlungen der American Heart Association eingeleitet werden (s. Schema).

Es ist zwischen → Einhelfermethode und → Zweihelfermethode zu unterscheiden, hiervon ist abhängig das Verhältnis zwischen den Kompressionen und den Ventilationen. Vgl. Atemstillstand, Herzdruckmassage, Beatmung, Mund-zu-Mund-Beatmung, Mund-zu-Nase-Beatmung. [16]

Diagnose
Bewußtlosigkeit-Pulslosigkeit-Atemstillstand
↓
Freimachen der Atemwege
Freihalten der Atemwege
↓
keine Spontanatmung
↓
2 initiale Beatmungen
↓
Pulslosigkeit
↓
Herz-Lungen-Wiederbelebung

Einhelfer-Methode	oder	Zweihelfer-Methode
15 Kompressionen 2 Ventilationen (15 : 2)		5 Kompressionen 1 Ventilation (5 : 1)
↓		↓
Nach 4 Zyklen Pulskontrolle		Nach 10 Zyklen Pulskontrolle
↓		↓
Pulslosigkeit		Pulslosigkeit
↓		↓
Herz-Lungen-Wiederbelebung		Herz-Lungen-Wiederbelebung

Herz-Lungen-Wiederbelebung (Fließschema)[99]

Herz|massage f: wichtigste manuelle Kompressionsmethode der → Reanimation bei Herzstillstand. Nach Diagnose sofort beginnen, Kreislaufstillstand über 3-5 min setzt irreversible Schäden. Versuchsweise zunächst 1-3 kräftige Faustschläge auf die Herzgegend; treten dann keine geordneten spontanen Herzaktionen ein, beginnt

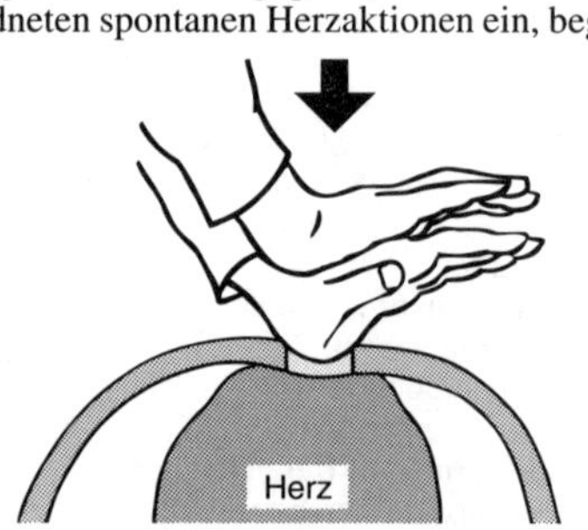

die extrathorakale oder externe H. (nach *Kouwenhoven*): Handballen einer Hand auf unteres Brustbeindrittel aufsetzen, andere Hand unterstützend darüberlegen und rhythmisch 60- bis 80mal pro min das untere Sternumdrittel 4-5 cm in Richtung auf Wirbelsäule eindrücken (Abb.). Patient muß auf harter Unterlage liegen, 30-50 kg Druck können beim Erwachsenen nötig sein (cave Rippenbrüche und Herzverletzungen, bes. bei Kindern und alten Menschen). Dabei soll ein arterieller Blutdruck von 80-100/20-50 mm Hg erreicht werden. Bis zum Einsetzen der Spontanatmung gleichzeitig künstliche Atmung. [20]

Herz|neurose f: auf das Herz bezogene Organneurose mit seelisch bedingten, auf die Herzgegend ausgerichteten Angstgefühlen, anfallsartigen Panikzuständen und der Erwartung eines akuten Herzversagens. Oft Einengung des Denkens auf diese Thematik, verbunden mit erheblichen persönlichen Lebenseinschränkungen. Vgl. Neurose. [33]

Herz|rhythmus|störungen: unregelmäßige Herzaktion infolge von Störung der Reizbildung oder der Erregungsleitung. Die Reizbildung kann gesteigert (z.B. nach Adrenalinapplikation) oder vermindert (z.B. infolge Lokalanästhesie) sein. Störungen der Erregungsleitung zeigen sich zumeist in Leitungsverzögerung und -unterbrechung. Die Therapie von H. ist nur bei Vorhandensein eines → Elektrokardiogramms kausal möglich. Vgl. Adrenalin, Herzinsuffizienz. [16]

Herz|schrittmacher: → Schrittmacher. [34]

Herz|stillstand: unzureichende oder fehlende Herzkontraktion zur Förderung eines Minutenvolumens, um ausreichende Versorgung des ZNS zu gewährleisten. Symptome: Schwindelgefühl nach H. von 3-4 s, Bewußtseinsverlust nach 10-15 s, Krämpfe nach 20-45 s, Atemstillstand nach 1 min. Weite Pupillen, Leichenblässe, abnehmende Reflexerregbarkeit. Nicht tastbarer → Puls (bes. der Arteria carotis), nicht hör- oder fühlbare Herzaktion, nach 4-5 min irreversible Hirn- und Herzschäden. Vgl. Myokardinfarkt. [20]

Herz|töne: auskultatorisch, d.h. durch Abhören feststellbare Phänomene der Herztätigkeit

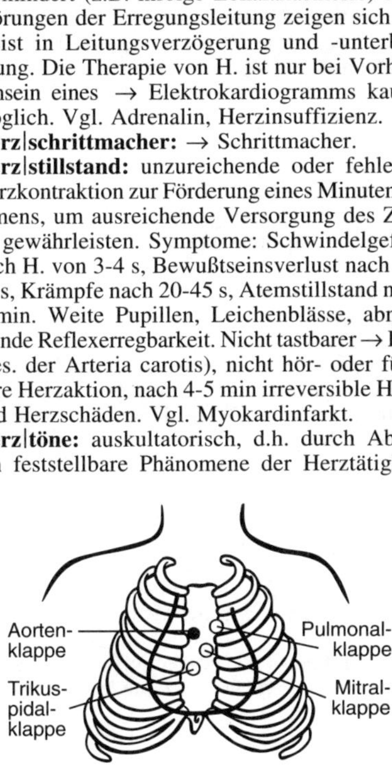

Auskultationsstellen auf der Thoraxwand

(Abb.): 1. Herzton durch rasche Kontraktion der Herzkammermuskulatur, bes. des linken Ventrikels; 2. Herzton durch fast synchronen Schluß der Aorten- und Pulmonalklappe durch zurückflutende Blutsäule. Objektivierung durch Herzschallregistrierung (Phonokardiogramm). Veränderungen (Betonung, Verdoppelung, Klangcharakter) durch pathologische Hämodynamik. → Herzgeräusche, Auskultationsstellen (→ Auskultation). [10]

Hetero|anti|gene n pl: → heterophile Antigene. [8]

Heter|odontie f: Anisodontie; Gebiß mit verschieden gestalteten Zähnen wie z.B. das des Menschen. Ggs. → Homodontie. [1, 30]

hetero|gen: andersartig, von verschiedenartiger Herkunft. [22]

Hetero|genese f: Auftreten von andersartiger Entwicklung oder neuen Merkmalen durch Mutation nichtalleler Gene. [22]

Hetero|immun|stoffe: von Tieren gewonnene Immunstoffe, z.B. Diphtherie-Antiserum von Pferden. [8]

hetero|log: abnorm, von der Art oder dem Typus abweichend, in anatomischer Beziehung ungleichartig; bei Transplantaten: von einer anderen Spezies stammend. Gegensatz: homolog. [18]

hetero|mer: aus verschiedenartigen Teilen bestehend. [18]

hetero|nom: nach Bau und Funktion verschiedenartig. [18]

hetero|phile Anti|gene n pl: Antigene, die in der gleichen Form bei verschiedenen Arten von (Mikro-)Organismen vorkommen. Da z.B. Rikkettsia prowazekii und ein bestimmter Proteus-Stamm ein gleiches Antigen besitzen, kann man die serolog. Fleckfieberdiagnose mit Hilfe dieses (leicht züchtbaren) Proteus-Stammes stellen; entsprechend heterophile Antikörper. [8]

Hetero|plasie f: Alloplasie; Gewebsneubildung von bestimmter Gewebsart auf dem Boden anderer Gewebsarten. [32]

Hetero|plastik f: Transplantation, bei der das zum Ersatz benutzte Gewebe einem artverschiedenen Individuum entnommen wird. Vgl. Plastik. [2]

hetero|polare Verbindungen: aus → Ionen aufgebaute chem. Verbindungen. Hierzu gehört die Mehrzahl der anorganischen Verbindungen. [23]

Hetero|topie f: Entstehung von Geweben am falschen Ort, z.B. Verlagerung von Zähnen. [2]

Hetero|vakzine n: Impfstoff, der im Gegensatz zur → Autovakzine aus Erregern eines anderen Individuums hergestellt wird. [8]

hetero|zygot: verschiedenartigen Erbanlagen (→ Allelen) entstammend. [3]

hetero|zyklische Verbindungen: → zyklische Verbindungen. [23]

Heuristik (gr.) f: Wissenschaft von den Verfahren, Probleme zu lösen. Heuristisches Wissen ist im Gegensatz zum algorithmischen Wissen Erfahrungswissen in Form von Faustregeln, um Probleme einzugrenzen oder auch Probleme zu lösen. Heuristisches Wissen wird häufig in → Regeln ausgedrückt. Dabei tritt das Problem auf, daß dieses Wissen unsicher, d.h. nicht exakt ist. Vgl. Künstliche Intelligenz, Expertensystem. [26]

Heu|schnupfen: Heufieber, Pollinose; individuelle Überempfindlichkeit (→ Allergie) gegen Pollen von Gräsern, Sträuchern und Bäumen. Stürmisch beginnende seröse Rhinitis und Konjunktivitis, die jährlich zur Flugzeit der Pollen auftritt und evtl. auch mit Gesichtsödem (→ *Quincke*-Ödem), → Urtikaria und erhöhten Temperaturen einhergeht. Im schlechtesten Fall kann ein H. über Ekzeme bis hin zum Asthma-bronchiale-Anfall (→ Asthma bronchiale) und dem (lebensbedrohlichen) allergischen → Schock führen. Therapie: Antihistaminika, Steroide lokal, Hyposensibilisierung mit Pollenantigenen. Vgl. Allergie, Allergiepaß. [16, 20]

Hexa|chloro|phen n: Desinfektionsmittel, dessen Wirkung sich bei alkalischer Reaktion verstärkt, daher oft mit Seife kombiniert. Für präoperative Händedesinfektion nicht ausreichend. Bes. bei Säuglingen toxisch, da durch die Haut resorbiert. [8]

Hexa|daktylie f: Fehlbildung mit sechs Fingern an einer Hand. [3]

Hexetidin: substituiertes Hexahydropyrimidin-Derivat, Antiseptikum. H. ist in der Zhk. zur kurzfristigen intraoralen Keimreduktion geeignet, wodurch die Bildung von Mundgeruch vermindert, aber keine ausreichende Plaquehemmung erreicht werden kann. H. hat keine klin. gesicherte Wirkung bei entzündl. Affektionen im Mund/Rachenraum. Als Nebenwirkungen können Geschmacksirritationen, sensor. Schleimhautaffektionen, verstärkte Zahnsteinbildung und allerg. Reaktionen auftreten. [7]

Hexobarbital: Evipan®; Derivat der → Barbitursäure, Einschlafmittel sowie Injektionsnarkotikum ohne analget. und muskelrelaxierende Eigenwirkung. Während der Narkose-Einleitung vagale Reflexaktivierung, Herz- und Atemminutenvolumen-Reduktion möglich. Eine intravenöse Applikation setzt daher Reanimationserfahrung voraus. H. sollte als → Hypnotikum aufgrund des höheren Abhängigkeitspotentials und Intoxikationsrisikos, verglichen mit den 1,4-Benzodiazepin-Derivaten (→ Benzodiazepine), nicht mehr zur Anwendung kommen. [2, 7]

Hexokinase f: ein am Kohlenhydratstoffwechsel beteiligtes Enzym, das die Glukose in eine besonders reaktionsfähige Form (Glukose-6-Phosphat) umwandelt. [23]

Hexosamin n: Bindung einer Aminogruppe (-NH_2) an einen Sechserzucker (Hexose). Am bekanntesten sind Glukosamin und Galaktosamin. Kommen u.a. im Speichel als Bausteine der Schleimstoffe vor. [23]

Hexosen (gr.) f pl: → Kohlenhydrate. [23]

Hg: chem. Zeichen für Hydrargyrum, → Quecksilber. [23]

HHL: Abk. für Hypophysenhinterlappen. → Hypophyse. [10]

Hiat|odontie f: → offener Biß. [5]

Hiatus (lat.) m: Öffnung, Spalt. [9]

Hiatus maxillaris m: Öffnung im mittleren Nasengang zur Kieferhöhle. [9]

Hibitane® Dental: antiseptisches Präparat auf der Basis von → Chlorhexidindiglukonat, u.a. zur chemischen Plaquehemmung (→ Plaquehemmung, chemische). Als Lösung mit 0,2% oder als Gel mit 1%. [29]

Hi|dradenitis f: Schweißdrüsenabszeß, bei Säuglingen schubweise universell auftretend, bei Erwachsenen in den Achselhöhlen. Es handelt sich um tiefe, schmerzhafte, entzündliche, eitrig einschmelzende Knoten (→ Staphylokokken). Behandlung: Stichinzisionen, Antibiotika, Röntgentherapie, Exzision der Drüsenpakete. [12]

Highmore-Höhle (Nathanael H., Arzt in Sherburn, Dorsetshire, *1613, † 1685): → Kieferhöhle. [9]

High speed (engl.) f: hohe Geschwindigkeit → Bohren, hochtouriges. [21]

Hilfe|leistung: → Delegation. [24]

Hilfsbetrieb: Betrieb, der einem anderen Betrieb dient und mit ihm verbunden ist. Handwerksrechtlicher Begriff, der für das → Praxislabor als Teil der Praxis relevant ist. Liegt ein H. vor, ist keine Eintragung in die Handwerksrolle erforderlich. Der H. darf nur für die Praxis selbst tätig werden. Besteht eine Laborgemeinschaft, kann es sich daher nie um einen H. handeln. [24]

Hilfselemente n pl: an kieferorth. Apparaturen angebrachte → Federn, Dorne und Schlaufen zur Einzelzahnbewegung. [5]

Hilfsmittel: Leistungsgegenstand der gesetzlichen Krankenversicherung. Das H. muß dazu dienen, einer drohenden Behinderung vorzubeugen, den Erfolg der Heilbehandlung zu sichern oder eine körperliche Behinderung auszugleichen. Es muß dazu geeignet sein, den Heilungsprozeß zu unterstützen. Die Verordnung von H.n für sozialversicherte Patienten gehört zur vertragszahnärztlichen Versorgung (§ 2 Abs. 1 BMV-Z). [24]

Hill's Stopping (Asa H., Za., Norwalk, Connecticut, *1815, † 1874) m: ein 1848 in den USA auf den Markt gebrachtes Füllmittel, bestehend aus → Guttapercha, in die Ätzkalk, Quarz und Feldspat (2 : 1 : 1) hineingeknetet waren. Erst allmählich erkannte man, daß das weltweit verbreitete Präparat nur für provisorische Füllungen brauchbar war. [1]

Hilus (lat.) m: Vertiefung an der Oberfläche eines Organs, wo Gefäße, Nerven und Ausführungsgänge strangförmig ein- oder austreten, z.B. an den Lungen, der Niere u.a. [9]

Himbeer|zunge: hochrote Zunge mit geschwollenen Papillen, bes. bei Scharlach am 3.-5. Krankheitstag (vorher ist die Zunge wie bei den meisten anderen Infektionskrankheiten belegt). [20]

Hinge|axis (engl.) f: → Scharnierachse. [4]

Hinken, inter|mittierendes: → Claudicatio intermittens. [20]

Hintergrund|verlauf: in der → Sachfotografie häufig angewandte Hintergrundvariante, die einen Farb- und/oder Helligkeitsverlauf zeigt. Ein H. wird durch vorgefertigte Verlaufkartons oder durch eine spezielle Beleuchtungstechnik erzeugt. [17]

Hinterhaupts|bein: → Os occipitale. [9]

Hinterstränge des Rücken|marks: die sensiblen Leitungsbahnen des Rückenmarks, verbinden die sensiblen Spinalganglien mit den

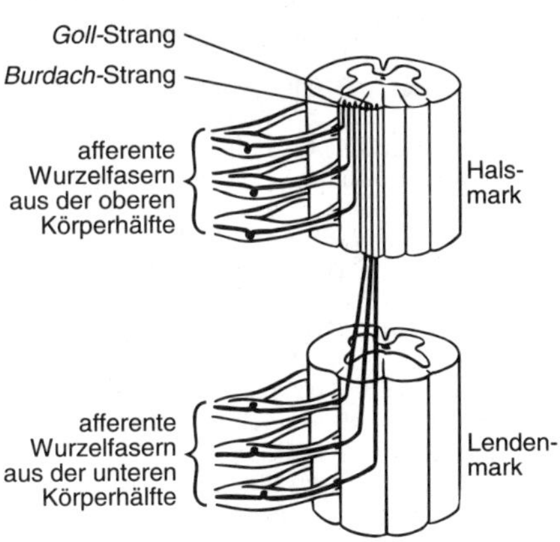

Strangkernen im verlängerten Mark (→ Medulla oblongata). Sie gliedern sich in den medialen *Goll-* und lateralen *Burdach*-Strang. Vermitteln die Berührungsempfindung und die Wahrnehmung des eigenen Körpers, während Schmerz- und Temperaturempfindung über die Seitenstränge des Rückenmarks zentralwärts geleitet werden (Abb.). Hinterstrangdegeneration bei → Tabes dorsalis. [9]

Hippel-Lindau-Krankheit (Eugen v. H., Göttingen, *1867, † 1939; Arvid L., Pathol., Lund, *1892, † 1958): angeborene familiäre Kombination von Hämangiomen der Haut mit Wucherungen der Gefäße von Schädelkapsel und Retina. Vgl. Genodermatosen, Phakomatosen. [12]

Hippokrates-Hand|griff (Hippokrates, griech. Arzt, Insel Kos, *460 v. Chr., † 366 v. Chr.): Methode zur Reposition der Kiefergelenke bei Luxation. [16]

Hippokrates-Verband: → Mitra Hippocratis. [2, 20]

Hirn: Kopfanteil des Zentralnervensystems. [9]

Hirn|anhang|drüse: → Hypophyse. [9]

Hirn|atrophie f: mit Schrumpfung der Hirnrinde einhergehendes, im mittleren und höheren Alter auftretendes Syndrom, häufig mit dementieller Entwicklung, selten mit neurologischen Auffälligkeiten. Oft finden sich aber auch als computertomographischer Zufallsbefund ausgeprägte H.n ohne psychopathologische oder neurologische Symptomatik. Diagnostisch unspezifisch; neben der senilen H. treten auch sklerotisch oder toxisch bedingte Formen auf. Besondere Bedeutung hat die H. bei präseniler Demenz (→ *Alzheimer*-Krankheit, → *Pick*-Krankheit). [33]

Hirn|blutung: → Apoplexie. [20]

Hirn|häute: → Meninges. [9, 20]

Hirn|haut|entzündung: → Meningitis. [9, 20]

Hirn|nerven m pl: jeder der 12 Nerven, die das Gehirn innerhalb der Schädelhöhle verlassen (Abb. s. S. 322). Sie werden durch römische Zahlen gekennzeichnet: I. Nn. olfactorii; II. N. opticus; III. N. oculomotorius; IV. N. trochlearis; V. N. trigeminus; VI. N. abducens; VII. N. facialis; VIII. N. vestibulocochlearis; IX. N. glossopharyngeus; X. N. vagus; XI. N. accessorius vagi; XII. N. hypoglossus. [9]

Hirn|schädel: Cranium cerebrale. [9]

Hirn|schale: Calvaria. [9]

Hirn|stamm: Stammhirn, Truncus cerebri; Sammelbegriff für Mittelhirn, Brücke und Medulla oblongata, umgeben von den Großhirnhemisphären und vom Kleinhirn. [9]

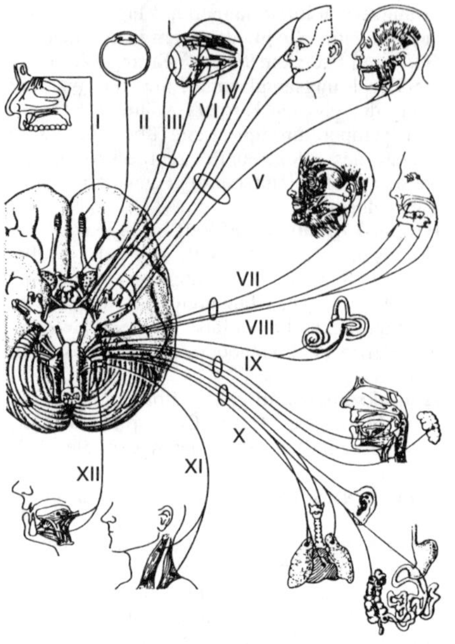

Hirnnerven [78]

Hirsch|geweih: Hilfsmittel zur Fixierung des frakturierten Oberkiefers am Schädeldach. An einem typischen Drahtschienenverband des Oberkiefers werden zwei Bügel starr befestigt, die

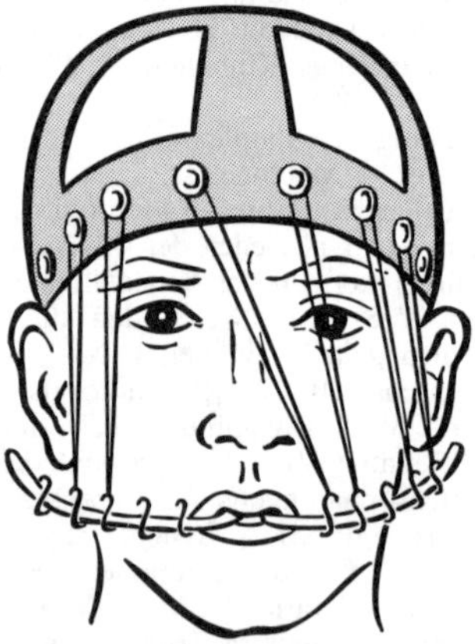

um die Mundwinkel herum nach außen und hinten an den Wangen verlaufen. Diese werden durch Gummizüge mit einer Kopfkappe verbunden (Abb.). Heute durch Osteosyntheseverfahren (→ Osteosynthese) ersetzt. 2

Hirst-Test (Georg K. H., Mikrobiol., New York, *1909) m: Hämagglutinationshemmtest; Hühnererythrozyten werden von Grippeviren agglutiniert. Das → Hämagglutinin wird durch Immunkörper des menschlichen Serums bei Infektion mit Grippeviren je nach Antikörpertiter neutralisiert. 8

Hirsutismus (lat.) m: eine dem männlichen Behaarungstyp entsprechend verstärkte Sexual-, Körper- und Gesichtsbehaarung bei Frauen. Ursachen: ovarielle Störungen, Nebennierenstörung (*Cushing*-Syndrom), aber auch idiopathisch. Vgl. Hypertrichose. 20

Hirten|stab: Gerät zur Entfernung festsitzenden Kronenersatzes mittels Hammer (Abb.) oder ein auf dem Stab gleitendes Gewicht. 4

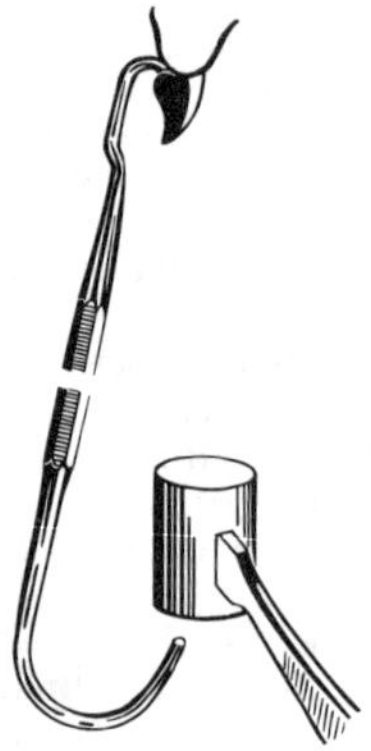

His-Bündel (Wilhelm H., Intern., Berlin, *1863, † 1934): → Reizleitungssystem des Herzens. 9

Histiocytosis X f: Oberbegriff für Sonderformen der malignen Retikulose: 1. solitäres eosinophiles (Knochen-)Granulom; 2. *Hand-Schüller-Christian* Krankheit; 3. *Abt-Letter-Siwe*-Krankheit. Dabei soll das eosinophile Granulom die lokalisierte Form, die *Abt-Letter-Siwe*-Erkrankung eine akute disseminierte Form mit extraskelettaler Manifestiation und der Morbus *Hand-Schüller-Christian* eine chronische Form repräsentieren. Die Zusammenfassung dieser drei Erkrankungen ist bis heute umstritten, da sie eine völlig unterschiedliche Prognose und ein unterschiedliches Bild aufweisen. 32

histio|id (gr.): gewebsähnlich; Tumoren sind Neubildungen von nur einer Gewebsart, bei denen also Parenchym und Stroma gleiche Zellstruktur aufweisen, wie z.B. die Gewächse der Bindegewebsreihe (Fibrom, Osteom, Sarkom u.a.), im Ggs. zu den organoiden Tumoren, die sich aus Gerüstmasse und Parenchym organartig zusammensetzen. [32]

Histio|zyten m pl: ortsständige → Makrophagen. [9]

Histio|zytom n: intrakutanes → Fibrom; häufig vorkommende, in der Haut gelegene, flach erhabene, bräunlich-graue etwa linsengroße solitäre Knoten, die sich reaktiv nach kleinen Traumen, wie Insektenstichen, entwickeln können und feingeweblich u.a. Histiozyten aufweisen. Therapie: Exzision. [12]

Histio|zytose f: gutartige oder reaktive Vermehrung (Phagozytose) von Histiozyten im Gewebe bzw. ihr Vorkommen im Blut (als Blutmakrophagen, → Monozyten). [32]

Histio|zytose, maligne f: seltene, systemische, progrediente Erkrankung, die durch fortschreitende Proliferation atypischer Histiozyten charakterisiert ist. Die Tumorzellen leiten sich von Makrophagen in versch. Stadien ihrer Differenzierung her. Systemische Organmanifestationen (Lymphknotenschwellungen, Hepatosplenomegalie, gelegentlich Hautinfiltrate); schlechte Prognose. [32]

Histo|acryl n: Gewebekleber aus Cyanoacrylat.[2]

Histo|genese f: Entwicklung der embryonalen Gewebe zu ihrer endgültigen Gestalt. [9]

Histo|gramm n: grafische Darstellung von Verteilungen, z.B. der Häufigkeit oder der Prozentwerte, in Form eines Balkendiagramms. Dabei entspricht die Länge des Balkens der Häufigkeit oder dem Prozentwert. [26]

Histo|kompatibilität f: Gewebeverträglichkeit von Spender- und Empfängergewebe, wird vor Transplantationen geprüft. Beruht im wesentlichen auf Übereinstimmung der Leukozytenantigene, → HLA. [8]

Histo|logie f: Gewebelehre, Lehre vom mikroskopischen Bau der Gewebe. [9]

Histo|lyse (gr.) f: degenerative Auflösung eines Zellgefüges; i.w.S. der physiol. oder pathol. Abbau oder die Einschmelzung (z.B. durch eitrige Prozesse) eines Gewebes. [32]

Histo|patho|logie f: Teilgebiet der pathol. → Anatomie, die sich mit den krankhaften Veränderungen der Zellen und Gewebe befaßt. [32]

Histo|plasmose f: seltene, meist außereuropäische, generalisiert verlaufende inhalative Pilzinfektion, die neben mächtigen Lymphknotenschwellungen unter Fieber Haut und innere Organe befällt, granulomatöse Wucherungen und Abszesse bildet; im Nasen-Rachenraum kann es durch ulzerösen Zerfall zu tiefgreifenden Zerstörungen kommen. Erreger: Histoplasma capsulatum. [12]

Hitz|schlag: unter extremen Klimabedingungen auftretendes Syndrom, gekennzeichnet durch Erschöpfung und verschiedene Grade von Kreislaufregulationsstörungen, generalisierte Kapillarschädigung durch Wärmestauung, Verhinderung der Wärmeabgabe bei abnorm großer Wärmezufuhr und pathologische Erhöhung der Körpertemperatur. Klinik: besonders durch Gehirnödem bestimmte komatöse, delirante und epileptische Erscheinungen. Therapie: Abkühlung, Beherrschung des akuten Kreislaufversagens durch Flüssigkeits- und Kochsalzzufuhr, Injektion isotoner Lösungen, Kreislaufanaleptika. [20]

HIV: Abk. für humanes Immundefizienz-Virus. Erreger des → AIDS. Humanpathogenes Retrovirus, das ähnlich wie Hepatitis-B- und -C-Viren durch Geschlechtsverkehr und invasiven Kontakt zu infizierten Körperflüssigkeiten, besonders Blut, übertragen werden kann. Die akute HIV-Infektion verläuft meist mit einem mononukleose-ähnlichen Krankheitsbild und führt erst nach jahrelangem Verlauf bei einem unbekannten Teil der Infizierten zu → AIDS. Dermatolog. Frühsymptome: faziale seborrhoische Dermatitis, rubeoloartige Exantheme und Enantheme wenige Wochen nach Infektion, mukokutane opportunistische Infektion, rezidivierender oder persistierender Herpes simplex im Oro- und Anogenitalbereich. Generalisierter persistierender → Herpes zoster; orale leukoplakieartige Veränderung (oral hairy leukoplakia); weiterhin Verrucae vulgaris, Condylomata acuminata, bowenoide Genitalpapulose, Mollusca contagiosa. Bisher keine Therapie möglich. Da HIV durch alle gängigen Desinfektionsmittel zuverlässig abgetötet wird, bestehen zusammen mit allgemeinen Infektionsschutzmaßnahmen sehr gute Prophylaxemöglichkeiten; → HIV-Infektionsschutz. [12, 20]

HIV-Infektionsschutz: Das HIV-Virus liegt im Blut und Sperma vor. Infektionsschutz im zahnärztlichen Bereich: Tragen von Handschuhen bei Kontakt mit dem potentiell infektiösen Blut; desgleichen Mundschutz. Bei Blutentnahme Kanüle sofort verwerfen. Bei Infektionsunfall, Nadelstich mit Kanüle und sonstigen Verletzungen wird empfohlen, sofort Retrovir prophylaktisch einzunehmen. Desinfektion 5minütige Behandlung mit 20%igem Alkohol; Glutaraldehyd 0,0125% über 30 min bei 56 °C.

Verhalten bei Verletzungen (mit möglicherweise

HIV-infiziertem Material):
1. Wunde desinfizieren
2. wenn möglich, Blut auspressen
3. Wunde erneut desinfizieren
4. Unfallhergang melden und protokollieren
5. HIV und Hepatitis-Status des Patienten feststellen
6. D-Arzt aufsuchen
7. Antikörperstatus sofort und nach 3, 6 sowie 12 Monaten überprüfen. 12

HIV-Verlaufs|formen: Unterteilung in folgende Stadien: 1. akute Phase; mononukleose-ähnliches Bild 3 Wochen bis 3 Monate nach Infektion (Diarrhöen, Exantheme, Muskelschmerzen, Enzephalitis). Abklingen dieser Symptome nach Tagen bis 4 Wochen; 2. asymptomatische Phase (Lymphadenopathie-Syndrom, LAS), die Monate bis Jahre beträgt, mit generalisierter Lymphknotenschwellung und schließlich stetigem Rückgang der T-Helferzellen; 3. symptomatische HIV-Infektion (AIDS related complex, ARC). Charakterisiert durch Fieber, Diarrhöen, anhaltenden Gewichtsverlust sowie besondere Anfälligkeit gegenüber bakteriellen und viralen Infektionen; 4. schwerer Immundefekt als AIDS mit klinisch manifesten Infektionen wie Pneumozystis carinii Pneumonie, ZNS Toxoplasmose, Cryptosporidiose, Cryptokokken-Meningitis, Aspergillose, Candidiasis. Pathogenese: Die Bindung von HIV an CD_4-Rezeptoren tragende Zielzellen wie T-Helfer-Lymphozyten, Makrophagen und *Langerhans*zellen verursacht direkt eine Funktionsschwäche bis zum völligen Erlöschen der zellvermittelten Immunabwehr. Indirekt ist damit eine Stimulation von Suppressor-T-Zellen und eine Stimulation von B-Lymphozyten mit Bildung von Antikörpern und Entwicklung von Autoimmunphänomenen verbunden. 12

HK: Abk. für → *Knoop*-Härteprüfung. 4

HKP: Abk. für → Heil- und Kostenplan. 25

HLA: Abk. für **h**uman **l**eucocyte **a**ntigen (engl.); Transplantations-Antigene; finden sich an Membranen von Leukozyten und an kernhaltigen Zellen gebunden; für Transplantatabstoßung verantwortlich. Bestimmung der HL-Antigene erfolgt zur Feststellung der → Histokompatibilität von Spender- und Empfängergewebe. 8

Hoch|druck: → Hypertonie. 20

Hoch|labial|bogen: ein erstmals von *Lloyd Steele Lourie* 1918 verwendeter Außenbogen in Stärke von 0,9-1,0 mm aus Goldplatindraht (heute aus 0,7-0,8 mm starkem Stahldraht), der gleich dem → Lingualbogen von *Mershon* als Grundbogen hauptsächlich der Träger für sehr zarte vertikale Fingerfederchen (0,4-0,5 mm) oder einen Außenbogen ist und zur Beeinflussung der Front sowie einzelner Zähne von außen nach innen dient. Auch ist er durch Anbringung von

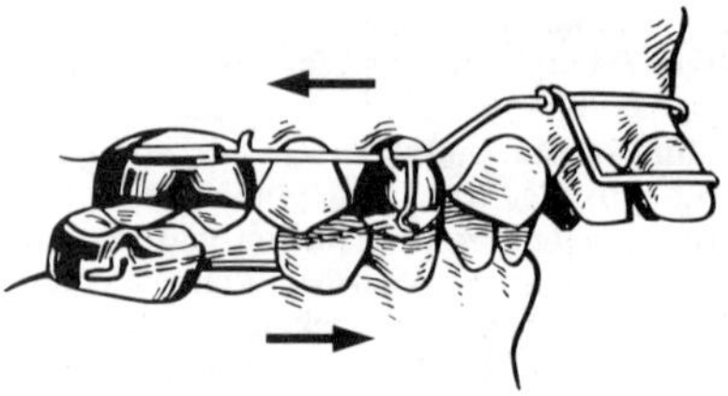

Dornen an seinen bajonettförmigen Abbiegungen zur Aufnahme von → Gummizügen geeignet, so daß Bißverschiebungen durchgeführt werden können. Er verläuft vom Molarenband aus zunächst an den Seitenzähnen entlang den Zahnhälsen, um etwa vom 1. Prämolaren an über die gesamte Front in etwa dreiviertel der Wurzelhöhe zu verlaufen (Abb.). Der H., kombiniert mit dem Lingualbogen, ergab als *Mershon-Lourie*-Einheitsgerät den Ausgangspunkt für zahlreiche Abwandlungen fester Behelfe in der modernen biomechanischen Orthodontie. Vgl. *Mershon*-Methode. 5

hochmolekular: Eigenschaft von Substanzen hohen Molekulargewichts, makromolekular; nach *Staudinger* alle chemischen Verbindungen, deren Moleküle durch eine große Anzahl von Hauptvalenzen miteinander verknüpft sind. Begriff ist nicht gleichbedeutend mit → hochpolymer, obwohl oft als Synonym benutzt, da es hochpolymere Verbindungen gibt, bei denen der Nachweis von Hauptvalenzen große Schwierigkeiten bereitet. 23

hochpolymer: Polymere hohen Molekulargewichts, natürliche oder synthetische Verbindungen, die aus einer großen Anzahl von gleichen oder gleichartigen Grundmolekülen aufgebaut sind. Im strengen Sinne nicht identisch mit → hochmolekular. 23

Hochspannung: hohe elektrische Spannungen, besonders solche über 1.000 → Volt, gemessen in Kilovolt (kV). 1 kV = 1.000 Volt. Dental-Röntgenapparate arbeiten meist mit 30-50 kV, Elektronenmikroskope mit 5-50 (Raster-E.) bzw. 60-200 kV (Transmissions-E.). 10

Hochstand von Zähnen: → Supraokklusion. 5

höchsttourig: → Drehzahlbereich von 40.000 bis 250.000 min^{-1} bei der Anwendung von → rotierenden Instrumenten in der Zahnarztpraxis und im Dentallabor. 21

Hochthermophile pl: sporenbildende Bakterien des Bodens, die hohe Temperaturen lieben und vertragen. Sie werden med. außer acht gelassen, da die Sporen bei Körpertemperatur nicht auskeimen können (erst oberhalb 50 °C). Kultursporen des in diese Gruppe gehörenden Bacillus stearothermophilus werden als biologischer Sterilitätsindikator verwendet. 8

Höcker|bezeichnungen: → Trituberkulartheorie. 30

Höcker-Fissuren-Biß: Höckerverzahnung, Interkuspidation; normale Bißform (→ Neutralbiß, *Angle*-Klasse I), bei der die Zähne des Oberkiefers gegenüber denen des Unterkiefers im Seitenzahnbereich um einen halbe Zahnbreite distal stehen, so daß die Höcker der oberen Zähne in entspr. Fissuren der unteren beißen. Besteht auch bei Verlagerung um eine volle → Prämolarenbreite nach mesial oder distal (*Angle*-Klassen III und II). Vgl. *Angle*-Klassifikation. 5

Höcker-Fossa-Verzahnung: das Aufeinandertreffen von Höckern und korrespondierenden Vertiefungen der Kauflächen beim Kieferschluß. Durch Größenunterschiede oberer und unterer Zähne kommt es zur Verschiebung der Zahnreihen gegeneinander. Vgl. Interkuspidation, habituelle/maximale. 30

Höcker-Höcker-Biß: Aufeinandertreffen der Höckerspitzen der Prämolaren und Molaren im Schlußbiß, meist bei singulärem Antagonismus und kombiniert mit → Kantenbiß im Frontzahnbereich. Angeboren oder erworben. Vgl. Antagonismus, singulärer. 5

Höcker|schutz: Schutz eines oder mehrerer besonders belasteter Zahnhöcker durch überdekken (Überkuppeln) mit einer → Einlagefüllung, um Abbrechen des Höckers zu vermeiden. H. erfordert Kürzung des Höckers, um genügend Platz zu schaffen, und empfiehlt sich besonders bei → avitalen Zähnen wegen erhöhter Bruchgefahr. Vgl. Onlay. 1

Hoden: männliche Keimdrüse, Gonade, Testis, Testikel. → Testes. 9

Hodgkin-Krankheit (Thomas H., Pathol., London, *1798, † 1866): → Lymphogranulomatose. 32

Hoe (engl.) n: Bez. für hakenförmig gestaltete Handinstrumente zum Entfernen von → Zahnstein. 1

Höhen|abbau: horizontaler Knochenabbau; Form des Knochenabbaus bei → Parodontopathien, wobei sich der knöcherne Alveolarfortsatz in einer Ebene senkrecht zur Zahnachse apikalwärts verlagert, er verliert also seine ursprüngliche Höhe. Bei entzündlichen Parodontopathien Folge der Induktion des Knochenabbaus u.a. durch Plaquekomponenten. Wird aber auch beobachtet bei einer als → Alveolaratrophie bezeichneten involutiven, d.h. klinisch mehr oder weniger entzündungsfrei verlaufenden Parodontopathie. 6

hoher Gaumen: gotischer Gaumen, ogivaler Gaumen, Spitzgaumen, Steilgaumen; ausgeprägtes Gaumengewölbe, im Verhältnis von Höhe zu Breite imponiert die Höhe. Zur Unterscheidung zwischen dem rassenmäßig hohen und dem patholog. hohen G. als Teilsymptom eines kieferorthopäd. oder sonstigen Krankheitsbildes (erbl. hämolyt. → Anämie, Akrozephalosyndaktylie, Arachnodaktylie, Arthrogryposis, Dyskraniodysphalangie, Dysostosis mandibulofacialis, Dystrophia brevicollis, Eunuchoidismus, Pterygium-Syndrom) ist der Vergleich von sagittalen und transversalen Werten mit dem erweiterten → Symmetrographen nach *Korkhaus* möglich. 5

Hohl|fräser: Bestandteil des Instrumentariums von → Hohlzylinder- oder Hohlschraubenimplantaten (Abb.). Mit H.n wird das Implantatbett im Knochen so angelegt, daß zentral in der Bohrung ein zylinderförmiger Knochenzapfen stehenbleibt. Vgl. Trepanfräser. 18

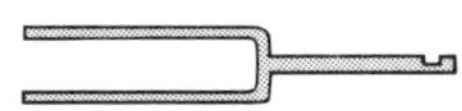

Hohlzylinderfräser [86]

Hohl|kehl|präparation f: Präparation eines Kronenstumpfes mit zervikal ausgekehlter Randgestaltung. Vgl. Pfeilerpräparation. 4

Hohl|kehl|zange: orthod. Spezialzange zum Biegen von Schlaufen. 5

Hohl|sauger: → Saugkammer. 4

Hohl|schrauben|implantat n: → Hohlzylinderimplantat mit zusätzlichem Gewinde zur Steigerung der → Primärstabilität im Knochen (Abb. → Implantatformen). 18

Hohl|sonde: → Rinnensonde. 2

Hohl|vene f: → Vena cava superior und inferior. 9

Hohl|zylinder|implantat n: zylinderförmiges → enossales Implantat mit zentralem Hohlraum, in den ein Knochenzapfen hineinragt (→ Hohlschraubenimplantat). Im Handel sind Einfach- und Mehrfach-H.e, wie z.B. ITI-H., Bonefit-Implantat. Vgl. Implantatformen. 18

Hohn-Kultur f: Züchtung von Tbc-Bakterien aus infektiösem Material auf Eiernährboden (Bebrütungszeit ca. 3-6 Wochen). 8

Hoigné-Syndrom n: während bzw. unmittelbar nach versehentlicher intravenöser Applikation von → Procain-Penicillin Auftreten von Schwindel, Bradykardie, Zyanose, Todesangst, Krämpfen und evtl. Herzstillstand durch Verlegung von Lungen- und Hirnkapillaren und tox. Procain-Plasmakonzentrationen. [7]

Holdaway-Profil|linie (Reed A. H., amerik. Orthod., 1959): Linie, welche die am weitesten vorspringenden Weichteilpunkte von Oberlippe (→ Labrale superius) und Kinn (→ Hautpogonion) berührt (Abb.). Vgl. Profilanalyse. [5]

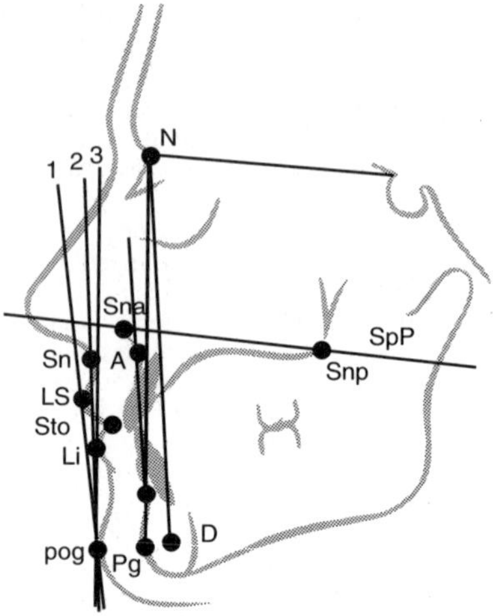

1: *Holdaway*-Linie; 2: Parallele zur Verbindungslinie von Nasion und B-Punkt durch das Hautpogonion; 3: Mundtangente nach *A. M. Schwarz.*

Holdaway-Ratio f: Messung aus der → FRS-Analyse. Nach *Holdaway* muß das Ausmaß der labialen → Protrusion des unteren Schneidezahnes in einem bestimmten Verhältnis zum Kinnvorsprung, bezeichnet durch seinen vordersten Punkt (→ Pogonion), stehen: Beurteilung: 1 : 1 = ideal; 1 : 2 = annehmbar; 1 : 3 = tolerierbar; 1 : 4 = Extraktion. [5]

Holdaway-Winkel: Winkelmessung am → Fernröntgenseitenbild zur Analyse des Weichteilprofils (→ Profilanalyse) unter Bezug auf das knöcherne Profil. Die Schenkel des H.s werden gebildet von der → *Holdaway*-Profillinie und der durch die Kinnspitze (→ Hautpogonion) gelegten Parallelen zur knöchernen Profillinie zwischen → Nasion und → B-Punkt (Abb. → *Holdaway*-Profillinie), der Winkel mißt optimal 7-9°. Der H. wird zum → ANB-Winkel in Beziehung gesetzt und spiegelt so die Prominenz der Oberlippe im Weichteilprofil in Relation zur Knochenstruktur wider. Im Idealfall sollen Ober- und Unterlippe die → Mundtangente berühren: wird der ANB-Winkel größer oder kleiner, so verändert sich auch der H. (wenn auch nicht im gleichen Maße), und das Profil wirkt unharmonisch. [5]

Höllen|stein: → Silbernitrat. [23]

Holo|enzym n: vollständiges Enzym. Die meisten Enzyme bestehen aus dem hochmolekularen → Apoenzym (einem Eiweißkörper) und dem niedermolekularen → Koenzym (häufig ein Vitamin-Derivat), die Verbindung aus Apo- und Koenzym heißt H. Einzeln sind die Komponenten unwirksam. Es gibt Enzyme, z.B. Pepsin, bei denen keine Koenzyme benötigt werden. [23]

Holo|ferment n: → Holoenzym. [23]

holo|graphische Inter|fero|metrie f: → Interferometrie, holographische. [31]

Holundermark®: Medikament zur → Devitalisation der → Pulpa dentis; Wirkstoff: → Arsenik. [34]

Holzknecht-Raum (Guido H., Rö., Wien, *1872, † 1931): röntgenologisch darstellbarer Raum zwischen Herz und Wirbelsäule. [14]

HOME-Methode f: HOME: Abk. für hand-over-mouth-exercise (Hand-auf-den-Mund-Technik); Methode zur Verbesserung der Kooperationsbereitschaft bei behandlungsunwilligen Kindern. Der Arzt legt sanft, aber bestimmt die Hand auf den Mund des Patienten und verspricht, sie zu entfernen, wenn der Patient seine Bereitwilligkeit zur Mitarbeit signalisiert. Oft sind Wiederholungen notwendig. [29]

Homo: Mensch, Gattung der Hominiden (Menschenartigen). H. erectus (aufrecht) heidelbergensis: → Heidelberger Kiefer. H. sapiens: die seit etwa 300 000 Jahren auftretende Gattung Homo mit aufrechtem Gang und handwerklichen Fähigkeiten. H. sapiens praeneanderthalensis: → Ehringsdorfer Kiefer. H. sapiens neanderthalensis: Neandertaler. H. sapiens sapiens (oder sapiens recens): heutige Form des Menschen. [34]

Hom|odontie f: Isodontie; Bezahnung mit gleichartig geformten Zähnen z.B. bei Amphibien und Reptilien. [30]

homo|gen (gr.): gleichartig, von derselben Beschaffenheit. [4]

homo|log: gleichwertig; bei Transplantaten: von der gleichen Spezies stammend. Gegensatz: heterolog. [18]

Homöo|plastik f: Transplantation von Gewebe der gleichen Spezies. → Plastik. [2]

homöo|polare Verbindungen: durch Elektronen-Paarverbindungen aufgebaute chem. Verbindungen. Hierzu gehört die Mehrzahl der organischen Verbindungen. 23

Homöo|stase f: Aufrechterhaltung des dynamischen Gleichgewichts der Regulationen im Organismus durch Konstanz der Wasserstoffionenkonzentration in den Körperflüssigkeiten. 20

Homo|sexualität f: sexuelles Verhalten mit Erregung durch Personen des gleichen Geschlechts bzw. Orientierung zum gleichen Geschlecht, auch Erprobungsverhalten in der Pubertät. Gewahrwerden eigener manifester H. wird als „Coming out" bezeichnet. Etwa ein Viertel der Frauen macht irgendwann lesbische Erfahrungen; homoerotische Erfahrungen bei Männern sind etwa doppelt so häufig. Manifest homosexuelles Verhalten liegt bei 5% der Frauen und 5-15% der Männer vor (höhere Promiskuitätsraten beim Mann). 13

homo|zygot: gleichen Erbanlagen (→ Allelen) entstammend. 3

Honorar|berichtigung: Verwaltungsakt der → Kassenzahnärztlichen Vereinigung im Rahmen ihres gesetzlichen Auftrags zur Gewährleistung der Ordnungsmäßigkeit der vertragszahnärztlichen Versorgung. Eine H. kann sich auf rechnerische Fehler, Abrechnungsfehler bzw. falsche Auslegung der Abrechnungspositionen oder nicht bzw. nicht voll erbrachte Leistungen beziehen, erfolgt aber auch aufgrund vorangegangener anderer Verfahren wie vor dem → Prothetik-Einigungsausschuß oder Instanzen der Wirtschaftlichkeitsprüfung. 24

Honorar|feststellung: Verwaltungsakt gegenüber dem Zahnarzt auf der Grundlage des → Honorarverteilungsmaßstabes. Gegen die H. ist Widerspruch und ggf. Klage beim → Sozialgericht möglich. 24

Honorar|vereinbarung: privatrechtlicher Vertrag zwischen Zahnarzt und Patient. Für das Zustandekommen gelten die Voraussetzungen privatrechtlicher Verträge nach dem BGB. Nach der → Gebührenordnung für Zahnärzte ist die H. auf einem Formular abzuschließen, das keine anderen Zusätze enthält und in dem darauf hingewiesen wird, daß das vereinbarte Honorar möglicherweise von der Versicherung bzw. → Beihilfe nicht voll erstattet wird. Ist nach der GO-Z auf die Vereinbarung einer höheren Gebührenspanne beschränkt. 24

Honorar|verteilungs|maßstab: satzungsmäßige Regelung der → Kassenzahnärztlichen Vereinigung im Benehmen mit den Landesverbänden der Krankenkassen. Der H. ist Grundlage für die Verteilung der → Gesamtvergütung an die Vertragszahnärzte. Dies erfolgt im zahnärztlichen Bereich nach Einzelleistungen. Ferner kann der H. regeln: berechnungsfähige Leistungen, Rechnungserstellung (Termine), Modalitäten der Berichtigung, Verwaltungskosten, Beiträge, Zahlungstermine etc. Der H. kann vom → Sozialgericht auf Rechtmäßigkeit überprüft werden. 24

Hooke-Gesetz (Robert H., Physiker, Oxford, *1635, † 1703) (1679): besagt, daß die Dehnung eines elastischen Körpers der Belastung proportional ist. 4

Hordeolum (lat.) n: Gerstenkorn, Lidrand-Anschwellung durch Entzündung eines Haarbalges. Vgl. Chalazion. 12

Hör|gerät: Hörapparat; bei fortgeschrittener (Alters-)Schwerhörigkeit einsetzbare apparative Hörhilfe, mit der zum Ohr gelangender Schalldruck elektroakustisch verstärkt wird. 27

Horizontal|atrophie, par|odontale f: → Höhenabbau. 6

Horizontal|biegungen: Biegungen 1. Ordnung; Biegungen in der Behandlungstechnik mit festsitzenden kieferorthopädischen Apparaturen nach dem → Idealbogenkonzept. Die H. dienen zur Kompensation der unterschiedlichen labiolingualen Zahnbreiten. Man unterscheidet das → Inset, das → Offset und das → Toe-in. Offset und Toe-in am Bogenende werden auch als → Bajonettbiegung bezeichnet. Vgl. Edgewise-Technik. 5

Horizontal|drift: → Mesialdrift. 30

Horizontal|ebenen: → Frankfurter Horizontalebene, → Französische Horizontalebene. 5

Hör|knöchelchen: → Gehörknöchelchen. 9

hormonal (gr.): hormonell; auf → Hormone bezüglich, durch diese ausgelöst. 10

Hormone (gr.) n pl: spezifische organische Stoffe, die, von bestimmten Organen oder spezifischen Geweben gebildet, über Blut, Liquor oder nerval an den Wirkungsort gelangen. Bildung in den inkretorischen Drüsen (→ Inkretion). Man kennt auch Gewebs-H. (Histamin, Serotonin) mit Beeinflussung bestimmter Zellsysteme. Chem.: entweder → Steroide oder → Aminosäure bzw. Eiweißabkömmlinge (→ Eiweiß). Wirkungsmechanismen: Stoffwechel, Morphogenese, Geschlechtsentwicklung und Reproduktion, Entwicklung des Nervensystems, Abwehr und Anpassung. Glandotrope H. wirken auf die Sekretion anderer inkretorischer Drüsen. Bildung im hypothalamisch-hypophysären-System (z.B. Stimulierung der Nebennierenrinde durch Kortikotropin in Form eines Rückkoppelungsmechanismus). Vgl. Neurohormone. 23

Horner-Syndrom (Johann H., Ophth., Zürich, *1831, † 1886) n: durch Enophthalmus (Zurücksinken des Augapfels), Ptosis (Lidspaltverengung durch Herabhängen des Oberlides) und Miosis (Pupillenverengung) charakterisierte Trias bei Schädigung des Halsteiles des → Sympathikus durch Tumoren, Struma oder bei Blockade des → Ganglion cervicothoracicum (stellatum). 33

Horn|haut des Auges: → Kornea. 9

Horn|haut|entzündung: → Keratitis. 12

Horn|haut|reflex m: → Kornealreflex. 10

Horn|perle: kugelige, meist zwiebelschalenartig geschichtete Verbände von verhornten Plattenepithelien beim verhornenden Plattenepithelkarzinom (Verhornung als Zeichen eines hohen Differenzierungsgrades). 32

Horn|zähne: unechte Zähne im Mundtrichter und auf der Zunge bei Zyklostomen, zu denen die einheimischen Neunaugen zählen, am Lippenrand bei Amphibienlarven oder im Schlund und in der Speiseröhre bei der Lederschildkröte. 30

Hör|rohr: → Stethoskop. 19

Horror auto|toxicus m: von *P. Ehrlich* aufgestelltes Postulat, daß die immunolog. Abwehr sich nie gegen körpereigene Antigene richtet. Dieses Konzept wurde erst durch Kenntnis der Gesetzmäßigkeiten der → Immuntoleranz korrigiert. 8

Hör|stummheit: Audimutitas; nach dem 3. Lebensjahr fortbestehende Stummheit trotz gesunden Gehörs und durchschnittlicher Intelligenz, welche sich nicht auf eine Gehirnkrankheit zurückführen läßt. Es handelt sich um vermindertes Sprachvermögen infolge einer schweren körperlichen Asthenie, um sprachliche Rückständigkeit bei Vernachlässigung des Kindes, um konstitutionell verzögerte Sprachentwicklung und/oder um die akustische → Agnosie. 19

Hör|sturz: akute Ertaubung; spontane Schallschwerhörigkeit mit Ohrensausen aufgrund von Störungen der Mikrozirkulation. 27

Hortega-Zellen (Pio del Rio H., spanischer Histol., *1882, † 1945) f pl: Mikrogliazellen; → Neuroglia. 9

Horton-Syndrom n: → Bing-Horton-Syndrom. 33

Hospital (lat.) n: Krankenhaus, besonders im Sinne von Spital, Alters- und Pflegeheim. 24

Hospital|brand: Hospitalgangrän; früher in Krankenhäusern auftretende Wundinfektionen wie → Gasödem, Streptokokkensepsis u.a. 8

Hospitalisierung f: zwangsweises Einweisen in Krankenanstalten bei Infektionskrankheiten, Geisteskrankheiten u.ä. 8

Hospitalismus m: Summe der krankhaften Veränderungen, die als Folge eines Krankenhausaufenthaltes auftreten. Im engeren Sinne gehäuftes Auftreten gleichartiger Erkrankungen in Krankenhäusern, bedingt durch Krankenhausmilieu. Meist als infektiöser H. verstanden: dazu gehörten früher Hospitalgangrän, Puerperalfieber, Wundinfektionen durch Pyozyaneusbakterien (→ Pseudomonas aeruginosa), in neuerer Zeit Eiterungen durch Staphylokokken, Infektionen durch gramnegative Stäbchen; Hospitalismuserreger weisen oft Mehrfachresistenz gegen Antibiotika auf. Psychische Störungen (Depressionen infolge Kontaktarmut, mangelnder Genesungswille) bei längerem Aufenthalt in Anstalten und Heimen, vor allem bei Kindern. 8

Hostacain®: → Butazetoluid. 2

Hot tip (engl.) f: mit einer Metallkappe versehene Spitze eines → Laserlichtleiters, die durch Absorption der Laserstrahlung aufgeheizt und als „heiße Spitze" u.a. zur Gefäßrekanalisierung eingesetzt wird. 31

Hotz-Methode (Rudolf H., Kieferorth., Zürich, *1905, † 1979) f: → Steuerung des Zahndurchbruchs. 5

Hövels-Peters-Syndrom n: → Dysostosis maxillofacialis. 2

Howe-Wurzel|behandlungs|verfahren (J. Morgan H., Za., New York, *1844, † 1914): Verfahren das auf der Reduktion einer ammoniakal. Silberlösung oder Silbernitrat durch 10%iges Formalin oder Eugenol beruht. Durch den Ag-Niederschlag sollen die Eingänge der Dentinkanälchen verschlossen und eine bessere Desinfektion des Wurzelkanals ermöglicht werden. Der Zahn kann sich verfärben. Unbiologisch, nicht mehr in Gebrauch. 1

Howship-Lakunen (John H., Chir., London, *1781, † 1841) f pl: grubenförmige Vertiefungen im Knochen und an Zahnwurzeln durch die Tätigkeit der → Osteoklasten bzw. → Odontoklasten. 6

How-Verfahren (Woodbury Stover H., Orthod., Philadelphia, *1829, † 1911): Verfahren zur Feststellung eines Größenmißverhältnisses zwischen Zähnen und Wurzelgrund. Bei regelrechter Gebiß- und Kieferentwicklung verhält sich die Summe der mesiodistalen Zahnbreiten von 6 bis 6 zur Breite des in Wurzelspitzenhöhe bei 4 gemessenen harten Gaumens wie 100 : 42 bzw. 45. 3 Gruppen werden angegeben: Gruppe I: 100 : 44 und mehr, Dehnung unnötig, keine Extraktion; Gruppe II: 100 : 37-44, Dehnung oder Distalschub, evtl. Extraktion, Gruppe III: 100 : 37 und darunter, auf jeden Fall Extraktion. 5

How-Zange: kieferorth. Biegezange, eine modifizierte Flachzange mit seitlich verbreiterten Backen zum Falten von Bändern im Munde des Patienten (Abb.). 5

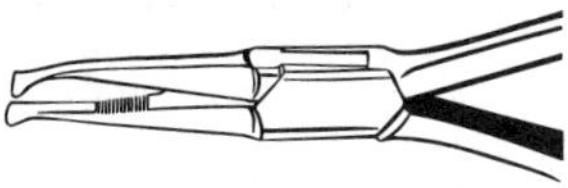

Hp: Abk. für → Haptoglobin. 8
HPD: Abk. für → **H**ämato**p**orphyrin**d**erivate; vgl. photodynamische Therapie. 31
HR: Abk. für → ***R****ockwell*-**H**ärteprüfung. 4
HS: Abk. für → *Shore*-**H**ärteprüfung. 4
Huckaba-Wahrscheinlichkeits|tabelle f: von *Huckaba* 1964 erstellte Tabelle zur Ermittlung des Platzbedarfes für die bleibenden Eckzähne und die Prämolaren (in mm), wenn diese im Bereich der kieferorth. → Stützzone noch nicht durchgebrochen sind. In der H. wird dieser Platzbedarf über eine Korrelation zwischen der SI-OK bzw. SI-UK (→ SI) und der Zahnbogenlänge (→ Zahnbogen), gemessen zwischen den 1. Molaren, ermittelt. Die Korrelation ist jedoch nicht hoch: die in der Tabelle angegebenen Werte sichern in 75% der Fälle ein ausreichendes Platzangebot in der Stützzone, in 25% der Fälle sind die Werte zu gering. Vgl. Gebißanalyse. 5
Hülsen|krone: → Bandkrone. 4
humidus (lat.): feucht, mit Flüssigkeitsabsonderung einhergehend (z.B. Gangraena humida). 32
Humor (lat.) m: Feuchtigkeit, Flüssigkeit; in der alten Med. Bez. für die Körpersäfte. 32
humoral (lat.): in Körperflüssigkeiten enthalten (z.B. Antikörper); Gegensatz: zellulär. Vgl. Abwehrapparat. 8
Humoral|patho|logie f: antike Krankheitslehre, nach der alle Krankheiten auf die fehlerhafte Zusammensetzung des Blutes und anderer Körpersäfte zurückzuführen sind. 32
Hunde|zahn: volkstüml. Bez. für Eckzahn (wegen seiner reißzahnähnlichen Krone), → Dentes canini. 30
Hunter-Schreger-Streifen (John H., Chir., London, *1728, † 1793; Christian Heinrich Theodor S., Med., Halle, *1768, † 1833): → *Schreger*-Streifen. 30
Hunter-Zunge (William H., Int., London, *1861, † 1937): → *Moeller-Hunter*-Zunge. 11
Hunt-Neur|algie (Ramsey H., Neurol., New York, *1874, † 1937) f: einseitige Ohrenschmerzen bei Zoster oticus mit Herpesbläschen im Cavum conchae und im äußeren Gehörgang. Störung im → Ganglion geniculi, evtl. mit Fazialisparese, Tränenträufeln und verstärktem Speichelfluß, oft mit Hör- und Gleichgewichtsstörungen. Virale Erkrankung des N. facialis, N. trigeminus und N. vestibulocochlearis. 33
Hurler-Krankheit (Gertrud H., Päd., München, *1889, † 1965): → Dysostosis multiplex. 2
Husten|synkope f: Auslösung einer → Synkope durch plötzliche abdominelle Druckerhöhung infolge von Husten. 16
Hutchinson-Trias (Sir Jonathan H., Chir., London, *1828, † 1913) n: das pathognomonisch wichtige gleichzeitige Vorkommen der drei für angeborene (konnatale) Syphilis charakteristischen Symptome: Labyrinthschwerhörigkeit, → Keratitis parenchymatosa, → *Hutchinson*-Zähne. → Lues connata. 12
Hutchinson-Zähne: typische Zahnform der oberen, mittleren Incisivi, die bei → Lues connata als Teil der → *Hutchinson*-Trias auftreten kann. Ist charakterisiert duch eigenartige Tonnenform

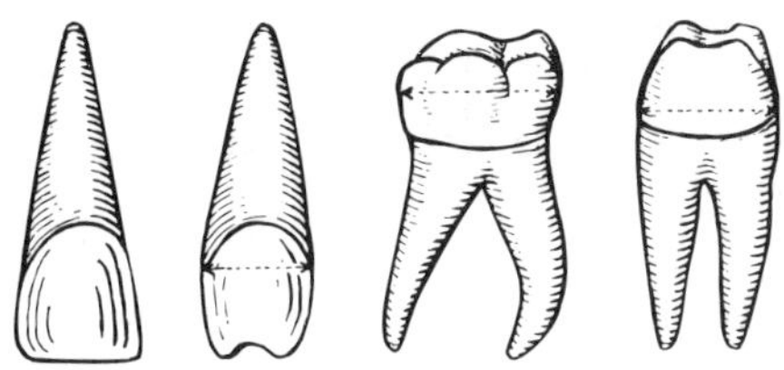

der Zähne und durch halbmondförmige Einbuchtung der Schneide (Abb.). Die entspr. geformten 1. Molaren werden als → *Fournier*-Zähne oder *Sabouraud*-Zähne bezeichnet. 1
Huxley-Epithel|scheide (Thomas H., Anat., London, *1825, † 1895): → Epithelscheide. 6
Huxley-Gesichts|winkel: → *Camper*-Gesichtswinkel. 6
HV: Abk. für → *Vickert*-Härteprüfung. 4
H-Winkel: Abk. für → ***H****oldaway*-Winkel. 5
Hyaline (gr.) n pl: Gruppe von Substanzen (Mukopolysaccharide), deren gemeinsames Merkmal optischer Natur ist (starkes Lichtbrechungsvermögen, heller Glanz im mikroskopischen Bild, strukturlose und gut durchsichtige Beschaffenheit, Färbbarkeit mit sauren Farbstoffen). Bedeutung auf dem Gebiet der zellulären Dystrophien. 20
Hyalinose (gr.) f: Hyalinosis; krankhafte Gewebsveränderungen, die mit Bildung von → Hyalin einhergehen; v.a. bei hyaliner → Degeneration im Bindegewebe (am Grundhäutchen, an retikulären und kollagenen Fasern; mit Verdickung, Aufhellung und Strukturverlust der Einzelfaser). I.w.S. auch die hyaline Umwandlung

eines Blutgerinnsels (hyaliner Thrombus) oder eines Exsudats (Hyaloserositis), die Einlagerung hyaliner Massen infolge örtl. (z.B. Koagulationsnekrose) oder allg. Stoffwechselstörungen (z.B. → Lipoidproteinose). 32

Hyalinosis cutis et mucosae f: → Lipoidproteinose. 12

Hyalinosis mucosae f: → *Urbach-Wiethe*-Syndrom. 11

Hyalo|plasma n: fast glasklare Grundmasse (Matrix) des → Zytoplasmas. 30

Hyaluronidase f: Kinetin®; meist aus Stierhoden gewonnenes, → Hyaluronsäure durch Hydrolyse und Depolymerisierung spaltendes Enzym. Erleichtert und beschleunigt durch Auflockerung der interzellulären Kittsubstanzen die Diffusion und Resorption injizierter Flüssigkeiten. Sog. → „Spreading factor". Wirkungsdauer etwa 12 h. Intraartikulär bei → Kiefergelenkknacken. 23

Hyaluron|säure: wesentlicher Bestandteil der interzellulären Kittsubstanz, ein Mukopolysaccharid, das durch entsprechende mukolytische Enzyme (→ Hyaluronidase) depolymerisiert und hydrolysiert werden kann. 23

Hybridation f: Kreuzung; Erbmischung mit anderem Erbgut. 3

Hybride f und m: Bastard; Nachkomme von artverschiedenen Individuen. 3

Hybrid|komposit n: → Komposit. 1

Hybrid|prothesen f pl: abnehmbare, als Vollprothesen gestaltete Prothesen, die auf mit Stegen verbundenen Wurzelkappen (→ Steggeschiebe), auf → Teleskopkronen oder als → Deckprothese (Cover Denture) abgestützt sind. 4

Hydantoine n pl: Gruppe chem. Pharmaka (Hydantoinderivate) mit ausgeprägter antiepileptischer Wirkung. Nebenwirkungen auf Hämatopoese und Psyche; erzeugen oft → Fibromatosis gingivae oder → Gingivitis hyperplastica. Vgl. Epilepsie. 33

Hyd|arthrose f: Gelenkerguß. 32

Hy|drargyrose f: Merkurialismus; Quecksilbervergiftung; grau-schwärzliche Pigmentierung nach Anwendung quecksilberhaltiger Externa (Bleichmittel) in Haut und Schleimhaut. Vgl. Stomatitis mercurialis, *Kussmaul*-Lackrachen. 11, 12

Hydratation (gr.) n: Bildung von Hydraten (→ Hydrate). 23

Hydrate (gr.) n pl: chem. Verbindungen mit Gehalt an Wasser, das durch Haupt- und Nebenvalenzkräfte gebunden ist (z.B. gelöschter Kalk, $Ca[OH]_2$, im Gegensatz zum gebranntem Kalk, CaO), oder das in Form von Kristallwasser in das Kristallgitter der betreffenden Substanz eingelagert ist (z.B. blaues Kupfervitriol, $CuSO_4 \cdot 5H_2O$). 23

Hydrierung f: Anlagerung von → Wasserstoff an chem. Elemente oder Verbindungen (nicht zu verwechseln mit → Hydratation). 23

Hydrocele colli f: → Kiemengangzyste. 2

Hydro|cephalus: → Hydrozephalus. 32

Hydro|chinon: p-Dihydroxybenzol, wird als Reduktionsmittel (z.B. in fotografischen Entwicklerlösungen) und als Polymerisationsinhibitor (→ Inhibitoren) verwendet. 34

Hydro|genium: Wasserstoff, Symbol H, gasförmiges chem. Element, farb-, geruch- und geschmacklos, doch leicht brennbar; leichtestes Element. H. peroxydatum: Wasserstoff(su)peroxid, H_2O_2, farblose, sirupartige, mit Wasser mischbare Flüssigkeit, die bei Einwirkung von Verunreinigungen, Wärme oder Licht in H_2O und O_2 zerfällt. H. peroxyd. solutum: 3%ige Lösung von H_2O_2. Oxidations- und Desinfektionsmittel, speziell zum Reinigen von Pulpakanälen. H. peroxyd. solutum concentratum: 30%ige Lösung von H_2O_2. Dient als Bleichmittel für verfärbte Zähne. Vgl. Perhydrit. 34

Hydrogen|sulfite n pl: Salze der schwefligen Säure mit einwertigen Metallen (Me^IHSO_3). Die Hydrogensulfite von Kalium und Natrium existieren nur in wäßrigen Lösungen und gehen beim Konzentrieren durch H_2O-Abspaltung in Disulfite (z.B. $Na_2S_2O_5$) über. Hierfür ist die Bezeichnung „feste H." handelsüblich. 7

Hydro|glossa f: → Ranula. 2

Hydro|kolloide n pl: elastische → Abformmaterialien, in Wasser kolloidal dispers verteilt. Sie bestehen aus → Agar-Agar (8-15%), Wasser (70-80%), Zusätzen und Füllstoffen. Wichtige H.e sind in der Zhk. z.B. die Alginat- und Agar-Agar-Abformmassen. Vgl. Abformmaterialien. 1, 4

Hydro|kortison n: Kortisol; wichtigstes physiologisches nicht halogenisiertes → Glukokortikoid für den Menschen. Wirkung entspricht etwa der des → Kortison. Die Unterschiede liegen in der Pharmakokinetik. Lokale Behandlung entzündlicher Hauterkrankungen. 7, 12

Hydro|lasen f pl: → Enzyme, die eine → Hydrolyse bewirken, d.h. Spaltung unter Einlagerung von Wasser, z.B. Spaltung der Peptidbindung. 10, 23

Hydro|lyse f: durch Wasser bewirkte Veränderung, meist Spaltung, chemischer Verbindungen. 23

Hydro|meningo|zele f: → Meningozele. 3

Hydro|mikro|zephalie f: angeborene Kombi-

nation von Wasserkopf (→ Hydrozephalus) mit abnorm kleinem Kopf (Mikrozephalie). [3]
Hydro|morphon: → Opioid-Analgetikum, voller → Opioid-Rezeptor-Agonist (→ Agonist), bei parenteraler Gabe auf Gewichtsbasis ca. 5fach stärker analget. wirksam als → Morphin; orale → Bioverfügbarkeit: 20%; analget. Wirkungsdauer bei Einmalgabe: ca. 2-4 h. Rezeptur unterliegt der → Betäubungsmittel-Verschreibungs-Verordnung. [7]
Hydro|myelo|zele f: → Spina bifida. [3]
hydro|phil: wasserfreundlich, mit Wasser benetzbar bzw. mischbar. [23]
hydro|phob: wasserabstoßend. [23]
Hy|droph|thalmus m: Buphthalmus; angeborene oder frühkindliche Vergrößerung des Augapfels durch Anstieg des Augeninnendrucks, → Glaukom der Kinder. [20]
Hydrops (gr.) m: Wassersucht; Austritt wäßriger Blutbestandteile in die Gewebe (→ Ödem) oder Körperhöhlen ohne Entzündung, verursacht durch Nieren- und Herzleiden (Stauung). [2]
Hydrops der Kiefer|höhle m: Flüssigkeitsansammlung, die beim Verschluß des Hiatus maxillaris durch die Stauung von Sekreten der Schleimdrüsen entstehen und Schmerzanfälle auslösen kann. [2]
Hydro|tropie f: chem. Mechanismus, durch welchen unlösliche organ. Stoffe (höhere Alkohole, Ester, Proteine) durch wäßrige Lösungen von Ammonium- oder Aminsalzen und von organ. Säuren löslich gemacht werden können. Eine Beteiligung am Kariesprozeß ist nicht nachgewiesen. [2]
Hy|droxide n pl: Verbindungen von Metallen mit einer oder mehreren Hydroxyl(OH)-Gruppen, z.B. Natriumhydroxid, NaOH; Magnesiumhydroxid, $Mg(OH)_2$. [23]
Hydroxitryptamin, 5-: → Serotonin. [7, 20]
Hydroxy|äthyl|stärke: Volumenersatzmittel auf Stärkebasis bei Blutverlust. Verweildauer im Kreislauf abhängig vom Molekulargewicht: Plasmasteril® ca. 30 h, Expafusin®, HAES steril 10% ca. 4-6 h. [2]
Hydroxyl|apatit m: Abk. HA; alloplastisches Knochenersatzmaterial als Granulat oder in Blökken, nicht resorbierbar; wichtigster und quantitativ bedeutendster Bestandteil der Hartsubstanz von Knochen und Zähnen. H. hat die allg. Summenformel Ca_{10} (PO_4) $_6OH_2$. Schmelz besteht fast nie aus reinem H. (wegen Einlagerung von Fremdionen). Einbau von Magnesium- und Karbonationen führt zu einem wenig stabilen → Apatit. Fluorideinbau stabilisiert die Apatitstruktur. Vgl. Kieferknochenersatz. [2, 15, 30]
Hydroxyl|apatit|keramik f: Abk. HA-Keramik, chem. eine → Kalziumphosphatkeramik, Zusammensetzung z.B. $Ca_5(PO_4)_3OH$; im Handel als Block oder Granulat erhältlich. Anwendungsbereich: Auffüllen von Knochendefekten, → Augmentation des Kieferkammes; Beschichtung von Metallimplantaten. Poröse H. wird im Ggs. zu kompakter H. durch mehrkernige Makrophagen resorbiert und durch neuen Knochen ersetzt. [18]
Hydroxyl|apatit|keramik|implantation in der Par|odonto|logie f: Auffüllung tiefer parodontaler Knochentaschen mit HA, um eine günstigere Gingivakontur (bessere Pflegemöglichkeiten) und eine Festigung lockerer Zähne zu erreichen. Durch Verringerung des zu regenerierenden Defektes soll z.T. ein → New attachment begünstigt werden. Vgl. Implantation (in der Parodontologie). [6]
Hydro|zele f: Hydrocele; Wasserbruch, seröse Flüssigkeitsansammlung in der Scheidenhaut des Hodens oder des Samenstranges. Prall elastische Geschwulst, mit der Taschenlampe durchleuchtbar, wird operativ entfernt. [20]
Hydro|zephalus m: Wasserkopf; pathol. Erweiterung der Liquorräume. Unterschieden werden Hydrocephalus internus (Erweiterung der Hirnventrikel), Hydrocephalus externus (Erweiterung des Subarachnoidalraumes) sowie Hydrocephalus internus und externus (H. communicans bei erhaltener Verbindung zwischen inneren und äußeren Liquorräumen). Ursachen: 1. Störungen der Liquorzirkulation, z.B. durch Abflußstörungen oder Resorptionsstörungen; 2. primäre → Hirnatrophie mit kompensatorischer Erweiterung der Liquorräume (Hydrocephalus e vacuo). [33]
Hygiene (gr.) f: Gesundheitslehre. Der Teil der med. Wissenschaft, der die Erhaltung der Gesundheit und die Schaffung besserer gesundheitlicher Verhältnisse zum Inhalt hat. [8]
Hygiene|plan: Plan zur Einhaltung von Hygienebestimmungen in der Zahnarztpraxis. Aufgrund der → Unfallverhütungsvorschriften „Gesundheitsdienst" der gewerblichen Berufsgenossenschaften vom 1.10.1982 hat der Zahnarzt einen H. aufzustellen (§ 9). Der BDZ hat hierfür einen Musterplan entwickelt. Diesem liegt die Einteilung zugrunde, was Gegenstand der Wartung sein soll, wie diese Wartung erfolgen soll, womit sie erfolgen soll, wann sie erforderlich ist und wer hierfür verantwortlich bzw. betroffen ist. Der H. ist in der Praxis auszuhängen. Bei Nichtbefolgung trifft sowohl den Zahnarzt als auch das Hilfspersonal entsprechende → Haftung. [24]
Hygrom (gr.) n: **1.** zystisch erweiterter Schleim-

beutel, entstanden auf dem Boden chronischer Traumatisierung oder chronischer Entzündungsprozesse einer Bursa. Meist an exponierten Stellen; häufigste Prädilektionsstellen sind Olekranon, Akromion und Patella. **2.** i.w.S. flüssigkeitsgefüllte Exsudationszyste (Wassergeschwulst) mit glatter od. zottig-warziger Innenwand, evtl. auch mit freien „Reiskörperchen" (Fibrinausfällungen). [32]

Hygroma cysticum colli n: → Hygrom des Halses. Zystisches, angeborenes → Lymphangiom im Bindegewebe des Halses von oft erheblichem Ausmaß. [2]

Hygro|phor n: feuchte Kammer, abgeschlossenes Gefäß, in welchem die Luft durch wassergetränkte Zellstoffstückchen einen erhöhten Feuchtigkeitsgehalt besitzt. Dient dem Aufbewahren von Alginatabdrücken. [4]

hygro|skopisch: Wasser anziehend, Bezeichnung für Substanzen, die Wasserdampf aus der Luft aufnehmen. [23]

Hylin-Müller-Radikal|operation f: → Gingivektomie. [6]

Hyo|id|bogen: 1. Zungenbeinbogen. **2.** → Kiemenbogen, → *Reichert*-Knorpel. [9]

hyo|ideus (gr.): zum → Zungenbein (Os hyoideum) gehörig. [9]

Hyp|algesie f: herabgesetzte Schmerzempfindung. [2]

Hyp|ästhesie f: herabgesetzte Empfindlichkeit. [2]

hyper- (gr.): Vorsilbe, die in Verbindungen ein Übermaß kennzeichnet. Ggs.: → hypo-. [30]

Hyper|akusis f: krankhaft verfeinertes Gehör, z.B. bei Fazialislähmung durch Lähmung des M. stapedius, so daß dessen Antagonist, der vom N. trigeminus innervierte M. tensor tympani, überwiegt. [20]

Hyper|aldo|steronismus m: vermehrte Produktion von Aldosteron, 1. primär durch → *Conn*-Syndrom oder 2. sekundär durch erhöhten Sekretionsreiz bei Ödemkrankheiten mit und ohne → Hypertonie infolge Leberzirrhose (→ Zirrhose), → Rechtsherzinsuffizienz und nephrotischen Syndroms. Hypokaliämische Zustände (→ Hypokaliämie) sind begleitet von Muskelschwächen und -schmerzen bis zu paroxysmalen Lähmungen. [20]

Hyper|algesie f: gesteigerte Schmerzempfindlichkeit als Form der → Hyperästhesie; im Versorgungsgebiet eines sensiblen Nervens oder segmental (→ Head-Zonen). [2, 20, 32]

Hyper|ämie f: vermehrte Blutfülle in einem Organkreislauf oder in einem sonstigen Kreislaufabschnitt; arteriell (aktiv, z.B. durch Muskelarbeit) oder venös (passiv, z.B. bei venöser Abflußbehinderung) bedingt. Reaktive H.: gesteigerte Durchblutung eines Organs, insbes. der Extremitäten, nach vorübergehender Drosselung der Blutversorgung. [32]

Hyper|ämie der Pulpa f: reversible präinflammatorische Irritation der Pulpa mit arterieller Blutüberfüllung durch physikalisch-chemische, thermische oder infektiös-toxische (Karies) Reize. Vgl. Pulpitis dentium. [1]

Hyper|ästhesie f: Überempfindlichkeit; gesteigerte Erregbarkeit der Gefühls-, evtl. der Sinnesnerven. H. des Dentins: → Hypersensibilität. [1]

Hyper|balancen f pl: Störkontakte auf der Balanceseite, → Balancekontakte, → Okklusion, traumatische. [4]

Hyper|cholesterin|ämie f: Störung des Cholesterinstoffwechsels mit erhöhten Cholesterinwerten bei Cholesterinüberproduktion (z.B. Adipositas) und bei qualitativer Fehlernährung (erhöhte Zufuhr von gesättigten Fetten und → Cholesterin). Vgl. Risikofaktoren. [20]

hyper|chrom: überstark gefärbt, z.B. h.e Erythrozyten. [20]

HYPERCON: → Expertensystem zur Diagnostik und Therapie bei Bluthochdruck (Hypertension). H. wurde von *Heller* und *Kaufmann* am Wissenschaftszentrum der IBM in Heidelberg zur Demonstration entwickelt. H. hat eine regelbasierte Wissensbasis und ist auf Großrechnern einsetzbar. [26]

Hyper|dontie f: → Hyperodontie. [5]

Hyper|emesis f: starkes, kaum beeinflußbares Erbrechen, z.B. H. gravidarum bei Schwangeren. [20]

Hyper|ergie f: verstärkte Reaktion, gesteigerte Empfindlichkeit, gleichbedeutend mit → Allergie. [20]

Hyper|genie f: → Makrogenie. [3]

Hypergie: verminderte Reaktion des Organismus nach Antigenkontakt (→ Antigen). Vgl. Allergie. [8]

Hyper|glykämie f: chronischer oder akuter Anstieg der Blutzuckerwerte in pathologische Bereiche (Normwert 80-120 mg%); Folge eines → Diabetes mellitus, Ursache kann sowohl der Typ I (absoluter Insulinmangel) als auch der Typ II (relativer Insulinmangel) sein. Die Folgen einer H. sind zumeist chronisch: Arteriosklerose, Fettleber, Nephropathie, Augenveränderungen, Neuropathie sowie Hauterkrankungen. In seltenen Fällen kann eine H. auch in ein → Coma diabeticum übergehen - hier sind die Ursachen zumeist Medikationsfehler, ungenügende Insulinzufuhr, erhöhter Insulinbedarf. Die akute Symptomatik besteht neben der → Bewußtseinsstörung in einer → *Kußmaul*-Atmung, eventuell verbunden mit Azetongeruch. Die Therapie besteht in Kontrolle der → Vitalfunktionen (ggf. Wiederherstellung und Aufrechterhaltung), Alarmierung des Notarztwagens, Flüssigkeitssubstitution (intravenös), stationäre Aufnahme. Vgl. Blutzuckerteststreifen, Hypoglykämie. [16, 20]

Hyper|hidrosis f: übermäßiges Schwitzen. [20]

Hyper|insulinismus m: Vergrößerung des Inselapparates (der *Langerhans*-Inseln im → Pankreas), infolgedessen Überproduktion von → Insulin. [20]

Hyper|kali|ämie f: Erhöhung des Kaliumspiegels im Blut. Pathophysiolog. Ursachen: 1. vermehrte Kaliumzufuhr; Überdosierung und gleichzeitige Nierenfunktionsstörung (Komplikation: Kammerflimmern); 2. verminderte Kaliumausscheidung: intrarenale (Niereninsuffizienz) und hormonale Faktoren (*Addison*-Krankheit: Mineralokortikoidmangel), Diuretika bei Niereninsuffizienz; 3. Austritt von intrazellulärem Kalium: Hämolyse, Anorexie, Schock. [20]

Hyper|kalz|ämie f: Erhöhung des Kalziumgehalts des Blutes über 2,0-2,6 μ mol/l, bes. bei → Hyperparathyreoidismus. Vgl. Kalkstoffwechsel. [20]

Hyper|kapnie f: Hyperkarbie; Erhöhung der Kohlensäurespannung im arteriellen Blut. Vorkommen: endogene Stoffwechselstörungen (→ Diabetes mellitus, → Urämie). [20]

Hyper|keratose f: Zustand verstärkter Verhornung der → Epidermis. An der Schleimhaut als → Leukoplakie sichtbar. [12]

Hyper|kinese f: Symptom extrapyramidaler Erkrankungen mit unwillkürlichen Überschußbewegungen verschiedener Körperabschnitte, z.B. bei → *Parkinson*-Krankheit, → Enzephalitis, → Chorea und → Athetose. [33]

Hyper|leuko|zytose f: anomale Vermehrung der weißen Blutkörperchen. Vgl. Leukozyten. [20]

Hyper|lip|ämie f: Vermehrung der Fette im Blut in Abhängigkeit von Nahrungszufuhr und -zusammensetzung sowie Stoffwechselkrankheiten, Serum milchig-weiß. Unterschieden werden: 1. Transport-H.: gesteigerter Transport von Fett im Blut (→ Diabetes mellitus); 2. Retentions-H.: verminderte Aufnahme der Fette in die Zelle. [20]

Hyper|lipid|ämie f: patholog. erhöhte Konzentrationen von Blutfetten im Nüchternserum. Unterscheidung von → Hypercholesterinämien und → Hypertriglyzeridämien, oft mit Lipämie einhergehend. Stoffwechselstörung unterschiedlicher Ätiologie, die zu → Arteriosklerose, → Myokardinfarkt u.a. disponiert (→ Risikofaktoren), oft mit → Diabetes mellitus und → Hypertonie vergesellschaftet. [20]

Hyper|nephrom n: älteres, nicht mehr gebräuchliches Syn. für Nierenzellkarzinom. [32]

Hyper|odontie f: Überzahl von Zähnen, Ätiologie und Genese sind ungeklärt. Diskutiert werden Überproduktion der Zahnleiste, Zahnkeimspaltung (→ Zwillingszähne) und genetische Faktoren. Tritt isoliert oder gemeinsam mit anderen Fehlbildungen auf. Findet sich seltener im Milchgebiß. Vgl. Dysostosis cleidocranialis, *Klippel-Feil*-Syndrom, Mesiodens, Paramolaren. [5]

Hyper|ostose f: diffuse Wucherung des Knochengewebes nach außen als Exostose, im Innern als Enostose bzw. Osteosklerose. Folge auch → Akromegalie. [2]

Hyper|ostosis corticalis infantilis f: vom Periost ausgehende Hyperostose an Unterkiefer, Schlüsselbein und den Epiphysen der langen Röhrenknochen ohne lokale entzündliche Erscheinungen mit Fieber. Bei Säuglingen vor dem 6. Monat Spontanheilung. Ätiologie unbekannt. [2]

Hyper|ostosis facialis familiaris f: Hyperostose von Schädelbasis, Maxilla (isoliert Hyperostosis maxillarum), Jochbein und (schwächer) Unterkiefer. Als Folge → Hypertelorismus, Abflachung des Mittelgesichts. [2]

Hyper|para|thyreo|idismus m: autonome Überfunktion der Nebenschilddrüsen mit gesteigerter Parathormonbildung und -sekretion. Klin. Formen: 1. primärer H. bei Adenom oder Karzinom der Nebenschilddrüsen; Pathophysiologie (Folgen der Parathormonüberproduktion): Hyperkalzämie (→ Kalkstoffwechsel), Hyperkalzurie, Hypophosphatämie, Hyperphosphaturie; renale Manifestationen (Steinbildung in ableitenden Harnwegen, Nephrokalzinose); ossale Manifestationen (Osteodystrophia fibrosa generalisata Recklinghausen, braune Tumoren); Kalkmetastasen (Lungen, Magen); Ulcus duodeni, Epulis, Riesenzelltumoren, Pankreatitis. Klinik: Hyperkalzämiesyndrom (gesteigerte Ca^{++}-Resorption, Vitamin-D-Intoxikation, Milch-Alkali-Syndrom), Nephrolithiasis mit Pyelonephritis, progrediente Niereninsuffizienz; 2. sekundärer H.: Pathophysiologie (adaptive Funktionssteigerung, vermehrte Parathormonsekretion zum Ausgleich extrazellulärer Ca^{++}-Mangelzustände): Normo- bzw. Hypokalzämie, Hypo- bzw. Hyperphosphatämie. Klinik: chronisch-urämische Nierenkrankheiten, Vitamin-D-Mangel. Therapie: operative Entfernung des Adenoms. [20]

Hyper|phosphat|ämie f: Erhöhung des anorgan. Phosphates im Blut. Normwert 0,80-1,60 μ mol/l. Erniedrigte Werte bei → Hyperparathyreoidismus, erhöht bei → Tetanie. 20

Hyper|phosphatasie f: erhöhte Konzentration der alkalischen Phosphatase im Serum bei Gallengangsverschluß durch maligne Prozesse (Pankreaskopf-, Gallengangskarzinom) oder bei Osteopathien duch gesteigerte Osteoblastentätigkeit (→ Osteodystrophia deformans, → Osteodystrophia fibrosa generalisata). Normalwert: 55-170 U/l. 20

Hyper|pituitarismus m: Überfunktion der → Hypophyse. 20

Hyper|plasie f: sog. numerische Hypertrophie; Vergrößerung eines Organs oder Gewebes durch Zunahme der Zellzahl. Vgl. Hypertrophie. 32

Hyper|plasie, papilläre f: papilläre Schleimhautveränderung mit geröteter, fein granulierender Oberfläche, unter gaumenbedeckenden (Tag und Nacht getragenen) Zahnprothesen entstehend; Blutungsneigung. Ursache: Hohlraum zwischen Prothese und Schleimhaut. 12

Hyper|protein|ämie f: erhöhte Konzentration des Gesamteiweißgehaltes im Blut Normalwert: 6,5 - 7,5 g%. Bei vermehrter Eiweißbildung durch wuchernde Plasma- oder Retikulumzellen. Klinik: → Plasmozytome, Makroglobulinämie. 20

hyper|pyretisch: hochfieberhafter Zustand, lebensbedrohend. 20

Hyper|rhino|lalie f: Hyperrhinophonie; → Rhinolalia aperta. 19

Hyper|salivation: → Ptyalismus. 2

Hyper|sekretion f: übermäßige Absonderung von Magensaft, Speichel usw. → Ptyalismus. 2

Hyper|sensibilität f: Überempfindlichkeit (Hyperästhesie), spez. des Dentins bei Bearbeitung von Kavitäten besonders in der Schmelz-Dentin-Grenze sowie bei Einwirkung therm. und chem. Reize auf durch → Abrasion vom Schmelz entblößtes Zahnbein und auf freiliegende Zahnhälse. 1

Hyper|sialie f: → Ptyalismus. 2

Hyper|splenismus m: Krankheitszustände mit Zellzahlverminderung im Blut (Anämie, Leukopenie, Thrombopenie; Panzytopenie) bei Milztumoren und Milzexstirpation. 34

Hyper|tel|orismus m: zu weiter Abstand der beiden Augäpfel voneinander. Entsteht dadurch, daß die kleinen (bzw. großen) Keilbeinflügel ein übermäßiges Wachstum zeigen, wodurch die Stirn- und Oberkieferbeine nach oben, vorn und außen gedrängt werden. H. liegt vor, wenn der Augenwinkelindex größer als 38, der Umfang-Interorbital-Index größer als 6,8 ist. Berechnung der Indizes:

Augenwinkelindex

$$= \frac{\text{Distanz (cm) der inneren Augenwinkel}}{\text{Distanz (cm) der äußeren Augenwinkel}}$$

Umfang-Interorbital-Index

$$= \frac{\text{Distanz der inneren Augenwinkel (cm) x 100}}{\text{Kopfumfang (cm)}}$$

H. ist oft verbunden mit den Formen der Allozephalie und anderen familiär-erblichen Mißbildungssyndromen. Vgl. *Greig*-Syndrom, Hyperostosis facialis familiaris. 20

Hyper|tension f: erhöhte Spannung (z.B. der Gefäße), erhöhter Blutdruck. Vgl. Hypertonie. 20

Hyper|thyreose f: Krankheitszustand durch Überschuß an Schilddrüsenhormon in der Peripherie. Vgl. Thyreotoxikose, *Basedow*-Krankheit. 20

Hyper|tonie f: jede die Norm überschreitende, andauernde Steigerung des arteriellen Mitteldrucks. WHO-Definition: im Sitzen/Liegen gemessener systolischer Wert > 160 mmHg, diastolischer Wert > 95 mmHg (normal 140/90 mmHg). Nach Ätiologie und Pathogenese werden unterschiedliche Hochdruckformen unterschieden: primäre, essentielle H. ohne erkennbare Ursache mit Arteriolenengstellung und damit begründeter Erhöhung des diastolischen Blutdruckes (Widerstandshochdruck). 85% aller Hochdruckfälle. Verläuft zunächst bei Männern über 40 Jahren und Frauen über 50 Jahren labil, stabilisiert sich später durch renale Fixierung und ist dann vom sekundären Hochdruck renaler Genese nicht mehr zu unterscheiden. Renalen H.n bei Nierenarterienstenosen bzw. -sklerosen liegt eine Aktivierung des Renin-Angiotensin-Systems zugrunde, die zum Widerstandshochdruck führt. Zu den sekundären Widerstandsformen zählt auch die endokrine H. bei Phäochromozytom, → Hyperaldosteronismus, → *Cushing*-Syndrom und die Schwangerschafts-H., während der Schlagvolumenhochdruck bei → Hyperthyreose und infolge Elastizitätsverlust der Arterien bei → Arteriosklerose (Elastizitäts-H.) durch eine Vergrößerung der Blutdruckamplitude gekennzeichnet ist. Komplikationen: Linksherzinsuffizienz (→ Herzinsuffizienz), Beschleunigung der Arteriosklerose, Durchblutungsstörungen (Koronarsklerose, Angina pectoris, Myokardinfarkt, Apoplexie, Nephrosklerose). Therapie: salzarme Diät, Einstellung mit/ohne Kombination von Antihypertonika mit verschiedenen pharmakolog. Angriffspunkten. Operative Beseitigung einer Nierenarterienstenose heilt die

H. Als hypertensiver Notfall wird eine massive Steigerung des arteriellen Blutdrucks in Verbindung mit einer zusätzlichen Organbeteiligung bezeichnet. Die → Leitsymptome sind: Angst, Beklemmungsgefühl, → Stenokardie, → Tachykardie, Kopfschmerzen, u.U. Krämpfe oder Koma. Die Therapie besteht in Abbruch der Behandlung, sachgemäßer Lagerung, Sauerstoffapplikation sowie Ruf des → Notarztes. Als prophylaktische Maßnahme zur Vermeidung einer akuten H. ist auf eine möglichst schmerz- und streßfreie Behandlung zu achten, die Applikation von vasoaktiven Substanzen sollte sparsam erfolgen. In keinem Fall darf eine vorbestehende Dauermedikation vor der zahnärztlichen Therapie abgesetzt werden, da hierdurch bereits krisenhafte Blutdruckanstiege ausgelöst werden können. Vgl. Blutdruckanstieg, Blutdruckmanschette, Stenokardie, Vitalfunktionen. [16, 20]

Hyper|trichose f: verstärkte Körperbehaarung ohne Verstärkung der Sexualbehaarung, auch in Verbindung mit → Fibromatosis gingivae. Auch bei Kindern. Vgl. Hirsutismus. [20]

Hyper|tri|glyzerid|ämie f: Fettstoffwechselstörung durch Vermehrung exogener oder endogener → Triglyzeride (nach Genuß großer Nahrungsfettmengen oder durch hepatische oder katabolische Überproduktion). [20]

Hyper|trophie f: Vergrößerung von Organen oder Geweben durch Zunahme des Zellvolumens bei gleichbleibender Zellzahl; 1. infolge Anpassung an eine physiol. funktionelle Mehrbelastung (= Aktivitätshypertrophie, z.B. Muskelhypertrophie beim Sportler); 2. infolge einer pathol. Überbelastung (z.B. Herzhypertrophie bei pathol. Druck- oder Volumenbelastungen). Im allg. reversibel nach Wegfall des Stimulus. Vgl. Hyperplasie. [32]

Hyper|urik|ämie f: dominanter, vorwiegend an den Mann geschlechtsgebundener erhöhter Serumharnsäurespiegel mit exogenen (Alkoholkonsum, Diabetes mellitus) und endogenen Faktoren (hereditäre Konstitutionsanomalie, Enzymopathie). Vgl. Gicht. [20]

Hyper|ventilations|syndrom n: vegetative Störung der → Vitalfunktion Atmung infolge einer Steigerung des Atemminutenvolumens, ausgelöst durch Angst und Streß. Folge ist eine respiratorische → Alkalose, die die bekannten Leitsymptome (→ Tachypnoe, → Dyspnoe sowie die → Karpopedalspasmen der Hände) verursachen. Subjektiv empfinden die Patienten ein „Kribbelgefühl", Angst und Schüttelgefühle sowie → Atemnot. Bei lang andauernder Hyperventilation können Krämpfe sowie → Bewußtseinsstörungen auftreten. Die Therapie besteht in Abbruch der Behandlung, Zuwendung und Beruhigung, intravenöse Applikation von Diazepam sowie Einsatz des → Rückatmungsbeutels. Vgl. Atmung, Krampanfall. [16]

Hyper|vol|ämie f: Zunahme des zirkulierenden Blutvolumens, z.B. bei → Plethora. Vgl. Polyzythämie, Polyglobulie. [20]

Hyper|zementose f: Zementhypertrophie; diffuse oder umschriebene Verdickung des Wurzelzements an einer oder mehreren Zahnwurzeln als Folge einer lokalen Entzündung, bei

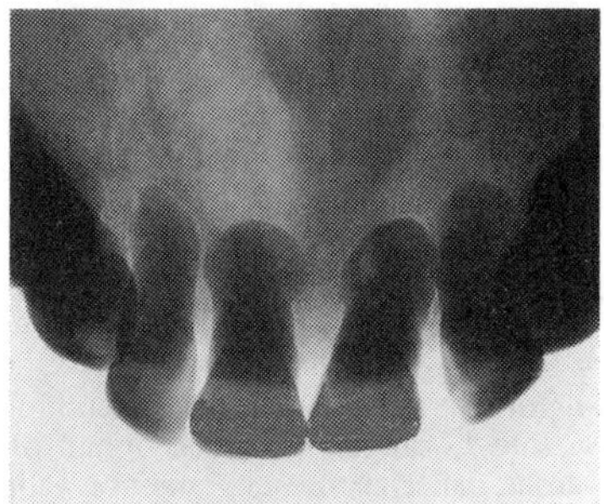

Hyperzementose bei Osteodystrophia deformans.

Überbelastung des Zahnes oder als Symptom allg. Osteopathien, z.B. bei → Osteodystrophia deformans (Abb.), → Akromegalie u.a. DD: sklerosierende Ostitis. Bei H. ist der Periodontalspalt im Röntgenbild gut um die Zementauflagerungen herum zu verfolgen. [1, 6]

Hyphen (gr.) f pl: Pilzfäden, fadenförmige oder aneinander gereihte farblose Zellen, die sich zu einem oft weit verzweigten Geflecht (Myzel) verbinden. [8]

Hypho|myzeten m pl: Fadenpilze. [8]

Hypn|odontie f: schmerzreduzierende Zahnbehandlung durch geschickte psycholog. Führung des Patienten, die zur Beruhigung und Entspannung führt. [34]

Hypnose (gr.) f: künstlich hervorgerufener, veränderter Bewußtseinszustand (bis zum partiellen Schlaf) als psychotherapeut. Suggestivmaßnahme, wobei die Aufnahmefähigkeit, z.B. für die Worte des Hypnotiseurs oder andere Angaben, erhalten bleibt, während der Hypnotisierte (Medium) gleichzeitig für andere Umweltreize unempfänglich ist. [33]

Hypno|therapie f: Verfahren der → Psychotherapie, das sich der Suggestion bedient. [33]

Hypnotika n pl: chem. heterogene Substanzgruppe mit Schlaf erzwingender oder Schlafeintritt fördernder Wirkung. Einteilung in → Barbiturate (Oxy-, Thiobarbiturate) und Nicht-Barbiturate. Einteilung der Nicht-Barbiturate in barbituratähnl. Substanzen wie z.B. Aldehyde, halogenierte Kohlenwasserstoffe, Monoureide, Piperidindione, 2,3-substituierte Chinazolone, Clomethiazol und in Derivate des 1,4-Benzodiazepins (→ Benzodiazepine). Innerhalb der Substanzgruppen Einteilung nach Wirkungsdauer in Ein- und Durchschlafmittel. Hypnotisch wirksame Benzodiazepine sind aufgrund der größeren → therapeut. Breite, des kleineren Abhängigkeitspotentials und der größeren Wirkungsspezifität Mittel der Wahl zur kurzfristigen Behandlung von Schlafstörungen bei entsprechender Indikation. 7

hypo- (gr.): Vorsilbe, die in Verbindungen ein Mindermaß, eine Unvollkommenheit, kennzeichnet. Vor Vokalen hyp-. Ggs.: → hyper-. 30

Hypo|aldo|steronismus m: verminderte Aldosteronproduktion mit Hyperkaliämie, zumeist bei → *Addison*-Krankheit. 20

Hypo|chlorite n pl: Salze der unterchlorigen Säure. Ihre Lösungen zersetzen organ. Stoffe, sie werden daher zur Beseitigung von Pulparesten aus dem Wurzelkanal verwandt. Vgl. Antiforminverfahren, Natriumhypochlorit. 1

Hypo|chondrie f: krankhafte Neigung zur Selbstbeobachtung und Überbewertung der somatischen Eigenwahrnehmungen mit daraus abgeleiteten Befürchtungen bezüglich möglicher (schwerer) Krankheiten. H. kommt bei Neurotikern, in Verbindung mit Depressionen und hirnorganischen Krankheiten, aber auch bei Schizophrenien vor. Insofern ist sie diagnostisch unspezifisch! Sie ist von der → Simulation abzugrenzen. 27, 33

hypo|chrom: zu schwach gefärbt, z.B. h.e → Anämie. 20

Hyp|odontie f: Unterzahl von Zähnen, mäßiger Zahnmangelzustand. Die Nichtanlage (→ Aplasie) von Zähnen gehört zu den verbreitesten Anomalien. Sie betrifft vorzugsweise das bleibende Gebiß, das Milchgebiß ist wesentlich anlagebeständiger. Bei der H. fehlen typischerweise Zähne aus einer oder mehrerer der folgenden Zahngruppen: 1. dritte Molaren; 2. zweite Prämolaren; 3. seitliche obere Schneidezähne; 4. mittlere untere Schneidezähne. Das Fehlen anderer Zahnarten wird als → Oligodontie bezeichnet, Zahnlosigkeit als → Anodontie. H. tritt oft gemeinsam mit anderen Fehlbildungen wie Hypotrichose (→ Anhidrosis hypotrichotica), Hyponychie und Hypohidrose auf. Vgl. Gebißreduktion, phylogenetische. 5

Hypo|gastrium n: Unterbauchgegend. 9

Hypo|genesis f: Defizit in der Anlage oder Entwicklung von Organen, z.B. bei → Hypodontie. Vgl. Agenesie, Hypoplasie. 2

Hypo|genie f: **1.** Unterentwicklung des Unterkiefers. → Mikrogenie, → *Robin*-Syndrom. **2.** Doppelmißbildung, bei der einer normal entwickelten Frucht am Unterkieferrand ein verkümmerter Kopf aufsitzt (Hypognathus). 2

Hypo|geusie f: Geschmacksstörung, verursacht durch Schädigung der peripheren Geschmacksnerven (Nn. glossopharyngeus und lingualis) oder zentrale Schädigungen. 11

hypo|glossus (gr.): unter der Zunge gelegen. → Nervus hypoglossus, → Hirnnerven. 9

Hypo|glyk|ämie f: erniedrigter Blutglukosegehalt (< 70 mg-%). Vorkommen: organische H. (Adenom der Pankreas-A-Zellen, sog. Insulinom, bei Leberschaden) und funktionelle H. (Hungerzustand, Muskelarbeit, Insulinüberdosierung, übermäßiger Alkoholgenuß, Schwangerschaft). Symptome: Heißhunger, Schweißausbruch, Zittern, Angst, Kopfschmerz, Bewußtlosigkeit (hypoglykämischer Schock bzw. Koma). Die Diagnose kann durch einen → Blutzuckerteststreifen gestellt werden. Therapie: Sicherung der → Vitalfunktionen, Gabe von Glukose bei erhaltenem Bewußtsein per os, bei Patienten mit → Bewußtseinsstörung muß die Applikation intravenös erfolgen (40ml 20%ige Glukoselösung). Prophylaxe zur Vermeidung von Stoffwechselentgleisungen: Besprechung von Zeitpunkt und Umfang der zahnärztlichen Behandlung mit dem Patienten, Koordination von Medikamenteneinnahme sowie Diät mit dem geplanten Behandlungsverlauf. Regelmäßige Blutzuckerbestimmungen sind empfehlenswert. Vgl. Diabetes mellitus, Hyperglykämie. 16, 20

Hypo|kali|ämie f: Verminderung des Blutkaliumspiegels. Ursachen: 1. Störungen der Kaliumverteilung: parenterale Ernährung ohne Kaliumzufuhr, Reparationsphase des → Coma diabeticum; 2. Störungen der Kaliumbilanz: renale Kaliumverluste mit/ohne Hypertonie (Diuretikatherapie), extrarenale Kaliumverluste (metabolische Alkalose: Erbrechen) und metabolische Azidose (chron. und akute Diarrhoe, Cholera). Folgen: Müdigkeit, Muskelschwäche, Herzrhythmusstörungen u.a. 20

Hypokalzämie f: erniedrigter Kalziumspiegel im Blut (normal um 9-11 mg-%) bei → Spasmophilie, → Tetanie, → *Lightwood-Albright*-Syndrom. → Kalkstoffwechsel. 34

Hypo|kapnie f: Verminderung der arteriellen

Kohlensäurespannung (z.B. bei Hyperventilation). [20]

Hypo|kinese f: Bewegungsarmut der Muskulatur bei bestimmten Krankheiten des Zentralnervensystems. [20]

Hypo|manie f: noch im Rahmen des Charakterologischen gelegener leichter Grad von lebhaft heiterem Temperament. Leichte Form der → Manie mit gehobener Stimmung, gesteigerter Aktivität und positiver Selbsteinschätzung. [33]

Hypo|mochlion n: Drehpunkt, Abstützungspunkt eines Hebels. [2]

Hypo|para|thyreo|idismus m: Nebenschilddrüsenunterfunktion oder -funktionsausfall mit Parathormonmangel. Ätiologie: 1. idiopathischer H.: hypoplastische oder nicht auffindbare Nebenschilddrüsen; 2. postoperativer H.: Entfernung oder Läsion der Nebenschilddrüsen bei Strumektomien. Symptome: 1. Laborchemie: Hypokalzämie (→ Kalkstoffwechsel), Hyperphosphatämie; 2. Neurologie (neuromuskuläre Übererregbarkeit durch verminderte Konzentration des ionisierten Kalziums): tetanischer Anfall (tonischer Krampf, Karpopedalspasmen, Fischmaulbildung, Stimmritzenkrampf), latente Tetanie (neurovegetative Labilität: → *Chvostek*-Zeichen, → *Trousseau*-Zeichen und → *Erb*-Zeichen), Hyperventilationsversuch (→ Hyperventilationssyndrom); 3. psychische Symptome: Affektlabilität, chronischer Kopfschmerz; 4. trophische Störungen: Augenkatarakt, Schmelzdefekte der Zähne, trockene rissige Haut, Nagelquerfurchen. [20]

Hypo|pharynx m: Pars laryngea pharyngis (INAC); unterer Abschnitt des → Pharynx. [9]

Hypo|phosphat|ämie f: erniedrigter Phosphatgehalt des Blutes, z.B. bei → Hyperparathyreoidismus. [20]

Hypo|phosphatasie f: angeborene, teilweise erbliche Stoffwechselanomalie mit Aktivitätsausfall der alkalischen → Phosphatase und Hypokalzifikation. Die chron. → Hypophosphatämie führt zu generalisierter Aufbaustörung am Knochen- und Zahnsystem ähnlich der → Rachitis. Abnorme Struktur des Dentins und Störung des postnatalen Aufbaus der Wurzeln, so daß sich im Röntgenbild wurzellose (Milch-)Zähne darstellen. Das Skelett weist röntgenolog. Zeichen hypokalzämischer Störungen auf: Erweiterung der Markräume an den langen Röhrenknochen, Auffaserung der epiphysären Wachstumszentren und grobmaschige Zeichnung der Spongiosa. Familiäres Auftreten. [20]

Hypo|physe f: Glandula pituitaria, Hirnanhangsdrüse; hormonales Steuerungsorgan, ist durch das Infundibulum (Trichter) mit dem 3. Ventrikel des Gehirns verbunden (→ Hypothalamus). Ungefähr haselnußkerngroß, im Türkensattel (→ Sella turcica) des Keilbeins gelegen. Steuerung der peripheren endokrinen Drüsen durch die glandotropen Hypophysenhormone. Die H. stellt die Verbindung zwischen Nervensystem und Endokrinsystem dar. Sie wird unterteilt in: den Vorderlappen (HVL) mit dem Mittellappen und den Hinterlappen (HHL). Im HVL (Adenohypophyse, → *Rathke*-Tasche) lassen sich, je nach Färbbarkeit, verschiedene Zellarten nachweisen: eosinophile, basophile und chromophobe. 7 Hormone des HVL sind bekannt: das Wachstumshormon (Somatotropin, STH), 2 gonadotrope Hormone (follikelstimulierendes Hormon, FSH; luteinisierendes Hormon, LH), das Prolaktin (HPr), das Thyreotropin (TSH), das Adrenokortikotropin (ACTH) und das mit dem ACTH eng verwandte Melanotropin (MSH). Während das STH das Zellwachstum direkt stimuliert, regen die übrigen Tropine Funktionen von peripheren endokrinen Drüsen (Schilddrüse, Nebenniere, Gonaden) und der Milchdrüse bzw. Pigmentzellen an (Abb.). Der HHL speichert 2 Hormone,

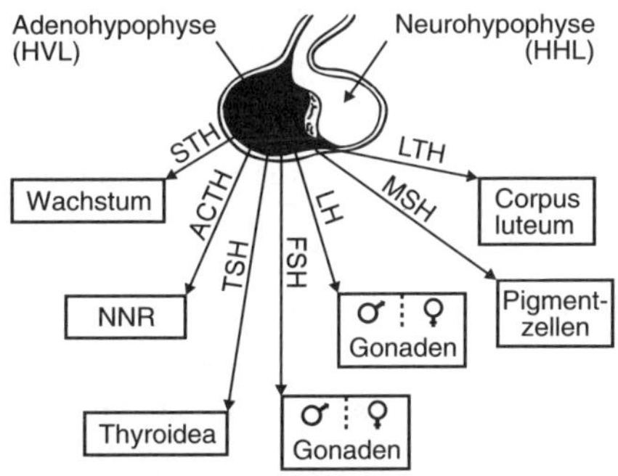

die im Hypothalamus gebildet werden: das Oxytozin mit Kontraktionswirkung auf die glatte Muskulatur des Darmes und der Gebärmutter sowie das Adiuretin (ADH), verantwortlich für die Wasserrückresorption aus dem Primärharn durch die Nierentubuli. Hypophysäre Hormonstörungen: eosinophile Adenome mit STH Überproduktion führen im Wachstumsalter zum Riesenwuchs (→ Gigantismus), bei Erwachsenen zur → Akromegalie; basophile Adenome mit vermehrter ACTH-Ausschüttung bewirken ein → *Cushing*-Syndrom. Unterfunktionen führen bei Ausfall des STH bei Kindern zum Zwergwuchs, bei ADH-Insuffizienz zum → Diabetes insipidus und bei globaler Hypophyseninsuffizienz zur → *Simmonds*-Kachexie mit hypothyreoten Zügen, Ausfall der Geschlechtsfunktionen und → Adynamie. [9, 20, 23]

Hypo|physen|gangs|tumor: → Kraniopharyngiom. [32]

Hypo|physen|tasche: → *Rathke*-Tasche. [9]

Hypo|plasia mandibularis congenita f: → *Robin*-Syndrom. [2]

Hypo|plasie f: angeborene oder anlagebedingte Unterentwicklung eines Organismus, Organs oder Gewebes. → Schmelzhypoplasie. [32]

hypo|plastische An|ämie f: verminderte Erythrozytenbildung, bei Proliferations- und Differenzierungsstörungen immer erkennbar an einem absoluten oder relativen Mangel an Retikulozyten (jugendliche Erythrozyten). Ursachen pathophysiologisch: Schädigung omnipotenter Stammzellen (aplastische A.), Mangel an → Erythropoetin (renale A. bei chron. Niereninsuffizienz), Störungen in der Synthese der → DNS (megaloblastäre perniziöse A.), Störungen der Hämoglobinsynthese (hypochrome A. bei Eisenmangel, chron. Blutverluste), A. bei chronischen Krankheiten (Infekt-A., Karzinom). Einteilung: 1. aplastische A. mit geschädigter Erythro-, Leuko-, Thrombopoese durch Chemikalien (Benzol, Sulfonamide, Chloramphenikol), → Zytostatika und ionisierende Strahlen. Klinik: schleichender Beginn, → Hämatome, → Petechien. Therapie: Noxenausschaltung, Transfusion von Erythrozytenkenzentraten; 2. renale A. mit Erythropoesehemmung. Klinik: Normochrom, normozytär, allg. A.symptome. Therapie: Grundkrankheit, intermittierende Transfusionen; 3. perniziöse A., idiopathische Atrophie der Magenfundusschleimhaut, fehlende Bildung des → Intrinsic factor (Glykoprotein) und keine Bindung mit dem → Extrinsic factor (Vit. B_{12}) zum Antiperniziosaprinzip. Durch Vit.-B_{12}-Mangel DNS-Synthesestörung. Klinik: Müdigkeit, Atemnot, Herzinsuffizienz; Hämatologie: blaßgelbliches Hautkolorit, manchmal Milzvergrößerung, hyperchrome, makrozytäre A. mit Poikilozytose und Anisozytose, Leukopenie mit Übersegmentierung der Granulozyten, mäßige Thrombopenie, hyperplastisches megalozytäres Mark; → *Möller-Hunter*-Zunge: Schleimhautatrophie, Zungenbrennen; Magenschleimhautatrophie, histaminrefraktäre Anazidität, Ataxie, Spastik, funikuläre Spinalerkrankung. Therapie: Vit. B_{12} (Initialdosis: 1.000 µg i.m., 2-3 Wochen, tägl.; Erhaltungsdosis: 500 µg i.m., monatl.). Symptomatische megaloblastische A.: Gastrektomie, Steatorrhoe (Sprue), Dünndarmerkrankungen (Ileitis); 4. hypochrome A.: nutritiver Eisenmangel (Milchdiät), Eisenresorptionsstörung (Magenresektion, Malabsorptionssyndrom), erhöhter Eisenbedarf (Gravidität, Laktation, Wachstum), chron. Blutverluste (gynäkolog. Ursache, Hiatushernie, hämorrhagische Gastritis). Klinik: allg. A.symptome, Mundwinkelrhagaden, → Dysphagie (→ *Plummer-Vinson*-Syndrom), Nagelveränderungen. Laborbefunde: hypochrome mikrozytäre A., herabgesetzter Serumeisenspiegel. Therapie: Ursachenklärung des Eisenmangels, Fe^{++} oral (200 mg/fehlendes g% Hb). [20]

Hypo|protein|ämie f: drastische Abnahme des Serumeiweißgehaltes im Blut mit den klassischen Symptomen der Ödembildung durch Abnahme des kolloidosmotischen Druckes und gesteigerte Wasserabgabe insbesondere ins subkutane Bindegewebe (Beinödeme, Anasarka). Ursachen: 1. verminderte Eiweißbildung bei Hunger, chron. Fehlernährung, konsumierenden kachektischen Erkrankungen, Leberzirrhosen (→ Zirrhose); 2. Eiweißverluste bei Nephrosen, entzündlichen Darmerkrankungen (exsudative Enteropathie), akuten und chronischen Blutverlusten, Anämie. Bei einer Abnahme der Serum-Albumin-Werte unter 2,5 g% kann eine H. zu einer deutlich erhöhten Toxizität der Lokalanästhetika führen. Deshalb sollte bei Patienten mit H. die Einzel- und Gesamtdosis des Lokalanästhetikums deutlich reduziert werden. [16, 20]

Hypo|pyon n: Eiteransammlung an der Basis der Augenvorderkammer. [20]

Hypo|rhino|lalie f: Hyporhinophonie; → Rhinolalia clausa. [19]

Hypo|salivation f: → Xerostomie. [2]

Hypo|sialie f: → Xerostomie. [2]

Hyp|osmie f: Einschränkung des Geruchssinns. Vgl. Anosmie. [19]

Hypo|stase f: Senkungshyperämie, vor allem in den hinteren Lungenpartien bei Bettlägerigen. [20]

Hypo|tension f: → Hypotonie. [20]

Hypo|thalamus m: Teil des → Zwischenhirns (Dienzephalon). Physiol.: Steuerung der → Inkretion durch die auf die → Hypophyse (HVL) einwirkenden → Neurohormone, sog. → Releaser, bzw. die hypophyseotropen Hormone, z.B. Thyreotropin releasing hormone (→ TRH), das die Ausschüttung von Thyreotropin (→ TSH) fördert. [20]

Hypo|thermie f: Unterkühlung; künstliche Senkung der Körpertemperatur durch Eispackungen. Eine Abkühlung auf 30 °C senkt den Grundumsatz auf 50%, parallel zum Sauerstoffverbrauch sinken Herzfrequenz und Atemvolumen. Unterkühlte Organe vertragen längere Kreislaufunterbrechung. Anwendung in der Herz- und Gefäßchirurgie. [20]

Hypo|these (gr.) f: vermutliche, nicht streng beweisbare Erklärung. 34

Hypo|thyreose f: Krankheitszustände durch Mangel an Schilddrüsenhormon in der Peripherie. 1. angeborene H.: endemischer oder sporadischer → Kretinismus; 2. erworbene H.: primär: idiopathisch, entzündl. nach Thyreoiditis, postoperativ, nach Radiojodtherapie, durch Thyreostatika; sekundär: mangelhafte Sekretion von → TSH im Hypophysenvorderlappen. Vgl. Myxödem. 20

Hypo|tonie f: Druck-, Spannungs- und Tonusverminderung. Blutdruckhypotonie bei systol. Blutdruckwerten < 100 mmHg, symptomatisch bei → Herzinsuffizienz und auszehrenden Krankheitszuständen, Hypophysen und Nebenniereninsuffizienz; konstitutionell, sehr häufig ohne Beschwerden. Die Symptome äußern sich als Benommenheitsgefühl, Konzentrationsschwäche, Schwitzen, → Bewußtseinsstörungen. Therapie: Abbruch der Behandlung, → Flachlagerung, evtl. → Seitenlage, stabile, → Sauerstoffgabe sowie bei anhaltender Hypotension Applikation geeigneter Medikamente. Prophylaxe: Fortführung der chronischen Medikation, stets liegende Behandlung sowie regelmäßige Blutdruckkontrollen. Muskelhypotonie bei Ausfall extrapyramider Funktionen und Kleinhirnschäden. 16, 20

Hypo|trichose f: mangelnde Behaarung, bei angeborener H. liegt eine Fehlentwicklung des äußeren Keimblattes vor, die sich, da das Schmelzorgan gleichfalls dem Ektoderm entstammt, oft auch in Unregelmäßigkeiten in der Zahnentwicklung auswirkt (→ Ektodermalsyndrom). Vgl. Alopezie. 3

Hypo|ventilation f: Störung der → Vitalfunktion Atmung infolge zentraler Ursachen (Medikamente, Vergiftungen, Schädelhirntrauma), Verlegung der Atemwege (Zurückfallen der Zunge, → Aspiration, → Bronchospasmus) oder einer behinderten Atemmechanik (Adipositas, Thoraxverletzungen). Bei einer länger andauernden H. kommt es zu einer → Hypoxie mit entsprechenden hypoxischen Zellschädigungen. Vgl. Atemstillstand, Bewußtlosigkeit, Intoxikation, Schnappatmung. 16

Hypo|vitaminosen f pl: → Avitaminosen. 20

Hypo|vol|ämie f: Abnahme des zirkulierenden Blutvolumens, z.B. beim hypovolämischen Schock (Blut-, Plasma-, Wasserverluste). 20

Hyp|ox|ämie f: ungenügende Sauerstoffsättigung des Blutes, führt akut zur Ausschüttung von Adrenalin und Noradrenalin mit Anstieg der Herzfrequenz und des Herzzeitvolumens und zur anaeroben Energiegewinnung (→ Glykolyse), mit Übersäuerung (→ Azidose) des Organismus verbunden. Übermäßige H. ist tödlich. Größte Gefahr: irreversible Hirnschäden. 2

Hyp|oxie f: Abfall der Sauerstoffsättigung im Blut und hieraus resultierende hypoxische Zellschädigungen, Folge jeder längeren Störung der → Vitalfunktion Atmung. Innerhalb von wenigen Minuten führt eine H. zu u.U. bleibenden Schäden: nach einer zerebralen H. von 10-20 s verliert der Patient das → Bewußtsein, nach 3 min ist mit einer Ausbildung neurologischer Defizite zu rechnen. Ebenfalls nach wenigen Minuten sind bradykarde → Herzrhythmusstörungen, übergehend in einen → Herz-Kreislauf-Stillstand, zu beobachten. Zur Vermeidung dieser Hypoxiefolgen sind bei Auftreten einer Atemstörung *sofort* Maßnahmen zur Wiederherstellung und Aufrechterhaltung der → Vitalfunktion Atmung zu ergreifen. Vgl. Atemnot, Atemstillstand, Atemwege, Bronchospasmus, Asthma bronchiale, Aspiration, Dyspnoe, Herz-Lungen-Wiederbelebung, Hypoventilation, Schnappatmung. 16, 20

hypsel|odont: Bez. für Zähne mit hoher, zylindrischer Krone und apikal weit offenem Wurzelkanal wie z.B. die des Pferdes. Ggs.: → brachyodont. 1

Hyrax-Schraube®: spezielle kieferorth. Schraube zur Durchführung der forcierten → Gaumennahterweiterung. 5

Hysterese, elastische f: Eigenschaft elastischer Stoffe, z.B. von → Abformmaterialien, nach Aufhören elastischer Beanspruchungen die ursprüngliche Form nicht sofort wieder anzunehmen. Beruht auf innerer Reibung. 1

Hysterie f: uneinheitlich gebrauchter Begriff, der wegen seiner in der Alltagssprache abwertenden Bedeutung von der Psychiatrie fast nur mit Spezifikationen verwendet wird: 1. hysterische Persönlichkeitsstruktur: histrionische Persönlichkeit; Verhaltensmuster, bei dem Geltungsbedürfnis, Egozentrismus und ein übermäßiges Bedürfnis nach Anerkennung im Vordergrund stehen, nicht zwangsläufig mit Krankheitswert; 2. hysterische Neurose: auf der Basis einer hysterischen Persönlichkeitsstruktur sich entwikkelnde Störung mit Krankheitswert, z.B. mit Minderbelastbarkeit, Affektstörungen und Angstzuständen; 3. hysterische Konversionsneurose: umschriebene psychogene Symptombildung, z.B. eine motorische Lähmung oder psychogene Krämpfe. Der pauschale Begriff der H. sollte im medizinischen Bereich wegen seines diffamierenden Beiklanges in der Alltagssprache vermieden werden. 33

I

I: Abkürzung für Incisivus (Schneidezahn). Vgl. Zahnformel. 30

IANC: Abk. für **I**nternational **A**natomical **N**omenclature **C**ommittee, das die anat. Begriffe erarbeitet und in den „Nomina anatomica" veröffentlicht. 6. Aufl. 1989. Nur diese Bez. gelten als offiziell. Vgl. Nomenklatur. 9

I-A-Probe: → A-I-Probe. 19

ia|tro|gen: durch ärztliche bzw. zahnärztliche Einwirkung entstanden. 28, 34

Ibuprofen: Arylpropionsäure-Derivat, → Cyclooxigenase-Inhibitor. Wirkungsprofil: analget., antipyret. und antiphlogist. Nebenwirkungen: allgemeine Nebenwirkungen der Cyclooxigenase-Inhibitoren, zusätzl. photoallerg., allerg. und autoimmunolog. Reaktionen, asept. Meningitis, Pseudotumor cerebri. Knochenmarkdepression. Indikation als → Analgetikum, → Antiphlogistikum. 7

i.c.: Abk. für → intrakutan, in die Haut. 2

ICD: engl. Abk. für **I**nternational **C**lassification of **D**iseases, Injuries and Causes of Death (Internationale Statistische Klassifikation der Krankheiten, Verletzungen und Todesursachen); von der WHO herausgegebener Diagnoseschlüssel; 1979 in der 9. Revision vom Bundesminister für Jugend, Familie, Frauen und Gesundheit in 2 Bänden bzw. vom → DIMDI als Diskette in deutscher Version herausgegeben. Die ICD wird im Bereich der Epidemiologie und der Krankenhausstatistik sowie von den niedergelassenen Ärzten im Rahmen der Berichterstattung eingesetzt. Die 10. Revision ist international verfügbar und wird ab 1995 in Deutschland eingesetzt. 26

Ich: psych. → Instanz, die ansatzweise bewußte Selbststeuerung leistet. Vgl. Psychoanalyse, Unbewußtes. 13

Ich|thyo|se f: Ichthyosis: Fischschuppenkrankheit; → Genodermatose, umfaßt alle Grade von trockener, rauher Haut bis zu schweren, mit fischschuppen-, schlangenhaut- und stachelartigen Verhornungen einhergehenden Hautveränderungen. Unterschieden wird in Proliferationshyperkeratosen (I. congenita) und Retentionshyperkeratosen, I. vulgaris, H-chromosomalrezessive I. sowie in zahlreiche Sonderformen. 12

Icterus (gr.) m: → Ikterus. 20

Ictus (lat.) m: → Iktus. 20

Ideal|bogen|konzept n: kieferorth. Behandlungskonzept für die Behandlung mit festsitzenden Apparaturen, v.a. der → Edgewise-Technik. Mittels des I.s werden die für die Therapie notwendigen Biegungen in den Drahtbögen definiert. Nachdem der Bogen seine individuell angepaßte Form (Inzisalkurvatur im Frontsegment, Eckzahnkurvatur im posterioren Segment) erhalten hat, werden dem Draht folgende Informationen in Form von Biegungen eingegeben: → Horizontalbiegungen (Biegungen 1. Ordnung), → Angulationen, Vertikalbiegungen (Biegungen 2. Ordnung) und → Torque (Biegungen 3. Ordnung). 5

Identifizierung f: zur I. von unbekannten Personen, Leichen oder Leichenteilen dienen odontologische Identitätsmarken wie Zahnunter- oder Überzahl, Stellungsanomalien, Zapfenzähne, Diastema, Form- und Farbveränderungen, Folgen von Gewohnheiten (Glasbläser etc.), Füllungen, Frakturen (Drogenkonsum), Bäckerkaries, Veränderung der Mundschleimhäute (Tätowierungen durch Amalgam), Pigmentierungen, Nekrosen, Verbrennungen u.a.m. Alle Merkmale müssen im Befund genau aufgeführt werden, damit ein Vergleich mit Ante-mortem-Befunden hergestellt werden kann. 28

Idio|glossie f: Sprachstörung, bei der keine Kehl- und Gaumenlaute gebildet werden können, wobei jedoch weder Defekte der an der Lautbildung beteiligten Organe noch geistige Anomalien vorliegen. 19

idio|pathisch: unabhängig von anderen Leiden und ohne erkennbare Ursache auftretend. Vgl. essentiell. 34

idio|pathische Wurzel|haut|wucherung: → Periodontitis luxurians idiopathica. 1

Idio|syn|krasie f: inhärente, qualitativ verstärkte, spezifische, reproduzierbare allergische Reakti-

onsform auf ein Pharmakon im Sinne einer primären Überempfindlichkeit, die nicht unbedingt auf einer Antigen-Antikörper-Reaktion beruht. Beispiele: Arzneimittel (Jod-I.), Sulfonamide, Primaquin, Chinin und Atebrin (hämolytische → Anämie)u. a. Vgl. Allergie. [7, 20]
Idiotie (gr.) f: schwerster Grad geistiger Schwäche. Vgl. Intelligenzmangel, angeborener. [33]
Idio|typ m: → Genotypus. [3]
I.E.: IE; **1.** Abk. für → **I**mmunitäts**e**inheit. **2.** Abk. für **I**nternationale **E**inheit. [8]
Ig: Abk. für → **I**mmun**g**lobulin. [8]
IgM-FTA-Test m: zum Nachweis spezifischer Antikörper besonders in der Phase der Frühlatenz der Syphilis; Hinweis für Neuinfektion nach abgeschlossener Behandlung einer vorangegangenen Infektion. Vgl. Lues latens, FTA-Test. [12]
Igni|punktur f: Einstechen in das Zahnfleisch, möglichst mit Diathermienadel, früher zur Einebnung von Zahnfleischtaschen bei progressiver marginaler Parodontitis in den Anfangsstadien angewandt. [6]
IKP: Abk. für → **I**nter**k**uspidations**p**osition. [4]
Ikterus (gr.) m: Gelbverfärbung der Haut, Skleren und Schleimhäute. Leitsymptom verschiedenster hepatogener und nichthepatogener Erkrankungen. Pathophysiologische Einteilung: 1. gesteigerte Bilirubinproduktion: Bildung von indirekt reagierendem, nichtkonjugiertem → Bilirubin durch beschleunigten Blutabbau, intra- oder extravasale Hämolyse (hämolytischer I.); 2. gestörte Bilirubinkonjugation in der Leber: Neugeborenen-I., → *Meulengracht*-Syndrom; 3. Störung von Transport und Exkretion des konjugierten Bilirubins der Leber: I. bei Lebererkrankungen (hepatozellulärer I.), aber ohne Gallenabflußbehinderung, mit überwiegender Zunahme von konjugiertem Bilirubin entzündliche Parenchymerkrankungen (→ Hepatitis), Leberstauung (Rechtsherzinsuffizienz), intrahepatische Cholestase; 4. I. bei partiellem oder komplettem Gallenwegsverschluß: Übertritt von konjugiertem Bilirubin ins Blut, vermehrte Ausscheidung im Urin, bei zunehmender Leberschädigung auch Anstieg des nichtkonjugierten Bilirubins. Besonderes Krankheitsbild: Icterus infectiosus (*Weil*-Krankheit). [20]
Iktus (lat.) m: schlagartig auftretendes Krankheitszeichen. [20]
Ileum n: Intestinum i., Krummdarm. → Darm. [9]
ILIAD: → Expertensystem zur Diagnostikunterstützung in der inneren Medizin. I. wird von *Warner* an der Universität Utah (USA) entwikkelt. Dabei wird in regelmäßigen Diskussionen zwischen allen Fachkollegen entschieden, welche der neuen Fälle in die Wissensbank aufgenommen werden sollen. I. steht auch als deutschsprachige Version zur Verfügung. [26]
Illusionen (lat.) f pl: Umbildung realer Wahrnehmungen zu Trugwahrnehmungen. Möglich z.B. bei Gesunden in übermüdetem Zustand und bei allen Psychosen, bes. häufig bei symptomatischen Psychosen; typisch für delirante Zustände. Vgl. Halluzinationen, Delir. [33]
i.m.: Abk. für → **i**ntra**m**uskulär, innerhalb des Muskels. [2]
Imbezillität f: mittlerer Grad geistiger Schwäche. Vgl. Intelligenzmangel, angeborener. [33]
Imbibition f: Durchtränkung. [2]
Imbrikationen (lat.) f pl: **1.** nach *Pickerill* (1912) die auf der Schmelzoberfläche zwischen zwei → Perikymatien stufenartig geschichteten Vorwölbungen. **2.** → Staffelstellung von Frontzähnen bei → Engstand. [30]
i.m.f.: Abk. für **i**nter**m**axilläre **F**ixierung. [2]
Imipenem: Carbapenem-Antibiotikum zur parenteralen Applikation. → Beta-Lactam-Antibiotikum mit ausgeprägter Beta-Lactamasestabilität und Beta-Lactamaseinhibitor. Eigenschaften, breitem antimikrobiellen Wirkungsspektrum und hoher Wirkungsintensität. Da I. gegen eukaryonte Dipeptidase empfindl. ist, wird es stets in Kombination mit Cilastatin (= kompetitiver Inhibitor der Dipeptidasen) appliziert. I. ist in der Zhk. zur Behandlung vitalbedrohl. orofazialer Infektionen dentogenen Ursprungs geeignet. [7]
Imipramin: Dibenzoazepin-Derivat, → trizykl. Antidepressivum, das den neuronalen Up-take von → Norepinephrin und → 5-Hydroxitryptamin (→ Hydroxitryptamin, 5-) stark, den des Dopamins schwach hemmt und u.a. → Antagonist an m-Cholinozeptoren ist. Nebenwirkungen: → Antidepressiva. I. potenziert die Wirkungen zentraldeprimierender → Pharmaka sowie der → Anticholinergika und → Sympathomimetika. I.-Medikation gilt als relative Kontraindikation für Katecholaminzusätze in → lokalanästhet. Lösungen. [7]
Immediate sideshift (engl.) f: → *Bennett*-Bewegung. [4]
Immediat|prothese f: Sofortprothese; Plattenprothese, die nach einem vor der Extraktion gewonnenen Modell, an dem die zu entfernenden Zähne radiert wurden, hergestellt und sofort nach der Extraktion eingefügt wird. Vorteil: günstige Wundheilung, bessere Anpassung der Kieferkammgewebe an die Belastung, Erhaltung der Kieferbeziehungen, keine Beeinträchtigung der Sprachfunktion und der Ästhetik. Unterfütterung nach Wochen oder Monaten ist möglich; kann

damit zur Dauerprothese umgewandelt werden. Vgl. Interimsprothese. [4]

Im|mersion (lat.) f: Eintauchen der Frontlinse eines Mikroskop-Objektivs in ein auf das Präparat (das Deckgläschen) gebrachtes Tröpfchen Zedernholzöl, Glyzerin, Monobromnaphtalin oder Wasser mit hoher, d.h. von 1 abweichender Brechzahl. Hierdurch gelangen auch solche Lichtstrahlen vom Präparat aus ins Mikroskop, die sonst durch die Luftschicht zwischen Deckglas und Linse eine totale Reflexion erfahren würden. Beim Trokkensystem kann die numerische Apertur - und damit das Auflösungsvermögen des Mikroskops nicht mehr als 0,95 betragen. Mit Wasser als Immersionsflüsigkeit 1,25, mit Zedernholzöl 1,4 und mit Monobromnaphtalin 1,6. [9, 10]

Immission (lat.) f: Zuführung von festen, flüssigen oder gasförmigen luftverunreinigenden Stoffen, die ständig oder vorübergehend in Bodennähe verweilen; Konzentration abhängig von Umfang der → Emissionen und Entfernung von den Emissionsquellen. [8]

Immobilisations|test m: → *Nelson*-Test. [8]

Immobilisierung f: Ruhigstellung von Gelenken durch Verbände, beim Kiefergelenk durch intermaxilläre Draht- bzw. Gummiverschnürung. [2]

Immun|antwort: immunolog. Reaktion auf antigenen Reiz; schließt Antikörperbildung, Ausbildung einer Überempfindlichkeit, zelluläre Phänomene und → Immuntoleranz ein. [8]

Immun|diffusion f: qualitative und quantitative Methode zur Auftrennung und Erkennung von Antigen- und Antikörpergemischen. Man läßt Antigen- und Antikörper-Präparation in einem transparenten Gel (meist Agar) gegeneinander diffundieren, so daß es zu einer Präzipitationsreaktion kommt, die am Auftreten opaker Linien oder Bänder zu erkennen ist. [8]

Immun|elektro|phorese f: Kombination von Doppeldiffusionsmethode (→ Präzipitation) mit elektrophoretischer Auftrennung; damit lassen sich im menschlichen Serum mehr als 30 verschiedene Proteine unterscheiden. [8]

Immun|fluoreszenz f: mikroskopisches Verfahren zum Nachweis von → Antigenen in Zellen und Geweben mit Hilfe fluorochrom-markierter Antikörper. Bei der Sandwich-Methode binden zuerst nichtmarkierte Antikörper, an die dann fluochromierte Antiantikörper binden. [8]

Immun|globuline n pl: durch → Immunisierung und Sensibilisierung (→ sensibilisieren) in den Körperflüssigkeiten gebildete Eiweißkörper mit Antikörpercharakter (→ Antikörper); sie besitzen gemeinsamen molekularen Aufbau oder unterschiedliche Bausteine. Einteilung in die IgG-, IgA-, IgM-, IgD- und IgE-Immunglobuline; Trennung in der Immunelektrophorese (→ Elektrophorese, → Gammaglobuline). [23]

Immunisierung (lat.) f: Erzeugung von → Immunität. Die natürl. I. erfolgt durch Überstehen von Krankheiten. Bei künstl. I. (Schutzimpfung) unterscheidet man aktive und passive I., je nachdem, ob die → Antikörper von dem betreffenden Organismus selbst gebildet oder ihm fertig einverleibt werden. Die aktive I. erfolgt durch Impfung mit lebenden abgeschwächten oder abgetöteten Krankheitserregern (Lebend-, Totvakzinen) oder entgifteten Toxinen der Bakterien (Toxoiden) und ergibt keinen sofortigen, dafür aber nach Bildung der Abwehrkräfte langanhaltenden Schutz. Vgl. Aluminium-Formol-Toxoid. Die passive I. besteht in der Einspritzung von antikörperhaltigen Seren von Mensch oder Tier (Serumtherapie). Schutzwirkung momentan wirksam, hält aber nur wenige Wochen an.

Für die Poliomyelitis-Schutzimpfung (parenteral als *Salk*-Impfstoff) sollen die epidemiolog. hauptgefährdeten Monate (Juni bis September) nicht zur Impfung benutzt werden. Die ersten beiden Impfungen sind daher im 6.-7. oder im 10.-11. Monat durchzuführen, die 3. Impfung mindestens ein $^1/_2$ Jahr später. Eine Alternative ist die Schluckimpfung (*Sabin*-Impfstoff). Grundimmunisierung durch dreimalige Gabe im Abstand von 6-8 Wochen. Auffrischung nach 8-10 Jahren. Die BCG-Schutzimpfung möglichst in der 1. Lebenswoche, da zu diesem frühen Zeitpunkt auf vorausgehende Testung verzichtet werden kann. Ist die Mutter an Tuberkulose erkrankt, wird die Impfung des Säuglings nur bei völliger Trennung von Mutter und Kind erlaubt. Bei Anstaltsgeburten ist die Impfung möglichst in der Klinik vorzunehmen. Bei negativem Ausfall der Tuberkulinproben bei der Aufnahme im Kindergarten, bei den schulärztlichen Reihenuntersuchungen oder in der ärztlichen Sprechstunde ist die BCG-Impfung auch noch bei größeren Kindern angezeigt. Weitere Schutzimpfungen dürfen erst nach dreimonatiger Pause vorgenommen werden. Die Pockenimpfung soll im 2.-3. Lebensjahr durchgeführt werden. Eine Impfung jenseits des 4. Lebensjahres erhöht die Gefahr von Komplikationen. Der gesetzliche Impfzwang wurde 1983 in der Bundesrepublik Deutschland aufgehoben. Die kombinierte Pertussis-Diphtherie-Tetanus-Impfung kann im Interesse der Keuchhustenprophylaxe in den ersten Lebensmonaten durchgeführt werden, zumal dann auch die Immunkörperbildung gegen Diphtherie und Tetanus uneingeschränkt erfolgt.

2 Impfungen mit einmonatigem Abstand sind außer in Epidemiezeiten ausreichend, erforderlich ist aber nach einigen Jahren eine Nachimpfung. Krampfneigung ist keine Kontraindikation gegen Pertussisimpfung.

Optimales Zeitschema:

Lebensalter	Art der aktiven Schutzimpfung
1. Woche	BCG-Schutzimpfung
4. Monat	1. Impfung gegen Diphtherie, Keuchhusten, Tetanus
5. Monat	2. Impfung gegen Diphtherie, Keuchhusten, Tetanus
6. Monat	1. Poliomyelitis-Schutzimpfung
6.-7. Monat	2. Poliomyelitis-Schutzimpfung (3 Wochen Abstand)
10.-11. Monat	(Die beiden Polioimpfungen, falls nicht im 6. und 7. Monat möglich)
2. Lebensjahr Kindergarten	3. Poliomyelitis-Schutzimpfung (mindestens $^1/_2$ Jahr Abstand) 1. Pockenschutzimpfung.*) Tuberkulinprobe (evtl. BCG-Impfung). Impfung bzw. Nachimpfung gegen Diphtherie und Tetanus (3 Monate nach BCG)
Bei Einschulung sowie im 4. und 8. Schuljahr	Tuberkulinprobe (evtl. BCG-Impfung) Impfung oder Auffrisch-Impfung gegen Diphtherie und Tetanus
12. Jahr	2. Pockenschutzimpfung*)

*) Seit 1983 nicht mehr Pflicht.

Die Schutzimpfung gegen Hepatitis B sollten alle Personen vornehmen lassen, die besonders gefährdet sind - also vor allem Zahnärzte, Zahnarzthelferinnen und Zahntechniker. Seit 1986 gibt es einen gentechnisch hergestellten Impfstoff, der 4-5 Jahre Schutz verleiht. Die Dauer des Schutzes hängt von der Antikörperkonzentration nach der kompletten Grundimmunisierung ab. Folgende Beziehungen bestehen:

Anti-HB_S (IU/L) 4 Wochen nach Grundimmunisierung	Maßnahmen
> 10. 000	Kontrolle nach 5 Jahren
1. 000 - 10. 000	Kontrolle nach 30 Monaten
100 - 1. 000	Kontrolle nach 12 Monaten
10 - 100	Kontrolle nach 3-6 Monaten
< 10	Sofortige Wiederimpfung

Liegt die Impfung länger als 15 Monate zurück, kann von einer Halbwertszeit von 2 Jahren ausgegangen werden. Durch die Halbierung der gefundenen Konzentration kann der Zeitpunkt berechnet werden, wann ein Wert kleiner als 10 erreicht ist, und somit der Nachimpfungstermin bestimmt werden. Die passive Immunprophylaxe gegen HBV-Infektionen mit Hepatitis B-Immunglobulin wird heute nur noch in Kombination mit der Verabreichung des Impfstoffes empfohlen, z.B. bei gesicherter akzidenteller Inokulation von HBV durch Nadelstichverletzungen. [8]

Immunität f: Gefeitsein gegen Ansteckung, Unempfänglichkeit gegen Krankheiten und krankheitserregende Agenzien (Bakteriengifte usw.), somit Gegensatz von Disposition im engeren Sinne. Immunität ist angeboren bzw. konstitutionell bedingt (Resistenz) oder durch → Immunisierung erworben. Vgl. Turmorimmunologie. [8]

Immunitäts|einheit: Abk. IE; Antitoxineinheit (AE); wird mit Hilfe eines „Standard-Antitoxins" bestimmt. Für Di-Antitoxin gilt als Einheit die Serummenge, welche eine 100fach tödliche Toxinmenge für 1 Meerschweinchen von 250 g Gewicht unwirksam macht. [8]

Immun|körper: → Antikörper. [8]

Immuno|blasten m pl: durch Antigenstimulation transformierte Lymphozyten, die nachfolgend Antikörper bilden. Bei weiterer Antigenzufuhr Zunahme der Zahl der I., die in zirkulierende Lymphozyten übergehen und zur zellulären Immunität führen. [20]

Immun|opsonine n pl: → Opsonine. [8]

Immun|organ n: Immunsystem; Gesamtheit der Bildungsstätten von Abwehrelementen über Bildung und Stimulierung von Immunzellen (T-Lymphozyten) und → Makrophagen sowie B-Lymphozyten mit Antikörperbildung und Sekretion. Stimulation und Regulation durch Interleukine, Interferone. Bildungsorte Knochenmark, Lymphknoten, Milz, Tonsillen, *Peyer*-Plaques im Darm. [12]

Immuno|zyten m pl: Zellen, die Immunität vermitteln, insbes. Antikörper bilden (Lymphozyten, Plasmazellen und ihre Vorstufen). [8]

Immun|paralyse f: Ausbleiben der Immunantwort bei Überschwemmung des Organismus mit großen Mengen Antigens (ebenso wie bei Gabe zu geringer Antigenmengen). [8]

Immun|serum n: durch → Immunisierung verändertes antikörperhaltiges Serum, das u.a. zur passiven Immunisierung verwendet wird. In inaktiviertem I. ist durch Erhitzen auf 56 °C das Komplement zerstört. Vgl. Serumtherapie. [8]

Immun|suppression f: Unterdrückung der immunologischen Reaktionen, z.B. nach Transplantation, durch Chemotherapeutika (Azathioprin, 6-Merkaptopurin, Zyklophosphamid u.a.), Antibiotika (Aktinomyzin C, D), Kortikosteroide, Rö.-Strahlen und Antilymphozytenserum. [8]

Immun|toleranz f: Fähigkeit des Körpers, eigene von fremden Antigenen zu unterscheiden und gegen eigene keine Antikörper zu bilden. I. wird während der Embryonalzeit erworben, kann aber auch künstlich induziert werden, so daß Fremdantigene (z.B. Transplantate) reaktionslos vertragen werden. [8]

impaktiert: eingekeilt, eingeklemmt; ein i.er Zahn ist durch Raummangel oder falsche Lage am Durchbruch oder an richtiger Einstellung in die Zahnreihe gehindert. [2]

impermeabel (lat.): undurchlässig, undurchdringlich. [10]

Impetigo contagiosa f: infektiöser, eitriger Hautausschlag mit schnell zu honiggelben Krusten eintrocknenden Blasen einhergehend, vorwiegend bei erkrankten Kindern im Gesicht. Staphylo-Streptokokkeninfekt. Mundschleimhautbefall ist ungewöhnlich. Therapie: Lokalbehandlung genügt zumeist; nach Abweichen der Krusten Anwendung von antibakteriellen Salben und Pasten (z.B. Vioform 1%). [12]

Impf|pistole f: → Jet-Injektion. [8]

Impf|stoff: → Vakzine, → Toxoide, → Immunserum. [8]

Impfung: 1. Übertragung von Mikroorganismen auf ein anderes Medium. **2.** parenterale oder enterale Einbringung eines Antigens oder Antikörpers in Mensch oder Tier zur Erzeugung einer Immunität. → Immunisierung. [8]

Implantat (lat.) n: in Körpergewebe eingepflanztes körpereigenes (homologes I.) oder körperfremdes Material (alloplastisches I.). In der Zahnheilkunde speziell versteht man darunter künstliche Zahnwurzeln zur Befestigung von Kronen, Brücken und Prothesen. Heute werden im wesentlichen Implantatwurzeln aus Glaskeramik Aluminiumoxyd-Keramik und mit Titanoxyd beschichtete Metallkörper verwendet. Das Problem der Gewebeverträglichkeit und der komplikationslosen Einheilung ist heute weitgehend gelöst. → Implantatformen. Vgl. I., offenes; I., geschlossenes; I., dentales; I., subperiostales; Nadelimplantate. [4, 18]

Implantat|achse f: Vertikalachse von enossalen Implantaten (→ Implantat, enossales); sollte in der Planung und beim Einbringen des Implantats so ausgerichtet werden, daß die Vertikalachse in Richtung der okklusalen Belastung verläuft (Abb.). Bei prothetischer Verblockung

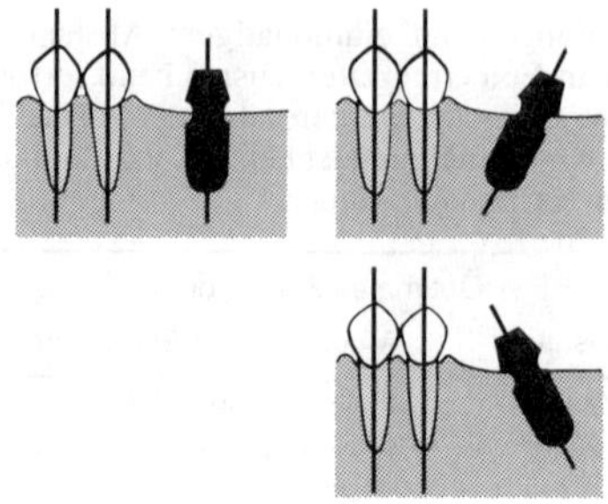

Günstige Achsrichtung   Ungünstige Achsrichtung [86]

mehrerer Implantate oder von Implantaten mit natürlichen Zähnen ist auf eine gemeinsame Einschubrichtung zu achten. Bei ungenügendem Knochenangebot kann es notwendig sein, das Implantat von der optimalen Achse abweichend zu setzen und die Divergenz mit prothetischen Hilfsteilen auszugleichen. [18]

Implantat, ankylotisches n: aufgrund des fehlenden Desmodonts an enossalen Implantaten (→ Implantat, enossales) besteht bei → Osseointegration eine ankylotische, d.h. starre Verbindung zwischen Implantat und Knochen. [18]

Implantat|belastung, Zeit|punkt der: beim zweiphasigen Implantationsverfahren wird nach der Implantation eine unbelastete → Einheilungsphase von 3 bis 6 Monaten abgewartet, bevor das Implantat durch prothetische Versorgung funktionell belastet wird. Im Ggs. dazu wird beim einphasigen Implantationsverfahren direkt im Anschluß an die Implantation die prothetische Versorgung vorgenommen. Vgl. Implantationsverfahren, einphasiges; Implantationsverfahren, zweiphasiges. [18]

Implantat|bett: Knochenkavität, in die das enossale Implantat (→ Implantat, enossales) eingesetzt wird. Anzustreben ist die möglichst atraumatische Präparation einer implantatkongruenten Kavität im Knochen, um → Primärstabilität des Implantates zu erzielen. [18]

Implantat, dentales n: → Implantat zum Ersatz eines einzelnen Zahnes oder mehrerer Zähne bzw. zur Verankerung von abnehmbarem Zahnersatz. Für die → Implantation sind folgende Punkte zu berücksichtigen bzw. festzulegen: 1. Werkstoff (→ Implantatmaterial); 2. makroskopische Implantatform; 3. mikroskopische Implantatoberfläche (→ Plasmabeschichtung); 4. Operationstechnik; 5. Suprastruktur; 6. Kosten.Vgl. Implantat, enossales,

Gerüstimplantat, Magnetimplantate, Implantat, intramuköses. 18

Implantat|einteilung: → Implantatformen. 18

Implantat, endo|dontisches n: Stift aus Keramik oder Metall, der zur Verlängerung der funktionellen Zahnwurzel durch diese hindurch in den Knochen gesetzt wird. → Transfixation. 18

Implantat, enossales n: aus Metall oder Keramik bestehender Zahnwurzelersatz, der nach Vorbohrung möglichst formschlüssig in den Kieferknochen eingesetzt wird. In der Anwendung werden einphasige von zweiphasigen → Implantationsverfahren unterschieden. Angestrebt wird die Osseointegration und die daran anschließende Verankerung von Zahnersatz. Vgl. Implantat, subperiostales, Implantatsystem, Implantatformen. 18

Implantat|formen: die geometrischen Formen enossaler Implantate (Abb.). Im Handel sind u.a. → Zylinder-, → Hohlzylinder-, → Schrauben-, Anker-, → Nadel- und Blattimplantate. Vgl. auch Implantattypen. 4, 18

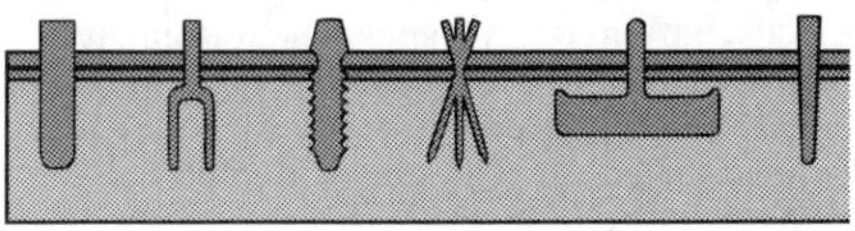

Enossale Implantatformen (Zylinder, Hohlzylinder, Schrauben, Nadeln, Blätter, Stifte) [86]

Implantat|fraktur f: Bruch eines enossalen Implantats (→ Implantat, enossales). Man unterscheidet die intraoperative I., bei der das Implantat sofort entfernt und ggf. durch ein neues ersetzt wird, von der Spätfraktur, die nach prothetischer Versorgung in der Belastungsphase auftritt. Die späte I. tritt vor allem bei Keramikimplantaten und bei Metall-Blattimplantaten auf. Nachfolgende Therapie: abhängig vom Verlauf der Frakturlinie und von den Chancen einer wenig traumatisierenden Implantatentfernung muß zwischen prothetischer Neuversorung, Implantatentfernung oder -belassung entschieden werden. 18

Implantat|fräse, innen|gekühlte: Spezialinstrument zur Präparation des → Implantatbettes mit zentral durch den Schaft laufender Bohrung als Kühlmittelzufluß. Formgebung systemabhängig. 18

Implantat|fuß: apikale Region des → Implantatkörpers; vgl. Implantatteile. 18

Implantat|gerüst, sub|peri|ostales: → Gerüstimplantat. 18

Implantat, geschlossenes n: allseits von körpereigenem Gewebe umgebenes I. (Abb.), z.B. Endoprothesen zum Knochen- und Gelenkersatz, Herzklappen. Geschlossene Magnetimplantate haben sich in der Zhk. nicht durchgesetzt. 18

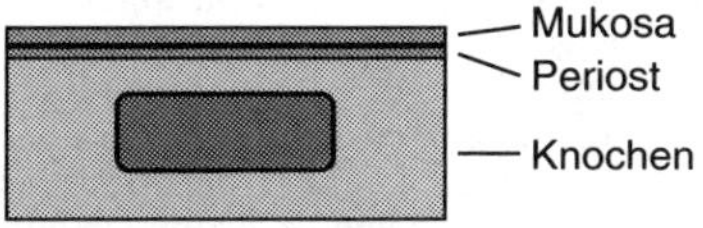

[86]

Implantat|hals: Konstruktionsteil von → Implantaten, stellt die Verbindung zwischen → Implantatkörper und → Implantatpfosten dar und durchdringt die Mundschleimhaut. Der I. sollte abgerundet und möglichst glatt sein, damit sich die → periimplantäre Schleimhaut möglichst reizlos anlagern kann. Vgl. Implantatteile. 18

Implantat|indikation f: Indikation für → dentale Implantate: 1. zur Vermeidung herausnehmbaren Zahnersatzes (z.B. Therapie der verkürzten Zahnreihe mit einer implantatgetragenen Brücke); 2. zur Vermeidung der Präparation gesunder Nachbarzähne (z.B. Einzelzahnersatz durch Implantat und Krone); 3. zur Lagestabilisierung herausnehmbaren Zahnersatzes (Fixierung einer Totalprothese mit Hilfe von implantatgetragenen Verbindungselementen). 18

Implantat, intra|muköses n: besser: intramuköser Knopfanker; kleine elliptische Einsätze aus Vitallium oder → Titan, die in die Schleimhautseite der tegumentgetragenen Prothese einpolymerisiert werden. Die retentiven Köpfe der Knopfanker finden Halt im narbig verdickten Epithel. Heute unübliches Verfahren. 18

Implantation f: Einpflanzen eines Implantates in den Organismus mit dem Ziel der gewebeverträglichen Einheilung. Unterschieden wird die Verpflanzung körpereigener Implantate (Transplantation) von der Einpflanzung synthetischer Materialien (allogene Implantation). In der Zhk. vorwiegend als künstliche Zahnwurzel (→ Implantat, enossales), vereinzelt auch noch als → Gerüstimplantat, subperiostales. I. in der Kieferchir. auch als → Kieferknochenersatz. I. in der Parodontol. als Knochentaschenfüllung mittels verschiedener Implantatmaterialien. Neben Kollagenvlies und denaturiertem mazeriertem Knochen werden Trikalziumphosphatkeramiken benutzt. Da sie schnell resorbiert werden, findet die erhoffte Knochensubstitution bzw. die Bildung eines → New attachment nur in sehr begrenztem Umfang statt. Daher Tendenz zur I. von chemisch knochenähnlichen, aber nicht resorbierbaren Substanzen, z.B. Hydroxylapatit usw. Vgl. Osteoplastik in der Parodontologie, Guided tissue regeneration, Hydroxylapatitkeramikimplantation in der Parodontologie. I. in der Embryol.: → Nidation. [4, 6, 18, 22]

Implantations|verfahren, einphasiges: funktionelle Belastung von Implantaten durch die Eingliederung des implantatgetragenen Zahnersatzes erfolgt in direktem zeitlichen Zusammenhang mit der Implantation, z.B. bei primär stabilen Schraubenimplantaten. Vgl. Implantationsverfahren, zweiphasiges. [18]

Implantations|verfahren, zweiphasiges: Nach der Implantation folgt zunächst eine funktionell unbelastete Einheilphase von 3 bis 6 Monaten. Nach Ablauf dieser Frist erfolgt die Belastung durch Zahnersatz. Vgl. Implantationsverfahren, einphasiges. [18]

Implantations|voraussetzungen: Faktoren, die zur erfolgreichen → Implantation vorliegen sollten: 1. günstige anatomische Verhältnisse; 2. Bestehen einer Indikation; 3. Fehlen von Kontraindikationen; 4. ausreichende Qualifikation des Behandlers; 5. notwendige technische Ausstattung; 6. Einwilligung des Patienten nach ausreichender Aufklärung. [18]

Implantations|zeit|punkt: Zeitpunkt relativ zur Zahnentfernung, zu dem frühestens in der betr. Region ein → dentales Implantat eingesetzt werden sollte. Vgl. Sofortimplantat, Spätimplantat. [18]

Implantat|kinematik f: Auslenkungsverhalten von Zahnwurzelimplantaten; die I. unterscheidet sich in charakteristischer Weise von der natürlicher Zähne, da der parodontale Faserapparat an diesen Implantaten fehlt. Das Implantat reagiert daher auf eine auslenkende Kraft im Ggs. zum Zahn linear. [18]

Implantat-Knochen-Grenze: Kontaktzone zwischen → Implantat und Knochen. Je nach → Implantatmaterial kommt es zu unterschiedlichen → Gewebereaktionen des knöchernen → Implantatlagers. Vgl. Osteogenese. [18]

Implantat-Knochen-Verbund: bei der enossalen → Implantation angestrebter Zustand, bei dem die Kraftübertragung bei Implantatbelastung nicht nur durch Druck, sondern auch durch Zug und Scherung vollzogen wird. Erreicht wird der I. durch mikro- und makromorphologische Retentionsverbesserungen des Implantatkörpers wie z.B. spezielle → Beschichtungsverfahren oder Schraubengewinde. [18]

Implantat|kontrolle f: Verlaufsuntersuchung von dentalen → Implantaten; sollte etwa alle 6 Monate stattfinden und folgende Untersuchungen umfassen: Inspektion, Taschensondierung, Palpation, Röntgenkontrolle, Mobilitätstest, Okklusionskontrolle, Hygienekontrolle. [18]

Implantat|körper: enossaler Anteil des Implantats. Vgl. Implantatteile. [18]

Implantat|lager: → Implantatbett. [18]

Implantat|lockerung: erhöhte Mobilität enossaler Implantate (→ Implantat, enossales); geht stets einher mit der Bildung einer → periimplantären Weichgewebsschicht. Diagnose: manuelle Beweglichkeitsprüfung; → Periotest; → Klopfschall; röntgenologisch über eine periimplantäre Transluzenz. Vgl. Implantatmißerfolg. [18]

Implantat|material n: Werkstoffe zur Herstellung von → Implantaten. Für dentale Implantate sind folgende Materialgruppen gebräuchlich: 1. Metalle (vor allem Reintitan, Titanlegierungen, Tantal), → Titan; 2. → Oxidkeramiken (mono- und polykristalline Aluminiumoxid- und Zirkoniumoxidkeramiken); 3. → Kalziumphosphatkeramik (als Beschichtungswerkstoff von Metallimplantaten sowie als Knochenersatzwerkstoff). Besondere Bedeutung haben folgende Kriterien: → Biokompatibilität (Gewebeverträglichkeit), biomechanische Funktionalität (Festigkeitseigenschaften bei vorgegebenen Implantatdimensionen), → Biostabilität (geringstmögliche Implantatveränderungen durch Reaktionen mit dem umliegenden Gewebe, z.B. durch Korrosion). [18]

Implantat|material, keramisches n: → Aluminiumoxidkeramik, → Glaskeramik, → Kalziumphosphatkeramik. [18]

Implantat|mißerfolg: Auf die stumme Initialphase nach der Implantation folgt die symptomatische Phase mit einer akuten oder chronischen Entzündung. I.s-Zeichen können sein: → Implantatlockerung, Taschenbildung, Tascheninfektion, → periimplantäre Schmerzen, periimplantärer Knochenabbau, Ostitis, Sensibilitätsstörungen, freiliegende Implantatteile, Sinusitis maxillaris. Der frühe I. tritt während der → Einheilungsphase auf; der angestrebte → Implantat-Knochen-Verbund entsteht erst gar nicht oder wird rasch wieder zerstört. Mögliche Ursachen sind: fehlende → Primärstabilität des Implantats, Implantation in entzündete Knochenregion, Wundheilungsstörung aufgrund von Hitzeschädigung des Knochenlagers oder Infektion, zu frühzeitige oder zu hohe Belastung der Implantat-Knochengrenze. Der späte I. tritt erst nach prothetischer Versorgung und funktioneller Belastung des Implantats auf. Er ist i.d.R. gekennzeichnet durch einen progressiven periimplantären trichterförmigen Knochenabbau mit nachfolgender Implantatlockerung. Mögliche Ursachen sind: falsche Indikationsstellung, Nichtbeachtung von Kontraindikationen, in Form und Werkstoff falsch gewählte Implantattypen, fehlerhafte Insertion, → Suprastruktur (die zur Implantatüberlastung führt), fehlende Nachsorge, mangelhafte Implantatpflege. 18

Implantat|nachsorge: umfaßt die Untersuchungen der → Implantatkontrolle sowie evtl. notwendige Korrekturen (z.B. Okklusion einschleifen, Zahnersatz unterfüttern, Remotivation zur Mundhygiene). Sollte über ein Recallsystem organisiert sein. Vgl. Mundhygiene bei Implantaten. 18

Implantat, offenes n: Implantat, das die Körperoberfläche dauerhaft perforiert (Abb.). In der Zhk. üblich zur Fixierung von Zahnersatz. Kritischer Punkt: Epitheltiefenwachstum, Taschenbildung, Eintrittspforte für Keime. Vgl. Implantat, geschlossenes. 18

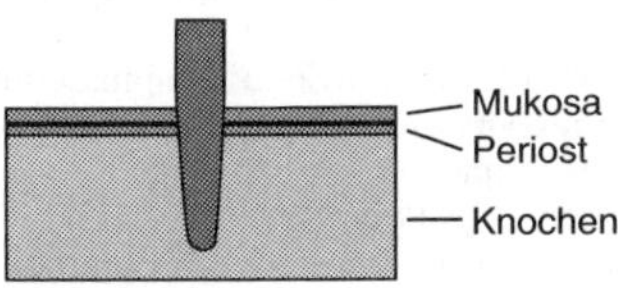

[86]

Implantat|pfosten: Konstruktionsteil von → Implantaten; entspricht dem beschliffenen Stumpf natürlicher Zähne und dient der Aufnahme der prothetischen Versorgung. Vgl. Implantatteile. 18

Implantat|planung: Indikationsstellung zur → Implantation; Festlegung von Implantat-Typ, -Anzahl, → -Position und Achsneigung sowie der Gestaltung der → Suprastruktur aufgrund der präimplantologischen → Diagnostik. 18

Implantat|position f: Stellung des → Implantates. Die I. wird bei der → Implantatplanung festgelegt und mittels → Implantatschablone auf den Operationssitus übertragen. 18

Implantat|positionierung f: → Implantatplanung, präimplantologische → Diagnostik. 18

Implantat|reinigung: Beseitigung von → periimplantärer Plaque. Neben einer adäquaten Gestaltung des → Implantathalses (rund, polierte Oberfläche) ist auf die hygienefähige Gestaltung des implantatgetragenen Zahnersatzes zu achten, um dem Patienten mit geeigneten Hilfsmitteln (z.B. Zahnbürste, Interdentalbürste, Zahnseide) die I. zu ermöglichen. Die I. sollte im Rahmen eines Recall-Programms überwacht werden. 18

Implantat|schablone f: **1.** konfektioniertes, implantatkongruentes Hilfsteil, mit dem intraoperativ die Anlage des → Implantatbetts vor der Insertion des → Implantats überprüft werden kann. Dient auch zur parallelen Ausrichtung der → Implantatachse bei Insertion mehrerer Implantate; **2.** Meßschablone zur → Implantatplanung auf dem Röntgenbild. Oft mit verschiedenen Vergrößerungsfaktoren und auf Transparentfolie abgebildeten Implantatumrißformen, die über dem Röntgenbild verschoben werden können, um die optimale → Implantatposition zu ermitteln. 18

Implantat|schulter: Konstruktionsteil von → Implantaten; stellt den Übergang des → Implantatkörpers in den → Implantathals dar und sollte im Knochen versenkt sein. Vgl. Implantatteile. 18

Implantat|stabilität, primäre f: → Primärstabilität. 18

Implantat, sub|peri|ostales n: Gerüstimplantat aus Metall, das nach Abformung des Kieferknochens unter Schleimhaut und Periost dem Knochen lediglich aufgelagert wird (Abb.). Das Verfahren tritt zugunsten enossaler Implantate (→ Implantat, enossales) in den Hintergrund, da unphysiologische Knochenbelastung und großflächige Implantatausdehnung häufig zu schweren Gewebeschädigungen (Knochenresorption,

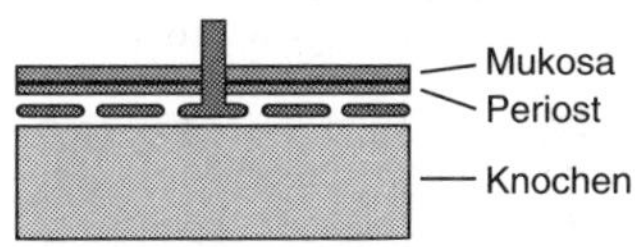

Abb. a: Das Implantatgerüst liegt unter dem Periost direkt dem Knochen auf; Pfosten perforieren die Mukosa (schematisch)

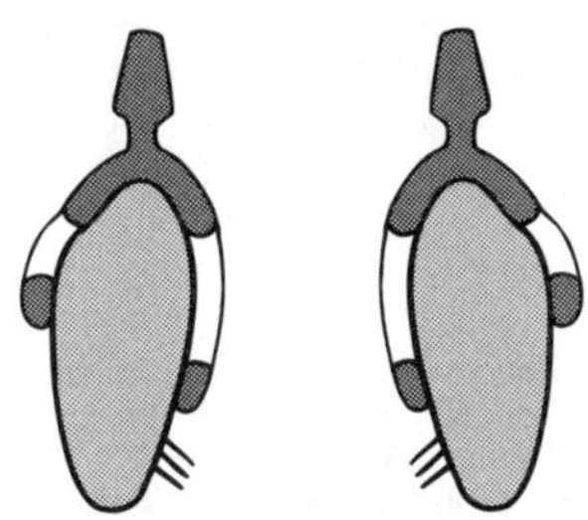

Abb. b: Querschnitt durch ein subperiostales Gerüstimplatat im Molarenbereich [86]

Fisteln, chronische Entzündung) führen. Folgen: aufwendige Entfernung und oft durch Narbenbildung erheblich eingeschränkte Möglichkeiten der prothetischen Nachversorgung. 18

Implantat|system n: aufeinander abgestimmte Gesamtheit von Implantaten, Implantat-Zusatzteilen und Instrumentarium. Beinhaltet: 1. genormtes Instrumentarium zur Präparation implantatkongruenter Knochenkavitäten sowie zur prothetischen Versorgung der Implantate; 2. konfektionierte Präzisionsteile zur prothetischen Versorgung (z.B. Abdruckpfosten, → Dämpfungselemente etc.). [18]

Implantat|teile: Bezeichnung der einzelnen funktionellen bzw. morphologischen Abschnitte enossaler Implantate (→ Implantat, enossales) (Abb.). [18]

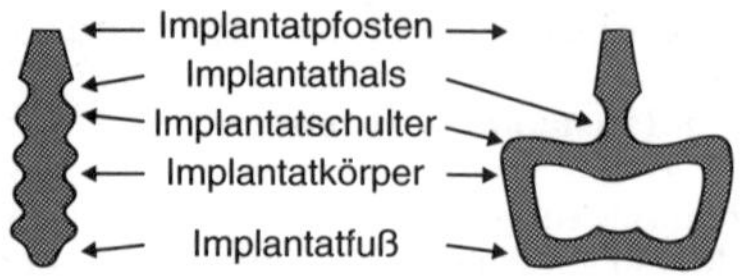

Bezeichnung der einzelnen Implantatteile [86]

Implantat|typen m pl: verschiedene Ausführungen enossaler Implantate zum Zahnwurzelersatz (Abb.): 1. Keramik-Implantate (aus Al_2O_3-Keramik), z.B. Biolox-, Münchner Implantat, Tübinger I.; 2. Titan- bzw. Tantal-Implantate, z.B. Bonefit-, *Brånemark-*, IMZ-, *Ledermann-*, *Linkow*-Implantat. Vgl. Implantatformen. [18]

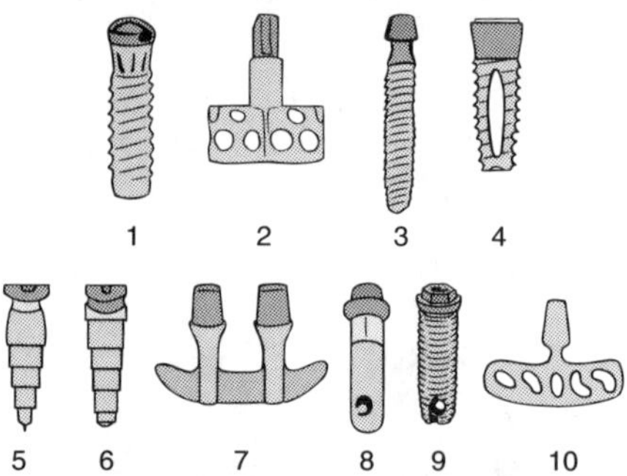

Beispiele verschiedener Implantattypen
1: Bonefit-Implantat; 2: ITI-Implantat;
3: *Ledermann*-Schraube; 4: HATI-System;
5: Münchener Modifikation des Tübinger Implantats (Frialit); 6: Tübinger Implantat (Frialit); 7: Biolox-Implantat; 8: IMZ-Implantat; 9: *Brånemark*-Implantat;
10: *Linkow*-blade-vent (Blattimplantat). [87]

Implantat|verlust: spontane oder therapeutische Implantatentfernung aus dem → Implantatlager. Mögliche Ursachen: primäre Einheilstörung, Taschenbildung und → Implantatlockerung, → Implantatfraktur. Vgl. Implantatmißerfolg. [18]

Implantat|werkstoffe: Materialien, aus denen dentale Implantate hergestellt werden. Es kommen metallische und nichtmetallische I. zum Einsatz: 1. metallische Werkstoffe: → Titan, → Tantal, Edelmetallegierungen, Kobalt-Chrom-Molybdän-Legierungen, Edelstähle. Die beiden letztgenannten sind im biologischen Milieu recht korrosionsanfällig und daher nur bedingt als I. geeignet; 2. nichtmetallische Werkstoffe: → Aluminiumoxidkeramik, → Kalziumphosphatkeramik, → Hydroxylapatitkeramik, → Glaskeramik, → Biogläser, synthetische Kohlenstoffe. Problematisch ist bei den nichtmetallischen Werkstoffen häufig die geringe mechanische Festigkeit, die zu → Implantatfrakturen führt. [18]

Implantologie f: die Lehre von der → Implantation, spez. der Anwendung von alloplastischem Material. [18]

Impletol®-Test m: → Sekundenphänomen. [1]

Imprägnations|an|ästhesie f: → Dentinanästhesie der Pulpa. [1]

Impregum®: → Polyäther. [4]

Impression (lat.) f: Impressio; **1.** Eindruck, Empfindung. **2.** anat. Vertiefung, Eindellung in ein Körpergewebe. **3.** traumatisches Hineintreiben der Zähne in den Kiefer bei Sturz (zentrale Luxation; → Luxation von Zähnen), vorwiegend der oberen mittleren Milchschneidezähne, wobei die Pulpa zugrunde geht und die Krone infolge von Blutungen dunkel verfärbt wird. [4]

Impressions|fraktur f: Bruch bes. flacher Knochen mit Eindrückung der Fragmente, meist durch kleinflächige Gewalteinwirkung. [2]

Impuls (lat) m: **1.** P h y s .: Produkt aus Masse und Geschwindigkeit. **2.** P h y s .: Vorübergehender, meist kurzzeitiger Spannungs- oder Stromstoß. **3.** P h y s i o l .: Anstoß, Reiz, auch einzelnes → Aktionspotential eines Nerven („Nervenimpuls"). [10]

Impuls|laser m: Lasertyp mit zeitlich impulsförmiger Emission von Laserstrahlung (Impulslängen < ca. 20 ms). Vgl. Dauerstrichlaser, Laser. [31]

IMZ-Implantat® n: Abk. für **I**ntra**m**obiles **Z**ylinder-Implantat (nach *Koch* und *Kirsch*). Rotationssymmetrisches → Zylinderimplantat aus Titan mit apikalen Perforationen, dessen wesentliches Merkmal ein intramobiles Kunststoffelement ist, das sich zwischen → Suprastruktur und Implantat befindet. Dieses → intramobile Element soll im Sinne eines Stoßdämpfers die Funktionen des Desmodonts am ankylotisch (→ Ankylose) mit dem Knochen verheilten Implantat übernehmen. Vgl. Implantattypen. [2, 4, 18]

Inaktivitäts|atrophie f: → Atrophie infolge mangelnder oder fehlender funktioneller Inanspruchnahme eines Organs oder eines Körperteiles. Betrifft bes. Muskulatur und Knochen der Extremitäten (z.B. bei Lähmung, Fraktur, Kontraktur, psychogener Schonhaltung). [32]

In|anition (lat.) f: körperliche Entkräftung infolge ungenügender Nahrungsaufnahme. Vgl. Kachexie. [20]

inapparent (lat.): nicht wahrnehmbar, symptomlos oder symptomarm; Ggs.: → apparent. [32]

Inaugural|dissertation f: wissenschaftliche Schrift zur Erlangung der Doktorwürde. Vgl. Doktorgrad. [24]

incisalis: das Schneiden betreffend, z.B. Margo incisalis: Schneidekante des Zahnes. [20]

Incisivus (lat.) m, pl Incisivi: Schneidezahn, → Dentes incisivi. [30]

Incisura (lat.) f: Einschnitt; z.B. I. mandibulae: halbbogenförmiger Einschnitt am aufsteigenden Unterkieferast zwischen → Processus condylaris und Processus coronoideus. [9]

Incontinentia pigmenti f: → *Bloch-Sulzberger*-Krankheit. [12]

Incus (lat.) m: Amboß; → Gehörknöchelchen zwischen Hammer und Steigbügel. [9]

Index, therapeutischer m: → therapeutische Breite. [7]

Indigo (lat.) m oder n: $C_{16}H_{10}N_2O_2$; bereits im Altertum bekannter blauer Farbstoff, der aus bestimmten tropischen Pflanzen gewonnen wurde. Heute meist synthetisch hergestellt. [23]

Indikation (lat.) f: Anzeige, Heilanzeige für eine bestimmte Maßnahme (vgl. Kontraindikation); kausale I.: Verordnung, die durch die Ursache des Leidens angezeigt erscheint; vitale I.: durch vorhandene Lebensgefahr angezeigtes (indiziertes) therapeutisches Vorgehen. [2]

Indikatoren (lat.) m pl: Substanzen, die in einem chem. System einen bestimmten Zustand anzuzeigen vermögen. So werden z.B. Farbindikatoren, wie → Lackmus, → Methylrot, → Phenolphthalein, zur Bestimmung der→ Wasserstoffionenkonzentration (→ pH) benutzt, da sie in Abhängigkeit von derselben eine Farbänderung erfahren. Radioindikatoren sind als Anzeigemittel verwendete radioaktive Atome. Mit ihrer Hilfe können z.B. biolog. Prozesse in vivo untersucht werden. Vgl. Szintigraphie, Isotope. [10, 23]

indirekte Arbeits|methode f: dient zur techn. Herstellung von gegossenen Kronen, Halbkronen, Kappen und Inlays. Hierbei wird das Objekt nicht direkt im Mund in Wachs modelliert, sondern auf einem Modell, welches nach einer → Abformung gewonnen wird. Der Abdruck wird mit Hartgips bzw. Kunststoff ausgegossen. [4]

Individual|prophylaxe f: individuelle Beratung und Betreuung eines Patienten mit dem Ziel, Karies und Parodontopathien möglichst vollständig zu verhindern. I. wird in der zahnärztl. Praxis angeboten, der Prophylaxeplan mit → Ernährungsanamnese, → Ernährungsberatung, → Mundhygiene und → Fluoridprophylaxe wird individuell auf die Erfordernisse des Patienten abgestimmt. [15]

individueller Löffel: → Funktionslöffel; Träger von → Abformmaterial bei der Abformung, der für die individuelle, einmalige Situation eigens auf einem Situationsmodell aus z.B. selbstpolymerisierenden Acrylatkunststoffen hergestellt wird. Vgl. Einkomponentenabformung, Funktionsabdruck. [4]

indiziert (lat.): angezeigt, ratsam. Vgl. Indikation. [2]

indolent: wörtl. schmerzlos, aber auch gleichgültig. [2]

Indometacin: Arylessigsäure-Derivat, potenter → Cyclooxigenase-Inhibitor. Stark antiphlogist., daneben antipyret. und schwach analget. wirksam. Nebenwirkungen: allgemeine Nebenwirkungen der Cyclooxigenase-Inhibitoren, insbes. zentralnervöse- und gastrointestinale Reaktionen. Bei Langzeitanwendung u.a. Hornhautablagerungen, Amaurosis und retrolentale Fibrose möglich. → Antiphlogistikum. [7]

Induktion (lat.) f: **1.** P h y s .: die Erregung elektrischer Ströme durch benachbarte elektrische Ströme (Voltainduktion) oder durch Magnete (Magnetinduktion), entdeckt von *Faraday* 1831. Der induzierte oder Induktionsstrom hat bei Schließung, Verstärkung oder Annäherung des primären oder induzierenden Stroms die gleiche, in den anderen Fällen aber entgegengesetzte Richtung wie dieser. **2.** B i o l .: die Auslösung eines Entwicklungsvorganges an einem Teil des Organismus durch einen anderen. Das Ergebnis ist immer eine innerhalb der Reaktionsnorm liegende Modifikation. **3.** E m b r y o l .: durch äußere Einflüsse (z.B benachbarte Zellen, Hormone, exogene Reize) ausgelöste Wachstums- oder Differenzierungsprozesse. Vgl. Differenzierung, epitheliomesenchymale Interaktion. [10, 22]

Induration f: Verhärtung von Organen und Geweben, durch bindegewebige Durchwachsung, Stauung u.a. bedingt; induriert: verhärtet, hart. [2]

inert (lat.): untätig, reaktionslos; chem. für Stoffe, die nicht mit anderen Stoffen reagieren. [4, 18]

Infantilismus (lat.) m: körperliches und/oder geistig-seelisches Stehenbleiben auf kindlicher Entwicklungsstufe durch ererbte oder früh erworbene Krankheiten (Zöliakie, Herzfehler, endokrine Störungen, Geisteskrankheiten). [20]

Infarkt m: Durchblutungsstörungen im arteriellen Gebiet eines Gewebsbezirkes durch Undurchgängigkeit einer Arterienlichtung infolge Außendrucks auf das Gefäß, verschließende Wandveränderungen oder Verstopfung, als Folge schnell eintretende Nekrose des betroffenen Gewebes. Anämischer I. in Gehirn, Herz (→ Myokardinfarkt), Niere, Milz bei fehlenden Querverbindungen in Endstromgebieten. Hämorrhagischer I.: in Lunge, Darm, Leber bei Doppelgefäßversorgungsgebieten, von denen eines bei der Infarzierung offen bleibt und sich unter Absinken des arteriellen Blutdrucks von der anderen Seite auffüllt. [20]

infaust (lat.): ungünstig, z.B. i.e Prognose (ungünstige Vorhersage). [2]

Infektion (lat.) f: die Übertragung, das Haftenbleiben oder Eindringen von Mikroorganismen in einen tierischen oder pflanzlichen Organismus und deren Vermehrung in ihm. Besitzt der eingedrungene Keim auch pathogene Eigenschaften gegen den Wirt und reagiert dieser mit Abwehrmaßnahmen, kommt es zu → Infektionskrankheiten, deren Erscheinungsbild und Verlauf von der Virulenz (Summe der Infektionseigenschaften eines Keimes) und den Abwehrkonditionen des Empfängers bestimmt werden. [20]

Infektion, endogene f: kommt zustande, wenn Erreger, die sich normalerweise auf den Schleimhäuten der offenen Körperhöhlen befinden, in Blut oder Gewebe eindringen; e. I.en sind z.B. → Aktinomykose, → Endokarditis, → Fusospirochätosen. [8]

Infektions|erreger: Bakterien, Viren, Rickettsien, Pilze und Protozoen, für den Menschen nur teilweise pathogen (artgebundene Resistenz); große Bedeutung individueller, umweltbedingter Faktoren, die die Disposition zum Infekt und dessen Auswirkungen bestimmen. Vgl. Infektionskrankheit. [8]

Infektions|immunität f: Immunität gegen erneute Infektion mit dem gleichen Erreger bei bestehender Krankheit, z.B. bei Syphilis. [8]

Infektions|krankheit: Gesamtkomplex abnormer, objektiver, mit subjektivem Krankheitsgefühl verbundener Vorgänge während des vielgestaltigen Angriffs- und Abwehrkampfes zwischen Mikroorganismen und Makroorganismus mit Fieber als wichtigstem Allgemeinsymptom. Unterschieden werden 1. Lokal- oder Herdinfektionen (z.B. Wundinfektion), 2. zyklische I., mit den Stadien der Inkubation (Keimvermehrung), Generalisation (Keimstreuung) und Organmanifestation und 3. die Sepsis, als Keimstreuung aus einer Lokalinfektion. [20]

Infektions|quellen: Reservoirs für Krankheitserreger, die auf Pflanze, Tier und Mensch übertragen werden können. Quellen für Infektionen (Infektionserreger) können z.B. der kranke Mensch sein (→ Dauerausscheider von Darmbakterien, Hepatitis B-Virusträger), das kranke Tier, Nahrungsmittel (Botulismus), Wasser (Paratyphus) oder Boden (Tetanus, Gasbrand). [8]

infektiös (lat.): ansteckend. [8]

Inferenz (lat.) f: Schlußfolgerung. Der Vorgang, mit dem nach einer bestimmten Problemlösungsmethode Schlüsse aus einer → Wissensbasis gezogen werden können. Die I. oder der I.-Algorithmus steuert den Ablauf des Dialogs mit dem wissensbasierten System. Vgl. Künstliche Intelligenz, Expertensystem. [26]

Inferenz|komponente f: Teil eines → Expertensystems, das die Schlußfolgerungen des Systems durchführt. [26]

Infiltrat n: die durch → Infiltration in das interstitielle Bindegewebe eingedrungene körpereigene oder -fremde Substanz, z.B. Blut, Exsudat, Zellen, Medikamente; i.w.S. Bez. für den durch die Infiltration veränderten Gewebsbezirk, z.B. Lungeninfiltrat. [32]

Infiltration f: **1.** Eindringen, Einsickern, Einströmen von Substanzen (z.B. von Flüssigkeiten, Entzündungszellen, Tumorzellen) in das bindegewebige Interstitium. **2.** Einbringen von körperfremden Substanzen in Gewebe durch Injektion (→ Infiltrationsanäthesie). [32]

Infiltrations|anästhesie f: örtliches Betäubungsverfahren; das Operationsgebiet wird mit einem geeigneten Lokalanästhetikum durchtränkt (direkte I.) oder umspritzt (indirekte I.). → Lokalanästhesie. [2]

infiltrierendes Wachstum: Wachstumsverhalten bösartiger Geschwülste mit unregelmäßigem, schrankenlosem, zerstörendem Einwuchern von Tumorgewebe in gesundes Nachbargewebe, evtl. auch Nachbarorgane (invasives Wachstum). [32]

infiziert (lat.): verseucht, angesteckt. [8]

Inflammation (lat.) f: → Entzündung. [32]

Influenza (lat.) f: Bezeichnung für → Grippe. [8]

Influenza|bakterien f pl: Haemophilus influenzae; kleine unbewegliche, gramnegative stäbchenförmige Schleimhautepiphyten, wachsen auf Spezialnährböden, sind nicht Erreger der Grippe, die eine Viruserkrankung ist. Die I. können aber das Krankheitsbild verschlimmern und andere Infektionen hervorrufen (z.B. Meningitis). → Grippe, → Haemophilus. [8]

Influenza|viren n pl: Gruppe innerhalb der → Myxoviren, Erreger der Grippe. Drei Typen: A, B, C. Pandemien nur durch Typ A und seine Mutanten (Subtypen), die nach Ort und Jahr der ersten Isolierung sowie nach Hämagglutinin- und Neuraminidase-Antigen (H, N) benannt sind. Letzte Pandemien durch A/Singapore/1/57 (H_2N_2) (Asiatische Grippe), A/Hongkong/1/68 (H_3N_2) (Hongkong-Grippe), A/England/42/72 (H_3N_2). [8]

Informatik, medizinische f: Lehre von der Anwendung der Methoden der Informatik in der Medizin. Studiengang an den Universitäten Heidelberg und Hildesheim mit Diplomabschluß. [26]

Informations|system n: System der elektronischen Datenverarbeitung, das Daten interpretiert, verknüpft und dem Benutzer aufbereitet darstellt. Beispiele sind Krankenhaus-, Patienten- und Arzneimittelinformationssysteme (→ Arzneimittelinformationssystem). [26]

Informed consent (engl.): die → Einwilligung des Patienten nach ordnungsgemäßer → Aufklärung. [24]

Infra|dentale n: Abk. Id; anthrop. Meßpunkt, Schnittpunkt der Vorderkante des unteren Alveolarfortsatzes mit der Medianebene zwischen den Schneidezähnen (Abb. → Meßpunkte). [5]

Infraktion f: unvollständiger Knochenbruch. [2]

Infra|ok|klusion f: vertikale Stellungsunstimmigkeit, bei der Zähne nicht mit Antagonisten okkludieren, meist bei Milchmolaren, die gegenüber bleibenden Nachbarn zurückbleiben. Ggs.: → Supraokklusion. [5]

infra|orbital: unterhalb der Augenhöhle gelegen. [9]

Infra|orbital|anästhesie f: Anästhesie der Rami alveolares maxillares anteriores durch Injektion

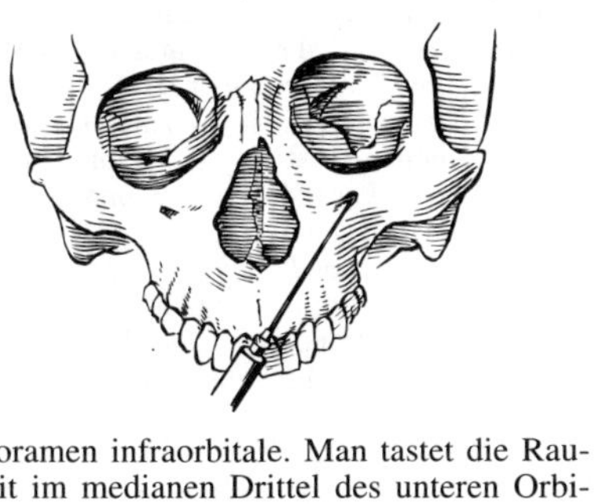

am Foramen infraorbitale. Man tastet die Rauhigkeit im medianen Drittel des unteren Orbitalrandes ab, 1 cm unter dieser liegt das Foramen. Sodann sticht man die Kanüle in der Umschlagfalte oberhalb der Wurzelspitze des seitl. Schneidezahnes ein und führt sie in Richtung auf das angenommene Foramen, wo das Depot angelegt wird (Abb.). Diese Stelle kann auch durch äußeren Einstich erreicht werden. [2]

Infra|position f: Zustand, bei dem Zähne oder Zahngruppen im Einzelkiefer mit ihrer Kaufläche die angenommene → Okklusionsebene nicht erreichen, z.B. beim → offenen Biß (Abb.). Auch bei → Eckzahntiefstand. Ggs.: → Supraposition. [5]

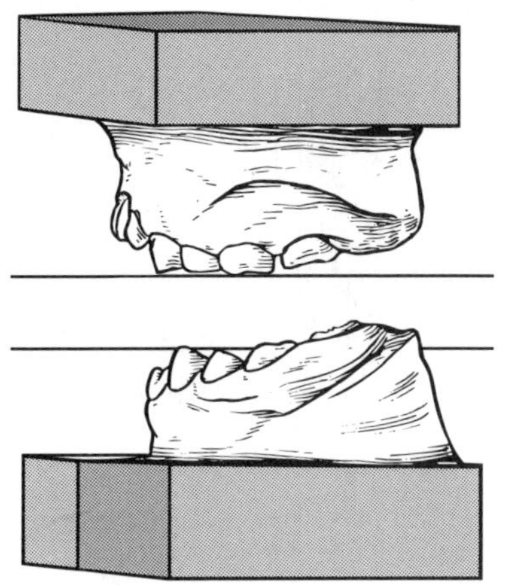

infra|rot: → ultrarot. [10]

Infra|rot|foto|grafie f: fotografisches Verfahren, bei dem vor allem der infrarote Spektralanteil zum Bildaufbau auf speziellen Infrarotfilmen herangezogen wird. Angewandt wird die I. in der Zahnmedizin u.a. zur Aufdeckung bestimmter pathologischer Veränderungen und im Rahmen ergonomischer Untersuchungen. Vgl. Motographie. [17]

Infundibulum (lat.) n: Trichter. → Hypophyse. [9]

Infusiomat m: automatische, batteriebetriebene Pumpe zur → Infusion. [2]

Infusion (lat.) f: intravenöse Applikation geeigneter Flüssigkeiten, die vor allen Dingen bei der Wiederherstellung und Aufrechterhaltung der → Vitalfunktion Kreislauf eingesetzt werden. Es lassen sich unterscheiden: kristalloide (=Vollelektrolyt-) Lösungen und Kolloide. Vollelektrolytlösungen besitzen die weiteste Verbreitung in der Notfallmedizin, sie sind bei allen Formen des relativen oder absoluten Volumenmangels

(→ Dehydratation) indiziert. Kolloide sind nur bei massiven → Blutungen angezeigt. Vgl. Blutdruck, Schock. 16

Infusions|gerät: Kunststoffsystem mit Tropfkammer oder -kugel und Feinregler (Rollenklemme) zur intravenösen Verabreichung von Flüssigkeiten und zur Bluttransfusion. Zur Schnellinfusion bzw. -transfusion kann zusätzlich eine Pumpe angeschlossen werden (Abb.). → Infusiomat. 2

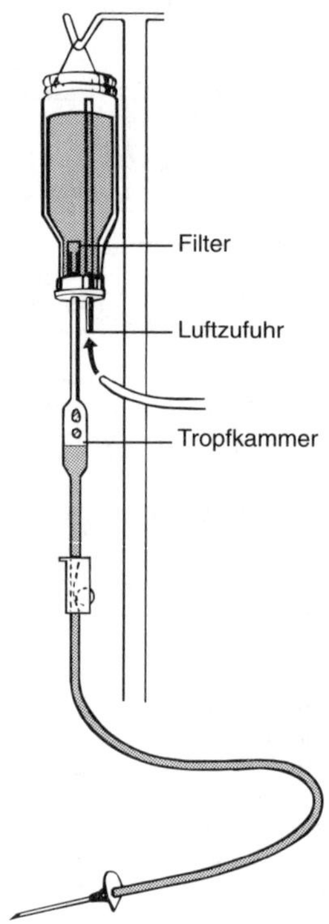

[54]

Infusorien (lat.) n pl: Ciliophora, Wimpertierchen; Aufgußtierchen, die zuerst von *Leeuwenhoek* 1675 in Aufgüssen faulender Pflanzen- oder Fleischteile beschrieben wurden. Vermehrung durch Querteilung, geschlechtlich durch Konjugation. Fortbewegung durch Wimpern. Wasserinfusorien: fressen Bakterien, Protozoen und Algen (Selbstreinigung der Flüsse). Erreger von Fischkrankheiten. Verdauungsinfusorien: im Pansen von Pflanzenfressern. Pathogene Darmziliaten: Balantidium coli (Darmparasit des Schweines), sehr selten auch beim Menschen. 8

Ingestion f: Aufnahme aller in der Nahrung enthaltenen Stoffe. 20

Ingression f: Verkürzung des Zahnes, → Intrusion. 5

Inhalation (lat.) f: das Einatmen von Dämpfen, Gasen oder zerstäubten festen bzw. flüssigen Stoffen (Aerosol, Spray) durch den natürlichen Atmungsvorgang. 19

Inhalations|narkose f: → Narkose durch Inhalation narkotisch wirkender Dämpfe (z.B. Äther, Enfluran, Halothan, Isofluran) oder Gase (z.B. Lachgas). 2

Inhibine (lat.) n pl: unspezifische Immunstoffe im Speichel u.a. Sekreten (*Dold* und *Weigmann*). Wahrscheinlich Stoffwechselprodukte (H_2O_2) körpereigener Bakterien, vor allem von Streptokokken (*Berger, Lammers*). 8

Inhibition (lat.) f: Hemmung. 23

Inhibitoren (lat.) m pl: **1.** Chem.: Stoffe, die chemische Reaktionen verlangsamen oder blokkieren, wie z.B. → Hydrochinon, das die Verfestigung flüssiger Kunststoffe durch Polymerisation verhindert. **2.** Anat.: Inhibitorische Nerven, deren Aktivität bestimmte Funktionen hemmt, wie z.B. der N. vagus die Herztätigkeit. **3.** Biochem.: Stoffe, die die Aktivität von Enzymen hemmen, wie z.B. Kalziumchelatbildner die Blutgerinnung. Ggs. zu I.: → Aktivatoren. 10

inhomogen: verschiedenartig, von verschiedenartiger Beschaffenheit. Ggs. → homogen. 4

Inion (gr.) n: Abk. I; kephalometr. Meßpunkt, Vorsprung der Protuberantia occipitalis externa (Abb. → Meßpunkte). 5

Initial|behandlung: bei entzündlichen plaqueinduzierten Parodontopathien vorbereitende Behandlungsmaßnahmen vor Taschenchirurgie. Die I. umfaßt ein auf die Erkrankung und den Patienten abgestimmtes Mundhygieneprogramm mit Information, Motivation und Training, die Entfernung aller ohne chir. Eingriffe erreichbaren Beläge (Zahnstein, Konkremente) auf der Zahn- und Wurzeloberfläche, die Glättung überstehender Füllungs- und Kronenränder sowie gegebenenfalls die Entfernung insuffizienter Restaurationen. Sie dient der „Chronifizierung“ der akut entzündlichen Parodontopathie und wird auch als Reaktionstest, der über den nach chir. Behandlung zu erwartenden Heilungsverlauf Aufschluß gibt, angesehen. In manchen Fällen erübrigt sich auch nach erfolgreichem Abschluß der I. jede weitere parodontalchir. Therapie. Dauer je nach Fall: 3 Wochen bis 3 Monate, 3 - 10 Sitzungen. 6

Initial|dosis f: engl. initial, loading oder priming dose); die Arzneistoffdosis, die bei einmaliger Verabreichung die gewünschte therapeut. Konzentration ergibt. [7]

Initial|karies f: frühes Kariesstadium, bei dem eine Ausheilung durch → Remineralisation noch möglich ist. Kennzeichen: noch keine Kavität, noch keine Erweichung, erhaltene Oberfläche, kreidige Verfärbung. Vgl. Schmelzläsion. [1]

Initial|läsion f: → Schmelzläsion. [15]

Initial|sklerose f: harter Schanker, → Primäraffekt der Syphilis. Vgl. Syphilis. [12]

Initial|symptome n pl: die ersten Erscheinungsformen einer Krankheit. [2]

Initiator (lat.) m: chemische Verbindung, die den Ablauf einer chemischen Reaktion startet (initiiert). Wird im Gegensatz zum → Katalysator bei der Reaktion verbraucht. [4]

Injektion (lat.) f: **1.** Einspritzung von Flüssigkeiten in das Körpergewebe unter Druckanwendung. Verb.: injizieren; → intramuskulär, → intravenös, → perkutan, → Leitungsanästhesie. **2.** in der Augenheilkunde Sichtbarwerden vorher unsichtbarer Blutgefäße in und unter der Bindehaut. [2]

Inkarnat n: Fleischfarbe, Beimengung von rötlichen, gelblichen, braunen, weißen Pigmenten zu Basiskunststoffen und Zementen. [4]

Inkarzeration f: Einklemmung, z.B. eines Bruches; inkarzeriert: eingeklemmt. [2]

Inklination f: Neigung, Neigungswinkel; kieferorth. Kippung der Zahnachse nach vestibulär (Exversion) oder nach oral (Inversion). Vgl. Angulation. [5]

Inklinations|winkel: → Gebißwinkel. [5]

Inko|härenz f: Verwirrtheit des Denkens, formale Denkstörung mit Verlust der inneren logischen Struktur und Zielverlust im Gedankengang. Häufig bei symptomatischen Psychosen, besonders bei deliranten Zuständen (→ Delir), aber auch im Rahmen von → Schizophrenien. [33]

Inkom|patibilität f: Unverträglichkeit, z.B. von Arzneimitteln, die chemisch oder physikalisch unerwünscht aufeinander reagieren, von Blutgruppen bei → Bluttransfusion, aber auch von Krankheiten, die sich gegenseitig ausschließen (Incompatibilité morbide). [7, 18, 20]

Inkontinenz f: Unvermögen, Exkrete zurückzuhalten. [20]

Inkorporation f: Einverleibung, Eingliederung, z.B. einer Prothese. [4]

Inkrement n: → Inzidenz. [15]

Inkretion f: innere Sekretion; Abgabe eines Drüsenprodukts direkt in das Blut, Absonderung von → Hormonen durch inkretorische (endokrine) Drüsen, ein System humoraler Regulationen neben dem nervalen. Steuerung durch Erb- und Umwelteinflüsse, bes. über das Hypothalamus-Adenohypophysen-System, Steuerung der peripheren inkretorischen Drüsen durch glandotrope Hormone, z.B. bei → Streß. Abgabe von CRF (Corticotropin releasing factor) im Zwischenhirn, dadurch Freisetzung von → ACTH (adrenokortikotropes Hormon), das die Kortikosteroidsekretion in der Nebennierenrinde stimuliert. Physiolog. Selbststeuerung des inkretorischen Systems durch Regelkreise. [20]

Inkrustation (lat.) f: Verkrustung, Ablagerung v.a. von Kalksalzen. [32]

Inkubation (lat.) f: Zeitdauer von der Übertragung der Keime (Ansteckung) bis zum Ausbruch einer Infektionskrankheit, Schwankungen abhängig von der Überwindung der körpereigenen Schutzkräfte und von der Virulenz der jeweiligen Erreger. [8]

Inkubationszeit für	Tage
Diphtherie	2-5
Fleckfieber	8-21
Gonorrhöe	2-8
Hepatitis epidem. (A)	10-35
Keuchhusten	3-8
Malaria	7-21
Masern	8-14
Paratyphus	10-21
Pocken	8-12
Poliomyelitis	4-10
Röteln	16-20
Scharlach	2-8
Syphilis (Lues)	14-21
Typhus abdom.	10-21
Windpocken	14-21

Inkubator (lat.) m: **1.** bakterieller Brutschrank. **2.** Wärmebett; Couveuse, Aufzuchtgerät für unreife Frühgeburten. [8]

inkurabel: unheilbar. [34]

Inlay (engl.) n: → Einlagefüllung. [1]

Inlay|brücke: → Brücke im Seitenzahnbereich, die mit zwei- oder dreiflächigen Inlays auf den Pfeilern verankert ist. Um ein Heraushebeln des Inlays am schwächeren Pfeiler (z.B. Prämolar)

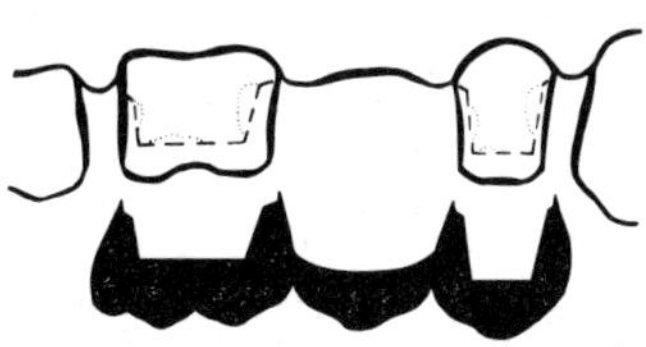

zu vermeiden, sollte jede I. durch ein → Geschiebe unterbrochen werden (Abb.). [4]
Inlay|schiene: Fixierung gelockerter Zähne durch aneinandergelötete Inlays. Gute Verankerung, exakte Präparation und perfekte techn. Ausführung erforderlich. [1]
Innen|bogen: → Lingualbogen. [5]
innere Sekretion f: → Inkretion. [20]
inneres Granulom n: internes Granulom; → Pulpagranulom. [1]
Innervation f: Versorgung eines Körperteils mit Nerven. [9]
Innungs|kranken|kasse: Krankenkasse, die von einer oder mehreren Innungen gemeinsam für die der Innung angehörenden Betriebe ihrer Mitglieder mit Zustimmung der Gesellenausschüsse errichtet werden kann, wenn in den Betrieben regelmäßig mindestens 450 Versicherungspflichtige beschäftigt werden (§§ 6 und 7 → Handwerksordnung). Mitglieder sind alle von Innungsmitgliedern beschäftigten Versicherungspflichtigen, sofern sie in Betrieben tätig sind, mit denen ihr Arbeitgeber der Innung angehört (§ 157 ff. SGB V). [24]
Inokulation (lat.) f: Hineinbringen eines Krankheitserregers in den Körper. [8]
Inokulations|hepatitis f: durch unsterile Spritzenkanülen, bei Bluttransfusionen o.ä. übertragene → Hepatitis. [20]
inoperabel: nicht durch Operation heilbar, nicht operierbar. [34]
Insalivation (lat.) f: Einspeichelung. [10]
Insektizide n pl: Insekten abtötende Stoffe. Pflanzliche I.: Derris, Roternon, Rotenoide, Quassia, Anabasin u.a.; anorganische I.: Bor, Arsen, Phosphor, Fluoride, Kupfer u.a.; organische I.: Formalin, Nikotin, chlorierte Kohlenwasserstoffe (DDT, TDE, Hexa-Gruppe, Terpen-Gruppe, Dien-Gruppe), Phosphorsäureester u.a. [8]
Insemination (lat.) f: künstliche Befruchtung bei kinderloser Ehe. Samen wird durch inneren Muttermund in die Gebärmutter injiziert. Homologe I.: mit Samen des Ehemannes, der ggf. in Samenbank gesammelt und konzentriert wurde. Heterologe I.: mit Samen von nur dem Arzt bekanntem Fremdspender. [12]
Insertio (lat.) f: Ansatz. Anat.: Ansatzstelle eines Muskels am beweglicheren Knochenteil, z.B. des M. masseter am Unterkiefer. Vgl. Origo. [9]
Inset (engl.) n: → Horizontalbiegung (Biegung 1. Ordnung) in palatinaler bzw. lingualer Richtung. [5]
insipidus: geschmacksfrei. [20]
in situ (lat.): in natürlicher, ursprünglicher Lage. Vgl. Carcinoma in situ. [32]
insolubel (lat.): unlöslich. [23]
Inspektion (lat.) f: Besichtigung (ohne Zuhilfenahme von Apparaten). [2]
Inspiration (lat.) f: Inspirium; med. Einatmung. [10]
Instanz f: Teil des psychoanalytischen Persönlichkeitsmodells. Es werden 3 I.en unterschieden: das Es als Bereich des weitgehend unbewußt triebgeleiteten Libidinösen, dem die bewußten Teile des Handelns eher hilflos ausgeliefert sind, das Über-Ich als Gewissensinstanz, in der kollektive oder kulturelle Regeln zu Schuldgefühlen oder zu angepaßtem Verhalten beitragen, und das Ich, das diesen eher fremdgesteuerten I.en gegenüber ansatzweise das Realitätsprinzip vertritt, soweit es ihm gelingt, hier bewußte Selbststeuerung zu erlangen. Vgl. Psychoanalyse, Unbewußtes. [13]
in statu nascendi (lat.): im Augenblick des Entstehens, der Entwicklung. [23]
Instillation f: Einträufelung; tropfenweise Applikation eines Heilmittels in Körperhöhlen, Venen, Hohlorgane (Darm, Blase), in das Auge oder in das Unterhautgewebe (subkutan). Vgl. Infusionsgerät. [19]
Instinkt m: gesetzmäßige, angeborene Reaktionsbereitschaft und stereotype Verhaltensweise auf äußere und innere Reize. I. ermöglicht den Vollzug bestimmter Instinkthandlungen ohne Vorwissen um das Triebziel. Vgl. Ethologie, Trieb. [13]
Insuf|fizienz f: funktionelle oder organische Störung eines Organs, z.B. → Herzinsuffizienz, → respiratorische I. [20]
Insufflation (lat.) f: Einblasen von fein zerstäubten Pulvern oder Gasen in Körperhöhlen, Gewebsspalten, Hohlorgane u.a. zu diagnostischen oder therapeutischen Zwecken oder zur Anästhesie (z.B. Äthernarkose; → Insufflationsnarkose). Zur → Reanimation (Mund-zu-Mund-Beatmung, O_2-I.). [2]
Insufflations|narkose f: Einführen von bestimmten Gasgemischen in die Lunge zur Durchführung einer Narkose. Vgl. Lachgas, Halothanum, Äther. [2]
Insulin (lat.) n: Proteohormon, das in den B-Zellen der *Langerhans*-Inseln des → Pankreas gebildet wird. Chem. Aufklärung 1954 durch *Sanger:* 2 Polypeptidketten, A- und B-Kette, verbunden durch funktionswichtige Disulfidbrücken. Wirkungsmechanismen: Förderung des Durchtritts von Glukose durch die Membran von Muskel- und Fettzellen; Steigerung der Glukoseoxidation im Gewebe und der Fettsynthese in den Fettzellen; Erhöhung der Lipolyse (Abgabe von nichtveresterten Fettsäuren in das Blut);

Förderung der Eiweißsynthese und Erhöhung der Glukoneogenese; Steigerung des Abflusses von Glukose in Muskel-, Leber- und Fettgewebe; Förderung der Glukoseverbrennung und dadurch Senkung des Blutzuckers. Bei relativem oder absolutem Insulinmangel gestörte Zuckerverwertung und Entstehung des Diabetes mellitus. Applikationsformen des I.s: subkutan, intravenös im → Coma diabeticum und bei Insulinresistenz; Dosierung in I.-Einheiten. 10

Insulin|einheit: internationale Einheiten zur Insulindosierung: 1 mg = 24 I.E. Handelsinsuline: 40 I.E. in 1 ml, 4 I.E. in 0,1 ml (1 Teilstrich der Insulinspritze). 20

Insulinom n: Inselzelladenom, Inselzelltumor; von den B-Zellen der *Langerhans*-Inseln (→ Pankreas) ausgehendes, endokrin aktives Adenom (Apudom) mit autonomer Insulinproduktion. Klinisch: Hyperinsulinismus und Hypoglykämie. Symptome: vegetative Symptomatiken (Schweißausbrüche, Schwindel, Müdigkeit, Tachykardie), zentralnervöse Störungen (Dämmer- oder Erregungszustände, Sprach- und Sehstörungen, Lähmungen und Krämpfe) bis zum hypoglykämischen Koma, häufig Fettsucht durch vermehrte Kohlenhydrataufnahme (zur Vermeidung von Hypoglykämien). 32

Insulin|schock: hypoglykämischer Schock; → Hypoglykämie durch Überdosierung des Insulins bzw. Herabsetzung des Insulinbedarfs. Symptome: zentralnervöse Störungen (Kopfschmerzen, Apathie, epileptiforme Anfälle), Zittern, Schwitzen, Schwächegefühl, Heißhunger. Therapie: Verabreichung rasch resorbierbarer Kohlenhydrate (bei vorhandener Schluckfähigkeit), 20-40 ml 40-50%ige Glukoselösung i.v. 20

Insult (lat.) m: Anfall, z.B. apoplektischer I. (→ Apoplexie). 20

Integumentum (lat.) n: Decke, spez. Körperdecke, Haut. 4

Intelligenz|mangel, angeborener: Oligophrenie, Geistesschwäche; psychometrisch durch Intelligenztests objektivierbares Defizit im intellektuellen Leistungsvermögen. In Abgrenzung zur → Demenz (erworbener Intelligenzmangel) angeborene zerebrale Schädigung oder Minderbegabung. Abstufung der Schweregrade: Debilität, Imbezilität, Idiotie. 33

Intensiv|station: spez. Krankenstation zur Behandlung von Patienten in akuter Notsituation, auch von Frischoperierten (Wachstation), die mit entspr. Geräten ausgestattet ist. Meist unter der Leitung eines Anästhesisten, der entspr. Fachärzte hinzuzieht. 34

Intentio (lat.) f: Intention; **1.** Anspannung geistiger Kräfte auf ein bestimmtes Ziel. **2.** Tendenz des Organismus zur (primären oder sekundären) → Heilung. 32

inter|dental: zwischen den Zähnen. 30

Inter|dental|bürste: Hilfsmittel zur Pflege der Zahnzwischenräume, insbesondere bei Parodontalerkrankungen mit freigelegten Interdentalräumen und bei Zahnersatz, unentbehrlich für effektive Mundhygiene. 6

Inter|dental col (engl.) m: sattelförmige Einsenkung zwischen vestibulärer und lingualer Zahnfleischpapille. Vgl. Interdentalpapille. 30

Inter|dental|federchen: in der Kieferorth. zwischen den Zähnen verlaufende Federchen, vorwiegend zur Sagittalbewegung. Vgl. Federn. 5

Inter|dental|hygiene f: Reinigung der Zahnzwischenräume mit → Zahnseide, Interdentalbürstchen oder Zahnhölzchen. Letztere Hilfsmittel werden vor allem im Rahmen der Parodontalbehandlung eingesetzt. 15

Inter|dental|karies f: → Approximalkaries. 1

Inter|dental|keile: Holz- oder Kunststoffkeile, die beim Füllen von approximalen Kavitäten zum Anpressen der Matrizenbänder paarweise in den Interdentalspalt gedrückt werden. 1

Inter|dental|papille f: Papilla gingivalis oder interdentalis; Teil der marginalen Gingiva, die den Interdentalraum ausfüllt. Man unterscheidet eine vestibuläre und linguale I., zwischen denen sich eine sattelförmige Einsenkung befindet (→ Interdental col). Endkapillaren in den I.n ausgeprägt, Ausgangspunkt der marginalen → Gingivitis und damit auch der progressiven marginalen Parodontitis. Die I. geht bei ulzerösen Zahnfleischprozessen und durch Altersabbau zuerst verloren. Folgezustand: → Zahnfleischnischen. Vgl. Gingiva. 30

Inter|dental|raum: Spatium interdentale; Raum zwischen zwei benachbarten, in Kontakt

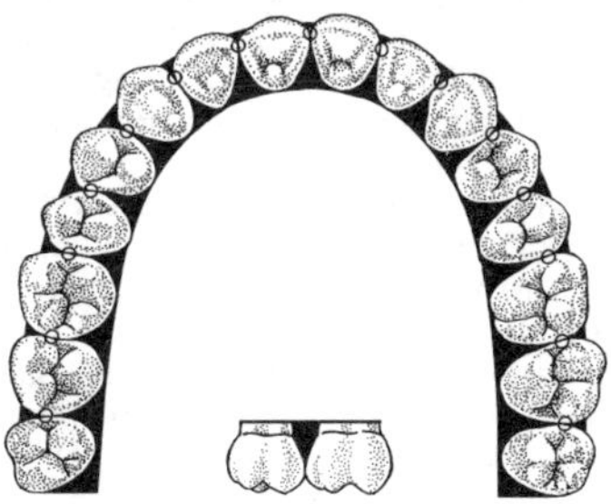

Interdentalräume (schwarz) mit eingezeichneten Kontaktpunkten (Kreise) in einem oberen Zahnbogen

stehenden Zähnen. Er wird mesial und distal von den Approximalflächen der Zähne, okklusal durch den Kontaktpunkt bzw. die Kontaktfläche zweier Zähne und basal durch den First des knöchernen Alveolarfortsatzes begrenzt. Man unterscheidet zervikalen und okklusalen Abschnitt (Abb.). [1, 30]

Inter|dental|raum|verschluß: Abk. IRV; Wiederherstellung normal-physiologischer Verhältnisse in den durch Parodontopathien vergrößerten Interdentalräumen durch parallelisierte, abnehmbare Prothesen oder parallelisierte Geschiebe auf gefrästen, verblockten Pfeilerkronen und Stegen (*Gaerny* 1960). Die durch die → Gingivectomia post praeparationem zur Abheilung gebrachte Gingiva bleibt durch den I. jahrelang gesund. Die Plaques setzten sich auf den abnehmbaren Teilen fest und werden vom Patienten regelmäßig entfernt. Heute wird jedoch - soweit ästhetisch und sprachfunktionell vertretbar - die Öffnung der Interdentalräume gefordert. [4]

Inter|dental|stimulator m: mit Griff versehener Kunststoff- oder Gummikegel zur Reinigung des Interdentalraumes und zur Zahnfleischmassage bei Schwund der Interdentalpapille, Massageeffekt fraglich. [6]

inter|digital: zwischen den Fingern oder Zehen. [12]

Inter|digital|mykose f: → Epidermophytie. [12]

Interferenz (lat.) f: Phys.: beim Zusammentreffen zweier oder mehrerer Wellen auftretende Amplitudenverstärkung, -abschwächung oder -auslöschung. Anwendung z.B. in I.-Mikroskop, I.-Refraktometer, I.-Spektroskop. [10]

Inter|fero|metrie, holo|graphische f: laseroptisches Meßverfahren zur Untersuchung von Oberflächen beliebig geformter Körper unter Nutzung der Kohärenzeigenschaften (→ Kohärenz) der Strahlung. In der Zhk. wird die h. I. experimentell erprobt u.a. zur Messung der Zahnbeweglichkeit, der Abformgenauigkeit oder auch zur Qualitätskontrolle zahntechnischer Arbeiten. [31]

Inter|feron n: Protein, das von virusinfizierten Zellen gebildet wird und die Virusvermehrung hemmt; artspezifisch, d.h. mit I. einer Tierart läßt sich die Virusvermehrung nur in der gleichen Tierart hemmen; Spektrum dagegen unspezifisch, d.h. es wirkt auch gegen Virusarten, die nicht für seine Produktion verantwortlich waren. [8]

Inter|globular|räume: von *Czermak* (1850) eingeführte Bez. für nicht mineralisierte, unregelmäßige Bezirke im äußeren Drittel des Kronendentins entlang der → Wachstumslinien (Abb.). Eine Vielzahl kleinster I. im Wurzeldentin parallel zur Dentin-Zement-Grenze bildet die → *Tomes*-Körnerschicht. Die Begrenzung der I. ist

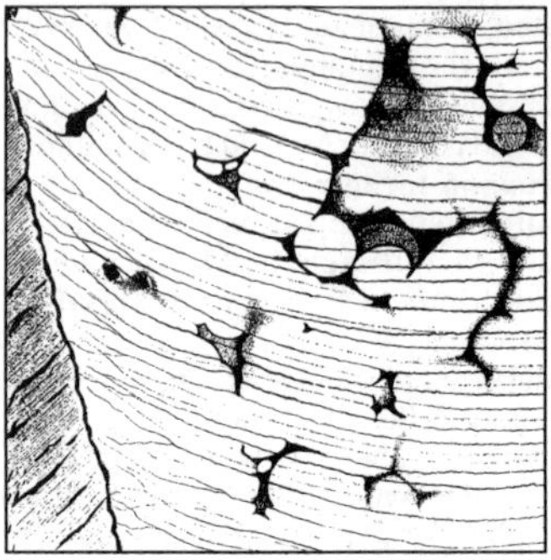

Interglobularräume im Dentin

wie bei den Dentinkanälchen durch Metachromasie der Wandungen gekennzeichnet. Einige kommunizieren mit Dentinkanälchen. Vgl. Globulardentin. [30]

Interims|prothese f: Zahnersatz, der nach der Extraktion angefertigt wird, um die Zeit bis zur Anfertigung der entgültigen Prothese zu überbrücken. Sie dient der Ausheilung von Operations- und Extraktionswunden und der Neueinstellung bzw. Erhaltung der Kieferrelation. → Immediatprothese. [4]

Inter|inzisal|winkel: Zeichen: ii ∢; Winkel, der von den Achsen des ersten oberen und des ersten unteren Schneidezahnes gebildet wird. Sein Mittelwert beträgt 140° ± 5°. [5]

Inter|kondylar|achse f: die gedachte Verbindungslinie der beiden Gelenkköpfchen des Unterkiefers. Fällt nur manchmal (z.B. bei Zahnlosigkeit) mit der Drehachse zusammen, die im allgemeinen hinter und unter der I. liegt. [4]

inter|kristallin: zwischen den Kristallen; z.B. Restausscheidungen beim Erstarren von Legierungen, die meistens zwischen den Kristallkörnern liegen. [10]

inter|kurrent: dazukommend, z.B. eine Krankheit, die zu einer bestehenden hinzutritt. [20]

Inter|kuspidation, habituelle f: früher habituelle Okklusion. Zusammenschluß der Oberkiefer- mit den Unterkieferzähnen im maximalen Vielpunktkontakt. Habituelle I. (gewohnheitsmäßig eingenommene statische Okklusion, Nomenklatur der → AgF) und retrale Kontaktposition (→ Kontaktposition, retrale) können zusammenfallen, → Punktzentrik. Vgl. Okklusion. [4]

Inter|kuspidation, maximale f: statische → Okklusion mit maximalem Vielpunktkontakt (Nomenklatur der → AgF). [4]
Inter|kuspidations|position f: Abk. IKP, Stellung des Unterkiefers bei maximalem Vielpunktkontakt in der Schlußokklusion. Die IKP kann in habitueller → Interkuspidation oder retraler Kontaktposition (→ Kontaktposition, retrale) erfolgen. [4]
Inter|lock-Geschiebe (engl.): ein zwischen zwei Kronen eingefügtes, abnehmbares Verbindungselement, das an diesen mit Geschieben verankert ist und sie starr untereinander verbindet (→ Verblockung). Meist in Verbindung mit parodontal gelagerten Freiendprothesen (Abb.). [4]

inter|maxillar: zwischen den beiden Hälften des Oberkiefers (Maxilla) gelegen, wie z.B. die mittlere Gaumennaht (Sutura intermaxillaris). [5]
inter|maxillär: zwischen den Kiefern, z.B. i.e → Gummizüge. [5]
Inter|maxillär|verschiebung: Lageveränderung des Unterkiefers im Verhältnis zum Oberkiefer, z.B. durch funktionskieferorth. Geräte, intermaxilläre → Gummizüge, → schiefe Ebenen oder Vorschubdoppelplatten (→ Vorbißgitter). Auch als → Jumping the bite. Vgl. Funktionskieferorthopädie. [5]
inter|mediär: dazwischenliegend. [23]
Inter|mediär|stoff|wechsel: Zwischenstoffwechsel, innerer Stoffwechsel-, die chemischen Ab- und Umbauvorgänge körpereigener und -fremder Stoffe innerhalb des Organismus, wobei die Hohlsysteme von Verdauungs-, Urogenital- und Atemtrakt als „außerhalb" gelten. [23]
inter|medius (lat.): in der Mitte gelegen; der → Nervus intermedius liegt zwischen N. facialis und N. statoacusticus. [9]
Inter|medius|neur|algie f: Neuralgie des Ganglion geniculi, gekennzeichnet durch in der Tiefe lokalisierten Ohrenschmerz. Vgl. *Hunt*-Neuralgie, Zoster oticus und Nervus intermedius. [19]
Intermittent flow (engl.) m: bei Apparatnarkose durch entsprechende Ventilmechanismen derart gesteuerter Gasstrom, daß nur während der Inspiration Narkosegas aus dem Apparat zuströmt, im Gegensatz zum → Continuous flow. [2]
inter|mittierend (lat.): zeitweilig nachlassend oder aussetzend, mit vorübergehenden Unterbrechungen auftretend. [34]
inter|mittierendes Hinken: → Claudicatio intermittens. [20]
inter|mittierende Wirkung: kieferorth. Kraftwirkung, die gekennzeichnet ist durch wiederholt auftretende, kurzzeitige Kräfte. Die i. W. ist kennzeichnend für funktionelle (dynamische) Kräfte im Gegensatz zu aktiv orthod. (statischen) Kräften mit kontinuierlicher Wirkungsweise. Es besteht die Möglichkeit zur Kombination beider Arten. [5]
International Anatomical Nomenclature Committee: → IANC. [9]
internes Granulom n: → Pulpagranulom. [1,2]
INTERNIST: → Expertensystem zur Diagnostik in der inneren Medizin. I. erwartet eine Liste der Symptome und erzeugt daraus mit Hilfe eines mathematischen Algorithmus' eine sortierte Liste von möglichen Diagnosen. Der Entwickler *Myers* von der Pittsburgh Universität (USA) bediente sich publizierter Fälle aus dem New England Journal of Medicine zur Erstellung der Wissensbasis. Damit hat das System einen Referenzcharakter. [26]
Internist m: Arzt für innere Krankheiten. [20]
Inter|okklusal|abstand: → Free way space. [4,5]
Inter|okklusal|raum: nach *Hotz* der Abstand zwischen den Kauflächen gegenüberliegender Zähne, gemessen bei den ersten Molaren in → Ruheschwebe (im Gegensatz zur Schlußbißstellung). Wichtig zur Differentialdiagnose von → Tiefbiß und → Pseudotiefbiß. [5]
Inter|position f: Zwischenlagerung von Weichteilen zwischen Knochenbruchenden (→ Pseudarthrose). Verb.: interponieren. [2]
inter|prismatische Substanz f: klassische Vorstellung von der zwischen den Schmelzprismen gelegenen, angeblich aus der Interzellularsubstanz der → Ameloblasten hervorgegangenen Substanz (→ Kittsubstanz). Sie soll vermehrt organische Substanz enthalten und weniger mineralisiert sein als die Schmelzprismen. Aufgrund elektromikroskopischer Untersuchungen wird die Existenz einer gesonderten i.n S. in Frage gestellt, da sie sich nicht grundsätzlich von der Prismensubstanz unterscheidet. [30]
inter|proximal: zwischen den Berührungsflächen (Kontaktpunkten bzw. -flächen) zweier Zähne gelegen. [30]
Inter|proximal|raum: → Interdentalraum. [1]
inter|radikulär: zwischen den Wurzeln. [6]
Inter|sexualität: Störungen der Geschlechtsdifferenzierung. I. i. e. S.: Vorliegen eines intersexuellen äußeren Genitale, das weder eindeutig

männlich noch weiblich ist. Einteilung: 1. abnorme Gonadenentwicklung (→ Hermaphroditismus); 2. abnorme Gonadenentwicklung bei normalen Testes (→ Pseudohermaphroditismus masculinus); 3. abnorme Genitalentwicklung bei normalen Ovarien (Pseudohermaphroditismus femininus). I. i. w. S.: erworbene Intersexformen (vgl. Hirsutismus, Virilisierung). [34]

inter|stitiell: die Zwischenräume betreffend; z.B. i.es Gewebe: das zwischen dem Parenchym liegende Bindegewebe. → Interstitium. [9]

Inter|stitium (lat.) n: Zwischenraum; das aus Bindegewebe, Gefäßen und Nerven bestehende Stützgewebe im Gegensatz zum → Parenchym. [9]

Inter|trigo f: in den großen Hautfalten entstehende flächenhafte, hellrote nässende Hautentzündung, z.B. unter Hängebrüsten, in der Genital-/Analgegend. Ursache: Reibung, Schweißmazeration und sekundärer Befall mit Bakterien und → Hefen. [12]

inter|tubuläres Dentin n: zwischen den Dentinkanälchen gelegenes Dentin (→ Dentinarten). [30]

Interview n: → Gespräch, zahnärztliches. [33]

Inter|zellular|raum: auch Extrazellularraum genannt; der gesamte Raum des Körpers außerhalb der Zellen, im Gegensatz zum → Intrazellularraum. Die Scheidewand zwischen Intra- und Interzellularraum ist die Gesamtheit der Zellmembranen (Plasmalemm). Im I. ist [Na^+], im Intrazellularraum [K^+] höher. [9]

Inter|zellular|substanz f: alle Elemente, die im → Interzellularraum liegen. Der größte Anteil besteht aus Wasser mit wasserlöslichen Elektrolyten, Proteinen, Kohlenhydraten u.a. Dazu noch feste, nicht gelöste Komponenten wie Hydroxylapatit (in Knochen und Zahn), oder großmolekulare Kohlenhydrate und Proteine wie z.B. Kollagen. [9]

inter|zeptive Behandlung: kurzfristige und intensive kieferorth. Behandlung mit einem definierten Behandlungsziel (auch Teilbehandlung) innerhalb einer begrenzten Zeit von bis zu 2 Jahren. [5]

Inter|zeptor m: punktförmiger, künstlicher Frühkontakt, der die Einstellung der Zentralokklusion verhindert (*W. Schulte*). Zur Behandlung des Knirschens und Pressens wird als einziger Okklusionskontakt ein punktförmiger Aufbiß möglichst zwischen Eckzähnen und ersten Prämolaren entweder im Ober- oder im Unterkiefer beiderseits geschaffen. Hergestellt als einfache Kunststoffpatte mit Einarmklammern oder mit Hilfe eines gegossenen Transversalbügels und Doppelarmklammern (Abb. a). Bei der doppelseitigen habituellen Subluxation wird ein I. mit

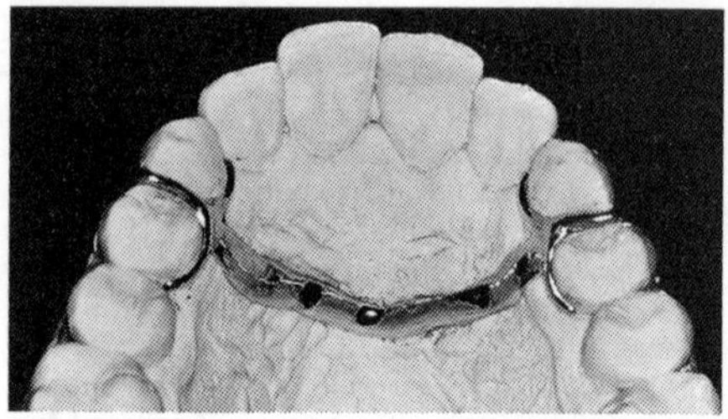

Abb. a

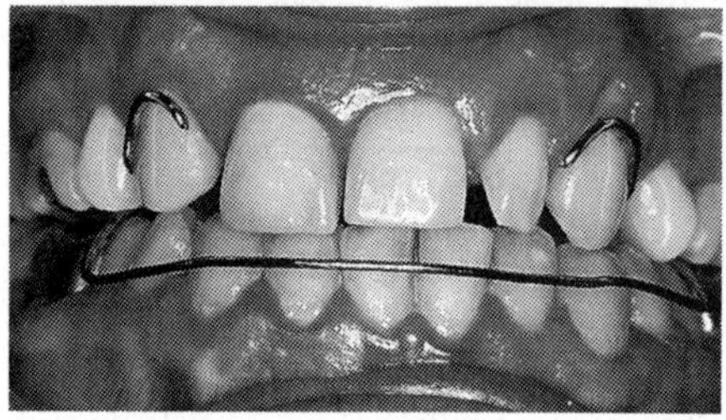

Abb. b

Labialbogen (Abb. b) zur Verhinderung der Unterkiefer-Protrusion verwendet. Der I. soll den nervösfunktionellen Kreis Wurzelhaut-ZNS-Muskulatur unterbrechen. Kontraindikation: Tiefbiß, Deckbiß. Vgl. Aufbißbehelfe. [4]

Intestinum (lat.) n: Darmkanal vom Magenpförtner zum After. → Darm. [9]

Intima (lat.) f: Kurzform für Tunica intima, die innerste der drei Gefäßschichten, Abb. → Arterienwand. [9]

INTI-Mikro|schraube: Protrusionsschraube in Mikrotechnik für Einzelzahnbewegungen. Das Prinzip besteht in einer Verlagerung des Schraubenkopfes in den Schraubenkörper (INTI-Technik). [5]

Intoleranz f: Unverträglichkeit, auch bei Arzneimitteln. Direkte Liberation der Mastzellen und Freisetzung von Mediatoren ohne Umweg über eine Antikörper-Antigen-Reaktion. Therapie: wie bei allergischen Sofortreaktionen. [12]

INTOX: deutschsprachige Faktendatenbank über Vergiftungsfälle (→ Datenbank). Sie enthält Angaben zu der/den Noxe(n), zur Altersgruppe, zum Schweregrad der Vergiftung, zu Symptomen, angewendeter Therapie, zum Verlauf und zu den Ergebnissen der klinisch-toxikologischen Untersuchungen. I. enthält ca. 300.000 Einträge, die vom Giftnotruf München (Toxikol. Abteilung des Klinikums rechts der Isar, TU München) erstellt wurden. Sie wird vom → DIMDI angeboten. Vgl. Vergiftung, Sofortmaßnahmen bei. [26]

Intoxikation f: „Vergiftung", Eindringen von Substanzen in den Körper, die zu einer akuten Störung der → Vitalfunktionen (Atmung, Kreislauf, Bewußtsein) führen. Typische Beispiele: Lokalanästhesie-I., Barbiturat-I., Opiat-I. Bei jeder I. ist eine Wiederherstellung und Aufrechterhaltung der → Vitalfunktion Atmung oberstes Gebot. Weitere therapeutische Hinweise können bei → Giftinformationszentralen eingeholt werden. [16]

intra|artikulär: innerhalb der Gelenkkapsel. [2]

intra|glutäal: innerhalb des M. glutaeus maximus, des großen Gesäßmuskels. Abb. → intramuskulär. [2]

intra|kanalär: innerhalb eines (Wurzel-) Kanals. [1]

intra|kapsulär: innerhalb der Gelenkkapsel; gebräuchlicher: → intraartikulär. [2]

intra|kraniell: innerhalb der Schädelhöhle. [9]

intra|kutan: in die Haut, innerhalb der Haut. [2]

Intra|kutan|naht: Naht innerhalb der Haut mit feinstem Katgut zur Vermeidung sichtbarer Stichkanäle. [2]

Intra|kutan|test m: Hauttest; 1. durch Injektion von Histamin, Adrenalin, Kochsalzlösungen, Farbstoffen u.a. in die oberste Hautschicht erfolgende Funktionsprobe der Haut; 2. zur Bestimmung des Sensibilisierungsgrades bei → Allergie mittels Injektion von Allergenextrakten (→ Pollen, Hausstaub, Nahrungsmittel u.a.); 3. zur Diagnose von Infektionskrankheiten bzw. zum Feststellen des Immunstatus bei Verwendung von Erregerextrakten (bei Tuberkulose, Scharlach, Aktinomykose u.a.). → *Kveim*-Test, *Mendel-Mantoux*-Probe, Lepromin®-Test, Läppchen-, Prick-, Scratch-Test. [12]

intra|ligamentäre Anästhesie f: Lokalanästhesie, bei der das Anästhetikum (etwa 0,2 ml) mit einer sog. Druckspritze und einer dünnen Kanüle (Lumen 0,3 mm) in den Parodontalspalt injiziert wird. Bei Frontzähnen und Prämolaren sind ein mesialer und ein distaler Einstich erforderlich, bei Molaren der Wurzelanzahl entsprechend mehr. Indikation: Extraktionen von Milchzähnen, diagnostisches Hilfsmittel bei unklaren Schmerzsymptomen im Unterkiefer. Kontraindikation: → Gingivitis, → Ankylodontie. [29]

intra|maxillär: innerhalb eines Kieferbogens, z.B. i.e → Verankerung. Ggs.: → intermaxillär. [5]

intra|mobiles Element n: → Dämpfungselement, Implantatbauteil aus Kunststoff, wird zum Beispiel im → IMZ-Implantat zwischen → Implantat und → Suprastruktur gesetzt, um die Einleitung der Kaukräfte in den Knochen zu dämpfen. [18]

intra|molekular: innerhalb eines Moleküls. [23]

intra|mural: innerhalb der Wand (eines Organs). [9]

intra|muskulär: Abk. i.m., innerhalb des Muskels; i.e Injektion = Einspritzung in die Muskulatur. Meist in den oberen äußeren Quadranten der Glutäalmuskulatur, zur Vermeidung des Ischiasnervs in Richtung auf den oberen Darmbeinkamm (Abb.). [2]

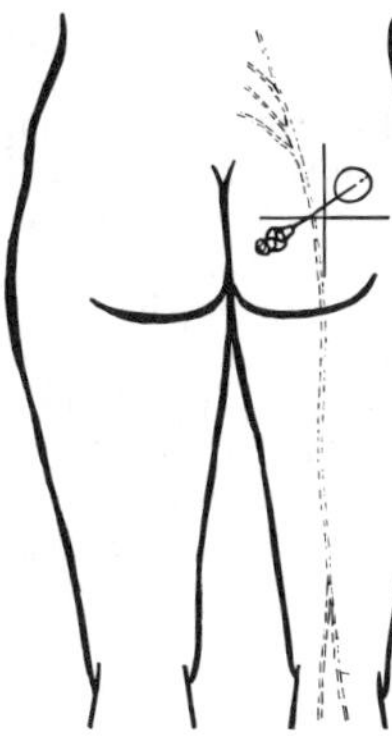

intramuskuläre Injektion

intra|oral: innerhalb der Mundhöhle. [9]

intra|orale Fotografie f: Teilgebiet der → Dentalfotografie, das sich mit der Fotodokumentation der intraoralen Hart- und Weichgewebe befaßt. Die besondere Problematik der i.n F. liegt in der Unzugänglichkeit der aufzunehmenden Objekte. Deshalb sind besondere Hilfsmittel wie → Fotospiegel und → Retraktoren sowie eine geeignete Ausrüstung (→ Dentalfotosystem) notwendig. Neben fototechnischen sollten die Aufnahmen auch dokumentarischen Erfordernissen entsprechen, d.h. reproduzierbar sein. Dies betrifft → Abbildungsmaßstab, Bildausschnitt, → Brennweite und Beleuchtung. Zur Vereinfachung der i.n. F. kann ein intraoraler → Fotostatus aufgenommen werden. [17]

intraossär: intraossal; innerhalb des Knochens, enostal. [9]

intra|tracheale Intubations|narkose f: → Intubationsnarkose, endotracheale. [2]

intra|uterin: innerhalb der Gebärmutter. [9]

intra|vasal: → intravaskulär. [9]

intra|vaskulär: intravasal; innerhalb der (Blut-) Gefäße. [9]

intra|velar: innerhalb des Gaumensegels. [9]

intra|venös: Abk. i.v., innerhalb der Venen; i.e. Injektion: Einspritzung in die Vene. 2

intra|vital: während des Lebens, in lebendem Zustand. 34

Intra|zellular|raum: der gesamte Raum aller Zellen. Vgl. Interzellularraum. 9

Intrinsic factor (engl.) m: das im Magenfundus sezernierte → Glykoprotein (Apoerythein), das mit dem mit der Nahrung zugeführten Vitamin B_{12} (Extrinsic factor) durch eine Intrinsic-factor-B_{12}-Komplexbildung gekoppelt wird und als Erythein vor der bakteriellen Zerstörung im Darm geschützt wird. Fehlen bewirkt perniziöse → Anämie. 20

intrinsische Aktivität f: Abkürzung ISA, i. A. ist ein Maß für die Wirkaktivität eines Liganden (z.B. → Pharmakon). Sie beschreibt das Verhältnis des durch einen Liganden auslösbaren Maximaleffektes ($E^L{}_{max}$) zu dem in dem betreffenden biologischen System maximal möglichen Effekt (Emax), d.h. $\alpha = E^L{}_{max}/E_{max}$. Der Wert von α kann zwischen 0 und 1 liegen. 7

Introitus (lat.) m: anat. Eingang. 9

Intro|version f: psychometrisch gesicherter Persönlichkeitstypus mit Tendenz zur Reizabschirmung und zögerndem, abwartendem Verhalten. Im Gegensatz zur Extraversion hohe Habituationsschwelle. Vgl. Extraversion. 33

Intrusion f: Versenkung von Zähnen durch Knochengewebsresorptionen aufgrund von Belastungsänderungen, wobei die axiale Belastung überwiegen muß. Auch als Unfallfolge, vor allem bei Milchzähnen, mit Aufspaltung des Alveolarfortsatzes. Vgl. Reinklusion. 5

Intubation f: Einführen eines Gummi- oder PVC-Schlauches in die Trachea durch den Mund oder die Nase. Die endotracheale I. stellt das sicherste und effektivste Verfahren zur Aufrechterhaltung freier → Atemwege und zur → Beatmung dar - sie bietet einen Schutz gegen → Aspiration. Indikationen: → Herz-Lungen-Wiederbelebung, → Bewußtlosigkeit mit Gefahr der → Aspiration sowie → Dyspnoe. Zur endotrachealen I. sind notwendig → Endotrachealtubus, Laryngoskop, Führungsstab, → *Magill*-Zange sowie Blockerspritze und weiteres Hilfsmaterial. Die direkte Laryngoskopie zur I. erfordert Training und Erfahrung. 16

Intubations|narkose, endo|tracheale f: Narkosemethode, bei der durch den Mund (orotracheal) oder durch die Nase (nasotracheal, Abb.) ein Tubus (Gummirohr) in die Luftröhre eingeführt und durch diesen das Narkosegas-Luft- (bzw. Sauerstoff-)Gemisch den Lungen zugeführt wird. Hierbei wird meist ein besonderer → Narkose-

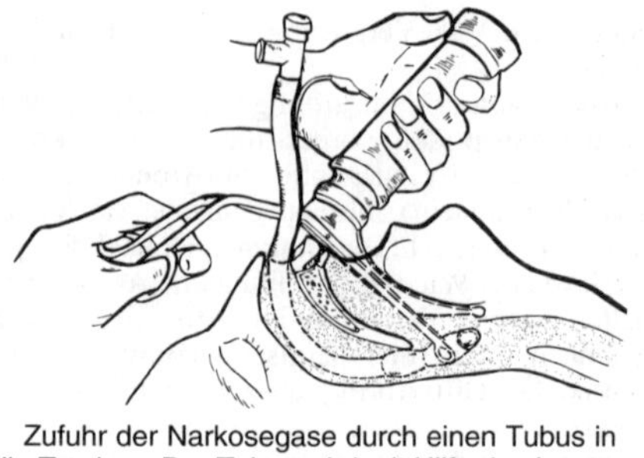

Zufuhr der Narkosegase durch einen Tubus in die Trachea. Der Tubus wird mit Hilfe des Laryngoskops und der *Magill*-Zange durch die Stimmritze in die Trachea eingeführt und dort durch eine Manschette abgedichtet. [53]

apparat benützt, der eine Beatmung im → Kreisatmungssystem und im → Pendelsystem (to and fro) gestattet. Die Einführung des → Trachealtubus (Intubation) geschieht meist in Allgemeinnarkose unter Muskellähmung mit kurzwirkenden → Muskelrelaxanzien (Succinylcholinpräparate). Die Abdichtung des Tubus erfolgt durch eine aufblasbare Manschette oder durch Rachentamponade. → *Kuhn*-System. 2

Intumeszenz (lat.) f: Anschwellung. 2

Inturgeszenz (lat.) f: Anschwellung infolge Ödem. 2

Invagination f: Einscheidung, Einstülpung eines röhrenförmigen Gebildes, z.B. eines Darmteiles, ineinander (Invaginationsileus). Die Entstehung des → Dens invaginatus wird durch I. des → Schmelzorgans erklärt. 1

Invasion (lat.) f: pharmakokinet. Begriff, der die → Arzneistoffliberation und → Dissolution des Arzneistoffes aus der → Arzneiform, dessen Absorption und Distribution im Organismus umfaßt. 7

Inversion f: Umkehrung, Umdrehung; in der Zhk. Bez. für bestimmte Stellungsanomalien, z.B. einwärts gekippte (invertierte) Zahnkronen. Vgl. Deckbiß. 5

Invertase (lat.) f: Saccharase oder β-Fruktofuranosidase. Enzym, das den Rohrzucker in seine beiden Bausteine Glukose (Traubenzucker) und Fruktose (Fruchtzucker), zerlegt. 23

Invert|seifen: quaternäre Ammoniumverbindungen; Desinfektionsmittel. Vgl. Desinfektion. 8

in vitro (lat.): im Glase, d.h. im Reagenzglas, im Versuch. Ggs.: in vivo. 9

in vivo (lat.): im Leben, im Körper. Ggs.: in vitro. 9

Involution f: Rückbildung von Organen oder des Gesamtorganismus, funktions- oder altersbedingt. Adj.: involutiv; vgl. Altern. I. des Parodontiums: → involutive Parodontopathien, → Parodontopathien. 6, 27

involutive Par|odonto|pathien f pl: klinisch mehr oder weniger entzündungsfrei ablaufende Rückbildung des Parodontiums, zunächst ohne Taschenbildung und ohne auffallende Zahnlockerung (→ marginale Parodontopathien). Parodontale Rezessionen: auf die orale und/oder faziale Wurzeloberfläche eines Zahnes begrenzte, klinisch entzündungsfreie Rückbildung des Parodonts. Die Gingiva ist gelegentlich wulstig verdickt (→ *McCall*-Girlanden). Die interdentale Gingiva und die Alveolarsepten sind weitgehend erhalten. Formen: a) singuläre parodontale Rezessionen (parodontale Rezessionen an einem oder einigen Zähnen bzw. Wurzeloberflächen); b) generalisierte parodontale Rezession (parodontale Rezessionen an nahezu allen Zähnen); → Alveolaratrophie. 6

Inzidenz f: Neuerkrankungsziffer; Häufigkeit des Neuauftretens einer bestimmten Krankheit in einer bestimmten Zeiteinheit. Gezählt werden alle Fälle, die in dieser Zeiteinheit neu aufgetreten sind, unabhängig davon, ob die Erkrankungen zum Ende der Zeitperiode noch bestehen. Die I.rate ist definiert als Zahl neuer Fälle pro Zeiteinheit im Verhältnis zur Zahl exponierter Personen. Als Maß für die Karies-I. wird z.B. die Zahl neuerkrankter Zahnflächen pro Zeiteinheit registriert. → Karieszuwachs. 15

inzidieren (lat.): Verb. zu → Inzision. 2

inzisal (lat.): die Schneidezähne, spez. die Schneidekanten, aber auch das Abbeißen betreffend; schneidekantenwärts. 30

inzisaler Rhombus m: → Schneidezahnraute. 30

inzisales Plateau n: obere Schneidenplatte bei Neugeborenen, gebildet aus dem vorderen → Tektalwall und dem Alveolarwall, 8-10 mm lang, dient der unteren inzisalen Kante als Führung und Stütze. Vgl. Bißform des Neugeborenen. 5

Inzisal|führung: → Schneidezahnführung. 2, 4

Inzisal|punkt: → Inzisivale. 5

Inzisal|stufe: → Schneidekantendistanz. 5

Inzisal|zeiger: am → Schneidezahnführungsstift des Artikulators angebrachter, abnehmbarer Zeiger, der auf die Inzisalkanten der Unterkieferschneidezähne ausgerichtet wird. 4

In|zision (lat.) f: Einschnitt, z.B. zur Eröffnung eines Abszesses. Verb.: inzidieren. 2

Inzisivale n: orthod. → Meßpunkt, Schnittpunkt der Raphe palati mit der Verbindung der beiden medianen Ecken der oberen mittleren Inzisivi. 5

Inzisivo|mandibular|winkel: von *Margolis* beschriebene kephalometrische Relation in der Kieferorth. Im nichtprognathen und gutentwickelten Gebiß bei normaler Gesichtsbildung steht die Achse der unteren Schneidezähne senkrecht auf der Mandibularlinie (→ Unterkiefergrundebene). Mithin beträgt der hierdurch gebildete Winkel 90° (mit einer Variabilität von ± 3°). Im prognathen Gebiß (bei bimaxillärem Vorstand beider Zahnreihen) beträgt der I. 95° und darüber, je nach Grad der → Prognathie und Achsenrichtung der Schneidezähne. 5

Inzisivus m: Schneidezahn, → Dentes incisivi. 5, 30

Inzisur (lat.) f: Einschnitt; anat. → Incisura. 9

Iodoform: Triiodmethan; Antiseptikum. Der bakteri-, sporo-, fungi- und viruzide Effekt des I. läßt sich nur bei genügend langer Einwirkungszeit nützen, da Iod langsam durch Gewebekontakt freigesetzt wird. Die maximal erreichbare Iod-Konzentration ist demzufolge niedrig. Kontrollierte Wirksamkeitsnachweise des I. auf Wunden, im Wurzelkanal nach Exstirpation der Pulpa und bei Gingivitis liegen nicht vor. Nebenwirkungen: Zahnfleischverfärbungen, allerg. Reaktionen. 7

Ionen (gr.) n pl: durch Abgabe bzw. Aufnahme von → Elektronen positiv bzw. negativ geladene → Atome, → Moleküle oder → Radikale. Bei der → Elektrolyse wandern die positiven I. (sog. Kationen) zur → Kathode, die negativen I. (sog. Anionen) hingegen zur → Anode. 10, 23

Ionen|austausch: Reaktion fester Substanzen, die in Berührung mit einer Elektrolytlösung positive oder negative Ionen aufnehmen und im Austausch dafür eine äquivalente Menge anderer Ionen gleichen Vorzeichens abgeben können. 23

Ionen|dosis f: radiol. Strahlendosis, Quotient aus der durch ionisierende Strahlung in einem Luftvolumen erzeugten elektrischen Ladung von Ionen eines Vorzeichens und der Masse des bestrahlten Volumens. Die I. kann mit einer Ionisationskammer gemessen werden (→ Füllhalterdosimeter). SI-Einheit: Coulomb/Kilogramm (C/kg); alte Einheit: → Röntgen. Im Strahlenschutz wird die I. als Dosisgröße durch die Photonen-Äquivalentdosis abgelöst. Vgl. Äquivalentdosis. 14

Ionisation f: Ionisierung; Umwandlung von elektrisch neutralen → Atomen oder → Molekülen in → Ionen. 10

Iono|phorese f: → Elektrophorese. 23

Ionto|phorese f: Einbringen von Wirkstoffen durch Haut oder Schleimhaut in das Gewebe mit Hilfe des elektr. Stromes. Es soll beschleunigt eine höhere Konzentration erreicht werden.

In der Zhk. z.B. zur Verstärkung der lokalen Fluoridwirkung, Desinfektion infizierter Wurzelkanäle und Beeinflussung apikaler Entzündungen. Wirkung umstritten. [1, 10]

IPS: Abk. für **i**ntrazelluläre **P**oly**s**accharide; in verschiedenen Mikroorganismen der Zahnplaque gebildete Polysaccharide vom Glykogen-Amylopektin-Typ. IPS sind durch α-glykosidische Bindung in 1,4-Stellung gekennzeichnet und dienen als Kohlenhydratreserve. Vgl. EPS. [15]

ipsi|lateral: kollateral; auf der gleichen Seite liegend, auf die gleiche Seite bezogen. [34]

Ir: chem. Symbol für → Iridium. [23]

Iridium (gr.) n: chem. Element, Symbol Ir, Ordnungszahl 77, Atomgewicht 193,1. Sehr hartes, grauweißes, in → Königswasser unlösliches Metall. Das sog. Platin-Iridium, eine Legierung aus → Platin und Iridium (9:1), wird wegen seiner großen Härte und Beständigkeit gegen Chemikalien zur Verstärkung von Wurzelstiften, Klammern, Kanülenspitzen, Stiften der Langstiftzähne usw. verwendet. [4, 23]

Irido|keratitis f: Entzündung der Hornhaut des Auges mit Beteiligung der Iris. [12]

Irido|zyklitis f: Entzündung der Iris und des Ziliarkörpers des Auges. [20]

Iris (gr.) f: Anat.: Regenbogenhaut, die „Blende" des Auges, die durch Erweiterung oder Verengung die Stärke des Lichteinfalles auf die Netzhaut regelt. [9]

Iris|blende: künstliche → Iris bei Mikroskopen, photographischen Apparaten usw., zum Abblenden des Lichtes. [9]

Irisho|meter n: Druckmesser zur Nachprüfung der bei orthod. Regulierungsapparaten angewandten Kräfte. [5]

Iritis f: Entzündung der Regenbogenhaut. [20]

Ir|radiation f: Ausstrahlung von Schmerzen in benachbarte Nervenzweige. Die Erregung kommt im Gehirn zustande, wird aber in die Peripherie verlegt. [2]

ir|regulär (lat.): unregelmäßig, z.B. i.er → Puls (Pulsus inaequalis). [20]

ir|reponibel: nicht in die normale bzw. ursprüngliche Position zurückbringbar. [34]

Irre|sein: heute als diffamierend geltende Bez. für eine → Psychose (z.B. → affektive Psychose). [33]

Irrtums|wahrscheinlichkeit: Wahrscheinlichkeit (angegeben in Prozent), mit der man sich bei einer aufgestellten Hypothese, begründet durch die Daten, irrt. Die I. bezeichnet man auch als Signifikanzniveau. Vgl. Signifikanz. [26]

Isch|ämie f: Verminderung der einem Gewebe zugeführten Blutmenge mit Nekrose und Infarzierung des betroffenen Gewebes. Unterscheidung des anämischen → Infarkts in Gefäßgebieten mit Endarterien (weißer Niereninfarkt) von einem hämorrhagischen roten Infarkt bei einem aus 2 Quellgebieten gespeisten Kreislauf (Gehirn). [20]

Ischias (gr.) f: Ischialgie; Schmerzen in Gesäß, Hüfte, Oberschenkelrückseite, Kniekehle, Wade bis zur Ferse entsprechend dem Verlauf des N. ischiadicus, als → Neuritis oder → Neuralgie aufzufassen. Beide Möglichkeiten mischen sich im klinischen Begriff des Ischiassyndroms. Schmerzen an den → *Valleix*-Druckpunkten und beim *Lasègue*-Versuch (Anheben des gestreckten Beins, Schmerzlinderung beim Beugen im Kniegelenk) sind diagnostisch wichtig. Ursachen: 1. Mechan. Entstehung durch Bandscheibenprolaps (meist 4./5. Lendenwirbel) mit Wurzelkompression. Oft ganz akut nach ungeschickter Bewegung einsetzend mit messerstichartigem Schmerz; bei gleichzeitigen Blasen- und Mastdarmstörungen oder Beinlähmung Indikation zur Sofortoperation; Entstehung auch durch deformierende Wirbelsäulenprozesse (Spondylosen, Osteochondrosen), Tumor, Metastasen, Tbk, Raumforderungen im kleinen Becken (Schwangerschaft, Karzinom der weibl. Genitalorgane). 2. Entzündliche Ursachen wirken über allerg.-hypererg. Reaktionen bei → Rheumatismus, Kombination bei → Diabetes mellitus und → Arteriosklerose mit 3. toxisch-degenerativen Schäden: exogen Alkohol, Schwefelkohlenstoff u. a., endogen → Gicht, → Urämie. Therapie: Ursachenklärung, physikal. Maßnahmen, Analgetika. [34]

ISO: Abk. für **I**nternational **O**rganisation for **S**tandardization (engl.). [4]

Iso|agglutinine n pl: Antikörper, die die Erythrozyten der gleichen Spezies agglutinieren, z.B. menschl. A-Blutkörperchen durch A-Antikörper im Serum der Blutgruppe B. [8]

Iso|anti|körper: Antikörper, die mit arteigenen Zellen, z.B. arteigenen Blutkörperchen, reagieren (Isoagglutinine, Isopräzipitine u.a.). [8]

iso|chron: gleichzeitig. [10]

Is|odontie f: → Homodontie. [30]

Iso|dromie f: Verfahren, mit dem ein parallel ausgerichtetes Bohren im Mund (mundisodrom = direkte Arbeitsweise) oder auf dem Modell (atelierisodrom = indirekte Arbeitsweise) möglich ist (*Jeanneret, Weigele*). Durch Verwendung geeigneter Matrizen werden die zunächst auf dem Modell gebohrten Kanälchen (für Pinlays) genauestens auf die Zähne im Mund übertragen, so daß z.B. eine Schiene aus Pinlays auf dem Modell fertiggestellt werden kann. Erst nachträglich werden die Stiftlöcher im Mund des Patienten angelegt. [4]

iso|elektrischer Punkt: derjenige pH-Wert, bei dem ein → Ampholyt in Lösung die gleiche Menge positiver und negativer Ladungen enthält. Der i. P. ist für den jeweiligen Ampholyten spezifisch, der hier charakteristische Eigenschaften, z.B. ein Minimum an Löslichkeit in polaren Lösungsmitteln, aufweist. Viele kolloidale Lösungen (→ Kolloide) flocken beim Erreichen des i.en P.es aus. [23]

iso|gnath: Bez. für Gebisse, bei denen oberer und unterer Zahnbogen gleich weit sind, z.B. bei Raubtieren. Ggs.: → anisognath. [5]

Iso|häm|ag|glutinine n pl: agglutinierende Antikörper, die praktisch vom Beginn des Lebens an nach bestimmten Gesetzmäßigkeiten im menschlichen Serum vorkommen und die gegen Blutkörperchen der eigenen Art gerichtet sind, d.h. die menschlichen Blutkörperchen agglutinieren. Das menschliche Serum enthält jedoch immer nur I. gegen die Blutkörpercheneigenschaften, die in den eigenen Erythrozyten nicht vorhanden sind. [20]

Iso|hydrie f: Übereinstimmung des → pH-Wertes einer Lösung (z.B. einer Körperflüssigkeit) mit dem physiologischen (Normal)-Wert des pH des Blutes (bei 7,4), der durch die Regulationsmechanismen des Säurebasenhaushaltes weitgehend konstant gehalten wird (Konstanz des „Inneren Milieus"). [10]

Isolation (frz.) f: Isolierung; Absonderung, Abschließung von Infektionsverdächtigen und Geisteskranken; auch Abdichtung gegen elektrische, Temperatur-, Wasser- und Schalleinflüsse; isoliert: abgesondert, freistehend, nichtleitend gemacht. [8]

Iso|mere n pl: chem. Verbindungen, die zwar aus den gleichen Elementen aufgebaut sind, aber eine unterschiedliche Anordnung der Atome im Molekül aufweisen und infolgedessen sich in ihren chem. und physikal. Eigenschaften unterscheiden. [23]

Iso|metrie|regel: von *Cieszynski* und *Dieck* aufgestellte Regel zur Erzielung einer größengleichen Wiedergabe der Zähne in der Rö.-Aufnahme. Vgl. Halbwinkeltechnik. [14]

iso|morph: von gleicher Form (bes. bei Kristallen). [10]

ISO-Nummern|system n: Bezeichnungssystem nach ISO 6360, mit dem die rotierenden Instrumente (→ Bohrer, → Fräser, → Schleifer) klassifiziert werden (Abb.). [21]

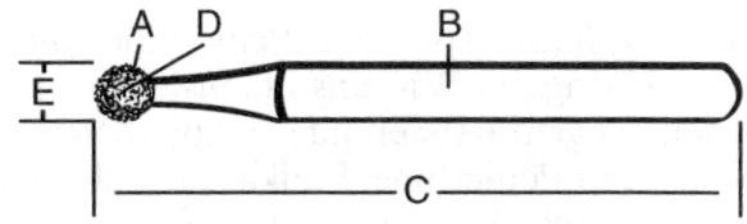

ISO-Nummer 806 30 4 001503 016
A: Werkstoff des Arbeitsteils 806 (Diamant);
B: Schaft 30 (FG 1,6 mm ∅) clause 6;
C: Gesamtlänge 4 (19 mm) clause 7;
D: Form und Ausführung 001 503 (rund glatt) clause 8; E: Größe 016 (016 = 1,6 mm ∅).

iso|osmotisch: Lösungen von gleichem osmotischen Druck. Meist gebraucht in Bezug auf den osmotischen Druck des Plasmas, dann auch „isoton" oder „isotonisch" verwendet. Vgl. Osmose. [10]

Iso|prä|zipitine n pl: → Isoantikörper. [8]

Isopren (Kunstwort) n: 2-Methylbutadien (Abb.), Baustein vieler Naturstoffe, z.B. → Kautschuk, → Terpene. [23]

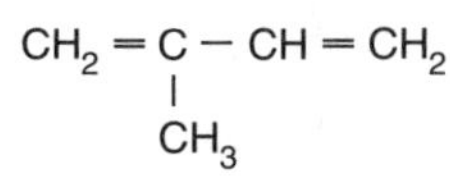

Strukturformel des Isoprens

Iso|sorbid|di|nitrat: Ester der Salpetersäure, NO-Pharmakon. Vgl. Nitrate, organ. [7]

ISO/TC 106: engl.: **I**nternational **O**rganization for **S**tandardization/**T**echnical **C**ommittee 106 Dentistry; Internationales Normungskomitee für den Bereich der Zhk. Sekretariat British Standard Institute (BSI), London. [21]

Iso|thermie f: **1.** Phys.: Abwesenheit von Temperaturunterschieden. **2.** Med.: Aufrechterhaltung der normalen, physiologischen Körper(kern)temperatur. [10]

iso|ton(isch): von gleichem (osmotischem) Druck. In der Biologie und Medizin meist auf den osmot. Druck des Plasmas bezogen. Vgl. Osmose. [10]

Iso|tope (gr.) n pl: chem. Elemente, deren Atome die gleiche → Kernladungszahl besitzen. Im → Periodensystem stehen sie daher an der gleichen Stelle, differieren aber in ihren Atomgewichten. Radioaktive Isotope, z.B. des Kalziums, Phosphors, Fluors und Stickstoffs, sind auf dem Gebiet der Zhk. als Nachweissubstanzen von besonderem Interesse. Vgl. Indikatoren, Szintigraphie. [10, 23]

iso|trop: nach allen Richtungen hin gleiche physikal. Eigenschaften aufweisend. [23]

Isoxazolyl-Penicilline n pl: Derivate der 6-Amino-Penicillansäure mit einer Isoaxzolyl-Seitenkette. Das Wirkungsspektrum der I. umfaßt das der → Schmalspektrum-Penicilline (mit allerdings geringerer Wirkungsintensität), zusätzl. β-lactamasesynthetisierende Staphylokokken, siehe auch → Penicilline. Indikation in der Zhk.: dentogen induzierte, orofaziale Infektionen mit Dominanz β-lactamasebildender Staphylokokken (selten, meist iatrogen induziert). [7]

iso|zyklische Verbindungen: → zyklische Verbindungen. [23]

Isthmus (gr.) m: verengte Stelle, z.B. der Verbindungsteil der beiden Schilddrüsenlappen. [9]

Isthmus faucium m: Verbindung der Mundhöhle zum Rachenraum, durch Gaumenbögen und Tonsillen gebildet. → Fauces. [9]

ITI: Abk. für **I**nternational **T**eam for **I**mplantology. In der Schweiz gegründete Gruppe von implantologisch interessierten Wissenschaftlern. [2]

ITI-Hohl|zylinder|implantat n: verschiedene Ein-, Zwei- und Dreifachzylinderimplantate aus → Titan in ein- und zweiteiliger Ausführung. Vgl. Implantatformen. [18]

...itis: aus dem Griech. übernommene Wortendung mit der Bedeutung „Entzündung", z.B. → Osteomyelitis, → Parodontitis. [32]

i.v.: Abk. für → **i**ntra**v**enös, innerhalb der Vene. [2]

Ivory-Matrizen|spanner: → Matrizenspanner. [1]

Ivory-Separator m: → Separator. [1]

J

J: chem. Bezeichnung für → Jod. [23]

Jacket|krone: Keramikmantelkrone, 1903 entwickelt von *Charles Henry Land* (Za., Detroit, *1847, † 1919). Eine funktionell und ästhetisch hochwertige Mantelkrone, die ganz aus keramischer Masse besteht und die Zahnkrone bis zum Zahnfleischrand umgibt. Es können auch vorgefertigte Fazetten für die bukkale Fläche verwendet werden, doch wird die J. stets individuell auf einer nach Modell hergestellten Platinhülse gebrannt. Voraussetzung für die Eingliederung ist die Präparation einer zirkulären Stufe am Kronenrand von $^1/_2$ bis 1 mm Tiefe (Abb.). Die J. wird auch kombiniert mit einem Stiftaufbau.

Vor allem im Frontzahnbereich und meist als Einzelkronenersatz verwendet. J. als Brückenanker nur in Ausnahmefällen bei kleinen vollkeramischen Brücken, doch wird heute hierbei vorwiegend die → Metallkeramik angewendet.[4]

Jack-screw (engl. Windenschraube) f: → Dehnschraube. [5]

Jackson-Anfall (John J., Neurol., London, *1834, † 1911): motorische Entladungen, epileptische Muskelzuckungen, die auf umschriebene Muskelgruppen, eine Extremität oder Teile derselben beschränkt sind und der Reizung eines umschriebenen Hirnrindenbezirks entsprechen. → Aura und Dämmerzustände fehlen. Ursache: umschriebene Schädigung der Hirnrinde (Narbe, Gewächs, Fremdkörper), daher auch als kortikale, Rinden- oder fokale → Epilepsie bezeichnet. [33]

Jackson-Klammer (Victor Hugo J., Za., New York, *1850, † 1929): Klammer aus Stahldraht, aus einem als „crib" (Krippe) bezeichneten orthod. Apparat (1887) entwickelt, die den in geschlossener Reihe stehenden Klammerzahn bukkal umfaßt. Der Draht verläuft beidseitig des

Zahnes über die Interdentalräume kauflächenwärts der Kontaktpunkte und liegt bukkal wurzelwärts des horizontalen Äquators (Abb.). Variante: bukkal geteilte Klammer. [4]

Jackson-Lähmung: Parese des N. hypoglossus auf der Seite der zentralen Störung in Verbindung mit Gliedmaßenlähmung auf der anderen Seite. [2]

Jacobson-Anastomose (Ludwig Levin J., dän. Arzt und Anat., *1783, † 1843) f: Verbindung des → Ganglion inferius (petrosum) des N. glossopharyngeus mit dem → Ganglion oticum durch den N. tympanicus und dessen Verlängerung, den N. petrosus minor. [9]

Jacobson-Organ f: → Organum vomeronasale. [9]

Jaeckel-Formel: Formel zur Berechnung der → SI im Oberkiefer aus der SI im Unterkiefer: SI-OK = (SI-UK x4) / 3. Der errechnete Wert für die SI im Oberkiefer wird mit dem gemessenen verglichen. Störungen dieser Relation können zu Disharmonien der okkludierenden Frontzahngruppen führen. Auch zur Vorhersage der SI im Oberkiefer bei noch nicht durchgebrochenen Oberkieferfrontzähnen. Vgl. Gebißanalyse.[5]

Jaffé-Lichtenstein-Krankheit (Henry J., Arzt, New York; Louis L., Pathol., New York, *1906, † 1977): → Osteofibrosis deformans juvenilis.[2]

Jaktation (lat.) f: krankhafte Ruhelosigkeit mit Hinundherwälzen im Bett meist bei hohen Fieberzuständen, oft auch mit Verwirrtheit verbunden.[20]

Jankelson-Verfahren (Bernard J., Za., Seattle, Washington): → Einschleifen. [4]

Jarabak-Fern|röntgen|ana|lyse (Joseph R. J., Za., Chicago, *1906, † 1989) f: → Schädelwachstumsanalyse. [5]

Jarisch-Herxheimer-Reaktion f: → *Herxheimer-Jarisch*-Reaktion. [12]

Jaw winking (engl.) n: angeborene Anomalie, die sich im Erwachsenenalter verliert (*Gunn*

1883). Assoziierte okulo-mandibuläre und okulo-linguale Bewegungen in Gestalt von Mitbewegungen (→ Synkinesen) von Kinn- und Lidmuskulatur im Gefolge doppelseitiger Fazialislähmungen bei Polyneuritis. [2]

Jejunum (lat.) n: Intestinum j., Leerdarm. → Darm. [9]

Jenaer Nomina Anatomica: Abk. JNA; die 1936 in Jena angenommene anat. Nomenklatur. [9]

Jenner-Impfung (Edward J., engl. Arzt, Berkeley, Gloucestershire, *1749, † 1823): Pockenschutzimpfung (1796); → Immunisierung. [8]

Jet-Injektion f: ohne Nadel arbeitendes Injektionsverfahren, bei dem mit hohem Druck (bis 1200 bar) Flüssigkeit durch die Haut hindurch gepreßt wird. Meist als „Impfpistole" gebraucht, aber auch in der Mundhöhle zur Anästhesie bei Extraktionen u.a. kleineren Eingriffen erfolgreich angewandt. Geringe Tiefenwirkung. [8]

Jig (engl.) f: (*Lucia* 1964), Frontzahnreiter als schiefe Ebene aus Kunststoff, wird auf die mittleren Schneidezähne des Oberkiefers aufgesetzt, zur vorübergehenden Disklusion der Seitenzähne als Voraussetzung für die Einstellung der Kieferlage in eine retrale Kontaktposition (→ Kontaktposition, retrale). Vgl. Aufbißbehelfe. [4]

Jiggling (engl.) n: Bez. aus der amerik. Orthod. für (unerwünschtes) Hin- und Herschwanken von Zähnen infolge ständig die Richtung wechselnder kieferorth. Krafteinwirkung. [5]

JNA: Abk. für **J**enaer **N**omina **A**natomica. Durch Beschluß der Anatomischen Gesellschaft in Jena 1935 verabschiedete Anatomische Nomenklatur, gültig im deutschsprachigen Raum bis 1955, als die derzeit international gültige Nomenklatur im Anatomenkongreß von Paris verabschiedet wurde. [9]

Joch|bein: → Os zygomaticum. [9]

Joch|bogen: Arcus zygomaticus, Knochenbrükke, gebildet vom Processus zygomaticus des → Os temporale (Schläfenbein) und dem Processus temporalis des → Os zygomaticum (Jochbein). Am J. entspringt der Musculus masseter. [9]

Joch|bogen|breite: → Zygion-Alveolarindex. [5]

Jod (gr.) n: nach neuerer Nomenklatur Iod; chem. Element, Symbol J, Ordnungszahl 53, Atomgewicht 126,92. Spurenelement, das zu den Halogenen gehört. Metallisch glänzende, schwarzgraue Blättchen, die sich mit violetten Dampf verflüchtigen. Wenig löslich in Wasser (1:3500). Desinfiziens. Anwendung als Jodtinktur (Tinktura Jodi), einer aus 7 Teilen Jod, 3 Teilen Jodkalium und 90 Teilen Alkohol bestehenden rotbraunen Flüssigkeit mit typischem Jodgeruch zur Haut- und Wunddesinfektion. [23]

Jodo|derm n: Jododerma tuberosum; Arzneiausschlag nach Jodeinnahme; rotbraune schwammigweiche, ulzero-krustöse Vegetationen mit pustulösem Randsaum. Bevorzugt im Gesichtsbereich, an Lippen, Zunge und Zahnfleisch. [12]

Jodo|form|paste: → *Walkhoff*-Paste. [1]

Jodo|form|zement m: Zinkphosphatzement mit Zusatz von Jodoform als Depotdesinfiziens. Verwendung als Wurzelfüllungsmaterial. Veraltet. [1]

Jod-Stärke|reaktion f: Blaufärbung von Stärke nach Zusatz von Jod. [23]

Jodum (gr.) n: → Jod. [23]

Josamycin: → Makrolid-Antibiotikum mit bakteriostatischer Wirkungsweise. In der Gingiva und im Kieferknochen werden hohe Konzentrationen gemessen, deren klin. Relevanz z.Z. nicht beurteilbar ist. Es besteht mit Ausnahme der Staphylokokken Kreuzresistenz zwischen J. und → Erythromycin. [7]

Joule (James Prescott J., engl. Phys., *1818, † 1889) n: Si-Einheit der Energie, Arbeit und Wärmemenge, 1 Joule (J) = 10^7 erg = 1 Watt x 1 Sekunde = 1 Nm (1 → Newton x 1 Meter). [10]

Juck|reiz: → Pruritus. [12]

Juga alveolaria n pl: → Jugum. [9, 30]

Jugend|arbeits|schutz|gesetz: Abk. JarbSchG; Gesetz zum Schutze der arbeitenden Jugend von 12.4.1976 (BGBl. I Seite 965); für Personen zwischen dem 14. und der Vollendung des 18. Lebensjahres geltendes Gesetz, das Schutzbestimmungen enthält: Beschäftigungsverbot unter 15 Jahren, Beschränkung der Arbeitszeit, Pausen, Mindesturlaub, Berufsschulbesuch, ärztliche Untersuchungen. Die Aufsicht über die Einhaltung des JarbSchG wird durch die Gewerbeaufsichtsämter ausgeübt. Die Einhaltung ist durch Bußgeld und Strafandrohung gesichert. [24]

jugendliche Leukozyten: → Leukopoese. [10]

Jugend|zahn|pflege: zahnärztliche Versorgung der heranwachsenden Jugend mit dem Ziel der Verhütung und Bekämpfung von Karies-, Parodontalerkrankungen und Stellungsanomalien. Gesunderhaltung und Sanierung der Mundhöhle, angefangen beim Kleinkind (3-6 Jahre) und darüber hinaus im Schulalter (6-18 Jahre) durch 1. Untersuchung, 2. Präventivmaßnahmen, 3. vorbeugende und planmäßige Behandlung und evtl. kieferorthopädische Maßnahmen. Zwei Systeme der J. werden praktiziert: 1. → Bonner System, 2. → Frankfurter System. [15]

Jugo|mandibular|index m: Jochbogenbreitenindex; anthrop. Index zur Klassifizierung der Hauptproportionen des Gesichtes. Einteilung nach *Lundborg-Linders* und *Saller* in sehr schmale, schmale, mittlere, breite und sehr breite Gesichter. Mittelwert 73-80. 5

$$\text{Formel: Index} = \frac{(\text{Unterkieferwinkelbreite x 100})}{\text{Jochbogenbreite}}$$

Jugularis f: Kurzform für → Vena jugularis interna; jugularis (Adj.): die Drosselgrube (→ Fossa j.), die Drosselvene betreffend. 9

Jugum (lat.) n, pl Juga: Joch, Erhabenheit, Wulst; z.B. Juga alveolaria: Zahnjoche, Erhabenheiten an der Außenfläche des Alveolarfortsatzes des Oberkiefers, die den Wurzeln der ersten vier Zähne jeder Seite entsprechen. 9, 30

Juillard-Maske (belg. Chir., *1836, † 1911): große, mit *Billroth*-Batist überzogene Maske, die, mit Äther getränkt, das ganze Gesicht bedeckt. Nur für Rauschnarkose, veraltet. 2

Jumping the bite (engl.) n: von *Kingsley* 1877 eingeführte Methode einer sprunghaften Umstellung des → Distalbisses auf → Neutralbiß mittels einer → Vorschubdoppelplatte, heute einer an den oberen Schneidezähnen oder an einer abnehmbaren Platte angebrachten → schiefen Ebene oder aber eines funktionskieferorth. Gerätes (→ Aktivator, → Bionator). 5

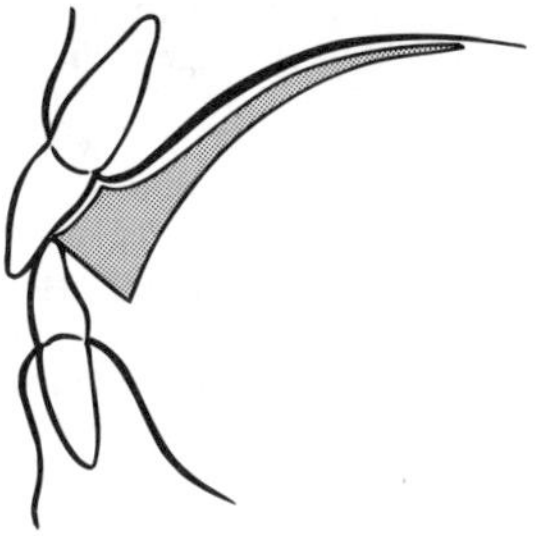

Umstellung des Distalbisses auf Neutralbiß mittels einer Vorbißplatte

Junctura (lat.) f: Verbindung. 9

Jüngling-Krankheit (Otto A. J., Chir., Flensburg, *1884, † 1944): Ostitis tuberculosa multiplex cystoides; multiple, vor allem an den Extremitäten auftretende zystische Knochenveränderungen auf tuberkulöser Grundlage. Selten auch an der Mandibula. Beginnt, langsam und gutartig verlaufend, meist in der Pubertät. 2

Justieren (lat.): genaues Einstellen von Geräten und Apparaten. 4

Justierungs|phase f: Behandlungsphase in der → *Bergen*-Technik. In der J. werden die Korrektur der Zahnachsenstellung, die Feineinstellung der Okklusion sowie der Ausgleich zum → Idealbogenkonzept angestrebt. Abschluß der aktiven Behandlungsphasen. Vgl. Edgewise-Technik. 5

juveniles Nasen|rachen|fibrom n: gutartiger, aber destruierend wachsender Tumor. → Nasopharynxtumoren. 19

juvenilis (lat.): juvenil; jung, jugendlich. 6

juxta|oral: neben der Mundhöhle; z.B. j.es Organ, → *Chievitz*-Organ. 9

Juxta|vestibular|bogen: Erweiterung des → *Crozat*-Gerätes durch überhöhten → Hochlabialbogen für Frontzahnbewegungen mittels von ihm getragener, zu aktivierender Stifte. 5

K

Kach|exie f: schlechter körperlicher Allgemeinzustand, Kräfteverfall, z.B. bei Krebs, hormonalen Störungen, Adj.: kachektisch. Vgl. *Simmonds*-Kachexie. [20]

Kadaver (lat.) m: toter, in Verwesung übergehender Tierkörper; Aas. [32]

Kadaverin n: Pentamethylendiamin, H_2N-$(CH_2)5$-NH_2; entsteht bei der Eiweißfäulnis aus Lysin. Eines der sog. Leichengifte (→ Ptomaine); Berührung und Inokulation ungefährlich. [32]

Kadaver|stellung der Stimm|bänder: Lähmung der Stimmbänder (z.B. in tiefer Narkose), so daß Atemluft durch passive Schwingungen einen leisen, tiefen Ton erzeugt = Phonation der drohenden → Asphyxie. [2]

Kader-Nadel|halter (Bronislaw K., Chir., Breslau, *1863, † 1937): abgewinkelter Nadelhalter mit Arretierung, spez. zum Arbeiten in der Mundhöhle. [2]

Kadmium (gr.) n: chem. Element, Symbol Cd (Cadmium), Ordnungszahl 48, → Atomgewicht 112,41. Weißes, zähes, in Salpetersäure lösliches Metall. Dient zur Herstellung niedrigschmelzender Legierungen, z.B. Goldlot. Fand früher Verwendung bei der Anfertigung von Vollgußkronen, wobei der Kadmium-Kronenring zusammen mit dem Modellierwachs beim Vorwärmen ausgebrannt wurde. [23]

Kaerger-Nadel (Ernst August K., Chir., Kiel, *1879): gestielte abgebogene Nadel zum Durchführen eines Fadens, Drahtes oder der → *Gigli*-Säge (→ *Kostečka*-Progenieoperation) durch umfangreiche Weichteilpartien (Abb.). [2]

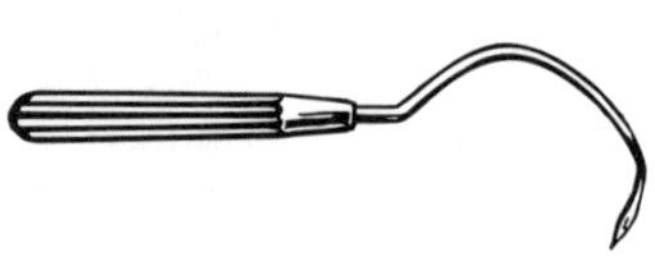

Kahler-Krankheit (Otto K., Intern., Wien, Prag, *1849, † 1893): → Plasmozytom. [32]

Kahn-Test (Reuben L. K., amerik. Bakt., *1887) m: Flockungsreaktion zum Nachweis von Lipid-Antikörpern bei → Syphilis. [8]

Kako|geusie f: schlechter Mundgeschmack. [11]

Kak|osmie f: übler Geruch (subjektiv). Vgl. Foetor, Halitosis. [11]

Kako|stomie f: übler Mundgeruch. [11]

Kala-Azar (Hindi) f: → Leishmaniasen. [8]

Kali|lauge: Liquor Kalii caustici; wäßrige Lösung von Kaliumhydroxid. Kalisalpeter: Kaliumnitrat, nicht zu verwechseln mit Chilesalpeter (Natriumnitrat). [23]

Kalium (arab.) n: chem. Element, Symbol K; Ordnungszahl 19, → Atomgewicht 39,096. Alkalimetall. [23]

Kalk|infiltration f: Verkalkung, Kalzifizierung; Ablagerung unlöslicher Kalkmengen in stoffwechselträgen, bradytrophen Geweben: verkäste, tuberkulöse, arteriosklerotische Herde, Brustfell- und Herzbeutelschwarten (Panzerherz). Generalisierte K. bei Nephrokalzinose: diffuse Nierengewebsverkalkung des reaktiv interstitiell entzündeten Nierengewebes mit Übergang in Schrumpfniere, bei primärem und sekundärem → Hyperparathyroidismus oder Vitamin-D-Überdosierung. [20]

Kalko|sphäriten m pl: mineralisierte kugelförmige Gebilde mit meist radiärer Anordnung der Kristalle. Die im Dentin zu beobachtenden kugelförmigen Strukturen wurden ursprünglich als Ausdruck einer globulären Mineralisation angesehen. Später wurden sie von verschiedenen Forschern als K. betrachtet. Durch gegenseitige Wachstumsbegrenzung der Sphärokristalle entstehen halbmond- und arkadenförmige Strukturen. Vgl. Globulardentin. [30]

Kalk|stoffwechsel: → Kalzium ist zu 99% der Gesamtmenge im Skelett enthalten, der Rest überwiegend in der extrazellulären Flüssigkeit; bemerkenswert konstanter Normalwert im Plasma 4,5 - 5,5 mval/l (= 9 - 11 mg%). Regulation im sog. Lösungsgleichgewicht durch → Parathormon, Kalzitonin. Die Hälfte diffusibel als Ca^{++}-Ion oder als Ca-Zitratkomplex, der Rest als dissoziierende Kalzium-Eiweißverbindung: biologische Wirksamkeit allein in der ionisierten Form. Hypokalzämie bei Hypoparathyreoidismus, Vit.-D-Mangel, Malabsorptionssyndrom. Erniedrigung des ionisierten Ca^{++}; Zunahme der neuromuskulären Erregbarkeit (→ Tetanie). Hyperkalzämie: 1. vermehrtes Ca^{++} aus dem Skelett: Hyperthyreose, primärer → Hyperparathyreoidismus; 2. vermehrte Ca^{++}-Aufnahme: Vit.-D-Intoxikation; 3. verminderte renale Ausscheidung. Klinik: verminderte neuromuskuläre Erregbarkeit, psychische Auffälligkeiten, EKG-Veränderungen. Hyperkalziurie: vermehrte Kalziumausscheidung im Harn bei Hyperkalzämie, auch Nephrolithiasis und Nephrokalzinose. → *Lightwood-Albright*-Syndrom. 34

Kalli|krein (gr.) n: im → Pankreas und in der Speicheldrüse gebildetes Hormon, das im Harn und im Plasma vorkommt und zur Gefäßerweiterung, zur Erhöhung der Kapillarpermeabilität und zur Förderung der Leukozytenmigration führt. 10

Kallus (lat.) m: das bei Knochenbrüchen, ausgehend von *Periost* und *Mark*, sich bildende, zunächst faserige Keimgewebe. Dieses verwandelt sich allmählich in geflechtartiges Knochengewebe (→ Osteoid), um dann zu lamellärem Knochengewebe auszureifen. Der K. wird zunächst im Überschuß gebildet und umgibt die Bruchstelle mit einer spindelförmigen Auftreibung, die mit zunehmender Ausreifung des Gewebes abgebaut wird. Ähnlich bei Knorpelbrüchen (Knorpelkallus). Vgl. Schwiele. 2, 32

Kalorie (lat.) f: Abk. cal. Nicht mehr zugelassene Einheit der Wärmemenge. 1 cal erwärmt 1 g Wasser von 14,5 auf 15,5° C. 1 Kal = 1 kcal = 1 Kilo-K. = 1.000 kal. Die K. wurde jetzt durch die Si-Einheit → Joule (J) ersetzt; 1 cal = 4,1867 J. 10

Kalorien|wert: kalorischer Wert; Energiegehalt der Nahrungsmittel, nach *Rubner* ergibt bei Verbrennung im Organismus 1 g Eiweiß 17,2 Kilojoule (KJ) bzw. 4,1 Kilokalorien (Kcal), 1 g Fett 39,1 KJ bzw. 9,3 Kcal und 1 g Kohlenhydrate 17,2 KJ bzw. 4,1 Kcal. 20

kalorisches Äquivalent n: Wärmemenge, die bei Nährstoffverbrennung im Organismus entsteht, wenn 1 Liter O_2 verbraucht bzw. 1 Liter CO_2 gebildet wird. 10

Kalotte (frz.) f: Schädeldach, Kugelabschnitt. 4

Kalotten|artikulation f: Kauflächengestaltung, bei der die Kauflächen der Ober- und Unterkieferzahnreihen eine (nach kranial offene) Kalotte berühren. Die K. wird durch eine von *Fehr* empfohlene Methode zur Aufstellung der Zahnreihen bei Totalprothesen erreicht. Dabei stellt man die Abrasionskauflächen der Seitenzähne leicht gegen den Mundboden geneigt. Die zusätzliche Beachtung der → *Spee*-Kurve läßt dann die Kauflächen eine gedachte Kalotte tangieren (Abb.). Die Kalottenform erreicht man bereits bei der

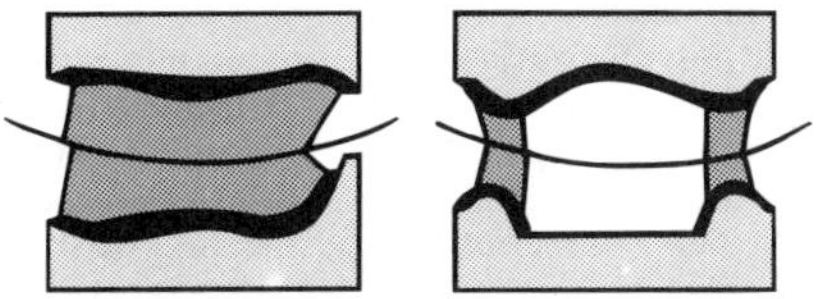

Bißnahme für Totalprothesen an den Wachswällen mit Hilfe von Metallschablonen. Im → Artikulator werden die unteren Zähne mit flachem Kauflächenrelief dem Verlauf des oberen Wachswalles entsprechend aufgestellt, sodann die oberen Zähne passend zu den unteren. Bei Mahlbewegungen im Munde des Patienten bewirkt diese Aufstelltechnik Vielpunktkontakt. Es resultiert dann eine Kalottenartikulation. 4

Kälte|agglutination f: Zusammenballung der eigenen sowie fremder 0-Erythrozyten zwischen 0 und 5 °C. Man trennt Patienten-Plasma und -Erythrozyten noch körperwarm, gibt steigende Plasmaverdünnungen zu einer Suspension der Erythrozyten und inkubiert bei 0-5 °C; Agglutination in niedrigen Plasmaverdünnungen (1 : 8) normal, in höheren Verdünnungen (1 : 128) pathologisch, meist Zeichen für atypische Pneumonie (auch für andere Infektionen und Blutkrankheiten). 8

Kälte|anästhesie f: Kry(o)anästhesie, örtl. Betäubung durch lokale Einwirkung von Kälte, z.B. Vereisung kleiner Haut- oder Schleimhautbezirke durch Chloräthylspray. 2

kalter Ab|szeß m: → Abszeß. 32

Kälte|test m: → Sensibilitätsprüfung der Pulpa. 1

Kalt|kaustik f: → Elektrochirurgie. 2

Kalt|licht: Lichtstrahlung ohne bzw. mit nur geringem Infrarotanteil. K. kann durch Gasentladung oder mittels Wärmeabsorptionsfilter erzeugt werden. Der Lichttransport erfolgt i.d.R. faseroptisch. Anwendung: ärztliche und zahnärztliche Diagnostik. Vgl. Kaltlichtdiagnostik, Lichtpolymerisation. 29

Kalt|licht|dia|gnostik f: Sichtbarmachen der approximalen Karies durch → Transillumination. Im Dentin liegende Läsionen können dabei erkannt werden. Die K. basiert auf der unterschiedlichen Lichtdurchlässigkeit von demineralisierter und gesunder Zahnhartsubstanz. Erforderlich sind eine faseroptische Lichtquelle (→ Kaltlicht), ein Lichtleiter und eine Diagnosesonde. Die K. ist eine Ergänzung bzw. Alternative zur Bißflügelaufnahme. Mit ihrer Hilfe können auch Sprünge im Zahnkronenbereich erkannt und u.U. auch Hinweise auf Frakturen oder die Vitalität des Zahnes erhalten werden. [29]

Kalt|polymerisation f: → Autopolymerisation.[4]

Kalt|sterilisation f: → Sterilisation durch Lösungen bakterizider Verbindungen (Formaldehyd, Glutaraldehyd, Chlorperbenzoesäure u.a.) bei Zimmertemperatur. Kein Praxisverfahren! [8]

Kalz|ämie f: → Kalkstoffwechsel. [20]

Kalziferol n: Ergokalziferol; Vitamin D_2 (→ Vitamine). [23]

Kalzifikation (lat.) f: Kalzifizierung, Kalkeinlagerung, Verkalkung von Geweben bei chron. Entzündungsvorgängen, degenerativen Veränderungen und nach Gewebsblutungen. → Kalkinfiltration. [20, 32]

Kalzitonin n: Polypeptidhormon mit antagonistischer Wirkung zum → Parathormon. Bildungsort: parafollikuläre Schilddrüsenzellen. Wirkung: Senkung von Kalzium- und Phosphatkonzentration im Plasma. Angriffspunkte: im Knochen Hemmung der Knochenresorption, in den Nieren Steigerung der Kalzium- und Phosphatausscheidung, Antagonismus zum Vit. D_3. [23]

Kalzium (lat.) n: Calcium; metallisches Element, Symbol Ca, Ordnungszahl 20, → Atomgewicht 40,08. Kommt in der Natur nur in Verbindungen vor, z.B. Kalk ($CaCO_3$), Flußspat (CaF_2), Gips ($CaSO_4 2H_2O$). Kalziumverbindungen sind von großer physiologischer Bedeutung für Blut, Knochen, Zähne. Der Serumspiegel von K. beträgt 2,15-2,75 mmol/l. Als Notfallmedikament wurde es früher häufig im Rahmen der → Herz-Lungen-Wiederbelebung, der Hyperventilationstetanie (→ Tetanie) sowie bei allergischen Reaktionen appliziert. Nach neueren Untersuchungen ist die Indikation von K. bei keinem der vorgenannten Krankheitsbilder ohne vorherige laborchemische Verifizierung indiziert. Vgl. Kalziumstoffwechsel, Kalkstoffwechsel, Apatite. [16, 23]

Kalzium|hydroxid n: gelöschter Kalk, Formel: $Ca(OH)_2$. In der Endodontie (→ Endodont) wegen vieler günstiger Eigenschaften häufig benutzter Wirkstoff. Stark alkal. (pH=12), keimtötend, entzündungshemmend, erzeugt oberflächliche Koagulationsnekrose (heilungsfördernd), induziert kollagenes Fasergewebe mit anschließender Mineralisation. Handelspräparate: Calxyl®, Reogan® u.a. [1]

Kalzium|phosphat|keramik f: Material, das als Knochenersatzwerkstoff zum Kieferkammaufbau (→ Augmentation) und zur Auffüllung von parodontalen Knochendefekten sowie als Werkstoff zur Beschichtung von → dentalen Implantaten dient. Der sehr positiv verlaufenden Knochenanlagerung steht die unsichere → Biostabilität gegenüber. Langzeitstudien bleiben abzuwarten. [18]

Kalzium|stoff|wechsel: Stoffwechsel des Kalziums. → Kalzium (Ca) ist zu 99% der Gesamtmenge im Skelett enthalten, der Rest überwiegend in der extrazellulären Flüssigkeit; bemerkenswert konstanter Normalwert im Plasma 4,5-5,5 mval/l (= 9-11 mg%). Regulation im sog. Lösungsgleichgewicht durch → Parathormon, → Kalzitonin. Die Hälfte diffusibel als Ca^{++}-Ion oder als Ca-Zitratkomplex, der Rest als dissoziierende Kalzium-Eiweißverbindung: biologische Wirksamkeit allein in der ionisierten Form. Hypokalzämie bei → Hypoparathyreoidismus, Vit.-D-Mangel, Malabsorptionssyndrom. Erniedrigung des ionisierten Ca^{++}; Zunahme der neuromuskulären Erregbarkeit (→ Tetanie). Hyperkalzämie: 1. vermehrtes Ca^{++} aus dem Skelett: Hyperthyreose, primärer Hyperparathyreoidismus; 2. vermehrte Ca^{++}-Aufnahme: Vitam.-D-Intoxikation; 3. verminderte renale Ausscheidung. Klinik: verminderte neuromuskuläre Erregbarkeit, psychische Auffälligkeiten, EKG-Veränderungen. Hyperkalziurie: vermehrte Kalziumausscheidung im Harn bei Hyperkalzämie, auch Nephrolithiasis und Nephrokalzinose. Vgl. *Lightwood-Albright*-Syndrom. [23]

Kambium|schicht: innere knochenbildende (osteogenetische) Schicht des → Periostes, enthält die Osteoblasten. [9]

Kambrik|binden (nach der frz. Stadt Cambrai): Binden aus festem Baumwollstoff, die öfter verwendbar sind. [2]

Kammer: → Zahnärztekammer. [24]

Kammer|flattern: hochfrequente und ungerichtete Erregungen des Myokards ohne Auswurfleistung. Häufige Ursache eines plötzlichen → Herz-Kreislauf-Stillstands, meist auf dem Boden einer koronaren Herzkrankheit. Die unverzügliche Therapie besteht in der → Defibrillation. Bei längerem Andauern kann das K. in das → Kammerflimmern übergehen. Vgl. Elektrokardiogramm, Herz-Kreislauf-Stillstand, Herz-Lungen-Wiederbelebung. [16]

Kammer|flimmern: lebensbedrohliche Herzrhythmusstörungen ventrikulären Ursprungs, vorzeitig einfallende Herzkammeraktionen bis zur völlig asynchronen Tätigkeit der einzelnen Herzmuskelfasern, Unmöglichkeit einer wirksamen Kontraktionsleistung des Herzens. Vorkommen: koronare Minderdurchblutung, → Myokardinfarkt, Narkosezwischenfall bei Herzoperationen. Die Diagnose wird mittels → Elektrokardiogramm gestellt, hierin läßt sich ein K. bei ungünstiger Ableitung häufig von einer → Asystolie nur schwer unterscheiden. Die Therapie besteht in der sofortigen → Defibrillation. Vgl. Herz-Lungen-Wiederbelebung, Kammerflattern. [16, 20]

Kammer|gesetz: → Heilberufsgesetz. [24]

Kanada|balsam m: Harz der Abies balsamaea (Balsamtanne); durchsichtiger, dickflüssiger Balsam, der nach einiger Zeit hart und trocken wird. Zur Herstellung mikroskopischer Präparate, zur Kittung optischer Linsen. [9]

kanalikulär: einen kleinen Kanal betreffend, z.B. einen → Wurzelkanal. [1]

Kanal|pulpa f: → Wurzelpulpa. [1]

Kanikola-Fieber: Leptospirose, hervorgerufen durch Leptospira canicola, deren eigentlicher Wirt der Hund ist (Stuttgarter Hundeseuche). Der Mensch infiziert sich durch engen Kontakt mit Hunden. [8]

Kaninus (lat.) m: Eckzahn; → Dentes canini. [30]

Kanities (lat.) f: auf Verlust an Pigment und Einlagerung von Sauerstoff beruhende Weiß- oder Graufärbung der (Kopf-)Behaarung. [27]

Kankroid (gr.) n: unkorrekte, nicht mehr gebräuchliche Bez. für → Spinaliom (Epithelioma spinocellulare). [32]

Kanten|biß: Kopfbiß, gerader Biß, Zangenbiß, Orthogenie, Labidodontie; physiol. Bißform, bei der in der Okklusionsstellung die Schneidekanten der Frontzähne aufeinanderbeißen. Im Seitenzahngebiet meist → Höcker-Höcker-Biß, häufig → Abrasion (Abb.). [5]

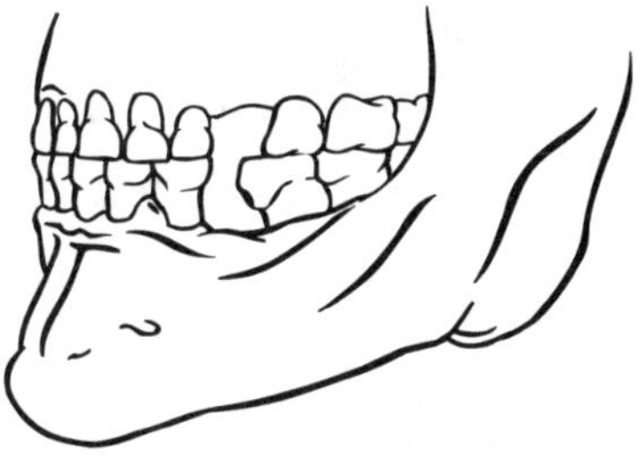

Kanten|bogen: Vierkantbogen; → Edgewise-arch. [5]

Kantho|tomie f: operative Verlängerung der Lidspalte. Falls mit plastischer Operation verbunden: Kanthoplastik. [2]

Kanüle (lat.) f: Röhre zum Durchleiten von Luft oder Flüssigkeiten, zum Absaugen von Blut und Speichel in Verbindung mit entspr. Saugapparaturen. Spez. Hohlnadel von Injektionsspritzen. [2]

Kaolin (nach dem Berg Kao-Ling in China) m: Porzellanton, Verwitterungsprodukt des Feldspats. K. neigt wenig zur Verglasung und verleiht daher einer Porzellanmasse „Standfestigkeit". Schmelz- bzw. Sinterungstemperatur des reinen K.s etwa 1.750 °C. [4]

Kapillar|ektasie f: Erweiterung der Kapillaren; vgl. Angiektasie. [32]

Kapillaren (lat.) f pl: **1.** M e d.: Haargefäße; die feinsten Verzweigungen der Blutgefäße, die das arterielle mit dem venösen System verbinden (Vas capillare). Sie bestehen aus einer einfachen Schicht Endothelzellen. In ihnen findet der Stoffaustausch zwischen Blut und Gewebe statt. **2.** P h y s.: Haarröhrchen. [9]

Kapillarität (lat.) f: Phys.: bewirkt, daß eine Flüssigkeit in einem engen Rohr höher (Kapillaraszension) oder tiefer (Kapillardepression) steht als im Gefäß, in das das Rohr - die Kapillare - eintaucht. Ursache: unterschiedl. Benetzbarkeit der Kapillarwand durch die unterschiedl. Flüssigkeiten (Beispiele: Wasser, Kapillaraszension; Quecksilber, Kapillardepression). Wirksame Kräfte: → Oberflächenspannungen. [10]

Kapillar|puls m: Nachweis der arteriellen Pulswelle in Kapillaren der Wangenhaut, der Fingernägel, der Gingiva. Pathophysiol.: Erniedrigung des diastolischen, Erhöhung des systolischen Aortendruckes, Vergrößerung der Blutdruckamplitude, „hüpfende Karotiden". Vorkommen: Aorten(klappen)insuffizienz. [10]

Kaposi-Sarkom (Moritz K. K., Dermat., Wien, *1837, † 1902) n: von venösen Kapillarendothelien ausgehender Gefäßtumor von braun-rötlicher bis bläulich-livider Farbe in variablen klinischen Formen und unterschiedlichem Malignitätsgrad: 1. lokalisiertes noduläres K. (Sarkoma idiopathicum multiplex haemorrhagicum), geringer Malignitätsgrad; 2. lokalisiertes aggressives kutanes K.; exophytisches Wachstum mit Knocheninfiltration, vornehmlich an den Extremitäten (Zentralafrika); 3. generalisiertes lymphadenopathisches K., multifokales S. in den Lymphknoten vornehmlich bei Kindern in Zentralafrika. Infauste Prognose; 4. disseminiertes K., assoziiert mit → HIV, in 30% der Fälle bei AIDS (Abb.), davon bis zu 51% Erstlokalisation im Munde, meist am Gaumen. In diesen Tumoren kein HIV.

a = 3 Wochen b = 2 Wochen

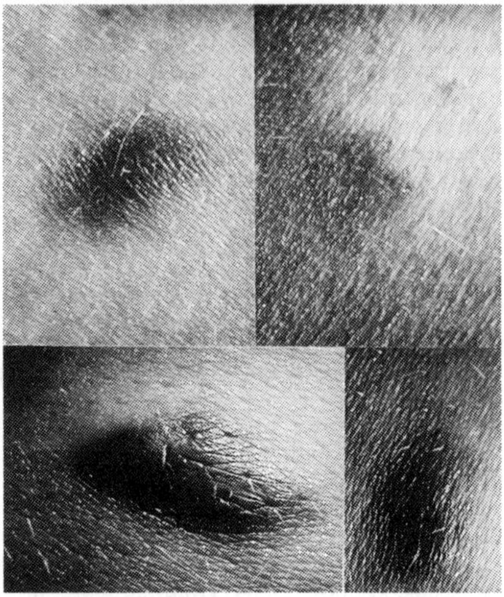

c = 6 Wochen d = 3 Wochen

Morbus *Kaposi*
AIDS-bedingte Entwicklung innerhalb
2 - 6 Wochen beim gleichen Patienten

Offenbar Stimulation durch ein noch nicht erkanntes Virus. [11, 12, 20]

Kappazismus m: fehlerhafte Aussprache des K-Lautes. [19]

Kappen|schiene: die Zahnkronen umfassender Schienenverband aus Metall oder Kunststoff. Früher zur Kieferbruchschienung verwendet, heute vorwiegend zur Schienung parodontal geschädigter Zähne und auch zur Bißhebung sowie zum Artikulationsausgleich eingegliedert. [4]

Kappen|stift|krone: → *Richmond*-Krone. [4]

Kapsel (lat.) f: äußere Hülle mancher Bakterienarten, die meist aus Polysacchariden, selten aus Polypeptiden oder einem Gemisch von Polysacchariden und Polypeptiden besteht. K.n schützen vor → Phagozytose. [8]

Kapsel|bakterien f pl: kurze, plumpe, sporenlose, gramnegative Stäbchen mit Schleimkapseln aus Polysacchariden: Vgl. Klebsiella pneumaniae *Friedländer,* Klebsiella ozaenae, Klebsiella rhinoscleromatis (→ Klebsiella). [8]

Kapsid (lat.) n: der die Nukleinsäure umgebende Proteinmantel der Viren, bestehend aus unterschiedlicher, artcharakteristischer Zahl von Untereinheiten (Kapsomeren). [8]

Karat (gr.) n: alte Gewichtsbezeichnung (1K = 0,205 g), die auch heute noch zur Bezeichnung des Feinheitsgrades des Goldes dient, wobei 24 Karat dem reinen Golde (Feingold) entsprechen. Eine 8karätige Goldlegierung enthält demnach $^{333,3}/_{1.000}$ Feingold, eine 14karätige $^{583,3}/_{1.000}$, eine 18karätige $^{750}/_{1.000}$, eine 20karätige $^{833,3}/_{1.000}$. Diese Berechnung auf 1.000 Teile ist die jetzt offiziell angewandte. [4]

Karbide (lat.) n pl: Verbindungen des Kohlenstoffs mit einem Metall oder mit Bor bzw. Silizium. [23]

Karbo-: Carbo-; Wortteil mit der Bedeutung „Kohle, Kohlenstoff", z.B. Karboanhydrase. [23]

Karbonate n pl: Salze der → Kohlensäure. [23]

Karbonisation (lat.) f: Verkohlung; thermische Laserwirkung auf Gewebe bei Temperaturen von mehr als 150 °C. → Laserwirkung, thermische. [31]

Karbon|säuren: organische Verbindungen mit der charakteristischen Karboxylgruppe (Abb.). Bei den K. handelt es sich meist um relativ schwache Säuren, deren Salze in wäßriger Lösung infolge → Hydrolyse alkalisch reagieren. [23]

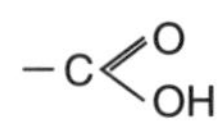

Strukturformel der Karboxylgruppe

Karbo|rund n: Siliziumkarbid, SiC. zeichnet sich durch große Härte sowie Feuer- und Säurebeständigkeit aus. Erhalten wird es durch Reduktion von Sand (SiO_2) mit Kohle im elektrischen Ofen. Wird vorwiegend als Schleifmittel und, mit 20% Bindemitteln, Silikaten u.a., zur Herstellung von Schleifsteinen benutzt. [4]

Karb|oxilase f: → Enzym, das die -C-C—-Bindung spaltet, ohne oxidierend zu wirken. Klinisches Beispiel: Verwandlung der Brenztraubensäure in Azetaldehyd durch CO_2-Abspaltung (→ Diabetes mellitus). [20]

Karb|oxilat|zement m: → Zemente. [1]

karbo|zyklische Verbindungen: → zyklische Verbindungen aus Kohlenstoffatomen. [23]

Karbunkel (lat.) m: konfluierende Entzündung mehrerer nebeneinanderliegender Haarbälge und ihrer Talgdrüsen. [12]

Kardia (gr.) f: Kurzform für Ostium cardiacum; Magenmund, Übergang vom Ösophagus in den Magen. [9]

kardial: das Herz betreffend. [9]

kardiale Dys|pnoe f: Atemnot infolge → Herzinsuffizienz. [20]

Kardinal|symptom n: Haupterscheinung. [2]

kardio|gen: durch das Herz verursacht. [20]

Kardio|spasmus m: → Achalasie. [20]

kardio|vaskulär: Herz- und Blutgefäße betreffend. [20]

Kardio|version f: → Defibrillation. [20]

Karies (lat.) f: Caries, Zahnfäule; chronischer Demineralisationsprozeß der Zahnhartsubstanzen. Entsteht durch Einwirkung schwacher organischer Säuren, die beim anaeroben Abbau von Saccharose, aber auch von anderen Di- und Monosacchariden durch Plaquemikroorganismen entstehen. K. beginnt oberflächlich an typischen Prädilektionsstellen, die das Wachstum von → Plaque begünstigen, wie z.B. → Fissuren und → Approximalflächen. Klinisches Frühsymptom ist die Erweichung der befallenen Zahnhartgewebe. Sie kann mit der Sonde ertastet oder an unzugänglichen Stellen röntgenologisch erfaßt werden. Unter günstigen Umständen ist im Initialstadium Ausheilung durch → Remineralisation möglich. Erfolgt keine Behandlung, entsteht die typische kariöse Kavität, die unterminierend in Richtung auf die Pulpa vordringt. Es kommt zur oft sehr schmerzhaften → Pulpitis dentium oder → Gangrän. Histologisch ergibt sich im Schmelz und Dentin eine unterschiedliche Gliederung in → Karieszonen. K. ist sehr häufig. Ca. 98% der Mitteleuropäer sind befallen (mindestens ein kariöser Zahn). Drei ätiologische Faktorenkomplexe beeinflussen den Verlauf: 1. Resistenz von Mundhöhle und Zähnen, z.B. durch viel und günstig zusammengesetzten Speichel, gute Kaufunktion, optimalen Fluoridgehalt des Schmelzes; 2. Ernährung (ungünstig ist häufige Zukkerzufuhr mit der Nahrung in Form von Getränken und Süßigkeiten, insbes. zwischen den Mahlzeiten und in klebriger Form); 3. Zusammenhang der Plaqueflora. Epidemiologisch lassen sich Unterschiede im K.befall verschiedener Bevölkerungsgruppen erkennen. So sind z.B. Teile der indischen und asiatischen Völker wenig bis gar nicht befallen, während hochindustrialisierte Völker (Mitteleuropa, USA) einen höheren bis hohen Befall aufweisen. Hypothesen, die diese Unterschiede auf rassische Merkmale zurückführen, sind verlassen worden. Sie beruhen wahrscheinlich zur Hauptsache auf Ernährungsfaktoren. Wegen fehlender Vaskularisation des Schmelzes bestehen keine Heilungsmöglichkeiten der K. Einzige Möglichkeit ist die → Füllungstherapie. Der Prophylaxe wird heute große Bedeutung beigemessen. Sie beruht auf Beeinflussung des ätiologischen Faktorenkomplexes (s.o.): Verabreichung von Fluoriden, Beeinflussung der Ernährung, gründliche Zahnsäuberung. Differentialdiagnose der K.: → Erosionen. [1]

Karies|aktivität f: Geschwindigkeit, mit der das Zahnsystem durch Karies zerstört wird. Sie ergibt sich rechnerisch aus der Summe aller neuen und aller vergrößerten kariösen Läsionen pro Zeiteinheit. Ggs.: → Kariesresistenz. [1, 15, 29]

Karies|anfälligkeit: angeborene oder erworbene Bereitschaft zur Karies, kann innerhalb des Lebens schwanken. Jahre besonderer Anfälligkeit: 5-8 (Milchzähne und erste Molaren), 15-20 (Fissuren; Strukturmängel), um 45 (vorwiegend approximal-zervikal). → Schwangerschaftskaries, Emigrationskaries. [34]

Karies|befall: Kariesstatus, Caries prevalence, Caries experience; Umfang des kariösen Zahnverfalls. Maßeinheit: → Kariesindex. [1]

Karies|disposition f: Bereitschaft des Gebisses, an Karies zu erkranken. Die K. wird bestimmt durch die Stärke der Abwehrkräfte im Verhältnis zu kariesverursachenden Faktoren. Abwehrkräfte: günstige Morphologie und -stellung der Zähne (keine Plaqueretention), gute Schmelzmatrixbildung und -reifung unter Fluorideinlagerung, hohe Fließrate und Pufferkapazität sowie niedrige Viskosität des Speichels. Kariesverursachende Faktoren: ungünstige mikrobiolog. Verhältnisse durch viel → Plaque, intensive Besiedlung durch → Streptococcus mutans, hohe und häufige Zuckerzufuhr mit und zwischen den Mahlzeiten. Trotz günstiger K. entsteht Karies, wenn die kariesverursachenden Faktoren die Abwehrkräfte überwiegen. [1]

Karies|entfernung, schrittweise: zweizeitige Kariesentfernung; Variante der indirekten → Überkappung der Pulpa bei → Caries profunda. Die Gefahr der Pulpaeröffnung bei Kariesentfernung wird durch Belassen einer dünnen Schicht kariösen Dentins weitgehend eliminiert. Durch Beschichten des Kavitätenbodens mit Kalziumhydroxid soll sowohl die → Sekundärdentinbildung als auch die → Sklerosierung der → Dentinkanälchen gefördert werden. Die restliche Karies wird nach 6-8 Wochen entfernt. Die Methode findet Anwendung v.a. bei Milchzähnen und jugendlichen permanenten Zähnen. [29]

Karies|formen: typische Ausprägungen der Karies, für die sich im klinischen Sprachgebrauch besondere Ausdrücke eingebürgert haben, z.B. → Initialkaries, → Caries sicca, → Caries florida, → Caries profunda, → Glattflächenkaries. [1]

Karies|inaktivität f: Ausbleiben oder verzögertes Auftreten neuer kariöser Läsionen in einem längeren Zeitraum. Ggs.: → Kariesaktivität. [15]

Karies|index m: Maß für den → Kariesbefall. In den industrialisierten Ländern sind 95 bis 100% der Einwohner mehr oder weniger von Karies befallen. Im Gegensatz zu anderen Erkrankungen ist deshalb in der Kariesepidemiologie die Verwendung des Morbiditätsbegriffes (Prozentsatz der Erkrankungsfälle) nicht sinnvoll. Vielmehr ist der Schweregrad der Erkrankung einzelner Personen oder bestimmter sozialer Personengruppen von Bedeutung. Er wird durch den K. ausgedrückt als die Zahl aller Kariesmanifestationen (fehlende Zähne, Kronen, Füllungen, kariöse Läsionen aller Art), die sich bis zum Zeitpunkt der Untersuchung summiert haben. Der gebräuchlichste K. ist der → DMF-Index, wobei DMF für decayed (zerstört), missing (fehlend) und filling (Füllung) steht. Deutsche Version: EKF-Index (Abk. für Extraktion, Karies, Füllung). Betrifft der K. nur Milchzähne, lautet die Schreibweise dmf bzw. ekf. DMF 7 bedeutet also, daß sich sieben Kariesmanifestationen (s.o.) in einem Gebiß befinden. Verschiedene Aussageschärfen lassen sich durch Zugrundelegen unterschiedlicher Zähleinheiten erreichen. Ist der Zahn die Einheit (DMF-T-Index, T: tooth), so ergibt sich eine Höchstzahl von 32 pro Gebiß. Legt man die Karies-Manifestationen pro Zahnfläche zugrunde (5 Flächen pro Zahn, DMF-S-Index, S: surface), so ist die Höchstzahl 160 und damit der Index differenzierter aussagefähig. [1, 15]

Kariesin|krement n: → Kariesinzidenz. [15]

Kariesin|zidenz f: Anzahl der neuen Kariesläsionen an Zähnen oder Zahnflächen, die sich bei einer Person oder Population innerhalb eines bestimmten Zeitraumes bilden. Vgl. Inzidenz. [15]

Karies|kristall: → Whitlockit. [1]

Karies|marke: Caries sicca, Arrested caries; brauner, glatter, nicht erweichter Schmelzfleck. Weist auf eine infolge → Remineralisation zum Stillstand gekommene oder stark verlangsamte Schmelzläsion hin. Entsteht, wenn lokale Verhältnisse sich günstiger gestalten (weniger Plaque, mehr Speichelzutritt), z.B. durch Verlust des Nachbarzahnes. Deshalb häufig an Approximalflächen. [1]

Karies|morbidität f: Prozentsatz der innerhalb einer Bevölkerungsgruppe von Karies befallenen Personen. Vielfältige klin. Ausprägungen machen weitere Parameter erforderlich, z.B. → DMF-Index als differenzierten Ausdruck für den Befall der Einzelperson, Prävalenz für den einer Personengruppe (ausgedrückt als mittlerer DMF-Index), Inzidenz als Ausbreitungsgeschwindigkeit (Zuwachs innerhalb einer Zeiteinheit). [1]

Karies|prophylaxe f: vorbeugende Maßnahmen zur Verhinderung der Zahnkaries: 1. Einschränkung der Häufigkeit der Zuckeraufnahme ggfs. durch Einsatz von → Zuckeraustauschstoffen; 2. regelmäßige Plaqueentfernung, → Mundhygiene; 3. systemische und lokale → Fluoridprophylaxe; 4. → Fissurenversiegelung; 5. regelmäßige zahnärztliche Überwachung und frühzeitige Sanierung kariöser Läsionen. [15]

karies|pro|tektiv: vor Karies schützend, Fluoride z.B. wirken k. [15]

Karies|re|sistenz f: geringes oder fehlendes Auftreten von Karies; ist keine konstante individuelle Eigenschaft, sondern veränderl. Beruht auf dem Überwiegen der Abwehrkräfte im Verhältnis zu den angreifenden kariogenen Faktoren. Sollte deshalb besser als Kariesinaktivität bezeichnet werden. Vgl. Karies. [1]

Karies|rezidiv n: erneute Kariesausbreitung, wenn beim Exkavieren einer kariösen Läsion versehentlich infiziertes Dentin zurückgelassen wurde. Vgl. Sekundärkaries. [1]

Karies|risiko n: Gefahr der Entstehung kariöser Läsionen bei einem Individuum oder in einer Gruppe. Das individuelle K. ist u.a. von der → Kariesanfälligkeit und der → Kariesdisposition abhängig. Vgl. Kariesrisiko, aktuelles. [29]

Karies|risiko, aktuelles n: Ausmaß, in dem eine Person zu einer bestimmten Zeit Gefahr läuft, kariöse Läsionen zu entwickeln. In den meisten Fällen wird das a. K. allg. als hoch oder niedrig bezeichnet. [15]

Karies|tests m pl: Verfahren zur Vorhersage der Kariesentwicklung mit Hilfe der Speicheldiagnostik. Beruht auf der Zählung der säurebildenden Bakterien oder auf der Messung der von diesen gebildeten Säure. Dazu gehören der *Rodriguez*-Test, der eine Zählung der in 1 ml Speichel vorhandenen Laktobazillen darstellt, der → *Wach*-Test, → *Snyder*-Test, → *Fosdick*-Test. Da die sog. Speichelflora nicht repräsentativ für die Mikroflora der Plaques ist (unter denen sich die kariösen Läsionen entwickeln), sind die Grundlagen aller dieser Tests unsicher, die Ergebnisse im Einzelfall (Individualprognose) kaum verwertbar. Besser ist die statistische Korrelation bei größeren Gruppen, so daß die Kariestests für die Beurteilung z.B. einer Diät oder eines Prophylaktikums einen gewissen Wert besitzen können. Auch neue Tests (Dento-Cult, Dento-Buff) liefern keine ausreichend sichere Prognose der Kariesanfälligkeit. [8]

Karies-Test|verfahren: Methoden zur Einschätzung des aktuellen → Kariesrisikos, z.B. Speicheluntersuchungen (Fließrate, Pufferkapazität) und mikrobiologische Untersuchungen (Keimzahlen von Mutans-Streptokokken und Laktobazillen). [15]

Karies|zonen f pl: typische zonale, im histolog. Längsschnitt sichtbare Gliederung der Dentinkaries. Man unterscheidet (von außen nach innen): Zone der Nekrose, der Penetration, der Demineralisation, der Dead tracts (→ tote Zonen) und

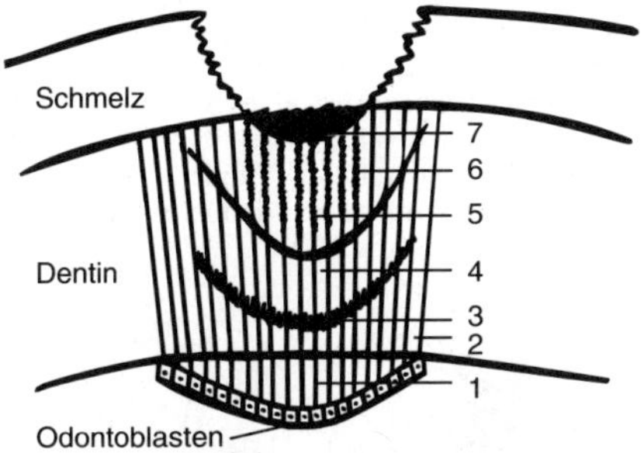

Schematische Darstellung der zonenartigen Strukturveränderung bei Dentinkaries mit Schmelzkavitation
Zone 1: Tertiärdentin; Zone 2: normales Dentin; Zone 3: sklerotisches Dentin; Zone 4: dead tract; Zone 5: Zone der Demineralisation; Zone 6: Zone der Penetration; Zone 7: Zone der Nekrose.[65]

des sklerot. Dentins (→ transparentes Dentin). Es folgt, wenn der Defekt noch nicht zu tief ist, eine Zone erhaltenen gesunden Dentins und → Reizdentins (Abb.). [1]

Karies|zuwachs: Kariesinzidenz, Caries increment; Kariesneuentstehung bei Personen oder Personengruppen innerhalb bestimmter Zeiträume. Maßeinheit: Zuwachs an DMF-Einheiten. Vgl. Kariesindex. [1, 15]

kario|gen: Karies hervorrufend. [1]

Kariogenität f: Fähigkeit eines Nahrungsmittels, Karies verursachen zu können, die u.a. von seiner Konsistenz (z.B. Klebrigkeit) sowie von der Art und Konzentration des darin enthaltenen Zuckers abhängt. [15]

Karotin (lat.) n: roter bis rotgelber Farbstoff in Möhren, Tomaten, grünen Pflanzen (Salat, Spinat), Vorkommen als α-, β- und γ-K. Vorstufen des Vitamins A. Umwandlung in Leber und Darm, Speicherung in der Leber. Täglicher Bedarf des Erwachsenen etwa 3 mg. → Vitamine. [20]

Karotis (gr.) f, pl Karotiden: Kurzform für → Arteria carotis, Kopfschlagader. [9]

Karotis|drei|eck: → Trigonum caroticum. [9]

Karotis|sinus m: Wanderweiterung der Arteria carotis interna hinter der Gabelung. Von einem pressorezeptorischen Nervengeflecht (vom N. glossopharyngeus) umgeben, dessen Reizung den K.-Reflex auslöst, bestehend in Pulsverlangsamung und Gefäßerweiterung; infolgedessen Blutdrucksenkung, die bis zu Kollaps und Tod durch Herzstillstand führen kann. → vagovasaler Reflex. [9, 10]

Karotis|sinus|syndrom n: bradykarde → Herzrhythmusstörung, die durch Druck auf die Region des Karotissinus ausgelöst werden kann. Klinisch manifestiert sich das K. häufig als rezidivierende → Synkopen, die bei bestimmten Kopfbewegungen vom Patienten ausgelöst werden können. Vgl. Bradykardie. [16]

Karpo|pedal|spasmus m: Leitsymptom des → Hyperventilationssyndroms, das sich in einer Pfötchenstellung der Hände manifestiert. [16]

Kartagener-Syndrom (Manes K., Int., Zürich, *1897, † 1975) n: angeborene familiäre Fehlbildungskombination mit der Trias → Bronchiektasie, → Polyposis nasi (→ Polypose), → Situs inversus (partiell oder total). [3, 19]

Karunkel (lat.) f: → Caruncula. [12]

Karyo|kinese f: Aufteilung der Kernsubstanz bei der Zellteilung. Vgl. Mitose. [30]

Karyo|lyse f: Zellkernauflösung, meist als Endstadium der Karyorrhexis. [32]

Karyo|plasma n: Nukleoplasma; Inhalt des Zellkerns, der aus einer kolloidalen Lösung (Kernsaft oder Karyolymphe), Chromosomen und dem Kernkörperchen (Nukleolus) besteht. [30]

Karyo|rhexis f: lichtmikroskopisch sichtbare Veränderung am Zellkern. Kernzerreißung durch Zerfall des Chromatins. Vgl. Karyolyse. [30]

Karzino|genese f: Lehre von den Ursachen und der Entstehung bösartiger Tumoren. [32]

Karzinoid|syndrom n: kirschgroße, hyperplastische Tumoren im unteren Ileum, Zäkum, Bronchialsystem mit erhöhter Serotonin-Ausschüttung. Klinik: Durchfälle, „flush“ (Gesichts-, Hals-, Oberkörperrötung), Bauchschmerzen, Lebermetastasen, Metastasen in der Trikuspidalherzklappe. Schwierige Lokalisationsdiagnostik, operative Entfernung. Lebermetastasen. [34]

Karzinom (gr.) n: Carcinoma (Abk. Ca.); maligne epitheliale Geschwulst. K.e machen etwa 90% aller bösartigen Tumoren aus. Sie werden zum einen nach ihrer Organherkunft (z.B. Schilddrüsen-Ca, Mamma-Ca), zum anderen nach dem zugrundeliegenden Epithel (z.B. → Plattenepithelkrebs, → Adenokarzinom, Übergangsepithel-Ca) benannt. In Abhängigkeit der Ausprägung der Merkmale des zugrundeliegenden Epithels können sie darüber hinaus in hoch-, mittel- oder undifferenzierte K.e eingeteilt werden. [32]

Karzinom, adeno|id-zystisches n: alte Bez.: Zylindrom; hoch differenzierter, maligner Speicheldrüsentumor, ausgehend von den Epithelien des Gangsystems und den Myoepithelien. Histologisch charakterisiert durch siebartig durchlöcherte Epithelstränge und betont infiltratives Wachstum. Hohe Rezidivquote. Die Langzeitprognose ist trotz Strahlensensibilität schlecht. 32

Karzinomatose f: → Karzinose. 32

Karzino|phobie f: neurasthenische Angst, an Krebs erkrankt zu sein oder zu erkranken. Entweder wahnhaft oder Teil einer hypochondrischen Störung. 33

Karzinose f: Carcinosis, Karzinomatose, Cancerosis, Kanzerose; ausgedehnte Besiedlung des gesamten Körpers, eines oder mehrerer Organe (z.B. Lungenkarzinose) oder von Körperhöhlen (z.B. Pleurakarzinose) mit multiplen → Karzinom-Metastasen (→ Metastasen). 32

käsige Nekrose f: → Koagulationsnekrose. 32

Kassen|zahn|ärztliche Bundes|vereinigung: Abk. KZBV; Zusammenschluß der kassenzahnärztlichen Vereinigungen, → Körperschaft des öffentlichen Rechts. Regelt die vertragszahnärztliche Versorgung auf Bundesebene, insbesondere durch den → Bundesmantelvertrag (Zahnärzte). 24

Kassen|zahn|ärztliche Gebühren|ordnung: Abk. KazGo; entsprach dem Teil IV der → Preußischen Gebührenordnung (PreuGo) von 1958, die ihrerseits letztmalig zum 1. September 1924 ärztliche und zahnärztliche Gebühren festsetzte. Wurde von den Kassenzahnärzten seinerzeit als Knebeltarif angesehen, da häufig nur niedrigere Pauschalen ausgezahlt wurden, d.h. die „Honorarmark" war effektiv nur einen Prozentsatz der Mark wert, die für die einzelne Leistung hätte bezahlt werden müssen. Nur die KZV Koblenz/Trier/Montabaur erreichte 1960 eine Einzelleistungsvergütung nach der K.G. mit 109% (Entfernung eines Zahnes DM 1,74). Wurde zum 1. Januar 1962 vom einheitlichen → Bewertungsmaßstab (Bema) abgelöst. 25

Kassen|zahn|ärztliche Vereinigung: Abk. KZV; Zusammenschluß der Vertragszahnärzte jedes Bundeslandes (§ 77 SGB V), → Körperschaft des öffentlichen Rechts. Ordentliche Mitglieder sind alle zur vertragszahnärztlichen Versorgung zugelassenen Zahnärzte. Außerordentliche Mitglieder sind in das → Zahnarztregister eingetragene, aber nicht zugelassene Zahnärzte. Die KZV hat zusammen mit den Landesverbänden der Krankenkassen die vertragszahnärztliche Versorgung zu gestalten. Diese Aufgabenstellung ergibt sich konkret aus dem SGB V. Die KZV steht zum Vertragszahnarzt in öffentlichrechtlicher Beziehung und hat Disziplinargewalt. Hauptaufgaben sind der → Sicherstellungsauftrag und der Gewährleistungsauftrag sowie die Wahrnehmung der Rechte der Vertragszahnärzte gegenüber den Krankenkassen. Die KZV hat Satzungsautonomie und unterliegt der Rechtsaufsicht des jeweiligen Landesministeriums für soziale Angelegenheiten. 24

Kasten|präparation f: eines der wichtigsten Prinzipien bei der → Kavitätenpräparation. Durch Herstellung von parallelen Wänden (Kasten) entsteht Reibungshaftung und damit eine gute Verankerung der Füllung (Abb.). 1

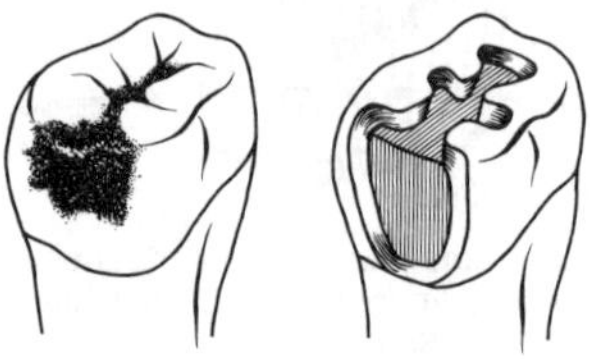

Kasten|system n: kastenförmige Aussparungen an der Rückenfläche gegossener Brücken, in denen bei der Einzementierung die → Krampons der keramischen Zähne Platz finden. 4

Kasuistik (lat.) f: Beschreibung von Krankheitsfällen. 15

Kata|biose f: Verbrauch lebender Substanz durch Verfallsvorgänge in der Zelle, z.B. bei der → Involution. 32

Katalase f: Enzym, das H_2O_2 in Wasser und molekularen Sauerstoff spaltet und in allen lebenden Zellen, im Blut und im Speichel gefunden wird. Ist in kristalliner Form dargestellt worden. Eisenproteid mit einem Molekulargewicht von etwa 250.000, dessen physiologische Aufgabe darin besteht, das für die Zellen giftige Peroxid unschädlich zu machen. Anaerobier haben keine K. 23

Kata|lepsie f: Muskelstarre, Spannungszustand der Muskeln, wobei diese häufig passive, aber keine aktive Beweglichkeit aufweisen, so daß die Glieder des Patienten mit wächserner Biegsamkeit (Flexibilitas cerea) in gegebener Stellung verharren. Kommt bei → Schizophrenie, hirnorganischen Erkrankungen und als psychogene Störung vor. 33

Katalysator (gr.) m: chem. Verbindung, die den Ablauf einer chemischen Reaktion beeinflußt (Verzögerung bzw. Beschleunigung), ohne hierbei selbst bleibende chemische Veränderungen zu erfahren. Vgl. Initiator. 4, 23

Katalyse (gr.) f: Beeinflussung einer chem. Umsetzung durch einen → Katalysator. 23

Kata|mnese f: kritischer Endbericht einer Krankheitsgeschichte. 2

Kata|phorese f: der Transport von elektrisch positiv geladenen Teilchen (Kationen) durch elektrischen Strom zur Kathode. Vgl. Elektrophorese. 10, 12

Kata|plasie f: rückläufige Umbildung eines Körpergewebes mit Herabsetzung der Differenzierung, evtl. mit Auftreten embryonaler Formen und Eigenschaften. 32

Kata|plexie f: Zusammensinken des Körpers durch Schreckstarre; affektiven Tonusverlust infolge von Schreck. Vgl. Narkolepsie. 33

Kata|rakt (gr.) f: Cataracta, grauer Star; Trübung der Augenlinse. Cataracta congenita: angeborener Star (→ Dyszephalie); Cataracta senilis: altersbedingte, häufigste Form des K.s; Cataracta zonularis: Schichtstar, schichtförmige Trübung der Augenlinse, angeboren oder in den ersten Lebensjahren entstanden. Oft finden sich daneben → Schmelzhypoplasien, wohl wegen der gemeinsamen Ursache (→ Spasmophilie). 20

Katarrh (gr.) m: Schleimhautentzündung mit vermehrter Absonderung eines serösen (z.B. Rhinitis) oder mukösen (z.B. Bronchitis) Sekrets. 32

katarrhalisch: zum → Katarrh gehörig. 32

Kata|tonie f: Spannungsirresein; durch Spannungszustände, Sperrung und Erregung, Negativismus, verworrene Wahnideen, Sinnestäuschungen, Bewegungs- und Haltungsstereotypien und stuporöse Zustände charakterisierte endogene Psychose des schizophrenen Formenkreises. → Schizophrenie. 33

Katecholamine: Gruppenbez. für hydroxilierte Phenylethylamine mit Brenzcatechin-Gruppierung wie die biogenen Amine → Epinephrin (Adrenalin), → Norepinephrin (Noradrenalin), Dopamin und die synthet. K. Vgl. auch → Sympathomimetika. 7, 10

Katgut (engl. catgut, Katzendarm) n: heute aus Ziegen- und Schafdarm hergestellte, unter Jodalkohol aufbewahrte Fäden, die zum Vernähen von (bes. subepithelialen) Wunden benutzt werden; sie werden in 8-20 Tagen resorbiert. Jetzt meist durch resorbierbare Kunststoffäden ersetzt; → Dexon®-Nahtmaterial. 2

Kathepsine (gr.) n pl: eiweißspaltende Enzyme, die teils intrazellulär, teils frei in den Verdauungssäften vorkommen (z.B. als eiweißspaltendes Enzym im Magensaft). Ferner in Leber und Niere. 23

Katheter (gr.) m: Röhre zur Einführung in Körperhöhlen, um einen flüssigen Inhalt zu entfernen oder um Flüssigkeiten hineinzubringen. 2

Ka|thode (gr.) f: → Elektrode, die mit dem negativen Pol einer Elektrizitätsquelle verbunden ist. 10

Kathoden|strahl: aus → Elektronen bestehender, gerichteter Teilchenstrom, der bei elektr. Entladungen im Vakuum von der Kathode ausgeht. Vgl. Radioaktivität. 10

Kat|ionen n pl: positiv geladene Teilchen (Atome oder Moleküle), die im elektrischen Feld zur Kathode wandern. → Ionen. 10, 23

Katzen|kratz|krankheit: Erreger ist ein hochpleomorphes grampositives Bakterium. Nach vorausgehendem uncharakteristischen → Primäraffekt mit Schwellung und späterer Einschmelzung der regionären Lymphknoten einhergehendes Krankheitsbild, das 2-3 Wochen nach Verletzung durch Katzenkrallen (auch Dornen und Knochensplitter) entsteht. Das Allgemeinbefinden ist nur wenig gestört. Gute Prognose, Spontanheilung. 12

Kau|abdruck: → Funktionsabdruck (*Spreng*), der durch mehrstündiges Tragen eines mit Bißwällen versehenen, mit *Spreng*-Guttapercha unterfütterten Funktionslöffels aus Aluminium gewonnen wird. 4

kaudal (lat.): schwanzwärts, im Körper nach unten zu gelegen. 9

Kau|druck: die zwischen den Zähnen zur Auswirkung kommende → Kaukraft. Messung mit Hilfe von Kaudruckmessern (→ Gnathodynamometer nach *Black,* Abb.). Zu unterscheiden

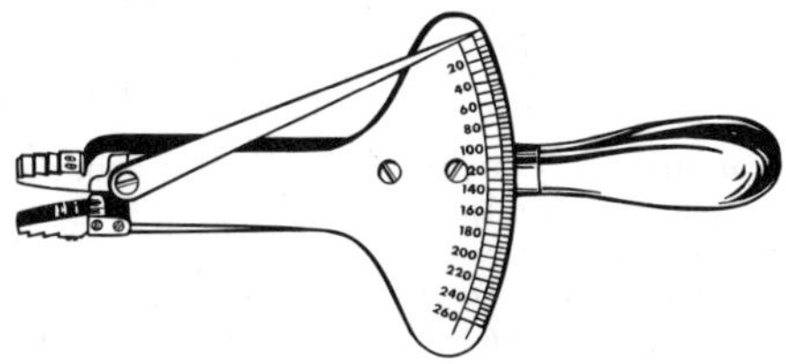

Gnathodynamometer

ist zwischen den vertikalen und horizontal gerichteten Kaudruckkräften. Untersuchungen von *Borelli, Sauer, Black, Schröder, Dieck, Haber* u.a.m. 4

Kau|druck|pfeiler: Knochenverstärkungen am Schädel zur Übertragung des Kaudrucks vom → Basalbogen des Oberkiefers auf die Schädelkapsel. Der Stirn-Nasen-Pfeiler überträgt den Kaudruck der Frontzähne, der Jochbogenpfeiler den der Prämolaren und des 1. Molars und der Flügelfortsatzpfeiler den der hinteren Molaren. 30

Kau|ebene: → Okklusionsebene. 4

Kau|einheit: (Zahn-)Antagonistenpaar. 1 K. = ein in guter Okklusion stehendes Molarenpaar.

Jedes andere Zahnpaar wird als halbe K. bewertet. 4

Kau|funktions|störung: Behinderung des strukturell-funktionellen Gleichgewichts des Kauorgans infolge Aufhebung der normalen → Artikulation oder → Okklusion durch Gebißanomalien. → Gebißanomalien. 4

Kau|kanten|schutz: Maßnahmen, um die dünnen Kanten einer Kauflächenkavität vor dem Abbrechen zu schützen. Wird am sichersten durch ein → Onlay erreicht. 1

Kau|kraft: die aktive Kraftleistung der Kaumuskeln, die dem Gesamtquerschnitt der Kaumuskeln entspricht; beim Menschen nach *H. Schröder* etwa 40 qcm. Da die Spannungsgröße pro qcm Muskelquerschnitt mit 10 kg gemessen wurde, ergibt sich eine Gesamtkaukraft von 400 kg. Von dieser kommt aber zwischen den Zähnen nur ein kleiner Teil zur Auswirkung und kann hier als → Kaudruck gemessen werden. 4

Kau|mechanismus m: Steuerung und Ablauf der Kaubewegungen. Die Reizaufnahme erfolgt durch Rezeptoren im Parodontalligament, in den Dentinkanälchen, in der Kiefergelenkkapsel und in den Kaumuskeln. Die Erregungen werden über den N. trigeminus, N. facialis, N. glossopharyngeus und N. vagus zum → Kauzentrum geleitet. Durch Umschaltungen auf das extrapyramidalmotorische System erfolgt zielgerichtete Innervation aller am Kaumechanismus beteiligten Muskeln. Die Umschaltung auf das pyramidale System ermöglicht willkürliche Einflußnahme auf den K. 30

Kau|melodie f: durch rhythmische Kaubewegungen bei Wiederkäuern hörbare akustische Phänomene. 30

Kaumuskeln: Muskeln, die den Unterkiefer bewegen (Abb. a und b). Außer dem Ansatz am Unterkiefer haben alle die Versorgung durch den N. mandibularis gemeinsam. 3 sind Mundschließer: M. masseter: entspringt am Jochbogen und setzt an der → Tuberositas masseterica an; M. pterygoideus medialis entspringt am Processus pterygoideus und setzt an der → Tuberositas pterygoidea an; M. temporalis entspringt an der → Fossa temporalis und setzt am → Processus coronoideus an. 2 sind Mundöffner: → M. digastricus (vorderer Bauch); M. pterygoideus lateralis entspringt an der Schädelbasis und setzt am Processus condylaris, am Discus articularis und an der Gelenkkapsel an; startet die Mundöffnung durch → Protrusion des Unterkiefers. Bei einseitiger Kontraktion bewirkt er Seitenbewegungen des Unterkiefers. 9

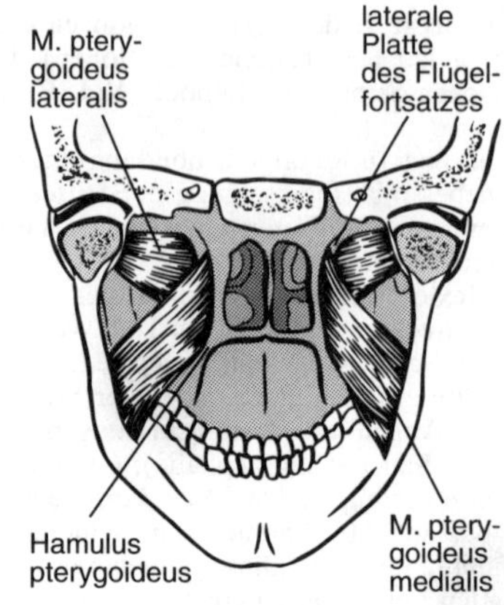

Abb. a

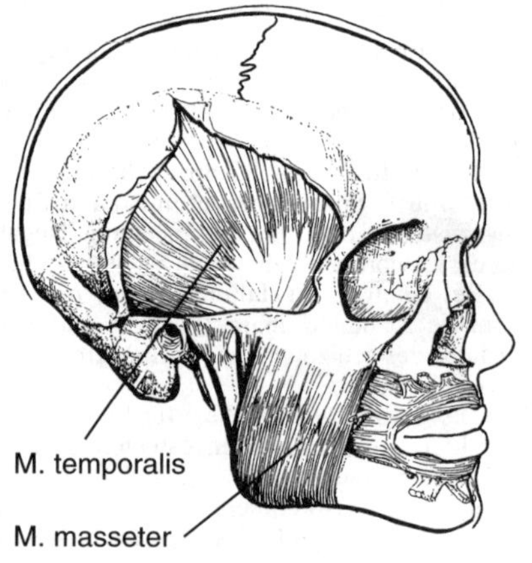

Abb. b

Kau|organ n: Kauapparat, mastikatorisches System, alle am Kauakt beteiligten Gewebe wie → Kaumuskeln, Zähne, Zahnfleisch, Kiefer, Kiefergelenk, Wangen, Lippen, Zunge mit zugehörigen Gefäßen und Nerven. 4

Kau|ränder: Gesamtheit der vestibulären und lingualen Höcker der Prämolaren und Molaren. Sie bilden in Ober- und Unterkiefer 2 parallel verlaufende Bögen. Der obere äußere Kaurand, der mit den Schneidekanten eine Linie bildet, bedeckt den unteren äußeren Kaurand beim Kieferschluß. Vgl. Scherenbiß. 30

Kau|rhythmus m: in einer bestimmten Frequenz ablaufende Kaubewegungen. 30

kausale Therapie f: Behandlung einer Krankheit nach ihrer Ursache. Ggs.: symptomatische Therapie. [20]

Kaus|algie f: anfallsweise auftretender brennender Schmerz im Bereich der Extremitäten, meist nach Verletzung peripherer Nerven. Charakterisiert durch schmerzhafte Überempfindlichkeit und feuchte oder trockene glänzende Haut mit Neigung zu übermäßiger Schweißabsonderung im befallenen Bereich. Vgl. aurikulotemporales Syndrom. [33]

Kausalität f: **1.** allg. der Zusammenhang von Ursache und Wirkung. Im Haftungsrecht liegt K. vor, wenn eine Handlung oder ein Unterlassen des Zahnarztes ursächlich für einen Schaden des Patienten ist. K. muß gegeben sein, wenn Ansprüche auf → Schadensersatz vom Patienten geltend gemacht werden. Vgl. Haftung. **2.** In der Statistik die Abhängigkeit bzw. Beeinflussung von Variablen untereinander oder von weiteren Variablen, die über die → Korrelation hinausgeht. → Variable, diskrete/stetige. [24, 26]

Kaustik (gr.) f: Gewebszerstörung durch gezielten Einsatz von elektr. Strom oder Ätzmittel. Vgl. chir. → Diathermie. [2]

Kautelen (lat.) pl: Vorsichtsmaßregeln. [2]

Kauter (gr.) m: Brenner. → Galvanokauter (Thermokauter, Diathermieschlinge). [2]

Kautschuk (indian.) m: koagulierter Milchsaft (Latex) verschiedener tropischer Bäume (bes. Euphorbiaceen). Chem. ein ungesättigter Kohlenwasserstoff $(C_5H_8)_x$, ein Polymerisat des Isoprens. Zu einem wertvollen technischen Produkt wurde der K. erst durch die Vulkanisation. Hierbei wird der zugesetzte Schwefel (für Weich-K. 2-7%; für Hart-K. [Ebonit] 20-30%) beim Erhitzen an die im polymerisierten Isopren noch vorhandene Doppelbindung angelagert und verbindet die linearen Ketten untereinander zu einem sphärischen Kugelmolekül. Die vor Einführung der Kunststoffe für zahntechnische Zwecke verwandten Kautschukarten waren gefärbt (Zinnober, Zinkoxid, Ruß usw.). K. ist löslich in Äther, Chloroform, Benzol, Tetrachlorkohlenstoff u.a. [4]

Kau|zentrum n: Integrationszentrum für den Kaumechanismus, das in der Brücke des Gehirns vermutet wird. Es erhält Erregungen von Afferenzen des N. trigeminus, N. facialis, N. glossopharyngeus und N. vagus. Im K. erfolgt die Umschaltung auf das pyramidale System (für Willkürmotorik) und das extrapyramidal-motorische System (für unwillkürliche Motorik). Beide Systeme leiten Erregungen zu den Ursprungskernen der Hirnnerven, welche die am Kaumechanismus beteiligten Muskeln innervieren. [30]

Kaverne (lat.) f: durch Gewebseinschmelzung und Spontanausstoßung entstandener Hohlraum im Körpergewebe bei septischen (meist tuberkulösen) oder aseptischen Nekrosen (z.B. Infarktkaverne oder beim Zerfall tumorösen Gewebes). Tuberkulöse K.n entwickeln sich aus exsudativverkäsenden Herden, bilden einen offenen Gewebsdefekt und stellen meist eine massive Quelle für bronchogene Steuungen dar; sie können in jeder Krankheitsphase entstehen (Primärkavernen, Früh- und Sekundärkavernen, Spätkavernen). [32]

Kavernom (lat.) n: → Hämangioma cavernosum, Lymphangioma cavernosum (→ Lymphangioma). [32]

kavernös: cavernosus; → Kavernen aufweisend, zu einem Hohlraum gehörend. [32]

Kavität (lat.) f: **1.** Pathol.: kariöse Höhlung im Zahn. Da eine → Initialkaries im Inneren des Schmelzes bei zunächst intakter Oberfläche beginnt, spricht man von einer K. dann, wenn bei weiterem unterminierendem kariösem Wachstum die Schmelzoberfläche eingebrochen ist. **2.** Zahnerhaltung: kariöse Höhle im Zahn, die nach den Regeln der → Kavitätenpräparation für die Aufnahme einer Füllung vorbereitet ist. [1]

Kavitäten|klassen: Einteilung der Kavitäten nach *Black:* Klasse I: Kavitäten in Grübchen und Fissuren; Klasse II: Kavitäten der Approximalflächen von Prämolaren und Molaren; Klasse III: Kavitäten der Approximalflächen von Schneide- und Eckzähnen, die keine Entfernung und Wiederherstellung einer Schneidekante erfordern; Klasse IV: Kavitäten der Approximalflächen von Schneide- und Eckzähnen, die die Entfernung und Wiederherstellung einer Schneidekante erfordern; Klasse V: Kavitäten des gingivalen Drittels an den labialen, bukalen oder lingualen Zahnflächen. [1]

Kavitäten|präparation f: Vorbereitung einer kariösen Höhle zur Aufnahme einer Füllung. *G. V. Black* erstellte erstmalig zum großen Teil heute noch gültige Regeln. Ziel: Wiederherstellung der ursprüngl. Zahnform, Vermeidung eines → Kariesrezidivs. Hauptprinzipien: Herstellung einer Widerstands- und Retentionsform durch → Kastenpräparation und → Schwalbenschwanzverankerung, präventive Ausdehnung in habituell unsaubere Zonen. Neue Materialien (Kunststoffe), → Ätztechnik und Fortschritte in der Kariesprophylaxe erlauben oder erfordern heute Abweichungen von den *Black*-Regeln. [1]

Kavitation f: → Kavität. [1]

KazGo: Abk. für → **Ka**ssen**z**ahnärztliche **G**ebühren**o**rdnung. [25]

KBR: Abk. für → **K**omplement**b**indungs**r**eaktion. 8

Kegel|bohrer: zahnärztl. Bohrinstrument, (Abb. → Bohrerformen). 1

Kegel|zahn: Mißbildung eines Zahnes, der dadurch eine kegelförmige Gestalt erhält. → Embolus, → Haplodontie, → Hautzähne; entwicklungsgeschichtlich → Trituberkulartheorie. 3

Kehl|deckel: → Epiglottis. 19

Kehl|kopf: → Larynx. 19

Keil|bein: → Os sphenoidale. 9

Keil|bein|höhle: Sinus sphenoidalis; im Keilbeinkörper zwischen Rachendach (kaudal und ventral), hinterer Schädelgrube (dorsal), Sella turcica mit Hypophyse und vorderer und mittlerer Schädelgrube (kranial), A. carotis und Sinus cavernosus (lateral) liegende paarige Nasennebenhöhle mit meist erhebl. Seitenunterschieden. 9, 19

Keil|bein|höhlen|entzündung: Sinusitis sphenoidalis; selten vorkommende Entzündung der Schleimhaut innerhalb einer Keilbeinhöhle. Symptome: Scheitelkopfschmerzen; Sicherung der Diagnose durch Sonogramm oder Röntgenaufnahme; Therapie: abschwellende Nasentropfen, Wärme, Antibiotika, bei Komplikationen operative Eröffnung (transnasal, transmaxillär, transseptal). 19

Keil|ex|zision f: Kombination von orthopäd. und chirurg. Behandlung, beruhend auf einer chirurg. Schwächung des Alveolarknochens in Richtung der zu bewegenden Zähne mit Knochenfräsen und nachfolgender (wesentlich verkürzter)

Entfernung von Alveolarknochen zur Erleichterung von orthopädischen Zahnbewegungen.

kieferorthopäd. Behandlung. Das Verfahren eignet sich für ältere Patienten vornehmlich bei oberer frontaler Protrusion und offenem Biß (Abb.). Vgl. Kortikotomie 6

Keil|ex|zision in der Par|odonto|logie f: → Distal wedge operation. 6

keil|förmiger Defekt m: häufig auftretender, dreiecksförmiger blankgeschliffener Defekt im Zahnhalsbereich prominenter Zähne (z.B. Eckzähne). Wahrscheinlich Abrieb durch Zahnpasta und -bürste. Meistens beschwerdefrei. Behandlungsbedürftig, wenn wegen Defekttiefe Gefahr für die Pulpa besteht (Abb.). 1

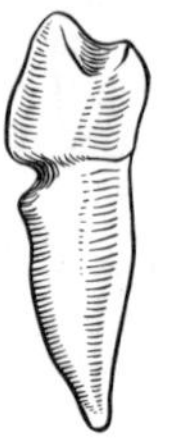

Keil|zange: Extraktionszange, speziell für den unteren Weisheitszahn, deren Backen sich als zwei Keile zwischen den 2. und 3. Molaren zwängen (Abb.). 2

Keim|anlage der Zähne: → Schmelzorgan. 30

Keim|bildung: 1. chem., kristallogr., metallkundl.: Kristallisations-Zentren, das Kristallwachstum geht von kleinsten Zentren aus, welche durch Anlagerung weiterer Gitterebenen wachsen (Kristallwachstum). **2.** Kunststoffe: bei der Polymerisation die Aktivierung der Monomermoleküle. 10, 23

Keim|blatt: flächenhafter Zellverband der Keimscheibe. Die im Embryoblasten in der 3. Embryonalwoche entstehenden Zellschichten Epiblast und Hypoblast zwischen der Amnionhöhle (→ Amnion) und der Blastozystenhöhle bilden die 2 Keimblätter der Keimscheibe, die dann zu den drei Keimblättern → Ektoderm, → Entoderm und → Mesoderm differenzieren. 22

Keim|drüsen: → Ovarium, → Testes. 9, 10

keim|frei: → steril. 8

Keim|lage der Ersatz|zähne: topographische Lage der Ersatzzahnkeime relativ zu ihren Milchzahnvorgängern. Die Frontzahnkeime liegen trotz ihrer größeren Breite zungenwärts in einem kleineren Zahnbogen als dem der Milchzähne hinter diesen in gedrängter Staffelstellung (Knospenzustand), während die Prämolarenkeime, kleiner als ihre Vorgänger, sich zwischen den Milchzahnwurzeln in aufrechter Lage entwickeln. Fehlt es dem Kiefer an eigenen Wachstumsimpulsen, so brechen die bleibenden Frontzähne in ihrer Keimlage (z.B. Staffelstellung, Pflugscharstellung) durch (Abb.). 5

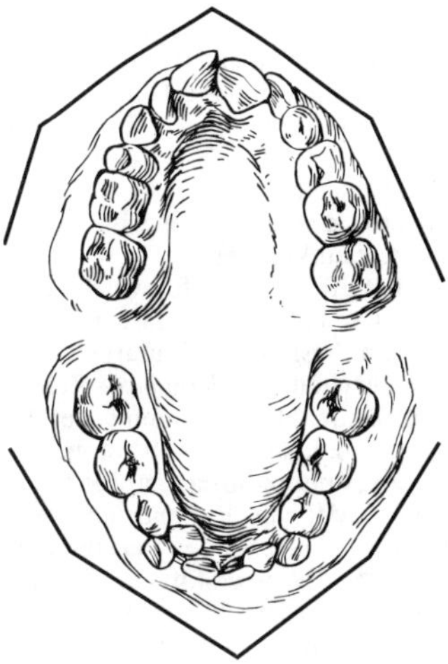

[25]

Keim|scheibe: der scheibenförmige, zweiblättrige Embryo zwischen der Amnionhöhle (→ Amnion) und dem → Dottersack. 22

Keim|träger: gesunde Menschen, die Erreger der Diphtherie, des Scharlachs u.a. Seuchenerkrankungen auf den Schleimhäuten des Respirations-, Intestinal- oder Genitaltraktes beherbergen, ohne jemals an den entsprechenden Infektionen manifest erkrankt gewesen zu sein. Vgl. Dauerausscheider. 8

Keim|versprengung: → Aberration, → Choristie. 3

Keim|versprengungs|zysten f pl: dysontogenetische oder traumatische → Zysten. 3

Kelly-Paste f: Zinkoxid-Nelkenöl-Paste zum Abdrucknehmen unter Verwendung eines individuellen Abdrucklöffels. 4

Kelo|id (gr.) n: harte, fibröse, wuchernde Narbenbildungen nach Verletzung (Verbrennung) und Entzündungen: Narbenkeloid; ohne vorausgehendes Trauma: Spontankeloid. Therapie: Einmassieren mit Heparin- und Kortikoidsalben, Infiltration mit Kortikoid-Kristallsuspension in Lokalanästhesie ggf. in Kombination mit Rö.-Nahbestrahlung. Bei Exzision Rö.-Vorbestrahlung. 12

Kelvin (Lord K. of Largs, engl. Phys., *1827, † 1907) n: Abk. K; SI-Grundeinheit der thermodynamischen Temperatur, definiert als 273,16ter Teil der thermodynamischen Temperatur des → Tripelpunkts von reinem Wasser. Als Temperaturdifferenz ist 1 K = 1 °C (= 1 grd). Bei 0 K, dem absoluten Nullpunkt der Temperatur (= -273,16 °C) befinden sich alle physikalischen Systeme in ihrem Grundzustand niedrigster Energie. 10

Kemény-Klammer (Imre K., Proth., Budapest, *1891, † 1974): Kunststoffklammer. → Retentionsprothese. 4

Kennedy-Klassen f pl: → Lückengebiß. 4

Kennzeichnung von Zähnen: Einbringen eines Keramikplättchens (2x2 mm) mit codierten Personaldaten in eine MOD-Füllung oder eine palatinale Füllung mit röntgenologisch auffindbarer Stiftmarkierung. Dient der Erleichterung einer evtl. → Identifizierung. Eintragung im → Dentalpaß zweckmäßig. 28

Kennzeichnung von Zahn|ersatz: Einpolymerisieren von Metall- oder Keramikstreifen mit Personaldaten in Zahnersatz. Dient der Erleichterung einer evtl. → Identifizierung. Eintragung im → Dentalpaß zweckmäßig. 28

Kephalo|metrie f: Kopfvermessungskunde am Lebenden nach anthrop. Gesichtspunkten. In der Kieferorthop. unterteilt sie sich nach *A. M. Schwarz* in → Kraniometrie und → Gnathometrie. Vgl. FRS-Analyse. 5

kephalo|metrische Dia|gnostik: in der Kieferorth. die Darstellung der Beziehungen des Gebisses und Kiefers zum Gesichtsschädel in dreidimensionaler Ausdehnung mittels → Gnathophysiognometrie. Vgl. Gnathostat, FRS-Analyse. 5

kephalo|metrischer Punkt: → Meßpunkte. 5

Kephalonie f: → Hydrozephalus. 20

Keramik (gr.) f: Töpferkunde; die Kunst, Ton zu verarbeiten; keramische Massen bestehen in der Grundsubstanz aus Ton, ein Sammelbegriff für Verwitterungsprodukte der kristallinischen Ur- und Eruptivgesteine (Granit und Porphyr), chem. Aluminiumsilikate. Vgl. dentalkeramische Massen. 4

Keramik|zahn: künstlicher Zahn für herausnehmbare Prothesen. Besteht aus Quarz und Feldspat und ist dem Porzellan verwandt, Metalloxyde dienen zur Farbgebung. Keramikzähne werden meist industriell angefertigt. → dentalkeramische Massen. 4

keramo|ossäres Regenerat n: → Regenerat, keramoossäres. 18

Keratine (gr.) n pl: Grundsubstanz der Horngewebe (Haare, Nägel, oberste Schicht der Epidermis). Die organ. Matrix des Zahnschmelzes ist ein δ-Keratin, das aber den → Kollagenen näher steht als den K.n der Haut. [23]

Keratinisation f: Kornifikation, Verhornung der oberen Epidermislagen, Auffüllung der Zellen mit → Keratin. Vgl. Hyperkeratose, Parakeratose. [9]

Keratitis (gr.) f: Oberbegriff für entzündl. und degenerat. Erkrankungen der Hornhaut des Auges (→ Kornea). [12]

Keratitis neuro|para|lytica f: trophische Störung der Hornhaut bei Trigeminuserkrankungen, auch als Komplikation nach operativen Eingriffen wegen Trigeminusneuralgie. [12]

Keratitis par|enchymatosa f: K. interstitialis; chron. Entzündung des Hornhautparenchyms, die Trübungen hinterläßt. Symptom der → Lues connata. → *Hutchinson*-Trias. [12]

Kerato|akan|thom n: meist selbstheilende spinaliomähnliche Hautveränderung (Pseudokarzinom). Entstehen und Abheilen in einigen Wochen möglich. Bevorzugt befallen sind Gesicht, Nacken und Handrücken. Die derben, linsenbis kirschgroßen Knoten besitzen einen zentralen, mit Hornmassen gefüllten Krater; sie können einzeln und in der Mehrzahl auftreten. Virusinfektion? Therapie: Kryotherapie, Laser, Exzision. [12]

Kerato|konjunktivitis f: gleichzeitige Entzündung der Hornhaut und der Bindehaut des Auges. [12]

Keratoma (gr.) n: Keratom; umschriebene Verdickung der Hornschicht der Epidermis. [12]

Keratoma palmare et plantare n: → Genodermatose mit mächtigen → Schwielen an Hand- und Fußsohlen. Zahnanomalien, Zahnausfall unter parodontischen Erscheinungen, kann mit leukoplakischen Mundschleimhautveränderungen einhergehen, → Meleda-Krankheit. [12]

Keratoma senile n: rötliche, bräunliche und graugelbe, trockene Flecke mit warzigen, hornigen Verdickungen, bei alten Leuten vorwiegend im Gesicht und auf den Handrücken, aus denen sich → Epitheliome entwickeln können (→ Präkanzerosen). [12]

Keratose (gr.) f: Verhornung; → Leukoplakie. [12]

Keratosis follicularis f: Dyskeratosis follicularis vegetans, *Darier*-Krankheit; Hautkrankheit mit 50% oraler Beteiligung, Papeln und Hyperkeratinisierung, dominant erblich. [11]

Kerckring-Falten (Theodorus K., Arzt, Amsterdam, Hamburg, *1640, † 1693): Plicae circulares; Schleimhautfalten in → Duodenum und → Jejunum. [9]

Kerkhoff-Paste: Paste aus reinem Ätzkali, Bolus alba und Glyzerin, wurde früher zum Ätzen bei Parodontopathien verwendet, heute nicht mehr gebräuchlich. [6]

Kerma f: Akronym aus engl. **k**inetic **e**nergy **r**eleased in **ma**tter; radiol. Dosisgröße, Summe der kinetischen Energie aller geladenen Teilchen, die von indirekt ionisierender Strahlung in einem Massenelement (Luft für Luftkerma) freigesetzt werden. Einheit: Gray (Gy). Luftkerma = Standardionendosis · 8,74 mGy/R. Vgl. Ionendosis. [14]

Kern: anat. → Nukleus. [9]

Kern|brand: der erste Brand bei der Herstellung von Keramikkronen. [4]

Kern|farbstoffe: Farbstoffe, welche Zellkerne, bes. deren Cromatin, leicht färben, so Karmin, Hämatoxylin, basische Anilinfarben. [9]

Kern|körperchen: Nukleolus. → Zelle. [9]

Kern|ladungs|zahl: die Summe der im Kern der → Atome enthaltenen → Protonen. [10]

Kern|spin|resonanz|tomo|graphie f: NMR-Tomographie (NMR = nuclear magnetic resonance); nichtinvasives bildgebendes Verfahren, bei dem Atomkerne (z.B. Wasserstoff) mit Eigenrotation (Kernspin) und entsprechend ausgebildetem Magnetfeld in einem starken äußeren Magnetfeld ausgerichtet werden. Diesem Hilfsfeld ist ein hochfrequentes Wechselfeld überlagert, das bei auf die Atomkerne abgestimmter Frequenz (Resonanz) diese aus ihrer Orientierung dreht. Wird das Wechselfeld abgeschaltet, taumeln die Kerne in ihre alte Richtung zurück, und in einer äußeren Empfangsspule entsteht ein zur Kerndichte proportionales Signal. Aus den bei unterschiedlicher Stärke und Ausrichtung des Hilfsfeldes während der Anregungs- und Empfangsphase gewonnenen Einzelsignalen errechnet ein Computer die Objektstruktur. Die K. eignet sich im Kopfbereich zur Tumordarstellung. Knochenkompakta und Zahnhartsubstanz geben kein Signal. [14]

Kern|teilung: → Mitose. [9]

Kerr-Massen (Robert McNab K., *1870, † 1960): *Kerr* Perfection Impression Compound (engl.); vgl. Abformmaterialien. [4]

Kerr-Nadel: *Kerr* reamer; Reibahle bzw. Schraube zur Erweiterung der Wurzelkanäle. In der feineren Ausführung biegsam, paßt sie sich der Krümmung des Wurzelkanals an (Abb.). [1]

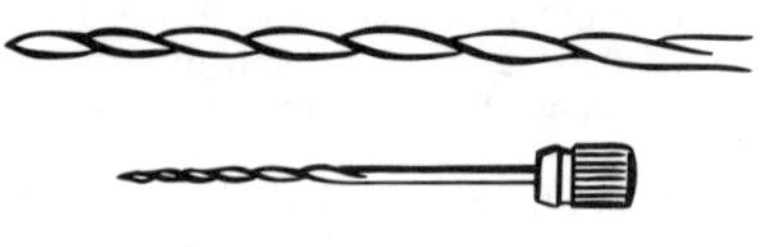

Kessel|stein: Kaliumkarbonat, das sich beim Kochen aus Leitungswasser abscheidet. [23]
Ketamin: 2-(0-Chlorophenyl-2-(methylamino)-zyklohexanonhydrochlorid; Ketanest®; intravenöses und intramuskuläres Narkotikum. [2]
Ketanest®: → Ketamin. [2]
Ketobemidon: Cliradon®. → Opioid-Analgetikum, per os 5-10 mg, 7,5 mg s.c. oder i.m., unterliegt → BtM(VV). [2]
Keto|hexosen f pl: → Kohlenhydrate. [23]
Ketone (lat.) n pl: Ketokörper; durch die nicht oxidierbare und schwer reduzierbare Ketogruppe = C= O gekennzeichnete Verbindungen, im Organismus bes. → Azeton, Azetessigsäure, β-Oxibuttersäure. Vermehrte Entstehung bei mangelnder Kohlenhydratverbrennung (so bei → Diabetes mellitus, bei Hunger, bei Erbrechen und überwiegender Fetternährung) mit Anreicherung von K.n im Blut (Ketonämie) und im Urin (Ketonurie). Vgl. Azetonurie. [20, 23]
Keto|pentosen f pl: → Kohlenhydrate. [23]
Keto|säuren: organ. Säuren, die neben der Karboxyl- noch eine Keto-Gruppe enthalten und die z.B. durch Oxidation der sekundären Alkohole entstehen. [23]
Ketosen (lat.) f pl: → Kohlenhydrate. [23]
17-Ketosteroide n pl: Die meisten Abbauprodukte des Testosterons weisen am C-17-Atom eine Ketogruppe auf. Verbindungen dieser Art werden unter der Bezeichnung 17-Ketosteroide zusammengefaßt. Beim Mann stammen etwa $^2/_3$ der 17-Ketosteroide aus dem Abbau der Nebennierenandrogene, $^1/_3$ sind Testosteron-Stoffwechselprodukte. Bei der Frau stammt fast die gesamte Ausscheidung aus der Nebennierenrinde. [10]
Ketten|kokken m pl: → Streptokokken. [8]
Ketten|wachstum: bei der Polymerisation von Kunststoffen die Aneinanderlagerung der aktivierten Monomeren zu einem Makromolekül. [23]
Keuch|husten: Pertussis; Infektionskrankheit durch Bordetella pertussis (→ Bordetella). Verbreitung ausschließlich durch Tröpfcheninfektion, Inkubationszeit 7-10 Tage. Zunächst 1-2 Wochen Stadium catarrhale mit uncharakteristischem Husten, dann 2-6 Wochen Stadium convulsivum mit bis zu 50 durch jauchzendes Inspirium und stakkatoartige Form typischen Hustenanfällen pro Tag, dabei oft Erstickungsgefühl, schließlich Stadium decrementi mit allmählichem Rückgang der Anfälle nach Zahl und Schwere. Komplikationen: eitrige → Bronchitis und → Bronchopneumonien, → Enzephalitis bzw. Enzephalose. Prophylaxe: Dreifachschutzimpfung. Vgl. Immunisierung. [20]
Keuch|husten|geschwür: *Fede-Riga*-Geschwür; Zungengeschwür, entstehend durch Epithelabscheuerung des Zungenbändchens an den Kanten der unteren Schneidezähne bei Hustenanfällen. [8]
Kiefer: → Mandibula, → Maxilla. [9]
Kiefer|abbau: → Greisenkiefer. [2]
Kiefer|an|omalien f pl: → Gebißanomalien. [5]
Kiefer|basis|ebenen|winkel: → Grundebenenwinkel. [5]
Kiefer|bewegungen: K. des Unterkiefers lassen sich in folgende Gruppen unterteilen: Scharnierbewegung: eine Öffnungs- und Schließbewegung, bei der eine gleichmäßige und gleichzeitige Drehbewegung der Kondylen in beiden Kiefergelenken erfolgt. Exzentrische Bewegung: alle diejenigen Bewegungsabläufe, bei denen von der Position der Zentralokklusion abgewichen wird. Protrusionsbewegung des Unterkiefers: exzentrische Bewegung, bei der sich beide Gelenkköpfe entlang der Kondylenbahn nach vorne bewegen. Vgl. Laterotrusion, Mediotrusionsbewegung, Gelenkbahn. [4]
Kiefer|bruch: Kieferfraktur, Kontinuitätstrennung des Ober- oder Unterkieferknochens durch direkte oder indirekte Gewalteinwirkung, bei Osteomyelitis, Zystenbildung, knochenzerstörendem Tumor. Typische Bruchlinien im Oberkiefer: → *Guérin*-Fraktur, *Le Fort*-Frakturlinien; im Unterkiefer: → Kollumfraktur, Kieferwinkel, Eckzahngegend; ferner Alveolarfortsatzbruch. Therapie: nach Reposition Fixierung durch → Drahtschienenverband, → Gleitschiene, → Osteosynthese, → Schiefe Ebene. Kieferbrüche sind meist → komplizierte Brüche. Erstversorgung: → *Ernst*-Häkchen, Drahtösenverband, Schlaufendrahtverband, *Sauer*-Notverband. [2]
Kiefer|bruch|behandlung: Behandlung von Verletzungen und Erkrankungen des Gesichtsschädels. → Abrechnung nach dem einheitlichen → Bewertungsmaßstab, Teil 2, bei → Pflicht- (früher RVO-) Kassen, nach Gebührentarif B bei Ersatzkassen, über besondere Formblätter nach Antrag bei der Krankenkasse (außer in Notfällen). [25]
Kiefer|deformierung: pathol. Formabweichung und Schwächung des Kieferknochens, z.B. infolge Rachitis, so daß mechan., unter normalen Verhältnissen keine oder nur geringe Schäden setzende Einflüsse wie Schlaflage, Fingerlutschen, Atmungsstörungen, Flaschennahrung usw. oder physiol. Einflüsse wie Muskelzug schwere Verbildungen hervorrufen (Lyra-, Omega-Kiefer). [5]
Kiefer|dehnung: mechan. Erweiterung eines zu engen Kiefers mittels orthodont. oder kieferor-

thopäd. Apparate festsitzender oder abnehmbarer Art (z.B. → Expansionsbogen, → aktive Platte, → Dehnplatte), in schweren Fällen mittels → Gaumennahterweiterung. Im Unterkiefer führt die K. immer zum → Rezidiv. [5]

Kiefer|entzündung: → Osteomyelitis. [2]

Kiefer|fraktur f: → Kieferbruch. [2]

Kiefer|gelenk: Articulatio temporomandibularis; kombiniertes Dreh- und Gleitgelenk, das die Bewegung des Unterkiefers gegenüber dem Oberkiefer vermittelt. Die artikulierenden Flächen bestehen aus der Gelenkgrube (Fossa mandibularis), die dicht vor dem Gehörgang in die Schuppe (Pars squamosa) des Schläfenbeines eingelassen ist, mit dem davorliegenden Gelenkhöcker (Tuberculum articulare) und dem Köpfchen (Caput mandibulae) des Gelenkfortsatzes des Unterkiefers (Proc. condylaris). Der Gelenkhöcker übernimmt mit seiner hinteren, schräg abfallenden Fläche bei der Öffnungsbewegung die Führung des Kieferköpfchens und schreibt

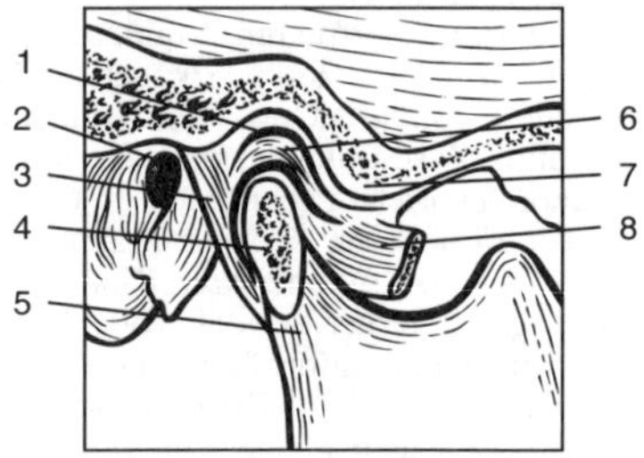

1: Fossa mandibularis; 2: Meatus acusticus externus; 3: Capsula articularis; 4: Capitulum; 5: Collum mandibulae; 6: Discus articularis; 7: Tuberculum articulare; 8: Musculus pterygoideus lateralis. [73]

damit die → Gelenkbahn vor. Die Gelenkflächen sind mit → Faserknorpel überzogen. Zwischen den Gelenkflächen liegt als Druckverteiler die Gelenkscheibe (→ Discus articularis) aus gleichem Material. Sie teilt die Gelenkkammer in ein oberes und ein unteres Gelenk. Die Gelenkhöhle enthält die dickflüssige Gelenkschmiere (Synovia) und ist von der Gelenkkapsel (Synovialmembran) umgeben (Abb.). [9]

Kiefer|gelenk|aufnahme: röntgenologische Darstellung der Kiefergelenke. 1. Kontaktaufnahme nach *Parma:* ursprünglich ohne Tubus mit direkt auf die Haut gesetztem zahnärztlichen Röntgengerät; im transversalen Strahlengang wird das fokusnahe Gelenk stark vergrößert und ist dadurch auf dem Film nicht zu erkennen, das filmnahe Gelenk kommt nur leicht vergrößert

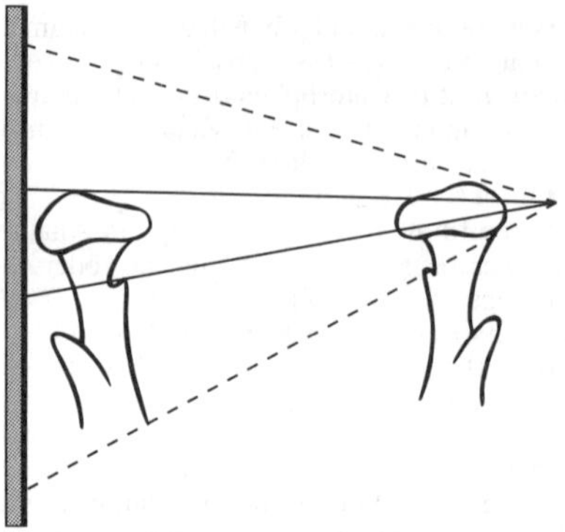

Abb. 1: Schematische Darstellung des Aufnahmeverfahrens nach *Parma*

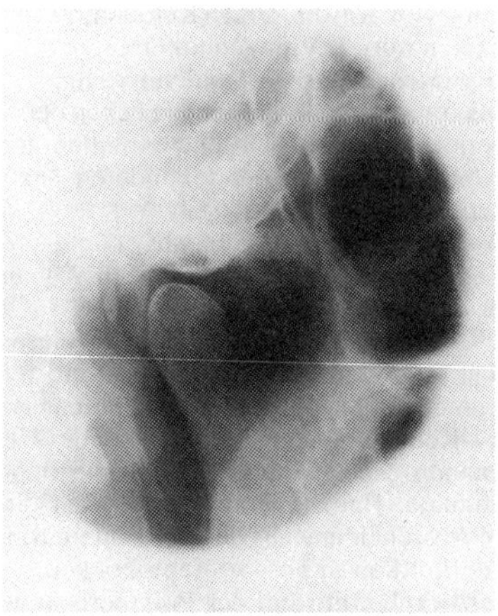

Abb. 2: Beim Aufnahmeverfahren nach *Parma* wird das filmnahe Gelenk im Röntgenbild dargestellt

zur Darstellung (Abb. 1 und 2); nach DIN 6811 nur noch mit Flachtubus kleinerer Blende und Zusatzfilter (5 cm → Brennfleck-Haut-Abstand, 3,8 mm Al-Härtungsgleichwert) möglich; 2. K. nach *Schüller:* eigentlich transkranielle Projektion der Felsenbeine, bei der auch äußerer Gehörgang und Kiefergelenk abgebildet werden; 3. → Arthrotomographie. [14]

Kiefer|gelenk|knacken: knackendes Geräusch bei der Mundöffnung und -schließung, während der Öffnungsbewegung (intermediäres K.) als Symptom der → Arthropathia deformans, am Schluß der Bewegung (terminales K.) bei habitueller → Luxation. Therapie beim intermediären K.: kieferorth. und proth. Behandlung (Bißhebung), intraartikuläre Injektion von Kortisonen und Hyaluronidase, Diskusexzision. 34

Kiefer|grund|ebenen: zwei Ebenen aus der → FRS-Analyse, nämlich die → Spinaebene, gebildet von den Spinageraden, und die → Unterkiefergrundebene, gebildet von den Unterkieferrandgeraden. 5

Kiefer|höhle: Oberkieferhöhle, Sinus maxillaris (→ IANC), Antrum Highmori; größte paarig angelegte Nebenhöhle der Nase von stark variabler Gestalt und Größe. Der Boden der Höhle

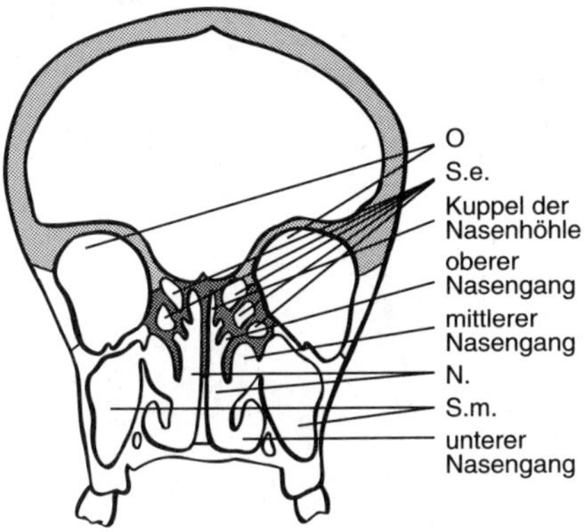

O: Orbita; S.e.: Sinus ethmoidales; N.: Nasenhöhle; S.m.: Sinus maxillaris. [73]

zeigt oft Vorwölbungen, die den Wurzeln der oberen Prämolaren und Molaren entsprechen. Die K. steht durch den Hiatus maxillaris mit dem mittleren Nasengang in Verbindung. Sie ist mit → Flimmerepithel ausgekleidet (Abb.). 9, 19

Kiefer|höhlen|aufnahme: → Nasennebenhöhlenaufnahme. 14

Kiefer|höhlen|em|pyem n: Antrumempyem (→ Empyem); Eiteransammlung in der Kieferhöhle, kann in akuter und chronischer Form auftreten, seinen Ursprung aus einer eitrigen Entzündung der Umgebung nehmen oder nach primären Knochenerkrankungen und Traumen entstehen (akut auch durch Infektionskrankheiten, besonders Grippe, Schnupfen). Meist ist es rhinogenen, häufig odontogenen Ursprungs. In letzterem Falle ist es fötide; es kommen ätiologisch hauptsächlich apikale Entzündungsprozesse an den zweiten Prämolaren und den Wangenwurzeln der ersten beiden Molaren in Betracht. Diagnose und Therapie: → Kieferhöhlenentzündung. 2

Kiefer|höhlen|entzündung: Sinusitis maxillaris; akute oder chronische, durch Bakterien oder Pilze hervorgerufene oder allergisch bedingte Entzündung der Kieferhöhlenschleimhäute mit Einengung oder Verschluß der natürlichen Öffnung nach rhinogener, hämatogener oder odontogener Infektion. Odontogene Infektion meist durch → Antrumperforationen nach Zahnextraktion (70%), durch apikale Parodontitis oder durch Versenken einer frakturierten, infektiösen Zahnwurzel in die Kieferhöhle. Gelegentlich als Unfall- oder Verletzungsfolge, selten metastatisch oder hämatogen. Symptome: dumpfe, oft periorbitale Schmerzen in der entsprechenden Gesichts- und Kopfseite, im Laufe des Tages zunehmend, Druck- und Klopfschmerz über der Wange, Eiterstraße im mittleren Nasengang. Sicherung der Diagnosen durch Sonogramm und/oder Röntgenaufnahme. Therapie: bei Odontogenese ursächlich, sonst abschwellende Nasentropfen, Wärme, *Muck*sche Absaugung, Antibiotika. Bei Komplikation oder chronischem Verlauf → Kieferhöhlenoperation. 2, 19

Kiefer|höhlen|fistel: → Antrumfistel. 2

Kiefer|höhlen|operation f: bei akuten Entzündungen mit Komplikationen, chronisch-rezidivierenden Entzündungen, Herderkrankungen, Verletzungen (Blow-out-fracture, Kieferbruch) und Tumoren indizierter Eingriff: 1. transoral nach *Caldwell* und *Luc*: Eröffnung der Kieferhöhle von der fazialen Wand der Maxilla, Ausräumung der krankhaft veränderten Antrumschleimhaut bzw. der trennenden Zystenwand, ggf. mit Hilfe der → Endoskopie. Bildung eines

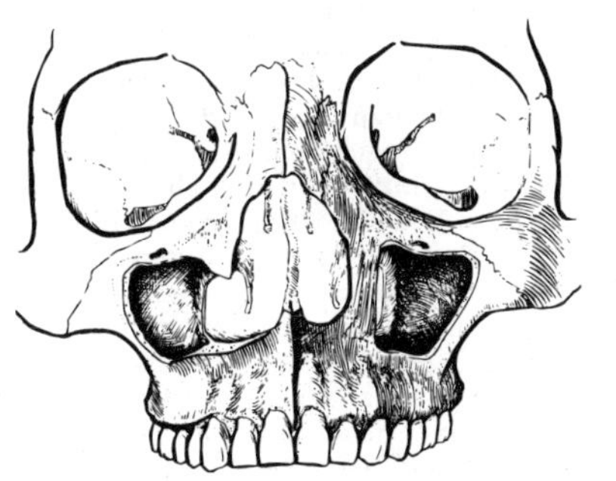

Links: *Denker*-Methode; rechts: *Caldwell-Luc*-Methode. [55]

Fensters zum unteren Nasengang, evtl. Resektion der unteren Nasenmuschel, Einlegen eines Tampons, der zur Nase herausgeführt wird. Methode nach *Denker* unterscheidet sich von der vorigen dadurch, daß die faziale Wand der Maxilla bis an den seitlichen Rand der Apertura piriformis eröffnet wird (Abb.). 2. transnasal über den unteren Nasengang nach *W. Sturmann* (1902). In einfachen Fällen genügt transnasale Fensterung. [2, 19]

Kiefer|höhlen|perforation f: → Antrumperforation. [2]

Kiefer|höhlen|punktion f: Punktion der Kieferhöhle über den unteren Nasengang oder die Fossa canina zur Spülung (→ Klysopomp) bei eitriger Sinusitis maxillaris oder zur → Antroskopie. Auch zur endonasalen Kieferhöhlenoperation.[19]

Kiefer|höhlen|spülung: 1. scharfe Spülung: Durchstoßen der Knochenwand in der Fossa canina oder der lateralen Nasenwand mit → Trokar; 2. stumpfe Spülung durch natürliches oder künstliches Ostium in lateraler Nasenwand. [2]

Kiefer|kamm: Alveolarkamm; der Alveolarfortsatz nach Zahnverlust und Rückbildung. [4]

Kiefer|kamm|erhöhung: → Augmentation. [18]

Kiefer|klemme: Behinderung der Mundöffnung, die verschiedene Grade annehmen kann bis zum völligen Verschluß. Ursachen: 1. durch Veränderungen der Kaumuskeln bedingt (myogen): häufigste Ursache fortgeleitete Entzündung vom erschwert durchbrechenden unteren Weisheitszahn ausgehend, auch Wurzelhautentzündungen, Osteomyelitis, Tbk, Aktinomykose, Parotitis, Mittelohrentzündung, Myositis luetica und rheumatica, nach Trauma; 2. durch Gelenkveränderungen bedingt (arthrogen): Polyarthritis rheum., Monarthr. gonorrhoica, Arthropath. deformans, Osteomyelitis, Pyämie, angeborene oder erworbene → Ankylose, äußerst selten Tbk; 3. durch Hautschrumpfung bedingt (dermatogen): Narbenkontrakturen der Haut oder Schleimhaut; 4. durch nervliche Einflüsse bedingt (neurogen): Kaumuskelkrampf, → Trismus, zentral bedingte tonische Kontraktur der vom 3. Ast des Trigeminus innervierten Schließmuskulatur, oft erstes Symptom des → Tetanus. Therapie bei 1.-3.: kausal-chir. und durch Dehnungsübungen mit zwischen die Zahnreihen geschobenen Holzspateln und Spreizgeräten, unter denen sich die → Spreize nach *Steinkamm-Schuchardt* bewährt hat. [34]

Kiefer|knochen: → Os, → Mandibula. [9]

Kiefer|knochen|augmentation f: → Augmentation. [18]

Kiefer|knochen|ersatz: Kieferknochenaufbau; → Augmentation. Chirurgische Maßnahmen der absoluten Erhöhung und/oder Verbreiterung des Kieferkammes zur Verbesserung des Prothesenlagers oder als Vorbereitung zur enossalen Implantation. Möglich ist die Transplantation körpereigenen Knochens oder die Implantation allogener Materialien, z.B. von → Hydroxylapatit in Granulat- oder Blockform. [18]

Kiefer|kompression f: Zustand, bei dem die Seitenzähne einzeln oder in Gruppen, hälftenungleich oder hälftengleich, im vorderen oder hinteren Abschnitt oder in beiden sowie im Ober- und Unterkiefer bzw. in beiden zu nahe der → Raphe-Median-Ebene stehen. Unterschieden werden: 1. K. mit engstehender → Protrusion; 2. K. mit lückiger Protrusion (Spitzfront); 3. K. mit frontalem → Engstand oder 1. K. hauptsächlich vorn (Eckzahnbereich); 2. K. hauptsächlich hinten (→ Omegakiefer); 3. K. im ganzen (V-förmiger Kiefer) (Abb.). Vgl. Schmalkiefer, Kompressionsanomalien, Schmalstand. [5]

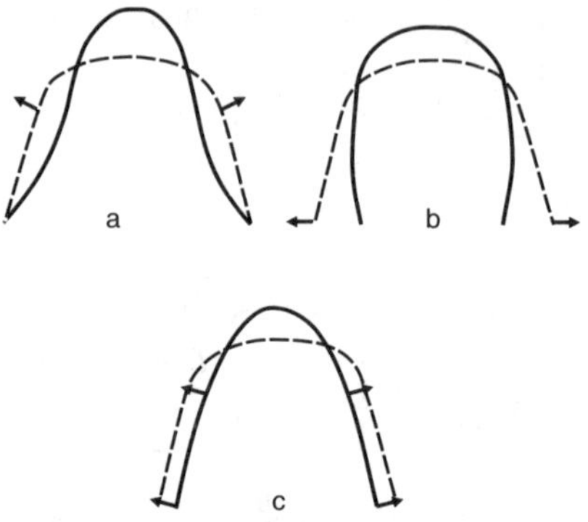

a: Kieferkompression hauptsächlich vorn;
b: Kieferkompression hauptsächlich hinten;
c: Kieferkompression im ganzen Kiefer. [25]

Kiefer|köpfchen: → Caput mandibulae. [9]

Kiefer|körper: Oberkiefer: → Corpus maxillae; Unterkiefer: → Corpus mandibulae. [9]

Kiefer|länge: 1. Oberkieferlänge: Abstand des Berührungspunktes der Schneidezähne von einer gedachten Verbindungslinie der Weisheitszähne. 2. Unterkieferlänge: Abstand der vorderen Kinnfläche von einer gedachten Ebene, die die Rückseite der Kondylen berührt und senkrecht auf der → Frankfurter Horizontalebene steht. [5]

Kiefer|meßtisch: Hilfsgerät in der Kieferorthopädie nach *A. M. Schwarz* zur meßtechn. Erleichterung der → Gebißanalyse und Auswertung des Einzelmodells in dreidimensionaler Beziehung: sagittal durch eine zur → Tuberebene parallel durch den vorderen Meßpunkt verlaufende Bezugsebene, transversal durch die → Raphe-Median-Ebene und vertikal durch die → Okklusionsebene (Abb.). [5]

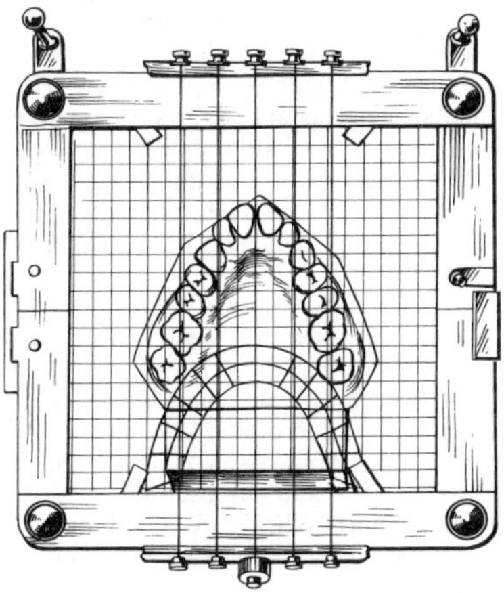

Kiefer|modell|fotografie f: → Modellfotografie. 17
Kiefer|ortho|pädie f: Gebißregelung; Beseitigung von Zahnstellungsanomalien und Kieferdeformitäten durch vorwiegend funktionelle Methoden mit den abnehmbaren aktiven Geräten der europäischen Schulen im Gegensatz zu der überwiegend durch mechan. Mittel wirkenden → Orthodontie. Vgl. Orthopädie, Funktionskieferorthopädie. 5
Kiefer|osteo|myelitis f: → Osteomyelitis. 2
Kiefer|profil|feld: Biometprofilfeld; → Biomet. 5
Kiefer|relation f: Lagebeziehung der beiden Kiefer zueinander und zur → *Camper*-Ebene. Von besonderem Interesse ist die K. in der Schlußokklusion. Vgl. Pfeilwinkel, Ruheschwebe. Eine Änderung der korrekten K. (→ Bißverschiebung) aus der Schlußbißlage kann durch Stellungsanomalien sowie durch eine Bißsenkung infolge einer Verkürzung des Vertikalabstandes zwischen Ober- und Unterkiefer hervorgerufen werden. Vgl. Bißnahme. 4
Kiefer|relations|bestimmung: dreidimensionale Zuordnung des Unterkiefers zum Oberkiefer. → Bißnahme. 4
Kiefer|schlüssel: von *A. M. Schwarz* 1936 in einem Plan zusammengefaßte Meßpunkte zur systematisch-diagnostischen Erfassung eines kieferorth. Falles nach Entwicklung (Anamnese) und Befund (Status praesens). Ferner gehören zum Kieferschlüssel eine Zahnbogenmeßtabelle, aus der je nach Breite der 4 oberen Schneidezähne die → Sollwerte eines normalen Kiefers abzulesen sind (→ *Pont*-Index), die → Meßpunkte, ein Meßnetz aus Zellophan mit aufgezeichnetem Zahnbogenmuster, das Milchzahnbogenmuster und ein Gebißwinkelmaß. 5
Kiefer|spalte: → Gnathoschisis. 3
Kiefer|sperrer: → Mundsperrer, → *Heister*-Mundsperrer, → *Rosen-König*-Mundsperrer, → *Whitehead*-Mundsperrer. 2
Kiefer|status m: → Kieferschlüssel. Vgl. Gebißanalyse. 5
Kiefer|winkel: Gonionwinkel, Angulus mandibulae; Winkel aus der → FRS-Analyse, bestimmt durch die Punkte → Tragion, → Gonion und → Gnathion, also durch die am unteren Rand des horizontalen und hinteren Rand des aufsteigenden Unterkieferastes gelegten Tangenten. Er beträgt im Durchschnitt (nach *Cieszynski*) bei Normokklusion 124°, bei → Deckbiß (mit Distalbiß) 120°, bei → Progenie 135° und bei → offenem Biß 141°. Bei rachitisch offenem Biß ist der Winkel infolge Steilheit der → *Spee*-Kurve extrem stumpf als Zeichen der Mitbeteiligung des Unterkiefers an der Fehlbildung. 5
Kiefer|winkel|punkt: → Gonion. 5
Kiefer|zysten f pl: → Zysten. 2
Kieler Knochen|span: durch Eiweißdenaturierung immunologisch inaktivierte (nichtantigene), entfettete und sterilisierte Knochenkonserve aus Kalbsspongiosa, die, implantiert, durch körpereigenen Knochen ersetzt wird. 2
Kiemen|apparat m: Atmungsorgan bei Fischen und Amphibienlarven, das während der embryonalen Entwicklung der Säugetiere zu Skeletteilen des Gesichtes und zu → branchiogenen Organen umgewandelt wird. Angelegt werden 6 Kiemenbögen, der 5. und 6. nur rudimentär. Zwischen den Kiemenbögen befinden sich innen die Kiementaschen (→ Schlundtaschen), außen die → Kiemenfurchen. Jeder Kiemenbogen enthält eine Kiemenbogenarterie, eine Kiemenbogenvene und einen Kiemenbogennerven. 22
Kiemen|bogen: Arcus branchialis, Schlundbogen, Viszeralbogen; rudimentäre Anlagen der Kiemen, begrenzen die Kiemenspalten (Kiemengänge). Bildung beim Menschen zum Ende der 4. Embryonalwoche (Abb.) durch Einwandern von mesektodermalen Zellen aus der → Neuralleiste in die Kopfanlage. Aus dem 1. Kiemenbogen (Mandibularbogen) bilden sich der Unterkieferfortsatz, aus dem die → Mandibula entsteht, mit dem → *Meckel*-Knorpel, der Hammer und Amboß (→ Gehörknöchelchen) bildet, und der Oberkieferfortsatz, aus dem die → Maxilla, das → Os zygomaticum und die Pars squamosa des → Os temporale entstehen. Der zu diesem K. gehörige Nerv ist der → Nervus trigeminus. Die → Kaumuskeln, Musculus mylohyoideus

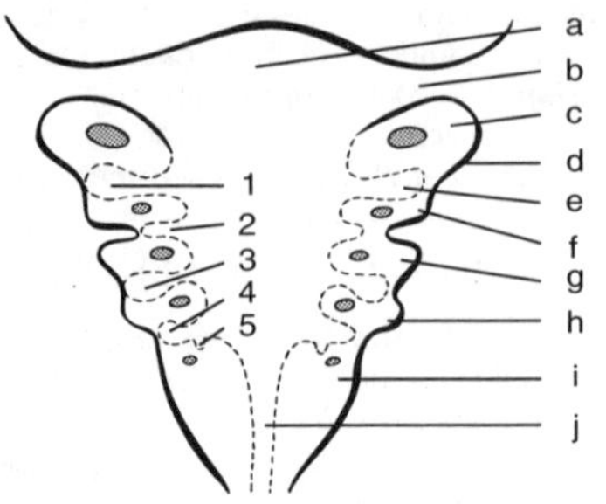

a: Schlunddarm; b: Mundspalte; c: Unterkieferfortsatz des 1. Kiemenbogens; d: Kiemenfurche; e: Schlundtaschen; f: Zungenbeinbogen; g: 3. Kiemenbogen; h: 4. Kiemenbogen; i: 5. Kiemenbogen; j: Anlage der Speiseröhre.

(→ Mundbodenmuskeln), → Musculus digastricus, Venter anterius, → Musculus tensor tympani und Musculus tensor veli palatini (→ Gaumenmuskeln) sind Abkömmlinge des 1. Kiemenbogens. Die Arterie des 1. Kiemenbogens wird streckenweise zur A. maxillaris und A. carotis externa. Der 2. Kiemenbogen (Hyoidbogen) bildet Teile des → Zungenbeins und den → *Reichert*-Knorpel, aus dem Steigbügel (→ Gehörknöchelchen) und → Processus styloideus werden, der dazugehörige Nerv ist der → Nervus facialis, Abkömmlinge sind die mimische Muskulatur, → Musculus stapedius, → Musculus stylohyoideus, → Musculus digastricus und Venter posterioris. Die Kiemenbogenarterie obliteriert. Der 3. Kiemenbogen bildet die kaudalen Anteile des Zungenbeins, die Arterie wird zur A. carotis communis und zur A. carotis interna. Der 3. Kiemenbogennerv wird zum → Nervus glossopharyngeus. 4. bis 6. Kiemenbogen verschmelzen, sie bilden die Larynx- und Pharynxmuskulatur und das Kehlkopfskelett. Der 4. Kiemenbogennerv wird zum → Nervus vagus. Die entsprechenden Arterien bilden den Arcus aortae, die A. subclavia dextra und den Truncus pulmonalis. 9, 22

Kiemen|furchen: außen in der zukünftigen Halsregion während der embryonalen Entwicklung entstehende Einschnürungen zwischen den sich ausbildenden → Kiemenbögen. Aus der 1. Kiemenfurche zwischen dem 1. und 2. Kiemenbogen wird der äußere Gehörgang, die → Verschlußmembran zwischen der 1. Kiemenfurche und der 1. Schlundtasche wird zum Trommelfell. Die übrigen K. werden vorübergehend zum → Sinus cervicalis. 22

Kiemen|gang: → Kiemenbogen. 9

Kiemen|gangs|fistel: → Halsfistel, laterale. 2

Kiemen|gangs|zyste f: aus Resten der → Schlundtaschen entstandene Zyste im seitl. Halsdreieck. Kann zur Bildung von lateralen → Halsfisteln führen. Im Alter Gefahr karzinomatöser Entartung. → Halszyste, laterale. 2, 22

Kiemen|spalte: Kiemenfurche; → Kiemenbogen. 3

Kiesel|säure: Bezeichnung für Sauerstoffsäuren des → Siliziums, deren Anhydrid das → Siliziumdioxid ist, sowie für dieses selbst. In Form ihrer Salze, der Silikate, sind die Kieselsäuren in der Natur sehr verbreitet, frei wurden hingegen bislang nur einige dargestellt, z.B. Metakieselsäure, H_2SiO_3, und Dikieselsäure, H_2SiO_5. 23

Kiesselbach-Ort (Wilhelm K., Otorhinolaryngologe, Erlangen, *1839, † 1902): → Locus *Kiesselbachii.* 19

Kinasen (gr.) f pl: Phosphatreste übertragende Enzyme, z.B. Hexokinase (Übertragung eines Phosphatrestes von Adenosintriphosphat (ATP) auf Glukose zum Glukose-6-phosphat), Fruktokinase (Fruktose + ATP = Fruktose-1-phosphat). Auch → Thromboplastin. 23

Kinder|lähmung, spinale: → Poliomyelitis. 8

Kinder|lähmung, zerebrale: → *Little*-Krankheit. 8

Kinder|prothese f: Prothese zur funktionellen, phonetischen und ästhetischen Rehabilitation bei frühzeitigem ausgedehntem Zahnverlust im Milchgebiß, zur provisorischen Versorgung nach Verlust bleibender Zähne oder auch bei → Oligodontie. Die K. kann die Funktion eines Lückenhalters übernehmen bzw. mit KFO-Geräten kombiniert werden. Bedingt durch das Kieferwachstum und den Zahnwechsel ist in bestimmten Intervallen eine Unterfütterung bzw. eine Neuanfertigung nötig. 29

Kinder|röntgen|film: ein Röntgenfilm in Kleinformat (Nr. 0: 2,2 x 3,5 cm; Nr. 1: 2,4 x 4,0 cm) für die intraorale Röntgendiagnostik bei Kindern, auch für → Bißflügelaufnahmen bei Kleinkindern verwendbar. 29

Kinder|zahn|bürste: speziell zur Säuberung des Milchgebisses entwickelte Zahnbürste. Wünschenswerte Merkmale nach *Wetzel:* 1. kompakter Handgriff, 2. Borstenfeld nach dem → Multi-tufted-Prinzip, 3. vorne abgerundeter Bürstenkopf, 4. in Längsrichtung abgewinkelter Bürstenkopf, 5. Borstenlänge 8-10 mm, 6. Borstenfeld bis 23 mm. 29

kinder|zahn|medizinischer Befund: vor einer zahnärztlichen Behandlung bei Kindern zu erhebender Befund. Er wird nach *E. Ben-Zur* folgendermaßen aufgegliedert: 1. allgemeiner Status, 2. allgemeinmedizinische Anamnese, 3. zahnmedizinische Anamnese, 4. klinische Untersuchung und oraler Befund, 5. röntgenologische Beurteilung, 6. Okklusion und Artikulation, 7. Planung. [29]

Kinesio|graphie f: graphische Darstellung von Bewegungsvorgängen, z.B. des Kiefergelenks.[4]

kinetische Energie f: Energie, die ein Körper durch seine Bewegung besitzt. [10]

Kinetor m: ein von *Stockfisch* unter Anlehnung an den → Aktivator entwickeltes Gerät aus zwei Platten, die, durch ein Gummiröhrchen lingual

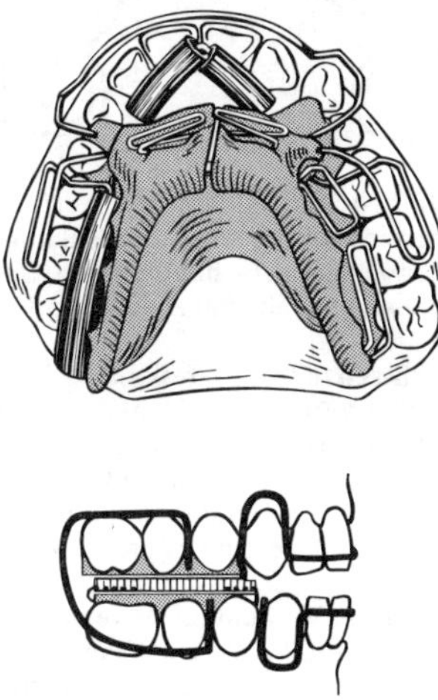

abgestützt, mittels ellipsoider Stahlschlaufe vestibulär miteinander verbunden sind (Abb.). Indiziert, wenn neben der Korrektur einer Falschlage des Unterkiefers auch Dehnungen und Streckungen desselben durchzuführen sind. [5]

Kinetose f: Reisekrankheit; durch Bewegungen ausgelöste Krankheit, z.B. Seekrankheit. [20]

Kineto|somen n pl: an der Zelloberfläche im Zytoplasma gelegene Basalkörper der Flimmerhaare (Kinozilien). Sie sind mit den → Zentriolen eng verwandt. [30]

Kingsley-Methode (Norman William K., Orthod., New York, *1829, † 1913) f: → Jumping the bite. [5]

Kingsley-Platte: aktive Oberkieferplatte, welche über eine schiefe Ebene ein → Jumping the bite, d.h. eine Vorverlagerung des Unterkiefers bewirkt. [5]

Kinine (gr.) n pl: biolog. aktive Polypeptide, durch proteolyt. → Enzyme aus einer Vorstufe (Kininogen) abgespalten, bes. in geschädigtem und entzündetem Gewebe (sog. Entzündungsstoffe), bei → Schock, Pankreasnekrose, Fruchtwasserembolie. Wirkungen: sehr starke Gefäßerweiterung, Blutdrucksenkung, Permeabilitätssteigerung, Schmerzauslösung. Wirksamer Inhibitor: Trasylol. Zu den K.n gehören Bradykinin, Kallidin. [23]

Kinn: Mentum. [9]

Kinn|bildung: Abb. → Heidelberger Kiefer. [9]

Kinn|höcker: zusammenfassende Bez. für die Protuberantia mentalis, den Kinnvorsprung in der Kinnmitte, und die Tubercula mentalia, zwei seitl. unten gelegene Höckerchen (Abb. → Mandibula). [5]

Kinn|höhe: Abstand des → Infradentale vom → Gnathion. [5]

Kinn|kappe: → Kopf-Kinn-Kappe. [5]

Kinn-Lippen-Tangente f: → Mundtangente. [5]

Kinn|loch: → Foramen mentale. [9]

Kinn|pelotte f: → Kopf-Kinn-Kappe. [5]

Kinn|punkt: → Gnathion. [5]

Kinn|schleuder: → Funda. [2]

Kion (gr.) n: Uvula, Zäpfchen. [9]

Kipp|meider: → Ausgleichselement; ausladende, der Prothesensattelbewegung entgegenwirkende Arme, die möglichst weit von der Auflageachse entfernt einem oder mehreren Zähnen aufliegen und ein Abkippen der Freiendsättel (→ Freiendprothese) von der Schleimhaut verhindern sollen, z.B. Auflagen, Federn (Abb.).

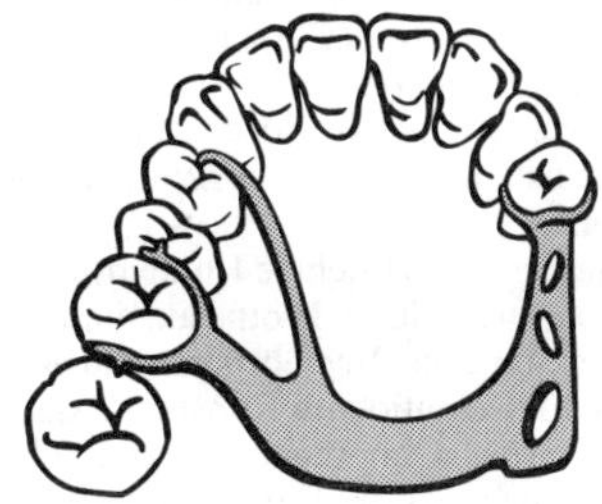

Auch fortlaufende Klammern und interdentale Greifer können neben der Parodontalprophylaxe die Wirkung eines K.s besitzen. K. sollten immer mit einem → Halteelement kombiniert werden, um bei Druckbelastung der Prothese ein Abheben von der Zahnoberfläche mit der sich hieraus ergebenden Entwicklung einer Kariesprädilektionsstelle zu verhindern. [4]

Kippungs|achse, natürliche: natürlicher Drehpunkt; nach *A. M. Schwarz* eine gedachte Querachse durch die Wurzel eines einwurzeligen Zahnes etwa zwischen dem mittleren Drittel und

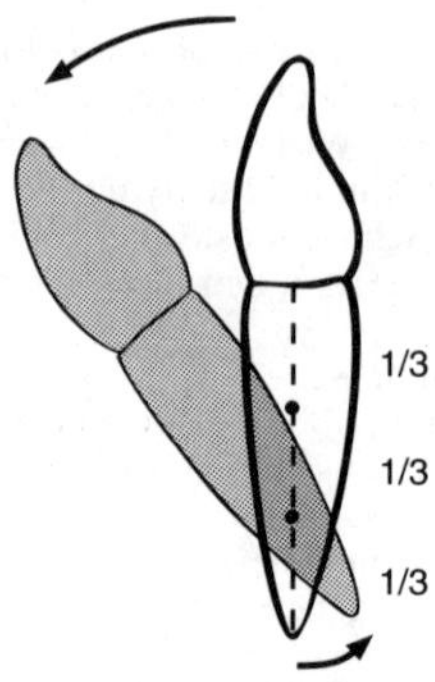

dem Wurzelspitzendrittel, um die der Zahn durch eine rein seitlich auf einen Punkt der Krone gerichtete Kraft gekippt wird (Abb.). 5

Kirkland-Technik: Variation der Lappenoperation bei Knochentaschen, die nur an einzelnen Zähnen ausgeführt wird. Zur Aufklappung werden nur die Zahnfleischpapillen der Zähne gespalten, die der Knochentasche benachbart liegen. Es wird also nur die unmittelbare Umgebung der Knochentasche und nicht der gesamte knöcherne Alveolarfortsatz dargestellt, wie dies bei der Lappenoperation der Fall ist. Vgl. Kürettage. 6

Kirschner-Draht (Martin K., Chir., Heidelberg, *1879, † 1942): K.-Nagel; 0,8-2,5 mm starker, ca. 30 cm langer Stahldraht für knochenchir. Eingriffe, bes. zur perkutanen Drahtextension mit Extensionsbügel. 2

Kitt|substanz f: strukturlose, relativ feste Interzellularsubstanz mit überwiegendem Kohlenhydratanteil. 30

Klammer: gebräuchlichste Haltevorrichtung für abnehmbare, partielle Prothesen und kieferorthop. Apparaturen. Besteht aus dem Klammerschwanz zur Retention im Kunststoff, dem Klammerkörper (passiver, meist approximal gelegener Klammerteil) und der Klammerschulter (Übergang vom passiven zum aktiven Klammeranteil), dem Klammerarm (im Bereich des Kronenäquators) und der Klammerhand (unterhalb des Äquators). Die einarmige K. ist als Halteelement für einen definitiven prothet. Ersatz abzulehnen, da sie wie eine kieferorth. Feder wirken und Schäden am marginalen Parodontium setzen kann. Sie ist daher höchstens für ein in seiner Tragezeit zeitlich sehr begrenztes Provisorium zu benutzen. → *Adams-*, → *Bonwill-*, → *Bonyhard-*, → *Jackson-*, → *Pfeil-*Klammer, → Zahnfleischklammern, *Ney-*Klammersystem. Vgl. Retentionsprothese. Die fortlaufenden K.n sind eine Kombination von zwei oder mehreren K.n, die den oralen oder (und) vestibulären Zahnflächen anliegen oder in Verbindung mit interdentalen Greifern zum Abfangen von vorwiegend horizontalen Schubkräften dienen (Abb.). Hauptsächlich in der Parodontologie gebräuchlich. Syn.: Schienungsklammer. Vgl. *Elbrecht-*Schiene. 4

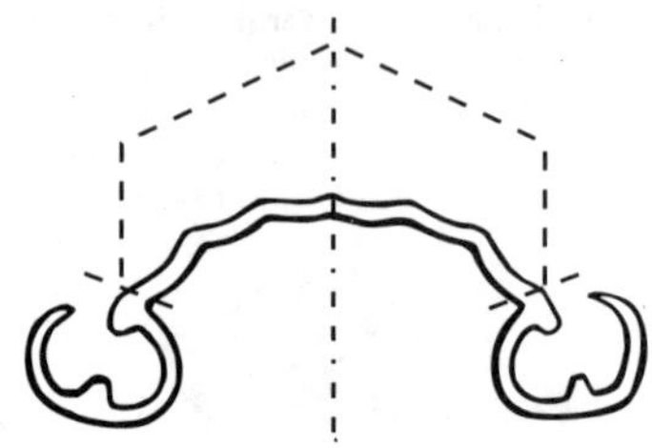

Klammer|brücke: abnehmbare Brücke im Seitenzahnbereich, die durch Auflegeklammern an den Pfeilerzähnen festgehalten wird („Spinne"). Heute als → Kunstfehler anzusehende Konstruktion. 4

Klammer|kreuze n pl: fabrikmäßig hergestellte Einzelstückformen (aus Stahl oder Gold), die eine Herstellung verschiedenartiger Klammerformen ohne Lötung oder Schweißung zulassen. Heute nur noch zur Herstellung von → Immediatprothesen mit zeitlich begrenzter Tragezeit verwandt. 4

Klammer|linie: Verbindungslinie zweier Klammern an Plattenprothesen. Die K. muß bei Auflageklammern in der Peripherie des Zahnbogens liegen, bei Halteklammern diagonal über die Prothesenbasis verlaufen. 4

Klammer|zahn: natürl. Zahn, dem die Klammer einer partiellen Prothese anliegt. 4

Klammt-Aktivator m: elastisch offener Aktivator (EOA); → Aktivator, bei dem durch Aussparung des Kunststoffkörpers im Frontzahnbereich der Zungenraum wesentlich vergrößert und damit die Sprechbehinderung vermindert wird. Über den Oberkiefer verläuft ein → Gaumenbügel ähnlich einer → *Coffin-*Feder. 5

Klärungs|reaktionen f pl: → Flockungsreaktionen. 8

Klassifikation der Gebiß|anomalien: → *Angle-*Klassifikation. 5

Klaustro|phobie f: → Angst vor Aufenthalt in geschlossenen Räumen (Theater, Lift); im Gegensatz zu → Agoraphobie gesteigert durch große Personenansammlungen und eingeschränkte Fluchtmöglichkeiten. → Phobie. 13

Klavus (lat.) m: Hühnerauge. 12

Klebe|brücke: → Maryland-Brücke. [4]
Klebe|technik: → Ätztechnik. [1]
Klebsiella (Edwin Klebs, Pathol., Bern, *1834, † 1913) f: Gattung gramnegativer, unbeweglicher, kapselbildender Stäbchen, gehört zur Familie der Enterobacteriaceae. Vgl. Kapselbakterien, Bakteriensystematik. [8]
Kleider|laus: Pediculus humanus; eng verwandt mit → Kopflaus; Überträger von → Fleckfieber, → Wolhynischem Fieber und europäischem Rückfallfieber. [8]
Klein|bild|format n: fotografisches Bildformat von 24 x 36 mm des beidseits perforierten 35-mm-Films (Kleinbildfilm). Für die → Dentalfotografie aus Kostengründen und wegen des reichlich angebotenen Makrozubehörs das Format der Wahl. [17]
Klein|hirn: Cerebellum. In der Hinterhauptsgrube gelegen, von beiden Hemisphären des Großhirns überdeckt, seinerseits die Medulla oblongata überlagernd. Es dient der Regelung der Körperbewegungen und -haltung zur Bewahrung des Gleichgewichts (Abb. → Gehirn). [9]
Klein|kind|alter: Lebensabschnitt zwischen Säuglings- und Schulalter (2.-6. Lebensjahr). [5]
Klein|kinder|fluorid|zahn|pasten: für Kleinkinder vom 2.-4. Lebensjahr zur häuslichen Zahnpflege geeignete Zahnpasten mit einer Fluoridkonzentration von 0,025%. Vgl. Zahnpasta. [29]
Klein|sterilisator m: vorzugsweise → Autoklav oder → Heißluftsterilisator in technischen Ausführungen, die für den Betrieb in ärztlichen und zahnärztlichen Praxen genügen. Autoklaven meistens ohne Vor- und Nachvakuum. Vgl. Sterilisation. [8]
Klemme: → Arterienklemme, → *Backhaus-*, *Doyen*-Klemme. [2]
Klestadt-Zyste f: → Naseneingangszyste. [2]
Klimakterium (gr.) n: Wechseljahre der Frau; Zeit des Übergangs von der Geschlechtsreife bis zur → Menopause, etwa zwischen dem 45. und 55. Lebensjahr gelegen, gekennzeichnet durch Störungen des Hormonhaushaltes infolge des Nachlassens der Eierstockfunktionen. Das K. kann klin. annähernd symptomlos oder mit ausgeprägten vegetativen Dysregulationen verlaufen (Hitzewallungen, Schwindelgefühl, spontane Schweißausbrüche, Schlaflosigkeit, Pruritus vulvae, Osteoporose oder psychische Instabilität). Als K. des Mannes (K. virile) wird die zwischen 40. und 60. Lebensjahr einsetzende Phase (psycho-)vegetativer Labilität infolge eines Rückgangs der Androgenproduktion diskutiert. [27]
Klinik (gr.) f: Krankenhaus. Die klinische Behandlung erfolgt stationär im Krankenhaus im Gegensatz zur ambulanten oder poliklinischen Behandlung. [24]
Klinische Pharmakologie f: Teilgebiet der Pharm., das sich mit der Untersuchung der Pharmakokinetik und -dynamik neuer, meist gezielt synthetisierter Arzneistoffe befaßt. Darüberhinaus obliegt ihr die Aufdeckung, Analyse und Bewertung von→ Arzneimittelnebenwirkungen. [7]
Klin|odontie f: nach *H. Virchow* (1920) Bez. für eine Kippung der Zähne, z.B. bei der koronalen → Protrusion. [5]
Klino|gnathie f: nach *H. Virchow* (1920) Bez. für eine Vorneigung der Kiefer (maxilläre → Protrusion). [5]
Klino|zephalie f: Sattelkopf; querverlaufende Einsenkung am Schädeldach bei gleichzeitigem Vorquellen der Stirn- und Hinterhauptsgegend. [3]
Klippel-Feil-Syndrom (Maurice K., Neurol., Paris, *1858, † 1942; André F., Neurol., Paris, *1889) n: Froschhals; ontogenetische Entwicklungshemmung des mittleren Keimblattes mit Mißbildung der Wirbelsäule (→ Spina bifida, Halsrippen, Kurzhals, Schulterhochstand u.a.). Außerdem können auftreten: Gaumenspalte, anomale Zahnanlage, Zahnverlagerungen und Bildung von follikulären Zysten, geistige Störungen und Hörstörungen. Evtl. erblich. [3]
Klippel-Trenaunay-Syndrom (Maurice K., Neurol., Paris, *1858, † 1942; Paul T., frz. Arzt, *1875) n: angeborene Fehlbildung. → Naevus flammeus der Extremitäten in Kombination mit Venektasien und Knochen- und Weichteilhypertrophie. Selten im Kieferbereich. → *Sturge-Weber*-Krankheit. [12]
Kloake (lat.) f: Abzugskanal. Fistelgang im Knochen bei chron. Osteomyelitis. [2]
Klon (engl.) m: Nachkommenschaft einer Zelle (Bakterien, Viren, Tumorzellen). [8]
Klonus (gr.) m: wiederholte rhythmische Kontraktion eines Muskels durch Auslösung eines Eigenreflexes, z.B. Patellarklonus durch Herunterschieben der Patella oder Fußklonus durch starke Fußbeugung im Sprunggelenk (Hinweis auf Steigerung der Eigenreflexe). Erst bei unerschöpflichem Auftreten pathologisch (Pyramidenbahnschädigung). [33]
Klopf|empfindlichkeit: → Perkussion. [1]
Klopf|schall: bei enossalen Implantaten: charakterist. Klang des Implantats bei Beklopfen mit einem Sondengriff o.ä. Ossär integrierte Implantate klingen hell, während bindegewebig eingeheilte, mobile Implantate einen dumpfen Klang liefern. [18]
Klostridien (gr.) n pl: → Clostridium. [8]

Klyso|pomp (frz.) f: mit einem Rückschlagventil und einem Gummiballon ausgestatteter Gummischlauch, der ein sehr feinfühliges stumpfes Spülen der Kieferhöhlen bei → Kieferhöhlenentzündung erlaubt (Abb.). Vgl. Punktion. [19]

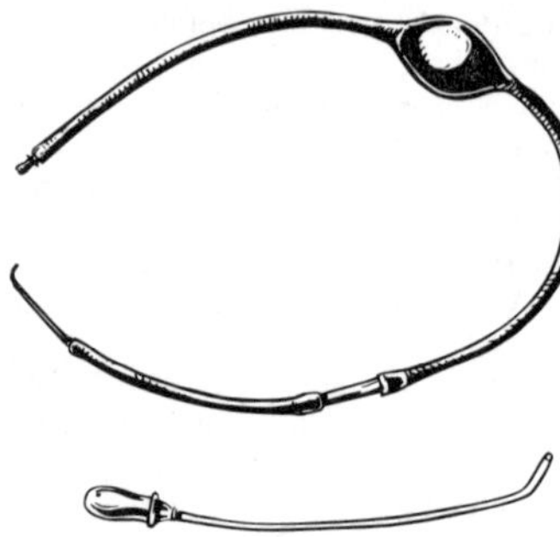

Knabber|zange: → *Luer*-Zange. [2]

Knall|gas: Gasgemisch, bestehend aus 2 Teilen Wasserstoff und 1 Teil Sauerstoff. Explodiert heftig beim Anzünden oder Durchschlagen eines elektrischen Funkens, wobei sich die beiden Gase unter starker Wärmeentwicklung zu Wasser vereinigen. K.-gebläse: Wasserstoffflamme, in die Sauerstoff unter Druck eingeleitet wird. [23]

Knäuel|drüsen: Drüsen, deren Hauptteil knäuelförmig gewunden ist, z.B. die Schweißdrüsen. [9]

Knick|biß: nach *A. M. Schwarz* die Schlußbißstellung der Schneidezähne bei verkleinertem → Interinzisalwinkel (kleiner als 140° ± 5°). Bezeichnende Schneidezahnbeziehung bei Zahnfachvorstand (bialveoläre → Protrusion, vorgekippte Schneidezähne) oder Pseudoprotrusion (vergrößerter Grundebenenbasiswinkel (→ Basiswinkel), größer als 25°) bei richtiger Achsenstellung der Inzisivi. Teilergebnis des gnathometrischen Befundes am → Fernröntgenseitenbild. [5]

Knirschen: → Bruxismus; unbewußtes Leermahlen der Zahnreihen. → Parafunktionen. [4]

Knirscher|schiene: → Aufbißschiene, → Interzeptor. [4]

Knochen: → Os; feste, elastische Stützorgane des Körpers, die in ihrer Gesamtheit das Skelett bilden; die Härte erhalten sie durch interzellulär eingelagerte Hydroxylapatitkristalle, die Elastizität durch lamellär angeordnete kollagene Fibrillen. Eingeschlossen sind die Knochenzellen (Osteozyten). Makroskopisch besteht der Knochen aus der harten Rinde (Substantia corticalis oder compacta), die von einem schwammartigen Balkenwerk (Subst. spongiosa) ausgefüllt wird; er umschließt das → Knochenmark. Umgeben wird der K. von der Knochenhaut (→ Periost). [9]

Knochen|abbau: → Rarifikation, → Resorption. [2]

Knochen|brüchigkeit: pathol. → Fragilitas ossium congenita/hereditaria/tarda, → Osteodystrophia fibrosa generalisata/localisata, → Osteofibrosis deformans juvenilis, → Osteogenesis imperfecta tarda/congenita, → Osteoporose, → Osteopsathyrose, → Tabes. [2]

Knochen|dys|plasie, fibröse f: → Osteofibrosis deformans juvenilis. [2]

Knochen|entwicklungs|störung: → Dysostose. [2]

Knochen|entzündung: → Osteomyelitis, → Ostitis. [2]

Knochen|ersatz: → Kieferknochenersatz. [18]

Knochen|ersatz|materialien n pl: Materialien zur → Augmentation und zur Füllung ossärer Defekte. Gebräuchlich: vor allem → Hydroxylapatitkeramik, aber auch → Bankknochen. [18]

Knochen|erweichung: → Osteomalazie, → Rachitis. [2]

Knochen|fraß: → Karies. [2]

Knochen|gewebe: histologisches Gewebe, dessen → Interzellularsubstanz zur Hälfte aus Apatitkristallen besteht. Stabilisiert den Körper, dient auch als Kalzium- und Phosphatspeicher. Seine stabilste Form ist der Lamellenknochen (Abb.). [9]

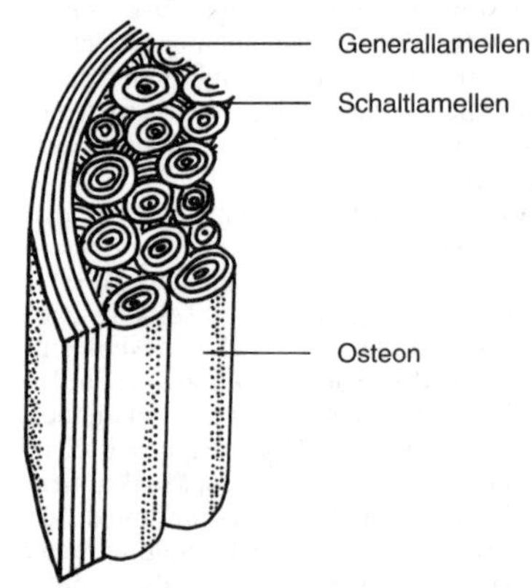

Knochen|granulom, eosino|philes n: eosinophiles Knochenmarksretikulom; mandel- bis pflaumengroße, bei jüngeren Menschen im Schädeldach, seltener im Becken und im Wirbelknochen vorkommende gutartige Gewächse. Nicht selten im Kiefer auftretend (Abb.). Mono- und polyostotisch. Selten in Weichteilen, z.B. Zunge. Histol. bestehend aus einem gefäßhaltigen

Retikelzellennetz, das von eosinophilen Leukozyten und Histiozyten durchsetzt ist. Therapie der lokalen Form der Histiozytosis: Kürettage, fraktionierte Rö.-Bestrahlung, evtl. Kortikoide.

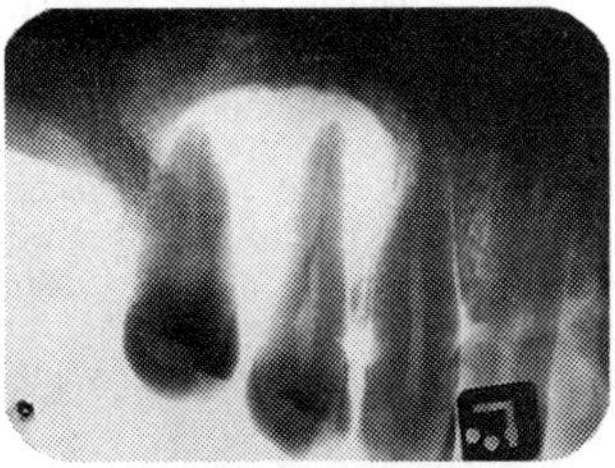

Röntgenaufnahme eines eosinophilen Knochengranuloms im Kieferknochen

Auch Spontanheilung. → Retikulosen. Selten auch als eosinophiles Granulom an der Mundschleimhaut (speziell Lippe, Zungenrücken) lokalisiert, hier meist ulzerierend. [2, 11]

Knochen|haut: → Periost. [9]

Knochen|körperchen: alte Bez. der Knochenzellen, Osteozyten; → Osteoblasten. [9]

Knochen|krankheiten: → Osteopathien. → Osteomyelitis, → Ostitis. [2]

Knochen|mark: das weiche, die Hohlräume der Knochen ausfüllende Gewebe, das, reich an Zellen und Blutgefäßen, in den platten und kurzen spongiösen Knochen dauernd rot aussieht (rotes oder lymphoides Knochenmark), in den langen Röhrenknochen jedoch nach dem 14.-16. Jahr von gelber Farbe ist und im wesentlichen aus Fettgewebe besteht. Das rote K. ist das Organ, in welchem die Erythrozyten und die meisten Leukozyten gebildet werden. Teil des → Retikuloendothelialen Systems. Anat.: Medulla ossium. [9]

Knochen|nagelung: → Marknagelung; → Osteosynthese. [2]

Knochen|plastik f: → Osteoplastik. [2]

Knochen|schwiele: → Kallus. [12]

Knochen|szinti|graphie f: Skelettszintigraphie; nuklearmed. Untersuchungsmethode zur Lokalisation und Bestimmung der Ausdehnung von Bezirken mit erhöhtem Kalziumstoffwechsel. Dient im Kiefer in Ergänzung zum Röntgenbild der Diagnostik von Osteomyelitis, Tumoren, Knochenmetastasen und anderen Osteopathien. Im Mittelpunkt steht das Radiopharmakon Technetium-99m-Diphosphat, ein Gammastrahler mit der physikalischen Halbwertszeit von 6 Stunden. 4 Stunden nach intravenöser Injektion erfolgt die szintigraphische Aufzeichnung in 2 Ebenen. Die Anreicherung der markierten Phosphatverbindung ist an die Durchblutung und die Kalziumeinbaurate des Knochens gebunden. Der Untersuchungsmethode fehlt die Spezifität, so das die Diagnose allein aus dem K. meist nicht möglich ist. Neben pathologischen Prozessen im

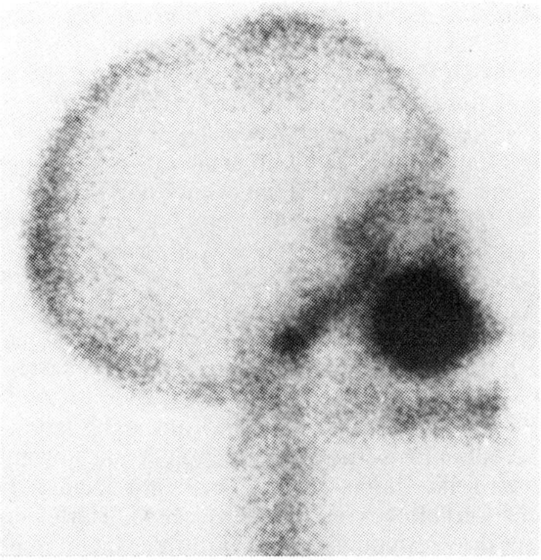

Schädelszintigramm mit entzündlichem Prozeß im Oberkiefer

Knochen stellen sich alle Bezirke mit erhöhtem Knochenumbau dar, physiol. Vorgänge (Wachstum, funktioneller Umbau) ebenso wie reparative Abläufe (Heilung nach Zahnextraktion oder operativem Eingriff). Der besondere Vorteil der K. im Kieferbereich liegt darin, daß sie eine Aussage über die Dynamik (ruhender oder aktiver Prozeß) einer im Röntgenbild diagnostizierten Strukturveränderung liefert (Abb.). [14]

Knochen|taschen: infraalveoläre Parodontaltaschen. Der Ansatz des Taschenepithels befindet sich nach vertikalem Knochenabbau apikal des Limbus alveolaris. Es werden einwandige, zweiwandige und dreiwandige Knochentaschen un-

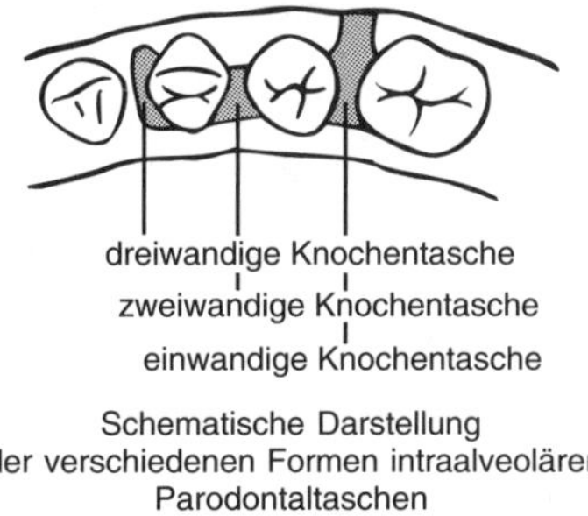

Schematische Darstellung der verschiedenen Formen intraalveolärer Parodontaltaschen

terschieden (Abb.). Bei zirkulärem Knochenabbau entsteht ein → schüsselförmiger Defekt [6]

Knochen|transplantat, autogenes n: Verpflanzung von Knochen des gleichen Individuums, z.B. zur Rekonstruktion des stark atrophierten Kieferkamms oder nach Resektion von Kieferanteilen. Als Entnahmeort für das Transplantat eignen sich Beckenkamm, Rippe, Tibia oder Schädelkalotte. Häufig erfolgt die Transplantation von Knochen im Zusammenhang mit der enossalen Implantation (→ Implantat, enossales); hier dienen die Implantate einerseits der Fixierung des Transplantats in der Empfängerregion und andererseits der Aufnahme von Zahnersatz; → Osteoplastik. [18]

Knochen|transplantation f: → Osteoplastik. [2,6]

Knochen|verbund: → Osseointegration. [18]

Knochen|zellen: Osteozyten; → Osteoblasten. (Abb. → Knochengewebe) [9]

Knoop-Härte|prüfung: ein Eindringhärteprüfverfahren. Als Eindringkörper dient eine unsymmetrische Diamantpyramide, deren Diagonale ein Verhältnis von 7:1 aufweist. Als Härtewert gilt das Verhältnis der Prüfkraft zur Oberfläche des Eindruckes. [4]

Knopf|naht: übliche Wundnaht, bei der jeder Faden einzeln durch beide Wundlefzen geführt und verknotet wird. Der Knoten soll stets an einem Stichkanal und nicht auf der Wundnaht liegen. Vgl. Knotenarten. [2]

Knopf|zähne: → Goldknopfzähne. [4]

Knorpel: → Cartilago; Gewebsart mit fester Zwischensubstanz. Man unterscheidet permanenten K., z.B. an den Gelenken, und transistorischen, der durch Knochen ersetzt wird; hyaliner K. ist glasig durchsichtig, Faserknorpel enthält viele kollagene Fibrillen (K. des Kiefergelenks), elastischer K., Netzknorpel, enthält ein dichtes Netz elastischer Fasern, z.B. an Ohrmuschel, Epiglottis. [9]

Knospen|zustand: knospenartige Anordnung der Zahnkeime der bleibenden Schneidezähne (Ersatzzähne) oralwärts ihrer Milchzahnvorgänger. Vgl. Keimlage der Ersatzzähne, Engstand. [5]

Knotenarten: Knoten für chir. Naht, die bei Zug nicht aufgehen: Weiberknoten, Schifferknoten, chir. Knoten (Abb.). [2]

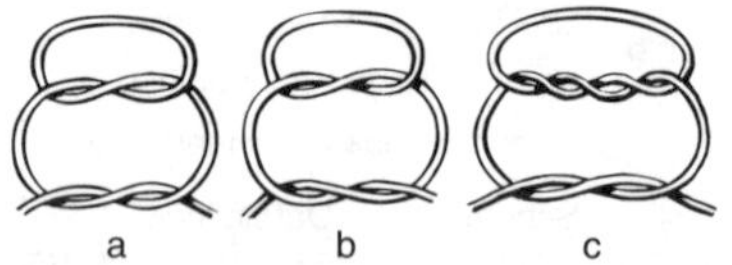

a: Weiberknoten; b: Schifferknoten; c: chir. Knoten.

Koagulations|nekrose f: Form der Gewebsnekrose (→ Nekrose), einhergehend mit Gerinnung des Zelleiweißes und der Gewebsflüssigkeit; tritt bes. in parenchymatösen Organen (Herz, Leber, Niere, Milz) nach Unterbrechung der Blutzufuhr auf (ischämischer Infarkt). Die erste histologisch sichtbare Veränderung imponiert als Kernhyperchromasie (Aggregation des Chromatins an der Kernmembran); nach 2 h ist das Chromatin homogen verklumpt und der Kern geschrumpft (Kernpyknose), das Zytoplasma meist eosinophil; schließlich folgen der hydrolytische Abbau und der Zerfall der Kernsubstanzen (Karyolyse, Karyorhexis; nach ca. 10 h). Sonderformen der K.: 1. → Gangrän; 2. Schorfnekrose: K. der Haut und/oder Schleimhäute mit Ausbildung eines durch Wasserabdunstung und Fibrinexsudation entstehenden, weißlichen abwischbaren Belages; 3. tuberkulöse Verkäsung (käsige Nekrose): K., bei der das nekrotische Gewebe von trockener, brüchiger bis weicher, oft auch schmieriger Beschaffenheit ist (wie trokkener Käse). Die käsige Nekrose ist bes. charakteristisch für die Tuberkulose, kommt aber auch vor bei der → Tularämie, beim Lymphogranuloma inguinale, bei manchen Pilzinfektionen, bei der Syphilis und mitunter in rasch wachsenden Geschwülsten. [32]

Koagulo|pathie f: Blutgerinnungsstörung, die auf einer Störung der Plasmafaktoren beruht. Die häufigsten K.n sind die vererbte → Hämophilie A und B. Männer erkranken zumeist, Frauen sind die Überträgerinnen. Patienten mit manifester K. müssen unter besonderen Vorsichtsmaßnahmen zahnärztlich behandelt werden. Vgl. Blutung, Blutstillung, hämorrhagische Diathese, *Willebrand-Jürgens*-Syndrom. [16,20]

Koagulum (lat.) n: Blutgerinnsel. [32]

Koaptation (lat.) f: Reposition gebrochener oder verrenkter Gliedmaßen durch seitlichen Druck bei gleichzeitigem Zug in der Längsrichtung. [2]

Kobalt n: metall. Element, Symbol Co, Ordnungszahl 27, Atomgewicht 58,97; ist in zahlreichen, in der Zahntechnik verwandten Legierungen (Kobalt-Chrom-Legierungen) enthalten. [23]

Kobalt-Chrom-Molybdän-Legierungen f pl: eisenfreie Legierungen, die als Hauptbestandteile Kobalt, Chrom und Molybdän (ungefähre Zusammensetzung: Co 65%, Cr 30%, Mo 5%) sowie evtl. Zusätze von Nickel, Titan, Kohlenstoff u.a. enthalten. Sie besitzen hohe Härte und hohen → Elastizitätsmodul bei geringer Dehnfähigkeit. Spez. Gewicht ca. 8. Infolge ihrer guten mechanischen Eigenschaften und Korrosionsfestigkeit werden sie für das → Modellgußverfahren (Prothesen, Implantate) angewandt. Die hohe Schmelztemperatur (1.250° bis 1.500 °C) erfordert gipsfreie Einbettmassen. 4

Kobalt|kanone: Kobaltbombe; Gerät zur Fernbestrahlung mit Gammastrahlen des künstlich radioaktiven Kobaltisotopes (Symbol: ^{60}Co). Das Prinzip ähnelt der früher verwendeten Radiumbombe, bei der ^{224}Ra zum Einsatz kam. Ein Bleibehälter enthält die Strahlenquelle; der durch Fernbedienung geöffnete oder verschlossene Austrittskanal richtet die Strahlung auf den Tumor. Industriell gefertigt mit der Bezeichnung Gammatron (Siemens). 14

Koch-Bazillen (Robert K., Begründer der experimentellen Bakteriologie, Berlin, *1843, † 1910) m pl: → Tuberkulosebakterien. *Koch*-Krankheit, Morbus *Koch*: → Tuberkulose. 8

Kocher-Arterien|klemme (Emil T. K., Chir., Bern, *1841, † 1917): Instrument zum Abklemmen, Fixieren oder Vorziehen blutender Gefäße. Die scherenförmige Klemme ist außer der Querriffelung an den Enden gezähnt (Abb.). Vgl. *Péan*-Arterienklemme. 2

Koch-Postulate n pl: müssen erfüllt sein, wenn Erregernatur eines inkriminierten Mikroorganismus gesichert sein soll: 1. Der Keim muß regelmäßig und in so großer Zahl in patholog. Veränderungen vorkommen, daß sich diese aus seiner Gegenwart erklären lassen; 2. Der Keim muß sich auf künstlichen Nährböden in Reinkultur züchten lassen; 3. Mit Reinkulturen müssen sich beim Versuchstier die typischen patholog. Veränderungen hervorbringen lassen. 8

Koch|probe: Eiweißnachweis im Urin; filtrierten Urin aufkochen, tropfenweise verdünnte Essigsäure zugeben. Durch Eiweiß hervorgerufene Trübung verschwindet dann nicht, Erdalkaliphosphate und ausgefallene Karbonate gehen in Lösung. 34

Koch|salz: Natriumchlorid, Natrium chloratum, NaCl; kommt als Steinsalz in mächtigen Lagern vor, ferner gelöst im Meerwasser, das 2,6% K. enthält, sowie in vielen Quellen (Solquellen); es ist Bestandteil der Pflanzenasche und findet sich in allen Körperflüssigkeiten des Menschen und der Tiere, namentlich in Blut und Harn. 23

Koch|salz|fluoridierung: Anreicherung des Kochsalzes mit Fluorid. Kariesprophylakt. optimal sind 250 mg F/kg Salz. Vgl. Fluoridprophylaxe. 15

Koch|salz|lösung, physiologische: 0,9%ige Lösung von NaCl in Wasser, dem Gehalt des Blutserums entsprechend (isotonisch). 23

Kode|hydrase f: → Kozymase. 23

Koenzyme n pl: Bestandteile von Enzymen. Viele Enzyme (sog. → Holoenzyme) bestehen aus dem → Apoenzym (hochmolekularer Eiweißkörper) und dem Koenzym (niedermolekulare Gruppe, die den Reaktionstyp festlegt). Kovalent gebundene K. wurden früher als prosthetische Gruppe bezeichnet. Bei den K.n handelt es sich häufig um Vitamin-Derivate. Vitamine als Koenzym in „aktiver“ Form, z.B. B_1 als TPP (→ Thiaminpyrophosphat) oder B_2 als FAD = (Flavinadenindinukleotid) oder Nikotinsäure als NAD (Nikotinsäureamidadenindinukleotid). 23

Kofermente n pl: ältere Bezeichnung für → Koenzyme. 23

Kofferdam (engl.) m: 1894 von *S. C. Barnum* eingeführtes, etwa 15 cm^2 großes hochelastisches Gummituch zur absoluten Trockenlegung einzelner Zahnkronen oder ganzer Zahngruppen durch dichten Abschluß an den Zahnhälsen entlang dem Zahnfleischrand. Der Gummi wird entsprechend der Zahl trockenzulegender Zähne mit

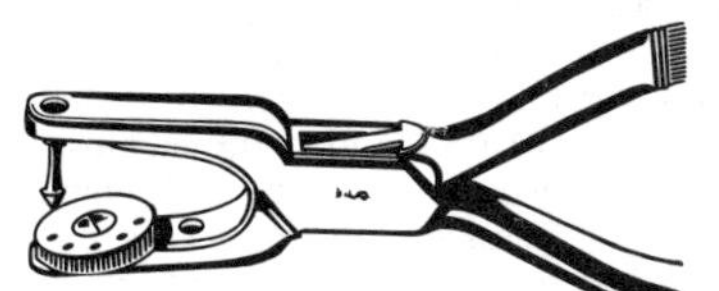

Kofferdamzange

einer speziellen einstellbaren Lochzange (Abb.) perforiert, übergezogen und mit Seidenfäden oder → Kofferdamklammern gesichert. Zur Fernhaltung von Speichel und feuchter Atemluft bei Pulpa- und Wurzelkanalbehandlung, Kunststoff- und → Goldklopffüllungen. 1

Kofferdam|klammer: federnde Metallbügel, den Zahnformen entsprechend geformt zur Fixierung des Gummituchs bei der Trockenlegung der Zähne (Abb.). 1

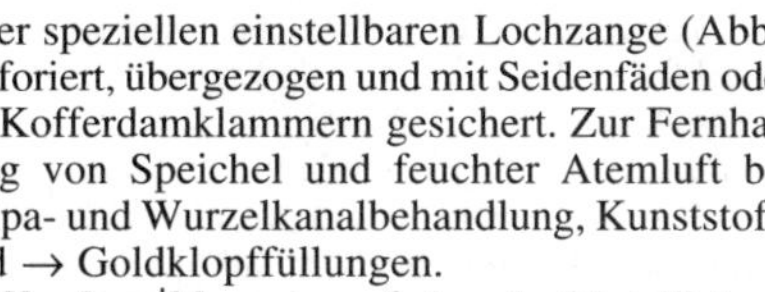

Kofferdamklammern für verschiedene Zahnformen

Kognition (lat.) f: Sammelbegriff für bewußte psychische Vorgänge, insbesondere des Erkennens, Bewertens, Urteilens, Denkens und Planens. Der Begriff wird v.a. in Abgrenzung zu eher reflex- oder gefühlsbetonten sowie unbewußten psychischen Vorgängen gebraucht. [33]

Kohärenz (lat.) f: definierte, räumlich und zeitlich feste Beziehung zwischen den Phasen sich ausbreitender elektromagnetischer Wellen, die physikalisch als Kohärenzgrad und als Kohärenzlänge darstellbar ist. Neben der → Monochromasie ist die K. eines der wesentlichen Unterscheidungsmerkmale zwischen Laserstrahlung und i.d.R. inkohärentem, natürlichem Licht. Die K. ist die Grundvoraussetzung für die Interferenz zweier elektromagnetischer Wellen z.B. in der → Laserholographie; vgl. Laser. [31]

Kohäsion (lat.) f: phys. das durch Anziehungskräfte bewirkte Zusammenhalten der verschiedenen Moleküle eines Körpers. [10]

Kohle: kohlenstoffreiches Zersetzungsprodukt organ. Substanzen. Natürlich vorkommende K. (Stein- und Braunkohle) ist pflanzlichen Ursprungs. Künstliche K. wird durch Erhitzen organ. Substanzen unter Luftabschluß gewonnen. Je nach Ausgangsmaterial unterscheidet man Holzkohle, Knochenkohle, Blutkohle usw. [10, 23]

Kohle|hydrate n pl: → Kohlenhydrate. [23]

Kohle|keramik f: glasartiger Kohlenstoff. Implantationsmaterial mit ausgezeichneter Verträglichkeit (reaktionslos). [4]

Kohlen|dioxid n: CO_2, nicht brennbares, farbloses Gas, das bei vollständiger Verbrennung von Kohlenstoff gebildet wird. [23]

Kohlen|di|sulfid n: Schwefelkohlenstoff, CS_2. Farblose, stark lichtbrechende und sehr giftige Flüssigkeit. Fauliger Geruch. Leicht entzündbar! Verwendung als Extraktions- und Lösungsmittel für viele organ. Verbindungen, z.B. Fette, Harze, Kautschuk. [23]

Kohlen|hydrate n pl: Kohlehydrate; Verbindungen des Kohlenstoffs und zwar die primären Oxidationsprodukte höherer Alkohole und ihre Kondensationsprodukte. Wichtigste Vertreter dieser Gruppe von Kohlenstoffverbindungen sind die Zucker sowie Stärke und Zellulose. Entsprechend ihrer allg. Formel $C_n(H_2O)_n$ wurden diese Verbindungen früher als → Hydrate des Kohlenstoffs aufgefaßt. Nach ihrer Molekülgröße unterscheidet man: 1. Monosaccharide: einfache (monomolekulare) Kohlenhydrate. Sie werden als Aldehydzucker oder Aldosen bzw. Ketozukker oder Ketosen bezeichnet, je nachdem, ob sie eine → Aldehyd- bzw. Ketogruppe (→ Ketone) enthalten. Zur Angabe der Anzahl der im Molekül vorhandenen Kohlenstoffatome, werden griech. Zahlwörter benutzt. So wird z.B. ein 5 bzw. 6 Kohlenstoffatome enthaltendes Monosaccharid als Pentose bzw. Hexose bezeichnet. Falls die chem. Natur und die Anzahl der Kohlenstoffatome gleichzeitig kenntlich gemacht werden sollen, werden die beiden Bezeichnungsweisen kombiniert. Man spricht dann also von Aldohexosen, Ketohexosen usw. 2. Oligosaccharide: Kohlenhydrate, die aus wenigen, zahlenmäßig bekannten Monosaccharidmolekülen bestehen. Meist handelt es sich um 2 (Disaccharide), weniger häufig um 3 (Trisaccharide) und selten um 4 (Tetrasaccharide) Monosaccharidmoleküle. 3. Polysaccharide: → hochpolymere Verbindungen, die von einer Vielzahl von Monosaccharidmolekülen gebildet werden. Im Gegensatz zu den Mono- und Oligosacchariden schmekken sie nicht süß. [23]

Kohlen|hydrat|stoff|wechsel: → Kohlenhydrate haben im Organismus vielfältige Funktion: 1. als unmittelbare Energiequelle für fast alle Zellen, ganz bes. im Hirn; 2. als Energiereserve (→ Glykogen); 3. als Stützsubstanz (Polysaccharide in Knochen, Knorpel, Bindegewebe); 4. mit spezifischen Aufgaben als Mukopolysaccharide in den Blutgruppensubstanzen, Schleimstoffen, gerinnungshemmenden Stoffen (Heparin), im Immungeschehen. Mit der Nahrung in verschiedenster Form zugeführt, werden die Kohlenhydrate hydrolytisch zu Monosacchariden abgebaut (α-Amylase von Ohr- und Bauchspeicheldrüse, Galaktosidase u.a. Enzyme), die aktiv resorbiert werden. Trotz ständig wechselnden Angebots wird der Blutzuckerspiegel relativ konstant um 100 mg-% gehalten, wobei die Leber durch Auf- oder Abbau von → Glykogen überragende Bedeutung besitzt. Notfalls findet eine Glukoneogenese (Zuckerbildung aus Nicht-Kohlenhydraten, z.B. → Aminosäuren), statt. Untereinander sind die Zucker vielseitig verwandelbar, wobei das Glukose-6-Phosphat eine zentrale Rolle spielt. Es ist auch der Ausgangspunkt des energieliefernden Abbaus, der als oxidative Phosphorylierung oder anaerobe Glykolyse möglich ist. Ersteres setzt das Vorhandensein von Sauerstoff voraus, 1 → Mol. → Glukose liefert 38 Mol. ATP. Endprodukte sind Kohlendioxid und Wasser. Wesentlich unwirtschaftlicher und nur mehr Notfallmechanismus bei Sauerstoffmangel, ergibt der zweite Weg lediglich 2 Mol. ATP pro Mol. Glukose, Endprodukt ist Milchsäure, die zu unerwünschter → Azidose, führt. Zahlreiche → Hormone sind entscheidend an der komplizierten Regulation des

K.s beteiligt, so Insulin, Adrenalin, Glukagon, Nebennierenrinden- und Hypophysenvorderlappenhormone. Wesentlichste Störung des K.s: → Diabetes mellitus. [23]

Kohlen|oxid n: Kohlenmonoxid, CO. Giftiges, farb- und geruchloses Gas, das durch Verbrennung von Kohlenstoff bei ungenügender Luftzufuhr entsteht. Seine Toxizität beruht darauf, daß es vom → Hämoglobin des Blutes gebunden wird, woaus eine Beeinträchtigung von dessen Fähigkeit, Sauerstoff anzulagern, resultiert. Dies führt zur Erstickung. [23]

Kohlen|säure: → Hydrat des Kohlendioxids H_2Co_3. In freiem Zustand nicht existenzfähige schwache Säure, die beim Einleiten von Kohlendioxid in Wasser entsteht. Als zweibasige Säure bildet sie zwei Reihen von Salzen: saure Karbonate, $MeHCO_3$, und neutrale Karbonate, Me_2CO_3. (Me ist jeweils ein einwertiges Metall). [23]

Kohlen|säure|anhydrase f: Karboanhydrase; Enzym, das die Hydratisierung des Kohlendioxids zu Kohlensäure bewirkt. Sie ist unmittelbar an der Pufferwirkung des Speichels beteiligt. Katalysiert die Reaktion $CO_2 + H_2O \rightleftharpoons H_2CO_3$. [23]

Kohlen|stoff: nichtmetallisches Element, Symbol C (Carboneum), Ordnungszahl 6, Atomgewicht 12,01. Vorkommen in elementarem Zustand in zwei kristallisierten Modifikationen (→ Allotropie), nämlich als Diamant und Graphit. Wesentlichster Bestandteil aller pflanzlichen und tierischen Organismen. [23]

Kohlen|wasser|stoffe: nur aus Kohlenstoff und Wasserstoff bestehende organ. Verbindungen. [23]

Kohorte (lat.) f: in der → Epidemiologie und → empirischen Sozialforschung gebrauchter Ausdruck für eine Gruppe oder → Stichprobe einer → Population, die über einen bestimmten Zeitraum untersucht wird. [26]

Koil|ony|chie f: Löffelnagelbildung, teils familiär konstitutionell bedingt, teils Symptom eines Eisenmangelzustandes. → *Plummer-Vinson*-Syndrom. [12]

Kokain (indian.-span.) n: Alkaloid aus Erythroxylon coca; offizinell Cocainum hydrochloricum, oberflächenwirksames Lokalanästhetikum. Suchtgefahr! Betäubungsmittelgesetz!

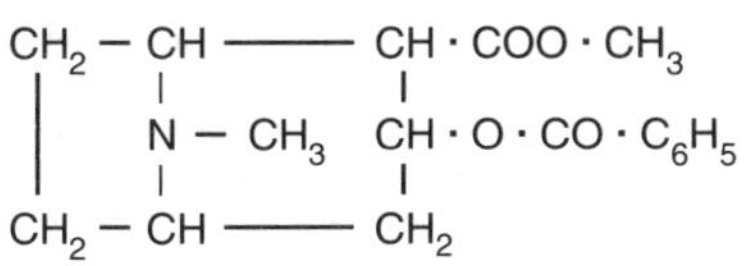

Strukturformel des Kokains

Farblose Prismen, leicht wasserlöslich. Anwendung auf Schleimhäuten in 2-, 5-, 20%iger Lösung (Abb.). [2]

Kokarboxylase f: → Koenzym des Hefeenzyms (→ Dekarboxylierung), wichtig für alkoholische Gärung und Kohlenhydratstoffwechsel, dekarboxyliert Brenztraubensäure zu Azetaldehyd. [23]

Kokken (gr.) m oder f pl, sing Kokkus oder Kokke: kugelförmige Spaltpilze, keine Sporen bildend. Gramnegativ: Gonokokken, Meningokokken, Neisseria catarrhalis, Neisseria flava u.a. Neisseria-Arten. Grampositiv: Staphylokokken, Streptokokken, Pneumokokken, Sarzinen. → Bakteriensystematik. [8]

Kolben|schimmel: Gattung Aspergillus der Askomyzeten; A. fumigatus selten Erreger von Mykosen des Gehörgangs, der Lungen u.a. Organe; A. flavus Produzent des Aflatoxins (vgl. Mykotoxine). [8]

Köle-Progenie|operation (Heinrich K., zeitgen. Kieferchir., Graz) f: bogenförmige Ostektomie am aufsteigenden Ast und Rückverlagerung des Unterkiefer-Körpers (Abb.). Speziell bei zu langem aufsteigendem Ast und flachem Kieferwinkel. [2]

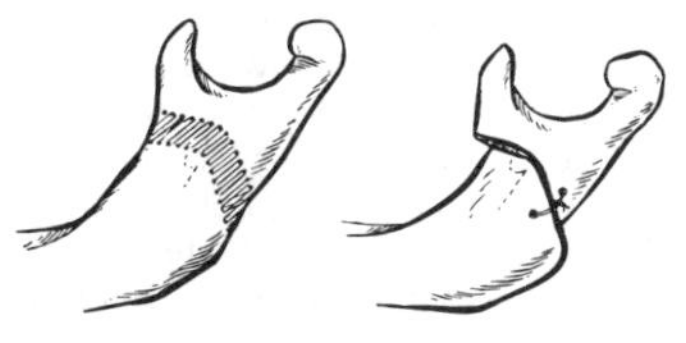

Koli|bakterien f pl: Escherichia coli, Kolonbakterien. Normale Darmbewohner bei Mensch und Tier, vor allem des Dickdarms. Gramnegative Stäbchen, die Kohlenhydrate aerob zu $CO_2 + H_2O$ und anaerob zu Milchsäure vergären. Helfen vor allem beim Abbau von Polysacchariden, schließen dadurch z.B. das Getreidekorn auf, so daß Pflanzeneiweiß und -vitamine für den Körper ausnutzbar werden. Bilden daneben Vitamine des B-Komplexes, Vitamin K und Pantothensäure. Können außerhalb des Darmes Erkrankungen (Cholezystitis, Zystopyelitis, Meningitis u.a.) hervorrufen; bestimmte Serotypen auch innerhalb des Darmes (Kolidyspepsie der Säuglinge, Reisediarrhöe). [8]

Kolik f: krampfartig auftretender Leibschmerz. [20]

Koli|titer m: Gehalt einer Flüssigkeit an Kolibakterien. Trinkwasser: in 100 ml *darf* Escherichia coli nicht nachweisbar sein. Koliforme Keime *sollen* in 100 ml nicht enthalten sein. (Trinkwasserverordnung i.d. Fass. v. 25.7.1980) Das Vorkommen von Kolibakterien im Wasser zeigt an, daß es durch Darminhalt verunreinigt wurde und ist Indikator dafür, daß in gleicher Weise eine Verunreinigung mit pathogenen Darmbakterien erfolgt sein könnte. Kolibakterienhaltiges Wasser ist als Trinkwasser unbrauchbar. 8

Kolizine n pl: proteinartige antibiotisch wirkende Stoffe, die von → Kolibakterien gebildet werden und gegen andere Stämme gleicher oder engverwandter Arten wirken. Ähnliche Stoffe, mit dem Sammelnamen Bakteriozine bezeichnet, werden auch von anderen Bakterien gebildet (Pyozin von Pyozyaneusbakt., Pneumozin von Klebsiella pneumoniae u.a.). Bakteriozinbildung wird durch ein → Episom gesteuert. 8

Kolla|gen (gr.) n: (Adj. kollagen: leimgebend bzw. aus K. bestehend); Sammelbegriff für Proteine. Sie bilden u. a. die kollagenen Fasern, die in Knorpel, Knochen und Dentin den geformten Teil der Grundsubstanz darstellen (→ Fasern, kollagene). Die Grundstruktur ist eine Aminosäurenfolge aus Glyzin, Prolin und einer dritten, nicht definierten Aminosäure (Gly-Pro-X), meist als α-Helix (schraubenartige Verdrehung von Kettenmolekülen) unter Vermittlung von Glykosaminoglykanen zu Filamenten und Fibrillen aggregiert. Heute sind 12 Typen bekannt. Typ I ist → ubiquitär im Bindegewebe und Knochen, Typ II nur im hyalinen Knorpel, Typ III in geringerer Menge im Bindegewebe und an Gefäßen, Typ IV überwiegend in der → Basallamina zu finden. K. hat in Faszien, Sehnen und Gelenken überwiegend mechanische Funktion (→ Bindegewebe). 6, 9, 22

Kolla|genase f: Kollagen abbauendes Enzym. 8

Kolla|genosen f pl: nichtinfektiöse, entzündliche Systemerkrankungen des Bindegewebes und der kleinen Gefäße mit pathol. Immunphänomenen als besonderem Merkmal. 20

Kollaps (lat.) m: Zusammenbruch der Lebensfunktion, Zusammenfallen eines Organs bzw. Organteils. Kreislauf-K.: heute nicht mehr gebräuchliche Bezeichnung für akute Kreislaufinsuffizienz (→ Ohnmacht) bei Herabsetzung des peripheren Widerstandes durch nachlassenden Vasomotorentonus und bei Gefäßdilatation. → Schock. Lungen-K.: Zusammenfallen der Lungen z.B. bei Perforation des Pleuraraumes (Pneumothorax). 34

Kollaps|stadium n: Stadium IV der Äthernarkose. → Narkose. 2

kollateral: seitlich gelegen, benachbart. 9

Kollateral|kreis|lauf: seitliche Gefäßbahnen, Nebenäste, die bei Störungen in der Hauptbahn die Weiterführung des Blutes übernehmen. 20

Kollegialität f: in der → Berufsordnung definierte → Berufspflicht. Danach hat der Zahnarzt seinen Kollegen Achtung zu erweisen, herabsetzende Äußerungen über sie zu unterlassen, nicht eine angeblich bessere oder billigere Hilfeleistung anzubieten als seine Kollegen, Vertretung, Notfalldienst, Überweisungsbehandlung oder Begutachtung nicht über das notwendige Maß hinaus auszudehnen, den von einem Kollegen erbetenen Beistand nicht ohne zwingenden Grund abzulehnen, nicht einem Kollegen oder einer Krankenanstalt gegen Entgelt Patienten zuzuweisen und Arbeitskräfte eines Kollegen nicht abzuwerben. 24

Kollektiv (lat.) n: Teil einer → Population. 26

Kollektiv|prophylaxe f: Maßnahmen zur vorbeugenden Gesundheitspflege für große Gruppen der Bevölkerung, die keine aktive Mitarbeit des Individuums voraussetzen, z.B. Trinkwasser- und Kochsalzfluoridierung zur → Kariesprophylaxe. 15

Kollektor (lat) m: unterteilter Schleifring an Elektromotoren, von dem der Strom durch Schleifkontakte (Kohlen) abgenommen und den Feldmagneten zugeführt wird, die nun ihrerseits den Anker in Drehbewegung versetzen. Entspr. bei Generatoren (Dynamos). 10

Kolliquations|nekrose f: Art der → Nekrose, bei der es nach anfänglicher Gewebsschwellung zur raschen enzymatischen Auflösung und Verflüssigung des nekrotischen Materials kommt. Vorkommen: in Geweben, in denen nur wenige koagulierbare Proteine vorhanden sind (Gehirn, Rückenmark, Fettgewebe) oder Proteasen als Sekretprodukt gebildet werden (Pankreas), sowie nach Laugenverätzung infolge alkalischer Hydrolyse. Vgl. Koagulationsnekrose. 32

Kollo|ide (gr.) n pl: fein verteilte, aber nicht vollständig gelöste Teilchen. Substanzen, die (wie z.B. Leim) keine echten, sondern kolloidale Lösungen bilden. Letztere zeichnen sich dadurch aus, daß die in ihnen befindlichen Teilchen bes. fein verteilt sind (Teilchendurchmesser 10^{-5} und 10^{-6} cm). Ferner üben sie keinen meßbaren osmotischen Druck (→ Osmose) aus und sind nicht imstande, durch eine auf beiden Seiten von Lösungsmittel bedeckte Membran, z.B. Pergamentpapier, zu diffundieren. Weiter ist für kolloidale Lösungen der → *Tyndall*-Effekt charakteristisch. Durch geeignete Zusätze, manchmal auch durch einfaches Aufkochen, können sie ausgeflockt (koaguliert) werden. Sie sind wie echte Lösungen durchsichtig und laufen (im Gegensatz zu → Emulsionen und → Suspensionen) durch Filtrierpapier unverändert hindurch. 23

kollo|ide Degeneration: → Degeneration, kolloide. [32]
Kolloid|lösung f: Infusionslösung, die ausschließlich bei massiven → Blutungen indiziert ist. Hauptsächliche Nebenwirkung ist die Gefahr eines → anaphylaktischen Schocks. Vgl. Infusion. [16]
Kollum|fraktur f: am Unterkiefer häufige Bruchstelle im Halsteil der Processus condylaris. Im allg. keine Therapie erforderlich. [2]
Kollum|winkel: Winkel, der von den Längsachsen der Wurzel und der Krone eines Zahnes gebildet wird. [5, 30]
Kolmer-Reaktion (John A. K., Pathol., Philadelphia, *1866, † 1962) f: modifizierte → Komplementbindungsreaktion, heute nach Syphilisbehandlung zur Verlaufskontrolle eingesetzt, → VDRL-Test. [12]
Kolobom (gr.) n: Koloboma; angeborener Spalt, z.B. der Iris oder der Augenlider, auch des Gaumens. [3]
Kolon (gr.) n: Colon, Grimmdarm. → Darm. [9]
Kolonie (lat.) f: die auf festem Nährboden wachsenden Mikroorganismen, Zellgemeinschaft, makroskop. erkennbar. Größe, Form, Farbe, Oberfläche sind typisch für die jeweilige Keimart. [8]
Kolori|meter n: Apparat zum Vergleich von Farbwerten. [10]
Kolorit (lat.) n: Hautfarbe. [12]
Kolpo|skop n: dem spez. Zweck angepaßte Vergrößerungsoptik mit koaxialer Beleuchtung, dient der Erkennung krebsartiger Veränderungen der Scheidenschleimhaut. Auch für die Mundschleimhaut verwandt. [11]
Kolumella (lat.) f: → Columella. [2]
Koma (gr.) n: massive → Bewußtseinsstörung, die zum Verlust der Schutzreflexe und zur Störung der → Vitalfunktionen führen kann. Ursachen können sein: → Intoxikation, metabolische, endokrinologische, zerebrale und kardiorespiratorische Störungen. Unabhängig von ursächlichen Behandlungsansätzen muß bei jeder → Bewußtseinsstörung die Aufrechterhaltung und ggf. Wiederherstellung der → Vitalfunktionen im Mittelpunkt der Therapie stehen: Eine Verlegung der Atemwege durch die zurückfallende Zunge kann eine zerebrale → Hypoxie mit fatalen Folgen bedingen. Vgl. Atemstillstand, Aspiration, Intoxikation, Intubation, Herz-Lungen-Wiederbelebung, Somnolenz, Sopor. [16, 33]
Kombinations|head|gear n: Kombination einer funktionskieferorth. Apparatur, z.B. eines → Aktivators, mit einem → Headgear (Abb.). Mitte der sechziger Jahre wurden die separaten Apparaturen bereits kombiniert angewendet. Mitte der siebziger Jahre wurde von *Teuscher* und *Witt* der extraorale Zug direkt am bimaxillären Gerät appliziert. Dadurch wirken eine bestimmte Kraftrichtung und Kraftintensität auf das funktionskieferorth. Gerät und somit auf die Zähne und den gesamten Oberkiefer ein. Die

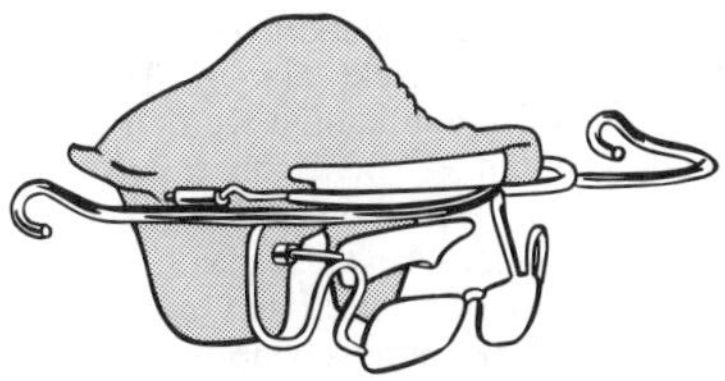

[21]

Kraftrichtung soll bei der sog. Headgear-Aktivator-Therapie von den Frontzähnen schräg nach oben gerichtet sein. Der Oberkiefer soll in seiner → Wachstumsrichtung gebremst und auf die oberen Frontzähne eine intrudierende und retrudierende Kraft ausgeübt werden. Gleichzeitig soll auch eine Rotation des Oberkiefers möglich sein. [5]
Kombinations|präparat n: Mischpräparat; Arzneimittel, das mehrere Wirkstoffe in fixer Kombination enthält. Fixe Arzneistoffkombinationen sind nur dann sinnvoll bzw. gerechtfertigt, wenn alle Kombinationspartner zum therapeut. erwünschten Erfolg beitragen, sich in ihrem molekularen Wirkungsmechanismus unterscheiden, gleiche pharmakokinet. Eigenschaften haben und sich in der Organotropie der Toxizität unterscheiden. [7]
Kombinations|prothese f: prothetische Versorgung, bei welcher ein herausnehmbarer Sattelteil (Schalt- oder Freiendsattel) mit einem festsitzenden Ankerteil (Brücke, Steg) „kombiniert" ist; z.B. eine Frontzahnbrücke, kombiniert mit einer parodontal-gingival gelagerten Freiendprothese. Die Verbindung zwischen den beiden Prothesenteilen erfolgt mittels → Verbindungselement. [4]
Komedonen (lat.) m pl: „Mitesser" (früher für Parasiten gehalten); schwärzliche (Melanin) Hornpfröpfe in Ausführungsgängen der → Talgdrüsen. → Akne vulgaris. [12]
Komma|bazillen m pl: → Vibrionen. [8]
Kommensalen m pl: Gastbakterien, Mitfresser, sind weder Parasiten noch Symbionten, leben von der Nahrung des Wirtes, ohne ihn zu schädigen. Am unrechten Ort können sie jedoch gefährlich werden (Koliperitonitis, -zystitis usw.). [8]
Komminutiv|fraktur f: Trümmerbruch, meist infolge Schußverletzung oder schweren Unfalls. [2]

Kom|missur (lat.) f: Commissura; Nervenfaserbündel, die symmetrische Anteile des Zentralnervensystems miteinander verbinden. [9]
Kommotio (lat.) f: Erschütterung. → Commotio. [2]
Kommunikation (lat.) f: **1.** a l l g .: Verbindung, z.B. zwischen Nerven, Röhrensystemen. I.e.S. Übermittlung von Informationen (ein- oder zweiseitig, direkt oder indirekt, also mit Hilfe techn. Geräte). Die Kommunikanten werden als „Sender" und „Empfänger" bezeichnet. **2.** S o z i a l - p s y c h o l .: K. zwischen Individuen umfaßt nicht lediglich den Austausch von Sachinformationen, sondern die beteiligten Individuen reagieren auf der Beziehungsebene, selektieren die Inhalte und verkehren auf mehreren Ebenen (Metakommunikation) miteinander, und zwar mit bestimmter Intention. K. in diesem Sinne hat immer eine Vorgeschichte. Man kommuniziert selbst dann, wenn man K. verweigert, indem man etwa nonverbal die mangelnde Bereitschaft signalisiert. [34]
Kompakta (lat.) f: Kurzform für Substantia compacta; die feste Substanz der Knochenrinde im Gegensatz zur → Spongiosa. [9]
Kompartiment (ital.) n: Pharmakokinetik: imaginäre dreidimensionale Einheit, die durch die Konzentration des Stoffes (z.B. eines → Pharmakons) und durch das Volumen des K.s charakterisiert ist. M = C x V; M = Menge des Stoffes in mg, C = Konzentration des Stoffes in mg/ml, V = Volumen des K. in ml. [7]
Kompartiment-Modelle, pharmako|kinetische n pl: dienen zum Beschreiben der quantitativen Prozesse der Arzneistoff-Disposition im Körper. [7]
Kompartiment, peripheres n: unter pharmakokinet. Gesichtspunkten Bez. für alle Organe und Gewebe, in denen der Übergang eines Stoffes (z.B. eines → Pharmakons) aus dem zentralen K. (→ K., zentrales) mit meßbarer Geschwindigkeit erfolgt. Die Zeitspanne bis zur Einstellung eines Gleichgewichts zwischen dem zentralen und peripheren K. kann zwischen Minuten und mehreren Stunden liegen (Zwei-Kompartiment-Modell). [7]
Kompartiment, tiefes n: unter pharmakokinet. Gesichtspunkten Bez. für alle Gewebe, in die die Invasion eines Stoffes (z.B. eines → Pharmakons) aus der system. Zirkulation sehr langsam erfolgt und aus denen der Stoff auch nur langsam wieder herausdiffundiert. Beispiele für tiefe Kompartimente sind Speicherräume wie z.B. Fett- und Knochengewebe. [7]
Kompartiment, zentrales n: unter pharmakokinet. Gesichtspunkten Bez. für alle Organe und Gewebe, die mit dem system. Kreislauf im momentanen Gleichgewicht stehen (Ein-Kompartiment-Modell). [7]
Kompatibilität (lat.) f: Verträglichkeit, z.B. von Arzneimitteln, Transplantaten, Implantaten, etc. → Biokompatibilität. [18]
Kom|pensation f: Ausgleich; wechselseitige Aufhebung entgegengesetzt wirkender, gleichgroßer Kräfte. [5]
Kompensations|kurve f: → *Spee*-Kurve. [4]
Komplement (lat.) n: thermolabile Gruppe von Serumeiweißkörpern, teils von Enzymcharakter, die von Antigen-Antikörper-Komplexen gebunden werden (*Ehrlich* und *Morgenroth*). Bisher 11 Komponenten bekannt, die in einer bestimmten Reihenfolge reagieren. Mit Anheftung des letzten Faktors entsteht ein Enzym, das Zellwände (Erythrozyten, Bakterien) zur Auflösung bringt. Stellt das Antigen keine Zelle dar, so bleibt Komplementbindung unsichtbar. [8]
Komplementär|luft: Luftmenge (1.500 bis 2.500 ccm), die nach ruhigem Einatmen zusätzlich durch einen tiefen Atemzug aufgenommen werden kann. → Vitalkapazität. [10]
Komplement|bindungs|reaktion f: Abk. KBR (*Bordet* und *Gengou*, 1901); Antigen-Antikörper-Reaktion unter Verbrauch von → Komplement. Da in zellfreien Systemen keine sichtba-

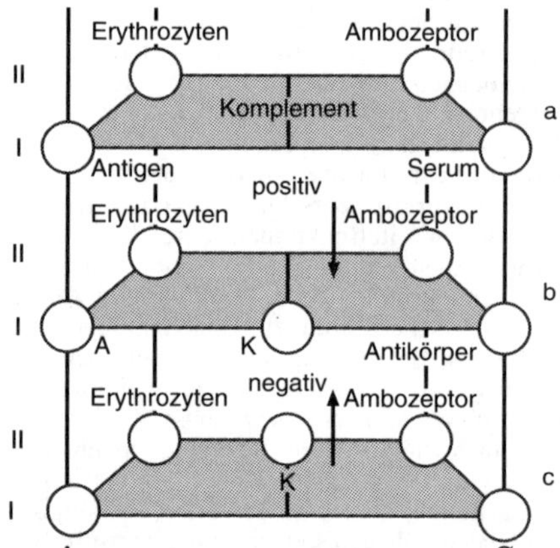

I bakteriolyt. System; II hämolyt. System; a) beide Systeme unvollständig; Komplement nicht fixiert; b) bakteriolyt. System durch Komplementfixierung vervollständigt, Erythrozyten nicht gelöst: KBR positiv; c) hämolyt. System durch Komplementfixierung vervollständigt, Erythrozyten gelöst; KBR negativ. [84]

ren Veränderungen auftreten, wird bei der diagnostischen KBR ein Indikatorsystem zugesetzt, das aus Schaferythrozyten (Antigen) und Immunserum gegen diese vom Kaninchen (→ Ambozeptor) besteht (hämolytisches System). Tritt Hämolyse der Hammelblutkörperchen ein, so ist das Komplement im Patientensystem unverbraucht und die Reaktion negativ (Abb.). Ausgenutzt zum Nachweis von Antikörpern bei Syphilis, Brucellosen, Virusinfektionen u.a. 8

Komplex|gebühr: Zusammenfassung auch einzeln ausführbarer und abrechenbarer Leistungen; im vertragszahnärztlichen Bereich nur bei der kieferorth. Behandlung. 25

Komplex|verbindungen: chemische Verbindungen höherer Ordnung, die durch Zusammentritt von → Molekülen oder → Ionen entstehen. Sie sind dadurch charakterisiert, daß sie beim Lösen in Wasser nicht bzw. sehr wenig (starke K.) oder teilweise (schwache K.) in ihre Bestandteile zerfallen, so daß die zum Nachweis letzterer üblichen Reaktionen ausbleiben oder nur sehr schwach ausfallen. 23

Komplikation (lat.) f: unerwartete, ungünstige Entwicklung, z.B. eine neue Krankheit, die zu einer vorhandenen hinzutritt. 2

komplizierte Brüche: Knochenbrüche, bei denen die Fragmente mit der Außenwelt in Verbindung stehen, also offene Brüche. Kieferbrüche sind durch Risse in der straff dem Knochen anhaftenden Schleimhaut meist kompliziert und damit infiziert. 2

Komponente (lat.) f: Bestandteil. 23

Komposit (engl.) n: Composite; aus mehreren Komponenten zusammengesetzter zahnfarbener Füllungswerkstoff für den Frontzahnbereich. Die Eigenschaften des Matrixkunststoffes werden durch Beimengung von bis zu 80% Füllstoffen verbessert. Die Matrix besteht aus kreuzvernetztem Kunststoff auf Epoxidmethylmetakrylatbasis (sog. *Bowen*-Formel) mit geringer Löslichkeit. Als Füllstoffe dienen Glas, Quarz oder Keramik. Unterschieden werden Makrofüller (Partikelgröße 1-100 µm) und Mikrofüller (Partikelgröße 0,4-1 µm). Hybridkomposits enthalten Makro- und Mikrofüller aus splitter- oder kugelförmigem Vorpolymerisat. Die Aushärtung erfolgt durch beigemischte Katalysatoren, die mit einer spez. Lichtquelle aktiviert werden. Vgl. adhäsive Restauration. 1

Kompositions-Abform|massen: thermoplastische Wachs-Harz-Gemische. → Abformmaterialien. 4

Kompresse (lat.) f: Verbandstück zum Auflegen auf Wunden. 2

Kompression f: Zusammenpressung. In der Kieferorth.: → Kompressionsanomalien, → Schmalkiefer, → Schmalstand. 5

Kompression, digitale f: Verfahren zur Stillung von starken, arteriellen → Blutungen. Die d. K. wird an typischen Stellen durchgeführt: Aa. subclavia, brachialis, axillaris, femoralis und poplitea. Vgl. Abbindung, Blutstillung, Druckverband, Dehydratation (Volumenverlust). 16

Kompressions|abdruck: Kieferabdruck, bei dem mit individuellem Löffel und zäher Abdruckmasse auf die nachgiebige Schleimhaut ein Druck ausgeübt wird. Art des → Funktionsabdrucks. 4

Kompressions|anomalien f pl: Anomalien, die sich durch eine anomale Schmalheit des Gaumens (→ Kieferkompression) auszeichnen. Diese ist gekennzeichnet durch die über die Durchschnittsmaße gehende Annäherung der Seitenzahnreihen an die → Raphe-Median-Ebene. Sie werden unterteilt in solche mit → Protrusion der oberen Front (engstehend oder lückig) und solche mit frontalem → Engstand bei → Neutralbiß, bei → Distalbiß und bei → Kreuzbiß. 5

Kompressions|form: beim oberen 2. Molaren vorkommender Kronentyp, dessen distovestibulärer und mesiolingualer Höcker durch eine Schmelzleiste miteinander verbunden sind. Der Kronenumriß erscheint annähernd ellipsenförmig. 30

Kompressions|fraktur f: Stauchungsbruch. 2

Kompressions|implantat, sub|peri|ostales n: Modifikation des einfachen → Gerüstimplantates, das zur Ausschaltung von Relativbewegungen zwischen → Implantat und Knochen mit dem Knochen verschraubt wird. Hohe Mißerfolgsrate. 18

Kompressions|osteo|synthese f: Osteosynthese, bei der die Frakturenden zusammengepreßt werden. Die dadurch erzeugte Friktion der Fragmente erhöht die Stabilität. 2

Kompressions|schraube, end|odontale: Spezialschraube zur Schienung frakturierter Zahnwurzeln. Die e. K. wird nach entspr. Vorbehandlung durch beide Fragmente geschraubt und bewirkt neben einer guten Fixierung festen Kontakt der beiden Bruchstellen. Am besten geeignet für Frakturen im Mittelteil der Wurzel. Vgl. Wurzelfrakturen. 1

Kompressions|verband: → Druckverband. 2

Konakion: → Phytomenadion. 34

Koncho|tom n: Zangeninstrument zur Resektion der Nasenmuscheln, Entfernung adenoider Wucherungen u.ä., das aus zwei ringförmigen Schneiden besteht. 19

Kondensation (lat.) f: Verdichtung, chem. Reaktion, bei der Moleküle unter Bildung isolierbarer Zwischenprodukte und Abscheidung einfacher Verbindungen (Wasser, Ammoniak, Alkohol usw.) zu größeren Ketten vereinigt werden. Phys.: Übergang vom dampfförmigen in den flüssigen Aggregatzustand, Gegenteil von Verdampfung. 4

Kondensator (lat.) m: Gerät zur Aufnahme elektr. Ladungen, bestehend aus zwei sich gegenüberstehenden, durch einen Isolator (das → Dielektrikum) elektr. getrennten Leiterplatten, die entgegengesetzt geladen sind. 10

kondensieren: Verdichten, z.B. des Amalgams durch Handinstrumente oder mechanische Verdichter oder der Pellets bei der Goldklopffüllung. 1

Kondensor m: Kombination von 2 oder 3 Linsen, welche die vom Beleuchtungsspiegel eines Mikroskops ausgehenden Lichtstrahlen in einen Strahlenkegel sammeln und im Objekt vereinen. 10

Kondition (lat.) f: Bedingung, Beschaffenheit, körperlicher Zustand. 10

Kon|ditionierung: 1. klassische K.: Signallernen; Herstellung einer bedingten Reaktion bzw. eines bedingten Reflexes (*Pawlow*-Experiment am Hund). Einem unbedingten Reiz (z.B. Futter) folgt vor dem Lernprozeß eine unbedingte Reaktion (Speichelfluß). Durch wiederholte Verknüpfung mit einem zunächst neutralen Reiz (Glockenton) wird erreicht, daß eine bedingte Reaktion (Speichelfluß) bereits durch den bedingenden Reiz (Glockenton ohne Futter) ausgelöst wird. Ähnlich ist ein Teil des zahnarztphobischen Verhaltens erklärbar. Vgl. Lernen. 2. operante K.: Lernen am Erfolg; nach dem Effektgesetz werden Verhaltensweisen, denen befriedigende oder belohnende Zustände (Verstärker) folgen, beibehalten. Verstärkungsprozesse halten ein so erworbenes Verhalten aufrecht. Vgl. Verstärkung. 13

Konditionierung der Wurzel|oberfläche: Vorbehandlung der Wurzeloberfläche, in der Regel mit chemischen Agenzien, um eine Anlagerung des Bindesgewebes im Sinne eines → New attachment nach Parodontaltherapie zu begünstigen und zu beschleunigen. Verwendung finden u.a. Zitronensäure, Tetrazyklin-HCl und Fibronektine. Die Wirksamkeit der Konditionierung ist umstritten, es wird auch über auf diese Weise induzierte Schädigungen, darunter Wurzelresorptionen und Ankylosen, berichtet. 6

Konduktor m: Überträger einer Erbkrankheit, der selbst gesund ist. Bei der → Hämophilie überträgt die scheinbar gesunde Frau die Erbanlage auf einen Teil ihrer Söhne (Bluter) und Töchter (Konduktorinnen). 3

Kondylar|theorie: von *A. Gerber* entwickelte Vorstellung über die Kauflächengestalt (Kauflächenprofil). Danach spiegelt sich (Frontalansicht) die Form der Kondylen in der Form der Kauflächen. Anwendung findet die K. für künstliche Zähne bei totalen Prothesen: Die Kauflächen der Unterkieferseitenzähne sind muldenförmig (Minikalotte) gestaltet. Der Radius und

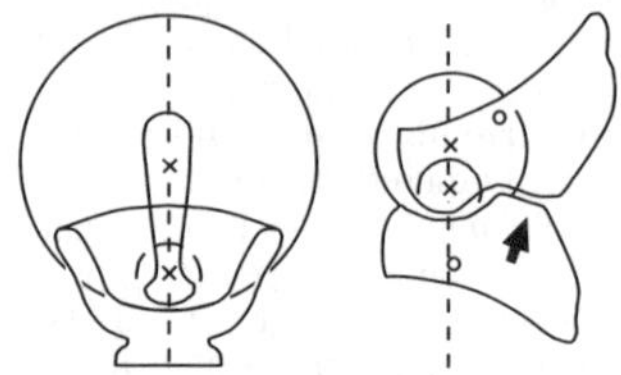

Anstellwinkel der Minikalotte kann nach dem Polymerisieren der Prothese im Artikulator der Gelenkführung angepaßt werden. Die palatinalen Antagonistenhöcker ragen pistillartig in die Mulden der Unterkieferzähne. Übertragung des „Mörser-Pistillprinzips" vom Kiefergelenk auf die Seitenzähne (Condyloform-Backenzähne) (Abb.). 4

Kondyl|ektomie f: operative Entfernung des Kiefergelenkköpfchens. 2

Kondylen (gr.) m pl, sing Kondylus: Gelenkköpfe. 9

Kondylen|bahn: → Gelenkbahn. 4

Kondylen|bewegung: räumliche Bewegung des Gelenkkopfes innerhalb der Gelenkpfanne bei der Unterkieferbewegung. → Gelenkbahn. 4

Kondylen|position f: Stellung des Kondylus in der Gelenkpfanne (*Gerber*) (Abb.). 4

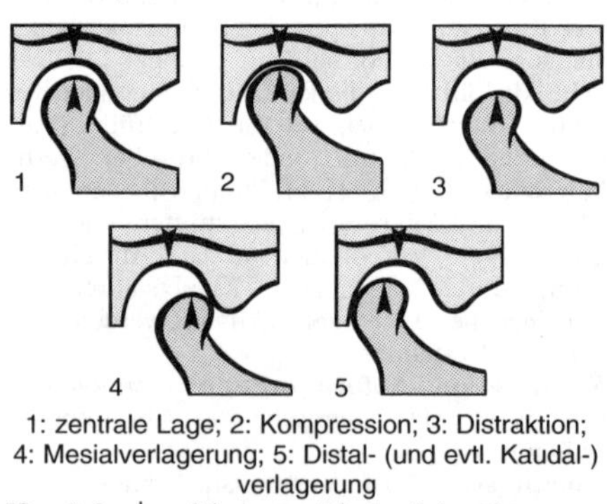

1: zentrale Lage; 2: Kompression; 3: Distraktion; 4: Mesialverlagerung; 5: Distal- (und evtl. Kaudal-) verlagerung

Kondylen|position, zentrische f: kranioventrale, nicht seitenverschobene Position beider Kondylen bei physiol. Kondylus-Diskus-Relation und physiol. Belastung der beteiligten Gewebe. (Nomenklatur der → AgF). [4]

Kondylion (gr.) n: kraniometr. → Meßpunkt, der am weitesten nach außen vorstehende Punkt des Caput mandibulae (Kiefergelenksköpfchen). [5]

Kondylom (gr.) n: Condyloma; Condylomata acuminata (spitze Feigwarzen), bei chronischem Genitalfluor anzutreffen, Humanpapillomaviren (HPV). Condylomata lata (breite Feigwarzen), hochinfektiöse nässende → Papeln bei sekundärer → Syphilis, besonders in der Anal- und Genitalregion. [12]

Konfabulation f: erdichtete Berichte und Erzählungen, die auf Erinnerungstäuschungen beruhen, unwahr sind und Erinnerungslücken ausfüllen. Kommen insbesondere bei hirnorganischen Erkrankungen, Alkoholismus, → *Korsakow*-Syndrom und seniler oder präseniler → Demenz vor. [33]

Konfiguration f: Aufbau, Form, auch Um- bzw. Verformung eines Körperteils oder Organs. [34]

konfluierend (lat.): zusammenfließend. [2]

kongenital: konnatal; angeboren. [34]

Kongestion (lat.) f: Blutandrang, vermehrte arterielle Blutzufuhr, aktive → Hyperämie. Kongestionsabszeß: durch Vereinigung mehrerer Abszesse entstandener Abszeß, auch Senkungsabszeß. [2, 20]

Konglutination f: Reaktion blockierender Antikörper (Glutinine) mit Erythrozytensuspensionen in bestimmten Eiweißlösungen (z.B. Gelatine). Vgl. *Coombs*-Test. [8]

Konidien (gr.) n pl: asexuell entstandene Vermehrungsformen von Pilzarten, die an Konidienträgern (Sterigmen) gebildet werden (z.B. bei Penicillium, Aspergillus). [8]

Königs|wasser: Mischung von einem Volumen konzentrierter → Salpetersäure mit 3 Volumen konzentrierter → Salzsäure. [23]

Koniotomie f: Eröffnung des Kehlkopfes mit Querschnitt durch das Ligamentum cricothyroideum (auch conicum). Notoperation - auch mit Taschenmesser - zur schnellen Luftzuführung bei akuter Atmungsbehinderung als Noteingriff statt → Tracheotomie (Abb.; Anatomie: → Abb. Larynx). Vgl. transtracheale Ventilation. [34]

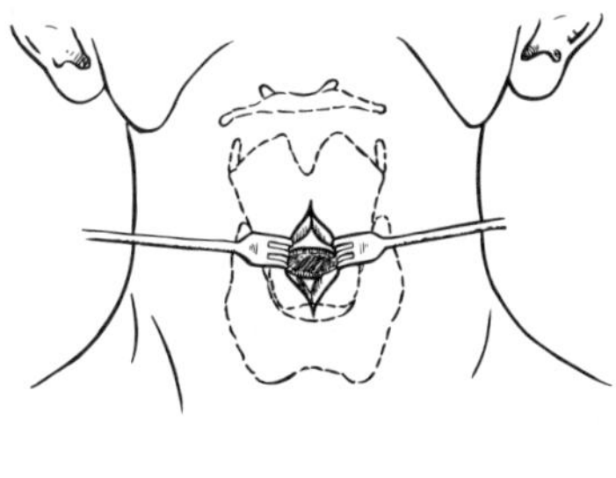

konisch (lat.): kegelförmig. [4]

Konjugation (lat.) f: Verbindung, Zusammenschluß, z.B. von Wimperntierchen, Chromosomen in Gameten. Bei Bakterien führt K. zum Austausch genetischen Materials. [8]

Konjugations|reaktionen f pl: Phase-II-Reaktionen; Konjugation wasserunlösl. und wasserlösl. Substanzen mit Produkten des Intermediärstoffwechsels z.B. Glucuronsäure, Aminosäuren (Glycin, Glutamin, Mercaptursäure, Ornithursäure, Arginin, Serin, Taurin), Peptiden, Schwefelsäure, Essigsäure usw. über → funktionelle Gruppen, wodurch meistens biolog. inaktive → Metabolite (Konjugate) entstehen, die überwiegend über die Niere, bei einem Mol-Gewicht von > 450 oft über die Galle ausgeschieden werden. [7]

Konjunktiva (lat.) f: Conjunctiva; Kurzbez. für Tunica conjunctiva; Schleimhaut, die die Lidinnenhaut und den vorderen Teil des Augapfels bis zur Cornea (Hornhaut) bedeckt. Bindehaut des Auges, da sie die Lider mit dem Augapfel verbindet. Abb. → Auge. [9]

Kon|junktivitis f: Entzündung der Bindehaut des Auges (→ Konjunktiva). [12]

Kon|kordanz f: in der Zwillingsforschung Bez. für Übereinstimmung. [3]

Kon|krement n: **1.** Stein, Grieß; in Hohlräumen und Geweben des Körpers durch Ausfällung vorher gelöster Salze (Oxalat, Cholesterin u.a.) meist um einen Kern aus toten organ. Substanzen oder Fremdkörpern entstehende Ablagerungen, z.B. Gallen-, Harn-, Speichelstein (Sialolith) oder Venenstein (Phlebolith). **2.** Parodontol.: subgingival auf der Zementoberfläche gelegene verkalkte, fest haftende Ablagerungen von dunkelbrauner Farbe. Bezeichnung subgingivaler Zahnstein wurde aufgegeben. Regelmäßiges Symptom der → Parodontitis marginalis. Die Oberfläche der K.e kann sich krustig und stachelig ringförmig um den Zahn legen, es gibt aber auch dünne, glatte und glasige Ablagerungen. Haften fester am Zement als der Zahnstein, sind daher härter, entstehen aber langsamer als die supragingivalen Ablagerungen. Das anorganische Material, das über 80% ausmacht, ist in einem Hydroxylapatit-Gitter angeordnet und besteht aus Kalzium, Phosphor und geringen Mengen von Karbonaten und Magnesium, während im organischen Anteil Keratin, Muzin, Mukopolysaccharide und verschiedene Aminosäuren gefunden werden. Bei der Entstehung der K.e werden 2 Phasen unterschieden: Befestigungsphase und Phase der Kristallisation. Entfernung erfolgt zum Beispiel mit Handinstrumenten oder → Ultraschallgeräten. [6]

Kon|krement|entfernung: → Scaling. [6]

Kon|kreszenz|theorie f: Zahnbildungstheorie, nach der die mehrhöckrigen Säugetierzähne durch Verschmelzen mehrerer einhöckriger (Reptilien-)Zähne entstanden sind. Diese Entwicklung wird im Zusammenhang mit der Verkürzung der Kiefer, Reduktion der Zahnzahl und dem Rückgang der Dentitionen von der Poly- zur Di- bzw. Monophyodontie gesehen. Vgl. Trituberkulartheorie. [30]

Kono|meter: Gerät zur Modellation der Primärkappe bei der Anfertigung von → Konuskronen. Da bei der Konuskrone die Primärkappe bereits einen Konuswinkel von 5-8° aufweist, wird am → Parallelometer anstelle des senkrechten Fräßstiftes ein in Winkelgrad (5-8°) einstellbarer Fräßstab eingesetzt und damit das Wachs der Primärkappe geformt. [4]

Konrich-Färbung: ähnlich *Ziehl-Neelsen*-Färbung für Tuberkelbakterien. Entfärbung statt mit Salzsäure-Alkohol mit NaSulfit, Gegenfärbung mit Malachitgrün. Tbc-Stäbchen rot auf grünem Untergrund. [8]

konsensuell (lat.): übereinstimmend, gleichsinnig. [34]

konservierende Zahn|heilkunde: konservative Zahnheilkunde, Zahnerhaltungskunde; Teilgebiet der Zahnmedizin, erstrebt die Erhaltung der Zähne durch prophylaktische und therapeutische Maßnahmen als Wesen der Zhk. [1]

Konservierungs|stoff: Substanz, die z.B. Lokalanästhetika zugesetzt wird, um eine sterile Aufbewahrung zu ermöglichen. Typischstes Beispiel ist Methylparaben, das allergische Reaktionen auslösen kann. Zu den K.en kann weiterhin das Antioxydans Natriumsulfit gezählt werden, das katecholaminhaltigen Anästhetika zugesetzt ist und bei Asthmatikern allergisch bedingte Anfälle auslösen kann. Vgl. Allergie, Asthma bronchiale, Schock. [16]

Konsiliarius m: beratender Arzt, meist einer anderen Fachrichtung der Medizin angehörend als der behandelnde. [24]

Konsilium n: Beratung mehrerer Ärzte. [24]

Konsistenz (lat.) f: Beschaffenheit eines Körpers (fest, dickflüssig, ölig, breiartig usw.). [10]

Konsolidierung: Konsolidation; Festigung, z.B. einer Fraktur. [20]

Konstanz|prüfung: → Qualitätssicherung. [14]

Konstitution f: med. Begriff zur Kennzeichnung des Phänotypus hinsichtlich der nach erblich festgelegter Reaktionsnorm aus den jeweiligen Umweltbedingungen entstehenden veränderbaren Reaktionsbereitschaft (Widerstandskraft, Leistungsfähigkeit). Unterscheidung von Körperbautypen, die mit Charaktereigenschaften und Krankheitsdisposition Beziehung haben. Einteilung nach *Kretschmer:* 1. leptosomer (asthenischer) Typ mit geringem Dicken- bei unvermindertem Längenwachstum, biologische Affinität zur schizoiden Psyche, zu Organneurosen und hypotonen Regulationsstörungen; 2. athletischer Typ mit starker Entwicklung von Muskulatur und Skelett; 3. pyknischer Typ: Neigung zu Fettansatz bei gedrungenem, rundlichem Körperbau, biologische Affinität zur zykloiden Psyche und zu Stoffwechsel-, Herz- und Gefäßkrankheiten; 4. dysplastischer Typ: Harmoniestörungen verschiedener Art im Äußeren mit Neigung zu seelischen Disharmonien und endokrinen Störungen. Konstitutionelle Sondertypen in der Reaktionsverfassung: → exsudative Diathese, → allergische Diathese. Vgl. Habitus. [20]

Konstriktion (lat.) f: Zusammenschnürung eines Hohlorgans. [9]

Konstriktor (lat.) m: Kurzform für Musculus constrictor; Zusammenschnürer, Muskeln, die bei ihrer Kontraktion Körperöffnungen verschließen oder verengen; z.B. M. constrictor pharyngis („Schlundschnürer"). [9]

Konstruktions|biß: Einbißnahme zur Herstellung des → Aktivators. Festlegung der gewünschten Unterkieferverschiebung und Bißhöhe (Sperre von 4-6 mm im Molarenbereich) mittels eines Wachswalles im Munde des Patienten, eine Maßnahme zur Reizung der entspr. Muskelgruppen, durch die der Apparat überhaupt erst wirksam wird. [5]

Konstruktions|elemente n pl: Prothesenteile, die für die Stabilisierung der partiellen Prothese

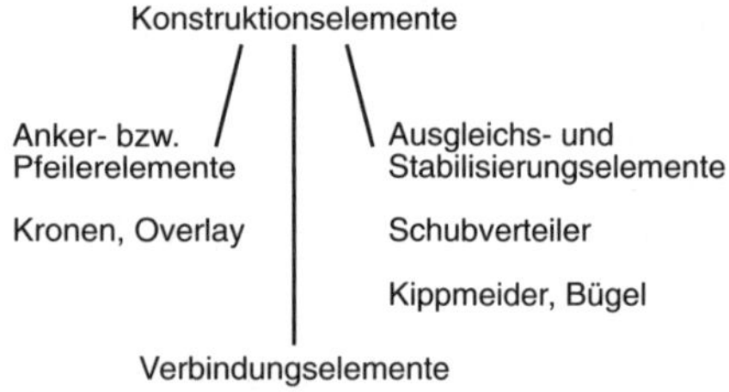

und für ihre Verankerung am Restgebiß verwendet werden. Man unterscheidet: → Ankerelemente, → Verbindungselemente und → Ausgleichselemente. [4]

Konsultation f: Beratung. Sie wird durch den Patienten vom Zahnarzt bzw. zwischen Zahnärzten untereinander gesucht. 24

Konsultations|system n: Beratungssystem, das mit Hilfe von Expertenwissen das Problem des Benutzers zu lösen versucht bzw. ihm gezielt Unterstützung bei der Lösung seines Problems gibt. Es handelt sich in der Regel um → Dialogsysteme. Vgl. Expertensystem. 26

Kontagions|index m: gibt an, wieviel Prozent nicht-immuner Personen, die mit einem Erreger Kontakt bekommen, manifest erkranken; bei gewissen Viruskrankheiten (Masern, Pocken) sehr hoch (um 95), bei Diphtherie 10-20, bei paralyt. Poliomyelitis unter 1, bei Meningokokkeninfektionen 0,01. 8

kontagiös (lat.): ansteckend, vgl. Kontagium. 8

Kontagium n: Contagium; übertragbarer Ansteckungsstoff. Contagium animatum bzw. vivum: belebter Ansteckungsstoff. 8

Kontakt (lat.) m: Contactus; Berührung. 8

Kontakt|aufnahme: Röntgenaufnahmentechnik, bei der filmnahe Partien scharf und filmferne Strukturen durch unmittelbares Aufsetzen des Röntgengerätes (ohne Tubus) auf das Objekt vergrößert und unscharf abgebildet werden. Geeignet zur lateralen Darstellung des Kiefergelenks (→ Kiefergelenkaufnahme nach *Parma*). Entspricht nicht den Vorschriften des → Strahlenschutzes (→ Brennfleck-Haut-Abstand, → Tubus). 14

Kontakt|dermatitis f: → Dermatitis, die als Reaktion auf eine die Haut von außen treffende → Noxe entsteht, nach deren Fortfall die Entzündung abklingt. Im Vordergrund steht die allerg. K. beim Kontaktekzem, die auf Permeation von Allergenen durch die Hornschichtbarriere beruht. → Kontaktekzem, allergisches. 12

Männer	%	Frauen	%
Perubalsam	15,9	Nickelsulfat	37,4
Diaminodiphenylmethan	15,0	Perubalsam	17,4
Neomycinsulfat	12,3	Kobaltchlorid	10,0
Kaliumdichromat	8,8	Neomycinsulfat	7.7
Nickelsulfat	7,1	Diaminodiphenylmethan	7,1
Kobaltchlorid	7,1	Kolphonium	6,5
Benzocain	6,2	Eucerin	5,9
Parabene	6,2	Formaldehyd	5,9
Paraphenylendiamin	6,2	Wollwachsalkohole	5,3
Kolophonium	6,2	Paraphenylendiamin	5,0

„Hitliste" der Kontaktallergien (Typ IV nach *Coombs* und*Gell*, 1984)

Kontakt|ekzem, all|ergisches n: durch verschiedene sensibilisierende Substanzen (Tab.) hervorgerufene Ekzemreaktion. Nach Sensibilisierungsphase über Allergenexpression durch *Langerhans*-Zellen und Bildung spezifischer T-Lymphozyten Erfolgsreaktion nach weiterem Allergenkontakt unter dem Bild einer allergischen Epidermo-Dermitis. Allergennachweis durch epikutanen Läppchentest. → Ekzem. 12

Kontakt|infektion f: Infektion durch Berührung mit infektiösem Material. 8

Kontakt|osteo|genese f: bindegewebsfreier Verbund zwischen Implantatmaterial und Knochen. Bei enossalen Implantaten (→ Implantat, enossales) angestrebtes Optimum der Implantatverankerung. Vgl. Osteogenese. 18

Kontakt|position, retrale f: Okklusion in → Scharnierachsenposition, terminaler; → Relation, zentrale. 4

Kontakt|punkt: innerhalb der Zahnreihe die punktförmige approximale Berührung der (benachbarten) gewölbten Zahnkronen, die im funktionell beanspruchten Gebiß infolge interstitieller → Abrasion zu einer Kontaktfläche umgewandelt wird (Abb.). Die Erhaltung bzw. Wiederherstellung des Kontaktes ist zum Schutz der

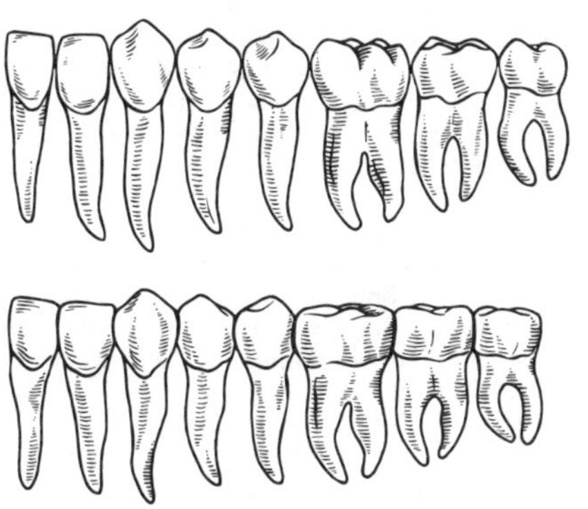

Oben: jugendliches Gebiß mit Kontaktpunkten; unten: erwachsenes Abrasionsgebiß mit Kontaktflächen.

Interdentalpapille und der Abstützung des gesamten Zahnbogens wichtig. 1

Kontakt|schliffe: → Abrasion, interstitielle. 1

Kontakt|stomatitis f: durch Berührung mit → Allergenen (z.B. Prothesenstoffen) verursachte Schleimhauterscheinungen. 11

Kontakt|substanz f: Vgl. Katalysator. 23

Kontakt|verfahren: Anwendungsmodus der Laserstrahlung auf Hart- oder Weichgewebe, bei dem eine Kontaktspitze (→ Saphirspitze) oder eine → Bare fiber direkt auf das Gewebe aufgesetzt wird. Vgl. Nonkontaktverfahren. [31]

Kontakt|winkel: Randwinkel; Maßzahl für die Benetzbarkeit von Flüssigkeiten bzw. die → Oberflächenspannung. Winkel zwischen Gefäßwandung und Flüssigkeitsoberfläche im Kontaktbereich, resultierend aus der Kohäsionskraft der Flüssigkeitsmoleküle und der Adhäsionskräfte der Gefäßwandung. → Kapillarität. [10]

Kontamination (lat.) f: **1.** mikrobielle Verunreinigung von Personen, Räumen, Wasser, Instrumenten u.a., auch radioaktive Verseuchung. **2.** Gedanken- und Wortverschmelzung bei Übermüdung, im Traum, bei Schizophrenie. [8]

Kontentiv|verband: Verband, der den Zweck hat, ein krankes Glied unverrückbar festzustellen, z.B. Schienen-, Gipsverband. [2]

Kontinuitäts|resektion f: in der Kieferchir. partielle Unterkieferresektion, bei welcher der Zusammenhang des Knochens erhalten bleibt. [2]

Kontorsion (lat.) f: Verdrehung eines Gliedes, aber noch nicht Verrenkung. [2]

Kontra|indikation f: Gegenanzeige; Umstand, der die Anwendung einer Maßnahme verbietet, kontraindiziert erscheinen läßt, wie z.B. bei hohem Alter, bei Schwangerschaft u.a. [2]

Kontraktions|phase f: dritte Behandlungsphase in der → *Bergen*-Technik. In der K. werden die Schneidezähne en bloc zurückbewegt (bei Extraktionsfällen). Vgl. Edgewise-Technik. [5]

kontra|lateral: auf der entgegengesetzten Seite befindlich. [9]

Kontrast (lat.) m: Gegensatz. [14]

Kontrast|mittel: in der Rö. verwendete Substanzen, die Röntgenstrahlen stärker absorbieren (positive K.; bes. Bariumsulfat und wasserlösliche Jodverbindungen) oder schwächer absorbieren (negative K., bes. Luft, CO_2 und NO_2) als die benachbarten Gewebe und damit Körperstrukturen sichtbar machen. In der Zhk. vor allem zur Darstellung der Speicheldrüsen (→ Sialographie). [14]

Kontrast|untersuchung: Röntgenuntersuchung unter Verwendung eines → Kontrastmittels. [14]

Kontroll|bereich: laut → Röntgenverordnung ein Bereich, in dem Personen eine höhere Körperdosis aus Ganzkörperexposition als 15 mSv (1,5 rem) im Jahr erhalten können. Personen, die im K. tätig sind (beruflich strahlenexponierte Personen), unterliegen bestimmten Auflagen: regelmäßige ärztliche Untersuchung, Personendosismessung, ausreichende Schutzkleidung. Bei einem Generator für Zahnfilmaufnahmen gilt eine Zone von 1,5 m allseitig um den → Brennfleck als K. [14]

Kontroll|sockel m: Split cast (engl.); geteilter Modellsockel, meist am Oberkiefer-Gipsmodell. Werden die Modelle nach einer Zentrikregistrierung in den Artikulator eingegipst, so erkennt man den Unterschied zur habituellen Okklusion am Spalt zwischen den geteilten Sockeln. Dazu muß der Teil des Oberkiefermodells mit den Zahnreihen in die maximale Interkuspidation gebracht werden. Der Kontrollsockel dient auch zur Kontrolle der → Checkbisse. [4]

Kontur (frz.) f: Umkreis, Umriß eines Körpers. [4]

Kontur|aufbau|füllungen: Füllungen, die durch ausgedehnte mehrflächige Kavitäten auch eine Ergänzung der Kauflächen bzw. Schneidekanten einschließen (Abb.). [1]

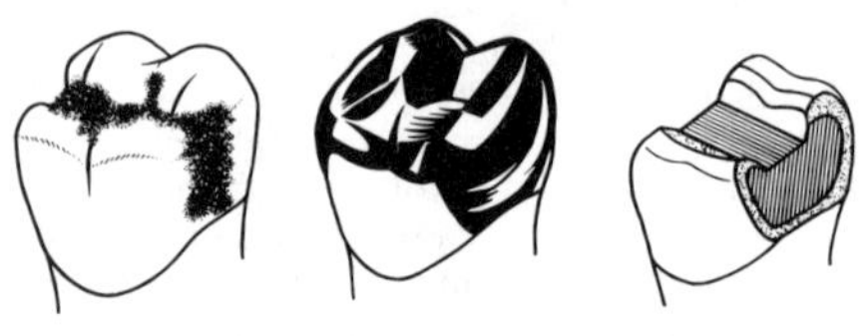

Kontur|band|füllung: Stahlbandfüllung; Füllung zum Aufbau tiefzerstörter Milchmolaren. Die Kronenwände werden mit einem anatomisch geformten bzw. angepaßten Metallband rekonstruiert, für die Kaufläche wird Amalgam verwendet. Vgl. Matrizenspanner, Ringmatrizenspanner. [29]

Kontur|linien: Konturstreifen; K. im Schmelz: → *Retzius*-Linien; K. im Dentin: → *Owen*-Konturlinien. [30]

Kontur|zange: spezielle Zange zur Anpassung bzw. Konturierung von orthodontischen Bändern und Stahlkronen (Abb.). Besonders für Stahlkronen geeignete Modelle sind die *Johnson*-Zange, die *Abell*-Zange und die Umbördelzange. Vgl. Stahlkronen, Konturbandfüllung. [4, 29]

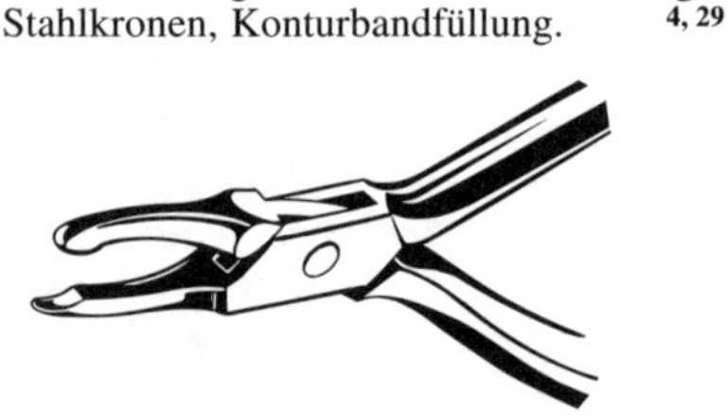

Kontusion (lat.) f: Quetschung mit stellenweiser Zerreißung der Gewebe infolge stumpfer äußerer Gewalteinwirkung. Vgl. Contusio cerebri. [2]

Konus (lat.) m: Kegel. [4, 9]

Konus-Blatt|implantat n: konusförmiges enossales Implantat (→ Implantat, enossales) mit apikalem Blatt nach *Kanth.* Vgl. Implantatformen.[18]
Konus|krone: Doppelkrone. Krone mit konisch zulaufenden Wänden. Im Gegensatz zur parallelwandigen → Teleskopkrone, die für den Zusammenhalt von Primärkäppchen und Sekundärkrone neben der Reibung oft noch eines zusätzlichen

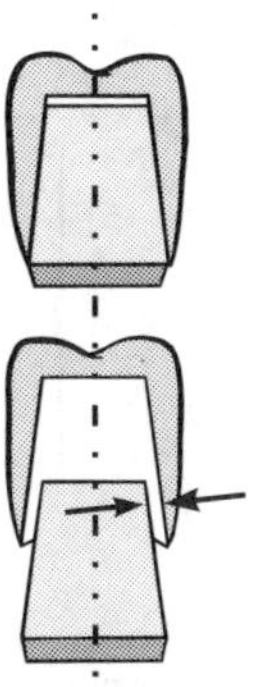

Konuskronen nach *K. H. Körber*

Haltelementes (Pressomatik, Drehriegel, Schwenkriegel, Schnappfeder usw.) bedarf, erfolgt der Halt von Primärkonus und Sekundärkrone allein durch Haftreibung. Der optimale Konuswinkel, der auf der einen Seite eine ausreichende Verankerung gewährleistet, auf der anderen Seite ein problemloses Entfernen des Ersatzes aus dem Munde erlaubt, liegt zwischen 6° und 8° (Abb.).[4]
Konvergenz (lat.) f: **1.** die Bewegung der Augen zueinander beim Fixieren eines sich nähernden Punktes. **2.** Aufeinanderzulaufen von Zahnflächen nach der Präparation z.B. für die Aufnahme von Kronen. Präparation z.B. mit konischen Instrumenten. Empfohlene Konvergenzwinkel 4-7° (nach *Johnston* und *Shillingburg/Hobo/Fisher*). [4, 21]
Konvergenz|reaktion f: Verengung der Pupillen bei Konvergenz der Sehachsen für das Sehen im Nahbereich. Vgl. Pupillenstarre. [33]
konvergieren: aufeinander zulaufen. [4]
Konversions|neurose f: nach psychoanalytischer Vorstellung psychogene Störung, die Ausdruck eines im Unterbewußtsein umgestalteten Konfliktes ist. Vgl. Hysterie, Neurose. [33]
Konvexität (lat.) f: **1.** Messung aus der → FRS-Analyse nach *Downs,* auch als Convexity-Winkel bezeichnet, Maß für die Lage des Oberkiefers im Vergleich zum gesamten Profil. Angabe in Grade der Abweichung von 180 (positiv: konvex, negativ: konkav). **2.** Begriff aus der → FRS-Analyse nach *Ricketts,* auch als Profilbogen bezeichnet. Bei harmonischem Profil soll der → A-Punkt 2 mm (+/- 2 mm) vor der Linie → Nasion- → Pogonion liegen. [5]
Konvexität des Profils f: nach *Subtelny* Einteilung und Beurteilung des Profils mittels dreier Messungen: 1. Konvexität des skelettalen Profils: beurteilt wird der Winkel zwischen → Nasion, → A-Punkt und → Pogonion; 2. Konvexität des Weichteilprofils: beurteilt wird der Winkel zwischen Hautnasion (→ Meßpunkte), → Subnasale und → Hautpogonion; 3. Konvexität des Gesamtweichteilprofils: beurteilt wird der Winkel zwischen Hautnasion, Nasenspitze und Hautpogonion. Der Wert für die Konvexität des skelettalen Profils nimmt mit dem Alter ab, der für die K. des Weichteilprofils bleibt im Laufe der Entwicklung unverändert und die K. des Gesamtweichteilprofils wird mit dem Alter größer. Diese altersbedingten Veränderungen der K. d. P. zeigen, daß sich die Weichteile nicht analog dem skelettalen Profil ändern. [5]
Konvolut (lat.) n: Zusammenballung, Knäuel. [9]
Konzentration (lat.) f: Gehalt einer Lösung an gelöster Substanz. Als konzentriert werden Lösungen mit hohem Gehalt an gelöster Substanz bezeichnet. Vgl. Gewichtsprozente, Molarität, Normalität. [23]
Konzentration 50, effektive: Abk. EC_{50}; diejenige Konzentration eines → Pharmakons, bei der 50% des beabsichtigten therapeut. Effektes erreicht wird. [7]
konzertierte Aktion im Gesundheits|wesen: Gremium nach § 141 SGB V, das aus Vertretern der gesetzlichen und privaten → Krankenversicherungen, der Ärzte, Zahnärzte, Krankenhausträger und Apotheker, der pharmazeutischen Industrie, der Gewerkschaften, der Arbeitgeberverbände, der Länder und der kommunalen Spitzenverbände besteht. Den Vorsitz führt heute der Bundesminister für Jugend, Familie und Gesundheit. Zu beteiligen ist der Bundesminister für Wirtschaft. Die k.A.i.G. gibt jährlich eine Empfehlung für die Veränderung der Gesamtvergütungen ab. Kommen die Empfehlungen mit Zustimmung der Ärzte- bzw. Zahnärztevertreter sowie der Krankenkassen zustande, ersetzen sie die Bundesempfehlungen. Die k.A.i.G hat darüber hinaus neben medizinischen und wirtschaftlichen Orientierungsdaten Vorschläge zur Rationalisierung und zur Erhöhung der Effektivität und Effizienz im Gesundheitswesen zu entwickeln und abzustimmen. [24]
Koordination (lat.) f: das harmonische Zusammenwirken, z.B. mehrerer Muskeln bzw. Mus-

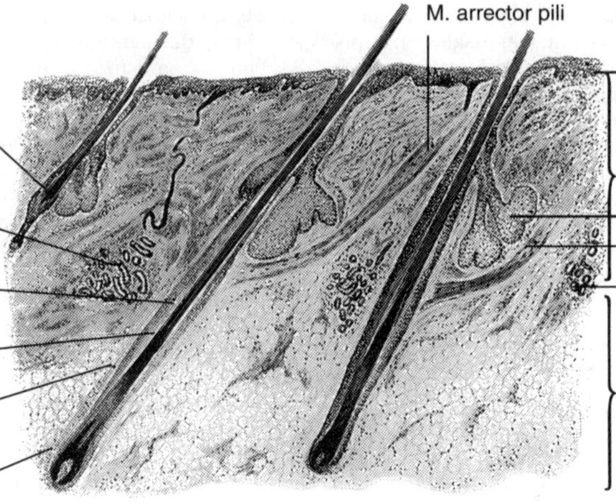

kelgruppen zur Ausführung einer komplizierten Bewegung. 4

koordinative Wertigkeit: → Wertigkeit. 23

Kopale (indian.) m pl: Hart- und Weich-Kopale, Harze verschiedener tropischer Bäume, vorwiegend von der südostafrikanischen Küste. Weich-K. sind Bestandteil thermoplastischer → Abformmaterialien. 4

Kopf|biß: → Kantenbiß. 5

Kopf-Kinn-Kappe: extraorales Hilfsmittel zur nächtlichen Unterstützung einer kieferorth. Behandlung mittels einer aus Bändern hergestellten Kopfkappe als → Verankerung für ein durch → Gummizüge aktiviertes Kinnschild. Je nach

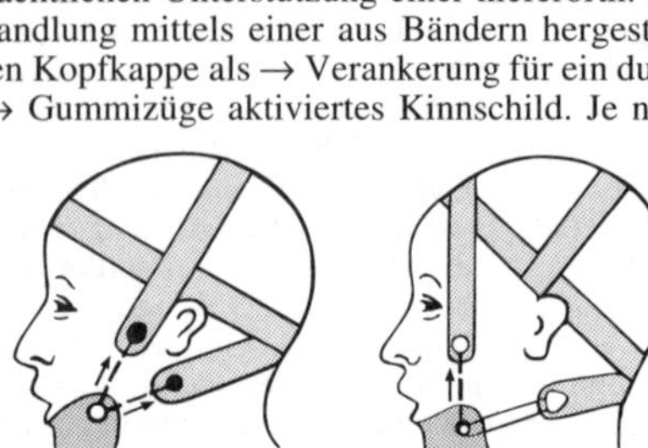
Abb. a Abb. b

Aufgabenbereich verläuft die Zugrichtung mehr horizontal, z.B. bei → Progenie (Abb. a), oder mehr vertikal, z.B. bei → offenem Biß (Abb. b). Auch zur Verankerung intraoraler Apparaturen. Vgl. Headgear. 5

Kopf|laus: Pediculus humanus capitis, blutsaugendes Insekt der Familie Pediculidae; natürliche Kreuzungen mit → Kleiderlaus bekannt; Eier (Nissen) werden an Haaren festgeklebt („Weichselzopf" bei extremer Verlausung); selten Überträger von → Fleckfieber und → Wolhynischem Fieber. 8

Kopf|nicker: → Musculus sternocleidomastoideus. 9

Kopf|pauschale: Berechnungsmöglichkeit der → Gesamtvergütung, bezogen auf das einzelne Mitglied einer Gesetzlichen Krankenversicherung, meistens identisch mit einer Pauschale für den Krankenschein, also je Quartal. Andere Berechnungsarten: → Festbetrag, → Einzelleistungsvergütung, → Fallpauschale oder Kombinationen dieser. 25

Kopf|schmerz: Begleitsymptom bei verschiedenen (und *unterschiedlichen*) Notfällen, z.B. der → Hypotonie und der → Hypertonie. Bei der Hypertonie → Warnsymptom eines hypertensiven Notfalls. Akut einsetzender, massiver K. verbunden mit Meningismus, Übelkeit und → Bewußtseinsstörung, ist Warnsymptom für eine → Subarachnoidalblutung. 16

Kopf|stimme: hohes Stimmregister mit Vibrationsempfindung vorwiegend im Kopf. 19

Kopf|wickel|verband: → Capistrum. 2

Koplik-Flecken (Henry K., Päd., New York, *1858, † 1927): 6-15 rötliche Flecken mit weißem Zentrum an der Wangenschleimhaut beidseitig in der Molarengegend. Frühsymptom der Masern, 1-2 Tage vor dem Exanthem auftretend. 11

Kopolymerisation f: → Polymerisation. 4

kopro- (gr.): Wortteil mit der Bedeutung „den Kot betreffend". 8

Körbitz-Früh|dehnungs|apparat (Alfred K., Za., Berlin, München, *1875, † 1937) m: → Frühdehnungsapparat. 5

Korff-Fasern (Karl von K., Anat., Kiel, 1906): zu Beginn der Dentinbildung auftretende argyrophile Fasern, die, von der → Zahnpapille kommend, durch die Odontoblastenschicht in das → Prädentin ziehen. Durch eine parallele Anordnung in Bündeln heben sie sich von den übrigen kollagenen Fibrillen ab. Gelegentlich kommen sie auch im interkanalären Dentin als Aufzweigungen von Kollagenfibrillen in Mikrofibrillen vor. 30

Korium (gr.) n: Corium; Lederhaut, unter der Epidermis gelegene, vorwiegend aus faserartigem Material (kollagene, elastische und Gitterfasern) bestehende Schicht. Enthält das Blut- und Lymphgefäßsystem, Nervenorgane, Muskeln, Haare und drüsige Anhangsgebilde der Haut sowie Mastzellen, die ein Syntheseort und Reservoir von Mediatoren wie Histamin, Prostaglandine, Leukotriene und Zytokin sind (Abb.). 9, 12

Korkhaus-Meßgeräte (Gustav K., Kieferorth., Bonn, *1895, † 1978): → dreidimensionaler Zirkel, → orthodontisches Besteck, → Orthokreuz, → Orthometer. 5

Kornea (lat.) f: Cornea, Hornhaut des Auges; durchsichtige Membran von Uhrglasform in der Mitte der Vorderfläche des Augapfels, die mit der weißen Lederhaut (Sklera) dessen Kapsel bildet. Abb. → Auge. 9

Korneal|reflex m: reflektorischer Lidschluß nach Berührung des Hornhautrandes. Ausfall bei Trigeminus- und Fazialisschädigungen. Wichtig bei → Narkose. 34

Körner|krankheit: → Trachom. 32

Körner|schicht: → *Tomes*-Körnerschicht. 30

Korn|größe: Durchmesser einer dem Diamantkorn eines Diamant-Schleifers (→ Schleifer) äquivalenten Kugel. Da die einzelnen Körner unregelmäßig geformt sind, kann die K. auch als mittlerer Kugeldurchmesser aufgefaßt werden (→ Diamantkörnung). Während das → ISO-Nummernsystem 6360 vage nach „grob", „mittel", „fein" usw. unterscheidet und jeder Klasse eine dreistellige Kennzahl zuordnet, beschreibt DIN 848 bzw. die Norm der europäischen Schleifmittelhersteller (FEPA) eine reproduzierbare Korngrößenbestimmung. 21

Kornifikation f: → Keratinisation. 12

Korn|zange: scherenartige Zange, deren Branchen auf der Innenseite gekerbt sind; dient zur Entfernung von Fremdkörpern aus Wunden, zum

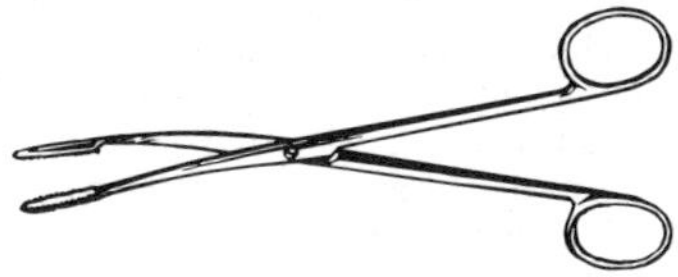

stumpfen Vorgehen beim Aufsuchen tiefer Abszesse nach dem Hautschnitt, mit einem Tupfer zum Auswischen des Atmungsweges bei Narkose, zum Zurechtlegen von Instrumenten u.a. (Abb.). 2

koronal (lat.): die Zahnkrone betreffend, in ihrer Richtung gelegen. 30

koronale Basis f: Bezeichnung für den Kieferabschnitt, der von den Inzisalkanten bzw. vestibulären Höckerspitzen der Zähne gebildet wird (Abb. → apikale Basis), wird optisch von vorne (transversal) und von der Seite (sagittal) beurteilt oder am → Fernröntgenseitenbild bzw. am frontalen Fernröntgenbild (→ Fernröntgenbild, frontales) bestimmt. Das Verhältnis von k.er B. zu apikaler Basis ist wichtig bei der Planung einer → Extraktionstherapie. 5

Koronar|arterien f pl: Aa. coronariae; Herzkranzgefäße, die beiden die Herzmuskulatur ernährenden Arterien. Sie verlassen die Aorta als erste Abzweigungen unmittelbar hinter der Aortenklappe (Abb.). 9

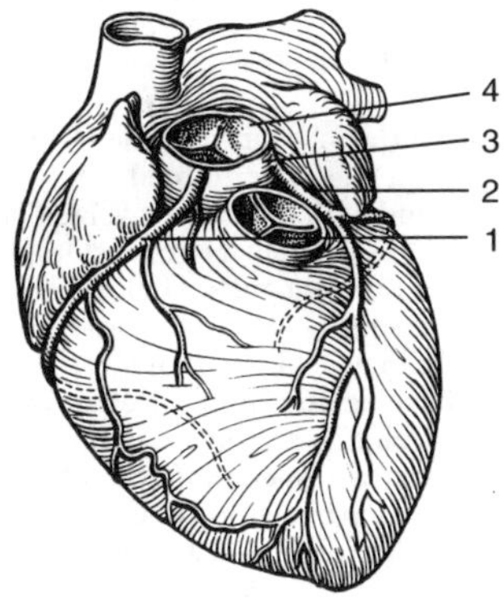

1: A. coronaria dextra; 2: A. coronaria sinistra; 3: Aorta; 4: Aortenklappe. [10]

Koronar|insuffizienz f: → Herzinsuffizienz. 16, 20

körperliche Bewegung: → Bodily movement. 5

Körperschaft des öffentlichen Rechts: organisatorische Zusammenfassung von Mitgliedern als selbständige Organisationseinheit, unabhängig von Mitgliederbestand und -wechsel. K.en d.ö.R sind → Zahnärztekammern und → Kassenzahnärztliche Vereinigungen. Sie üben mittelbare Staatsgewalt aus, d.h., sie sind in den staatlichen Verwaltungsorganismus eingeordnet, haben aber das Recht und die Pflicht, die ihnen zugewiesenen Aufgaben weitgehend eigenverantwortlich zu lösen. Ihre Aufgabenstellung ist auf die ihnen zugewiesenen Aufgaben begrenzt. Sie unterliegen der Rechtsaufsicht. 24

Körper|verletzung: körperliche Mißhandlung oder Gesundheitsschädigung (§ 223 StGB). Die K. besteht in einem üblen, unangemessenen Behandeln, das entweder das körperliche Wohlbefinden oder die körperliche Unversehrtheit nicht nur unerheblich beeinträchtigt. Sie muß nicht unbedingt in der Zufügung von Schmerzen bestehen und kann auch durch Unterlassen begangen werden. Der ärztliche und zahnärztliche Heileingriff wird als Körperverletzung qualifiziert, der durch die → Einwilligung des Patienten gerechtfertigt wird. Wegnehmen oder Vorenthalten einer Zahnprothese kann eine strafrechtlich relevante K. beinhalten. 24

Körper|wasser: intra- und extrazelluläre Wassermenge, die 45-65% des Erwachsenenkörpergewichtes ausmacht. 2

Korpus|achse f: Linie aus der → FRS-Analyse nach *Ricketts*, Verbindung zwischen → Xi-Punkt und → PM-Punkt, Achse des Unterkieferkörpers. Wird zur Konstruktion des unteren Gesichtshöhenwinkels herangezogen. Vgl. Gesichtshöhenwinkel, unterer. 5

korpuskulär (lat.): kleinste Teile, Körperchen (z.B. Blutkörperchen) betreffend. 9

Korrektur|abdruck: dient zur zweizeitigen Abformung von beschliffenen Kronenstümpfen, die mit Kronen, Brücken oder Gußfüllungen versorgt werden sollen. Der Erstabdruck wird mit zähem Grundmaterial über die in der Zahnfleischfurche eingelegten → Retraktionsfäden genommen. Beim Zweitabdruck nimmt ein dünnfließendes Korrekturmaterial die Stelle des Retraktionsfadens ein und gibt die Anteile des Zahnstumpfes wieder, die die Zahnfleischfurche begrenzen. 4

Kor|relation f: in der Statistik ein Maß für die Abhängigkeit zweier gleichwertiger Zufallsvariablen. Der Korrelationskoeffizient gibt die Stärke und Richtung des linearen Zusammenhangs an. → Variabilität. 26

Korrosion (lat.) f: **1.** C h e m .: Angriff auf die Oberfläche von metallischen Werkstoffen, ausgelöst durch chem. oder elektrochem. Reaktion mit ihrer Umgebung. Der Vorgang der elektrochem. K. verläuft unter elektrischer Elementbildung beim Kontakt verschiedener Metalle, vermittelt durch leitende Lösungen (Korrosionselement). Das Potential, das die Metalle oder Legierungen in Lösungen annehmen, die frei von den Ionen ihrer Salze sind, z.B. im Speichel, ist das Korrosions-Potential. Bedeutung in der Zhk. z.B. für Zahnfüllungen, Kronen und Spangen aus unterschiedlichen Metallen, in der Medizin z.B. für Metallimplantate, Herzschrittmacherelektroden. Vgl. *Daniell*-Element, Belüftungselement, Lochfraßkorrosion, Spaltkorrosion. **2.** H i s t o l o g .: Gewebezerstörung durch Entzündungen oder chemische Noxen. 4, 10

Korsakow-Syndrom (Sergei S. K., Psychiater, Moskau, *1854, † 1900) n: amnestisches Syndrom, bestehend aus einer klinischen Symptomentrias: schwere Störungen im Neugedächtnis, örtliche und zeitliche Desorientiertheit und Konfabulieren. Häufigste Ursache ist ein chronischer Alkoholmißbrauch, das K. kann aber auch durch toxische oder degenerative Veränderungen des Gehirns verursacht sein. Als funktionelle Basis wird eine Läsion im medialen Thalamus und im Hippokampus vermutet. 33

Kortex (lat.) m: Cortex; Rinde, Schale; z.B. Cortex cerebri: Großhirnrinde. 9

Kortexon n: → Desoxykortikosteron. 23

kortikal (lat.): die Rinde (des Knochens, des Großhirns) betreffend. 9

Kortikalis (lat.) f: Kurzform für Substantia corticalis; Rindensubstanz des Knochens, → Kompakta. 9

Kortiko|ide n pl: Steoridhormone der Nebennierenrinde, dienen in der Endodontie im Gemisch mit Antibiotika zur Behandlung der akuten → Pulpitis dentium. Die wegen der frappierenden Schmerzerleichterung anfangs hochgespannten Erwartungen hinsichtl. einer Ausheilung haben sich nicht erfüllt. Der Effekt besteht nur in einer Überführung in einen chron. entzündl. Zustand. 1

Kortiko|stero|ide n pl: Gesamtmenge der Nebennierenrindenhormone, die in den histologisch charakterisierten Zonen der Nebennierenrinde gebildet werden. Einteilung in → Mineralokortikoide und → Glukokortikoide. 10

Kortiko|steron n: Steroidhormon der Nebennierenrinde; → Glukokortikoide, → Kortikoide. 34

Kortiko|tomie f: **1.** chir. Schwächung des Alveolarfortsatzes zur Erleichterung von kieferorth. Maßnahmen (*Köle* 1958, Abb.), → Keilexzision. **2.** Entrindung des Kieferknochens, um bei chron. Osteomyelitis den antibiotischen Mitteln Zugang zu den Markräumen zu verschaffen. 2

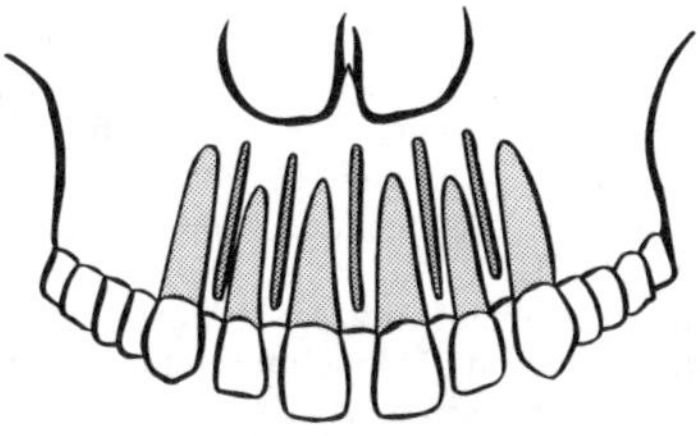

Kortikotomie zur Erleichterung kieferorth. Maßnahmen (*Köle*-Operation)

Kortiko|tropin n: → ACTH. 10

Kortison n: $C_{21}H_{28}O_5$; Glukokortikosteroid; Nebennierenrindenhormon mit entzündungshemmender Wirkung. K. und seine Derivate hemmen die Entzündung nur symptomatisch, ohne die Ursache (z.B. Infektion) zu beseitigen. Bei mikrobiell bedingter Entzündung ist die alleinige Kortisontherapie kontraindiziert. Vgl. Glukokortikoide, Hydrokortison, Prednison, Prednisolon, Betamethason, Dexamethason. 7, 10

Korund (tamul.) m: Kristallform des Aluminiumoxids (Tonerde), Al_2O_3, von der in reiner Form der Rubin und der Saphir als Edelsteine bekannt sind. Wegen seiner Härte zum Schleifen benutzt. Aus K. werden Schleifräder und -spitzen für die Bohrmaschine hergestellt. In feinkörniger Form als Schmirgel bezeichnet. 4

Koryne|bakterien f pl: Corynebacterium (*Lehmann* und *Neumann*, 1896); keulen- oder hantelförmige Bakterien, z.B. → Diphtheriebakterien; grampositive unbewegliche Stäbchen mit Polkörnchen, die aus hochpolymerisiertem Metaphosphat bestehen (Energiespeicher). → Bakteriensystematik. 8

Koryza (gr.) f: Schnupfen, → Rhinitis. Coryza syphilitica: eitriger Schnupfen bei Neugeborenen, Symptom der → Lues connata, das bei längerem Bestehen zu Einschmelzung des Nasengerüsts und Sattelnase führt. 19

***Kostečka*-Progenie|operation** f: beidseitige Durchtrennung der aufsteigenden Äste des Unterkiefers oberhalb des Foramen mandibulae mittels → *Gigli*-Säge, die mit der → *Kaerger*-Nadel von außen oral um den Unterkiefer herumgeführt wurde (Abb.), dann Einstellung im Normalbiß und intermaxilläre Verschnürung. 2

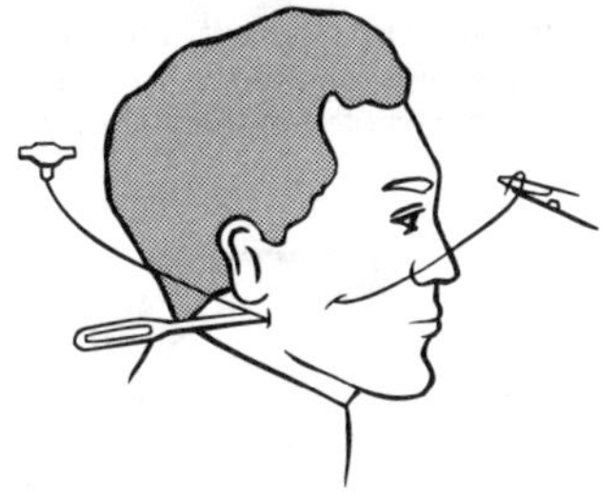

Kostečka-Progenieoperation

Kosten|erstattung: Prinzip im Gegensatz zum Sachleistungsprinzip (→ Sachleistung). Bei K. hat sich der Patient die Behandlung selbst zu beschaffen und erhält die Aufwendungen (teilweise) anschließend von der Krankenkasse erstattet. Gilt seit dem Gesundheitsreformgesetz für Zahnersatz und Kieferorthopädie. Bei K. besteht ein → Behandlungsvertrag zwischen Zahnarzt und Patient, die Vergütung fällt nicht unter die → Gesamtvergütung. 24

Kosten|übernahme|erklärung: Erklärung des Kostenträgers, in der Regel einer Gesetzlichen Krankenkasse, die durch den Leistungsfall entstehenden Kosten ganz oder zum Teil („Zuschußfestsetzung") zu übernehmen. Fälschlicherweise im täglichen Gebrauch als „Genehmigung" durch die Krankenkasse bezeichnet. Stellt einen Verwaltungsakt dar, der Rechtsmitteln unterliegt, d.h. auf dem Verwaltungs- oder Sozialgerichtsweg beklagt werden kann. 25

Kovarianz f: in der Statistik ein Maß für die Einflußgrößen, auch der Störgrößen. 26

Kovarianz|analyse f: in der Statistik zur Ermittlung des Einflusses einer Kontrollvariablen für die Untersuchung benutzt. Vgl. Variabilität. 26

Kozymase f: Kodehydrase (DPN); veraltete Bezeichnung für Nikotinsäureamidadenindinukleotid (NAD). Wasserstoffverbindendes und übertragendes → Koenzym. An den Prozessen in der Atmungskette (Zellatmung) beteiligt. 23

Kraft: phys. Grundgröße, bestrebt, den Bewegungszustand eines Körpers zu ändern. Definition (*Newton*-Gesetz): Kraft = Masse x Beschleunigung. Die pro Flächeneinheit wirkende Kraft wird als → Druck bezeichnet. 10, 21

Kraft|angriff: Kraftansatz; in der Kieferorth. die Qualität (Kontrolle), mit welcher eine Kraft über die kieferorth. Apparatur auf einen Zahn übertragen wird. In Abhängigkeit vom K. kommt es zu Bewegungen der Zähne. Man unterscheidet Einpunkt-, Zweipunkt- und Vielpunktkraftangriff. 5

Kralle: schneidender Spezialhebel zur Entfernung einer frakturierten unteren Molarenwurzel durch die leere Alveole hindurch (Abb.). 2

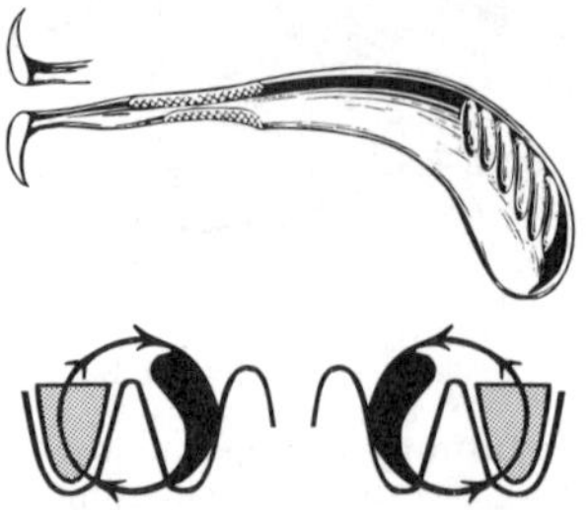

Krallen|halbkrone: modifizierte Dreiviertel-Krone, die von approximal auch in die bukkale Fläche des Zahnes „greift" (*Vest*). → Halbkronen. 4

Krallen|schiene: wegen der Gefahr der Kariesinduktion nicht mehr gebräuchlich; → *Elbrecht*-Schiene. 4

Krampf|anfall: episod. neurolog. Symptomatik mit Veränderungen von Bewußtsein, Wahrnehmung, Motorik und vegetativen Funktionen. Die Ursachen können sein: akute und chronische Leiden, Defektzustände, Alkohol- oder Medikamentenmißbrauch. Symptome: → Aura (eventuell), Krämpfe, → Atemstillstand, → Zungenbiß, länger andauernde → Bewußtseinsstörung sowie Aufhebung der → Schutzreflexe. Die Patienten sind weiterhin durch traumatische Begleitverletzungen gefährdet. Die Therapie orientiert sich an drei Zielen: Schutz vor Begleitverletzungen, Aufrechterhaltung und Sicherstellung der → Vitalfunktionen und eventuell Durchbrechung des K.s. Vgl. Intoxikation, Koma. 16

Krampons (frz.) n pl: die in künstliche Zähne eingelassenen Befestigungsstifte. → Keramikzahn. 4

Krampon|zange: spitze Zange zum Biegen und Breitdrücken der → Krampons (Abb.). 4

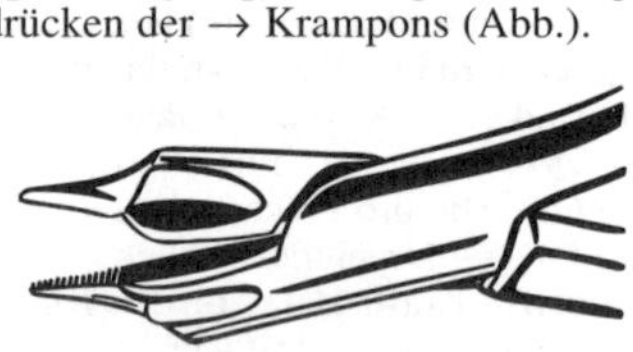

kranial (gr.): cranialis; schädelwärts, im Körper nach oben gelegen. 9

kranio|faziale Dys|ostose (*Crouzon*) f: → Dysostosis craniofacialis. 2

Kranio|metrie f: Schädelvermessungskunde nach anthrop. → Meßpunkten, früher nur am mazerierten Schädel, seit 1931 mittels des → Fernröntgenseitenbildes auch am Lebenden möglich (→ Anthropometrie, → Kephalometrie). In der Kieferorth. nach *A. M. Schwarz* Lagebestimmung des Gebisses im ganzen gegenüber dem Schädel ungeachtet der Fehlbildung, jedoch unter Berücksichtigung der 3 Begriffe → Inklination (→ Gebißwinkel), Position (→ Anteposition, → Retroposition) und Gelenkhoch- und -tiefstand. 5

kranio|metrische Punkte: → Meßpunkte. 5

Kranio|pagus m: Doppelmißbildung, die am Kopf zusammengewachsen ist. 3

Kranio|pharyngiom n: *Erdheim*-Tumor; Hypophysengangsgewächs, das seinen Ausgang von Epithelresten des embryonalen Hypophysenganges, der → *Rathke*-Tasche, nimmt. Da es seinen Ursprung vom gleichen Grundgewebe, einer Epithelausstülpung der Urmundhöhle, nimmt, kann es im histolog. Bild Ähnlichkeit mit dem → Ameloblastom haben. Es entwickelt sich gelegentlich in den Nasen-Rachen-Raum oder in die Mundhöhle hinein. 2

Kranio|rha|chi|schisis f: angeborene Spaltung von Schädel (Anenzephalie) und Rückenmark (Rhachischisis). 3

Kranio|schisis f: Längsspaltung des Schädeldaches, fast immer kombiniert mit → Anenzephalie. 3

Kranio|syn|ostose f: meist durch Neumutation entstandenes Krankheitsbild durch frühzeitigen Verschluß der Schädelnähte. Als Folge abnorme Schädelformen, die auch die Entwicklung des Gesichtsschädels beeinträchtigen. Therapie: frühzeitige neurochir. Entlastung durch Ostektomie. 3

Kranio|tabes f: Erweichungslücken in den Scheitelbeinen bei Rachitis. 20

Kranken|pflege: Teil der Krankenhilfe im Rahmen der gesetzlichen Krankenversicherung (GKV). Umfaßt ärztliche und zahnärztliche Behandlung, Versorgung mit Arznei-, Verband- und Heilmitteln, Brillen, Körperersatzstücke, orthopädische und andere Hilfemittel, zahnärztliche Behandlung bei der Versorgung mit Zahnersatz und Zahnkronen einschließlich der Kosten für zahntechnische Leistungen, Belastungserprobung und Arbeitstherapie sowie häusliche Krankenpflege. 24

Kranken|schein: Dokument zum Nachweis der Versicherungseigenschaft des Patienten und des Anspruchs auf Versicherungsleistungen. Ist vor Beginn der Behandlung dem Zahnarzt vorzulegen (§ 8 Abs. 1 → Bundesmantelvertrag (Zahnärzte)). Bis dahin kann der Zahnarzt Privatvergütung verlangen. Diese ist zurückzugewähren, wenn der K. innerhalb von 10 Tagen nachgereicht wird. Bei Ausstellung des K.s zu Unrecht haftet die Krankenkasse für das zahnärztliche Honorar in Höhe der Vertragsgebühren. Der K. gilt jeweils nur für einen Behandlungsfall, also die gesamte von demselben Zahnarzt innerhalb desselben Kalendervierteljahrs an demselben Kranken vorgenommene Behandlung. Die Gültigkeit des K.s endet mit dem Kalendervierteljahr, in dem er ausgestellt ist. [24]

Kranken|versicherung: Teil des Sozialversicherungssystems der Bundesrepublik Deutschland neben Rentenversicherung, Unfallversicherung, Arbeitslosenversicherung und Konkursausfallversicherung. Die K. baut auf dem dualen System auf, sie setzt sich aus gesetzlicher Krankenversicherung und → privater Krankenversicherung zusammen. Die gesetzliche Krankenversicherung baut auf dem Solidarsystem auf und enthält Versicherungselemente. [24]

Kranken|versicherungs|karte: → KVK. [26]

Krankheit: i. w. S. Verlust von Gesundheit; i. e. S. → Morbus. Nach der Rechtsprechung weit ausgelegter Begriff, der jede auch nur unerhebliche oder nur vorübergehende Störung der normalen Beschaffenheit oder der normalen Tätigkeit des Körpers umfaßt, die geheilt, d.h. beseitigt oder gelindert werden kann. Muß einer ärztlichen Behandlung zugänglich und nach außen wahrnehmbar sein. Für die gesetzliche Krankenversicherung (GKV) hat der Begriff K. ständige Ausweitung erfahren. Wird definiert als der regelwidrige Geistes- oder Körperzustand, dessen Eintritt entweder allein die Notwendigkeit einer Heilbehandlung oder zugleich oder ausschließlich Arbeitsunfähigkeit zur Folge hat. Maßgeblich ist die objektive Notwendigkeit der Heilbehandlung. Das Vorliegen von K. ist Grundlage für den Rechtsanspruch des Patienten auf Leistungen der GKV. [20, 24]

Krankheits|verhalten: medizinsoziologischer Begriff zur Beschreibung des Weges über Selbstbehandlung und Inanspruchnahme des Laiensystems bis zur Bereitschaft des Patienten, sich in ärztliche/zahnärztliche Behandlung zu begeben und die Rolle eines Kranken zu übernehmen. Vgl. Gesundheitsverhalten. [33]

Kranz|gefäße: → Koronararterien. [9]

Kranz|naht: Sutura coronalis; quer über den Schädel verlaufende Nahtverbindung zwischen Stirnbein und den Scheitelbeinen. [9]

Kraquelierung (frz.) f: Rißbildung, die entstehen kann, wenn Kunststoffe mit Lösungsmitteln in Berührung kommen. Es handelt sich nach *Kraft* um sog. „Entspannungsrisse". Ihre Ursache ist in Oberflächenspannungen zu suchen, die auftreten, wenn ein Kunststoff mechanisch bearbeitet wird (z.B. Schleifen, Polieren). Durch die Einwirkung von Lösungsmitteln (Chloroform, monomere Flüssigkeit usw.) kommt es zur Auslösung dieser Spannungen und damit zur Rißbildung. Durch Wärmebehandlung (z.B. → Tempern über 1 h im Wasserbad von 85 °C) kann man diesem Rissigwerden vorbeugen. [4]

Krätze: → Skabies. [12]

Kraurose (gr.) f: Craurosis; mit Juckreiz einhergehender Schrumpfungsprozeß, vorwiegend am Genitale meist älterer Menschen im Zusammenhang mit Lichen sclerosus et atrophicus. [12]

Kreatinin n: endogenes Nebenprodukt im Muskelstoffwechsel, überwiegend glomeruläre Ausscheidung durch die Nieren. K.-Plasmaanstieg bei Einschränkung der Nierenfunktion: Niereninsuffizienz, Herzinsuffizienz mit Nierendurchblutungsstörungen. Normalwert: 80-100 µ mol/l (0,9 - 1,1 mg%). [20]

Krebs: allg. Bez. für bösartige Tumoren; i.e.S. das → Karzinom (maligner epithelialer Tumor). [32]

Kreide|flecken: opak weißliche Schmelzveränderungen an plaqueretentiven Stellen im Gebiß. Zeichen der beginnenden → Demineralisation als Folge der langfristigen Einwirkung schwacher organischer Säuren aus der Plaque. Vorstufe der Karies. Vgl. Schmelzläsion. [1, 15]

Kreis|atmungs|system n: Narkosemethode bei Verwendung eines → Narkoseapparates. Das Gasgemisch beschreibt, durch Einatmungs- und Ausatmungsventil gesteuert, einen Kreislauf, wobei die verbrauchten Gasmengen durch Zustrom aus den Behältern laufend ersetzt werden. Vgl. Pendelsystem. [2]

Kreis|lauf: → Blutkreislauf. [9]

Kreis|lauf|störungen: → Zirkulationsstörungen. [16, 20]

Kreis|lauf|versagen: unspezifischer Begriff für ein kardiales Pumpversagen infolge von → Herzrhythmusstörungen oder eines → Herz-Kreislauf-Stillstands. [16]

Krepitation f: → Reibegeräusch, Knistern, kann als Symptom beim Bewegen von Knochenteilen im Frakturspalt wahrgenommen werden. [2]

Kresole (Kunstwort) n pl: Methylphenole, $C_6H_4(CH_3)OH$. Es gibt drei isomere K., die alle drei im Holz- bzw. Steinkohlenteer vorkommen. Ihre desinfizierende Wirkung übertrifft die des → Phenols. Vgl. Isomere. [23]

Kretinismus (frz. crétin Schwachsinniger) m:

Syndrom auf dem Boden eines Schilddrüsenhormonmangels (→ Hypothyreose). Unterschieden werden endemischer und sporadischer K.: 1. endemischer K.: Frühembryonalschädigung durch Jod- und Schilddrüsenhormonmangel in Endemiegebieten (Alpen, Hochland von Afrika, Nepal), irreversible Schäden (Oligophrenie, Schwerhörigkeit, Kleinwuchs, eingezogene Nasenwurzel, verzögerte Dentition, trockene schuppende Haut, Vergrößerung der Zunge. Therapie: Prophylaxe mit jodiertem Speisesalz in Jodmangelgebieten; 2. sporadischer K.: Neugeborenen-Hypothyreose mit ähnlicher aber milderer Symptomatologie wie beim endemischen K., da in der Fötalzeit die Substitution durch das mütterliche Thyroxin ausreicht. Hypothyreoseschäden post partum lassen sich durch Schilddrüsenhormontherapie vermeiden. [20]

Kreuz|allergie f: allergische Reaktion, die unter Therapie gegenüber zwei oder mehr Antibiotika auftreten kann, meist infolge weitgehender chem. Verwandtschaft der Antigene bzw. Haptene. Bessere Bez.: Parallelallergie. [8]

Kreuz|bein: Os sacrum. → Wirbelsäule. [9]

Kreuz|biß: Mordex tortuosus; zusammenfassende Bez. für alle transversalen Bißanomalien. Kreuzbisse können nach *Schulze* in verschiedene Formen unterteilt werden (Abb. 1) und unterschiedliche Ursachen haben: 1. → Dystopie der

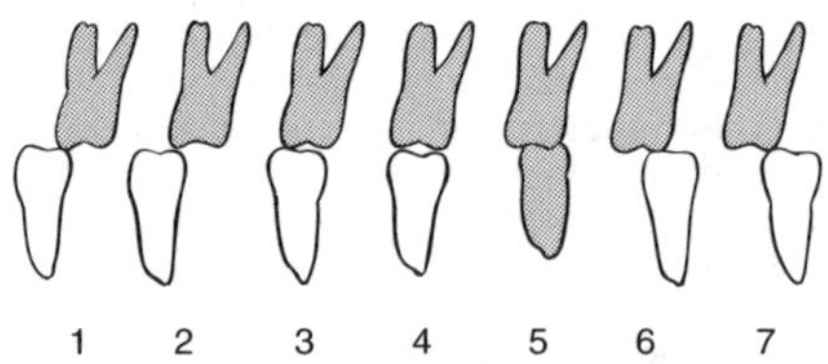

Abb. 1: Transversale Bißstörungen im Seitenzahngebiet (Kreuzbißformen). Fälschlich wird angenommen, es seien stets die unteren Zähne Ursache der Fehlstellung (verschobene Zähne hell). 1: gekreuzter seitlicher Scherenbiß (Vestibulookklusion der unteren Zähne); 2: gekreuzter einfacher Höckerbiß; 3: voller Kreuzbiß; 4: doppelter Höckerbiß; 5: normaler Überbiß; 6: einfacher Höckerbiß; 7: seitlicher Scherenbiß (Vestibulookklusion der oberen Zähne).

Seitenzähne (dentoalveolärer K.); 2. Kippung der Seitenzähne (dentoalveolärer K.); 3. Lateralposition des Unterkiefers (artikulärer, mandibulärer oder gnathischer K.). Häufig liegen Mischformen vor. Andere Begriffe sind progener, mikrognather oder distaler K., dabei wird die Ursache bezeichnet, welche zum K. geführt

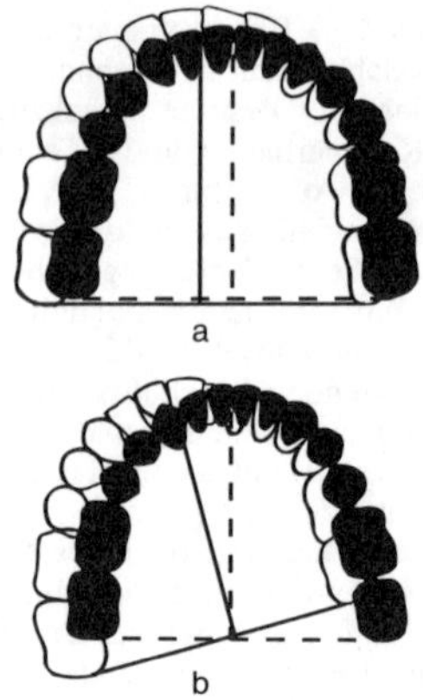

Abb. 2: Lage der Unterkiefermitte

hat. Neben beidseitigem K., bei dem beide Seitenzahnreihen umgekehrt okkludieren, ist der einseitige K. wesentlich häufiger. Wichtig bei allen K.-Formen ist die Bestimmung der unterkiefereigenen Mitte (Abb. 2). Ein frontaler K. wird als umgekehrter Frontzahnüberbiß bezeichnet. [5]

Kreuz|immunität f: bei Immunisierung mit einem bestimmten Antigen entstehende (meist schwächere) Immunität gegen ein anderes, verwandtes Antigen. [8]

Kreuz|probe: vor → Bluttransfusion obligatorischer Nachweis der Verträglichkeit von Spender- und Empfängerblut durch Zusammenbringen auf Objektträger. Bei → Agglutination besteht Unverträglichkeit. [20]

Kreuz|resistenz f: gleichzeitige Resistenz eines Bakteriums gegen zwei oder mehr Antibiotika der gleichen Gruppe. Bessere Bez.: Parallelresistenz. [8]

krevikulär (engl.): die Zahnfleischfurche betreffend. Crevicular fluid: Sulcus fluid oder → Sulkusflüssigkeit. [6]

Kribrosierung (lat.) f: Durchsiebung, Durchlöcherung. [9]

Krikotomie f: Eröffnung des Kehlkopfes durch Spaltung des Ringknorpels des → Larynx. Notoperation zur schnellen Luftzuführung bei Atmungsbehinderung, → transtracheale Ventilation. → Tracheotomie, → Koniotomie. Anatomie: → Abb. Larynx. [34]

Krisis (gr.) f: schneller Fieberanfall, der binnen 24 Stunden zu normaler oder subnormaler Temperatur und zur Genesung führt. Ggs.: Lysis. [20]

Kristall (gr.) m: die regelmäßige, von ebenen Flächen begrenzte vieleckige Form, die viele Stoffe beim Übergang aus dem flüssigen oder dampfförmigen Zustand in den festen freiwillig annehmen (Kristallisation). [10]

kristallin(isch): Eigenschaft von Stoffen, bei denen in größeren Bereichen die Atome nach allen Richtungen des Raumes regelmäßig, (d.h. als → Kristalle) angeordnet sind. Ggs.: amorph. [10]

Kristallit m: kleiner → Kristall. [10]

kritische Lebens|ereignisse: empirisch ermittelte Anlässe (z.B. Partnerverlust) bzw. koindizierende Geschehnisse (Life-events), die in der Biographie Betroffener schweren Dekompensationen (→ Suizid) und/oder dem Verlust sozialer Stabilität vorausgingen. [13]

kritischer pH: pH-Wert in der → Plaque an der Zahnoberfläche, ab dem eine → Demineralisation des Zahnschmelzes erfolgt (meist pH 5,5). [15]

Krone, künstliche: prothetische Umfassung, Abdeckung und Überzug von natürl. Zahnkronen mit Metall, Kunststoff oder keramischen Massen. Nach ihrer Funktion unterscheidet man: 1. Ersatzkronen zum Wiederaufbau eines Zahnes sowie von Teilen seiner Wurzel zur ursprünglichen anat. Form oder zur Verbesserung des ästhetischen Effektes; 2. Schutzkronen zum Schutz vor Karies oder vor mechan. Beanspruchung durch Prothesenklammern; 3. Pfeilerkronen zur Verankerung von Brücken oder abgestützten Prothesen. → Bandkrone, → *Davis*-Krone, → Dübelkrone, → Fensterkrone, → Halbkrone, → Jacketkrone, → Konuskrone, → *Logan*-Krone, *Orton*-Krone, → Teleskopkrone, → Verblendkrone, → Vollgußkrone, Jacketkrone. [4]

Kronen|abzieher: → Hirtenstab. [4]

Krone, natürliche: → Zahnkrone. [30]

Kronen|dentin n: in der Zahnkrone befindliches Dentin. Es enthält mehr Dentinkanälchen pro Flächeneinheit als das Wurzeldentin. Vgl. Dentinarten. [30]

Kronen|flucht: Innenneigung der Kaufläche unterer Seitenzähne (Abb.). Die K. ist eine Anpassung an die → *Spee*-Kurve. [30]

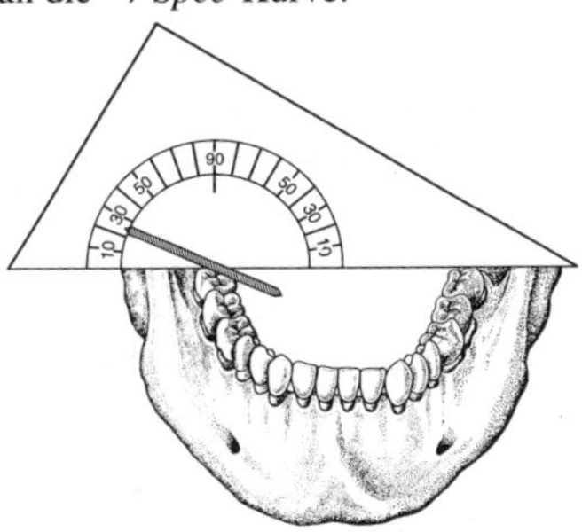

Kronenflucht unterer Molaren

Kronen|fortsatz: Processus coronoideus des Unterkiefers, an dem der M. temporalis ansetzt. Abb. → Mandibula. [9]

Kronen|pulpa f: koronale Pulpa; Teil der Pulpa, der die Pulpakammer der Zahnkrone ausfüllt. Ggs.: → Wurzelpulpa oder Kanalpulpa. [1]

Kronen|rand|gestaltung: Bei der Präparation der natürlichen Zähne für die Aufnahme von Kronen werden für die Randgestaltung verschiedene Empfehlungen ausgesprochen (Abb.): 1. → Tangentialpräparation, 2. → Stufenpräparation, 3. → Hohlkehlpräparation, 4. Stufenpräparation mit Abschrägung. [4]

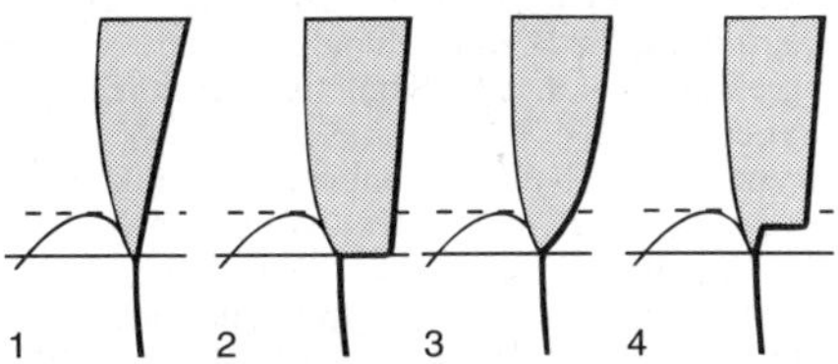

Kronen|schiene: mehrere untereinander fest verbundene (verblockte) künstl. Kronen. [4]

Kronen|typen m pl: durch die Anzahl der Kauhöcker charakterisierte Kategorien der Zahnkronen. Man unterscheidet zwei-, drei-, vier- und fünfhöckrige Kronentypen. Vgl. Cuspis dentis. [30]

Kronen|zement n: Zement, das die Zahnkrone bedeckt. Es enthält keine Zellen und Kollagenfibrillen. Beim Menschen findet es sich in einer Dicke von 1-15 µm an der Schmelzoberfläche in Form von Zementzungen und Zementinseln. Außerdem kommt es bei Zähnen vor, die starker Abnutzung unterliegen, z.B. bei Schwein, Kaninchen, Meerschweinchen, Hamster. [30]

Kropf: → Struma. [20]

Kröten|kopf: → Anenzephalie. [3]

Krümmungs|merkmal: → Bogenmerkmal. [30]

Kruor(gerinnsel): postmortal entstandenes Blutgerinnsel von dunkelroter Farbe, bestehend aus Blutelementen im gleichen Verhältnis wie im strömenden Blut. Ggs.: → Speckhautgerinnsel. [32]

Krupp m: Croup, Kehlkopfdiphtherie; Totalverschluß der Luftwege durch diphtherische Membranen, höchste Erstickungsgefahr. Symptome: ängstliches Schnappen nach Luft mit „jauchzender" Inspiration, Einziehung der Interkostalräume und der epigastrischen Bauchdecke. Therapie: evtl. → Tracheotomie. [20]

kruppös (engl.): entzündlich-fibrinös, pseudomembranös, durch → Krupp verursacht. [8]

Krupp-Stahl: → Wipla. [8]

Kruste: Crusta; Borke, entsteht als gelbliche bis schwärzliche Auflagerung durch Eintrock-

nen von Exsudat, Eiter oder Blut bei erosiven und ulzerösen Hautprozessen. [12]
Kryo|anästhesie f: → Kälteanästhesie. [2]
Kryo|chirurgie f: Gewebs- oder Organzerstörung mittels Kältenekrose durch Verdampfen von flüssigem Stickstoff oder CO_2. [2]
Kryolith m: in reinem Zustand schneeweißes, relativ leicht (bei 1.000°) schmelzbares Mineral, Na_3AlF_6. Von Bedeutung für die elektrolytische Aluminiumgewinnung und als Trübungsmittel für Milchglas und Emaille. [10]
Kryo|therapie f: Heilbehandlung durch Kälteanwendung, durch lokale Vereisung mit flüssigem Stickstoff u.a. bei benignen und malignen Hauttumoren; z.B. die Behandlung von → Teleangiektasien u.ä. mit Kohlensäureschnee. → Kryochirurgie. [2, 12]
Krypten (gr.) f pl: **1.** Einbuchtungen, z.B. in den Mandeln. **2.** → *Lieberkühn*-Drüsen. [19]
kryptogen: kryptogenetisch; aus dem Verborgenen entstehend, z.B. kryptogene Infektion: Schlupfwinkelinfektion, nicht erkennbarer infektiöser Herd. [2]
Krypto|kokkose f: → Blastomykose, maligne; → Cryptococcus neoformans. [8]
Krypto|meter n: → Paradontometer. [6]
kubital: zum Ellenbogen (Cubitus) gehörig. [32]
Kugel|gelenk: bewegliches → Verbindungselement zwischen Ankerteil (Kronen oder Brükken) und Prothesensattel (*Roach*). Die Kugel ist aktivierbar (Abb.). [4]

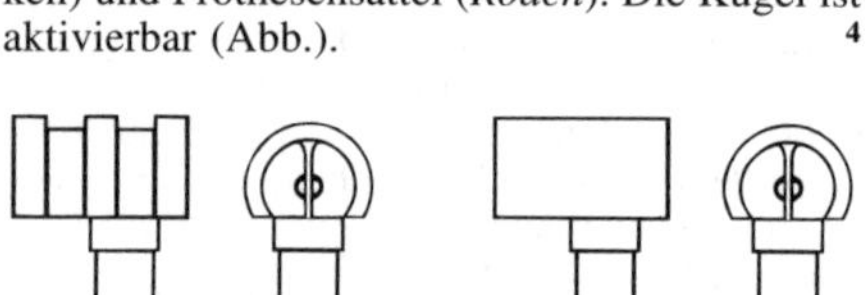

Kugel|kopf|klammer: → *Bonyhard*-Klammer. [4]
Kugel|rotations|system n: Methode zur Stabilisierung von Unterkiefertotalprothesen nach *Brinkmann* und *Putenat;* hierzu werden in natürliche Zahnwurzeln oder in zwei → Biolox®-Implantate kugelförmige Aufbauten aus Aluminiumoxidkeramik geschraubt. Korrespondierende Teile werden in die Prothese einpolymerisiert. [18]
Kugel|zange: → Zungenzange. [2]
Kugel|zell|anämie f: → Sphärozytose, hereditäre. [20]
Kuh|horn|sonde: schraubenartig gewundene zahnärztl. → Sonde zum Aufsuchen versteckter Karies. [1]
Kuh|horn|zange: Spezialzange zur Extraktion tief zerstörter, aber noch zusammenhängender Wurzeln unterer Molaren, deren Spitzen, bukkal und lingual zwischen die Wurzeln gepreßt, sich beim Zangenschluß infolge ihrer bes. Konstruktion selbst ihren Platz suchen (Abb.). [2]

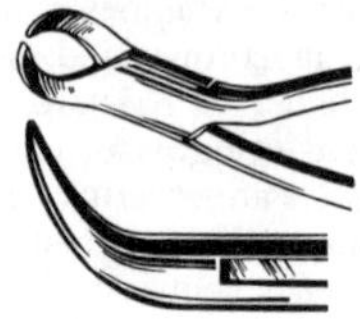

Kuhn-System (Franz K., Chir., Kassel, *1866, † 1929) n: System der → Intubationsnarkose, das wegen geringen Totraumes (→ Totraum, apparativer) für Kinder indiziert ist (Abb.). Im angloamerikanischen Raum *Jackson-Rees*-System ähnlich. [2]

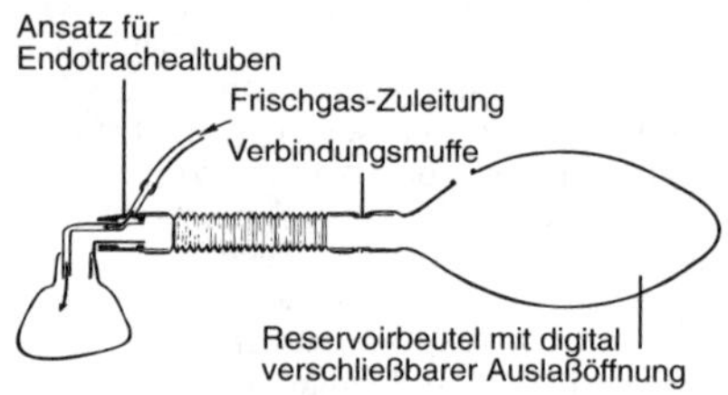

Kuhn-Tubus m: Endotrachealtubus aus halbstarrem Kunststoff in physiolog. S-Form. [2]
Kuh|pocken: durch wiederholte Tierpassagen abgeschwächte Form der Menschenpocken. Vgl. Immunisierung. [8]
Kulissen|stellung: Frontzahnstellung bei → Engstand, bei der sich die Zähne teilweise überdecken (Abb. → Schmalkiefer). [5]
Kultur (lat.) f: in der Bakt. Züchtungsverfahren für Keime; vgl. Ei-Amnionkultur, Gewebekultur, Reinkultur. [8]
Kumarine n pl: Antikoagulantien. Pathophysiologie: Verminderung bzw. Alterierung einiger in der Leber synthetisierter Gerinnungsfaktoren als Vitamin-K-Antagonisten. Als Langzeit-Thromboembolieprophylaxe und -therapie, obliterierende Arteriosklerose, Rezidivprophylaxe des → Myokardinfarkts. Nebenwirkungen: Blutungsgefahr auf innerem, urologischem, zahnärztlichem Gebiet (cave Zahnentfernung!). Präp.: Marcumar®, Sintrom®. Therapie-Kontrolle: → Thromboplastinzeit. Antidot: Vitamin-K-Präp. Konakion®. [34]
Kummet|verankerung: klammerlose doppelseitige Freiendplatte im Unterkiefer, bei der zur Fixierung ein vestibulär nahe der Umschlagfalte

gelagerter Drahtbügel dient, der in die Prothesensättel einmündet (*Heintz*). 4

Kumulation (lat.) f: Anreicherung eines → Pharmakons im Organismus im Verlauf einer Mehrfachapplikation. Das Ausmaß der K. ist abhängig vom Verhältnis der Halbwertszeit des Pharmakons zum → Dosierungsintervall. Sie ist klin. nur dann relevant, wenn mehr als 10% am Ende des Dosierungsintervalls zurückbleiben. 7

Kündigung: Auflösung eines Arbeitsvertrages durch einseitige Willenserklärung. Möglich sind ordentliche und außerordentliche (fristlose) K. Eine K. ist von Beginn des Arbeitsverhältnisses an möglich. Dabei sind i.d.R. K.sfristen einzuhalten. Für Arbeiter und Angestellte gilt eine K.sfrist von 4 Wochen zum 15. eines Monats oder zum Monatsende. Dauert das Arbeitsverhältnis länger als 2 Jahre, sieht das Gesetz längere K.sfristen vor (§ 622 BGB). Bei Beschäftigung von mehr als 2 Angestellten ausschließlich der Lehrlinge ist das Gesetz über die Fristen für die Kündigung von Angestellten zu beachten, das bei längeren Beschäftigungszeiten längere K.sfristen vorsieht. Bei Beschäftigung von mehr als 5 Arbeitnehmern findet das → Kündigungsschutzgesetz Anwendung. K. von Schwerbehinderten ist nach dem Schwerbehindertengesetz an die Zustimmung der Hauptfürsorgestelle gebunden. Eine fristlose K. hat innerhalb von 2 Wochen, nachdem der Arbeitgeber von dem K.sgrund erfahren hat, zu erfolgen (§ 626 Abs. 2 BGB). Sie muß eindeutig erklärt werden. Voraussetzung ist das Vorliegen von Tatsachen, die das Arbeitsverhältnis so erschüttert haben, daß eine Fortsetzung nicht zumutbar erscheint. Hier kommen vor allem Vertragsverletzungen in Betracht. Der K. kann im → Kündigungsschutzprozeß widersprochen werden. 24

Kündigungs|schutz|gesetz: Gesetz zum Schutz der Arbeitnehmer bei Kündigung. Es ist anwendbar bei Beschäftigung von mehr als 5 Arbeitnehmern. Jede ordentliche → Kündigung muß danach sozial gerechtfertigt sein. Hierbei ist eine umfassende Abwägung zwischen dem Interesse des Arbeitnehmers am Weiterbestand des Arbeitsverhältnisses und dem Interesse des Arbeitgebers an der Beendigung des Arbeitsverhältnisses vorzunehmen. Erforderlich sind für eine soziale Rechtfertigung entweder Gründe in der Person des Arbeitnehmers (personenbedingte Gründe, die auf den persönlichen Eigenschaften des Arbeitnehmers beruhen, z.B. mangelnde körperliche oder geistige Eignung, Erkrankungen und Alter) oder in seinem Verhalten (verhaltensbedingte Gründe: vor allem Vertragsverletzungen, Verhältnis zu Arbeitskollegen oder außerdienstliches Verhalten). Betriebsbedingte Gründe zur Rechtfertigung einer Kündigung können sein: Arbeitsmangel, Verkauf der Praxis, Rationalisierungsmaßnahmen, Stillegung der Praxis. Hier ist zwischen den Arbeitnehmern eine soziale Auswahl unter dem Aspekt zu treffen, wen die Kündigung am wenigsten hart trifft. 24

Kündigungs|schutz|pro|zeß m: Gerichtsverfahren, in dem der Gekündigte gegen den Kündigenden anläßlich der Kündigung klagt. Der Arbeitnehmer hat während des Prozesses in der Regel kein Recht auf Weiterbeschäftigung. Richtet sich nach Form und Frist nach dem → Kündigungsschutzgesetz. Ist Kündigungsschutzklage erhoben worden, kann der Arbeitgeber die Kündigung zurücknehmen und die Fortsetzung des Arbeitsverhältnisses zu den bisherigen Bedingungen anbieten. Damit erkennt er den Klageanspruch an. Vergütungen während des Prozesses werden nur fällig, wenn der Arbeitnehmer sich gegenüber dem Arbeitgeber auf die Einrede des nicht erfüllten Vertrages beruft. 24

Kunst|fehler: nach ständiger Rechtsprechung ein „Handeln gegen die anerkannten Regeln der med. Wissenschaft". In der Regel geht mit ihm nach *Virchow* ein „Mangel an gehöriger Aufmerksamkeit oder Vorsicht" Hand in Hand. Der K. ist im zahnmedizinischen Bereich definiert als Verstoß gegen die allgemein anerkannten Grundsätze der zahnärztlichen Wissenschaft sowie als Verletzung der Sorgfalt, die von einem ordentlichen, pflichtgetreuen Zahnarzt normalerweise zu erwarten ist. Der Sachverhalt muß in erster Linie vom Standpunkt der (zahn)ärztlichen Wissenschaft aus beurteilt werden. Vgl. Haftung, Fahrlässigkeit. 24

Kunst|harze: zu den → Kunststoffen gehörende synthetische Verbindungen, die vorwiegend in der Lackindustrie verwendet werden. Oft wird der Ausdruck als Synonym für Kunststoffe benutzt, was jedoch abzulehnen ist, da die Kunststoffe zum Teil kristalline Struktur besitzen. K. sind dagegen von amorpher Struktur. 4

künstliche Ernährung: passive Nahrungs- bzw. Nährstoffaufnahme, entweder parenteral (intravenös) mittels hochsteriler dissimilierter Lösungen oder enteral mittels transabdominaler oder transnasaler Nährsonden. Vgl. Nasenolive. 27

Künstliche Intelligenz f: Abk. KI; Teilgebiet der Informatik, das sich mit dem Einsatz von menschlichem Wissen in Anwendungen der Datenverarbeitung befaßt. Einzelne Arbeitsgebiete sind Psychologie und Informationsverarbeitung, natürlich-sprachliche Systeme, Bildverstehen,

Robotik, → Expertensysteme und automatisches Programmieren und Beweisen. [26]

Kunst|licht: im fotografischen Sinne Licht einer Farbtemperatur von 3200-3400 K, das von bestimmten Fotolampen erzeugt wird. Elektronenblitzlicht hat, obwohl auch künstlich erzeugt, Tageslichtcharakter (5000-5600 K). Bei Verwendung von Kunstlicht muß sichergestellt sein, daß bei Gebrauch von Farbfilm die Filmsensibilisierung auf die Farbtemperatur der Beleuchtung abgestimmt ist. [17]

Kunst|stoffe: → hochpolymere, ganz oder teilweise synthetisch hergestellte organ. Verbindungen. Ein Charakteristikum der K. besteht darin, daß sie während der Herstellung und Verarbeitung in gewissen, für die jeweiligen K. verschiedenen Temperaturbereichen plastisch sind und sich leicht verformen lassen. Hiervon rührt die oft benutzte Bezeichnung Plaste oder Polyplaste her. Die K. gliedern sich in 2 Hauptgruppen: 1. aus Naturstoffen hergestellte K. (z.B. solche auf Basis Zellulose, Naturharze, Proteine) und 2. vollsynthetische K., bei denen entsprechend ihrem Verhalten bei Temperaturerhöhung zwischen härtbaren oder duroplastischen K. und nichthärtbaren oder thermoplastischen K. unterschieden wird. Die härtbaren K. (wichtigste Vertreter dieser Gruppe sind Aminoplaste und Phenoplaste) erfahren bei Erwärmung eine chem. Veränderung, wodurch sie unlöslich und unerweichbar werden. Dieser Vorgang ist irreversibel. Die nichthärtbaren K. (wichtigste Vertreter dieser Gruppe sind die Akrylharze, die Vinylharze, die Polyamide und die Polyester) erweichen beim Erwärmen und werden beim Abkühlen wieder hart. Dieser Vorgang kann beliebig oft wiederholt werden. [4]

Kunst|stoff-Füllung: → Komposit. [1]

Kunst|stoff|inlay n: aus Kunststoff (z.B. → Komposit) nach Abdruck wegen besserer Qualität außerhalb des Mundes hergestellte und in die Kavität einzementierte Einlagefüllung. K.s sind ein Versuch, Amalgamfüllungen wegen angeblicher Nachteile zu ersetzen. Sie erreichen jedoch nicht deren Lebensdauer. Z.Zt. nicht zu empfehlen. Vgl. Einlagefüllungen. [1]

Kunst|stoff|mantel|krone: → Jacketkrone aus Kunststoff. [4]

Küntscher-Fraktur|behandlung (Gerhard K., Chir., Kiel, *1900, † 1972): → Marknagelung. [2]

Kupfer: metallisches Element, Symbol Cu (Cuprum), Ordnungszahl 29, Atomgewicht 63,57. Findet sich in der Natur im gediegenen Zustand und in Form von Verbindungen. Reines K. ist gelbrot, sehr dehnbar und leicht löslich in Salpetersäure; es schmilzt bei 1083 °C. In der Zahntechnik wird es dem Gold zugesetzt, um dieses zäher zu machen (2-4 Teile auf 24 Teile Gold). Technisch wichtigste K.-Verbindung ist das → Kupfersulfat. [10, 23]

Kupfer|amalgam n: fertiges Amalgam, das in kleinen vorfabrizierten Würfeln in den Handel kommt. Besteht aus einer heterogenen Legierung von Kupfer-Quecksilber-Mischkristallen und -Verbindungen. Zur Verarbeitung wird es bis zum Austritt kleiner Quecksilberkügelchen erwärmt und im Mörser verrieben. Wegen der sich entwickelnden Quecksilberdämpfe, der Neigung zu Zahnverfärbungen und begrenzter Mundbeständigkeit heute nicht mehr in Gebrauch. [1]

Kupfer|ring: in verschiedenen Größen erhältliche Hülse aus dünnem Kupferblech, die als Träger für das Abdruckmaterial bei Abdrücken von kleinen Objekten wie einzelne Zähne dient, z.B. bei → Einlagefüllungen und Kronen. Vgl. indirekte Arbeitsmethode. [1]

Kupfer|ring|abformung: Einzelstumpfabformung mittels paßgenauem ringförmigen Käppchen aus Kupferblech (→ Dentimeter), das in seinem marginalen Verlauf der Kontur der Präparationsgrenze angepaßt wird. Der Kupferring dient als Träger für das Abformmaterial (früher thermoplastische Materialien, heute vor allem Silikone). Räumliche Zuordnung der Einzelstümpfe z.B. durch Gesamtabdruck über Kupferringe. [4]

Kupfer|sulfat n: $CuSO_4$; in wasserfreiem Zustand farbloses Pulver, das durch Feuchtigkeit blau wird und daher zum Nachweis von Wasser in organ. Verbindungen, z.B. Alkoholen, benutzt werden kann. Findet u.a. Verwendung zur galvanischen Verkupferung, in galvanischen Elementen und zur Herstellung von Farbstoffen. Med. kommt ihm eine gewisse Bedeutung zu als Adstringens, Vomitivum und mildes Kaustikum, z.B. bei Aphthen. Aus wäßriger Lösung kristallisiert es als tiefblaues Kupfervitriol, $CuSO_4$ $5H_2O$. [23]

Kupfer|zement m: nicht mehr gebräuchlicher Phosphatzement mit Zusatz von Kupfersalzen. Die beabsichtigte keimtötende Wirkung war ungenügend. [1]

Kupffer-Stern|zellen (Karl W. v. K., Anat., München, *1829, † 1902): sternförmige Zellen in der Leber mit phagozytären Fähigkeiten, die dem → Retikuloendothelialen System angehören. [9]

Kupido|bogen (Cupido = Amor, röm. Liebesgott): das geschwungene Lippenrot der Oberlippe, auch Amorbogen genannt. [2]

Kuppel|füllung: → Onlay. 1

Kurare (indian.) n: aus verschiedenen Pflanzen, u.a. Chondodendron tomentosum, Strychnos toxifera, zubereitetes Pfeilgift südamerikan. Indianer. Nach der Aufbewahrung werden unterschieden: Tubokurare (in Bambusrohren), Kalebassenkurare (in Kürbisschalen) und Topfkurare. Aus Tubokurare wurde isoliert das d-Tubokurarin, das med. Verwendung als → Muskelrelaxans findet. 2

kurativ (lat.): heilend. 2

Kurer-Schraube: in den Wurzelkanal einschraubbarer Stift mit zylindrischem Kronenaufbau zur Verankerung von Aufbauten für Kronenpräparation. 4

Kürettage (frz.) f: allg. die Auskratzung der Innenflächen von Hohlorganen, bes. des Uterus, mit der Kürette aus diagnost. oder therapeutischen Gründen. K. in der Parodontol.: Reinigung der Wurzeloberfläche bzw. der Zahnfleischtaschen. 6

Kürettage, offene f: parodontalchir. Technik zur Reinigung unübersichtlicher Knochentaschen im Approximalraum. Bei einer (subgingivalen) offenen → Kürettage wird die Interdentalpapille durch einen intrakrevikulären Schnitt abgelöst und zur besseren Übersicht nach beiden Seiten aufgeklappt. Nach dem Eingriff wird sie durch eine Situationsnaht wieder zusammengefügt. 6

Kürettage, sub|gingivale f: Reinigung der Zahnfleischtasche mit scharfen → Küretten, → Scalern, löffel- oder häkchenförmigen Instrumenten und Feilen. Konkremente, oberflächliches nekrotisches Zement, Taschenepithel und Granulationen werden ohne Aufklappung meist in Lokalanästhesie entfernt. Im deutschen Sprachgebrauch werden unter diesem Begriff das → Scaling, Deep scaling und → Root planing sowie die Weichgewebskürettage (Entfernung der Granulationen) zusammengefaßt. Bei der K. wird nach derzeitiger Ansicht der wesentliche Effekt für die Bildung eines → New attachment durch Schaffung einer plantationsfähigen Wurzeloberfläche nach Abtragung der kontaminierten Anteile der Wurzeloberfläche erreicht. 6

Kürette f: schlaufenförmiges Instrument an langem Handgriff zur Kürettage (Abb.). 6

Küretten in der Par|odonto|logie f pl: Instrumente zur Reinigung der Wurzeloberfläche und zur Ausschabung von Weichgeweben aus parodontalen Taschen (Abb.). Vgl. *Gracey*-Kürette, Kürettage. 6

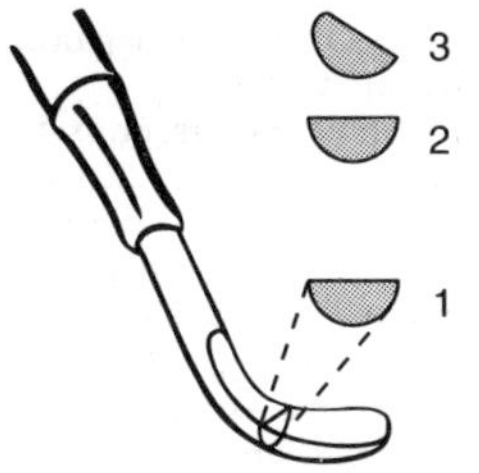

Küretten in der Parodontologie
1: Universalkürette für die parodontale Kürettage; 2: Querschnitt des Arbeitsendes einer Universalkürette; 3: Querschnitt des Arbeitsendes einer *Gracey*-Kürette.

Kurvatur (lat.) f: Krümmung. 9

Kurz|schädel: → Brachyzephalie. 3

Kurz|sichtigkeit: → Myopie. 20

Kurz|tubus m: in der zahnärztl. Rö. für intraorale Aufnahmen verwendeter → Tubus mit einem → Brennfleck-Haut-Abstand von 10 cm. Nach DIN 6811 nur für Röntgengeräte bis 60 kV zulässig. Vgl. Langtubus. 14

Kurzwellen: elektromagnetische Wellen mit einer Wellenlänge zwischen 100 und 10 m und einer Frequenz von $3 \cdot 10^6$-$3 \cdot 10^7$ Hz (→ Hertz). In der Kurzwellentherapie werden Wellenlängen von 30-10 m (1-$3 \cdot 10^7$ Hz) verwendet. 10

Kussmaul-Atmung (Adolf K., Int., Heidelberg, Straßburg, *1822, † 1902): tiefe und maschinenförmige Atmung bei metabolischen und endokrinologischen Störungen. Vgl. Hyperglykämie, Koma, Azidose. 11, 16

Kussmaul-Lack|rachen: Schwellung und kupferrote Verfärbung des Racheneinganges, beginnend an der Grenze des harten zum weichen Gaumen bei chron. Zuführung kleiner Quecksilbermengen. Auch bei Barbitursäurepräparaten. 11

kutan (lat.): die Haut betreffend. 9

Kutan|reaktion f: Kutisreaktion; Sammelbezeichnung für Hautreaktionen. → *Pirquet*-Reaktion, → *Mendel-Mantoux*-Probe, → *Moro*-Reaktion. Dermat.: → Hautfunktionsprüfungen. 8

Kutis: → Cutis. 9

kuti|viszeral: von der Haut auf innere Organe einwirkend. 12

Küttner-Tumor (Hermann K., Chir., Marburg, Breslau, *1870, † 1932) m: Sialoadenitis pseudoneoplastica, chronische atrophische sklerosierende → Sialadenitis; chron. interstitielle unspezifische Entzündung einer Speicheldrüse (meist der Gl. submandibularis oder sublingualis), die als derbe, mit der Umgebung verwachsene Geschwulst tastbar ist. Kein echter Tumor. Meist bei Männern im 5.-6. Lebensjahrzehnt. Therapie: Exstirpation der Drüse. [32]

KVEG: **K**ranken**v**ersicherungs-Kostendämpfungs-**E**rgänzungs**g**esetz von 22.12.1981 (BGBl. 1981, S. 578). Gesetz zur Änderung der Reichsversicherungsordnung. Es machte den Zahnersatz vorübergehend zur Sachleistung. [24]

Kveim-Test (Morten A. K., Pathol., Oslo, *1892) m: zur Diagnose des → *Boeck*-Sarkoids. Material von erkrankten Lymphknoten wird intrakutan infiziert. Nach 6 Wochen (Spätreaktion) entsteht bei positivem Ausfall ein histolog. typisches Knötchen. [12]

KVK: Abk. für **K**ranken**v**ersicherungs**k**arte. Sie ersetzt den hundert Jahre alten Krankenversicherungsschein und enthält die wichtigsten administrativen Patientendaten wie z.B. Name, Versicherungsnummer, Gültigkeitszeitraum und dient einer Vereinfachung. Von der Technologie her handelt es sich um eine → Speicherchipkarte. [26]

KVKG: **K**ranken**v**ersicherungs-**K**ostendämpfungs-**G**esetz vom 27.6.1977 (BGBl. I S. 1069). Gesetz zur Änderung der Reichsversicherungsordnung. Es zentralisierte die Selbstverwaltung in der kassen(zahn)ärztlichen Versorgung und wurde vom → KVEG abgelöst. [24]

KVWG: **K**ranken**v**ersicherungs-**W**eiterentwicklungs-**G**esetz vom 28.12.1976 (BGBl. I S. 3871). Gesetz zur Änderung der Reichsversicherungsordnung. Es führte insbes. die Bedarfsplanung ein. [24]

Kwashi|orkor m: Proteinmangelkrankheit, die häufiger in Entwicklungsländern auftritt, mit retardiertem Wachstum, → Soor, nekrotisierender Gingivitis und → Noma. [11]

Kybernetik (gr.) f: Lehre von der Informationsverarbeitung in Organismen und Maschinen und von der Steuerung und Regelung ihrer Funktionen. Begründet von *Norbert Wiener* (1947). Mit der Systemtheorie der K. werden Gesetzmäßigkeiten technischer und biologischer Funktionssysteme untersucht. [10]

Kybernetor m: von *Schmuth* 1973 entwickelte Modifikation des → Aktivators, die dem → Bionator ähnelt, aber einen Aktivatorfrontbogen und gelegentlich auch → Führungsdrähte besitzt, die jedoch nicht aktiv zur Anwendung gelangen. Die durch → Konstruktionsbiß festgelegte Bißsperre von 4-6 mm darf bei starker Unterkieferverlagerung und Neigung zu offenem Biß nur 1-2 mm betragen. Der Apparat kann dank graziler Bauart auch tagsüber getragen werden. Die Kombination mit aktiven Elementen muß so weit in Grenzen gehalten werden, daß keine reflektorische Hemmung der Muskeltätigkeit erfolgt. Indikation wie bei allen FKO-Apparaten. [5]

Kymo|graphie f: Verfahren zur Darstellung von Bewegungsabläufen. Vgl. Röntgenkymographie. [14]

Kyn|odontismus m: Zähne mit kleiner Pulpakammer (wie die des heutigen Menschen), ähnlich den Raubtierzähnen. Ggs.: → Taurodontismus. [1]

Kyphose (gr.) f: Buckel; Rückgratverkrümmung nach hinten. Eine K. der Schädelbasis äußert sich in einem betonten → Sphenoidalwinkel, bedingt durch Verkürzung des Keilbeins und des Siebbeins. [5, 20]

Kypho|skoliose f: Buckel mit zusätzlicher seitlicher Rückgratverkrümmung. [20]

Kystom (gr.) n: → Zystadenom. [32]

KZBV: Abk. für → **K**assen**z**ahnärztliche **B**undes**v**ereinigung. [24]

KZV: Abk. für → **K**assen**z**ahnärztliche **V**ereinigung. [24, 25]

L

L: Abk. für Lues venerea (→ Syphilis), deren 3 Stadien abgekürzt mit L I, L II, L III bezeichnet werden. [12]

Lab|enzym n: Chymase, Chymosin, bringt die Milch zum Gerinnen. Unter dem Einfluß des L.s, das eine wichtige Rolle in der Milchwirtschaft spielt, fällt einer der Eiweißkörper der Milch, das Kaseinogen, als unlösliches Kalziumsalz aus. [23]

labial (lat.): an der Lippenseite, lippenwärts. [5, 10]

Labial|bogen: Außenbogen, Frontalbogen; festsitzender, labial der Zahnreihe verlaufender orthod. Drahtbogen für Zahnbewegungen aller Art.

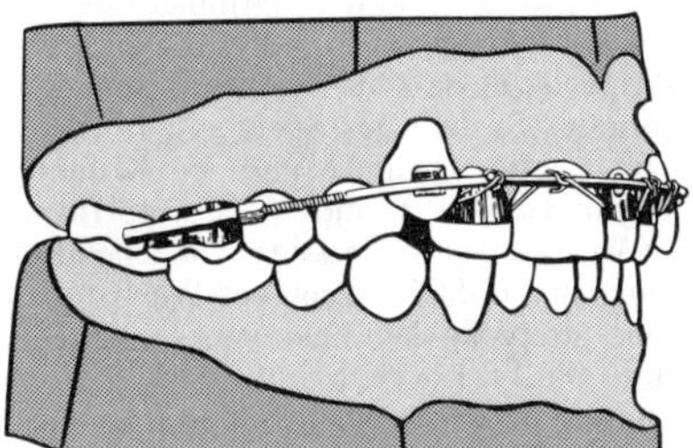

Einfachste und älteste Form ist der starre L. (0,7-0,9 mm Ø), ein spannungsfreier, an den Molaren verankerter Bogen, von dem aus durch Drahtligaturen intermittierend, durch Federn und Gummiringe kontinuierlich auf Einzelzähne eingewirkt wird (Abb.). Eine Spezialform ist der → Hochlabialbogen. Der halbstarre L. (0,5-0,6 mm Ø) dient gleichfalls als Führungsbogen, unterstützt aber mit einer leichten Eigenelastizität die Zugwirkung der Ligaturen und vermag auch einen direkten Druck auszuüben. Gefahr reziproker Wirkung, die durch entsprechende Biegungen ausgeschaltet, aber auch genutzt werden kann. Bei allg. → Engstand, sagittaler und transversaler Bewegung, → offenem Biß. Federnder L.: → Expansionsbogen, → Light-wire-Technik, → Zwillingsbogen. Für das → Bodily movement wurde von *Angle* der → Edgewise-arch eingeführt, von *Johnson* der → Zwillingsbogen. [5]

Labial|bügel: Labialschlinge; Bügel aus etwa 0,5 mm starkem, hochelastischem Stahldraht, am Hochlabialbogen angelötet oder angebogen und durch Wicklungen bes. federnd gestaltet, dient er der Rückbewegung der Front (Abb. → Hochlabialbogen). [5]

Labial|stand: körperlicher (paraxialer) Falschstand eines Frontzahnes in labialer Richtung. [5]

labil (lat.): gleitend, unbeständig; Gegensatz: stabil. [10]

labio|bukkal: Lippen- und Wangenseite betreffend. Besser: → vestibulär. [30]

Labio|bukko|gingival|furche: während der Embryonalentwicklung auftretende Vertiefung zwischen → Alveolarwall, Lippe und Wange. Sie entspricht dem späteren Vorhof. [30]

Labio|gingival|furche: während der Embryonalentwicklung auftretende Vertiefung zwischen → Alveolarwall und Lippe, die dem späteren vorderen Abschnitt des Vorhofs entspricht. [30]

Labio|tektal|band: in der Embryonalentwicklung auftretende Gewebebrücke zwischen Lippe und → Alveolarwall. Anlage des oberen bzw. unteren Lippenbändchens (Frenulum labii superioris bzw. inferioris). [30]

Labium (lat.) n: Lippe. L. inferius: Unterlippe; L. superius: Oberlippe. [9]

Labium duplex n: Schleimhautwulst im Rot der Oberlippe, seltener auch der Unterlippe, wodurch das Bild der Doppellippe entsteht. Vgl. *Ascher*-Syndrom. [3]

Labium fissum leporinum n: → Lippenspalte. [3]

Labium vocale n: Stimmlippe. [9]

Labrale inferius n: Abk. l i; orthod. Meßpunkt, der am weitesten vorspringende Punkt der Unterlippe (Abb. → Meßpunkte). [5]

Labrale superius n: Abk. l s; orthod. Meßpunkt, der am weitesten vorspringende Punkt der Oberlippe (Abb. → Meßpunkte). [5]

Labyrinth (gr.) n: Labyrinthus; Innenohr innerhalb der → Felsenbeinpyramide, bestehend aus dem knöchernen Teil (Labyrinthus osseus) mit Vorhof, Schnecke und Bogengängen, der das eigentliche Hörorgan, das häutige L. (Labyrinthus membranaceus) enthält, ein mit Endolymphe gefülltes Schlauchsystem. Die Schwingungen des Trommelfells werden durch die → Gehörknöchelchen (die Steigbügelplatte liegt dem Fenster des L.s [Fenestra vestibuli] auf) auf die Endolymphe übertragen und durch Vermittlung des *Corti*-Organs in der Schnecke (Cochlea) dem N. vestibulocochlearis weitergegeben. Das L. dient außerdem als Gleichgewichtsorgan. Abb. → Ohr. [9]

Labyrinth|odonten m pl: Labyrinthzähner; Tiere, deren Prämolaren- und Molarenkronen eine starke Faltung des Dentins aufweisen, z.B. bei fossilen Stegozephalen und Krossopterygiern. Das Prinzip der Faltenbildung wird in der biomechanischen Stabilisierung der Zähne gesehen. [30]

Lac (lat.) n: Milch, auch für milchähnliche Flüssigkeiten gebraucht, z.B. L. sulfuris: Schwefelmilch. [23]

Lach|gas: Stickoxydul, Distickstoffoxid, N_2O; Analgetikum, erstmals 1844 von *Wells* für zahnärztliche Operationen verwendet. Farbloses, süßlich schmeckendes Gas, nicht explosibel. Schwache narkotische Wirkung, rascher Wirkungseintritt, rasches Erwachen. N_2O verläßt den Organismus unverändert. Für Analgesie und oberflächliche Narkose geeignet. Wichtig ist ausreichende Sauerstoffzufuhr (20%). Die Anwendung erfordert besondere → Narkoseapparate. - Bei großen Operationen wird durch gleichzeitige Anwendung von → Muskelrelaxanzien die nötige Erschlaffung erzielt. [2, 7]

Lach|gas|analgesie f: Inhalation eines O_2/N_2O-Gemisches im Verhältnis 1 : 1 bis 1 : 3 über Narkosegeräte oder Spezialapparaturen (Quantiflex, Analgisor, Modell K 2); bewirkt leichte Anhebung der Schmerzschwelle und Euphorie bei Erhaltensein der Schutzreflexe. Symptome der N_2O-Analgesie: Somnolenz, Träume, Parästhesien, Verstärkung der Geräuschwahrnehmung, Übelkeit, Schwitzen, unkoordinierte Bewegungen. Unter Beachtung der Kontraindikationen (Frühschwangerschaft, Epilepsie, Asthma, Verlegung der Nasenatmung, Psychosen) gefahrlose Anwendung durch Zahnarzt möglich. [2]

Lach|linie f: Markierung des Verlaufs des unteren Oberlippenrandes beim Lachen des Patienten am Wachswall der Oberkiefer-Bißschablone. Dient als Anhalt für ein ästhetisch günstiges Aufstellen der oberen Frontzähne. [4]

Lacke (sankrit.) m pl: meist in einem Lösungsmittel gelöste Substanzen, die nach dessen Verdunsten einen Film hinterlassen, z.B. Silikat-, Kavitätenschutzlacke. Auch selbstreaktive Mehrkomponentenlacke wie einzelne Versiegelungslacke für Zahnfissuren. → Versiegelungskunststoffe. [4]

Lack|lippen: → Lackzunge. [11]

Lackmus (niederl.) m oder n: in verschiedenen Flechten vorkommender blauer Farbstoff. L.papier: mit L.tinktur (wäßrige Lösung von L.) blau gefärbtes Papier, das sich bei Berührung mit Säure rötet. Durch etwas Phosphorsäure rot gefärbtes L.papier wird durch Alkalien gebläut. [23]

Lack|rachen: → *Kussmaul*-Lackrachen. [11]

Lack|zunge: Verschwinden des normalen Zungenbelags und Enstehung einer glatten, rotlackiert glänzenden Zungenoberfläche und von lackartig glänzenden Lippen mit Mundwinkelrhagaden bei Leberinsuffizienz und bei drohendem → Coma hepaticum im Verlauf akuter oder chronischer Leberkrankheiten. [11]

Lactame: Gruppe innerhalb der zykl. Amide mit der Atomgruppierung -NH-CO-. L. entstehen durch intramolekulare Kondensation von gamma-, delta-, epsilon-Aminosäuren, durch Oxidation von zykl. tertiären Aminen oder durch *Beckmann*-Umlagerung aus Ketoximen. [7]

Lacto|per|oxidase-Thio|cyanat-System n: antibakterielles System des Speichels, in dem das Enzym Lactoperoxidase und die Kofaktoren Thiocyanat (SCN^-) und Wasserstoffperoxid (H_2O_2) zusammenwirken. Das entstehende Hypothiocyanat ($OSCN^-$) kann das Wachstum von Mutans-Streptokokken hemmen. [15]

Lacuna (lat.) f: Lücke, Spalte. [32]

lacunaris: Buchten enthaltend, → lakunär. [32]

Lag|ophthalmus m: Schlußunfähigkeit des Augenlides, mechanisch bedingt durch Narbenzug oder paretisch bei → Fazialisparese. Führt durch Eintrocknung der Hornhaut und wegen fehlender Schutzwirkung gegen Fremdkörper zur Hornhautentzündung oder -schädigung. Prophylaxe: Uhrglasverband. [33]

Lähmung: Unfähigkeit zur Betätigung eines oder mehrerer Muskeln. Nach der Intensität werden → Plegie und → Parese, nach dem befallenen System myogene (myopathische) L. infolge primärer Muskelerkrankung und neurogene (neuropathische) L. infolge primärer Erkrankung der peripheren Nerven oder des Zentralorgans unterschieden. Periphere Nervenlähmungen (durch Erkrankung im peripheren, motorischen Neuron) sind schlaffe L.en. Diese sind ausgezeichnet durch Abschwächung oder Aufhebung der Reflexe, Herabsetzung des Muskeltonus und mit der

Dauer der Erkrankung zunehmende Muskelatrophie. Zentrale L.en (mit Sitz des Herdes im zentralen, motorischen Neuron, in der Hirnrinde oder der Pyramidenbahn) sind spastische L.en mit Reflexsteigerung, pathologischen Reflexen und Erhöhung des Muskeltonus. Bei letzteren wird noch zwischen zerebraler (Sitz der Schädigung im Gehirn) und spinaler L. (Sitz der Schädigung im Rückenmark) unterschieden. [33]

Laimer-Drei|eck (Eduard L., Anat., 1880): zusammen mit dem *Killian*-Dreieck am Ösophaguseingang gelegener muskelschwächerer Bezirk, der beim Schluckakt durch Kontraktion des Schleudermuskels besonders belastet wird. [19]

Lakrimation (lat.) f: Absonderung von Tränen. [10]

Laktame (lat.) n pl: ringförmige Säureamide, die bei der innermolekularen Wasserabspaltung aus γ- und δ-Aminosäuren entstehen (Abb.). [23]

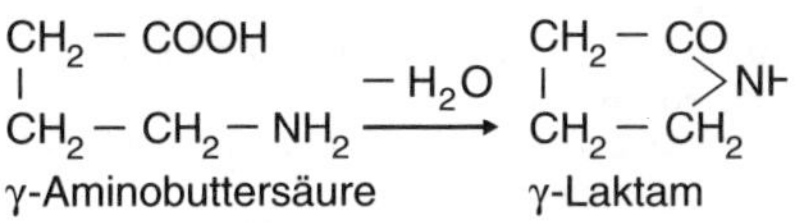

Strukturformel der Laktame

Laktate (lat.) n pl: Salze der Milchsäure. [23]

Laktation (lat.) f: die Milchabsonderung der Brustdrüse, auch das Stillen selbst. [10]

Laktations|hormon n: → luteotropes Hormon. [10]

Lakto|bazillen m pl: Milchsäurebakterien; grampositive, unbewegliche, sporenlose Stäbchen verschiedener Länge, oft in kettenförmiger oder paralleler Lagerung. Obwohl katalasefrei, wachsen viele in Gegenwart von Sauerstoff. Geringe proteolytische, aber starke saccharolytische Fähigkeiten (End-pH in Zuckerbouillon oft unter 4.0) Aus Hexosen und Pentosen wird zur Hauptsache Milchsäure gebildet. Homoenzymatische Gruppe, die rund 90%, heteroenzymatische Gruppe, die nur etwa 50% Milchsäure bildet. Säuretolerant bzw. azidophil, wachsen auf sauren Elektivnährböden, die Tomatensaft, Molke u.a. enthalten. Als Wachstumsfaktoren benötigen sie eine Reihe von Vitaminen des B-Komplexes. Teilweise thermophil, optimales Wachstum bei 40-45 °C. L. finden sich in der freien Natur in gärendem pflanzlichen und tierischen Material; die verschiedenen Sauermilcharten (Yoghurt, Kefir, Kumys) sind Produkte der L.-Enzyme. Beim Menschen in der Mundhöhle mehrere Arten (Lactobacillus casei, L. fermenti, L. acidophilus u.a.), bei Karies meist stark vermehrt; es ist aber nicht richtig, nur die oralen L. als Azidophilusbakterien zu bezeichnen; im Darm ebenfalls L. verschiedener Arten in großer Zahl, das gleiche gilt für die Vagina (sog. *Döderlein*-Stäbchen), deren L.-Arten Glykogen übrigens nicht oder nur schwach angreifen. L. bifidus ist der typische Darmkeim des Brustkindes, findet sich aber auch noch im Darm des Erwachsenen in großer Menge. L. sind, abgesehen von ihrer noch ungeklärten Rolle bei der Karies, in aller Regel apathogen. [8]

Laktose f: Milchzucker, reduzierendes Disaccharid der Milch, bestehend aus → Glukose und → Galaktose. [23]

Laktose|intoleranz f: Störung des Laktoseabbaus durch Fehlen des laktosespaltenden Darmenzyms. Symptomatik: Nicht gespaltene → Laktose bleibt im Darmlumen, retiniert durch osmotische Kräfte Flüssigkeit und verursacht → Diarrhöe. Der Laktosemangel kann durch Atemwasserstofftest, oralen Laktosetoleranztest und niedrige Laktoseaktivität in einer Biopsieprobe aus dem → Jejunum diagnostiziert werden. Therapie: laktosefreie Diät, im Säuglingsalter laktatfreie Milch. [29]

lakunär (lat.): buchtig, aushöhlend; z.B. die Arrosion des Knochens durch die Tätigkeit der Osteoklasten. [32]

Lambda|naht (nach dem griech. Buchstaben Λ= L): Knochennaht, die das Hinterhauptsbein mit beiden Scheitelbeinen und diese miteinander verbindet. [9]

Lambdazismus m: fehlerhafte Aussprache des L-Lautes. Sonderform des Stammelns. [19]

Lambert-Beer-Gesetz: physikalisches Gesetz zur Beschreibung der → Absorption monochromatischer Strahlung in einem nichtstreuenden Medium gemäß: $I(x) = I_0 \exp(-\alpha x)$ (I_0 = Intensität der Strahlung bei Eintritt in das Medium; $I(x)$ = Intensität der Strahlung im Abstand x unterhalb der Oberfläche des Mediums; α = materialspezifischer Absorptionskoeffizent). In einem streuenden Medium setzt sich α aus der → Absorption und der Streuung zusammen. Das L. bietet eine Möglichkeit, die Eindringtiefe der Strahlung in das Medium abzuschätzen. [31]

Lamblia intestinalis (Vilem Lambl, tschech. Arzt, Charkow, *1824, † 1895) f: zu den Flagellaten gehörige, birnenförmige Parasiten im Darm des Menschen. Lambliasis: durch L. i. bedingte Darmerkrankung. [8]

Lamellen|knochen: aus Geflechtknochen entstandener Knochen mit lamellärer Schichtung der Knochensubstanz in der Kortikalis und als Markraum dienender Spongiosa, enchondrale → Ossifikation. Außer den meisten Schädelknochen sind alle Knochen des Körpers aus L. aufgebaut. Am Schädel entstehen die Knochen der →

Kiemenbögen (Gehörknöchelchen, Os styloideus, Zungenbein) und der Schädelbasis enchondral.[22]

lamellös (lat.): aus Lamellen bestehend. [9]

Lamina (lat.) f: **1.** dünne harte Platte (meist aus Knochen). **2.** mikroskopisch erkennbare Schicht eines Organs. [9, 14]

Lamina cribrosa f: schmale, vielfach durchlöcherte Knochenplatte des Siebbeins, durch die die Geruchsnervenfasern (Nervi olfactorii) von der Nase in das Schlädelinnere treten. [9]

Lamina dura f: im Röntgenbild der Zähne die als dichte, wenig strahlendurchlässige Linie in Erscheinung tretende Alveolenwand. Sie umgibt die Zahnwurzel im Abstand des Periodontalspaltes allseitig und hebt sich von der umgebenden Spongiosa deutlich ab (Abb.). [9]

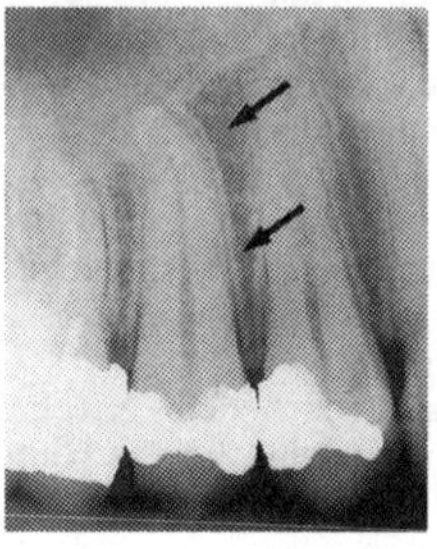

Wiedergabe der Alveolenwand (Pfeile) im Röntgenbild [101]

Lamina horizontalis f: die den hinteren Teil des harten Gaumens bildende waagerechte Platte des Gaumenbeins. [9]

Lamina orbitalis f: Lamina papyracea (BNA); dünne Knochenplatte des Siebbeins, die den größten Teil der medialen Augenhöhlenwand bildet. [9, 14]

Lamina perpendicularis f: mediosagittal stehende Knochenplatte des Siebbeins, die einen Teil des Septum nasi bildet. [9]

Lamina propria mucosae f: → Mukosa. [14]

Lamina quadrigemina f: Lamina tecti; dorsaler Bereich des Mesenzephalon. Auch Vierhügelplatte genannt. [9]

Landes|ausschuß der Zahn|ärzte und Krankenkassen: paritätisches Selbstverwaltungsgremium der vertragszahnärztlichen Versorgung. Besteht aus einem Vorsitzenden, 2 weiteren unparteiischen Mitgliedern, 8 Vertretern der Zahnärzte, 3 Vertretern der Ortskrankenkassen, 2 Vertretern der Ersatzkassen sowie je einem Vertreter der → Betriebskrankenkassen, → Innungskrankenkassen und landwirtschaftlichen Krankenkassen. Stellen für ihren Bezirk Richtlinien auf, welche die des → Bundesausschusses ergänzen, beraten Bedarfspläne und entscheiden über die Bedarfsplanung, wenn kein Einvernehmen zwischen der → Kassenzahnärztlichen Vereinigung und den Landesverbänden der Krankenkassen zustande kommt. Treffen die Feststellung, ob in bestimmten Gebieten zahnärztliche Unterversorgung oder Überversorgung eingetreten ist oder unmittelbar droht, und ordnen Beschränkungen der Zulassungen nach den Vorschriften der → Zulassungsverordnung an. [24]

Landes|verband der Kranken|kassen: auf Bundeslandebene gebildete Zusammenschlüsse der → Pflicht- (früher RVO-)Kassen (Orts-, Betriebs- und Innungskrankenkassen) mit in Satzungen beschriebenen Aufgaben; → Körperschaften des öffentlichen Rechts. Aufsichtsbehörde ist die jeweilige Landesregierung. [25]

Land|karten|zunge: → Lingua geographica. [11]

Land|wirt|schaftliche Kranken|kasse: Abk. LKK; Krankenversicherung der Landwirte seit 1972; praktisch den → Pflicht- (früher RVO-) Kassen gleichgestellt. [25]

Lane-Progenie|operation (Sir William L., Chir., London, *1856, † 1943) f: → Babcock-Progenieoperation. [2]

Langenbeck-Nadel|halter (Bernhard von L., Chir., Berlin, *1810, † 1887): → Nadelhalter. [2]

Langenbeck-Wund|haken: in der zahnärztlichen Chir. viel verwandter, einzinkiger, stumpfer Operationshaken, der rechtwinklig zum Stiel abgebogen ist (Abb.). [2]

Langerhans-Inseln (Paul L., Anat., Freiburg i. Br., *1847, † 1888): → Pankreas. [9]

Langhans-Riesen|zellen (Theodor L., Pathol., Bern, *1839, † 1915) f pl: bes. große Zellen mit randständigen Kernen, finden sich in Tuberkeln und als sog. Fremdkörperriesenzellen (Abb. → Riesenzellen). [32]

Langlebigkeit: Überschreitung der durchschnittl. → Lebenserwartung einer → Population in einer best. Zeitepoche um mehr als 20 Jahre (relative L.). Absolute L.: Erreichen eines Lebensalters von über 100 Jahren. Vgl. Alter. [27]

Langsame Viren n pl: Slow viruses (engl.); Erreger chronisch-progressiver Erkrankungen des ZNS mit monate- bis jahrelanger Inkubationszeit; Beziehungen zu Viroiden werden angenommen. Multiple Sklerose vielleicht Slow-virus-Krankheit. [8]

Langschädel: → Dolichozephalie. [3]
Längs|schnitt|studie f: → prospektive Studie. [15]
Langstift|zähne: keramische Zahnfacetten mit eingebrannten, platinierten Stiften. [4]
Langtubus m: in der zahnärztl. Rö. für intraorale Aufnahmen verwendeter → Tubus mit einem → Brennfleck-Haut-Abstand von mindestens 10 cm für Röntgengeräte bis 60 kV und mindestens 20 cm für Geräte über 60 kV. Der Vorteil des L. gegenüber dem → Kurztubus liegt in der höheren Bildqualität (geringere → geometrische Unschärfe, kleinerer Streustrahlenanteil). Ein L. ist Voraussetzung für → Rechtwinkeltechnik und → Paralleltechnik. [14]
Langzeit|polymerisation f: ein Polymerisationsverfahren, das meist über mehrere Stunden (in der Regel 12 Std.) bei unter 100 °C liegender Temperatur durchgeführt wird. Hierdurch Vermeidung von Siedeblasen des Monomers und Vergrößerung der Molekülgröße gegenüber den sonst üblichen Kurzverfahren. [4]
Langzeit|prognose f: schwierige Abschätzung über den Verlauf bei chronischen Krankheitszuständen. Zwar können aus statistischen Daten von retrospektiven, besser von prospektiven Studien Anhaltspunkte zur L. gewonnen werden, doch sind diese für den Einzelfall nur mit Vorsicht zu gebrauchen. [20]
Lanugo (lat.) f: das embryonale Haarkleid, aber auch die feinen Wollhaare des Körpers beim Erwachsenen. [12]
Lanzette (frz.) f: zweischneidiges kleines Messer (Abb.). [2]

lanzinierend: stichartig, z.B. der Schmerzanfall der Trigeminusneuralgie. [2]
Läppchen|test m: dient zur Klärung der Ätiologie und Pathogenese beim allergischen → Kontaktekzem. Kleine Stoffläppchen bzw. fertige Testpflaster werden mit den Prüfsubstanzen beschickt und auf die intakte Rückenhaut gebracht. Ablesung und Auswertung der Testreaktion nach 24, 48 und 72 h. Bei positivem Ausfall entsteht unter dem Läppchen eine erythematöse, papulöse oder papulovesikulöse ekzematische Reaktion. Allergene Substanzen bewirken nur bei entsprechend allergisch Sensibilisierten positive Reaktionen. Auswertung setzt Erfahrung voraus. Eine negative Testreaktion schließt nicht sicher eine Haut- oder Schleimhautallergie aus. → Intrakutan- und → Scratchtest. [12]
Lappen|fibro|matose: Lappenfibrose; kein Fibrom, sondern hahnenkammartige Hyperplasie aus → Granulationsgewebe, die am Kieferkamm als Produkt einer chron.-proliferierenden Entzündung entsteht, hervorgerufen meist durch den Reiz schlechtsitzender Plattenprothesen (Abb.).

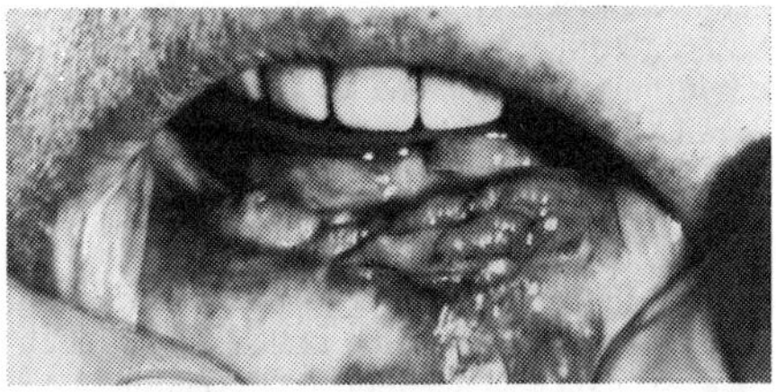

Sie zeigt kein autonomes Wachstum und bildet sich nach Fortfall des Reizes spontan teilweise zurück. Therapie: Exzision, Beseitigung der den Reiz auslösenden Prothesenränder. [2]
Lappen|messer: spez. für kieferchirurgische Zwecke konstruiertes Messer in Gestalt eines abgeschrägten Meißels (*Williger*) (Abb.). [2]

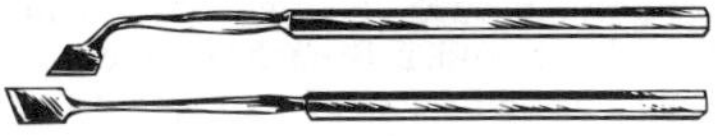

Lappen|operation f: heute meist in Form der modifizierten *Widman*-Operation vorgenommene chir. Maßnahme bei fortgeschrittener Parodontitis marginalis zur Entfernung der Konkremente, Anfrischung des Zementes, unter Umständen auch Entfernung der subepithelialen Granulationen und des Taschenepithels, besonders bei Niveauunterschieden des Knochenabbaus an benachbarten Zähnen. Zur besseren Übersicht Aufklappung

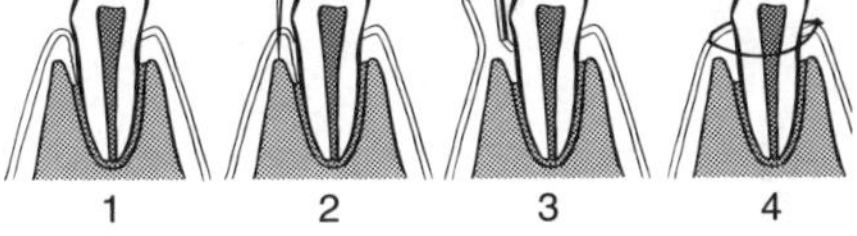

Schemazeichnung einer modifizierten *Widman*-Operation. 1: Ausgangsbefund; 2: Schnittführung; 3: Lappenbildung und Zahnreinigung; 4: Naht des ungekürzten Lappens.

des Zahnfleischs. Der gebildete Lappen wird ohne Kürzung wieder zurückgeklappt und in der ursprünglichen Lage vernäht (Abb.). Anschließend Zahnfleischverband. Bei intraalveolären Taschen, sog. → Knochentaschen, kann Knochen, Bonechip, Knorpel, denaturierter Knochen oder → Hydroxylapatitkeramik implantiert werden (→ Knochentransplantation). Vgl. *Kirkland*-Technik. [6]

Lappen|plastik f: in der Nachbarschaft eines Defektes wird ein gestielter Haut- oder Schleimhautlappen gebildet, in den angefrischten Defekt geschwenkt und hier durch Naht fixiert. → Palatinallappen. [2]

Lappen|zunge: → Lingua lobata. [11]

Lärm|belästigung: Schalldruck, von dem an ein Geräusch als lästig bezeichnet werden kann (> 83 dB, ISO N 85). Intakte → Turbinen und → Mikromotoren erreichen diesen Schalldruck nicht mehr. [21]

larvatus (lat.): larviert; verborgen, verschleiert; Bez. für Krankheiten, die ohne die gewöhnlichen Krankheitserscheinungen verlaufen. [20]

Laryngitis f: Kehlkopfentzündung; L. akuta: bei absteigenden Infekten der oberen Luftwege, insbesondere virusbedingten, und nach stärkerer stimmlicher Belastung, besonders in rauchigen, trockenen Räumen, entstehende Kehlkopfentzündung. L. chronica: nach ungenügender Stimmschonung bei L. akuta, bei Arbeiten in Staub oder unter ungünstigen Witterungsbedingungen, bei Nikotinabusus, ständiger Mundatmung, chron. Rhinitis oder Bronchitis und falscher Stimmtechnik auftretende Kehlkopfentzündung. L. subglottica: → Pseudokrupp. [19]

Laryngoskop n: Instrument mit elektr. Beleuchtung zur Einführung eines → Endotrachealtubus im Rahmen der endotrachealen → Intubation (Abb.). Gleichzeitig hervorragend geeignet zur Inspektion des Rachenraumes bei einer → Aspiration, vor allen Dingen in Verbindung mit der → *Magill*-Zange. [2, 16]

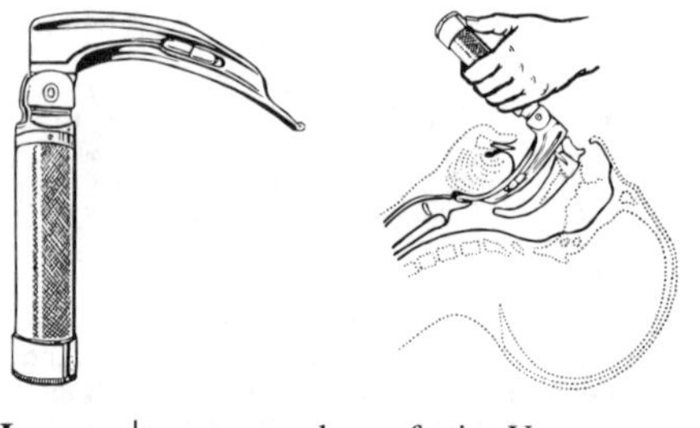

Laryngo|spasmus m: krampfartige Verengerung der Stimmritze mit bedrohlicher Inspirationshemmung, Erstickungsgefühl, Bewußtlosigkeit und zunehmender → Zyanose, selten Atemstillstand, → Kollaps und Exitus letalis. Vorkommen: bei psychopathischen Kindern in affektiver Erregung, Epithelkörperchenunterfunktion bei kindlicher → Spasmophilie oder → Tetanie und bei anaphylaktisch-vasoneurotischer Ödembereitschaft (*Quincke*-Ödem). Häufig nach → Extubation bei Kindern. Dringliche Therapie: Kalzium, Prednisolon bis 200 mg i.v., → Tracheotomie. [19]

Larynx (gr.) m: Kehlkopf; in der Höhe des 4.-7. Halswirbels liegendes, beim Mann durch die Prominentia laryngea (Adamsapfel) hervortretendes Knorpelgerüst in der Luftröhre, das von Bändern zusammengehalten wird und auch Muskeln besitzt (Abb.). Es besteht aus dem

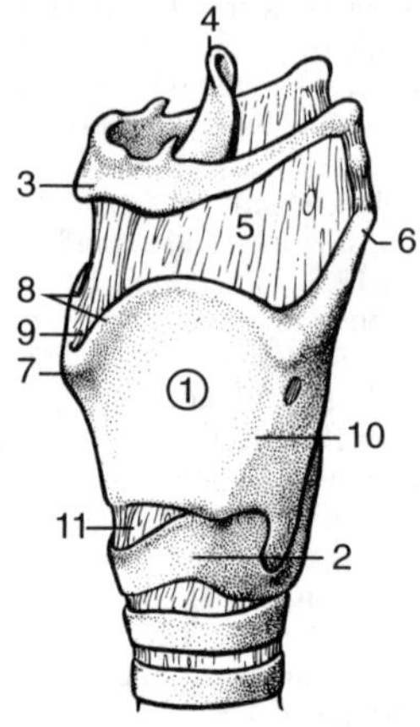

Äußere Ansicht des Stimmorgans
1: Cartilago thyroidea, Schildknorpel; 2: Cartilago cricoidea, Ringknorpel; 3: Os hyoideum, Zungenbein; 4: Epiglottis, Kehldeckel; 5: Membrana thyroidea; 6: Cornu superius, oberer Fortsatz des Schildknorpels; 7: Prominentia laryngea (Adamsapfel beim Mann); 8: Lamina dextra und sinistra, seitl. Schildknorpelplatten; 9: Incisura thyroidea superior; 10: Linea obliqua; 11: Ligamentum cricothyroideum (→ Koniotomie).

Ringknorpel (Cartilago cricoidea), den paarigen Stellknorpeln (Cartilagines arytaenoides), dem Schildknorpel (Cartilago thyreoidea) und dem Kehldeckel (Epiglottis). Der L. enthält die Stimmfalten, die der Erzeugung der Stimme dienen. [19]

Larynx|ödem n: → Glottisödem. [19]

Laser m: Abk. für **L**ight **A**mplification by **S**timulated **E**mission of **R**adiation (Lichtverstärkung durch stimulierte Emission von Strahlung), bezeichnet einen Generator und Verstärker für kohärente elektromagnetische Strahlung vor allem im sichtbaren sowie im nahen infraroten und ultravioletten Spektralbereich. Ein L. wurde erstmals 1960 von *T.H. Maiman* am Beispiel des Rubin-Lasers realisiert.
Hauptbestandteile eines jeden L.s sind das →

laseraktive Material, eine Pumpquelle (s.u.) sowie ein optischer Resonator zur Rückkopplung und damit zur Erzeugung einer Laseroszillation. Als → laseraktive Materialien kommen Flüssigkeiten, Kristalle oder Gläser, Halbleiter, Gase oder auch Metalldämpfe in Betracht. Der Name des laseraktiven Materials beinhaltet i.d.R. die Bezeichnung des Lasers.
Grundvoraussetzung für die Eignung als laseraktives Material ist die Realisierung des Prozesses der stimulierten oder induzierten Emission. Diese wird beobachtet bei der Wechselwirkung elektromagnetischer Strahlung mit einem angeregten Atom oder Molekül. Die → Photonenenergie dieser Strahlung muß dabei der Energiedifferenz $\Delta E = E_2-E_1$ zwischen dem angeregten und einem energetisch niedrigeren Zustand entsprechen. Bei Anwesenheit eines äußeren Strahlungsfeldes entsprechender spektraler Verteilung erfolgt dann ein Übergang in den niedrigeren Zustand E_1, verbunden mit der Emission eines Lichtquants mit einer Frequenz ν, die dem Energieabstand $E_2-E_1 = h\nu$ entspricht (h = *Planck*sches Wirkungsquantum, → Photonenenergie). Voraussetzung für eine derartige Verstärkung ist eine Besetzungsinversion, d.h. eine stärkere Besetzung des höheren Energieniveaus E_2, die nur durch eine hinreichende Energiezufuhr erreicht werden kann. Diese wird in der Lasertechnik als Pumpen bezeichnet. Die Pumpenergie kann u.a. optisch über eine energiereiche Hochleistungslichtquelle (→ Festkörperlaser, → Farbstofflaser), durch eine Gasentladung (→ Gaslaser, → Excimerlaser), eine chemische Reaktion oder einen Elektronenstrahl zugeführt werden.
Zur Erzeugung einer Laseroszillation befindet sich das invertierte Medium in einem optischen Resonator (i.d.R. gebildet aus zwei Spiegeln, von denen einer teildurchlässig ist), in dem sich eine stehende Welle aufbaut, die bei jedem Durchlauf durch das invertierte → laseraktive Material verstärkt wird. Übersteigt in diesem Resonator die stimulierte Emission die Energieverluste (u.a. infolge → Absorption oder Streuung), so erhält man eine Laseremission. Die Wellenlänge dieser Strahlung wird bestimmt durch den Abstand der an der Emission beteiligten Energieniveaus E_2 und E_1. Viele dieser Materalien können mehrere diskrete Wellenlängen emittieren (→ Argonionenlaser, → CO_2-Laser), während → Farbstofflaser über ein breites Frequenzband verfügen, aus dem einzelne Wellenlängen mit Hilfe von Prismen oder holographischen Gittern selektiert werden können.
Der zeitliche Ablauf des Pumpvorganges bestimmt dabei den zeitlichen Verlauf der Laseremission. Je nach deren Dauer unterscheidet man → Dauerstrichlaser (cw-Laser) mit zeitlich kontinuierlicher Emission und → Impulslaser mit bauartbedingten Impulslängen von weniger als 20 ms. Durch Verwendung mechanischer oder elektronischer Strahlunterbrecher kann auch ein zeitlich kontinuierlicher Laserstrahl in eine Folge von einzelnen Impulsen umgesetzt werden. Zur Unterscheidung von Impulslasern werden diese als getaktete Laser und die so erzeugte Dauer der Emissionsintervalle als Lasertakt bezeichnet. Durch besondere Resonatoranordnungen lassen sich extrem kurze Laserimpulse hoher Leistung erzeugen (z.B. → Güteschaltung mit Impulslängen von ca. 10^{-9} s oder Modelocking mit Impulslängen bis zu ca. 10^{-14} s).
Laserstrahlung unterscheidet sich in wesentlichen Punkten von normaler elektromagnetischer Strahlung. Sie ist gekennzeichnet durch → Kohärenz und → Monochromasie. Im Gegensatz zu normalen Lichtquellen, die die Strahlung in den gesamten Raumwinkel emittieren, erfolgt die Aussendung von Laserstrahlung in eine Richtung mit nur einer kleinen Winkeldivergenz. Dadurch läßt sich ein gerichteter Strahl hoher spektraler Reinheit mit Leistungen von mehr als 10^{10} W erzeugen. Die hohe Kohärenz der Laserstrahlung ermöglicht eine Fokussierung, z.B. mit optischen Linsensystemen, auf Fleckdurchmesser von weniger als 1 µm, wodurch im Fokus des Laserstrahles sehr hohe Leistungsflußdichten (→ Laserparameter, → Photodisruption) möglich sind. Dadurch resultiert u.a. das große Gefahrenpotential der Laserstrahlung, das in der → Unfallverhütungsvorschrift VBG 93 seinen Niederschlag gefunden hat.
Lit.: *Vahl/van Benthem:* Laser in der Zahnheilkunde. Quintessenz, Berlin 1992. 31

laser|aktives Material n: Hauptbestandteil eines jeden → Lasers, in dem durch den Prozeß der stimulierten oder induzierten Emission eine Laserstrahlung definierter Wellenlänge erzeugt wird. Der Name des 1. M.s bestimmt i.d.R. die genaue Bezeichnung des → Lasers. 31

Laser|chirurgie f: Sammelbegriff für chirurgische Maßnahmen unter Anwendung des Lasers als Schneid- und/oder Koagulationswerkzeug für biologisches Gewebe. In der Mund-, Kiefer-, Gesichtschirurgie findet der → Laser routinemäßig Anwendung bei der Behandlung von Patienten mit hämorrhagischer Diathese (→ Nd: YAG-Laser) und bei der Behandlung multizentrischer prämaligner oraler Leukoplakien (→ CO_2-Laser). 31

Laser-Doppler-Fluß|messung: laseroptisches Verfahren zur Messung von Strömungsgeschwindigkeiten (z.B. von Erythrozyten) in Kapillaren unter Nutzung des Doppler-Effektes durch Registrierung des richtungs- und geschwindigkeitsabhängigen Reflexionssignals bei Bestrahlung durchströmter Kapillaren mit monochromatischer Strahlung, i.d.R. mit Laserlicht. In der Zhk. findet die L. Anwendung in Diagnostik und experimenteller Forschung, z.B. bei der Untersuchung der Mikrozirkulation der vitalen Pulpa nach Applikation exogener Reize. Bei Bestrahlung mit Laserlicht im roten Spektralbereich dienen die Erythrozyten im strömenden Blut als Reflexionsmedium. [31]

Laser|holo|graphie f: laseroptisches Verfahren zur Erzeugung, Speicherung und Rekonstruktion dreidimensionaler Abbildungen unter Nutzung der Kohärenzeigenschaften (→ Kohärenz) der Laserstrahlung. In der Zhk. werden Einsatzmöglichkeiten z.B. in der platzsparenden Archivierung zahnärztlicher Modelle oder bei der Umwandlung von Computertomogrammen in dreidimensionale Bilder bei der Planung rekonstruktivchir. Maßnahmen experimentell erprobt. [31]

Laser|klassen f pl: Einteilung der Lasereinrichtungen nach DIN VDE 0837 aufgrund ihres bauartbedingten → Grenzwertes für zugängliche Strahlung (GZS) entsprechend des Gefährdungspotentials der austretenden Strahlung in die Klassen I, II, IIIa, IIIb und IV. Nur Laser der Klasse I sind als ungefährlich einzustufen. Vgl. Unfallverhütungsvorschrift VBG 93. [31]

Laser|koagulation f: Koagulation unter Nutzung der thermischen Wirkung von Laserstrahlen (überwiegend → CO_2- und → Nd:YAG-Laser).[31]

Laser|licht|leiter: flexible Faser (ca. 200 µm im Durchmessser), i.d.R. bestehend aus einem Kern zur Transmission von Laserstrahlung und einer Ummantelung. Flexible L. sind nutzbar für Wellenlängen entsprechend der Transmissionseigenschaften ihres Kernmaterials (z.B. Quarz mit einem Transmissionsbereich für Wellenlängen von ca. 0,3 µm bis ca. 2,5 µm). [31]

Laser|material|bearbeitung: Sammelbegriff für die Bearbeitung von Werkstoffen mit Laserstrahlung hoher Leistung bzw. Energie. Anwendungen u.a. beim Löten, zur Oberflächenveredlung oder beim → Laserschweißen (auch in der Zahntechnik). [31]

Laser|medizin f: Sammelbegriff für diagnostische und therapeutische Maßnahmen unter Anwendung des Lasers in Medizin und Zahnmedizin. [31]

Laser|meß|technik f: Sammelbegriff für verschiedene, auch in der Zahnmedizin angewandte Meßverfahren unter Einsatz von Laserstrahlung (→ Laser-Doppler-Flußmessung, → Laserholographie, → Interferometrie, holographische, → Spektroskopie). [31]

Laser|parameter m pl: erforderliche Daten zur vollständigen Beschreibung einer reproduzierbaren Laserbestrahlung von Materie; i.e.S. sind dies: Wellenlänge, Emissionscharakteristik (kontinuierlich, getaktet, gepulst), Impulslänge (Emissionsdauer beim Impulslaser, gemessen in s oder ihren Bruchteilen), Impulsenergie (Energie eines einzelnen Laserimpulses, gemessen in J = Ws), Leistung (pro Zeiteinheit applizierte Energie, gemessen in W), Energieflußdichte (auf den Bestrahlungsquerschnitt bezogene Impulsenergie eines Laserimpulses, gemessen in J/cm^2 = Ws/cm^2), Leistungsflußdichte (auf den Bestrahlungsquerschnitt bezogene Laserleistung, gemessen in W/cm^2), Impulswiederholfrequenz (Zahl der Laserimpulse pro Sekunde, gemessen in s^{-1}), mittlere Leistung (Produkt aus Impulsenergie und Impulswiederholfrequenz, gemessen in W), Bestrahlungsquerschnitt. [31]

Laser|schutz|beauftragter: für Lasereinrichtungen der → Laserklassen IIIb und IV vom Arbeitgeber zu bestellender Sachkundiger mit der Aufgabe der Überwachung der Strahlenschutzmaßnahmen gemäß der geltenden → Unfallverhütungsvorschrift VBG 93. [31]

Laser|schutz|brille: im definierten Spektralbereich absorbierender Augenschutz, vorgeschrieben nach geltenden → Unfallverhütungsvorschriften (VBG 93) für den Betrieb von Lasern. [31]

Laser|schweißen: Schweißverfahren, bei dem die zum lokalen Aufschmelzen der Werkstoffe erforderliche Energie mit einem Laserstrahl auf das Werkstück übertragen wird (vor allem → Nd:YAG-, Nd:Glas- und → CO_2-Laser). Das L. bietet bedeutende Vorteile in der Zhk. beim Impulslaserschweißen (→ Nd:YAG-Laser) metallischer Prothesenteile. Durch die gegenüber dem Löten nur geringe Wärmebelastung kann direkt auf dem Meistermodell geschweißt werden, auch wenn einzelne Prothesenteile mit Kunststoff oder Keramik verblendet sind. Auf die Anwendung von Lot kann beim L. verzichtet werden. [31]

Laser|strahlen|schutz: in der → Unfallverhütungsvorschrift VBG 93 gesetzlich verankerte Maßnahmen zur Vermeidung von Schädigungen durch Laserstrahlung (vor allem Augen und Haut betreffend). [31]

Laser|wirkung: Wirkung der Laserstrahlung auf biologisches Material oder Reaktionen lebenden

Gewebes auf Laserstrahlung durch Wechselwirkung der Photonen (→ Photonenenergie) mit den Molekülen des Gewebes. Dabei werden unterschiedliche Prozesse ausgelöst, die z.T. wissenschaftlich noch nicht restlos geklärt sind. Das Ausmaß der L. hängt ab von den optischen und thermischen Eigenschaften des biologischen Materials (u.a. → Absorption, Streuung, Wärmeleitung) und den → Laserparametern (u.a. Wellenlänge, Bestrahlungsdauer). Die L. kann entsprechend den zugrundeliegenden physikalisch-chemischen Prozessen grob eingeteilt werden in → L., photochemische, → L., thermische sowie → L., nichtlineare. 31

Laser|wirkung, nicht|lineare: nichtthermische Wirkung von Laserstrahlung auf Gewebe bei Bestrahlung mit kurzen Laserimpulsen (10^{-9} s) und hohen Leistungen. Je nach Leistungsflußdichte wird unterschieden zwischen → Photoablation und → Photodisruption (Leistungsflußdichte > 10^{10} - 10^{11} W/cm^2). Wegen des nur geringen thermischen Anteils bei dieser Art der Wechselwirkung zwischen elektromagnetischer Strahlung und Gewebe bietet die n. L. eine Möglichkeit zum Abtrag von Hartsubstanzen ohne nennenswerte thermische Schädigung des umliegenden Gewebes. In der Zhk. wird dieser Abtragmechanismus bei der Hartgewebspräparation mit → Er:YAG- und → Excimerlasern erprobt. 31

Laser|wirkung, photo|chemische: Veränderung biochemischer Moleküle durch Absorption von Strahlung (Isomerisierung, Dissoziation etc.). In der Zhk. finden p. L.en z.B. bei der → photodynamischen Therapie Anwendung. 31

Laser|wirkung, thermische: Umwandlung absorbierter Strahlungsenergie in Wärme. Die dadurch ausgelösten Effekte hängen ab von der erreichten Gewebetemperatur und der Zeit, über die diese Temperatur aufrechterhalten wird. Mit zunehmender Temperatur (< ca. 37 °C) beobachtet man zunächst eine reine Erwärmung mit einer Erhöhung der Stoffwechselleistung. Oberhalb ca. 40 °C kommt es zur Ödemisierung des Gewebes und zu enzymatischen Veränderungen. Ab etwa 60 °C bis 80 °C werden Proteine und auch Kollagen denaturiert (Koagulation), gefolgt von einer Austrocknung des Gewebes (> 100 °C) mit nachfolgender → Karbonisation (> 150 °C) und schließlich der → Vaporisation (> 300 °C) des bestrahlten Gewebes. Es ist zu berücksichtigen, daß z.B. beim Schneiden des Gewebes mit Lasern die einzelnen Effekte nie isoliert, sondern gleichzeitig nebeneinander auftreten. Vgl. Laserwirkung. 31

Läsion (lat.) f: Verletzung, Störung; vgl. Functio laesa. 32

Läsion, kariöse f: → Kavität. 1

Latamoxef: Oxacepham-Derivat. L. ist ein → Beta-Lactam-Antibiotikum zur parenteralen Applikation mit breitem Wirkungsspektrum, hoher Wirkungsintensität im anaeroben und gramnegativen aeroben Bereich und breiter β-Lactamase-Stabilität. 7

latent (lat.): verborgen, symptomlos, z.B. l.e Infektion. Vgl. Latenz. 20

Latenz f: zeitweiliges Verborgensein von Krankheiten oder krankhaften Veränderungen. Vgl. Inkubation. 20

lateral (lat.): lateralis; seitlich von der Mittellinie des betreffenden Organs abgewandt. Ggs.: medial. 9

Lateral|biß: eine im Gelenk erfolgende seitl. Verlagerung des Unterkiefers im ganzen als Folge

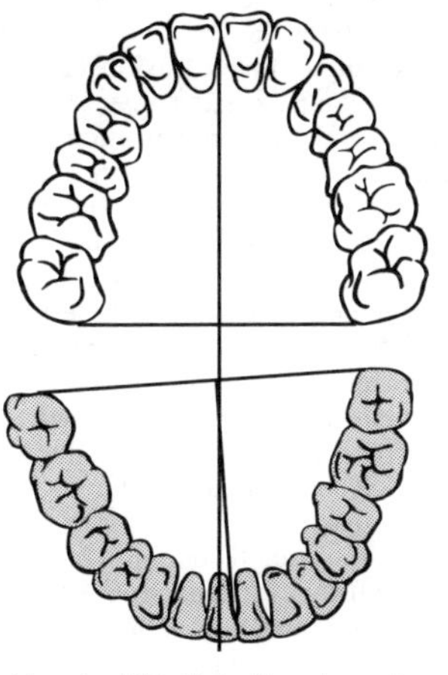

Von der Mittellinie divergierende Mandibularverschiebung

z.B. von Zwangsführungen (→ Kreuzbiß), wobei eine der Mittellinie parallel verlaufende sowie eine davon divergierende Mandibularverschiebung vorliegen kann (Abb.). Bei letzterer besteht seitenverschiedene → Okklusion, z.B. → Distalbiß auf der Kreuzbißseite und → Neutralbiß auf der gesunden Seite. 5

laterale Kondensation f: Methode der Wurzelkanalfüllung. Konisch geformte, dünne Guttaperchastifte (sog. Spreader) werden im Wurzelkanal kondensiert, bis sich eine kompakte, den Kanalwänden fest anliegende Füllung ergibt. Vgl. Wurzelfüllung. 1

laterale par|odontale Zyste f: → Zysten. 6

Lateral|verschiebung des Unter|kiefers: durch kieferorth. Maßnahmen bewirkte Verschiebung des seitl. verlagerten Unterkiefers bis zur Übereinstimmung der Mittellinien. Vgl. Lateralbiß. [5]

Latero|dens m: meist nur rudimentär, z.B. als → Zapfenzahn ausgebildeter überzähliger Zahn zwischen mittlerem und seitlichem Oberkieferschneidezahn. Häufig Durchbruchshindernis für bleibende Zähne und verantwortlich für Stellungsanomalien. Vgl. Mesiodens. [29]

Latero|gnathie f: seitl. Verlagerung des Unterkiefers im ganzen, z.B. infolge Längenungleichheit der aufsteigenden Äste. [5]

Latero|okklusion f: seitl. Verlagerung des Unterkiefers durch → Zwangsbiß trotz Längengleichheit der horizontalen und aufsteigenden Äste. Vgl. Lateralbiß. [5]

Latero|position f: seitl. Verlagerung des Unterkiefers bei Längengleichheit der aufsteigenden Äste. Vgl. Lateralbiß. [5]

Latero|trusion f: Laterotrusionsbewegung des Unterkiefers, die Bewegung einer Unterkieferseite, die sich bei der Lateralbewegung (Seitwärtsbewegung) von der Medianebene wegbewegt, z.B. die rechte Unterkieferseite bei einer Bewegung des Unterkiefers nach rechts. Die Bewegung des Kondylus der → Arbeitsseite wird nach ihrer räumlichen Orientierung unterteilt in: Laterosur-, Laterode-, Lateropro- und Lateroretrusion. Vgl. Gelenkbahn. [4]

Latero|trusions|seite: → Arbeitsseite; diejenige Zahnreihe, die bei einer Unterkieferseitwärtsbewegung nach außen (lateral) bewegt wird. Vgl. Mediotrusionsseite. [4]

Latex (gr.) m: i. e. S. der milchähnliche Saft kautschukliefernder Pflanzen und Bäume. I. w. S. auch Bezeichnung für wäßrige → Dispersionen von Kunstkautschuken und Kunststoffen. [23]

Latex|test m: Bestimmung des → C-reaktiven Proteins (CRP) auf dem Objektträger im Tropfentest als Agglutinationsprobe mit an Latexpartikel (Gummimilch) gebundenem Anti-RCP-Serum. Positiv in 60-90% bei rheumatoider Arthritis, Normaltiter 1 : 20. Vgl. Rheumafaktor. [20]

Lauge: chem.: wäßrige Lösung von Natriumhydroxid (NaOH) oder Kaliumhydroxid (KOH). In der Technik Bezeichnung für Salzlösungen, die bei chem. Reaktionen anfallen. Vgl. Mutterlauge. [23]

Lauritzen-Technik (Arne G. L., Za., Seattle/Washington) f: Split-cast-Methode, → Kontrollsockel; Kontrolle der → Grenzpositionen der Unterkieferbewegung bei schädel- und scharnierachsenbezüglich orientierten Modellen und systematisches Einschleifen von Modellen und Prothesen im Gelenkbahnartikulator (Modell Dentatus) durch geteilten Oberkiefermodellsockel. *Lauritzen* verwendet für die individuelle Gelenkbahneinstellung am Artikulator den → Checkbiß. [4]

Läuse|befall: → Filzlaus, → Kleiderlaus, → Kopflaus. [12]

Lävane n pl: hochmolekulare schleimige Polysaccharide, die von gewissen Mundstreptokokken aus Rohrzucker synthetisiert werden (→ Polyfruktosane). Bestandteil des Zahnplaques. [23]

Lävulose f: → Fruktose. [20]

Laxanzien (lat.) n pl: Laxativa; Abführmittel. [27]

Laxanzien|abusus m: die über das therapeutisch vertretbare Maß hinausgehende (Dauer-)Anwendung von Abführmitteln. Besonders häufig bei → Bulimia nervosa und bei alten Menschen in Eigenmedikation (→ Obstipation) vorkommend. Führt über die hohen Verluste an Elektrolyten und Körperflüssigkeit zu Mundtrockenheit und in der Folge zu Schwierigkeiten mit dem Halt von Totalprothesen. Vgl. Antidepressiva, Xerostomie, Prothesenhalt. [27]

Lazeration (lat.) f: Einriß, Zerreißung. [2]

Lebend|vakzine n: Impfstoff zur aktiven Immunisierung, der die lebenden, abgeschwächten Erreger enthält (z.B. Poliovakzine nach *Sabin*). Vgl. Vakzine. [8]

Lebens|angst: elementares beklemmendes Gefühl der existentiellen Bedrohung und der Sinnlosigkeit eigener Initiativen. Vgl. Depression. [27]

Lebens|dauer, potentielle: oberste Schwelle der Lebensmöglichkeit einer Art oder Gattung, liegt beim Menschen bei ca. 115 Jahren. Während die maximal mögliche Lebensdauer seit Jahrtausenden konstant ist, hat sich die mittlere → Lebenserwartung des Menschen in den letzten hundert Jahren etwa verdoppelt. [27]

Lebens|erwartung: i.w.S. die im statistischen Mittel zu erwartende Lebensdauer eines Organismus zum Zeitpunkt seiner Geburt (mittlere L.), i.e.S. die für jede Altersklasse unter Berücksichtigung geschlechts- und gruppenspezifischer Faktoren noch zu erwartende Restlebenszeit (altersspezifische L.). Die mittlere L. hat besonders in den westlichen Industrieländern während des letzten Jahrhunderts deutlich zugenommen: Während 1876 die L. bei Männern etwa 36 Jahre betrug, liegt sie heute bei ca. 72 Jahren. Bei Frauen stieg sie im gleichen Zeitraum von 39 auf 78 Jahre. [27]

Lebens|mittel|vergiftungen: durch bakterielle

Endo- oder Ektotoxine hervorgerufene Vergiftungen. Entstehen durch unhygienische Zubereitung oder Aufbewahrung von Speisen unter Bedingungen, die der Vermehrung der Toxinbildner günstig sind; als solche kommen hauptsächlich in Betracht Salmonellen, Staphylococcus aureus, Bacillus cereus, Clostridium botulinum. Vgl. Botulismus. [8]

Leber: Hepar; größte Drüse des menschlichen Körpers, unterhalb des Zwerchfells gelegen. Sie bildet die → Galle, die sich teils eingedickt in der Gallenblase sammelt, teils direkt in das Duodenum abfließt, sie speichert Kohlenhydrate in Form von → Glykogen, spielt eine wichtige Rolle im Fett- und Eiweißstoffwechsel, wirkt entgiftend und dient außerdem als dem rechten Herzen vorgelagertes Blutreservoir. [9]

Leber|fleck: → Naevus pigmentosus. [12]

Leber|funktions|proben: Gesamtheit laborchem. Untersuchungsmethoden zur Erfassung verschiedener Leistungs- bzw. Funktionsstörungen der Leber oder pathol. Reaktionen. Es gibt keine einzelne leberspezifische Labormethode zur Diagnostik von Funktionsstörungen oder bestimmten pathol. Prozessen. [20]

Leber|zirrhose f: → Zirrhose. [20]

Lecluse-Hebel: spitzer → Hebel zur Zahnextraktion mit bajonettförmigem Griff. [2]

Leder|haut: → Korium. [12]

Ledermix®: Kombinationspräparat zur Vitalerhaltung der entzündeten Pulpa. In Pastenform als Einlage in Zementform als Unterfüllung anwendbar. Gemisch aus Kortikoid (Triamcinolon) und Antibiotikum (Dimethylchlortetracyclin). Schränkt Infektabwehr und damit Schmerzen ein. Ob fehlende Heilungstendenz durch das Antibiotikum kompensiert werden kann, ist fraglich. Sollte vorwiegend temporär zur Schmerzstillung verwendet werden, da Vitalerhaltung unsicher. [1, 7]

leere Alveole f: → Dry socket. [2]

Leer|präparat n: → Placebo. [7]

Lee|way space (engl.) m: Unterschied zwischen den mesiodistalen Durchmessern der beiden Milchmolaren und der nachfolgenden Prämolaren. Die Differenz beträgt im Unterkiefer auf jeder Seite im Mittel 1,7 mm, im Oberkiefer 0,9 mm. Wichtig für die korrekte Einordnung der Prämolaren (ohne Engstand). Kann therapeutisch zur Auflockerung eines Platzmangels für die Eckzähne genutzt werden. [5]

LeFort-Fraktur|linien (René L., Chir., Lille, *1869, † 1951) f pl: typische Bruchlinien bei Oberkieferfrakturen, von *LeFort* in drei Typen eingeteilt (Abb.). Typ I entspricht der → *Guérin*-Fraktur. Die Bruchparten können auch einseitig auftreten. [2]

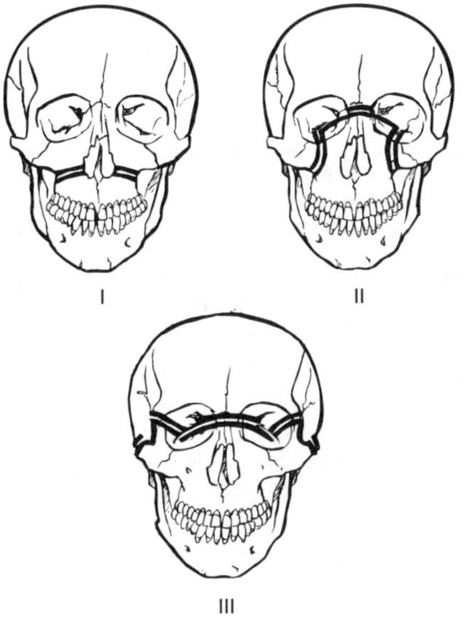

LeFort I = horizontale Oberkieferfraktur;
LeFort II = zentrale Mittelgesichtsfraktur;
LeFort III = Abriß des Oberkiefers von der Schädelbasis.

Lefze: Lippe (bei Tieren), Labrum; auch der Rand einer klaffenden Wunde. [2]

lege artis (lat.): nach den Regeln der (zahnärztlichen) Kunst. Vgl. Haftung. [24]

Legierung (lat.) f: Lösung oder Mischung zweier oder mehrerer Metalle in- oder miteinander. Die Lösung oder Mischung eines Metalles mit Nichtmetallen wird nur dann als L. bezeichnet, wenn der Metallcharakter bewahrt bleibt. L.en besitzen im allgemeinen keinen festen Schmelzpunkt, sondern ein Schmelzintervall. Sie beginnen bei einer bestimmten Abkühlungstemperatur zu erstarren und sind erst bei einer noch tieferen Temperatur vollständig erstarrt (beim Erhitzen umgekehrt). Die Verbindung der Punkte der beginnenden Erstarrung im Zustandsdiagramm nennt man die Liquiduskurve, die der beendeten Erstarrung die Soliduskurve. Bei L.en, deren Komponenten im festen Zustand unlöslich sind und ein → Eutektikum bilden, ist die Soliduskurve eine Gerade und wird hier „Eutektische Horizontale“ genannt. [4]

Legionärs|krankheit: Legionellose, atypische Pneumonie. Erreger → Legionella pneumophila. Auftreten als explosionsartige Epidemie (USA), sporadisch, Endemie (Spanien). Rö.Lungenbefund: lappenbegrenzte, segmentäre, herdförmig-fleckige Formen. Klinik: Inkubationszeit 12 Std. bis 12 Tage; Fieber, Krankheitsgefühl, Abdominalkrisen, zentralneurologische Ausfallserscheinungen. Therapie: Erythromyzin. 34

Legionella pneumophila f: Erreger der → Legionärskrankheit. Gramnegatives unbewegl. Stäbchenbakterium, serologisch uneinheitlich (6 Gruppen). Ubiquitär in aquatischen Biotopen, Seen, Flüssen, Bodenproben. Zählt nicht zur Normalflora des Menschen und ist immer exogener Herkunft. Eventuell bedeutsam durch Übertragung mit Wasser (vor allem Aerosol) von zahnärztlichen Behandlungseinheiten. 8

Leicht|metalle n pl: → Metalle. 23

Leicht|therapie f: → Initialbehandlung. 6

Leiden: Sammelbegriff für chronische (auch lebenslänglich persistierende) körperliche oder geistige Erkrankungen, die zu funktionellen Einschränkungen führen. 27

Leio|myom n: gutartige (oft deutlich abgekapselte) Geschwulst aus glatten Muskelfasern; v.a. in Uterus, Haut, Magen-Darm-Trakt. Häufig infolge ungenügender Gefäßversorgung zentral hyalinisiert, erweicht oder verkalkt. Eine maligne Entartung ist extrem selten. Vgl. Myom, Rhabdomyom. 32

Leish|maniasen (Sir William B. Leishman, schott. Pathol., *1865, † 1926) f pl: Leishmaniosen; durch Leishmanien (Protozoen) bedingte tropische, von Mücken übertragene Infektionskrankheiten. 1. Orientbeule: an unbedeckten Körperstellen entwickeln sich braunrote Knoten granulomatösen Typs, die furunkelartig aufbrechen und nach etwa einjährigem Verlauf mit tiefer Narbe abheilen (Abb. a). Erreger: Leishmania tropica; 2. innere Form der L. (Kala-Azar), Erreger Leishmania donovani: schweres fieberhaftes, mit Milztumor, Durchfällen, Anämie und Hautpigmentierung einhergehendes Krankheitsbild, bei chron. Verlauf tritt → Kachexie ein. Es kommt ferner zu Sekundärinfektionen mit ulzeröser Stomatitis, Gingivitis mit gangränösem Zerfall (→ Noma) und tödlichen Blutungen; 3. südamerikanische Form der L. (Uta, Boubas, Espundia): geht meist mit Schleimhautherden einher, entweder infolge Übergreifens des Krankheitsprozesses von der äußeren Haut oder durch hämatogene Keimverschleppung. Es kann hierbei zu schweren Zerstörungen im Nasen-Mund-Rachenbereich kommen (Abb. b). 12

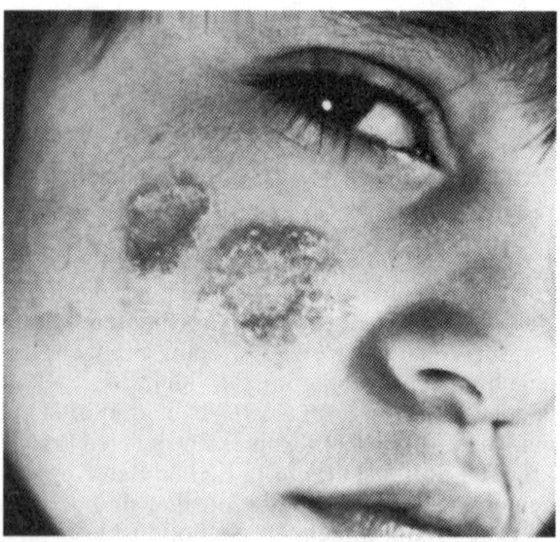

Abb. a: Leishmaniase der Alten Welt (Orientbeule, Aleppobeule). Infektion in Vorderasien.

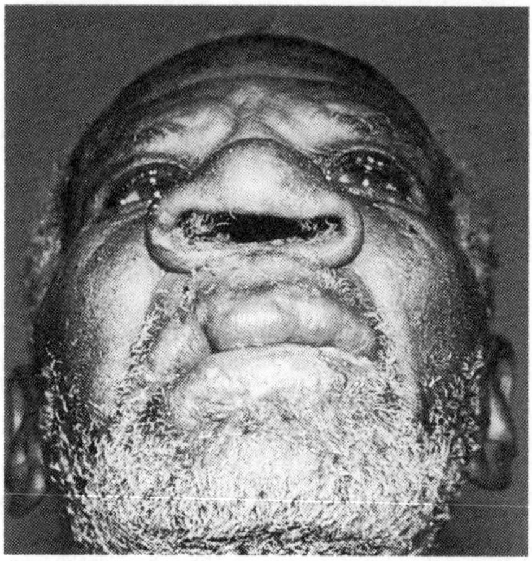

Abb. b: Leishmaniase der Neuen Welt. Mukokutane Leishmaniasis mit Schwund der Nasenscheidewand.

Leistung: **1.** Phys.: die pro Zeiteinheit verrichtete Arbeit, Einheit $1\frac{NM}{S} = 1$ W (Watt). **2.** im → Arbeitssystem: das von einem oder mehreren Menschen bei einer Arbeitsaufgabe erzielte Arbeitsergebnis. 21

Leit|keime: für eine Mischflora charakteristische Mikroorganismen, die z.B. bei Parodontalerkrankungen mit einer bestimmten Verlaufsform vergesellschaftet sind; → Verlaufsform der Parodontitis. Vgl. Actinomyces israelii. [6]

Leit|symptom n: **1.** das wesentliche → Symptom innerhalb eines → Syndroms, das diesem meist den Namen verleiht. **2.** typische klinische Manifestation, die mit hoher Spezifität auf einen Notfall hinweist. Das L. des → Herz-Kreislauf-Stillstands ist z.B. der fehlende Puls an der Arteria carotis. Vgl. Alarmsymptom, Warnsymptom, Begleitsymptom. [2, 16]

Leitungs|anästhesie f: örtliches Betäubungsverfahren, bei dem der das Operationsgebiet sensibel versorgende Nerv an geeigneter Stelle mit einem Lokalanästhetikum umspritzt und damit dessen Leitfähigkeit vorübergehend unterbrochen wird. In der Zhk. im Oberkiefer die → Tuberanästhesie, die → Infraorbitalanästhesie, die Anästhesie am Foramen palatinum majus und Foramen incisivum. Im Unterkiefer die → Mandibularanästhesie. [2]

Leitungs|bahnen: leiten Erregungen von Nervenzellen (→ Aktionspotential); z.B. efferente L. vom Zentrum über die → Pyramidenbahn zu Muskeln, afferente, sensorische L. von Rezeptoren in der Peripherie des Körpers zum Zentrum. [10]

Leit|zahl: Größe, die über die Lichtleistung eines fotografischen Blitzgerätes Auskunft gibt. Sie ist das Produkt aus Blendenzahl und Abstand (in Metern) und wird i.d.R. auf eine Filmempfindlichkeit von ISO 100/21 bezogen. Im Nahbereich hat die Leitzahl keine Gültigkeit. [17]

Lektine (lat.) n pl: Proteine meist pflanzlicher (selten tierischer) Herkunft, die Zucker antikörperartig binden. L. entstehen jedoch nicht auf antigenen Reiz hin und besitzen abweichende chemische Struktur. Bakterielle L. spielen eine Rolle beim Haften der Bakterien an Epithelzellen, auch an der Zahnoberfläche, und damit bei der Ausbildung der Plaqueflora. [8]

LeMaster-Einstell|technik (Collins A. L., Za., St. Louis, *1893, † 1958): 1921 von *LeMaster* entwickelte Röntgentechnik für intraorale Filmaufnahmen der Oberkiefermolarenregion. Bei Anwendung der → Halbwinkeltechnik zur Darstellung der oberen Molaren kommt es häufig zur Überlagerung der Zahnwurzeln durch das Jochbein, so daß eine Beurteilung der apikalen Region nicht möglich ist. Wird der Film durch eine zwischen Gaumen und Film gelegte Watterolle (Abb.) steiler gestellt, kann der Zentralstrahl mit kleinerem vertikalen Winkel und damit unterhalb des Jochbeins eingestellt werden. Vgl. Rechtwinkeltechnik und Paralleltechnik. [14]

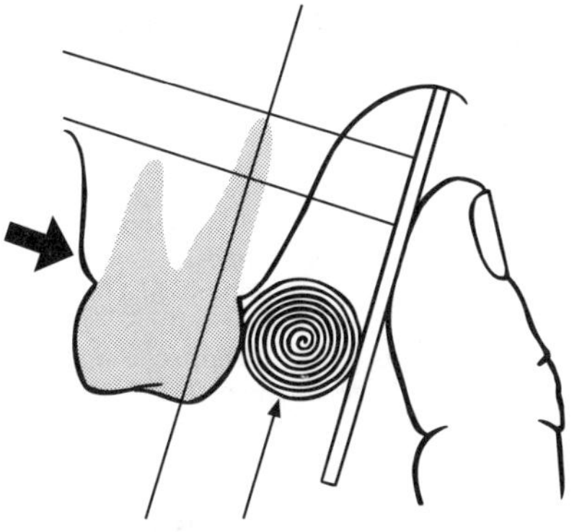

Der Patient hält den Film gegen eine Watterolle

Lens (lat.) f: Linse. [10]

Lentigo (lat.) f, pl Lentigines: linsengroßer, flacher Pigmentfleck, Muttermal, Naevus spilus,

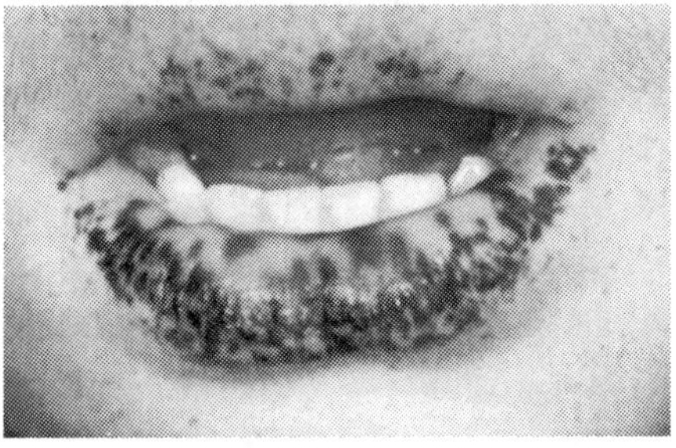

Fleckförmige Pigmentierung der Lippen

→ *Peutz-Jeghers*-Syndrom. L. maligna: → Melanosis circumscripta praecancerosa (In-situ-Melanom bei atrophischer Epidermis). Bei Lentiginosis multiples Auftreten von Lentigines 1. im Gesichts- und Mundschleimhaut-Hals-Bereich (Abb.), 2. auf der gesamten Körperhaut. [12]

Lentigo maligna f: → Melanosis circumscripta. [11]

Lentigo senilis f: Altersfleck; im höheren Lebensalter auftretende, gut abgegrenzte, oberflächlich zumeist glatte, dunkelbraune Verfärbung der Haut. Tritt vorwiegend im Bereich der lichtexponierten Abschnitte auf, zeigt keine maligne Tendenz. Ursache: vermehrte Pigmenteinlagerung in die Basalzellen. Vgl. Geroderm. [27]

Lentulo-Spirale (Henri L., Za., Paris, *1889, † 1981) f: maschinengetriebene feine Spirale zum Transport von weichen Materialien in den Wurzelkanal im Verlaufe einer → Wurzelkanalbehandlung (Abb. s. S. 434). [1]

Lentulo-Spirale

Leontiasis ossea f: löwenähnliches Aussehen des Kopfes infolge Riesenwuchses der Kiefer- und Gesichtsknochen bei → Akromegalie und → Osteodystrophia deformans. 3

Lepido|morien n pl: ursprüngliche Hartgebilde der Fischhaut aus der Permperiode. Sie sind kleiner als die Schuppen der Haifische und bestehen aus einer kegelförmigen Dentinkrone und einer knöchernen Basalplatte. Die echten Zähne sind als Derivate der L. aufzufassen. Vgl. Zähne. 30

Lepra (gr.) f: Aussatz; chronische Infektionskrankheit. Erreger Leprabakterien. Unterscheidung in zwei Hauptformen mit unterschiedlichem Immunstatus und Bakterienbefall. Entwicklung aus einer Vorphase, die als Borderline

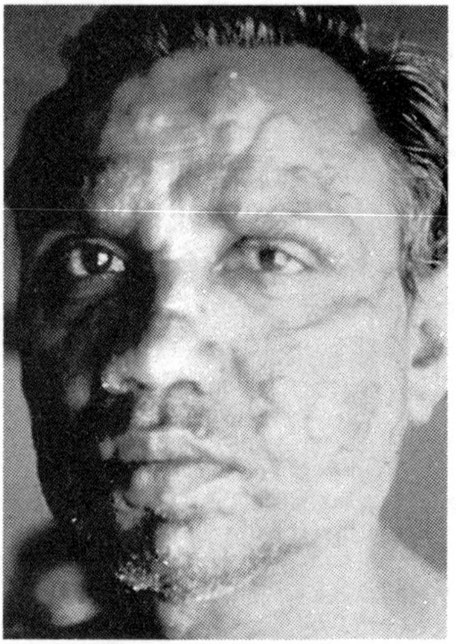

Lepromatöse Lepra (Indien)

bezeichnet wird. 1. Lepra leptomatosa: bakterienreiche Herde in Form von Erythemen, Knoten (Leprome), die zu ulzerösen und narbigen Gewebsdefekten führen (Abb.). Keine immunologische Abwehrreaktion, Leprominreaktion negativ. 2. Tuberkuloide L., arm an Leprabakterien, ausgeprägte tuberkuloide Gewebsreaktion. Scheibenförmig peripher wachsende, zentral abheilende Herde. Durch leprösen Befall der Nerven Gefühlsstörungen, Lähmungen, Schmerzen. Kein Schleimhautbefall. Knochenmutilationen über Störungen der Mikrozirkulation. Frühsymptome der L.: Atrophie des Alveolarfortsatzes im oberen Schneidezahngebiet mit Verlust der mittleren Schneidezähne, Atrophie der Spina nasalis anterior. Spätfolge: Gaumenperforation, die vom Nasenboden ausgeht. Therapie: Kombinationsbehandlung mit Dapson, Clofazimin, Rifampicin, Sulfonamide. 12

Lepra|bakterien f pl: Mycobacterium leprae; unterscheiden sich im Aussehen nicht von Tuberkulosebakterien. Färbung nach *Ziehl-Neelsen.* Sie wachsen aber nicht auf Tbc-Nährböden und infizieren das Tbc-empfindliche Versuchstier (Meerschweinchen) nicht. Säurefest, grampositiv, sporenlos. 8

Lepto|meninx f: zarte Hirnhaut, Zusammenfassung der Pia mater und der Arachnoidea des Gehirns und Rückenmarks. Bildet ein weitmaschiges Fasernetz, in welchem der Liquor cerebrospinalis kreist. 9

Lepto|prosopie f: Schmalgesicht, meist kombiniert mit Langkopf (Dolichozephalie). 3

Lepto|spira f: Gattung sehr zarter Spirochäten (Dicke 0,1 nm), aerob züchtbar (*Noguchi*, 1917). L. sind Erreger von tierischen Krankheiten (→ Zoonosen), die gelegentlich auf den Menschen übergehen. L.-Infektionen werden Leptospirosen genannt: → *Weil*-Krankheit (übertragen von Wasserratte), Ernte-, Schlamm-, Feldfieber (von Feldmaus), → Kanikola-Fieber (vom Hund) u.a. mehr. 8

Lepto|thrix f: falsche Bez., → Leptotrichia. 8

Lepto|trichia f: Gattung grampositiver, anaerober, kaum verzweigter Fadenbakterien, in Ketten mit Gliedern verschiedener Länge angeordnet. L. buccalis: ist normaler Epiphyt der Mundschleimhaut, besonders zahlreich in Zahnbelag und Zahnstein; stark zuckerlösend. L. dentium: aerobes, grampositives, reich verzweigtes Fadenbakterium mit gleichem Standort wie L. buccalis; wegen seines aeroben Charakters wird L. dentium heute als → Bacterionema matruchotii bezeichnet. 8

Lepto|zephalie f: Schmalkopf, entspricht etwa der → Dolichozephalie. 3

Lernen: psychologisches Phänomen, das zu → Verhaltensänderung führt. Es wird durch die experimentelle Lerntheorie beschrieben. Demnach entstehen bedingte Reaktionen durch klassische → Konditionierung (*Pawlow*); Lernen am Erfolg oder operante Konditionierung beruht auf der Wirkung von → Verstärkung; im Imitationslernen wird ein Modell nachgeahmt (→ Modellernen), z.B. eine ängstliche Mutter durch ihr Kind. L. wird auch als einsichtiger kognitiver

Prozeß der Verhaltensänderung angesehen. Wichtige Anwendung findet die Lerntheorie in → Verhaltenstherapie und → Verhaltensmedizin. L. vollzieht sich im Alter langsamer als in der Kindheit, weil hier das Ablegen jahrzehntelang eingeübter (Verhaltens-)Muster der Akzeptanz des Neuen entgegensteht. [13, 27]

Letal|dosis f: Dosis letalis; todbringende Dosis. [7]

Letalität f: Sterblichkeit; Anteil an tödlich endenden Fällen bei einer bestimmten Krankheit. Die Letalitätsrate wird berechnet aus der Anzahl der an einer bestimmten Krankheit Verstorbenen im Verhältnis zur Anzahl neuer Fälle. Sie ist nur für akute Krankheiten sinnvoll zu berechnen. Vgl. Mortalität. [15, 20]

Leuk|ämie f: Weißblütigkeit; generalisierte, proliferative neoplastische Erkrankung der blutbildenden Organe, gewöhnlich der Zellen der weißen Reihe. Ätiologisch werden sowohl Viren als auch ionisierende Strahlen (Röntgendiagnostik und -therapie) diskutiert. Einteilung: A. chron. L.: Zellen mit beträchtlichem Reifegrad, langsam fortschreitend; Klinik: 1. chron. myeloische L. (CML): exzessiv gesteigerte maligne → Granulopoese, Vermehrung reifer Formen und Auftreten unreifer Vorstufen der Granulopoese im peripheren Blut, erhebliche Milz- und deutliche Lebervergrößerung, → Leukozytose, → Linksverschiebung bis zu unreifen Formen, später Anämie (→ Erythroleukämie); 2. chron. lymphatische L. (CLL): chron. Lymphadenose, abnorme diffuse Proliferation lymphozytärer Zellen in Lymphknoten und lymphatischen Geweben, später mit Knochenmarkinfiltration, mäßige Leber- und Milzvergrößerung, starke Leukozytose, Lyphozytose 60-98%, Anämie, Erkrankung des höheren Lebensalters, etwas bessere Lebenserwartung als bei chron. myeloischer L. B. akute L.: unreife, undifferenzierte Zellen, rasch fortschreitend, Einteilung nach morphologischen und zytochemischen Kriterien in akute Lymphoblasten- und Myeloblasten- oder Stammzellen-L; gleiche Symptomatik beider Formen: Knochenmarkinsuffizienz, extramedulläre leukämische Infiltrate, akutes Fieber, hämorrhagische Manifestationen, Resistenzverlust, sepsisartige Infekte, Mundschleimhautnekrosen, Anämie, Leukopenie, Thrombopenie; internationale Nomenklatur: akute lymphatische und akute myeloische Leukämie. Therapie der CML mit Myleran, der CLL mit Leukeran. Die akute L. hat auch mit differenzierter, kombinierter Chemotherapie und Knochenmarktransplantation eine zweifelhafte Prognose. [20]

Leukine (gr.) n pl: → Bakterionoxine. [8]

Leuko|derma n: Leukodermie; mit weißen Fleckbildungen einhergehender Hautzustand, Depigmentierungen: 1. idiopathisch, → Naevus depigmentosus, → Vitiligo; 2. symptomatisch, bei oder nach verschiedenen Dermatosen (→ Lepra, → Syphilis, → Psoriasis u.a.). [12]

Leuko|keratose f: weißliche Verdickung der Schleimhaut, → Leukoplakie. Kongenitale L.: epithelialer → Naevus der Mundschleimhaut, L. als Teilsymptom einer → Polykeratosis congenita, DD: *Bowen*-Syndrom der Mundschleimhaut. L. der Raucher: Ausbildung dichtstehender weißlicher polygonaler Knötchen auf dem harten Gaumen bei starken Rauchern; die Knötchen zeigen zentrale rote Pünktchen, die den Ausführungsgängen der Schleimdrüsen entsprechen. Zustand kann auch durch Zahnprothesendruck entstehen. Nach Ausschaltung der verursachenden Schäden besteht die Möglichkeit der Rückbildung, doch wurde auch maligne Entartung beobachtet. [11]

Leuko|penie f: → Leukozytopenie. [20]

Leuko|plakie des Mundes f: nicht wegwischbare weiße Veränderung der Mundschleimhaut, Gefahr maligner Entartung (Abb. 1 bis 3). Man unterscheidet: 1. plan-homogene L.d.M.: flach oder leicht erhaben, perlweiß, mit spiegelnder oder matter Oberfläche, Entartungsrate 3%. Fein-

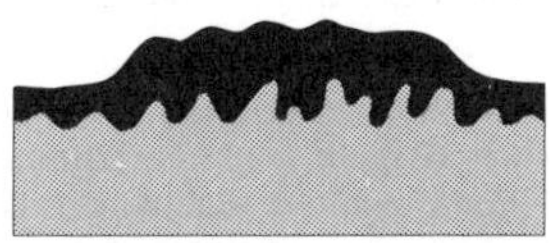

Abb. 1: Verdickung der Keratinschicht bei Erhalt der Basalmembran und der Gewebsordnung

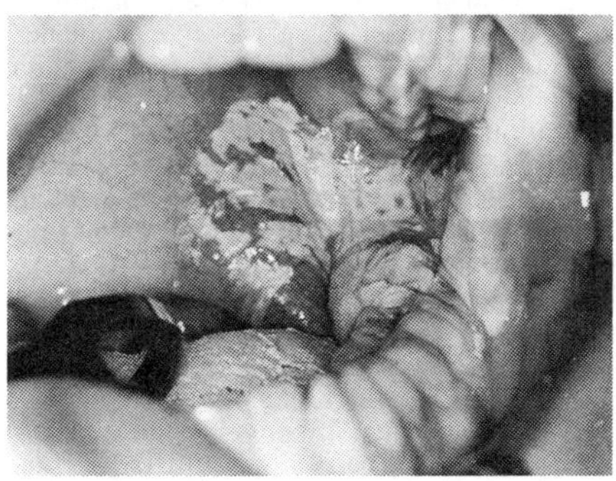

Abb. 2: Scharf abgegrenzte und gefelderte Weißfärbung mit hochrotem entzündl. Hof

geweblich handelt es sich um eine Epithelhyperplasie mit Hyperkeratose und vermehrt Mitosen der Basalzellschicht; 2. gefleckte oder getüpfelte L.d.M.: weniger scharf begrenzt, oft mit entzündlichem Hof, körnige bis zottige Oberfläche, Entartungsrate 24%, bei erosiver Komponente bis 38% (→ Erythroplakie, → Präkanzerose, → Mundhöhlenkrebs, → Vitalfärbung, intraorale), feingeweblich eine Epitheldysplasie,

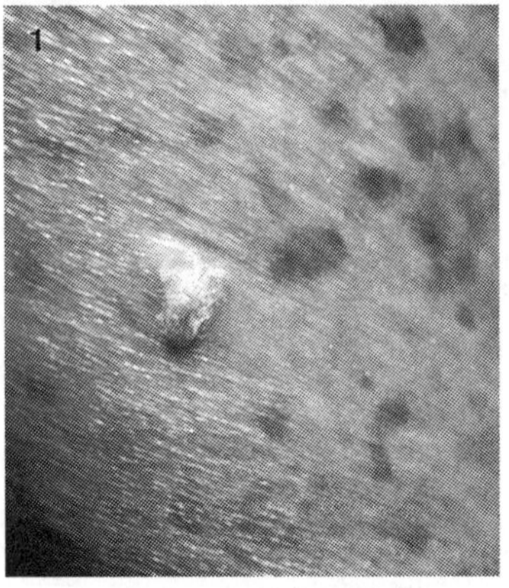

Abb. 3: Keratose der Haut; in der Umgebung multiple fleckförmige Pigmentierungen nach 7jähriger Strahlentherapie.

Ortho-, Para- und → Dyskeratose, → Mitosen in allen Schichten des Epithels, erhebliche Zellpolymorphie. Ursachen: chron. Irritation durch Rauchen, Prothesendruck, Zahnkante, Tabakkauen. Therapie: Nikotinabstinenz (danach bilden sich 80% der L.n d.M. zurück), Gebißsanierung, Exzision, → Kryochirurgie. Vgl. *Bowen*-Krankheit, Cheilophagie, Erythematodes, Talgdrüsen, heterotope, Leukokeratose, Lichen ruber planus, Pemphigoid, bullöses, Polykeratosis congenita, Pemphigus, Syphilis, Soor. [11, 12, 19]

Leuko|plakie|karzinom n: auf dem Boden einer → Leukoplakie entstandenes Karzinom. [11]

Leuko|poese f: Bildung weißer Blutzellen, spez. der Granulozyten vorwiegend im Knochenmark (Granulozytopoese, Myelopoese). Der Myeloblast ist die unreifste der der Granulozytopoese zuzuordnenden Zellen. Bei Größenzunahme und Einlagerung rotvioletter Granula über Kern und Zytoplasma Übergang in den Promyelozyten. Im Myelozyten zunächst noch neutrophile, bei weiterer Differenzierung eosinophile und bes. grobe basophile Granulationen. Dann Entstehung des stabkernigen

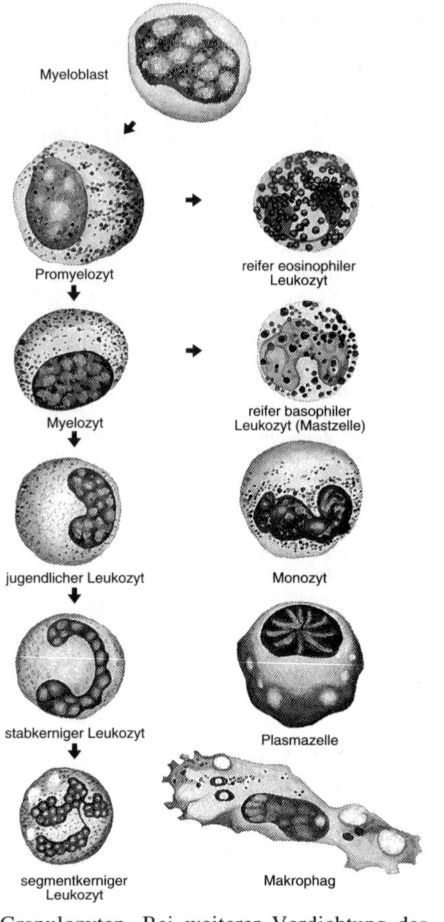

Granulozyten. Bei weiterer Verdichtung des Kernchromatins und bei meist gebogenem stab- und bandförmigen Zellkern übergehend in den (reifen) sementkernigen oder polymorphkernigen Granulozyten (Abb.). [20]

Leukose f: → Leukämie. [20]

Leuko|taxine n pl: Sammelbegriff für nicht näher definierte, v.a. in entzündetem Gewebe vorkommende Substanzen (z.B. Bakterientoxine), die Leukozyten (insbes. Granulozyten) chemotaktisch anlocken. Vgl. Chemotaxis. [32]

Leuko|tomie f: → Psychochirurgie. [20]

Leukotriene n pl: Bez. für biolog. hochaktive Metabolite der → Arachidonsäure, die durch 5-Lipoxigenase über 5-Hydroperoxieicosatetraensäure entstehen. Aus dem labilen Zwischenprodukt LTA_4 entsteht LTB_4 oder LTC_4, aus LTC_4 kann LTD_4 und LTE_4 entstehen. Das Gemisch LTC_4 und LTD_4 ist mit der Slow reacting substance of anaphylaxis identisch, die Anaphylaxie, Bronchospasmus und Gefäßpermeablilitätserhöhung auslöst. LTB_4 wirkt stark chemotakt. auf Leukozyten, induziert deren Adhäsion, Degranulation und steigert die Bildung von Sauerstoffradikalen. Der Name Leukotrien (LT) geht auf die Gewinnung aus Leukozyten und das konjugierte Triensystem zurück, die Buchstaben A-E geben die Reihenfolge der Synthese, die Indexzahl 4 die zusätzliche Doppelbindung an. 7

Leuko|zidin n: Toxin von Bakterien (Staphylokokken, Streptokokken), das die Phagozytose lähmt und u.U. Leukozyten zerstört; vgl. Chemotaxis. 8

Leuko|zyten m pl: weiße Blutzellen, Gesamtzahl 6.000-8.000/mm³. Drei Gruppen mit spezifischen Abwehrfunktionen. Hauptmasse der weißen Zellen sind: 1. Knochenmarksleukozyten, charakterisiert durch deutliche Granulation (→ Granulozyten), Einteilung in neutrophile, eosinophile und basophile entsprechend ihrem färberischen Verhalten, Unterscheidung der neutrophilen nach der Kernform in verschiedene Reifungsstufen (→ Blutbild, → Leukopoese); 2. → Lymphozyten, dem lymphatischen Gewebe (Lymphknoten, Milz, Thymus, Tonsillen und Lymphfollikeln der Schleimhäute) entstammend; 3. → Monozyten, vorwiegende Bildung im → retikulohistiozytären System, z.T. auch im Knochenmark. 20

Leuko|zyto|penie f: Krankheitsbild mit Leukozytenabfall im peripheren Blut unter 4.000/mm³. Pathogenese: 1. Absinken der Granulozyten (Granulozytopenie, → Agranulozytose) durch Störung der Zellneubildung im Knochenmark und/oder vermehrten Zellabbau in der Peripherie; 2. Verminderung der Lymphozyten (→ Lymphozytopenie). Ätiologisch: 1. physikal. oder chem. Noxen mit regelmäßiger Dosisabhängigkeit, ionisierende Strahlen, Zytostatika; 2. → Idiosynkrasie gegen Medikamente (Analgetika, Antibiotika, Thyreostatika), keine Antikörperbildung, keine Immunmechanismen, akutes Auftreten nach kleinen Dosen oder Langzeitverabreichung normaler Dosen; 3. Infektionen bakterieller (Salmonellosen), septischer oder viraler (Hepatitis, Influenza) Natur; 4. hämatologische Erkrankungen: akute Leukämien, Myelom, → Hypersplenismus; 5. → Kollagenosen: Erythematodes visceralis. 20

Leuko|zyto|poese f: → Leukopoese. 20

Leuko|zytose f: Leukozytenvermehrung als reaktives Geschehen (im Gegensatz zur → Leukämie). Vorkommen bei Infekten aller Art, den meisten Infektionskrankheiten, körperlicher Arbeit, anstrengenden sportlichen Leistungen, Nahrungsaufnahme, Gravidität. Häufig mit Veränderungen im Differentialblutbild, mit → Linksverschiebung einhergehend im Sinne einer biologischen Leukozytenverteilungskurve (neutrophile Kampfphase, monozytäre Überwindungsphase, lymphozytäre Heilphase und postinfektiöse Eosinophilie). 20

Levator (lat.) m: Heber; z.B. L. veli palatini: Gaumensegelheber, Musculus levator veli palatini. → Gaumenmuskeln. 9

Levomepromazin: Phenothiazin-Derivat vom Chlorpromazin-Typ, schwach potentes → Neuroleptikum mit stark sedierender Wirkung. Indikation in der Zhk.: präoperative Sedierung insbes. bei Patienten mit Abhängigkeitsanamnese. 7

Levomethadon: → Opioid-Analgetikum, → Opioid-Rezeptoren-Agonist (→ Agonist), bei parenteraler Gabe auf Gewichtsbasis 4fach stärker analget. wirksam als → Morphin. Rezeptur unterliegt der → Betäubungsmittel-Verschreibungs-Verordnung. 7

L-Formen: von Bakterien gebildete Varianten bei (z.B. durch Penicillin) gestörter Zellwandsynthese; ungleichmäßig große, bläschenförmige, sehr empfindliche Gebilde, die in sehr feinen Kolonien wachsen; benannt nach dem *Lister*-Institut (London). L. pathogener Bakterien sind apathogen. 8

Liberation (lat.) f: → Arzneistoffliberation. 7

Libido (lat.) f: triebtheoretischer Grundbegriff nach *Freud,* der die psychische Energie des Sexualtriebs bezeichnet. Vgl. Sexualverhalten. 13

Librium®: → Chlordiazepoxid, → Tranquilizer. 2

Lichen ruber planus m: Knötchenflechte; ziemlich häufige, durch kleine polygonale, bläulichrote, wachsglänzende, zentral gedellte, juckende, in Gruppen stehende Knötchen charakterisierte Dermatose mit bevorzugtem Befall der Beugeseiten der Arme, des Rumpfes und der Unterschenkel, Genitalien. Ätiologie ungeklärt, nervale Faktoren meist vorhanden. Befällt in $^1/_3$ bis $^1/_4$ aller Fälle isoliert die Mundschleimhaut unter Bildung von feinen, weißlichen, hirschgeweihartigen und netzartigen Zeichnungen (*Wickham*-Streifen) sowie milchweißen Stippchen und Plaques (Abb.). Atrophische Form: Lichen ruber planus erosivus; atrophische, ulzerierende Form (7% aller L.r.p.), häufig sekundär infiziert. Fragliche Präkanzerose. Eine gewisse klinische Sonderstellung nimmt der schmerzhafte, häufig therapieresistente, bullös-erosive Lichen ruber der Mundschleimhaut ein. Differentialdiagnostisch kommen → Stomatitis, → luische Plaques, → Leukoplakie, → Soor und → Erythematodes in Frage. Therapie: Nikotinsäureamid, Vitamin A und D, Sedativa, Antihistaminika,

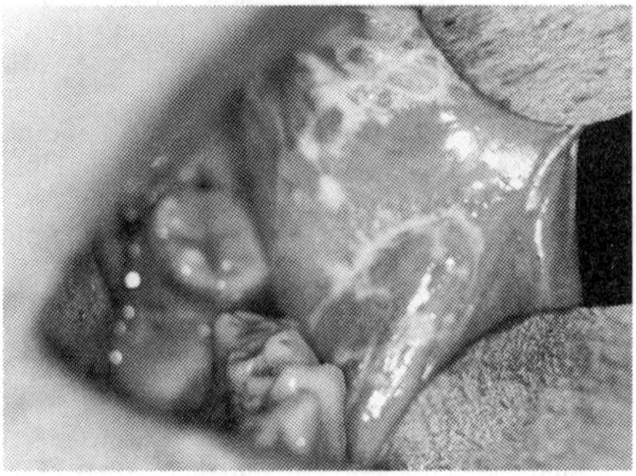

Resochin, Glukokortikoide, Retinoide, analgesierende Salben, Volon®-A-Haftsalbe und Spülungen. 11, 12

Licht|dermatose f: durch Lichteinwirkung bedingte Hauterkrankungen von → Dermatitis-, → Ekzem-, → Urtikaria-, → Prurigo- oder → Erythematodes-Charakter. Dauer der L. meist von Frühjahr bis Herbst; nur an frei getragenen Körperstellen auftretend. Phototoxische L.: vom Typ des Sonnenbrandes nach Einnahme bestimmter Medikamente (vom Typ der Photosensibilisatoren, → Tetracycline) oder Anwendung von Dermatika/Kosmetika, die ätherische Öle (Bergamotteöl, Furocumarine), Teerprodukte, Farbstoffe enthalten. Nach 2 h Erythem, ödematös-bullöses Maximalstadium nach 24 bis 48 h. Photoallergische L.: nach einer Sensibilisierung durch UV-exponierte Substanzen mit anschließender molekularer Transformation wie Phenothiazine (→ Antihistamine, Psychopharmaka), → Sulfonamide (Antidiabetika und Diuretika), bestimmte → Laxanzien, Harndesinfizientien, Süßstoff (Zyklamat), und lokale Anwendung von Desodorantien, Antimykotika und optischen Aufhellern. Photobiotropische L.: Licht als zusätzlich verschlimmernder Faktor bei → Porphyrien (Leberschaden), → Pellagra, Erythematodes. 12

Licht|filter: Filter, durch die bestimmte Wellenlängen ganz oder teilweise aus dem Lichtspektrum ausgesondert werden können. 10

Licht|polymerisation f: Photopolymerisation; durch Bestrahlung der für die L. der entspr. Initiatoren präparierte Kunststoff-Füllungsmaterialien mit langwelliger UV-Strahlung (UVA-Bereich: 315-380 nm) oder mit Licht aus dem weißen Bereich (420-460 nm) werden entsprechend strahlungsempfindliche Irritatoren (z.B. aromatische Äther wie Benzoinmethyläther oder Benzoinäthyläther) aktiviert und starten die Polymerisation. Während bei den chemisch polymerisierenden Kunststoffen der Polymerisationsprozeß in der vorgegebenen Abbindezeit abläuft, kann bei den lichtpolymerisierenden → Komposits die Abbindezeit beeinflußt werden. Lichttransport auch durch Lichtleitsysteme wie → Glasfaseroptik oder Quarzstab. 4

Licht|spur|aufnahme: → Motographie. 17

Licht|treppe: Verfahren zur Prüfung der → Ultraviolett-B- und -A-Empfindlichkeit der Haut; durch unterschiedlich lange Bestrahlung einer Reihe kleiner Hautareale wird die Mindestzeit bestimmt, die zur Bildung eines → Erythems führt. 12

Lichtwitz-Nadel (Otorhinolaryngol., Graz, *1858, † 1911): starke Kanüle mit → Mandrin zum nasalen Punktieren und Spülen der Kieferhöhle (Abb.; vgl. Abb. Punktion). 2

Licht|zelt: Hilfsmittel zur Beleuchtung in der → Sachfotografie. Das Objekt wird innerhalb eines Zeltes aus einem weißen transparenten Material plaziert und von außen beleuchtet (Abb.).

[17]

Man erzielt dadurch eine nahezu schattenlose, gleichmäßige Ausleuchtung. Besonders geeignet für die Beleuchtung von hochreflektierenden Oberflächen (z.B. hochglanzpoliertes Metall), auf denen große, geschlossene Lichtreflexe erzeugt werden. 17

Lid: Palpebra; Augenlid. 9
Lid|haken: → *Desmarres*-Lidhalter. 2
Lidocain: → Lokalanästhetikum vom Amid-Typ, anästhet. → Potenz 2fach höher als die des → Procains, schneller Wirkungseintritt (pK_a 7,7), mittellange Wirkungsdauer. Pharmakokinetik: Proteinbindung: 64%; Verteilungsvolumen im steady state: 91 1; → Halbwertszeit, terminale: 96 min; Biotransformation: → Funktionalisierungsreaktionen, Metaboliten Monoethylglycinxylidid und Glycinxylidid, pharmakodynam. aktiv, anästhet. → Potenz jedoch kleiner als die des L., Metabolit 2,6-Xylidin im Tierversuch karzinogen; → Clearance: 0,95 l/min. Indikationen in der Zhk.: Oberflächenanästhesie und in Kombination mit Katecholaminzusätzen zur Infiltrations- und Leitungsanästhesie 0,5-2%ig. Präp.: Xylocain®, Xylestesin®, Anaesthol® u.a. 2, 7
Lieberkühn-Drüsen (Johann N. L., Anat., Berlin, *1711, † 1756): *Lieberkühn*-Krypten, Glandulae intestinales; schlauchartige, Verdauungsenzyme absondernde Drüsen in der Schleimhaut des Dünn- und Dickdarms. 9
Liege|dauer: bei → dentalen Implantaten der Zeitraum von der → Implantation bis zum → Implantatverlust. Kriterium für die Auswertung von Langzeitbeobachtungen von Implantatversorgungen. 18
Lien (lat.) m: → Milz. 9
lienalis: die Milz betreffend, von dieser ausgehend. 9
Ligamentum (lat.) n, pl ligamenta: Abk. Lig.; anat. meist aus straffem Bindegewebe bestehendes Band, das vielfach bewegliche Teile des Körpers miteinander verbindet. 9
Ligamentum circulare n: Fehlausdruck für das supraalveoläre Bindegewebe. Der Zahnfleischsaum wird nicht mit einem Band, sondern durch ein funktionell orientiertes Fasergeflecht am Zahnhals fixiert (Plexus fibrosus marginalis). 9
Ligamentum dento|alveolare n: zum Parodontalligament gehörender intraalveolärer Faserapparat, der den Zahn mit den Alveolarknochen verbindet. Er besteht aus Kollagenfasern, die als → *Sharpey*-Fasern im Zahnzement und im Alveolarknochen verankert sind. Topographisch untergliedert man das L. d. in Fibrae cementoalveolares marginales, intermedii, apicales und bifurcationis. Vgl. Fibrae. 30
Ligamentum laterale n: L. temporomandibulare; Band zwischen Schläfenbein und Gelenkfortsatz des Unterkiefers, verstärkt die Gelenkkapsel, mit der es verwachsen ist (Abb.). 9

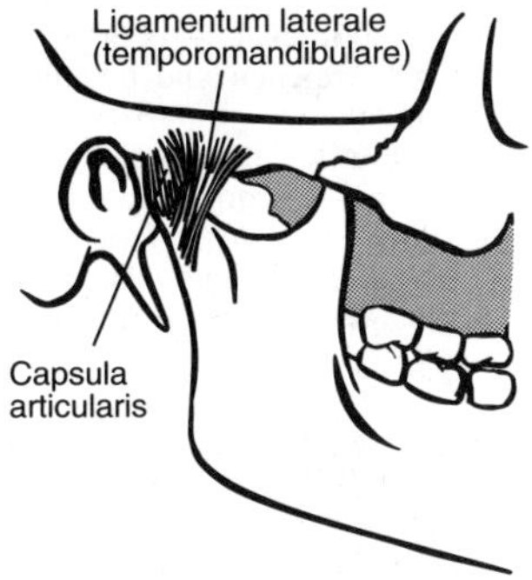

Ligamentum par|odontale n: → Parodontalligament. 30
Ligamentum spheno|mandibulare n: bindegewebiges Band zwischen der Spina des Keilbeins und der Lingula mandibulae (Abb.). 9

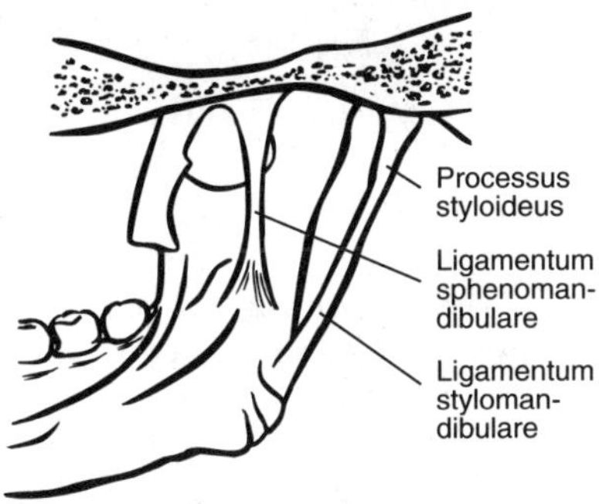

Ligamentum stylo|hyo|ideum n: bindegewebiger Strang zwischen Processus styloideus und Cornu minus ossis hyoidei; embryologischer Rest des *Reichert*-Knorpels. 9
Ligamentum stylo|mandibulare n: Band zwischen → Processus styloideus und → Angulus mandibulae (Abb. → Ligamentum sphenomandibulare). 9
Ligatur (lat.) f: Draht- oder Seidenschlinge, durch die ein Zahn an einer Schiene befestigt wird. Auch Katgutschlinge (→ Katgut) zur Unterbindung eines Blutgefäßes. In der Parodontaltherapie dienen verschiedene Formen der Drahtligatur zur provisorischen Ruhigstellung gelockerter Zähne oder Zahngruppen. In der Kieferorth.: Schlingen aus bleitotem Stahldraht oder Ringe aus Kunststoff (Elastics), welche in den kieferorth. Behandlungstechniken mit festsitzenden Apparaturen verwendet werden, um den

Drahtbogen im → Bracket zu fixieren, um Zahnbewegungen zu erreichen und um die fixierte Stellung zu halten. [2, 5]

Light-wire-Technik f: Behandlungstechnik mit festsitzenden kieferorth. Apparaturen, die auf Entwicklungen von *Begg, Tweed* und *Jarabak* beruht und auch als australisches Konzept der → Multibandtechnik bezeichnet wird. In allen Behandlungsstadien werden dabei sehr

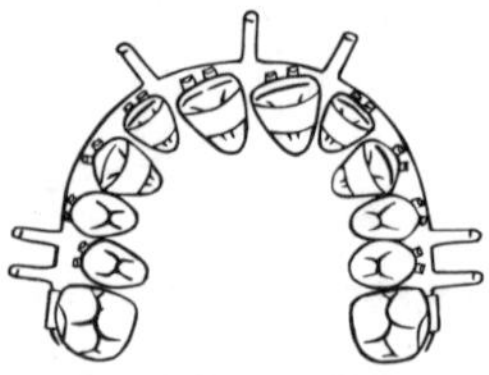

Abb. a: Multi-Loop-Bogen zur Bißnivellierung vor dem Einligieren (passiv)

Abb. b: Bogen einligiert (aktiv)

dünne Drähte verwendet. Bei der L. wird im Gegensatz zur → Edgewise-Technik keine körperliche Zahnbewegung angestrebt, sondern es erfolgen ausgeprägte Kippbewegungen (Abb.). Die L. soll häufig Wurzelresorptionen verursachen. [5]

Lightwood-Albright-Syndrom n: Nephrokalzinose; durch Niereninsuffizienz verursachte Störung des Kalkstoffwechsels (→ Hypokalzämie), die sich in allg. Osteoporose mit schwersten rachitischen Erscheinungen (Knochenverbiegungen, Spontanfrakturen, Wachstumsstörungen) und Verkalkungsstörungen der Zähne (als Folge Kariesneigung) äußert. [20]

ligieren: anbinden, unterbinden. → Ligatur. [2]

Lignocain: → Lidocain. [2]

limbisches System n: einheitliches Funktionssystem phylogenetisch alter Hirnabschnitte beiderseits im Archipallium, das als morpholog. Substrat für Affekte (Spannung, Angst, Wut und Aggression) gilt und die übergeordnete Schaltstelle für den Hypothalamus darstellt. Anatomisch sind es saumartige Hirnstammanteile, die den Übergang zum Neokortex bilden und Hippokampus, Indusium griseum, Area entorhinalis, Gyrus cinguli, Nucleus amygdalae und Area septalis einschließen. Neben Psychomotorik und Aggressivität werden auch Stimmungen und Sexualität von hier aus beeinflußt, ebenso die Tönung des Affektverhaltens und vegetative Funktionsregelungen. [33]

Limbus (lat.) m: Rand, Saum; z.B. L. alveolaris (BNA): knöcherner Alveolarrand; jetzt Arcus alveolaris (IANC). [9]

Limen (lat.) n: Schwelle, Grenze; z.B. L.nasi: Nasenschwelle, bogenförmige Schleimhautfalte an der seitlichen Nasenwand zwischen Vestibulum und Cavum nasi, Abb. → Nasenwand, seitliche. [9]

Lincosamide: Gruppenbez. für → Antibiotika aus Kulturen von Streptomyces lincolnensis wie Lincomycin und dessen halbsynthet. Derivat → Clindamycin. Das Wirkungsspektrum umfaßt Staphylokokken, aerobe und anaerobe Streptokokken, Mycoplasma pneumoniae, Corynebacterium diphtheriae, Bacteroides, Fusobacterium sp, Clostridien. Der Wirkungstyp ist bakteriostat. bis bakerizid durch Hemmung der Proteinbiosynthese in L.-empfindl. Keimen. [7]

Lindemann-Fräse (August L., Kieferchir., Düsseldorf, *1880, † 1970): leicht konisch zulaufende Fräse zum sägeartigen Durchtrennen von Knochen und Zähnen (Abb.). [2]

Lindemann-Pro|genie|operation f: → *Babcock*-Progenieoperation. [2]

Linea (lat.) f: Linie. Anat.: Knochenleiste. [9]

Linea girlandi|formis f: → Mukogingivallinie; Grenzlinie zwischen Mund- und Alveolarschleimhaut. [9]

Linea mylo|hyo|idea f: schräg nach hinten aufsteigende Leiste an der Innenfläche des Unterkiefers, an der der gleichnamige Muskel ansetzt. Abb. → Spinae mentales. [9]

Linea nuchae inferior, superior und suprema f: Querleisten auf der Außenseite des Hinterhauptbeins für den Ursprung der Nackenmuskeln. [30]

Linea obliqua f: die schräge Knochenleiste an der Außenfläche des Corpus mandibulae, die, am unteren Knochenrand unterhalb des Foramen mentale beginnend, nach oben hinten zum vorderen Rand des aufsteigenden Astes verläuft. [9]

Linea temporalis inferior und superior f: Ursprungslinie des M. temporalis am Scheitel- und Stirnbein bzw. Befestigungslinie der Fascia temporalis am Scheitelbein. [30]

Liner (engl.) m: Mittel zum Herstellen eines dünnen Schutzfilms in der → Kavität. Soll zusätzlich zur Unterfüllung oder allein ein Vordringen schädigender Substanzen in die Dentinkanäle verhindern. Meistens Lösungen von Naturharzen oder Kalziumhydroxydsuspensionen in organ. Lösungsmitteln. Pulpareaktionen durch L. sind beschrieben worden. Wirkung umstritten. 1

Lingua (lat.) f: → Zunge. 11

Lingua ac|creta f: mit dem Mundboden verwachsene, meist hypoplastische Zunge. Vgl. Ankyloglossie. 11

Lingua bifida f: in der Mittellinie gespaltene Zunge. 11

Lingua Brocq-Pautrier f: → Glossitis rhombica mediana. 11

Lingua dis|secata f: Glossitis dissecans; durch Einrisse zerklüftete Zunge. 11

Lingua geo|graphica f: → Exfoliatio areata linguae. 11

Lingual|bogen: Innenbogen; von *Lefoulon* 1839 entwickelter, in einem Schloß lingual an den Molarenbändern im Unterkiefer fest verankerter Stahlbogen. Zur Korrektur von Einzelzahnabweichungen können → Federn befestigt werden. Der L. eignet sich zur Verbesserung der → Verankerung, als Lückenhalter, zur Rotation und Aufrichtung von Molaren sowie zur transversalen (cave: → Rezidiv!) und sagittalen Erweiterung des Zahnbogens. Vgl. *Mershon*-Methode. 5

Lingual|bügel: → Unterzungenbügel. 4

Lingual|flügel|bogen|platte: von *Koller* entwickelter, aktiver, abnehmbarer kieferorth. Behelf aus mit → Pfeilklammern befestigten Werkstoffbügeln, unterhalb dessen im Unterkiefer ein → Lingualbogen von 1,2 mm Stärke, im Oberkiefer eine ebenso starke → *Coffin*-Feder zwischen den Flügeln verläuft. Diese Anordnung soll selektive Bewegungen bes. bei anterior stärker verengtem Zahnbogen ermöglichen. 5

lingualis: lingual; zur Zunge gehörig, nach der Zungenseite zu, z.B. die der Zunge zugewandte Fläche unterer Zähne. 11

Lingua lobata f: gelappte Zunge mit unregelmäßigen narbigen Furchen, entstanden durch den Narbenzug einer syphilitischen Glossitis indurativa. 11

Lingual|schloß: schloßartige Verankerung eines → Lingualbogens an Molarenbändern (Abb. → *Mershon*-Methode). 5

Lingual|stand: → Linguokklusion. 5

Lingual|technik: von *Fujita* 1979 entwickelte kieferorth. Behandlungstechnik mit festsitzenden Apparaturen, bei welcher die → Brackets

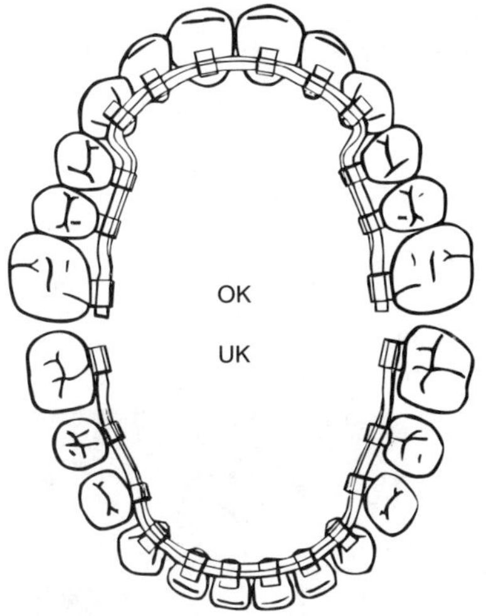

[32]

auf den Lingualflächen der Zähne befestigt werden (Abb.). Geeignet für die Spätbehandlung, wenn wegen privater oder beruflicher Gründe besondere Ansprüche an die Ästhetik gestellt werden. Probleme ergeben sich durch den kleineren Radius des Zahnbogens, die erschwerte Applikation der Schlaufen, die ungünstige linguale Zahnmorphologie und die Veränderung der → Idealbogenkonzept (pilzförmige Bogenform). Auch können sich funktionelle und phonetische Probleme ergeben. 5

Lingual|wall: während der Embryonalentwicklung auftretender Wulst auf der Innenseite des → Alveolarwalls des Unterkiefers. 30

Lingua nigra f: schwarze Zunge, → Haarzunge. 11

Lingua plicata f: Lingua scrotalis, Faltenzunge; weiche, vielfache, symmetrische Fältelung,

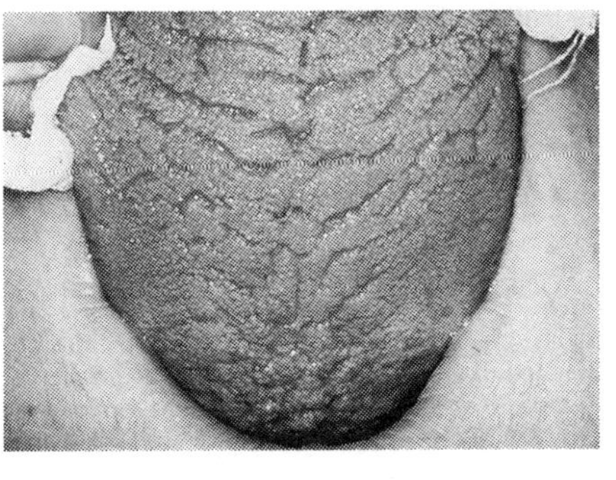

die schmerzlos ist (Abb.). Angeboren, erblich. Häufig in Verbindung mit anderen Fehlbildungen. Oft vergesellschaftet mit → Exfoliatio areata linguae. Vgl. *Melkersson-Rosenthal*-Syndrom. [11, 12]

Lingua villosa f: → Haarzunge. [11]

Lingua villosa nigra f: „schwarze Haarzunge", Ausdruck braun-schwarzer Färbung durch fadenförmige (Hyperkeratose), verlängerte Papillen (Abb.), häufig bei Stoffwechselstörungen und bei Antibiotikagaben (Auswirkungen von Antibiotika auf die bakterielle Darmbesiedlung). [12]

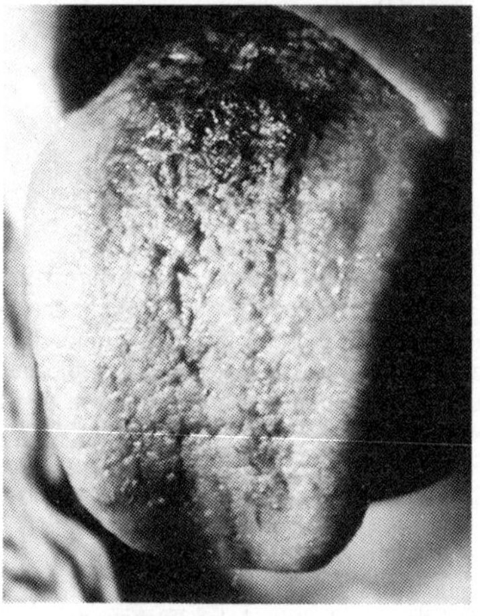

Schwarze Haarzunge nach Antibiotika-anwendung über 1 Monat

Lingula (lat.) f: kleine Zunge; z.B. L. mandibulae: Knochenblättchen am Foramen mandibulae. [9]

Lingu|okklusion f: transversale Okklusionsanomalie, bei der die unteren Seitenzähne innerhalb der oberen stehen, so daß sich lediglich

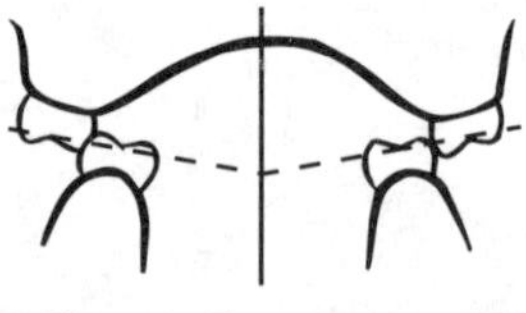

Abb. 1: Bilaterale Form der Linguokklusion

die Bukkalflächen der unteren Seitenzähne mit den Palatinalflächen der oberen berühren. Neben der bilateralen Form (Abb. 1) kommt auch die unilaterale vor, die mit → Lateralverschie-

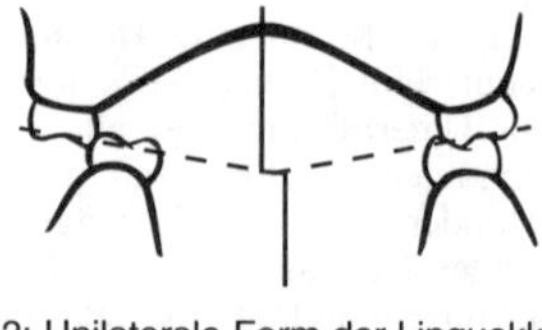

Abb. 2: Unilaterale Form der Linguokklusion

bung des Unterkiefers einhergehen kann (Abb. 2). Vgl. Vestibulokklusion. [5]

Linkow-Blatt|implantat n: enossales Blattimplantat in verschiedenen Formen und Größen nach *Linkow* (Abb.). Vgl. Implantatformen. [4, 18]

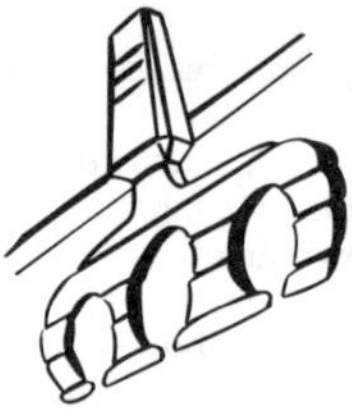

Links|verschiebung: Vermehrung jugendlicher Zellreifungsstadien im peripheren Blut (bei der schriftl. Fixierung des weißen Blutbildes links befindlich). Reaktive L. bei akuten Infekten und Eiterungen, meist nicht über eine Stabkernigen- und Myelozytenvermehrung hinausgehend, pathologische L. bis zum Auftreten von Promyelozyten und Myelozyten bei Leukämien. [20]

Lip|ämie f: → Hyperlipämie, → Hyperlipidämie, → Lipide. [20]

Lipasen f pl: fettspaltende Enzyme. [23]

Lip bumper (engl.) m: orthod. → Labialbogen, der in Röhrchen an Molarenbändern eingesteckt wird und damit den Lippendruck auf diese überträgt (Abb.). Vorwiegend im Unterkiefer angewandt, mit und ohne Kunststoffschild im Frontzahnbereich. Aufgaben: 1. Platzhalterfunktion;

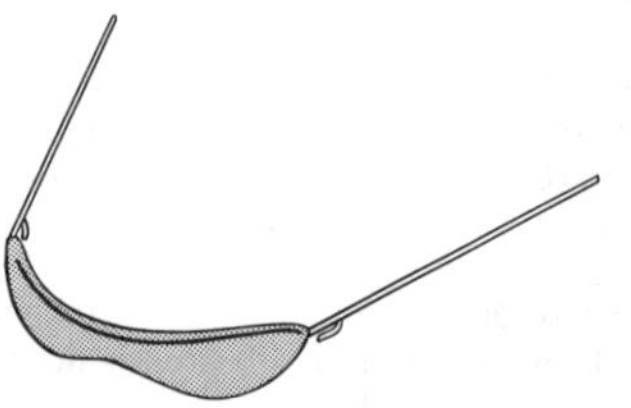

[29]

2. Lückenöffnung bei → Protrusion von Seitenzähnen (bei gleichzeitig möglicher Rückrotation); 3. Abhalten der Lippen bei entsprechenden

→ Dyskinesien; 4. Entlastung des unteren Frontzahnsegmentes zur Förderung der spontanen Nachentwicklung in sagittaler und transversaler Richtung. [5]

Lipide (gr.) n pl: gemeinsame Bezeichnung für die durch gleiches Lösungsverhalten (unlöslich im Wasser, löslich in Azeton, Äther, Benzin und anderen organischen Flüssigkeiten) gekennzeichneten Fette und Lipoide. L. sind in Tier, Pflanze und Mikroben vielfältig vorhanden; als hochkalorische Stoffe stellen sie eine Energiereserve dar, wirken bei Tier und Mensch als mechanisches Polster und Wärmeisolator. Spezifischer ist ihre Grenzflächenfunktion an Zellmembran und intrazellularen Strukturen, die mindestens z.T. durch ihre Eigenschaft bedingt ist, gleichzeitg hydrophile (wasserfreundliche, polare) und hydrophobe (wasserabstoßende, apolare) Gruppen zu tragen. Unterteilung in: 1. einfache L.: Verbindungen, die nur aus → Fettsäuren und Alkoholen bestehen. a) Neutralfette, Fette im engeren Sinne: Ester des Alkohols → Glyzerin mit gesättigten (häufig Palmitin-, Stearinsäure) und ungesättigten (Öl-, Linol-, Linolensäure) Fettsäuren; bei niedrigem Schmelzpunkt Öle genannt. Vorkommen z.B. im Unterhautfettgewebe. b) Wachse: Ester von Fettsäuren mit einwertigen höheren Alkoholen; 2. komplexe L. = Lipoide, die neben Fettsäuren und Alkoholen z.B. Zucker und Stickstoffverbindungen enthalten. Auffällig häufig im Nervensystem: a) Zerebroside (kohlenhydrathaltig), Ganglioside; b) Phosphatide (Lezithin, Kephalin, Sphingomyelin). [20, 23]

Lipo|fuszin n: sog. braunes Abnützungspigment, Eiweiß-Lipoidkomplex. Findet sich in gealterten Organen, besonders in Leber, Herz, Gehirn und Hoden. [9]

Lipo|ide n pl: → Lipide. [20]

Lipo|idose f: patholog. gesteigerte Anhäufung von Lipoiden in Organen. Lipoidspeicherkrankheiten: → *Gaucher*-Krankheit, → *Hand-Schüller-Christian*-Krankheit, → Lipoidproteinose. [20]

Lipoid|pro|te|inose f: *Urbach-Wiethe*-Syndrom, Hyalinosis cutis et mucosae; familiäre, mit Lipoideinlagerungen ins Gewebe einhergehende Stoffwechselstörung. Je nach dem Grad der Haut- bzw. Schleimhauterscheinungen werden die knotige und die warzige Form unterschieden. Die Mundschleimhaut zeigt gelbliche, flache und knotige Verdickungen; es kann zu → Makrocheilie und → Makroglossie kommen, ferner infolge Beteiligung der Kehlkopfschleimhaut zu Heiserkeit und Atemnot. Milchzahnpersistenz, gelegentlich Fehlen oder Unterentwicklung der seitlichen Schneidezähne. [11, 12]

Lipom (gr.) n: Lipoma; Fettgeschwulst, gutartiger, von reifen Fettzellen ausgehender, langsam bis Apfelgröße wachsender Tumor von weicher Konsistenz; v.a. im Unterhautfettgewebe, aber auch von jedem anderen Fettgewebe ausgehend. L.e kommen solitär oder multipel vor, letztere (→ Lipomatose) oft autosomal dominant vererbt. Zusammenhang mit allgemeinen Fettstoffwechselstörungen besteht nicht. Bei erblicher Disposition ist auch die Vererbbarkeit des Lipomverteilungsmusters bemerkenswert. Bei reichlich entwickelten Bindegewebs- oder Gefäßanteilen spricht man von Fibrolipom bzw. Angiolipom. Therapie: Exzision. [12, 32]

Lipo|matose f: umschriebene Fettanhäufungen im Sinne von → Lipomen. Lipomatosis dolorosa: schmerzhafte Lipomablagerungen im subkutanen Fettgewebe. [20]

Lipo|poly|saccharide n pl: komplexe Verbindungen in Zellwand gramnegativer Bakterien, die Endotoxin- und O-Antigen-Wirkung besitzen. [8]

Lipo|prote|ine n pl: hochmolekulare Fett-Eiweiß-Komplexe, bestehend vorwiegend aus Plasmafett, mit 5 Komponenten: → Cholesterin, Cholesterinester, Phosphatide, → Triglyzeride, Apoprotein. [20]

Lippe: Cheil-; → Labium. [9]

Lippen|analyse f: Methode zur Beurteilung der Lippenkonfiguration und -stellung anhand von Fotostataufnahmen (→ Fotostat) oder → Fernröntgenseitenbildern, wichtiger Teilbereich der → Profilanalyse. Die L. kann über ein metrisches Erfassen oder über Bezugsebenen erfolgen. Zahlreiche unterschiedliche Analyseverfahren, z.B.: L. nach *Burstone:* metrische Analyse der Lippenstellung; beurteilt wird der Abstand (in mm) der Ober- und Unterlippen von der Verbindungslinie zwischen → Subnasale und → Hautpogonion (Abb.). L. nach *Holdaway:* quantitative Analyse zur Bewertung der Lippenkonfiguration am → Fernröntgenseitenbild. Gemessen wird der Winkel zwischen der Oberlippentangente und der Verbindungslinie zwischen → Nasion und → B-Punkt, der Winkel wird als → *Holdaway*-Winkel bezeichnet. Mit Veränderung der Größe des → ANB-Winkels verändern sich die Sollwerte für den H.-Winkel. L. nach *Ricketts:* Bezugslinie ist die Verbindungslinie von der Nasenspitze zum → Hautpogonion, die → Ästhetiklinie. Die Oberlippe befindet sich bei harmonischen Beziehungen 2-3 mm, die Unterlippe 1-2 mm hinter der Linie. L. nach *Stei-*

ner: der obere Bezugspunkt der L. befindet sich in der Mitte der Kurvatur zwischen Nasenspitze

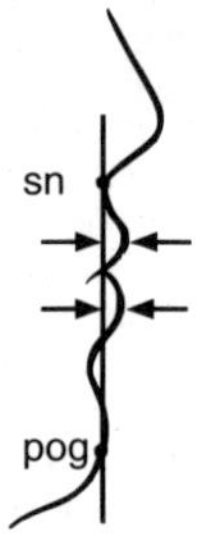

Lippenanalyse nach *Burstone*

und → Subnasale, den unteren Punkt bildet das → Hautpogonion. Liegen die Lippen hinter der Verbindungslinie dieser Punkte, sind sie zu flach, liegen sie davor, sind sie zu stark betont. [5]

Lippen|bändchen: → Frenulum labii inferioris/superioris. [9]

Lippen|bändchen|exzision f: → Frenulektomie. [2]

Lippen|beißen: → Cheilophagie. [5]

Lippen|bremse: physikalische Notfallmaßnahme bei einem Anfall von → Asthma bronchiale: Durch leichtes Aufeinanderpressen der Lippen kann der Patient selbst den peripheren Atemwegswiderstand in der Ausatemphase erhöhen. Hierdurch wird der frühe Kollaps der Bronchioli vermindert und die respiratorische Situation verbessert. [16]

Lippen- bzw. Zungen|führungs|drähte: aus 0,7-0,9 mm starkem Draht hergestellte und in die betreffende Apparatur eingelassene Hindernisse zur Behebung schädlicher Angewohnheiten wie Lippensaugen, Lutschen, Zungenbeißen und zur Vermeidung weiterer Verschlechterung der dadurch verursachten Anomalie (z.B. des → offenen Bisses oder der → Lutschprotrusion). Vgl. Wellenbogen, Zungengitter. [5]

Lippen|dyskinesien f pl: motorische Fehlfunktionen der Lippenmuskulatur. Die häufigsten L. sind das Saugen und das Beißen der Unterlippe. Vgl. Dyskinesien. [5]

Lippen|erkrankungen: → Cheilitis, → Cheilosis, → Lippenfisteln, angeborene, → Lippenspalte, → Makrocheilie, → Faulecken. [12]

Lippen|fisteln, angeborene: meist paarig auftretende Blindsäcke im Lippenrot der Unterlippe, in die Schleimdrüsen münden. Treten häufig gemeinsam mit Spaltbildungen auf. Erblich. Therapie: Exstirpation. [12]

Lippen|form des Säuglings: → *Luschka-Pfaundler*-Lippenpolster, *Robin-Magitot*-Falte. [2]

Lippen|furche: während der Embryonalentwicklung auftretende Spalte zwischen → Lippenwall und → Alveolarwall. Sie entsteht durch Resorption der oberflächlichen Epithelzellen der Vorhofleiste. [30]

Lippen|furunkel m: tiefe bakterielle abzedierende Entzündung der Haarfollikel im Lippenbereich außerhalb des Lippenrots, besonders gefährlich an der Oberlippe durch mögliche Fortleitung und Thrombophlebitis der Vena angularis. Als Folge Orbitalphlegmone, Sinusthrombose, Meningitis! - Antibiotika, evtl. Unterbindung der V. angularis. Sinus cavernosus (→ Sinus). [12]

Lippen|inkompetenz f: inkompetente Lippen; ungenügende Ausbildung und/oder Hypotonus der Lippenmuskulatur. Bei der L. ist der Spalt zwischen den Lippen groß, die Lippen sind zu kurz. Eine therapeutische Beeinflussung ist nur in frühen Entwicklungsstadien möglich. [5]

Lippen-Kiefer-Gaumen-Spalte: → Lippenspalte. [3]

Lippen-Kinn-Tangente f: → Mundtangente. [5]

Lippen|plastik f: Cheiloplastik, operative Lippenbildung, → *Abbé-Neuber*-L., → *Estlander*-L., → Lippenspalte. [2]

Lippen|polster: → *Luschka-Pfaundler*-L. [2]

Lippen|rinne: → Philtrum. [2]

Lippen|rot: die haar- und drüsenlose Übergangszone von der Gesichtshaut zur Mundhöhlenschleimhaut, die jedoch nichtsezernierende Talgdrüsen enthält. Die in das hier nichtverhornte Plattenepithel hineinreichenden, stark von Kapillaren durchsetzten Bindegewebspapillen lassen das Blut durchschimmern. Blasses L. ist Zeichen von → Anämie, blaues von → Zirkulationsstörungen oder Unterkühlung. Der Übergang zur Gesichtshaut ist die Lippenrotgrenze, der Übergang zur Schleimhaut der → Lippensaum. [12]

Lippen|saum: Übergangszone vom Lippenrot zur Mundschleimhaut, die etwa 10 mm breite Verwachsungszone der embryonalen Mundspalte, die beim Neugeborenen zwecks besserer Saughaftung dicht mit Epithelzotten besetzt ist. Vgl. *Luschka-Pfaundler*-Lippenpolster. [12]

Lippen|schild: → Mundvorhofplatte. [5]

Lippen|spalte: Cheiloschisis, Labium fissum leporinum, Hasenlippe, Hasenscharte; angeborene Spaltung der Oberlippe in vertikaler Richtung, meist paramedian, links doppelt so häufig wie rechts (Abb. 1), sehr selten in der Mittellinie. Kann isoliert auftreten, häufiger aber in Verbindung mit Kieferspalte und → Gaumenspalte (Abb. 2). Diese Spaltformen treten auch doppelseitig auf (Abb. 3), so daß alle möglichen

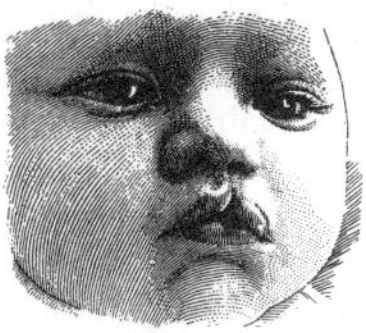

Abb. 1

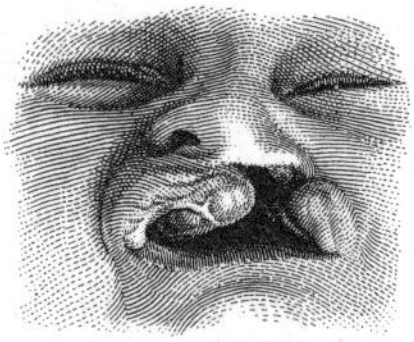

Abb. 2

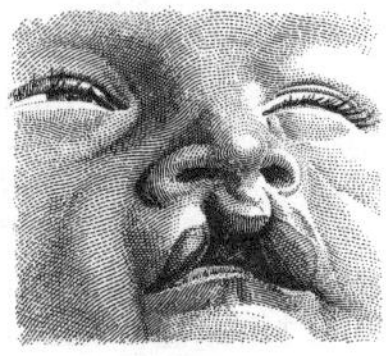

Abb. 3

Abb. 4 [48]

Kombinationen der Lippen-Kiefer-Gaumen-Spalten beobachtet werden. Die beidseitige durchgehende (totale) Lippen-Kiefer-Gaumen-Spaltung wird allgemein mit dem wenig schönen Namen Wolfsrachen bezeichnet (Abb. 4). Operativ kann die L. mit gutem funktionellen und kosmetischen Ergebnis geschlossen werden. Als Operationsverfahren werden heute meistens die Technik von *Millard* und der Wellenschnitt von *Pfeiffer* verwendet. In neuester Zeit setzt sich jedoch eine sorgfältige muskuläre Rekonstruktion auch der paranasalen mimischen Muskulatur durch. Dadurch Verbesserung des skelettalen Wachstums. Dies gilt für einseitige und doppelseitige Lippen-Kiefer-Gaumen-Spalten. Der operative Verschluß erfolgt im Alter von 3-6 Monaten. [3]

Lippen|treppe: Lagebeziehung beider Lippen zueinander, wobei das Vorspringen der einen gegenüber der anderen entweder eine prognathe (negative) oder progene (positive) L. ergibt, so daß sich aus der Profilbetrachtung im Verein mit der → Mundtangente wertvolle Rückschlüsse für die Bestimmung der vorliegenden → Gebißanomalie ziehen lassen. [5]

Lippen|wall: embryologische Anlage der Lippe. Durch Entstehung der Lippenfurche trennt sich der L. vom → Alveolarwall, in dem sich die Zahnleiste mit der Zahnanlage befindet. [30]

Liquidation f: zahnärztliche Honorarrechnung an den Patienten. Muß bei Privatpatienten den Voraussetzungen der → Gebührenordnung für Zahnärzte entsprechen, damit Vergütung fällig wird (§ 10 Abs. 1, 2 GO-Z). Hierzu muß sie enthalten: das Datum der Erbringung der Leistung, die Nummer und die Bezeichnung der einzelnen berechneten Leistungen einschließlich einer verständlichen Bezeichnung des behandelten Zahnes sowie den jeweiligen Betrag und den Steigerungssatz, bei Gebühren für stationäre privatzahnärztliche Leistungen den Minderungsbetrag nach § 7, bei Wegegeld den Betrag und die Berechnung, bei Ersatz von Auslagen den Betrag und die Art der einzelnen Auslage sowie Bezeichnung, Gewicht und Tagespreis verwendeter Legierungen, bei gesondert berechnungsfähigen Kosten Art, Menge und Preis verwendeter Materialien. [24]

Liquidus|kurve f: im Zustandsdiagramm die Kurve der beginnenden Erstarrung einer Metalllegierung. → Legierung. [4]

Liquisil®: organische Kieselsäureverbindung zur Verkieselung von Restkaries. [23]

Liquor (lat.) m: Flüssigkeit. [10]

Liquor cerebrospinalis (lat.) m: die in den Hirnhöhlen enthaltene, Gehirn und Rückenmark umspülende Flüssigkeit. [10]

Liquor|fistel f: Ausfluß von Liquor aus den Subarachnoidalräumen durch meist infolge Schädelbasisfraktur entstandenen Gang. [20]

LISL: Abk. für **l**aser**i**nduzierte **S**toßwellen**l**ithotripsie, Steinzertrümmerung (z.B. Speichelsteine) durch von kurzgepulsten Lasern auf photoakustischem Wege erzeugte Stoßwellen; vgl. Photodisruption. [31]

Lispeln: → Sigmatismus. [19]

lisso|motorisch: im Ggs. zu striomotor. Eigenschaft der motorischen Nervenfasern, die glatte Muskulatur (bzw. Drüsen) zu versorgen. L.e Fasern können sympathisch oder parasympathisch sein. Vgl. striomotorisch. [9]

Listeria (Joseph Lister, engl. Chir., *1827, † 1912) f: Gattung grampositiver, beweglicher, aerober Stäbchen. Wichtigste Art: L. monocytogenes, Erreger der Listeriose; bei Tieren weit verbreitet, geht relativ häufig auf den Menschen über, bei dem sie meist zu einer latenten Infektion führt. Vielgestaltiges Krankheitsbild. Therapie: → Ampicillin. [8]

Liter (gr.) m oder n: Abk. l, Hohlmaßeinheit, 1 l = 1 Kubikdezimeter = 0,001 Kubikmeter. 1 l entspricht dem Volumen von 1 kg Wasser bei 4 °C. [10]

Lithiasis (gr.) f: Steinleiden; Steinbildung in Niere (Nephrolithiasis), Harn-, Gallenblase (Cholezystolithiasis) und anderen Organen. In der Speicheldrüse Sialolithiasis, → Speichelstein. [32]

Lithium (gr.) n: chem. Element, Symbol Li, Ordnungszahl 3, Atomgewicht 6,941. Alkalimetall, das als Medikament zur Prophylaxe akuter Zustände im Rahmen bipolarer → affektiver Psychosen verwendet wird. Überdosierungszeichen:

Nystagmus, feinschlägiger Tremor. Neben der prophylaktischen Wirkung hat Li^+ in höherer Serumkonzentration auch eine antimanische Wirkung. Vgl. Psychopharmaka. 33

Litho|tripsie (gr.) f: → LISL. 31

Little-A|re|a (amerik. Arzt, *1836, † 1888) n: → Locus *Kiesselbachii.* 19

Little-Krankheit (William J. L., Chir., London, *1810, † 1894): zerebrale Kinderlähmung, Diplegia spastica infantilis. Erworbene Schwachsinnsformen, die verschieden stark ausgeprägt (Debilität bis Idiotie) mit Hemi- oder Diplegien und meist auch extrapyramidalen Syndromen einhergehen und als deren Ursache traumatische, infektiöse, toxische oder gefäßbedingte Hirnschädigungen vor, während oder nach der Geburt in Frage kommen. Häufig vergesellschaftet mit → *Jackson*-Anfällen. 34

livid (lat.): fahl, bläulich. 12

LJP: Abk. für **l**okalisierte **j**uvenile **P**arodontitis; Verlaufsform einer → Parodontitis marginalis profunda. Pathologisch-anatomisch der Parodontitis marginalis profunda vergleichbar, jedoch Beginn der Erkrankung in der Pubertät. Weibliches Geschlecht bevorzugt (70 bis 80%). Befallen werden nur Zähne der bleibenden Dentition, vorwiegend und zuerst die mittleren Inzisivi und ersten Molaren. In unbehandelten Fällen besteht die Tendenz zur Generalisation mit rapidem Verlust des Alveolarknochens. Ursprünglich als nicht entzündliche degenerative Erkrankung angesehen, heute als entzündliche Erkrankung anerkannt. Ätiologisch werden Immundefekte und/oder bakterielle Ursachen, vor allem gramnegative anaerobe Mikroorganismen, diskutiert. Therapie: systematische Parodontalbehandlung, u.U. gleichzeitig medikamentöse Allgemein- oder Lokaltherapie mit Antibiotika und Metronidazol. 6

lobär (gr.): einen Lappen (z.B. der Lunge) betreffend. → Lobus. 9

lobatus (lat.): gelappt, z.B. → Lingua lobata. 9

Lobstein-Krankheit (Johann F. L., Pathol., Straßburg, *1777, † 1835): → Osteogenesis imperfecta tarda. 2

Lobulus (gr.) m: Läppchen, z.B. L. auriculae: Ohrläppchen, Abb. → Auricula. Vgl. Lobus. 9

Lobus (gr.) m: Lappen, lappenförmiger Teil eines Organs. 9

Loch|fraß|korrosion f: Erscheinungsform der → Korrosion, die punktförmig auftritt und sich in die Tiefe des Werkstücks fortsetzt. Oft Ausgangspunkt der Korrosionsdauerbrüche, von Legierungsbestandteilen beeinflußt. Zur Beurteilung der Beständigkeit austenitischer Chrom-Nickel-Molybdän-Stähle gegenüber Lochfraß wird z.B. häufig die Wirksumme (Prozentzahl des Chromgehalts + 3x Prozentzahl des Molybdängehalts, z.B. 15% Cr + 3x3% Mo = 15+9 = 24) herangezogen, mit der das Lochfraßpotential linear ansteigt. 4

Loch|platte: → Prothese, skelettierte. 4

Loch|test m: → Agar-Diffusionstest. 8

Loch|zähne: → Diatorics. 4

Loch|zange: → Kofferdam. 1

Lock-Implantat® n: → Zylinderimplantat nach *Koch* mit eingelassenem Schwingstab als → Dämpfungselement. 18

Locus (lat.) m: Ort, Stelle. 19

Locus Kiesselbachii (Wilhelm K., Otorhinolaryngologe, Erlangen, *1839, † 1902) m: durch das Vorhandensein von Gefäßerweiterungen leicht blutende Schleimhautpartie am vordersten Teil der knorpeligen Nasenscheidewand. 19

Locus minoris resistentiae m: Ort geringeren Widerstandes; Stelle, die schädigenden Einflüssen gegenüber eine verminderte Widerstandsfähigkeit aufweist. 19

Löffel|abformung: Abformung von Kiefer und Zähnen mittels spezieller Löffel. 4

Löffler-Bakterien (Friedrich L., Bakt., Berlin, *1852, † 1915) f pl: → Diphtheriebakterien. 8

Löffler-Blutserumnährboden m: 3 Teile Rinder- oder Hammelserum, 1 Teil Bouillon, die 1 % Pepton, 1 % Traubenzucker und 0,5 % Kochsalz enthält. 8

Löffler-Geißelfärbung f: wäßrige Lösung von Tannin, Eisensulfat, alkoholische Fuchsinlösung. 8

Löfgren-Syndrom n: besondere Verlaufsform des *Boeck*-Sarkoids mit Lymphknotenschwellungen an beiden Lungenhili, Erythema nodosum, Polyarthritis. 34

Logan-Krone (Marshall L., amerik. Za., *1844, † 1885) (1884): Porzellan- oder Kunststoffkrone mit fest eingefügtem Wurzelstift (Abb.). 4

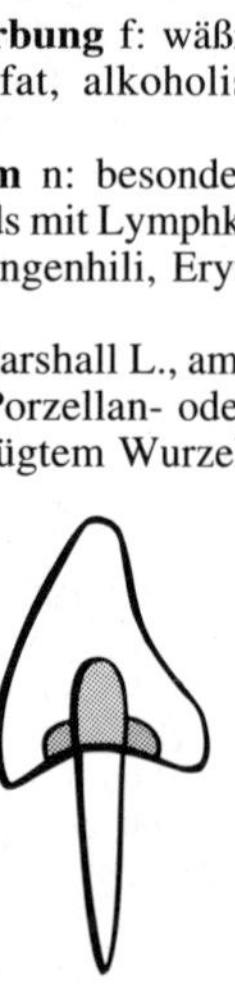

Logen (frz.) f pl: von Faszien eingeschlossene Räume. Sie enthalten Drüsen, Lymphknoten, Fett und Bindegewebe. In ihnen können sich dentogene, pyogene Infektionen ausbreiten. Vgl. Spalträume des Kopfes und Halses, Spatium. [9, 30]

Logo|pädie f: Sprecherziehung; Rehabilitation von Stimm- und Sprachstörungen mit pädagogischen, psychologischen und physikalischen Maßnahmen. [19]

Logo|pathie f: → Sprach- und Stimmstörungen. [3]

Logo|phobie f: erwartungsneurotische Redestörung, hervorgerufen durch subjektive Sprechfurcht mit Hemmungen der mitteilenden Rede. Man bezeichnet sie auch als Forme fruste des Stotterns, weil keine äußerlich erkennbare Störung der Rede, wohl aber die gleiche seelische Hemmung vorliegt. [19]

Logor|rhö f: Logorrhoe; ungesteuerte Redseligkeit, z.B. im Rahmen eines manischen Syndroms (→ Manie) oder eines hirnorganischen → Psychosyndroms. [33]

Lohn|fortzahlung: Anspruch auf Fortzahlung der Vergütung im Krankheitsfall für Angestellte nach § 616 BGB. Der Anspruch besteht, wenn den Arbeitnehmer an seiner Arbeitsunfähigkeit kein Verschulden trifft. Er kann vertraglich nicht ausgeschlossen oder beschränkt werden und ist auf 6 Wochen begrenzt. Zur Geltendmachung ist eine ordnungsgemäß ausgestellte ärztliche Bescheinigung erforderlich, die die tatsächliche Vermutung der Arbeitsunfähigkeit begründet. Zweifel an der Ordnungsmäßigkeit muß der Arbeitgeber darlegen. [24]

Lokal|anästhesie f: örtliche Betäubung; Ausschaltung der Schmerzempfindung in umschriebenem Bereich durch Applikation eines Lokalanästhetikums. Methoden: 1. → Oberflächenanästhesie; 2. → Infiltrationsanästhesie durch Einspritzung in das Operationsgebiet selbst oder Umspritzung desselben (→ *Hackenbruch*); 3. Leitungsanästhesie; 4. → Spinalanästhesie. [2]

Lokal|anästhetika n pl: Gruppenbez. für Substanzen zur lokalen Anästhesie (Oberflächen-, Infiltrations- und Leitungsanästhesie), die durch Bindung an Natrium-Kanäle die potentialabhängigen gating-Ströme unterbinden und dadurch die Bildung von Aktionspotentialen verhindern. Struktur- und -dosisabhängig haben L. darüber hinaus Affinität auch zu Kalium- und Kalzium-Kanälen sowie zu zahlreichen membranassoziierten Proteinen. Einteilung nach Struktur (Ester- und Säureamid-L.), Wirkungspotenz (schwach/mittel/stark), Schnelligkeit des Wirkungseintritts (schnell/langsam) sowie Wirkungsdauer (kurz/mittel/lang). Neben den physikal.-chem. Eigenschaften der L. bestimmen → Dosis, Gewebe-pH, Struktur und Aktivitätszustand der Nervenfaser, Vaskularisations- und Durchblutungsrate des Applikationsortes sowie die Applikationstechnik den anästhet. Effekt. Ursache eines Anästhesieversagens u.a. falsche Applikationstechnik (überwiegend), abnormer Nervenverlauf. Nebenwirkungen treten bei relativer oder absoluter Überdosierung an allen Strukturen auf, deren Erregungsvorgänge über die Öffnung von Natrium-Kanälen eingeleitet werden. Sensibilisierungsreaktionen sind bei L. vom Amid-Typ extrem selten. Gebräuchliche Präparate sind 1. L. mit Esterbindung: → Procain (Novocain®), → Tetrakain (Pantocain®); 2. L. mit Säureamidbindung: → Carticain (Ultracain®), → Lidocain (Xylocain®), → Mepivacain (Scandicain®), → Butazetoluid (Hostacain®), → Tolycainum (Baycain®), → Bupivacain (Carbostesin®, Meaverin®), Prilokain (Xylonest®). Zur Resorptionsverzögerung und Anämisierung des Operationsgebietes Zusätze von Vasokonstringenzien wie → Adrenalin, → Norepinephrin, → Felypressin. [2, 7]

Lokal|anästhetika-Intoxikation f: Die system. Toxizität der → Lokalanästhetika korreliert mit der anästhet. → Potenz. Vital bedrohlich sind die Wirkungen auf das zentrale Nervensystem und das Herz. Bei langsamem Konzentrationsanstieg treten initial durch Hemmung inhibitorischer Neurone Erregungserscheinungen auf (Unruhe, sensorische Halluzinationen, Krämpfe), die über eine generelle ZNS-Depression u.U. zum Atemstillstand führen. Am Herzen wirken Lokalanästhetika negativ chrono-, dromo-, bathmo- und inotrop u.U. bis zum Herzstillstand, am Gefäßsystem dilatierend. [7]

lokal|anästhetische Lösungen: galen. Darreichungsform für lokalanästhet. Substanzen. → Lokalanästhetika sind als Mono- oder mit vasokonstriktor. Zusätzen (→ Katecholamine, → Felypressin) als → Kombinationspräparate in Einmal- oder Mehrfachentnahmebehältnissen im Handel. Mehrfachentnahmeflaschen enthalten Methylparaben als Konservierungsmittel. Katecholaminhaltige l. L. enthalten darüber hinaus zur Stabilitätserhöhung der Katecholamine → Natriumhydrogensulfit. Da jede Einzelkomponente unter bestimmten Voraussetzungen Ursache eines Zwischenfalls sein kann, ist die Kenntnis der Zusammensetzung unabdingbar. [7]

Lokal|applikation f: örtliche Anwendung eines Wirkstoffes, z.B. von Fluorid (vgl. Fluoridprophylaxe). [15]

Lokal|element n: Korrosionselement (Korrosionspotential; → Korrosion), dessen wirksame

Elektrodenflächen sehr klein sind (Bruchteile eines mm). → *Daniell*-Element. [10]

Lokalisations|methode: Verfahren zur röntgenologischen Beurteilung der Lage von verlagerten Zähnen, überzähligen Zahngebilden oder Fremdkörpern: 1. Lagebestimmung anhand einer einzigen Aufnahme (filmnah gelegene Objekte sind schärfer gezeichnet und kleiner als filmfern liegende); 2. Aufnahmen in zwei Ebenen (z.B. → orthoradiale Projektion und → Aufbißaufnahme); 3. Aufnahmen mit → parallaktisch verschobenem Strahlengang. [14]

lokalisierte juvenile Par|odontitis f: → LJP. [6]

Long centric (engl.): Bewegungsausmaß in maximaler Interkuspidation zwischen retraler Kontaktposition und habitueller Okklusion. → Kontaktposition, retrale. [4]

Longitudinal|studie f: → prospektive Studie. [15]

Loop (engl.) m: Schlaufenbiegung im Drahtbogen der festsitzenden kieferorth. Behandlungstechniken (Abb. → Eckzahnzugfeder), mittels derer Zähne körperlich (achsengerecht) in den drei Ebenen des Raumes bewegt werden können. Viele Formen möglich. Vgl. Eckzahnzugfeder, Bodily movement. [5]

Looser-Umbau|zonen (Emil L., Chir., Zürich, *1877, † 1936) f pl: Auflockerungen der mineralischen Knochenstruktur (Bildung von → Osteoid) meist infolge alimentärer (Hunger-) Osteoporose. Neigung zu Spontanfrakturen. Bei symmetrischem Auftreten → *Milkman*-Syndrom. [2]

loph|odont: zygodont; Bez. für Zähne reiner Planzenfresser. Diese sog. Jochzähne haben breite Kronen, deren Höcker durch quer über die Kaufläche verlaufende, gerade Schmelzleisten (Joche) verbunden sind. [1, 30]

Lorazepam: 1,4-Benzodiazepin-Derivat (→ Benzodiazepine) mit schnellem Wirkungseintritt und einer → Eliminationshalbwertszeit (→ Halbwertszeit, terminale) von 8-13 h. Indikation in der Zhk. als → Anxiolytikum/→ Sedativum. [7]

Lordose (gr.) f: Rückgratverkrümmung nach vorn (ventral konvex). [20]

Lormetazepam: 1,4-Benzodiazepin-Derivat (→ Benzodiazepine), → Hypnotikum mit einer → Eliminationshalbwertszeit (→ Halbwertszeit, terminale) von 10-14 h. [7]

Löschung: Entlernen; dem Vergessen verwandte Rückbildung einer durch → Lernen erlangten → Verhaltensänderung, z.B. bei nicht wiederholter Assoziation von Reiz und Reaktion (nach klassischer → Konditionierung) oder bei Nachlassen einer belohnenden Verstärkerwirkung (nach operanter → Konditionierung). [13]

Löslichkeit: üblicherweise Angabe über die Wasserlöslichkeit, insbesondere von Füllungs- und Befestigungszementen. Von L. spricht man bei einem „in Lösunggehen“, das der Zusammensetzung des Zementes entspricht, andernfalls von Desintegration. Die Werte werden entweder pro Fläche oder pro Gewicht des Prüfkörpers angegeben. [4]

Lourie-Apparatur (Lloyd Steele L., Orthod., Chicago, *1877, † 1955) f: → Hochlabialbogen. [5]

Löwen|gesicht: Facies leontina; → Leontiasis ossea, → Lepra. [3]

LS-Duo|block m: von *Leger* und *Sörensen* entwickelter, geteilter → Aktivator zur Therapie von → Progenien und Mesialbißlagen. Ober- und Unterkieferanteil des Gerätes sind über paarige → Duoblockschrauben verbunden. Das Gerät schränkt den Zungenraum nur wenig ein. Man unterscheidet einen Typ I und einen Typ II. Beim Grundgerät (Typ I) sind Ober- und Unterkieferanteil vollständig getrennt, der Unterkiefer soll nach dorsal bewegt werden, die Oberkieferzähne nach ventral. Beim Typ II ist nur der anteriore Teil des Gerätes durchtrennt, er ist geeignet für Progenien mit → Neutralbiß. [5]

LSG: Abk. für **L**andes**s**ozial**g**ericht. [25]

Lubrifikation (lat.) f: das Gleitendmachen z.B. von Gelenkflächen durch die → Synovia. [9]

Luc-Caldwell-Operation (Henry L., Otolaryngol., Paris, *1855, † 1925; George W. C., Arzt, USA, *1834, † 1918) f: → Kieferhöhlenoperation. [2]

Lücken|gebiß: natürliches Gebiß mit fehlenden Zähnen. Klassifikation nach *E. Kennedy* 1928 (Abb.). Klasse I: Sättel beiderseits hinter den

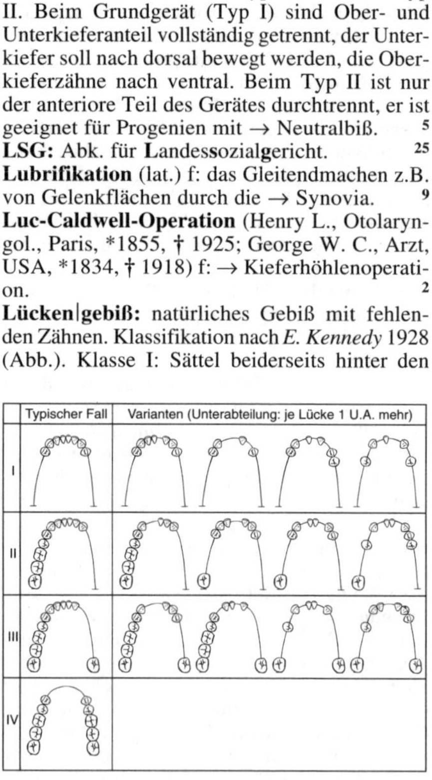

Lückengebiß (nach *Kennedy*)

Ankerzähnen; Klasse II: Sattel einseitig hinter den Ankerzähnen; Klasse III: Sattel einseitig, Ankerzähne mesial und distal; Klasse IV: Sattel vor den Ankerzähnen. Weitere Unterteilung des Lückengebisses nach *Wild, Vachuda-Lenk, Friedmann, Beckett, Eichner.* Letztere aufgrund des antagonistischen Kontaktes in den Stützzonen (Prämolarengebiet). [4]

Lücken|halter: kieferorth. Hilfsapparat in festsitzender oder abnehmbarer Form zur Verhinderung des Lückenschlusses nach vorzeitigem

Zahnverlust. Zu diesem Zweck werden in ein zementiertes Band entsprechend gebogene elastische Drahtschlaufen (Abb.) oder in eine Platte oder einen funktionskieferorth. Apparat Federelemente oder Werkstoffteile eingefügt. [5]

Ludwig-An|gina (Wilhelm von L., Chir. und Gyn., Stuttgart, *1790, † 1865) f: → Angina *Ludovici.* [19]

Luer-Spritze (Wülfing L., dtsch. Instrumentenmacher in Paris, † 1883): Injektionsspritze aus Glas mit eingeschliffenem Metallkolben. [2]

Luer-Zange: Hohlmeißelzange zum Abtragen von Knochenkanten (Abb.). [2]

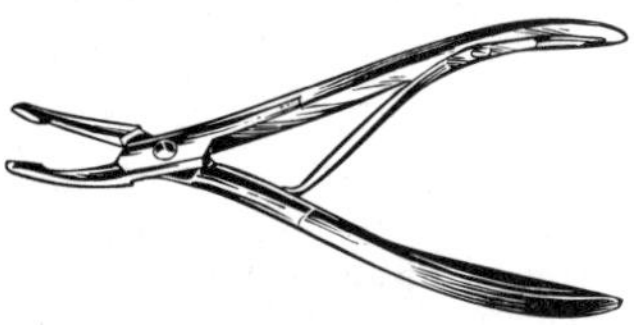

Lues (lat.) f: L. venerea; → Syphilis. [12]

Lues connata f: angeborene → Syphilis, wird von der syphiliskranken Mutter, die äußerlich keine Zeichen einer Lues aufzuweisen braucht, durch die Nabelschnur auf dem Blutwege auf den → Fetus übertragen. Die Infektion erfolgt nicht vor dem 5. Schwangerschaftsmonat. Klinische Zeichen: syphilitischer Schnupfen, Osteochondritis, Pseudoparalysen. Bei milderer Infektion kann das Kind bei der Geburt erscheinungsfrei sein und erst in späteren Jahren (L. contarda) Krankheitssymptome aufweisen, z.B. → *Hutchinson*-Trias. Die L. c. wird verhütet durch routinemäßige Untersuchung der Schwangeren auf Syphilis und durch routinemäßige antisyphilitische Behandlung während der 2. Hälfte jeder Schwangerschaft der Frauen, die früher syphilitisch infiziert waren, selbst wenn sie bereits mit ausreichenden Kuren behandelt worden sind. → *Parrot*-Furchen. [12]

Lues latens f: ungeheilte → Syphilis nach dem Verschwinden jeglicher Hauterscheinungen; durch positive Sero-Reaktionen auf Lues diagnostizierbar. Sind bereits innere Organe miterkrankt, liegt eine viszerale Lues (z.B. Mesaortitis luica) und bei Erkrankung des Zentralnervensystems eine Neurolues (→ Tabes dorsalis) vor. [12]

Lues tarda f: → Metalues. [12]

luetisch: luisch, syphilitisch. [12]

Luft|embolie f: Eindringen von Luft(Gas-)blasen in die Blutbahn durch Saugwirkung bei Schnitteröffnung herznaher Venen, bei Pneumothorax u.a. Bei größeren Mengen tödlich. [2]

Luft|not: → Dyspnoe. [16]

Luft|röhre: → Trachea. [9]

Lüftung, apikale: (*John Nutting Farrar,* Za., Brooklyn, 1876) nach Abklappung von Schleimhaut und Periost Trepanation des Alveolarknochens bis zur Erreichung der periapikalen Region (Abb.). Tamponstreifen für 2-3 Tage.

[53]

Bei chronischem periapikalem Prozeß, auch vorbeugend oder bei Reaktionen nach Wurzelfüllung. [1, 2]

luisch: syphilitisch. [12]

Lumbago (lat.) f: Hexenschuß, heftige Muskel- oder Nervenschmerzen in der Lendengegend mit Zwangshaltung. Spezielle Symptomatologie einer Lumbosakralneuralgie (Auswirkungsphänomen eines mononeuritischen Rheumatismus oder eines Bandscheibenprolapses (→ Bandscheibe) zwischen 4. und 5. Lendenwirbel oder 5. Lendenwirbel und 1. Sakralwirbel). Andere Ursachen: Wirbelkörpertumoren oder -metastasen, Wirbeltuberkulose. Symptome: messerstichartige Schmerzen der Lendenmuskulatur nach zufälligen Bewegungen oder einer Gewaltanstrengung, oft mit Ausstrahlung im zugehörigen Hautsegment. [34]

Lumbal|anästhesie f: → Spinalanästhesie. [2]

Lumbal|punktion f: Punktion des Duralsacks des Rückenmarks zur Entnahme von Zerebrospinalflüssigkeit zu diagnostischen und therapeutischen Zwecken. 20

Lumen (lat.) n sing, pl Lumina: die lichte Weite einer Röhre, einer Kanüle; auch Maßeinheit für Lichtstärke (lm), abgeleitete SI-Einheit. 1 Lumen = der Lichtstrom, den eine punktförmige Lichtquelle mit der Lichtstärke 1 Candela (Einheit der Lichtstärke) gleichmäßig nach allen Richtungen aussendet. 10

Lumin|effekt m: dient dem zwischen Naturzahn und künstlichen Zahn bestehenden Farbunterschied bei Tageslicht und künstlichem Licht. Gibt man den künstlichen Zähnen einen höheren Gehalt an Rot und einen Zusatz an grünfluoreszierender Farbe, so wird bei Tageslicht durch die ultravioletten Strahlen die grün fluoreszierende Farbe angeregt und ergibt mit dem Rotgehalt Weiß. Im künstlichen Licht fehlen die ultravioletten Strahlen fast vollkommen, so daß der Rotzusatz zur Wirkung kommt und demnach wie beim Naturzahn eine Rotverschiebung im Farbton auftritt. 4

Lumineszenz f: Aufleuchten von Stoffen durch unterschiedliche Arten der Anregung von Atomen, jedoch nicht durch Erwärmung. Durch Absorption von eingestrahlter Energie auf ein höheres Energieniveau gehoben, „springen" Elektronen unter Aussendung von Licht bestimmter Wellenlängen auf ihr ursprüngliches Energieniveau (Grundzustand) zurück. 10

Lunar|monat: 28-Tage-Monat, dem Phasenwechsel des Mondes und der weiblichen Periode entsprechend. 10

Lunge: Pulmo; paarig angelegtes Organ, das den größten Teil des Brustkorbes ausfüllt. Besteht aus einer Unzahl feinster Bläschen (Alveoli), in denen die sich immer weiter verzweigenden, die Atmungsluft herbeiführenden → Bronchien enden und durch deren Membran der Gasaustausch mit dem durch ein feines Kappilarnetz herangeführten venösen Blut stattfindet. Beide Lungen sind von je einem serösen Sack, der → Pleura, umhüllt; am Lungenhilus treten die Gefäße und die Bronchien in das Organ ein bzw. aus. Die Beatmung der Lungen erfolgt passiv durch die Thoraxmuskulatur. Steinstaublunge: → Silikose. 9

Lungen|embolie f: plötzlicher Verschluß kleinerer oder größerer pulmonalarterieller Gefäße. Bei manifester Ausprägung kann dies zum sofortigen → Herz-Kreislauf-Stillstand führen. 16

Lungen|emphysem n: → Emphysem; irreversibler Überblähungszustand der Lungen mit Erweiterung, Überdehnung und destruierenden Veränderungen der distal von terminalen Bronchiolen liegenden Abschnitte. Symptome: Faßthorax mit Fixation in Inspirationsstellung, große Zwischenrippenräume, tiefstehendes und wenig verschiebliches Zwerchfell, heller Klopfschall und leises Atemgeräusch, Vermehrung der Residualluft. Formen: 1. akutes funktionelles L. ohne Strukturveränderungen des Lungengewebes, z.B. bei Asthma bronchiale, Lobärpneumonie als kompensatorisches L. gesunder Lungenabschnitte. 2. sekundär-bronchostenotisches L. mit fortschreitender Lungenparenchymverödung bei chron. Bronchitis, gehäuften Asthmaanfällen. 3. primär-atrophisches L.: genuines, konstitutionelles L., Altersemphysem. Berufsschaden bei Glasbläsern, Blasmusikern. Komplikationen: rezidivierende oder chron. bakterielle Infektionen, Bronchopneumonien, → Cor pulmonale. 34

Lungen|entzündung: → Pneumonie, Bronchopneumonie. 34

Lungen|fell: → Pleura. 9

Lungen|kontusion f: Zerstörung von Lungengewebe oder Einblutungen in das Lungenparenchym infolge eines thorakalen Schlag- oder Stoßtraumas, das zu deutlichen Lungenfunktionsstörungen führen kann. 16

Lungen|krebs: → Bronchialkarzinom. 32

Lungen|kreis|lauf: → Blutkreislauf. 10

Lungen|ödem n: Flüssigkeitstranssudation in den Alveolarraum, klinisches Zeichen einer akuten Linksherzinsuffizienz. Akutes oder chronisches Pumpversagen des linken Ventrikels, z.B. infolge eines Myokardinfarktes, einer hypertonen Krise oder von Herzrhythmusstörungen. Durch den pulmonalvenösen Rückstau bedingt, füllen sich die Alveolen mit Plasma. Ein L. kann auch bedingt sein durch eine Permeabilitätsstörung der Lungenkapillaren (allergisch, toxisch). Die Klinik besteht aus → Atemnot, Angst und → Zyanose, schaumigem Sputum und auskultatorisch aus feinblasigen Raschelgeräuschen über der Brust. Akute Therapie: Hochlagern des Oberkörpers, Tieflagern der Beine, Sauerstoffgabe; sofortiger Ruf des → Notarztes. Weitere Maßnahmen: rasch wirksame Diuretika, Herzglykoside, Kalzium oder Prednisolon bis zu 500 mg i.v. Vgl. Herzinsuffizienz. 16, 20

Luniatschek-Tampon|stopfer (Friedrich L., Za., Breslau, *1879): schmales, doppelendig gegabeltes, spatelförmiges Instrument zum Einführen von Gazestreifen in Hohlräumen (Abb.). 2

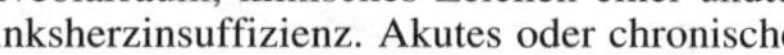

Lunker m: luftleerer Schwindungshohlraum, entsteht durch die mit der Erstarrung flüssiger Metalle verbundene Kontraktion. [4]

Lupen|aufnahme: fotografische Aufnahme, die mit einem → Lupenobjektiv angefertigt wurde und hinsichtlich des → Abbildungsmaßstabs zwischen Makroaufnahme und Mikroskopaufnahmen einzuordnen ist (1:1 bis 20:1). [17]

Lupen|objektiv n: insbesondere für den Lupenbereich (→ Abbildungsmaßstab 1:1 bis 20:1) konzipierte fotografische Objektive, die i.d.R. keine eigene Einstellfassung besitzen und daher in Kombination mit einem → Balgengerät verwendet werden. [17]

Lupus ery|thematodes m: → Erythematodes. [12]

Lupus pernio m: vorwiegend im Gesicht anzutreffende, frostbeulenartige lividrote Schwellungen (Infiltrate). → *Boeck*-Sarkoid. [12]

Lupus vulgaris m: Tuberculosis cutis luposa; häufigste Form der Hauttuberkulose, die meist durch hämatogene Streuung eines tuberkulösen Körperherdes entsteht und chron. über Jahrzehnte verlaufen kann. Nicht infektiös. Beginn mit rotbraunen, hirsekorngroßen Knötchen. Es sind dies Tuberkel (spezifisches Granulationsgewebe mit zahlreichen Epitheloidzellen), die zerfallen und unter Narbenbildung heilen. Auftreten bevorzugt im Gesicht, kann unbehandelt im Verlauf von Jahren zu schweren, entstellenden Defekten führen (Abb. a). Im Narbenbereich besteht die Gefahr bösartiger Hautkrebse (→ Spinaliome und → Sarkome). Die Schleimhäute, meist der Nase, sind zu 40% beteiligt. Nach Aussehen, Verhalten des Granulationsgewebes usw. werden verschiedene Untergruppen unterschieden (L. tumidus, planus, serpiginosus u.a.). In der Mundhöhle bevorzugt am äußeren Zahnfleisch in Gestalt von roten, glasigen Knötchen bzw. Granulationen, die weich und leicht verletzbar sind (Abb. b). Chemotherapie: Isonikotinsäurehydrazid, Streptomyzin, → p-Aminosalizylsäure, Rifampizin. [12]

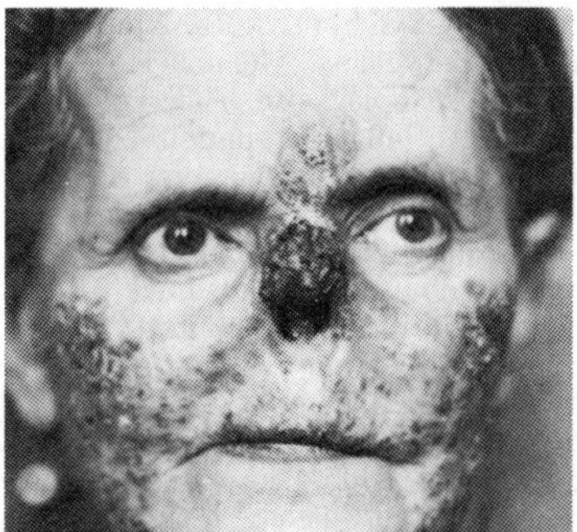

Abb. a: Lupus vulgaris mit partiell atrophischer Narbenbildung und spinozellulärer Entartung

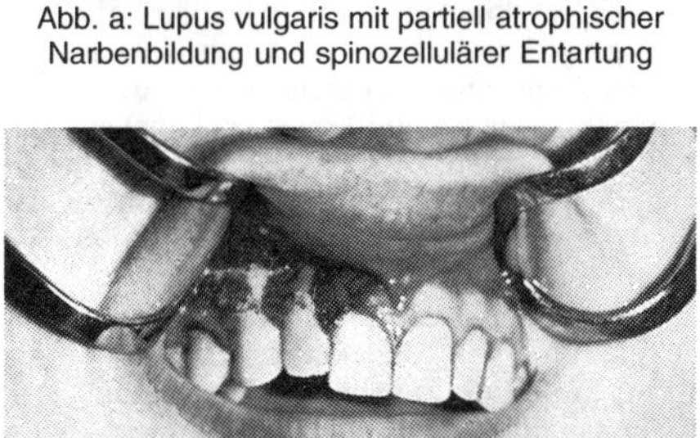

Abb. b: Lupus vulgaris am äußeren Zahnfleisch

Luschka-Pfaundler-Lippen|polster (Hubert von L., Anat., Tübingen, *1820, † 1875; Meinhard von P., Päd., München, *1872, † 1947): Lippenwulst beim Säugling zum Abdichten beim Saugen, durch radiäre Furchen unterteilt (Abb.). Vgl. *Robin-Magitot*-Falte. [2]

Luschka-Tasche (Hubert v. L., Anat., Tübingen, *1820, † 1875): → Bursa pharyngea. [2, 9]

luteo|tropes Hormon n: Abk. LTH; Prolaktin, Laktationshormon; hypophysäres Gonadotropin des HVL. Wirkungsmechanismen: Vorbereitung der Mammae zur Milchproduktion zusammen mit Somatotropin, Erhaltung der Progesteronbildung im → Corpus luteum. [10]

lutsch|offener Biß: unechter → offener Biß; Gebißanomalie infolge Fingerlutschens, meist im Milchgebiß, bei der die Frontzähne nicht die → Okklusionsebene erreichen, jedoch im Gegensatz zur → Lutschprotrusion keine Kippung nach labial zeigen. [5]

Lutsch|protrusion f: Gebißanomalie (→ Protrusion) gleicher Ursache wie der → lutschoffene Biß, nur liegt ein Überwiegen der sagittalen

Belastungskomponente vor, d.h., die Zähne weichen nach labial aus und stehen meist lückig. Tritt symmetrisch und asymmetrisch auf. Vgl. Daumenlutschen. 5

Lux (lat.) n: Abk. lx, Einheit der Beleuchtungsstärke. 1 lx ist die Helligkeit einer Fläche von 1 m^2, auf die senkrecht und gleichmäßig der Lichtstrom einer sogen. Hefnerkerze aus 1 m Entfernung fällt. 21

Luxation (lat.) f: Verrenkung, Verschiebung zweier durch Gelenk verbundener Knochen aus der normalen Stellung, in die sie von selbst nicht zurückkehren können. Kann auch angeboren sein. Bei der Kieferluxation tritt der Gelenkkopf mit einem knackenden Geräusch über das Tuberculum articulare des Schläfenbeins, so daß die Zahnreihen nicht geschlossen werden können und die Unterkiefermitte (bei einseitiger L.) nach der gesunden Seite verschoben ist. Bei beidseitiger L. keine Seitenabweichung. Einrenkung erfolgt durch kräftigen Druck beider Daumen auf die unteren seitlichen Zahnreihen nach unten hinten. Bei habitueller (gewohnheitsmäßiger L. tritt infolge überdehnter Gelenkkapsel der Gelenkkopf schon bei geringster Beanspruchung über den Gelenkhöcker, kenntlich durch „terminales Knacken" (Knacken am Ende der Öffnungsbewegung), doch gelingt stets eine spontane Wiedereinrenkung (Reposition). Bei der seltenen L. nach hinten tritt das Köpfchen unter den Gehörgang vor den Processus mastoideus. Die untere Zahnreihe liegt abnorm weit hinten, die Frontzähne berühren u.U. die Gaumenschleimhaut. Bei der zentralen L. wird das Köpfchen durch die Schädelbasis hindurch in die mittlere Schädelgrube getrieben. Vgl. Subluxation. 2

Luxations|fraktur f: Knochenbruch in Gelenknähe, bei dem das Gelenkende, z.B. das Kiefergelenksköpfchen, aus der Gelenkpfanne tritt. 2

Luxation von Zähnen f: gewaltsame Lageveränderung von Zähnen in der → Alveole, meistens traumat. bedingt. Führt zu Lockerung oder Verlust. Bes. Gefährdung bei oberen Frontzähnen. Therapie: Schienung, bei Verlust durch Trauma → Replantation. 1

Luxene-Verfahren: Heißpolymerisationsverfahren mit Druckanwendung für Kronen- und Brükkenverkleidungen mit einem Kopolymerisat von 86% Vinylchlorid und Vinylazetat sowie 14% Akrylat (→ PMMA). 4

luxieren: aus der Lage bringen, verrenken; auch für das Entfernen von Zähnen verwandt. 2

luxurians (lat.): wuchernd, sich übermäßig entwickelnd; z.B. → Callus luxurians. 32

Lycasin®: als → zahnschonend einzustufender → Zuckeraustauschstoff, aus Getreide oder Kartoffelstärke gewonnenes Mischhydrolysat aus Zuckeralkohol (→ Sorbit, → Maltit) und → Kohlenhydrate. L. ist weniger laxierend und süßer als Sorbit oder → Mannit. Es wird in der Süßwarenproduktion verwendet. 29

Lyell-Syndrom (Alan L., Dermat., Aberdeen) n: → Epidermolysis acuta toxica. 12

Lyme-Ar|thritis f: Infektion mit Borrelia *burgdorferi* durch Zeckenbiß, seltener durch Stechfliegen. Zunächst entwickelt sich ein Erythema chronicum migrans, dem sich neurologische Symptome zugesellen können, die durch eine große Variabilität ausgezeichnet sind. Daneben ist die Entwicklung einer Perikarditis und einer Myokarditis möglich. Die spätere Arthritis ist eine Monoligoarthritis der großen Gelenke, die → Akrodermatitis chronica atrophicans ist eine weitere Spätfolge. 12

Lymph|adenitis f: (→ Lymphe), entzündliche Lymphknotenschwellung, meist als Reaktion auf einen ablaufenden, unspezifischen bakteriellen (L. acuta non specifica) oder spezifischen Prozeß (L. specifica; z.B. bei Blastomykose, → *Boeck*-Sarkoid, Brucellose, Erythematodes visceralis, *Felty*-Syndrom, Katzenkratzkrankheit, Lymphopathia venerea, Mononucleosis infectiosa, Röteln, Toxoplasmose, Tuberkulose, Tularämie) im Abflußgebiet und in zuführenden Lymphgefäßen (→ Lymphangitis); akut (mit Rötung, Schwellung, Druckschmerz) oder chronisch (mit Hyperplasie, fibröser Induration). 32

Lymph|adenom n: allg. Ausdruck für Lymphknotenvergrößerung; → Lymphom. 32

Lymph|adenose f: alte Bez. für chronisch-lymphatische → Leukämie. 32

Lymph|adenosis cutis benigna f: (*Bäfverstedt*, 1943), Lymphozytom; aus lymphoretikulärem Gewebe aufgebaute Tumoren der Haut, die das Gesicht bevorzugt befallen. Spätfolge einer Infektion mit Borrelia *burgdorferi*. Es handelt sich um schmerzlose, unscharf begrenzte, einzelne oder gruppiert stehende bräunlich-blau-rötliche Knoten. Sie sind abzugrenzen von den meist symmetrischen Hautinfiltraten bei lymphatischer → Leukämie und den scharf begrenzten → eosinophilen Granulomen des Gesichts, auch der Mundschleimhaut. Spontane Rückbildung ist möglich. Therapie: Antibiotika. 12

Lymph|angi|ektasie f: krankhafte Lymphgefäßerweiterung; vgl. Angiektasie. 32

Lymph|angio|endo|theliom, malignes n: Lymphangiosarkom; seltener, bösartiger Tumor aus irregulären Lymphgefäßen, die von ein- oder mehrschichtigem atypischem Endothel ausgekleidet werden. Entsteht fast nur auf dem Boden einer chronischen Lymphstauung, bes. bei → Elephantiasis eines Armes nach Mastektomie bzw. Lymphadenektomie (*Stewart-Treves*-Syndrom). [32]

Lymph|angiom n: Lymphangioma; gutartiger Tumor aus Lymphgefäßen unterschiedlichen Kalibers mit regelrechtem Endothel. Oft kongenital und dann wahrscheinlich Ergebnis einer Fehlbildung in der frühen Entwicklungsphase des lymphatischen Systems. L.e sind wesentlich seltener als → Hämangiome und werden in jedem

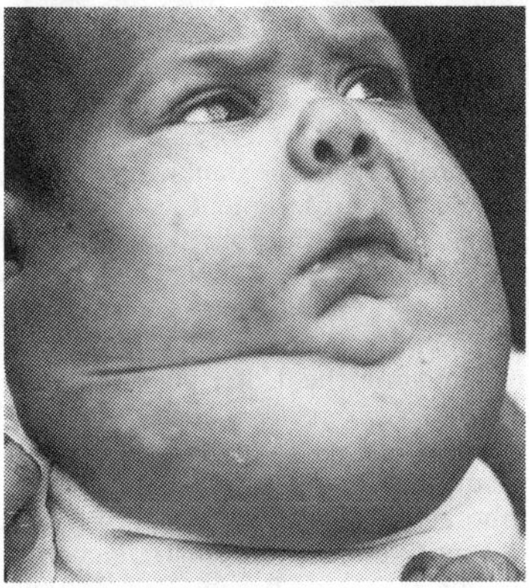

Hygroma colli

Alter, überwiegend jedoch bei Kindern beobachtet. Vorkommen bes. in der Haut des Kopfes, Thorax und der Extremitäten, jedoch auch in Mundschleimhaut, Zunge und im Darmtrakt. Die kavernösen (L. cavernosum) und zystischen (L. cysticum) Formen treten bes. am Hals (Hygroma colli; Abb.), im Mediastinum und Retroperitoneum auf, selten in anderen Organen. [32]

Lymph|angiosis carcinomatosa f: Ausbreitung eines malignen Tumors in den Lymphgefäßen, makroskopisch oft als feines grauweißes Maschenwerk sichtbar (z.B. auf der Pleura bei Bronchialkarzinomen). [32]

Lymph|angitis f: Lymphgefäßentzündung; im Hautbereich sichtbar als Schwellung und streifenförmige Rötung. Neben akuten Formen (L. simplex oder purulenta, z.B. bei infizierter Extremitätenwunde) auch chronische mit Überwiegen von Endothelwucherungen (Lymphangiopathia proliferans und Thrombolymphangitis productiva) und Wandverdickung (L. fibrosa obliterans, *Ormond*-Syndrom). [32]

lymphatisch (lat.): → adenoid; mit dem Lymphsystem in Beziehung stehend. [9]

lymphatischer Rachen|ring: → Rachenring, lymphatischer. [9]

Lymphe (lat.) f: die aus den Geweben nach Austausch der Stoffe aus den → Lymphspalten abfließende, in den Lymphgefäßen zentralwärts geleitete Gewebsflüssigkeit. [9]

Lymph|follikel m: Folliculus lymphaticus; kugelförmige Anhäufung von → Lymphozyten in allen Bildungsstadien mit netzförmigem Bindegewebe in lymphatischen Organen wie → Lymphknoten, → Tonsillen, Milz. Bildungsstätten von Lymphozyten und Abwehrstoffen. [9]

Lymph|knoten: Nodi lymphatici; früher als Lymphdrüsen bezeichnet; aus mehreren Follikeln zusammengesetzte Organe, die, im Verlauf

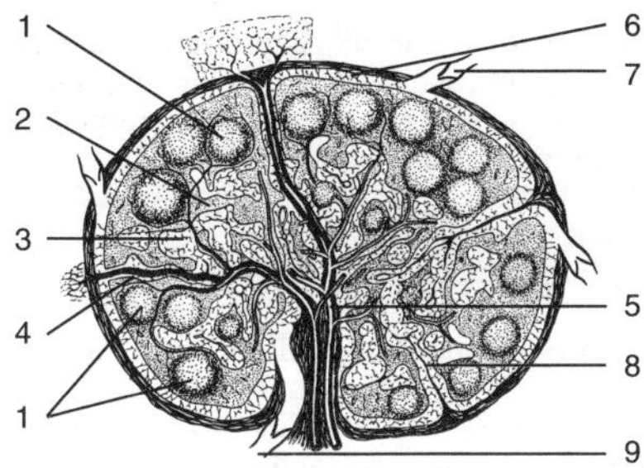

Abb. a: 1: Lymphfollikel; 2: Markstrang; 3: Marksinus; 4: Trabekel mit Vene; 5: Arterie; 6: Randsinus; 7: Vas afferens mit Klappe; 8: Intermediärsinus; 9: Vas etterens.

Abb. b: Oberflächliche Lymphknoten im Kopf-Hals-Bereich
1: Nodi lymphatici parotidei; 2: N. l. retroauriculares; 3: N. l. cervicales superficiales; 4: N. l. buccales; 5: N. l. mandibulares; 6: N. l. submentales; 7: N. l. submandibulares; 8: N. l. retropharyngei.

der Lymphgefäße eingeschaltet, als Filter für die Lymphe dienen und von ihnen neugebildete Lymphozyten an sie abgeben. Sie sind rund bis oval, 1-3 cm groß und bestehen aus netzartigem Bindegewebe, in welchem die Lymphozyten liegen, sind von einer bindegewebigen Kapsel umgeben und durch Trabekel unterteilt. Sie besitzen zahlreiche einmündende Gefäße (Vasa afferentia), aber nur ein herausführendes (Vas efferens) (Abb. a). In der Zhk. wichtig die submentalen L. für das Gebiet der unteren Frontzahn- und Sublingualgegend, die submandibulären L. für alle übrigen Zähne (Abb. b). Jeder von einem Zahn ausgehende entzündliche Prozeß beteiligt mehr oder weniger die zugehörigen Lymphknoten. [9]

Lympho|blasten m pl: Stammzellen der Lymphozyten mit relativ schmalem, hellbasophilem Zytoplasma und großem, rundem, grobretikulärem Kern. Vorkommen in Lymphknoten und Milz, vereinzelt auch im Knochenmark. Vgl. Lymphozytopoese. [32]

lymphogen: auf dem Lymphwege entstanden. [9]

Lymphogranuloma inguinale n: Lymphopathia venerea, Lymphogranuloma inguinale s. venerum (LGV); durch Chlamydia trachomatis (→ Chlamydia) verursachte Infektionskrankheit, häufig durch Geschlechtsverkehr übertragen. Primäraffekt als genitale Erosion mit Schwellung der inguinalen und iliakalen Lymphknoten zu derben Konglomeraten, die eitrig einschmelzen und perforieren. Später genitales Lymphödem. [8]

Lympho|granulomatose f: *Hodgkin*-Krankheit; maligne Erkrankung des lymphatischen Systems mit spezifisch histolog. Gewebsveränderungen (Granulationsgewebe aus *Sternberg*-Riesenzellen, Eosinophilen, Plasmazellen mit Zerstörung der Struktur). Ätiologie ungeklärt. Neue Einteilung in *Hodgkin*-Lymphome und Non-*Hodgkin*-Lymphome. Symptome: Beginn mit indolenten regional begrenzten, derben Lymphknotenschwellungen in der Regel am Hals; zunehmende Mattigkeit, Fieber, Alkoholschmerz in befallenen Lymphknoten, Pruritus (Frühzeichen!); dann fortschreitender Befall weiterer Lymphknotengruppen, Generalisation mit Milz- und Leberbefall, lokalisierter oder diffuser Knochenbefall. Therapie: → Zytostatika, → Strahlentherapie. [20]

Lymphom n: Sammelbegriff für ätiologisch unterschiedl. Lymphknotenvergrößerungen z.B. in der Submandibulargegend (Abb.): 1. benignes L. (entzündl.), z.B. bei → Monozytenangina,

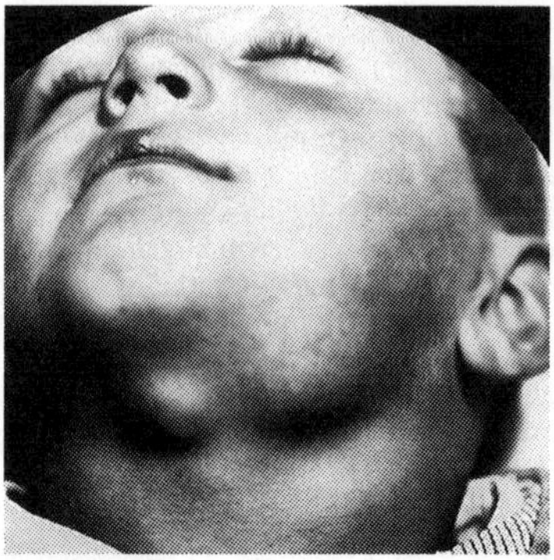

Toxoplasmose, Tuberkulose; 2. malignes L.: maligne proliferative Erkrankung des lymphatischen Systems. Maligne L.e zeichnen sich durch eine Vielfalt morphologischer Erscheinungsbilder aus. Grundsätzlich werden sie in *Hodgkin*- (→ Lymphogranulomatose) und → Non-*Hodgkin*-Lymphome unterteilt, die wiederum in zahlreiche Untertypen untergliedert werden. [12, 32]

Lympho|penie f: → Lymphozytopenie. [20]

Lympho|poese f: → Lymphozytopoese. [10]

Lympho|zyten m pl: kleinste, weiße Blutkörperchen mit rundem, chromatinreichem Kern und schmalem, stark basophilem Zytoplasma; machen ca. 25% der weißen Blutzellen im Blutbild aus. Vorkommen im peripheren Blut (1.000 bis 3.600/ml = ca. 1% aller L.), in lymphatischem Gewebe (ca. 70%; in Lymphknoten, Milz, Thymus, Tonsillen, *Peyer*-Plaques), im Knochenmark (ca. 10%) und in anderen Geweben (ca. 10-20%). Morphologisch unterschieden als kleine (<10 mm) und große L. (>10-15 mm); → Lymphozytentransformation. Als immunkompetente Zellen dienen L. der Immunität und besitzen die Fähigkeit zur spezifischen Reaktion auf ein Antigen. Funktionell werden unterschieden: T-Lymphozyten; sie entstehen aus hämatopoetischen Stammzellen des Knochenmarks; über die Blutbahn gelangen sie als sog. Vorläuferzellen in den Thymus, wo sie sich differenzieren und ihre immunologische Prägung erfahren. T-L. dienen der zellgebundenen Immunität, d.h. sie bilden an der Zelloberfläche Rezeptoren aus, die mit dem entspr. Antigen reagieren (zytotoxische T-Zellen, Killer-Zellen). Weiterhin unterscheidet man u.a.: T-Helferzellen (sie stimulieren nach Antigenkontakt die B-L. zur Antikörperproduktion) und T-Suppressor-Zellen (sie haben die Aufgabe, eine Immunantwort zu dämpfen, um eine Überreaktion zu verhindern). Memory- oder Gedächtniszellen speichern die Information über ein bestimmtes Antigen und führen bei erneutem Kontakt zur raschen Neubildung zytotox. L. B-Lymphozyten (vom sog. „Bursaäquivalent" abhängige oder „bone-marrow" abhängige L.) entwickeln sich ebenfalls aus hämatopoetischen Stammzellen des Knochenmarks, wo sie über mehrere Vorstufen ihre Ausreifung erfahren. Sie dienen der humoralen Abwehr, d.h. bei einem Antigenreiz differenzieren sie sich zu Plasmazellen, die Antikörper bilden und diese ins Blut oder ins Gewebe abgeben. Ferner Ausbildung von Memory-Zellen, die bei erneutem Kontakt (mit Hilfe von T-Helferzellen, Makrophagen, bzw. Retikulumzellen) aktiv werden und ihre gespeicherte Information an die B-Immunoblasten weitergeben (Keimzentrumsreaktion). [20, 32]

Lympho|zyten|transformation f: die Umwandlung kleiner, ruhender Lymphozyten zu großen, aktivierten Lymphoblasten (mit vermehrter Nukleinsäuresynthese und Mitosefähigkeit) durch spez. Transformationsauslöser (bei B-Lymphozyten z.B. spezifische Antigene, Antiimmunglobulin, Lipopolysaccharide; bei T-Lymphozyten z.B. Transplantationsantigene, Antilymphozytenserum (ALS), Phytohämagglutinin, Streptolysin-S). Als In-vitro-Test (LTT, LST) zum Nachweis sensibilisierter Lymphozyten bei zellvermittelter Immunität (z.B. Arneimittelallergie). [32]

Lymphozytom n: → Lymphadenosis cutis benigna. [12]

Lympho|zyto|penie f: Lymphozytenverminderung. Vorkommen: akute Kampfphase des Infekts, alle Streßsituationen, bei allen Formen der Nebennierenrindenhyperplasie, nach ACTH-, Kortikosteroid- und Zytostatikatherapie. Pathognomonisch bei Lymphogranulomatose, Lymphknotentuberkulose, Lymphosarkom, Masern. [20]

Lympho|zyto|poese f: Bildung der → Lymphozyten aus Vorstufen im lymphatischen Gewebe, den Lymphoblasten (lockerer Kern, hellbasophiles Protoplasma). Reifungsübergang in den großen jugendlichen bzw. jungen Lymphozyten (Abb.). Der reife kleine Lymphozyt (Erythrozytengröße, schmaler Protoplasmasaum, charakteristische dichte Kernstruktur) zeigt gelegentlich Azurgranulationen im Zytoplasmasaum der hellplasmatischen Zellen. [20]

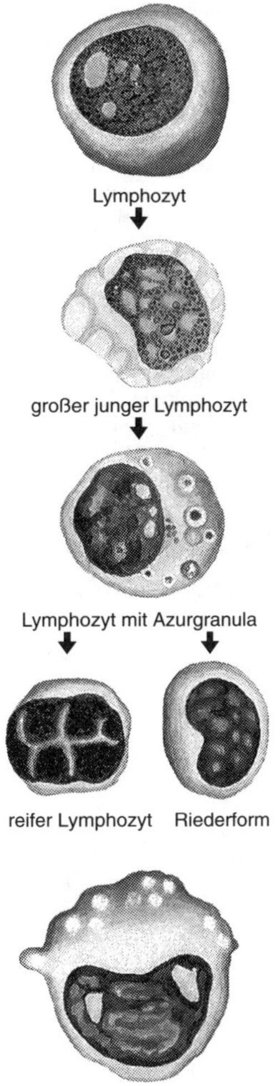

atypische Formen
(lymphoide Zellen)

Lympho|zytose f: Lymphozytenvermehrung. 1. Absolute L.: bei der chron. lymphatischen Leukämie und während der letzten Phase im Verlauf von Infektionen (lymphozytäre Heilphase) auftretende Lymphozytenvermehrung, auch bei chron. Infekten (sog. Fokalinfekten), rheumatischen Erkrankungen, akuten Infektionen (→ Keuchhusten, → Röteln, → Parotitis epidemica); 2. Relative L.: scheinbare Lymphozytenvermehrung infolge Verminderung der Granulozyten und daher auch der Gesamtleukozyten (→ Agranulozytose). 20

Lymph|spalten: spaltförmige Räume (Lücken) ohne eigene Wandungen im Bindegewebe und in Organen, die Gewebsflüssigkeit, Eiweißkörper und korpuskuläre Abbauprodukte der Zellen aufnehmen. L. münden in feinste Lymphgefäße (Lymphkapillaren) mit eigener Wandung ein, die sich in Lymphsammelgefäße fortsetzen. 10

lyo|phil: leicht löslich. 2

Lyo|philisation f: → Gefriertrocknung. 8

Lyo|philisierung (gr.) f: → Gefriertrocknung. 2

Lyra|kiefer: rachitische Spätfolge, → Omegakiefer. 5

Lysin n: zur Gruppe essentieller → Aminosäuren gehörig. Pathologie des L.-Stoffwechsels: Hyperlysinämie (hoher L.-Blutspiegel, vermehrte Ausscheidung im Urin) mit krisenhaften Oberbauchbeschwerden, Muskelhypotonie, Lethargie. Pathogenese: toxische L.-Wirkung bei gestörtem Umsatz. 34

Lysis f: allmählicher Abfall des Fiebers. Ggs.: → Krisis. 20

Lysozyme n pl: Hydrolase; von *Fleming* entdeckte Mukopolysaccharidasen im Nasenschleim u.a. Sekreten und Geweben, die vor allem grampositive Bakterien auflösen. Substrat ist das Mukopeptidmolekül (Murein) der Zellwand. 8

Lyssa (gr.) f: Tollwut, Rabies; Infektionskrankheit durch neurotropes Virus, übertragbar durch Biß tollwütiger Hunde, Füchse, Katzen, Eichhörnchen. Inkubation 1-6 Monate; Vorstadium mit Unruhe, Kopfschmerzen, plötzliches Exzitationsstadium mit schmerzhaften Krämpfen von Schlund- und Atemmuskulatur, Wasserscheu bei quälendem Durst, Erregungszustände, Fieber; dann meist tödliches Lähmungsstadium. Ursache: → Enzephalitis. Therapie: → *Pasteur*-Impfung noch in der Inkubationszeit; sonst therapeutisch nicht beeinflußbar. 34

lytisch: langsam abfallend, → Lysis. 20

lytische Mischung: nach *Laborit* „Coctail lytique", Gemisch aus zentral und vegetativ dämpfenden Mitteln (z.B. Pethidin-Chlorpromazin-Hydergin) zur Narkosevorbereitung. Vgl. Narkose, potenzierte. 2

M

M: Abkürzung für Molar (Mahlzahn). Vgl. Zahnformel. 30

M.: Abk. für Musculus, Muskel; pl Mm., Musculi. 9

Macula (lat.) f: Fleck, jede umschriebene, nicht erhabene Veränderung der Haut oder Schleimhaut. 10, 12

Macula adhaerens f: → Desmosom. 30

Macula lutea (lat.) f: Kurzbez. Makula; Sehfleck; in der Netzhaut des Auges (→ Augenhintergrund) gelegene Stelle des schärfsten Sehens. Vgl. Makuladegeneration. 10, 12

Madelung-Fetthals (Otto Wilh. M., Chir., Rostock, Göttingen, *1846, † 1926): multiple symmetrische Lipomatose; ausgedehnte symmetr. Lipomatose an Hals und Rücken, die dem Patienten ein stiernackenartiges Aussehen verleihen. Die multiplen Lipome haben keine Kapsel und können sich durch infiltratives Wachstum zwischen den Faszien ausdehnen und zu trachealer, laryngealer und mediastinaler Kompression führen. Ätiologie unklar; wird gehäuft bei Alkoholikern beobachtet. 32

Maden|würmer: → Oxyuris vermicularis. 8

Magen: Ventriculus; Erweiterung des Darmrohres in einer äußerst variablen, von Körperlage, Füllungszustand und Konstitution abhängigen Form, mit der Aufgabe, die Speisen aufzunehmen, zur Verdauung vorzubereiten und dann in den Darm abzugeben (Abb.). Bestehend aus einer muskulösen Wand, die innen mit Schleimhaut ausgekleidet, außen mit dem Bauchfell (Serosa) überzogen ist. Die Eintrittsstelle der Speiseröhre heißt Magenmund (→ Kardia), der von einem Ringmuskel umschnürte Übergang in den Darm Pförtner (→ Pylorus). Man unterscheidet den oberhalb der Kardia gelegenen Blindsack (Fundus), das eigentliche Corpus und die Pars pylorica. Rechts bildet der M. die konkave kleine, links die konvexe große Kurvatur. Er stellt ein Reservoir für Speisen dar, in welchem diese durch Magensäfte (Salzsäure, → Pepsin, → Labenzym) weiterhin aufgeschlossen und für den Verdauungsprozeß im Darm vorbereitet werden;

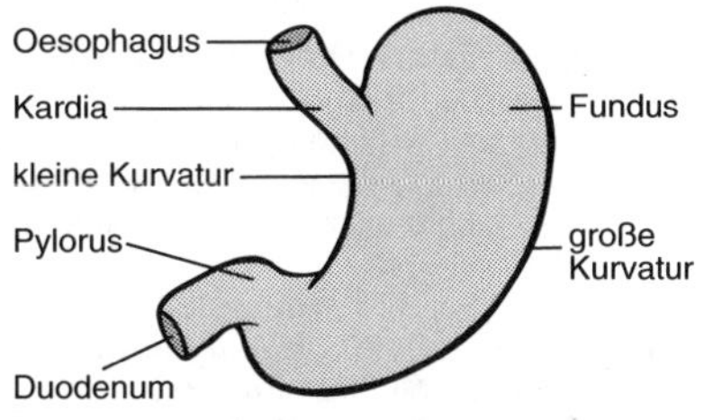

in diesen werden sie nach 6-8-stündiger Verweildauer abgegeben. 9

Magen|blutung: Blutung bei Eröffnung oder bei Andauung arterieller Gefäße durch stark sauren Magensaft bei progredientem Geschwürleiden, oft lebensbedrohlich durch rasches Absinken der Erythrozyten- und Hämoglobinwerte, Hypovolämie und → Schock. Auch in Form kleiner rezidivierender Sickerblutungen; Folge: sekundäre → Eisenmangelanämie. Vgl. Hämatemesis. 20

Magen|geschwür: Ulcus ventriculi; tiefgreifender Defekt der Magenschleimhaut. Pathogenese: vaskulärer, peptischer, entzündlicher Entstehungsmechanismus mit Ungleichgewicht zwischen aggressiven Faktoren (Schleimhaut schädigend) und defensiven Mechanismen (Mukosabarriere). Hauptsymptome: umschriebener krampfartiger Schmerz in Oberbauchmitte nach Nahrungsaufnahme. Diagnostik mittels Fieberendoskopie (→ Gastroskopie). Komplikationen: → Magenblutung, Magenperforation, Bildung narbiger Stenosen. Therapie: Ruhe, Antacida, Säureblocker, Diät (umstritten), häufig Spontanheilung. 20

Magen|karzinom n: Magenkrebs; häufigste Magengeschwulst. Schwierige Diagnostik durch schleichende Symptomatik: Appetitlosigkeit, Fleischabneigung, Magendruck, Gewichtsabnahme, okkultes Blut im Stuhl. → *Virchow*-Drüse. Diagnostik: Gastroskopie, Röntgenologie. Histolog. Szirrhus und Adenokarzinom. Die wechselnd rasche Metastasierung in regionäre Lymphknoten, Leber, Lunge setzt der Operation Grenzen, maligne Stenosierungen führen rasch zu → Kachexie. 20

Magen|katarrh m: → Gastritis. 20

Magen|mund: → Kardia, → Magen. 9

Magerkeit: Zustand mit Körpermasse 10-20% unter dem Idealgewicht. Wichtigste Ursachen: konstitutionelle Faktoren, Malabsorption, Stoffwechselkrankheiten (→ Diabetes mellitus, → Hyperthyreose, → *Addison*-Krankheit), maligne metastasierende Tumoren und → Hämoblastosen (Kachexie), chron. Infekte, chron. Vergiftungen (Arsen, Nikotin, Drogenmißbrauch). Vgl. Anorexia nervosa, Lipodystrophie. 20

Mager|sucht: Unterernährung infolge Nahrungsverweigerung bei Psychoneurosen und Psychosen (Selbstvernichtungstendenz, Suizidgefahr). Vgl. Anorexia nervosa. 20

Magill-Zange (Sir Ivan Whiteside M., Anästh., London, *1888, † 1986): *Magill*-Faßzange; Instrument zum manuellen Entfernen von → Fremdkörpern aus den → Atemwegen (Abb.). Besonders effektiv bei gleichzeitiger Nutzung eines → Laryngoskopes. Vgl. Aspiration. 2, 16

Magitot-Falte (Emilie M., Stomat., Paris, *1834, † 1897): → *Robin-Magitot*-Falte. 2

Ma|gnesium n: chem. Element, Symbol Mg, Atomgewicht 24,32. Silberglänzendes Metall. M. carbonicum: bas. Magnesiumkarbonat. Weißes, leichtes, kaum wasserlösliches Pulver. Antazidum. M. sulfuricum: Magnesiumsulfat, Bittersalz, $MgSO_4 \cdot 7\,H_2O$. Farblose, gut wasserlösliche Kristalle. Abführmittel. 34

Ma|gnet|implantate n pl: geschlossene Implantate zur Verbesserung des Haltes von Totalprothesen. Kleine Dauermagnete (meist aus einer Kobaltlegierung) werden gegenpolig in den Kiefer und in die Prothese eingebracht. Problematisch sind Korrosionserscheinungen und relativ geringe erzielbare Retentionskräfte. Vgl. Implantat, geschlossenes. 18

Ma|gnetis|mus: **1.** Fähigkeit gewisser Stoffe (z.B. Magnetit, Fe_3O_4), Eisen u.a. anzuziehen bzw. abzustoßen. **2.** Angebliche eigentümliche Kraft des Organismus, die, der magnetischen ähnlich, von einer Person auf die andere übertragbar sein soll (*Mesmer*) und daher zu „magnetischen Kuren“ angewandt wurde. In Wirklichkeit reines Suggestionsphänomen. 10

Ma|gnet|prothese f: Totalprothesen mit eingebauten Stabmagneten, wobei die Magnete im Ober- und Unterkieferseitenzahnbereich so angeordnet sind, daß sich die gleichnamigen Pole abstoßen. Dadurch werden die Prothesen gegen die Basis gedrückt und stabilisiert. Hat sich nicht bewährt. Magnete werden heute auch in die Basis von partiellen Prothesen und Deckprothesen eingebaut. Die Prothesenbasis lagert dann auf einem Anker (Steg, Wurzelkappe oder auch Implantat), in welchen ein gegenpoliger Magnet integriert ist. Durch die gegenseitige Anziehung der Magnete haftet die Prothese. 4

Mahl|zähne: → Dentes molares. 30

Mahnung: Aufforderung zur Leistung. Muß eindeutig und bestimmt sein. Beabsichtigte rechtliche Konsequenzen müssen angedroht werden. Eine M. hemmt die → Verjährung nicht. 24

MAK: Abk. für die **M**aximale **A**rbeitsplatz-**K**onzentration eines Schadstoffes in der Luft in mg/m³, die in den einzelnen Staaten noch verschieden hoch angesetzt wird. Wichtig in der Zhk. für Quecksilber: 0,1 mg/m^3. 4

Makro|alveolie f: Vergrößerung der Alveolarfortsätze (→ Alveole), evtl. verursacht durch Überdehnung bei → Makroglossie. 2

Makro|blasten m pl: → Erythropoese. 10, 20

Makro|blitz: speziell für die → Makrofotografie konstruiertes → Elektronenblitzgerät mit

Makroblitzgeräte der Fa. Olympus
1: Doppelseitenblitz; 2: Seitenblitz; 3: Ringblitz.

meist geringer → Leitzahl. Üblich sind TTL-gesteuerte Doppelseitenblitze und Sektorenblitze mit zwei oder vier Reflektoren, die einzeln oder in Kombination eingeschaltet werden können und damit die Beleuchtung ringblitzartig oder mehr gerichtet erscheinen lassen (Abb.). Vgl. Ringblitz. 17

Makro|cheilie f: Vergrößerung einer oder beider Lippen durch verschiedene Krankheiten: 1. vorwiegend als → Cheilitis granulomatosa (*Miescher*-Granulom), auch im Rahmen des → *Melkersson-Rosenthal*-Syndroms anzutreffen, ferner auch Hyperplasie einzelner Gewebsanteile, z.B. der Lippendrüsen (→ *Ascher*-Syndrom) oder rassisch bedingt bzw. hereditär; 2. bei akuten Entzündungen (→ Cheilitis, Rüssellippe); 3. bei chron. Entzündungen: → Syphilis, Tuberkulose (→ Skrofuloderm, → Lupus vulgaris), → Lepra, → Sklerom, rezidivierendes Erysipel, rezidivierender Herpes simplex; 4. bei gewächsartigen Prozessen: → Hämangiom, → Lymphangiom, bösartigen Gewächsen; 5. infolge von Einlagerungen in das Lippenparenchym: bei → Paramyloidose, → Lipoidproteinose, → Myxödem, bei hämorrhagischer Diathese, → Urtikaria, → *Quincke*-Ödem. [11]

Makrodontie f: Megalodontie; übermäßig große Zähne. Vgl. Dentalindex. [5]

Makro|foto|grafie f: Nahbereichsfotografie; Bereich der Fotografie mit → Abbildungsmaßstäben von etwa 1:10 bis 10:1. Die M. ist gekennzeichnet durch Probleme des Abbildungsmaßstabes, der → Schärfentiefe und der Beleuchtung, so daß bestimmte apparative Voraussetzungen erfüllt sein müssen, um zu Makroaufnahmen zu gelangen. Die → Dentalfotografie spielt sich weitgehend im Makrobereich ab. [17]

Makro|füller: → Komposit. [1]

Makro|genie f: auf Wachstumsstörung (Störung im innersekretorischen System) beruhende übermäßige Entwicklung des Untergesichts, z.B. bei → Akromegalie. [2]

Makro|glia f: Überbegriff für → Astrozyten und Oligodendrozyten (→ Oligodendroglia). [9]

Makroglobulinämie Waldenström f: monoklonale neoplastische Proliferation vorwiegend von Gewebsmastzellen. Klinik: allgemeine uncharakteristische Symptomatik mit Anämie, geringen Knochenschmerzen, Hepato-Splenomegalie, Lymphomen. [34]

Makro|glossie f: Vergrößerung der Zunge, 1. entzündlich: Abszeß, Phlegmone, Kontaktallergie, Insektenstich, → *Quincke*-Ödem, → Aktinomykose, → Glossitis granulomatosa, Glossitis interstitialis syphilitica, Soor, lepromatöse Lepra, Sklerom; 2. dysplastisch: → Neurofibromatose, konnatal ggf. einseitig; 3. durch Einlagerungen: → Paramyloidose, Hyalinosis cutis et mucosae (→ Lipoidproteinose); 4. angiomatös: Lymph- bzw. Hämangiome; 5. endokrin: → Akromegalie und → Myxödem. Relative M.: Zungenvorfall durch Muskelhypotonie (z.B. bei *Down*-Syndrom). [11]

Makro|glossie, relative f: in der → orofazialen Regulationstherapie gebräuchliche Bezeichnung für einen hypotonen Zungenkörper, der eine echte → Makroglossie nur vortäuscht. [3]

Makro|gnathie f: übermäßig großer Oberkieferkörper, nicht gleichzusetzen mit → Prognathie. Vgl. Megalognathie. [5]

Makro|konverter m: fotografisches Zwischenobjektiv, das wie ein → Telekonverter verwendet wird, allerdings über einen eigenen Schneckengang verfügt, der eine stufenlose → Auszugsverlängerung ermöglicht. Geeignet für die Kombination mit → Makroobjektiven und Normalobjektiven. [17]

Makrolid-Antibiotika n pl: Bez. für makrozykl. Verbindungen mit Lakton-Gruppierung und seltenen Zuckern und/oder Aminozuckern in glykosid. Bindung wie z.B. Amphotericin B, Azithromycin, Clarithromycin, Dirithromycin, → Erythromycin, Flurithromycin, → Josamycin, Spiramycin, Ropatamycin, Roxithromycin u.a. [7]

Makro|melie f: Riesenwuchs, auch Bez. für eine angeborene (selten erworbene) Verdickung und Vergrößerung der Wange durch Lymphangiom bzw. Lymphstauung. Vgl. Makropareiie. [3]

makro|molekular: → hochmolekular. [23]

Makro|objektiv n: fotografisches Objektiv, das für den Nahbereich konstruiert und korrigiert ist. Konstruktiv unterscheidet es sich von Normalobjektiven vor allem durch eine extreme Auszugsfähigkeit (doppelter Schneckengang), wodurch die Bildweite und damit der → Abbildungsmaßstab vergrößert werden können. Daneben sind M.e speziell bezüglich der für den Nahbereich spezifischen Bildfehler korrigiert, in der Regel durch Verwendung beweglicher Linsenelemente (Floating elements). Gängige → Brennweiten von M.en sind 50, 60 und 100 mm. Abbildungsmaßstäbe von 1:2 bzw. 1:1 sind ohne weitere Hilfsmittel zu erzielen. → Medical-Objektive sind Makroobjektive mit integriertem Ringblitz. [17]

Makro|parei|ie f: Bucca lobata, rezidivierende Schwellung der Wange, Symptom des → *Melkersson-Rosenthal*-Syndroms. [2, 11]

Makro|phagen m pl: phagozytierende, unregelmäßig geformte Zellen, die in vielen Erscheinungsbildern im gesamten Körper vorkommen. Im Blut → Monozyten genannt. Funktionell gekennzeichnet durch: 1. → Phagozytose und intrazellulären Abbau fremden Materials; 2. Beteiligung an der Immunreaktion durch Kooperation mit Lymphozyten (Antigenpräsentation); 3. Absonderung vieler biologisch aktiver Substanzen wie lysosomale Enzyme, Plasminogenaktivator (→ Plasmin), → Komplement-Komponenten, → Interferon, → Lysozym, Prostaglandin, → Lymphozyten stimulierende Faktoren; 4. aktiv als unspezifische zytotoxische Zellen gegen intrazelluläre Parasiten sowie in der Tumorabwehr. Abb. → Leukopoese. 9

Makro|plasie f: übermäßige Entwicklung von Körperteilen. 3

Makro|prosopie f: übermäßige Entwicklung des Gesichts. 3

makro|skopisch: mit bloßem Auge (ohne Vergrößerung) sichtbar. Gegensatz: mikroskopisch. 9

Makro|somie f: allgemeiner Riesenwuchs. 3

Makro|stomie f: angeborene Verbreiterung der Mundöffnung, meist liegt eine einseitige quere → Gesichtsspalte vor, seltener eine doppelseitige. 3

Makro|tisch: Vorrichtung für die → Makrofotografie kleiner Objekte. Objektauflageplatte und höhenverstellbare Kamerahalterung bilden mit der Kamera eine funktionelle Einheit, wobei allerdings auch die Aufnahmerichtung der Kamera vorgegeben ist. → Objekttisch. 17

Makro|zephalie f: anomale Vergrößerung des Kopfumfanges und der Schädelkapazität. 3

Ma|krulie f: Verdickung des Zahnfleisches, z.B. bei → Fibromatosis gingivae, → Gingivitis hyperplastica, → Hämangiom, → Plasmozytom, → Lymphangiom und symmetrischer Fibromatose (→ Fibromatose, symmetrische). 11

Makuladegeneration f: eine zu schweren Sehstörungen führende Entartung des Sehflecks in sklerotischer oder exsudativer Form. 20

Mala (lat.) f: die Wange. 9

malakotische Zähne: weiche, kariesanfällige Zähne. Vgl. Malazie. 1

Malaria|plasmodien n pl: (*Laveran*, 1880) Erreger der Malaria, gehören zur Hämosporidiengruppe der Sporozoen, leben in Gewebezellen und roten Blutkörperchen von Menschen und Wirbeltieren. M. machen Generations- und Wirtswechsel durch. Ungeschlechtliche Vermehrung im Menschen (Schizogonie) zuerst in Leberzellen, dann in Erythrozyten; geschlechtliche Vermehrung nach Vereinigung der (männlichen) Mikro- und (weiblichen) Makrogameten zur Zygote in der Anophelesmücke (Sporogonie). Diese infizieren und werden beim Stich infiziert. 8

Malassez-Epithel|reste (Louis Charles M., Chir. und Pathol., Paris, *1862, † 1910): Débris épithéliaux paradentaires de *Malassez*; 1885 von *Malassez* beschriebene Epithelzellen im Parodontalligament, die der zerfallenen → Epithelscheide entstammen und, ausgelöst durch den Reiz einer chronischen Entzündung (Parodontitis apicalis chronica), zur Bildung radikulärer → Zysten führen können. 30

Malazie (gr.) f: Malacia; pathol. Erweichung eines Gewebes oder Organs, z.B. Chondromalazie, → Osteomalazie. 32

Mal de Meleda n: → Meleda-Krankheit. 12

Mal|digestion f: gestörter Verdauungsablauf infolge fehlerhafter enzymatischer Spaltung oder unzureichender mechanischer Zerkleinerung. Vgl. Laxantienabusus, Bulimia nervosa. 27

Mal|formation f: → Mißbildung. 3

maligne (lat.): malignus; bösartig; Ggs. → benigne. M.s Ödem: → Gasödem. 32

malignes Lymphom n: 1. *Hodgkin*-Lymphom: von den T-Lymphozyten ausgehende Neubildung. Histol. Klassifikation nach Malignitätsgrad mit zunehmend schlechterer Prognose: lymphozytenreich, noduläre Sklerose, Mischtyp, lymphozytenarm. Stadieneinteilung: Stadium I: Befall einer Lymphknotenregion; Stadium II: Befall mehrerer Lymphknotenregionen auf einer Seite des Zwerchfells; Stadium III: Befall beiderseits des Zwerchfells; Stadium IV: diffuser Befall extralymphatischer Organe mit und ohne Lymphknoten. Therapie: Bestrahlung, Chemotherapie. Prognose: Heilungsrate im Stadium I bis 100%, in den Stadien II und III 50-70%, im Stadium IV 40%. 2. Non-*Hodgkin*-Lymphom: Neubildung überwiegend der B-Lymphozyten. Histol. Klassifikation nach Malignitätsgrad (Kieler Klassifikation) mit zunehmend schlechterer Prognose: lymphozytisch, lymphoplasmozytoid, zentrozytisch-zentroblastisch, zentrozytisch, zentroblastisch, immunoblastisch und lymphoblastisch. Stadieneinteilung wie beim *Hodgkin*-Lymphom (s.o.). Therapie: Bestrahlung, meist zytostatisch. Prognose: Heilungsrate auch bei hochmalignen Lymphomen im Stadium I 70%, in den Stadien II und III 30-40%, im Stadium IV unter 20%. 19

Malignität f: Bösartigkeit; die Neigung eines Krankheitsprozesses fortzuschreiten, zerstörend zu wirken und zum Tode zu führen; meist bei Tumoren gebraucht. Histol.-zytolog. Charakteristika der M. von Geschwülsten: schnelles, destruktives und infiltratives Wachstum, Rezidive und Fernmetastasen, Zell- und Kernpolymorphie und -hyperchromasie, vermehrte und patholog. Mitosen, veränderte Kern-Zytoplasma-Relation zugunsten des Zellkernes. 32

Malignom n: maligne, d.h. Zeichen der → Malignität aufweisende Geschwulst. 32

Malleomyces mallei: (*Löffler* und *Schütz*, Berlin, 1882) m: → Pseudomonas. [8]
Malleus (lat.) m: **1.** anat. Hammer, eines der drei → Gehörknöchelchen. **2.** → Zoonose; Rotz, seltene, vom Pferd auf den Menschen übertragbare Infektionskrankheit. Erreger: → Pseudomonas, Inkubationszeit 3-5 Tage. a) akute Verlaufsform unter hohem Fieber mit pustulösem → Exanthem, rasch zum Tode führend; b) chronische, schleichende Verlaufsform führt hämatogen oft erst nach Jahren zu Rotzknoten an Haut und Schleimhaut (Mund), die zu tuberkulose- oder syphilisähnlichen Geschwüren zerfallen, so daß schwere, tödliche Zerstörungen an Gaumen und Nase entstehen. [9, 12]
Mal|okklusion f: Dysokklusion; fehlerhafte Schlußbißstellung. Vgl. Okklusion. [5]
Malpighi-Körperchen (Marcello M., ital. Anat., Pisa, *1628, † 1694): **1.** Folliculi lymphatici lienales, Lymphfollikel der → Milz, Bildungsstätten für → Lymphozyten und Abwehrstoffe. **2.** Corpuscula renis, → Nierenkörperchen. [9]
Mal|position f: Falschstand, z.B. eines Zahnes. [5]
Malta|fieber: Mittelmeerfieber. 2-3 Wochen anhaltendes Fieber von wellenförmigem Verlauf mit neuralgiformen Schmerzen, Arthritiden u.a. Erreger: Brucella melitensis, in warmen Zonen durch den Genuß ungekochter Ziegenmilch übertragen. [8]
Maltase f: α-Glukosidase; ein disaccharidspaltendes Enzym, das → Maltose angreift. Vorkommen im Darm. [23]
Maltit n: Süßstoff (→ Zuckeraustauschstoffe) aus der Gruppe der Polyalkohole, Süßungsgrad: 0,7; durch Hydrierung von → Maltose hergestellt, geringe kariesprophylaktische Bedeutung. Vgl. Lycasin®. [15, 29]
Maltose f: Malzzucker, ein aus zwei Molekülen → Glukose bestehendes Oligosaccharid (→ Kohlenhydrate). Endprodukt des enzymatischen Abbaus (→ Amylasen) von → Amylum. Wird durch → Maltase zu Glukose gespalten. [23]
Malum (lat.) n: Übel, Krankheit. Vgl. Mal de Meleda. [20]
Malz: Durch künstliches Keimen und Trocknen von Gerste gewonnenes Produkt. [23]
Malz|zucker: → Maltose. [23]
Mamilla (lat.) f: Brustwarze. [9]
Mandanten|fähigkeit: Fähigkeit eines EDV-Systems, beim Einsatz in der Gruppenpraxis oder bei der Benutzung durch mehrere Praxen zwischen den einzelnen Mandanten (= Arztpraxen) unterscheiden zu können. [26]
Mandel: → Tonsilla; meistens gemeint die Tonsilla palatina. [9, 19]
Mandel|entzündung: → Tonsillitis. [9, 19]
Mandel|pfröpfe: hellgelbliche fötide Massen in den Krypten der Gaumentonsillen, bestehen aus Leukozyten, Epithelzellen und Bakterien. [9, 19]
Mandibula (lat.) f: Unterkiefer, bestehend aus dem zahntragenden Unterkieferkörper (Corpus mandibulae) und den beiden aufsteigenden Ästen (Ramus m.) (Abb.). Embryolog.: → *Meckel*-Knorpel, → Dentale. [9]

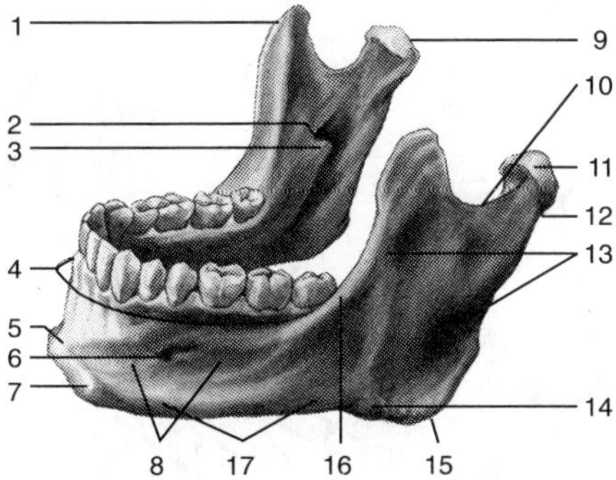

1: Processus coronoideus; 2: Foramen mandibulae; 3: Lingula; 4: Pars alveolaris; 5: Protuberantia mentalis; 6: Foramen mentale; 7: Tuberculum mentale; 8: Corpus mand.; 9: Processus condylaris; 10: Incisura mandibulae; 11: Caput. mand.; 12: Collum; 13: Ramus mandibulae (aufsteigender Ast); 14: Tuberositas masseterica (Masseteransatz); 15: Angulus mand.; 16: Linea obliqua; 17: Basis.

Mandibula|hypo|plasie f: → Mikrogenie. [5]
Mandibular|anästhesie f: Leitungsanästhesie des Unterkiefers durch Unterbrechung der N. alveolaris inferior an seiner Eintrittsstelle in

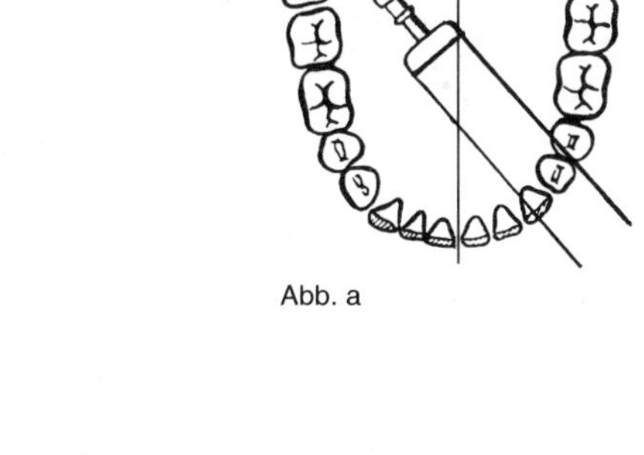

Abb. a

den Mandibularkanal. Hier am Foramen mandibulae, an der medialen Fläche des aufsteigenden Unterkieferastes, wird das Lokalanästhetikum deponiert (Abb. a, S. 461). Bei Kieferklemme extra- oder intraorales Vorgehen. Extraoral: etwa 1 cm von dem Kieferwinkel eingehend wird die Kanüle parallel dem hinteren Rand des aufsteigenden Astes 4-4,5 cm nach oben geführt (Abb. b). Intraoral: durch Einführen einer 10 cm langen Kanüle in

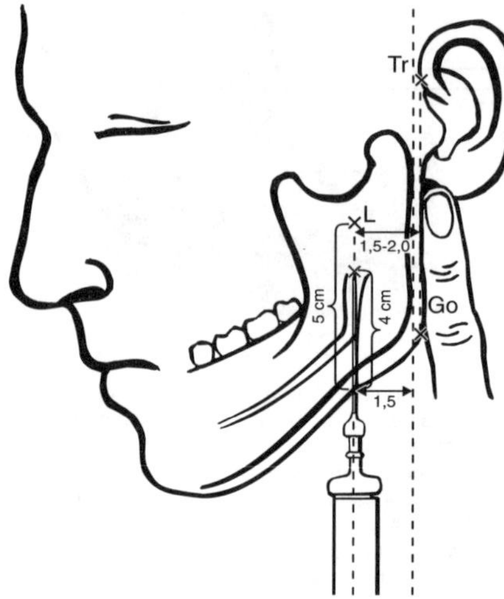

Abb. b: Extraorales Vorgehen bei Kieferklemme

Höhe und Richtung des oberen bukkalen Zahnfleischrandes (Abb. c). Bei Kindern ändert sich durch Wachstumsvorgänge die Lage des → Foramen mandibulae. Dieses liegt auf einer

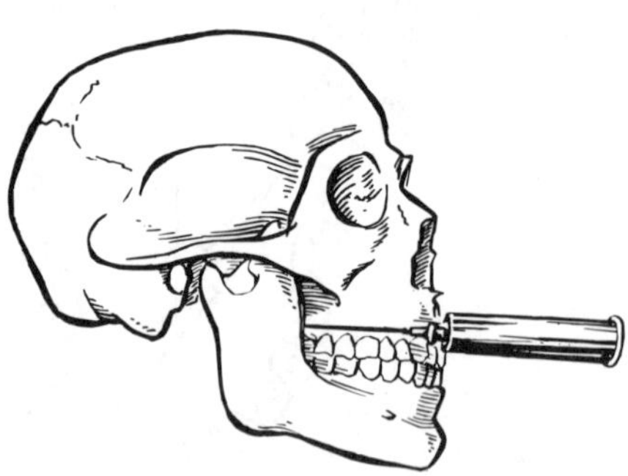

Abb. c: Intraorales Vorgehen bei Kieferklemme

durch die schmalste Stelle des Ramus horizontal verlaufenden Geraden 2/3 dorsalwärts von der anterioren Konkavität unterhalb der → Okklusionsebene der Milchzähne. Der Einstich ist deshalb etwas tiefer und distaler als bei Erwachsenen vorzunehmen. [2, 29]

Mandibular|bogen: Arcus mandibularis; unterer Fortsatz des 1. → Kiemenbogens. Vgl. *Meckel*-Knorpel. [9, 22]

mandibularis (lat.): zum Unterkiefer gehörig. Auch substantiv. Kurzbezeichnung für → Mandibularanästhesie. [9]

Mandibular|knorpel: → *Meckel*-Knorpel. [9]

Mandibular plain (engl.) f: → Unterkiefergrundebene. [5]

Mandibular|verschiebung: Unterkieferverlagerung, meist bei hälftenungleicher Bißlage, → Zwangsbiß und → Kreuzbiß. Vgl. Lateralbiß, Laterognathie. [5]

Mandrel (engl.) m: Spindel für Hand- oder Winkelstück der Bohrmaschine, auf die ein → Schleifkörper oder eine Schleifscheibe aufgeschraubt wird (Abb.). [4]

Mandrin m: Draht, der in die Kanüle gesteckt wird. [2]

Mangan (gr.) n: metallisches Element, Symbol Mn, Ordnungszahl 25, Atomgewicht 54,93. M.-superoxid: Braunstein, MnO_2, Manganvergiftung verursacht u.a. Speichelfluß, Zahnlockerung. [23]

Mangel: Begriff des Gewährleistungsrechts des Werkvertrages (§§ 631 ff. BGB). Wird relevant im Verhältnis zum Zahntechniker, aber auch bei Kaufverträgen gegenüber dem Dental-Depot. Liegt ein M. vor, kann Beseitigung des M.s (Nachbesserung, § 633 Abs. 2 BGB) verlangt werden. Ein M. liegt vor, wenn das Werk mit einem Fehler behaftet ist, der seinen Wert und seine Gebrauchsfähigkeit herabsetzt. Die Beweislast liegt beim Zahnarzt. Es besteht kein Anspruch, wenn Beseitigung des M.s objektiv unmöglich ist. Kommt der Beauftragte in Verzug oder ist es dem Zahnarzt nicht zuzumuten, die Nachbesserung bei ihm ausführen zu lassen, kann er den M. selbst beseitigen lassen und Ersatz der erforderlichen Aufwendungen verlangen. Ist eine für die Nachbesserung gesetzte Frist abgelaufen, kann Rückgängigmachung des Vertrages (Wandelung) oder Herabsetzung der Vergütung (Minderung) verlangt werden. Dies kann auch ohne Fristsetzung erfolgen, wenn die Beseitigung des M.s von vornherein verweigert wird oder unter unzumutbaren Bedingungen erfolgen soll, das Vorliegen des M.s bestritten wird oder das Vertrauen des Zahnarztes auf ordnungsgemäße Durchführung der Nachbesserung erschüttert ist. Statt Wandelung oder Minderung kann Schadensersatz wegen Nichterfüllung verlangt werden (§ 635 BGB), wenn der M. auf einem Verschulden beruht. Der Schaden kann in den Kosten bestehen, die bei der eigenen Mängelbeseitigung aufgewandt worden sind. Ein Mitverschulden muß gegengerechnet werden. Gewährleistungsansprüche verjähren grundsätzlich innerhalb von 6 Monaten nach Abnahme des Werkes, bei Füllungen und Zahnersatz 2 Jahre nach Eingliederung. [24]

Mangel|krankheiten: Syndrome durch quantitativ und/oder qualitativ unzureichende Ernährung oder anderweitig entstandenen Mangel an physiologisch wichtigen Stoffen, z.B. Eisenmangelanämie, perniziöse → Anämie. Vgl. Avitaminosen. [20]

Manie (gr.) f: Syndrom mit Antriebssteigerung, gehobener Stimmung und Beschleunigung aller psychischen Funktionen, z.B. Logorrhö, Ideenflucht und Schlaflosigkeit. Tritt im Rahmen der → affektiven Psychose und als manisches Syndrom auch im Rahmen der → Schizophrenie oder nach Intoxikationen auf. [33]

manifest (lat.): deutlich erkennbar (von Krankheiten), offen. [32]

Manifestation f: Äußerung, Erscheinung; Erkennbarwerden z.B. einer Krankheit oder einer Erbanlage, wahrnehmbares (pathol.) Zeichen. [32]

manisch-depressive Krankheit: → affektive Psychose. [33]

Mannit m: süßschmeckender, sechswertiger Alkohol, stereoisomer dem → Sorbit. Kaum kariogen. Vgl. Zuckerersatzstoff. [1]

Mano|meter n: Gerät zur Messung des Druckes von Flüssigkeiten oder Gasen. [10]

Mantel|dentin n: von *Weidenreich* 1925 beschriebene schmale, unter dem Schmelz gelegene Dentinschicht mit gebündelten, radial angeordneten Fibrillen. Vgl. Dentinarten. [30]

Mantel|krone: → Jacketkrone. [4]

Mantoux-Probe: → *Mendel-Mantoux*-Probe. [8]

Maprotilin: tetrazykl. → Antidepressivum, das selektiv die → Norepinephrin-Wiederaufnahme in die Präsynapse hemmt und → Antagonist an m-Cholinozeptoren, α_1-Adrenozeptoren, H_1- und D_2-Rezeptoren ist. Nebenwirkungen: vegetative Störungen. M. potenziert die Wirkung zentraldämpfender Pharmaka sowie die der → Anticholinergika und Sympathomimetika. M.-Medikation gilt als relative Kontraindikation für Katecholaminzusätze in → lokalanästhet. Lösungen. [7]

Marasmus (gr.) m: Verfall, Schwund; allgemeiner Kräfteverfall in geistiger und körperlicher Beziehung. M. senilis als Folge hohen Alters. Adj.: marastisch, auch marantisch. [27]

Marbagelan®: absorbierbarer Gelatineschwamm, Hämostyptikum. Indikation in Zhk.: zur postoperativen Blutstillung in nicht infiziertem Extraktionsgebiet. Nebenwirkungen: allerg. Reaktionen (selten). [7]

Marburger Prophylaxe|modell: von *H. M. F. Schmid* entwickelte, im Rahmen der Jugendzahnpflege in den Schulen durchgeführte Gruppenprophylaxe. Die Kariesreduktion wird durch jährlich zweimalige Applikation des Fluoridlackes → Duraphat® erreicht. [29]

Marfan-Syndrom (Jean-B. M., Päd., Paris, *1858, † 1941) n: → Arachnodaktylie. [20]

marginal (lat.): zum Rande gehörig, am Rande gelegen. Marginaler Abszeß: → Parodontalabszeß. [6]

marginale Par|odontitis f: → Parodontitis marginalis. [6]

marginale Par|odonto|pathien f pl: Sammelbezeichnung für alle Erkrankungen des marginalen Parodonts. Vgl. Parodontopathien. [6]

Marginal-Line-Calculus-Index (engl.) m: Abk. MLCI; → Zahnsteinindex, mit dem die Ausdehnung des Zahnsteins entlang der (vorher gereinigten) lingualen Marginalsäume der unteren vier Frontzähne beurteilt wird. [15]

Margo (lat.) m oder f: Rand. M. gingivalis: Zahnfleischrand. M. incisalis: Schneidekante. M. infraorbitalis: unterer Augenhöhlenrand. M. linguae: seitlicher Zungenrand. M. nasalis: unterer Rand des Stirnbeins zur Verankerung der Nasenbeine. M. orbitalis: Augenhöhlenrand. M. parietalis: an das Scheitelbein grenzender Rand des Stirn-, Keil- und Schläfenbeins. M. pupillaris: Pupillenrand. M. supraorbitalis: oberer Augenhöhlenrand. M. zygomaticus: Jochbeinkante des großen Keilbeinflügels. [30]

Margolis-Drei|eck (Herbert Israel M., Orthod., Boston, *1900, † 1984): → maxillofaziales Dreieck. [5]

Margolis-Winkel: → Inzisivomandibularwinkel. [5]

Mark: allg. eine (meist weichere) innere Schicht im Gegensatz zur äußeren Rindenschicht. Anat.: → Medulla. [9]

Markierungs|pinzette f: *Crane-Kaplan*-Pinzette; Instrument zur Markierung der Tiefe von Zahnfleischtaschen, z.B. vor einer → Gingivektomie. Die glatte Branche wird bis zum Taschenfundus eingeführt und dann die Pinzette geschlossen. Durch den Dorn am Ende der anderen Branche entsteht außen am Zahnfleisch ein Blutungspunkt (Bleeding point), der den Fundus der Tasche angibt. 6

Mark|kanäle: → Seitenkanäle. 1

Mark|nagelung: von *Küntscher* 1939 entwickelte Knochennagelung, „innere Schienung" von Brüchen langer Röhrenknochen durch Einschlagen eines U-förmigen nichtrostenden Stahlnagels unter Röntgen-Kontrolle. In der Kieferbruchbehandlung nicht bewährt. 2

Mark|scheide: Hülle mancher Nervenfasern, die durch die vielmalige Umwicklung durch eine *Schwann*-Zelle entsteht. Die M. ist reich an Lipiden wegen der vielen Plasmalemmschichten (Abb.). 9

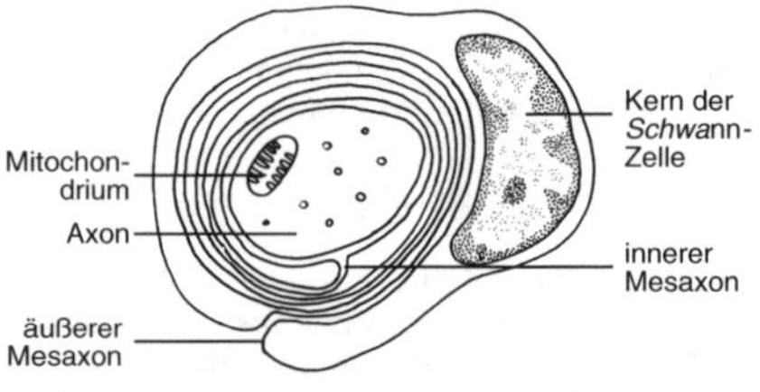

Marmor (gr.) m: $CaCO_3$; körnig-kristallinischer Kalkstein. 23

Marmor|knochen|krankheit: Osteopetrosis familiaris; erbliche Systemerkrankung der Knochen, bestehend in Umwandlung des normal strukturierten Knochengewebes in ein homogenstrukturloses als Folge allgemeiner → Osteosklerose des Skeletts; auch im Kieferbereich. Abnorme Knochenbrüchigkeit, sekundäre Anämie durch Verdrängung der Blutbildungsherde im Knochenmark. Bildung neuer Blutbildungszentren subperiostal sowie in Milz, Leber, in den Lymphknoten. Milztumor. Kariesanfälliges Gebiß, daher bei der verringerten Resistenz des Knochengewebes Neigung zu osteomyelitischen Prozessen im Kieferbereich, Veränderungen an den Zähnen. 2

Marsupia|lisation f: Beutelbildung; Verfahren, eine Zyste, die wegen ihrer Größe nicht entfernbar ist, taschenartig mit einer Körperhöhle zu verbinden. In der Zhk. die Zystenoperation als → Zystostomie. 2

Martin-Albright-Krankheit (Eric M., zeitgenöss. Int., Genf; Fuller A., Arzt, Boston, *1900): → Pseudohypoparathyreoidismus. 20

Maryland-Brücke (Livaditis und Thompson, Universität von Maryland, 1981): Klebebrücke, Adhäsivbrücke, Flügelbrücke, Schmetterlingsbrücke; festsitzende Restauration, die mittels → Ätztechnik unter weitgehender Schonung der Zahnhartsubstanz auf die Oralflächen der lückenbegrenzenden Zähne geklebt wird. Die Haftung erfolgt durch eine Adhäsivverbindung zwischen konditioniertem Schmelz, Komposit und z.B. durch → Silanisierung des Metalls. 4

Masern: Morbilli; Infektionskrankheit durch das M.virus, bes. durch Tröpfcheninfektion übertragen. Sehr verbreitete Kinderkrankheit mit Erwerb lebenslänglicher Immunität. Inkubationszeit 11 (10-14) Tage. Dann uncharakteristisches Vorstadium (meist 3 Tage) mit mäßigem Fieber, Rhinitis, Konjunktivitis, Pharyngitis, Husten, Ausbildung der charakteristischen → *Koplik*-Flecken. Nach kurzem Fieberabfall erneuter Fieberanstieg auf 39-40 °C mit Erscheinen des M.exanthems, hinter den Ohren beginnende, klein- bis großfleckige, teils konfluierende, kaum erhabene Hautrötung, die sich über den ganzen Körper ausbreitet. Kein Juckreiz. Abklingen nach 3-4 Tagen, dann auch Entfieberung. Später kleieförmige Schuppung. Komplikationen: Otitis media, Masernkrupp (→ Krupp), → Bronchopneumonie, → Enzephalitis, Kreislaufschäden, dadurch auch gelegentlich letale Ausgänge. Prophylaxe: durch Isolierung (Ansteckungsfähigkeit bereits im Vorstadium), aktive Schutzimpfung, → Gammaglobuline. 20

Massen|zahlen: die auf ganze Zahlen abgerundeten → Atomgewichte. 10

Masseter (gr.) m: → Kaumuskeln. 9

Masseter|kauer: → Rundbiß. 5

Maß|zahlen: in der Statistik ermittelte Werte zur Beschreibung von Verteilungen von Merkmalsausprägungen. Man unterscheidet Lagemaße, z.B. → Mittelwert und → Median, und Streuungsmaße, z.B. → Standardabweichung und Spannweite (→ Variationsbreite). 26

Mast|darm: → Rektum. 9

Mastikation (lat.) f: das Kauen, der Kauakt. 4

Mastikations|zentrik f: Position des Unterkiefers in habitueller Okklusion (maximaler Interkuspidation), wobei sich die Kondylen in einer ungestreßten Zenitlage in den Kiefergelenken befinden (*Gerber*). Aus dieser Position ist noch eine Rückbewegung in die retrale Kontaktposition (→ Kontaktposition, retrale) möglich. 4

Mastikator m: individueller → Artikulator, bei dem die transversalen Unterkieferbewegungen besonders berücksichtigt werden (*R. Weber*, Lausanne). 4

mastikatorisch: auf den Kauakt bezüglich; m.es System: → Kauorgan. 4

Masto|iditis f: Entzündung der mit Schleimhaut ausgekleideten Zellen des Warzenfortsatzes (Processus mastoideus), meist ausgehend von Mittelohrentzündung (→ Otitis media). [19]

Mast|zellen f pl: Mastozyten; sog. freie Bindegewebszellen, vorwiegend in der Umgebung kleinerer Blutgefäße und in der Wandung seröser Höhlen angesiedelt. Sie enthalten im Zytoplasma kräftig anfärbbare, basophile metachromatische Granula, die Histamin, Heparin u.a. spezifische Substanzen (Mediatoren) speichern. Ihre rasche Freisetzung in größeren Mengen führt zu allergischen Reaktionen. Ausgelöst wird die überstürzte Freisetzung dann, wenn ein Organismus erneut mit einem Allergen Kontakt bekommt, mit dem er bereits vorher Berührung hatte und für das er deshalb sensibilisiert ist. [32]

Mater (lat.) f: anat. Bezeichnung für die Hüllen von Gehirn und Rückenmark. Dura m.: äußere, harte Hirnhaut; Pia m.: Teil der inneren weichen (wörtlich: frommen) Hirnhaut. → Meningen, → Leptomeninx. [9]

Materia alba f: lose, weißgelbliche, nicht strukturierte Ablagerung von Mikroorganismen sowie abgestoßenen Epithel- und Blutzellen in der Mundhöhle. Produkt zufälliger Anhäufung. Vgl. Zahnbelag. [6]

Matratzen|naht: Wundnaht, bei der der Faden nicht über die Wundränder hinweggeht (Abb.). Man führt die Nadel von einer Seite durch die Wunde auf die andere Seite, sticht dann auf dieser in einiger Entfernung wieder ein und führt die Nadel durch die Wunde zurück. [2]

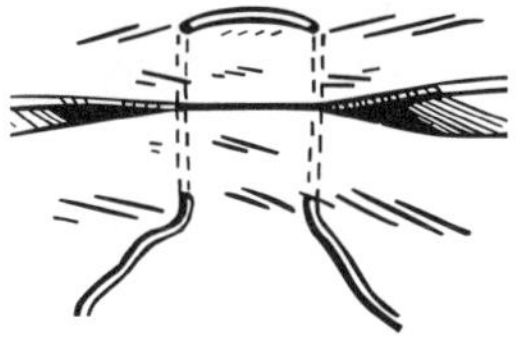

Matrix (lat.) f: Mutterboden; der Boden auf dem etwas entsteht, Ausgangsstelle. In der Entwicklung der harten Gewebe die Grundsubstanz vor Beginn der Mineralisierung (Knochenmatrix, Schmalzmatrix); histol. die amorphe interzelluläre Grundsubstanz. [9, 22]

Matrix, funktionelle f: Sammelbezeichnung für alle dem Skelett an- und aufliegenden Gewebe, von denen angenommen wird, daß bei ihrer Tätigkeit funktionelle (Wachstums-) Reize für den Knochen entstehen. Nach *Moss* (1968) sind nicht Wachstumszentren das entscheidende bei der Entwicklung des Kauorgans, sondern die sog. f. M. Er versteht darunter einerseits das periostale Keimgewebe, das an der Umformung des Knochens wesentlich beteiligt ist, wobei die auslösenden Impulse im wesentlichen von der Muskulatur, ganz allgemein von den Weichteilen kommen. Andererseits spielt neben der periostalen Matrix die kavale bzw. kapsuläre Matrix eine entscheidende Rolle. Durch die Vergrößerung der Körperhöhlen - im Gesichtsbereich sind dies die Mundhöhle, die Nebenhöhlen, der Nasen- und Rachenraum - kommt es zu einer → Translation, welche durch die von der periostalen Matrix bewirkte Transformation ermöglicht wird. [5]

Matrize (lat.) f: vertiefte Form, in die ein erhabener Körper (Patrize) paßt oder in der ein solcher durch Pressen befestigt werden soll. In der konserv. Zhk.: Matrizenbänder aus Stahl oder Kunststoff zur Erleichterung des Füllens approximaler Kavitäten mit plastischem Material, die durch ringartiges Umspannen des Zahnes zu zentralen Kavitäten umgestaltet werden. Vgl. Matrizenspanner. In der Proth.: → Geschiebe. [1, 4]

Matrizen|spanner: Vorrichtung zur Fixierung der Matrizenbänder. Unterschiedliche Fabrikate entsprechend der Form der Bänder, z.B. nach *Ivory* (Abb.). Neuere Geräte: Cervix®, Apis®, ZAP®. Vgl. Ringmatrizenspanner (Abb.). [1]

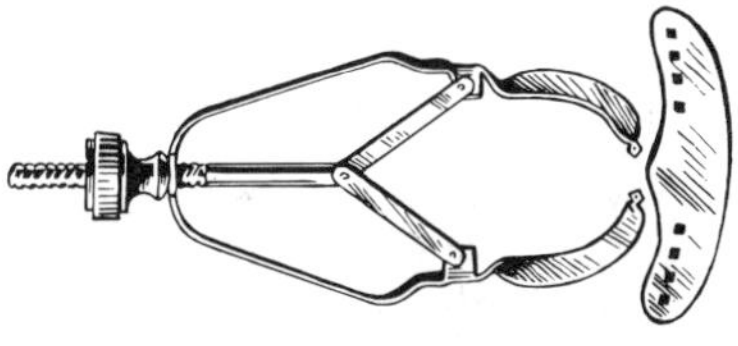

Matrizenspanner nach *Ivory*

Maul|sperre: vulg. Bez. für → Bißsperre. [2]

Maul- und Klauen|seuche: Stomatitis epidemica, Stomatitis epizootica, Aphthae epizooticae; Aphthenerkrankung der Klauentiere (Rinder, Schafe, Ziegen, Schweine) durch Viren. Mensch selten infiziert. Vgl. Stomatitis epidemica. [8]

Mauserung: → Blutmauserung, → Zellmauserung. [10]

Maxilla (lat.) f: der aus den paarigen Oberkieferknochen (Os maxillare) und dem Os incisivum gebildete knöcherne Oberkiefer. [9]

maxillar (lat.): maxillaris; den Oberkiefer betreffend; z.B. maxillare Basis: der Teil des Oberkiefers, dem die Alveolarpartie aufliegt. [9]

Maxillo|alveolar|breite: größte Breite des Oberkieferalveolarbogens, an der Außenseite der Alveolarfortsätze (→ Ektomolare) gemessen. 5

Maxillo|alveolar|index m: Oberkiefer-Index; anthrop. Index zur Klassifizierung des Oberkiefers. Einteilung nach *Turner* in dolichuranische, mesuranische und brachyuranische Oberkiefer. Mittelwert: 110-115. Formel:

$$\text{Index} = \frac{\text{Maxilloalveolarbreite x 100}}{\text{Maxilloalveolarlänge}}$$ 5

Maxillo|alveolar|länge: Entfernung des → Prosthion von dem Punkte, an welchem eine an die beiden Hinterränder der beiden Alveolarfortsätze des Oberkiefers gelegte Tangente von der → Raphe-Median-Ebene geschnitten wird. 5

maxillo|faziales Drei|eck: Abk. MFD; *Margolis*-Dreieck; kephalometrische Relation in der Kieferorthopädie, die es erlaubt, Messungen im unteren Gesichtsdrittel als Kriterium für Harmonie, Gleichgewicht und ungestörte Entwicklung nahezu unabhängig von Alter, Rasse und

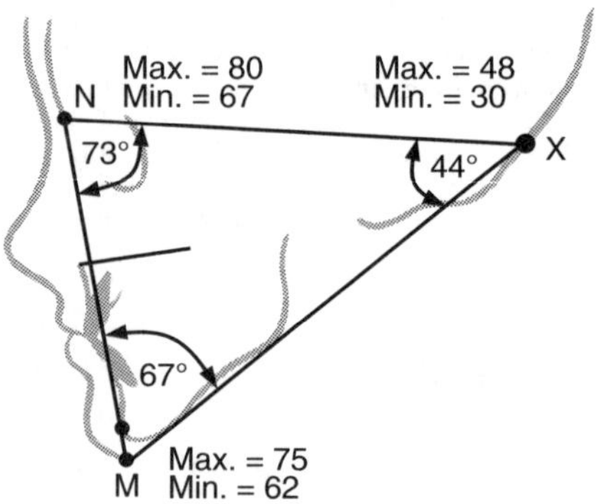

Liegen die Werte für die drei Winkelmessungen innerhalb der angegebenen Bandbreiten, ist eine harmonische und ungestörte Entwicklung des unteren Gesichtsdrittels zu erwarten.

Geschlecht in sagittaler sowie vertikaler Richtung vorzunehmen. Gebildet wird das MFD erstens von der Linie zwischen → Nasion und → *Bolton*-Punkt, zweitens der Gesichtslinie zwischen Nasion und → Pogonion (Senkrechte auf der Unterkiefertangente am Vorderrand der Mandibula) und drittens durch die Basis des Unterkieferkörpers. Durch Verlängerung der Schädelbasislinie, der Gesichtslinie und der Mandibularlinie bis zu den Schnittpunkten ergibt sich das MFD. Wegen schlechter Bestimmbarkeit des *Bolton*-Punktes am Lebenden wird die Linie zwischen dem Nasion und der Mitte der → Sella turcica empfohlen und bei größerem Gesichtswinkel eine größere Abweichung und geringere Verläßlichkeit in Kauf genommen (Abb.). 5

maxillo|faziales Syndrom n: → Dysostosis maxilliofacialis. 2

maxillo|nasales Syndrom n: → Dysostosis maxillonasalis. 2

Maxillo|tomie f: operativer Eingriff am Oberkieferknochen, spez. Wurzelspitzenresektion. 2

Maximal zulässige Bestrahlung: Abk. MZB; Grenzwert der Strahlungsintensität, bis zu der eine Bestrahlung der Augen oder der Haut als ungefährlich anzusehen ist (nach DIN VDE 0837). Für Laserwellenlängen von 200 nm bis 1 mm ist die MZB entsprechend der → Laserwirkung auf Gewebe für Bestrahlungszeiten von 10^{-9} s bis $3 \cdot 10^{4}$ s in der → Unfallverhütungsvorschrift VBG 93 aufgelistet. Auf der Basis der MZB erfolgt die Festlegung der → Grenzwerte für zugängliche Strahlung (GZS) und die Einteilung in → Laserklassen. 31

Maximum-likelihood-Methode f: Verfahren zur Ermittlung der → Parameter, die das Auftreten der → empirischen Daten am besten erklären. 26

Mazeration (lat.) f: **1.** spontane oder artifizielle Erweichung pflanzlicher oder tierischer Gewebe durch längeren Kontakt bzw. Einlagern in Flüssigkeiten (z.B. des abgestorbenen Fetus durch das Fruchtwasser, der Haut bei starker Schweißbildung). **2.** Präparationsverfahren, bei dem feste Elemente des tierischen oder menschlichen Körpers (z.B. Knochen) durch Fäulnisprozesse oder Chemikalien von den umgebenden Weichteilen befreit werden. **3.** (pharmaz.) mit Wasser oder anderen Lösungsmitteln bei Zimmertemperatur gewonnener Drogenauszug. 32

McCall-Girlande f: wulstige, fibröse Verdikkung des Gingivarandes, oft bei → Gingivarezession zu finden. Kontur wird leicht bei der Zahnpflege verletzt. Vgl. *Stillman*-Spalte. 6

McCall-Kürette f: zierliches Instrument zur Zahnsteinentfernung bei Parodontopathien (Abb.). 6

McGregor-Linie: röntgenolog. Meßlinie von der oberen Fläche des Hinterrandes des harten Gaumens zum hintersten Punkt der Okzipitalschuppe, normalerweise überragt von der Spitze des → Dens axis (Abb.). 5

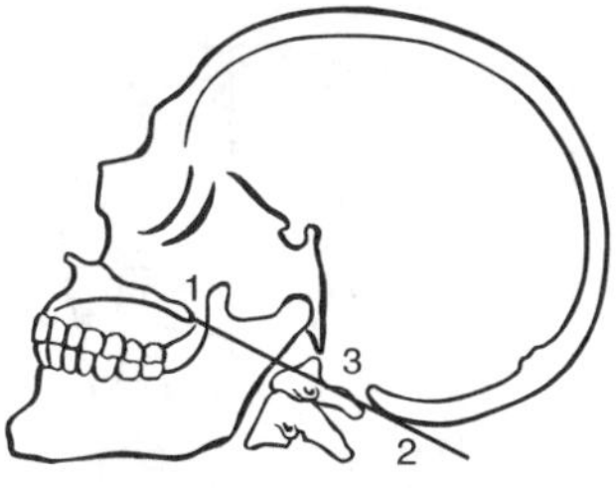

McGregor-Linie
1: obere Fläche des Hinterrandes des harten Gaumens; 2: hinterster Punkt der Okzipitalschuppe; 3: Dens axis.

McSpadden-Kompaktor m: schraubenähnliches Wurzelkanalinstrument, das zur Wurzelkanalfüllung in hochtourige Umdrehung versetzt wird (Abb.). Durch die Reibungswärme wird Guttapercha unter Erweichung apikalwärts gedrückt. Nachteile: nur bei geraden Zahnwurzeln anwendbar. 1

Kompaktor nach *McSpadden* [89]

Meat-Obturator m: Gaumenverschlußplatte nach *Fröschels* und *Schalit* (Wiener Ärzte, 1928) mit Fortsätzen, die in den Nasen-Rachen-Gang (→ Meatus nasopharyngeus) hineinreichen, um einen Abschluß zwischen dem Nasen- und dem Rachenraum zu erzielen (Abb.). → Obturator. 2, 4

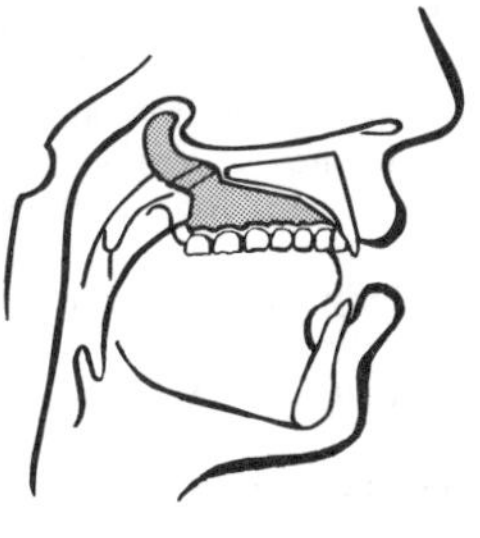

Meatus acusticus externus m: äußerer Gehörgang (Abb. → Ohr). 9

Meatus acusticus internus m: innerer Gehörgang (Abb. → Ohr). Führt die Nerven und Gefäße des Innenohrs und den Nervus facialis aus der Schädelkodile. Der M. a. i. stellt die erste Strekke des → Canalis facialis dar. 9

Meatus nasi inferior m: unterer Nasengang (Abb. → Nasenwand, seitliche). Im M. n. i. mündet der Tränenkanal (→ Canalis nasolacrimalis). 9

Meatus nasi medius m: mittlerer Nasengang (Abb. → Nasenwand, seitliche). Im M. n. m. münden die → Kiefer- und die → Stirnhöhle, sowie die Cellulae ethmoidales anteriores. 9

Meatus nasi superior m: oberer Nasengang (Abb. → Nasenwand, seitliche). Im M. n. sup. münden die hinteren Cellulae ethmoidales. 9

Meatus naso|pharyngeus m: Nasen-Rachen-Gang, der hinter den Nasenmuscheln (→ Concha nasalis) beginnende, in den Rachen (→ Pharynx) führende hinterste Teil der Nasenhöhle. 9

Meaverin®: → Mepivacain. 2

Mebhydrolin: → Antihistaminikum, → Antagonist an H_1- und Cholino-Rezeptoren mit sedativen, anticholinergen sowie evtl. hämatolog. und neurolog. Nebenwirkungen. 7

Mechanik (gr.) f: Lehre von den Kräften und ihren Wirkungen auf starre und deformierbare Körper (Statik und Dynamik). 10

Meckel-Divertikel (Johannes F. M., Anat., Halle, *1781, † 1833) n: 6-10 cm lange Ausstülpung des Ileums (Krummdarm) bei 2 % der Menschen, hervorgegangen aus dem embryonalen Dottergang. 9

Meckel-Knorpel: Cartilago mandibularis; der

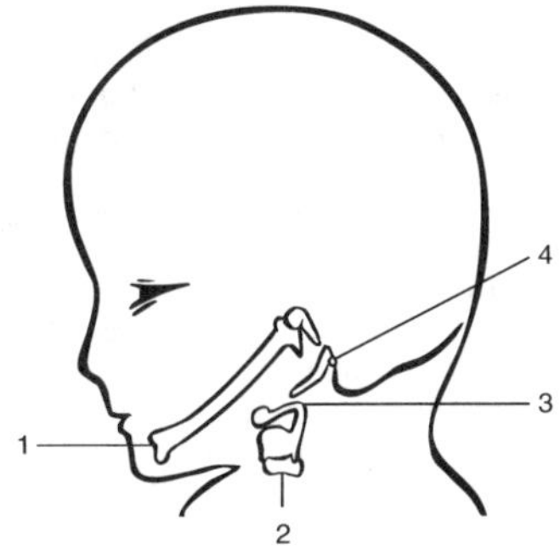

1: *Meckel*-Knorpel (1. Bogen); 2: Knorpel des 4., 5. und 6. Bogens; 3: Knorpel des 3. Bogens; 4: *Reichert*-Knorpel (2. Bogen). [58]

embryonale Unterkieferbogen, der sich im 1. → Kiemenbogen enwickelt (Abb. S. 467). Bildet sich bei Säugern größenteils zurück. Aus Bindegewebe, das dem schwindenden mittleren Knorpelteil aufliegt, bildet sich durch Verknöcherung das → Dentale, Vorstufe der → Mandibula. Der vordere Teil bildet die Kinnknöchelchen (Ossicula mentalia), die bei der Kinnformung eine Rolle spielen, aus der dorsalen Partie gehen die → Gehörknöchelchen Hammer (Maleus) und Amboß (Incus) hervor. [9, 22]

MED: Abk. für **m**ittlere **E**inzel**d**osis. [34]

MED1: → Expertensystem zur Diagnostik mit dem akuten Bauchschmerz als Leitsymptom. MED1 wurde als Experimentiersystem auf Großrechnerbasis von *Puppe* an der Universität Karlsruhe erstellt und hat als Basis des Entwicklungswerkzeugs für das Expertensystem D3 gedient.[26]

Medazepam: 1,4-Benzodiazepin-Derivat, → Tranquilizer mit einer Eliminationshalbwertszeit (→ Halbwertszeit, terminale) von 2-5 h und einem pharmkodynam. wirksamen → Metaboliten mit einer Eliminationshalbwertszeit von 50-100 h. Auch → Benzodiazepine. [7]

Media (lat.) f: Tunica m., die mittlere (Muskel-)Schicht der Gefäße. Abb. → Arterienwand.[9]

medial (lat.): der Mittellinie des Körpers zugewandt. Ggs.: → lateral. [5]

median (lat.): in der Mittellinie bzw. -ebene liegend. [5]

Median (lat.) m: in der Statistik ermittelter → Parameter, bei dem die gemessenen oder beobachteten Werte aufsteigend sortiert werden. Die Hälfte der Meßwerte liegt dann oberhalb, die andere Hälfte unterhalb des Medians. [26]

Median|ebene: Mediosagittalebene, teilt den Körper in eine rechte und eine linke Hälfte. [9]

Median|linie f: jede Linie in der → Medianebene. [5]

Median|sagittal|ebene: Schädelebene, die durch die → Meßpunkte → Nasion, → Basion und → Inion bestimmt ist (Abb.). Die → Raphe-Median-Ebene liegt in der M. [5]

Media|stinitis f: Entzündung des Mittelfellraumes. → Mediastinum. [20]

Media|stinum n: Mittelfell, der zwischen den Pleurasäcken gelegene, von lockerem Bindegewebe ausgefüllte Raum zwischen Brustbein und Brustwirbelsäule, der u.a. Herz, Speise- und Luftröhre sowie die großen Gefäße enthält. [34]

Mediatoren (lat.) m pl: biochemische Verbindungen, die, als direkte und indirekte Folge einer humoralen → Immunantwort, bei den Antigen-Antikörper-Reaktionen für verschiedene Manifestationen der Immunglobulin-vermittelten

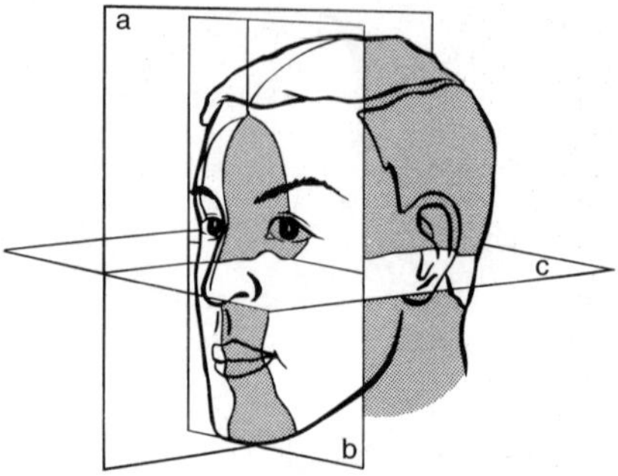

Mediansagittalebene
a: Mediansagittalebene, hier Raphe-Median-Ebene; b: Frontalebene, hier Orbitalebene; c: Transversalebene, hier Ohr-Augen-Ebene.

Überempfindlichkeit vom Soforttyp verantwortlich sind (Histamin, Serotonin, Bradykinin, Heparin u.a.). [23]

Medical-Objektiv n: speziell für die medizinische Fotografie entwickeltes, → Makroobjektiv mit integriertem → Ringblitz. Da optische Achse und Lichtachse praktisch zusammenfallen, sind M.e insbesondere für die Blitzfotografie im Nahbereich und in Körperhöhlen geeignet, weniger jedoch für die → Sachfotografie (flache Ausleuchtung). Meist läßt sich ohne weitere Hilfsmittel ein → Abbildungsmaßstab von 1:1 erzielen, der mit einer → Nahlinse bis zum Verhältnis 2:1 erweitert werden kann. M.e für die → Dentalfotografie sollten wegen des freien → Arbeitsabstandes mindestens eine → Brennweite von 100 mm besitzen. Wegen der einfachen Handhabung sind M.e im Bereich der Medizinfotografie sehr beliebt (Abb. → Dentalfotosystem). [17]

MEDIKAT: → Datenbank für das Gesamtgebiet der Medizin einschl. der Randgebiete und Grundlagenfächer. Sie entspricht den Katalogen der Zentralbibliothek der Medizin (ZBMed) für Literatur ab 1977. Verzeichnet sind Monographien (darunter auch Reports, amtliches und halbamtliches Schrifttum, Firmenschriften, Normen und Standards), Dissertationen und Habilitationen, Kongreßveröffentlichungen und Zeitschriftensupplemente. M. ermöglicht die Online-Bestellung und wird von → DIMDI angeboten. [26]

Mediodens: latinisierte Form von Mesiodons; → Mesiodens. [2]

medio|sagittal: in der → Medianebene gelegen. [9]

Medio|trusions|bewegung: Bewegung zur Mitte

hin; Seitwärtsbewegung des Unterkiefers, bezogen auf die Bewegung eines Einzelzahnes. Ein Molar, der sich gegen die Mittellinie hin bewegt (Mediotrusionsbewegung), befindet sich auf der Balanceseite (= Nichtarbeitsseite). Entsprechend führt ein Molar, der sich aus der Schlußbißlage nach lateral außen bewegt, eine Laterotrusionsbewegung aus. Vgl. Gelenkbahn, Kieferbewegungen. [4]

Medio|trusions|seite: diejenige Zahnreihe des Unterkiefers, die bei Seitwärtsbewegung des Unterkiefers zur Körpermitte bewegt wird; z.B. bei einer Rechtslateralbewegung die linke Unterkieferreihe. Vgl. Laterotrusionsseite. [4]

MEDIQUICK: Bestelldienst für Literatur bei der Zentralbibliothek der Medizin (ZBMed), auf der Basis der → Datenbank → MEDIKAT und des Computernetzes des → DIMDI. [26]

Medizin|geräte|verordnung: Abk. MEDGV; Verordnung vom 1.1.1986, die den Herstellern, Lieferanten und Betreibern bestimmter medizinisch-technischer Geräte Verhaltens- und Sorgfaltspflichten auferlegt. Teilt die medizinisch-technischen Geräte nach unterschiedlichem Gefährdungsgrad in 4 Gruppen ein. Sie verpflichtet zur Führung eines Bestandsverzeichnisses und enthält sonstige Informations- und Anzeigepflichten. Zuwiderhandlung wird mit Bußgeld geahndet. [24]

MEDLARS: Abk. für **Med**ical **L**iterature **A**nalysis and **R**etrieval **S**ystem, eine Entwicklung der → NLM zum schnellen Zugriff auf bibliographische Informationen. Es werden → Datenbanken bereitgestellt und periodisch Listen mit Literaturzitaten in speziellen biomedizinischen Bereichen produziert und verbreitet, z.B. der Index to Dental Literature (vertrieben von der American Dental Association), und der Family Medicine Literature Index (vertrieben von der Canadian Library of Family Medicine). Die bekanntesten Datenbanken sind → MEDLINE, AIDSLINE, TOXLINE. [26]

MEDLINE: Abk. für Index **Med**icus On**line**, die weltweit größte Sammlung von medizinischen Literatur-Zitaten. M. enthält ca. 8 Mill. Einträge (1966 - 1993) und steht seit 1971 auf dem Rechner der → NLM zur Verfügung. Von dort wird es an andere Institutionen und kommerzielle Firmen weitergegeben. Für Europa hat das → DIMDI die Bereitstellung dieser und anderer → Datenbanken übernommen. M. wird auf Papier, Mikrofiche und CD-ROM (neben dem Online-Zugriff) angeboten. [26]

Medulla (lat.) f: Mark. [9]

Medulla oblongata f: verlängertes Mark, Teil des Zentralnervensystems, der Hirn und Rükkenmark verbindet; auch Bulbus genannt (Abb. → Gehirn). [9]

Medulla ossium flava f: gelbes Knochenmark. [9]

Medulla ossium rubra f: rotes Knochenmark. [9]

Medulla spinalis f: Rückenmark. [9]

MEDWIS: Förderschwerpunkt des Bundesministeriums für Forschung und Technologie im Bereich Medizinische Informatik. M. verfolgt das Ziel, beispielhafte Wissensbasen zu erstellen und dabei die Zusammenarbeit zwischen Medizin und Informatik zu fördern. Medizinische Anwendungsgebiete der ersten Phase sind Neurologie, Abdominalchirurgie, Stoffwechselerkrankungen, Arzneimittel, Bildverarbeitung, Intensivpflege, Rheumatologie und Labormedizin. Ein weiteres Ziel ist die mehrfache Nutzung der Wissensbasen. Informatische Arbeitskreise des Projektes unterstützen die methodische Weiterentwicklung. [26]

Mega|karyo|zyt m: größte Zelle des Knochenmarks (Durchmesser 35-160 μ), durch mehrfache Kernteilungen (ohne Plasmateilung) und Plasmareifung aus dem Megakaryoblasten hervorgehend. Bildet nach Plasmaabschnürungen die → Thrombozyten (Abb. → Riesenzellen). Megakaryozytopenie: Verminderung der M.en im Knochenmark. Megakaryozytose: Vermehrung der M. im Knochenmark (bes. bei essentieller Thrombopenie). [20, 32]

Megalo|blasten m pl: Vorstufe der Megalozyten bei pathologischer → Erythropoese. [20]

Megal|odontie f: → Makrodontie. [5]

Megalo|gnathie f: Großkiefrigkeit, spez. der Kiefer des Vor- und Frühmenschen im Verhältnis zum Hirn- bzw. Schädelvolumen. [5]

Megalo|zyten m pl: Erythrozytenform, die bei pathologischer → Erythropoëse entsteht. [20]

Megaphen®: → Chlorpromazin, → Phenothiazine. [2]

Mehrfach|bildungen: Vereinigung von zwei oder mehreren Zähnen (Abb.), deren Entstehungsmodus verschieden sein kann und auch

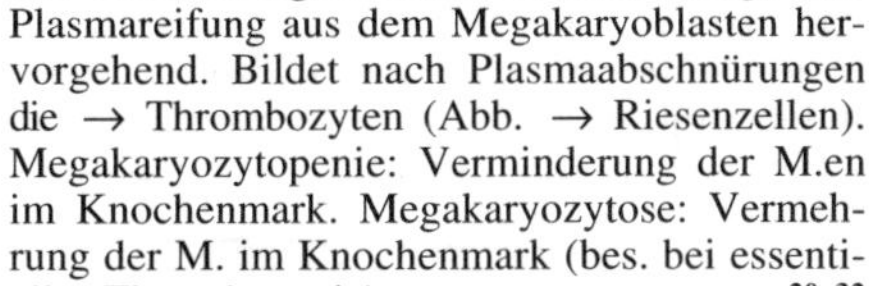

Mehrfachbildungen
a: untere Schneidezähne; b und c: obere Schneidezähne; d: obere Prämolaren; e: obere Molaren; f: untere Molaren.

unterschiedlich beurteilt wird (→ Dentes concreti, → Dentes confusi, → Dentes geminati). 30

Mehrfach|dosierung f: aufeinanderfolgende Gaben von Dosen eines → Arzneistoffes in Zeitabständen, die kürzer sind als die, die zur vollständigen Elimination jeder Einzeldosis notwendig ist. M. führt zur → Kumulation des Arzneistoffs. 7

Mehrfach|gebilde: Sammelbegriff für Formanomalien der Zähne wie Verschmelzungen, Verwachsungen und Zwillingsbildungen. Vgl. Dentes concreti, Dentes confusi, Synodontie, Zwillingszähne. 1

Meibom-Drüsen (Heinrich M., Arzt, Helmstedt, *1638, † 1700): Glandulae tarsales; Talgdrüsen in der Lidplatte (Tarsus) des Auges, deren Ausführungsgänge am inneren Lidrand münden. Sie fetten diesen ein und hindern so das Überfließen der Tränenflüssigkeit. 9

Meiose (gr.) f: Reduktions- oder Reifeteilung der Zelle. Hierbei wird der doppelte (diploide) Chromosomensatz zu einem einfachen (haploiden) der reifen Keimzelle reduziert. 9

Meißel: in der Zhk. zum Abtragen der äußeren Alveolarwand, zur Trennung und zum Herausheben von Wurzeln. Flachmeißel nach *Partsch* mit keilförmiger, 3-6 mm breiter Schneide,

Abb. a
Oben: Hohlmeißel; unten: Flachmeißel.

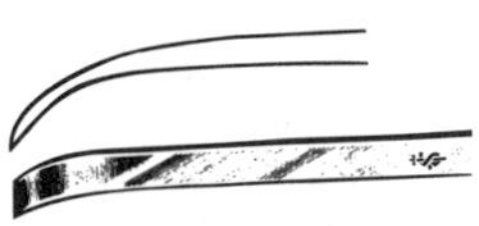

Abb. b
Osteotom nach *Obwegeser*

Hohlmeißel nach *Partsch* mit scharfer, schaufelförmiger Schneide (Abb. a), → Drehmeißel nach *Partsch,* abgebogener M. (Osteotom) nach *Obwegeser* (Abb. b). 2

Meissner-Tast|körperchen (Georg M., Anat., Basel, Göttingen, *1829, † 1905): Corpuscula tactus; Druckrezeptoren in der Lederhaut. 9

Meister|modell n: Arbeitsmodell aus Superhartgips, auf dem der Zahnersatz hergestellt wird. Beim → Modellgußverfahren wird das M. dubliert und in Einbettmasse hergestellt. Auf diesem Einbettmassemodell wird das Prothesengerüst in Wachs modelliert und später gegossen. 4

Melan|cholie f: → Depression. 33

Melanin (gr.) n: Pigment von schwarz-brauner Farbe. Wird vorwiegend aus Tyrosin im endoplasmatischen → Retikulum gebildet. Funktion: Lichtabsorption. Vorkommen im Pigmentepithel der Netzhaut, Haut und in den Haaren. Bedingt wesentlich die rassische und konstitutionelle Hautfarbe und die Sonnenbräunung. Patholog. in bes. Tumoren, → Melanom, malignes; → Naevus. 9

Melano|blast m: pigmentbildende Zelle. → Naevus bleu. 34

Melano|dontie f: schwarzbraune oder grüne Beläge in Form von Flecken und Streifen, die an zervikalen Kronenabschnitten der Milchzähne parallel zum Zahnfleischrand verlaufen. Bevorzugt im Alter von 10-14 Jahren, durch chromogene (färbende) Bakterien hervorgerufen. Nach Entfernung schnell rezidivierend. Fälschlich als Karies angesehen. 1

Melano|glossie f: → Haarzunge. 11

Melanom, malignes n: Melanozytoblastom; bösartiger, frühmetastasierender Tumor der Haut (85%) und Schleimhaut (15%). Kann sich aus normaler Haut, aus schwarzen Altersflecken (→ Melanosis circumscripta praecancerosa), aus pigmentiertem Zellnävus (→ Naevus cellularis) oder selten aus blauem Nävus (→ Naevus bleu) zu einem m.n M. entwickeln. Frühzeitige regionale und hämatogene Absiedlung; in der Mundhöhle vorwiegend am harten Gaumen. Kann auch pigmentfrei auftreten. Therapie: Exzision weit im Gesunden mit Ausräumung der regionären Lymphknoten. Einteilung in 1. oberflächlich spreitendes Melanom (S.S.M.); 2. Lentigo-maligna-Melanom (L.M.M.) auf dem Boden einer melanotischen → Präkanzerose; 3. noduläres Melanom (N.M.), primär oder auf einem pigmentreichen Zellnaevus entstanden; 4. akro-lentiginöses Melanom (A.L.M.), primär an den Akren, Handinnenflächen und Fußsohlen; 5. unklassifizierbare Melanome (M.C.M.). 12

Melano|sarkom n: → Melanom, malignes. 12

Melanose (gr.) f: Melanoderm; dunkle Fleckenbildungen (Pigmentierungen) der Haut bzw. Schleimhaut. 1. endogen: bei hormonalen Störungen (→ *Addison*-Krankheit), bei Gravidität (→ Chloasma); 2. exogen: nach Arsen u.ä., nach chron. Druck- und Hitzeeinwirkung oder nach Mineral-Salben und Ölen (*Riehl*-

M.); 3. im Zusammenhang mit anderen Dermatosen wie → Neurodermitis constitutionalis, → Erythrodermie, → Psoriasis, → Lichen ruber planus u.a. [11, 12]

Melanosis circum|scripta f: Lentigo maligna; fleckiger, schwarzer Vorkrebs. Bei älteren Menschen vorwiegend im Gesicht auftretende, ungleich pigmentierte, blaßbraune bis schwarze, sich peripher vergrößernde, bogig begrenzte Flekke, die bis handtellergroß werden und tiefblauschwarze Tönung annehmen können; selten auch auf der Mundschleimhaut beobachtet. Innerhalb der Herde entwickelt sich, meist erst nach mehreren Jahren, fast stets ein bösartiges → Melanom, malignes. Therapie: frühzeitige Exzision. [11]

Melanosis circum|scripta praecancerosa f: braun-schwärzliche, langsam sich entwickelnde, im Niveau der Haut liegende Herde. Bei älteren Menschen vorwiegend im Gesicht auftretend, ungleich pigmentierte, blaßbraune bis schwarze, sich peripher vergrößernde, bogig begrenzte Flecke, die bis handtellergroß werden und tiefblauschwarze Tönung annehmen können; selten auch auf der Mundschleimhaut beobachtet. Innerhalb der Herde entwickelt sich meist erst nach mehreren Jahren fast stets ein bösartiges Melanom (→ Melanom, malignes). Therapie: frühzeitige Rö.-Nahbestrahlung, Exzision. [12]

Melano|zyten m pl: → Melanin bildende Zellen finden sich vorwiegend in der Basalzellschicht der Epidermis, aber auch in Teilen des Auges und in der → Leptomeninx. [9, 12]

Melde|pflicht: Pflicht zur Mitteilung von Sachverhalten, die die öffentliche Sicherheit und Ordnung gefährden könnten. Eine M. besteht für den Zahnarzt z.B. nach dem Geschlechtskrankheitengesetz (§§ 11 Abs. 2, 12 f., 27) sowie dem → Bundesseuchengesetz (§§ 3 f., 6 Abs. 4). [8, 24]

Meleda-Krankheit: seltenes, rezessiv erbliches Leiden mit Hyperkeratosen der Hohlhände und Fußsohlen, die auf Hand- und Fußrükken, Fersen, Knie und Ellenbogen weiterschreiten und manchmal mit beschleunigtem, totalen Durchbruch (Ausstoßung der Milch- und bleibenden Zähne) einhergehen. → Keratom(a). [12]

Melker|knoten: Steinpocken; Berufskrankheit bei Melkern. Paravakzine-Infektion. In der Ein- oder Mehrzahl vorwiegend an den Händen, aber auch an Lippen und Umgebung auftretende blaurote bis 1 cm große, derbe, tumorartige Gebilde. Gute Spontanheilungstendenz. [12]

Melkersson-Rosenthal-Syndrom (Ernst G. M., Arzt, Göteborg, *1898, † 1932; Curt R., Neurol., Breslau) n: → Cheilitis granulomatosa; charakteristische Symptomentrias von rezidivierenden Lippenschwellungen, die den Wangenbereich (→ Makropareiie) und Zunge (Glossitis granulomatosa, nicht identisch mit → Lingua plicata) mitbefallen können; häufig sich damit kombinierende Fazialisparese. Im Verlauf bleibt die Schwellung bestehen, das Gewebe wird sklerotisch. Außerdem → Hyperakusis durch Irritation des N. stapedius, migräneartige Kopfschmerzen, Tränenfluß, Schluck- und Geschmacksstörungen, Parästhesien der Finger. Frauen bevorzugt. Therapie: Clofazimin (langfristig), intrafokale Glukokortikoid-Injektionen. [11, 12]

Melo|schisis f: schräge → Gesichtsspalte. [3]

Mel|otie f: → Aurikularanhänge. [3]

Membran (lat.) f: dünne Haut, homogene Schicht, Trennungswand von Flüssigkeiten. → Zytomembran. [9]

Membrana gingivalis f: → *Robin-Magitot*-Falte. [2]

Membrana praeformativa f: von *Raschkow* 1835 beschriebene Basalmembran. Sie ist vor Beginn der Dentinbildung zwischen innerem Schmelzepithel und Zahnpapille zu beobachten und besteht hauptsächlich aus argyrophilen Fasern. [30]

Membrana propria f: → Basalmembran. [30]

Membran, semipermeable f: → Osmose. [10]

Men|arche f: erstes Auftreten der Menstruation; Beginn der Pubertät. [10]

Mendel-Gesetze (Gregor M., Augustinerpater, Brünn, *1822, † 1884): Grundregeln der Vererbungslehre. 1. Uniformitätsregel: Die erste Nachkommengeneration reinrassiger (homozygoter) Eltern ist untereinander in → Genotypus und → Phänotypus gleich; 2. Spaltungsregel: Die zweite Nachkommengeneration ist zu 2x25% wieder homozygot, zu 50% → heterozygot, im Erscheinungsbild 1 : 2 : 1 aufspaltend; 3. Unabhängigkeitsregel: Die einzelnen Erbmerkmale werden voneinander unabhängig übertragen, dadurch ergeben sich Neukombinationen von Merkmalen. [3]

Mendel-Mantoux-Probe (Felix Me., Arzt, Essen, *1862, † 1925; Charles Ma., frz. Arzt, *1877, † 1945): diagnost. Intrakutanimpfung mit Tuberkulin: 0,1 cm^3 Alttuberkulinverdünnung: 1 : 1.000 wird in die Haut der Streckseite des Vorderarmes intrakutan eingespritzt. Reaktion positiv, wenn 48 Std. später eine mindestens 10 mm breite Hautinfiltration vorhanden ist. [8]

Ménière-Krankheit (Prosper M., Arzt, Paris, *1799, † 1862): Erkrankung des Ohrlabyrinthes mit Anfällen von heftigem Drehschwindel, Übelkeit, Erbrechen, Ohrensausen und Pulsverlangsamung sowie → Nystagmus und Innenohrschwerhörigkeit. 33

Meningeom n: Meningeoma, Meningiom; gutartiger, langsam wachsender Tumor, von den Meningen (v.a. der Arachnoidalzellen) des Gehirns und Rückenmarks ausgehend. M.e gehören zu den häufigsten intrakraniellen Tumoren. Sie kommen in jedem Lebensalter vor, mit gewisser Bevorzugung des 5. und 6. Lebensjahrzehnts bei den Frauen. Wegen des langsamen Wachstums sind sie oft jahrelang symptomlos. Therapie: neurochir., ggf. Bestrahlung. 32

Meninges (IANC) (gr.) f pl, sing Meninx: Meningen; die Hirn- und Rückenmarkshäute, bestehend, von außen nach innen, aus der Dura mater (harte Hirnhaut) und der Pia mater encephali (weiche Hirnhaut), zwischen denen sich die Arachnoidea (Spinngewebshaut) befindet. Vgl. Leptomeninx. 9

Meningitis f: Entzündung der Hirnhäute. Unterschieden werden nach der Lokalisation M. cerebralis, M. spinalis und M. cerebrospinalis (in Gehirn, Rückenmark oder beiden). Nach der Ursache werden bakteriell bedingte, durch Viren oder toxisch hervorgerufene sowie allergische Formen unterschieden. Bakteriell bedingt durch Meningo- (epidemische M.), Pneumo-, Staphylo- und Streptokokken sowie Influenzabakterien, ferner bei Tuberkulose, Lues, Leptospirosen, *Bang*-Krankheit und Fleckfieber. Sekundär bakterielle M. entsteht bei der Ausbreitung von lokalen Infekten der Nebenhöhlen und der Ohren oder von Oberlippenfurunkeln auf die Hirnhäute (Sinus cavernosus, → Sinus). Hauptsymptome: Kopfschmerzen, Fieber, Erbrechen, Benommenheit, Nackensteifigkeit, *Kernig*- und → *Brudzinski*-Zeichen, Kahnbauch, angezogene Beine und starke Eiweiß- und Zellvermehrung im Liquor. Bei Sitz der Entzündung an der Hirnbasis (tuberkulöse M.) auch Hirnnervenausfälle. 33

Meningo|kokken f pl: Neisseria meningitidis, gramnegative Diplokokken (*Weichselbaum* 1887); im Originalpräparat charakteristische Kaffeebohnenform. Finden sich auf der Rachenschleimhaut von rund 20% der Durchschnittsbevölkerung (→ Keimträger), seltener bei Kindern, häufiger bei Soldaten. Erreger der Meningitis epidemica und der akuten oder chron. Meningokokkensepsis. Züchtbar auf Blut- und Kochblutagar in CO_2-reicher Atmosphäre. Zur Zeit 9 serologische Typen. Sehr trocknungsempfindlich. 8

Meningo|myelo|zele f: angeborener subduraler oder subarachnoidaler Vorfall von Rückenmarkhäuten und Rückenmark. Häufigste Art der → Spina bifida. Meistens im Gebiet der Lendenwirbelsäule auftretend. 3

Meningo|zele f: Ausstülpung der Hirnhäute mit Flüssigkeitsansammlung (Hydromeningozele) entweder durch einen Defekt am Schädel (Hirnbruch) oder durch einen Wirbelspalt (→ Spina bifida). 3

Meninx (gr.) f: Hirnhaut, → Meninges. 9

Meniskus (gr.) m: fibröse Scheibe, die in manchen Gelenken eingeschaltet ist (z.B. auch im Kiefergelenk als → Discus articularis); Bezeichnung jetzt nur für das Kniegelenk üblich. 9

Meno|pause (gr.) f: Aufhören der Monatsblutungen bei der Frau. 1. natürliche M.: abnehmende Ovarialfunktion, Östrogenmangel; 2. verfrühte M.: vor 40. Lebensjahr einsetzend, anatomische Follikelveränderungen; 3. künstliche M.: nach operativer Kastration, Röntgenbestrahlung der Ovarien, Radiumeinlage in den Uterus. 34

Menor|rhöe f: Monatsblutung, → Menstruation. 10

Mensch: → Homo. 9

Mense (lat.) pl: → Menstruation. 10

Menstruation (lat.) f: Menses, Regelblutung; Beginn des menstruellen Zyklus mit der ersten ovulatorischen Regelblutung (Menarche) und Beendigung mit dem Klimakterium (Menopause); Dauer im Durchschnitt 28 ± 3 Tage. Auf die östrogeninduzierte Proliferationsphase (Hypertrophie und Hyperplasie der Uterusschleimhaut, Umwandlung des Endometriums zur funktionellen Uterusschleimhaut) vom 1. Blutungstag bis zur → Ovulation um den 14. Tag folgt die östrogen- und progesteroninduzierte Sekretionsphase von ebenfalls etwa 14 Tagen. Regulierung des Menstruationszyklus durch ein mehrgliedriges, kompliziertes, teilweise noch ungeklärtes Regelsystem über zentral-nervöse Reize, deren Umschaltstelle vermutlich ein → Sexualzentrum im Hypothalamus darstellt. 10

Menstruum (lat.) n: das Monatliche; in der Mehrzahl (Menstrua) für → Menstruation. 10

Mentale (lat.) n: anthrop. → Meßpunkt am tiefsten Punkt des Foramen mentale. 5

mentalis (lat.): geistig; (von mentum, Kinn): auf das Kinn bezüglich. 9

Mental|punkt: → Pogoniom. 5

Menton (lat.) n: Abk. Me; orthod. → Meßpunkt, tiefster Punkt der Kinnmitte (Abb.). 5

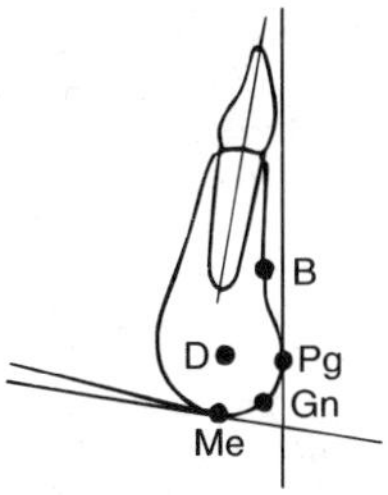

B: B-Punkt; Pg: Pogonium; Gn: Gnathion; D: D-Punkt; Me: Menton.

Mentum (lat.) n: Kinn; das M. hat zunächst nichts mit der Unterkiefergröße zu tun, ist jedoch für den Profilverlauf sehr bedeutsam und weitgehend genetisch determiniert. Der von *Dart* (1925) gefundene Australopithecus (vor 2.000.000-700.000 Jahren) und der Homo heidelbergiensis haben noch kein M., erst mit der Grazilierung der Zähne (vor 30.000 Jahren) kommt es zur Verkleinerung des Zahnbogens und damit zum scheinbaren Vorschieben des Corpus mandibulae. Das M. wird deshalb auch als typische hominide (menschliche) Bildung bezeichnet. Vgl. Profilanalyse. 5

Mepivacain: → Lokalanästhetikum vom Amid-Typ, anästhet. → Potenz 2fach höher als die des → Procains, schneller Wirkungseintritt (pK_a-Wert 7,6), mittellange Wirkungsdauer. Pharmakokinetik: → Plasmaproteinbindung: 64%; → Verteilungsvolumen im steady state: 91 l; → Eliminationshalbwertszeit (→ Halbwertszeit, terminale): 96 min; → Biotransformation durch → Funktionalisierungsreaktionen; → Clearance: 0,95 l/min. Indikation in der Zhk.: Leitungs- und Infiltrationsanästhesie. Für kurze Eingriffe ohne, für längere Eingriffe mit Katecholaminzusatz. Präparate: Carbocain®, Meaverin®, Scandicain® zur Infiltrations- und Leitungsanästhesie 0,5-2%ig. 2, 7

Mequitazin: Phenothiazin-Derivat, → Antihistaminikum, kompetitiver → Antagonist an Histamin-H_1-Rezeptoren mit geringer Affinität zu m-Cholinozeptoren und D_2-Rezeptoren. Nebenwirkungen und Kontraindikationen: → Phenothiazine. Zusätzliche Kontraindikationen: Schwangerschaft, Laktationsperiode. Für Kinder bis zu 12 Jahren fehlen ausreichende Erfahrungen. 7

mercurialis: das Quecksilber betreffend. Vgl. Stomatitis mercurialis. 1

Mercurius (nach dem Gott bzw. dem Planeten Merkur): → Quecksilber. 12, 23

Mercurius corrosivus: Sublimat (→ Sublimation). 12

Merkel-Tast|scheiben (Friedrich Siegmund M., Anat., Rostock, *1845, † 1919): im Epithel der Mundschleimhaut vorkommende Mechanorezeptoren. 30

Merkmale: gemessene oder beobachtete Größen einer Grundgesamtheit (→ Grundgesamtheit, statistische). 26

Merkurialisation f: anhaltende Verabreichung kleiner Mengen Quecksilbers zur Behandlung der Syphilis. 23

Merkurialismus m: Merkurialisation; chronische Quecksilbervergiftung (oral, inhalativ) mit ZNS-Symptomen, Quecksilbersaum, Nephropathie, Darmkatarrh. → Hydrargyrose, → Stomatitis mercurialis, → *Kussmaul*-Lackrachen. 12, 23

Merkuri|verbindungen: Verbindungen des zweiwertigen Quecksilbers. 23

merkuro|skopische Expansion f: in einer Amalgamfüllung sekundär durch Korrosion der Gamma-2-Phase entstehende Expansion. Dabei wird Quecksilber frei, das nicht abdiffundiert, sondern in die Füllung zurückwandert und zur Qualitätsminderung, insbes. zur Expansion mit Randbrüchen führt. Vgl. Amalgam. 1

Merkuro|verbindungen: Verbindungen des einwertigen Quecksilbers. 23

Merozoit m: junger, auf ungeschlechtlichem Wege entstandener Parasit bei Malaria. 8

Merrifield-Winkel: Z-Winkel; Winkel zwischen der → Frankfurter Horizontalebene und einer Linie durch Kinnspitze (→ Hautpogonion) und am weitesten vorstehender Lippe (Ober- oder Unterlippe), durchschnittlich 80° ± 5° (Abb.). Soll das Ausmaß der labialen Protrusion angeben. 5

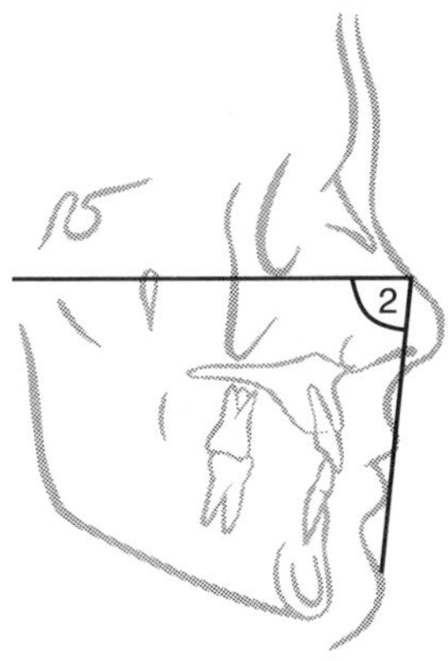

Merseburger Trias f: → *Basedow*-Krankheit.[20]
Mershon-Methode (John Valentine M., Orthod., Philadelphia, *1867, † 1933) f: von *Mershon*

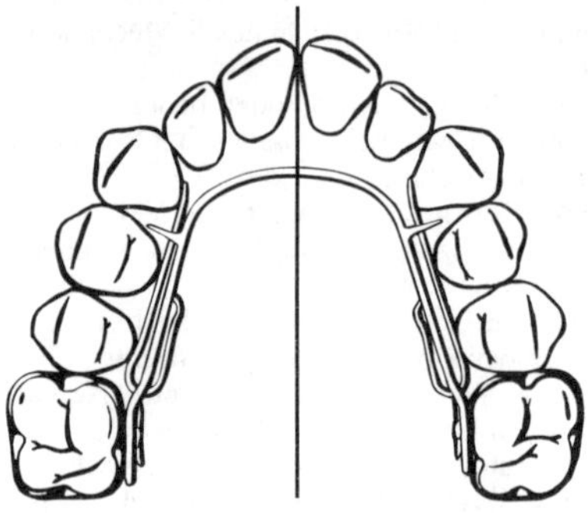

Abb. 1

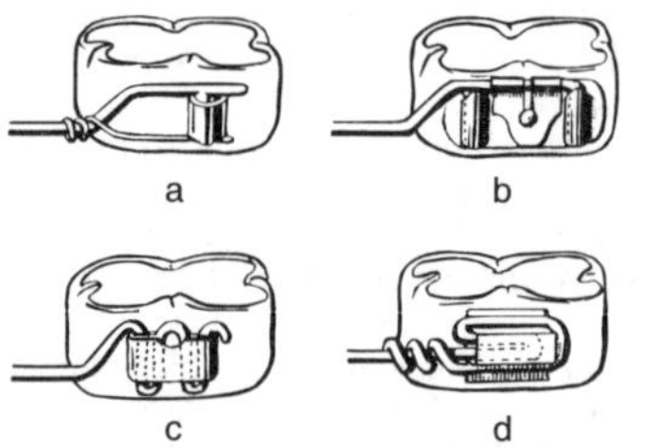

Abb. 2
Mershon-Schloß (a) und Modifikationen nach *Korkhaus* (b), *A. M. Schwarz* (c) und *Cools* (d)

1909 entwickelte Behandlungstechnik, die mit Hilfe des *Mershon*-Bogens die Kraftquelle von labial nach lingual verlegt. Hochelastische, den Zähnen punktförmig anliegende Federn bewirken Einzelzahn- oder Gruppenbewegungen, der Hauptbogen tritt nur im Bedarfsfall zur Mitbewegung der Ankerzähne in Aktion. Die *Mershon*-Apparatur (Abb. 1) besteht aus einem → Lingualbogen als Hauptbogen, dem Schloß (Abb. 2), das den Bogen fest an den Molarenbändern verankert, den Federn und den Führungsdornen, die ein Abrutschen der Feder verhindern. [5]

Mes|aortitis syphilitica (luica) f: spätsyphilitische Erkrankung der → Aorta unter vorwiegender Beteiligung der mittleren Wandschichten; infolge Degeneration der elastischen Formen kommt es zu erheblicher Ausweitung der Aorta, evtl. mit Bildung eines Aneurysma. → Syphilis. [12]

Mes|encephalon n: Mittelhirn, ein Teil des → Hirnstamms. [9]

Mes|en|chym n: aus dem → Mesoderm hervorgehendes embryonales Bindegewebe, aus dem sich Binde- und Stützgewebe, Blutzellen, Gefäße, lymphatische Organe und die glatte Muskulatur entwickeln. [9, 22]

mes|enchymal: das → Mesenchym betreffend. Eine m.e Geschwulst ist ein Tumor des Bindegewebes. → Tumor. [9]

Mes|enterium (gr.) n: Gekröse des Dünndarms, eine vom Bauchfell (→ Peritoneum) gebildete → Duplikatur, die den Dünndarm frei beweglich an der hinteren Bauchwand fixiert. [9]

Mes|enzephalon: → Mesencephalon. [9]

mesial (gr.): Richtungsbezeichnung in der Zhk.: zum Scheitel des Zahnbogens hin gelegen, der Mittellinie zugewandt (Ggs.: → distal). In der Anat. ungebräuchlicher Ausdruck. [30]

Mesial|biß: horizontale Okklusionsanomalie mit Verschiebung des Unterkiefers nach vorn im Sinne einer → Progenie. Entspricht Klasse III der → *Angle*-Klassifikation. [5]

Mesial|drift: Horizontalverschiebung der Zähne nach mesial durch Knochenresorption an der mesialen und Knochenapposition an der distalen Alveolenwand (Abb.). Bei M. entsteht als

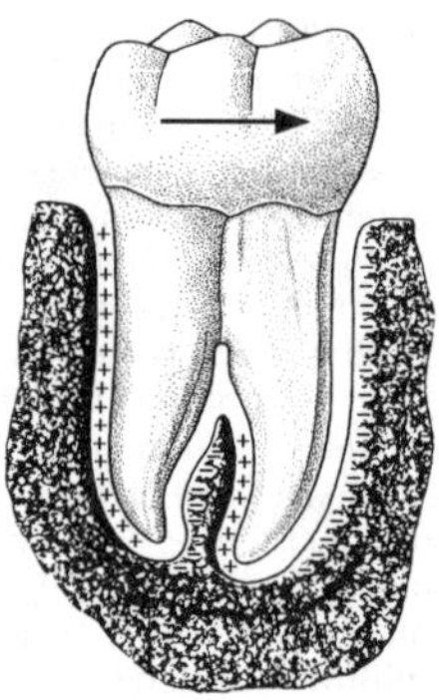

Folge vertikale Abrasion, die zur Verkleinerung des mesiodistalen Kronendurchmessers führt. Sie sichert den Kontakt der Zähne und verhindert Lückenbildungen in den Zahnreihen. Vgl. Okklusaldrift. [30]

mesial|ex|zentrisch: → exzentrische Projektion. [14]

Mesial|lage: → Mesialbiß, → *Angle*-Klassifikation. [5]

Mesial|schraube: → Dehnschraube. [5]

Mesial|stand: körperlicher (paraxialer) Falschstand eines Zahnes in mesialer Richtung. [5]

Mesial|verschiebung, physiologische f: physiolog. Mesialverlagerung, 2. physiolog. Bißverschiebung; gemäß der Theorie des → *Zielinsky*-Modus während der Gebißentwicklung erfolgende physiologische Verlagerung des Unterkiefers nach anterior zum Zwecke der Regelbißeinstellung (→ Neutralbiß) der 1. Molaren. Vgl. Bißverschiebung. 5

mesio-: → mesial. 30

mesio|bukkal: zum Scheitel des Zahnbogens hin und wangenwärts gelegen. 30

Mesio|dens (gr.) m: Mesiodons; überzähliger, meist mangelhaft und unabhängig von beiden Dentitionen produzierter Zahn in der Sutura palatina und incisiva (Oberkiefermitte). Veranlaßt oft, ob retiniert oder durchgebrochen, Verlagerung oder Retention von Schneidezähnen

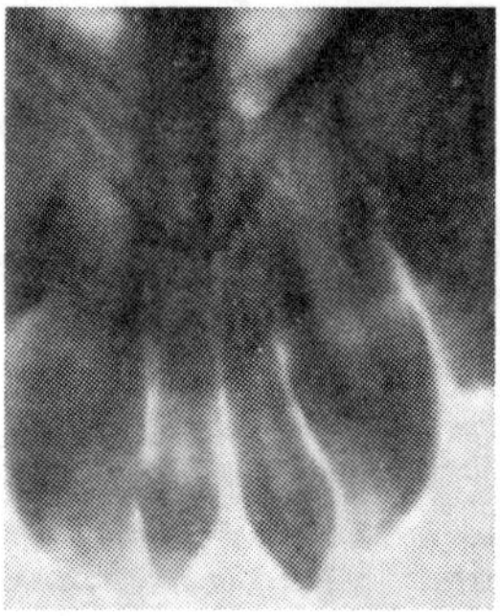

bzw. ein (unechtes) → Diastema. Nach *Bolk* (*Bolk*-Zahnbildungstheorie) atavistisch, heute meist als Überproduktion der normalen oder von abgesprengten Teilen der → Zahnleiste angesehen. Mesiodonten treten auch doppelt auf (Abb.). 2, 30

Mesio|distal|index m: Differenz (in mm) zwischen dem größten Durchmesser der Zahnkrone und dem Durchmesser des Zahnhalses in mesiodistaler Richtung. Er ermöglicht eine metrische Bewertung von Formvariationen vor Beginn einer Präparation. 30

Mesio|dons (gr.) m: → Mesiodens. 2

mesio|exzentrisch: → exzentrische Projektion. 14

Mesi|okklusion f: → Mesialbiß. 5

mesio|labial: zum Scheitel des Zahnbogens hin und lippenwärts gelegen. 30

mesio|lingual: zum Scheitel des Zahnbogens hin und zungenwärts gelegen. 30

mesio|oral: zum Scheitel des Zahnbogens hin und mundwärts gelegen (mesiopalatinal oder mesiolingual). 30

mesio|palatinal: zum Scheitel des Zahnbogens hin und gaumenwärts gelegen. 30

mesio|vestibulär: zum Scheitel des Zahnbogens und zum Mundvorhof hin gelegen. 30

Meso|derm n: Mesoblast; Embryolog.: das mittlere → Keimblatt, differenziert sich aus dem primitiven → Ektoderm und bildet das → Mesenchym sowie das auskleidende Epithel (Mesothel) der Körperhöhlen, die quergestreifte Muskulatur, die Harn- und Geschlechtsorgane, die Nebennierenrinde, Wirbelsäule und Rippen und das Korium der dorsalen Haut und der Extremitäten. 9, 22

Meso|dontie f: mittelgroße Zähne. Vgl. Dentalindex. 5

Meso|pharynx m: → Oropharynx. 19

Meso|struktur f: Mesiostruktur; Bezeichnung für prothetische Zwischenkonstruktionen, die auf Implantaten befestigt werden und ihrerseits die → Suprastruktur aufnehmen. Sinnvoll z.B. bei starker Achsendivergenz oder zur Erzielung optimaler ästhetischer Effekte. Vgl. Implantatachse. 18

Meso|thel n: Mesothelium; einschichtiges Plattenepithel, das die serösen Körperhöhlen (Peritoneum, Pleura, Epi- und Perikard), Gelenke und Sehnenscheiden auskleidet. Reaktionsfähig; sondert seröse Flüssigkeit ab. 9

Meso|theliom n: Tumor, der vom Zölomepithel (seröse Häute) ausgeht. M. kommen vorwiegend in der Pleura (70%) und im Peritoneum (28%), nur selten im Perikard und lediglich vereinzelt in der Tunica vaginalis tetsis und im Ovar vor. Benigne M.e sind meist umschriebene derbe, 1-3 cm große Knoten; maligne M.e hingegen sind diffus wachsende, knötchenhaltige Tumoren. Bei malignen M.en läßt sich in den meisten Fällen eine Asbest- oder Glasfaserstaubexposition eruieren; sie sind daher als Berufserkrankung anerkannt. Die Prognose ist schlecht. 32

Meß|ahle: Kleininstrument mit Millimetereinteilung zur Bestimmung der Wurzelkanallänge mit Hilfe von Röntgen-Meßaufnahmen. → Wurzelkanalinstrumente. 1

Meß|block: Hilfsmittel zur richtigen und schnellen Einstellung der → Gummistopper auf Wurzelkanalinstrumenten. Vgl. Wurzelkanalbehandlung. 1

Messing n: Zink-Kupfer-Legierungen mit einem Kupferanteil von 20-80%. 4

Meß|lehre: Bestandteil von Implantatinstrumentensets. Längengraduiertes Meßinstrument, oft in Implantatform und -durchmesser zur Ermittlung der Tiefe des → Implantatbetts. Auch verwendbar als Parallelisierungshilfe bei der In-

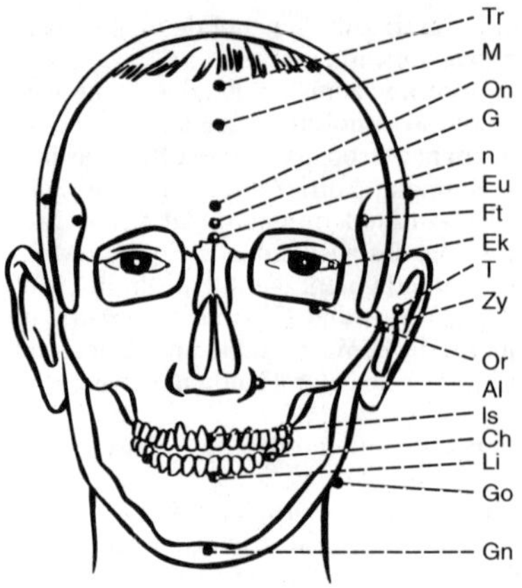

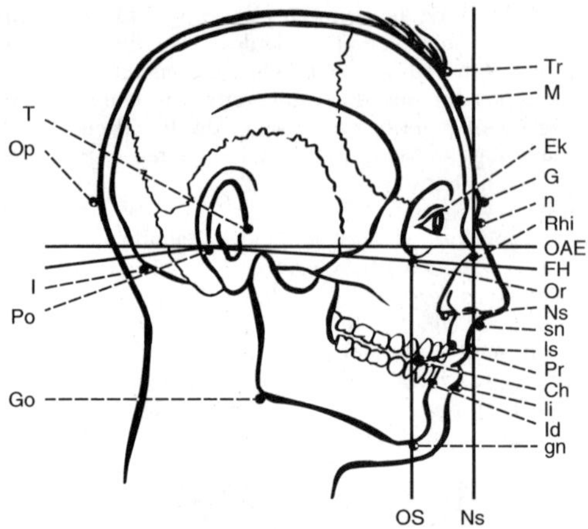

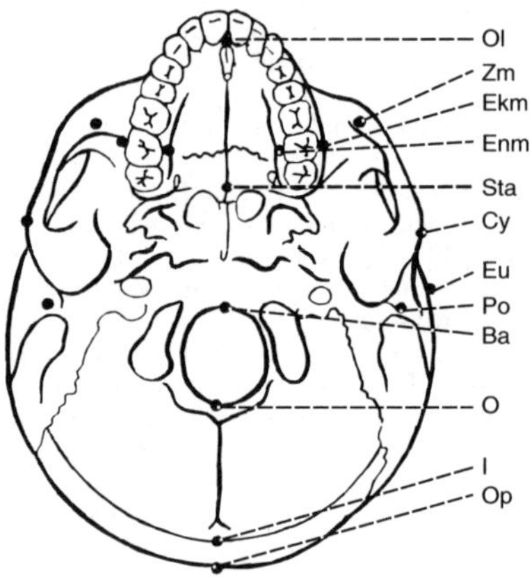

Meßpunkte. Abb. 1

Al: Alare;
Ba: Basion;
Ch: Cheilion;
Ek: Ektokonchion;
Ekm: Ektomolare;
Enm: Endomolare;
Eu: Euryon;
Ft: Frontotemporale;
G: Glabella;
gn: Gnathion;
Go: Gonion;
I: Inion;
Id: Infradentale;
Li: Labrale inferius;
Ls: Labrale superius;
M: Metopion;
n: Nasion;
Ns: Nasospinale;
O: Opistion;
Ol: Orale;
On: Ophryron;
Op: Opisthokranion;
Or: Orbitale;
Po: Porion;
Pr: Prosthion;
Rhi: Rhinion;
Sn: Subnasale;
Sta: Staphylion;
T: Tragion;
Tr: Trichion;
Zm: Zygomaxillare;
Zy: Zygion;
OAE: Ohr-Augen-Ebene;
OS: Orbitalsenkrechte;
NS: Nasensenkrechte;
FH: Frankfurter Horizontalebene [33]

sertion mehrerer Implantate zur Ausrichtung der → Implantatachse. 18

Meß|netz: aus Plexiglas hergestelltes Meßblatt mit Millimetereinteilung und 10-mm-Quadrierung zur Modellauswertung, lose dem Modell unter Deckung mit der → Raphe-Median-Ebene aufliegend oder durch Stifte fixiert (Abb.). Vgl. Gebißanalyse. 5

Meß|punkte: an den Hart- und Weichteilen (Knochen und Haut) des Kopfes angenommene Fixpunkte zur anthropolog. Auswertung der Gebiß-, Gesichts- und Schädelbeziehungen in der Kieferorthopädie (Abb. 1 bis 3). Durch diese M. werden Meßlinien und gedachte Ebenen gelegt, die der räumlichen Lagebestimmung des Gebisses im Schädel dienen: 1. in waagerechter

Orthodontisches Meßnetz nach *Bernklau.* Mit zwei Stahlstiften kann die Gitternetzplatte am Modell fixiert werden. [31]

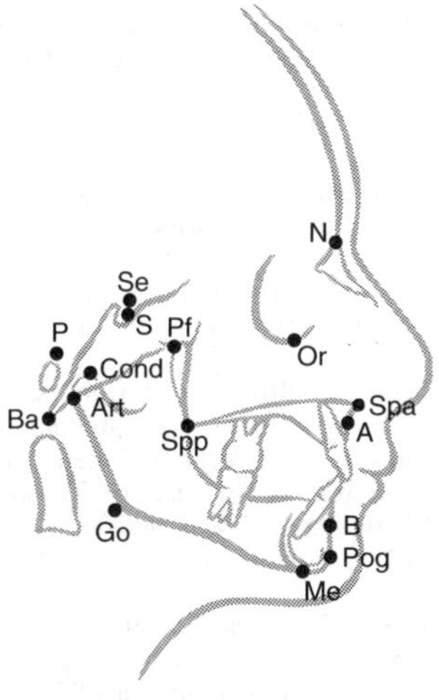

Meßpunkte Abb. 2: Meßpunkte im Fernröntgenbild ns: Nasion; Se: Se-Punkt (nach *A. M. Schwarz*); S: Sella (Sella-Mittelpunkt); Ba: Basion; Art: Articulare; Go: Gonion; Me: Menton; Spa: Spina nasalis anterior (ANS/Spa); Spp: Spina nasalis posterior (PNS/Spp); A: A-Punkt; B: B-Punkt; Pog: Pogonion; Or: Orbitale; Pt: Pt-Punkt (nach *Ricketts*); Cond: Kondylion; P: Porion.

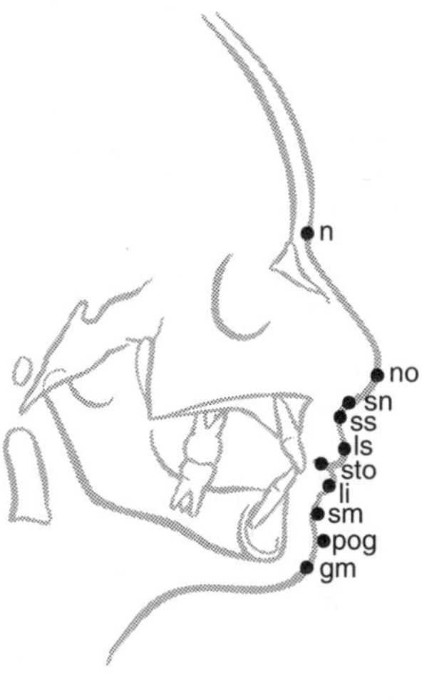

Meßpunkte Abb. 3: Meßpunkte der Profilanalyse n: Hautnasion; no: Nasenspitze; sn: Subnasale; ss: Subspinale; ls: Labrale superius; sto: Stomion; li: Labrale inferius; sm: Submentale; pog: Hautpogonion; gn: Hautgnathion.

(sagittaler) Richtung die → Ohr-Augen-Ebene, die gedachte Verbindung beider Ohr-Augen-Geraden; 2. in senkrechter (vertikaler) Richtung a) die Augensenkrechte (Orbitalsenkrechte), die vom Augpunkt senkrecht zur Ohr-Augen-Geraden gezogen wird, b) die Nasensenkrechte, welche vom Nasion senkrecht auf die Ohr-Augen-Gerade gefällt wird. Zwischen Augensenkrechte und Nasensenkrechte liegt der Mundmittelpunkt. Vgl. FRS-Analyse, Profilanalyse, Lippenanalyse, Gesichtigkeit, Biomet. Kieferorth. M. sind Markierungspunkte zur Auswertung der Modelle nach dem → *Pont*-Index. Sie liegen im Oberkiefer in der Mitte der Fissur der ersten Prämolaren bzw. ersten Molaren, im Unterkiefer sind es die ihnen gegenüberliegenden Punkte, bei Regelbiß die distalen Kontaktpunkte der ersten Prämolaren und die distobukkalen Höcker der ersten Molaren. Vgl. Gebißanalyse, Symmetrievergleich. [5]

Meß|schablone f: → Meßlehre, → Implantatschablone. [18]

Meß|tisch: → Kiefermeßtisch, → Symmetrograph. [5]

Metabolisierung (gr.) f: → Biotransformation.[7]

Meta|bolismus (gr.) m: Veränderung, auch Umwandlung, innerhalb des Stoffwechsels, und dieser selbst. [10]

Metabolit m: Pharm.: umgesetztes → Pharmakon; siehe auch → Biotransformation. [7]

meta|chron: nacheinander. Ggs.: → synchron.[12]

Metall|chelate n pl: → Chelate. [23]

Metalle (gr.) n pl: chem. Elemente, die sich durch ihr eigentümliches (metallisches) Aussehen und ihre Leitfähigkeit für Wärme und Elektrizität auszeichnen. Metalle mit einem spez. Gewicht unter 5 werden Leichtmetalle, die übrigen Schwermetalle genannt. Die meisten M. sind geschmeidig und zähe und können daher zu dünnen Blättchen und Drähten ausgezogen werden. Alle M. sind schmelzbar, fast alle lassen sich in Dampfform überführen. Kein Metall ist als solches chem. löslich; es findet stets eine Verbindung mit einem Bestandteil des Lösungsmittels (z.B. Säuren, Alkalien) statt. Die Verbindungen der M. miteinander heißen Legierungen, die Verbindungen mit Quecksilber Amalgame. In den Verbindungen der M. mit Nichtmetallen sind die typischen Eigenschaften der M. nicht mehr vorhanden. [10, 23]

Metall|guß|füllung: → Einlagefüllung. [1]

Metall|keramik f: Verfahren zur Herstellung von künstlichem Zahnersatz, bei welchem zahnfarbene dentalkeramische Massen auf gegossene Metallgerüste (Kronen oder Brücken) aufgesintert werden. Als Gerüstwerkstoffe finden Edelmetall- und edelmetallfreie Legierungen Verwendung. Die Verbindung zwischen Metall und keramischer Massen erfolgt über eine Sauerstoffbrücke. Vorteil: z.B. keine Verfärbung der Verblendung über Jahre im Vergleich zu Kunststoff-Facetten. Gebräuchliche Systeme in Deutschland sind die Verfahren Vita, VMK, Degudent und Biodent-Herador. → dentalkeramische Massen, Haftoxide. [4]

Metall|komplex|bindung: Metalle in koordinativer Bindung, z.B. in Verbindungen zwischen Metallen und Stickstoff-, Schwefel-Phosphat- und Sauerstoff-Atomen. Viele biologisch wichtige Stoffe wie → Chlorophyll (Mg-Komplex) und → Hämoglobin (Fe-Komplex) sind Metallkomplexe. Die Möglichkeit der Mitwirkung von Chelatbildnern bei der Zahnkaries (z.B. Aminosäure, energiereiche Phosphate) wird immer wieder diskutiert, ist jedoch mit den physiologisch vorkommenden Konzentrationen dieser Stoffe experimentell einwandfrei nicht bewiesen worden. Die Milchsäure kann als Chelatbildner wirksam werden. Vgl. Chelate. [23]

Metallo|graphie f: Metallkunde, vor allem die Metallgefüge-Untersuchung, die sich der Struktur der Metalle widmet. [4]

Metallose f: i.w.S. Erkrankung durch Metalleinwirkung, auch Metallstaublunge. Vgl. Silikose. I. e.S. Zellveränderungen in der Umgebung z.B. von Metallimplantaten durch Abgabe von Metallionen in umliegendes Gewebe infolge → Korrosion oder → Biodegeneration. [11, 18]

Metall|urgie f: Hüttenkunde, Lehre vom Erschmelzen der Metalle aus Erzen und Schrott sowie von deren Weiterverarbeitung. [10]

Meta|loph m: Verbindung der distalen (kaudalen) Höcker eines multituberkulaten Molaren durch eine Schmelzleiste (Nachjoch). Vgl. Ektoloph, Protoloph. [30]

Meta|lues f: Metasyphilis; Spätsyphilis, S. tarda; ihre Erscheinungen sind u.a. → Tabes dorsalis, → progressive Paralyse, → Mesaortitis syphilitica. Vgl. Syphilis. [12]

Metamizol: 2-Pyrazolin-5-on-Derivat, schwacher → Cyclooxigenase-Inhibitor, → Analgetikum, → Antipyretikum, schwaches → Antiphlogistikum. Wegen des hohen immunogenen Risikos mit tödlich verlaufendem Schock vom Vaskulitis-Typ, Agranulocytose und Hautreaktionen bis zum lebensbedrohlichen Lyell-Syndrom wurden die Indikationen für M. vom Bundesgesundheitsamt eingeschränkt auf akute starke Schmerzen, starke Schmerzen, wenn andere Maßnahmen kontraindiziert sind und hohes Fieber, das auf andere Maßnahmen nicht anspricht. Die Verwendung von M. bei nicht zugelassenen Indikationen wirft im Schadensfall rechtliche Probleme auf. [7]

Meta|morphose (gr.) f: **1.** Umgestaltung, Verwandlung. Fettige M.: fettige → Degeneration. **2.** Entwicklung vom Ei zum geschlechtsreifen Tier durch Einschaltung gesondert gestalteter, selbständiger Larvenstadien (v.a. bei Insekten). [32]

Meta|phosphor|säure: → Phosphorsäure. [10]

Meta|phylaxe f: Nachsorge; Maßnahmen zur Prävention von Wiedererkrankungen, auch postoperative Betreuung (insbes. von Tumorpatienten) und Tätigkeiten im Rahmen der → Rehabilitation (insbes. von → Leiden). Vgl. Prophylaxe. [27]

Meta|plasie f: Umwandlung eines differenzierten Gewebes in ein anders differenziertes Gewebe. Direkte M.: Umwandlung ausdifferenzierter Zellen ohne Zellteilung (z.B. Umwandlung von Gefäßwandmyozyten in reninproduzierende endokrine Zellen in der ischämischen Niere). Indirekte M.: Proliferation von ausdifferenzierten Zellen über Zwischenstufen in andersartige Zellen. Epitheliale M.: reversible Anpassungsreaktion von Epithelien auf einen chronischen Entzündungsreiz (z.B. Vermehrung der Becherzellen im respiratorischen Flimmerepithel bei chronischer Bronchitis). Mesenchymale M.: mesenchymales Gewebe formt sich unter Einwirkung von Kompressionskräften in Hyalinknorpel und unter Einwirkung von Dehnungskräften in Sehnengewebe um. Pfropft sich in beiden Fällen eine elastische Verformung auf, so kommt es zur chondralen oder desmalen Verknöcherung. Am häufigsten sind metaplastische Knochenbildungen (z.B. bei chronischer Muskelquetschung, Myositis ossificans, Spondylarthritis ankylopoetica). Vgl. Anaplasie. [32]

Meta|plasma n: → Zytoskelett. [9]

meta|stabil: Zwischenzustand der Stabilität eines Stoffes (nicht im stabilen und nicht im instabilen Gleichgewicht). [23]

Meta|stase (gr.) f: Tochtergeschwulst; Absiedlung eines Krankheitsprozesses (i.e.S. maligner Tumorzellen) fern vom ursprüngl. Entstehungsort an eine andere Stelle im Organismus. Man unterscheidet nach Art der Ausbreitung 1. hämatogene M.: Verschleppung über die Blutbahn nach Einbruch von Geschwulstzellen in Kapillaren und kleinen Venen, bevorzugt bei Sarkomen, aber auch bei Karzinomen häufig; 2. lymphogene M.: Verschleppung über die Lymphbahnen und Lymphknoten, bevorzugt von Karzinomen; 3. Implantationsmetastasen: Entstehung zahlreicher Tochtergeschwülste durch diffuse Aussaat von Tumorzellen bes. innerhalb von serösen Höhlen (z.b. Peritonealkarzinose beim Magen- und Darmkrebs); 4. M. durch kanalikuläre Ausbreitung: Tumorausbreitung innerhalb eines epithelial ausgekleideten kanalikulären Systems (z.B. Bronchien); 5. Impfmetastasen: Ausbreitung des Tumors in Stichkanälen nach Punktion oder in Laparotomienarben nach Operationen; 6. Abklatsch-, Kontaktmetastasen: direkte Übertragung von Tumorzellen auf gegenüberliegende Organstrukturen durch (dauerhafte) Berührung (z.B. beim Lippenkarzinom: Zungenspitzenmetastase). [32]

Meta|stasierung f: Verschleppung eines Krankheitsprozesses von einer Körperstelle an eine andere. Der am neuen Ort entstandene Krankheitsprozeß wird → Metastase genannt. [32]

Meta|syphilis f: → Metalues. [12]

Meta|topie f: → Heterotopie. [2]

Meta|zoen n pl: alle höher organisierten Tiere, im Gegensatz zu den (einzelligen) → Protozoen. [34]

Methadon n: → Levomethadon. [7]

Methakryl|säure: $CH_2 = C(CH_3)$ - COOH; Derivat der → Akrylsäure. Technisch von Bedeutung wegen ihrer leichten Polymerisierbarkeit. Vgl. PMMA. [4]

Met|hämoglobin n: Hämiglobin, Ferrihämoglobin; Oxidationsform des Blutfarbstoffs, bei der Sauerstoff nicht locker, sondern fest an das Hb-Eisen gebunden ist, so daß O_2 nicht mehr an das Gewebe abgegeben werden kann (sog. innere Erstickung). Bildung von M. normal nur in Spuren; sonst toxische M.-Bildung (nach Sulfonamiden, Kalium chloricum) oder autotoxische M.-Bildung (Anaerobiersepsis, Schwangerschaftseklampsie). [10]

Met|hämo|globulin|ämie f: vermehrter Methämoglobingehalt im Blut, toxisch bedingt durch Substanzen, welche die Oxidation von Hämoglobin bewirken, z.B. Anilinderivate, Sulfonamide, nitrose Gase. Besonders gefährdet sind Säuglinge, die langsamer als Erwachsene Methämoglobin reduzieren können. Leitsymptom ist die Zyanose. Auch erblicher Reduktasemangel ist bekannt. [20]

Methan: CH_4; einfachster aliphatischer Kohlenwasserstoff. Farbloses, brennbares Gas. Vorkommen als Sumpf- oder Grubengas. [23]

Methanol n: → Methylalkohol. [23]

Methohexital: N-Methyl-allyl-methyl-pentinylbarbitursäure, Brevimytal®. Kurzwirksames Hypnotikum zur i.v., i.m. und rektalen Anwendung. [2]

Methyl|alkohol: $CH_3 \cdot OH$, Holzgeist, Methanol. Entsteht bei der trockenen Destillation des Holzes. Sehr giftig! (Erblindung!). [34]

Methylen|blau: Thyazinfarbstoff, dient u.a. zur Schnellfärbung von Bakterien. [8]

Methylprednisolon: synthet. → Glukokortikoid, potentes → Antiphlogistikum, in äquieffektiven antiphlogist. Dosen geringere natriumretinierende Wirkung als → Hydrokortison. Im Eosinophilendepressionstest auf Gewichtsbasis 5fach potenter als Hydrokortison. Indikation in der Zhk.: Notfallmedikament zur parenteralen Applikation beim anaphylakt. Schock als Medikament der 3. Wahl nach → Epinephrin und → Dextran-60-Druckinfusion. Cave: je höher die Dosis, desto langsamer muß die Applikation erfolgen, um Arrhythmien und/oder einen Herz-Kreislauf-Stillstand zu vermeiden. Absolute Kontraindikationen: Allergie gegen M. Nebenwirkungen sind bei kurzfristiger hoher Dosierung normalerweise nicht zu erwarten. [7]

Methyl|rot: p-Dimethylaminoazobenzol-o-karbonsäure, wichtiger → Indikator. Farbumschlag von rot nach gelb bei pH 4,2-6,3. [23]

Methyl|violett n: basischer Farbstoff, dient in neutraler Lösung u.a. zur Bakterien- und Zellkernfärbung. [8]

Metoclopramid: Dopamin-2-Antagonist (→ Antagonist) mit ausgeprägter antiemet. und die Motilität von Magen und Dünndarm steigernder Wirkung. Indikation als Antiemetikum (= Standardtherapeutikum der 2. Wahl nach → Antihistaminika). Extrapyramidal-motorische Nebenwirkungen: Dystonien, Dyskinesien vornehml. im Kopf-Hals-Schulterbereich bes. bei Kindern sowie Spätdyskinesien bei Langzeitbehandlung mögl., daneben Hyperprolaktinämie, Galaktorrhöe sowie gelegentl. Schwindel, Benommenheit, Durchfall. [7]

Met|odontie f: unvollständige Entwicklung von Zähnen. [30]

Met|opion (gr.) n: Abk. M; kraniometr. Meßpunkt, Scheitelpunkt der Stirnwölbung in der Mediansagittalebene zwischen Haaransatz und Glabella (Abb. → Meßpunkte). [5]

Metoprolol: relativ β_1-selektiver → Adrenozeptor-Antagonist mit hohem Erprobungsgrad. [7]

Metronidazol: Nitroimidazol-Derivat, → Antibiotikum. Wirkungsspektrum: anaerobe Protozoen, obligat anaerobe Bakterien. Bacteroides und Fusobakterien reagieren besonders empfindlich. Diese Mikroorganismen spielen in der Pathogenese der progressiven Parodontitiden eine wichtige Rolle. Resistent: Actinomyceten, alle aeroben Bakterien, Propionibakterien. Indikation in der Zhk. zur Behandlung dentogen induzierter, orofazialer Infektionen bei Penicillin-Allergie und absoluter Kontraindikation gegen → Clindamycin. Nebenwirkungen: gastrointestinale Störungen, Geschmacksstörungen, Alkoholintoleranz, hämatolog., neurolog. und psychiat. Störungen, allerg. Reaktionen. M. hat ein mutagenes und karzinogenes Potential. Absolute Kontraindikationen: Allergie gegen M. und andere Imidazole, 1. Trimenon der Schwangerschaft. [6, 7]

Meulengracht-Syndrom (Einar M., Int., Kopenhagen, *1887) n: Icterus juvenilis intermittens; benigner geringgradiger Ikterus Jugendlicher, teilweise konstitutionell familiäre Belastung. Pathogenese: verminderte Bilirubinaufnahme in die Leber, Verminderung der Glukuronyltransferase (Bindung des freien Bilirubin an Glukuronsäure in den Leberzellmikrosomen). [20]

Mezlocillin: partialsynthet. → Breitspektrum-Penicillin aus der Gruppe der Acylureido-Penicilline zur parenteralen Applikation. [7]

mg: Abk. für Milligramm. mg/l: Abk. für Milligramm pro Liter, z.B. 2 mg F/l = 2 Milligramm Fluor pro Liter. mg %: Milligrammprozent, Milligramm Substanz in 100 Gramm Lösung. [23]

Mg: chem. Zeichen für → Magnesium. [23]

MHK: Abk. für **m**inimale **H**emm**k**onzentration von Antibiotika und Chemotherapeutika gegenüber Mikroorganismen. Maß für Empfindlichkeit eines Erregers. Angabe in E/ml oder µg/ml. [8]

MI: Abk. für **M**edizinische **I**nformatik (→ Informatik, med.). [26]

Mianserin: tetrazykl. → Antidepressivum, → Antagonist an → Hydroxitryptamin, 5- (5-HT_2-) und Histamin-(H_1-)Rezeptoren (→ Rezeptoren) sowie α_2-Adrenozeptoren (→ Adrenozeptoren). [7]

Miasma (gr.) n: hypothetischer Krankheitsstoff der Luft, der nach → *Galenos* von unbeerdigten Kadavern und Ausdünstungen der Sümpfe stammt. Später, bis in die bakteriologische Ära im 19. Jahrhundert, verschwommener Begriff der Seuchenlehre. [8]

MIA-System n: Abk. für **M**obil-**I**ntraoral-**A**rch-System; → Quad-Helix, bei der der federnde Innenbogen herausnehmbar mit Schlössern an Molarenbändern verankert ist. [5]

Michigan-Schiene: Aufbißschiene aus Kunststoff (heißhärtend), die den Okklusionskontakt entkuppelt und einen Vielpunktkontakt im Seitenzahngebiet herstellt. Über eine aufgebaute Front-Eckzahn-Führung wird die anteriore Führungskomponente wiederhergestellt. Sie dient der Behandlung von Okklusionsstörungen und Gelenkverlagerungen bei Myopathien und Myoarthropathien. [4]

Miconazol: synthet. Imidazol-Derivat, → Antimykotikum mit breitem antimykotischen Wirkungsspektrum (Hefen, Dermatophyten, Schimmelpilze, einige grampositive aerobe und anaerobe Bakterien). Wirkungsmechanismus: Hemmung der Ergosterol-Biosynthese sowie der NADH-Oxidase, Peroxidase und Katalase mit konsekutivem Anstieg reaktiver Peroxide. Indikation in der Zhk. als Gel zur lokalen Anwendung bei Candidiasis der Mundhöhle. Absolute Kontraindikation: Allergie gegen M. oder galenische Hilfsstoffe. [7]

Micro|coccus m: → Mikrokokkus. [8]

Midazolam: 1,4-Benzodiazepin-Derivat mit kurzer Wirkungsdauer. Wirkungsmechanismus, Nebenwirkungen usw.: → Benzodiazepine. Bei schneller Anflutung sind psychotische Episoden, Halluzinationen, Agitation, Amnesie, Ataxie, Dysarthrie, tonisch-klonische Krämpfe, Muskeltremor, Parästhesien, Atemdepression, Blutdruckabfall, Bronchospasmus, Singultus, Hypersalivation usw. möglich. Indikationen: Narkoseeinleitung, präoperative Sedierung. Die parenterale Applikation des M. setzt Beherrschung der Reanimationstechnik voraus! [7]

Middeldorpf-Wundhaken (A. Th. M., Chir., Breslau, *1824, † 1868): Operationshaken in Form einer über die Fläche gebogenen Öse (Abb.). [2]

Mid|laser m: überwiegend von Herstellern benutzte Bezeichnung für mittelenergetische Laser (überwiegend → Laserklasse IIIb), zur Abgrenzung gegenüber sog. → Softlasern und → Hardlasern. [31]

Miescher-Granulom (Dermat., Zürich, *1887, † 1961) n: → Cheilitis granulomatosa. [12]

Migräne (frz.) f: anfallsweise auftretende, meist halbseitige Kopfschmerzen verschiedener Stärke, meist als Folge zerebraler Durchblutungsstörungen angesehen. Eingeleitet durch → Skotome (Augenflimmern mit vorübergehender Blindheit), oft kombiniert mit Erbrechen, Durchfällen, Zwangspolyurie (Urina spastica), auch mit pektanginösen Zuständen und paroxysmalen Tachykardien als Zeichen der Miterregung großer Teile des vegetativen Nervensystems. Ursachen: endogene erbliche Disposition. Auslösende Faktoren: meteorologische Einflüsse (Frontendurchzug bzw. Föhn), Allergien, seelische Erregungen, beginnende Menstruation, auch Osteochondrose der Halswirbelsäule mit Reizung des Halssympathikus (Spasmus der Arteria vertebralis) kann Migräneanfälle zusammen mit Schwindelerscheinungen, Hör- und Sehstörungen (Migraine cervicale nach *Bärtschi-Rochaix*) auslösen. [20]

mikro- (gr.): in Verbindungen: klein, mit kleinen .... Bei Maßen bezeichnet es den millionsten Teil des Grundmaßes, z.B. Mikrometer (μm) = 1 millionstel Meter = 0,001 mm. Bei Gewichten der millionste Teil des Grundgewichtes. [10]

mikro|aero|phil: Bez. für Bakterien, die bei niedrigem O_2-Partialdruck wachsen; vgl. Anaerobier. [8]

Mikroben f pl: Mikrobien, Mikroorganismen; Kleinlebewesen, Protozoen (tierisch), Pilze (pflanzlich), Bakterien und Viren. [8]

Mikrobid n: polymorphes, exanthematisches, allergisches Streuphänomen nach Sensibilisierung der Haut durch Bakterientoxine. → Ekzem, mikrobielles. [12]

mikrobiell: → Mikroben betreffend, durch diese hervorgerufen. [8]

Mikro|bio|logie f: Lehre von den Mikroorganismen (Kleinstlebewesen). [15]

mikrobi|statisch: die Vermehrung von → Mikroben hemmend. [8]

Mikroblasten m pl: Vorstufen der → Mikrozyten bzw. abnorm kleine Vorstufen der → Erythrozyten bei chron. Anämien. [20]

Mikro|cheilie f: abnorme Kleinheit einer oder beider Lippen, wobei das Lippenrot kaum noch sichtbar ist. [3]

Mikro|chirurgie f: chirurgische Maßnahmen unter dem Operationsmikroskop; → mikrovaskuläre Chirurgie. [2]

Mikro|dontie f: pathologisch kleine Zähne, z.B. bei → Lues connata, auch als Symptom von Entwicklungsstörungen (Dysostosen) und als Mikrosymptom der Nichtanlage von Zähnen. Vgl. Dentalindex, Hypodontie. [5]

Mikro|filamente n pl: Bestandteil des → Zytoskeletts. M. bestehen aus Aktin (Durchmesser 5-7 nm) und bewirken vermutlich die aktiven Bewegungen der Zelle. [9]

Mikro|foto|grafie f: nach DIN der Bereich der Fotografie mit → Abbildungsmaßstäben von 10:1 und mehr. Dazu wird das Mikroskop als bilderzeugendes Gerät benutzt. Im zahnmedizinischen Bereich betrifft dies vor allem die wissenschaftliche Fotografie und die Fotografie durch das Stereomikroskop. [17]

Mikro|füller: → Komposit. [1]

Mikro|genie f: Brachygenie, Mandibulahypoplasie, Opisthogenie; Unterentwicklung des Unterkiefers, extrem als sog. → Vogelgesicht. Erworben durch frühzeitigen Zahnverlust, auch als Folge einer frühkindlichen Zahnkeimosteomyelitis oder → Ankylose des Kiefergelenks, angeboren oft gemeinsam mit anderen Fehlbildungen (Dyskraniodysphalangie, Dysmorphia mandibulooculofacialis, Dysostosis acrofacialis, Dysostosis mandibularis, Dysostosis mandibulofacialis, Dystrophia brevicollis congenita, *Robin*-Syndrom, Pterygium-Syndrom, Synotie). [5]

Mikro|glia f: eine Form von → Neuroglia. [9]

Mikro|glossie f: abnorm kleine Zunge, angeboren, z.B. beim → *Robin*-Syndrom. [2]

Mikro|gnathie f: Branchygnathie; angeborene Unterentwicklung des Oberkieferkörpers einschließlich des Alveolaranteiles. Tritt äußerlich oft als Pseudoprogenie (→ Progenie) und als → Schüsselgesicht in Erscheinung. Kommt auch in Kombination mit anderen Mißbildungen vor, z.B. bei → Dysostosis craniofacialis. Wird bei geringgradiger Ausprägung als → Retrognathie bezeichnet. [5]

Mikro|gramm n: Maßeinheit, Bezeichnung für 10^{-6} g = einmillionstel Gramm. Kurzbezeichnung = μg; früher Gamma (γ). [34]

Mikro|kator m: Instrument zur Bestimmung der Härte im Mikrobereich. [4]

Mikro|kokkus m: Gattung grampositiver, fast immer harmloser Haufenkokken; verwandt (aber nicht identisch) mit → Staphylokokken. Zahlreiche Arten als Schleimhautepiphyten in der Mundhöhle. [8]

Mikro|meter n: **1.** Maßeinheit, Bezeichnung für 10^{-6} m = einmillionstel Meter. Kurzbezeichnung = μm; früher Mikron. **2.** Vorrichtung zum Messen von Abständen, Dicken u.ä. mittels einer feingängigen Schraubspindel, der Mikrometerschraube, und einer daran angebrachten Skala. [10]

Mikro|motor m: elektrisch oder luftbetriebener Kleinmotor für die Anwendung von → rotierenden Instrumenten. Bildet wegen seiner geringen Ausmaße eine Einheit mit dem → Handstück. Durch moderne Steuerungs- und Übersetzungstechnik großer Drehzahlbereich von etwa 100 bis über 100.000 U/min. Machte bei seiner Einführung das → *Doriot*-Gestänge überflüssig. [1,21]

Mikro|organismen m pl: → Mikroben. [8]

Mikro|osteo|synthese f: Ostoeosynthese mit sehr kleinem Osteosynthesematerial (Schraubendurchmesser ~/mm). Indiziert im Mittelgesicht und in der kraniofazialen Chirurgie. [2]

Mikro|phagen m pl: kleine → Phagozyten, polymorphkernige Leukozyten des Blutes, die kleiner sind als die → Makrophagen und im Gegensatz zu diesen nur an der unspezifischen Abwehr ohne Kooperation der Lymphozyten beteiligt sind. [8, 9]

Mikro|phyten m pl: pflanzliche Mikroben. [8]

Mikro|skop n: optisches Gerät, das durch Linsenwirkung kleine, nahe Gegenstände dem Auge vergrößert darstellt (Abb.). Das einfache M. besteht aus einer oder mehreren hintereinander befindlichen konvexen Linsen (Lupen) und bildet

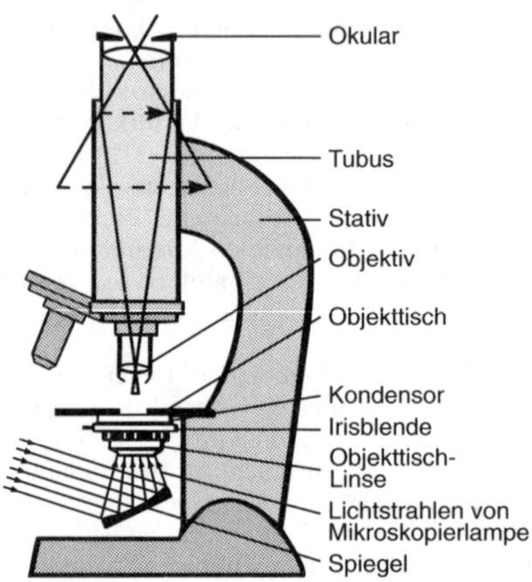

mit passenden Vorrichtungen zum Präparieren von Objekten das Präpariermikroskop. Das zusammengesetzte M. besitzt als Objektiv eine Sammellinse, die von einem etwas jenseits ihres Brennpunktes liegenden Gegenstand ein vergrößertes Bild entwirft, das nun durch die zweite Linse, das Okular, wie durch eine Lupe nochmals vergrößert wird. Vgl. Elektronenmikroskop, Phasenkontrastmikroskopie, Polarisationsmikroskopie. [10]

mikro|skopisch: nur mit dem Mikroskop wahrnehmbar. [10]

Mikro|somen n pl: feine Körnchen im Plasma von Zellen. [9]

Mikro|sporie f: Tinea capitio; kleinsporige Kopfscherflechte; sehr ansteckende → Mykose, an der nur Kinder erkranken, mit grauen, feinschuppenden, kahlen Stellen auf dem behaarten Kopf, in denen die erkrankten Haare abgebrochen sind. Erreger: Microsporum audouini, M. canis. Therapie oral: → Griseofulvin, Ketoconazol, Terbinafin, lokale antimykotische Medikamente. Umgebungsuntersuchung. [12]

Mikro|stomie f: Mikrostoma; angeborene abnorme Kleinheit des Mundes. [3]

Mikro|tom n: Instrument zur Herstellung feiner Schnitte für mikroskopische Zwecke. Meist läuft das Messer, auf einem sog. Schlitten befestigt, auf einer horizontalen Bahn, während sich das Objekt entweder durch eine feine Schraube um die betreffende Schnittdicke hebt oder gleichfalls in einem Schlitten auf einer sanft ansteigenden Bahn langsam in die Höhe gehoben wird (Schlittenmikrotom). Die Vorbereitung der Objekte geschieht entweder dadurch, daß man die weichen Stücke durch Kälte oder durch Verstäuben von Äther zum Erstarren bringt und bei möglichst niedriger Temperatur schneidet (Gefrierschnitt), oder dadurch, daß man sie nach Erhärtung durch chemische Mittel mit Paraffin oder dergleichen durchtränkt, darauf den in dem Paraffin eingebetteten Gegenstand schneidet und ersteres aus den Schnitten durch Terpentinöl, Benzol usw. entfernt. [2]

Mikro|tubuli m pl: 24 nm dicke Röhrchen, die die Gestalt einer Zelle aufrechterhalten. Wahrscheinlich dienen die M. außerdem dem Transport von Substanzen innerhalb des Zytoplasmas. [9]

mikro|vaskuläre Chirurgie f: Verbindung kleiner Gefäße durch Naht mit Hilfe des Mikroskops bei Vereinigung abgetrennter Gewebspartien oder plastischem Ersatz durch Verwendung anastomisierter Gewebeteile. [2]

Mikro|zephalie f: abnorme Kleinheit des (Hirn-)Schädels infolge Unterentwicklung des Gehirns und frühzeitigem Nahtverschluß mit fliehender Stirn, sog. Aztekenkopf. [3]

Mikro|zyten m pl: abnorm kleine aber ausgereifte → Erythrozyten bei verschiedenen Anämien. [20]

Mikulicz-Krankheit (Johann von M.-Radecki, Chir., Breslau,*1850, † 1905): meist symmetr., schmerzlose Schwellung der Speicheldrüsen, oft auch der Tränen- und Schleimdrüsen (Abb.). Es können auch einige Drüsenpaare verschont bleiben (Formes frustes). Histolog. interstitielle Lymphozyteninfiltration mit Druckatrophie des Drüsengewebes. Speichelfluß zunächst vermehrt, später vermindert (Xerostomie). Als Folge hohe Kariesanfälligkeit. Ursache unbekannt. Beziehungen zu → *Heerfordt*- und → *Sjögren*-Syndrom. Allergische Sialose? Jahrelanger Verlauf.

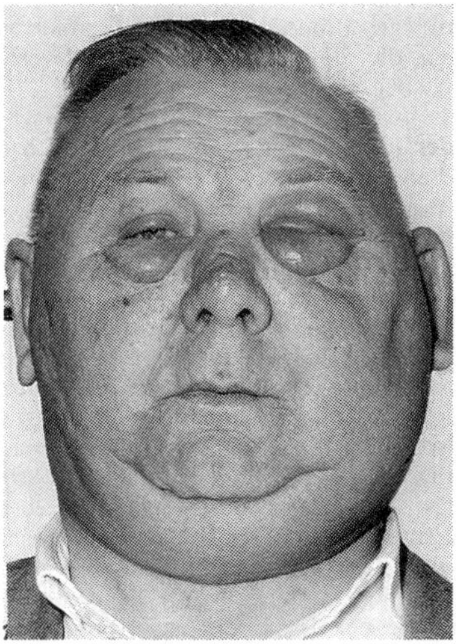

Therapie: Röntgen in kleinsten Dosen, Arsen als *Fowler*-Lösung, → Kortisone. [2]

Milben: Ordnung Acarina, gehören zum Unterstamm der Spinnentiere (Chelicerata) im Stamm der Arthropoden (Gliederfüßler); med. wichtig Sarcoptes scabiei, die Krätzemilbe; Pediculoides ventricosus, Erreger der Bäckerkrätze; Demodex folliculorum, lebt in Haarfollikeln und Talgdrüsen (Haarbalgmilben); Hausmilben in Nahrungsmitteln (Käsemilbe) und tot im Staub als Allergen (Asthmamilben). [8]

Milch|brust|gang: Ductus thoracicus, Hauptgang des Lymphgefäßsystems, führt den Lymphstrom der unteren und der linken oberen Körperhälfte von der Bauchhöhle durch die Brusthöhle am Zusammenfluß der V. subclavia und V. jugularis in die venöse Blutbahn. Nimmt aus dem Truncus bronchomediastinalis die Darmlymphe (→ Chylus) auf. [34]

Milch|gebiß: Milchzähne; → Dentes decidui. [5]

Milch|säure: α-Hydroxypropionsäure, CH_3-CHOH-COOH; Zwischenstufe im Kohlenhydratabbau. Offizin. Acidum lacticum (enthält etwa 75% Milchsäure und 20% Milchsäureanhydrid), dicke, farblose Flüssigkeit, stark ätzend. 5 bis 10%ig zur Behandlung entzündeter Zahnfleischränder und -taschen; bis 50%ig bei Schleimhautgeschwüren, besonders tuberkulösen (schmerzhaft, Lokalanästhesie). Im → Deutschen Arzneibuch aufgeführte und in Apotheken erhältliche Verbindung. [23]

Milch|säure|bakterien f pl: → Laktobazillen. [8]

Milch|zähne: → Dentes decidui. [30]

Milch|zahn|karies, zirkuläre f: im zervikalen Kronendrittel der oberen Frontzähne zirkulär verlaufende, an den Zahnpaaren symmetrisch auftretende Karies, bedingt durch mangelhafte extrauterine Mineralisation der in den ersten Lebensmonaten gebildeten Schmelzabschnitte. Entsprechend den verschiedenen Mineralisationszeiten bzw. der Lage und Ausbreitung des postnatal gebildeten Schmelzes bleiben die unteren Schneidezähne meist frei, wogegen bei den Molaren die gesamte Kronenfläche betroffen ist. Vgl. Geburtslinie. [1]

Milch|zahn|persistenz f: das Verbleiben von Milchzähnen über die Zeit des normalen Zahnwechsels hinaus, sei es aus Gründen der Nichtanlage bzw. Verlagerung eines bleibenden Zahnes (z.B. Persistenz des Milcheckzahnes anstelle des verlagerten bleibenden Eckzahnes oder eines Milchmolaren anstelle des fehlenden Prämolaren) oder der Überzahl bleibender Zähne, die hindernd auf den Zahnwechsel wirkt (z.B. → Mesiodens), ferner bei mangelhafter Entwicklungstendenz und Mißbildungskomplexen. Vgl. Dysostosis acrofacialis, Dysostosis cleidocranialis, Kretinismus, Rachitis, Lipoidproteinose. [5]

Milch|zahn|zysten f pl: kommen als radikuläre → Zysten, wenn auch selten, vor. Vgl. Dentitionszysten. [2]

Milch|zucker: → Laktose. [23]

miliar (lat.): hirsekorngroß. [8]

Miliar|tuberkulose f: massenhaftes Auftreten miliarer Tuberkelknötchen in den Organen infolge hämatogener Streuung; vgl. Tuberkulose. [8]

Milien (lat.) f pl: Hautgrieß, stecknadelkopfgroße, weißlich-gelbliche Knötchen, besonders in der Augenumgebung, frei in der Epidermis liegende, zwiebelschalenartig gebaute Hornperlen. Therapie: Anritzen mit dem Starmesser; Herausheben der Hornperle. [12]

Milkman-Syndrom (Louis A. M., Rö., Scranton, *1895, † 1951) n: ungefähr symmetrische Spontanfrakturen, rezidivierend, mit schlechter Heilungstendenz. Bei alimentären Osteoporosen infolge Kalkarmut und Bildung symmetrischer Umbauzonen (→ *Looser*-Umbauzonen). [2]

Miller-Nadel (Willoughby Dayton M., Za., Berlin, *1853, † 1907): glatte, im Querschnitt kantige oder runde dünne Nadel zum Sondieren des Wurzelkanals. Bei Benutzung Gefahr der Perforation des → Apex. [1]

Millival n: Abk. mVal; Maßeinheit, = $^1/_{1000}$ → Val.; entspricht dem → Grammäquivalent. [23]

Milz: Lien, Splen; unpaariges, in den Blutkreislauf eingeschaltetes Organ links in der Höhe der

9.-11. Rippe unter dem Zwerchfell, normal nicht tastbar, Gewicht um 200 g. Funktion: Bildungsstätte von → Lymphozyten, Teil des → retikuloendothelialen Systems mit Speicherungs- und Abfangfunktion (Zerstörung der Erythrozyten, → Blutmauserung) und Produktion von Abwehrstoffen, hormonaler Fernwirkung auf das Knochenmark u.a. [9]

Milz|brand: Anthrax; Erkrankung des Schlachtviehs. → Berufskrankheit bei Schlächtern, Kürschnern, Abdeckern usw. Erreger: → Milzbrandbazillus, der äußerst widerstandsfähige Sporen bildet. Defektinfektion. Es bildet sich der Milzbrandkarbunkel, der geringe Schmerzen verursacht und sich vom gewöhnlichen Karbunkel durch eine blauschwarze Kuppe unterscheidet (Pustula maligna), Lymphknotenschwellung, erhöhte Temperatur. Kann auch an der Mundschleimhaut und an der Zunge (Glossanthrax) auftreten, jedoch selten, da diese eine gewisse Resistenz zu besitzen scheint. Therapie: Salbenlappen, Spontaneröffnung abwarten. Keinerlei Eingriffe, da sonst Gefahr der meist tödlichen Allgemeininfektion. Hohe Penizillin- und Tetrazyklindosen, evtl. Milzbrandserum. [8]

Milz|brand|bazillus m: Bacillus anthracis (Abb.); von *R. Koch* als erster Seuchenerreger erkannt, der die → *Koch*-Postulate erfüllte. Sporenbildend, aerob, leicht züchtbar, im Organismus Polypeptid-Kapseln bildend. Kolonien besitzen lockige Ausläufer, bedingt durch parallel liegende Stäbchenketten. Nachweis: Direktpräparat, Kultur, Tierversuch. [8]

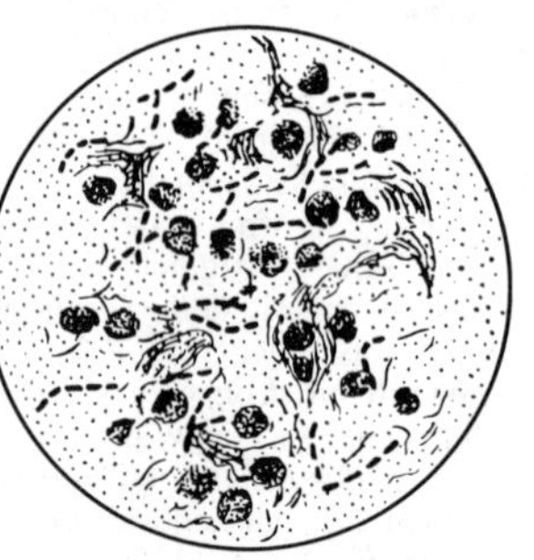

Mikroskopisches Präparat von Milzbrandbazillen im Gewebeausstrich. Neben den Bazillen in Kettenform Schleimkapseln aus Polypeptiden.

Milz|ex|stirpation f: operative Milzentfernung, z.B. nach traumatischer Zerreißung oder bei hämatologischen Erkrankungen (chronische autoimmunhämolytische → Anämie, chronische → Thrombopenie). [34]

Mimik (gr.) f: der Inbegriff der Gesichtsbewegungen, die die psychischen Zustände erkennbar machen. [10]

mimische Muskeln: → Muskeln, mimische. [9]

Minder|jährige: Im Rechtsverkehr noch nicht voll handlungsfähige Personen. Sie sind geschäftsunfähig (unter 7 Jahren, § 104 BGB) bzw. beschränkt geschäftsfähig (§ 106 BGB). → Verträge können nur mit Einwilligung des gesetzlichen Vertreters wirksam abgeschlossen werden. Die Einwilligung ist nur entbehrlich bei Verträgen, deren Gegenleistung vom M.n aus Mitteln beglichen wird, die ihm zur freien Verfügung oder zu diesem Zweck zur Verfügung stehen, oder wenn der M. bereits arbeitstätig ist und der Vertrag im Zusammenhang mit dem Arbeits- oder Anstellungsverhältnis steht. Der M. kann auch Bote der Eltern sein, der die Willenserklärung der Eltern zum Abschluß eines → Behandlungsvertrages dem Zahnarzt übermittelt. Eine Rückfrage bei den Eltern ist erforderlich. Bei der → Einwilligung in die Behandlung ist die Einsichtsfähigkeit des M.n maßgeblich. [24]

Minderung: → Mangel. [24]

Mineral (lat.) n: anorganischer natürlicher Bestandteil der festen Erdrinde. [10]

Mineralisation (lat.) f: Einlagerung von Kalziumsalzen in eine organische Grundsubstanz (→ Matrix) mit der Bildung von Hydroxylapatit. Neben Kalzium und organischem Phosphat sind spezielle Zellen (→ Osteoblasten), die alkalische Phosphatase und die Beschaffenheit der Matrix (Kollagen als Nukleator) für die M. von Bedeutung. Über die Vorgänge, die zur Ausbildung der ersten Kristallkeime und deren Wachstum führen, bestehen noch keine einheitlichen Auffassungen. Im einzelnen besteht Uneinigkeit darüber, ob die Einlagerung der Mineralsalze in die organische Matrix einen enzymatischen Prozeß darstellt, ob sie physikochemischen Gesetzen folgt oder ob eine Kombination beider Möglichkeiten vorliegt. [9, 22, 30]

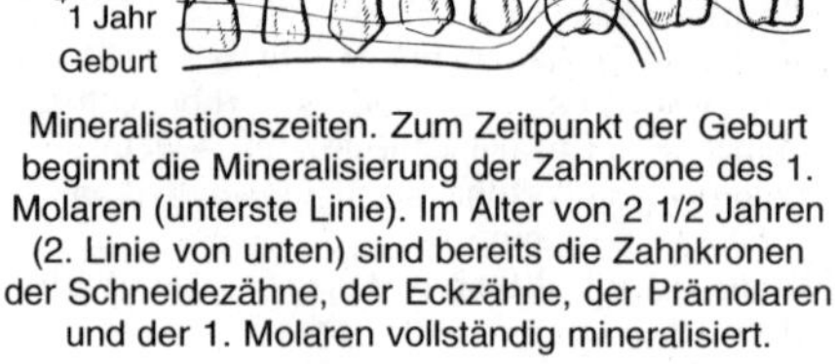

Mineralisationszeiten. Zum Zeitpunkt der Geburt beginnt die Mineralisierung der Zahnkrone des 1. Molaren (unterste Linie). Im Alter von 2 1/2 Jahren (2. Linie von unten) sind bereits die Zahnkronen der Schneidezähne, der Eckzähne, der Prämolaren und der 1. Molaren vollständig mineralisiert.

Mineralisationszeiten: durchschnittlicher Zeitpunkt der beginnenden Mineralisation der Zahnkeime (Abb. s. S. 484). Die M. sind für Ober- und Unterkieferzähne sowie für die verschiedenen Zahntypen unterschiedlich. 5

Mineralisierung f: → Mineralisation. 9

Mineralo|kortiko|ide n pl: Nebennierenrindenhormone, Steigerung der Natrium- (und damit Wasserrückresorption) und der Kalium- und Wasserstoffionenausscheidung. Damit Aufrechterhaltung des zirkulierenden Flüssigkeitsvolumens, des Elektrolytgleichgewichts, der physiologischen Wasserstoffionenkonzentration und damit indirekt des Blutdrucks. Aldosteron und Desoxykortikosteron sind die wichtigsten M. Bei M.-, d.h. bei Aldosteron-Überdosierung: *Conn*-Syndrom mit Blutdrucksteigerung, Polyurie, Muskelschwäche, Erhöhung des Serum-Natriums. Erniedrigung des Serum-Kaliums. → Aldosteronismus. 12

Mineral|öle: Sammelbezeichnung für → aliphatische Verbindungen, z.B. Benzin, Petroleum, Heiz- und Schmieröle. 23

Mineral|säuren: ursprüngliche Bezeichnung für alle in Form ihrer Salze in Mineralien vorkommenden anorganischen Säuren, heute fast ausschließlich für Salz-, Schwefel- und Salpetersäure. 23

Mini|dam: von *Weißenfluh* beschriebenes etwa pfennigstückgroßes perforiertes Gummituch zum Trockenlegen einzelner Zahnkronen, das bis zum Zahnhals übergezogen wird. Vgl. Kofferdam. 1

Mini|kalotte f: → Kondylartheorie. 4

Miniplast®-Schiene: abnehmbare Aufbißschiene aus 0,5 mm starker Plastikfolie (*Drum*). Dient der Schienung und Ruhigstellung von Zähnen bei Parodontopathien, Zahnfrakturen und -luxationen. 4

Minocyclin: Derivat des → Tetracyclins mit einer oralen → Bioverfügbarkeit von > 90% und einer Eliminationshalbwertszeit (→ Halbwertszeit, terminale) von 18 ± 4 h. Neben den allgemeinen Nebenwirkungen der Tetracycline können zusätzl. vestibuläre Störungen (Schwindel und atakt. Störungen bei ambulanten Patienten bis zu 40%, Frauen > Männer) und postinflammator. Pigmentationen auftreten. 7

Minuten|volumen n: die Blutmenge, die vom Herzen in 1 min ausgetrieben wird; modern: Herzzeitvolumen (HZV), das in 1 min vom Herzen geförderte Blutvolumen. Allgem.: das in 1 min durch ein Rohr (Kreislaufabschnitt) fließende Flüssigkeitsvolumen. 10

Miosis (gr.) f: Verengerung der Pupille. 10

Misch|elemente: → Elemente. 23

Misch|flora f: Mikroorganismen unterschiedlicher Art, die in einer ökologischen Nische z.T. in → Symbiose existieren. 6

Misch|geschwulst: von Gewebskeimen ausgehendes Gewächs, das sich aus mehreren Geweben zusammensetzt, z.B. → Odontom, → Teratom. Vgl. Mischtumor. 2

Misch|gewebe: Übergang des Pulpagewebes in das Periodontalgewebe im → Foramen apicis dentis. 1

Misch|infektion f: gleichzeitige Infektion des Körpers mit zwei oder mehr Erregern, wobei sich die Enzymsysteme der verschiedenen Erreger ergänzen. Typische M.en sind → Aktinomykose und → Fusospirochätosen. Vgl. Sekundärinfektion. 8

Misch|polymerisation f: → Polymerisation. 4

Misch|tumor m: klinisch eingeführte, jedoch unkorrekte Bezeichnung für epitheliales Gewächs, ausgehend vom Drüsenepithel, das scheinbar aus verschiedenartigsten Geweben zusammengesetzt ist. Zählt zu den → Adenomen und

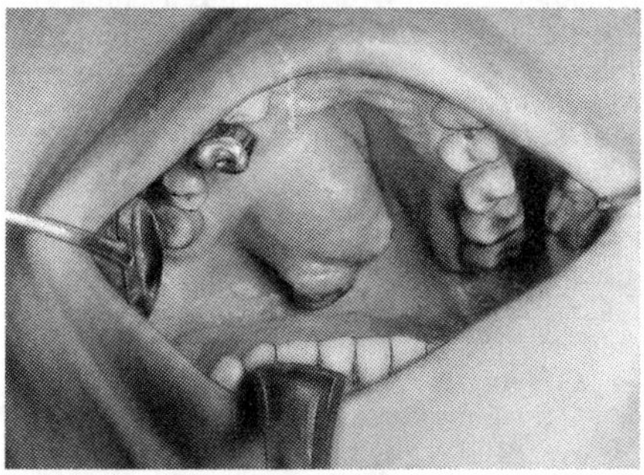

Mischtumor am Übergang vom harten zum weichen Gaumen

ist nicht unbedingt gutartig. Die einzelnen Zonen stellen teils Abwandlungen der Sekretionsprodukte dar, teils metaplastische Umbildungen des bindegewebigen Stroma, daher bessere Bez. pleomorphes Sialadenom. Die Auffassung, daß die Mischtumoren teratoide Gebilde darstellen, entstanden durch Keimversprengung, ist aufgegeben worden. Die M.en finden sich als derbe, langsam wachsende Gewächse vor allem innerhalb des Drüsengewebes der Parotis, aber auch in den anderen Speicheldrüsen sowie in der Mundschleimhaut; hier bevorzugt als flach aufsitzende Gebilde am Übergang vom harten zum weichen Gaumen (Abb.). Stets von einer bindegewebigen Kapsel umgeben. Keine Metastasen, starke Rezidivneigung. Therapie: Ausschälung.

Anoperierte M.e neigen zu karzinomatöser Entartung. Vgl. Adenozystom, Zylindrom. [2]

Miserere (lat.) n: Koterbrechen, z.B. durch Darmverschluß (Ileus). [20]

Mißbildung: Dysplasie; anatomische Veränderung (Fehlentwicklung) einzelner oder mehrerer Organe, die auf eine genetische oder umweltbedingte Störung der intrauterinen Entwicklung zurückzuführen ist. Vgl. Dysostosen, Gesichtsspalten, Zahndysplasien. [3]

Mißverhältnis, offensichtliches: Begriff der → Wirtschaftlichkeitsprüfung für wesentliche Abweichungen durchschnittlicher Werte einer Praxis von denen vergleichbarer Praxen. Dabei kann die Unwirtschaftlichkeit ohne Überprüfung von Einzelfällen im Sinne eines → Anscheinsbeweises angenommen werden. Die Grenze ist nach der Rechtsprechung je nach Lage zwischen 40 und 100% angesiedelt. Vom Behandler vorgebrachte oder den Prüfeinrichtungen bekannte → Praxisbesonderheiten müssen berücksichtigt werden. → Beispiel- und Durchschnittsprüfung; Einzelfallprüfung (→ Wirtschaftlichkeitsprüfung). [25]

Mitella (lat.) f: um den Nacken geschlungenes, dreieckiges Tragetuch, in welchem der verletzte Arm ruht. [2]

Mitesser: → Komedonen. [12]

Mito|chondrien n pl: 0,5 - 2 µm große, meist längliche Zellorganellen, bestehend aus 2 in sich geschlossenen, konzentrischen Zytomembranen (die innere stark gefaltet), die 2 getrennte, mit flüssigen Substanzen gefüllte Kompartimente begrenzen. Ihre Hauptaufgabe: die Synthese von → ATP und die Gewinnung von Energie aus den Oxidationsprozessen. [9]

Mitose (gr.) f: indirekte Zellteilung, erbgleiche Verteilung des im Zellkern lokalisierten Erbgutes auf zwei neue Tochterzellen. Dabei folgt einer Aufteilung der Kernsubstanz (Karyokinese) die Aufteilung des Zelleibes (Zytokinese). Die lebenden Zellen befinden sich während der längsten Zeit ihres Lebens in der „Interphase", d.h. in ihrem Arbeitszustand mit Aufgaben für den Gesamtorganismus. Mit Beginn einer Zellteilung vollzieht sich eine Reihe charakteristischer Veränderungen, die schematisch in 6 Phasen zu unterteilen sind (Abb.): 1. Prophase: Spiralisierung der Chromosomen im Kern, Ausbildung der Zentralspindel zwischen Tochterzentralkörpern und von Polstrahlungen (Astrosphäre); 2. Prometaphase: Streckung der Zentralspindel, Bildung von Zugfasern und Bündelung der Chromosomen zur Einordnung in den Äquator der Spindel; 3. Metaphase: die längsgeteilten Chromosomen im Äquator der Spindel (Monaster);

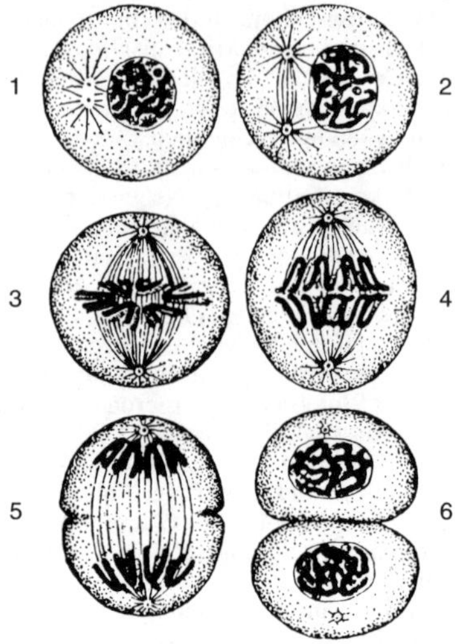

4. Anaphase: Auseinanderrücken der Tochterchromosomen zu den Spindelpolen, bilden Diaster (Tochterstern); 5. Telophase: Umwandlung der Chromosomen in ein Kerngerüst, Ausbildung einer Kernmembran, Rückbildung der Polstrahlungen, Durchschnürung des Zytoplasmakörpers; 6. Rekonstruktionsphase: Übergangszeit von der Teilung zur Arbeitsfunktion. Vgl. Endomitose, Amitose. [9]

Mitra (gr.) f: Binde. [2]

Mitra Hippocratis f: mützenartiger Verband für den Kopf, hergestellt mit einer zweiköpfigen, von beiden Enden zusammengerollten Binde (Abb.). [2]

Mitral|klappe: → Valva. [9]

Mitral|öffnungs|ton: bei → Mitralstenose häufiger Extraton kurz nach dem 2. Ton, Entstehung eines → Galopprhythmus. 10

Mitral|stenose f: nur ungenügende Füllung des linken Ventrikels durch den dilatierten und nur wenig hypertrophierten linken Vorhof als Folge der Klappenenge (bis zur „Knopflochstenose"). Folgen: Ventrikelatrophie, Blutrückstau im Lungenkreislauf mit Sklerosierung der Pulmonalarterien und Rechtsherzhypertrophie. Symptome: Dyspnoe bis zum → Lungenödem, → Zyanose, Mitralgesicht (livide Wangen), Reizhusten, Neigung zu → Embolien im Bereich der Extremitäten und des Gehirns. Auskultatorisch: paukender 1. Ton, früh- und spätdiastolisches Geräusch, → Mitralöffnungston, kleiner Puls. Therapie: konservativ oft sehr undankbar, zeitige operative Klappensprengung in etwa 80 % gute bis befriedigende Resultate mit mäßiger Rezedivquote. Operationsmortalität bei unkomplizierten Fällen unter 1 %. Allen Mitralfehlern gemeinsame Gefahr des → Vorhofflimmerns mit absoluter Arrhythmie der Kammern. Genaue Lokalisationsdiagnostik: Phonokardiogramm, Echokardiographie, → Elektrokardiogramm, → Herzkatheter, Röntgenbild. 34

Mittel|format n: Gruppe von fotografischen Filmformaten, bei denen der Rollfilm 120, ein 6,2 cm breiter Film, verwendet wird. Die Aufnahmeformate können 4,5 x 6 cm, 6 x 6 cm, 5,6 x 7,2 cm, 6 x 7 cm oder 6 x 9 cm betragen. Trotz des unbestreitbaren Vorteils der größeren Filmfläche hat sich das Mittelformat in der → Dentalfotografie aus Kostengründen und wegen des im → Kleinbildformat reichhaltigeren Angebots an Makrozubehör bisher nicht durchgesetzt. 17

Mittel|gesicht: Gesichtsabschnitt zwischen den → Meßpunkten Nasion und Subnasale, mittleres Gesichtsdrittel. Vgl. Biomet. 5

Mittel|gesichts|fraktur f: → *Guérin*-Fraktur, → *LeFort*-Frakturlinien. 2

Mittel|gesichts|winkel: nasaler → Profilwinkel. 5

Mittel|linie, unter|kiefer|eigene: konstruierte Mitte des Unterkiefers, topographisch-anat. nicht gegeben. Bei transversal korrekter Position der Mandibula relativ zum Oberkiefer und zur Gesichtsmitte kann die → Raphe-Median-Ebene auf das Unterkiefermodell übertragen und die M. bestimmt werden. Weicht die Unterkiefermitte infolge mandibulärer Verschiebung ab, so muß die unterkiefereigene Mitte gesucht werden. Hierzu sind Lippen und Zungenbändchen zu verwerten, wenn diese tief ansetzen. Der verläßlichste Anhalt ist jedoch die Unterkiefer-Röntgenaufnahme, auf der die → Spinae mentales bei weit nach hinten gelegtem Kopf die Unterkiefermitte andeuten. Vgl. Lateralbiß. 5

Mittel|meer|fieber: → Maltafieber. 8

Mittel|ohr: → Ohr. 9

Mittel|wert: arithmetisches Mittel, Summe der Ausprägungen eines Merkmals, dividiert durch die Anzahl der Beobachtungen bzw. Merkmalsträger. 26

Mittel|wert|artikulator m: Gelenksimulator, → Artikulator; besteht aus einem Unterteil und einem Oberteil als Modellträger, dem Artikulatorengelenk, dem → Schneidezahnführungsstift zur

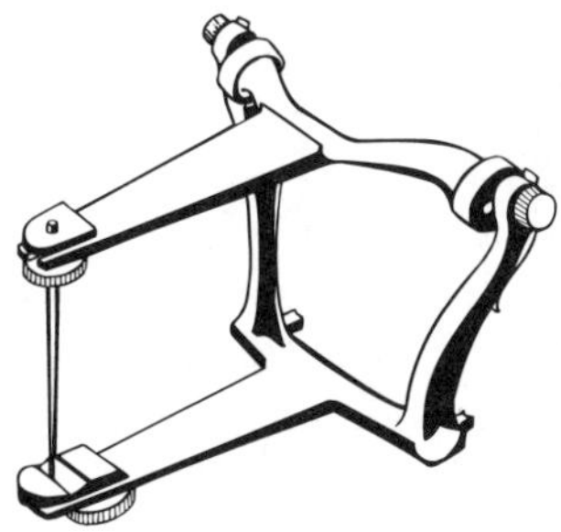

Fixierung der Bißhöhe und dem Schneidezahnführungsteller. Er erlaubt Gelenkbewegungen mit einer meist starren Gelenkbahnneigung von 30-35° zur → *Camper*-Ebene und einem Schneidezahnführungswinkel von 10-15° (Abb. Modell *Heilborn*). Die Lage der Okklusionsebene zu den Kiefergelenken entspricht dem → *Bonwill*-Dreieck. Zu dieser Gruppe gehören: der *Bonwill-*, *Heilborn-*, *Gysi*-Simplex-Artikulator, der Atomic, Atraumatic u.a. 4

Mittel|wert|gesicht: → Biomet. Vgl. Gesichtigkeit. 5

Mitwirkungs|pflichten: Pflichten des Versicherten aus dem Versicherungsverhältnis (Duldung von Untersuchungen, Auskunftspflichten etc.). M. treffen aber auch den Zahnarzt im Rahmen der Verfahren der vertragszahnärztlichen Versorgung, so bei Verfahren der → Wirtschaftlichkeitsprüfung oder der → Honorarfeststellung und → Honorarberichtigung. 24

Miyagawanella (Jonedschi Miyagawa, japan. Bakt., *1885) f: → Chlamydia. 8

Mm.: Abk. für Musculi, Muskeln; sing M., Musculus. 9

Mn: chem. Symbol für → Mangan. 23

Mo: chem. Symbol für → Molybdän. 23

Mobilisation (lat.) f: Beweglichmachung, z.B. eines versteiften Gelenkes, eines Hautlappens. 2

Mobilität f: Beweglichkeit (eines Gelenks). 2

Möbius-Syndrom (Paul J. M., Neurol., Leipzig, *1853, † 1907) n: kongenitale Lähmung einzelner motorischer Nerven, vor allem Hirnnerven. Hierdurch Saug-, Sprach-, Kaustörungen, Lagophthalmus, Zungenatrophie (N. hypoglossus), Mandibularhypoplasie, Gesichtslähmung; wahrscheinlich durch Nichtanlage motorischer Ganglienzellen. Normale Intelligenz. 2

Möbius-Zeichen: Konvergenzschwäche der Augen bei → Hyperthyreose. 20

MOD: Abk. für **m**esial, **o**kklusal und **d**istal, z.B. als Bezeichnung für die Ausdehnung von Füllungen (Abb.). 1

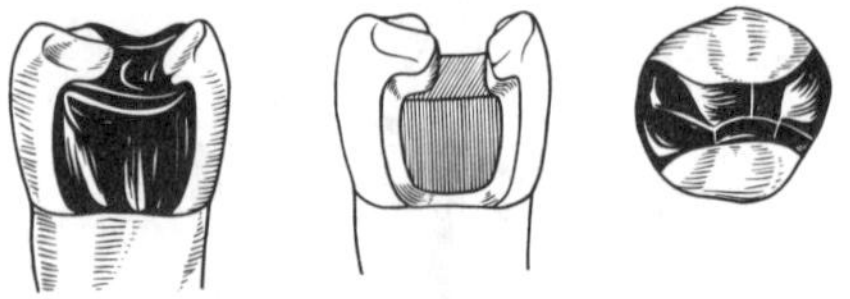

MOD-Füllung

Modal|wert: → Modus. 26

Modell|analyse f: → Gebißanalyse. 5

Modellernen: Verhaltensänderung (→ Lernen) durch Imitation. Ängstliche Vorbilder werden oft nachgeahmt. Modelle mit sichtbarem Erfolg (operante → Konditionierung) werden bevorzugt imitiert. 13

Modell|former: → Sockelformer. 5

Modell|foto|grafie f: Teilbereich der → Sachfotografie, der die Aufnahme von Kiefermodellen betrifft. Aus ergonomischen und forensischen Gründen ist die routinemäßige Fotografie von Kiefermodellen sinnvoll. Um vergleichbare Resultate zu erhalten und metrische Analysen durchführen zu können, sind reproduzierbare Aufnahmebedingungen notwendig. Häufig wird ein → Modellstatus, bestehend aus fünf Aufnahmen, angefertigt. Die Art der Ausleuchtung ist zu beachten, um den Bildkontrast zu steigern. Spezielle Gerätesysteme erleichtern die Durchführung (→ Fotobühne, → 3-D-Modellfotobühne). 17

Modell|guß|verfahren: dient zur Herstellung von → Einstückgußprothesen mit und ohne vermessene Gußklammern (*Akers* u.a.). Das Modellieren geschieht auf einem Einbettmassemodell (→ Arbeitsmodell), welches mit Hilfe einer Dubliermasse von dem Originalhartgipsmodell (→ Meistermodell) gewonnen wurde. Das Einbettmassemodell wird mit in die Gußküvette eingebettet. Auf ihm wird direkt das Prothesengerüst gegossen. Das Gußmaterial kann eine Edelmetall oder eine → Kobalt-Chrom-Molybdän-Legierung sein. 4

Modell|herstellung: Gewinnung eines Modelles der Kiefer bzw. Zähne für die Herstellung von Füllungen und Kronen sowie Brücken im Labor. 4

Modell|sockler: → Sockelformer. 5

Modell|status m: Fotostatus eines Modellpaares, der die Frontalansicht und beide Lateralansichten in Okklusion sowie die einzelnen Okklusalansichten von Ober- und Unterkiefermodell zeigt (Abb.). Hierzu wird eine Reihe von Hilfsmitteln angegeben. Wichtig ist bei der Aufnahme eines M., daß die Aufnahmebedingungen

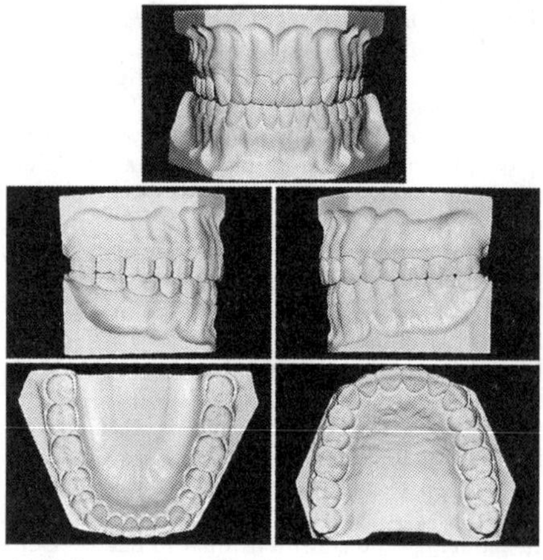

Modellstatus, bestehend aus einer frontalen, zwei lateralen und zwei okklusalen Ansichten [1]

reproduzierbar sind (Beleuchtung, → Brennweite und → Abbildungsmaßstab identisch) und daß, falls metrische Analysen durchgeführt werden, ein Millimetermaßstab mit aufgenommen wird. Vgl. Modellfotografie. 17

Modell|werk|stoffe: Materialien zur Herstellung der Modelle wie Spezialhartgipse, Amalgam, Kunststoffe, Modellzemente sowie keramische Massen. 4

Modifikation (lat.) f: Veränderung oder Abänderung von Eigenschaften. Vgl. Mutation, Allotropie. 23

Modus (lat.) m: in der Statistik Bezeichnung für den häufigsten in einer → Stichprobe vorkommenden Wert, auch Modalwert genannt. 26

Moeller-Barlow-Krankheit (Julius M., Chir., Königsberg, *1819, † 1887; Thomas B., Int., London, *1845, † 1935): Säuglingsskorbut; Vitamin-C-Mangelkrankheit bei (einseitig mehl- und milchernährten) älteren Säuglingen und Kleinkindern, zu den → hämorrhagischen Diathesen zählend. Blutungen vor allem am Zahnfleisch, das sich blaurot verfärbt und wulstig verdickt, aber auch an Gaumen-, Konjuktival- und Nasenschleimhaut. Subperiostale Hämatome, bes. an den Röhrenknochen, aber auch im Kieferbereich. Degeneration des Knochenmarks, Knochenbrüchigkeit, Epiphysenauftreibungen. [20]

Moeller-Hunter-Zunge (Julius M., Chir., Königsberg, *1819, † 1887; William H., Int., London, *1861, † 1937): glatte glänzende Zunge infolge Papillenatrophie mit partieller Rotfärbung, vor allem auf dem Rücken und an der

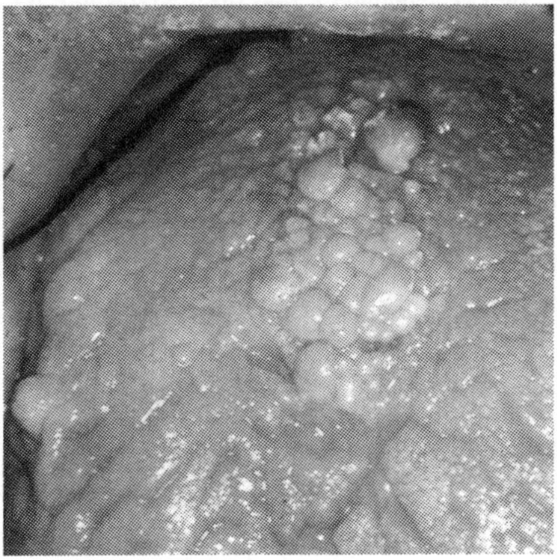

Spitze, während die übrige Zunge und Mundschleimhaut blaß sind, außerdem Zungenbrennen, Pelzigsein (Abb.). Teilsymptom der perniziösen Anämie, der Sprue, der Pellagra. Wahrscheinlich auf Vitamin-B- oder Eisen-Mangel beruhend. Vgl. Anämie, *Arndt*-Zeichen, *Plummer-Vinson*-Syndrom. [11]

Mohs-Härteskala (Friedrich M., Mineraloge, Wien, *1773, † 1839) f: in der Mineralogie gebräuchl. Vergleichsskala, bei der jedes nachfolgende Mineral das vorangehende zu ritzen vermag. Härtegrade: 1 Talk, 2 Gips, Steinsalz, 3 Kalkspat, 4 Flußspat, 5 Apatit, 6 Feldspat, 7 Quarz, 8 Topas, 9 Korund, 10 Diamant. [4]

Mol n: die Anzahl Gramm einer chem. Verbindung, die ihrem → Molekulargewicht entspricht. [23]

Molaren (lat.) m pl: → Dentes molares. [30]

Molaren|feld: durch kiefereigenes Wachstum geschaffener Platz für die Molaren, entsteht meist kurz vor deren Durchbruch durch Knochenabbau am vorderen Rand und Knochenanbau am hinteren Rand des aufsteigenden Astes bzw. im Oberkiefer in der Gegend des Tuber maxillae. [5]

Molaren|länge: Abstand vom mesialen Rand des 1. zum distalen Rand des 3. Molaren. [5]

Molaren|okklusion f: Klassifizierung der gesamten → Okklusion eines Gebisses nach der Verzahnung der 1. Molaren. Grundlage der *Angle*-Okklusionsdiagnostik. Es werden jedoch Krankheitsbilder ganz heterogener Ätiologie und Genese oftmals durch das einzige gemeinsame Symptom der M. zusammengehalten, während andere Anomalien gleichen Ursprungs nur wegen unterschiedlicher M. getrennt werden. Vgl. *Angle*-Klassifikation. [5]

Molarisation (lat.) f: die Ausbildung eines dritten (zweiten lingualen) Höckers bei unteren Prämolaren. [30]

Molarität (lat.) f: → Mol pro Liter Lösung (gebräuchliche Art der Konzentrationsangabe bei Lösungen). [23]

molekular: die Moleküle betreffend. [23]

Molekular|gewicht: Summe der → Atomgewichte aller Elemente, aus denen das betreffende → Molekül besteht. [23]

Moleküle (lat.) n: die kleinste frei vorkommende Menge eines Elements oder einer chem. Verbindung. Bei weiterer (chem.) Teilung zerfallen die M.e in → Atome, diejenigen der Elemente in gleichartige, diejenigen der chem. Verbindungen in ungleichartige. [23]

Molluscum contagiosum n: Dellwarze, virusbedingte hanfkorn- bis erbsengroße, glasig-transparente, halbkugelige, glatte, harte, etwas gedellte Geschwülstchen, die einzeln oder in Gruppen stehen, auch Gesicht und Augenlider befallen; auf seitlichen Druck hin weißlich krümeliger Inhalt ausspreßbar. Erreger: Virus der Pockengruppe. Therapie: scharfer Löffel, Diathermiekoagulation. [12]

Molluscum sebaceum n: → Keratoakanthom. [12]

Molybdän (gr.) n: metallisches Element, Symbol Mo, Ordnungszahl 42, Atomgewicht 95,95. Kommt in der Natur hauptsächlich als Molybdänglanz, MoS_2, und Gelbbleierz $PbMoO_4$, vor. Silberweißes, glänzendes Metall. Ziemlich hart, aber polierbar und bei höherer Temperatur auch schmied- und schweißbar. Findet vor allem Verwendung für Spezialstähle. [23]

Mon|arthritis f: Entzündung nur eines Gelenkes durch hämatogenen Infekt, z.B. als → Rheumatoid bei Gonorrhöe. [20]

mon|artikulär: nur ein Gelenk betreffend. [4]

Mongolen|falte: → Epikanthus. [3]

Mongolen|fleck: verwaschene graublaue Hautverfärbung bis Handtellergröße über dem Kreuzbein, bei Mongolen, aber auch Andersrassigen gelegentlich anzutreffen. Histologie: Ansammlung spindelförmiger → Melanoblasten im mittleren → Korium. → Naevus bleu. 12

Mongolismus m: → *Down*-Syndrom. 3, 33

Monilia albicans f: veraltete Bezeichnung für → Candida albicans. 8

Moniliasis (lat.) f: → Soor. 11

Mono|amino|oxydase-Inhibitoren m pl: Abk. MAO-Inhibitoren; → Tranylcypromin hemmt die MAO-A, deren Substrate → Norepinephrin und → Hydroxitryptamin, 5- sind. Selegilin ist ein Inhibitor der MAO-B, deren Substrat das Phenylethylamin ist. Dopamin (→ Katecholamine) wird von beiden Enzym-Formen umgesetzt. 7

Mono|block m: von *P. Robin* 1902 als Turngerät entwickelter, beide Kiefer zugleich umfassender Apparat (Abb.). Dieser setzte zur Behandlung der → Glossoptose erstmalig den Gedanken in die Tat um, daß die über die Muskeltätigkeit übertragenen funktionellen Reize gewebebildend und -formend wirken. Darüber hinaus verwandte *Robin* seinen Apparat - seiner

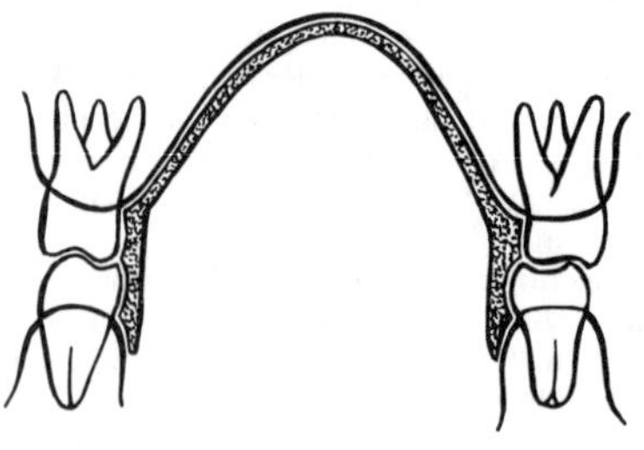

Zeit weit voraus - schon zur Behebung von Bißanomalien. Er ist somit der eigentliche Begründer der funktionellen Kieferorthopädie, während 20 Jahre später *Andresen* in Unkenntnis dessen über den → *Hawley*-Retainer seinen → Aktivator schuf. 5

Mono|chromasie (gr.) f: Eigenschaft eines elektromagnetischen Strahlenbündels mit Wellenlängen in nur einem sehr engen Spektralbereich, im Idealfall mit nur einer einzigen Wellenlänge. Die M. ist neben der → Kohärenz eine der wesentlichsten Unterschiede zwischen Laserstrahlung und natürlichem Licht. Die M. einer Strahlung wird u.a. genutzt in der → Lasermeßtechnik; vgl. Laser. 31

Mono|fluoro|phosphat: Abk. MFP; eine Fluoridverbindung mit einem kovalent gebundenen Fluoratom, chem. Formel: $(FPO_3)^{2-}$. Als Natriummonofluorophosphat (Na_2FPO_3) wegen der großen Stabilität und der Kombinierbarkeit, z.B. mit Abrasionsstoffen, → Fluoridträger in Zahnpasten. 15, 29

mono|lokulär: einfächerig, einzystisch. 32

Monomere n pl: Grundmoleküle, aus denen sich → hochpolymere Verbindungen aufbauen. 4, 23

Mono|neuritis f: Entzündung eines einzelnen Nerven oder Nervenstammes. Vgl. Neuritis. 33

mono|nukleär: einkernig (von Zellen). 9

Mono|nukleose, infektiöse f: → Monozytenangina. 20

Mono|phy|odontie f: einmalige Zahnung infolge Fehlens einer zweiten Zahnanlage, z.B. Zahnarme (→ Edentaten), Zahnwale (→ Odontozeten). 30

Mono|präparat n: Arzneimittel, das nur einen Arzneistoff enthält. 7

Mono|reduktor m: dient der prothet. Versorgung der einseitig verkürzten Zahnreihe (*Zuccoli,* Florenz). Die schleimhautgetragene Prothese wird mit einer Hohlschiene über einen hochkant gestellten Steg gesetzt, der mit den beiden Kronen der Endzähne verlötet wird. Das federnde Eingreifen zweier Kugelkalotten in entsprechende Nischen auf dem Steg gibt die notwendige Fixierung. Auch als Brückenschaltstück anwendbar. 4

Mono|saccharide n pl: → Kohlenhydrate. 23

mono|stotisch: nur einen Knochen betreffend. Ggs.: polyostotisch. 2

mono|top (gr.): nur an einer Stelle (des Organismus) auftretend. 20

mono|zygot: eineiig, eineiige Zwillinge betreffend, die genetisch identisch sind. 3

Mono|zyten m pl: größte Zellen des normalen Blutes mit unregelmäßiger Begrenzung, graublauem Zytoplasma, eingebuchtetem Kern; gute Wanderungs- und Phagozytosefähigkeit. 9

Mono|zyten|angina f: *Pfeiffer*-Drüsenfieber, infektiöse Mononukleose; fieberhafter Virusinfekt mit allg. Lymphknotenschwellungen und Milztumor, oft auch pseudomembranöser, mehr ulzeröser Angina. Tritt vorwiegend im Adoleszenten- und frühen Erwachsenenalter auf. Blutausstrich: 50% Lympho- und Monozyten und deren Übergangsformen. Therapie: Verhinderung von Sekundärinfektionen durch Sulfonamide und Antibiotika, gelegentlich Gammaglobulin. Vgl. *Epstein-Barr*-Virus. 20

Monson-Kalotte f: Modellvorstellung *Monsons*, derzufolge die Zahnkauflächen wie auf einer Kugelfläche (Kalotte) angeordnet und demgemäß die Zahnachsen so orientiert sind, daß sowohl die unteren wie die oberen in einem Punkt zusammenlaufen. Auf dieser Grundlage ist der M.-

Artikulator (u.a.) konstruiert und eine Methode der Zahnaufstellung mit Abrasionskauflächen entwickelt worden. → Kalottenartikulation. [4]

Monstrum (lat.) n: Mißbildung, Mißgeburt. M. per defectum: Mißgeburt mit Fehlen von Körperteilen. M. per excessum: Mißgeburt mit übermäßigen oder überzähligen Körperteilen. M. per fabricam alienam: Mißgeburt durch angeborene Verlagerung richtig ausgebildeter Organe an eine falsche Stelle. [3]

Moraxella (Victor Morax, frz. Ophth., *1866, † 1935) f: Gattung gramnegativer, aerober, pleomorpher, unbeweglicher, oxidasepositiver Stäbchen. Häufigste Art: M. nonliquefaciens, normaler Epiphyt des Nasenrachenraums. [8]

Morbidität (lat.) f: Krankheitshäufigkeit innerhalb einer Gruppe, wird beschrieben durch bestimmte M.sziffern, z.B. → Inzidenz und → Prävalenz. [8, 15]

Morbilli (lat.) m pl: → Masern. [20]

Morbus (lat.) m: Krankheitsbild mit einheitlichen Symptomen, das im Gegensatz zum → Syndrom ätiologisch und pathogenetisch auf einen einheitlichen und bekannten Krankheitsfaktor zurückzuführen ist. Adj.: morbid (kränklich, anfällig). [20]

Morbus Behçet (Hulusi B., Dermatol., Istanbul, *1889, † 1948) m: die *Behçet*-Erkrankung (Abb.) setzt sich aus Kardinalsymptomen zusammen wie: aphthöse Mundschleimhautveränderungen, Hypopyon-Iritis sowie ulzeröse Genitalveränderungen. Damit verbunden rheumatoide Erscheinungen und papulo-erosive Veränderungen, die sich in einigen Stunden entwickeln können Thrombophlebitisneigung. Charakteristisch sind erosiv papulöse Herde nach Mikrotrauma (Nadeleinstich bei Inj.). Insgesamt ein Krankheitsbild, welches immer die Gefahr einer akuten schweren Eruption mit nachfolgender Erblindung in sich trägt. Kein sicherer Hinweis für einen spezifischen Erreger; Allgemeinerkrankung, die auch mit verschiedenen Begleitsymptomen von seiten des Nervensystems begleitet ist. Gehäuftes Auftreten in der Türkei, im Nahen Osten und in Japan. Therapeutisches Ansprechen auf systemisch gegebene Kortikosteroide, Interferone, Retinoide. [12]

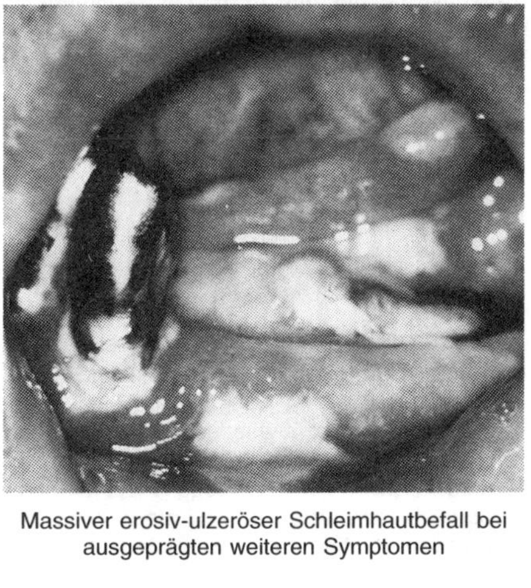

Massiver erosiv-ulzeröser Schleimhautbefall bei ausgeprägten weiteren Symptomen

Morbus caducus m: → Epilepsie. [20]

Morbus caeruleus m: → Zyanose. [20]

Morbus haemolyticus neonatorum m: → Rhesus-Faktor. [20]

Morbus Koch (Robert K., Bakt., Berlin, *1843, † 1910) m: → Tuberkulose. [8]

Morbus Paget (Sir James P., Chir., London, *1814, † 1899) m: intraepidermal wachsendes → Adenokarzinom (*Paget*-Zellen). Umschriebene, rötlich erosiv schuppende, ekzemähnliche Hautveränderung vornehmlich im Mamillenbereich bei Frauen über 40 Jahren. Extramammärer M.P. lokalisiert in Regionen mit apokrinen Schweißdrüsen. Therapie: Mastektomie. [12]

Morbus sacer m: → Epilepsie. [20]

Mordex (lat.) m: Biß. Von *Carabelli* eingeführter Begriff, der wie die auf ihm aufbauende Nomenklatur nur noch historische Bedeutung hat. M. normalis: das regelmäßige Gebiß. M. rectus: das gerade Gebiß (→ Kantenbiß). M. apertus: → offener Biß. M. prorsus: oberer und unterer Vorbiß (→ Protrusion, → Progenie). M. retrorsus: das rückstehende Gebiß (→ Inversion). M. tortuosus: Zickzackgebiß (→ Kreuzbiß). M. senilis: Greisengebiß (→ Lückengebiß), im Ggs. zum Os senile (Greisenmund, → Zahnlosigkeit). [27]

Morelli-Index m: 1924 entwickelter ältester Kariesindex nach der Formel: Zahl der vorhandenen Zähne dividiert durch die Zahl der gefüllten und kariösen Zähne. Vgl. Kariesindex. [1]

Morgagni-Adams-Stokes-Syndrom (Giovanni B. M., Anat., Padua, *1682, † 1771; Robert A., Chir., Dublin, *1791, † 1875; William S., Int., Dublin, *1804, † 1887) n: → *Adams-Stokes*-Anfall. [20]

Morgagni-Syndrom n: Schädelhyperostose bei älteren Frauen mit 1. Hyperostosis frontalis interna, 2. Adipositas, 3. Virilismus und Hirsutismus, 4. zerebralen Erscheinungen (Schlaf- und Gleichgewichtsstörungen, Kopfschmerzen), 5. Diabetes mellitus (selten). Ursachen: gemeinsame endokrine Schädigung des Hypophysen-Zwischenhirn-Systems. [20]

Moro-Reaktion (Ernst M., Päd., Heidelberg, *1874, † 1951) f: Salben- oder Perkutanreaktion. Nach Einreiben eines erbsengroßen Stückes einer 50%igen Tuberkulinsalbe in die Haut entstehen beim positiven Ausfall rote Papeln als Zeichen einer → Allergie gegen Bestandteile der Tbc-Bakterien. [8]

Morphin (gr.) n: Morphium ($C_{17}H_{19}O_3N$); → Opioid-Analgetikum, Stammverbindung der M.-Alkaloide, voller → Agonist an μ-, κ- und δ-Opioid-Rezeptoren (→ Opioid-Rezeptoren). Wirkung: zentral und peripher, zentral hemmend als auch aktivierend durch Desinhibition inhibitor. Neurone. Zentral hemmende Effekte: Analgesie, Sedation, Atemdepression, antitussiv, antiemet. (Spät-Effekt), Reduktion der reflektor. Sympathikusaktivität, Hemmung der Freisetzung des Gonadotropin- und Corticotropin-releasing Hormons. Zentralerregende Effekte: Emesis (Früh-Effekt), Analgesie, Fluchtreflexhemmung, Miosis, Euphorie (Dysphorie), Steigerung der Freisetzung von ADH und Prolaktin. Periphere Effekte: Tonussteigerung der glatten Muskulatur im Bereich des Urogenital- und Gastrointestinaltraktes, Histamin-Liberation. Pharmakokinetik: orale → Bioverfügbarkeit: 20-30%; Plasmaproteinbindung: 35%; Verteilungsvolumen: 3,2 l/kg KG; Eliminationshalbwertszeit (→ Halbwertszeit, terminale): 2-3 h; Biotransformation vornehml. durch → Konjugationsreaktionen. Der → Metabolit M.-6-glucuronat ist ein potenter Agonist an μ_1- und μ_2-Opioid-Rezeptoren. Der Metabolit M.-3-sulfat ist dagegen → Antagonist an μ-Opioid-Rezeptoren. Elimination der Konjugate über Niere und Galle, → Enterohepat. Kreislauf. Nebenwirkungen: psych. und phys. Abhängigkeit (→ Arzneimittelabhängigkeit, psych., → Arzneimittelabhängigkeit, phys.), Entwicklung einer → Toleranz, Atemdepression, Liquordruckanstieg, Sedation, Miosis, Akkomodationsstörung, Übelkeit, Erbrechen, spast. Obstipation, p-anstieg im Ductus Choledochus, Karies (bei Mißbrauch), Miktionsstörungen, endokrine Störungen. Indikation: schwere Schmerzzustände, wenn → Cyclooxigenase-Inhibitoren nicht ausreichen. Rezeptur nach → Betäubungsmittel-Verschreibungs-Verordnung. → EMD 0,03! → TMD 0,1! [2,7]

Morphin-Entzugs|symptomatik f: akut psychomotor. Unruhe, Hyperreflexie, Erregungs- und Angstzustände, evtl. wechselnd mit Depressionen, Tachykardie, Hypertonie, (evtl. Kreislaufschock durch Herzversagen), Hyperhidrosis, Übelkeit, Erbrechen, abdominale Krämpfe, Diarrhöen, Ejakulationen usw. [7]

Morphin-Intoxikation, akute f: klin. Symptome: Koma, Miosis, Atemdepression evtl. *Cheyne-Stokes*-Atemtyp, Cyanose, Hypothermie, Hypotonie, Areflexie evtl. mit Pyramidenzeichen, Exitus durch Atemdepression. Behandlung: → Naloxon und intensivmedizin. Betreuung. [7]

Morphinismus m: Morphinvergiftung durch chronische Morphinzufuhr, die zur Gewöhnung und Sucht mit Dosissteigerung führt. Charakteristisch sind enge Pupillen, schlaffe Haltung, Appetitlosigkeit, Abmagerung, Obstipation, Schlaflosigkeit, euphorische Stimmung, später Nachlassen der geistigen Fähigkeiten, der Urteils- und Willenskraft bis zum körperlichen und geistigen Verfall. Behandlung: Entziehungskur. [33]

Morpho|genese f: Entwicklung der Gestalt von Geweben, Organen und Organismen. [9]

Morpho|logie f: Lehre von der Form. [9]

Morphose (gr.) f: Umbildung in einem Organismus durch äußere Einflüsse ohne Änderung des Erbgutes, z.B. Biomorphose (1. M. durch Parasiten u.ä.; 2. → Biomorphose), Chemo-M. (durch Chemikalien), Photo-M. (durch Licht). [10]

Morquio-Syndrom (Louis M., Päd., Montevideo, *1867, † 1935) n: erbliche, polytope, metaepiphysäre enchondrale Dysostose. Keimplasmatische Störung des Stoffwechsels der Knorpelzellen mit Ossifikationsstörungen. Symptome: Minder- oder Zwergwuchs, Schmelzveränderungen der Zähne. [20]

Mors (lat.): der Tod. [32]

Morse-Scaler (G. S. M., amerik. Za.) m pl: zierliche Instrumente zum Entfernen der subgingivalen Konkremente (Abb.). [6]

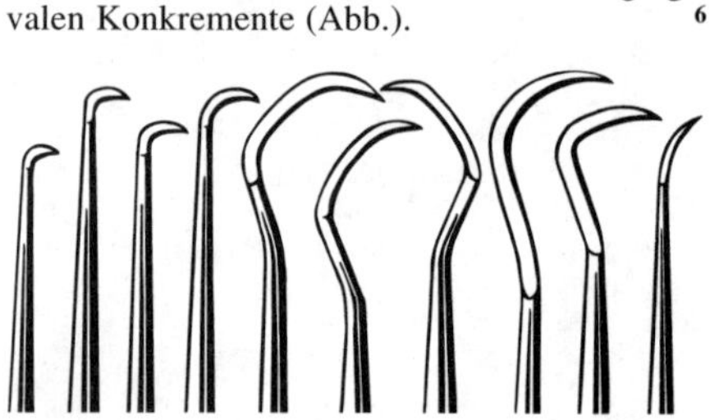

Morsicatio labiorum f: Morsicatio buccarum; → Cheilophagie. [11]

Morsus (lat.) m: Bißwunde, das Beißen, der Biß. M. apertus: → offener Biß. [5]

Mortal|amputation f: Abtragung der Kronenpulpa nach Devitalisation der Pulpa mit chemischen Mitteln. Die zurückbleibende Wurzelpulpa wandelt sich nach Durchtränkung mit langwirkenden, eiweißfällenden Mitteln (z.B. → Triopaste) in antiseptisches, vom Körper toleriertes Gewebe um. Da die M. nicht im Einklang mit der modernen Medizin steht, ist sie nur noch als Kompromißlösung bei kindl. Pulpitis in Gebrauch (weil schonende Methode). Ggs.: Vitalamputation. Vgl. Mumifikation. [1]

Mortal|exstirpation f: Entfernung (→ Exstirpation) der Pulpa nach vorangegangener chemischer → Devitalisation. Ggs.: Vitalexstirpation. [1]

Mortalität (lat.) f: Sterbeziffer; Rückgang einer Population durch Todesfälle. Vgl. Mortalitätsquote. [15]

Mortalitäts|quote f: relative Mortalität, Anteil einer bestimmten Todesursache an der Gesamtmortalität. Während man die Sterbeziffer auf die Lebenden bezieht, wird die relative Mortalität auf die Gestorbenen bezogen. [15]

Morula (lat.) f: nach den Furchungsteilungen der → Zygote enstandener kugelförmiger Haufen aus etwa 16 Zellen. [22]

Moskito|klemme: (*Halstedt*-Klemme), bes. zierliches Instrument zum Abklemmen feiner Gefäße (Abb.). [2]

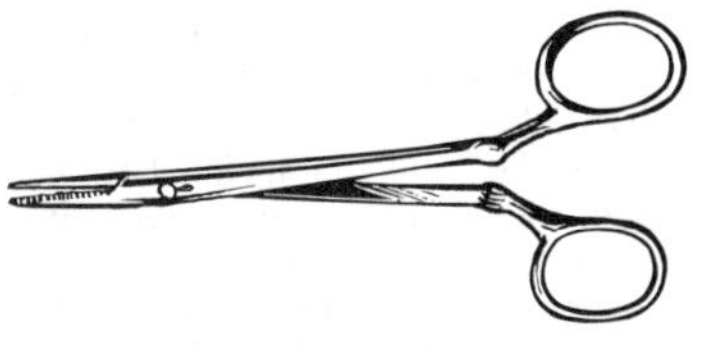

Motilität (lat.) f: die reflektorischen und vegetativen Bewegungsvorgänge. → Motorik. [10]

Motivation (lat.) f: Gesamtheit der richtungs- und zielorientierten Aspekte von Verhalten und Erleben, angeordnet in einer Hierarchie primärer (→ Trieb) und sekundärer Motive (→ Bedürfnis). [13]

Motographie f: fotografische Aufzeichnung von Bewegungsabläufen. Bei ergonomischen oder funktionsanalytischen Untersuchungen werden die Lichtspuren kleiner Glühlampen (z.B. an der Hand des Probanden befestigt) durch eine Langzeitbelichtung aufgenommen (Lichtspurenaufnahme) und ermöglichen so Rückschlüsse auf den Bewegungsablauf. Vgl. Infrarotfotografie. [17]

Motorik (lat.) f: die willkürlichen aktiven Bewegungsvorgänge. [33]

motorisch (lat.): auf Bewegung bezüglich, z.B. m.e Nerven, leiten einen Reiz vom Zentralnervensystem zur Peripherie und lösen dort (Abb. → Neuron) eine Muskelbewegung aus. [9, 10]

Mottling (engl.) m: mottled teeth, mottled enamel, spotted enamel, gefleckter Schmelz; sehr feine weiße Linien oder wolkige Areale im labialen Schmelz, bei stärkerer Ausprägung kalkweiß bis bräunlich. Bilateral symmetrisch. Erstes Zeichen einer durch Fluorid verursachten Schmelzveränderung, harmlos. Tritt auch ohne Fluoridverabreichung bei 20 bis 50% der Kinder an den Schneidezähnen auf, bei optimaler Trinkwasserfluoridierung etwa gleich häufig. Nicht zu verwechseln mit → Fluorose der Zähne. [1]

Moursou-Zeichen: Vorwölbung der livide verfärbten Papille des Ductus parotideus als Frühsymptom der → Parotitis epidemica. [2]

Moyers-Wahrscheinlichkeits|tabelle (Robert E. M., zeitgenössischer Orthod., Ann Arbor/Michigan) f: Hilfsmittel zur Ermittlung des Platzbedarfes für die bleibenden Eckzähne und die Prämolaren (in mm), wenn diese im Bereich der kieferorth. → Stützzone noch nicht durchgebrochen sind. In der M. wird eine Korrelation dieses Platzbedarfes mit der SI des Unterkiefers (→ SI) aufgestellt. Diese Korrelation ist jedoch nicht hoch: die in der Tabelle angegebenen Werte sichern in 75% der Fälle ein ausreichendes Platzangebot in der Stützzone, in 25% der Fälle sind die Werte zu gering. Vgl. Gebißanalyse. [5]

MPI: Abk. für **m**andibular **p**osition **i**ndicator (engl.); Zusatzgerät für den TMR-Artikulator zum Vergleich der Kondylenposition in habitueller Okklusionsstellung mit der Kondylenposition nach einem zentrischen Registrat in retraler Kontaktposition; → TMR-System. [4]

M-Protein n: Protein in äußerster Schicht der Zellwand hämolysierender Streptokokken (Gruppen A, C, G). Ist Typantigen in Serogruppe A (Str. pyogenes; mehr als 50 serolog. Typen), zugleich wichtigster Virulenzfaktor. Antikörper gegen M. haben protektive Wirkung. [8]

MS: Abk. für **M**ultiple **S**klerose, → Encephalomyelitis disseminata. [20, 33]

MSE: Abk. für → **M**ediansagittal**e**bene. [5]

Much-Granula (Hans M., Klin., Hamburg, *1880, † 1933) n pl: Teilchen zerfallener Tbc-Bakterien, die nicht mehr säurefest und mit abgeänderter Gramfärbung sichtbar sind. Nachweis berechtigt nicht zur Diagnose Tbc. [8]

Mucor (lat.) m: Köpfchenschimmel, gehört zu den Algenpilzen (Phycomycetes); sphärische Sporangien (Köpfchen) enthalten Sporen. Seltener Erreger von → Mykosen. [8]

Mucosa (lat.) f: → Mukosa. [9]

Muco-Seal-Abformung: → Abformmethode, mukostatische. 4
Muguet (frz.): → Soor. 11
Mukinasen f pl: Bezeichung der mukopolysaccharidspaltenden Enzyme. Verwandt mit dem → Hyaluronidasen. 23
Muko-: Wortteil mit der Bedeutung Schleim-, Schleimhaut. 32
mukodynamische Abformmethode f: → Abformmethode, mukodynamische. 34
Muko|epi|dermoid|tumor m: *Stewart*-Tumor; dritthäufigster Speicheldrüsentumor; geht vom Speichelgangsystem aus und besteht sowohl aus Plattenepithelien als auch aus Schleim sezernierenden Becherzellen; wächst in 70% der Fälle infiltrierend, bildet Rezidive, metastasiert in etwa 15% der Fälle und ist potentiell maligne. Meist in der Glandula parotis lokalisiert. Tritt bevorzugt bei Frauen im 5.-6. Lebensjahrzehnt auf. 32
muko|gingivale Chirurgie f: Sammelbezeichnung für alle Eingriffe an der Gingiva propria und der beweglichen Schleimhaut des Mundvorhofes wie Lageänderungen von Lippen- und Wangenbändchen, Mundvorhofplastik und Dekkung freiliegender Wurzelteile. 6
Muko|gingival|linie: Grenze zwischen Gingiva propria (Gingiva alveolaris, Attached gingiva) und Mundschleimhaut. Wegen ihres geschlängelten Verlaufs Linea girlandiformis genannt. Vgl. Gingiva. 30
mukoid: schleimartig. 9
Mukoide n pl.: Bestandteil des Körperschleims, über 40% Kohlenhydratanteil in kurzen Oligosaccharidketten. Im Submaxillarismuzin sind an eine Peptidkette viele N-Acetylneuraminsäuren als O-Glykoside an Serin- und Threoninreste gebunden. 23
Mukoitin|schwefel|säure: spezielle, Sulfat-Gruppen enthaltende → Mukopolysaccharide. 23
Muko|poly|saccharide n pl: Disaccharideinheiten, in denen eine Uronsäure an die 3-Stellung eines azetylierten Aminozuckers glykosidisch gebunden ist. Diese Disaccharideinheiten sind mit einem linearen Makromolekül verknüpft. Ferner kann noch Schwefelsäure esterartig gebunden sein. Uronsäuren und die Schwefelsäurereste bewirken eine stark saure Reaktion dieser Stoffe. → Hyaluronsäure, → Chondroitinschwefelsäure einfachste Glieder dieser Reihe. Beide am Aufbau des Bindegewebes beteiligt. Sie kommen meist mit Proteinen zusammen in den Organen vor (z.B. Synovialflüssigkeit, Glaskörper des Auges, Haut). Ferner biolog. wichtig Heparin (aus Sulfonylaminoglukose (= Glukosaminschwefelsäure) und Schwefelsäureestern der Glukoronsäure aufgebaut). 23
Muko|proteide n pl: → Mukoproteine. 23
Muko|proteine n pl: in Körpersekreten auftretende, sehr stark Kohlenhydrate enthaltende Form von Glykoproteinen; anders als → Mukopolysaccharide aufgebaut. Grundgerüst ein Proteinmolekül, Kohlenhydrate als Oligosaccharidseitenketten, verknüpft durch O-Glykoside an Hydroxylgruppen des Serins und Threonins und N-glykosidische Bindungen. Da die meisten Proteine geringe Kohlenhydratmengen enthalten, spricht man erst dann von Glykoproteinen, wenn Kohlenhydratanteil höher als 4% ist. Im Blutplasma Glykoproteine mit 10-25% Kohlenhydratanteil. 23
muko|purulent: schleimig-eitrig. 32
mukös (lat.): schleimig, schleimbildend. 9
Mukosa (lat.) f: Tunica mucosa, Schleimhaut; Auskleidung der inneren Oberflächen des Körpers, also der Atmungs-, Urogenital- und Verdauungswege. Sie besteht aus unverhorntem Epithel und der bindegewebigen Lamina propria mucosae, die Muskulatur und Bindegewebe sowie auch Nervenfasern und Gefäße enthält. Den Namen führt sie nach der Schleimschicht, die sie stets bedeckt, und die von den in ihr enthaltenen Schleimdrüsen abgesondert wird. 9
Mukosa|transplantat, freies n: → Schleimhauttransplantation. 6
muko|serös: Schleim und Speichel absondernd; → Glandula submandibularis, → Gl. sublingualis und → Gl. lingualis anterior. 9
Mukositis (lat) f: Schleimhautentzündung. 11
muko|statische Abform|methode f: → Abformmethode, mukostatische. 34
Muko|tom n: Gerät zur Gewinnung eines freien Schleimhauttransplantates mit unterschiedlichen Messerbreiten und verstellbarer Schnittiefe, auch als mechanisch arbeitendes, vom Dentalmotor angetriebenes Gerät. 6
Muko|zele f: Schleimdrüsen-Retentionszyste (→ Retentionszyste). In der Kieferhöhle ausgehend von der Antrumschleimhaut meist postoperativ oder posttraumatisch; bricht oft viele Jahre nach dem Insult meist am unteren Orbitalrand durch; mit Flimmerepithel ausgekleidet. In der Mundschleimhaut: → Ranula, → Schleimzyste. 2
Mull (Hindi-engl.) m: als Verbandstoff dienendes, weitmaschiges, dünnes Baumwollgewebe. 2
Müller-Hylin-Operation f: nicht mehr übliche radikale Form der → Gingivektomie. 6
Müller-Matrize f: für besonders zierlichen → Ringmatrizenspanner (Abb.). 1

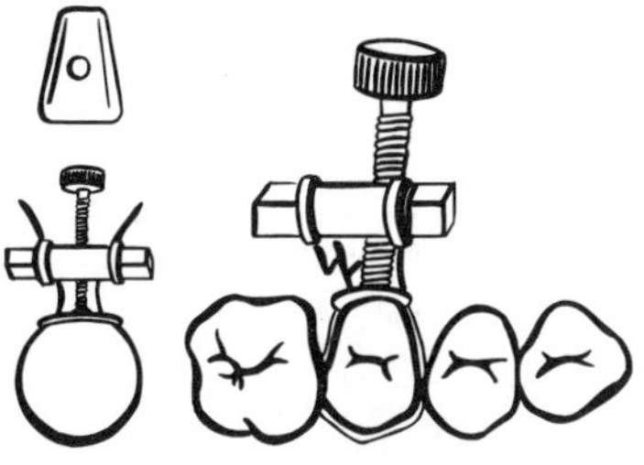

a b
Universal-Matrizenhalter (UMH) nach *Müller* mit seitlicher Verschraubung
a: mit Auflageteller und schräggestellten Führungsschlitzen; b: in situ. [90]

Mullit: $Al_8(O_3F)$ $[Si_3AlO_{16}]$ Aluminiumsilikat-Mineral, wichtiger Bestandteil des Porzellangefüges; in Dentalporzellanen weniger häufig. 23

Multi|band|technik: Multibrackettechnik; kieferorth. Behandlungstechnik mit festsitzenden Apparaturen, z.B. → Edgewise-Technik oder → Light-wire-Technik, bei der in der Regel alle

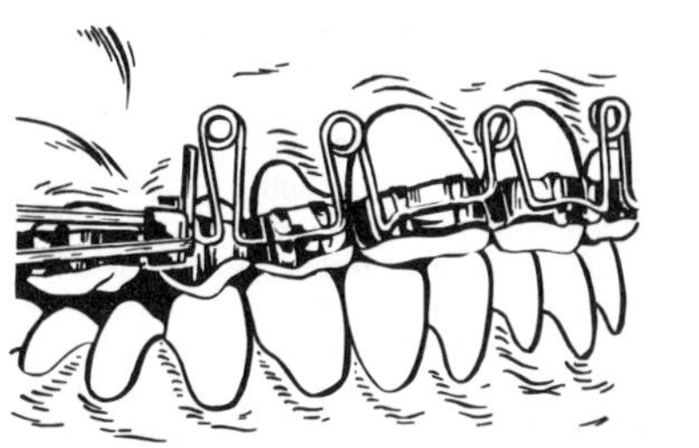

Die Oberkieferzähne sind mit Bändern versehen, und es wurde ein Multi-Loop-Bogen zur Bißnivellierung eingegliedert. Vom Eckzahn führt ein elastischer Gummizug nach distal.

Zähne mit Bändern oder aufgeklebten → Brakkets versehen werden (Abb.). Die Zähne werden mit Hilfe von Drahtbögen bewegt. Vgl. Orthodontie. 5

multi|kausal: durch das Zusammentreffen mehrerer Ursachen bedingt. 2

Multi|kuspidat m: mehrhöckriger Zahn. Vgl. Dentes molares. 30

multi|lokulär: vielkammerig, z.B. m.e Zysten. Ggs.: → monolokulär. 32

Multi|medikation f: zeitgleiche Verordnung verschiedener Medikamente gegen mehrere Grunderkrankungen (→ Multimorbidität). Das Hauptproblem der M. liegt in der Interaktion von Wirkstoffen und in der Fülle der unerwünschten Nebenwirkungen, z.B. der Mundtrockenheit (→ Xerostomie). 27

Multi|morbidität f: Polypathie; gleichzeitiges Vorhandensein mehrerer Krankheiten bei einem Patienten. Die M. ist bes. im höheren Lebensalter existent, wobei einige Erkrankungen intra vitam unerkannt bleiben können. 27

Multiple-choice-Verfahren (engl.): Prüfungsmethode, bei der auf eine Frage mehrere Antworten vorgegeben werden. Der Prüfling soll die richtige kennzeichnen. 24

multiple Enchondrome n pl: → Enchondromatose. 32

Multiple Sklerose f: Abk. MS; → Encephalomyelitis disseminata. 33

multi|polare Nerven|zellen f pl: → Nervenzellen, multipolare. 9

Multi-tufted-Prinzip n: Anordnung der Borsten auf dem Zahnbürstenkopf in engstehenden Bündeln. Die Bündel bestehen jeweils aus einer Vielzahl dünner und flexibler Kunststoffborsten (pro Bündel ca. 40 Polyamidfasern). 29

Mumifikation f: trockener Brand, → Gangrän; Art der → Nekrose (v.a. an der Körperoberfläche) mit Eintrocknung und Schrumpfung des betroffenen Gewebes durch Wasserverlust, histologisch einer → Koagulationsnekrose entsprechend. 32

Mumi|fikation der Pulpa f: Konservierung der devitalen Pulpa. Das bei der → Mortalamputation im Wurzelkanal zurückgelassene tote Pulpagewebe wird mit eiweißfällenden Medikamenten durchtränkt, um es gegen bakterielle und autolytische Zersetzung (Verwesung) widerstandsfähig zu machen. Anwendung der Methode heute eingeschränkt. 1

Mumps: volkstüml. Bez. für → Parotitis epidemica. 20

Mund|amöbe f: Entamoeba gingivalis (*Gros*, 1849). Häufigste Amöbe des Menschen; tritt meist erst im bleibendem Gebiß auf; 50 bis 75% der Erwachsenen sind Amöbenträger. Findet sich in Zahnbelag und Tonsillenkrypten. Bei mangelhafter Mundhygiene und entzündlichen Parodontopathien stark vermehrt; selten in odontogenen Abszessen. Reinzüchtung bisher nicht gelungen. 8

Mund-Antrum|verbindung: → Antrumperforation. 2

Mund|atmer|hyper|plasie f: Hyperplasie der Gingiva durch den Reiz der eingeatmeten Luft. Durch Plaqueansammlung am Gingivarand entsteht oft sekundär ein → Ödem. Nach Einschränkung der Mundatmung totale Heilung. Vgl. Gingivahyperplasie. 29

Mund|atmung: unphysiolog. Atmen durch den Mund, nasalbedingt infolge erschwerter oder behinderter Nasenatmung durch Stockschnupfen, Hyperplasie der Rachenmandel, Nasenscheidewandverbiegung usw. oder oralbedingt durch unzureichenden Lippenschluß verschiedener Ursache, z.B. bei → Gebißanomalien, → Glossoptose, zu kurzer Oberlippe oder → Rachitis. Bei beiden Formen liegt die Zunge flach im Unterkiefer und läßt einen Atmungsweg durch den Mund frei. Erst nach dem Grad der Durchgängigkeit der Nasenpassage entwickelt sich reine Mundatmung oder eine kombinierte Nasen-Mundatmung. M. tritt auch gewohnheitsmäßig als habituelle M. auf. Vgl. Nasenatmung. 5

Mund|bäder: Mundduschen; Mundbadeanlage, von dem schweiz. Za. *v. Weissenfluh* in die Balneotherapie der Mundhöhle eingeführt. Erwärmtes Wasser wird unter intermittierend hohem Druck über ein Mundstück mit vielen Düsenöffnungen in die Mundhöhle eingeführt, ggf. unter Hinzufügung von Medikamenten. Vgl. Wasserstrahlgeräte, *Weissenfluh*-Mundbad. 34

Mund|bakterien f pl: alle ins Bakterienreich gehörenden Mikroorganismen der → Mundflora. Hauptanteil stellen unter den Aerobiern die → Viridansstreptokokken, unter den Anaerobiern die → Veillonellen. Zuckervergärer überwiegen bei weitem die Eiweißzersetzer. M. im Sinne spezifisch oraler Bakterienarten gibt es wahrscheinlich nicht; alle lassen sich auch auf den Schleimhäuten der anderen offenen Körperhöhlen, wenngleich in anderem Mengenverhältnis, nachweisen. 8

Mund|boden: → Diaphragma oris. 9

Mund|boden|muskeln m pl: M. geniohyoideus: sagittal verlaufender Muskel zwischen den → Spinae mentales des Unterkiefers und dem Zungenbein; M. mylohyoideus: spannt sich zwischen der → Linea mylohyoidea an der Innenseite des Unterkiefers einerseits und dem Zungenbein und der Raphe mylohyoidea andererseits (Abb.). 9

Mund|boden|phlegmone f: Angina ludowici; veralteter Ausdruck für Eiterungen im Mund-Kieferbereich, der den (seltenen) echten → Phlegmonen vorbehalten bleiben sollte. 2

Mund|boden|senkung f: Absenkung des Mundbodens bei Kammatrophie durch Ablösen des M. mylohyoideus. Oft in Kombination mit → Mundvorhofplastik. 2

Mund|boden|übersichts|aufnahme: röntgenologisches Verfahren zur Untersuchung des Mundbodens, das sich technisch nicht von der → Aufbißaufnahme unterscheidet. 14

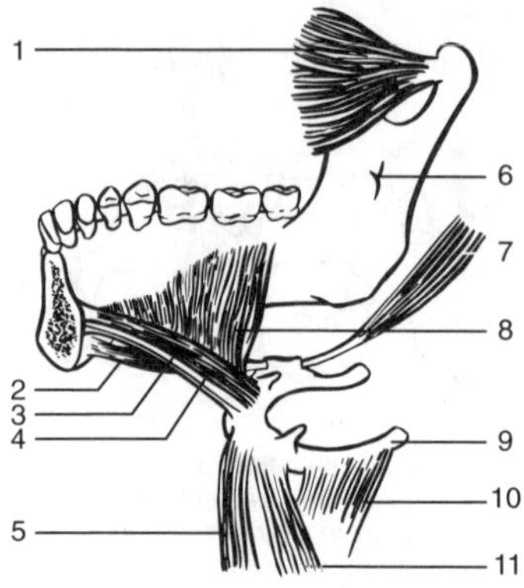

Mundbodenmuskeln
1: M. pterygoideus lateralis; 2: M. digastricus vorderer Bauch; 3: Raphe des M. mylohyoideus; 4: M. geniohyoideus; 5: M. sternohyoideus; 6: Foramen mandibulae; 7: M. digastricus hinterer Bauch; 8: M. mylohyoideus; 9: Zungenbein; 10: M. thyrohyoideus; 11: M. omohyoideus oberer Bauch.

Mund|bucht: Stomadaeum; der in der 3. Embryonalwoche entstehende ektodermale Teil des Vorderdarmes, der durch das Wachstum der sie umgebenden Weichteilwülste zur primären Mundhöhle wird. Erst nach Auflösung der Rachenmembran am Ende der 3. Woche bekommt das eigentliche Darmrohr durch die M. Verbindung zur Amnionhöhle (→ Amnion). Übergang von ektodermalem in entodermales Epithel. 22

Mund|duschen: → Wasserstrahlgeräte. 15

Mund|entzündung: → Stomatitis. 11

Mund|fäule: → Stomatitis ulcerosa. 11

Mund|flora f: Gesamtheit der Kleinlebewesen, die die Mundschleimhäute und die Zahnoberflächen besiedeln; dazu gehören 2 Protozoenarten, die Trichomonas tenax (→ Trichomonas) und die Entamoeba gingivalis (→ Entamoeba), daher eigentlich auch Mundfauna. Man unterscheidet Standortflora (engl. → Resident flora) und Durchgangsflora (engl. Transient flora), von denen hier nur die erstgenannte interessiert. M. ist eine → Biozönose, die an jeweiligen Mikrobiotop optimal angepaßt ist; da ökologische Situation in verschiedenen Regionen der Mundhöhle unterschiedlich, auch verschiedene Biozönosen; jedenfalls gibt es keine Speichelflora. Anaerobier überwiegen Aerobier im Verhältnis 3 : 1; wichtigste Aerobier sind Streptokokken der Viridansgruppe, Neisserien, Mikro- und Staphylokokken, Korynebakterien, Laktobazillen, Hämophile. Wichtigste Anaerobier sind

Veillonellen, Bacteroides, Fusobakterien, Leptotrichia, Actinomyces, Selenomonas, Spirochäten, vielleicht auch Spirillen und Vibrionen; dazu kommen Mykoplasmen, Sproßpilze (vor allem Candida), auch Schimmelpilze. Einteilung in Saccharolyten und Proteolyten befriedigt nicht, da dann auch noch andere Leistungen berücksichtigt werden müßten (Milchsäureabbau, Polysaccharidbildung, Polasaccharidase-, Phosphataseaktivität u.a.) und da zahlreiche Bakterien zu mehreren dieser Leistungen befähigt sind. Säurebildner überwiegen in normaler M., noch stärker - auch die Polysaccharidbildner und Laktatverwerter - bei aktiver Karies; bei → Fusospirochätosen stehen dagegen proteolytische Mikroorganismen im Vordergrund; in → Materia alba und Zahnstein dominieren phosphatasebildende Fadenbakterien (Leptotrichia, Actinomyces, Nocardia). Keimzahl (z.B. im Speichel) beträgt 10^7-10^8 Keime/ml mit erheblichen tageszeitlichen Schwankungen. [8]

Mund|geruch: → Foetor ex ore, → Halitosis. [11]

Mund|höhle: Cavum oris; → Cavum. [9]

Mund|höhlen|krebs: Karzinom mit Primärtumor in der Mundhöhle, macht 5% aller Karzinommanifestationen aus. Entsteht überwiegend aus unauffälliger Schleimhaut oder aus rot-weißfleckiger Vorstufe (→ Erythroplakie) und nur in 15% der Fälle aus scharf umschriebener → Leukoplakie. Vgl. Präkanzerose. [11]

Mund|hygiene f: Maßnahmen zur Entfernung der → Zahnbeläge. Neben der Entfernung des → Zahnsteins in der Praxis muß der Patient selbst zur Prophylaxe der → Parodontopathien und der → Karies eine exakte M. durchführen. Motivation, Instruktion und Kontrolle sind daher besonders wichtig. Hilfsmittel sind die → Zahnbürste, die nach bestimmten → Zahnbürsttechniken angewendet werden muß, die → Zahnpasta, Zahnstocher, Stimulatoren, → Zahnseide und → Wasserstrahlgeräte. [34]

Mund|hygiene bei Implantaten f: Aufgrund der für orale Keime penetrierbaren → Gingivadurchtrittsstelle von dentalen Implantaten muß besonderer Wert auf die häusliche Pflege von Implantat und → Suprastruktur gelegt werden, um eine entzündliche Veränderung der periimplantären Gewebe (→ Peripilastritis) zu vermeiden. Neben der hygienefähigen Gestaltung von → Implantathals und Suprakonstruktion muß der Patient über spezielle Hygienemaßnahmen instruiert und in einem Recall-Programm überwacht werden. Zur Anwendung kommen spezielle Hilfsmittel wie Zahnseide, Interdentalbürsten etc. [18]

Mund|hygiene|raum: eigens für die Durchführung von Mundhygienemaßnahmen bzw. -instruktionen vorgesehener, mit entsprechenden Installationen ausgestatteter Raum in Kindergärten, Schulen, Praxen etc. [29]

Mund|intimität f: bei der Arbeit innerhalb der erogenen Zonen der Lippen und des Mundinnenraumes werden intime Schamschranken verletzt und Peinlichkeitsschranken durchschritten. [13]

Mund|leuchte: kleines Beleuchtungsgerät, das in die Mundhöhle eingebracht werden kann. [21]

Mund|oszillarien pl: → Simonsiella. [8]

Mund|reinigung: mechanische oder (bio)chemische Säuberung der Mundhöhle. [6]

Mund|schutz: Teil des → Gesichtsschutzes bei zahnärztlichen und zahntechnischen Maßnahmen mit Kontaminationsgefährdung durch Blut, Speichel und sonstige Substanzen. Vgl. Augenschutz. [21]

Mund|sperre: → Bißsperre. [2]

Mund|sperrer: Gerät zur Offenhaltung des Mundes bei intraoralen Operationen - Modell nach *Whitehead* (→ *Whitehead*-M.) - bzw. zum Öffnen der Kiefer bei Narkose oder bestehender Kieferklemme - Modelle nach *Heister* (→ *Heister*-M.) und *Roser-König* (→ *Roser-König*-M.). [2]

Mund|spirochäten f pl: → Kommensalen, die zur Familie der Spirochaetaceae gehören. Im Mund findet man immer S. im Schleim zwischen den Zähnen und in den Zahnfleischtaschen. Betrachtung im Dunkelfeld oder Färbung nach *Giemsa* bzw. mit Gentianaviolett. Borrelia buccalis, B. vincentii (→ Borrelia), Treponema denticola, T. orale, T. macrodentium; Leptospira dentium. Die oralen Treponemen sind den Syphilistreponemen so ähnlich, daß mikroskopischer Nachweis der Lues im Munde nicht sicher möglich ist. [8]

Mund|streptokokken f pl: die Mehrzahl der den Blutagar vergrünenden M. wird durch die Viridans-Gruppe (Streptokokken-Gruppe ohne Gruppenantigen) gestellt; Hauptvertreter Str. salivarius, Str. mitis, Str. sanguis, Str. mutans, daneben Str. equinus, Str. bovis und andere Vertreter der Enterokokkengruppe. Aus odontogenen Prozessen lassen sich außer den normalen M. auch solche mit Gruppenantigenen isolieren, und zwar überwiegend solche der serolog. Gruppen F sowie (im Rachen) A und C. [8]

Mund|tangente f: Lippen-Kinn-Tangente; von *A. M. Schwarz* beschriebene kieferorth. Hilfslinie zur Definition des Weichteilverhältnisses der Unterlippe zum Kinn, bestimmt durch Subnasale und Hautpogonion (Abb. → *Holdaway-*

Profillinie). Die M. dient der ästhetischen Beurteilung des Profilverlaufs. Vgl. Lippenanalyse. 5

Mund|trockenheit: → Xerostomie. 2

Mund|verdauung: enzymatischer Abbau von Nahrungsresten in der Mundhöhle, insbesondere der hochmolekularen Nahrungsstoffe Stärke und Glykogen, durch → Amylasen (Ptyalin), Fette durch → Lipasen, Eiweißkörper durch Speichelproteasen. 23

Mund|vorhof: Vestibulum oris; der außerhalb der beiden Kiefer und Zahnreihen befindliche Teil der Mundhöhle. 9

Mund|vorhof|plastik f: operatives Verfahren zur Schaffung prothesenfähiger Kieferverhältnisse, angewandt bei Alters- und Inaktivitätsatrophie der Alveolarfortsätze und Narbenbildung im Mundvorhof. Das Verfahren besteht in Ablösung der beweglichen Schleimhaut der Kieferkörper unter Belassung des Periosts und in

Fixierung der bukkalen Schleimhautschürze in der Tiefe der neugebildeten Umschlagfalte durch perkutane Naht. Die Wundfläche am Kiefer wird der Granulation überlassen (Abb.) oder durch → Spalthautlappen gedeckt. 2

Mund|vorhof|platte: Abk. MVP; von *Körbitz* und *A. M. Schwarz* entwickelter, aus flexiblem

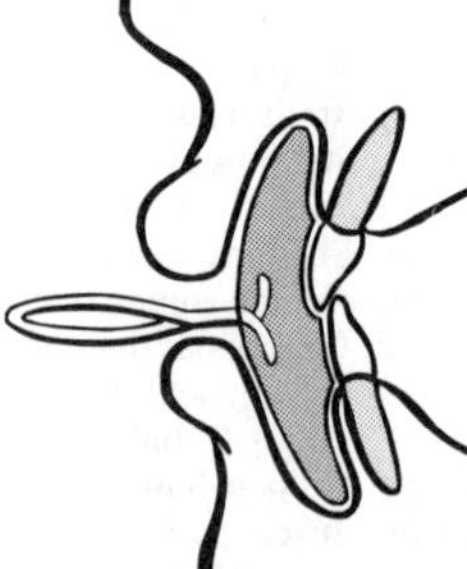

Kunststoff ohne jegliche Drahtelemente hergestellter kieferorthopädischer Behelf zur Prophylaxe und Frühbehandlung, z.B. bei Lutschen, Lippen- und Zungenbeißen, leichten Formen von → offenem Biß und → Protrusion sowie zur Behebung der → Mundatmung. Zur Abgewöhnung des Schnullers und als Anreiz zum Mundschluß kann labial ein Fingerring eingefügt werden (Abb.). 5

Mund|vorhof|spange: Abk. MVS; von *H. Hoyer* 1987 eingeführtes Gerät zur funktionellen Behandlung einer gestörten Mundmotorik, bei der das Vestibulum oris als apparative Basis dient. Über drei durch bewegliche Federbügel verbundene Pelottenpaare aus Kunststoff wird damit die gesamte mimische Muskulatur selbsttätig stimuliert. 5

Mund|wasser: Spülmittel nach *Müller,* das ursprünglich als Kariesprophylaktikum die Keime der Mundhöhle dauerhaft reduzieren sollte. Heute zur Unterstützung der Mundhygiene. Im Anschluß an die mechanische Lockerung (→ Zahnbürste) der Speisenreste und der Zahnbeläge sollen durch das Wasser die Rückstände, insbesondere aus den Zahnzwischenräumen, ausgespült werden. Medikamentöse Zusätze und Geschmackskorrigenzien. Vgl. Fluoridprophylaxe. 1

Mund|winkel: Angulus oris. 9

Mund|winkel|punkt: → Cheilion. 5

Mund-zu-Mund-Beatmung: effektivste Methode der künstlichen (Be-) → Atmung ohne Hilfsgerät, mit wenigen Ausnahmen (schwere Gesichtsverletzung, offene Tuberkulose) stets anwendbar. Beginn möglichst früh nach Atemstillstand. Mundhöhle freimachen (Gebiß!), Kopf

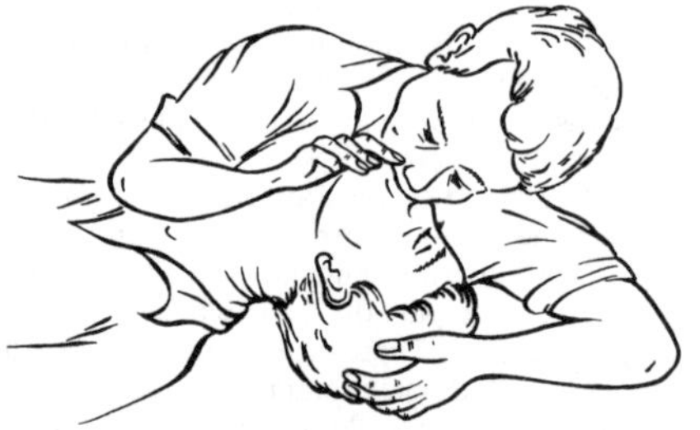

überstreckt in den Nacken lagern mit leichter Seitwärtsdrehung (verhindert Verlegen der Luftwege durch den Zungengrund), unter Zuhalten der Nase des zu Beatmenden nach eigenem tiefen Einatmen etwa 12-16mal pro Minute kräftig in dessen Mund ausatmen (Abb.) - Mund auf

Mund, evtl. Taschentuch zwischenlegen, oder Mund-zu-Nase-Beatmung; bei Säuglingen Mund und Nase gleichzeitig und gefühlvoll beatmen (Lungenrisse!). Erleichtert durch Verwendung eines → *Safar*-Tubus. Brustkorb des Beatmeten auf Hebung beim Einblasen beobachten, Senkung (Ausatmen) erfolgt von allein. Gleichzeitiger Kreislaufstillstand? Dann zusätzlich → Herzmassage. Die M. sollte bei Erwachsenen nur bei behinderter oder unmöglicher Nasenatmung durchgeführt werden, bei Kindern ist sie als M. und → Mund-zu-Nase-Beatmung indiziert. Vgl. Herz-Lungen-Wiederbelebung, ABC der Wiederbelebung. [2, 16]

Mund-zu-Nase-Beatmung: Form der → Beatmung ohne Hilfsmittel bei → Atemstillstand. Nach Überstreckung des Kopfes des Patienten setzt der Helfer seinen Mund auf dessen Nasenöffnung und verschließt den Mund mit seiner Hand; dann sollte mit etwa 12-16 Atemzügen/min beatmet werden. Nach der Insufflation der eigenen Ausatemluft das Gesicht zum Thorax des Patienten wenden und am Absinken des Brustkorbes den Erfolg der Atemspende überprüfen. Bei behinderter Nasenatmung ist auf die → Mund-zu-Mund-Beatmung auszuweichen. Vgl. Herz-Lungen-Wiederbelebung, ABC der Wiederbelebung. [2, 16]

Muramidase f: → Lysozym. [8]

Muschel|zähne: → Schalenzähne. [1]

muscularis (lat.): zum Muskel gehörend, den Muskel betreffend. [9]

Musculi (lat.) m pl, sing Musculus: Abk. Mm., sing M.; → Muskeln. [34]

Musculi arrectores pilorum m pl: Haarbalgmuskeln; richten die Haare auf und bilden die Gänsehaut. [9]

Musculi constrictores pharyngis superior, medius et inferior m pl: Schlundschnürer; durch Verengung des Rachenraumes beteiligen sie sich am → Schluckakt. [9]

Musculi longitudinales superior et inferior m pl: → Zungenmuskeln. [9]

Musculi prae|vertebrales m pl: Muskelgruppe an der vorderen Seite der Halswirbelsäule zur Beugung des Kopfes. [9]

Musculi pterygo|idei m pl: → Kaumuskeln. [9]

Musculi recti capitis anterior posterior et lateralis m pl: Muskelgruppe, die sich zwischen Os occipitale und den zwei ersten Wirbeln spannt und Beugung, Streckung bzw. Seitenbewegungen des Kopfes bewirken kann. [9]

Musculus (lat.) m, pl Musculi: Abk. M., pl Mm.; Muskel (→ Muskeln). [9]

Musculus biventer m: → M. digastricus. [9]

Musculus buccinator m: bildet die Muskelmasse der Wange. Verkleinert den Vorhof der Mundhöhle beim Auspressen von Luft (Blasen) oder beim Verschieben von Speisen während des Kauaktes. → Muskeln, mimische. [9]

Musculus digastricus m: zweibäuchiger Muskel. Spannt sich zwischen Sulcus digastricus des → Os temporale und Fossa digastrica an der Innenfläche des Unterkiefers. Beide Bäuche sind durch eine Zwischensehne verbunden, die am Zungenbein befestigt ist (Abb. → Mundbodenmuskeln). [9]

Musculus genio|glossus m: → Zungenmuskeln. [9]

Musculus genio|hyo|ideus m: → Mundbodenmuskeln. [9]

Musculus hyo|glossus m: → Zungenmuskeln. [9]

Musculus levator veli palatini m: → Gaumenmuskeln. [9]

Musculus masseter m: → Kaumuskeln. [9]

Musculus mylo|hyo|ideus m: → Mundbodenmuskeln. [9]

Musculus obliquus capitis inferior m: Kopfmuskel, spannt sich zwischen Atlas und Axis und dreht den Kopf zu derselben Seite. [9]

Musculus obliquus capitis superior m: Kopfmuskel, spannt sich zwischen Os occipitale und Atlas und streckt den Kopf oder neigt ihn zu derselben Seite. [9]

Musculus orbicularis oculi m: mimischer Muskel, der die muskuläre Grundlage der Lider bildet und mit angrenzenden mimischen Muskeln verflochten ist (→ Muskeln, mimische). Ermöglicht den Lidschlag, den Lidschluß und fördert die Fortbewegung der Tränenflüssigkeit und deren Abfluß über die Tränenkanälchen. [9]

Musculus orbicularis oris m: mimischer Muskel (→ Muskeln, mimische). Bildet die Grundlage der Lippen, ermöglicht vielfältige Verformungen der Lippen beim Sprechen, Saugen, Pfeifen usw. Seine Hauptfunktion ist der dichte Verschluß des Mundes. [9]

Musculus palato|glossus m: → Gaumenmuskeln. [9]

Musculus palato|pharyngeus m: → Gaumenmuskeln. [9]

Musculus pharyngo|glossus m: → Zungenmuskeln. [9]

Musculus salpingo|pharyngeus m: spannt sich zwischen Rachenwand und → Tuba auditiva. Hilft beim Schluckakt und unterstützt die Öffnung der Tuba. [9]

Musculus stapedius m: Mittelohrmuskel, der auf die Steigbügelplatte wirkt und durch Dämpfung der Schallwellen in der Perilymphe das Innenohr schützt. [9]

Musculus sterno|cleido|masto|ideus m: Kopfwender, entspringt am Brustbein und an der Clavicula und setzt am → Processus mastoideus an. Dreht den Kopf zur entgegengesetzten Seite. Bei beidseitiger Tätigkeit wird das Kinn gehoben und die Halswirbelsäule ventralwärts geführt. Er unterstützt auch die Hebung des Brustkorbes bei der tiefen Einatmung. [9]

Musculus stylo|glossus m: → Zungenmuskeln. [9]

Musculus stylo|hyo|ideus m: entspringt am → Processus styloideus und setzt am → Zungenbein an. Fixiert das Zungenbein nach oben und nach hinten. [9]

Musculus stylo|pharyngeus m: entspringt am → Processus styloideus und setzt an der seitlichen Rachenwand an. Hebt den Rachen und hilft beim → Schluckakt. [9]

Musculus temporalis m: → Kaumuskeln. [9]

Musculus tensor tympani m: Mittelohrmuskel, der das Trommelfell spannt und dessen Schwingungen dämpft. [9]

Musculus tensor veli palatini m: → Gaumenmuskeln. [9]

Musculus transversus linguae m: → Zungenmuskeln. [9]

Musculus uvulae m: → Gaumenmuskeln. [9]

Muskel|fasern: morphologische und funktionelle Einheit des quergestreiften → Muskelgewebes. Die M. bestehen aus Sarkoplasma, zahlreichen Kernen und Sarkolemm. Im Sarkoplasma liegen die → Myofilamente, deren strenge Anordnung die Querstreifung verursacht. Einstülpungen des Sarkolemms sind die T-tubuli. Die Filamente gruppieren sich in → Myofibrillen, die durch das sarkoplasmatische Retikulum (→ Retikulum, endoplasmatisches) voneinander getrennt sind. [9]

Muskel|gewebe: → Gewebe, das die Fähigkeit hat, durch nervale oder hormonelle Beeinflussung seine Form aktiv zu verändern und chemische in mechanische Energie umzuwandeln. Unterschieden wird glattes und quergestreiftes M. (Abb. a und b). Das glatte M. ist schwächer differenziert und besteht aus einkernigen Muskelzellen, die noch manche Eigenschaften des Bindegewebes aufweisen. Seine Kontraktion ist langsam und wird von Hormonen oder → lissomotorischen Nerven gesteuert. Das quergestreifte M. ist stark differenziert und besteht aus sehr langen, vielkernigen → Muskelfasern. Seine Kontraktion ist sehr rasch und wird von den → striomotorischen Nerven gesteuert. Das M. des Herzens (Abb. c) ist auch quergestreift, hat aber viele Eigenschaften des glatten M.s. [9]

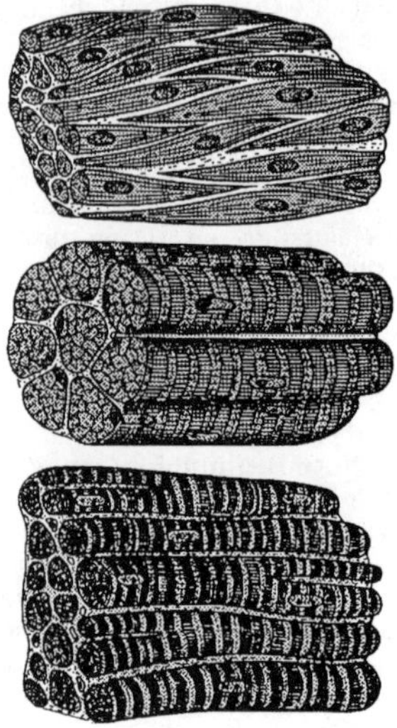

a

b

c

Muskelgewebe
a: Glatte Muskulatur; b: quergestreifte Muskulatur; c: Herzmuskulatur. [82]

Muskeln (lat.) m pl: Organe des Körpers, die durch ihre Fähigkeit, sich zusammenziehen zu können, die Bewegungen vermitteln. Die Anhaftungsstelle am festeren Knochen heißt Ursprung (Origo), am beweglicheren Ansatz (Insertio). Dazwischen liegt als eigentliche Muskelmasse der Muskelbauch (Venter). Vgl. Muskelgewebe. [9]

Muskeln, mimische: Gruppe von Muskeln, die die Gesichtshaut verschieben und aktiv an der → Mimik beteiligt sind. Sie werden alle vom N. facialis versorgt. Einige von ihnen haben zusätzliche Funktionen wie → M. orbicularis oculi, → M. orbicularis oris und → M. buccinator. [9]

Muskel|relaxanzien n pl, sing -relaxans: Mittel zur Erzeugung einer peripheren Muskellähmung, spez. bei der → Intubationsnarkose. Dadurch kann die Narkose selbst oberflächlich gehalten werden. Angriffspunkt ist die motorische Nervenendplatte (myoneurale Synapse). Nach dem Wirkungsmechanismus werden M., die die motorische Endplatte depolarisieren (→ Sukzinylcholin), von M. unterschieden, die die postsynaptische Membran für Azetylcholin blockieren (d-Tubokurarin, Gallamin, Diallyl-nor-Toxiferin, Pankuroniumbromid). Die Erschlaffung befällt die Muskulatur in folgender Reihenfolge: Gesicht, Gliedmaßen, Rumpf, Zwerchfell. Die Wirkung nichtdepolarisierend wirkender M. kann durch Neostigmin (Prostigmin®) aufgehoben werden. [2]

Mutation (lat.) f: **1.** plötzlich eintretende Änderung von Erbfaktoren, dadurch von Art- und Rassenmerkmalen. **2.** Stimmbruch, Stimmwechsel, Mutieren der männl. Stimme in der Pubertät. [3, 10]

Mutations|theorie f: wissenschaftl. Denkmodell, das die regressiven Alterungsvorgänge des Gesamtorganismus mit Zellschädigungen infolge von Mutationen im DNA-Strang erklärt. Vgl. Altern. [27]

Mutilation (lat.) f: Mutilierung; Verstümmelung, z.B. → Zahnverstümmelung. [1]

Mutine n pl: sollen als unspezifische antibakterielle Stoffe des Speichels Verlustmodifikationen bei Erregern bewirken, z.B. Umwandlung von echten Di-Bakterien in Pseudodiphtheriebakterien (*Dold* und *Weigmann*). Existenzbeweis der M. nicht gelungen. [8]

Mutismus (lat.) m: Stummheit bei intaktem Sprechvermögen; als psychogener M., als Hemmung bei → Autismus, → affektiven Psychosen oder → Schizophrenie. Totaler M. kann über Jahre hinweg bestehen (phoniatrische Therapie nur in Zusammenarbeit mit dem Psychiater). Selektiver M. tritt gegenüber einem ausgewählten Kreis von Kontaktpersonen auf, z.B. indem ein Kind nur mit den Eltern spricht, nicht aber mit dem Arzt. [13]

Mutitas f: Stummheit; psych. bedingte Stummheit: → Mutismus. [19]

Mutter|kuchen: → Plazenta. [9]

Mutter|lauge: nach der Kristallisation einer chem. Verbindung aus einer Lösung zurückbleibende Flüssigkeit. [23]

Mutter|mal: → Naevus. [12]

Muzin (lat.) n: Muko- und Glykoproteid, an Eiweiß gebundener Zucker; Bestandteil des Speichels, der diesem die Zähigkeit verleiht sowie die Fähigkeit, die Bissen schlüpfrig zu machen. Enthält Glukosamin, 1,5% Schwefel und 37% reduzierende Zucker. [23]

muzinös (lat.): **1.** schleimig (mukös), **2.** → Muzin betreffend. [32]

mval: Abk. für → Millival. [23]

My|algie f: Muskelschmerz ohne erkennbare Veränderung am Muskel, hervorgerufen durch Überbeanspruchung und unter toxisch-infektiösen bzw. stoffwechseltoxischen Einflüssen. Auch bei rheumatischer Myositis. Vgl. Myogelose. [20]

My|asthenie f: Myasthenia gravis pseudoparalytica; Muskelerkrankung, die durch krankhafte Ermüdbarkeit einzelner Muskelgruppen gekennzeichnet ist. Ihre Kraft erlischt bei wiederholter Betätigung vollkommen und kehrt nur langsam zurück. Besonders auffällig an Kau-, Zungen-, Schluck- und mimischer Muskulatur. [33]

MYCIN: → Expertensystem zur Diagnostik und Therapie von bakteriellen Infektionskrankheiten des Blutes und von Meningitis. Es werden Vorschläge zur Antibiotikatherapie unter Angabe von Sicherheitsfaktoren (häufig als Wahrscheinlichkeiten betrachtet, → Certainty factor) gemacht. Die Wissensbasis besteht aus Regeln. M. ist das älteste Expertensystem in der Medizin und über die Medizin hinaus zum Synonym für Expertensysteme geworden. M. wurde an der Universität Stanford (USA) von *Shortliffe* in den 60er Jahren entwickelt. [26]

Mycosis fungo|ides f: Wucherflechte, maligne Granulomatose; chronisch-progressive Dermatose, die zu den T-Zell-Lymphomen mit geringerer Malignität gezählt wird. Bei klassischem Verlauf werden 3 Stadien unterschieden: 1. prämykotisches Stadium, durch fleckförmige,

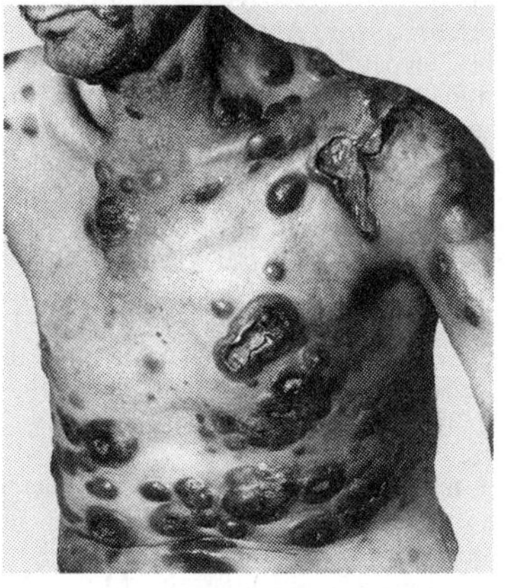

Tumorstadium im 8. Jahre der Erkrankung

meist lange persistierende, Juckreiz verursachende, erythematöse, lichenoide, schuppende und ekzematische Veränderungen gekennzeichnet; 2. Stadium der flachen Infiltrate, entwickelt sich unter schubweiser Verschlechterung aus der Prämykose und geht mit der Ausbildung massiver halbkugelig sich vorwölbender, pilzförmiger zentral zerfallender Tumoren in das 3. Stadium tumorosum (Abb.) über. Bei Spontanrückbildungstendenz einzelner Tumoren kommt es schließlich zu einem generalisierten Befall der Haut; Beteiligung der Schleimhäute in 6% der Fälle, vorwiegend aber erst im 3. Stadium; Ursache unbekannt. Therapie: UV- und später Röntgenstrahlen. Interferona in Kombination mit Retinoiden, Zytostatika. 12

My|driasis (gr.) f: Pupillenerweiterung. 10

Myelin (gr.) n: aus Lipoiden (80%) und Eiweißstoffen bestehende Substanz in der → Markscheide peripherer Nerven. 9

Myelo|blasten m pl: → Leukopoese. 9

myelogen (gr.): aus dem Knochenmark entstanden. 9

myeloisch (gr.): das Knochenmark betreffend oder von ihm ausgehend. 9

Myelom (gr.) n: Sammelbegriff für Tumoren des Knochenmarks, z.B. → Plasmozytom, → Ewing-Sarkom. 32

Myelom, multiples n: → Plasmozytom. 32

Myelo|poese f: → Leukopoese. 10

Myelose (gr.) f: chronisch myeloische → Leukämie. 32

Myelose, funikuläre f: degenerative Erkrankungen der Rückenmarksstränge. Beginn mit Parästhesien (Kribbeln, pelziges Gefühl oder Ameisenlaufen), später Auftreten spastischer Paresen, bes. an den Beinen, durch Degeneration der Pyramidenseitenstränge, Ataxien durch Hinterstrangsdegeneration und Blasen-Mastdarm-Störungen. Vorkommen bei Avitaminosen (bes. → Pellagra), bei perniziöser → Anämie sowie bei Vitamin-B_{12}-Mangel. 33

Mykid (gr.) n: durch pilzbedingte Infektallergie entstandene Streuphänomene der Haut, in denen die Erreger nicht nachweisbar sind. Ein M. kann lichenoider, urtikarieller, vesikulöser und squamöser Art sein. Therapie: antimykotische Behandlung des mykotischen Ausgangsherdes. 12

Myko|bakterien f pl: Gattung Mycobacterium der Familie Mycobacteriaceae. Infolge hohen Lipidgehalts der Zellwand säurefest (→ säurefeste Bakterien). 1. Klassische M.: a) Mycobacterium tuberculosis: → Tuberkulosebakterien; b) M. leprae: → Leprabakterien; 2. sog. atypische M.: a) photochromogene M., bilden nur bei Belichtung (gelbes) Pigment, mehrere Arten, wichtigste M. kansasii; b) M. scrofulaceum u.a. bilden auch im Dunkeln Pigment; c) nicht(photo)-chromogene M., bilden auch bei Belichtung kein Pigment, z.B. M. avium (früher: Typus gallinaceus des Tuberkuloseerregers); d) schnellwachsende M., zahlreiche Arten, wichtigste M. fortuitum. - Atypische M. besitzen z.T. eine geringe Pathogenität für den Menschen, rufen tuberkuloseähnliche Infektionen, aber auch Spritzenabszesse u.a. hervor. M. terrae wird heute als Testkeim für Wirksamkeitstests von Desinfektionsmitteln anstelle von M. tuberculosis verwendet. 8

Myko|plasmen n pl: Mikroorganismen zwischen Bakterien und Viren; polymorphe Gebilde, ∅ 125-250 nm, gramnegativ, → mikroaerophil; wachsen auf künstlichen Nährböden, im Brutei und in Gewebekulturen. Mycoplasma pneumoniae ist Erreger der primären atypischen Pneumonie; weitere humane Arten: M. hominis, M. orale, M. salivarium; letztere häufig im Speichel, Bedeutung unbekannt. 8

Mykosen (gr.) f pl: durch Pilze hervorgerufene Krankheiten. Unterteilung in → Dermatomykosen, Infektionen mit → Dermatophyten (Wachstum von Fadenpilzen in der Hornschicht bzw. im Haarkeratin) und in → Candidamykosen, (Hefe- oder Sproßpilze). Tiefe M.: granulomatös entzündliche Veränderungen der Haut und Subkutis. Systemische M.: Kryptokokkose, → Blastomykose, Parakokzidioidomykose, → Histoplasmose. Schwerpunkt in subtropischen bzw. tropischen Regionen (Brasilien und Indien). 8, 12

Myko|toxine n pl: Pilzgifte, Stoffwechselprodukte vorwiegend von Askomyzeten oder imperfekten Pilzen (→ Fungi imperfecti); seit langem bekannt Sekale-Alkaloide aus Claviceps purpurea (Mutterkornvergiftung), neuerdings Aflatoxine (B, G, M) aus Aspergillus flavus, Ochratoxin aus Aspergillus ochraceus, Rubratoxin aus Penicillium rubrum u.a. Bilden sich meist in Getreide, Mais, Nüssen, aber auch auf Fleisch bei Sauerstoffzutritt, Wärme und Feuchtigkeit; z.T. stark karzinogen. 8

mylo|hyo|ideus: Unterkiefer und Zungenbein betreffend; z.B. Musculus m. (→ Mundbodenmuskeln), bildet den Hauptanteil des → Diaphragma oris. Vgl. hyoideus. 9

Myo|arthro|pathien f pl: Muskeln und Gelenke betreffende Leiden. 4

Myo|blasten|myom n: veraltete Bez. für → Granularzelltumor (*Abrikosoff*-Tumor). Die Herleitung dieses Tumors von der quergestreiften Muskulatur ist umstritten. 32

myo|dynamisch: durch Muskelkraft bewirkt; → Abformmethode, mukodynamische. 4

Myo|epithel|zellen f pl: Zellen, die die strukturellen Eigenschaften des Epithel- und Muskelgewebes vereinen. Sie kommen in den Drüsen vor und drücken das Sekretionsprodukt aus. 9

Myo|fibrillen f pl: kontraktionsfähige Einheit einer → Muskelfaser; Abb. → Muskelgewebe. 9

Myo|filamente n pl: langgestreckte Eiweißmoleküle, Myosin (Myosinfilamente) oder Aktin (Aktinfilamente), die sich durch Entwicklung einer

Kraft aktiv gegeneinander verschieben und die Muskelfasern bzw. -zellen verkürzen können; Abb. → Muskelgewebe. 9

myo|funktionelle Therapie f: kieferorth. Therapie, bei der keinerlei Apparatur verwendet wird, sondern ausschließlich Muskelübungen durchgeführt werden. Der Wert einer alleinigen m.n T. wird stark angezweifelt. Zum einen ist nur bei langdauernder intensiver Übung mit einem Erfolg zu rechnen, zum anderen kann nur dann die Fehlentwicklung des Kauorgans gestoppt und in eine korrekte Entwicklung überführt werden, wenn allein die → Dysfunktion der Muskeln Ursache der Fehlentwicklung war. Vgl. Myotherapie. 5

Myo|gelose f: Hartspann; knötchenförmige, schmerzhafte, örtlich begrenzte Anschwellung der Skelettmuskulatur, oft durch reflektorische Tonussteigerung bei Fehlbelastung und -haltung der Wirbelsäule (Menschen mit gebückter Tätigkeit), selten durch echte rheumatische Myositis bedingt. Therapie: Massage, Wärme, Gymnastik, hyperämisierende Anwendungen. 20

myo|gen: vom Muskel ausgehend, z.B. m.e Kieferklemme. 9

Myo|kard n: die (mittlere) Muskelschicht des Herzens. 9

Myo|kard|infarkt m: Schädigung eines Herzmuskelbezirks im Sinne einer Nekrose durch Myokardischämie. Ätiologie: thrombotischer Verschluß (→ Thrombose) eines größeren, meist sklerotisch verengten Astes einer → Koronararterie, oft am Ort eines atheromatösen Geschwürs oder einer verkalkten Plaque. Verschlußort: Ramus descendens der linken Kranzarterie (Hinterwandinfarkt) oder rechten Kranzarterie (Vorderwandinfarkt). Ein Septuminfarkt betrifft die Kammerscheidewand und geht vielfach mit Herzrhythmusstörungen einher. Verlaufskomplikationen: → Extrasystolen, Arrhythmie bis zum Herzstillstand (Sekundenherztod, „Herzschlag"), kardiogener → Schock durch akute Herzinsuffizienz, → Lungenödem und Ventrikelwandzerreißung (Herzwandaneurysma). Symptome: Todesangst auslösender, retrosternaler Dauerschmerz, therapieresistent gegenüber Nitropräparaten im Gegensatz zur → Angina pectoris. Diagnostik: → Enzymmuster, → EKG mit Verlaufsbeurteilung. Therapie: Morphium zur Schmerzlinderung, absolute Ruhigstellung. Bei Schock Vorsicht mit Flüssigkeitszufuhr, niedrig dosiert Noradrenalin, Hypertensin, Glykoside nur bei Herzinsuffizienz (Vorsicht mit Digitalisintoxikation), Sauerstoffgaben, evtl. Sedierung (Barbiturate, Tranquilizer). Thrombolytische Therapie mit Streptokinase wird nur unter intensivmedizinischen Bedingungen durchgeführt und nicht selten in einer Kumarintherapie, mit der Blut ungerinnbar gehalten wird, ambulant als Dauertherapie fortgeführt. Bei Herzstillstand: → Herzmassage, Reanimationsmaßnahmen. Prophylaxe: Beachtung der → Risikofaktoren (→ Arteriosklerose), Langzeitantikoagulantientherapie. 20

Myo|karditis f: Herzmuskelentzündung. Formen: 1. infektiös-toxisch (→ Diphtherie, → Grippe, → Typhus, → Fleckfieber, → Scharlach, → Pneumonie), oft klin. latent verlaufend, gelegentlich auch tödlich mit akutem Herzversagen; 2. rheumatisch, streptokokkenallergisch (z.B. → Fokalinfektion), meist als Endo-Myokarditis; 3. chem.-physikal. (Gifte, Medikamente, Elektroschock); 4. isoliert, idiopathisch (*Fiedler*-Myokarditis), relativ selten. Symptome: Herzklopfen bei geringer Belastung, Herzdruck, Unruhe, Blässe, Hypotonie, Reizleitungsstörungen bis zum totalen av-Block; auskultatorisch selten Geräusche, manchmal → Galopprhythmus. Diagnose: → Elektrokardiogramm. Therapie: Bettruhe, spezifische Erregerbehandlung. 34

myo|kutan: Muskeln und Haut betreffend. 9

Myom (gr.) n: Myoma; gutartige Geschwulst aus Muskelgewebe. Das → Leiomyom besteht aus glatten Muskelzellen; ist neben Muskelfasern reichlich Bindegewebe vorhanden, spricht man von Fibromyom. Das → Rhabdomyom besteht aus quergestreiften Muskelfasern. 32

Myo|monitor m: Gerät zur Entspannung der Kaumuskulatur zu diagnostischen Zwecken. Dies wird vorübergehend erreicht durch transkutane elektr. Stimulation der Nn. trigeminus und facialis. 5

My|opie f: Kurzsichtigkeit; Fehlsichtigkeit, bei der die aus der Ferne kommenden Strahlen durch zu große Länge des Augapfels vor der Netzhaut vereinigt werden, so daß auf dieser ein unscharfes Bild entsteht. 20

Myo|sarkom n: → Sarkom der glatten (Leiomyosarkom) oder quergestreiften (Rhabdomyosarkom) Muskulatur. 32

Myo|sitis (gr.) f: entzündliche Muskelerkrankung. Ursachen: 1. infektiös (viral, bakteriell, parasitär); 2. nicht infektiös, meist im Rahmen von autoaggressiven u.a. immunogenetischen Erkrankungen oder ungeklärter Ätiologie (z.B. Dermatomyositis, Polymyositis, interstitielle Myositiden bei Gefäß-Bindegewebserkrankungen, resp. Kollagenosen, Lupus erythematodes, Polymyalgia rheumatica). 32

Myo|sitis ossificans f: gutartige tumorähnliche Reaktion der quergestreiften Muskulatur auf ein

Trauma mit dystrophischer Verkalkung und heterotoper Knochenbildung. Kommt bevorzugt im Arm- und Hüftbereich bei jungen Männern vor. Myosistis ossificans progressiva (*Münchmeyer*-Krankheit): generalisierte progrediente Verknöcherungsprozesse unbekannter Ursache, spontan auftretend. Wahrscheinlich handelt es sich um eine generalisierte Bindegewebserkrankung, denn betroffen sind nicht nur das interstitielle Gewebe im Muskel sondern auch der Sehnen, Ligamente, Faszien und der Haut. Bei fortschreitender Erkrankungsdauer zunehmend Bewegungseinschränkungen, Kontrakturen und Deformierung. Die Krankheit zeigt Spontanremissionen, Exazerbationen, kann zum Stillstand kommen oder aber zum Tode führen. Bisher keine Therapiemöglichkeit bekannt. [32]

Myo|spasmus m: Muskelkrampf, → Spasmus. [32]

Myo|therapie f: Muskeltraining zur Prophylaxe und Behandlungsunterstützung. Wird auch in der Kieferorth. angewandt. Vgl. myofunktionelle Therapie. [5]

Myo|tom n: der Anteil in den Ursegmenten (→ Somiten), aus dem sich die mit dem entsprechenden segmentalen Nerven versorgte (willkürliche) Skelettmuskulatur entwickelt. [2, 22]

Myo|tomie f: Muskeldurchtrennung. [2]

Myo|tonie f: tonische Muskelspannung. → Dystrophia myotonica. [10]

Myrten|blatt|sonde f: → Sonde. [2]

Myx|adentitis labialis f: → Cheilitis glandularis apostematosa. [12]

Myxo|bakterien f pl: im Gegensatz zu den starren „echten" Bakterien (Eubacteriales) flexible, oft spindelförmige Stäbchen (Ordnung: Myxobacterales), die sich gleitend auf Oberflächen fortbewegen. Sie bilden sphärische oder ovale Ruhezellen, aus denen wieder vegetative Zellen entstehen können. In der freien Natur (Boden) weit verbreitet, vermögen sie andere Mikroorganismen aufzulösen. M. scheinen auch auf der Mundschleimhaut vorzukommen. Vgl. Sphaerocytophaga. [8]

Myx|ödem n: klin. Erscheinungsbilder bei Schilddrüsenhormonmangel. 1. Kindliches M.: → Kretinismus; 2. Erwachsenen-M.: bei chronisch fortbestehender → Hypothyreose allmählicher Persönlichkeitswandel mit geistiger Trägheit, myxödematösem Gesichtsausdruck (gedunsenes Gesicht und Augenlider, Vergrößerung der Zunge, langsame Sprache, tiefe Stimme), verdickter ödematöser Haut, Herzerweiterung. Ursachen: chirurgische Schilddrüsenentfernung, primäre Drüsenatrophie. Sekundär Folge einer HVL-Unterfunktion. Therapie: L-Thyroxin. [20]

Myxom (gr.) n: Myxoma; seltene gutartige, mesenchymale Geschwulst vom Typus des embryonalen Schleimgewebes. Odontogenes M.: vom Zahnapparat ausgehender, oft mehrkammerig-zystischer Tumor mit evtl. erheblicher Auftreibung und Destruktion des Kieferknochens. Überwiegend bei Jugendlichen. [32]

Myxo|viren n pl: Virusgruppe, bestehend aus 2 Untergruppen, den Orthomyxoviren (Influenzaviren) und den Paramyxoviren (Mumps-, Masern-, Röteln-, Parainfluenzaviren, Respiratory syncytial [RS] virus); RNS-haltige (→ Ribonukleinsäure) Viren, ätherempfindlich, hämagglutinierend, Größe zwischen 100 und 200 nm, in Gewebekultur, teils auch im Brutei züchtbar. [8]

Myzel (gr.) n: Pilzgeflecht, eine Verflechtung fadenbildender Pilze, aber auch anderer Mikroben. [8]

N

N: chem. Symbol für Nitrogenium → Stickstoff. 23

N.: Abk. für Nervus, Nerv; pl Nn., Nervi. → Nerven. 9

N 2®: Wurzelfüllpaste aus Phenylquecksilberborat, Polyoxymethylen, Titanium- und Zinkoxid, Kalziumhydroxid und -sulfat, Eugenol und Rosenöl. 1

N_2O: chem. Zeichen für Stickoxydul → Lachgas. 23

Na: chem. Zeichen für → Natrium. 23

Nachblutung: erneutes Auftreten einer Blutung kürzere oder längere Zeit nach Beendigung des operativen Eingriffs bzw. nach Entstehen der Wunde. 2

Nachblutung nach Zahn|entfernung: kann durch Gefäßverletzung oder infolge Störung der Blutgerinnungsmechanismen eintreten. 1. Hilfe: Tupfer oder Wattebausch auf die Alveole legen, zubeißen lassen, nicht spülen! Kopf hochlagern, nachts äußere Kompression durch elastische Kinnbinde. In schwereren Fällen Austamponieren jeder einzelnen Alveole nach Entfernung der Gerinnsel unter Lokalanästhesie, Streifen bis zur Spontanabstoßung liegen lassen. Evtl. Beschickung der Gaze mit Thrombinpräparaten (z.B. Akrithrombin®, Thrombo-Tuffon®, Topostasin®). Vernähung der Schleimhautränder über dem Tampon, besser Kompression durch selbsthärtenden Kunststoffkloß über die Alveole, der im Zubiß erhärtet. Wenn nötig Bluttransfusion. Internistische Beratung, rechtzeitig stationäre Einweisung! - Besser Prophylaxe: bei Blutungsneigung in der Anamnese gerinnungsphysiolog. Untersuchung, gezielte Vorbereitung evtl. stationär mit entsprechender Substitution. Bei Infarktpatienten, die mit gerinnungshemmenden Mitteln (→ Antikoagulantie) behandelt werden, bei Kumarin als Gegengabe Vitamin K (Konakion®) oral oder i.v., bei Heparin als Gegengabe Protamin in Abstimmung mit dem behandelnden Arzt. Prophylaktisch nach Zahnentfernung stets Verbot von Kaffee, Tee, Alkohol und Rauchen. → Hämostyptika. 2

Nachfolge in vertrags|zahn|ärztlicher Praxis: Auf Antrag des → Vertragszahnarztes oder seiner Erben hat die → Kassenzahnärztliche Vereinigung den freiwerdenden Vertragszahnarztsitz öffentlich auszuschreiben. Der Zulassungsausschuß (→ Zulassung) trifft seine Auswahl aus den Bewerbern unter Berücksichtigung der beruflichen Eignung, des Approbationsalters und der Dauer der vertragszahnärztlichen Tätigkeit und berücksichtigt ebenfalls, ob der Bewerber der Ehegatte, ein Kind, ein angestellter Zahnarzt des bisherigen Vertragszahnarztes oder ein Vertragszahnarzt ist, mit dem die Praxis gemeinschaftlich geführt wurde (SGB V § 103, Abs. 4). 25

Nachreiche|frist: bei Nichtvorliegen eines gültigen → Behandlungsausweises kann der → Vertragszahnarzt für seine Leistungen eine Privatvergütung vornehmen, die zurückzuzahlen ist, wenn der Behandlungsausweis innerhalb von 10 Tagen nachgereicht wird. 25

Nachsorge in der Par|odontal|therapie: → Recall-System, → systematische Parodontalbehandlung. 6

Nacht|blindheit: → Hemeralopie. 20

Nacht|schienen: Schienen, meist → Aufbißschienen, die wegen Knirschens (→ Bruxismus) bei Nacht getragen werden. 4

NaCl: Natriumchlorid, → Kochsalz. 23

Nadel|amalgam n: Amalgam mit Pulverpartikeln in Form feiner Nadeln. Vgl. Amalgam. 1

Nadel|halter: Instrument zum Festhalten chir. Nadeln ohne oder mit Arretierung. Typen nach *Langenbeck* (Abb. a s. S. 506), *Mathieu* (Abb. b s. S. 506) u.a.; spez. für die Mundhöhle die abgewinkelten N. nach *Kader* (→ *Kader*-N.) und *Ganzer*. 2

Nadel|implantate n pl: wegen hoher Mißerfolgsraten heute nicht mehr gebräuchliche nadelförmige Implantate aus → Tantal, die aufgrund einer angeschliffenen Spitze selbstbohrend bzw. selbstschneidend mit dem Winkelstück oder mit Hammerschlägen in den Knochen vorgetrieben wurden. N. wurden stets in der Mehrzahl eingesetzt, z.B. als Tripod nach *Scialom* aus 3 Nadeln oder als Nadelstraße nach *Pruin* aus 7 bis 10 Nadeln. Vgl. Implantatformen. 18

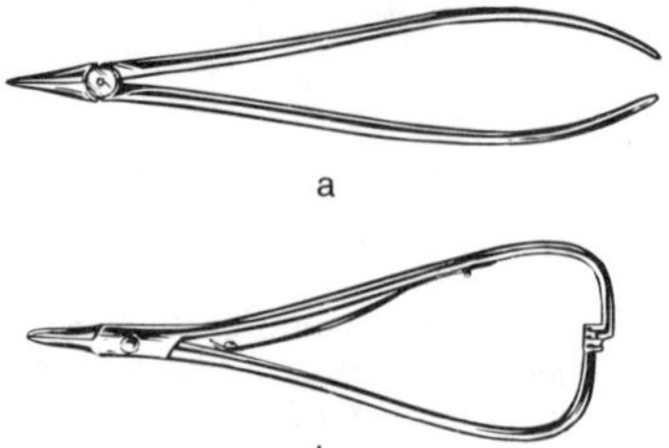

Nadelhalter
a: Modell nach *Langenbeck*;
b: Modell nach *Mathieu*.

Naeslund-Theorie: anerkannte Theorie zur Entstehung der → Aktinomykose als endogene und nicht als exogene Infektion durch anaerobe → Aktinomyzeten (Actinomyces israelii, Actinomyces bovis). Vgl. *Bostroem*-Theorie. 8

Naevus (lat.) m: Muttermal; umschriebene, meist angeborene, aber auch später auftretende Mißbildung der Haut embryonalen Ursprungs. 12

Naevus an|aemicus m: auf lokaler Unterentwicklung bzw. Fehlen von Blutgefäßen der Haut beruhender Fleck. 12

Naevus araneus m: Spinnennävus, vorwiegend im Gesicht, auch auf der Schleimhaut anzutreffen; ist gekennzeichnet durch eine zentrale, pulsierende, angiomartige, stecknadelkopfgroße Erhabenheit und durch von hier ausstrahlende spinnenbeinartige → Teleangiektasie. Therapie: Elektrokoagulation. 12

Naevus bleu m: dunkelblaues, kalottenförmiges prominentes, derbes Hautknötchen aus spindeligen, pigmentbildenden Zellen (Melanoblasten) bestehend, die im Korium gehäuft liegen und blau durch die Haut scheinen; selten maligne. 12

Naevus cellularis m: aus → Nävuszellen bestehender, mehr oder weniger derber, prominenter oder sogar pendelnder, unterschiedlich pigmentierter Tumor; behaart und unbehaart. 12

Naevus depigmentosus m: weißer Fleck infolge Pigmentmangels. 12

Naevus flammeus m: Feuermal (Abb. → Hämangiom). → Teleangiektasie, → *Sturge-Weber*-Krankheit, → *Klippel-Trenaunay*-Syndrom. 12

Naevus pigmentosus m: durch verstärkte Einlagerung von Hautpigment gebildeter bräunlicher bis schwärzlicher Fleck. → Pigmentmal, → Epheliden. 12

Naevus pilosus m: lokale nävogene Hypertrichie. → Tierfellnävus. 12

Naevus spilus m: → Pigmentmal. 12

Naevus systematicus m: in Streifen- oder Wirbelbildungen systemartig angeordneter, meist verruköser Naevus. 12

Naevus vasculosus m: Gefäßnävus. → Naevus araneus. 12

Nagel: Unguis, Onyx; Hautanhangsgebilde aus → Keratin, monatl. etwa 3 mm wachsend. 12

Nagel|bett|erkrankungen: → Paronychie. 12

Nagel|erkrankungen: → Onychomykose, → Onychosen. 12

Nagel|extension f: ähnlich der → Drahtextension am Knochen angreifender Zugverband, der an einem Knochennagel oder Draht befestigt ist. 2

Nager-Reynier-Syndrom (Felix N.; J. P. de R., 1948) n: → Dysostosis mandibularis. 3

Nage|zähne: bei Nagetieren und Hasenartigen vorkommende differenzierte Schneidezähne. Durch stärkeren Schmelzüberzug auf der Labialseite nutzen sich die Zähne ungleichmäßig ab und behalten ihre Schärfe. Sie wachsen ständig nach, wodurch die Abrasionen der Schneidekanten ausgeglichen werden. 30

Nahbereichs|foto|grafie f: → Makrofotografie. 17

Nahlinse: Vorsatzlinse; Hilfsmittel in der Fotografie zur Erreichung eines größeren → Abbildungsmaßstabes. N.n verkürzen die → Brennweite des Objektivs, dadurch kann man sich dem Objekt stärker nähern, der → Abbildungsmaßstab wird größer. In der → Dentalfotografie werden N.n häufig in Kombination mit → Medical-Objektiven gebraucht, um den maximalen → Abbildungsmaßstab von 1:1 auf 2:1 zu vergrößern. Wegen der Verkürzung der Brennweite sollten N.n in Kombination mit längerbrennweitigen Objektiven eingesetzt werden, da sonst der freie → Arbeitsabstand zu gering wird. Aus Gründen der Bildqualität sollten nur auf das Objektiv abgestimmte Linsen oder → Achromate verwendet werden. 17

Nährböden: Substrate, die zur Züchtung von Bakterien, Pilzen und Protozoen dienen. Sie können flüssig oder fest sein. Zu den ersteren gehört z.B. die Nährbouillon. Von den festen N. sind Nähragar und Nährgelatine durchsichtig, koaguliertes Blutserum, Eiklar, Kartoffel usw. undurchsichtig. Nährbouillon: Fleischbrühe, 1-2% Pepton, 0,5% Kochsalz, Sodalösung bis zur schwachen Alkaleszenz. Nährgelatine: Nährbouillon mit 10-15% Gelatine. Vgl. Agar-Agar, Blutagar. 8

Nahrungs|mittel|vergiftung: Krankheitserscheinung, die durch Verzehr verunreinigter (z.B. Chemikalien, Schwermetalle), zersetzter (Stoffwechselgifte aus Fischen, Pilzen, Muscheln) oder mikrobiell infizierter Nahrung verursacht werden. Bakterielle Lebensmittelvergiftung bei Mensch und Tier im Sinne des Seuchengesetzes meldepflichtig. → Botulismus durch Toxine der Botulinusbazillen; Salmonellen-Enteritis durch Fleisch notgeschlachteter Tiere, bes. Hackfleisch, Enteneier, Eipulver, Fische, Schalentiere; Enteritis durch Nahrungsmittel, welche von Staphylokokken, Bacterium cereus oder Clostridium perfringens durchwuchert waren; Käsevergiftungen durch Clostridium botuliorum und Monilia-Arten. 8

Nahrungs|stoffe: Nährstoffe; die für Erhaltung und Funktion, Wachstum und Fortpflanzung unabdingbaren Bestandteile der Nahrung: → Eiweiß, Fette (→ Lipide), → Kohlenhydrate, → Vitamine, Wasser, anorgan. Salze und Spurenelemente. Dagegen enthalten Nahrungsmittel (alle genießbaren Substanzen) noch → Ballaststoffe. 20

Naht: 1. anat. → Sutura. **2.** chir. Vereinigung von Wundrändern der Haut und Schleimhaut, von Muskeln, Knochen, Gefäßen, Nerven durch → Dexon®-Nahtmaterial, Seiden-, → Katgut-, → Perlon- oder Drahtnaht. → Knopfnaht, → Intrakutannaht, → Situationsnaht, → Matratzennaht, → U-Naht. Vgl. Knotenarten. 2

Naht|sprengung: kieferorth. → Gaumennahterweiterung. 5

Nalbuphin: → Opioid-Analgetikum mit agonist.-antagonist. Wirkungsprofil zur parenteralen Anwendung. Analgesie und Atemdepression ab 20 mg/70 kg KG nicht linear zur Dosis ansteigend. Abhängigkeitspotential kleiner als das voller μ-Opioid-Agonisten (→ Agonist). 7

Nalorphin: N-allyl-Morphin, → Antagonist an μ-Opioid-Rezeptoren, partieller → Agonist an δ- und κ-, Agonist an σ-Opioid-Rezeptoren. Vgl. Opioid-Rezeptoren. 7

Naloxon: synthet. Oxymorphan-Derivat, kompetitiver → Antagonist an → Opioid-Rezeptoren. Indikation: Behandlung einer akuten Opioid-Intoxikation. Präp.: Narcanti®. 2, 7

Naltrexon: voller → Antagonist an μ-, δ- und κ-Opioid-Rezeptoren. Vgl. Opioid-Rezeptoren. 7

Nance-Apparatur (Hays N., Orthod., Pasadena, *1893, † 1964) f: kieferorth. Apparatur zur → Verankerung im Oberkiefer. Ein → Palatinalbogen, der an Molarenbändern befestigt und über eine Pelotte zusätzlich am Gaumendach abgestützt ist (Abb.). 5

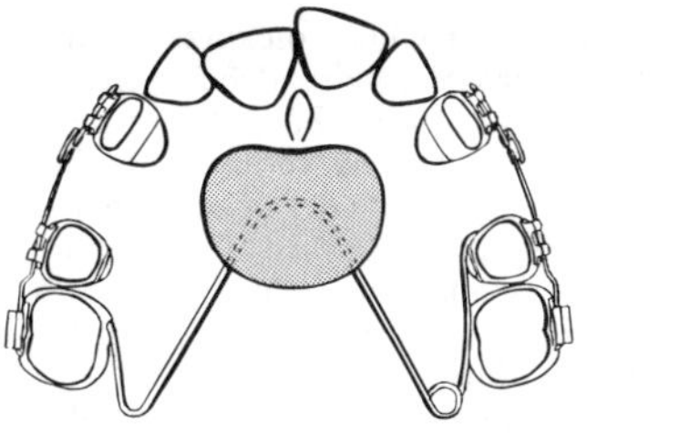

Nance-Apparatur [34]

Nance-Meß|methode f: Methode der → Gebißanalyse im frühen → Wechselgebiß: 1. Die mesiodistalen Durchmesser der Milcheckzähne und -molaren sollen größer sein als die der bleibenden Eckzähne und Prämolaren. Allenfalls ist Engstand zu erwarten bis hin zur Notwendigkeit der Extraktion; 2. Das äußere Maß ist der äußere Umfang des Zahnbogens zwischen den ersten bleibenden Molaren. Das äußere Maß wird mit dem Durchbruch der bleibenden Eckzähne und Prämolaren kleiner. Die Bogenlänge kann nach *Nance* auf Dauer nicht vergrößert werden; 3. Das innere Maß ist die Gerade vom ersten bleibenden Molar zum Interinzisalpunkt. Es wird mit dem Durchbruch der bleibenden Eckzähne und Prämolaren kleiner. Bei zu kleinen Werten droht → Engstand bzw. wird Extraktion notwendig. 5

Nance-Zange: → Schlingenbiegezange. 5

Nanismus m: Zwergwuchs. 20

Nano|zephalie f: → Mikrozephalie. 3

NAP: Abk. für → **N**erven**a**ustritts**p**unkte. 9

Naphazolin: direktes → Sympathomimetikum, α_2- > α_1-Adrenozeptor-Agonist (→ Adrenozeptoren) zur lokalen Abschwellung der Nasenschleimhaut. Wirkungsmaximum innerhalb 5-10 min post applicationem, Wirkungsdauer ca. 4-6 h. Indikation in der Zhk. zur supportiven Behandlung einer Sinusitis maxillaris dentogenen Ursprungs. Zur Vermeidung einer Nasentropfenrhinitis nicht länger als für 10 Tage verordnen. 7

Narbe: Cicatrix; bindegewebsreicher, nach Substanzverlust entstandener Gewebsersatz mit Schrumpfungstendenz. Auf Narbengewebe können maligne Tumoren entstehen (Verbrennungsnarben). 12

Narcanti®: → Naloxon. 2

Nares (lat.) f pl, sing Naris: Nasenlöcher. 9

Narko|an|algetika n pl: → Opioid-Analgetika. 7

Narko|lepsie f: paroxysmale Störungen im Schlaf-Wach-Rhythmus mit anfallsartigem unwiderstehlichem Schlaf von kurzer Dauer in unterschiedlichen Abständen, dabei leicht Erweckbarkeit (Schlafanfälle). Zur Trias gehören außerdem affektiver Tonusverlust und Wachanfälle, die jeweils für sich oder in beliebiger Kombination vorkommen können. Genese idiopathisch oder symptomatisch, am häufigsten postenzephalitisch. Therapie: Weckamine, Regulierung des Schlafrhythmus. [33]

Narko|logie f: besser → Anästhesiologie. [2]

Narko|manie f: krankhafte Sucht nach Betäubungsmitteln. [2]

Narkose (gr.) f: Allgemeinbetäubung, Allgemeinanästhesie im Gegensatz zur Lokalanästhesie. Durch → Narkotika erzeugt, die auf verschiedenem Wege dem Organismus zugeführt werden. Danach unterscheidet man → Inhalations-, intravenöse, Rektalnarkose. Mit steigender Menge des zugeführten Narkosemittels werden verschiedene Narkosestadien (Abb.), die an

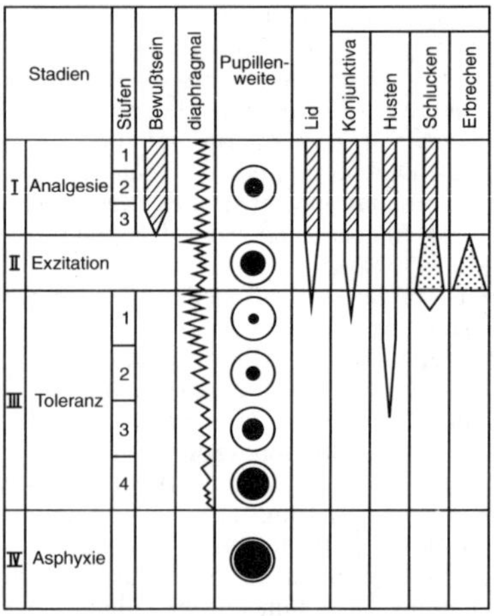

Reflexverhalten bei den 4 Narkosestadien

Hand des Ablaufs der Äthernarkose definiert wurden, durchlaufen: I. Rausch- oder analgetisches Stadium; reicht für kurzdauernde Eingriffe aus; II. Exzitationsstadium (Erregungsstadium); III. Toleranzstadium, in 4 Stufen unterteilt (III_1-III_4); zunehmende Muskelerschlaffung und Reflexausschaltung. Stadium der chirurg. Vollnarkose; IV. Kollaps- oder asphyktisches Stadium; Atemlähmung! Herzstillstand! durch Überdosierung des Narkosemittels hervorgerufen. - Beim Erwachen werden die einzelnen Stadien rückwärts durchlaufen. → Intubationsnarkose, endotracheale; → Narkose, potenzierte; → Lachgasanalgesie. [2]

Narkose|apparat m: Gerät mit Gasbehältern für Narkosegase (→ Lachgas) und Sauerstoff, Vorrichtung für Äther- und Halothan-Zusatz (→

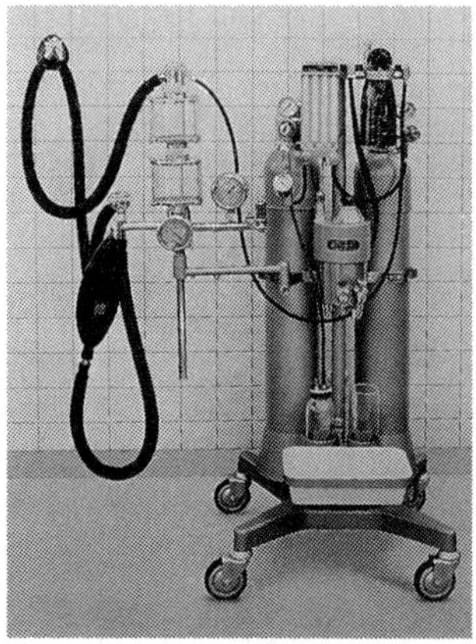

Abb. 1 [105]

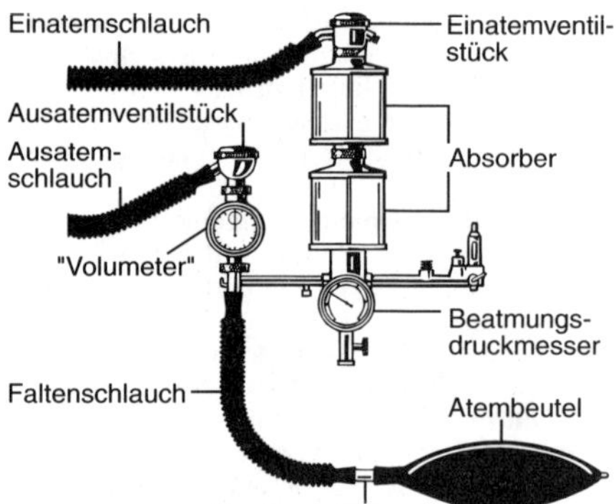

Abb. 2

Äther, → Halothan), → Absorber zur CO_2-Eliminierung, Dosierungseinrichtungen, Ventilen, Verbindungsschläuchen und -stücken für den Anschluß an eine Narkosemaske oder einen → Trachealtubus (Abb. 1 und 2). [2]

Narkose|breite: Verhältnis der narkotischen (das Toleranzstadium herbeiführenden) zur toxischen (Atemlähmung, Herzstillstand) Konzentration bzw. Dosis eines Narkosemittels, zugleich Maß für seine therapeutische Brauchbarkeit: bei geringer N. ist die Gefahr der Überdosierung größer. [2]

Narkose, intra|venöse f: durch intravenöse Injektion von Barbitursäurederivaten (→ Thiopental, → Methohexital, → Hexobarbital) oder anderen Narkosemitteln (→ Propanididum, → Ketamin, → Etomidate) herbeigeführte Narkose. → Neuroleptanalgesie. [2]

Narkose, potenzierte f: bes. Narkoseform, bei der durch Prämedikation von parasympathikolytischen und sympathikolytischen Mitteln, Ganglienblockern und zentral dämpfenden Mitteln das vegetative Nervensystem gedämpft, und dadurch eine Narkose mit nur geringem Verbrauch an eigentlichen Narkosemitteln ermöglicht wird. Vgl. lytische Mischung. [2]

Narkose|systeme n pl: offenes System: Auftropfen eines flüchtigen Narkosemittels auf Gesichtsmaske; halboffenes System: Ausatmungsluft entweicht vollständig, z.B. aus Nichtrückatmungsventil; halbgeschlossenes System: ventilgesteuertes → Kreisatmungssystem, bei dem Ausatmungsluft nach CO_2-Eliminierung durch Absorber teilweise wieder der Inspirationsluft zugemischt wird; geschlossenes System: ventilgesteuertes Kreisatmungssystem, dem lediglich O_2 in Höhe der verbrauchten Menge (→ Sauerstoffbedarf des Menschen) mit flüchtigem Narkotikum zugeführt wird. Kein Abblasen der Exspirationsluft. [2]

Narkose|zwischen|fälle: → Anästhesiezwischenfälle. [2]

Narkotika (gr.) n pl: Bez. für chem. heterogene Substanzen, die zur reversiblen Bewußtseinsausschaltung bei → Narkosen benutzt werden. Einteilung nach Applikationsart in Injektions-N. (→ Barbiturate, → Thiobarbiturate, Etomidat, → Ketamin, Propotol) und Inhalations-N. (Halothan, Enfluran, Isofluran, Distickstoffoxid). [2, 7]

Nasal|ebene: Verbindung zwischen → Nasion und den beiden → Zentralen. Vgl. Gnathophysiognometrie, Meßpunkte. [5]

nasalis (lat.): die Nase betreffend. [9]

Nasal|laute: Nasenlaute; Laute, bei deren Bildung die Luft durch die Nase entweicht (m, n und ng). Vgl. Rhinolalia clausa. [19]

Nasal|punkt: oberer N.: → Nasion, unterer N.: → Nasospinale. [5]

Näseln: → Rhinolalia aperta, → Rhinoglossie. [8]

Nasen|atmung: physiol. Form der Luftaufnahme und -abgabe durch die Nase, möglich bei Abschluß der Mundhöhle gegen den Rachen bei entspannter Muskulatur durch Lippenschluß oder Anliegen der Zunge an den Zahnreihen und am harten Gaumen. Bei völliger Abdichtung der Mundhöhle durch die Zunge, die durch den rhythmischen Schluckakt und erneutes Ansaugen der Zunge am Gaumen zustandekommt, ist daher eine absolute Nasenatmung auch bei geöffnetem Mund möglich. [19]

Nasen|atmungs|störung: Behinderung der Nasenatmung durch adenoide Wucherungen, Hyperplasie des → lymphatischen Rachenringes, Nasenscheidenwandverbiegung (→ Septumdeviation), chron. Katarrhe, zu kurze Oberlippe, Kieferanomalien, Veränderungen der Nasenschleimhäute (allergische, hyperplastische oder funktionelle, z.B. bei vasomotorischer Rhinitis), Polypen oder Tumoren. Vgl. Mundatmung. [19]

Nasen|bein: → Os nasale. [9]

Nasen|blas|effekt: Methode zur Ausbildung des dorsalen Prothesenrandes bei der Oberkiefer-Totalprothese. Beim Versuch, bei geöffnetem Mund und geschlossener Nase durch diese auszuatmen, bildet die Schleimhaut beim Übergang vom beweglichen zum unbeweglichen Gaumen einen sichtbaren Knick, in den hinein die dorsale Begrenzung der Prothese gelegt werden soll. [4]

Nasen|blas|versuch: dient zur Feststellung einer Kieferhöhlenperforation. Beim Blasen mit zugehaltener Nase entweicht durch die Öffnung Luft in die Mundhöhle. Nicht immer zuverlässig. [2]

Nasen|bluten: → Epistaxis. [19]

Nasen|eingangs|zyste f: *Klestadt*-Zyste; meist am Ansatz des Nasenflügels gelegene Schleimzyste, die diesen bei weiterem Wachstum anhebt. Liegt dem Knochen auf, der höchstens ein wenig eingedellt wird. Rö. daher nur durch Kontrastmittel darstellbar. N.n gehen von versprengten Epithelresten des Atemweges aus und sind daher stets mit Flimmerepithel ausgekleidet. Therapie: operative Entfernung vom Mundvorhof aus. Vgl. Organum vomeronasale. [19]

Nasen|flügel: Ala nasi. [9]

Nasen|fluß, hinterer: durch Viskositätsverminderung des Nasenschleimes hervorgerufene subjektive Empfindung eines Sekretflusses nach dorsal, zumeist mit Trockenheit der Nasen-Rachen-Schleimhaut einhergehend. Therapie: Inhalationen, Gurgeln mit Salzwasser, fettende Nasensalben. H.N. stellt eine Kontraindikation für Vasokonstriktoren dar. Vgl. Xerostomie. [27]

Nasen|neben|höhlen: Sinus paranasales, die

paarig angelegten → Kieferhöhlen und Stirnhöhlen, die Keilbeinhöhle und die Siebbeinzellen. Abb. → Kieferhöhle. 9

Nasen|neben|höhlen|aufnahme: NNH-Aufnahme; halbaxiale Schädelaufnahme (okzipitonasomental) mit weit geöffnetem Mund zur Darstellung der Nasennebenhöhlen, des Mittelgesichtes, der Augenhöhlen und der Jochbeine (Abb.). Der

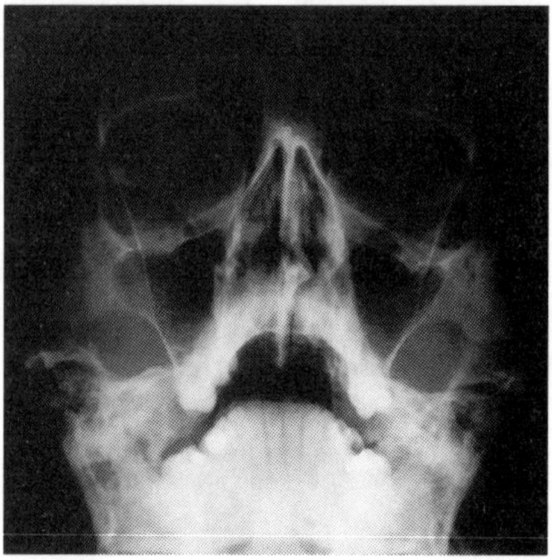

→ Zentralstrahl zielt in der Mediansagittalebene kranialexzentrisch vom Hinterkopf (Scheitel) auf die oberen Schneidezähne. 14

Nasen|olive: im Nasenvorhof getragene Hohlprothese aus Dentalkunststoff, die als Nasenstützgerüst im Rahmen der Unfall- und Tumorchirurgie oder als sog. → Adaptopher bei der → künstlichen Ernährung mittels Nasensonden Anwendung findet. 27

Nasen|plastik f: → Rhinoplastik. 19

Nasen|polypen m pl: in der Nase auftretende → Polypen, die von den hinteren Siebbeinzellen oder der Kieferhöhle ausgehen. Werden bei Entwicklung zum Nasenrachenraum als Choanalpolypen bezeichnet. Verursachen teilweise oder vollständige Verlegung der Nasenatmung, wodurch dumpfer Kopfschmerz, → Rhinolalia clausa, → Hyposmie oder → Anosmie entstehen können. DD: Meningoenzephalozele, → juveniles Nasenrachenfibrom. Therapie: operative Entfernung mit Sanierung der Nasennebenhöhlen, Kortikosteroide. 19

Nasen|rachen|raum: der obere Teil des → Pharynx, der nach unten bis in die Höhe des Gaumensegels reicht. 9

Nasen|rinne: → Philtrum. 9

Nasen|scheide|wand: Septum nasi (Abb.). 9

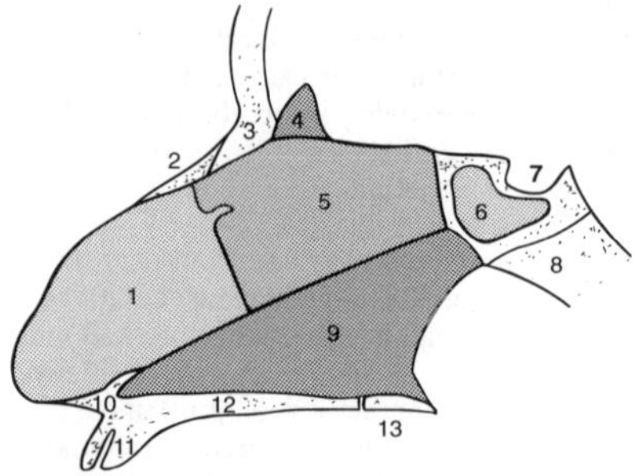

1: Cartilago nasi; 2: Os nasale; 3: Spina nasalis ossis frontalis; 4: Processus crista galli; 5: Lamina perpendicularis ossis ethmoidalis; 6: Sinus sphenoidalis; 7: Fossa hypophysialis; 8: Os occipitale; 9: Vomer; 10: Spina nasalis anterior; 11: Canalis nasopalatinus; 12: Processus palatinus ossis maxillaris; 13: Lamina horizontalis ossis palatini.

Nasen|scheide|wand|verbiegung: → Septumdeviation. 19

Nasen|senkrechte: Abk. NS; von *Dreyfus* definierte kieferorth. Bezugslinie vom → Nasion senkrecht auf die Ohr-Augen-Ebene (Abb. → Ohr-Augen-Ebene). 5

Nasen|sprache: → Rhinolalia aperta, → Rhinolalia clausa. 19

Nasen|untersuchung: → Rhinoskopie. 19

Nasen|wand, seitliche: beidseitige Abgrenzung der Nasenhöhle (Abb.). An ihr hängen die drei → Conchae nasales (→ Concha nasalis), die die drei Meatus begrenzen. 9

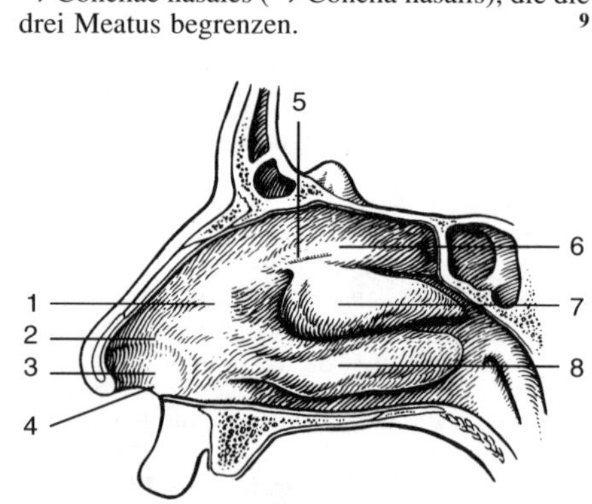

1: Nasenhöhle; 2: Nasenschwelle, Limen nasi; 3: Naseneingang; 4: Nasenloch, Naris; Vestibulum nasi; 5: Sulcus olfactorius; 6, 7, 8: obere, mittlere und untere Nasenmuschel, Conchae nasales. [10]

Nasen|wurzel: Radix nasi; zwischen den Augenhöhlen gelegener Teil der Nase. [9]
Nasen|zahn: infolge Keimverlagerung im Nasenboden durchgebrochener Zahn, meist → Mesiodens. [2]
Nasion n: Abk. N; kraniometr. Meßpunkt, Kreuzungspunkt der Sutura nasofrontalis mit der → Raphe-Median-Ebene (Nasenwurzel). Bei der kieferorth. Auswertung des → Fernröntgenseitenbildes wird die etwas unter diesem Punkt gelegene tiefste Einsenkung des Nasensattels gewählt (Abb. → Meßpunkte). [5]
Nasion|basis|winkel: Zeichen β; Neigungswinkel des vorderen Schenkels des Sphenoidalwinkels zur → Ohr-Augen-Ebene (Abb. → Sphenoidalwinkel). [5]
Nasion-Sella-Ebene: → *Broadbent*-NS-Ebene, → *Schwarz*-NSe-Ebene. [5]
Nasion|senkrechte: vom → Nasion auf die → Frankfurter Horizontalebene gefälltes Lot. Normaler Verlauf durch das → Nasospinale oder vor diesem, bei maxillärer → Protrusion hinter demselben. [5]
Nasmyth-Membran (Alexander N., Za., London, *1789, † 1848) f: → Schmelzoberhäutchen. [1]
Naso|aurikular|ebene: → *Camper*-Ebene. [4]
Naso|labial|falte: Nasenlippenfalte, Sulcus nasolabialis; verläuft vom äußeren Nasenflügelansatz zum Mundwinkel. Wird gebildet von den Mm. risorius und zygomaticus unter Beteiligung des M. buccinator. [9]
naso|labialis: Nase und Lippen betreffend. [9]
Naso|labial|winkel: Winkel zwischen der Linie → Subnasale-Labrale superius (→ Labrale superius) und einer Tangente zum Columella-Bereich, ausgehend vom Subnasale. Wichtig bei der → Profilanalyse. Der N. beträgt im Durchschnitt 90-110°. [5]
naso|palatinus: Nase und Gaumen betreffend. Vgl. Ductus incisivus und Zyste (nasopalatinale). [9]
Naso|pharynx m: → Nasenrachenraum. [9]
Naso|pharynx|tumoren m pl: Neubildungen im Nasenrachenraum. Klinische Diagnose meist erst durch Spätsymptome: verlegte Nasenatmung, eitrige, blutige Nasensekretion, Kopfschmerzen, einseitige Schalleitungsschwerhörigkeit (wegen Tubenbelüftungsstörung), Halslymphknotenmetastasen. Außerdem Computertomogramm, Kernspintomogramm, bei Karzinomen *Epstein-Barr*-Virusserologie. Gutartige N.: 1. juveniles Nasenrachenfibrom (histologisch: Angiofibrom): wächst verdrängend, befällt in typischer Weise männl. Jugendliche. In 4-6% kommen Nasenrachenfibrome auch in der Kindheit, in höherem Alter oder bei Frauen vor. Sie zeigen dann aber in Ausprägung, Lokalisation im Nasenrachen sowie in Histologie und Rezidivneigung deutliche Abweichungen vom juvenilen Typ. Operative Therapie mit vorausgehender Unterbindung zuführender Gefäße (erhebliche Blutungsgefahr). Radiolog.: Embolisation; 2. Chordom (histologisch: embryonaler Tumor): Einbruch in die Schädelbasis möglich, operative Therapie. Bösartige N.: 1. Karzinom, meist Plattenepithelkarzinom oder undifferenziertes Karzinom (lymphoepithelialer Tumor), seltener Adenokarzinom, adenoidzystisches Karzinom oder Übergangszellkarzinom; 2. → malignes Lymphom. Therapie: Bestrahlung, Ausräumung der Halslymphknoten bei Befall (als Prophylaxe etwas umstritten), bei Lymphomen Chemotherapie. 5-Jahre-Überlebensrate: ca. 35% für alle bösartigen N., bis 70% für kleine Geschwülste. [19]
Naso|spinale n: Abk. Ns; kraniometr. Meßpunkt, der in die → Raphe-Median-Ebene projizierte unterste Punkt der Apertura piriformis (→ Apertura); Abb. → Meßpunkte. [5]
naso|tracheal: Nase und Luftröhre betreffend. [9]
Nativ|präparat n: unbehandelt (ungefärbt und unfixiert) zur (mikroskop.) Untersuchung kommendes Material. [8]
Natrium (ägypt.) n: chem. Element, Symbol Na, Ordnungszahl 11, Atomgewicht 22,997; schneidbares, silberweißes Metall. [23]
Natrium biboracicum n: Borax, Natriumtetraborat, → Bor. [23]
Natrium bicarbonicum n: doppelkohlensaures Natron, $NaHCO_3$. Antazidum. [23]
Natrium carbonicum n: Natriumkarbonat, Soda, $Na_2Co_3 \cdot 10H_2O$. [23]
Natrium chloratum n: Natriumchlorid, → Kochsalz, NaCl. [23]
Natrium citricium neutrale n: Natriumzitrat, zur Verhinderung der Blutgerinnung bei Transfusionen und der → Blutsenkungsreaktion. [23]
Natrium|di|sulfit: $Na_2S_2O_5$; feste farblose Substanz, in wässriger Lösung Bildung von → Hydrogensulfit: $Na_2S_2O_5 + H_2O \rightleftharpoons 2\ NaHSO_3$. Verwendung fest oder in wässriger Lösung als Antioxidans. [7]
Natrium|fluorid n: Natrium fluoratum, NaF; als Kariesprophylaktikum enthalten in Fluoretten®, Zymafluor®. → Fluoridprophylaxe. [34]
Natrium|fluorid|spül|lösung: Lösung von NaF in Aqua destillata, wird in verschiedenen Konzentrationen verwendet: für die tägliche Anwendung mit 0,05% Fluorid (0,23 mg/ml) und für die wöchentliche Anwendung mit 0,2% Fluorid (0,9 mg/ml). Geeignet für Individual- und

Gruppenprophylaxe; nicht für Kinder unter 5 Jahren. Vgl. Natriumfluorid. 29

Natrium|hydrogen|sulfit: $NaHSO_3$; existiert nur in Lösungen. Im festen Zustand liegt → Natriumdisulfit ($Na_2S_2O_5$) vor. 7

Natrium|hypo|chlorit: Natriumsalz der hypochlorigen Säure (NaOCl). Flüssiges Oxidationsmittel, das in der Zhk. zur Reinigung und Desinfektion des Wurzelkanals eingesetzt wird. Kontraindikation: nicht abgeschlossenes Wurzelwachstum. 1, 7

Natrium|lauryl|sulfat n: Netzmittel (→ Tenside) mit der Summenformel $CH_3(CH_2)_{11}OSO_3Na$. Bestandteil von Zahnpasten. 15

Natrium nitrosum n: Natriumnitrit, $NaNO_2$. Gefäßerweiternd, bei → Angina pectoris. 23

Natrium perboricum n: Natriumperborat. Additionsverbindung aus Natriummetaborat und Wasserstoffperoxid, $NaBO_2 \cdot H_2O_2 \cdot 3H_2O$. Gibt in Lösung H_2O_2 ab, dadurch bakterizid wirkend. Auch in Waschmitteln (z.B. Persil) enthalten. 23

Natrium salicylicum n: Natriumsalizylat, → Salizylsäure. 23

Natrium|sulfit: Na_2SO_3 x $7H_2O$; farblose Kristalle, reizen bei Kontakt Haut und Schleimhäute. Wasserlösl., alkal. Reaktion infolge Hydrolyse. Reduktionsmittel, Konservierungsstoff. Vgl. Sulfite. 7

Natrium sulfuricum n: Natriumsulfat, Glaubersalz, $Na_2SO_4 \cdot 10H_2O$, Abführmittel. 23

Natron|lauge: wäßrige Lösung von Natriumhydroxid, NaOH (Äztnatron). 23

Natur|harze: amorphe Substanzen, die mit Ausnahme von → Schellack pflanzlichen Ursprungs sind und aus Gemischen meist → aromatischer Verbindungen bestehen, die oft genetisch mit den → Terpenen verknüpft sind. Nach ihrem Alter kann man die N. einteilen in: fossile N. (versteinert), z.B. Bernstein; rezent-fossile N. (frisch versteinert), z.B. → Kopale; rezente N. (frisch), z.B. Mastix, Schellack. Besondere Bedeutung haben die Naturharze für die Lackindustrie (Firnisherstellung). 4, 23

Nausea (gr.) f: Übelkeit, z.B. nach einer Narkose. 20

Nävus|zellen f pl: Hauptbestandteil des → Naevus cellularis, im Korium angehäuft liegende ovoide Zellen. 12

NBS: Abk. für **N**ational **B**ureau of **S**tandards, Washington, das u.a. auch eine Abteilung für zahnärztliche Materialien unterhält. 4

Nd:YAG-Laser m: → Festkörperlaser mit einem mit Nd^{3+}-Ionen dotierten YAG-Kristall als → laseraktivem Material, Hauptwellenlänge 1,06 µm. In der → Laserchirurgie wird wegen der besseren → Absorption im Gewebe gelegentlich auch die Wellenlänge 1,32 µm des Nd:YAG-L.s verwendet. 31

Ne|arthrose f: operat. Bildung eines Gelenkes, z.B. Neuformung eines knöchern verwachsenen (ankylotischen) Kiefergelenkes. 2

Neben|ant|agonist m: der Zahn, dessen kleinerer Teil bei der Okklusion mit dem entsprechenden Antagonisten zusammentrifft. Z.B. okkludiert der obere 2. Molar mit dem unteren 3. Molar als Nebenantagonist und mit dem unteren 2. Molar als → Hauptantagonist. → Zahn-zu-Zweizahn-Beziehung. 30

Neben|betrieb: Betrieb, der neben dem Hauptbetrieb unterhalten wird und eine gewisse Selbständigkeit besitzt. Er liegt vor, wenn Waren zum Absatz an Dritte handwerksmäßig hergestellt oder Leistungen für Dritte handwerksmäßig bewirkt werden, es sei denn, dies geschieht nur im unerheblichen Umfang oder es liegt ein → Hilfsbetrieb vor (§§ 2 Nr. 3 und 3 Abs. 1 Handwerksordnung). Stellt der Zahnarzt in seinem → Praxislabor Zahnersatz in nicht unerheblichem Umfang auch für andere Praxen her, handelt es sich um einen N. Dieser muß in die Handwerksrolle eingetragen werden und ist gewerbesteuerpflichtig. Ein N. muß von einem Zahntechnikermeister geleitet werden. 24

Neben|höhlen: → Nasennebenhöhlen. 19

Neben|niere: Glandula suprarenalis; paarig angelegtes, halbmondförmiges Organ, am oberen

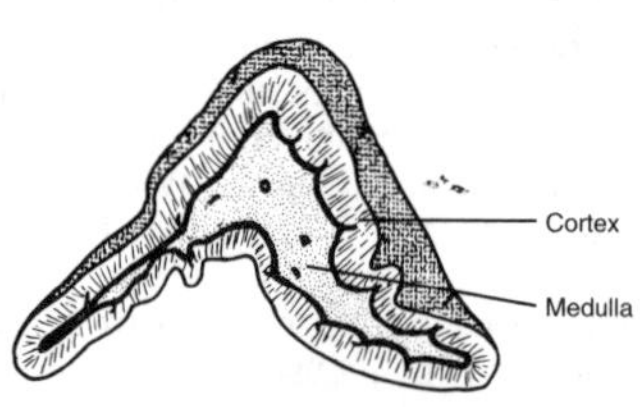

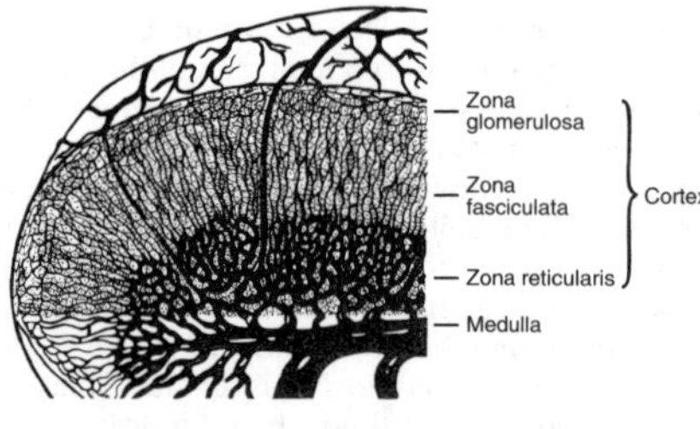

Pol jeder Niere liegend (Abb.). Besteht aus zwei Gewebssystemen, der aus dem Mesoderm entstandenen Rinde und dem aus dem Ektoderm entstandenen Mark. Bisher wurden 28 verschiedene Nebennierenrindenhormone festgestellt. Einteilung der Nebennierenrindenhormone in → Mineralokortikoide, → Glukokortikoide (z.B. Kortison) und → Androgene. Das Nebennierenmark ist die Bildungsstätte des → Adrenalin und → Norepinephrin (Abb. → Niere). [9, 10]

Neben|schild|drüsen: Epithelkörperchen, Glandulae parathyroideae; inkretorische Drüsen, meistens vier (selten weniger) rundlich ovale Gebilde

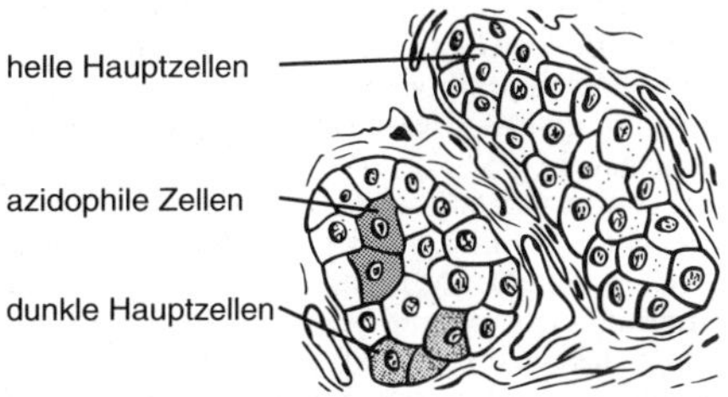

von 3-15 mm Durchmesser und 2-4 mm Breite, der Schilddrüsenkapsel im allg. aufliegend. Histologisch lassen sich Epithelhaufen nachweisen, die sich aus größeren polygonalen Zellen (Hauptzellen) und kleineren azidophilen Zellen zusammensetzen (Abb.). Das Zwischengewebe ist gefäßreich; Nachweis von Fettkörnchen und chem. von Glykogen und Jod in den Epithelzellen. Die N. sind die Bildungsstätten des → Parathormons. Bei Entfernung → Tetanie, bei Überfunktion (Hyperparathyreoidismus) → Osteodystrophia fibrosa generalisata. *Erdheim* konnte bei Ratten nach N.exstirpation die Entstehung von Schmelzhypoplasien nachweisen. Vgl. Kalkstoffwechsel. [9, 20]

Neben|valenz|kräfte: → Bindung, chem. [23]

Neck dissection (engl. Halszergliederung) f: radikale Ausräumung der → Lymphknoten des seitl. Halsbereichs mit Fortnahme des Platysma, des M. sternocleidomastoideus und der Venae jugulares. Dient der (auch vorbeugenden) Entfernung von Metastasen bösartiger Tumoren des Mund-Kiefer-Gesichtsbereichs nach deren Beseitigung. Bei Erhalt des M. sternocleidomastoideus, des N. accessorius und der V. jugularis = konservative N. d. [2]

Nedolon P®: analget. → Kombinationspräparat mit → Paracetamol und → Codein. [7]

Neff-Verhältnis: Vergleich zwischen dem → SI des Oberkiefers und dem SI des Unterkiefers, woraus sich Rückschlüsse auf Zahnbreitendiskrepanzen und → Überbiß ergeben: 1. Oberkieferfront 18% breiter als Unterkieferfront ergibt keinen Überbiß; 2. Oberkieferfront 30% breiter als Unterkieferfront ergibt 30% Überbiß; 3. Oberkieferfront 40% breiter als Unterkieferfront ergibt 50% Überbiß. [5]

Nefopam: Benzoxazocin-Derivat, → Analgetikum. N. hat keine Affinität zu → Opioid-Rezeptoren. [7]

negativ (lat.): verneinend, Gegensatz von positiv. Auf dem Foto- und Röntgenfilmnegativ wird das strahlendurchlässige, in Wirklichkeit Helle dunkel, das Dunkle hell dargestellt. [14]

Negativ|kinn: fliehendes Kinn bei Affen, Vor- und Frühmenschen (Abb. → Heidelberger Kiefer). [5]

Negativ|liste: → Bagatellarzneimittel. [24]

Negocoll®: → Dentocoll®. [4]

Neisser-Diplo|kokken (Albert N., Dermat., Breslau, *1855, † 1916) f pl: → Gonokokken. [8]

Neisseria (Albert Neisser, Derm., Breslau, *1855, † 1916) f: Gattung aerober, gramnegativer Diplokokken, Kommensalen und Parasiten der Schleimhäute; Erreger: N. gonorrhoeae, N. meningitidis; Kommensalen: N. mucosa, N. sicca, N. perflava, N. subflava, N. cinerea u.a. Erreger sind anspruchsvoll, wachsen auf Kochblutagar in CO_2-reicher Atmosphäre; Differenzierung durch Zuckervergärung. [8]

Neisser-Pol|körnchen|färbung (Max N., Bakt., Frankfurt a. M., *1869, † 1938): mikrobiologische Färbung zur Darstellung der Körnchen in den endständigen keulenartigen Verdickungen bei → Diphtheriebakterien. [8]

Nekro|biose (gr.) f: Nekrobiosis; allmähliches Absterben von Geweben oder Zellen im Organismus (als natürlicher oder pathol. Vorgang). [32]

Nekrose (gr.) f: umschriebener Gewebstod; Absterben von Zellen, Gewebs- oder Organbezirken als pathol. Reaktion auf direkte oder indirekte Gewebsschädigungen (z.B. durch Kapillarschädigung). Ursachen: 1. vaskulär oder zirkulatorisch-ischämisch; 2. chem. (einschl. bakt. Gifte); 3. physik. (Wärme, Kälte, Strahleneinwirkung); 4. traumatisch. Morphologisch unterscheidet man → Koagulationsnekrosen und → Kolliquationsnekrosen. Vgl. Gangrän, Mumifikation. [32]

Nekrose der Pulpa f: Absterben des Pulpagewebes, möglich durch mechanische, chemische, toxische oder Temperatureinflüsse. Vgl. Nekrose. [1]

nekrotisch: abgestorben; → Gangrän. [32]

nekrotisierend: in → Nekrose übergehend, Nekrose verursachend, mit Nekrose einhergehend. [32]

NE-Legierungen f pl: → Nichteisenlegierungen. [4]

Nelken|öl: Oleum Caryophylli; ätherisches Öl aus Gewürznelken (Flores Caryophylli). → Eugenol. [1,7]

Nelson-Test (Robert A. N., zeitgen. Bakt., USA) m: Verfahren zum Nachweis von spezifischen Antikörpern im Serum von Syphilitikern durch den sog. → Treponema-Immobilisationstest. Der Wert liegt vor allem in der Möglichkeit, entsprechend dem → FTA- oder → TPHA-Test (Routinemethoden), → Lues latens seropositiva von weiteren Krankheitszuständen mit unspezifisch-positiven Sero-Reaktionen abzutrennen. [12]

NEM-Legierungen f pl: **N**icht-**E**del**m**etall-Legierung, edelmetallfreie Legierung (Ni-Cr-, Co-Cr- oder Ti-Basis). [4]

Nenn|dreh|zahl: Drehzahl, die vom Hersteller von → Turbinen, → Mikromotoren und anderen Antrieben angegeben wird (nicht identisch mit der → Arbeitsdrehzahl). [21]

Neo|natal|linie: → Geburtslinie. [1,30]

Neo|natal|periode f: Entwicklungsabschnitt, der beim Menschen laut WHO-Definition mit dem Abnabeln beginnt und am 7. Tag nach der Geburt endet. [30]

Neo|peri|odont n: neugebildeter Desmodontalapparat an enossalen Implantaten, dessen Funktionen weitgehend denen des Desmodonts natürlicher Zähne entspricht. Die Desmodontalneogenese scheint nicht nur vom Implantatmaterial, sondern auch von der Art der postoperativen Belastung abzuhängen und ist bisher nicht reproduzierbar. [18]

Neo|plasie f: Neoplasma; Neubildung von Gewebe in Form einer Geschwulst. → Tumor. [32]

Neo|stigmin: Präp.: Prostigmin®; Parasympathikomimetikum, das u.a. die motorische Endplatte erregt und als Antidot der nichtdepolarisierenden → Muskelrelaxanzien (z.B. Kurare) wirkt. [34]

Nephron (gr.) n: → Nieren. [9]

nephrotisches Syndrom n: Bezeichnung für Nierenerkrankungen verschiedener Ursachen, gekennzeichnet durch massive → Ödeme, starke → Proteinurie (bis zu 15‰), Eiweißverluste bis 40 g in 24 Std. und Hypercholesterinämie infolge vermehrter Durchlässigkeit des glomerulären Filters. Patholog.-anat.: diffuse fibrinoide Degeneration der Glomerulumschlingen (Glomerulonephrose). Vorkommen: in jedem Stadium der Glomerulonephritis, Lipoidnephrose (toxische Glomerularschädigung bei Quecksilber-, Gold-Therapie), Amyloidniere (metabolische Schädigung der glomerulären Basalmembran durch den patholog. Eiweißkörper Amyloid bei chron. Eiterungen), bei interkapillärer diabetischer Glomerulosklerose (→ Diabetes mellitus). Im fortgeschrittenen Stadium Hypertonie und Retention harnpflichtiger Substanzen. [34]

nerval (lat.): die Nerventätigkeit betreffend. [9]

Nerven (lat.) m pl: strangförmige, parallel verlaufende, zu einem Bündel zusammengefaßte Fasern, durch die Reize vom Zentralnervensystem, also Gehirn und Rückenmark, zur Peripherie und umgekehrt geleitet werden. Zu den ersteren, den efferenten oder zentrifugalen N. gehören die → motorischen (Bewegung auslösenden) und sekretorischen (Drüsenabsonderung hervorrufenden) Fasern, zu den afferenten oder zentripetalen gehören die sensorischen oder sensiblen (Gefühls-) Nerven. Vgl. Nervus, Neuron, Hirnnerven. [9]

Nerven|austritts|punkte: Abk. NAP; für die Erkennung von Neuralgien wichtige Punkte, an denen der kranke Nerv auf Fingerdruck abnorm empfindlich reagiert. Beim N. trigeminus am Foramen supraorbitale, infraorbitale, zygomaticofaciale und zygomaticotemporale. [9]

Nerven, cholin|ergische m pl: übertragen die Impulse des Parasympathikusteiles (→ Parasympathikus) des → vegetativen Nervensystems durch das Freisetzen chem. Wirkstoffe (→ Neurohormone), vor allem des → Azetylcholins. [10]

Nerven|entzündung: → Neuritis. [20]

Nerven|faser: Neurit, Elementarbestandteil der → Nerven, Fortsatz der Nervenzelle, des → Neuron. [9]

Nerven|geflecht: → Plexus. [30]

Nerven|knoten: → Ganglion. [9]

Nerven|lähmung: → Paralyse, → Parese. [20]

Nerven, reflektorische m pl: (afferente oder zentripetale) Nerven, die einen Reflexreiz zum Reflexzentrum leiten. → Reflexbogen. [10]

Nerven|schmerz: → Neuralgie, → Neuritis. [20]

Nerven|schwäche: → Neurasthenie. [20]

Nerven|system n: ubiquitäres Organ mit der Fähigkeit zur Informationsaufnahme und -verarbeitung sowie zur motorischen und endokrinen Reaktionsausbildung, das alle Teile des menschlichen Körpers miteinander verbindet und die Funktionen der einzelnen Organgebiete koordiniert. Es setzt sich aus → Zentralnervensystem und peripherem Nervensystem (→ peripher) zusammen. Funktionell werden animales und → vegetatives Nervensystem unterschieden. Das N. beantwortet Reize (aus der Umwelt) mit Erregung und stellt eine zentrale Schaltstelle zwischen Afferenzen und Efferenzen (ein- und auslaufenden Erregungen) dar. Es benötigt dazu Speicherfunktionen, die auch mit der Umwandlung nervöser Erregung in bewußte Wahrnehmung, in psych. Erleben überhaupt, zu tun haben. [9,33]

Nerven|zelle f: → Neuron. [9]

Nerven|zellen, multi|polare f pl: Nervenzellen die zahlreiche dentritische Fortsätze besitzen, im Gegensatz zu den unipolaren und bipolaren.[9]

Nerv|extraktion f: → Exstirpation (odont.), → Neurex(h)airese. [1,2]

Nervi craniales m pl: → Hirnnerven. [9]

Nervi gingivales m pl: Rami gingivales der Plexus dentales. [9]

Nervi olfactorii m pl: die Riechfasern, die von der Nase durch die Löcher der Siebbeinplatte in den Bulbus olfactorius (→ Bulbus) eindringen. Sie leiten die Geruchsempfindungen. → Hirnnerven [9]

Nervi palatini minores m pl: vom N. maxillaris; sensibel; ziehen durch die Canales palatini minores und die Foramina palatina minora zur Schleimhaut des Gaumensegels und der Tonsille. [9]

Nerv|nadeln: Fehlbezeichnung für→ Exstirpationsnadeln. [1]

nervös (lat.): **1.** → nerval. **2.** nervenschwach, übererregbar, neurasthenisch. [9]

Nervus (lat.) m, pl Nervi: Abk. N., pl Nn.; Nerv (→ Nerven). [9]

Nervus abducens m: rein → striomotorischer Nerv, der durch die Fissura orbitalis superior und durch den Anulus tendineus in die Augenhöhle gelangt und dort den M. rectus lateralis versorgt. → Hirnnerven. [9]

Nervus accessorius (vagi) m: → striomotorischer Nerv, verläuft eine Strecke mit dem N. vagus und versorgt den M. sternocleidomastoideus und den M. trapezius. → Hirnnerven. [9]

Nervus alveolaris inferior m: vom N. mandibularis; sensibel und motorisch, verläuft zwischen den beiden Mm. pterygoidei, dann durch den Canalis mandibulae; Äste: Plexus dentalis inferior mit dem Rami dentales und gingivales inferiores, N. mylohoideus, N. mentalis; sensibel (Abb. → N. mandibularis). [9]

Nervus auriculo|temporalis m: vom N. mandibularis: sensibel, zieht dicht vor dem Ohr mit der A. temporalis superficialis aufwärts. Äste: N. meatus acustici externi, Rami parotidei, Rr. communicantes cum N. faciali, Nn. auriculares temp.; Rr. temporales superficiales (Abb. → N. mandibularis). [9]

Nervus buccalis m: vom N. mandibularis; sensibel; durchbohrt den M. pterygoideus lateralis und den M. buccinator und versorgt die Wangenschleimhaut (Abb. → N. mandibularis). [9]

Nervus cochlearis m: sensibel; leitet die in der Schnecke entstandenen akustischen Erregungen und bildet dort das Ganglion spirale. [9]

Nervus facialis m: der Gesichtsnerv. Vorwiegend aus striomotorischen, aber auch aus sensiblen und lissomotorischen Fasern. Verläßt die

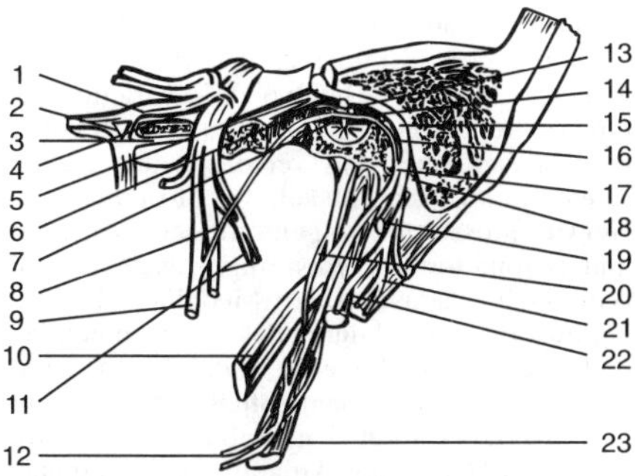

Abb. a: Pars intrapetrosa (im Canalis facialis) 1: N. maxillaris; 2: Ganglion pterygopalatinum; 3: N. petrosus major; 4: Ganglion trigeminale; 5: Ganglion geniculi; 6: M. tensor tympani; 7: Amboß; 8: Chorda tympani; 9: N. lingualis; 10: M. styloglossus; 11: N. auriculotemporalis; 12: N. glossopharyngicus; 13: Hammer; 14: Steigbügel; 15: N. facialis; 16: N. stapedius; 17: Chorda tympani; 18: N. retroauricularis; 19: N. facialis; 20: N. glossopharyngicus; 21: R. digastricus; 22: R. stylohyoideus; 23: M. stylopharyngicus. [79]

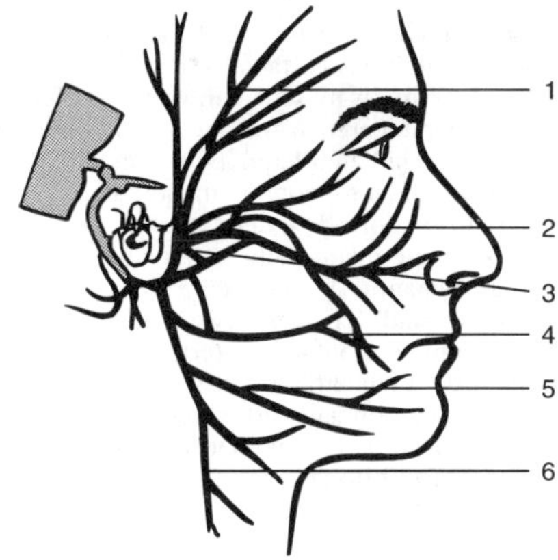

Abb. b: Pars extrapetrosa (in der Glandula parotis und an der tiefen Hautseite) 1: Rr. temporales; 2: Rr. zygomatici; 3: Plexus parotideus; 4: Rr. buccales; 5: R. marginalis mandibulae; 6: R. colli. [78]

Schädelhöhle nach einer langen Strecke durch die Felsenbeinpyramide. In der Pars infrapetrosa (Abb. a S. 515) bildet er das sensible Ganglion geniculi und zweigen der N. petrosus major, der N. stapedius und die → Chorda tympani ab. Am Foramen stylomastoideum beginnt die rein striomotorische Pars extrapetrosa, in der Dichte der Glandula parotis bildet er den Plexus parotideus. Die Endäste (Abb. b S. 515) verteilen sich direkt unter der Haut des Kopfes und des vorderen Halsbereiches und versorgen u.a. die gesamten mimischen Muskeln. → Hirnnerven. [9]

Nervus glosso|pharyngeus m: sensibel, strio- und lissomotorisch; entspringt zusammen mit dem → N. vagus aus der Medulla oblongata, verläßt den Schädel durch das Foramen jugulare und zieht an der hinteren Seite des M. stylopharyngeus abwärts; schließlich tritt er zur Zungenwurzel. Versorgt den größten Teil der Rachen- und Gaumenmuskulatur, die Schleimhaut und Geschmacksknospen der Zungenwurzel und die Ohrspeicheldrüse. → Hirnnerven. [9]

Nervus hypo|glossus m: striomotorischer Nerv; tritt durch den Canalis nervi hypoglossi aus der Schädelhöhle, verläuft lateral der Halsschlagadern vorwärts und strahlt in die Zungenmuskeln, die er versorgt. → Hirnnerven. [9]

Nervus infra|orbitalis m: vom N. maxillaris; sensibel; verläuft durch die Fissura orbitalis inferior in die Augenhöhle dann durch den Canalis infraorbitalis zur Gesichtshaut; gibt die Nn. alveolares superiores anteriores et medii ab (Abb. → N. maxillaris). [9]

Nervus inter|medius m: sensibler und lissomotorischer Anteil des N. facialis. [9]

Nervus lacrimalis m: sensibel; vom N. ophthalmicus an der äußeren Wand der Augenhöhle zur Tränendrüse und zum lateralen Augenwinkel. [9]

Nervus lingualis m: vom N. mandibularis; sensibel, mit sekretorischen und Geschmacksfasern vom → N. intermedius (im N. facialis) über → Chorda tympani (Abb. → N. facialis, a); zieht zum Seitenrand der Zungenwurzel, wo er den Ductus submandibularis unterkreuzt, verläuft dann auf dem Diaphragma oris nach vorn; versorgt die Schleimhaut des vorderen Unterkiefers und der vorderen zwei Drittel der Zunge. [9]

Nervus mandibularis m: sensibel und motorisch, vom N. trigeminus, tritt durch das Foramen ovale aus der Schädelhöhle heraus. Wichtigste sensible Äste: N: auriculotemporalis, lingualis, alveolaris inferior. Die motorischen Fasern versorgen die Kaumuskulatur, die sensiblen Zähne und das Zahnfleisch des Unterkiefers, Mundboden, Haut und Schleimhaut von Kinn- und unterer Wangenpartie und die Haut der Schläfe (Abb. a und b). [9]

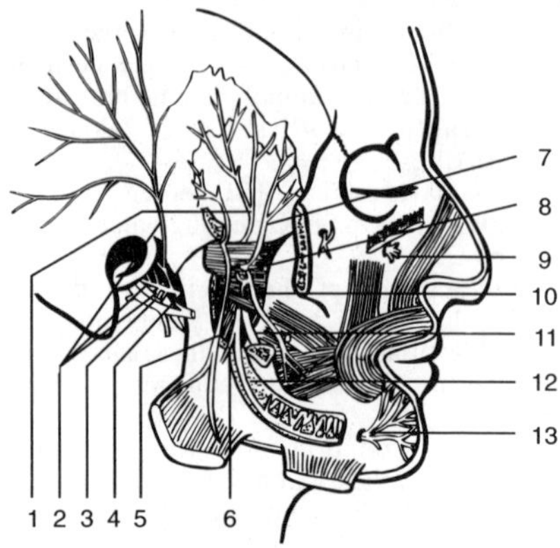

Abb. a: laterale Ansicht
1: N. temporalis profundus anterior;
2: N. auriculotemporalis mit 1'.-Rr. parotidei;
3: N. facialis; 4: R. communicans cum nervo faciali;
5: N. massotericus; 6: N. mylohyoideus;
7: N. temporalis profundus posterior;
8: N. pterygoideus lateralis; 9: N. infraorbitalis;
10: N. buccalis; 11: N. lingualis; 12: N. alveolaris inferior; 13: N. mentalis. [81]

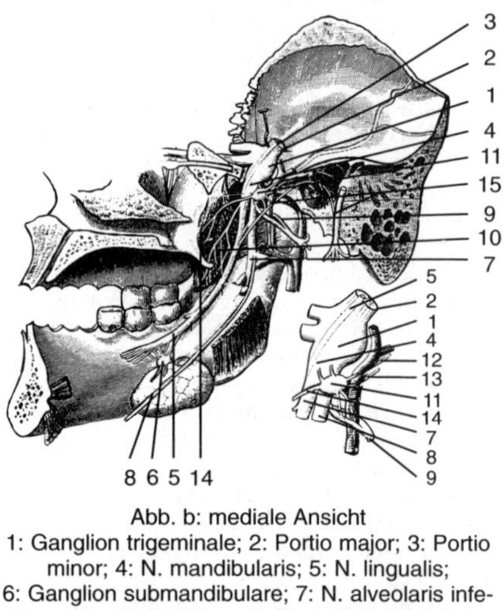

Abb. b: mediale Ansicht
1: Ganglion trigeminale; 2: Portio major; 3: Portio minor; 4: N. mandibularis; 5: N. lingualis;
6: Ganglion submandibulare; 7: N. alveolaris inferior; 8: N. mylohyoideus; 9: N. auriculotemporalis;
10: N. pterygoideus medialis; 11: Ganglion oticum;
12: N. petrosus minor (*Jacobson*-Anastomose);
13: N. tensoris tympani; 14: N. tensoris veli palatini;
15: Chorda tympani. [81]

Nervus maxillaris m: 2. Ast des N. trigeminus, sensibel. Zieht aus der Schädelhöhle durch das Foramen rotundum zur Fossa pterygopalatina, wo er sich aufteilt (Abb.). Versorgt Oberkiefer mit Zähnen. [9]

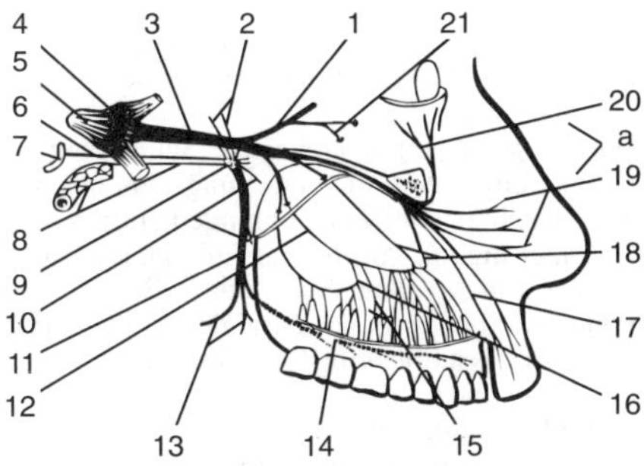

1: N. zygomaticus; 2: Rr. orbitales; 3: N. maxillaris; 4: Ganglion trigeminale (semilunare); 5: N. trigeminus; 6: N. petrosus (superficialis) major; 7: N. facialis (+ Intermedius); 8: N. petrosus profundus, Plexus caroticus internus; 9: Ganglion pterygopalatinum; 10: Rr. nasales posteriores superior et inferior; 11: N. palatinus major; 12: R. alveolaris superior medius et posterior; 13: Nn. palatini minores; 14: N. palatinus major; 15: Rr. dentales et gingivales superiores; 16: Plexus dentalis superior; 17: Rr. labiales superiores; 18: Rr. alveolares superiores anteriores; a: N. infraorbitalis; 19: Rr. nasales externi; 20: Rr. palpebrales inferiores; 21: R. zygomaticofacialis et R. zygomatico temporalis.

Nervus mentalis m: sensibel. Endast des N. alveolaris inferior. Verläuft durch das Foramen mentale zur Unterlippe (Abb. → N. mandibularis). [9]

Nervus mylo|hyo|ideus m: motorisch, vom N. alveolaris inferior. Verläuft im Sulcus mylohyoideus des Unterkiefers nach vorn und versorgt den M. mylohyoideus und vorderen Bauch des M. digastricus. [9]

Nervus oculo|motorius m: motorisch; gelangt in die Augenhöhle durch die Fissura orbitalis superior und den Anulus tendineus; seine striomotorischen Fasern versorgen den M. rectus superior, M. rectus medialis, M. rectus inferior, M. obliquus inferior und M. levator palpebrae. Seine lissomotorischen Fasern versorgen den M. ciliaris und den M. constrictor pupillae. → Hirnnerven. [9]

Nervus oph|thalmicus m: 1. Ast des N. trigeminus; sensibel. Zieht aus der Schädelhöhle durch die Fissura orbitalis superior zur Augenhöhle. Versorgt diese, einen Teil der Nasenhöhlenschleimhaut und die Haut der Stirn. [9]

Nervus opticus m: Sehnerv; rundlicher Strang, der die Netzhaut des Auges mit dem Corpus geniculatum laterale verbindet. Seine Fasern stammen aus dem Stratum ganglionare der Netzhaut, durchqueren das Foramen opticum und leiten die optischen Signale zum Gehirn. → Hirnnerven. [9]

Nervus palatinus major m: aus dem N. maxillaris; sensibel. Zieht durch den Canalis palatinus major, aus dem er durch das Foramen palatinum majus austritt, und versorgt die Schleimhaut des harten Gaumens und das Zahnfleisch. [9]

Nervus stato|acusticus m: → Nervus vestibulocochlearis. [9]

Nervus sublingualis m: vom N. lingualis; sekretorisch und sensibel. Versorgt die Glandula sublingualis, die Schleimhaut des Mundbodens und das Zahnfleisch. [9]

Nervus trigeminus m: sensibler und striomotorischer Nerv, der sich noch innerhalb der Schädelhöhle in → N. ophthalmicus, → N. maxillaris und → N. mandibularis teilt. → Hirnnerven. [9]

Nervus trochlearis m: rein striomotorischer Nerv, der durch die Fissura orbitalis superior in die Augenhöhle gelangt und dort den M. obliquus superior versorgt. → Hirnnerven. [9]

Nervus vagus m: vorwiegend lissomotorisch parasympathisch, aber auch striomotorisch und sensibel; entspringt aus der Medulla oblongata, tritt aus der Schädelhöhle durch das Foramen jugulare und verläuft durch den Gefäßnervenstrang des Halses, danach durch den hinteren Mediastinumbereich bis zum Abdomen. Versorgt die Muskulatur, Drüsen und Schleimhaut der Atmungsorgane und der meisten Verdauungsorgane sowie auch das Reizleitungssystem des Herzens. → Hirnnerven. [9]

Nervus vestibularis m: sensibel, aus den Maculae sacculi und utriculi und aus den Cristae ampulares der Bogengänge, leitet die Informationen über Raumlage und Beschleunigungen und bildet das Ganglion vestibulare. [9]

Nervus vestibulo|cochlearis m: Zusammenfassung des N. vestibularis und des N. cochlearis. Verläuft durch den Porus acusticus internus. → Hirnnerven. [9]

Nessel|sucht: → Urtikaria. [12]

Netz: anat. → Omentum majus/minus. 9

Netz|diagramm n: Normdiagramm; ein von *de Coster* entwickeltes Verfahren zur biometrischen Auswertung von → Gebißanomalien am → Fernröntgenseitenbild mittels eines graphisch dargestellten N.es (Abb.). Die Aufstellung einer derartigen biometrischen Norm muß kritisch bewertet werden, da dreidimensionale Strukturen

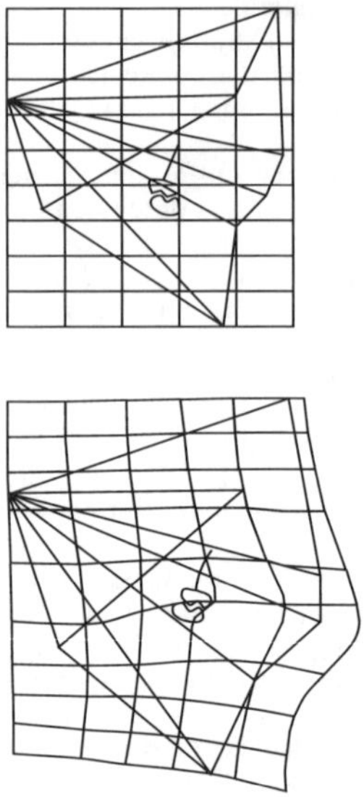

Graphisch dargestelltes Normdiagramm zur biometrischen Auswertung von Fernröntgenseitenbildern (obere Abb.). Bereiche der Über- oder Unterentwicklung dokumentieren sich durch Verziehen des Netzes in vertikaler und /oder horizontaler Richtung (untere Abb.).

im Fernröntgenseitenbild lediglich zweidimensional wiedergegeben werden. Vgl. FRS-Analyse. 5

Netz|ebene: Gitterebene des Kristallgitters; geometrischer Ort der Kristallbausteine im dreidimensionalen Raum. 23

Netz|haut: → Retina. 9

Netz|haut|entzündung: → Retinitis. 20

Netz|mittel: → Tenside. 23

Neu|bildung: → Neoplasie, Neoplasma, → Tumor. 32

Neumann-Scheide (Ernst Franz Christian N., Pathol., Königsberg, *1834, † 1918): im entkalkten Dentin metachromatisch gefärbte Wandung der Dentinkanälchen. Die Existenz der von *Neumann* 1863 beschriebenen membranartigen Scheiden wird bestritten. 30

Neumann-Widman-Operation (Robert N., Za., Berlin, *1882, † 1958; Leonard W., Za., Stockholm, *1871, † 1956) f: Form der → Radikaloperation der Parodontitis marginalis, heute in modifizierter Form zur Lappenbildung bei → Lappenoperation. Vgl. Schnittführung, parodontalchirurgische. 6

neural (gr.): vom Nervensystem ausgehend, einen Nerv, das Nervensystem oder dessen Funktion betreffend. 9

Neur|algie f: messerstichartige Schmerzen innerhalb eines Nervenversorgungsgebietes mit rein sensiblen Reizerscheinungen, ohne anat. Veränderungen, vorübergehend oder anfallsweise, oft in Attacken auftretend, z.B. → Trigeminusneuralgie, Ischiasneuralgie. Adj.: neuralgisch (in ursächlichem Zusammenhang mit einer N. stehend). 20, 33

neur|algi|form: neuralgieartig; n.e Schmerzen täuschen eine echte → Neuralgie vor. Sie treten im Gesichts- und Kieferbereich bei Nebenhöhlen- und Augenerkrankungen, Gravidität, grippalen Infekten, Hysterie, Tabes dorsalis, bes. aber bei Zahnerkrankungen (Pulpitis) auf. 2, 33

Neural|leiste: nach innen an der Grenze von Ektoderm und → Neuralrinne sich vorwölbende Zellansammlung. Aus der N. entstehen die Spinalganglien, die sympathischen Grenzstrangganglien sowie die Pigmentzellen der Haut (Melanoblasten). Neuralleistenzellen sind wesentlich an der Bildung des Kopfmesenchyms und des → Kiemenapparates beteiligt. 22

Neural|pathologie f: med. Lehre, nach der jedes krankhafte Geschehen vom Nervensystem ausgelöst wird. Hauptvertreter: *Speransky* (Physiol., Leningrad). 32

Neural|rinne: durch seitliche Aufwulstung entstehende mediane Rinne in der Neuralplatte. Durch den Schluß der Neuralwülste entsteht das → Neuralrohr. 22

Neural|rohr: durch medianes Zusammenwachsen der Neuralwülste gebildetes Rohr, aus dem im kranialen Teil das Gehirn, im kaudalen Teil das Rückenmark hervorgeht. Vgl. Neuralrinne. 22

Neural|therapie f: → Segmenttherapie, → Sekundenphänomen. 2

Neur|asthenie f: Nervosität, Nervenschwäche; abnorm leichte Erschöpfbarkeit des Nervensystems, meist konstitutionell. Zustand echter nervöser Erschöpfung als psychopathische Reaktion. Ursachen: Gemütsübererregung, schwere Verantwortung, der man auf die Dauer nicht gewachsen ist, Sorge um Leben oder wirtschaftliche Grundlagen usw. Hauptsymptome: allg.

Unlust, mangelnde Konzentration des Denkens, Nachlassen der geistigen Spannkraft, Zerstreutheit, innere Unruhe, erhöhte Reizbarkeit, Schlaflosigkeit bei fehlenden krankhaften Organbefunden. [20]

Neur|ektomie f: Ausschneidung eines Nervenstücks bei → Neuralgie, bes. Resektion des Trigeminus an der Schädelbasis (*Dandy, Frazier*). [2]

Neur|ex(h)airese f: Nervenextraktion. Operation zur Heilung von → Neuralgien. Der Nerv wird freigelegt, isoliert und mit einer Klemme unter langsamen Drehungen bis an seine peripheren Verzweigungen herausgedreht. Dabei wird auch zentralwärts ein Stück herausgerissen. [2]

Neurino|fibrom n: Neurinom; von Fasern des neuralen Bindegewebes und Fasern des → Neurolemm gebildete gutartige Fasergeschwulst, die im Gegensatz zur → Neurofibromatose *Recklinghausen* nicht multipel auftritt. In der Mundhöhle bevorzugt auf der Zunge, aber auch zentral im Unterkiefer, ausgehend vom Nervus alveolaris inferior. [2]

Neurinom n: Schwannom, Schwannzelltumor, Neurolemmom; gutartige Nervenfasergeschwulst, die von den *Schwann*-Hüllzellen (*Schwann*-Scheide) des peripheren Nervensystems bzw. der Hirnnerven ausgeht. Tritt bevorzugt im Kleinhirnbrückenwinkel als charakteristisches Akustikusneurinom oder auch als Neurinom des Nervus trigeminus und - seltener - im Spinalkanal auf. [32]

Neurit (gr.) m: → Axon. [9]

Neuritis f: Nervenentzündung; entzündliche Erkrankung des Gewebes motorischer und sensibler peripherer Nerven oder Hirnnerven mit anat. Veränderungen. Äußert sich in Lähmungserscheinungen mit Reflex- und Sensibilitätsausfällen sowie, im Gegensatz zur Neuralgie, in Dauerschmerz. Kann an einem Nerv (Mononeuritis) oder an mehreren (Polyneuritis) auftreten. Am N. alveolaris mandibularis nicht selten nach schwerer Extraktion (Osteomyelitis). Auch nach chron. Vergiftungen (Alkohol, Arsen, Quecksilber u.a.), bei Stoffwechselkrankheiten (→ Diabetes mellitus), ferner als Berufskrankheit, bei Infektionskrankheiten (Syphilis, Sepsis, Diphtherie), bei rheumatischen und Erkältungskrankheiten und mechanisch (→ Druckneuritis). Therapie: Ursachenausschaltung (z.B. Fokalsanierung), lokale Wärmeanwendungen, heiße Packungen, Kurzwelle, Schwitzprozeduren; medikamentös: Vitamin-B-Komplex (B 12), Analgetika, vegetative Sedativa, keine Opiate, neuerdings auch Kortisone. In hartnäckigen Fällen Grenzstrangblockade mit Procain. [20, 33]

Neuritis diphtherica f: bei → Diphtherie als Komplikation auftretende Polyneuritis mit Lähmung des Gaumensegels und Sensibilitätsstörungen. Meist Spontanheilung. [20]

Neuro|dermitis constitutionalis/atopica f: N. disseminata, endogenes → Ekzem, Asthma-Ekzem; auf dem Boden einer ererbten Konstitution beruhende, mit quälendem Juckreiz einhergehende, ekzematöse Hauterkrankung, häufig schon im Säuglingsalter beginnend, schubweise verlaufend mit Verschlimmerungen im Frühjahr und Herbst. Vorwiegend sind Gesicht, Hals, Schultergürtel und große Gelenkbeugen befallen. Trockene Haut, weißer → Dermographismus, → Exazerbation durch Schwitzen. Lokale Unverträglichkeit von tierischer Wolle. Solitär können die Lippen erkranken und radiäre Fissuren aufweisen. Im Alter nachlassend. Vgl. Atopie-Syndrom. [12]

Neuro|fibrillen f pl: Artefakt, der in der Lichtmikroskopie durch die Fixierung der Nervenfasern entsteht. Die lichtmikroskopisch unsichtbaren Neurofilamente agglutinieren zu dickeren Bündeln, die durch Silberimprägnation zu erfassen sind und in der Zeit vor der Elektronenmikroskopie als N. bezeichnet wurden. [9]

Neuro|fibro|matose f: hereditär-familiäre → Phakomatose an den Hautnerven (auch an anderen Nerven sowie an den spinalen Wurzeln, den

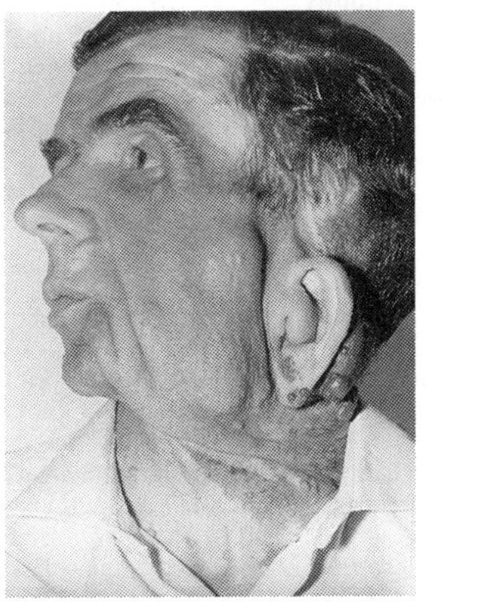

Hirnnerven und den sympathischen Nerven), die solitär oder multipel, vielfach systematisiert in Form runder, spindeliger oder walzenförmiger Knoten bzw. Gebilde auftritt (*v. Recklinghau-*

sen 1882). Häufig findet sich in der Umgebung eine Hyperpigmentation der Haut in der Art von „Milchkaffee-Flecken". Im Bereich der Gesichtsnerven und Cauda equina erscheinen die Veränderungen (sehr selten) als lappige Gebilde, sog. Rankenneurome. Auch in der Mundhöhle auftretend. Die Gewächse sind vorwiegend → Fibrome, ausgehend vom peri- und endoneuralen Zwischengewebe der Nerven, können jedoch auch Nervenscheidengewebe der *Schwann*-Zellhülle enthalten (wie die → Neurinofibrome) (Abb. s. S. 519). [2]

Neuro|filamente n pl: 10 µm dicke intermediäre Filamente, die sowohl im → Perikaryon als auch in den Fortsätzen der → Neuronen zu finden sind. [9]

neuro|gen: von (peripheren) Nerven ausgehend. [9]

Neuro|glia f: jede der Nervengewebszellen, die nicht zu den Neuronen gehört. Zur N. gehören: die Astrozyten, die die Neurone ernähren; die Oligodendrozyten, die bei der Reizleistung durch die Neuronen notwendig sind, deren Aufgabe aber noch nicht endgültig geklärt ist; die Mikrogliazellen mit Abwehrfunktion und die Ependynzellen, die den Stoffwechsel des Nervengewebes mit dem → Liquor regulieren. [9]

Neuro|gliom n: → Gliom. [32]

Neuro|hormone f pl: Hormone von Polypeptidnatur, die, von Nervenzellen des → Hypothalamus gebildet, hämatogen verbreitet werden und periphere Wirkung zeigen. [34]

Neuro|hypophyse f: → Hypophyse. [9]

Neuro|kranium n: der das Gehirn umgebende Teil des Schädels (Hirnschädel), bestehend aus dem desmal entstandenen Schädeldach und der enchondral entstandenen Schädelbasis. Vgl. Osteogenese. [9, 22]

neuro|kutanes Syndrom n: → Phakomatosen. [12]

Neuro|lemm (gr.) n: bindegewebige Hülle der peripheren Nerven (*Schwann*-Scheide), → Abb. Neuron, → Markscheide. [34]

Neuro|lept|an|algesie f: Kombinationsnarkose durch intravenöse Applikation eines → Neuroleptikums zur neurovegetativen Dämpfung (z.B. Dehydrobenzperidol) und eines → Opioid-Analgetikums (z.B. Fentanyl®). Wegen Atemdepression künstl. Beatmung unter endotrachealer Intubation obligat (meist zusätzl. Muskelrelaxanzien). Anwendung der N. z.B. in Neuro-, Kiefer- u. Kardiochirurgie. Eine Neuroleptanästhesie wird unter Zusatz von → Lachgas zur künstlichen Beatmung bei länger dauernden Eingriffen (über 30 min) durchgeführt; stabile Kreislaufverhältnisse; geringe Wirkung auf die Leber. [2, 7]

Neuro|leptika n pl: major tranquilizer (engl.), Antipsychotika, Psycholeptika, Neuroplegika. Bez. für Gruppe von → Psychopharmaka, die Antagonisten an Dopamin-D_2-Rezeptoren sind. Je nach Struktur sind sie zusätzlich → Antagonisten an α-Adreno-, m-Cholino-, Histamin-H_1- und 5- Hydroxitryptamin-Rezeptoren. Sie wirken antipsychot. und psychomotor. dämpfend. Mit der Zunahme der neurolept. Potenz steigt das Risiko für das Auftreten neurolog., insbes. extrapyramidal-motor.-(EPS) und endokrinolog. Nebenwirkungen. Strukturabhängig ist darüber hinaus mit sedativen, vegetativen, kardialen, kutanen und hämatopoet. Störungen zu rechnen. Indikation in der Zhk.: präoperative Sedierung bei Abhängigkeitsanamnese von psychotropen Wirkstoffen und in Kombination mit → Opioid-Analgetika zur → Neuroleptanalgesie. Strukturchem. Einteilung in (u.a.) Phenothiazin-, Thioxanthen-, Butyrophenon-, Diphenyl-butylpiperidin-, Dibenzoxazepin-, Dibenzo-diazepin- und Benzamid-Derivate. [7]

Neuro|logie f: Lehre von den Nerven und ihren Erkrankungen. [20]

Neurom (gr.) n: höchst seltener Tumor, der im Gegensatz zum → Neurinom Nervenfasern enthält. Dysontogenetische Geschwulst, in der sich stets auch Ganglienzellen (Gangliozytom) befinden. Vgl. Epulis connata. Bei Nervverletzung durch Wucherung der Neurofibrillen und des Bindegewebes histol. ähnliches Bild (Amputationsneurom). [2]

Neuron (gr.) n: Nervenzelle; trophische Einheit des Nervensystems, bestehend aus → Perikaryon, → Dendriten und → Axon (Abb.). N.en sind

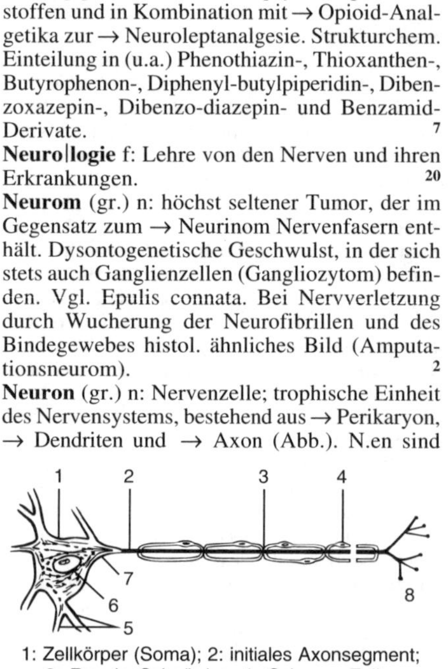

1: Zellkörper (Soma); 2: initiales Axonsegment; 3: *Rauvier*-Schnürring; 4: *Schwann*-Zelle; 5: Dendriten; 6: Kern; 7: Axonhügel; 8: Endköpfe.

Zellen im Nervengewebe, die die nervale Erregung erzeugen und auf andere N.en bzw. auf einen Muskel übertragen können. Die Weiterleitung des Nervenreizes erfolgt, mittels einer → Synapse, immer über den Axon. [9]

Neuro|paralyse f: vom Nervensystem ausgehende Lähmung. Vgl. Keratitis neuroparalytica. [20]

Neuro|pathie f: Nervenleiden, nichtentzündl. Nerverkrankung. [20]

Neuro|pathologie f: Wissenschaft von den Erkrankungen des Nervensystems. 20

Neuro|peptide n pl: Bez. für Peptide mit Hormon- oder Neurotransmitterfunktion (z.B. → Opioide, endogene; Releasing-Faktoren, tachykinine Substanz P usw.). 7

Neuro|plasma n: → Zytoplasma der Nervenzelle. → Protoplasma. 9

Neuro|psycho|pharmakologie f: Teilgebiet der Pharmakologie, das sich mit den molekularen und neurophysiolog. Wirkungen von → Psychopharmaka sowie deren therapeut. Wirkungen bei psychisch Kranken befaßt. 7

Neurose f: im psychoanalyt. Sinne eine psych. bedingte Gesundheitsstörung, deren Symptome unmittelbare Folgen eines krankmachenden seelischen Konfliktes sind. Die Ursache des Konfliktes bleibt im Unterbewußten. Der Konflikt liegt i.d.R. in der frühen Kindheitsentwicklung verwurzelt. Die Symptomatik stellt die symbolhafte Repräsentation von Triebwünschen und die ihre Realisierung verhindernde Abwehr dar. N.n werden nach ihrer Hauptsymptomatik unterschieden: Angst-N., depressive N., Zwangs-N., Begehrens-N. (Unfall-N., Renten-N.). Vgl. traumatische Neurosen. 33

Neurotisation (gr.) f: **1.** Regeneration durchtrennter Nerven durch Aussprossen von Achsenzylindern aus dem proximalen in den distalen Stumpf. **2.** chir. Wiederinnervation gelähmter Muskeln durch Überpflanzung gesunder Nervenstümpfe bzw. innervierter Muskellappen. 32

Neuro|tomie f: Nervendurchschneidung bei Neuralgien. 2

Neuro|toxine n pl: Toxine, meist Bakterientoxine, die bes. auf die Nerven wirken; z.B. Tetanus-, Botulinus-Toxin. 8

Neuro|transmitter m pl: Bez. für präsynapt. aus Vorstufen enzymat. synthetisierte und gespeicherte Substanzen zur chem. Signalübertragung im Zentralnervensystem (z.B. → biogene Amine, 4-Aminogammabuttersäure, Acetylcholin usw.). 7

neuro|trop: auf Nerven wirkend, mit besonderer Affinität zu Nervengewebe, z.B. n.e Viren: Viren, deren Hauptsitz Nerven und Zentralnervensystem sind (Lyssa-Virus, → Poliomyelitis-Virus, Enzephalitis-Virus); vgl. Lyssa, Enzephalitis. 8

neuro|troph: der durch die Nervenversorgung bedingte Gewebsstoffwechsel. 10

neuro|vegetativ: das vegetative Nervensystem betreffend. 10

neutral (lat.): Chem.: weder sauer noch basisch reagierend (Lösungen). 23

Neutral|biß: Neutrogenie, Regelbiß; die ideale → Okklusion, bei der die obere Zahnreihe über die untere, die untere Eckzahnspitze mit ihrer distalen Kante etwas vor die mesiale Kante des oberen Eckzahnes, der mesiale Höcker des ersten Molaren des Unterkiefers vor den entsprechenden Höcker im Oberkiefer und hinter den zweiten oberen Prämolaren beißt. Entspricht Klasse I der → *Angle*-Klassifikation. In der Kieferorth. auch als eugnather Scherenbiß oder → Eugnathie bezeichnet. 5

Neutralisation f: Neutralisieren; Absättigung einer → Säure durch eine → Base und umgekehrt. 23

Neutralisations|test m: in der Virusdiagnostik angewandter Test zum Nachweis von Antikörpern und zur Identifizierung unbekannter Viren; Prinzip: → zytopathischer Effekt in Gewebekultur bleibt aus, wenn Virus zusammen mit homologem Antikörper eingeimpft wird. 8

Neutro|genie f: → Neutralbiß. 5

Neutronen (lat.) n pl: Teilchen von etwa der gleichen Masse wie das → Proton, jedoch ohne elektrische Ladung. Vgl. Atome. 23

Neutro|penie f: neutrophile → Leukozytopenie, Verminderung der segmentkernigen Neutrophilen (→ Granulozyten) im peripheren Blut durch Knochenmarkschädigung, häufiger als → Leukozytopenie. Führt zu Verminderung der Infektresistenz. 20

neutro|phil: Eigenschaft der Strukturen, die sowohl positiv als auch negativ geladene Moleküle besitzen und daher ähnliche Affinität zu basischen und sauren Farbstoffen zeigen. Sehr charakteristisch sind die n.en Granulozyten, die die Mehrheit der weißen Blutkörperchen ausmachen und sich durch ihre Farbstoffaffinität von den → basophilen und von den → eosinophilen Granulozyten in der Lichtmikroskopie unterscheiden lassen. 9

New attachment (engl.) n: Zustand nach Neuaufbau des parodontalen Systems. Epitheliales N. a.: Zustand nach Neuaufbau des dentogingivalen Verschlusses durch Ausbildung eines (meist langen) Saumepithels. Bindegewebiges N.a.: Zustand nach Ablagerung neuer Zementschicht und Neuaufbau ausgerichteter Fasersysteme und von Knochen. Vgl. Attachment. 6

Newton (Sir Isaak N., engl. Phys., *1643, † 1727): SI-Einheit für die Kraft, die der Masse 1 kg die Beschleunigung 1 m/sec^2 erteilt. Vgl. SI-Einheiten, abgeleitete. 10

Newton-Metall: leichtflüssiges Metall, 8 Teile Wismut + 5 Teile Blei + 3 Teile Zinn. Schmelzpunkt: 94,5 °C. Geeignet zum Stanzen. 10

Ney-Klammer|system n: stellt die Zusammenfassung von vier Grundformen von Gußklammern (nach *Akers, Roach, Ney*) und deren Kombinationen dar, und zwar mit genau angegebenen Indikationen. Es handelt sich ausschließlich um Auflageklammern, die mit Hilfe eines → Parallelometers nach Bestimmung der günstigsten Aufschubrichtung angezeichnet werden und deren Retentionsanteil ebenfalls mit Hilfe eines Meßgerätes festgelegt wird (Abb.). Die Klammern a und b sowie a + b ergeben doppelte

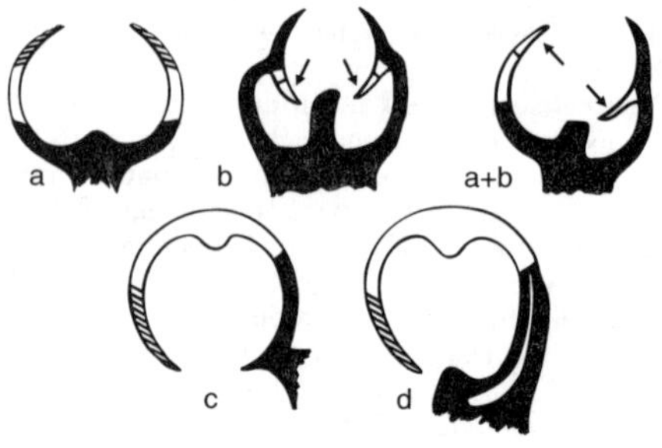

Absteifung (Umfassung) und doppelte Retention. Die Klammern c und d (Einarm- und Ringklammer) zeigen nur auf der einen Seite des Zahnes Absteifung und nur einseitig Retention. Diese Klammern verlangen die Anwendung reziproker Klammern auf der entgegengesetzten Seite des Zahnbogens. Abstimmung auf das Gußmaterial, Anwendung des → Modellgußverfahrens. 4

Ni: chem. Symbol für → Nickel. 23

Nicht|eisen|legierungen f pl: NE-Legierungen, → Kobalt-Chrom-Molybdän-Legierungen, im Gegensatz zu Stahl- und zu Edelmetallegierungen. 4

Nicht|metalle n pl: chem. Elemente, die nicht die für → Metalle charakteristischen Eigenschaften aufweisen. Typische N. sind z.B. Sauerstoff und Stickstoff. 23

Nickel (schwed.) n: chem. Element, Symbol Ni, Ordnungszahl 28, Atomgewicht 58,69. Kommt in der Natur vor allem zusammen mit Schwefel, Arsen und Antimon vor. Weißes, sehr hartes, schwer schmelzbares Metall, das geschweißt, geschmiedet, zu Blech gewalzt und zu Draht gezogen werden kann. In verdünnter Salpetersäure leicht löslich; durch konzentrierte Salpetersäure wird es, ebenso wie Eisen, passiviert (→ Passivierung). Von technischer Bedeutung sind vor allem die N.-Legierungen. 23

Nickel-Chrom-Legierungen f pl: reine N. (ca. 80% Nickel) werden sowohl als elektrische Widerstandsdrähte als auch als orthod. Drähte benutzt. Gelegentlich werden hieraus auch Kronen und Inlays gegossen. Nickel und Chrom sind auch Bestandteil der sog. rostfreien Stähle (z.B. V2A Stahl mit ca. 74% Fe, 18% Cr und 8% Ni). Diese Stähle besitzen eine austenitische Struktur und sind durch Kaltverarbeitung härtbar. 4

Nickelin: Kupfer-Nickel-Legierungen, z.B. 68% Cu, 32% Ni. 4

Nicol-Prisma (William N., engl. Phys., *1768, † 1851): dient zur Erzeugung von linear → polarisiertem Licht. Es besteht aus einem Kalkspatprisma, das senkrecht zu den abgeschliffenen Flächen längs einer Diagonale zerschnitten und mit → Kanadabalsam wieder zusammengeklebt wurde. An der Balsamschicht wird der ordentliche Strahl (→ Doppelbrechung) totalreflektiert und von der schwarzen Einfassung des Prismas absorbiert. Hingegen tritt der außerordentliche Strahl fast ungebrochen durch die Balsamschicht hindurch. Er ist linear polarisiert und weist gegenüber dem ursprünglichen Strahl eine geringe seitliche Verschiebung auf. 10

Nidation (lat.) f: Implantation; Einnistung des Keimes am 5. bis 6. Tag der Entwicklung in die Uterusschleimhaut, mit dem animalen Pol, unter dem sich der → Embryoblast befindet, voran. 22

Niederlassung: Aufnahme der zahnärztlichen Tätigkeit in eigener Praxis. Dispositionsfreiheit über die sächlichen und räumlichen Mittel der Berufsausübung muß gegeben sein. Die höchstrichterliche Rechtsprechung hat Ärzten und Zahnärzten Niederlassungsfreiheit zugesprochen. Die N. ist Voraussetzung für die Zulassung zur Versorgung der sozialversicherten Patienten. Sie ist durch ein Praxisschild kenntlich zu machen. Ort und Zeitpunkt sowie jede Veränderung muß der → Zahnärztekammer unverzüglich mitgeteilt werden. 24

Niederschlag: Chem.: Produkt einer Fällungsreaktion. Vgl. Fällung. 23

Nielsen-Syndrom (Holger N., Kliniker, Kopenhagen, 1934) n: → Dystrophia brevicollis congenita. 3

Nieren: Renes; paarig neben der Wirbelsäule in Höhe der 12. Rippe gelegene, bohnenförmige Ausscheidungsorgane. Am → Hilus treten die Nierengefäße und der Harnleiter ein bzw. aus. In der Mark- und Rindensubstanz des Organs erfolgt die Abscheidung des Harns, der sich im Nierenbecken sammelt und durch den Harnleiter zur Harnblase geführt wird (Abb. a). Die N. sind die alleinigen Ausscheidungsorgane für die

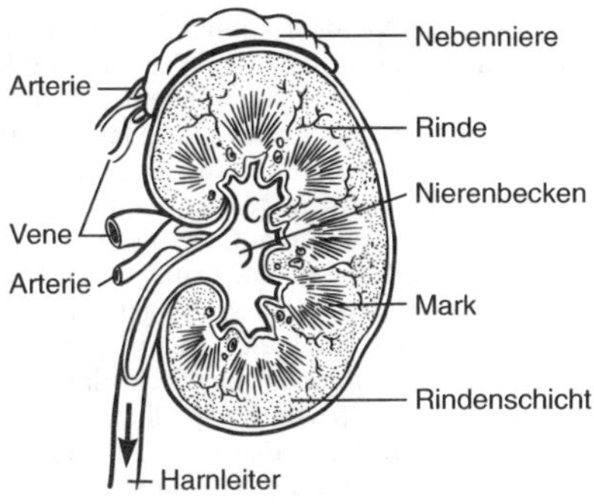

Abb. a [76]

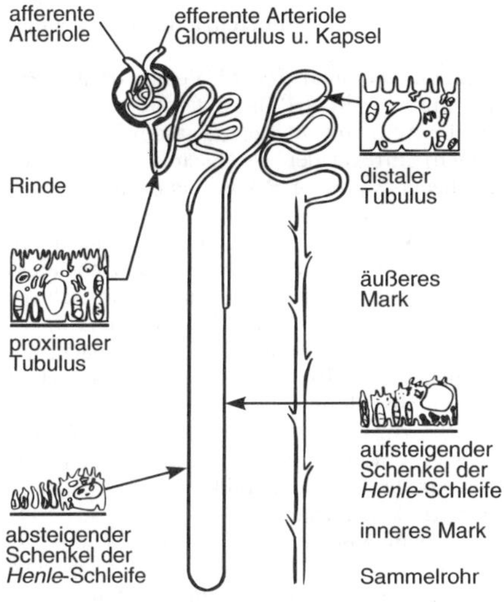

Abb. b

Endprodukte des Eiweißstoffwechsels (Stickstoffschlacken) und Regulationsorgan des Wasser- und Salzhaushalts. Die funktionelle Einheit, das Nephron (etwa 1 Million in der Rindensubstanz), besteht aus dem Nierenkörperchen, den Tubuli contorti und recti und der → *Henle*-Schleife (Abb. b); vgl. Nierenkörperchen. 9

Nieren|insuffizienz f: Ausfall der exkretorischen und inkretorischen Nierenfunktionen. Formen: 1. kompensierte N.: noch ausreichende Nierenfunktion zur Ausscheidung harnpflichtiger Substanzen (Harnstoff, Kreatinin) entsprechend der täglichen Produktion, keine Intoxikation; 2. dekompensierte N.: Störung des Gleichgewichts zwischen reduzierter glomerulärer Filtrationsrate und renalen Kompensationsmechanismen durch weitere Abnahme funktionstüchtiger Nephrone mit ansteigend pathologischem → Kreatinin im Blut und klin. Bild der Intoxikation als Hinweis auf drohendes → Coma uraemicum. 20

Nieren|körperchen: Corpuscula renis (IANC); → *Malpighi*-Körperchen in der Nierenrinde. Bestehen aus von etwa 30 Kapillarschlingen gebildeten Gefäßknäueln, den Glomeruli, die von

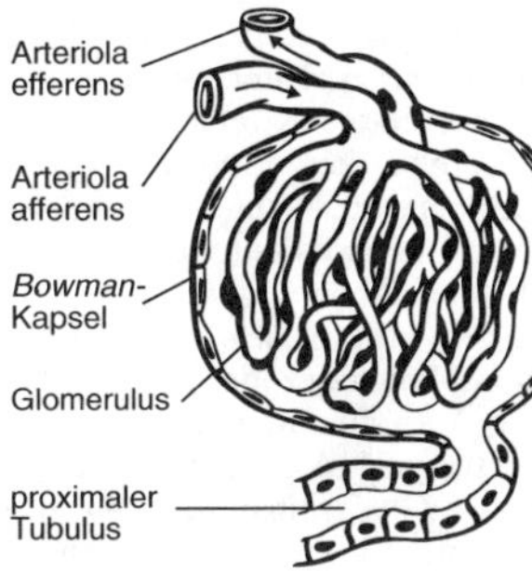

einer Kapsel (Capsula glomeruli, *Bowman*-Kapsel) umgeben sind (Abb.). Diese stellt eine Einstülpung der Harnkanäle (Tubuli) dar, die den von den Glomeruli aus dem Blut abgefilterten Primärharn weiterleiten (Abb. → Niere, b). 9

Nifedipin: → Calciumkanal-Blocker mit präferentieller Wirkung an den Arteriolen. Durch die Dilatation arterieller Gefäße kommt es zur Nachlastsenkung, zum Abfall des Blutdruckes und reflektor. zur Aktivierung des Herz-Sympathikus (Herzfrequenz- und Kontraktilitätssteigerung). Als Nebenwirkungen können Kopfschmerzen, Tachykardie, Beinödeme und gastrointestinale Störungen auftreten. Indikation in der Zhk.: Notfalltherapeutikum zur Behandlung einer hypertensiven Krise. 7

Ninhydrin|lösung: $C_9H_6O_4$; wird zum Nachweis von α-Aminosäuregruppen in Proteinen durch Blaufärbung verwendet. Bei der Bestimmung der Sulkusflüssigkeitsfließrate zur Anfärbung der → Sulkusflüssigkeit. 23

Niob (gr.) n: Niobium; metallisches Element, Symbol Nb, Ordnungszahl 41, Atomgewicht 92,91; dient (selten) als → Implantatwerkstoff. 18

Nissen: Eier der Kopfläuse (Haare). → Pedikulose. 12

Nitrate (lat.) n pl: Salze der → Salpetersäure. 23

Nitrate, organische n pl: Ester der Salpetersäure, NO-Pharmaka. Wirkungsmechanismus:

Relaxation glatter Muskulatur durch Aktivierung der Guanylylcyclase durch Nitrosothiol-Bildung. Dosisabhängig kommt es zur Dilatation venöser Kapazitäts-Gefäße, dadurch zum peripheren Blut- Pooling und zur Reduktion des kardialen „Preloads". Folgen: Abnahme des enddiastol. Drucks, damit des Sauerstoff-Verbrauchs, und Zunahme der myogenen Perfusionsrate. Bei Dosissteigerung durch zusätzl. Dilatation arterieller Gefäße Reduktion des kardialen „Afterloads". Kardialer Index abhängig von der Ausgangssituation erhöht, erniedrigt oder unverändert. Nebenwirkungen: dosisabhängig: vasomotor. Kopfschmerzen, Flush, reflektor. Tachykardie, orthostat. Kollaps; bei Langzeittherapie und Nicht-Beachtung des dosierungsfreien Intervalls entwickelt sich → Toleranz und phys. Abhängigkeit (→ Arzneimittelabhängigkeit, physische). → Arzneimittelinteraktionen: Potenzierung der hypotensiven Effekte von Vasodilatanzien, → Antihypertonika, → trizykl. Antidepressiva, Alkohol usw. siehe → Glyceroltrinitrat, → Isosorbitdinitrat. Indikation in der Zhk. zur Therapie eines Angina pectoris-Anfalls als Spray oder Zerbeißkapsel (Notfall-Medikament). 7

Nitrazepam: 1,4-Benzodiazepin-Derivat, Wirkungsmechanismus, -profil, Nebenwirkungen und → Arzneimittelinteraktionen siehe → Benzodiazepine. Indikation als → Hypnotikum, → Antiepileptikum (myoklonale Krämpfe). 7

Nitride (lat.) n pl: Verbindungen des Stickstoffs mit stärker elektropositiven Elementen, bes. Metallen. 23

Nitrite (lat.) n pl: Salze der → salpetrigen Säure. 23

Nitrofurantoin (INN): vorwiegend zur Behandlung von Harnwegsinfektionen eingesetztes Chemotherapeutikum mit bakteriostatischer und bakterizider Wirkung u.a. auf Kolibakterien, Staphylokokken und Streptokokken. Langzeitbehandlung mit N. während der präeruptiven Phase kann eine → Xanthodontie zur Folge haben. 29

Nitrogenium n: → Stickstoff. 23

Nivellierungs|phase f: erste Behandlungsphase der → *Bergen*-Technik. Während der N. sollen eine horizontale und vertikale Bracketharmonisierung, ein Rotationsausgleich, eine Aufrichtung gekippter Zähne und die Vorbereitung einer stabilen → Verankerung (Verankerungspräparation) erreicht werden. Die initiale Behandlung muß mit Drähten großer Elastizität erfolgen, um Schäden zu vermeiden. Vgl. Edgewise-Technik. 5

NLM: Abk. für **N**ational **L**ibrary of **M**edicine; nationale med. Bibliothek der USA, die größte Bibliothek der Welt für ein spezielles Fachgebiet. Sie sammelt alles relevante Material auf dem Gebiet des Gesundheitswesens und umfaßt z.Zt. (1994) 5 Mill. Bücher, Zeitschriften, Berichte etc. Sie dokumentiert diese in verschiedenen → Datenbanken. Daneben gehören die Forschung, die Forschungsförderung, Buchverleih und Betrieb des Learning Center zu den weiteren Aufgaben. Das Learning Center hält eine Auswahl von beispielhaften Computerlösungen und Videoplatten auf dem Campus der NLM in Bethesda (Maryland/USA) bereit. 26

Nn.: Abk. für Nervi, → Nerven, sing N., Nervus, Nerv. 9

NNR: Abk. für **N**eben**n**ieren**r**inde. → Nebennieren. 10

Nocardia (Edmund Nocard, Veterinärbakt., Paris-Alfort, *1850, † 1903) f: aerobe Gattung der Familie Actinomycetaceae. N. asteroides (sternähnlich): Erreger der → Nocardiosen. N. salivae: neuer Name → Rothia dentocariosa. Vgl. Aktinomyzeten. 8

Nocardiosen f pl: Krankheitsbilder, die durch aerobe Aktinomyzeten (Nocardia asteroides) bedingt sind. Meist handelt es sich um schwer verlaufende, wenig beeinflußbare, nekrotisierende → Granulome der Lunge mit mächtiger regionaler Lymphknotenbeteiligung; auch Haut und Mundschleimhaut können befallen sein. Tendenz zur hämatogenen Generalisation. Therapie: Antibiotika, Sulfonamide. 12

nodosus (lat.): knotig, nodös. 12

nodulär: knötchenartig. 12

Nodulus m: Knötchen. 12

Nodus (lat.) m: Knoten. 9

Nodus lymphathicus m: Lymphknoten. 9

Nokardiosen f pl: → Nocardiosen. 12

Noma (gr.) f: Wangenbrand, Wasserkrebs: schwerste Form der → Stomatitis ulcerosa, die meist im Anschluß an schwere Allgemeinerkrankungen (Scharlach, Typhus, Diphtherie, Pneumonie, Masern), bei chron. Unterernährung, Kwashiorkor und Kala-Azar die Mundschleimhaut ergreift und von dort unter rasch fortschreitendem geschwürigem Zerfall auf Weichteile und Knochen übergeht (Abb.). Gehört zu den → Fusospirochätosen. Befällt meist unter schlechten Lebensbedingungen aufwachsende Kinder. Die Prognose, früher absolut ungünstig, ist durch die Antibiotika wesentlich gebessert. Hohe antibiotische Gaben, Bluttransfusionen. Die Prophylaxe besteht

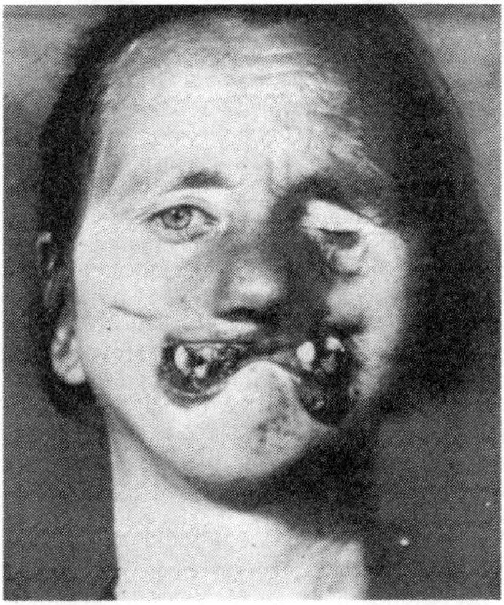

in sorgfältiger Mundpflege bei langdauernden, erschöpfenden Krankheiten. 11

Nomen|klatur (lat.) f: Bezeichnungssystem, Benennung nach bestimmten Richtlinien. In der Anatomie galt seit 1895 die Baseler N. (BNA), ab 1935 die Jenaer N. (JNA); seit 1955 gilt die Pariser N. (PNA), die aber durch die nachfolgenden Kongresse der → IANC zahlreiche Änderungen erfahren hat. 21

Non-gamma-2-Amalgame n pl: → Amalgam. 1

Non-Hodgkin-Lymphome n pl: Abk. NHL; maligne → Lymphome. Einteilung aufgrund morphologischer und histopathologischer Kriterien u.a. nach der Kieler Klassifikation: I. maligne Lymphome niedrigen Malignitätsgrades: 1. lymphozytische maligne Lymphome: chron. lymphat. → Leukämie, Mycosis fungoides, T-Zonen-Lymphom, Haarzellenleukämie; 2. lymphoplasmozytoides malignes Lymphom: Immunozytom; 3. zentrozytisches malignes Lymphom; 4. zentroblastisch-zentrozytisches Lymphom: großfollikuläres Lymphoblastom. II. maligne Lymphome hohen Malignitätsgrades: 1. zentroblastische maligne Lymphome mit zahlreichen Zentroblasten und Immunoblasten; 2. lymphoblastisches malignes Lymphom: akute lymphatische Leukämie, *Burkitt*-Tumor, lymphoblastisches Lymphom vom convoluted cell-type, das aus T-Lymphozyten besteht; 3. immunoblastisches Lymphom: Retikulosarkom. Symptomatik: Lymphknotenschwellung, Allgemeinsymptome (Fieber, Nachtschweiß, Schwäche) evtl. Splenomegalie, evtl. Hauterscheinungen, bei Knochenmarksbefall evtl. Anämie, Leukozyto-, Thrombozytopenie. Niedrig maligne Lymphome treten meist generalisiert auf, zeigen eine langsame Progredienz und haben eine durchschnittl. Prognose von 2-10 Jahren. Bei hoch malignen Lymphomen ist die Progredienz rasch, sie treten in 10-15% der Fälle lokalisiert auf und führen unbehandelt innerhalb von Wochen bis Monaten zum Tod (behandelt etwa 40% Heilungen). Therapie: in Abhängigkeit von Typ und Stadium: Polychemotherapie, evtl. Strahlentherapie und Bestrahlung des Schädels zur Prophylaxe einer Meningeosis leucaemica. 32

Non|infektion f: Nichtinfektion, der vorbeugende Schutz der Hand des Operateurs vor eitrig-infektiösem Material, z.B. durch die Verwendung von Gummihandschuhen. 8

Nonius (lat.) m: Hilfsteilung am Maßstab bei der Längenmessung zur Steigerung der Genauigkeit. 10

Non|kontakt|verfahren: Anwendungsmodus medizinischer Laserstrahlung mit berührungsloser Übertragung der Laserstrahlung vom strahlführenden System auf das Gewebe; vgl. Fokussierhandstück. 31

Non|okklusion f: teilweise oder vollkommene Aufhebung des normalen Zahnreihenschlusses, z.B. beim → offenen Biß. 5

Noradrenalin: → Norepinephrin. 7

Nordazepam: 1,4-Benzodiazepin-Derivat mit einer Eliminationshalbwertszeit (→ Halbwertszeit, terminale) von 50-90 h; Anwendung als → Tranquilizer. → Benzodiazepine. 7

Nord-Schraube (Charles F. L. N., Kieferorth., Den Haag, Amsterdam, *1887, † 1978): → Dehnschraube. 5

Norepinephrin: Noradrenalin; direktes → Sympathomimetikum, → Agonist an α_1- = α_2- und β_1- > β_2-Adrenozeptoren (→ Adrenozeptoren). 7

Norfenefrin: Norepinephrinanalogen, α-Adrenozeptor-Agonist ($\alpha_1 > \alpha_2$) (→ Adrenozeptoren, → Agonist), Antihypotonikum. Die Blutdrucksteigerung ist überwiegend Folge der Erhöhung des peripheren Widerstandes. Die Wirkung ist bei oraler Applikation aufgrund einer nur 20%igen → Bioverfügbarkeit unzuverlässig. Orale Applikationsformen sind daher in der Zhk. nicht indiziert. 7

Normalität: Übereinstimmung eines Sachverhalts, in der Psychotherapie eines Verhaltens, mit einer Norm. Je nach verwendeter Norm hat die N. unterschiedliche Bedeutung: 1. statistische Norm: statistischer Durchschnitt in einer Bezugsgruppe (z.B. die Normalwertbereiche der meisten klinischen Laborwerte); 2. Funktionsnorm: das für eine bestimmte Funktion notwendige Maß (z.B. mit dem Leben gerade noch vereinbare Grenzwerte in der klinischen Chemie); 3. Idealnorm: ein kulturell-moralisch-ethischer Maßstab. Im Bereich der → Psychotherapie wurde die früher übliche Idealnorm weitgehend durch Funktions- und statische Norm ersetzt. Damit wird der Gefahr einer moralisierenden und zeitgeistabhängigen Wertung in der Psychotherapie entgegengewirkt. [33]

Normal|lösung f: → Grammäquivalent pro Liter Lösung (gebräuchliche Art der Konzentrationsangabe bei Lösungen). [23]

Normal|verteilung: statistische stetige Wahrscheinlichkeitsverteilung mit folgenden Eigenschaften: glockenförmiger Verlauf der Verteilung; symmetrisch; arithmetischer → Mittelwert, → Median und → Modus fallen zusammen; asymptotische Annäherung an die X-Achse. [26]

Norm|bohrer: zylindrische oder konische Bohrer in Implantationsbestecken, mit denen ein implantatkongruentes, formschlüssiges → Implantatbett in den Knochen präpariert werden kann. [18]

Norm|diagramm n: → Netzdiagramm. [5]

Norm|ergie f: normale Reaktionsform des Organismus auf einen Reiz; vgl. Allergie, Anergie, Hypergie, Hyperergie. [32]

Norm|fräser: → Normbohrer. [18]

Norm|gesicht: → Biomet. [5]

Normo|blasten m pl: in der → Erythropoëse die Erythroblasten, die schon die normale (azidophile) Färbbarkeit der → Erythrozyten erreicht haben. [9]

normo|chrom: normal gefärbt, normal färbbar. [9]

Normo|zyten m pl: → Erythrozyten. [9]

Normung: die planmäßige, durch die interessierten Kreise gemeinschaftlich durchgeführte Vereinheitlichung von materiellen und immateriellen Gegenständen zum Nutzen der Allgemeinheit. Sie darf nicht zu einem wirtschaftlichen Sondervorteil einzelner führen. Sie fördert die Rationalisierung und Qualitätssicherung in Wirtschaft, Technik, Wissenschaften und Verwaltung und dient der Sicherheit von Menschen und Sachen sowie der Qualitätsverbesserung in allen Lebensbereichen. Sie dient außerdem einer sinnvollen Ordnung und der Information auf dem jeweiligen Normungsgebiet. Die N. wird auf nationaler, regionaler und internationaler Ebene durchgeführt (DIN 820). Vgl. Qualitätssicherungssystem. [21]

Norm|werte: von den → Prüfungseinrichtungen benutzte Zahlenwerte für die Überprüfung auf wirtschaftliche Behandlungsweise (meist Durchschnitte) mit sehr unterschiedlicher Aussagekraft. Sie sind durch → Standardabweichungen und → Streuungszuschläge zu korrigieren und werden ergänzt durch Erfahrungswerte. [25]

Nortriptylin: Dibenzocyclohepten-Derivat, → Antidepressivum. N. hemmt die Wiederaufnahme von → Norepinephrin in die Präsynapse stärker als die des → Hydroxitryptamins, 5- und ist unter anderem → Antagonist an m-Chlolinozeptoren. N. potenziert die Wirkung von → Anticholinergika, zentraldämpfenden Pharmaka und → Sympathomimetika. N.-Medikation gilt als relative Kontraindikation für Katecholaminzusätze in → lokalanästhet. Lösungen. [7]

norwegisches System n: → Funktionskieferorthopädie. [5]

noso|komiale Infektionen f pl: → Hospitalismus, infektiöser. [8]

Noso|logie f: Lehre von den Krankheiten. [20]

Not|arzt: Bezeichnung für einen im öffentlichen Rettungsdienst tätigen Arzt, der über spezielle Qualifikationen verfügt: Fachkundenachweis Rettungsdienst sowie klinische Erfahrung in der Notfallmedizin. [16]

Not|arzt|einsatz|fahrzeug: speziell ausgerüsteter Pkw, der zum schnellen Transport des → Notarztes zur Einsatzstelle, nicht aber zum Transport eines Patienten geeignet ist. Vgl. Rettungswagen. [16]

Not|fall|ausrüstung: Instrumentarium, das die einfachen und erweiterten Sofortmaßnahmen der ersten ärztlichen Hilfe ermöglicht. Generell sollten Instrumente für drei Komplexe enthalten sein: Diagnostik, Atmung, Kreislauf. An die einzelnen Gegenstände sind die üblichen Anforderungen der Notfallmedizin zu stellen. Vgl. Absaugkatheter, Absaugpumpe, Beatmungsmaske, Blutdruckmanschette, Elektrokardiogramm, Endotrachealtubus, Plasmaexpander, Intubation, *Magill*-Zange, Notfallkoffer, Sauerstoff, Venenverweilkanülen. [16]

Not|fall|diagnose f: Voraussetzung für eine effektive Sofortherapie. Folgende Komplexe müssen in einer N. beantwortet werden: Liegt eine Bedrohung der Vitalfunktionen vor? Ist eine spezielle Behandlung sofort einzuleiten? Ist eine anschließende Klinikeinweisung erforderlich? [16]

Notfall|dienst: Durchführung unaufschiebbarer Behandlungen. Der N. wird vom niedergelassenen Zahnarzt geleistet an den eigenen Patienten bei unaufschiebbarer Behandlungsnotwendigkeit, auch außerhalb der Praxisstunden, oder in Form von Bereitschaft zur Behandlung außerhalb der Sprechstundenzeiten für alle Patienten. Alle niedergelassenen Zahnärzte sind zur Teilnahme verpflichtet. Rechtsgrundlage sind die → Heilberufsgesetze der Länder, die → Berufsordnungen, § 75 Abs. 1 Satz 2 SGB V, § 6 Abs. 4 BMV-Z sowie die Notfalldienstordnungen der → Zahnärztekammern und → Kassenzahnärztlichen Vereinigungen. Die Verpflichtung ist mit dem Grundrecht der Berufsausübungsfreiheit vereinbar. Der Zahnarzt muß zum Notfall- und Bereitschaftsdienst geeignet sein. Dies ist in der Regel der Fall, wenn der Zahnarzt wenigstens mit Sofortmaßnahmen bis zum Einsetzen der normalen zahnärztlichen Versorgung die Notfallsituation überbrücken kann. Dies gilt auch für Zahnärzte mit Gebietsbezeichnungen. Befreiung vom N. kann im Einzelfall aus wichtigem Grund erfolgen, z.B. bei Krankheit, Alter, körperlicher Behinderung. Die Heranziehung zum N. ist ein → Verwaltungsakt. Dagegen ist der Rechtsweg zum Verwaltungsgericht bzw. → Sozialgericht gegeben. Der N. wird sowohl von der Zahnärztekammer als auch von der KZV organisiert. Die Abrechnung der im Rahmen des N.es für sozialversicherte Patienten erbrachten Leistungen erfolgt immer über die KZV. Bei Nichtteilnahme am N. liegt ein Verstoß gegen → Berufspflichten sowie vertragszahnärztliche Pflichten vor.[24]

Not|fall|koffer: Behältnis zur adäquaten Aufbewahrung einer → Notfallausrüstung. [2, 16]

Not|maßnahmen: → Erste Hilfe. [2]

Not|ruf|nummer: Telefonnummer, mit der unverzüglich eine → Rettungsleitstelle erreicht und der Rettungsdienst alarmiert werden kann. Die generellen N.n sind: [16]

112
(Rettungsdienst/Feuerwehr)
110
(Polizei).

Notstand: unmittelbar drohende bzw. bestehende Gefahr für ein Rechtsgut. Im Notstand muß Hilfe gebracht werden (§ 330 c StGB). Allg. Menschenpflicht, zu der Arzt und Za. in vermehrtem Maße, unabhängig von Fachausbildung, verpflichtet sind. Ablehnung gilt als fahrlässige Körperverletzung und wird entsprechend bestraft.[24]

Not|tracheo|tomie f: → Koniotomie, → Krikotomie, → transtracheale Ventilation. [2]

Novocain®: Firmenname des → Procain, des ersten synthetischen, gegenüber dem → Kokain wesentlich ungiftigeren Lokalanästhetikums, das 1905 von den Chemikern *Alfred Einhorn* (1857-1917) und *Richard Willstätter* (1872-1942) in München entwickelt und von den Farbwerken Hoechst hergestellt worden ist. [34]

Novy-Bazillus (F. G. N., Bakt., Chicago, *1864, †1957) m: Clostridium novyi; Bazillus des malignen Ödems; anaerobes Stäbchen, 0,8 x 2,5-5 µm, Sporen länglich, mittelständig oder exzentrisch; Beweglichkeit nur bei Sauerstoffabschluß. [8]

Noxe (lat.) f: krankheitserregende Ursache, schädigendes Agens. [32]

N-Punkt: → Nasion. [5]

NS: Abk. für → **N**erven**s**ystem. [9]

NS-Ebene: Abk. für **N**asion-**S**ella-Ebene; → *Broadbent*-NS-Ebene, → *Schwarz*-NSe-Ebene.[5]

Nucha (arab.) f: Nacken. [9]

Nucleus (lat.) m: → Nukleus. [9]

Nucleus pulposus m: der Gallertkern innerhalb des Faserringes (anulus fibrosus) der → Bandscheibe, der als Puffer wirkt. [20]

Nucleus-pulposus-Prolaps m: → Bandscheibenprolaps. [20]

Nuhn-Blandin-Drüse (Anton N., Anat., Heidelberg, *1814, † 1889; Philippe Frédéric B., Anat., Chir., Paris, *1798, † 1849): Glandula lingualis anterior. → *Blandin-Nuhn*-Drüse. [9]

nuklear (lat.): **1.** Allg.: den Kern betreffend. **2.** Med.: im Wort Nuklearmedizin als Fachgebietsbezeichnung für den Einsatz radioaktiver Stoffe zur med. Diagnostik und Therapie benutzt. **3.** Anat., Neurol.: Ansammlungen funktionsspezifischer Nervenzellen, sog. Nervenkerne, betreffend. → Nukleus. [9, 10]

Nuklein|säure: hochmolekulare Verbindung aus Pyrimidin- und Purinbasen, Zucker und Phosphorsäure, unersetzlich für Vermehrung und Stoffwechsel. Niedrigmolekulare Verbindungen der genannten Bausteine nennt man Nukleotide, sie bilden die wichtigsten Koenzyme. → Desoxyribonukleinsäuren (DNS) enthalten Desoxyribose als Zucker, sie sind das stoffliche Äquivalent der genetischen Information: auf den → Chromosomen lokalisiert, bestimmen sie durch wechselnde Basensequenz jeweils unverwechselbar einen Erbfaktor. → Ribonukleinsäuren (RNS) enthalten Ribose als Zucker. Man unterscheidet ribosomale RNS (r-RNS), Transfer-RNS (t-RNS) und Boten-RNS (Messenger-RNS, m-RNS). Die m-RNS übernimmt die genetische Information von der DNS und überträgt sie in das Zytoplasma zur Synthese spezifischer → Eiweiße mit erbbedingter Aminosäuresequenz (→ Aminosäuren). [23]

Nukleoid (lat.) m: Bakterienzellkern, der sich vom Kern höherer Zellen (Nukleus) durch Fehlen von Kernmembran und Nukleolus unterscheidet. [8]

Nukleolus m: dichter, intensiver basophil anfärbbarer Chromatinbereich im Zellkern. Am N. erfolgt die Synthese von r-RNS und t-RNS. Vgl. Nukleus. [9]

Nukleo|plasma n: → Karyoplasma, Plasma des Zellkerns. [9]

Nukleo|proteide n pl: hochmolekulare Komplexe aus → Nukleinsäuren und → Eiweißen. Reichlich in zellreichen Geweben und Organen (Niere, Milz, Leber, Thymus, Hirn) vorhanden. [23]

Nukleus (lat.) m: **1.** Ansammlung von Ganglienzellen in Gehirn und Rückenmark als Ursprungs- und Schaltkern von Hirnnerven und -bahnen. **2.** Zellkern; ein besonderes, durch eine Membran abgegrenztes Steuerungszentrum der Zelle, das die Chromosomen mit den Erbanlagen enthält, durch hohen Gehalt an → Desoxyribonukleinsäure (DNS) auffällt und für die Zellerhaltung notwendig ist. Man unterscheidet am Zellkern: a) Kernmembran, b) → Chromatin, c) Kernsaft, d) → Nukleolus (Kernkörperchen). b, c, d werden als → Karyoplasma bezeichnet. Vgl. Nukleinsäure. [9]

Numerus clausus (lat.) m: Beschränkung des Zugangs zum Studium. Ein N. c. besteht bei verschiedenen Studiengängen, so z.B. bei der Zahnmedizin. Zulassungen zum Studium erfolgen bei Erreichen einer bestimmten Abiturdurchschnittsnote. [24]

Nursing bottle syndrome (engl.) n: → Flaschenkaries. [29]

nutritiv (lat.): die Ernährung betreffend, trophisch. [10]

Nykt|urie f: verstärkte nächtliche Harnabgabe. [20]

Nylander-Probe (Claes Wilhelm Gabriel N., Chem., Lund, *1835, † 1907): qualitativer Glukosenachweis im Urin, beruhend auf dem Reduktionsprinzip; Ausscheidung von metallischem Wismut aus alkalischer Wismutsalzlösung durch Reduktionsmittel. [23]

Nystagmus (gr.) m: unwillkürliche rhythmische Zitterbewegungen der Augäpfel in Ruhestellung, meist Verstärkung bei Augenbewegungen. Horizontal, vertikal oder rotatorisch. Angeboren oder im Gefolge organ. Nervenkrankheiten (→ Encephalomyelitis disseminata), Hirntumoren, Intoxikationen, Kleinhirn- oder Labyrintherkrankungen. Vgl. *Ménière*-Symptomenkomplex. [20]

Nystatin: Polyen-Antibiotikum, → Antimykotikum. Wirkungsspektrum: Candida, Cryptokokkus. Indikation in der Zhk.: lokal zur Behandlung einer Candidiasis der Mundhöhle; Kontraindikation: Allergie gegen Wirkstoff und/oder galen. Hilfsstoffe. [7]

O

o: Abk. für ortho. Vgl. Orthosäure. 23
O: chem. Symbol für Oxygenium → Sauerstoff. 23
O_3: → Ozon. 23
OAE: Abk. für → **O**hr-**A**ugen-**E**bene. 5
Obduktion (lat.) f: Autopsie, → Sektion; Leichenöffnung zur Feststellung der Todesursache. Klinische Sektion mit Zustimmung der Angehörigen oder aufgrund gerichtlicher Anordnung wegen des Verdachtes eines unnatürlichen Todes. 28, 32
Obduration f: Verhärtung, meist durch Narbenbildung. 20
Oberflächen|an|ästhesie f: Form der → Lokalanästhesie, bei der ein Schleimhautbezirk durch Pinselung oder Spray (Besprühen) mit einem Lokalanästhetikum (→ Tetrakain) unempfindlich gemacht wird. Auch → Vereisung. 2
Oberflächen|passivität f: → Passivierung. 4
Oberflächen|spannung: an einer Phasengrenzfläche (Oberfläche) wirkende mechanische Spannung, die bestrebt ist, die Oberfläche zu verkleinern. Besonders an Flüssigkeitsoberflächen auffällig: Tropfenbildung bei Fall, Annäherung an

Auf ein Flüssigkeitsteilchen einwirkende Anziehungskräfte [91]

die Kugelform, d.h. an die Form mit der kleinstmöglichen Oberfläche pro Volumeneinheit. Ursache: Die Flüssigkeitsteilchen an der Grenzfläche unterliegen nur nach unten und nach den Seiten hin der Anziehung von ihresgleichen, während die Kraftwirkungen auf die Teilchen innerhalb der Flüssigkeit von allen Seiten gleich sind (Abb.). 10
Obergutachten: kann im VdAK/AEV-Bereich eingeholt werden, auch gegen das Votum des → Gutachters. O. gibt es bei der Behandlung mit Zahnersatz und Zahnkronen sowie der KfO-Behandlung. Sie können sowohl die geplante Behandlung auf ihre Notwendigkeit als auch die ausgeführte Behandlung auf Mängel untersuchen. 24
Ober|häutchen: Cuticula dentis, → Schmelzoberhäutchen. 30
Oberkiefer: → Maxilla. 9
Oberkiefer|fraktur: → *Guérin*-Fraktur, *LeFort*-Frakturlinien. 2
Oberkiefer|grund|ebene: → Spinaebene. 5
Oberkiefer|höhle: → Kieferhöhle. 9
Oberkiefer|index m: → Maxilloalveolarindex. 5
Oberkiefer|resektion f: partielle oder totale, ein- oder beidseitige Entfernung des Oberkiefers, meist wegen Karzinom der Antrumschleimhaut. 2
Oberkiefer|schienung: → Hirschgeweih. 2
Ob|esitas f: durch Überernährung bedingte → Fettleibigkeit. 20
Objekt|foto|grafie f: → Sachfotografie. 17
objektiv (lat.): sachlich; nur von der Sache aus bestimmt, im Gegensatz zu subjektiv. 10
Objektiv (lat.) n: bei optischen Instrumenten die dem Untersuchungsobjekt zugewandte Linse bzw. Linsenkombination. Vgl. Okular. 10

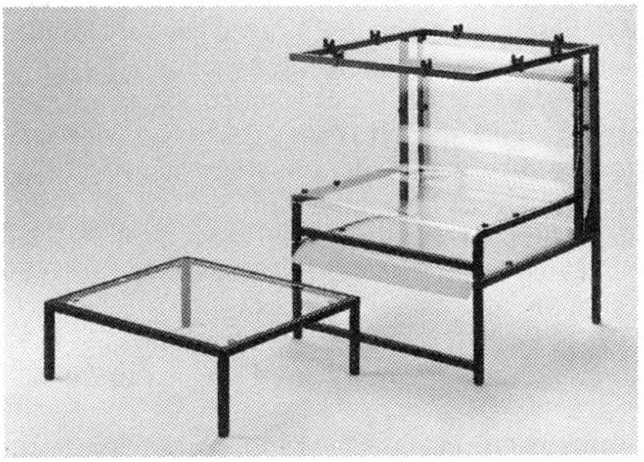

Objekttisch
Aufnahmetischsystem für die Sachfotografie [17]

Objekt|tisch: Hilfsmittel für die → Sachfotografie, das die → Freistellung des Objektes und verschiedene Beleuchtungsvarianten erleichtert. Ein O. bsteht aus einer Glasplatte bzw. einer glasklaren Auflageplatte, ggf. in Kombination mit einer Opalplatte (Abb. s. S 529). O.e erleichtern und beschleunigen die Fotodokumentation von zahnmedizinischen und zahntechnischen Objekten. Vgl. Makrotisch. [17]

Objekt|träger: Glasplatte, auf die mikroskopisch zu untersuchende Objekte gebracht werden. In der Elektronenmikroskopie Kollodiummembranen. [9]

Obleute|kon|zept n: Konzept der zahnärztl. Berufsverbände für die → Gruppenprophylaxe in Kindergärten. Es sieht vor, daß jeder Zahnarzt die Patenschaft für einen Kindergarten übernimmt und dort entsprechende Vorsorgeaktionen durchführt. Nach dem O. werden zwei Berufsgruppen (Kindergärtnerinnen und Zahnärzte) in der (Zahn-) Gesundheitserziehung zusammengeführt. Der Zahnarzt hat motivierende Schlüsselfunktion. [15]

obliquus (lat.): schräg. [9]

Obliteration f: Verwachsung normaler Öffnungen, z.B. der Wurzelkanäle durch dentinartige Hartsubstanzen. [1]

obliterieren: verschließen, verwachsen. [1]

oblongatus (lat.): verlängert, z.B. → Medulla oblongata. [9]

Obstipation f: Verstopfung, Stuhlverhaltung. Habituelle O.: chron. Störung der Darmentleerung. [20]

Obstipation im Alter f: abnehmende körperliche Bewegung, Umstellungen in der Zusammensetzung der Nahrung, unzureichende Flüssigkeitszufuhr und die Einnahme best. Medikamente (z.B. Antazida, Anticholinergika, blutdrucksenkende Mittel, Eisenpräparate, Krampfmittel, Psychopharmaka) führen im Senium i.d.R. zu nachlassendem Stuhldrang, mengenmäßig geringem, sehr harten Stuhl mit Schmerzen bei der Defäkation. Die vermeintlich vorbeugende Einnahme von → Laxanzien ist bei Senioren habituell verbreitet, führt jedoch ohne diätetische Maßnahmen und Absetzung der obstipierenden Medikamente nicht zum geplanten Erfolg, sondern vielmehr zum → Laxanzienabusus einschl. seiner Nebenwirkungen. Vgl. Exsikkose, Multimedikation, Prothesenhalt, Xerostomie. [27]

Obstruktion (lat.) f: Verschluß, Verlegung, Verstopfung eines Hohlorgans, Ganges oder Gefäßes. [32]

Obturation (lat.) f: Obturatio; Verlegung, Verstopfung von Hohlräumen und Gefäßen (z.B. durch einen Embolus). [32]

Obturator (lat.) m: Gerät zum Verschluß funktionell unerwünschter, angeborener oder erworbener (→ Gumma, Tb, postoperativ) Körperöffnungen, spez. von Gaumendefekten und Gaumenspalten. Heute nur noch, wenn operativer Verschluß nicht möglich. Die bekanntesten sind die O.en nach *Kingsley* 1859, *Süersen* 1867 (verbessert 1896 von *Warnekros*, *Fröschels* und *Schiltsky*). Der Obturatorkloß, jetzt aus weichbleibendem Material hergestellt, wird zum Gaumenspaltverschluß so weit an die hintere Rachenwand geführt, daß sich beim Anlauten der → *Passavant*-Wulst anzulegen vermag und so der Verschluß zur Nasenhöhle hergestellt wird. Bei zu kurzem Gaumensegel, z.B. nach mißglückter Operation, ist der O. nach *Schiltsky* (1881) angezeigt, dessen ursprünglich beweglicher Stiel später von *Warnekros* starr fixiert wurde. Vgl. Meat-Obturator, Resektionsprothese, Epithese, Defektprothese. [4]

Obwegeser-Dalpont-Operation f: Modifikation der *Obwegeser*- Progenieoperation. Die Osteotomielinie wird nach ventral über den Kieferwinkel hinaus verlängert. Fixierung durch → Zugschrauben möglich. [2]

Obwegeser-Progenie|operation (zeitgen. Kieferchir., Zürich) f: durch sagittale Spaltung des aufsteigenden Astes nach intraoral vorgenommene horizontale Durchtrennung der Kortikalis bukkal unterhalb und lingual oberhalb des Foramen mandibulae. Drahtnaht nach Reposition (Abb.).[2]

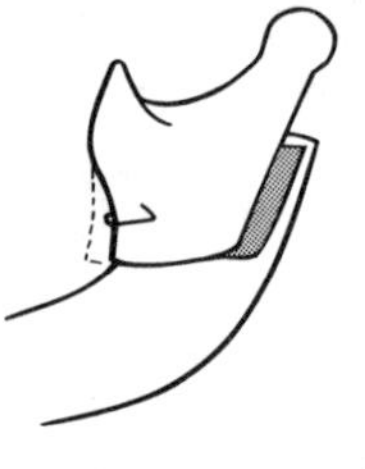

occipitalis (lat.): zum Hinterhaupt gehörig. [9]

occlusal-is, -e: den Zusammenschluß (der Kiefer) betreffend, okklusal; auch die Kauflächen der Seitenzähne betreffend (→ Facies occlusalis). [34]

occultus (lat.): verborgen, → okkult. [20]

OcP-MP-Winkel: Winkel zwischen Okklusionsebene (OcP, occlusal plane) und Unterkieferebene (MP, mandibular plane). Der → Basiswinkel wird von der Okklusionsebene in zwei Abschnitte geteilt. Die Größe des unteren Abschnittes, also des O.s, ist nach *Schudy* für die prognostische Beurteilung einer Bißöffnung wichtig.

Bei großen Winkelwerten (> 20°) ist die Prognose gut, bei kleinen (< 7°) eher schlecht. [5]

oculo|motorius: augenbewegend; → Nervus o., → Hirnnerven. [9]

Oculus (lat.) m: → Auge. [9]

Ödem (gr.) n: Oedema, Hydrops, Wassersucht; krankhafte, umschriebene oder diffuse schmerzlose Ansammlung wäßriger (seröser) Flüssigkeit in Zellen, Geweben, Gewebsspalten und/oder Körperhöhlen. Je nach Lokalisation unterscheidet man: Anasarka (ausgedehntes Ö. der Haut), Hydrops (freie Flüssigkeitsansammlung in Körperhöhlen), Hydrothorax (Pleuraerguß) Hydrarthros (Gelenkerguß), Ascites (Erguß in der freien Bauchhöhle). Ödembildung bei Gleichgewichtsstörungen des Flüssigkeitsaustausches zw. intravasalem und interstitiellem Raum; es tritt mehr Flüssigkeit aus den Blutgefäßen aus, als rücksorbiert und über die Lymphgefäße abtransportiert wird; durch 1. erhöhten hydrostatischen Druck (z.B. venöse Thrombose, Herzinsuffizienz, Na- oder Wasserretention - z.B. Steroidwirkung bei Cushing oder Steroidtherapie, Hyperaldosteronismus, Schwangerschafts- oder prämenstruelle Ödeme), 2. verminderten kolloidosmotischen Druck (Hypoproteinämie: z.B. bei nephrot. Syndrom, enteralem Eiweißverlust, Hunger, Leberparenchymschaden mit verminderter Albuminsynthese), 3. erhöhte Kapillarpermeabilität (z.B. bei entzündl., tox., allerg. oder ischäm. Ödemen, Glomerulonephritis, 4. verminderten Lymphabfluß (z.B. bei Lymphangitis, Lymphangiosis carcinomatosa, Parasitenausbreitung in Lymphgefäßen; vgl. Elephantiasis). [20, 32]

Ödem|bazillen m pl: → Gasödem-, → *Novy*-Bazillus. [8]

Ödipus|komplex (nach dem thebanischen König Ödipus aus der gr. Mythologie) m: neurotische Fixierung des Erwachsenen auf kindliche ödipale Thematik, i.d.R. in symbolischer Repräsentation. Nach psychoanalytischer Theorie Folge einer unvollständigen bzw. nicht ausreichenden Lösung des → Ödipuskonfliktes. Vgl. Neurose. [33]

Ödipus|konflikt m: nach psychoanalytischer Theorie regelhaft im Kleinkindalter auftretende Entwicklungsphase, in der das Kind um den gegengeschlechtlichen Elternteil wirbt und gegen den gleichgeschlechtlichen konkurriert. Ziel der Entwicklung ist eine schuldgefühlfreie Lösung des Konfliktes, z.B. durch Identifikation mit dem gleichgeschlechtlichen Elternteil. [33]

Odont|agra (gr.) f: Zahnschmerz; antike Bezeichnung für die Zahnzange. [2]

Odont|algie f: Zahnschmerz. [1]

Odontium (gr.) n: Odonton, Zahnorgan; Gesamtheit der zum Zahn gehörenden Gewebe. Das O. gliedert sich in Ektodontium (→ Schmelz), Endodontium (→ Pulpa-Dentin-Organ) und → Parodontium. [30]

Odonto|blasten m pl: Dentin- oder Zahnbeinbildner (Abb.). Hochdifferenzierte zylindrische, palisadenartig angeordnete Zellen im Pulparaum. Die → Odontoblastenfortsätze (→ *Tomes*-Fortsätze) verlaufen in den → Dentinkanälchen. Am

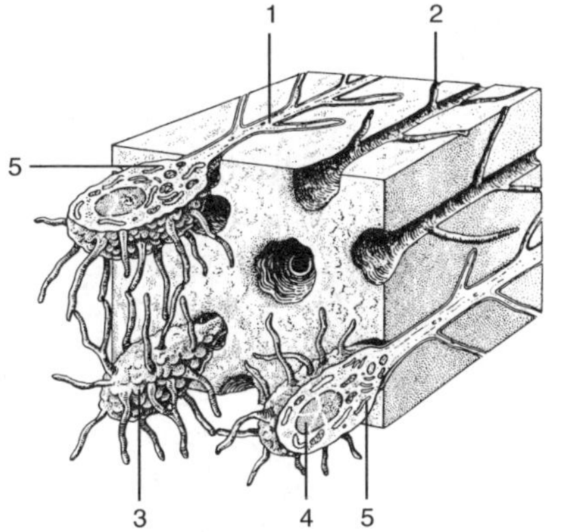

1: Tomes-Fortsatz; 2: Dentinkanälchen; 3: Perikaryon; 4: Zellkern; 5: Zellorganellen. [2]

Ausgangspunkt der Odontoblastenfortsätze sind die Perikarya durch Desmosomen miteinander verbunden. Die O. entstehen aus den Mesenchymzellen der → Zahnpapille über → Präodontoblasten. Sie können während des ganzen Lebens Dentin anbauen. [30]

Odonto|blasten|aspiration f: histolog. Verlagerung der → Odontoblasten in die Dentinkanäle. Allg. als Folge einer starken mechanischen Einwirkung (z.B. Beschleifen des Zahnes) interpretiert. Es könnte sich aber auch um ein Artefakt durch Anästhesie oder Extraktion handeln. [1]

Odonto|blasten|fortsätze: *Tomes*-Fortsätze; in den Dentinkanälchen der Kanalwand fest anliegende protoplasmatische Fortsätze der Odontoblasten (Abb. → Odontoblasten). Sie enthalten längs verlaufende Filamente und Mikrotubuli sowie Vesikel- und Sekretgranula. Ihre Länge kann bis zu 5 mm erreichen. Sie verzweigen sich mit den → Dentinkanälchen. Ihr Syntheseprodukt ist das Prädentin. Von der Schmelzmatrix eingeschlossene Enden von Odontoblastenfortsätzen bilden die → Schmelzkolben. [30]

Odonto|dysplasie f: Amelogenesis imperfecta non hereditaria segmentalis; seltene unilateral

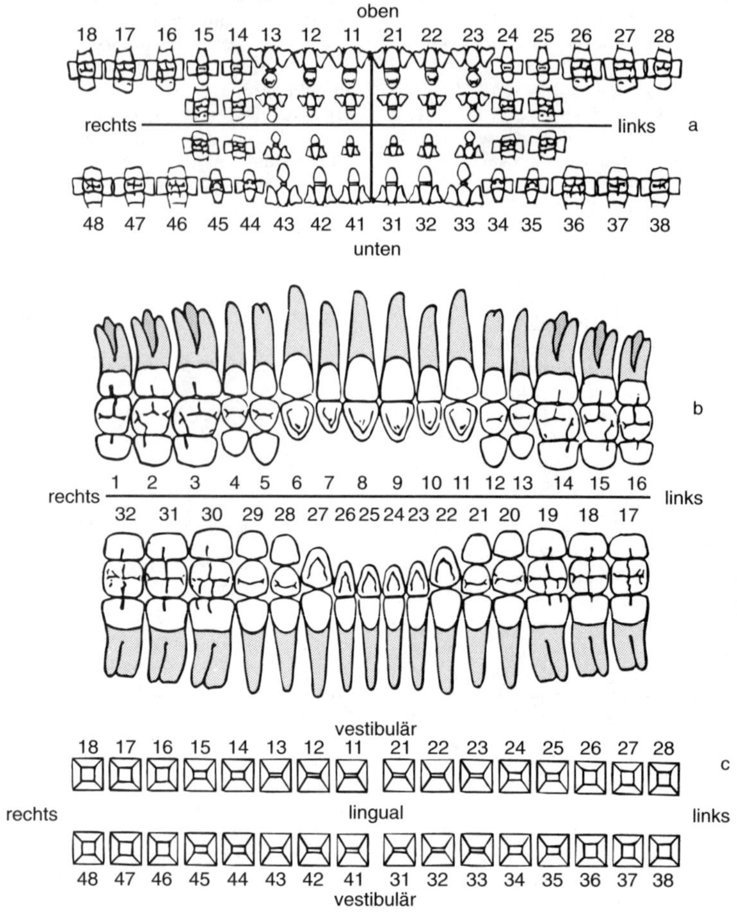

Odontogramm
a: anatomisches Diagramm; b: anatomisches Diagramm mit Zahnwurzeln; c: geometrisches Diagramm. [51]

an einzelnen Zähnen auftretende → Dysplasie mit unvollständiger Dentinbildung unter einer hypoplastischen, irregulär mineralisierten Schmelzschicht. Rö.: Zähne von schemenhaftem Aussehen (→ Ghost teeth) mit extrem kurzen Wurzeln; Kronenpulpa erweitert. Tritt in beiden Dentitionen, jedoch häufiger bei Milchzähnen auf. Ätiologie unbekannt, evtl. lokale Ursachen: somatische Mutation, Veränderung oder Schädigung des Keims infolge Virusinfektion. [29]

odonto|gen: dentogen; von den Zähnen ausgehend. [30]

Odonto|genese f: Zahnentwicklung; → Dentition. [30]

Odonto|genesis imperfecta f: eine erblich bedingte Dysplasie gleichzeitig sowohl des Schmelzes als auch des Dentins; selten. → Schmelzhypoplasie, → Dentindysplasie, → Amelogenesis imperfecta, → Dentinogenesis imperfecta. [1, 29]

Odonto|gramm n: Dental record; Schaubild für

die forensische Gebißanalyse nach dem internationalen → Zahnschema (Abb.). 28

odonto|id: zahnartig oder -ähnlich, aber keinen Zahn darstellend. 2

Odonto|ide n pl: Fehlbezeichnung für → Zapfenzähne, speziell → Mesiodens. 1

Odonto|klasten m pl: Zellen, welche Dentin abbauen. Sie entstammen perivaskulären Zellproliferationen. Man findet sie an Milchzahnwurzeln sowie an Wurzeln implantierter Zähne. Vgl. Osteoklasten und Zementoklasten. 30

Odonto|klastoma n: Parodontitis luxurians idiopathica. 29

Odonto|lith m: → Dentikel. 1

Odonto|lithiasis f: Zahnsteinansatz. 6

Odonto|logie f: Lehre von den Zähnen. 30

Odontom n: Fehlbildung einer Zahnanlage, die patholog. nicht sicher einzuordnen ist. Gutartiges fibroepitheliales Gebilde (→ Hamartie), das seinen Ausgang von sämtlichen Anteilen der Zahnanlage nimmt, jedoch kein unbeschränktes

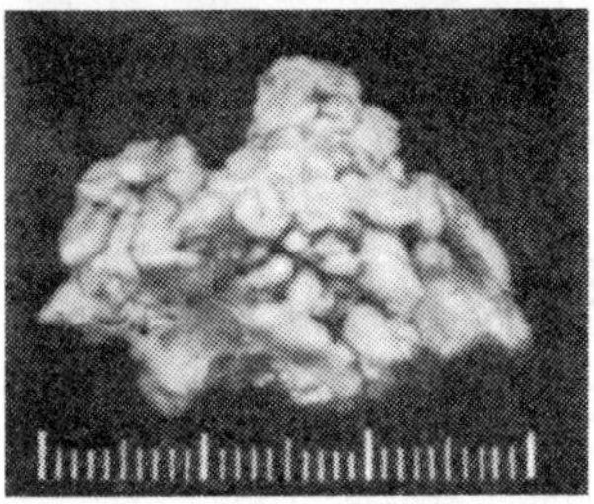

Wachstum zeigt, sondern meist nach Abschluß der Zahnentwicklung nicht mehr an Größe zunimmt. Es kann in fließendem Übergang aus einem einzelnen, aus mehreren oder zahllosen mehr oder weniger mißgebildeten Zähnen, aber auch aus einer aus Zahngeweben zusammengesetzten amorphen Masse bestehen (Abb.), die zystisch entarten kann. Beim partiellen O. finden wir blastomatöse Auswüchse entweder im Kronen- oder im Wurzelbereich des Zahnes, der im übrigen normal gebildet ist. Gegenüber diesen sog. harten O.en stellen die sehr seltenen knochenzerstörenden weichen O.e eine blastomatöse Entartung des Zahnkeimes dar, noch bevor dieser die Zahnbildung durchgeführt hat. 2

Odontomer n: Teil eines Zahns, entweder → Deuteromer oder → Protomer, aus dem sich nach der → Dimertheorie die Zähne der Säugetiere entwickeln. 30

Odonton n: von *Gräff* eingeführte Bez. für → Odontium. 30

Odonto|pagus m: von *E. Herbst* eingeführte Bez. für Zwillingsbildung von Zähnen, bei denen aus einem Zahnkeim durch Spaltung zwei oder mehrere miteinander verwachsene Zähne entstehen. Vgl. Zwillingszähne. 1

Odonto|pathie f: allg. Bezeichnung für Erkrankungen und Mißbildungen der Zähne. Vgl. Zahndysplasien. 1

Odonto|plastik f: Umformung eines Zahnes, z.B. durch Nivellierung und Erweiterung von → Furkationen und Fissuren im Wurzelbereich zur Erleichterung der Mundhygiene. 6

Odonto|stomato|logie f: Lehre von den Zähnen und der Mundhöhle. 30

odonto|trop: auf die Zähne einwirkend. 30

Odonto|zeten n pl: Zahnwale, Vertreter sind die Delphine und der Narwal (→ Edentaten). Das isodonte monophyodonte Gebiß der Delphine kann bis zu 260 Zähne besitzen. Der Narwal trägt nur einen noch rostral gerichteten Stoßzahn. Bei den gigantischen Bartenwalen (Mystakozeten), die sich von planktischen Kleinkrebsen mittels eines aus Hornspangen bestehenden Seihapparats (Barten) ernähren, sind embryonale Zahnanlagen nachweisbar. 30

Odor (lat.) m: Geruch. 2

Oeso|phagus m: Esophagus (IANC); Speiseröhre, ein muskulöser Schlauch von ungefähr 25 cm Länge, der mit mehrschichtigem Plattenepithel ausgekleidet ist. 9

offener Biß: vertikale → Nonokklusion, → Infraposition einzelner Zahngruppen meist im Front-, zuweilen im Seitenzahngebiet, als echter offener Biß auf rachitischer Grundlage (Abb.).

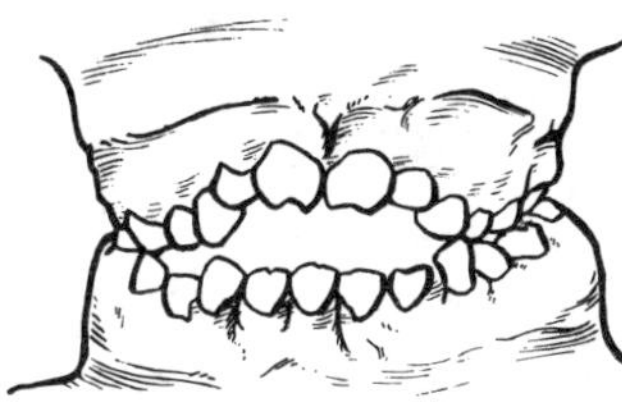

Echter offener Biß auf rachitischer Grundlage

Er ist durch eine Deformierung des gesamten Gesichtsschädels mit abnormer Unterkieferhöhe bei abgeflachtem → Kieferwinkel und zu kurzer Oberlippe gekennzeichnet und gehört mithin nicht mehr zu den reinen Zahnstellungs- und Kieferanomalien. Beim Schlußbiß klaffen die Zahnreihen in der Front bis zu 15 mm auseinander, und in extremen Fällen trifft sich auf beiden Seiten lediglich je ein Molar mit seinen Antagonisten. Der o. B. kann auch vererbt, als Folge kieferorth. Maßnahmen (auch seitlich), nach Kieferbrüchen und als unechter o. B. oder → lutschoffener Biß bzw. → Lutschprotrusion auftreten. Im Gegensatz zum unechten ist der rachitisch offene Biß kieferorth. kaum zu beeinflussen, in schweren Fällen ist eine chirurgische Therapie angezeigt. Vgl. Rachitis, Protrusion. [5]

Öffnungs|kurve f: → Gelenkbahn bei der Öffnungsbewegung der Kiefer. Zu Beginn oft reine Rotationsbewegung, die erst bei weiterem Öffnen in Gleitbewegung übergeht. [4]

Off|set (engl.) n: → Horizontalbiegung (Biegung 1. Ordnung) in vestibulärer Richtung. [5]

ogival (frz. ogive Spitzbogen): spitzbogig, speziell für → hohen Gaumen gebrauchte Bez. [5]

Ohm (Georg Simon O., dt. Phys., *1789, † 1854) n: Maßeinheit des Widerstandes in einem elektrischen Leiter; 1 **Ω** ist der Widerstand einer Quecksilbersäule von 1.063 mm Länge und 1 mm^2 Querschnitt bei 0 °C. [10]

Ohnmacht: zerebrale Blutleere mit plötzlicher Herabsetzung der Hirndurchblutung als Folge eines Vasomotorenkollapses. Ursachen: schwere Traumen, massive Blutung, Infektionen, Vergiftungen; auch psychogen und orthostatisch. Beschwerden: Schwäche, Übelkeit, Schweißausbruch, Schwindel. Symptome: Blässe, anfangs frequenter, schlecht gefüllter, später bradykarder Puls, Abfall des arteriellen und venösen Blutdrucks. Therapie: Flachlagerung, evtl. Hochlagerung der Beine, Blutersatz, Analeptika. [2]

Ohr: Auris, Gehörgang (Abb.); im engeren Sinne Ohrmuschel. Äußeres O.: Ohrmuschel (Abb. → Auricula) und äußerer Gehörgang (Porus acusticus externus); Mittelohr: Paukenhöhle (Cavum tympani) mit → Gehörknöchelchen, den Zellen des Warzenfortsatzes und Ohrtrompete (→ Tuba auditiva); Innenohr: → Labyrinth. [9]

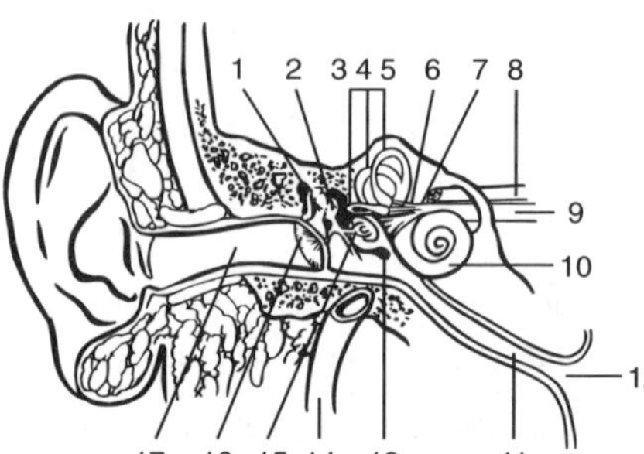

1: Hammer; 2: Amboß; 3, 4, 5: Canalis semicircularis (des Labyrinths) lateralis, posterior, superior; 6: N. vestibularis; 7: Vestibulum; 8: N. facialis; 9: N. cochlearis; 10: Cochlea; 11: Tuba auditiva; 12: Nasopharynx; 13: rundes Fenster; 14: A. carotis interna; 15: Steigbügel; 16: Trommelfell; 17: äußerer Gehörgang.

Ohr-Augen-Ebene: Abk. OAE; kieferorth. Ebene durch die Ohr-Augen-Geraden (vom → Orbitale zum → Hautporion) beider Seiten (Abb.).

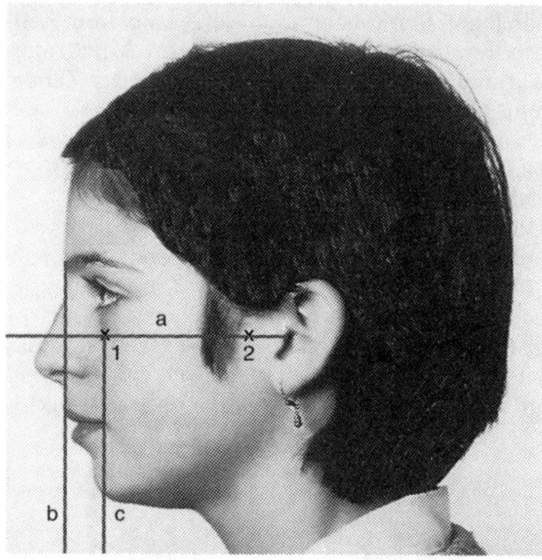

a: Die Ohr-Augen-Ebene liegt zwischen Orbitale (1) und Hautporion (2); b: Glabellasenkrechte; c: Orbitalsenkrechte. a, b und c bilden das sogenannte Biometfeld.

Es ist dabei zu beachten, daß hier das gnathostat. Orbitale nach *Simon* (Punkt des unteren Orbitalrandes senkrecht unter der geradeausblickenden Pupille) gemeint ist, das etwa in der Mitte zwischen dem Hautorbitale und dem anthropol. Orbitale liegt. Mithin ist also die kieferorth. OAE nicht identisch mit der → Frankfurter Horizontalebene, deren Augenpunkt (anthropol. Orbitale) der tiefsten Stelle des unteren knöchernen Orbitalrandes und deren Ohrpunkt (Porion) der höchsten Stelle des äußeren knöchernen Gehörganges entspricht. Sie divergieren von diesen beiden Ebenen geringfügig und kreuzen sich in einem Winkel von etwa 2°. Der Ohrpunkt (Hautporion) ist etwa 3 mm unterhalb des → Tragion (bei natürlicher Größe) zu nehmen, entsprechend dem obersten Punkt des äußeren Gehörorganseinganges. Dies ermöglicht, Lichtbild (hier liegt der Ohrpunkt etwa 0,5 mm unterhalb des Tragion) und → Fernröntgenseitenbild nach gleichen → Meßpunkten auszuwerten. [5]

Ohren|sausen: → Tinnitus aurium. [19]

Ohren|schmalz: → Zerumen. [19]

Ohr|muschel: Abb. → Auricula. [9]

Ohr-Nasen-Ebene: Tragus-Subnasale-Ebene; kieferorth. Ebene, die durch das Retrotragiale (dorsaler Teil des Tragus) und das → Subnasale bestimmt wird und etwa der → *Camper*-Ebene entspricht. [5]
Ohr|neur|algie f: → *Hunt*-Neuralgie. [19]
Ohr|punkt: → Hautporion, → Tragion. [5]
Ohr|speichel|drüse: → Glandula parotis. [9]
Ohr|trompete: → Tuba auditiva. [9]
Oidium (gr.) n: frühere Bez. für hefeartige Pilze, die durch einfachen Zerfall eines Pilzfadens (→ Hyphe) frei werden. O. albicans: → Candida albicans. O. lactis: → Geotrichum candidum.[8]
Okkludator (lat.) m: primitive (Ur-)Form des → Artikulators, die nur einfache Scharnierbewegungen gestattet (Abb.). → Vertikulator. [4]

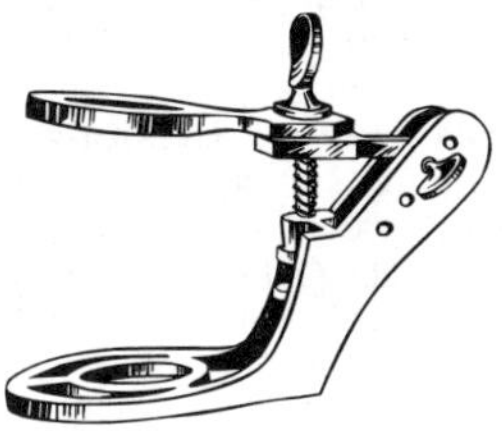

okklusal (lat.): den Kontakt zwischen Ober- und Unterkieferzähnen betreffend, zur Kaufläche hin gelegen. Vgl. Facies occlusalis. → occlusal-is, -e. [4, 30]
Okklusal|drift: Vertikalverschiebung der Zähne als Folge horizontaler Abrasion. Dabei verdicken sich das apikale Wurzelzement und der Knochen am Alveolargrund. Vgl. Mesialdrift.[30]
okklusales Trauma n: → traumatogene Parodontopathien. [6]
Okklusion (lat.) f: jeder Kontakt zwischen Ober- und Unterkieferzähnen. [4]
Okklusion, balancierte f: → Okklusionskonzepte. [4]
Okklusion, dynamische f: Zahnkontakte bei Bewegung des Unterkiefers (Nomenklatur d. → AgF). Vgl. Eckzahnführung. [4]
Okklusion, habituelle f: → Interkuspidation, habituelle. [4]
Okklusion in terminaler Scharnierachsposition f: wird teilweise als optimale Lage zwischen Ober- und Unterkiefer für die maximale Interkuspidation angesehen. Dabei befinden sich die Gelenkköpfe in einer retralen, kranialen und nicht seitenverschobenen Position in den Gelenkgruben. → Zentrik. In dieser Position erfolgt eine Scharnierbewegung bis zu einer Öffnung von ca. 20 mm Schneidekantenabstand. In 85% der Fälle liegt diese retrale Kontaktposition etwa 1 mm dorsal von der habituellen Okklusion, in etwa 15% der Fälle fällt die retrale mit der habituellen Okklusion zusammen. [4]
Okklusion, organische f: wechselseitige Schutzokklusion, eckzahngeschützte Okklusion; Konzept der o.n O. nach *Stallard* und *Stuart:* Bei der Lateral- und Vorschubbewegung des Unterkiefers aus der maximalen Interkuspidation heraus besteht eine Front-Eckzahnführung. Dabei diskludieren die Seitenzähne. Die Frontzähne haben nur leichten Kontakt in der maximalen Interkuspidation. Front- und Seitenzähne schützen sich gegenseitig vor Fehlbelastungen. → Tripodisierung, → Eckzahnführung. [4]
Okklusions|abdruck: Abformung von Teilen beider Zahnreihen in Schlußbißstellung mit Gips oder Abdruckmasse, spez. für Kronen- und Brückenarbeiten. [4]
Okklusions|ebene: in der Schlußokklusion durch folgende 3 Punkte bestimmt: a) Berührungspunkt der Schneidekanten der mittleren unteren Schneidezähne (Inzisalpunkt); b) Spitzen der distobukkalen Höcker der 2. unteren Molaren. Diese Ebene verläuft beinahe parallel zur → *Camper*-Ebene

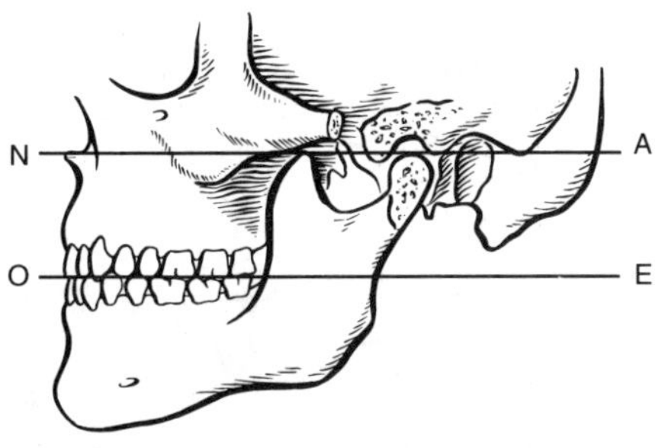

(Abb. NA), liegt meist auf Höhe der Lippenschlußlinie und kann bei Herstellung von Totalprothesen zur Aufstellung der Zahnreihen herangezogen werden (Abb. OE). Frühere Bezeichnung: Kauebene, Bißebene. [4]
Okklusions|einheit: Aufeinandertreffen von 3 Zähnen beim Kieferschluß, z.B. des oberen 1. Prämolaren mit beiden unteren Prämolaren. Vgl. Zahn-zu-Zweizahn-Beziehung. [30]
Okklusions|feld: 1. nach *Gerber*: schematische Darstellung des funktionellen Kontaktes der Zähne des Ober- und Unterkiefers in den verschiedenen Bißphasen, bei der die einzelnen Berührungspunkte durch Linien miteinander verbunden werden. Die durch diese Linien begrenzte Fläche ergibt das O. Je größer, um so

günstiger ist es (Abb.). **2.** nach *Hiltebrandt:* horizontales Bewegungsfeld von 1-2 mm ∅ bei normaler Interkuspidation, wobei die Zahnreihen Kontakt in allen Stützzonen haben. Das O.

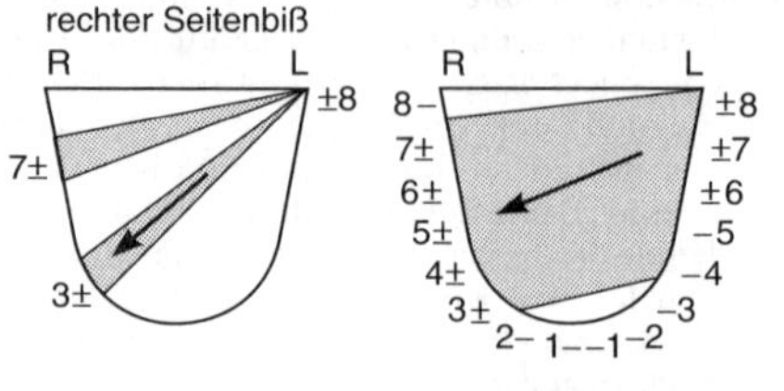

benötigt Korrektur

Umwandlung des kleinflächigen in ein großflächiges Okklusionsfeld durch Einschleifen

bezieht auch die Schlußokklusion ein. Zwischen der habituellen und der zentralen Okklusion wird es als → long centric bezeichnet; vgl. freedom in centric. 4

Ok|klusions|fläche: Kaufläche, Teil der Zahnkrone, der mit dem oder den Antagonisten okkludiert. 30

Okklusions|konzepte n pl: in der Proth. Vorstellungen über Art und Weise, nach welcher die Zahnreihen von Ober- und Unterkiefer bei der Lateral- und Vorschubbewegung miteinander in Kontakt treten. Für alle wird ein gleichmäßiger, allseitiger Kontakt der Zahnreihen in der maximalen Interkuspidationsstellung gefordert. Man unterscheidet bi- (beidseitig) balancierte Okklusion, bei der die Zahnreihen und bei Lateral- und der Vorschubbewegung sowohl auf der Arbeitsseite als auch auf der Nichtarbeitsseite (Balanceseite) Kontakt haben (Abb. a). Wird besonders zur Aufstellung künstlicher Zähne bei der Totalprothese empfohlen. Bei einseitig balancierter Okklusion (Gruppenkontakt) haben bei der Lateralbewegung nur die Seitenzähne der Arbeitsseite miteinander Kontakt (Abb. b). Bei Front- und Eckzahnführung diskludieren bei Vorschub- und Seitbewegung die Seitenzähne sowohl auf der Arbeits- als auch auf der Balanceseite (Abb. c und d). Vgl. Kontaktposition, retrale. 4

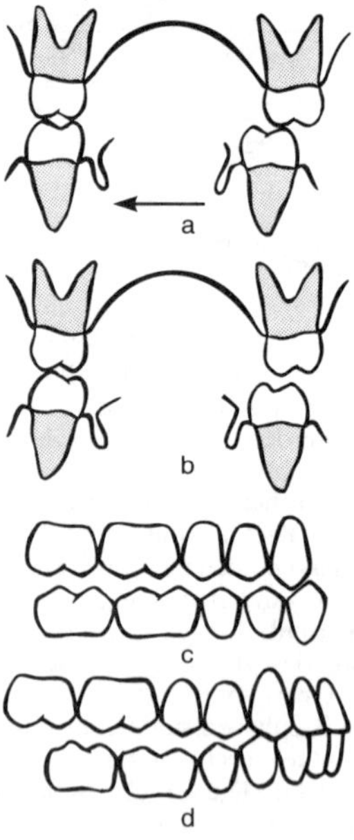

Okklusions|kurve f: → *Spee*-Kurve. 4

Okklusions|linie f: gedachte Linie, welche die bukkalen Höcker der Seitenzähne eines Kiefers berührt. Die beiden Okklusionslinien von Ober- und Unterkiefer laufen im eugnathen Gebiß parallel zueinander (Okklusionsdiagramm). Aus dem Abstand der beiden Okklusionslinien kann auf die Höckerhöhe und die Höckerverzahnung geschlossen werden. 4

Okklusions|störung: Aufhebung des Zahnreihenschlusses, örtlich auf einer Kieferhälfte oder im ganzen, z.B. durch Einzelzahnstellungsfehler, zu hohe Füllungen, → Kreuzbiß, → Zwangsbiß, → offenen Biß, falsche Bißlagen. 4

Okklusion, statische f: Zahnkontakte ohne Bewegung des Unterkiefers (Nomenklatur der → AgF); → Interkuspidation, maximale. 4

Okklusion, traumatische f: gestörte Okklusion, bei der die unphysiolog. Belastung einzelner Zähne oder Zahngruppen zu patholog. Veränderungen an Parodontien, Kieferkammgeweben und (oder) Kiefergelenken führen kann. 4

Okklusion, zentrale f: der Zusammenschluß der unteren mit der oberen Zahnreihe in maximalem Vielpunktkontakt. Von *Gysi* war der Begriff nur auf den Kontakt der Zahnreihen, jedoch nicht auf die Kieferlage bzw. die Position der Kondylen bezogen worden. Die Kieferlage wurde nach *Gysi* durch Aufzeichnen des → Pfeilwinkels bestimmt. Synonym wird auch der Begriff Interkuspidationsposition verwendet, wobei die Kieferlage einbezogen ist. Man unterscheidet dann: a) max. Vielpunktkontakt in retraler → Kontaktposition, oft als → Zentrik bezeichnet. b) max. Vielpunktkontakt in muskelbezogenen Positionen, als habituelle → Okklusion bezeichnet. Bei letzterer ist die Unterkiefer-Lage 0,5-1 mm ventral der retralen Kontaktposition. Vgl. Okklusion, zentrische; Kieferrelationsbestimmung. [4]

Okklusion, zentrische f: Zusammenschluß der unteren und der oberen Zahnreihe in maximalem Vielpunktkontakt (→ Interkuspidation, habituelle); maximale → Interkuspidation bei zentrischer → Kondylenposition (Nomenklatur der → AgF). [4]

Okklusiv|verband: Verband, der die Wunde abschließt, ohne einen Druck auszuüben. [20]

Okkluso|gramm n: von *Kinast* entwickelte Methode zur Herstellung einer maßstabsgerechten Zahnbogendurchzeichnung, die meist über ein Fotokopiergerät gewonnen wird. Das O. zeigt die Zahnbögen in der Aufsicht okklusionsgerecht nebeneinander. Die Ausrichtung nach der Okklusion erhält man über am Modell angezeichnete Markierungen. Vgl. Gebißanalyse. [5]

okkult (lat.): verborgen. O.e Blutungen: äußerlich nicht wahrnehmbare Blutungen im Darmtrakt, nur durch Benzidinprobe nachweisbar. O.e Gaumenspalte: → Gaumenspalte, → Velumspalte. [3, 20]

Okta|eder n: regelmäßige, von acht gleichseitigen Dreiecken begrenzte Kristallform. [23]

Okta|kalzium|phosphat n: $Ca_4H\,(PO_4)_3 \cdot 2H_2O$; Bestandteil des Zahnschmelzes, blättchenförmige Kristalle, werden als früheste Kristallisationsstufe bei der Mineralisation der Zahnhartgewebe diskutiert. Durch Spuren von Fluorid erfolgt Umwandlung in die Apatitstruktur. Reste der Vorstufe liegen gelegentlich in hypomineralisierten Schmelzbezirken vor. [1]

Okular (lat.) n: die dem Auge zugekehrte Linse bzw. Linsenkombination bei optischen Instrumenten; vgl. Objektiv. [10]

okulo|dentales Syndrom n: Entwicklungsstörung mit Mikrophthalmie (auffällig kleine Augen), Sattelnase, → Hypotrichose sowie generalisierter Schmelzdysplasie mit Braunfärbung und grubenförmigen Schmelzhypoplasien. Vgl. Amelogenesis imperfecta. [3]

okulo|dento|digitales Syndrom n: im wesentlichen → okulodentales Syndrom mit → Syndaktylie. [3]

Okulo|motorius m: Kurzform für → Nervus oculomotorius. → Hirnnerven. [9]

okzipital (lat.): das Hinterhaupt (Occiput) betreffend. [9]

okzipito|frontal: in Richtung Hinterhaupt-Stirn.[9]

okzipito|mental: in Richtung Hinterhaupt-Kinn.[9]

Oleo|granulom n: Oleom; knotenförmiges, meist subkutan gelegenes → Fremdkörpergranulom als (oft Jahre später manifestierte) Reaktion auf injizierte schwer resorbierbare ölige Substanzen (Trägersubstanz für Medikamente, therap. oder kosmet. Plomben). [32]

olfactorius (lat.): den Geruch betreffend. Glandulae olfactoriae; → Nervi olfactorii; → Hirnnerven. [9]

Oligo|daktylie f: angeborene Minderzahl der Finger. [3]

Oligo|daktylie-Syndrom n: erbliche Hypoplasie der ulnaren Extremitätenanlage mit Aplasie der Elle sowie der zugehörigen Finger und Handwurzelelemente. Außerdem treten Lippen-Kiefer-Gaumen-Spalte, Nierenmißbildungen, Reduktion und Synostose der Sternalsegmente und

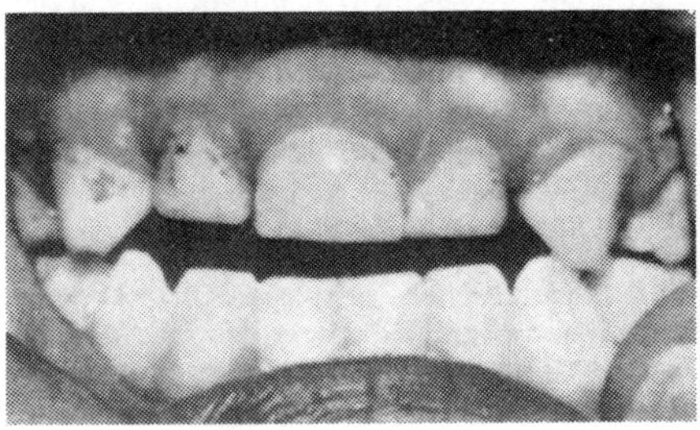

Mesiodont im Oberkiefer

Entwicklungsstörungen im Zwischenkieferbereich mit einem Mesiodont durch Verschmelzung der 1. Schneidezähne im Milch- und Ersatzgebiß auf (Abb.). [3]

Oligo|dendro|glia f: Oligodendrozyt; eine Form von → Neuroglia. [9]

Olig|odontie f: ausgeprägte Zahnunterzahl. Es fehlen Zähne aus Zahngruppen, welche nicht der → Hypodontie zugeordnet sind. Meist geht die O. darüber hinaus auch mit zahlenmäßig großer Unterzahl einher, so daß ein hochgradiger Zahnmangelzustand resultiert. Die kieferorth. Bedeutung ist daher gering. O. tritt oft gemeinsam mit anderen Fehlbildungen wie Hypotrichose (→ Anhidrosis hypotrichotica), Hyponychie und Hypohidrose auf. Vgl. Gebißreduktion, phylogenetische. [5]

Oligo|phrenie f: → Intelligenzmangel, angeborener. [20, 33]

Oligo|saccharide n pl: → Kohlenhydrate. [23]

Oligo|sialie f: spärlicher Speichelfluß. → Xerostomie. [2]

Olig|urie f: Absinken der von den Nieren gebildeten Tagesharnmenge auf Werte zwischen 100 und 500 ml. Ursachen: enterale, renale oder kutane Wasserverluste, schwere morpholog. Nierenparenchymschäden, krankhafte Steigerung der Adiuretinbildung, Einschränkung der Nierendurchblutung. Vgl. Anurie. [20]

Öl|immersion f: → Immersion. [10]

Öl|zyste f: mit flüssigem Fett angefülltes zystisches Lipom, entweder durch Erweichung der Fettzellen in Lipomen oder Dermoiden oder durch zystische → Degeneration. [32]

Omega|kiefer: hochgradig komprimierter Oberkiefer, das Gaumendach ist dabei in der Eckzahn- und Prämolarengegend bis auf einen schmalen Spalt zusammengedrückt. [5]

Omentum majus und **minus** n: großes und kleines Netz, Teile des Bauchfells (→ Peritoneum).[9]

onkogen: eine bösartige Geschwulst erzeugend.[32]

Onko|logie f: Geschwulstlehre, Lehre von den Geschwulstkrankheiten. [32]

onkotisch (gr.): nur gebräuchlich in der Verbindung o.er Druck (= kolloidosmotischer Druck), Spezialfall des osmotischen Druckes an Membranen, die für Kolloide undurchlässig, für kleine Moleküle durchlässig sind. Der o.e D. des Blutes, im wesentlichen durch die niedermolekularen, höher konzentrierten → Albumine bedingt, beträgt rund 35 cm H_2O (Wasser) = 25 mm Hg (Quecksilber). [23]

Onlay (engl.) n: eine die Kaufläche der Zahnkrone umfassende Kuppelfüllung (Abb.). Durch ausgedehnte Karies oder Wurzelbehandlung geschwächte Zahnwände werden gegen abscherende okklusale Kaukräfte geschützt. Vgl. Einlagefüllungen. [1]

Onto|genese f: Keimesentwicklung, Entwicklung des Einzelwesens aus seinem Keim (→ Entwicklungsgeschichte). Vgl. Phylogenese. [30]

Ony|chie (gr.) f: Entzündung des Nagelbetts. [12]

Ony|cho|mykose f: Pilzerkrankung der Nägel. Häufiges Begleitsymptom der → Epidermophytie, namentlich ihrer chron.-hyperkeratotischen Form. Die befallenen Finger- oder Zehennägel werden mißgebildet. → Paronychie. Therapie: Auflösung des Nagels durch Harnstoff (40%), lokale Behandlung mit Mycospor®-Nagel-Set oder mit antimykotischen Lacken (Batrafen-Nagellack®, Locery-Nagellack®). [12]

Ony|cho|phagie f: Nägelkauen, -beißen oder -abreißen, zusätzliches Symptom bei Kindern mit Verhaltungsstörungen. [33]

Ony|chosen (gr.) f pl: angeborene, mechan. oder chem. bedingte oder infektiöse Erkrankungen der Nägel; sind auch Symptom einer Dermatose (→ Psoriasis, → Alopecia areata) oder inneren Erkrankung (→ Anämie, periphere Durchblutungsstörung). → Polykeratosis congenita; → Ektodermalsyndrom. [12]

Oo|genese f: Entwicklung der weiblichen Keimzelle. Aus dem primären → Oozyten im Primär- und Sekundärfollikel des Eierstocks bildet sich nach der 1. Reifeteilung (→ Meiose) im Tertiärfollikel der sekundäre Oozyt heran. Schon vor der Geburt beginnt im primären Oozyten die erste Reifeteilung, die erst kurz vor der Ovulation beendet wird. Die zweite Reifeteilung erfolgt während des Eisprungs und wird erst nach der Befruchtung vollendet. [22]

Oo|zyten m pl: Eizellen; weibliche Keimzellen. Vgl. Oogenese. [22]

O.P.: Abk. auf Rezepten für **O**riginal**p**ackung. Größenangaben in N1-N3. [7]

opak (lat.): undurchsichtig, lichtundurchlässig, → Opazität. [4, 14]

Opalescent dentin (engl.) n: durchscheinendes Dentin, → Dentinogenesis imperfecta. [1]

Opaleszenz f: opalisieren; das farbige Schillern (wie ein Opal), bes. bei stark getrübten (kolloidartigen) Flüssigkeiten. [10]

opaleszierendes Dentin n: Bez. für das durch den intakten Schmelz bläulich durchschimmernde Dentin bei → Dentinogenesis imperfecta. Vgl. transparentes Dentin. [30]

Opazität f: Lichtundurchlässigkeit, reziproker Wert der → Transparenz. Röntgen-O.: → Verschattung. [4, 14]

Operabilität f: die Eignung eines krankhaften Prozesses für einen operativen Eingriff bezüglich Erfolgsaussichten, Umfang, Aufwand, Gefährdung des Patienten u.a. Faktoren. [20]

Operation f: ärztl. Eingriff in einen lebenden Organismus zwecks Heilung oder Diagnostik.[20]

Operations|foto|grafie f: Fotografie operativer

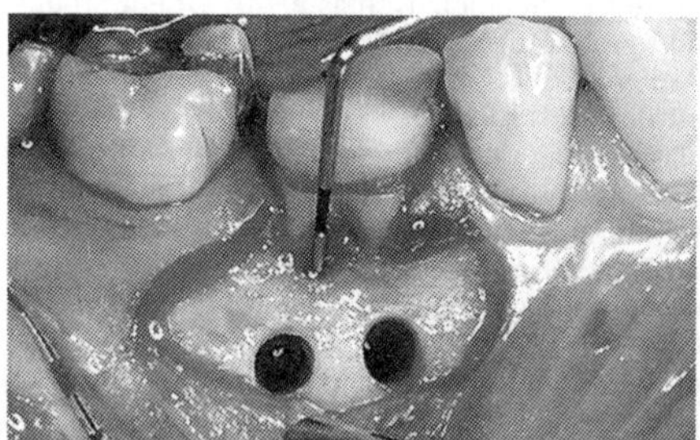

Operationsfoto eines chirurgischen Eingriffs[16]

Eingriffe. Die besondere Problematik der zahnmedizinischen O. liegt im sehr unzugänglichen Operationsfeld innerhalb der Mundhöhle. Häufig ist daher die Ausleuchtung mit einem → Ringblitz unerläßlich. Allgemein ist bei der O. ein sauberes Operationsfeld mit sauberer Umgebung und guter Darstellung der Strukturen wichtig (Abb.). Aus hygienischen Gründen ist ein ausreichender Abstand des Fotografen einzuhalten (lange → Brennweite) sowie eine Fotoausrüstung ohne freihängende Kabel, z.B. zum Energieteil des Blitzgerätes, zu verwenden. [17]

Operations|planung, implantologische f: → Diagnostik, präimplantologische; vgl. Implantatplanung. [18]

Operations|verfahren, implantologisches: → Implantation, → Implantationsverfahren. [18]

Operculum gingivae n: auf dem distalen Anteil der Kaufläche eines durchbrechenden Molaren persistierende Zahnfleischkapuze. Häufig bei sog. früher Eruption im Retromolarenbereich, in welchem die Mukosa resorptionsresistenter ist als die Gingiva. Komplikationen durch Verletzungen. Therapie: Reinigung durch Spülungen, Tamponade oder evtl. chirurgische Entfernung. Vgl. Dentitio difficilis. [29]

Ophryon (gr.) n: Abk. On; Epiglabella, Obernasen- oder Supraorbitalpunkt; kephalometr. Meßpunkt, Kreuzung einer über den Oberrand der Augenbrauen gelegten Tangente mit der → Mediansagittalebene, meist identisch mit dem Mittelpunkt der → Glabella (Abb. → Meßpunkte). [5]

ophthalmicus (gr.): das Auge betreffend; z.B. → Nervus o., Vasa ophthalmica (die Blutgefäße der Augenhöhle, die das Auge, einen Teil der Nasenhöhle und einen Teil der Hirnhäute versorgen). [9]

Ophthalmie (gr.) f: Augenentzündung. Sympathische O.: das Übergreifen einer Entzündung vom erkrankten Auge auf das andere. [20]

Ophthalmikus m: Kurzform für Nervus ophthalmicus. → Nervus trigeminus. [9]

Ophthalmo|logie f: Augenheilkunde. [20]

Ophthalmo|plegia f: Ophthalmoplegie; Augenmuskellähmung. O. externa: äußere Ophthalmoplegie durch Neuritis der Augenmuskelnerven oder ihrer Kerne mit Bewegungsunfähigkeit des Augapfels. O. interna: Lähmung des Ziliar- und Schließmuskels der Pupille und somit der Akkomodation, infektiös oder toxisch. O. totalis: gemeinsame Lähmung aller motor. Augennerven (N. oculomotorius, N. trochlearis und N. abducens; → Hirnnerven). [20]

Opiat-An|algetika n pl: → Opioid-Analgetika. [7]

Opioid-An|algetika: Opiat-Analgetika (→ Analgetika); Gruppenbez. für Arzneistoffe mit morphinartigen Wirkungen, die über → Opioid-Rezeptoren wirken und deren Rezeptur mit wenigen Ausnahmen nach der → Betäubungsmittel-Verschreibungs-Verordnung erfolgen muß. Einteilung entsprechend der Affinität zu Opioid-Rezeptoren und efficacy in 1. volle → Agonisten mit hoher Affinität zu μ- und variabler Affinität zu κ- und δ-Opioid-Rezeptoren (Typ Morphin und Morphin ähnliche Opioide), 2. partielle Agonisten an μ-Opioid-Rezeptoren (Typ Buprenorphin, Meptazinol), 3. gemischte Agonisten-Antagonisten: a) Typ Pentazocin/Cyclazocin, die Antagonisten an μ- und volle Agonisten an κ-, δ-, σ-Rezeptoren sind, b) Typ Nalorphin, die Antagonisten an μ-Opioid-Rezeptoren, partielle Agonisten an δ- und κ-Opioid-Rezeptoren und volle Agonisten an σ-Opioid-Rezeptoren sind, und 4. reine Antagonisten. [7]

Opioide (gr.) n pl: Opiate; → Opioide, endogene, → Opioid-Analgetika. [7]

Opioide, endogene n pl: Gruppenbez. für körpereigene, morphinähnl. wirkende Peptide wie Beta-Endorphine (→ Endorphine), → Enkephaline und → Dynorphine. [7]

Opioid|peptide n pl: → Opioide, endogene. [7]

Opioid-Rezeptoren m pl: Rezeptoren für endogene Opioidpeptide (→ Opioide, endogene) und → Opioid-Analgetika. Z.Z. Einteilung in 4 Rezeptorkategorien. Die Opioidwirkungen sind bisher nur teilweise bestimmten O. zugeordnet, z.B. die supra-spinale Analgesie, Sedation, Atemdepression, Euphorie, Miosis, Obstipation und Abhängigkeitsentwicklung den μ-/δ-O.; spinale Analgesie, Sedation, Atemdepression, Dysphorie und Abhängigkeit den κ-O.; Dysphorie, pschotomimet. Effekte und Mydriasis den σ-O. [7]

Opisthion (gr.) n: Abk. O; kraniometr. Meßpunkt, hinterer Medianpunkt des Hinterhauptsloches (Abb. → Meßpunkte). [5]

Opistho|kranion n: Abk. Op; kephalometr. Meßpunkt, hinterster Punkt des Hinterhauptes in der → Mediansagittalebene (Abb. → Meßpunkte). [5]

Opistho|tonus m: Rückwärtsbeugung von Rumpf und Nacken bei Meningitis, als Rückenstarrkrampf auch Phase des → Tetanus, bei der der Körper in den höchsten Graden nur mit Hinterkopf und Fersen den Boden berührt. In milderer Form zuweilen bei Narkosen. [20]

Oppenheim-Reflex (Hermann O., dt. Neurologe, *1858, † 1918) m: Pyramidenbahnzeichen; patholog. Beinreflex, Effekt wie → *Babinski* nach kräftigem Bestreichen der Tibiakante von oben nach unten. 10

opportunistische Erreger: Keime, die nur fakultativ bei Infektabwehrschwäche pathogen sind. Vgl. AIDS. 20

opportunistische Infektion f: Verschiebung des Gleichgewichtes in einer Mischflora, so daß der Saprophytenstatus (→ Saprophyten) verlorengeht und diese Flora pathogene Eigenschaften aufweist. Die Verschiebung des Gleichgewichts erfolgt durch äußere Faktoren (Änderung der Abwehrlage, Nahrungsumstellung usw.). Modell zur Entstehung der bakteriell induzierten → Parodontopathien und ihrer Verlaufsformen (→ Verlaufsform der Parodontitis). 6

Opsonine (gr.) n pl: Plasmabestandteile, die durch Veränderung der Oberflächenbeschaffenheit von Bakterien (u.a. Zellen) deren Phagozytierbarkeit erhöhen. O. können spezifisch für bestimmte Mikroorganismen (IgG-Antikörper) oder unspezifisch sein. Unspezifische O. gehören der β- oder α_1-Globulinfraktion an und reagieren nur in Gegenwart von → Komplement. 32

opticus (gr.): das Sehen betreffend; z.B. → Nervus opticus, radiatio optica (die Sehstrahlung). 9

Optik f: Teilgebiet der Physik, das sich mit Entstehung, Ausbreitung und Adsorption elektromagnetischer Strahlung, insbes. des Lichts, befaßt. 10

Optikus m: Kurzform für → Nervus opticus. → Hirnnerven. 9

Optikus|atrophie f: Degeneration und Schwund der Sehnervenfasern. 20

oral (lat.): den Mund betreffend. 9

Oral|chirurgie f: die Chirurgie der Mundhöhle. 2

Orale n: Abk. Ol; anthropolog. Meßpunkt am harten Gaumen, an dem sich die → Raphe-Median-Ebene und die Verbindungslinie der Hinterränder der Alveolen der beiden mittleren Schneidezähne schneiden (Abb. → Meßpunkte). 5

Oral|hygiene|index m: Abk. OHI; Index zur Erfassung des Mundhygienezustandes. Setzt sich aus zwei Komponenten, der Oral-debris-Zahl und der Zahnsteinzahl, zusammen. Die weichen und harten Beläge werden an den Fazial- und Oralflächen von insgesamt 6 Zähnen bewertet. Es werden die Zähne mit dem stärksten Belagansatz in den 2 Front- und den 4 Seitenzahngebieten ausgewählt. Die Ausdehnung der Beläge wird geschätzt und einem von 4 Bewertungsgraden zugeordnet. 15

Oral-Penicilline n pl: Gruppenbez. für oral applizierbare Penicilline mit dem Wirkungsspektrum des Benzyl-P.s (→ Schmalspektrum-P.). → Phenoxymethyl-Penicillin, → Propicillin. 7

Oral screen (engl. Mundschutz, Mundschirm) m: → Mundvorhofplatte. 5

Oral|sepsis f: zusammenfassende Bezeichnung für Krankheitserscheinungen, für die mit akuten oder chron. Infektionsherden der Mundhöhle, bes. an Zähnen und Tonsillen, ein ursächlicher Zusammenhang angenommen wird. Bezeichnung nur gerechtfertigt, wenn die Kennzeichen einer → Sepsis bestehen, sonst besser „orale (stomatogene) Infektion" im Sinne einer → Fokalinfektion. 20

Oral sugar clearance (engl.) f: Zuckerentfernung aus der Mundhöhle); die O.s.c. bei einem Individuum wird durch die Eigenschaften der aufgenommenen Nahrung (z.B. Zuckergehalt, Klebrigkeit) und durch individuelle Eigenschaften (z.B. Speichelzusammensetzung und -fließrate) beeinflußt. Eine rasche Zuckerentfernung aus der Mundhöhle ist wichtig für die Vorbeugung gegen Karies. 15

orbicularis (lat.): kreisförmig. 9

Orbita (lat.) f: Augenhöhle; gebildet aus Teilen der 7 Knochen Stirn-, Joch-, Sieb-, Nasen-, Gaumen-, Tränenbein und Keilbeinflügel; pyramidenförmig mit Spitze zur Fissura orbitalis superior. 9

Orbitale n: pl Orbitalia, Abk. Or; unterschiedlich definierter kraniometr. Meßpunkt: 1. Haut-O.: auf der Haut liegender Punkt am durchgetasteten unteren Orbitalrand senkrecht unterhalb der Pupille des geradeausblickenden Auges; 2. gnathostatisches O. oder Knochen-O. nach *Simon:* Punkt des unteren knöchernen Orbitalrandes senkrecht unterhalb der Pupille des geradeausblickenden Auges, durch ihn wird die Orbitalsenkrechte gefällt (→ Orbital-Eckzahn-Gesetz); 3. anthropologisches O.: tiefster, lateral des Knochen-O. gelegener Punkt des unteren knöchernen Orbitalrandes. Im → Fernröntgenseitenbild liegt das Knochen-O. in der Mitte zwischen Haut-O. und anthropologischem O. (Abb. → Meßpunkte). 5

Orbital|ebene: Augenebene; eine durch beide gnathostatischen Orbitalia (→ Orbitale) gedachte → Frontalebene senkrecht zur → Raphe-Median-Ebene und zur → Ohr-Augen-Ebene (Abb. → Mediansagittalebene). 5

Orbitale-Eck|zahn-Gesetz: von *Simon* festgestellte Gesetzmäßigkeit, der zufolge ein vom gnathostat. → Orbitale aus senkrecht zur → Ohr-Augen-Ebene gefälltes Lot bei einem durchschnittlichen, innerhalb der normalen Variationsbreite im Schädel liegenden Gebiß die Spitze des oberen Eckzahnes trifft. Weiter soll dann bei Schlußbiß der knöcherne Kinnpunkt (Gnathion) in dieser Orbitalsenkrechten liegen. Eine nicht immer zutreffende Relation. [5]

orbitalis: zur Augenhöhle gehörig. [9]

ORCA: Abk. für **O**rganization for **C**aries **R**esearch. Wissenschaftl. Vereinigung europäischer Forscher mit dem Ziel, die Ursachen der Zahnkaries zu erforschen und Methoden der Prophylaxe zu entwickeln. [1]

Orchis (gr.) m: Hoden, → Testes. [9]

Ordnungs|zahl: → Kernladungszahl. [23]

Ordo (lat.) m: Ordnung; vgl. Taxonomie. [8]

Organe (gr.) n pl: Gewebskomplexe, die zur Bildung eines Körpers von bestimmter Gestalt gegen ihre Umgebung abgegrenzt sind und eine einheitliche Funktion verrichten (*R. Hertwig*). [9]

Organellen f pl: → Zellorganellen. [9]

Organisation f: **1.** der äußere und innere Aufbau eines Lebewesens oder Organs. **2.** Durchwachsung von Nekrosen, Exsudaten und Thromben durch → Granulationsgewebe, das sich später in Narbengewebe (→ Narbe) umwandelt. [32]

organisch (gr.): **1.** ein Organ oder den Organismus betreffend. **2.** der belebten Natur angehörend; Ggs.: anorganisch. [32]

Organische Chemie f: Chemie der Kohlenstoffverbindungen (→ Kohlenstoff); vgl. Chemie. [23, 32]

organische Krankheiten: Krankheiten mit anatomisch-pathologischen Gewebsveränderungen, im Ggs. zu den funktionellen Krankheiten. [23, 32]

organische Stoffe: Pflanzen- und Tierstoffe, im Gegensatz zu Mineralstoffen, im weiteren Sinne überhaupt Kohlenstoffverbindungen. [23]

organismisch (frz.): den (ganzen) Organismus betreffend. [9]

Organismus (frz.) m: die Gesamtheit der zusammenwirkenden Organe eines Körpers; auch allg. Oberbegriff für Lebewesen. [9]

Organ|neurosen f pl: → Neurosen. [20]

organoid: organähnlich, z.B. o.e Tumoren, die Organstrukturen nachahmen (z.B. Adenokarzinome, hepatozelluläre Karzinome, Thymome). [32]

Organo|therapie f: → Zelltherapie. [20]

organo|trop: organspezifisch; ein bestimmtes Organ betreffend, spez. auf dieses einwirkend. [20]

Organum dentale n: → Odontium. [30]

Organum ena|melare (IANC) n: → Schmelzorgan. [30]

Organum vomero|nasale (IANC) n: *Jacobson*-Organ; rudimentäres Organ am vorderen unteren Teil der Nasenscheidewand über dem → Canalis incisivus, bestehend aus einem röhrenförmig gebogenen, 2-9 mm langen Knorpelstück (Cartilago vomeronasalis) und einem diesem aufliegenden, nach hinten blind endenden Schlauch (*Ruysch*-Gang). Bei manchen Tieren als Geruchsorgan ausgebildet. Es besteht die Möglichkeit zystischer Entartung, die sich durch Vorwölbung im Nasenboden manifestiert. [19]

Oricult®-N: ein → Dip-slide-Test, der das Vorkommen von → Hefen im Abstrichgebiet registriert. [29]

Orient|beule: Aleppobeule; → Leishmaniasen. [12]

Orientierung: umfassende psychische Funktion, die erhaltenes Bewußtsein, Wahrnehmung, Aufmerksamkeit, Denken und Gedächtnis voraussetzt. Man unterscheidet zeitl., örtl. und situative O. sowie O. zur eigenen Person. Vgl. Bewußtseinsstörung. [33]

Orientierungs|ebene: eine durch den Schädel, gelegte, durch → Meßpunkte oder fixe Beziehungen zu anderen Ebenen bestimmte Ebene, z.B. die → Frankfurter Horizontalebene, die → Frontalebene u.a. [5]

Orificium (lat.) n: Mündung, Öffnung. [9]

orifiziell: Öffnungen, z.B. Nase, Mund, After betreffend. [9]

Origo (lat.) f: Ursprung; auch die weniger bewegliche der beiden Anheftungsstellen eines Muskels. Vgl. Insertio. [9]

Ornipressin: [8-Ornithin]-Vasopressin; synthetisches Vasopressin-Derivat mit hoher vasokonstriktor. und geringer antidiuret. Potenz. Anwendung lokal in der Zhk. zur Erzeugung einer Ischämie im Operationsgebiet ohne oder mit Zusatz eines → Lokalanästhetikums (empfohlene Maximaldosis: 1 I.E. pro 6,0 ml Lokalanästhetikum). [7]

oro|antral: Mund- und Kieferhöhle betreffend, z.B. o.e Fistel. [2]

oro|digito|faziale Dys|ostose f: → Dysplasia linguofacialis. [3]

oro|fazial: Mund und Gesicht betreffend. [9]

oro|faziale Regulations|therapie f: von *Castillo-Morales* eingeführte Funktionstherapie bei Kindern mit gestörter Mundmotorik. Dabei wird ein krankengymnastisch-logopädisches Übungsprogramm mit einer Stimulationsplatte im Oberkiefer für die orofaziale Muskulatur kombiniert. Vgl. Myotherapie. [5]

oro|faziales System n: zahlreiche Synonyma, z.B. maxillofaziales, mastikatorisches oder stomatognathes System, maxillomandibulärer Apparat, Kauapparat oder Kauorgan, deuten darauf hin, daß es keine einheitliche Meinung zur Abgrenzung gibt. Die Strukturen des o.n S.s sind sehr unterschiedlich, sie liegen nicht nur in der Mundregion, sondern auch außerhalb derselben. Zu ihnen gehören Knochen des Gesichts- und Hirnschädels, Muskeln der Kiefer, des Gesichts, der Zunge, des Gaumens, des Schlundes und des Kehlkopfes, Kiefergelenke und Weichteile wie Haut, Wangen und Lippen, Speicheldrüsen sowie Tast- und Geschmacksrezeptoren, Leitungsbahnen u.a.m. Die Aufgaben des o.n S.s lassen sich in folgenden Schwerpunkten zusammenfassen: mastikatorische, sensitive und sensorische, phonetische, ästhetische, physiognomische sowie respiratorische Funktionen. 30

Oro|pharynx m: Mesopharynx; mittlerer Abschnitt des → Rachens. 19

oro|tracheal: Mund und Luftröhre betreffend. 9

Ortho|dentin n: zellfreies, von Kanälchen und Odontoblastenfortsätzen durchzogenes gefäßloses Dentin. Vgl. Durodentin. 30

Orth|odontie f: mechan. Beseitigung von Stellungsanomalien der Zähne, speziell mit den festsitzenden Apparaturen der amerik. Schulen im Gegensatz zu der mehr mit funktionellen Mitteln arbeitenden → Kieferorthopädie und → Funktionskieferorthopädie. 5

orth|odontisches Besteck: von *Korkhaus* entwickelte und handlich zusammengestellte Hilfsgeräte zur kieferorthopädisch-metrischen Erfassung der → Gebißanomalien am Patienten und

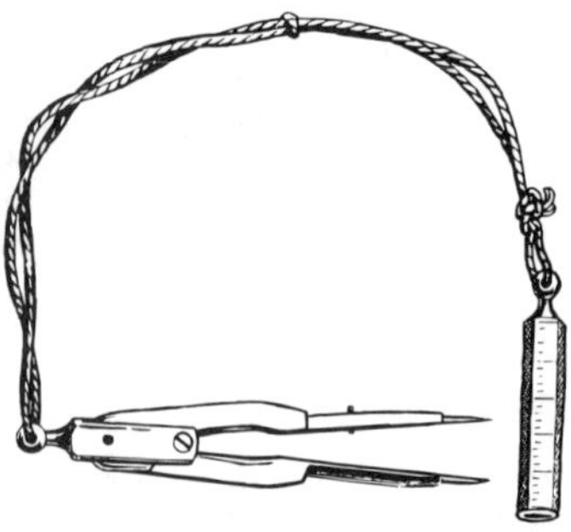

Stechzirkel mit millimetergraduierter Steckhülse, von der die festgestellte Weite durch Anlegen der Zirkelspitzen abgelesen werden kann

am Modell. Es enthält das → Orthokreuz, den → Orthometer mit *Pont*-Index-Tabelle (→ *Pont*-Index) sowie den Stechzirkel mit millimetergraduierter Steckhülse (Abb.). 5

Ortho|genie f: → Kantenbiß. 5

Ortho|gnathie f: Neutralbiß, → Eugnathie. In der Anthropologie sind Orthognathen (Geradzähner) solche Rassen, bei denen im Gegensatz zu den Prognathen (→ Prognathie) die Frontzähne bei einem → Profilwinkel zwischen 85,0-92,9° senkrecht stehen. 5

Ortho|gnathik f: nach *A. M. Schwarz* die Regelung falscher Bißlagen der Kiefer zueinander. 5

Orthoklas m: Kalifeldspat $KAlSi_3O_8$; Bestandteil der Porzellanmasse. 4

Ortho|kreuz: von *Korkhaus* zu seinem → Orthometer angegebenes durchsichtiges Meßblatt mit Millimeterquadrierung und einem stärker ausgezeichneten rechtwinkligen Kreuz (Abb.).

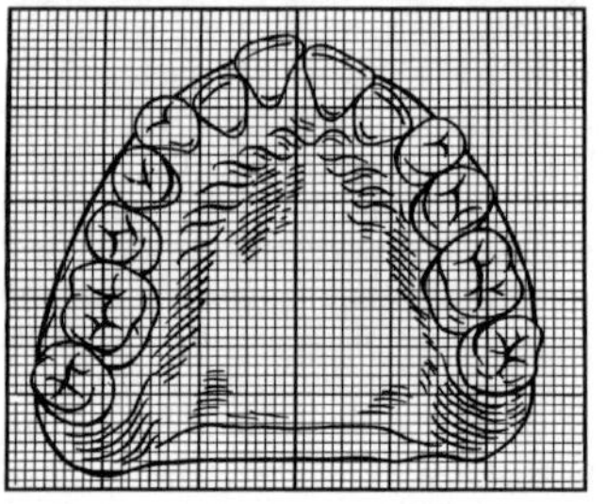

Bei der Modellanalyse wird ein Schenkel dieses Kreuzes gemäß den eingezeichneten Meßpunkten über die Raphe und der andere Schenkel transversal über die Kontaktpunkte zweier Zähne gelegt, so daß sagittale wie transversale Asymmetrien ablesbar sind. Vgl. Meßnetz, Gebißanalyse. 5

Ortho|meter m: orthod. Meßtabelle nach

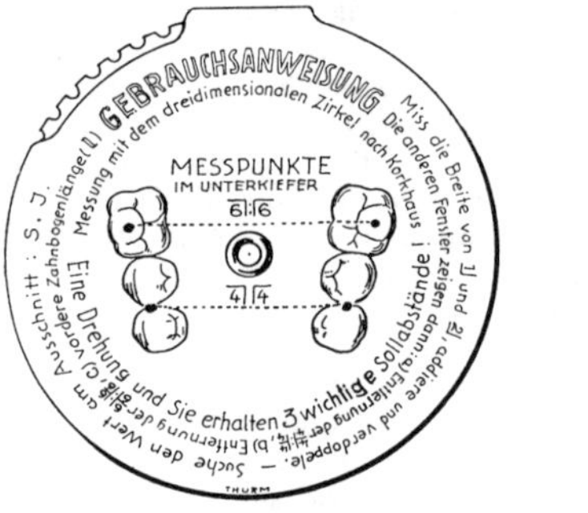

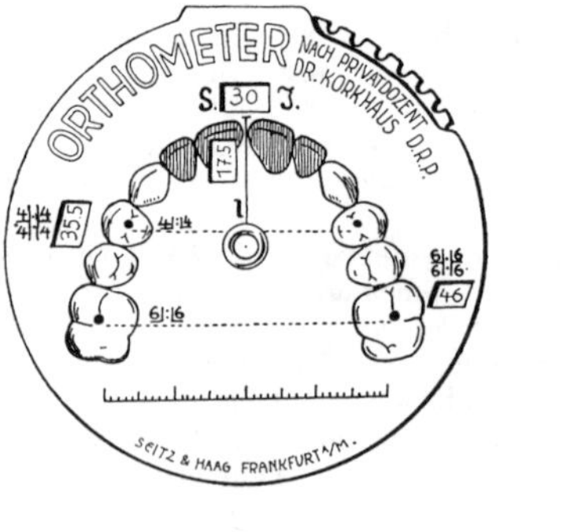

Korkhaus, die bei Einstellung der Schneidezahnbreitensumme (→ SI) zugleich das Ablesen der ihr zugehörigen Sollwerte des → *Pont*-Index (modifiz.) der vorderen und hinteren Zahnbreite und der Zahnbogenbreite und der Zahnbogenlänge ermöglicht (Abb.). Dem gleichen Zweck dient der orthod. Schlüssel nach *A. M. Schwarz.* [5]

Ortho|myxo|viren n pl: → Myxoviren. [8]

Ortho|pädie f: Lehre von der Erkennung, Verhütung und Beseitigung angeborener oder erworbener Form- und Funktionsfehler des Bewegungsapparats durch mechan. oder chirurg. Maßnahmen. Die Kieferorthopädie hat demgemäß die Aufgabe, Deformierungen der Kiefer und Stellungsanomalien der Zähne zu erkennen, zu beurteilen, zu verhüten und, gegebenenfalls mit chir. Unterstützung, zu behandeln. [20]

Ortho|pan|tomo|gramm n: vom Gerätenamen Orthopantomograph® abgeleitete Bez. für Panoramaschichtaufnahme. Vgl. Panoramaschichtaufnahmeverfahren. [14]

Ortho|phonie f: normale Sprachfunktion. [19]

Ortho|phosphor|säure: → Phosphorsäure. [23]

Ortho|pnoe f: sehr starke Atemnot, die zum Einsatz der Atemhilfsmuskulatur im Sitzen zwingt. Wichtigstes Teilsymptom der Linksherzinsuffizienz. [20]

ortho|radiale Projektion f: in der zahnärztl. Röntgentechnik verwendete Einstellung zur Darstellung der Zähne auf intraoralen Filmen. Dabei wird der → Zentralstrahl in der horizontalen Ebene senkrecht auf die Tangente gerichtet, die man sich in der betreffenden Region an den Zahnbogen gelegt denkt (Abb.). Die o. P. dient der

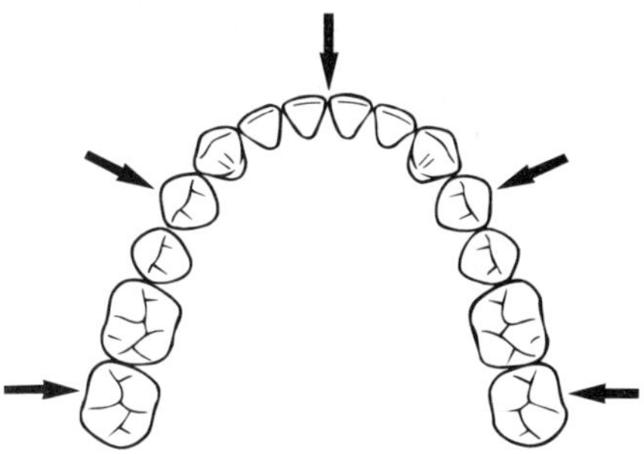

Der Zentralstrahl verläuft senkrecht zur Zahnbogentangente

Abbildung der Zähne ohne gegenseitige Überlagerung. Trifft der Zentralstrahl nicht senkrecht auf die Tangente, ist die Projektion exzentrisch (→ exzentrische Projektion). Auch beim → Panoramaschichtaufnahmeverfahren werden die meisten Zähne orthoradial durchstrahlt. [14]

Ortho|säure: beständigste, wasserreichste Form einer → Säure, die als Ortho-Form bezeichnet wird, z.B. H_3PO_4, H_2SO_4. [23]

Ortho|stase f: gerade, aufrechte Körperhaltung. [20]

ortho|statischer Kollaps m: → Faint. [20]

ortho|top: anat. an der normalen (typischen) Stelle. [9]

Orton-Krone: eine nach der indirekten Methode hergestellte Guß-Hülsenkrone, deren Abschluß im zervikalen Schmelzwulst liegt. *Orton* erzielt hier durch schwach konisches Beschleifen der

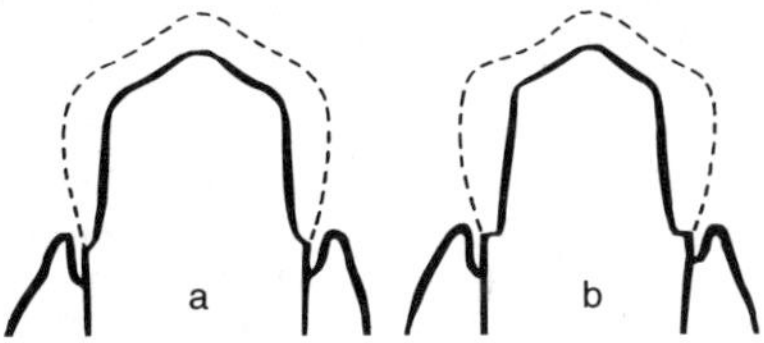

Zahnkrone einen kantigen Übergang von der beschliffenen zu den unbeschliffenen Seitenflächen (Abb. a). Bis zu dieser Kante wird auf dem Arbeitsmodell die Hülsenkrone mit dünn auslaufendem Rand modelliert. Modifikation Stufenkrone: an Stelle der Kante wird eine Stufe präpariert (Abb. b). [4]

Os (lat.) n: **1.** Mund. **2.** Knochen. [9]

Os alveolare n: Alveolarknochen, Knochenkompakta der Alveolarwand, in der die *Sharpey*-Fasern des → Parodontalligaments verankert sind. Vgl. Alveolarfortsatz. [30]

Osborn-Theorie f: → Trituberkulartheorie. [8]

Ösen|klammer: kieferorth. → Halteelement im gingivalen Abschnitt des Approximalraumes zweier nebeneinanderstehender Zähne. [5]

-ose, -osis: Suffix zur Kennzeichnung eines krankhaften, nichtentzündlichen Zustandes eines Organs, Körperteils oder -systems (z.B. Kollagenose, Arthrose, Paradontose, Psychose) nach Einwirkung eines bestimmten Stoffes oder Erregers (z.B. Silikose, Mykose, Toxikose) oder des multiplen Vorkommens (z.B. Adenomatose, Karzinose). [32]

Os ethmo|idale n: Siebbein, unpaarer, zwischen den Augenhöhlen in das O. frontale eingefügter Knochen mit der → Lamina cribrosa, die Löcher für die Riechnervenfasern enthält, und der in die Schädelhöhle hineinragenden Crista galli (Abb. → Ossa cranii, → Schädelbasis). [9]

Os frontale n: Stirnbein, bildet den Vorderteil des Schädelgewölbes und das Dach der Augenhöhlen. Paarig angelegt, doch verwächst die → Sutura frontalis bis zum 8. Lebensjahr vollständig (Abb. → Ossa cranii). [9]

Os hyo|ideum n: → Zungenbein. [9]

Os incisivum n: → Zwischenkiefer. [9]

Os lacrimale n: Tränenbein, an der Bildung der medialen Augenhöhlenwand beteiligt (Abb. → Ossa cranii). [9]

Osler-Krankheit (Sir William O., Pathol., Baltimore, Oxford, *1849, † 1919): seltene, dominant erbliche → Genodermatose; geht mit polymorphen → Teleangiektasien der Haut und Schleimhaut einher: führt im Alter zunehmend zu u.U. lebensgefährlichen Blutungen auch innerer Organe; vorwiegend sind Gesicht, Finger und Schleimhäute von Mund und Nase befallen. Vgl. hämorrhagische Diathese. [12]

Osmolarität f: Maß für die osmotisch wirksame Konzentration, auf die Volumeneinheit einer Lösung bezogen. Vgl. Molarität. [23]

Osmose (gr.) f: einseitige Diffusion einer Flüssigkeit durch eine halbdurchlässige (semipermeable) Membran, die zwei verschiedene Flüssigkeiten bzw. eine Lösung und das entsprechende Lösungsmittel bzw. zwei gleichartige Lösungen voneinander trennt. Semipermeable Membranen gestatten bei Lösungen dem Lösungsmittel, nicht aber dem gelösten Stoff den Durchtritt. Hierdurch entsteht auf Seiten des gelösten Stoffes ein hydrostatischer Überdruck, der schließlich einen Höchstwert, den osmotischen Druck, erreicht. [23]

Os nasale n: Nasenbein, vierseitiges Knochenplättchen, das paarig den oberen Teil des Nasenrückens bildet (Abb. → Ossa cranii). [9]

Os occipitale n: Hinterhauptsbein, bildet den unteren hinteren Teil der Schädelkapsel und das Foramen magnum für die → Medulla oblongata (Abb. → Ossa cranii, → Schädelbasis). [9]

Öso|phagus|divertikel n: krankhafte Ausbuchtung der Speiseröhre bzw. des Hypopharynx. Das Traktionsdivertikel entsteht durch Verwachsungen (Zug von außen) und kann in allen Ösophagusabschnitten auftreten. Häufiger ist das Pulsionsdivertikel, das im → *Laimer*-Dreieck auftritt (deshalb eigentlich Hypopharynxdivertikel) und durch abnormen Innendruck entsteht. Therapie: operative Behandlung. [19]

Öso|phagus|stimme: Möglichkeit der Stimmproduktion nach Kehlkopfexstirpation durch einen vikariierenden Windkessel in der Speiseröhre. [19]

Öso|phagus|varizen f pl: Krampfadern der Speiseröhre durch Pfortaderhochdruck bei → Zirrhose der Leber. Bei bedrohlicher Blutung Stillung durch aufblasbare Sonde. [19]

Os palatinum n: Gaumenbein, paarig, bildet den hinteren Teil des harten Gaumens. Besteht aus der (senkrechten) Lamina perpendicularis und der Lamina horizontalis (Abb. → Gaumen). [9]

Os parietale n: Scheitelbein, paariger, nach außen gewölbter, seitl. Deckknochen der Schädelkapsel zwischen Stirn-, Schläfen- und Hinterhauptsbein, mit dem Gegenknochen in der → Sutura sagittalis verbunden (Abb. → Ossa cranii). [9]

Ossa cranii n pl: Schädelknochen (Abb.). [9]

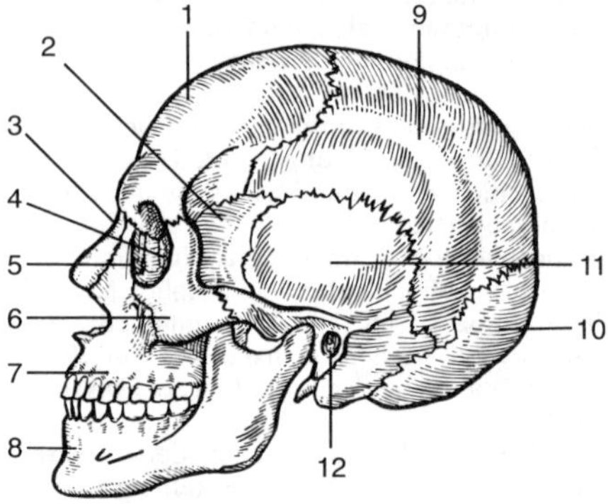

1: Os frontale (Stirnbein); 2: Os sphenoidale (Keilbein); 3: Os nasale (Nasenbein); 4: Os ethmoidale (Siebbein); 5: Os lacrimale (Tränenbein); 6: Os zygomaticum (Jochbein); 7: Maxilla (Oberkiefer); 8: Mandibula (Unterkiefer); 9: Os parietale (Scheitelbein); 10: Os occipitale (Hinterhaupt); 11: Os temporale (Schläfenbein); 12: Porus acusticus (Gehörgang).

ossär: den Knochen betreffend. [9]

Osseo|integration f: Einheilung von enossalen Implantaten im Knochen durch morphologischen und funktionellen Verbund ohne zwischengelagerte Bindegewebsschicht. → Implantat, enossales. [18]

osseus (lat.): knöchern. [9]

Ossicula (lat.) n pl, sing ossiculum: Knöchelchen. [9]

Ossicula auditis n pl: → Gehörknöchelchen. [9]

Ossicula mentalia n pl: Kinnknöchelchen, Reste des → *Meckel*-Knorpels in der Unterkiefermitte. [9]

ossificans: → ossifizierend. [9]

Ossifikation f: Verknöcherung; → Osteogenese. [9, 22]

ossifizierend: zur Verknöcherung führend; Verknöcherung zeigend. [9]

Os spheno|idale n: Keilbein, Wespenbein, in der Mitte der Schädelbasis quer liegend zwischen O. frontale, temporale und occipitale, unpaar, bestehend aus Corpus und großen und kleinen Flügeln. Im Corpus liegen die → Keilbeinhöhlen; seine obere Fläche bildet den Türkensattel (→ Sella turcica) (Abb. → Ossa cranii, → Schädelbasis). [9]

Ost|ektomie f: operative Entfernung eines Knochenteils. [2]

Os temporale n: Schläfenbein, zwischen O. sphenoidale, parietale und occipitale. Besteht aus der Pars petrosa, Pars squamosa und Pars tympanica, ist mit der Schuppe (Squama) an der seitl. Schädelkapsel beteiligt, enthält das Hörorgan und die Gelenkgrube des Kiefergelenks (Abb. → Ossa cranii, → Schädelbasis). [9]

Osteo|blast m: an der Knochenbildung beteiligter Zelltyp, differenziert sich im → Osteoid zum → Osteozyten. Stammt aus möglicherweise ubiquitär vorhandenen undifferenzierten Preosteoblasten aus dem Knochenmark. Kann sich unter Einfluß bestimmter Induktoren zum → Osteoklasten umwandeln. [9, 22]

Osteo|chondritis f: Knochen- und Knorpelentzündung, besser: → Osteochondrose, da bradytrophes Gewebe nicht entzündlich reagieren kann und es sich um einen degenerativen Prozeß handelt. O. syphilitica: Manifestationsform der konnatalen → Syphilis in den Epiphysen v.a. der langen Röhrenknochen, der Rippen und des Sternums, meist nach Einbruch einer gummösen Osteomyelitis. [32]

Osteo|chondrom n: kartilaginäre → Exostose; knöcherne Neubildung, die von einer breiten Kappe aus hyalinem Knorpelgewebe überzogen ist und sich von der Knorpeloberfläche pilzförmig in die umgebenden Weichteile vorwölbt. Häufigste gutartige Knochengeschwulst; entwikkelt sich bei Jugendlichen und ist meist in der Metaphyse langer Röhrenknochen lokalisiert. Als Ursache wird eine Störung der enchondralen Ossifikation angenommen. Eine maligne Entartung ist selten. [32]

Osteo|chondro|sarkom n: **1.** maligne entartetes → Osteochondrom. **2.** primäres → Chondrosarkom. [32]

Osteo|chondrose f: Knochen- und Knorpeldegeneration. [32]

Osteo|dentin n: knochenartiges, atubuläres Reizdentin (Tertiärdentin), häufig bei traumatisch bedingten Pulpaobliterationen. [1]

Osteo|dystrophia deformans f: Verdickung des Knochens durch enossale Resorptions- und Neubildungsvorgänge, wobei der Anbau von regellosen, mit fibrösem Mark durchsetzten Knochenbälkchen mit Mosaikstruktur überwiegt (*Paget* 1876). Meist an den unteren Extremitäten sowie an Becken und Wirbeln, aber auch an Hirnschädel und Kiefer (Hut bzw. Zahnersatz paßt nicht mehr); bisweilen durch Verformung der Gesichtsknochen → Leontiasis ossea. Befällt anfangs nur einen Knochen (monostotisch), im weiteren Verlauf auch mehrere oder fast alle (polyostotisch). Langdauernder Prozeß mit Beschwerden, der meist das 6.-7. Lebensjahrzehnt betrifft, aber auch in erheblich jüngeren Jahren auftreten kann. Unter übermäßigem Knochenanbau fortschreitend, polyostotisch das Leben gefährdend. Absolut infaust, wenn sarkomatöse Entartung eintritt (2-5%). Ursache unbekannt, mitunter familiär gehäuft. Kalziumspiegel normal, alkalische Phosphatase erhöht. Kann am Zahnsystem durch → Hyperzementosen in Erscheinung treten. [2]

Osteo|dystrophia fibrosa generalisata f: generalisierte Knochenkrankheit, bei der es zum Abbau des Knochengewebes und Ersatz durch ein fibröses Mark kommt (*Recklinghausen* 1891). Umschriebene Knochengewebsuntergänge führen zu Knochenzysten (Spontanfraktur!) oder (durch intraossale Blutungen) zu hämosiderinhaltigen sog. Riesenzellgeschwülsten („braune Tumoren"), die Resorptionsgranulome mit Osteoklasten darstellen. Im Blut Erhöhung des Blutkalziumspiegels bis zu 20-30 mg-% (normal 9 bis 11mg-%). Der Phosphorspiegel ist erniedrigt, die Ausscheidung des Kalziums im Harn erhöht. Außerdem Hypotonie der Muskulatur, Neigung zu Nierensteinen, Gefäßverkalkungen, Kalkverarmung des Knochens, Verdünnung und Auflockerung der Kortikalis. Betrifft vorzugsweise Frauen. Ursache: vermehrte Bildung von → Parathormon, meist (sekundäres) Adenom der → Nebenschilddrüsen (→ Hyperparathyreoidismus). Die Therapie besteht in dessen Entfernung, Vitamin D und Kalzium. Vgl. Osteofibrosis deformans juvenilis. [2]

Osteo|dystrophia fibrosa localisata f: → O. deformans. [2]

Osteo|fibrom n: gutartige Knochen-Bindegewebsgeschwulst. [32]

Osteo|fibrosis deformans juvenilis f: fibröse Knochendysplasie (*Uehlinger-Jaffé-Lichtenstein*); polyostotisch oder monostotisch auftretende, meist einseitige Knochenveränderungen, ähnlich der → Osteodystrophia fibrosa generalisata (*Recklinghausen*), jedoch bei normalem Blutkalkspiegel; kein Adenom der Nebenschilddrüsen. Auftreibung der Knochen mit Verdünnung der Kompakta, fibröser Umbau, daher

Neigung zu Spontanfrakturen und Knochenschmerzen, auch am Kiefer. Beginn mit 5-15 Jahren, in Schüben fortschreitend. Wird nach der Pubertät stationär unter Bildung eines bes. sklerotischen Faserknochens. Geht vermutlich auf Störungen im → Zwischenhirn zurück. Familiär gehäuft, mädchenwendig, nicht erblich. Eine Variante ist die → *Albright*-Krankheit. → Cherubismus. [2]

Osteo|genese f: **1.** Embryologie: Entwicklung des Knochens durch → Mineralisation von bindegewebigem Osteoid (desmale Ossifikation) der → Belegknochen und der perichondralen Knochenmanschette oder durch Mineralisation des hyalinen Knorpels (enchondrale Ossifikation) mit sekundärer Osteoidbildung und Mineralisation (→ Lamellenknochen). **2.** Implantologie: Gewebereaktion des Knochens auf die → Implantation eines Fremdkörpers. Abhängig vom implantierten Material kommt es zur → Distanz-, → Kontakt- oder → Verbund-O. (Abb.). An enossalen Implantaten (→ Implantat, enossales) kann die O. implantopetal, d.h. vom umgebenden Knochen auf das Implantat zu erfolgen; sie kann aber auch, abhängig vom Implantatmaterial, implantofugal, d.h. vom Implantat weg, verlaufen. Hierbei wird von den ortsständigen Osteoblasten Grundsubstanz und Kollagen direkt auf der Implantatoberfläche abgelagert. Vgl. Gewebereaktion. [18, 22]

Biokompatibilität	Reaktion des Implantatlagers	Werkstoffe
Biotolerant	Distanzosteogenese	Kunststoffe Knochenzement (PMMA) Edelstahl Co-Cr-Mo-Legierung
Bioinert	Kontaktosteogenese	Biometalle (Ti, Ta) Pulvertitanbeschichtung Kohlenstoff (Glaskohle, LTI, ULTI) Aufbrennkeramische Massen Aluminiumoxidkeramiken
Bioaktiv	Verbundosteogenese	Bioglas Glaskeramik Tetrakalziumphosphatkeramik Trikalziumphosphatkeramik Hydroxylapatitkeramik

Gewebereaktion auf Implantatwerkstoffe (nach *Osborn* und *Weiss* 1978 sowie *Wagner* und *Tetsch* 1984) [86]

Osteo|genesis imperfecta congenita, letalis f: bösartige Form der → Osteogenese, bei der schon bei Geburt Frakturen bestehen; stummelartige Glieder, Totgeburt bzw. nicht lebensfähig. [2]

Osteo|genesis imperfecta tarda f: → Osteopsathyrose, unvollständige Knochenbildung durch Insuffizienz der Osteoblasten. Seltene angeborene Allgemeinerkrankung des mesenchymalen Gewebes, die sich in Brüchigkeit vor allem der langen Röhrenknochen sowie durch Dysfunktion der Odontoblasten und Zementoblasten und in Störungen der Zahnbildung auswirkt. Vgl. Fragilitas ossium hereditaria. [2]

Osteo|gingivitis neo|natorum f: Folliculitis expulsiva, Zahnkeimosteomyelitis; akute → Osteomyelitis bei Säuglingen, Infektion des Zahnkeimes entweder durch Schleimhautverletzung oder hämatogen (z.B. Nabelschnurinfektion). Erreger sind Staphylokokken. Tritt sowohl im Unter- als auch im Oberkiefer auf, häufigster Ausgangspunkt ist die Oberkieferfront. Symptome: Appetitlosigkeit, Schlafstörungen, Schwellung, evtl. Lidverschluß und Bulbusprotrusion, hohes Fieber. Therapie: Inzision des Abszesses, Antibiotika, Entfernung des Zahnkeimes. [29]

osteo|id: knochenartig; auch: das → Osteoid betreffend. [9]

Osteo|id n: die von den → Osteoblasten abgesonderte, aus kollagenen Fibrillen und Kittsubstanz bestehende Grundsubstanz des Knochens, aus der sich durch Aufnahme von Kalksalzen der feste Knochen bildet. Im weiteren Sinne auch der junge → Kallus bei der Knochenbruchheilung und das funktionell minderwertige, bei der → Rachitis und der → Osteomalazie gebildete Gewebe. [9]

Osteo|induktion f: Anstoß zur Knochenneubildung; durch ein Knochenleitgerüst (z.B. → Implantation von → Hydroxylapatitkeramik, die sukzessiv resorbiert und durch neugebildeten Knochen ersetzt wird) oder durch Proteine, die die Knochensynthese anregen (z.B. das → Bone morphogenetic protein). [18]

Osteo|klast m: vielkernige, knochenabbauende Zelle. Während der → Osteogenese liegt der O. an der dem Markraum zugewandten Seite des Knochens und vergrößert den Markraum durch Knochenresorption, während der → Osteoblast die Knochengrenze nach außen erweitert. Entsteht, ausgelöst durch bestimmte Induktoren, durch die Fusion von Osteoblasten und kann durch entsprechende Einflüsse wieder in Osteoblasten zerfallen. O.en bilden die → *Howship*-Lakunen. [9, 22]

Osteo|klastom n: die echte, seltene, von der Epulis gigantocellularis (→ Epulis) abzugrenzende Riesenzellgeschwulst des Knochens, die auch im Unter- oder Oberkiefer lokal knochenzerstörend wächst. „Brauner Tumor", → Osteodystrophia fibrosa generalisata, zu der ätiologisch vielleicht Beziehungen bestehen. Maligne Typen sind höchst selten. Therapie: chir. Ausräumung und/oder Röntgenbestrahlung. [2]

Osteo|logie f: Lehre von der Anatomie der Knochen. [9]

Osteo|lyse f: Abbau von Knochensubstanz durch vermehrte Tätigkeit der → Osteoklasten, z.B. durch osteoklastische Karzinome oder Entzündungen. [32]

Osteom (gr.) n: Osteoma; gutartiger Knochentumor. Das Osteoma durum oder eburneum (harter oder elfenbeinartiger Knochentumor) besteht fast nur aus kompaktem lamellärem Knochengewebe und findet sich bevorzugt an Stirn- und Scheitelbein, Orbita, in der Kieferhöhle, an Gaumen und Alveolarfortsatz. Das O. spongiosum (schwammiges O.) enthält im Innern schwammartige Knochen- und Markräume und entsteht meist im Ansatzbereich von Sehnen, Faszien und Bändern nach vorangegangenem Trauma. Die dem Knochen aufsitzenden O.e werden auch als → Exostosen, die selteneren zentralen O.e als Enostosen bezeichnet. Vgl. Torus. [2]

Osteo|malazie f: Osteomalacia; Osteopathie mit „Knochenerweichung"; sekundäre Ossifikationsstörung durch mangelhaften Einbau von Mineralstoffen in das normal oder überschießend gebildete Knochengrundgerüst (Osteoid). Zugrunde liegt eine unzureichende Kalzium- und Phosphatkonzentration in den Knochenbildungszonen, meist infolge Vitamin-D-Mangel (exogen bei Mangelernährung oder endogen bei gestörter Vit.-D-Metabolisierung, Vit.-D-Resistenz) oder Vit.-D-unabhängigen Stoffwechselerkrankungen. O. beim Kind: → Rachitis. [32]

Osteo|myelitis f: wörtlich Knochenmarkentzündung, klin. aber gebraucht für die erregerbedingte Entzündung des gesamten Knochens als Organ, also als Sammelbegriff für Periostitis, Ostitis und Osteomyelitis. Breiter Einbruch der Infektion zunächst in die Markräume des Knochens. Ursachen im Kiefer: a) hämatogen, nur bei Kleinkindern als Zahnkeim-O. Schweres Krankheitsbild, das früher nur von 20% der Kinder überstanden wurde. Jetzt günstigere Prognose durch Chemotherapie. Spätfolgen durch Verlust der Zahnkeime, evtl. durch Übergang auf das Kiefergelenk, Ankylose im Unterkiefer, Folge in beiden Fällen → Vogelgesicht; b) traumat. als Folge von Kieferbrüchen die sog. Bruchspalt-O; c) odontogen bei akuter od. chron. Parodontitis apicalis und massivem Infekt bzw. darniederliegenden Abwehrkräften. Häufigste Ursache; d) direkte Fortleitung, im Oberkiefer durch entzündliche Prozesse in der Nasenhöhle, im Kinnbereich als Folge eines Kinnfurunkels. Symptome: starker, unstillbarer Schmerz, der trotz therapeutischer Maßnahmen wie Trepanation, Extraktion nicht zurückgeht, hohe Temp., starke Anschwellung der umgebenden Weichteile, Lokkerung mehrerer Zähne (wichtigstes Frühsymptom), multiple Abszesse, im Unterkiefer Lähmung des N. alveolaris inferior (*Vincent*-Symptom). Verlauf im Oberkiefer meist leichter als im Unterkiefer. Übergang zur chron. O., Nekrose der erkrankten Knochenpartien, deren Abgrenzung vom Gesunden (Demarkation) allmählich erfolgt. Gelegentlich begünstigt durch osteosklerotische Vorgänge, → Mamorknochenkrankheit, Phosphornekrose. Im Rö.-bild zeigt sich erst nach 10-14 Tagen ein Verschwimmen der Knochenstruktur, später zeichnen sich die Sequester rö. als dunkel umschriebene Flecken an; früher Nachweis der Knochenausbreitung mit Technetium-Scanuntersuchungen möglich. Da das Periost meist erhalten bleibt, bildet sich bei kortikalen Prozessen über dem Sequester bald neuer Knochen, die sog. „Totenlade", die die Kontinuität erhält; Sekretabfluß durch die „Kloake". Es gibt auch von vornherein chron., ohne Abszeßbildung verlaufende Fälle (O. sicca), bei denen jahrelang nur Anschwellung des Knochenkörpers und geringe Beschwerden beobachtet werden. Auch das zirkumapikale Granulom ist eine chron. O. Therapie: bei der akuten O. Antibiotika in hohen Dosen über lange Zeit, Abszeßeröffnung. Dekortikation. Zurückhaltung bei der Extraktion auch stark gelockerter Zähne, die durch Drahtschienenverbände zu fixieren sind. Entscheidend ist frühzeitiges Einsetzen der medikamentösen Behandlung, da sonst Rezidiv und chron. Verlauf eintreten kann. Wichtigkeit der Frühdiagnose! Entfernung von Sequestern (Sequestrotomie) im chron. Stadium erst, wenn die Demarkation abgeschlossen und röntgenolog. nachgewiesen ist. Die chron. O. ist medikamentös nur schwer zu beeinflussen. Abb. → Sequester. [2]

Osteon (gr.) n: morphologische und funktionelle Einheit des Lamellenknochens. Abb. → Knochengewebe. [9]

Osteo|pathien f pl: allg. Bezeichnung für Krankheiten des Knochensystems: 1. erb- und anlagebedingte O.: multiple → Exostosen, → Fragilitas ossium hereditaria (*van der Hoeve*); → Marmorknochenkrankheit (*Albers-Schönberg*); → Osteogenesis imperfecta congenita (*Vrolik*); Osteogenesis imperfecta tarda (*Lobstein*). → Dysostosen; 2. endokrine O.: → Akromegalie; → *Cushing*-Syndrom; → Kretinismus; → Osteodystrophia fibrosa generalisata (*Recklinghausen*); Pseudohypoparathyroidismus (*Martin-Albright*); 3. alimentäre O.: → Skelettfluorose, → *Möller-Barlow*-Krankheit, → Osteomalazie, → Osteoporose, → Rachitis, → Skorbut; 4. durch Speicherung bedingte O. (Thesaurismose): → *Gaucher*-Krankheit; Glykogenspeicherkrankheit (von *Gierke*); *Hand-Schüller-Christian*-Krankheit; *Niemann-Pick*-Krankheit; Zystinspeicherkrankheit (*Abderhalden-Fanconi*); 5. entzündliche O.: → Aktinomykose; Hyperostosis corticalis infantilis (*Caffey-Silverman*); Ostitis cystica multiplex tuberculosa (*Jüngling*); → Syphilis; → Tuberkulose; unspezifische Osteomyelitis; 6. ungeklärte O.: Hemiatrophia faciei progressiva (*Romberg*); → Osteodystrophia deformans (*Paget*); Osteofibrosis deformans juvenilis (*Uehlinger-Jaffé-Lichtenstein, Albright*); Nephrokalzinose (*Lightwood-Albright*); → *Sudeck*-Atrophie; 7. blastomatöse O.: → Chondrom; Chondrosarkom; diffuse und gewächsartige → Leukämien; eosinophiles Knochengranulom; Epulis gigantocellularis; → *Ewing*-Sarkom; Enchondromatose; multiple → Myelome (*Kahler*); Osteochondrom; Osteoklastom; → Osteom; Osteosarkom; → Retikulosen (*Abt-Letterer-Siwe*, → *Boeck*-Sarkoid); osteolytische Sarkome. [2]

Osteo|petrose f: → Marmorknochenkrankheit.[32]

Osteo|phyt m: vom Periost ausgehende, umschriebene, meist reaktive Knochenneubildung in Form von Spangen, Höckern, Randzacken oder flächenhaften Auflagerungen, z.B. im fortgeschrittenem Stadium der → Arthrose. [32]

Osteo|plastik f: **1.** C h i r .: Operation zur Überbrückung von Knochenlücken durch Überpflanzung eines von anderen Knochen entnommenen Knochenspanes. Das überpflanzte Knochengewebe stirbt ab, es überdauern jedoch die knochenbildenden Zellen der Knochenhaut und des Knochenmarks, die eine neue, funktionell weitgehend angepaßte knöcherne Verbindung (Osteosynthese) schaffen. Bei Unterkieferdefekten wird meist ein Span vom Beckenkamm, seltener vom Schienbein, verwandt. Durch mikrochirurgischen Gefäßanschluß ist die Transplantation lebenden Knochens bei schlechtem Lagergewebe möglich. **2.** P a r o d o n t o l .: Füllung von Knochendefekten mit autologem Knochenmaterial. Die Knochenentnahme erfolgt aus zahnlosen Alveolarfortsatzabschnitten, aus dem Oberkiefertuberbereich oder aus mindestens 4 Monate alten Extraktionswunden. Die Kompakta sollte vor der Entnahme des Knochenimplantats weitgehend entfernt werden. Die günstigste Prognose soll bei engen dreiwandigen Knochentaschen bestehen. Häufige Begleiterscheinung: Dentinresorptionen (→ Resorption), → Ankylosen. [2, 6]

Osteo|poi|kilie f: erbliche multiple rundliche Knochenverdichtungen im Markraum, meist an Hand- und Fußwurzelknochen. [3]

Osteo|porose f: Schwund von Knochensubstanz im Knocheninnern durch Vergrößerung der Markräume bei Wahrung der äußeren Form. Ursache: Hunger, erschöpfende Krankheiten, Alter, Vit.-D-Mangel, endokrin nach der Menopause, Tabes dorsalis. Äußert sich in Spontanfrakturen. Langzeittherapie mit Fluoridkombinationen. Vgl. *Milkman*-Syndrom, *Looser*-Umbauzonen. [20]

Osteo|psa|thyrose f: angeborene abnorme Knochenbrüchigkeit infolge Störungen der Knochenbildung. Osteopsathyrosis *Lobstein:* → Osteogenesis imperfecta tarda. Vgl. Fragilitas ossium hereditaria, Osteopathien. [20]

Osteo|radio|nekrose f: strahlenbedingte Schädigung des Knochens. Primär Absterben der Osteozyten, später Fibrose der Knochengefäße. [11]

Osteo|sarkom n: häufigster, maligner Knochentumor. Er ist durch die Bildung von Osteoid, mineralisiertem Knochengewebe, Bindegewebe und chondroider Grundsubstanz gekennzeichnet. Je nach Ausprägung der überwiegenden Komponente werden osteoblastische, chondroblastische und fibroblastische O.e unterschieden. O.e sind in 80% der Fälle in den Metaphysen der langen Röhrenknochen, meist in Epiphysennähe, lokalisiert und treten vorwiegend bei Jugendlichen oder jungen Erwachsenen auf. [32]

Osteo|sklerose f: umschriebene oder generalisierte Verdichtung des spongiösen Knochens mit Verdickung der Kortikalis (Hyperostose), mit Zunahme der Knochenhärte und Verminderung der dynamischen Belastbarkeit. Ursachen entweder primär oder sekundär-reaktiv (z.B. bei entzündlichen, tumorösen, degenerativen Prozessen). Auch bei chron. Zuführung von Fluor, Phosphor oder Strontium in toxischen Dosen. Generalisierte Osteosklerose → Marmorknochenkrankheit. [32]

Osteo|synthese f: operat. Vereinigung reponierter Knochenfragmente durch Nagelung, Verschraubung u.ä. Bei der perkutanen O. (*Thomas Lewis Gilmer*, Chikago 1881) werden Stifte bzw. Schrauben durch die äußere Haut hindurch in den Körper der Mandibula eingefügt. Außen werden diese durch Schraubvorrichtungen oder einen dem Kieferkörper parallel laufenden Block

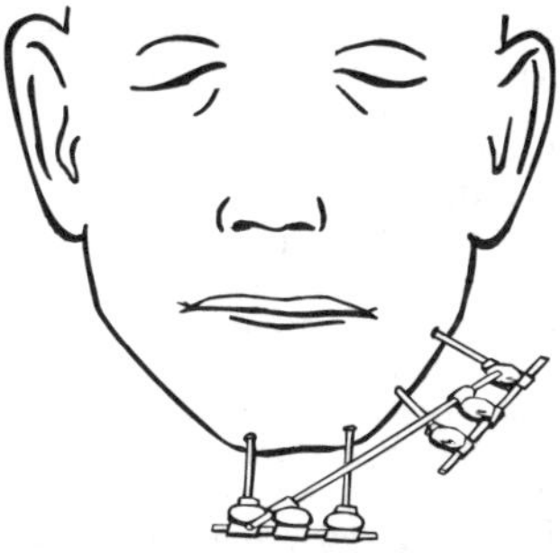

Abb. a: Perkutane Osteosynthese [53]

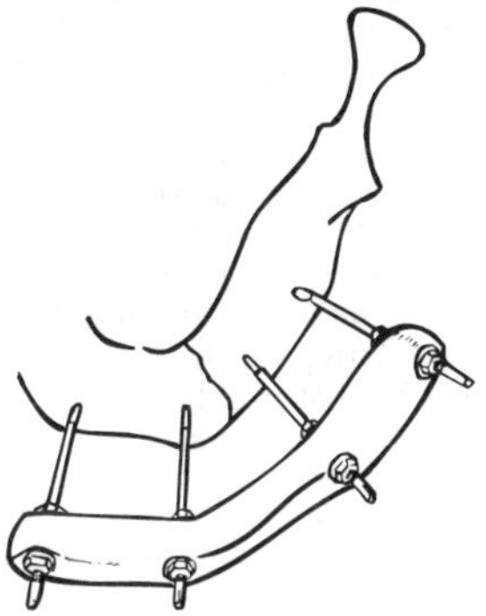

Abb. b: Perkutane Osteosynthese [53]

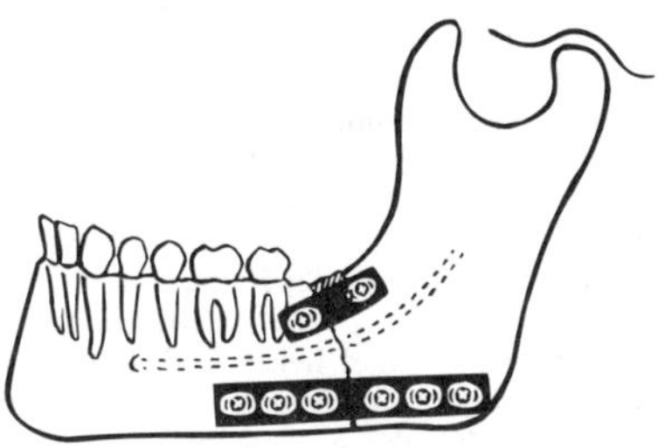

Abb. c: Plattenosteosynthese

aus selbsthärtendem Kunststoff fixiert (Pin-Fixation, Abb. a und b). Bei der Platten-O. werden die Fragmente durch aufgeschraubte Metallplatten befestigt (Abb. c); intramedulläre O. → Marknagelung. Vorteil der O. ist u.a. die sofortige funktionelle Belastbarkeit. [2]

Osteo|tom n: → Meißel. [2]

Osteo|tomie f: Durchtrennung eines Knochens mit Säge, Bohrer oder Meißel, um Zugang zu tiefergelegenen Partien zu gewinnen, aber auch zur Entfernung abgestorbener Knochenstücke (Sequester), tiefliegender Wurzelreste sowie zur Kontinuitätsunterbrechung eines Knochens. [2]

Osteo|zement n: atypisches Zahnhartgewebe, das sich sekundär bei der Heilung von Zahnwurzelfrakturen, manchmal aber auch in der Pulpa und an der Wurzelspitze bildet. In seiner Struktur zeigt es Eigenschaften des Knochens und des Zements. [6]

Osteo|zyten m pl: ausgereifte Knochenzellen, die in der Knochensubstanz eingemauert sind. Im Gegensatz zu den Chondrozyten sind die O. nicht voneinander isoliert, sondern durch Fortsätze miteinander verbunden. Abb. → Knochengewebe. [9]

Ostitis (gr.) f: Entzündung von Knochengewebe, i.e.S. die von den Gefäßen der → *Havers*-Kanäle ausgehende Knochenentzündung, im Ggs. zur vom Markraum ausgehenden → Osteomyelitis; i.w.S. auch Periostitis und degenerative Knochenerkrankungen. [32]

Ostitis apicalis f: → Parodontitis apicalis. [1]

Ostitis deformans f: *Paget*-Krankheit, (→ Osteodystrophia deformans). [32]

Ostitis fibrosa f: O. cystica, Recklinghausen-Krankheit; (→ Osteodystrophia fibrosa generalisata). [32]

Ostitis fibrosa disseminata f: *Jaffe-Lichtenstein*-Syndrom. [32]

Ostitis fibrosa maxillarum f: *Frangenheim-Rupp*-Syndrom; langsam fortschreitende Verformung meist des Oberkiefers durch Anbau von regellos angeordneten, mit fibrösem Mark durchsetzten Knochenbälkchen; zunächst singuläres Auftreten, später mit Beteiligung von Hirnschädel, Extremitäten, Becken und Wirbelsäule. [32]

Ostitis, hyperplastische f: *Marie-Bamberger*-Syndrom. [32]

Ostitis multiplex cysto|ides Jüngling f: chron. Knochenmanifestation des → *Boeck*-Sarkoids; führt zu ausgestanzten Knochendestruktionsherden, vorwiegend an langen und kurzen Röhrenknochen. [32]

Ostitis ossificans f: (→ Hyperostose). [32]

Ostitis persistens f: → Restostitis. [32]

Ostitis purulenta f: eitrige Ostitis. [32]

Ostitis rareficans f: asept. Knochenabbau; Vork. posttraumatisch, degenerativ, bei Osteomyelitis. [32]

Ostitis tuberculosa f: Knochentuberkulose. [32]

Ostium (lat.) n: Mündung oder Eingang. [9]

Ostium maxillare n: → Hiatus maxillaris. [9]

Östradiol n: Dihydrofollikelhormon, körpereigenes Follikelhormon; eines der 6 wirksamen → Östrogene, die für die Ausbildung des äußeren und inneren weiblichen Genitale, des weiblichen Habiltus, der weiblichen Sexualbehaarung und der weiblichen Brust verantwortlich sind. Bildungsstätten: *Graaf*-Follikel, Plazenta, Corpus luteum, Keimdrüsen männlicher Tiere. [23]

Östriol n: Follikelhormonhydrat, neben → Östron und → Östradiol zu den klassischen drei Östrogenen gehörend; Nachweis im Urin der Frau. [23]

Östrogene n pl: zur Gruppe der ovariellen Sexualsteroide neben Gestagenen und Androgenen gehörend. Chem. C-18-Steroide. Die drei klassischen Östrogene sind → Östron, → Östradiol, Östriol. Im Urin nichtschwangerer Frauen finden sich noch 16 weitere östrogene Stoffe. [23]

Östron (gr.) n: α-Follikelhormon, zu den klassischen Östrogenen gehörig, Ausscheidungsprodukt des Follikelhormons. Vorkommen: Schwangerenharn, Harn trächtiger Stuten; im Harn des Mannes und des Hengstes, in den Nebennieren, in Plazenta und Palmkernrückständen. [23]

oszillatorisch (lat.): oszillierend; veränderlich, zitternd, schwingend. [10]

Oszillograph m: besser: Oszilloskop; elektronisches Gerät zur Anzeige schneller Änderungen elektr. Parameter. Elektronenstrahlröhre (*Braun*sche Röhre) als Anzeigeinstrument, in welchem ein extrem masse- und daher trägheitsarmer Elektronenstrahl als „Zeiger" dient. [10]

Os zygomaticum n: Jochbein, Gesichtsknochen, der an der Bildung des → Jochbogens und der seitl. Augenhöhlenwand beteiligt ist (Abb. → Ossa cranii). [9]

oticus (gr.): zum Ohr gehörend. [9]

Otitis f: Entzündung des Ohres oder eines seiner Teile. [19]

Otitis externa f: Entzündung des äußeren Gehörganges. Ursache: Furunkel, Ekzem u.a. [19]

Otitis media f: Mittelohrentzündung; speziell Entzündung der Schleimhaut der → Paukenhöhle; bei akuten Infektionskrankheiten eitrig, bei chron. Verlauf meist mit Perforation des Trommelfells. [19]

Oto|basion in|ferius n: Abk. Obi; kephalometr. → Meßpunkt, tiefster Ansatzpunkt der Ohrmuschel. [5]

oto|gen: vom Ohr ausgehend. [19]

Oto|logie f: Ohrenheilkunde. [19]

Oto|mykose f: Pilzinfektion des Gehörgangs, meist durch Pilze der Gattungen → Aspergillus oder → Penicillium notatum. [19]

Oto|sklerose f: chron. verlaufender Umbau des Knochens der Labyrinthkapsel im Sinne einer Osteodystrophia deformans. Da die Hauptumbauzone am ovalen Fenster liegt, kommt es meist zu einer Ankylose des Steigbügelgelenks mit folgender Schalleitungsschwerhörigkeit. Durch Operation (Steigbügelplastik) kann eine sehr gute Hörverbesserung erreicht werden. [19]

Ottolengui-Bohrer (Rodrigues O., Za., New York, *1861, † 1937): Fräse mit zentraler Führung für die Ausschachtung von Wurzelkanälen zur Aufnahme von Stiftkronen. [1]

Ounce (engl.) f: Abk. oz, 31,103 g, Apothekenmaß, angelsächs. Auch Edelmetallmaß (28,35 g = $^1/_{16}$ Pound). Vgl. Unze. [10]

Ovarium (lat.) n: Eierstock, weibliche Keimdrüse. Paarig angelegt, von der Größe kleiner Pflaumen, in einer Bauchfelltasche des Beckens liegend. Bildungsstätte des Follikel- und → Corpus-luteum-Hormons. Zur Zeit der Pubertät kommt es zur Reifung der Follikel; durch Bildung der Follikelflüssigkeit (Liquor follicularis) vergrößern sich Follikel und Eizelle. Das Follikelepithel (Membrana granulosa) wird mehrschichtig. Die bindegewebige Follikelgrenzschicht (Theca folliculi) wird zur Theca externa und interna. Damit ist der → *Graaf*-Follikel entstanden. Vgl. Östrogene. [9]

Over|bite (engl. Überbiß) m: vertikale Frontzahnbeziehung. Man unterscheidet den Normalbiß (physiologischen → Überbiß), → Tiefbiß und → offenen Biß. [5]

Over|jet (engl.) m: horizontaler Überbiß; → Frontzahnstufe, sagittale. [5]

Over|lay (engl.) n: **1.** K i e f e r o r t h .: von *R. Schwarz* entwickeltes, indirekt nach Kupferring-*Kerr*-Abdruck hergestelltes Molarenband, das der Bißhebung dient. **2.** K o n s e r v i e r e n d e Z h k.: → Onlay. [1,5]

Over|lay|sperre (*Bay*, Basel): → Aufbißschiene. [4]

ovo|id: eiförmig. [9]

Ovulation f: Eröffnung des Follikels mit Freigabe des Eies; ca. alle 28 Tage reift ein Follikel zum → *Graaf*-Follikel heran und das Ei wird dann ausgestoßen. Der Vorgang der Ovulation vollzieht sich bei der geschlechtsreifen Frau i. a. zwischen dem 12. und 16. Tag nach Beginn der letzten Regelblutung. Nebenwirkungen vor allem im arteriellen und venösen Kreislauf. [9]

Owen-Kontur|linien (Sir Richard S. O., Anat., London, *1804, † 1892) f pl: grobe, schon makroskopisch an Zahnschliffen erkennbare Schicht- oder → Wachstumslinien (*Ebner*-Linien) im zirkumpulpalen Dentin (Abb.). Eine an Sechsjahrmolaren und an Milchzähnen stärker hervortretende Linie wird → Geburtslinie genannt. Perinatale Allgemeinerkrankungen verursachen besonders deutliche O. [1,30]

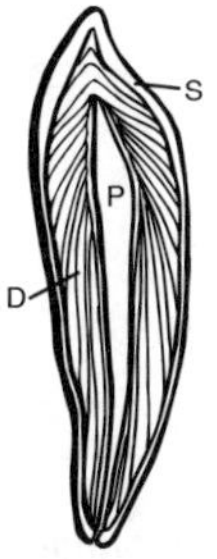

D: Dentin; S:Schmelz; P: Pulpa.

Oxacillin: ein Staphylokokken-β-lactamasefestes Penicillin. → Isoxazolyl-Penicilline. [7]

Oxalate (gr.) n pl: Salze der Oxalsäure, z.B. Kalziumoxalat. [23]

Oxal|essig|säure: wichtiger Bestandteil des → Zitronensäurezyklus, der bei dem aeroben Abbau der Kohlenhydrate mitwirkt. [23]

Oxazepam: 1,4-Benzodiazepin-Derivat, → Metabolit des → Diazepams. Wirkungsmechanismus usw. → Benzodiazepine. O. wird langsam absorbiert. Der Wirkungseintritt erfolgt ca. 2 h post applicationem, was bei der Festlegung des Einnahmezeitpunktes zum Behandlungsbeginn beachtet werden muß. Eliminationshalbwertszeit (→ Halbwertszeit, terminale): 4-15 h; → Biotransformation: Konjugation an Glucuronsäure und anschließende renale Elimination. Hohes Lebensalter und Lebererkrankung haben keinen Einfluß auf die Eliminationshalbwertszeit. Indikation in der Zhk. als → Anxiolytikum/→ Sedativum. [7]

Oxazolam: 1,4-Benzodiazepin-Derivat, → Tranquilizer, → Prodrug. Der pharmakodynam. wirksame → Metabolit hat eine Eliminationshalbwertszeit (→ Halbwertszeit, terminale) von 50-90 h. Auch → Benzodiazepine. [7]

Oxid (gr.) n: das Produkt der → Oxidation, Verbindung mit Sauerstoff. [23]

Oxidasen f pl: Enzyme, die am biolog. Verbrennungsprozeß beteiligt sind. Die bekanntesten sind die Zytochromoxidasen, die Peroxidasen und die → Katalase. Den Speicheloxidasen wird Bedeutung für die Mundreinigung zugesprochen. [23]

Oxidation f: i. e. S. Verbindung einer Substanz mit Sauerstoff bzw. Entzug von Wasserstoff, allg. Überführung in eine höhere Wertigkeitsstufe, wobei das Oxidationsmittel selbst reduziert, d.h. auf eine niedrigere Wertigkeitsstufe gebracht wird. Umgekehrte Reaktion: → Reduktion. [23]

Oxid|keramik f: mono- und polykristalline Aluminiumoxid- und Zirkoniumoxidkeramik, dient u.a. zur Herstellung von enossalen Implantaten (→ Implantat, enossales). Ungünstige mechanische Eigenschaften (Frakturgefahr) müssen durch voluminösere Abmessungen ausgeglichen werden. Vorteil: geringere Plaqueaffinität, reizlose Schleimhautverhältnisse. [18]

Oxido|reduktasen f pl: Sammelname für → Enzyme, die Oxido-Reduktionsprozesse katalysieren, d.h. Verbindungen Wasserstoff entziehen oder anlagern. [23]

Oxyd: → Oxid. [23]

Oxy|genium n: → Sauerstoff. [23]

Oxy|metazolin: direktes → Sympathomimetikum, $\alpha_2 > \alpha_1$-Adrenozeptor-Agonist (→ Agonist). Anwendung lokal zur Abschwellung der Nasenschleimhaut (Wirkungsmax. 5-10 min post applicationem, Wirkungsdauer 5-7 h). Indikation in der Zhk. supportiv bei der Behandlung einer Sinusitis maxillaris dentogenen Ursprungs. Zur Vermeidung einer Nasentropfenrhinitis nicht länger als für 10 Tage verordnen. [7]

oxy|phil: → azidophil, → eosinophil. [9]

Oxy|tetra|cyclin: Derivat des → Tetracyclins mit einer enteralen Resorptionsquote von ca. 60% (nahrungsabhängig) und einer Eliminationshalbwertszeit (→ Halbwertszeit, terminale) von 8-10 h. [7]

Oxy|tozin n: Hormon des hypothalamo-neurohypophysären Systems (Synthese im → HHL); Wirkungsmechanismus: Konstriktion der Uterusmuskulatur. [23]

Oxy|uris vermicularis f: Madenwurm (Enterobius vermicularis). Männchen 3-5, Weibchen 9-12 mm, weiß, fadenförmig. Im Darm bes. bei Kindern. Zur Eierablage wandern sie zum After, wo sie heftigen Juckreiz verursachen, bes. nachts. Immer neue orale Infektionsmöglichkeit durch Eier, die beim Kratzen unter die Fingernägel gelangen. [8]

Oxy|zephalie f: Oxyzephalus; angeborener Spitzkopf, durch frühzeitige Synostose nach oben kegelförmig zugespitzter Schädel. [3]

Ozäna (gr.) f: Stinknase; chron. Rhinitis mit progredienter → Atrophie von Nasenschleimhaut und Knochen unter penetranter Geruchsbildung, gelegentlich bei Resektions-/Obturatorprothesen im Oronasalbereich, vorzugsweise nach Radiatio (→ Strahlentherapie) auftretend; auch familiäre Disposition. [19, 27]

Ozon (gr.) n: dreiatomiger Sauerstoff, O_3, von eigentümlichem Geruch. Starkes Oxidationsmittel, dabei Übergang in molekularen Sauerstoff, O_2. Reizt bei Einatmung die Schleimhäute. Dient zur Behandlung von Pulpagangrän und parodontitischen Taschen (→ Insufflation). [23]

P

P: Abkürzung für Prämolar (Vormahlzahn oder Backenzahn). Vgl. Zahnformel. 30
P.: chem. Symbol für Phosphor. 23
PA: Abk. für syphilitischen → **Primäraffekt.** 12
pA_2-Wert: negativer dekadischer Logarithmus der → Antagonisten-Konzentration, in deren Gegenwart die → Agonisten-Konzentration verdoppelt werden muß, um wieder 50% der max. Wirkungsstärke zu erreichen. → Antagonist, → Agonist. 7
Pacchioni-Granulationen (Antonio P., Anat., Rom, *1665, † 1726) f pl: Granulationes arachnoidales; Ausstülpungen der → Arachnoidea, die erst nach dem 2. - 3. Lebensjahr entstehen. Sie verursachen durch Vorwölben der Dura im Schädeldach röntgenolog. wahrnehmbare Grübchen. 9
Pace|maker (engl.) m: → Schrittmacher. 20
Pachy|cheilie f: → Makrocheilie. 12
Pachy|dermie f: Verdickung und Verhärtung der Haut, angeboren oder erworben. 12
Pachy|glossie f: → Makroglossie. 2
Pachy|zephalie f: Pachyzephalus; kurzer dikker Schädel infolge vorzeitiger Verknöcherung der sog. Lambdanaht zwischen den Scheitelbeinen und dem Hinterhauptbein. 3
Paddel|feder: ösen- bzw. paddelförmige kieferorth. Drahtfeder zur → Protrusion von Frontzähnen (Abb.). 5

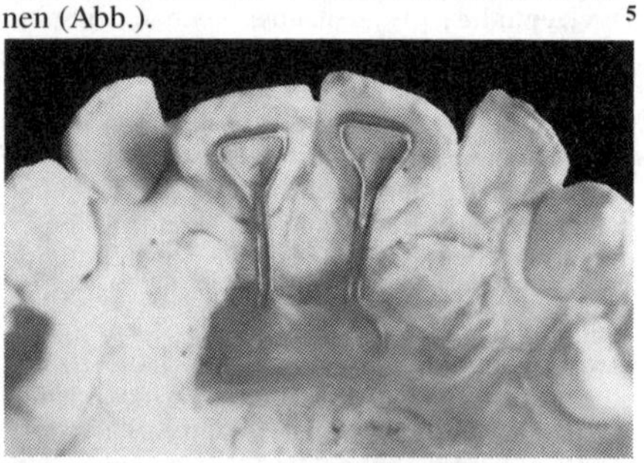

Päd|iatrie f: Kinderheilkunde. 20
Päd|odontie f: Kinderzahnheilkunde. 5
Paget-Knochen|dystrophie (Sir James P., Chir., London, *1814, † 1899) f: → Osteodystrophia deformans. 12
Paget-Krankheit: umschriebene, rötliche, erosive, schuppende, ekzemähnliche Hautveränderung, vorwiegend im Mammillenbereich bei Frauen über 40 Jahren. Seltener in der Mundhöhle, an Genitalien und Achselhöhlen. Therapie operativ. → Präkanzerosen. 34
Palä|odonto|logie f: Lehre von den vor- und frühgeschichtlichen Befunden an Zähnen. 30
palatinal (lat.): den Gaumen betreffend, gaumenwärts gelegen. 30
Palatinal|bogen: intraoraler, intramaxillärer Bogen, der über den Gaumen führt. Befestigt an Molarenbändern (fest oder herausnehmbar). Es gibt versch. Formen, z.B. *Goshgarian*-Bogen (Abb.), → *Nance*-Apparatur, → *Quad-Helix*. Der

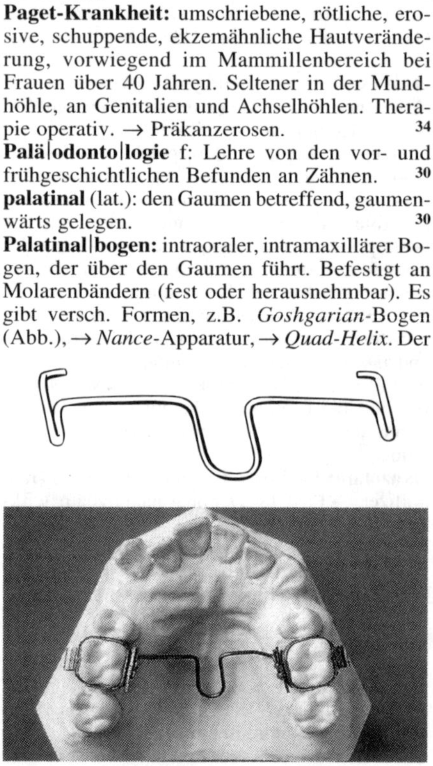

Palatinalbogen nach *Goshgarian* [29]

P. eignet sich zur Verbesserung der → Verankerung, als Lückenhalter, zur Rotation und Aufrichtung von Molaren sowie zur transversalen und sagittalen Erweiterung des Zahnbogens. 5
Palatinal|lappen: typischer, aus der Gaumenschleimhaut gebildeter Lappen, der am Fora-

men palatinum majus gestielt ist und die A. palatina major enthält. Dient meist zum Verschluß von Antrumperforationen nach Zahnextraktion (Abb.). [2]

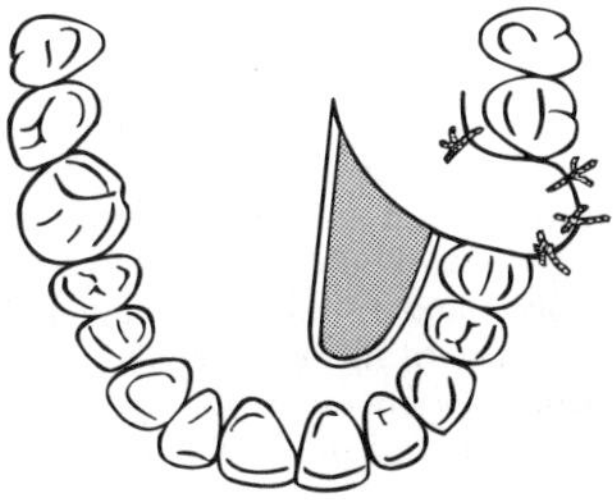

Palatinal-Split-Schraube: → Hyrax-Schraube. [5]
Palat|odynie f: (halbseitiger) Schmerz am harten Gaumen bei Trigeminusneuralgie. [2]
Palato|pagus m: → Epignathus. [3]
Palato|schisis f: → Gaumenspalte. [3]
Palato|skopie f: Methode zur Darstellung der → Plicae palatinae transversae bei der → Identifizierung von Personen und Leichen durch Foto und/oder Abdruck mit weicher Dentalabformmasse. Nach Begradigung der Oberfläche und Anfärben Drucken auf Papier (Palatographie). [28]
Palatum (lat.) n: → Gaumen. [3, 9]
Palatum durum n: harter Gaumen. [3, 9]
Palatum fissum n: → Gaumenspalte. [3, 9]
Palatum molle n: weicher Gaumen, → Gaumensegel. [3, 9]
Palladium (lat.) n: silberweißes Edelmetall von größerer Härte und Zähigkeit als Platin. Symbol Pd, Schmelzpunkt 1.555 °C, Atomgewicht 106, spez. Gewicht 11,97 g/m^3. In der Verbindung mit Silber in Dentallegierungen verwendet. Vgl. Palliag®. [4, 23]
Palliag®: Palladium-Silberlegierung. Verwendung in der Zhk. wird neuerdings kritisch beurteilt; das gilt insbesondere für Palladium-Kupferlegierungen (Bundesgesundheitsblatt 1992, S. 579 ff.). Vgl. Palladium. [34]
palliativ (lat.): krankheitsmildernd (ohne zu heilen). [2]
Pallium (lat.) n: → Kortex, Großhirnrinde; Mantelteil des Großhirns. [9]
palmar (lat.): die Handfläche betreffend. [12]
palmo|plantar: Handfläche und Fußsohle betreffend. [12]
palpabel (lat.): tastbar. [2]
Palpation f: Betastung zu Untersuchungszwekken. Verb.: palpieren. [2]
Palpebra (lat.) f: Augenlid. [9]
palpebralis: zum Augenlid gehörig. [9]
Paltauf-Sternberg-Krankheit (Richard P., Pathol., Wien, *1858, † 1924; Carl S.): → Lymphogranulomatose. [32]
p-Amino|benzoe|säure: Vorstufe bzw. Bestandteil der Folsäure. Bakterienwuchsstoff, der durch die strukturanalogen → Sulfonamide verdrängt wird, so daß eine Hemmung der Bakterienvermehrung eintritt. [23]
p-Amino|salizyl|säure: Abk. PAS; Tuberkulostatikum, vor allem bei exsudativer Lungentuberkulose und Schleimhauttuberkulose wirksam. [34]
Panaritium (lat.) n: eitrig-phlegmonöse Entzündung an Fingern und Zehen (am Nagelbett). [12]
Pan|arteri|itis f: → Periarteriitis nodosa. [12]
Pandemie f: Seuche, die auf große Gebiete eines Landes oder Erdteiles übergreift, z.B. die Pest im Mittelalter, spanische Grippe 1918-1923, asiatische Grippe 1957-1958. [8]
Pankreas (gr.) n: Bauchspeicheldrüse, längliches Drüsenorgan im linken Oberbauch, von der Milz bis zum Duodenum sich erstreckend. Unterteilung in Kopf, Körper und Schwanz (Abb. a).

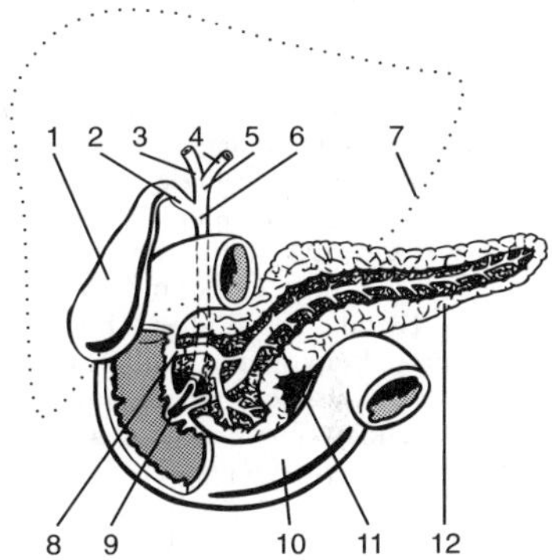

Abb. a
1: Gallenblase; 2: Ductus cysticus; 3: rechter Ductus hepaticus; 4: linker Ductus hepaticus; 5: Ductus hepaticus communis; 6: Ductus choledochus; 7: Lebergrenze; 8: akzessorischer Pankreasgang; 9: Ampulle des Ductus choledochus; 10: Duodenum; 11: Ductus pancreaticus; 12: Pankreas.

Histologische Zusammensetzung aus einem exkretorischen tubuloazinösen und einem inkretorischen insulären Organ (*Langerhans*-Inseln, Abb. b). Das Sekret des exkretorischen Anteils wird in den Zwölffingerdarm abgeleitet und baut Eiweiß (Trypsin), Kohlenhydrate (Diastase) und Fett (Lipase) ab. Die *Langerhans*-Inseln sind

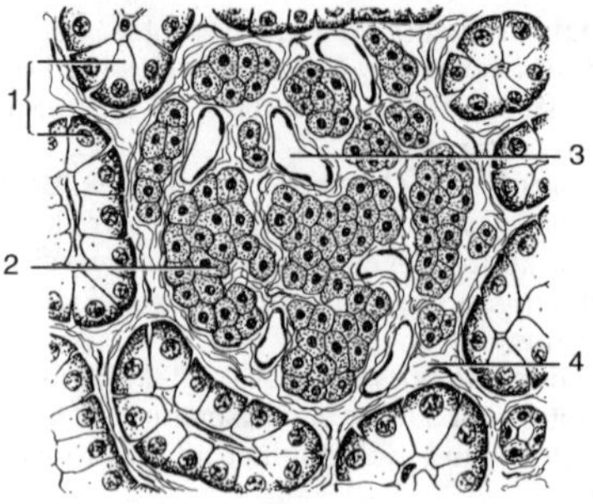

Abb. b
1: exkretorisches Drüsengewebe; 2: *Langerhans*-Insel; 3: Blutkapillare; 4: Bindegewebe.

innersekretorische Drüsen, die das → Insulin bilden. Mit Hilfe bestimmter Färbeverfahren Unterscheidung von vier Typen von Inselzellen: A-, B-, D- und PP-Zellen. Die bedeutendsten Zellen entsprechen dem Typ B und bilden Insulin. Die A-Zellen produzieren → Glukagon, die D-Zellen Somatostatin und die PP-Zellen das sog. pankreatische Peptin. 9

Pan|myelo|phthise f: Knochenmarksschwund; Versagen aller drei Reihen der → Hämatopoese, der Erythropoese (aplastische → Anämie), der → Leukopoese bzw. Myelopoese (Leukopenie, Agranulozytose) und der → Thrombopoese (Thrombozytopathie). Ätiologie oft unklar, in Betracht kommen Chemikalien, Drogen, Strahleneinwirkung und Zytostatika; häufig markbeschränkte, unreifzellige Leukämien bzw. deren Spätstadien. Klinik: im Blutbild hochgradige Anämie, starke Leukopenie und Thrombozytopenie. Hämorrhagische Diathesen mit Neigung zu nekrotisierenden Zahnfleisch-, Mund- und Rachenschleimhautentzündungen. Teils schleichender Beginn, teils sepsisähnlicher Verlauf. Prognose ungewiß. Therapie: Bluttransfusionen, evtl. Glukokortikoide. 20

Panniculus adiposus m: Unterhautfettgewebe; das Fettpolster der Haut. 20

Pannus corneae m: Keratitis vascularis; Zustand in welchem die an sich gefäßlose Hornhaut des Auges von Blutgefäßen durchsetzt ist, entzündl.-reaktiv. 12

Pan|ophthalmie f: eitrige Entzündung des ganzen Augapfels. 20

Panorama|röntgen|aufnahme|verfahren: zusammenfassende Bez. für Röntgentechniken, die einen panoramaartigen Überblick über den gesamten Zahnbogen und die angrenzenden Kieferregionen ohne gegenseitige Überlagerungen liefern. Nach dem Prinzip der Bildentstehung werden zwei grundsätzlich verschiedene Verfahren unterschieden: → Panoramavergrößerungsaufnahmeverfahren und → Panoramaschichtaufnahmeverfahren. 14

Panorama|schicht|aufnahme|verfahren: von *Paatero* und *Heckmann* (1949/58) nach dem Prinzip der → Tomographie entwickeltes Röntgenaufnahmeverfahren, das einen panoramaartigen Überblick über Ober- und Unterkiefer mitsamt den Kiefergelenken auf einem Röntgenbild liefert. Durch eine koordinierte Bewegung von Röntgenröhre und Filmkassette um den Kopf des Patienten wird mit vorwiegend → orthoradialer Projektion eine dem Zahnbogen entsprechende gekrümmte Schicht abgebildet. Vor und hinter dieser Schicht gelegene Objekte werden verwischt und gelangen mehr oder weniger unscharf zur Darstellung. Die Schichtdicke hat im Frontzahnbereich die geringste Tiefe. Eine möglichst orthoradiale Projektion zur überlagerungsfreien Darstellung der Zähne wird in der Regel über 3 Rotationszentren angestrebt (Abb. 1). Zur

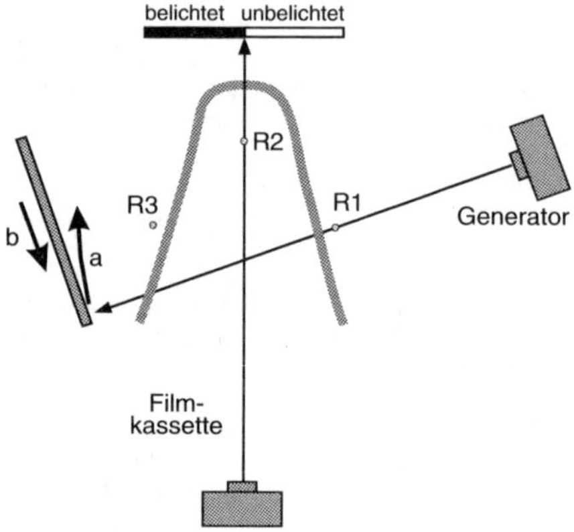

Abb. 1: Prinzip eines Panoramaschichtaufnahmeverfahrens mit 3 Rotationszentren (R1-R3) und Plankassette. Pfeil a zeigt die Bewegungsrichtung des Trägerarms, Pfeil b die der Kassette.

Abb. 2: Darstellung des gesamten Kauorgans in der Panoramaschichtaufnahme

Anpassung an den jeweiligen Patienten ist bei einigen Geräten die Einstellung verschiedener Schichtformen möglich. Das P. erlaubt die Darstellung des gesamten Kauorgans (Abb. 2) bei geringer Strahlenbelastung des Patienten, ohne jedoch die Zeichenschärfe eines → Zahnfilms zu erreichen. Die Computersteuerung moderner P.-Geräte ermöglicht zusätzliche Schichtdarstellungen im Kiefergesichtsbereich: Sinus maxillaris, Kiefergelenk, Kiefer transversal (z.B. Scanora®). Das P. wird heute in der gesamten ZMK-Heilkunde eingesetzt. Vgl. Panoramavergrößerungsaufnahmeverfahren. 2, 14

Panorama|vergrößerungs|aufnahme|verfahren: Röntgentechnik, die auf einem Röntgenbild einen panoramaartigen Überblick über den gesamten Zahnbogen und die angrenzende Kieferregion des Ober- oder Unterkiefers liefert. Dabei wird eine dünne Hohlanodenröhre mit einem Applikator in die Mundhöhle gebracht und der um den Ober- oder Unterkiefer gelegte Film durch ein Weitwinkel-Strahlenfeld von intraoral belichtet (Abb. 1).

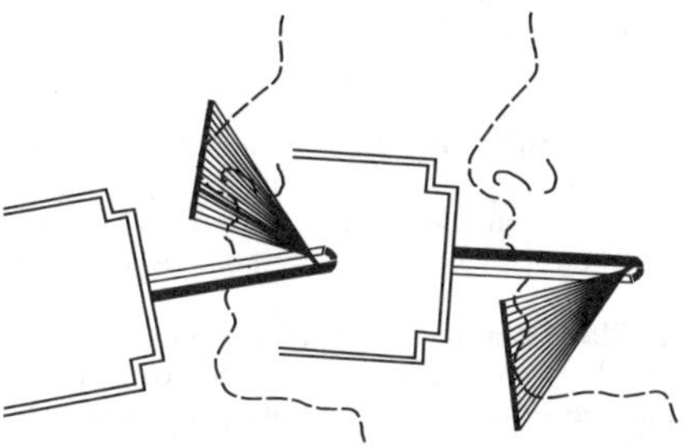

Abb. 1: Schematische Darstellung der intraoralen Röhrenführung bei außenliegendem Film, links für Oberkieferaufnahmen, rechts für Unterkieferaufnahmen

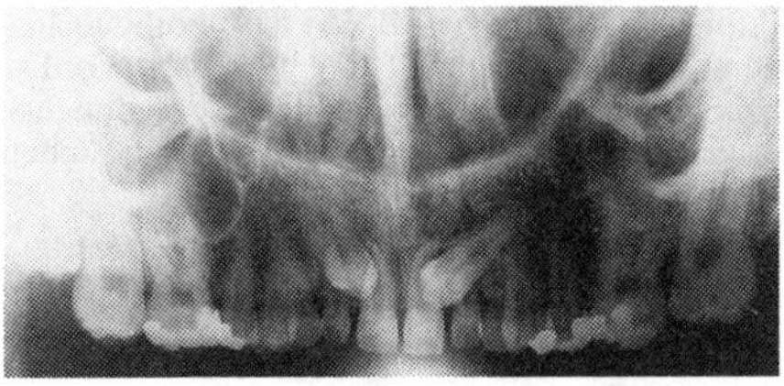

Abb. 2:
Oberkieferaufnahme mit verlagerten Eckzähnen

Wegen des kleinen Fokus-Objekt-Abstandes (daher auch hohe Dosisbelastung!) und des teilweise relativ großen Objekt-Film-Abstandes werden die Zähne mehr oder weniger vergrößert. Mit dem P. lassen sich Frontzähne und Prämolaren mit ihren Kieferbasen überlagerungsfrei darstellen (Abb. 2), im Molarenbereich kann eine erhebliche Verzeichnung stören. Vgl. Panoramaschichtaufnahmeverfahren. 14

Pan|ostitis f: Entzündung des gesamten Organs Knochen, also → Ostitis, → Periostitis und → Osteomyelitis. Im klinischen Sprachgebrauch meist als Osteomyelitis bezeichnet. 2

Pan|sinusitis f: Entzündung aller Nasennebenhöhlen. 2

Pantocain®: → Tetrakain. 2

Pantoffel|vergleich: von *Körbitz* entwickelter bildhafter Vergleich zur Erklärung einer Rücklage des Unterkiefers bei einem an sich allen Zähnen Platz bietenden, wohlgebauten, aber schmalen Kiefer eines Langschädels (Abb. 1). Nach

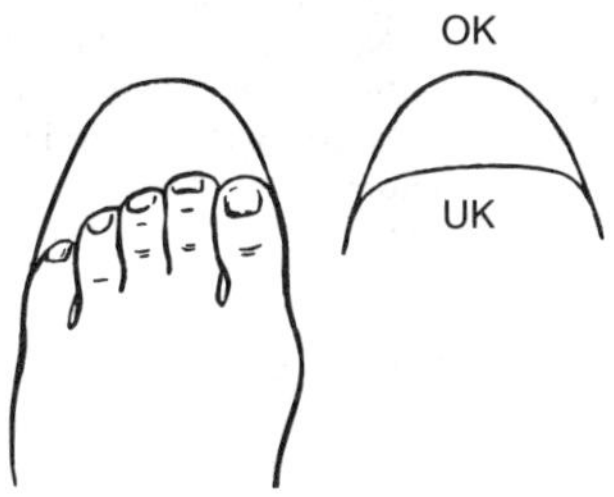

Abb. 1: Rücklage des Unterkiefers infolge transversaler Enge des Oberkiefers (Pantoffel)

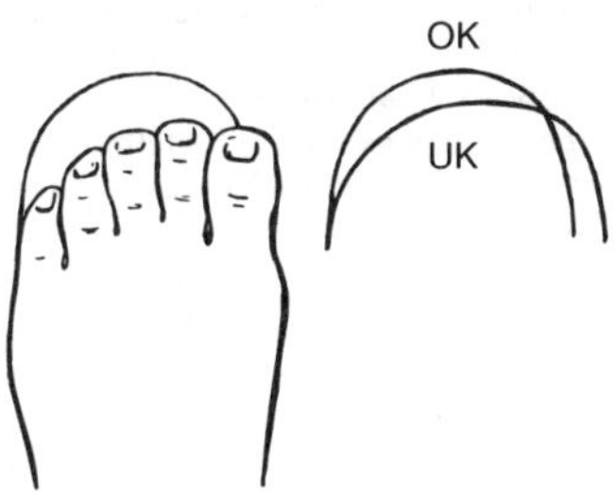

Abb. 2: (Geringere) Rücklage des Unterkiefers infolge transversaler Enge des Oberkiefers, jedoch einhergehend mit mandibulärer Verschiebung (einseitig aufgerissener Pantoffel)

Korkhaus kann der P. auch bei einseitigem → Kreuzbiß (einseitig aufgerissener Pantoffel) angewandt werden. Der Unterkiefer ist hierbei nach der Bißseite verschoben (Abb. 2). 5

Panto|graphie f: extraorale Aufzeichnung der horizontalen und vertikalen Bewegungen von

Kondylen und Eckzahnbewegungen (etwas verzerrt, da außerhalb des Mundes aufgezeichnet) in einem volljustierbaren → Artikulator. Unterschiede ergeben sich durch Registrierung mit und ohne Zahnführung. → Gesichtsbogen. 4

Pantopon®: injizierbares Präparat mit den Gesamtalkaloiden des Opiums (enthält ca. 50% Morphin). 2

pan|trop: mit Affinität zu allen Körpergeweben, z.B. p.e Viren; Viren, die alle Gewebe (alle Organe) befallen können. 8

Pan|vaskulitis f: toxisch, allergisch, hyperergisch oder autoaggressiv bedingte Entzündung des gesamten Gefäßsystems. Vgl. Sklerodermia diffusa progressiva, Periarteriitis nodosa. 12

Papageien|krankheit: Ornithose; Psittakose; durch infizierte Vögel übertragene Viruskrankheit. 8

Papanicolaou-Diagnostik (George Nicholas P., Anat. und Pathol., New York, *1883, † 1962) f: Zytodiagnostik von Vaginalabstrichen (seitl. Scheidenwand für hormonelle, Zervix, Portio oder hinteres Scheidengewölbe für Krebsdiagnostik) mit Hilfe einer Spezialfärbung (*Papanicolaou*-Färbung). Nach P. angefärbte Zellen zeigen eine transparente Plasmafärbung je nach Reifegrad und deutliche Kernstrukturen. Zytol. erfaßt werden Form- u. Größenabweichung der Kerne, veränderte Kern-Plasma-Relationen, Mitoseanomalien, Mehrkernigkeit etc.; Sicherheit der Methode beim Zervix-Karzinom 80-90%, beim Korpus-Karzinom 60%. 32

Papeln (lat.) f pl: derbe, feste, über die Haut hervorragende Knötchen von Hirsekorn- bis Linsengröße. Vgl. Effloreszenz. 12

Papier|chromato|graphie f: Methode der chemischen Analyse, deren Prinzip darin besteht, daß lösliche Substanzen mit Flüssigkeit auf Filtrierpapier wandern und sich auftrennen. Die P., bei der man je nach der angewandten Technik zwischen aufsteigender, absteigender und Rundfilter-P. unterscheidet, ist an sich eine qualitative Untersuchungsmethode, kann aber in Kombination mit anderen Verfahren auch für quantitative Bestimmungen herangezogen werden. 23

Papier|spitzen: feine, dem Lumen der Wurzelkanäle angepaßte, sich verjüngende Spitzen aus saugfähigem Papier. Dienen bei der → Wurzelkanalbehandlung zum Trocknen der Kanäle, aber auch als Medikamententräger. 1

Papilla (lat.) f: Papille; warzenartige Erhabenheit, meist an Haut oder Schleimhaut (Abb. a und b). 9, 30

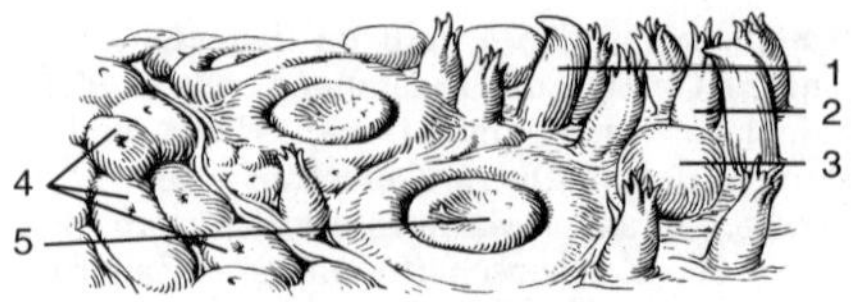

Papilla. Abb. a
1: Papillae conicae; 2: Papillae filiformes; 3: Papillae fungiformes; 4: Folliculi linguales (IANC) = Papillae lenticulares (BNA); 5: Papillae vallatae. [10]

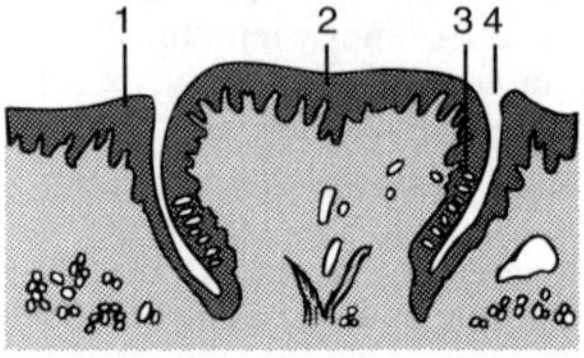

Papilla. Abb. b
1: Wall; 2: Papilla vallata; 3: Geschmacksknospen; 4: Wallgraben.

Papilla dentis f: → Zahnpapille. 9

Papillae conicae f pl: vergrößerte Art der P. filiformes der Zunge mit kegelförmigen, abgebogenen Spitzen (Abb. → Papilla, a). 9

Papillae filiformes f pl: fadenförmige, gezipfelte Zungenpapillen, die in ihrer Gesamtheit dem Zungenrücken das samtartige Aussehen verleihen. Neigen zu Verhornung (Abb. → Papilla, a). 9

Papillae foliatae f pl: eine am hinteren Seitenrand der Zunge gelegene Gruppe von Schleimhautfalten, die Geschmacksknospen tragen (Abb. → Zunge). 9

Papillae fungi|formes f pl: pilzförmige, nicht verhornte Zungenpapillen, die sich zerstreut zwischen den P. filiformes finden (Abb. → Papilla, a). Im Gegensatz zu diesen sind an der Oberfläche der P. f. Geschmacksknospen vorhanden. 9

Papillae lenticulares (BNA) f pl: Folliculi linguales (IANC), Zungenbälge, linsenförmige Erhabenheiten an den Seitenrändern des Zungengrundes, die aus adenoidem Gewebe bestehen (Abb. → Papilla, a). 9

Papillae linguales f pl: → Zungenpapillen. 30

Papillae vallatae f pl: umwallte Zungenpapillen; 8-10 kurze, dicke, runde Erhabenheiten, V-förmig am Zungengrund angeordnet und von einem ringförmigen Wall umgeben, an dem viele Geschmacksknospen liegen (Abb. → Papilla, a und b, → Zunge). In der Tiefe der ringförmigen Rinne münden die Spüldrüsen. Vgl. Geschmacksnerven. 9

Papilla incisiva f: Erhebung am vorderen Ende der Raphe des Gaumens über dem Foramen incisivum. [9]

Papilla lacrimalis f: kleine Erhebung an der inneren Kante des oberen und des unteren Augenlids. [30]

Papilla par|otidea f: Mündung des Ausführungsganges der Glandula parotis. [9]

papillär (lat.): papillaris; papillen- bzw. warzenförmig. [32]

Papille der Mund|schleim|haut f pl: Papilla gingivalis oder interdentalis: → Interdentalpapille, → Papilla incisiva; Papilla parotidea. [30]

Papille, inter|dentale f: → Interdentalpapille. [30]

Papillen|blutungs|index m: Abk. PBI; Index zur (semi-)quantitativen Registrierung der Gingivitisprävalenz bei einem Patienten. Man streicht mit minimalem Druck von der Basis der Papille gegen den Col und unterscheidet nach der Reaktion: Grad 0: keine Blutung (auch nicht nach 30 s); Grad 1: Blutpunkt nach 1-15 s; Grad 2: sofort schwache Blutung; Grad 3: das ganze interdentale Dreieck füllt sich mit Blut; Grad 4: rasche Blutung in den Sulkus mesial und distal. Der Index wird berechnet, indem die Summe der Grade durch die Zahl der untersuchten Papillen geteilt wird. [6, 15]

Papillen|messer: fächerförmiges Messer zum Abtragen der Interdentalpapillen (Abb.). [6]

Papillen, umwallte f pl: → Papillae vallatae. [9]

Papillom n: Zottengewächs; im engeren Sinne eine Neubildung, die sich aus einem Grundstock bindegewebiger Papillen und aus einer epithelialen Bedeckung zusammensetzt (fibroepithelialer Tumor), im weiteren Sinne jede Geschwulst

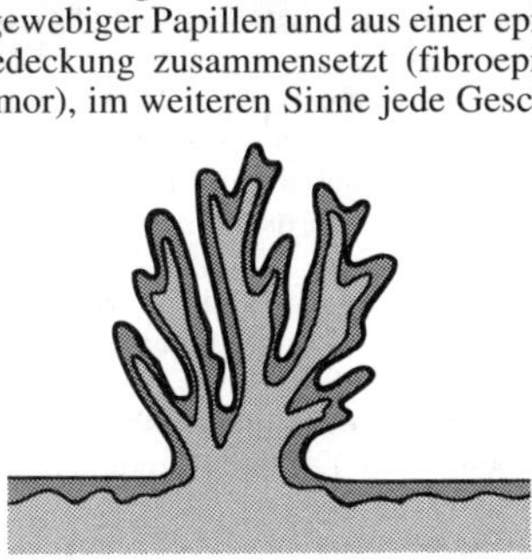

mit zerklüfteter Oberfläche (z.B. sind einige Hautwarzen P.e.). In der Mundhöhle weißliche blumenkohlartige Gebilde, oft am Gaumen, aber auch in den übrigen Regionen (Abb.). Meist breitbasig aufsitzend, nicht selten gestielt. Gutartig. Therapie: radikale Exzision. Unter einem P. kann sich ein papilläres Karzinom verbergen. [6]

Papillon-Leage-Syndrom n: ektodermale Dysplasie mit Zahn-, Augen- und Nasenbeteiligung. Symptome: angeborene Zähne, Zahnstellungsanomalien, hyperplastische Zahnwurzelbildungen, vorzeitiger Zahndurchbruch, Zahnverlust, Mikrogenie. [3]

Papillon-Lefèvre-Syndrom n: autosomal rezessiv erbliches Syndrom mit Gingivahyperplasie, gekennzeichnet durch flächenhafte Verschuppung an Händen und Füßen sowie charakteristische Zahnstellungs- und Durchbruchsanomalien. Sobald die Milchzähne durchgebrochen sind, kommt es zur gingivoparodontalen Manifestation: Dystrophie der Alveolarfortsätze mit frühzeitigem Zahnausfall. Dieselben Erscheinungen auch im bleibenden Gebiß. Therapie: sorgfältigste parodontalprophylaktische Maßnahmen. Vgl. Keratoma palmare et plantare, gingivoparodontale Manifestationen systemischer Erkrankungen. [3, 6]

Papin-Topf (Denis P., frz. Phys., *1647, † 1714): Gefäß mit fest verschraubbarem Deckel, in dem Flüssigkeiten über ihren Siedepunkt erhitzt werden können, da der Druck in ihm steigt (→ Autoklav). [10]

Papova|viren n pl: Virusgruppe, die aus dem *Pa*pilloma- und *Po*lyoma-Virus sowie dem *va*cuolating agent (Simian-Virus, SV 40, SV-Virus) besteht. Viren sind onkogen, DNS-haltig, ∅ 40-50 nm. [8]

Papulae (lat.) f pl: → Papeln. [12]

papulös: knötchenbildend. → Papeln. [12]

para- (gr.): Vorsilbe mit den Bedeutungen **1.** neben, entlang, bei; **2.** hin, hinzu; **3.** darüber hinaus; **4.** gegen, entgegen; **5.** abweichend; **6.** außer. [34]

Parabene: Ester der 4-Hydroxibenzoesäure, werden in freier Form oder als Na-Salze zur Konservierung z.B. von Arzneimittelzubereitungen und kosmetischen Produkten verwendet - Kurzbezeichnung: Methyl-, Ethyl-, Propyl-, Butylparaben. Löslich in Alkohol und Äther, wirksam im pH-Bereich von schwach sauer bis schwach alkal. P. haben haptogene Potenz. Vgl. Paragruppen-Allergie. [7]

Paracetamol: Analgetikum und Antipyretikum. Orale → Bioverfügbarkeit: 85%, → Verteilungsvolumen, scheinbares: 0,7-0,9 l/kg KG, Proteinbindung: 25%, Eliminationshalbwertszeit (→ Halbwertszeit, terminale): ≈ 3 h, → Biotransformation vornehml. → Konjugationsreaktionen, daneben im geringen Ausmaß Oxidation zu einem reaktionsfähigen → Metaboliten, der durch

Konjugation mit Glutathion inaktiviert wird. Nebenwirkungen bei kurzfristiger Applikation, Einhalten der Dosierungsempfehlung und Beachtung der Kontraindikationen keine; bei chron. Einnahme: Kopfschmerzen, Leberzellnekrosen, Analgetika-Nephropathie (→ Analgetika) mögl.; Kontraindikationen: absolut: Allergie gegen P., Glukose-6-Phosphat-Dehydrogenase-Mangel, relativ: Lebererkrankung, Nierenfunktionsstörungen (schwere). Indikation in der Zhk. als Analgetikum und → Antipyretikum. [7]

Paracetamol-Intoxikation: Mechanismus: → Giftung des → Paracetamols und mangelnde Entgiftung bei Reduktion des Glutathiongehaltes der Leber auf < 30%. Durch kovalente Bindung des reaktionsfähigen → Metaboliten an Gewebeproteine kommt es zu Leberzell- und Nierenzellnekrosen. Klinische Symptome treten Stunden bis zu 2 Tage post applicationem auf. Zunächst gastrointestinale Beschwerden, Transaminaseanstieg. Ikterus ab 3.-4. Tag, 4-6 Tage später fulminante Leberzellnekrose mit evtl. Nierenversagen, Koma, Exitus. Toxische Schwellendosis ist individuell variabel. Bei entsprechender Disposition Intoxikation schon nach 5,0 g P./Tag mögl. Therapie: Innerhalb der ersten 16 h nach Einnahme des P. intravenöse Gabe von N-Acetylcystein und symptomat. Therapie. [7]

Paradeltazismus m: Ersatz des D- oder T-Lautes durch einen anderen richtig ausgesprochenen Laut, beispielsweise durch B. Sonderform des → Deltazismus. [19]

Paradentium n: früher verwendeter Terminus für → Parodontium; gleichbedeutender Terminus, der mit seinen Ableitungen 1953 aus philolog. Gründen (griech.-lat. Hybride) von der → ARPA in „Parodontium" umgewandelt wurde. [6, 30]

Paraffine (lat.) n pl: Gruppenbezeichnung für aliphatische gesättigte → Kohlenwasserstoffe (Alkane) der Formel C_nH_{2n+2}. [23]

Paraformal|dehyd m: Polymer des Formaldehyds mit unterschiedlicher Monomerzahl. Als 35-50%ige Zubereitung zur Devitalisierung der Pulpa vor Mortalexstirpation oder -amputation bzw. als 7-11%ige Zubereitung zur Mumifikation der Pulpa als zeitlich begrenzte endodont. Maßnahme zum Erhalt von Milchzähnen nach Entfernung der Kronenpulpa. Nebenwirkungen: Schmerzen entweder infolge Verbleibens vitalen Pulpengewebes bei unzureichender Freisetzung oder Diffusion von Formaldehyd oder Nekrosen im periapikalen Gewebe. Verwendung von P. im Milchgebiß vor Abschluß der Mineralisation des bleibenden Zahnes kann zu dessen Schädigung führen. Als Zusatz von Wurzelkanalfüllungsmaterial ist P. aufgrund seiner Zytotoxizität nicht geeignet. Parästhesien wurden beobachtet. Formaldehyd kann allerg. Reaktionen induzieren. [7]

Parafunktionen f pl: in der Zhk. (*W. Drum*, 1950): nach Qualität und Quantität unphysiologische Funktionen im Bereich des Kauapparates wie Pressen, Knirschen, Zungenpressen, Lippenbeißen, Lippensaugen, Wangenbeißen. I.w.S. alle → „habits", psychisch, berufsmäßig, habituell bedingte Angewohnheiten wie Lutschunarten, Bleistift kauen usw. Die P. werden größtenteils unbewußt ausgeführt, sind also der Selbstkontrolle des Patienten entzogen. Im parodontal-schwachen Gebiß können die P. zu Erkrankungen der Wurzelhaut und in der Folge zu Zahnwanderungen, Zahnlockerungen bzw. zum Zahnverlust führen. → Abrasion, → Parodontopathien. [4]

Paraganglien n pl: netzartige Zellverbände, die aus chromaffinen Zellen bestehen und mit dem Sympathikus verbunden sind. [9]

Parageusie f: Geschmacksstörung, anomale Geschmacksempfindung, meist ohne Störung des Geruchssinnes. Tritt im Rahmen einer → Hysterie, einer psychomotorisch epileptischen → Aura, aber auch im Rahmen einer → Wahnstimmung auf. [33]

Paraglossie f: → Dysglossie. [2]

Paraglossitis f: Entzündung der sublingualen Region. [2]

Paragruppen-All|ergie f: Sensibilisierung gegen Arzneistoffe mit einer am Benzolring parastÄndigen Amino- oder Hydroxylgruppe, deren immunchem. Gemeinsamkeit auf dem oxidativen Abbau zu Substanzen mit Chinonstruktur beruht. [7]

Parainfluenza|viren n pl: → Myxoviren. [8]

Parakeratose f: Reifungsstörung der Keratinisation der Epidermis, durch Erhaltenbleiben der Zellkerne in der Hornschicht gekennzeichnet. Tritt als normaler Verhornungstyp an der Schleimhaut von Wange und Unterzungenregion auf. Die übrige Mundschleimhaut verhornt (normal) keratotisch. [12]

Paralalie f: Ersetzen eines fehlenden Lautes durch einen anderen bei universellem Stammeln. Vgl. Dyslalie. [19]

Paralambdazismus m: Ersatz des L-Lautes durch einen anderen Laut, meist durch N. Sonderform des → Lambdazismus. [19]

Par|algesie f: Paralgie; Störung der Schmerzempfindung, bei der Schmerzreize paradoxerweise als angenehm empfunden werden. [33]

parallaktische Verschiebung: scheinbare Verschiebung zweier, vom Beobachter in verschiedenen Entfernungen befindlicher Gegenstände, die auftritt, wenn der Beobachter seinen Standort seitlich verändert. Kann bei Meßgeräten mit körperlichem Zeiger zu Ablesefehlern führen, wenn die Ablesung nicht senkrecht zur Skala erfolgt. 10

par|allaktisch verschobener Strahlen|gang: röntgenologische Methode zur Lokalisation von verlagerten Zähnen und Fremdkörpern. Durch 2 Aufnahmen aus verschiedener Richtung, meist mesio- und distoexzentrisch (→ exzentrische Projektion), tritt bei gleicher Lage der Filme ein geometrischer Effekt in Form einer scheinbaren Verschiebung von verlagertem Zahn (Fremdkörpern) gegenüber der normalen Zahnreihe auf (Abb. 1 bis 3). Dabei gilt für den horizontal verschobenen Strahlengang folgende Gesetzmäßigkeit: Bei gleichsinniger Verschiebung von Zentralstrahl und zu lokalisierendem Objekt liegt dieses palatinal (lingual), bei gegensinniger Verschiebung liegt es vestibulär. Ein ähnlicher

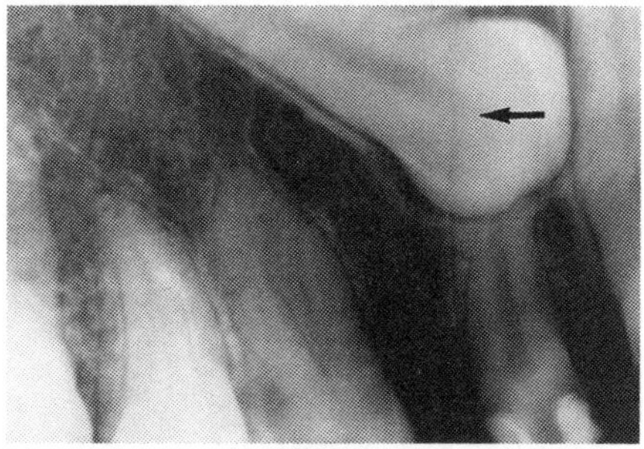

Abb. 3: distoexzentrisch-parallaktische Verschiebung

Effekt kann auch in der Vertikalen erreicht werden. → Lokalisationsmethoden. 14

Par|allaxe (gr.) f: Winkel, den die Verbindungslinien zwischen einem Bildpunkt und zwei Beobachtungspunkten bilden. 10

Par|allel|allergie f: → Kreuzallergie. 8

Par|allelo|meter n: Gerät zur extraoralen Festlegung der Einschubrichtung sowie zur Auswahl

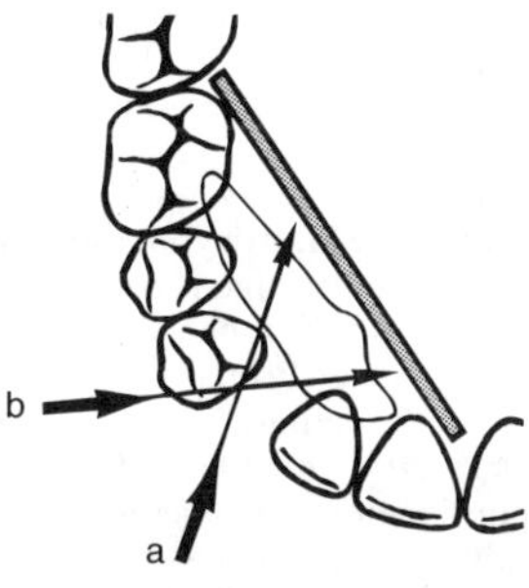

Abb. 1
a mesioexzentrisch; b distoexzentrisch.

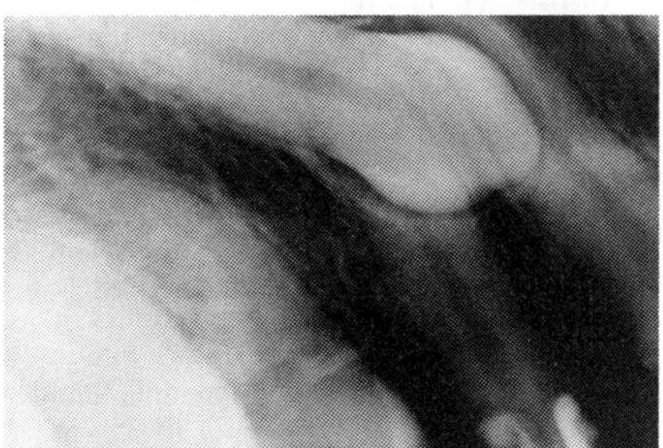

Abb. 2: mesioexzentrisch-parallaktische Verschiebung

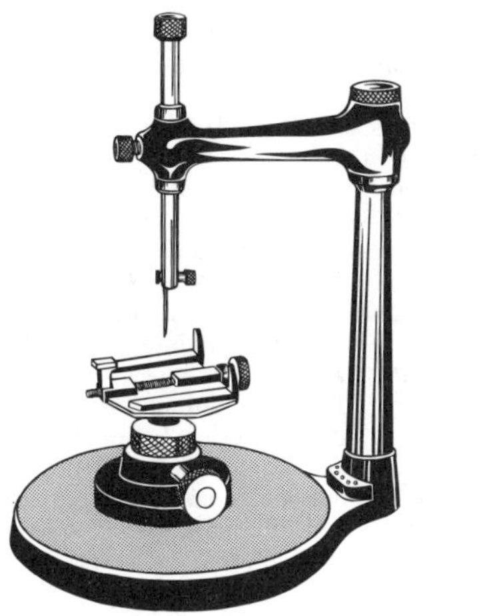

der Klammertypen nach dem → *Ney*-Klammersystem, bei der Herstellung der Einstückgußprothese und auch zur notwendigen Parallelisierung von Primärankern bei abnehmbaren teleskopierenden Brücken sowie bei der Frästechnik (Abb.). Intraorale Anwendung zur Parallelisierung von parapulpären Stiftchen. Vgl. Isodromie, Pinlay-Schiene. 4

Parallel|streifen des Schmelzes: → *Retzius*-Linien. 30

Par|allel|technik: Röntgentechnik zur maßstäblichen Darstellung der Zähne auf intraoralen Filmen. Dabei trifft der → Zentralstrahl senkrecht auf die parallel zur Zahnlängsachse ausgerichtete Filmebene (Abb.). In fast allen Regionen der Kiefer nur mit einem → Filmhalter möglich. Aus anat. Gründen (z.B. zu flaches Gaumengewölbe) werden häufig die Wurzelspitzen

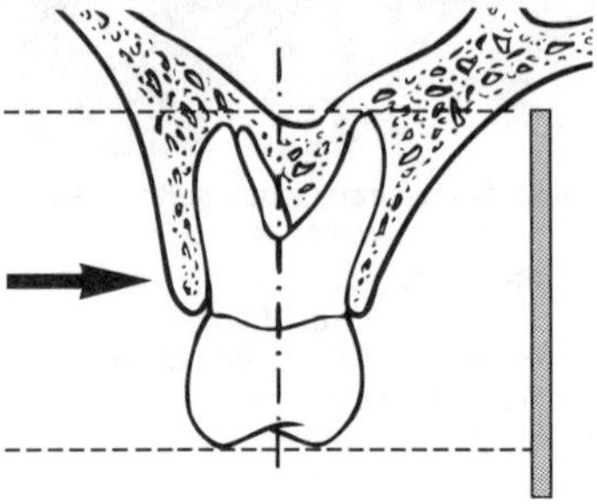

Der Zentralstrahl verläuft senkrecht zu Zahnachse und Filmebene

nicht wiedergegeben, so daß dann zur vollständigen Darstellung der Zähne die → Rechtwinkeltechnik oder die → Halbwinkeltechnik angewendet werden muß. 14

par|allergische Reaktionen f pl: → pseudoallergische Reaktionen. 7

Paralysis f: Paralyse; Lähmung mit völligem Versagen motorischer Funktionen (→ Lähmung). Außerdem Tertiärsyphilis des ZNS (→ progressive Paralyse). P. agitans: → *Parkinson*-Krankheit. P. spinalis ascendens: *Landry*-Paralyse, spastische Spinalparalyse. P. infantum: → Poliomyelitis. P. diaphragmatica: Zwerchfellähmung, meist durch Phrenikusdurchtrennung (auch therapeutisch). P. diphtherica: Lähmung nach Diphtherie mit vorwiegendem Befall der Schlund- und Akkomodationsmuskeln. P. glossopharyngolabialis: → Bulbärparalyse. P. posthemiplegica: Halbseitenlähmung nach Apoplexie. 34

Paralytiker m: 1. Gelähmter; 2. an → progressiver Paralyse Leidender. 34

para|median: neben der Mittellinie oder -ebene. 5

Parameter m: **1.** S t a t i s t i k : Bez. für Größen und Werte, durch die die Grundgesamtheit (→ Grundgesamtheit, statistische) charakterisiert ist, z.B. → Median, → Mittelwert. **2.** I n f o r m a t i k : Größen, die das Systemverhalten beeinflussen und steuern, z.B. Übergabeparameter an Programme. 26

Paramethason: halogeniertes → Glukokortikoid. Die antiphlogistische → Potenz ist, bezogen auf Kortisol, 10fach größer; die biol. Wirkungsdauer liegt zwischen 36-54 h. 7

Paramolaren m pl: meist bukkal gelegene überzählige Zähne zwischen den Molaren, bevorzugt im Oberkiefer. Selten voll entwickelt, häufig mit einem Molaren verschmolzen (Abb.).

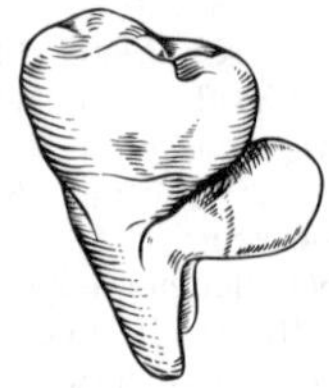

Atavismus (*Bolk*) fraglich, wahrscheinlich auf Überproduktion der → Zahnleiste zurückzuführen. Ätiologisch vielleicht verwandt mit dem Tuberculum paramolare. Vgl. Distomolaren. 30

Par|amylo|idose f: Amyloidablagerungen im Gegensatz zur → Amyloidose in rein mesenchymalen Geweben, z.B. bei multiplen → Myelomen; infolge knotiger Ablagerungen mächtig vergrößerte Zunge (→ Makroglossie) und Lippen (→ Makrocheilie). Die Mundschleimhaut zeigt plattenförmige starre Einlagerungen und → Teleangiektasien. 12

Para|myxo|viren n pl: → Myxoviren. 8

paraneoplastische Haut|syndrome n pl: → onkogene Hautveränderungen, bei denen es sich nicht um → Metastasen handelt; verschwinden nach Beseitigung des Primärtumors bzw. rezidivieren mit dem Tumor. Acanthosis nigricans (*Duhring*). Außerdem ist bei folgenden Dermatosen an ein Tumorleiden innerer Organe zu denken: Pemphigoid, bullöses, → Dermatomyositis sowie bei → Pruritus, erworbenen → Ichthyosen, spontanen → Hypertrichosen, erworbener → Tylosis der Handflächen. 34

Para|noia f: psych. Erkrankung mit chronischen unerschütterlichen Wahngebilden von logisch systematischem Aufbau ohne Zerfall der Persönlichkeit, z.B. Eifersuchts-, Liebes-, Erfinder-, Propheten- oder Verfolgungswahn. Die P. wird heute meist zur → Paraphrenie gerechnet. Der Begriff P. wird auch allgemeiner für Wahn als Symptom oder mit eingeschränkter Bedeutung für Verfolgungswahn verwendet. Vgl. Schizophrenie. 33

parano|id: wahnhaft, der → Paranoia ähnlich. Vgl. Paraphrenie, Schizophrenie, affektive Psychose. 33

Parapertussis f: keuchhustenähnliche, leichter verlaufende Infektion durch Bordetella parapertussis; führt nicht zu → Kreuzimmunität gegen echten Keuchhusten. [8]

Parapharyngeal|raum: → Spatium parapharyngeum. [9]

Paraphasie f: Sprachstörung mit Wortverformungen und Wortvermischungen (entstellende Wort- und Silbenergänzungen, Wortsalat; Jargon-Aphasie), die dem Kranken nicht bewußt wird. Vgl. Aphasie. [33]

Paraphonie f: krankhafte Nebengeräusche der Stimme, z.B. bei Taubstummen, das Überschnappen der Stimme im Pubertätsalter, pfeifender, zischender Stimmklang. [19]

Paraphrenie f: paranoide Psychose im Involutionsalter; Auftreten isolierter Wahnvorstellungen und gelegentlicher Halluzinationen bei sonst intakter Persönlichkeit und Erhaltung besonders des Affektlebens. [33]

Paraplasie f: anomale Bildung, Fehlbildung. [3]

Paraplasma n: Alloplasma; leblose Einschlüsse im Protoplasma des Zelleibs, die in den Zellen gebildet oder gespeichert werden, z.B. Lipide, Sekrete, Pigmente (→ Melanin, → Hämosiderin, → Lipofuszin), Proteide, Glykogen, Kristalle (Ruß, Kieselsäure, Harnsäure, Kalk). [32]

Paraprotein|ämie f: Immunglobulinopathie; Sammelbegriff für eine Gruppe von Erkrankungen mit übermäßiger Proliferation eines Klons immunbildender Zellen (→ Immunglobulin). Benigne P.: reaktive Antwort auf einen spezifischen antigenen Reiz. Neoplastische P.: autonome Überproduktion eines einzelnen Immunglobulins (→ Plasmozytom). [20]

Paraproteine n pl: chem. homogene Serumimmunglobulinfraktion (→ Gammaglobuline), die durch einen aus einer einzigen Plasmazelle hervorgegangenen Zellstamm (→ Klon) produziert wird. [20]

parapulpär: neben der Pulpa. [1]

Pararausch|brand|bazillen m pl: Clostridium oedematis maligni; Cl. septicum; *Koch*-Ödembazillen. Gehören als anaerobe Sporenbildner zu den Clostridien. Einer der Erreger des → Gasödems. [8]

Pararhotazismus m: Ersatz des R-Lautes durch einen anderen, richtig ausgesprochenen Laut, beispielsweise durch ein N oder L. Sonderfall des → Rhotazismus. [19]

parasagittal: in einer sagittalen Ebene gelegen, die nicht mit der → Medianebene zusammenfällt. [9]

Parasigmatismus m: Sprachstörung, bei der das S durch einen anderen, aber richtig gebildeten Laut ersetzt wird. Vgl. Sigmatismus. [5]

Parasit (gr.) m: **1.** B i o l.: Krankheitserreger, der auf Kosten eines anderen Organismus lebt; vgl. Ektoparasiten, Endoparasiten, Saprophyten, Kommensalen. **2.** E m b r y o l.: asymmetr. Doppelmißbildung, z.B. → Epignathus. [8]

Par|ästhesie f: Mißempfindung, krankhafte Gefühlswahrnehmung, z.B. in Form von Kribbeln, taubem Gefühl oder Ameisenlaufen. Bei organischen Nervenleiden, z.B. → Myelosen, aber auch bei Durchblutungsstörungen; vgl. Sensibilitätsstörungen. [2, 33]

Parasympathiko|tonie f: → Vagotonie. [10]

Parasympathikus m: Zusammenfassung aller → parasympathischen Fasern. [9]

parasympathisch: im Gegensatz zu sympathisch (orthosympathisch); Eigenschaft der → lissomotorischen Nervenfasern, die nicht dem Truncus sympathicus entstammen. Alle p.en Fasern haben gemeinsame anatomische und physiologische Eigenschaften. Die meisten verlaufen über den N. vagus, im Kopfbereich verlaufen sie mit dem → N. oculomotorius, → N. facialis und → N. glossopharyngeus. Vgl. sympathisch. [9]

Parat|hormon n: in den → Nebenschilddrüsen gebildetes Hormon. Pathophysiologie: Regulierung des Kalzium- u. Phosphatstoffwechsels; Wirkung ossär (osteoklastische Auflösung der Knochenmatrix, Ca^{++}- u. Phosphatmobilisierung, metabolische Osteopathie) und renal (Zunahme der tubulären Ca^{++}-Rückresorption, Verminderung der Phosphatresorption, Erhöhung der Phosphatausscheidung). → Hyperparathyroidismus, Hypoparathyroidismus. [10]

para|thyro|priv: ohne → Nebenschilddrüsen (durch Nichtanlage oder Operation). [20]

paratubär: in der Umgebung des → Tuber maxillae gelegen. [4]

paratubärer Raum: zwischen Tuber maxillae und M. pterygoideus medialis gelegen. Eine mögliche Extension des Funktionsrandes in diesem Raum dient zur Stabilisierung der Oberkiefer-Totalprothese. [4]

paravenös: neben der Vene. [2]

par|axial: seitlich in gleicher Achsenrichtung verschoben, also neben der Achse. [4]

Parazentese f: Stichinzision, vor allem die des Trommelfells bei → Otitis media zur Ableitung des Eiters. [19]

Parazonien f pl: von *Preiswerk* 1895 beschriebene helle Streifen auf Schmelzschliffen, die durch längs geschnittene Schmelzprismen verursacht werden. Vgl. Diazonien, *Schreger*-Streifen. [30]

Parei|itis (gr.) f: Wangenentzündung. P. granulomatosa: → Makropareiie. [11]

Par|en|chym (gr.) n: die für ein Organ charakteristischen Gewebselemente, die dessen spezifische Funktion ausüben, im Gegensatz zum Stützgewebe (Stroma, Interstitium). [9]

par|en|chymatös: das Parenchym betreffend; z.B. p.e Blutung: Blutung aus einer größeren Anzahl kleiner Blutgefäße. Das Blut sickert diffus aus der Wunde, also aus dem Parenchym, nicht aus einem sichtbaren Gefäß. [9]

par|enteral: unter Umgehung des Verdauungsweges. Die p.e Einverleibung von Medikamenten geschieht durch Injektionen, p.e Ernährung durch Infusionen u.a. [34]

Parese (gr.) f: unvollständige motorische → Lähmung. Vgl. Paralyse. [33]

Paries (lat.) m: Wand. [9]

parietal: 1. eine Wand betreffend oder bildend. **2.** zum Scheitelbein (Os parietal) gehörig. [9]

Pariser Nomina Anatomica: die 1955 beschlossene Pariser anat. Nomenklatur. Jetzt: → IANC. [9]

Parkinson-Krankheit (James P., Arzt, London, *1755, † 1824): extrapyramidal motorisches Syndrom, (→ striäres System), das auf einem Untergang von Zellen der Substantia nigra mit der Folge eines Dopaminmangels und eines Überwiegens des cholinergen Systems beruht. Klinische Trias: 1. Akinese oder Hypokinese, 2. Rigor, 3. Tremor. Zusätzliche Symptome: vegetative Störungen (Salbengesicht), trophische Störungen und Stimmungslabilität. Ätiologie: 1. idiopathisch, 2. symptomatisch (z.B. postenzephalitisch, toxisch, aber auch pharmakogen). [33]

Parma-Röntgen|einstellung (Cestmir P., Za., Prag, *1892, † 1962): → Kiefergelenkaufnahme. [14]

par|odontal: das → Parodontium betreffend (früher paradental). [6]

Par|odontal|ab|szeß m: von tiefen Zahnfleischtaschen ausgehender akuter oder subakuter Abszeß, der sich in den parodontalen Geweben ausbreitet. Zur Abszedierung kommt es in der Regel im Zahnfleisch, seltener in den Weichgeweben des harten Gaumens. Ohne Inzision kann Spontandurchbruch oder Entleerung durch die Zahnfleischtasche erfolgen. Wiederholt auftretende P. sind bei der → Parodontitis marginalis ein prognostisch ungünstiges Zeichen. Differentialdiagnostisch von → periapikalen Abszessen nach Pulpanekrose zu trennen. [6]

Par|odontal|atrophie f: → Alveolaratrophie. [6]

Par|odontal|behandlung: Behandlung aller Erkrankungen des → Parodontiums und ihrer Folgeschäden. I. d. R. wird der Begriff jedoch ausschließlich auf die Behandlung der marginalen Parodontopathien angewendet. Man unterscheidet die → systematische P. zur Therapie der entzündlichen Parodontopathien von der → mukogingivalen Chirurgie, z.B. zur Behandlung der → involutiven Parodontopathien. Oft müssen beide der genannten Therapieschwerpunkte auch miteinander kombiniert werden. [6]

par|odontale Regeneration f: Wiederherstellung von Funktion und Architektur der zerstörten Parodontalgewebe in vollem Umfang. Nach heutigem Kenntnisstand bei Parodontalerkrankungen nicht erreichbares Ziel. Vgl. New attachment. [6]

par|odontale Resistenz f: Widerstandsfähigkeit gegenüber entzündlichen Prozessen im Parodontium. Große Anpassungsfähigkeit gegenüber Plaque und funktionell-mechan. Einflüssen. [6]

parodontale Rezessionen f pl: → involutive Parodontopathien. [6]

par|odontale Zyste f: Zyste. [6]

Par|odontal|fasern: → *Sharpey*-Fasern. [6]

Par|odontal|indizes m: Untersuchungsindizes zur quantitativen und qualitativen Beurteilung von Mundhygiene und Parodontopathie. Vgl. API, PMA-Index, PDR-Index, *Russel*-Parodontalindex, *Ramfjord*-Parodontalindex, Sulkusflüssigkeit. [6]

Par|odontal|insuffizienz f: verminderte Widerstandsfähigkeit gegenüber Infektionen und Neigung zu entzündlichen Prozessen im Parodontium. [6]

Par|odontal|ligament n: Ligamentum parodontale, Wurzelhaut, alte Bez.: Desmodont; Bandapparat zwischen Zahnwurzel und Alveolenwand. Anat. handelt es sich um eine Syndesmose, die dem Zahn kleinere Bewegungen gestattet. Es enthält funktionell orientierte Kollagenfasern (→ Ligamentum dentoalveolare), Gefäße und Nerven; in ihm können → *Malassez*-Epithelreste vorkommen. Parallel zu den Kollagenfasern liegen Fibrozyten mit spindelartigem Kern. Nur im apikalen Bereich und in der Umgebung von Gefäß-Nerven-Bündeln findet sich lockeres Bindegewebe. Das P. ist reichlich mit Nerven und Gefäßen versorgt. Man unterscheidet drei Versorgungsbezirke, den apikalen, den mittleren und den marginalen. Die Arterien kommunizieren durch zirkulär verlaufende Arterien (Aa. parodontales circulatae). Die Nerven bilden ein dichtes Geflecht um die Zahnwurzeln. Es gibt freie Nervenendigungen sowie unterschiedlich ausgebildete Endformationen; sie nehmen Erregungen von Mechano- und Thermorezeptoren auf. [30]

Par|odontal|polyp m: chronisch entzündliche Bindegewebswucherung des → Parodontiums bei → Perforation des Bodens der → Pulpakammer. Leicht zu verwechseln mit → Pulpapolyp. [34]

Par|odontal|pulsationen f pl: Blutdruckschwankungen im Parodontalligament. P. können durch ein elektronisches berührungsloses Meßverfahren nachgewiesen werden. [30]

Par|odontal|pyor|rhöe f: von B. *Gottlieb* 1921 eingeführte Bezeichnung für entzündliche Zahnbetterkrankungen, jetzt → Parodontitis marginalis profunda. [6]

Par|odontal|schiene f: Schiene zur Fixierung lockerer Zähne, festsitzend oder herausnehmbar. [6]

Par|odontal|sonde f: Meßinstrument zur Ermittlung der sondierbaren Taschentiefe, am Ende stumpf, mit Kalibrierung, z.B. CPITN-Sonde, Plast.o.Probe® (nach *Mühlemann*), *Naber*-Sonde (zur Sondierung der Furkation). [6]

Par|odontal|spalt: in der neuen Literatur gebräuchlicher Begriff für → Periodontalspalt bzw. Desmodontalspalt. Gelenkspalt zwischen Zahnwurzel und Alveolenwand. Seine Breite ist unterschiedlich. Etwas apikalwärts der Mitte der klinischen Wurzel befindet sich die schmalste Stelle des P.s, die den Drehpunkt des Zahns bei seitlichen Belastungen (Kippbewegungen) bildet. Der P. ist im apikalen und marginalen Abschnitt breiter. Weitere Abhängigkeiten bestehen zu den Bißverhältnissen, d.h. zum Kaudruck und zur Okklusion. [6, 30]

Par|odontal|status m: Befundplan für die Parodontaltherapie, von der ARPA erstmals 1932 in die deutsche Sozialversicherung als Grundlage der systematischen Befunderhebung und Behandlung der Parodontopathien eingeführt. 1969 neues Formblatt, das in übersichtlicher Form alle Lokalbefunde und Funktionsbefunde und die geplante Therapie, einschließlich der Abrechnung, wiedergibt. Als Abrechnungsgrundlage vom Vertragszahnarzt vor Beginn der → Parodontosebehandlung zu erstellen und der Krankenkasse zur → Kostenübernahmeerklärung einzureichen. Diese kann → Gutachter bestellen. Die erbrachten Leistungen unterliegen wegen der vorherigen Kostenübernahmeerklärung nicht der (nachträglichen) Prüfung auf → Wirtschaftlichkeit. [6, 25]

Par|odontal|zysten f pl: → Zyste. [6]

Par|odontitis f: entzündliche Destruktion des Zahnhalteapparates, → Parodontitis marginalis, → Parodontitis apicalis. [6]

Par|odontitis apicalis f: periapikale Ostitis, periapikale Läsion; akut oder chronisch entzündl. Veränderung des periapikalen Raumes. Ursachen: Mischinfektion bei infizierter oder nekrotischer Pulpa, gewebsunverträgl. oder überstopfte Wurzelfüllungen, Medikamente, Desinfektionsmittel, Verletzung der periapikalen Gewebe durch Perforation des Apex, Traumata. P. a. acuta: Verlauf mit starkem Aufbiß- oder Perkussionsschmerz des Zahnes, leukozytärer Infiltration, Abszedierung und pulsierenden Schmerzen. Schließlich Durchdringung des Knochens und Ausbreitung des Eiters unter dem Periost mit Schwellung der Weichteile. P. a. chronica: meist symptomloser abgekapselter Entzündungsherd mit Einschmelzungen, gelegentl. mit Fistelbildung. Röntgenol. erbsengroße Aufhellung. Zystische Entartung durch proliferierende Epithelreste. Vgl. *Malassez*-Epithelreste. [1]

Par|odontitis complexa f: → Parodontitis marginalis profunda. [6]

Par|odontitis inter|radicularis f: bei mehrwurzeligen Zähnen die entzündliche Zerstörung des Parodontiums im Bereich zwischen den Zahnwurzeln (Bifurkation, Trifurkation). Kann von marginaler oder apikaler Entzündung, aber auch von der Pulpa über einen Markkanal ausgehen. Prognostisch ungünstig für Erhaltung des Zahnes. Therapie: chirurg. Freilegen des Zwischenwurzelgebietes zur Schaffung einer pflegbaren Situation, Hemisektion oder Wurzelamputation nach Wurzelkanalbehandlung oder Extraktion des Zahnes. [6]

Par|odontitis marginalis f: entzündliche, durch bakterielle Beläge verursachte Erkrankung aller Anteile des marginalen Parodontiums, d.h. der Gingiva, des Desmodonts, des Wurzelzementes und des Alveolarknochens mit fortschreitendem Verlust von Stützgewebe. Die Erkrankung kann an einzelnen, mehreren oder an allen Zähnen auftreten. Dabei können unterschiedliche Stadien der Erkrankung gleichzeitig vorliegen. Die Erkrankung verläuft schubweise. Schweregrad und Verlauf können durch weitere Faktoren beeinflußt werden, z.B. durch anatomische, funktionelle oder systemische (→ gingivoparodontale Manifestationen systemischer Erkankungen). Symptome: → Gingivitis, zusätzlich Zahnfleischtaschen mit Attachmentverlust, Knochenabbau. Spätsymptome sind erhöhte Zahnbeweglichkeit, Zahnwanderung, Abszesse. Formen: → P. m. superficialis, → P. m. profunda, lokalisierte juvenile Parodontitis (→ LJP), Adult periodontitis (→ AP), Rapidly progressive periodontitis (→ RPP). [6]

Par|odontitis marginalis juvenilis f: Verlaufsform einer → Parodontitis marginalis profunda beim Jugendlichen. Vgl. LJP. [6]

Par|odontitis marginalis profunda f: Parodontitis complexa, Compound periodontitis; entzündliche Erkrankung aller Anteile des Parodontiums mit Attachmentverlust und röntgenologisch erkennbarem Knochenabbau von mehr als 1/3 der Wurzellänge oder mit Furkationsbeteiligung (Deutsche Nomenklatur seit 1987). Die → Parodontitis marginalis superficialis und die P. m. p. können in verschiedenen Verlaufsformen auftreten, die u.a. durch den Zeitpunkt der Manifestation im Verhältnis zum Alter des Patienten, durch Art und Verteilung des Knochenabbaus und durch den unterschiedlich schnellen Verlauf gekennzeichnet sind. Es werden derzeit z.B. unterschieden: lokalisierte juvenile Parodontitis (→ LJP), langsam verlaufende Erwachsenenparodontitis (→ AP), schnell verlaufende Parodontitis (Rapidly progressive periodontitis, → RPP). In der Literatur wird die P. m. p. als Entzündung des marginalen Parodontiums unter Beteiligung des Knochens mit intraalveolären Taschen definiert. Pathologisch-anatomisch handelt es sich um einen vom Zahnfleischrand unter Taschenbildung ausgehenden entzündlichen Zahnbettschwund, der auf den Knochen übergreift und eine rarefizierende Ostitis des Alveolarfortsatzes auslöst. Der Prozeß endet mit einem weitgehenden Abbau des knöchernen Alveolarfortsatzes oder einer völligen Umfließung der Zahnwurzel mit Taschenepithel, sofern der Zahn nicht vorher wegen starker Lockerung und Parodontalabszeß entfernt wurde. Klinisches Bild: Entzündung des Zahnfleischrandes, arkadenförmiger Verlauf des Zahnfleischrandes erhalten, Zahnfleischtaschen. Interdentalpapille zuerst und am stärksten betroffen, Sekretion aus den Zahnfleischtaschen, → Foetor ex ore. Bei tiefen Taschen gelegentlich Bildung parodontaler Abszesse. Knochenabbau in Form des Höhen- und Seitenabbaues und seiner Unterformen, Periodontalspalt des noch übriggebliebenen Parodontiums erhalten, relativ späte Lockerung der Zähne, zuletzt auch Wanderung und Kippung der Zähne. Therapie: → systematische Parodontalbehandlung. 6

Par|odontitis marginalis progressiva f: frühere Bezeichnung für eine Form der → Parodontitis marginalis mit schneller Progredienz, wird heute als Rapidly progressive periodontitis (→ RPP) bezeichnet. 6

Par|odontitis marginalis rare|ficiens f: von *Weski* beschriebene entzündliche parodontale Erkrankung. Symptome: starke Entblößung der Zahnhälse an den labialen Flächen einzelner Zähne mit wulstartigem Gingivalrand. Interdentalpapille primär nicht betroffen. Wird heute nicht mehr als selbständiges Krankheitsbild angesehen. 6

Par|odontitis marginalis super|ficialis f: Parodontitis simplex, simple periodontitis; entzündliche Erkrankung aller Anteile des → Parodontiums mit → Attachmentverlust und röntgenologisch erkennbarem Knochenabbau bis zu etwa 1/3 der Wurzellänge (Schmelz-Zement-Grenze bis Apex). Pathologisch-anatomisch zeigen sich Epithelproliferationen im Bereich der Zahnfleischtasche, Lymphozyteninfiltrate im subepithelialen Bindegewebe, Verlust von dentogingivalen Fasern und Osteolyse des interdentalen Knochenseptums (auch röntgenologisch nachweisbar). Klinisches Bild: Schwellung und Rötung des marginalen Parodontiums und der Interdentalpapillen, Zahnfleischtaschen tiefer als 2 mm (ohne Pseudotaschen), Sekretion aus der Zahnfleischtasche. Blutungsneigung bei Berührung mit der Parodontalsonde. Therapie: → systematische Parodontalbehandlung. 6

Par|odontitis marginalis ulcerosa f: Unterform des entzündlichen Zahnbettschwundes, der → Parodontitis marginalis profunda. Pathologisch-anatomisch zeigt sich ein vom Zahnfleischrand, bes. von den Interdentalpapillen ausgehender chronisch-rezidivierender, geschwüriger Prozeß, der nach Verlust der Interdentalpapillen auf den Knochen übergreift und diesen unter dem Bild einer rarefizierenden → Ostitis abbaut. Klinisches Bild: freiliegende Zahnhälse, wobei die Interdentalräume stärker entblößt sind als die oralen und vestibulären Seiten der Zähne, so daß der arkadenförmige Verlauf des Zahnfleischrandes verlorengegangen ist. Statt der Papillen Zahnfleischnischen. Zahnfleischtaschen können fehlen. Tritt nicht generalisiert auf, nur einzelne Zahngruppen werden befallen. Röntgenologisch zeigt sich Höhenabbau. Relativ spät kommt es zur Lockerung und Wanderung des Zahnes. Therapie: Im Rahmen der → systematischen Parodontalbehandlung → Gingivoplastik zur Beseitigung der Zahnfleischnischen. 6

Par|odontitis profunda f: diffuse Parodontalatrophie, Wanderungsparodontose, Belastungsparodontose, Desmodontose, Periodontose (im angloamerik. Schrifttum); überholte, früher von *Häupl* gewählte Bezeichnung für parodontale Erkrankungsbilder, die heute den → involutiven Parodontopathien bzw. den verschiedenen Verlaufsformen der → Parodontitis marginalis profunda zugerechnet werden. 6

Par|odontium n: Zahnbett, Zahnhalteapparat; zum P. gehören die → Gingiva, das → Parodontalligament, das → Zement und das → Os alveolare (Abb.). Sie bilden nach *Weski* (1921) eine genetische, morphologische und funktionelle

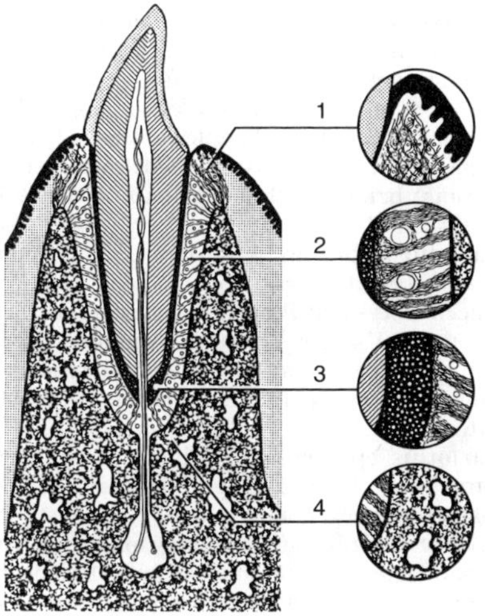

Gewebe des Parodontiums
1: Gingiva; 2: Ligamentum periodontale; 3: Cementum; 4: Os alveolare. [2]

Einheit. Das P. verbindet den Zahn mit dem Kiefer (Articulatio dentoalveolaris). Es hat mechanische, sensorische, nutritive und formative Aufgaben sowie Abwehrfunktionen. 30

Par|odonto|lith m: → Zementikel. 6

Par|odonto|logie f: Lehre vom → Parodontium und seinen Krankheiten. Vgl. Parodontopathien, Parodontalbehandlung. 6

Par|odonto|lyse f: von *Held* geprägte Bezeichnung für Erkrankungsformen mit raschem Abbau des desmodontalen Systems (→ Parodontium). 6

Par|odontoma n: → Gingivitis neoplastica. 6, 29

Par|odonto|meter n: → Parodontalsonde zur metrischen Erfassung der Sondierungstiefe. 6

Par|odonto|pathien f pl: Zahnbetterkrankungen; Sammelbezeichnung für alle Krankheiten des → Parodontiums. Grundsätzlich werden die → marginalen Parodontopathien von den → apikalen Parodontitiden, die Folgeerkrankungen von Pulpaerkrankungen darstellen, unterschieden. Die Deutsche Gesellschaft für Parodontologie und die Vereinigung der Hochschullehrer für Zahnerhaltung und Parodontologie der Bundesrepublik Deutschland empfehlen die 1987 von einer Nomenklaturkommission erarbeitete Einteilung, die eine Vielfalt früherer Nomenklaturen für marginale Parodontopathien ablöst (Tab.). 6

1. Entzündliche Formen
   1.1. Gingivitis
   1.1.1. Akute Gingivitis
   1.1.2. Akute nekrotisierende ulzeröse Gingivitis (ANUG)
   1.1.3. Chronische Gingivitis
   1.2. Marginale Parodontitis
   1.2.1. Parodontitis marginalis superficialis
   1.2.2. Parodontitis marginalis profunda (ggf. Verlaufsformen wie z.B. LJP, RPP, AP)
2. Gingivoparodontale Manifestationen systemischer Erkrankungen
3. Hyperplastische Formen
   3.1. Fibröse Gingivahyperplasie
   3.1.1. Idiopathische fibröse Gingivahyperplasie
   3.1.2. Medikamentös bedingte fibröse Gingivahyperplasie
   3.2. Epuliden
4. Traumatogene Formen
   4.1. Verletzungen der Gingiva
   4.2. Desmodontales Trauma
5. Involutive Formen
   5.1 Parodontale Rezessionen
   5.1.1. Singuläre parodontale Rezessionen
   5.1.2. Generalisierte parodontale Rezessionen
   5.2. Alveolaratrophie

Par|odontose f: Parodontosis; frühere Bezeichnung für eine Erkrankung mit klinisch entzündungsfreier Rückbildung des Parodontiums. Entspricht der heute als → Alveolaratrophie bezeichneten → involutiven Parodontopathie. → Atrophia alveolaris praesenilis. Parodontosis localisata: frühere Bezeichnung für Atrophie des Parodontiums einzelner Zähne. 6

Par|odontose|behandlung: besser: Parodontitis-Behandlung (→ Parodontitis); obwohl seit 1938 als Krankheit im Sinne der RVO anerkannt, wurden die Kosten bis 1975 nur von einzelnen RVO- und den → Ersatzkassen freiwillig (und teilweise) übernommen. Nunmehr → Sachleistung. Vor Behandlungsbeginn ist der → Parodontalstatus zu erstellen und der Krankenkasse zur → Kostenübernahmeerklärung einzureichen. 25

Par|odontose|status m: → Parodontalstatus. 6

Par|ony|chie f: meist durch Hefepilze (Candida) bedingte eitrige Entzündung des Nagelwalls. Sekundäre Staphylokokkeninfektion. 12

par|oral: neben dem Mund gelegen; auch: nicht auf dem Mundwege. Vgl. oral. 9

Par|osmie f: Geruchstäuschung. 19

Par|ostosis f: Knochenbildung im weichen Bindegewebe, Muskelgewebe usw. 32

Par|otid|ektomie f: operat. Entfernung einer Ohrspeicheldrüse (→ Glandula parotis), meist in Verbindung mit Tumorexstirpation. Bei sog. konservativer P. unter Schonung der Fazialisäste. [2]

par|otideus: die Ohrspeicheldrüse betreffend. [9]

Par|otis f: Kurzform für die → Glandula parotis. [9]

Par|otis|fistel: → Speichelfistel. [2]

Par|otis|klemme: Instrument zum Abklemmen des Ausführungsgangs der Glandula parotis zur Verringerung des Speichelflusses bei intraoralem Arbeiten (Abb.). Durch Absauganlagen i. a. überholt. [2]

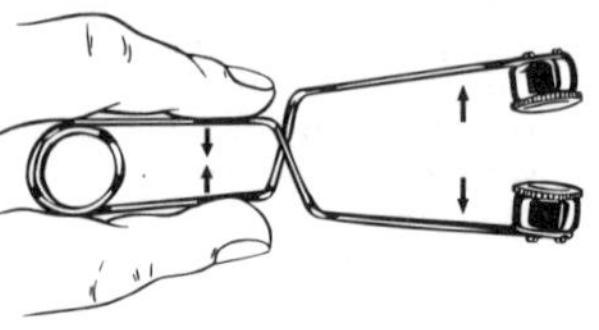

Par|otis|loge f: Fossa retromandibularis. Raum für die Parotis, begrenzt durch aufsteigenden Ast des Unterkiefers, M. sternocleidomastoideus, hinteren Bauch des M. digastricus und M. stylohyoideus, Schädelbasis und M. pterygoideus med. Die P. kann bis zur Rachenwand reichen und enthält außer der Glandula parotis noch die Arteria carotis externa, die Vena jugularis externa und den Plexus parotideus. [9]

Par|otis|rolle: in verschiedenen Durchmessern und Längen (80 bzw. 100 mm) verwendete Watterolle, die durch federnde Spanneinlage individuell formbar ist. Anwendung sowohl vestibulär als auch sublingual, Fixierung durch Spreizwirkung. Die P. erleichtert das Offenhalten des Mundes. Sie ist auch für die Kinderbehandlung geeignet. [29]

Par|otis|tumoren m pl: 1. Mischtumoren (pleomorphe Adenome); semimaligne, meist einseitig auftretende Tumoren. Zeichnen sich durch langsames oder stetiges Wachstum aus und treten meist jenseits des 30. Lebensjahres auf. Therapie: radikale Exzision unter Erhaltung der Fazialisäste. 2. Lymphadenome (papilläre Zystadenome); gutartig. 3. Zylindrome; klin. sehr bösartig durch infiltrierendes, wenn auch langsames Wachstum. Therapie: radikale Entfernung mit Resektion der betroffenen Fazialisäste. 4. Karzinome und Sarkome; rasches destruierendes Wachstum, mit Fazialisparesen und Kaustörungen im fortgeschrittenem Stadium. Therapie: radikale Entfernung. [32]

Par|otis|zyste f: vom 1. Kiemengang ausgehende Zyste innerhalb der Glandula parotis. Selten. [2]

Par|otitis f: Entzündung der Ohrspeicheldrüse (→ Glandula parotis). [2]

Par|otitis, akute f: vorwiegend hämatogene, aber auch aufsteigende P. Nach abdominellen Operationen, bei Typhus, *Bang,* Pneumonie usw. Symptome: sehr druckdolente Schwellung, Eiterausfluß aus der Papille, abstehendes Ohrläppchen. Therapie: Antibiotika in hoher Dosierung; bei Abszeßbildung Inzision. Cave Fazialisläsion! [2]

Par|otitis, chronische f: durch Sekretstauung bei Duktusstruktur, Speichelstein, Mykose, Quecksilber- und Bleivergiftung u.a. hervorgerufene P. Kausale Therapie, Antibiotika lange und in hohen Dosen, evtl. auch in den Ausführungsgang installiert, bei Versagen → Parotidektomie. [2, 19]

Par|otitis epidemica f: Mumps, Ziegenpeter, Virusinfekt. Etwa 21 Tage Inkubation mit Stomatitis, Abgeschlagensein, dann meist (2/3) beidseitige Drüsenanschwellung mit Fieber. Dekkende Haut gespannt und gerötet, Ohrläppchen angehoben. Glandula submandibularis und Pankreas können mitbefallen sein, doch gibt es auch P. e. (15%) ohne Befall der Parotis. Allgemeininfektion, die häufig auch das Zentralnervensystem (Meningitis, Enzephalitis u.a.) und das endokrine Drüsensystem (Orchitis, Oophoritis) berührt. Zweiterkrankung kaum zu erwarten. Therapie besteht in Bettruhe und kühlen Umschlägen. Antibiotika im Effekt fraglich. Frühsymptom: → *Moursou*-Zeichen. Nichtentzündliche Parotiserkrankung → *Heerfordt*-, → *Mikulicz*-Krankheit, → *Sjögren*-Syndrom. Vgl. *Küttner*-Tumor. [2, 19]

par|oxysmal: anfallsweise auftretend, z.B. p.e → Tachykardie. [20]

Par|oxysmus m: Anfall, höchste Steigerung von Krankheitserscheinungen. [20]

Parrot-Streifen (Joseph Marie P., Päd., Paris, *1839, † 1883): *Parrot*-Furchen; bleibende Stigmen der angeborenen Syphilis (→ Lues connata). Radiär verlaufende, mehr oder weniger deutliche Narbenlinien als Folge von → Rhagaden, die sich in den starren, flächenhaften Infiltraten der Mundumgebung beim syphilitischen Neugeborenen gebildet haben. Vgl. *Hutchinsson*-Trias. [12]

Pars (lat.) f: z.B. P. petrosa (ossis temporalis): → Felsenbeinpyramide. [9]

Pars alveolaris f: → Alveolarteil. [30]

Partsch-Bogen|schnitt (Carl P., Kieferchir., Breslau, *1855, † 1932): im Mundvorhof bei →

Wurzelspitzenresektion, → Zystektomie und → Zystostomie (Abb.). Vgl. *Pichler*-Schnittführung. 2

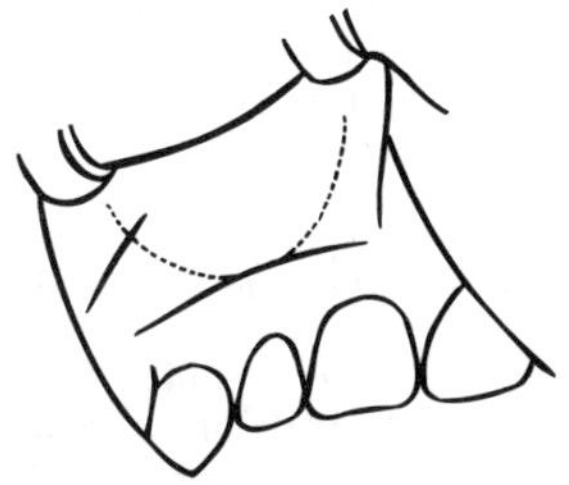

Partsch-Löffel: Zystenschäler, flacher Löffel zum Ausschälen von kleineren Zysten und Auskratzen von Granulomen (Abb.). 2

Partus (lat.) m: Geburt, Geburtsvorgang. 20
Parulis f: eigentlich jede Schwellung in der Umgebung der Kiefer ohne Rücksicht auf ihre Ursache; klin. für eine entzündliche, äußerlich wahrnehmbare Anschwellung im Kieferbereich, also die „dicke Backe“, gebraucht. Ausgehend meist von einer in das akute Stadium übergegangenen Parodontitis apicalis chronica. 2
Pascal (Blaise P., frz. Phys. und Philosoph, *1623, † 1662) n: Abk. Pa; internat. Einheit für Druckmessung. 10
Paschen-Körperchen (Enrique P., Bakt., Hamburg, *1860, † 1936): → Pocken. 8
passager (frz.): vorübergehend auftretend, nur kurze Zeit anhaltend. 34
Passavant-Wulst (Gustav P.,Chir., Frankfurt/Main, *1815, † 1893): die durch Kontraktion des M. constrictor pharyngis superior gebildete querverlaufende Falte an der hinteren Rachenwand, an die sich das Gaumensegel beim Schlukken und Sprechen anlegt, so daß der Abschluß gegen die Nasenhöhle erfolgt (Abb.). → Pharynxplastik. 9

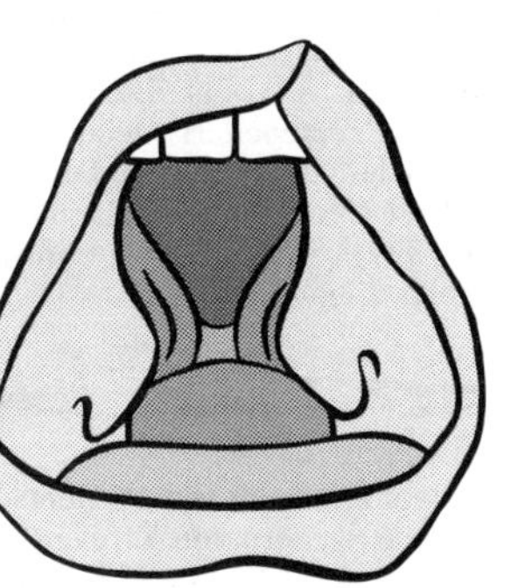

[74]

Passivierung f: Chem.: natürl. Bildung oder künstl. Erzeugung von Passivität, einem elektrochem. Zustand von Metalloberflächen, der das Metall relativ widerstandsfähig gegen Auflösung und Korrosion macht. → Nickel-Chrom-Legierungen z.B. werden an der Luft spontan passiv, sind daher „rostfrei“. 4
Pasten|stopfer: → Lentulo-Spirale. 1
Pasteurella f: Gattung aerober, gramnegativer, kleiner, unbeweglicher Stäbchen. Hierher gehören die Erreger von Pest (P. pestis) und Tularämie (P. tularensis), weiterhin P. multocida (hämorrhag. Septikämie bei Tieren), P. pseudotuberculosis (Septikämie bei Vögeln und Nagern) u.a. 8
Pasteur-Impfung (Louis P., Chem. und Biol., Paris, *1822, † 1895) f: aktive → Immunisierung durch Einverleibung abgeschwächten Giftes. Speziell Impfung gegen → Lyssa mit getrocknetem Rückenmark tollwutkranker Kaninchen. Virulenz für Menschen durch Tierpassage und Trocknung abgeschwächt, bei Erhaltung der immunisierenden Wirkung. 8
Pasteurisation f: Verfahren zur Unterbindung von Gärungsprozessen in Lebensmitteln und Nährlösungen der Mikrobiologie, bei dem durch Erhitzen und anschließende Abkühlung vegetative Bakterienformen abgetötet werden. Bei Milch: Erhitzen und anschließende Abkühlung zum Abtöten von Tbc-Bakterien und Brucellen; 1. Dauererhitzung 30 min bei 60-62 °C; 2. Kurzzeiterhitzung 30 s auf 71-74 °C; 3. Hocherhitzung 5-15 s auf 85 °C. 8
pastös (lat.): teigig, gedunsen, aufgeschwemmt. 32
Patellar|reflex m: beim Gesunden tritt beim Schlag auf die Patellarsehne unterhalb der Kniescheibe reflektorisch eine Streckung im Kniegelenk auf, die bei → Tabes dorsalis, → Polyneuritis, Ischiasneuritis u.a. fehlt. Gesteigert bei Pyramidenbahnschädigung. Vgl. Reflex. 10
Path|ergie f: Sammelbegriff für alle krankhaften Erscheinungen mit veränderter Reaktionsweise (nach *Rössle*). 20
-pathie (gr.): Suffix mit der Bedeutung Leiden, Schaden, Krankheit, „krankhafter Zustand“ (z.B. Neuropathie: Nervenerkrankung), aber auch „Einwirkung, Behandlung“ (z.B. Homöopathie). 32
pathisch: krankhaft, auch leidenschaftlich. 20

patho|gen: krankheitserregend, Krankheiten verursachend. 32

Patho|genese f: Gesamtheit der an Entstehung und Entwicklung einer Krankheit beteiligten Faktoren. Vgl. Ätiologie. 32

patho|genetisch: die → Pathogenese betreffend, zur Pathogenese gehörend. 32

Patho|genität f: krankmachende Eigenschaft von Substanzen, physikal. und psych. Faktoren; spez. Fähigkeit von Mikroorganismen, in einen Wirt einzudringen, sich in ihm zu vermehren und Krankheitssymptome auszulösen. Nur im Hinblick auf eine Wirtsart zu definieren (z.B. menschen-, mäusepathogen). 8

patho|gnomonisch: für eine Krankheit oder ein Krankheitsbild charakteristisch, kennzeichnend. 32

Patho|logie f: Wissenschaft bzw. Lehre von den Krankheiten, deren Ursachen und den durch sie hervorgerufenen organisch-anatomischen Veränderungen (pathol. Anatomie). Die allg. P. beschreibt die allgemeinen Grundsätze von Krankheitsursachen (→ Ätiologie), Entstehungsmechanismen (→ Pathogenese) und Krankheitsabläufen. In der spez. P. werden die Krankheitsbilder der einzelnen Organe nach den Prinzipien der allgem. P. systematisch erfaßt und abgehandelt. 32

patho|logisch: 1. die → Pathol. betreffend, zu ihr gehörend. **2.** krankhaft (verändert). 32

patho|logische Fraktur f: → Fraktur, pathologische. 2

patho|logische Physio|logie f: → Pathophysiologie. 32

Patho|physio|logie f: Teilgebiet der Med.; Lehre von den Krankheitsvorgängen und Funktionsstörungen im menschlichen Organismus. 32

Patienten|foto|stat m: Gerätesystem für die Profil- und → Porträtfotografie, das die gleichzeitige Aufnahme der Frontal- und einer Seitenansicht auf einem Bild ermöglicht. Es besteht aus einem Wandstativ für die Kamera, einem Wandstativ für die Kopfhalterung und einem Spiegel. 17

Patienten|kartei: → Dokumentation. 24

Patienten|stuhl: festinstallierter oder freistehender, in Höhe und Position einstellbarer Spezialstuhl für Patienten, der eine sitzende und liegende (zurückgeneigte) Position mit möglicher → Adaptation des Kopfes erlaubt. Norm: DIN 13 939. 21

Patrize (lat.) f: der in eine Hohlform (→ Matrize) passende vorgewölbte Teil z.B. einer Stanze oder eines → Geschiebes. 4

Pauken|höhle: Cavum tympani; zum Mittelohr gehörende Höhle im Felsenbein, die die → Gehörknöchelchen enthält (Abb. → Ohr). 9

Pauken|saite: → Chorda tympani. 9

Paul-Bunnel-Test (John Rodman P., Arzt, New Haven, *1893; Walls Willard B., Arzt, Farmington, *1902) m: Nachweis heterophiler M-Antikörper gegen Hammelblut-Erythrozyten zur Diagnose der infektiösen Mononukleose. Die Abgrenzung gegen F- und L-Antikörper erfolgt anhand ihrer Bindung an Rindererythrozyten. 8

Pawlow-Reflex (Iwan Petronitsch P., Physiol., Petersburg, *1849, † 1936) m: bedingter Reflex; aufgrund klassischer → Konditionierung auslösbarer Reflex. Vgl. Lernen. 13

PB: Abk. für → **P**rämolaren**b**reite. 5

Pb: chem. Zeichen für Plumbum, → Blei. 23

PBI: Abk. für → **P**apillen**b**lutungs**i**ndex. 6, 15

Pd: chem. Zeichen für → Palladium. 23

pD_2-Wert: Maß für die → Potenz (engl. potency) eines → Pharmakons. Negativer dekad. Logarithmus der Pharmakonkonzentration, bei der die halbmax. Wirkung (EC_{50}) erreicht wird. Je größer der pD_2-Wert, desto größer ist die Affinität des Pharmakons zum Rezeptor. 7

Péan-Arterien|klemme (Jules E. P., Chir., Paris, *1830, † 1898): Klemme, deren Greifflächen Querriffelung zeigt, ohne Zähnchen am halbrunden Ende, mit stufenweiser Sperrvorrichtung (Abb.). Vgl. *Kocher*-Arterienklemme. 2

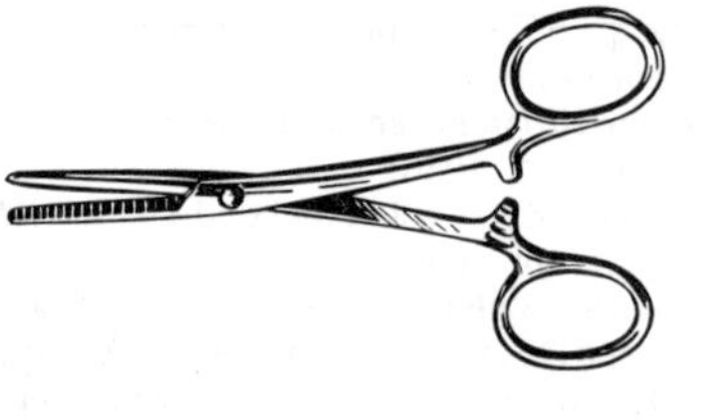

Pedikulose f: Läusebefall; → Filzlaus, → Kleiderlaus, → Kopflaus. 12

Pedunculus (lat.) m: anat. Bez. für stielartige Gebilde, z.B. P. cerebellaris: jede der 6 Verbindungen des Kleinhirns mit dem Hirnstamm. 9

Peeso-Bohrer (Frederic N. P., Za., Philadelphia, *1853, † 1929): Spezialbohrer zum Erweitern der Wurzelkanäle (Abb.). 1

Peeso-Zange: Zange, die durch Quetschung des Bleches zum Erweitern von Kronenringen dient (Abb.). 4

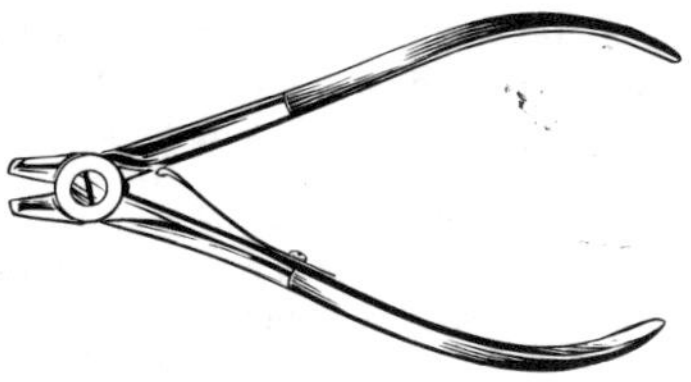

pekt|anginös: Adj. zu → Angina pectoris. 20
Pelade (frz.) f: → Alopezie. 12
Pelikan (nach dem Schwimmvogel, der am Ende des Oberschnabels einen Haken besitzt) m: mittelalterliches Instrument zum Entfernen von Zähnen, das bis in das 19. Jahrh. verwandt wurde.

Es besteht aus einem festen, sich an Nachbarzahn oder Kiefer abstützenden und einem beweglichen, über den zu entfernenden Zahn gelegten Teil (Abb.). 2
Peliosis (gr.) f: → Purpura. 20
Pell|agra n: chron. Vitaminmangelkrankheit, vorwiegend Folge einer Vitamin-B_2-Avitaminose (Nikotinsäureamid). Primäre P. durch Fehlnahrung bedingt, z.B. bei einseitiger Maisernährung, sekundäre P. durch Vitaminresorptionsstörung infolge chron. Magendarmleidens. Die Krankheit geht mit Störungen an mehreren Organsystemen einher; die Hauptsymptome sind Hautentzündung, Diarrhöen, Depressionen, zunehmende Schwäche, → Kachexie. Unvollständige Formen (P. larvata) werden leicht verkannt. - Die unter Lichteinfluß symmetrisch erkrankte Haut frei getragener Körperstellen ist trocken, rissig, rötlichbraun und mit schmutzigfarbenen Hyperkeratosen und lamellösen Schuppen bedeckt. Das übrige Hautkolorit ist fahl graubraun. Ferner anfänglich vergrößerte rote, später blasse glatte Zunge (Papillenatrophie), fleckige rote Herde und weißliche Epithelverdickungen der Mundschleimhaut; Lippenerosionen, → Faulecken (Perlèche). Therapie: Nikotinsäureamid- und Vitamin-B-Komplex-Injektionen, Vitamin C, Lebergaben, Salzsäure-Pepsinmedikamente, eiweißreiche Kost, Lichtschutz. 12
Pellet (engl.) n: Kügelchen, z.B. Wattepellet, Arsenpellet oder Goldpellet. Letzteres ist ein aus zusammengedrehter Goldfolie geschnittenes Stückchen für → Goldklopffüllungen. 1
Pellicle (engl.) n: Schmelzoberhäutchen (ca. 0,7-1,0 µm dick), das durch Adsorption von (kationischen) Glykoproteinen des Speichels entsteht. Das P. hat zunächst eine gewisse Schutzfunktion, z.B. gegen erosive Einflüsse schwacher freier Säuren, und wird im weiteren Verlauf von Mikroorganismen besiedelt. Vgl. Plaque. 15
Pelotte (frz., Knäuel, Klumpen) f: Polster zur Ausübung oder Übertragung eines Druckes, z.B. am Bruchband. In der Zhk. Bez. für einen am → Obturator befestigten Kloß zum Verschluß einer Gaumenspalte sowie für einen vestibulär an kieferorth. Platten angebrachten Behelf; vgl. Zungenschild, Mundvorhofspange. 5
Pelvis (lat.) f: Anat.: das Becken; z.B. P. renalis: Nierenbecken. 9
Pem|phigo|id, bullöses n: bullöse → Dermatose mit subepidermaler Blasenbildung. Autoimmunerkrankung mit Nachweis einer Immunglobulinadsorption im Bereiche der Basallamina; Auftreten zirkulierender Antibasalmembran-Antikörper im Blut. Therapie: Immunsuppression. 12
Pem|phigus (gr.) m: durch Auftreten linsen- bis handtellergroßer schlaffer Blasen gekennzeichnete → Dermatose, die meist chron. verläuft, ältere Menschen befällt und häufig an den Schleimhäuten beginnt. Autoimmunerkrankung. Im Mund bilden sich schmerzhafte ausgedehnte erosive Veränderungen, die mit starkem Speichelfluß einhergehen. Die Blasen entstehen durch intraepitheliale → Akantholyse. Es werden unterschieden P. vulgaris, P. vegetans und P. foliaceus. Therapie: Kortisone in zunächst hoher Dosierung in Kombination mit Immunsuppressiva (→ Immunsuppression). Vgl. Schleimhautpemphigoid, vernarbendes. 12
Pem|phigus syphiliticus m: → Lues connata. 12
Pendel|system n: Narkosemethode bei der Apparatnarkose. Statt der Kreisatmung (→ Kreisatmungssystem) vor allem bei Kindern wegen des

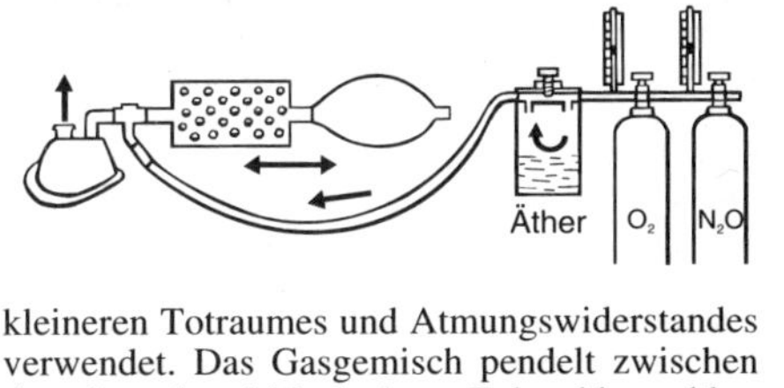

kleineren Totraumes und Atmungswiderstandes verwendet. Das Gasgemisch pendelt zwischen Atembeutel und Maske bzw. Tubus hin und her und wird durch Frischgas laufend ergänzt (Abb.). Gefahr der Kalkstaubinhalation durch → Atemkalk. 2
Penetration (lat.) f: Eindringen eines krankhaf-

ten Prozesses (z.B. Ulkus, Tumor) oder eines Fremdkörpers in ein Gewebe. 32

penetrierend: durchsetzend, durchdringend; z.B. p.e Verletzung, p.es Ulkus (Durchbruch eines Geschwürs in ein benachbartes Gewebe bzw. Organ). Vgl. Perforation. 32

Penicillin|all|ergie f: Überempfindlichkeitsreaktionen auf das Penicillinmolekül selbst, auf Abbauprodukte (Penicilloinsäure) oder auf Verunreinigungen mit oder ohne Antigenverwandtschaft zum Penicillin. Auf der Haut Häufigkeit 5-12%. An inneren Organen als Typ der → Serumkrankheit oder des echten → anaphylaktischen Schocks (Häufigkeit ungefähr einige Promille) mit Kreislauf- und Purpurasymptomen (→ Purpura). Therapie: Absetzen des Medikaments, → Glukokortikoide, Antihistaminika. 20

Penicillinase: Penicillase; Bakterienenzym, das Penicillin inaktiviert. P. bildende Erreger (bes. Staphylokokken) sind daher unempfindlich gegen Penicillin. 34

Penicilline (lat.) n pl: Derivate der 6-Aminopenicillansäure, → Beta-Lactam-Antibiotika. P. werden nach dem Wirkungsspektrum in → Schmalspektrum-P. (→ Benzyl-P.), → Staphylokokken-P. (Isoxazolyl-P.), P. mit erweitertem Wirkungsspektrum (→ Amino-P.) und → Breitspektrum-P. (Acylamino-P., Carboxy-P.) eingeteilt. P. wirken bakterizid auf proliferierende Bakterien durch kovalente Bindung an P.-bindende Proteine (Trans-, Endo-, Carboxypeptidasen, Transglykosidasen), wodurch die Peptidoglycanbiosynthese gehemmt wird, sowie durch Aktivierung autolytischer Enzyme. P. sind Antibiotika mit großer → therapeut. Breite. Nachteile: hohe Sensibilisierungspotenz; mit Ausnahme von → Temocillin kurze → Halbwertszeiten, terminale und β-Lactamase-Empfindlichkeit (Ausnahme: Staphylokokken-P. und das Breitspektrum-P. Temocillin). 7

Penicillium notatum n: Pinselschimmelart. *Fleming* beobachtete 1929, daß in der Umgebung einer Pilzkolonie auf Agar das Bakterienwachstum gehemmt wurde. Der Pilz wurde 1932 als P. n. (1911 von *Westling* beschrieben) erkannt. 1940 die ersten Therapieversuche mit Penicillin. Andere P.-Arten sind stärkere Penicillin-Bildner, z.B. Penicillium chrysogenum. 8

-penie (gr.): Wortteil mit der Bedeutung „Verminderung unter die Norm“, z.B. Leukopenie (verminderte Leukozytenanzahl). 32

Penizilline: → Penicilline. 34

Pentazocin: Fortral®; Benzazocin-Derivat, → Opioid-Analgetikum, → Agonist an κ-, δ- und σ-Opioid-Rezeptoren (→ Opioid-Rezeptoren), → Antagonist an μ-Opioid-Rezeptoren (= gemischter Opioid-Agonist-Antagonist). 30 mg P. sind bei parenteraler Applikation äquianalget. 10 mg → Morphin. Die Depression des Atemzentrums erfolgt nicht proportional zur → Dosis. Dosisabhängiger Anstieg von Blutdruck, Herzfrequenz und psychotomimet. Effekte. Das Abhängigkeitspotential ist kleiner als bei μ-Opioid-Rezeptor-Agonisten. Dosis: 0,5-1 mg/kg Körpergewicht i.m. Die Rezeptur unterliegt der → Betäubungsmittel-Verschreibungs-Verordnung. 2, 7

Pentobarbital: Äthyl-1-methyl-butyl-barbitursäure, Nembutal®, Neodorm®, Repocal®, wirkt länger als Thiopental; Applikation zur Sedierung per os, i.m. oder rektal. 2

Pentosen (gr.) f pl: → Kohlenhydrate. 23

Pentothal®: → Thiopental. 2

Pepsine (gr.) n pl: 8 verschiedene P., die aus immunologisch abtrennbaren Pepsinogengruppen I (Bildung in Haupt- und Mukuszellen der Magen-Fundusschleimhaut) und II (Mukuszellen von Kardia, Antrum, Duodenum) entstehen. Spaltung von Eiweiß zu höheren Polypeptiden (Albumosen, Peptone) bei einem pH-Optimum von 2,4. 10

Peptid (gr.) n: → Aminosäuren. 23

Peptisation (gr.) f: Wiederauflösung eines ausgeflockten → Kolloids. 23

peptisch: die Verdauung betreffend, durch die Verdauung entstanden. 10

per- (lat.): Vorsilbe mit der Bedeutung durch-, hindurch-; auch als Verstärkung des Grundbegriffs; chem. zur Bezeichnung hoher Oxidationsstufen. 23

per|akut: extrem heftig einsetzend; z.B. foudroyante Verlaufsformen von Infektionskrankheiten wie maligne Diphtherie, toxischer Typhus, septischer Scharlach, toxische Pneumonie, Meningokokkensepsis, hyperergische Tuberkuloseformen u.a. 8

Percarbamid: (Harnstoffperoxohydrat, Harnstoff-Wasserstoffperoxid) H_2N - CO - NH_2 • H_2O_2; leicht lösl. in Wasser, Alkohol, Ethylenglycol. Starkes Oxidationsmittel, Antiseptikum und Desinfektionsmittel, mit Stärke tablettiert als sog. „festes Wasserstoffperoxid“ im Handel. 7

Per|chlor|säure: $HClO_4$, eine der stärksten bekannten Säuren. Verwendung zur Freisetzung von Fluorid aus dem Zahnschmelz bei der quantitativen Analyse. 23

per continuitatem (lat.): Ausdehnung, Fortsetzung des Krankheitsherdes auf unmittelbar benachbarte Organe oder Körperteile. 32

Perforation f: allg. Durchbohrung, in der Zhk. traumatische Durchbrechung des Hartgewebsmantels der Pulpakammer bzw. des Wurzelkanals zum Periodontium. Vorwiegend beim Aufsuchen der Kanaleingänge am Boden der Pulpakammer oder bei Aufbereitung gekrümmter Kanäle zur Wurzelbehandlung (→ Fausse route). Am Boden der Pulpakammer zuweilen auch spontan durch kariöse Zerstörungen. [1]

Pergament|knittern: → *Dupuytren*-Geräusch.[2]

Per|hydrit n: H_2O_2 in fester Form, Verbindung von Harnstoff und → Hydrogenium peroxydatum als Pulver und Stäbchen für antiseptische Zwecke. Präparat: Ortizon®. [1]

Perhydrol®: Hydrogenium peroxydatum concentratum, chem. reines 30%iges Wasserstoffsuperoxid. [1]

Peri|adenitis f: Entzündung des eine Drüse umgebenden Bindegewebes. [32]

peri|apikal: die Wurzelspitze umgebend, besser → zirkumapikal. [30]

Peri|arteri|itis nodosa f: hyperergische Erkrankung kleiner Arterien mit abschnittsweiser Zerstörung der Gefäßwand; wird den Autoaggressionskrankheiten (→ Autoaggression) zugerechnet (→ Kollagenosen). Chron. fieberhaftes oder septisches Krankheitsbild mit Organveränderungen (Herz, Leber, Nieren, Darm usw.) und neuritischen Symptomen. Häufig mit Beteiligung der Hautgefäße (scharlachartige papulöse → Exantheme), Purpura, subkutane Hautknötchen mit nekrotischem Zerfall. Auch an der Mundschleimhaut werden entsprechende Veränderungen beobachtet. → *Wegener*-Granulomatose. [12]

Peri|arthritis f: Entzündung des Gewebes in der Umgebung eines Gelenks. [20]

Peri|chondritis f: Entzündung der Knorpelhaut. [20]

peri|dural-: → epidural-. [2]

peri|implantär: um das Implantat herum; → Peripilastrium. [18]

Peri|implantitis f: → Peripilastritis. [18]

Peri|kard n: Herzbeutel, seröser Bindegewebssack, der mit seinem inneren Blatt, dem Epikard, dem Herzen direkt aufliegt, dessen dritte äußere Schicht bildend, während das derbe äußere Blatt, zu dem es sich umschlägt, durch lockeres Bindegewebe mit der Umgebung verhaftet ist. Vgl. Herz. [9]

Peri|karyon n: das Zytoplasma, das in der Nähe des Zellkerns liegt. Der Begriff wird vor allem bei Neuronen benutzt. [9]

Peri|kon n: Schmelzwulst an der mesiolingualen Fläche des oberen ersten Molars; auch rudimentär an oberen Milchmolaren. Bei Halbaffen Bestandteil aller oberen Molaren. Vermutlich identisch mit dem → Tuberculum *Carabelli*. [30]

Peri|koronitis f: entzündlicher Prozeß in der Umgebung der Zahnkrone, z.B. beim erschwerten Durchbruch des unteren Weisheitszahnes. [2]

Peri|kymatien f pl: *Preiswerk*-Linien; von *Preiswerk* 1895 beschriebene wellenförmige Linien an der Schmelzoberfläche, die meist mesial parallel zur Schmelz-Zement-Grenze verlaufen. Ihre Häufigkeit nimmt von der Schmelz-Zement-Grenze zur Kaufläche hin ab. Entstehung: Der größte Teil der → *Retzius*-Linien endet an der Schmelzoberfläche zwischen zwei Schmelzwülsten in einer Furche. Durch diesen steten Wechsel entstehen an der Schmelzoberfläche Wellen oder P. Bei Milchzähnen werden P. nur im zervikalen Bereich des Schmelzes beobachtet. [30]

peri|mandibulär: den Unterkiefer umgebend, z.B. der p.e Abszeß. [2]

Peri|mylo|lysis f: Zahnhartsubstanzverlust auf den palatinalen Flächen von Oberkieferzähnen bei Patienten, die an → Regurgitation oder → Pyrosis leiden. Ursache ist die regurgierte Magensäure, die zwischen den Zungenpapillen akkumuliert. Durch das Pressen der Zunge gegen die Zähne entsteht sowohl eine chemische als auch eine mechanische → Erosion. Vgl. Zahnhartsubstanzerosion. [29]

Peri|mysium n: Bindegewebszüge, die die Skelettmuskulatur umgeben und durchziehen. Vgl. Abb. Muskelgewebe. [9]

Peri|natal|periode f: Zeitspanne vor und nach der Geburt. Nach der WHO-Definition beginnt sie, sobald der Fetus ein Gewicht von 1.000 g erreicht hat, was einem Alter von 28 vollendeten Wochen entspricht. Sie endet mit der Vollendung des 7. Tages nach der Geburt. [30]

Perineum (gr.) n: Damm, Weichteilbrücke zwischen Anus und Geschlechtsteilen. [9]

Peri|neuritis f: Entzündung des die Nerven umgebenden Bindegewebes. [20]

Peri|neurium n: Die bindegewebige Hülle eines Nervs. [9]

Peri|ode (gr.) f: → Menstruation. [10]

Peri|oden|system n: früher Periodisches System, systematische Anordnung der chemischen Elemente, 1869 gleichzeitig von *Mendelejew* und *Lothar v. Meyer* aufgestellt. Geht von der Feststellung aus, daß die chemischen (und zahlreiche physikalische) Eigenschaften der chemischen Elemente eine periodische Funktion einer für jedes Element eigentümlichen Konstante sind. Diese Konstante war ursprünglich das → Atomgewicht, heute ist es die → Kernladungszahl. [23]

peri|odontal: um den Zahn herum befindlich,

auf das Periodontium (die Wurzelhaut) bezüglich. [6]

Periodontal-disease-rate-Index m: PDR-Index; Index zur Erfassung von Parodontalerkrankungen im Rahmen epidemiologischer Studien. Der P. gibt den Quotienten aus der Anzahl parodontal erkrankter Zähne und der Gesamtzahl der untersuchten Zähne unter Berücksichtigung klinischer und röntgenologischer Befunde an. [6]

Peri|odontal|fasern: → *Sharpey*-Fasern. [6]

Peri|odontal|spalt: Gelenkspalt im → Parodontium, d.h. der Raum zwischen Zahnwurzel und Alveole. Seine Breite ist unterschiedlich. Etwas apikalwärts der Mitte der klinischen Wurzel befindet sich die schmalste Stelle des P.s, die den Drehpunkt des Zahnes bei seitlichen Belastungen (Kippbewegungen) bildet. Der P. ist im apikalen und marginalen Abschnitt breiter. Weitere Abhängigkeiten bestehen zu den Bißverhältnissen, d.h. zum Kaudruck und zur Okklusion. [34]

Peri|odontitis f: → Parodontitis. [6]

Peri|odontitis luxurians idio|pathica f: von *Euler* beschriebene chronisch verlaufende granulomatöse Entartung des → Parodontiums an pulpagesunden Zähnen mit lakunärer Resorption der Wurzelhartgewebe, die durch Knochen ersetzt werden. Vorwiegend an den oberen Frontzähnen, meist Zufallsbefund, führt in fortgeschrittenen Fällen zum Abbrechen der Krone. Ursache unbekannt, nicht identisch mit Wurzelresorptionen nach Traumen bzw. forcierter orthopädischer Behandlung. [6]

Peri|odontium n: → Parodontium. [30]

Peri|odonto|meter n: → Parodontalsonden. [6]

Peri|odonto|metrie f: Meßverfahren zur Bestimmung der Zahnauslenkung (in der Literatur häufig „objektive Zahnbeweglichkeit" genannt). Bei der P. wird der Zahn stationär belastet und die Auslenkung gemessen. Im Gegensatz dazu bestimmt die klinische Prüfung die Zahnbeweglichkeit bei Wechselkräften, wodurch Kriechvorgänge ohne Einfluß bleiben. Die bekannteste P. ist das mechanische Verfahren nach *H. R. Mühlemann.* Alle Verfahren benutzen als Referenz das verblockte Restgebiß. Über die Größe der physiologischen Zahnauslenkung schwanken die Angaben in der Literatur beträchtlich. Unterschieden werden eine initiale, durch das Fasersystem ermöglichte von einer sekundären Zahnbeweglichkeit (Zahnauslenkung), die bei einer Verbiegung des Alveolarknochens zustande kommt. Vgl. Zahnbeweglichkeit, Zahnlockerung. [6]

Peri|odonto|pathien f pl: → Parodontopathien. [6]

Peri|odontosis f: Bezeichnung im angloamerik. Schrifttum für → Parodontitis marginalis profunda. [6]

peri|oral: adoral; in der Umgebung des Mundes. [30]

Peri|ost n: Beinhaut, Knochenhaut; derbe bindegewebige Schicht, welche die Knochen umgibt und von zahlreichen Gefäßen und Nerven durchsetzt ist. Besteht aus der äußeren Faserschicht und der inneren Keim- (→ Kambium-)Schicht. Aus der Faserschicht strahlen die *Sharpey*-Fasern in den Knochen ein. [9]

peri|ostal: zum Periost gehörig. [9]

Peri|ostitis f: Knochenhautentzündung. [2]

Peri|ostitis, akute seröse f: Knochenhautentzündung der Kiefer, entsteht meist fortgeleitet aus der akut aufgeflammten Parodontitis apicalis chronica. [2]

Peri|ostitis ossificans f: chronisch unter Knochenneubildung verlaufende P., meist bei → Lues connata. [2]

Periotest®: Gerät zur Messung der Festigkeit bzw. Lockerung der Zähne im Alveolarknochen. Definierte geringe Stoßimpulse senkrecht auf die Zahnkrone führen zu einer Ausweichbewegung, deren Dämpfung gemessen und in Beweglichkeitsgrade umgerechnet wird. [1]

Peri|otom n: schmales und dünnes Messer aus federhartem Stahl, mit dem die Parodontalfasern zirkulär um den Zahn durchtrennt werden, um ihn anschließend möglichst schonend extrahieren zu können. Dies ist wichtig, um eine → Sofortimplantation erfolgreich durchzuführen. [18]

Peripac®: eugenolfreier Parodontalverband, härtet aus, sobald er mit Wasser in Berührung kommt. Applikation mit trockenem Tupfer. Vgl. Zahnfleischverbände. [6]

peri|pher (gr.): im Umkreis befindlich, außen liegend; z.B. peripheres Nervensystem: die Gesamtheit der Hirn- und Rückenmarksnerven. Ggs.: Zentral. [9]

peri|pilär: um den Pfeiler herum; → Peripilastrium. [18]

Peri|pilastritis f: Entzündung des → Peripilastriums, d.h. des ein → dentales Implantat umgebenden Weichgewebes. Entspricht der marginalen Parodontitis am natürlichen Zahn. Verlauf: periimplantäre Gingivitis mit Schleimhauthyperplasie, Granulationsgewebe mit Rundzellinfiltration, trichterförmige (vertikale) Knochenresorption, → Implantatlockerung oder -fraktur. Therapie: Implantatreinigung, Taschenirrigation, Taschenkürettage, Implantatentlastung, ggf. Implantatentfernung. [18]

Peri|pilastrium (gr.) n: Weichgewebe um den

→ Implantathals → dentaler Implantate. Wünschenswert ist der Implantatdurchtritt im Bereich fixierter Mukosa, da hier ein geringeres Epitheltiefenwachstum mit entsprechender Taschenbildung zu erwarten ist als bei mobiler Mukosa. Abhängig vom → Implantatwerkstoff und von der Beschaffenheit des Implantathalses kann es zu einer reizlosen Anlagerung des P.s an die Implantatoberfläche, zur Insertion von Kollagenfasern oder zur Bildung einer hemidesmosomalen Verbindung des Epithels mit dem Implantat kommen. [18]

Peri|staltik (gr.) f: das wellenartig fortschreitende Zusammenziehen eines Muskelrohres, z.B. des Darmes zur Fortbewegung seines Inhaltes. [10]

Peri|tone|um (IANC) (gr.) n: Peritonaeum (BNA); Bauchfell, seröse Haut, welche die Bauchhöhle auskleidet und die Bauchorgane überzieht. [9]

Peri|tonitis f: akute und chronische Entzündung des Bauchfells, also der Serosa, die die Bauchhöhle auskleidet und deren Eingeweide bedeckt. Ätiologie: Eindringen von Krankheitserregern (gramnegative → Kolibakterien, Strepto- und Staphylokokken). 1. Entzündliche Perforation des Magen-Darm-Trakts (Appendizitis, Ulcus pepticum, Tumor, Cholezystitis, Ileus); 2. Genitalinfektion (Fehlgeburt, Tubenschwangerschaft, Wochenbett); 3. Bauchdeckenverletzung; 4. hämatogen-lymphogene Aussaat (Tbc, Streptokokken). Symptome: Schmerzen und brettharte Abwehrspannung der Bauchdecken bei Palpation, Fehlen der Darmgeräusche, Meteorismus, → Schock, → Facies hippocratica, trockene Zunge, Singultus, Erbrechen, Stuhlverhaltung, Linksverschiebung im weißen Blutbild mit Leukozytose. Wegen Lebensgefahr unbedingt Krankenhauseinweisung, Schockbehandlung, keine Analgetika, evtl. Breitbandantibiotika. [20]

Peri|tonsillar|abszeß m: Tonsillarabszeß, Paratonsillarabszeß; Komplikation der → Angina mit eitriger Gewebseinschmelzung. Symptome: heftige Schluckschmerzen, fehlender Fieberabfall nach 4-5 Tagen, Kieferklemme, zervikale Lymphknotenschwellung, Verdrängung der Tonsille nach medial und unten. Bei fehlender Spontanperforation Dringlichkeit der Inzision, Gefahr der tonsillogenen Sepsis oder eines Larynxödems. Differentialdiagnose: Weisheitszahndurchbruch. [20]

peri|trich: Art der Begeißelung von Bakterien und Protozoen, bei der diese den ganzen Zellkörper umgibt. [8]

peri|tubuläres Dentin n: an der inneren Wand der Dentinkanälchen gebildetes Dentin. Die Syntheseprodukte der Odontoblasten werden von den Perikarya durch die Odontoblastenfortsätze transportiert und an der Kanalwand angelagert. Damit werden die Dentinkanälchen immer enger. Es finden sich auch kaum Kollagenfibrillen, so daß der Mineralisationsgrad sehr groß ist. [30]

peri|vaskulär: in der Umgebung eines Gefäßes. [2]

Peri|zentese f: → Umstechung. [2]

Peri|zyten m pl: in der Basalmembran der Kapillaren, der postkapillaren Venolen und einiger Metarteriolen liegende Zellen, über deren Funktion noch Unsicherheit herrscht. Aufgrund ihrer Struktur wird ihre Kontraktilität vermutet, sie könnten aber auch Vorformen von Makrophagen sein. [9]

Per|kolation f: das durch Randundichtigkeiten an Füllungen (Randspalten) ermöglichte Eindringen und Austreiben von Speichel während thermischer oder mechanischer Beanspruchungen. [1]

Per|kussion f: **1.** M e d .: von *Auenbrugger* 1761 in die Diagnostik eingeführtes Abklopfen der Körperoberfläche, um aus den dabei entstehenden verschiedenen Schallqualitäten auf Größe und Beschaffenheit darunterliegender Organe zu schließen. **2.** Z h k .: das Beklopfen des Zahnes in axialer und horizontaler Richtung zu diagnostischen Zwecken. Verschiedenheiten des Schalles lassen Rückschlüsse auf Lockerung oder Devitalität zu. Schmerzreaktionen deuten auf entzündliche Prozesse im Desmodontalbereich hin. Vgl. Fremitus dentium. [1, 20]

per|kutan: durch die Haut hindurch. [2]

per|kutane Injektion f: → Jet-Injektion. [2]

per|kutane Osteo|synthese f: → Osteosynthese, perkutane. [2]

Per|kutan|reaktion f: → *Moro*-Reaktion. [8]

per|kutorisch: durch → Perkussion zu ermitteln. [20]

Perlèches (frz.) f pl: → Faulecken. [12]

Perlen|ketten|vergleich: Erklärung für den mechanischen Vorgang der Verlängerung eines seitlich zusammengedrückten Kiefers, also der →

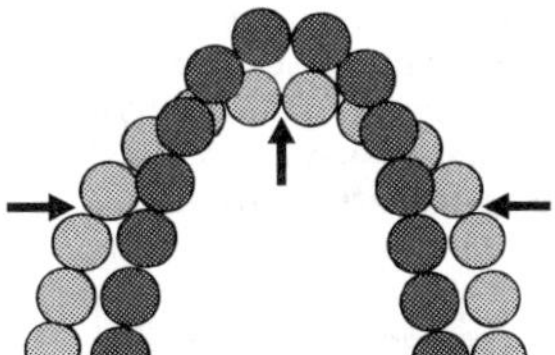

Konsekutive Protrusion als Folge einer Kompression

Protrusion als Folge einer → Kompression (Abb.), die nach *Ritter* als konsekutive Protrusion bezeichnet wird. [5]

per|linguale, perorale Medikation f: Zuführung eines Heilmittels mittels Resorption durch die Zungen- oder Mundschleimhaut. [34]

Perlon®: synthet. Polyamidfaserstoff, in Dampf sterilisierbar, als chirurg. Nahtmaterial verwandt. [2]

per|manent (lat.): anhaltend, bleibend. [30]

per|manentes Gebiß: Dauergebiß (im Ggs. zum temporären Gebiß), → Dentes permanentes. [30]

Per|meabilität (lat.) f: Durchlässigkeit einer Membran oder eines Filters. [10]

Permlastic®: → Polysulfid-Kautschuk. [4]

per|mukös: durch die Schleimhaut hindurch. [11]

Per|mutatio dentium f: Vertauschung zweier Zähne innerhalb der Zahnreihe infolge Zahnkeimverlagerung. [5]

Perniones (lat.) m pl: Pernionen; Frostbeulen. Vorwiegend bei jungen Frauen mit Einsetzen des kalten Wetters bei Temperaturen dicht oberhalb 0° an Fingern, Füßen und Knien auftretende juckende und in der Wärme schmerzende, in der Haut gelegene Gefäßstörungen als teigige blaurote Schwellungen, die sich blasig und geschwürig umwandeln können. Therapie: zweckmäßige Bekleidung, Förderung der Durchblutung (Wechselbäder, Medikamente); Heparin-, Kortikoid- und Antibiotika-Salben. [12]

perniziös (lat.): bösartig. P.e Anämie: → Anämie. [20]

Perniziosa f: Abk. für Anaemia perniciosa, → Anämie. [20]

pero|chetisch: durch einen Gang, z.B. die Behandlung einer Drüse durch ihren Ausführungsgang. [2]

Pero|gnathie f: angeborene Entwicklungsstörung eines oder beider Kiefer. [3]

Pero|melie f: Fehlen distaler Extremitätenteile. [3]

per|oral: durch den Mund. → perlinguale Medikation. [9]

Per|oxid n: chemische Verbindungen, die die Peroxi-Gruppe (-O-O-), enthält, z.B. H_2O_2 (Wasserstoff(su)peroxid), Na_2O_2 (Natriumperoxid). [23]

Per|oxidasen f pl: → Enzyme, die die Oxidation zahlreicher Substrate durch Wasserstoff(su)peroxid katalysieren (→ Katalyse). [23]

per primam (intentionem) (lat.): Abk. p.p., glatte Wundheilung ohne Eiterbildung (→ Primärheilung). [32]

per secundam (intentionem) (lat.): Heilung einer Wunde unter Ausbildung von Granulationsgewebe (→ Sekundärheilung). [32]

Per|sistenz f: allg. das Fortbestehen eines Zustands. In der Zhk. das Verbleiben von Milchzähnen über die Zeit des normalen Zahnwechsels hinaus. Vgl. Milchzahnpersistenz. [5]

Per|sister (engl.) n: Mikroorganismen, die trotz Empfindlichkeit gegen Antibiotika oder Chemotherapeutika die Behandlung überstehen, im Wirt persistieren und Rezidive auslösen können. Ursache kann u.a. Umschlag in → L-Form sein. [8]

Personal Computer m: Abk. PC; hat seinen Namen von der Tatsache, daß er einzelnen Personen zugeordnet werden kann, also persönlich genutzt wird. Durch seine Preiswürdigkeit findet er Einsatz in vielen Bereichen der Zahnmedizin; vgl. Praxiscomputer. [26]

Persönlichkeit: unverwechselbar individualtypisches Ensemble von überdauernden Eigenschaften (→ Persönlichkeitseigenschaften) einer Person, früher wertend als Charakter bezeichnet. Theorien von der P.: Schichtenmodell, → Typologie, Instanzenmodell, Faktorenmodell. [13]

Persönlichkeits|eigenschaft: überdauernder differenzieller Zug einer Person, von dem aus Individualverhalten vorhersagbar wird. Bei der Untersuchung mit psychodiagnostischen Testverfahren (→ Test, psychologischer) auch als Trait bezeichnet. [13]

Per|spiration (lat) f: Perspiratio; Stoffaustausch durch die Haut, sog. → Hautatmung. [10]

Per|tussis f: → Keuchhusten. [8]

Per|version f: wertende Bez. für abweichendes → Sexualverhalten mit eingeengtem Triebziel. Anwendung spezialisierter sexueller Techniken, wobei nur auf diesem Umweg ein Orgasmus erlangt wird. [13]

Per|zentile (lat.) f: Lageparameter zur Beschreibung einer Verteilung, z.B. → Median, Quartile. Bei der 25. P. liegen nach aufsteigender Sortierung 25% der Meßwerte unterhalb der 25. P. und 75% der Meßwerte oberhalb. [26]

Per|zeption f: → Wahrnehmung. [33]

Pest (lat.) f: Pestis, Pestilenz, hämorrhagische Septikämie des Menschen (früher allg. Bezeichnung für Seuchen). 1. die weniger gefährliche Bubonenpest (Beulenpest); ihr wichtigster Überträger ist der Rattenfloh (Xenopsylla cheopis), der nach Absterben seines natürl. Wirts auf den Menschen übergehen kann; 2. die fast ausnahmslos letal verlaufende Pestpneumonie (Lungenpest), die durch Generalisation aus der Beulenpest hervorgehen oder von Mensch zu Mensch durch Tröpfcheninfektion übertragen werden kann. [8]

Pest|bakterien f pl: Pasteurella pestis (→ Pasteurella), Yersinia pestis; gramnegative, bipolare Stäbchen, unbeweglich. Sie rufen Pestseuchen bei kleinen Nagetieren hervor und werden hauptsächlich durch Flöhe, aber auch durch direkten Kontakt auf den Menschen übertragen. [8]

Pete|chien (ital.) f pl: punktförmige Hautblutungen; Erythrozytendiapedese. → Purpura. [12]

Peters-Hövels-Syndrom n: → Dysostosis maxillofacialis. [2]

Pethidin: → Opioid-Analgetikum, → Opioid-Rezeptor-Agonist. P. hat bei parenteraler Gabe auf Gewichtsbasis 1/10 der analget. Wirksamkeit des → Morphins. Das Wirkungs- und Nebenwirkungsprofil entspricht qualitativ dem Morphin. [7]

Pethidinum: Dolantin®, 1-Methyl-4-phenyl-piperidin-4-karbonsäureäthylesterhydrochlorid. Starkes Analgetikum mit morphinähnlicher Wirkung. Unterliegt dem Betäubungsmittelgesetz. Suchtgefahr! Wichtigste Nebenwirkung: Atemdepression. [2]

Petit mal (frz. kleines Übel) n: kleiner epileptischer Anfall, → Epilepsie. [20]

Petri|fikation f: „Versteinerung" von Geweben infolge Kalkeinlagerung, Kalzinose. [20]

Petri-Schale (Julius Richard P., Bakt., Berlin, *1852, † 1921): flache runde Glasschale, auf die eine zweite größere als Deckel aufgesetzt wird; für Bakterienkulturen. [8]

Petrol|äther m: erstes Destillationsprodukt des Erdöls (Siedepunkt 40-70 °C). [23]

Petrosum-Syndrom n: → *Gradenigo*-Syndrom. [19]

petrosus (gr.): felsig, z.B. Pars petrosa ossis temporalis, → Felsenbeinpyramide. [9]

Peutz-Jeghers-Syndrom (John L. P., Int., Den Haag, *1886, † 1957; Harold J., Int., Boston, *1904) n: *Peutz*-Krankheit; mukotane melanotische Pigmentierung, sehr häufig perioral, kombiniert mit intestinaler → Polypose. Erblich, aber auch spontan auftretend, angeboren (Abb.). → Lentigo. [11, 12]

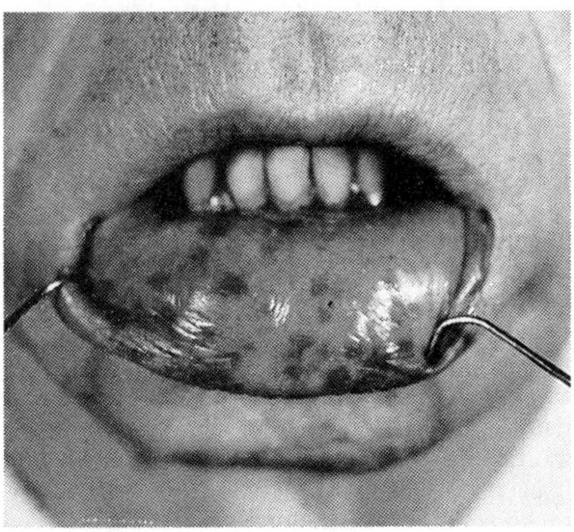

Peutz-Jeghers-Syndrom. Fleckförmige Melaninpigmentierung im Bereich der Mundschleimhaut.

Pfändung: Beschlagnahme von Gegenständen bzw. Geldbeträgen als Vollstreckung von Forderungen. Ist nur möglich in abtretbaren Forderungen. Forderungen des Zahnarztes gegen die → Kassenzahnärztliche Vereinigung sind pfändbar. Vorrang haben die Pfändungen in zeitlicher Folge (Prioritätsprinzip). [24]

Pfaundler-Hurler-Krankheit (Meinhard von P., Päd., München, *1872, † 1947; Gertrud H., Päd., München, *1889, † 1965): → Dysostosis multiplex. [2]

Pfeiffer-Drüsen|fieber (Emil P., Int., Wiesbaden, *1846, † 1921): → Monozytenangina. [20]

Pfeiler|präparation: Vorbereiten eines natürlichen Zahnes durch Beschleifen der Hartsubstanzen zur Aufnahme einer Krone oder Teilkrone. Vgl. Tangentialpräparation, Stufenpräparation, Hohlkehlpräparation, Kronenrandgestaltung. [4]

Pfeiler|zahn: natürl. Zahn, der einem Brückenersatz als Tragpfeiler (durch Krone, Inlay) dient. [4]

Pfeil|klammer: von *A. M. Schwarz* entwickelte Klammer zur Befestigung kieferorthopädischer Platten aus 0,6 bis 0,7 mm dickem, hartem oder

Abb. 1

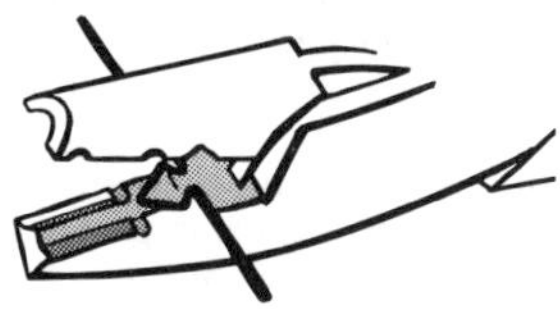

Abb. 2: Herstellung einer Pfeilklammer mit der Pfeilklammer-Biege-und-Knick-Zange

federhartem Stahldraht (Abb. 1). Ihrem Namen entsprechend wird die Klammer zunächst pfeilförmig in einer Ebene gebogen und sodann über die Fläche der Klammer hinweg um ca. 70-90° abgebogen, wozu die → Schlingenbiegezange dienen kann. Leichter und genauer ist dies mittels der hierfür angegebenen Pfeilklammer-Biege-und-Knick-Zange (Abb. 2 S. 575) möglich. Vgl. Halbpfeile. 5

Pfeil|naht: die Naht zwischen den beiden Scheitelbeinen (Sutura sagittalis). → sagittal. 9

Pfeil|stift|implantat n: enossales Implantat mit stiftartigem Implantatschaft und pfeilartigen Flügelfortsätzen zur Rotationssicherung. Indiziert als → Spätimplantat in Form eines → Einzelzahnimplantates im anterioren Bereich des Ober- und Unterkiefers; Frakturgefahr. Vgl. Implantatformen. 18

Pfeil|winkel: gotischer Bogen, gothic arch (engl.); graph. Aufzeichnung der Unterkieferbewegung auf einer horizontalen Platte. Der P. wurde von *Gysi* extraoral aufgezeichnet und von *Gerber, McGrane* u.a. intraoral als Methode zur Registrierung der horizontalen Kieferrelation (→ Bißnahme) benutzt. Mit Hilfe einer berußten oder mit Fettstift bestrichenen Platte, die im Unterkiefer-Zahnbogen bzw. an einem Unterkiefer-Wachswall befestigt ist, und eines Schreibstiftes, der im Zentrum einer in gleicher Weise im Oberkiefer-Zahnbogen bzw. -Wachswall befestigten Platte angebracht ist, registriert man die Lateral- und Protrusionsbewegungen des Unterkiefers. Diese werden als P. dargestellt. Betrachtet man nur die Schenkel des Pfeiles, so kann man ihn auch als gotischen Bogen ansehen. Der Pfeilspitzenpunkt gibt die zentrale Okklusion bzw.

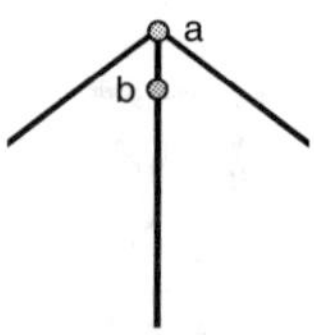

zentrale Kieferrelation wieder. Die habituelle Okklusion (= maximale → Interkuspidation) kann mit dem Pfeilspitzenpunkt (Abb.) zusammenfallen (a), liegt aber meistens 1-2 mm dorsal davon (b). 4

Pferde|huf|typ m: Erscheinungsbild von Schmelzprismen an Querschnitten. Die Schmelzprismen erscheinen arkadenförmig aneinandergereiht. Vgl. Schlüssellochtyp. 30

Pflaster|epithel n: ältere Bez. für mehrschichtiges Plattenepithel. 9

Pflichten|heft: beschreibt den Leistungsumfang und die Leistungsfähigkeit eines EDV-Systems. Es wird auf Basis der Systemanalyse erstellt und auch als Sollanalyse bezeichnet. Vgl. EDV-Anlage. 26

Pflicht|kassen: Primärkassen, richtiger Krankenkassen; alle gesetzlichen Krankenkassen mit Ausnahme der → Ersatzkassen, d.h., die Mitgliedschaft wird durch Gesetz geregelt. Ersatzkassen hingegen dürfen nur den in ihrer Satzung festgeschriebenen Personenkreis aufnehmen. Der entscheidende Unterschied dieser Kassenarten ist bei der Kostenerstattung zu sehen, der für freiwillige, d.h. jenseits der Pflichtversicherungsgrenze verdienende Mitglieder der „Ersatz-"kassen (daher der Name) generell gilt, bei den P. jedoch nur für die Zahler des Höchstbeitrages und satzungsbeschränkt. Zu den P. gehören: Orts-, Innungs-, → Betriebskrankenkassen, die Seekasse, → Landwirtschaftliche Krankenkasse und Bundesknappschaft. 25

Pflüger-Knospen|zahn: *Hutchinson*-Zahn; Fehlbildung der Sechsjahrmolaren bei → Lues connata. Die Krone ist stark verkleinert (knospenförmig), die Kaufläche sieht maulbeerförmig aus. 29

Pflug|schar|bein: → Vomer. 9

Pflug|schar|stellung: Stellung der Schneidezähne bei Durchbruch in → Keimlage der Ersatzzähne. 5

Pfort|ader: Vena portae. Durch Zusammenfluß der großen Eingeweidevenen enstandenes Blutgefäß, das alle vom Darm aufgenommenen Nährstoffe mit Ausnahme der Fette der Leber zuführt, wo sie weiterverarbeitet werden. 9

Pfort|ader|system n: Kapillarnetz, das nicht aus der Teilung einer Arterie, sondern der einer Vene entsteht, → Wundernetz. 9

Pfropfung: → *Braun*-Pfropfung. 2

pH: Maßeinheit für den Säuregrad einer Lösung, negativer dekadischer Logarithmus der Wasserstoffionenkonzentration.

$$pH = -{}^{10}Log[H^+].$$

0-7 = sauer, 7 = Neutralpunkt, 7-14 alkalisch. 23

Phagedaena (gr.) f: fressendes, krebsartiges Geschwür. Vgl. Noma. 32

Phagen (lat.) m pl: → Bakteriophagen. 8

Phago|zyten m pl: Sammelbegriff für Zelltypen, die besonders zur → Phagozytose durch intrazelluläre Verdauung und enzymatische Prozesse fähig sind. Die kleineren (12 µm Durchmesser) werden → Mikrophagen, die größeren (20 µm Durchmesser) → Makrophagen genannt. 9

Phago|zytose f: Aufnahme korpuskulärer Elemente durch Amöben und Phagozyten (polymorphkernige Leukozyten, → Makrophagen); danach Einschluß in Vakuole (Phagosom), darin Abbau durch Verdauung. P. gesteigert in Gegenwart von → Immunglobulinen und Komplement (Immunphagozytose). 8

Phakomatosen f pl: angeborene erbliche Leiden mit gleichzeitigem Befall der Haut und des zentralen Nervensystems. Es werden hierzu gerechnet: 1. → Adenoma sebaceum und tuberöse Hirnsklerose; 2. → Neurofibromatose (*Recklinghausen*); 3. → *Sturge-Weber*-Krankheit; 4. → *Hippel-Lindau*-Krankheit und → *Peutz-Jeghers*-Syndrom. → Genodermatosen. [12]

Phäno|kopie f: Bezeichnung für Mißbildungen, die, durch äußere Reize verursacht, den üblichen endogen entstandenen im Erscheinungsbild gleichen. [3]

Phänomeno|logie f: Med.: Lehre von den Krankheitszeichen. [2]

Phäno|typus m: Erscheinungsbild; Zusammenfassung aller vorhandenen Merkmale eines Einzelwesens, also äußere Erscheinungsform und äußeres Bild. Ggs.: → Genotypus. [3]

Phantom (gr.) n: künstl. Nachbildung von Körperteilen für den medizin. Unterricht. In der Zhk. hauptsächlich P.kopf mit Mundhöhle. [1]

Phantom|schmerz: Projektion des Schmerzgefühls in amputierte Glieder, auch in fehlende Zähne. [2]

Pharmako|dynamik f: Teilgebiet der → Pharmakologie, das die Wirkungen eines → Pharmakons auf den Organismus untersucht, durch Analyse des Wirkungsmechanismus, der Dosis-Wirkungsbeziehungen (→ Dosis) und der therapeut. unerwünschten Wirkungen. [7]

Pharmako|genetik f: Teilgebiet der Pharmakologie, das die genet. Einflüsse auf die → Pharmakokinetik und → Pharmakodynamik von Arzneistoffen mit dem Ziel untersucht, individuelle Variationen, z.B. → Idiosynkrasien bei Arzneimittelwirkungen, zu interpretieren. [7]

Pharmako|kinetik f: Teilgebiet der → Pharmakologie, das sich unter Beobachtung der → Pharmakodynamik mit der zeitl. Änderung der Konzentration von Arzneistoffen im Organismus befaßt, mit dem Ziel, optimale Applikations- und Dosierungsschemata zu erstellen und → Arzneimittelinteraktionen bei Mehrfachtherapie auf pharmakokinet. Ebene zu vermeiden. Unter Zuhilfenahme von Modellen beschreibt die P. die Kinetik und Absorption, Verteilung und Elimination (→ Biotransformation, Exkretion) von Arzneistoffen. [7]

Pharmako|kinetik, lineare f: lineare Beziehung zwischen der → Dosis eines Arzneistoffes (→ Pharmakon) und seiner Konzentration im Blut (Plasma/Serum) (Regelfall). [7]

Pharmako|kinetik, nicht|lineare f: nichtlineare Beziehung zwischen der → Dosis des Arzneistoffes (→ Pharmakon) und dessen Konzentration im Blut (Plasma/Serum) als Folge z.B. der Sättigung von Transportsystemen, Enzymsystemen. [7]

Pharmako|logie f: Wissenschaft, die sich mit den Wechselbeziehungen zwischen Arzneistoffen (→ Pharmakon) und dem Organismus befaßt, indem sie die → Pharmakodynamik und → Pharmakokinetik von Arzneistoffen analysiert. Teilgebiete der P.: → biochem. P., → klin. P., → Neuropsychopharmakologie, → Gerontopharmakologie, → Chronopharmakologie, → Pharmakogenetik. [7]

Pharmakon (gr.) n: Arzneistoff; ein → Wirkstoff (Element, chem. Verbindung), der im Organismus bei Zufuhr in bestimmter Dosis, auf bestimmten Wegen und in bestimmten Zeitabständen zur Prophylaxe, Diagnose und Therapie geeignet ist. [7]

pharmazeutische Verfügbarkeit: Geschwindigkeit und Ausmaß der Freisetzung eines Arzneistoffes (→ Pharmakon) aus einer → Arzneiform. [7]

Pharyngismus m: Schlundkrampf, Krampf im Gebiet des N. glossopharyngeus. [2]

Pharyngitis f: Rachenentzündung. Akute P.: diffuse Rötung und Schwellung der Lymphgewebe, durch Viren oder Bakterien (meist Streptokokken) verursacht; → Angina. Chronische P.: fleckige Rötung, Venenerweiterung und Hypertrophie der Schleimdrüsen bei konstitutioneller Anfälligkeit der Schleimhaut, besonderer Belastung durch die Umwelt (Stäube, Gase, auch industrielle Abgase) und bei Austrocknung der Schleimhaut durch Mundatmung. [19]

Pharyngo|plastik f: → Pharynxplastik. [19]

Pharynx (gr.) m: → Rachen. [9, 19]

Pharynx|plastik f: operative gewebliche Verbindung zwischen Uvula bzw. dem hinteren Teil des weichen Gaumens und der hinteren Schlundwand. Zweck dieses Eingriffes ist die Verbesserung der Sprache bei zu kurzem oder insuffizientem Gaumensegel, also sowohl nach Verletzungen als auch bei Lähmungserscheinungen und im Zuge der Wiederherstellung angeborener Defekte am weichen Gaumen. Sprachverbessernde Operation bei Gaumen- und Velumspalten. Der Gedanke der Annähung des Velums an die Rachenwand stammt von *Passavant* (1865). *Karl Schönborn* verwandte ab 1874 sowohl von unten als auch von oben gestielte Lappen aus der hinteren Pharynxwand (Abb.). Beide Methoden, die erstere 1924 von *Rosenthal* wieder aufgenommen und heute verlassen, die andere 1933 von *Sanvenero-Roselli* empfohlen, bewirken den Abschluß des

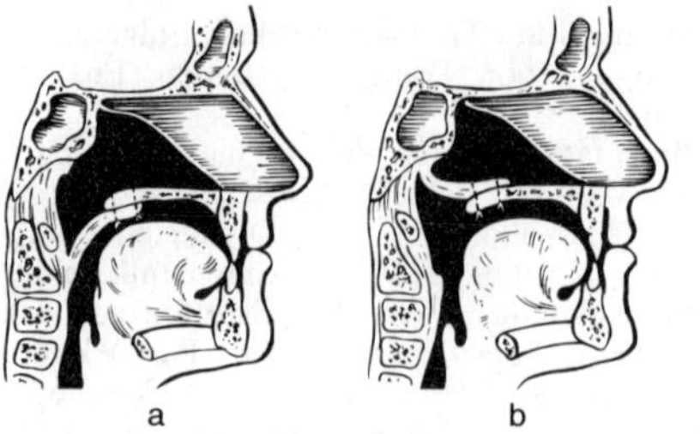

a: *Schönborn-Rosenthal*-Technik (Lappenstiel kaudal); b: *Sanvenero-Roselli*-Technik (Lappenstiel kranial)

Mundraumes gegen den Nasenraum, um den unerwünschten Luftdurchtritt durch die Nase zu beseitigen und den kompletten Abschluß des Nasen-Rachen-Raums beim Sprechen zu ermöglichen. [3]

Phase (gr.) f: Stadium; vorübergehendes Zustandsbild einer Erscheinung oder einer Krankheit. [2]

Phase-I-Reaktionen: → Funktionalisierungsreaktionen. [7]

Phase-II-Reaktionen: → Konjugationsreaktionen. [7]

Phasen|kontrast|mikroskopie f: optische Ausdifferenzierung einer für das Auge normalerweise nicht sichtbaren Struktur. Durch Einschalten eines Phasenplättchens in das optische System eines Mikroskops wird die Wellenlänge des direkten, nicht durch das Objekt gehenden Lichtes um 90° verschoben. Damit

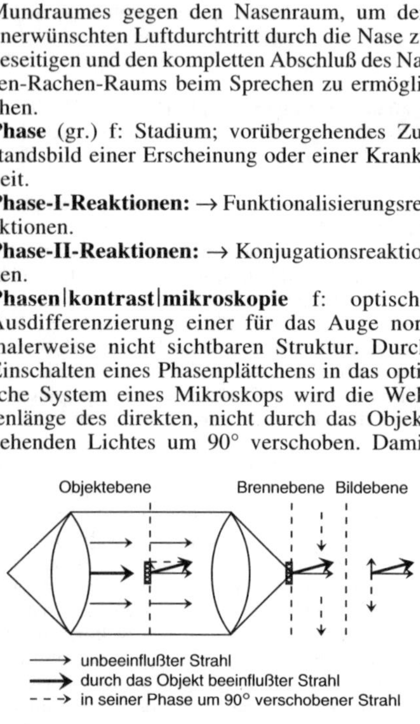

verwandelt sich der für den Betrachter nicht wahrnehmbare Phasenunterschied durch entgegengerichtete Amplitudenkomponenten in einen Helligkeitsunterschied (Abb.). Vgl. Interferenz. [9]

Phenazon: → Analgetikum, → Antipyretikum. [7]

Pheniramin: Antiallergikum, kompetitiver Antagonist an H_1-Rezeptoren und m-Cholinozeptoren mit sedativen und anticholinergen Wirkungen. Wirkungsmechanismus, Indikationen, Kontraindikationen → Antihistaminika, Wirkungsdauer ca. 4-6 h. [7]

Phenobarbital: Phenyläthylbarbitursäure, (Luminal®), lang wirksames Schlafmittel, Dos. 0,1-0,2. Auch zur Unterdrückung von Krampfanfällen. [2]

Phenole (Kunstwort) n pl: Derivate des → Benzols, bei denen Wasserstoffatome des Benzolrings durch Hydroxyl(OH)-Gruppen ersetzt sind. Entsprechend der Anzahl der OH-Gruppen unterscheidet man 1-, 2- und 3-wertige P. Einfachste Verbindung dieser Stoffklasse ist das Phenol. [23]

Phenol|phtalein n: $C_{20}H_{14}O_4$, wichtiger → Indikator. Farbumschlag von farblos nach rot bei → pH 8,2-10,0. Abführmittel. [23]

Pheno|plaste m pl: Sammelbegriff für Kunststoffe aus → Phenol oder → Kresol und → Formaldehyd. [23]

Phenothiazine: Wirkstoffe mit einem trizykl. annähernd planaren P.-Gerüst mit einem Substituenten am Stickstoff. Therapeut. Einsatz von P.-Derivaten vorwiegend zur Prämedikation und bei Psychosen. → Neuroleptika, → Antihistaminika und → Antiemetika. [2, 7]

Phenothiazin-Neuro|leptika n pl: Nach der Art der Seitenkette werden die P. in 3 Gruppen eingeteilt: P. mit einer aliphat. Seitenkette Typ Chlorpromazin haben schwache antipsychot., geringe extrapyramidalmotor., stark sedative, antiemet. und vegetative Wirkungen. P. mit einer Piperazin-alkyl-Seitenkette Typ Perazin wirken stark antipsychot., antiemet., schwach sedativ und haben ausgeprägte extrapyramidalmotor. Wirkungen. P. mit einer Piperidylalkyl-Seitenkette Typ Pecazin nehmen eine Mittelstellung zwischen dem Chlorpromazin- und Perazin-Typ ein. Ersatz der N-C-Bindung vom Ring zur Seitenkette durch eine Kohlenstoff-Doppelbindung führt zu den Thioxanthenen. In der Zhk. werden nur P. vom Typ Chlorpromazin zur kurzfristigen Sedation suchtgefährdeter Patienten vor operativen Eingriffen oder zur Unterdrückung des Brechreizes als → Antiemetikum eingesetzt. [7]

Phenoxymethyl-Penicillin n: Penicillin V; 6-Amino-penicillan-Derivat, als → Schmalspektrum-Penicillin ein → Oral-Penicillin mit ca. 50%iger (nahrungsabhängiger) oraler → Bioverfügbarkeit. [7]

Phenprocoumon: Cumarin-Derivat, Antikoagulans, Vit.-K-Antagonist (→ Antagonist); vgl. Cumarine. [7]

Phenyl|amin n: → Anilin. [23]

Phenyl|ephrin: direktes → Sympathomimetikum, α_1 > α_2-Adrenozeptor-Agonist (→ Agonist). Vasokonstriktor zur lokalen Abschwellung von Schleimhäuten. In der Zhk. supportiv bei der Behandlung einer Sinusitis maxillaris dentogenen Ursprungs. [7]

Philtrum (gr.) n: die Rinne in der Mitte der häutigen Oberlippe, embryolog. vom mittleren Nasenwulst gebildet. [9]

Phleb|ektasie f: Venenektasie; gleichmäßig-diffuse Erweiterung von Venen (im Gegensatz zu Varizen, die i.d.R. einen geschlängelten Verlauf und einen gröberen Wandumbau aufweisen). [32]

Phlebitis (gr.) f: unspezifische oder spezifische (v.a. P. syphilitica und P. tuberkulosa), akute oder chronische, meist umschriebene Entzündung eines venösen Gefäßes. Sie kann von außen her (z.B. durch Trauma, fortschreitende Entzündung im umgebenden Gewebe), als Periphlebitis oder wesentlich seltener von der Lichtung her (z.B. durch infizierten Thrombus) als Endophlebitis beginnen. Ferner im Rahmen allergisch-hyperergischer Prozesse. Wegen des lockeren Wandaufbaues ergreift sie schnell alle Wandschichten. Klinik: örtlicher Schmerz, evtl. Rötung, Stauung, Ödem, Thrombosierung. Vgl. Thrombophlebitis. [32]

Phlebo|lith m: Venenstein, verkalkter Venenthrombus. [32]

Phlebo|tomie f: → Venaesectio. [2]

Phlegmone (gr.) f: „Zellgewebsentzündung", ohne örtliche Abgrenzung im Bindegewebe fortschreitende Entzündung mit geringer Eiterbildung, begleitet von hohem Fieber und schlechtem Allgemeinbefinden. Infektion vor allem durch → Streptokokken; stets ernst zu nehmen. Therapie: ausgedehnte Inzisionen, massive Antibiotikagaben. [2]

Phobie (gr.) f: extreme objekt- oder situationsbezogene Angst- und Vermeidungsreaktion mit für neurotisches Verhalten typischer selbstkritischer Kenntnis der Unangemessenheit der eigenen → Angst. Vgl. Klaustrophobie, Agoraphobie. [13]

Phon (gr.) n: Maßeinheit der Lautstärke. Die sog. Schmerzschwelle liegt bei 130 Phon (Tab.). [10]

Phon|asthenie f: subjektiv empfundene abnorme Stimmermüdung ohne Heiserkeit infolge fehlerhafter Stimm- oder Sprechtechnik, wobei die Spannung der Atem- und Kehlkopfmuskulatur zu gering ist. [19]

Phonation (gr.) f: Stimmbildung. [10]

Phonetik f: Lehre von der Art, Erzeugung und Verwendung der Laute. [10]

Phon-Skala

0	Hörschwelle
10	normales Atmen
20	Blätterrascheln im Wind
30	leerer Kinosaal
40	Wohngegend bei Nacht
50	ruhiges Restaurant
60	Unterhaltung zweier Personen
70	lebhafter Verkehr
80	Staubsauger
90	Rauschen eines Wasserfalls
100	U-Bahn
120	Propellerflugzeug beim Start
130	Schmerzschwelle des Ohres; Maschinengewehrfeuer aus der Nähe
140	Düsenjäger beim Start
150	Überschall-Verkehrsflugzeug beim Start
160	Windkanal
175	Weltraumrakete beim Start

Phon|iatrie f: Stimmheilkunde. [19]

Phosphatasen f pl: → Enzyme aus der Esterasegruppe, die organ. Phosphatester abzubauen vermögen. Es gibt saure P. mit pH-Optimum um 5,5 und alkalische mit pH-Optimum bei etwa 9. Die letzteren spielen bei der Mineralisation der Knochen- und Zahngewebe eine wichtige Rolle. Histochem. Untersuchungen ergaben einen reichen Gehalt in der Pulpa, bes. entlang den Odontoblasten und an den Gefäßwänden. Bei der sekundären Dentinbildung treten diese P. in Aktion. Im histolog. Kariesbild findet man sie gleichfalls, was Anlaß zu verschiedenen Kariestheorien gegeben hat. [23]

Phosphat|diabetes m: Gluko-Amino-Phosphatdiabetes; *Debré-Toni-Fanconi*-Syndrom; kongenitale Störung der Phosphatrückresorption im proximalen Tubulus bzw. vorwiegend familiäre Vitamin-D-refraktäre Rachitis (isolierte renale Phosphaturie). Symptome: Aminoazidurie, Glukosurie, Phosphaturie, Hypophosphatämie, Kleinwuchs. [20]

Phosphate n pl: Salze der Phosphorsäure, die sowohl in anorgan. als organ. Form in den Zähnen, Knochen und im Speichel vorkommen. An der Synthese organ. Phosphatverbindungen sind Enzyme beteiligt, die den → Phosphatasen zuzurechnen sind. [23]

Phosphat|zement m: am häufigsten benutzter und bewährter Zement in der Zhk., vorwiegend für → Unterfüllungen und die permanente Befestigung von Einlagefüllungen, Kronen und Brükken. Wird aus Pulver und Flüssigkeit angemischt. Zusammensetzung: Pulver: 80-90% Zinkoxid, geringe Anteile von Magnesiumoxid und Siliziumoxid. Flüssigkeit: 50-60%ige Orthophosphorsäure mit geringfügigen, zwischen den Fabrikaten stark schwankenden Zusätzen. Abbindung nicht ganz geklärt: Bildung von kristallinem Phosphat. [1]

Phosphodiesterase-Inhibitoren m pl: Prototypen sind die Methylxanthine Theophyllin und Coffein, die durch Hemmung der → Phosphodiesterase die intrazelluläre Konzentration cyclischer Nucleotide erhöhen. [7]

Phosphodiesterasen: Enzyme, die Phosphodiester-Bindungen spalten. [7]

Phosphoreszenz f: Fähigkeit bestimmter Stoffe, z.B. *Balmain*-Leuchtfarbe (Kalziumsulfid mit Zusatz von Wismut), durch Belichtung selbstleuchtend zu werden. [23]

Phosphor|nekrose f: nekrotisierende eitrige Osteomyelitis vor allem des Unterkiefers infolge chron. Einatmens von Phosphordämpfen, bes. bei Zündholzarbeitern, und dadurch verursachter → Osteosklerose; nur noch historisch. [2]

Phosphor|säure: die gewöhnliche oder Orthophosphorsäure, H_3PO_4; dreibasige, mittelstarke Säure, die in wasserklaren, an der Luft zerfließenden, rhombischen Säulen kristallisiert. Ihre 25%ige wäßrige Lösung ist das offizinelle Acidum phosphoricum. Antipyretikum; in der Zhk. findet sie Verwendung bei der Herstellung von Phosphat- und Silikatzementfüllungen sowie als Ätzmittel zur Retention von Versiegelungskunststoffen. Wird Orthophosphorsäure auf 200 °C erhitzt, so erfolgt unter Wasserabspaltung Übergang in Pyrophosphorsäure, $H_4P_2O_7$, eine farblose, in Wasser leicht lösliche, glasige Masse. Bei weiterem Erhitzen auf 300 °C entsteht Metaphosphorsäure, HPO_3, Acidum phosphoricum glaciale, eine in Wasser unter Knistern lösliche, glasige Substanz. Vgl. Ätztechnik. [1, 23]

Phosphorylierung f: enzymatische Anlagerung von Phosphatresten an ein organ. Molekül durch → Kinasen, z.B. Glukose + ATP (→ Adenosintriphosphat) = Glukose-6-phosphat + ADP (Adenosindiphosphat), durch eine Hexokinase oder eine spezifische Glukokinase. [23]

Photo|ablation (lat.) f: nichtthermischer Abtragsmechanismus bei Anwendung von Laserstrahlung mit kurzen Laserimpulsen (ca. 10^{-9} s) und hohen Leistungsflußdichten (> ca. 10^8 W/cm^2). Die P. beruht auf dem Aufbrechen molekularer Bindungen, ist aber i.d.R. von thermischen Nebeneffekten begleitet. Charakteristisch für die P. ist eine wellenlängenabhängige, materialspezifische Ablationsschwelle und eine mit zunehmender Energieflußdichte bis zu einer Sättigung ansteigende Ablationsrate (= Abtragsrate). In der Zhk. wird die Eignung dieser → Laserwirkung zur Hartgewebspräparation mit → Excimer- und → Er:YAG-Lasern derzeit experimentell erprobt. [31]

Photo|akustik f: durch Absorption kurzer Laserimpulse (> 1 µs) hoher Energie erzeugte Auslösung einer mechanischen Dichtewelle hoher Anfangsamplitude (→ Schockwelle), die zu lokalen Gewebszerreißungen führt (→ LISL). [31]

Photo|allergie f: durch Lichtenergie induzierte Umwandlung eines Moleküls (meist von Medikamenten) in ein potentes Allergen, welches die allergischen Reaktionen auslöst. → Lichtdermatose. [12]

Photo|disruption (lat.) f: nicht thermisch bedingte Gewebezerstörung infolge Bestrahlung mit ultrakurzen Laserimpulsen (ca. 10^{-9} s) bei Leistungsflußdichten von mehr als 10^{10} W/cm^2. Durch das hohe elektrische Feld im Fokus dieser Laserstrahlung kann das Gewebe ionisiert werden (optischer Durchbruch). Die dabei entstehenden freien Elektronen vermögen die Energie des Laserstrahles aufzunehmen. Bei Überschreitung der Ionisationsenergie des bestrahlten Gewebes wird die Zahl der freien Elektronen lawinenartig vergrößert: Es entsteht ein Plasma mit Temperaturen von mehreren 1.000 °C und Drücken von mehreren kbar. Das sich explosionsartig ausbreitende Plasma erzeugt im Gewebe eine mechanische → Schockwelle, die zur Mikrofragmentierung des Gewebes führt. Die P. kann auch thermisch durch ein extrem schnelles Aufheizen gut absorbierenden Gewebes auf mehrere 1.000 °C mit Laserstrahlung ausgelöst werden (Impulslängen ca. 10^{-6} s). Die Eignung des Effektes der P. zur Bearbeitung von Zahnhartsubstanzen mit → Excimer- und Er:YAG-Lasern wird in der Zhk. derzeit experimentell erprobt. [31]

photo|dynamische Therapie f: Therapie maligner Tumoren durch Speicherung spezieller Farbstoffe (z.B. → Hämatoporphyrinderivate, HPD) in lebendem Gewebe. Diese Farbstoffe werden im Tumor länger gespeichert als in gesundem Gewebe. Eine sich anschließende niedrigenergetische Bestrahlung des Tumors mit einer Laserwellenlänge im Absorptionsmaximum z.B. der → HPD führt zu einer selektiven Tumorzerstörung durch zytotoxische Reaktionen des dissoziierten Farbstoffes. Die Anwendung der p.T. auch in der Zhk. befindet sich im Erprobungsstadium. [31]

photogen (gr.): **1.** lichterzeugend. **2.** durch Lichteinwirkung entstanden. [10]

Photo|grammetrie f: → Stereophotogrammetrie.[17]

Photonen|energie f: Energieinhalt eines Lichtquants (Photons). Über die Beziehung $E = h\nu$ ($\nu = c/\lambda$, ν = Frequenz, λ = Wellenlänge, c = Lichtgeschwindigkeit, h = *Planck*sches Wirkungsquantum) wird jeder Wellenlänge eine bestimmte P. zugeordnet. Je kürzer die Wellenlänge, desto größer ist die P. Vgl. Laser, Laserwirkung.[31]

Photo|phobie f: Lichtscheu, z.B. bei Migräne.[20]

Photo|poly|merisate n pl: lichthärtende Kunststoffe. Frontzahnfüllungsmaterialien, die in plastischer Form in die → Kavität eingebracht werden und dort nach Bestrahlung mit UV- oder konzentriertem normalen Licht aushärten.[1]

Photo|polymerisation f: → Lichtpolymerisation.[4]

Photo|stat m: → Fotostat.[5]

phrenicus (gr.): zum Zwerchfell gehörend.[9]

pH-Tele|metrie f: Verfahren zur Messung des pH-Verlaufs in der → Plaque von der Zahnseite her an der tiefsten Stelle (ohne Störung der Plaquestruktur). Die Meßwerte werden drahtlos übertragen. Die pH-Telemetrie wird in der Schweiz routinemäßig zur intraoralen Kariogenitätsprüfung von Süßwaren eingesetzt.[15]

Phthise f: Schwund; Auszehrung; Schwindsucht, die durch (Lungen-)Tuberkulose verursachte allg. Resistenzschwäche und Reduzierung des Allgemeinbefindens, bes. deutlich bei der rasch fortschreitenden exsudativ käsigen Lungentuberkulose als „galoppierende“ Schwindsucht.[34]

pH-Wert: negativer dekad. Logarithmus der Wasserstoffionenkonzentration.[7]

Phyko|myzeten m pl: Schlauchpilze; hierher gehört z.B. Schimmelpilzgattung → Mucor.[8]

Phylo|genese f: Stammesgeschichte, Lehre von der Entwicklung der Arten im Laufe der Evolution.[9]

phylo|genetische Gebiß|reduktion f: → Gebißreduktion, phylogenetische.[5]

Physik (gr.) f: Lehre vom Aufbau und von den dynamischen Vorgängen in der unbelebten und teilweise der belebten Natur, bes. von den mechanischen, akustischen, thermischen, elektrischen, magnetischen, optischen, radioaktiven und synergetischen Erscheinungsformen.[10]

physikalische Chemie f: Lehre von den Wechselbeziehungen bzw. Grenzgebieten zwischen Physik und Chemie.[23]

physikalische Therapie f: Heilmethoden, die auf Anwendung physikal. Kräfte beruhen, z.B. Wärme-, Kälte-, Wasseranwendungen.[2]

physikalische Untersuchungs|methoden: zusammenfassende Bez. für Auskultation, Perkussion, sowie Verfahren der Röntgendiagnostik.[14]

Physiko|therapie f: → physikalische Therapie.[2]

Physikum n: Kurzform von Tentamen (Probe) physicum; ältere Bezeichnung für ärztliches und zahnärztliches Vorexamen.[24]

Physikus m: ursprünglich Bez. für Arzt (engl. physician), dann für Kreisarzt bzw. beamteten Arzt gebraucht.[24]

Physio|logie f: Lehre von den Funktionen der Organe und deren geordnetem Zusammenspiel.[10]

physio|logische Koch|salz|lösung: Lösung von 0,9% NaCl in Wasser. P. K. ist blutisoton, also von gleichem osmotischem Druck wie Blut.[20]

Phytomenadion: → Vit. K_1; P. ist in der Zhk. zur Prophylaxe und Therapie von Hämorrhagien bei operativen Eingriffen bei Vit.-K-Hypovitaminose indiziert. 1 mg Vit. K steigert die Synthese Vit.-K-abhängiger Gerinnungsfaktoren (Faktor II, VII, IX, X) um 4%. Die Applikation des P.s muß 24 h vor Behandlungsbeginn erfolgen, da der Wirkungseintritt ca. 12 h post applicationem erfolgt. Das Wirkungsoptimum wird nach 24 h erreicht.[7]

Phyto|phagen m pl: Herbivoren; Pflanzenfresser.[10]

Phyto|sterine n pl: → Sterine.[10]

Pia mater (lat.) f: Teil der weichen Hirnhaut. → Meningen.[9]

Pichler-Schnitt|führung (Hans P., Prof. d. Zhk., Wien, *1877, † 1949): Umkehrung des *Partsch*-Bogenschnitts bei Wurzelspitzenresektion, Zystenoperation; Basis gingival, Schnitt verläuft durch die Umschlagfalte.[2]

Pickerill-Linien (Henry Percy P., Za., Otago, Neuseeland, *1879, † 1956): die zwischen zwei → Perikymatien stufenartig geschichteten Vorwölbungen. Vgl. Imbrikationen.[1]

Pick-Krankheit (Arnold P., Psychiater, Prag, *1851, † 1924): präsenile Demenz; meist im 4.-6. Lebensjahrzehnt beginnende, initial stirn- und schläfenlappenbetonte Hirnatrophie mit entsprechendem psychischem Fehlverhalten. Mündet in schwere → Demenz.[33]

Picorna|viren n pl: Gruppe kleiner (Ø 25 nm), ribonukleinsäurehaltiger Viren, umfaßt → Enteroviren und Rhinoviren.[8]

Pierre-Marie-Syndrom (Pierre Marie, Neurol., Paris, *1853, † 1940) n: **1.** → Akromegalie. **2.** hereditozerebellare → Ataxie. **3.** → *Bechterew*-Krankheit.[20]

Pierre-Robin-Syndrom n: → *Robin*-Syndrom.[2]

Pigment (lat.) n: jeder im Körper anzutreffende Farbstoff. Man unterscheidet endogene, d.h. im Körper selbst entstehende P.e (Blutfarbstoffe,

Gallenfarbstoffe und das in der Haut gebildete und gelagerte → Melanin), und exogene P.e (z.B. durch Tätowierung). [12]

Pigment|mal: → Naevus pigmentosus; durch fleckartige Pigmentanhäufung in der Epidermis bedingt, z.B. Sommersprossen (→ Epheliden). → Neurofibromatose; → *Peutz-Jeghers*-Syndrom. [12]

Pigment|mangel: Mangel an Melanin; → Leukoderma, → Vitiligo. [12]

Pigment|purpura, progressive f: infolge wiederholter Mikroblutungen mit langdauernder Pigmentierung einhergehende Purpura. → Purpura. [12]

Pigment|zellen f pl: → Chromatophoren. [9]

Pikrin|säure: Trinitrophenol. Gelbe, sehr giftige Kristalle. Bei Arbeitern, die mit P. zu tun haben, findet sich Gelbfärbung der Zähne. [23]

Pili (lat.) m pl, sing pilus: → Haare. [9]

Pillen|gingivitis f: durch orale Kontrazeptiva begünstigte Gingivitis. Vgl. chronische Gingivitis. [6]

Pilot|bohrung: Pilotfräsung; Anlage einer Knochenbohrung im Zuge der Präparation des → Implantatbetts mit einem Instrument von geringerem Durchmesser als das Implantat. Die P. legt Richtung und Tiefe des Implantatbetts fest und wird mit Bohrern aufsteigenden Durchmessers schrittweise auf die endgültigen Dimensionen erweitert. Vermindert die Gefahr der thermischen Knochenschädigung. [18]

Pilot|fräsung: → Pilotbohrung. [18]

Pilot|kanal m: Knochenkavität, die im Zuge der Implantatbettpräparation angelegt wird. Ergebnis der → Pilotbohrung. [18]

Pilot|studie: vorläufige, richtungsweisende Mitteilung über eine Untersuchung, der weitere nachfolgen sollen. [1]

Pilze: Fungi; chlorophyllfreie pflanzliche Organismen; von med. Interesse nur Unterabteilung Eumycetes (echte Pilze) mit 4 Klassen: Phycomycetes (mit Gattung Mucor), Ascomycetes (mit Saccharomyces, Coccidioides), Basidiomycetes (Hutpilze) und → Fungi imperfecti. [8]

Pilz|geflecht: → Myzel. [8]

Pilz|krankheiten: → Mykosen, → Stomatomykosen. [12]

Pimaricin: Polyen-Antibiotikum, → Antimykotikum. Wirkungsspektrum: Candida, Cryptokokkus, Trichophyton. Indikation in der Zhk.: lokal zur Behandlung einer Candidiasis der Mundhöhle; Kontraindikation: Allergie gegen Wirkstoff und galen. Hilfsstoffe. [7]

Pin (engl.) m: Nadel, Stift; kleiner Stift von so geringen Ausmaßen, daß er, in die Zahnkrone eingesetzt, weder die Pulpa tangiert noch zu Schmelzabsprengungen führen kann. P.s dienen der besseren Verankerung von Teilkronen, Füllungen, Brückenankern o.ä. im Trägerzahn. P.s werden nach Vorbohrung mit genormten Bohrern eingesetzt. Halt durch → Friktion, Gewinde oder Zement. Material: Stahl, Tantal, Goldlegierungen. [1,4]

Pin fixation (engl. Stiftbefestigung) f: → Osteosynthese. [2]

Pink spot disease (engl.) n: → Pulpagranulom. [1]

Pinlay (engl.) n: → Einlagefüllung mit angegossenen Verankerungsstiftchen. [1]

Pin|layschiene: Verankerungsmöglichkeit parodontal geschädigter Zähne durch miteinander verlötete Gußfüllungen mit → Pinlays (Abb.). [4]

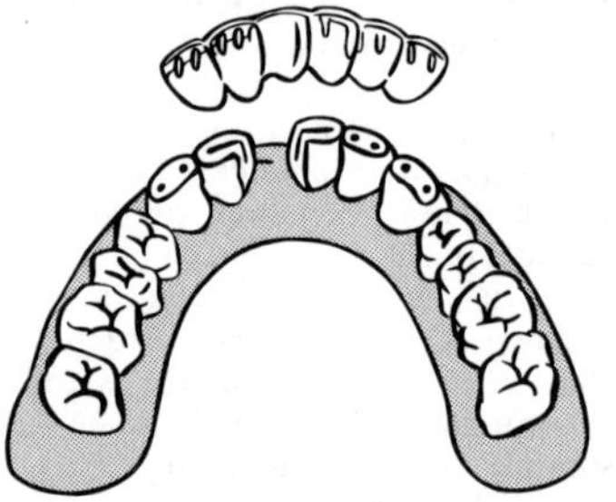

Pin|ledge (engl.): Halbkronenart, die mit drei Stiftchen aus 0,7-0,8 mm starkem hartem Platingolddraht verankert ist (Abb.). → Halbkronen, → Teilkronen. [4]

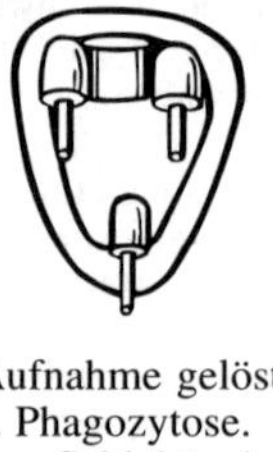

Pino|zytose f: Aufnahme gelöster Stoffe durch Phagozyten; vgl. Phagozytose. [8]

Pinsel|technik: → Schichttechnik. [1]

Pinzette (frz.) f: Instrument zum Anfassen von Gewebe und kleinen Gegenständen. *Albrecht-*

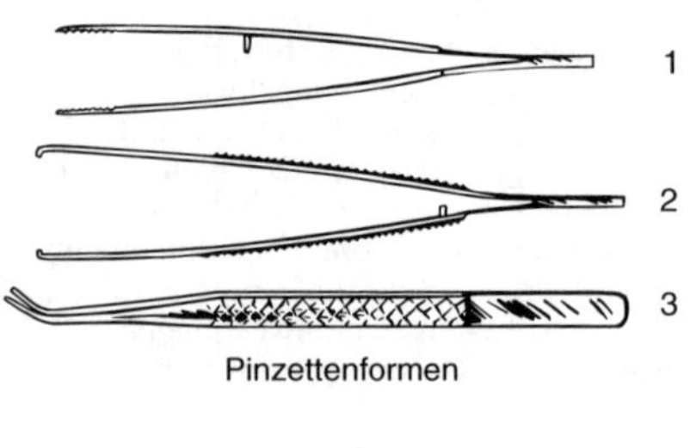

Pinzettenformen

P.: starke P. zur Entfernung von Sequestern, lokkeren Wurzelresten usw.; anat. P.: P. mit quergeriffelten Greifflächen (Abb., 1); chirurg. P.: gezahnte P. zum Fassen lebenden Gewebes bei der Operation (Abb., 2); College-P.: die eigentliche zahnärztl. P. (Abb., 3), eine abgewinkelte, feine, anat. P.; Löt-P.: spitze, glatte P.; Quarz-P.: Löt-P. mit auswechselbaren Quarzarmen, die rechtwinklig abgebogen sind, vermeidet Metallverunreinigung, dient zum Absäuern. 21

Piperacillin: Semisynthet. → Breitspektrum-Penicillin aus der Gruppe der Acylamino-Penicilline ohne Beta-Lactamase- und -Säurestabilität. P. ist z.Z. das wirksamste Breitspektrum-Penicillin, vor allem im gramnegativen Bereich (ausgeprägte Anti-Pseudomonas-Aktivität). 7

Pipette (frz.) f: Saugglas, Stechheber; eine in der Mitte bauchig erweiterte Glasröhre zum Aufsaugen von Blut u.ä. Oft graduiert. 23

piri|formis: birnenförmig. 9

Piritramid: Dipidolor®. Opioid-Analgetikum, BtMVV, Dosierung 22 mg i.m. / 70 kg Körpergewicht. 2

Pirquet-Reaktion (Clemens von P., Päd., Wien, *1874, † 1929) f: intrakutane Alttuberkulinprobe mittels Impfbohrer, diagnostische Methode zur Charakterisierung der Tuberkuloallergie nach stattgehabter Tuberkelbakterieninfektion. Eingeschränkter Aussagewert bei Erwachsenen, in 60% positiv. 20

Pityriasis alba faciei f: „Salzflecke"; vorwiegend im Gesicht von Kindern anzutreffende umschriebene rundliche oder ovale Herde mit feiner Schuppung. Bei Sonnenbräunung als weiße Flecke imponierend. Ursache: mikrobielle Infektion (?). Therapie: $^{1}/_{2}$% Salizyl-Euzerin. 12

Pityriasis rosea f: schuppige „Röschen"flechte; akut auftretende, einige Wochen dauernde, exanthemartige Hautkrankheit unbekannter Ursache. Bis münzengroße, ovale, rotgelbliche Herde mit zentraler Schuppenkrause (→ Exanthem). Spontanheilung. 12

Pityriasis versi|color f: Kleinpilzflechte, → oberflächl. Dermatomykose. Gelb-grau-bräunliche, leicht lösliche, schuppende, konfluierende Flecke, vorwiegend Brust und Rückenhaut stark schwitzender Menschen befallend. Erreger: Malassezia furfur. Nach Sonnenbestrahlung bleiben die befallenen Stellen weiß (P. v. alba). Therapie: Salizyl-Resorzin-Spiritus, → Antimykotika. 12

Pivampicillin: Ampicillin-Ester (→ Ampicillin), → Prodrug, → Amino-Penicilline. 7

Pivot-Zahn (frz.): → Stiftkrone. 4

Pix (lat.) f: Pech, Teer. 23

PKV: Abk. → **P**rivate **K**ranken**v**ersicherung. 25

Placebo (lat.) n: Scheinarznei, Leerpräparat, Blindpräparat oder Falsumpräparat; eine Arzneiform ohne Wirkstoff, die in ihrem äußeren Erscheinungsbild sowie Geschmack einem bestimmten Originalarzneimittel (= Verumpräparat) entspricht. Anwendung von P.s 1. zur Befriedigung des Verlangens nach einer nicht indizierten Arzneimitteltherapie unter Ausnutzung des → P.-effektes, 2. zum Ausschluß von mögl. Suggestionseffekten bei der klin. Prüfung neuer Arzneimittel (sog. Doppelblindstudien). 7, 33

Placebo|effekt m: arzneistoffunabhängige Effekte eines Arzneimittels, die in Form therapeut. erwünschter oder unerwünschter Wirkungen (Nebenwirkungen) auftreten können. Die Placeboansprechbarkeit ist individuell variabel (Placebo-Reaktoren/Non-Reaktoren) und von zahlreichen Faktoren auf seiten des Patienten (z.B. Persönlichkeitsstruktur, Erkrankungsart, Suggestionslabilität) sowie des Arztes (Autorität, Suggestionskraft) abhängig. Vgl. Placebo. 7

Placenta (IANC): → Plazenta. 9

Plafond (frz.) m: → Festbetrag. 25

Plagio|zephalie f: angeborene asymmetrische Schädelform. Kann spontan auswachsen. Vgl. Kraniosynostose. 3

Plak-lite-System® n: → Plaquerevelatoren. 6

Plakoid|schuppen: → Hautzähne. 12

Planschen: → Gold- u. Silberscheideanstalten. 4

plantar (lat.): die Fußsohle betreffend. 12

Plantation (lat.) f: Pflanzung von Geweben oder Organen. → Implantation (Einpflanzung), → Replantation (Rückpflanzung), → Transplantation (Überpflanzung). 2

Planum (lat.) n: Ebene, Fläche, z.B. P. temporale: Ursprungsfläche des M. temporalis am seitl. Schädel, gebildet von Scheitelbein und der Schuppe des Schläfenbeins. 9

Plaque (frz.) f: eiweiß-, polysaccharid- und bakterienhaltiger Zahnbelag, der durch einen kräftigen Wasserstrahl nur z.T. abzuspülen ist. Meist hell- bis dunkelgelb, deshalb in dünner Schicht schwer erkennbar. Ursache der Karies. Zuckerhaltige Nahrung und Süßigkeiten fördern Entstehung und Wachstum. Besteht aus Aerobiern und Anaerobiern, die durch Produktion → extrazellulärer Polysaccharide Verbund und Haftung an der Zahnoberfläche bewirken. P. entwickelt sich in mehreren Stufen. Innerhalb kurzer Zeit Bildung eines → Pellicle, an das sich innerhalb weniger Stunden Mikroorganismen anlagern (vornehml. der Spezies Streptococcus sanguis). Zur Primärflora des ersten Tages gehören u.a. Streptococcus salivarius, Streptococcus mitis und Aktinomyzeten. Auf der Basis der Primärflora entwickelt sich innerhalb von 9-14 Tagen die komplex zusammengesetzte Klimaxflora, die von fakultativ und obligat anaeroben Mikroorganismen dominiert wird. (Zunahme der Filamente und Stäbchen, auch mehr gramnegative Kokken und Stäbchen.) Stoffwechselleistungen: 1. Kohlenhydratabbau: Abbau von Mono- und Disacchariden zum Zweck der Energiegewinnung, dabei entstehen organische Säuren (z.B. Lactat); 2. Intermediärstoffwechsel; 3. Syntheseleistungen: Synthese von → IPS (intrazellulären Polysacchariden) und → EPS (extrazellulären Polysacchariden), Synthese artspezifischer Zellwandpolysaccharide, Synthese biologisch aktiver Stoffe. [1, 6, 15]

Plaque, dentale f: → Zahnbeläge. [6]

Plaque|färbe|mittel: → Plaquerevelatoren. [1]

Plaque|färbe|tabletten: Kautabletten zur Kontrolle von Zahnbelägen. → Plaquerevelatoren; → Plaqueindikatoren. [15]

Plaque|hemmung, chemische: Reduktion der Plaquebildung durch externe Applikation von antibakteriell wirksamen Chemotherapeutika wie z.B. → Chlorhexidindiglukonat. Anwendung bei nicht oder nur ineffizient durchführbarer mechanischer Reinigung, z.B. bei Behinderten, bei intermaxillärer Verschnürung nach Kieferfrakturen usw. [29]

Plaque|index m: Abk. PI, durch verschiedene Untersuchungsmethoden gewonnener Index zur objektiven Einschätzung und Bewertung des bakteriellen Zahnbelages. Beispiele: → P. nach *Quigley* und *Hein,* P. nach *Silness* und *Löe* sowie *Lindhe* und *Koch.* [6]

Plaqueindex nach Quigley und Hein m: zur Beurteilung von Mundhygienemaßnahmen geeigneter Index. Die Plaque wird durch Anfärbung sichtbar gemacht, die Bestimmung erfolgt an den ausgewählten und angefärbten Vestibulär- und Oralflächen.

Bewertungsgrade:

0 = absolut keine Plaque
1 = vereinzelte Plaque-Inseln
2 = deutliche Plaque-Linien entlang größerer Strecken des Zahnfleischrandes
3 = Plaque im zervikalen Kronendrittel
4 = Plaque bis ins zweite Kronendrittel
5 = Plaque bis ins dritte Drittel

2-5 werden zugeteilt, auch wenn sich die Plaque nur auf einem mesialen oder distalen Abschnitt der Fazial- oder Oral-Fläche ausdehnt.

Der Index errechnet sich wie folgt:

$$\text{QH - Index} = \frac{\text{Summe der Bewertungsgrade}}{\text{Zahl der bewerteten Flächen}}$$ [6, 15]

Plaqueindikatoren m pl: Kautabletten zum Anfärben mikrobieller Zahnbeläge. Oral-B-Einfarb-P. mit Erythrosin, Oral-B-Zweifarb-P. zusätzl. mit Patentblau-Farbstoff (Typ V) zur Unterscheidung alter und neuer Beläge. [7]

Plaque|revelatoren m pl: Plaqueindikatoren, Disclosing solutions; Farblösungen und Farbstoffe zur Darstellung der → Zahnbeläge durch Anfärbung. Verwendung aus erzieherischen Gründen als Anleitung zur Mundhygiene oder zu wissenschaftl. Untersuchungen. Früher Fuchsin, Jod, Kaliumpermanganat, heute entweder Erythrosinfarbstoffe in Tablettenform (→ Plaqueindikatoren) zur direkten Plaqueanfärbung oder mittels eines Fluoreszeinfarbstoffes indirekte Darstellung mit einer Blaulichtlampe (Plak-Lite-System®). [1, 6, 15]

Plaques f pl: in der Dermatologie plattenartige, umschriebene, über das Niveau der Schleimhaut oder Haut mehr oder weniger hervorragende Erhabenheiten. P. des fumeurs: → Leukokeratose. [6, 15]

Plaques muqueuses (frz.) f pl: im Sekundärstadium der → Syphilis auftretende, sehr infektiöse Schleimhautveränderungen, anfangs in Gestalt eines düsterroten fleckigen → Enanthems besonders an weichem Gaumen und Tonsillen (Angina specifica); später Umwandlung in die P. opalines: weißlich trübe → Papeln mit rotem Randsaum. Auf der Zunge können sich durch Schwund der filiformen Papillen die roten fleckigen P. lisses bilden. [12]

Plasma (gr.) n: **1.** → Protoplasma. **2.** P. sanguinis; Blutplasma, flüssiger Teil des Blutes (55%); klare, durch Bilirubin leicht gelbliche Flüssigkeit. Wichtigster Bestandteil: Wasser 9 g%, Gesamteiweiß 6,7- 8,0 g% (→ Albumin 4,2-5,4 g%, → Globuline 2,2-3,1 g%, Fibrinogen 0,25 bis 0,45 g%). Wichtigste Funktionsbestandteile sind Eiweißkörper (aus Leber, Knochenmark, Lymphknoten, → Plasmazellen stammend). Aufgabe des P.s: Wasserbindung und -transport, Trägersubstanz (→ Bilirubin, → Hormone, Enzyme, Arzneimittel, Anionen und Kationen, intermediäre Stoffwechselprodukte wie Fett, Lipide, Kohlenhydrate, Immunkörper). [10]

Plasma|albumin n: → Albumin. [23]

Plasma|beschichtung: Methode zur Aufrauhung und Vergrößerung der Oberfläche von Metall- (besonders Titan-)Implantaten. Unter hoher Temperatur und hohem Druck werden Titanpartikel auf die Implantatoberfläche aufgespritzt. Ziel ist eine Verbesserung der → Osseointegration. Vgl. Beschichtungsverfahren. 18

Plasma|ersatz|mittel: → Plasmaexpander. 7

Plasma|expander m: blutisotone, kolloidale Lösungen von hohem Molekulargewicht, zur Kreislaufauffüllung nach Blutverlusten, im Schock usw. Diese Lösungen bleiben wegen ihres kolloidosmotischen Druckes erheblich länger im Kreislauf als die schnell wieder ausgeschiedenen Salz- und Zuckerlösungen. Hauptvertreter sind → Dextrane (Macrodex®, Rheomacrodex), Gelatine-Lösungen (Hämaccel, Neoplasmagel®), und → Hydroxyäthylstärke (Plasmasteril®, Plasmotonin®, Expafusin®). Den Anforderungen an einen optimalen P., wie Blutisotonie und -onkie, ausreichend lange intravasale Verweildauer, vollständige Elimination, biolog. Indifferenz, Temperaturstabilität und lange Lagerungsfähigkeit, genügen am ehesten die Dextranpräparate (z.B. Dextran 60, Dextran 40). Bei Überdosierung Störungen der Blutgerinnung und Nierenfunktion. 2, 7

Plasma|koagulase f: enzymähnlicher Faktor der pathog. Staphylokokken, der bei Abwesenheit von Kalzium die Umwandlung des Prothrombins in ein thrombinähnliches Enzym bewirkt und dadurch Plasma zur Gerinnung bringt. 8

Plasma|lemm n: Zellmembran, die jede Zelle einhüllt. Eine Elementarmembran, die dafür sorgt, daß nicht alle Stoffe gleichmäßig in die Zelle eindringen. Durch das P. hindurch findet Diffusion und aktiver Transport gegen ein Konzentrationsgefälle (energiefordernd) statt. Das P. kann die Zelle als glatte Haut überziehen oder durch Ausstülpungen und Einfaltungen die Zelloberfläche vergrößern. 9

Plasma|pherese f: Verfahren zur Gewinnung größerer Plasmamengen. Dem Spender entnommenes Blut wird zentrifugiert, die Erythrozyten werden ihm reinfundiert; das Plasma wird entweder einem Empfänger infundiert oder zur Gewinnung von Proteinfraktionen weiterverarbeitet. Bei Anwendung dieses den Spender schonenden Verfahrens kann man häufiger Blut entnehmen als bei der herkömmlichen Methode. 8

Plasma|protein|bindung: Abk. PB; pharmakokinet.: Bindung eines → Pharmakons an Plasma-Proteine, hierdurch Zunahme der Mol-Größe und Abnahme der Hydrophobizität des Pharmakons. Transportform für lipophile Pharmaka. Folgen: Herabsetzung der aktuellen Wirkstoffkonzentration, damit der Wirkpotenz, Verlängerung der Wirkungsdauer (Depoteffekt). Art der PB: reversibel, sättigbar, ional, hydrophob, H-Brücken, *Van-der-Waals*-Kräfte usw. PB beeinflußbar durch: Lebensalter, Blut-pH (bei schwachen Säuren/Basen), pathophysiolog. Veränderungen (z.B. Hypalbuminämie), Zusatzmedikation bei Konkurrenz um PB. Tox. Nebenwirkungen durch freigesetztes Pharmakon, wenn dessen scheinbares → Verteilungsvolumen und → therapeut. Breite klein sind. Die klin. Erscheinungen sind kurzfristig, wenn Eliminationsmechanismen nicht limitierend sind. 7

Plasma|zellen f pl: durch strukturelle Veränderungen der B-Lymphozyten (→ Lymphozyten) entstehende Zellen, die die Aufgabe haben, Antikörper zu synthetisieren und auszuscheiden; kommen vor allem im lockeren Bindegewebe vor, haben einen charakteristischen exentrischen Kern mit Radspeicherstruktur und sind reich an → RER. 9

Plasmid n: kleines DNS-Ringmolekül in Bakterienzelle, das im Gegensatz zum → Episom nur autonom vorkommt. P.e tragen z.B. genetische Information für Mehrfachresistenz gegen Antibiotika (R-Faktor) bei gramnegativen Bakterien, für Penizillinasebildung bei Staphylokokken. Vgl. Resistenz, infektiöse. 8

Plasmin n: fibrinolytisches Potential, hydrolytische Aufspaltung des Fibrins zu Spaltstücken, Fibrin-Polypeptiden; P.-Bildung proteolytisch aus Plasminogen (Profibrinolysin). Dynamisches Gleichgewicht der Aktivierungsvorgänge von → Fibrinolyse und → Blutgerinnung. 10

Plasmodien n pl: mehrkernige Zellen, die sich durch unvollständige Teilung (Kernteilung ohne folgende Teilung des Zytoplasmas) entwickelt haben. Vgl. Synzytium. 9

Plasmon (gr.) n: die Summe der im Zellplasma vorhandenen Erbanlagen. Vgl. Genom. 9

Plasmo|zyten m pl: → Plasmazellen. 9

Plasmo|zytom n: multiples Myelom (*M. Kahler*); → Non-Hodgkin-Lymphom von niedrigem Malignitätsgrad. Ausgangspunkt ist ein Clone maligne transformierter Plasmazellen, die den Knochen zerstören und die normale Blutbildung verdrängen. Tritt meist multizentrisch (multiples Myelom), seltener herdförmig (solitäres Myelom) im Knochen auf oder als Rarität auch extramedullär. Befällt bevorzugt die Wirbelkörper, Rippen, Becken, Schädeldach („Schrotschußschädel"), Femur und Humerus. Betroffen sind überwiegend Männer im 6. und 7. Lebensjahrzehnt. Klinisch stehen meist zunehmende Knochenschmerzen im Vordergrund, evtl. Deformationen der befallenen Skelettabschnitte mit

Spontanfrakturen und neurologischen Symptomen. Charakteristisch ist eine Vermehrung von monoklonalen Immunglobulinen im Blutplasma, meist in Form von IgG, IgA und Leichtketten, selten von IgD und IgE. In etwa 20% der Fälle kommt es zu einer isolierten L-Kettenvermehrung (*Bence-Jones*-Proteine), die in der Niere ausgeschieden werden. In einigen Fällen entwickelt sich eine generalisierte Amyloidose und/oder eine Hyperkalzämie. 32

Plasmo|zytose f: Vermehrung der → Plasmazellen in Blut und Gewebe, bes. im Knochenmark. Vorkommen: bei Erkrankungen mit gesteigerter Immunglobulinsynthese (bakterielle Infekte, Röteln, Serumkrankheit, Penizillinallergie, maligne Tumoren). 20

Plaste m pl: → Kunststoffe, → Duroplaste, → Thermoplaste. 4

Plastifikatoren m pl: → Weichmacher. 4

Plastik (gr.) f: plastische Operation; operativer Ersatz von Gewebsdefekten, Beseitigung angeborener oder Wiederherstellung erworbener Funktionsausfälle durch körpereigenes (autologes) Material (Autoplastik, z.B. Verschiebe-, Rundstielplastik, freie Plastik), durch von der gleichen Art entnommenes (homologes) Material (Homo- oder Homöoplastik), durch tierisches (heterologes) Material (Heteroplastik) oder durch lebloses (z.B. Kunststoff, Metall, Keramik) Material (Alloplastik). Hautplastik (z.B. → *Reverdin*-P., *Thiersch*-P.). Vgl. Dermatom, Lappen-, Osteo-, Rundstielplastik, Transplantation, V-Y-Verschiebung, Z-Plastik. 2

Plastik|stopper: → Gummistopper. 1

plastische Füllungen: Füllungen, bei deren Herstellung der Füllungswerkstoff in plastischer, noch verformbarer Konsistenz in die Kavität eingebracht wird und dort erhärtet (z.B. → Zemente, → Amalgam, → Komposit), im Gegensatz zu den außerhalb der Mundhöhle hergestellten Einlagefüllungen (Inlays), die als konturierte Blöcke eingesetzt werden. Vgl. Füllungstherapie, Füllungswerkstoffe. 1

Plastizität: Formbarkeit, Knetbarkeit. 4

Platin (span.) n: chem. Element, Zeichen Pt, Ordnungszahl 78, Atomgewicht 195,23. Tritt in der Natur fast nur gediegen auf. Weißes, gut hämmer- und ziehbares Metall, das erst bei 1.774 °C schmilzt, von Sauerstoff nicht angegriffen wird und nur in → Königswasser löslich ist. In der Zhk. Verwendung (in Form von Legierungen) zum Füllen von Zähnen und zur Herstellung von Plattenersatz und Klammern. Die Stifte der Langstiftzähne bestehen aus einer Platin-Iridium-Legierung (→ Iridium). 4, 23

Platten|behelf: → aktive Platte. 5

Platten|epithel n: Epithel, deren oberflächliche Schicht aus flachen Zellen besteht. 9

Platten|epithel|krebs: Epithelioma spinocellulare; → Karzinom. 32

Platten|kultur f: feste Nährböden in Schalen (*R. Koch*), z.B. Petrischalen. → Kultur. 8

Platten|osteo|synthese f: → Osteosynthese. 2

Platten|prothese f: herausnehmbarer Zahnersatz, der flächenhaft der Schleimhaut aufliegt und den auf ihm ruhenden Kaudruck über die den Kiefer deckenden Weichteile auf diesen überträgt. Vgl. Prothese, gestützte; Prothese, skelettierte. 4

Platt|würmer: Plathelminthes; 2 Ordnungen: → Trematoden (Saugwürmer) und → Zestoden (Bandwürmer). 8

Platysma (gr.) n: dünne, unter der Halshaut liegende Muskelplatte, die sich vom Unterkieferrand über das Schlüsselbein hinweg bis zur 2. Rippe erstreckt. Innerviert durch den N. facialis. 9

Platy|zephalie f: flache Kopfform durch fast rechtwinkliges Abfallen der Schädelseitenwände von der abgeflachten oberen Schädelfläche. 3

Plausibilitäts|kontrolle f: → Unverträglichkeitsprüfung; dient der Feststellung gegenseitiger Ausschlüsse von erbrachten Leistungen (z.B. Füllung eines bereits extrahierten Zahnes). Heute meist mit Hilfe von EDV-Programmen vorgenommen. 25

Plaut-Vincent-Angina (Hugo P., Bakteriol., Hamburg, *1858, † 1928; Jean V., Bakteriol., Paris, *1862, † 1950) f: → Tonsillitis. 20

Plazebo (lat.) n: → Placebo. 34

Plazenta (lat.) f: Placenta (IANC); Mutterkuchen, eine am Ende der Schwangerschaft 2-3 cm dicke, 16-18 cm im Durchmesser betragende, 500 g schwere schwammige Platte; auch Nachgeburt, da nach der Geburt ausgestoßen. Sitzt der Uterusschleimhaut auf und vermittelt durch die Haftzotten und die Nabelschnur den Stoffwechsel zwischen Mutter und Frucht. Vgl. Blutkreislauf, fetaler. 9

plazentar: die Plazenta betreffend. 9

Plegie (gr.) f: vollständige motorische → Lähmung. 33

pleio|trop: Bez. für einen Erbfaktor, der mehrere, verschiedenartige Merkmale veranlaßt. 3

Ple|odontie f: → Anisodontie. 30

pleo|morph: polymorph; vielgestaltig. P.es Adenom: → Mischtumor. 2, 32

Plerodont®: tropfbares provisorisches Verschlußmittel auf der Basis von Zinkoxiphosphatzement. Bes. hart und adhärent. 1

Plesio|gnathie f: angeborene Nebenmundhöhle seitlich am Hals mit Zugang zum Pharynx. [3]

Plethora (gr.) f: Vermehrung des Blutvolumens ohne oder mit Vermehrung der Erythrozyten bei normalem Plasmavolumen. Bei letzterer sind symptomatische → Polyglobulien oder die → Polyzythämie die Ursachen. Symptome: Störungen von seiten der Kreislauforgane (Schwindelgefühl, Kopfschmerzen, Hitzewallungen durch Kopfgefäßüberfüllung, Neigung zu Kreislaufschwäche). [20]

Pleura (gr.) f: Brustfell; zarte blut- und lymphgefäßreiche Bindegewebs- und Endothelschicht, die als P. pulmonalis (Lungenfell, P. visceralis) die Lungenflügel, als P. parietalis die Rippen (Rippenfell, P. costalis), das Zwerchfell (P. diaphragmatica) und das → Mediastinum (P. mediastinalis) überzieht. Spaltförmige P.-höhle zwischen beiden Blättern mit Unterdruck, so daß die Lunge sich bei Brustkorberweiterung ausdehnen kann (Einatmung). [9]

Pleuritis f: Entzündung des Brust- bzw. Rippenfells. Ätiologie: 1. infektiöse Erkrankungen des bronchopulmonalen Systems und Lungeninfarkt (Infarktpleuritis); 2. rheumatisch-hyperergisch; 3. tumorös; 4. urämisch; 5. nichtentzündl. Pleuraerguß (Transsudat) bei dekompensierter Herzinsuffizienz. Klin. Formen: 1. P. sicca: trockene P., fibrinöse Pleurabeläge, stechende Schmerzen bei der Atmung, Reizhusten, Fieber, pleuritisches Reibegeräusch (Lederknarren), oft nur Vorstufe der P. exsudativa; 2. P. exsudativa: seröse, eitrige (Pleuraempyem), hämorrhagische (metastatisch, neoplastisch, Tbk) Form, subjektive Beschwerden gering bis hochgradig, je nach Art und Größe des für die P. exsudativa charakteristischen pleuritischen Ergusses, → Dyspnoe, perkutorisch Dämpfung mit charakteristisch lateral ansteigenden Grenzen, in diesem Bereich aufgehobenes Atemgeräusch, röntgenolog. Verschattung. Diagnostik durch Pleurapunktion, gleichzeitig therapeutisch als Entlastungspunktion, Untersuchung des Punktates auf spezifisches Gewicht, Eiweißgehalt, zytologisch und bakteriologisch. Nichtentzündliche Transsudate bei Herzinsuffizienz. Therapie: Bettruhe, Antibiotika, evtl. Entlastungspunktionen, bei Pleuraempyem Saugdrainage, intrapleurale Antibiotikainstillation. [20]

Pleur|odontie f: Verankerung der Zähne in einer nach palatinal und lingual offenen Rinne am Kieferrand bei einigen Reptilienarten (Abb.). Vgl. Akrodontie und Thekodontie. [30]

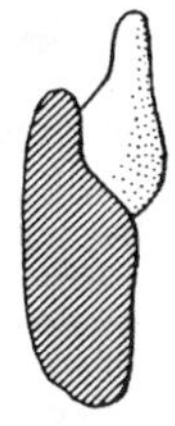

[5]

Plexi|glas: glasklares → Akrylat aus Methakrylsäuremethylester. [23]

Plexus (lat.) m: Geflecht, netzartige Verzweigung bzw. Vereinigung von Venen, Nerven oder Bindegewebsfasern. [9, 30]

Plexus|an|ästhesie f: **1.** Anästhesie durch Injektion in den Endplexus des betreffenden Nervs. Wegen der Verwechslungsmöglichkeit mit 2. besser „terminale Anästhesie". **2.** Anästhesie z.B. des Plexus brachialis am Oberarm (= „Leitungsanästhesie"). [2]

Plexus caroticus m: P. c. communis, P. c. externus, P. c. internus: vegetative Nervengeflechte um die gleichnamigen Arterien. [30]

Plexus cavernosi concharum m pl: Venengeflechte an der unteren Nasenmuschel und im hinteren Teil der Nasenwand. [30]

Plexus cervicalis m: Nervengeflecht der Rami ventrales des 1. bis 4. Spinalnerven. [30]

Plexus dentalis m: P. d. superior bzw. inferior: Nervengeflecht der Rami alveolares maxillares des N. infraorbitalis bzw. des N. alveolaris inferior. Aus dem P. d. entspringen die Rami dentales. [30]

Plexus dentalis superior bzw. **inferior** m: Nervengeflecht der Rami alveolares maxillares des N. infraorbitalis bzw. des N. alveolaris mandibularis. Ausgangsstellen für die Versorgung der einzelnen Zähne. [9]

Plexus par|otide|us m: vom N. facialis nach Austritt aus dem Foramen stylomastoideum gebildetes Geflecht innerhalb der Glandula parotis. Versorgt die mimische Muskulatur (Abb. → Nervus facialis). [9, 30]

Plexus pharyn|ge|us m: Nervengeflecht in der Schlundwand. [30]

Plexus pterygo|ideus m: Venengeflecht in der → Fossa pterygopalatina (Flügelgaumengrube; Abb. → Venen). Kann bei der → Tuberanästhesie verletzt werden. Bei Infektion der Flügelgaumengrube Gefahr der Thrombophlebitis und damit der Weiterleitung zum Sinus cavernosus (→ Sinus) der harten Hirnhäute (Meningitis). [9]

Plexus pulpo|capillaris m: → Rete capillare pulpae. [30]

Plexus sub|odonto|blasticus m: → Rete capillare pulpae. [30]
Plexus tympanicus m: Nervengeflecht in der Schleimhaut des Mittelohrs. [30]
Plexus venosi m pl: Venengeflechte. P. venosus canalis hypoglossi: Venengeflecht im Canalis hypoglossi. P. venosus caroticus internus: Venengeflecht im Canalis caroticus. P. venosus foraminis ovalis: Venengeflecht im Foramen ovale. P. venosus pterygoideus: Venengeflecht in der Fossa infratemporalis. P. venosus suboccipitalis: Venengeflecht zwischen Hinterhauptbein und Atlas. Die Venengeflechte am Schädel haben als venöse Infektionspforten praktische Bedeutung. [30]
Plica (lat.) f: Falte. [9]
Plicae palatinae transversae f pl: querverlaufende Gaumenfalten (Abb.) (auch Rugae palatinae genannt). Ihr individuelles Muster ist in der Kriminologie ein wichtiges Kriterium für die → Identifizierung eines Menschen. Vgl. Palatoskopie. [9, 28]

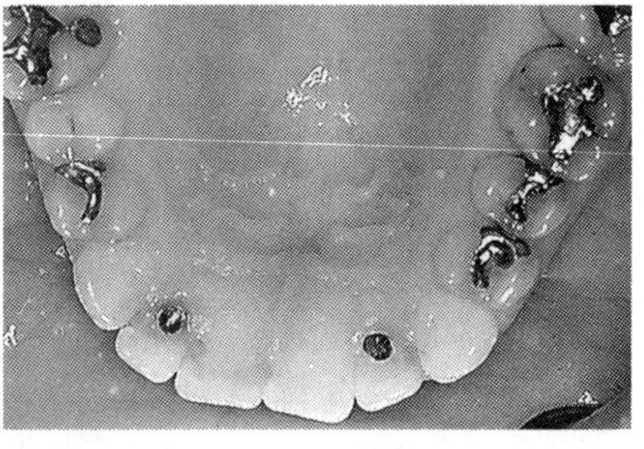

Plica fimbriata f: gezackte Schleimhautfalte im Mundboden seitlich des Zungenbändchens. Rudiment der → Unterzunge. [9]
Plica vocalis f: die vom Stimmband bedingte Falte der Schleimhaut im Kehlkopf. [9]
Plizi|dentin n: Trabekulardentin; in Längsfalten angeordnetes Dentin, das von Gefäßen durchzogen wird. Es kommt bei Krossopterygiern, Labyrinthodonten, Ichtyosauriern und Waranen vor. [30]
Plombieren (von frz. plomb, Blei, das man früher zum Füllen der Zähne benutzte): unzutreffende Bez. für das Füllen der Zähne. [1]
Plotter (engl.) m: EDV-Ausgabegerät für Zeichnungen und Grafiken. Besonders in der → Statistik und Konstruktion genutzt. Ersatz für Schwarzweißzeichnungen bietet der Drucker, insbesondere der Laserdrucker. [26]
Plugger (engl.) m: → Amalgamstopfer. [1]
Plumbum (lat.) n: → Blei; wasserlösliche Bleiverbindungen wie Bleiazetat haben adstringierende und schwach desinfizierende Wirkung. [12]
Plummer-Vinson-Syndrom (Henry S. P., Int., Rochester, *1874, † 1936; Porter P. V., Chir., Rochester, *1890, † 1959) n: Zungenbrennen, Mundtrockenheit, Schluckbeschwerden, bei allg. Schleimhautatrophie mit Eisenmangelanämie infolge verminderter Salzsäureproduktion der Magenschleimhaut; manchmal zeigen sich auch → Faulecken und → Koilonychie. Ausgelöst vermutlich durch Vitamin-B_2-Mangel. Besserung auch durch Eisentherapie. Vgl. Ariboflavinose, *Moeller-Hunter*-Zunge. [11, 12]
pluri|glandulär: mehrere Drüsen betreffend. [9]
pluri|kausal: auf mehreren Ursachen beruhend. [2]
pluri|orifiziell: mehrere Mündungen (des Körperinnern) betreffend, z.B. Mund, Augen und After. [9, 12]
pluri|orifizielle Ekto|dermose: → Ektodermose. [9]
Pluri|potenz f: Fähigkeit von Zellen und Geweben, sich unter verschiedenen Bedingungen verschieden zu differenzieren. [10]
Plutonium (nach dem Planeten Pluto) n: radioaktives (→ Radioaktivität), metallisches Element, Symbol Pu, Ordnungszahl 94. Wird künstlich durch Einwirkung von → Neutronen auf → Uran hergestellt, dem seine chemischen Eigenschaften ähneln. [23]
PMA-Index m: Index zur Beurteilung parodontaler Erkrankungen nach *Maßler* und *Schour*. Bei entzündlichen Prozessen des Zahnfleischs reagiert zuerst die Papille, dann die marginale Gingiva und zuletzt die Attached gingiva. Die Schwere der Entzündung wird von 0-3 an jedem Zahn eingeteilt. Man erhält daher für das gesamte Gebiß eine Indexzahl für Schwere und Umfang entzündlicher Prozesse. [6]
PMMA: Abk. für **P**oly**m**ethyl**m**eth**a**krylat; Poly-Methakrylsäure-Methylester. Hauptbestandteil der üblichen Prothesenbasiskunststoffe. [4]
PM-Punkt: Bezugspunkt aus der → FRS-Analyse nach *Ricketts*. Liegt auf der sog. Symphyse zwischen → Pogonion und → B-Punkt. [5]
PNA: Abk. für **P**ariser **N**omina **A**natomica, die 1955 in Paris angenommene anatomische Nomenklatur. Jetzt: → IANC. [9]
Pneumatisation (gr.) f: Bildung von Lufträumen in Schädelknochen, die, wie z.B. Kiefer- und Stirnhöhle, durch die Nase mit der Außenluft in Verbindung stehen. [9]
pneumatisch: auf Luft bzw. Atem bezüglich. [20]
Pneumato|zele f: starke Erweiterung des Ductus

parotideus bei Glasbläsern und Trompetern, verursacht durch starkes Aufblasen der Wangen. [2]

Pneumo|kokkus m: Streptococcus pneumoniae, grampositive längliche Doppelkokken. Sie haben eine Schleimhülle (Kapsel), jedoch nur im Sputum oder Gewebsausstrich, nicht in der Kultur (außer Typ 3), wachsen auf Blutagar vergrünend. Über 80 serologische Typen. Typ 1 und 2 sind bei der kruppösen Pneumonie am häufigsten zu finden. Typ 3: Pneumococcus mucosus, gefürchteter Otitiserreger. Übrige Typen harmlose Schleimhautepiphyten der oberen Luftwege, aber auch Erreger von Pneumonien. Erkrankungen: kruppöse Pneumonie, Pleuritis, Meningitis, Otitis media, Sinusitis u.a. [8]

Pneumonie f: Lungenentzündung; Infektion der Lungenalveolarräume, deren Anfüllung mit serösem, fibrinösem, eitrigem oder blutigem Exsudat, Hyperämie der Kapillaren, entweder als Lobär- oder Herdpneumonie ausgebildet. Pathol. Anatomie: erst 24 Std. → Anschoppung, dann rote → Hepatisation, graue Hepatisation (fibrinös-leukozytäre Exsudatorganisation), Lösung. Einteilung: 1. primäre P. als bakterielle Erkrankung durch alle Kokkenarten, Legionella pneumophila (Legionärskrankheit) u.a.; 2. viral als sog. atypische, zentrale P.; 3. hypostatische P. bei Herzinsuffizienz, postoperativer Hypoventilation, mit bakterieller Superinfektion; 4. Pilz-P. durch Soor und Aspergillus. Klinik: akuter Beginn mit raschem Fieberanstieg (oft Schüttelfrost) auf 39 bis 41 °C, schwerem Krankheitsgefühl, Schmerzen auf der befallenen Seite, vor allem bei quälendem Hüsteln mit wenigem rostbraunen Sputum. Ohne Therapie gleichbleibend hohes Fieber bis zu kritischem oder lytischem Abfall um den 7. Tag. Lappen- bzw. segmententsprechende oder auch herdförmige Klopfschalldämpfung, Bronchialatmen, Rasselgeräusche, am Anfang und gegen Ende sog. Knisterrasseln (Krepitation); Leukozytose mit Linksverschiebung, Blutsenkungsbeschleunigung. Komplikationen: Pleuraempyem, Lungenabszeß, Kreislaufkollaps, toxischer Herzmuskelschaden mit letalem Ausgang bei entstehender Rechtsherzbelastung. Therapie: Breitbandantibiotika, Chemotherapeutika, Antimykotika. Kreislaufmittel, Glykoside bei bereits vorhandenem Herzmuskelschaden. [20]

pneumo|trop: auf die Lunge bzw. Atmung einwirkend, vorwiegend die Lunge befallend; z.B. p.e Viren (Influenza-, Adeno-, Schnupfen-, Psittakose-Viren). [8]

Pneumo|zele f: → Pneumatozele. [2]

Pocken: Blattern, Variola; hochkontagiöse exanthematische Infektion mit → Pockenviren, praktisch ausgerottet. Prophylaxe: Pockenalarmplan der Gesundheitsbehörden. Vgl. Immunisierung. [8]

Pocken|viren n pl: Gruppe von relativ kompliziert aufgebauten, quaderförmigen, DNS-haltigen → Viren (→ DNS); hierher gehören Pocken-, Vakzine-, Alastrim-, Myxomatosevirus u.a. [8]

Pogonion (gr.) n: Abk. Pog bzw. Pg; Mentalpunkt; kraniometr. → Meßpunkt, die hervorragendste Stelle des knöchernen Kinns. Vgl. maxillofaziales Dreieck, *Holdaway*-Winkel. [5]

Poi|kilo|dermia atrophicans f: → *Rothmund*-Syndrom. [12]

Poi|kilo|dermie f: Poikilodermia; durch → Teleangiektasien, Pigmentflecken und weißliche Atrophien bedingte Scheckhaut, 1. angeboren, → *Rothmund*-Syndrom; 2. erworben, durch → Dermatomyositis, → Mykosis fungoides, → Xeroderma pigmentosum. [12]

Poikilo|zytose f: Formveränderung der Erythrozyten, Birnen-, Keulen- und Halbmondformen. Vorkommen bei allen schweren Anämien, Zeichen einer schweren Schädigung der Erythropoese. [20]

Point (engl.) m: Punkt, Spitze, gebräuchlich in der Verbindung Guttapercha-, Kunststoff- oder Silberpoint als Bezeichnung für die → Wurzelkanalstifte. [1]

Points douloureux (frz.) m pl: schmerzhafte Punkte. → Nervenaustrittspunkte, → *Valleix*-Druckpunkte. [2]

Poise (frz.) n: Maßeinheit für die → Viskosität. [4]

Polarisation (gr.) f: **1.** E l e k t r o c h e m .: bewirkt, daß das Potential einer in eine wässerige Lösung tauchenden metallischen Elektrode bei Stromfluß seinen Wert ändert (hängt mit chem. Veränderungen an den Elektroden oder im Elektrolyten während des Stromflusses zusammen); vgl. → *Daniell*-Element. **2.** P h y s .: P. des Lichtes. Durch Reflexion oder durch → Doppelbrechung (→ *Nicol*-Prisma) bewirkte Beschränkung der Schwingungsrichtung von Lichtwellen auf nur eine Ebene. Bedeutung in der Medizin z.B. für die Polarisationsmikroskopie. [10]

Polarisations|filter n und m: farbneutrales fotografisches Filter, das nur Licht einer bestimmten Schwingungsebene durchläßt. Wird in der → Sachfotografie (teilweise auch in der → intraoralen Fotografie) eingesetzt, um nichtmetallische Reflexe auszuschalten. [17]

Polarisations|mikroskopie f: Methode der mikroskop. Untersuchung im polarisierten Licht unter Benutzung von → *Nicol*-Prismen. Aus dem

Phänomen der Doppelbrechung, das manche Strukturen unter dem Polarisationsmikroskop zeigen, kann man auf die Beschaffenheit ihres molekularen Gefüges schließen. Nach der Entwicklung des Elektronenmikroskops nur noch von geringer Bedeutung in der Histologie. [9]

polarisiertes Licht: Licht, dessen transversale Schwingungen nur in einer Ebene stattfinden, die festliegt (linear polarisiertes Licht) bzw. sich um die Fortpflanzungsrichtung dreht (zirkular p. L.). → *Nicol*-Prisma. [10]

Pol|färbung: stärkere Anfärbung der Enden eines Stäbchenbakteriums, z.B. für die Pestgruppe (Pasteurella) typisch. [8]

Polidocanol: Polyethylenglykoldodecylether; Verwendung als Oberflächenanästhetikum und Emulgator. [7]

Polierer, rotierender: Instrument mit einem glatten/gerippten Kopf zum Verdichten, Anschlagen oder Polieren von Metallflächen und/oder zum Anschlagen dünner Metallränder. [21]

Polier|mittel: Hilfswerkstoffe zum Glätten von Oberflächen, z.B. Chromoxid (Poliergrün), Eisenoxid (Pariser Rot), Schlämmkreide, Diamantpasten. [4]

Poli|klinik f: einer → Klinik angegliedertes Institut, das der ambulanten Behandlung dient und für jeden Kranken zugänglich ist. [24]

Polio|enzephalitis f: → Enzephalitis. [20]

Polio|myelitis f: epidemische Kinderlähmung, spinale Kinderlähmung, *Heine-Medin*-Krankheit; akute Infektion durch Enteroviren, die auf oralem Weg in den Körper eindringen und sich entlang den Nervenbahnen ausbreiten. Klinik: Inkubationszeit 10-14 Tage. 2 klin. Formen: 1. abortive P. mit geringen Allgemeinsymptomen ohne neurologische Ausfallserscheinungen; 2. paralytische P. mit fieberhaftem Krankheitsbild, neurologischen Symptomen (Paralyse verschiedener Muskelgruppen), oft mit Stammhirnbeteiligung, Liquorveränderungen. Keine spezifische Therapie bekannt, Allgemeinbehandlung sehr wichtig, Infektionsprophylaxe. Prophylaxe: Schluckimpfung mit Poliovirus-Lebendvakzine (→ Immunisierung). [20]

Polio|myelitis-Viren n pl: Erreger der → Poliomyelitis, 3 serologisch unterscheidbare Typen: Typ I (*Brunhilde*), Typ II (*Lansing*), Typ III (*Leon*). Sie lassen sich auf Affen übertragen, sind in Gewebekulturen züchtbar. Bewirken keine Hämagglutination, wie z.B. → Influenzaviren. Gehören zu den → Enteroviren, ihre Nukleinsäure ist die → Ribonukleinsäure. [8]

Politzer-Luft|dusche (Adam P., Otorhinolaryngologe, Wien, *1835, † 1920): Einblasen von Luft mit Hilfe eines Gummiballs durch ein Nasenloch und die Rachenmündung der → Tuba auditiva in das Mittelohr, während das andere Nasenloch zugehalten und der Rachen durch Intonieren eines hohen Lautes (Anlegen des Gaumensegels an die hintere Rachenwand) geschlossen wird. [19]

Pol|körnchen: metachromatische Granula, Volutinkörnchen, *Babes-Ernst*-Körnchen. Liegen in den angeschwollenen Enden der → Korynebakterien, bes. regelmäßig bei Diphtherie-Bakterien. Nehmen bei *Neisser*-Färbung andere Farbe an als Bakterienleib. Chem. vorwiegend hochmolekulares Polyphosphat; wahrscheinliche Funktion: Energiespeicher. [8]

Pollen (lat.) m: der in den Staubbeuteln der Blütenpflanzen gebildete (männliche) Blütenstaub. Vgl. Asthma. [19]

Pollinose f: durch → Pollen bewirkte Krankheit, z.B. → Heuschnupfen. [19]

Poly|addition f: die Aneinanderlagerung von bi- oder höherfunktionellen Molekülen bei der im Gegensatz zur → Polymerisation keine C-Doppelbindungen mitwirken und im Gegensatz zur → Polykondensation keine Abspaltung von Molekülen, jedoch häufig die Verschiebung eines Wasserstoffatoms erfolgt (z.B. Bildung von Polyurethanen). [4]

Poly|akrylat|zement m: Karboxylatzement; Zement, der bezügl. seiner mechan. Eigenschaften zwischen provisor. und permanenten Zementen liegt, aber pulpafreundlicher ist. Hauptbestandteile: Zinkoxid, Polyacrylsäure. Vgl. Zemente. [1]

Poly|alveolyse f: Auflösungserscheinungen an den Alveolen mit Zahnverlust unter schwersten parodontitischen Erscheinungen, bei → *Feer*-Krankheit, schwerem Skorbut, Bleivergiftung. [6]

Poly|amide n pl: Kondensationsprodukte von Diaminen (zwei → Aminogruppen enthaltende organ. Verbindungen) mit Dikarbonsäure (zwei Karboxylgruppen [→ Karbonsäuren] enthaltende organ. Verbindungen) oder von → Aminosäuren bzw. → Laktamen. [23]

Poly|arthritis f: pathogenetischer und klin. Dachbegriff für Entzündung mehrerer Gelenke. Gegensatz: Monoarthritis. P. rheumatica: → Rheumatismus. [20]

Poly|äther m: gehört zur Gruppe der elastomeren Abformwerkstoffe (Impregum®). Wird als Basispaste mit zugehöriger Katalysatorpaste und Verdünner geliefert. Härtet nach Vermischen der Komponenten zu einer gummielastischen Masse aus. [4]

Poly|chromasie f: unterschiedliches färberisches Verhalten junger Erythrozyten durch längeres

Verbleiben basophiler Protoplasmasubstanz. Zeichen einer vermehrten Regeneration der Erythropoese. 20

Poly|daktylie f: Überzahl von Fingern und Zehen. 3

Poly|dipsie f: krankhafter Durst. Symptom bei → Diabetes mellitus. 20

Poly|eder (gr.) n: von vielfachen Flächen begrenzter Körper. 10

Poly|ester m: → hochpolymere → Ester, die durch Umsetzung von mehrwertigen Alkoholen mit mehrwertigen organ. Säuren gewonnen werden. 23

Poly|fruktosane n pl: Polysaccharide, die von Plaquestreptokokken aus → Fruktose synthetisiert werden können. Bedeutung weitgehend ungeklärt. Vgl. Dextrane. 23

Poly|genie f: mehrfache Anlage des Unterkiefers, → Polygnathie. 3

poly|glandulär: mehrere Drüsen betreffend, im allg. auf innersekretorische Drüsen bezogen. 20

Poly|globulie f: symptomatische Erythrozytose. Ursachen: äußerer (Höhenpolyglobulie) und innerer (→ Herzfehler, chron. Lungenerkrankungen) Sauerstoffmangel. Pseudoglobulie nach extremen Wasserverlusten (Durchfälle, Erbrechen). Symptome: bläulich-zyanotische Verfärbung von Haut und Schleimhäuten (bes. Mund, Zunge). 20

Poly|gnathie f: mehrfache, zumindest doppelte Anlage eines Kiefers (Abb.). Kann auch als Rest eines zweiten Individuums, eines Parasiten, entstehen (→ Epignathus). Beides ist angeboren und extrem selten. Vgl. Plesiognathie. 3

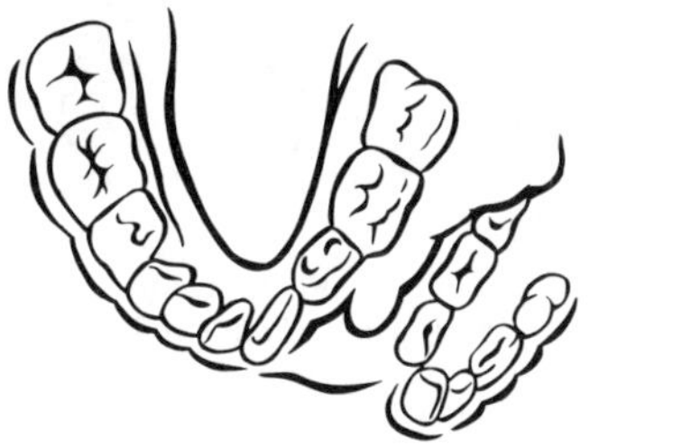

Doppelte Anlage eines Kiefers (Dignathie) [49]

Polygon (gr.) n: in der Statistik die grafische Darstellung von Verteilungen, z.B. der → Häufigkeits- oder → Prozentwertverteilung, in Form eines Kurvenzugs. Dabei werden die einzelnen Werte pro Kategorie durch einen Punkt dargestellt und die Punkte durch eine Gerade miteinander verbunden. 26

poly|gonal: vieleckig. 10

Poly|karbonate n pl: Gruppe von Thermoplasten, die sich aus einer phenolischen Komponente und dem Kohlensäurerest zusammensetzen. 4

Poly|keratosis congenita f: Zusammenfassung einer Reihe von hereditären Polydysplasien (*Touraine,* 1954) mit Verhornungsstörungen an Haut (bes. an Handtellern und Fußsohlen) und Schleimhäuten (fleckförmige, streifige und papulöse Leukokeratosen der Zunge und Wangen) in mannigfacher Kombination mit → Erythem, → Hyperhidrosis, Pigmentierungen, Augenanomalien, Behaarungs- und Nageldystrophien, Veränderungen des Zahnsystems (z.B. bei der Geburt vorhandene Zähne, überstürztes Zahnen, falsche Zahnstellung, Zwillingszähne, Schmelzhypoplasien, vorzeitiges Ausfallen), psychische und nervale Abnormitäten, Dystrophien innerer Organe (Herz, Nieren) bei bes. Krebsneigung. 12

Poly|kondensation f: die Verbindung vieler kleiner bi- oder höherfunktioneller Moleküle zu großen Molekülkomplexen, wobei Moleküle eines anderen Stoffes als chem. Bindeglieder dienen. Von den reagierenden Gruppen werden kleinmolekulare Verbindungen (z.B. Wasser, Alkohol) abgespalten (z.B. Bildung von Polyestern). 4

Poly|mere n pl: Verbindungen, die durch häufige Zusammenlagerung kleinerer Bausteine (Monomere) entstanden sind. Hochpolymere Verbindungen. 23

Poly|merisation f: Aneinanderlagerung vieler monomerer Verbindungen mit reaktionsfähigen Doppelbindungen oder Ringen, die, spontan oder durch Initiatoren ausgelöst, durch Kettenreaktion zu Polymeren führt, ohne daß Nebenprodukte anfallen. Es wird zwischen Kettenstart, Wachstumsreaktion und Kettenabbruch unterschieden. Wird nur eine Monomerart verwendet, spricht man von Homopolymerisation; bei mehreren Monomeren von Kopolymerisation. → Autopolymerisation, → Langzeitpolymerisation, → Lichtpolymerisation. 4

Poly|merisations|mechanismus m: Chem.: die Prinzipien, nach denen die Bindungen der polymerisierenden Ketten zustande kommen. Je nachdem, ob kationische bzw. anionische Molekülteile oder → Radikale reagieren, unterscheidet man ionischen und radikalischen P. 23

Poly|merisations|schrumpfung: während des Abbindevorganges erfolgende Schrumpfung von Kunststoffen. 4

Poly|methyl|meth|akrylat: → PMMA. 4

poly|morph: viel-, verschiedengestaltig. 32

Poly|morphie f: Vielgestaltigkeit. 32

poly|morph|kernig: mit vielgestaltigem Kern versehen. 32

Poly|myositis f: Sytemerkrankung des Bindegewebes, gekennzeichnet durch entzündliche und degenerative Veränderungen der Muskulatur. Ätiologie unbekannt, evtl. postinfektiös. Symptome: schleichender oder akuter Beginn, Fieber, schmerzhafte Schwellungen der Schulter- und Beckengürtelmuskulatur, später Atrophien. Diagnostik: Elektromyographie (Myopathiezeichen), Muskelbiopsie. 20

Poly|neuritis f: entzündliche Erkrankung mehrerer peripherer Nerven mit Störung der motorischen und sensiblen Leitung, Abschwächung oder Ausfall von Reflexen und Änderung der elektrischen Erregbarkeit der Nerven, ausgelöst durch Infektionskrankheiten, Diabetes, Druck, toxische Einflüsse (Alkohol, Kohlendioxide, Arsen, Blei, Phosphor, Quecksilber), Vitaminmangel oder Unterernährung. 33

poly|nuklear: vielkernig, mehrere Kerne enthaltend. 9

poly|ostotisch: mehrere Knochen betreffend. Ggs.: monostotisch. 2

Poly|otie f: → Aurikularanhänge. 3

Polyp (gr.) m: gestielte oder papilläre Wucherung von chron. entzündetem Schleimhautgewebe, z.B. → Retentionszysten in der Schleimhaut. → Polypose, → Pulpapolyp, → Zahnfleischpolyp, Parodontalpolyp (→ Parodontium). 2, 19

Poly|phy|odontie f: unbeschränkter Zahnwechsel, z.B. bei Fischen. Vgl. Hautzähne. 30

Poly|plaste m pl: → Kunststoffe. 4

Poly|pose f: Polyposis; vielfache Bildung von → Polypen, z.B. in der Kieferhöhle. 2

Poly|saccharide n pl: → Kohlenhydrate. 23

Poly|sialie f: → Ptyalismus; vermehrter Speichelfluß. 2

Poly|siloxane n pl: systematische Bez. der → Silikone, auf der Formulierung der Si-O-Si-Bindung als Siloxan-Bindung beruhend. 4

Poly|skler|adentitis f: universelle derbe Lymphknotenschwellung bei → Syphilis in der 8. Woche nach Infektionsbeginn. 12

Poly|sulfid-Kautschuk m: Basis für elastische Abformmassen, meist als 2-Tuben-Systeme. In der Basispaste ist ein schwefelhaltiges Polymer [HS-(R-S-S)x-SH], in der Katalysatorpaste sind PbO_2, S oder organ. Hydroperoxide enthalten. Vgl. Thiokol. 4

Poly|urie f: Vermehrung der Harnmenge auf bis zu 10-20 l pro Tag. 20

poly|valentes Serum n: vielwertiges Serum, entsteht z.B. durch Immunisierung eines Tieres mit verschiedenen Stämmen (meist verschiedene Serotypen) einer Bakterienart oder durch Mischung von Sera verschiedener Tiere, die mit verschiedenen Stämmen behandelt worden waren. 8

Polyvidon-Iod n: Komplex von Polyvinylpyrrolidon mit Iod. Antiseptikum; bakterizide Wirkung auf grampositive und gramnegative Bakterien, Mykobakterien, Pilze, Hefen, Viren und Protozoen. 7

poly|zystisch: viele oder mehrere Zysten enthaltend (wie z.B. häufig das → Ameloblastom). 32

Poly|zyt|hämie f: Systemerkrankung mit medullärer und extramedullärer Proliferation blutbildender Zellen, vorwiegend zu Erythrozytose, aber auch zu Leukozytose und Thrombozytose führend, Übergang in akute → Leukämie möglich. Symptome: dunkelrote bis kupferfarbene Tönung von Haut und Schleimhäuten, Milztumor, Thrombosierungen. Therapie: Aderlässe, Radiophosphor, → Zytostatika. 20

Pons (lat.) m: Brücke; Teil des Hirnstamms, bildet zusammen mit der Medulla oblongata das Rautenhirn (P. Varoli). 9

Pontic (engl.) m: Pontik; Mineralzahn, an einem Brückenersatz durch Platin-Iridium-Langstifte, → *Steele*-Facetten oder Metalleinfassung befestigt. Liegt dem Alveolarkamm mit konvexer oder konkaver Basis auf, die gegebenenfalls durch Anbrennen (stets in Hochglanz) verstärkt wird (Abb.). 4

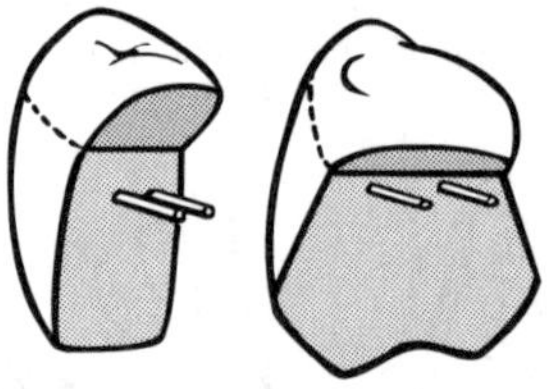

Pont-Index (Alberic P., Arzt, Stomatol., Lyon, *1870, † 1960) m: von *Pont* 1907 beschriebene Beziehung zwischen der Breite der vier oberen Schneidezähne (→ SI) und der vorderen bzw. hinteren Zahnbogenbreite (Abb.). Analog dem anthrop. Verfahren, Bruchwerte zu vermeiden und durch Prozentangaben zu ersetzen, ergibt sich für den Prämolarenindex:

$$\frac{\text{SI x 100}}{\text{vordere Zahnbogenbreite}} = 80$$

Für den Molarenindex lautet die Formel:

$$\frac{\text{SI x 100}}{\text{hintere Zahnbogenbreite}} = 64$$

Die Errechnung der gesuchten Zahnbogenbreite erfolgt durch folgende Gleichung:

$$\text{vordere Zahnbogenbreite} = \frac{\text{SI x 100}}{80},$$

$$\text{hintere Zahnbogenbreite} = \frac{\text{SI x 100}}{64}.$$

Da die *Pont*-Zahlenwerte in Südfrankreich gewonnen und für Mitteleuropa als etwas zu groß befunden wurden, werden die modifizierten Bonner Werte nach *Linder-Harth* und *Korkhaus* zugrunde gelegt (Tab.). Zusätzlich werden nach

Modifizierte Werte nach *Linder-Harth* und *Korkhaus*

SI	vordere Zahnbogen-breite $\frac{\text{SI x 100}}{85}$	hintere Zahnbogen-breite $\frac{\text{SI x 100}}{65}$	Zahnbogen-länge nach *Korkhaus*
27	32	41,5	16
28	33	43	16,5
29	34	44,5	17
30	35,5	46	17,5
31	36,5	47,5	18
32	37,5	49	18,5
33	39	51	19
34	40	52,5	19,5
35	41,2	54	20
36	42,5	55,5	21

Korkhaus Sollwerte für die Zahnbogenlänge angegeben. Diese ist definiert als Abstand der Inzisalkanten der zentralen Schneidezähne von der Verbindungslinie der zentralen Fissuren der 1. Prämolaren (Oberkiefer) bzw. der Approximalkontakte zwischen 1. und 2. Prämolaren (Unterkiefer). Bei Fehlen eines oder mehrerer oberer Schneidezähne wird die SI nach *Tonn* anhand der unteren Frontzähne wie folgt berechnet:

$$\text{SI} = \frac{\text{Breitensummen der vier unteren Inzisivi}}{3} + 0{,}5$$

Die Festlegung der Meßpunkte zeigt die Abb. Als transversale Messung (Cave: → Rezidiv im Unterkiefer), gilt der P. heute als veraltet und sollte nicht mehr angewendet werden. Vgl. Sollwert, Biometrie. 5

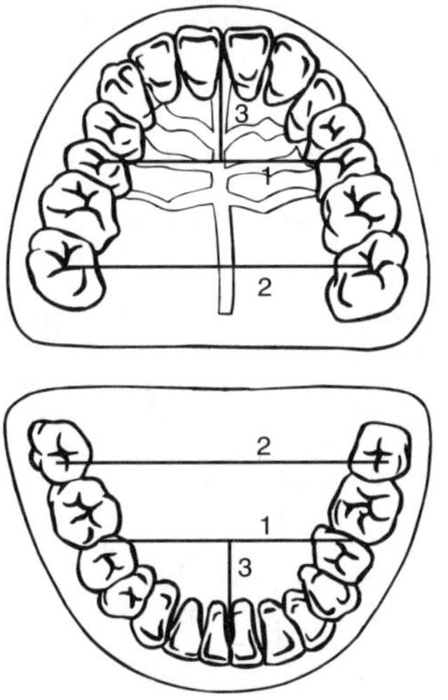

Pont-Index
1: vordere Zahnbogenbreite (Abstand der 1. Prämolaren); 2: hintere Zahnbogenbreite (Abstand der 1. Molaren); 3: Zahnbogenlänge nach *Korkhaus*.

Pontopin|zähne: Porzellan-Brückenzähne mit angedeutetem abgerundetem Wurzelteil zum Einsetzen in frische Extraktionswunden. Kaum noch angewandt. 4

Population (lat.) f: **1.** a l l g .: Bevölkerung (einer Region). **2.** S t a t i s t i k : Gesamtheit der Personen oder Objekte (Tiere, Mikroorganismen) mit bestimmten Eigenschaften, die in einem Versuch oder einer Studie untersucht werden. Bezugsgröße in der → Epidemiologie. 15, 26, 27

Populations|dichte: durchschnittl. Bewohnerzahl pro Flächeneinheit. Vgl. Bevölkerung. 27

Pore (gr.) f: punktförmige Öffnungen in der → Epidermis für → Schweiß-, → Talgdrüsen und → Haare. 12

Poren|keramik f: Implantatwerkstoff aus Keramikbasis, der durch durchgängige Hohlräume das Eindringen von knochenbildenden Zellen ermöglicht und infolgedessen keine Befestigung von enossalen Implantaten mit Knochenzement erforderlich macht. 4

Poren|volumen n: die in einem bestimmten Volumen eines Pulvers oder Festkörpers befindliche Luftmenge. 4

Porion (gr.) n: Abk. Po; kraniometr. → Meßpunkt, höchster Punkt der knöchernen Gehörgangsöffnung, nicht identisch mit dem → Hautporion, dem obersten Punkt des Gehöreinganges, der am Lebenden feststellbar ist. 5

Porositäten (gr.) f pl: Eigenschaft eines Werkstücks oder Überzugs, mit Poren versehen und daher durchlässig zu sein. Offene Poren von genügender Größe (> 100 µm) bei Implantaten wichtig für das Einwachsen von Knochensubstanz. Geschlossene Poren im Metallguß → Lunker. 4

porotisch: in Form einer → Osteoporose. 2

Porphyrin (gr.) n: Pigmentstoff, der durch Veränderungen an der Grundstruktur des Häms (→ Hämoglobin) und des Seitenkettensystems entsteht, große Bedeutung letzterer für die Funktionen des P.s. Klinik: kongenitale, enzymatisch bedingte erythropoetische Porphyrie durch homozygote Störung der Hämsynthese im Knochenmark mit Photosensibilisierung (→ Erythrodontie); hepatische Porphyrie bei Leberzirrhose. 20

Porphyr|odontie f: → Erythrodontie. 29

portal (lat.): die → Pfortader betreffend. 9

Porträt|foto|grafie f: Teilbereich der → Dentalfotografie, der sich mit Porträtaufnahmen der Patienten befaßt. Notwendig in der Kieferorthopädie, Kieferchirurgie, plastischen Chirurgie und Prothetik. Anzustreben ist eine Reproduzierbarkeit der Aufnahmen. Daher werden Standardansichten (z.B. Frontal-, Lateral-, schräglaterale Ansichten) verwendet und die Aufnahmebedingungen konstant gehalten. Maßstabsgetreue Abzüge werden ermöglicht, wenn man eine Millimeterskala mit aufnimmt. 17

Porus (gr.) m: Gang, Öffnung, z.B. P. acusticus: → Gehörgang (Abb. → Ohr). 9

Porzellan (lat.) n: klassische Zusammensetzung: 50% → Kaolin, 25% → Feldspat, 25% → Quarz. Die in der Zhk. gebräuchlichen „Porzellan"-Zähne und die „Porzellan"-Brennmassen für Füllungen und Jacketkronen enthalten zur Steigerung der Transparenz nur wenig oder gar kein Kaolin. Sie sind daher im eigentlichen Sinne kein Porzellan, sondern schwer schmelzbare Glasflüsse. Der Feldspat, bei den Porzellanen Flußmittel, ist hier die Grundsubstanz. 4

Porzellan|füllung: nach Abformung der Kavität auf dem Modell hergestellte Einlagefüllung aus keramischen Massen. Durch Transparenz und Hochglanz zahnschmelzähnlicher Effekt. Für labiale, insbes. zervikale Frontzahnkavitäten indiziert. Die Bez. wird fälschlich auch für Silikatzementfüllung gebraucht. 1

Porzellan|zement m: Porzellan, Füllungsporzellan; veraltete und irreführende Bezeichnung für Silikatzement. 1

Positioner (engl. Halter) m: Gummiendgerät; bimaxilläre kieferorth. Apparatur aus weichbleibendem Kunststoff zur → Retention, umfaßt die Zahnbögen bukkal und oral. Mit dem P. können auch kleinere Zahnstellungskorrekturen, v.a. zum Schluß der nach Anwendung der → Multibandtechnik bestehenden Restlücken, vorgenommen werden. Heute werden bei der Herstellung des → Set up für den P. gnathologische Kriterien berücksichtigt (→ Gnathologie). 5

positiv (lat.): bejahend, unzweifelhaft vorhanden. Ggs.: negativ. 10

Positiv|kinn: das sich mit dem Zahnwechsel entwickelnde Kinn des heutigen Menschen (Abb. → Heidelberger Kiefer). Vgl. Negativkinn. 5

Positron n: kleinstes Teilchen der positiven → Elektrizität, besitzt die gleiche Masse wie das → Elektron. P.-Strahlen: → Radioaktivität. 10

Posselt-Diagramm n: schriftliche Festlegung der sagittalen Grenzbewegungen der Inzisalkante der Unterkieferschneidezähne. Die Bewegung von A nach B entspricht einer Scharnierbewegung

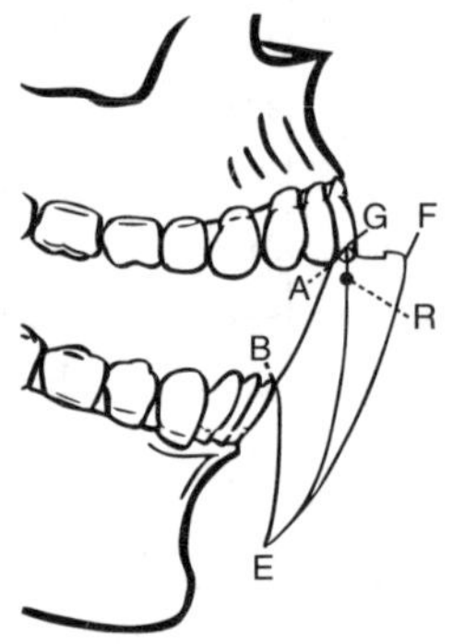

aus der retralen Kontaktposition. Die Bewegung von A nach G ist ein Gleiten aus der retralen Kontaktposition in die maximale Interkuspidation. R = Ruheschwebe, E = maximale Mundöffnung, F = Vorschub (Abb.). 4

post|akut: zwischen akutem und chron. Stadium einer Krankheit. 2

Post|beamten|kranken|kasse: zwei Mitgliedsgruppen mit unterschiedlichem Leistungsrecht: A-Versicherte erhalten Leistungen wie Pflicht- (früher → RVO-) Kassenmitglieder mit Abrechnung über → Behandlungsausweis, Gruppe B gilt als Privatpatient und erhält den Differenzbetrag neben der Beihilfe. 25

posterior (lat.): hinterer. [9]
post|eruptiv: nach dem Durchbruch der Zähne in die Mundhöhle. [30]
Postikus (lat.) m: Kurzform für M. posticus (nicht IANC). Sehr gebräuchliche Bezeichnung für den M. erico-arytaenoideus posterior im Kehlkopf. [9]
post|kanin: hinter dem Eckzahn (Dens caninus) gelegen. P.e Lücke: → Affenlücke der unteren Milchzahnreihe. [5]
Post|lakteal|ebene: vertikale Abschlußlinie der 2. Milchmolaren nach Fertigstellung des Milchgebisses. Man unterscheidet positive (mesiale) Stufen, gerade Abschlüsse und negative (distale) Stufen. Der Abschluß der P. gibt Hinweise auf die → Bißlage bzw. auf die zu erwartende Verzahnung der bleibenden 1. Molaren (Abb.).

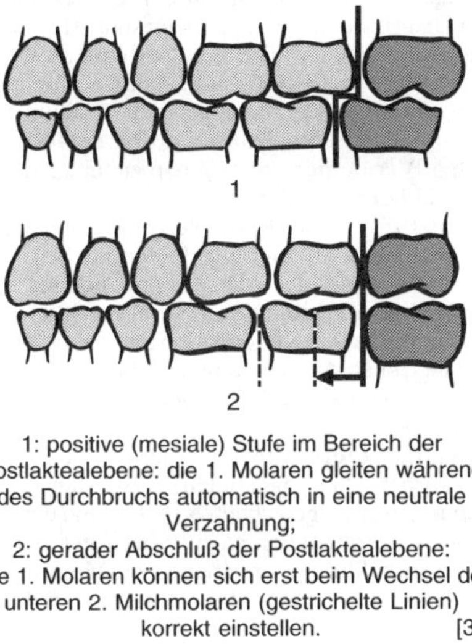

1: positive (mesiale) Stufe im Bereich der Postlaktealebene: die 1. Molaren gleiten während des Durchbruchs automatisch in eine neutrale Verzahnung;
2: gerader Abschluß der Postlaktealebene: die 1. Molaren können sich erst beim Wechsel der unteren 2. Milchmolaren (gestrichelte Linien) korrekt einstellen. [35]

Der Abschluß der P. variiert jedoch auch bei neutraler Bißlage. Vgl. *Baume*-Modus, *Friel-Korkhaus*-Modus, *Zielinsky*-Modus. [5]
Post|medikation f: Gabe von bestimmten Medikamenten nach einer Behandlung bzw. nach einem operativen Eingriff zur Beruhigung, Schlafförderung, → Analgesie sowie zur Erleichterung der Nahrungsaufnahme. [29]
post|mortal: post mortem; nach dem Tode. [32]
post|natal: nach der Geburt. [20]
Post|natal|periode f: Zeitspanne der Entwicklung, in welcher ein Individuum die volle Reife erlangt. [30]
post|operativ: nach oder als Folge einer Operation. [2]
post partum: Abk. p.p.; nach der Geburt. [20]
post|prandial: nach der Mahlzeit. [10]
Post|rhino|skopie f: → Rhinoskopie. [19]
post|traumatisch: als Folge einer äußeren Gewalteinwirkung. [2]
postural (lat.): stellungs- oder lagebedingt, auch haltungsbedingt bzw. die Haltung betreffend. [34]
Potator m: Trinker. Potatorium: Trunksucht. [20]
Potential (lat.) n: Leistungsfähigkeit; phys. die Arbeit, die geleistet werden muß, um einen Körper aus seiner ursprünglichen Lage gegen anziehende Kräfte in die Unendlichkeit zu bringen oder gegen abstoßende Kräfte aus der Unendlichkeit in seine ursprüngliche Lage zurückzubringen. Unter elektrischem P. versteht man die Größe der elektrischen Ladung, gemessen in Volt. [10]
Potential|differenz f: Differenz der Werte des → Potentials an zwei verschiedenen Stellen des Raumes; sie ist gleich der Arbeit, die erforderlich ist, um einen Körper aus seiner Lage in eine andere zu überführen. [10]
Potenz (lat.) f: potency (engl.); Pharm.: Dosis eines → Pharmakons zur Erreichung des halbmax. Effektes (→ Dosis 50, effektive). Siehe auch → pD_2-Wert. In der Homöopathie der Verdünnungsgrad einer Arznei. [7, 13]
potenzierte Narkose f: → Narkose, potenzierte. [2]
Potenzierung f: überadditive Verstärkung der Wirkung eines Pharmakons durch ein anderes Pharmakon, die zur Erniedrigung des → pD_2-Wertes und Erhöhung der → efficacy (E_{max}) führt. [7]
Pott|asche: Kaliumkarbonat, Formel: K_2CO_3, früher durch Auslaugung von Pflanzenasche in großen Töpfen (Pötten) gewonnen. P. wurde konzentriert in Glyzerin gelöst, zur Desensibilisierung empfindlicher Zahnhälse verwandt (veraltet). [1]
Pound (engl.) n: (lb. ap.) brit. und US-amerikan. Apothekergewicht: 1 pound = 12 ounces = 96 drams = 288 scruples = 5.760 grains = 373,242 g. Vgl. dagegen: Pound (lb., lb. avdp.) oder standard pound seit 1959 in Großbritannien, USA, Kanada, Australien, Neuseeland und Südafrika vereinheitlicht. 1 pound = 0,45359237 kg. Vgl. Ounce. [10]
Power-Hammer (Za., USA, *1855, † 1941): mit der Bohrmaschine getriebener kleiner Hammer zum Kondensieren der Goldpellets bei → Goldklopffüllungen. [1]
ppm: Abk. für engl. **p**arts **p**er **m**illion; Konzentrationsangabe für starke Verdünnungen. Üblich z.B. bei Definition von Fluoridzugaben zum

Trinkwasser. Optimale prophylaktische Dosis: 1 ppm = 1 mg/l. [1]

PPSB-Konzentrat n: Kurzbez. für Kombinationspräparate mit Blutgerinnungsfaktoren II, VII, IX, X zur Therapie und Prophylaxe angeborener und erworbener Koagulopathien mit Faktor-II-, VII-, IX- und X-Mangel. Nebenwirkungen: allergische Reaktionen, evtl. Auftreten von Infektionserkrankungen. [7]

Prä|amelo|blasten m pl: Vorstufen der schmelzbildenden Zellen (→ Ameloblasten). Sie differenzieren sich aus den Zellen des inneren Schmelzepithels. Sie sind prismatisch, palisadenartig aneinandergereiht und untereinander sowie mit den Zellen des Schmelzretikulums durch Desmosomen und Nexus verbunden. Die Nexus ermöglichen gegenseitigen Ionen- und Informationsaustausch. In den P. finden sich bereits Sekretkörnchen für die Schmelzbildung. Von der Zahnpapille sind sie durch eine Basallamina getrennt. [30]

Präblastomatose f: → Präkanzerose. [32]

Prädentin n: Vorstufe des → Dentins, Syntheseprodukt der → Odontoblasten. P. besteht hauptsächlich aus Proteoglykanen, Glykoproteinen und Kollagenfibrillen. Letztere werden extrazellulär aus dem sezernierten Tropokollagen unter dem Einfluß von Proteoglykanen polymerisiert. [30]

Prädentin|reifung: der Mineralisation vorausgehende Reifung des Prädentins. Sie erfolgt in einer jüngeren pulpanahen und einer älteren pulpafernen Zone, die beide eine Dicke von 5-20 µm besitzen. Die ältere Prädentinzone grenzt an die Mineralisationsfront und wird als ausgereifte Dentinmatrix aufgefaßt. Zwischen Mineralisationsfront und mineralisiertem zirkumpulpalem Dentin liegt die Zone der Mineralisation mit dem → Zwischendentin. [30]

Prädia|betes m: → Diabetes mellitus. [20]

Prädilektions|stelle: bevorzugte Stelle für das Auftreten einer Erkrankung, in der Zhk. meistens P. für die Karies am Zahn. Solche Stellen sind Fissuren und Grübchen, Approximalflächen und Glattflächen im Zahnhalsbereich. Vgl. Karies. [1, 15]

präeruptiv: vor dem Durchbruch der Zähne in die Mundhöhle. [30]

präformiert: schon im Keim vorgebildet. [9]

Prägung: relativ starre Verhaltensänderung, ausgelöst aufgrund angeborener Bereitschaft in einer biographisch frühen, kurzen sensiblen Periode (z.B. Prägung auf Geschlechtspartner bei Graugänsen); im Unterschied zum → Lernen wenig umweltplastisch. [13]

präinvasives Karzinom n: Carcinoma in situ; dem invasiven Zustand vorangehend. [32]

präkanin: vor dem Eckzahn (Dens caninus) gelegen. P.e Lücke: → Affenlücke der oberen Milchzahnreihe. [5]

Präkanzerose f: angeborene oder erworbene Gewebsveränderung, die statistisch mit einem erhöhten Entartungsrisiko behaftet ist. Man unterscheidet fakultative P.n, die nur gelegentlich und spät maligne entarten (z.B. Colitis ulcerosa, proliferierende Mastopathie, Leukoplakien der Mund- und Kehlkopfschleimhaut), und obligate P.n, die beinahe regelmäßig und frühzeitig in einen malignen Tumor übergehen (z.B. familiäre Polyposis intestini, *Bowen*-Krankheit). [32]

prälaktale Zähne: angeborene, selten vorkommende Zähne, die nicht mit den Dentes natales (→ Dens natalis) gleichzusetzen sind. Meist zwei kappenförmige, wurzellose, bewegliche Gebilde im Unterkiefer, die bald ausfallen. Sie bestehen aus einer Dentinkappe (z.T. Osteodentin) mit dünnem Schmelzüberzug und gefäßreicher Pulpa. Vermutlich entstammen sie einer frühen überzähligen Zahnleiste. [30]

prämatur: vor der Reife, verfrüht, vorzeitig. [34]

Prämaxilla f: → Zwischenkieferknochen. [9]

Prämolaren m pl: → Dentes praemolares. [30]

Prämolaren|breite: Abk. PB; gebräuchliche Bezeichnung in der Kieferorthopädie für den Grad der sagittalen Abweichung, z.B. beim → Distalbiß um eine halbe ($^1/_2$ PB) oder ganze Prämolarenbreite (1 PB). [5]

Prämolaren|distal|wanderung: spezielle Form des körperlichen (paraxialen) Falschstandes von Zähnen. Achsengerechter → Distalstand der bleibenden 2. Prämolaren nach frühzeitiger (vorzeitiger) Extraktion des bleibenden 1. Molaren und des 2. Milchmolaren. Tritt nur im Unterkiefer auf. [5]

Prämolaren|index m: → *Pont*-Index. [5]

Prämolaren|zange: (*Berten*-Zange, 1905), meistverwandte Extraktionszange für obere Prämolaren (Abb.). [2]

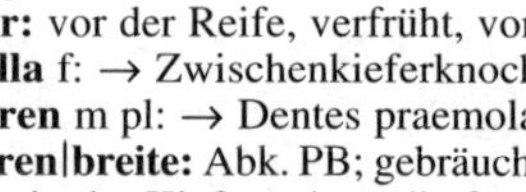

Prämolarisation f: Bez. für die Bildung zweihöckriger oberer Eck-, seltener seitl. Schneidezähne, die durch einen stark ausgeprägten palatinalen Höcker einem Prämolaren ähneln. [6, 30]

Prämolarisierung: chir. Durchtrennung eines unteren Molaren nach erfolgreicher → Wurzelfüllung unter Erhalt des mesialen und distalen

Anteils. Seltene therapeutische Maßnahme nach → Furkationsbefall, um durch den künstlich geschaffenen Approximalraum die Zahnpflege zu ermöglichen. 6

prämonitorisch: warnend, eine Krankheit, einen Anfall ankündigend. 20

prämortal: vor Eintritt des Todes. 32

Prämunität f: → Infektionsimmunität. 8

pränatal: vor der Geburt. 20

Prä|odonto|blasten m pl: Vorstufen der dentinbildenden → Odontoblasten, die sich unter dem induktiven Einfluß des inneren Schmelzepithels aus den Mesenchymzellen der

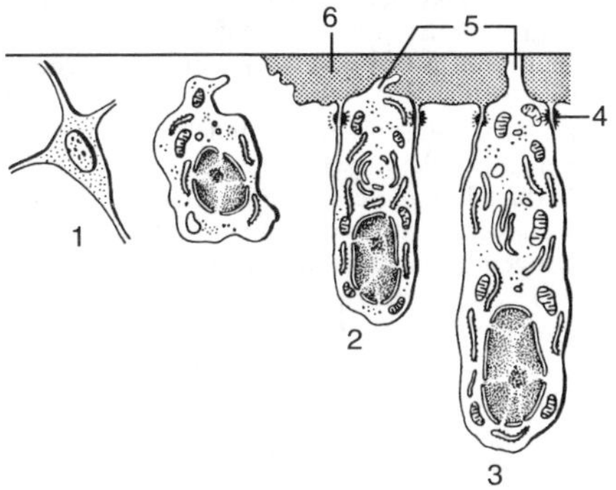

Differenzierung der Mesenchymzellen zu Präodontoblasten. 1: Mesenchymzelle; 2: Präodontoblast; 3: Odontoblast; 4: Desmosom; 5: *Tomes*-Fortsatz; 6: Prädentin. [2]

Zahnpapille differenzieren. Sie sind prismatisch, besitzen einen kurzen Fortsatz und sind durch Desmosomen und Nexus zu einer Zellreihe verbunden (Abb.). 30

präoperativ: vor einer chir. Operation. 2

Präparat (lat.) n: etwas kunstgerecht Vorbereitetes, z.B. chemisches, anatomisches, mikroskopisches P.; Verb. präparieren, in der Anat.: Zerlegen von Leichen zum Studium der normalen Anatomie. 9

Präparate|foto|grafie f: Teilbereich der medizinischen Fotografie, der sich mit der Aufnahme von entnommenen Gewebestücken befaßt (Abb.). Prinzipiell gelten die gleichen Regeln wie bei der → Sachfotografie. Zusätzliche Schwierigkeiten sind die Reflexbeseitigung auf der feuchten Präparateoberfläche und die Vorbereitung des Gewebestücks vor der Aufnahme. Vorteilhaft ist häufig die Aufnahme eines in einer Wasser-Alkohol-Lösung abgetauchten Präparats. Die Mitaufnahme eines Maßstabs oder eines Referenzobjekts ist obligatorisch. 17

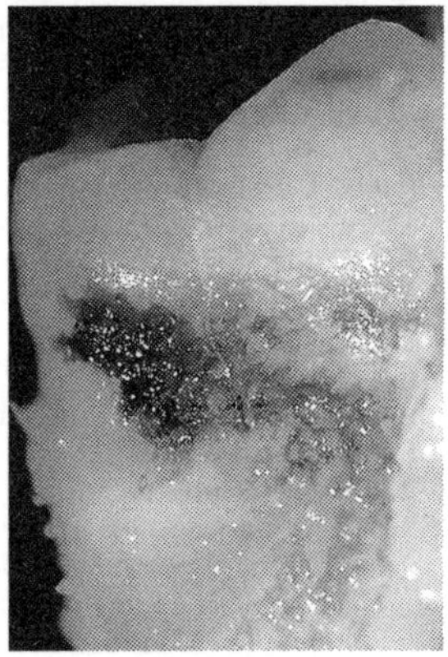

Zahn mit Infraktion, die sich bis in den Wurzelbereich erstreckt

Präparations|instrumente n pl: Instrumente für die → Kavitätenpräparation wie z.B. → Bohrer, → Schleifkörper und → Diamanten. 1

Präparationstechnik, zahn|ärztliche f: technische Maßnahmen (Abtrag-, Kühl-, Absaug-, Halte- und Beleuchtungstechnik) für die Kavitätenpräparation zur Aufnahme plastischer Werkstoffe oder vorgefertigter Einlagen sowie Zahnkronenpräparation zur Aufnahme von künstlichen Kronen verschiedener Art. Intermittierendes Präparieren: → Arbeitsweise, tupfende. 21

Präparations- und Instrumenten|formen: vorgegebene Gestaltungsmerkmale von Kavitäten und Zahnkronen, die mit bestimmten Instrumenten präpariert werden (Abb.): 1. Form der Kavität für plastische Füllungsmaterialien/Birne (= ISO-Form 233); 2. Hohlkehle/Torpedo (= ISO-Form 289); 3. abgerundete Stufe/Zylinder mit

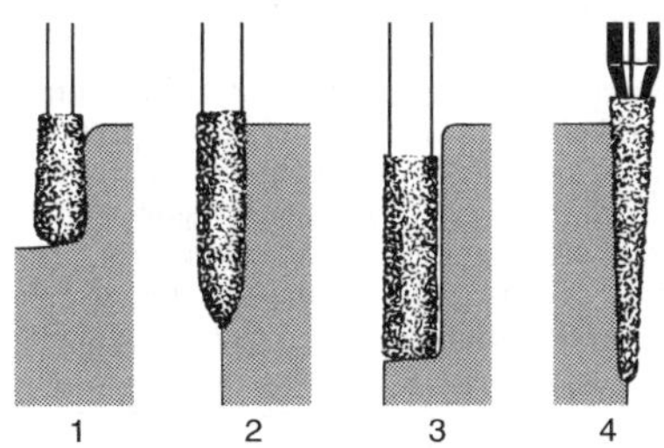

abgerundeten Kanten (= ISO-Form 156); 4. stufenlos/abgerundeter schmaler Konus (= ISO-Form 199). Generell abgrundete Präparations- und Instrumentenformen (vgl. Formkongruenz) empfehlenswert. Sie optimieren das Fließen von

Abform-, Modell-, Modellier-, Kunststoff- und Befestigungswerkstoffen sowie von Legierungen und anderen zahnärztlichen und zahntechnischen Materialien. 21

präprothetische Chirurgie f: Gebiet der zahnärztlichen Chirurgie, das sich mit der Vorbereitung der Mundhöhle für prothetische Maßnahmen durch Extraktionen, Glättung scharfer Knochenkanten, → Mundvorhofplastiken u.ä. befaßt. 2

Präsenium n: Altersstufe vor dem Greisenalter, die das → Senium einleitende Lebenszeit. Adj.: präsenil. Vgl. *Alzheimer*-Krankheit. 27

Präsenz|pflicht: Pflicht des → Vertragszahnarztes zur Anwesenheit an seinem Vertragsarztsitz. Er muß sich hier niederlassen und regelmäßig behandeln. Hier müssen die → Sprechstunden abgehalten werden (§ 6 Abs. 2 → Bundesmantelvertrag Zahnärzte, § 24 Abs. 2 Zahnärzte-ZV). Der Zahnarzt muß auch seine Wohnung so wählen, daß er für die Versorgung sozialversicherter Patienten jederzeit erreichbar ist. 24

Präsynkope: Zustand, der einer echten → Synkope vorangehen kann und sich in folgenden Symptomen äußert: Schwindelattacke, Schwarzwerden vor den Augen, plötzliche Übelkeit, Zusammenbrechen ohne Bewußtseinsverlust, Gefühl der Leistungsunfähigkeit. 16

präsystemische Transformation f: → First-pass-Effekt. 7

präsystolisch: der → Systole vorangehend. 10

Prävalenz f: epidemiologisches Maß zur Kennzeichnung von Krankheitsgeschehen in einer Population. Häufigkeit einer Krankheit zu einem bestimmten Zeitpunkt (Punkt-P.) oder in einer bestimmten Zeitperiode (Perioden-P.). 15

Pravaz-Spritze (Ch. G. P., frz. Arzt, *1791, † 1853): kleine Hohlnadelspritze zu subkutanen bzw. submukösen Injektionen. 2

Prävention f: Maßnahmen zur Vorbeugung und Früherkennung von Krankheiten. Neben der Therapie wichtigstes Aufgabengebiet der Medizin und Zahnmedizin. Man unterscheidet: 1. primäre P.: Verhinderung der Entstehung von Störungen; 2. sekundäre P.: Früherkennung von Schäden mit dem Ziel der Frühbehandlung zur Vermeidung von Folgeschäden und chronischen Verläufen; 3. tertiäre P.: Rehabilitation und Beratung zur Vermeidung von Rückfällen nach erfolgreicher Behandlung einer akuten Störung. Vgl. Gesundheitsverhalten, Krankheitsverhalten und Gespräch, zahnärztliches. 15, 33

Präventiv|behandlung: vorbeugende Behandlung, z.B. Schutzimpfung gegen Infektionskrankheiten, → Fissurenversiegelung gegen Karies. 15

Praxis|besonderheiten: bei der Prüfung auf wirtschaftliche → Behandlungsweise zu berücksichtigen, wenn anhand statistischer Vergleichswerte eine → Durchschnittsprüfung durchgeführt wird. Sie sind vom zu prüfenden Vertragszahnarzt vorzubringen, sofern sie den → Prüfungseinrichtungen nicht bekannt sind. Im wesentlichen liegen sie in der Art des Patientengutes. 25

Praxis|computer m: ein Rechnersystem zur Patientenverwaltung und -abrechnung, das in zunehmenden Maße auch für die med. Dokumentation (→ Dokumentation, med.) eingesetzt wird. Technisch handelt es sich häufig um ein Netz (Local Area Network/LAN) von Personalcomputern. 26

Praxis|führung: Planung und Gestaltung der organisatorischen-, personen-, verwaltungs- und sicherheitsbezogenen Arbeitsabläufe sowie der betriebswirtschaftlichen und sonstigen Voraussetzungen für das Funktionieren des → Arbeitssystems → Zahnarztpraxis. 21

Praxis|gemeinschaft: Zusammenschluß mehrerer selbständig tätiger Zahnärzte mit dem Zweck, Praxisräume und/oder Praxiseinrichtungen gemeinsam zu nutzen. Ist auch zwischen Zahnärzten verschiedener Fachrichtungen möglich. Eigener Patientenstamm, eigenes Praxisschild und eigene KZV-Abrechnung bleiben erhalten. Genehmigung durch die → Zahnärztekammer oder den → Zulassungsausschuß nicht erforderlich. Von der Gründung ist die → Kassenzahnärztliche Vereinigung zu unterrichten (§ 33 Abs. 2 Zahnärzte-ZV). 24

Praxis|labor n: Einrichtung zur Herstellung von Zahnersatz in der zahnärztlichen Praxis. Es handelt sich nicht um Handwerkstätigkeit im Sinne der Handwerksordnung, sondern um zahnärztliche Berufsausübung. Das P. ist Teil der Zahnarztpraxis und Hilfsbetrieb. Es muß deshalb nicht in die Handwerksrolle eingetragen werden und kann vom Zahnarzt selbst geleitet werden. Die Preise des P.s müssen unter denen der zahntechnischen Laboratorien liegen. Wird eine Gemeinschaft zwischen mehreren P.en gegründet, handelt es sich meist nicht mehr um einen Hilfsbetrieb, sondern um einen → Nebenbetrieb. Eigenlaborpreise und -kosten können nur dann abgerechnet werden, wenn die entsprechenden Arbeiten tatsächlich auch im P. ausgeführt wurden. 24

Praxis|team n: Gemeinschaft von Arbeitspersonen aus verschiedenen Berufsgruppen in der → Zahnarztpraxis, die ihre Aufgaben aufgrund eines individuellen Arbeitskonzeptes erfüllen. [21]

Praxis|verkauf: Abgabe der Praxis an einen anderen Zahnarzt gegen Entgelt. Der P. ist nach höchstrichterlicher Rechtsprechung zulässig. Bei der Übernahme kann die Überlassung der Patientenkartei (→ Dokumentation) auch ohne vorherige Befragung der Patienten rechtswirksam vereinbart werden. Bei EDV-unterstützter Patientenkartei sind die Bestimmungen des Bundesdatenschutzgesetzes zu beachten. Für einen Kaufvertrag und Mängelrügen gelten die Regelungen des bürgerlichen Kaufrechts (§ 459 ff. BGB). Der Kaufpreis setzt sich zusammen aus dem materiellen und immateriellen Wert. Letzterer beträgt in der Regel 15 bis 20 % des Umsatzes der letzten 5 Jahre. Variiert aber je nach den örtlichen Gegebenheiten. [24]

Praxis, zahn|ärztliche f: die fachspezifischen Leistungen in der → Zahnarztpraxis zur Erfüllung der Aufgaben im Rahmen der zahnmedizinischen → Versorgung unter Berücksichtigung gesicherter wissenschaftlicher Erkenntnisse, der bestehenden Verträge mit Krankenkassen usw. sowie der einschlägigen gesetzlichen und sonstigen → Regelwerke. [21]

Präzement n: von Zementoblasten gebildete Matrix, die dem Osteoid des Knochens entspricht. Das P. besteht aus Kollagenfibrillen und einer homogenen mukoproteinhaltigen Grundsubstanz. Die Matrixbildung und die nachfolgende Mineralisation erfolgen schubweise, woraus sich die lamellären Strukturen des → Zements erklären. [30]

Prazepam: 1,4-Benzodiazepin-Derivat, → Tranquilizer, → Prodrug. Eliminationshalbwertszeit (→ Halbwertszeit, terminale) des pharmakodynam. aktiven → Metaboliten 50-100 h; auch → Benzodiazepine. [7]

Präzipitation (lat.) f: Fällung, Ausscheidung einer gelösten Substanz aus einer Lösung durch Zusatz einer anderen. Die ausgefällte Substanz ist das Präzipitat. In der Serologie Ausfällung eines gelösten → Antigens durch spezifische → Antikörper. [8]

Präzipitine n pl: Immunkörper, Schutzstoffe im Blutserum, die gelöstes → Antigen ausfällen (präzipitieren). Mit P.-Reaktionen läßt sich z.B. Menschenblut von tierischem Blut unterscheiden (*Uhlenhuth*). Dabei wird der fragliche Blutfleck extrahiert und mit dem Immunserum eines mit Menschenblut vorbehandelten Kaninchens unterschichtet. An der Berührungsstelle beider Flüssigkeiten bildet sich ein P.-Ring. [8]

Prednisolon: synthet. nichthalogeniertes → Glukokortikoid, antiphlogist. Potenz auf Gewichtsbasis 4fach > als Hydrokortison, in äquieffektiven antiphlogist. Dosen geringere Na^+-retinierende Wirkung als Hydrokortison. Aufgrund schnellen Wirkungseintritts und kurzer Wirkungsdauer (Plasmahalbwertszeit 2,75 h, biolog. Halbwertszeit 12-26 h) in der Zhk. geeignet zur parenteralen Applikation bei anaphylakt. Schock oder schweren anaphylakt. Zuständen als Medikament der 3. Wahl nach → Epinephrin und Volumen-Druckinfusion. Kontraindikation absolut: Allergie gegen Wirkstoff. [7]

Prednison: synthet., nichthalogenisiertes → Glukokortikoid, antiphlogist. → Potenz auf Gewichtsbasis 4fach > als Hydrokortison, dosisabhängig mineralokortikoide Wirkung, biolog. Halbwertszeit 12-36 h, *Cushing*-Schwellen-Dosis: 7,5 mg/d. [7]

Pregnandiol n: Schwangerschaftshormon, ein → Gestagen, das im Corpus luteum graviditatis gebildet wird. Hauptstoffwechselprodukt von → Corpus-luteum-Hormon. [10]

Preiswerk-Linien (Gustav P., Lektor für Zhk., Basel, *1866, † 1946) f pl: → Perikymatien. [30]

Prellung: starke Erschütterung einer Körpergegend durch stumpfe Gewalt. [2]

Presby|akusis f: auf physiologischer Alterung von Hörnerv und *Corti*-Organ beruhende beidseitige Schallschwerhörigkeit. Beginnt ca. ab dem 20. Lebensjahr mit Einschränkung des Hochtonhörens, später folgt Diskriminationsverlust (Störung des Wortverstehens). [27]

Presby|opie f: Altersweitsichtigkeit durch Nachlassen der Akkomodation infolge Elastizitätsverlustes der Linse. Korrektur durch Konvexgläser (Altersbrille). [27]

Preß|stand: Engstand der Seitenzähne bis zur Verhakung des Sechsjahrmolaren unter der Distalfläche des 2. Milchmolaren infolge unzureichender Bildung des → Molarenfeldes. Dabei kann es zu einer unterminierenden Resorption des 2. Milchmolaren kommen. [5]

PREUGO: Abk. für → **Preu**ßische **G**ebühren**o**rdnung. [24]

Preußische Gebührenordnung: Abk. PREUGO, „Amtliche Gebührenordnung" vom 1. September 1924, die aus der preußischen Gebührenordnung hervorging. Sie bestand aus Allgemeinen Bestimmungen (I.), Gebühren für Ärzte (II.), Gebühren für Zahnärzte (III.) und Gebühren für Zahnärzte bei Krankenkassen und Fürsorgeverbänden (IV., → Kassenzahnärztliche Gebührenordnung) und war bis zum Erlaß der → Gebührenordnung für Ärzte und → Gebührenordnung für Zahnärzte am 1. April 1965 gültig. [25]

Price-Jones-Kurve (Cecil P.-J., Pathol., London, *1863, † 1943) f: statistische Verteilungskurve der Erythrozytendurchmesser, Aufschlüsselung großer und kleiner Zellen. → Rechtsverschiebung der Kurve: Makrozytose bzw. Megalozytose (z.B. bei perniziöser → Anämie); → Linksverschiebung: Mikrozytose (z.B. bei hämolytischer Anämie). Vgl. Erythrozyten. 20

Prick-Test m: Prüfung der kutan-vaskulären Allergie, Nadelstich durch den aufgetragenen allergenhaltigen Tropfen, → Scratch-Test. 12

Prilocain: → Lokalanästhetikum vom Amidtyp, anästhet. → Potenz 2fach größer als die des Procains. P. hat einen schnellen Wirkungseintritt (pK_a-Wert 7,7) und eine mittellange Wirkungsdauer. Anwendung in der Zhk. zur Leitungs- und Infiltrationsanästhesie mit Vasokonstriktorzusatz (→ Epinephrin, → Felypressin). Kontraindikationen: absolut: Allergie gegen P.; relativ: genet. bedingter Mangel an NADH-Diaphorase, schwere Anämie, Begleitmedikation mit methämoglobinbildenden Arzneistoffen. 7

Prima-facie-Beweis: → Anscheinsbeweis. 24

Primär|affekt m: Ersterscheinung einer Krankheit. Bei Syphilis auch als → Initialsklerose, harter Schanker, bezeichnetes, meist kreisrundes, derbes, oft wenig schmerzhaftes flaches Geschwür, das sich an der Eintrittsstelle der → Treponemen nach 3 Wochen aus einer unscheinbaren Wunde entwickelt und mit derber schmerzloser Schwellung der regionären Lymphknoten einhergeht (→ Primärkomplex). Häufigste extragenitale Lokalisation ist die Unterlippe, nicht selten auch das Innere der Mundhöhle. Sicherung der Diagnose durch mikroskop. Nachweis der Erreger im Geschwürreizsekret mittels Dunkelfeld (Abb.). Seroreaktionen wie FTA-ABS-Test bereits positiv. P. bei Hauttuberkulose kann nur entstehen bei noch nicht Tbc-infizierten Patienten oder auch dann, wenn eine einmal erworbene Infektionsimmunität wieder erloschen ist. Bei Sitz in der Mundhöhle sind Zahnfleisch und Tonsillen bevorzugt befallen. Es handelt sich um ein kleines, kraterförmiges, speckig gelegtes Ulkus mit leicht blutenden Randgranulationen. Kleinheit, Schmerzlosigkeit und Flüchtigkeit sind besondere Kennzeichen. → Primärkomplex, → Tuberkulose der Haut. 12

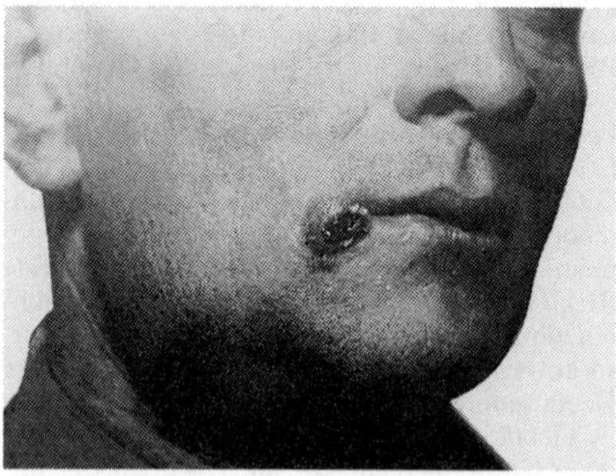

Primäraffekt mit regionärer Lymphknotenstellung

Primär|dentin n: das bis zur vollständigen Ausbildung eines Zahns gebildete Dentin. Vgl. Sekundärdentin, Tertiärdentin, Dentinarten. 30

Primär|heilung: Sanatio per primam (intentionem); Wundheilung durch direktes Miteinanderverkleben der Wundränder und Ausfüllen des Wundspaltes mit jungem, zellreichem Bindegewebe; meist resultiert eine zarte Narbe. → Heilung, → Sekundärheilung. 32

Primär|infekt m: Erstinfekt. 12

Primär|komplex m: Sammelbezeichnung für → Primäraffekt mit sekundärem Befall der regionären Lymphbahnen und -knoten bei Tuberkulose und Syphilis. 12

Primär|krone: Primärteleskop; → Teleskopkrone. 4

Primär|stabilität f: Lagestabilität von → dentalen Implantaten direkt nach der → Implantation. Wird z.B. erzielt durch 1. Preßpassung (das → Implantatbett ist minimal kleiner als das Implantat; das Implantat wird mit leichten Hammerschlägen in seine definitive Position gebracht); 2. makromorphologische Retentionen am → Implantatkörper, (z.B. Gewinde oder Extensionsflügel); 3. zusätzliche Verschraubungen mit dem Alveolarfortsatz bei → Gerüstimplantaten. Die P. ist eine wichtige Voraussetzung für die → Osseointegration; ist sie nicht gegeben, kommt es zu Relativbewegungen zwischen Implantat und Knochen und nachfolgend zur Ausbildung einer periimplantären Bindegewebsschicht; → Pseudarthrose. 18

Primär|tumor m: Erstgeschwulst; Tumor, von dem Tochtergeschwülste (→ Metastasen) ausgehen. 32

Primaten|lücke: → Affenlücke. 5

Primer (engl.) m: Lösungs- oder Reinigungsmittel für die Vorbereitung von Kavitäten- bzw. Zahnflächen zur Haftvermittlung von Füll- und Versiegelungsmaterial durch Klebwirkung (→ Liner) oder Ätzung, z.B. durch Phosphorsäure. 1

Primitiv|falte: erste Anlage der → Zahnfurche. 30

Primitiv|fibrillen f pl: → Filamente. 9

prim|ordial (lat.): ursprünglich. 9

Prim|ordial|zysten f pl: → Zysten, primordiale. [2]
princeps (lat.): erster, wichtigster. [9]
Prinz|metal-Angina (M. Prinzmetal, amerik. Arzt) f: Anfall von → Angina-pectoris, der von einem Koronarspasmus verursacht wird, dessen Ätiologie noch nicht eindeutig geklärt ist. Vgl. Herzinfarkt. [16]
Prisma (gr.) n: kantige Säule, lichtbrechend. [10]
Prisma ena|meli n: → Schmelzprismen. [30]
Prismata adamantina (IANC) n pl: → Schmelzprismen. [30]
Prismen|scheide: nicht mineralisierte oder wenig mineralisierte interprismatische Substanz. Die Existenz der P. ist umstritten, von einigen Autoren wird sie auf bestimmte Schmelzbereiche begrenzt. [30]
Prismen|zähne: Dentes coluemellares; Molaren, deren Wurzeln zu einem kantigen Block verschmolzen sind und die eine große (taurodonte) Pulpakammer besitzen (Abb.). Fossil bei 50% der zur Neandertaler-Gruppe gehörenden Krapina-Funde. Familiäres Vorkommen auch beim heutigen Menschen. [1]

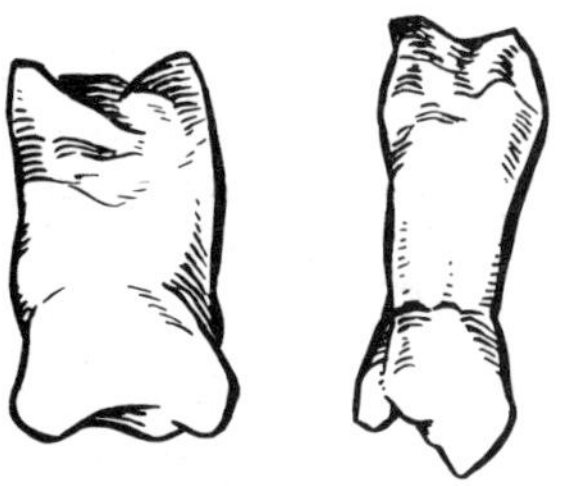

Private Kranken|versicherung: Abk. PKV; Teil des dualen Versicherungssystems der Bundesrepublik Deutschland. Erstattet Kosten der Behandlung am Patienten je nach den vereinbarten Tarifen. Zwischen PKV und Zahnarzt besteht kein unmittelbares Rechtsverhältnis. Der Zahnarzt ist deshalb zu Auskünften an die PKV allenfalls aus Fürsorgepflicht für den Patienten verpflichtet. [24]
Proband (lat.) m: Versuchsperson, z.B. Person, die an einer Arzneimittelstudie teilnimmt. [15]
probatorisch: probeweise, z.B. Anwendung eines Untersuchungsverfahrens mit dem Ziel, eine nicht gesicherte Diagnose zu klären. [15]
Probe|exzision f: Ausschneiden eines Teils eines patholog. veränderten Gewebes zur histolog. Untersuchung. Der Schnitt muß so gelegt werden, daß der Übergang vom gesunden zum kranken Gewebe im Präparat erfaßt wird. [2]
Probe|punktion f: Einstich mit Spritzenkanüle oder Trokar in Körperhöhle und Aspiration von Flüssigkeit zu Diagnosezwecken. [2]
Probe|trepanation f: Feststellung der Sensibilität eines Zahnes durch Anbohren und dadurch provozierte Schmerzgefühle. Indiziert, wenn andere Methoden, etwa wegen Überkronung des Zahnes, nicht anwendbar sind. Vgl. Sensibilitätsprüfung der Pulpa. [1]
Problem|keime: meist gramnegative Stäbchen (Klebsiella, Proteus, Escherichia coli, Pseudomonas aeruginosa, Serratia marcescens), aber auch Enterokokken, die eine wechselnde Empfindlichkeit gegen Antibiotika und Chemotherapeutika aufweisen. Da es für sie kein Standard-Antibiotikum gibt, muß als Voraussetzung für eine rationelle Therapie immer ein → Antibiogramm angefertigt werden. [8]
Procain: Lokalanästhetikum vom Ester-Typ, geringe anästhet. → Potenz, Wirkungseintritt langsam (pK_a 8.9), Wirkungsdauer kurz, Wirkungsmechanismus, Nebenwirkungen vgl. Lokalanästhetika. → Biotransformation: → Funktionalisierungsreaktionen, Halbwertszeit verlängert bei genet. bedingtem Cholinesterasemangel. Kontraindikationen: Allergie gegen Wirkstoff und/oder → Paragruppen-Allergie. Präp. → Novocain® u.a. Anwendung in 0,5-4%iger Lösung. Hauptabbau über esterhydrolytische Spaltung. Toxizität abhängig von individuellen Faktoren und Applikation; allgemein übliche Maximaldosis 1g. [2,7]
Procain-Penicillin n: → Depot-Penicillin, schwerlösl. Salz des → Benzyl-Penicillins mit → Procain. Wirkungsspektrum, Nebenwirkungen, Kontraindikationen siehe → Schmalspektrum-Penicilline, antimikrobieller Wirkungsmechanismus und klin. Wirkungsweise siehe → Penicilline. Zusätzliche Nebenwirkung: bei intravenöser Applikation → Hoigné-Syndrom, zusätzliche Kontraindikation: → Paragruppen-Allergie, Allergie gegen Procain. [7]
Processus (lat.) m: Fortsatz. [9]
Processus alveolaris m: → Alveolarfortsatz. [9,30]
Processus articularis m: Gelenkfortsatz (JNA), jetzt → P. condylaris. [9]
Processus condylaris (IANC) m: Gelenkfortsatz des Unterkiefers. [9]
Processus corono|ideus m: vorderer Fortsatz am aufsteigenden Ast des Unterkiefers, an dem der M. temporalis ansetzt. [9]
Processus frontalis m: Fortsatz des Oberkiefers zum Stirnbein. [9]
Processus masto|ideus m: Warzenfortsatz des

Schläfenbeins, hinter dem Ohr gelegen. Ansatz des → M. sternocleidomastoideus und → M. digastricus. 9

Processus palatinus m: der vom Oberkiefer gebildete Teil des harten Gaumens. 9

Processus pterygo|ideus m: Flügelfortsatz des Keilbeins, Ansatz des M. pterygoideus lateralis und des M. pterygoideus medialis. 9

Processus spheno|idalis m: der hintere Fortsatz der Lamina perpendicularis des Gaumenbeins. 9

Processus stylo|ideus m: Griffelfortsatz des Schläfenbeins, Ursprung des M. stylohyoideus, des M. stylopharyngeus und des M. styloglossus sowie auch des Ligamentum stylomandibulare und des Ligamentum stylohyoideum. 9

Processus vermi|formis: → Appendix. 9

Processus zygomaticus m: Jochbeinfortsatz des Stirnbeins, des Schläfenbeins bzw. des Oberkieferknochens. 9

Prodigiosus|bakterien f pl: → Serratia marcescens. 8

Prodromal|phase f: erste Manifestationsphase einer Lokalanästhesie-Intoxikation, deren Symptome in Schwindel, Ohrensausen, Zittern und Zuckungen der Gesichtsmuskulatur sowie einem metallischen Geschmack bestehen können. Bei Auftreten einer P. darf in keinem Fall eine weitere Lokalanästhesie-Injektion durchgeführt werden. 16

Prodromal|stadium n: das dem Ausbruch einer Krankheit vorangehende Stadium. 2

Prodrug (engl.) n oder f: als Vorstufe applizierter Arzneistoff, der im Organismus durch → Biotransformation in die Wirkform überführt wird, u.a. mit dem Ziel der Verbesserung der → Bioverfügbarkeit, der Verlängerung der Wirkungsdauer, der Beseitigung eines schlechten Geschmacks oder unangenehmen Geruchs, der Verringerung toxischer Wirkungen, etc. 7

Profil|analyse f: Beurteilung des Weichteilprofils nach Auswertung von Fotostataufnahmen (→ Fotostat) oder → Fernröntgenseitenbildern, Hilfsmittel zur diagnostischen Erfassung von → Dysgnathien. Die Auswertung erfolgt anhand definierter → Meßpunkte (Weichteilpunkte) mittels proportionaler, angulärer oder metrischer Methoden. „Ideale" Normen oder Durchschnittswerte von Probandengruppen ermöglichen die ästhetische Beurteilung, dabei können exzessive Abweichungen von diesen Normen nicht kompensiert werden und erzeugen Disharmonie und Unausgewogenheit. P. nach *A. M. Schwarz:* Für die P. werden drei Bezugsebenen benötigt: 1. die → H-Ebene, 2. die Pn-Senkrechte vom Hautnasion (→ Meßpunkte, Abb. 3) auf die H-Ebene, 3. die Po-Senkrechte, eine Vertikale vom → Orbitale auf die H-Linie. Das von diesen Senkrechten eingeschlossene Feld wird als Biometfeld (→ Biomet, Abb.) bezeichnet. Es wird in drei Gesichtstypen (Durchschnitts-, Rück- und Vorgesicht) (→ Gesichtigkeit) und drei Profilverläufe (gerader, fliehender und progener) unterschieden. Fliehender und progener Profilverlauf wirken unharmonisch und somit störend. P. nach *Subtelny:* Anguläre und metrische (Dickenmessung) P.; auch → Konvexität des Profils. 5

Profil|aufnahme: Foto des Kopfes im Profil. Die P. sollte in einem Mindestabstand von 1,5 m unter Zuhilfenahme eines → Fotostaten angefertigt werden. Vgl. Fotostatik, Profilanalyse. 5

Profil|bogen: → Konvexität. 5

Profil|linien: Linien, die der ästhetischen Beurteilung des Profilverlaufs dienen, z.B. → Ästhetiklinie, → Boston-Horizontale, → *Burstone*-Linie, → Diagnostiklinie, → Harmonielinie, → *Holdaway*-Profillinie, → Mundtangente oder → *Steiner*-Profillinie. Vgl. maxillofaziales Dreieck, *Merrifield*-Winkel. 5

Profil|verlauf: → Profilanalyse. 5

Profil|winkel: Bez. für zwei von *Martin* definierte Winkel: 1. nasaler P.: Winkel, der von der Verbindungslinie zwischen Nasion und Nasospinale mit der → Frankfurter Horizontalebene

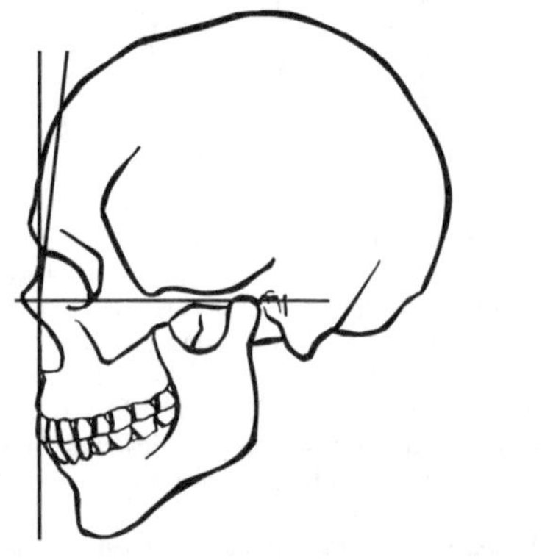

gebildet wird; 2. alveolärer P.: Winkel, den die Verbindungslinie zwischen Nasion und Prosthion mit der Frankfurter Horizontalebene bildet (Abb.). 5

Profil|zentral|ebene: die im → Zentrale senkrecht auf der → Ohr-Nasen-Ebene stehende Ebene. Vgl. Gnathophysiognometrie. 5

profus (lat.): sehr stark fließend, z.B. von Blutungen, Eiter, Schweiß. 2

Progenie f: früher Bezeichnung für eine Dysgnathie, die mit einem prominenten Kinn und einem umgekehrten Frontzahnüberbiß einhergeht (Abb.). Häufig nach der genetischen Einteilung

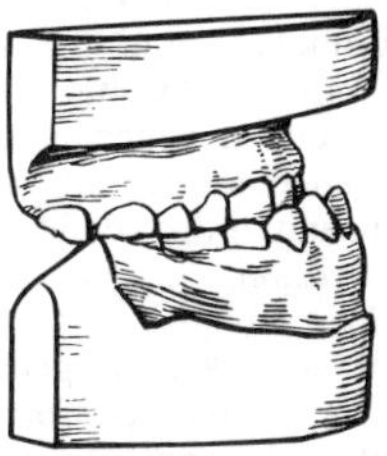

der → Anomalien dem progenen Formenkreis zugeordnet. Diese Einteilung ist nach den neueren ätiologischen Erkenntnissen von *Schulze* und *Wiese* (1964, 1965) überholt. Nach diesen Untersuchungen ist die P. eine polygen nach Art eines multifaktoriellen genetischen Systems vererbte Dysgnathie, die sich primär in einer Diskrepanz der sagittalen Lagebeziehungen der Zahnbögen zueinander äußert, bei der jedoch auch mit vertikalen und transversalen Abweichungen (Mikrosymptomen) gerechnet werden muß. Der Ausprägungsgrad der P. ist gemäß der Ätiologie kontinuierlich variabel, so daß bei nur geringer sagittaler Abweichung (z.B. P. mit Neutralbiß) sehr auf diese Mikrosymptome zu achten ist. Die Anomalie hat progressiven Charakter. Es gibt auch eine seltene monogen vererbte Form, die P. mit ausgeprägter Unterlippe der Habsburger (→ Habsburger Unterlippe). Als progener Zwangsbiß wird eine zufällig durch Einzelzahnabweichung eingestellte progene Frontverzahnung bezeichnet, als unechte oder Pseudoprogenie eine → Mikrognathie des Oberkiefers bei normalem Unterkiefer. 5

Progenie|aktivator m: horizontal segmentiertes Gerät zur Distalisation des Unterkiefers vermittels einer im Oberkiefer-Segment verankerten Schraube, die durch eine Kunststoffbrükke mit dem Unterkiefer verbunden ist (Abb. a). Das Gerät trägt Einbißflächen für alle Zähne, gestattet aber nur die im Rahmen der Schraubwirkung mögliche Bißverlagerung, wenn die reziproke Abstützung am Oberkiefer ausreicht (*Wunderer*). Weniger einengend und bruchsicherer wirkt das Gerät durch eine Schraube, bei der die Kunststoffbrücke durch einen Metallbügel ersetzt ist (Abb. b und c). Bei entsprechender Segmentierung kann diese Schraubenform auch zur Protrusion bei der Deckbißbehebung Verwendung finden (*Weise*). 5

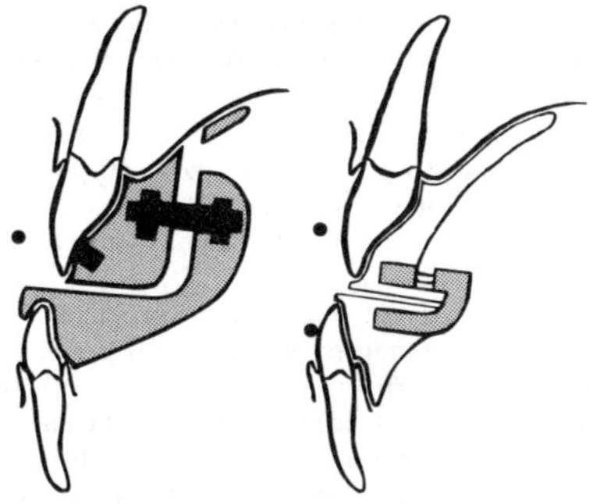

Abb. a Abb. b

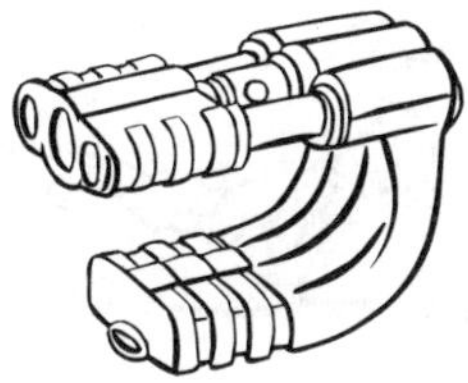

Abb. c

Progenie|operation f: chir. Beseitigung der → Progenie, oft als einzig erfolgreiche Therapie. Methoden u.a. → *Babcock* (*-Bruhn-Lindemann*)-P., → *Dingman*-P., → *Köle*-P., → *Kostečka*-P., → *Obwegeser*-P. 2

Progenie|platte: von *Brückl* entwickelte, mit einer → schiefen Ebene versehene untere abnehmbare Platte (Abb.), die mit Hilfe eines →

Labialbogens eine leichtere Rückbewegung der unteren Front und Überstellung der oberen Front ermöglicht als festsitzende schiefe Ebenen herkömmlicher Art. 5

Progerie f: vorzeitige Vergreisung, ab dem 3. Lebensjahr als → *Gilford-Hutchinson*-Syndrom (infantile P.), nach dem 30 Lebensjahr als → *Werner*-Syndrom (adulte P.). Häufig kombiniert mit → Dysostosen und An- bzw. Hypodontie. Oft auch hypophysär bedingt. 20, 27

Progesteron (lat.) n: → Corpus-luteum-Hormon. 10

Prognathie f: im deutschen Sprachgebrauch Vorstand des Oberkieferkörpers im ganzen (im angelsächs. Schrifttum auch P. des Unterkiefers als Syn. für Progenie) ohne Rücksicht auf evtl. Rücklage des Unterkiefers (Abb.). Anthrop. Begriff, der dem kieferorth. Begriff maxilläre → Protrusion entspricht. 5

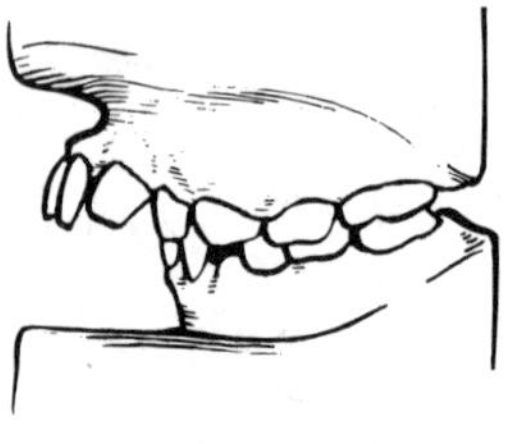

Prognose (gr.) f: die Voraussage eines Krankheitsverlaufes. 2

Programm|theorie f: wissenschaftl. Denkmodell, das → Altern und Lebensende als integrative Bestandteile des Erbmaterials versteht und durch eine alternierende Aktivierung und Inaktivierung von Genen gesteuert sieht. Vgl. Lebensdauer. 27

progredient (lat.): progressiv; fortschreitend. 2

progressive Paralyse f: Dementia paralytica; Tertiärsyphilis des Gehirns mit fortschreitendem Abbau aller psychischen Funktionen, des geistigen Lebens und der Hirnsubstanz. Kann sich bei nicht oder unzureichend behandelter Lues 10-15 Jahre nach der Infektion entwickeln. 34

Progressive sideshift (engl.): Distributed sideshift; → *Bennett*-Bewegung. 4

Projektion f: in der Psychologie die Übertragung eigener Impulse auf eine andere Quelle, so daß sie als äußere Einflüsse wahrgenommen werden. Problematische Inhalte werden z.B. auf eine andere Person verlagert und damit ihr zugeschrieben. Vgl. Abwehrmechanismen. 13

Projektions|lehre: Teilgebiet der Rö., das sich mit den Regeln der im Strahlenbündel projektionsbedingten Darstellung des Objekts auf dem Film befaßt. Wegen der Divergenz der aus dem → Brennfleck austretenden Röntgenstrahlen entsteht das Bild eines Objektes nach den Gesetzmäßigkeiten der zentralen Projektion. Besonders zu beachten ist, daß ein dreidimensionales Objekt auf einer zweidimensionalen Ebene abgebildet wird. Weitere Faktoren mit Einfluß auf das Bild sind: Abstände vom Fokus zum Objekt und vom Objekt zum Film, Lage der Objektachse und der Filmebene zum → Zentralstrahl, Fokusgröße und Halbschattenbreite. Vgl. Isometrieregel, Halbwinkeltechnik, Rechtwinkeltechnik, Paralleltechnik, parallaktisch verschobener Strahlengang, orthoradiale Projektion, exzentrische Projektion. 14

Prokain: → Procain. 2

Prokaryonten m pl: Mikroorganismen mit einem Zellkern, der im Gegensatz zu dem der höheren Zellen (Eukaryonten) weder Kernmembran noch Nukleolus besitzt. Bakterien, *Rickett*sien und Mykoplasmen sind P., Protozoen und Pilze Eukaryonten. 8

Prolabium (lat.) n: Tuberculum labiale oder labii superioris, der beim Säugling stärker ausgebildete Lippenwulst unterhalb des Philtrum; → Lippensaum. Auch allg. Bez. für Lippenrot. 2

Prol|aktin (lat.) n: → luteotropes Hormon. 10

Prolaps (lat.) m: Vorfall; das Heraustreten innerer Organe. 2

Proliferation f: Wucherung des Gewebes durch Zellvermehrung (z.B. bei Entzündungen, Geschwülsten). 32

PRO M.D.: → Expertensystem zur wissensbasierten Berichterstellung in der Labormedizin, von *Trendelenburg* entwickelt. Es ist das am weitesten verbreitete System, das besonderen Wert auf die Offenlegung der Wissensbasis legt. PRO M.D. besitzt eine regelbasierte Wissensbasis und wurde auch in anderen Bereichen eingesetzt, z.B. bei der Nephropathie von Diabetikern. 26

Promethazin: Derivat des → Phenothiazins vom Chlorpromazin-Typ, dessen neurolept. → Potenz 1/10 der des Chlorpromazins beträgt. Sedative, antiemet. und antihistaminerge Wirkungen stehen im Vordergrund. Nebenwirkungen und Kontraindikationen: → Neuroleptika. Indikationen: Erregungszustände, operative Prämedikation, postoperatives Erbrechen, Kinetosen, supportiv bei allerg. Reaktionen. 7

prominens (lat.): prominent; vorspringend. 9

Prominentia (lat.) f: anat. (Knochen-, Knorpel-) Vorsprung, z.B. P. laryngea: Vorsprung des Schildknorpels, beim Mann der Adamsapfel (Abb. → Larynx). 9

Promotion f: Verleihung der Doktorwürde. Verb.: promovieren. Vgl. Doktorgrad. 24

Pronasale n: anthrop. → Meßpunkt, der am meisten vorstehende Punkt der Nasenspitze. 5

Propan (gr.) n: C_3H_8, gasförmiger gesättigter Kohlenwasserstoff der Paraffinreihe, aus Erdgas oder als Nebenprodukt der Erdölraffinerie und der Kohlehydrierung gewonnen. Im zahntechn. Labor als Leuchtgasersatz. [23]
Propanididum: Epontol® (3-Methoxy-4-[N, N-diäthylkarbamoyl-methoxy]-phenyl-essigsäure-n-propylester). Kurznarkotikum; Spaltung durch Esterasen in Blut und Leber. [2]
Properdin n: thermostabile Serumkomponente, zusammen mit → Komplement und Magnesium-Ionen als unspezifischer Immunitätsfaktor gegen Bakterien und Viren wirksam; von Zymosan (Hefepolysaccharid) aus Serum adsorbiert. [8]
Prophylaxe f: Verhütung von Krankheiten, vorbeugende Behandlung. Vgl. Fluoridprophylaxe.[15]
Propicillin: Derivat der 6-Aminopenicillansäure; als → Schmalspektrum-Penicillin ein → Oral-Penicillin; Wirkungsspektrum, Nebenwirkungen, usw. siehe → Schmalspektrum-Penicillin. Antimikrobieller Wirkungsmechanismus siehe → Penicilline. Im Vergleich zu → Phenoxymethyl-Penicillin hat P. eine geringere antibakterielle Wirkungsintensität, aber eine höhere orale → Bioverfügbarkeit. [7]
Proportionalitäts|grenze: die aus dem Spannungs-Dehnungsdiagramm ablesbare größte Verhältnisgleichheit zwischen Spannung und Dehnung, bei der das *Hooke*-Gesetz gilt. Bis zur P. ist das Verhalten eines Materials vollkommen elastisch. [4]
Propranolol: synthet., nicht selektiver → Beta-Adrenozeptoren-Blocker; Wirkungsmechanismus, -profil, allg. Kontraindikationen s. dort. Indikation in der Zhk.: Notfallmedikament zur Behandlung einer vitalbedrohl. Tachyarrhythmie infolge relativer oder absoluter Katecholaminüberdosierung (langsame intravenöse-Applikation, max. 1 mg/min unter EKG-Überwachung). [7]
Proptosis labialis, buccalis, lingualis f: Diapneusis; geschwulstartige Vorwölbung der Lippen- (P. labialis), Wangen- (P. buccalis) oder Zungenschleimhaut (P. lingualis) an Stellen, die mit Zahn- und Prothesenlücken korrespondieren und dort durch Ansaugen entstanden sind (*Schuermann*, 1959). Ältere Exemplare wirken fibromartig. Meist spontane Rückbildung nach Ursachenbeseitigung, sonst Exzision. [2]
Pro|pulsor m: von *Mühlemann* aus dem → Aktivator abgeleitete, vereinfachte Form eines Einstückgerätes, bestehend aus Vorhofplatte des Oberkiefers mit Vorbißebene (Abb.). Dient zur Verhinderung der → Mundatmung und Behandlung von Frühfällen der Klasse II/1 nach der → *Angle*-Klassifikation. [5]

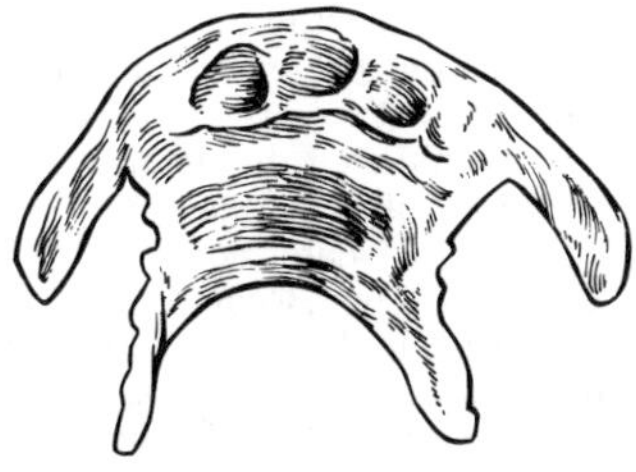

Propyphenazon: → Analgetikum, Antipyretikum. [7]
Prosektor (lat.) m: **1.** Arzt, der → Sektionen durchführt. **2.** Leiter der pathol. Abteilung eines Krankenhauses. [32]
Prosektur f: Abteilung eines Krankenhauses, in der → Sektionen durchgeführt werden. [32]
Prosop|algie f: Gesichtsschmerz, → Neuralgie des N. trigeminus. [2]
Proso|plegie f: → Fazialisparese. [2]
Prosopo|schisis f: → Gesichtsspalte. [3]
Prosopo|spasmus m: Fazialiskrampf, Tic convulsiv (→ Tic). [2]
prospektive Studie f: Studienform der Epidemiologie, die in die Zukunft blickt (von angenommenen Ursachen auf die möglichen Effekte). In einer p.n S. werden dieselben Individuen über einen längeren Zeitraum beobachtet. P. S.n sind deshalb sehr aufwendig, liefern aber verläßlichere Ergebnisse als → retrospektive Studien. [15]
Prostacyclin (PGI): bizykl. Eicosanoid, Gewebshormon. Synthese in Endothelzellen der Blutgefäße aus Arachidonsäure über Prostaglandin-Endoperoxid durch Prostacyclin-Synthetase. Halbwertszeit 3-5 min. P. wirkt u.a. relaxierend auf glatte Muskulatur (starke Vasodilation) und aggregationshemmend auf Thrombozyten. Siehe auch → Cyclooxigenase-Inhibitoren. [7]
Prosta|glandine n pl: Abk. PG; Gruppenbez. für hormonähnl. Substanzen (Gewebshormone bzw. Mediatoren), deren Biosynthese ubiquitär im Organismus aus → Arachidonsäure erfolgt. Die Arachidonsäure (= 5,8,11,14-Eicosatetraensäure) wird vornehml. aus membranständigen Phospholipiden durch Aktivierung der Phospholipase A_2 freigesetzt und durch die Cyclooxigenase in PGG_2 und durch eine Peroxidase in PGH_2 umgesetzt. PGH_2 ist die Ausgangssubstanz für weitere PG, → Prostacyclin

(PGI) und → Thromboxan (TX). Cyclooxigenaseabhängige Arachidonsäurederivate beeinflussen zahlreiche physiol. und pathophysiol. Vorgänge wie u.a. Blutdruck, Bronchialtonus, Magensaftsekretion, Nierendurchblutung, intestinale und renale Wasser- und Elektrolytabsorption, Wehentätigkeit, Funktion der Thrombozyten, Entzündungsvorgänge, Körpertemperatur, noradrenerge Neurotransmission, Funktion des Corpus luteum, Reninfreisetzung. Bedeutung bei der Parodontaldestruktion. P. entstehen lokal als Produkt von Entzündungszellen und haben die Fähigkeit, Knochenkollagenbildung zu hemmen und Knochenresorption zu fördern. [7, 8]

Prostaglandin-H-Synthese: Schlüsselenzym der Prostaglandinsynthese, bestehend aus den zwei Enzymen Cyclooxigenase und Hydroperoxidase. Die Cyclooxigenase katalysiert die Bildung des PGG_2 und die Hydroperoxidase die Reduktion des PGG_2 zum PGH_2. [7]

prosthetische Gruppe: frühere Bezeichnung für kovalent gebundene → Koenzyme. Die p.G. bestimmt die Wirkungsspezifität, das → Apoenzym die Substratspezifität. [23]

Prosthion (gr.) n: Abk. Pr; anthrop. Meßpunkt, am weitesten vorn liegender Schnittpunkt des oberen Alveolarrandes zwischen den mittleren Schneidezähnen (nach *Simon* vordere Spitze der → Papilla incisiva) mit der → Raphe-Median-Ebene (Abb. → Meßpunkte). [5]

Prosthion superius n: → Alveolon. [5]

Prostigmin®: → Neostigmin. [2]

Proteasen f pl: → Proteinasen. [23]

Proteide n pl: aus einem Proteinanteil und einer nichtproteinartigen Gruppe aufgebaute Verbindungen. Einteilung: Metall-, Phospho-, Lipo-, Nukleo-, Glyko- und Chromoproteide. [23]

Proteinasen f pl: Proteasen; proteinspaltende Verdauungsenzyme. Zu ihnen gehören Pepsin, Trypsin, Chymotrypsin, Labenzym, Kathepsin, Thrombin und Abwehrproteinasen. [23]

Proteine (gr.) n pl: Bez. für einfache, d.h. nicht mit nichteiweißartigen Bestandteilen verbundene → Eiweiße. [23]

Protein|urie f: Auftreten von Eiweiß im Urin. Über die durch die üblichen Proben (z.B. → Kochprobe) nicht erfaßte physiolog. P. bis zu 50 mg in 24 Std. hinausgehende Werte werden nach *Esbach* quantitativ bestimmt. Ursachen: gesteigerte Durchlässigkeit der glomerulären Basalmembran bei akuter und chron. Glomerulonephritis, Glomerulosklerose, Schrumpfniere (1-8‰); Nephrose (5-30‰ und darüber); als kardiale P. (1-2‰) bei Herzinsuffizienz; febrile P. (1-2‰) bei fieberhaften Infekten; orthostatische oder lordotische P. (1-2‰) bei nierengesunden asthenischen Jugendlichen (harmlos, verschwindet nach Bettruhe). Vgl. Pseudoproteinurie. [20]

protektiv (lat.): schützend, vorbeugend, z.B. p.e Reflexe: Schluck- und Hustenreflexe, die die Aspiration von Speichel, Fremdkörpern, Blut, Eiter usw. verhindern. Während der Narkose gedämpft oder aufgehoben. [2]

Proteo|glykane n pl: hochmolekulare Matrixbestandteile aus linear-polymeren Zuckern (Glykosaminoglykanen), Hyaluronsäure und einem Proteingerüst. Sie füllen den gesamten (optisch leeren) interzellulären Matrixraum aus, haben eine hohe Wasser- und Elektrolytbindungsfähigkeit und dienen sowohl als Organisationsstrukturen filamentärer Matrixbestandteile (Kollagene) als auch als das interzelluläre Milieu mitbestimmende Komponenten. [22]

Proteus (gr. Meeresgott) m: Gattung der Familie Enterobacteriaceae mit 4 Arten: P. mirabilis, P. vulgaris, P. morganii, P. rettgeri. Gramnegative, durch peritriche Begeißelung lebhaft bewegliche, ziemlich pleomorphe Stäbchen. Charakterisiert u.a. durch Besitz einer Phenylalanindesaminase. Die beiden häufigsten Arten (P. mirabilis, P. vulgaris) gehören zu den stärksten aeroben Proteolyten. In der freien Natur weit verbreitet, kommen auch im menschlichen Darm vor; fakultative Erreger eitriger Infektionen, bes. der ableitenden Harnwege. [8]

Prothese (gr.) f: künstlicher Ersatz von Körperteilen, von Zähnen, Gaumen- und Kieferteilen, Nasen, Augen und Gliedmaßen. Unter zahnärztl. Prothesen im weiteren Sinne versteht man auch Kronen und Brücken, → Totalprothese, → partielle Prothese, → Einstückgußprothese, → Prothese, chirurgische, → Epithese, → Immediatprothese, → Interimsprothese, → gestützte Prothese. [4]

Prothese, chirurgische f: Ersatz von Substanzverlusten, die durch Operation entstanden sind. → Epithese, → Resektionsprothese. [4]

Prothese, gestützte f: P. mit der Aufgabe, im teilweise bezahnten Kiefer den Kaudruck auf Kiefertragfläche und Zahnreihenreste entsprechend ihrer physiolog. Widerstandsfähigkeit zu verteilen. Die vorhandenen Zähne werden also nicht nur zur Befestigung des Ersatzes herangezogen, sondern auch zu seiner Abstützung. Dadurch, daß die Tragkraft der Wurzelhaut dieser Zähne in den Dienst der Plattenprothese gestellt wird, kann ein viel größerer Kaudruck ausgeübt werden, auch wird die Prothese im erhöhtem Maße an den Tastsinn des Organismus angeschlossen. Vgl. Stützelemente. 4

Prothesen|halt: Prothesenhaftung; Kräfte und Vorrichtungen, die für den Halt von Prothesen am Prothesenlager sorgen. Partielle Plattenprothesen werden durch sog. Verbindungselemente an den restlichen Zähnen gehalten. → Konstruktionselemente. Totale Prothesen haften vorwiegend durch den Unterdruck zwischen Prothesenplatte und Schleimhaut. Die Bedeutung der Adhäsion beim Halt der Totalprothese ist umstritten. Zur Erhaltung des Unterdrucks sind der Speichel und seine Viskosität, die Paßgenauigkeit der Prothesenbasis (Fließen in kapillaren Spalten) sowie die Gestaltung des Prothesenrandes (→ Funktionsrand) wesentlich. Prothesenhaftmittel in Form von Adhäsionspulver, bzw. -pasten nur bei strenger Indikation als vorübergehende Lösung (→ Adhäsion). 4

Prothesen|hygiene f: Maßnahmen zur Reinigung von herausnehmbarem Zahnersatz. I.d.R. ist eine Kombination aus mechanischer Reinigung (Bürsten) und Reinigungsbad (Schnellreinigertabletten) akzeptabel. Bei Patienten im höheren Lebensalter bleibt dennoch die P. infolge des Nachlassens der sensorischen Leistungen (Geschmacksempfinden, Geruchssinn, Sehvermögen) und der eingeschränkten Beweglichkeit ohne eine professionelle Unterstützung häufig unzureichend. Die P. kann labortechnisch durch den Verzicht auf eine Modellation interdentaler Papillen, der Juga alveolaria und der Gingivastippelungen positiv beeinflußt werden. 27

Prothesen|stomatitis f: Entzündung der Mundschleimhaut, die von mikrobiellem Belag unzureichend gereinigter Zahnprothesen unterhalten wird. In seltenen Fällen auch als Folge materialspezifischer Allergien. Vgl. Soor, Prothesenhygiene, Stomatitis. 27

Prothese, partielle f: Teilprothese, die den zahnlosen Kieferkamm des teilbezahnten Gebisses mit → Schaltsätteln und/oder Freiendsätteln (→ Freiendprothese) bedeckt. Diese sind mit Hilfe von → Verbindungselementen mit den restlichen Zähnen verbunden. → Einstückgußprothese. 4

Prothese, rationierte f: Konstruktionsart des großen Verbinders im Oberkiefer, bei der nach dem → Modellgußverfahren im Gegensatz zur skelettierten Prothese (→ Prothese, skelettierte) der Gaumen nur durch *einen* Bügel überquert wird. 4

Prothese, skelettierte f: herausnehmbarer partieller Plattenersatz, dessen der Schleimhaut aufliegende Fläche durch Aussparungen auf das statisch und funktionell geringstmögliche Maß reduziert ist. Als Lochplatte, als → Bügelprothese mit bandförmiger Verbindung der Prothesensättel und Freilegung der marginalen Zahnfleischpartien. Meist → Modellgußverfahren. Verbessert Sprache und Geschmackswahrnehmung, schont das Parodontium, verringert das Fremdkörpergefühl. Abb. → Kippmeider. 4

Prothetik (gr.) f: Kunst des Ersatzes von Körperteilen durch entsprechende Vorrichtungen und Behelfe aus körperfremdem Material. Die zahnärztl. P. befaßt sich neben dem Ersatz von Kaueinheiten mit den Auswirkungen des Zahnverlustes und der Einwirkung von Prothesen auf Weich- und Hartgewebe des Kiefers, insbes. Parodontium, Schleimhaut, Alveolarknochen, Muskulatur und Kiefergelenk. Ein wesentliches Anliegen ist der Wiederaufbau verlorengegangener oder geschädigter Funktionen sowie Schonung und Erhaltung der Gewebe mit Hilfe von Prothesen. 4

Prothetik-Einigungs|ausschuß: paritätisch besetzte Einrichtung der gemeinsamen Selbstverwaltung von Zahnärzten und Krankenkassen zur Klärung von Zweifelsfragen im Bereich von Zahnersatz und Zahnkronen. Der Zahnarzt kann gegen die Stellungnahme des → Gutachters den P. anrufen. Das gleiche gilt für die Krankenkassen. Der P. besteht aufgrund der Anlage 12 zum → Bundesmantelvertrag (Zahnärzte). Er entscheidet sowohl bei Einsprüchen gegen Vorbegutachtungen als auch bei Streitigkeiten über nachgängige Begutachtungen. Der P. ist die erste Instanz, gegen dessen Beschlüsse Widerspruch an einen Prothetik-Beschwerdeausschuß möglich ist. 24

Prothrombin n: → Blutgerinnung. 10

Prothrombin|zeit: → Thromboplastinzeit. 20

Proto|loph m: Verbindung der mesialen (rostralen) Höcker eines multituberkulaten Molaren durch eine Schmelzleiste (Vorjoch). Vgl. Ektoloph, Metaloph. 30

Proto|mer n: jüngerer Teil eines vestibulären trikonodonten Reptilienzahns, der nach der → Dimertheorie mit dem älteren lingualen Teil einer Zahnanlage (→ Deuteromer) verschmolzen ist. 30

Proton (gr.) n: Bezeichnung für den Kern des Wasserstoff-Isotops der → Massenzahl 1, positiv geladener Kernbaustein. Vgl. Atome. 23

Proto|plasma n: das zuerst Gebildete, der Urstoff. P. ist zellulär gegliederte (lebendige) Substanz, → Zytoplasma die im Zelleib, → Karyoplasma die im Zellkern. 9

Proto|zoen n pl: einzellige tierische Lebewesen

mit Chromosomenkern und → Zytoplasma. Dazu gehören Flagellaten, Rhizopoden, Sporozoen, Ziliaten. 8

protrahiert (lat.): hinausgezögert, verlängert, z.B. p.er Rausch: Art der Narkose, bei der der Patient durch geringe Dosierung des Narkosemittels nicht in das Exzitations- und Toleranzstadium der Narkose überführt wird, sondern im analgetischen (Rausch-)Stadium längere Zeit verbleibt (→ Narkose). 2

Protraktoren m pl: die den Unterkiefer nach vorn ziehende Muskulatur, im wesentlichen die Mm. pterygoidei laterales. 9

Protrusio bulbi f: Vordrängung des Augapfels, → Exophthalmus. 20

Protrusion f: sagittale Biß- und Kieferanomalie im Sinne eines zu weiten Abstandes der Zahnreihe von der Tuber- bzw. Orbitalebene (kiefer- bzw. schädelbezüglich), was einer zu großen Oberkieferlänge entspricht. Unterschieden werden: 1. koronale P.: Labialkippung der Zahnkronen; 2. alveoläre P.: Vorkippung des Alveolarfortsatzes mit den Zähnen (Abb. 1); 3. maxilläre

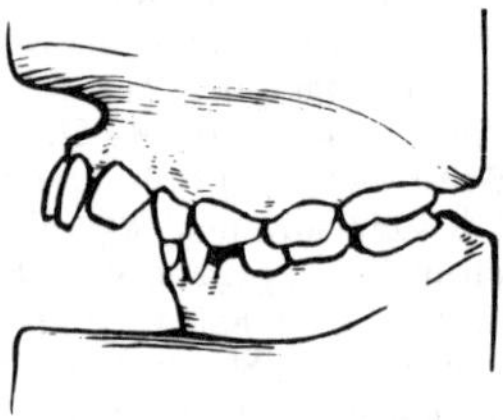

Abb. 1: Alveolare Protrusion

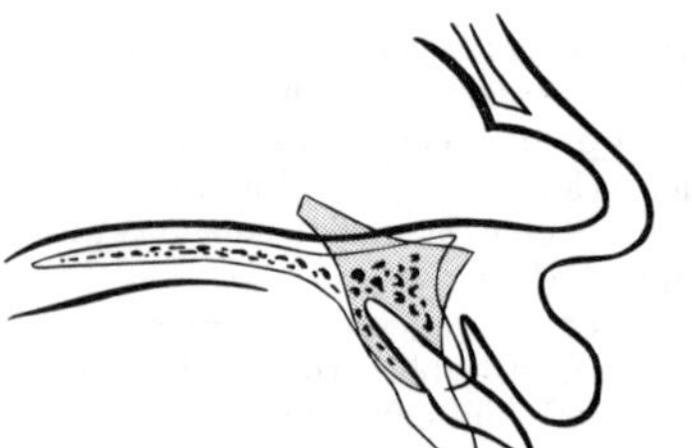

Abb. 2: Chirurgische Therapie der maxillären Protrusion

P.: Vorstand des Oberkiefers im ganzen (das → Nasospinale liegt vor der Nasionsenkrechten), entspricht dem anthrop. Begriff → Prognathie. Die Therapie besteht bei der koronalen und der alveolären P. in einer frontalen Rückbewegung mittels Labialbügel an einer → aktiven Platte oder einem FKO-Gerät, bei der alveolären P. meist mit Extraktion eines Prämolarenpaares. Bei der maxillären P. wird eine Verschiebung des Zahnes im ganzen nach distal (→ Bodily movement) durch festsitzende orthodontische Apparaturen, chirurg. unterstützt durch Extraktionen und evtl. durch → Keilexzision, angestrebt. In schweren Fällen erfolgt eine chir. Therapie (nach *Cohn-Stokes, Waßmund* u.a.) mit Prämolarenextraktion und Kippung des mobilisierten Vorderkiefers (Abb. 2). Bei P. des Ober- und des Unterkiefers ergeben sich die bialveoläre P., die bimaxilläre P. und die bialveolär-bimaxilläre P. (Abb. 3), die eugnathe Bißverhältnisse

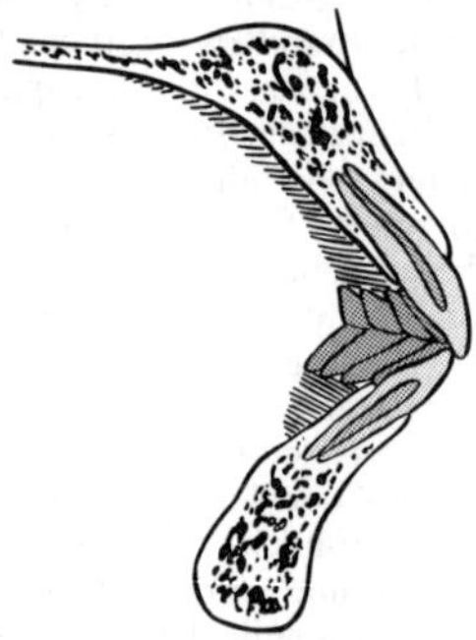

Abb. 3: Bialveolär-bimaxilläre Protrusion

aufweisen können und bei manchen Rassen physiolog. sind. Die unechte P. entsteht durch → Retrusion der unteren Front. Vgl. Lutschprotrusion. 5

Protrusions|bewegung des Unter|kiefers: exzentrische Bewegung, bei der sich beide Gelenkköpfe entlang der Kondylenbahn nach vorn bewegen. 4

Protrusions|schraube: → INTI-Mikroschraube. 5

Protuberantia (lat.) f: Vorsprung, z.B. P. mentalis: der Kinnvorsprung auf der Kinnmitte, der die obere Spitze des → Trigonum mentale bildet. P. occipitalis externa und interna: Vorsprung in der Mitte der Vorder- resp. Hinterfläche des Hinterhauptsknochens. 9

Provotest®: Kältespray zur → Sensibilitätsprüfung der Pulpa. 1

proximal (lat.): bei Extremitäten dem Rumpf zunächst gelegen; Ggs. zu → distal. Zhk.: die der Mittellinie des Gebisses zugewandte Seite (mesial). 9

Prozent|wert: relative Häufigkeit, multipliziert mit 100. 26

Prozent|wert|verteilung: prozentuale → Häufigkeitsverteilung. 26

Prozessor|chip|karte: eine → Chipkarte mit einem auf einem Chip integrierten Computer (Prozessor) einschließlich Betriebssystem und möglicherweise separaten Prozessoren für eine Verschlüsselung von Daten. Die P. wird in Zukunft als med. Patientenkarte zusätzlich zur → KVK eingesetzt und soll dem Arzt wichtige Patientendaten der mitbehandelnden Ärzte übermitteln. Vgl. Datenträgeraustausch. 26

Prozeß|qualität f: die Art der mit der zahnmedizinischen → Versorgung verbundenen Arbeitsbedingungen und -leistungen (z.B. Praxis- und Arbeitsablauf-Gestaltung, fachliches und ergonomisches Arbeitsverhalten). Vgl. Ergonomie, Arbeitsweise. 21

Prüf|körper: spezieller Körper, von dem bei der → Abnahmeprüfung und bei späteren Konstanzprüfungen Aufnahmen anzufertigen sind (Abb. 1). Auf der Zahnfilmaufnahme zeigen der

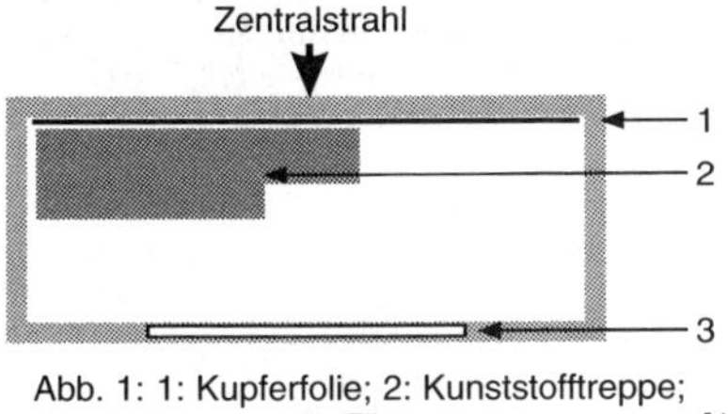

Abb. 1: 1: Kupferfolie; 2: Kunststofftreppe; 3: Film. [12]

Abb. 2: Prüfkörperaufnahme

Tubusschatten die Feldgröße und die optische Dichte der Stufen die Funktion des Generators sowie der Filmverarbeitung (Abb. 2). Z.T. wird der gleiche P. für Zahnfilm- und Panoramaschichtaufnahmegenerator verwendet. → Qualitätssicherung. 14

Prüfungs|ausschuß: → Prüfungseinrichtungen, → Prüfverfahren. 25

Prüfungs|einrichtungen: Einrichtungen der gemeinsamen Selbstverwaltung von Zahnärzten und Krankenkassen zur Überprüfung der Wirtschaftlichkeit der vertragszahnärztlichen Versorgung (§ 106 SGB V). Sie sind von der → Kassenzahnärztlichen Vereinigung zu installieren in Form von Prüfungsausschüssen und Beschwerdeausschüssen. Sie sind paritätisch mit Vertretern der Zahnärzte und Krankenkassen besetzt. Den Vorsitz führt jährlich wechselnd ein Vertreter der Zahnärzte und ein Vertreter der Krankenkassen. Bei Stimmengleichheit ist die Stimme des Vorsitzenden ausschlaggebend (§ 106 Abs. 4 SGB V). Die Aufgaben der P. sind auf die Überwachung der Wirtschaftlichkeit der vertragszahnärztlichen Versorgung im einzelnen beschränkt. Sie erlassen Beschlüsse in Form von → Verwaltungsakten. Gegen die Entscheidung des Prüfungsausschusses kann mit aufschiebender Wirkung Beschwerde beim Beschwerdeausschuß eingelegt werden. 24

Prüfungs|ordnung: → Prüfvereinbarungen für die → Wirtschaftlichkeitsprüfung zwischen der → Kassenzahnärztlichen Bundesvereinigung und den Verbänden der → Ersatzkassen auf Bundesebene bzw. den → Kassenzahnärztlichen Vereinigungen und den Landesverbänden der → Pflicht- (früher → RVO-) Kassen in den Bundesländern. 25

Prüf|vereinbarung: vertragliche Regelung zur Errichtung von Prüfungs- und Beschwerdeausschüssen (→ Prüfungseinrichtungen) zur Überwachung der → Wirtschaftlichkeit der vertragszahnärztlichen Versorgung entsprechend dem Sozialgesetzbuch V; für den Bereich der Ersatzkassen auf Bundesebene zwischen der Kassenzahnärztlichen Bundesvereinigung und dem Verband der Angestellten-Krankenkassen sowie dem Arbeiter-Ersatzkassen-Verband, für den Bereich der Pflicht- (früher RVO-) Kassen auf Landesebene zwischen den Kassenzahnärztlichen Vereinigungen und den Landesverbänden der Krankenkassen geregelt. 25

Prüf|verfahren: Verfahren zur Prüfung der Wirtschaftlichkeit der vertragszahnärztlichen Versorgung (§ 106 SGB V). Es richtet sich nach den zwischen den einzelnen → Kassenzahnärztlichen Vereinigungen und Landesverbänden der Krankenkassen vereinbarten Verfahrensordnungen. Zusätzlich gelten die Vorschriften des Sozialgesetzbuchs (SGB X). Das Verfahren wird durch Antrag eingeleitet. Es kann im Wege der Einzelfallprüfung oder nach der statistischen Vergleichsprüfung sowie der eingeschränkten Einzelfallprüfung mit anschließender Hochrechnung erfolgen. Die Rechtsprechung des Bundessozialgerichts stellt die statistische Vergleichsprüfung in den Vordergrund, insbesondere eine pauschale Schätzung und Kürzung, orientiert an einem „offensichtlichen Mißverhältnis". Hier besteht eine Umkehr der Beweislast. Der Zahnarzt muß die Vermutung der Unwirtschaftlichkeit durch den Vortrag von Ersparnissen auf anderen Gebieten und Praxisbesonderheiten entkräften. Außerdem kann die Prüfung nach Stichproben erfolgen. Der Zahnarzt ist zur Mitwirkung am Verfahren verpflichtet. [24]

Prurigo (lat.) f: mit Juckreiz einhergehender Knötchen-Ausschlag. Akut bei Kindern auftretend (Strophulus), durch schubweisen Befall der Streckseiten mit hellroten urtikariellen Papeln, die ein zentrales Bläschen aufweisen, gekennzeichnet; P. simplex = kleinere Knötchen, P. nodularis = große, meist verruköse Knoten. Durch Kratzeffekte und Begleitpyodermie entsteht ein buntes Hautbild. Ursachen: Nahrungsmittelüberempfindlichkeit (?), Wurmbefall (?), Insektenbiß usw. [12]

Pruritus (lat.) m: Jucken; Begleitsymptom verschiedener → Dermatosen und innerer Krankheitszustände, bei Leber- und Nierenleiden, Blutkrankheiten (→ Leukosen), → Lymphomen (→ Lymphogranulomatose, → Mycosis fungoides) und bei Tumoren innerer Organe (Karzinom) sowie bei Diabetes mellitus und Neurosen (Genitalpruritus). Therapie: Fettsalben, Harnstoff-Externa. [12]

Psalid|odontie f: von *Welcker* 1862 gewählte Bez. für → Scherenbiß. [5]

Pseud|arthrose f: „falsches Gelenk" an der Bruchstelle bei nicht geheiltem Knochenbruch, z.B. bei mangelhafter Immobilisation der Knochenfragmente. Wird künstlich erzielt durch Interposition von Weichgeweben in einen Bruchspalt. In der → Implantologie kommt es aufgrund unzureichender → Primärstabilität des Implantates zur Ausbildung eines periimplantären faserreichen Bindegewebes; das Implantat bleibt mobil. Eine → Osseointegration des Implantates bleibt aus. [2, 18]

pseudo|all|ergische Reaktion f: Intoleranzreaktion nicht immunolog. Genese gegenüber Arzneistoffen, die klin. von einer immunolog. bedingten Reaktion nicht zu unterscheiden ist. Sie ist u.a. Folge einer durch das → Pharmakon oder dessen → Metaboliten induzierten Freisetzung von Mediatorstoffen aus Mastzellen und basophilen Granulozyten oder einer Komplementaktivierung. Die p.R. tritt dosisabhängig auf, die Schwellendosen sind individuell variabel. [7]

Pseudo|alveolar|wall: während der Embryonalentwicklung auftretende Erhebung im distalen Bereich des → Alveolarwalls. [30]

Pseudo|alveolar|wulst: → Pseudoalveolarwall. [30]

Pseudo|deck|biß: unechter → Deckbiß. [5]

Pseudo|diphtherie|bakterien f pl: den Diphtheriebakterien sehr ähnliche, aber nicht pathogene Stäbchen, → Polkörnchen seltener. Häufig in Nase und Rachen Gesunder. Arten: Corynebacterium pseudodiphtheriticum, C. xerosis. [8]

Pseudo|fluktuation f: vorgetäuschte → Fluktuation, wie sie manchmal bei weichen Tumoren (Lipomen) und infiltriertem Gewebe getastet wird. [2]

Pseudo|herm|aphroditismus m: Scheinzwittertum; Fehlbildung, bei der die Geschlechtsteile das entgegengesetzte Geschlecht des tatsächlichen vortäuschen, das durch die Keimdrüsen bestimmt wird. Vgl. Hermaphroditismus, Intersexualität. [34]

Pseudo|hyper|trophie f: Organvergrößerung durch Vermehrung des interstitiellen Gewebes oder Fetteinlagerung; oft mit gleichzeitiger → Atrophie des Parenchyms (→ Hypertrophie). [32]

Pseudo|hypo|para|thyreo|idismus m: trotz normaler Produktion von → Parathormon der Nebenschilddrüse zeigen sich Symptome einer Unterfunktion, vermutlich durch Nichtansprechen des Endorgans, der Nierentubuli. Äußert sich in Kleinwuchs, Fettsucht, → Pachydermie, Schmelzhypoplasien, latenter oder manifester Tetanie; im Blutserum Hypokalzämie und Hyperphosphatämie. [34]

Pseudo|krupp (engl.) m: Pseudocroup, subglottische Tracheitis; entzündliche Schwellung der obersten Abschnitte der Trachea und der Subglottis, die der engen anatomischen Verhältnisse wegen zu lebensbedrohlicher Atemnot mit → Stridor und bellendem rauhem Husten führen kann (u.U. → Tracheotomie). Am gefährlichsten bis etwa zum 8. Lebensjahr. [19, 20]

Pseudo|membran f: bei fibrinöser Entzündung von Schleimhäuten entstehender Oberflächenschorf von schmutziggrauer bis graugelblicher Farbe, bestehend aus Fibrin (fibrinöses Wundexsudat), Blut- und Gewebszellen, ohne (kruppöse P.) oder mit flächenhafter Nekrose (tiefe oder diphtheroide P.); → Entzündung, pseudomembranöse. [32]

pseudo|membranaceus: pseudomembranosus, -membranös; mit Bildung einer → Pseudomembran einhergehend. [32]

pseudo|membranöse Ent|zündung: → Entzündung, pseudomembranöse. [32]

Pseudo|monas f: Gattung polar begeißelter, lebhaft beweglicher, gramnegativer, oxidasepositiver Stäbchen mit zahlreichen Arten. Starke Proteolyten, teils Farbstoffbildner. P. aeruginosa: Bacterium pyocyaneum, Hospitalismuskeim. Erreger des blaugrünen Eiters. Cave: Häufig im Kühlwasser von Dentaleinheiten. 8

Pseudo|paget f: Bezeichnung von *Axhausen* für die Osteomyelitis sicca, die eine Osteodystrophia deformans *Paget* vortäuschen kann. → Osteomyelitis. 2

Pseudo|placebo n: eine als → Arzneimittel deklarierte → Arzneiform, die einen Arzneistoff (→ Pharmakon) in unzureichender Dosierung und/oder ohne nachweisbare therapeut. Wirkung enthält. 7

Pseudo|podien n pl: Scheinfüßchen. → Amöbe. 8

Pseudo|progenie f: unechte → Progenie. 5

Pseudo|protein|urie f: durch Blutzellen- und Epithelienausscheidung vorgetäuschte Eiweißdurchlässigkeit der Nieren. 20

Pseudo|protrusion f: durch Vergrößerung des → Basisebenenwinkels vorgetäuschte → Protrusion. Vgl. Knickbiß. 5

Pseudo|relief|bild: Hilfsmittel zur Röntgenbildauswertung. Durch Montage eines Original-Röntgenbildnegativs auf eine Positivkopie und geringfügige Verschiebung beider Bilder gegeneinander werden Grenzstrukturen besonders betont. Dadurch ergibt sich der Eindruck einer leicht erhabenen Darstellung, vergleichbar mit einem Münzrelief. 17

Pseudo|taschen: → Zahnfleischtaschen. 6

Pseudo|tief|biß: Gebißanomalie, die sich nach *Hotz* vom echten → Tiefbiß durch sehr kleinen → Interokklusalabstand in der Ruheschwebe unterscheidet. Die Bezeichnung P. geht auf die Tatsache zurück, daß im Schlußbiß nicht tief gebissen werden muß. Da nach Bißhebung die neue, also erhöhte Schlußbißstellung meist nach Ausweichen der Frontzähne durch Überlastung und Versenkung der 1. Molaren wieder verschwindet, ist der Behandlungserfolg zweifelhaft. 5

Pseudo|xanthoma elasticum n: → Genodermatose; Elastorrhexis generalisata (*Groenblad-Strandberg*-Syndrom); mit unscheinbaren fahlgelblichen Knötchen und strich- und netzförmigen → Effloreszenzen am Hals, in der großen Gelenkbeugen und auf der Bauchhaut; durch Degeneration (Klumpung und Zerfall) des elastischen Gewebes bedingt; auch an Mundschleimhaut, Augen und kardiovaskulärem System anzutreffen, häufig mit → Teleangiektasien kombiniert. 12

Pseudo|zyste f: falsche Zyste; zystisches Gebilde mit nur bindegewebiger Kapsel ohne Epithelauskleidung; angeboren (z.B. Dermoid, branchiogene Halszyste, Teratom) oder erworben (z.B. als Retentions-, Exsudations- oder Erweichungszyste, durch zyst. Umwandlung entzündlichen Granulationsgewebes oder bei Parasitenbefall, v.a. Echinokokkus-, Zystizerkus-Z.). 32

Psilosis (gr.) f: Kahlheit, → Alopezie. P. linguae: atrophische Glossitis (glatte Zunge) bei Sprue, → perniziöser Anämie u.a. 11

Psoriasis (gr.) f: Verhornungsstörung, die mit grob lamellären silbrigen Schuppen einhergeht. Vorkommen bei etwa 3% der europäischen Bevölkerung. Polygener Erbgang. Unterscheidung in exanthematische P. mit großflächig aufschießenden flachen kleinen Herden, häufig bei Jugendlichen nach bakteriellen Infekten; P. vulgaris, vom chronisch stationären Typ, erhabene unregelmäßig begrenzte größere Herde, Prädilektionsstellen Streckseiten der Extremitäten, Sakralregion, Kopfhaut; P. inversa, isolierter Befall von Handtellern und Fußsohlen; P. pustulosa, akut entzündlicher pustulöser Befall ohne wesentliche Schuppenherde. Mit der P.s geht eine Neigung zu Gelenkschwellungen sowie zu einer Spondylarthritis einher. Pathogenetisch ist die P. durch eine überstürzte Keratinisierung mit dem Zeichen der Parakeratose und immunologischen Besonderheiten charakterisiert, die sich mit einer Chemotaxis auf neutrophile Granulozyten kombiniert. Nur bei schwersten Verlaufsformen wird ein Mundschleimhautbefall beobachtet. Therapie: Lokaltherapie wie Dithranol, Calcipotriol, Phototherapie, Retinoide, Antimetaboliten und bei schwersten Fällen Ciclosporin. 12

Psych|algie f: neurasthenische oder psychogene Nervenschmerzen ohne organisches Substrat, die nicht dem anatomischen Nervenverlauf entsprechen. Können mit → Neuralgien verwechselt werden. 33

Psych|asthenie f: heute wenig gebräuchlicher Begriff der Neurosenlehre zur Beschreibung einer Nervenschwäche mit reduzierter psychischer Spannung und Neigung zu depressiver Grundeinstellung bis zu Zwangskrankheiten, die Ausdruck einer psychopathischen Konstitution ist. Fließende Übergänge zur Psychopathie. 33

Psyche f: die Gesamtheit des Seelischen, meist als Apparat aufgefaßt, der sämtliche seelischen Regungen im → Erleben, ob bewußter oder unbewußter Herkunft, ob als → Kognition oder als → Emotion auftretend etc., umfaßt. 13

Psych|iatrie f: medizinische Disziplin, deren Aufgaben in Erkennung und Behandlung krankhaft veränderten Erlebens und Verhaltens bestehen. Die deskriptive P. beschreibt eine Abweichung von der Norm des Gesunden mit dem Ziel einer möglichst genauen Psychopathologie und Diagnose. Die verstehende P. fragt nach den Motiven und der lebensthematischen Verankerung der jeweiligen Störung. Klinisch müssen beide Sichtweisen miteinander verknüpft werden. Vgl. Normalität. 33

Psycho|analyse f: von *Siegmund Freud*, Wien, begründete Methode, durch Herausarbeitung psychol. Zusammenhänge eines Leidens dem Patienten Heilung zu bringen. Als solche treten dabei verdrängte Komplexe, Erinnerungen, Träume und Wachassoziationen zutage. Grundlage der Theorie ist die Annahme von Zusammenhängen zwischen scheinbar organischen Störungen mit Erinnerungen oder Erlebnissen, die im Unbewußten verborgen oder aus dem Bewußtsein verdrängt sind. 34

Psycho|chirurgie f: chir. Eingriffe am morphologisch gesunden Gehirn zur Beeinflußung von Erleben und Verhalten. Verfahren: 1. Lobotomie: operative Durchtrennung der Fasermassen im Stirnhirnmark; 2. Leukotomie: operative Durchtrennung der Verbindungsbahnen zum Stirnhirn; 3. stereotaktische Hirnoperation: umschriebene operative Ausschaltung tiefliegender Kerngebiete oder Nervenbahnen durch Elektrokoagulation mittels stereotaktischer Zielgeräte und entsprechender Lokalisationsverfahren; 4. Topektomie: Exzision bestimmter Hirnrindenfelder unter optischer Kontrolle (während die vorstehenden Methoden ohne optische Kontrolle des Operateurs erfolgen). Heute sind praktisch nur noch stereotaktische Eingriffe mit geringer morphologischer Schädigung üblich. Die Anwendung mit psychiatrischer Indikation ist insgesamt sehr selten und umstritten. 33

psycho|gen: Bez. für Krankheitserscheinungen ohne organische Ursache, die ihre Entstehung affektiv stark wirksamen Eindrücken, Vorstellungen und Konflikten verdanken, welche oft im Unterbewußten bleiben. Auch p.e Störungen können zu überdauernden morphologischen Veränderungen führen, z.B. beim p.en Magenulkus. Vgl. Psychosomatik. 33

Psycho|leptika n pl: → Neuroleptika. 7

Psycho|logie f: wissenschaftliche Lehre vom → Verhalten und → Erleben. Die P. schließt Beobachtung und Beschreibung von seelischen Vorgängen, Zuständen, Erlebnissen und Aktivitäten bei Tier und Mensch ein (→ Emotion, → Kognition, → Motivation) und umfaßt Fremdbeobachtung und Selbstbeobachtung (Introspektion). Sie liefert ein umfangreiches methodisches Instrumentarium zur Erfassung nicht direkt ermittelbarer psychischer Phänomene. Unterschiedliche theoretische Positionen haben zur Herausbildung verschiedener psychol. Schulen (z.B. Psychoanalyse) beigetragen (→ Behaviorismus, → Ethologie). 13

Psycho|motorik f: Einwirkung psychischer Vorgänge auf die Bewegung, Zustandekommen einer Willenshandlung. I.w.S. Gesamtheit der durch psychische Vorgänge beeinflußten Bewegungen. 33

Psycho|neurosen f pl: Oberbegriff für → Neurosen, die sich im wesentlichen im seelischen Erleben und Verhalten äußern. Ggs.: Organneurosen (z.B. Herzneurose). Vgl. Neurosen. 33

Psycho|pathie f: anlagebedingte Bereitschaft des Trieb-, Gefühls- und Willenslebens, in abnormer Weise auf Belastungen und Forderungen zu reagieren. Gilt als seelische Eigentümlichkeit, Variation oder Aberration, jedoch noch nicht als Geisteskrankheit im engeren Sinne des Wortes. Der Begriff hat als psychiatrischer Terminus im Gegensatz zur Alltagssprache keinen abwertenden Beiklang. 33

Psycho|pharmaka n pl: Gruppenbez. für chem. unterschiedl. Arzneistoffe mit Wirkung auf psych. Funktionen. Sie werden eingeteilt in Arzneistoffe, die mehr oder weniger gezielt psychische Funktionen beeinflussen, und solche, die die Hirnaktivität insgesamt herabsetzen. Zu den ersteren gehören die → Tranquilizer, → Neuroleptika, → Antidepressiva und die Psychostimulanzien. Zu den P. mit generell deprimierender Wirkung auf die Hirnaktivität zählen z.B. die Hypnotika vom Barbiturat-Typ. P. werden unabhängig von ihrer nosolog. Zugehörigkeit zur Behandlung von Zielsymptomen (z.B. Angst, Depression) eingesetzt. Für die klin. Wirkung sind von Bedeutung: die pharm. Eigenschaften der P., Persönlichkeitsmerkmale des Patienten sowie situative Bedingungen zum Zeitpunkt der Verabreichung (Tab.). 7, 33

Psychose f: zentralnervös bedingte Störung der psychischen Funktionen mit einem Strukturwandel des gesamten Erlebens. In Grenzfällen erst durch den Verlauf von anderen psychischen Störungen abgrenzbar. Zur Symptomatik gehören in unterschiedlicher Gewichtung Wahn, formale Denkstörungen, Halluzinationen und Störungen des Ich-Erlebnisses. 1. Exogene P.: körperlich begründete P., ausgelöst durch Infektionen, Intoxikationen, Suchtstoffe, Traumen, Syphilis

	Synonyme	Indikationen	Beispiele Generic name	Handelsname
Neuroleptika	Antipsychotika, Major tranquilizer	akute und chron. paranoid-halluzinatorische Zustände, schwere Erregungszustände, manische Zustände	Phenothiazine: Perazin; Butyrophenone: Haloperidol	Taxilan, Haldol
Antidepressiva	Thymoleptika	ausgeprägte depressive Zustandsbilder, Zwang, chronischer Schmerz	Amitriptylin, Imipramin, Maprotilin	Saroten, Tofranil, Ludiomil
Sedativa	Anxiolytika, Minor tranquilizer	pathologische Angst, nichtpsychotische Erregungszustände	Diazepam, Opipramol	Valium, Insidon
Phasenprophylaktika		Intervallbehandlung der manisch-depressiven Erkrankung zur Rückfallprophylaxe	Lithium-Azetat, Lithium-Sulfat	Quillonum, Lithium-Duriles
Hypnotika		Akutbehandlung kurzfristiger Schlafstörungen	Choralhydrat, Phenobarbital, Flurazepam	Chloraldurat, Luminal, Dalmadorm
Psychostimulanzien	Analeptika, Amphetamine	hyperkinetisches Syndrom bei hirngeschädigten Kindern, Narkolepsie	Fenetyllin, Methylphenidat	Captagon, Ritalin

Psychopharmaka. Systematik der Psychopharmaka mit Beispielmedikamenten (cave: unterschiedliche Suchtrisiken beachten).

u.a., Leitsymptom ist die → Bewußtseinsstörung. 2. Endogene P.: → Schizophrenie und → affektive Psychose, hier werden biologische Ursachen im Sinne einer subtilen Hirnstoffwechselstörung, z.B. im Transmittersystem, vermutet. 33

Psycho|somatik f: medizinische Disziplin, die sich mit den Wechselbeziehungen zwischen körperlichen und seelischen Vorgängen und den körperlichen Begleiterscheinungen des Seelenlebens beschäftigt. Untersucht werden die seelischen Ursachen körperlicher Störungen und die Möglichkeiten der psychotherapeutischen Beeinflussung körperlicher Zustände. Vgl. psychogen. 33

Psycho|syndrom, hirn|organisches n: amnestisches, psychoorganisches, hirndiffuses Psychosyndrom, kortikale Demenz, organische Hirnleistungsschwäche, organisch zerebrales Defektsyndrom; psychische Störungen bei chron. diffuser Hirnschädigung, charakterisiert durch Störungen des Gedächtnisses, des Denkens, der Affektivität sowie der Auffassung und Orientierung, z.B. bei seniler Demenz, Arteriosklerose, Hirngefäßkrankheiten, Infektionen, Intoxikationen, Stoffwechselstörungen und Traumen. Vgl. *Korsakow*-Syndrom. 33

Psycho|therapie f: wissenschaftlich empirisch begründete Behandlungsverfahren, durch die mit seelischen Mitteln (Gespräch und Herstellen von Erfahrungen) gestörtes Erleben und Verhalten beeinflußt werden: 1. psychoanalytische P.: Verfahren, das auf der Voraussetzung beruht, daß wesentliche Triebkräfte des gestörten Verhaltens in unterbewußten Konflikten liegen, deren spezifische Konstellation in frühkindlichen Erfahrungen begründet ist. Die Technik der freien Assoziation unter reizarmen Bedingungen soll das Unterbewußtsein zugänglich machen; 2. → Verhaltenstherapie; 3. Gesprächspsychotherapie: Beratungs- und Therapietechnik, bei der der Therapeut bzw. Berater über die Realisierung sog. Grundvariablen, z.B. Echtheit, bedingungslose Akzeptanz, einfühlendes Verstehen (Empathie), dem Klienten die Selbsterfahrung einer autonomen und wertgeschätzten Person vermittelt und damit die Bereitschaft zur Verhaltensänderung erhöht. Z.B. indiziert bei der präventionsorientierten Beratung zum Aufbau eines (Zahn-)Gesundheitsverhaltens (→ Prävention); 4. Suggestionstherapie: → Suggestion. 33

Psychoto|mimetika n pl: halluzinogene psychotrope Substanzen, die experimentell akute Psychosen mit Entfremdungserlebnissen und → Halluzinationen bewirken können, z.B. Lysergsäurediäthylamid (LSD), Haschisch. 33

Pt: chem. Zeichen für → Platin. 23

Pterygium (gr.) n: Flügelfell, Wucherung der Bindegewebshaut zwischen innerem Augenwinkel und Hornhaut; auch angeborene flughautartige Hautfalte am Hals zwischen Warzenfortsatz und Schulter (P. colli) oder über den Gelenken. 12

Pterygium-Syndrom n: → Dyskraniodysphalangie mit Pterygiumbildung am Hals und über den Gelenken, Mißbildungen der Gliedmaßen, Störung der Hirnnervenfunktion, Dyskranie, → Hypoplasie der Mandibula, Minderwuchs, psychischen Störungen, → Teleangiektasien und anderen Abartungen, häufig verbunden mit hohem Gaumen, → Hypertelorismus, → Epikanthus. Ähnliche Abartungen, gleichfalls zum P. gehörend, stellen die → Dystrophia brevicollis congenita u.a. dar. [12]

pterygo|ideus: flügelförmig; vgl. Processus pterygoideus, Musculi pterygoidei. [9]

Pterygo|id|senkrechte: → PTV. [5]

PTM: in der → FRS-Analyse nach *Ricketts* verwendete Abk. für Pterygomaxilläre Fissur bzw. die im → Fernröntgenseitenbild projizierte Kontur der Fissur. Die Vorderwand wird durch die retromolare Tuberositas pterygoidea, die Hinterwand durch die gekrümmte Vorderseite des Processus pterygoideus des Felsenbeines gebildet.[5]

Ptomaine (gr.) n pl: sog. Leichengifte; basische, stickstoffhaltige teils giftige (z.B. Neurion), teils ungiftige (z.B. Kadarverin) Substanzen, die bei Fäulnisprozessen entstehen. [32]

Ptosis (gr.) f: **1.** Herabsinken, z.B. der Eingeweide oder anderer Organe. **2.** Herabhängen des Oberlides durch → Parese des M. levator palpebrae superioris, neurogen bei Lähmung des N. oculomotorius, myogen u.a. im Rahmen einer Myasthenie gravis. Vgl. *Horner*-Syndrom.[33]

PT-Punkt: Bezugspunkt aus der → FRS-Analyse nach *Ricketts*. Schnittpunkt zwischen Foramen rotundum und Fossa pterygomaxillaris. Nach *Ricketts* das Wachstumszentrum des Oberkiefers. [5]

PT-Senkrechte: → PTV. [5]

PTV: PT-Vertikale, PT-Senkrechte, Pterygoid-Senkrechte; Linie aus der → FRS-Analyse nach *Ricketts*. Durch den → PT-Punkt verlaufende Senkrechte auf der → Frankfurter Horizontalebene. [5]

Ptyalin (gr.) n: → Amylase des Speichels. [23]

Ptya|lismus (gr.) m: Hypersalivation, Hypersialose, Sialorrhöe, übermäßige Speichelsekretion. Tritt auf bei Stomatitiden, bes. Stomatitis mercurialis und ulcerosa, Erkrankungen des Magen-Darmtraktes, bei Gravidität, im Klimakterium, bei Trigeminusneuralgie, *Hunt*-Neuralgie, Vagotonie, epidem. Enzephalitis, *Parkinson,* Lyssa, *Feer,* Chemikalien wie Quecksilber, Arsen, Wismut, Muskarin und bei Manipulationen in der Mundhöhle. Bei Tabes intermittierender Speichelfluß, bei Bulbärparalyse Speichelfluß aus dem Munde wegen der Unfähigkeit, den Speichel zu schlucken. Medikamentös zu erzeugen durch Pilokarpin, Folia Jaborandi, Jodkali, auch bei chronischer Quecksilberzuführung. Hemmung durch → Atropinum sulfuricum, → Vagolytika. Ggs.: → Xerostomie. → Speichelsekretion. [2]

Ptya|lolith m: → Speichelstein. [2]

Pubertas praecox f: Vorauseilen der Pubertätsentwicklung (Ausbildung der primären und sekundären Geschlechtsmerkmale, Wachstumsbeschleunigung mit verfrühtem Stillstand bei normaler Zahnentwicklung). Ursachen: konstitutionell-familiär ohne morphologische Gründe, bei hormonal aktiven Tumoren der Keimdrüsen, → adrenogenitalem Syndrom. Gegensteuern durch Gabe von antiandrogenen Wirkstoffen. [20]

Pubertät (lat.) f: Zeit der Geschlechtsreifung mit tiefgreifenden körperlichen, seelischen und sozialen Umstellungen. In Europa bei Mädchen vom 9. bis 17. Lebensjahr, bei Knaben 2 Jahre später (jeweils mit großer Streuung); in Industrieländern Neigung zur → Akzeleration. Die P. wird ausgelöst durch Sekretion der Gonadotropin-Releaser im → Hypothalamus, es folgen Ausbildung der primären und sekundären Geschlechtsmerkmale, Wachstumsschub und bei Mädchen die Menarche. Die psych. Entwicklung ist charakterisiert durch labile Stimmung, Minderwertigkeitskomplexe, doch auch Geltungstrieb und Zerfahrenheit (Verkehrsunfälle!); nach Überwindung Ausbildung eines der sonstigen Entwicklung entsprechenden Ich-Bewußtseins. [33]

Pubertäts|gingivitis f: unter hormoneller Umstellung begünstigt auftretende → chronische Gingivitis. [6]

pueril (lat.): kindlich. [9]

Puffer, intramobiler: → Stoßdämpfungselement. [18]

Pufferlösungen: Puffer; Gemische von schwachen → Säuren bzw. → Basen mit ihren Salzen. Ihre wesentlichste Eigenschaft besteht darin, den pH-Wert zu halten, so daß die → Wasserstoffionenkonzentration (die von der Stärke der jeweiligen schwachen Säure bzw. Base abhängt) durch den Zusatz von Säure oder Base nur geringfügig verändert wird. Die „puffernde" Wirkung solcher Lösungen nimmt mit der Verdünnung ab. Eine Pufferlösung stellt z.B. das Blut dar, das CO_2 und $NaHCO_3$ enthält. [23]

Pulmo (lat.) m: → Lunge. [9]

pulmonal: pulmonalis; zur Lunge gehörig. [9]

Pulmonal|klappe: → Valva. [9]

Pulmonal|töne: die über dem Ursprung der Lungenarterien hörbaren beiden Herztöne. [10]

Pulpa (lat.) f: Fleisch, Mark; Parenchym eines

Organs, z.B. der Leber oder des Zahns (→ Pulpa dentis). [30]

Pulpa|amputation f: → Amputation. [1]

Pulpa|an|ästhesie f: umschriebene Schmerzausschaltung der Pulpa mittels anästhetisch wirkender Medikamente. Applikation durch das Dentindach hindurch (→ Druckanästhesie, → Elektrophorese) oder auf die freigelegte Pulpa durch lokale Durchtränkung. Alle Verfahren unsicher und abgelöst durch terminale → Leitungsanästhesie. [1]

Pulpa|arterien f pl: Arterien der Zahnpulpa. Sie treten meist in mehreren Zweigen (1-10) an der Wurzelspitze in den Wurzelkanal ein und ziehen zusammen mit den Nerven und Venen zur Kronenpulpa. Unter dem Pulpadach teilen sie sich und bilden Arkaden, von denen das Kapillargebiet gespeist wird. Ihre Überführung in die Kapillaren erfolgt durch Arteriolen. [30]

Pulpa|behandlung: Maßnahmen, die zur Erhaltung der gesunden und Ausheilung der erkrankten Pulpa führen. Vgl. Heilanästhesie, Vitalamputation, Überkappung der Pulpa. [1]

Pulpa coronalis (IANC) f: Kronenpulpa; in der Zahnkrone gelegener Teil der Zahnpulpa. [30]

Pulpa|degeneration f: regressive Veränderungen der Pulpa, vorwiegend im fortgeschrittenen Alter infolge lokaler Ernährungsstörungen, aber auch nach traumatischer Einwirkung bis zur → Nekrobiose fortschreitend. [1, 9]

Pulpa-Dentin-Organ n: Endodontium; von Pulpa und Dentin gebildete genetische, morphologische und funktionelle Einheit. Sie ist dadurch begründet, daß die im Zahnmark gelegenen Perikarya der Odontoblasten ihre Fortsätze in die Dentinkanälchen entsenden und auch Nervenfasern von der Pulpa aus in das Dentin eindringen. [30]

Pulpa dentis f: Zahnpulpa, Zahnmark; die P. d. füllt den zentralen Hohlraum der Zähne, die Pulpahöhle (Cavitas dentis), und die Wurzelkanäle aus. Ihre Form entspricht etwa der äußeren Form des Dentinkörpers. Sie geht aus der → Zahnpapille hervor. Ihr Grundgewebe ist anfänglich einem gallertartigen Bindegewebe vergleichbar, das im Laufe der Funktionsperiode in ein fibrilläres Gewebe übergeht. Das Bindegewebe der P. d. besteht aus einem Maschenwerk fixer Zellen, in dem sich noch sog. freie Zellen finden, und aus → Grundsubstanz sowie zahlreichen Gefäßen und Nerven. Mit zunehmendem Alter lockert sich das enge Zellnetz der jugendlichen Pulpa allmählich auf, und der Anteil der kollagenen Fibrillen nimmt zu. Die periphere Schicht der Pulpa besteht aus den → Odontoblasten mit ihren ins Dentin reichenden Fortsätzen. Während die Odontoblasten der Kronenpulpa hochdifferenziert sind und eine zylindrische Form aufweisen, sind die der Wurzelpulpa zunehmend flacher bis kubisch. Im apikalen Bereich finden sich meist nur spindelförmige Fibroblasten. Unter der Odontoblastenschicht liegt besonders im Kronenbereich ein zellkernarmer Streifen, die → *Weil*-Zone, mit Ausläufern der Fibrozyten

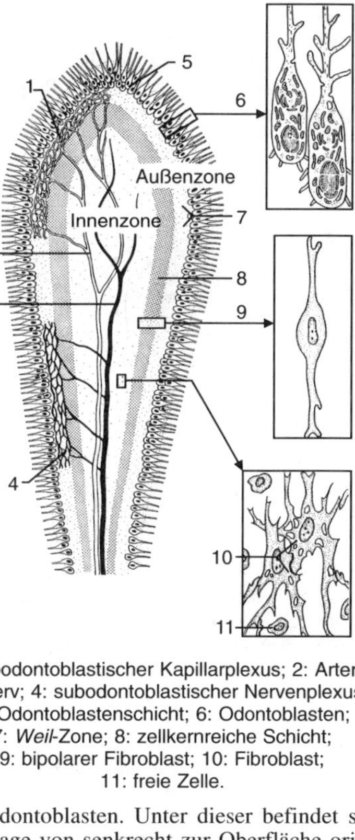

1: subodontoblastischer Kapillarplexus; 2: Arterie; 3: Nerv; 4: subodontoblastischer Nervenplexus; 5: Odontoblastenschicht; 6: Odontoblasten; 7: *Weil*-Zone; 8: zellkernreiche Schicht; 9: bipolarer Fibroblast; 10: Fibroblast; 11: freie Zelle. [2]

und Odontoblasten. Unter dieser befindet sich eine Lage von senkrecht zur Oberfläche orientierten bipolaren Bindegewebszellen. Die P. d. erhält ihre Blutversorgung über zu- und abführende Gefäße, die durch die Foramina apicalia ein- bzw. austreten und innerhalb der P. d. ein dichtes Kapillarnetz bilden. Ein Lymphgefäßsystem soll nicht vorhanden sein. Man spricht von extravasalen Saftbahnen und Lymphspalten. Die Nerven zur Versorgung der P. d. entstammen dem Trigeminus und dem autonomen Nervensystem. Es sind Bündel markhaltiger (sensibler) und markloser (vegetativer) Fasern, die sich mit den Pulpagefäßen ausbreiten. Das morphologische Bild der P. d. wird von einer Vielzahl von Faktoren wie Lebensalter, Konstitution, Reize und Funktion beeinflußt. Topographisch gliedert man die P. d. in eine Innen- und eine Außenzone. Die Außenzone besteht aus drei Schichten, der Odontoblastenschicht, der zellkernarmen Schicht oder *Weil*-Zone und der zellkernreichen Schicht (Abb.). 30

Pulpa|exstirpation f: → Exstirpation der Pulpa. 1

Pulpa|extraktor m: → Exstirpationsnadel. 1

Pulpa|gangrän f: → Gangrän der Pulpa. 1

Pulpa|granulom n: internes Granulom, innere Resorption, Rosa-Flecken-Krankheit, Pink spot disease; chronisch entzündl. Granulationsgewebe innerhalb der geschlossenen Pulpakammer

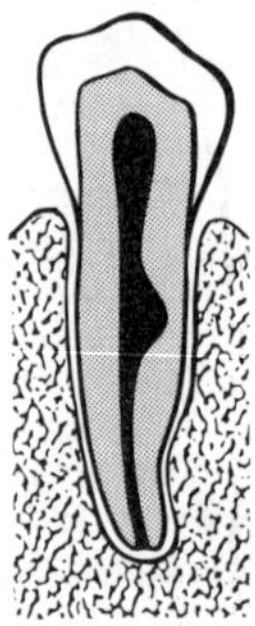

(Abb.). Selten, Ursache unbekannt (evtl. Trauma). Durch Vergrößerung unter Resorption des Dentins wird klin. häufig ein roter, sich langsam vergrößernder Fleck sichtbar. Therapie: → Vitalexstirpation und Wurzelfüllung. 1

Pulpa|höhle: → Cavitas dentis. 30

Pulpa|horn: Cornu pulpae; zipfelartiger, kauflächenwärts gerichteter Fortsatz der Pulpa, der einem Zahnhöcker entspricht. 30

Pulpa|kammer: Cavum dentis; Hohlraum der Zahnkrone, der normalerweise von der Kronenpulpa eingenommen wird. 1

Pulpa|nerven m pl: Nerven zur Versorgung der Pulpa dentis. Sie entstammen dem N. trigeminus (sensibel und sensorisch) sowie dem autonomen Nervensystem. Die parasympathischen Nerven kommen aus dem N. facialis (Intermediusanteil) und N. glossopharyngeus, die sympathischen vom Halssympathikus. Sie treten durch das Foramen apicis dentis in das Pulpakavum ein und ziehen in Bündeln markhaltiger (sensibler) und markloser (autonomer) Fasern kronenwärts. Unterhalb der Odontoblasten bilden sie den subodontoblastischen Nervenplexus (→ *Raschkow*-Plexus). 30

Pulpa|polyp m: Pulpitis chronica aperta granulomatosa; chronisch entzündliche Wucherung der Pulpa bei offener Pulpakammer (meist infolge unbehandelter Karies). Häufig bei Jugendlichen. Wächst aus dem Defekt heraus. Schmerzen und Blutung durch Verletzung, sonst indolent. Junger P. zunächst nur mit Fibrin bedeckt, später Epithelisierung. Differentialdiagnose: → Desmodontalpolyp. 1

Pulpa radicularis (IANC) f: Wurzelpulpa; in der Zahnwurzel gelegener Teil der Zahnpulpa. 30

Pulpa|theorie f: Theorie zur Erklärung des Zahndurchbruchs. Sie besagt, daß der Druck des Pulpawulstes am noch weit geöffneten Foramen apicis dentis den Zahn oralwärts treibt. Vgl. Wurzeltheorie. 30

Pulpa|überkappung: → Überkappung der Pulpa. 1

Pulpa|zyten m pl: Bindegewebszellen der Pulpa. Sie treten in zwei Funktionsformen auf: als aktive Mesenchymzellen und Fibroblasten oder als inaktive Fibrozyten. P. unterscheiden sich hauptsächlich durch die Zahl, das Verteilungsmuster und den Funktionszustand ihrer Zellorganellen. Aktive Pulpozyten sind pluripotent, so daß sie regenerative Funktionen ausüben können. 30

Pulp|ek|tomie: → Vitalamputation. 1

Pulpitis ascendens f: retrograde Pulpitis; von der Wurzelspitze her aufsteigende Pulpitis. Selten. Tritt durch Infektion der → Pulpa bei starkem parodontalem Abbau (z.B. vertikale Knochentaschen) auf. 1

Pulpitis|ausheilung: Versuch, die erkrankte Pulpa durch → Heilanästhesie oder durch entzündungshemmende Medikamente (Ledermix®, Kortison) auf die freigelegte Pulpa zu erhalten. Erfolg sehr unsicher wegen ungenauer klinischer Differentialdiagnostik der Pulpitiden und fehlendem → Kollateralkreislauf des Endorgans Pulpa. 1

Pulpitis dentium f: Entzündung der → Pulpa. Häufige Ursache des Zahnschmerzes. Ursachen: 1. mikrobiell durch tiefe, unbehandelte Karies; 2. chemisch-toxische Irritationen durch Silikat- und Kunststoffüllungen, in geringerem Maße durch Komposits, durch Phosphatzement zum Einsetzen von Kronen und Inlays (auch bei Unterfüllungen), durch viele Kavitätenreinigungs- und -desinfektionsmittel wie Alkohol, Chloroform, Xylol sowie durch Kavitätenimprägnierungsmittel (Silbernitrat) und → Liner (wegen organ. Lösungsmittel); 3. physikal. Irritationen, z.B. durch Erhitzung beim Bohren und Präparieren, insbes. in Verbindung mit Druck und Vibration, sowie durch extreme Austrocknung des Dentins. Verlauf: zunächst Veränderungen der Odontoblastenschicht und entzündl. Infiltration der Pulparandzone. Bei Einbruch der Mikroorganismen Pulpaabszeß mit starken Schmerzen, irreversibler Krankheitsverlauf, der mit → Nekrose und ggf. → Gangrän der Pulpa endet. Die genaue Diagnose ist schwierig bis unmöglich. Alle Versuche, Anamnese und Ergebnisse klinischer Untersuchungen wie Perkussion, Wärme- und Kältetest mit der histologischen Situation zu korrelieren, haben sich als untauglich erwiesen. Die Differentialdiagnose beschränkt sich deshalb auf die Frage der Erhaltungsmöglichkeit. Diese ist ab dem Stadium der internen Abszeßbildung, das mit einiger Wahrscheinlichkeit zu bestimmen ist (Wärme- oder Nachtschmerz), nicht mehr gegeben. Therapie: direkte oder indirekte → Überkappung der Pulpa, → Vitalamputation, → Vitalexstirpation, → Wurzelkanalbehandlung. [1]

Pulpitis|formen: Klassifizierung der Pulpitiden nach Ausbreitung und histol. Bild, z.B. Pulpitis partialis, coronalis, totalis, serosa oder purulenta. Die klin. Diagnostik der P. wurde früher als wichtig für die Pulpitistherapie erachtet. Sie hat an Bedeutung verloren, seitdem bekannt ist, daß klin. und histol. Befund kaum miteinander korrelieren. Vgl. Pulpitis dentium. [1]

Pulpitis, retrograde f: → Pulpitis ascendens. [1]

Pulpolith m: → Dentikel. [1]

Pulpose f: nur noch selten gebrauchter Sammelbegriff für regressive Veränderungen des Pulpagewebes. Umfaßt Neubildungen wie → Sekundärdentin, Tertiärdentin und → Dentikel sowie degenerative und atrophische Vorgänge. Entstehung durch externe Reize und als Ausdruck normaler Alterungsvorgänge. [1]

Pulpo|tomie: Abtragung eines Teiles der Pulpa. Vgl. Amputation. [1]

Pulpo|tomie, partielle f: endodontische Maßnahme, bei der nur ein Teil der Kronenpulpa, zumeist der Inhalt eines Pulpahorns, entfernt wird (Abb.). Anwendung bei Milchzähnen und bleibenden Zähnen nach traumatischer Pulpaeröffnung. [29]

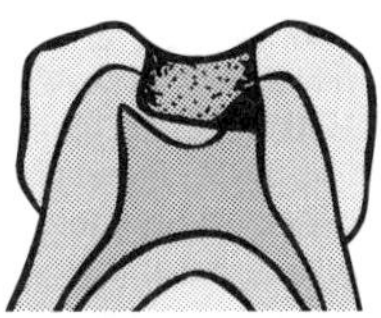

[61]

Puls (lat.) m: Pulsus; durch den systolischen Blutauswurf des Herzens erzeugte, in Form einer Schlauchwelle über das arterielle Gefäßsystem wandernde Wandausweitung. Klinische Pulsveränderungen: 1. Wandbeschaffenheit der Arterie; 2. Frequenz; 3. Rhythmus; 4. Spannung, Füllung, Größe; 5. Druckablauf des P.es. [10]

pulsans (lat.): pulsierend; vom → Puls oder pulsähnlich bewegt. [20]

Pulsation f: der Pulsschlag, auch eine mit der Druckpulswelle synchrone Bewegung, z.B. P. der Leber bei Rechtsherzinsuffizienz. [20]

Puls|beschleunigung: → Tachykardie. [20]

Puls|defizit n: Differenz zwischen Kammerschlägen und peripher getasteten Pulswellen als Folge abnehmenden Schlagvolumens. Wichtigste klinische Erscheinungsform beim → Vorhofflimmern durch ungenügende Kammerfüllung. [20]

Puls|druck: Unterschied zwischen systol. und diastol. Blutdruck; auch Pulsamplitude. [10]

Puls|frequenz f: Pulszahl in der Minute, abhängig vom Alter (beim Neugeborenen 140/min, beim Erwachsenen 60-80/min, beim Greis 70-90/min in körperlicher Ruhe), Sympathikus-Parasympathikusgleichgewicht und von der linearen Beziehung zum Arbeitsumsatz. [10]

Pulsions|divertikel n: Ausbuchtung der Speiseröhrenwand, entstanden durch Druck von innen. Vgl. Schluckbeschwerden, Traktionsdivertikel, Ösophagusdivertikel. [19, 27]

Puls|losigkeit: → Leitsymptom und → Warnsymptom eines → Herz-Kreislauf-Stillstandes oder einer → Synkope. [16]

Pulsus aequalis, inaequalis m: Pulsqualitäten; gleichmäßig bzw. ungleichmäßig gefüllter Puls. [10]

Pulsus alternans m: Pulsqualität; Wechsel zwischen großer und kleiner Pulsfülle. [10]

Pulsus celer, tardus m: Pulsqualitäten; schneller bzw. langsamer Anstieg des Pulsdrucks. [10]

Pulsus dicrotus m: Pulsqualität; doppelgipfeliger Puls. [10]

Pulsus differens m: Pulsqualität; seitendifferenter Radialarterienpuls. [10]

Pulsus durus, mollis m: Pulsqualitäten; harter bzw. weicher Puls entspr. dem Spannungsgrad des Arterienrohres. [10]

Pulsus frequens, rarus m: Pulsqualitäten; Pulsfolge rascher bzw. langsamer als gewöhnlich. [10]

Pulsus intermedians m: Pulsqualität; zeitweilig ausbleibender Puls, z.B. nach → Extrasystolen. [10]

Pulsus magnus, parvus m: Pulsqualitäten; großer bzw. kleiner Puls, bezogen auf die Blutmenge. [10]

Pulsus paradoxus m: Pulsqualität; kleine Pulsschläge im Inspirium, große im Exspirium, bei Perikarditis. [10]

Puls|verlangsamung: → Bradykardie. [10]

Puls|volumen f: Menge des bei der → Systole aus dem Herzen entleerten Blutes. Vgl. Pulsus magnus. [10]

Puls|wellen|geschwindigkeit: die Geschwindigkeit, mit der sich eine Pulswelle (→ Puls) längs eines Blutgefäßes fortbewegt. Sie ist abhängig vom → Elastizitätsmodul der Gefäßwand und vom Verhältnis Wanddicke zu Radius des Gefäßes (Durchschnittswert Aorta 5-6 m/sec., Beinarterien 10 m/sec.). [10]

Pulver|titan|beschichtung (von dentalen Implantaten): → Beschichtungsverfahren, → Plasmabeschichtung. [18]

Pumex (lat.) m: → Bimsstein. [4]

Punktion (lat.) f: Eröffnung von Körperhöhlen durch Anstechen mit Kanüle oder → Trokar, um Flüssigkeiten zur Untersuchung zu entnehmen oder zu Heilzwecken einzubringen. Vgl. Probepunktion. Die Punktion der Kieferhöhle

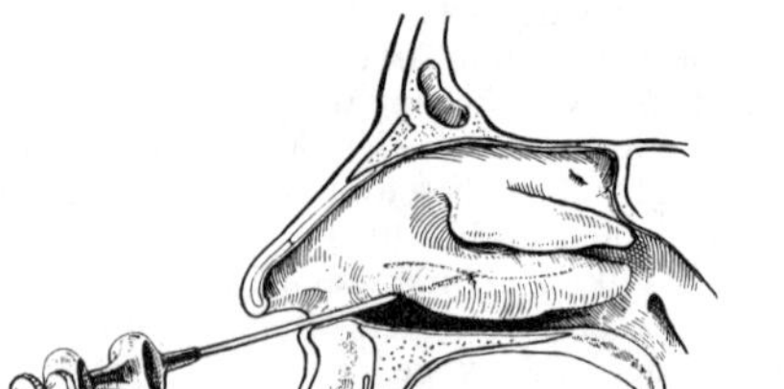

Punktion der Kieferhöhle mit einer *Lichtwitz*-Nadel im unteren Nasengang

erfolgt nach Oberflächenanästhesie mit Pantocain durch Einstechen einer *Lichtwitz*-Nadel unter der unteren Muschel (Abb.). [2]

Punkt|schweißung: Schweißung auf elektrischem Wege, wobei der elektr. Srom der Schweißstelle durch Kupferelektroden zugeführt wird. Die Elektroden stehen sich während der Erhitzung unter Druck gegenüber. Durch den Widerstand im Werkstück wird dieses örtlich so hoch erwärmt, daß ein punktförmiges Verschweißen eintritt. Ein zusätzliches Metall, ähnlich dem Lot beim Löten, entfällt. [4]

Punkt|wert: Bestandteil des seit 1. Juli 1978 für die vertragszahnärztliche Versorgung gültigen einheitlichen → Bewertungsmaßstabes (Bema), DM-Betrag, der durch Multiplikation mit der → Bewertungszahl das Honorar für eine Leistung ergibt. Wird in meist jährlichem Turnus für die → Ersatzkassen auf Bundesebene einheitlich, für die Pflicht- (früher → RVO-) Kassen auf Länderebene und kassenunterschiedlich zwischen den Vertragspartnern ausgehandelt oder bei Nichteinigung durch das → Schiedsamt festgesetzt. [25]

Punkt|zentrik f: Okklusionsstellung, in der habituelle → Interkuspidation und retrale Kontaktposition (→ Kontaktposition, retrale) übereinstimmen. [4]

Pupillar|linie f: → Bipupillarlinie; auch als zentrale P. durch das Pupillenzentrum gelegte Achse des opt. Systems. [4]

Pupille (lat.) f: das Sehloch innerhalb der Regenbogenhaut des Auges. [9]

Pupillen|reflexe m pl: Pupillarreflexe, Pupillenreaktion; 1. allg.: unwillkürliche Reaktionen der Pupille auf Reize. Lichtreize führen beim Gesunden binnen 0,3-0,8 s zur Verengung (direkte Lichtreaktion). Beide Pupillen verengen sich auch dann, wenn nur ein Auge beleuchtet wird (indirekte Lichtreaktion, konsensuelle Lichtreaktion). Pupillenweite hängt auch vom Abstand eines fixierten Gegenstandes vom Auge ab. Bei Naheinstellung tritt Verengung ein (Konvergenzreaktion); Pupillenverengung bei Lidschluß (Lidschlußreaktion); 2. Klin.: Prüfung von Pupillenweite und Pupillenreaktion z.B. zur Diagnose von Läsionen der Netzhaut, des Sehnervens oder des Hirnstamms (Okulomotorisbereich). Im Notfall lassen sich aus der Prüfung der Lichtreaktion Informationen über die Tiefe einer Bewußtlosigkeit gewinnen (Narkose). [10]

Pupillen|starre: 1. reflektorische P.: aufgehobene Lichtreaktion der Pupillen durch Unterbrechung des → Reflexbogens bei erhaltener → Konvergenzreaktion als Kardinalsymptom einer Syphilis des ZNS (→ Tabes dorsalis, Lues cerebri, → progressive Paralyse), außerdem bei Zerebralsklerose, seniler Demenz, chronischem Alkoholismus, Enzephalitis und Hirntumoren. 2. absolute P.: aufgehobene Licht- und Konvergenzreaktion durch Herde im Okulomotoriuskerngebiet oder in der absteigenden Bahn bei den unter 1. erwähnten Krankheiten und bei Vergiftungen (Barbitursäure, Brom, Arsen, Blei usw.). 3. amaurotische P.: P. bei einseitiger Blindheit, die Pupille des erblindeten Auges reagiert konsensuell, die des gesunden Auges dagegen nicht. [33]

Pupillo|tonie f: meist einseitige Erweiterung der Pupille mit träger bzw. aufgehobener Lichtreaktion und erhaltener, aber verzögerter Konvergenzreaktion. Im *Adie*-Syndrom oft zusammen auftretend mit fehlenden Reflexen. Kommt häufiger bei Frauen vor. Die Ursache ist unbekannt (nicht syphilitisch). Gute Prognose. [33]
puri|form: eiterartig (z.B. der Inhalt eines tuberkulösen Abszesses). [32]
Purine (lat.) n pl: organ. Verbindungen für den Aufbau der → Nukleinsäuren. Endprodukt des Purinstoffwechsels ist die → Harnsäure. [20]
Purkinje-Netz (Johann P., Physiol., Breslau, Prag, *1787, † 1869): → Reizleitungssystem des Herzens.. [9]
Purkinje-Zellen f pl: große, stark verästelte Zellen in der Kleinhirnrinde. [9]
Purpura (lat.) f: Auftreten von punktförmigen Blutflecken an Haut und Schleimhäuten. Klinik: P. simplex: leichte, oft prämenstruelle Haut-P.; P. senilis: Altersveränderungen des Gefäßbettes. Lokalisation bes. am Handrücken. [12]
Purpura fulminans f: schwerste Verlaufsform der Verbrauchskoagulopathie (*Henoch,* 1887). Symmetrische, flächenhafte, massive Hautblutungen bzw. intravasale Gerinnungssteigerung unter Beteiligung innerer Organe. [12]
Purpura haemorrhagica Werlhof (Paul W., Arzt, Hannover, *1699, † 1767) f: → *Werlhof*-Krankheit. [11]
Purpura Schönlein (Johann L. S., Int., Berlin, *1793, † 1864) f: P. rheumatica, P. anaphylaktoides; im Anschluß an Infektionskrankheiten auftretende Form der Purpura mit kleinfleckigen ödematösen → Erythemen und sekundärer meist punktförmiger Purpura der Haut- und Schleimhäute als Ausdruck einer Vaskulitis. Durch schubweisen Verlauf entsteht ein buntes Erscheinungsbild. [12]
Purpura Schönlein-Henoch f: systemische nekrotisierende Venolitis mit Beteiligung des Gastrointestinal-Trakts der Niere und Gelenke, besonders im Schulalter bei Kindern nach Streptokokkeninfektion. [12]
Purpura senilis f: durch altersbedingte Kollagenabnahme über petechiale Blutungen entstandene, braunschwarze, bleibende Flecken in Haut (bes. am Handrücken) und Schleimhaut (Gaumen und Wange). [27]
purulent (lat.): eitrig, Eiter enthaltend. [32]
Pus (lat.) n: → Eiter. [8, 32]
Push-back-Operation f: Verschluß des weichen Gaumens unter Bildung zweier Palatinallappen und deren Zurückschiebung (*Dorrance*). → Gaumenspalte. [2]
Pustel (lat.) f: Pustula; mit Eiter gefülltes Bläschen der Haut. [12]
Pustula maligna f: → Milzbrand. [12]
pustulös: mit → Pusteln behaftet. [12]
Putreszenz (lat.) f: Fäulnis, faulige Nekrose. [32]
putride (lat.): faulig, übelriechend, mit Fäulnis einhergehend; durch (meist anaerobe) Fäulnisbakterien hervorgerufen. [32]
Putrifikus|bazillen f pl: Erreger der Eiweiß- und Leichenfäulnis (*Bienstock,* 1884); stark protelytische Sporenbazillen, Anaerobier mit Köpfchenspore. Stellung im System unklar. Sie erzeugen stinkende Eiweißfäulnis mit Ammoniakbildung, werden auch bei Gasödem gefunden. [8]
Putztrainer-Set®: Hilfsmittel zur Stimulation oraler Funktionsabläufe durch die Hand der Eltern vor und während des Zahndurchbruchs bei ihrem Kind. [29]
Py|ämie f: Septikopyämie; pyogene Allgemeininfektion, → Sepsis mit multiplen Eitermetastasen. Ausgehend vom pyogenen Primärinfekt (Fokus) gelangen die Bakterien embolisch in die Blutbahn und bedingen Absiedlungen (Metastasen) des Primärherdes in den Organen. Entsprechend den Streuungen des Fokus steiler Temperaturanstieg, meist mit Schüttelfrösten und darauffolgendem Temperaturabfall. Erregernachweis durch Blutkultur. Therapie: gezielte Antibiose. [20]
Py|arthrose (gr.) f: Pyarthros; eitrige Gelenkentzündung, Gelenkempyem. [32]
Pykno|lepsie f: Anfälle mit Blässe und kurzen → Absencen, die bei Kindern gehäuft zwischen dem 4. und 12. Lebensjahr (bis zur Präpubertät) auftreten. Meist gute Prognose. Vgl. Epilepsie. [33]
Pylorus (gr.) m: Pförtner, Magenausgang, Ringmuskel am Übergang vom Magen in den Zwölffingerdarm (→ Duodenum). [9]
Pyo|dermia chancri|formis f: primäraffektähnliche, seltene Form der → Pyodermie, mit Sitz an Lippen, Augenlidern und Genitale; (Dunkelfeld: Treponema pallidum negativ) akut verlaufend. → Treponema. → Primäraffekt. [12]
Pyo|dermie f: durch banale Eitererreger (Staphylo- und Streptokokken) verursachte oberflächliche oder tiefe Erkrankungen der Haut. Ihre wichtigsten Formen sind: → Impetigo contagiosa, → Folliculitis barbae (eitrige Bartflechte), → Furunkel und Karbunkel, Schweißdrüsenabszesse, → Erysipel, → Faulecken u.a. Begleitpyodermien: sekundäre Infektion mit Eitererregern bei primären Hauterkrankungszuständen (z.B. → Ekzem). [12]
pyo|gen: eitererregend. P.e Erreger: v.a. Staphylo-, Strepto-, Gono-, Pneumo-, Menigokokken,

Pseudomonas pyocyanea, Escherichia coli, Salmonellen, Klebsiellen, Proteus-Spezies, Serratia marcescens, Aktinomyces israeli. [32]

Pyo|kokken f oder m pl: Eiterbildung erregende Kokken. → Eiter. [8]

Pyo|phagie f: Verschlucken von Eiter bei Entzündungsprozessen in der Mundhöhle, im Nasen-Rachen-Raum oder in der Lunge. [20]

Pyor|rhoea f: Eiterfluß. P. alveolaris → Alveolarpyorrhöe. [6]

Pyo|sinus m: eitriges → Kieferhöhlenempyem. [2]

Pyo|zyanase f: erstes, durch *Emmerich* und *Loew* 1899 gefundenes und gereinigtes Antibiotikum; lipidartiges Stoffwechselprodukt von Pseudomonas aeruginosa (Bacterium pyocyaneum); damals eingesetzt vor allem gegen Diphtherie und Streptokokkeninfektionen. [8]

Pyo|zyaneus|bakterien f pl: Pseudomonas aeruginosa (→ Pseudomonas). [8]

Pyralvex®: Lösung oder Gel aus Rhabarberextrakt, Salizylsäure und Äthanol mit adstringierender Wirkung. [6]

Pyramiden|bahn: Gesamtheit der für die Vermittlung willkürlicher Bewegungsimpulse verantwortlichen Nervenbahnen. Sie entspringen vor allem im Gyrus präcentralis des Cortex cerebri,

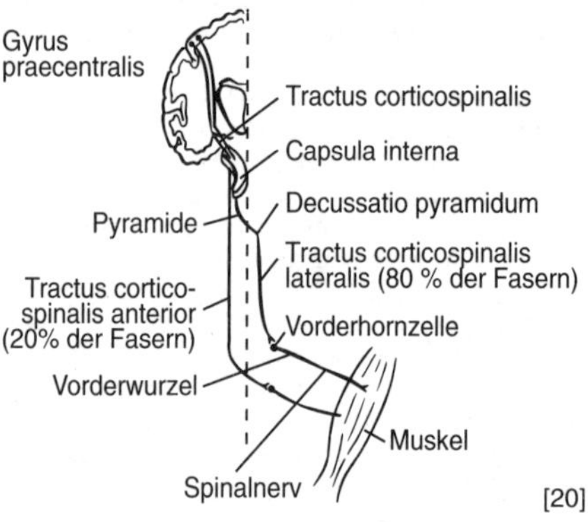

[20]

ziehen durch die innere Kapsel (Capsula interna), kreuzen auf Höhe der Medulla oblongata (Pyramidenkreuzung) zur Gegenseite und enden in den motorischen Vorderhornzellen des Rückenmarkes (Abb.). Schwere Schädigungen oberhalb der Pyramidenkreuzung führen zu kontralateralen, unterhalb der Pyramidenkreuzung zu ipsilateralen Lähmungen. Bestimmte pathologische Reflexe, z.B. der → *Babinski*-Reflex, verweisen auf eine Störung der P. Jede willkürliche motorische Innervation wird zusätzlich auch vom extrapyramidalen System (→ striäres System) unterstützt. [33]

Pyr|exie f: Fieber, Adj.: pyretisch. [20]

Pyrgo|zephalie f: → Turmschädel. [3]

pyro|gen: Fieber erzeugend. [20]

Pyro|gene n pl: fiebererzeugende Stoffe in Injektionslösungen. Leibessubstanzen auch apathogener Bakterien, die bei unreinem Arbeiten in die Lösung gelangt sind. Vgl. Fieber. [8]

Pyro|phosphor|säure: → Phosphorsäure. [23]

Pyrosis (gr.) f: → Sodbrennen. [20]

Pyruvat-Dehydrogenase-Komplex m: ein am Kohlenhydratstoffwechsel beteiligter Multienzym-Komplex, der bei oxidativer → Dekarboxylierung den Übergang von Pyruvat zu Acetyl-Koenzym A bewirkt. Die Reaktion verbindet den → *Embden-Meyerhof*-Weg mit dem → Zitronensäurezyklus. Der Komplex enthält 5 → Koenzyme: Thiaminpyrophosphat, Liponsäure, Koenzym A, Flavinadenindinukleotid und Nikotinamidadenindinukleotid. [23]

Pyruvat-Dekarboxylase f: Teil des → Pyruvat-Dehydrogenase-Komplexes. [23]

Py|urie f: Ausscheidung von eitrigem Harn bei Entzündungen des Nierenbeckens und der Blase. [8]

Q

QMR: Abk. für **Q**uick **M**edical **R**eference; → Expertensystem, benutzt die Wissensbasis und Technik von → INTERNIST in einer einfachen Version als medizinisches Textbuch zur Unterstützung des Arztes bei seiner Diagnostik. QMR ist an der Universität Pittsburgh (USA) von *Miller* entwickelt worden und zählt zu den Referenzsystemen. Eine deutsche Version wurde erstellt. [26]

Quaddel: durch ein intrakutanes Ödem hervorgerufene umschriebene kurzfristige Erhabenheit der Haut. → Effloreszenz, → Urtikaria. [12]

Quader|viren n pl: → Pockenviren. [8]

Quad-Helix f: von *Chaconas* und *Caputo* 1975 entwickelter, festsitzender orthod. Dehnungsapparat aus Draht mit Armen, die lingual dem Zahnbogen anliegen, und 4 die Spannung erzeugenden

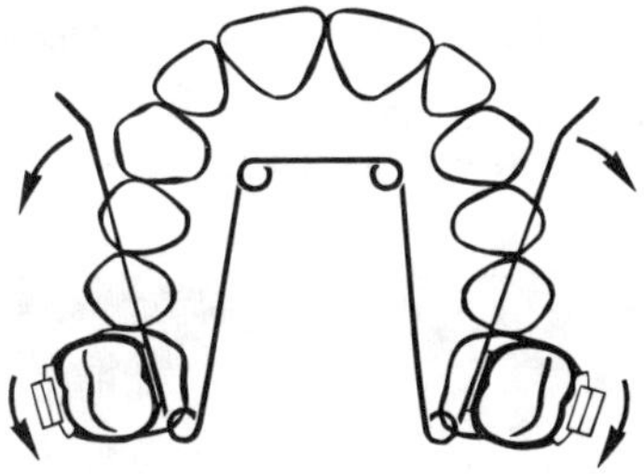

→ Helixschlaufen. Verankerung durch Verschweißen an Molarenbändern (Abb.). Auch Verankerung durch → Lingualschloß (→ MIA-System). Vgl. Palatinalbogen. [5]

Qualität (lat.) f: Gesamtheit von Eigenschaften und Merkmalen eines Produktes oder einer Tätigkeit, die sich auf deren Eignung zur Erfüllung gegebener Erfordernisse beziehen (DIN 55 350/ISO 8042). Im zahnärztlichen und zahntechnischen Bereich z.B. Q. der Leistungen von Zahnärzten und Zahntechnikern, der Arbeitsmittel und Werkstoffe, der Arbeitshygiene. I. e. S. Anforderung an die zahnärztliche Leistung aufgrund der zahnärztlichen Sorgfaltspflicht. Kann sich nicht auf den Erfolg beziehen, da der Behandlungsvertrag kein Werkvertrag ist, sondern ein → Dienstvertrag, so daß nicht der Erfolg der Behandlung geschuldet wird. Ist abhängig von verschiedenen Faktoren der persönlichen Bedürfnisse des Patienten, der besonderen Umstände der Behandlung, der gesetzlichen Rahmenbedingungen etc. Der Za. haftet für die Q. nur, wenn eine Sorgfaltspflichtverletzung festzustellen ist. [21, 24]

Qualitäts|management: Planung, Gestaltung und Verantwortung bei der → Qualitätssicherung nach DIN/ISO 9000/EN 2900. [21]

Qualitäts|planung: das Auswählen, Klassifizieren und Gewichten der Qualitätsmerkmale unter Berücksichtigung des Anspruchsniveaus und der Realisierungsmöglichkeiten (DIN/ISO 9000). Planung der Praxisgestaltung, der Arbeitsmethodik sowie des Arbeitsmittel- und Werkstoffeinsatzes. [21]

Qualitäts|prüfung: Feststellung, inwieweit Produkte oder Tätigkeiten die an sie gestellten Qualitätsforderungen erfüllen. [21]

Qualitäts|sicherung: 1. Allg.: Gesamtheit der Tätigkeiten der → Qualitätsplanung und -lenkung sowie der → Qualitätsprüfung (DIN/ISO 9000). **2.** Rö.: in §16 der → Röntgenverordnung festgelegte Überprüfung der Bildqualität (Konstanzprüfung), die vorwiegend durch den Röntgenanlagenbetreiber erfolgt: 1. monatl. für jeden Röntgengenerator Vergleich von Aufnahmen eines → Prüfkörpers mit dem Ergebnis der → Abnahmeprüfung, 2. jährl. Prüfung der Dunkelkammerabdichtung, 3. alle 2 Jahre Prüfung von Aufnahmen (Prüfkörper, Patient) durch zahnärztliche Stelle und Beratung im Fehlerfall. [14, 21]

Qualitäts|sicherungs|system n: die Aufbau- und Ablauforganisation, die Zuständigkeiten, Verfahren, Prozesse und Mittel für die Ausführung des → Qualitätsmanagements (DIN/ISO 9000) umfaßt. [21]

Quarantäne (frz.) f: ursprünglich die 40tägige Wartezeit seuchenverdächtiger Schiffe, jetzt ganz allg. die Isolierzeit Seuchenverdächtiger. [8]

Quartals|abrechnung: → Abrechnungsquartal. [25]

Quartana (lat.) f: Malaria. 8

Quarz m: Siliziumdioxid (Kieselsäure); Bergkristall, kommt in drei verschiedenen Modifikationen vor: Quarz, Tridymit, Kristobalit, von denen es folgende Unterformen gibt: α- und β-Quarz, α-β- γ-Tridymit und α- und β-Kristobalit. Die thermischen Umwandlungen sind für das Volumenverhalten von Einbettmassen beim Erhitzen von Bedeutung. 4

Quarz|pinzette f: → Pinzette. 21

Quatro-Virelon®: Vierfach-Impfstoff zur aktiven Immunisierung gegen Diphtherie, Keuchhusten, Tetanus und Poliomyelitis. 8

Queck|silber: chem. Element, Symbol Hg (Hydrargyrum), Ordnungszahl 80, Atomgewicht 200,61. Einziges Metall, das bei gewöhnlicher Temperatur flüssig ist und bei etwa -39 °C erstarrt. Q. verdampft bereits bei Zimmertemperatur zu einem beträchtlichen Teil. Der Zinnober, HgS, ist das wichtigste Quecksilbererz. Bildet mit anderen Metallen, außer mit Eisen, Legierungen, die sog. → Amalgame. Pharm.: Hydrargyrum. 23

Queck|silber|chlorid n: Sublimat. Hydrargyrum bichloratum. 12

Quecksilber|intoxikation f: Vergiftung durch Quecksilber oder Quecksilberverbindungen. Als → Berufskrankheit in entspr. Industriebetrieben. In der Zhk. möglich für Zahnarzt und Personal, wenn die üblichen Vorsichtsmaßnahmen nicht beachtet werden: durch Quecksilberdämpfe bei offen gelagertem und verschüttetem Quecksilber oder Amalgam. Vorbeugung: Amalgamreste unter Wasser aufbewahren, nichts verschütten, fugenlose Fußböden, lüften. MAK-Wert = 0,1 mg Hg/m^3 (→ MAK). Immer wieder diskutiert wird die Q. von Patienten mit Amalgamfüllungen. Nach neuesten Erkenntnissen sind Amalgamfüllungen jedoch unbedenklich, da die Quecksilberabgabe weit unter der tägl. Aufnahme durch die Nahrung liegt. → Hydrargyrose. 1

Queck|silber|salbe: Graue Salbe; veraltetes Antisyphilitikum. 12

Queck|silber|stomatitis f: → Stomatitis mercurialis, → *Kussmaul*-Lackrachen. 11

Queck|silber|sulfid n: → Zinnober. 23

Quengeln: allmähl. Lockern von Gelenkversteifungen durch mechan. Maßnahmen. 2

Querschnitt|bohrer: dem Versenkbohrer ähnlicher Spezialbohrer, der beim Erweitern des Wurzelkanals an vorgesehener Stelle eine Stufe schneidet. Soll das Durchpressen von Wurzelfüllmaterial verhindern (sog. Stufenmeßtechnik nach *Mayer*). Vgl. Bohrerformen. 1

Quer|schnitts|studie f: bestimmte Form der → retrospektiven Studie, geht von definierten Bevölkerungsgruppen aus, so daß die auf der Stichprobentheorie beruhenden statistischen Berechnungsmethoden zur Anwendung kommen können. Dient der Erfassung der Häufigkeit eines Merkmals in der Bevölkerung. 15

Quer|streifung der Schmelz|prismen: in Schliffpräparaten, bes. nach Anätzung, lichtmikroskopisch erkennbare, hellere und dunklere Querstreifen (→ *Retzius*-Linien). Die stärker lichtbrechenden Querstreifen sind senkrecht zur Längsachse der Prismen angeordnet. Die Abstände der Prismen betragen 3-4 µm. Für die Q. d. S. gibt es zwei Erklärungen: Es wird ein rhythmischer Wechsel von Konstriktionen bei der Schmelzbildung oder ein Wechsel stärker und schwächer mineralisierter Zonen vermutet. 30

Quetsch|biß: durch Einbeißen in eine dünne Wachsplatte hergestelltes Registrat zur Bestimmung der habituellen Okklusion. Vgl. Okklusion, habituelle. 1

Quick analyser (engl.) m: → Gesichtsbogen zur schnellen Bestimmung des → Gelenkbahnwinkels, der → *Bennett*-Bewegung sowie zur schädelbezüglichen Übertragung der Oberkiefermodelle in einen halbindividuellen → Artikulator (B. *Lee*). Vgl. Axiograph. 4

Quick-Test (Armand James Q., Med. und Biochem., Milwaukee, *1894, † 1978) m: → Thromboplastinzeit. 20

Quigley-Hein-Index (Gertrude Q., Zahnärztin, Boston; John H., Za., Boston) m: Abk. QHI; → Plaqueindex nach *Quigley* und *Hein*. 15

Quincke-Ödem (Heinrich I. Q., Int., Kiel, *1842,

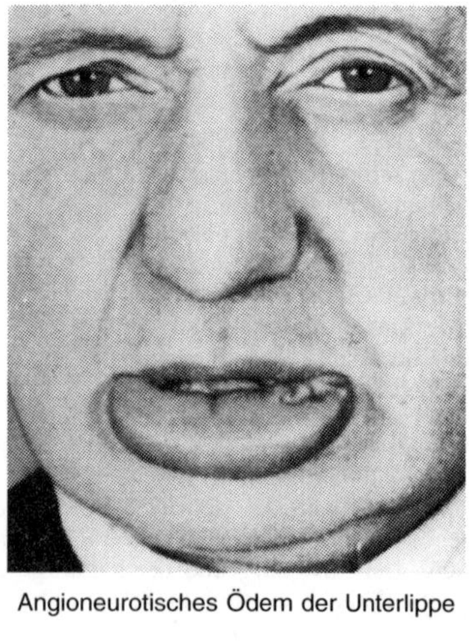

Angioneurotisches Ödem der Unterlippe

† 1922) n: angioneurotisches Ödem; tiefe Form der → Urtikaria; flüchtige, oft anfallweise auftretende umschriebene subkutane Ödeme (Dauer wenige Stunden bis Tage), vorzugsweise im Gesicht (Augenlider, Lippen, Zunge. Gefahr des → Glottisödems; Abb.). Pathogenetisch sind neben Allergien vom Soforttyp genetisch bedingte niedrige Spiegel bzw. Fehlen des Komplement-Esterase-Inhibitors (C_1.-Inaktivator). Therapie dieses autosomal dominanten Effekts durch Androgene wie Danazol (200 bis 600 mg/die), weiterhin Aminocapron-Säure oder Tramexansäure. Im Notfall C-Inaktivator-Konzentrat (3.000 bis 6.000 i.E. Behrung i.v.). [12]

Quintana (lat.) f: Fünftagefieber; vgl. Wolhynisches Fieber. [8]

quoad sanationem (lat.): hinsichtlich der Heilung. [2]

quoad vitam (lat.): hinsichtlich der Lebenserhaltung. [2]

Quotidiana (lat.) f: tägliche Fieberanfälle meist durch Doppelinfektion mit Plasmodium vivax. [8]

R

R: Abk. der Einheit → Röntgen. 14

R.: anat. Abk. für → Ramus, Zweig, Ast; pl Rr., Rami. 9

Rabatt (ital.) m: Preisnachlaß. Wird für den Zahnarzt insbesondere im Hinblick auf die Rechnung des Zahntechnikers relevant. Zu unterscheiden vom Barzahlungsrabatt, dem sogenannten → Skonto. R.e von seiten des Zahntechnikers muß der Zahnarzt im Gegensatz zum Skonto an die Krankenkasse bzw. den Patienten weitergeben. Anderenfalls liegen eine Verletzung vertragszahnärztlicher Pflichten sowie ein steuer- und strafrechtlich relevanter Tatbestand vor. 24

Raben|schnabel|zange: Zange zur Extraktion unterer Zähne und Wurzeln mit über die Kante abgebogenen Backen (Abb.). 2

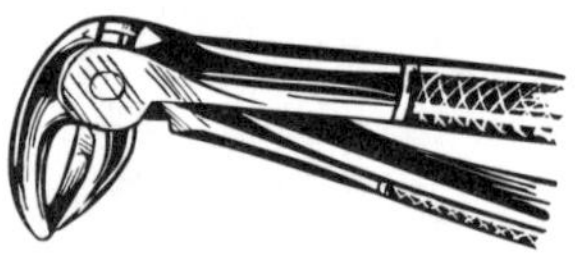

Rabies (lat.) f: Tollwut, → Lyssa. 8

Racéstyp tine®: Flüssigkeit mit Aluminiumchlorid zur Retraktion der Gingiva. 4

Rachen: Pharynx; vor der Halswirbelsäule gelegener, mit Schleimhaut ausgekleideter Muskelschlauch, der oben an die Schädelbasis grenzt und unten in die Speiseröhre übergeht. Er wird in 3 Abschnitte unterteilt: Nasopharynx, Meso- oder Oropharynx und Hypopharynx. In ihn münden die Nasenhöhle, die Mundhöhle und der Luftweg mit dem Kehlkopf. Er dient als Luft- und Speiseweg und ist von großer Bedeutung für die Laut- und Klangbildung. → Pharynxplastik. 9, 19

Rachen|mandel: Rachentonsille; Tonsilla pharyngea (→ Tonsilla). 9

Rachen|mandel|hyper|plasie f: → adenoide Vegetationen. 19

Rachenring, lymphatischer: → *Waldeyer*-Rachenring; ein die Rachenhöhle umgebendes Lymphnetz mit entsprechenden Abwehrfunktionen, das an vier Stellen besonders verdichtet ist (Rachenmandel, zwei Gaumenmandeln, Zungengrundmandel). Darüber hinaus finden sich Verdichtungen an den sog. Seitensträngen. 9, 19

Rachitis (gr.) f: englische Krankheit (weil eine früher in England bes. häufige Krankheit des schnell wachsenden Organismus junger Kinder und Säuglinge dort von *Francis Glisson* 1650 eingehend beschrieben); systematisierte Allgemeinerkrankung infolge Mangels an Vit. D bzw. an Ultraviolettlicht, welches das vom Organismus als Provitamin gebildete 7-Dehydrocholesterin in wirksames Vitamin D_3 bzw. sein Oxidationsprodukt 25 Hydroxi-Cholecalziferol umwandelt. Vit.-D_3-Mangel führt zur ungenügenden Kalziumresorption aus dem Darm und löst über einen sekundären → Hyperparathyreoidismus eine ungenügende Mineralisation des wachsenden Skeletts mit Störung des Knochenwachstums und Knochenverbiegungen (Abb.) aus, die Folge der Knochenweichheit sind. Ebenfalls leidet die Körpermuskulatur (Muskelschwäche) unter der Störung des Kalzium- und Phosphorstoffwechsels (Hypophosphatämie, Störung der Einlagerung von Kalksalzen in die Knochengrundsubstanz). Entwicklung minderwertigen Knorpel- und Knochengewebes (→ Osteoid). Obgleich dieses im Überschuß gebildet wird (→ Rosenkranz, Epiphysenauftreibungen), bleiben die Knochen weich (Wirbelsäulenverbiegungen, Thoraxdeformitäten, O- und X-Beine, Kieferdeformitäten wie offener Biß und Abflachung der Kinnpartie, Kraniotabes, → Caput quadratum als Spätfolgen). Durch Vit. D erfolgt Aktivierung der → Phosphatasen, Fixation von Knochensalzen in Knorpel und osteoidem Gewebe. In den Röhrenknochen findet unter Funktion ein gewisser Ausgleich der Deformierung statt, nicht aber im Kiefer. Kieferorth. schwer zu beeinflussen. Die Stoffwechselstörung führt auch zu mangelnder Kalkablagerung in den Zähnen (bes. Schneidezähnen, 1. Molaren), → Schmelzhypoplasien in bandförmiger Anordnung und verspäteter Dentition. In der Heilphase der R. bei starkem Absinken des Blutkalkspiegels durch Einlagerung in die Knochensubstanz entsteht neuromuskuläre Erregbarkeitssteigerung, rachitogene Tetanie (→ Spasmophilie). Haupterkrankungsalter der R.: 3.-12. Lebensmonat, später selten (Spätrachitis, R. tarda). Therapie: Strahlenbehandlung (Sonne, UV-Licht), Vitamintherapie (Vit. D als kontinuierliche Gabe oder in Form der Vit.-D-Stoßtherapie). Wichtig ist Prophylaxe nach dem Prinzip: Vit.-D-Dosis hoch genug,

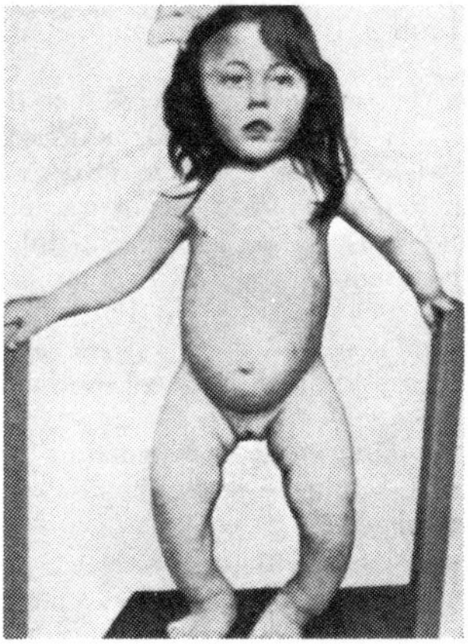

Vollbild der Vitamin-D-Mangel-Krankheit mit Caput quadratum, Thoraxdeformität, schlaffen Bauchdecken, Epiphysenauftreibung der linken Handwurzel und O-Beinen

um der R. vorzubeugen, niedrig genug, um Vit.-D-Schäden zu vermeiden. Hierbei 2 Methoden möglich und gebräuchlich: 1. kontinuierliche Prophylaxe: täglich 400-1000 E. Vit. D; Beginn: 2. Lebenswoche; Dauer: ganzes Säuglingsalter, Kleinkinder in den Wintermonaten. 2. diskontinuierliche Prophylaxe: Vit.-D-Stöße; Dosis: zuerst 5 mg, später 5-10 mg; Beginn: 2. Lebenswoche; Wiederholung im 2., 4. und 6. Monat. Die 1. Methode ist vorzuziehen, die 2. ein brauchbarer Notbehelf bei unzuverlässigen Müttern. Hinzu kommt jeweils die individuelle Prophylaxe (richtige Ernährung, Pflege, Freiluftaufenthalt, kontrollierte Erhöhung der Vit.-D-Dosis bei R.disposition und Schutz der durch Vit. D möglicherweise gefährdeten Kinder vor Überdosierung). Vgl. Rachitis-Spätfolgen am Kiefer, *Lightwood-Albright*-Syndrom. 20

rachitischer offener Biß: → offener Biß. 5

Rachitis-Spätfolgen am Kiefer: infolge einer frühkindlichen Rachitis aufgetretene Knochenschädigungen in Form von Wachstumshemmungen und Deformierungen. Diese drücken sich im Kieferbereich in Höhenunterschieden der Alveolarfortsätze (schiefe Lage der Kauebene), in → offenem Biß, Oberkieferkompression starken bis stärksten Grades (→ Omegakiefer), Überhöhung des Unterkiefermittelteiles, Abflachung des Kieferwinkels und Abknickung des Unterkieferbogens (→ *Schmid-Gussenbauer*-Linie) aus. Spätfolge am Zahn ist die → Schmelzhypoplasie. 5

Rad: Abk. für engl. **r**adiation-**a**bsorbed **d**ose; alte Einheit der → Energiedosis, Zeichen früher rad, später rd. Für die Umrechnung in die SI-Einheit → Gray gilt: 1 rd = 0,01 Gy. 14

Rad|bohrer: Bohrinstrument zum Herstellen von Unterschnitten. Arbeitet im Sinne einer Fräse aus Stahl oder Hartmetall. Vgl. Bohrerformen. 1

Radialis|lähmung: → Fallhand. 20

radicularis: → radikulär. 30

Radikal (lat.) n: Atomgruppe, die bei chem. Umsetzungen unverändert bleibt. Wird oft auch als Rest oder Gruppe bezeichnet, z.B. → Aminogruppe. 10

Radikal|operation der Par|odontitis marginalis f: nach zwei Entlastungsschnitten bis einige Millimeter in die Alveolarmukosa werden diese durch einen paramarginalen Schnitt verbunden (→ Schnittführung, parodontalchirurgische), Taschenepithel und entzündetes Bindegewebe werden von der Gingiva nach Lappenbildung abpräpariert. Der Lappen wird so weit extendiert, daß mindestens 2-3 mm des Alveolarknochens freiliegen. Nach Scaling und Root planing wird der Knochen modelliert (insbesondere bei infraalveolären Taschen), um eine ideale anatomische Unterlage für den zurückgeklappten Lappen zu erhalten. Der Weichteilrand wird auf das Niveau des Knochens eingekürzt. Die Methode wurde aufgrund der ästhetisch schlechten Ergebnisse (weitreichende Gingivarezession) und des ausgedehnten Attachmentverlustes zugunsten weniger radikaler, modifizierter → Lappenoperationen verlassen. 6

radikulär: radicularis; eine Wurzel (Zahnwurzel oder Nervenwurzel) betreffend, zu einer Wurzel gehörend. 30

Radio|aktivität f: Eigenschaften einiger Elemente wie z.B. → Uran, → Radium, Aktinium und → Thorium, beim spontanen Zerfall ihrer Atomkerne Energie in Form von Strahlen auszusenden (natürliche R.). Radioaktive Elemente können Alpha- (α), Beta- (β) und Gamma- (γ)

Strahlen aussenden. Alpha-Strahlen sind Heliumkerne mit hoher (20.000 km/sec) Geschwindigkeit, geringem Durchdringungs- aber hohem Ionisierungsvermögen, β-Strahlen sind Elektronen mit sehr unterschiedlicher Geschwindigkeit (bis nahezu Lichtgeschwindigkeit), hohem Durchdringungs- aber geringem Ionisierungsvermögen. Sie sind durch elektromagnetische Felder ablenkbar. γ-Strahlen sind elektromagnetische Wellen wie Röntgenstrahlen, aber von höherer Frequenz. Sie haben großes Durchdringungsvermögen und sind durch elektromagnetische Felder nicht abzulenken. Durch künstlich herbeigeführten Kernzerfall lassen sich radioaktive Elemente fast aller Elemente, Radioisotopen, herstellen. Deren Strahlung wird in der Medizin zur gezielten Zellzerstörung (Krebs) oder zur Verfolgung von Stoffwechselvorgängen im Körper benutzt. Die Stärke der R. hängt ab von der Menge des radioaktiven Elements und der Zerfallsgeschwindigkeit seiner Atome. Sie ist charakterisiert durch die Halbwertszeit, die Zeit, in der die Hälfte einer ursprünglich vorhandenen Menge eines radioaktiven Elementes zerfallen ist. 10

radio|gen: durch Strahlenwirkung entstanden. 14

Radio|gold: künstlich hergestelltes radioaktives Isotop (^{198}Au), das sich besonders gut zur → Strahlentherapie von malignen Zungentumoren eignet. Es wird in Form von kleinen Stäbchen (Seeds) mit einem pistolenartigen Gerät durch eine Kanüle in das Tumorgewebe eingeführt. 14

Radio|indikatoren m pl: → Indikatoren, → Radiojodtest, → Szintigraphie, → Knochenszintigraphie. 10

Radio|jod|test m: wichtige diagnostische Methode zur Prüfung der hormonellen Tätigkeit der Schilddrüse. Aktivitätsmessung über dem Organ (→ Szintigraphie) nach Verabreichung einer Spürdosis (→ Indikatoren): 1. Geschwindigkeit der Jodion-Aufnahme aus dem Blut; 2. Deponierung der Jodidmenge in der Schilddrüse; 3. hormonelle Sekretionsgröße. Differenzierung zwischen heißen und kalten Knoten, Diagnostik versprengter Drüsenanteile, z.B. → Zungengrundstruma. 20

Radio|logie f: Lehre von den ionisierenden Strahlen. Die med. R. befaßt sich mit den Wechselwirkungen zwischen der ionisierenden Strahlung und dem menschlichen Organismus und hat als Hauptarbeitsgebiet Röntgendiagnostik, → Strahlentherapie und Nuklearmedizin. Grundlage sind Strahlenphysik und Strahlenbiologie, außerdem beschäftigt sie sich mit dem → Strahlenschutz. 14

radio|luzent: → Aufhellung. 14

radio|pak: → Verschattung. 14

Radio|visio|graphie® f: Röntgenverfahren, bei dem für intraorale Aufnahmen statt des → Zahnfilms ein Strahlensensor verwendet wird. Das Röntgenbild stellt sich auf einem Bildschirm dar. Die Vorteile des R. liegen in einer deutlich geringeren Strahlenbelastung des Patienten, im Fortfall der Entwicklungswartezeit und in den Möglichkeiten zur Bildnachbearbeitung (rechnergestützte → Bildanalyse). 14

Radis motoria, Radis sensoria (lat.) f: motorische und sensible Wurzel des → Nervus trigeminus. Früher (BNA) Portio minor, Portio major. 9

Radium (lat.) n: radioaktives Element (→ Radioaktivität), Symbol Ra, Ordnungszahl 88, Atomgewicht 226,05. Kommt in Spuren in den Mineralien des Urans vor, aus dem es über verschiedene Zwischenstufen entsteht. Infolge ihrer Radioaktivität werden Radiumpräparate zu therapeutischen Zwecken (z.B. Behandlung bösartiger Tumoren) und in der Physik (als Quelle korpuskularer Strahlen) benutzt. → Radiumtherapie. 23

Radium|emanation f: → Emanation. 10

Radium|therapie f: → Strahlentherapie, bei der überwiegend die → Gammastrahlen der natürlichen Radioaktivität des → Radiums genutzt wird. Das Radiumpräparat wird durch Träger in Kontakt mit dem Tumor gebracht. Die interstitielle Applikation in Form der Spikkung mit Radiumnadeln, früher eine viel geübte Bestrahlungsmethode bei bösartigen Zungentumoren, wurde durch die Therapie mit → Radiogold verdrängt. 14

Radix-Anker®: → Stiftverankerung. 1

Radix clinica f: → Zahnwurzel. 30

Radix dentis (IANC) f: → Zahnwurzel. 30

Radix linguae (IANC) f: Zungenwurzel. 9

Radix relicta f: zurückgelassene Wurzel, Zahnwurzelrest im Kiefer nach Zahnextraktion. → Fraktur. 2

Radon (lat.) n: chem. Element, Symbol Rn, Ordnungszahl 86, radioaktives Edelgas. Tritt in vielen Heilquellen auf, die in der Nähe von Uranlagern entspringen. 23

Ragade (gr.) f: → Rhagade. 12

Ramfjord-Par|odontal|index m: Index zur Erfassung von Parodontalerkrankungen im Rahmen von epidemiologischen Studien, dem → *Russel*-Parodontalindex ähnlich, zusätzlich noch ein Zahlensystem zur Bewertung der ätiolog. Faktoren wie Konkremente, Plaque, Okklusionsverhältnisse u.ä. Der R. ermöglicht eine Korrelation der ätiolog. Faktoren mit der Schwere der Erkrankung. [6]

Rami dentales m pl: zu den Zähnen ziehende Arterien. Sie entspringen aus der A. alveolaris superior posterior für die oberen hinteren Zähne, aus den Aa. alveolares superiores anteriores

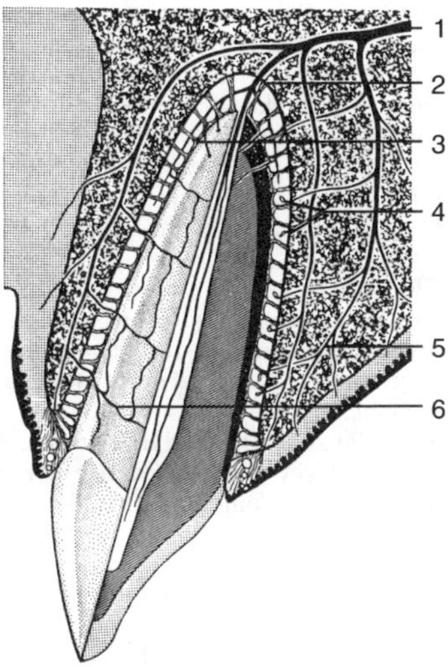

Arterien zur Versorgung des Zahns und Parodontiums
1: Arteria alveolaris superior anterior; 2: Arteria dentalis; 3: Rami desmodontales longitudinales; 4: Rami perforantes alveolares; 5: Arteria interalveolaris; 6: Arteria periodontalis circulata. [4]

für die oberen vorderen Zähne und aus der A. alveolaris inferior für die unteren Zähne. Die R. d. versorgen die → Pulpa dentis und das → Parodontium (Abb.). [30]

Ramifikation f: Verästelung, z.B. von Blutgefäßen oder Wurzelkanälen. Vgl. Delta apicale. [30]

Rampant caries (engl.) f: floride Karies. [29]

Ramsay-Hunt-Syndrom n: → *Hunt*-Neuralgie. [11]

Ramus (lat.) m, pl Rami: Abk. R., pl Rr.; Zweig eines Gefäßes, eines Nervs, einer Bronchie, Ast eines Knochens, z.B. R. mandibulae: der aufsteigende Ast des Unterkiefers mit den Processus condylaris und coronoideus. Abb. → Mandibula. [9]

Rand|leiste: Wulst am mesialen und distalen Rand der Kauflächen von Prämolaren und Molaren (Abb.). Schützt den → Approximalraum vor dem Einbeißen von Speiseresten. [1]

Randleisten eines Prämolaren

Randolf-Metall: Goldersatzlegierung; für Phantomarbeiten, als halbrunder Draht früher für Kieferbruchschienung verwendet. Enthält 66% Kupfer, 33% Zink, 1% Eisen, 0,5% Blei. Nicht mundbeständig! [4]

Randomisierung (engl.) f: zufälliges Herausgreifen von Elementen einer statistischen → Grundgesamtheit, ergibt eine → Zufallsstichprobe. Die R. wird sowohl bei Experimenten als auch bei epidemiologischen Studien benutzt, um diese vom Aufwand her durchführbar zu machen. [26]

Rand|prominenz f: stärker ausgeprägtes Bogen- oder Krümmungsmerkmal im basalen Kronenabschnitt der mesiovestibulären Fläche einer Zahnkrone. Sie ist besonders stark bei Milchzähnen ausgeprägt und kann bei Milchmolaren die Form eines Tuberculum molare (→ Tubercula marginalis) annehmen. [30]

Rand|schluß: exaktes Anliegen der Füllungsränder an den Kavitätenwänden. Bei fehlerhaftem R. Gefahr der → Sekundärkaries. Die Herstellung eines guten Randschlusses ist am besten bei Einlagefüllungen möglich. Bei Kompositfüllungen gelegentlich Probleme wegen Materialschrumpfung. [1]

Rand|tuberkel m: Tuberculum marginale; kleine Erhebung auf der Schneidekante von Inzisiven jüngerer Menschen. In der Gebrauchsperiode schleifen sich die R. ab. [30]

Range (engl.): → Variationsbreite. [26]

Ranken|angiom n: Haemangioma racemosum (→ Hämangiom). [32]

Ranken|neurom n: plexiformes Neurom; Neurofibrom, dessen verdickte, aufgetriebene, verzweigte und verflochtene Nerven ein Knäuel bilden. [32]

Rank-Halbkrone (Alfred R., Prothetiker, Berlin, *1885, † 1961): → Halbkronen, → Teilkronen. [4]

Ranula (lat.) f: Fröschleingeschwulst (Abb.). Retentionszyste, mit Speichel gefüllt, livide verfärbt, im Mundboden unterhalb der Zunge, ausgehend von zystischer Ausweitung des Ductus einer Speicheldrüse. Name wegen gewisser Ähnlichkeit mit dem Kehlsack des Frosches. Therapie: Exstirpation, die bei großen Gebilden

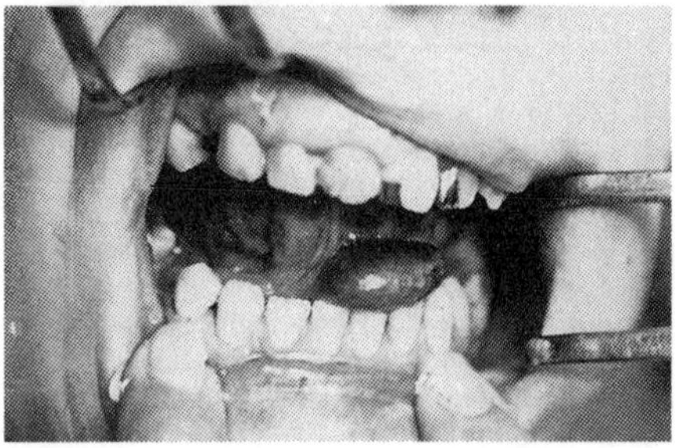

jedoch oft nicht vollständig gelingt. Hier Abtragung der Oberfläche des Zystenbalges und Vernähung der Randpartien mit der Mundschleimhaut, so daß diese zur Nebenbucht der Mundhöhle wird. Bei Rezidiven Drüsenexstirpation. [2]

Raphe (gr.) f: Bez. für nahtähnliche Gebilde, z.B. die R. palati (Gaumenleiste), die deutliche Erhebung in der Medianlinie der Schleimhaut des harten Gaumens, die nach vorn in einem stärkeren Wulst, der Papilla incisiva (hinter den mittleren Schneidezähnen), ausläuft und seitlich mehrere leicht gewundene Querwülste, die Gaumenfalten (Plicae palatinae transversae), aussendet. [5]

Raphe-Median-Ebene: Abk. RME; sagittale Schädelmittenebene nach *Körbitz* entlang dem Verlauf der Raphe palati. Zur Bestimmung der

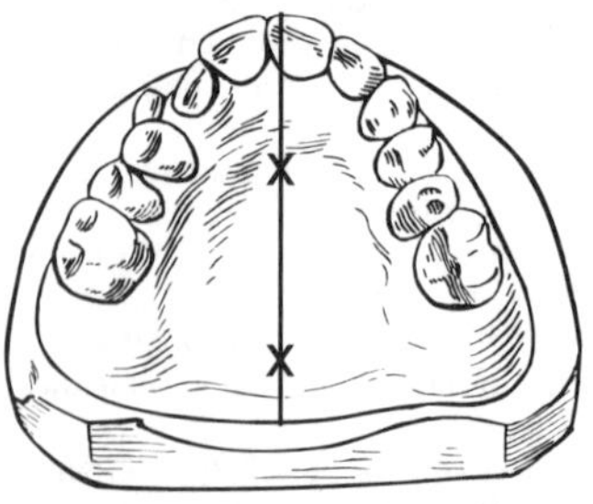

Meßpunkte zur Bestimmung der Oberkiefermitte

Oberkiefermitte werden zwei Meßpunkte auf dem unveränderlichen Teil der Raphe gewählt, der erste in Höhe der zweiten Gaumenquerfalte und der zweite am Übergang vom harten zum weichen Gaumen etwa in Höhe der zweiten Molaren (Abb.). Die RME dient zur Ausmessung transversaler und sagittaler Abweichungen. In ihrem vorderen Abschnitt kann sie wie auch das Lippenbändchen infolge Verdrängung der Schneidezähne ebenfalls verschoben sein (Mittellinienverschiebung im Oberkiefer). Sie entspricht aber nicht unbedingt der → Mediansagittalebene. [5]

Raphe-Papillen-Transversale f: Abk. RPT; von *Schmuth* definierte Senkrechte auf der → Raphe-Median-Ebene im Bereich des rückwärtigen Endes der Papilla incisiva, wo das vordere Gaumenfaltenpaar entspringt. Die RPT soll im Normgebiß die Eckzähne überqueren. Bei Aufwanderung von Seitenzähnen (auch symmetrisch) überquert die RPT weiter mesial. Bei der Planung einer → Extraktionstherapie kann die RPT Hinweise geben. Zur eindeutigen Beurteilung benötigt man ein Meßgerät, z.B. das orthodontische → Visiermeßkreuz nach *Schmuth*. [5]

Rapidly progressive peri|odontitis (engl.) f: → RPP. [6]

Rarefikation f: Rarefizierung; Gewebsabbau, spez. des Knochens durch Resorption von Knochengewebe, funktions- und altersbedingt oder pathologisch. R. der Alveolen: → Höhenabbau, → Seitenabbau. [6, 32]

Raschkow-Plexus (Isaak R., Arzt, Breslau, 1835) m: Nervengeflecht in der Randzone der Pulpa, das sich mit den Odontoblasten in den Dentinkanälchen bis in das Prädentin fortsetzt. Vgl. Pulpa dentis. [30]

Raspatorium (lat.) n: Instrument zum Abschieben der Knochenhaut vom Knochen. Meist Modell nach *Williger* (Abb.). → *Trélat*-Häkchen. [2]

Rassel|geräusche: Abk. RG; auskultatorisch über der Lunge wahrnehmbare Nebengeräusche durch respiratorisch bewegte Schleim- oder Flüssigkeitsmassen. Trockene RG bei zähem Schleim in den Bronchien: Giemen, Pfeifen, Brummen, Schnurren. Feuchte RG durch flüssigen, blasenziehenden Bronchialinhalt, je nach Weite der betroffenen Bronchien fein-, mittel- oder grobblasig. Klingende RG durch gute Schalleitung über luftleer infiltriertem Lungenbezirk (Pneumonie). [20]

Rasten|band: mit aufgeschweißtem Widerlager (meist einem horizontalen Drahtstück) versehenes Band um einen natürl. Zahn, das der Klammer einer Immediatprothese oder eines orthod. Apparates vorübergehend Halt gibt. [4]

Raster|elektronen|mikroskop n: → Elektronenmikroskop. [10]

Rathbun-Syndrom n: → Hypophosphatasie. [1]

Rathke-Tasche (Martin Heinrich R., Anat., Zool., Königsberg, *1793, † 1860): am Dach der primitiven Mundhöhle an der Grenze zwischen dem Ektoderm, der → Mundbucht und dem Entoderm des Darmrohres gelegene taschenförmige Vertiefung mit der Anlage der → Adenohypophyse. [9,22]

Rationalisierung (lat.) f: A l l g .: Gestaltungsprinzip zur Steigerung der Zweckmäßigkeit und Wirtschaftlichkeit. Im zahnmedizinischen Bereich Optimierung der → Arbeitsgestaltung unter Berücksichtigung fachlicher, technischer, hygienischer, ergonomischer, organisatorischer, berufsethischer, wirtschaftlicher und rechtlicher Kriterien. P s y c h o l .: nicht bewußt vorgenommene pseudosachliche Argumentation zur Abwehr eines wahren Sachverhaltes. Vgl. Abwehrmechanismus. [13,21]

Ratten|schwanz|feile: mit Widerhaken versehene aufgerauhte Rundfeile zur Säuberung und Erweiterung des Wurzelkanals (Abb.). [1]

Raucher|belag: braune Verfärbung der Zahnbeläge und des Zahnes infolge starken Tabakgenusses. Vgl. Zahnbeläge. [1]

Raucher|stomatitis f: → Leukokeratose. [11]

Rauheit: Gestaltabweichungen, z.B. Rillen und Riefen, die bei der Betrachtung bearbeiteter Oberflächen festzustellen sind und durch die angewandten Arbeitsmittel oder den Vorgang der Spanbildung verursacht werden (→ Rauhtiefe).[21]

Rauhe-Sauger (Carl R., „Zahnkünstler", Düsseldorf, *1846, † 1928): Vorrichtung zur Befestigung eines Gummiplättchens in einer Vertiefung an der Gaumenseite totaler Plattenprothesen zur Erhöhung der Saugkraft. Schädigt die Gaumenschleimhaut, veraltet. [4]

Rauh|tiefe: Abk. Rt; der bei Betrachtung eines aufgezeichneten Rauheitsprofils, z.B. durch Schleifen und Polieren einer bearbeiteten Werkstück-Oberfläche, zu erfassende Abstand der Profilerhebungen bis zum tiefsten Profiltal innerhalb der Meßstrecke. Technische Einheit: Rt. [4,21]

Rausch|narkose f: flache Narkose, Bewußtsein teilweise erhalten. [2]

Rautek-Griff: Rettungsgriff zum Transport von Notfallpatienten aus der → Gefahrenzone an eine geeignete Behandlungsstelle: Zugänglichkeit von allen Seiten, harte Unterlage für eine eventuell notwendige Herz-Lungen-Wiederbelebung. Der R. kann von einer Person durchgeführt werden, ein zweiter Helfer erleichtert durch Anheben der Beine die Ausführung des Transportes. [16]

Rauvier-Schnür|ringe (Louis Antoine R., Anat., Paris, *1835, † 1922): Einschnürungen der Markscheide der Nervenfortsätze, die den Grenzen der → *Schwann*-Zellen entsprechen. (Abb. → Neuron) [9]

Raynaud-Syndrom (Maurice R., Neurol., Paris, *1834, † 1881) n: meist mit einem Grundleiden auftretende angioneuropathische periphere Durchblutungsstörung der Finger, anfallartig und fast nur bei Frauen auftretend. Symmetrischer Befall unter Aussparung der Daumen. Anfall verläuft in mehreren Phasen über Blässe, Zyanose und Rötung der Finger bei unterschiedlicher Schmerzhaftigkeit. Auslösung durch Kälteeinwirkung oder psychische Erregung. Symptomatologie: sog. Leichenfinger, intermittierende symmetrische Ischämie der Hände. Kann bis zu mehreren Tagen dauern und zu → Nekrosen führen. Vgl. Akrozyanose, Angioneurose. [12,20]

Razemat (lat.) n: Gemisch aus der rechtsdrehenden und linksdrehenden Form optisch aktiver Verbindungen; auch als razemisches Gemisch bezeichnet. [23]

razemös (lat.): trauben- oder rankenförmig. [9]

RC-Prep®: Präparat zur chemischen Aufbereitung des Wurzelkanals, enthält → EDTA und Harnstoffperoxid. [1]

rd: Abk. der Einheit → Rad. [14]

Re|ab|szedierung f: wiederholtes Aufreten von → Abszessen, z.B. bei → Aktinomykose. [2]

Reagenz (lat.) n, pl Reagenzien: jede Chemikalie, die zur Charakterisierung oder zum Nachweis von chemischen Verbindungen oder deren Bestandteilen dient. [23]

Reagenz|glas: Proberöhre, Eprouvette; zur Durchführung chemischer Reaktionen benutztes, an einem Ende verschlossenes Glasröhrchen. [23]

Reagenz|papier: Fließpapier, auf das ein Reagenz aufgebracht ist. So dient z.B. mit Stärkelösung getränktes Papier zum Nachweis von Jod (Blaufärbung). [23]

Reaktion (lat.) f: Gegenwirkung. **1.** C h e m .: Umwandlung von Stoffen. **2.** P a t h o l .: die Gegenwirkung des Organismus auf schädliche Einwirkungen. **3.** I m m u n o l .: Bindung von Antigen an Antikörper (und umgekehrt). **4.** P s y c h o l .: kleinste psychologische Einheit des → Verhaltens, das sich aus R.en zusammensetzt; der Begriff R. ist auch definiert als Antwort auf spezifische Außenreize oder Auslöser, er ist eine Abstraktion, die von der psychischen Qualität absieht. [13,23]

Reaktions|diagnostik, ex|pektative f: Diagnostik ex iuvantibus; Festlegung der weiteren Therapie aufgrund der Reaktion auf bereits palliativ angewendete Mittel oder Methoden. Bei der Behandlung einer → Pulpitis empfohlenes Verfahren, weil wegen der topographischen Besonderheit der Pulpa eine exakte Diagnose selten gestellt werden kann. [1]

Reamer (engl.) m: schneidende Handinstrumente zur Wurzelkanalerweiterung aus spiralig gewundenem, konisch zugeschliffenem Stahldraht mit dreieckigem oder quadratischem Querschnitt (Abb. → *Kerr*-Nadel). [1]

Reanimation f: Herz-Lungen Wiederbelebungsmethoden; Wiederherstellung bzw. Erhaltung einer für den Gesamtorganismus wirksamen Atmung und Blutzirkulation. Kriterien für Soforteinsatz: Atemstillstand, fehlender Karotispuls, beidseitige Lichtstarre, weite Pupillen, blaßzyanotische Haut und Schleimhäute, Bewußtlosigkeit. Abhängigkeit des Erfolgs von schneller und wirksamer Anwendung: genügende O_2-Zufuhr, sonst nach 4-6 min Hirnschädigung. Ursachen des Atemstillstandes: 1. Verlegung der Luftwege (anatomisch Zunge; mechanisch Fremdkörper, Blut, Schleim; path. Spasmen, Ödem); 2. Atemdepression (Asphyxie, toxische ZNS-Schädigung); 3. Kreislauf-Herzstillstand (vgl. Myokardinfarkt, *Adams-Stokes*-Anfälle, Kammerflimmern). Therapie: → ABC der Wiederbelebung. [34]

Re|attachment (engl.) n: insbesondere nach parodontalchirurgischen Maßnahmen eintretende Wiedervereinigung des desmodontalen Bindegewebes mit der Wurzeloberfläche, die noch über intakte Zementstrukturen bzw. desmodontale Zellen verfügt. Dies ist in der Regel nur nach einer traumatischen oder chirurgischen Durchtrennung des Desmodonts zu erwarten. Vgl. New attachment. [6]

Rebasierung f: → Unterfütterung. [4]

Rebound-Effekt, pharmako|logischer m: verstärktes Wiederauftreten der Symptome, die zur Therapie Anlaß gaben, nach plötzlichem Absetzen eines über längere Zeit in bestimmten Dosen gegebenen → Agonisten oder → Antagonisten als Ausdruck der Anpassung des Organismus (z.B. durch Rezeptor-down- bzw. up-regulation). Schlafstörungen, Angst und Spannungszustände treten z.B. nach abruptem Absetzen von → Benzodiazepinen auf, ein Blutdruckanstieg nach plötzlichem Absetzen von Clonidin. [7]

Rebound-Phänomen (engl.) n: Rückstoßphänomen, hauptsächlich in der Endokrinologie benutzter Begriff zur Beschreibung der Erfahrung, daß nach Absetzen einer supprimierenden Therapie (z.B. Thyreostatika oder Steroidhormone) vorübergehend vermehrte Tropinwirkungen die hormonbildenden Drüsen stimulieren. Unerwünschte R.e sind auch bekannt als Hyper-Koagulationen nach plötzlicher Unterbrechung der Kumarinwirkung durch Konaktion oder als Superazidität des Magensaftes nach Absetzen stark wirksamer Antazida. [20]

Recall-System (engl.) n: Vormerksystem für Patienten, die in bestimmten Zeitabständen oder zu einem verabredeten Termin zur Behandlung aufgefordert werden. Vgl. systematische Parodontalbehandlung. [6]

Recessus (lat.) m: Ausbuchtung, z.B. der Kieferhöhle. [9]

Rechtfertigung: Ausschluß der Rechtswidrigkeit eines tatbestandsmäßigen Handelns. Vgl. Aufklärung, Einwilligung. [24]

rechtliches Gehör: aus dem Rechtsstaatsprinzip hergeleiteter Verfahrenanspruch eines jeden Bürgers. Für die gesetzliche Krankenversicherung konkretisiert in den §§ 24 und 25 SGB X. Beinhaltet das Recht zur Stellungnahme und Akteneinsicht. Bei Verletzung des Anspruchs sind Verwaltungs- wie Gerichtsentscheidungen rechtswidrig und aufzuheben. Eine Verletzung kann in der nächsten Instanz geltend gemacht werden. [24]

Rechts|herz|insuf|fizienz f: Leistungsversagen der rechten Herzkammer mit venösem Blutrückstau in die Organe. Vgl. Herzinsuffizienz. [20]

Rechts|medizin f: Wissenschaft, die sich mit juristischen Fragen im Zusammenhang mit Behandlungs- und Verordnungsmaßnahmen befaßt. Insbesondere konzentriert auf ärztliche Haftung. [24]

Rechts|verschiebung: relative Zunahme der segmentkernigen Leukozyten, Auftreten von Abbauformen (Übersegmentierten). Vorkommen u.a. bei perniziöser → Anämie und Leberzirrhose. [20]

Recht|winkel|technik: Röntgentechnik zur

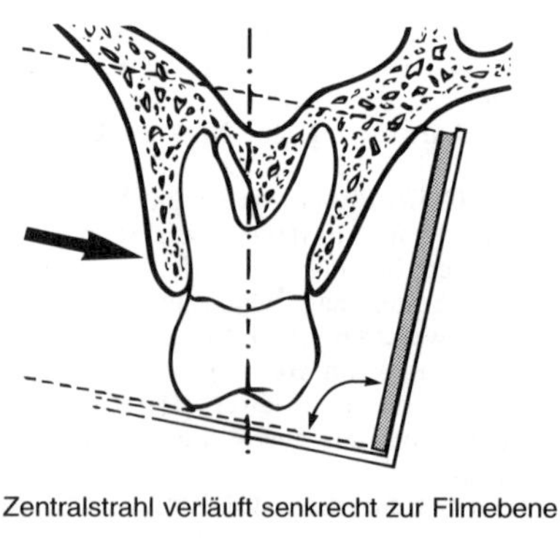

Der Zentralstrahl verläuft senkrecht zur Filmebene

maßstäblichen Darstellung der Zähne auf intraoralen Filmen. Dabei trifft der → Zentralstrahl senkrecht auf die Filmebene (Abb.). Im Gegensatz zur → Paralleltechnik muß der Film nicht parallel zur Zahnlängsachse ausgerichtet sein. In fast allen Regionen der Kiefer nur mit einem → Filmhalter möglich. [14]

Recklinghausen-Krankheit (Friedrich D. von R., Pathol., Straßburg, *1833, † 1910): **1.** → Neurofibromatose. **2.** → Osteodystrophia fibrosa generalisata. [12]

Rectum (lat.) n: → Rektum. [9]

Recycling (engl.) n: Wiederaufbereitung und Verwendung bereits benutzter Rohstoffe. Zhk.: Gold- und Amalgamabfälle, Glasscherben u.a.[21]

Redon-Saug|dränage (Henri R., zeitgen. Kieferchir., Paris) f: perforierter Kunststoffschlauch, der nach umfangreichen Eingriffen in das durch

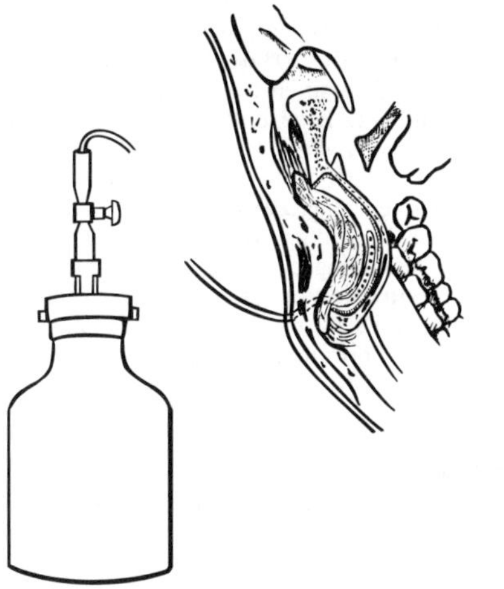

Naht verschlossene Wundbett eingelegt wird und, an eine Saugvorrichtung angeschlossen, nachsickerndes Exsudat absaugt, z.B. nach → Parotidektomie, → Neck dissection, → Zystektomie (Abb.). [2]

Redox|charakter m: Potential zur Aufnahme oder Abgabe von Elektronen. R. hat eine chem. Substanz, wenn sie sowohl in reduzierter als auch in oxidierter Form vorkommen kann, z.B. Methylenblau = Leukomethylenblau (farblos).[23]

Redox-Polymerisation f: Die radikalische Polymerisation des Methylmethakrylats wird durch Benzoylperoxid aktiviert. Reduktionsmittel vermögen diesen Aktivator zu inhibieren (→ Reduktion). Die Redoxreaktion von Reduktionsmittel (z.B. Hydrochinon im Monomer gelöst) und Aktivator (Benzoylperoxid im Überschuß im Pulver) ist daher dem eigentlichen Reaktionsbeginn im Sinne einer Polymerisationsregelung vorgeschaltet. [23]

Redox|potential n: drückt die Elektronegativität einer Substanz aus und wird elektrochemisch gemessen. Stark reduzierende Substanzen haben ein negatives, stark oxidierende Substanzen ein positives Redoxpotential. [23]

Re|dressement (frz.) n: Wiedereinrichten von Teilen, die aus ihrer normalen Lage gekommen sind. R. forcé: gewaltsames Richten, z.B. schiefstehender Zähne, mit der Zange und nachfolgende Schienung. [5]

Reduktasen f pl: → Dehydrasen. [23]

Reduktion (lat.) f: Chem.: Entzug von Sauerstoff oder Anlagerung von Wasserstoff, allg. Herabsetzung der Wertigkeitsstufe eines Elements, wobei das Reduktionsmittel selbst oxidiert, d.h. auf eine höhere Wertigkeitsstufe gebracht wird. Vgl. Oxidation. [23]

Reduktion, phylo|genetische f: die entwicklungsgeschichtl. Rückbildung von Organen; odontologisch → Gebißreduktion. [9]

Reduzier|stück: Untersetzung zur Herabsetzung der Umdrehungszahl rotierender Instrumente in konventionellen Bohrmaschinen. [1]

Re|entry-Operation f: zweiter chirurgischer Eingriff nach Lappenoperation, um temporär applizierte Implantatfolien (→ Guided tissue regeneration) zu entfernen bzw. aus diagnostischen Gründen, um Lage und Form des Knochenabbaus bzw. Wiederanbaus zu bewerten. [6]

Referenz|punkte: → Meßpunkte. [5]

Reflektor (lat.) m: **1.** Hohlspiegel (konkav), der das reflektierte Licht in einem Brennpunkt sammelt. Der in der Hals-Nasen-Ohrenheilkunde und in der Augenheilkunde gebrauchte R. ist in der Mitte durchbohrt, so daß beim Hindurchsehen der Sehstrahl gemeinsam mit dem zentralen Lichtstrahl verläuft. **2.** Hilfsmittel in der → Sachfotografie und in der → Porträtfotografie zur Aufhellung der lichtabgewandten Objektseite. Gut geeignet sind kleine Tafeln aus Styropor, weißer Karton oder zerknitterte Aluminiumfolie. [10, 17]

Reflex (lat.) m: unwillkürlich ablaufende Muskelkontraktion, die durch sensible Reize unter Vermittlung eines Zentralorgans entsteht. Zu ihrer Auslösung ist ein intakter → Reflexbogen erforderlich, bei dessen Unterbrechung Abschwächung oder Aufhebung erfolgt. Einteilung in physiolog. und patholog. R. Der bedingte R. (*Pawlow*) ist an keine bestimmte Reflexbahn von vornherein gebunden, sondern erst im Laufe des Lebens erworben (→ Konditionierung) und kann nach längerer Zeit wieder verschwinden. 33

Reflex|bogen: Regelkreis des peripheren motorischen Systems. Ein einfacher R. (monosynaptischer Reflex) besteht aus einem Rezeptor (im Falle des motorischen Systems aus der Muskelspindel) und einer → afferenten Nervenfaser, die zur Vorderhornzelle des Rückenmarks führt und dort zu einer → efferenten Nervenfaser umgeschaltet wird, die wiederum direkt den Rezeptor anspricht (Abb.). Auf der Basis dieses

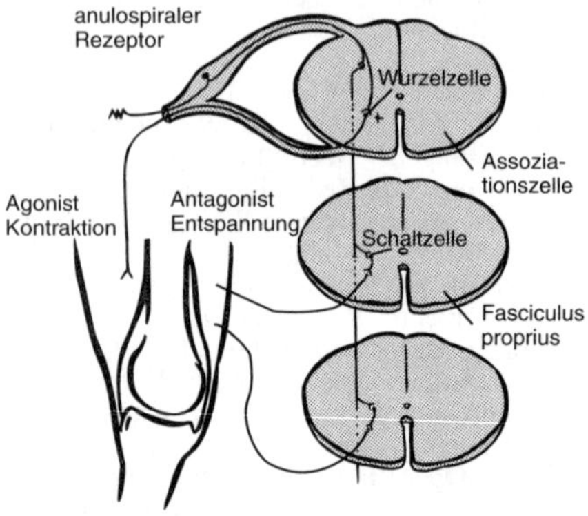

Schematische Darstellung eines monosynaptischen Reflexbogens [20]

einfachen Reflexbogens lassen sich komplexere R. mit Einbeziehung mehrerer Neuronen bzw. auch höherer zerebraler Strukturen erklären. 33

Reflux (lat.) m: Rückfluß. 19

Reformatio in peius f: rechtsstaatlicher Grundsatz, demzufolge eine Entscheidung, gegen die ein Rechtsbehelf eingelegt wird, nicht aufgrund dieses Rechtsbehelfs zuungunsten des Beschwerdeführers geändert werden darf. 24

Refraktärität (lat.) f: Adj. refraktär; bezeichnet den Zustand des Unempfindlichseins gegenüber Einwirkungen. Bei absoluter R. lösen auch stärkste Reize keine Reaktion aus. Relative R.: erhöhter Reizbedarf, d.h. Erhöhung der zur Auslösung einer Reaktion notwendigen Minimalreizstärke (Schwellenerhöhung). Auch benutzt zur Kennzeichnung einer Unempfindlichkeit gegen Gifte, therapeutische Bemühungen etc. 10

Refraktion f: Lichtbrechung, beim Auge das Verhältnis des Gesamtbrechwertes zur Achsenlänge, ausgedrückt in → Dioptrien. 10

Refrakturierung f: absichtliches Zerbrechen eines Knochens nach schlecht geheilter Fraktur. 2

Regel|biß: → Neutralbiß. 5

Regel|biß|einstellung: → Okklusion, → *Zielinsky*-Modus. 5

Regeln: in der → Künstlichen Intelligenz verwendete Darstellung von → Wissen. Häufig wird das Erfahrungswissen des Arztes in „Wenn-Dann-Regeln“ ausgedrückt. 26

Regeln der Kunst: Basis für jede Behandlung lege artis. Beruhen auf den wissenschaftlich definierten Grundsätzen zahnärztlicher Tätigkeit, die für eine ordnungsgemäße Behandlung eingehalten werden müssen. 24

Regel|werk: Zusammenfassung von Regeln für bestimmte Verhaltensweisen: Gesetze (z.B. Gesetz zur Ausübung der Zahnheilkunde, Gesundheitsreformgesetz), Verordnungen (z.B. Röntgenverordnung, Medizingeräte-Verordnung), Vorschriften (z.B. Unfallverhütungsvorschriften VBG 1 und VBG 103 der Berufsgenossenschaft für Gesundheitsdienst und Wohlfahrtspflege), Richtlinien (z.B. Richtlinien des Bundesausschusses der Zahnärzte und Krankenkassen für eine ausreichende, zweckmäßige und wirtschaftliche kassenzahnärztliche Versorgung, Richtlinien der Deutschen Gesellschaft für Hygiene und Mikrobiologie für die Prüfung chemischer Desinfektionsmittel), Berufs- und Prüfungsordnungen (z.B. Berufsordnungen der Zahnärztekammern, Fortbildungsordnung für ZMF), Normen (z.B. DIN, CEN, ISO) und Verträge (z.B. Verträge zwischen Kassenzahnärztlichen Vereinigungen und Krankenkassen). 21

Regen|bogen|haut: → Iris. 9

Regeneration (lat.) f: Heilung, Wiederherstellung. Physiol. R.: Ersatz von Zellen oder Geweben im Rahmen des normalen Verschleißes. Pathol. bzw. reparative R.: Regeneration im Rahmen von Defektheilungsprozessen. Vgl. parodontale Regeneration. 6, 32

Regenerat, keramo|ossäres n: Ergebnis von appositionellem Knochenwachstum auf der Oberfläche und in die Poren von implantierter offenporiger → Hydroxylapatitkeramik. Es kommt hierbei auch zur → Biodegradation der Keramik. 18

Regio (lat.) f: Gegend, bestimmter Abschnitt der Körperoberfläche, z.B. R. submandibularis, submentalis: Gegend unterhalb des Unterkiefers, des Kinnes. 2

regionär (lat.): auf einen bestimmten Bezirk des Körpers ausgedehnt bzw. ihn betreffend, z.B. r.e → Anästhesie, r.e → Gangrän, r.e → Lymphknoten. 34

Registrate (lat.) n pl: Proth.: Artikulationsindikatoren, Hilfsmittel zur Erkennung und Markierung von Kieferstellungen und Antagonistenkontakten in der Okklusion wie Farbstreifen, Wachsplatten u.ä.; → Checkbiß. [4]

Regreß m: Belastung des Zahnarztes mit den Kosten einer Verordnungsweise, die von den Prüfungsinstanzen als unwirtschaftlich anerkannt worden ist. Vgl. Wirtschaftlichkeitsprüfung. [24]

Regression (lat.) f: gibt in der → Statistik (Regressionsanalyse) den Zusammenhang zwischen Zielgröße Y (predictor) und Einflußgröße X (regressor) an, die Regressionsgleichung. Im linearen Fall hat sie die Form Y=a+bX (die Regressionsgerade mit dem Regressionskoeffizienten b und dem Achsenabschnitt a). Ist b positiv, so steigen mit zunehmenden X-Werten auch die Y-Werte. [26]

regressiv (lat.): sich zurückbildend, -entwickelnd. R.e Metamorphose: Rückbildung, z.B. der Urniere. R.e Vorgänge (in der Pathol.): Rückbildung von Funktionen, Zellen, Geweben, meist mit → Atrophie, → Nekrose, → Degeneration, → Entdifferenzierung, → Nekrobiose gekoppelt. [2, 9, 32]

Regulation (lat.) f: Ausgleich (einer Störung).[10]

Regurgitation f: **1.** Wiederhochkommen eben verschluckter Speisen bei Verengung der Speiseröhre. **2.** Zurückströmen des Blutes durch schlußunfähige Herzklappen. [20]

Rehabilitation f: i.w.S. Wiederherstellung, i.e.S. Maßnahmen zur privaten, berufl. und gesellschaftl. Integration körperlich, psychisch oder sozial Benachteiligter. Bei bleibender körperlicher Schädigung erfolgt ggf. eine apparative Versorgung (z.B. durch ein → Hörgerät) bzw. die Anfertigung einer → Prothese oder einer → Epithese. [4, 27]

Rehabilitation, orale f: Wiederherstellung der Zahnreihen beider Kiefer mit konservierenden und prothetischen Mitteln unter besonderer Berücksichtigung der Funktion. Bedeutung erhält die o. R. bei der Gestaltung des Kauflächenreliefs mit Hilfe der → Aufwachstechnik. [4]

Reib|ahle: von *Walkhoff* eingeführte, kantige elastische Stahlnadeln verschiedener Stärke zur Aufbereitung enger Wurzelkanäle (Abb.). [1]

Reibe|geräusch: → Krepitation; Geräusch, das entsteht, wenn entzündete und mit Fibrin belegte seröse Häute, z.B. die Pleurablätter, oder die rauhen Oberflächen von Knochenbruchstücken gegeneinander bewegt werden. [2]

Reichert-Knorpel (Karl B. R., Anat., Berlin, *1811, † 1883): Zungenbeinknorpel, embryonaler Knorpel des 2. Kiemenbogens (Abb.), aus dem sich das kleine Horn (Cornu minus) des Zungenbeins, der Processus styloideus des Schläfenbeins, das Ligamentum stylohyoideum und das → Gehörknöchelchen (Steigbügel) entwikkeln. → *Meckel*-Knorpel. [2, 9, 22]

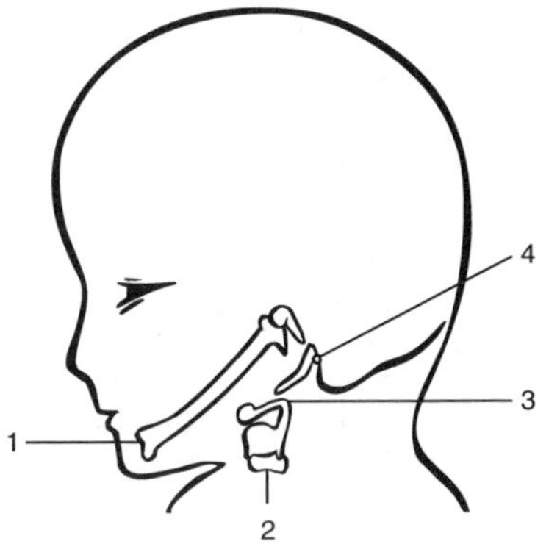

1: *Meckel*-Knorpel (1. Bogen); 2: Knorpel des 4., 5. und 6. Bogens; 3: Knorpel des 3. Bogens; 4: *Reichert*-Knorpel (2. Bogen). [58]

Reichs|versicherungs|ordnung: Abk. RVO; vom 19.7.1911, in der Fassung vom 19.12.1986 (BGBl. I S. 2593); bis 1989 zentrale Rechtsgrundlage des Sozialversicherungsrechts. Durch das Gesundheitsreformgesetz wurden ab 1.1. 1989 die detaillierten Vorschriften über die gesetzliche Krankenversicherung aus der RVO ausgegliedert und im → Sozialgesetzbuch V verankert. [24]

Reihen|extraktion f: Methode nach *Kjellgren* zur Verringerung der Zahnzahl durch Extraktionen bei → Engstand zur Behebung von → Kompressionsanomalien (bes. bei → Eckzahnaußenstand) im Sinne der 10 Jahre später von *Hotz* entwickelten Extraktionsmethode zur → Steuerung des Zahndurchbruchs. [5]

Reihen|verdünnungs|test f: dient zur Bestimmung unbekannter Konzentrationen antibakterieller Wirkstoffe an bekannten Testkeimen (biol. Nachweis) bzw. zur Festlegung der unbekannten Empfindlichkeit von Erregern an bekannten Wirkstoffkonzentrationen. Das Prinzip des Verfahrens beruht darauf, daß der Wirkstoff in geometr. Progression mit Nährbouillon bzw. Nähragar verdünnt wird (1:2:4:8 usw.) und die einzelnen Röhrchen bzw. Platten mit Testkeimen beimpft werden. Nach Bebrütung wird die Verdünnungsstufe festgelegt, in der gerade kein Wachstum der Erreger mehr erfolgt (Endtiter der Bakteriostase, minimale Hemmkonzentration, ausgedrückt in µg/ml oder E/ml). **8**

Re|impaktation f: → Reinklusion. **5**

Re|implantation f: Wiedereinpflanzung (von Zähnen). → Replantation. **18**

Rein|elemente n pl: → Elemente. **23**

Re|infektion f: Wiederinfektion, erneute Ansteckung mit dem gleichen Krankheitserreger. **8**

Re|inklusion f: Reimpaktation, Milchmolarendepression; das Zurückversenken eines normal durchgebrochenen Milchmolaren in den Kiefer (Abb.), meist durch benachbarte bleibende Zähne. Vgl. Intrusion. **5**

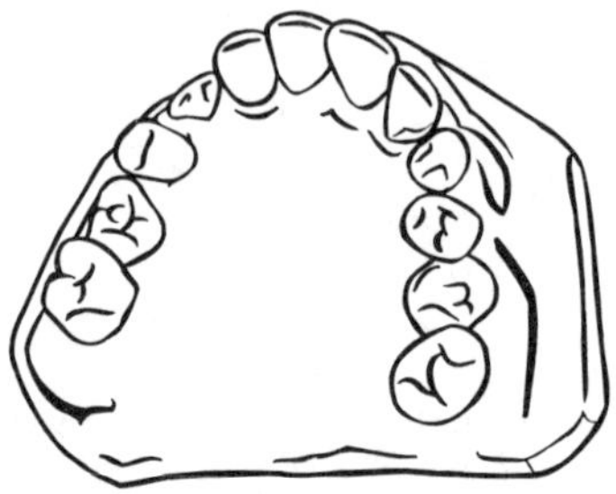

Rein|kultur f: → Kultur, die ausschließlich einen bestimmten Stamm einer Mikrobenart enthält. Im strengen Sinne nur durch Einimpfung einer Mikrozelle in ein Nährmedium möglich (mit dem Mikromanipulator). **8**

Reiß|festigkeit: Zerreißfestigkeit, Zugfestigkeit; Widerstand eines Prüfkörpers gegen Zertrennung unter Zug. Maximale Zugspannung im Spannungs-Dehnungsdiagramm: beim Erreichen dieser Belastung kommt es an einer nicht vorhersehbaren Stelle des bis dahin über seine ganze Länge gleichmäßig deformierten Probekörpers (Gleichmaßdehnung) zu einer Einschnürung, die dann ohne weiteren Kraftanstieg bis zum Bruch an dieser Stelle zunimmt. **4**

Reiß|zahn: → Dens lacerans. **30**

Reiter-Syndrom (Hans R., Bakteriol., Berlin, Kassel, *1881, † 1969) n: allerg., im Anschluß an Enteritiden auftretendes Syndrom des rheumatischen Formenkreises, dessen Hauptsymptome Harnleiter- und Bindehautentzündung sowie Polyarthritis darstellen. Stomatitis. Meist hohes Fieber. Fragl. Beziehung zur pluriorifiziellen → Ektodermose. **20**

Reiter|verankerung: → *Gilmore*-Reiter, → Steggelenk. **4**

Reiz|dentin n: Tertiärdentin, Reaktionsdentin; irreguläres → Dentin, das durch externe Irritation wie thermische und chemische Dauerreize (Abrasion, Erosion, Karies) an entsprechender Stelle im Bereich der → Pulpa entsteht. Seine Bildung wird auf geschädigte Odontoblasten oder spezifische, hartsubstanzproduzierende Zellen zurückgeführt. Vgl. Dentinarten. **1, 30**

Reiz|leitungs|störung: Sammelbegriff für Störungen der kardialen Erregungsbildung und -leitung. Vgl. Asystolie, Bradykardie, Kammerflattern, Kammerflimmern, Tachykardie. **16**

Reiz|leitungs|system des Herzens n: aus spezifischen Muskelfasern bestehendes System, das ohne Vermittlung nervöser Elemente den elektrischen Erregungsreiz schneller als die dazu ebenfalls geeignete Muskulatur vom Vorhof zum Ventrikel und auf die Ventrikelmuskulatur leitet. Besteht aus dem Sinusknoten (*Keith-Flack*-Knoten) in der Wand des rechten Vorhofohres, dem

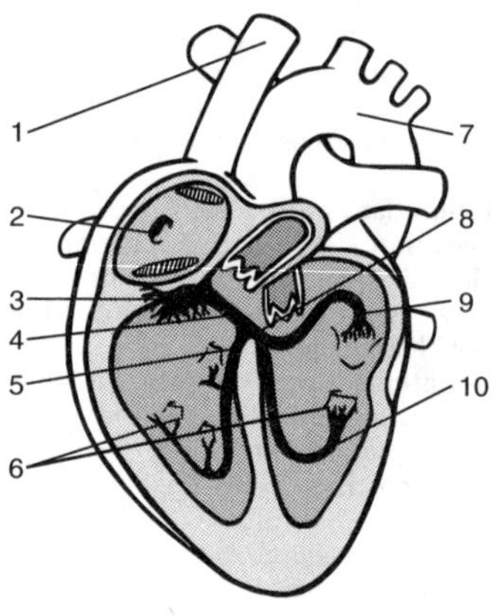

1: V. cava superior; 2: sino-atrialer Knoten; 3: Atrioventrikularknoten; 4: His-Bündel; 5: rechter Schenkel; 6: *Purkinje*-Fasern; 7: Aorta; 8: linker Schenkel; 9: oberer Ast; 10: unterer Ast. [66]

Atrioventrikularknoten (*Aschoff-Tawara*-Knoten) an der rechten Vorhofswand nahe der Vorhofsklappe und dem His-Bündel, das in einem rechten und linken Schenkel im Kammerseptum absteigend die Kammermuskulatur und Papillarmuskeln versorgt. Seine Ausläufer unter das Endokard bilden als *Purkinje*-Fasern ein Netzwerk (*Purkinje*-Netz, Abb.). Das R. bildet selbständig Reize, wobei der Sinusknoten mit einer Frequenz von 60-80/min als Reizursprung dient. Die Frequenz wird durch Vaguseinflüsse vermindert, durch Sympathikuseinflüsse (Accelerans) beschleunigt. **9, 10**

Reiz, mechanischer: Druck, Schlag, Quetschung, Stich, Zug, Erschütterung usw. [10]

Reiz|schwelle: → Schwellenwert. [10]

Rekalzifizierungs|zeit: wichtiger Globaltest zur Diagnostik einer → hämorrhagischen Diathese, der Spontangerinnung des Vollblutes entsprechend und vom Blutthromboplastingehalt abhängig. Verlängerung bei allen Koagulopathien auf 300-900 s (Normalwert 90-120 s), ungeeignet für Thromboseprophylaxe. [20]

Rekompensation f: Beseitigung einer → Dekompensation. [20]

Rekonstruktion f: → *Grünberg*-Rekonstruktion. [5]

Rekonstruktions|platte: starke Osteosyntheseplatte zur Überbrückung von Knochendefekten nach Tumoroperation oder Trauma. → Thorp-Platte. [2]

rekonstruktiv (lat.): wiederherstellend, z.B. r.e Chirurgie (plastischer Ersatz von durch Trauma oder Tumor verlorengegangenen Körperteilen). [4]

Rekonvaleszenz f: Zeit zwischen Abklingen der Krankheit und völliger Genesung. [20]

Rekord|spritze: Spritze aus Glaszylinder mit eingeschliffenem Metallkolben. Leicht zerlegbar und sterilisierbar (Abb.). Jetzt wegen Serumhepatitis (→ Hepatitis) und AIDS meist Einwegspritze aus Kunststoff. [2]

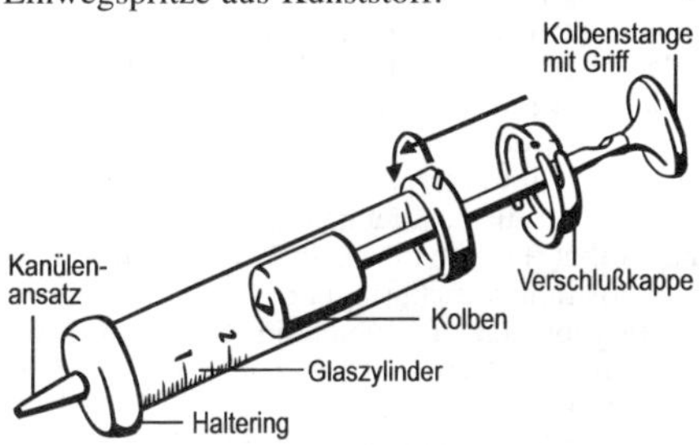

rektal: den Mastdarm (Rektum, → Darm) betreffend. [9]

Rektifikation (lat.) f: Reinigung einer Flüssigkeit durch mehrfache → Destillation. [23]

Rektum (lat.) n: Mastdarm, der untere, mit dem Anus endende Teil des Dickdarms. → Darm, → Verdauungstrakt. [9]

Rekurrens|parese f: Lähmung des N. recurrens des N. vagus, meist durch Kropfoperation. Der Endast des N. recurrens, der N. laryngeus inferior, innerviert die Stimmbandmuskulatur, bei Lähmung klanglose heisere Stimme. Einseitig: → Diphthongie. [20]

rekurrierend (lat.): wiederkehrend, auch rückläufig. [34]

Relaps m: Wiederauftreten einer Krankheit nach Besserung. Vgl. Rezidiv. [15]

Relations|bestimmung: → Bißnahme. [4]

Relations|pathologie f: → Neuralpathologie. [32]

Relation, zentrale f: Scharnierachsenposition, terminale; Position des Unterkiefers, bei der sich die Kondylen (die Unterkiefer-Scharnierachse, → Scharnierachse) in retraler, kranialer und nicht seitenverschobener Lage befinden (auch ohne Zahnkontakt). Besteht dabei Kontakt mit den Zahnreihen, so spricht man von retraler → Kontaktposition. Vgl. Kondylenposition, zentrische. [4]

Relaxations|an|ästhesie f: → Hypnodontie. [2]

Releaser (engl.) m: releasing factors, im Hypothalamus lokalisierte, ausschüttungsfördernde Faktoren, die über das hypothalamisch-hypophysäre Pfortadersystem in den Hypophysenvorderlappen (HVL) gelangen und die adäquaten Reize zur Produktion und Ausschüttung der → glandotropen HVL-Hormone darstellen. → Hypophyse. [10]

Rem: Abk. für engl. **r**adiation **e**quivalent **m**an; alte Einheit der → Äquivalentdosis, Zeichen rem. Für die Umrechnung in die SI-Einheit → Sievert gilt: 1 rem = 0,01 Sv. [14]

Remanit®: → Kobalt-Chrom-Molybdän-Legierungen. [4]

Remineralisation f: erneute Einlagerung von Kalziumphosphaten (vorwiegend aus dem Speichel) in ein durch chem. oder kariöse Einwirkungen teilweise entmineralisiertes Zahnhartgewebe. Bei der R. werden die Lücken zwischen den Kristallen nicht wie bei der → Mineralisation durch erneutes Flächenwachstum der Kristalle geschlossen, sondern durch Ausfällung des von außen zugeführten Materials. Der Defekt kann dadurch überdeckt werden, eine Wiederherstellung des ursprünglichen Zustands erfolgt jedoch nicht. Die R.srate wird durch Anwesenheit von Fluorid beschleunigt. Vgl. Demineralisation. [15, 30]

Remineralisations|lösung: zur Förderung der → Remineralisation auf der Zahnoberfläche verwendete Lösung. Zusammensetzung variabel, Kalzium-, Phosphat- und Fluoridionen erforderlich, pH 6,0. Indikation bei hoher Kariesaktivität, z.B. durch → Xerostomie oder → Zahnhartsubstanzerosion. Spülungen 2-3mal täglich 2-4 Wochen lang, bei Bedarf Wiederholung. Wegen zu niedriger Fluoridkonzentration kein Ersatz für Fluoridprophylaxe. [29]

Remission f: vorübergehendes Zurückgehen einer Krankheit, Nachlassen des Fiebers. [20]

remittierend: zeitweilig zurückgehend. 20

Remontage (frz.) f: Maßnahme zum Ausgleich okklusaler Störungen, die bei der Erstellung einer prothetischen Arbeit entstanden sind. Provisorisch eingesetzte Kronen und Brücken werden nach Erstellung eines Remontagemodells mit Hilfe einer Gesichtsbogenübertragung und einer exakten Kieferrelationbestimmung in einen Artikulator übertragen. Die Störungen werden durch Einschleifen beseitigt. Bei Totalprothesen erfolgt die Korrektur von Okklusion und Artikulation nach einer Tragezeit von einigen Tagen bis Wochen. → Reokkludieren. 4

Remotion (lat.) f: Entfernung, Beseitigung. 34

renal (lat.): von den → Nieren ausgehend, diese betreffend. 9

Renin n: Enzym (Protease), das in Zusammenwirken mit → Angiotensin an der Entstehung der nephrogenen Hypertonie beteiligt ist. 20

Renten|neurose f: zielstrebige neurotische Fehlhaltung und Zweckreaktion mit der Absicht, wirtschaftliche Vorteile in Form von Abfindungen oder Rentengewährung zu erreichen. Hat hysterischen, simulatorisch-aggravatorischen Charakter. Vgl. Hysterie, Neurose. 33

Reogan®: Mittel zur direkten und indirekten Überkappung der Pulpa. 95% Kalziumhydroxyd mit Zusatz von Kasein. 1

Re|okkludieren (lat.): Einschleifen der künstlichen Zahnreihen bei Totalprothesen nach Zurückbringen der Prothesen in den Artikulator unmittelbar nach dem Polymerisieren. Die Prothesen befinden sich dabei noch auf dem Arbeitsmodell, auf dem sie fertiggestellt wurden. Das Ziel beim R. ist die Wiedererlangung der gewünschten Schlußokklusion mit maximalem Vielpunktkontakt und Balanceausgleich. R. ist auch bei partiellen Prothesen und Brücken zur Behebung von Okklusionsstörungen möglich. 4

Re|organisation (lat.) f: Wiederherstellung bzw. Neugestaltung zugrundegegangener anatomischer Strukturen durch Zellneoplasie. 32

Reo|viren n pl: Reo: Abk. für engl. **r**espiratory **e**nteric **o**rphan, RNS-haltige Viren (→ RNS). ∅ etwa 70 nm, Erreger von Infektionen der Luftwege (Pharyngitis, Rhinitis) und des Darmkanals (Erbrechen, Diarrhöe), die in leichter Form verlaufen. Kinder und Jugendliche werden besonders betroffen. 8

Reparation (lat.) f: Wiederherstellung; Erneuerung oder Ersatz von Körpergeweben oder Gewebszusammenhängen, meist durch Granulations- oder Narbengewebe. Reparative Entzündung: die den Heilungsprozeß auch nichtinfizierter Wunden begleitenden Entzündungserscheinungen. 32

reparatives Dentin n: → Reizdentin. 1

Replantation f: Reimplantation; Rück- bzw. Wiedereinpflanzung von Zähnen in die Alveole, die durch Trauma luxiert (posttraumatische R.) oder mit dem Ziel extrahiert wurden, nach einer extraoral durchgeführten Wurzelfüllung wieder eingepflanzt zu werden. Für diese therapeutische R. kommen im allg. nur Zähne in Frage, bei denen der prognostisch günstigere Eingriff der → Wurzelspitzenresektion nicht oder nur schwer durchführbar ist (Molaren) und bei denen röntgenolog. als günstig festgestellte Wurzelverhältnisse eine glatte Extraktion erwarten lassen. Technik: der Zahn, dessen Wurzelkanäle möglichst weit aufbereitet sind, wird nach der Extraktion mit einem sterilen, in körperwarmer, physiolog. Kochsalz-Rivanollösung getränkten Tupfer umfaßt und um den nicht gängigen Teil der Wurzelspitze gekürzt, sodann nach Wurzelfüllung möglichst schnell wieder in die nichtaustamponierte, nur durch einen aufgelegten Tampon geschützte Alveole versenkt und durch Drahtschienen- oder Plattenverband fixiert. Die R. darf nicht im akut-entzündl. Stadium durchgeführt werden. Prognose hängt auf längere Sicht vom Erhaltensein der Wurzelhaut ab. Wo diese fehlt oder abgestorben ist, tritt Verwachsung zwischen Alveole und Zement ein, mit anschließender Resorption und Ossifikation der Wurzel, die zum Verlust des Zahnes führt. Das gleiche gilt für posttraumatische R. 18

reponibel (lat.): in die normale bzw. ursprüngliche Position zurückbringbar. 34

Reposition (lat.) f: Wiedereinrichten von Knochenbrüchen, Verrenkungen (→ Luxation), Hernien. Verb.: reponieren. 2

Repräsentativ|prüfung: Überprüfung der → Wirtschaftlichkeit der vertragszahnärztlichen Behandlungsweise an Hand von ausgesuchten einzelnen → Behandlungsfällen. Vgl. Wirtschaftlichkeitsprüfung. 25

Reproduktion f: fotografische Aufnahme eines Objekts mit geringer Tiefenausdehnung (Vorlage). Im zahnmedizinischen Bereich handelt es sich vorwiegend um die Aufnahme von Textvorlagen (Herstellung von → Schriftdiapositiven, Archivierung) und um die Aufnahme von Röntgenbildern im Durchlicht. Vorteilhaft ist die Verwendung eines → Reprogeräts. Entscheidend für ein gutes Ergebnis ist neben der Stabilität des Reprogeräts die Gleichmäßigkeit der Ausleuchtung. Die Belichtungsmessung bei Textvorlagen sollte über eine Graukarte vorgenommen werden. [17]

Repro|gerät: Hilfsmittel für die → Reproduktion und die → Sachfotografie, insbesondere die → Modellfotografie (Abb.). Durch die integrierte

Reprogerät mit Tageslichtleuchtwannen [17]

Tages- und Kunstlichtbeleuchtung können mit geringem Zeitaufwand standardisierte Ergebnisse erzielt werden. Durch einen auf der Grundplatte montierten Modelltisch sind bei geneigter oder horizontaler Lage des R.s Modellaufnahmen mit reproduzierbaren Ergebnissen zu erhalten. Ein R. mit modifizierter Grundplatte ist die → Fotobühne. [17]

Reproterol: → Bronchospasmolytikum, → Beta-Sympathomimetikum mit hoher β_2-Adrenozeptoren-Spezifität (→ Adrenozeptoren). Wirkungsmechanismus, Nebenwirkungen und Indikation in der Zhk.: → Salbutamol. [7]

RER: Abk. für **r**auhes **e**ndoplasmatisches → **R**etikulum. Durch eine Zytomembran vom Zytoplasma abgegrenzte, miteinander verbundene Zisternen, an deren Wand sich sehr zahlreiche Ribosomen befinden. Die innerste der Zisternen ist die sog. Kernmembran. Das RER dient der Synthese der auszuscheidenden Proteine. Alle RER-reichen Zellen sind basophil. Vgl. Ergastoplasma. [9]

RES: Abk. f. → **r**etikulo**e**ndotheliales **S**ystem. [9, 10]

Resektion (lat.) f: Ausschneidung von Stücken im Verlauf eines Teils, eines Knochen-, Nerven-, Zahnteils usw. [2]

Resektion der Wurzelspitze f: → Wurzelspitzenresektion. [2]

Resektions|prothese f: künstl. Ersatz von Körperteilen, die durch operat. Eingriff verlorengegangen sind. Im Kieferbereich meist nach partieller oder totaler Oberkieferresektion. Auf einer Immediat-Plattenprothese wird zunächst ein

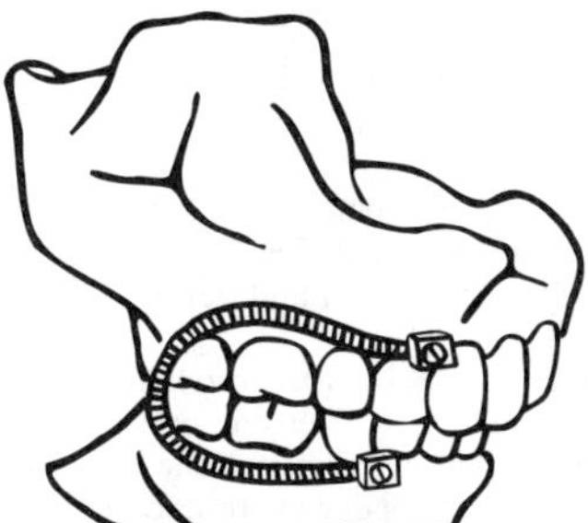

Guttaperchakloß in die Höhle eingeführt, der, nachdem er durch die Weichteile geformt wurde, durch Kunststoff, massiv oder hohl, ersetzt wird (Abb.). Zum Halt sind oft → Gebißfedern nötig. [4]

Reserve|volumen der Lunge, inspiratorisches und **exspiratorisches:** → Vitalkapazität. [10]

resezieren: wegschneiden, ausschneiden; spez. Durchführung einer → Wurzelspitzenresektion. [2]

Resident flora (engl.) f: Standortflora; charakteristische Schleimhautflora, gebildet von Mikroorganismen, die regelmäßig in dem betreffenden → Biotop zu finden sind; Pendant dazu ist die Transient flora (Durchgangsflora), gebildet von Keimen, die nur zufällig und vorübergehend in dem betreffenden Biotop auftreten. Vgl. Mundflora. [8]

Residual|herd: → Restostitis. [1]

Residual|luft: der beim Tiefausatmen in den Lungen noch verbleibende Luftrest, etwa 1200 ccm. → Vitalkapazität der Lunge. [34]

Residual|zyste f: Restzyste; nach Extraktion des ursächlichen toten Zahnes zurückgebliebene oder entstandene radikuläre → Zyste. Wächst unvermindert weiter. [2]

Resilienz (lat.) f: Fähigkeit eines Gewebes od. Materials, zur ursprünglichen Form oder Stellung zurückzukehren; in der Zhk. Bez. für die Eindrückbarkeit der Mundschleimhaut. Durch → Kompressionsabdruck zahnloser Kieferpartien berücksichtigt. → Schleimhautresilienz. [4]

Resilienz|gelenke: → Verbindungselement. Im Gegensatz zu den → Scharniergelenken mit starrer Achse besitzen die R. Bewegungsspielraum vorwiegend in vertikaler, häufig auch in transversaler und sagittaler Richtung, z.B. BMB-Gelenk nach *Beat-Müller* (Abb.), nach *Biaggi* oder

Dalla Bona. Sie dienen zum Ausgleich der unterschiedlichen vertikalen Eindrückbarkeit der Ankerzähne einerseits und der Schleimhaut andererseits. [4]

Resilienz|geschiebe (*Ancorvis*): kann bedingt zu den beweglichen → Verbindungselementen gerechnet werden. Die bewegliche Lagerung wird durch eine Spiralfeder im Inneren des Geschiebes ermöglicht (Abb.). [4]

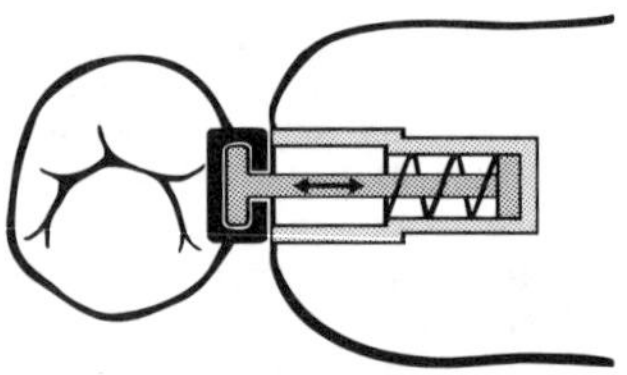

Resilienz|teleskop n: Verbindungselement zwischen partieller Prothese und dem Restgebiß bei nur noch wenigen (1-3) restlichen Zähnen. Zwischen dem Primär- und Sekundärteleskop befindet sich okklusal ein Resilienzspielraum von 0,3-0,5 mm, wodurch die Prothese primär gingival gelagert ist. Der Zwischenraum wird erst in der Funktion bei Belastung der Prothese aufgehoben. → Deckprothese, → Teleskopkrone. [4]

Resistenz (lat.) f: Widerstandsfähigkeit, natürlicher Widerstand gegen äußere Einwirkungen. [8]

Resistenz|bestimmung: Feststellung der Empfindlichkeit von Bakterien gegenüber Antibiotika und Chemotherapeutika in vitro; qualitativ im → Agardiffusionstest, quantitativ im → Reihenverdünnungstest. [8]

Resistenz gegen Infektionen f: unabhängig von Immunität genetisch bzw. konstitutionell bedingte erhöhte unspezifische Widerstandsfähigkeit gegen Infektionen und Krankheiten überhaupt. [8]

Resistenz, infektiöse f: plasmidische Resistenz, Bakterienresistenz gegen Chemotherapeutika und Antibiotika, die in einem → Plasmid genetisch verankert ist. Dieses kann (wie ein Infektionserreger) bei der Konjugation auf eine andere Bakterienzelle der gleichen, einer eng oder auch weniger eng verwandten Art übertragen werden. Auf diese Weise entstehen die Mehrfachresistenzen. [8]

Resistenz von Bakterien f: erhöhte Widerstandskraft gegen antibakterielle Wirkstoffe, artbedingt und stammspezifisch. R. kann primär bestehen, wenn Angriffspunkte für Antibiotika fehlen, und sich sekundär ausbilden. Sekundäre R. entsteht entweder durch Selektion resistenter Mutanten (deren Nachkommenschaft ebenfalls resistent ist) in Gegenwart des betr. Antibiotikums oder ohne Kontakt mit dem betr. Antibiotikum durch Übertragung von plasmidischen Resistenzfaktoren (RTF) von einem Bakterium auf ein anderes gleichartiges oder artverwandtes bei Konjugation. Auch Bildung von → Penizillinase ist an ein → Plasmid gebunden. R. kann allmählich, im Verlauf vieler Bakt.-Generationen entstehen (Penizillin-Typ) oder sprungartig, fast von einer Generation zur anderen. [8]

Resolution f: Lösung einer Krankheit, Aufsaugung eines Ergusses, Schleimlösung bei Katarrhen. [20]

Resonanz (lat.) f: Mitschwingen und -tönen eines schwingungsfähigen Körpers, wenn er im Takt seiner Eigenfrequenz angestoßen wird. Übertragen soviel wie seelischer Widerhall. [10]

Resorption (lat.) f: Aufsaugung, Aufnahme flüssiger oder fester Körper in die Körpersäfte. Im weiteren Sinne auch die der eigentlichen R. vorhergehende Auflösung von Knochen- und Zahngeweben, Tumoren usw. [10]

Resorption der Wurzel f: Abbau der Wurzel, physiolog. bei Milchzähnen während der Entwicklung der 2. Dentition. Patholog.: externe R. d. W. durch → externes Granulom, nach Re- und Transplantationen, Luxationen, forcierter kieferorth. Behandlung, Frakturen (im Bruchspalt) oder apikaler Parodontitis oder als interne R. d. W. bei → Pulpagranulom. [1]

Resorptions|fieber: leichtes Fieber nach Operationen und Blutergüssen durch Aufsaugen der geschädigten Gewebe, ohne daß eine Infektion vorliegt. [20]

Resorzin n: m-Dioxybenzol; starkes Reduktionsmittel. Bakterizide Wirkung wie Phenol. Gelegentlich zur Wurzelbehandlung verwandt. Veraltet. [1]

Respiration (lat.) f: → Atmung; periodische Tätigkeit der Zuführung von Sauerstoff und Abgabe von Kohlensäure. [10]

respiratorische Insuffizienz f: jede Störung der äußeren Atmung, die mit pathologischen Lungenfunktionswerten einhergeht (abnorme Lungenvolumina, Blutgase, Strömungswiderstände). Ursachen: 1. pulmonal: Erhöhung des bronchialen Strömungswiderstandes (Obstruktion bei → Asthma bronchiale) bzw. Verminderung des blähungsfähigen Lungengewebes (Lungenresektion, Atelektase) oder Ausdehnungsbehinderung der Lunge (Restriktion durch Pleuraschwarte, Lungenfibrose, *Hamman-Rich*-Syndrom); 2. extrapulmonal: Ventilationsstörung zentralen, myogenen, ossären Ursprungs (Poliomyelitis, *Bechterew*-Krankheit, Kyphose). [20]

Respons (lat.) m: Reaktion, z.B. eines Gewebes oder Organs auf einem bestimmten Reiz. [32]

Restauration (lat.) f pl: restoration (engl.); Wiederherstellung, Wiedereinsetzen, Rekonstruktion; in der Zhk. Wiederherstellung des Gebisses durch Füllungen, Kronen oder Prothesen. [4]

Rest|gebiß: → Lückengebiß. [4]

Restitution (lat.) f: Wiederherstellung. *Restitutio ad integrum:* Wiederherstellung des ursprünglichen (unversehrten) Zustandes. [4]

Rest-N: → Reststickstoff. [10]

Restorations (engl.) f pl: Restaurationen. [4]

Rest|ostitis f: parodontäre Ostitis. Im Kiefer bei der Extraktion pulpatoter Zähne zurückgelassenes zirkumapikales Granulationsgewebe (Granulom) soll Selbständigkeit erlangen können und angeblich Ursache von Herderkrankungen sein. Umstritten! [34]

Rest|pulpitis f: nach unvollkommener → Devitalisation oder bei → Exstirpation der Pulpa unter Anästhesie zurückgebliebener, entzündeter schmerzender Pulpastumpf. [1]

Reststickstoff: Rest-N; Nichteiweiß-Stickstoff (N) des Blutes, d.h. diejenige Menge organisch gebundener Stickstoff, die nach vollständiger Eiweißfällung des Serums in dem Filtrat zurückbleibt. Normalwerte 20-35 mg-%, Durchschnittswert 30 mg-%. Einzelbestandteile nach *Heilmeyer*:

Harnstoff-N	etwa	15	mg-%
N der Aminosäuren	"	10	mg-%
N des Kreatins	"	1,50	mg-%
N des Kreatinins	"	0,55	mg-%
N der Harnsäure	"	1	mg-%
	etwa	28	mg-%

Der R. gehört zu den harnpflichtigen Substanzen (Schlackensubstanzen), die als Endprodukte des Eiweiß- und Nukleinstoffwechsels u.a. der Eliminierung aus dem Blut bedürfen. Bei Niereninsuffizienz Anstieg des R.s, der zur Harnvergiftung (→ Urämie) mit tödlichem Ausgang führen kann. [34]

Retainer (engl.) m: festsitzende oder herausnehmbare Apparatur zur → Retention eines kieferorth. Behandlungsergebnisses: 1. herausnehmbarer R., z.B. → *Hawley*-Retainer; 2. festsitzender R. (Abb.): Halteapparatur v.a. für den Bereich der Unterkieferfront, entweder als geklebter R. oder über → Bänder (→ Band) befestigt.[5]

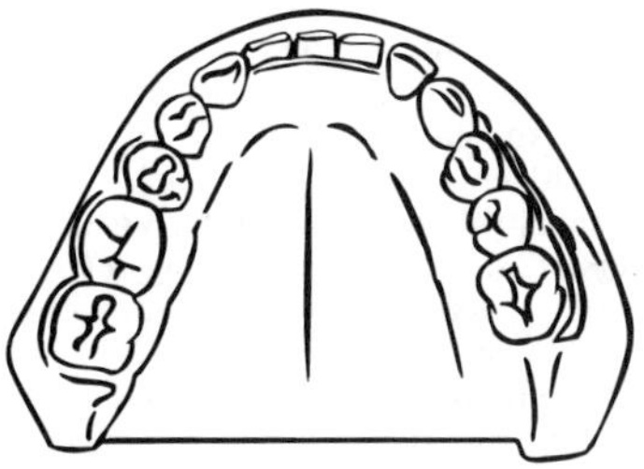

[27]

Retarder (frz.) m: Verzögerer. → Alginate. [4]

Retard|präparate n pl: perorale, feste Arzneiformen, aus denen der Wirkstoff, durch pharmazeut. technolog. Maßnahmen gesteuert, über einen längeren Zeitraum, freigesetzt wird. Ziel ist die Vereinfachung des Dosierungsschemas und/oder die Reduktion von Nebenwirkungen durch Vermeidung von Plasmaspitzenkonzentrationen. [7]

Rete (lat.) n: Netz, netzartige Ausbreitung kleinster Gefäße oder Kanälchen; z.B. R. testis: Teil der → Samenwege, R. Malpighi: Stratum spinosum und Stratum basale der → Epidermis. [9]

Rete capillare pulpae n: Plexus pulpocapillaris, Plexus subodontoblasticus; Kapillarnetz der Pulpa, das sich unter der Odontoblastenschicht verdichtet. Bei jugendlichen Individuen reicht es bis in die Odontoblastenreihe hinein. [30]

Retention f: **1.** Allg.: Zurückhaltung. **2.** Kieferchir.: Zahn-R.; Zustand eines Zahnes, der in annähernd richtiger Lage und Richtung im Kiefer über seine normale Durchbruchszeit hinaus eingeschlossen bleibt. Sie kann durch primäre Keimverlagerung, → Engstand, Zahnfehlbildung, überzählige Zähne, Zysten, Verwachsungen, Geschwülste, Kieferbrüche sowie traumatische, konstitutionelle oder nosogene Schädigung des Follikels oder seines Wachstumsimpulses verursacht sein, aber auch im Rahmen eines Fehlbildungskomplexes auftreten, z.B. bei der → Dysostosis cleidocranialis, der → Dystrophia brevicollis congenita oder dem → *Klippel-Feil*-Syndrom. Vgl. Dystopie. **3.** Kieferorth.: Stabilisierung des Behandlungsergebnisses. Schließt sich der aktiven kieferorth. Behandlung an und sollte so lange andauern wie diese, mindestens jedoch 1 Jahr. Kann mit herausnehmbaren oder festsitzenden Apparaturen durchgeführt werden. Vgl. Retentionsapparat. 5

Retentions|apparat m: Apparat zur Fixierung der Zähne nach kieferorth. Maßnahmen in der erreichten richtigen Stellung. Vgl. Retainer, *Hawley*-Retainer, Positioner. 5

Retentions|form: besondere Gestaltung der Zahnkavität, um durch genügende Verankerung das Herausfallen einer Füllung zu verhindern. Vgl. Kavitätenpräparation. 1

Retentions|hilfen: mechanische Vorrichtungen zur Herstellung oder Verbesserung der Verankerung von versch. Materialien in der Zhk. Vgl. Titan, TMS-System®. 1

Retentions|phase f: letzte Behandlungsphase in der → *Bergen*-Technik. Das erreichte Behandlungsergebnis wird stabilisiert (retiniert). Die R. braucht viel Zeit, da es sonst zu einem → Rezidiv kommen kann. Im Unterkiefer meist Eingliederung eines → Retainers, im Oberkiefer sind Retentionsplatten zu empfehlen. Häufig werden auch → Positioner verwendet. Vgl. Edgewise-Technik. 5

Retentions|prothese f: Befestigung von Plattenprothesen mit Hilfe von dentoalveolären Klammern aus Akrylat, wobei der dem Halsteil der Klammerzähne anliegende Klammerarm aus durchsichtigem Material angefertigt wird (Abb.). 4

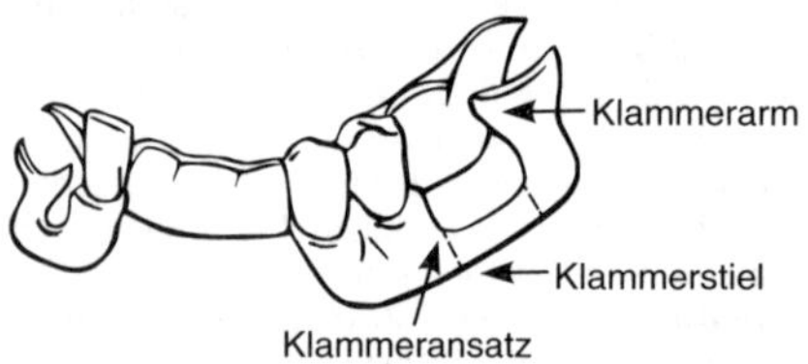

Retentions|stelle: der Reinigung nicht oder nur schwer zugängliche Stelle im Gebiß. R.n. bilden wegen Ansammlung von → Plaque → Prädilektionsstellen für Karies. 1

Retentions|zysten f pl: entstehen bei Sekretverhaltung von Drüsen oder einzelnen Drüsenabschnitten durch Erweiterung vorhandener Hohlräume, z.B. → Atherom, → Mukozele, → Ranula, → Schleimzyste. 2

retikulär (lat.): netzförmig, z.B. retikuläres Bindegewebe: wenig spezialisiertes Bindegewebe, reich an Zellen, mit Retikulinfasern, bildet das Gerüst mancher Organe und erfüllt immunologische Funktionen. 9

retikulo|endo|theliales System n: Abk. RES; systemartige Zusammenfassung bestimmter, meist gemeinsam reagierender, durch Intravitalfarbstoffe wie Trypanblau sich stärker färbender Endothelzellen, Retikulumzellen bzw. Retikuloendothelzellen bestimmter Organe, z.B. der Lymphsinus, der Leber (→ *Kupffer*-Sternzellen), der Milz, des Knochenmarks. Bedeutung bei Stoffwechsel- und Immunisierungsvorgängen (Antikörperbildung); funktionelle Beziehung zu den Blutstammzellen. 10

retikulo|histio|zytäres System n: Abk. RHS; → retikuloendotheliales System, erweitert um Gefäßzellen der Adventitia, die sich in → Histiozyten umwandeln können. 10

Retikulo|sarkom n: → Retothelsarkom. 20

Retikulosen f pl: verschiedenartige Wachstumsprozesse im RES und RHS (Milz, Knochenmark, Lymphknoten, Leber, Gefäßbindegewebe). Man unterscheidet: 1. reaktive R.: → Monozytenangina, Typhus, → Sepsis lenta, generalisierte granulierende Tuberkulose, Katzenkratzkrankheit, *Boeck*-Sarkoid; 2. Lipoidspeicherungs-R.: → *Hand-Schüller-Christian*-Krankheit, *Niemann-Pick*-Krankheit, → *Gaucher*-Krankheit; 3. essentielle R. (unbekannter Ätiologie): *Abt-Letterer-Siwe*-Krankheit, Monozytenleukämie, → Plasmozytom, *Brill-Symmers*-Krankheit, → Lymphogranulomatose, → Mykosis fungoides, eosinophiles Granulom; 4. sarkomatöse R.: a) → Retothelsarkome (z.B. *Ewing*-Sarkom), b) systematisierte Retikulosarkomatose. 20

Retikulo|zyten m pl: → Erythropoëse. 10

Retikulo|zyten|krise f: Vermehrung junger Erythrozyten, der Retikulozyten, als allg. Zeichen für eine gesteigerte erythropoetische Knochenmarkfunktion, z.B. nach Blutverlust, nach Leberbehandlung oder nach Vitamin-B_{12}-Behandlung der perniziösen → Anämie. Schwächere Formen der R. werden als Retikulozytose bezeichnet. 20

Retikulum, endo|plasmatisches n: das kleine Netz innerhalb der Zelle; irreführende nur historisch zu erklärende Bezeichnung für zwei unterschiedliche intrazelluläre Strukturen: das glatte e. R. (→ GER) und das rauhe e. R. (→ RER). 9

Retikulum|zellen f pl: sternförmige ortsbeständige Zellen des Bindegewebes, die die Fähigkeit haben, zu phagozytieren oder auch Retikulumfasern zu bilden. Die R. bilden möglicherweise keine homogene Gruppe. 9

Retina (lat.) f: Netzhaut, innerste Schicht des Augapfels, die dessen hintere Halbkugel auskleidet. Dieses eigentliche Sehorgan, das die Sinneszellen enthält, stellt entwicklungsgeschichtlich eine Ausbuchtung des Gehirns dar, mit diesem durch den Nervus opticus verbunden. Abb → Auge. [9]

retinieren (lat.): zurückhalten. Als retiniert bezeichnet man einen Zahn, der aus irgendwelchen Gründen nicht durchgebrochen ist. → Retention. [2]

Retinitis f: entzündl. Erscheinungen an der (gefäßlosen) Netzhaut (→ Retina), die von den Nachbargeweben auf diese übergehen. [20]

Retothel|sarkom n: → Sarkom, ausgehend von den Zellen des retikulohistiozytären Systems. [32]

retrahiert (lat.): zurückgezogen, zusammengezogen. [34]

Retraktion (lat.) f: Schrumpfung, Verkürzung. In der Kieferorth. nach *Simon* das Zurückgezogensein des Kiefers. Vgl. Gnathostat. [34]

Retraktion der Gingiva f: → Dehiszenz der Gingiva. [6]

Retraktions|fäden: mit → Vasokonstringenzien oder Adstringenzien imprägnierte Baumwollfäden, die, in die Zahnfleischfurche eingelegt, der Blutstillung und dem Abschwellen der Papille dienen. Präp.: Gingi-Pak®, Racéstyptine®, Epipak®, Retrodent®. [4]

Retraktoren (lat.) m pl: **1.** Anat.: die den Unterkiefer zurückziehende Muskulatur. **2.** Fotografie: Hilfsmittel zum Abhalten von Lippen und Wangen bei der → intraoralen Fotografie. Im Handel sind R. aus Metall und Kunststoff in verschiedenen Größen erhältlich. Für okklusale Spiegelaufnahmen empfiehlt es sich, einen der beiden Retraktorschenkel zu kürzen. [9, 17]

retro|bulbär: hinter dem Augapfel gelegen. [9]

Retro|genie f: Rücklage des Unterkiefers, pathol. Bißlage, → Distalbiß. Eine physiol. Rücklage ist die 1. und 2. fetale R. sowie die (noch vorhandene) Unterkieferrücklage des Neugeborenen. Vgl. Bißlage, Mikrogenie. [5]

Retro|gnathie f: Rücklage des Oberkieferkörpers durch Unterentwicklung oder traumatisch bedingt. In extremen Fällen → Mikrognathie. Äußerlich tritt sie oft als Pseudoprogenie in Erscheinung. Vgl. Progenie. [5]

retro|grad: rückläufig. [2]

retro|grade A|mnesie f: → Amnesie. [33]

retro|grade Pulpitis f: → Pulpitis ascendens. [1]

retro|grade Wurzel|füllung: Verschluß des Wurzelkanals nach Abtragung der Wurzelspitze bei → Wurzelspitzenresektion oder → Replantation an der Schnittstelle nach Erweiterung mit Bohrer durch inertes Füllmaterial (Abb.). Bedingt zuverlässig wegen der Gefahr → toter Räume. [2]

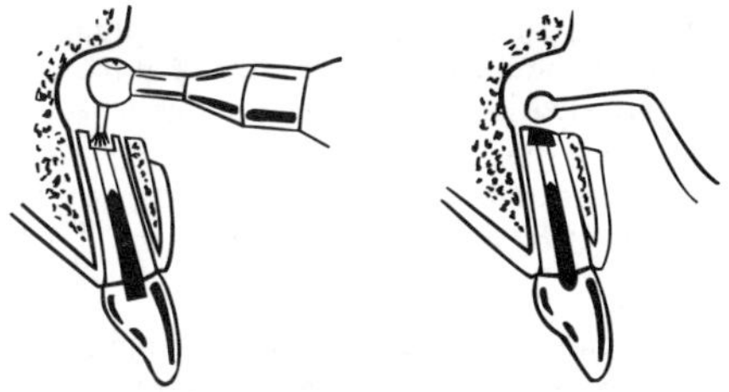

Retrograde Wurzelfüllung mit Wurzelfüllmaterial [53]

Retro|inklination f: Gebißschwenkung nach hinten, schiefes Rückgesicht. Vgl. Gebißwinkel, Vorgesicht. [5]

retro|maxillär: hinter dem Oberkiefer, also hinter dem Tuber maxillae gelegen. [9]

retro|molar: hinter den Molaren. [30]

Retro|molaren m pl: → Distomolaren. [30]

retro|nasal: im Nasen-Rachenraum liegend. [9]

Retro|okklusion f: → Distalbiß. [5]

Retro|pharyngeal|raum: Raum zwischen hinterer Rachenwand und Wirbelsäule. [9]

Retro|position f: Rückverlagerung des Gebisses, Gebißrückstand, gerades Rückgesicht. Vgl. Vorgesicht. [5]

retro|spektive Studie f: Studienform der Epidemiologie, die von eingetretenen Effekten auf die vermutlichen Ursachen zurückschaut. R. S.n werden als → Querschnittsstudien oder als → Fall-Kontroll-Studien durchgeführt. [15]

retrudiert: nach rückwärts verschoben. Vgl. Retrusion. [5]

Retrudierung: → Retrusion. [5]

Retrusion f: sagittale → Biß- und Kieferanomalie im Sinne einer zu großen Annäherung an die → Tuberebene. Unterschieden werden koronale R. (Rückkippung der Zahnkronen), alveoläre R. (Rückstand der Zahnfächer mit den Zähnen) und maxilläre wie mandibuläre R. (Rückstand der Kieferkörper), ferner bialveoläre R. (Distalverlagerung des oberen und unteren Alveolarfortsatzes, z.B. infolge Nichtanlage von Zähnen, sehr selten) und bimaxilläre R. (Distallage beider Kieferkörper, z.B. infolge Wachstumshemmung). Therapie in schweren Fällen durch → Osteotomie. [5]

Rettungs|assistent m: nicht-ärztliches Personal, das im öffentlichen Rettungsdienst eingesetzt wird und über eine spezielle Ausbildung mit staatlich anerkannter Abschlußprüfung verfügen muß. [16]

Rettungs|hubschrauber: für die Belange des Rettungsdienstes speziell ausgerüsteter Hubschrauber, der zumeist mit einem → Rettungsassistenten und einem → Notarzt besetzt ist. 16

Rettungs|leit|stelle: Zentrale des Rettungsdienstes, in der alle Notfallmeldungen eingehen und von der aus das jeweils nächstliegende und geeignete Rettungsmittel zum Notfallort entsandt wird. Vgl. Notarzteinsatzfahrzeug, Rettungshubschrauber, Rettungswagen. 16

Rettungs|wagen: Fahrzeug des Rettungsdienstes, das nach der DIN-Norm 75080 so ausgelegt sein muß, daß Maßnahmen zur Herstellung und zur Aufrechterhaltung der Transportfähigkeit von Notfallpatienten vor und während des Transportes durchführbar sind. Diese Fahrzeuge sind in aller Regel mit → Rettungsassistenten besetzt. 16

Retzius-Linien (Anders R., Anat., Lund, *1796, † 1860) f pl: Anbaulinien, Zuwachslinien, Wachstumslinien; Parallelstreifen; zonenweises Hervortreten von über viele Prismen hinwegziehenden Querstreifen der Schmelzprismen, die in Zahnschliffen bei Durch- oder Dunkelfeldauflicht erkennbar werden. Die fast parallelen Streifen entsprechen den jeweiligen Konturlinien der Schmelzkappe während der Schmelzbildung. Daher zieht nur ein Teil der R. geschlossen über die Kronenhöcker hinweg, der größere Teil endet in → Perikymatien an der Oberfläche (Abb.).

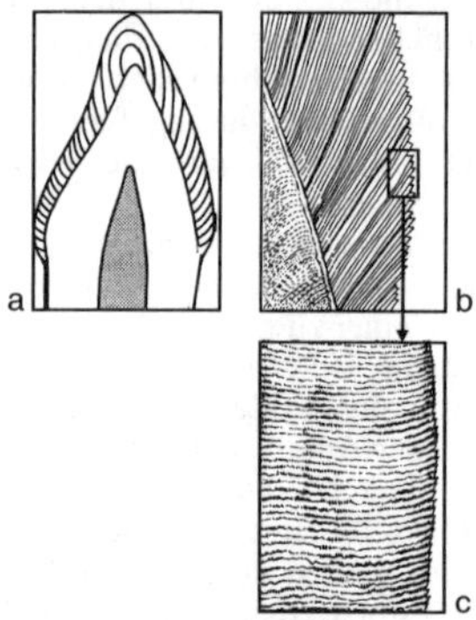

Verlauf der *Retzius*-Linien im Schmelz. a: Prinzip der Verlaufs; b: *Retzius*-Linien; c: Perikymatien.

Die R. sollen Ausdruck der rhythmischen Bildung und Mineralisation des Schmelzes sein. Sie sind bei Milchzähnen nicht so deutlich wie bei bleibenden Zähnen zu erkennen. Eine an Milchzähnen und Sechsjahrmolaren bes. hervortretende R. ist die → Geburtslinie. Vgl. Querstreifung der Schmelzprismen. 30

Revakzination f: Wiederimpfung, Wiederholung der Impfung nach längerer Zeit, z.B. im 12. Lebensjahr gegen Pocken. 8

Revaskularisation f: **1.** Kapillareinsprossung, Wiederdurchblutung z.B. eines infarzierten Gewebes. **2.** Wiederdurchgängigmachen eines verschlossenen oder verengten Blutgefäßes (z.B. durch Thrombolyse oder Bypass-Operation). 32

Revelatoren m pl: → Plaquerevelatoren. 15

Reverdin-Nadel (Auguste R., Chir., Genf, *1848, † 1908): gestielte Nadel für Wundnaht, die ein durch einen Schieber verschließbares Öhr besitzt (Abb.). 12

Reverdin-Plastik f: Überpflanzung kleiner, dünner Hautstückchen (Epidermis und Stratum papillare) auf Wundflächen und granulierende Flächen. Vgl. Plastik, Cutis. 12

Reversal (engl.) f: in der Kariesepidemiologie gebräuchlicher Ausdruck. Bei Untersuchungswiederholungen gelten die Zähne als R.s, die bei der 1. Untersuchung als kariös, bei der 2. aber als gesund registriert werden. Da R.s nur durch Untersuchungsungenauigkeiten entstehen können, gilt ihre Anzahl u.a. als Ausdruck für die Güte der Untersuchung. 1

Rezept (lat.) n: schriftl. Anweisung des Arztes an den Apotheker zur Herstellung oder Abgabe von Arzneimitteln. Das R. muß mit Datum, Anschrift und Unterschrift des Arztes versehen sein sowie Name und Adresse des Patienten enthalten. Die Verschreibung ist eine Urkunde, die Schrift muß mit einem dokumentenechten Schreibgerät ausgeführt sein. Benutzung vorgedruckter Formulare ist für Kassenpatienten und für die Verordnung von → Betäubungsmitteln vorgeschrieben. 7

Rezeption (lat.) f: → Empfang. Vgl. Zahnarztpraxis. 21

Rezeptivität (lat.) f: Empfänglichkeit. 10

Rezeptoren m pl: speziell ausgeformte Empfangsorgane an Haut, Schleimhaut und inneren Organen, die Reize aller Art (phys., hormonal, pharm. u.a.) aufnehmen und in Erregungen (→ Aktionspotentiale) umwandeln, die dann (in der Regel) über Nervenbahnen weitergeleitet werden. I. e. S.: in der Zellmembran oder im Zytoplasma gelegenes Makromolekül, das einen Liganden (1. Botenstoff, z.B. Hormone, Transmitter, Mediatoren, → Pharmaka) mit hoher Affinität, stereoselektiv und überwiegend reversibel bindet, dabei seine Konformation ändert und ein Transducer-System (sog. G-Protein) oder einen

Ionenkanal aktiviert. Über das Transducer-System wird die Bildung der sog. zweiten Botenstoffe (= second messenger, z.B. Inositoltriphosphat, Diacylglycerol, cAMP, cGMP) initiiert. Die Aktivierung der Ionenkanäle führt zu einer Veränderung des Ionenmilieus im Zellinnern (z.B. Anstieg der Calcium-Ionen-Konzentration). Die Bindung des Liganden an den R. erfolgt durch eine oder mehrere der angeführten chem. Wechselwirkungen: Ionenbindung, Wasserstoff-Brükken, hydrophobe Wechselwirkungen, Ion-Dipol-Wechselwirkungen, *Van-der-Waals*-Kräfte. [7, 10]

rezessiv: unterdrückt, überdeckt. R.e Gene zeigen erst in homozygotem Zustand eine faßbare Wirkung. Gegensatz: dominant. [3]

Rezidiv n: **1.** Rückfall; Wiederauftreten einer Krankheit nach (vermeintlicher) Abheilung, z.B. Tumor-R.: Wiederauftreten eines Tumors mit gleicher Histologie am gleichen Ort nach vorausgegangener radikaler Behandlung. **2.** In der Kieferorth. eine rückläufige (Zahn-)Bewegung in Richtung der ursprünglichen → Dysgnathie. Wichtig für das Verhüten von R.en ist die Normalisierung der Funktion nach erfolgter Therapie sowie eine ausreichend langdauernde → Retention. [2, 5, 15]

Rezipient (lat.) m: Chem.: aufnehmender Behälter bei der Destillation. [23]

reziprok (lat.): wechselseitig, umgekehrt, z.B. r.e Abstützung (→ Verankerung), r.e Vorgänge (umkehrbare Reaktionen). [5]

r_H oder **rH:** Abk. für → Redoxpotential. [10]

Rhabdo|myom n: sehr seltener, gutartiger Tumor der quergestreiften Muskulatur. Ist bevorzugt im Herzen oder im Zungen-, Nasenhöhlen-, Larynx- und Nackenbereich lokalisiert. [32]

Rhachi|schisis f: → Spina bifida. [3]

Rhagade (gr.) f: Schrunde, schmerzhafte oberflächliche Einrisse der Haut, bei Schnupfen am Naseneingang, bei → Cheilitis an den Lippen ohne Narbenbildung. → Faulecken, → *Parrot*-Furchen. [12]

Rhaphe: → Raphe. [9]

Rheo|logie (gr.) f: Lehre von den Fließeigenschaften (in der Biologie: von denen des Blutes im Kreislauf), vom Auftreten oder der Änderung der Viskosität bei Flüssigkeiten oder plastischen Massen unter der Einwirkung von Druck-, Zug- oder Scherspannungen. [10]

Rheomacrodex®: → Dextran. [2]

Rheo|stat m: Apparat zur Regelung des Widerstands in einem elektrischen Stromkreis mittels veränderlicher Kontakte. [10]

Rhesus-Faktor m: Rh-Faktor; Blutkörpercheneigenschaft, feststellbar mit Kaninchen-Immunserum, gewonnen durch Immunisierung mit Rhesusaffenblutkörperchen. Rh-Faktor ist bei europäischer Bevölkerung bei etwa 85% nachweisbar (Rh-positiv = D), bei etwa 15% fehlend (Rh-negativ = d). Von Bedeutung, weil Rh-negative Personen durch Zuführung Rh-positiven Blutes

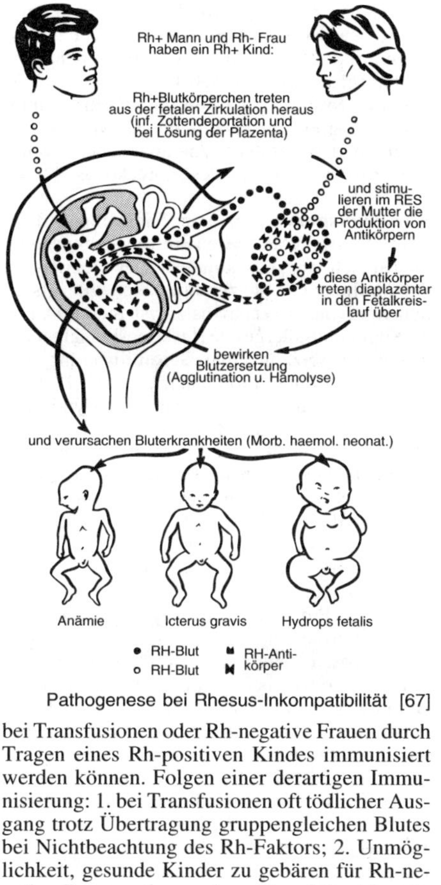

Pathogenese bei Rhesus-Inkompatibilität [67]

bei Transfusionen oder Rh-negative Frauen durch Tragen eines Rh-positiven Kindes immunisiert werden können. Folgen einer derartigen Immunisierung: 1. bei Transfusionen oft tödlicher Ausgang trotz Übertragung gruppengleichen Blutes bei Nichtbeachtung des Rh-Faktors; 2. Unmöglichkeit, gesunde Kinder zu gebären für Rh-negative Frauen, die vor der ersten Geburt bereits durch Übertragung Rh-positiven Blutes ansensibilisiert worden sind; 3. Infragestellung der Geburt von mehr als zwei gesunden Kindern bei Rh-negativen Frauen, die einen Rh-positiven Partner haben. Gefahren der Erkrankung von Kindern derartig ansensibilisierter Rh-negativer Frauen intrauterin oder unmittelbar post partum: 1. Anaemia neonatorum als leichteste Form, therapeutisch meist günstig beeinflußbar; 2. Icterus gravis, meist nicht lebensfähig; 3. Hydrops congenitus universalis (Totgeburt) (Abb.). Vgl. *Coombs*-Test. 10

Rheuma|faktor m: Antikörper überwiegend der IgM-Klasse mit Antikörpereigenschaften gegen IgG, Nachweis im → *Waaler-Rose*-Test (→ Latextest). Vorkommen: rheumatoide Arthritis (etwa 80%), erworbene Bindegewebserkrankungen wie → Erythematodes visceralis oder Sklerodermie (20-30%). Fehlendes Vorkommen beim akuten rheumatischen Fieber. 20

Rheuma|test m: Nachweis der Rheumafaktoren zur Abgrenzung entzündlich aktiver und entzündlich degenerativer rheumatischer Krankheitsprozesse. Vgl. Latextest, C-reaktives Protein, *Waaler-Rose*-Test. 20

Rheumatismus m: Rheuma; Sammelbegriff für schmerzhafte Krankheiten am Bewegungsapparat (Skelett und Muskulatur). Der Begriff des entzündlichen R. bezeichnet eine allergisch-hyperergische mesenchymale Systemerkrankung, eine infektionsallergische Reaktionskrankheit mit der Voraussetzung einer Sensibilisierung und unter Mitwirkung hormonaler (→ ACTH, Kortison; Auffassung als → Adaptationssyndrom), nervaler und anlagebedingt-erblicher Faktoren. Sensibilisierung übewiegend (u.a. beim rheumatischen Fieber) durch Antigenwirkung β-hämolytischer Streptokokken, schubweise ausgehend im Sinne der → Fokalinfektion von lokalisierten, streuenden Herden an Gaumentonsillen, am apikalen und marginalen Parodontium, seltener an Nasennebenhöhlen, Gallenblase, Adnexen, Appendix, Prostata u.ä. Bindegewebige Reaktion mit fibrinoider Verquellung und wachsartiger Nekrose (rheumatisches Frühinfiltrat), dann mit proliferativ-histiozytärer Entzündung unter Bildung typischer R.granulome (*Aschoff*-Knötchen), anschließend allmähliche Vernarbung. 3 wichtige klin. Krankheitsbilder: 1. akutes rheumatisches Fieber (akute Polyarthritis): akute, meist Kinder oder Jugendliche befallende rezidivierende rheumatische Entzündung, meist 10-14 Tage nach Streptokokkeninfekt der oberen Luftwege, häufig remittierendes hohes Fieber. Arthritis der großen und mittleren Gelenke mit sehr früher Herzklappenbeteiligung (Endocarditis verrucosa); 2. chronischer Gelenkrheumatismus (chronische Polyarthritis): keine infektionsallergische Streptokokkenerkrankung, keine Herzbeteiligung, meist afebriler Verlauf, Befall der mittleren und der kleinen Gelenke, Autoimmunkrankheit mit charakteristischen Serumeiweißverschiebungen (→ Rheumafaktor); 3. extraartikulärer Rheumatismus, → Kollagenosen. Therapie des R.: Herdsanierung unter hohem Antibiotikaschutz, sonst sog. Antirheumatika, Nebennierenrindenhormone, Immunsuppressiva. 20

Rheumato|id n: abakterielle, infektiös-allergische, rheumatismusähnliche Erkrankung nach einer Infektion. Als disponierender genetischer Faktor wird der Histokompatibilitätsfaktor HLA_{27} pos. gefunden. Klinik: flüchtige, z.T. auch chronische Gelenkschwellungen bis zu eitrigen Gelenkentzündungen. Formen (ätiologisch): 1. septisches R.: besonders bei Strepto-, Staphylo-, seltener Pneumokokkeninfektionen, oft mit Herzbeteiligung, z.B. Sepsis lenta mit R.; 2. R. bei Gonorrhöe: fast immer nur ein Gelenk (Knie, Ellenbogen, Handgelenk, auch Kiefergelenk), akuter, hoch schmerzhafter Verlauf mit Gelenkzerstörung und Versteifungsneigung, selten mit gonorrhoischer → Endokarditis (Herzinnenhautentzündung); 3. R. bei Scharlach: meist flüchtiger Gelenkbefall mit vollständiger Rückbildung; 4. R. bei Ruhr oder anderen Enteritiden: polyartikulärer Befall mit Neigung zu Gelenkergüssen bei langdauerndem Verlauf (→ Reiter-Syndrom: Konjunktivitis, Urethritis, Polyarthritis); 5. R. bei Lues: im Sekundär- und Tertiärstadium sowohl akute als auch chronisch verlaufende Gelenkentzündung(en); 6. tuberkulöses R. (*Poncet*-Rheumatismus): sowohl mono- als auch polyartikuläre Verlaufsform mit seröser Gelenkschwellung, streng zu unterscheiden von der Gelenktuberkulose; 7. R. bei Anaphylaxie: bei der Serumkrankheit auftretende Gelenkschwellung, intermittierender Gelenkhydrops (besonders im Kniegelenk). 20

Rhexis (gr.) f: Zerreißung. 2

Rhinitis f: Entzündung der Nasenschleimhaut, Schnupfen. 19

Rhinitis atrophicans f: → Ozäna. 19

Rhinitis vaso|motorica f: nervöser Schnupfen, plötzlich auftretend und verschwindend; unabhängig von Pollenallergie etc. 12

rhino|gen: von der Nase ausgehend. 19

Rhino|glossie f: Gaumenspaltensprache; Sprachstörung, die durch eine → Gaumenspalte oder eine seit frühester Kindheit bestehende Gaumensegellähmung hervorgerufen wird. Da dem Kind die Möglichkeit fehlt, während der Lautbildung den normalen Gaumenabschluß herzustellen, ist es zur Zeit seiner Sprachentwicklung vor besondere mechanische Schwierigkeiten gestellt, so daß die Sprache oft bis zur Unverständlichkeit entstellt wird. 19

Rhino|lalia aperta f: offenes Näseln; verschiedengradige Klangstörungen der Sprache, charakterisiert durch im Nasen-Rachen-Raum entstehende Geräusche, durch Mittönen der suprapalatinalen Räume, durch Mißverhältnis zwischen Größe des oralen und des nasalen Resonanzraumes und durch fehlgerichteten Anblasedruck der Exspirationsluft. Eine fehlerhafte Funktion infolge einer Gaumenspalte oder → Gaumensegellähmung ist als R. a. organica im Sinne einer palatonasalen → Dysglossie anzusehen. Fehlt jedoch ein pathol. Organbefund am harten und weichen Gaumen, so spricht man von einem funktionell offenen Näseln (R. a. functionalis), bei dem nur der Klang der Vokale entstellt ist. Es handelt sich um eine funktionelle palatinale → Dyslalie, deren Ursache in schlaffer und nachlässiger Artikulation, falscher Sprechgewohnheit, bewußter Affektation eines mißverstandenen Sprechstiles oder in unbewußter Nachahmung fehlerhafter Vorbilder besteht. Vgl. A-I-Probe und *Czermak*-Spiegelprobe. 19

Rhino|lalia clausa f: geschlossenes Näseln; Klangstörung der Sprache infolge der Resonanzverminderung der drei Nasenlaute m, n und ng oder ihres Ersatzes durch den *Purkinje*-Blählaut. Die Ursachen liegen in Verengungen der Nasenwege durch Septumdeviation, Muschelhypertrophie, Nasenpolypen u.ä., in traumatischen Verwachsungen innerhalb der Nase (R. c. organica anterior), in angeborener → Choanalatresie, in Hypertrophie der hinteren Muschelenden, in → adenoiden Vegetationen oder Nasenrachengeschwülsten (R. c. organica posterior). 19

Rhino|lalia mixta f: gemischtes Näseln; Kombination der Resonanzverminderung der drei Nasenlaute mit der Entstellung aller Mundlaute durch nasale Beiklänge, entsteht durch das Zusammentreffen der Ursachen des geschlossenen und des offenen Näselns. Vgl. Rhinolalia aperta und Rhinolalia clausa. 19

Rhino|logie f: Nasenheilkunde. 19

Rhino|phonie f: näselnde Sprache, spez. bei erworbenen Gaumendefekten. Auch → Rhinolalia aperta. 19

Rhino|phym n: Knollennase, oft erhebliche Verdickung und Rötung der Nase mit Venenerweiterung, Wucherung der Talgdrüsen und Bindegewebsvermehrung mit sekundärer Entzündung der Haut über dem knorpeligen Nasengerüst (Abb. a). Vorwiegend bei älteren Männern, meist im Verlauf einer → Rosazea. Konstitutionell bedingt, oft in Begleitung von Magen- und Darmleiden, während des Klimakteriums. Therapie: Abschälen in Lokalanästhesie (Abb. b). 12, 19

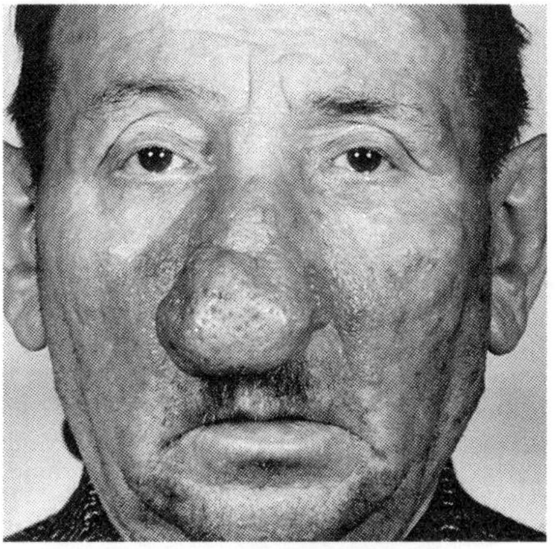

Abb. a

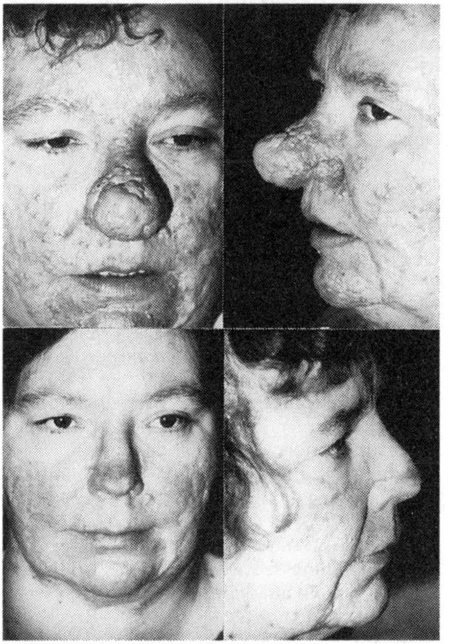

Abb. b: Entwicklung innerhalb von 15 Jahren vor und nach der Behandlung durch Abtragen mit der Diathermieschlinge und hochtourigem Schleifen

Rhino|plastik f: operative Korrektur einer Deformität des Nasengerüsts (z.B. Schiefnase, Sattelnase); auch plastischer Ersatz der Nase oder Korrektur eines Nasendefektes unter Verwen-

dung von Stirnhaut (indische Methode) oder Armhaut (italienische Methode). [19]
Rhino|schisis f: Nasenspalte, häufig kombiniert mit medianer Gesichtsspalte. [3]
Rhino|sklerom n: chronisch-progressiv verlaufende granulomatöse Hauterkrankung mit bläulichroten, knotigen Verdickungen an Nasen- und Mundschleimhaut, auf die Oberlippe, später auch auf Pharynx und Bronchialsystem übergreifend. Verursacht durch den grampositiven Erreger Klebsiella rhinoscleromatis (→ Kapselbakterien). In Osteuropa, Nordafrika, Süd- und Zentralamerika endemisch vorkommend. [12, 32]
Rhino|skopie f: Untersuchung der Nase von vorn (Rhinoscopia anterior) oder vom Rachen her mit Spiegeln (Rhinoscopia posterior, Postrhinoskopie). [19]
Rhino|viren n pl: Untergruppe der → RNS enthaltenden → Picornaviren mit mindestens 80 Serotypen; typische (aber nicht einzige) Erreger von Schnupfen und Infektionen der tieferen Atemwege. Hierher gehören auch die früher als Koryzaviren bezeichneten Erreger. [8]
Rhizo|lyse f: → Resorption der Wurzel. [1]
Rhizo|megalie f: Auftreten abnorm langer Zahnwurzeln (bis 43 mm), kommt bei oberen Eckzähnen vor. [29]
Rhizo|mikrie f: SR-Anomalie; Auftreten abnorm kurzer Zahnwurzeln, die Krone ist länger als die Wurzel. Generalisiert bei → Marmorknochenkrankheit und erblicher → Zahndysplasie; lokal als Folge eines Traumas, einer Pulpairritation oder einer Strahlentherapie während der Wurzelentwicklung. Bei einer lokalen, nachweisbar erblichen Form sind die mittleren Frontzähne und zweiten Prämolaren betroffen. [29]
Rhizopoden n pl: Rhizopoda; Wurzelfüßer, Klasse der Protozoen. Zu ihnen gehören die Amöben, Foraminiferen, Radiolarien u.a. [8]
Rhodanase f: Enzym, das aus → Blausäure unter Anlagerung von Schwefel Rhodanwasserstoffsäure bildet. [34]
Rhodanid (gr.) n: veraltete Bez. für Thiocyanat (Salz der Thiocyanwasserstoffsäure), ungiftige Schwefelverbindung der giftigen → Blausäure. Wird durch das spezifische Enzym → Rhodanase im menschlichen Körper gebildet. Findet sich im Speichel in Konzentrationen von 5-10 mg%, wirkt schleimlösend. Der Speichelrhodanspiegel ist bei Rauchern erhöht; abhängig von der Nahrung. [23]
Rhombo|eder n: Körper mit sechs rautenförmigen Flächen. [10]
Rhombus (gr.) m: Raute, verschobenes, gleichseitiges Viereck. [10]
Rhombus incisivus m: → Schneidezahnraute. [10]
Rhotazismus m: fehlerhafte Aussprache des R-Lautes. Sonderform des Stammelns. [19]
RHS: Abk. f. → **r**etikulo**h**istiozytäres **S**ystem. [10]
RIA: Abk. für **R**adio**i**mmun**a**ssay; hochempfindliche und -spezifische Methode zum Nachweis von Antigenen; Prinzip: nachzuweisendes Antigen in unbekannter Konzentration und bekannte Menge des gleichen, radioaktiv-markierten Antigens werden mit spezifischem Antikörper inkubiert; beide Antigene konkurrieren um die Bindungsstellen der Antikörper, dabei wird um so mehr markiertes Antigen gebunden, je weniger unmarkiertes Antigen vorhanden ist (und umgekehrt); nach Trennung der freien von gebundenen Antigenen wird mit Hilfe einer Eichkurve Konzentration des unmarkierten Antigens gemessen. Anwendung bei Nachweis und Messung von → Australia-Antigen, Hormonen, Pharmaka in Körperflüssigkeiten. [8]
Ribbon arch (engl.) m: → Bandbogen. [5]
Ribo|nuklein|säure: Abk. RNS; wichtiger Bestandteil des genetischen Apparates aller Lebewesen. Die → Desoxyribonukleinsäure wird in RNS umgeschrieben (transkribiert). Vorkommen im → Zytoplasma und im Zellkern (Nukleus). Im allgemeinen an Proteine gebunden. Chemisch = Polynukleotide. 4 Nukleotideinheiten: Adenyl-, Guanyl-, Zytidyl- und Uridylsäure (AGCU). RNS-Molekül 70-5000 Mononukleotideinheiten. Verknüpfung der Nukleotide durch Phosphorsäure in 3,5-Stellung. Ribosomale RNS, Matrizen-RNS oder Boten-RNS (Messenger-RNS), Transfer-RNS, Unterschiede in Basenzusammensetzung und Funktion. Bedeutung bei der Proteinbiosynthese. Antibiotika als Hemmstoffe der Proteinbiosynthese. Vgl. Desoxyribonukleinsäure. [23]
Ribo|somen n pl: Zytoplasmastrukturen aus Ribonukleinsäuren, an denen Proteine synthetisiert werden. Sie können an der Wand des → RER (für auszuscheidende Proteine) oder frei (für die zelleigenen Proteine) liegen. [9]
Richmond-Krone (Cassius M.R., amerik. Za., *1835, † 1902): erste brauchbare Stiftkrone

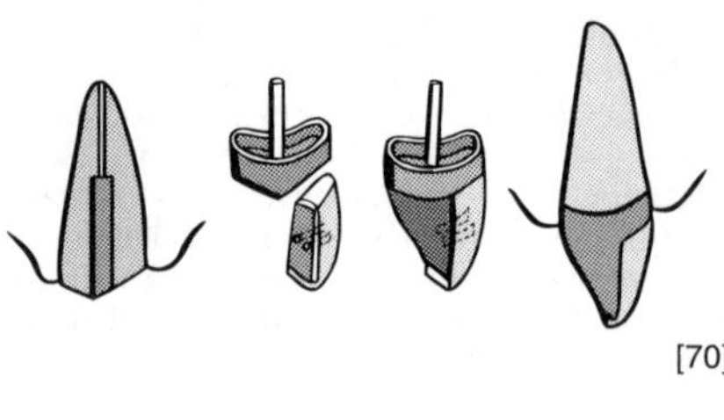

[70]

(1880) mit Porzellan- oder Kunststoff-Facette und Metallrücken auf einer aus Goldblech gelöteten Kappe, die den beschliffenen Wurzelstumpf schützend umfaßt (Abb.). Kappe jetzt meist nach Abdruck mit Stift gegossen (Gußkappe). [4]

Richt|dreh|zahl: Drehzahl, die bei einem bestimmten Instrumententyp, einem bestimmten Material und einer bestimmten Instrumentengröße sowie bei einer bestimmten Arbeitsaufgabe optimal ist. Zu hohe oder zu niedrige Drehzahlen können zu einer Reizung oder Schädigung der Zähne, zu einem Beschädigen von → rotierenden Instrumenten, → Übertragungsinstrumenten, → Antrieben und zu einem nicht ausreichenden Anwendungseffekt (u.a. auch bei der Bearbeitung zahntechnischer Werkstücke) führen. [21]

Richt|linien: vom → Bundesausschuß der Zahnärzte und Krankenkassen aufgestellte Anweisungen zur Sicherstellung einer ausreichenden, zweckmäßigen und wirtschaftlichen Versorgung. Schaffen selbst kein neues Leistungsrecht, sondern erschöpfen sich in der Konkretisierung und Erläuterung bestehenden Gesetzes- und Vertragsrechts. Stellen Leitlinien dar, die über die Satzungen der → Kassenzahnärztlichen Vereinigungen für den Zahnarzt bindend werden. [24]

Rickett|sien (H. T. Ricketts, Path., Chicago, *1871, † 1910) f pl: kleine gramnegative, zwischen Viren und Bakterien stehende Mikroorganismen, die nicht auf künstlichen Nährböden wachsen. Diplokokkenförmig oder pleomorph, Größe von etwa 0,5x1,1 µm. Züchtbar im Läusedarm und in bebrüteten Hühnereiern. *Rickettsia prowazekii:* Erreger des Fleckfiebers. Überträger: Kleider-, seltener Kopflaus (Läusekot). *R. quintana:* ebenfalls durch Läuse übertragen. Erreger des → Wolhynischen Fiebers. [8]

Ricketts-Linie (Robert Murray R., Orthod., Pacific Palisades, Kalif., *1920): → Ästhetiklinie. [5]

Ricketts-Technik: → bioprogressive Technik. [5]

Rieder-Lymphozyten (Hermann R., dt. Mediziner, München, *1858, † 1932) m pl: L. mit bohnen- bis hufeisenförmigem Kern (Abb. → Leukopoese). [10]

Riegel: passives Halteelement. In Verbindung mit Auflagen und Teleskopkronen wird es zum Halte-Stützelement. → Bajonettriegel, → Drehriegel, → Schwenkriegel, → Verbindungselemente. [4]

Riesen|wuchs: → Gigantismus. Partieller R.: → Akromegalie, → *Curtius*-Syndrom, → *Klippel-Trenaunay*-Syndrom. [20]

Riesen|zellen f pl: bes. große, meist vielkernige Zellen, die infolge einer Zellteilungsstörung (amitotische Teilung) entstehen, i.d.R. als Ausdruck eines gesteigerten Zellstoffwechsels. Z.B. *Langhans*-R., *Sternberg*-R., Fremdkörperriesenzellen, Megakaryozyten, Tumorriesenzellen (Abb.). [32]

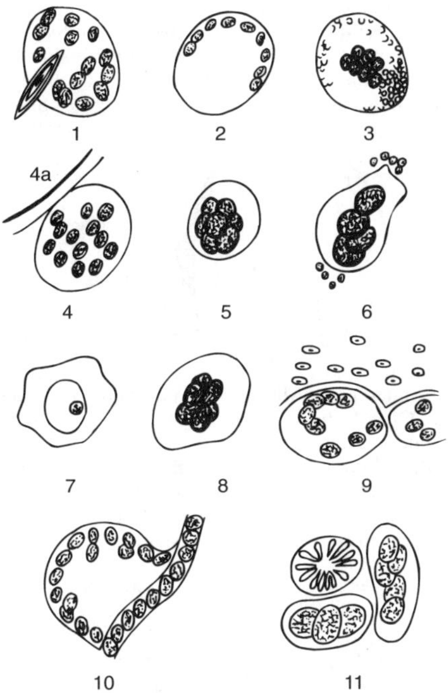

1: Fremdkörperriesenzelle; 2: *Langhans*-Riesenzelle; 3: *Touton*-Riesenzelle; 4: Riesenzelle bei Epulis; 4a: Kapillare; 5: Riesenzelle im *Aschoff*-Knötchen; 6: Megakaryozyt; 7: *Hodgkin*-Zelle; 8: *Sternberg*-Riesenzelle; 9: Osteoklasten; 10: Plasentarriesenzelle; 11: Tumorriesenzelle.

Riesen|zellen|granulom n: Epulis gigantocellularis; → Epulis. [32]

Riesen|zellen|sarkom n: Sarkoma gigantocellularis. [32]

Riesen|zell|geschwulst: gutartige Granulationsgeschwulst mit vielkernigen Riesenzellen. Vorkommen: 1. am Alveolarfortsatz als Epulis gigantocellularis (→ Epulis); 2. in der Haut, meist mit starker Cholesterinspeicherung (→ Xanthom); 3. am Knochen, bes. bei Jugendlichen, einzeln oder multipel auftretend (→ Osteodystrophia generalisata/localisata). [32]

Riga-Geschwür: → Keuchhustengeschwür. [19]

Riggs-Disease (John M. R., Za., Hartford, *1811,

† 1885) f: noch gelegentl. im amerik. Schrifttum verwendete Bez. für → Parodontitis marginalis. [6]

Rigor (lat.) m: Rigidität, Muskelstarre; Muskeltonussteigerung, besonders ausgeprägt bei → *Parkinson*-Krankheit. R. mortis: Totenstarre. [33]

Rillen-Schulter-Feder|geschiebe: von *Biaggi-Steiner* entwickeltes Geschiebe, im Prinzip wie das → Rillen-Schulter-Stiftgeschiebe, doch wird der Halt hier nicht durch die Reibung der Stiftchen erreicht, sondern durch einen Federdraht

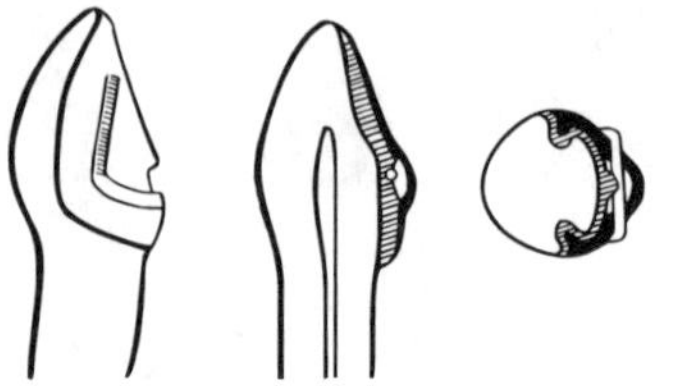

im Inneren der Matrize, der unter eine Nase an der Oberfläche der Patrize rastet (Abb.). → Verbindungselemente. [4]

Rillen-Schulter-Stift|geschiebe: von *Steiger* entwickeltes nicht konfektioniertes Geschiebe, das vom Behandler selbst den individuellen Verhältnissen entsprechend zu gestalten ist. Die Rille

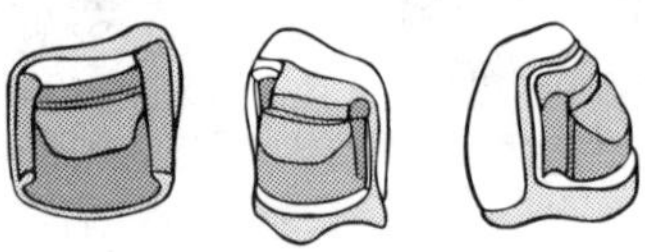

[98]

erleichtert die Einführung und sichert die Retention. Die Schulter dient zur Übertragung der vertikalen Kaukraft, und die Stiftchen sollen die Reibung der Patrize in der Matrize erhöhen (Abb.). → Verbindungselemente. [4]

Rima (lat.) f: Spalt, Spalte; z.B. R. glottidis: Stimmritze (→ Glottis), R. oris: Mundspalte. [9]

Rinde: Kortex. [9]

Rinden|epilepsie f: → *Jackson*-Anfälle. [20]

Rinden|hormone n pl: Hormone der Nebennierenrinde. → Gluko- und Mineralokortikoide. [10]

Ring|abformung: Kupferringabformung; → Kupferring, → indirekte Arbeitsmethode. [1]

Ring|band|krone: → Bandkrone. [4]

Ring|blitz: besonders für die → Makrofotografie und für Aufnahmen in Körperhöhlen geeignetes, meist relativ leistungsschwaches → Elektronenblitzgerät mit ringförmig gebautem Reflektor, der vor die Frontlinse des Objektivs montiert wird. Ein R. ergibt eine gleichmäßige, schattenlose Ausleuchtung, ist aber wegen der geringen plastischen Wirkung für die → Sachfotografie nur bedingt geeignet. In → Medical-Objektiven ist ein R. fest integriert. → Makroblitz. [17]

Ringer-Lösung (Sidney R., Pharm., London, *1835, † 1910): dem Blutserum ähnliche (isotonische), modifizierte physiologische Kochsalzlösung, kaum noch gebräuchlich. Heute wird statt dessen → Plasmaexpander verwendet. [20]

Ring|erweiterungs|zange: → *Peeso*-Zange. [4]

Ring|maß: von *Herbst* entwickeltes Gerät zur Messung des Zahnstumpfumfanges, bestehend aus 24 bezifferten Ringen (meist 15-40 mm) aus Feinsilberblech, mit einem Zentimetermaß an einem Kettchen aufgereiht (Abb.). → Dentimeter, → Stabringmaß. [4]

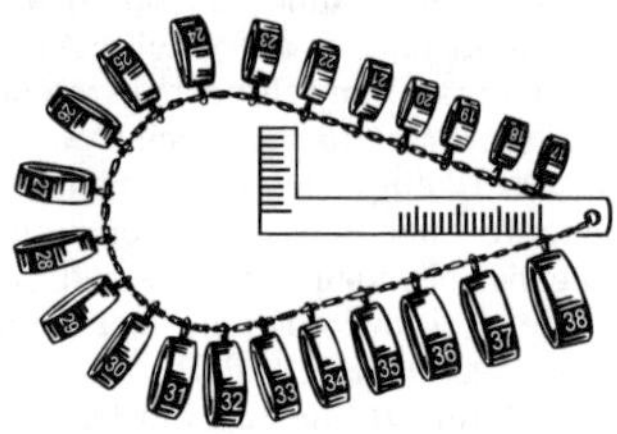

Ring|matrizen|spanner m: umfaßt den Zahn zur Konturierung der Füllung ringförmig (Abb. a; Meba®). Weitere Geräte nach *Nystroem* und *Tofflemire*. Bei Automatrix® (Abb. b) ist ein abnehmbares Spanngerät erforderlich. [34]

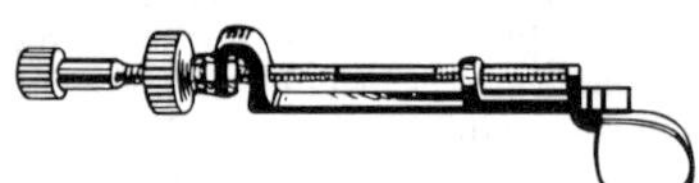

a

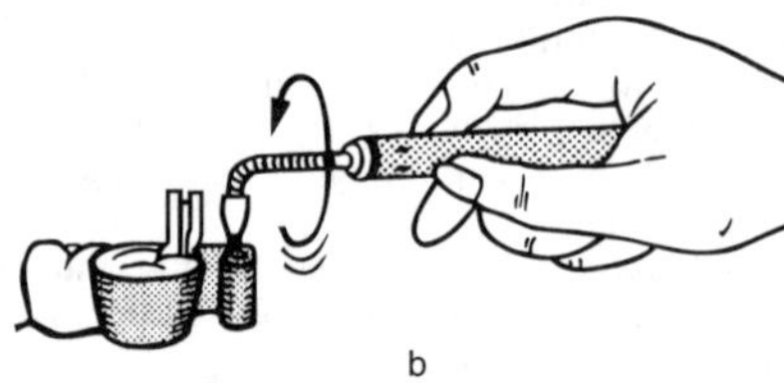

b

Ring|stift|krone: → *Richmond*-Krone. [4]

Rinnen|sonde: mit einer Rinne versehene Sonde, die, unter ein Gefäß geschoben, der Unterbindungsnadel Führung gibt. [2]

Rippen|fell|entzündung: → Pleuritis. [20]

Risiko|aufklärung: → Aufklärung. [24]

Risiko|faktoren: Summe epidemiologisch festgestellter Eigentümlichkeiten des Stoffwechsels oder moderner Lebensgewohnheiten, deren Bedeutung für die Entstehung des → Myokardinfarktes unumstritten ist. Rangfolge: 1. → Hypercholesterinämie; 2. Zigarettenrauchen; 3. arterielle → Hypertonie; 4. → Diabetes mellitus; 5. → Hyperurikämie; 6. Adipositas (→ Fettleibigkeit); 7. „psychosozialer Streß" und Persönlichkeitsstrukturen? [34]

Risiko|patient m: **1.** Patient, bei dem aufgrund allgemeinmedizinischer Erkrankungen eine erhöhte Gefahr von Notfallsituationen besteht. Manifeste Herz-Kreislauf-Leiden, Stoffwechselstörungen, Allergien oder Krampfleiden können unter der Belastung einer zahnärztlichen Behandlung dekompensieren. **2.** Person mit einem definierten Infektions- bzw. Erkrankungsrisiko. Z.B. wird ein Individuum oder eine Gruppe mit hohem → Kariesrisiko mit großer Wahrscheinlichkeit auch an Karies erkranken. [15, 16]

Risterella (*Prévot*) f: unbewegliche anaerobe gramnegative Stäbchen, nach neuerer Auffassung identisch mit Bacteroides-Arten, die aus Glukose Buttersäure bilden. → Bacteroides. [8]

Riva-Rocci-Apparat (Scipione R.-R., Internist, Pavia, *1863, † 1937): → Blutdruckmessung. [10]

Rivet-Winkel: von den Verbindungslinien zwischen → Nasion und → Prosthion bzw. → Basion und Prosthion gebildeter Winkel. Dient zur Bestimmung der Stellung des Oberkiefers. Bei Werten unter 73° liegt eine → Prognathie vor, bei höheren Werten eine → Orthognathie. [5]

RME: Abk. für → **R**aphe-**M**edian-**E**bene. [5]

RNS: Abk. für → **Ribon**ukleinsäure. [8]

Roach-Brücke: abnehmbare Brücke, deren Verankerung durch elastische Gußklammern geschieht, die den Pfeilern eng anliegen, und zwar nicht nur an ihren Seitenflächen, sondern auch, wenn möglich, mit einem Zapfen in der Kaufläche. [4]

Roach-Geschiebe: in Deutschland als Kugelgeschiebe und flaches Geschiebe nach *Roach* bekannt, stellt aber kein Geschiebe dar, sondern ist eher als Schloß in Verbindung mit Geschieben anzusehen (Abb.). [4]

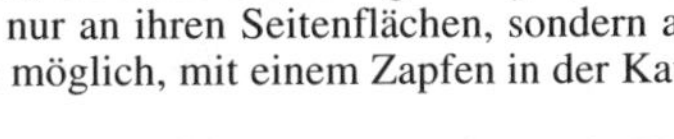

Robicsek-Füllung (Salomon R., Za., Wien, *1845, † 1928): doublierte Füllung; Amalgamfüllung, die in die noch weiche Zementunterfüllung hineingestopft wurde. Sollte die wegen des noch unvollkommenen Amalgams große Schrumpfung kompensieren. [1]

Robin-Gerät (Pierre R., Za., Paris, *1867, † 1950): → Monoblock. [5]

Robin-Magitot-Falte (Pierre R., Stomatol., Paris, *1867, † 1950; Emile M., Stomatol., Paris, *1834, † 1897): Membrana gingivalis, Fimbria incisiva; schwellfähige Schleimhautfältchen auf den Kieferkämmen des Neugeborenen, die, mit Zotten und Warzen versehen, gemeinsam mit dem → *Luschka-Pfaundler*-Lippenpolster das Saugen erleichtern. [2]

Robin-Syndrom (Pierre R., Za., Paris, *1867, † 1950) n: Fehlbildungssyndrom, charakterisiert durch eine angeborene Unterentwicklung der Mandibula (→ Mikrogenie) mit → Glossoptose, → Mikroglossie, häufig auch Gaumen und Unterkieferspalte (Abb.). Als Folge Atmungsstörungen, vor allem bei Rückenlage, und erschwerte Nahrungsaufnahme. Häufig Tod im frühesten Säuglingsalter durch Verlegung der Luftwege oder Aspirationspneumonie. Ursächlich ist

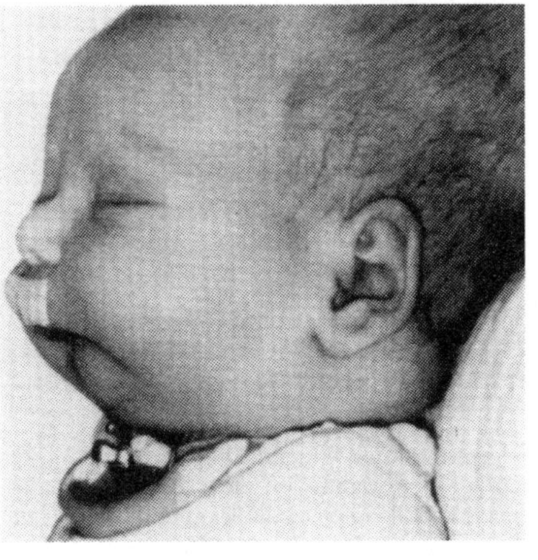

eine Entwicklungsstörung der Zunge während der Embryogenese. Therapie: Gaumenplatte, in schweren Fällen → Glossopexie, Extensionsbehandlung oder Muskeltransposition nach *Eschler*. Tracheotomie möglichst vermeiden. → Monoblock. [2, 3]

Robin-Wurzel|füll|paste: pastenartiges Wurzelfüllungsmaterial, besteht aus 4 Teilen Trioximethylen, 6 Teilen Thymoldijodid, 48 Teilen Zinkoxid und 10 Teilen Mennige (Bleioxid). Veraltet. [1]

Roboter|system ROSY n: elektronisches Gerät

nach *D. Edinger* zur Simulation von → Kieferbewegungen. Am Patienten werden Unterkieferbewegungen aufgezeichnet und anschließend mit Schrittmotoren Ober- und Unterkiefermodelle in entsprechender Weise relativ zueinander bewegt. Dient zu Diagnostik und Therapie z.B. bei der Herstellung von Restaurationen und → Aufbißschienen. [4]

Rockwell-Härte|prüfung: Eindringhärteprüfverfahren für metallische Werkstoffe; seltener auch für Kunststoffe benutzt. Ein abgerundeter Diamantkegel oder Stahlkugeln werden mit einer konstanten Prüfkraft über eine vorgeschriebene Zeit in die Probenoberfläche gedrückt und entlastet. Die bleibende Eindringtiefe wird gemessen. Der Härtewert ist die Differenz zwischen einer Konstanten und der bleibenden Eindringtiefe. [4, 8]

Rogers-Muskel|übungen (Alfred Paul R., Za., Boston, *1873, † 1959): Versuch einer Beeinflussung von Falschlagen der Kiefer durch entsprechende funktionshebende Muskel- und Atemübungen ohne Hilfe von Apparaten (Abb.). [5]

Röhren|zähne: Mineralzähne mit axialem Kanal zur Befestigung auf entsprechenden gegossenen Metallzapfen an der Prothesenbasis (*Claudius Ash,* 1837). [4]

Rohr|zucker: → Saccharose. [23]

Rolitetracyclin: Tetracyclin-Derivat zur parenteralen Applikation. Antimikrobielles Wirkungsspektrum, antimikrobielle Wirkungsweise, antimikrobieller Wirkungsmechanismus usw. siehe → Tetracycline. [7]

Rollappen: → Rundstielplastik. [2]

Romanowsky-Färbung (Dimitri Leonidow R., Int., Leningrad, *1861, † 1921): Färbung von Blutparasiten mit einem Gemisch von Eosin- und Methylenblaulösung. [8]

Romberg-Krankheit (Moritz Heinrich von R., Neurol., Berlin, *1795, † 1873): *Romberg*-Syndrom, → Hemiatrophia faciei progressiva; ektodermale und mesenchymale Fehlbildungen, meist im Ausbreitungsgebiet des N. trigeminus. Progrediente Atrophie der Haut, des Unterhautfettgewebes, der Muskulatur und auch der Knochen einer Gesichtshälfte. Charakteristisches Auftreten im 3./4. Lebensjahr mit Progredienz bis zur Pubertät, danach häufig Stillstand. [3, 20]

Röntgen (Wilhelm Conrad R., Phy., Straßburg, Würzburg, München, *1845, † 1923): Abk. R; alte Einheit der → Ionendosis. Für die Umrechnung in die SI-Einheit Coulomb pro Kilogramm gilt: $1\ R = 2{,}58 \cdot 10^{-4}$ C/kg. In der Strahlenschutzdosimetrie für Röntgen- und Gammastrahlen gilt: $1\ R = 0{,}01$ Sv. [14]

Röntgen|bild|aufnahmen: fotografische Wiedergabe von Röntgenbildern auf Filmmaterial im → Kleinbildformat. Ist das Ziel ein Diapositiv, kann Farbumkehrfilm, Schwarzweißdiafilm oder Schwarzweißnegativfilm mit anschließender Umkehrentwicklung bzw. Umkopie verwendet werden. Für Druckvorlagen ist ein Schwarzweißnegativfilm geeignet. Die Aufnahmen werden auf einem Leuchtkasten im Durchlicht aufgenommen (Abb.). Die Maskierung der

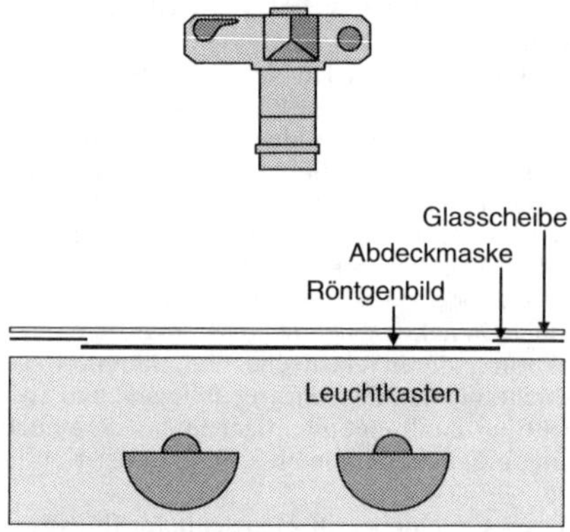

Aufnahmeanordnung bei der Röntgenbildreproduktion mit einem Leuchtkasten [1]

Filmumgebung verhindert Brillanzverlust. Zahnfilme können in einem Diaduplikator aufgenommen werden. [17]

Röntgen|bild|verstärker: Gerät zur Röntgendurchleuchtung mit hoher Empfindlichkeit und geringer Strahlenbelastung des Patienten. Dabei ist der früher zur Durchleuchtung übliche Fluoreszenzschirm als Photokathode ausgebildet. Im Bildverstärker wird eine Helligkeitsverstärkung gegenüber dem primären Fluoreszenzbild erreicht. Das Sekundärbild kann mit einer Fernsehkamera aufgezeichnet und auf einen Monitor übertragen werden (Bildverstärkerfernsehkette). In der ZMK-Heilkunde vor allem zur Durchleuchtung der Kiefergelenke, zur → Sialographie und zur Anfertigung von Zielaufnahmen.[14]

Röntgen|dermatose f: (akute und chronische) → Dermatitis als Folge der Einwirkung von Röntgenstrahlen. Als ersten Grad derselben beobachtet man → Erytheme, als zweiten Grad Blasenbildung und Exkoriationen, als dritten Grad Ulzerationen. Im Gefolge der chronischen Erscheinungen kann es zu Pigmentverschiebungen, → Teleangiektasien, Hautatrophie und Narben kommen. Auf letzteren entwickeln sich bisweilen → Röntgenkarzinome. [12]

Röntgen|einstell|techniken: 1. R. für Zahnfilme: → Aufbißaufnahme, → exzentrische Projektion, → Halbwinkeltechnik, → orthoradiale Projektion, → parallaktisch verschobener Strahlengang, → Paralleltechnik, → Rechtwinkeltechnik. 2. R. für Kiefer- und Schädelaufnahmen: → Computertomographie, → Fernröntgenseitenbild, → Kiefergelenkaufnahme, → Nasennebenhöhlenaufnahme, → Panoramaschichtaufnahmeverfahren, → Panoramavergrößerungsaufnahmeverfahren, → Röntgenkymographie, → Tomographie, → Unterkieferaufnahme, seitlich getrennte. [14]

Röntgen|film: fotografisches Aufnahmematerial zur Anfertigung von Röntgenbildern. Der Film wird entweder direkt durch Röntgenstrahlen (folienloser Film, z.B. → Zahnfilm) oder indirekt durch Umwandlung der Röntgenstrahlen mit → Verstärkerfolien in blaues und/oder grünes Fluoreszenzlicht belichtet. Beim Röntgenfilm ist die Emulsion (in Gelatine eingebettetes → Bromsilber) beidseitig auf einem Schichtträger aus Polyester aufgetragen. [14]

Röntgen|film|kassette: lichtundurchlässiger Behälter, in den der Röntgenfilm zwischen → Verstärkerfolien gelegt wird (Abb.). In der ZMK-Heilkunde für die extraoralen Aufnahmen (seitlich getrennte → Unterkieferaufnahme, → Kiefergelenkaufnahme, → Panoramaröntgenaufnahmeverfahren). [14]

Aufgeklappte Kassette mit Röntgenfilm

Röntgen|filter m/n: → Filter. [14]

Röntgen|generator m: Gesamtheit aller dem Betrieb der Röntgenröhre dienenden elektrischen Teile einer Röntgeneinrichtung. Für Panoramaschichtaufnahmen werden zunehmend Multipuls-, für Zahnfilmaufnahmen überwiegend noch → Einpulsgeneratoren eingesetzt. Vgl. Einkesselgenerator. [14]

Röntgen|karzinom n: schwerste Folgeerscheinung eines Strahlenschadens infolge langdauernder Einwirkung kleiner/kleinster Strahlendosen oder als Folge ein-/mehrmaliger Überdosierung von Rö-strahlen. Bessere Bez.: Strahlenkrebs. [2]

Röntgen|kontrast|mittel: → Kontrastmittel. [14]

Röntgen|kymo|graphie f: Verfahren zur Darstellung des Bewegungsablaufs von Organen. Eine Bleiplatte mit parallel angeordneten schmalen Schlitzen wird während der Belichtung des Films um einen Schlitzabstand (12 mm) verschoben. Dadurch werden die einzelnen Bewegungsphasen im Rö.-Bild deutlich sichtbar und meßbar abgebildet. Vor allem zur Darstellung der Herzbewegungen verwandt. → Kymographie. [14]

Röntgen|meß|aufnahmen: in der Endodontie (→ Endodont) eingesetztes Verfahren, bei dem aus der röntgenologischen Darstellung eines in den Wurzelkanal eingeführten Instruments bekannter Länge die Kanallänge geschätzt oder (besser) mit Hilfe des Dreisatzes berechnet wird. Das Verfahren setzt eine nicht verzerrende Projektion (→ Paralleltechnik, → Rechtwinkeltechnik) und die Übereinstimmung zwischen röntgenologischem und anatomischen → Apex voraus. Vgl. Endometrie, Wurzelkanalinstrumente. [1, 14]

Röntgen|mikro|analyse f: Verfahren, bei dem im Rahmen einer elektronenmikroskopischen Untersuchung extrem kleine Stoffproben (∅ 0,1-10 µm) über die von ihnen bei Anregung durch einen feinstfokussierten Elektronenstrahl ausgesandte charakteristische Röntgenstrahlung identifiziert werden können. [14]

Röntgenologie f: Lehre von den Röntgenstrahlen und ihrer diagnostischen und therapeutischen Anwendung, Teilgebiet der → Radiologie. [14]

Röntgen|opazität f: → Verschattung. [14]

Röntgeno|statik f: von *A. M. Schwarz* entwickeltes Verfahren der diagnostischen Zergliederung des → Fernröntgenseitenbildes zur kephalometrischen Einordnung von → Gebißanomalien. [5]

Röntgen|röhre: zur Erzeugung von → Röntgenstrahlen verwendete Hochvakuumelektronenröhre. [14]

Röntgen|schicht|aufnahme|verfahren: → Panoramaschichtaufnahmeverfahren, → Tomographie, → Computertomographie. [14]

Röntgen|status m: Serie intraoraler Röntgenaufnahmen mit sämtlichen Zähnen und Parodontien, aber auch zahnlosen Kieferabschnitten. Ein R. besteht je nach Fragestellung und anatomischen Verhältnissen aus 10-16 Einzelaufnahmen. [14]

Röntgen|strahl|beugung: Röntgenstrahldiffraktion; die Wellenlänge der → Röntgenstrahlen (z.B. Wellenlänge der charakteristischen Strahlung von Kupfer als Anode CuK_{α} = 1,54 A) ist größenordnungsmäßig gleich dem Abstand der Gitterebenen von Kristallen (z.B. Netzebenenabstand von 100 - NaCl = 5,64 A). *M. v. Laue* bewies 1912 experimentell die Möglichkeit der Beugung von Röntgenstrahlen an Kristallgittern und eröffnete damit eine inzwischen breit ausgebaute Methode der Strukturbestimmung von Kristallen durch Röntgenstrahlinterferenz. [10]

Röntgen|strahlen: X-Strahlen; von *Wilhelm Conrad Röntgen* 1895 entdeckte Strahlen, die entstehen, wenn schnelle Elektronen im Kraftfeld von Atomkernen abgebremst werden (→ Bremsstrahlung). Die Elektronen werden in der Röntgenröhre durch einen elektrisch geheizten Glühfaden (Glühkathode) erzeugt und mit Hilfe einer Hochspannung zur Anode beschleunigt. Von der Höhe dieser Spannung hängt die Durchdringungsfähigkeit der R. ab. Sie können für gewöhnliches Licht undurchlässige Körper in Abhängigkeit von Ordnungszahl, Dichte und Schichtdicke mehr oder weniger leicht durchdringen. Hierauf beruht ihre Anwendungsmöglichkeit in der med. Diagnostik. So sind z.B. Weichteile leichter durchlässig als Knochen und Zähne oder gar metallische Fremdkörper. R. können durch die von ihnen ausgelöste → Fluoreszenz oder durch die Schwärzung einer fotografischen Schicht (→ Röntgenfilm, → Röntgenbildverstärker) nachgewiesen werden. [14]

Röntgen|strahlen|schutz: → Strahlenschutz.[14]

Röntgen|therapie f: → Strahlentherapie. [2]

Röntgen|verordnung: Abk. RöV; Verordnung (mit fünf Anlagen) über den Schutz vor Schäden durch → Röntgenstrahlen vom 8. Januar 1987 (BGB1. I S.114). Die R. regelt die Anwendung von Röntgenstrahlen für med. Zwecke und enthält Vorschriften für den Betrieb von Röntgeneinrichtungen und Störstrahler von mindestens fünf Kiloelektronvolt und höchstens drei Megaelektronvolt; hierunter fallen alle in der zahnärztlichen Praxis üblichen Röntgengeräte. Text muß zur Einsicht ausliegen. Personen, die Röntgenstrahlen anwenden oder Zutritt zum Kontrollbereich haben, sind halbjährlich zu belehren, was zu dokumentieren ist. [14, 25]

Root planing (engl. Wurzelglättung) n: Abtragung der oberen infizierten und nekrotischen Wurzelzementlagen und Glättung der Wurzeloberfläche nach → Scaling, um eine für ein neues Attachment plantationsfähige Oberfläche zu erhalten. Vgl. Kürettage, Lappenoperation. [6]

Rosa-Flecken-Krankheit: → Pulpagranulom.[1]

Rosazea (lat.) f: entzündliche follikuläre → Dermatose im Bereich der konvexen Gesichtsareale wie Nase, Wangen, Glabella. Im Nasenbereich massive Talgdrüsenhyperplasie (→ Rhinophym), das zur Abtragung der knotigen Veränderungen zwingt. [12]

Rose-Frühsymptom (dtsch. Chir., *1836, † 1914) n: die bei leichter Kieferklemme nachgewiesene Spannung des M. masseter weist auf beginnenden → Tetanus hin (Trismus). [2]

Rose-Griff: Griff, durch den das → *Rose*-Frühsymptom nachgewiesen werden kann. Der zwischen Wange und Zahnreihen eingeführte Finger tastet auch bei geöffneten Kiefern den Masseterwulst, der sonst nur beim Zusammenbiß tastbar ist. [2]

Rosen|bohrer: → Bohrerformen. [1]

Rosen|kranz: Wucherungen des → Osteoids an den Knorpel-Knochenfugen der Rippen, die sich knopfartig vorwölben und in ihrer Gesamtheit einen nach unten auseinanderweichenden Bogen bilden. Meist nach Rachitis, aber auch nach Skorbut und *Möller-Barlow*-Krankheit. [2]

Rosenmüller-Grube (Johann Ch. R., Anat., Leipzig, *1771, † 1820): Recessus pharyngeus; Tasche in der seitlichen Wand des Nasenrachenraumes hinter dem Tubenwulst. [9]

Rosenthal-Schönborn-Operation (Wolfgang R., Kieferchir., Leipzig, Berlin, *1882, † 1971; Karl S., Chir., Königsberg, Würzburg, *1840, † 1906) f: → Pharynxplastik. [19]

Roseola syphilitica f: fleckenartiges Syphilid, die früheste Form sekundär-syphilitischer Hauterscheinungen. → Syphilis. [12]

Roseole (lat.) f: Roseola; Aussaat linsen- bis pfenniggroßer rötlicher Flecke (z.B. Masern, Röteln, Thyphus). Vgl. Erythem, Enanthem, Exanthem. [12]

Roser-König-Mundsperrer (Wilhelm R., Chir.,

Marburg, Zürich, Berlin, *1817, † 1888; Franz K., Chir., Göttingen, *1832, † 1910): zangenförmiges Instrument, das, zwischen die Zahnreihen geschoben, durch Schluß der Griffe die

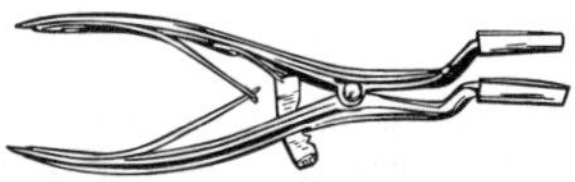

Kiefer spreizt. Zum Schutz der Zähne mit Gummischlauch überzogen. Vor allem bei Narkosen verwandt (Abb.). 2

Rose-Tetanus m: besondere Verlaufsform des Tetanus, die sich vor allem in Trismus, Fazialislähmung und Erscheinungen an der Augenmuskulatur äußert. 2

Rossi-Syndrom (Ettore R., zeitgen. Päd., Bern) n: → Pterygium-Syndrom. 2

rostral (lat.): im Körper nach vorne hin gelegen. 9

Rostrum corvinum (lat.) n: alte Bezeichnung für → Rabenschnabelzange. 2

ROSY: Abk. für → **Ro**boter**sy**stem ROSY. 4

Rote Liste: Liste von Arzneimitteln, nach Indikationen geordnet. Die R. L. wird vom Bundesverband der pharmazeutischen Industrie als Buch und als → Datenbank einschließlich Abfrageprogramm herausgegeben. Sie enthält im wesentlichen die Angaben der Beipackzettel und kann in andere Systeme integriert werden, z.B. über das → AMIS-Konzept. 26

Röteln: Rubeola; Infektionskrankheit durch Rötelnvirus. Übertragung meist von Mensch zu Mensch, Inkubation 14-18 Tage, geringes Fieber, geringes allgemeines Krankheitsgefühl, kleinfleckiges, blaßrotes, kaum konfluierendes Exanthem, Lymphozytose. Nach 3-5 Tagen Rückgang der fast stets harmlosen Erkrankung. Positiver Nachweis von Serumantikörpern bei einer noch laufenden Erkrankung nach Abklingen des Exanthems bzw. nach durchgemachter Infektionskrankheit der sicherste diagnostische Indikator. Bei Schwangerschaft Gefahr der → Rötelnembryopathie. Differentialdiagnose: → Masern, → Scharlach. 20

Röteln|embryo|pathie f: *Gregg*-Syndrom; Fruchtschädigung mit Totgeburt oder Fehlbildungen (Herzfehler, Gaumenspalte, Katarakt, Taubheit, Mikrozephalie), die bei Rötelninfektion von Schwangeren in den ersten Schwangerschaftsmonaten mit einer Häufigkeit von 20-25% auftritt. Prophylaktische Verabreichung von Kombinationsimpfstoffen (Masern-Mumps-Röteln-, Masern-Röteln- oder Mumps-Röteln-Impfstoff) bei Kindern von 1 Jahr bis Pubertätsbeginn, sollte bei Frauen nach der Pubertät nur bei nicht bestehender Gravidität und bei Schwangeren unmittelbar nach Entbindung bei fehlenden Antikörpern erfolgen. 3, 20

Rothia dentocariosa f: grampositives, pleomorphes, zu den aeroben Strahlenpilzen gehörendes Fadenbakterium. → Kommensale der Mundschleimhaut, sehr selten Erreger einer Aktinomykose (früher: Nocardia salivae). 8

Rothmund-Syndrom (August J. v. R., Ophth., München, *1830, † 1906) n: Poikiloderma atrophicans; seltene, rezessiv erbliche, ektodermale → Dysplasie. Kurz nach der Geburt treten bei den Patienten fleckige Hautatrophien, netzförmige → Teleangiektasien und Pigmentverschiebungen auf, die ein eigenartiges buntscheckiges Bild hervorrufen. Die Kinder bleiben in der Entwicklung zurück, Genitalhypoplasien. Im 3.-5. Lebensjahr Kataraktbildungen, Haarverlust und Nagelwachstumsstörungen. Störungen in der Zahnentwicklung, Zähne sind auffallend klein und zierlich gebaut. 12

rotierendes Instrument n: hand- oder meist maschinenbetriebenes Instrument mit drehender Bewegung. Es besteht aus → Arbeitsteil (Kopf), Hals und → Schaft (→ Bohrer, → Fräser, → Schleifer), Instrumente für die Endodontie (→ Endodont). Klassifikation nach ISO 6360 (→ ISO-Nummernsystem). 21

Rot|lauf: → Erysipeloid. 12

Rotz: → Malleus. 8

Rotzbakterien: Pseudomonas mallei (→ Pseudomonas). 8

Rouget-Zellen (Charles Marie B. R., Anat., Montpellier, *1824, † 1904) f pl: → Adventitiazellen. 9

Roux-Berger-Operation f: → Neck dissection. 2

Roux-Gesetz (Wilhelm R., Anat., Breslau, Halle, *1850, † 1924): Gesetz der funktionellen Anpassung; Gesetzmäßigkeit, der zufolge die Form von der funktionellen Beanspruchung abhängig ist. Grundlage der → Funktionskieferorthopädie. 5

RöV: Abk. für → **Rö**ntgen**v**erordnung. 25

RPP: Abk. für **R**apidly **p**rogressive **p**eriodontitis; Verlaufsform einer → Parodontitis marginalis, tritt gewöhnlich zwischen Pubertät und dem 35. Lebensjahr auf und ist manchmal mit systemischen Erkrankungen assoziiert. Parodontitis mit sehr schneller Progredienz, häufig auch therapieresistent bzw. viele Rezidive. 6

RPT: Abk. für → **R**aphe-**P**apillen-**T**ransversale. 5

R-Punkt: Registrierpunkt; orthod. → Meßpunkt nach *Bolton,* Mitte einer Senkrechten auf der → *Bolton*-Linie, die durch die Sellamitte geht. [5]

RR: Abk. für → Blutdruckmessung nach ***R**iva-**R**occi.* [10]

Rr.: Abk. für Rami, Zweige; sing R., → Ramus. [9]

RS-Virus n: RS: Kurzform für **R**espiratory-**s**yncytial-Virus; zu Paramyxoviren gehörend, Erreger von Infektionen der Atemwege bes. bei Kindern, bildet in der Gewebekultur charakteristische Zellverbände (Synzytien). Vgl. Myxoviren. [8]

Rubber dam (engl.) m: → Kofferdam. [1]

Rüben|zucker: → Saccharose. [23]

Rubeola (lat.) f: → Röteln. [8]

Rubeolen|embryo|pathie f: → Rötelnembryopathie. [8]

Rubor (lat.) m: entzündliche Rötung der Haut; eines der Kardinalsymptome der → Entzündung. [32]

Rück|atmung: Behandlungsansatz für das → Hyperventilationssyndrom, bei dem mit Hilfe eines → Rückatmungsbeutels die inspiratorische Kohlendioxydkonzentration erhöht wird. [16]

Rück|atmungs|beutel: Vorrichtung zur Behandlung eines → Hyperventilationssyndroms. Das Sauerstoffreservoir eines Beatmungsbeutels wird durch einen speziellen Konnektor mit der Beatmungsmaske kombiniert. Hierdurch ist gewährleistet, daß der Patient neben einem erhöhten Kohlendioxydanteil in der Inspirationsluft gleichzeitig Raumluft zur Vermeidung einer → Hypoxie einatmet. [16]

Rück|bildung: → Involution. [27]

Rück|biß: → Distalbiß. [5]

Rück|biß|platte: von *Brückl* entwickelte Oberkieferplatte zur Behebung des Palatinalstandes einzelner progen verzahnter Frontzähne, die es gestattet, gleichzeitig mit einer Bißsperre eine Rückverschiebung des Unterkiefers vorzunehmen, wodurch die Überstellung mit Hilfe einer

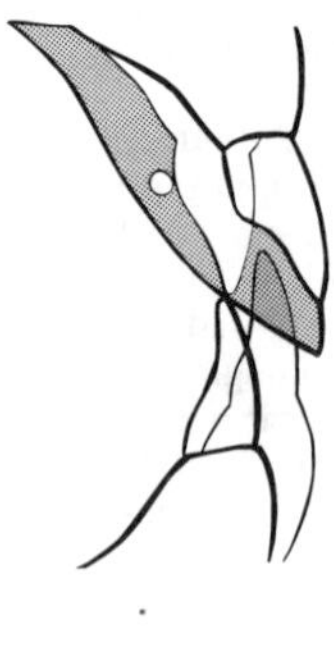

Feder durchgeführt werden kann (Abb.). Vgl. schiefe Ebene. [5]

Rücken|lagerung: Lagerung eines Notfallpatienten in halbsitzender Position (erhöhter Oberkörper) bei → Stenokardie, → Myokardinfarkt, Anfall von → Angina-pectoris, → Hypertonie sowie kardiogenem → Schock. Voraussetzung ist ein erhaltenes Bewußtsein. Die Lagerung kann bei einer dekompensierten → Herzinsuffizienz durch eine sitzende Lagerung mit herunterhängenden Beinen erweitert werden, um eine verstärkte peripher-venöse Blutansammlung zu erreichen. Das Ziel dieser Notfalltherapie ist die akute Verminderung des Blutrückstroms zum Herzen. Bei → Atemnot verbessert diese Position ebenfalls die Zwerchfellbeweglichkeit. Vgl. Seitenlage, stabile, Rückenlagerung, Flachlagerung. [16]

Rücken|mark: Medulla spinalis, der im Wirbelkanal eingeschlossene Teil des → Zentralnervensystems mit Substantia grisea und alba; unterteilt in Hals-, Brust- und Lendenmark; vgl. Hinterstränge. [9]

Rücken|marks|an|ästhesie f: → Epidural-, Lumbalanästhesie; → Spinalanästhesie. [2]

Rück|gesicht: dorsale Einlagerung des Gesichtsschädels im Gesamtschädel, der Gesichtsschädel weicht von seiner durchschnittlichen Lage nach hinten ab. Vgl. Gesichtigkeit, Biomet. [5]

Rück|grat: → Wirbelsäule. R.-verkrümmung: → Kyphose, → Lordose, → Skoliose. [9, 20]

Rück|grat|verkrümmung: → Kyphose, → Lordose, → Skoliose. [20]

Rück|lage des Unter|kiefers, physiologische: → Bißformen des Neugeborenen. [5]

Rück|schub|doppel|platte: von *A. M. Schwarz* entwickelte aktive Platte zur Dorsalverlagerung des Unterkiefers. Vgl. Doppelplatte. [5]

Rück|stellung: nach einer vorübergehenden Verformung suchen elastische und plastoelastische Stoffe ihre alte Form wieder zu erlangen. Der Grad der R. nach Verformung wird in Prozent angegeben. [4]

Rudiment (lat.) n: unvollkommene bzw. verkümmerte Bildung eines Organs oder Körperteils. Adj.: rudimentär (verkümmert, unausgebildet). Rudimentäre Organe: in der phylogenetischen Entwicklung zurückgebildete Organe, die bei verwandten Tieren noch vorhanden sind, ohne einen bes. Zweck zu haben, so beim Menschen die Schwanzwirbel. Rudimentäre Zähne: überzählige und unterentwickelte Zähne, die auf eine entwicklungsgeschichtlich ältere → Zahnleiste zurückgehen (→ Zahnformel). [3, 30]

Rugae (lat.) f pl: Falten, Runzeln; z.B. R. palatinae: Gaumenfalten, jetzt Plicae p. transversae (IANC). 9

Rugae adamantineae f pl: eine Formanomalie der Zähne, auf der fazialen Fläche der oberen Frontzähne vertikal verlaufende Schmelzleisten. 29

Ruhe|dyspnoe f: deutliche klinische Zeichen einer → Atemnot bei Patienten ohne körperliche Anstrengung. Häufig Ausdruck einer massiven oder dekompensierten → Herzinsuffizienz. Vgl. Dyspnoe. 16

Ruhe|position f: → Ruheschwebe. 5

Ruhe|potential n: Ruhe-Membranpotential; in der Ruhe, d.h. im unerregten, nicht aktiven Zustand (z.B. bei einer erschlafften Muskelzelle) zwischen Zellinnerem und dem umgebenden Medium bestehendes elektrisches Potential (Membranpotential). Ursache dieses Potentials ist die Diffusion von Ionen durch die Zellmembran aufgrund eines zwischen Zellinnerem und der Umgebung bestehenden Konzentrationsunterschiedes für Elektrolyte (wie z.B. KCl und NaCl). Der Aufbau und die Aufrechterhaltung solcher Konzentrationsunterschiede ist eine Leistung der Zellen, für die sie Stoffwechselenergie aufwenden. Das Vorhandensein eines zelltypischen R.s ist Voraussetzung für die Erregbarkeit der Zellen, die sich u.a. an der Auslösbarkeit eines Aktionspotentials erkennen läßt. R.e erregbarer Warmblüterzellen liegen typisch bei 60-120 mV. 10

Ruhe|schwebe: konstante, unbewußte Abstandshaltung des Unterkiefers vom Oberkiefer in aufrechter Körper- und gerader Kopfhaltung. Die Kau- und Gesichtsmuskulatur befindet sich dabei im Zustand geringster Kontraktion. Die R. ist eine günstige Ausgangslage für die Gewinnung der Schlußokklusion. Der durchschnittliche → Interokklusalabstand (Free way space, Vertikalabstand zwischen den Zahnreihen des Ober- und Unterkiefers) beträgt 2-4 mm. 4

Ruhe|speichel: Nüchternsekret der Speicheldrüsen, das ohne Einwirkung von Reizen produziert wird. 10

Ruhr f: Dysenterie. 1. Bakterienruhr: zu schwerer Dickdarmentzündung führende akute Infektionskrankheit durch → Ruhrbakterien. Bakt. Nachweis nur aus frischem körperwarmem Stuhl. Übertragung von Mensch zu Mensch durch Wasser, Nahrungsmittel; begünstigt im Sommer und Herbst durch Fliegen, Diätfehler, unhygienische Verhältnisse. Inkubation etwa 3 Tage, dann Übelkeit, Erbrechen, schmerzhafte Spasmen und Tenesmen, leichtes Fieber, Durchfall. 1 bis 2 Wochen lang 20, 30 und mehr Entleerungen in 24 Stunden, charakteristisch durch Beimengung von Schleim, Blut, Eiter. Komplikationen: Kreislaufversagen in schwerer Exsikkose und durch Mineralverlust; Darmperforation, toxische Arthritis bzw. → *Reiter*-Syndrom. Evtl. Ausgang in chronische R. oder bleibende „Darmempfindlichkeit", Formen einer Colitis ulcerosa, rezidivierende Cholangitis. Auch leichte Verläufe unter dem Bild einer akuten → Gastroenteritis, bes. durch nicht-toxinbildende Shigella-Arten (→ Ruhrbakterien). Therapie: parenterale Flüssigkeits- und Kochsalzzufuhr, Ruhe, Wärme, Schleimdiät, schwerresorbierbare Sulfonamide oder Tetracycline, halbsynthetische Penicilline. 2. Amöbenruhr: in Tropen und Subtropen sehr häufige, bei uns seltene hämorrhagisch-nekrotische (Dick-)Darmentzündung durch → Entamoeba histolytica. Aufnahme mit Wasser, Früchten, Salat, Verbreitung bes. durch Fliegen. Inkubation wenige Tage bis Wochen, schleichender Beginn, dann häufige Abgänge blutig gefärbten Schleims ohne Eiterbeimengung unter Tenesmen. Häufige Komplikationen: Amöbenabszeß und -hepatose, Colitis ulcerosa haemorrhagica, necroticans und perforans. Diagnosesicherung: Amöbennachweis im ungefärbten, noch warmen Sofort-Stuhlpräparat. Therapie allg. wie bei Bakterienruhr. 34

Ruhr|amöbe f: Entamoeba histolytica. → Entamoeba, → Ruhr. 8

Ruhr|bakterien f pl: Shigella; gehören zu den gramnegativen, unbeweglichen Darmstäbchen. 1. *Shiga-Kruse*-Stäbchen: Shigella dysenteriae, starke Giftbildner, mit hitzeempfindlichem Neurotoxin (Ektotoxin) und einem hitzefesten, auf den Darm wirkenden Endotoxin. *Shiga-Kruse*-Ruhr: echte Ruhr. 2. *Schmitz*-Bakterien (Shigella ambigua, die Zwischenstufige): heute Serotyp 2 von Shigella dysenteriae; indolpositiv, kein Ektotoxin. 3. *Flexner*-Bakterien (Shigella flexneri): von *Kruse* als „Pseudodysenteriae" bezeichnet, enthalten nur hitzefestes Endotoxin. 4. *Kruse-Sonne*-Bakt. (Shigella sonnei): häufigste Erreger infektiöser Darmkatarrhe, bes. bei Sommerdiarrhöen der Kinder (E-Ruhr). 8

Ruktation (lat.) f: Ruktus; explosionsartiges Aufstoßen (Rülpsen) bei → Aerophagie. 20

Rumor (lat.) m: Geräusch. 20

Rumpel-Leede-Phänomen (Theodor R., Chir., Hamburg, *1862, † 1923; Stockbridge C. L., Arzt, Seattle, *1882) n: Auftreten von Punktblutungen (Petechien) nach fünfminütiger Oberarmstauung mit Blutdruckmanschette /10-20 mm Hg unter systolischem Druck). Positiv: mehr als 10

Petechien. Vorkommen bei allen Formen thrombozytär bedingter hämorrhagischer Diathese. 20

Rumpf: Truncus; der Körperstamm ohne Kopf, Hals und Gliedmaßen. 9

Rund|biß: funktioneller Artikulationstyp der Masseterkauer. Aus Vorbiß-, Seitbiß- und Rückbißbewegungen in rhythmisch-harmonischer Folge ablaufende Bißart eines kräftigen, ausgeglichenen Gebisses, woran das seiner Funktion optimal angepaßte Muskelpaar des Masseter vorwiegend beteiligt ist, im Gegensatz zur hauptsächlich aus Stanzbewegungen bestehenden Tätigkeit des Temporalismuskels. Vgl. Hackbiß. 5

Rund|stiel|plastik f: Deckung von Gewebsdefekten mittels eines gerollten Haut-Fettlappens, der aus einem brückenartigen Hautstreifen durch Vernähung der längsverlaufenden Wundränder miteinander in ein wurstartiges Gebilde ohne offene Wundflächen verwandelt wird. Nach Heilung Abtrennung eines Fußes, Ausrollung und Verarbeitung. Der Rundstiel wurde während des 1. Weltkrieges unabhängig von *Ganzer, Filatow* und *Gillies* entwickelt, sein Indikationsbereich wurde während des 2. Weltkrieges von *Schuchardt* wesentlich erweitert, so auch zur Abdeckung großer Gaumendefekte (Abb.). 2

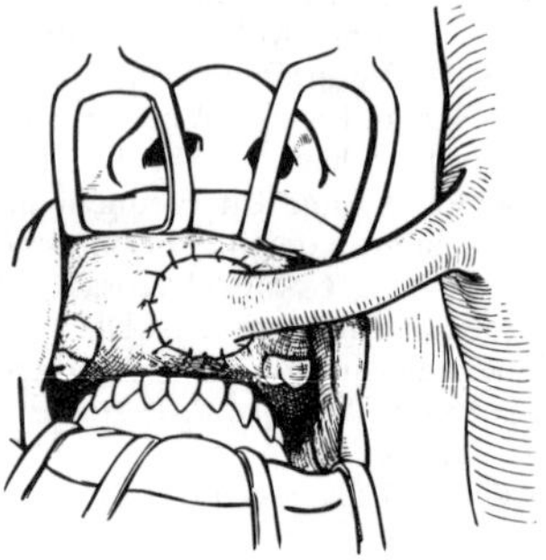

[52]

Ruptur f: Zerreißung. Vgl. Rhexis. 34

Rusch-Anker: → Tropfenklammer. 5

Rüssel|lippe: im allg. Bezeichnung für durch entzündliches Infiltrat angeschwollene Oberlippe. Andere Ursachen: → Makrocheilie. 2

Russell-Körperchen (William R., Int., Edinburgh, *1852, † 1940): hyaline Kugeln und Körperchen im Granulationsgewebe, degenerierende Plasmazellen, die sich mit Karbolfuchsin färben. 6

Russel-Par|odontal|index m: Index zur quantitativen Erfassung von Parodontalerkrankungen im Rahmen von epidemiologischen Studien. Er beruht auf klinischen Messungen unter Berücksichtigung von Entzündungssymptomen und Attachmentmessungen. Zur Bewertung der parodontalen Situation steht eine Skala von 0 - 8 zur Verfügung. 6

Ruysch-Gang (Frederik R., Anat., Amsterdam, *1638, † 1731): *Jacobson*-Organ (→ Organum vomeronasale). 9

RVO: Abk. für → **R**eichs**v**ersicherungs**o**rdnung. 24

S

S: chem. Symbol für Sulfur (→ Schwefel). 23

Säbel|zähne: verlängerte, scharfkantige Eckzähne, die bei katzenartigen Säugetieren (Feliden) vorkommen. Sie dienen zum Fassen und Töten von Beutetieren. 30

Sabin-Feldman-Test (Albert Br. S., Bakt., New York, *1901) m: Reaktion zum Nachweis von Antikörpern gegen → Toxoplasmen. Dabei wird Patientenserum in verschiedenen Verdünnungen lebenden Toxoplasmen zugesetzt. Antikörper des Serums verändern die Anfärbbarkeit der Toxoplasmen durch alkalische Methylenblaulösung. 8

Sabouraud-Zahn (Raymond S., Dermat., Paris, *1864, † 1938): Schmelzmißbildungen an den oberen Molaren bei → Lues connata. Vgl. *Fournier*-Zahn, *Hutchinson*-Zahn. 1

Saccharase (gr.) f: Invertase, β-Fructofuranosidase; Enzym, das den Rohrzucker in seine beiden Bausteine, Traubenzucker und Fruchtzukker spaltet. Im Speichel und in großen Mengen in der Hefe vorhanden. 23

Saccharide (gr.) n pl: → Kohlenhydrate. 23

Saccharin (gr.) n: o-Benzoesäuresulfimid; weißes, in Wasser relativ schwer lösliches Pulver. Ist etwa 500-mal so süß wie → Saccharose, hat aber keinen Nährwert. Nichtkariogener → Zukkeraustauschstoff, angezeigt auch bei → Diabetes mellitus, Gicht, Fettleibigkeit. 23

Saccharomycetes m pl: sporenbildende → Hefen. 8

Saccharose (gr.) f: → Disaccharid, $C_{12}H_{22}O_{11}$, aufgebaut aus Glukose und Fruktose. Großtechnisch aus Zuckerrohr (Rohrzucker) oder Runkelrüben (Rübenzucker) hergestellt. 23

Saccharum (gr.) n: Zucker. 23

Saccharum amylaceum n: Traubenzucker, Dextrose, D-Glukose. 23

Saccharum lactis n: Milchzucker. 23

Sacculus (lat.) m: Säckchen. 9

Saccus (lat.) m: Sack, z.B. S. lacrimalis: Tränensack. 9

Sach|foto|grafie f: Teilbereich der Fotografie, der sich mit der Aufnahme von Objekten befaßt. Im zahnmedizinischen und zahntechnischen Bereich sind dies vor allem zahntechnische Werkstücke, Instrumente, Versuchsapparaturen u.ä. Ziel der Aufnahmen ist es, dem Betrachter ein Maximum an Information zu vermitteln. Daher sind die Plazierung des Objekts, die Auswahl und Anordnung eines geeigneten Hintergrundes (einfarbig, unstrukturiert, nicht reflektierend) und eine objektgerechte Beleuchtung wesentlich (Abb.). Häufig werden

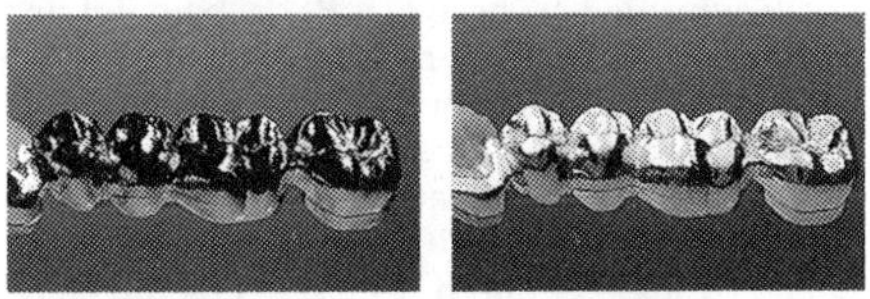

Zahntechnisches Werkstück, beleuchtet mit einem Blitzgerät (links) und in einem Lichtzelt (rechts)

die Objekte durch → Freistellung aus ihrer Umgebung isoliert, indem man sie auf Glasplatten oder speziellen Aufnahmetischen fotografiert. Wichtige Hilfsmittel der S. sind → Reflektoren zur Aufhellung der lichtabgewandten Partien, Diffusoren und → Lichtzelte zur Erzielung einer weicheren Beleuchtung sowie spezielle Aufnahmetische zur Freistellung. 17

Sach|leistung: Leistungsart der gesetzlichen Krankenversicherung. Die Krankenkasse schuldet nicht die Kosten der Behandlung, sondern die Zurverfügungstellung der Leistung selbst. Die S. ist an das Zulassungssystem und die → Gesamtvergütung gebunden. In der Regel kann deshalb nicht anstelle der S. eine Kostenerstattung erfolgen. 24

Sach|verständige: → Gutachter. 24

sacralis (lat.): das Kreuzbein (os sacrum) betreffend. 9

Safar-Tubus (Peter S., amerik. Anästh., Pittsburgh, *1924) m: doppelter Rachentubus zur künstlichen Beatmung (Abb.). Vgl. Mund-zu-Mund-Beatmung. 2

Safar-Tubus

sagittal (lat.): in einer sagittalen Ebene oder sagittalen Achse gelegen. → anatomische Ebenen, → Achsen des Körpers. Verlauf in Richtung der Pfeilnaht (Sutura sagittalis), die als Verbindungsnaht der beiden Scheitelbeine von vorn nach hinten über das Schädeldach verläuft. Röntgenaufnahmen in dieser Richtung werden als Sagittalaufnahmen bezeichnet. Eine sagittale Wachstumstendenz besteht z.B. bei pathol. Längenwachstum des Kiefers. Vgl. Progenie. [5, 9]

Sagittal|ebene: jede parallel zur → Raphe-Median-Ebene oder → Mediansagittalebene durch den Körper gelegte Ebene. In der Kieferorthopädie speziell Modifikation der Raphe-Median-Ebene, festgelegt durch 2 Punkte des unveränderlichen Teils der Raphe palati (distal der 2. Gaumenquerfalte) und ihre senkrechte Lage zur → Ohr-Augen-Ebene. [5]

Sagittal|schraube: eine in einen kieferorth. Plattenbehelf eingefügte, in mesiodistaler Richtung arbeitende halbe → Dehnschraube. [5]

sakral: zum Kreuzbein (Os sacrum) gehörig. [9]

Sal (lat.) m: → Salz. [23]

Salbutamol: → Bronchospasmolytikum, → Beta-Sympathomimetikum mit hoher β_2-Adrenozeptoren-Selektivität (→ Adrenozeptoren). Wirkungsmechanismus: Infolge β-mimetischer Erhöhung der intrazellulären cAMP-Konzentration mit konsekutiver Senkung der zytosolischen Calcium-Konzentration, Bronchospasmolyse, Hemmung der Mediatorenfreisetzung aus Mastzellen und basophilen Leukozyten, Steigerung der mukoziliären Klärfunktion sowie der Sekretolyse. Wirkungsvoraussetzung bei Aerosolapplikation ist die richtige Inhalationstechnik. Der Wirkungseintritt erfolgt innerhalb von min. Nebenwirkungen: dosisabhängig: kardiale Stimulation, Vasodilatation, Muskeltremor. Indikation in der Zhk.: Mittel der 1. Wahl als Aerosol zur Therapie eines akuten Asthma-bronchiale-Anfalls. [7]

salinisch (lat.): salzhaltig. [23]

Saliva (lat.) f: → Speichel. [9]

salivalis: zum Speichel gehörig. [9]

Salivation (lat.) f: Speichelsekretion; Verminderung der S. → Xerostomie, Vermehrung → Ptyalismus. [10]

salivo-sudoripares Syndrom n: → aurikulotemporales Syndrom. [2]

Salizyl|säure: Acidum salicylicum, o-Oxybenzoesäure (Abb.).

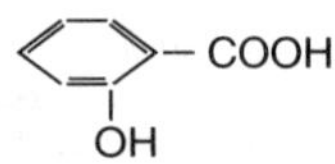

Strukturformel der Salizylsäure

Weiße, wenig wasserlösliche Nadeln von kratzendem Geschmack. Gut löslich in Alkohol, Öl, Äther. Innerlich als Antirheumatikum. Äußerlich antimykotisch, epithellockernd und juckreizstillend. [34]

Salk-Vakzine (Jones E. S., Bakt., Pittsburgh, *1914) f: durch Formaldehyd inaktivierte Suspension des Poliomyelitisvirus aus Affennierenzellkultur, enthält alle 3 Typen, wird subkutan injiziert. [8]

Salmiak (lat.) m, auch n: Ammoniumchlorid (NH_4Cl); Ammonium chloratum. [23]

Salmiak|geist: Ammoniumhydroxid (NH_4OH), Liquor Ammonii caustici (als Hautsalbe und Riechmittel). [23]

Salmonellen (D. E. Salmon, amerik. Bakt., *1850, † 1914) f pl: Gattung gramnegativer, peritrich begeißelter, sporenloser Stäbchen, Keime der Typhus-, Paratyphus- und Enteritisgruppe (nicht aber Ruhrbakterien, → Shigella). Vgl. Enteritisbakterien, Typhusbakterien. [8]

Salpeter|säure: Acidum nitricum, HNO_3. Wasserhelle, stechend riechende Flüssigkeit, die sich am Licht unter Gelbfärbung zersetzt. Gewöhnliche S. ist 25%ig und löst fast alle Metalle, außer Gold und Platin. Jedoch sind manche Metalle, z.B. Eisen, in hochkonzentrierter S. vollkommen unlöslich. Die S. wurde früher auch als Scheidewasser bezeichnet, da man mit ihrer Hilfe Silber von Gold trennen konnte. Pharm.: Acidum nitricum. [23]

salpetrige Säure: HNO_2, mittelstarke bis schwache Säure, die nur in kalter, stark verdünnter, wäßriger Lösung beständig ist. Sie entstehen beim

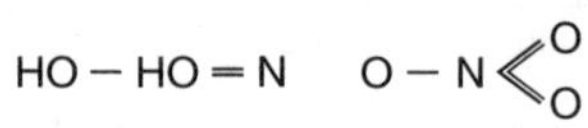

Strukturformel der salpetrigen Säure

Ansäuern von verdünnten Lösungen ihrer Alkalisalze mit Schwefelsäure. In ihren Verbindungen tritt die salpetrige Säure in Form von zwei → Isomeren auf (Abb.). Ist wegen ihrer starken Neigung zum Zerfall ($3HNO_2 \rightarrow HNO_3 + 2NO + H_2O$) sehr reaktionsfähig. [23]

Salpinx (gr.) f: **1.** Tuba uterina. **2.** Tuba auditiva. [9]

Salter-Zahn (James S., Za., London, *1825, † 1897): → Dens invaginatus. [1]

Saluretika n pl: → Diuretika, die durch primäre Hemmung des tubulären Elektrolyttransportes eine Salurese und durch osmot. Wasserbindung der retinierten Elektrolyte eine Diurese erzwingen. Einteilung nach Wirkungsort und damit Wirkungsstärke in: 1. Carboanhydrase-Hemmstoffe (proximaler Tubulus, schwach wirksam), 2. Schleifen-Diuretika, (*Henle*-Schleife, proximaler und distaler Tubulus stark wirksam), 3. Benzothiadiazine (frühdistaler Tubulus, mittelstark wirksam), 4. kaliumsparende Diuretika (distaler Tubulus und kortikaler Anteil des Sammelrohres, schwach wirksam). [7]

Salz: chem. Verbindung, die durch Umsetzung von → Basen mit → Säuren entsteht. Typische S.e, deren Prototyp das Kochsalz, NaCl, ist, sind starke → Elektrolyte. [23]

Salz|säure: Acidum hydrochloricum oder muriaticum, Chlorwasserstoffsäure, eine wäßrige Lösung von Chlorwasserstoff. Die offizinelle konzentrierte bzw. verdünnte S. enthält 25 bzw. 12,5% Chlorwasserstoff. Kann in der Zhk. wegen ihrer kalklösenden Wirkung zur Erweiterung von Wurzelkanälen benutzt werden. Als Mittel zum Lösen von Zahnbelägen ist sie wegen dieser entkalkenden Wirkung abzulehnen. [23]

SAM-Artikulator m: Abk. für **S**chul-**A**rtikulator **M**ünchen, → Artikulator. [4]

Samen: → Sperma. [9]

Samen|wege: ca. 6 m langes gewundenes Kanälchensystem, wodurch die in den Tubuli contorti des → Hodens gereiften → Spermien bis zur Harnröhre bei der → Ejakulation geleitet werden. Die Strecken der S. sind: Rete testis, Tubuli recti, Ductus epididymidis, Ductus deferens, Ductus ejaculatorius. [9]

Sandwich-Abformung: → Doppelmischabdruck. [4]

Sandwich|plastik f: absolute Alveolarkammerhöhung durch horizontale Spaltung der zahnlosen Unterkieferfront. Interponat aus autologem Knochen oder alloplastischem Material (Hydroxylapatit). Methode dient auch zur Verbesserung des Implantatlagers. Vgl. präprothetische Chirurgie. [2]

Sandwich|technik: schichtweises Auftragen von Kunststoffen. Insbes. bei der Füllungstherapie mit Komposits gebräuchlich. Um Schrumpfungen bei der → Polymerisation entgegenzuwirken, wartet man die Aushärtung der ersten Schicht ab, bevor man die nächste aufträgt. [1]

Sanguinarin n: Alkaloid aus der kanad. Blutwurz, das plaquehemmende Eigenschaften aufweist. S. wird in Zahnpasten und Mundwässern verwendet. [15]

sanguinolent (lat.): blutig. [20]

Sanguis (lat.) m: → Blut. [9]

sanieren (lat.): gesund machen; Schaffung gesunder Verhältnisse durch Beseitigung von Krankheitsursachen. [1]

Sanierung in Narkose: Durchführung aller nötigen, vor allem chirurgischen und konservierenden zahnärztlichen Maßnahmen in Vollnarkose unter Aufsicht eines Anästhesisten. Anwendung: desolates bzw. dringend behandlungsbedürftiges Gebiß bei konventionell nicht behandelbaren kleinen Kindern oder Behinderten. [29]

Saphir|spitze: optisches Hilfsmittel zur Veränderung der Abstrahlcharakteristik von → Laserlichtleitern. [31]

sapiens (lat.): weise, z.B. in Homo sapiens, Dens sapientiae (→ Weisheitszahn). [30]

saprobisch (gr.): saprophytisch: als → Saprophyten lebend, z.B. Bakterien, die tote organ. Stoffe abbauen (Eiweißabbau durch Fäulnis, Kohlenhydratabbau durch Gärung), im Gegensatz zu Parasiten (Krankheitserreger), die eine Fäulnis des lebenden Gewebes bewirken. [8]

Sapro|phyten m pl: Organismen, die sich auf anorgan. oder unbelebtem organ. Material vermehren können. Im med. Sprachgebrauch meist Synonym für apathogene Mikroorganismen. Vgl. Parasiten. [8]

Sarcoid like lesions (engl.) f pl: → Granulome, die sich im Lymphabflußgebiet von Karzinomen finden und den Granulomen beim → *Boeck*-Sarkoid ähneln. Werden vermutlich durch Tumorzerfallsprodukte hervorgerufen. [32]

Sarcoma idio|pathicum multiplex haemor|rhagicum Kaposi n: → *Kaposi*-Sarkom. [11]

Sarko|idose f: → *Boeck*-Sarkoid. [12]

Sarko|lemm n: strukturlose Hülle der einzelnen Muskelfasern; vgl. Plasmalemm. [9]

Sarkom (gr.) n: Sarkoma; von mesenchymalem Gewebe (Organstroma, Weichteil- und Stützgewebe, neurogenes Gewebe) ausgehender bösartiger Tumor, mit spindel-, rund- und/oder polymorphzelligem Aufbau (Abb.). Die Einteilung erfolgt histogenetisch nach dem überwiegend nachgeahmten Mesenchymabkömmling (in

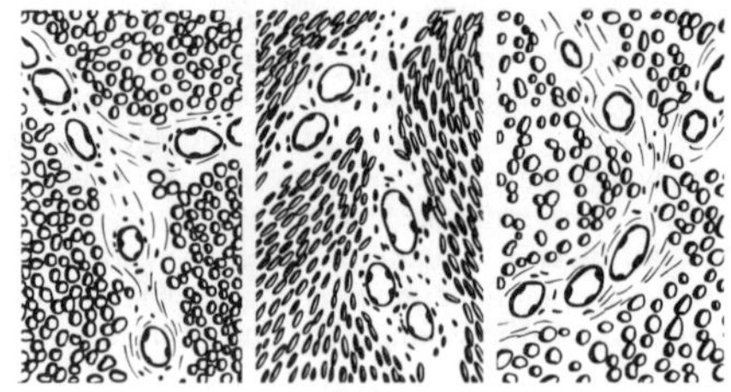

a b c

a: Rundzellensarkom; b: Spindelzellensarkom; c: polymorphzelliges Sarkom.

Analogie zu den gutartigen Varianten), z.B. Angio-, Myo-, Myxo-, Lipo-, Osteosarkom. Sarkome metastasieren frühzeitig hämatogen und treten gehäuft in jüngeren Lebensjahren auf. [32]

Sarkomatose f: ausgebreitete Sarkombildung, meist durch Verschleppung von Tumormaterial (→ Metastasen) oder durch autochthone multiloluläre Neubildungen. [2]

Sarko|plasma n: undifferenzierte, plasmatische Substanz im Inneren der Muskelfaser (= -zelle), in die die Myofibrillen als kontraktile Elemente der Muskelfaser eingebettet sind. → Protoplasma. [9]

Sarzinen (lat.) f pl: Paketkokken; verbreitete Boden- und Luftkokken, die verschiedene Farbstoffe bilden; sie bleiben nach der Teilung, die in 3 aufeinander senkrecht stehenden Ebenen erfolgt, in kubischer Anordnung aneinander hängen (Sarcina flava, lutea, aurantiaca usw.). Anaerobe Saprophyten. [8]

Sassouni-Analyse f: Methode der → FRS-Analyse. Die Bezugspunkte werden nicht senkrecht, sondern bogenförmig mit einem Zirkel projiziert. Nur noch von wissenschaftlichem Interesse. [5]

Satelliten|wachstum: Förderung des Wachstums bestimmter Bakterien in Gegenwart einer anderen Keimart, die Wuchsstoffe ausscheidet; am bekanntesten ist S. von Influenzabakterien in der Nähe von Staphylokokkenkolonien. [8]

Sattel|füllung: MOD-Füllung; → MOD. [1]

Sattel|implantat n: partielles subperiostales → Gerüstimplantat; liegt dem Alveolarfortsatz sattelförmig auf. [18]

Sattel|kopf: → Klinozephalie. [3]

Sattel|nase: sattelförmige Einsenkung des knöchernen und knorpeligen Nasengerüstes, nur selten angeboren, meist erworben durch Trauma, durch zerfallende Gummata (Granulationsgeschwüre der tertiären Syphilis) oder bei Lues connata. [3]

saturieren (lat.): sättigen. [23]

saturninus (lat.): durch Blei verursacht, z.B. → Halo saturninus (→ Halo). [19]

Saturnismus m: Bleivergiftung. [19]

Sauer-Not|verband (Carl S., Proth., Berlin, *1835, † 1892): mit Ligaturendraht eingebundene halbrunde Drahtschiene, die den Bruchspalt überbrückt. Kann mit Hilfsschiene im Gegenkiefer bei Frakturen im bezahnten Bereich ohne Dislokation auch als Dauerverband belassen werden. Vgl. Drahtschienenverband. [2]

Sauer|stoff: gasförmiges Element, Symbol O (Oxygenium), Ordnungszahl 8, Atomgewicht 16.000. Lebenswichtiger Bestandteil der Luft (ca. 21%). Ist das in der Natur am weitesten verbreitete chemische Element. S. ist farb- und geruchlos, unterhält das Brennen anderer Substanzen. → Oxidation, → Verbrennung, → Verwesung. Als essentielles Notfallmedikament sollte S. in jeder zahnärztlichen Praxis in Flaschenform vorrätig gehalten werden. Vgl. Herz-Lungen-Wiederbelebung, Hypoxie. [16, 23]

Sauer|stoff, aktiver: Sauerstoff in statu nascendi (im Atomzustand), der besonders reaktionsfähig ist und vor allem sehr kräftig oxidiert. [23]

Sauer|stoff|bedarf des Menschen: in Abhängigkeit von Körperoberfläche und Stoffwechselaktivität in Körperruhe 150-250 ml O_2/min. Sättigung im Blut 99-95% (Messung mit Oxymeter). [2]

Sauer|stoff|gabe: Notfallpatienten kann Sauerstoff über verschiedene Methoden appliziert werden: Nasensonde, Beatmungsmaske, endotrachealer Tubus. Generell ist eine S. bei vital bedrohlichen Notfällen nicht kontraindiziert. [16]

Sauer|stoff|insufflation, assistierte f: zusätzliche O_2-Anreicherung der Atemluft bei aktiver Atmung des Patienten. Vgl. Insufflation. [27]

Sauer|stoff|mangel: Zustand der Unterversorgung mit Sauerstoff, der sehr schnell zu einer → Hypoxie bzw. → Hypoxämie führen kann. Klinisches Zeichen stellt die → Zyanose dar. [2, 16]

Sauer|stoff|reservoir n: Vorrichtung, die, an einen → Beatmungsbeutel angeschlossen, die Sauerstoffkonzentration in der Beatmungsluft wesentlich erhöhen kann. Vgl. Sauerstoffgabe. [16]

Saug|dränage f: → *Redon*-Saugdränage, → *Bülau*-Dränage. [2]

Sauger: 1. Gummiblattvorrichtung zur Verbesserung des Prothesenhalts. **2.** Pumpe zum Absaugen von Blut und Sekret. → Saugkammer, → *Rauhe*-Sauger. [2]

Sauger|fibrom n: chronische Irritation am Gau-

men, hervorgerufen durch Prothese mit Saugeinrichtung. [11]
Saug|kammer: Hohlsauger, runde, herz- oder nierenförmige Vertiefung in der Gaumenseite totaler Plattenprothesen; soll die Saugkraft verbessern. Veraltet. Vgl. *Rauhe*-Sauger. [4]
Säugling: Kind im 1. Lebensjahr. [9]
Saug|reflex m: Saugbewegungen des Neugeborenen, die automatisch durch Berühren von Lippe o. Zunge ausgelöst werden. [10]
Saug|spülung des Wurzel|kanals: Methode zur Reinigung und Desinfektion des Wurzelkanals bei der → Gangränbehandlung. Während der Aufbereitung wird der Kanal mit Hilfe einer → Doppelstromkanüle mit Wasserstoffsuperoxid (H_2O_2) und/oder Hyperchlorit ($NaOC_1$) durchspült. [1]
Saum|epithel n: Epithelbedeckung der marginalen Gingiva. Es geht aus dem nach der Schmelzbildung verbliebenen Epithel des Schmelzorgans hervor, das sich bei der Zahneruption mit dem Mundhöhlenepithel vereinigt. Das äußere S. verhornt und hat entsprechend den bindegewebigen Papillen tiefe Epithelzapfen. Am Zahnfleischrand geht es in das innere S. über, das nach Bildung einer 1-2 mm tiefen Zahnfleischfurche im → Epithelansatz endet. Dieser stellt eine Verklebung des inneren Saumepithels mit der Schmelz- bzw. Zementoberfläche dar. [6, 30]
Säure|ätz|technik: → Ätztechnik. [1]
Säure-Basen-Haushalt m: funktionell wichtiges Teilgebiet im Rahmen der lebenswichtigen Regulationsmechanismen des Organismus, die sein inneres Milieu konstant halten. Wichtige Kennwerte sind → Alkalireserve und → Wasserstoffionenkonzentration des Blutes = Blut-pH-Wert (physiolog. bei 7,41). Zwei Mechanismen sorgen für annähernde Konstanz der Blutreaktion: 1. physik.-chem. Eigenschaften des Blutes (4 Puffereigenschaften: Kohlensäure-Alkalibikarbonatpuffer, Oxyhämoglobin-Hämoglobin-System, Hämoglobin-Plasmaeiweißpuffer, Phosphatpuffer); 2. Regulationssysteme, die das Säure-Basen-Verhältnis durch Veränderung der Ausscheidungsgröße saurer Valenzen beeinflussen können (Lungen: Ventilationsveränderungen; Niere: Ausscheidung von Säuren und Bikarbonat). Störungen des Säure-Basengleichgewichts sind Abweichungen zur sauren Seite (Azidose) und zur alkalischen Seite (Alkalose). Man unterscheidet: 1. respiratorische Azidose: durch Veränderung der alveolären Belüftung Anstieg des Co_2-Druckes und Anhäufung von Kohlensäure; 2. metabolische Azidose: durch Retention fixer organ. Säuren oder großen Verlust von Basen (Coma diabeticum, massive Diarrhöen, Fisteln); 3. respiratorische Alkalose: durch über den Bedarf hinausgehende Ventilationssteigerung mit zerebraler Vasokonstriktion durch CO_2-Verarmung; 4. metabolische Alkalose: Anstieg des Gehaltes an Bikarbonat im Extrazellulärraum, hervorgerufen z.B. durch Säureverlust mit dem Magensaft bei chronischem Erbrechen, falsch dosierten Diuretika, → Hyperaldosteronismus. [10]
Säure|bildner: säurebildende Mundbakterien, i.e.S. Mikroorganismen, die als Besiedler der → Plaque durch Abbau niedermolekularer Kohlenhydrate Säuren verschiedener Art produzieren können. Neben Milchsäure als Hauptprodukt wurden auch Essigsäure, Propionsäure, Buttersäure und Valeriansäure nachgewiesen. S. sind kariogen, wenn andere Eigenschaften wie Bildung → extrazellulärer Polysaccharide hinzukommen (z.B. bei Streptococcus mutans, Streptococcus sanguis und Streptococcus salivarius). [1]
säure|feste Bakterien f pl: Gattung Mycobacterium, grampositiv, die auch bei Säure-Alkohol-Behandlung den Farbstoff, den sie wegen ihres schützenden Gehaltes an Fettstoffen erst durch Erhitzen aufnimmt, nicht abgibt (5% HCI-Alkohol), Färbung nach *Ziehl-Neelsen*. Pathogen: Tbc-Bakterien, Leprabakterien. Apathogen: säurefeste Bakterien auf Gräsern (*Timothee*-Bakterien), an Wasserhähnen, in Milch und Butter. [8]
Säuren: chem. Verbindungen, die in wäßriger Lösung Wasserstoffionen (H^+-Ionen) bilden. Charakteristisch für sie ist meist saurer Geschmack und die Fähigkeit, blaues Lackmuspapier (→ Lackmus) rot zu färben. Mit → Basen bilden sie → Salze. S., deren Moleküle jeweils mehr als ein H^+-Ion abspalten können, werden als mehrbasig bezeichnet. Man spricht von sauren bzw. neutralen Salzen, je nachdem ob bei der Salzbildung ein oder alle abspaltbaren H^+-Ionen durch Metallionen ersetzt werden. Pharma.: Acida. [23]
Säure|rest: Atomgruppe, die von einer Säure nach Entfernung der Protonen als Anion übrigbleibt. [23]
Säure|toleranz f: Fähigkeit eines Mikroorganismus, a) den Endwert des pH einer Kultur auf 4,5-4,0 zu senken, b) bei pH 5,5 oder niedriger noch Syntheseleistungen und Wachstum zu zeigen, c) bei niedrigem pH zusätzlich Säuren zu produzieren. Die S. eines Mikroorganismus ist für seine → Kariogenität wichtig. [15]
SB: chem. Symbol für Stibium, → Antimon. [23]
s.c.: Abk. für **sub**cutaneus, → subkutan. [2]

Scaler (engl. Fischabschupper) m: Handinstrument zur Zahnreinigung. Das Arbeitsende hat dreieckigen Querschnitt, 2 angeschärfte Schneiden und läuft spitz zu (Abb.). Zu unterscheiden sind Sichelscaler, Lingualscaler, Hakenscaler. 6

Arbeitsende eines Scalers

Scaling n: Entfernung der weichen Beläge (Plaque) und der kalzifizierten Auflagerungen (Konkremente, Zahnstein) von der Zahn- bzw. Wurzeloberfläche. Vgl. Kürettage, Lappenoperation. 6

Scandicain®: → Mepivacain. 2

Scanora®: → Panoramaschichtaufnahmeverfahren. 14

Scarpa-Loch (Antonio S., Chir., Modena, Pavia, *1752, † 1832): gelegentlich auftretendes Loch in der Mitte der → Fossa incisiva des harten Gaumens. 9

Scarpa-Nerv m: Nervus nasopalatinus aus dem N. maxillaris; versorgt Nasenseptum und vorderen Gaumen. 9

Schachtel|biß: → Bißformen des Neugeborenen. 5

Schädel: Cranium, das knöcherne Skelett des Kopfes, bestehend aus Hirnschädel mit Schädelbasis (Cranium cerebrale, Neurocranium) und Gesichtsschädel (Cranium viscerale, Splanchnocranium) Abb. → Ossa cranii. 9

Schädel|basis f: Basis cranii; der Boden des Hirnschädels, auf dem das Gehirn liegt und den verlängertes Mark und Hirnnerven sowie die ernährenden Gefäße durchtreten. Gebildet von Stirn-, Sieb-, Schläfen-, Keil- und Hinterhauptsbein (Abb.). 9

Schädel|basis|fraktur f: Knochenbruch des Hirnschädelbodens. Einteilung: 1. frontobasale Frakturen; 2. laterobasale Frakturen (Felsenbeinlängs/querfraktur). Klin. Zeichen sind ein- oder beidseitiges Brillenhämatom, Ausfluß von Blut bzw. Liquor aus Ohr und Nase, Ausfälle an → Hirnnerven. Gefahr der aufsteigenden Infektion. Häufig bei *LeFort*-III-Fraktur. 2

Schädel|dach: Schädeldecke, - gewölbe, -kalotte, oberer Teil des Hirnschädels; anat. Calvaria. 9

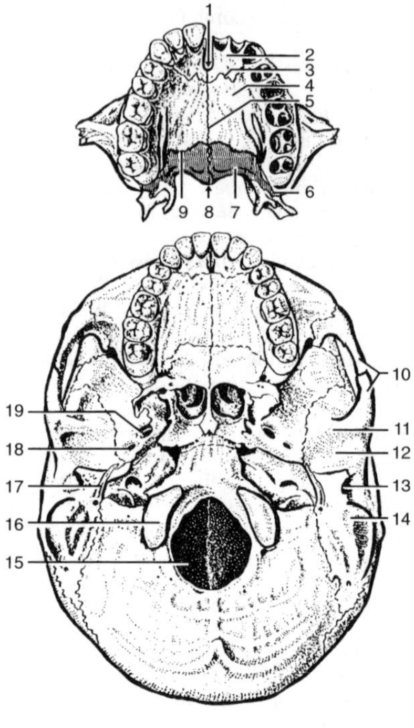

Schädelbasis
Knöcherner Gaumen und äußere Schädelbasis
1: Foramen incisivum; 2: Os incisivum; 3: Sutura incisiva; 4: Processus palatinus des Oberkiefers; 5: Sutura palatina mediana; 6: Foramen palatinum majus; 7: Lamina horizontalis des Gaumenbeins; 8: Spina nasalis posterior; 9: Sutura palatina transversa; 10: Arcus zygomaticus; 11: Tuberculum articulare; 12: Fossa mandibularis; 13: Porus acusticus externus; 14: Proc. mastoideus; 15: Foramen magnum; 16: Condylus occipitalis; 17: Processus styloideus; 18: Foramen spinosum; 19: Foramen ovale. [78]

Schädel-Hirn-Trauma n: Abk. SHT, bezeichnet generell alle traumatischen Kopfverletzungen mit Beteiligung des Gehirns. Man unterscheidet das gedeckte von dem offenen SHT und differenziert in Schweregrade SHT I bis III. 2

Schädel|knochen: vgl. Os. 9

Schädel|maße, anthropologische: anthrop. Indizes zur Klassifizierung der Hauptproportionen des Schädels: 1. Breiten-Index: Längen-Breiten-Index (LBI) des Kopfes, Index des Hirnkopfes bzw. der Hirnkopf-Gesichtskopf-Relation.

$$\text{Formel: Index} = \frac{(\text{größte Schädelbreite x } 100)}{\text{größte Schädellänge}}$$

Mittelwert: 75-80. 2. Gesichtsindex: Fazialindex nach *Kellmann,* anthrop. Hauptindex des Gesichtsschädels.

$$\text{Formel: Index} = \frac{(\text{Gesichtshöhe x } 100)}{\text{Jochbogenbreite}}$$

Mittelwert: 85-90. Größte Länge: Glabella-Opisthokranion-Abstand, größte Breite: stärkste seitliche Ausladung des Hirnschädels beiderseits, Gesichtshöhe: → Nasion- → Gnathion-Abstand. Vgl. Anthropometrie, Meßpunkte. [5]

Schädel|miß|bildungen: → Allozephalie, → Dysostose, → Synchondrose, → Kraniosynostose. [3]

Schädel|nähte: die nahtförmigen Verbindungen der Schädelknochen untereinander. → Sutura. Vgl. Synchondrose. [9]

Schädel|punkte: → Meßpunkte. [5]

Schädel|wachstums|analyse f: von *Jarabak* entwickelte Analyse des Verhältnisses der hinteren Gesichtshöhe (Sella-Gonion-Abstand) zur vorderen Gesichtshöhe (Nasion-Menton-Abstand).

$$\frac{\text{S Go}}{\text{N Me}} \cdot 100 = x\%$$

x = 62-65% = normales Schädelwachstum
x = 62% = vertikales Schädelwachstum, Clockwise-Wachstum (Abb. 1)
x = 65% = horizontales Schädelwachstum, Counter-clockwise-Wachstum (Abb. 2)

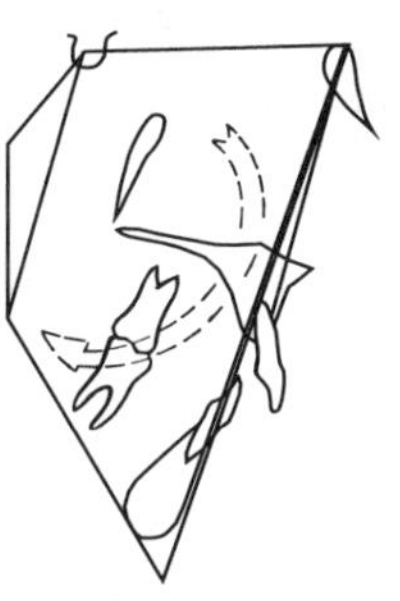

Abb. 1

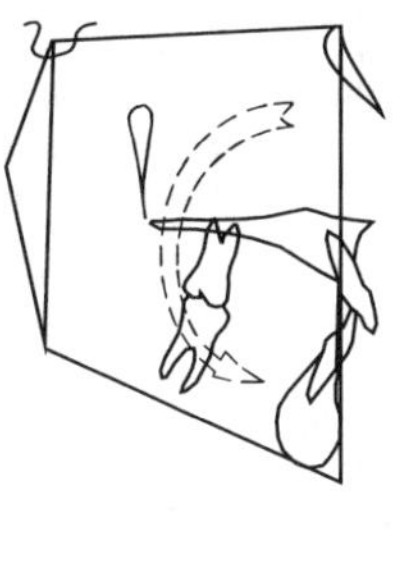

Abb. 2

Abb. 1: Vertikales Schädelwachstum [36]
Abb. 2: Horizontales Schädelwachstum [36]

Vgl. Wachstumsanalyse, Wachstumsrichtung, Wachstumstyp. [5]

Schaden: Nachteil, der einer Person an Gesundheit oder Vermögen entsteht. Ggf. auch Differenz zwischen Vermögenslage vor und nach dem schädigenden Ereignis. Vgl. Haftung. [24]

Schadens|ersatz: Verpflichtung zum Ausgleich des → Schadens, der einer Person durch das Handeln des zum S. Verpflichteten entstanden ist. Voraussetzung ist Verschulden in Gestalt von Fahrlässigkeit oder Vorsatz. Es kann eine Verpflichtung zum ganzen oder zum teilweisen Ausgleich des entstandenen Schadens bestehen. Ein Anspruch kommt in Betracht aufgrund eines Vertrages oder aufgrund der Vorschriften über deliktische Haftung (§§ 823 ff. BGB). Vgl. Haftung. [24]

Schaft: bei → rotierenden Instrumenten der zylindrische Teil eines Bearbeitungswerkzeugs (ohne → Arbeitsteil), mit dem es in einem Spannelement des → Hand- oder → Winkelstücks aufgenommen wird. Der S. besteht aus Einspannteil und Hals. In der zahnärztlichen Praxis werden hauptsächlich Werkzeuge mit einem sogenannten FG-Schaft (friction grip) oder einem Winkelstückschaft verwendet. Während FG-Schäfte, deren Nenndurchmesser stets 1,6 mm beträgt (ISO 1797), lediglich geklemmt, d.h. kraftschlüssig aufgenommen werden, besitzt der im Durchmesser 2,35 mm messende Winkelstückschaft (ISO 1797) eine Ringnut mit Anfräsung zur formschlüssigen Drehmomentübertragung (DIN 13 950, Bl.1). Vgl. FG-Instrument, ISO-Nummernsystem. [21]

Schalen|zähne: Muschelzähne, Shell teeth; Untergruppe der → Dentinogenesis imperfecta. Das Dentin ist sehr dünn, die Zähne zerbrechen leicht. Die Wurzelbildung bleibt unvollendet bei weit offenem Foramen apicale und großer Pulpakammer (Abb.). [1]

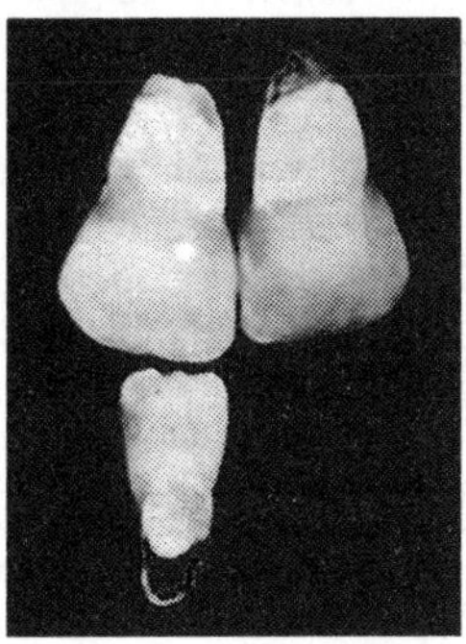

Schalt|prismen n pl: zusätzlich vorkommende Schmelzprismen im äußeren Schmelzmantel. S.

könnten die Volumenzunahme des Schmelzes, die von der Schmelz-Dentin-Grenze zur Schmelzperipherie etwa im Verhältnis 1 : 2 erfolgt, erklären. Im menschlichen Schmelz sollen sie jedoch nicht vorkommen. [30]

Schalt|prothese f: partieller, abnehmbarer Zahnersatz, bei dem im Gegensatz zur → Freiendprothese die ersetzten Kaueinheiten zwischen Zähne des Restgebisses eingeschaltet werden. [4]

Schalt|sattel: zahnbegrenzter Prothesensattel einer partiellen Prothese. [4]

Schanker (frz.) m: → Ulcus durum, → Ulcus molle, → Pyodermia chancriformis. [12]

Schärfen|tiefe: in der Fotografie der Bereich vor und hinter der Einstellebene, der noch als ausreichend scharf wahrgenommen wird (Abb.).

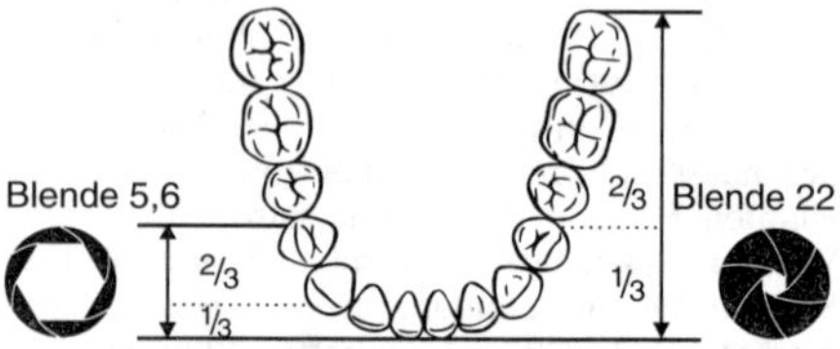

Abhängigkeit der Schärfentiefe von der Blende. Verteilung der Zone scheinbarer Schärfe in bezug auf das Schärfezentrum bzw. die Einstellebene (gestrichelte Linie). [1]

Je kleiner die Blende, desto größer die S. Um keine Bildschärfe zu verschenken, sollte nicht auf den vordersten Punkt eines Objektes (z.B. auf die Schneidezähne bei einer Frontalansicht) fokussiert werden, sondern auf einen Punkt hinter dieser Ebene, da im Nahbereich etwa 30% bis 50% der S. vor der Einstellebene liegen. [17]

scharfer Löffel: Kürette; löffelartiges, scharfrandiges Instrument zum Abkratzen von Wucherungen usw. (Abb.). [2]

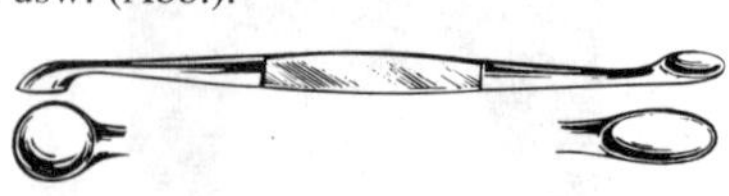

Scharlach m: Scarlatina; ansteckende akute Infektionskrankheit, ausgelöst durch das erythrogene *Dick*-Toxin hämolysierender Streptokokken, zusätzlicher Virusfaktor umstritten. Übertragung von Scharlachkranken, aber auch Anginakranken und gesunden Streptokokkenträgern als Tröpfcheninfektion oder durch Gegenstände oder Nahrungsmittel als Zwischenträger. Inkubation 3-5 Tage. Akuter Beginn mit schwerem Krankheitsgefühl, Schüttelfrost, Halsschmerzen (starke → Angina, fleckig-rotes Rachenenanthem). Meist ab 2. Tag Scharlachexanthem: diffuse Rötung durch engstehende feine rote Stippchen, beginnend an Hals und Brust, dann absteigend, Aussparung von Mund und Kinn (periorale Blässe). Abklingen in 2-3 Tagen, später groblamellöse Schuppung. Auslöschphänomen (*Schultz-Charlton*-Phänomen) durch intrakutane Antiserumgabe wertvoll zur Abgrenzung, z.B. von Arzneimittelexanthemen. Weitere Symptome: → Himbeerzunge, positives → *Rumpel-Leede*-Phänomen, Tachykardie, Subikterus, Leukozytose mit Linksverschiebung. Insgesamt Abklingen in etwa einer Woche. Auftreten von Frühkomplikationen: 1. interstitielle Frühnephritis ohne Ödeme und Hypertonie; 2. Frührheumatoid, Myokarditis (gute Prognose). Spätkomplikationen (ab 3. Krankheitswoche, hyperergische Entzündungen): 1. rheumatische Endomyokarditis; 2. Chorea minor; 3. diffuse hämorrhag. Glomerulonephritis, Hypertonie, Urinbefund. Eitrige Komplikationen: lokale Eiterungen bis Streptokokkensepsis, Otitis media, Mastoiditis, Meningitis, Hirnabszeß. Therapie: Mittel der Wahl ist Penicillin (1-2 Mill. I.E. und mehr pro Tag für 10-14 Tage), Kreilaufüberwachung, rechtzeitiges symptomatisches Eingehen auf Komplikationen. Isolierung für 10 Tage. [20]

Scharlach|serum n: ein von Tieren durch → Immunisierung mit Bakterien und Toxinen der hämolytischen Scharlach-Streptokokken gewonnenes Serum gegen Scharlach. [8]

Scharlach|streptokokken f pl: hämolysierende Streptokokken der serologischen Gruppen A und selten C (*Lancefield*), soweit sie lysogen sind und das erythrogene Toxin bilden. [8]

Scharnier|achse f: hinge-axis (engl.); gedachte Achse, um die sich die Kondylen bei der Öffnungs- und Schließbewegung des Unterkiefers drehen. Bei der Mundöffnung erfolgt eine reine Scharnierbewegung, wenn sich der Unterkiefer in der retralen Position befindet. Die Lage dieser Achse ist bis zu einer maximalen Schneidekantendistanz von ungefähr 20 mm konstant und von besonderer Bedeutung für die Bißregistrierung nach der → *Lauritzen*-Technik. Die Scharnierachse wird mit Hilfe eines Übertragungsbogens am Patienten ermittelt und auf einen Individualartikulator übertragen. Die zentrische S. wird in zentrischer → Kondylenposition bestimmt (Nomenklatur der → AgF). [4]

Scharnier|achsen|bahn: dreidimensionale Bewegungsbahn der Scharnierachse im schädelbe-

zogenen Koordinatensystem am Ort der Aufzeichnung (Nomenklatur der → AgF).[4]
Scharnier|achsen|lokalisator m: Gerät zur Ermittlung der → Scharnierachse für die Unterkieferbewegung in retraler Kontaktposition. Extraorale Drahtarme sind an der Unterkieferbißgabel befestigt. Die Drahtarme führen in die Nähe

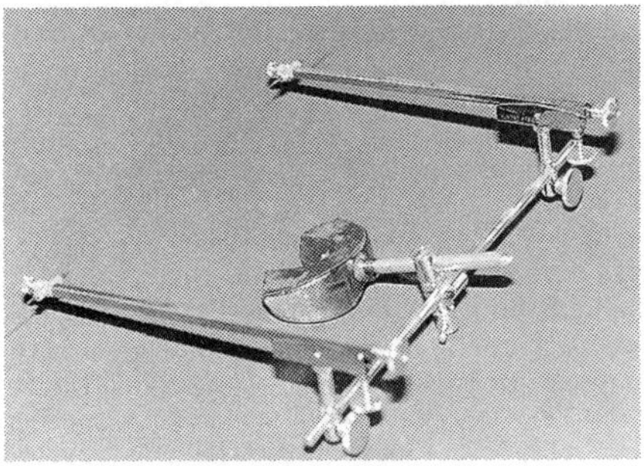

Abb. 1: Übertragungsbogen nach *Almore*

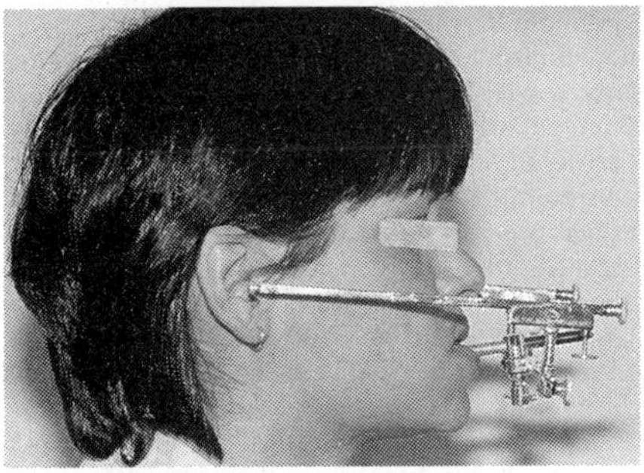

Abb. 2: Scharnierachsenlokalisator

des Tragus beiderseits. Bei Öffnungsbewegungen kann der exakte → Scharnierachsenreferenzpunkt bestimmt werden. Dieser Punkt dient auch zum Anlegen eines Übertragungsbogens (Abb. 1 und 2).[4]
Scharnier|achsen-Orbital|ebene: verläuft horizontal von den gefundenen Scharnierachsenpunkten zu den Orbitalia; (Abb. → Meßpunkte).[4]
Scharnier|achsen|position, terminale f: → Relation, zentrale.[4]
Scharnier|achsen|referenz|punkte: Durchtrittspunkte einer gedachten interkondylären Öffnungsachse an der äußeren Haut, etwa 12 mm vor dem Tragus. Sie werden mit Hilfe eines → Scharnierachsenlokalisators ermittelt.[4]
Scharnier|bewegung: Öffnungs- und Schließbewegung, bei der eine gleichmäßige und gleichzeitige Drehbewegung der Kondylen in beiden Kiefergelenken erfolgt.[4]
Scharnier|gelenk: 1. A n a t.: Ginglymus; ein Gelenk, bei dem die artikulierenden Knochen sich in einer Ebene um eine Achse bewegen, die zur Längsachse des Gliedes senkrecht steht, z.B. Fingergelenke. Das Kiefergelenk des Menschen ist ein kombiniertes Scharnier- und Gleitgelenk. **2.** P r o t h.: zwischen Anker und Sattelteil einer partiellen Prothese eingeschaltetes Gelenk. Gestattet eine Kippung des Prothesensattels um eine Auflage, z.B. *Gaerny*-Scharniergelenk; Hülsengelenk nach *Böttger*. → Verbindungselemente.[4]
Scharpie: zerzupfte Leinwand, früher als Verbandstoff benutzt.[2]
Scharten|spuren: forensische Spuren, die einem Tatwerkzeug zuzuordnen sind (an Knochen, Holz etc.) oder von Zähnen verursacht wurden, also makroskopisch oder in Lupenvergrößerung erkennbare Bißspuren an Haut, Lebensmitteln u.a. Vgl. Bißmarke, Identifizierung.[28]
Schatten|bildung: röntgenolog. → Verschattung.[14]
Schaufel|zähne: schaufelförmige obere Schneidezähne. Mongolisches Rassenmerkmal, das bei Chinesen, Japanern, Eskimos und der indianischen Urbevölkerung Amerikas auftritt. Einer der Beweise für die asiatische Herkunft der Indianer (Abb.).[1]

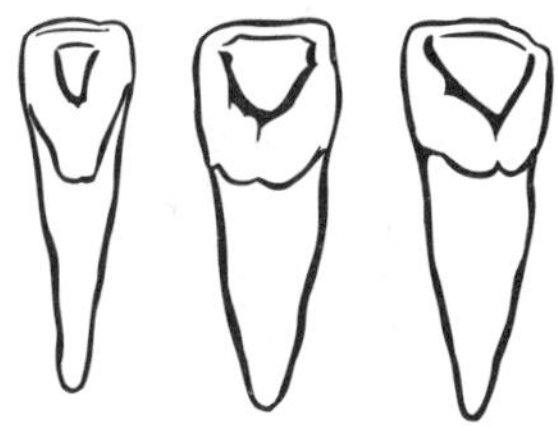

Schaukel|atmung: → Alarmsymptom für eine plötzliche Verlegung der → Atemwege durch einen Bolus. Bis zum Eintritt einer tiefen → Bewußtseinsstörung führt der Patient (inverse) Schaukelatmungsbewegungen (bei fehlendem Atemstoß!) durch. Die Therapie besteht im sofortigen Freimachen der Atemwege. Vgl. Fremdkörper, Hypoxie.[16]
Scheiben|schliff|präparation f: Slice cut; von der → Kastenpräparation abweichendes Präparationsprinzip für approximale Kavitäten bei Einlagefüllungen. Statt Anlage eines Kastens wird die approximale Fläche vom Nachbarzahn separiert und plan geschliffen (Abb.); okklusale → Schwalbenschwanzverankerung erforderlich.

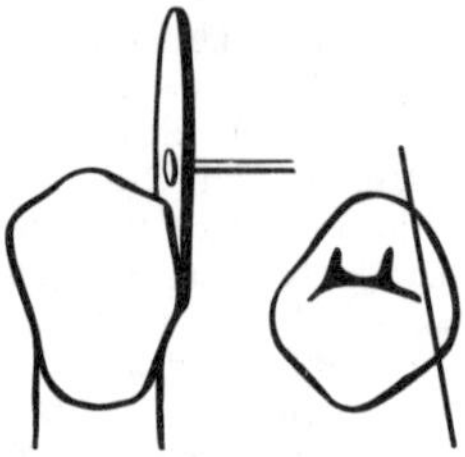

Wegen hoher Substanzverluste heute meistens durch Hohlkehlpräparation ersetzt. Nur geeignet für gegossene Metallfüllungen. 1

Scheiben|schützer: Schutzblech, das Weichteilverletzungen bei Anwendung der Separierscheibe verhindert; → separieren. 1

Scheiben|träger: → Mandrel. Einsatz für Handbohrinstrument zum Montieren von Schleifsteinen, Polierern in verschiedenen Formen, Separier-, Schleif- und Trennscheiben. Die Schleifkörper werden aufgeschraubt oder aufgesteckt (Abb.). 4

Scheide|wasser: → Salpetersäure. 23

Scheitel|bein: → Os parietale. 9

Schellack m: Tafellack; durch den Stich einer Schildlaus (Coccus lacca, Ostindien, Ganges) in die Zweige des malabarischen Lackbaums und anderer Feigenarten wird ein Harz (Stocklack) ausgeschieden, aus dem ein dem Karmin ähnlicher Farbstoff und der Schellack gewonnen werden. Schellack kommt in kleinen braunen Plättchen in den Handel. Löslich in Alkohol und Äther. Er ist Hauptbestandteil der Schellack-Basisplatten. 4

Scherben|kobalt n: Arsenum metallicum, Fliegenstein, schwarzes Arsenik; das in der Natur vorkommende Arsen, wird wie dieses in der Zhk. zur → Devitalisation der Pulpa gebraucht, aber nicht so leicht resorbiert und wirkt daher langsamer. Keine Beziehung zu Kobalt. Die Bez. entstand, weil S. in Form von Scherben vorkommt und früher für eine Art Kobalt gehalten wurde. 1

Scheren|biß: Psalidodontie; Überbiß der oberen Schneidezähne über ein Drittel der unteren. Normale Bißlage der europäischen Rassen. Zu starker S. wird als → Tiefbiß, aufgehobener S. als → offener Biß bezeichnet. 5

Scher|höcker: nichttragende, schneidekantenartige oder spitze Zahnhöcker. Bei den oberen Molaren sind es die vestibulären und bei den unteren die lingualen Höcker. 30

Schicht|aufnahme|verfahren: → Tomographie, → Panoramaschichtaufnahmeverfahren, → Computertomographie. 14

Schicht|linien: → Wachstumslinien. 30

Schicht|naht: Etagennaht; Naht, bei der Muskeln, Faszien, Fett und Haut einzeln schichtweise miteinander vernäht werden. 2

Schicht|technik: schichtweises Aufbauen von Kunststoffüllungen. Um die Polymerisationsschrumpfung zu verringern oder ganz auszuschalten, wird die nächste Schicht erst dann aufgetragen, wenn die vorhergehende erhärtet ist. Werden die Schichten mit einem feinen Pinsel aufgetragen, spricht man auch von Pinseltechnik. Vgl. Komposit. 1

Schick-Probe (Béla S., Päd., Wien, New York, *1877, † 1967): → Diphtherie. 8

Schieds|amt: Institution zur Festsetzung von Verträgen, wenn diese nicht zwischen den Vertragspartnern der gesetzlichen Krankenversicherung zustande kommen. Für die vertragszahnärztliche Versorgung existieren ein Bundesschiedsamt sowie Landesschiedsämter. Das S. ist besetzt mit einem Vorsitzenden mit der Befähigung zum Richteramt und zum höheren Verwaltungsdienst, 2 weiteren unparteiischen Mitgliedern sowie Vertretern der Zahnärzte und der Krankenkassen in gleicher Zahl, im Falle von Verträgen im zahntechnischen Bereich mit 2 Vertretern der Zahntechniker statt der Zahnärzte. Das Verfahren richtet sich nach der Schiedsamtsordnung. Das S. erläßt Entscheidungen in Gestalt von Verwaltungsakten, gegen die vor dem Sozialgericht geklagt werden kann. 24

schiefe Ebene: 1. Kieferorth.: einfaches Hilfsmittel zur Beseitigung des Rückbisses einzelner Frontzähne. Dieses ist entweder in festsitzender Form den Antagonisten aufzementiert oder an einer Platte im Gegenkiefer angebracht,

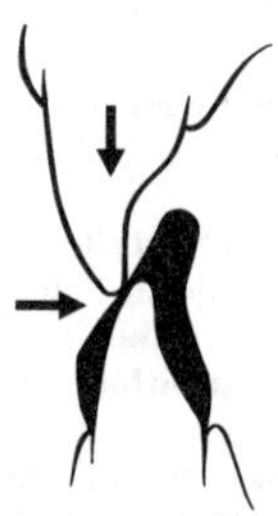

Abb. 1: schiefe Ebene in der Kieferorthopädie

so daß die in falschem Überbiß stehenden Zähne über diese hinweg nach vorübergehender Bißsperre in normale Okklusion gleiten (Abb. 1). Vgl. Aufbißplatte, Rückbißplatte. **2.** Kieferc h i r .: in der Kieferbruchbehandlung im Seitenzahnbereich des frakturierten Unterkiefers am

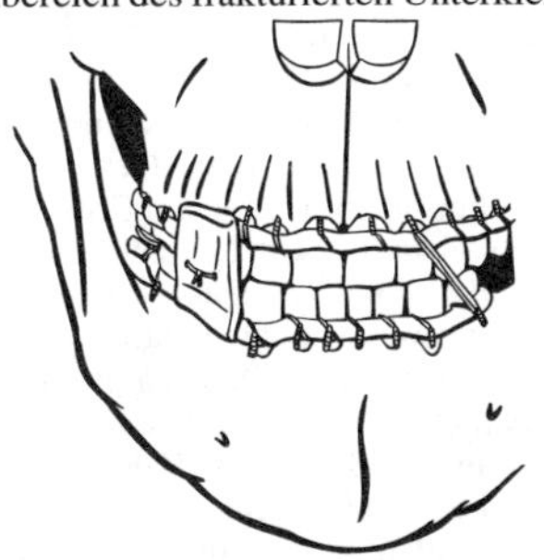

Abb. 2: schiefe Ebene in der Kieferbruchbehandlung

Drahtschienenverband oder an der Plattenschiene angebrachte Ebene zu dessen Fixierung in richtiger Bißlage (Abb. 2). Vgl. Gleitschiene, Jig. [5]

Schief|hals: → Tortikollis. [20]

Schief|kopf: → Plagiozephalie. [3]

Schielen: → Strabismus. [20]

Schienung: Abstützung gebrochener oder erkrankter Körperteile. Fixierung der Fragmente bei Kieferbrüchen durch Drahtschienen- oder Plattenverbände oder → Osteosynthese. Vgl. Drahtschienenverband. [2]

Schienung, end|odontale: → Transfixation. [1, 18]

Schienung par|odontal erkrankter Zähne: erfolgt durch Versteifung und Blockbildung. Es sind zu unterscheiden: 1. temporäre Schienen, fortlaufender Ligaturenverband, Schienung mit Hilfe einer fortlaufenden Klammer (→ *Elbrecht*-Schiene), Kunststoffschienen (→ Miniplast-Schiene nach *Drum*); 2. festsitzende Schienenverbände, Schienensysteme aus Teilkronen oder Vollkronen; → Inlayschienen und → Pinlayschienen; temporär festsitzende Schienung mittels Verbindung durch ein → Komposit an den Approximalflächen durch → Ätztechnik des Schmelzes. Zur Verstärkung können Polyesterfäden verwendet werden; 3. herausnehmbare Schienenverbände: Schienung mit Hilfe einer fortlaufenden Klammer (*Elbrecht*-Schiene), einer Hülsenstiftverankerung (→ *Weißenfluh*-Schiene), Kappenschienen nach *van Thiel, Spreng*. Sog. Knirscherschienen haben keine Schienungsfunktion, sondern sollen die Okklusion unterbrechen oder korrigieren, → Aufbißschienen, → Interzeptor (*Schulte*). [4]

Schild|apparatur f: vom Mundvorhof aus wirkendes Gerät zur Eliminierung von → Dyskinesien. In frühen Stadien oder zu Beginn einer Therapie oft schnelle therapeutische Erfolge. Bei längerer Behandlung keine weitere Verbesserung, da eine persistierende → Dysgnathie mit hereditärer Komponente nach Ausschaltung der Dyskinesie nicht weiter beeinflußt wird. Vgl. Mundvorhofplatte. [5]

Schild|drüse: Glandula thyroidea; vor der Luftröhre gelegene inkretorische Drüse mit zwei durch einen Isthmus verbundenen Seitenlappen bindegewebiger und follikulärer Unterteilung und reicher Gefäß- und Nervenversorgung. Höhe des Follikelepithels Ausdruck des Funktionszustandes und des Follikelgehaltes an Kolloid (Abb.).

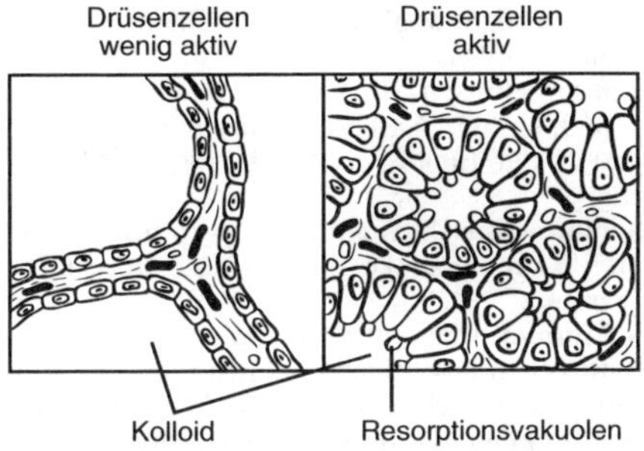

Links: Lumina prall gefüllt mit Kolloid (Speicherzustand). Rechts: Nach vermehrtem Kolloidabbau bei erhöhtem Hormonbedarf. Schilddrüsenfollikel

Die Hormonsynthese erfordert Jod (Abfangmechanismus), das in anorganischer, organisch-hormoninaktiver und -aktiver Form in der S. vorkommt und im → Radiojodtest zu eingehender Schilddrüsendiagnostik benutzt wird. Aufbau der S.n-hormone bis zum → Thyroxin und Trijodthyronin; deren Wirkung auf Morphogenese, allg. (→ Grundumsatz) und Zellstoffwechsel. Thyrotropes Hormon des Hypophysenvorderlappens: Stimulierung des S.n-wachstums, der Produktion und Freisetzung des Hormons aus der Kolloidspeicherform. S.n-vergrößerung: → Struma. Überfunktion: je nach Grad → Hyperthyreose oder → *Basedow*-Krankheit. Unterfunktion: Hypothyreose; angeborene Hypo- oder Aplasie der S. → Kretinismus; erworbene Unterfunktion (postoperativ, medikamentös, sekundär-hypophysär), → Myxödem. Akzessorische S.: → Zungengrundstruma. [2, 9, 10]

Schild|drüsen|adenom n: gutartige Struma ohne erkennbare Veränderung des Schilddrüsenhormonspiegels. Klinische Formen: 1. toxisches, dekompensiertes autonomes S. (20-40% der Hyperthyreosen) mit überschießender Hormonproduktion (heißer Knoten); 2. autonomes nicht hormonsynthetisierendes S. mit Malignomverdacht (kalter Knoten). Vgl. Radiojodtest. [20]

Schiller-Jod|probe (Walter S., Pathol., Wien, Chicago, *1887, † 1960): Glykogenanfärbung mit 3%iger wäßriger Jod-Kalium-Lösung (*Lugol*-Lösung). Gesundes Plattenepithel färbt sich infolge seines hohen Glykogengehalts in den mittleren Zellschichten dunkelbraun (jodpositiv) an. Der geringe Glykogengehalt bei atypischen Epithelveränderungen bewirkt eine hellbraune (jodhelle) oder ockerfarbene (jodnegative) Anfärbung. Verfahren aus der Gyn., das in der Parodontol. klin. zur Abgrenzung der Gingiva propria von der beweglichen Mundschleimhaut verwendet wird. [6]

Schimmelbusch-Maske (Curt S., Chir., Berlin, *1860, † 1895): Narkosemaske aus einem Drahtgestell mit Einklemmvorrichtung für Mullbezug. [2, 8]

Schimmelbusch-Trommel: Blechtrommel für Sterilisationszwecke mit verschließbaren Löchern. [2, 8]

Schimmel|pilze: wachsen mit Substrat- und Lufthyphen und bilden reichlich asexuelle Vermehrungsformen (→ Konidien). Wichtigste Gattungen: Penicillium, Aspergillus, Mucor. [8]

Schiz|odontie f: → Zwillingszähne. [1]

Schizo|genie f: die Zunahme von Organen an Zahl infolge Spaltung der Keimanlage, z.B. Entstehung eines überzähligen Zahnes durch Spaltung eines Zahnkeimes infolge Veränderung des normalen Entwicklungsvorganges. Vgl. Zwillingszähne. [1]

Schizo|glossie f: → Glossoschisis. [3]

Schizo|gonie f: ungeschlechtlicher Vermehrungszyklus von Protozoen, z.B. der Malariaparasiten in den menschlichen Erythrozyten und Leberzellen. [8]

schizo|id: Bez. für eine ungesellige, zurückhaltende, kontaktlose, abgesonderte, verschrobene, mißtrauische und fanatische Persönlichkeit. Die s.e Persönlichkeit kann psychopatische Dauerstruktur (→ Psychopathie) oder prämorbide Form der → Schizophrenie sein. [33]

Schizo|myzeten m pl: wörtlich Spaltpilze, → Bakterien. [8]

Schizont (gr.) m: Teilungsform von Protozoen, bei Malariaparasiten in Leberzellen und Erythrozyten. [8]

schizo|phrener Defekt m: Zustand nach ungünstigem Verlauf einer → Schizophrenie mit Dissoziation von → Affekt und Denken sowie Antriebsverarmung. U.U. sog. läppischer Affekt, → Autismus und formale Denkstörungen bis hin zur Zerfahrenheit des Denkens. [33]

Schizo|phrenie f: von *E. Bleuler* 1911 eingeführte Bezeichnung für Dementia präcox (→ Demenz), eine endogene → Psychose mit Störungen des Ich-Erlebens sowie Denk- und Wahrnehmungsstörungen. Durch die Unterscheidung von primären und sekundären Symptomen hat schon *Bleuler* versucht, den vermuteten Krankheitsmechanismus von sekundären psychischen Reaktionen zu trennen. Die Symptomlisten von *K. Schneider* spielen heute bei modernen Diagnosesystemen (z.B. DSM III-R) eine bestimmende Rolle. Danach sind Symptome 1. Ranges: Gedankenlautwerden, dialogische Stimmen, kommentierende Stimmen (akustische → Halluzinationen), leibliche Beeinflussungserlebnisse, Gedankenentzug und andere Gedankenbeeinflussungen, Gedankenausbreitung, Wahnwahrnehmungen und alles Erleben des von anderen Gemachten bezüglich des eigenen Erlebens und Wollens. Zur Gruppe der S.n gehören Schizophrenia simplex (→ Hebephrenie), paranoid halluzinatorische S. und katatone S. Die Krankheit ist durch einen schubweise rezidivierenden Verlauf gekennzeichnet. Unter neuroleptischer Therapie besteht inzwischen eine relativ gute Rezidivprophylaxe. Es kommt nicht mehr zwangsläufig zur Entwicklung eines → schizophrenen Defektes. [33]

Schizo|prosopie f: jegliche Art und Form von angeborener → Gesichtsspalte. [3]

schizo|thym: Bez. für einen besonderen Persönlichkeitstyp nach *Kretschmer*. Leptosom-asthenischer Konstitutionstyp mit Introvertiertheit, psychischer Kühle und Empfindlichkeit sowie Neigung zum Schwärmerisch-Zärtlichen. [33]

Schlaf|anfall: → Narkolepsie. [33]

Schläfen|arterie f: → Arteria temporalis superficialis. [9]

Schläfen|bein: → Os temporale. [9]

Schläfen|muskel: Musculus temporalis; → Kaumuskeln. [9]

Schlaf|lage, einseitige: einseitige Liegehaltung während des Schlafes. Die e. S. wird für bestimmte Gebißdeformierungen verantwortlich gemacht, z.B. für einseitige → Kieferkompression, einseitigen → Kreuzbiß. Rückenlage (Dorsalhaltung des Kopfes) hingegen führt durch Abziehen des Unterkiefers zur → Mundatmung. [5]

Schlaf|wandeln: Somnambulismus; → Dämmerzustand. [33]

Schlag|ader: → Arterie. [9]

Schlag|anfall: Schlag, Schlagfluß; → Apoplexie. [20]

Schlag|polierer: bohrerähnliches Instrument für die Verwendung im Handstück, mit Rillen versehene unscharfe Stahlkugel zum Polieren von Amalgamfüllungen und Anrotieren von Gußfüllungen. Auch birnen- und flammenförmig (Abb.). [1]

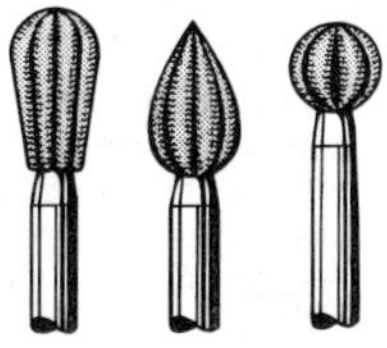

Schlagpolierer in verschiedenen Formen

Schlag|volumen des Herzens: die Blutmenge, die bei Kontraktion der Herzkammern (Ventrikel) insgesamt aus dem linken Ventrikel des Herzens ausgetrieben wird, ungefähr 70 ccm beim Erwachsenen in Ruhe. [10]

Schlaufen|biege|zange: → *Tweed*-Schlaufenbiegezange. [5]

Schlaufen|draht|verband: → *Hauptmeyer*-Kieferbruchschiene; 1,2 mm starker Draht aus nichtrostendem Stahl mit maschinell gedrückten Schlaufen zur Kieferbruchschienung. Nur zur Erstversorgung geeignet (Abb.). [2]

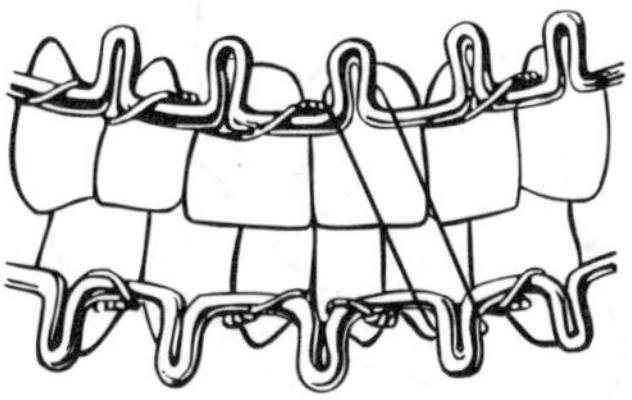

Schleifen: spanendes Verformen. In der Zhk. neben dem → Bohren wichtigstes Verfahren zum Präparieren von Zähnen (z.B. für festsitzenden Zahnersatz wie Kronen). Schleifkörper in vielen Formen mit Schleifkorn und Bindung. Als Schleifkorn häufig Korund (Aluminiumoxid, Al_2O_3) oder Karborundum (Siliziumkarbid, SiC). Heute überwiegend Diamantschleifkörper. Vgl. Diamant. [1]

Schleifen, hochtouriges: → Bohren. [21]

Schleifer: rotierendes Instrument, das in axialer und/oder in radialer Richtung mit undefinierter Schneide spanabhebend arbeitet (→ Schleifen). [21]

Schleif|kontakt m: der bei der Kaubewegung entstehende gleitende Kontakt der Okklusionsflächen gegenüberliegender Zähne im natürl. und künstl. Gebiß. Falls nicht vorhanden, durch → Einschleifen anzustreben. [4]

Schleif|körper: verschiedenartig geformte Schleifsteine und Schleifscheiben, auf einem → Mandrel aufgeschraubt oder fest auf einer Spindel montiert, die aus keramischem Schleifmaterial (Körner von → Karborund, → Korund und Bindemittel) oder aus Stahlkörpern, in die Diamantsplitter galvanisch eingelagert sind, bestehen. Für Hand- und Winkelstück in Form von Walzen, Rädern, Linsen, Kugeln, Spitzen, umgekehrten Kegeln oder als Scheiben. → Diamant. [4]

Schleif|scheibe: → rotierendes Instrument, das aus einer mit Schleifmittel (Diamant, Siliziumkarbid u.a.) belegten oder durchsetzten runden, planen oder leicht konischen Scheibe besteht, die in der Mitte auf einem Träger befestigt werden kann. [21]

Schleif|therapie f: → Einschleifen. [4]

Schleif|trauma n: Schädigung der Pulpa durch zu große Wärmeentwicklung beim Beschleifen eines Zahnes. Mögl. Ursachen: zu großer Druck, zu hohe Drehzahl, stumpfe Schleifinstrumente, ungenügende Wasserkühlung. Vgl. Bohrtrauma. [1]

Schleim: Mucus; zähe, alkalisch reagierende, farblose Flüssigkeit mit etwa 6% festen Bestandteilen, die von den Schleimdrüsen produziert wird. Die Hauptmasse besteht aus → Muzin. [10]

Schleim|beutel: mit Schleim gefüllte, dünnwandige Gebilde an Stellen, wo Muskeln oder Sehnen über Knochen ziehen oder unter Bändern verlaufen, und an Gelenken; Schutz gegen Druck oder Reibung. → Bursa synovialis. [9]

Schleim|drüsen: Schleim absondernde (muköse) Drüsen der Schleimhaut; → Drüsen. [9]

Schleim|drüsen|retentions|zyste f: → Schleimzyste, → Ranula. [2]

Schleim|haut: → Mukosa. [9]

Schleim|haut|pemphigoid, vernarbendes n: „benignes" Schleimhautpemphigoid. Pemphigusähnliche → Dermatose von äußerst chron. Verlauf (→ Pemphigus). Die sich unter dem Epithel entwickelnden Blasen platzen und führen zu Erosionen und schrumpfenden Narben. Augenbefall führt zur Erblindung (Pemphigus conjunctivae). Augen-, Mund-, Rachen- und Genitalschleimhäute erkranken in fallender Häufigkeit. Therapie: → Kortikoide, → Zytostatika. → Autoimmunkrankheit, → paraneoplastisches Syndrom. [12]

Schleim|haut|resilienz f: die durch den Turgor bedingte Nachgiebigkeit der Schleimhaut, die im Gaumen und Unterkiefer-Alveolarfortsatzbereich durchschnittlich 0,5-0,8 mm beträgt. Von Interesse für den → Kompressionsabdruck und bei der Verarbeitung von → Resilienzgelenken mit Resilienzspielraum. Klinische Bedeutung hat die von *K. H. Körber* so bezeichnete „integrierte S.", die sich aus der Größe der Prothesenbasis sowie aus der Art der funktionellen Inanspruchnahme ergibt. [4]

Schleim|haut|transplantation f: Transplantation von Gaumen- oder Wangenschleimhaut im Rahmen einer → Gingivaextension, in der Parodontologie oft als freie und gestielte S. unterschieden; letzteres falsch, weil dann nicht Transplantat, sondern Lappen. Mit einem Skalpell oder einem → Mukotom wird vom Gaumen oder aus der Wange Schleimhaut entnommen (freies Mukosatransplantat) und nach einer vestibulären → Gingivaextension zur Deckung des Defekts verwendet. Das Transplantat hat in der Regel eine Dicke von 0,6-1,0 mm. Vgl. Verschiebelappen. [6]

Schleim|retentions|zyste f: → Schleimzyste. [2]

Schleim|stoffe: → Muzin. [10]

Schleim|zellen: Drüsenzellen, die → Schleim sezernieren können. z.B. die → Becherzellen. [9]

Schleim|zyste f: Mukozele; fluktuierendes, bläulich durch die Mundschleimhaut schimmerndes

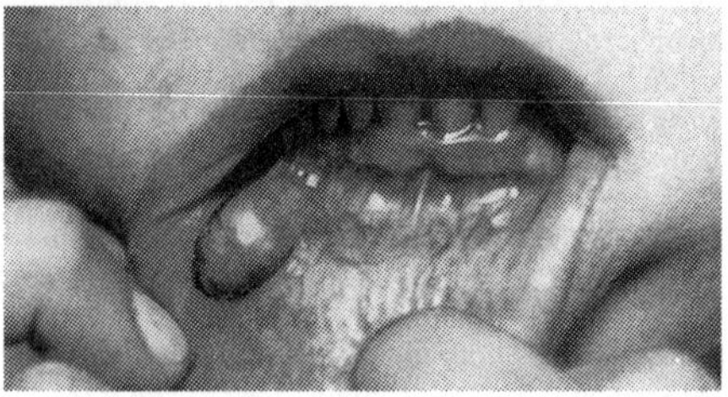

Gebilde, das mit einer zähflüssigen Schleimmasse gefüllt ist. Sie stellt die → Retentionszyste einer Schleimdrüse dar, die durch Verschluß des Ausführungsganges entstanden ist (Abb.). Tritt auch in der Kieferhöhle auf. Eine S. des Ductus submandibularis ist die → Ranula. Große Rezidivneigung, deshalb Totalexstirpation erforderlich. [2]

Schleuder|verband: → Funda. [2]

Schliffacetten f pl: Abriebflächen im Bereich der Okklusion, aber auch der Approximalflächen. Entstanden durch grobe Nahrung, bes. bei Naturvölkern, durch Parafunktionen (bes. beim Knirschen) und Bißanomalien. → Abrasion der Kauflächen. [4]

Schliff|flächen, exzentrische f pl: typische S. an den Zahnhartsubstanzen im Bereich der Front- und Eckzähne sowie der Prämolaren meist im Zusammenhang mit → Bruxismus und Parafunktionen. Die e.n S. zeigen eine Schlüssel-Schloß-Passung außerhalb der Zentralokklusion, z.B. bei einer Lateralbewegung. Die Zahnreihen befinden sich dabei in exzentrischer Okklusion. Die e.n S. stehen nahezu senkrecht zur Zahnachse und sind meist Zeichen einer Funktionsstörung. → Abrasion der Kauflächen. [4]

Schliff|punkt|füllung: von *Drum* eingeführtes Verfahren zur Frühbehandlung der Fissurenkaries. Die Fissuren sollen muldenförmig ausgeschliffen, das beschliffene Hartgewebe imprägniert und evtl. noch bestehende punktförmige kariöse Läsionen mit Amalgam gefüllt werden. Heute ersetzt durch → Fissurenversiegelung. [1]

Schlingen|biege|zange: von *Nance* entwickelte kieferorth. Zange spez. für Schlingenfedern, → *Adams*-Klammern u.ä. [5]

Schlingen|feder: kieferorth. federharte Drahtschlaufe zur aktiven Bewegung von Einzelzähnen. Vgl. Paddelfeder. [5]

Schlitten|artikulation f: Vielpunktkontakt; Endzustand des Abnützungsprozesses im gut abgekauten Milch- wie im gealterten bleibenden Gebiß. Die Höcker werden plan und verschwinden, die Kaubahn wird flacher, der Schneidezahnüberbiß geringer im Sinne abnehmender schräger und seitlicher Belastung, gleichlaufend mit

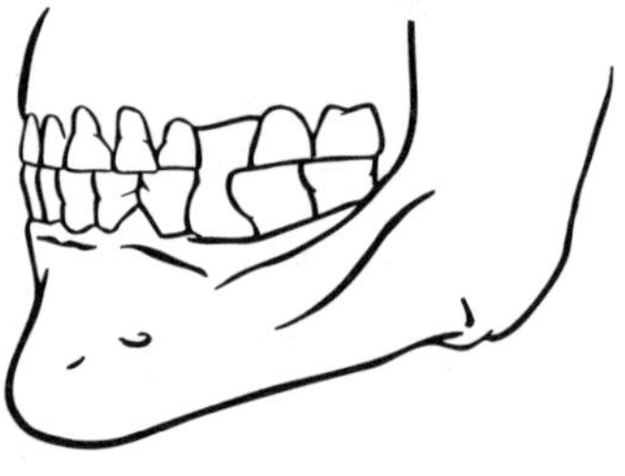

einer geringen Vorverlagerung der unteren Zahnreihe gegenüber der oberen bis zum → Kantenbiß (physiolog. Mesialverschiebung). Es besteht gleichmäßiger Kontakt in allen Artikulationsphasen (Abb.). Häufig beobachtet bei den austral. Aborigines mit entsprechend abrasiver Nahrung. [4]

Schlotter|gelenk: abnorme Beweglichkeit eines Gelenkes durch Überdehnung der Gelenkkapsel und der Bänder, durch Defekt der knöchernen Gelenkenden oder durch Muskelausfälle. Bei einigen → Artikulatoren (z.B. Biokop®) auch als Konstruktionselement eingesetzt. [4]

Schlotter|kamm: Bildung flottierender Schleimhautfalten auf dem zahnlosen Alveolarfortsatz, meist infolge schlechtsitzenden Zahnersatzes. Hat nichts mit → Lappenfibromatose zu tun, sondern ist eine unspezifisch-entzündl. → Hyperplasie des subepithelialen Bindegewebes, begleitet von Atrophie des knöchernen Alveolarkamms. 2

Schluck|abdruck: von *Hromatka* entwickelter → Funktionsabdruck (Gips) für totale untere Prothesen, bei dem der Unterzungenraum zur Vergrößerung der Prothesenbasis ausgenutzt wird. Die Formung wird durch Schluck- und Zungenbewegungen erreicht. Ein → individueller Löffel wird benötigt. 4

Schluck|akt m: der teils willkürlich, teils unwillkürlich verlaufende Vorgang, durch den die Nahrung aus der Mundhöhle in den Magen befördert wird. Der durch die Zunge nach hinten gedrückte Speisebrei löst bei Berühren von Gaumenbögen und hinterer Rachenwand den Schluckreflex aus: Anspannen des Mundbodens (M. mylohyoideus), Heben des Gaumensegels und der Epiglottis, dadurch Verschluß des Nasen-Rachen-Raumes und des Kehlkopfes, Anspannen der Schlundschnürer und peristaltisches Zusammenziehen der Speiseröhrenmuskulatur, die den Bissen in den Magen treibt. 5

Schluck|auf: → Singultus. 10

Schluck|beschwerden: Begleitsymptom nach prothetischer Neuversorgung, innerhalb weniger Tage bei dorsaler Überextension, innerhalb von Wochen bei Überschreiten der vertikalen Dimension (Verlust der → Ruheschwebe) und der sagittalen Dimension (iatrogene Progenie). Bei Tumoren des Mundbodens, des Zungenrandes und der Tonsillen als sehr schmerzhaft beschrieben, bei Tumoren des oberen → Oesophagus und bei → Pulsionsdivertikeln mit Passagebehinderung der festen Nahrungsbestandteile einhergehend. Eine Schluckbehinderung (Verschlucken) auch bei flüssiger Nahrung gibt Hinweise auf funktionelle Störungen im Pharynx-Larynx-Bereich. 27

Schluck|impfung: aktive Immunisierung durch Aufnahme der Erregersuspension per os. 8

Schluck|muster: Art und Weise, wie sich der Ablauf des → Schluckaktes vollzieht, besonders hinsichtlich der Funktion von Zunge und Lippen. Beim Neugeborenen befindet sich die Zungenspitze während des Schluckaktes in Kontakt mit den Lippen, um so den Mundschluß zu gewährleisten (viszerales S.). Zur Zeit des Durchbruchs der Milchzähne entwickelt sich ein Übergangs- oder Mischschlucktyp, zwischen dem 2. und 4. Lebensjahr das funktionell ausgeglichene somatische S. Ein Fortbestehen des viszeralen S.s nach dem 4. Lebensjahr wird als → Dyskinesie angesehen. Die Bedeutung des S.s für die Ätiologie von → Dysgnathien wird unterschiedlich beurteilt. 5

Schluck|reflex m: → Schluckakt. 5

Schlund: Pharynx. 9

Schlund|bögen: Schlundtaschen: → Kiemenbögen. 9

Schlund|taschen: die bei der Entwicklung der → Kiemenbögen entstehenden inneren, der → Mundbucht zugewandten Aussackungen. Aus der 1. Schlundtasche zwischen dem 1. und 2. Kiemenbogen entstehen der später zur Paukenhöhle umgewandelte Recessus pharyngotympanicus, die → Tuba auditiva (Tuba pharyngotympanica *Eustachii*) sowie Anteile des Trommelfelles. Die 2. Schlundtasche wird zur Fossa tonsillaris, in der sich aus dem Entoderm der S. die tonsillären Krypten bilden, die später nach Einwanderung lymphatischer Zellen zu den Tonsillen differenzieren. Aus der 3. Schlundtasche wächst in der 6. Embryonalwoche die Parathyroidea-Anlage heraus, aus der sich die → Thymusdrüse und die unteren Glandulae parathyroideae (→ Nebenschilddrüsen) entwickeln. Aus der 4. Schlundtasche bilden sich in entsprechender Weise die oberen Glandulae parathyroideae. Die 5. Schlundtasche bleibt meistens rudimentär. Epithelreste können zum Ultimobranchialkörper differenzieren, der als Drüsengewebe parafollikuläre Zellen der Schilddrüse enthält. Anomalien bei der Entwicklung der Schlundtaschenorgane führen zu lateralen → Halsfisteln, zu lateralen → Halszysten oder zu → Branchialfisteln; → Bursa pharyngea. 9, 22

Schlüssel|loch|typ: Erscheinungsbild von Schmelzprismen an Querschnitten. Der Kopf des Prismas hat einen Durchmesser von ca. 5 µm und der Bart eine Höhe von ca. 9 µm. Zwischen

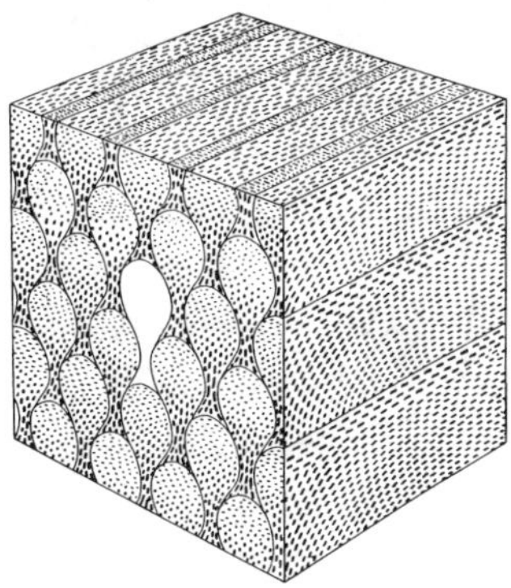

Schlüssellochmodell für Schmelzprismen [6]

den Köpfen zweier Prismen liegt der Bartteil eines oberen Prismas (Abb.). [30]

Schluß|okklusion f: Schlußbiß, Berührungsstellung der Zahnreihen bei Kieferschluß in maximaler Interkuspidation; die vom Behandler angestrebte Okklusionsbeziehung. Vgl. Interkuspidation, habituelle. [4]

Schmal|kiefer: Anomalie, welche sich durch eine anomale Schmalheit des Gaumens (→ Kieferkompression) auszeichnet, also durch eine über die Durchschnittsmaße hinausgehende

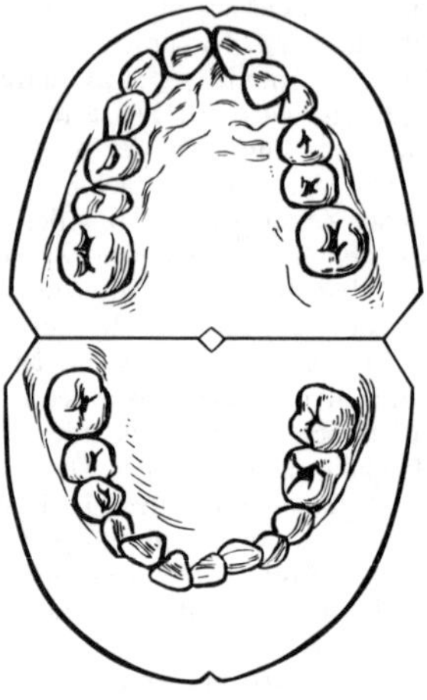

Abb. 1: Schmalkiefer mit lückiger Protrusion der Oberkieferfront [37]

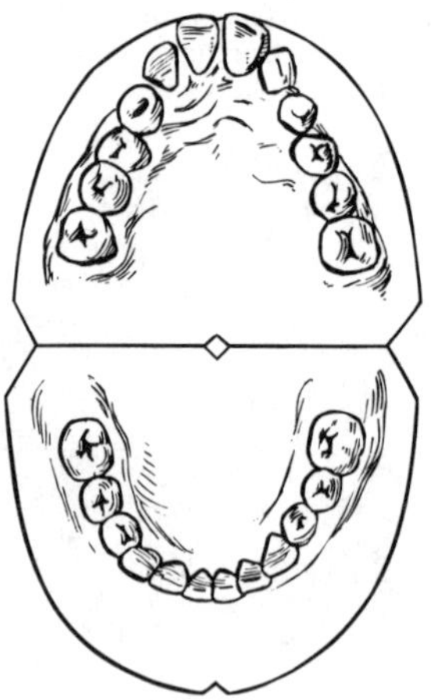

Abb. 2: Schmalkiefer mit frontalem Engstand [37]

symmetrische oder asymmetrische Annäherung der Seitenzahnreihen an die → Raphe-Median-Ebene. Beim Neugeborenen kommt ein ellipsenförmiger (Schmal-)Kiefer mit gedrängt stehenden Zahnkeimen vor. Im Wechsel- und bleibenden Gebiß sind neben dem Hauptsymptom des → Schmalstandes 2 Formen zu unterscheiden: 1. S. mit → Protrusion der oberen Front (Spitzform) (Abb. 1): a) S. mit engstehender Protrusion, im Unterkiefer meist frontaler → Engstand oder → Retrusion; b) S. mit lückiger Protrusion, im Unterkiefer normale bis lückige, bisweilen sogar vorgekippte Front; 2. S. mit frontalem Engstand (Abb. 2): im Unterkiefer meist mit frontalem und seitlichem Engstand. Die Ätiologie der verschiedenen Formen des S.s ist nicht gesichert. Als exogene ätiologische Faktoren werden v.a. Lutschgewohnheiten, erschwerte bzw. behinderte Nasenatmung, Flaschenernährung und falsche Schlaflage genannt. Vgl. Kompressionsanomalien. [5]

Schmal|kopf: → Leptozephalie. [3]

Schmal|spektrum-Penicilline n pl: Gruppenbez. für → Penicilline mit dem Wirkungsspektrum des → Benzyl-Penicillins (Penicillin G) wie die → Oral- und → Depot-Penicilline. Wirkungsspektrum: grampositive aerobe und anaerobe Bakterien, gramnegative Kokken (Ausnahme: Streptokokken der Gruppe D. penicillinasebildende Bakterien), Actinomyceten und Spirochäten. [7]

Schmal|stand: nach *A. M. Schwarz* treffendere Bez. für → Kieferkompression oder -kontraktion, da diese einen Vorgang beschreibt, während S. richtiger einen Zustand bezeichnet. Vgl. Kompressionsanomalien, Schmalkiefer. [5]

Schmarotzer: → Saprophyten des Menschen, Lebensmittelschmarotzer, Holzschmarotzer u.a. [8]

Schmeck|becher: → Geschmacksknospen. [9]

Schmelz: Enamelum (IANC), Substantia adamantina (BNA); emailleartiger, transparenter und widerstandsfähiger Überzug des Dentins im Kronenteil des Zahns. Er bestimmt die äußere Form der Zahnkrone, härteste Substanz des menschlichen Körpers. Die große Härte ist bedingt durch den hohen Anteil an anorganischen Bestandteilen und die mikrokristalline Anordnung dieses Materials (98% in Form von Hydroxylapatitkristallen, in deren Kristallgitter noch andere anorganische Bestandteile wie Karbonate und Spuren von Mg, Na, K und F eingebaut sein können). Die Härte des S.es liegt über der von Edelmetallegierungen, jedoch unter der von Keramikmassen. S. besitzt einen hohen Elastizitätsmodul, aber eine geringe Zugfestigkeit, er ist in begrenztem Maß für Ionen, Wasser, Farbstoffe, Alkohol u.a. durchgängig. Obgleich er keinen Stoffwechsel besitzt, können in ihm biochemische Reaktionen ablaufen (Fluorzusätze zur Kariesprophylaxe). Als Grundstrukturen des S.es treten die → Schmelzprismen und → Prismenscheiden hervor. Aus diesen Strukturen des Schmelzes ergeben sich: 1. durch die Querstreifung der Prismen die → *Retzius*-Linien oder Parallelstreifen; 2. aus dem Prismenverlauf die → *Schreger*-Streifen oder Hunter-Schreger-Streifen; 3. bedingt durch Mineralisationsstörungen die S.büschel und S.lamellen. Elektronenmikroskop. treten als Bauelemente die Hydroxylapatitkristalle und die interkristalline organ. Substanz hervor. Aus der quantitativen Verteilung und Orientierung dieser Elemente lassen sich sekundär alle lichtoptisch sichtbaren Strukturen erklären. Vgl. Querstreifung der Schmelzprismen. [30]

Schmelz|a|plasie f: Fehlen der Schmelzsubstanz, → Amelogenesis imperfecta. [1]

Schmelz|bildner: → Ameloblasten. [30]

Schmelz|büschel: faser- oder blattartige Strukturen, die von der Schmelz-Dentin-Grenze entspringen und in verschiedenen Ebenen mehr oder weniger weit in den Schmelz hineinlaufen. Man

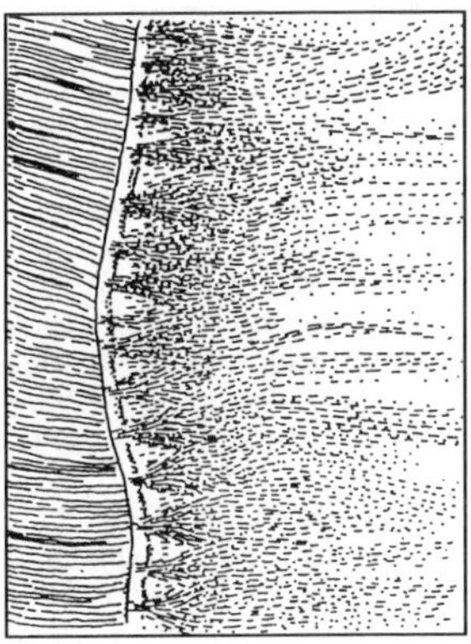

[2]

hält sie für schwächer verkalkte oder mit organischen Substanzen angereicherte Segmente der Schmelzprismen bzw. nach älteren Vorstellungen für interprismatische Substanz. Es wird vermutet, daß es sich ähnlich wie bei den → Schmelzlamellen um Stoffwechselbahnen handelt, die der Karies Vorschub leisten können (Abb.). [30]

Schmelz-Dentin-Grenze: girlandenförmig verlaufende Linie, deren Konvexitäten dem Dentin zugekehrt sind. Funktionell ist diese Verlaufsform als Verzahnung zu deuten, wodurch die Festigkeit gegenüber mechanischen Beanspruchungen erhöht wird. [30]

Schmelz|dorn: → Schmelzsporn. [30]

Schmelz|epithel n: innere und äußere Zellschicht des Schmelzorgans. Aus dem inneren S. differenzieren sich die Ameloblasten, das äußere S. bildet die Grenzschicht des Schmelzorgans. Zwischen innerem und äußerem S. liegt das Schmelzretikulum. Vgl. Schmelzorgan. [30]

Schmelz|falten: laterale Schmelzleiste, Nebenleiste, persistierende Exkreszenzen; auf der vestibulären Seite im distalen Bereich der Zahnleiste vorkommende Epithelzellen. Es sind vorübergehende Bildungen, an denen aktive Prozesse der Zahnentwicklung wie Knospen- und Kappenbildungen auftreten können. Nach der Konkreszenztheorie handelt es sich um den Rest einer der Milchzahndentition vorangehenden prälaktalen Zahnreihe. Andererseits wird angenommen, daß es eine postpermanente, d.h. den Dauerzähnen folgende Zahnanlage ist. Vgl. Zahndrüsenleiste. [30]

Schmelz|flüssigkeit: flüssiger Inhalt des Schmelzes, der vom Dentin in den Schmelz diffundiert. Die S. unterliegt an der Schmelz-Dentin-Grenze einer Art Ultrafiltration und unterscheidet sich von der Dentinflüssigkeit (→ Dentinliquor) dadurch, daß sie keine Odontoblastenfortsätze enthält, sowie durch den geringeren Gehalt an Proteinmolekülen, da diese den Schmelz aufgrund ihrer Größe passieren können. [30]

Schmelz|hypo|plasien f pl: während der Zahnbildung durch Entwicklungsstörungen (erblich

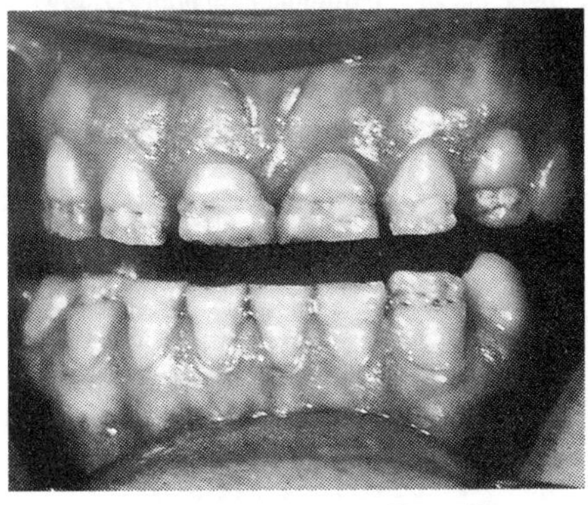

Schmelzhypoplasien an den Frontzähnen

bedingte Störungen, Infektionskrankheiten, Ernährungsstörungen usw.) entstandene Defekte an der Schmelzoberfläche, deren Lage und Ausmaß vom Zeitpunkt und Grad der Störung abhängig ist. Wellenförmiger Schmelz, Ringe, Buchten, Grübchen und Opazitäten (weiße Flekken) sind typische Defekte (Abb.). Sie liegen vereinzelt oder zirkulär an den Ausmündungen der → *Retzius*-Linien, die den jeweiligen Konturlinien der Schmelzkappe während der Entwicklungsstörung entsprechen. Dementsprechend sind auch im Schliffpräparat entlang dieser Wachstumslinien bis in das Dentin Mineralisationsstörungen festzustellen. Bei Spasmophilie, Pseudoparathyreoidismus, Tetanie, Skrofulose, Fluorose, Rötelnembryopathie, *Bloch-Sulzberger*-Krankheit, Amelogenesis imperfecta, überwiegend aber durch → Rachitis. Dank deren systematischer Prophylaxe wesentlich zurückgegangen. 1, 30

Schmelz|infraktur f: unvollständige Fraktur ohne Verlust von Zahnsubstanz. Die meist nur bei guter Beleuchtung sichtbaren Frakturlinien enden vor oder an der Schmelz-Dentin-Grenze. Eine Therapie ist i.a. nicht erforderlich. 29

Schmelz|karies f: → Schmelzläsion. 15

Schmelz|knospen: Zahnknospen; von der Zahnleiste aus wachsende Epithelzellen, die sich nachfolgend zur Schmelz- oder Zahnglocke umwandeln, aus denen dann das → Schmelzorgan entsteht. 30

Schmelz|knoten: im Kappenstadium auftretende Anhäufung von Zellen am inneren Schmelzepithel. Vgl. Schmelzorgan. 30

Schmelz|kolben: Schmelzspindeln; Dentinkanälchen, die mit kolbenförmigen Erweiterungen in den Schmelz übertreten (Abb.). Sie erreichen Längen bis zu 100 µm und enthalten z.T. erweiterte Odontoblastenfortsätze sowie organisches Material. 30

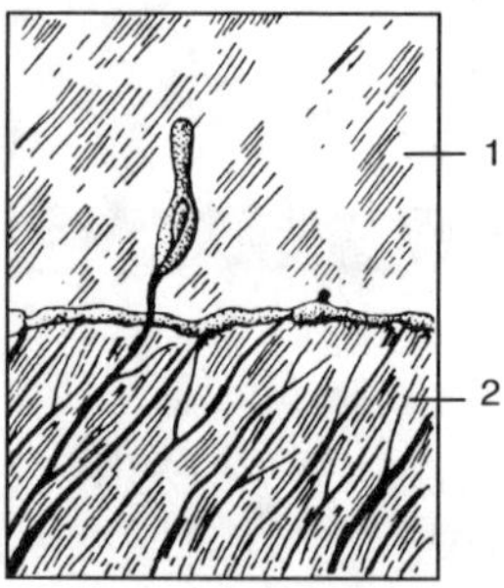

1: Schmelz; 2: Dentin.

Schmelz|lamelle f: an der Schmelz-Dentin-Grenze entspringender, den Schmelz in seiner ganzen Ausdehnung durchdringender, bandartiger Streifen (Abb.). Die S.n sind den → Schmelzbüscheln in mancher Beziehung ähnlich, so daß

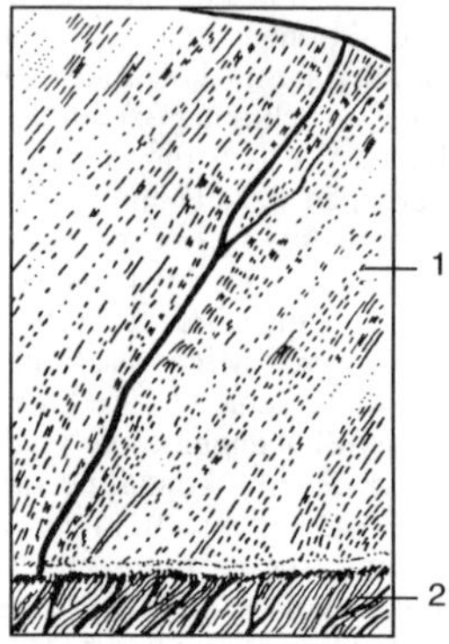

1: Schmelz; 2: Dentin.

sie häufig als identische Strukturen angesehen werden. Im Gegensatz zu den Schmelzbüscheln folgen sie jedoch nicht den Schmelzprismen, sondern verlaufen ziemlich gradlinig. In den S.n ist der Gehalt an organischen Substanzen erhöht, sie werden als Prädilektionsstellen für Karies angesehen. 30

Schmelz|läsion f: kleine kariöse Läsion, die nicht bis ins Dentin reicht (Kreidefleck). Histologisch sind 4 Zonen zu unterscheiden: 1. intakte Oberflächenschicht (4-9% Porenvolumen); 2. Zentrum der Läsion (25-50% Porenvolumen); 3. dunkle Zone (2-4% Porenvolumen); 4. Zone der Transparenz. Die Zonen entstehen unter intermittierender Einwirkung der in der → Plaque gebildeten schwachen Säuren. Zwischen den einzelnen Demineralisationszyklen findet Umverteilung, Wiederausfällung (Repräzipitation) und Rekristallisation von Mineral in entstandenen Mikroporen statt. 15

Schmelz|leiste: alte Bez. für → Zahnleiste. 30

Schmelz|matrix f: Syntheseprodukt der → Ameloblasten. Die S. ist eine homogene, elektronendichte Masse, die hauptsächlich aus Proteinen, kleineren Anteilen von Kohlenhydraten und Lipiden besteht. Außerdem enthält sie Mikrofibrillen, die vermutlich dem Prädentin entstammen. Sie ist die erste Stufe der → Amelogenese. Ihr folgt die Mineralisation der S. und die Schmelzreifung. 30

Schmelz|maturation f: posteruptive → Schmelzreifung. 29

Schmelz|membran f: → Schmelzepithel. 30

Schmelz|messer: scharfkantige kleine Instrumente zum Vervollständigen und Glätten von

Kavitätenpräparationen. Auch in Meißelform (Abb.). Vgl. Gingivalrandschräger. [1]

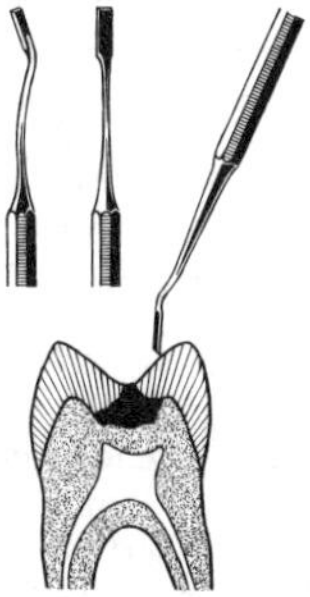

Schmelz|mulde: flache Vertiefung an der Verbindung zwischen Zahnleiste und Schmelzorgan. Sie liegt der → Schmelznische gegenüber. [30]

Schmelz|nabel: flache Vertiefung an der Kontaktstelle des äußeren Schmelzepithels mit dem → Schmelzseptum. [30]

Schmelz|nische: trichterförmige Vertiefung an der Verbindung zwischen Zahnleiste und Schmelzorgan (Abb.). Sie liegt der → Schmelzmulde gegenüber. [30]

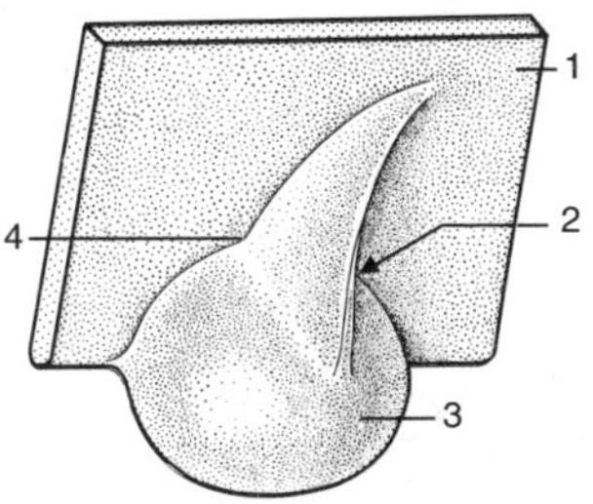

1: Zahnleiste; 2: Schmelznische; 3: Schmelzglocke; 4: Schmelzmulde.

Schmelz|oberhäutchen: Abk. SOH; 5 bis 30 µm dicke, aus organischem Material bestehende, sehr widerstandsfähige Haut, welche die Oberfläche des Zahnschmelzes überzieht. Sie läßt sich von nicht durchgebrochenen und durchgebrochenen Zähnen durch Anwendung von Säuren und Komplexbildnern als eine mehr oder weniger komplette Schicht isolieren. Dem SOH wird aufgrund seiner Resistenz gegenüber Säuren, Alkalien und Enzymen eine Schutzfunktion zugeschrieben. Im polarisierten Licht zeigt es eine streifige Struktur, welche auf das Vorhandensein von Fibrillenbündeln hindeutet. In Abhängigkeit vom Zahnalter können bis zu 3 Schichten unterschieden werden: das primäre, sekundäre und tertiäre SOH. Das primäre SOH, welches nach seinem ersten Beschreiber *Nasmyth* (1839) auch als *Nasmyth*-Membran in die Literatur eingegangen ist, hat eine Dicke von 0,2 bis 1 µm. Es entsteht präeruptiv als kutikulare Ausscheidung der → Adamantoblasten in der letzten Phase der Schmelzbildung. Das sekundäre SOH, welches der *Nasmyth*-Membran in einer Dicke von 2 bis 10 µm aufliegt und im Bereich des Epithelansatzes besonders deutlich hervortritt, entsteht nach *Gottlieb* während des Zahndurchbruchs als Epithelkutikula. *Lehner* (1931) vergleicht diese zellfreie Kutikularbildung der Epithelzellen mit der inneren Glashaut der Haarwurzeln. Das tertiäre SOH ist exogener Herkunft. Es entsteht posteruptiv durch die Adsorption von Bakterien, Epithelzellen, Speiseresten, Proteinen u.a. Neben löslichen, biochemisch nicht näher definierten Bestandteilen enthält es als Hauptstrukturelemente weitgehend säure- und alkaliresistente Proteine. [30]

Schmelz|organ n: Organon adamantinae; auf *Purkinje* zurückgehende Bezeichnung der Zahnanlage. Man ging davon aus, daß der Schmelz

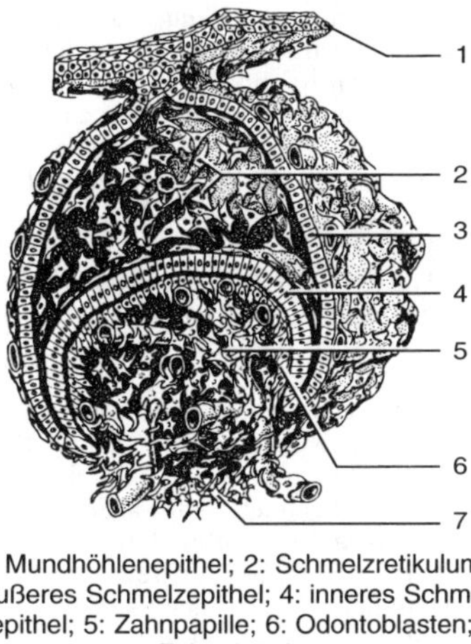

1: Mundhöhlenepithel; 2: Schmelzretikulum; 3: äußeres Schmelzepithel; 4: inneres Schmelzepithel; 5: Zahnpapille; 6: Odontoblasten; 7: Zahnsäckchen.

von einem bes. Organ gebildet wird. Das S. entsteht durch Umbildung einer Zahnknospe zur Zahnglocke. Das in der Konkavität gelegene Mesenchym wird zur → Zahnpapille. Das S. besteht aus äußerem und innerem Schmelzepithel und dem dazwischen gelegenen Schmelzretikulum

(→ Schmelzpulpa) oder Stratum reticulare (Abb.). Die Zellen des inneren Schmelzepithels differenzieren sich zu → Ameloblasten. Lingual von ihnen entstehen 2-3 Schichten flacher Epithelzellen, die als Stratum intermedium bezeichnet werden. Das S. induziert das umgebende Mesenchym zur Produktion des spezifischen Zahngewebes. Während die aus den Rändern der Glocke auswachsende Epithelscheide die Wurzelbildung bestimmt, gehen aus der Zahnpapille die → Odontoblasten und Pulpazellen hervor. [30]

Schmelz|perlen: aus Schmelz bestehende, aus Schmelz und Dentin zusammengesetzte oder aus Schmelz, Dentin und Pulpa aufgebaute Zahnsubstanz. S. kommen relativ häufig vor, besonders an der Bifurkation mehrwurzliger Zähne. [30]

Schmelz|prismen n pl: lichtmikroskopisch sichtbare, hauptsächlich aus Apatitkristallen bestehende Strukturen des Schmelzes, die von *Preiswerk* (1895) im Längsschnitt als → Diazonien und im Querschnitt als → Parazonien bezeichnet wurden. S. sind unterschiedlich lang, ihr Durchmesser beträgt 3 bis 6 µm. Es gibt arkadenartige, ovale, hexagonale, polygonale, schlüssellochartige, pferdehufartige, zylindrische und irreguläre Prismenformen. Nach partieller Entkalkung zeigen die S. Querstreifungen. Die Apatitkristalle sind mit ihren Längsachsen annähernd parallel zum Prismenverlauf angeordnet. Durch Übergreifen von Apatitkristallen in benachbarte S. kommt es an den Prismengrenzen zur Verzahnung und zur erhöhten Festigkeit des Schmelzes gegen mechanische Beanspruchung. Das Volumen der Apatitkristalle ist in den S. etwa 200mal größer als das der Dentinapatitkristalle. S. durchziehen den Schmelz von der Schmelz-Dentin-Grenze bis nahe zur Schmelzoberfläche. Durch bogenförmigen Verlauf mit stärkeren, z.T. sogar rechtwinkligen Abbiegungen ist ihr Verlauf kompliziert. Der Wechsel im Prismenverlauf unterliegt einer gewissen Rhythmik und führt zu engen Verflechtungen der S. untereinander sowie zur Erscheinung der → *Schreger*-Streifen. [30]

Schmelz|pulpa f: Schmelzretikulum; im Schmelzorgan zwischen innerem und äußerem Schmelzepithel gelegener netzförmiger Verband sternförmiger Epithelzellen mit weiten Interzellularräumen. Die S. ist bei Beginn der Schmelzbildung am stärksten ausgebildet. Ihre Funktion ist nicht geklärt, sie scheint jedoch mit der Schmelzbildung in Zusammenhang zu stehen. [30]

Schmelz|reifung: von der morphologischen Ausdifferenzierung der Keimanlagen bis zum Abschluß der Mineralisation sich erstreckender Vorgang. 1. Präeruptive S.: Umwandlung der initial mineralisierten Schmelzmatrix in kristallines Schmelzgefüge. Durch Wachstum der Apatitkristalle kommt es zur Verdichtung und Härtung. 2. Posteruptive S.: Abschluß der Schmelzmineralisation, abhängig vom umgebenden Milieu; sowohl Re- als auch Demineralisationsphasen, infolge veränderter chemischer Zusammensetzung Reduktion der Kariesanfälligkeit. [29, 30]

Schmelz|retikulum n: → Schmelzpulpa. [30]

Schmelz|rinne: zu beiden Seiten des → Schmelzknotens entstehende Furche. Durch sie werden vestibuläre und linguale Kauhöcker der Seitenzähne vormodelliert. Bei den Frontzähnen vertieft sich die vestibuläre S. zur Formung der späteren Kaukante bzw. Eckzahnspitze, und die linguale S. flacht sich ab zur Modellierung des Tuberculum dentis. [30]

Schmelz|schicht, prismen|lose: oberflächliche, bei allen Milchzähnen und bei ca. 70% der permanenten Zähne vorkommende, etwa 30 µm (6-220 µm) dicke Schmelzschicht. Sie läßt sich von dem daruntergelegenen Schmelz deutlich abgrenzen. Bei Milchzähnen ist die S. umstrukturiert, bei permanenten Zähnen tritt sie sowohl als umstrukturiertes oder als parallel zur Schmelzoberfläche geschichtetes Band auf. Nach mikroradiographischen Untersuchungen ist die S. normal mineralisiert. [30]

Schmelz|septum n: im Schmelzorgan auftretende, vorübergehende Verdichtung von

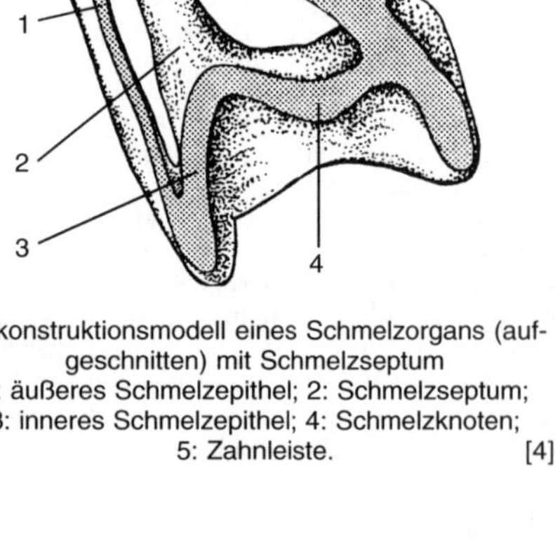

Rekonstruktionsmodell eines Schmelzorgans (aufgeschnitten) mit Schmelzseptum
1: äußeres Schmelzepithel; 2: Schmelzseptum; 3: inneres Schmelzepithel; 4: Schmelzknoten; 5: Zahnleiste. [4]

Schmelzretikulumzellen. Das S. durchzieht die Schmelzpulpa vom äußeren Schmelzepithel bis zum Schmelzknoten (Abb.). [30]

Schmelz|spindeln: → Schmelzkolben. [30]

Schmelz|sporn: spornartige Verlängerung des Schmelzes in den Interradikularraum mehrwurzeliger Zähne. An unteren Zähnen nur bukkal, an oberen auch mesial und distal (Abb.). Entspricht den → Schmelzperlen. [30]

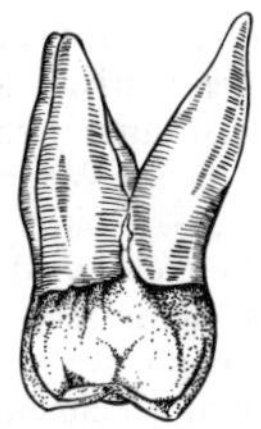

Schmelzsporn an einem oberen Molaren

Schmelz|sprünge: nach dem Zahndurchbruch im Schmelz vorkommende Sprünge. Bei schräg einfallender Beleuchtung gut erkennbar. Ihre Entstehung wird auf Spannungen im Schmelzgefüge, bes. bei noch nicht fertig verkalkten Zähnen zurückgeführt. Sie reichen von der Schmelzoberfläche bis in das Dentin. Durch sie können Substanzen aus dem Speichel und Mikroorganismen eindringen. Bilden Prädilektionsstellen für die Karies. Vgl. Schmelzlamellen. [1, 30]

Schmelz|strang: → Schmelzseptum. [30]

Schmelz|tropfen: → Schmelzperlen. [30]

Schmelzung: der Übergang von Stoffen aus dem festen in den flüssigen Zustand durch die Wirkung der Wärme. [10]

Schmelz|wülstchen: → Perikymatien. [30]

Schmelz-Zement-Grenze: Grenze zwischen Schmelz und Zement, sie markiert etwa die Grenze zwischen anatomischer Zahnkrone und Zahnwurzel. Ihr Verlauf ist bei den Zähnen unterschiedlich. Im Prinzip verläuft sie bogenförmig, auf der vestibulären und lingualen Seite gingivalwärts konvex und auf den Approximalflächen gingivalwärts konkav. Der Krümmungsradius nimmt von mesial nach distal ab, so daß er im Seitenzahngebiet, bes. bei den Molaren, am flachsten ist. [30]

Schmerz: psychische Begleitreaktion eines Schutzreflexes auf aversive und potentiell bedrohliche Reize. Der S.reiz wird über spezifische S.rezeptoren aufgenommen, die nicht auf Dauerstimulation adaptieren. Beim Oberflächen-S. kann zwischen einer schnellen Sofortreaktion und einer langsamen Reaktion, die eher eine Schonhaltung steuert, unterschieden werden. Außerdem sind noch Tiefen-S. (z.B. Kopf-S.) und Eingeweide-S. zu unterscheiden. Vom akuten S. mit aktivierender psychovegetativer Alarmreaktion ist der chronische S. mit eher passiv machendem Effekt abzugrenzen. Der chronische S.patient wirkt im Verlauf zunehmend dem depressiven Patienten ähnlich. S. wird insbesondere über → Thalamus und → limbisches System zentral verarbeitet. Im limbischen System wird über Lernprozesse und allgemeine emotionale Gestimmtheit die Bereitschaft zur S. wahrnehmung gefördert oder unterdrückt (sog. Gate-Theorie). So kann allein die Erinnerung an unangenehme frühere Zahnbehandlungen das Schmerzerleben verstärken. Es handelt sich dabei jedoch nicht um eingebildeten Schmerz. Wegen der großen Bedeutung psychischer Faktoren bei der S.verarbeitung sollte unbedingt bei somatisch nicht eindeutig abgeklärter S.ursache vor evtl. invasiven und verstümmelnden Therapien, z.B. multiplen Zahnextraktionen oder Ganglionkoagulationen, eine psychische Erkrankung ausgeschlossen werden. Vgl. Thalamusschmerz, Konditionierung. [33]

Schmerz|ausschaltung: → Anästhesie. [2]

Schmerzens|geld: Ausgleich für einen erlittenen immateriellen Schaden. Bei der → Haftung aus unerlaubter Handlung kann der Patient neben dem → Schadensersatz u.U. S. beanspruchen (§ 847 BGB), wenn ein → Kunstfehler mit der Folge einer vorsätzlichen oder fahrlässigen Gesundheitsschädigung vorliegt. Die Höhe des S.es wird vom Gericht nach freiem Ermessen bestimmt (§ 287 ZPO). [24]

Schmid-Gussenbauer-Linie: charakteristische Abflachung des unteren Frontzahnbogens von Eckzahn zu Eckzahn zu einer Geraden als Auswirkung des Zuges der Zungenbeinmuskulatur auf den rachitischen Unterkiefer (Abb.). Vgl. Rachitis. [5]

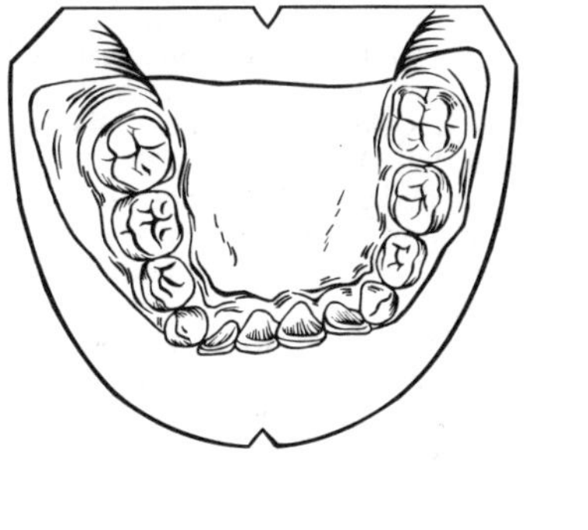

Schmier|kur: regelmäßige Einreibung von Quecksilbersalbe (sog. Graue Salbe) in die Haut bei Behandlung der → Syphilis (historisch). Früher häufig Ursache von → Stomatitis mercurialis. 12

Schmirgel: Schleifmittel, pulverisierte, blaugraue, feinkörnige Form des → Korund. 4

Schmuth-Meß|methode (Gottfried P. F. S., Kieferorth., Bonn, *1926) f: Modifikation und Erweiterung der Bestimmung von Breite und Länge des → Zahnbogens in Anlehnung an *Pont*. Sollwerte: 1. vordere Zahnbogenbreite (Abstand der 1. Prämolaren) = SI+8 mm; 2. hintere Zahnbogenbreite (Abstand der 1. Molaren) = SI+16 mm. Länge des Oberkiefers (lo) = Länge des Unterkiefers (lu) =

$$\frac{\text{SI des Unterkiefers}}{2}$$

Die Sollwerte für Ober- und Unterkieferlänge entsprechen einander, da die idealen Kontaktpunkte zur Messung verwendet werden. Neu eingeführt wird die → Raphe-Papillen-Transversale. Vgl. *Pont*-Index, SI. 5

Schmutz|pyor|rhöe f: von *Gottlieb* eingeführte Bezeichnung für eine durch Vernachlässigung der häuslichen Zahnpflege entstandene Zahnfleischentzündung. 6

Schnapp|atmung: schwere Störung der Vitalfunktion Atmung: Bei maximaler → Dyspnoe imponieren kurze und insuffiziente Atemzüge. Folge von traumatischen Thoraxschädigungen oder im Rahmen eines Herz-Kreislauf-Stillstandes. Eine S. führt unmittelbar zur → Hypoxie. Vgl. Atemnot, Beatmung, Lungenkontusion. 16

Schnarchen: Atemgeräusch, das meist durch Flattern des erschlafften Gaumensegels, aber auch durch Zurückfallen der Zunge bei Erschlaffung der Muskulatur im Schlaf entsteht. Kann zu bedrohlichen Apnoephasen mit ständiger Müdigkeit und kurzfristigen Absencen am Tage führen und Herzrhythmusstörungen verursachen. Therapie: Beseitigung einer Nasenatmungsbehinderung, z.B. bei → Septumdeviation, Überdruckbeatmung mit Nasenmaske, Reduktionsoperation des weichen Gaumens einschließlich Zäpfchen. Vgl. Apnoe. 19

Schneide: derjenige Teil eines Schleif-, Fräs- oder Bohrinstrumentes, der in das zu zerspanende Arbeitsobjekt eindringt und von ihm Späne abtrennt. 21

Schneide|kanten|distanz f: Abk. SKD; Abstand der Schneidezahnkanten der oberen Zahnreihe von denen der unteren in Schlußbißstellung, abhängig von den jeweiligen sagittalen Unstimmigkeiten des oberen und unteren Frontzahngebietes und der jeweiligen Bißlage. Normwert: 2 mm. 5

Schneiden|anzahl: Kriterium der Konstruktion und Wirksamkeit eines → rotierenden Instrumentes (→ Bohrer, → Fräser). Bei Rundbohrern durchlaufende Bohrschneide und exzentrisch zulaufende Seitenschneiden. Bohrer bis ISO-Größe 023 (→ Arbeitsteilgröße) Norm: ISO 2157, 6-8 Schneiden. 21

Schneiden|geometrie f: Form der Schneide. Man unterscheidet: 1. geometrisch definierte Schneiden, bei denen meist durch Schleifen eine keilförmige Schneide in das Werkzeug eingearbeitet wird (→ Fräser, → Bohrer); 2. geometrisch nicht definierte Schneiden, die unregelmäßig geformt sind (→ Schleifer). Bei rotierenden Dentalinstrumenten gibt es vier Grundformen geometrisch definierter Schneiden: a) mit weniger großen Schneiden (Zahntechnik-Fräser), b) mit mehreren mittelgroßen Schneiden (Fissurenbohrer), c) mit mehreren kleinen Schneiden (Rundbohrer), d) mit zahlreichen, sehr feinen Schneiden (Finierer). 21

Schneiden|stufe, inzisale: → Schneidekantendistanz. 5

Schneide|zähne: → Dentes incisivi. 30

Schneide|zahn-Eckzahn-Führung: → Frontzahnführung. 4

Schneide|zahn|führung: Inzisalführung, die durch das Gleiten der unteren Frontzähne an den oberen bedingte Führung des Unterkiefers bei der reinen Vorschub-(Protrusions-)bewegung. 4

Schneide|zahn|führungs|stift: der Teil des → Artikulators, der zusammen mit dem Schneidezahnführungsteller die → Schneidezahnführung im Artikulator nachahmt. → Mittelwertartikulator. 4

Schneide|zahn|index m: die artspezifische Zahl der Schneidezähne im Kieferquadranten, beim Menschen z.B. zwei (→ Zahnformel). Kieferorth.: → *Pont*-Index. 30

Schneide|zahn|raute: inzisaler Rhombus; röntgenologisch die im kindlichen Oberkiefer von den divergierenden Wurzeln der mittleren Milchschneidezähne und deren Ersatzzähnen gebildete Raute. 34

Schneide|zahn|stufe: → Frontzahnstufe, sagittale. 5

Schneide|zahn|überbiß: → Scherenbiß. Abgestimmter S.: → Frontzahnüberbiß, abgestimmter. Sperrender S.: → Deckbiß, Sperrbiß. 5

Schneid|stoff: bei Werkzeugen mit definierter → Schneidengeometrie das Material, aus dem die Schneiden gefertigt wurden; im anderen Fall die Art des Schleifkorns. Bei → Fräsern und → Bohrern werden Stähle in unterschiedlichen Legierungen oder Hartmetalle verwendet. Bei → Schleifern kommen Körnungen aus Aluminiumoxid (Korund), Siliziumkarbid oder Diamant zum Einsatz. [21]

Schnell|polymerisation f: → Autopolymerisation. [4]

Schnell|schnitt: Gewebeschnitt zur raschen mikroskop., histopatholog. Diagnostik während der Operation, meist Gefrierschnitt. [2]

Schnell|tests m pl: zeit- und material- sowie kostensparende qualitative oder semiquantitative chemische Untersuchungsmethoden mittels Teststreifen. [20]

Schnepper: → *Francke*-Nadel. Zur Gewinnung eines Bluttropfens. [2]

Schnitt|führung, par|odontal|chirurgische: Verlauf der Inzision bei der Lappenbildung, variiert je nach Operationsmethode in der Taschenchirurgie: 1. paramarginale Schnittführung: der Kontur des Gingivalrandes folgend, einige Millimeter nach apikal versetzt (impliziert Abtragung des Taschenepithels und des entzündeten Bindegewebes, z.B. bei ursprünglichem *Widman*-Lappen); 2. intrakrevikuläre Schnittführung: Schnitt am Zahn entlang in die Tasche hinein (z.B. bei ursprünglichem *Neumann*-Lappen); 3. Reverse-bevel-Schnitt: Zahnfleischrandschrägschnitt. [6]

Schnitt|geschwindigkeit: die Umfangsgeschwindigkeit eines rotierenden Instruments, die sich während der Zerspanung aus dem Gleichgewicht von Antriebsleistung und zu verrichtender Zerspanleistung einstellt. Formel:

$$V = \frac{d\,\pi\,n}{1.000} = m\,/\,min$$

(V = Schnittgeschwindigkeit, d = Durchmesser des Arbeitsteils, π = 3,14, n = Drehzahl in min^{-1}, m = Meter, min = Minute). Vgl. rotierendes Instrument. [21]

Schnupfen: → Rhinitis, → Koryza. [19]

Schock m: Bezeichnung für ein komplexes Notfallgeschehen, das mit einem Zusammenbruch der peripheren und später auch zentralen Zirkulation einhergeht. Ursachen können sein: allergische Reaktion, kardiales Pumpversagen, septische Reaktion sowie Volumenmangel. Die Therapie richtet sich nach der zugrundeliegenden Ursache: der allergische S. führt zu einer drastischen Erweiterung der Gefäße, die durch → Adrenalin- und deutliche Volumenapplikation positiv beeinflußt werden kann. Der kardiale S. beruht auf einem akuten Pumpversagen des Herzens, hier darf kein Volumen appliziert werden, die Therapie strebt eine Reduktion der kardialen Nachlast bei gleichzeitiger Steigerung der Herzfunktion an. Ein Volumenmangelschock bedarf der sofortigen Substitution mit Flüssigkeit. Bei Manifestation eines S.s ist in jedem Fall ein → Notarzt dringend hinzuzuziehen. [16]

Schock|lagerung: bei bewußtseinsklaren Patienten im Schock kann die → Flachlagerung durch zusätzliche Beinhochlagerung (in der Hüfte etwa 25 Grad angehoben) eine Besserung des Zustandes bringen. Diese Lagerung darf nicht bei kardialen Schockzuständen angewandt werden. Vgl. Seitenlage, stabile. [16]

Schock|wellen: durch photoakustische (→ Photoakustik) und/oder photodisruptive (→ Photodisruption) Effekte infolge Laserstrahlung ausgelöste mechanische Dichteveränderungen, die zur Zerstörung des Gewebes führen können (→ LISL). [31]

Schönborn-Rosenthal-Operation (Karl S., Chir., Königsberg, Würzburg, *1840, † 1906; Wolfgang R., Kieferchir., Leipzig, Berlin, *1882, † 1971) f: → Pharynxplastik. [19]

Schorf: eine auf blutenden, eiternden oder nässenden Wunden entstehende Kruste infolge Wasserverdunstung, bestehend u.a. aus geronnenem Blut, Gewebsflüssigkeit und abgestorbenen Gewebsschichten. [32]

Schräg|agar m oder n: in Röhren schräg erstarrter, fester Nährboden für Bakterien-Reinkulturen mit großer Oberfläche. [8]

Schraube, kiefer|ortho|pädische: z.B. → Dehnschraube, → Zugschraube. [5]

Schrauben|bakterien f pl: Spirillen und Vibrionen (Familien Spirillaceae, Vibrionaceae) sowie Spirochäten (Ordnung Spirochaetales), → Bakteriensystematik. Gramnegativ, beweglich teils bei starrem Körper durch polare Geißeln (Spirillen, Vibrionen), teils bei flexiblem Körper durch kontraktiles Fibrillenband (Spirochäten). [8]

Schrauben|implantat n: schraubenförmiges enossales Implantat (→ Implantat, enossales); vgl. Implantatformen. [18]

Schreger-Linien (Christian Heinrich Theodor S., Med., Halle, *1768, † 1833) f pl: von *Schreger* beschriebene optische Effekte in Dentinlängsschnitten, welche durch die Krümmungen der Dentinkanälchen hervorgerufen werden. [30]

Schreger-Streifen: *Hunter-Schreger*-Streifen; von *Hunter* (1771) und *Schreger* (1800) beschriebene optische Effekte, die an Schliffen und Schmelzbruchflächen als abwechselnd helle und dunkle Streifen erscheinen (Abb.). Sie beginnen nahe der Schmelz-Dentin-Grenze und enden im äußeren Schmelzdrittel. Im Bereich der Zahnhöcker verlaufen sie wirbelartig. Die S. werden durch die wellenförmigen Verläufe der Schmelzprismen verursacht. In Zahnlängsschliffen findet man daher neben längs geschnittenen auch quer geschnittene Prismen. Nach *Preiswerk* (1895) werden erstere als Parazonien, letztere

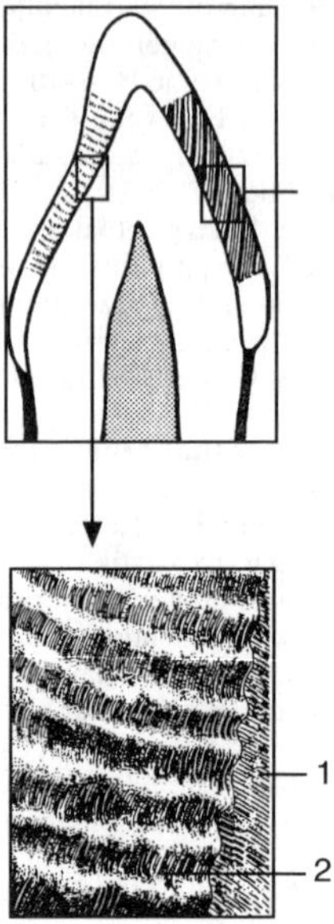

1: Schmelz; 2: Dentin

als Diazonien bezeichnet. Dieser Wechsel im Prismenverlauf unterliegt einer gewissen Rhythmik, er ist systematischer Natur und führt zur engen Verflechtung der Schmelzprismen untereinander. Vgl. Diazonien, Parazonien, Schmelzprismen. [30]

Schreinemakers-Methode (Josephus S., Za., Eindhoven, *1921): Methode zur Herstellung von Totalprothesen. Charakteristisch sind die halbindividuellen konfektionierten Abdrucklöffel für den Erstabdruck, die gemeinsame Funktionsabdruck- und Bißnahme. [4]

Schrift|diapositiv n: Diapositiv mit textlichem Inhalt, das häufig zur Strukturierung eines Diavortrags verwendet wird. Unabhängig vom Herstellungsverfahren dieser Diapositive (→ Blaudiapositiv, Schwarzweißdiapositiv, → Computergraphik u.ä.) sollte bei der Vorlagengestaltung auf Lesbarkeit und Aufnehmbarkeit des Inhaltes geachtet werden. Die Vorlagen sollten nicht mehr als sieben Textzeilen enthalten (Abb.).

Maximal
25 Zeichen pro Zeile
einschließlich Leerschritte
und nicht mehr
als sieben Zeilen
sollte das gute
Schriftdia aufweisen.

Schriftdiapositive dürfen nicht zuviel Text enthalten [18]

Vorlagen aus gedruckten Publikationen sollten graphisch umgestaltet werden. [17]

Schritt|macher: künstlicher Herzschrittmacher, Pacemaker; elektronischer Impulsgenerator zur Elektrostimulation des Herzmuskels. Therapie der Wahl bei rezidivierendem und pemanentem totalen Herzblock. Arten: 1. temporärer S.: transvenöse Einführung eines Elektrodenkatheters in den rechten Ventrikel, Stimulation durch externe Impulsgeber, Infektionsgefahr; 2. Dauer-S.: endokardiale Form mit transvenöser Elektrodeneinführung in den rechten Ventrikel, Einbettung des Impulsgebers in die Bauchmuskulatur; myokardiale Form mit operativer Elektrodenimplantation in die Herzoberfläche des linken Ventrikels; vorhofgesteuerter S.: Implantation in den linken Vorhof, Impulsgeber in die Bauchwand. Ausfall führt zu → *Adams-Stokes*-Anfällen, Reduktion der Herzfrequenz und Schwindelzuständen. Ursachen: 1. Batterieversagen oder -erschöpfung (bei Lithiumbatterien nach 5 Jahren, bei konventionellen Batterien nach 20 Monaten); 2. Sondendislokation; 3. Elektrodenbrüche; 4. Myokardperforation. Achtung: störender Einfluß von Ultraschall-Zahnsteinentfernern und elektrochirurgischen Hochfrequenzgeräten; dagegen sind Bohrmaschinen, Pulpenprüfer und Röntgengeräte ungefährlich. [20]

Schröder-Lüftung (Hermann S., Za., Berlin, *1876, † 1942): → Lüftung, apikale. [2]

Schrott-Abdruck|verfahren (Joh. Joseph S., Za., Mühlhausen/Elsaß, *1822, † 1899): Grundlage des → Funktionsabdrucks (1864). [4]

Schrubb|methode f: für Kinder bis zu 3 Jahren angezeigte Zahnputztechnik, bei der die Bürste mit kleinen horizontalen Bewegungen über die Kauflächen geführt wird. Die gingivalen Wülste schützen das Zahnfleisch vor Verletzungen. [29]

Schrumpfung: Materialkontraktion, z.B. beim Abkühlen oder beim Polymerisieren. [4]

Schub|verteiler: → Ausgleichselement. [4]

Schuchardt-Schiene (Karl S., Kieferchir., Hamburg, *1901, † 1984): Drahtschienenverband, der nach dem Einbinden mit selbsthärtendem Kunststoff verkleidet wird. [2]
Schüller-Christian-Krankheit (Arthur S., Neurol., Wien, *1874, † 1958; Henry C., Arzt, Boston, *1876, † 1951): → *Hand-Schüller-Christian*-Krankheit. [2]
Schüller-Röntgen|einstellung: → Kiefergelenkaufnahme. [14]
Schulter|krone: künstliche Zahnkrone aus Metall oder Porzellan (→ Jacketkrone), bei der der zervikale Abschluß schulter-(stufen-)förmig gestaltet wird. → Kronenrandgestaltung. [4]
Schultze-Zungen|zeichen (Neurol., Bonn, *1848, † 1935): langdauernde Dellenbildung in der Zunge nach deren Beklopfen bei bestehendem Hypoparathyroidismus. [11]
Schul|zahn|klinik f: Institution zur zahnärztlichen Betreuung und Behandlung von Schulkindern aller Altersstufen. Erste städtische Schulzahnklinik in Schweden im Jahr 1905 gegründet. Finanziert von öffentlichen Trägern, eigene Behandlungsräume (evtl. fahrbare Kliniken) und ärztliches Personal, z.B. in Skandinavien, Finnland, Schweiz. [29]
Schul|zahn|pflege: → Jugendzahnpflege. [15]
Schuppen|flechte: → Psoriasis. [12]
schüssel|förmiger Defekt m: Knochenkrater rings um den Zahn herum, meist verbunden mit hohem Lockerungsgrad des Zahnes aufgrund des allseitigen Attachmentverlustes (Abb.). Vgl. Knochentaschen. [6]

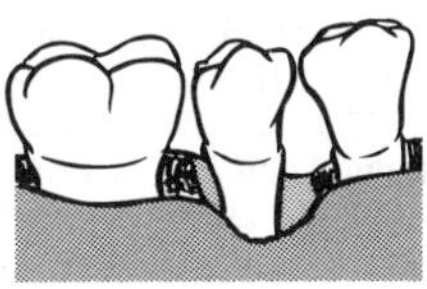

Schüssel|gesicht: Dish face; eingesunkenes Mittelgesicht durch Rückstand des Oberkieferkörpers (Retrognathie, Mikrognathie), traumatisch bedingt oder angeboren, z.B. bei Dysostosis craniofacialis; häufig bei Lippen-Kiefer-(Gaumen-) Spalten. [3, 5, 19]
Schüttel|frost: Fieberzustand, bei dem die Körpertemperatur plötzlich sehr hoch steigt, während die Wärmeabgabe durch Kontraktion der Hautgefäße vermindert ist. Der Kranke hat dabei das Gefühl intensiver Kälte, das sich in unwillkürlichem Zittern, Zähneklappern, Gänsehaut äußert. [20]
Schüttel|lähmung: → *Parkinson*-Krankheit. [20]
Schutz|impfung: → Immunisierung. [8]
Schutz|reflexe m pl: unbewußt gesteuerte Schutzmechanismen, die den Menschen auch vor → Aspiration und Verlegen der Atemwege schützen. Insbesondere → Bewußtseinsstörungen führen zum Ausfall der S. [16]
Schwalben|schwanz|verankerung: zusätzliche Verankerung approximaler Füllungen durch die Einbeziehung der Kauflächenfissuren, die meist die Form eines Schwalbenschwanzes erhält. Insbes. bei Amalgam- und Gußfüllungen indiziert (Abb.). Vgl. Kavitätenpräparation. [1]

Schwangerschafts|gingivitis f: unter hormoneller Umstellung während der Schwangerschaft begünstigt auftretende Gingivitis. Vgl. chronische Gingivitis. [6]
Schwangerschafts|karies f: angebl. erhöhte Kariesanfälligkeit während der Schwangerschaft („jedes Kind kostet die Mutter einen Zahn"). Aus heutiger Sicht allenfalls durch veränderte Ernährungs- und vernachlässigte Putzgewohnheiten. Letztere können wegen verstärkter Anfälligkeit gegen Gingivitiden (→ Schwangerschaftsgingivitis) erschwert sein. Gelegentlich spielt auch der vernachlässigte Zahnarztbesuch eine Rolle. [1]
Schwannom (Friedrich Theodor Schwann, Anat., Berlin, Lüttich, *1810, † 1882) n: → Neurinom. [32]
Schwann-Scheide (Friedrich Th. S., Anat., Berlin, Lüttich, *1810, † 1882): Vgl. Markscheide. [9]
Schwann-Zellen: Oligodendrozyten der peripheren Nerven, die sich mehrmals um die Nervenfasern wickeln und mit ihrem Plasmalemm das Myelin bilden. [9]
Schwarz-NSe-Ebene: Nasion-Sella-entrance-(Eingangs-)Ebene; der → *Broadbent*-NS-Ebene entsprechende kraniometr. Meßebene, die jedoch

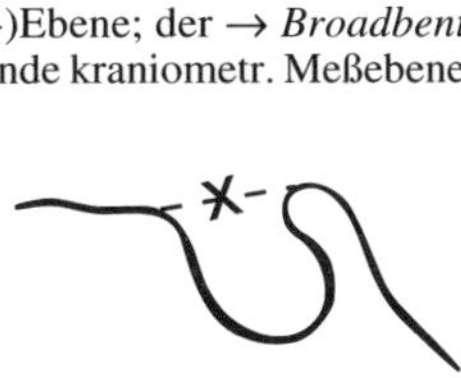

3° steiler als diese verläuft. Sie wird bestimmt durch das → Nasion und den Mittelpunkt einer vom vorderen Wulst (Tuberculum sellae) zum hinteren Wulst (Processus clinoideus posterior)

des Türkensattels (→ Sella turcica) gezogenen Verbindungslinie (Abb.). [5]

Schwarz-Platte (Arthur Martin S., Kieferorth., Wien, *1887, † 1963): → aktive Platte. [5]

Schwarz|wasser|fieber: → Hämoglobinurie bei Malaria tropica. [8]

Schwebe|brücke: → Brücke mit unterspülbaren, dem Schleimhauttegument nicht anliegenden Zwischengliedern, die vor allem im Unterkieferseitenzahngebiet aus hygienischen Gründen verwendet wird (*Charles Wesley Stainton,*

[71]

Buffalo 1899). Bei Neigung zur Zahnsteinbildung auch im Oberkieferseitenzahnbereich gegenüber dem Ausführungsgang der Glandula parotis indiziert (Abb.). [4]

Schwefel: nichtmetallisches Element, Symbol S (Sulfur), Ordnungszahl 16, Atomgewicht 32,07. In der Natur kommt S. vorwiegend in Verbindung mit Metallen, z.B. Bleiglanz (PbS), Kupferkies ($CuFeS_2$), Gips ($CaSO_4 \cdot 2H_2O$), aber auch frei vor. S. ist ein wesentlicher Bestandteil der → Eiweiße und in den Epidermisgebilden sowie in verschiedenen Sekreten und Exkreten des Körpers, bes. in der Galle und im Speichel, enthalten. Pharm.: Sulfur. [23]

Schwefel|kohlen|stoff: → Kohlendisulfid. [23]

Schwefel|säure: Acidum sulfuricum, Vitriolöl, H_2SO_4. Klare, ölige Flüssigkeit, die sehr stark oxidierend wirkt. In der Zhk. fand sie Verwendung zur Reinigung verjauchter Wurzelkanäle. Rauchende S. ist eine Auflösung von Schwefelsäureanhydrid, SO_3, in konzentrierter Schwefelsäure. Unter aromatischer S. versteht man eine 10- bis 25%ige Lösung von S. und Weingeist mit Zusatz von Gewürzen (Ingwer, Zimt); wurde zur Behandlung der Parodontitis marginalis empfohlen. Als zweibasige Säure bildet die S. zwei Reihen von Salzen: saure Sulfate, $MeHSO_4$, und neutrale Sulfate, Me_2SO_4 (Me bedeutet jeweils ein einwertiges Metall). [23]

Schwefel|wasser|stoff: H_2S; farbloses, brennbares, auch in sehr großer Verdünnung noch unangenehm riechendes Gas. Stark toxisch. Bereits durch Einatmen geringer Mengen werden Kopfschmerzen und Übelkeit ausgelöst. Die wäßrige Lösung von H_2S (Schwefelwasserstoffsäure) vermag als schwache zweibasige → Säure zwei Reihen von Salzen, nämlich saure Sulfide, MeHS, und neutrale Sulfide, Me_2S, zu bilden (Me: einwertiges Metall). [23]

schweflige Säure: H_2SO_3, nur in wäßriger Lösung beständige Säure, die reduzierend und keimtötend wirkt. Als zweibasige Säure bildet sie zwei Reihen von Salzen: saure Sulfite, $MeHSO_3$, und neutrale Sulfite, $MeHSO_3$ (Me bedeutet jeweils ein einwertiges Metall). [23]

Schweige|pflicht: Pflicht zur Geheimhaltung von Daten und persönlichen Gegebenheiten des Patienten. Der Patient kann den behandelnden Arzt von seiner Schweigepflicht entbinden. Gemäß § 300 des StGB ist gewissen Berufen, darunter Ärzten und Zahnärzten, verboten, „Privatgeheimnisse zu offenbaren, die ihnen kraft ihres Amtes, Standes oder Gewerbes anvertraut sind“. Dieses Verbot erstreckt sich auch auf das Hilfspersonal. Ausnahmen bestehen nur, wenn der Betroffene seine ausdrückliche Erlaubnis gegeben hat, eine bes. Rechtspflicht wie Anzeige- oder Zeugnispflicht vorliegt oder ein übergesetzlicher Notstand (§ 54) besteht. Darüber hinaus enthält das → Sozialgesetzbuch für die gesetzliche Krankenversicherung zahlreiche Ausnahmen von der Schweigepflicht. [24]

Schweine|rot|lauf: → Erysipeloid. [8]

Schweiß|drüsen: dienen primär zur Thermoregulation. Die Regulation der Sekretion erfolgt über Bluttemperatur und über das autonome Nervensystem (cholinergische Reize). Die Drüsen liegen als Knäuel tief in der Kutis/Subkutis. Ihr schlauchförmiger Ausführungsgang mündet auf der Hautoberfläche (Porus). Der Sekretionsmechanismus ist der eines semiholokrinen Vorgangs; Ausstoßung von Zellmaterial und Flüssigkeit über Kontraktion der Myoepithelien des Ausführungsschlauches, der in den Haarfollikeln mündet. Die größeren apokrinen S. sind Duftdrüsen; die Sekretionsleistung korreliert mit dem Spiegel der Sexualhormone. Lokalisation der Drüsen in der Achsel-, Leisten- und Anogenitalregion. [12]

Schweiß|drüsen|ab|szeß m: → Hidradenitis. [12]

Schwellen|wert: Reizschwelle, Reizstärke, bei der eben eine Reaktion ausgelöst wird. [10]

Schwenk|riegel: Schieberiegel nach *Strini,* → Halteelement für die partielle Prothese (Abb.). Flache, horizontal gelegene, um eine senkrechte, im abnehmbaren Prothesenteil verankerte Achse drehbare Schwenkriegelplatte, die unter eine Nute im festsitzenden Teil des Zahnersatzes greift. [4]

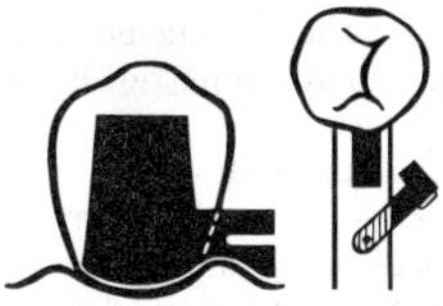

Schwer|behinderte: Personen, die mit besonderen Gebrechen belastet und als S. anerkannt sind. Ihre Beschäftigung erfolgt nach den Bedingungen des Schwerbehindertengesetzes (SchwbhG). Die Einstellung ist der Hauptfürsorgestelle anzuzeigen. Der S. hat Anspruch auf 6 Tage zusätzlich bezahlten Urlaub und kann nur nach Zustimmung der zuständigen Fürsorgestelle gekündigt werden. [24]
Schwer|metalle n pl: → Metalle. [23]
Schwiele: Kallus; dermatolog. umschriebene, harte Verdickung der Hornschicht der → Epidermis als Folge dauernder Druckeinwirkung (Melkerschwiele), patholog. verdickte Narbe, z.B. Narbenschwiele, im Herzmuskel nach Myokardinfarkt. Knochenschwiele: → Kallus. [12]
Schwimm|bad|konjunktivitis f: eitrige Augenbindehautentzündung, hervorgerufen durch Chlamydia trachomatis, häufig übertragen in Schwimmbädern durch verunreinigtes Wasser.[8]
Schwindel: → Vertigo. [20]
Schwind|sucht: → Phthise. [20]
Sclera (gr.) f: → Sklera. [9]
Sclero|dermia circum|scripta f: Morphaea; derbe elfenbeingelbliche plaqueförmige Hautverhärtung mit zart violettem Randsaum; an Extremitäten und Stirn bandförmig, später Übergang in → Atrophie; an der Stirn entstandene rinnenförmige Atrophie hat säbelhiebartiges Aussehen. → Hemiatrophia faciei progressiva.[12]
Sclero|dermia diffusa progressiva f: chron. fortschreitende Systemkrankheit des Gefäßbindegewebes. Frühsymptom → *Raynaud*-Syndrom. Bindegewebsproliferation führt zu Hautverhärtung und später u.a. durch Kalkeinlagerungen zur Ösophagusversteifung. Das Gesicht wird zum starren Maskengesicht; durch Lippenschrumpfung entsteht → Mikrostomie mit Freilegen der Zähne, Verkürzung der Zungenbändchens; Sklerorisierung des Zahnhalteapparates führt zu schmerzlosem, unblutigem Zahnausfall; → Sklerodaktylie. Therapie: milde Immunsuppression, Unterwassermassagen, Kälteschutz. Vgl. Autoaggression, Kollagenose. [12]
Scleroma (gr.) n: → Sklerom. [34]
Scopolamin n: Alkaloid, das in Solanaceen (Belladonna, Hyoscyamus, Mandragora, Scopolia atropoides) neben Atropin vorkommt. Offizinell: Scopolaminhydrobromid und -hydrochlorid. Parasympathikolytikum mit stark zentral dämpfender Wirkung. In ca. 20% der Fälle bewirkt es Erregungszustände. Kompetitiver → Antagonist des Acetylcholins an m-Cholinozeptoren (exkretor. Drüsen, glatte Muskulatur, Herz, Ziliar-Muskel, Musculus sphincter pupillae, Zentralnervensystem). Anwendung zur Narkosevorbereitung. [2, 7]
Scotch-Bond®: → Bonding agents. [1]
Scratch-Test m: zur Darstellung der Sofortreaktion bei Allergie. Die Haut wird mit einer Implanzette unter Vermeidung einer Blutung geritzt und die Testlösung aufgetragen: bei positiver Reaktion entsteht eine Quaddel. → Intrakutantest, → Prick-Test. [12]
Screening-Test (engl. to screen, durchsieben) m: Siebtest; epidemiologische Methode, mit der bei einem größeren Probandenkollektiv durch vergleichende Untersuchungen ein bestimmtes Krankheitsbild herausgefiltert werden kann. [15]
Scrotum (lat.) n: → Skrotum. [9]
Scutan®-Brücke: → Brücke zur provisorischen Versorgung. [4]
Se: chem. Zeichen für → Selen. [23]
Sealant (engl. Versiegler) n: Kunststoff, der für die → Fissurenversiegelung eingesetzt wird. Die meisten Versieglersysteme enthalten BIS-GMA. [15]
Sebor|rhöe f: Seborrhoea; konstitutionell bedingte übermäßige Absonderung von Hauttalg; wird im extremen Fall, z.B. bei Stammhirnerkrankungen (M. *Parkinson*), als Salbengesicht bezeichnet. [12]
Sebor|rhoi|ker m: durch fettige Haut gekennzeichneter Konstitutionstyp mit Disposition zu bestimmten Dermatosen (seborrhoisches Ekzem, Acne vosacea, → Acne vulgaris, → Rhinophym. [12]
Sebum (lat.) n: Sekretionsprodukt (holokrin) der Talgdrüsen. [9, 12]
Sechs|jahr|molar m: erster bleibender Molar, der gewöhnlich im 6. Lebensjahr durchbricht.[30]
Sedativa (lat.) n pl: chem. heterogene Substanzgruppe, zu der → Barbiturate mit langer Eliminationshalbwertszeit (→ Halbwertszeit, terminale) in niedriger Dosierung (z.B. Phenobarbital), Bromide, → Benzodiazepine sowie Substanzen mit sedierender Komponente aus der Gruppe der → Antihistaminika, → Neuroleptika und → Antidepressiva gehören. Barbiturate und Bromide sind als S. obsolet, → Antihistaminika, → Neuroleptika, → Antidepressiva sind speziellen Indikationen vorbehalten. [7]
SEDBASE: (SED: Side effect of drugs), → Da-

tenbank, die etwa 50.000 Nebenwirkungen und 4.000 Wechselwirkungen (Interaktionen) von Arzneimitteln speichert. Jeder Eintrag enthält Volltext und relevante Literatur. Übersichten und ergänzende Texte aus Standardwerken und aktuellen Beiträgen sind eingeschlossen. Ergänzungen werden vierteljährlich hinzugefügt. Sie wurde erstellt und wird gepflegt von Elsevier und wird vom → DIMDI angeboten. [26]

Sedierung: Ausschaltung von Erregungszuständen bei erhaltenem Bewußtsein mit relativ unspezifischer Dämpfung aller zentralnervösen Funktionen. Vgl. Analgosedierung, Tranquilizer. [2]

Sediment (lat.) n: Niederschlag, Bodensatz. → Harnsediment. [23]

Seelen|blindheit: optische → Agnosie. [33]

Seelen|taubheit: akustische → Agnosie. [33]

Seessel-Tasche: embryonale Ausstülpung des Mundhöhlenepithels dorsal der → *Rathke*-Tasche, die sich ohne Hinterlassung eines Organs zurückbildet. [9]

Segment (lat.) n: entwicklungsgeschichtlich mesodermal organisierte Gliederung (Segmentierung) des Körpers in 38-41 Ursegmente, aus denen die Sklerotome, Dermatome und Myotome entstehen. Diese in der Fetalentwicklung sehr frühzeitig hergestellte Verbindung zwischen Nerv, Muskel und Haut bleibt auch bei weitgehender Verlagerung der einzelnen Anteile im Verlauf des weiteren Wachstums bestehen. [9]

Segment|kernige: Kurzbez. für reife Granulozyten; → Leukopoese. [10]

Segment|therapie f: Behandlung von Krankheitsbildern vom segmentzugehörigen Projektionsfeld aus (→ Segment, → *Head*-Zone). Der Ort des Eingriffs liegt am segmentalen Dermatom oder Myotom. Verfahren: Setzung eines Reizes (Bindegewebsmassage, → Akupunktur, hyperämisierende Hautreize usw.) oder Unterbrechung des kutiviszeralen Reflexbogens durch Anästhesie (sog. Neuraltherapie, → Sekundenphänomen). [20]

Segregation (lat.) f: Absonderung, (Auf-)Spaltung. [10]

Sehne: Tendo; das den Ansatz des Muskels an den Knochen vermittelnde straffe, faserige Bindegewebe. [9]

Seh|nerv: → Nervus opticus; vgl. Hirnnerven. [9]

Seifen: Alkalisalze der höheren → Fettsäuren, bes. Öl-, Palmitin- und Stearinsäure, die durch Einwirkung von Alkalilauge auf Fette erhalten werden. Natronseifen = Kern- oder Hartseifen; Kaliseifen = Schmierseifen. Pharm.: Sapo. [23]

Seigerung f: Entmischung einer abkühlenden, erstarrenden Metallschmelze (Bildung von → Dendriten). [34]

Seit|biß: → Lateralbiß. [4]

Seiten|abbau der Alveole: Form des vertikalen Knochenabbaus mit Bildung intraalveolärer Knochentaschen. Kommt vor bei der profunden Parodontitis. Im Röntgenbild erkennbar als nach apikal gerichtete, keilförmige Aufhellung. Fälschlich auch als Vertikalatrophie bezeichnet, Ursache ist jedoch keine Atrophie, sondern eine Entzündung. Vgl. Höhenabbau. [6]

Seiten|granulom n: als Folge infizierter → Seitenkanäle entstandenes chron. entzündliches Granulationsgewebe, entsprechend der chronischen → Parodontitis apicalis. [1]

Seiten|kanäle: Markkanäle; vom Wurzelkanal seitl. zum Desmodont, bei mehrwurzligen Zähnen auch vom Pulpaboden zur Bifurkation ziehende Querverbindungen. Klin. nicht zu diagnostizieren. Erschweren Wurzelkanalbehandlungen bzw. bedingen Mißerfolge (Abb.). Vgl. Seitengranulom. [1]

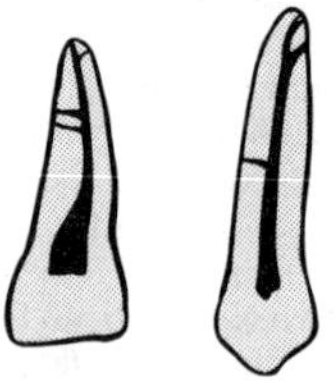

Seiten|lage, stabile: Lagerung des Notfallpatienten bei jeder → Bewußtseinsstörung. Voraussetzung ist eine ausreichende Spontanatmung. In aller Regel lassen sich mit der s.n S. bei fachgerechter Durchführung → Atemwege und ein weitgehender Schutz gegen → Aspiration erreichen. Vgl. Flachlagerung, Schocklagerung, Rükkenlagerung. [16]

Seiten|schneider: Kneifzange mit schräggestellten Schneiden, um das Abkneifen von Drähten innerhalb der Mundhöhle zu ermöglichen. [4]

Seiten|stechen: vornehmlich bei Jugendlichen bei erhöhter körperlicher Aktivität anfallsweise, intermittierend auftretende, stechende Schmerzen („Stiche") in der Gegend des linken Rippenbogens durch Zusammenziehen der Milzkapsel. Die Milz gibt dadurch ihr Blutdepot in den Kreislauf ab, vergrößert das zirkulierende Blutvolumen und erhöht so die O_2-Transportkapazität des Kreislaufs. [10]

Seiten|zähne: zusammenfassende Bez. für Prämolaren und Molaren. Vgl. Frontzähne. [30]

Seiten|zahn|komposit n: Füllungsmaterial auf Kompositbasis, das für Seitenzähne (Prämolaren und Molaren) geeignet sein soll. Diese Voraussetzung wird normalerweise nicht erfüllt. Da Komposits keine genügende Abriebfestigkeit und Härte aufweisen, sind sie i. a. nur für den Frontzahnbereich geeignet. Verbesserungen sind denkbar, z.Z. können S.s jedoch nicht empfohlen werden. Vgl. Komposit. [1]

Seitz-Filter m: Bakterien-Filter mit Asbestscheibe als Filterschicht. [8]

sek|odont: scharfkantig, z.B. Reißzähne von Raubtieren. [30]

Sekrete (lat.) n pl: Absonderungsprodukte von Drüsen, bes. solcher mit bestimmter physiolog. Funktion, wie z.B. Speichel, Magensaft usw.; vgl. Exkrete, Inkretion. [10]

Sekretion f: Absonderung von Drüsenflüssigkeiten. Innere S.: → Inkretion. [10]

Sekretions|rate: Geschwindigkeit, mit der ein körpereigener Stoff (Sekret) von den Drüsen ausgeschieden wird. Z.B. beträgt die normale S. der Speicheldrüsen 1-2 ml/min. [15]

sekretorisch (lat.): die Drüsensekretion beeinflussend. Nervenfasern innervieren die Drüsen. Sie erregen vermutlich die → Myoepithelzellen und sind insofern → lissomotorisch. [9]

Sektion (lat.) f: **1.** Operations-Technik in der Geburtshilfe (Sectio caesarea) **2.** → Obduktion, → Autopsie; Leichenöffnung zur Feststellung der Todesursache, a) gesetzlich vorgeschriebene (gerichtliche) S. (z.B. bei Verdacht auf einen unnatürlichen Tod oder zur Feststellung einer infektiösen Krankheit); b) gesetzlich nicht geregelte (klinische) S., nur mit Zustimmung der Angehörigen (z.B. zur Feststellung von Krankheitszusammenhängen oder im Rahmen der Unfallversicherung zur Klärung des Zusammenhanges zw. Tod und Unfallereignis). [32]

Sektions|technik, zahn|ärztliche: Entnahme von Ober- und/oder Unterkiefer zur Identifizierung unbekannter Toter, je nach Fragestellung mit oder ohne Weichteile. Instrumente: Drahtsäge (*Gigli*-Säge), Bogensäge, Mundsperrer, Wangenhalter, Pinzettenscheren, Skalpell. [28]

Sekundär|dentin n: Reizdentin; in der Gebrauchsperiode eines vitalen Zahns gebildetes Dentin. Es ist eine Anpassung an ständige oder häufig wiederkehrende mechanische, thermische und chemische Reize (Abrasion, Erosion). Man findet es besonders am Pulpadach und Pulpaboden, was zur Verkleinerung der Pulpahöhle führt, außerdem im Bereich des peritubulären Dentins, wodurch es zur Verengung oder zum Verschluß der Dentinkanälchen kommt. Vgl. Dentinarten, Dentinsklerosierung. [30]

Sekundär|heilung: Sanatio per secundam; verzögerte Wundheilung unter Ausbildung von Granulationsgewebe; v.a. bei offener Wundfläche und infizierter und/oder chir. nicht versorgter Wunde. → Heilung, → Primärheilung. [32]

Sekundär|infektion f: zusätzliche Infektion des Organismus mit einem oder mehreren anderen Erregern (z.B. bakterielle Pneumonie nach Grippeinfektion). [8]

Sekundär|karies f: am Rande mangelhafter Füllungen aufgetretene neue Karies, fälschlich auch als → Kariesrezidiv bezeichnet. Vgl. Retentionsstellen. [1]

Sekundär|krone: Sekundärteleskop; → Teleskopkrone. [4]

Sekunden|phänomen: von dem Arzt *Ferdinand Huneke*, Düsseldorf, 1925 angegebene Erscheinung, daß nach Injektion eines komplexen Novocain®-Koffeingemisches (Impletol®) in die Umgebung eines aktiven Herdes am Ort des Sekundärleidens Schmerzfreiheit eintritt, die bis 8 h anhält. Diese „Heilanästhesie" wurde von *Huneke* auch als Test zum Nachweis aktiver Herde gewertet. Bei Zahnherden wird bukkal und oral des verdächtigen Apex injiziert. Wichtig ist, daß alle verdächtigen Wurzeln umspritzt werden. Vgl. Heilanästhesie, Segmenttherapie. [34]

Selbst|härtung: Einleitung der Polymerisation von → Komposits ohne äußere Energiezufuhr. S. wird erreicht durch Systeme von Aktivatoren (Dimethylparatoluidin, tertiäre Amine) und Katalysatoren (Benzoylperoxid), die sich getrennt in zwei Phasen des Füllungsmaterials befinden und beim Anmischen die Reaktion in Gang setzen. Gebräuchlich sind Komposits, die aus zwei Pasten oder aus Pulver und Flüssigkeit angemischt werden. Ggs.: → Lichtpolymerisation. [1]

Selbst|polymerisation f: → Autopolymerisation. [4]

Selbst|regulierung: Selbstausheilung von Gebißanomalien durch körpereigene Einflüsse, z.B. Beseitigung eines progenen Zwangsbisses (→ Progenie) beim Zahnwechsel, einer → Lutschprotrusion durch Lippendruck oder eines → Engstandes durch Zungendruck. [5]

Selbst|verwaltung: dezentralisierte Wahrnehmung öffentlicher Angelegenheiten durch selbständige Organisationen. Selbstverwaltungsinstitutionen sind → Zahnärztekammer und → Kassenzahnärztliche Vereinigung. S. hat eigene Entscheidungskompetenzen, ist aber nicht verfassungsrechtlich gewährleistet. [24]

Selektion (lat.) f: Auslese, Auswahl. Natürliche

Auslese des der Umwelt am besten angepaßten Individuums oder künstliche Auslese des für züchterische Zwecke erwünschten Individuums (Zuchtwahl). [3]

Selen (gr.) n: chem. Element, Symbol Se, Ordnungszahl 34, Atomgewicht 78,96. Kommt in zwei roten nichtmetallischen und einer grauen metallischen Modifikation vor. Metallisches S. besitzt eine sehr geringe elektrische Leitfähigkeit, die durch Belichten auf etwa das Tausendfache ansteigt. Diese Eigenschaft wird technisch genutzt, z.B. für Alarmanlagen, Belichtungsmesser usw. [23]

selen|odont: halbmondförmig gebogen. Bezeichnung für die mit gebogenen Schmelzfalten versehenen Kauflächen der Prämolaren und Molaren wiederkäuender Paarhufer (Selenodonten). [30]

Selenomonas sputigena f: charakteristische, halbmondförmige Bakterien, von deren Konkavität ein Geißelbüschel entspringt, anaerob, gramnegativ; Saprophyt der normalen Mundschleimhaut, stark vermehrt bei oralen Fusospirochätosen. [8]

Sella-Nasion-Ebene: Abk. SN-Ebene; → *Broadbent*-NS-Ebene, → *Schwarz*-NSe-Ebene. [5]

Sella|punkt: S-Punkt; Bezugspunkt bei der → FRS-Analyse, Mittelpunkt der Sella turcica (Türkensattel). Vgl. Meßpunkte. [5]

Sella turcica f: Türkensattel; Grube in der Innenseite der Schädelbasis auf dem Keilbeinkörper, in welcher sich die Hypophyse befindet. Vordere Begrenzung bilden das Tuberculum sellae (Sattelknopf) und der paarige Processus clinoideus anterior, hintere das Dorsum sellae (Sattellehne) mit dem paarigen Processus clinoideus posterior. [9]

Sella|winkel: Winkel zwischen vorderer und hinterer Schädelbasis. Im Bereich der hinteren Schädelbasis befindet sich mit der Synchondrosis sphenooccipitalis ein sagittales Wachstumszentrum. Ein großer S. deutet auf eine posteriore, ein kleiner S. auf eine anteriore Lage der Gelenkgrube hin. Falls eine Abweichung nicht durch die Länge des aufsteigenden Unterkieferastes kompensiert wird, liegt eine → Retrognathie bzw. → Prognathie des Gesichtsschädels vor. [5]

Sellick-Handgriff: Druck auf den Kehlkopf zum Verschluß des Speiseröhreneingangs, der eine → Regurgitation von Mageninhalt und dessen oft tödliches Eindringen in die Lunge während der Narkoseeinleitung verhindert. [2]

Semen (lat.) n: Samen; → Sperma. [9]

Semi|lunar|bezirke: Strukturelemente des Interglobulardentins mit halbmondartigen Formen, die keine oder nur wenig metachromatische Substanzen enthalten. Von *Cope* und *Kitchin* (1939) wurden sie auch als Semilunarfelder bezeichnet. [30]

Semi|luxation f: unvollständige → Luxation. [2]

Semi|malignität: beschränkte Bösartigkeit einer Neoplasie mit lokal invasiv zerstörendem Wachstum, ohne Metastasenbildung (z.B. Basaliome); meist hohe Rezidivneigung. [32]

Seminom (lat.) n: häufigster (40%), sich von den primitiven Keimzellen (Spermatogonien) herleitender bösartiger Hodentumor; tritt bevorzugt zw. dem 30. und 40. Lebensjahr auf. Metastasiert vorwiegend lymphogen (v.a. paraaortal). Prognose i.a. günstig, da Seminome sehr strahlensensibel sind. [32]

semi|permeabel: halbdurchlässig. → Osmose. [10]

Seneszenz (lat.) f: Lebensabschnitt zwischen 65 und 80 Jahren. Vgl. Alter. [27]

Senium (lat.) n: Greisenalter; Lebensalter über 80 Jahre. Senium praecox: vorzeitiges Greisenalter. Adj.: senil, senilis: zum Greisenalter gehörig bzw. dadurch bedingt. Vgl. Alter. [27]

Senkbiß: Form des → tiefen Bisses, der sekundär bei Fehlen der sonst den Biß haltenden Seitenzähne entsteht. Vgl. Tiefbiß. [5]

Senkungs|ab|szeß m: durch Senkung des Eiters infolge seiner Schwere entstandener Abszeß, vor allem bei tuberkulöser Arthritis. Vgl. Kongestion. [20]

Senkungs|reaktion f: → Blutsenkungsreaktion. [20]

Sensation f: Empfindung. [10]

sensibel (lat.): empfindlich; s.e Nerven sind Empfindungsnerven, die durch einen Reiz ausgelöste Erregungen zum ZNS leiten. [9, 10]

sensibilisieren: empfindlich machen, bes. in allergisch-immunolog. Beziehung durch Antigenzufuhr (→ Antigen, → Allergie, → Anaphylaxie, → Serumkrankheit). Ggs.: desensibilisieren oder besser hyposensibilisieren: unempfindlich machen durch systematische Antigenzufuhr und daraus resultierende Antikörperproduktion. [20]

Sensibilität f: Gefühl, Gefühlswahrnehmung, bedingt durch Eingreifen von Druck-, Schmerz- und Temperaturempfindung. Wird neurologisch gegliedert in Oberflächen- und Tiefen-S. Oberflächen-S. umfaßt Haut- und Schleimhaut-S. Innerhalb dieser unterscheidet man protopathische und epikritische S. Erstere stellt sich unter der Regeneration eines geschädigten sensiblen Nerven zuerst wieder her und vermittelt durch die sich zuerst wieder einstellende Leitfähigkeit dünner Nerven die Schmerz- und grobe Temperaturempfindung. Die epikritische S. kehrt langsam wieder und vermittelt die Empfindung für feinere Berührungsreize und leichtere Temperaturunterschiede. Sie vermag Hautreize näher zu lokalisieren und zu differenzieren (z.B. Zeichen-, Buchstaben- oder Zahlenschreiben auf die Haut). Tiefen-S. ist das Gefühl in der Tiefe, z.B. für Stellung, Lage und Bewegungen der Extremitäten, sowie die Vibrationsempfindung. Die Verbindung von Oberflächen- und Tiefen-S. bewirkt die Möglichkeit, Gegenstände zu erkennen. Der S.grad eines Patienten kann die zahnärztliche Behandlung, wesentlich beeinflussen. Ängstliche Patienten reagieren mit verstärkter Sensibilität. Umgekehrt können angstreduzierende Verfahren und Behandlungsbedingungen die Schmerztoleranz erhöhen. [33]

Sensibilitäts|prüfung der Pulpa: Prüfung der Vitalität der Pulpa durch Reaktion auf thermische Reize (kalt: Chloräthyl-Wattebausch, Kohlensäureschnee, Provotest®; warm: heiße Guttapercha, erhitztes Kugelinstrument) oder elektrische Impulse (Sirotest®). Unsicher mit steigendem Alter infolge Degeneration der Pulpa, durch → Sekundärdentin oder durch große Füllungen. Evtl. nur durch → Trepanation der Zahnkrone zu klären. Vgl. Faradisation. [1]

Sensibilitäts|störungen: Störungen der Berührungsempfindung als An-, Hyp- und Hyperästhesie (Gefühllosigkeit, Abschwächung und Verstärkung der Berührungsempfindung) und Störung der Schmerzempfindung mit den gleichen Graden als An-, Hyp- und Hyperalgesie. Vgl. Parästhesie, Neuralgie. [33]

Sensitivität (lat.) f: in der → Statistik benutzte Maßzahl für z.B. die Fähigkeit eines diagnostischen Tests, die tatsächlich Kranken zu bestimmen. Die S. ist in diesem Beispiel definiert als das Verhältnis der gefundenen Kranken (auch falsch positiven) zu den tatsächlich Kranken. Die Differenz zwischen beiden Größen wird als falsch negativ bezeichnet. [26]

Sensodyne®: Zahnpaste gegen hypersensibles Zahnbein, die 3% Strontiumchlorid enthält. [1]

sensorisch: Bez. für Afferenzen, die über die Sinnesorgane (z.B. Auge, Ohr, Geschmack) aufgenommen werden. [33]

Sensorium n: Bewußtsein, meist im Sinne eines „Apparats der bewußten Wahrnehmung" verwandt. Vgl. Wahrnehmung. [33]

Separation (lat.) f: Trennung, → Separieren. [1]

Separator m: Vorrichtung zum → Separieren (Abb.). [1]

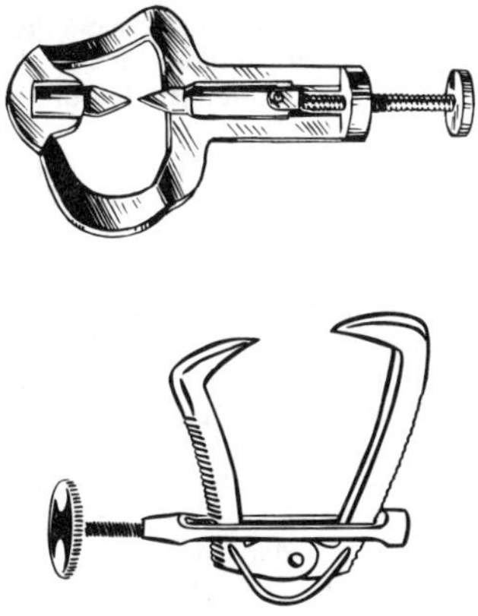

a: nach *Ivory;* b: nach *Elliot.*

Separieren (lat.): in der Zhk. das allmähliche Auseinanderdrängen der Kontaktpunkte an den Approximalflächen der Zähne mittels → Separator, Seiden- oder Drahtligatur, Guttapercha oder quellenden Holzkeilen (Hickoryholz), z.B. um bei → Engstand Kronenringe oder kieferorth. Bänder aufsetzen zu können. Möglich ist auch sofortiges S. durch Wegnahme von Zahnsubstanz mit der Separierscheibe, einer ein- oder doppelseitig mit → Karborund oder Diamant belegten Stahlscheibe, die auf einen → Mandrel montiert ist. [4, 5]

Separier|zange: schneidende Zahnzange zur Trennung der Wurzeln nach Kronenfraktur (Abb.). [2]

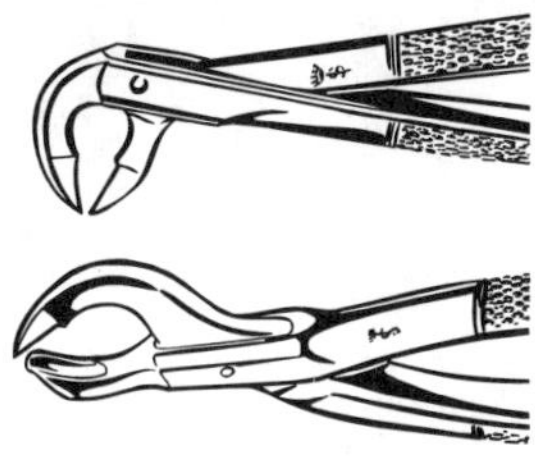

Separierzange mit scharfen Branchen, die bei Schluß den Zahn spalten

Sepsis (gr.) f: Septämie, Septikämie; Blutinfektion, die von einem Herd innerhalb des Körpers ausgeht, von dem aus konstant oder periodisch pathogene Keime in den Blutkreislauf gelangen. Nichtmetastasierende Form der pyogenen Allgemeininfektion. Überschwemmung des Blutes mit Pyokokken, manchmal auch mit nichtpyogenen Erregern, bes. bei Abwehrschwäche.

Hohes, kontinuierliches Fieber, schneller Puls, Zyanose, petechiale Hautblutungen, Milzschwellung. Erregernachweis durch Blutkultur. Prognose sehr ernst. Vgl. Pyämie. 20

Sepsis lenta f: schleichend verlaufende Sepsis mit schwerer Endokarditis und Herdnephritis (Streptococcus viridans). 20

Septik|ämien, hämor|rhagische f pl: Erkrankungen bei Mensch und Tier, die sich durch Blutungsbereitschaft und massenhafte Ausschwemmung des Erregers in die Blutbahn auszeichnen, z.B. → Pest, → Tularämie, Geflügelcholera (→ Sepsis). 8

septisch: durch → Sepsis bedingte Gewebs- und Organveränderungen bzw. Funktionsstörungen. 20

Septum (lat.) n: Scheidewand. 9, 19

Septum|de|viation f: seitl. Verbiegung der Nasenscheidewand, angeboren oder erworben. Als Folge Atmungsbehinderung. 9, 19

Septum linguae n: mediosagittal liegende Membran aus straffem Bindegewebe in der Zunge, an dem die meisten Zungenmuskeln inserieren. 9

Septum nasi n: Scheidewand der Nasenhöhle; gebildet durch die Lamina perpendicularis ossis ethmoidalis, das Os vomer und die → Cartilago septi nasi. 9

Sequester (lat.) n: abgestorbenes, demarkiertes Knochenstück (Abb.), im Kieferbereich meist als Folge einer → Osteomyelitis. 2

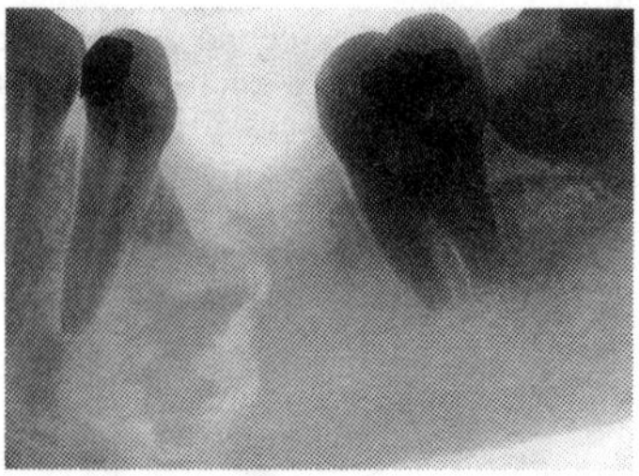

Sequester. Nicht mehr ernährtes („totes") Knochenstück im Zentrum eines entzündeten Knochenabschnitts (Osteomyelitis). Oft von reaktiver Knochenneubildung umgeben (Totenlade).

Sequestro|tomie f: operative Entfernung eines Sequesters. Vgl. Osteomyelitis. 2

Serien|extraktion f: → Reihenextraktion. 5

Sero|diagnostik f: Erkennung von Krankheiten durch Nachweis von Immunstoffen im Serum; vgl. *Widal*-Reaktion, *Weil-Felix*-Reaktion, Komplementbindungsreaktion, *Hirst*-Test, *Sabin-Feldman*-Test. 8

Sero|farb|test m: → *Sabin-Feldman*-Test. 8

Sero|logie f: Lehre von den Eigenschaften und Anwendungen des Blutserums. 20

sero|negativ: mit negativer Seroreaktion, d.h. ohne Nachweis von Antikörpern im Serum, z.B. s.e (= nichtreaktive) Syphilis in den ersten Wochen nach der Infektion. 8

sero|positiv: mit positivem Ausfall einer Serumreaktion, d.h. mit nachweisbaren Antikörpern im Serum. Serokonversion z.B. nach → Immunisierung. 8

serös (lat.): aus → Serum bestehend, auf Serum bezüglich; allgemeine Bezeichnung für dünnflüssig. 9

Serosa f: Kurzform für Tunica serosa. → seröse Häute. 9

seröse Drüsen: Drüsen, die ein dünnflüssiges, meist eiweißhaltiges Sekret absondern, z.B. Parotis, Pankreas, im Gegensatz zu den (mukösen) Schleimdrüsen. 9

seröse Flüssig|keiten: Flüssigkeiten von ähnlicher Zusammensetzung wie das Blutserum, die aus dem Blutgefäßsystem in die serösen Höhlen gelangt sind; → Exsudation. 9

seröse Häute: mit einem einschichtigen → Plattenepithel überzogene Membranen, die das Innere geschlossener Körperhöhlen auskleiden, z.B. Peritonaeum, Pleura. 9

serotinus (lat.): spät kommend, spät reifend. Dens s.: → Weisheitszahn. 30

Serotonin: → Hydroxitryptamin, 5-; pharmakolog. → Mediator, biogenes Amin. Freisetzung bei der anaphylaktischen Reaktion; → Neurotransmitter. Vorkommen: intestinale Mukosa, Gehirn, Thrombozyten. Klinik: → Migräne, → Karzinoidsyndrom. 7, 20

serpens (lat.): serpiginös; kriechend, fortschreitend, z.B. Flechten, Geschwüre. 12

Serratia marcescens f: Bacterium prodigiosum; peritrich begeißeltes, bewegliches, gramnegatives Stäbchen der Familie Enterobacteriaceae. Manche Stämme bilden auf kohlenhydratreichen Nährböden ein blutrotes Pigment. Galt früher als harmlos, doch wurde S. m. in letzter Zeit mit zunehmender Häufigkeit als Erreger septischer, nicht selten tödlich verlaufender Prozesse nachgewiesen (Hospitalismus). Pathogene Stämme meist pigmentlos. Vgl. *Fortner*-Verfahren. 8

serratus (lat.): gezähnt. 30

Serres-Drüsen (Augustin S., Anat., Paris, *1787, † 1868): von der embryolog. → Zahnleiste abgesprengte Epithelzellen, die beim Neugeborenen manchmal in Form kleiner Epithelperlen auf der Mundschleimhaut sichtbar werden und sich zu Zysten entwickeln können. Keine Drüsen, daher besser *Serres*-Körperchen. Die stecknadelkopfgroßen weißen Gebilde, meist am Alveolarfortsatz, entsprechen den → *Bohn*-Knötchen und *Epstein*-Perlen am Gaumen. [2]

Serres-Körper: Glandulae tartaricae; von *Serres* 1817 beschriebene Epithel- oder Hornperlen, die als Reste der Zahnleiste im Zahnfleisch von Neugeborenen vorkommen. Vgl. Gubernaculum dentis. [30]

Serum (lat.) n: Blutserum; aus geronnenem Blut sich abscheidende Flüssigkeit, Zusammensetzung wie Blutplasma, (→ Plasma) sanguinis, aber ohne dessen Fibrinogenanteil (→ Fibrinogen). [10, 20]

Serum|diagnostik f: → Serodiagnostik. [20]

Serum|hepatitis f: → Hepatitis. [20]

Serum|krankheit: gefährliche allergische Antigen-Antikörper-Reaktion, Auslösung durch zur passiven → Immunisierung verabreichtes Fremdserum (Botulismus-, Diphtherie-, Milzbrandserum). Klinik: nach Latenz von 7-14 Tagen Kopfschmerz, Fieber, Hautjucken, Urtikaria, masernartiges Exanthem, Lymphknotenschwellungen, Albuminurie (Nephritis, Schockniere), Durchfälle. Therapie: Kalzium, hohe Prednisondosen, Plasmaexpander im Schock, Euphyllin-Dauertropf i.v. Prophylaxe: Sorgfältige Impfanamnese, Impfpaß einsehen. Vortest zur Erkennung der Immunitätslage: 0,1-0,3 ml des 1:1000 verdünnten Impfserums intrakutan. Bei Rötung und Schwellung binnen 20 min nicht oder nur unter Allergieschutz (hohe Glukokortikoidgaben) impfen. [20]

Serum|stein: nicht mehr übliche Bezeichnung für → Konkremente. [6]

Serum|therapie f: prophylaktische bzw. therapeutische Verabreichung von antitoxischem Serum, das durch Immunisierung meist von Pferden mit Toxinen des betreffenden Erregers (Tetanus, Diphtherie, Grippe usw.) gewonnen wird. Vgl. Immunisierung. [20]

Set up (engl. Aufstellung, Errichtung) n: Simulationsmodell; durch Umsetzung von Zähnen und/oder Kiefersegmenten in die angestrebte Position verändertes Gipsmodell (Abb.), z.B. zur Herstellung eines → Positioners oder zur kieferorth. Diagnostik. [5]

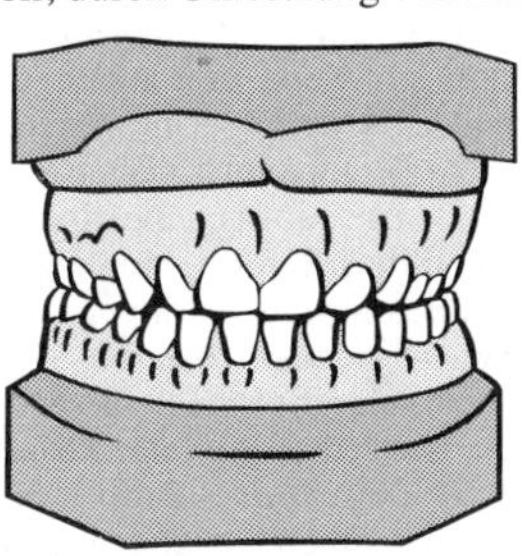

Die Zähne werden (in Wachsaufstellung) in die zu erzielende Position gebracht. [27]

Sextant (lat.) m: Zahngruppe, die bei Einteilung der Zahnbögen in 6 Abschnitte entsteht (14-18, 13-23, 24-28, 34-38, 33-43, 44-48), insbesondere bei Screening-Indizes üblich, z.B. beim → Community periodontal index of treatment needs. [6]

Sexual|drüsen: → Ovarium, → Testes. [9]

Sexual|hormone n pl: Hormone, die der Arterhaltung dienen; steigern als anabolisierende Hormone die Eiweißsynthese. Bildung in den Geschlechtsorganen und in biologisch bedeutungsloser Menge in der NNR und zusätzlich während der Schwangerschaft in der Plazenta; männliche S.: Androgene (→ Testosteron, Androsteron, NNR-Androgene); weibliche S.: → Östrogene (→ Östradiol und → Östron), → Corpusluteum-Hormon, das Gestagen → Progesteron. [10]

Sexualität f: Geschlechtlichkeit; Bezeichnung für alle mit dem Geschlechtstrieb zusammenhängenden seelischen und körperlichen Funktionen. Vgl. Sexualverhalten. [13]

Sexual|verhalten: geschlechtliche Aktivität als Koitus mit sexuellem Reaktionszyklus, als Masturbation oder als Petting. Unterscheidbar nach Häufigkeit der Aktivität (Promiskuität, Koitusfrequenz) und Ausmaß erlangter Befriedigung. Unter abweichendem S. versteht man sexuelle Aktivität auf spezialisiertem Wege bzw. Bevorzugung bestimmter Objekte als Befriedigungsquelle (z.B. Fetischismus, Exhibitionismus, Sadismus, Masochismus). Abweichendes S. stellt im Unterschied zur sexuellen Störung eine funktionierende, jedoch im Ziel eingeengte Form der Sexualität dar. [13]

Sexual|zentrum n: Kernareal des Tuber cinereum im Hypothalamus, verknüpft mit der Adenohypophyse und dem (übergeordneten) → limbischen System (*Hohlweg* und *Junkmann,* 1934). Steuert die Sexualfunktionen. [10]

sexuell übertragbare Erkrankung: ersetzt den nach EWG-Richtlinien nicht mehr zulässigen Begriff „Geschlechterkrankung". Unterteilung in folgende Gruppen (Tab. s. S. 690). [12]

sezernieren (lat.): absondern; vgl. Sekretion. [9]

sezieren (lat.): eine → Obduktion bzw. → Sektion durchführen; Eröffnen einer Leiche, z.B. zur Feststellung der Todesursache. [32]

SFFR: Abk. für engl. **S**ulcus **f**luid **f**low **r**ate, → Sulkusflüssigkeit. [6]

SGB: Abk. für → **S**ozial**g**esetz**b**uch. [24]

SGG: Abk. für → **S**ozial**g**erichts**g**esetz. [24]

	Erreger	Krankheit
Spirochaeten	[a]Treponema palidum	Syphilis
Bakterien	[a]Neisseria gonorrhoeae	Gonorrhoe
	[a]Haemophilus ducreyi	Ulcus molle
	Donovania (Klebsiella) granulomatis	Granuloma venereum
	Mycoplasmen (PPLO)	Urethritis, Vulvitis
	Chlamydia trachomatis	Urethritis, Vulvitis et Colpitis
	[a]Chamydia trachomatis (Serotyp L1, 2, 3)	Lymphogranuloma inguinale (venereum)
Viren	Papova-Gruppe (HPVG)	Condylomata acuminata
	Herpes-Virus Typ 2	Herpes progenitalis
	HIV	AIDS
Protozooen	Trichomonas vaginalis	Trichomoniasis
Fungi	Candida albicans	Moniliasis
Phthirii		Pediculosis
Sarcoptes scabiei		Scabies

AIDS = Acquired immune deficiency syndrom, primär durch Retrovirusinfektion gebahnt

[a] Meldepflichtig

sexuell übertragbare Erkrankung

SH-Antigen n: Abk. für **S**erum**h**epatitis-Antigen; → Australia-Antigen. 8

Sharpey-Fasern (William S., Anat., London, *1802, † 1880): Kollagenfasern, die vom Periost oder von Sehnen in den Knochen einstrahlen. Zhk.: Kollagenfasern des Periodontalligaments, die sich im Alveolarknochen bzw. im Zement der Zahnwurzel verankern und zu funktionell ausgerichteten Bündeln zusammengefaßt sind. Sie gehen von der Alveole größtenteils mit leicht apikalwärts geneigter Richtung aus und sind im Zement verankert. Die Faserbündel selbst sind nicht dehnbar. In der Ruhelage ziehen sie in Wellenlinien vom Zement zur Alveole und strecken sich bei Anspannung. Dadurch ergibt sich die Elastizität der Aufhängung des Zahnes in der Alveole. Die S. treten lichtoptisch als die wesentlichen Bestandteile des Parodontiums hervor, stellen aber keine Strukturen sui generis dar, sondern sind, wie elektronenoptisch gezeigt werden konnte, unter den kollagenen Fibrillen des Zementes, des Periodonts und des Alveolarknochens die zu Bündeln zusammengelagerten Fasern (Abb. → Parodontium). 6, 30

Sheehan-Syn|drom n: partielle oder totale HVL-Insuffizienz, akutes oder protrahiert verlaufendes Krankheitsbild. Ursache: postpartale Hypophysennekrose. Symptome: Ausfall gonadotroper, thyrotroper, adrenokortikotroper, somatotroper HVL-Funktionen, Laktationshemmung, psychische Stimmungsanomalien als Frühsymptome, → Hypoglykämie, Insulinüberempfindlichkeit, Kachexie, Pigmentmangel (Alabasterhaut). 20

Shell-teeth (engl.) f: Schalenzähne. 1

Shigella (*Kijoschi Schiga,* japan. Bakt., *1870, † 1957) f: → Ruhrbakterien. 8

Shore-Härte|prüfung: bei metallischen Werkstoffen als Rückprallhärteprüfung ausgeführt. Die Ergebnisse lassen sich nach empirisch ermittelten Daten mit anderen Härteprüfungen vergleichen. Darüber hinaus wird bei Gummi bzw. anderen gummielastischen Stoffen nach dem Prinzip der Eindringhärteprüfung mit einem Kegelstumpf unter Verwendung spezieller *Shore*-Härteprüfgeräte deren Härte bzw. Weichheit ermittelt. 4

Shore-Platte: → Aufbißbehelf. 4

SHT: Abk. für → **S**chädel-**H**irn-**T**rauma. 2

Shunt (engl.) m: Neben- bzw. Kurzschluß von Blutgefäßen, unphysiolog. Verbindung, z.B. zwischen kleinem und großem Kreislauf, Arterie und Vene. Rechts-Links-S.: Zumischung von venösem Blut zum arteriellen, z.B. bei *Fallot*-Tetralogie oder nach sog. S.umkehr bei vielen angeborenen Herzfehlern mit ursprünglichem Links-Rechts-S., z.B. Herzkammer-Septumdefekt. S. zwischen Pfortader und Vena cava bei schwerem Leberschaden. Spontan bei stark entwickeltem Kollateralkreislauf oder operativ durch Anastomosierung. 20

Si: chem. Zeichen für → Silizium. 23

SI: Abk. für die Summe der Zahnbreiten der Schneidezähne (Inzisivi) im Oberkiefer bzw. im Unterkiefer. Die SI wird zur Bestimmung von Kiefersollbreiten und Kiefersollängen herangezogen. Vgl. *Pont*-Index. 5

Sial|adenitis f: Speicheldrüsenentzündung. Akute S.: durch gestörten Speichelfluß bei schlechtem Allgemeinzustand oder durch Speichelsteine ausgelöste S. Symptome: Schwellung und Schmerzhaftigkeit der Drüse, Eiterentleerung auf Druck; Therapie: Tetrazykline oder gezielt Speichellocker (Kaugummi, Zitronenscheiben); bei Einschmelzung Inzision von außen. Chronisch-rezidivierende S.: durch Verminderung und Störung der Sekretbildung entstandene S.; Therapie: längerdauernde Antibiotikagabe, Speichellocker, in Ausnahmefällen Parotidektomie. Sonderformen: S. nach Bestrahlung (symptomatische Therapie); Immun-S. als → *Sjögren*-Syndrom mit chronisch-rezidivierenden Gelenkentzündungen, Trockenheit von Nase, Rachen, Mund und Augen und als → *Heerfordt*-Syndrom mit → Uveitis, Fieber, gelegentlich Fazialis- oder Rekurrensparesen (Therapie: Kortikoidkosteroide, Glandosane); Parotitis epidemica: Virusinfektion, bei der als Komplikationen Schwerhörigkeit, Orchitis, Pankreatitis sowie Hirn- und Hirnhautentzündungen auftreten können. Vgl. Parotitis. [2,19]

Sial|adenom, pleomorphes n: pleomorphes Adenom, → Mischtumor. [2]

Sialin|säure: N- und O-Acyl-Derivate der Neuraminsäure. Vorkommen im Speichelmuzin. [23]

Sialo|dochitis f: → Speichelgangentzündung. [2]

Sialo|graphie f: röntgenolog. Darstellung der großen Speicheldrüsen durch Injektion eines wasserlöslichen → Kontrastmittels in den Ausführungsgang (Abb.). Das Sialogramm dient zum Nachweis patholog. Veränderungen in Drüsenparenchym und Ausführungsgängen. [14]

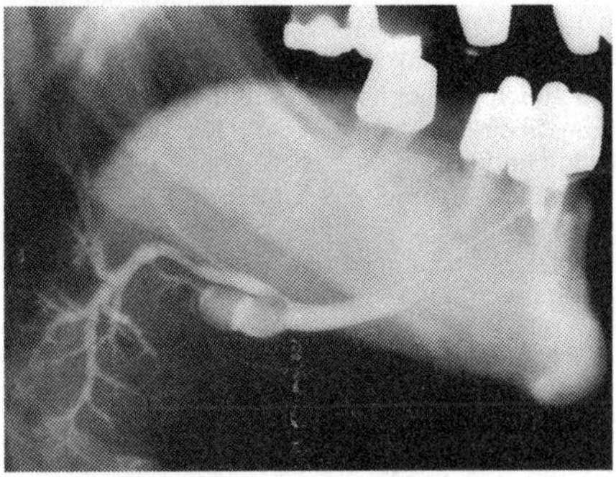

Sialogramm mit Speichelstein im Ductus submandibularis

Sialo|lith m: → Speichelstein. [2]

Sialo|lithiasis f: Speichelsteinerkrankung. Tritt nach Funktionsstörungen der Speicheldrüsen auf. Symptome: schmerzhafte Schwellung der dazugehörigen Drüse, Steine meist gut zu tasten. Therapie: möglichst schnelle Entfernung des Steins durch Schlitzung des Ausführungsgangs (kleine Steine) oder durch Entfernung der Drüse (große Steine). [2,19]

Sialom n: Geschwulst einer Speicheldrüse, meist → Mischtumor. [2]

Sialo|penie f: Oligosialie, verminderter Speichelfluß. Vgl. Xerostomie, Asialie. [2]

Sialor|rhöe f: gesteigerter Speichelfluß, → Ptyalismus. [2]

Sialose f: Sialadenose; nicht entzündliche, chronische Speicheldrüsenerkrankung durch hormonelle Störungen, Mangelkrankheiten, Dysfunktion des vegetativen Nervensystems, antihypertensive und antidepressive Pharmaka. Ursächlich bestehen 4 Gruppen: 1. vorwiegend allergisch (→ *Mikulicz*-Krankheit, → *Heerfordt*-Syndrom, → *Sjögren*-Syndrom); 2. hormonale Dysregulationen (Hypophyse, Ovar, Pankreas, Schilddrüse u.a.); 3. neurogen; 4. durch Mangelkrankheiten bedingt (Eiweiß, Vitamine). Symptome: rezidivierende, schmerzlose Schwellung der Speicheldrüsen, später Mundtrockenheit. Therapie; Behandlung des Grundleidens. Differentialdiagnose: Hypertrophie des Musculus masseter (→ Kaumuskeln). [2,19]

SI-Basis|einheiten: die sieben Grundeinheiten (Tab.) des geltenden Maßsystems, auf die sich die anderen, abgeleiteten Maßeinheiten beziehen (→ SI-Einheiten, abgeleitete; → SI-System). Die Basiseinheiten sind definiert als: 1 Meter (m) ist das 1.650.763,73fache der Wellenlänge der von Atomen des Muklids ^{86}Kr beim Übergang vom Zustand $5d_5$ zum Zustand $2p_{10}$ ausgesandten, sich im Vakuum ausbreitenden Strahlung; 1 Kilogramm (kg) ist die Masse des Internationalen Kilogrammprototyps; 1 Sekunde (s)

Basisgröße base quantity grandeur de base	SI-Basiseinheit Name	 Einheitenzeichen
Länge length longueur	Meter metre mètre	m
Masse mass masse	Kilogramm kilogram kilogramme	kg
Zeit time temps	Sekunde second seconde	s
elektrische Stromstärke electric current courant électrique	Ampere ampere ampère	A
thermodynamische Temperatur thermodynamic temperature température thermodynamique	Kelvin kelvin kelvin	K
Stoffmenge amount of substance quantité de matière	Mol mole mole	mol
Lichtstärke luminous intensity intensité lumineuse	Candela candela candela	cd

ist das 9.192.631.770fache der Periodendauer der dem Übergang zwischen den beiden Hyperfeinstrukturniveaus des Grundzustandes von Atomen des Nuklids ^{133}Cs entsprechenden Strahlung; 1 Ampere (A) ist die Stärke eines zeitlich unveränderten elektrischen Stromes, der, durch 2 im Vakuum parallel im Abstand 1 m voneinander angeordnete, gradlinige, unendlich lange Leiter von vernachlässigbar kleinem, kreisförmigem Querschnitt fließend, zwischen diesen Leitern auf je 1 m Leiterlänge elektrodynamisch die Kraft 1/5.000.000 kg m/s^2 hervorrufen würde; 1 Kelvin (K) ist der 273,16te Teil der thermodynamischen Temperatur des Tripelpunktes des Wassers; 1 Candela (cd) ist die Lichtstärke, mit der 1/600.000 m^2 der Oberfläche eines Schwarzen Strahlers bei der Temperatur des beim Druck 101.325 kg/m s^2 = 760 mm Hg erstarrenden Platins senkrecht zu seiner Oberfläche leuchtet; 1 Mol (mol) ist die Stoffmenge eines Systems bestimmter Zusammensetzung, das aus ebenso vielen Teilchen besteht, wie Atome in 0,012 kg (= 12g) des Nuklids ^{12}C enthalten sind. 10

Sicard-Syndrom (Roger S., Neurol., Paris, 1920) n: Neuralgie mit anfallsweisen Schmerzen im Bereich des → Nervus glossopharyngeus, ausgelöst durch Schluck-, Eß- und Gähnbewegungen. Dadurch sekundär Unterernährung, Sprach- und Geschmacksstörungen. Extrem selten. Vgl. Styloidsyndrom, Neuralgie. 2

Sicca-Syndrom n: → *Sjögren*-Syndrom. 2

Sichel|messer: → Tenotom. 2

Sichel|zahn: oberer Schneidezahn mit kuhhornartiger, am Zahnhals beginnender Abknickung der Wurzel in labialer Richtung. Ätiologisch werden Keimstauchung durch zentrale → Luxation des Milchzahnes und primäre Keimverlagerung diskutiert. 1, 30

Sichel|zell|an|ämie f: symptomat. hämolyt. → Anämie. meist bei Negriden, auch im östlichen Mittelmeergebiet. 20

Sicherstellungs|auftrag: Aufgabe der → Kassenzahnärztlichen Vereinigung, die darin besteht, die Versorgung der sozialversicherten Patienten sicherzustellen. Umfaßt die Sorge dafür, daß den Versicherten in zumutbarer Entfernung unter Berücksichtigung des jeweiligen Standes der medizinischen Wissenschaft und Technik ausreichend zugelassene Zahnärzte zur Verfügung stehen. Der S. enthält dagegen nicht die Verpflichtung, die vertragszahnärztliche Versorgung selbst auszuführen. 24

Sidero|penie f: Eisenmangel im Organismus, der sich vor allem auf die Erythrozyten auswirkt. → Eisenmangelanämie. 20

Siderose f: Eisenablagerung im Gewebe. 20

Sieb|bein: → Os ethmoidale. 9

Sieb|bein|entzündung: Sinusitis ethmoidalis; selten isoliert auftretende Entzündung der Siebbeinzellen. Symptome: Schmerzen und Schwellung im inneren Augenwinkel; Sicherung der Diagnose durch Sonogramm oder Röntgenaufnahme; Therapie: abschwellende Nasentropfen, Wärme, Antibiotika, bei Komplikationen → Siebbeinoperation. 19

Sieb|bein|operation f: Ausräumung der erkrankten Schleimhaut aus dem Siebbeinlabyrinth. Operatives Vorgehen abgestuft, je nach Ausgangsbefund, der klinisch und computertomographisch in 2 Ebenen axial und koronar festgelegt wird. Endonasale S.: Eröffnung des Infundibulum ethmoidale und Ausräumung der vorderen Siebbeinzellen mit Erweiterung der Nebenhöhlenausführungsgänge unter Benutzung des Operationsmikroskopes und/oder von speziellen Optiken. Auf diesem Weg auch Ausräumung des Siebbeins möglich. Komplikationen: Verletzung des Orbitainhalts und der Dura. - Transmaxilläre S. bei gleichzeitiger → Kieferhöhlenoperation. Zugang in das Siebbein durch die Kieferhöhle möglich. Gute Übersicht. - S. von außen: Schnitt im medialen Augenwinkel. Eröffnen des Siebbeins. Ausräumung der erkrankten Zellen. Sicherstes Vorgehen, da tangential zu Schädelbasis und Orbita gearbeitet wird. Bevorzugter Zugang bei frontobasalen Frakturen, Siebbeinerkrankungen mit Komplikationen, Tumoren. 19

Sieb|bein|zellen f pl: mit Schleimhaut ausgekleidete Hohlräume, die untereinander und mit der Nasenhöhle in Verbindung stehen (Sinus ethmoidales) (Abb. → Kieferhöhle). 9

Siegel|ring|zellen f pl: durch Schleimansammlung aufgetriebene Zellen mit randständigem Kern bei Gallertkrebs (v.a. des Darmes: Siegelringkarzinom). 32

SI-Einheiten, abgeleitete: SI-Maßeinheiten (s. Tab.), die sich auf die sieben SI-Basiseinheiten

Größe	Name	Abgeleitete SI-Einheit; derived SI unit; unité SI dérivée		
		Einheitenzeichen	ausgedrückt in Basiseinheiten	ausgedrückt in anderen SI-Einheiten
Frequenz	Hertz	Hz	s^{-1}	
Kraft	Newton	N	$m \cdot kg \cdot s^{-2}$	J/m
Druck	Pascal	Pa	$m^{-1} \cdot kg \cdot s^{-2}$	N/m^2
Energie, Arbeit, Wärmemenge	Joule	J	$m^2 \cdot kg \cdot s^{-2}$	$N \cdot m$
Leistung	Watt	W	$m^2 \cdot kg \cdot s^{-3}$	J/s
elektr. Ladung	Coulomb	C	$s \cdot A$	$A \cdot s$
elektr. Potential	Volt	V	$m^2 \cdot kg \cdot s^{-3} \cdot A$	W/A
elektr. Kapazität	Farad	F	$m^2 \cdot kg^{-1} \cdot s^4 \cdot A^2$	C/V
elektr. Widerstand	Ohm	Ω	$m^{-2} \cdot kg \cdot s^{-3} \cdot A^2$	V/A

beziehen bzw. von ihnen abgeleitet sind → SI-System; → SI-Basiseinheiten. [10]

Siemons-Aktivator m: Modifikation des → Aktivators. Eine spezielle transversale → Dehnschraube ermöglicht die aktive Erweiterung des Oberkieferzahnbogens im Rahmen einer funktionskieferorth. Behandlung. Vgl. Funktionskieferorthopädie. [5]

Sievert: Abk. Sv; radiol. SI-Einheit der → Äquivalentdosis, 1 Sv = 1 J/kg, alte Einheit: → Rem. In der Strahlenschutzdosimetrie für Röntgen- und Gammastrahlen gilt 1 Sv = 100 R. [14]

Sigma (gr.) n: der S-förmig gekrümmte Teil des Dickdarms, Colon sigmoideum. [9]

Sigmatismus m: fehlerhafte Aussprache der Zischlaute, vor allem des S und seiner phonetischen Verwandten. Bei den Sigmatismen unterscheidet man: 1. S. labiodentalis, f-ähnliches Lispeln, das zwischen Unterlippe und oberen Schneidezähnen entsteht; 2. S. interdentalis, bei dem die zwischen die Zähne vorgestreckte Zungenspitze ein dem engl. th ähnliches, stumpfes Lispeln erzeugt; 3. S. adentalis mit dumpfem sch-ähnlichem Klang des S-Lautes, der durch Anpressen der Zunge an die Hinterfläche der oberen Schneidezähne hervorgerufen wird; 4. S. stridens, bei dem infolge nicht konzentrierter Luftstromreibung ein häßliches scharfes und hohes Pfeifen oder ein stumpfklingender S-Laut entsteht; 5. S. lateralis bzw. bilateralis, bei dem sich die Zunge nur auf einer Seite bzw. auf einer Seite mehr als auf der anderen hebt und einseitig den Seitenzähnen anlegt, wodurch auf der anderen Seite die Luft in die Backentasche abfließt und dort das typische „Hölzeln“, ein schlürfendes Rascheln, erzeugt; gleitet hierbei die Luft statt über die Zungenoberfläche auf der Unterseite derselben ab, so entsteht eine sehr spezifische Variante, der S. lateralis sublingualis; 6. S. lateroflexus, Störungsbild wie bei inter- oder adentalen Sigmatismen, wobei die Zungenspitze nach rechts oder links von der Mittellinie abweicht und damit den Luftstrahl seitlich abdrängt; 7. S. palatalis, ein reibendes oder rauschendes, dem ch oder sch ähnliches, zwischen Zunge und hartem Gaumen entstehendes Geräusch; 8. S. nasalis, bei dem die richtige Bildung des S-Lautes durch ein nasales Blasen unter Mundverschluß ersetzt wird oder eine richtige Bildung des S-Lautes nasalen Beiklang zeigt; 9. S. velaris, bei dem infolge ungenügenden Abschlusses der Mundhöhle vom Nasen-Rachen-Raum die Luft unter Erzeugung eines in der Öffnung zwischen Gaumensegel und Rachenwand entstehenden schnarchenden Geräusches ausschließlich durch die Nase oder durch Nase und Mund entweicht; 10. S. pharyngealis, bei dem die entweichende Luft ein reibendes Geräusch zwischen Zungengrund und Rachenwand hervorruft; 11. S. laryngealis, bei dem durch die Adduktion der Stimmlippen ein Fauchgeräusch im Kehlkopf hervorgebracht wird. Vgl. Parasigmatismus. [19]

Signifikanz (lat.) f: in der → Statistik verwendete Bezeichnung für die Wahrscheinlichkeit oder Sicherheit, daß Unterschiede zwischen zwei → Stichproben nicht zufällig, sondern kennzeichnend (signifikant) sind. [26]

Signifikanz|niveau n: Schwellenwert für die → Irrtumswahrscheinlichkeit. Vgl. Signifikanz. [26]

Signifikanz|test m: Test zur Ermittlung der → Irrtumswahrscheinlichkeit. Er sollte schon in der Planungsphase einer Studie festgelegt werden. Dies gilt ebenfalls für das → Signifikanzniveau. [26]

Signum canini (lat.) n: → Eckzahnzeichen. [1]

Silanisierung f: Reaktion des Füllstoffes von → Komposits mit Silanen (siliziumorganischen Verbindungen) zur Bindungsvermittlung zwischen diesen und den Polymeren der Komposits. [4]

Silber: chem. Element, Ordnungszahl 47, Symbol Ag (Argentum), Atomgewicht 107,8. Schmelzpunkt 961 °C. Weißes, sehr dehnbares Metall, nicht mundbeständig wegen seiner Neigung, sich mit Schwefelwasserstoff zu schwarzem Schwefelsilber zu verbinden. Löslich in Salpetersäure und konzentrierter Schwefelsäure. In der Zhk. zur Herstellung von Amalgamen und Wurzelkanalstiften verwandt. Vgl. oligodynamische Wirkung. Pharm.: → Argentum. [23]

Silber|amalgam n: → Amalgam. [1]

Silber|nitrat n: Argentum nitricum, $AgNO_3$, Höllenstein oder Lapis infernalis; entsteht durch Lösung von Silber in Salpetersäure und Abdampfen der Flüssigkeit. In Stangen gepreßt als Ätzmittel bei wuchernden Granulationen, Warzen u.ä. Auch zur Ätzung empfindlicher Zahnhälse, die es schwarz färbt. [23]

Silber|nitrat|imprägnierung: kariostatisch wirkende Maßnahme bei Milchzähnen, Notlösung bei flächenhafter Karies, wenn Therapie mit Füllungen oder Stahlkronen nicht möglich ist. Kariöses Dentin wird zunächst mit 50%iger ammoniakalischer Silbernitratlösung (nach *Howe*), danach mit einem Reduktionsmittel (z.B. Entwicklerlösung) touchiert. Durch Ausfällung von Silber entsteht eine Schwarzfärbung. [29]

Silber|stifte: genormte Stifte verschiedener Stärke. Dienen bei der → Wurzelfüllung durch Einpressen zur Verdichtung des Wurzelfüllungsmaterials. → Silber. 1

Silikat|zemente m pl: → Zemente. 1

Silikone pl: Polyorganosiloxane; polymere Verbindungen, in denen Siliziumatome über Sauerstoffatome verknüpft sind und die anderen Valenzen des Siliziums durch organ. Gruppen abgesättigt sind (Abb.). Die S. nehmen eine Zwischenstellung zwischen anorgan. und organ. Verbindungen ein. Es werden S.-Öle, S.-Harze und S.-Kautschuk unterschieden, die aus verschiedenen Methylchlorsilanen durch Hydrolyse und Kondensation entstehen. Der S.-Kautschuk wird durch Erhitzen (mit Peroxid) oder kalt durch

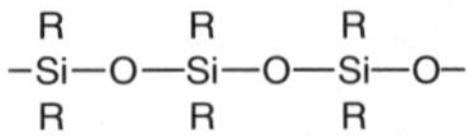

Strukturformel der Silikone

Zusätze von Äthylsilikat und organ. Zinnverbindungen (Zinnoktoat oder Dibutyl-Zinndilaurat) zu einem Gummi vernetzt, der als Abformmasse verwendet wird. Vgl. Elastomere. 4

Silikose f: Stein-, Quarzstaublunge. Häufigste der Pneumokoniosen, ausgelöst durch Inhalation von kristallinem → Siliziumdioxid in Form von Quarzstaub unter Berücksichtigung von Partikelgröße, Dauer und Intensität der Einwirkung. Ausbildung progredienter fibröser Knötchen und Schwielen im Lungengewebe mit Verringerung der Atemfläche, → Dyspnoe und Cor pulmonale; häufig Vergesellschaftung mit Tuberkulose als Silikotuberkulose. Schleichender Beginn. Entscheidend sind Prophylaxe durch entsprechende Arbeitsschutzmaßnahmen und regelmäßige Kontrolluntersuchung bei entsprechender Staubexposition. Melde- und entschädigungspflichtige Berufskrankheit. 34

Silizium n: nichtmetallisches Element, Symbol Si, Ordnungszahl 14, Atomgewicht 28,09. Nach Sauerstoff das in der Erdrinde am meisten verbreitete Element. Kommt in der Natur nur in Form von Verbindungen vor, und zwar vorwiegend solchen, die sich vom → Siliziumdioxid ableiten. 23

Silizium|dioxid n: SiO_2, Kieselsäure; kommt in der Natur in 3 Kristallarten vor, von denen der → Quarz die wichtigste ist, sowie in amorpher Form als Opal und als Kieselgur (→ Diatomeenerde). Die Verbindungen des SiO_2 mit basischen Oxiden heißen Silikate. 1, 23

Silizium|karbid n: → Karborund. 4

Simmonds-Kach|exie (Morris S., Pathol., Hamburg, *1855, † 1925) f: Hypophysenvorderlappeninsuffizienz als Folge einer Hypophysenzerstörung oder ihrer Verbindung mit dem Gehirn. Dadurch Rückgang der Tätigkeit der Geschlechtsdrüsen, der Schilddrüse und der Nebennierenrinde auf minimale Restfunktionen. U.U. finale kachektische Abmagerung. Symptome: Teilnahmslosigkeit, Bewegungsarmut, intellektuelle Verflachung, Neigung zu hypotonen, hypoglykämischen und hypothermen Reaktionen. Ursachen: postpartuale Hypophysennekrose, Tumor, Zysten, Tuberkulose, Lues, Riesenzellengranulom der Hypophyse. Oft schwierige Abgrenzbarkeit gegenüber der endogenen Magersucht und anderen psychosomatisch ausgelösten, dienzephal bedingten Nahrungstriebstörungen, z.B. → Anorexia nervosa. 20

Simonsiella f: Gattung der Ordnung Cytophagales. Bilden vielzellige Verbände (Trichome) von wespenleibartigem Aussehen, die sich auf Oberflächen gleitend fortbewegen. Finden sich im Verdauungstrakt von Tieren und in der Mundhöhle der Menschen, bei oralen Infekten vermindert. Zwei Arten: S. muellerii, S. crassa. 8

Simon-System (Paul Wilhelm S., Orthod., Berlin, Konstanz, *1883, † 1957) n: vollständiges System für die kieferorth. Befunderhebung und Therapie (mit festsitzenden Apparaturen), gilt heute als veraltet. Vgl. Faltapparatur, Federbalkenapparat, Fotostat, Gnathostat, Orbital-Eckzahn-Gesetz. 5

Simplex-Artikulator m: → Mittelwertartikulator nach *Gysi* (1912) mit fixierter Gelenkbahnneigung (33°) und starrer Führung des → Schneidezahnführungsstiftes, 1916 auch mit Anwendung eines → Gesichtsbogens. Vgl. *Gysi*-Artikulator. 4

Simplizi|dentaten m pl: Säugetiere, die im Oberkiefer nur einen 1. Schneidezahn besitzen, z.B. Seekühe, Elefanten, Nagetiere. 30

Simulation (lat.) f: Verstellung, Vortäuschung, vorwiegend von körperlichen oder geistigen Krankheiten. Nicht zu verwechseln mit → Hypochondrie. 33

Simulator (lat.) m: → simulieren. 4

simulieren: das Nachahmen von physikalisch-technischen (z.B. Flugsimulator) und physiologisch-funktionellen (z.B. → Artikulator) Vorgängen. 4

Simultan|impfung: gleichzeitig erfolgende aktive und passive → Immunisierung, um einen sofortigen und einen langanhaltenden Schutz zu erzielen. 8

singulärer Ant|agonismus m: → Antagonismus, singulärer. 5

Singultus (lat.) m: Schluckauf, Schlucken; Einatmungsgeräusch, entstanden durch krampfartige Zusammenziehung des Zwerchfells mit nachfolgendem Verschluß der Stimmritze. [34]

sino|bronchiales Syndrom n: gemeinsames Vorkommen von mehr oder weniger chron. Bronchitis und chron. Entzündung einer oder mehrerer Nasennebenhöhlen. Pathogenese: chron. Nasennebenhöhlenaffektionen als Ausgangspunkt chron. unspezifischer Lungenerkrankungen. Symptome: 1. chron. hartnäckiger Husten in den frühen Morgenstunden; 2. chron. schleimig-eitrige Sinusitis mit Schleimeiterstraße im Rachen; 3. exsudativ-lymphatische Diathese mit adenoiden Wucherungen; 4. Kopfschmerzen und Minderung der Hörfähigkeit. [20]

Sinterung: techn. Verdichtung eines keramischen oder metallischen Rohstoffes durch Brennen, zusätzlich kann hoher Druck aufgebracht werden. → Hartmetalle. [4]

Sinus (lat.) m: Hohlraum. Der Begriff wird in der Anatomie mit vielfacher Bedeutung verwendet: 1. lufthaltige Räume in Verbindung mit der Nasenhöhle. S. frontalis = Stirnhöhle, S. maxillaris = Kieferhöhle, S. sphenoidalis = Keilbeinhöhle; 2. venenartige Rückflußblutgefäße in der Schädelhöhle (S. durae matris). Dazu rechnen S. cavernosus, S. petrosi superior et inferior, S. rectus, S. sagittales superior et inferior, S. sigmoideus, und S. transversus; 3. Räume, durch die die Lymphe fließen kann (im Lymphknoten); 4. örtliche Erweiterung eines Blutgefäßes (S. caroticus). [9]

Sinus cervicalis m: aus der 3. bis 4. → Kiemenfurche vorübergehend entstehende Einsenkung durch Überwachsen des 2. → Kiemenbogens. [22]

Sinusitis (lat.) f: Nasennebenhöhlenentzündung; akute oder chronische Entzündung einer Nasennebenhöhle nach rhinogener, hämatogener oder odontogener Infektion. S. ethmoidalis: → Siebbeinentzündung; S. frontalis: → Stirnhöhlenentzündung; S. maxillaris: → Kieferhöhlenentzündung; S. sphenoidalis: → Keilbeinhöhlenentzündung. [19]

Sinus|knoten: → Reizleitungssystem des Herzens. [10]

Sinu|skopie f: Antroskopie; endoskopische Besichtigung der Kieferhöhle (Sinus maxillaris) mit Spezialgerät (Endoskop) nach → Punktion in Lokalanästhesie vom unteren Nasengang oder vom Mundvorhof aus in der Gegend der Fossa canina. → Endoskopie. [2]

Sinus-lift-Operation f: vorbereitende Maßnahme zur Schaffung eines suffizienten → Implantatlagers für die Insertion enossaler Implantate (→ Implantat, enossales) im Bereich der Oberkiefer-Molaren und -Prämolaren. Über ein Kieferhöhlenfenster wird nach Elevation der Antrumschleimhaut der Kieferhöhlenboden mit autologem Knochen oder mit → Hydroxylapatitkeramik in Block- oder Granulatform aufgefüllt, so daß ein ausreichend hohes Implantatlager entsteht. [18]

Sinus|thrombose f: Gerinnung des Blutes in einem Hirnsinus, von entzündlichen Prozessen des Kiefers ausgehend meist als Thrombophlebitis des Sinus cavernosus, auch bei Herzschwäche. → Sinus. [20]

SI-System n: Internationales System der Einheiten (SI = **S**ystème **I**nternational d'Unités). Seit 1977 in der Bundesrepublik gesetzlich vorgeschriebene Maßeinheiten. → SI-Basiseinheiten; → SI-Einheiten, abgeleitete. [10]

Situations|abdruck: gibt im Ruhestand der beweglichen Schleimhäute die anatomisch-topographischen Verhältnisse von Kiefer und Zahnoberfläche wieder und dient zur Herstellung von Studienmodellen (Planung, Einschleifen), Arbeitsmodellen, → Funktionslöffeln und Provisorien. [4]

Situations|modell n: Kontrollmodell; (Hart-) Gipsmodelle von Ober- und Unterkiefer, die in nach → Raphe-Median-Ebene, → Okklusionsebene und → Tuberebene orientierten Gipssockeln eingebettet sind. Das S. gibt in der Kieferorth. als Anfangs-, Zwischen- und Endmodell den Verlauf der Behandlung und sein Ergebnis wieder. Vgl. Sockelformer. [5]

Situations|naht: provisorische Naht, um die getrennten Teile in ihrer richtigen Lage (Situation) zu erhalten. [2]

Situs (lat.) m: Lage. Anat.: **1.** die natürliche Lage eines Organs zu seiner Umgebung; in situ = in der normalen Lage. **2.** im allgemeinen jeder der mit Eingeweiden gefüllten Räume Thorax, Abdomen, Becken. [9]

Situs inversus m: Umkehrung der natürlichen Lage der Organe. [9]

Sjögren-Syndrom (Hendrik C. S. S., Ophth., Jönköping, *1933) n: ätiologisch ungeklärte Allgemeinerkrankung, die sich vor allem in Trokkenheit aller Schleimhäute mit Entzündungsvorgängen infolge Versiegens der Speichel- und Tränendrüsen bei rezidivierender Schwellung, als weitere Folge in Heiserkeit, → Schluckbeschwerden, Brennen in Mund und Rachen, Faulecken und Keratokonjunktivitis äußert. Plattenprothesen werden oft nicht vertragen. Außerdem Hautatrophie, chron. Polyarthritis, hypochrome Anämie, oft auch subfebrile Temperaturen. Wird dem rheumatischen Formenkreis zugerechnet. Vorwiegend bei Frauen im → Klimakterium. Symptomatische Therapie: den Speichelfluß anregende Mittel, Vit.-B-Komplex (→ Vitamine). 20, 27

Skabies (lat.) f: Krätze, juckende, leicht übertragbare, durch Milben verursachte Hauterkrankung mit bevorzugtem Befall der Rumpf- und Bauchhaut, der Achselfalten, der Armbeugeseiten, der Handgelenke und Finger, der Genitalien, wo sich blaßrote Knötchen, Bläschen und 1-10 mm lange winklig-zackige Gänge (Milbengänge) zeigen. Hinweisend die ausgesprochene Verstärkung des Juckreizes durch Bettwärme. 12

Skalen|instrumente n pl: → Wurzelkanalinstrumente. 1

Skalpell (lat.) n: chirurg. Messer mit feststehender Klinge (Abb.). 2

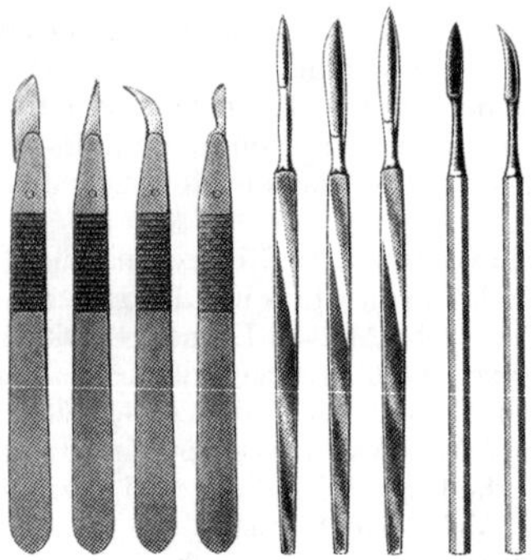

Gebräuchliche Skalpellformen

skandierende Sprache: langsame, abgehackte, buchstabierende Sprache, bei zentralnervösen Störungen. 20

Skarifizieren: Maßnahme, mittels der man entzündetem oder gestautem Gewebe durch Stichelung und kleine, oberflächliche Einschnitte sowie Ansetzen von Blutegeln Blut bzw. ödematöse Flüssigkeit entzieht. 20

SKD: Abk. für → **S**chneide**k**anten**d**istanz. 4

Skelett (gr.) n: Knochengerippe. 9

Skelett|fluorose f: Verdichtungen der Knochenstruktur, die nach langjähriger (chronischer) überhöhter Aufnahme von Fluoriden (mehr als 10-20 mg pro Tag) auftreten können. Vgl. Dentalfluorose. 15

Skelett|punkte: → Meßpunkte. 5

Sklera (gr.) f: Sclera, Lederhaut des Auges, „das Weiße" im Auge. Bildet mit der durchsichtigen Hornhaut die Kapsel des Augapfels. Vgl. Auge. Blaue Skleren: → Fragilitas ossium hereditaria. 9, 20

Sklero|daktylie f: akrozyanotische (→ Akrozyanose) kühle Finger mit verhärteten geschrumpften Weichteilen (straffe → Atrophie); Endgliedverjüngung (Madonnenfinger), später Fixierung in Beugestellung. Vgl. Sklerodermia circumscripta. 12

Skler|ödem Buschke (Abraham B., Dermat., Berlin, *1868, † 1943) n: seltene Dermatose. Wachsartige elfenbeinfarbene, nicht eindrückbare Verhärtung an Nacken, Rücken, Brust und Armen, die nach Infektionskrankheiten auftreten kann; spontane Rückbildung setzt nach einigen Monaten bis zu mehreren Jahren ein. Lippen- und Zungenschwellung (→ Makroglossie) werden gelegentlich dabei beobachtet. 12

Sklerom (gr.) n: Scleroma; äußerst chron. verlaufende, zur Bildung derber Knoten führende, spezifische Entzündung der oberen Luftwege (Rhino-, Pharyngo-, Laryngo-, Tracheo-Bronchosklerom). Lippen und Gingiva können zu mächtigen, derben Wülsten verbacken; vorwiegend in Osteuropa in Erscheinung tretend. Erreger: Klebsiella rhinoscleromatis, → Kapselbakterien. 34

Sklero|myx|ödem n: großflächige sklerodermiforme Verdickung der Haut unter dem Bilde einer elfenbeinartigen Dickhäutigkeit mit großwulstiger Faltenbildung, Einschränkung der Gesichtsmimik und Beweglichkeit der Hände. Nachweis monoklonaler Paraproteine. 12

Sklerose (gr.) f: krankhafte Verhärtung von Geweben oder Organen als Folge entzündlicher oder degenerativer (dystropher) Geschehen. Histologisch v.a. Vermehrung der kollagenen und retikulären Substanzen. → Encephalomyelitis disseminata. 32

Sklerose, tuberöse f: → Phakomatosen, → Adenoma sebaceum. 12

Sklerosierung f: Verhärtung, Verdichtung. S. von Venen durch Venenverödung mittels Injektion spez. Pharmaka. 32

sklerotisch: verhärtet, mit Sklerose einhergehend. 32

Sklerotom n: Gruppen von Bindegewebszellen, die während der Entwicklungsperiode in je zwei Ursegmente eindringen und das Anlagematerial für die Wirbelsäule bilden. 32

Skoliose (gr.) f: seitliche Verkrümmung der Wirbelsäule. S. des Gesichts: Gesichtsasymmetrie mit Krümmung der Mittellinie, meist infolge → Hemihypertrophia oder Hemiatrophia faciei. 20

Skonto (ital.) m und n: Barzahlungsrabatt. S. kann bei Barzahlung, d.h. unverzüglicher Zahlung (etwa innerhalb von 14 Tagen), gleichgültig ob in bar, durch Überweisung oder Scheck, in Höhe von bis zu 3% gewährt werden. Vgl. Rabatt. [24]

Skorbut m: Scharbock; Vit.-C-Mangelkrankheit. Vorkommen: bei Schiffsbesatzungen und Bewohnern von Heimen, durch Fehlen von Frischgemüse und Vit.-C-Zerstörung durch zu langes Lagern und Kochen, bei Magendarmkranken, die ohne Frischgemüse leben, und bei Alkoholikern. Symptome: Mattigkeit, Muskelschmerzen, Abwehrschwäche, follikuläre Hyperkeratosen, punktförmige Haut- und Unterhautblutungen, → *Rumpel-Leede*-Phänomen positiv; Mundhöhle: Gingivitis mit Verquellung der Interdentalpapillen, dann blaurote, schwammige Schwellung der gesamten Mundschleimhaut, Geschwüre in der Nachbarschaft kariöser Zähne, Zahnlockerung, seltener -ausfall, porotischer Dentinumbau, Beeinträchtigung von Stützgewebe und dessen zellfreier Kittsubstanz durch Blockierung der Skleroproteinsynthese. Therapie: Askorbinsäure (500 mg täglich i.v. für 1 Woche, dann oral weiterbehandeln). Prophylaxe: Frischkost. Kindlicher S.: → *Moeller-Barlow*-Krankheit. [20]

Skotom (gr.) n: partieller Ausfall des Gesichtsfeldes in einem umschriebenen Bezirk, z.B. als zentrales, peripheres, halbmondförmiges oder als Flimmer-S. Bei → Enzephalomyelitis disseminata, → Migräne, aber auch bei → Hysterie. [33]

Skrofulo|derm n: → Tuberculosis cutis colliquativa; erweichende hämato- oder lymphogen entstandene Hauttuberkulose. Mit Bildung blaurötlicher Knoten einhergehende, abszedierende, tuberkulöse Erkrankung des Haut- und Unterhautgewebes, die nach dem Durchbruch des kalten Abszesses zu langdauernder Fistelbildung führt, zumeist am Hals als Folge eingeschmolzener Lymphknoten anzutreffen. An den Schleimhäuten selten, gelegentlich an der Zunge. Heilung unter Bildung charakteristischer Narben. [12]

Skrofulose f: eine bes. Form des Generalisationsstadiums der Tuberkulose. Symptome: rüsselförmige Verlängerung der infolge der chron. Sinusitis entzündeten Oberlippe, schniefende Atmung, Verunstaltung des Halses durch geschwollene Lymphknoten, lichtscheu infolge von Blepharitis, häufig kombiniert mit Keratokonjunktivitis mit Bildung von Phlyktänen (kleine, gelbrötliche Knötchen), Kombination der Facies scrofulosa mit anderen tuberkulösen Symptomen (Tuberkulide, Spina ventosa, Fungus des Kniegelenks). Bes. häufige Entwicklung der S. bei gleichzeitig vorhandenen Milieuschäden (lichtarme, feuchte Wohnung, Vernachlässigung der Pflege), hohe Tuberkulinempfindlichkeit (Hyperergie). [20]

Skrotum (lat.) n: Hodensack. Vgl. Testes. [9]

Sliding flap (engl.) m: → Verschiebelappen. [6]

S-Linie: → *Steiner*-Profillinie. [5]

Slot (engl. Einschnitt, Schlitz) m: Öffnung im → Bracket zur Aufnahme eines Drahtbogens. Die S.s sind je nach Behandlungstechnik genau dimensioniert und ausgerichtet. Vgl. Edgewise-Technik. [5]

Slow viruses (engl.) n pl: → Langsame Viren. [8]

Sluder-Neur|algie (Greenfield S., Laryngol., St. Louis, *1865, † 1925) f: anhaltende Schmerzen am inneren Augenwinkel, im Augapfel, an der Nasenwurzel, im Rachen und im Ohr, die zum Nacken und zu den Schultern ausstrahlen, ausgehend vom → Ganglion pterygopalatinum, das durch fortgeleitete chron. Entzündung der Nasennebenhöhlen gereizt ist. Teilweise auch Hypästhesie des Gaumens, Rachens oder Zahnfleisches des Oberkiefers. Häufig beidseitig. Bereits in der Jugend auftretend. [20]

SmartCard (engl.) f: → Prozessorchipkarte. [26]

Smear|layer (engl.) f: nach der Präparation auf dem Dentin zurückbleibende dünne Schicht, nur mikroskopisch sichtbar. Besteht unabhängig von den verwendeten Schleifkörpern und Drehzahlen aus koaguliertem Eiweiß, Blut- und Speichelrückständen. Notwendigkeit der Entfernung umstritten, da nur mit aggressiven Mitteln möglich (Säuren oder → EDTA) und Schutz der Pulpa durch Verschluß der Dentinkanäle entfällt. [1]

Smog (engl.) m: Wettersituation, insbesondere die Mischung aus Rauch (engl. smoke) und Nebel (engl. fog). Die Situation entsteht, wenn vertikaler Luftaustausch durch tiefliegende Kaltluftschichten gestört ist; Voraussetzung sind Abgase, Staub und Nebel. S. gefährdet das Leben durch SO_2-, CO- und CO_2-Anreicherung der Atemluft. [8]

Sn: chem. Symbol für Stannum, → Zinn. [23]

SNA-Winkel: Sella-Nasion-A-Punkt-Winkel; Winkel aus der → FRS-Analyse. Der S. bezeichnet den Grad der → Prognathie des Oberkiefers. Analoge Messung zum → SNB-Winkel. Bei großen Werten des S.s ist die Lage des Oberkiefers relativ zur vorderen Schädelbasis prognath, bei kleinen Winkelwerten retrognath. [5]

SNB-Winkel: Sella-Nasion-B-Punkt-Winkel; Winkel aus der → FRS-Analyse. Ausdruck der anteroposterioren Lage des Unterkiefers relativ zur vorderen Schädelbasis. Analoge Messung zum → SNA-Winkel, damit Ausdruck der → Prognathie des Unterkiefers. Bei großen Winkelwerten ist der Unterkiefer prognath, bei kleinen Werten retrognath. 5

SN-Ebene: Abk. für Sella-Nasion-Ebene; → *Broadbent*-NS-Ebene, → *Schwarz*-NSe-Ebene. 5

SNGn-Winkel: → Y-Achse. 5

SNMeGo-Winkel: Winkel aus der → FRS-Analyse. Der S. drückt die Neigung des Unterkiefers in bezug auf die vordere Schädelbasis aus. *Schudy* hat die Begriffe posteriore und anteriore Neigung eingeführt. Bei großen Werten des S.s liegt eine posteriore, bei kleinen Werten eine anteriore Neigung vor. Der S. gibt die vertikalen Abweichungen einer → Dysgnathie an. 5

SNPog-Winkel: Sella-Nasion-Pogonion-Winkel; Winkel aus der → FRS-Analyse. Der S. drückt die basale Lage des Unterkiefers aus. Bei ausgeprägtem Kinnvorsprung ist der Unterschied zum → SNB-Winkel groß. 5

Snyder-Test m: Methode zur Bestimmung der Kariesanfälligkeit. Die weitere Säuerung eines sauren Glukoseagars (pH 5,0) nach Beimpfung mit Speichel gilt dabei als Maß des individuellen Säurebildungsvermögens der Speichelmikroben. Prognostischer Wert umstritten. 8

Sockel|former: Rahmen zur Herstellung einheitlicher, der Forderung dreidimensionaler Ausrichtung gerecht werdender Kiefermodelle. Die Modellgrund- und Oberfläche muß der → Okklusionsebene, die Rückfläche der → Tuberebene und die Seitenfläche in ihrer Richtung der → Raphe-Median-Ebene entsprechen. S. wurden u.a. von *Andresen, Brückl, Gerlach, Korkhaus* und *Simon* angegeben. 5

Soda (span.) f, auch n: Natriumkarbonat, Na_2CO_3. 23

Sodbrennen: schmerzhaft brennende Empfindung in Magen und Speiseröhre. Ursachen: Muskelspasmen, Reflux von saurem oder gallehaltigem Duodenalsaft, Begünstigung durch intraabdominelle Drucksteigerung (gebückte Haltung, Adipositas, Gravidität). Abhilfe: Aluminiumhydroxid u.a. Antazida, Vermeiden zu reichhaltiger, voluminöser Mahlzeiten. 20

Sofort|belastung dentaler Implantate: funktionelle Belastung von → Implantaten direkt im Anschluß an die Implantation durch Eingliederung des implantatgetragenen Zahnersatzes. Die S. kann zur bindegewebigen Einscheidung, Lokkerung und zum frühzeitigen Verlust des Implantates führen, weshalb sie heute nur noch bei Verblockung von mindestens 4 Implantaten üblich ist. Vgl. Implantationsverfahren, einphasig/zweiphasig. 18

Sofort|bild|foto|grafie f: Fotografie auf Sofortbildpapierfilm. Erfreut sich im zahnmedizinischen Bereich wegen der sofortigen Verfügbarkeit relativ großer Beliebtheit. Je nach Kameratyp wird auf Zweiblattfilm wie bei der Polaroid CU-5 (Abb.) oder auf Einblattfilm mit

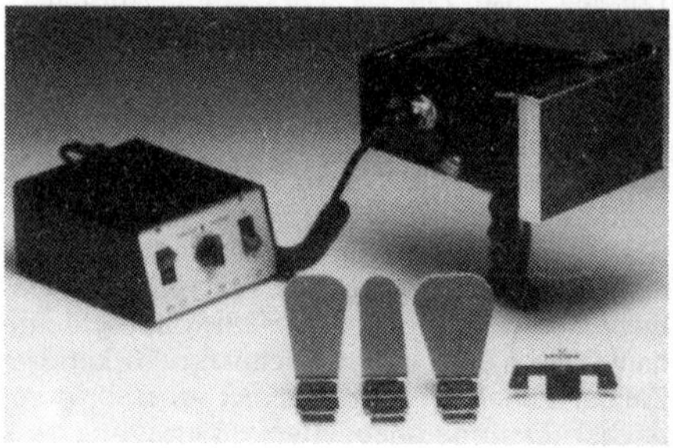

Sofortbildkamera Polaroid CU-5 [19]

integrierter Entwicklung wie bei der Polaroid SX-70 belichtet. Sofortbildfilm ist jedoch, verglichen mit Farbumkehrfilm, weniger vielseitig verwendbar. 17

Sofort|implantation f: Implantat wird sofort nach Zahnverlust oder Zahnentfernung in die vorbereitete Alveole eingepflanzt, z.B. Tübinger Sofortimplantat aus Aluminiumoxidkeramik; vgl. Spätimplantat. 18

Sofort|implantat, verzögertes n: Modifikation der Sofortimplantation. Im Ggs. zur Vorgehensweise bei einer → Sofortimplantation im engeren Sinne wird nach der Zahnextraktion ein Zeitraum von 1 bis 4 Wochen abgewartet, bevor die Implantation erfolgt. Dies dient der Ausheilung akuter Entzündungsprozesse im Bereich der Implantation, um eine höhere Erfolgsrate zu erzielen. 18

Sofort|prothese f: → Immediatprothese. 4

Soft|laser m: überwiegend von Herstellern benutzte Bezeichnung für niedrigenergetische Laser (überwiegend der → Laserklassen I oder II), zur Abgrenzung gegenüber sog. → Midlasern und → Hardlasern. 31

Solidifikation (lat.) f: Verdichtung, Erstarrung. 23

Solidus|kurve f: → Legierung. 4

solitär (lat.): vereinzelt, einzeln. 34

Sollux|lampe®: elektrische Lampe mit bes. Bestrahlungskörper, der vor allem rote und ultrarote Strahlen aussendet. Wärmequelle, die nach etwa 30 min starke Hyperämie erzeugt. 12

Soll|wert: der den vorliegenden Schneidezahnbreiten (→ SI) entsprechende Durchschnittswert des *Pont*-Index beim Normgebiß. Ggs.: Istwert, Istbreite = tatsächlich vorhandener Wert. 34

Solvatation (lat.) f: kolloidchem. Lösungsvorgang, bei dem feinste Festkörperteilchen vom Lösungsmittel umhüllt werden. [23]
Somatisierung: Projektion von neurotischen Störungen oder Konflikten in bestimmte Organsysteme, z.B. Herz-Kreislauf-System, Abdominalregion u.a. [33]
somatogen: körperlich bedingt, im Gegensatz zu psychogen. [33]
Somato|tropin n: somatotropes Hormon (STH); Wachstumshormon, → Hypophyse. [10]
Somit (gr.) m: embryol. Ursegment, paarig beiderseits des → Neuralrohrs angelegte segmentale Mesodermverdickungen, bestehend aus Dermatom, → Myotom und → Sklerotom, aus denen sich die Haut und Teile der Skelettmuskulatur und des passiven Bewegungsapparates des Körperstammes entwickeln. Dienen auch zur Altersbestimmung der Embryonen dieser Entwicklungsphase. [22]
Sommer|cheilitis f: → Cheilitis exfoliativa chronica actinica. [12]
Sommer|sprossen: → Epheliden. [12]
Somnolenz (lat.) f: Bewußtseinsstörung, bei der der Patient leicht erweckbar ist, aber selbst während der Untersuchung leicht wieder einschläft. Zeitlicher Ablauf und Exaktheit von Reizaufnahme und -antwort sind deutlich beeinträchtigt. Geforderte Leistungen werden mit Verzögerung erbracht. Vgl. Sopor, Koma. [16, 33]
Sonde (frz.) f: dünnes oder röhrenförmiges Instrument, meist mit Knopfenden, zum Einführen in Körperhöhlen und Körpergewebe zu diagnostischen und therapeutischen Zwecken, z.B. Magen- und Darmsonden. Die zahnärztl. S.n zur Feststellung der Karies sind sehr fein auslaufende spitze Instrumente. Zum Sondieren von Fistelgängen, Zahnfleischtaschen und Wunden sowie Hohlräumen werden biegsame Knopfsonden, auch aus Silber, benutzt. Außerdem finden Myrtenblattsonden mit einem entsprechend geformten Blech und röhrenförmige Hohlsonden Verwendung. [2]
Sonnen|stich: Überwärmung des Organismus durch direkte Wärmeeinwirkung auf den Kopf. Pathologisch-anatomisch handelt es sich um eine örtliche oder allg. hämorrhagische Enzephalitis mit Hirnschwellung. Symptome: Kopfschmerzen, Übelkeit, komatöse, delirante, epileptische Störungen. Therapie: Schutz vor weiterer Bestrahlung, Kortisonpräparate in hoher Dosierung. Vgl. Hitzschlag. [20]
Sonntags|biß: → Doppelbiß. [5]
Sono|graphie f: Echographie; Verfahren der Ultraschalldiagnostik, bei dem ein Bild mit Hilfe von → Ultraschall nach dem Echoprinzip mit Schallwellen von 1-10 MHz erzeugt wird: 1. A-Scan: zeitl. Amplitudenmodulation, Beurteilung der Echointensität und -konfiguration; 2. TM-Scan: Weg-Zeit-abhängige Echoregistrierung für bewegliche Grenzflächen; 3. B-Scan: zweidimensionale Schnittbildmethode. Vgl. Echokardiogramm. [2, 14]
sonor (lat.): volltönend, normale Schallqualität bei der Auskultation der Lunge. [20]
Soor m: Mehlmund; Hefepilzinfektion. Erreger: → Candida albicans. Es handelt sich um weißliche, fleckenartige und zu größeren Herden zusammenfließende, mehr oder weniger festhaftende Beläge der Mundschleimhaut (Abb.), vorwiegend bei Säuglingen oder bei Erwachsenen mit verminderter Abwehrkraft (Tbc., Typhus,

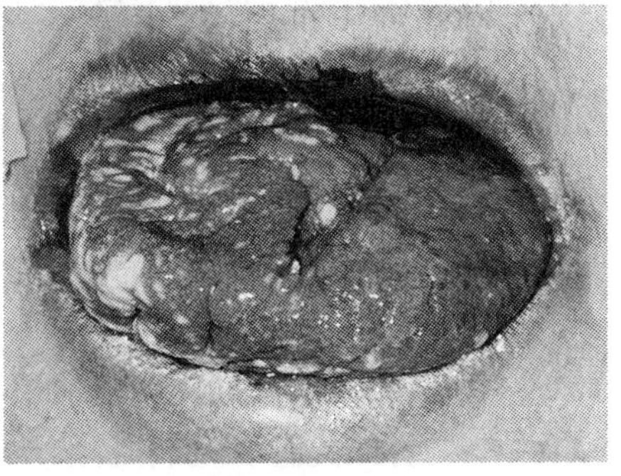

Soor. Feiner, blauweißlicher Belag, ablösbar, dabei teilweise Blutung [19]

AIDS, Karzinom, Gravidität, unter Ovulationshemmern, Kortikoiden, bei Diabetes). An der äußeren Haut, vorwiegend in Hautfalten, auftretend, mit eitrigen Bläschen, Entzündung und feuchter Schuppung. Wiederholt wurde unter Penizillin u.a. Antibiotika Generalisation beobachtet. Therapie: Anilinfarbstoffe, → Nystatin (Moronal®), Clotrimazol (Canesten®). Vgl. Intertrigo. [11, 12]
Sopor (lat.) m: Bewußtseinszustand mit dem Unvermögen, Reize zu perzipieren und zusammenhängende Reaktionen auszuführen. Bei stärksten Schmerzreizen kann der Patient kurzfristig erweckt werden. Vgl. Somnolenz, Bewußtseinsstörungen, Sopor. [16, 33]
Sorbit m: sechswertiger Zuckeralkohol, etwa halb so süß wie Rübenzucker, als Sionon süßschmeckender Zuckerersatz für Diabetiker, kaum kariogen. Vgl. Xylit. [1]
Soziabilität f: Fähigkeit eines Individuums zu

sozialer Integration. Adj.: soziabel. Vgl. Rehabilitation. 27

sozial (lat.): die Gemeinschaft (Gesellschaft) betreffend. 27

Sozial|gericht: besonderer Zweig der Verwaltungsgerichtsbarkeit. Das S. entscheidet über öffentlich-rechtliche Streitigkeiten in Angelegenheiten der Sozialversicherung, der Arbeitslosenversicherung und der übrigen Aufgaben der Bundesanstalt für Arbeit sowie der Kriegsopferversorgung, außerdem über die Angelegenheiten des Kassenarztrechts und öffentlich-rechtliche Streitigkeiten aufgrund des Lohnfortzahlungsgesetzes. Darüber hinaus hat das S. besonders bezeichnete Aufgaben, geregelt im → Sozialgerichtsgesetz. 24

Sozial|gerichts|gesetz: Abk. SGG; vom 3.9.1953 (BGBl I S. 1239, 1326), gültig in der Fassung der Bekanntmachung vom 23.9.1975 (BGBl I S. 2535); Gesetz, das das Verfahren vor den Sozialgerichten und deren Zuständigkeit regelt. 24

Sozial|gesetz|buch: Abk. SGB; Kodifikation des Sozialrechts. Regelt den Anspruch auf Sozialleistungen, die Organisation der Leistungsträger, das Leistungsrecht sowie das Verwaltungsverfahren. Verfahren im Rahmen des Kassenarztrechts richten sich nach dem SGB. Im SGB V ist die gesamte gesetzliche Krankenversicherung geregelt. 24

Sozial|medizin f: Fachgebiet der modernen Medizin, das soziale Einflüsse als Ursachen von Krankheit, Invalidität und Tod untersucht. Die S. verbindet die spezifischen Methoden der medizinischen Fächer mit denen der Gesellschaftswissenschaften. Sie stützt sich vorwiegend auf die Auswertung epidemiolog. Parameter (Häufigkeitsverteilung, Krankheitsverlauf) in bestimmten Bevölkerungsanteilen und erforscht die sozialen Auswirkungen von Krankheiten auf die gesellschaftliche Integration von Patienten. 27

Sozial|therapie f: Komplex medizin.-psychotherapeut. Behandlungen und flankierender sozialer Maßnahmen mit dem Ziel der (Re-)Sozialisation von Gefährdeten oder sozial Schwachen. Hauptpfeiler der S. sind milieu- und gruppentherapeut. Methoden der Psychologie und Psychiatrie. Vgl. Rehabilitation, Verwahrlosung. 27

Soziatrik f: nicht therapieorientierte Richtung der Psychiatrie, die individuell oder gruppenbezogen Kausalzusammenhänge zwischen Entstehung und Verlauf geistiger Störungen und soziokulturellen Faktoren erforscht. 27

Sozietät f: Zusammenschluß mehrerer Berufsangehöriger zur gemeinschaftlichen Berufsausübung. Kann bei Zahnärzten in Form einer → Gemeinschaftspraxis oder der → Praxisgemeinschaft erfolgen. 24

Sozio|genese f: im gesellschaftlichen Umfeld begründete Entstehung einer Krankheit und ihr Verlauf. 27

Soziose f: aus der sozialen Situation resultierende Krankheit. Vgl. Sozialmedizin. 27

Spalt|bildungen: Offenbleiben bestimmter embryonaler bzw. fetaler Furchen und Spalten am Körper über die Geburt hinaus. → Gesichtsspalten, → Spina bifida, → Meningozele. 3

Spalt|haut|lappen: Split-skin graft, *Blair-Brown*-Lappen; Hautlappen zur freien Hauttransplantation, dessen Dicke sich zwischen → *Thiersch*-Plastik und → *Wolfe-Krause*-Lappen bewegt. Der mit dem → Dermatom durchgeführte Schnitt verläuft innerhalb der Epidermis und spaltet diese somit. 2

Spalt|korrosion f: Korrosionsform in schlecht belüfteten Verengungen, durch Überproduktion an Säuren kommt es zur Auflösung des Metalles. Vgl. Korrosion. 4

Spalt|pilze: → Bakterien. 8

Spalt|räume des Kopfes und Halses: Spatien an Kopf und Hals, in denen sich pyogene dentogene Infektionen ausbreiten können (Abb.). 30

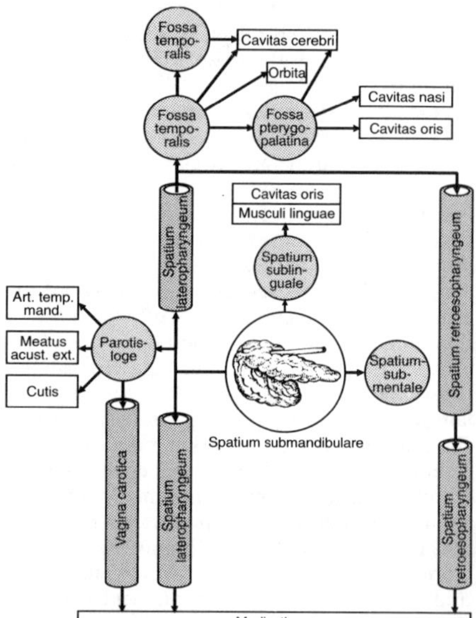

[7]

Spalt|zunge: → Glossoschisis. 3

Spann|gummi: → Kofferdam. [1]

Spannungs|optik f: Verfahren zur Sichtbarmachung mechanischer Spannungen. Man bedient sich dabei transparenter Kunststoffmodelle, die, durch ein → Polarisationsfilter betrachtet oder fotografiert, im polarisierten Durchlicht farbige Spannungslinien zeigen, die infolge einer Doppelbrechung zustande kommen. Von Bedeutung sind spannungsoptische Untersuchungen bei Belastungs- und Formuntersuchungen, z.B. bei Implantaten, Zahnersatz, Wurzelschraubensystemen u.ä. [17]

Spannungsreihe (der Metalle): *Volt*asche Spannungsreihe (*Alessandro V.*, ital. Phys., *1745, † 1827); Anordnung der Metalle in der Reihenfolge ihrer Löslichkeit (Lösungstension) in wässriger Lösung (Elektrolyten): Li/K/Ca/Na/Mg/Al/Mn/Zn/Cr/Fe/Cd/Co/Ni/Sn/Pb/Cu/Ag/Hg/Au/Pt. Nach rechts in der Reihe nimmt die Lösungstension ab, in einem galvanischen Element (Korrosionselement; Korrosionspotential) stellt ein Metall gegenüber jedem anderen, links von ihm in der Reihe stehenden, den positiven Pol dar. Je weiter entfernt voneinander zwei Metalle in der S. sind, um so größer ist die elektrische Spannung, wenn sie ein galvanisches Element bilden. Vgl. Korrosion. [10]

Spann|weite: → Variationsbreite. [26]

Spar|gold: Legierung, bestehend aus etwas mehr als 50% Gold, bis 10% → Palladium, Rest Silber und Kupfer. [4]

Spasmo|philie f: krankhafter, dem frühen Kindesalter eigentümlicher (etwa in der 6.-8. Lebenswoche auftretender) Zustand der Übererregbarkeit des Nervensystems. Dieser kann auch latent vorhanden sein und wird oft erst im Stadium der Manifestation am Auftreten von Krämpfen erkannt (manifeste S.: → Tetanie). Störung im Mineralstoffwechsel: Verminderung der Ca-Ionen im Blut, Vermehrung der Phosphationen, Stoffwechselrichtung alkalotisch. Auftreten der Krankheit ist zumeist an eine bestimmte Heilphase der → Rachitis gebunden. Nachweis der latenten S.: → *Erb*-Zeichen, → *Chvostek*-Zeichen, → Peroneusphänomen, → *Trosseau*-Zeichen. Manifeste S.: Laryngospasmus, tonisch-klonische Krämpfe, Tetaniegesicht, Herztetanie, Bronchotetanie. Die der S. zugrundeliegende Rachitis wird für die Entstehung von Schmelzhypoplasien verantwortlich gemacht. [20]

Spasmus (gr.) m: unwillkürliche, tonischkrampfhafte Muskelkontraktion, bes. von Gefäß-, Darm- oder Bronchialmuskulatur. S. facialis: Tic convulsif (→ Tic). S. glottidis: Stimmritzenkrampf, → Laryngospasmus. S. glossolabialis: krampfhafter Spannungszustand von Lippe und Zunge bei Hysterie, bei Einseitigkeit evtl. Fazialislähmung vortäuschend. S. lumborum: → Lumbago. S. palatinus: Gaumensegelkrampf, hysterisch, bei Tollwut, Tetanus oder neurolog. Erkrankungen. [2]

spastisch: krampfhaft, krampfartig. Spastische Lähmung: → Lähmung. [20]

Spatel|übungen: Mundöffnungsübungen zur Überwindung der myogenen → Kieferklemme (z.B. nach dentogenen Abszessen, Kieferfrakturen etc.). Es werden die zur Mundinspektion üblichen Holzspatel benutzt. In der Kieferorthopädie zur Überstellung eines oder maximal zweier palatinal verfangener Schneidezähne bei progenem Zwangsbiß (Progenie). [2, 5]

Spät|implantat n: Nach Zahnverlust bzw. -entfernung wird zunächst die knöcherne Ausheilung der Alveole abgewartet; erst dann erfolgt die → Implantation in ein neu geschaffenes → Implantatbett. Vgl. Sofortimplantation. [18]

Spatium (lat.) n: Raum, Zwischenraum. Auch Spalträume im Bereich des Schlundes und Halses, sie sind mit Bindegewebe oder Fett gefüllt und dienen als Verschiebungsschichten bzw. Volumenausgleich von Luft- und Speiseweg sowie als Durchgangsstraßen für Leitungsbahnen. In ihnen können sich pyogene dentogene Infektionen oder Blutergüsse ausbreiten. Vgl. Logen, Spalträume des Kopfes und Halses. [9, 30]

Spatium inter|dentale (lat.) n: zwischen 2 Zähnen gelegener Spalt. → Interdentalraum. [9]

Spatium latero|pharyngeum n: Bindegewebsraum zwischen aufsteigendem Unterkieferast und Schlund. Vgl. Spalträume des Kopfes und Halses. [30]

Spatium para|pharyngeum n: der unmittelbar an beiden Seiten des Rachens liegende Raum, lateral, im Kopfbereich unscharf abgegrenzt; im Halsbereich reicht er bis zur Fascia cervicalis und enthält u.a. den Gefäßnervenstrang. [9, 30]

Spatium par|otideum n: vom oberflächlichen Blatt der Halsfaszie gebildeter Raum für die Ohrspeicheldrüse. Vgl. Parotisloge, Spalträume des Kopfes und Halses. [30]

Spatium peri|pharyngeum n: Bindegewebsraum in der Umgebung des Schlundes. Vgl. Spalträume des Kopfes und Halses. [30]

Spatium praestyleum n: der Raum vor den → Stylomuskeln; enthält u.a. die Ohrspeicheldrüse, die letzte Strecke der A. carotis externa, die V. jugularis externa und den Plexus parotideus (Abb. → Spatium retrostyleum). [9]

Spatium pterygo|mandibulare n: Raum zwischen aufsteigendem Unterkieferast und M. ptery-

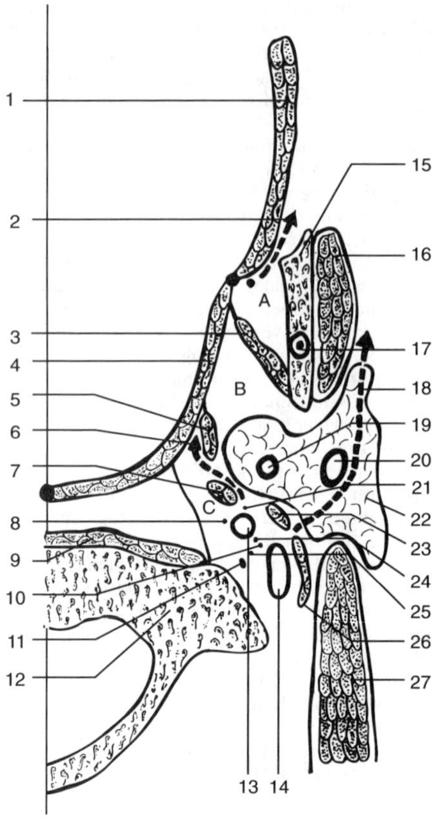

Spatium retrostyleum
1: M. buccinator; 2: Verlauf des N. buccalis; 3: M. pterygoideus medialis; 4: Rachenmuskulatur; 5: M. styloglossus; 6: Verlauf des N. glossopharyngeus; 7: M. stylopharyngeus; 8: N. laryngeus superior; 9: prävertebrale Muskulatur; 10: N. accessorius vagi; 11: G. cervicale superius; 12: Wirbelsäule; 13: A. carotis interna; 14: V. jugularis interna; 15: Unterkiefer; 16: M. masseter; 17: Canalis mandibulae; 18: Verlauf des N. facialis; 19: A. carotis externa; 20: V. jugularis externa; 21: N. glossopharyngeus; 22: Gl. parotis; 23: M. stylohyoideus; 24: N. vagus; 25: N. hypoglossus; 26: M. digastricus; 27: M. sterno-cleido-mastoideus. A = Fossa infratemporalis; B = Spatium praestyleum; C = Spatium retrostyleum.

goideus medialis. Vgl. Spalträume des Kopfes und Halses. 30

Spatium retro|oeso|phageum n: Bindegewebsraum hinter der Speiseröhre. Vgl. Spalträume des Kopfes und Halses. 30

Spatium retro|pharyngeum n: der Raum zwischen Rachen und Wirbelsäule; enthält die prävertebrale Muskulatur (Abb. → Spatium retrostyleum). Vgl. Spalträume des Kopfes und Halses. 9, 30

Spatium retro|styleum: der Raum hinter den → Stylomuskeln; enthält die A. carotis interna, die A. carotis externa, die V. jugularis interna, den N. vagus, den N. accessorius, den N. hypoglossus und das Ganglion cervicale superius u.a. (Abb.). 9

Spatium sublinguale n: Sublingualloge; zwischen Zunge und Mundboden gelegener Raum, der u. a. die Glandula sublingualis, den Ductus submandibularis, den N. hypoglossus und den N. lingualis (Abb. → Zungenmuskeln) enthält. Er steht hinten in offener Verbindung zum Spatium submandibulare. Vgl. Spalträume des Kopfes und Halses. 9, 30

Spatium submandibulare n: Submandibularloge; der Raum unterhalb des M. mylohyoideus; enthält u.a. den vorderen Bauch des M. digastricus und die Glandula submandibularis (nicht IANC) (Abb. → Trigonum caroticum). Vgl. Trigonum submandibulare, Spalträume des Kopfes und Halses. 9, 30

Spatium submentale n: vom oberflächlichen Blatt der Halsfaszie gebildete Spalte zwischen dem vorderen Bauch des M. digastricus beider Seiten. Vgl. Spalträume des Kopfes und Halses. 30

Spatium supra|sternale n: Bindegewebsraum zwischen oberflächlichem und mittlerem Blatt der Halsfaszie oberhalb des Brustbeins. Vgl. Spalträume des Kopfes und Halses. 30

Speck|haut|gerinnsel: → postmortal entstandenes, nicht wandadhärentes Blutgerinnsel von elastischer Konsistenz und gelblich-glasiger Farbe, bestehend aus geronnenem Fibrin, Blutplättchen und Leukozyten. Ggs.: → Kruorgerinnsel (Blutelemente im gleichen Verhältnis wie im strömenden Blut). 32

Speed (engl.): → Filmempfindlichkeit. 14

Spee-Kurve (Ferdinand Graf S., Anat., Kiel, *1855, † 1937) f: Okklusionskurve, Kompensationskurve; bogenförmiger (nach oben offener) Verlauf der Okklusionslinie im eugnathen Gebiß. Von *Spee* (1890) als Verschiebungsbahn des Unterkiefers am Schädel angesehen. Nach seiner Vorstellung tangiert diese Kurve bei Fortführung nach distal die vordere Gelenkfläche des Kapitulums. Der gezeichnete Kreisabschnitt (Abb.) hat seinen Mittelpunkt in der Augenhöhle. *Spee* folgerte, daß bei der Vorschubbewegung des Unterkiefers Gelenkköpfchen und Zähne sich auf demselben Kreisbogen bewegen. Bei

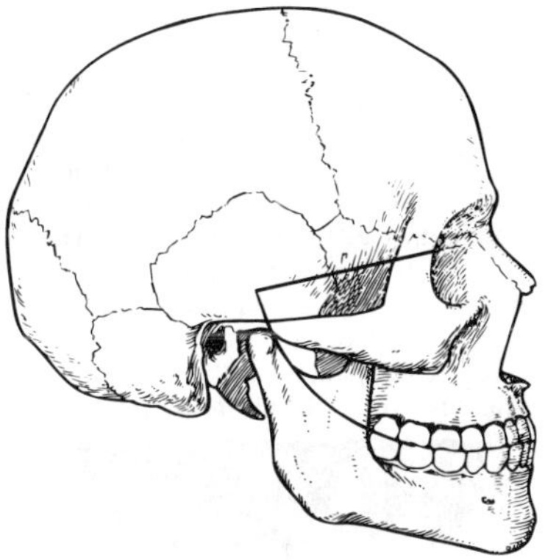

einer derartigen Vorschubbewegung bleiben auch die Seitenzähne dauernd in Kontakt. Nach heutiger Erkenntnis verläuft diese Kurve meist flacher und tangiert das Tuberculum articulare nicht. 4

Speer|bohrer: Bohrer zum Herausbohren von Metallfüllungen (Abb. → Bohrerformen). 1

Speichel: trüb-schlüpfrige, mehr oder weniger fadenziehende Flüssigkeit, die ein Gemisch der Sekrete der Speicheldrüsen und der Mundschleimdrüsen darstellt. Besteht zu 99% aus Wasser. Die festen Bestandteile werden aus Eiweißkörpern, anorgan. Salzen, Bakterien und Speichelkörperchen gebildet. Dient vor allem der Schlüpfrigmachung der Nahrung, der Vorbereitung der Magenverdauung sowie der mechan. und biochem. Mundreinigung. Tagesproduktion 1-1$^1/_4$ Liter. Chem. Eigenschaften: die anorgan. Stoffe bestehen in Chlorid 50 mg-%, Phosphat 15,5 mg-%, KCNS 17,5 mg-%, Na 18,9 mg-%, Ca 5-7 mg-%, K 63 mg-%, Nitrit 0,25 mg-%, Ammoniak 5-11 mg-%, Fluoride 0,01 mg-% (Mittelwerte). Gesamt CO_2 (frei und gebunden) 40-80 Vol.-%, (5-10 mM) (davon $^1/_{20}$ Kohlensäure), Sauerstoff 0,17 Vol.-%, Stickstoff 2,9 Vol.-%. Die organ. Stoffe sind Proteine (Gesamt N 30-85 mg-%), Muzin Mittel 270 mg-%, Harnstoff 6-13 mg-%, Harnsäure, Kreatinin, freie Aminosäuren, Cholesterin, organ. Phosphate 5,5 mg-%. Phys. Eigenschaften: das Speichel-pH schwankt im schwachsauren Bereich, ist am höchsten bei Stimulierung infolge stärkerer Bikarbonatsekretion. Ruhespeichel-pH, Mittel 6,8. Pufferwirkung: 5-15 ccm NaOH m/100 pro 100 ccm und 5-20 ccm HCl m/100 pro 100 ccm. Redoxpotentialwerte in stimuliertem Speichel +290 bis +350 mV. Ionenstärke: μ = 0,032 für Anionen, μ = 0,029 für Kationen. Viskosität: 1,10 bis 1,32 im Verhältnis zum Wasser. Speichel-pH verändert sich rasch bei Stehenlassen durch Abdampfen von CO_2 zum alkalischen Bereich. Genaue Messungen nur direkt in der Mundhöhle möglich. 34

Speichel|atmung: Sauerstoffverbrauch und CO_2-Abgabe des Speichels (d.h. bes. der Speichelmikroflora), bei Bebrütung gemessen. Ist bei Entzündungszuständen in der Mundhöhle (Gingivitis, Parodontitis, Stomatitis, Pharyngitis) erhöht. 10

Speichel|drüsen: → Glandula parotis, → Gl. sublingualis, → Gl. submandibularis, → Gl. lingualis anterior. 9

Speichel|drüsen|fistel f: → Speichelfistel. 2

Speichel|drüsen|krankheiten: Erkrankungen der großen und kleinen Kopfspeicheldrüsen, Einteilung üblicherweise in Entzündungen (→ Sialadenitis), Steinleiden (→ Sialolithiasis), degenerative Erkrankungen (→ Sialose), Tumoren; Auftreten auch begleitend bei Systemkrankheiten (vgl. *Heerfordt*-Syndrom, *Sjögren*-Syndrom, *Mikulicz*-Krankheit, *Plummer-Vinson*-Syndrom), → Ptyalismus, → Speichelgangentzündung, → Speichelfistel, → *Küttner*-Tumor. 2

Speichel|drüsen|tumoren m pl: Neubildungen im Bereich der Speicheldrüsen. Gutartige S.: Adenome, meist pleomorphes Adenom (50%) oder monomorphes Adenom (20%); Therapie: Operation unter Schonung des Nervus facialis. Bösartige S.: adenoid-zystisches Karzinom, Adenokarzinom, Plattenepithelkarzinom, undifferenziertes Karzinom, Azinuszelltumoren, Mukoepidermoidtumoren; Diagnose: neben Schwellung und Infiltration Fazialisparese und Halslymphknotenmetastasen (16-44%) bzw. Fernmetastasen (15-42%); Therapie: wenn möglich Operation mit Bestrahlung, ggf. nur Bestrahlung. 19

Speichel|enzyme n pl: am Abbau der nach den Mahlzeiten in der Mundhöhle verbleibenden Speisereste beteiligt. Wichtigste Faktoren der biochem. Mundreinigung. Bei Karies signifikant verminderte Aktivität der zuckerabbauenden Enzyme und der Oxidationsrate. Daher längere Verweildauer größerer Zuckerrestmengen und längere Dauer des Substratsangebots an die →

Plaques zu Säure- und Polysaccharidbildung. Neber zuckerabbauenden fettspaltende und eiweißspaltende Enzyme. Ferner Enzyme des Intermediärstoffwechsels u.a. Herkunft im allg. von den Mundmikroorganismen. α-Amylase aus den Parotisdrüsen, β-Amylase (geringe Aktivität) bakterieller Herkunft. [23]

Speichel|fistel f: unnatürlicher Ausführungsgang einer Speicheldrüse. Ursache: Verletzungen oder postoperativ nach Drüsenabszeßspaltung. Meist an der Parotis. Therapie: chem. Verödung des Ganges, operativ durch schichtweises Übernähen und mikrochirurgische Rekonstruktion des Ganges. [2]

Speichel|fluß: → Ptyalismus. [2]

Speichel|gangs|entzündung: Sialodochitis; von einem gallertigen Pfropf verschlossener, ödematös verquollener Drüsengang, meist der Ductus parotideus, wodurch es zu Stauungen des Drüsensekretes, entzündlichen Erscheinungen und Schmerzen vor allem beim Essen kommt. Häufig primäre Drüseninfektion. Bei Massage des Ganges entleert sich erst Gallerte, dann Eiter und Speichel. Therapie: Sondierung, Stimulation der Speichelproduktion durch saure Speisen (Zitronen). [2]

Speichel|körperchen: im Speichel stets vorhandene Leukozyten, die dort vielleicht eine bakterizide oder verdauende Funktion ausüben. Sie kommen in Mengen von 200-2000 pro mm^3 vor und enthalten spezielle Enzyme, u.a. → Oxidasen. Auch abstoßende Epithelzellen werden zu den S. gezählt. [9]

Speichel|puffer|systeme n pl: Gemische von schwachen Säuren mit einem ihrer Salze. Tendieren dahin, den pH-Wert konstant zu halten, indem sie die H^+-Ionen abpuffern können. Die von Plaquebakterien gebildeten Säuren werden neutralisiert und damit die kariöse Zerstörung der Zahnhartsubstanz abgeschwächt oder verhindert. Die wichtigsten S. sind das Bikarbonatsystem (HCO_3-/H_2CO_3) und das Phosphatsystem (HPO_4=/H_2PO_4-). [1, 15]

Speichel|sekretion f: die Produktion von → Speichel durch die Speicheldrüsen (→ Drüsen) und das → Pankreas. Hemmung medikamentös durch Atropinum sulfuricum, Chinin, Morphin, Ergotamin, Förderung medikamentös durch Folia Jaborandi, Pilokarpin, KCl-Gaben. Vgl. Ptyalismus, Xerostomie. [10]

Speichel|sekretions|rate f: Sekretion der Speicheldrüsen pro Zeiteinheit. Die S. ist die Summe der Produktion der großen Speicheldrüsen. Sie beträgt insgesamt im Mittel etwa 2,2 ml/min, davon für die Gl. parotis 0,05 ml/min, für die Gl. submandibularis 0,14 ml/min und für die Gl. sublingualis 2,0 ml/min. Es ist zu unterscheiden zwischen S. in der Ruhe und bei Stimulation. Im Nachtschlaf ist sie vernachlässigbar klein. Individuelle Unterschiede der S. sind groß. Darüber hinaus ist die S. altersabhängig. [1]

Speichel|spuren: S. (an Bißspuren oder Nahrungsmitteln haftender Speichel) ermöglichen die Überführung tatverdächtiger Personen. Zur späteren Untersuchung werden die S. mit Filterpapier aufgesaugt oder mit (mit physiologischer Kochsalzlösung) angefeuchtetem Tupfer abgewischt. [28]

Speichel|stein: Sialolith, Ptyalolith, Calculus salivalis, in Speicheldrüsen und deren Ausführungsgängen, meist dem Ductus submandibularis (Abb.), bestehend aus kohlen- und phosphorsaurem Kalk, ferner Eisenoxiden, Kochsalz, Magnesiumverbindungen, seltener organ. Substanzen wie abgestoßenen Epithelien. Ursache umstritten, als Kern oft Fremdkörper. Es treten,

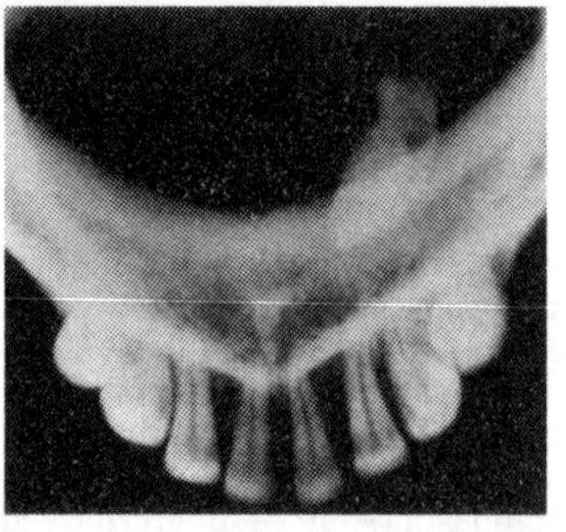

Mundbodenröntgenaufnahme mit Speichelstein im Ausführungsgang der linken Glandula submandibulares

verursacht durch die Stauung, schmerzhafte Drüsenschwellungen vor allem beim Essen und bei Eßvorstellungen auf. Die Drüse entzündet sich, die Gänge weiten sich aus. Nachweis durch Tastbefund und Sialographie. In der Röntgenaufnahme sind nicht alle Steine darstellbar. Therapie: Entfernung des Steines, bei chron. Entzündung auch der Drüse. [2]

Speichel|test m: Verfahren zur Erfassung des individuellen → Kariesrisikos. Eine Probe des stimulierten → Speichels wird auf kariesbegünstigende Parameter, wie z.B. Anzahl von → Streptococcus mutans und → Laktobazillen, Speichelsekretionsrate pro Zeiteinheit, → pH-Wert und Pufferkapazität analysiert. [29]

Speicher|chip|karte: Plastikkarte mit einem elektronischen Chip zur Speicherung von Daten, in der Medizin von Patientendaten. Vgl. KVK. [26]

Speicher|krankheiten: → Thesaurismosen. 20
Speise|brei: → Chymus. 19
Speise|röhre: → Oesophagus, auch Esophagus (IANC). 9
Spektral|analyse f: die Auswertung eines Spektrums mit dem Ziel, die stoffliche Zusammensetzung des das Spektrum aussendenden Stoffes bzw. Stoffgemisches zu ermitteln. Vgl. Spektrum, Analyse. 10
Spektro|skopie f: Verfahren zur Erzeugung, Registrierung und Vermessung der spektralen Intensitätsverteilung eines elektromagnetischen Strahlenbündels zur Deutung der Wechselwirkung zwischen Materie und elektromagnetischer Strahlung. Mögliche Anwendungen in der Zhk. sind: 1. Messung der spektralen Transmission oder Reflexion von Zahnhartsubstanzen zur Kariesdiagnostik; 2. Messung der spektralen Zusammensetzung der laserinduzierten → Fluoreszenz (→ Hämatoporphyrinderivate) zur Tumorlokalisierung; 3. Bestimmung der spektralen Verteilung eines mit Hochleistungslasern erzeugten Plasmas u.a. zur Differenzierung der abgetragenen Zahnhartsubstanzen bei der Kavitätenpräparation mit einem → Er:YAG- oder → Excimerlaser. 31
Spektrum (lat.) n: die phys. Erscheinung eines Farbbandes, das bei der Zerlegung von Strahlen durch ein Prisma oder Beugung durch ein Gitter ensteht. Das Spektrum des weißen Lichtes verläuft von rot über gelb, grün, blau nach violett (Spektralfarben). 10
Spekulum (lat.) n: trichter- oder röhrenförmiges Instrument zum Auseinanderhalten der Wände zur Besichtigung von Hohlräumen des Körpers (Abb.), z.B. das Nasenspekulum. 19

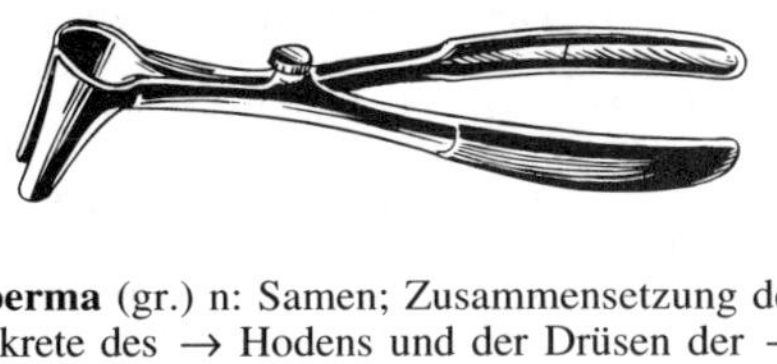

Sperma (gr.) n: Samen; Zusammensetzung der Sekrete des → Hodens und der Drüsen der → Samenwege. Wichtigster Bestandteil sind die → Spermien. 9
Spermatiden f pl: reife männliche Keimzellen, die sich während der Spermiogenese im Hoden aus den → Spermatozyten 2. Ordnung durch eine zweite Reifeteilung bilden. 22
Spermato|zyten m pl: Vorstufen der männlichen Samenzellen. Während der Spermatogenese gehen aus den Spermatogonien die S. 1. Ordnung hervor, aus denen sich nach der ersten Reifeteilung (→ Meiose) die S. 2. Ordnung bilden. 22
Spermien (gr.) n pl, sing Spermium: die reifen männlichen Samenzellen. Spermatogenese, Spermiogenese: Bildung von Spermien in den → Testes. 9
Sperr|biß: als sperrender Schneidezahnüberbiß dominierende Anomalie des Milchgebisses mit Deckbißcharakter durch Aneinandervorbeiwachsen der zu steil stehenden Schneidezähne bei mangelnder Bißhöhe. Verursacht durch geringfügige sagittale (nicht vertikale) Unstimmigkeit nach distal bei Regelbiß. Vgl. Deckbiß. 5
Spezifikum (lat.) s: Heilmittel, das bei einer bestimmten Krankheit ganz charakteristisch wirkt durch Schädigung des Krankheitserregers, durch Hebung der Widerstandskraft oder durch → Immunisierung des Organismus. Der Therapieerfolg erlaubt in Zweifelsfällen oft die Diagnose → „ex juvantibus". 34
spezifisch (lat.): von bes. Art. Vgl. Spezifikum. 30
spezifische Entzündung: Infektionskrankheit, die durch einen bestimmten Erreger hervorgerufen wird und wesenseigne (spezifische) morphologische Veränderungen aufweist. Wichtigste Beispiele sind die Tuberkulose und die Syphilis. 32
spezifisches Gewicht: Gewicht eines Stoffes je Volumeneinheit (veraltetes Maß). Neu: → Dichte. 10
spezifische Wärme: die Wärmemenge in Joule, die nötig ist, um 1 g eines Stoffes um 1°C zu erwärmen. 10
Spezifität (lat.) f: Fähigkeit eines diagnostischen Tests, ausschließlich Patienten mit einer bestimmten Krankheit zu identifizieren. Die S. ist definiert als das Verhältnis der Patienten mit negativem Testergebnis zu den Nichtkranken. 26
Sphaero|cyto|phaga f: Gattung der → Myxobakterien, mit (nach *Gräf*) zwei oralen Arten: S. filiformis, S. fusiformis. Strenge Anaerobier, stark vermehrt bei entzündlichen Parodontopathien, besitzen zytotoxische Enzyme. Wegen ihrer Form oft mit dem → Fusobacterium verwechselt. 8
Sphaero|phorus m: Gattung von → Fusobacterium; wichtigste Art: S. necrophorus (Bacteroides funduliformis), Saprophyt der Schleimhäute der offenen Körperhöhlen, Erreger der Funduliformis-Sepsis. 8
Sphäro|zytose, hereditäre f: Kugelzellanämie; hämolytische aplastische → Anämie mit sphäroider Erythrozytenform durch angeborenen, autosomal-rezessiv vererbten Membrandefekt. Klinik: Subikterus, Splenomegalie, Konstitutions-

anomalien (Turmschädel, hoher Gaumen, Zahnfehlstellungen, Nasenwurzelverbreiterung), chronische Unterschenkelulzera. Therapie: Splenektomie. 20

Spheno|idale n: anthrop. → Meßpunkt, Mittelpunkt der → Sella turcica des Keilbeins (Os sphenoidale). 5

Spheno|idal|winkel: von *Welcker* und *Korkhaus* beschriebener Winkel, gebildet durch → Nasion, → Sellapunkt und → Basion (Basalwinkel). Wegen schlechter Bestimmbarkeit des Basions im Fernröntgenbild früher nicht verwendbar. Es wurde statt dessen der S. zwischen Nasion, Sellapunkt und → Tragion benutzt. Die Neigung des

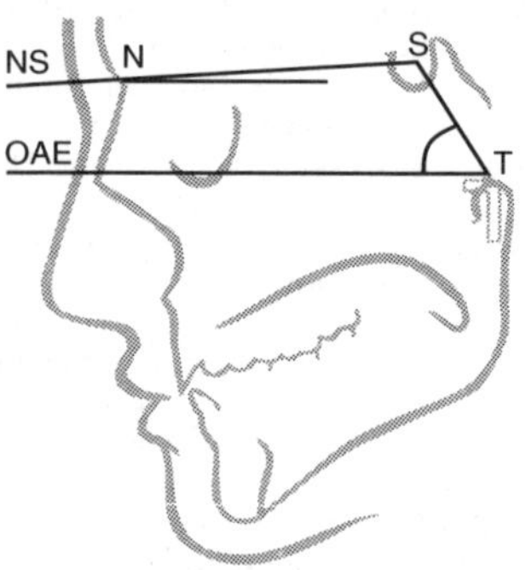

Bezugspunkte: N = Nasion, S = Sphenoidale; T = Tragion;
Bezugsebenen: NS = Nasion-Sella-Ebene; OAE = Ohr-Augen-Ebene.

vorderen Schenkels des S.s zur → Ohr-Augen-Ebene ist der → Nasionbasiswinkel, die des hinteren Schenkels zur Ohr-Augen-Ebene ist der Tragionbasiswinkel (Abb.). 5

Sphinkter (gr.) m: Kurzform für M. sphincter; Schließmuskel in kreisförmiger Anordnung zum Verschluß von Körperöffnungen. 9

Sphyg|mo|graphie f: Aufzeichnung der Pulsdruckkurve. 10

Spiegel: Substanzgehalt einer Flüssigkeit, z.B. des Blutes an Kochsalz, Zucker u.a. 23

Spiegel|aufnahme: über einen Fotospiegel aufgenommene → intraorale Fotografie. Als S.n werden z.B. laterale Ansichten der Seitenzähne und okklusale Ansichten der Zahnbögen und der Seitenzähne aufgenommen. Am besten hierfür geeignet sind metallbedampfte (oberflächenverspiegelte) Glasspiegel, die hellere Spiegelbilder ergeben als Metallspiegel. Hierbei wird auf das virtuelle Spiegelbild fokussiert. Das fertige Diapositiv wird umgedreht und ergibt so den Ein-

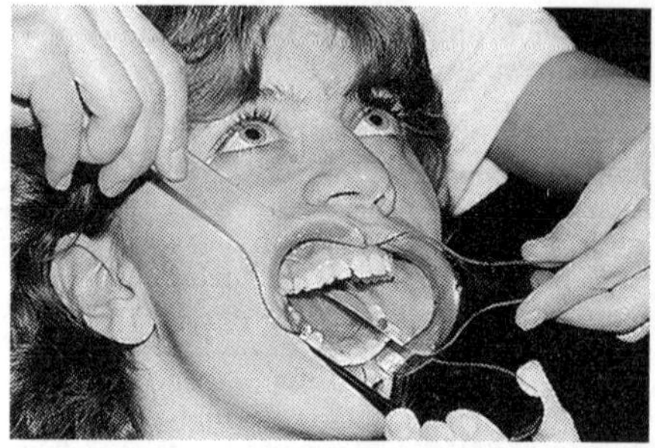

Aufnahme einer okklusalen Ansicht der Oberkiefer-Seitenzahnreihe [1]

druck eines Bildes, das in direkter Sicht aufgenommen wurde. Anzustreben ist bei S.n, daß nur das Spiegelbild, nicht aber der Rand des Spiegels oder angrenzende Strukturen im Bild erscheinen. Durch Verwendung vom Fotospiegeln lassen sich auch Areale aufnehmen, die nicht der direkten Sicht zugänglich sind. Daneben wird das Problem der → Schärfentiefe gemindert (Abb.). 17

Spiegel|gelenk|arm: Strahlführungssystem zur Übertragung von Laserstrahlung an den Applikationsort, verwendbar auch für Laserstrahlung, die nicht durch → Laserlichtleiter transmittiert werden kann (u.a. → CO_2-, → Er:YAG-, → Excimerlaser). 31

Spiegel|reflex|kamera f: Kamera, bei der das anvisierte Motiv über einen vor der Filmebene befindlichen Spiegel auf einer → Sucherscheibe sichtbar gemacht wird. Dieses Bild kann im Sucher betrachtet und bezüglich Bildausschnitt, Bildschärfe und Schärfentiefe beurteilt werden. Daher ist eine S. für die wissenschaftliche und zahnmedizinische Fotografie das Kamerasystem der Wahl. 17

Spiegler-Tumoren (Hautarzt und Chemiker, Wien, *1860, † 1908) m pl: → Zylindrom der Haut. Meist multipel auftretende, gutartige Tumoren mit glatter Oberfläche auf der behaarten Kopfhaut, z.T. knollenartig (sog. Turbantumoren). Die Tumoren sind aus zahlreichen Epithelzellen-Inseln zusammengesetzt, die jeweils von einer hyalinen Membran umschlossen werden. Manifestation meist im frühen Erwachsenenalter. 32

Spikes (engl. Spitzen) m pl: an der Lingualfläche kieferorthopädischer Apparaturen (z.B. Bänder) angebrachte Dorne, welche über eine Veränderung der Zungenlage → Dyskinesien der Zunge therapieren und zu einer Normalisierung der Zungenfunktion führen sollen (Abb.). 5

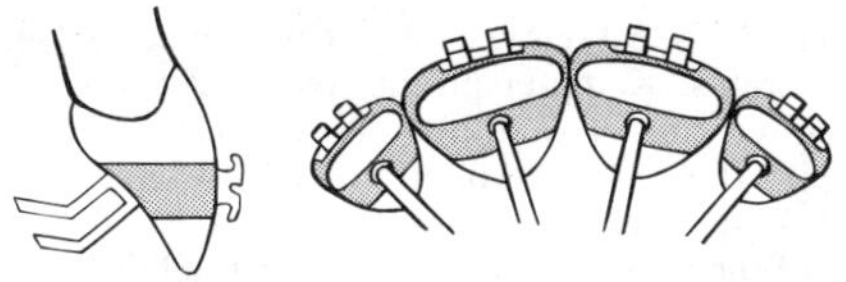

Obere Zungendorne [34]

Spina (lat.) f: Anat.: spitzer Knochenvorsprung, auch Rückgrat. [9]
Spina bifida f: angeborene Spaltbildung der Wirbelsäule, meist auf der Hinterseite der Wirbelbögen. Bruchsackartige Ausstülpung des Duralsackes mit oder ohne Rückenmarksubstanz. Hemmungsbildung, die auf unvollständigem Verschluß der Medullarrinne beruht. S. b. aperta: offener Wirbelspalt, der Grad der Spaltung kann ganz verschieden sein. S. b. occulta: mit Haut bedeckter Wirbelspalt, häufig verbunden mit Bettnässen. Vgl. Meningomyelozele. [3]
Spina dorsalis f: → Wirbelsäule. [9]
Spina|ebene: Abk. SP; durch die → Spinagerade senkrecht zur → Raphe-Median-Ebene gelegte Ebene (Abb. → FRS-Analyse 1). [5]
Spinae mentales f pl: vier kleine, paarig angeordnete Knochenvorsprünge neben der Medianlinie der Unterkiefer-Innenseite (Abb. 1). Das obere Paar dient dem M. genioglossus (1), das untere dem M. geniohyoideus (3) als Ursprung. Letztere neigen zur Vereinigung ihrer paarigen Ansätze in einer gemeinsamen Sehne, die in Form

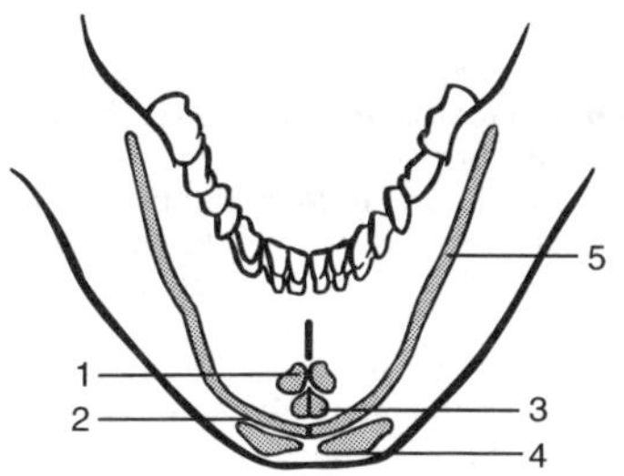

Abb. 1
1: S. mentalis superior (Ursprung des M. genioglossus); 2: Linea mylohyoidea (Ansatz des M. mylohyoideus); 3: S. mentalis inferior (Ursprung des M. geniohyoideus); 4: Fossa digastrica (Ansatz des vorderen Bauches des M. digastricus); 5: Linea mylohyoidea (Ursprung des M. mylohyoideus). [25]

einer mittleren Zacke oder eines genau in der Mitte gelegenen Kammes verknöchert und durch die Raphe mylohyoidea, die gleichfalls verknöchernde sehnige Vereinigung der Mm. mylohyoidei (2), fortgesetzt mit ihr die unpaarige Pars inferior der Spina mentalis bildet. Aus diesen

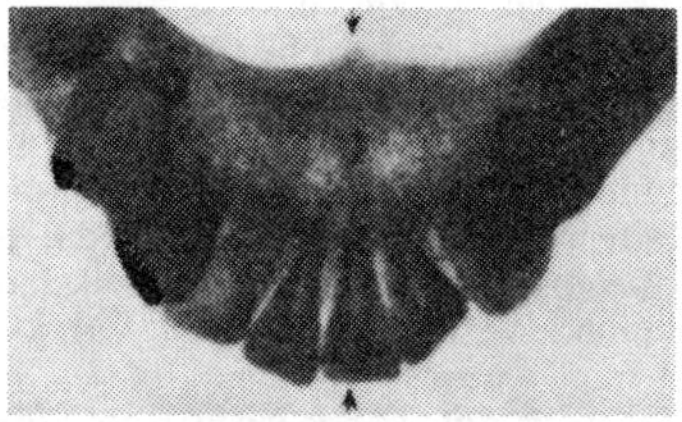

Abb. 2

paarigen und unpaarigen Zacken ist im Röntgenbild (Abb. 2) die unterkiefereigene Mitte festzustellen. → Mittellinie, unterkiefereigene. [9, 12]
Spina|gerade: Verbindungslinie zwischen der → Spina nasalis anterior (vorderer Nasenstachel) und der → Spina nasalis posterior (hinterer Nasenstachel). Letzterer Punkt ergibt sich aus dem Zusammenlaufen dreier bogenförmiger Umrisse: des Gaumengewölbes, des Gaumensegels und des Choanenschattens. Vgl. Spinaebene. [5]
spinal (lat.): die Wirbelsäule bzw. das Rückenmark betreffend. [9]
Spinal|an|ästhesie f: Unterbrechung der aus dem Rückenmark austretenden Spinalnerven mit einem Lokalanästhetikum, das in den Duralsack injiziert wird. In der Lendengegend als Lumbalanästhesie bezeichnet. [2]
spinale Kinder|lähmung: → Poliomyelitis. [8]
Spinaliom (lat.) n: Carcinoma spinocellulare; aus → Stachelzellen bestehendes wachstumintensives, zu Verhornungen und zu ulzerösem Zerfall neigendes → Epitheliom (Abb.). Befällt

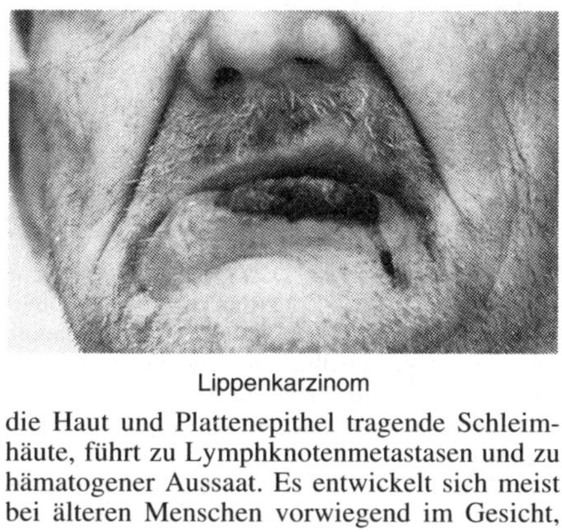

Lippenkarzinom

die Haut und Plattenepithel tragende Schleimhäute, führt zu Lymphknotenmetastasen und zu hämatogener Aussaat. Es entwickelt sich meist bei älteren Menschen vorwiegend im Gesicht, an Ohren und Unterlippe, zumeist auf dem Boden von → Präkanzerosen wie aktinische Keratose. Vgl. Mundhöhlen- und Zungenkrebs, *Bowen*-Krankheit, Karzinom. 12

Spinal|paralyse, spastische f: durch Degeneration des Pyramidenbahnsystems, vor allem seiner spinalen Anteile gekennzeichnete Systemerkrankung mit langsamer Entwicklung, die erst im Laufe von Jahrzehnten zu Steifheit, spastischen Lähmungen (bes. der Beine) und Gangstörungen führt. Vermutlich hereditär. Vgl. Pyramidenbahn. 33

Spina nasalis anterior f: waagerecht vorspringender Knochenstachel des Gaumenfortsatzes des Oberkieferbeines auf der Mitte des unteren Randes der Apertura piriformis. 9, 12

Spina nasalis posterior f: Spitze des Gaumenbeins auf der Mitte des hinteren Randes des harten Gaumens. 9, 12

Spina spheno|idalis f: Dorn an der Schädelbasis, an dem das Ligamentum sphenomandibulare inseriert. 9

Spina ventosa f: Winddorn, blasenförmige periostale Auftreibung an Finger- und Zehenknochen im Kindesalter, tuberkulös. Bez. früher auch für Zysten verwandt. 12

Spindel|zelle f: Fibrozyt; Pathol.: bipolar stark verjüngte (spindelförmige) Zelle mit relativ großem Kern. 32

Spindel|zell|sarkom n: → Sarkom. 32

„Spinne“: herausnehmbarer Zahnersatz zur Überbrückung einer einseitigen Schaltlücke, die keine zusätzliche Verankerung mit der Gegenseite durch einen → Gaumen- oder Unterzungenbügel erfährt. Aus forensischen Gründen, wegen einer möglichen Gefahr des Aspirierens oder Verschluckens, abzulehnen. → Klammerbrücke. 4

Spinnen|mal: Spinnennävus; → Naevus araneus. 12

Spinn|gewebs|haut: → Arachnoidea. 9

Spirillen (gr.) f pl: starre, polar begeißelte, gramnegative Schraubenbakterien; keine Verwandtschaft mit Spirochäten; beim Menschen nur Spirillum minus als Erreger der Rattenbißkrankheit (Sodoku). 8

Spirillose (gr.) f: 1947 von *Gins* angenommene spezifische Infektion des Parodontiums (Gingivitis, Parodontitis) durch zwei von ihm benannte Spirillenarten: Spirillum buccale *Koch* und Spirillum buccale *Fortner*. Die S. soll übertragbar sein. Theorie nicht haltbar, *Gins* ist später selbst von ihr abgerückt. 8

Spiritus (lat.) m: Spiritus vini, Weingeist, → Alkohol, C_2H_5OH. S. aethereus, Hoffmannstropfen, 3 Teile Weingeist + 1 Teil Äther. S. camphoratus, Kampferspiritus, mit 10% Kampfer. Einreibemittel. S. dilutus, verdünnter Weingeist mit 70 Vol.-% Alkohol, zur Hautdesinfektion. S. saponatus, Seifenspiritus, mit 50% Alkohol, zu Einreibungen und zur Hautdesinfektion. S. e vino, Weinbrand. 23

Spirochaeta pallida f: jetzt Treponema pallidum (→ Treponema). 8

Spirochäten f pl: Schraubenbakterien (Ordnung Spirochaetales) mit flexiblem Körper; besitzen als Bewegungsorganell ein kontraktiles Fibrillenband, das sich am Zelleib entlang zwischen Zytoplasmamembran und äußerer Hülle von einem Pol zum anderen zieht. 3 Gattungen: → Borrelia, → Treponema, → Leptospira, die sämtlich Krankheitserreger und harmlose Schleimhautepiphyten des Menschen enthalten. Gehören nicht zu den Protozoen, denen sie gelegentlich noch zugerechnet werden. Vgl. Mundspirochäten. 8

Spiro|meter n: Apparat zur Messung von Atemfrequenz, Atemvolumen, Atemtiefe, Reserveluft u.a. 10

Spital|brand: → Hospitalbrand. 8

Spitz|front f: lückige oder engstehende → Protrusion der Oberkieferfrontzähne. Form des → Schmalkiefers. 5

Spitz|gaumen: → hoher Gaumen. 5

splanchnicus (gr.): die Eingeweide betreffend; als Subst. auch Kurzform für den Eingeweidenerv. 9

Splen (gr.) m: → Milz. 9

Split cast (engl.): → Kontrollsockel. 4

Spondyl|arthritis ankylo|poetica f: → *Bechterew*-Krankheit. 20

Spondyl|arthrosis deformans f: Auftreten degenerativer Prozesse an den kleinen Wirbelgelenken und den Bandscheiben zwischen den Wirbelkörpern. Röntgenolog. Verschmälerung der Zwischenwirbelräume, schnabelförmige Randzackenbildungen, Einengungen der Intervertebrallöcher. Symptome: Schmerzen und Bewegungseinschränkung besonders nach langem Stehen, Reizungserscheinungen an Nervenwurzeln. Vgl. Lumbago, Ischias. 20

Spondylitis f: Entzündung der Gelenke der Wirbelsäule bei chron. rheumatischen Erkrankungen. Vgl. *Bechterew*-Krankheit. 20

spongiös (gr.): schwammig, schwammartig. 9

Spongiosa f: Kurzform für Substantia s., Form des Knochengewebes, die aus funktionell geordnetem Maschenwerk von Knochenplättchen zusammengesetzt ist. 9

Spongio|sklerose f: Spongiosasklerose; Substanzvermehrung und Verhärtung der Knochenspongiosa im Sinne der → Osteosklerose. [32]

Spontan|fraktur f: ohne akutes traumatisches Ereignis; bei normaler Belastung auftretender Knochenbruch. [2, 20]

Spontan|heilung: Heilung ohne ärztliche Maßnahmen. [2]

sporadisch (gr.): vereinzelt auftretend, s.e Krankheiten stehen also den epidemischen und endemischen gegenüber. [20]

Sporen (gr.) f pl: von Bazillen gebildete Dauerformen, die zur Erhaltung des Individuums dienen; gegen Austrockung, Hitze und auch Kälte äußerst widerstandsfähig, müssen daher durch besondere Sterilisationsverfahren abgetötet werden, z.T. kochresistent. S. von Bazillen sind keine Vermehrungsformen wie bei den Pilzen; deren S. sind empfindlicher und leichter abzutöten. [8]

Sporo|gonie f: geschlechtlicher Entwicklungszyklus der Protozoen, bei Malariaparasiten in der Mücke ablaufend. [8]

Sporo|trichose f: Pilzerkrankung des Haut- und Unterhautgewebes mit multipler Geschwürs- und Fistelbildung durch Sporotrichum schenkii; auch im Gesicht vorkommend. [8]

Sporo|zoen n pl, sing Sporozoon: Sporentierchen, Klasse der Protozoen; die beim Menschen als Erreger vorkommenden Gattungen sind u.a. → Malariaplasmodien und → Toxoplasmen. Zahlreiche Erreger tierischer Infektionen. [8]

Spotted enamel (engl.) n: → Mottling. [1]

SpP-MP-Winkel: Winkel zwischen Spinaebene und Unterkiefergrundebene, → Basiswinkel. [5]

SpP-OcP-Winkel: Winkel aus der → FRS-Analyse, der von der Spinaebene und der Okklusionsebene gebildet wird, oberer Abschnitt des → Basiswinkels. [5]

Sprach- und Stimmstörungen: → Alalie, Aphasie, Aphonie, Aphthongie, Bulbärsprache, Diphthongie, Dysarthrie, Dysglossie, Dyslalie, Dysphasie, Dysphonie, Fistelstimme, Gammazismus, Gaumensegellähmung, Hörstummheit, Idioglossie, Kappazismus, Lambdazismus, Paralambdazismus, Paraphasie, Pararhotazismus, Parasigmatismus, Phonasthenie, Rhinoglossie, Rhinolalia, Rhotazismus, Sigmatismus, Stottern, Surdomutitas. [34]

Sprach|zentrum n: → *Broca*- und → *Wernikke*-Sprachzentrum. [10]

Spray|kühlung: Wasser- und Luftgemisch für die Kühltechnik als Teil der Präparationstechnik (→ Präparationstechnik, zahnärztliche). Wasser- und Luftzuführungen in → Turbinen, → Mikromotoren und → Übertragungsinstrumenten integriert. Im Drehzahlbereich > 10.000 min^{-1} Mindest-Kühlwassermenge 50 ml/min. [21]

Spreader (engl.) m: Spreizinstrument; glatte, nadelähnl. spitz zulaufende, nach Größe geordnete Instrumente mit Handgriff. Dienen bei der → lateralen Kondensation durch Hineinpressen der besseren Verdichtung der Wurzelfüllung. [1]

Spreading factor (engl., Streufaktor) m: Eigenschaft des Enzymkomplexes → Hyaluronidase, durch Depolymerisierung der Interzellularsubstanz der Bindegewebszellen für eine beschleunigte Diffusion körperfremder Flüssigkeiten zu sorgen (*Duran-Reynals,* 1929). Ist in Schlangen- und Insektengiften, in Spermatozoen sowie in gewissen Bakteriengiften (z.B. Staphylokokken) wirksam. [23]

Sprech|stunde: Zeit der zahnärztlichen Tätigkeit in der Praxis. Sie umfaßt sowohl die festgesetzten und auf dem Praxisschild bezeichneten Sprechzeiten als auch die Zeit, während der der Zahnarzt seinen Patienten in den Praxisräumen zur Verfügung steht. Die S. ist so einzurichten, daß sie den Erfordernissen der zahnärztlichen Versorgung der Bevölkerung entspricht. [24]

Sprech|stunden|bedarf: Materialien, Arznei- und Verbandsmittel, die unmittelbar in der Sprechstunde am Patienten verbraucht werden, durch Verwendung größerer Verpackungseinheiten preiswerter und nicht bereits im Gebührenansatz enthalten sind. Bei den Pflicht- (früher RVO-)Kassen nur beschränkte Verordnungsmöglichkeit, da im → Punktwert bereits teilweise enthalten. Die Verordnungen sollen einen Quartalsbedarf umfassen und unterliegen der → Wirtschaftlichkeitsprüfung. [25]

Spreize: entwickelt von *Steinkamm* und *Schuchardt*, dient zur Dehnung der eingeschränkten Mundöffnung bei → Kieferklemme. Hergestellt

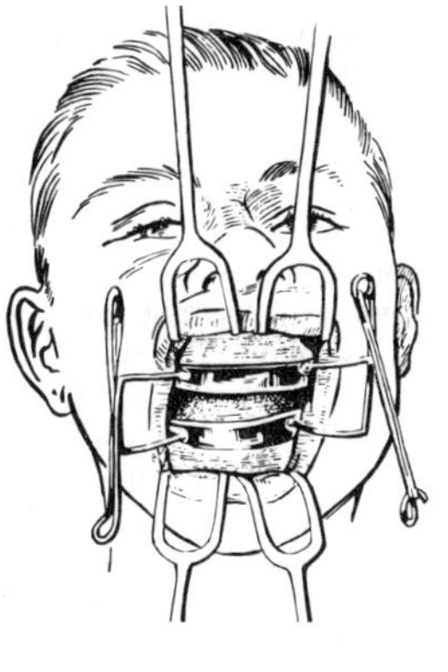

aus zwei am Rand gekürzten Abdrucklöffeln mit Einlage aus Stentsmasse und angelöteten Drahtbügeln, zwischen denen entsprechend dosierte Gummizüge gespannt werden (Abb.). Vgl. *Roser-König*-Mundsperrer, *Heister*-Mundsperrer, Spatelübungen. 2

Spreng-Schiene (Max S., Za., Basel, *1895, † 1965) (modifiziert): Verbindung von Rückenschutzplatten mit interdentalen Greifern. Angezeigt, wo ein hochansetzendes Zungenbändchen einen → Unterzungenbügel verbietet. 4

Spritz|schicht|ober|fläche: vgl. Plasmabeschichtung. 18

Spröd|bruch: durch altersbedingte Strukturveränderungen des Schmelzes (Verminderung der organischen Substanz und des Wassergehaltes) vermehrt auftretende Spontanabsplitterungen unter Bildung von Rißkanten, auch ohne Oberflächenläsionen als sog. Schmelzinfrakturen. 27

Sproß|pilze: → Blastomyzeten. 8

Spul|wurm: → Ascaris lumbricoides. 8

Spuren|elemente n pl: Wirkstoffe anorganischer Natur. Vorkommen und Wirkung im Organismus in geringen Mengen. Ein Teil von ihnen wirkt als Kofaktor bei → Enzymen, z.B. Mn, Zn, Mo. Fluorid neuerdings als essentieller Stoff für die Apatitbildung nachgewiesen (*Newesely*). Katalysiert Umwandlung von Oktakalziumphosphat in Apatit. Fluoride kariesreduzierend, Selen kariesfördernd. Cr neuerdings als essentielles Spurenelement erkannt. Ferner Cu, Co. 23

Sputum (lat.) n: aus den Atmungswegen stammender Auswurf. 20

Squama (lat.) f: Schuppe. 12

Sr: chem. Symbol für → Strontium. 23

Stäbchen: Bez. für Bazillen (sporenbildende → Bakterien). 8

Stäbe: Kurzform für stabkernige Leukozyten. → Leukopoese. 10

stabile Seiten|lage: → Seitenlage, stabile. 16

Stab|kernige: Kurzform für stabkernige Leukozyten. → Leukopoese. 10

Stab|ring|maß: Instrument zur Messung von Kronenringen; nicht mehr gebräuchlich. 4

Stachel|zellen f pl: Zellen des Stratum spinosum; vgl. Epidermis. 9

Stachelzellenkrebs: Carcinoma spinocellulare, Plattenepithelkarzinom; → Spinaliom. 12, 32

Stadium (gr.) n: Zeitraum, Periode, Abschnitt (einer Krankheit usw.), augenblickliches Zustandsbild einer unbehandelt fortschreitenden Erkrankung. 2

Staffel|stellung: Durchbruch der Frontzähne in → Keimlage der Ersatzzähne bei → Schmalkiefer mit Spitzfront. 5

Stagnation (lat.) f: Stillstand, Stockung, Stauung einer Flüsigkeit, z.B. von Blut in den Gefäßen. Vgl. Stase. 32

Stahl: alles ohne Nachbehandlung schmiedbare Eisen (Kohlenstoffgehalt unter 1,7%). Als unlegierter S. wird ein S. bezeichnet, der nicht mehr als 0,5% Si, 0,8% Mg, 0,1% Al oder Ti oder 0,25% Cu enthält. Bei legiertem S. sind die obigen Gehaltsgrenzen überschritten. „Niedrig legierte" Stähle enthalten nicht mehr als 5%, „hoch legierte" Stähle mehr als 5% Legierungsbestandteile. Von diesen Stählen sind die auf der Basis von Kobalt aufgebauten → Kobalt-Chrom-Molybdän-Legierungen und Kobalt-Chrom-Nikkel-Legierungen, die kein Eisen enthalten, streng zu unterscheiden. Rostsicherer Stahl: → Edelstahl, → Wipla. 4

Stahl|band|füllung: → Konturbandfüllung. 29

Stahl|fräser: → rotierendes Instrument (→ Fräser) mit einem Arbeitsteil aus einer Stahllegierung (ISO 340). Normen: DIN 13 950, 13 951, ISO 6360. 21

Stahl|krone: vorgefertigte anatomisch geformte Krone zur Restauration von Milchzähnen und provisorischen Versorgung von bleibenden Zähnen bei Kindern. Heute gebräuchlich ist die Nikkel-Chrom-Krone, Zusammensetzung z.B. 72% Nickel, 17% Chrom, 9% Eisen, 2% andere Elemente. 29

stainless (engl.): fleckenlos, rostfrei. 4

Stainton-Zahn|dysplasie f: → Dentinogenesis imperfecta. 1

Stamm|an|ästhesie f: → Leitungsanästhesie. 2

Stammes|geschichte: → Phylogenese. 9

Stamm|hirn: → Hirnstamm. 9

Standard (engl.) m: Norm, Durchschnittsbeschaffenheit. 4

Standard|ableitung: → Elektrokardiogramm. 20

Standard|abweichung: Begriff aus der Statistik („*Gauß*sche Normalverteilung"). Grundlage ist die Annahme, daß um einen → Mittelwert herum sich in einem Bereich von ca. 20% unter- und oberhalb die Hälfte der zu beurteilenden Personen, Mengen oder Maße befindet. Bedeutungsvoll in der Sozialrechtsprechung bezüglich der statistischen Methode in der Wirtschaftlichkeitsprüfung, die diesen Bereich als nicht auffällig ansieht. Darüber hinaus hat der → Streuungszuschlag bei der statistischen Beurteilung in der Wirtschaftlichkeitsprüfung Bedeutung. Die S. ist die Quadratwurzel der → Varianz, praktisch also gleich der Wurzel aus dem Mittelwert der quadrierten Abweichungen (praktisch, da nicht n, sondern n-1 im Nenner):

$$S = +\sqrt{\frac{\Sigma(x-\bar{x})^2}{n-1}}$$

Die S. entspricht der Wurzel des Quotienten aus der Summe der Quadrate der Differenz der Meßwerte vom Mittelwert und der Anzahl der Meßwerte vermindert um 1.

$$S = +\sqrt{\frac{\Sigma x^2 \frac{(\Sigma x)^2}{n}}{n-1}}$$

S ergibt sich als positive Wurzel aus der Differenz der Summe der Quadrate der Meßwerte (Σx^2) und dem Quadrat der Summe der Meßwerte geteilt durch die Anzahl der Meßwerte

$$\frac{(\Sigma x)^2}{n}$$

oder wenn der Mittelwert berechnet ist:

$$\bar{x}^2 - n$$

geteilt durch die Anzahl der Meßwerte vermindert um 1. [25, 26]

Standard|anti|toxin n: → Immunitätseinheit. [8]

Standard-Edgewise-Technik f: → Edgewise-Technik. [5]

Stand|ort|flora f: → Resident flora, → Mundflora. [8]

Stand|zeit: Zeitraum, über den sich ein Werkzeug im Einsatz befinden kann, ohne daß sich seine Leistung mehr als über ein festgelegtes Maß verändert (→ Gebrauchsdauer). [21]

Stannum (lat.) n: → Zinn. [23]

Stapes (lat.) m: Steigbügel, eines der drei → Gehörknöchelchen. Vgl. Ohr. [9]

Staphylion (gr.) n: Abk. Sta; anthrop. Meßpunkt, Kreuzungspunkt der → Raphe-Median-Ebene mit einer Geraden, die die tiefsten Ausschnitte des knöchernen Gaumens verbindet (Abb. → Meßpunkte). [5]

Staphylo|kokken-Penicilline n pl: Gruppenbez. für → Penicilline mit Stabilität gegenüber Staphylokokken-Beta-Lactamasen wie → Isoxazolyl-Penicilline. [7]

Staphylo|kokkus m: trauben- oder haufenförmig zusammenliegende Kokken. Pathogen: Staphylococcus aureus (gelb wachsender Staphylokokkus, der auf Blutagar hämolysiert), Micrococcus var. aureus (→ Mikrokokkus), Erreger von Eiterungen u.a. lokalen infektiösen Prozessen (Osteomyelitis), Sepsiserreger. Apathogen: epidermidis und Mikrokokkus-Arten, die den Staphylokokken im weiteren Sinne zugerechnet werden; im allgemeinen grobkörniger als die pathogenen Haut- und Schleimhautepiphyten, Luftkeime. [8]

Staphylo|lysine n pl: Hämotoxine α, β, γ und δ der Staphylokokken; können einzeln und kombiniert vorkommen. [8]

Staphylo|raphie f: im Gebiet des weichen Gaumens durchgeführte Gaumennaht. Fälschlich oft für jede Art von Gaumennaht und Gaumenverschluß gebraucht. [3]

Staphylo|schisis f: Uvulakolobom, Uvula bifida, Uvula bipartita; angeborene Spaltung des Zäpfchens am weichen Gaumen. [3]

Star: Linsentrübung, unterschieden werden grauer S. (→ Katarakt) und grüner S. (→ Glaukom). [20]

Stärke: → Amylum. [23]

Stärke|gummi: → Dextrine. [23]

Starr|krampf: → Tetanus. [8]

Starr|sucht: → Katalepsie. [20]

Stase (gr.) f: Stasis; Stauung, Stagnation. Stillstand eines Flüssigkeitsstromes, v.a. des Blutstromes (Hämostase, z.B. bei vaskulären oder kardialen Störungen). [32]

Statik (gr.) f: Lehre von den Bedingungen, unter denen Gleichgewicht auftritt. [10]

stationär: bleibend. Unter stationärer Behandlung versteht man die klinische Behandlung mit Aufnahme im Krankenhaus. [24]

Statistik (lat.) f: wiss. Methode mit dem Ziel, Daten einer Grundgesamtheit (→ Grundgesamtheit, statistische) zu analysieren, zu interpretieren und problemangepaßt darzustellen. Dazu ist es notwendig, die Daten zu definieren und zu erheben. Dies geschieht entweder in Versuchen, epidemiologischen Studien oder Routineinformationssystemen. Anwendungsgebiete in der Medizin sind experimentelle Forschung, Epidemiologie, Soziologie, Ökonomie und öffentliches Gesundheitswesen. Vgl. Statistik, deskriptive. [26]

Statistik, analytische f: formuliert Wahrscheinlichkeitsaussagen über die Vereinbarkeit der in den Untersuchungsdaten erfaßten Realität mit den aus einer Theorie abgeleiteten → Hypothesen. [26]

Statistik, deskriptive f: statistische Methoden zur Beschreibung von Daten in Form von Grafiken, Tabellen oder einzelnen Kennwerten. [26]

Statistik, explorative f: dient der Hypothesengenerierung, wenn für eine Untersuchung noch keine Theorie existiert, aus der eine → Hypothese abgeleitet werden kann. [26]

Statum (lat.) n: Schicht, flache Zellage. [9]

Status (lat.) m: Zustand. Der → Zahnstatus schildert den gegenwärtigen Zustand des Gebisses. Vgl. Röntgenstatus. [30]

Status asthmaticus m: anhaltende asthmoide Dyspnoe; kein prinzipieller Unterschied zum Asthmaanfall, von dem ihn lediglich Dauer (von mehr als 24 Stunden) und Schwere der Symptomatik trennen. Klin. Behandlung wegen Möglichkeit der Intubation, der maschinellen Beatmung und der fortlaufenden Blutgasanalyse notwendig. Vgl. Asthma. 20

Status idem m: der gleiche Zustand (wie zuvor). 2

Status lymphaticus m: generalisierte Hyperplasie der lymphatischen Apparate, lymphatische Konstitution, Lymphozytose, pastöser Habitus, geringe Resistenz gegen Infekte. Neigung zu Kieferanomalien: → Glossoptose, → exsudative Diathese. 20

Status praesens m: gegenwärtiger Zustand, klin. Bez. für Aufnahmebefund. 2

Status quo ante m: Zustand wie vorher, unveränderter Befund. 2

Status thymico|lymphaticus m: Thymushyperplasie oder -persistenz, mit vergrößerter → Thymusdrüse und stark entwickelten Lymphknoten einhergehend. Bei Jugendlichen, die eines gewaltsamen plötzlichen Todes sterben, wird i.d.R. ein S. t. vorgefunden, was bedeutet, daß eine kräftige Thymus- und Lymphgewebsentwicklung bei Jugendlichen der Normalzustand ist. Pathologisch ist allein eine fehlende Rückbildung nach der Pubertät. 20

Stauchung: → Distorsion. 2

Stauung: Verlangsamung oder Hemmung eines Flüssigkeitsstromes infolge eines Hindernisses (Stenose, Verschluß) und/oder Ektasie (Varizen, Darmatonie, Megakolon etc.) oder infolge mangelnder vis a tergo (z.B. Herzinsuffizienz) verursachter Verhaltung (Volumenvermehrung) und → Stase eines Flüssigkeitsstromes, z.B. als Blut-, Lymph-, Liquor-, Kammerwasser-, Harn-, Kot-, Galle-, Sekretstau. 32

Stauungs|hyper|ämie f: → *Bier*-Stauung. 32

Stauungs|ödem n: verstärkte seröse Gewebsdurchtränkung infolge venöser Blut- und/oder Lymphstauung. → Ödem. 32

Stauungs|papille f: Veränderung des Augenhintergrundes an der Austrittsstelle des Sehnervenbündels, hervorgerufen durch Steigerung des Hirndruckes. Vor allem bei intrakraniellen Gewächsen. 20

Stearin (gr.) n: Bezeichnung für das feste, weiße Gemisch von höheren → Fettsäuren, das bei der Verseifung pflanzlicher und tierischer Fette entsteht. Findet vor allem zur Herstellung von Kerzen und in der kosmetischen Industrie Verwendung. 23

Stech|zirkel m: → orthodontisches Besteck. 5

Steele-Facetten (Thomas S., New Jersey 1904) f pl: auswechselbare Porzellanfacetten, auf der Rückfläche mit einer Rille versehen, die in eine entsprechende Leiste des Metallkörpers des Stiftzahnes oder der Brücke paßt (Abb.). 4

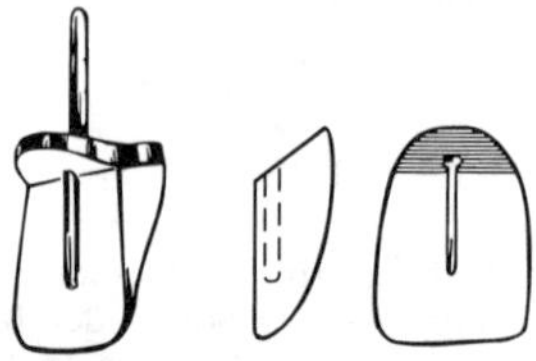

Steg: starre Verbindung in Stegform zwischen zwei festsitzenden Kronen oder Brücken. Dient zur Stabilisierung der restlichen Zähne und als Verbindungselement für eine partielle abnehmbare Prothese, die auf den Steg abgestützt ist. Entsprechend der Abstützung unterscheidet man → Steggeschiebe und → Steggelenk. Vgl. Stegprothese. 4

Steg|gelenk: Reiterverankerung zur Abstützung überwiegend gingival gelagerter partieller Prothesen (→ *Dolder*-Gelenk). Steg mit eiförmigem Profil und offener, entsprechend geformter Hülse. In Ruhelage besteht ein Vertikalabstand

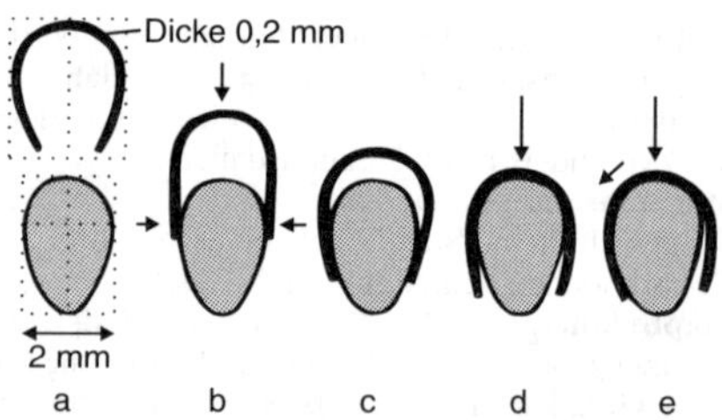

Das Steggelenk abgehoben (a), bei der Einführung (b), in sich bei Ruhelage (c), bei vertikaler Belastung (d), bei Drehbelastung (e).

von 0,5 mm zwischen Steg und Hülsenscheiteln, sog. Resilienzspielraum, der eine überwiegend gingivale Lagerung des Zahnersatzes bewirkt (Abb.). Wird auf den Zwischenraum verzichtet, so wird der Steg zum starren → Verbindungselement. → Scharniergelenk. 4

Steg|geschiebe: von *Dolder* entwickelte Reiterverankerung zur Abstützung vorwiegend parodontal gelagerter partieller Prothesen. Das Stegprofil ist meist rechteckig mit abgerundetem Oberteil und besitzt neben der Stützfunktion Haltewirkung durch Reibung (Abb.). 4

Steg|prothese f: Prothese, die auf festverankerten Stegverbindungen abgestützt ist. → Steggelenk, → Steggeschiebe. 4
Steig|bügel: → Gehörknöchelchen. 9
Steiger-Geschiebe (Alfred A. S., Za., Zürich, *1888, † 1965): → Rillen-Schulter-Stiftgeschiebe. 4
Steil|biß: Steilstellung der oberen und unteren Frontzähne, meist kombiniert mit → Tiefbiß. 5
Steil|gaumen: → hoher Gaumen. 5
Steiner-Box f: Begriff aus der → FRS-Analyse nach *Steiner*. Die Platzverhältnisse für die bleibenden Zähne (in mm), die in der → Gebißanalyse bestimmt wurden, und die Achsenstellung der Schneidezähne (in Grad) aus der FRS-Analyse werden in der S. zueinander in Beziehung gesetzt. Über die Auswertung der S. wird entschieden, ob mit oder ohne Extraktion behandelt werden soll. 5
Steiner-Profil|linie f: von der Mitte des unteren Nasenrandes zur Kinnspitze (→ Hautpogonion) verlaufende Linie, die im Idealfall beide Lippen berührt (Abb.). Liegen diese dahinter, so sind sie zu flach, liegen sie davor, sind sie zu voll. 5

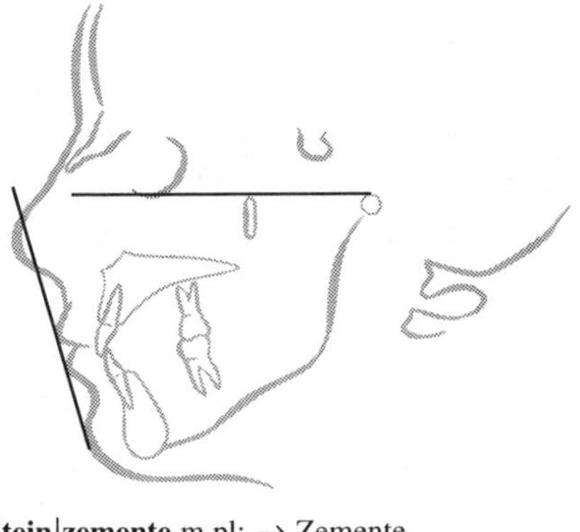

Stein|zemente m pl: → Zemente. 1
Stellungs|an|omalie von Zähnen: → Fehlstellung von Zähnen. 5
Stellwag-Zeichen (Karl St. von Carion, Ophth., Wien, *1823, † 1904): seltener Lidschlag, Symptom der → *Basedow*-Krankheit. 20
Steno|kardie f: retrosternal gelegener Thoraxschmerz, oftmals verbunden mit Ausstrahlung in Arme, Rücken und Unterkiefer, der das führende → Warnsymptom einer kardialen Ischämie darstellt. Ursachen können sowohl ein Anfall von → Angina-pectoris als auch ein → Myokardinfarkt sein. Vgl. Herzkrankheit, koronare. 16, 20
Stenon-Gang (Nicolaus Stenonius oder Niels Stensen, Anat., Kopenhagen, *1638, † 1686): Ductus parotideus; Ausführungsgang der → Glandula parotis. 9, 19
Stenose (gr.) f: angeborene oder erworbene dauerhafte Verengung von Hohlorganen, Kanälen oder Öffnungen, z.B. infolge von Verwachsungen. Vgl. Atresie, Striktur, Obstruktion, Obturation. 32
Steno|zephalie f: Verkleinerung des Kopfumfanges bei etwa normaler Kapazität durch vorzeitigen Nahtverschluß. Häufigste Form: → Turmschädel. 3
Stents-Masse (Charles S., Za., London, † 1885): → Abformmaterialien. 4
Stephan-Kurve f: von *Stephan* und *Miller* 1943 entwickelte graphische Darstellung des zeitlichen Verlaufs der pH-Wert-Verschiebung in der → Plaque (bzw. im Speichel) nach Substratzuführung (bzw. Nahrungsaufnahme). Mit Hilfe direkter pH-Messungen in der Plaque wurde nachgewiesen, daß die kariesauslösende Säurebildung an die Plaque gebunden ist. 15, 29
Sterbe|ziffer: → Mortalität. 15
Stereo|isomer n pl: Verbindungen von → Isomeren, deren unterschiedliche Eigenschaften lediglich durch die räumlich verschiedene Stellung bestimmter Atome oder Atomgruppen im Molekül bedingt sind. 23
Stereo|metrie f: Lehre von den räumlichen Gebilden, besonders den Körpern. Kieferorth. die dreidimensionale Auswertung der Schädelverhältnisse im → Fernröntgenseitenbild mit Hilfe entsprechender Formeln (Fernröntgenstereometrie). 5
Stereo|photo|grammetrie f: indirektes physikalisches Meßverfahren zur Bestimmung von Form, Größe und Lage eines Objektes aus seinen fotografischen Bildern. Die Anwendungen in der Zahnmedizin (Modellanalyse, prä- und postoperative Messungen, Wachstumsanalysen) haben sich bisher nicht durchgesetzt. 17
stereo|skopisch: räumlich, plastisch gesehen. 10
stereo|taktische Operation f: neurochirurgische Technik zur Ausschaltung tiefer Hirnstrukturen. Indikationen: Tumordiagnostik und -behandlung, Rigor und Tremor bei → *Parkinson*-Krankheit, hyperkinetische Syndrome, Epilepsie, Schmerz. Psychiatrische Indikation: → Psychochirurgie. 33

Stereo|typie f: leere, automatenhafte, zwecklose Wiederholung von Sprach- oder Bewegungsvorgängen, z.B. Liegen mit erhobenem Kopf, Taktschlagen der Hände oder auch eigenartige Starre von Haltung oder Bewegung, z.B. als Defektsymptom bei schizophrenen Erkrankungen (→ Schizophrenie) oder im Rahmen einer akuten → Katatonie, aber auch im Rahmen von erworbenen oder angeborenen hirnorganischen Schädigungen. 33

steril (lat.): **1.** keimfrei. **2.** unfruchtbar. 8

Sterilisation (lat.) f: Sterilisierung; **1.** Keimfreimachung, Abtötung aller Mikroorganismen und ihrer Sporen sowie Inaktivierung von Viren in Flüssigkeiten oder an Instrumenten, Geräten usw. Dies wird erreicht in Heißluft von 180 °C in 30 min, im gespannten Dampf bei 120° (1 bar Überdruck) in 20 min, bei 134° (2 bar Überdruck) in 10 min. Neuere Schnellautoklaven benötigen nur ca. 6 min bei 134 °C. Vgl. Abtötungszeit, Heißluftsterilisator, Heißluftsterilisation, Autoklav, Dampfsterilisation, Tyndallisieren. **2.** operative Unfruchtbarmachung zur Verhinderung der Fortpflanzung. 8

Sterilisierzeit: → Abtötungszeit. 8

Sterilität f: Keimfreiheit, Unfruchtbarkeit. 8

Sterine (gr.) n pl: Sammelbegriff für das Steroidgerüst enthaltende Naturstoffe mit alkoholischer OH-Gruppe. Entsprechend ihrem Vorkommen im Tier- bzw. Pflanzenreich werden sie in Zoosterine, zu denen vor allem das → Cholesterin gehört, und Phytosterine unterteilt. Vgl. Lipide. 23

Sterkobilin n: → Bilirubin. 23

Sternal|punktion f: Entnahme von Knochenmark aus dem Brustbein zur pathohistologischen Untersuchung. 20

Sternberg-Riesen|zellen (Carl S., Pathol., Wien, *1872, † 1935) f pl: große mehrkernige Zellen in Granulationsgewebe bei → Lymphogranulomatose. (Abb. → Riesenzellen). 32

Sternum (gr.) n: Brustbein; Knochen in der Brustmitte, der mit den Schlüsselbeinen gelenkig und den obersten 7 Rippenpaaren knorplig verbunden ist. 34

Steroid|diabetes m: diabetesähnliche Kohlenhydratstoffwechselstörung als Folge diabetogener Wirkung hochdosierter → Glukokortikoide. Relativ gutartiger Verlauf, keine Neigung zur Ketoazidose, reversibel nach Absetzen der Kortikoide. 20

Steroide n pl: Sammelbezeichnung für verschiedene Substanzen, die für eine große Zahl physiologischer Funktionen von Bedeutung sind und ein gemeinsames Grundgerüst, das sog. Sterinskelett (Abb.) besitzen. Hierzu gehören das zuerst aufgeklärte → Cholesterin, die männlichen und weiblichen → Sexualhormone, die D-Vitamine (→ Vitamine), Nebennierenrindenhormone, Gallensäuren, Genine der herzwirksamen Digitalisglykoside u.a. Besondere Bedeutung aus

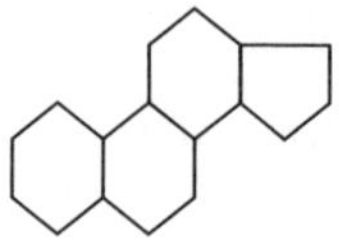

Sterinskelett

der Reihe der Steroidhormone der Nebennierenrinde haben das → Kortison und zahlreiche davon abgeleitete Verbindungen. 34

Stetho|skop n: Hörrohr (von *Laënnec* 1819 entwickelt) oder Schlauchapparatur zur → Auskultation. 20

Steuerung des Zahn|durch|bruchs (nach *Hotz*) (Rudolf Paul H., Orthod., Zürich, *1905, † 1979): Methode zur Beseitigung eines sich entwickelnden frontalen → Engstandes bei → Neutralbiß durch alleinige gezielte und rechtzeitige Extraktion von Milch- und bleibenden Zähnen. Weite-

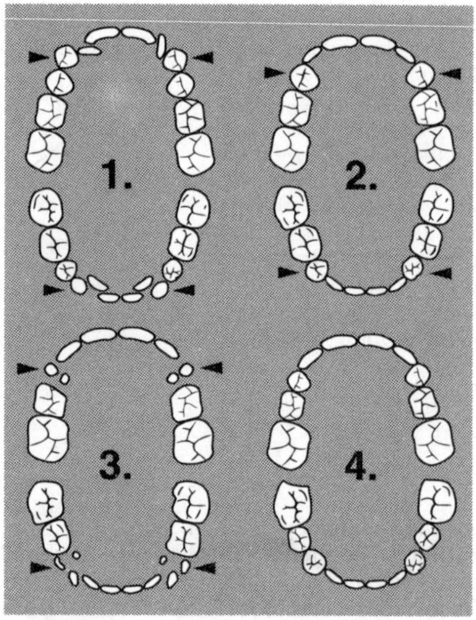

Steuerung des Zahndurchbruchs (nach *Hotz*)
Es werden zunächst die Milcheckzähne (1.), sodann die ersten Milchmolaren (2.) und nach Durchbruch der 1. Prämolaren auch diese entfernt (3.). Spontanausgleich ist erfolgt (4.).

re Indikationen (nach *Hotz*): Disharmonie zwischen Zahn- und Kiefergröße, alveoläre → Protrusion bei → Distalbiß bei befriedigendem Profilverlauf (vgl. → Profilanalyse), bialveoläre Protrusion. Das Verfahren stellt eine Weiterentwicklung der → Reihenextraktion nach *Kjellgren* dar. Voraussetzungen für die Schaffung einer optimalen Zahnstellung sind strenge Indikationsstellung und genaue Kenntnis der Gebißentwicklung, allerdings belegen Nachuntersuchungen, daß die Beseitigung einer Dysgnathie allein mittels der S. nur selten gelingt. Vorgehen: Es werden zunächst die Milcheckzähne, sodann die ersten Milchmolaren und nach Durchbruch der 1. Prämolaren auch diese entfernt (Abb.). Früher wurden bei seitlichem und totalem Engstand nach *MacLean* die vier ersten Molaren entfernt. Vgl. *Bolton*-Analyse, *Tweed*-Methode. [5]

Stevens-Johnson-Syndrom (Albert M. S., amerik. Päd., *1884, † 1945; Frank C. J., amerik. Päd., *1894, † 1934) n: → Erythema exsudativum multiforme. [11, 12]

Stewart-Tumor m: → Mukoepidermoidtumor. [32]

STH: Abk. für **s**omato**t**ropes **H**ormon. Wachstumshormon der → Hypophyse. [10]

Stibium (gr.) n: → Antimon. [23]

Stich|probe: die Teilmenge einer Gesamtheit, die nach bestimmten Kriterien ausgewählt wurde, um Schlüsse auf die Gesamtheit zu ermöglichen. Die Anzahl der ausgewählten Einheiten wird als Stichprobenumfang bezeichnet. [26]

Stich|probe, geschichtete: Im Gegensatz zur → Zufallsstichprobe sind bei der g.n S. die Merkmale bekannt, die für das untersuchte Material wichtig sind. Für die Analyse werden möglichst relevante Merkmale ausgewählt. [26]

Stick|oxidul n: → Lachgas. [2]

Stick|stoff: chem. Element, Symbol N (Nitrogenium), Ordnungszahl 7, Atomgewicht 14,01. Elementarer S. ist ein farb- und geruchloses Gas, das $^4/_5$ der atmosphärischen Luft ausmacht. Wesentlicher Bestandteil des → Eiweiß (ca. 16%). [23]

Stift|aufbau: rekonstruktives Hilfsmittel für die

zirkuläre Verankerung einer künstlichen Krone auf einem Zahnstumpf (Abb.). Vgl. Krone, künstliche. [4]

Stift|entferner: Gerät zum Herausziehen eines im Wurzelkanal zementierten Stiftes. Dieser wird eingespannt, sodann wird auf ihn ein Zug ausgeübt, wobei sich das Instrument am Wurzelkanal abstützt (Abb.). [4]

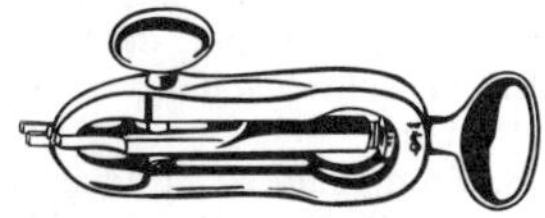

Stifte, para|pulpäre: → Pin. [1]

Stift|geschiebe: → Rillen-Schulter-Stiftgeschiebe. [4]

Stift|implantate n pl: **1.** stiftförmige enossale Implantate zum Zahnwurzelersatz; → Nadelimplantate, → Pfeilstiftimplantat; **2.** endodontische Implantate zur → Transfixation. Vgl. Implantatformen. [18]

Stift|implantation f: → Transfixation. [18]

Stift|inlay n: Gußfüllung, die im Wurzelkanal oder, bei lebendem Zahnmark, durch parapulpäre Stifte verankert wird. Vgl. Pinlay. [1]

Stift|kappen|krone: → *Richmond*-Krone. [4]

Stift|krone: Krone, die durch einen Stift mit oder ohne → Stiftaufbau im Wurzelkanal des Zahnes verankert ist. Wird bei marktoten Zähnen, bei denen auch die natürlichen Zahnkronen weitgehend zerstört sind, verwendet. Vgl. Abb. *Richmond*-Krone, *Logan*-Krone, Stufenstiftkrone. [4]

Stift|verankerung f: Methode zur Befestigung künstlicher Zahnkronen im Wurzelkanal. Der durch genormte Bohrer gewonnene Kanal erlaubt die Eingliederung dazu passender Metallstifte. Dabei wird eine möglichst gleiche Divergenz zwischen Kanallumen und Stift angestrebt, um die Schicht des Befestigungszementes möglichst dünn zu gestalten. Vgl. Pin. [1]

Stift|verbolzung: Versuch zur Erhaltung eines Frontzahnes nach Fraktur im mittleren oder apikalen Drittel. Nach Entfernung des apikalen Fragments wird ein kräftiger, in die Knochenwunde hineinragender Stift im verbleibenden Zahnteil zementiert. Bei knöcherner Einheilung ergibt sich ein kräftiger Stabilisierungseffekt. Vgl. Wurzelfraktur. [1]

Stift|zahn: → Stiftkrone. [4]

Stigma (gr.) n, pl Stigmata: Wundmal, Merkmal, Kennzeichen. Vegetative Stigmata: verstärkter → Dermographismus, Schweißausbrüche, Tremor durch vegetative Innervationsstörungen. Stigmata hysterica: Hauptsymptom der Hysterie, typische Störungen der Hautsensibilität, Hemianästhesie, typische Einschränkungen des Gesichtsfeldes. [33]

Still-Krankheit (George S., Päd., London, *1868, † 1941): septische Allgemeininfektion (Streptokokken), ausgehend von Tonsillen, Zahnherden, Nebenhöhlen oder Ohren. Meist akut im 2. bis 4. Lebensjahr beginnend, äußert sich in schmerzloser Vergrößerung der Lymphknoten und der Milz, Gelenkschwellungen, anhaltendem Fieber und Anämie. [19]

Stillman-Spalten (Paul S. Stillman, Za., New York/USA, † 1932): feine Risse und Spalten im Zahnfleischrand von einigen Millimetern Länge, vermehrt zu finden bei traumatisierender Zahnpflege und bei *McCall*-Girlanden, Zeichen eines mechanischen Insultes (Trauma) der Gingiva. [6]

Still|video|kamera f: Kamera, bei der das Bild nicht auf Film, sondern nach Erfassung über ein CCD-Element auf einer Diskette gespeichert wird. Dadurch ergeben sich vielfältige Möglichkeiten der Bildübertragung und -manipulation. Derzeit ist das Verfahren jedoch bezüglich der Detailwiedergabe der konventionellen Silberhalogenidfotografie aufgrund relativ geringer Auflösung der CCD-Elemente und begrenzter Speicherkapazität noch unterlegen. [17]

Stimm|register n: Zusammenfassung einer Reihe gleichartiger Töne beim Auf- oder Abwärtssingen, die bei u.a. charakteristischem Obertonverhalten und Resonanzbereich einen etwas unterschiedlichen Klangcharakter im Vergleich zu einer sich anschließenden Tonreihe haben. Von den tiefen zu den hohen Registern meist folgende Einteilung: Brustregister, Mittelregister, Kopfstimme, bei Frauen Pfeifstimme, bei Männern → Falsettstimme (auch synonym mit Kopfstimme überhaupt verwendet) und → Fistelstimme. Je höher ein Register ist, um so mehr Obertöne enthalten seine Töne und um so schwächer ist der Grundton. [19]

Stimm|ritzen|krampf: → Laryngospasmus. [19]

Stink|nase: → Ozäna. [19, 27]

Stippled gingiva (engl.) f: → Attached gingiva. [6]

Stippling (engl.) n: Tüpfelung; Charakteristikum der gesunden Gingiva. [6]

Stirn|bein: → Os frontale. [9]

Stirn|glatze: → Glabella. [9]

Stirn|höhle: Sinus frontalis; paarig angelegte Höhle innerhalb des Stirnbeins von sehr variabler Form, die mit der Nasenhöhle in Verbindung steht. [9]

Stirn|höhlen|entzündung: Sinusitis frontalis; Entzündung der Schleimhaut innerhalb einer Stirnhöhle, Durchbruch in Orbita oder Endokranium möglich. Symptome: Stirnkopfschmerzen; Sicherung der Diagnose durch Sonogramm oder Röntgenaufnahme; Therapie: abschwellende Nasentropfen, Wärme, Antibiotika, Bohrung nach *Kümmel* dicht oberhalb der Augenbraue und Dränage, bei Komplikationen: Operation der Stirnhöhle. [19]

Stöchio|metrie f: Teilgebiet der Chemie, das die rechnerische Behandlung chem. Verbindungen und Umsetzungen zum Inhalt hat. [23]

Stock|zähne: volkstüml. Bez. für → Dentes molares. [30]

Stoff|wechsel: Metabolismus; alle Vorgänge, die mit dem Zerfall, Ersatz und der Erneuerung der Körperbestandteile zusammenhängen, also die Veränderungen der Zellen während der Lebenszeit, ihr Auf- und Abbau sowie die Nahrungsaufnahme und deren Verwertung im Organismus. [10]

Stoma (gr.) n, pl Stomata: Mund; auch in → Anastomose, → Tracheostoma u.a.m. [9]

stomachal (gr.): den → Magen betreffend. [9]

Stoma|kaze f: Stomakake, Mundfäule; schwere Form der → Stomatitis ulcerosa. Ungebräuchlicher Ausdruck. [11]

Stomatitis f: Entzündung der Mundschleimhaut, als selbständige Krankheit, meist von einer → Gingivitis ausgehend, oder als (lokale oder allg.) infektiöse, toxische, allergische Erkrankung, auch als Symptom einer Stoffwechsel- oder Blutkrankheit. [11]

Stomatitis bismutica f: Einlagerung von Wismutsulfid in die chron. entzündete Schleimhaut des Mundes als schwarzblaue Pigmentierung

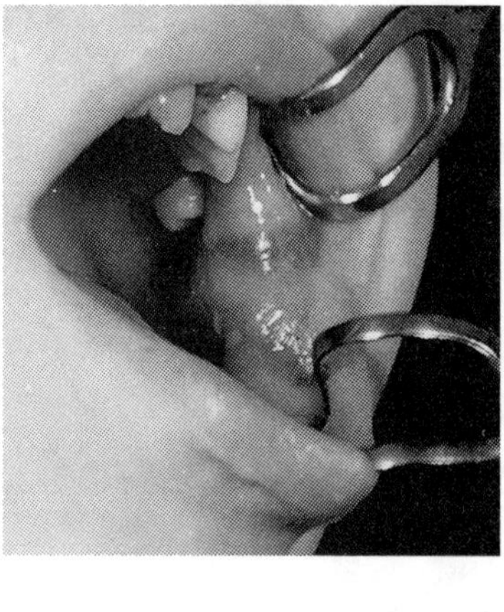

(Abb.), bes. am Zahnfleischrand, meist als Folge einer Syphilisbehandlung mit Wismutpräparaten bei gleichzeitig bestehender S. 11

Stomatitis diphtherica f: durch Diphtheriebakterien hervorgerufene Entzündung der Mundschleimhaut mit gelblichweißen, zunächst lose anhaftenden Fibrinbelägen, bes. an den Tonsillen, welche sich später in ziemlich fest anliegende Pseudomembranen umbilden, in schweren Fällen brandig werden und unter septischen Erscheinungen den Tod herbeiführen können. Vgl. Diphtherie. 11

Stomatitis epidemica f: Stomatitis epizootica; → Maul- und Klauenseuche. 11

Stomatitis fumantium f: Raucherstomatitis, → Leukokeratose. 11

Stomatitis herpetica aphthosa f: Stomatitis herpetica maculo-fibrinosa; kleine oder durch Zusammenfließen vergrößerte grauweiße Flecke, die aus Fibrinausscheidungen bestehen und meist von schmalem, rotem Hof umgeben sind (Abb.),

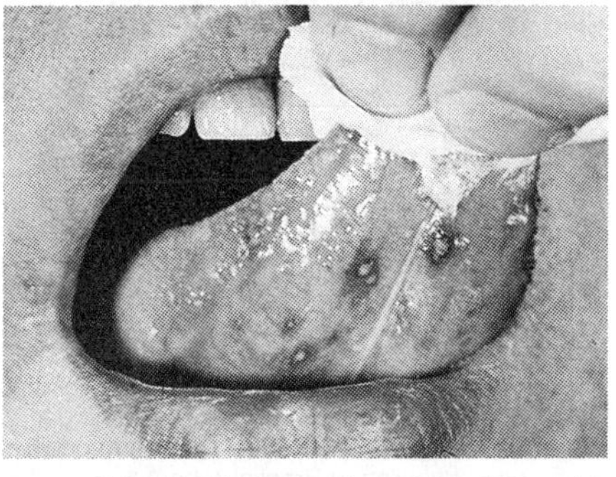

namentlich bei Kindern während der 1. Dentition, aber auch bei Erwachsenen und bes. bei Frauen im Wochenbett, bei vielen Allgemeinerkrankungen und Digestionsstörungen. Akute Virusinfektion (→ Coxsackie-Viren) mit leichten Allgemeinerscheinungen, Speichelfluß; Lymphknotenschwellungen. Beziehungen zum Herpes. Symptomatische Therapie. Dauer bis 2 Wochen. Vgl. Aphthen, Aphthoid *Pospischill-Feyrter*, *Behcet*-Krankheit, Herpangina *Zahorsky*. 11

Stomatitis mercurialis f: durch chron. Quecksilberintoxikation hervorgerufene Form der → Stomatitis ulcerosa. 11

Stomatitis prothetica: durch das Tragen von Zahnersatz hervorgerufene Entzündung der Mundschleimhaut, speziell die Erscheinungen der → Erythroplasie unter Kunststoffprothesen (Abb.). 11

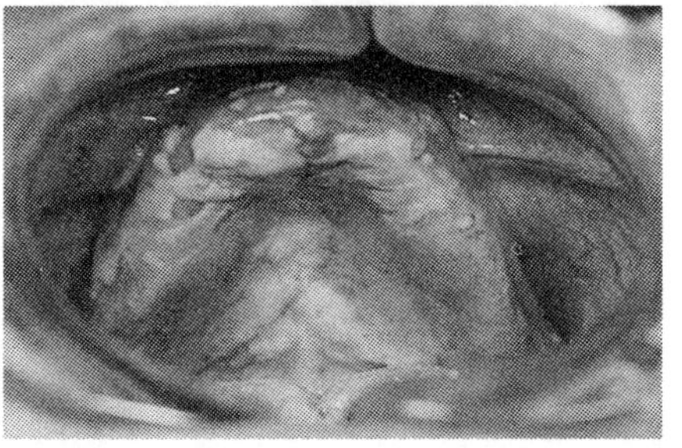

Stomatitis saturnina f: Bleistomatitis, → Gingivitis toxica. 11

Stomatitis sicca f: → Xerostomie. 11

Stomatitis simplex f: Stomatitis catarrhalis; leichte Form der Mundschleimhautentzündung, bestehend in Rötung und Schwellung. Ursache: Vernachlässigung der Mundhöhle, Zahnsteinansatz oder Teilerscheinung fieberhafter Krankheiten, auch bei Anämie, Chlorose, Schwangerschaft, Abusus von Alkohol und Nikotin. Vgl. Gingivitis. 11

Stomatitis ulcerosa f: Stomatitis ulcero-membranacea, Stomakaze, Mundfäule; geschwürige Mundschleimhautentzündung, hervorgerufen durch Bakterien der Mundhöhle bei herabgesetzten Abwehrkräften, z.B. bei Veränderungen des Blutbildes, chron. Vergiftungen, Infektionskrankheiten, aber auch bei Schädigungen lokaler Natur. Charakteristisch sind die bandartigen, gelblichgrünen, evtl. braunen Beläge, der von den Papillenspitzen ausgehende Gewebsverlust und ein typischer Foetor ex ore. Der Unterschied zwischen S. u. und Stomatitis mercurialis ist nur ätiologisch. Therapie: Beseitigung der lokalen und allg. Reizfaktoren, Mundsanierung, Rauchverbot, Betupfen mit Wasserstoffsuperoxid, Rivanolspülung. In schweren Fällen Breitspektrumantibiotika. Blutbildkontrolle. Vgl. Fusospirochätosen. 11

Stomato|gingivitis f: Entzündung von Zahnfleisch und Mundschleimhaut. 1. S. ulcerosa. Erreger: bakterielle Mischflora, meist betahämolysierende Streptokokken, Pilze, Viren. Symptome: Krankheitsgefühl, Schmerzen, Fieber. Befund: geschwürige Entzündung von Zahnfleisch und Mundhöhlenschleimhaut, schmierige Beläge, Zahnstein, behandlungsbedürftiges Gebiß. Therapie: Mundpflege, Lokalanästhetika, antibiotische bzw. antimykotische Therapie nach Abstrich, Sanierung von Zahn und Zahnfleisch. 2. S. herpetica. Erreger: Herpes-simplex-Virus. Symptome: wie bei S. ulcerosa. Befund: helle

Bläschen, flache, weißliche Ulzera mit rotem Saum. Therapie: Virustatika, parenteral oder lokal (Zovirax®, Herviros, Lokalanästhetika). 19

Stomato|logie f: Lehre vom Mund und seinen Krankheiten. 11

Stomato|mykosen f pl: Pilzkrankheiten des Mundes, speziell → Soor, → Aktinomykose, → Blastomykose, maligne; → Histoplasmose, → Nocardiose, → Sporotrichose. 12

Stomato|skopie f: → Kolposkop. 2

Stomion n: Abk. sto; orthod. Meßpunkt, Schnittpunkt der → Mediansagittalebene mit der geschlossenen Mundspalte (Abb. → Meßpunkte). 5

Stoß|blasen|sucht: → Epidermolysis bullosa hereditaria. 11

Stoß|dämpfungs|element n: Bauteil einiger → Implantatsysteme zur Nachahmung des Zahnhalteapparates, z.B. beim → IMZ-Implantat. 18

Stoß|hebel: → Geißfuß. 2

Stottern: konstitutionelle Redestörung, deren vielgestaltiges Krankheitsbild in einer krampfartigen Ausdrucksneurose in Form einer nervösen Reaktion auf dem Gebiet der sprachlichen Koordination beruht. 19

Strabismus (gr.) m: Schielen; Abweichen der Augen von der Parallelstellung beim Blick in die Ferne. Ursache selten durch Augenmuskellähmung, häufig bei Sehschwäche eines Auges. S. convergens: Einwärtsschielen. S. divergens: Auswärtsschielen. 20

Strahlen|krebs: maligne Tumoren, deren Entstehung ursächlich mit der Einwirkung von ionisierenden Strahlen in Zusammenhang zu bringen ist. → Röntgenkarzinom. 32

strahlen|physikalische Schäden: morphologische Veränderungen sowie Entwicklungshemmung der Zähne infolge frühkindlicher Strahlentherapie im Kiefer- und Gesichtsbereich. Häufig → Hypoplasien der Krone und Verkürzung der Wurzeln. Die Zähne sind stark kariesanfällig. 29

Strahlen|pilze: → Aktinomyzeten. 8

Strahlen|schutz: Maßnahmen gegen Schäden durch ionisierende Strahlen. Umfaßt in der zahnärztl. Rö. den S. des Patienten, den S. des Behandlers und des Personals (→ Kontrollbereich) sowie den baulichen S. Vorschriften in → Röntgenverordnung und DIN-Normen. Vgl. Bleigleichwert. 14

Strahlen|schutz|verordnung: → Röntgenverordnung. 14

Strahlen|therapie f: im weiteren Sinn die therapeutische Anwendung von Strahlen (auch Infrarot- und Ultraviolettstrahlung, Mikrowellen), im eigentlichen Sinn als Teilgebiet der → Radiologie die therapeutische Anwendung ionisierender Strahlen, vor allem zur Tumortherapie. Bei der internen S. wird die strahlende Substanz interstitiell, intrakavitär oder metabolisch als Radionuklid angewendet. Die externe S. (Bestrahlung von außen, perkutane Bestrahlung) wird als Röntgentherapie und Megavolttherapie mit ^{137}Cs, ^{60}Co (→ Kobaltkanone), schnellen Elektronen (→ Elektronenschleuder), Neutronen, Protonen und π-Mesonen durchgeführt. Vgl. Radiogold. 14

Straight-wire-Technik (engl.) f: von *U. F. Andrews* entwickelte Behandlungstechnik mit festsitzenden kieferorthopädischen Apparaten, Weiterentwicklung der → Edgewise-Technik. Durch Modifikation von Konstruktionen mit → Brakkets werden die Biegungen 1., 2. und 3. Ordnung nach dem → Idealbogenkonzept ins Brakket verlegt. Daher kann mit geraden, jedoch individuell angepaßten Drahtbögen behandelt werden (Abb.). 5

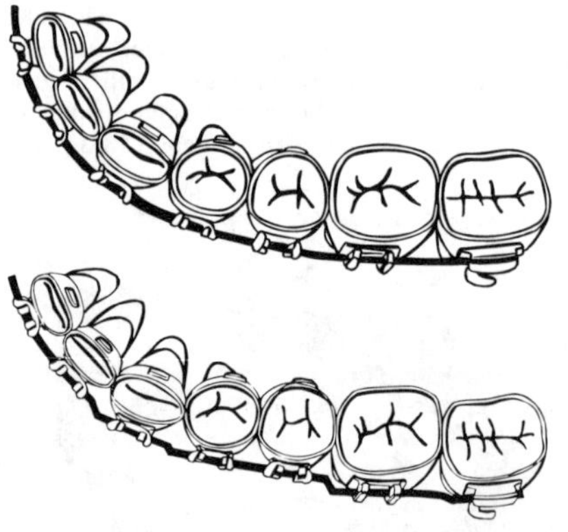

Unterschied der herkömmlichen Edgewise-Technik mit Brackets ohne Angulation (unten) und der konfektionierten Straight-Wire-Technik mit dem angulierten Bracket (oben) [38]

Strang|lappen: → Rundstielplastik. 2

Stratum intermedium n: eine aus 2-3 Reihen flacher Epithelzellen bestehende Schicht im → Schmelzorgan. Sie ist dem inneren Schmelzepithel an der Grenze zur Schmelzpulpa aufgelagert. 30

Strepto|coccus mutans m: häufiger Plaquebesiedler, fakultativer Anaerobier mit stark ausgeprägten Eigenschaften eines kariogenen Keimes: Abbau niedermolekularer Kohlenhydrate unter Bildung organischer Säuren, Synthese → extrazellulärer Polysaccharide und von Reservekohlenhydraten. Gilt aber nicht als spezifischer Karieserreger. Vgl. Karies, Säurebildner. [1]

Strepto|dornase f: → Desoxyribonuklease der pyogenen Streptokokken. [8]

Strepto|kinase f: enzymartiger Faktor der pyogenen Streptokokken, der Plasminogen (Profibrinolysin) in Plasmin (Fibrinolysin) überführt und dadurch Fibrinolyse bewirkt. Therapeutisch zur Verflüssigung von Thromben verwendet. [8]

Strepto|kokken m pl: Streptococci; in Kettenform wachsende Kokken, Kettenkokken (Abb.).

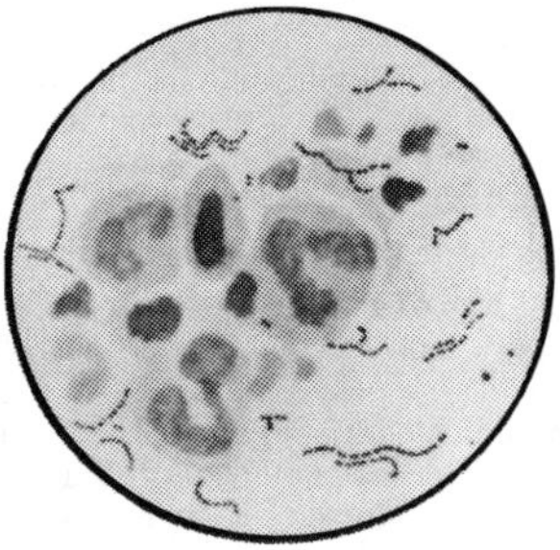

Einteilung nach *Bergey's* „Manual of Systematic Bacteriology", Bd. 2 (1986) nach kulturell-biochemischen (Hämolyse, Zuckervergärung u.a.) und serolog. Merkmalen (gruppenspezifische Polysaccharide, Antigene nach *Lancefield*-Gruppen). 1. Pyogene, hämolysierende S., menschenpathogen: Streptococcus pyogenes (serolog. Gruppe A). S. equisimalis (Gruppe C): Erreger von Phlegmone, Erysipel, Angina, Scharlach u.a. Pyogen sind auch hämolysierende Stämme der serolog. Gruppe G und (seltener F). 2. Nichthämolysierende S. ohne Gruppenantigen (→ Viridans-S.), orale S.: S. mitis, S. sanguis (auch Endokarditis-Erreger), S. mutans (→ Karies) mit mehreren Subspezies (S. mutans, S. rattus, S. sobrinus, S. cricetus, S. ferus) aufgrund unterschiedlicher DNA-Zusammensetzung. 3. Enterokokken: S. faecalis, S. faecium, S. avium, S. gallinarum. 4. Milchsäure-S.: S. lactis (cremoris), S. raffinolactis. 5. Anaerobe S.: S. morbillorum, S. hansenii, S. pleomorphus, S. parvulus, S. bovis. [8]

Strepto|lysine n pl: Hämotoxine der Streptokokken; man unterscheidet das oxidationsempfindliche, antigen wirkende Streptolysin O und das nichtantigene Streptolysin S. Antikörper gegen Streptolysin O (Antistreptolysin O, ASL) werden in der Rheumadiagnostik nachgewiesen. [8]

Strepto|myzeten m pl: → Aktinomyzeten. [8]

Strepto|myzin n: $C_{21}H_{39}O_{12}N_7$; aus den Kulturen von Streptomyces griseus gewonnenes Antibiotikum. Als Nebenwirkung tritt bei längerer Behandlung häufig eine Schädigung des N. statoacusticus mit Gleichgewichts- und Gehörstörungen auf. Anwendung daher nur bei Resistenz gegenüber anderen Antibiotika, intramuskulär (wegen zu langsamer Resorption aus dem Magen-Darmkanal), speziell bei Tuberkulose. [34]

Strepto|trichose f: durch Fadenbakterien verursachte Entzündung der Weichteile des Kieferbereichs von klin. ähnlichem Verlauf wie die → Aktinomykose. [8]

Streß (engl.) m: Spannungszustand eines Organismus, der durch ein physiologisches Alarmsystem Reaktionen des Hypophysenvorderlappen-Nebennierenrinden-Systems auslösen kann und durch Blutdruckanstieg gekennzeichnet ist. Mit dem Begriff wird sowohl die Reizkonstellation (→ Stressoren) als auch die physische und psychische Reaktion des Individuums auf die belastenden Reize angesprochen. Diese Reaktion wird auch als Bereitstellungs- und → Anpassungssyndrom des Organismus auf erhöhte Anforderungen verstanden und nach *Selye* in Alarm-, Anpassungs- und schließlich Erschöpfungsstadium eingeteilt. Ursachen für S. können sehr vielfältig sein: von körperlichen Infekten, akuten Infektionen bis hin zu chronischen Überforderungen. Da höhere Säugetiere aktive Reizsucher sind, bedeutet bzw. verursacht nicht jede Belastung Streß. Mittlere Abweichungen von Routinereizen bei gleichzeitiger psychischer Erwartung, daß die individuelle Bewältigungskompetenz ausreicht, können auch als sehr angenehm erlebt werden. [20, 33]

Stress|breaker (engl.) m: → Druckbrecher; Verbindungselement für Kronen- und Brückenarbeiten, ermöglicht aufgrund eines geringen Spiels um eine vertikale Achse eine geringe Zahnbewegung bzw. im Unterkiefer z.B. bei der Durchbiegung/Torsion der Mandibula, ohne daß es zum Spannungsaufbau innerhalb der Zahnersatzkonstruktion kommt. [4]

Stressoren m pl: potentielle Auslöser von Streßreaktionen, z.B. Monotonie, Schlafentzug, Reizüberflutung, Reizentzug, Zeitdruck, soziale Isolation, hohe Populationsdichte. [13]

Streu|strahlung: Röntgenstrahlung, die im Objekt durch Auftreffen von primären → Röntgenstrahlen entsteht. Bei der Streuung kann durch den *Compton*-Effekt eine Änderung der Quantenenergie erfolgen, die bei kohärenter Streuung ausbleibt. Der Schutz des Patienten und des Personals vor S. ist eine wichtige Aufgabe im → Strahlenschutz. Für die Qualität des Röntgenbildes ist die Streustrahlenverminderung (durch Blende, Raster oder Zinnfolie im Zahnfilm) entscheidend. 14

Streuung: in der → Statistik verwendete Bezeichnung für die Abweichungen vom Meßwerten von einem Referenzwert, z.B. dem arithmetischen → Mittelwert. Sie charakterisiert die Verteilung von Meßwerten. Streuungsmaße sind → Varianz, Spannweite und → Standardabweichung, → Variabilität. Vgl. Variationsbreite. 26

Streuungs|zuschlag: in der Wirtschaftlichkeitsprüfung verlangt die Sozialrechtsprechung bei der Anwendung von Prüfmethoden des statistischen Vergleichs einen Zuschlag von ca. 20% zur → Standardabweichung, abhängig von der Homogenität der zu prüfenden Fachgruppe, bei der Ermittlung einer unwirtschaftlichen Behandlungsweise. 25

Stria (lat.) f, pl Striae: Streifen. 9

striäres System n: Oberbegriff für Corpus striatum (Streifenhügel), Corpus subthalamicum, Pallidum, Substantia nigra und Nucleus ruber, die als graue Substanz im Mittelhirn eng zusammenhängen. Wird auch - im Gegensatz zur → Pyramidenbahn - als extrapyramidales System bezeichnet und beeinflußt maßgebend die unwillkürliche Körperhaltung, die Mitbewegungen der Gliedmaßen bei Körperbewegungen und den Tonus der Muskulatur. Bei Störungen des striären Systems entsteht ein Überwiegen der Kleinhirnimpulse, wodurch die Extremitätenmuskulatur hypertonisch und rigide wird. Dies ist z.B. für die allgemeine Bewegungsarmut, mangelnde Innervationsbereitschaft mit Verlangsamung und Bremsung aller willkürlichen Körperbewegungen bei der → *Parkinson*-Krankheit verantwortlich. 33

Stridor (lat.) m: verlangsamte, inspiratorisch langgezogene Atmung, begleitet von einem rauhen Geräusch; klinisches Zeichen einer subtotalen Verlegung der Atemwege, → Warnsymptom eingeengter oder verlegter → Atemwege: Ein inspiratorischer S. gilt als Zeichen einer Störung im Bereich des Kehlkopfes, während der exspiratorische S. auf Hindernisse im Mehrröhrensystem hinweist. Vorkommen: starke Entzündungs- und Schwellungszustände des Kehlkopfes, große Tumoren und → Struma, Lähmung der Glottisöffner, Krampf der Glottisschließer. → Asthma bronchiale, → Fremdkörper. 16, 20

Striktur (lat.) f: hochgradige Verengung eines Hohlorgans oder eines Kanals (z.B. eines Ausführungsganges der Speicheldrüsen, des Ösophagus) durch krankhafte Veränderungen der Organwand oder des Nachbargewebes (z.B. infolge Entzündung, Narbenbildung, infiltrierender Geschwulst). 32

strio|motorisch: Eigenschaft der motorischen Nervenfasern, die quergestreifte Muskulatur zu versorgen. Vgl. lissomotorisch. 9

Strip (engl.) m: allg. schmaler Streifen, in der Zhk. Streifen aus Zelluloid zum Modellieren von → plastischen Füllungen bzw. aus dünner Leinwand, mit Schleifmitteln beschickt, zum Polieren der Approximalseiten von Füllungen. 1

Strippen (engl.) n: Beseitigung eines → Engstandes durch Beschleifen der Zähne im Bereich des Zahnschmelzes (Abb.). In der Regel werden Frontzähne gestrippt, besonders die Unterkieferschneidezähne. 5

a b c

Strippen und Modellieren der Approximalflächen a: Originalform des unteren Schneidezahnes; b: gestrippte Approximalflächen; c: korrigierte und modellierte Zahnkrone. Der mesiodistale Durchmesser ist - abhängig von der ursprünglichen mesiodistalen Größe - um 0,4 bis 1,0 mm auf jeder Seite reduziert. [39]

Stroma (gr.) n: das Bindegewebsgerüst in drüsigen und anderen Organen, Tumoren usw., im Ggs. zum → Parenchym. 9

Strontium (Strontian, Dorf in der schottischen Grafschaft Argyll) n: metallisches Element, Symbol Sr, Ordnungszahl 38, Atomgewicht 87,63. Findet sich in der Natur vor allem als Sulfat ($SrSO_4$, Zölestin) und als Karbonat ($SrCO_3$, Strontianit). Die Eigenschaften seiner Verbindungen ähneln sehr denen des → Kalziums und des → Bariums. S. hat eine gewisse Bedeutung für die Knochenbildung. Bei chron. Verabfolgung von S.-Verbindungen treten an den Zähnen ähnliche Erscheinungen auf wie bei → Fluorose. 23

Strontium|bestrahlung: Bestrahlung mit dem radioaktiven Isotop ^{90}Sr auf unterschiedlich großen Applikatoren. Diese senden nur Beta-Strahlen aus, die eine absolut begrenzte Reichweite von 5 mm im Gewebe besitzen und deshalb auch in strahlenempfindlichen Gebieten, z.B. in der Nähe von Speicheldrüsen, bei Hämangiomen, *Bowen*-Syndrom u.a. anwendbar sind. 2

Strophulus infantum m: akut auftretende Quaddeln mit zentralen Vesikeln. Ursache meist hyperergische Reaktionen auf Mückenstiche. → Prurigo. 12

Struktur (lat) f: **1.** Med.: Aufbau, Ausbildung eines Organs, eines Gewebes, einer Zelle. **2.** Chem.: die räumliche Anordnung der sich periodisch wiederholenden, am Aufbau beteiligten Atome, Ionen oder Moleküle bei Makromolekülen oder in kristallisierten Stoffen, die z.B. durch Rö.-Interferenzen ermittelt werden kann (S.-Analyse). [9, 10, 23]

Struktur|bild: mikroskop. Bild, das den feineren Bau des Objektes (die Umrisse ungefärbter Teile) zeigt, im Gegensatz zum Farbbild. [10, 23]

Struktur|formel: gibt im Gegensatz zur Bruttoformel die Anordnung und Wertigkeit der Atome im Molekül an. [10, 23]

strukturiert: nicht homogen aufgebaut, mit einer → Struktur versehen. Ggs.: amorph. [9]

Struktur|isometrie f: Bez. für unterschiedliche Verkettung der Atome innerhalb eines Moleküls. [10, 23]

Struktur|qualität f: im zahnmed. Bereich die Art des Gesamtsystems der zahnmed. Versorgung und der damit verbundenen Fachwelt im allgemeinen und des jeweiligen zahnmed. oder zahntechn. → Arbeitssystems im besonderen. Vgl. Versorgung, zahnmedizinische. [21]

Struktur|viskosität f: scheinbare → Viskosität anomal fließender Flüssigkeiten, deren Fließwiderstand nicht konstant, sondern vom Geschwindigkeitsgefälle abhängig ist. [10, 23]

Struma (lat.) f: Kropf; Sammelbezeichnung für Schilddrüsenvergrößerungen. Krankheitsbilder: 1. endemische Kolloid-S.: diffuse, symmetrische Drüsenvergrößerung ohne Hyperthyreose, Vorkommen häufig in Gegenden mit mangelndem Jodgehalt des Bodens und Jodmangel im Wasser; Therapie: Jodsubstitution; 2. thyrotoxische, exophthalmische S.: → *Basedow*-Krankheit, Hyperplasie des Schilddrüsenparenchyms, übermäßige Hormonproduktion, Grundumsatzsteigerung, Exophthalmus; Therapie: → Thyrostatika; 3. S. nodosa: knotige S. ohne erkennbare Veränderungen des Schilddrüsenhormonspiegels, keine toxische Symptomatik, Zysten, echte Tumoren; Therapie: Operation. Ein nach unten bis hinter das Brustbein reichender Kropf wird als retrosternale S. bezeichnet und führt zu Einengung der Luftröhre (→ Stridor) und → Rekurrensparese. [20]

Strum|ektomie f: operative Entfernung der krankhaft vergrößerten Schilddrüse. → Struma. [2]

Stufe, approximale: waagerecht verlaufender gingivaler Abschluß im approximalen Bereich der → Kastenpräparation. Wichtig, verleiht der Füllung Widerstand gegen senkrecht einwirkende Kaukräfte. Fehlt bei → Scheibenschliffpräparation. Vgl. Kavitätenpräparation. [1]

Stufen|biß: physiolog. Bißform der Alveolarfortsätze von Neugeborenen. Unterschieden werden flacher und steiler S. Vgl. Bißformen des Neugeborenen. [5]

Stufen|bohrer: → Versenkbohrer. [1]

Stufen|fräser: → Normbohrer zur Präparation des → Implantatbetts für Stufenimplantate. [18]

Stufen|krone: → *Orton*-Krone. [4]

Stufen|meß|technik: von *A. Mayer* eingeführte Methode der → Wurzelfüllung unter besonderer Schonung des periapikalen Gewebes. Nach Aufbereitung und Säuberung des Wurzelkanals wird mit einem → Versenkbohrer mit mm-Skala etwa 2 mm vor dem röntgenologischen → Apex eine Stufe eingeschnitten und zugleich das apikale Kanallumen mit Dentinspänen verstopft. Nur geeignet für Zähne mit geraden Wurzeln, d.h. vorwiegend im Frontzahnbereich. [1]

Stufen|präparation f: Stumpfpräparation mit zervikaler Stufe, → Pfeilerpräparation. [4]

Stufen|stift|kronen: Kronen, die mit stufenförmigen Stiften in mit Spezialbohrern entsprechend vorbereiteten Kanälen befestigt werden. [4]

Stupor (lat.) m: krankhafte Herabsetzung des gesamten Geisteslebens mit gänzlichem Fehlen aller Impulse und aller geistigen wie körperlichen Regungen, z.B. im Rahmen einer akuten → Depression, eines → schizophrenen Defektes oder einer Demenz. [33]

Sturge-Weber-Krankheit (William A. S., Arzt, London, *1850, † 1919; Frederick P. W., Arzt, London, *1863, † 1962): vermutl. Kombination von einseitigen → Teleangiektasien des Gesichts mit Glaukom des gleichseitigen Auges und Hirngefäßerweiterungen, die Ursache von Krampfanfällen sein können und sich meist röntgenolog. durch Verkalkung der Gefäßwände darstellen lassen. Das Feuermal geht häufig mit Mundschleimhautbeteiligung und → Verriesung des Knochens und der Weichteile der befallenen Körperregion einher. → *Klippel-Trenaunay*-Syndrom. [12]

Stuttgarter Hunde|seuche: → Kanikola-Fieber. [8]

Stütz|elemente n pl: → Verbindungselemente, die den Kaudruck vom Prothesensattel auf den Pfeilerzahn übertragen. S. sind meist mit → Halteelementen kombiniert. Reine S. werden als Verbindungselemente selten verwendet, dagegen häufig als → Ausgleichselemente und Kippmeider. [4]

Stütz|gewebe: Sammelbegriff für Gewebeformen, die in der Regel mesodermale Herkunft haben, zellenarm sind und passive Funktionen erfüllen: Zahn-, Knochen- und Knorpelgewebe und straffes → Bindegewebe. Aus Analogiegründen werden auch die zahlreichen Bindegewebsformen mit überwiegend immunologischer Funktion dazugerechnet. [9]

Stütz|zone f: **1.** wird von den Zähnen der beiden Zahnbögen gebildet, die für die Bißhöhe verantwortlich sind: Prämolaren und Molaren. Die Prämolaren und die Molaren des Ober- und Unterkiefers einer Kieferseite bilden je eine S. **2.** in der Kieferorth. der Raum zwischen dem

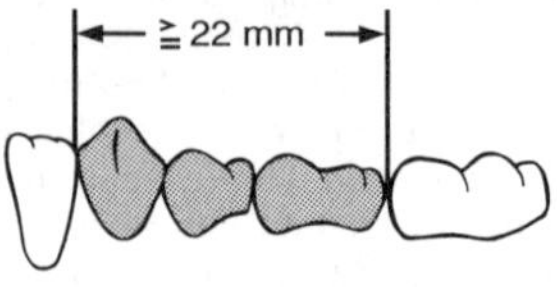

Schematische Darstellung und annähernde metrische Ausdehnung der kieferorthopädischen Stützzone [40]

distalen Kontaktpunkt des bleibenden seitlichen Schneidezahns und der mesialen Kontaktfläche des bleibenden 1. Molaren (Abb.). Vgl. Wechselgebißperioden. [4, 5]

stylo|ideus (gr.): griffelförmig. [9]

Styloid-Syndrom n: abnorm langer Processus styloideus durch fortgesetzte Verknöcherung des *Reichert*-Knorpels bzw. des sich aus diesem entwickelnden Ligamentum stylohyoideum. Unklare Beschwerden durch Reizung der Nn. trigeminus und glossopharyngeus, meist erst nach dem 30. Lebensjahr auftretend. Diagnose durch Tastbefund in der → Fossa supratonsillaris. DD: → *Costen*-Syndrom, → *Sicard*-Syndrom. Therapie: Kürzung. [34]

Stylo|muskeln: gebräuchlicher Sammelbegriff für die drei Muskeln, die am → Processus styloideus entspringen: M. stylohyoideus, M. stylopharyngeus und M. styloglossus. Miteinander und mit dem Rachen durch straffes Bindegewebe verbunden, bilden die S. und der M. digastricus gemeinsam die Trennwand zwischen Spatium praestyleum und Spatium retrostyleum. [9]

Styrol n: wichtige Monomerkomponente von Kunststoffen. [23]

subakut: mäßig heftig verlaufend, z.B. s.e Entzündung. [2]

Sub|arachno|idal|blutung: (massive) → Blutung in den Subarachnoidalraum aufgrund einer Gefäßruptur, z.B. infolge einer → Hypertonie. → Warnsymptom ist der plötzlich einsetzende, massive → Kopfschmerz, verbunden mit Meningismus, Übelkeit und → Bewußtseinsstörungen. Bei Verdacht auf eine S. ist unverzüglich ein → Notarzt zu alarmieren. [16]

Subaurale n: Abk. Sba; kephalometr. → Meßpunkt, tiefster Punkt der äußeren Ohrmuschel. [5]

Subcutis f: → Subkutis. [9]

subdural: unter der harten Hirnhaut. [9]

subfebril: Bez. für leicht erhöhte Körpertemperaturen von 37-38 °C. [20]

subgingival: unterhalb des Zahnfleischsaums befindlich. [6]

subgingivale Konkremente n pl: mineralisierte Ablagerungen in einer Zahnfleischtasche. [6]

Subikterus m: leichteste Form der Gelbsucht. Adj.: subikterisch. [20]

subintimal: unter der → Intima der Gefäßwand. [9]

subjektiv: nur für das betreffende Individuum vorhanden. Ggs.: → objektiv. [34]

Subjugale n: tiefster Punkt der Sutura zygomaticomaxillaris. Meßpunkt. [34]

Subjugal|winkel: Winkel zwischen → Subjugale und → A-Punkt mit dem → Nasion als Scheitelpunkt. Durchschnittswert: 29°. [5]

subkortikal: unterhalb der Hirnrinde gelegen. [9]

subkutan: Abk. s.c.; unter die Haut. Vgl. parenteral. [2]

subkutane Injektion f: Einspritzung in die Fett-Bindegewebs-Schicht unter der Haut. [2]

Subkutis f: Tela subcutanea; Unterhautzellgewebe, Bindegewebsschicht unter der Haut, die Fett, Gefäße und Nerven enthält. [9]

Sublimation (lat.) f: Übergang eines festen Stoffes unmittelbar, ohne Verflüssigung, in den gasförmigen Zustand und umgekehrt. [23]

sublingual: sublingualis; unter der Zunge gelegen. [9]

Sublingual|bügel: → Unterzungenbügel. [4]

Sublingual|loge f: → Spatium sublinguale. [9]

Subluxation f: unvollständige Verrenkung, bei der am Kiefergelenk das Köpfchen nicht wie bei der → Luxation über den Gelenkhöcker gleitet und dort verkeilt, sondern sich vor oder hinter den Diskus verlagert. [2]

submandibular: submandibularis; unter dem Unterkiefer gelegen. [9]

Submandibular|loge f: → Spatium submandibulare. [9]

submental: submentalis; unter dem Kinn gelegen. [9]

Submerged teeth (engl.) m pl: → Infraposition. [5]

submikroskopisch: im Lichtmikroskop nicht mehr erkennbar, ultravisibel. [9]

submukös: unter der Schleimhaut. [9]

Submukosa f: Tela submucosa (IANC); das lockere Bindegewebe unter der eigentlichen

Schleimhaut, das die Verbindung mit den darunter gelegenen Teilen vermittelt. Vgl. Mukosa. [9]

Subnasale n: Abk. sn; kephalometr. Meßpunkt auf der Mittellinie am Übergang vom Nasensteg zur Oberlippe (Abb. → Meßpunkte). [5]

Subokzipital|punktion f: Einstich zwischen Hinterhaupt und Atlas in die Zisterne unterhalb des Kleinhirns zur Entnahme von Liquor zu Untersuchungszwecken oder zur Druckentlastung. [20]

subperiostal: unter dem → Periost liegend, dem Knochen aufliegend. [9, 18]

Subspinale n: Abk. Ss; kraniometrischer → Meßpunkt der → Profilanalyse. Liegt an der tiefsten Einbuchtung der Verbindung vom → Subnasale zum → Labrale inferius (Abb. → Meßpunkte). [5]

Substantia adamantina f: → Schmelz. [30]

Substantia eburnea f: → Dentin. [30]

Substantia ossea f: Knochensubstanz. [30]

Substitution (lat.) f: Austausch eines Atoms oder einer Atomgruppe in einer chem. Verbindung gegen ein anderes Atom bzw. eine andere Atomgruppe, die Substituenten. Verb.: substituieren. [23]

Substrat (lat.) n: Unterlage, Nährboden, der zugrunde liegende Stoff oder Gegenstand. [23]

Sub|surface-Läsion f: → Initialkaries, → Brown spot, → White spot. [29]

subtotal: nahezu vollständig. [4]

Subtraktions|effekt m: in der Rö. Bez. für die projektionsbedingte Überlagerung einer strahlendichten Struktur durch eine strahlendurchlässige bei der Bildentstehung. An dieser Stelle wird die Verschattung der strahlendichten Struktur abgeschwächt (z.B. Aufhellung der Knochenstruktur des Unterkiefers durch den lufthaltigen Pharynx). Vgl. Additionseffekt, Summationseffekt. [14]

Succinyl...: → Sukzinyl... [23]

Sucher|kamera f: Kamera mit Durchsichtsucher. Aufgrund der Inkongruenz von Sucher- und Filmbild (Sucherparallaxe) nicht universell für die wissenschaftliche und zahnmedizinische Fotografie einsetzbar. Vgl. Spiegelreflexkamera. [17]

Sucher|scheibe: Einstellscheibe in einer → Spiegelreflexkamera, auf der über einen Spiegel ein Bild erzeugt wird, das im Kamerasucher betrachtet werden kann. Meist kombiniert mit weiteren Einstellhilfen (Schnittbildentfernungsmesser, Mikroprismenring). Für Anwendungen im Bereich der Dentalfotografie sollte die Standardscheibe gegen eine Mattscheibe mit Netzgitterteilung ausgewechselt werden (Abb.). Hiermit werden Fokussierung und Ausrichtung der Kamera vereinfacht. [17]

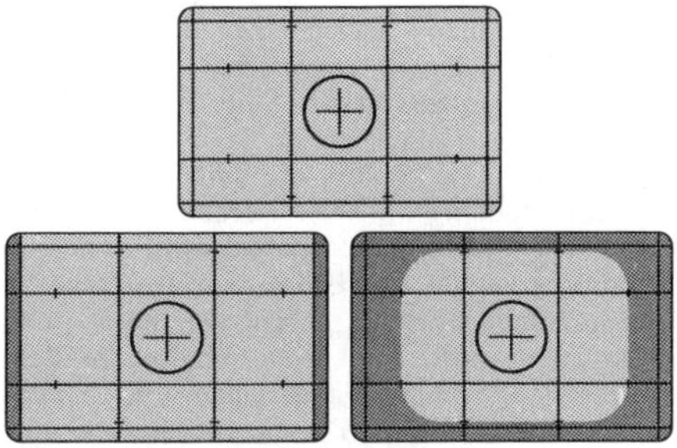

Für die medizinisch-wissenschaftliche Fotografie geeignete Sucherscheiben

Sucht: → Drogenabhängigkeit. [20]

Such|tests m pl: → Schnelltests. [20]

Sudan: Farbstoff, in der Mikroskopie bes. zur Fettfärbung benutzt. [9]

Sudeck-Atrophie (Paul S., Chir., Hamburg, *1866, † 1938) f: vermutlich neurovegetativ bedingter Abbau aller Gewebe einer bestimmten Körperregion im Zusammenwirken mit exogenen Noxen, der sich zunächst in Hyperthermie und Hautrötung der betreffenden Extremität sowie Ödemen äußert, darauffolgend in spontan auf Belastung auftretendem Knochenschmerz, außerdem in Gelenkversteifung, Muskelatrophie, rissigen Nägeln u.a. Im Röntgenbild rundliche Fleckung der Knochen durch Spongiosalücken. Oft im Gefolge von traumatischen oder infektiösen Entzündungen, Thrombosen, nervösen Störungen, beruflicher Überbelastung des betreffenden Körperteiles und vor allem nach Frakturen auftretend. [20]

sudo|motorisch: die Schweißproduktion anregend. [10]

Sudor (lat.) m: Schweiß. [9]

Süersen-Obturator (Friedrich Wilhelm S., Za., Berlin, *1827, † 1919) m: → Obturator. [2]

Suffizienz (lat.) f: genügende Funktion eines Organs. [10]

Suffusion f: flächenhafte Blutung unter Haut und Schleimhaut, Blutunterlaufung. [2]

Suggestion (lat.) f: unmittelbare, reizmäßig erfolgende Übertragung von Vorstellungen, Empfindungen und Willensantrieben von einer Person auf eine andere (willkürliche Beeinflussung). [34]

Sugillationen (lat.) f pl: großflächige Hautblutungen. [2]

Suizid m: Selbsttötung. Tritt auf im Zusammenhang mit Lebenskrisen, neurotischer Autoaggression und im Rahmen psychotischer Erkrankungen, bedeutsamer Anteil an den Todesursachen. Vorkommen häufiger bei (älteren) Männern, insbesondere nach kritischen Lebensereignissen. Vgl. Suizidversuch, Suizidalität und kritische Lebensereignisse. [13, 33]

Suizidalität f: Neigung zur Selbsttötung. Für die Einschätzung einer S. werden die charakteristischen Merkmale des sog. präsuizidalen Syndroms genutzt mit Einengung des Denkens auf Suizidgedanken, Aggressionshemmung und Autoaggressionen, konkreten Suizidphantasien, vorangegangenen Suizidversuchen und Ankündigung eines Suizids. Die S. unterliegt deutlichen soziologisch-demographischen Schwankungen. Das Suizidrisiko steigt bei Männern mit zunehmendem Alter, tageszeitliche Häufung am frühen Morgen und frühen Abend, saisonale Häufung vom März bis Mai. Psychosen und Suchterkrankungen führen zu einem erhöhten Suizidrisiko. Vgl. Suizidversuch, Suizid, kritische Lebensereignisse, Sucht. [13, 33]

Suizid|versuch: nicht vollendete Selbstzerstörung. Tritt häufiger bei jüngeren Menschen und insbes. bei jüngeren Frauen auf. Muß als Kriterium für eine ungünstige Prognose bezüglich weiterer psychischer Dekompensationen immer ernst genommen werden, auch wenn ein appellativer Anteil der Suizidhandlung erkennbar erscheint. Vgl. Suizidalität, Suizid. [13]

sukkulent (lat.): saftreich, saftig, ödematös. [32]

Sukzinyl...: Säurerest der Bernsteinsäure. Salze: Sukzinate. [23]

Sukzinyl|cholin n: Sukzinyldicholinchlorid, Suxamethonium; kurzzeitig wirkendes, die Nervenendplatte depolarisierendes Muskelrelaxans. Zur endotrachealen Intubation ca. 1 mg/kg Körpergewicht i.v. [2]

Sulbactam: → Beta-Lactam-Antibiotikum mit geringer antimikrobieller Aktivität, Hemmstoff der → Beta-Lactamasen vornehmlich Typ II, III IV, V (Klassifikation nach *Richmond-Sykes*). Durch Kombination mit nicht-β-lactamasestabilen β-Lactam-Antibiotika wird das Wirkungsspektrum um entsprechende β-lactamasebildende Spezies erweitert. S. ist parenteral als → Monopräparat zur freien Kombination verfügbar und mit → Ampicillin in fixer Kombination in Form eines doppelten Esters für die orale Gabe. Siehe → Sultamicillin. [7]

Sulcus (lat.) m, pl Sulci: Furche (→ Sulkus). [6, 9]

Sulcus-Bleeding-Index m: Abk. SBI; → Sulkusflüssigkeit. [6]

Sulcus centralis m: tiefe transversale Furche in der Großhirnrinde, die den vorwiegend motorischen Frontlappen vom vorwiegend sensiblen Parietallappen abgrenzt. [9]

Sulcus gingivalis (lat.) m: bei Defekten im Verbindungsepithel auftretende histologisch nachweisbare Furche zwischen Zahn und Zahnfleisch. Zahnfleischfurche (→ Sulkus). [9]

Sulcus hypo|thalamicus m: Furche im dienzephalischen Ventrikel, die den Thalamus vom Hypothalamus abgrenzt. [9]

Sulcus infra|orbitalis m: Furche am orbitalen Boden, in der der N. infraorbitalis liegt; wird durch den → Canalis infraorbitalis fortgesetzt. [9]

Sulcus medianus linguae m: die mediosagittale Furche auf der Schleimhaut der Zunge. [9]

Sulcus mento|labialis m: → Supramentalfalte. [9]

Sulcus naso|labialis m: → Nasolabialfalte. [9]

Sulcus palatinus m: Furche am Os palatinum, die mit dem Os maxillare den Canalis palatinus major bildet. [9]

Sulcus terminalis linguae m: die unmittelbar hinter den → Papillae vallatae gelegene, V-förmige Furche; bildet die Grenze zwischen ektodermalen und endodermalen Gebieten. [9]

Sulfatasen f pl: → Enzyme, die die Anlagerung oder Abspaltung von Schwefelsäureresten im Körper vollziehen. Manche wasserunlöslichen Stoffe, die harnpflichtig sind, werden durch Sulfatierung wasserlöslich gemacht (z.B. Phenolverbindungen) und können so mit dem Harn ausgeschieden werden. [23]

Sulfate (lat.) n pl: → Salze der → Schwefelsäure. [23]

Sulfide (lat.) n pl: Salze des → Schwefelwasserstoffs. [23]

Sulfin|säure: organ. Verbindungen von der allg. Formel $C_nH_{2n}\ SO_2H$. Derivate der S. werden als Beschleuniger bei kalthärtenden Kunststoffen, die auf → PMMA basieren, angewandt. [23]

Sulfite (lat.) n pl: Salze der schwefligen Säure (H_2SO_3), → Hydrogensulfite (z.B. $NaHSO_3$), bilden unter Wasserabspaltung Disulfite (z.B. $Na_2S_2O_5$). Die Alkalisulfite sind wasserlösl., die Lösungen reagieren infolge Hydrolyse alkal. S. sind starke Reduktionsmittel, sie werden als Antioxidanzien (z.B. in katecholaminhaltigen → lokalanästhet. Lösungen), Desinfektions- und Konservierungsmittel verwendet. Bei entsprechender Sensitivität können sie immun- oder → pseudoallergische Reaktionen auslösen. [7, 23]

Sulfit-Sensibilität f: Auftreten anaphylakt. Reaktionen bei Sulfitexposition durch direkte oder immunolog. vermittelte Mediatoren-Freisetzung aus Mastzellen und basophilen Garanulozyten.

S. wird bei Patienten mit Sulfitoxidase-Mangel, einer Sulfit-Allergie und/oder einem steroidbedürftigen Asthma bronchiale beobachtet. [7]

Sulfon|amide n pl: Derivate des 4-Amino-Benzol-Sulfonamids, antimikrobiell bakeriostat. wirksame → Chemotherapeutika-Gruppe. Zur Behandlung dentogen induzierter, orofazialer Infektionen sind S. aufgrund unzureichender Anaerobieraktivität nicht geeignet. [7]

sulfurieren (lat.): mit Schwefel verbinden. [23]

Sulkus m: Furche, zirkulär um den Zahn verlaufende, 0,1 bis maximal 2 mm tiefe Furche. Entsteht nach Umschlag des äußeren → Saumepithels zum inneren Saumepithel und reicht apikalwärts bis zum → Epithelansatz. [6]

Sulkus|epithel n: den Boden des Gingivasulkus auskleidendes Epithel, das fließend in das Verbindungsepithel übergeht. Vgl. dentogingivale Verbindung. [30]

Sulkus|flüssigkeit: Serumexsudat, das durch das → Saumepithel in den → Sulkus diffundiert. Die Bestimmung der (Gingival-)Sulkusflüssigkeitsfließrate (GFFR oder SFFR) ist eine Methode zur Objektivierung der Parodontalentzündung. Ansaugen von S. mit Filterpapierstreifen extra- oder intrakrevikulär. Anfärben mit Ninhydritlösung und metrische Auswertung der Menge pro Leiteinheit. [6]

Sultamicillin: → Prodrug des → Ampicillins, bei dem Ampicillin mit dem → Beta-Lactamase-Inhibitor → Sulbactam über eine Methylengruppe verbunden ist. Dadurch wird eine orale → Bioverfügbarkeit von Ampicillin und Sulbactam von ≈ 80% erreicht. [7]

Summations|effekt m: in der Rö. Bez. für projektionsbedingte Überlagerung verschiedener im Strahlengang hintereinanderliegender Strukturen bei der Bildentstehung. Vgl. Additionseffekt, Subtraktionseffekt. [14]

Summen|aktions|potential n: das von mehreren gleichzeitig erregten Zellen, deren jede ihr „eigenes" Aktionspotential bildet, ableitbare elektr. Potential, dessen Höhe (Amplitude) von der Anzahl der gleichzeitig erregten Zellen und von den herrschenden Ableitbedingungen (z.B. der Lage der Ableitelektroden) und der Größe des elektr. Nebenschlusses (Shuntbedingungen) abhängt. → Aktionspotential. Bei der klinischen Elektrokardiographie (→ Elektrokardiogramm) werden ausschließlich Summenaktionspotentiale ausgewertet. [10]

Summen|winkel: *Björk*-Winkel; Messung aus der → FRS-Analyse. Kein eigentlicher Winkel, sondern die Summe dreier Winkelmessungen: → Sellawinkel, → Gelenkwinkel und → Kieferwinkel (Abb.). Der S. hat einen durchschnittlichen Gesamtwert von 396° ± 6°. Ist der S. größer, muß mit einer vertikalen, ist er kleiner, mit einer horizontalen → Wachstumsrichtung gerechnet werden. [5]

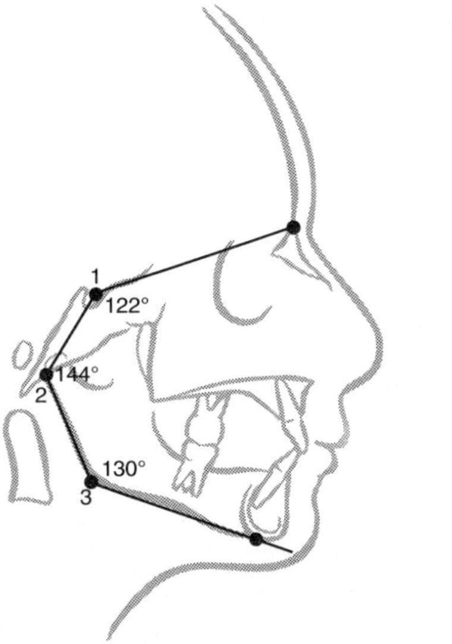

Der Summenwinkel nach *Björk* (Summe aus Sellawinkel, Gelenkwinkel und Kieferwinkel) hat einen Durchschnittswert von 396 ± 6 °.
1: Sellawinkel; 2: Gelenkwinkel; 3: Kieferwinkel.

Sunday-bite (engl. Sonntagsbiß) m: → Doppelbiß. [5]

Super|aurale n: Abk. Sa; kephalometr. → Meßpunkt, Scheitelpunkt der äußeren Ohrmuschel. [5]

superficialis (lat.): superfiziell; oberflächlich. [9]

Superfloss®: aus drei Abschnitten bestehende Spezialzahnseide, vor allem zur Reinigung unter Brückenzwischengliedern und festsitzenden kieferorthopädischen Apparaturen. Ein ca. 10 cm langes verstärktes Ende dient zum Einfädeln, ein ca. 10 cm langer flauschiger Nylonfaden zur eigentlichen Reinigung und ein ca. 40 cm langes Stück ungewachste Zahnseide zum normalen → Fädeln in Approximalräumen. Vgl. Zahnseide. [29]

Super|infektion f: erneute Infektion mit dem gleichen oder einem anderen Krankheitserreger. [8]

Super|oxide n pl: → Peroxide. [23]

Supplementär|zähne: normal ausgebildete überzählige Zähne, welche die Form einer bestimmten Zahngattung haben. Sie können inner- und außerhalb der Zahnreihe stehen und sind bei al-

len Zähnen beobachtet worden. Atypische Formen überzähliger Zähne sind die supernumerären Zähne in Form der Griffel- oder → Zapfenzähne und die unselbständigen Zwillingsbildungen durch Keimspaltung oder nachträgliche Verwachsung. 30
Suppositorium (lat.) n: Zäpfchen; Arzneiform, bei der die Wirkstoffe in eine bei Körpertemperatur schmelzende Grundmasse eingearbeitet sind. Gestalt kegelförmig. Anwendung durch Einführung in den Mastdarm. 34
Suppuratio (lat.) f: Eiterung. 32
supra|gingival: oberhalb des Zahnfleischsaums befindlich. 6
Supra|kontakte m pl: vorzeitige Kontakte; störende Kontakte zwischen Ober- und Unterkieferzahnreihen, die einen maximalen Vielpunktkontakt in der Schlußokklusion beeinträchtigen und den betroffenen Zahn extraaxial belasten. Können durch gekippte Zähne oder Zahnwanderungen hervorgerufen werden und führen ihrerseits zu Zahnlockerungen und Bißverlagerungen. 4
Supra|leitung: sprunghafte Zunahme der elektrischen Leitfähigkeit von Metallen in der Nähe des absoluten Nullpunktes (-273,15 °C). 10
Supra|mental|falte: Sulcus mentolabialis, Kinnfalte; in der Gesichtsmitte gelegene Einziehung unterhalb der Unterlippe, bes. ausgeprägt z.B. bei Deckbißgesichtern (kleines Untergesicht), verstrichen bei zunehmender Ausprägung sagittaler (längsgerichteter) → Anomalien, wenn die Unterlippe den Anschluß an die Oberlippe verloren hat, oder bei vertikalen Anomalien, z.B. bei rachitisch → offenem Biß (zu hohes Untergesicht). Vgl. Deckbiß. 5
Supra|okklusion f: vertikale Okklusionsstörung im Sinne eines über die normale Variationsbreite hinaus verstärkten Schneidezahnüberbisses, z.B. beim → Tiefbiß. Ggs.: → Infraokklusion. 5
Supra|orbital|punkt: → Ophryon. 5
Supra|position f: im Einzelkiefer feststellbare vertikale Abweichung von Zähnen (mit ihrem

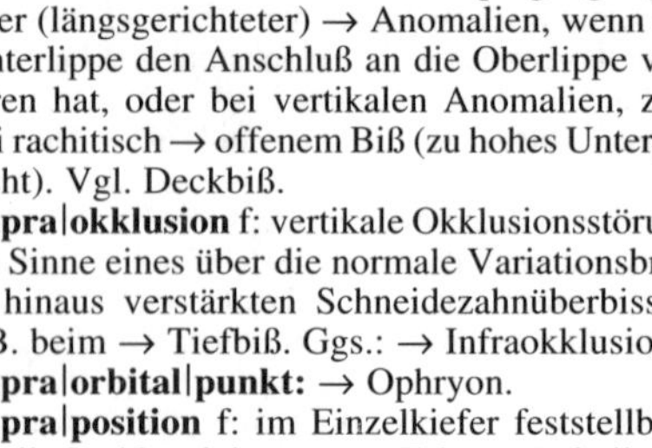

Alveolaranteil) im Sinne einer Verlängerung über die (fiktive) → Okklusionsebene hinaus (Abb.). Ggs.: → Infraposition. 5
Suprarenin®: → Adrenalin. 2
Supra|struktur f: Suprakonstruktion; Sammelbegriff für prothetische Konstruktionen auf Implantaten; vgl. Mesostruktur. 18
Surdo|mutitas f: Taubstummheit; Sprachlosigkeit infolge von angeborener oder in früher Kindheit erworbener Taubheit. 19
Suspension (lat.) f: Aufschwemmung kleiner Feststoffteilchen, die in der Flüssigkeit schweben und allmählich infolge der Schwerkraft zu Boden sinken. Verb.: suspendieren. 23
Suspensions|kolloide n pl: → Kolloide, die im Lösungsmittel in fester Form vorhanden sind. 23
Suspensions|versuch: Keimtötungsversuch zur Wertbestimmung von Desinfektionsmitteln; Bakterien-Suspension wird in Desinfektionslösung pipettiert, nach verschiedenen Intervallen wird je eine Öse davon in Nährbouillon übertragen und bebrütet. Der S. erlaubt die Feststellung, wieviel Zeit ein Desinfektionsmittel in bestimmter Konzentration benötigt, um die Testkeime in vitro abzutöten. 8
Suspensorium n: Tragverband. 2
Sutura (lat.) f: Naht. 9
Sutura coronalis f: → Kranznaht. 9
Sutura frontalis f: Naht zwischen rechter und linker Stirnbeinhälfte, verknöchert zwischen 2. und 8. Lebensjahr. 9
Sutura incisiva f: Zwischenkiefernaht, beim Fetus und Säugling stets, beim Erwachsenen nicht immer sichtbar. Zieht vom Foramen incisivum in die Gegend zwischen seitlichem Schneidezahn und Eckzahn. 9
Sutura inter|maxillaris m: Naht zwischen beiden Oberkieferknochen; gleichbedeutend mit → Sutura palatina mediana. 9
Sutura palatina mediana f: Verbindungsnaht zwischen den Gaumenfortsätzen des Oberkiefers, entsprechend der Raphe palati (→ Raphe). 9
Sutura palatina transversa f: Quernaht zwischen den Gaumenfortsätzen des Oberkiefers und den Gaumenbeinen. 9
Sutura sagittalis f: Pfeilnaht zwischen den Scheitelbeinen des Schädeldachs. 9
Swaging (engl.) n: → Autorotationstransplantation. 6
Sweep (engl.) m: in der kieferorth. Behandlungstechnik mit festsitzenden Apparaturen eine der → *Spee*-Kurve entgegengesetzte Biegung, welche die Zahnbögen in vertikaler Richtung nivelliert. 5
Swish-and-swallow-Methode (engl.) f: eine Alternative zu → Fluoridtabletten und Fluoridspülungen. Fluoridlösung wird nach dem Spülen heruntergeschluckt, die eingenommene Fluorid-

menge entspricht der Dosierung von Fluoridtabletten. 29

Sycosis barbae f: alte Bezeichnung für pilzbedingte Bartflechte. → Trichophytie. 12

Symbionten (gr.) m pl: in → Symbiose zusammenlebende Organismen. 8

Symbiose (gr.) f: das Zusammenleben verschiedenartiger Organismen zu gegenseitigem Nutzen. 8

Symblepharon n: Verwachsungen zwischen den Bindehäuten des Augapfels. Angeboren oder erworben. 20

Symbol (gr.) n: Merkzeichen, Sinnbild für einen Begriff; chemisches S.: Bezeichnung für ein Element, z.B. H für Wasserstoff. 23

Symmetrie|ebene: die Sagittalebene, die den menschlichen Körper in zwei gleiche Hälften teilt. 9

Symmetrie|vergleich: von *Körbitz* beschriebene Messung für die → Gebißanalyse im Rahmen der kieferorth. Diagnostik. Hälftenvergleich der Zahnbögen in transversaler und sagittaler Richtung mittels Symmetroskop, → Symmetrograph, → Kiefermeßtisch oder → Visiermeßkreuz. Der sagittale S. ermöglicht die Bestimmung der → Bißlage. Vgl. *Grünberg*-Rekonstruktion. 5

symmetrische Extraktion f: Extraktion homologer (gleicher) bleibender Zähne in allen Quadranten eines Gebisses. Vgl. Extraktionstherapie, Steuerung des Zahndurchbruchs. 5

symmetrische Fibro|matose f: → Fibromatose, symmetrische. 2

Symmetro|graph m: von *van Loon, Simon* sowie *Korkhaus* und *Philips* beschriebenes kieferorth. Meßinstrument, das bei senkrecht zur → Raphe-Median-Ebene verlaufender Modellgrundfläche ermöglicht, die Transversallinien (Breitenverhältnisse des Kiefers) gleich in das Modell einzuritzen. Das Modell kann, einmal fixiert, auf der beweglichen Grundplatte beliebig gedreht werden, um die Raphe-Median-Ebene und alle Symmetrielinien jederzeit ablesbar einzuritzen. Zur Ergänzung werden Kurvenzeichner und Fallgitter zur Festlegung der sagittalen und transversalen Gaumenkurven und zur Herstellung von → Diagrammen angegeben. Vorläufer des S.en für den sagittalen Symmetrievergleich ist das Symmetroskop nach *Grünberg, Friel, Zielinsky* und *Korkhaus* (Abb. 1). Eine Vereinigung von S. und Symmetroskop ist das Gerät von *Beerendonk,* mit dem auf kephalometr. orientierten Modellen sowohl die Raphe-Median-Ebene und die Transversallinien einzuzeichnen sind als auch der → Symmetrievergleich abzulesen ist (Abb. 2). 5

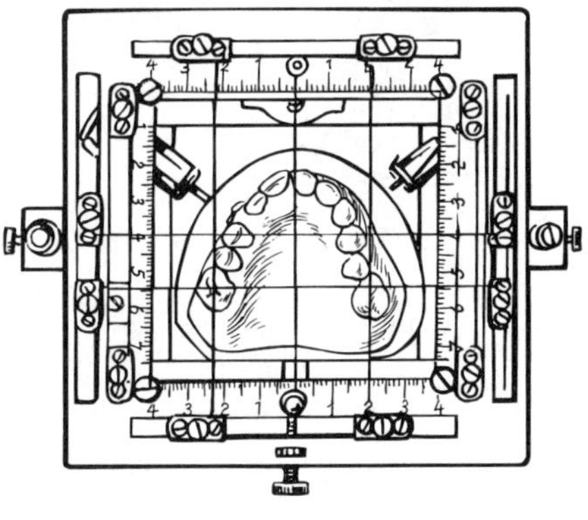

Abb. 1: Symmetroskop nach *Grünberg, Friel, Zielinsky* und *Korkhaus*

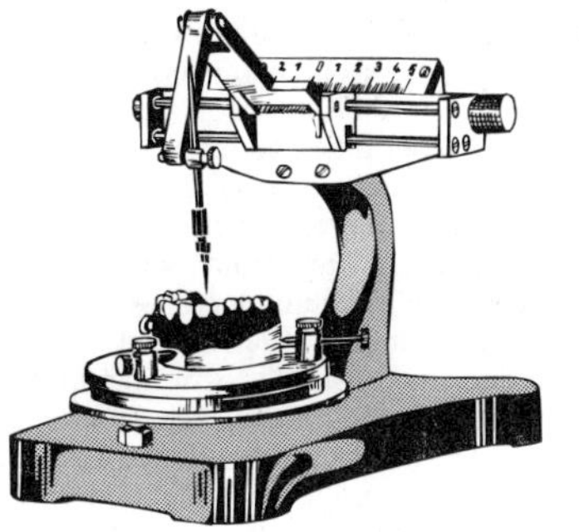

Abb. 2: Kombination von Symmetrograph und Symmetroskop nach *Beerendonk*

Sympath|ektomie f: Maßnahme zur Ausschaltung der sympathischen Einflüsse auf die Erfolgsorgane, bes. das Gefäßsystem. Speziell bei Gefäßerkrankungen wird damit eine Weiterstellung des Gefäßlumens erreicht. Die Unterbrechung der sympathischen Innervation kann durch medikamentöse → Sympathikusblockade vorübergehend oder durch chirurg. Maßnahmen auf Dauer erfolgen. Bei letzterer werden durch Resektion die sympathischen Fasern oder nach Durchtrennung des Grenzstranges die sympathischen Innervationen peripher gelegener Gebiete ausgeschaltet, z.B. bei → Kausalgien, peripheren Durchblutungsstörungen und → Claudicatio intermittens. 33

sympathicus (lat.): → sympathisch. 9

Sympathikomimetika n pl: → Sympathomimetika. 7

Sympathiko|tonie f: Verschiebung des vegetativ-nervösen Gleichgewichts nach der sympathischen Seite durch Überwiegen von sympathikuserregenden Reizeinflüssen. Ihre Charakteristika sind weite Lidspalten und Pupillen, trokkene Schleimhäute, feuchte Haut, Gefäßverengerung bei Pulsbeschleunigung, Hemmung von Darm- und Nierenfunktion, vermehrte Nebennierenfunktion. Vgl. Vagotonie. [33]

Sympathikus (gr.) m: Kurzform für Truncus sympathicus, Zusammenfassung aller → sympathischen Fasern. Teil des → vegetativen Nervensystems, liegt als → Grenzstrang des S., über den alle sympathischen Bahnen verlaufen, beiderseits der Wirbelsäule von der Schädelbasis bis zum Steißbein. Bildet den Rückenmarkssegmenten entsprechend Ganglienknoten, die durch Nervenstränge untereinander und mit dem Rükkenmark über die Rami communicantes in Verbindung stehen. Reizung durch → Adrenalin bewirkt Beschleunigung der Herzaktion, Gefäßkontraktion (außer an den Koronargefäßen, die dilatiert werden) Pupillenerweiterung u.a. [9, 33]

Sympathikus|blockade f: auf medikamentösem Wege erzielte vorübergehende Unterbrechung der sympathischen Innervation, z.B. mit Novocain oder Ganglienblocker, mit dem Ziel, spastisch verengte Gefäße zu erweitern, z.B. bei peripheren Durchblutungsstörungen, Claudicatio intermittens, Kausalgien, vasomotorischen Kopfschmerzen, Gesichtsschmerzen, Migräne. Vgl. Ganglion cervicothoracicum. [33]

sympathisch (gr.): **1.** a l l g.: angenehm, wesensverwandt, mitfühlend, mitleidend. **2.** M e d.: auf den Sympathikus, das sympathische Nervensystem bezogen, zum sympathischen Nervensystem gehörend, durch das s.e Nervensystem verursacht. Vgl. Sympathikus. [9, 10]

Sympatho|mimetika n pl: Substanzen, die den → Sympathikus anregen. Physiologisch → Adrenalin und → Norepinephrin, die Gefäßengstellung, Pulsbeschleunigung, Zunahme des Herzzeitvolumens und Stoffwechselsteigerung (Streßreaktion) bewirken. Einteilung nach Affinität zu den → Adrenozeptoren in direkt wirkende α-($\alpha_{1A/B/C}$-, $\alpha_{2A/B/C}$-) und β- (β_1-, β_2-, β_3-) S. bzw. → Adrenozeptoren-Agonisten (→ Agonisten) und indirekt wirkende S., die keine Affinität zu Adrenozeptoren haben und über eine Freisetzung von → Norepinephrin aus präsynapt. Granula wirken. Indikation in der Zhk.: system. zur Behandlung eines Herzstillstands, eines anaphylakt. Schocks (→ Epinephrin), einer akuten Hypotension (z.B. → Etilefrin, → Norfenefrin), lokal als → Vasokonstringens in → lokalanästhet. Lösungen (Epinephrin), als Adjuvans bei der Behandlung der dentogen induzierten Sinusitis maxillaris (z.B. → Tetryzolin, → Naphazolin, → Oxymetazolin, → Xylometazolin, → Tramazolin) oder als Bronchospasmolytikum beim Asthma bronchiale-Anfall (→ Salbutamol, Terbutalin, → Fenoterol u.a.). [2, 7]

Symphyse (gr.) f: Verwachsung, Verbindung zweier Knochen durch Faserknorpel. [9]

Symposion n: Symposium; wissenschaftliche Tagung in kleinerem Kreis mit bestimmter Thematik. [24]

Sym|ptom n: Krankheitszeichen. Subjektive S.e kann nur der Kranke wahrnehmen (Schmerz usw.), objektive S.e können unabhängig von den Angaben des Patienten festgestellt werden. [2]

sym|ptomatische Therapie f: Behandlung nach den Symptomen, wie z.B. Schmerzbeseitigung, und nicht nach den Ursachen wie bei der kausalen Therapie. [2]

Sym|ptomato|logie f: Semiologie, Semiotik; Lehre von den Krankheitserscheinungen. [2]

Sym|ptomen|komplex m: Gruppe zusammengehöriger Erscheinungen mit sicheren pathogenetischen Beziehungen zueinander. Meist mit dem Begriff → Syndrom identifiziert. [2]

Syn|algie f: Mitempfindung des Schmerzes in einem nicht direkt befallenen Nerv. [2]

Synapse (gr.) f: im Nervensystem Verbindung zwischen zwei Neuronen (Abb.); myoneurale S.: → Endplatte, motorische. [9]

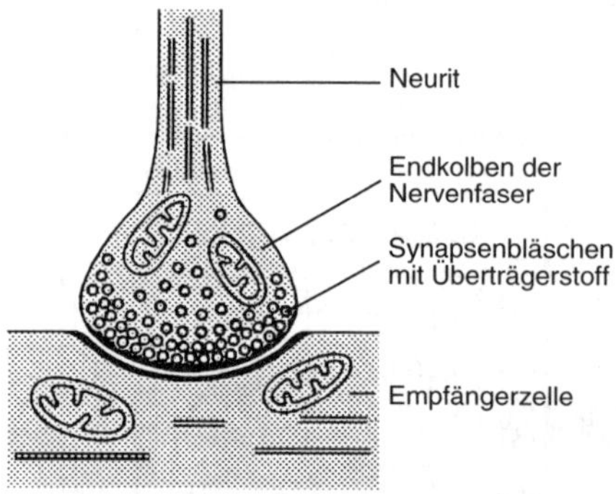

Die Erregungsübertragung vom Endkolben des Neuriten auf die Empfängerzelle erfolgt durch Freisetzung eines Überträgerstoffes, der in den Synapsenbläschen gespeichert ist. [82]

Synärese f: Alterung eines → Kolloids unter Wasseraustritt und Verfestigung. [23]

Synarthrose f: unbewegliche Knochenverbindung; je nach Art des die Verbindung herstellen-

den Gewebes unterscheidet man → Synchondrosen (Knorpel), → Syndesmosen (kollagenes oder elastisches Bindegewebe) und → Synostosen (Knochen). [32]
Synblepharon n: → Symblepharon. [20]
Syn|cheilie f: Synchilia; Verwachsung der Lippen, angeboren oder erworben. [3]
Synchondrose f: aus hyalinem oder Faserknorpel bestehende Verbindung zweier Knochen, an den Rippen als Dauerbindung, am Schädel im 4.-5. Jahre verknöchernd. Hier ergeben sich bei vorzeitiger Verknöcherung → Dysostosen. [9]
synchron (gr.): gleichzeitig. [34]
Syndaktylie f: angeborene Verwachsung der Finger und Zehen untereinander, sog. Schwimmhautbildung. [3]
Syndesmose f: feste Verbindung zweier Knochen durch fibröse oder elastische Bänder, eine Art der Synarthrose (unbewegliche Knochenverbindung). Auch die Aufhängung des Zahnes in der Alveole durch die *Sharpey*-Fasern des → Parodontiums ist eine S. [6]
Syndets (engl.) n pl: Kurzform für **syn**thetic **det**ergents; → Tenside. [23]
Syndrom n: Gruppe von charakteristischen, zusammengehörigen Symptomen ohne sichere pathogenetische Beziehungen zueinander, meist nach den erstbeschreibenden Autoren benannt. Die Ursache des Krankheitsbildes ist gänzlich oder teilweise unbekannt. Wird häufig nicht ganz korrekt mit dem → Symptomenkomplex identifiziert. [2]
Syndrom des 1. Kiemen|bogens n: → Dysostosis mandibulofacialis. [2]
Syn|echie (gr.) f: fibröse Verklebung zweier (normalerweise getrennter) Gewebsflächen. [32]
Synephrin n: direktes → Sympathomimetikum, $alpha_1$ > $alpha_2$-Adrenozeptoren-Agonist (→ Agonist), Antihypotensivum. Keine Indikation in der Zhk. für orale Applikationsformen aufgrund einer nur 10%igen oralen → Bioverfügbarkeit. [7]
Syn|ergismus (gr.) m: Zusammenwirken von Organen oder Organismen in derselben Richtung. Ggs.: → Antagonismus. In der Pharmakotherapie versteht man unter S. die gegenseitige Beeinflussung von → Pharmaka im Sinne einer Wirkungssteigerung durch Aufaddierung der einzelnen Wirkungsstärken. Der synergist. Effekt wird bei → Kombinationspräparaten genutzt (z.B. Cotrimoxazol), kann sich jedoch auch im unerwünschten Sinne einer Toxizitätssteigerung äußern. [7, 10]
Syngnathie f: seltene angeborene Mißbildung, bei der Ober- und Unterkiefer durch Bindegewebsbänder miteinander verbunden und dadurch aneinander fixiert sind. Oft gemeinsam mit Spaltbildungen. [3]
Synkinese f: spontane Mitbewegung von Muskeln, z.B. das Armschwingen beim Gehen u.ä. [10]
Synkope (gr.) f: Begriff für einen plötzlichen, kurzfristigen und oftmals spontan-reversiblen Bewußtseinsverlust. Die Ursachen sind sehr unterschiedlich: kardiovaskuläre und zerebrale Erkrankungen, metabolische sowie psychische Störungen. Wichtigste Formen sind die vasovagale und die orthostatische S. Bei der vasovagalen S. besteht die Symptomatik in Bewußtseinsverlust, → Bradykardie und → Blutdruckabfall. Therapie: → Flachlagerung (→ Seitenlagerung, stabile) sowie ggf. medikamentöse Intervention. Die orthostatische S. zeichnet sich durch eine → Bewußtseinsstörung bei langsamem Herzfrequenzanstieg und langsamem Blutdruckabfall aus. Therapie: → Flachlagerung (→ stabile Seitenlagerung). Vgl. Präsynkope. [16]
Syn|odontie f: Zahnverschmelzung, Fusion, unechte Zahnkeimpaarung; Bildung von → Zwillingszähnen durch unvollständige Verschmelzung zweier Zahnkeime. Vgl. Zwillingszähne. [1]
Syn|opsis f: zusammenfassende Übersicht. [1]
Syn|ostose f: starre, knöcherne Verwachsung benachbarter Skeletteile; physiol. bei Becken- und Schädelknochen (Suturen), pathol. als kongenitale Fehlbildung, z.B. Synostosis cleidocranialis (→ *Klippel-Feil*-Syndrom), Syndaktylie, → Kraniosynostose; posttraumatisch oder postinfektiös. Vgl. Synarthrose. [3, 32]
Syn|ovia f: Gelenkschmiere; die farblose oder gelbliche fadenziehende Flüssigkeit innerhalb der Gelenkkapsel, die von der → Synovialmembran gebildet wird. [9]
Syn|ovial|membran f: Gelenkhaut, die seröse Innenauskleidung der Gelenkkapsel. [9]
Syn|ovialom n: malignes S., synoviales Sarkom; seltener, maligner Tumor, der seinen Ausgang von Gelenken, Sehnenscheiden, Bursen oder Aponeurosen nimmt. Meist an Extremitäten lokalisiert, gelegentlich auch im Halsbereich, im Epi- und Hypopharynx oder im Retroperitoneum. Tritt meist in jüngeren Lebensjahren auf (20-45 Jahre). [32]
Syn|ovitis f: von der Synovialhaut ausgehende Gelenkentzündung, meist rheumatoid. [20]
Synthese (gr.) f: Verbindung einer Mannigfaltigkeit zu einer Einheit. Chem.: Aufbau komplizierter Verbindungen aus einfacheren. Vgl. Analyse. [23]
synthetisch: künstlich hergestellt. → Synthese. [23]

Synthetogramm n: aus dem → Okklusogramm nach *Kinast* gewonnenes voraussichtliches Endergebnis einer kieferorth. Zahnbogenumformung. Beim S. kann auch mandibuläres Wachstum simuliert werden. Die Erstellung eines S.s ist nur in Verbindung mit dem Ergebnis der → FRS-Analyse möglich. 5

Synzytium n: mehrkernige zellartige Strukturen, die durch Verschmelzung mehrerer Zellen entstanden sind. Vgl. Plasmodien. 9

Syphilid n: durch hämatogene Streuung bedingter syphilitischer Hautausschlag; makulöses (→ Roseola syphilitica), papulöses (→ Kondylome), pustulo-squamöses S. bei sekundärer, oberflächlich tuberöses oder tief subkutanes S. (→ Gumma) bei tertiärer → Syphilis. 12

Syphilis f: Lues venerea; durch das Treponema pallidum (→ Treponema) verursachte chronische, meist durch Geschlechtsverkehr übertragene Infektionskrankheit. Die Erreger dringen durch nicht sichtbare Epitheldefekte auf dem Lymphwege in den Körper ein. Nach drei Wochen entwickelt sich an der Eintrittsstelle eine derbe knotenförmige Gewebsverdichtung mit Erosion (→ Primäraffekt). Ab der 5. Woche sind die regionären Lymphknoten schmerzlos derb geschwollen. Als Ausdruck der hämatogenen Allgemeininfektion tritt in der 10. Woche ein blaßrötlicher Ausschlag (→ Roseola syphilitica) auf. Mit Beginn dieses zweiten Stadiums kommt es auch zu nässenden Papeln (breite → Kondylome) in den Hautfalten. Auf den Schleimhäuten entwickeln sich Leukoplakien wie → Plaques muqueuses (Abb.). Zusätzlich Angina syphilitica und fleckförmiger reversibler Haarausfall (→ Alopecia syphilitica). Nach Abklingen dieser Hauterscheinungen kommt es nach 2- bis 5jähriger Erscheinungsfreiheit, aber positiver Serologie (L. latens) zu Entwicklung des 3. Stadiums mit gummösen und ulzerösen Prozessen auch an den inneren Organen. Infektiös sind nur die Veränderungen im Stadium I und II. Spätfolgen der S. (→ Metalues) sind die Nerven- und die Gefäßlues (→ Tabes dorsalis, → progressive Paralyse und → Mesaortitis syphilitica). Serologische Frühdiagnose durch → TPHA-Test und → Flockungsreaktion in den ersten Wochen zum Zeitpunkt des Auftretens der Primärreaktion PA möglich. → FTA-Test als Bestätigungsreaktion. Der → *Nelson*-Test als Treponemenimmobilisationstest tritt später auf, persistiert aber. Die Behandlungsbedürftigkeit wird insbesondere bei der Frage nach einer erneuten Infektion durch den → IgM-FTA-Test bestimmt. Für die Abheilung der Syphilis ist der Titerabfall der

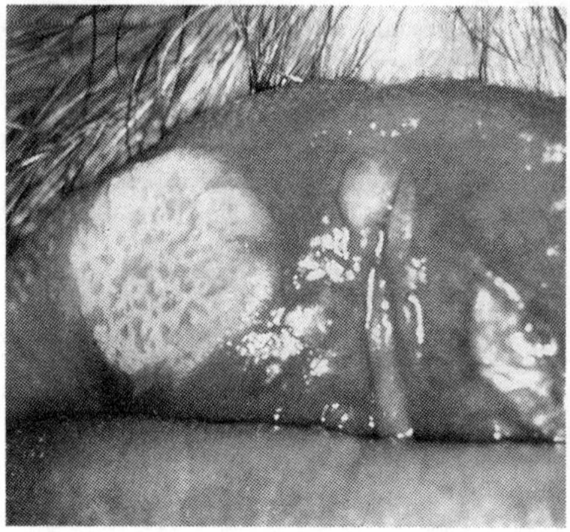

Lues II, Plaques muqueuses (leukoplakische Papeln), 3. Monat nach Infektion

Flockungsreaktionen wichtig. Therapie: Im Frühstadium L. I und L. II insgesamt 15 Mega I.E. Depotpenicillin 1 Mega täglich i.m. Lues III und spätlatente L. 1: 21 Mega I.E. Unter der Therapie durch Spirochätenzerfall, insbesondere im Frühstadium um → *Herxheimer-Jarisch*-Reaktion. 12

Syphilom n: → Gumma. 12

systematische Extraktion f: gezielte Entfernung von Zähnen zur Behebung von → Engständen bei → Neutralbiß. Vgl. Extraktionstherapie, Steuerung des Zahndurchbruchs. 5

systematische Par|odontal|behandlung: Behandlung → entzündlicher Parodontalerkrankungen mit dem Ziel, die Progredienz aufzuhalten und in günstigen Fällen eine Ausheilung zu erreichen (→ parodontale Regeneration). Sie umfaßt: 1. → Initialbehandlung (Mundhygiene, Mitarbeit des Patienten, lokale und funktionelle Therapie); 2. ausführliche Befundung, u.a. auch Modelle, Röntgenstatus und vollständigen → Parodontalstatus (Taschenmessung usw.); 3. chir. Maßnahmen zur Reinigung der Wurzeloberfläche und Beseitigung bzw. Reduktion von Zahnfleischtaschen (→ Kürettage, offene, → Lappenoperationen); 4. → Erhaltungstherapie (Recall). 6

System|krankheiten: Krankheiten, die ein Organsystem oder gleichartige Gewebe des Organismus trotz räumlicher Trennung befallen. Besonders gebraucht für (maligne) Wucherungen der hämatopoetischen Gewebe (→ Leukämie, → Retikulosen und Retikulosarkomatosen, → Lymphogranulomatose u.a.), aber auch für Krankheiten des kardiovaskulären Systems (→

Arteriosklerose, → Periarteriitis nodosa), des Bindegewebssystems (→ Kollagenosen, → Rheumatismus) und des Skelettsystems (→ Osteopathien) oder des Zentralnervensystems (spastische → Spinalparalyse u.a.). 20

Systole (gr.) f: im Wechsel mit der → Diastole erfolgende Kontraktion der Herzmuskulatur, getrennt für Vorhöfe und Kammern. 34

Szinti|graphie f: nuklearmedizinisches Untersuchungsverfahren zur Messung und Aufzeichnung der Aktivitätsverteilung eines meist durch intravenöse Injektion in den Körper gebrachten Radionuklids. Mit der S. können Organe, Tumoren, Metastasen und Entzündungen lokalisiert werden. Vgl. Radiojodtest, Knochenszintigraphie. 14

Szirrhus (gr.) m: Skirrhus; Adenokarzinom von bes. harter Konsistenz infolge starker Entwicklung des bindegewebigen Stromas; Parenchym u.U. nur in Form kleiner solider Nester. Vorkommen v.a. im Magen (Linitis plastica) oder in der Brustdrüse. 32

T

Ta: chem. Symbol für → Tantal. 23

TA: Abk. für engl. **T**echnology **A**ssessment; Technologiebewertung, Beurteilung einer neuen Technik mit Hinblick auf ihre Einsetzbarkeit nach Kriterien wie Nützlichkeit, Wirtschaftlichkeit, Vorteilen, Risiken, Ethik und Recht. 26

Tabes (lat.) f: Abzehrung, Schwund. 12

Tabes dorsalis f: Rückenmarksschwindsucht, Rückenmarksdarre, Degeneration der Hinterstränge des Rückenmarks. Spätform der Syphilis (→ Metalues). Symptome: Ausfall der → Patellarreflexe, → Pupillenstarre (obligatorisch), Sehnervenatrophie, lanzinierende Schmerzen, Blasen und Mastdarmstörungen, Analgesien, Hypästhesien, → Ataxie, Lähmungen, Atrophie des Alveolarfortsatzes, spontaner Zahnausfall, Nekrose der Kieferknochen, Brüchigkeit des Unterkiefers, anfallsweiser Speichelfluß. Heute selten aufgrund der Penizillintherapie in den frühen Stadien der → Syphilis. 12, 33

Tabiker m: ein an → Tabes dorsalis Erkrankter. 12

TAB-Vakzine f: Suspension thermisch abgetöteter Erreger zur aktiven Immunisierung gegen Typhus, Paratyphus A und B. 8

Tachy|kardie f: Herzschlagfrequenz von über 100/min bei Erwachsenen. Im EKG lassen sich je nach Ort der Reizbildung Sinus T.n, supraventrikuläre und ventrikuläre T.n (Kammerflattern und -flimmern) unterscheiden. Sinus-T.n entstehen bei körperlicher und seelischer Belastung, im Fieber (pro °C Frequenzzunahme um 8-10 Schläge/min; Ausnahmen: Typhus, Miliartuberkulose, verschiedene Virusinfektionen), im → Schock, bei Thrombosen, Lungenembolie, Anämie, Hyperthyrose, Herzerkrankungen (Myo-, Endokarditis), Cor pulmonale, Herzinsuffizienz und Perikarditis. Bei gleichzeitig unregelmäßiger Schlagfolge kommt es zu → Extrasystolen oder Tachyarrhythmia absoluta (→ Vorhofflimmern oder -flattern) mit unregelmäßiger Überleitung der Vorhoferregungen auf die Kammern. Paroxysmale T.: anfallsweises Herzjagen, schlagartiges Auftreten und Verschwinden einer hochgradigen regelmäßigen T. (150-200 Schläge/min). Ätiologie: funktionell bei psychischen Spannungszuständen, Ermüdung; toxisch durch Nikotin, Koffein; organisch bei arteriosklerotischen Herzerkrankungen, Myokardinfarkt. Therapie: Vagusreize (Daumendruck auf rechten Halsvagus bzw. Karotissinus und auf die Augenbulbi), Auslösen von Brechreiz, → *Valsalva*-Preßversuch, β-Rezeptorenblocker, Digitoxin, Defibrillation. Reizursprung im Vorhof (supraventrikuläre paroxysmale T.) oder in den Kammern (ventrikuläre paroxysmale T.). Vgl. Reizleitungssystem des Herzens, Bradykardie. 16, 20

Tachy|phylaxie f: schneller reversibler Wirkungsverlust eines Arzneistoffes (→ Pharmakon) nach mehreren rasch aufeinanderfolgenden Applikationen, z.B. indirekte → Sympathomimetika entleeren bei schnell aufeinanderfolgender Gabe die Norepinephringranula schneller als diese wieder aufgefüllt werden können, wodurch die Wirkung abnimmt. Auch → Toleranz. 7, 12

Tachy|pnoe f: Atmungsbeschleunigung ohne Behinderung des Atmungsvorgangs und ohne subjektive Mißempfindung, häufig verbunden mit → Dyspnoe. 16, 20

Taenia (lat.) f: Bandwurm. → Zestoden. 8

Takahara-Syndrom (Shigeo T., japan. Kliniker, Okayama, *1947) n: maligne Form der → Stomatitis ulcerosa bei Kindern, die auch auf die Tonsillen übergehen kann. Ursache dürfte das erbliche Fehlen des Ferments → Katalase im Blut sein, wodurch das von vergrünenden Streptokokken (→ Viridans-Streptokokken) gebildete H_2O_2 nicht aufgespalten wird. Auch milde Verlaufsformen. Nach Pubertät Erlöschen der Krankheit. Nur in Japan und der Schweiz beobachtet. 11

Talg|drüse: traubenförmiges Anhangsgebilde der Haare; Drüsenzellen degenerieren fettig und wandeln sich in Talg um (→ Drüsen, holokrine); es gibt auch frei in die Haut mündende T. an den Lippen, an den Brustwarzen, an den Genitalien und am After. 12

Talg|drüsen, ektopische: multipel auftretende gelblich-weiß durchscheinende Papeln u.a. an der Wangenschleimhaut. Vgl. Talgdrüsen, heterotrope. [12]

Talg|drüsen, heterotrope: *Fox-Fordyce*-Drüsen, Audry-Drüsen; auf der Wangenschleimhaut in Verlängerung der Mundspalte befindliche sattgelbe, durch die Schleimhaut hindurchschimmernde Knötchen; beim embryonalen Verschluß der Gesichtsspalte werden die h.n T. von der äußeren Haut nach innen verlagert. Bei 25% der Frauen und 30% der Männer anzutreffen; nicht bei Kindern. [12]

Talkum (arab.) n: zu Pulver zermahlener Talk (chemisch Magnesiumsilikat); wird zum Glätten von Modellen verwendet, Bestandteile im Abdruckgips bewirken starke Bruchkanten, in Kompositionsabformmassen setzt es die Klebrigkeit von Harzen herab und ist als Füllstoff im Modellierwachs enthalten. [4]

Talon (lat.) m: an oberen Molaren distal vom → Trigon auftretende Formation, aus welcher drei weitere Höcker entstehen. In voller Ausbildung besitzen obere Molaren sechs Höcker. [30]

Talonid n: an unteren Molaren distal vom Trigonid auftretende Formation, aus welcher drei weitere Höcker entstehen (→ Trigon). In voller Ausbildung besitzen untere Molaren sechs Hökker. [30]

Talon|zähne: Frontzahnfacetten aus Keramik, deren Schneidekante nach innen absatzähnlich verstärkt ist, so daß sie ohne Metallschneidekantenschutz verarbeitet werden können. Bewährt

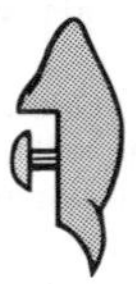

für untere Frontzähne. Die Verankerung in der Prothese oder in einem Brückenzwischenglied erfolgt durch Platinstifte oder → Krampons, die in den lingualen Teil der Facette eingelagert sind (Abb.). [4]

Talvosilen®: analget. wirksames → Kombinationspräparat, enthält → Paracetamol und → Codein. [7]

Tampon (frz. Pfropfen, Stöpsel) m: Stopfbausch; Gazestreifen, mit dem natürliche oder künstliche Körperhöhlen zur Blutstillung, Erweiterung oder Applikation von Arzneistoffen ausgestopft werden. [2]

Tamponade f: Einführung von Tampons. Vgl. Dränage. [2]

Tampon|stopfer: → *Luniatschek*-Tamponstopfer. [2]

Tanaka-Formel: Methode der → Gebißanalyse zur Bestimmmung des Platzbedarfes in der kieferorth. → Stützzone während der 2. → Wechselgebißperiode. Der Platzbedarf errechnet sich über die Summe der Schneidezahnbreiten des Unterkiefers (→ SI). [5]

$$\frac{\text{SI (Unterkiefer)}}{2} + 10{,}5 \text{ mm.}$$

Platzbedarf im Unterkiefer je Seite:

$$\frac{\text{SI (Unterkiefer)}}{2} + 11 \text{ mm.}$$

Tang (nord.) m: Meeresalgen, die u.a. als Ausgangsprodukt zur Herstellung der → Alginate verwendet werden. [4]

Tangential|präparation f: Stumpfpräparation mit weitgehend paralleler, leicht konisch zur Zahnachse verlaufender Schlifffläche. → Pfeilerpräparation. [4]

Tantal (gr.) n: Ordnungszahl 73, Symbol Ta, metallisches Element, Atomgewicht 180,88. Graues, glänzendes, sehr hartes Metall, das in dem Mineral Tantalit enthalten ist, sehr widerstandsfähig und äußerst dehnbar. Schmelzpunkt 2.800°. Vorkommen: Finnland, Skandinavien, Nordamerika, Australien. In der Zhk. werden wegen der Säurefestigkeit Tantalinstrumente zum Verarbeiten von Silikatfüllungen verwandt. Auch zur Implantation sowie für prothetische Zwekke. [4]

Tantal|implantate n pl: dentale Implantate aus → Tantal; z.B. → Nadelimplantate nach *Scialom.* [18]

Tarif|vertrag: kollektiv abgeschlossener Vertrag über Arbeitsbedingungen und Vergütung. Für Zahnarzthelferinnen und Auszubildende existiert ein „Tarifvertrag über die Arbeitsbedingungen für Helferinnen" sowie ein Vergütungstarifvertrag, vereinbart von der Arbeitsgemeinschaft zur Regelung der Arbeitsbedingungen des Hilfspersonals der Zahnärzte mit dem Verband der weiblichen Angestellten e.V. Der Inhalt des T.s kann im einzelnen Arbeitsvertrag vereinbart werden. Werden keine speziellen Regelungen getroffen, gilt der T. als „übliche Regelung". Im einzelnen Vertrag können aber auch abweichende Regelungen getroffen werden. [24]

Tarsor|rhaphie f: operativer Eingriff zur Verengerung der Lidspalte, z.B. bei Fazialisparese. [20]

Taschen|ab|szeß m: → Parodontalabszeß. [6]

Taschen|epithel n: der Zementoberfläche bzw. den Konkrementen zugekehrtes Epithel der Zahnfleischtasche. Durch entzündliche Prozesse meist stark geschädigt, daher atypische Epithelproliferationen. Vgl. Parodontitis marginalis, Saumepithel. [6]

Taschen|exsudat n: → Sulkusflüssigkeit. [6]

Taschen|kürettage f: → Kürettage, subgingivale. [6]

Taschen|stein: veraltete Bez. für → Konkremente. [6]

Taschen|therapie f: Beseitigung von patholog. vertieften Zahnfleischtaschen und Pseudotaschen. Vgl. systematische Parodontalbehandlung. [6]

Taschen|tiefe: Abstand vom Zahnfleischrand bis zum Fundus der Zahnfleischtasche. [6]

Taubstummheit: → Surdomutitas. [19]

Taur|odontismus m: Zähne mit weiter Pulpahöhle, ähnl. der der Wiederkäuer, die sich durch die ganze Zahnwurzel erstreckt. T. wurde mehrfach bei fossilen Menschenfunden festgestellt (teilweise beim Neandertaler u.a.). Atavist. auch beim heutigen Menschen als unregelmäßig dominant vererbte Anomalie auftretend. DD → Pulpagranulom. Ggs.: → Kynodontismus. Vgl. Prismenzähne. [1]

Taurolidin: Kondensationsprodukt aus der Aminosulfonsäure Taurin und Formaldehyd. T. wirkt antibakteriell (u.a. grampositive und gramnegative Aerobier, Anaerobier, Pilze) und antitoxisch. [7]

Taxis (gr.) f: das Zurückbringen (Reponieren) von Eingeweidebrüchen. [2]

Taxonomie f: Einordnung in ein biologisches System, z.B. → Bakteriensystematik. [8]

Tb: Tbc, Tbk; Abk. für → Tuberkulose. [8]

T-Band|matrize f: gut adaptierbare bzw. modellierbare Metallmatrize. Wird ohne Matrizenhalter angebracht, besonders geeignet für Milchmolaren. [29]

TCP: Abk. für **Tri**calcium**p**hosphat; resorbierbares Granulat zum Knochenersatz (Ceros®, Biobase®). Vgl. Trikalziumphosphatkeramik. [2]

Technetium|szintigramm n: Darstellung von Umbauvorgängen im Knochen (Tumoren, Osteomyelitis) durch Nachweis des in diesem Bereich angereicherten Isotops Tc mit der Gamma-Kamera. [2]

Teer m: Pix; ein zusammengesetztes Mineralöl, das durch Destillation verschiedener organischer Stoffe künstlich hergestellt wird. Bei dem aus Kohle gewonnen T. unterscheidet man Steinkohle- und Braunkohlenteer. [23]

Teflon® n: Poly-Tetrafluoräthylen; hitzebeständiger, auch gegen chem. Einwirkungen sehr widerstandsfähiger Kunststoff. [23]

Tegmen oris n: die embryonale Gaumenanlage. [9]

Tegmentum (lat.) n: Decke, Haube. T. rhombencephali: der dorsale Anteil des Rhombencephalon. [9]

Teil|krone: Kronenform, die die natürliche Zahnkrone nur teilweise bedeckt; die Zähne werden so präpariert, daß die faziale Fläche freibleibt (Abb.). Im Vergleich zur → Verblendkrone wird beim Präparieren weniger Zahnsubstanz geopfert, das Vorgehen ist aber erheblich

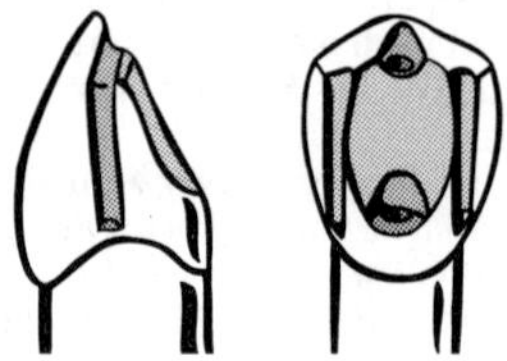

Carmichael-Krone

schwieriger. Im kariesanfälligen Gebiß nicht geeignet, durch supragingivale Kronenränder jedoch günstig im parodontal erkrankten Gebiß. Man unterscheidet nach der Größe der Fläche, die von der Krone umfaßt wird, in Halb- und Dreiviertelkronen. Halbkronen sind Teilkronen im Frontzahn-, Dreiviertelkronen sind Teilkronen im Seitenzahngebiet. Ihre Verankerung erfolgt durch Rillenpräparationen (Kronen nach *Breckhus, Carmichael, Finker*), durch Stifte (Pinledge), durch die Kombination von Rillen und Stiften (Krone nach *Rank*) und durch entsprechend retentive Präparationsformen (Krone nach *Vest,* die auch als Vierfünftelkrone bezeichnet wird). [4]

Tektal|wall: Gaumenwall; der sich später zurückbildende seitliche wulstartige Rand des Gaumens beim Fetus und Säugling. Bildet mit dem → Frenulum tectolabiale den Saugmund. [22]

Tela (lat.) f: Gewebe, z.B. T. subcutanea: Unterhautzellgewebe, → Subkutis. T. submucosa: → Submukosa. [9]

Tele|angi|ektasie f: Erweiterung der feinsten Blutgefäße (Kapillaren); man unterscheidet reiser-, knötchen- und sternchenförmige T.; Vorkommen im Gesicht, auf der Mund-, Wangen- und Nasenschleimhaut sowie am Rumpf älterer Menschen (Rubinpunkte, Angiomata senilia), ferner als „Besenreiser" an den Oberschenkelaußenseiten von Frauen. T. sind manchmal Begleitsymptom von mit Bindegewebschäden einhergehenden Dermatosen, z.B. Sklerodermie, → Akrodermatitis chron. atrophicans, Variokosis sowie Symptom der → Rosazea. Sonderformen: Naevus flammeus, Feuermal; es handelt sich dabei um meist venöse Kapillarhyperämien (stellt damit gewissermaßen das Gegenstück zum Naevus anaemicus dar). Bei Geburt bereits vorhanden, sich entsprechend dem Körperwachstum vergrößernd. Vgl. Angiokeratom; Haemangioma simplex (→ Hämangiom), *Osler*-Krankheit, *Klippel-Trenaunay*-Syndrom, Naevus. Therapie: intravasale Verödung/Sklerosierung, Laser, Elektrochirurgie. 12

Tele|konverter m: mehrlinsiges fotografisches Zwischenobjektiv, das die → Brennweite des Objektivs verlängert, ohne die kürzeste Einstellentfernung zu verringern. Daher ermöglicht ein T. größere → Abbildungsmaßstäbe. Üblich sind 1,4fach-, 2fach- und 3fach-Konverter. Die Lichtstärke wird dadurch allerdings um eine, zwei bzw. drei Blendenstufen verringert. Vgl. Makrokonverter. 17

Tel|enzephalon n: Endhirn, die beiden Halbkugeln des Großhirns. 9

teleskopartig: teleskopisch; das Teleskop betreffend; parallelwandig frikativ ineinandergreifend. 4

Teleskop|feder: von *Trauner* entwickelte, in einer Hülse arbeitende Spiralfeder für Einzel- und Gruppenbewegungen in → aktiven Platten. In verschiedenen Stärken zwischen 50-200 g lieferbar. 5

teleskopierende Total|prothese f: → Totalprothese, teleskopierende; → Deckprothese. 4

Teleskop|krone: Doppelkrone; über eine zylindrische Metallkrone mit flachem Deckel greift teleskopartig eine zweite Krone mit anatomisch

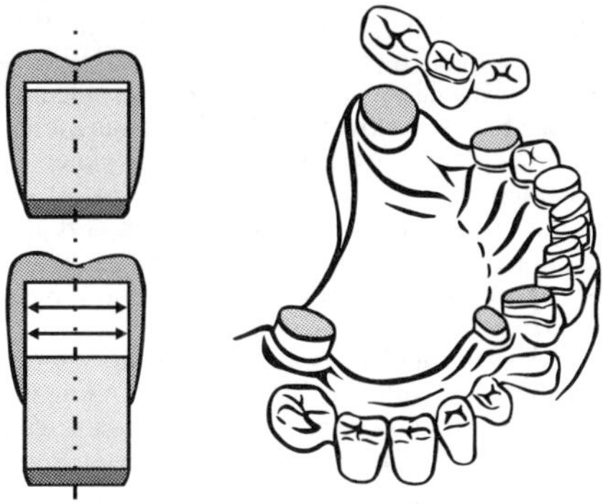

geformter Oberfläche (Primär- und Sekundärteleskop, Abb. a). Dient das Teleskop zur Verankerung von abnehmbaren Brücken, so müssen die Sekundärteleskope eine gemeinsame Einschubrichtung besitzen und damit die Primärteleskope untereinander parallel ausgerichtet sein (Abb. b, nach dem Erfinder *R. Walter Starr*, Buffalo, 1886). Da eine exakt zylindrische Formung meist nicht möglich ist, soll die Primärkrone wenigstens zwei gegenüberliegende parallel ausgerichtete Flächen aufweisen (meist mesial und distal), während die bukkale und linguale bzw. palatinale Oberfläche der Primärkrone konisch zulaufen kann. Das Teleskop wird auch zur Abstützung bei partiellen Prothesen benutzt. Man unterscheidet konische T. (→ Konuskrone), parallelwandige T., → Resilienzteleskope, Hybridteleskope (mit Friktionsstiften). 4

Tellurit|nährboden: → *Clauberg*-Agar. 8

Temazepam: 1,4-Benzodiazepin-Derivat, → Hypnotikum mit einer Eliminationshalbwertszeit (→ Halbwertszeit, terminale) von 5-13 h; vgl. → Benzodiazepine. 7

Temgesic®: Analgetikum, → Buprenorphin. 2

Temocillin: Derivat des → Ticarcillins, → Breitspektrum-Penicillin mit hoher → Beta-Lactamasestabilität bei gramnegativen Bakterien zur parenteralen Applikation. 7

Temperament (lat.) n: die Lehre von den T.en geht auf *Hippokrates* (460-377 v. Chr.) und *Galenus* (129-201 n. Chr.) zurück; sie konstatierten eine Beziehung zwischen den Körpersäften und typischer individueller Gestimmtheit; mit modernen differentialpsychologischen sog. Traits (wie Introversion und Extraversion) werden individuell typische soziale Grundstimmungen als → Persönlichkeitseigenschaften empirisch wieder aufgegriffen. 13

Tempern: Wärmebehandlung, vor allem bei Eisen-Kohlenstoff-Legierungen, durch die die endgültigen und kennzeichnenden Eigenschaften erhalten werden. In der Kunststoff-Technik wird unter T. eine nachträgliche, längere Zeit andauernde Wärmebehandlung dicht unterhalb des Erweichungsbereiches verstanden, die zur Beseitigung oder Verminderung innerer Spannungen dient. Vgl. Langzeitpolymerisation. 34

temporal (lat.): temporalis; zur Schläfe gehörig; Musculus t. (→ Kaumuskeln). 9

Temporalis|kauer: → Hackbiß. 5

temporär (lat.): nur eine gewisse Zeit dauernd, für eine gewisse Zeit bestimmt; z.B. t.es Gebiß: Milchgebiß, im Gegensatz zum permanenten Gebiß. 4

Tendo (lat.) m: → Sehne. 9

Tenon-Kapsel (Jacques René T., Augenarzt, Paris, *1724, † 1816): die Bindegewebshülle des Auges. 9

Teno|tom n: sichelförmiges Messer, ursprünglich zur subkutanen Durchschneidung von Sehnen, das zur Abtragung von Zahnfleischlappen über dem unteren Weisheitszahn oder zur Eröffnung palatinaler Abszesse verwendet wird (Abb.). 2

Tenside (lat.) n pl: Detergenzien, Syndets; synthetische organ. Substanzen, die die Oberflächenspannung des Wassers herabsetzen und als Wasch-, Reinigungs- und Desinfektionsmittel Verwendung finden. Man unterscheidet anionenaktive (z.B. die meisten Waschpulver), kationenaktive („Invertseifen", z.B. das Desinfektionsmittel → Zephirol®) und nichtionogene (z.B. einige flüssige Geschirrspülmittel). In Zahnpasten u.a. als → Natriumlaurylsulfat. 23

Tensor (lat.) m: Spanner, z.B. M. tensor veli palatini: Gaumensegelspanner, M. tensor tympani: Trommelfellspanner. 9

Tentamen (lat.) n: Versuch. T. physicum: ärztl. oder zahnärztl. Vorexamen. 24

Terata (gr.) n pl: Fehlbildungen ganzer Organe oder Organstrukturen. 3

teratogen: Mißbildungen hervorrufend. T.e äußere Einflüße oder chemische Substanzen, die während der Embryonalzeit wirken, rufen Fehlbildungen hervor. 3

Terato|logie f: Lehre von den Mißbildungen. 3

Teratom (gr.) n: teratoider Tumor; dysontogenetischer Keimzelltumor, der Derivate aller drei Keimblätter enthält. Die Teratomanlage erfolgt - unabhängig vom Zeitpunkt ihrer klinischen Manifestation - stets in der frühen Embryonalzeit. T.e können gonadal oder extragonadal lokalisiert sein, sind entweder gutartig oder bösartig. Die Mehrzahl der T.e wird klinisch erst im Erwachsenenalter manifest; das gilt v.a. für die T.e von Ovar und Hoden. 32

Terfenadin: Antiallergikum, kompetitiver → Antagonist an Histamin- H_1-Rezeptoren ohne nennenswerte sedative Nebenwirkung. Wirkungsmechanismus und Indikation vgl. Antihistaminika. 7

Tergum (lat.) n: Rücken (nicht IANC); → vis a tergo. 9

terminal (lat.): terminalis; zum Ende gehörig. T.e Anästhesie: Anästhesie der Nervenendigungen, also die eigentliche → Lokalanästhesie. 2

Terminal|okklusion f: → Schlußokklusion. 5

Termino|logie (lat.) f: Kunstsprache, Fachsprache; die Lehre von den Fachausdrücken (Termini technici) einer Wissenschaft. 9

ternäre Legierungen f pl: Metallkunde: Legierungssysteme, die aus drei Komponenten bestehen. In einem gleichseitigen Dreieck (Konzentrationsdreieck) stehen die reinen Metalle in den Ecken; die Dreieckseiten repräsentieren die binären Systeme. Jeder Punkt auf der Dreiecksfläche entspricht einer bestimmten Zusammensetzung, die durch Fällen des Lotes auf die Dreiecksseiten ermittelt werden kann. 4

Terpene (gr.) n pl: Naturstoffe, deren Zusammensetzung meist einem Vielfachen von C_5H_8 (der Formel des → Isoprens) entspricht. Bestandteil vieler ätherischer Öle und Naturharze. 23

Tertiana (lat.) f: Malaria tertiana. 8

Tertiär|dentin n: → Reizdentin. 1

Tertiär|lues f: III. Stadium der → Syphilis. 12

Test|bakterien f pl: Bakt. bekannter Empfindlichkeit gegenüber desinfizierenden oder antibiotischen Mitteln zur Eichung von Stoffen unbekannter Wirkung. 8

Testes (lat.) m pl, sing Testis: männliche Keimdrüsen mit inkretorischer und sekretorischer Funktion; zwei ovale, seitlich zusammengedrückte Organe, im Hodensack (Scrotum) liegend. Androgen- und Östrogenproduktion in den *Leydig*-Zellen (Hodenzwischenzellen) im Interstitium, Entstehung der Spermatozoen in den Tubuli seminiferi. Steuerung durch die Adenohypophyse; → Hypophyse. 9

Testikel (lat.) m: Hoden, → Testes. 9

Testo|steron n: das wichtigste männliche Sexualhormon, Bildungsstätte beim Menschen nur in den *Leydig*-Zellen (Hodenzwischenzellen). Wirkungsmechanismen: Stimulierung des Wachstums der primären und sekundären Geschlechtsorgane bzw. -merkmale, anabolisierende Steigerung des Knochenwachstums bis zur genetisch festgelegten Maximalgröße. Beim Ausfall der Keimdrüsenfunktion vor der Pubertät (Frühkastration) Entwicklung eines hypogonadalen Hochwuchses, nach der Pubertät eines Späteunuchoidismus. 10

Test, psycho|logischer m: wissenschaftlich-diagnostisches Routineverfahren zur Ermittlung von individuell variierenden → Persönlichkeitseigenschaften im Vergleich zu einer normierten Population mit bekannter Testleistung (Eichstichprobe). Untertests können einzelne Befähigungen oder Persönlichkeitszüge betreffen. Die Diagnostik soll den Gütekriterien der Objektivität, der Zuverlässigkeit und der Gültigkeit gehorchen. 13

Tetanie (gr.) f: Änderung im pH und → Hypokalzämie, dadurch Übererregbarkeit des Nervensystems, die zu Karpopedalspasmen, z.B. Pfötchenstellung (Abb.), Laryngospasmus und Krämpfen führt. Klin. Einteilung: 1. hypokalzämische T.: → Hypoparathyreoidismus; 2. alkalotische T.: respiratorische Alkalose mit normalem Kalziumspiegel, normalem HCO_3 und mit

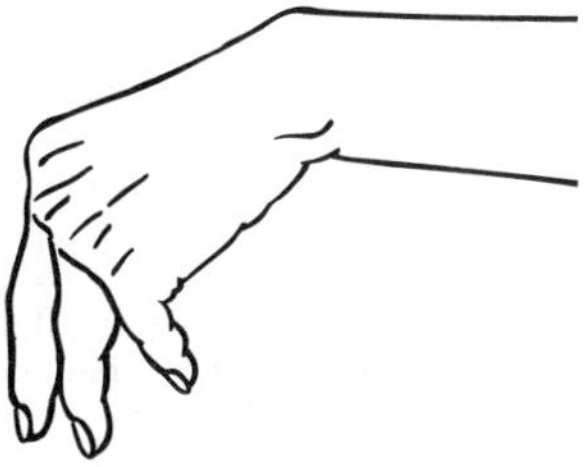

Pfötchenstellung

hohem pH (Hyperventilation) oder metabolische Alkalose mit normalem Kalziumspiegel, erhöhtem HCO_3 und erhöhtem pH durch Erbrechen, Magenspülung und -absaugung (sog. Magentetanie). [20]

Tetano|spasmin n: neurotropes Gift von Clostridium tetani, Protein; besitzt Affinität zu grauer Substanz des ZNS, wo es von einem Gangliosid gebunden wird; es unterdrückt die Hemmung durch die → Synapsen. Bestandteil des Tetanustoxins. [8]

Tetanus (gr.) m: Wundstarrkrampf. Erreger: → Tetanusbazillen, die im Kot der Menschen, der Pferde und Rinder ausgeschieden werden, daher bei Straßenunfällen und bei mit gedüngter Erde verunreinigten Wunden, speziell Trümmerwunden, bes. Vorsicht. Starke Wirkung des ausgeschiedenen Giftes, das eine Affinität zur motorischen Nervensubstanz zeigt. Tonische Krämpfe (Dauerspannung), die stets an der Kaumuskulatur beginnen (Trismus), dann auf Nacken und Rücken übergehen (→ Opisthotonus), zuletzt Beine und Füße in Streck-Spitzfußstellung erfassen. Armmuskulatur bleibt meist frei. Mimische Gesichtsmuskulatur gespannt, daher verzerrter Gesichtsausdruck (Risus sardonicus; Abb.). Auf Reiz klonische Krämpfe; qualvoll, da bei vollem Bewußtsein. Schweißausbrüche, quälendes Durstgefühl, das nicht gelöscht werden kann, da bei Trinkversuch erneute Anfälle. Tod meist während eines Anfalls durch Krampf der Atmungsmuskulatur. Therapie: bei ausgebrochener Krankheit nicht sehr erfolgreich, Antitoxin in hohen Dosen als Dauertropf; rektale Dauernarkosen, Penicillin, Vollkurarisierung über lange Zeit mit künstlicher Beatmung und Ernährung. Recht zuverlässig ist die passive → Immunisierung durch

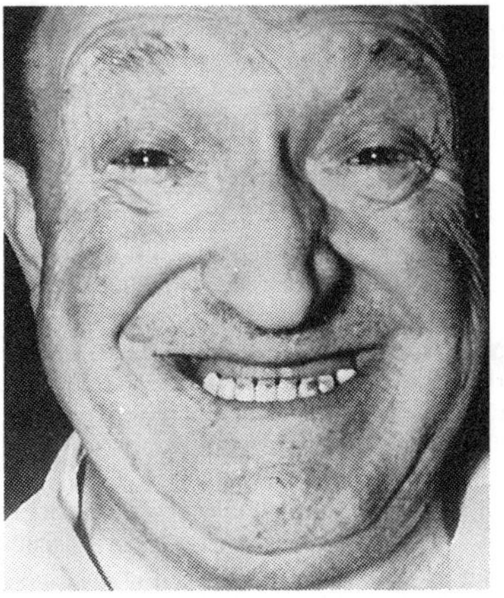

Tonischer Krampf der Kaumuskulatur, evtl. mit Kieferklemme [85]

prophylaktische Gabe von 1.500 I.E. Antitoxin (Internat. Einheiten = 3.000 Einh. alter Art) subkutan möglichst bald nach der Verletzung. Vorsicht: → Serumkrankheit. Sicherer noch die Prophylaxe durch aktive Immunisierung. Vgl. *Rose*-Frühsymptom. [8]

Tetanus|bazillen m pl: Erreger des Wundstarrkrampfes (Clostridium tetani), anaerobe Bazillen. Schlanke, dünne, bewegliche Stäbchen von

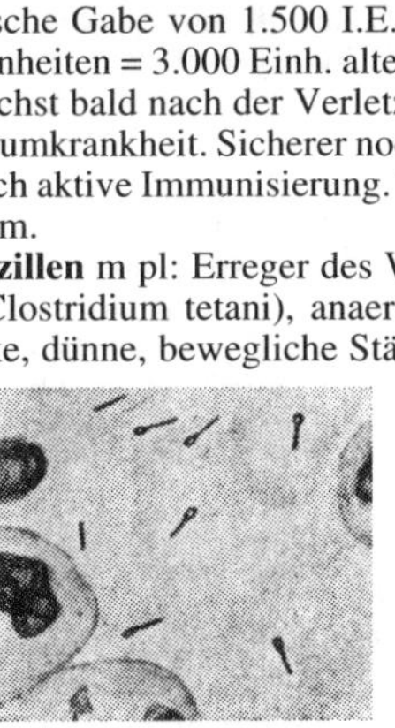

verschiedener Länge, grampositiv, besitzen an einem Ende kugelförmige Sporen (Trommelschlegelform, Abb.). Sie halten 100 °C im Wasserdampf bis zu 90 min aus. Vermehrung im Darm von Pflanzenfressern; Vorkommen in gedüngter Erde und Straßenstaub. Vgl. Tetanospasmin. [8]

Tetracain n: → Lokalanästhetikum vom Ester-Typ, anästhet. → Potenz 8fach höher als die des Procains. Langsamer Wirkungseintritt (pKa-Wert 8,4), lange Wirkungsdauer; Wirkungsmechanismus, Nebenwirkungen siehe Lokalanästhetika. Indikation in der Zhk. zur Oberflächenanästhesie (Pantocain®). Auch als Schleimhautspray (Gingicain®). Kontraindikationen: Allergie gegen T. oder → Paragruppen-Allergie. [2, 7]

Tetracyclin n: Naphthacencarboxamid-Derivat, Breitband-Antibiotikum (→ Antibiotikum) mit einer ca. 80%igen enteralen Resorption (nahrungsabhängig) und einer Eliminationshalbwertszeit (→ Halbwertszeit, terminale) von 8-11 h. Auch → Tetracycline. 7

Tetracycline n pl: Gruppenbez. für Derivate des Naphtacens wie → Tetracyclin, Chlortetracyclin, Oxytetracyclin, Demeclocyclin, Rolitetracyclin, → Doxycyclin, Minocyclin; Breitband-Antibiotika (→ Antibiotika). Das antimikrobielle Wirkungsspektrum schließt alle Keime ein, denen eine Bedeutung bei dentogen induzierten, orofazialen Infektionen zugesprochen wird. T. wirken bakteriostat. Die Primärresistenzen sind in dem für die Zhk. wichtigen anaeroben Bereich z.Z. hoch. Nebenwirkungen: dosisabhängig an Intestinaltrakt, Niere, Leber, Pankreas, Skelett, Zähne (Mineralisationsstörungen), *Fanconi*-Syndrom bei Verwendung überlagerter Präparate, daneben photoallerg. Dermatosen sowie allg. Reaktionen. Kontraindikationen: Allergie gegen T.; Schwangerschaft, Laktationsperiode, Kinder bis zum Abschluß der 2. Dentition, Leber- und Niereninsuffizienz (Niereninsuffizienz gilt nicht für → Doxycyclin). Indikation in der Zhk. nur gezielt anhand eines Antibiogramms. 7

Tetra|kalzium|phosphat|keramik f: → Kalziumphosphatkeramik mit der Summenformel $Ca_4P_2O_9$. Einsatzmöglichkeit als Knochenersatzmaterial, aber weniger gebräuchlich als → Trikalziumphosphatkeramik oder → Hydroxylapatitkeramik. 18

Tetra|plegie f: Lähmung aller vier Gliedmaßen. 20

Tetra|saccharide n pl: → Kohlenhydrate. 23

Tetry|zolin n: Imidazol-Derivat, direktes → Sympathomimetikum, α_2- > α_1-Adrenozeptor-Agonist (→ Agonist). Indiziert in der Zhk. zur supportiven Behandlung einer Sinusitis maxillaris dentogenen Ursprungs. Wirkungsmax. 5-10 min post applicationem, Wirkungsdauer ca. 3-4 h. Zur Vermeidung einer Nasentropfenrhinitis nicht länger als 10 Tage anwenden. 7

Teuscher-Aktivator (Ulrich T., Kieferorth., Zürich) m: → Kombinationsheadgear. 5

T-förmiger Zahn: Formanomalie der Frontzähne, evtl. eine Fusion von zwei Zahnkeimen. Das → Tuberculum dentis ist vergrößert, von inzisal her betrachtet erscheint der Zahn T-förmig. Im palatinalen Höcker ist in der Regel ein Pulpahorn vorhanden. Der Höcker kann u.U. ein Okklusionshindernis darstellen. 29

Th: chem. Symbol für → Thorium. 23

Thalamonal®: Kombination von → Droperidol (Neuroleptikum) und → Fentanyl® (Analgetikum) im Verhältnis 1 : 50. Anwendung zur Prämedikation (2 ml bei 70 kg Körpergewicht) oder zur Einleitung einer → Neuroleptanalgesie. 2

Thalamus (gr.) m: Hauptteil des → Zwischenhirns. 9

Thalamus|schmerz: dauernder oder anfallsweise auftretender, sehr intensiver, unstillbarer, halbseitiger, oft lokal umschriebener Körperschmerz auf der einem Herd im Thalamus (Tumor, Entzündung, Durchblutungsstörung) entgegengesetzten Körperseite. 33

Thalidomid-Embryo|pathie f: Fehlbildungssyndrom mit Fehlbildungen der Gliedmaßen und Dysotien (häufig mit Taubheit und Schädigung des 7. Hirnnervs). Hohe Frühsterblichkeitsrate, keine kausale Therapie. Ursache: Einnahme von Thalidomid (Contergan®) während der Frühschwangerschaft. 3

Thanato|phobie f: Angst vor dem Tod, zwanghafte Angst, sterben zu müssen. 33

Theka (gr.) f: Theca; Hülle, Kapsel. 9

Thek|odontie f: Verankerung der Zähne in Alveolen (Abb.). Vgl. Akrodontie und Pleurodontie. 30

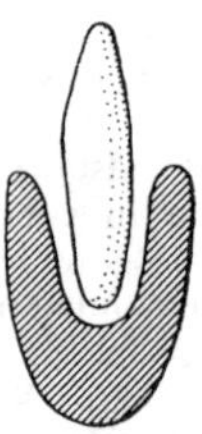

[5]

Theophyllin-Ethylendiamin n: 2:1-Komplex des Theophyllins (= 1,3-Dimethylxanthin) mit Ethylendiamin, → Bronchospasmolytikum. → Antagonist an Adenosin-Rezeptoren und unspezifischer → Phosphodiesterase-Inhibitor. Durch Erhöhung der cAMP-Konzentration und konsekutive Abnahme der intrazellulären ionisierten Kalzium-Konzentration kommt es zur Dilatation glatter Muskulatur insbes. der Bronchien und pulmonalen Gefäße, zur Aktivierung der mukoziliären Klärfunktion, Hemmung der Mediatorenfreisetzung aus Mastzellen, zur kardialen und zentralen Stimulation. T. wirkt synergistisch mit → Beta-Sympathomimetika. Nebenwirkungen bei zu schneller intravenöser-Applikation: Tachyarrhythmie, Blutdruckabfall, Kopfschmerzen, Übelkeit, Erbrechen, Diarrhöe, Unruhe, klonisch-tonische Krämpfe usw. Indikation in der Zhk. bei akutem Asthma bronchiale und nicht ausreichender Wirkung eines β_2-Sympathomimetikums (wie z.B. → Salbutamol, → Feneterol, Terbutalin u.a.) zur langsamen parenteralen Applikation. Etyhlendiamin kann Allergien auslösen (Cave: Kreuzallergien). Absolute Kontraindikation: Allergie gegen T. und/oder Zusatzstoff. 7

Therapeutikum (gr.) n: Substanz oder Maßnahme, die zur Heilung dient. 2

therapeutisch: zur Therapie gehörig. 2

therapeutische Breite: charakterisiert die therapeut. Sicherheit eines → Pharmakons durch Angabe des im Tierexperiment ermittelten Abstandes zwischen therapeut. effektiver (ED) und letaler → Dosis (LD) eines Arzneistoffs. Sie wird als Quotient LD_{50}/ED_{50} (→ Dosis 50, letale/ Dosis 50, effektive) bei Parallelität der Dosis-Letalitätskurve und der Dosis-Wirkungskurve für den erwünschten Effekt angegeben oder als Quotient LD_5/ED_{95} bei unterschiedl. Steilheit beider Wirkungskurven (therapeut. Index). Bei großen Abweichungen im Kurvenverlauf der Empfindlichkeitsverteilung von therapeut. und tödl. Wirkung kann der Grad der Sicherheit nur unter Berücksichtigung des gesamten Kurvenverlaufs abgeschätzt werden. 7

therapeutischer Index m: → therapeut. Breite. 7

Therapia magna sterilisans f: Vorstellung *Paul Ehrlichs* von einem (utopischen) Chemotherapeutikum, das Erreger im Organismus ohne dessen Mitwirkung abtötet. 8

Therapie (gr.) f: Therapeutik; Behandlung von Krankheiten, Heilverfahren. 2

Thermo|bakterien f pl: älterer Gattungsname für thermophile → Laktobazillen mit Wachstumsoptimum weit über 40 °C. 8

Thermo|graphie f: bildgebendes Verfahren zur Darstellung von Wärmestrahlung, die von der Körperoberfläche abgegeben wird. 34

Thermo|kauter m: → Galvanokauter. 2

thermo|labil: nicht wärmebeständig. 4

Thermo|phor (gr) m: **1.** Phys.: allg.: Gerät zur Speicherung von Wärme; spez.: Meßgeräte zum Vergleich der Wärmekapazitäten von Flüssigkeiten. **2.** Med.: zur Wärmetherapie benutzte Kompressen oder Gefäße, gefüllt mit Stoffen, die eine hohe Wärmekapazität (hohes Wärmespeicherungsvermögen) besitzen. Als Füllung werden auch Stoffgemische benutzt, bei denen eine exotherme chemische Reaktion Wärme freisetzt. 10

Thermo|plaste m pl: → Kunststoffe, die ohne chem. Zersetzung beim Erwärmen weich und nach Abkühlung wieder hart werden (Gegensatz: → Duroplaste). Sind schweißbar und quellfähig und können in Lösungsmitteln aufgelöst werden. 4

thermo|stabil: wärmebeständig. 4

Thermo|stat m: Einrichtung zur Erzeugung und Konstanthaltung einer (einstellbaren) Temperatur z.B. in Brutschränken, Apparaten zur Bakterienzüchtung u. für andere Zwecke. 10

Thesaurismosen (gr.) f pl: Speicherungskrankheiten, z.B. → Amyloidose, → *Gaucher*-Krankheit, → Gicht, → *Hand-Schüller-Christian*-Krankheit, → Lipoidproteinose. 20

Thiamin|pyro|phosphat n: Abk. TPP; → Koenzym, aktive Stufe des Vitamins B_1, z.B. Bestandteil der → Pyruvatdekarboxylase. 23

Thiersch-Plastik (Karl T., Chir., Leipzig, *1822, † 1895) f: der Haut entnommene Epidermislappen zur Abdeckung ausgedehnter Wundflächen mittels freier Transplantation. Vgl. Dermatom, Spalthautlappen, *Wolfe-Krause*-Lappen. 2

Thigmo|taxis f: durch Berührungsreiz ausgelöste Orientierungsbewegung von frei lebenden Organismen. Vgl. Chemotaxis. 32

Thio- (gr.): Wortteil mit der Bedeutung „Schwefel". 23

Thio|barbiturate n pl: Derivate der Thiobarbitursäure (z.B. → Thiopental-Natrium). 2-Thiobarbitursäure entsteht aus → Barbitursäure durch Ersatz des Sauerstoffs an C-2 durch Schwefel. 7

Thiokol n: Polysulfid, wird als Hauptbestandteil des Basismaterials bei → Abformmaterialien verwendet. → Polysulfid-Kautschuk. 4

Thio|pental n: 5-Äthyl-5-(1-methylbutyl)-2-thiobarbitursäure, Trapanal®, Thiopental lentia®; kurz wirkendes Hypnotikum zur intravenösen Narkose. 2

Thiopental-Natrium: Derivat der 2-Thiobarbitursäure (Thiobarbitursäure). Injektionsnarkotikum ohne analget. und muskelrelaxierende Eigenwirkung. 7

Thiozyanat n: → Rhodanid. 23

Thixo|tropie f: Verflüssigung vieler → Gele durch mechan. Einwirkung, z.B. Schütteln, mit anschließender Wiederverfestigung. 10

thorakal: zum Brustkorb gehörig. 9

Thorax (gr.) m: der federnd bewegliche Brustkorb, bestehend aus 12 Rippenpaaren, 12 Brustwirbeln, dem Brustbein (Sternum) und den verbindenden Bändern und Gelenken. Nach unten durch das Zwerchfell (Diaphragma) abgeschlossen. 9

Thorax|schmerz: → Stenokardie. 16

Thorium (nach der nordischen Gottheit Thor) n: radioaktives Element, Symbol Th, Ordnungszahl 90, Atomgewicht 232,12. Findet sich in der

Natur nur in einigen Mineralien in größeren Mengen. T. dient als Legierungsbestandteil für Heizdrähte sowie Drähte für Sende- und Verstärkerröhren. [23]

Thorp-Platte: Kurzbez. für engl. Titanium hollow screw reconstruction plate; Rekonstruktionsplatte mit starrer Verbindung zwischen Platte und Schraube. [2]

Thromb|angiitis obliterans f: Thrombendangiitis obliterans, *Winiwarter-Buerger*-Krankheit; infektiös-bakterielle oder allergisch-hyperergische arterielle und/oder venöse Gefäßwandentzündung mit polsterartiger Intimaverdickung und sekundärer, lumenverschließender Thrombosierung. Betrifft am häufigsten die Extremitätenarterien. Häufiges Vorkommen bei Männern zwischen 30 und 50 Jahren. Symptome: → Claudicatio intermittens, umschriebene Nekrosen, auch sog. juvenile Gangrän der Extremitäten-, Augen-, Abdominal-, Koronar-, Gehirn- und Nierengefäße (Hypertonie), dann mit entsprechender Symptomatik einhergehend. Nikotin, Nässe, Kälte und vielleicht → Fokalinfektionen spielen eine bahnende bzw. auslösende Rolle. Vgl. Endarteriitis. [20]

Thromb|asthenie, hereditäre hämor|rhagische f: *Glanzmann-Naegeli*-Syndrom; angeborene, dominant vererbte Thrombozytopathie, klin. Symptomatologie völlig identisch mit → *Werlhof*-Krankheit. Laborbefunde: normale Thrombozytenzahl, ausgeprägte qualitative Plättchenveränderungen (Anisozytose, Mikrozytose), Verlängerung der Blutungszeit, Retraktionsstörung des Blutgerinnsels. Pathogenese: biochem. Thrombozytendefekt. Therapie: Blutungsprophylaxe, bei akuten Blutungen Frischplasma, -blut. [20]

Thrombin n: Gerinnungsfaktor; proteolytisches Enzym, Bestandteil der Blutgerinnungskaskade. T. bewirkt die Bildung von Fibrin aus Fibrinogen unter Abspaltung der Fibrinopeptide A und B. Fibrin polymerisiert dann unter der Einwirkung des durch Thrombin aktivierten Blutgerinnungsfaktors XIII und Kalzium und bildet das Gerüst des Blutgerinnsels. → Blutgerinnung. [7, 20]

Thrombo|kinase f: → Thromboplastin. [20]

Thrombo|penie f: besser Thrombozytopenie, → Thrombozytopathie. [20]

Thrombo|phlebitis f: Entzündung der Venenwände, die sekundär eine → Thrombose verursacht, aber auch Entzündung durch einen in der Vene liegenden Thrombus. [2]

Thrombo|plastin n: Thrombokinase; Zymoplastin; blutgerinnungförderndes Koenzym, Aktivator der Thrombinbildung. Vgl. Blutgerinnung. [20]

Thrombo|plastin|zeit: Quicktest, früher Prothrombinzeit; Zeit vom Zusatz von Kalzium zum mit Gewebsthrombokinase versetzten Zitratplasma bis zum Gerinnungseintritt. Verwendung als Leberfunktionstest, Differentialdiagnose des Ikterus, Überwachung der Therapie mit Antikoagulanzien (→ Kumarinen). Normwert 11,5 s (100% Quickwert). Vgl. Blutgerinnung. [20]

Thrombo|poese f: Reifung und Entstehung der → Thrombozyten aus dem basophilen Zytoplasma der → Megakaryozyten unter Mitwirkung eines die T. stimulierenden Plasmafaktors. [20]

Thrombose f: intravasale und intravitale Blutgerinnung mit arteriellen oder venösen Thromben (Blutgerinnsel) aufgrund bestimmter Veränderungen der Blutbeschaffenheit, mit mehr oder weniger schweren Störungen des Kreislaufs und der Gewebsernährung einhergehend. 3 hauptsächliche Faktoren (nach *Virchow*): 1. Gefäß- und Intimaveränderungen (arterielle T. mit Thrombozytenabscheidung bei Arteriosklerose, Einnahme oraler Kontrazeptiva, entzündlichen Gefäßleiden, Gefäßverletzungen); 2. Verlangsamung der Blutströmung (venöse T. bei Herzinsuffizienz, Bettruhe, Status varicosus, Adipositas, Wochenbett, Einnahme oraler Kontrazeptiva, Operationen, Verletzungen); 3. Veränderungen der Blutzusammensetzung (Verschiebung des Albumin-Globulin-Quotienten, → Polyzythämie). Prädilektionsstellen: periphere tiefe und oberflächliche Venengebiete der unteren Gliedmaßen (Schwellung, Überempfindlichkeit der Gewebe bzw. Haut über dem erkrankten Gebiet, gelegentlich Fieber, entzündliche Blutbildveränderungen), Beckenvenen, Pfortader und Lebervenen. Therapie: Bettruhe, Antikoagulanzien bei tiefliegender, aufsteigender T., Aminophenazon- und Salizylsäurepräparate, evtl. orthopäd. und chirurg. Behandlung (Thrombektomie). [20]

Thromboxan n: Abk. TX; Bildung in Thrombozyten aus → Arachidonsäure über Prostaglandin-Endoperoxid (PGH_2) durch TX-Synthetase. TX bewirkt Thrombozytenaggregation, Vasokonstriktion, Bronchokonstriktion. Hemmstoffe der TX-Biosynthese u.a. → Cyclooxigenase-Inhibitoren. [7]

Thrombo|zym n: Prothrombin. Vgl. Blutgerinnung. [10]

Thrombo|zyten m pl: rundliche, ovale Blutplättchen, mikroskopisch als kleine sternchenförmige Gebilde sichtbar, aus → Megakaryozyten durch Abschnürung entstanden (Abb.). Physiol. Schwankungsbreite zwischen 200.000

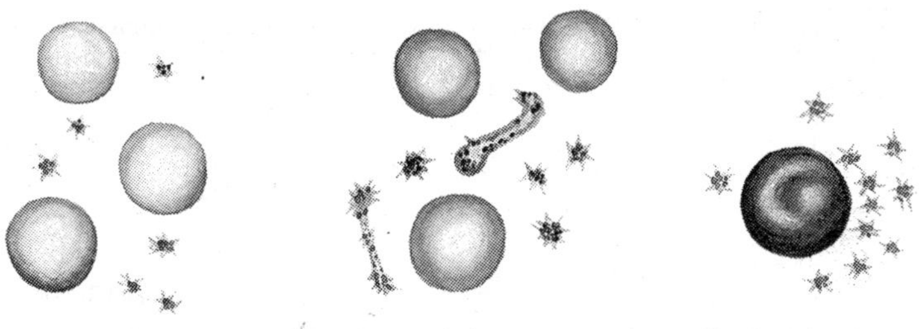

Thrombozyten mit Erythrozyten als Größenvergleich

und 300.000/ml (Zählmethode nach *Fonio*). Komplexe Funktion bei Blutstillung und Bildung eines Abscheidungsthrombus durch Gehalt an gerinnungs- und gefäßaktiven Substanzen. Vgl. Blutgerinnung, Blutstillung, Thrombozytopathien. [20]

Thrombo|zyto|pathien f pl: eine der 3 Hauptgruppen der → hämorrhagischen Diathesen. Ursachen sind: 1. Thrombozytopenien unter 30.000/ mm^3 bei verringerter Thrombozytenbildung oder durch vermehrten Thrombozytenverbrauch; 2. thrombozythämische Zustände > 600.000/mm^3 bei vermehrter Bildung (→ Polyzythämie) oder vermindertem Verbrauch (nach Splenektomie); 3. Thrombozytenfunktionsstörungen. Mangelhafte Thrombozytenproduktion im Knochenmark bei toxischer → Panmyelophthise (Benzol, Zytostatika, radioaktive Bestrahlung) und bei sog. Verdrängungsmark bei → Hämoblastosen und metastasierenden Karzinomen. Vermehrter Thrombozytenverbrauch unter Einfluß von Thrombozytenantikörpern bei → *Werlhof*-Krankheit und arzneimittelbedingten Immunothrombozytopenien, Verbrauchskoagulopathien (z.B. Sepsis) sowie Hypersplenie-Syndrom bei → Zirrhose der Leber. Funktionsstörungen bei → *Willebrand-Jürgens*-Syndrom und *Glanzmann*-Thrombasthenie. [20]

Thrombo|zyto|penie f: verminderte Thrombozytenzahl, → Thrombozytopathien. [20]

Thrombus (gr.) m: der sich bei einer → Thrombose bildende Blutpfropf. Man unterscheidet Abscheidungs- und Gerinnungsthromben. Abscheidungsthromben bilden sich im strömenden Blut, setzen sich an einer geschädigten Gefäßwandstelle an, sind daher wandständig und dichten, wenigstens anfangs, die Gefäßbahn nicht ab; sie zeigen durch den vorbeigleitenden Blutstrom eine quere Riffelung und sind weißlich gefärbt durch überwiegenden Gehalt an Blutplättchen und von einem Fibrinnetz eingeschlossenen Leukozyten. Gerinnungsthromben entstehen durch Verfestigung der Blutsäule innerhalb des Gefäßes infolge Ausfalls von Fibrinfäden. Sie sind nicht wandständig, verschließen aber die Gefäßlichtung, sind also obturierend und besitzen die rote Farbe des Blutes. Lösen sich von Thromben Teile ab und geraten in den Kreislauf, entsteht → Embolie. [10]

Thymo|leptika n pl: → Antidepressiva. [7]

Thymus (gr.) m: endokrine Drüse, hinter dem Brustbein im oberen Mittelfellraum gelegen, in der die T-Lymphozyten (→ Lymphozyten) geprägt werden. Die Histophysiologie des T. ist noch nicht einwandfrei geklärt. Er wird meist als endokrine Drüse mit echten Epithelzellen endodermaler Herkunft betrachtet, die das Hormon Thymosin ausscheidet. Nach der Pubertät wird der T. langsam abgebaut. Die zugrundegehenden Epithelzellen bilden die charakteristischen *Hassall*-Körperchen. Neue wichtige Funktion für das humorale immunologische Abwehrsystem: Umwandlung der immunologisch wirksamen, d.h. durch Antigene stimulierbaren Immunzellen mittels einer unter dem Thymuseinfluß produzierten hormonartigen Substanz. Häufige Kombination von Thymon, einem gutartigen Tumor, und → Myasthenie (Autoimmunkrankheit). Vgl. Status thymicolymphaticus. [9, 20]

Thyreo|idea f: Kurzform für Glandula thyroidea. → Schilddrüse. [9]

Thyreoid|ektomie f: Entfernung der Schilddrüse. [20]

thyreo|ideus: zum Schildknorpel des Kehlkopfes gehörig. [9]

Thyreo|iditis f: Entzündung der Schilddrüse. 4 Formen: 1. eitrige T.; 2. subakute T. (*Quervain*-

Krankheit); 3. eisenharte → Struma (*Riedel*-Struma); 4. Immun-T. (Hashimoto-Thyreoiditis). [20]

thyreopriv: schilddrüsenlos. Angeborener Zustand der Schilddrüsenatrophie mit Hypothyreose und → Kretinismus. Erworben durch Thyreoidektomie oder Atrophie nach Thyreoiditis. [20]

Thyreostatika n pl: Medikamente, die die Synthese der Schilddrüsenhormone (Jodidaufnahme, Tyrosinjodierung, Koppelung jodierter Tyrosine) hemmen. [34]

Thyreo|toxikose f: alle ausgeprägten Formen der → Hyperthyreose mit Überproduktion der Schilddrüsenhormone meist durch einen hormonal überaktiven hyperplastischen Gewebeanteil der Schilddrüse (toxisches Adenom), charakterisiert durch übermäßige Hormonsekretion, gesteigerten Grundumsatz und häufig durch Exophthalmus. Vgl. *Basedow*-Krankheit. [20]

Thyreo|tropin n: → TRH, TSH. [10]

Thyro|glossus|zysten f pl: Zysten, die sich aus Überresten des embryonalen → Ductus thyroglossus entwickeln (Abb.). Sie liegen stets auf der Mittellinie des Halses (→ Halszyste, mediane). Wenn sich eine T. nach außen öffnet,

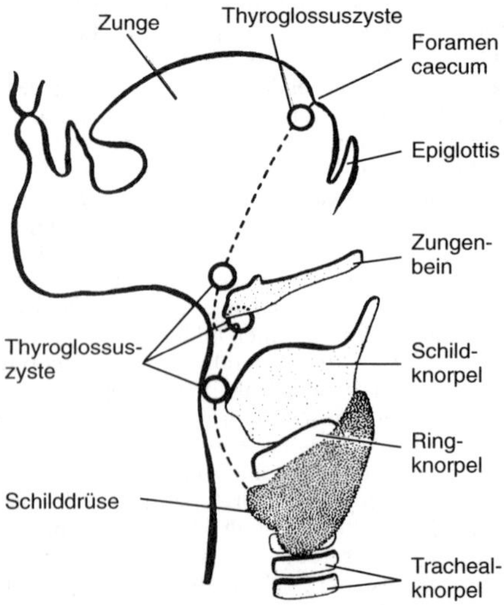

entsteht eine Thyroglossusfistel (→ Halsfistel, mediane). Häufigste Lokalisation der T. im Bereich des Zungenbeins. Am Foramen caecum linguae: → Zungengrundzyste. [2]

Thyrotropin: Thyreotropin; → TRH, TSH. [10]

Thyr|oxin n: Hormon der Schilddrüse; Freisetzung aus dem Thyroglobulin unter Thyrotropineinfluß (Abb.). Wirkungsmechanismen: Regulierung des Eiweiß-, Kohlenhydrat- und Fett-Stoffwechsels. Täglicher Bedarf des Menschen an Thyroxin 200-300γ. [10]

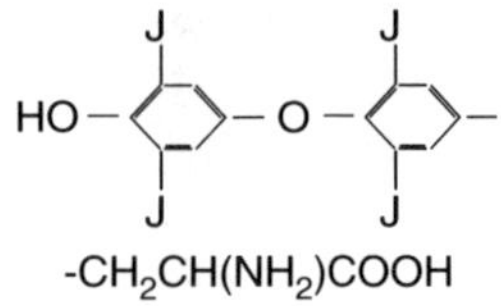

Strukturformel des Thyroxins

TIA: Abk. für **t**ransitorische **i**schämische **A**ttacke; längstens 24 Stunden anhaltende neurologische Störung mit u.U. auch fehlender kurzer Bewußtlosigkeit, aphasischer Sprachstörung sowie brachiofacialisbetonter Halbseitensymptomatik mit und ohne sensible Ausfälle. Bei Arteriosklerose der Hirngefäße, Hirnarterienembolien und Hirnperfusionsstörungen bei Herzinsuffizienz. Nicht selten Vorbote einer → Apoplexie. [20]

Tic (frz.) m: krampfhaftes Zucken, zu einem Zwang ausgeartete Reflex-, Abwehr- oder Ausdrucksbewegung mit monotoner, unwillkürlicher Wiederholung. Findet sich bei allg. nervöser Übererregbarkeit. Ursache häufig in extrapyramidalen Erkrankungen. T. convulsif: Spasmus facialis, mimischer Gesichtskrampf; klonischer Gesichtskrampf mit kurzen blitzartigen Zuckungen der vom N. facialis versorgten Gesichtsmuskulatur. T. douloureux: heftiger anfallsweise auftretender Gesichtsschmerz im Trigeminusbereich mit krampfhafter Zusammenziehung der entsprechenden Gesichtsmuskeln (→ Trigeminusneuralgie). T. am Augenlid: → Blepharospasmus durch lokale und zentrale Störungen, Tetanus, auch neurotisch. [33]

Ticarcillin n: partialsynthet. Penicillin mit Thienylmalonsäure-Struktur in der Seitenkette, → Breitspektrum-Penicillin mit Antipseudomonas-Aktivität zur parenteralen Anwendung. [7]

Ticonium: Chrom-Nickel-Molybdän-Gußlegierung, hoher Nickelanteil (bis 70%) mit Zusätzen von Titan. Relativ weiche Legierung, besonders geeignet für subperiostale Gerüstimplantate. Beryllium (2%) entwickelt giftige Dämpfe bei der Verarbeitung, daher bes. Arbeitsschutzbestimmung. [4]

Tie-back (engl. zurückbinden) n: vertikale Schlaufenbiegung in der kieferorth. Behandlungstechnik mit festsitzenden Apparaturen, die u.a. dazu dient, die Molaren an den Bogen zu ligieren. [5]

Tief|biß: tiefer Biß, Supraokklusion; Okklusionsstörung im Sinne eines über die normale Variationsbreite hinaus verstärkten vertikalen Überbisses. Frontaler T. ist die häufigste vertikale Störung der → Okklusion. Er liegt vor, wenn sich die Schneidezähne um mehr als 3 mm überlappen, und ist meist Folge einer → Supraposition einer oder beider Frontzahngruppen (Abb.). T. im Seitenzahnbereich ist nur bei

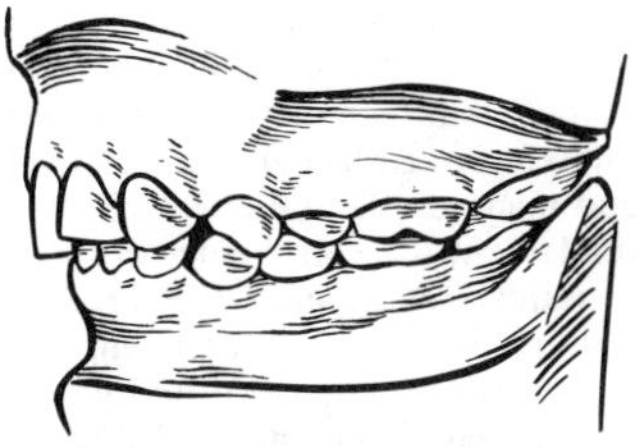

Frontaler Tiefbiß bei Deckbiß mit Neutralbiß. Ursache des Tiefbisses ist die Supraposition beider Frontzahnreihen sowie die indirekte Verlängerung derselben infolge Steilstandes.

seitlichem bzw. gekreuztem seitlichem Scherenbiß möglich (→ Kreuzbiß). T. kann auch Ausdruck einer sagittalen Unstimmigkeit im Sinne eines Rückbisses oder eines Steilstandes der Frontzähne sein. Als sekundären T. oder Senkbiß bezeichnet man einen T. nach multiplen Zahnverlusten im Seitenzahngebiet. Vgl. Pseudotiefbiß. [5]

Tiefen|ätzung: chemische Kauterisation der Gingiva mit Säuren und Laugen zur Abflachung von Zahnfleischtaschen; bei Parodontopathien heute unüblich. [6]

Tiefen|psycho|logie f: Lehre vom Aufbau und der dynamischen Struktur des Unbewußten als Teil eines als Schichtenaufbau gedachten Seelischen (Analogie zum Aufbau des → ZNS). Oberbegriff für die psychotherapeutischen Arbeitsrichtungen und Schulen, die das Unbewußte berücksichtigen. [13]

Tiefen|sensibilität f: → Sensibilität. [33]

tiefer Biß: → Tiefbiß. [5]

Tiefstand der Zähne: → Infraokklusion. [5]

Tiefziehen: bildsame Formgebung von Spezialblechen, meist in mehreren Abfolgen, unter Verwendung von Ziehstempel und Ziehring bei Unterdruck. In der Zhk. thermoplastische Verformung von Kunststoffolien, die durch Erwärmung erweicht und über die Zahnreihen von Gipsmodellen gepreßt werden. Zur Herstellung von Aufbißbehelfen, Basisplatten und Provisorien. [4]

Tiegel|zange f: Zange zum Fassen der erhitzten Muffel beim Gießen von Metallen; vgl. Gußverfahren. [34]

Tier|fell|nävus m: Naevus cellularis pigmentosus et pilosus; durch starke Behaarung und Dunkelfärbung (→ Pigment) charakterisiertes Muttermal in großer Ausdehnung. Mißbildung mit Entartungsgefahr, → Melanom. [12]

Tilidin n: Cyclohexen-Derivat, → Opioid-Analgetikum zur oralen Applikation. Zur Vermeidung eines Mißbrauchs mit → Naloxon in fixer Kombination im Handel. [7]

Tinea (lat.) f: klin. Oberbegriff für → Dermatomykosen, vornehmlich für Fadenpilzerkrankungen. → Trichophytie, → Epidermophytie. [12]

tingieren (lat.): färben (z.B. histolog. Schnitte). [34]

Tinnitus aurium m: Ohrensausen, Ohrenklingen. Objektiver T. wird durch Gefäßgeräusche oder klonisch-tonische Krämpfe der Pharynxmuskulatur verursacht. Subjektiver T. (weitaus häufiger) ist meist innenohrbedingt. Therapie sehr problematisch. [19]

Tinting agents (engl.) pl: Färbemittel, spez. in Kunststoffen. [4]

TIP: Abk. für **t**issue **i**ntegrated **p**rosthesis (engl.); Biotes®-Implantat. [18]

Tip-back (engl. zurückkippen) n: Angulationsbiegung in der kieferorth. Behandlungstechnik mit festsitzenden Apparaturen. Gingivale Abbiegung des Bogenendes zur Aufrichtung der Molaren. Vgl. Angulation, Verankerungsbiegungen. [5]

Tissucol: → Hämostyptikum, enthält Fibrinogen, Plasmafibronectin, Blutgerinnungsfaktor XIII, Plasminogen und Aprotinin aus humanem Plasma. Indikationen: Blutstillung, Gewebeklebung. [7]

Titan (gr.): chem. Element, Symbol Ti, Ordnungszahl 22, Schmelzpunkt 1675 °C. Leichtes schmiedbares Metall, seine hohe Korrosionsbeständigkeit ist auf die schützende oxidische Deckschicht zurückzuführen, Hauptbestandteil in Legierungen für enossale Implantate, (→ Implantat, enossales), Endoprothesen u. ä.; in Kobalt-Chrom-Nickel-Legierungen verbessert es die Dünnflüssigkeit. Die chem. Eigenschaften entsprechen einem unedlen Metall. Legierungsbestandteil von → Hartmetallen. Titandioxid wird als weißes → Pigment auch in Dentalporzellanen und zahnärztl. Kunststoffen verwendet. [4, 18, 23]

Titan|implantat n: → dentales Implantat aus → Titan. [18]

Titan-Spritzschicht: → Plasmabeschichtung, Oberflächenveränderung von Titanimplantaten durch Aufbringen von Titanpartikeln unter hohem Druck und hoher Temperatur mit dem Ziel der Oberflächenvergrößerung und der Schaffung von Rauhigkeiten zur Verbesserung der → Osseointegration. 18

Titan|stifte: → Titan. 1

Titel: geschützt ist die Berufsbezeichnung „Arzt" als T. Unbefugte Führung wird bestraft (§ 132 a StGB). Doktortitel einer ausländischen Universität dürfen nur mit Genehmigung des Kultus- und Unterrichtsministers des Landes des Wohnsitzes oder dauernden Aufenthalts geführt werden. Einzelheiten werden vom Gesetz über die Führung akademischer Grade geregelt. 24

Titer (frz.) m: Wirkungsgrad, Gehalt einer Lösung an wirksamer Substanz. 23

Titration (frz.) f: Maßanalyse. 23

Tm: Abk. für → Tumor. 32

TMD: Abk. für **T**ages**m**aximal**d**osis. 34

TMJ: Abk. engl. für **T**emporo-**m**andibular **j**oint; → Kiefergelenk, → TMJ-Artikulator. 4

TMJ-Artikulator m: volljustierbarer → Artikulator vom Typ des → Arcon-Artikulators von *Swanson* und *Wipf.* Die Bewegungsbahn der Kondylen wird mit Hilfe von Autopolymerisation individuell in die Kondylenboxen „eingegraben" (→ Eingrabtechnik). 4

TMR-System n: **T**emporo-**m**andibuläres **R**elationssystem (*Walter Schöttl,* zeitgen. Za., Erlangen 1978); Weiterentwicklung des → Buhnergraph, Meßmethode zum Vergleich der dreidimensionalen Lageänderung von Modellen im → Artikulator vor, während und nach einer

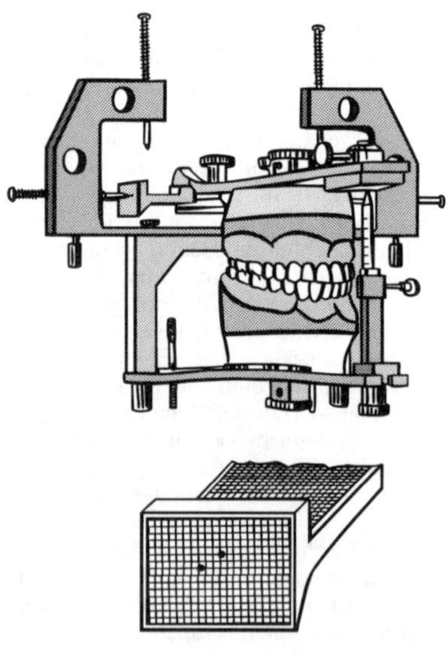

Behandlung. Dabei werden zu Behandlungsbeginn die Modelle im Artikulator mittels → Gesichtsbogen und → Checkbiß schädelbezüglich orientiert. Während und/oder am Ende der Behandlung erfolgt erneut ein Checkbiß im Munde des Patienten. Um die Veränderung der Lagebeziehung der Modelle zueinander feststellen zu können, wird am Artikulator-Unterteil anstelle der Kondylarkugeln ein senkrecht stehender Bügel mit je einem horizontalen und vertikalen beweglichen Schreibstift rechts und links angebracht (Abb.). Am Artikulatoroberteil ersetzt man die Gelenkführungsflächen durch Schreibplatten. Setzt man nun den Oberteil mit dem Oberkiefermodell auf die verschiedenen Checkbisse, so kann durch Betätigung der Schreibstifte die Anfangs- und Endlage der Kondylenposition auf den Schreibplatten horizontal und vertikal miteinander verglichen werden. Durch einfaches Entfernen des Checkbisses und Aufeinandersetzen der Modelle kann man auch die unterschiedliche Kondylenposition zwischen der retralen Kontaktposition und der habituellen Okklusion erkennen. 4

TMS-System® n: genormtes System für parapulpäre Verankerungen von Füllungen und Aufbaufüllungen. Feine Spiralbohrer und Gewindestifte sind so aufeinander abgestimmt, daß Gewindestiftchen unterschiedlicher Stärke sich in entsprechend vorgebohrte Lumina einschrauben lassen. Zementieren nicht erforderlich. 1

TNM-System n: System der quantitativen Bewertung eines Tumorausbreitungsstadiums. T (Tumor): Durchmesser des Tumors (bei Mundhöhlentumoren: $T_1 < 1$ cm, $T_2 < 3$ cm, $T_3 > 3$ cm); N (Nodi): Befall der regionär zugeordneten Lymphknotengruppen; M (Metastasen): Auftreten von Fernmetastasen. Das System erlaubt Vergleiche zwischen Patientengruppen im Hinblick auf den Erfolg verschiedener Therapieverfahren. 2

To-and-fro-Methode f: → Pendelsystem. 2

Tochter|geschwulst: → Metastase. 32

Toe-in (engl. aufreihen) n: → Horizontalbiegung in der kieferorth. Behandlungstechnik mit festsitzenden Apparaturen zur Rotationskontrolle der Molaren und Prämolaren. Vgl. Verankerungsbiegungen. 5

Tofflemire-Matrize f: → Ringmatrizenspanner. 1

Toleranz (lat.) f: **1.** Arzneimittelgewöhnung; erworbene, reversible Abnahme der Stärke einer oder mehrerer Wirkungen eines → Pharmakons nach wiederholter Zufuhr in gleichbleibender Dosis, die zur Dosiserhöhung zwingt, um die gewünschte Arzneimittelwirkung zu erzielen.

Ursachen einer T.-Entwicklung können auf pharmakokinet. und pharmkodyn. Ebene liegen. Kreuz-T. bezügl. zweier Pharmaka liegt vor, wenn die T.-Entwicklung gegenüber einem Pharmakon zu einer erhöhten T. auch gegenüber dem 2. Pharmakon führt (z.B. → Levomethadon und → Morphin). **2.** Zulässigkeit von Maßabweichungen an einem technischen → Arbeitsmittel bzw. Bauteil, Differenz von zulässigem Größt- und Kleinstmaß. Der Bezug zum Nennmaß wird durch Abmaße hergestellt (z.B. DIN 13 950/ ISO 1797 mit Festlegung der Schaftmaße der → rotierenden Instrumente). [7, 21]

Toleranz|grenze f: bei der Prüfung auf Wirtschaftlichkeit mittels Durchschnittswerten anzuwendendes Korrektiv. Vgl. Wirtschaftlichkeitsprüfung, Durchschnittsprüfung. [25]

Tolerogen n: Antigen, das Immuntoleranz bewirkt. [8]

Tollwut: → Lyssa. [8]

Toluol n: Methylbenzol; Verwendung als Lösungsmittel, in der Zhk. zur Entfettung sowie zur Viskositätskontrolle von Silikonabdruckmassen. [23]

Tolycainum n: 2-Methyl-6-karboxymethyl-diäthylamino-azetanilid HCI, Baycain®; Anästhetikum zur Infiltrationsanästhesie (3%ig). [2]

Tomes-Faser (Sir John T., Za., London, *1815, † 1895): → Odontoblastenfortsätze. [30]

Tomes-Fortsätze: Ameloblastenfortsätze; aus den zentralen, dem Dentin zugekehrten Ende der → Ameloblasten bei der Schmelzbildung ausgehende ca. 4 µm lange Fortsätze. In ihnen sammeln sich Sekretgranula und Ameloblastenkörper. Das in den extrazellulären Raum abgegebene Sekret bildet die organische → Schmelzmatrix. [30]

Tomes-Körner|schicht: Zone einer Vielzahl von kleinsten → Interglobularräumen. Im Wurzeldentin parallel zur Dentin-Zement-Grenze. Sie ist das erste unvollständige Produkt der im Wurzelbereich bei Einsetzen der Dentinbildung nicht voll differenzierten → Odontoblasten. [30]

Tomo|graphie f: Röntgenaufnahmeverfahren, das eine Körperschicht isoliert zur Darstellung bringt. Das Prinzip besteht darin, daß alle unter oder über der zu untersuchenden Schicht liegenden Strukturen durch eine gekoppelte Bewegung von Röhre und Film verwischt werden. Die in der Drehpunktebene liegenden Strukturen der definierten Schichttiefe werden scharf abgebildet. Neben linearen Bewegungsbahnen werden kreisförmige, elliptische, hypozykloidale und spiralige Verwischungen angewendet. Vgl. Panoramaschichtaufnahmeverfahren. [14]

Tompkins-Feilen (H. W. T., amerik. Za.): feine Instrumente mit feilenartiger Oberfläche zur Konkremententfernung, Wurzelglättung und subgingivalen Kürettage bei Parodontopathien (Abb.).[6]

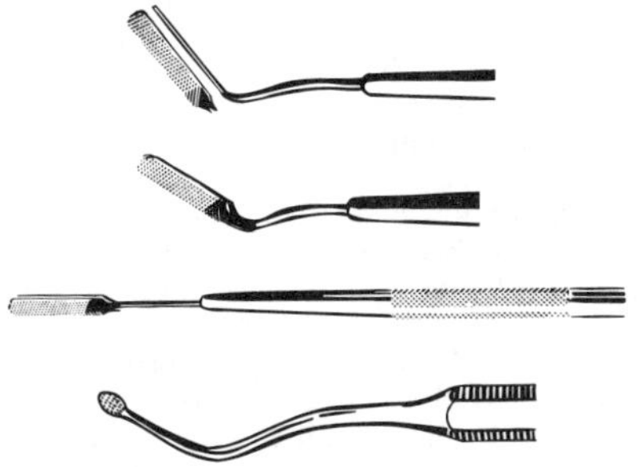

Ton: Alumosilikatmineral, meist als Verwitterungsprodukt. Als → Kaolin Bestandteil der Porzellanmasse. Vgl. Bolus. [4]

tonisieren (gr.): die Gewebsspannung erhöhen, kräftigen. [10]

Tonnen|zähne: → *Hutchinson*-Zähne. [1]

Tonn-Index (Paul T., dtsch. Za., 1937) m: → *Pont*-Index. [5]

Tonsilla (lat.) f: Tonsille, Mandel; ursprünglich nur der mandelförmige lymphatische Körper beiderseits der Mundhöhle in der Nische zwischen vorderem und hinterem Gaumenbogen (T. palatina = Gaumenmandel) mit 12-15 Grübchen (Fossulae tonsillares, Abb., 1), in welche die Krypten

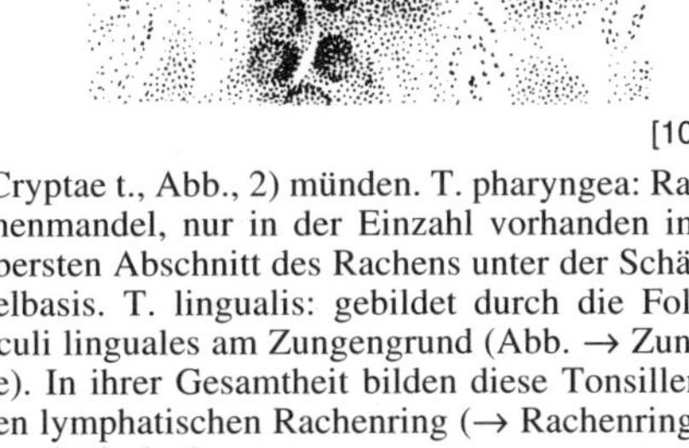

[10]

(Cryptae t., Abb., 2) münden. T. pharyngea: Rachenmandel, nur in der Einzahl vorhanden im obersten Abschnitt des Rachens unter der Schädelbasis. T. lingualis: gebildet durch die Folliculi linguales am Zungengrund (Abb. → Zunge). In ihrer Gesamtheit bilden diese Tonsillen den lymphatischen Rachenring (→ Rachenring, lymphatischer). [9]

Tonsill|ektomie f: Ausschälung der Gaumenmandeln. [19]

Tonsillen|tumoren m pl: Neubildungen im Bereich der Gaumenmandeln, fast ausschließlich → Malignome: 72% Plattenepithelkarzinome mäßiger Differenzierung, 14% → Non-*Hodgkin*-Lymphome, 14% andere Tumoren. In 60% der Fälle regionäre Metastasen. Symptome: ins Ohr ausstrahlende Schluckbeschwerden. Befund: Ulzeration der Tonsille. Diagnostik: Probeexzision, Computertomographie. Therapie: Operation, meist mit Nachbestrahlung (Karzinom), sonst Bestrahlung und/oder Chemotherapie. Prognose: 5-Jahre-Überlebenszeit bei den Stadien T1, T2 und N1 50-60%, sonst 10-20%. Zweitkarzinome häufig (bis 15%). [19]

Tonsillitis f: Angina tonsillaris; Entzündung der Gaumenmandeln; 1. Akute T.: a) Angina catarrhalis oder Angina simplex mit Schwellung und Rötung der Tonsillen; Angina follicularis mit gelbweißen Stippchen, die bei der Angina lacunaris zu Belägen konfluieren. Symptome: Beidseitige Halsschmerzen, besonders beim Schlukken (oft in die Ohren ausstrahlend), schmerzhafte Schwellung der Halslymphknoten, Kopfschmerzen und allg. Krankheitsgefühl, teils hohes Fieber (evtl. nach Schüttelfrost), kloßige Sprache, Foetor ex ore. Erreger: Viele Virusarten, oft β-hämolysierende A-Streptokokken, die zu Herz- und Nierenschäden sowie rheumatischen Erkrankungen als Folge einer klinisch geheilten T. führen können (Proteinurie, Hypertonie). Therapie: Bettruhe, Mundpflege, feuchte Halsumschläge, Penicillin für 8 Tage. Komplikationen: Angina phlegmenosa (phlegmonöses Übergreifen der Entzündung auf den weichen Gaumen und Rachen) → Peritonsillarabszeß, Atemnot, → Herderkrankungen; b) Monozytenangina: fieberhafte Systemerkrankung des lymphatischen Gewebes durch *Epstein-Barr*-Virus. Symptome: ausgeprägtes Krankheitsgefühl, eindrucksvolle Lymphknotenschwellungen am Hals. Befund: geschwollene, dunkelrote Tonsillen, evtl. Fibrinbeläge. Therapie: Bettruhe. Tonsillektomie verkürzt Krankheitsdauer; c) Angina ulceromembranacea (*Plaut-Vincent*-Angina): fast immer einseitige ulzeröse T. unter Mitwirkung von fusiformen Stäbchen und Spirillen; heftige, meist einseitig vergrößerte Tonsille mit tiefgreifenden, scharfrandig gelbgrün belegten Ulzerationen mit entsprechenden einseitigen Schluckbeschwerden bei wenig gestörtem Allgemeinbefinden, Halslymphknotenschwellungen. Therapie: Penicillin, lokal Silbernitrat. DD: Karzinom, Lues, AIDS; d) weitere Sonderformen: Angina agranulocytotica: schwere T. bei → Agranulozytose. Angina herpetiformis → Herpangina *Zahorsky*. Angina *Ludovici*: veraltet für entzündliche Mundboden-, Rachen- und Halsprozesse mit sekundärer Rachenenge. Angina specifica (syphilitica): Beläge, Ulzerationen mit Schluckschmerzen ohne Fieber im Stadium II der → Syphilis; 2. chronische T.: Erreger wie bei akuter T. Folgekrankheiten: entzündliche Erkrankungen der Muskeln und Gelenke, der Niere, des Herzens und des Gefäßsystems sowie der Nerven aufgrund von Antigen-Antikörper-Reaktionen. Symptome: uncharakteristische Schluckbeschwerden und Kratzen im Hals. Eingeschränkte Leistungsfähigkeit. Befund: schlecht luxierbare Tonsillen mit dünnflüssigem Exprimat, gerötete Gaumenbögen. Therapie: bei subjektiven Beschwerden, typischem Lokalbefund und mehr als drei rezidivierenden Anginen im Jahr sowie zur Herdsanierung Tonsillektomie. [19, 20]

Tonsillo|tomie f: das Kappen hypertropher Tonsillen. Veraltet, da es nach narbigem Verschluß der Krypten zu einer chron. Angina kommt. [19]

Tonus (gr.) m: kontinuierlicher Spannungszustand der Muskulatur, der vom → striären System maßgebend beeinflußt wird. [33]

Top|ektomie f: → Psychochirurgie. [33]

Tophus (gr.) m: harter Knoten. Meist als Kurzbez. für T. arthriticus: durch Harnsäureablagerung entstandener Knoten bei der → Gicht. T. syphiliticus: durch spezifische Periostitis bedingte Exostose. [20]

Topo|genese f: nach *Baume* die Summe aller kieferorth. Bewegungen, die dazu dienen, den Zahn in die → Artikulation zu führen und in der Funktion zu halten. [5]

Topographische Anatomie f: Beschreibung des Körpers nach Regionen und Räumen ohne besondere Berücksichtigung der Funktion der einzelnen Organe. [9]

Topostasin® (T.-Streifen, T.-Stäbchen): → Hämostyptikum, enthält → Thrombin. [7]

torpid (lat.): schlaff, empfindungslos, atonisch. [2]

Torpor m: Erstarrung, Gefühllosigkeit, Reaktionslosigkeit. [2]

Torque (engl. Drehmoment) m: Torsionsbiegung, Biegung 3. Ordnung; Biegung in der kieferorth. Behandlungstechnik mit festsitzenden Apparaturen, die durch Verwindung eines Vierkantbogens um seine Längsachse hergestellt wird und eine Kippung von Zähnen um eine außerhalb der natürlichen → Kippungsachse liegende Querachse erreicht. Als Kronen- oder Wurzeltorque, je nachdem, ob die Kippung auf die Krone oder die Wurzel bezogen wird. Unterschieden werden ferner: 1. aktiver T.: Verwindung (Torquieren) des Bogens zur erwünschten Änderung der Zahnachse, nach innen als palatinaler bzw. lingualer T. oder nach außen als bukkaler T.; 2. passiver T.: notwendige Verwindung eines Vierkantdrahtes, um eine gute Zahnachsenstellung (v.a. der Molaren) nicht zu verändern. Vgl. Idealbogenkonzept. [5]

Torque-Zange: orthod. Drahtbiegezange, deren Branchenenden mit einander gegenüberliegenden halbkreisförmigen Rillen für die Drahtstärken 008, 010 und 012 versehen sind. [5]

Torsion (lat.) f: Drehung, Umdrehung, z.B. Drehung eines Zahnes (am normalen Platz): 1. um seine Längsachse (Vertikalachse des Kopfes); 2. um seine Querachse (Transversalachse) mit dem gedachten Drehpunkt an der Wurzelspitze, am Zahnhals oder an der Krone; 3. in Richtung des Zahnbogens (um seine Sagittalachse), wobei der Drehpunkt wie bei 2. liegen kann. [5]

Torsions|bügel: → Gaumenbügel, der so dimensioniert ist, daß er eine geringgradige Verwindung erlaubt; → Ausgleichselement bei Modellgußprothesen, soll einen Schaltsattel mit einem Freiendsattel über den Gaumen verbinden. Die Torsion verhindert ein Abheben des Schaltsattels über die Diagonale. [4]

Torsions|geschiebe: zwischen Brückenankerzahn und Brückenzwischenglied (bei einer Spanne von mehr als zwei fehlenden unteren Seitenzähnen) eingeschaltet. Ein horizontal-sagittaler, fest am Ankerzahn befestigter Stift ragt beweglich in eine vorgefertigte Passung im Brückenkörper. Durch Gleiten des Stiftes in der Passung wird eine starre Verbindung der Brückenpfeiler vermieden und dadurch die elastische Deformierung der Mandibula während der Funktion kompensiert. Die Pfeilerzähne behalten ihre individuellen Auslenkungswerte bis zu 80 %. [4]

Torti|kollis m: Schiefhals, Caput obstipum; fixierte Schiefhaltung des Kopfes, erworben, z.B. dermatogen durch Narbenzug nach Verbrennungen, desmogen durch Narbenzug nach phlegmonösen Prozessen im Unterhautzellgewebe, myogen infolge entzündlicher Muskelprozesse bei Scharlach und Rheumatismus, arthrogen durch Gelenkveränderungen nach Frakturen, Verstauchungen und bei einseitiger Halsrippe, neurogen infolge klonischer Krämpfe (Torticollis spasticus). Die angeborene oder bald nach der Geburt auftretende muskuläre Form entsteht infolge Kontraktur des M. sternocleidomastoideus, später kommt es zu einer sehnigen Degeneration dieses Muskels (Torticollis muscularis). [20]

Torulopsis f: Gattung der → Fungi imperfecti, Sproßpilze; T.-Arten finden sich gelegentlich auf der Mundschleimhaut. [8]

Torus (lat.) m: Knoten, Erhöhung. T. mandibularis: symmetrische Hyperostose auf der Innenseite des horizontalen Astes des Unterkiefers oberhalb der Mylohyoidlinie, überwiegend bei Eskimos und Lappen. Histol. handelt es sich um ein dichtes Osteom. T. palatinus: Gaumenwulst, Gaumenrippe; Exostosen beiderseits der Gaumennaht (Sutura palatina mediana). Erst in fortgeschrittenem Alter vermutlich unter der Funktion entstehend, nach anderer Auffassung mongol. Rassenmerkmal. Meist an flachen Gaumen. Weibliches Geschlecht bevorzugt. [2]

Total|exstirpation f: vollständige Entfernung eines erkrankten Organs, so auch der Pulpa. Vgl. Exstirpation. [1]

Total|prothese f: rein schleimhautgetragene (Platten-)Prothese zum Ersatz der gesamten Zahnreihe, die im Unterkiefer den Alveolarfortsatz allein, im Oberkiefer den Alveolarfortsatz und den harten Gaumen bedeckt. Die Basis besteht meist aus Kunststoff oder Metall, die Zähne sind aus Kunststoff oder Keramik. [4]

Total|prothese, tele|skopierende f: → Deckprothese; eine herausnehmbare partielle Prothese, die auf wenigen restlichen Zähnen (1-3) mit Resilienz-Teleskopkronen abgestützt ist und die Rand- und Basisgestaltung einer Totalprothese hat. → Teleskopkrone, Resilienz-Teleskop. [4]

Toten|lade: Kapsel aus neugebildetem Knochen, die einen durch Knochennekrose entstandenen → Sequester allseitig umgibt; v.a bei → Osteomyelitis. [32]

toter Raum: innerhalb des Körpers befindliche, vom Gefäßsystem nicht erfaßbare Hohlräume. Ansiedlungsmöglichkeit für stagnierende Sekrete und Mikroorganismen, insbes. der unbehandelte Wurzelkanal. [1]

toter Zahn: → devitaler Zahn. [1]

tote Zonen f pl: dead tracts; Zonen im Kronendentin mit abgestorbenen → Odontoblastenfortsätzen. Die Dentinkanälchen sind also leer und erscheinen im Mikroskop wegen der Lichtreflexion dunkel. Ursache z.T. unbekannt, Vorkommen präeruptiv und in allen Altersklassen, in Abrasionsgebieten und pulpawärts der fortgeschrittenen Dentinkaries. Vgl. Karieszonen. [1]

Toti-Operation (Addeo T., Ophth., Florenz, *1861, † 1935) f: operative Verbindung des Tränensackes mit der Nasenhöhle. [19]

Tot|raum, anatomischer: Luftmenge in Nasen-Rachen-Raum, Luftröhre und Bronchien, die nicht am Gasaustausch teilnimmt. [2]

Tot|raum, apparativer: Luftmenge in Narkosesystemen und Respiratoren, die am Gasaustausch unbeteiligt ist. [2]

Tot|raum, physiologischer: anat. T. und Gasmenge, die infolge Störungen des Belüftungs-Durchblutungs-Verhältnisses in der Lunge nicht am Gasaustausch beteiligt ist. [2]

Tötungs|hemmung: Mechanismus zur Hemmung der → Aggression, der Artgenossen daran hindert, unnötige Dezimierung der Art zu betreiben. Zu beobachten beim Ablassen vom Unterlegenen, falls dieser mittels Demutsgebärde einen angeborenen auslösenden Mechanismus (→ AAM) in Gang setzt. Beim Menschen durch Zwischenschalten der Waffe außer Kraft gesetzt. [13]

Tot|vakzine f: Impfstoff aus thermisch oder chem. abgetöteten Erregern zur aktiven Immunisierung, z.B. → TAB-Vakzine, → *Salk*-Vakzine. Vgl. Lebendvakzine. [8]

Touchier|lösung: wirkstoffhaltige Lösung zum Aufpinseln auf die Zahnoberfläche, z.B. fluoridhaltige Lösungen in der Kariesprophylaxe. Vgl. Kariesprophylaxe. [1]

Tour (frz.) f: Umdrehung; der einmalige Lauf einer Binde um ein Glied oder den Kopf beim Anlegen eines Verbandes. [2]

Toxavit®: Medikament auf Paraformaldehydbasis zur → Devitalisation der Pulpa. Nur noch für Milchzähne in akuten Schmerzfällen gebräuchlich. Die Liegedauer beträgt ca. 7 Tage. Um Gingivanekrose bzw. -schäden zu vermeiden, muß die Kavität nach Applikation des Medikaments dicht verschlossen werden. [1, 7, 29]

Toxikologie f: Lehre von den Giften; befaßt sich mit den schädl. Wirkungen chem. Stoffe einschließl. der Arzneistoffe (→ Pharmakon) auf biolog. Systeme. [7]

Toxine (gr.) n pl: giftige Bestandteile oder Stoffwechselprodukte der Bakterien. Man unterscheidet die in der Zellwand lokalisierten lipopolysaccharidartigen → Endotoxine und die von der Zelle abgegebenen proteinartigen → Ektotoxine (Exotoxine). [8]

Toxizität (gr.) f: Gesamtheit der schädl. Wirkungen eines Stoffes auf biologische Systeme. Die T. wird überwiegend in mg bezogen auf das Körpergewicht und/oder Oberfläche angegeben. Nach dem Verlauf Unterscheidung in akute, subakute, chronische T. und nach der Manifestation in z.B. Organ-T., Karzinogenität, Mutagenität, pränatale T. [7]

Toxoide (gr.) n pl: durch chem. oder therm. Einflüsse ungiftig gewordene Toxine, die aber noch immunisieren. Vgl. Aluminium-Formol-Toxoid. [8]

toxophore Gruppe: die Gruppe des Toxinmoleküls, der die Giftwirkung zukommt. [8]

Toxoplasma n: Toxoplasma gondii; zu den Protozoen gehörender Erreger der Klasse Sporozoa mit sexuellem (Sporogonie) und asexuellem Entwicklungszyklus (Schizogonie). Schizogonie im Zwischenwirt (Mensch, zahlreiche Tierarten): Trophozoit, intrazellulärer Parasit, halbmondförmig, 2-4 µm breit, 4-7 µm lang, zuerst Zweiteilung (Endodyogonie), dann durch Vermehrung Bildung von Pseudozysten in allen Organen, enthalten 1.000-3.000 Parasiten. Im Katzendarm neben Schizogonie auch Sporogonie: männl. und weibl. Gameten bilden Zygote, aus der die Oozyste (10 µm ∅) entsteht; diese enthält 2 Sporozysten mit je 4 Sporozoiten, die 1-3 Tage nach Ausscheidung infektiös werden. Infektion alimentär entweder durch Oozysten, die durch Fliegen u.a. Insekten auf Nahrung übertragen werden, oder durch Genuß von pseudozysten-haltigem rohem Fleisch (bes. Schwein). Vgl. Toxoplasmose, *Sabin-Feldman*-Test. [8]

Toxo|plasmose f: allg. Infektionskrankheit, hervorgerufen durch das Toxoplasma gondii (→ Toxoplasma). Konnatale und postnatal erworbene Form, die jeweils akuten, chron. und latenten Verlauf haben kann. Angeborene Form kommt durch diaplazentare Infektion bei meist nur latent erkrankter Mutter zustande. Hauptsymptome: Wasserkopf, Augenveränderungen und Gesichtsspalten. Röntgenol. kleine Kalkschatten im Gehirn. Postnatal erworbene Form verläuft meist latent. Als Infektionsquelle kommen fast alle Haustiere, vor allem Nager, in Frage. Selten akuter Verlauf, dann hochfieberhaftes Exanthem mit zentralnervösen und pulmonalen Zuständen. Diagnostik: → *Sabin-Feldman*-Test. [8]

TPHA-Test m: Kurzform für **T**reponema**p**allidum-**H**äm**a**gglutinations-Test. Spezifische Seroreaktion auf Syphilis. Erythrozyten werden mit Treponemen-Lysat behandelt; in Gegenwart spezifischer Antikörper tritt Agglutination auf. [8]

TPI-Test m: Kurzform für **T**reponema**p**allidum-**I**mmobilisations-Test, → *Nelson*-Test. [8]

TPS-Schrauben|implantat® n: (TPS: Abk. für **T**itan**p**lasma-**S**chicht); titanplasmabeschichtetes einteiliges → Schraubenimplantat nach *Ledermann* zur Aufnahme eines Steges, mit dem die untere Totalprothese fixiert werden kann. Hierzu sollen 4 T.e in den Bereich zwischen den beiden Mentalforamen gesetzt und mit dem Steg verblockt werden. [18]

Trabecula (lat.) f: Bälkchen, z.B. die Knochenbälkchen der → Spongiosa. [9]

Trabekular|dentin n: → Plizidentin. 30
Trachea (gr.) f: Luftröhre (Abb. → Bronchien). 9
Tracheal|tubus m: Gummitubus zur Einführung in die Luftröhre bei der endotrachealen → Intubationsnarkose. Die Intubation geschieht durch den Mund (orotracheal) oder durch die Nase

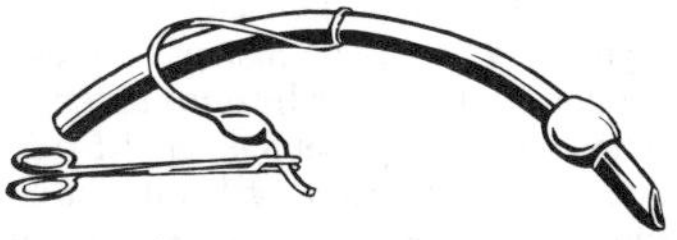

Orotrachealtubus mit aufblasbarer Manschette

(nasotracheal). Dementsprechend werden verschiedene Formen und Größen verwendet. Die Orotrachealtuben sind meist mit einer aufblasbaren Manschette zur Abdichtung gegen die Trachea versehen (Abb.). Vgl. *Guedel*-Tubus, *Kuhn*-Tubus, *Safar*-Tubus. 2
Trache|itis f: virale oder bakterielle Luftröhrenentzündung. Führt zu Austrocknung und Borkenbildung mit Atemnot. Therapie: Raumluftbefeuchtung, Antibiotika, eventuell Glukokortikoide. Auftreten von Krupphusten bei Kleinkindern: Verdacht auf Tracheitis subglottica (→ Pseudokrupp), wegen Erstickungsgefahr unbedingt klinische Überwachung. 19
Tracheo|stoma n: Bezeichnung für die durch die → Tracheotomie geschaffene Öffnung in der Luftröhre. 34
Tracheo|tomie f: Luftröhrenschnitt. Eröffnung der Trachea ober- oder unterhalb des Isthmus der Schilddrüse (Trachea superior oder inferior) zur Umgehung eines Atmungshindernisses. Meist obere T.: Kopf nach hinten lagern, Hautschnitt von etwa 6 cm Länge auf der Mittellinie am oberen Rand des Ringknorpels (unterhalb des sog. Adamsapfels) beginnend, Faszie zwischen den beiden Mm. sternohyoidei spalten, bis Ringknorpel und darunter der Isthmus freiliegt, Muskeln mit Haken zur Seite ziehen. Lösung des Bindegewebes durch queren Schnitt vom unteren Rand des Ringknorpels, mit Messergriff stumpf Bindegewebe und Isthmus nach unten präparieren, so daß die Trachea freiliegt, breiten stumpfen Haken einsetzen, Messer senkrecht in Trachea einstechen, drehen, so daß die Schnittwunde klafft. Zwei → *Bose*-Häkchen einsetzen, evtl. Trachea etwas ausschneiden, Kanüle einführen und am Hals festbinden (Abb.). Nottracheotomie: → Koniotomie, transtracheale Ventilation. 34

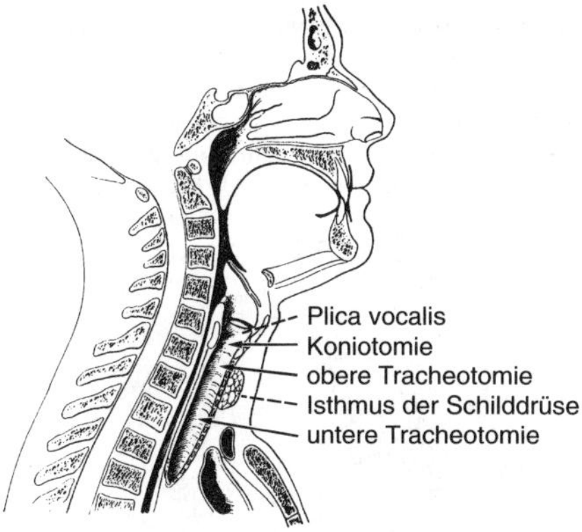

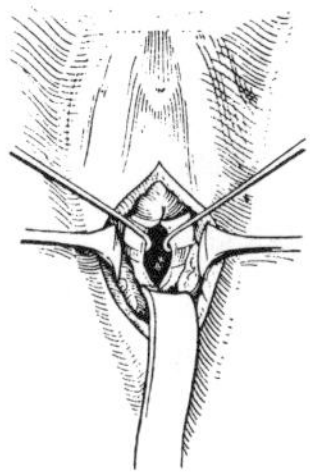

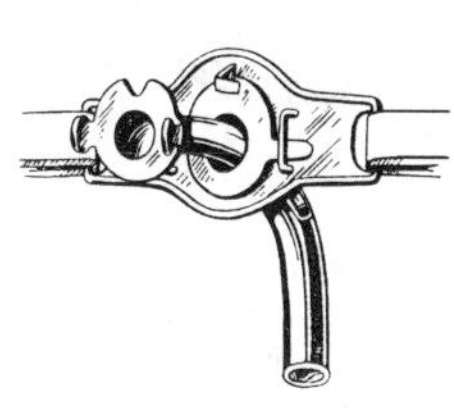

Trachom (gr.) m: Entzündung der Bindehaut des Auges durch Virusinfekt (→ Chlamydia), kenntlich an einer Follikel- bzw. Körnerbildung an der Bindehaut, daher auch Körnerkrankheit genannt. 20
Tractus (lat.) m: Zug, Strang, insbesondere → Leitungsbahn des Zentralnervensystems. 9
Tragant (gr.) m: Pflanzengummi, von Astragalusarten ausgeschiedener gelblicher, zähflüssiger Schleim, der getrocknet in Form eines feinen, weißen Pulvers als Adhäsionspulver für obere Plattenprothesen Verwendung findet. → Adhäsion. 4
Tragion (gr.) n: Abk. T; kephalometr. Meßpunkt, Kreuzungspunkt je einer an Ober- und Vorderrand des äußeren Einganges des Gehörganges gelegten Tangente (Abb. → Meßpunkte). 5
Tragion|basis|winkel: Neigungswinkel des hinteren Schenkels des → Sphenoidalwinkels zur → Ohr-Augen-Ebene (Abb. → Sphenoidalwinkel). 5
Tragus (gr.) m: die knorpelige Klappe vor dem Gehörgangseingang, diesen teilweise bedeckend; früher wegen der bocksbartartigen Behaarung bei älteren Männern auch Ohrbock genannt. Abb. → Auricula. 9
Tragus|punkt: → Tragion. 5

Tragus-Subnasale-Ebene: → Ohr-Nasen-Ebene. [5]
Training, auto|genes n: → autogenes Training.[33]
Trajektorien (lat.) f pl: die den statischen Belastungen entsprechend verstärkten Spongiosazüge des Knochens (Abb.). Vgl. Basalbogen. [5]

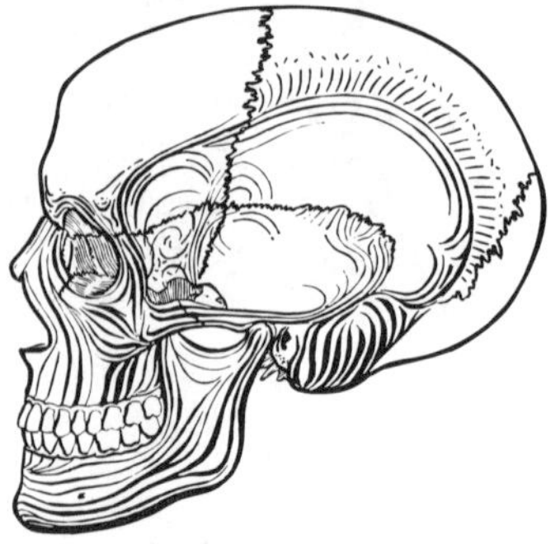

Trajektorien des Schädels

Traktions|divertikel n: Ausbuchtung der Speiseröhrenwand, entstanden durch Zug von außen. Vgl. Ösophagusdivertikel. [19]
Trakto|tomie f: Durchtrennung der sensiblen Fasern des N. trigeminus innerhalb der Medulla oblongata bei → Neuralgie des N. trigeminus.[20]
Tramadol n: Cyclohexanol-Derivat, → Opioid-Analgetikum mit geringer Affinität zu μ-, κ- und δ-Opioid-Rezeptoren (→ Opioid-Rezeptoren). Der Hauptmetabolit des T.s, O-Desmethyltramadol, hat größere μ-Opioid-Rezeptoraffinität als T. Nebenwirkungen: Müdigkeit, Schwindel, Kopfschmerzen, Ruhelosigkeit, Übelkeit, Erbrechen, Obstipation, Mundtrockenheit, starkes Schwitzen. Psych. und phys. Abhängigkeitspotential scheint niedrig zu sein; Entwicklung einer → Toleranz findet nicht statt. [7]
Tramazolin n: direktes → Sympathomimetikum, → Adrenozeptoren-$\alpha_2 > \alpha_1$-Agonist (→ Agonist) zur lokalen Abschwellung der Nasenschleimhaut. Wirkungsmax. 5-10 min post applicationem, Wirkungsdauer ca. 3-4 h. Indikation in der Zhk. zur supportiven Behandlung einer Sinusitis maxillaris dentogenen Ursprungs. Zur Vermeidung einer Nasentropfenrhinitis nicht länger als 10 Tage anwenden. [7]
Trance (frz.) f: Zustand, der der → Hypnose ähnelt. [33]
Tränen|bein: → Os lacrimale. [9]
Tranexam|säure: synthet. Antifibrinolytikum, kompetitiver Inhibitor der Plasminogen-Aktivierung. Indikation in der Zhk.: Zusatztherapie bei Hämophilie vor Zahnextraktion und 2-8 Tage danach, um den Bedarf für eine Substitution mit → Antithrombin III zu senken. Kontraindikationen: Farbsehstörungen, Hämaturie, subarachinoidale Blutungen, Schwangerschaft, Niereninsuffizienz. [7]
Tranquilizer (engl.) m: Tranquillizer (lat. Schreibweise), Tranquillanzien, Ataraktika, → Anxiolytika, → Sedativa; Pharmaka mit zentraldämpfender Wirkung zur Beseitigung nichtpsychotischer Angst-, Spannungs- und Erregungszustände sowie der durch sie bedingten Störungen, ohne das Bewußtsein zu beeinträchtigen. Cave: Suchtrisiko. Zu den T.n gehören die → Benzodiazepine, Carbamate, Azaspirodekandione (Buspiron) u.a. Weltweit am meisten angewendet werden Derivate des 1,4-Benzodiazepins. Hauptvertreter: Chlordiazepoxid (Librium®), → Diazepam (Valium®), Meprobamat (Miltaun®). Vgl. Psychopharmaka. [7, 33]
Transaminasen f pl: Enzyme, die die Übertragung einer Aminogruppe von einer Aminosäure auf eine Ketosäure katalysieren (Aminotransferasen), z.B. Serum-Glutamat-Pyruvat-Transaminase, lokalisiert im zytoplasmatischen Raum, Serum-Glutamat-Oxalazetat-Transaminase auch im mitochondrischen Raum. Wichtig bei der Leberdiagnostik. [20]
transdental: durch den Zahn, d.h. vom Wurzelkanal aus durch das Wurzelloch gehend, z.B. bei Behandlung einer apikalen Parodontitis. [30]
transdentale Fixation f: → Transfixation. [2, 18]
Transduktion f: Übertragung von Genen durch Vermittlung von Bakteriophagen von einer Bakterienzelle auf eine andere. Transduziert wird z.B. das Staphylokokken-Plasmid (→ Plasmid) für Penizillinasebildung. [8]
Transfer|kappen: Übertragungskappen, Copings; dienen der Übertragung und Zuordnung der nach Einzelstumpfabformung gewonnenen Modellstümpfe in ein Arbeitsmodell, nachdem sie im Munde des Patienten eingepaßt und in den Abdruck übernommen wurden. T. werden in der Brückentechnik aus Kunststoff oder Aluminium angefertigt. [4]
Transferrin n: Transportform des Fe^{++} im Blut durch Bindung an das $Beta_1$-Globulin T. Vgl. Eisenbindungskapazität. [20]
Transfixation f: transdentale Fixation, endodontale Schienung; Verfahren zur Fixierung von Zahnwurzeln, die durch Parodontopathien oder Resorption gelockert oder die frakturiert sind. Stifte aus Metall (z.B. Titan) oder → Aluminiumoxidkeramik werden durch Wurzelkanal und

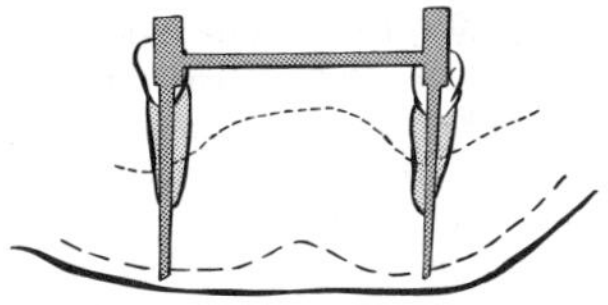

Fixation eines parodontal geschwächten Zahnes durch einen Stift, der über den Wurzelkanal hinaus im periapikalen Knochen fixiert ist.

erweitertes Wurzelloch hindurch in den Knochen versenkt (Abb.), wodurch die Hebelverhältnisse zwischen Zahnwurzel und Zahnkrone verbessert werden. [2, 18]

Transformator (lat.) m: Umspanner; Kombination stromdurchflossener Drahtwicklungen, geeignet zum Erhöhen oder Herabsetzen einer Wechselspannung. [10]

Transfusion f: → Bluttransfusion. [20]

transient (lat.): transitorisch; vorübergehend. [8]

Transient flora (engl.) f: → Resident flora. [8]

Transillumination f: Beleuchten eines Zahnes mit einer faseroptischen Lichtquelle (→ Kaltlicht) zur Beurteilung der Lichtdurchlässigkeit. Diagnostisches Hilfsmittel bei fraglicher Vitalität der Zähne, Sprüngen im Zahnkronenbereich und Kronen-Wurzelfrakturen. [29]

Transistor m: elektrotechnisches Bauelement zur Gleichrichtung und Verstärkung von Wechselspannungen, das die erheblich größere Elektronenröhre ersetzt. [10]

Translation f: in der Zhk. Vorschubbewegung des Unterkiefers ohne Rotation. In der Kieferorth. gleichbedeutend mit → Bodily movement. [5]

transluzent: durchschimmernd. [14]

transparentes Dentin n: sklerot. Dentin; bei lichtmikroskop. Betrachtung eines Schliffpräparates nach Obliteration der Dentinkanälchen durch Einlagerung von Hydroxylapatitkristallen transparent erscheinende Dentinpartien (Kanäle und Dentingrundsubstanz haben den gleichen Brechungsindex). Vorkommen im Wurzeldentin älterer Zähne sowie unter Abrasionen und → keilförmigen Defekten als Folge von regressiven Veränderungen entlang der → Odontoblastenfortsätze in den Dentinkanälchen. Als Zone der Transparenz unter kariösen Läsionen nach Ausfällung von gelöstem oder von außen zugeführtem Material. Vgl. Karieszonen. [1]

Transparenz (lat.) f: Durchsichtigkeit. In der Metallkeramik haben z.B. die Schmelzmassen eine höhere T. als die Dentinmassen, wodurch das Aussehen der künstlichen Zähne dem natürlichen Zahn angeglichen wird und die Farbe des Zahnes aus der „Tiefe" erscheint. Ggs.: → Opazität. Röntgen-T.: → Aufhellung. [4, 14]

Transpiration (lat.) f: Schwitzen. [10]

Transplantation f: Überpflanzung von Gewebe (Haut, Schleimhaut, Knochen usw.) von seiner natürlichen Stelle an eine andere zur Deckung von Substanzverlusten. Vgl. Plastik, *Braun*-Pfropfung, *Thiersch*-Plastik, *Wolfe-Krause*-Lappen, Osteoplastik, Rundstielplastik, Knochentransplantation. Unter T. eines Zahnes versteht man das Versetzen eines extrahierten Zahnes in die leergewordene Alveole des gleichen (Auto-T.) oder eines anderen Individuums (Hetero-T.). Das überpflanzte Objekt ist das Transplantat. Vgl. Replantation, Zahnkeimtransplantation, Histokompatibilität. [2, 6, 18]

Transposition f: anlagemäßig bedingter Austausch zweier Zähne innerhalb einer Zahnreihe im sonst normalen Gebiß, seltene Stellungsanomalie. [5]

transradikuläre Fixation f: → Transfixation. [2]

Transsudat n: nicht entzündlicher Erguß in einer Körperhöhle oder im Interstitium, bestehend aus zell- und eiweißarmer, meist seröser Flüssigkeit. Enthält kein Fibrinogen, spez. Gew. < 1.015 (Exsudat). Vorkommen bei allg. oder lokaler Stauung (mit abnormer Kapillardurchlässigkeit) sowie bei pathol. Zusammensetzung des Blutes (Eiweißmangel) oder der Gewebskolloide. Vgl. Exsudation. [32]

transtracheale Ventilation f: Gasaustausch über Punktion der Trachea bei bedrohlicher unvollständiger Verlegung der oberen Atemwege. Punktion der Membrana cricothyreoidea mittels großlumiger Kanüle, über die Sauerstoff unter hohem Druck im Atemrhythmus (12-16 mal pro Minute) insuffliert wird. Lebensrettende Methode, rascher durchführbar als → Nottracheotomie. [2]

transversal: quer verlaufend, in einer transversalen Achse gelegen. → Achsen des Körpers. [5, 9]

Transversal|bewegung: jede Bewegung in Querrichtung, sei es palatinal (lingual) oder bukkal. [5]

Transversal|bügel: P r o t h .: → Ausgleichselement in der Teilprothetik zur Verbindung beidseitiger Prothesensättel im Oberkiefer. Im Gegensatz zum → Torsionsbügel breiter und flacher. K i e f e r o r t h .: quer über den Gaumen verlaufender, meist halbrunder, ca. 1,2 mm starker Stahldraht oder stärkere, gegossene Schiene zur Versteifung, z.B. an festsitzenden Apparaturen, wenn die Molaren nicht mitbewegt werden sollen. → Palatinalbogen. [4, 5]

Transversal|ebene: senkrecht zur → Raphe-

Median-Ebene und zur → Frontalebene, also bei aufrechter Körperhaltung horizontal verlaufende Körperebene (Abb. → Mediansagittalebene). 5

Transversal|schraube: in Querrichtung eingelagerte → Dehnschraube. 5

Tranylcypromin n: → Monoaminooxydase-Inhibitor, → Antidepressivum mit psychomotor. aktivierender und stimmungsaufhellender Wirkung. T. potenziert u.a. die Wirkung von → Sympathomimetika. 7

Trapanal®: → Thiopental. 2

Trauben|kokkus m: → Staphylokokkus. 8

Trauben|zucker: → Glukose. 23

Trauma (gr.) n: Verletzung, Wunde durch äußere Gewalteinwirkung. Unterscheidung von scharfem T. mit Durchtrennung der Hautdecke und stumpfem T. Auch der dadurch entstandene Schaden. Psychisches T.: → traumatische Neurosen. 2, 33

traumatisch: durch Gewalteinwirkung entstanden. 2

traumatische Neurosen f pl: Psychoneurosen; schwere nervöse Störungen nach körperlichen bzw. seelischen Gewalteinwirkungen, die im wesentlichen als → Hysterie oder → Hypochondrie in Erscheinung treten. Es handelt sich dabei um funktionelle Störungen, die psychotherapeutischer Behandlung bedürfen. T. N. als Unfallneurosen werden i.d.R. als Wunsch- und Zweckreaktion interpretiert. In der Psychoanalyse versteht man unter einer traumatischen Neurose ein seelisch unzureichend verarbeitetes Trauma mit Angst und Wiederholungszwang. Vgl. Neurose. 33

traumatische Okklusion: → Okklusion, traumatische. 4

traumatogene Par|odonto|pathien f pl: traumatisch induzierte Veränderung des Zahnhalteapparates: 1. Verletzungen der Gingiva: mechanische Insulte an der Gingiva (z.B. → *Stillman*-Spalten) sowie chemische oder thermische Insulte; 2. desmodontales Trauma: traumatische, abakteriell-entzündliche Destruktion der tiefen parodontalen Stützgewebe; wurde früher als → Parodontitis profunda (*Häupl*) und noch früher als okklusales Trauma (englisch: trauma from occlusion) bezeichnet; Symptome: frühzeitige Lockerung des Zahnes durch okklusale Kräfte, wenn die Belastung des Zahnes die Belastbarkeit seines Parodontiums übersteigt; mit dem klinischen Kardinalsymptom der frühzeitigen Lockerung findet man einen verbreiterten Parodontalspalt und eine Kribrosierung der Lamina interna im Röntgenbild. 6

Traumatologie f: Unfallheilkunde. 2

Tray (engl.) n: zur Rationalisierung der Praxisführung vorbereitetes Tablett mit den erforderlichen Instrumenten für einen bestimmten Arbeitsgang, z.B. Amalgamfüllung, Wurzelspitzenresektion usw. 1

Trazodon: → Antidepressivum, hemmt selektiv die Serotonin-Wiederaufnahme in präsynapt. Granula. Nebenwirkungen: Priapismus, vegetative Störungen; T. potenziert die Wirkung zentraldeprimierender Pharmaka. 7

Treacher-Collins-Syndrom (Treacher C., Chir., London, *1862, † 1932) n: → Dysostosis mandibulofacialis. 2

Trélat-Häkchen (Chir., Paris, *1828, † 1890): T.-Raspatorium; zierliches, rechtwinklig abgebogenes, im Querschnitt dreieckiges Raspatorium zum Abpräparieren der nasalen Schleimhautbedeckung des harten Gaumens bei der Gaumenspaltenoperation (Abb.). 2

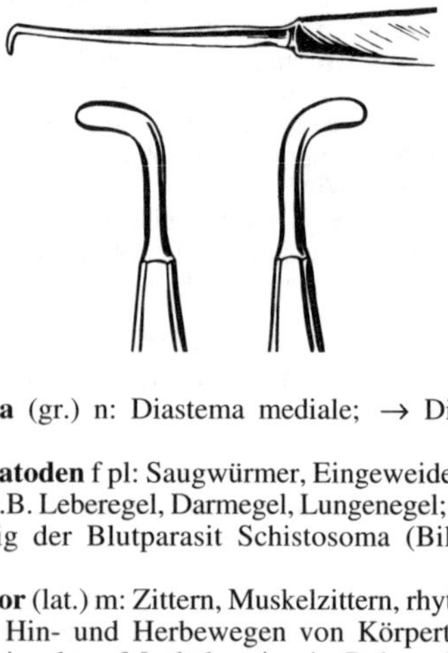

Trema (gr.) n: Diastema mediale; → Diastema. 5

Trematoden f pl: Saugwürmer, Eingeweidewürmer, z.B. Leberegel, Darmegel, Lungenegel; med. wichtig der Blutparasit Schistosoma (Billharzia). 8

Tremor (lat.) m: Zittern, Muskelzittern, rhythmisches Hin- und Herbewegen von Körperteilen oder einzelnen Muskelpartien in Ruhe oder in Bewegung (Ruhe- oder Intentionstremor). Nach der Intensität unterscheidet man groben, mittel- oder feinschlägigen T. Ursachen: toxisch bei Alkoholismus, Quecksilber- oder Bleivergiftungen; endokrin z.B. bei Hyperthyreodismus; entzündlich bei → Enzephalomyelitis disseminata; im Alter als seniler T. oder im Rahmen der → *Parkinson*-Krankheit. 33

Trennscheibe: rotierende, dünne runde und plane Scheibe, bei der nur der Rand mit Schleifmaterial (Diamant, Siliziumkarbid) belegt ist. T.n werden zum Abtrennen von Werkstückteilen (Klammern, Kronen, Brückenglieder) und zum Akzentuieren von Interdentalbereichen an zahntechnischen Werkstücken benutzt. [21]

Trepan (frz.) m: Bohrinstrument, das aus einem zylinderförmigen, sägenden Teil besteht, der in drehende Bewegung versetzt wird (Abb.). [2]

Trepanation f: entlastende Eröffnung umschlossener Körperhöhlen (Schädel, Kieferhöhle), spez. Eröffnung der Pulpakammer zur Entlastung oder Durchführung einer → Wurzelkanalbehandlung, in Ausnahmefällen auch zur → Sensibilitätsprüfung der Pulpa. [1]

Trepan|fräser: → Hohlfräser. **1.** Instrument zur Präparation des → Implantatbetts für → Hohlzylinder- oder Hohlschraubenimplantate; **2.** Instrument zur Explantation enossaler Implantate; hierbei muß der T. einen geringfügig größeren Durchmesser als das Implantat aufweisen; vgl. Explantation. [18]

Treponema n: Gattung der Spirochaetales (Familie Spirochaetaceae); umfaßt harmlose Schleimhautepiphyten und pathogene Gewebsparasiten; feine 0,1-0,25 μm dicke, 5-15 μm lange, aus 6-12 Windungen bestehende fädige Bakterien (Abb.): 1. pathogene: a) T. pallidum: von

Schaudinn und *E. Hoffmann* 1905 als Erreger der venerischen Syphilis entdeckt; auch Erreger der nicht-venerischen, endemischen Syphilis in warmen Ländern der Alten Welt; sehr feine, nicht mehr als 0,15 μm dicke Spirochäte, bei *Giemsa*-Färbung nur durch protrahiertes Verfahren (24 Std.) schwach darzustellen (pallidus: blaß), besser mit Viktoriablau oder durch Silberimprägnation nach *Levaditi*. Rotierende und abknickende Bewegung ist charakteristisch. In künstlichen Nährböden nicht züchtbar. Experimentelle Infektion gelingt bei Kaninchen, Meerschweinchen, Hamster, Maus, Ratte und einigen größeren Tieren. Beim Menschen im Primärstadium der Lues in Reizserum des Primäraffekts und Lymphknotenpunktat durch Dunkelfelduntersuchung nachweisbar. Ab Beginn des 1. Stadiums Seroreaktionen. b) T. pertenue: Erreger der Frambösie in feucht-warmen Ländern. c) T. carateum: Erreger der Pinta (Carate, Mal del Pinto) in trocken-warmen Zonen Süd- und Mittelamerikas; b) und c) sind morphologisch und serologisch von T. pallidum nicht zu unterscheiden; es besteht Kreuzimmunität zwischen den 3 Infektionen; 2. apathogene: Schleimhautepiphyten der Mundhöhle, züchtbar in/auf künstlichen Nährböden in Anaerobiose; noch keine sichere Klassifizierung, daher oft taxonomisch unverbindlich „orale Treponemen". *Bergey's* „Manual of Determinative Bacteriology" (1986) erkennt 3 Arten an: T. denticola, T. vincentii, T. scoliodontum. In geringer Zahl Teil der Standortflora, bei infektiösen Prozessen (Fusospirochätosen) stark vermehrt. [8]

Treponema-Immobilisations|test m: TPI-Test, → *Nelson*-Test. [12]

TRH: Abk. für **t**hyrotropin **r**eleasing **h**ormone (engl.); beeinflußt die hypothalamische Sekretion durch neurale Reize, über den Hypophysenstiel in den Hypophysenvorderlappen gelangend; dort Stimulierung der Sekretion von → TSH. [10]

Trialkylboran n: Polymerisationsauslöser für die radikalische Polymerisation in wässerigem Medium. [23]

Triamcinolon n: halogenisiertes → Glukokortikoid, dessen antiphlogist. → Potenz auf Gewichtsbasis 5fach größer als die des Hydrokortisons ist. T. hat keine mineralokortikoide Wirkung. Die biolog. Halbwertszeit beträgt 12-36 h, die *Cushing*-Schwellendosis liegt bei 6 mg/Tag. Bestandteil des → Ledermix® zur Behandlung von Pulpaentzündungen. [1,7]

Trias (gr.) f: Dreizahl, Dreiheit, z.B. von Symptomen, die eine Krankheit charakterisieren. [2]

Triasso|chelys n: ausgestorbene Urschildkröte, die ebenso wie der ausgestorbene Urvogel Archaeopterix Zähne besaß. [30]

Triazolam n: 1,4-Benzodiazepin-Derivat, → Hypnotikum mit einer Eliminationshalbwertszeit (→ Halbwertszeit, terminale) von 2-3 h, → Metabolit 4 h. [7]

Tribologie f: Lehre von den bei der gegenseitigen Reibung von Oberflächen auftretenden Erscheinungen. Eigenständiges Wissenschaftsgebiet, das sich mit Reibung, Verschleiß und Schmierung beschäftigt. 4

Trichinella spiralis f: Haarwurm, zu den Fadenwürmern gehörend. Die Muskeltrichine, fadenförmig, ♂ 1,5 mm, ♀ 2,5-4 mm lang, findet sich in der Muskulatur (Schwein, Ratte, Mensch) und ist spiralig in einer mit der Zeit verkalkenden Kapsel eingerollt. Durch Verfütterung gelangt sie in den Magen des neuen Wirts, wo die Kapsel durch die Magensäure aufgelöst wird. Diese Darmtrichinen werden nach 3-4 Tagen geschlechtsreif und begatten sich. Jedes Weibchen kann über 1.000 Jungtrichinen gebären, die zu den Skelettmuskeln wandern oder mit dem Blut- und Lymphstrom dorthin verschleppt werden. 8

Trichion (gr.) n: Abk. Tr; kephalometr. Meßpunkt an der Stirnhaargrenze in der → Raphe-Median-Ebene (Abb. → Meßpunkte). 5

Trichlor|äthylen: $CHCl = CCl_2$; historisches Inhalationsanalgetikum. Farblose, aromatisch riechende Flüssigkeit. Siedepunkt: 87,2° C. Früher Anwendung mittels einfacher Inhalatoren zur Schmerzdämpfung bei kleineren chirurgischen Eingriffen, in der konservierenden Zhk. sowie bei der Geburt. 2

Trichlor|essig|säure: Acidum trichloraceticum; farblose, leicht lösliche Kristalle; konzentriert zur Abätzung von Pulpa- und Zahnfleischpolypen, blutenden Pulparesten u.ä., 10-50%ig als Ätzmittel, spez. zur Blutstillung am Zahnfleisch. 23

Tricho|epi|theliome n pl: von den Haarbälgen ausgehende kleine Epithelgeschwülste. → Epithelioma adenoides cysticum. Häufig bei *Spiegler*-Tumoren. 12

Trichome (gr.) n pl: fadenförmige Zellverbände bestimmter Bakterien (z.B. bei → Simonsiella). 8

Tricho|monas f: Gattung der Geißeltierchen (Flagellata, Mastigophora) mit vier freien Geißeln am Vorderende und einer undulierenden Membran, ovale Gestalt, bildet keine Zysten; bei Menschen drei Arten: T. tenax (in Mundhöhle), T. hominis (im Darm), T. vaginalis (in Scheide); nur letztgenannte ist pathogen und kann beim Geschlechtsverkehr auf den Mann übertragen werden (Trichomonasurethritis). 8

Tricho|phytie f: Pilzerkrankung der Haut. Zivilisationsseuche, → Epidermophytie. Häufigste Erreger: Trichophyton mentagrophytes (→ Trichophyton), Trichophyton rubrum (Abb. a), Trichophyton verrucosum; keratrophil, befallen Hornhaut, Nägel und Haare. 1. Oberflächliche T.: rote, entzündliche, scheibenförmige, zentral mit feiner Schuppung abheilende, peripher mit Pusteln weiterschreitende Herde. In den Herden Abbrechen der miterkrankten Haare (Herpes tonsurans, sog. Scherflechte); 2. tiefe T.: schmerzhafte, entzündliche T., feigenartige Knoten mit

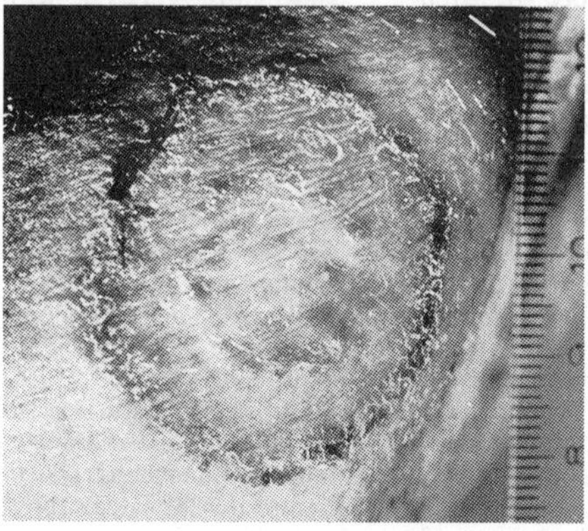

Abb. a: Trichophytie (Erreger Trichophyton rubrum)

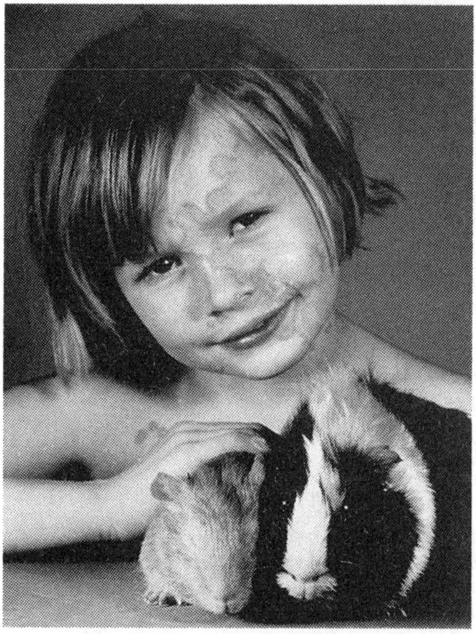

Abb. b: Trichophytie, übertragen von Meerschweinchen

Pusteln und kleinen Abszessen, bevorzugt im Bartbereich (Bartflechte, Folliculitis barbae). Übertragung von Tieren (Abb. b), aber auch von Mensch zu Mensch. Therapie: lokale Antimykotika wie Canesten, Daktar, Exoderil, ggf. oral Breitbandantimykotika (Nizoral® = Ketoconazol-Likuden® = Griseofulvin). Terkinafin. [12]

Tricho|phyton n: Gattung der → Fungi imperfecti, Fadenpilze; T. mentagrophytes ist häufigster Erreger der Interdigitalmykose und → Trichophytie, T. schoenleinii (Achorion schoenleinii) Erreger des → Favus. [8]

Tricho|tillo|manie f: durch Zupfen an den Haaren entstehende kahle Stellen; meist zwanghaft neurotisch bedingt; bei Kindern nicht selten zu beobachten. → Alopezie. [12]

Trichter|brust f: trichterförmige Eindellung des Brustbeins, angeboren oder erworben z.B. bei Rachitis oder durch Beruf (Schusterbrust). [34]

tricus|pidalis: → trikuspidal. [9]

Triebe: primäre Motive (z.B. Brutpflege, Durst, Hunger, Sexualität), die im Sinne biologischer Zweckmäßigkeit der Arterhaltung dienen. T. werden auch als vitale Bedürfnisse bezeichnet. Vgl. Bedürfnis, Motivation. [13]

Triflupromazin n: → Phenothiazin vom Chlorpromazin-Typ, mittelpotentes → Neuroleptikum mit ausgeprägter antiemet. Wirkung. Indikation in der Zhk. zur kurzfristigen Sedation suchtgefährdeter Patienten vor operativen Eingriffen, auch als → Antiemetikum. [7]

Trifurcatio radicis dentis f: → Trifurkation. [30]

Trifurkation f: Trifurcatio radicis dentis; Aufzweigung dreiwurzliger Zähne (obere Molaren). [6, 30]

Trigeminus (lat.) m: gebräuchliche Kurzform für → Nervus trigeminus. Fünfter der 12 → Hirnnerven. In seinem Ursprung sensibel und striomotorisch, erhalten seine Äste in ihrem Verlauf zusätzliche lissomotorische und sekretorische Nervenfasern aus dem N. occulomotorius, N. facialis, N. glossopharyngeus und Truncus sympathicus; vgl. Hirnnerven. Der T. gibt noch in der Schädelhöhle ab: 1. den → N. ophthalmicus für die sensible Versorgung des Augapfels und der Stirnhaut; 2. den → N. maxillaris für die Versorgung von Oberlippe, Nase, Nasenhöhle, Gaumen und Oberkieferzähnen mit deren Zahnfleisch, und 3. den → N. mandibularis, der sämtliche striomotorischen Fasern erhält (die meisten von ihnen für die Versorgung der Kaumuskulatur) und auch die Schleimhaut der Wange, des Mundbodens, der vorderen 2/3 der Zunge, der Unterkieferzähne mit ihrem Zahnfleisch, sowie die Haut der Kinn- und Schläfengegend versorgt. → Fossa infratemporalis. [9]

Trigeminus|neur|algie f: Tic douloureux, Prosopalgie, *Fothergill*-Gesichtsschmerz; echte oder gemeine idiopatische Neuralgie des N. trigeminus mit anfallsweise auftretenden sehr heftigen Schmerzanfällen im Ausbreitungsgebiet des N. trigeminus, die Sekunden bis Minuten andauern. Am häufigsten im Bereich des 2. und 3. Trigeminusastes (Ober- und Unterkieferbereich). Patienten suchen deshalb oft zuerst den Zahnarzt auf. Ursache meist unbekannt, gelegentlich nach Gesichtsschädelfrakturen, Nasennebenhöhlenentzündungen und Gefäßdruck auf Nervenstamm beobachtet. Auslösung durch periphere Reize möglich. Auftreten im allg. jenseits des 25. Lebensjahres. Therapie: Injektion von 90%igem Alkohol. Erfolg meist nur vorübergehend. Ebenso nach → Neurex(h)airese oder Unterbrechung der peripheren Fasern, z.B. am Foramen infraorbitale oder mandibulae. Alkoholinjektionen in das Ganglion trigeminale wurden verlassen zugunsten der Elektrokoagulation und der Unterbrechung der Trigeminuswurzel zwischen Austritt aus dem Gehirn (Pons) und Ganglion trigeminale, ausgehend von der mittleren Schädelgrube nach *Frazier* oder der hinteren Schädelgrube nach *Dandy*. → Traktotomie nach *Sjoequist* besteht in Durchtrennung des Tractus spinalis nervi trigemini. Ferner besteht die Möglichkeit der Gangliolyse nach *Stender* (Auslösung des Ganglion aus seiner Umgebung). Bei fast allen operativen Methoden Rezidive und Komplikationen (Keratitis neuroparalytica, → Anaesthesia dolorosa). Vor Eingriff gründliche zahn-, nerven-, augen- und ohrenärztliche Untersuchung, WaR und Überprüfung des Kreislaufs (Angiographie) zur Ausschaltung der sekundären oder symptomatischen Neuralgie bes. bei Hirntumoren, Basisbrüchen, Meningitiden, Aneurysmen, Neuritiden, neuralgiformen Schmerzen, die durch Beseitigung ihrer faßbaren Ursache ausgeschaltet werden können. Bei gesicherter Diagnose sind Zahnextraktionen kontraindiziert. Vgl. *Hunt*-Neuralgie, *Sluder*-Neuralgie, Styloidsyndrom, Zoster oticus (→ Zoster); → Neuralgie. [2, 19, 20, 33]

Trigger (engl.) m: physik., chem., physiol. Auslöser (Vorgang, Reiz, Substanz); z.B. ein Mechanismus, der eine Reaktion oder einen Vorgang auslöst („triggert“). [4]

Trigger-Faktor m: ursächliche „Komponente“ oder Teilursache eines Prozesses, auslösende Ursache. [4]

Trigger-Zone f: anat. Bezirk, schmerzauslösender Ort, der mit der Schmerzlokalisation (Projektionsgebiet) nicht identisch ist. Schmerzhafte Muskelverspannungen im M. sternocleidomastoideus oder Kopfschmerzen werden als myogener Projektionsschmerz bezeichnet, wenn er durch → Parafunktionen, deren T.-Faktor zu hohe Füllungen bzw. Kronen sein können, ausgelöst wird. [4]

Triglyzeride n pl: Fettsäureester des Glyzerins, Neutralfette, wichtigste Untergruppe der Stoffklasse der Lipide. Bei Adipositas (→ Fettleibigkeit) Körpergewichtzunahme durch vermehrte, hormonell kontrollierte Einlagerung von T. in die Zellen des Fettgewebes. [20]

Trigon (lat.) n: Höckerdreieck oberer Molaren. Es entsteht durch Verschiebung der Höcker des Trituberkularzahns, der bei einer Säugetierordnung aus dem Jura vorkommt (→ Trituberkulartheorie). Das T. unterer Molaren wird als Trigonid bezeichnet. Die Verschiebung der Höcker erfolgt hier spiegelbildlich. Vertreter dieses Kronenmusters werden Symmetrodonten genannt, dazu gehören mesozäische und eozäne Säugetierformen, älteste Raubtiere und Ungulaten sowie Insektivoren, Marsupialier und Prosimier. [30]

Trigonid n: → Trigon. [30]

Trigono|zephalie f: Trigonozephalus; Schädelmißbildung mit keilartigem Vorspringen der Stirn infolge vorzeitigen Verknöcherns der Stirnbeine. [3]

Trigonum (gr.) n: Dreieck. [9]

Trigonum caroticum n: Kopfschlagaderdreieck, gebildet vom M. sternocleidomastoideus, M. omohyoideus und dem hinteren Bauch des M. digastricus (Abb.). [9]

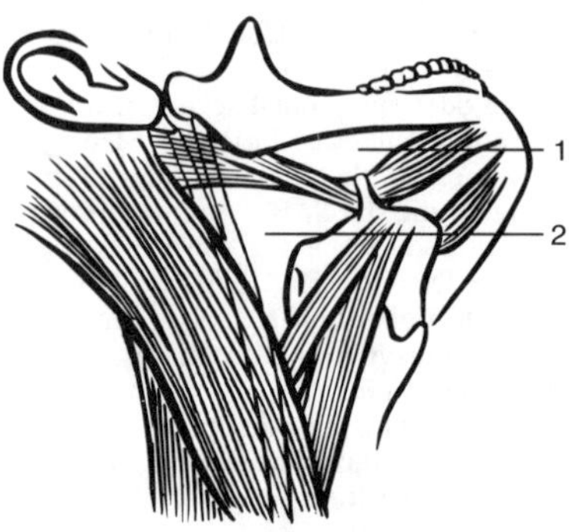

1: Spatium submandibulare; 2: Trigonum caroticum. [53]

Trigonum mentale n: Kinndreieck, gebildet von der Protuberantia mentalis als oberer Spitze und den paarigen Tubercula mentalia als Basis, die am unteren Rand des Corpus mandibulae liegen. [9]

Trigonum retromolare n: dreieckige, poröse Knochenpartie hinter dem letzten unteren Molaren. [9]

Trigonum submandibulare n: Unterkieferdreieck, gebildet von den Bäuchen des M. digastricus und dem Corpus mandibulae. [9]

Trikalzium|phosphat|keramik f: $Ca_3P_2O_8$, Abk. TCP; bioreaktives anorganisches Knochenmaterial als Knochenersatzwerkstoff in Pulver- und Granulatform. Im Ggs. zu → Hydroxylapatit wird T. resorbiert und von Knochen ersetzt; wird daher als Verbundwerkstoff zur Beschichtung von Metallimplantaten (TCP-Implantat) und als Knochenersatzwerkstoff zur ossären Defektfüllung eingesetzt; vgl. Kalziumphosphatkeramik, Implantologie. [2, 18]

Trikon|odont m: mit 3 Kegeln versehener (fossiler) Zahn, → Trituberkulartheorie. [30]

trikon|odonte Inzisal|kante: Unterteilung der Inzisalkante bei mittleren oberen Schneidezähnen nach dem Durchbruch in 3 Zacken, Einebnung durch → Abrasion. Letztlich sind nur die Fortsetzungen der Einschnitte als mehr oder weniger ausgeprägte Furchen auf der Labialfläche zu sehen. [29]

Trikon|odonten|zahn: → Trituberkularzahn. [30]

Trikresol m: Mischung der bei der Herstellung von Kresol anfallenden drei isomeren Kresole. Zur Desinfektion infizierter Wurzelkanäle. Veraltet. [1]

Trikresol|formalin n: Formokresol; Mischung von Kresol mit → Formaldehyd, Desinfektionsmittel bei der Wurzelbehandlung. Wegen gewebsschädigender Wirkung nur noch bei der Behandlung der Milchzahnpulpa in Gebrauch. [1]

trikuspidal: trikuspidalis; dreizipflig. → Valva atrioventricularis dextra. [9]

Trikuspidal|klappe: → Valva. [9]

Trink|wasser|fluoridierung f: Abk. TWF; Kariesprophylaxe durch Anreicherung des Trinkwassers mit Fluorverbindungen. Vgl. Fluoridprophylaxe. [15]

Triopaste®: Paste aus (Tri-)Kresol, Kreolin, Glyzerin, Paraformaldehyd und Zinkoxid zur → Mumifikation der mortal amputierten Pulpa. Vgl. Mortalamputation. [1]

Trioxi|methylen n: irreführende Bezeichnung für Paraformaldehyd. Vgl. Toxavit®. [1]

Tripel|punkt (Wasser): Am T., d.h. bei einem Druck von 4,58 Torr und einer Temperatur von 0,0100 °C, kommt H_2O in den drei Phasen gasförmig (Dampf), flüssig (Wasser) und fest (Eis) vor. Die Temperatur am T. des Wassers ist ein Fixpunkt der internationalen Temperaturskala. [10]

Tripodisierung (gr.) f: Berührungsverhältnis der → Antagonisten im Seitenzahnbereich, wobei die tragenden Höcker auf drei konvexen unteren Höckerabhängen abgestützt sind. Die Höckerspitze bleibt unbelastet. [4]

Trisaccharide n pl: → Kohlenhydrate. [23]

Trismus (gr.) m: Kieferklemme durch tonische Kontraktion der Kaumuskeln, oft erstes Zeichen des → Tetanus. [2]

Tritium (gr.) n: → Isotop des Wasserstoffs mit der Massenzahl 3, → Wasserstoff. [23]

Tritomer n: dritter Teil eines Zahns, der nach der → Dimertheorie aus zwei Teilen entstanden ist. Nach *Bolk* (1915) ist das Tuberculum *Carabelli* aus einem dritten Odontomer hervorgegangen, das er als Tritomer bezeichnet. [30]

Tritoqualin n: → Antihistaminikum, Histidindecarboxylase-Inhibitor ohne sedative Nebenwirkungen Eliminationshalbwertszeit (→ Halbwertszeit, terminale) 25-30 h. Die med. Dokumentation des T. ist dürftig. [7]

Trituberkular|theorie f: Differenzierungstheorie; Zahnbildungstheorie der amerik. Paläontologen *Cope* und *Osborn,* die besagt, daß je ein Säugetierzahn einem Kegelzahn der Reptilien entspricht, aus dem unter Differenzierung und weiterer Komplikation sich die verschiedenen Säugetierzahntypen ableiten lassen. Die Entwicklung verläuft vom haplodonten Typ zum trituberkulären oder trikonodonten Typ (Abb.).

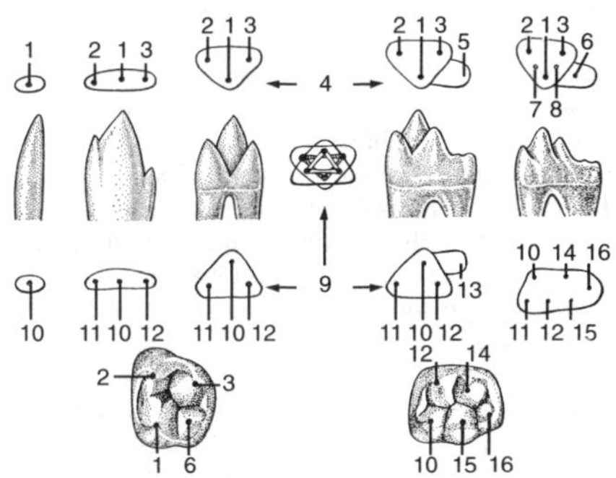

1: Protokonus; 2: Parakonus; 3: Metakonus; 4: Trigon; 5: Talon; 6: Hypokonus; 7: Protokonulus; 8: Metakonulus; 9: Trigonid; 10: Protokonid; 11: Parakonid; 12: Metakonid; 13: Talonid; 14: Entokonid; 15: Hypokonid; 16: Hypokonulid.

Entsprechend weitere Entwicklung zum fünfhöckrigen Typ. Theorie heute im Vordergrund stehend. Vgl. Dimertheorie. [30]

Trituberkular|zahn: dreihöckriger Zahn der mesozoischen Säugetiere. Nach *Osborn* entsteht er aus dem dreihöckrigen Typ des Reptilienzahns. Er ist der Ausgangspunkt für die Entwicklung mehrhöckriger Säugetierzähne (→ Trituberkulartheorie). Von ihm leiten sich alle Modifikationen der Säugetierzähne ab. [30]

Trituration (lat.) f: Anmischen des Amalgams aus Legierungspulver und Quecksilber zu einer formbaren Masse. T. mit Mörser und Pistill ist nicht mehr üblich. Moderne Anmischgeräte gewährleisten ein konstantes Mischungsverhältnis (etwa 50:50 Gew.%) und gleiche Anmischzeit, damit gleiche Qualität des fertigen Füllungsmaterials. Die T. erfolgt durch Schütteln in wiederverwendbaren- oder Einmalkapseln. Gefahr des Quecksilberversprühens bei Kapselundichtigkeiten! Vgl. Amalgam. [1]

Trizeps|sehnen|reflex m: reflektorische Streckung des Vorderarmes nach Schlag auf die Trizepssehne. Reflexbogen verläuft über 6. bis 7. Zervikalsegment. Vgl. Reflexbogen. [33]

trizyklische Antidepressiva n pl: Gruppenbez. für → Antidepressiva mit trizykl. Struktur wie Dibenzocycloheptadien- (z.B. → Amitriptylin), Dibenzoxepin- (z.B. → Doxepin), Dibenzoazepin- (z.B. Clomipramin, → Imipramin), Dibenzocyclohepten- (z.B. → Nortriptylin), Dihydroanthracen- (z.B. Melitracen), Dibenzodiazepin- (z.B. Dibenzepin), Acridan-Derivate (z.B. Dimethacrin). [7]

trizyklische Neuro|leptika n pl: Gruppenbez. für Neuroleptika mit trizykl. Struktur wie z.B. Derivate des → Phenothiazins und Thioxanthens. Vgl. Neuroleptika. [7]

trockene Alveole f: → Dry socket. [2]

Trocken|sterilisator m: Heißluftschrank, in dem Material bei 160-200 °C und 20-120 min langer Einwirkung sterilisiert wird. Optimal 30 min bei 180 °C im Umluftprinzip. Die Betriebszeit setzt sich zusammen aus Steigzeit, Ausgleichszeit, Abtötungszeit und Abkühlungszeit. Die obigen Zeitangaben stellen nur die → Abtötungszeit dar. Bei ruhender Heißluft können sich Kaltinseln bilden; deshalb arbeiten neuere Geräte mit Luftumwälzung. [8]

Trokar (frz.) m: Troicart; kräftige, stilettartige, mit Handgriff versehene Nadel, über die ein Röhrchen geschoben wird. Beides wird gemeinsam in eine Körperhöhle eingestochen und das Stichinstrument unter Zurücklassung des Röhrchens entfernt. Durch dieses werden Flüssigkeiten abgezapft oder Spülungen vorgenommen, Anwendung z.B. zur → Punktion der Kieferhöhle. [2]

Trommel|fell: Haut zwischen äußerem Gehörgang und Mittelohr (Paukenhöhle). (Abb. → Ohr). [9]

Trommel|schlegel|finger: Knochen- und Weichteilauftreibung der Finger- und Zehenendglieder bei Herz- und Lungenleiden, besonders Bronchiektasien. [20]

Trömner-Reflex (E. L. O. T., dt. Neurol., *1868) m: nach Knipsen am Nagel des Mittelfingers (Knipsreflex) erfolgt kurze reflektorische Beugung des Daumens. Reflexbogen verläuft über 7. und 8. Zervikalsegment. Vgl. Reflexbogen. [33]

Trompeter|muskel m: → Musculus buccinator. [9]

-trop (gr.) als Endsilbe: speziell auf etwas einwirkend, z.B. neurotrop, auf Nerven einwirkend. [10]

Tröpfchen|infektion f: Übertragung von Infektionskrankheiten, z.B. Tuberkulose, durch feinste, bakterienhaltige Tröpfchen, die der Kranke beim Husten, Niesen und Sprechen von sich gibt. Ausatmungsluft dagegen ist keimfrei. [8]

Tropfen|klammer: *Rusch*-Anker; kieferorth. → Halteelement, das im Approximalraum zweier benachbarter Zähne verankert wird. Wurde früher hergestellt, indem man ein Stück Draht in flüssiges Lot tauchte, heute vorgefertigt im Handel. [5]

troph- (gr.): Wortteil mit der Bedeutung „das Ernähren". [32]

Trophik (gr.) f: Ernährungszustand bzw. Stoffwechselzustand eines Gewebes oder Organs. [32]

trophisch (gr.): die Ernährung (der Gewebe) betreffend. [10]

Tropho|blast m: äußere Zellschicht der → Blastozyste, differenziert sich bei der → Nidation in den inneren Zytotrophoblasten und den äußeren Synzytiotrophoblasten, der invasiv in die Uterusschleimhaut bis zum Uterusstroma vorwächst und zum → Chorion wird, aus dem sich der fetale Anteil der Plazenta bildet. [22]

Troph|ödem n: seltene, von Geburt an oder erst später auftretende diffuse, ödematös-teigige, meist symmetrische Schwellung der Unterschenkel, Unterarme, manchmal auch des Gesichts und der Genitalien bei familiärer Häufigkeit. Lymphödem, → Elephantiasis. [12]

Tropho|neurose f: Gewebsschädigung durch Störung der vegetativen Innervation infolge Krankheit oder Verletzung des zentralen oder peripheren Nervensystems, z.B. → Hemiatrophia faciei, → *Raynaud*-Syndrom. Die Bezeichnung geht auf eine alte Bedeutung des Begriffs → Neurose zurück, der hier nicht im Sinne einer seelischen Störung verwendet wird. [33]

Trotter-Syndrom (Wilfred B. L. T., Arzt, London, *1872, † 1939) n: einseitige neuralgiforme Schmerzen im Unterkiefer, an der Zunge und im Ohr, kombiniert mit Mittelohrschwerhörigkeit, eingeschränkter Beweglichkeit des Gaumensegels und im weiteren Verlauf mit → Trismus. Verursacht durch epithelialen Tumor im Nasopharynx: Druck auf den N. mandibularis am Foramen ovale, Verschluß der Tuba auditiva, Infiltration der Mm. levator veli palatini und pterygoideus medialis. [2]

Trousseau-Zeichen (Armand T., Int., Paris, *1801, † 1867): bei latenter → Spasmophilie, → Hypoparathyreoidismus und → Tetanie typische Pfötchenstellung, die durch Druck auf die Hauptnervenstämme der Extremitäten willkürlich erzeugt werden kann. [33]

trübe Schwellung: eine durch Störung des Ionenmilieus der Zelle hervorgerufene, mit Wasser- und Natriumaufnahme bei gleichzeitigem Kaliumverlust einhergehende Schwellung zellulärer Bestandteile, insbes. der Mitochondrien. Die Größenzunahme der intrazellulären Partikel führt zu einer vermehrten Lichtstreuung und dadurch zu einem → Tyndalleffekt, d.h. zu einer Trübung. Makroskopisch sind die Organe vergrößert und teigig und haben eine trübe Schnittfläche. Vorkommen z.B. bei tox. Schädigung, Infektion. [32]

Trübungs|reaktionen f pl: → Flockungsreaktionen. [8]

Truebyte-Artikulator m: Gelenkbahnartikulator von *Gysi*. → Artikulator. [4]

Truncus (lat.) m: Rumpf, Stamm von Gefäßen und Nerven. [9]

Truncus brachio|cephalicus m: früher Arteria anonyma (die namenlose A.), entspringt aus der Aorta auf der rechten Seite und teilt sich in A. carotis communis und A. subclavia. [9]

Truncus pulmonalis m: Arterienstamm zwischen rechter Herzkammer und Beginn der linken und rechten Arteria pulmonalis. [9]

Truncus sympathicus m: → Grenzstrang des Sympathikus. [9]

Trypanosoma n: eingeißlige Flagellaten, Protozoen. Pathogen sind T. gambiense, T. rhodesiense (Erreger der afrikanischen Schlafkrankheit), T. cruzi (Erreger der Chagaskrankheit). Überträger sind Stechfliegen und Wanzen. [8]

Trypsin n: → Enzym, das aus der Pankreasdrüse in den Darm ausgeschieden wird. Es wirkt im Gegensatz zum Pepsin bei schwach alkalischem pH auf die vom Magensaft noch nicht angegriffenen Eiweißkörper oder hochmolekularen Abbauprodukte und spaltet sie in niedermolekulare Bruchstücke. [23]

Trypsinogen n: inaktive Vorstufe des → Trypsins, die erst im Darm in das aktive Prinzip Trypsin überführt wird. [23]

TSH: Abk. für **t**hyroid **s**timulating **h**ormone

(engl.); Thyreotropin. Stimuliert die Hormonbildung und Sekretion in der Schilddrüse. [10]

t-Test m: statistischer Test zum Vergleich zweier Verteilungen bzw. von deren → Mittelwerten. Dabei wird davon ausgegangen, daß beide Verteilungen normalverteilt sind. Vgl. Normalverteilung. [26]

TTL-Blitz|steuerung: TTL: Abk. für engl. **t**hrough **t**he **l**ens = durch das Objektiv, Vorrichtung zur Regulierung der von einem dafür geeigneten → Elektronenblitzgerät abgegebenen Lichtmenge über dessen Leuchtdauer nach Messung des von der Filmoberfläche reflektierten Lichts durch einen kamerainternen Sensor. Fehlbelichtungen durch Verwendung auszugsverlängernden bzw. lichtabsorbierenden Zubehörs sind damit ausgeschlossen. Die T. ist daher speziell für die → Makrofotografie und die → Dentalfotografie das Blitzsteuerungssystem der Wahl. [17]

TTL-Messung: in der Fotografie die Messung des Lichtes durch das Objektiv (Innenmessung). Entweder wird hierbei die gesamte Fläche unter besonderer Berücksichtigung des Bildzentrums gemessen (mittelbetonte Integralmessung), oder das Bildzentrum alleine wird berücksichtigt (Spotmessung). Neuere Kameratypen verfügen über eine sog. Matrixmessung, bei der die Bildfläche in verschiedene Sektoren unterteilt ist, deren Helligkeit und Kontrast einzeln berücksichtigt werden und in die Gesamtbelichtung einfließen. [17]

Tuba auditiva (lat.) f: *Eustachi*-Röhre; Ohrtrompete, früher T. pharyngotympanica, 3-4 cm lange Röhre, die das Mittelohr (Paukenhöhle) mit dem Pharynx verbindet. Abb. → Ohr. Dient dem Druckausgleich zwischen Mittelohr und Außenluft. [9]

Tuba uterina (Fallopii) f: Salpinx, Eileiter, leitet das vom Ovar in die Bauchhöhle abgestoßene Ei in die Gebärmutter. [9]

Tube (engl. Rohr) n: in der kieferorth. Behandlungstechnik mit festsitzenden Apparaturen verwendetes Röhrchen, welches auf ein Band aufgeschweißt ist. Es entspricht in seinen inneren Dimensionen den → Slots der verwendeten → Brakkets. Manche Techniken verwenden Kombinations-Tubes, die z.B. extra große Röhrchen (→ Headgear), Häkchen oder andere Zusatzelemente besitzen können. Convertible T.s sind T.s, die in Slots umgeändert werden können. [5]

Tuben|katarrh m: meist durch Fortleitung aus dem Nasen-Rachen-Raum entstandene, akute oder chron. Entzündung der Ohrtrompete (→ Tuba auditiva), die infolge Schleimhautschwellung bis zur → Tubenstenose führen kann und oft Unterdruck in der → Paukenhöhle mit Schallleitungsschwerhörigkeit verursacht. [19]

Tuben|stenose f: krankhafte Verengung der → Tuba auditiva. Führt oft zu Paukenerguß mit entsprechender Schalleitungsschwerhörigkeit. Therapie: abschwellende Nasentropfen, Rotlicht, Diathermie; wenn dies erfolglos bleibt: Trommelfellschnitt, Absaugen des Sekrets, evtl. Paukendränage. Bei Kindern meist Entfernung der → adenoiden Vegetationen sinnvoll. [19]

Tuber (lat.) n, pl Tubera: Höcker, Vorsprung, rauhe Fläche. [9]

Tuber|an|ästhesie f: Betäubung des oberen Molarenbereichs und des hinteren Teils der Kieferhöhle durch Ausschaltung der Rami alveolares maxillares posteriores des N. maxillaris am Tuber maxillae. Bei halbgeöffnetem Mund wird die Kanüle in die Umschlagfalte hinter dem Processus zygomaticus (hinter dem ersten oberen Molar) eingestochen, nach innen geschwenkt (die Spritze nach außen) und 1-2 cm schräg nach oben hinten geführt (Abb.). Vor dem Injizieren

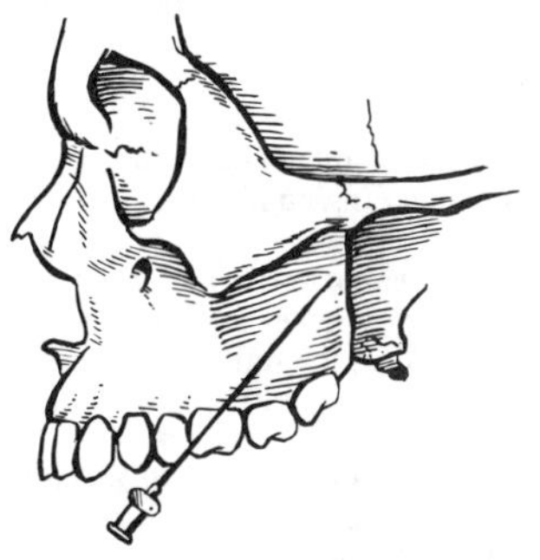

Lage der Kanüle bei der Tuberanästhesie

wird der Spritzenstempel angezogen. Wird Blut aspiriert, befindet sich die Kanüle im Plexus venosus pterygoideus und muß umorientiert werden. [2]

Tubercula marginalis n pl: → Randtuberkel. [30]

Tuberculosis cutis colliquativa f: → Skrofuloderm. [12]

Tuberculosis cutis luposa f: → Lupus vulgaris. [12]

Tuberculosis ulcerosa miliaris cutis et mucosae f: mit zahlreichen, sehr schmerzhaften Geschwürsbildungen verlaufende Tuberkulose vor allem der Mundschleimhaut, meist bei fortgeschrittener Lungen-Tbc. bzw. anergischer Reaktionslage. Sehr infektiös. [12]

Tuberculum n: an Knochen und Zähnen vorkommende Höcker. [30]

Tuberculum articulare n: Höcker am Schläfenbein vor der Gelenkpfanne des Kiefergelenks, → Fossa mandibularis. [30]

Tuberculum Carabelli (Georg C., Edler von Lunkaszprie, Za., Wien, *1787, † 1842) n: Tuberculum anomale; zusätzlicher Höcker, der sich ausnahmslos an oberen Molaren, einschl. Milchmolaren, findet (Abb.). *Carabelli* nannte das T. C. Tuberculus anomalus. Größe und Form sind

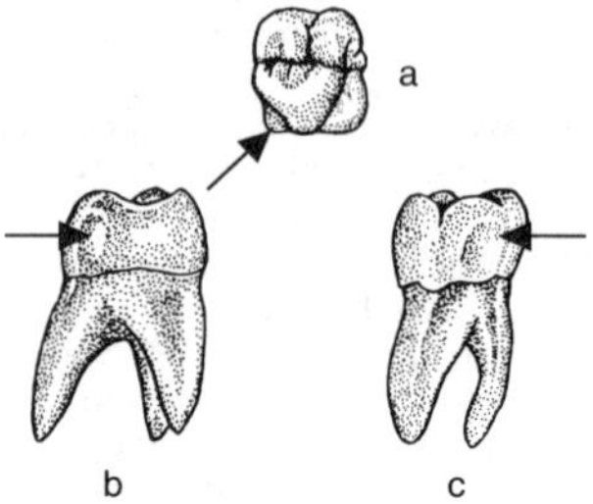

Tuberculum Carabelli an oberen Molaren von okklusal (a), lingual (b) und mesial (c)

sehr variabel. Häufig tritt es an den Zähnen beider Seiten auf. Man findet das T. C. nicht nur beim Gegenwartsmenschen, sondern auch an prähistorischen Funden bis zu den Anfängen der Primaten. [30]

Tuberculum caroticum n: stärker vorspringender ventraler Höcker am Querfortsatz des 6. Halswirbels. Durch Digitalkompression kann hier die A. carotis communis abgedrückt werden. [30]

Tuberculum dentis n: Zahnhöcker auf der lingualen Seite bei Frontzähnen. [29, 30]

Tuberculum distomolare n: zusätzlicher, selten vorkommender Höcker am distalen Kronenrand oberer Weisheitszähne. Vgl. Paramolaren. [30]

Tuberculum impar n: zusätzlicher mesiopalatinaler Höcker, oft nur angedeutet, bei oberen Molaren. Am 1. oberen Molaren bei Europäern zu 17,4%, aber auch am 2. und 3. Molaren vorkommend, häufiger am 2. Milchmolaren. [30]

Tuberculum jugulare n: Höckerchen an der Innenseite des Hinterhauptbeins über dem Canalis hypoglossalis. [30]

Tuberculum mentale n: paariger Kinnhöcker beiderseits der Kinnmitte. [30]

Tuberculum molare n: verstärkter Schmelzwulst an der Vestibularfläche am zervikalen Rand bei Milchmolaren, → Cingulum. [30]

Tuberculum paramolare n: zusätzlicher Hökker am 2. und 3. oberen Molaren. Nach *Hillebrand* (1909) tritt es am 1. Molaren nicht auf, am oberen 2. und 3. Molaren zu 2% bzw. 1% und am unteren 2. und 3. Molaren zu 0,068% bzw. 1%. *Bolk* sieht darin phylogenetische Reste von Milchmolaren. [30]

Tuberculum pharyngeum n: Höckerchen an der Unterseite der Pars basilaris des Hinterhauptbeins zur Anheftung der Raphe pharyngis. [30]

Tuberculum sellae n: kleiner Höcker am Keilbeinkörper vor der Hypophysengrube. [30]

Tuberculum trigeminale n: schwache seitliche Vorwölbung über dem spinalen Trigeminuskern in der → Medulla oblongata. [30]

Tuber|ebene: hinter den Tubera maxillae senkrecht zur → Raphe-Median-Ebene verlaufende Ebene, von der aus in der Kieferorthopädie die sagittalen Abweichungen gemessen werden. [5]

Tuber|fraktur f: Abbruch des → Tuber maxillae, meist bei Extraktion des oberen Weisheitszahns. [2]

Tuberkel (lat.) n: **1.** das bei der → Tuberkulose gebildete → Granulom, aufgebaut aus einem exsudativen bis käsigen, Mykobakterien enthaltenden, später verkalkenden Zentrum, umgeben von einer Epitheloidzellschicht mit → *Langhans*-Riesenzellen und einem äußeren Lympho- und Plasmazytensaum. **2.** eingedeutscht für Mycobacterium tuberculosis. [32]

Tuberkel|bakterien f pl: → Tuberkulosebakterien. [8]

Tuberkulin (lat.) n: giftiger Zerfallstoff und Absonderungen von → Tuberkulosebakterien, aber nicht diese selbst. Alttuberkulin (1890 von *Robert Koch* hergestellt): flüssige Kultur von Tb-Bakterien bei 100 °C auf $^1/_{10}$ eingedampft mit 40% Glyzerin. Gereinigtes T. (GT) ist von Ballaststoffen befreites Tuberkuloprotein. [8]

Tuberkulin|reaktion f: intradermaler Test zur Feststellung der Tuberkuloseimmunitätslage. Neben der *Pirquet*-Alttuberkulin-Reaktion (AT) Verwendung eines gereinigten Proteinderivates (GT) durch chemische Fraktionierung des AT. Standardisierung von AT und GT in Tuberkulineinheiten (TE). [20]

Tuberkulom n: tumorförmiger spezifischer Herd bei → Tuberkulose, meist 1-5 cm groß. Zentral verkäst und außen von einer dünnen Kapsel kollagenfasrigem Bindegewebe begrenzt. Kann virulente Erreger enthalten und bei schlechter Abwehrlage zur Exazerbation führen. Entsteht durch: 1. Dermarkation käsiger Pneumonien durch Granulationsgewebe; 2. schubweise fortschreitende Vergrößerung käsiger Herde (konzentrische, zwiebelschalenartige Schichtung); 3. Vollaufen einer → Kaverne mit entzündlichem, eingedicktem Exsudat nach Verschluß des Dränagebronchus. 32

Tuberkulose (lat.) f: Abk. Tb, Tbc, Tbk; Infektionskrankheit durch → Tuberkulosebakterien, in zivilisierten Ländern stark rückläufig, weltweit aber noch immer zunehmend mit klin. vielfältigsten Formen je nach erregerbiolog. Eigenschaften (Virulenz, Tierprovenienz, Vermehrungsrate), Massivität und Weg der Infektion und Reaktionslage des Organismus, letztere abhängig von endogen-konstitutionellen bzw. exogenen Faktoren, bes. aber von der Anzahl und Art vorausgegangener Tbk-Kontakte. Entstehung einer Tuberkuloallergie nach Erstinfektion führt nach Reinfektion zu charakteristischen zelligen Gewebsreaktionen, den Tuberkeln (Epitheloidzellwucherung, *Langhans*-Riesenzellen mit peripherem Lymphozytenwall). Infektionsweg: aerogen durch Tröpfchen- und Staubinfektion, seltener Darmweg durch erregerhaltige Milch tuberkulöser Rinder oder durch direktes kutanes Eindringen (Sektionsverletzungen als Leichentuberkel, Melkerknötchen). Endogene Reinfektion (lymphogen, bronchogen-kanalikulär, hämatogen) und exogene Superinfektion spielen für den weiteren Verlauf eine entscheidende Rolle. Unterscheidung der Erstinfektion im Kindesalter von der Späterstinfektion im 18.-30. Lebensjahr infolge zurückgehender Durchseuchung. Stadieneinteilung nach *Ranke:* Primärstadium: Entstehung eines kleinen pulmonalen exsudativen Primäraffekts mit Schwellung zugehöriger Hiluslymphknoten als Abflußbahnen (Primärkomplex) und mit rascher Vernarbung ohne klin. Symptomatik; seltener Weiterentwicklung zum progressiven Primärkomplex mit tuberkulöser Pneumonie bis zur Primärherdphthise; Unterscheidung dieser Primär-Tbk von den postprimären Tbk-Formen durch endogene Re- oder exogene Superinfektion in einem hyperergisch reagierenden Organismus. Sekundärstadium: durch symptomlose hämatogene Keimgeneralisation Entstehung perifokaler Entzündungen und Exsudationen im hyperergischen Stadium (Pleuritis, Perikarditis, Peritonitis exsudativa), Auftreten tuberkulöser Exantheme (Erythema nodosum). Tertiärstadium: Organ-Tbk; Lungen (exsudativ-pneumonisch-kavernöse bzw. proliferativ-produktiv-nodöse Herde), Nieren, oberer Atemtrakt (Kehlkopf), Tonsillen, Zunge, Wirbelsäule (Spondylitis). Bei der Miliartuberkulose besteht ein anergischer Zustand mit plötzlicher, massiver hämatogener Keimaussaat aus einem einschmelzenden Herd. Therapie: Tuberkulostatika in Zweier- bzw. Dreierkombinationen. 20

Tuberkulose|bakterien f pl: Mycobacterium tuberculosis; Erreger der Tuberkulose (Erregernachweis 1882 durch *Robert Koch*). Feines, schlankes, häufig gebogenes Stäbchen, das im Sputum und im erkrankten Gewebe teils einzeln, teils neben- und übereinandergelagert vorkommt (Abb.); gehört zu den säurefesten Bakterien, deren Zellwand und Zytoplasma reichlich

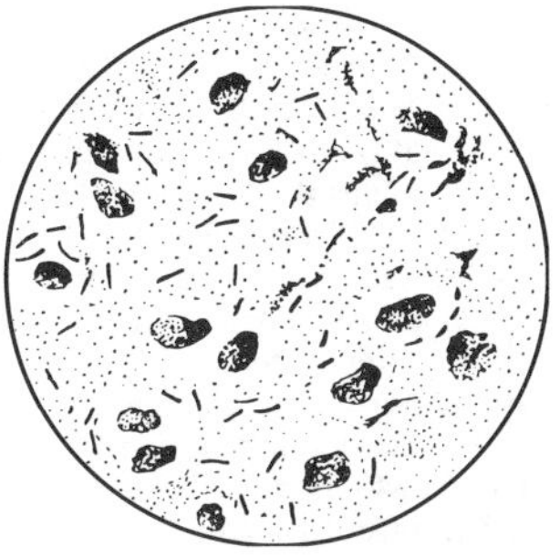

Lipide enthalten, daher große Widerstandskraft gegen Austrocknung, desinfektorische Maßnahmen und auch Färbung. Unbeweglich, keine Sporenbildung. Mycobacterium bovis (Rinder-Tbc): Pathogenität wie M. tuberculosis; M. avium (Geflügel-Tbc): für Menschen gering pathogen; Kaltblütertuberkuloseerreger für Menschen apathogen; Züchtung und Färbung: → *Hohn*-Kultur, → *Konrich*-Färbung, → *Ziehl-Neelsen*-Färbung.[8]

Tuberkulose der Haut f: chronische Infektionskrankheit, bedingt durch Mycobacterium tuberculosis. Unterschieden in: humanen und bovinen Typ und atypische Formen. Klinische Formen: 1. Tuberculosis colliquativa (Immunitätslage: mäßig), massive Schwellung verbackener Lymphknoten mit Fistelbildung, Durchbruch des aufgeweichten Infiltrats mit Ulkusbildung. Bei Abheilung bizarre Narbenbildung; 2. Tuberculosis cutis luposa (Immunitätslage: gut), makulo-papulöses Infiltrat in Form gruppierter Knötchen (Lupusknötchen) oder flächiger, scharf begrenzter, bräunlicher Herde mit Neigung zur Erosion. Auf Glasspateldruck apfelgeleeartige Pigmentierung, bedingt durch Eigenfarbe der epitheloiden Infiltrate. Leichte Vulnerabilität (belegbar durch Druck mit der Knopfsonde); 3. Tuberculosis cutis verrucosa (Immunitätslage: sehr gut), papulo-verruköse Herde von fester Konsistenz und rötlichem Rand; 4. Tuberculosis cutis ulcerosa (Immunitätslage: sehr schwach); Ulkusbildung mit unterminiertem Rand, schmierigem Belag und Befall regionärer Lymphknoten; 5. Tuberculosis cutis miliaris (Immunitätslage: schwach), stecknadelkopfgroße Papeln bei disseminierter Miliar-Tbc. 12

Tuber maxillae n: Vorwölbung an der Hinterfläche des Oberkieferbeins mit den Foramina alveolaria. 9

tuberös: höckerig, z.B. → Phakomatosen, → Adenoma sebaceum. 12

Tuberositas (lat.) f: anat. Rauhigkeit, höckerige Stelle am Knochen, z.B. T. masseterica: Rauhigkeiten an der Außen- und Unterseite des Unterkieferwinkels, durch den Ansatz des M. masseter bedingt (Abb. → Mandibula). Entsprechend an der Innenseite die T. pterygoidea. 9

Tuber|plastik f: chirurgische Vertiefung distal und lateral des Tubers zur Verbesserung des Prothesenhalts. Zumeist in Verbindung mit Vestibulumplastik des Oberkiefers. 2

Tuber retromolare n: zartspongiöse Wölbung als Abschluß des oberen Alveolarfortsatzes hinter dem letzten Molaren. 9

Tübinger Implantat n: Von *Schulte* und *Heimke* 1976 entwickeltes enossales → Implantat aus → Aluminiumoxid, das vorwiegend für den Sofortersatz von Zähnen unmittelbar nach der Extraktion gedacht ist, nachdem die Alveole durch einen entsprechend geformten Bohrer erweitert

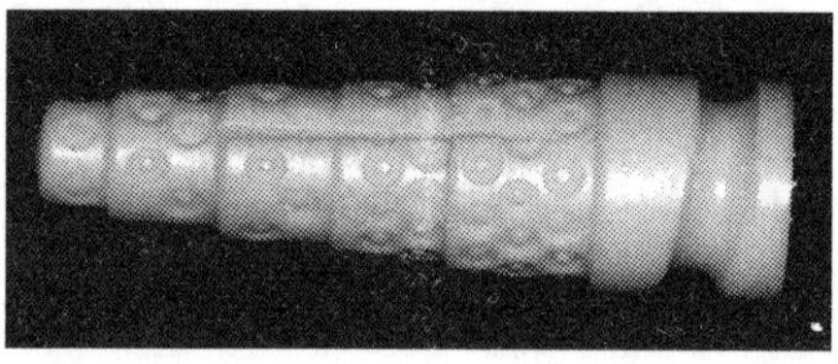

wurde (Abb.). Im Vergleich zur natürlichen Wurzel ist die Oberfläche der Implantate bis zu 90% größer. Dadurch und durch die zylindrische Stufenform findet eine günstige Lasteinteilung an den unmittelbar anwachsenden Knochen statt. Das T. I. wird heute auch als Pfeilerimplantat für Brücken und Kombinationsprothesen verwendet. 4

d-Tubokurarinchlorid: $C_{38}H_{44}O_6N_2Cl_2 \cdot 5\ H_2O$. Alkaloid aus → Kurare von Chondodendrom tomentosum. Muskelrelaxans. Ähnlich wird auch das Dimethyltubokurarin verwendet. Tubokurarin blockiert die motorische Nervenendplatte gegenüber Azetylcholin und führt dadurch zur Muskellähmung. → Muskelrelaxanzien. 34

Tubuli (lat.) m pl: Röhrchen; in der Zhk. auch für → Dentinkanälchen verwandt (nicht IANC). Vgl. Mikrotubuli. 9

Tubuli dentinales m pl: → Dentinkanälchen. 30

tubulös (lat.): schlauchförmig oder röhrenförmig gestaltete Struktur, z.B. t. Drüsen. 9

Tubus (lat.) m: am Strahlenaustrittsfenster des zahnärztl. Röntgengeräts angebrachter Vorsatz (meist als Hohlzylinder oder -kegel) mit drei wichtigen Funktionen: 1. Begrenzung des Strahlenfelds durch eine → Blende, 2. Gewährleistung des vorgeschriebenen → Brennfleck-Haut-Abstands nach DIN 6811 (10 cm bis 60 kV, 20 cm über 60 kV), 3. Ziel- und Einstellhilfe. Je nach Röntgentechnik werden → Langtubus (→ Halbwinkeltechnik, → Rechtwinkeltechnik und → Paralleltechnik), → Kurztubus (Halbwinkeltechnik) und Flachtubus (→ Kiefergelenkaufnahme nach *Parma*) verwendet. 14

Tuch|klemmen: → *Backhaus*-Klemme, → *Doyen*-Klemme. 2

Tular|ämie (Tulare, kaliforn. Landschaft, in der die Krankheit 1911 an wild lebenden Nagern beobachtet wurde) f: Hasenpest, Nagetierseuche. Erreger: Francisella tularensis (Pasteurella t.), bipolare Stäbchen. Übertragung: 1. Blutsauger: Pferde- und Hirschfliegen (Chryops), Zekken, Kaninchenlaus, Mäuselaus, Stechmücken; 2. Berührung: bei Kontakt mit Wild durch die scheinbar unverletzte Haut oder durch Wunden (Krankheit der Jäger). Septikämie mit typhösem Krankheitsbild und geringer Letalität. 8

Tumor (lat.) m: 1. allg. jede umschriebene Gewebsschwellung (z.B. Ödem, entzündliche Infiltration, Abszeß); 2. Geschwulst, Gewächs, Neoplasma, Blastom; Gewebsneubildung, die auf autonome, progressive und überschießende Proliferation körpereigener Zellen zurückgeht, sich weder funktionell noch strukturell in das Normalgewebe eingliedert und auch dann noch weiterwächst, wenn der auslösende Reiz nicht mehr wirksam ist. Gutartige (benigne) Tumoren wachsen meist langsam, verdrängend (expansiv), scharf abgegrenzt (daher oft leicht entfernbar); die Zellen ähneln denen des Muttergewebes; führen unbehandelt nicht zum Tode des Patienten; bedrohlich nur bei bes. Lokalisation (z.B. im Schädelinnern). Bösartige Tumoren (→ Karzinome, → Sarkome) infiltrieren zerstörend das Nachbargewebe, neigen zu Rezidiven, brechen in Lymph- und Blutgefäße ein (Invasion) und senden Tochterzellen aus, die Tochtergeschwülste (Metastasen) bilden; bestehen histologisch aus einem Gewebe, das je nach Differenzierungsgrad nur noch annähernd dem Muttergewebe gleicht; typ. Zellveränderungen sind Zell- und Kernpolymorphie, Kernpolychromasie,

Verschiebung der Kern-Plasma-Relation zugunsten des Zellkerns, Nukleolenvergrößerung. [32]
Tumor|formel: → TNM-System. [2]
Tumor|immuno|logie f: Lehre von den Immunofaktoren und -mechanismen, die Wachstum und Ausbreitung von Neoplasien beeinflussen. Tumorzellen bilden (häufig) körperfremde Antigene, die sie entweder vor ihrer malignen Transformation noch nie besessen (Neoantigene) oder höchstens während der Fetalperiode aufgewiesen haben (fetale Antigene). Eine wesentl. Aufgabe des Immunsystems besteht darin, körperfremde Zellen im Organsimus aufzuspüren und zu zerstören (sog. Wächterfunktion, Surveillance). Wesentlich sind dabei die Immunkompetenz des Tumorträgers sowie die Wachstumseigenschaften und Antigenbeschaffenheiten des Tumors. Die Immunvorgänge sind überwiegend zellulär und gehen v.a. vom lymphoretikulären System aus (T- und B-Lymphozyten, die sich durch Helfer-T-Zellen zu Antikörper produzierenden Plasmazellen differenzieren, und Makrophagen). Die immunol. Tumorüberwachung versagt, wenn z.B. die Tumorzellen nicht immunogen sind, die tumorspez. Antigene eine zu geringe Immunogenität besitzen oder die kritische Tumorantigenmasse zu klein oder zu groß ist, um eine immunol. Gegenreaktion auszulösen. [32]
Tumor|marker m: normalerweise im Blut nachweisbare Gewebsantigene, die bei bestimmten bösartigen Tumoren erhöht gefunden werden. [20]
Tunica (lat.) f: Gewebsschicht. [9]
Tunica adventitia f: → Adventitia. [9]
Tunica intima f: → Intima. [9]
Tunica media f: → Media. [9]
Tunica mucosa f: → Mukosa [9]
Turbine (frz.) f: Airotor; Antrieb mit Drucklufttechnik für die Anwendung → rotierender Instrumente. Arbeitsdrehzahl 160.000 - 250.000 min^{-1}. [1, 21]
Turgeszenz (lat.) f: Schwellung, Blut- und Saftreichtum. [2]
Turgor m: normale Gewebsspannung (Elastizität). [2]
Türken|sattel: → Sella turcica. [9]
Turku-Zucker|studie f: von *A. Scheinin* und *K. K. Mäkinen* 1975 an 125 Versuchspersonen durchgeführte Studie über die Kariogenität des → Zuckerersatzstoffes Xylit. Während zweier Jahre wurde lediglich Xylit als ausschließliches Süßungsmittel sämtlicher Nahrungsmittel verwendet. Xylit erwies sich als nicht- und sogar als antikariogen: es ergab sich ein dramatischer Rückgang des Kariesbefalls. Vgl. Xylit. [1]
Turm|schädel: Turrizephalie, Pyrgozephalie; Verkürzung des Schädellängsdurchmessers bei Erhöhung des Scheitels und steilem Abfall von Stirn und Hinterkopf. Im Röntgenbild häufig → Wolkenschädel. Ursache: vorzeitiger Nahtverschluß. Vgl. Synostose, Dysostosen, Dysostosis cleidocranialis. [3]
Turner-Ullrich-Syndrom (Henry Huber T.; Otto U., Päd., Bonn, *1894, † 1957) n: Kombination multipler Fehlbildungen, bestehend in Pterygium colli (→ Pterygium), tiefem Haaransatz im Nacken, fehlender Anlage der Keimdrüsen, Infantilismus, Minderwuchs und Thoraxdeformationen. Hierzu können sich weitere Mißbildungen des Skeletts, Anomalien der Sinnesorgane u.a. gesellen. Vgl. Dyskraniodysphalangie, Pterygium-Syndrom, Dysostosen. [3]
Turner-Zahn (Joseph George T., Za., England, *1869, † 1955): Mißbildung einzelner bleibender Zähne (häufig unterer Prämolaren) durch lokale Infektion des Milchzahnapex. Zu Verfärbungen neigende flächenhafte Schmelzdefekte und Deformationen von Krone und Wurzel. [1]
Turri|zephalie f: → Turmschädel. [3]
Tusche|färbung: Negativdarstellung von Bakterien durch Aussparungen im gleichmäßigen Film von chinesischer Tusche. [8]
Tussis (lat.) f: Husten. T. convulsiva: → Keuchhusten. [20]
Tüten|zahn: Schneidezahn mit abnorm tiefem Foramen caecum als Folge einer unvollständigen → Invagination, die beim → Dens invaginatus voll ausgeprägt ist. [1]
Tweed-Methode (Charles Henry T., Orthod., Tucson, Ariz., *1895, † 1970) f: Lösung kieferorth. Aufgaben im Hinblick auf einen funktionellen und ästhetischen Erfolg mittels mechanisch-rechnerischer Methoden, in 80% der Fälle mit Extraktion bleibender Zähne einhergehend. Als Grundlage dient die → FRS-Analyse nach *Tweed.* [5]
Tweed-Schlaufen|biege|zange: *Tweed*-Loopbiegezange; Zange für die orthod. Behandlungstechnik mit festsitzenden Apparaturen (Abb.). Vgl. Edgewise-Technik. [5]

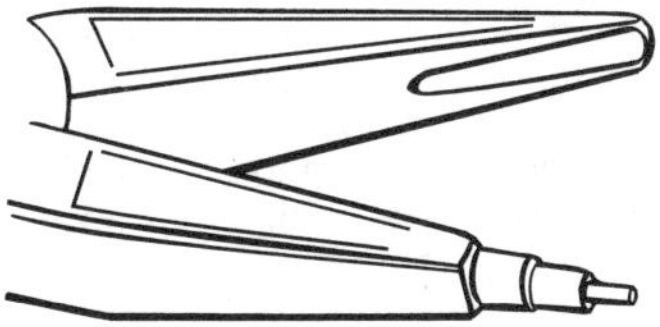

Twin wire arch (engl.) m: → Zwillingsbogen.[5]
Twist-Flex (engl. gewickeltes Kabel) m: 6fach gedrehter (verseilter), flexibler Draht in der kieferorth. Behandlungstechnik mit festsitzenden Apparaturen. Wird in der → Nivellierungsphase verwendet. [5]
Two-digit-System n: dem internationalen → Zahnschema entsprechendes System der Zahnbezeichnung in der forensischen Zahnheilkunde.[28]
Ty: Abk. für → Typhus. [8]
Tylosis (gr.) f: → Schwiele, früher auch für → Leukoplakie verwandt. Berufsbedingte T. der Lippen bei Musikern (Holz- und Blechbläsern).[12]
Tymo|leptika n pl: → Psychopharmaka. [33]
Tympanum (gr.) n: → Paukenhöhle des Ohres. [9]
Tyndall-Effekt (John T., irischer Phys., London, *1820, † 1893) m: *Tyndall*-Phänomen, -Streuung; Phys.: Lichtstreuung in kolloidalen Lösungen. Strahlt Licht in eine solche Lösung ein, wird der Weg des Strahls sichtbar und die Lösung erscheint getrübt. Ursache sind Brechkraftunterschiede zwischen den gelösten Kolloidteilchen und dem Lösungsmittel. Messungen der Intensität des Streulichtes und seines Polarisationszustandes liefern Informationen über Größe und Zahl der streuenden Teilchen. Med.: T. bei der Nephelometrie und der Turbidimetrie (Trübungsmessung) benutzt. [10]
Tyndallisieren: Keimfreimachung von Nährlösungen für Bakterien durch wiederholtes Erhitzen auf 70 bis 100 °C. Bei der ersten Erhitzung werden die vegetativen Formen der Erreger abgetötet, dann bleibt die Lösung über Nacht bei Zimmertemperatur stehen, so daß evtl. vorhandene Sporen auskeimen. Die ausgekeimten Sporen (vegetative Formen) werden von der 2., 3. oder sogar 4. Erhitzung erfaßt, so daß die Lösung steril wird. Nur brauchbar bei Lösungen, die Sporen auskeimen lassen. [8]
Typhus (gr.) m: T. abdominalis, Unterleibstyphus; Infektionskrankheit durch T.-Bakterien. Infektionsquelle: T.-Kranke oder gesunde Dauerausscheider nach evtl. unbemerkt überstandenem T. Infektiös sind Blut, Stuhl (Explosivepidemien), Milch, Obst usw. Inkubation: 1-3 Wochen; dann langsamer Fieberanstieg, Mattigkeit, Kopfschmerzen (Stadium incrementi mit Bakteriämie), nach etwa 8 Tagen Fiebercontinua um 40° 1 Woche lang, Benommenheit, Milzvergrößerung, T.-zunge, T.-roseolen (reichlich stecknadelkopfgroße, rötliche, leicht erhabene, bei Druck abblassende Flecken am Stamm durch bakterielle Metastasen). Nach diesem Stadium fastigii allmähliches Fieberabklingen mit starken Tagesschwankungen, Stadium decrementi, jetzt erbsbreiartige Durchfälle, schwerer allg. Verfall mit Exsikkose, aber Bewußtseinsaufhellung; Gefahr von Darmblutungen und -perforation durch ulzeröse Dünn-Dickdarmentzündung, Kreislaufkollaps, Bronchopneumonien, → Myokarditis, Thrombophlebitis mit → Embolie-Gefahr, → Osteomyelitis und metastatische → Meningitis. Therapie: Chloramphenikol (etwa 1 g am Tag, ansteigend), Mineralien- und Flüssigkeitsersatz, Behandlung der Komplikationen. [34]
Typhus|bakterien f pl: Salmonella typhi. Gramnegative, pathogene Darmstäbchen, die eine Allgemeininfektion auslösen (zyklische Infektionskrankheit). Lebhaft beweglich, vergären Laktose nicht, Nachweis bei Beginn der Erkrankung in Blut und Sternalpunktat, ab Mitte der 2. Krankheitswoche durch → *Widal*-Reaktion im Blutserum, Erregernachweis in Stuhl und Urin. [8]
Typ|odont m: Artikulator mit Wachsbasen in Ober- u. Unterkiefer und Metallzähnen zum Simulieren orthod. Behandlungsverläufe (Abb.).[5]

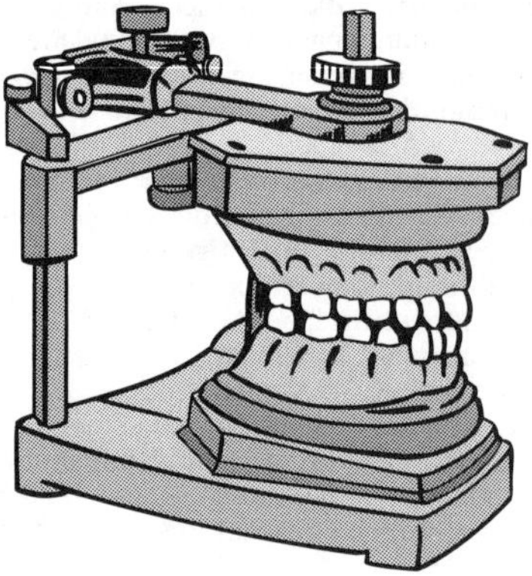

[41]

Typo|logie f: einfachste Stufe der Theoriebildung in der Lehre von den individuellen Differenzen der → Persönlichkeit. Ein Idealtypus stellt immer eine Abstraktion, keine reale Kombination von → Persönlichkeitseigenschaften dar. In der klassischen medizinischen Psychologie wurde so der von *Kretschmer* vorgefundene korrelative Zusammenhang von Körperbautypen und Charaktertypen zur persönlichkeitspsychologischen Zuordnung der Konstitution zu bestimmten Temperamentseigenschaften herangezogen. Vgl. Temperament. [13]

U

U: chem. Symbol für → Uran. 23

Über|biß: normale Bißform, → Scherenbiß. Umgekehrter Ü.: → Progenie. 5

überempfindliches Dentin n: → Hypersensibilität. 1

Überfüllung: in der → Endodontie unerwünschtes Hineinpressen von Wurzelfüllungsmaterial über den → Apex hinaus in das periapikale Gewebe. Ggs.: Unterfüllung. Vgl. Wurzelkanalbehandlung. 1

Übergangs|schlucken: → Schluckmuster. 5

Über-Ich: vorwiegend unbewußte psychische Gewissensinstanz. Vgl. Instanz, Psychoanalyse, Unbewußtes. 13

Überkappung der Pulpa: Behandlungskonzept zur Vitalerhaltung der gefährdeten Pulpa bei → Caries profunda. 1. Indirekte Ü. d. P.: Abdekken der nach sorgfältiger → Exkavation über der Pulpa zurückbleibenden dünnen, infizierten Dentindecke mit → Kalziumhydroxid; erstrebter Effekt: Keimverarmung, Entzündungshemmung, Bildung von → Reizdentin. 2. Direkte Ü. d. P.: Vorgehen wie unter 1. bei partiell eröffneter Pulpa; Kontakt mit Kalziumhydroxid regt das Gewebe über Bildung einer Ätznekrose zum → Bridging und damit zum Verschluß des Defektes an. Erfolgsaussicht fällt mit steigendem Entzündungsgrad der Pulpa. 1

Überkappungs|materialien f pl: Medikamente für die → Überkappung der Pulpa. Heute fast ausschließlich Präparate auf Kalziumhydroxid- oder (seltener) Zinkoxid-Eugenolbasis gebräuchlich. 1

Überlastungs|par|odontitis f: → traumatogene Parodontopathien. 6

Übersetzung: Getriebe in → Übertragungsinstrumenten (→ Hand- und Winkelstücke) zur Veränderung der Instrumentendrehzahl gegenüber der Antriebsdrehzahl. (Beispiele: Motordrehzahl 40.000 min^{-1}, Übersetzung 1:4, Instrumentendrehzahl 160.000 min^{-1}; Motordrehzahl 4.000 min^{-1}, Übersetzung 4:1 = Instrumentendrehzahl 1.000 min^{-1}). 21

Über|sichts|form: von *Black* angegebenes Stadium bei der → Kavitätenpräparation. Um einen guten Überblick zu gewährleisten, soll der Zahnschmelz zunächst so weit entfernt werden, wie es etwa der endgültigen Kavität entspricht. 1

Übertragungs|bogen: → Gesichtsbogen. 4

Übertragungs|instrument n: → Hand- oder → Winkelstück für das Übertragen der Antriebskraft auf das rotierende Instrument mit unterschiedlichen Übersetzungen von 1.000:1 bis 1:5. Drehzahlbereich 2 bis 200.000 min^{-1} (Stand der Technik 1993). 21

Übertragungs|kappen: → Transferkappen. 4

Überversorgung, vertrags|zahn|ärztliche: Bez. für den Fall, daß der allgemeine bedarfsgerechte Versorgungsgrad um 10 vom Hundert überschritten ist (SBG V. § 101). Dieser wurde erstmals bundeseinheitlich im Frühjahr 1993 ermittelt: ein → Vertragszahnarzt auf 1.280 Einwohner in Ballungsgebieten, auf 1.680 in normalen Planungsbereichen; ein Vertragskieferorthopäde auf 16.000 Einwohner. 25

Überweisungs|schein: wird vom → Vertragszahnarzt bei Überweisung zu fachärztlicher Behandlung oder für die Notfallvertretung ausgestellt, dient dem Empfänger als dem → Behandlungsausweis gleichwertige Abrechnungsunterlage. 25

Überzahl von Zähnen: → Hyperodontie. 5

ubiquitär (lat.): überall vorkommend, bes. von Bakterien gesagt. 8

U-Bügel-Aktivator m: von *Karwetzky* entwickelter Aktivator in der Art einer → Doppelplatte, die durch Drahtelemente (U-Bügel) rechts und links im Molarenbereich verbunden ist. Durch Veränderung der U-Bügel wird die Beziehung der Plattenteile in therapeutischer Richtung geändert. Neben der sagittalen Beeinflussung der Unterkieferlage kann durch ungleiches Aktivieren der U-Bügel auch eine Rotation des Unterkiefers erreicht werden. Man unterscheidet Typ I für Distalbisse, Typ II für Mesialbisse, Typ IIIa für Schwenkungen nach rechts und Typ IIIb für Schwenkungen nach links. 5

Uehlinger-Krankheit (Erwin U., Pathol., Zürich, *1899, † 1980): → Osteofibrosis deformans juvenilis. [2]

Ugly-duckling-Position (engl. ugly duck, häßliches Entlein) f: von *Broadbent* gewählte Bez. für die typische nach distal gekippte Position der seitlichen Schneidezähne des Oberkiefers zum Zeitpunkt des Durchbruchs der Eckzähne. Die U. korrigiert sich in den meisten Fällen spontan. [5]

Uhlenhuth-Probe (Paul U., Hyg., Freiburg i. Br., *1870, † 1957): vgl. Präzipitine. [8]

Ulcus (lat.) m, pl Ulcera: Ulkus; Geschwür, eiternder oder granulierender tiefer Defekt der Haut oder Schleimhaut. → Ulkus. [12, 32]

Ulcus cruris n: Beingeschwür, meist auf krampfaderbedingter, mit Stauungen (Venenklappeninsuffizienz) einhergehender, selten auf arterieller Durchblutungsstörung beruhend. [12, 32]

Ulcus decubitale n: → Dekubitalgeschwür. [12, 32]

Ulcus duodeni n: Geschwür des Zwölffingerdarms. [12, 32]

Ulcus durum n: harter Schanker, sog. → Primäraffekt der → Syphilis. [12, 32]

Ulcus molle n: weicher Schanker, seltene, durch Haemophilus ducreyi hervorgerufene Geschlechtskrankheit, die durch entzündliche, schmerzhafte, wie ausgestanzt aussehende Ulzera, vorwiegend im Genitalbereich, gekennzeichnet ist, mit schmerzhaften abszedierenden Lymphknotenschwellungen (Bubonen). [12, 32]

Ulcus pepticum (jejuni) n: durch Andauung entstandenes Geschwür im oberen Dünndarmbereich. [20, 32]

Ulcus rodens n: → Basaliom. [12, 32]

Ulcus terebrans n: schwerste Form des → Basilioms, wächst unter Zerstörung von Knorpel und Knochen penetrierend in die Tiefe; meist im mittleren Gesichtsbereich lokalisiert. [12, 32]

Ulcus ventriculi n: → Magengeschwür. [20, 32]

Ul|ektomie f: Zahnfleischexzision, → Gingivektomie. [6]

Ulitis f: Zahnfleischentzündung (ungebräuchlich), → Gingivitis. [6]

Ulkus (lat.) n: Geschwür; herdförmige Entzündung der Haut oder Schleimhaut mit kraterförmigem Substanzdefekt. [32]

Ullrich-Feichtiger-Syn|drom (Otto U., Päd., Bonn, *1894, † 1957) n: → Dyskraniopygophalangie. [2]

Ullrich-Fremerey-Dohna-Syndrom (Otto U., Päd., Bonn, *1894, † 1957) n: → Dyskranio-Dysopie-Syndrom. [3]

Ultracain®: → Carticain. [2]

ultra|kurze Röntgen|strahlen: → Elektronenschleuder. [14]

Ultra|mikroskop n: auf dem Prinzip des → Dunkelfeldes basierendes Gerät zur Sichtbarmachung kleinster Teilchen. Eine echte Abbildung (wie beim gewöhnlichen Mikroskop) wird nicht erzielt, so daß nur der Ort, an dem sich die Teilchen befinden, festgestellt, nicht aber ihre Gestalt erkannt werden kann. [10]

ultra|rot: infrarot; langwellige (Wärme-) Strahlen, die sich im → Spektrum jenseits der noch sichtbaren roten Strahlen befinden. [10]

Ultra|schall: Schall, dessen Frequenz oberhalb der menschlichen Hörgrenze (20 kHz) liegt. Er wird zu diagnostischen Zwecken (→ Echoenzephalographie, → Echokardiogramm) und therapeutisch zur Behandlung von Muskel-, Nerven und Gelenkleiden angewandt. In speziellen U.bädern wird mit geeigneten Flüssigkeiten eine verbesserte und beschleunigte Reinigung und Desinfektion von Instrumenten und Kleingeräten erreicht. [14]

Ultra|schall|geräte: Geräte zur Erzeugung von Ultraschallwellen auf elektromagnetischem oder piezoelektrischem Weg. Durch Ultraschallwellen werden z.B. Flüssigkeiten oder Instrumentenansätze in hochfrequente Schwingungen versetzt. Erstere dienen vor allem der Instrumentenreinigung. In der Parodontologie verwendete U. mit Handinstrumenten vermögen Zahnstein und Konkremente ohne Kraftanwendung zu lösen. Einschränkungen bestehen für die Verwendung der U. bei schwer zugänglichen, tiefen und gewundenen Zahnfleischtaschen wegen der Gefahr der Überhitzung durch unzureichende Kühleffekte. Das wassergekühlte Arbeitsende des Instrumentenansatzes muß immer tangential zur Zahnoberfläche geführt werden, da sonst Erosionen am Zahn entstehen können. Da die erforderliche Glätte nicht immer erreicht werden kann, muß mit Handinstrumenten nachgearbeitet werden. Cave: Patienten mit → Schrittmacher bei Verwendung alter Geräte. [1, 6]

Ultra|struktur f: Feinstruktur; Struktur, die wegen der extrem kleinen Maße ihrer Elemente (unter 0,5 μm) nicht mit dem Lichtmikroskop aufgelöst werden kann. [9]

ultra|violett: der auf violett folgende, unsichtbare kurzwellige Teil des → Spektrums, der sich bis zu den Röntgenstrahlen erstreckt. Die u.en Strahlen besitzen eine Wellenlänge von 400 bis 200 nm; langwellig UVA (400 bis 315 nm), UVB (315 bis 280 nm), UVC (280 bis 200 nm). UVA bräunt sofort; UVB erst sekundär nach Abklingen des Erythems. Das Sonnenlichtspektrum reicht von 400-297 nm. U.e Strahlen verursachen im Körper die Bildung von Vitamin D. → Lichttreppe. [10]

Ultra|violett|foto|grafie f: Teilbereich der Fotografie, bei der nur der ultraviolette Anteil des Spektrums zum Bildaufbau verwendet wird. Hierzu ist ein Sperrfilter vor dem Objektiv notwendig, das das sichtbare Licht fernhält. Angewendet wird die U. z.B. in der forensischen Fotografie oder bei der Fotografie von Plaqueansammlungen. [17]

ultra|visibel: im gewöhnlichen Mikroskop nicht mehr sichtbar. Früher zur Charakterisierung der Viren gebraucht. [8]

Ultra|zentrifuge f: Zentrifuge mit einer Umdrehungszahl von mehr als 70.000 pro Minute. Erzeugt Schwerefelder von über 500.000 g. [23]

Ulzeration f: Geschwürbildung; i.w.S. auch das → Ulkus selbst; vgl. Exulzeration. [32]

ulzerierend: ulzerös; mit Ulkusbildung einhergehend, geschwürig. [32]

ulzero|membranös: geschwürig, mit Membranbildung innerhalb der Geschwürsfläche (vgl. Ulkus). [32]

ulzeröse Gingivo|par|odontitis f: Ausbreitung einer → akuten nekrotisierenden ulzerösen Gingivitits über die gingivale Schleimhaut hinaus. [6]

Umfangs|geschwindigkeit: die Geschwindigkeit, mit der sich ein Punkt eines rotierenden Körpers um die Drehachse bewegt. Bei → rotierenden (Dental-) Instrumenten beziehen sich Angaben zur U. auf den größten Durchmesser des → Arbeitsteils. [21]

Umkehr|gerät: Variante des → Bionators zur Korrektur von Klasse-III-Anomalien. Vgl. *Angle*-Klassifikation. [5]

Umriß|form: → Kavitätenpräparation. [1]

Umschlag|falte: in Ruhelage spitzwinklige Falte, in der die Schleimhaut der Alveolarfortsätze in die Lippen- und Wangenschleimhaut übergeht. Die U. hat besondere Bedeutung für den → Funktionsrand (Ventilrand) bei der Haftung von Oberkiefer-Totalprothesen. [4]

umschrieben: deutlich abgegrenzt, zirkumskript. [2]

Umstechung: Maßnahme zur Blutstillung, bei der mit der gebogenen Nadel ein Faden kreuzweise unter die blutende Stelle geführt und zugeschnürt wird (Abb.). [2]

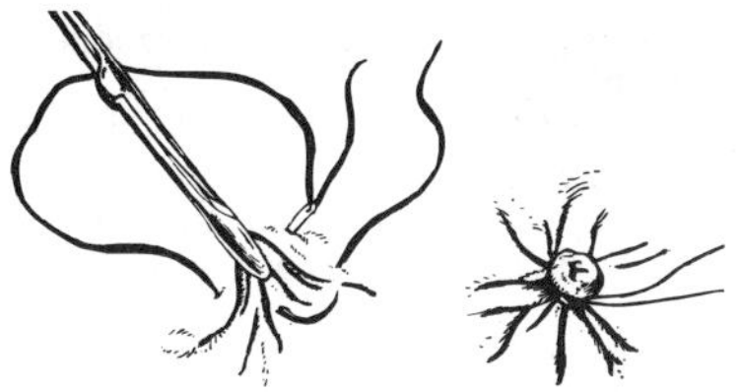

Umstechung. Ringförmige Umfahrung von Gewebe mit Faden

Umwelt: im konstitutionsmedizinischen Sinne alles, was vom Augenblick der Befruchtung an das ganze Leben hindurch die Erbanlage (den Genotypus) beeinflußt und den Phänotypus bildet. I.w.S. Milieu, Umgebung eines Individuums, die auf dieses einwirkt. Unterschieden werden natürliche, soziale, kulturelle und geistige U. [20]

U-Naht: chir. Wundnaht mit U-förmigem Fadenverlauf. [2]

Unarten: → Dyskinesien. [5]

Unbewußtes: tiefenpsychologischer Ort verschütteter, abgewehrter, dem Zugang des Bewußten verschlossener seelischer Inhalte. Vom Unbewußten gehen wichtige, aber nicht merkbare Einflüsse auf das → Erleben aus. Unbewußt motiviert wirken Handlungen scheinbar widersprüchlich oder neurotisch. Ihr tieferer Sinn wird allein in der psychoanalytischen Expertendeutung von Träumen, Fehlleistungen und freier Assoziation deutlich. [13]

uncinatus (lat.): Anat.: hakenförmig. [9]

Undulation (lat.) f: Wellenbewegung. Undulierend: wellenartig verlaufend, z.B. Fieber und Puls. [20]

unechte Progenie f: Pseudoprogenie; → Progenie. [5]

unerlaubte Handlung: Schädigung eines anderen an Rechtsgütern wie Gesundheit oder Vermögen (§§ 823 ff. BGB). Vgl. Haftung. [24]

Unfall|verhütung: aus der Unfallforschung und der Arbeitspraxis resultierende Maßnahmen zur Vermeidung von Unfällen. In zahnärztlichen und zahntechnischen → Arbeitssystemen wird die U. durch die U.s-Vorschriften der Berufsgenossenschaft für Gesundheitsdienst und Wohlfahrtspflege geregelt (UVV VBG 1, UVV VBG 100 und UVV VBG 103). Vgl. Unfallverhütungsvorschrift. [21]

Unfall|verhütungs|vorschrift: Abk. UVV; Regeln für die Unfallverhütung und Hygiene in der Praxis, erlassen von der Berufsgenossenschaft am 1.10.1982. Die UVV muß in der Praxis ausgehängt werden. Bei Nichtbeachtung droht Bußgeld sowie Haftung gegenüber dem Personal, ggf. auch gegenüber Dritten. Die Einhaltung der UVV wird vom Gewerbeaufsichtsamt überwacht. Vgl. Hygieneplan. Die auch für den Bereich der Zhk. verbindliche Unfallverhütungsvorschrift VBG 93 bezieht sich spez. auf die

Erzeugung, Übertragung und Anwendung von Laserstrahlung. 24, 31

ungesättigt: Chem.: zu weiterer Aufnahme befähigt, z.B. Kohlenstoffverbindungen, die Doppel- oder Dreifachbindungen enthalten, Lösungen, die noch weitere Substanz aufzulösen vermögen. 23

unilateral: einseitig; z.B. u. verkürzte Zahnreihen; Pendant: bilateral (zweiseitig). 4

unilokulär: an einer Stelle auftretend, einklammerig, z.B. u.e Zysten. Ggs.: multilokulär. 2

unimaxillär: (nur) einen Kiefer betreffend. 9

Unit (engl.) f: Einheit; Zusammenfassung der in der Zahnarztpraxis wichtigsten Ausrüstungselemente und deren Ausstattung. → Basiskonzept, → Zahnarzt-Element, → Zahnarzthelferin-Element. 21

Universal|klammer: kieferorth. → Halteelement, Modifikation der → *Adams*-Klammer. 5

Universal|küretten f pl: doppelendig gestaltete Instrumente mit einem Winkel von 90° zwischen Schaft und Stirnfläche, mit beidseitig angeschliffenen Schneidekanten und gleicher Schneidekantenlänge. Vgl. Küretten in der Parodontologie. 6

Unterbewußtsein: psychische und körperliche Vorgänge, die unter der Schwelle des Bewußtseins des Individuums ablaufen, die aber bewußte Denkvorgänge beeinflussen können. 33

Unterbindung: Ligatur; Umschnürung eines Blutgefäßes zum Zwecke der Blutstillung. 2

Unterbindungsnadel: *Dechamps*-Nadel, → *Reverdin*-Nadel. 2

Unterfüllung: 1. Isolierschicht zwischen Füllung und Boden der → Kavität. Schützt die Pulpa gegen chem. und therm. Reize, die durch den Füllungswerkstoff (z.B. bei Kunststoffüllungen) oder durch heiße und kalte Speisen und Getränke entstehen können. Auch zur Auskleidung untersichgehender Kavitätenwände zur Herstellung der Kastenform. Geeignete Werkstoffe für U.en müssen hart, chem. indifferent und isolierfähig sein wie z.B. Phosphatzement. Vgl. Kavitätenpräparation, Zemente. **2.** E n d o d o n t i e : unvollständige Wurzelfüllung, Ggs.: Überfüllung. Vgl. Wurzelkanalbehandlung. 1

Unterfütterung: Methode, mangelhaft sitzende Prothesen durch Auftragen von Material dem Kiefer wieder genau anzupassen. Die direkte U. wird vorwiegend bei partiellen Prothesen angewendet, wobei ein Kaltpolymerisat auf den Sattel gebracht wird, das dann im Munde erhärtet. Bei der indirekten U. von Totalprothesen wird die Prothese als → individueller Löffel benutzt. Nach erfolgter Funktionsabdrucknahme wird die Prothesenbasis mit Hilfe eines Heißpolymerisates außerhalb des Mundes erneuert. Bei besonders empfindlichen Alveolarkammbedeckungen werden auch weichbleibende Materialien verwendet. → Unterfütterung, weichbleibende. 4

Unterfütterung, weichbleibende: Methode zur → Unterfütterung der Prothesenbasis besonders im Unterkiefer. Dabei wird ein Kunststoff verwendet, dem ein → Weichmacher zugesetzt wurde. 4

Unterhaut|fett|gewebe: Unterhautzellgewebe; Tela subcutanea, das lockere, fettreiche Bindegewebe unter der Lederhaut. 9

Unterkiefer: → Mandibula. 9

Unterkiefer|ast: Ramus mandibulae; → Ramus. 9

Unterkiefer|aufnahme, seitlich getrennte: extraorale Röntgenaufnahmetechnik mit dem zahnärztl. Röntgengerät zur einseitigen Darstellung

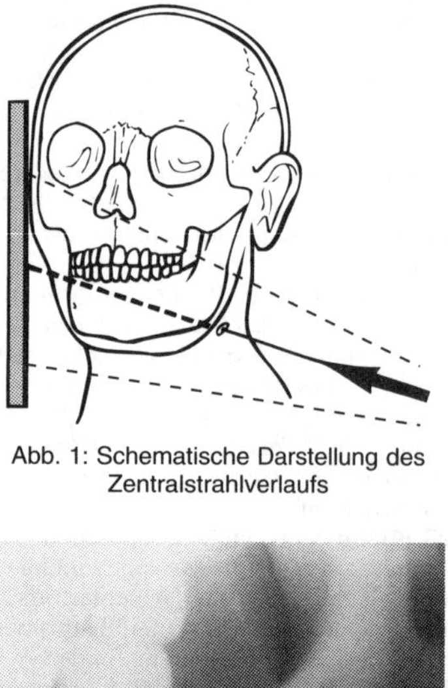

Abb. 1: Schematische Darstellung des Zentralstrahlverlaufs

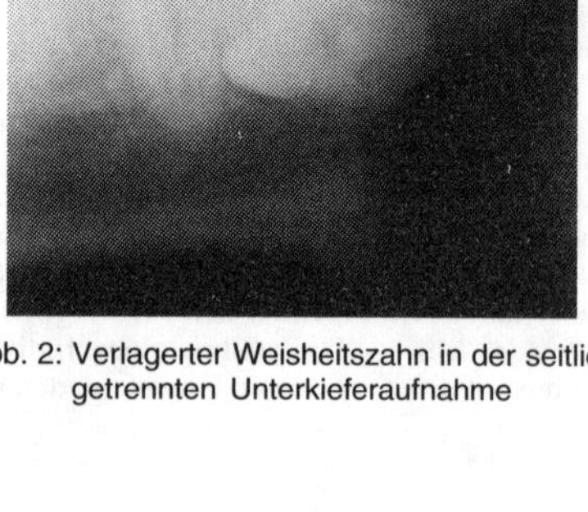

Abb. 2: Verlagerter Weisheitszahn in der seitlich getrennten Unterkieferaufnahme

von Unterkieferkörper, Kieferwinkel und aufsteigendem Ast. Dabei wird der → Zentralstrahl schräg von der Submandibularregion der Gegenseite auf den Kieferwinkel der darzustellenden Seite gerichtet. Die Aufnahme sollte mit einem Folienfilm durchgeführt werden. Der Patient hält die → Röntgenfilmkassette (Format 9x13 cm) dicht an den Unterkiefer (Abb. 1). Die s. g. U. ist eine Ergänzung zum intraoralen Zahnfilm, mit dem die Weisheitszahnregion häufig nur unvollständig dargestellt werden kann (Abb. 2). 14

Unterkiefer|bewegungen: → Kieferbewegungen. 4

Unterkiefer|bogen|winkel: Winkelmessung aus der → FRS-Analyse nach *Ricketts*. Ausgehend vom → Xi-Punkt wird der U. von der Kondylarachse und der dorsalen Verlängerung der Korpusebene (Abb.→ FRS-Analyse, Abb. 5) gebildet. Durchschnittswert: 26 +/- 4. Große Winkelwerte: quadratischer Unterkiefer, häufig → Tiefbiß und meist prognather Typ (→ Prognathie); kleine Winkelwerte: retrognather Typ (→ Retrognathie), häufig → offener Biß. 5

Unterkiefer|drei|eck: → Trigonum submandibulare. 9

Unterkiefer|drüse: → Glandula submandibularis. 9

Unterkiefer|ebenen|winkel: Winkel aus der → FRS-Analyse, der von der Unterkiefertangente und einer Parallelen zur → Frankfurter Horizontalebene gebildet wird. 5

Unterkiefer|grund|ebene: Unterkieferrandebene; Ebene, die im → Fernröntgenseitenbild zur kieferbezüglichen Bestimmung der Zahn- und Kieferhöhe dient. Sie wird gegeben durch die Unterkieferrandgeraden, die von der untersten Umgrenzung des Kinnschattens bis zu einem Punkt vor der Tuberositas masseterica gezogen werden (Abb. → FRS-Analyse). Vgl. Basiswinkel. 5

Unterkiefer|halterung, gelenk|zentrierte: Position des Unterkiefers in einer Okklusionsstellung, in der sich die Kondylen im Zenit der Gelenkgruben befinden (*Gerber*). Diese Position kann mit der terminalen → Scharnierachsenposition zusammenfallen (in ca. 80%). → Mastikationszentrik, → Zentrik. 4

Unterkiefer|index m: → Breiten-Längenindex des Unterkiefers. 5

Unterkiefer|körper: → Corpus mandibulae. 9

Unterkiefer|länge: Abstand des vorstehendsten Punktes der vorderen Kinnplatte von einer Vertikalebene, welche die Hinterflächen der Kondylen berührt. 5

Unterkiefer|mitte: → Mittellinie, unterkiefereigene. 5

Unterkiefer|rand|gerade: → Unterkiefergrundebene. 5

Unterkiefer|rücklage: dorsale Lage des Unterkiefers relativ zum Oberkiefer bzw. zum übrigen Gesichtsschädel. Vgl. Distalbiß, Mikrogenie, Retrogenie. 5

Unterkiefer|spalte: angeborene seltene Spaltform, die oft mit einer Unterlippenspalte kombiniert ist. Der Unterkiefer ist in der Mittellinie in vertikaler Richtung gespalten. 3

Unterkiefer|winkel: → Kieferwinkel. 5

Unterkühlung: → Hypothermie. 20

Unterlippen|fisteln: → Lippenfisteln, angeborene. 12

Unterlippen|spalte: angeborene Spaltung der Unterlippe in mehr oder weniger starkem Ausmaß in vertikaler Richtung (nur median), analog den übrigen → Gesichtsspalten. 3

unterminierende Resorption f: pathologische → Resorption eines Milchzahnes infolge veränderter Durchbruchsrichtung eines benachbarten permanenten Zahnes. Mögliche Folgen: Platzverlust, Retinierung des bleibenden Zahnes. Am häufigsten ist die u. R. eines zweiten Milchmolaren durch einen bleibenden ersten Molar. 29

Unterschnitte: untersichgehende Abschnitte in der präparierten Kavität, dienen der besseren Verankerung der Zahnfüllungen. Vgl. Kavitätenpräparation. 1

Unterversorgung: → Bedarfsplanung. 24

Unterzahl von Zähnen: → Hypodontie. 5

Unterzunge: ein bei manchen Tieren, z.B. Halbaffen, voll ausgebildetes Organ, beim Menschen nur rudimentär als gezackte Falte im Mundboden erhalten (Plica fimbriata). 9

Unterzungen|bügel: Sublingualbügel (heute meist gegossen), dient zur Verbindung zweier Prothesensättel und soll aus parodontalhygienischen Gründen etwa 5 mm unterhalb des lingualen Zahnfleischsaumes der unteren Frontzähne verlaufen. Sein Abstand von der Schleimhautoberfläche richtet sich nach der Form des frontalen Alveolarfortsatzes und nach der Resilienz des Prothesenlagers. Läuft dieser flach in den Unterzungenraum aus, muß der Bügel unter Berücksichtigung seiner späteren Einsinkbarkeit wenigstens in einem Abstand von 1 mm von der Schleimhautoberfläche verlaufen. Fällt der Alveolarfortsatz dagegen steil zum Mundboden ab, kann man den Bügel der Schleimhaut bis auf 0,5 mm annähern. Kann der Mundboden stark angehoben werden bzw. liegt eine Resorption des frontalen Alveolarfortsatzes mit harter, stark ausgeprägter Spina mentalis vor, ist anstatt eines Unterzungenbügels die Verbindung der Prothesenteile über eine fortlaufende → Klammer oder eine modifizierte → *Spreng*-Schiene indiziert. Bei einseitig verkürzter Zahnreihe wirkt der U. als → Torsionsbügel. [4]

Unterzungen|drüse: → Glandula sublingualis. [9]

Unterzungen|nerv m: → Nervus hypoglossus. [9]

Unverträglichkeits|prüfung: → Plausibilitätskontrolle; dient der Feststellung von abgerechneten, aber gebührenordnungsmäßig nicht zueinander passenden Leistungen. Heute meist mit Hilfe von EDV-Programmen vorgenommen. [25]

Unze (lat.) f: altes deutsches Apotheker- und Medizinalgewicht. Eine Unze = $^1/_{12}$ Medizinalpfund = 29,23 bis 35 Gramm. Meist als 30 Gramm gerechnet. [10]

Ur|achus m: embryol. Harngang. Vgl. Allantois. [22]

Ur|ämie f: toxisch-klinisches Zustandsbild bei Niereninsuffizienz mit Retention stickstoffhaltiger harnpflichtiger Substanzen, aber ohne zerebrale Symptomatik (→ Coma uraemicum). Ätiologie: 1. Nephritis, doppelseitige Pyelonephritis, Gefäßprozesse; 2. akute Tubulusnekrose bei Transfusionsreaktionen, Schock, Verbrennungen; 3. Sulfonamidniederschläge in Nieren und Ureteren; 4. Nephrokalzinose durch D-Hypervitaminose und primären → Hyperparathyreoidismus; 5. Phenazetinnieren. Laborbefunde bestimmt von Stickstoffretention, Azidose und Anämie. Symptome: renale Anämie, Dyspnoe, Anorexie, allg. Kräfteverfall, Demineralisation des Skelettsystems (renale Osteopathie) mit sekundärem Hyperparathyreoidismus, später Kopfschmerzen, Übelkeit, Erbrechen, Durchfälle, Singultus, *Kussmaul*- oder *Cheyne-Stokes*-Atmung, Muskelzuckungen sowie Retinaexsudationen und -hämorrhagien. Therapie: Flüssigkeitszufuhr entsprechend der täglichen Urinausscheidung, Bekämpfung der Austrocknung, Ausgleich der Elektrolytverschiebungen, diätetische Reduzierung der exkretorischen Stickstoffbelastung, Hämodialyse, Peritonealdialyse, Nierentransplantation. [20]

Uran (nach dem Planeten Uranus) n: metallisches Element, Symbol U, Ordnungszahl 92, Atomgewicht 238,07. Erstes Element, bei dem die Erscheinung der → Radioaktivität beobachtet wurde. Pechblende (U_3O_8) und Karnotit ($KUO_2(VO_4) \cdot 15H_2O$) sind die wichtigsten Uranmineralien. In der Natur vorkommendes U. besteht aus drei → Isotopen: U. I, Aktinouran und U. II. Die Verbindungen des U.s sind sämtlich radioaktiv und, soweit löslich, stark toxisch. Große Bedeutung für die Gewinnung von → Plutonium. [23]

Urano|plastik f: plastische Deckung angeborener wie auch erworbener Defekte und Lücken im Gebiet des harten Gaumens, z.B. Gaumenspalte, Gumma, Saugerperforation. Vgl. Gaumenspalte. [3]

Urano|raphie f: chir. Gaumennaht, → Uranoplastik. [3]

Urano|schisis f: → Gaumenspalte, → Velumspalte. [3]

Urano|staphylo|plastik f: Uranostaphyloraphie; plastische Deckung von angeborenen oder erworbenen Defekten des harten und weichen Gaumens. [2]

Urate n pl: harnsaure Salze (Natrium und Kalium), die im wesentlichen die sog. Ziegelmehlsedimente im ausgeschiedenen Harn bilden. [20]

Urbach-Wiethe-Syndrom n: Abk. UWS; Lipoidproteinose, Hyalinosis mucosae; Symptomatik: Symptomenkomplex aus blasser indurierter Schleimhaut, Heiserkeit, bei Jugendlichen Granulom der Lippen u.a., wird rezessiv vererbt. [11]

Urea (gr.) f: Harnstoff, $CO(NH_2)_2$, Karbamid. Farblose, sehr gut wasserlösliche Kristalle von bitterem Geschmack. Im Harn ausgeschiedenes Endprodukt des Eiweißabbaus. Therapeutisch als harntreibendes Mittel verwendet. [34]

Urease f: erstes in kristalliner Form isoliertes Enzym. Zerlegt den Harnstoff in Ammoniak und Kohlensäure, wird in Pflanzen und bei verschiedenen Bakterien gefunden. [23]

Ureter (gr.) m: Harnleiter, leitet den → Harn vom Nierenbecken zur Harnblase ab. [9]

Urethra (gr.) f: Harnröhre, leitet den Harn von der Harnblase nach außen, beim Mann 20-25 cm, bei der Frau 3-4 cm lang. [9]

Urin m: → Harn. [10, 20]

Urin|untersuchung: → Schnelltests, *Nylander*-Probe. [20]

Urmund: → Blastoporus. [22]

Uro|bilino|gen n: → Bilirubin. [10]

uro|genital: Harn- und Geschlechtsorgane betreffend. [9]

Uro|logie f: Lehre von den Erkrankungen der Harnorgane. [20]

Urschmelz: ältere Bezeichnung für die erste Schicht des neugebildeten Schmelzes. [30]

Ursprung: Origo, Anat.: Befestigung des Muskels am weniger beweglichen Knochenteil, z.B. des M. masseter am Jochbein. Vgl. Insertio. [9]

Urticaria pigmentosa f: Mastzelleninfiltrate der Haut und innerer Organe. Angeborene oder erst später auftretende gelb-bräunliche, leicht erhabene Fleckchen, die bei Reibung urtikariell anschwellen. Auch an der Mundschleimhaut beobachtet. 12

Urtikaria f: Nesselausschlag, durch flüchtige, juckende Quaddeln aufgrund eines Ödems im oberen Korium gekennzeichnet, entwickelt sich durch eine Histaminfreisetzung infolge einer Mastzelliberation. Eine Quaddel hat eine Bestandsdauer von nur wenigen Stunden. Unterschieden wird klinisch in eine akute, eine akut intermittierende (rezidivierende) und eine chronische U. Die Pathogenese der U. kann unterschieden werden in einen immunologischen Typ und in eine von Allergenen unabhängige Entstehung aufgrund einer Intoleranz, die ohne Umweg über eine Antigen-Antikörper-Reaktion Mediatoren aus den → Mastzellen freisetzt und im wesentlichen durch Medikamente und ggf. Nahrungsmittel hervorgerufen wird. Die physikalische Auslösung der U. durch Druck-Scherwirkung, wie Urticaria factitia, Druckurtikaria (durch Druck allein), Kälteexposition sowie die Wärmereflexurtikaria (sog. cholinergische U.) bei Schwitzen jeder Genese und schließlich die an bestimmte Wellenlängen gebundene Lichturtikaria sind weitere Provokatoren einer U. Therapie: Antihistamine, bei Schocksymptomatik (→ Glottisödem) zusätzlich Kortikosteroide, ggf. Adrenalin. 12

U-Schlaufen: an einem → Labialbogen oder einem → Lingualbogen bei festsitzenden kieferorthopädischen Apparaturen angebrachte, U-förmige vertikale Einbiegungen zu möglicher Verlängerung oder Verkürzung des Bogens. Zum gleichen Zweck werden U. auch am labialen Führungsbogen abnehmbarer Apparate (→ Aktivator, → aktive Platte) angebracht und hier meist über bzw. unter dem Eckzahn entlanggeführt. 5

Usur (lat.) f: Abnutzung, Gewebsschwund, Substanzverlust. Usuren an den Zähnen entstehen physiologisch durch Abkauungen, habituell als Einkerbungen der Schneidekanten bei Parafunktionen (Knirscher, Pfeifenraucher), professionell durch Säureschäden, lokalisiert durch Halten von Nägeln (Tapezierer), Nadeln (Schneider) u.ä. Vgl. Abrasion, Attrition, Demastikation. 4

ut aliquid fiat (lat.): damit etwas geschehe. Verordnung ohne klin.-pharmakolog. Bedeutung, die im wesentlichen der Beruhigung des Patienten dient. 2

Uterus (lat.) m: birnenförmiges Hohlorgan des weiblichen Unterleibs, in dem der Embryo wächst. Aus der Schleimhaut des U. entwickelt sich die → Plazenta. Der U. besitzt eine sehr kräftige Muskelwand, die sich nach Reifung des Fötus kontrahiert und die Geburt einleitet. 9

Utility-arch (engl. Gebrauchsbogen) m: Allzweckbogen; je ein an den oberen und unteren

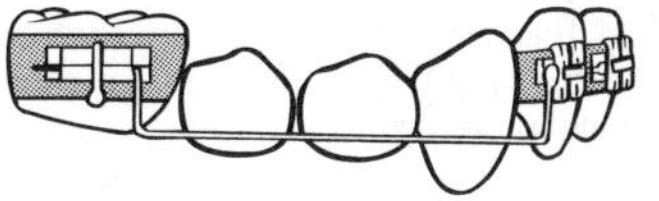

[38]

Schneidezähnen und 1. Molaren befestigter Vierkantbogen nach *Ricketts,* der in der Umschlagfalte verläuft, um auch die Weichteile abzuhalten (Abb.). Kann mit Hilfsmitteln versehen werden, die Bewegungen in jeder gewünschten Richtung erlauben. 5

UV-Aktivierung: → Lichtpolymerisation. 1

Uvea (lat.) f: Traubenhaut; klin. zusammenfassender Begriff für die Teile der mittleren Augenhaut, bestehend aus der Aderhaut (Chorioidea), dem Strahlenkörper (→ Ziliarkörper) für die Akkomodation der Linse und der Regenbogenhaut (Iris) für das Pupillenspiel. Abb. → Auge. 9

Uveitis f: Entzündung der Traubenhaut (→ Uvea). 20

Uveo|par|otitis f: → *Heerfordt*-Syndrom. 2

UV-Mikroskop n: Mikroskop, das durch ultraviolette Strahlen sein Licht erhält, so daß fluoreszierende Substanzen sichtbar werden. Da die UV-Strahlen kurzwelliger sind als Lichtstrahlen, ermöglicht das UV-Mikroskop eine stärkere Auflösung der Strukturen als das normale Lichtmikroskop. 9

Uvula (lat.) f: Zäpfchen, die stumpfspitzige Verlängerung des Gaumensegels, über der Zungenwurzel in die Mundhöhle herabhängend. 9

Uvula bifida f: Uvula bipartita, Staphyloschisis, Uvulakolobom; angeborene Teilung (Spaltung) des Zäpfchens. 3

V

V: **1.** Chem.: Symbol für → Vanadin; **2.** Phys.: Abk. für → Volt. [23]
V.: Abk. für Vena; pl Vv., Venae; → Venen. [9]
V2A-Stahl: Stahllegierung der Versuchsreihe **2** mit Austenitgefüge; → Wipla. [4]
Vaccine (lat.) f: → Vakzine. [8]
Vacuolating virus (engl.) n: → Papovaviren. [8]
vagal (lat., zu → Vagus): durch Einwirkung der → parasympathischen Nervenfasern (da diese meist über den N. vagus verlaufen). [9]
Vagina (lat.) f: Scheide. [9]
Vagina carotica f: Bindegewebshülle, die mit dem mittleren Blatt der Halsfaszie verbunden ist und den Nervengefäßstrang des Halses (A. carotis, V. jugularis, N. vagus) einschließt. Vgl. Spalträume des Kopfes und Halses. [30]
Vagolytika n pl: der → Vagotonie entgegenwirkende Mittel. Sie werden z.B. vor der Narkose zur Einschränkung der Speichel- und Bronchialschleimabsonderung, unerwünschter Herzreflexe und des Laryngospasmus gegeben. [34]
Vago|tonie f: Verschiebung des vegetativ-nervösen Gleichgewichts zwischen Sympathikus und Parasympathikus (Vagus) nach der parasympathischen Seite durch Vagusreizung. Die V. ist charakterisiert durch Weitstellung der Gefäße (außer den Koronargefäßen), → Bradykardie, Verengung der Pupillen, trockene Haut, feuchte Schleimhäute, verstärkte Speichelsekretion, Vermehrung der Darmperistaltik, Hemmung der Nebennierenfunktion und Eukopenie. Vgl. Sympathikotonie. [33]
vago|vasaler Reflex m: Reflex nach Stimulation des U. vagus, führt zur Bradykardie und Bewußtlosigkeit nach Druck auf Augenbulbus, Manipulationen am → Karotissinus, Mundboden, Splanchnikusgebiet und an der genitoanalen Region. Unter ungünstigen Verhältnissen (metabolische Azidose, Hypoxie, Hyperkapnie, Elektrolytstörungen) kommt es zum Herzstillstand. [2]
Vagus (lat.) m: Kurzform für → Nervus v., → Hirnnerven. [9]
Vagus|pneumonie f: durch Schluckstörung infolge Vaguslähmung verursachte → Aspirationspneumonie. [10, 20]
Vagus|puls m: langsamer Puls bei Vagusreizung (evtl. Hirndruck-Alarmsignal!) oder bei → Vagotonie. Vgl. Reizleitungssystem des Herzens. [10, 20]
Vagus|stoff: → Azetylcholin. [10, 20]
vakuoläre Degeneration f: → Degeneration. [32]
Vakuole (lat.) f: Hohlraum, besonders in Zellen. [9]
Vakuum (lat.) n: ein annähernd luftleerer Raum. [10]
Vakuum|brenn|verfahren: beim Brennen keramischer Zähne wird die Luft aus der Brennkammer abgesogen, so daß sich die Teilchen bei der → Sinterung stärker verdichten. Die Folge ist eine erhöhte Porenfreiheit. [4]
Vakzinations|schäden: 1. akzidentelle V.: zufällige, bei Nichtgeimpften durch Infektion von Frischgeimpften entstandene, meist ungewöhnlich lokalisierte V.; gedellte, weißliche, selten auch hämorrhagische pustulöse Herde; beim Zusammenfließen der Pusteln können diphtheroide Erscheinungen entstehen; auch im Lippen-Mundbereich → Glossitis papulosa acuta; 2. Vakzine-Ekzem: Ausbruch auf Ekzemhaut durch Übertragung von Vakzinen auf Ekzemkinder; es entsteht ein schweres Krankheitsbild. DD: → Pocken; 3. sekundäre V.: durch Schmierinfektion bzw. Autoinokulation an anderen Körperstellen entstandene weitere Impfpusteln des frisch Geimpften; 4. generalisierte V.: Vakzineaussaat im Frischgeimpften auf dem Blutweg; 5. postvakzinale Enzephalitis. [34]
Vakzine (lat.) f: Suspension von bakteriellen oder viralen Erregern für prophylaktische aktive → Immunisierung (Schutzimpfung). Die Erreger können sich in abgetötetem (Totvakzine) oder lebendem Zustand (Lebendvakzine) befinden. Lebendvakzine enthalten entweder abgeschwächte (d.h. nicht mehr pathogene, aber noch immunogene) Erreger (z.B. BCG-Impfstoff gegen Tuberkulose, *Sabin*-Impfstoff gegen Poliomyelitis) oder ein primär apathoge-

nes, dem Erreger jedoch antigen eng verwandtes Virus (z.B. Pockenvakzine: enthält kein abgeschwächtes Pockenvirus, sondern das Vaccinia-Virus). Die Bez. V. entstammt der Zeit, in der man mit Kuhpockenviren impfte (lat. Vacca, Kuh). [8]

Val n: Maßeinheit, entspricht dem → Grammäquivalent. [8]

Valenz (lat.) f: → Wertigkeit. [23]

Validierung (lat.) f: Beurteilung eines med. Informationssystems in der → Simulation mit echten Fällen, d.h. Nachweis der Funktionalität. [26]

Valium®: → Diazepam. [2]

Valleix-Druck|punkte (Francois V., Päd., Paris, *1807, † 1855): druckempfindliche Nervenpunkte bei Ischiasneuritis im Verlaufe des N. ischiadicus (Mitte der Gesäßfalte, Kniekehle, hinter dem Fibulaköpfchen und äußeren Fußknöchel). [33]

Valsalva-Preßversuch (Antonio V., Anat., Chir., Bologna, *1666, † 1723): Maßnahme zur Durchbrechung einer paroxysmalen → Tachykardie. Anspannung der Ausatmungs- und Bauchmuskulatur nach tiefer Inspiration bei geschlossenen Atemwegen. [20]

Valva (lat.) f: Klappe. [9]

Valva aortae f: Aortenklappe, dreiteiliger Klappenapparat am Aortenbeginn. [9]

Valva atrio|ventricularis dextra f: V. tricuspidalis; Trikuspidalklappe, dreiteiliger Klappenapparat zwischen rechtem Vorhof und rechter Kammer des Herzens. [9]

Valva atrio|ventricularis sinistra f: V. mitralis; Mistralklappe, zweiteiliger Klappenapparat zwischen linkem Vorhof und linkem Ventrikel des Herzens. [9]

Valva trunci pulmonalis f: Pulmonalklappe, dreiteiliger Klappenapparat am Beginn des → Truncus pulmonalis. [9]

Vanadin (nach der german. Göttin Vanadis) n: Vanadium; chem. Element, Symbol V, Ordnungszahl 23, Atomgewicht 50,95. Stahlgraues, luftbeständiges Metall, nur in reinstem Zustand dehnbar, sonst hart und spröde. In der Natur in zahlreichen Eisenerzen vorhanden. Dient als Zusatz zu Stahl, dem es schon in Mengen von 0,1-0,2% größere Dehnbarkeit und Unempfindlichkeit gegen Stöße verleiht. [23]

Vancomycin: Glykopeptid-Antibiotikum (→ Antibiotikum) mit begrenztem Wirkungsspektrum (Staphylo-, Strepto-, Pneumo-, Enterokokken, Clostridien, Aktinomyceten, Corynebacterium diphtheriae, Listeria monocytogenes). V. wirkt in therapeut. Dosen sekundär bakterizid. Es ist Mittel der ersten Wahl zur Behandlung der antibiotikaassozierten, vital bedrohlichen pseudomembranösen Enterokolitis. [7]

Van-der-Hoeve-Syndrom (Jan van der H., Ophthalmol., Groningen, Leiden, *1878, † 1952) n: → Fragilitas ossium hereditaria. [3]

Van-der-Vaude-Syndrom (1954) n: autosomal dominant vererbtes Mißbildungssyndrom, bestehend aus symmetrischen Unterlippenfisteln, Lippenspalte und Gaumenspalte. Als Mikroform teilweise Nichtanlage von seitlichen Schneidezähnen. Selten auch → Uvula bifida und submuköse Gaumenspalte. Klinische Bedeutung: nahezu 100%ige Vererblichkeit. [3]

Van-der-Waals-Kräfte (Johannes D. v. d. W., Phys., Amsterdam, *1837, † 1923): zwischenmolekulare Kräfte, die schwache Bindungen bewirken. [23]

Vapor (lat.) m: Dampf. [10]

Vaporisation (lat.) f: Verdampfung, thermische → Laserwirkung auf Gewebe bei Temperaturen oberhalb etwa 300 °C. [31]

Variabilität (lat.) f: in der → Statistik verwendete Bezeichnung für das Maß einer → Streuung zum Vergleich von Verteilungen. Es ist definiert als der Quotient aus → Standardabweichung und → Mittelwert und wird auch als Variationskoeffizient bezeichnet. Vgl. Varianz. [26]

Variable, diskrete f: eine diskrete oder diskontinuierliche Größe in der → Statistik. Sie nimmt nur bestimmte Werte an, z.B. Anzahl der Zähne, Anzahl der Untersuchungen. Im Gegensatz dazu steht die stetige V. [26]

Variable, stetige f: stetige oder kontinuierliche Größe in der → Statistik, nimmt Werte in beliebiger Genauigkeit an, z.B. Körpertemperatur, Gewicht. Ggs.: diskrete V. (→ V., diskrete). [26]

Varianz (lat.) f: in der → Statistik Maß der → Streuung für die Verteilung von Meßwerten um ihr arithmetisches Mittel. Es ist die Summe der Quadrate der Abweichungen der Meßwerte vom arithmetischen Mittel, dividiert durch die Anzahl der Meßwerte vermindert um 1. [26]

Varianz|analyse f: statistische Prüfung von unterschiedlichen → Stichproben auf ihre mögliche Zugehörigkeit zu einer Gesamtstichprobe. Vgl. Varianz. [26]

Variation (lat.) f: biologische Variantenbildung, genetisch: spontane oder induzierte Änderung von Eigenschaften. In der Mikrobiologie z.B. Änderung der Form einer → Kolonie von Bakterien. Häufig auch Einflüsse der Umwelt. [8]

Variations|breite: Range (engl.), Spannweite; in der → Statistik der Bereich, in dem sich die Meßwerte befinden. Die V. wird durch die Differenz zwischen größtem und kleinstem Wert (Minimum und Maximum) gebildet. [26]

Variations|koeffizient m: → Variabilität. [26]

Varietät (lat.) f: Varietas; jede der verschiedenen anatomischen Formen bzw. Lagen eines Organs, die regelmäßig vorkommen und als normal betrachtet werden; z.B. tiefe V. der A. maxillaris hinter und oberflächliche V. vor dem M. pterygoideus lateralis. [9]

Varikosis (lat.) f: ausgedehnte Krampfaderbildung, Krampfaderleiden; Form der venösen Insuffizienz, → Varizen. [32]

Variola (lat.) f: → Pocken, Blattern. [8]

Vari-Simplex-Methode f: von *Alexander* entwickelte Methode der → Straight-Wire-Technik. [5]

Varizellen (lat.) f pl: → Windpocken. [20]

Varizen (lat.) f pl: Krampfadern; erweiterte, geschlängelte oder knotige Venen; finden sich hauptsächlich an den Beinen als Folge von Bindegewebsschwäche, Arbeit im Stehen, Schwangerschaft, kommen aber auch im Gesicht und Mund vor. Adj. varikös. [34]

Varnish (engl.) m: → Liner. [1]

Vas (lat.) n: Gefäß. [9]

Vasa vasorum (lat.) n pl: wörtlich „Gefäße der Gefäße"; kleinere Blutgefäße, die in der Wand größerer Arterien verlaufen und deren äußere Wandschichten mit Blut versorgen. [9]

vaskulär (lat.): die (Blut-)Gefäße betreffend. [9]

Vaskularisation f: Neubildung von Gefäßen, Durchwachsung von Thromben, Granulationen. Neubildungen mit Gefäßen. [9]

Vaso|dentin n: Reizdentin, das infolge überstürzter Bildung von Gefäßen durchzogen ist und irreguläre Struktur aufweist. [30]

Vaso|dilatatoren m pl: P h y s i o l .: die die Gefäße erweiternden Nerven; → Vasomotoren. Meistens dem Vagus (Parasympathikus) zugehörig, dessen Erregung vasokonstriktorisch wirkende sympathische Nervenfasern hemmt und dadurch (indirekt) zu einer Gefäßerweiterung führt. P h a r m .: Gruppenbez. für Arzneistoffe mit relaxierender Wirkung auf Gefäßmuskelzellen, insbesondere der kleineren Arterien und Arteriolen, wodurch es zur Senkung vornehmlich des diastolischen Blutdruckes kommt und reflektor. zu einem Anstieg der Herzfrequenz und des Schlagvolumens. [7, 10]

Vaso|konstriktoren m pl: Nerven, überwiegend dem sympathischen System zugehörig, deren Erregung zur Gefäßverengung führt. Auch zur Bezeichnung von Pharmaka mit gefäßverengender Wirkung gebraucht. → Vasomotoren. [10]

Vaso|konstringenzien n pl: Gruppenbez. für gefäßverengende Arzneistoffe wie z.B. direkt und indirekt wirksame → Sympathomimetika, Vasopressin-Analoga (→ Felypressin, POR-8). [7]

Vaso|motoren m pl: Gefäßnerven, die über die Gefäßmuskulatur durch Lumenänderung die Blutverteilung vasokonstriktorisch oder -dilatorisch regulieren. V.kollaps: generalisierte Vasokonstriktorenlähmung mit allg. Vasodilatation und Blutdruckabfall (→ Schock, → Kollaps, → anaphylaktischer Schock). V.zentrum: Gefäßnervensystem und Blutverteilung regulierendes Kerngebiet in der Medulla oblongata. [20]

vaso|motorische Störungen: Blutverteilungsanomalien durch Vasomotorenschädigung (organ. oder funktionell). [20]

Vaso|neurosen f pl: funktionelle Störungen der Gefäßmotilität, z.B. → *Raynaud*-Syndrom, Akrozyanose, manche Formen der → Angina pectoris. [20]

Vaso|pathie f: Blutungskrankheit durch vermehrte Gefäßdurchlässigkeit, eine → hämorrhagische Diathese, z.B. → Skorbut. [20]

Vaso|pressin n: Adiuretin, antidiuretisches Hormon (ADH); Hormon des hypothalamo-neurohypophysären Systems (vorwiegend → HHL). Angriffspunkt: distaler Nierentubulus und Sammelrohr, Steuerung der renalen Wasserrückresorption. Pharm. Wirkung: direkter kontrahierender Effekt an der glatten Muskulatur, Verengerung der Arteriolen, Steigerung des peripheren Widerstands und des Blutdrucks. [20]

Vaso|pressoren m pl: Verbindungen mit gefäßverengender Wirkung (Blutdrucksteigerung). Als Zusätze zu Lokalanästhetika: Adrenalin, Noradrenalin, Felypressin. Bei allgemeiner → Hypotonie ohne Volumenverlust heute Akrinor®, Novadral®, Effortil®, Ephedrin® üblich. [2]

Vasquez-Osler-Krankheit (Louis-H. V., Int., Paris, *1860, † 1936; William O., Int., Baltimore, *1849, † 1919): → Polyzythämie. [20]

Vater-Pacini-Körperchen (Abraham V., Anat., Wittenberg, *1684, † 1751; Filippo P., Anat., Florenz, *1812, † 1883): elliptische, bis zu 4 mm große Endigungen sensibler Nervenfasern, die in der Subkutis vorkommen und auf Vibrationsreize reagieren. [9]

VdAK: Abk. für → **V**erband **d**er **A**ngestellten-**K**rankenkassen. Vgl. Ersatzkassen. [24, 25]

VDRL-Test m: Abk. f. **V**enereal-**d**isease-**r**eference-**l**aboratory-Test, zum serolog. Nachweis der Syphilis, Flockungsreaktion auf dem Objektträger mit Cardiolipin als Antigen. [8]

Veau-Gaumen|plastik (Victor V., Chir., Paris, *1871, † 1949) f: → Gaumenspalte. [2]

vegetativ (lat.): das → vegetative Nervensystem

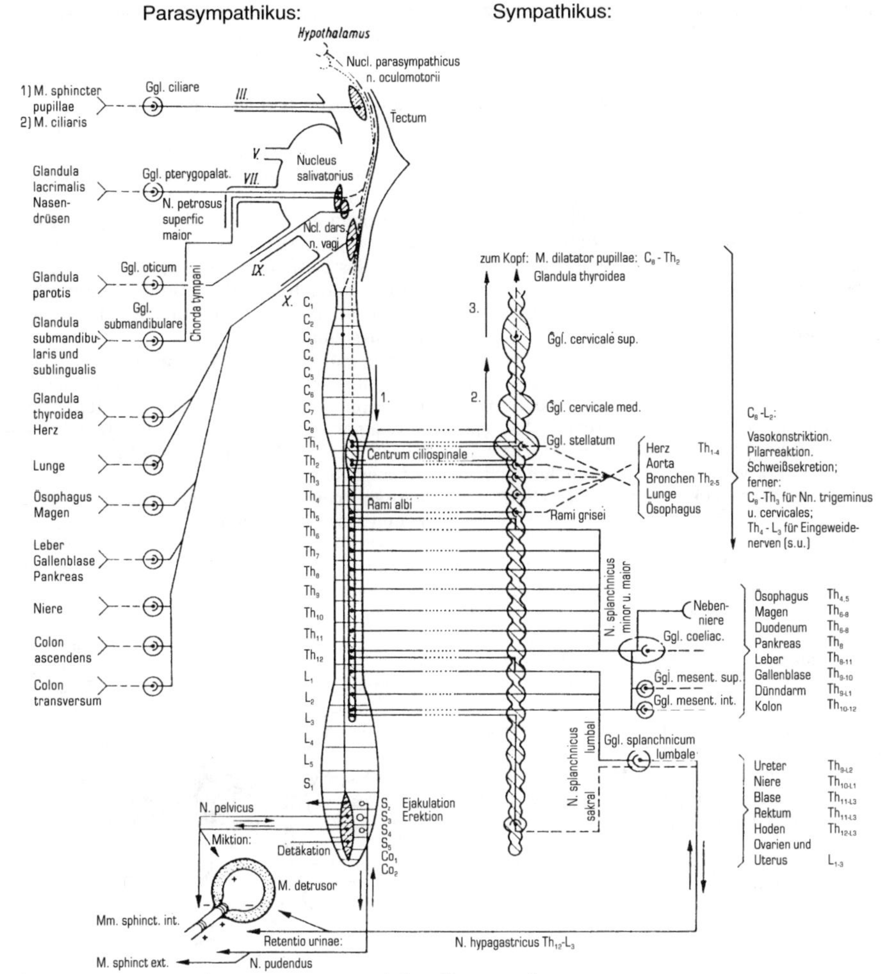

vegetatives Nervensystem

betreffend; auf Nervenfasern angewendet: → lissomotorisch. V.es Nervensystem: historischer Begriff, auf der alten Vorstellung beruhend, daß ein vollständiges geschlossenes Nervensystem die Funktion der Eingeweide regelt. Heute der Zusammenhang aller lissomotorischen Nervenfasern. **9, 10**

vegetative Dys|tonie f: Fehlregulationen des vom N. vagus und N. sympathicus gebildeten vegetativen Nervensystems. Bei Fehlen eines organischen Krankheitsbefundes handelt es sich um Funktionsstörungen, die sich insbesondere am Herzkreislauf-System und am Magen-Darm-Trakt mit vielfältigen Beschwerden äußern: Herzklopfen, Beklemmungen in der Brust, Kopfschmerzen, Schlaflosigkeit, Schwindelzustände, Magendruck, Übelkeit, Durchfälle, Stuhlverstopfung u.a. Die v. D. und ihre Symptomatologie ist eng an die psychosomatische Konstitution gebunden. **20**

vegetatives Nerven|system n: Vegetativum, autonomes Nervensystem; Komplex von Ganglienzellen und Nerven bzw. nervalen Verbindungen, die nicht dem Einfluß des Bewußtseins und Willens unterliegen. Regelt im Wechselspiel bei normalerweise bestehendem Gleichgewicht zwischen → Sympathikus und → Parasympathikus die sinnvolle Tätigkeit aller vegetativen Vorgänge, z.B. von Kreislauf und Verdauungsapparat, glatter Muskulatur sowie Drüsen mit innerer und äußerer Sekretion. Anatomisch gesehen selbständiges Nervensystem mit Beziehungen zum Zwischen- bzw. Mittelhirn. Gliedert sich in 3 Hauptgruppen: Sympathikus, Parasympathikus (Vagus) und intramurales System (Abb. s. S. 775). 33

Veillonella (Adrien Veillon, Bakt., Paris, *1864, † 1931) f: Gattung anaerober, gramnegativer Kokken, die teils ein katalaseähnliches Enzym besitzen und keine Zucker, sondern nur Zuckerabbauprodukte (Milchsäure u.a. Säuren des Trikarbonsäurezyklus) metabolisieren. Zwei Arten vorwiegend in der Mundhöhle: V. alcalescens, V. parvula. Nur in Ausnahmefällen pathogen. 8

Veits|tanz: → Chorea. 20

Vektor (lat.) m: phys. oder mathemat. Größe, die außer einem bestimmten Betrag eine bestimmte Richtung angibt. 10

Velo|pharyngo|plastik f: → Pharynxplastik. 19

Velum palatinum (lat.) n: → Gaumensegel. 9

Velum|plastik f: operativer Verschluß einer → Velumspalte. 2

Velum|spalte: angeborene Spaltung des weichen Gaumens, Hemmungsbildung. Der harte Gaumen ist intakt, der knöchernde Teil kann auch gespalten sein, bleibt aber von Schleimhaut bedeckt (submuköse Spalte). Bei submuköser bzw. okkulter Spalte mit Muskellücke besteht häufig Sprachinsuffizienz. Therapie: operativer Verschluß im 1. Lebensjahr. Vgl. Gaumenspalte. 3

Vena (lat.) f, pl Venae: Abk. V., pl Vv.; Vene (→ Venen). 34

Vena angularis f: Vene im inneren Augenwinkel mit enger Beziehung zur Vena supraorbitalis und damit zum Sinus cavernosus im Schädelinneren (Abb. → Venen). Schwere Entzündungen im Bereich der Lippen, der Nase und der Wange können zu einer Venenthrombose und über die V. a. zu entzündlichen Komplikationen im Schädelinneren führen. Bei derartigen Entzündungen Palpation der V. a.: bei erheblichem Druckschmerz oder Verhärtung operative Durchtrennung, um Komplikationen zu vermeiden. 19

Vena cava superior und **inferior:** obere und untere Hohlvene. Die großen Hauptvenen, die das Blut aus den oberen und unteren Körperteilen sammeln und dem rechten Herzvorhof zuführen. 34

Vena cutanea f: Hautvene. 9

Venae|sectio f: operative Freilegung einer Vene zur intravenösen Injektion, zum Aderlaß oder zur Transfusion, falls keine oberflächliche Vene mit der Spritzenkanüle auffindbar ist. 2

Vena facialis f: Gesichtsader (Abb. → Venen). Aus der → V. angularis schräg über die Seitenfläche des Gesichts, geht vor dem M. masseter um den unteren Unterkieferrand, nimmt die V. retromandibularis auf und mündet in die → V. jugularis interna. 9

Vena jugularis interna f: innere Drosselader. Beginnt an der Schädelbasis im Foramen jugulare und verläuft neben der A. carotis interna unter Aufnahme zahlreicher Venen (V. facialis) abwärts durch den Hals und mündet in die V. brachiocephalica (Abb. → Venen). 9

Veneer|krone: → Verblendkrone. 4

Venen (lat.) f pl: Venae; Blutadern, die dem Rückstrom des Blutes zum Herzen dienen und im allg. einen ähnlichen Weg wie die entsprechenden Arterien einschlagen; jedoch ist ihr

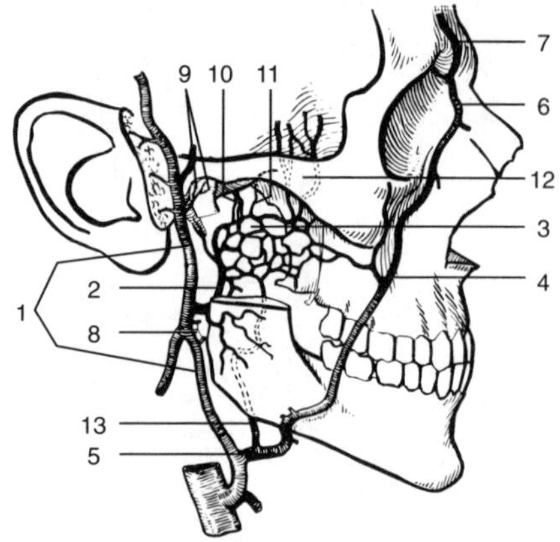

1: Vena retromandibularis; 2: Vv. maxillares; 3: Plexus venosus pterygoideus; 4: V. faciei profunda; 5: V. facialis; 6: V. angularis; 7: V. supratrochlearis; 8: Vv. parotideae; 9: Vv. articulares temporomandibulares; 10: Vv. meningeae mediae; 11: V. canalis pterygoidei; 12: Vv. temporales profundae; 13: V. palatina externa. [10]

Verlauf nicht so beständig und ihre Zahl erheblich größer, da jede der kleineren und mittleren

Venen über Begleitvenen verfügt, die untereinander anastomosieren. Das Lumen ist weiter, die Gefäßwand schwächer als bei den Arterien. Außerdem besitzen sie manchmal ein Klappensystem, Falten der inneren Gefäßwand, die den Rückstrom des Blutes verhindern (Abb.). [9]

Venen|entzündung: → Phlebitis. [20]

Venen|puls: Volumenschwankungen der Halsvenen bei Gesunden mit sog. systolischem Kollaps. Bei Herzinsufffizienz, bes. bei Trikuspidalklappeninsuffizienz, Ersatz des ungenügenden oder vorzeitigen systolischen Kollapses durch positiven Venenpuls. Venenpulsschreibung: wichtig zur Früherkennung der latenten Rechts- oder Linksinsuffizienz. [20]

Venen|punktion f: Einbringung einer Metall- oder (wesentlich besser) Kunststoffkanüle in die Vene. Technik zur Applikation von Medikamenten und Flüssigkeiten oder zur Blutentnahme, Routinemaßnahme bei Notfallsituationen. Generell ist ein peripher-venöser Zugang anzustreben, als Punktionsorte eignen sich: Venen des Handrückens, der Unterarme, der Ellenbeuge und (ausnahmsweise) der unteren Extremitäten. Vgl. Venenverweilkanüle. [16]

Venen|stein: → Phlebolith. [32]

Venen|verweil|kanüle f: (→ Braunüle) erlaubt nach einer erfolgreichen → Venenpunktion die kontinuierliche Applikation von Medikamenten und Flüssigkeiten. V.en sollten immer aus einem flexiblen Material (Plastik) hergestellt sein, weiterhin ist ein Zuspritzventil zu fordern. [16]

Venen|winkel: Zusammenfluß der Venae subclavia und jugularis interna. [9]

venerische Erkrankungen: Geschlechtskrankheiten, (→ Syphilis, → Gonorrhöe, → Ulcus molle). Heute unter Sexual transmitted disease (STD) zusammengefaßt. [12]

Venero|logie f: Lehre von den Geschlechtskrankheiten. [12]

Venolen (lat.) f pl: den → Arteriolen entsprechende, kleinste venöse Gefäße, die aus dem Kapillarnetz hervorgehen. [9]

venöses Blut: das Blut der Venen, mit Ausnahme der Venae pulmonales; dunkles, sauerstoffarmes, kohlensäurereiches Blut. [10]

venosus (lat.): eine Vene betreffend. [9]

Venter (lat.) m: Bauch, auch Muskelbauch. [9]

Ventilations|störungen: respiratorische Insuffizienz. 1. obstruktive V.: Erhöhung des bronchialen Strömungswiderstandes, erschwerte Exspiration; Vorkommen: Asthma bronchiale, obstruktive Emphysembronchitis; 2. restriktive V.: Verminderung des blähungsfähigen Lungenparenchyms oder Behinderung der Lungenausdehnung; Vorkommen: Lungenresektion, Pleuraschwarten, Kyphoskoliose, Lungenfibrose, Lungenemphysem. [20]

Ventil|rand: → Funktionsrand. [4]

ventral (lat.): bauchwärts, also nach vorn gewandt bzw. gelegen. Ggs.: dorsal. [9]

Ventriculus (lat.) m: **1.** → Magen. **2.** Hohlraum, z.B. V. cerebri: Hirnkammer, V. cordis: Herzkammer. [9]

Ventrikel (lat.) m: Hirnkammer, → Ventriculus. [9]

Venüle f: luftleeres steriles Röhrchen zur selbsttätigen Blutentnahme und für den Versand mit eingeschmolzener, durch Glaskappe geschützter Kanüle (mit oder ohne Zusätze). [2]

Verankerung: Abstützung; Kraftverteilung zwischen den in die kieferorth. Behandlung einbezogenen dentalen Einheiten. Die V. kann von intraoral, von extraoral (z.B. → Headgear) oder kombiniert intra- und extraoral erfolgen. Man unterscheidet reziproke V. (der Widerstand der zu bewegenden Einheit ist ebenso groß wie der Widerstand der Verankerungseinheit) und stationäre V. (die Verankerungseinheit setzt größeren Widerstand entgegen als die zu bewegende Einheit). Bei der stationären V. verursacht die einwirkende Kraft ausschließlich oder überwiegend (relativ stationär) die Bewegung nur einer Einheit. Weitere Einteilungen sind: 1. intramaxilläre V. (V. nur in einem Kiefer) oder intermaxilläre V. (V. über gegenüberliegende Zahnbögen, z.B. über intermaxilläre → Gummizüge); 2. maximale V. (Lückenschluß erfolgt vorwiegend von mesial), mittlere V. (Lückenschluß erfolgt von mesial und distal) oder minimale V. (Lückenschluß erfolgt vorwiegend von distal); 3. Maxi-V. (keine Bewegung der Verankerungseinheit), Midi-V. (Bewegung der Verankerungseinheit um 1/3) oder Mini-V. (Bewegung der Verankerungseinheit um 1/2). Als V. bezeichnet man außerdem die Befestigung einer kieferorth. Apparatur im Munde des Patienten. [5]

Verankerungs|biegungen: aus der → Light-Wire-Technik stammende Biegungen im ungeteilten Bogen, welche einer Mesialbewegung der Molaren entgegenwirken sollen: 1. → Tip-back; 2. → Toe-in; 3. bukkaler Wurzeltorque (→ Torque) und Expansion. Vgl. Verankerung. [5]

Verankerungs|stifte: → Pin. [1]

Verankerungs|verlust: unkontrollierte Krafteinwirkung während einer kieferorth. Behandlung, bei der nicht nur die gewünschte Zahnbewegung zustande kommt, sondern auch die zur → Verankerung herangezogenen dentalen Einheiten in Bewegung geraten. [5]

Verarbeitungs|breite: bei Gips, Amalgam, Ab-

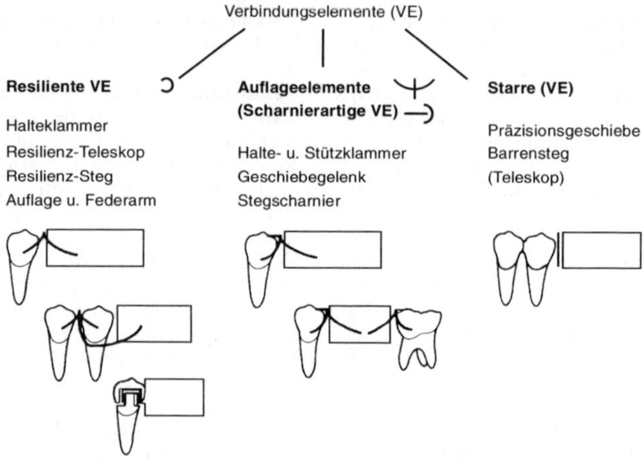

Die Verbindungselemente werden nach Art der Sattelbewegung eingeteilt. Sattel gegen den Pfeilerzahn freibeweglich, über den Sattel kippend, mit dem Sattel starr verbunden. [97]

formmaterial oder Kunststoff die Zeit zwischen Ende der Anrührzeit und Beginn der Erhärtung, also die Zeitspanne, in der die Verarbeitung erfolgen kann. 4

Verband der Angestellten-Kranken|kassen: Abk. VdAK; freiwilliger Zusammenschluß der Angestelltenersatzkassen, Vertragspartner der → Kassenzahnärztlichen Bundesvereinigung, Sitz (in Personalunion mit der → AEV) in Siegburg. 25

Verband der Arbeiter-Ersatz|kassen: → Ersatzkassen. 25

Verbindungen: Chem.: Reaktionsprodukt der Grundstoffe, die entsprechend ihrer Valenzen unter bestimmten Proportionen zusammentreten. 23

Verbindungs|elemente n pl: → Konstruktionselemente der Teilprothese; dienen zur Verbindung des Prothesensattels mit den restlichen Zähnen, sind zwischen Pfeilerzahn und Prothesensattel eingeschaltet. Die meisten V. kombinieren Halte- und Stützfunktion und besitzen oft auch Führungseigenschaften; → Halteelement, → Stützelement, → Führungselement. Die Auswahl der V. richtet sich nach dem jeweiligen Gebißbefund. Je nach Lagerung der Teilprothese unterscheidet man nach *W. Freesmeyer* und *E. Körber* resiliente V., Auflageelemente und starre V. Resiliente V. stützen den Prothesensattel entweder federnd ab oder aber sie benützen gezielt die Schleimhautresilienz. Auflageelemente belasten den Pfeilerzahn vertikal über eine Auflage. Es besteht keine vertikale Verschiebungsmöglichkeit zwischen Auflage und Sattel, jedoch ist bei einseitiger Abstützung eine Kippung um die Auflage möglich. Starre V. verbinden Pfeilerzahn und Sattel starr miteinander. Bewegungen des Sattels werden direkt als Kippung oder Torquierung auf den Pfeilerzahn übertragen (Abb.). 4

Verbindungs|epithel n: → Saumepithel. 30

Verblend|krone: Hülsenkrone mit Verkleidung aus zahnfarbenem Material. Die Verblendung kann durch Kunststoff oder dentalkeramische

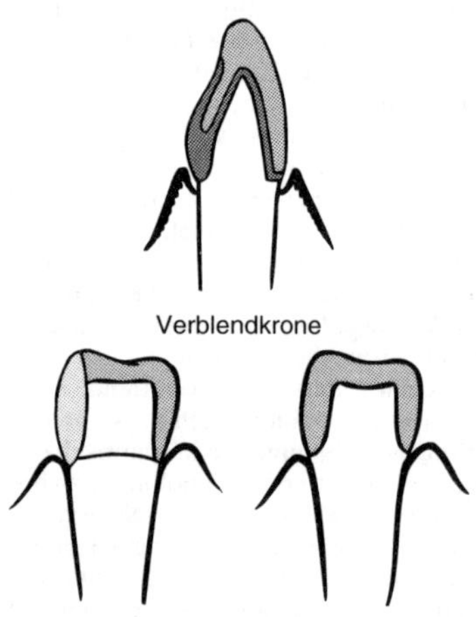

Verblendkrone

Links: teilverblendet; rechts: vollverblendet.

Massen auf entsprechend geeigneten Metallgerüsten erfolgen. Je nach Ausdehnung entscheidet man teil- und vollverblendete Kronen (Abb.), wobei die Verblendung letzterer aufgrund der Abrasionsgefahr aus Keramik bestehen muß. Früher wurden für die Verblendung Platinlangstiftzähne oder Goldknopffacetten benutzt. [4]

Verblockung: das starre Miteinanderverbinden von Zähnen und Zahngruppen durch Stege, verlötete Kronen, Inlayschienen, → Interlock-Geschiebe u.ä. Dient der Stabilisierung gelockerter oder einzelstehender Zähne gegen horizontale Kräfte. [4]

Verbots|irrtum: Irrtum über die Rechtswidrigkeit einer Handlung. Schließt Strafbarkeit einer Tat aus. [24]

Verbrennung: 1. Chem.: Umsetzung von Stoffen mit Sauerstoff unter Entwicklung von Licht und Wärme; i.w.S. jede Oxidation. **2.** Pathol.: Combustio; Gewebsschädigung durch Einwirkung von Hitze (Flammen, strahlende Wärme heißer Körper, Kontakt mit erhitzten Gasen, Massen oder Flüssigkeiten; → Verbrühung) mit versch. Schweregraden: 1. Grad: Erythem durch Gefäßerweiterung und vermehrte Durchblutung (z.B. Sonnenbrand), 2. Grad: Schädigung der Epidermis mit subepidermaler Blasenbildung durch Exsudation aus Gefäßwandläsionen, 3. Grad: (oberflächliche) → Koagulationsnekrosen der Haut mit Zerstörung der Hautanhangsgebilde, 4. Grad: ausgedehnte Nekrosen mit Verkohlung von Kutis und Subkutis, evtl. mit Muskulatur- und Knochenbeteiligung. Für die allg. Prognose ist der Verbrennungsgrad weniger entscheidend als die Oberflächenausdehnung. V.en, die mehr als $^{1}/_{3}$ der Gesamtoberfläche betreffen, sind lebensbedrohlich. [20, 32]

Verbrühung: Haut- oder Schleimhautverbrennung durch heiße Flüssigkeit. Im Gegensatz zur Verbrennung kommt es bei der Verbrühung nicht zur Verkohlung oder zum Versengen von Haaren und Wimpern. [32]

Verbund|osteo|genese f: Knochenreaktion an der Grenze zu einem enossalen Implantat (→ Implantat, enossales). Mögliche → Gewebereaktion nach Insertion eines dentalen Implantats (→ Implantat, dentales). → Implantat-Knochen-Verbund, → Osseointegration. [18]

Verbund|werk|stoffe: Materialien, die die Verbindung zwischen unterschiedlichen Werkstoffen verbessern oder erst ermöglichen; z.B. zwischen Metallgerüst und Keramik, zwischen Zahn und Basismaterial oder bei der → Silanisierung. [4]

Verdampfer: Gerät zur Anwendung flüchtiger Narkosemittel wie → Äther, → Halothanum, → Enfluran u.a., die bei Raumtemperatur flüssig sind. [2]

Verdauung: Vorgang, durch den die Nahrungsstoffe in einen zur Aufnahme in die Körpersäfte geeigneten Zustand gebracht, assimilierbar gemacht werden. → Mundverdauung. [10]

Verdauungs|enzyme n pl: Enzyme zum Abbau der Nahrungsstoffe (→ Amylase, → Diastase, Erepsin, → Lipase, → Pepsin, → Ptyalin, → Trypsin). [23]

Verdauungs|trakt: Verdauungsweg, Canalis alimentarius, Apparatus digestorius; Gesamtheit der Verdauungsorgane, umfaßt Mundhöhle (mit Speicheldrüsen), Schlund, Speiseröhre, Magen, Dünndarm (mit Leber und Bauchspeicheldrüse), Dick- und Mastdarm (Abb.). Vgl. Darm. [9]

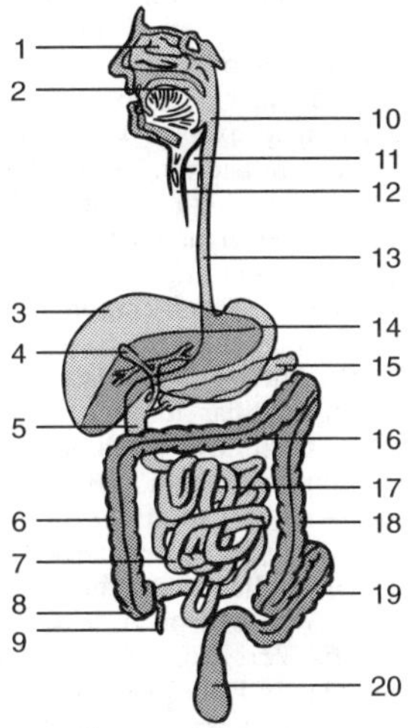

1: Nasenhöhle; 2: Mundhöhle; 3: Leber; 4: Gallenblase; 5: Zwölffingerdarm; 6: aufsteigender Dickdarm; 7: Dünndarm; 8: Blinddarm; 9: Wurmfortsatz; 10: Schlund; 11: Kehlkopf; 12: Luftröhre; 13: Speiseröhre; 14: Magen; 15: Bauchspeicheldrüse; 16: querer Dickdarm; 17: Dünndarm; 18: absteigender Dickdarm; 19: S-förmiger Dickdarm; 20: Mastdarm.

Vereisung: Form der Lokalanästhesie, erzeugt durch Aufspritzen von Chloräthyl oder Kohlensäure auf die Haut bzw. Schleimhaut. Durch die Verdunstungskälte wird eine vorübergehende Lähmung der sensiblen Nervenendungen bewirkt. Heute meist durch Oberflächenanästhetika (→ Tetrakain) ersetzt. [2]

Vererbung: Auftreten elterlicher Eigenschaften beim Kind. Indirekte V.: Erscheinen von

Eigenschaften bei späteren Nachkommen, auch latente V. genannt. Kollaterale V.: Erscheinen von Eigenschaften, die sich bei Verwandten 2. Grades finden. [3]

Vererbungs|gesetze: → *Mendel*-Gesetze. [3]

Verfärbungen: Proth.: V. an Prothesenmaterialien, Kronen und Brücken können endogen (durch Bestandteile im Inneren des Materials) oder exogen (durch Eindringen oder Auflagerung von verfärbenden Substanzen) bedingt sein. [4]

Verfärbungen der Zahn|krone: vorübergehende oder dauernde Änderung der natürl. Farbe des Zahnes. Ursachen: 1. Auflagerungen (Nahrungs- und Genußmittel wie Heidelbeeren, Tee, Tabak), Chemikalien (z.B. → Plaquerevelatoren, Silbernitrat, Chlorhexidin), chromogene Bakterien (schwarz, grün); 2. prä- oder posteruptive Einlagerungen (Biliverdin, Tetrazyklin, Hämatoporphyrin, Abbauprodukte bei Blutungen oder Nekrose der Pulpa), exogen bei minderverkalktem oder demineralisiertem Schmelz (z.B. bei Amelogenesis imperfecta, Karies); 3. strukturelle Veränderungen (Durchschimmern der Pulpa bei → Pulpagranulom, Verlust der Pulpa bei Wurzelbehandlung, → Obliteration, Durchschimmern großer Füllungen). [1]

Verfolgungs|wahn: → Paranoia, → Wahn. [33]

vergällen: ungenießbar machen, z.B. von für techn. Zwecke bestimmtem Alkohol durch Zusatz von Pyridin, Toluol u.a. [23]

Vergiftung: → Intoxikation; Sofortmaßnahmen im akuten Notfall: Erbrechen herbeiführen, Erbrochenes sicherstellen, Stützung von Herz und Kreislauf, viel Wasser trinken lassen, Informationszentrum für Vergiftungsfälle → DIMDI anrufen (Telefonbuch; Rote Liste, orange Blätter), Gegengift applizieren, symptomat. Behandlung, Überführung in Krankenhaus (mögl. mit Vergiftungsabteilung). [34]

Vergleich: Einigung der Parteien innerhalb oder außerhalb eines Verwaltungs- oder gerichtlichen Verfahrens zur Beendigung der Streitigkeit. Kann auch im → Prüfverfahren erfolgen. [24]

Vergoldung: → Galvanostegie. [4]

Vergrünung: α-Hämolyse; Fähigkeit mancher Streptokokkenarten (→ Viridans-Streptokokken, z.B. Streptococcus mitis, Streptococcus sanguis), aus Hämoglobin oxidativ grünlich erscheinendes Methämoglobin zu bilden. [8]

Vergütung: die Angemessenheit der V. vertragszahnärztlicher Leistungen soll durch → Bundesmantelvertrag (Zahnärzte) und → Gesamtverträge geregelt werden. Da es keine exakten Berechnungsmethoden gibt, besteht ein Verhandlungsspielraum für die Vertragspartner. Kommt keine Einigung zustande, werden durch ein → Schiedsamt die Regelungen getroffen. Anhaltspunkte für diese Ermessensentscheidung sind die in anderen Gebieten bereits vereinbarten Vergütungen, die Empfehlungen der Konzertierten Aktion im Gesundheitswesen und der Bundesverbände, die regionalen, insbesondere wirtschaftlichen Verhältnisse (Grundlohnsumme, Sozialprodukt, Lebenshaltungskosten, Praxiskosten, Kaufkraftindex, aufzuwendende Arbeitszeit, Leistungsbedarf) und besondere, z.T. historisch gewachsene Verhältnisse. [25]

Verhalten: empirisch fremdbeobachtbare psychische Grundvariable (im Gegensatz zum selbstbeobachteten → Erleben), zusammengesetzt aus → Reaktionen, die von Reizen ausgelöst, durch Verstärkungen aus der Umgebung im Auftreten kontrolliert und durch Kontingenzen sowie durch Vorerfahrungen des Organismus oder der Person mitgesteuert werden. Als in komplexerer Interaktion durch → Kognition bewußt steuerbare Handlung ist V. verbunden mit den Gesetzen des → Lernens und der → Konditionierung. Vgl. Verhaltenstherapie, Verhaltensmedizin, Behaviorismus, Ethologie. [13]

Verhaltens|änderung: Aufbau oder Abbau bestimmter Verhaltensweisen als Folge von → Prägung, Entwicklung/Reifung oder → Lernen oder als Ergebnis von Verfahren der → Psychotherapie, auch Einschränkung des Verhaltens infolge krankhafter Hirnveränderungen. [13]

Verhaltens|medizin f: medizinisch-psychologisches Verfahrensinstrumentarium auf experimenteller, verhaltens- bzw. lerntheoretischer, psychophysiologischer Grundlage (→ Lernen). Ist die Reiz-Reaktions-Verarbeitung eines Patienten (z.B. bezügl. Angstkarriere, Schmerz- oder Streßgeschehen) bekannt, können durch Modifikation von → Reaktionen Symptome beeinflußt und ihre kognitive Attribuierung sowie die Kenntnis von den aufrechterhaltenden Bedingungen (→ Verstärkung) genutzt werden, krankheitsförderndes → Verhalten zu reduzieren. [13]

Verhaltens|modifikation f: → Verhaltenstherapie. [13]

Verhaltens|physio|logie f: → Ethologie. [13]

Verhaltens|therapie f: Psychotherapieverfahren, das auf experimentalpsychologischer, lerntheoretischer (→ Lernen) und sozialkognitiver Basis entwickelt wurde. Nach Formulierung der psychischen Probleme, Konflikte oder Defizite wird eine Verhaltensanalyse über die Reiz-Reaktions-Verarbeitungsbiographie des Patienten (z.B. seine Angstkarriere) vorgenommen. In der

Therapiedurchführung werden Angemessenheit der Symptome, deren Einbettung in Syndrome, ihre Attribuierung durch den Patienten, aufrechterhaltende Bedingungen (→ Verstärkung) und die Motivstruktur berücksichtigt. 13

Verifizierung (lat.) f: Beurteilung des med. Informationssystems während der Entwicklung anhand des → Pflichtenheftes. Der nächste Schritt in der Systementwicklung wird durch die → Validierung abgeschlossen. 26

Verjährung: Ausschluß eines Anspruchs nach Ablauf einer bestimmten Zeit. Der Honoraranspruch des Za. unterliegt der Verjährungsfrist von zwei Jahren. Die V. beginnt mit dem auf den festgesetzten Zahlungstag folgenden Jahresschluß bzw., wenn ein Zahlungstag nicht bes. festgesetzt ist, mit dem Schluß des Jahres, in dem die Honorarforderung entstanden ist. Die Verjährung wird unterbrochen, wenn der Schuldner den Honoraranspruch durch Abschlagszahlung, Zinszahlung, Sicherheitsleistung oder in anderer Weise anerkennt, oder durch Klageerhebung des Gläubigers, nicht aber schon durch Mahnung. Die V. ist ein Einrederecht, wirkt also nicht automatisch. Sie muß vielmehr geltend gemacht werden. 24

Verkalkung: Ablagerung von Kalksalzen in Geweben (→ Kalkinfiltration). V. der Zähne: → Mineralisation. 9, 30

Verkäsung: bes. Form der → Koagulationsnekrose, bei der die Gewebselemente in gelbliche, trocken-bröckelige (an Frischkäse erinnernde) Massen umgewandelt sind. Histol. amorphes eosinophiles Material; im Ggs. zur normalen Koagulationsnekrose sind keinerlei ursprüngliche Gewebsstrukturen mehr erhalten. Vorkommen v.a. bei Tuberkulose, seltener bei → Lepra, → Tularämie, → Syphilis (→ Gumma), → Lymphogranuloma inguinale, einigen Pilzinfektionen und im Zentrum schnellwachsender Tumoren. 32

Verknöcherung: → Ossifikation. 9

verlängertes Mark: Medulla oblongata, Teil des Zentralnervensystems zwischen Gehirn und Rückenmark. 9

Verlaufs|formen der Par|odontitis marginalis: → LJP, → AP, → RPP. 6

vermi|formis: wurmförmig. → Appendix. 9

Vermis (lat.) m: Wurm. 8

Vernetzung: cross linking (engl.); eine Art der Mischpolymerisation, bei der lineare Kettenmoleküle durch polymerisationsfähige organ. Verbindungen mit zwei Doppelbindungen untereinander chem. verbunden werden, z.B. durch Zusatz von Glykoldimethakrylat zu monomerem Methakrylsäuremethylester. Mit dem Grad der V. nehmen bei Kunststoffen die Festigkeitseigenschaften, aber auch die Versprödung zu. 4

Verordnungen: Anordnung von Arzneimitteln sowie von Heil- und Hilfsmitteln durch den (Zahn)Arzt. V. gehören zur vertragszahnärztlichen Versorgung. Die Verordnungsweise unterliegt wie die Behandlungsweise dem Gebot der → Wirtschaftlichkeit. 24

Verrenkung: → Luxation. 2

Verriegelungs|plastik f: Blockade einer Bewegung durch Aufbau eines Hindernisses mit plastisch-chirurgischen Methoden (z.B. am Kiefer- oder Hüftgelenk). 2

Verriesung: die Vergrößerung, das „Riesigwerden" einzelner Körperteile; 1. symmetrisch die Akren betreffend, bei → Akromegalie; 2. lokale V.: → Hypertrophie bestimmter Körperpartien insbes. in Kombination mit Häm- und → Lymphangiomen vorkommend; auch das Fettgewebe, die Muskel, Knorpel- und Knochensubstanz betreffend. Häufig halbseitig auftretend. → *Klippel-Trenaunay*-Syndrom, → *Sturge-Weber*-Krankheit; → Elephantiasis, → Trophödem. Vgl. Hemihypertrophia faciei. 12

Verruca (lat.) f: → Warze. 12

verrukös: verrucosus; warzenartig, Bez. für entspr. Haut- oder Schleimhauteffloreszenzen. 2, 12

Verschattung: Opazität; heller (wenig oder nicht belichteter) Bezirk auf dem als Negativ betrachteten Röntgenbild. Entspricht im Objekt einer strahlenundurchlässigen (radiopaken) Region. Gegensatz: → Aufhellung. 14

Verschiebe|lappen: breitgestielter Haut- oder Schleimhautlappen, der über einen Defekt verschoben wird (Verschiebeplastik). Voraussetzung ist, daß ausreichend benachbartes Material zur Deckung des Sekundärdefektes vorhanden ist. Vgl. V-Y-Verschiebung. 2

Verschiebe|lappen in der Par|odonto|logie: Lappen zur Deckung parodontaler Rezessionen. **1.** Koronaler V. (*Bernimoulin* 1973) zur Deckung multipler Gingivarezessionen: bei genügender Breite der Gingiva propria (→ Gingiva) wird die marginale Gingiva nach koronal über die Rezession verschoben; **2.** lateraler V. (*Grupe* und *Warren* 1956) zur Deckung einer lokalisierten Gingivarezession: ein mukoperiostaler Lappen wird seitlich versetzt und nach koronal verschoben; 3. vestibuläre Extension: → *Edlan-Mejchar*-Technik. 6

Verschleifen von Karies: eine Alternative zur Füllungstherapie bei Milchzähnen. Ziel: Schaffung kariesfreier, der Selbstreinigung zugänglicher Oberflächen. Vorgehen: Entfernung von Karies und Retentionsstellen, Glättung der Dentinoberfläche, Touchierung der bearbeiteten Hartsubstanzen mit desensibilisierenden bzw. remineralisierenden Präparaten, z.B. Fluoridlack. Indikation: bei nicht kooperativen Kindern, kurz vor Ausfall der Milchzähne. [29]

Verschlucken von Fremdkörpern: Verschlukken insbes. von zahnärztlichen Kleininstrumenten (z.B. für die Wurzelkanalbehandlung) oder anderen Fremdkörpern (Füllungen usw.). Lokalisation durch Röntgenkontrolle. Bei Sitz des Fremdkörpers im Hypopharynx oder Ösophagus (erste Enge) endoskopische Entfernung. Bei spitzen und scharfen Fremdkörpern Extraktion auch aus dem Magen. Sonst Überwachung und Stuhlkontrolle bis Ausscheidung gesichert. Bei Komplikationen chirurgische Intervention. [19]

Verschluß|laute: Laute, zu deren Erzeugung die Mundhöhle z.T. geschlossen werden muß, so daß die Luft mit Geräusch hervordringt, also die Laute h, g, d, t, b, und p. [19]

Verschluß|membran f: zwischen dem Entoderm der → Schlundtaschen einerseits und dem Ektoderm der → Kiemenfurchen andererseits gebildete Membran, die während der Entwicklung des → Kiemenapparats vorübergehend auftritt. Die V. der 1. Schlundtasche wird zum Trommelfell. [22]

Verschmelzung von Zähnen: → Dentes confusi. [1]

Verschulden: → Haftung. [24]

Verseifung: → Ester. [23]

Versenk|bohrer: Schulterfräser; → rotierendes Instrument, das ausschließlich an der Stirnseite des → Arbeitsteils schneidet. Dient dem Versenken der Schulter bei der Jacketkronenpräparation (Abb. → Bohrerformen). [1,21]

versenkte Naht: in der Tiefe gelegte Naht, um die Bildung von Hohlräumen zu verhindern. [2]

Versiegelung: → Fissurenversiegelung. [15]

Versiegelungs|kunst|stoffe: Versiegler; zur → Fissurenversiegelung verwendete, dünnfließende, wenig abrasionsfeste Kunststoffe nach der → *Bowen*-Formel. Man unterscheidet zwischen gefüllten und ungefüllten, lichthärtenden und autopolymerisierenden sowie durchsichtigen und eingefärbten Materialien. [1,29]

Versorgungs|werk: Bez. für eigenständige Versorgungsträger für die Berufsunfähigkeits-, Alters- und Hinterbliebenenversorgung. Keine Sozialversicherung im Sinne des Art. 74 Nr. 12 GG. [24]

Versorgung, zahn|medizinische: Gesamtheit aller Maßnahmen, die der Prophylaxe, Diagnostik und Therapie von Zahn-, Mund- und Kieferkrankheiten dienen. Über die zahnärztlichen und zahntechnischen Leistungen hinaus gehören auch → Regelwerke zum Funktionieren dieses komplexen medizinisch-technisch-sozio-ökonomischen → Arbeitssystems der zahnmedizinischen → Fachwelt. [21]

Verstärker|folie: in → Röntgenfilmkassetten verwendete Folie mit einer Schicht aus Leuchtstoffkristallen (meist Kalziumwolframat). Durch Umwandlung der Röntgenstrahlen an den Kristallen in sichtbares Licht wird der Röntgenfilm belichtet. Der Verstärkungsfaktor liegt zwischen 10 und 50, dadurch wird die Strahlenbelastung des Patienten entsprechend verringert. V.n werden in der ZMK-Heilkunde für die extraoralen Aufnahmen (seitlich getrennte → Unterkieferaufnahme, → Kiefergelenkaufnahme, → Panoramaröntgenaufnahmeverfahren) verwendet. [14]

Verstärkung: durch Gestaltung von Reizantwortbedingungen zu Verhaltensänderung führendes psychologisches Belohnungsprinzip. Wirkt auch bei gelegentlicher (intermittierender) Anwendung und ist abhängig von der Motivlage der Person bzw. des Patienten. Verstärker (belohnende Reizkonfiguration) führt, als Konsequenz auf eine bestimmte Reaktion hin dargeboten, zu → Lernen am Erfolg. Vgl. Konditionierung. [13]

Verstauchung: → Distorsion. [2]

Versteifung: → Verblockung. [4]

Vertauschung von Zähnen: → Permutatio dentium. [1]

Vertebra (lat.) f: Wirbel. [9]

Verteilung: Distribution; pharmakokinet. Begriff, der die Verteilung eines Arzneistoffes (→ Pharmakon) aus dem Plasmawasser in die einzelnen → Kom-partimente des Organismus bis zur Gleichgewichtseinstellung beschreibt. Dabei kann der Arzneistoff temporär je nach Lipophilität im Körperfett angereichert und entsprechend der Affinität zu Biopolymeren (z.B. Plasmaproteine, Hämoglobin, Myosin, Actin) gebunden werden. Die Verteilung eines Arzneistoffes ist Voraussetzung für das Zustandekommen einer pharm. Wirkung. Die Speicherung und Bindung im Gewebe hat Einfluß auf die aktuelle Wirkstoffkonzentration und wirkt sich protrahierend auf die Arzneimittelwirkung aus. [7]

Verteilungs|koeffizient m: Bez. für das konstante Verteilungsverhältnis eines Stoffes (z.B. → Pharmakons) zwischen nicht mischbaren Flüssigkeiten (z.B. Ocantol/Puffer). Der V. eines Pharmakons ist ein Maß für dessen

Lipidlöslichkeit und damit für seine Permeationsfähigkeit durch Biomembrane. Er ist bei Säuren und Basen abhängig vom → pH-Wert des Mediums. [7]

Verteilungs|volumen, scheinbares n: Das s.V. ist jenes hypothet. Flüssigkeitsvolumen, das notwendig wäre, um das im Körper befindl. → Pharmakon in der gleichen Konzentration zu lösen, in der das Pharmakon im Zustand des Verteilungsgleichgewichtes im Blut vorliegt. Das s.V. eines Pharmakons bestimmt mit der → Dosis die Höhe der Plasmakonzentration und wird bei einer gegebenen Dosis (D) durch Messung der Konzentration (C) des Pharmakons z.B. im Blut bestimmt (V = D/C). Es wird von vielen physiolog. Parametern beeinflußt (z.B. Körpergewicht, Alter, Geschlecht usw.) und in l/kg Körpergewicht angegeben. Die Kenntnis des s.V.s eines Pharmakons ist wichtig für die Dosisfindung für eine bestimmte therapeut. Wirkung sowie für die Erstellung einer Behandlungsstrategie bei Arzneimittelintoxikationen. [7]

Vertex (lat.) m: Scheitel, Spitze. [9]

Vertigo (lat.) f: Schwindel; Empfindung des Drehens und Schwankens nach Alkoholgenuß, bei Seekrankheit, Blutleere des Labyrinths, Kleinhirn-, Magenerkrankungen u.a. [20]

Vertikal|atrophie f: → Seitenabbau der Alveole. [6]

Vertikal|bewegung: Bewegung in Richtung der Zahnachse. [5]

Vertikal|schlaufen: → U-Schlaufen. [5]

Vertikal|schloß: → *Mershon*-Methode. [5]

Vertikulator (lat.) m: ein → Okkludator zum Fixieren von Gipsmodellen, der aber nur eine vertikale Bewegungsfreiheit besitzt. Es werden in der Regel nur die Kieferhälften einer Kieferseite eingegipst. Der V. findet Verwendung für die Modellation und Kauflächengestaltung von Einzelzähnen und kleinen Brücken. Vgl. FGP-Technik. [4]

Vertrag: Einigung zweier oder mehrerer Personen durch Abgabe übereinstimmender Willenserklärungen. [24]

Vertrags|zahn|arzt: Zahnarzt, der die → Zulassung zur vertragszahnärztlichen Versorgung besitzt. Freier Beruf und gegenüber der allgemeinen zahnärztlichen Tätigkeit kein selbständiger Beruf. Die Praxis des V.es genießt Eigentumsschutz. Der V. unterliegt vertragszahnärztlichen Pflichten, die sich aus dem Kassenarztrecht ergeben. Er ist Mitglied der → Kassenzahnärztlichen Vereinigung und zur vertragszahnärztlichen Versorgung berechtigt und verpflichtet. Vor Erlaß des Gesundheitsstrukturgesetzes 1993 verstand man unter diesem Begriff den am VdAK-Vertrag (→ Verband der Angestellten-Krankenkassen) beteiligten Zahnarzt im Gegensatz zum zu den RVO-Kassen (→ Reichsversicherungsordnung) zugelassenen Kassenzahnarzt. Nunmehr gilt der einheitliche Begriff für alle o.g. Zahnärzte. [24, 25]

Vertrauens|verhältnis: notwendiges Element in der Beziehung zwischen Zahnarzt und Patient, um den Behandlungserfolg zu sichern. Grundlage jeder freiberuflichen Tätigkeit. Besteht das V. nicht (mehr), kann die Behandlung verweigert bzw. abgebrochen werden. [24]

Vertrauens|zahn|ärzte: von den Krankenkassen und ihren Verbänden hauptamtlich angestellte Zahnärzte. Sie sind heute durch den Medizinischen Dienst der Krankenversicherung (§§ 275 ff. SGB V) abgelöst. [24]

Vertreter: Kollege, der in Abwesenheit des Zahnarztes dessen Tätigkeit wahrnimmt. Der Za. kann sich bei Krankheit, Urlaub, Teilnahme an zahnärztlicher Fortbildung oder an einer Wehrübung innerhalb von 12 Monaten bis zur Dauer von drei Monaten vertreten lassen. Wenn die Vertretung länger als eine Woche dauert, muß sie der Kassenzahnärztlichen Vereinigung mitgeteilt werden (§ 32 Abs. 1 Zahnärzte-ZV). Vertreter für einen Vertragszahnarzt kann nur ein Vertragszahnarzt sein oder ein Za., der die entsprechenden Voraussetzungen nachweisen kann. Grundsätzlich gilt, daß der Za. die zahnärztliche Tätigkeit persönlich in freier Praxis ausübt. [24]

verus (lat.): wahr. [30]

Verwachsung: Verbindung von Körperteilen miteinander (infolge Verschmelzung ihrer Anlagen), die normalerweise getrennt bleiben sollten, z.B. Finger, Zehen (Syndaktylie), Verwachsung der Lippenränder (Syncheilie). V. von Zähnen: → Zwillingszähne. [3]

Verwahrlosung: Zustand mangelhafter gesellschaftl. Integration infolge abnormer Entwicklung mit auffälligem Sozialverhalten, meist milieubedingt und konstitutionell (Triebverhalten, intellektuelle Defekte) begünstigt. Bei Konfrontation mit der sozialen Ordnung und zum Schutz der Betroffenen selbst treten öffentl. Instanzen ein: für Kinder und Jugendliche die Jugendhilfe (Jugendwohlfahrt), für Erwachsene und alte Menschen die Institutionen der Sucht- und Gefährdetenhilfe. Vgl. Altenpflegeheim, Bundessozialhilfegesetz, Demenz, Sozialtherapie. [27]

Verwaltungs|akt: hoheitliche Regelung eines bestimmten Sachverhaltes mit unmittelbarer Rechtswirkung für den Betroffenen. Die → Kas-

senzahnärztliche Vereinigung erläßt V.e gegenüber dem Zahnarzt im Verfahren der → Honorarfeststellung und → Honorarberichtigung. Das Verfahren richtet sich nach den §§ 31 ff. SGB X. [24]
Verweil|gebühr: besondere Vergütung für den Fall, daß der Patient nicht zu einem mit dem Zahnarzt vereinbarten Behandlungstermin erscheint. Ein Anspruch des Zahnarztes folgt aus § 615 BGB (Verzug des Patienten). Voraussetzung ist, daß eine bestimmte Zeit für die Behandlung vereinbart wurde und der Patient nicht erscheint, ohne den Termin abzusagen. Eine Ausnahme besteht, wenn der Patient ohne eigene Schuld verhindert war. Die Vergütung richtet sich nach der → GO-Ä. Eine höhere Vergütung kann aufgrund besonderer Vereinbarung verlangt werden. Eine Leistungspflicht der Krankenkasse für die V. besteht nicht. [24]
Verwesung: postmortale, im allg. im Anschluß an die Fäulnis eintretende oxidativ-bakterielle Zersetzung organischer, v.a. N-haltiger Stoffe zu anorgan. Endprodukten (Ammoniak, CO, HO, Nitrate, Sulfate). [32]
Verwirrtheit: Bewußtseinsstörung mit Ratlosigkeit, evtl. Fehlhandlungen, Desorientiertheit und psychomotorischer Unruhe bei erhaltener Wachheit. [33]
Vesica (lat.) f: Blase. [12]
Vesicula (lat) f: Bläschen. [12]
vesikulär (lat.): bläschenförmig, z.B. v.es Atmen, das normale, bei der Einatmung hörbare, weiche, schlürfende Atemgeräusch. [10, 12]
vestibulär (lat.): vestibularis; dem (Mund-)Vorhof zugewandt, am Zahn die der Lippe oder Wange zugewandte (äußere) Fläche. Entspricht den Bez. labial und bukkal. [30]
Vestibular|apparat m: das Gleichgewichtsorgan im Innenohr. → Labyrinth. [9]
Vestibular|bogen: → Labialbogen. [5]
Vestibulo|okklusion f: transversale Okklusionsstörung, bei der die oberen Seitenzähne um eine volle Zahnbreite außerhalb ihrer Antagonisten stehen. Kann ein- oder beidseitig auftreten. Vgl. Linguokklusion, Kreuzbiß. [5]
Vestibulum (lat.) n: Vorhof, Eingang. [9]
Vestibulum laryngis n: der Kehlkopf vom Aditus laryngeus bis zu den Taschenfalten (Plicae vestibulares). [9]
Vestibulum nasi n: behaarter Abschnitt des Naseneingangs, der noch mit Außenhaut ausgekleidet ist, bis zum Limen nasi (Abb. → Nasenwand, seitliche). [9]
Vestibulum oris n: Mundvorhof, der Teil der Mundhöhle außerhalb der Zahnreihen. [9]
Vestibulum|plastik f: präprothet. Eingriff zur Verbesserung des Prothesenlagers. → Mundvorhofplastik. [2]
Vest-Krone: Vierfünftelkrone, → Teilkrone. [4]
Veterinär (lat.) m: Tierarzt; Adj.: veterinär, tierärztlich. [10]
V-förmiger Kiefer: Schmalstand im ganzen Kiefer. Vgl. Schmalkiefer. [5]
via (lat.): auf dem Weg über, vermittels. [1, 10]
Via falsa f: Fausse route; „falscher Weg“, z.B. → Perforation einer Wurzelwand bei der → Wurzelkanalbehandlung. [10]
Via naturalis f: der natürliche Weg; per vias naturales: auf natürlichen Wegen, allg. „mit dem Stuhlgang“. [1, 10]
Vi-Antigen n: Kurzform für Virulenz-Antigen, thermolabiles Hüllenantigen bei Salmonella typhi und Samonella paratyphi C (→ Salmonellen); ursprünglich (zu Unrecht) zu Virulenz in Beziehung gesetzt. [8]
Vibration (lat.) f: mechanische Schwingung, z.B. bei der Bearbeitung von Zähnen und Werkstücken mit → rotierenden Instrumenten, die vor allem im (Eigen-)Frequenzbereich des Zahnes (800 - 1200 Hz) schmerzhaft sein kann. [10, 21]
Vibrator (lat.) m: Rüttelapparatur zum porenfreien → Einbetten von Wachsmodellen für den Metallguß. [1]
Vibrionen (lat.) m pl: Kommabakterien, gehören zu den → Schraubenbakterien, Familie Vibrionaceae. V. sind starr, polar begeißelt, beweglich gramnegativ, kürzer als eine ganze Schraubenwindung; auf künstlichen Nährböden, bes. Peptonwasser, schnell wachsend; pathogene V.: → Choleravibrionen; apathogene V. in der Mundhöhle. [8]
Vickers-Härte: Bestimmung der Härte durch den Eindruck einer Diamantspitze mit einem Öffnungswinkel von 136°. Die V. stimmt z.T. mit der → *Brinell*-Härte überein. Je kleiner die Eindringtiefe einer pyramidenförmigen Diamantspitze (*Vickers*) bzw. je kleiner der Durchmesser einer Metallkugel (*Brinell*), desto härter der Werkstoff. [4]
Vicryl®-Naht|material: resorbierbares Nahtmaterial (Polyglaktid), → Dexon®-Nahtmaterial. [2]
Vierfach-Schutz|impfung: aktive → Immunisierung mit Vierfach-Impfstoff gegen Diphtherie, Keuchhusten, Tetanus und Poliomyelitis. Vgl. Quatro-Virelon. [8]
Vier|felder|tafel: Kontingenztafel; Bez. für eine zweispaltige und zweizeilige Tabelle, die aus Merkmalen mit zwei Ausprägungen gebildet wird, z.B. krank/nicht krank und Testergeb-

nis positiv/negativ. In den vier Feldern stehen Häufigkeiten, mit denen die Kombinationen der Ausprägungen beobachtet oder gemessen werden. [26]

Vier|kant|bogen: → Edgewise-arch. [5]

Vigilanz (lat.) f: in der Neuropsychiatrie Oberbegriff für Grad der Wachheit im Rahmen der Prüfung der Bewußtseinslage (→ Bewußtsein). Die Neuropsychologie versteht unter V. die Fähigkeit der gerichteten Aufmerksamkeit, die Reize wahrzunehmen, die sie wahrnehmen soll. Sowohl Unterstimulation wie auch Überstimulation können die V. beeinträchtigen. [33]

vikari|ierend (lat.): stellvertretend, die Funktion eines ausgefallenen Organs übernehmend; z.B. von Hypertropie, wenn bei paarig angelegten Organen nach Ausfall des einen das andere an Größe zunimmt. [32]

Viktoria|blau|färbung: dient der lichtmikroskop. Darstellung sehr zarter Gebilde wie z.B. der Spirochäten und der größten Viren. [8]

villös (lat.): villosus; zottenreich. [32]

villosus (lat.): villös, zottig, rauh. [9]

Vincent-Infektion (Jean Hyacinthe V., Bakt., Paris, *1862, † 1950) f: → Fusopirochätosen. [8]

Vincent-Symptom n: Lähmung des N. alveolaris inferior durch osteomyelitischen Prozeß des Unterkiefers, Fraktur, Tumor u.ä. [2]

Vinydan®: → Divinyläther. [2]

Vinyl|gruppe: das → Radikal CH_2=CH. [23]

Vinyl|harze: Kunststoffe, die aus → Vinylgruppen enthaltenden organ. Verbindungen hergestellt werden. [23]

Viomycin n: Viocin®, aus Kulturen von drei verschiedenen Streptomyces-Arten gewonnen. Tuberkulostatikum 2. Ordnung. [8]

Vipeholm-Studie f: erste und grundlegende Untersuchung am Menschen über die ursächliche Rolle des Zuckers in der Nahrung für die Kariesentstehung, durchgeführt von *B. E. Gustafsson* 1947-1951 in Schweden. Hauptergebnis: Die Kariogenität ist größer bei häufiger Verabreichung und besonders in klebriger Form (z.B. Toffies). Verzehr von Süßigkeiten zu den Mahlzeiten ist weniger gefährlich als zwischendurch. [1, 29]

Virchow-Drüse (Rudolf V., Pathol., Berlin, *1821, † 1902): Klavikulardrüse; Lymphknoten hinter dem Schlüsselbein-Brustbein-Gelenk. Oft Sitz einer Frühmetastase bei Magenkarzinom. [20]

Virchow-Gesichts|winkel (Rudolf V., Pathol., Berlin, *1821, † 1902): Neigungswinkel der Linie, die von der Mitte der Sutura frontalis zur Basis der → Spina nasalis anterior verläuft, gegenüber der Ebene, die in ihrer Lage durch den letztgenannten Punkt und durch die Mittelpunkte der Pori acustici externi (→ Ohr) bestimmt wird. [5]

Viren n pl: Plural von → lat. Virus. [8]

Viridans-Streptokokken f pl: vergrünende → Streptokokken ohne Gruppenantigen (Hauptvertreter: Streptococcus mitis); vgl. Vergrünung. [8]

viril (lat.): männlich. [9]

Virilisierung: Vermännlichung weiblicher Individuen in körperlicher und psychischer Hinsicht. [20]

Virion n: infektiöse Viruspartikel, bestehend zumindest aus Nukleinsäure und → Kapsid. Elementarkörperchen sind alle Viruspartikel ohne Rücksicht auf ihre Infektiosität (also rein morphologischer Begriff). [8]

Virosen f pl: → Viruskrankheiten. [8]

Virulenz (lat.) f: Adj. virulent, krankmachende Wirkung pathogener Keime. Hochvirulente Keime lösen schwere Erkrankungen, wenig virulente leichtere aus. Die V. ist stammspezifisch, innerhalb einer pathogenen Art können also Stämme verschiedener V. vorkommen. Abschwächung der V. für den Menschen erfolgt durch Tierpassage (z.B. bei Tollwutvirus u.a.) und durch Züchtung auf nicht optimalem Nährboden (z.B. bei Tb-Bakterien auf Gallenährböden, Bacille *Calmette-Guérin,* der als → BCG-Impfstoff gegen Tbc verwandt wird). [8]

Virus (lat.) n, pl Viren: kleinste infektiöse Agenzien, Größe zwischen 20 und 250 nm; obligate Zellparasiten, da sie selbst keine ausreichenden Enzyme für Replikation besitzen. Züchtbar in Brutei, Gewebekultur, Versuchstier. Enthalten zumindest Nukleinsäure (entweder → DNS oder → RNS, niemals beide wie die Bakterien) als infektiöse Komponente und Proteinmantel (→ Kapsid) als antigene Komponente. Bei größeren Viren auch Lipide, Polysaccharide. Einige Enzyme nachgewiesen, so Lysozym bei → Bakteriophagen, Neuraminidase bei → Myxoviren. Alle, mit Ausnahme der „großen Viren" (→ Virussystematik), resistent gegen antibakterielle und antimykotische Antibiotika. Dennoch sind sie wohl den Lebewesen (Mikroorganismen) zuzurechnen, da sie einer charakteristischen Erscheinung des Lebens, der Mutation, unterworfen sind. [8]

Virus|krankheiten: durch → Viren hervorgerufene Krankheiten bei Mensch, Tier oder Pflanze. Beinhalten so unterschiedliche Erkrankungen des Menschen wie Herpes labialis, Stomatitis aphthosa, Maul- und Klauenseuche, Parotitis epidemica, Masern, Röteln, Pocken, Grippe, Keuchhusten, Hepatitis epidemica und

Lyssa. V. hinterlassen oft lebenslängliche Immunität. 8

Virus|systematik f: Klassifizierung der Viren nach verschiedenen Gesichtspunkten: Art der Nukleinsäure; Größe und Struktur; Antigenität; Äther-, Chloroform-, Thermoresistenz; Übertragungsmodus; Wirts-, Organ-, Zelltropismus; klinische Symptome der Infektion. Man unterscheidet danach z.Z. folgende Gruppen: → Picornaviren (mit Entero- und → Rhinoviren), → Reoviren, → Arboviren, Orthomyxoviren und Paramyxoviren (→ Myxoviren), → Herpesviren, → Pockenviren, → Adenoviren, → Papovaviren, unklassifizierte Viren (Erreger von → Hepatitis, → Lyssa, → Monozytenangina u.a.). 8

Viru|statika n pl: Gruppenbez. für antivirale Chemotherapeutika wie Amantadin, Vidarabin, → Aciclovir, Ganciclovir, Azido-Thymidin, Interferon-β. 7

Vis (lat.) f: Kraft. 10

Vis a tergo (lat.) f: von hinten (vom Rücken) einwirkende Kraft. 10

Viscera (lat.) n pl: Eingeweide. Adj.: → viszeral. 9

visibel (lat.): mit dem freien Auge und dem Lichtmikroskop erkennbar; vgl. ultravisibel. 8

Visier|lappen: ein an beiden Seiten gestielter, brückenförmiger Haut-Fett-Lappen, meist der Stirn- oder Kopfhaut entnommen, der visierartig zum Ersatz der Ober- oder Unterlippe nach unten geklappt wird. 2

Visier|meß|kreuz: diagnostisches Hilfsmittel in der Kieferorth. zur Durchführung des sagittalen → Symmetrievergleiches bei der → Gebißanalyse, z.B. nach *Bernklau* oder nach *Schmuth*. 5

Visier|osteo|tomie f: visierähnliche Spaltung des horizontalen Astes des zahnlosen Unterkiefers zur Verbesserung des Prothesenhalts (Abb. a und b). 2

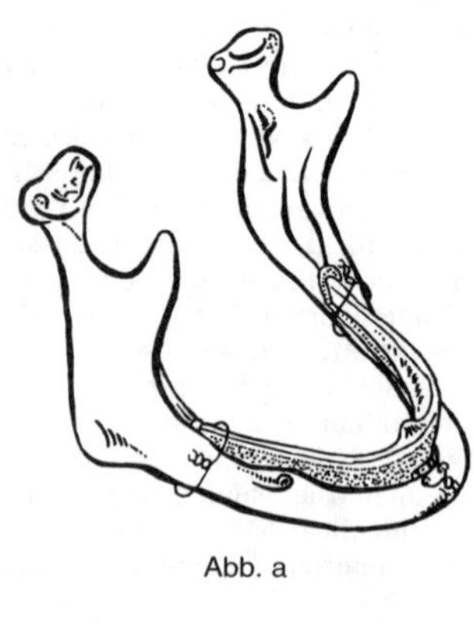

Abb. a [103]

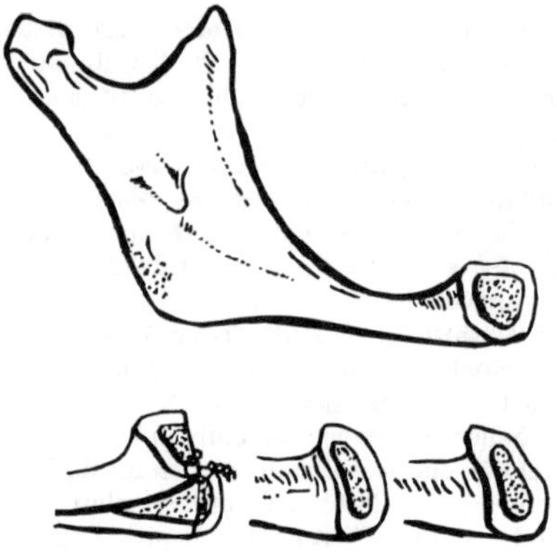

Abb. b: Graphisch dargestellte Verlaufskontrolle bei 10 Patienten nach Ablauf von 2 Jahren [103]

Viskosi|meter n: Instrument zum Messen der → Viskosität. 10

Viskosität (lat.) f: Zähflüssigkeit; Bezeichnung für die Flüssigkeiten und Gasen eigentümliche innere Reibung, die auf dem Widerstand beruht, den die Teilchen derselben einer Verschiebung entgegensetzen. 10

Vis major (lat.) f: höhere Gewalt. 10

Visus (lat.) m: das Sehen, der Gesichtssinn. 10

Vis vitalis (lat.) f: Lebenskraft. 10

viszeral (lat.): die Eingeweide (Viscera) betreffend. 9, 10

viszerales Nervensystem n: → vegetatives Nervensystem. 10

Viszeral|schädel: Gesichtsschädel, im Gegensatz zum Hirnschädel. 9

Viszero|kranium n: Gesichtsschädel; überwiegend aus dem Kauapparat bestehender Teil des Schädels, teils desmalen, teils enchondralen Ursprungs. Vgl. Osteogenese. 22

Vital|amputation f: Methode zur Vitalerhaltung der → Wurzelpulpa bei artifizieller Eröffnung der Kronenpulpa infolge Kronenfraktur oder beim Exkavieren der → Caries profunda. Unter Anästhesie wird die freigelegte Pulpa bis zu den Wurzelkanaleingängen abgetragen und mit → Kalziumhydroxid abgedeckt. Bei günstigem Verlauf Verschluß der Amputationsfläche durch neugebildetes Hartgewebe (→ Bridging). Der Heilungsverlauf ist vom Entzündungsgrad des Pulpagewebes abhängig. Vgl. Überkappung der Pulpa. 1

Vital|exstirpation f: Methode zur → Devitalisation der Pulpa. Nach breiter Eröffnung und Lokalanästhesie wird das Pulpagewebe mit einer → Exstirpationsnadel vollständig entfernt. Indikation: → Pulpitis dentium. 1

Vital|färbung: Färbung lebender Zellen, spez. des frischen Bluttropfens. [9]

Vital|färbung, intra|orale: Indikator für (Prä-)Malignität zur Differentialdiagnose unklarer → Leukoplakien der Mundschleimhaut. Toluidinblau-Lösung (1%) wird mit Wattestäbchen aufgetragen und nach 1 min mit 1%-iger Essigsäure abgewischt. Der prämaligne oder kanzeröse Bezirk bleibt selektiv angefärbt. [12]

Vital|funktion f: Die physiologischen Abläufe des Gesamtorganismus lassen sich in drei V.en einteilen: Atmung, Kreislauf und Bewußtsein. Die Störung jeder einzelnen V. beeinflußt zwangsläufig die anderen und folglich den Gesamtorganismus. Der vollständige und andauernde Ausfall einer einzelnen V. führt ohne Therapie zum Tod. [16]

Vitalität (lat.) f: Lebendigkeit, Lebenskraft. [10]

Vitalitäts|prüfung: → Sensibilitätsprüfung der Pulpa. [1]

Vital|kapazität der Lunge f: Volumendifferenz zwischen tiefster Ein- und Ausatmung, ergibt sich aus Atemvolumen (normaler Atemzug, um 500 ml) + inspiratorisches Reservevolumen (zusätzlich noch einatembare Luft, um 1.500 ml) + exspiratorisches Reservevolumen (nach normaler Ausatmung noch auspreßbare Luft, um 1.500 ml). Zurück bleibt die → Residualluft. [10]

Vitallium®: Gußlegierung für die → Modellgußverfahren. → Kobalt-Chrom-Molybdän-Legierungen. [4]

Vitamin n: Sammelbezeichnung für chem. heterogene Stoffklasse organ. Substanzen, die für das Wachstum und die Aufrechterhaltung von Gesundheit und Leistungsfähigkeit des menschl. und tier. Organismus essentiell sind; untereinander nicht austauschbar und in kleinen Mengen (µg-mg) wirksam. V.e müssen exogen zugeführt werden. Ihre Wirkung ist katalyt. Natur. Sie sind Bestandteile von Koenzymen oder prothet. Gruppen. V.e werden in fettlösl. (Retinol, Calciferol, Tocopherol, Phyllochinon, Menachinon) und wasserlösl. Substanzen (Thiamin, Riboflavin, Folsäure, Niacin und Nicotinsäureamid, Pantothensäure, Pyridoxin, Cyanocobalamin, Ascorbinsäure, Biotin) eingeteilt. [7]

Vitamin A: antixerophthalmisches Vitamin (→ Xerophthalmie), Axerophthol, $C_{20}H_{29}OH$. Blaßgelbe Kristalle, löslich in Fetten und organischen Lösungsmitteln, unlöslich in Wasser; licht- und sauerstoffempfindlich. Vorkommen: Fisch- und Säugetierleber, Milch, Eigelb, Butter. Tagesbedarf ca. 5000 I.E. (1 I.E. entspricht 0,3 γ Vit. A). Als Vorstufe (Provitamin A) kommt β-Karotin, $C_{40}H_{56}$, in grünen Pflanzen (z.B. Spinat, Grünkohl, Salat, Erbsen und Bohnen) und Früchten vor (z.B. Tomaten, Hagebutten, Orangen, Aprikosen, Paprika), ferner in Karotten. Karotin besteht aus dunkelroten, sich an der Luft zersetzenden Kristallen, wird im Körper in Vit. A umgewandelt. Der Tagesbedarf liegt bei 3 mg β-Karotin. 1 I.E. = 0,6 γ β-Karotin. Mangelsymptome: Lichtscheu, Nachtblindheit, Xerophthalmie, Keratomalazie, Hyper- und Parakeratose der Haut, Trockenheit, Schädigung der Schleimhautepithelien, Wachstumsstörungen. Präparate: Arovit®, Vogan®, Lebertran. [34]

Vitamin A_2: dunkelgelbes Öl, $C_{20}H_{27}OH$, neben Vit. A in der Fischleber vorkommend. Ähnliche, jedoch schwächere Wirkung als Vit. A. [34]

Vitamin B_1: antineuritisches Vitamin, Aneurin, Thiamin, $C_{12}H_{18}ON_4Cl_2S$. Weiße bis gelbliche Kristalle von hefeartigem Geruch, leicht wasserlöslich. In Lösung unter Zutritt von Luft leicht zersetzlich, vor allem bei alkalischer Reaktion. Vorkommen in Reis und Getreidekeimlingen, Hefe, Kartoffeln, Äpfeln, Birnen, Pflaumen, Pfirsichen, Erdnüssen, Erbsen, Salat, Kohl, Schweinefleisch, Niere, Leber, Gehirn, Milch, Eigelb. Tagesbedarf 1-2 mg. 1 I.E. = 3 γ Aneurin. Aneurinpyrophosphorsäureester (Kokarboxylase) ist das Koenzym der Karboxylase, die vor allem am Kohlenhydratabbau beteiligt ist. Mangelsymptome: Müdigkeit, Kopfschmerzen, Parästhesien, Reflexstörungen, Neuritiden, Muskelschwäche, Lähmungen, gastrointestinale Störungen, Beriberi. Präparate: Benerva®, Betabion®, B_1-Vicotrat®. [34]

Vitamin B_2: Laktoflavin, Riboflavin, $C_{17}H_{16}O_2N_4(OH)_4$. Bitterschmeckende, orangegelbe Substanz, wenig löslich in Wasser, kaum in Alkohol, unlöslich in Fettlösungsmitteln. Vorkommen: Hefe, Getreidekeimlinge, Gemüse, Früchte, Leber, Niere, Muskeln, Milch, Ei, Käse, Fisch. Tagesbedarf: 1,5-2,5 mg. Riboflavin kommt als prosthetische Gruppe in mehreren wasserstoffübertragenden Enzymen vor. Mangelsymptome: Lichtscheu, Tränenfluß, Blepharospasmen, Lippenrhagaden, Stomatitis, Zungenatrophie, Dysphagie, Koilonychie; Wachstumsstillstand. → Ariboflavinose, *Plummer-Vinson*-Syndrom. Präparat: Beflavin®. [34]

Vitamin B_6: Adermin, Pyridoxinhydrochlorid, $C_{18}H_{12}O_3NCl$. Farblose, salzigschmeckende Kristalle, gut wasserlöslich. Vorkommen: Hefe, Getreide, Grüngemüse, Muskulatur, Leber, Niere, Eigelb, Milch. Tagesbedarf: 2 bis 4 mg. Wirkung im Organismus: Koenzym im Aminosäurestoffwechsel. Spezifische Mangelsymptome beim Menschen nicht bekannt. Therapeutische

Wirkung als Zusatzfaktor bei → Pellagra; ferner bei Hyperemesis gravidarum und Bewegungskrankheiten (See-, Eisenbahnkrankheit). Präparate: Benadon®, Hexobion®. 34

Vitamin B_{12}: Cyano-Cobalamin, enthält 4,5% Kobalt. Tiefrote hygroskopische Nadeln, löslich in Wasser und Alkohol. Vorkommen: Leber, Streptomycesarten, besonders Streptomyces griseus. Vit. B_{12} ist für die rote Blutbildung wesentlich, stellt den → Extrinsic factor des sog. Antiperniziosaprinzips dar. Tagesbedarf: etwa 1 γ. Vit. B_{12} ist die wirksamste Substanz zur Behandlung perniziöser Anämien. Vgl. Anämie. Präparat: Cytobion®, ferner Leberextrakte. 34

Vitamin-B-Komplex: Gruppe zahlreicher Verbindungen, die sämtlich wasserlöslich sind und gemeinsam in der Hefe vorkommen. Ihrer chem. Struktur und ihrer Wirkung nach lassen sie sich gut unterscheiden. Zum Vitamin-B-Komplex gehören: → Vit. B_1 (Aneurin), → Vit. B_2 (Laktoflavin), Nikotinsäureamid (PP-Faktor), Pantothensäure, → Vit. B_6 (Adermin), Biotin, → Vit. B_{12}, → Folsäure sowie andere, beim Menschen bedeutungslose Faktoren. Präparat: Polybion®. 34

Vitamin C: antiskorbutisches Vitamin, l-Askorbinsäure, $C_6H_8O_6$. Farblose, sauerschmeckende Kristalle, gut wasserlöslich. Vorkommen: frische Gemüse und Früchte, Leber, Nebenniere, Milch. Tagesbedarf: 50-100 mg. 1 I.E. = 0,05 mg l-Askorbinsäure. Mangelsymptome: Skorbut, *Moeller-Barlow*-Krankheit, Müdigkeit, Appetitlosigkeit, Anfälligkeit für Infektionen. Präparate: Cebion®, Cedoxon®, C-Vicotrat®. 34

Vitamin D: antirachitisches Vitamin. Gruppe von mehreren ähnlichen, nur in der Seitenkette verschiedenen Verbindungen D_1-D_5. Vit. D_2, Ergokalziferol, $C_{28}H_{43}OH$ entsteht durch Bestrahlung des Ergosterins. Farblose Kristalle, löslich in Fetten und organischen Lösungsmitteln, wasserunlöslich. Vit. D_3, $C_{27}H_{43}OH$, Cholekalziferol, ist Hauptbestandteil der natürlich vorkommenden D-Vitamine. Physikal. Eigenschaften wie Vit. D_2. Vorkommen: Fischlebertran, Butter, Eigelb, Milch. Tagesbedarf: 400-800 I.E. 1 I.E. entspricht 0,025 γ Vit. D_2 oder D_3. Mangelkrankheit ist die Rachitis. Präparat: Vigantol®. 34

Vitamin E: Antisterilitätsvitamin, d,l-α-Tokopherol, $C_{29}H_{49}OH$. Gelbliches, dickflüssiges, wasserunlösliches Öl. Vorkommen: Getreidekeime, Weizenkeimöl, Erdnußöl, Salat, Erbsen, Bohnen, Nebenniere, Niere, Leber, Milch, Eigelb, Butter. Tagesbedarf: um 20 mg. 1 I.E. = 1 mg d,l-α-Tokopherolazetat. Spezifische Mangelerscheinungen beim Menschen nicht gesichert. Günstige Wirkung bei habituellem und drohendem Abort, klimakterischen Beschwerden, Säuglingsdystrophie; Bindegewebserkrankungen, Parodontopathien, Muskelrheumatismus usw. Präparate: Ephynal®, Evion®. 34

Vitamin H: Hautvitamin, Biotin, $C_{10}H_{16}O_3N_2S$. Farblose Nadeln, in Wasser und Alkohol löslich. Vorkommen: Hefe, Leber, Niere, Eigelb, Milch. Tagesbedarf: etwa 10 γ. Mangelsymptome: feinschuppige Dermatitis, Austrocknung von Haut und Schleimhäuten, Abgeschlagenheit, Parästhesien. 34

Vitamin K: → Phytomenadion; antihämorrhagisches Vitamin; Vorkommen: K_1 in grünen Pflanzenteilen, Tomaten, Haselnüssen; K_2 bakterielle Synthese. Biochemie: Beteiligung an der Synthese von Blutgerinnungsfaktoren in der Leber. Klinik: Vit.-K-Mangel bei Fettresorptionsstörung (Verschlußikterus, Malabsorptions-, → Maldigestions-Syndrom), Verwertungsstörung bei Lebererkrankungen (Absinken des Prothrombinspiegels) Präp.: Konakion®. Vit.-K-Antagonist: Dikumarol. 34

Vit|amin|mangel|krankheiten: Hypovitaminosen; → Avitaminosen. 20

Vitamin P: Gruppe von Substanzen, die zu den Flavon-, Flavonol- und Flavononderivaten gehören. Hauptvertreter ist Rutin. Vorkommen in grünen Pflanzen. Mangel führt zu erhöhter Kapillarpermeabilität. 34

Vitiligo (lat.) f: Scheckhaut; spontan entstehende,

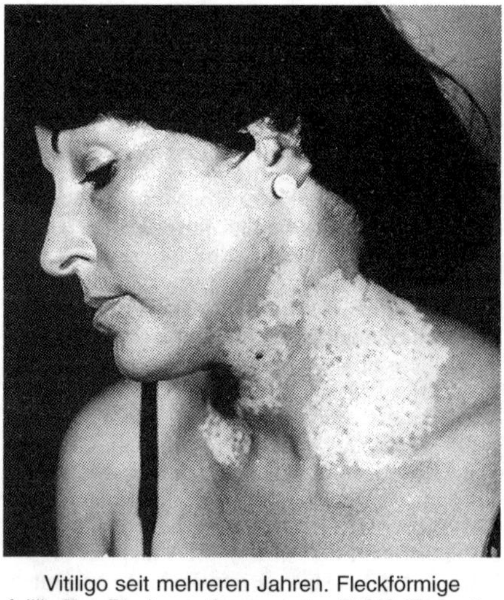

Vitiligo seit mehreren Jahren. Fleckförmige follikuläre Repigmentierung unter PUVA-Therapie.

scharf begrenzte weiße Flecke der Haut, mit manchmal stärker gebräuntem Rand (Abb.). Vorwiegend symmetrisch auftretend; Gesicht ist häufig mitbefallen, ebenso die Genitoanalregion. Auch die Haare werden in den erkrankten Stellen pigmentlos. → Autoimmunkrankheit? Meist langsame Progredienz; Spontanheilung ist äußerst selten. Keine kausale Therapie, z.Zt. nur symptomatisch PUVA-(Psoralene plus UVA). [12]

Vitreous carbon (engl.) n: glasartiger Kohlenstoff, insbesondere für Dentalimplantate verwendet. [4]

vitreus (lat.): glasartig. [9]

Vitriol|öl: → Schwefelsäure. [23]

Vitro|dentin n: → Durodentin. [30]

VM-Index m: *Volpe-Manhold*-Index; Zahnsteinindex, bei dessen Erhebung mit einer graduierten Sonde die Ausdehnung des Zahnsteins auf den lingualen Flächen der 6 unteren Frontzähne an 3 Stellen gemessen wird. Vgl. Zahnsteinindex. [15]

VMK-Technik f: Vita-Metall-Keramik, Degudent System; Verfahren zum Aufbrennen von Keramikmassen für die Verblendung von Edelmetall-Legierungen. [4]

VNS: Abk. für → **v**egetatives **N**ervens**s**ystem. [10]

Vogel|gesicht: facies avis; extremer Fall von Unterentwicklung des Unterkiefers (Mikrogenie, Opisthogenie), so daß die Nase wie ein Schnabel hervorragt. Meist entstanden durch frühkindliche Ankylose des Kiefergelenks oder Osteomyelitis, traumatische Epiphysenschädigung, aber auch angeboren (→ *Robin*-Syndrom). Vgl. Mikrogenie. [2]

Vogel|kopf: → Mikrozephalie. [3]

Voll|blütigkeit: → Plethora. [20]

Voll|guß|krone: Kronenring und Kaufläche der V. sind aus einem Stück gegossen (→ Orton-Krone). Der Kronenrand ist dünn auslaufend oder stufig (hohlkehlenförmig). [4]

Voll|salz: Kochsalz mit künstlichem Zusatz von Jodkali, das in jodarmen Gebieten (z.B. der Schweiz) der Strumaprophylaxe dient. [15]

Volt (Alessandro Volta, ital. Phys., *1745, † 1827) n: Einheit der elektrischen Spannung. 1 Volt (V) ist die Spannung, die in einem Leiter mit einem Widerstand von 1 Ohm eine Stromstärke von 1 Ampere erzeugt. Vgl. SI-Einheiten, abgeleitete. [10]

Volumen (lat.) n: Rauminhalt; der von einem Körper eingenommene Raum. [10]

Volumen|einheit: Raumeinheit, Einheit des Raummaßes. [10]

Volumen|gewicht: Gewicht der → Volumeneinheit. [10]

Volumen|prozent n: der hundertste Teil des → Volumens. [10]

Volutin n: hochpolymerisiertes Metaphosphat, als Körnchen in manchen Bakterien eingelagert (z.B. Diphtheriebakt., Spirillum volutans). [8]

Vomer (lat.) m: Pflugscharbein, platter, vierseitiger Knochen, der den unteren hinteren Teil der Nasenscheidewand bildet. [9]

Vomitus (lat.) m: Emesis; → Erbrechen. [20]

Vorbehandlung: → Initialbehandlung. [6]

Vorbei|biß: seitlicher Scherenbiß bzw. gekreuzter seitlicher Scherenbiß. Vgl. Kreuzbiß. [5]

Vorbeugung: → Prophylaxe. [15]

Vorbiß: → Mesialbiß, → Progenie. [5]

Vorbiß|ebene: → Vorbißgitter. [5]

Vorbiß|gitter: am Innenbogen anzubringende Vorrichtung nach *Oliver* zur Behebung eines → Distalbisses von etwa 1/4-1/2 → Prämolarenbreite, wobei hier die Muskeltätigkeit als therapeutisches Agens wirksam ist. Das gleiche gilt für die von *Coffin* eingeführte Vorbißebene (→ schiefe Ebene) und die → Vorschubdoppelplatte von *A. M. Schwarz,* der seiner → aktiven Platte einen Vorbißwulst zur Beeinflussung der mesio-distalen Unstimmigkeit hinzufügte. Entgegengesetzt wirkt die → Rückschubdoppelplatte. [5]

Vorderhörner des Rücken|marks: segmental angeordnete, ventral gelegene Abschnitte der grauen Rückenmarksubstanz. Sie beinhalten Zellkomplexe, die über die vorderen motorischen Wurzeln in Rückenmarksnerven übergehen. Stehen in engem Zusammenhang mit der → Pyramidenbahn. [33]

Vorgesicht: anteriore Einlagerung des Gesichtsschädels im Gesamtschädel, der Gesichtsschädel weicht von seiner durchschnittlichen Lage nach vorne ab. Vgl. Gesichtigkeit, Biomet. [5]

Vorhang|operation f: Kompromißtechnik bei Gingivektomie zur Minderung der ästhetischen Beeinträchtigung: palatinal wird gingivektomiert, fazial wird nur kürettiert. [6]

Vorhof des Herzens: Atrium cordis, → Herz. [9]

Vorhof des Mundes: Vestibulum oris, → Mundvorhof. [9]

Vorhof|flimmern: Flimmerbewegungen der Herzvorhöfe (300-600/min), die in den Kammern eine absolute Arrhythmie entstehen lassen. [20]

Vorhof|leiste: in der Embryonalentwicklung entstehende Einstülpung des Mundhöhlenepithels in den mesenchymalen Kieferwall. Im vorderen Bereich spaltet sie die Lippen, im hinteren die Wangen vom Kieferwall ab. Auf der lingualen

Seite der Vorhofleiste bildet sich die → Zahnleiste. 30

Vorhof|plastik f: Vestibulumplastik; → Mundvorhofplastik. 2

Vorhof|platte: → Mundvorhofplatte. 5

Vorkrebs: → Präkanzerose. 32

Vorsatz|linse: → Nahlinse. 17

Vorschub|bewegung: die Bewegung des Unterkiefers, ausgelöst durch Kontraktion der äußeren Flügelmuskeln, wobei die unteren Zähne bis an die Kanten der oberen Zahnreihe geführt werden. Die Gelenkköpfchen wandern in der Gelenkgrube nach vorn und unten auf das Tuberculum articulare. Diese Bewegung verläuft auf der kurzen Strecke 5-7 mm nahezu gerade, obgleich sie auf einem Bogenabschnitt erfolgt. Die Gelenkbahnneigung sollte immer zu einer Schädelbezugsebene angegeben werden (→ *Camper*-Ebene, → Frankfurter Horizontale). 4

Vorschub|doppel|platte: VD-Platte; im Grundkonzept von *A. M. Schwarz* entwickelte kieferorth. Apparatur zum Ausgleich von → Distalbissen. Die Wirkung der V. beruht auf dem Prinzip des → Jumping the bite. Vgl. Doppelplatte. 5

Vorschub|kraft: durch elektrische oder mit Druckluft betriebene Motoren (→ Bohrmaschine, → Mikromotor, → Turbine) erzeugte Kraft zum Erreichen der Vorschubbewegung der → rotierenden Instrumente für zahnmedizinische und zahntechnische Zwecke. Je nach V. und → Schnittgeschwindigkeit sowie der Beschaffenheit (Art und Funktionstüchtigkeit) der Instrumente wird ein unterschiedlicher Arbeitseffekt erzielt. 21

Vorschuß: Vorauszahlung auf die Vergütung, die im Dienstvertragsrecht (§ 614 BGB) erst nach Abschluß der Leistungen fällig wird. Gesonderte Vereinbarung nötig. Von ihr darf die Behandlung von sozialversicherten Patienten nicht abhängig gemacht werden. 24

Vorurteil: wider besseres Wissen persistierende → Einstellung. 13

Vox (lat.) f: Stimme. V. rauca: heisere Stimme. 19

Vrolik-Krankheit (William V., Anat., Groningen, *1801, † 1863): → Osteogenesis imperfecta congenita. 2

VTO n: Abk. für engl. **v**isual **t**reatment **o**bjective (sichtbar gemachtes Behandlungsziel); Auswertung eines → Fernröntgenseitenbildes nach erfolgter Vorhersage des Schädel- bzw. Gesichtswachstums, wichtiger Teilbereich der → FRS-Analyse. Das VTO kann mittels manueller Überlagerung der Fernröntgenseitenbilder, Angleichung über Schablonen oder (heute meist) computergestützt erstellt werden. Nachuntersuchungen zeigen, daß die Entwicklung horizontaler Beziehungen gut, diejenige vertikaler und dentoalveolärer Beziehungen weniger gut erfaßt wird. Zahlreiche unterschiedliche Analyseverfahren. Vgl. Wachstumsanalyse, Wachstumsvorhersage. 5

Vulnerabilität f: leichte Verletzbarkeit. 2

Vulnus (lat.) n, pl Vulnera: Wunde, traumatische Läsion eines Körpergewebes oder -organs, i.e.S. Haut- oder Schleimhautverletzungen z.B. durch stumpfe oder scharfe Gewalt (Hieb, Quetschung, Stich, Schnitt), durch Biß und als Rißund Kratzwunde, durch Verbrennung oder chem. (z.B. Verätzung). 32

Vv.: Abk. von Venae, → Venen. 9

V-Y-Verschiebung: Mittel der Wahl zur chirurgischen Verlängerung zu tief ansetzender Wangen-, Lippen- und Zungenbändchen. Dabei wird nach einer V-förmigen Umschneidung des Frenulums eine Y-förmige Naht gelegt und damit der Ansatz des Bändchens in der gewünschten Richtung verlagert (Abb.). Vgl. Frenulektomie. 2

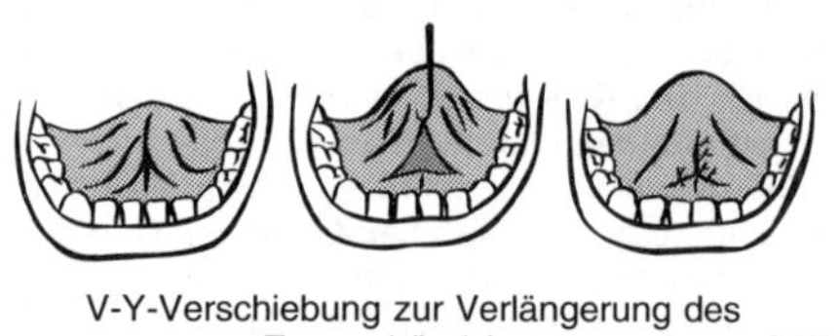

V-Y-Verschiebung zur Verlängerung des Zungenbändchens [53]

W

W: 1. Chem.: Symbol für → Wolfram; **2.** Phys.: Abk. für → Watt. [23]

Waaler-Rose-Test (Erik W., Bakteriol., Oslo; Harry R., Bakteriol., New York) m: Nachweismethode des → Rheumafaktors. Mit Kaninchen-IgG beladene Hammelerythrozyten als Testreagenz, die der Rheumafaktor agglutiniert. Positivität in 60-90% bei rheumatoider Arthritis. Normaltiter 1:16. Vgl. Latextest. [20]

Waben|lunge: Zystenlunge, Schwammlunge, Cirrhosis cystica; kleinzystische Lungengewebsdegeneration, pathol.-anatom. als diffuses, bronchiolo-alveoläres Emphysem mit Lungenfibrose imponierend; kann segmental oder lobär ausgebildet sein. Entweder erworben (z.B. nach Lungenabszeß, Bronchitis obliterans, Tbc-Defektheilung) oder als angeborene Hamartie (evtl. mit zystischen Veränderungen in anderen Organen). Der Krankheitsverlauf ist schubweise-progressiv mit rezidivierenden Infekten und narbiger Schrumpfung, schließlich mit kardiorespiratorischer Insuffizienz. [32]

Waben|schädel: → Wolkenschädel. [3]

wachsartige Degeneration f: → Degeneration. [32]

Wachs|biß: besser Wachs-Quetschbiß als Schlüssel zur Rekonstruktion der Antagonistenbeziehung zwischen Oberkiefer- und Unterkieferzähnen. → Checkbiß. [4]

Wachse: im engeren Sinne Ester höherer Fettsäuren mit einwertigen höheren Alkoholen. Ursprünglich nur das Drüsensekret der Honigbiene. Im weiteren Sinne feste höhere Kohlenwasserstoffe und auch echte Fette. Sie sind bei Zimmertemperatur feste Körper, die aber meist schon bei Körpertemperatur oder nur wenig darüber erweichen. Man unterscheidet 1. tierische Wachse: → Bienenwachs, chinesisches Wachs, Wollwachs (Lanolin), Walrat; 2. Pflanzenwachse: Karnaubawachs, Japantalg; 3. Mineralwachse: Montanwachs, Erdwachs (Ozokerit, gereinigt: Zeresin), → Paraffin; 4. Kunst- und synthetische Wachse. Für zahnärztliche Zwecke sind Wachskompositionen aus natürlichen und synthetischen Wachsen, z.T. gemischt mit anderen Stoffen und Farbzusätzen, als Modell-, Guß-, Biß- und Klebewachse im Handel. [4]

Wachs|modell n: → Einlagefüllung. [1]

Wach|station f: → Intensivstation. [24]

Wachstums|analyse f: Beurteilung des zu erwartenden Wachstums des Gesichtsschädels, in der Regel auf der Basis der → FRS-Analyse. Wichtige Fragestellungen bei der W. sind: 1. die quantitative Beurteilung des Wachstums; 2. der Zeitpunkt der Wachstumsraten (max. Wachstum); 3. die Lokalisation des Wachstums; 4. die Beurteilung der → Wachstumsrichtung; 5. die → Wachstumsvorhersage. Es gibt strukturelle, zeichnerisch-konstruktive und genetische Methoden. Eine klinisch zuverlässige W. muß Antworten auf alle oben aufgeführten Fragen geben

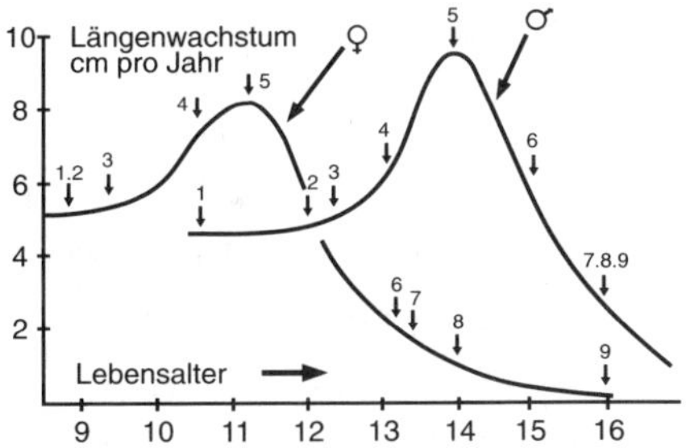

	1. P P2 =	2. MP3 =	3. Pisi H-1 R =	4. S H-2	5. Mp3 cao R PP1 cao	6. DP3 u	7. PP3 u	8. MP3 u	9. Ru
♂	10,6	12,0	12,6	13,0	14,0	15,0	15,9	15,9	18,5
♀	8,1	8,1	9,6	10,6	11,0	13,0	13,3	13,9	16,0

Wachstumskurven für beide Geschlechter nach *Björk* und Tabelle zur Bestimmung des skelettalen Alters (modifiziert nach *Greulich* und *Pyle*) auf der Basis der Handröntgenaufnahme [30]

können. Manche W. arbeiten computerunterstützt. 5

Wachstums|hormon n: → Hypophyse. 10

Wachstums|kurve f: graphische Aufzeichnung der Wachstumsgeschwindigkeit zu verschiedenen Zeitpunkten der skelettalen Entwicklung in Form einer Kurve. Skelettales Wachstum verläuft dabei nach *Björk* und *Helm* nicht gleichmäßig, sondern in Wachstumsschüben. Die Wachstumsgeschwindigkeit erreicht während der Pubertät ihren Höhepunkt, um danach wieder abzufallen. Skelettales und Gesichtsschädelwachstum sind zeitlich eng korreliert, die W. für beide Geschlechter weist hingegen entscheidende Unterschiede auf (Abb. s. S. 791). Dies ist für die kieferorth. Therapie von Bedeutung. Die Zuordnung des individuellen Patienten zur W. ergibt sich aus der Auswertung des → Handröntgenbildes. 5

Wachstums|linien: im zirkumpulpalen Dentin lichtmikroskopisch sichtbare konzentrische Ringe (Abb.). W. sind optische Effekte, die auch als *Ebner*-Linien bezeichnet werden. Sie entstehen

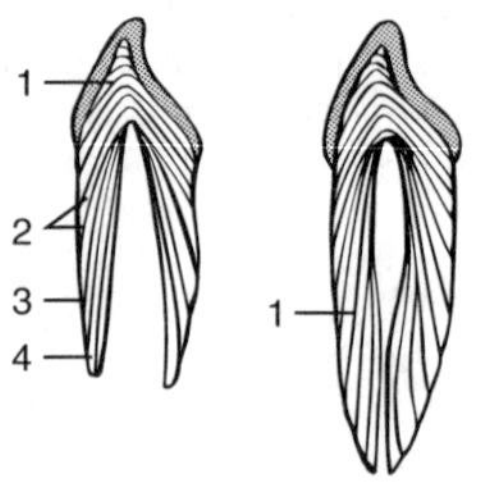

Wachstumslinien im Dentin von Milchschneidezähnen vor und nach Abschluß des Wurzelwachstums 1: Neonatallinie im Dentin; 2: Wachstumslinie 3. Monat; 3: Wachstumslinie 6. Monat; 4: Wachstumslinie 9. Monat.

durch rhythmische Einlagerung metachromatischer Substanzen. Grobe Schichtlinien sind die → *Owen*-Konturlinien. Im Schmelz auftretende W. werden als → *Retzius*-Linien bezeichnet. 30

Wachstums|prognose f: → Wachstumsvorhersage. 5

Wachstums|richtung: prognostiziertes Wachstum des Gesichtsschädels, v.a. in vertikaler Richtung; die W. wird in der Regel im Rahmen der → FRS-Analyse ermittelt. Sie ist vom Ausmaß der Wachstumsraten im kondylären, suturalen und alveolären Bereich abhängig. Wenn Wachstumsvorgänge des Hintergesichts (kondyläres W.) und Vordergesichts (suturales und alveoläres W.) sich die Waage halten, kommt es zu einer wachstumsbedingten Parallelverschiebung ohne Rotationen. Mehr Wachstum im anterioren Bereich hat eine Rotation nach hinten (vertikale W., Clockwise-Wachstum), mehr Wachstum im posterioren Bereich eine Rotation nach vorne (horizontale W., Counter-clockwise-Wachstum) zur Folge. Es ergeben sich der vertikale und der horizontale → Wachstumstyp. 5

Wachstums|typ m: Einteilung des Gesichtsschädels nach der → Wachstumsrichtung mittels der → FRS-Analyse. Man unterscheidet einen horizontalen W. (brachyfazialen W., brachiozephalen W.), neutralen oder vertikalen W. (dolichofazialen W., dolichozephalen W.). 5

Wachstums|vorhersage: Vorhersage des Schädel- bzw. Gesichtswachstums anhand des → Fernröntgenseitenbildes, wichtiger Teilbereich der → FRS-Analyse. Die W. kann mittels manueller Überlagerung der Fernröntgenseitenbilder, Abgleichung über Schablonen oder computergestützt erfolgen. Nachuntersuchungen zeigen, daß horizontale Beziehungen gut, vertikale und dentoalveoläre Beziehungen weniger gut erfaßt werden. Zahlreiche unterschiedliche Analyseverfahren, z.B.: W. nach *Holdaway:* manuelle Methode der W., die mit Überlagerungen arbeitet. Man

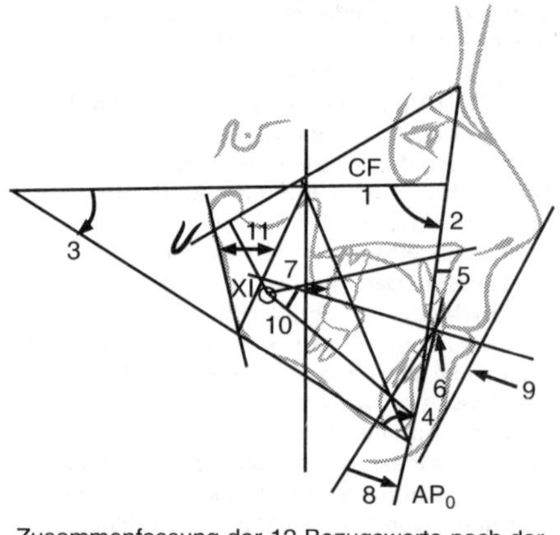

Zusammenfassung der 12 Bezugswerte nach der *Ricketts*-Wachstumsvorhersage [26]

kann verschiedene Möglichkeiten prüfen und die jeweiligen Behandlungsziele sichtbar machen. *Holdaway* spricht daher vom „sichtbar gemachten Behandlungsziel" (→ VTO). W. nach *Johnston:* Das Verfahren geht von der Verbindungslinie zwischen → Nasion und → Sellapunkt als Grundebene und dem Sellapunkt als (relativem) Fixpunkt aus. Das durchgezeichnete Fernröntgenseitenbild wird mit Schablonen abgeglichen. W. nach *Ricketts:* computergestützte Methode, zur

W. werden Wachstumsvektoren verwendet (Abb.). Vgl. Wachstumsanalyse. [5]

Wach-Test m: Test zur Bestimmung der Kariesaktivität; man ermittelt titrimetrisch die Säuremenge, die in einer Speichel-Glukose-Mischung in 4 Std. bei 37 °C entsteht. Umstritten, ob kariesprognostisch verwertbar. [8]

Waffen|gleichheit: Grundsatz der Beweislastverteilung im Haftungsprozeß. Vgl. Haftung. [24]

Wahn: feste unkorrigierbare Überzeugung, an der auch trotz widersprechender Informationen festgehalten wird und deren Thematik nicht durch eine entsprechende Subkultur mitgetragen wird (wie z.B. bei der echten Religiosität). Typische Wahnthemen sind Größen-W., Verfolgungs-W., Beeinträchtigungs-W., Beziehungs-W., Verarmungs-W., Eifersuchts-W. oder auch religiöser W. Wesentliches Kennzeichen des W.s ist nicht so sehr seine inhaltliche Falschheit als die innere Unübersteigbarkeit durch den Patienten, wie es beim Gesunden z.B. als Gedankenspiel möglich wäre. Diagnostisch unspezifisch tritt W. z.B. im Rahmen einer paranoiden → Schizophrenie oder einer wahnhaften → Depression, aber auch bei dementiellen Entwicklungen, zerebralen Intoxikationen oder Suchterkrankungen auf. [33]

Wahn|stimmung: emotionale Gespanntheit im Vorfeld eines → Wahns mit einem unkonkreten, diffusen, aber sehr intensiven ängstigenden Gefühl, daß etwas im Gange sei, die Realität auf eine (noch) nicht greifbare Art verändert sei. Dieses diffuse Gefühl kippt meist nach kurzer Zeit in die Ausformulierung eines manifesten Wahns um. Durch die dadurch gewonnene subjektive Gewißheit ist dies Umkippen oft mit einem deutlichen Angstabfall verbunden. [33]

Wahrnehmung: komplexer mentaler Vorgang der Umwandlung physikalischer Stimulation in eine psychische Information. Dieser Vorgang schließt mehrere Stufen ein: 1. Aufnahme des physikalischen Sinnesreizes und Umwandlung in eine biologische Energie; 2. nervale Weiterleitung des Reizes; 3. Verarbeitung des Reizes mit Verknüpfung zu Gedächtnisinhalten, Motivation, Affekt und gerade bestehenden Handlungsplänen. Dies ist ein Regelkreissystem, in dem z.B. Affekt und Motivation die Sensibilität der Wahrnehmungsschwelle für die pysikalischen Reize vorab beeinflussen können. W. schließt auch die Verarbeitung von Außenreizen ein, die nicht bis zum Bewußtsein dringen. So kann z.B. die W. der für eine Zahnarztpraxis typischen Reize (Geruch, Bohrgeräusch) bereits bei Betreten der Praxis über einen konditionierten Reflex heftige emotionale Abwehrreaktionen auslösen. [33]

Wahrscheinlichkeit: in der Statistik Maß für das erwartete Auftreten eines Ereignisses, z.B. das Erscheinen der Zahl 6 beim Würfeln. Es wird mit p (engl. probability) bezeichnet und in folgender Definition verwendet: W. p(A) ist der Quotient aus den zu A gehörenden und den möglichen Ereignissen. Dabei wird nach *La Place* (1749-1827) davon ausgegangen, daß alle Ereignisse die gleiche Chance des Auftretens haben. Danach ist beim Würfeln p(A = irgendeine Zahl) = 1/6, das Auftreten einer ungeraden Zahl (1, 3 oder 5) erfolgt mit der W. p(A = 1, 3 oder 5) = 3/6 = 0,5. [26]

Wahrscheinlichkeit, bedingte: Von b.r W. spricht man, wenn die W. des Auftretens eines Ereignisses vom vorhergehenden Ereignis abhängt. Beispiel: In einem Korb sind 5 Äpfel und 5 Birnen. Die W., daß im ersten Versuch ein Apfel gezogen wird, ist p1 (A) = 5/10. Wird ein Apfel gezogen und dieser nicht zurückgelegt, so ist p2 (A) für den zweiten Versuch 4/9. Die b. W. p(A) für das Ziehen von 2 Äpfeln nach diesem Modell ist p(A) = pl p2 = 20/90. Bei Unabhängigkeit beider Ereignisse, d.h. wenn der gezogene Apfel zurückgelegt wird, ist p(A) = pl pl = 25/100 = 0,25. [26]

Waldenström-Krankheit (Jan W., Int., Lund, *1906): Makroglobulinämie, Purpura hyperglobulinaemica. [20]

Waldeyer-Rachenring (Heinr. W., G. v. W./Hartz, Anat., Berlin, *1836, † 1921): lymphatischer → Rachenring. [9]

Waldsachs-Zange (Reinhard W., Za., Bonn, London, *1907): Spezialzange zum Biegen von → Klammern, Kieferbruchschienen und kieferorth. Drahtteilen (Abb.). [5]

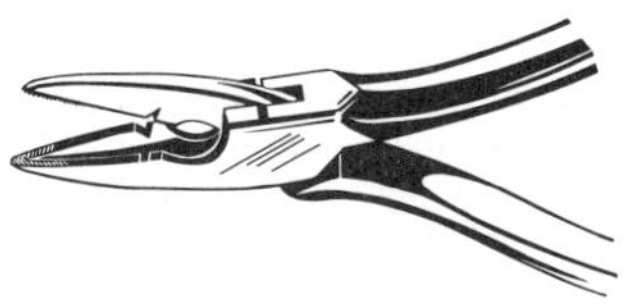

Walkhoff-Paste (Otto W., Za., München, Würzburg, *1860, † 1934): antiseptische Wurzelfüllpaste aus Chlorphenol, Jodoform und Phenol. Veraltet, da nicht den heutigen Anforderungen (gewebsfreundlich, erhärtend, wandständig, bakteriendicht, nicht resorbierbar, röntgensichtbar) entsprechend. [1]

Wanderung der Zähne, mesiale f: physiol. Bewegung der Zähne während des Lebens nach mesial. Der Zahnbogen wird in seiner Länge um 0,5-1,0 cm kürzer, ausgelöst durch Abrasion der → Kontaktpunkte und ihre Umwandlung in Kontaktflächen (→ Abrasion, interstitielle). Die Berührung bleibt durch die W. d. Z. erhalten. An der distalen Seite des Parodontiums Bildung von → Faserknochen. 5

Wanderungs|par|odontose f: → Parodontitis profunda. 6

Wand|stärke der Zahn|kronen: Dicke des Schmelz-Dentin-Mantels. Sie ist bei den verschiedenen Zähnen unterschiedlich, jedoch bei jüngeren Menschen generell schwächer als bei älteren Individuen, weil sich das Pulpakavum durch weitere Dentinanlagerung mit zunehmendem Alter verkleinert. 30

Wangen|halter: → Retraktor. 17

Wangen|spalte: → Gesichtsspalte. 3

Wa.R.: WaR; Abk. für → *Wassermann*-Reaktion. 8

Wärme|leitfähigkeit, spezifische: die in Grammkalorien bestimmte Wärmemenge, die in 1 Sekunde durch den Querschnitt von 1 cm^2 einer 1 cm dicken Platte hindurchgeht, wenn auf beiden Seiten eine Temperaturdifferenz von 1°C besteht. 4

Warm|festigkeit: Beständigkeit von Legierungen, z.B. Kobalt-Chrom-Legierungen, beim Erwärmen, insbes. hinsichtlich Härte und Elastizität. Wichtig für aufbrennfähige Kronen- und Brückenlegierungen. 4

Warnekros-Obturator (Ludwig W., Proth., Berlin, *1855, † 1920) m: → Obturator. 2

Warnsymptom n: Hinweis auf die drohende Störung einer → Vitalfunktion. Vgl. Alarmsymptom, Begleitsymptom, Leitsymptom. 16

Warthin-Tumor (Alfred S. W., Pathol., Ann Arbor/Mich., *1866, † 1931) m: → Adenolymphom. 32

Warze: 1. Verruca vulgaris, Stachelwarze, umschriebene Wucherung verhornter Hautpapillen, HPV-Infekt (Human-Papilloma-Viren); manchmal in großer Anzahl auf feuchter zyanotischer Haut der Hände und Füße. 2. Verrucae planae juveniles, jugendliche Flachwarzen, rein epidermale graugelbliche Papeln im Gesicht und auf Händerücken. 3. Verrucae filiformes (Pinselwarzen) an Hals und im Bartbereich; Ausbreitung durch Rasur. Therapie: elektrokaustische Entfernung in Lokalanästhesie; ggf. flüssiger Stickstoff; in besonderen Fällen Suggestivtherapie. 4. Verrucae seniles oder seborrhoicae, Basalzellenpapillome; Alterswarzen; dunkelgrau-gelbe leicht abkratzbare bis münzengroße flacherhabene Neubildungen vorwiegend am Rumpf älterer Menschen; maligne Entartung äußerst selten. Therapie: wiederholtes Ätzen mit Phenol. liquefactum oder Abkratzen mit scharfem Löffel und Betupfen mit Eisenchloridlösung. 1.-3. sind Virusinfektionen. Vgl. Molluscum contagiosum. 12

Warzen|fortsatz: Processus mastoideus des Schläfenbeins hinter dem Ohrläppchen. 9

Washed-field-Technik f: Präparation von Zahngeweben unter ständiger Wasserberieselung (Spray). 4

Wasser|haushalt: Bilanz aus Wasserzufuhr, Oxidationswasser und Wasserabgabe über Urin, Stuhl und Perspiratio insensibilis. Enge Beziehung zum Natriumhaushalt. 2

Wasser|kopf: → Hydrozephalus. 3

Wasser|krebs: → Noma. 32

Wasser|liegezeit: Bei länger im Wasser liegenden Leichen verändert sich auch der Zahnhalteapparat durch Fäulnis. Der Periodontalspalt verbreitert sich und die Zähne fallen aus. Wichtig bei der Befunddokumentation, da kein natürlicher Zahnverlust (odontologischer Vergleich). 28

Wassermann-Reaktion (August Paul v. W., Bakteriol., Berlin, *1866, † 1925) f: Abk. WaR; sog. → Komplement-Bindungsreaktion (1906). Veraltet. Einen wesentlichen Fortschritt in der Syphilis-Serologie stellen → *Nelson-*, → FTA-, JgM-FTA- und → TPHA-Test dar. → Flockungsreaktionen. 12

Wasser|pocken: → Windpocken. 8

Wasser|stoff: gasförmiges Element, Symbol H (Hydrogenium), Ordnungszahl 1, Atomgewicht 1,008. Leichtestes aller Elemente. In der Natur sehr verbreitet, da Bestandteil des Wassers sowie pflanzlicher und tierischer Substanzen. Gewöhnlicher W. enthält außer W. der → Massenzahl 1 (Protium) als Beimengung ein schweres → Isotop, das Deuterium (Massenzahl 2). Ein weiteres, instabiles, in gewöhnlichem W. nicht enthaltenes Isotop, das Tritium (Massenzahl 3), kann durch künstliche Atomumwandlung erhalten werden. Pharm. → Hydrogenium. 23

Wasser|stoff|ionen|konzentration f: gibt den Säure- oder Alkalitätsgrad einer Flüssigkeit an. Wird entweder kolorimetrisch oder elektrometrisch durch die Bestimmung der Protonenaktivität gemessen und als → pH ausgedrückt. pH ist der negative Logarithmus der W. pH von 1-7 gibt einen absteigenden Säuregrad, pH von 7-14 einen ansteigenden Alkalitätsgrad an. pH 7,0: Neutralpunkt. 23

Wasser|stoff|per|oxid n: Wasserstoffdioxid, Wasserstoffsuperoxid (H_2O_2); farblose Flüssigkeit, mit Wasser in jedem Verhältnis mischbar, in vielen organ. Lösungen lösl., leicht zersetzl., zerfällt z.B. bei Einwirkung von Licht, Wärme usw. in H_2O und O_2, daher zur Stabilitätserhaltung Aufbewahrung mit Stabilisatoren (z.B. Natriumdiphosphat, -stannat, Erdalkalisilikaten usw.). H_2O_2 ist als 30%ige wässrige Lösung im Handel sowie in fester Form als Harnstoff-Wasserstoffperoxid (→ Percarbamid). Anwendung 3%ig als Desinfektionsmittel. [7]

Wasser|strahl|geräte: Mundduschen; Spraygeräte mit intermittierendem Wasserstrahl. W. können bakterielle Plaque nur ungenügend entfernen, sind jedoch nützl. Hilfsmittel, um nach dem Zähneputzen gelöste Plaquebestandteile bes. aus den Interdentalräumen und unter Brückenarbeiten herauszuspülen. Da das Risiko besteht, daß Bakterien und andere Fremdstoffe in die Tiefe des parodontalen Gewebes mitgerissen werden, sollte ein Gerät mit mehrstrahliger Düse verwendet werden. Kontraindiziert bei Personen, die durch eine bakterielle → Endokarditis besonders gefährdet sind (z.B. bei Herzklappenprothesen und bei Status nach bakterieller Endokarditis u.a.). Vgl. Mundbäder. [6, 15]

Waßmund-Wundhaken (Martin W., Kieferchir., Berlin, *1892, † 1956): Modifikation des → *Langenbeck*-Wundhakens speziell für Eingriffe im Frontzahngebiet (Abb.). [2]

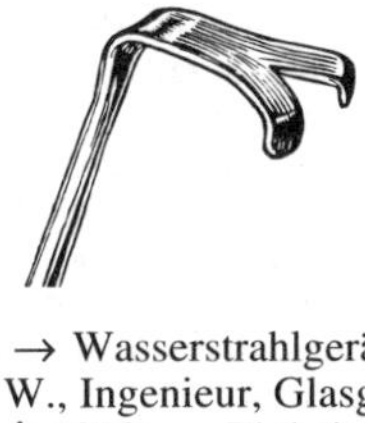

Water-Pik®: → Wasserstrahlgeräte. [6]

Watt (James W., Ingenieur, Glasgow, Birmingham, *1736, † 1819) n: Einheit der Leistung, vor allem des elektrischen Stroms. 1 Watt (W) = 1 Volt x 1 Ampère. Vgl. SI-Einheiten, abgeleitete. [10]

Weber-Speichel|drüsen (Ernst Heinrich W., Physiol., Leipzig, *1795, † 1878): im oberen Pol der Gaumentonsille innerhalb der Kapsel liegende Gruppe muköser Drüsen, die in die Krypten münden. Sollen Ursache von Mandelabszessen sein. [9]

Wechsel|gebiß: das menschliche Gebiß im Übergang vom Milch- zum bleibenden Gebiß bis zum Durchbruch der 2. Molaren. Wird unterteilt in die 1. und 2. → Wechselgebißperiode. [5]

Wechsel|gebiß|periode f: Abk. WGP; Bez. für 2 Abschnitte des Übergangs vom Milch- zum bleibenden Gebiß. Diese wiederum bestehen aus je 3 Phasen. 1. WGP: 1. Phase: Durchbruch der bleibenden 1. Molaren und mittleren Unterkieferschneidezähne; 2. Phase: Durchbruch der bleibenden mittleren Oberkieferschneidezähne und seitlichen Unterkieferschneidezähne; 3. Phase: Durchbruch der bleibenden seitlichen Oberkieferschneidezähne. 2. WGP: 1. Phase: Durchbruch der bleibenden 1. Prämolaren und Unterkiefereckzähne; 2. Phase: Durchbruch der bleibenden 2. Prämolaren, Oberkiefereckzähne und 2. Unterkiefermolaren; 3. Phase: Durchbruch der bleibenden 2. Oberkiefermolaren. Die 1. WGP ist durchschnittlich mit 8,5 Jahren, die 2. WGP mit 12,5 Jahren abgeschlossen. Vgl. Wechselgebiß. [5]

Wechsel|strom: elektrischer Strom, dessen Richtung sich periodisch ändert. Anzahl der Perioden pro Sekunde = Frequenz (Netzstrom: 50 Hertz). [10]

Weck|amine n pl: Bezeichnung für Phenylalkylamine (Amphetamin, Benzedrin, Pervitin u.a.) mit typischer zentral stimulierender Wirkung bis zur Euphorie. Vgl. Psychopharmaka. [33]

Wedl-Gefäß|knäuel (Carl W., Histol., Wien, *1815, † 1891): von *Wedl* 1881 beschriebene 0,1-0,2 mm lange Gefäßknäuel im Parodontalligament. Nach neueren Untersuchungen wird das Vorhandensein von knäuelartigen Gefäßkonvoluten im Parodontalligament bestritten, aber im extraalveolären Parodontium als vereinzelt vorkommend bestätigt. [30]

Wegener-Granulomatose (Friedrich W., Pathol., Berlin, *1907) f: → Granuloma gangraenescens. [11, 20]

Weichmacher: man unterscheidet innere und äußere Weichmacher. Äußere W. sind hochsiedende, ölige Flüssigkeiten, die, den hochmolekularen Stoffen (Kunststoffe und Kautschuk) zugesetzt, sich zwischen die Makromoleküle lagern, ihre gegenseitige Anziehung herabsetzen und so zu einer Auflockerung (Weichmachung) des Gefüges führen. Sie wirken gleichzeitig wie ein Schmiermittel. Bei den inneren W.n handelt es sich um weichere, polymerisierbare Stoffe, die bei der Polymerisation selbst in die Molekülketten eingegliedert werden (Mischpolymerisation). W. dienen u.a. zur Plastifizierung von Kunststoffen. → Unterfütterung, weichbleibende. [4]

Weichsel|zopf: → Kopflaus. [8]

Weichteil|ana|lyse f: → Profilanalyse. [5]

Weichteil|konvexität f: → Konvexität. [5]

Weichteil|profil n: → Profilanalyse. [5]

Weil-Felix-Reaktion (Edmund W., Bakt., Prag, Wien, *1880, † 1922; Arthur F., Bakt., Prag, *1887, † 1956) f: serolog. Nachweis des Fleckfiebers durch Agglutination einer Suspension von Proteus OX 19 im Serum Erkrankter. 8

Weil-Krankheit (Adolf W., Int., Dorpat, Wiesbaden, *1848, † 1916): Icterus infectiosus; akute, mit leichter Leber- und Milzschwellung und Gelbsucht einhergehende Infektionskrankheit; Erreger: Leptospira icterohaemorrhagiae. Erregerreservoir ist die Wasserratte, Infektion meist beim Baden in rattenverseuchten Gewässern. Vgl. Ikterus. 34

Weil-Zone (Adolf W., Arzt, München, *1849, † 1895) f: → Pulpa dentis. 1, 30

Wein|geist: → Spiritus, → Alkohol. 23

Wein|stein: Kaliumbitartrat, scheidet sich an Weinfässern ab. Bis ins 19. Jahrhundert auch übliche Bezeichnung für Zahnstein. 6

Weiser-Docht|dränage (Rudolf W., Za., Wien, *1859, †1928) f: provisorischer Verschluß während der → Wurzelkanalbehandlung, der den Abfluß von Sekret oder Gasen ohne die Gefahr des Einbeißens von Speiseresten ermöglicht. In den provisorischen Verschlußzement wird mit einem feinen Kanalinstrument ein dünner Wattedocht appliziert. Gefahr der Reinfektion des Wurzelkanals. 1

Weise-Schraube (Walter W., Kieferorth., Düsseldorf, *1931): Spezialschraube für → Progenieaktivatoren, z.B. den Progenieaktivator nach *Wunderer*. Schraube mit sagittal gestellter Schraubenspindel und einem U-förmigen Bügel, der die Verbindung vom Oberkiefer- zum Unterkieferanteil des geteilten → Aktivators herstellt. 5

Weisheits|zahn: Dens sapientiae, Dens serotinus; 3. Molar bricht zwischen dem 16.-35. Lebensjahr, oft aber noch viel später durch. Die oberen W.e sind bezüglich Kronenform und Wurzelzahl die variabelsten Zähne des ganzen Gebisses. Die unteren W.e weisen häufig Stellungsanomalien auf, die Anlaß zu Komplikationen beim Durchbruch geben. Auch sie variieren stark in Kronen- und Wurzelform. Obere und untere W.e sind des öfteren nicht angelegt. Vgl. Gebißreduktion, phylogenetische. 30

Weiß|blütigkeit: → Leukämie. 20

Weissenfluh-Mund|bad (Hans v. W., Za., Gentilino-Lugano): → Mundbäder. 4

Weissenfluh-Schiene: gegossene abnehmbare Schiene, die lingual an den Unterkiefer-Frontzähnen mit parapulpären Stiften in einzementierten Hülsen verankert ist. → Schienung parodontal erkrankter Zähne. 4

weißer Schwamm|nävus n: hereditäre, gutartige Mundschleimhautveränderung, häufig → kongenital. Die Schleimhaut ist schwammig verdickt, fleckig weiß, gelegentlich faltig. Meist symmetrisch auf der Wangenschleimhaut, gelegentlich auch auf der Zunge und anderen Mundarealen lokalisiert. DD: → Lichen ruber planus, → Mykosen. Therapie nicht erforderlich. 29

Weiter|bildung: Erwerb einer Zusatzbezeichnung zur Berufsbezeichnung („Zahnarzt für ..."). Erfolgt aufgrund der Weiterbildungsordnungen der Zahnärztekammer. Einzelne Zahnärzte können zur W. ermächtigt werden. 24

Wellen|bogen: von *Martinez* entwickelter modifizierter → Labialbogen am → Aktivator aus 0,9 mm starkem Draht, Hilfselement zur Frontzahnbeeinflussung (Abb.). Als Einkiefer- oder

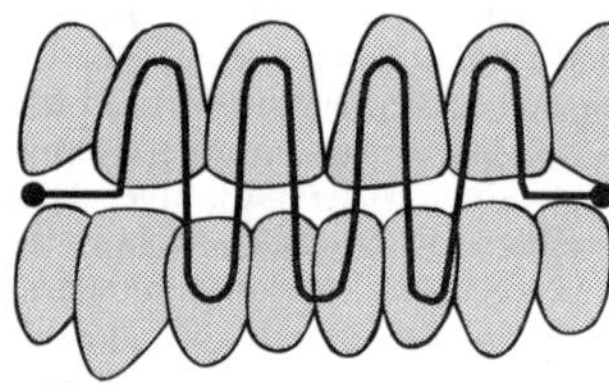

Zweikieferbogen dient der W. ebenso der wünschenswerten Übertragung des Lippendruckes wie dessen Ausschaltung. Er soll gleichzeitig das mögliche „Aussteigen" aus dem Gerät verhindern. 5

Welt|gesundheits|organisation f: Abk. WHO (World Health Organization); Einrichtung der Vereinten Nationen für die Lösung med. und soziolog. Probleme in internationaler Zusammenarbeit (Seuchenbekämpfung, Schaffung einer einheitl. med. Nomenklatur u.a.m.). 24

Wendel|tubus m: Hilfsmittel mit Gummiröhre zur Durchführung einer künstlichen → Beatmung sowie zum Freihalten der → Atemwege bei erhaltener Spontanatmung, aber eingeschränktem → Bewußtsein. Die Röhre wird nasopharyngeal eingeführt und kann auch bei dem lediglich bewußtseinsgestörten Patienten verwandt werden. Vgl. Guedeltubus. 16

Werbe|verbot: Verbot nach § 19 Abs. 1 Musterberufsordnung, das sich auf unmittelbare wie mittelbare Werbung sowie die Duldung von Berichten mit werbendem Charakter bezieht. Abzugrenzen davon sind wissenschaftliche Veröffentlichungen, bei denen der Informationswert im Vordergrund steht. Schilder und Briefbögen müssen so gestaltet werden, daß Werbung vermieden wird. Anzeigen dürfen nur zu bestimmten Anlässen erscheinen. 24

Werdnig-Hoffmann-Krankheit (Guido W.,

Neurol., Graz, *1844, † 1919; Johann H.): progressive spinale Muskelatrophie. [33]

Werk|vertrag: Vertrag, der zu bes. abgesprochenen Leistungen verpflichtet. Haftpflicht bei Nichterfüllung. Das Verhältnis zwischen Arzt und Patient wird i. a. durch den → Dienstvertrag geregelt. Das Werkvertragsrecht gilt vor allem im Verhältnis zwischen Zahntechniker und Zahnarzt mit allen Regeln der → Gewährleistung. [24]

Werlhof-Krankheit (Paul W., Arzt, Hannover, *1699, † 1767): essentielle Thrombozytopenie, Morbus maculosus *Werlhofii,* idiopathische thrombozytopenische Purpura; Hautfleckenkrankheit infolge Immunthrombozytopenie. Akute Form: plötzliche Haut- und Schleimhautblutungen mit teilweise gefährlicher Anämie. Chron. Form: schleichender Beginn, → Purpura und gleichzeitig großflächige Hautblutungen, Bereitschaft zu Nasen-, Zahnfleisch-, Genitalblutungen, verstärkte Menstruationen. Blutbild: Thrombozytopenie unter 30 000, Verlängerung der Blutungszeit, normale Gerinnungszeit. Pathogenese: Thrombozytenautoantikörper als → Autoimmunkrankheit. Therapie: → Glukokortikoide, ACTH, Immunosuppressiva, Thrombozyten-Frischbluttransfusionen, Milzexstirpation bei chron. Form. [20]

Werner-Syndrom (O. W., Arzt, Kiel, *1904) n: rezessiv erblich bedingte vorzeitige Vergreisung, die ab dem 30. Lebensjahr auftritt und mit → Atrophie der Haut und der Muskulatur, → Alopezie und endokrinen Störungen (z.B. therapieresistentem → Diabetes mellitus) einhergeht. Vgl. Progerie. [27]

Wernicke-Sprachzentrum (Karl W., Psychiater, Halle, *1848, † 1905) n: sensomotorisches Sprachzentrum, bei Rechtshändern in der linken oberen Schläfenwindung lokalisiert. Bei Schädigung Unfähigkeit, Gesprochenes zu verstehen (sensorische → Aphasie). [33]

Wert, häufigster: → Modus. [26]

Wertigkeit: Valenz; chem. die Zahl, die angibt, wieviel Atome Wasserstoff das betreffende Element zu binden imstande ist. Neben dieser „formalen" Wertigkeit gibt es noch die elektrochem. W.: Anzahl der auf jedes Atom des betreffenden Elements in dem jeweiligen Zustand entfallenden elektrischen Ladungen, und die koordinative W.: Anzahl der vom Zentralatom einer → Komplexverbindung koordinativ gebundenen Atome, Moleküle oder → Radikale. [23]

Wharton-Gang (Thomas W., Anat., London, *1614, † 1673): Ausführungsgang der → Glandula submandibularis; → Ductus submandibularis; vgl. Spatium sublinguale. [9, 19]

Whistling-Defekt (engl. whistle, pfeifen) m: Lippenrotdefizit bei operierten doppelseitigen Lippenspalten. [2]

Whitehead-Mund|sperrer (Walter W., Chir., Manchester, *1840, † 1913): Gerät zum Offenhalten der Mundhöhle speziell bei Gaumenspaltenoperationen, meist kombiniert mit Zungenhalter (Abb.). [2]

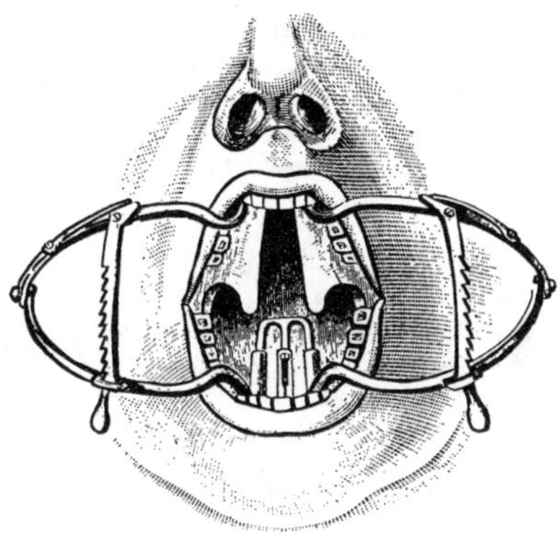

White spot (engl.): weißliche Initialkariesläsion. Vgl. Brown spot. [29]

Whitlockit: tertiäres Kalziumphosphat. Unter Normalbedingungen nur in Gegenwart von Magnesium stabil. Gelegentlich in magnesiumreichem Dentin als Umwandlungsprodukt gefunden („Karieskristalle"). [34]

WHO: Abk. für **W**orld **H**ealth **O**rganization, → Weltgesundheitsorganisation. [24]

Widal-Reaktion (Fernand W., Intern., Paris, *1862, † 1929) f: Nachweis von (meist) Salmonella-Antikörpern im Serum Erkrankter mit Hilfe von Suspensionen der betr. Erreger. [8]

Wider|stand: Kraft, die einer Bewegung entgegenwirkt, z.B. Reibung, Trägheitswiderstand; elektrischer W.: → Ohm. Vgl. SI-Einheiten, abgeleitete. [10]

Widerstands|bogen: → Blockverankerung. [5]

Widmaier-Plastik f: beidseitige Rotationsplastik des weichen Gaumens. [2]

Widman-Neumann-Operation (Leonhard W., Za., Stockholm, *1871, † 1956; Robert N., Za., Berlin, *1882, † 1958) f: → *Neumann-Widman-*Operation. [6]

Wilcoxon-Test m: dient dem Vergleich zweier verbundener, abhängiger → Stichproben, z.B. vor und nach einer Intervention. [26]

wildes Fleisch: → Caro luxurians. 32

Willebrand-Jürgens-Syndrom (Erik von W., Arzt, Helsinki, *1870, † 1949; Rudolf J., Hämatologe, Berlin, Basel, *1898, † 1961) n: hereditäre, autosomal verankerte hämorrhagische Diathese mit dominanten Erbgang. Klinik: verstärkte, verlängerte Blutungen aus Wunden (Trauma, Zahnextraktion), rezidivierende Nasenschleimhautblutungen. Laborbefunde: Verlängerung der Blutungs- und Gerinnungszeit, Herabsetzung der Faktor-VIII-Koagulationsaktivität. 20

Wilson-Apparatur (Orthod., USA) f: Alternative zum → Headgear bei der Molarendistalisierung. Die Zähne werden durch eine Kombination von Druckfeder und → Gummizügen der Klasse II nach distal bewegt (Abb.). 5

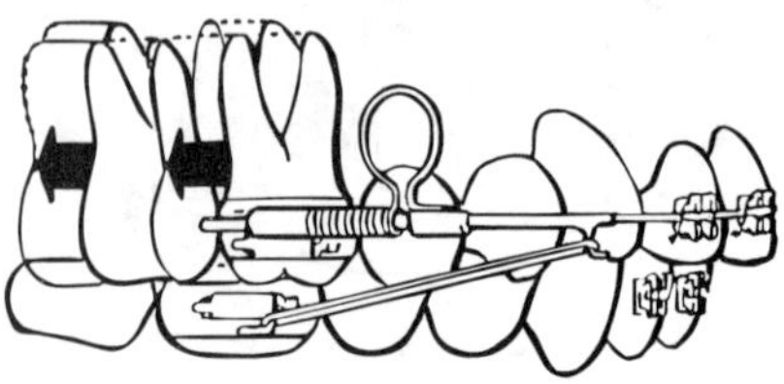

[43]

Wilson-Kurve f: transversale Kompensationskurve, frontal (transversal) verlaufende Kurve, die die Höckerspitzen der Zähne im Seitenzahnbereich berührt, im unteren Zahnbogen konkav, im oberen konvex. Sie kommt im unteren Zahnbogen durch eine gleichmäßige Lingualneigung der rechten und linken Molaren zustande, entsprechend im Oberkiefer durch eine Bukkalneigung. *Wilson* erhebt die Forderung, daß die Zähne bei der Aufstellung von Totalprothesen an die Kurve angelegt werden. Die bukko-linguale Höckertangente der Seitenzähne ist dabei gegen den Mundbogen geneigt. Mit Hilfe der W. und der *Spee*-Kurve kann bei der Aufstellung von Totalprothesen die Gelenkbahnführung zur Erreichung eines Balancekontaktes kompensiert werden. 4

Wind|pocken: Spitzblattern, Varizellen; sehr ansteckende, i. a. harmlose Infektionskrankheit, betrifft meist Kinder und hinterläßt Dauerimmunität. Erreger: Virus, das mit dem Erreger des → Herpes zoster (→ Zostervirus) identisch ist, daher wechselweise Übertragung möglich. Inkubation 14 bis 17 Tage, dann unter geringen Allgemeinerscheinungen und Fieber Aufschießen von blaßroten, linsengroßen Flekken, die zu Knötchen und wasserklaren Bläschen werden. Mehrere Schübe ergeben einen unterschiedlichen Entwicklungsstand der Einzeleffloreszenzen (sog. Sternenhimmel), dadurch Unterscheidungsmöglichkeit gegenüber → Pocken, die als wichtigste Differentialdiagnose gelten. In der Mundhöhle oft aphthenähnliche Ulzerationen. Abklingen innerhalb einer Woche. Therapie: anfangs Bettruhe, bei Juckreiz Anästhesinpuder, bei Sekundärinfektion Antibiotika, Abtupfen mit Kaliumpermanganatlösung. 20

Winiwarter-Buerger-Krankheit (Alexander von W., Chir., Wien, *1848, † 1917; Max B., Int., Leipzig, *1885, † 1966): → Thrombangiitis obliterans. 20

Winkel|breite des Unterkiefers: Entfernung der beiden Gonia voneinander. Vgl. Gonion. 5

Winkel|merkmal: Kennzeichen der Seitenzugehörigkeit von Zähnen, bestehend darin, daß die mesiale Kontaktfläche einer Zahnkrone mit der Kaukante einen spitzeren Winkel bildet als die distale. Es läßt sich am besten bei oberen Schneidezähnen nachweisen. Vgl. Erkennungsmerkmale. 30

Winkel|stück: → Handstück, abgewinkelt → Übertragungsinstrument. 21

Winter-Hebel: → Hebel. 2

Wipla®: (**wi**e **Pla**tin); rostsicherer Chromnickelstahl mit austenitischem Gefüge. Verwendung für Zahnprothesen nach dem Prägeverfahren, für Klammern und als Draht in weichem, hartem und federhartem Zustand für kieferorthopäd. Zwecke und Kieferbruchschienung. Vgl. Austenit. 4

Wiptam®: **wip**pende **Tam**mann-Legierung (nach *Gustav Tammann*, Göttingen 1908); Chrom-Kobalt-Nickel-Legierung für Drähte, Klammern und Bänder, die durch Sonderverfahren schmied- und walzbar gemacht wurde. Eigenschaften: 1. hohe Kaltverfestigung, d.h. man kann halbharte Drähte mit Hilfe von Zangenbiegung federhart machen, daher bes. für orthod. Zwecke geeignet; 2. hohe Erweichungstemperatur, d.h. man kann löten und schweißen, ohne die Federung wesentlich zu beeinträchtigen. 4

Wirbel|säule: Columna vertebralis, auch Rückgrat, setzt sich aus den Wirbeln (vertebrae) zusammen, die aus dem zylindrischen Körper und dem Bogen mit mehreren Fortsätzen bestehen. Sie umschließen den Wirbelkanal mit dem Rükkenmark. Zwischen die 24 (allein bewegl.) oberen Wirbel sind 23 elastische Zwischenwirbelscheiben (→ Bandscheiben) gelagert, die aus Faserknorpel bestehen. Die W. besteht aus 7 Halswirbeln, 12 Brustwirbeln (Abb.), 5

[102]

Lendenwirbeln, den 5 im Kreuzbein (Os sacrum) zusammengefaßten Wirbeln und den 4 oder 5 Steißwirbeln. → Atlas, → Axis. [9]

Wirkstoff: Element (oder chem. Verbindung), das in einer bestimmten Dosierung im Organismus oder auf seiner Oberfläche eine Änderung des biolog. Systems hervorruft. → Pharmakon.[7]

Wirkungs|grad, biologischer m: Einteilung der feingeweblichen (biologischen) Wirkung kieferorth. Maßnahmen nach Art und Größe der verwendeten Kräfte. Beruht auf einer von *A. M. Schwarz* 1931 aufgestellten Theorie, die auf Untersuchungen von *Sandstedt* (1904/1905), *Oppenheim* (1911) sowie *Gottlieb* und *Orban* (1931) aufbaut. 1. b. W.: kieferorth. unterschwellige Kräfte, die keine Zahnstellungsänderung bewirken, z.B. muskuläre Kräfte bei dynamischem Gleichgewicht. 2. b. W.: schwache oder kurzwegige Kräfte, die den Blutstrom in den Kapillaren nicht unterbinden, sie müssen demnach geringer als 15-20 g/cm^2 Druckfläche sein oder so kurzwegig, daß der → Parodontalspalt nicht vollständig eingeengt wird, z.B. bei einer orthod. Schraube (→ Dehnschraube). 3. b. W.: Kräfte, die den kapillaren Blutdruck zwar übersteigen, das → Parodontium aber nicht zerquetschen, derartige Kräfte müssen nach *A. M. Schwarz* intermittierend angewendet werden, da sich sonst der 4. b. W. ergibt. 4. b. W.: starke Druckkräfte, die zu einer Zerquetschung des Parodontiums führen, in der Folge kommt es zu pathologischen Veränderungen, die zu irreversiblen Veränderungen bis hin zum Zahnverlust führen können. Nach *A. M. Schwarz* darf während der kieferorth. Behandlung keinerlei pathologische Veränderung im Parodontium auftreten, er fordert daher, den 2. b.en W. einzuhalten. [5]

Wiron®: edelmetallfreie Gußlegierung für die → Metallkeramik auf der Basis von Nickel-Chrom-Molybdän. [4]

Wironit®: Kobalt-Chrom-Gußlegierung für die → Modellgußverfahren. [4]

Wirtschaftlichkeit: Grundsatz der Leistungserbringung in der Sozialversicherung. Setzt sich zusammen aus den Kriterien zweckmäßiger, ausreichender und notwendiger Behandlung unter Beachtung der Regeln der zahnärztlichen Kunst. Wird konkretisiert durch die vom → Bundesausschuß festgesetzten → Richtlinien. Begrenzt den Anspruch des Sozialversicherten und das zulässige Leistungsangebot der gesetzlichen Krankenversicherung. [24]

Wirtschaftlichkeits|prüfung: Überwachung der vertragszahnärztlichen Leistungen im Hinblick auf die → Wirtschaftlichkeit im einzelnen. Erfolgt durch Prüfungsausschüsse, die paritätisch mit Vertretern der Zahnärzte und der Krankenkassen besetzt sind. Der Vorsitz wechselt jährlich, wobei bei Stimmengleichheit die Stimme des Vorsitzenden ausschlaggebend ist. Das Verfahren richtet sich nach Verfahrensordnungen. Es erfolgt entweder nach Einzelfällen oder nach statistischen Durchschnittsbeurteilungen. Das Bundessozialgericht geht von einem offensichtlichen Mißverhältnis aus, wenn Durchschnittswerte erheblich überschritten werden. Weiteres Verfahren: → Repräsentativprüfung. Gegen einen Beschluß des Prüfungsausschusses kann der Beschwerdeausschuß angerufen werden. [24]

Wisil®: → Kobalt-Chrom-Molybdän-Legierungen. [4]

Wismut n: metallisches Element, Bismutum, Symbol Bi, Atomgewicht 209,0. Ähnelt in der Farbe dem Antimon; weich, aber spröde genug, um leicht pulverisiert werden zu können; schmilzt bei 270 °C, besitzt die Eigenschaft, Metalle, mit denen es legiert wird, leichter schmelzbar zu machen und ist daher ein Bestandteil der leichtflüssigen Legierungen. Pharm.: Bismutum. [4]

Wismut|oxide n pl: Bi_2O_3; werden Dentalzementen als Bakteriostatika beigemischt. [23]

Wismut|stomatitis f: → Stomatitis bismutica. [4,11]

Wissen: bei EDV-gestützten Systemen Menge von Fakten und Informationen und die Relationen zwischen ihnen. Bei → wissensbasierten

Systemen handelt es sich um menschliches Wissen, das sich einteilen läßt in persönliche Erfahrung aus der Lösung von Problemen, persönliche Expertise oder Kenntnis von Methoden, um Probleme zu lösen, und persönliches Wissen über die Gründe, die zur Wahl einer bestimmten Methode für die Problemlösung geführt haben. Vgl. Expertensystem, Künstliche Intelligenz. 26

Wissens|akquisition f: Wissenserwerb, der Vorgang, Wissen zu ermitteln und in die → Wissensbasis umzusetzen. Dabei ist vorhandenes Wissen zu berücksichtigen, das heißt zu „pflegen". Der Vorgang wird häufig von → Wissensingenieuren durchgeführt und umfaßt Literaturstudium, Analyse von Versuchen und Studien, Interviews mit Experten, usw. Vgl. Expertensystem, Künstliche Intelligenz. 26

wissens|basiertes System: in der Informatik benutzter Ausdruck für Systeme, in denen Wissen extern dargestellt ist und die in der Lage sind, dieses Wissen zu verarbeiten. Vgl. Expertensystem, Künstliche Intelligenz. 26

Wissens|basis f: gespeichertes Wissen, z.B. eines oder mehrerer Experten. Die Speicherungsform hängt von der Wissensrepräsentation ab. Vgl. Künstliche Intelligenz, Expertensystem. 26

Wissens|erwerbs|komponente f: Teil eines → Expertensystems, das den Aufbau der → Wissensbasis ermöglicht. Die W. wird vom → Wissensingenieur benutzt. Allerdings geht die Entwicklung dahin, Wissen automatisch zu erwerben. 26

Wissens|ingenieur m: Knowledge-Engineer (engl.); die Person, die die → Wissensbasis eines → Expertensystems aufbaut. Der W. übernimmt das Wissen des menschlichen Experten und wandelt es in eine für den Computer verständliche Form (Repräsentation) um. 26

Wissens|repräsentation f: Wissensdarstellung; die Methode, die zur Speicherung von Wissen in der → Wissensbasis angewendet wird, z.B. Produktionsregeln, Frames, semantische oder kausale Netze. Die W. steuert die Art der → Inferenz. Vgl. Künstliche Intelligenz, Expertensystem. 26

WITS-Appraisal f: (WITS: Abk. für Univ. of Witwatersrand, Johannesburg, South Africa; appraisal: engl. Schätzung) Analyseverfahren nach *A. Jacobson* zur Beurteilung der intermaxillären Beziehungen am → Fernröntgenseitenbild. Bezugsebene ist die → Okklusionsebene, da nur diese Ebene beiden Zahnbögen gemeinsam ist. Man projiziert den → A-Punkt und den → B-Punkt auf diese Ebene und erhält so die Punkte AO und BO. Gemessen wird der Abstand zwi-

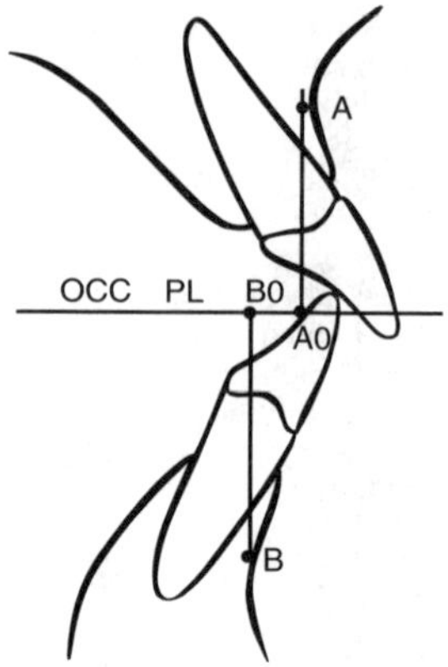

Bezugspunkte: A = A-Punkt, B = B-Punkt, AO = Senkrechte vom A-Punkt auf die Okklusionsebene, BO = Senkrechte vom B-Punkt auf die Okklusionsebene; Bezugsebene: OCC PL = Okklusionsebene. [88]

schen den Punkten (Abb.). Bei Klasse-II-Anomalien ist diese Strecke vergrößert, bei Klasse-III-Anomalien verkleinert bzw. negativ. Analoge Messung zum → ANB-Winkel. 5

Wolfe-Krause-Lappen (John Reissberg W., Ophth., Glasgow, *1824, † 1904; Fedor K., Chir., Altona, Berlin, *1856, † 1937): Hautlappen in ganzer Dicke zur freien Transplantation. Vgl. Spalthautlappen, *Thiersch*-Plastik. 2

Wolfram n: Metall, Symbol W, Atomgewicht 183,92. Schwermetall mit einem Schmelzpunkt von 3.370 °C. Wegen Entstehung sehr hoher Temperaturen in der Röntgenröhre werden die Heizfäden der Kathode und die Anode (Antikathode) daraus hergestellt, da andere Metalle schmelzen würden. → Halogenbeleuchtung. Als Wolfram-Carbid W_2C zur Herstellung von standfesteren, schneidenden Instrumenten (Fräsen), sog. Hartmetallwerkzeugen, benutzt. Vgl. Schleifkörper. 4

Wolfram|karbid n: Verbindung von → Wolfram mit Kohlenstoff, WC oder auch W_2C, deren Kristalle äußerst hart sind. Hauptbestandteil der Mehrzahl der → Hartmetalle. 23

Wolfs|rachen: unschöner Name für die beidseitige, totale, also durchgehende Lippen-Kiefer-Gaumen-Spalte. Vgl. Lippenspalte, Gaumenspalte, Gesichtsspalten. 3

Wolhynisches Fieber: Fünftagefieber, Febris quintana. 4-6 Tage anhaltendes, nach einigen fieberfreien Tagen wiederkehrendes, undulierendes Fieber mit Schüttelfrost, Schienbein-, Kreuz-

und Kopfschmerzen. Erreger: Rickettsia quintana. Übertragung durch Läusekot. [8]

Wolken|schädel: Wabenschädel; verschiedenartige Dicke der Schädelkalotte, die sich im Röntgenbild als wolken- oder wabenartige Zeichnung manifestiert. Immer Zeichen eines Hirndrucks oder eines frühzeitigen Nahtverschlusses. I.d.R. therapiebedürftig. Vgl. Kraniosynostose. [3]

Woodbridge-Tubus (Philipp D. W., Anästh., Boston, *1895) m: flexibler Metallspiraltubus zur endotrachealen Intubation, der durch Zubeißen nicht verlegt werden kann. [2]

Wort|stummheit: → Aphasie. [19]

Wort|taubheit: → Aphasie. [19]

Wrisberg-Nerv (Heinrich W., Anat., Göttingen, *1739, † 1808) m: Nervus intermedius. [9]

WSR: Abk. für → **W**urzel**s**pitzen**r**esektion. [34]

Wunder|netz: Kapillarnetz, das ausnahmsweise zwischen zwei Arterien (Nierenrinde) oder zwei Venen (Leber, Hypophyse) eingeschaltet ist. [9]

Wund|haken: stumpfe bzw. scharfe (gezinkte) Haken zum Auseinanderziehen von Wundrändern. Vgl. *Langenbeck*-Wundhaken, *Middeldorpf*-Wundhaken, *Waßmund*-Wundhaken, *Bose*-Häkchen. [2]

Wund|infektions|krankheiten: Krankheiten, die durch nachfolgende Besiedlung einer Wunde mit Krankheitserregern entstehen, z.B. → Erysipel, → Sepsis, → Pyämie, → Gasödem, → Tetanus, → Aktinomykose. [8]

Wund|rose: → Erysipel. [12]

Wund|starr|krampf: → Tetanus. [8]

Wund|verband: Bedeckung einer Wunde oder eines Hautareals mit keimfreiem Verbandmaterial zum Schutz gegen weitere Schädigung, z.B. durch Blutverlust (→ Druckverband) oder Infektionen, und zum Deponieren von Arzneimitteln sowie zum Auffangen von Wundsekreten. [16]

Wurm|fortsatz: Appendix vermiformis (→ Appendix). [9]

Wurzel|amputation f: Methode zur Erhaltung eines mehrwurzligen Zahnes durch Abtragen einer z.B. durch periapikale Ostitis oder Parodontitis erkrankten Wurzel nach Wurzelfüllung des verbleibenden Zahnteiles. Vgl. Hemisektion. [1]

Wurzel|behandlung: → Wurzelkanalbehandlung. [1]

Wurzel|dentin n: in der Zahnwurzel befindliches Dentin, es enthält weniger Dentinkanälchen pro Flächeninhalt als das Kronendentin. [30]

Wurzel des Zahns: → Zahnwurzel. [30]

Wurzel|fraktur f: Bruch der Zahnwurzel, meistens durch traumatische Einwirkung, vorwiegend im Frontzahnbereich. Je nach Lokalisation und Art (Längs-, Quer-, Splitterfraktur) Erhaltung möglich, im apikalen Drittel Fragment durch Aufklappung entfernen, in Wurzelmitte evtl. → Transfixation. Vgl. Fraktur. [1]

Wurzel|füller: → *Lentulo*-Spirale. [1]

Wurzel|füllstifte: → Wurzelkanalstifte. [1]

Wurzel|füllung: Ausfüllung des aufbereiteten und desinfizierten Wurzelkanals durch alloplast. Material im Rahmen der → Wurzelkanalbehandlung. Anforderungen an das Material: gewebsfreundl., erhärtend, wandständig, bakteriendicht, nicht resorbierbar, röntgensichtbar. Einbringen des Materials mit versch. Methoden, häufig als Kombination von erhärtenden Pasten, z.B. AH 26®, und Wurzelkanalstiften aus → Guttapercha mit Hilfe von → *Lentulo*-Spiralen und → Spreadern. [1]

Wurzel|glättung: → Root planing. [6]

Wurzel|grund: → apikale Basis. [5]

Wurzel|haut: populäre Bez. für → Parodontalligament. Die Bez. Haut ist entsprechend der Knochenhaut entstanden. [1, 30]

Wurzel|haut|entzündung: Desmodontitis, → Parodontitis. [1]

Wurzel|haut|wucherung, idiopathische: → Periodontitis luxurians idiopathica. [6]

Wurzel|heber: → Geißfuß, → Hebel, → Kralle. [2]

Wurzel|infraktur f: unvollständige Fraktur einer Zahnwurzel. [1]

Wurzel|kanal: Canalis radicis dentis (IANC). Von Pulpagewebe ausgefülltes Lumen der Zahnwurzeln. Er öffnet sich deltaförmig durch das Foramen apicis dentis und weitere kleinere Öffnungen in den Parodontalspalt. Vgl. Seitenkanäle. [30]

Wurzel|kanal|behandlung: Methoden zur Erhaltung des Zahnes bei erkrankter oder devitaler Pulpa: → Devitalisation, → Exstirpation, → Aufbereitung der Wurzelkanäle, → Gangränbehandlung, → Wurzelfüllung. [1]

Wurzel|kanal|instrumente n pl: Instrumente zum Erweitern des Kanallumens, zum möglichst vollständigen Entfernen des infizierten und erweichten Materials und damit zur Erzielung keimfreier oder -armer Verhältnisse für die Wurzelfüllung. Bedeutende Verbesserungen und weitgehende Normung der W. erlauben heute eine Beschränkung auf wenige Typen (→ *Kerr*-Nadeln, *Hedstroem*-Feilen, Exstirpationsnadeln, *Lentulo*-Spirale). Auch als skalierte W. mit 2 mm Einteilung, die, in den Kanal eingeführt, auf einem Röntgenbild die Abschätzung der

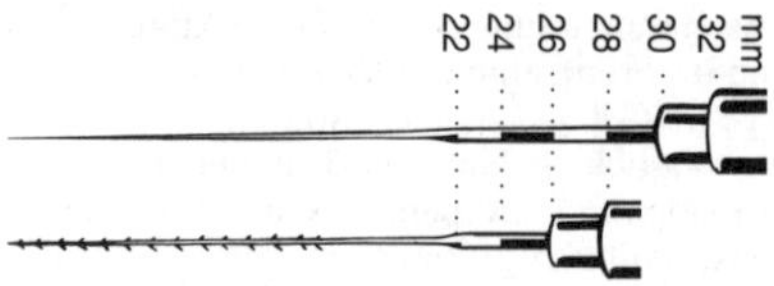

Wurzelkanalinstrumente mit Skaleneinteilung

Zahnlänge erlauben und damit die Verletzung des Apex verhindern (Abb.). 1

Wurzel|kanal|stifte: genormte Stifte aus → Guttapercha, die mit Hilfe von → Spreadern zur → Wurzelfüllung verdichtet werden und ein Überstopfen über den Apex hinaus vermeiden sollen. 1

Wurzel|karies f: Kariesbefall der freiliegenden (von Zahnfleisch entblößten) Zahnwurzel (Abb.). In der dritten Welt weit verbreitet. Entsprechender Zahnfleischverlust steigt auch bei uns wegen größerer Lebenserwartung, wegen zunehmender Zahl der Behandlungen von Parodontopathien und häufig übertriebenem Zähnebürsten.

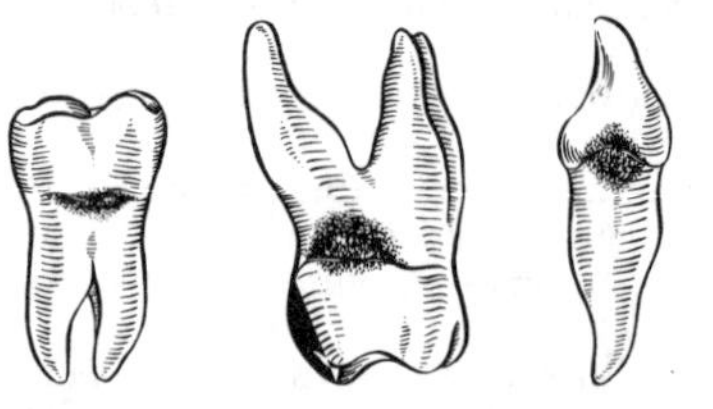

Die Behandlung ist schwierig, da es sich um flache, häufig zirkuläre Kavitäten handelt und am Zement keine → Ätztechnik möglich ist. 1

Wurzel|loch: → Foramen apicis dentis. 30

wurzel|lose Zähne: → Dentindysplasie. 1

Wurzel|merkmal: Kennzeichen der Seitenzugehörigkeit der Zähne. Es bezieht sich auf die Verlaufsrichtung der Zahnwurzel im Vergleich zur Zahnachse. Betrachtet man den Zahn von vestibulär, dann sieht man, daß die Wurzel distal abweicht. Häufig wird das Wurzelmerkmal noch durch eine distale Krümmung verstärkt. Vgl. Erkennungsmerkmale. 30

Wurzel|oberfläche: Oberfläche von Zahnwurzeln, sie wird in mm^2 gemessen und beträgt für obere Zähne: I_1 230, I_2 220, C 260, P_1 240/280, P_2 240, M_1 450, M_2 450; für untere Zähne: I_1 210, I_2 210, C 260, P_1 240, P_2 240, M_1 440, M_2 440. 30

Wurzel|pulpa f: der in der Zahnwurzel liegende Teil der Pulpa. Ggs.: → Kronenpulpa. 1

Wurzel|resorption f: → Resorption der Wurzel. 6

Wurzel|scheide: → Epithelscheide. 30

Wurzel|schwirren: → Fremitus dentium. 1

Wurzel|spitze: Apex radicis dentis; distales Ende der Zahnwurzel. Hier mündet der Wurzelkanal durch eine Öffnung, Foramen apicis dentis, meist aber durch mehrere. 30

Wurzel|spitzen|resektion f: Abk. WSR; apikale Osteotomie, apikale Radikaloperation, Apikotomie, chirurg. Wurzelfüllung, Wurzelamputation, Maxillotomie; chirurg. Kürzung der Wurzelspitze und Ausräumung des periapikalen Herdes. Von den zahlreichen Bezeichnungen für den von *Partsch* 1896 angegebenen Eingriff zur chir. Behandlung periapikaler Granulome und zur Erhaltung des entsprechenden Zahnes hat sich lediglich der Begriff W. eingebürgert. Nach Aufklappung der Schleimhaut Trepanation des knöchernen Kieferkörpers, Freilegung und Abtragung der Wurzelspitze (Abb. a). Entfernung des periapikalen, krankhaften Gewebes. Die Wurzelfüllung kann vor dem Eingriff durchgeführt werden und muß aus einem bioinerten Material, das nicht löslich ist, bestehen. Bei der Wurzelfüllung während des Eingriffs wird der aufbereitete, gereinigte und getrocknete Kanal unter

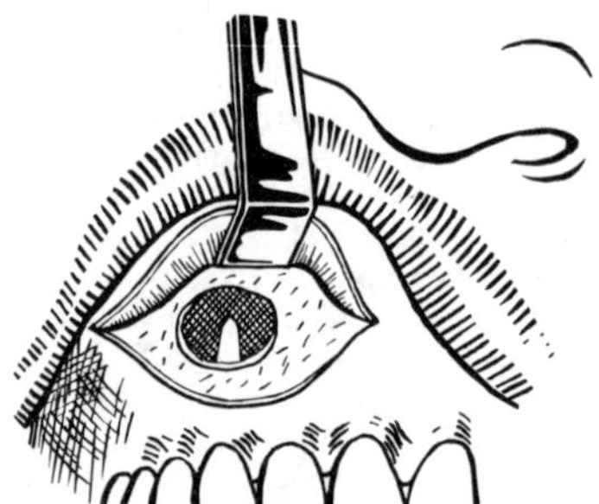

Abb. a: Aufklappung der Schleimhaut und Trepanation des Kieferkörpers

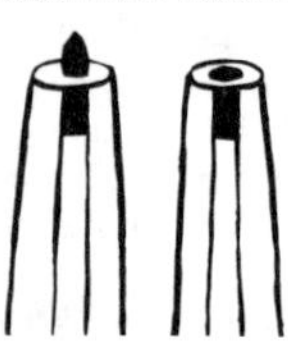

Abb. b: Apikaler Verschluß mit einem Titanstift [53]

Sicht mit einem nicht resorbierbaren Wurzelfüllmaterial abgefüllt (Guttapercha, Diaket, AH 26). Zur möglichst sicheren Erfassung der apikalen Ramifikationen kann von retrograd eine kegelförmige Erweiterung des Endabschnittes des Kanals durchgeführt werden. Für den Verschluß empfiehlt sich die Verwendung von konischen Titan- oder Keramikstiften, die nur das apikale Ende des durch normierte Instrumente vorbereiteten Kanals verschließen (Abb. b). Wegen der hohen Biokompatibilität des Stiftmaterials können diese Stifte über den Wurzelstumpf herausragen. Befestigung mit Zement oder Kunststoffwurzelfüllmaterial. Der gesamte Restwurzelkanal steht dann für die Aufnahme eines Zahnaufbaus zur Verfügung. Die Ti-Stifte können so weit verlängert werden, daß sie im gegenüberliegenden Knochen verkeilt werden und dem Zahn zusätzlichen Halt geben (transdentale Fixation, → Transfixation). Bei nicht gängigen Kanal-Stiftkronen u.ä. kann mit gewissem Vorbehalt eine → retrograde Wurzelfüllung durchgeführt werden. Auch hier muß das verwandte Wurzelfüllmaterial biokompatibel und nichtlöslich sein. Die retrograde, umgekehrt kegelförmige Aufbereitung des Wurzelstumpfes erfordert spezielle kleine Winkelstückköpfe. [2]

Wurzel|stift: genormter Stift zur Wurzelfüllung. Bei der → Wurzelspitzenresektion werden Stifte aus biokompatiblem Material (Titan, Keramik) verwendet. [2]

Wurzel|theorie f: eine von *Wedl* 1870 aufgestellte Theorie zur Erklärung des Zahndurchbruchs. Sie geht von der Vorstellung aus, daß die wachsende Wurzel den Zahnkeim vom Boden der Alveole abstößt und ihn dadurch mundhöhlenwärts treibt. Vgl. Pulpatheorie. [30]

Wurzel|torque m: → Torque. [5]

Wurzel|vermehrung: das Auftreten zusätzlicher Wurzeln, z.B. durch Spaltung und Differenzierung. [30]

Wurzel|zement n: → Zement. [30]

Wurzel|zysten f pl: → Zysten. [2]

X

Xanth|elasma n: gelbliche, leicht erhabene, umschriebene Einlagerung in der Subkutis der Augenlider, bestehend aus Cholesterinablagerungen, die sich anlagebedingt in vorgerückten Jahren bilden. Bei → Lipoidosen, → Diabetes mellitus auch in jungen Jahren. Abart der → Xanthome. Therapie: Exzision, Diathermienadel. [12]

Xanth|odontie f: allgemeiner Begriff für Gelbfärbungen der Zahnkronen, die vielfältige Ursachen haben können. Vgl. Verfärbungen der Zahnkrone. [1]

Xanthom (gr.) n: kleinpapulöse und großknotige ockergelbe, auch bräunlich-livide → Effloreszenz mit vorwiegendem Sitz über Druckstellen; Einlagerungen von Lipoiden in Makrophagen, in → bradytrophen Geweben, z.B. Augenlider (→ Xanthelasma), Sehnenscheiden, → Endothel der Arterien. Hinweisende Hautveränderung bei den verschiedenen Formen der Hyperlipoproteinämien, → Xanthomatosen. [12]

Xanthomatose f: Bildung von → Xanthomen, Ursache Fettstoffwechselstörung; 1. hypercholesterinämische X.: → Cholesterin und Phospholipide sind im Blutserum erhöht, a) → dominant erblich, b) sekundär z.B. bei → biliärer Leberzirrhose; 2. hyperlipämische X.: durch Erhöhung der Serum-Neutralfette (milchig getrübtes Blutserum), können eruptiv exanthematisch auftreten, a) familiär, b) sekundär z.B. bei → Diabetes mellitus. Therapie: Diät, ungesättigte Fettsäuren, Nikotinsäureamid, Regelan®, → *Hand-Schüller-Christian*-Krankheit, → Lipoide, → Lipoidosen. [12]

Xero|derma pigmentosum n: rezessive → Genodermatose, die, bedingt durch einen Defekt der Dark Repair (Polymerasen), allmählich zu einer scheckigen → Atrophie frei getragener Hautpartien führt; die Haut bildet → Teleangiektasien, braune Flecke und weißliche Närbchen, gleichzeitig oder später entwickeln sich zahlreiche Spinaliome, Basaliome und Melanome. Beginn der Erkrankung in früher Jugend, meist tödlich endend. [12]

Xer|ophthalmie f: Austrocknung der Binde- und Hornhaut des Auges infolge Avitaminose (→ Vitamin A), Trachom, Pemphigus oder mangelhaften Lidschlusses, z.B. durch → Fazialisparese. [20]

Xero|radio|graphie f: röntgenolog. Aufzeichnungsverfahren, bei dem Röntgenstrahlung in einer gleichmäßig geladenen Selenschicht ein elektrostatisches Ladungsbild entstehen läßt, das mit Tonerpulver auf Papier übertragen wird. Der einzige Vorteil der X. gegenüber dem herkömmlichen → Röntgenfilm liegt in der besseren Weichteildarstellung. Wegen verschiedener Nachteile (u.a. relativ geringe Empfindlichkeit) hat sich die X. nicht durchgesetzt. [14]

Xerose (gr.) f: Trockenheit, speziell der Schleimhäute der oberen Luftwege. [2]

Xero|stomie f: Aptyalismus, Hyposalivation, Hyposialie; Trockenheit der Mundhöhle, meist als → Sialose infolge systemischer Störungen der Speicheldrüsensekretion (weniger als 0,1 ml/min). Begleitsymptom bei → *Mikulicz*-Krankheit, → *Plummer-Vinson*-Syndrom, → *Sjögren*-Syndrom. Symptomatisch bei → Sklerodermia diffusa progressiva, → Dermatomyositis. Hauptursachen: chron. Alkoholabusus, Vitamin-B-Mangel, endokrine Stoffwechselstörungen (insbes. → Diabetes mellitus), Begleitsymptom medikamentöser Therapie (blutdrucksenkende Mittel und → Psychopharmaka), ferner bei nervösen Störungen und anhaltender → Diarrhöe. Lokale Ursachen wie chron. → Parotitis und Zustand nach lokaler Röntgentherapie. X. tritt auch nach Atropingaben und bei hohem Fieber auf. Therapie: internist. Konsiliaruntersuchung, ggf. Medikamentenwechsel in Absprache mit dem behandelnden Arzt; Speichellocker, symptomatisch künstlicher Speichel; Glandosane®. Zuckerhaltige Drops sind abzulehnen. [2, 15, 19, 27]

Xi-Punkt: konstruierter Meßpunkt aus der → FRS-Analyse nach *Ricketts*. Geometrischer Mittelpunkt des aufsteigenden Unterkieferastes (Abb.). Nach *Ricketts* konstruiertes Wachstumszentrum des Unterkiefers. [5]

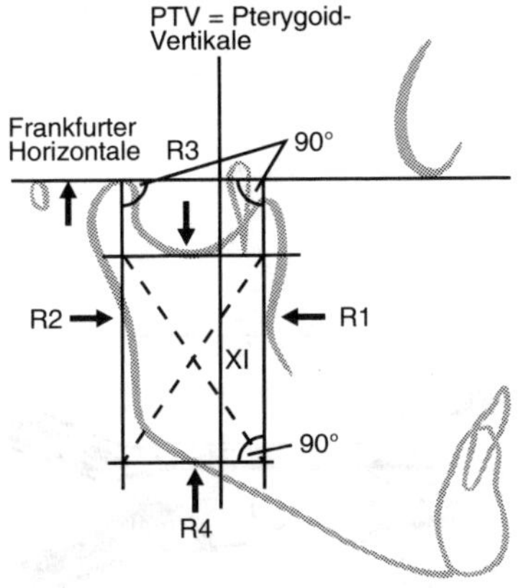

Xi-Punkt
Das Koordinatensystem nach *Ricketts*: Frankfurter Horizontalebene und Pterygoidsenkrechte [26]

X-Strahlen: → Röntgenstrahlen. 14

Xylestesin® n: → Lidocain. 2

Xylit n: Süßstoff (→ Zuckeraustauschstoffe) aus der Gruppe der Zuckeralkohole (Pentosederivat). X. wird vom Stoffwechsel der Plaquebakterien prakt. nicht verwertet. 15

Xylocain® n: → Lidocain. 2

Xylometazolin n: direktes → Sympathomimetikum, $\alpha_2 > \alpha_1$-Adrenozeptoren-Agonist (→ Adrenozeptoren, → Agonist) zur lokalen Abschwellung der Nasenschleimhaut. Wirkungsmax. innerhalb 5-10 min post applicationem, Wirkungsdauer 8-10 h. Indikation in der Zhk. zur supportiven Behandlung einer dentogen induzierten Sinusitis maxillaris. Um eine Nasentropfenrhinitis zu vermeiden, darf X. nicht länger als 10 Tage angewendet werden. 7

Y

Y-Achse f: SNGn-Winkel; Winkelmessung aus der → FRS-Analyse. Ermöglicht eine Bewertung der Unterkieferlage in Beziehung zur Schädelbasis. Bei großen Winkelwerten befindet sich der Unterkiefer in einer posterioren Lage, das Wachstum ist vorwiegend vertikal. Bei kleinen Werten für die Y. ist die Lage des Unterkiefers mehr anterior, das Wachstum vorwiegend horizontal. Vgl. Wachstumsanalyse, Wachstumsrichtung, Wachstumstyp. [5]

Yaws (afrikan. Himbeere) pl: nicht venerische Infektionskrankheit (Afrika). → Framboesia tropica. [11]

Y-Bazillus m: ein zur *Flexner*gruppe gehörender Ruhrerreger; vgl. Ruhrbakterien. [8]

Yersinia (Alexandre Emile Jean Yersin, schweizer. Bakt., *1863, † 1943) f: neuer Gattungsname für Pest-Bakterien (Y. pestis) sowie für Y. pseudotuberculosis und Y. enterocolitica; vgl. Pasteurella. [8]

Y-Klammer: → *Bonyhard*-Klammer. [5]

Younger-Sachs-Methode (W. J. Y., Za., Chicago, *1840, † 1920; Hans S., Berlin, New York, *1881) f: → subgingivale Kürettage. [6]

Young-Zange: orthod. Drahtbiegezange (Abb.). Die Y. wird in der festsitzenden kieferorth. Behandlungstechnik zum Biegen von → Loops verwendet. [5]

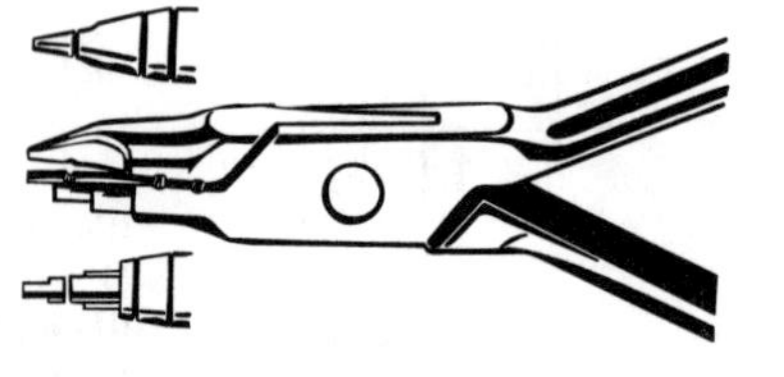

Y-Plastik f: → V-Y-Verschiebung. [2]

Y-Platte: von *A. M. Schwarz* entwickelte → aktive Platte mit zwei schräggestellten Schrauben, die nach mesial, aber auch gleichzeitig nach distal und bukkal wirken, etwa zur Lückenöffnung für beide Eckzähne. Die Sägeschnitte ergeben bei der Oberkieferplatte die Form eines Y (Abb.). [5]

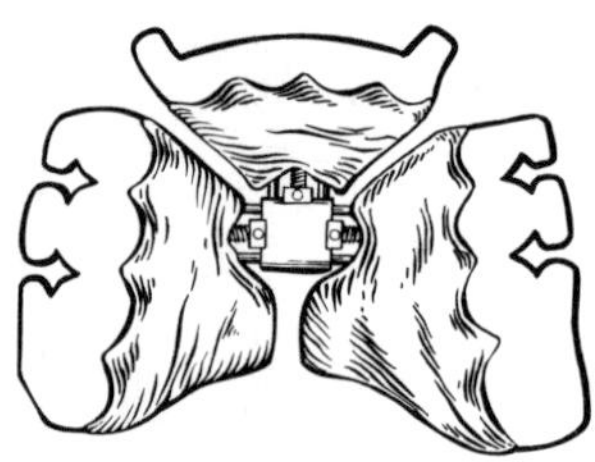

Z

Zählkammer: objektträgerähnliche Glasplatte mit Netzeinteilung (nach *Thoma, Neubauer* u.a.) zur Zählung der Formelemente in Blut und Liquor. Unterschiedliche Zählmethoden für Leukozyten und Erythrozyten. Heute mit Blutkörperchenzählautomaten. 20

Zahn: 1. A n a t.: → Dens; Sammelbezeichnung für Hartgebilde tierischer Organismen, die hauptsächlich der Nahrungszerkleinerung dienen, aber auch als Werkzeug oder Waffe benutzt werden können, z.B. Stoßzähne eines Elefanten. Man unterscheidet echte und unechte Zähne. Echte Zähne sind aus den 3 Zahnhartsubstanzen Schmelz, Dentin, Zement aufgebaut und enthalten eine Pulpa, sie werden auch Dentinzähne genannt. Unechte Zähne sind solche, denen die spezifischen Zahnhartsubstanzen fehlen. Es handelt sich entweder um Kutikularbildungen des Ektoderms oder um Hornbildungen des Epithels. Vgl. Hornzähne.
2. P r o t h.: Nachbildung der natürl. Zahnkrone aus keramischen Massen oder Kunststoff (→ PMMA), die im Prothesenbasismaterial (z.B. durch Unterschneidungen oder Stifte) verankert werden, wobei dem Frontzahn nach Form- und Farbnuancierung das größere Augenmerk zukommt. 30

Zahn|abrieb: → Attrition, → Abrasion, → Demastikation. 4

Zahn|achse: bei einwurzeligen Zähnen die Verbindungslinie zwischen der Wurzelspitze und der Mitte der Schneidekante, bei mehrwurzeligen die Verbindungslinie zwischen der Gabelung der Wurzeln (Incisura interradicularis) und der Mitte der Kaufläche (Abb.). 30

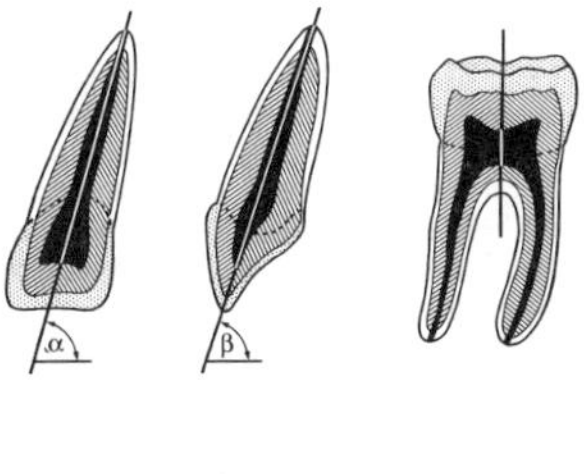

Zahn|achsen|verhältnis: Beziehung der Zahnachsen zur → Spinaebene im Oberkiefer bzw. zur → Unterkiefergrundebene, ausgedrückt in Winkelwerten für Ober- und Unterkiefer eines Regelbisses (Abb.). 30

1 = 70 °		1 = 80 °
3 = 80 °	OK ← → UK	3 = 85 °
4 = 90 °		5 = 90 °

Zahnachsenverhältnis

Zahn|alter: Stand des Zahndurchbruchs und der Wurzelverkalkung in Beziehung zum tatsächlichen Alter mit Berücksichtigung der Körpergröße, des Gewichts und der Knochenentwicklung (Knochenalter). Der Zahndurchbruch steht mit dem Wachstum des entsprechenden Kieferabschnittes nicht unmittelbar in Zusammenhang, so daß es bei zeitlicher und örtlicher Störung des Wachstumsvorganges zu

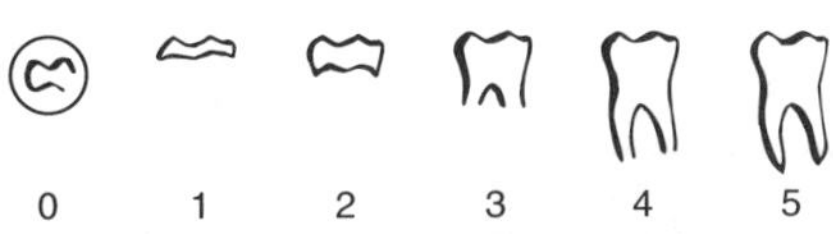

Stufen der Zahnbildung zur Abschätzung des Entwicklungsstandes von mehrwurzeligen Zähnen. Jede Zeichnung kennzeichnet das Ende des jeweiligen Stadiums.

Fehlbildungen kommen kann, sei es durch Verzögerung des Zahndurchbruches gegenüber einer normalen Knochenentwicklung oder durch beschleunigte Zahnentwicklung bei verzögertem Knochenwachstum, wobei sämtliche Stadien gegenüber dem Lebensalter entsprechend verspätet oder verfrüht sein können. Zahlreiche unterschiedliche Einteilungen, z.B. nach CAT (Abb.). 5

Zahn, angeborener: → prälaktale Zähne, → Dens natalis. 30

Zahn|anlage: → Schmelzorgan. 30

Zahn|an|omalien f pl: → Zahndysplasien. 1

Zahn|appell: bei der kieferorthopädischen →

Gebißanalyse unerläßliche Bestandsaufnahme der vorhandenen Zähne, auch der nicht durchgebrochenen, nach Zahl, Größe und Form. 30

Zahn|äquator m: Anat.: größter Umfang eines Zahns senkrecht zur Zahnachse. Er teilt die Zahnkrone in eine Supra- und eine Infrawölbung. Letztere ist für die Verankerung von Halte- oder Stützelementen von besonderer Bedeutung. Klin.: bei gekippten Zähnen ist der Zahnäquator je nach Zahnstellung variabel (Abb.). 30

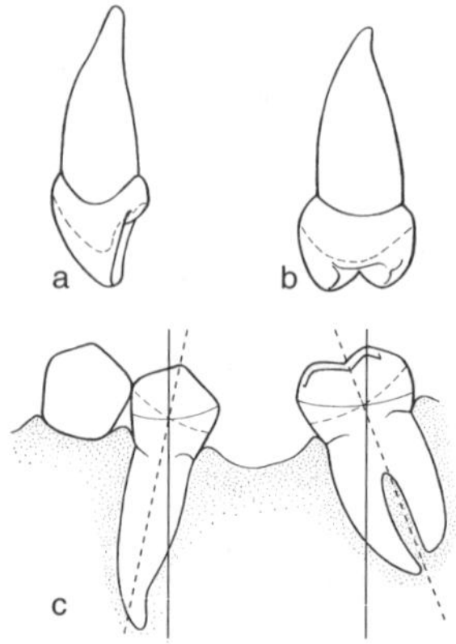

a und b: anatomischer Zahnäquator; c: klinischer Zahnäquator. [3]

Zahn|ärzte|kammern: öffentlich-rechtliche Körperschaften, die kraft Gesetzes alle Berufsangehörigen umfassen und die Aufgabe haben, die Standesaufsicht auszuüben, die Behörden zu unterstützen, für einen ethisch und wissenschaftlich hochstehenden Berufsstand zu sorgen

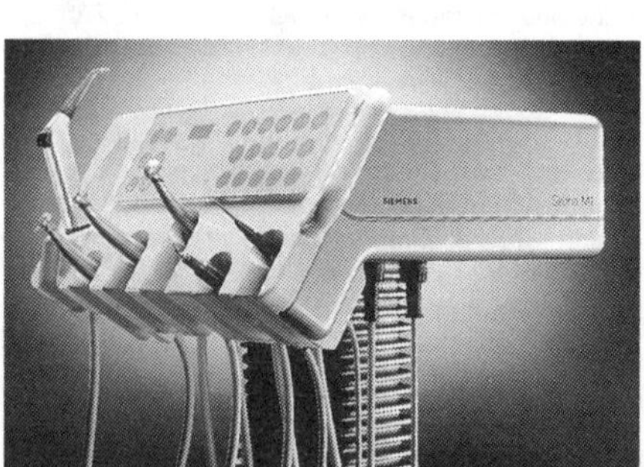

Zahnarzt-Element mit drei Antrieben, Ultraschall- und Elektrochirurgie-Vorrichtungen und Mehrfunktionsspritze (Siemens) [94]

Fachzahnarzt-Anerkennungen auszusprechen, Unterstützungs- und Versorgungseinrichtungen zu schaffen und auch ganz allg. die Belange der Zahnärzte wahrzunehmen. Sie unterstehen in der Bundesrepublik Deutschland der Staatsaufsicht. 24

Zahn|arzt-Element n: Teil der Behandlungsplatz-Ausrüstung (Abb.) mit der Ausstattung für zahnärztlich-technische Maßnahmen (→ Antriebe, Ultraschall- und Elektrochirurgie-Vorrichtungen usw.). DIN-Indexnummern: DIN 13 923; → Basiskonzept. 21

Zahnärzte-ZV: Abk. für → **Z**ulassungs**v**erordnung für Vertragszahnärzte. 24

Zahn|arzt|helferin-Element n: Teil der → Behandlungsplatz-Ausrüstung, vor allem mit Absaugvorrichtungen ausgestattet (Abb.). Meist mit Mundspülbecken kombiniert (DIN-Indexnummern: DIN 13 923). → Basiskonzept. 21

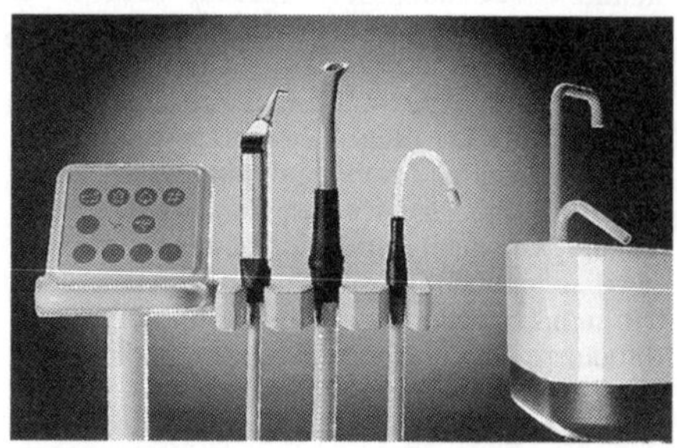

Zahnarzthelferin-Element mit hygienisch günstigem Folien-Bedienteil und Speifontäne (Siemens) [94]

zahn|ärztliche Kinder|sprechstunde: organisatorische Einrichtung in einer zahnärztlichen Praxis. Kinder verschiedener Altersstufen werden in Gruppen oder einzeln behandelt, gegebenenfalls mit Integration chronisch kranker und behinderter Kinder. 29

Zahn|arzt|praxis f: das → Arbeitssystem zur Bewältigung der fachlichen und sonstigen Aufgaben des → Praxisteams in räumlicher, personeller, technischer, organisatorischer und betriebswirtschaftlicher (→ Praxisführung) Hinsicht. Vgl. Funktionsbereiche; Praxis, zahnärztliche. 21

Zahn|arzt|register n: Verzeichnis der Zahnärzte, die die Voraussetzungen zur vertragszahnärztlichen Versorgung erfüllen. Es wird aufgrund der → Zulassungsverordnung für Vertragszahnärzte bei der → Kassenzahnärztlichen Vereinigung geführt. Enthält die Zahnärzte, die die Voraussetzungen für die → Zulassung erfüllen. Die

Eintragung ist Voraussetzung für die Zulassung. Voraussetzung für die Eintragung sind → Approbation und Vorbereitungszeit. Durch die Eintragung wird der Zahnarzt außerordentliches Mitglied der KZV. Das Bundeszahnarztregister wird bei der → Kassenzahnärztlichen Bundesvereinigung geführt. [24]

Zahn|auslenkung: → Zahnbeweglichkeit, → Periodontometrie. [6]

Zahn|bein: → Dentin. [1, 30]

Zahn|beläge: Sammelbezeichnung für alle Auflagerungen auf der Zahnoberfläche: 1. dentale Plaque: weiche, grauweiße, schmierige Ablagerungen auf der Zahnoberfläche; bakterielle → Plaque (gewachsene Struktur), nur mechanisch, z.B. mit der Zahnbürste entfernbar, Materia alba (undefinierte Struktur), leicht entfernbar, aus abgeschilferten Epithelzellen, Speichelprodukten, Speiseresten; Menge abhängig von der Selbstreinigung des Gebisses bei kauzwingender Nahrung und von der Zahnpflege, begünstigt die Entstehung von Karies; 2. farbige Zahnbeläge: a) festhaftende dunkelgrüne oder schwarze Z. des frühen Milchgebisses, zirkulär parallel zum Zahnhals verlaufend, Farbe durch chromogene Mikroorganismen (Black stain, → Melanodontie); b) grüne festhaftende Z., besonders der oberen bleibenden Frontzähne durch Metalloxide bei metallverarbeitenden Berufen; c) braune Z.: Raucherbeläge. Vgl. Verfärbungen der Zahnkrone. [1, 6]

Zahn|bett: → Parodontium. [30]

Zahn|bett|erkrankungen: → Parodontopathien. [6]

Zahn|beweglichkeit: physiologische (natürl.) Eigenbeweglichkeit des Zahnes in der Alveole nach allen Richtungen infolge seiner syndesmotischen Verbindung mit dem Kieferknochen. Vgl. Zahnlockerung, Periodontometrie. [6]

Zahn|bildung: → Zahnentwicklung. [30]

Zahn|bildungs|theorien f pl: → Dimertheorie, → Konkreszenztheorie, → Trituberkulartheorie. [30]

Zahn|bogen: → Arcus dentalis. [30]

Zahn|bogen|breiten- und -längen|index m: → *Pont*-Index. [5]

Zahn|bogen|index m: anthropologischer Index zur Klassifizierung der Zahnbögen. Formel:

$$\text{Index} = \frac{(\text{hintere Zahnbogenbreite x 100})}{\text{Zahnbogenlänge}}$$

[5]

Zahn|bogen|index, frontaler m: anthropologischer Index zur Klassifizierung der Zahnbögen. Formel:

$$\text{Index} = \frac{(\text{vordere Zahnbogenbreite x 100})}{\text{vordere Zahnbogenlänge}}$$

[5]

Zahn|bohrer: in der Zhk. verwendetes, → rotierendes, spanabhebendes Instrument, das aus Kopf (→ Arbeitsteil) und → Schaft besteht und axial sowie radial einwirkt (nicht zu verwechseln mit → Fräser). Norm: DIN 13 920. [21]

Zahn|bürste: Mundhygieneinstrument, dessen Kopf in Bündeln zusammengefaßte Borsten trägt, die an ihren Enden abgerundet sein und aus bakteriell schlecht besiedelbarem Kunststoff (Perlon, Nylon, Prolon, Polyurethan usw.) bestehen sollten. Bevorzugt werden Multitufted-Modelle in Kurzkopfform. Entscheidend für den Erfolg sind richtige Anwendung und Bürsttechnik. Vgl. Mundhygiene. [6]

Zahn|bürst|techniken f pl: verschiedene Methoden der Zahnreinigung mit der Zahnbürste: 1. Technik modifiziert nach *Bass:* Bürste wird vestibulär und oral im Winkel von 45° von koronal in Richtung Zahnfleisch auf die Zahnoberfläche gesetzt und mit kleinen, ovalen Kreisbewegungen über Zähne und Zahnfleisch geführt; nach Konzentration der Borstenbündel in den Interdentalräumen Auswischbewegung nach koronal; 2. vertikale Technik: Borsten werden in der Gegend der Gingiva propria angesetzt und in einer senkrechten Bewegung nach inzisal geführt (von Rot nach Weiß); 3. Auswischtechnik: Bürste wird wie bei der vertikalen Technik geführt und gleichzeitig um ihre Längsachse gedreht, *Stillman* läßt außerdem noch kleine massierende Rüttelbewegungen ausführen; 4. *Charters*-Methode (besonders bei Parodontitiden zur Massage der Gingiva geeignet): Bürste wird im Winkel von 45° von apikal an die Gingiva propria gelegt, es werden kleine, kreisende, rüttelnde Massagebewegungen ausgeführt und zusätzlich die Borsten zur Reinigung in die Interdentalräume gestoßen. [6]

Zahn|drüsen|leiste: eine bei Reptilien vorkommende Nebenleiste der Zahnleiste. Vgl. Schmelzfalten. [30]

Zahn|durchbruch: → Dentition. Verzögerter Z.: → Dentitio tarda. Erschwerter Z.: → Dentitio difficilis. Vorzeitiger Z.: → Dentitio praecox. [2]

Zahn|dysplasien f pl: durch Keimschädigung, Erbanlage oder Wachstumsstörungen mißgebildete Zähne, z.B. → Amelogenesis imperfecta, → Dentinogenesis imperfecta, → Fluorose der Zähne, → *Hutchinson*-Zähne, → Mesiodens, → Paramolaren, → Schalenzähne, → Schmelzhypoplasien, → Sichelzahn, → *Turner*-Zahn, → Zapfenzahn, → Zwillingszähne. [1]

Zähne|knirschen: → Bruxismus; psychogen überlagerte, pathologische → Parafunktion. [4]

Zahn|entwicklung: alle Vorgänge, die sich von der ersten Anlage der Milchzähne bis zum Durchbruch der bleibenden Zähne verfolgen lassen. Dazu gehören: Entstehung der → Zahnleiste, Ausbildung des → Schmelzorgans, dessen weitere Entwicklung bis zur Ausbildung der Zahnkrone, Durchbruch der Milchzähne, posteruptive Ausbildung der Zahnwurzel, Entwicklung des → Parodontiums, Resorption der Milchzahnwurzel, Verlust der Milchzähne sowie Durchbruch der bleibenden Zähne. Z. im engeren Sinne: die formale Genese und Histogenese der Zähne. [30]

Zahn|entwicklung, epitheliale: vom Epithel der primitiven Mundhöhle gebildete Formationen, aus denen der Zahnschmelz entsteht (Abb.). In

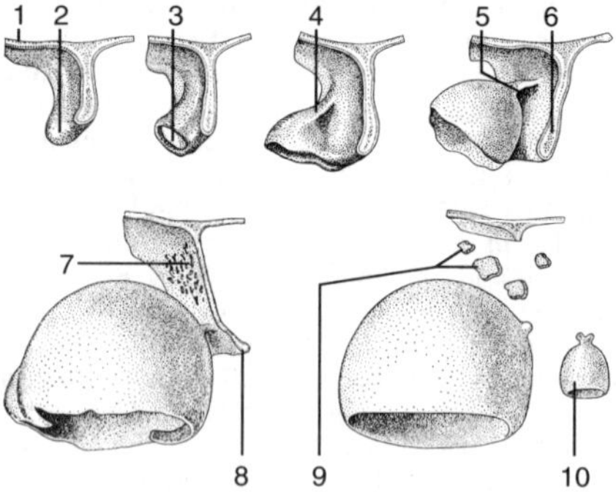

1: Mundhöhlenepithel; 2: Zahnknospe; 3: Schmelzknoten; 4: laterale Schmelzleiste; 5: Schmelznische; 6: Ersatzzahnleiste; 7: Schmelzleiste; 8: Ersatzzahnanlage; 9: Epithelreste; 10: Zahnglocke.

das Mesenchym einsprossende Zellen formieren sich zur → Zahnleiste, an denen sich zunächst Schmelzknoten und nachfolgend Schmelzglocken bilden. Aus letzteren entsteht das → Schmelzorgan. [30]

Zahn|erhaltungs|kunde: → konservierende Zahnheilkunde. [1]

Zahn|ersatz: → Prothese, zahnärztliche; man unterscheidet festsitzenden, herausnehmbaren und kombiniert festsitzenden/herausnehmbaren Zahnersatz. [4]

Zahn|fach: → Alveole. [30]

Zahn|faden|führer: Schlinge zum Durchziehen der → Zahnseide unter Brücken und kieferorthopädischen Apparaturen. [29]

Zahn|faden|halter: Plastikgriff zur Erleichterung der Handhabung von → Zahnseide im Mund (Abb.). [29]

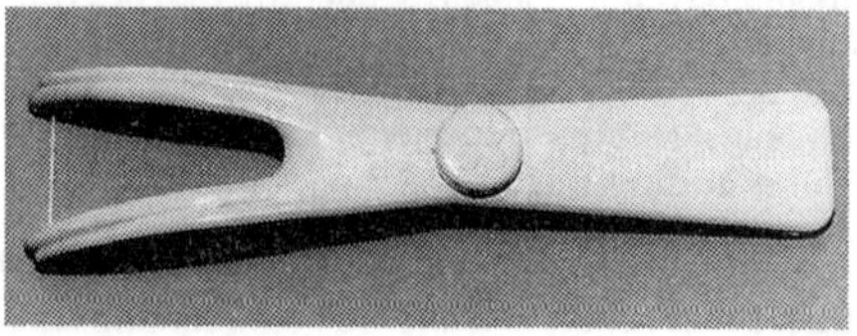

Zahn|farbe: Farbe der Zahnkronen. Der Grundton permanenter Zähne ist Elfenbeinweiß, Gelb oder Grau in individuell verschiedenen Tönungen. [30]

Zahn|fäule: → Karies. [1]

Zahn|fege: Zahnreinigungsinstrument der meisten Völkerstämme Afrikas und des südlichen Asiens, aber auch anderer Regionen, wird im Sinne unserer Zahnbürste benutzt. Die Z. ist eine Art Pinsel aus faserreichem Holz verschiedenen Ursprungs. Vgl. Zahnbürste. [6]

Zahn|fieber: Temperaturanstieg als Begleiterscheinung beim Durchbruch der Milchzähne, in der modernen Pädiatrie als Fehleinschätzung erkannt: das Kleinkind reagiert schon auf geringe Infekte mit ausgeprägten fieberhaften Erscheinungen, deren erhöhter Stoffwechsel auch den Zahndurchbruch aktiviert. Die fieberhafte Erkrankung ist nicht Folge, sondern Ursache eines beschleunigten Zahndurchbruchs. Vgl. Zahnkrämpfe, Dentitio difficilis. [1]

Zahn|film: folienloser → Röntgenfilm für die intraorale Röntgendiagnostik. Die lichtempfindliche Emulsion (in Gelatine eingebettetes Bromsilber) ist beidseitig auf ein Trägermaterial aus Polyester aufgetragen. Der Film ist lichtdicht und wasserfest verpackt. Mundhöhlenwärts befindet sich in der Verpackung eine geprägte Zinnfolie, die den Film vor → Streustrahlung schützt. Der Film ist an einer Ecke mit einer Delle versehen, deren erhabene Seite bei der Exposition fokuswärts gerichtet ist. Hiermit ist eine Orientierung des entwickelten Films möglich. Format: 2x3 cm, 3x4 cm und 4x5 cm, für → Aufbißaufnahmen 5,5x7,5 cm. Vgl. Bißflügelfilm. [14]

Zahn|fleisch: → Gingiva. [30]

Zahn|fleisch|abtragung: → Gingivektomie. [6]

Zahn|fleisch|druck|verband: Taschenpackung; kaum noch angewendete Methode zur Einebnung von Zahnfleischtaschen durch Druckverband aus Zement oder Paraffin, die unter Druck in die Zahnfleischtasche eingepreßt werden (*Dunlop*-Methode). [6]

Zahn|fleisch|entzündung: → Gingivitis. 6

Zahn|fleisch|fasern: Bindegewebsfasern, die die Verbindung zwischen Zahn, Alveolarknochen und Gingiva in verschiedenen Anteilen darstellen. Die wichtigsten Faseranteile sind: Fibrae dentogingivales, Fibrae interdentales mesiodistales, Fibrae interdentales decussatae, Fibrae dentoperiostales und Fibrae alveologingivales. 6

Zahn|fleisch|furche: → Sulkus. 6

Zahn|fleisch|hyper|plasie f: Gingiva hyperplasie. 6

Zahn|fleisch|klammern: pelottenartige Auflagen am Alveolarfortsatz aus Kunststoff, evtl. mit Draht kombiniert, angewandt vor allem bei Totalprothesen, deren Frontzähne aus kosmetischen Gründen aufgeschliffen werden müssen

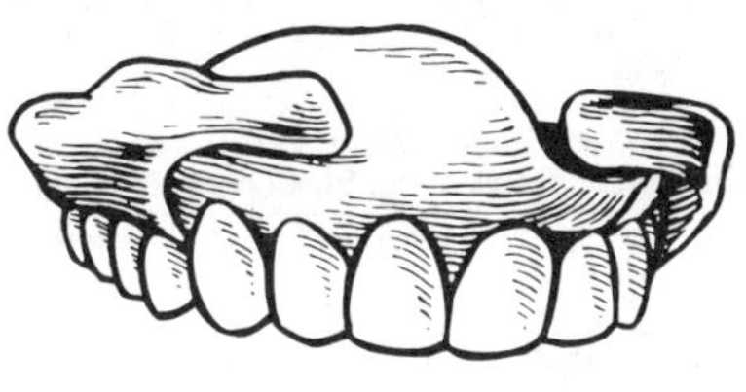

(Abb.). → Retentionsprothese. Z. werden heute nicht mehr empfohlen, da erhebliche Schleimhautreizungen beobachtet werden. 4

Zahn|fleisch|maske: Zahnfleischepithese; Ersatz des Zahnfleisches bei weit freiliegenden Zahnhälsen aus einem Prothesenkunststoff, von labial her dem Zahnhals und dem Zahnfleisch angelagert. Der Halt wird durch eine Klemmwirkung im Interdentalraum erzielt. Intensive Mundhygiene ist Vorraussetzung, da plaqueretentiv. 6

Zahn|fleisch|nischen: irreparabler Folgezustand der → Gingivitis ulcerosa im Bereich der → Interdentalpapille, mit kraterförmigen Defekten. Als Folge kommt es zur Retention entzündungs-erregender Stoffe und damit zur rezidivierenden → Parodontitis marginalis ulcerosa. Tritt unter konservativer Behandlung keine Regeneration ein, ist → Gingivoplastik angezeigt. 6

Zahn|fleisch|papille f: → Interdentalpapille. 6, 30

Zahn|fleisch|polyp m: chron. entzündliche Wucherung der Gingiva infolge Reizwirkung scharfer kariöser Kavitätenränder und überstehender Füllungen, zu unterscheiden von → Pulpapolyp und → Parodontalpolyp. 1

Zahn|fleisch|rand|schnitt: Schnittführung zur Lappenbildung in der parodontalen Taschenchirurgie, vor allem bei modifizierter → *Neumann-Widman*-Operation. Der marginale Schnitt wird so nahe wie möglich am Zahn entlanggeführt. 6

Zahn|fleisch|taschen: Hauptsymptom entzündlicher Parodontopathien, entstehen nach Destruktion des Desmodonts. Als Folge sondierbarer Spalt zwischen Zahn und umgebendem Zahnfleisch bzw. Knochen. Parallel dazu bilden sich an der Zementoberfläche → Konkremente. In den Z. sind vor allem anaerobe Keime, insbesondere Fusospirillen zu finden. Die veränderte Bakterienflora ist aber ebenso wie das Exsudat aus den Zahnfleischtaschen nur ein Sekundärsymptom. Hauptziel der systematischen Parodontalbehandlung ist deshalb die Beseitigung bzw. Einebnung der Z. Supraalveoläre Z., bei denen der tiefste Punkt der Tasche okklusal vom Alveolarrand liegt, kommen beim → Höhenabbau und stufenförmigen Abbau vor. Intraalveoläre Z., bei denen der tiefste Punkt der Tasche apikal des knöchernen Alveolarrandes liegt (man spricht daher auch von Knochentaschen), kommen nur beim → Seitenabbau der Alveole und bei apikalen und lateralen Kavernen vor. Pseudotaschen oder gingivale Taschen sind durch entzündliche Schwellung oder Bindegewebshyperplasien des Zahnfleisches entstanden, ohne daß der → Epithelansatz verändert ist. Vgl. Taschenepithel, Sulkus, aktive Zahnfleischtasche. 6

Zahn|fleisch|verbände: Verbände zum Schutz parodontaler Gewebe nach chirurgischen Eingriffen, sind nach parodontalchirurgischen Maßnahmen (→ Gingivoplastik, → Gingivektomie, → Lappenoperation) angezeigt. Zu unterscheiden sind: 1. Parodontalschutzlacke aus Kopalharz, Mastix und Kollodium oder auf Azetonzelluloidbasis; 2. Wachsverbände; 3. adhäsive Zinnfolien; 4. Zinkoxid-Eugenol-Verbände; 5. Verbände auf Kunstharzbasis; 6. Pektin-Gelatine-Verbände. Am gebräuchlichsten sind Zinkoxid-Eugenol-Verbände und Verbände auf Kunstharzbasis. Sie werden in Pastenform in die Mundhöhle eingebracht und erstarren dort. Sie können z.B. mit Kunststoff verstärkt oder mit einem speziell hergestellten Verbandhalter oder Verbandträger fixiert werden. 6

Zahn|fluorose f: → Fluorose der Zähne. 1, 15

Zahn|follikel m: → Zahnsäckchen. 30

Zahn|formel: *Bolk*-Gebißformel; schematische Darstellung der Gebisse von Mensch und Tier.

Die Zahngruppen werden mit den Buchstaben I (Incisivi), C (Canini), P (Prämolaren) und M (Molaren) bezeichnet. Für Milchzähne werden kleine Buchstaben verwendet. Obere und untere Zahnreihe werden in Bruchform dargestellt; eine senkrechte Linie steht für die Mittellinie. Die Schlußzahl gibt die Summe der Zähne an (Abb.). 30

$$\begin{array}{l} \;\;\text{i}\;\;\text{c}\;\;\text{m} \\ \left|\frac{2\;\;1\;\;2}{2\;\;1\;\;2}\right. = 20 \end{array}$$

Formel für das Milchgebiß des Menschen

$$\begin{array}{l} \;\;\text{I}\;\;\text{C}\;\;\text{P}\;\;\text{M} \\ \left|\frac{2\;\;1\;\;2\;\;3}{2\;\;1\;\;2\;\;3}\right. = 32 \end{array}$$

Formel für den Menschen und die katarhinen (schmalnasigen) Affen der Alten Welt

$$\left|\frac{2\;\;1\;\;3\;\;3}{2\;\;1\;\;3\;\;3}\right. = 36$$

Formel der platyrhinen (plattnasigen) Affen der Neuen Welt mit Ausnahme der Halbaffen

$$\left|\frac{3\;\;1\;\;4\;\;3}{3\;\;1\;\;4\;\;3}\right. = 44$$

Ursäugerformel (heute noch bei den Schweinen)

Zahn|form|entstehung, anthropologische: → Konkreszenztheorie, → Trituberkulartheorie, → Dimertheorie. 30

Zahn|fraktur f: → Fraktur, → Wurzelfraktur. 1

Zahn|furche: rinnenartige Vertiefung, die in der 4. Embryonalwoche durch Wucherung des Epithels und Einsenkung in das Bindegewebe auf der Mitte des → Alveolarwalls entsteht. Vgl. Zahnleiste. 30

Zahn|gesundheits|erziehung: Erziehung zu einem Ernährungs- und Zahnpflegeverhalten, bei dem Zahnschäden weitgehend vermieden werden. Z. gehört zur → Gruppenprophylaxe in Schulen und Kindergärten und sollte in ein einheitl. Konzept allgemeiner Gesundheitserziehung integriert werden. 15

Zahn|gewicht: Gewicht extrahierter menschlicher Zähne, das hauptsächlich durch die Zahnhartsubstanzen bestimmt wird, der Anteil der Weichteilreste ist minimal (Tab. 1 und 2). 30

Zahngewicht. Tab. 1
Durchschnittsgewicht der Milchzähne (in g)

	Oberkiefer		Unterkiefer	
	n	g	n	g
i_1	310	0,30	120	0,14
i_2	814	0,22	75	0,20
c	605	0,39	605	0,39
m_1	155	0,58	432	0,57
m_2	170	1,00	287	0,97
gesamt	2054	2,49x2= 4,98g	1519	2,27x2= 4,54g

Obere und untere Eckzähne wurden wegen der Ungenauigkeit ihrer Bestimmung nicht unterschieden; die zweite Stelle hinter dem Komma wurde aufgerundet; n = Anzahl der Fälle

Zahngewicht. Tab. 2
Durchschnittsgewicht der bleibenden Zähne (in g)

	Oberkiefer		Unterkiefer	
	n	g	n	g
I1	1585	0,99	1846	0,52
I2	2192	0,71	1975	0,65
C	3723	1,31	2968	1,17
P1	2665	1,07	2448	0,88
P2	4067	1,14	2280	1,03
M1	2810	2,29	2030	2,20
M2	2950	2,03	2210	2,16
M3	2723	1,71	219	1,91
gesamt	22715	11,25x2= 22,5	15976	10,52x2= 21,4 g

Die zweite Stelle hinter dem Komma wurde aufgerundet; n = Anzahl der Fälle

Zahn|größen: Länge und Breite der Zähne. Die Z. sind, bezogen auf die Masse der Krone, im menschlichen Gebiß unterschiedlich. Schneidezähne sind am kleinsten, insbes. die unteren, im Seitenzahngebiet nimmt die Zahngröße nach distal zu. Im Oberkiefer sind die vorn stehenden Zähne einer Zahngruppe größer als die distal folgenden. Der 1. Inzisivus, ist z.B. größer als der 2. Inzisivus, der 1. Prämolar größer als der 2. Prämolar usw. Im Unterkiefer nehmen die Zahngrößen von den Schneidezähnen bis zum 1. Molaren zu und dahinter wieder ab. 30

Zahn|gruppe: mehrere Zähne mit ähnlichen

Merkmalen: Schneidezähne, Eckzähne, Prämolaren und Molaren. [30]

Zahn|hals: Cervix dentis (IANC), auch Collum dentis; der zwischen Krone und Wurzel befindliche, normalerweise vom Zahnfleisch bedeckte Teil des Zahns, an welchem sich Schmelz und Zement treffen. [30]

Zahn|hals|karies f: → Wurzelkaries. [1]

Zahn|halte|apparat m: → Parodontium. [30]

Zahn|hart|substanz f: die mineralisierten Bestandteile des Zahnes (→ Schmelz, → Dentin, → Zement). Ggs.: → Pulpa. [1]

Zahn|hart|substanz|erosion f: Zahnhartsubstanzverlust durch chemische Einflüsse nichtbakteriellen Ursprungs. Die Erscheinungsformen variieren vom poliert aussehenden Schmelz bis zu ovalen Kavitationen (evtl. mit Dentin- und Pulpabeteiligung). Prädilektionsstelle: gingivales Drittel der Fazialfläche der oberen Frontzähne. Lokalisation auch auf anderen Glattflächen möglich. Ursache: idiopathisch, säurehaltige Nahrung, berufs- oder krankheitsbedingt. DD: → Initialkaries, → Abrasion, Fehlbelastung. Therapie: Beseitigung der Ursache, Fluoridierung, Versiegelung, Füllungstherapie, Überkronung (im fortgeschrittenen Stadium). Vgl. Perimylolysis. [29]

Zahn|heil|kunde|gesetz: Abk. ZHKG; Gesetz über die Ausübung der Zahnheilkunde vom 31.3.1952, gültig in der Fassung vom 27.9.1977 (BGB1. I S. 1869); Gesetz, das die Befugnis zur Ausübung der Zahnheilkunde durch approbierte Zahnärzte bzw. Ärzte regelt. [24]

Zahn|höcker, nicht|tragende: → Scherhöcker. [30]

Zahn|höcker, tragende: kegelförmige oder runde Höcker, die näher am Zentrum der Kaufläche liegen. Bei den oberen Seitenzähnen sind es die lingualen und bei den unteren die vestibulären Höcker. [30]

Zahn im Zahn: → Dens invaginatus. [1, 30]

Zahn|karies f: → Karies. [1]

Zahn|keim: der in der Entwicklung befindliche, noch nicht durchgebrochene Zahn. [30]

Zahn|keim|entfernung: → Germektomie. [2]

Zahn|keim|osteo|myelitis f: Zahnkeimentzündung; → Osteogingivitis neonatorum, → Follikulitis. [2, 29]

Zahn|keim|transplantation f: Überpflanzung eines Zahnkeimes, meist des unteren Weisheitszahnes, mitsamt seines Zahnsäckchens in die entsprechend vorbereitete Alveole eines extrahierten 1. oder 2. Molaren. Die Z. kann sofort im Anschluß an die Extraktion oder, mit Aufklappung, 3 Wochen nach der Zahnentfernung erfolgen. [2]

Zahn|keim|verlagerung: anomale Lage von Keimen, die einen Durchbruch der Zähne an falscher Stelle außer- oder innerhalb der Zahnreihe oder auch ihre teilweise bzw. gänzliche → Retention verursacht. Am häufigsten bei oberen Eckzähnen. Auch → Persistenz von Milchzähnen kann infolge von Z. eines bleibenden Zahnes erfolgen. [5]

Zahn|keim|zyste f: → Zyste. [2]

Zahn|krämpfe: Fehldiagnose! Die → Spasmophilie ist eine Begleiterscheinung der ausheilenden → Rachitis und nicht Folge des Zahndurchbruchs. [34]

Zahn|krone: Corona dentis (IANC); anat. der von Schmelz bedeckte Teil der Zähne, klin. der im Mund sichtbare Teil eines Zahns (Corona clinica), der bei jugendlichen permanenten Zähnen kleiner ist und sich im Alter durch horizontalen Abbau des Parodontiums vergrößert. [30]

Zahn|leiste: Schmelzleiste (*Leche* 1892, veraltet), dentogingivale Leiste (*Bolk* 1911); von *Hertwig* 1874 beschriebene Epithelsprossungen, die vom Grund der Zahnfurche im Alter von ca.

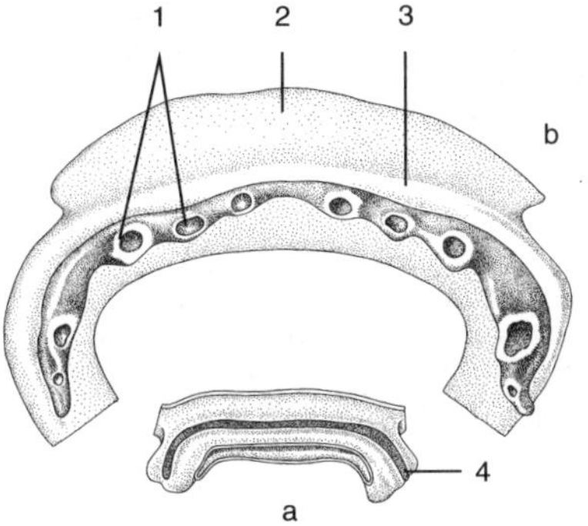

a: bei einem Embryo von 2,5 cm Länge;
b: Anlage aller Milchzähne im Glockenstadium
1: Schmelzglocken; 2: Lippe; 3: Vorhofleiste;
4: Zahnleiste. [8]

sechs Wochen ausgehen. Die Z. bildet eine bandartige, bogenförmige Formation im Mesenchym des Ober- und Unterkiefers (Abb.). Sie stellt die erste Anlage aller Zähne (Milch- und bleibende Zähne) dar. Man unterscheidet die generelle Z. für 20 Milchzähne und die 12 Molaren und die Ersatzzahnleiste für die bleibenden Zähne (außer den Molaren). [30]

Zahn|lockerung: pathol. Zahnbeweglichkeit, ein Hauptsymptom der → Parodontopathien. Nach den Richtlinien der Deutschen ARPA 1969 in drei Grade eingeteilt: I: fühlbar; II: sichtbar; III: beweglich auf Lippen- und Zungendruck oder in axialer Richtung. Vgl. Zahnbeweglichkeit, Periodontometrie. 6

Zahn|lose: → Edentaten. 27

Zahn|losigkeit: Fehlen sämtlicher Zähne durch Nichtanlage (echte → Anodontie), Trauma oder Extraktion (→ Edentation). Während man die völlige Z. in früheren Zeiten als Merkmal von → Seneszenz und → Senium verstand, findet man heute bei Alterspatienten zunehmend Lükkengebisse. 27

Zahn|luxation f: → Luxation. 1

Zahn|mark: → Pulpa dentis. 1, 30

Zahn|medizinische Fach|helferin: Abk. ZMF; weitergebildete Zahnarzthelferin, deren Aufgabengebiet insbesondere im → Recallsystem der → systematischen Parodontalbehandlung liegt. 6

Zahn|mißbildungen: → Zahndysplasien. 1

Zahn|oberhäutchen: Abk. ZOH; zusammenfassende Bez. für alle membran- oder filmartigen organischen Schichten mit Ausnahme von Mikroorganismen (Plaques) und Zahnsteinbildungen, welche die freiliegenden Oberflächen aller in die Mundhöhle ragenden Teile des Zahns bedecken. Vgl. Schmelzoberhäutchen. 30

Zahn|organ n: → Odontium. 30

Zahn|papille f: bei der Zahnentwicklung durch Vorwachsen der Ränder des → Schmelzorgans umwachsenes mesenchymales Bindegewebe, an dessen Oberfläche sich → Odontoblasten differenzieren. Wird später zur Pulpa. 30

Zahn|pasta f: aromatische und wohlschmeckende cremeartige Zubereitung, die die reinigende Wirkung der Zahnbürste unterstützen und verbessern soll. Die Vielfalt der im Handel erhältl. Produkte erschwert allgemeingültige Angaben über die Zusammensetzung (Tab. nach *E. Buddecke*). Angestrebte Ziele: bessere Reinigung (Plaqueentfernung), möglichst auch an nicht zugängl. Stellen, also Wirkung gegen Karies und Gingivitis, bei Spezialpasten zusätzl. gegen Zahnstein, festsitzende Beläge und sensible Zahnhälse. Die kariesreduzierende Wirkung durch zugesetzte Fluoride ist am besten nachgewiesen. 1

Zahn|pulpa f: → Pulpa dentis. 30

Zahn|pulver: Zahnreinigungsmittel, bestehend aus Putz- und Poliermitteln (Kalziumkarbonat, Di- und Trikalziumphosphat), Tensiden, Schleimstoffen (Stärke, Traganth und Alginate) und Aromastoffen. Vgl. Zahnpasta. 6

Zahn|rad|phänomen n: *Negro*-Zeichen; ruckweise lösbare Muskelstarre infolge stoßweiser, tonischer Widerstandserhöhung der Gliedmaßenmuskulatur. Am besten prüfbar an Handgelenk oder Ellenbogenbeuge. Tritt z.B. bei → *Parkinson*-Krankheit oder Neuroleptikum-Syndrom auf. 33

Funktion	Bestandteil (Beispiel)	Anteil Gew.%
Putz- bzw. Poliermittel	Calciumhydrogenphosphat, Tricalciumphosphat, Natriummetaphosphat, Calciumcarbonat, Aluminiumhydroxid, Kieselsäure	20 - 55
Binde-u. Verdickungsmittel (Konsistenzmittel)	Cellulosederivate, (Carboxymethyl-, Hydroxyethyl- oder Methylcellulose)Alginat, Pektin Agar	1
Feuchthaltemittel	Glycerin, Sorbit (70% wäßrige Lösung 1,2 - Propandiol Polyethylenglycol (MW 400-600)	5 - 50
oberflächenaktive Substanzen (Emulgatoren)	Natriumlaurylsulfat, Natriumlaurylsarkosinat	1,2 - 2
Aromastoffe, Süßstoffe (Geschmackskorrigenzien)	Menthol, Pfefferminzöl, Saccharin	0,8 - 1,3
Fluoride	Natriummonofluorphosphat, Natriumfluorid, Hexadecylamin-Hydrofluorid	0,1
Zusatzstoffe	bakteriostatische bzw. bakterizide Wirkstoffe, kariesprophylaktische Zusätze, Wirkstoffe gegen entzündliche Parodontopathien, zahnsteinlösende Verbindungen.	< 0,1

Grundstoffe für die Herstellung von Zahnpasten

Zahn|richtung: → Zahnachsenverhältnis. 30

Zahn|rück|pflanzung: → Replantation. 2

Zahn|säckchen: die das → Schmelzorgan und die Zahnpapille umgebenden Mesenchymzellen. Das Z. bildet die Anlage für Zement, Parodontalligament und z.T. des Os alveolare. 30

Zahn|scheibchen: die ersten makroskopisch sichtbaren Hartsubstanzpartikel des sich entwikkelnden Zahns. Vgl. Schmelzorgan. 30

Zahn|schema n: Gebißschema; System zur schriftl. Fixierung des Gebißzustandes mit Symbolen zur Kennzeichnung von Zähnen mittels Zahlen oder Buchstaben. Als Grundlage für die Orientierung dient ein Achsenkreuz, durch welches das Gebiß in 4 Quadranten zerlegt wird. Die Horizontale ist die Trennlinie zwischen oberen und unteren Zähnen, die Vertikale zwischen rechter und linker Seite. Alle Symbole orientieren sich so, wie der Zahnarzt den zu Untersuchenden sieht. Danach stehen alle linken Zähne rechts und alle rechten Zähne links von der Vertikalen.

Nach dem von *Zsigmondy* 1861 eingeführten Z. werden permanente Zähne durch arabische Ziffern, Milchzähne durch römische Zahlen gekennzeichnet. Die Numerierung erfolgt in jedem Quadranten fortlaufend vom medial nach lateral (Abb. 1).

Permanente Zähne:

oben rechts															oben links
8	7	6	5	4	3	2	1	1	2	3	4	5	6	7	8
8	7	6	5	4	3	2	1	1	2	3	4	5	6	7	8
unten rechts															unten links

Milchzähne:

V	IV	III	II	I	I	II	III	IV	V
V	IV	III	II	I	I	II	III	IV	V

Abb. 1: Zahnschema nach *Zsigmondy* (1861): Permanente Zähne werden durch arabische, Milchzähne durch römische Ziffern gekennzeichnet

Zur Kennzeichnung eines einzelnen Zahns bedient man sich eines vom Achsenkreuz abgeleiteten Winkelzeichens. Beispiele für permanente Zähne:

1⌋ = oberer rechter mittlerer Schneidezahn,

⌊3 = oberer linker Eckzahn,

⌈4 = unterer linker 1. Prämolar oder

6⌉ = unterer rechter 1. Molar.

Beispiele für Milchzähne:

II⌋ = oberer rechter seitlicher Milchinzisivus,

⌈III = oberer linker Milcheckzahn,

⌈IV = unterer linker 1. Milchmolar,

V⌉ = unterer rechter 2. Milchmolar.

Ein anderes, 1887 von *Victor Haderup* (Kopenhagen) veröffentlichtes Z. kennzeichnet die Stellung der Zähne im Oberkiefer durch ein mesial neben die Zahnzahl gesetztes +, im Unterkiefer durch ein - (Abb. 2).

Permanente Zähne:

oben rechts																oben links
8	7	6	5	4	3	2	1	+	1	2	3	4	5	6	7	8
8	7	6	5	4	3	2	1	–	1	2	3	4	5	6	7	8
unten rechts																unten links

Beispiel für Milchzähne:

03+	+03
6-5-	–4

Abb. 2: Zahnschema nach *Haderup*

Der Milchzahn führt vor der Zahl eine 0, doch werden statt dessen jetzt meist auch röm. Zahlen verwandt. Die genannten Beispiele würden also nach *Haderup* lauten:

03+, +03, 6-, 5-, -4 bzw. +4, +5.

Durch Hinzufügen einer „Potenzzahl" 1-5 werden die 5 Zahnflächen gekennzeichnet: 1 = Kaufläche oder Schneidekante, 2 = mesiale Fläche, 3 = labiale bzw. bukkale Fläche, 4 = distale Fläche, 5 = palatinale bzw. linguale Fläche. Die palatinale Fläche des rechten oberen Molaren würde demnach mit $6+^{5}$ bezeichnet werden. Das amerikanische Z. numeriert die bleibenden Zähne des Oberkiefers durchlaufend von rechts nach links und setzt dies für die des Unterkiefers rückläufig von links nach rechts fort (Abb. 3).

Permanente Zähne:

oben rechts															oben links
1	2	3	4	5	6	7	8	9	10	11	12	13	14	15	16
32	31	30	29	28	27	26	25	24	23	22	21	20	19	18	17
unten rechts															unten links

Milchzähne:

A	B	C	D	E	F	G	H	I	J
T	S	R	Q	P	O	N	M	L	K

Abb. 3: Amerikanisches Zahnschema

Der rechte obere Eckzahn trägt also als bleibender die Ziffer 6, als Milchzahn den Buchstaben C. Das von der Fédération Dentaire Internationale (FDI) 1970 eingeführte internationale Z. belegt jeden Zahn mit 2 Zahlen. Alle 4 Quadranten erhalten eine Kennziffer, welche durch die Zahl des zu bezeichnenden Zahns ergänzt wird. Der obere rechte Quadrant beginnt mit der Ziffer 1, die weitere Bezifferung erfolgt in Richtung des Uhrzeigers, so daß der untere rechte

Permanente Zähne:

oben rechts															oben links
18	17	16	15	14	13	12	11	21	22	23	24	25	26	27	28
48	47	46	45	44	43	42	41	31	32	33	34	35	36	37	38
unten rechts															unten links

Milchzähne:

55	54	53	52	51	61	62	63	64	65
85	84	83	82	81	71	72	73	74	75

Abb. 4: Internationales Zahnschema nach dem FDI-System (1970)

Quadrant die Ziffer 4 trägt. In entsprechender Weise wird die Bezifferung der Quadranten für Milchzähne von 5 bis 8 fortgesetzt (Abb. 4). Die zweistelligen Zahlen werden getrennt voneinander gelesen. Beispiele: 11 (eins-eins) = oberer rechter mittlerer permanenter Schneidezahn, 27 (zwei-sieben) = oberer linker 2. permanenter Molar, 53 (fünf-drei) = oberer rechter Milchkaninus, 75 (sieben-fünf) = unterer linker 2. Milchmolar, usw. Das FDI-System ist besonders vorteilhaft für elektronische Datenverarbeitung. [1, 30]

Zahn|schema, anatomisches: → Zahnformel.[30]

Zahn|schmelz: → Schmelz. [30]

zahn|schonend: 1969 vom Schweizerischen Bundesamt für Gesundheitswesen definierter Begriff. Dieser Definition zufolge darf ein Produkt dann als zahnschonend bezeichnet werden, wenn beim Menschen während und innerhalb von 30 Minuten nach Verzehr der Plaque-pH-Wert infolge Kohlenhydratvergärung nicht unter 5,7 absinkt. [29]

Zahnseide f: Fäden aus Zwirn oder Seide (gewachst und ungewachst) zur → Interdentalhygiene. Gewachste Z. dient auch zur Befestigung von → Kofferdam. → Fädeln, → Zahnfadenhalter. [34]

Zahn|spiro|chäten f pl: → Mundspirochäten, → Spirochäten. [6]

Zahn|status m: schriftl. Fixierung des gegenwärtigen Zustandsbilds eines Gebisses (Status praesens). Füllungen, fehlende Zähne, Kronen, Stiftkronen, Brückenglieder, evtl. auch Vitalität, Zahnlockerung, Zahnsteinansatz u.ä. werden meist in eine vorgedruckte bildl. Darstellung des Gebisses eingetragen. Vgl. Zahnschema, Panoramaschichtaufnahmeverfahren. [30]

Zahn|stein: harte Ablagerungen an den Zahnkronen als Ausfällung von Kalziumsalzen des Speichels, vermischt mit organischen Gewebsresten und Mikroorganismen (minerialisierte Plaque). Prädilektionsstellen entsprechend den Mündungen der Speichelausführungsgänge an den Oralflächen der unteren Frontzähne und vestibulären Flächen der oberen Molaren. Fälschlich unterteilt in supra- und subgingivalen Z., die subgingivalen harten und zuweilen sehr fest haftenden Ablagerungen an den Wurzeloberflächen entstammen jedoch nicht dem Speichel, sondern entzündlichen Sekreten (→ Konkremente). [6]

Zahn|stein|index m: Index zur Bewertung von supra- und subgingivalen Ablagerungen an den Zähnen. Vgl. Calculus-Surface-Index, VM-Index, Marginal-Line-Calculus-Index. [6, 15]

Zahn|streptokokken f pl: → Streptokokken, → Mundstreptokokken. [8]

Zahn|technik f: die Anfertigung von Füllungen, Kronen, Zahnersatz, kieferorthopäd. und orthodont. Geräten, Obturatoren, Schienungen u.a. nach Angabe des Za. im Laboratorium. [4]

Zahn|überzahl: → Hyperodontie, → Dentes supernumerarii. [5]

Zahnung: → Dentition. [30]

Zahn|unterzahl: → Hypodontie. [5]

Zahn|verfärbung: durch Medikamenteneinwirkung in der Phase der Zahnentwicklung, unkontrollierte Fluoridgaben oder Einblutung in Dentinkanälchen entstandene Farbveränderung der

Temperatur	Schmelz	Dentin	Zement
100 °C	-	gelb-braun	-
400 °C	gelb-grau Spalten-risse	schwarz	braun
1.000 °C	rosa, Risse, abgespr. Kanten	weiß/rosa	leicht rosa, Risse

Zahnhartsubstanz. Vgl. Verfärbung der Zahnkrone. Auch Hitzeeinwirkung führt zu charakteristischen Verfärbungen der Zahnhartgewebe, durch welche die Ursache (Brand, Explosion etc.) zu erkennen ist (Tab.). Vgl. Forensische Odonto-Stomatologie. [28]

Zahn|verschmelzung: Fusion, unechte Zahnkeimpaarung, → Dentes confusi. [1]

Zahn|verstümmelung: Beschleifen und Verstümmeln der bleibenden Frontzähne mit spitzen oder zackigen Einkerbungen aus rituellen Motiven oder als Mannbarkeitszeichen, besonders kunstvoll im präkolumbianischen Mittelamerika bei Azteken und Maya (Abb.). [1]

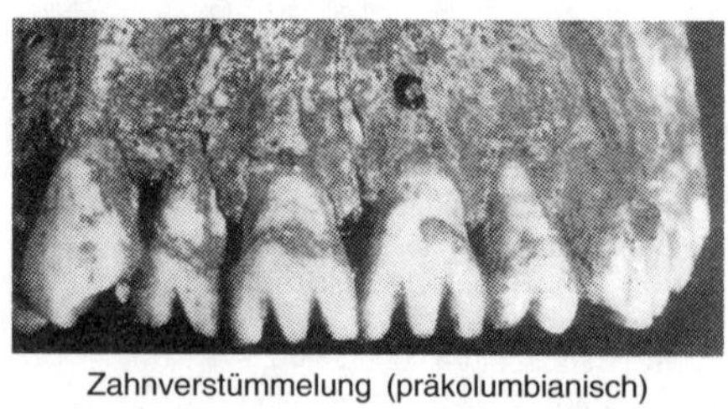

Zahnverstümmelung (präkolumbianisch)

Zahn|verwachsung: → Dentes concreti. [1]

Zahn|wachstum: Chronologie des Zahnwachs-

Zahnwachstum
Chronologie des Zahnwachstums menschlicher Zähne[1]

Milchzähne	Erste Anlage des Zahnkeims Wochen fetal	Beginn der Schmelz-Dentin-Bildung Monate fetal	Krone ausgebildet Monate fetal	Wurzel ausgebildet Jahre postnatal
i_1	7	4-4,5	1,5-2,5	1,5
i_2	7	4,5	2,5-3,0	1,5-2,0
c	7,5	5	9	3
m_1	8	5	5,5-6,0	2,5
m_2	10	6	10,0-11,0	3
Bleibende Zähne	**Monate fetal**	**Monate postnatal**	**Jahre postnatal**	**Jahre postnatal**
M_1	3,5-4,0	Geburt	2,5-3,0	9-10
I_1	5	3-4	4-5	9-10
I_2	5,0-5,5	10-12[1] / 3-4	4-5	10-11
C	5,5-6,0	4-5 Jahre postnatal	6-7	12-15
P_1	Geburt postnatal	1,5-2,0	5-6	12-13
P_2	7,5-8,0	2,0-2,5	6-7	12-14
M_2	8,5-9,0 Jahre postnatal	2,5-3,0	7-8	14-16
M_3	3,5-4,0	7-10	12-16	18-25

[1] Bei Unterschieden zwischen oberen und unteren Zähnen sind die Daten getrennt angegeben.

tums menschlicher Zähne (Tab. nach *I. Schour* und *M. Massler*, 1940). 30

Zahn|wanderung: Lageänderung von Zähnen, die physiol. als → Mesialdrift bzw. → Okklusaldrift und pathol. als Folge von → Dyskinesien und Extraktionen auftritt. Als Extraktionsfolge ist die Wanderung der Nachbarzähne vorwiegend kippender Natur, am ehesten körperlich ist sie bei noch nicht durchgebrochenen Nachbarzähnen. Im Oberkiefer geht die Wanderung im Seitenzahnbereich schneller, ausgedehnter und mehr in distaler Richtung vor sich, im Unterkiefer vorwiegend in mesialer Richtung. Je jünger der Patient, desto lebhafter die Wanderung. Therapeutisch ausgenutzt bei der → Extraktionstherapie. 5, 30

Zahn|wechsel: → Dentition, → Mineralisation, → Zahnleiste. 29

Zahn|wurzel: Radix dentis (IANC); Abschnitt eines Zahns vom Kronensockel bis zur Wurzelspitze. Die Z. besteht aus Dentin und einem Zementmantel und dient der Verankerung von Zähnen in den Kiefern. Klin. der im Alveolarknochen verankerte und von Zahnfleisch bedeckte Teil eines Zahns, Radix clinica. Durch Retraktion des Zahnfleisches und horizontalen Abbau

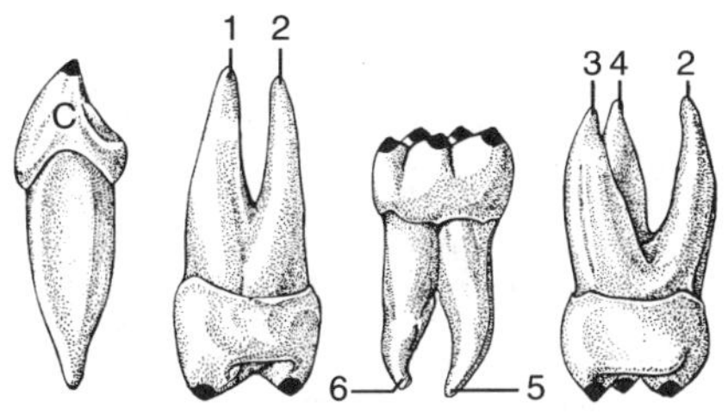

1: Radix vestibularis; 2: Radix lingualis; 3: Radix vestibularis mesialis; 4: Radix vestibularis distalis; 5: Radix mesialis; 6: Radix distalis. [3]

des Alveolarknochens verkürzt sich die klinische Z. Je nach Zahngattung sind Anzahl, Stärke und Form der Z. verschieden (Abb.). Einwurzlig sind Schneidezähne, Eckzähne und Prämolaren, zweiwurzlig untere Molaren, in 60% der Fälle der obere 1. Prämolar, manchmal auch der obere 2. Prämolar. Dreiwurzlig sind obere Molaren. Die Anzahl der Wurzeln bei → Weisheitszähnen ist oft unregelmäßig. Nach ihrer topographischen Anordnung unterscheidet man Radix distalis, Radix mesialis, Radix lingualis, Radix vestibularis, Radix vestibularis distalis, Radix vestibularis mesialis (Ausnahmen bestehen bei Weisheitszähnen). Vgl. Zahnkrone. 30

Zahn|zangen: seit der griech. Antike verwendete Instrumente zur Zahnentfernung, in der heutigen anat. Form von *Tomes* 1841 entwickelt, 1905 von *Berten* weiter verbessert. Die den Zahn

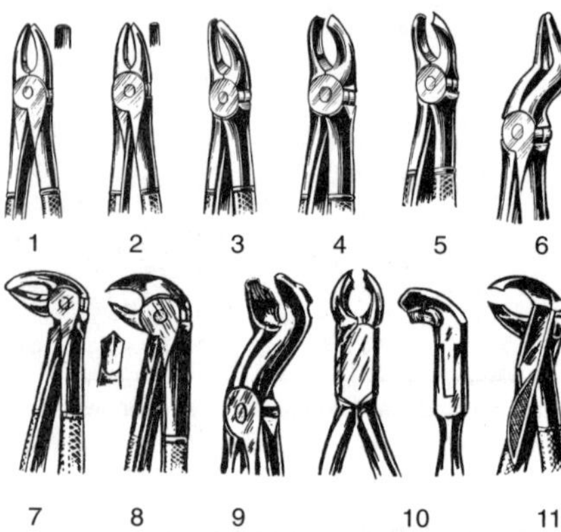

1: breite gerade Zange für obere mittlere Schneidezähne und Eckzähne; 2: schmale gerade Zange für obere seitl. Schneidezähne und Frontzahnwurzeln; 3: Zange für obere Prämolaren; 4: Zange für rechte obere Molaren; 5: Zange für linke obere Molaren; 6: Bajonettzange für obere Wurzeln; 7: Rabenschnabelzange für untere Frontzähne, Prämolaren und Wurzeln; 8: Zange für untere Molaren; 9: Zange für obere Weisheitszähne; 10: „tiefgreifende" Zange für untere Molaren; 11: Zange für untere Molaren mit amerikanischem Schloß.

umschließenden Branchen sind so gestaltet, daß sie dem Zahn anliegen (Abb.). Weitere Formen: → Keilzange, → Kuhhornzange, → Separierzange. Vgl. Extraktionsinstrumente. 2

Zahn|zement n: → Zement. 30

Zahn-zu-Zweizahn-Beziehungen: Zahnkontakte bei der habituellen Okklusion. Beim Kieferschluß trifft ein Zahn auf 2 Antagonisten, z.B. der Prämolar okkludiert mit beiden unteren Prämolaren (Abb.). Vgl. Okklusionseinheit. 30

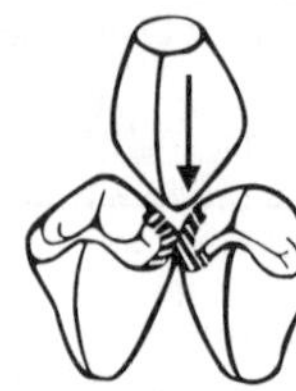

Zahn|zwischenraum: → Interdentalraum. 1

Zäkum (lat.) n: Intestinum caecum, Blinddarm. → Darm. 9

Zangen zur Zahn|extraktion: → Zahnzangen. 2

Zäpfchen: anat. → Uvula, die zapfenförmige Verlängerung des weichen Gaumens nach hinten und unten. Enthält den Zäpfchenmuskel (M. uvulae), der das Z. verkürzt. Pharm.: → Suppositorium. 9

Zapfen|zahn: Griffelzahn, Dens emboliformis; Zahnkümmerform, die als Vorstufe einer phylogenetischen → Gebißreduktion anzusehen ist. Betrifft am häufigsten die oberen seitlichen Schneidezähne; vgl. Gebißreduktion, phylogenetische. Z. als Überschußbildung: → Mesiodens. 5, 30

Zell|atypie f: zelluläre Atypie; vom normalen Aufbau abweichende (atypische) Zelle. 32

Zelle (lat.) f: kleinste, noch selbständig lebensfähige morphologische Einheit, die als selbständiger Organismus bei den Einzellern auftritt. Bei den → Metazoen bildet sie große Verbände und

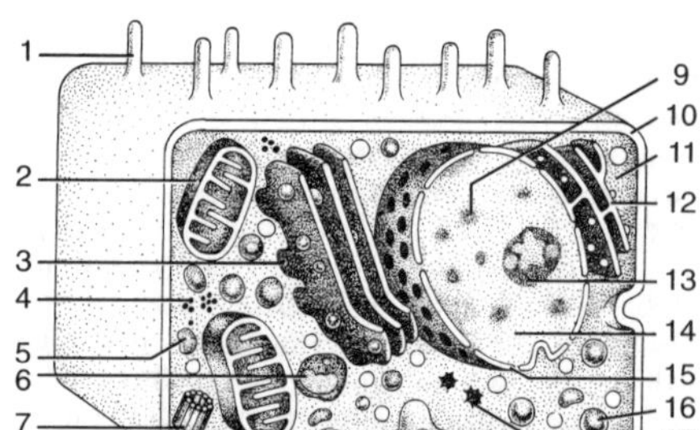

1: Ausstülpungen der Zelloberfläche; 2: Mitochondrium mit doppelter Hüllmembran; 3: Golgikörper; 4: Glykogenkörnchen; 5: Fetttröpfchen; 6: Lysosom; 7: Zentrosom; 8: kleine Vakuole; 9: Chromatin; 10: Zellmembran; 11: Zytoplasma; 12: endoplasmatisches Retikulum mit Ribosomen besetzt; 13: Kernkörperchen (Nukleolus); 14: Zellkern mit doppelter Kernmembran; 15: Granula; 16: Lipoidtröpfchen. [80]

ist Elementarorganismus oder Baustein im Rahmen der übergeordneten Struktur. Der Ausdruck „Zelle" zuerst von *Robert Hooke* angewandt, der 1665 im Flaschenkorken „*cells*" beschrieb. Sie ist der gemeinsame Elementarorganismus von Pflanzen und Tieren. Die Z. ist vermehrungsfähig, reizbar und muß ihre Struktur mit Hilfe des Stoffwechsels aufrechterhalten. Sie besteht aus dem Zelleib (→ Zytoplasma), der Zellmembran (Plasmalemm) und dem Zellkern (→ Nukleus). Alle drei sind für Leben und Funktion unerläßlich, sie bilden eine Funktionseinheit (Abb.). → Mitose, → Amitose. [9]

Zelleib: → Zytoplasma. [9]

Zell|gewebs|entzündung: → Phlegmone. [32]

Zell|kern: → Nukleus. [9]

Zell|klon m: → Klon. [8]

Zell|mauserung: der natürliche Ersatz überalterter oder verbrauchter Körperzellen. → Blutmauserung. [10]

Zell|membran f: → Plasmalemm. [9]

Zellophan n: Zellulose-Kunststoff, der nach dem Viskose-Verfahren in Folien hergestellt wird. [23]

Zell|organellen f pl: strukturierte Bestandteile der → Zelle, sog. „kleine Organe im Leib der Zelle", mit Ausnahme des Zellkerns mit bestimmter Funktion; sie sind durch Einheitsmembranen abgegrenzt. Zu den Z. gehören: die → Mitochondrien, der → Golgi-Apparat, das endoplasmatische → Retikulum, die Lysosomen und die Peroxisomen. Dazu werden noch die Zentriolen und die Ribosomen gezählt, obwohl sie eine andere Struktur haben. (Abb. → Zelle). [9]

Zell|teilung: → Mitose. [9]

Zell|therapie f: Zellulartherapie; Injektion von Zellmaterial, bestehend aus zerkleinerten, suspendierten, endokrinen Drüsen, Plazenten und anderen spezifischen Parenchymzellen junger Tiere sowie tierischer Fette, sofort nach steriler Entnahme, nach 48stündiger Unterkühlung oder als Trockenpräparate. Als Reizkörpertherapie bei Abnutzungserscheinungen, inkretorischen Dysfunktionen, Stoffwechselstörungen, Parodontopathien, chron. Stomatitiden u.a. Wirksamkeit wird kontrovers diskutiert. Bei wiederholter Anwendung kann es wegen der Fremdeiweißsensibilisierung zu anaphylaktischen Reaktionen kommen. [20]

Zell|tod: Zytolyse, Zytorhexis, → Nekrose; 1. programmierter Zelltod durch physiol. Alterungsprozesse; 2. provozierter Zelltod durch irreversible Schädigung. Vgl. Koagulationsnekrose, Kolliquationsnekrose. [32]

Zellular|patho|logie f: Krankheitslehre nach *Virchow,* derzufolge die Ursache jeder Krankheit in einer Störung der einzelnen Zellen zu suchen ist. Vgl. Humoralpathologie. [32]

Zellular|theorie f: Theorie der zellulären Immunität, Resistenz durch Schutzzellen (*Metschnikoffs* Phagozytentheorie, 1884). Der Körper schützt sich gegen Bakterien durch → Phagozyten (Leukozyten und Histiozyten). *Aschoff* prägte den Namen → retikuloendotheliales System (RES). [8]

Zelluloid (lat./gr.) n: organischer, leicht brennbarer Kunststoff aus nitrierter Zellulose und Kampfer. Erster und damit ältester Kunststoff, der zuerst um 1870 zu Prothesen verarbeitet wurde. [4]

Zelluloid|kronen: konfektionierte durchsichtige Kronenhülsen in gängigen Größen für alle Zahntypen zur einfachen Herstellung provisorischer Kronen und als Hilfe bei der Formgebung großer Frontzahnfüllungen. [1]

Zellulose (lat.) f: $(C_6H_{10}O_5)n$, Polysaccharid (→ Kohlenhydrate), wesentlichste Bestandteil der pflanzlichen Zellmembran. Reine Z. ist amorph, weiß und durchschimmernd. [23]

Zell-Zell-Kontakte: spezialisierte Haftstellen zwischen benachbarten Zellen, die der Stabilität des Zellverbandes dienen (Desmosomen, z.B. in der Epidermis), der Abdichtung des interzellulären Raumes gegenüber einem Lumen (Tight junctions, z.B. Darmepithel), dem Stoffaustausch zwischen zwei Zellen (Gap junctions, z.B. Leberparenchym) oder der Informationsübertragung (Synapsen im Nervensystem, auch bei Gap junctions vermutet). Besondere morphologisch nicht näher charakterisierte Kontakte sollen der → Induktion während der embryonalen Entwicklung dienen. Vgl. epitheliomesenchymale Interaktionen. [22]

Zement n: Cementum; A n a t.: Wurzelzement; Zahnhartsubstanz, welche die Zahnwurzel bedeckt und zur Verankerung der Fasern des Parodontalligaments dient, daher auch Teil des Parodontiums. Z. hat Ähnlichkeit mit Geflechtknochen, es besteht aus: 1. der amorphen Grundsubstanz, 2. den darin eingelagerten kollagenen Fibrillen und den *Sharpey*-Fasern. Fibrillen und Grundsubstanz sind mineralisiert. Wie bei Schmelz, Dentin und Knochen bilden Hydroxylapatitkristalle den anorgan. Anteil. C h e m.: Präparat, das meistens aus Pulver und Flüssigkeit zusammengemischt wird und im Munde des Patienten, allerdings unter Verhinderung des Speichelzutritts, erhärtet. Unterschieden werden: 1. provisorisches Z. für temporären Verschuß von Kavitäten oder Trepanationsöffnungen, z.B. → *Fletcher*-Zement, → Zinkoxid-Eugenol; 2. Dauer-Z. zum permanenten Befestigen von Einlagefüllungen, Kronen und Brücken, i.d.R. → Phosphatzement; 3. Interims-Z. (mechan. Eigenschaften liegen zwischen denen der Gruppen 1. und 2., zB. → EBA-Zemente, → Polyakrylatzement). [1, 30]

Zement|arten: struktur- und funktionsbedingte Formen des Zahnzements. Als Einteilungskriterien gelten das Vorkommen von Zementozyten, kollagenen Fibrillen und *Sharpey*-Fasern. Danach unterscheidet man azelluläres (Cementum noncellulare), zelluläres (C. cellulare), Faserzement (C. fibrillare) und afibrilläres Zement (C. nonfibrillare) (Abb.). Nach *Jones* (1981) und *Schroeder* (1986) wird das Zement in folgende Unterarten untergliedert: 1. azelluläres afibrilläres Zement; es besteht aus mineralisierter Grundsubstanz, enthält keine Zementozyten und keine

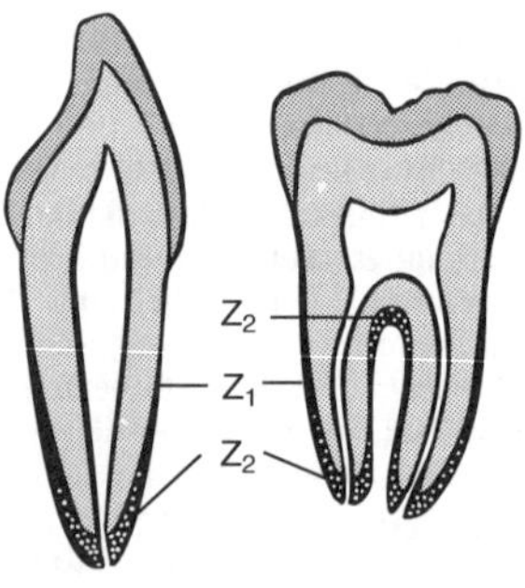

Verteilung der Zementarten bei ein- und mehrwurzligen Zähnen. Z_1: zellfreies Zement, Z_2: zellhaltiges Zement.

Kollagenfibrillen, man findet es als → Kronenzement in Form von Zementzungen und -inseln; 2. azelluläres äußeres Faserzement; es enthält *Sharpey*-Fasern (extrinsic fibers) und kommt vorwiegend im zervikalen Drittel der Zahnwurzel vor; 3. zelluläres, gemischtes lamelläres Zement; es besitzt *Sharpey*-Fasern (extrinsic fibers), Kollagenfibrillen (intrinsic fibers) sowie Zementozyten. Man findet es hauptsächlich im apikalen Wurzeldrittel sowie im Bereich der Bifurkation mehrwurzliger Zähne; 4. zelluläres Zement; es enthält Zementozyten und Kollagenfibrillen, jedoch keine *Sharpey*-Fasern. Hauptsächliches Vorkommen in Resorptionslakunen. [30]

Zement|bildung: Bildung von Zahnzement durch Zementoblasten. Die Z. ist mit einer perichondralen Knochenbildung vergleichbar, sie unterscheidet sich jedoch von dieser darin, daß die Zementoblasten die epitheliale Wurzelscheide durchdringen und die Zementmatrix am Dentin ablagern. Die Ablagerung beginnt zervikal und schreitet apikalwärts voran. [30]

Zement|exostose f: → Hyperzementose. [1]

Zement|hyper|trophie f: → Hyperzementose.[6]

Zementikel n: kleine kugelige, gelegentlich in der Gegend der Bifurkation oberer Molaren im → Parodontium als freie, im Zement eingebaut als interstitielle oder dem Zement angelagerte (adhärente) Hartsubstanzbildungen, die von degenerierten → *Malassez*-Epithelresten stammen sollen. [30]

Zementit (lat.) n: Eisenkarbid, Fe_3C; sehr hart und spröde, Härteträger im techn. Eisen. [23]

Zement|karies f: → Wurzelkaries. [1]

Zement|mantel: das die Zahnwurzel bedeckende und mit dem Dentin fest verbundene Zement. Der Z. beginnt am Zahnhals und endet an der Wurzelspitze, wo er noch ein kleines Stück die Wandung des Wurzelkanals bildet. Am Zahnhals stößt er scharf gegen den Schmelz (ca. 30 %), überlappt den Schmelz (ca. 60%) oder endet unterhalb des Schmelzes (ca. 10%). [30]

Zemento|blasten m pl: die das Zahnzement bildenden Zellen. Sie werden als Zementozyten in das Osteozement eingeschlossen. Vgl. Zement.[30]

Zemento|genese f: → Zementbildung. [30]

Zementoid n: noch nicht mineralisiertes neugebildetes → Zement. [30]

Zemento|klasten m pl: Zement abbauende, meist mehrkernige Zellen. Sie entstammen perivaskulären Zellproliferationen von Kapillaren des Parodontalligaments und enthalten zahlreiche Mitochondrien, Vakuolen und Ribosomen sowie Kristalle. Man findet sie bes. an den Wurzeln von Milchzähnen. [30]

Zementom n: seltene, langsam wachsende Zementgeschwulst an der Wurzelspitze, von der Wurzelhaut ausgehend. Absolut gutartig, zu 90% bei Frauen im mittleren Alter. Geht von einem unverkalkten (fibromatösen) Stadium allmählich in ein reifes verkalktes über, bestehend aus unregelmäßig verkalktem Zementgewebe. Im unreifen Stadium röntgenolog. ähnlich dem apikalen Granulom, doch ist der Zahn i. a. vital, im reifen Stadium ähnlich der → Hyperzementose, doch ist der Wurzelschatten vom Tumor abgegrenzt. I. a. keine Therapie. [2]

Zementostose f: → Hyperzementose. [1]

Zemento|zyten m pl: im zellhaltigen Zahnzement befindliche Zellen. Ähnlich wie die Osteozyten liegen sie in Höhlen und besitzen zahlreiche zur Oberfläche gerichtete Fortsätze, die durch Desmosomen in Kontakt miteinander stehen. [30]

Zement|riß|fraktur f: Abriß von Zementstükken der Wurzel infolge traumatischer Überbelastungen, wobei die im Zement verankerten → *Sharpey*-Fasern des → Parodonts widerstandsfähiger sind als die Anlagerung des Zementes an seine Dentinunterlage. [1]

Zement|strukturen: in die Grundsubstanz eingelagerte kollagene Fibrillen, *Sharpey*-Fasern und → Zementozyten. Die *Sharpey*-Fasern sind Fortsetzungen des Parodontalligaments und dienen der Verankerung des Zahns im Zahnfach. Typisch für das zellhaltige Zement sind Zementozyten. [30]

Zentral|achse des Zahns f: → Zahnachse. [30]

Zentrale n: von *Andresen* definierter kieferorth. → Meßpunkt, Schnittpunkt der → Ohr-Nasen-Ebene mit einer durch den am weitesten dorsal gelegenen Punkt des Nasenflügels (Alare) gezogenen Senkrechten. [5]

zentrale Projektion f: Darstellung eines Gegenstandes durch einen von einem Punkt ausgehenden Strahlenkegel (Schattenbild). [14]

zentrales Granulom n: → Enulis; z.G. im Zahn: → Pulpagranulom. [2]

Zentral|kanal m: Kanal, der in der Mitte des Rückenmarks verläuft und sich in den 4. Hirnventrikel fortsetzt. [9]

Zentral|körperchen: → Zentriol. [9]

Zentral|nerven|system n: Abk. ZNS; nervöses Zentralorgan, das als übergeordnete zentrale Schaltstelle alle Teilfunktionen des Organismus steuert und koordiniert. Es besteht aus Gehirn und Rückenmark. Neben einer gewissen Autonomie kommen dem Rückenmark vorwiegend Leitungsfunktionen zu, während das Gehirn bes. durch die Großhirnrinde zum bewußten Empfinden und zur Steuerung der willkürlichen Motorik befähigt wird. Vgl. vegetatives Nervensystem. [33]

Zentral|strahl: in der Radiol. der vom Mittelpunkt des → Brennflecks durch die Mitte der → Blende verlaufende Strahl. Seine Lage wird am Zahnfilmröntgengenerator durch Linien am → Tubus oder durch die Tubusspitze angedeutet. [14]

zentrifugal: von einem Mittelpunkt (Zentrum) fortlaufend; z.B. z.e Nerven: die motorischen und sekretorischen N., die vom Zentralnervensystem ausgehende Impulse in die Peripherie des Körpers leiten und dort Funktionen auslösen. Ggs.: → zentripetal. [9, 10]

Zentrifugal|kraft: die Kraft, die bestrebt ist, einen um einen Mittelpunkt sich drehenden Körper von diesem nach außen zu entfernen. Sie wächst mit der Masse des Körpers, dem Quadrat der Umdrehungsgeschwindigkeit und dem Abstand vom Mittelpunkt. [10]

Zentrifuge f: Apparat, durch den aus Flüssigkeiten oder Gemischen von Flüssigkeiten mittels der → Zentrifugalkraft etwa vorhandene kleine feste Bestandteile schnell niedergeschlagen (sedimentiert) oder Anteile unterschiedlicher → Dichte (spezifisches Gewicht) voneinander getrennt werden können. [10]

Zentrik (gr.) f: in der Zhk. Bezeichnung für die Lage der Kiefergelenkköpfchen in der terminalen → Scharnierachsenposition. Korrekte Bezeichnung wäre „zentrische Position in terminaler Scharnierachsenposition". In zunehmendem Maße wird Z. auch als die vom Behandler gewünschte und als optimal angesehene Kieferlage für die Schlußokklusion (= maximale Interkuspidation) verwendet. Besser wäre dann „zentrische Position in (z.B.) habitueller Okklusion". [4]

Zentriol (lat.) n: paarweise liegende Struktur im Zytoplasma, die aus 9 Gruppen von je drei → Mikrotubuli besteht; spielt eine wichtige Rolle in der Mitose. Aus den Z.en können Kinozilien und Geißeln entstehen. Vielleicht sind sie auch die Bildungsstelle der Mikrotubuli. Obwohl die Z.en nicht durch Zytomembranen begrenzt sind, werden sie im allgemeinen zu den → Zellorganellen gerechnet. [9]

zentripetal: einem Mittelpunkt zustrebend; z.B. z.e Nerven: die sensiblen N., die von außen kommende Reize an das Zentralnervensystem fortleiten, wo sie sich in Empfindung umsetzen. [9, 10]

zentrisch (lat.): zentral; gleichmäßig um einen Mittelpunkt angeordnet, im Mittelpunkt gelegen, z.B. die Stellung der Kondylen im Kiefergelenk (→ zentrische Kieferrelation). [4]

Zentrosom n: alte Bezeichnung für → Zentriol. [9]

Zephirol®: Benzalkoniumchlorid, Gemisch von hochmolekularen Alkyldimethylbenzylammoniumchloriden, Fein-Desinfektionsmittel. [34]

zerebellar (lat.): das Kleinhirn betreffend. [9]

zerebral (lat.): das Großhirn betreffend. [9]

zerebro|spinal: Gehirn und Rückenmark betreffend. [9]

Zerspanung: das Abtrennen einer von einem Arbeitsobjekt abzuhebenden Spanschicht in einem oder mehreren Durchgängen. Die bei jedem Durchgang zerspante Tiefe der Spanschicht wird als Schnittiefe bezeichnet. [21]

Zerumen (lat.) n: Ohrenschmalz; Absonderungen der Talg- und Schmalzdrüsen des äußeren Gehörganges, die angehäuft den Zeruminalpfropf bilden. [19]

zervikal (lat.): den Hals betreffend. Vgl. Zahnhals. [30]

Zervikal|mark: der Halsteil des Rückenmarks. [9]

zerviko|fazial: Hals und Gesicht betreffend. 9

zessieren (lat.): aufhören, vergehen, verschwinden. 34

Zestoden (gr.) f pl: Bandwürmer, flache Darmwürmer ohne Verdauungskanal, die sich mit Saugnäpfen oder Häkchen eines vorstülpbaren Rüssels an der Darmwand festhalten. Als Nahrung dient der Darminhalt, den sie durch Kanälchen, Trophoporen, aufnehmen. Die Eier enthalten meist schon beim Verlassen des Uterus einen Embryo mit 6 Häkchen. Die Finnen (Blasenwürmer, Quesen) entstehen aus den Embryonen, die die Magen- oder Darmwand des Zwischenwirtes durchbohren und mit Blut- oder Lymphstrom in alle Organe gelangen. Der Bandwurm entsteht durch Verschlucken lebender Finnen in ungenügend erhitztem finnigen Fleisch. 8

Zeugnis: Beurteilung der Leistungen eines Arbeitnehmers. Jeder Arbeitnehmer hat arbeitsvertraglichen Anspruch auf ein Zeugnis (§ 630 BGB). Ein Z. muß wohlwollend und wahr sein. Der Anspruch entsteht bei Beendigung des Arbeitsverhältnisses, aber auch schon vorher aus triftigen Gründen. Ein einfaches Z. enthält nur Angaben über Art und Dauer der Beschäftigung, ein qualifiziertes Z. erstreckt sich auf die Bewertung der Leistung und der Führung des Arbeitnehmers. Bei unrichtiger Ausstellung des Z.es kann der Arbeitgeber haften. 24

Zeugnis|verweigerungs|recht: Auskunftsverweigerungsrecht. Das Z. folgt aus der zahnärztlichen → Schweigepflicht. Ein Zahnarzt kann zur Aussage im Prozeß nicht gezwungen werden, wenn die Schweigepflicht dem entgegensteht. 24

ZHKG: Abk. für → **Z**ahn**h**eil**k**unde**g**esetz. 24

ZI: Abk. für **Z**entral**i**nstitut für die kassenärztliche Versorgung in der Bundesrepublik Deutschland, das Forschungsinstitut der KBV. Das ZI erstellt u.a. Konzepte für den Einsatz der EDV in der Arztpraxis. Dazu gehört das → AMIS-System, das Konzept eines Arzneimittelinformationssystems. Es beinhaltet auch die Bereitstellung der Daten (→ ABDA-PHARMA, → Rote Liste, etc.). 26

Ziegen|mehl|sedimente n pl: → Urate. 23

Ziegen|peter: volkstümliche Bez. für → Parotitis epidemica. 20

Ziehl-Neelsen-Färbung (Franz Z., Neurol., Lübeck, *1857, † 1926; Friedrich K. A. N., Path., Dresden, *1854, † 1894): Färbung in der Mikrobiologie zur Darstellung alkohol- und säurefester Bakterien. Säurefeste Stäbchen färben sich mit kochendem Karbolfuchsin rot, Entfärbung mit HCl-Alkohol entfärbt alles, was nicht säurefest ist; dies wird dann von der anschließenden Nachfärbung mit Methylenblau zum Kontrast angefärbt. Zum Tbc-Nachweis. 8

Zielinsky-Modus (Walter Z., Za., Berlin, *1883, † 1918) m: Theorie zur Regelbißeinstellung der 1. Molaren während der 1. → Wechselgebißperiode trotz geradem Abschluß der → Postlaktealebene, derzufolge sich die gesamte untere Zahnreihe gegenüber der oberen verschiebt (2. physiol. Bißverschiebung) und so eine korrekte Hökker-Fissuren-Verzahnung der 1. Molaren entsteht (Abb.). Diese Verschiebung ist der Theorie zufolge möglich, da die Milchzahnreihen als

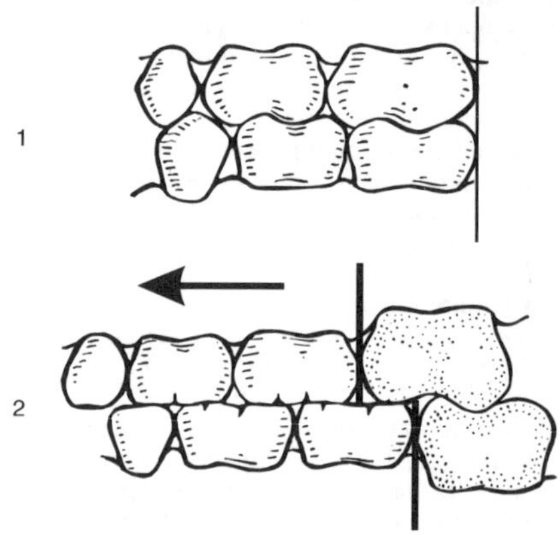

1: gerader Abschluß der Postlaktealebene;
2: neutrale Einstellung der 1. Molaren infolge der 2. physiolog. Bißverschiebung.

Vorbereitung auf den Frontzahnwechsel lückig werden (sekundäre Lückenbildung) und die Lükken im Oberkiefer größer sind als im Unterkiefer. Vgl. *Baume*-Modus, *Friel-Korkhaus*-Modus. 5

zika|tritiell (lat.): narbig, durch Narbenwirkung verursacht. 32

Ziliar|körper: Corpus ciliare; Strahlenkörper, der vorderste verdickte Teil der Gefäßhaut, der mittleren Haut des Auges, überwiegend aus Muskelfasern bestehend, die die Konvergenz der Linse verändern (akkommodieren). Abb. → Auge. 9

Ziliaten (lat.) n pl: Protozoen der Klasse Ciliata (Ciliophora), Wimpertierchen, Infusorien. Einzige menschenpathogene Art: → Balantidium coli. 8

Zilien (lat.) f pl: Wimperhärchen; auch die beweglichen Härchen (Kinozilien) des → Flimmerepithels. 9

Zincum (lat.) n: → Zink. 23

Zincum chloratum n: Zinkchlorid, $ZnCl_2$, gut

wasserlösliche, hygroskopische Kristalle, starkes Ätzmittel. [23]

Zincum sulfuricum n: Zinksulfat, $ZnSO_4 \cdot 7H_2O$, weiße, wasserlösliche Kristalle. Adstringens. [23]

Zingulum (lat.) n: → Cingulum. [30]

Zink: metallisches Element, Symbol Zn, Ordnungszahl 30, Atomgewicht 65,38, blauweißes Metall, das über 200 °C erhitzt so spröde wird, daß es leicht pulverisiert werden kann. Schmelzpunkt 419 °C, bei weiterem Erhitzen brennt es mit leuchtender Flamme unter Bildung von Zinkblumen (Zincum oxydatum). [23]

Zink|oxid n: Zincum oxydatum. [1]

Zink|oxid-Eugenol n: provisor. Zement, wird aus beiden Komponenten mit möglichst großem Anteil von Zinkoxid zusammengemischt. Hat neben Verschlußfunktion schmerzstillende Eigenschaften. Vgl. Zemente. [1]

Zinn: chem. Element, Symbol Su (Stannum), Ordnungszahl 50, Atomgewicht 118,70. Silberweißes, glänzendes Metall, das am besten von starker Salzsäure gelöst wird. In der Natur findet es sich vor allem in Form des Dioxids, SnO_2 (Zinnstein). Eignet sich wegen seines niedrigen Schmelzpunkts (232 °C) zum Löten und zur Herstellung leichtschmelzender → Legierungen. In der Zhk. ist die Verwendung des Z.s auf Spezialgebiete (chirurg. Prothese, Arbeitsmodelle) beschränkt. Gelegentlich findet es noch Verwendung zur Beschwerung unterer Totalprothesen.[23]

Zinn|fluorid n: Wirkstoff, der als 0,2-0,5%ige Lösung oder wasserfreies Glyzerinpräparat zur Unterdrückung der pathogenen Mikroflora in parodontalen Taschen verwendet wird. Als Zahnpastenzusatz wegen evtl. schwarzer Verfärbung und schlechter Stabilität wenig geeignet. Formel: SnF_2. Wirkt durch Fluoridionen kariesprophylaktisch. [29]

Zinn|gold|füllung: *Abbot*-Füllung, veraltete Füllungsmethode. Zinn- und Goldfolie, zu Stangen zusammengerollt und in kurze zylindrische Stükke (→ Pellets) geschnitten, werden in kastenförmig präparierte Kauflächenkavitäten gestopft.[1]

Zinn|ober: Quecksilbersulfid, HgS; Quecksilbererz, das in der Natur in kristalliner Form und dunkelroter Farbe in Spanien (Almadén), Jugoslawien und Kalifornien gefunden wird. Aus ihm wird → Quecksilber hergestellt. Z. wird auch künstlich gewonnen. [23]

Zipperer-Meßgriff: Gerät zum stufenlosen Einstellen der Eindringtiefe von → Wurzelkanalinstrumenten (Abb.). Die Instrumente werden mit einer Klemmvorrichtung in einem speziellen, mit Millimetereinteilung versehenen Griff in der gewünschten Arbeitslänge befestigt. [1]

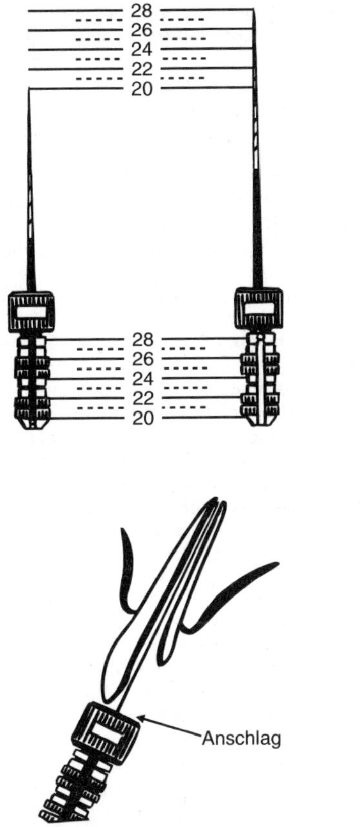

Verwendung des Meßgriffs nach *Zipperer* zur Bestimmung der Eindringtiefe [89]

Zirbel|drüse: Corpus pineale; Epiphyse. Unpaarige Struktur wenig bekannter Funktion im dorsalen Bereich des Dienzephalon (Epithalmus). *Descartes* vermutete in der Z. den Sitz der menschlichen Seele, in der ersten Hälfte des 20. Jahrhunderts wurde sie als endokrines Organ betrachtet (daher der Name Drüse). [9]

Zirkel (lat.) m: → dreidimensionaler Zirkel. [5]

Zirkonium n: metall. Element, Symbol Zr, Ordnungszahl 40, Atomgewicht 91,22. Metall, das als → Implantatwerkstoff Verwendung finden kann. [18]

Zirkulär|karies f: → Milchzahnkaries, zirkuläre. [1]

Zirkulation (lat.) f: Kreislauf, speziell → Blutkreislauf. [10]

Zirkulations|störungen: funktionelle oder organ. Kreislaufstörungen, wobei die wichtigsten Aufgaben des Gefäßsystems (Aufrechterhaltung des Blutkreislaufs unter Berücksichtigung der Blutversorgung einzelner Organe, Sauerstoff- und Nährstoffversorgung des Gewebes, Abtransport von Kohlensäure und Stoffwechselprodukten, Transport biolog. Stoffe, z.B. Hormone, Energieaustausch und Regulierung der Wärmeverteilung im Körper) nicht mehr gewährleistet sind. → Vitalfunktion; vgl. Hypertonie, Hypotonie, Herz-Kreislaufstillstand, Myokardinfarkt, Schock, Synkope. 16, 20

zirkum|apikal: die Spitze der Zahnwurzel umgebend, → periapikal. 1, 30

zirkum|koronal: die Krone (des Zahns) umgebend. 30

zirkum|skript: umschrieben, scharf begrenzt. 2

Zirkum|zision f: Umschneidung. 2

Zir|rhose (gr.) f: ursprünglich von *Laennec* für den durch narbige Schrumpfung mit gelbgetönten Parenchymresten gekennzeichneten Endzustand verschiedener chron. Lebererkrankungen eingeführte Bezeichnung, heute für alle fibrös und narbig schrumpfenden Prozesse parenchymatöser Organe gebräuchl., daher Leber-, Lungen-, Pankreaszirrhose, ohne ätiolog. Bezug. 20

Zitronen|säure: 2-Hydroxy-1,2,3-Propantricarbonsäure; dient bei der Füllungstechnik mit → Glasionomerzementen zur Vorbehandlung der Kavität. Bei Anwendung von Z. zur Entfernung von Zahnbelägen und Zahnstein besteht das Risiko der Demineralisation. Bei Anwendung im Bereich des Dentins können Dentintubuli eröffnet werden. Dadurch wird einer Pulpairritation Vorschub geleistet. Z. wird u.a. in der Parodontaltherapie zur Konditionierung der Wurzeloberfläche nach Scaling und Root planing empfohlen, um die Anlagerung von Bindegewebe zu begünstigen und zu beschleunigen (→ New attachment). Wirksamkeit zur Zeit umstritten. 1, 6, 7

Zitronen|säure|zyklus m: Trikarbonsäurezyklus, Krebs-Zyklus. Wichtiger Zyklus des Intermediärstoffwechsels. Auftreten zahlreicher Metabolite, z.B. Zitronensäure und anderer Trikarbonsäuren. Umwandlung von C_2-Körpern zu $2CO_2$ und Bereitstellung von 1GTP, $1FADH_2$ und $3NADH_2$, wobei letztere in der Atmungskette zu H_2O oxidiert werden (Erzeugung von → ATP, Adenosintriphosphat). 23

Zivilisations|krankheiten: phys. und psych. Schäden durch unangemessene Nutzung der Errungenschaften der Zivilisation (Fehlernährung, Mangel an körperl. Bewegung) oder durch Lärm- und Strahlenexposition, Luft- und Wasserverseuchung, Hetze unter Erfolgszwang u.a. Manifestationen sind Angina pectoris, Myokardinfarkt, Arteriosklerose, Hypertonie, Fettstoffwechselstörungen, Gicht, Diabetes mellitus, Allergien und Gebißschäden. 20

ZM: Abk. für „**Z**ahnärztliche **M**itteilungen". Offizielles Presseorgan von → Bundeszahnärztekammer (BZÄK) und → Kassenzahnärztlicher Bundesvereinigung (KZBV). 25

ZMF: Abk. für → **Z**ahn**m**edizinische **F**achhelferin. 6, 15, 24

Zn: chem. Symbol für → Zink. 23

ZnO: Zinkoxid. 23

ZNS: Abk. für → **Z**entral**n**erven**s**ystem. 9, 33

Zona (gr.) f: Zone, Gürtel, Bezirk. 9

Zona pellucida f: durchscheinender Bezirk, speziell bei okkulter → Gaumenspalte. 3

Zone der Pionier|pilze f: Zone der Penetration, Zone der Vorpostenbakterien. Typische histologische Zone der Dentinkaries, die nach vorausgegangener Demineralisation durch die in den Dentinkanälchen vordringenden Bakterien gekennzeichnet ist. Vgl. Karieszonen. 1

Zone der Transparenz f: → Karieszonen, → transparentes Dentin. 1

Zonien f pl: → Diazonien, → Parazonien. 30

Zonula (lat.) f: → Desmosom. 9, 30

Zonula adhaerens f, pl Zonulae adhaerentes: desmosomenähnliche Haftungsflächen der Epithelzellen; gürtelförmig durch Tonofilamente verstärkt, stabilisieren den Zellverband. 9

Zonula occludens f, pl Zonulae occludentes: gürtelförmige Kontaktflächen der Epithelzellen, an denen die Membranen der benachbarten Zellen verschmolzen sind; die durch Zonulae occludentes verbundenen Zellen bilden eine undurchlässige Grenze (Abb. → Zelle). 9

Zoo|nose f: Tierseuche, Oberbegriff für Krankheiten, die vom Tier auf den Menschen übertragen werden, wie Milzbrand, Bruzellosen, Leptospirosen (Zooanthroponosen), oder umgekehrt (Anthropozoonosen). 8

Zoo|sterine n pl: → Sterine. 23

Zoo|toxine n pl: tierische Gifte. 8

Zoster (gr.) m: → Herpes zoster. 12

Zoster generalisatus m: → Zoster. 12

Zoster oticus m: mit Fazialislähmung und Innenohrerscheinungen (Taubheit) einhergehender → Herpes zoster im Bereich des N. trigeminus; → *Hunt*-Neuralgie. 34

Zoster|virus n: Virus der Herpesgruppe, enthält → DNS, polyedrisch, mit lipidartiger Hülle, daher ätherempfindlich, vermehrt sich in Gewebekultur von menschlichen embryonalen

Zellen, bildet intranukleäre Einschlußkörperchen; identisch mit Varizellen- (Windpocken-)Virus. [8]

Zotten|krebs: Carcinoma villosum der Haut und Schleimhäute (z.B. Harnblase); mit papillärem Bau, dendritisch verzweigtem Stroma, überzogen von atypischen Pflaster- oder Zylinderepithelien. [32]

Z-Plastik f: Verlängerungsplastik durch Z-förmige Schnittführung und Vertauschung der dadurch gebildeten Dreiecksläppchen, z.B. zur Verlängerung des Zungen- oder Lippenbändchens (Abb.) oder zur Beseitigung von Narbenzug. [2]

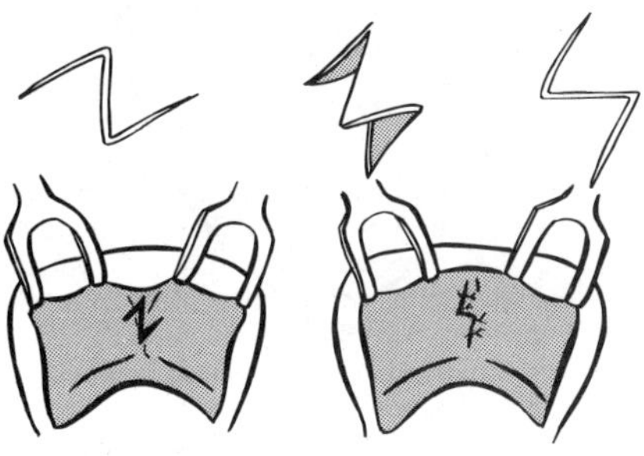

Verlängerung des Lippenbändchens [53]

Zsigmondy-Schema (Adolph Z., Za., Wien, *1816, † 1880) n: → Zahnschema. [30]

Zucker: Saccharum, → Saccharose, → Kohlenhydrate. [23]

Zucker|austausch|stoffe: süß schmeckende, nicht oder gering kariogene Substanzen zum Ersatz des Zuckers in Nahrungsmitteln und Süßigkeiten. Diätetische Maßnahme zur Reduktion der kariogenen Wirkung des Zuckers, ohne auf seine geschmackl. Annehmlichkeiten zu verzichten. Gebräuchl. Z. sind die Zuckeralkohole Lycasin, Sorbitol, Xylitol. Probleme: ähnlich kalorienhaltig wie Saccharose, teurer, in größeren Mengen nicht immer verträglich, die bakteriellen Abbauwege sind noch nicht alle bekannt. Es gibt also noch keine idealen Z. [1]

Zucker|ersatz|stoffe: nicht kalorische, nicht kariogene Süßstoffe. Am bekanntesten sind Saccharin, Zyklamat und Aspartam. Werden von der Mundflora nicht abgebaut und erzeugen deshalb keine Säure in der Plaque. Sind bis zu 300mal süßer als Rohrzucker (Saccharin). Z. haben z.T. einen vom Rohrzucker etwas abweichenden Geschmack und im Vergleich zu → Zuckeraustauschstoffen ein zu geringes Volumen. Deshalb sind sie bei der Herstellung von Nahrungsmitteln z.T. wenig geeignet, es sei denn als Mischung mit Zuckeraustauschstoffen. [1]

Zucker|krankheit: → Diabetes mellitus. [20]

Zucker|tee|karies f: → Flaschenkaries. [1, 29]

Zufalls|stich|probe: zufällig ausgewählte Untersuchungseinheiten einer → Grundgesamtheit, statistische (→ Statistik). Jede Untersuchungseinheit, z.B. jeder Patient in einem Krankenhaus, hat die gleiche Chance, zur Stichprobe der ausgewählten Patienten zu gehören. Z.n werden auch als repräsentative → Stichproben bezeichnet. [26]

Zug|festigkeit: die auf die Querschnittseinheit eines Stabes bezogene höchste Belastung:

$$\sigma B = \frac{P}{F} \text{Kg/mm}^2.$$

[4]

Zug|gurtung: Neutralisation einer Zugspannung bei der Osteosynthese. [2]

Zug|schraube: Kieferchir.: Hilfsmittel zur Fixierung zweier Knochenfragmente (→ Osteosynthese). Das äußere Fragment wird durch den Schraubenkopf an das innere Fragment gepreßt. Das Bohrloch im äußeren Fragment ist als Gleitloch erweitert (Abb.). Kieferorth.: offen in die → aktive Platte eingearbeitete kieferorth. Sagittalschraube, welche beim Aktivieren die Zähne aufeinander zu bewegt. [2, 5]

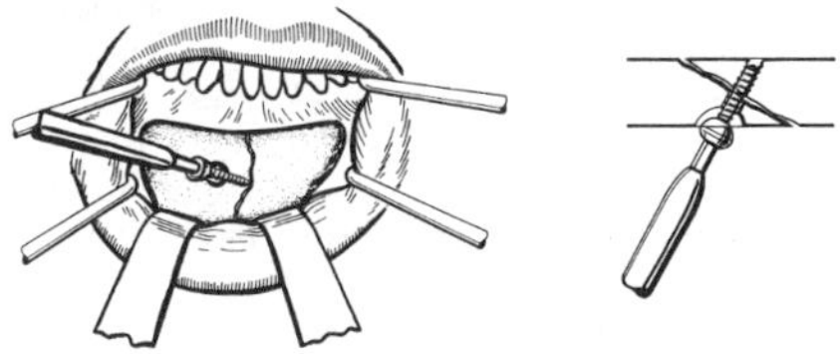

Osteosynthese mit Zugschraube [105]

Zulassung: Berechtigung und Verpflichtung zur Teilnahme an der vertragszahnärztlichen Versorgung. Erfolgt aufgrund der → Zulassungsverordnung für (Vertrags-)Zahnärzte. Voraussetzung für die Z. sind Approbation, Eintragung in das → Zahnarztregister und eine 2jährige Vorbereitungszeit (→ Sozialgesetzbuch V §95). Bei Vorliegen der Voraussetzungen besteht Anspruch auf Z. Über den Antrag befindet der → Zulassungsausschuß. Gleichzeitige Zulassung als Arzt und Zahnarzt ist möglich. Die Z. erfolgt für den Ort der → Niederlassung. Mit der Z. wird der Zahnarzt Mitglied der → Kassenzahnärztlichen Vereinigung und ist an die gesetzlichen und vertraglichen Bestimmungen über die vertragszahnärztliche Versorgung gebunden. Die Z. wird beendet durch Verzicht oder Entzug. Entzug ist geboten, wenn eine gröbliche Verletzung vertragszahnärztlicher Pflichten vorliegt und das Vertrauen in den Zahnarzt nachhaltig erschüttert ist. Die Z. kann ruhen, wenn die Aufnahme der vertragszahnärztlichen Tätigkeit innerhalb angemessener Frist zu erwarten ist. 24, 25

Zulassungs|ausschuß: Einrichtung der gemeinsamen Selbstverwaltung von Zahnärzten und Krankenkassen. Er wird durch die jeweilige KZV und den Landesverband der Krankenkassen errichtet. Der Z. besteht aus Vertretern der Zahnärzte und der Krankenkassen in gleicher Zahl. Er befindet über die → Zulassung zur Versorgung sozialversicherter Patienten sowie deren Entzug. Gegen seine Entscheidung kann Widerspruch beim Berufungsausschuß eingelegt werden. 24

Zulassungs|beschränkungen: Wenn der Landesausschuß der Zahnärzte und Krankenkassen eine vertragszahnärztliche → Überversorgung feststellt, hat er Z. anzuordnen. Sie sind räumlich auf den entsprechenden Planungsbereich zu begrenzen. 25

Zulassungs|verordnung für (Vertrags-)Zahnärzte: Abk. Z-ZV, vom 29.7.1957 in der Fassung vom 21.12.1992. Sie regelt alle rechtlichen Fragen im Zusammenhang mit der Zulassung zur vertragszahnärztlichen Versorgung. 24

Zunge: Lingua, Glossa (Abb.); äußerst beweglicher, von Schleimhaut bedeckter Muskelkörper, gegliedert in Zungenspitze, Z.-körper, → Z.-grund. Dient als Geschmacks- und Tastorgan, maßgebl. beteiligt an Sprache, Kau-, Schluck- und Saugakt (→ *Donders*-Raum). Pathol.: → Lingua, Zungenkrankheiten. → Arteria lingualis, → Geschmacksnerven, → Zungenpapillen, → Zungenmuskeln. 9

Zungen|bälge: Folliculi linguales (Abb. → Zunge; vgl. Abb. Zungenpapillen). 9

Zungen|bändchen: → Frenulum linguae, mit Schleimhaut überzogene muskulöse Falte, die die untere Fläche der Zunge in der Medianlinie mit dem Boden der Mundhöhle verbindet. Verkürztes Z. ergibt → Ankyloglossie; Beseitigung chir. durch V-Y-Verschiebung. 9

Zungen|bein: Os hyoideum; ein unpaarer Knochen in Form eines griech. y (υ, daraus entstand die anat. Bez.) zwischen Unterkiefer und Kehlkopf, der als einziger Knochen mit keinem anderen gelenkig oder fest verbunden ist. Er ist Ansatzpunkt zahlreicher Muskeln und das feste Zentrum des Bewegungsapparates der Mundhöhle und der Halseingeweide (Abb.); vgl. auch Abb. Larynx. 9

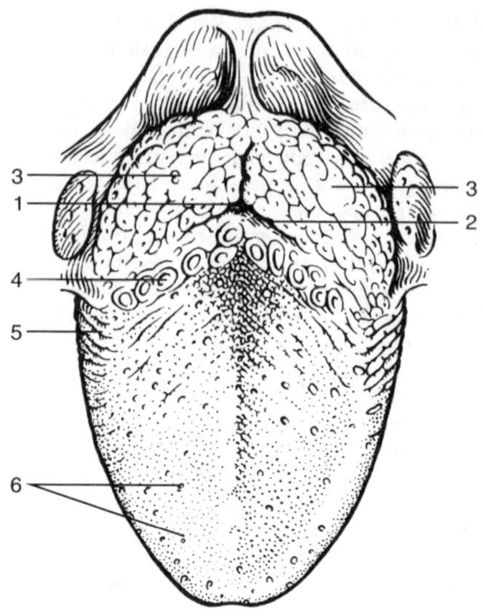

Zunge
1: Foramen c(a)ecum linguae; 2: Sulcus terminalis;
3: Folliculi linguales, insgesamt = Tonsilla lingualis;
4: Papillae vallatae; 5: Papillae foliatae;
6: Papillae fungiformes. [10]

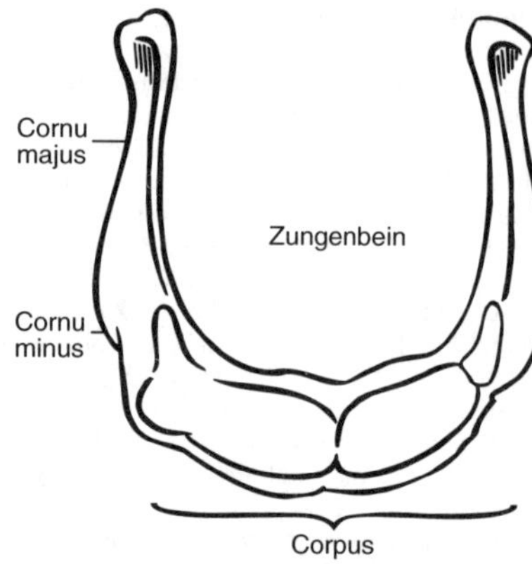

Zungenbein

Zungen|bein|bogen: Arcus hyoideus, → Kiemenbogen. 9

Zungen|bein|knorpel: → *Reichert*-Knorpel. 9

Zungen|beißen: Unart, die wie Lippenbeißen, Lippensaugen und Lutschen erheblichen deformierenden Einfluß auf Zahnstellung und Kieferkörper haben kann, meist im Sinne eines frontal oder seitlich → offenen Bisses. Vgl. Dyskinesien. Zungenbiß als ungewollte Verletzung der Zunge bzw. der Zungenschleimhaut beim Zahnreihenschluß, gelegentlich in der Gewöhnungsphase nach prothetischer Neuversorgung durch Einengung des Zungenraumes und die notwendige Änderung der sensomotorischen Funktionsabläufe bes. bei nachlassendem Adaptationsvermögen. Z. als Begleitverletzung bei einem → Krampfanfall (z.B. Epilepsie). Zur Prophylaxe sollte deshalb bei einem Patienten mit Krampfanfall ein Gummikeil zwischen die Zahnreihen gelegt werden. 2, 5, 16, 27

Zungen|belag: schmieriger, schwer abwischbarer Belag, z.B. nach Antibiotikagabe. 2

Zungen|brennen: Glossalgie, Glossodynie; Symptom bei perniziöser → Anämie, → *Costen*-Syndrom, → Diabetes mellitus, → *Möller-Hunter*-Zunge, Neuralgie des N. glossopharyngeus, → Pellagra, → *Plummer-Vinson*-Syndrom, → *Sjögren*-Syndrom, → Styloid-Syndrom, Vitamin-B-Mangelzuständen, in der Menopause und bei allergischen Prozessen. Kann auch durch Prothesenwerkstoffe oder Elementbildung bei unterschiedlichen Metallen im Mund ausgelöst werden. Häufig, spez. bei älteren Frauen, psychisch bedingt. 11, 27

Zungen|bügel: wichtiges Drahtelement des → Bionators zur Normalisierung der Zungenfunktion über eine Beeinflussung der Zungenlage. 5

Zungen|entzündung f: → Glossitis. 11

Zungen|gitter: Hilfselement aus etwa 0,9 bis 1,0 mm starkem Stahldraht, an dem entlang die Zunge nach oben und hinten umgeleitet werden soll (Abb.). Anwendung am → Aktivator zur

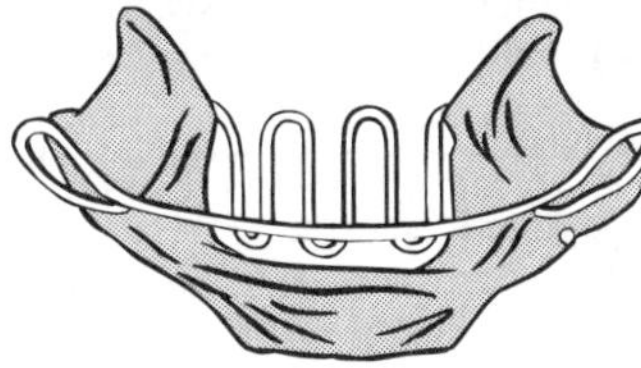

Frühbehandlung der → Progenie und an allen abnehmbaren Plattengeräten in Fällen → offenen Bisses zur Verhinderung unerwünschter Zungenaktivität bzw. -unarten oder bei zu großer Zunge. Vgl. Zungenschild. 5

Zungen|grund: der hintere, die Tonsilla lingualis tragende Abschnitt der Zungenoberfläche zwischen Sulcus terminalis und Epiglottis; vgl. Zunge. → Tonsilla. 9

Zungen|grund|struma f: akzessorisches Schilddrüsengewebe, meist in der Umgebung des Zungenbeins, seltener oberflächlich in der Gegend des Foramen caecum der Zunge. Immer auf der Mittellinie mit Beziehung zum → Ductus thyroglossus. Funktionstüchtiges Gewebe, dessen Auftreten meist mit partieller Aplasie der Schilddrüse einhergeht und diese ausgleicht. Das weibliche Geschlecht ist bevorzugt. Oft mit Zystenbildung, die bis zur Bildung einer medianen Halszyste (→ Halszyste, mediane) bzw. einer → Zungengrundzyste führen kann. Karzinomatöse Entartung selten. 2

Zungen|grund|zyste f: *Bochdalek*-Zyste; Zyste am Foramen caecum linguae, ausgehend von Resten des → Ductus thyroglossus. Vgl. Thyroglossuszysten, Zungengrundstruma. 2

Zungenkrankheiten: z.B. → Ankyloglossie, → Exfoliatio areata linguae, → Glossitis, → Glosschisis, → Haarzunge, → Himbeerzunge, → Makroglossie, → *Robin*-Syndrom, → Zungenbrennen, → Zungenkrebs, → Zungenzyste, → Zungengrundstruma. 34

Zungen|krebs m: Zungenkarzinom; von der Zungenschleimhaut ausgehender, schnell in die Tiefe wachsender, verhornender oder unverhornender Plattenepithelkrebs. 70% im hinteren Drittel, 25% an der Zungenunterseite und im vorderen Mundboden; bevorzugt Randpartie der Zungenunterseite; frühe lymphogene Absiedlung. Befund: knotig warzige Wucherung, härtere Leukoplakie, Ulzeration mit derbem Rand (Abb.).

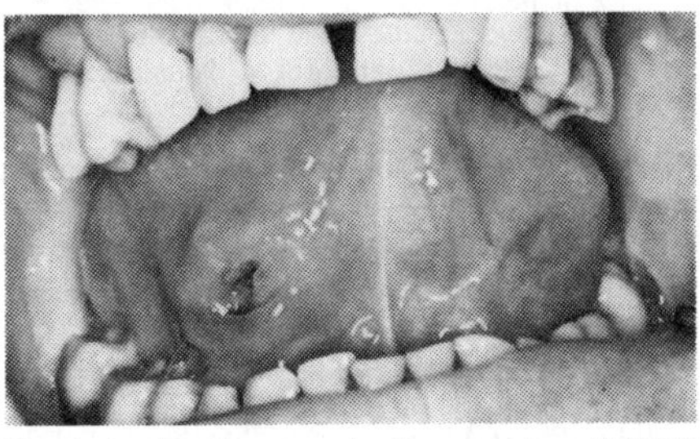

Ulzeriertes Karzinom an der Zungenunterseite[104]

Ausdehnung mit Computertomogramm kontrollieren. Symptome: nicht selten Schluckschmerzen, die bis ins Ohr ausstrahlen. Therapie: Möglichst operativ (ggf. mit → Neck dissection), Nachbestrahlung; andernfalls Chemotherapie und Strahlentherapie. Prognose: 5-Jahres-Überlebensrate bei den Stadien T1, T2 und NO 70%, sonst 20-25%. Zweitkarzinome häufig (15%). Vgl. Erythroplakie, Leukoplakie, Mundhöhlenkrebs. 2, 19

Zungen|krebs|wahn: mit Depressionen einhergehende, unklare Zungenbeschwerden ohne objektivierbaren Befund. Bei Ausschluß einer Pellagra larvata empfiehlt sich Überweisung zum Psychiater. Suizidgefahr. Vgl. Glossitis mediana rhombica, Zungenbrennen. 2

Zungen|mandel: Tonsilla lingualis; → Tonsilla. 9

Zungen|muskeln m pl: bilden die Muskelmasse der Zunge (Abb.). Die meisten werden von N. hypoglossus versorgt und haben ihren Ansatz am → Septum linguae. M. genioglossus: aus den → Spinae mentales des Unterkiefers. M. hyoglossus: aus dem großen Horn des →

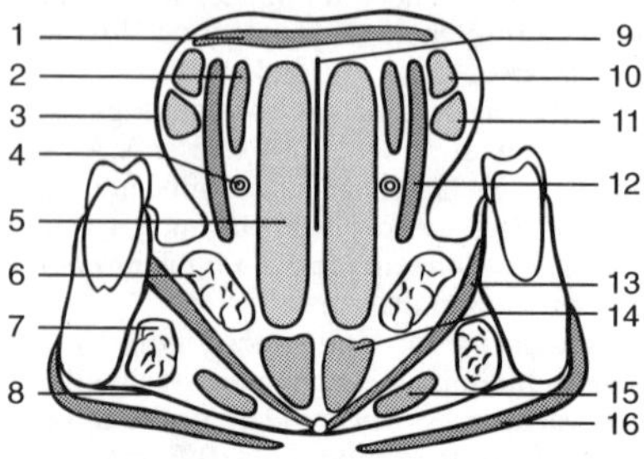

1: M. longitudinalis superior; 2: M. longitudinalis inferior; 3: Zungenschleimhaut; 4: A. lingualis; 5: M. genioglossus; 6: Glandula sublingualis; 7: Glandula submandibularis; 8: Fascia cervicalis superficialis; 9: Septum linguae; 10: M. palatoglossus; 11: M. styloglossus; 12: M. hyoglossus; 13: M. mylohyoideus; 14: M. geniohyoideus; 15: M. digastricus; 16: Platysma.

Zungenbeins. Mm. longitudinales linguae: aus dem Körper des → Zungenbeins. M. palatoglossus: → Gaumenmuskeln. M. pharyngoglossus: aus der Rachenwand. M. styloglossus: aus dem → Processus styloideus. M. transversum linguae: aus der Schleimhaut des Zungenrandes. 9

Zungen|nerven m pl: → Nervus glossopharyngeus (motor.-sensorisch), → N. lingualis (sens.), → N. hypoglossus (mot.), → N. vagus (sens.). Vgl. Abb. Geschmacksnerven. 9

Zungen|papillen f pl: auf der Zungenschleimhaut gelegene Papillen (Abb. a). Papillae conicae: vergrößerte fadenförmge Papillen. Papillae filiformes: geben dem Zungenrücken das samtartige Aussehen. Papillae foliatae: blattförmige Papillen am hinteren Seitenrand der Zunge, tragen Geschmacksknospen (Abb. b). Papillae fungiformes: pilzförmige Papillen zwischen den-Papillae filiformes. Papillae vallatae: umwallte

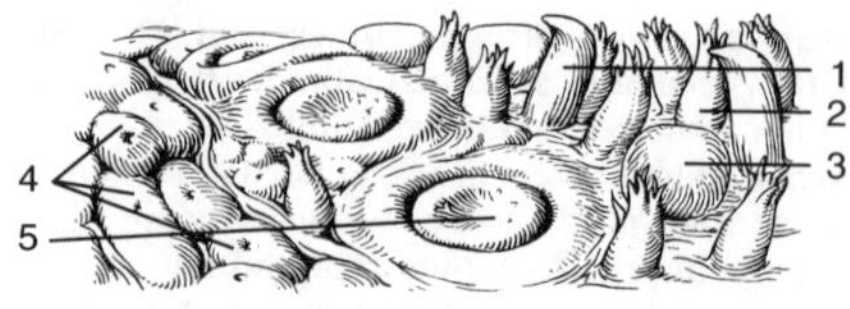

Abb. a: Schleimhautpapillen der Zunge
1: Papillae conicae; 2: Papillae filiformes; 3: Papillae fungiformes; 4: Folliculi linguales (IANC) = Papillae lenticulares (BNA); 5: Papillae vallatae.

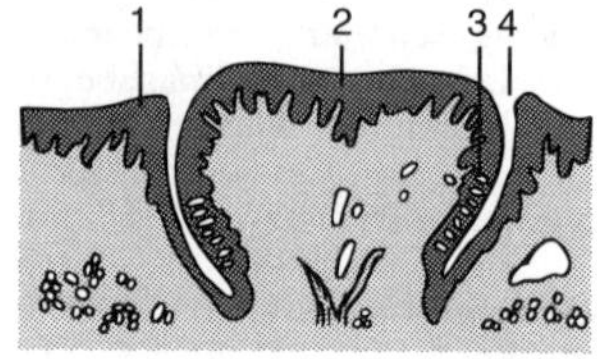

Abb. b: Umwallte Papille
1: Wall; 2: Papilla vallata; 3: Geschmacksknospen; 4: Wallgraben.

Papillen, 8-10 am Zungengrund, im ringförmigen Wall liegen Geschmacksknospen. 9, 30

Zungen|schild: schild- bzw. pelottenförmige kieferorth. Apparatur aus Kunststoff zum Abhalten und/oder Umleiten der Zunge nach oben und hinten. Mit dem Z. kann frontales oder seitliches Zungenpressen therapiert werden. Das Z. wirkt im Sinne einer → Abschirmtherapie, kann aber auch, mit aktiven Elementen versehen, aktiv mechanisch wirken. Wird auch in Kombination mit anderen kieferorth. Apparaturen verwendet. Vgl. Zungengitter. 5

Zungen|spalte: → Glossoschisis. 3

Zungen|tonsille f: Tonsilla lingualis; → Tonsilla. 9

Zungen|vorfall: atypische Zungenposition, verursacht durch Muskelschwäche (→ *Down*-Syndrom) oder → Makroglossie. 2

Zungen|wurzel: der hintere, an Schlund und Kehlkopf grenzende Abschnitt der Zunge. 9

Zungen|zange: spitze, einzinkige Zange nach *Mikulicz* (Abb.), sog. Kugelzange, da früher ähnliche Zangen zum Entfernen von Fremdkörpern,

Zungenzange nach *Mikulicz*

auch Kugeln, aus Wunden verwandt wurden, jetzt vor allem zum Vorziehen der bei der Narkose zurückgesunkenen Zunge. Die Z. wird nicht an der Zungenspitze angesetzt, wo sie leicht ausreißt, sondern packt den Zungenkörper quer. Die flächenhaft angreifende Z. nach *Collin* hat sich nicht bewährt, da sie Quetschungen verursacht, die schwerer als die Stichwunden ausheilen. 2

Zungen|zyste f: Inklusionszyste einer intramuralen Speicheldrüse. Entsteht durch traumatischen Verschluß des Ausführungsganges. 2

Zuschuß: Zahlung der Krankenkasse zu den Kosten der zahnärztlichen Behandlung. Die Zusage erfolgt auf dem → Heil- und Kostenplan als → Verwaltungsakt und kann nur unter den Voraussetzungen des Sozialgesetzbuchs (SGB X) widerrufen bzw. zurückgenommen werden. 24

Zustands|diagramm n: graphische Darstellung der wechselseitigen Abhängigkeit thermodynamischer Zustandsgrößen, z.B. Druck, Volumen, Temperatur, auch der verschiedenen Zustände von festen oder flüssigen Stoffen, z.B. Legierungen. 4

Zuwachs|zähne: 12 permanente Molaren, die im Ggs. zu den 20 → Ersatzzähnen wie die Milchzähne von der (1.) → Zahnleiste gebildet werden. 30

ZV-Z: Abk. für → **Z**ulassungs**v**erordnung für (Vertrags-)**Z**ahnärzte. 25

Zwahlen-Syndrom n: → Dysostosis mandibulofacialis. 3

Zwangs|biß: Gebißluxation, Bißluxation; das zwangsweise Hineingleiten des Unterkiefers in eine fehlerhafte Schlußbißstellung aus normaler → Ruheschwebe, verursacht durch fehlerhafte Zahnstellung. Progener Z.: → Progenie. Vgl. Zwangsokklusion. 5

Zwangs|biß|beseitigung: Beheben eines durch die Verzahnung verursachten, meist lateralen und/oder sagittalen Fehlbisses mittels kieferorth. Maßnahmen. Im Milchgebiß erfolgt die Z. durch Beschleifen der Gleithindernisse (häufig der Milcheckzähne) oder durch Einsetzen von Aufbißkappen, → Rückschubdoppelplatten oder → schiefen Ebenen bei → Kreuzbiß oder umgekehrtem Frontzahnüberbiß. 5

Zwangs|neurose f: neurotische Erkrankung, die sich in zwanghaften Gedanken und Antrieben bei sonst erhaltener Persönlichkeit äußert. Der Patient erlebt selbst den Zwang als wesensfremd. Therapie: → Verhaltenstherapie. 33

Zwangs|okklusion f: Antagonistenkontakt der Zahnreihen, bei welchem der Unterkiefer, z.B. durch Fehlstellung der Zähne, in eine vom normalen Schlußbiß abweichende Position gedrängt wird. Auch durch tiefen Überbiß (→ Deckbiß), wenn eine laterale bzw. horizontale Unterkieferbewegung aus der → habituellen Okklusion nicht mehr möglich ist. Vgl. Interkuspidation, habituelle. 5

Zwei-Elemente-Theorie f: → Dimertheorie. 30

Zweig|fäden: fadenförmige Keime mit echten Verzweigungen. Werden zu den Bakterien gezählt. Erreger von Strahlenpilzerkrankungen und Erythrasma. Zu den Z. gehören: → Aktinomyzeten (anaerob), → Nocardia (aerob), Streptomyzeten; letztere Antibiotikaproduzenten, z.B. von → Streptomyzin, Tetrazyklin, Chloramphenikol u.v.a. 8

Zweig|praxis f: zusätzliche Praxis, in der der Vertragszahnarzt Sprechstunden abhalten darf, Ausübung der zahnärztlichen Tätigkeit an einem zweiten Ort. Nur möglich, wenn dort Unterversorgung besteht. Zustimmung der → Kassenzahnärztlichen Vereinigung erforderlich. Wird widerrufen, wenn die Voraussetzungen entfallen. Vgl. Bedarfsplanung. 24

Zwei|helfer|methode f: Durchführung der → Herz-Lungen-Wiederbelebung mit zwei Helfern, die im Wechsel 5 Kompressionen und eine Ventilation ausführen. Vgl. Einhelfermethode. 16

Zwei|phasen|abdruck: → Doppelmischabdruck; der Begriff „Zweiphasen" bezieht sich auf den Konsistenzunterschied zwischen dünnflüssiger Spritzmasse um den beschliffenen Zahnstumpf und die etwas zähflüssigere Löffelmasse, die dann über den Zahn gestülpt wird. 4

Zwei-Stufen-Behandlung: Verfahren der → Fluoridprophylaxe. Vorbereitende Entkalkung (mit einer Säure) und anschließende Fluoridierung mit einem Fluoridkonzentrat werden getrennt durchgeführt. Auf diese Weise soll eine erhöhte Resistenz des Schmelzes gegen Säureangriffe erreicht werden. 15

Zwerch|fell: Diaphragma; Scheidewand zwischen Brust- und Bauchhöhle; ein platter Muskel, der auch der Atmung dient. Innerviert durch den N. phrenicus. 9

Zwillings|bogen: von *Johnson* 1931 entwickelter orthod. Apparat zur körperlichen Bewegung von Zähnen, bestehend aus zwei → Labialbogen aus nur 0,25 mm starkem Stahldraht und langen, an Molarenbändern befestigten Horizontalröhrchen. Jedoch muß zu der beim → Bodily movement erforderlichen Befestigungsvorrichtung jeder einzelne Zahn bebändert werden. Die Federkraft ist äußerst zart

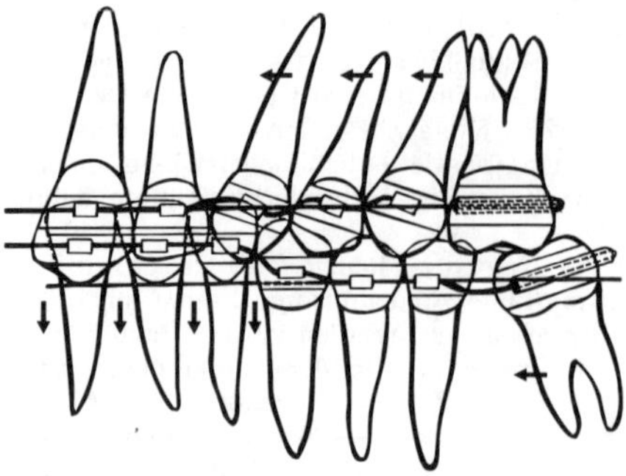

und dadurch dosierbar, daß die Bogen einzeln oder zusammen wirksam sein können (Abb.). 5

Zwillings|zähne: Schizodontie; Doppelzahnbildung infolge vollständiger Zahnkeimteilung. Das Ergebnis ist ein überzähliger Zahn. 1, 30

Z-Winkel: → *Merrifield*-Winkel. 5

Zwischenbrand: Biskuitbrand; Stadium beim Brennvorgang zur Herstellung von Zahnersatz aus keramischen Massen, z.B. für → Jacketkronen. 1

Zwischendentin n: zwischen Mineralisationsfront und dem mineralisierten zirkumpulpalen Dentin gelegene Dentinzone. Vgl. Prädentinreifung. 30

Zwischenhirn: Dienzephalon; der zwischen End- und Mittelhirn gelegene Teil des Gehirnes, setzt sich zusammen aus dem dorsal gelegenen Thalamus und dem ventral befindlichen Hypothalamus. Große Bedeutung für die Regulation vegetativer Lebensvorgänge wie Schlafen und Wachen, Wärmeregulierung, Wasserhaushalt, Fetthaushalt, Kohlenhydrat-Zuckerhaushalt, Steuerung der Vasomotoren u.a. Die unmittelbare Verbindung des Z.s mit der Hypophyse durch das Infundibulum deutet darauf hin, daß sich hier eine Zentralstelle befindet, an der nervöse und hormonale Regulation eng zusammenarbeiten. Die Funktionen des Hypophysenvorderlappens werden im → Hypothalamus des Z. gesteuert (Abb. → Gehirn). 9

Zwischenkiefer|knochen: Os incisivum (IANC), Os intermaxillare, Os praemaxillare; unpaariger, die oberen Schneidezähne tragender Knochen, bei Tieren selbständig, beim Menschen nur beim Säugling, später mit der Maxilla verschmolzen. Bildet bei den Vögeln den Hauptteil des Oberschnabels. Erstbeschreibung 1779 bzw. 1780 durch die Pariser Anatomen *Broussonet* und *Vicq d'Azyr,* davon unabhängig 1784 durch *J. W. v. Goethe*. 9

Zwischenprothese f: → Interimsprothese. 4

Zwischenringe: in der → Makrofotografie verwendete Metalltuben unterschiedlicher Länge zur → Auszugsverlängerung zwecks Vergrößerung der Bildweite und Erzeugung eines größeren → Abbildungsmaßstabes. Da für verschiedene Abbildungsmaßstäbe verschieden lange Tuben (ggf. in Kombination) verwendet werden müssen, sind Z. für die Dentalfotografie zu umständlich. 17

Zwischenschlinge: 1. horizontale Z.: → Feder aus 0,6 mm starkem Draht, die, in den funktionskieferorth. Apparat oder in eine → aktive Platte eingelassen, den einer Zahnlücke benachbarten Approximalflächen oberhalb ihrer größten Zirkumferenz anliegt. Sie dient, mehrfach überkreuzt und damit erweiterungsfähig, der Lückenöffnung. 2. vertikale Z.: Feder aus doppelt gebogenem, 0,5-0,6 mm hartem Stahldraht, die der Verschiebung von Zähnen oberhalb des größten Umfanges ihrer Approximalseite dienen soll. 5

Zwischenwirbel|scheibe: → Bandscheibe. 9

Zwitter: → Hermaphroditismus, → Pseudohermaphroditismus, → Intersexualität. 20

Zwölf|finger|darm: → Duodenum. 9

Zwölf|jahr|molar m: zweiter permanenter Molar, der im 12. Lebensjahr durchbricht. 30

Zyan|kali n: Kaliumzyanid, KCN; Kaliumsalz der Blausäure, stark giftig wie diese. 23

Zyano|akrylat|kleber: Gewebekleber aus Zyanoacrylat (Histoacryl®). Vgl. Fibrinkleber. 2

Zyanose (gr.) f: blaurotes, livides Aussehen bes. der Lippen, Ohrläppchen, Fingerspitzen (Akrozyanose) bei verminderter Sauerstoffsättigung des Kapillarblutes, wenn mehr als 5 g reduziertes Hämoglobin in 100 ml Blut vorhanden sind. Klin. Formen: 1. zentrale Z.: Verminderung des Sauerstoffpartialdrucks der Luft in großen Höhen, pulmonale Gasaustauschstörungen bei Lungenkrankheiten (→ Emphysem, Pneumokoniosen, chron. obstruktive Bronchitis), angeborene Herzfehler (venöse Beimischung zum arteriellen Blut), toxische Methämoglobinbildung; 2. periphere Z.: bedingt durch vergrößerte arteriovenöse Sauerstoffdifferenz, bei vermehrter lokaler Sauerstoffdifferenz, bei vermehrter lokaler Sauerstoffausschöpfung. Bei akuter Hypoxie: Blaufärbung der Extremitäten (Anfangsphase) und später zentraler Körperanteile. Ursache können sowohl ein → Atemstillstand als auch ein → Herz-Kreislauf-Stillstand sein. Therapie: unverzügliche → Beatmung, Gabe von → Sauerstoff sowie ggf. → Herz-Lungen-Wiederbelebung. 16, 20

Zygion (gr.) n: Abk. Zy; anthrop. Meßpunkt, der lateralwärts am meisten vorspringende Punkt am Jochbein (Abb. → Meßpunkte). 5

Zygion-Alveolar|index m: anthrop. Index zur Klassifizierung der Gesichts-Oberkiefer-Relation.

$$\text{Formel: Index} = \frac{(\text{Jochbogenbreite x 100})}{\text{Zahnbogenbreite}}$$

Die Jochbogenbreite soll im Mittel dreimal so groß wie die Zahnbogenbreite in der Gegend der 2. Prämolaren sein. [5]

zyg|odont: Bez. für die Molaren von Pflanzenfressern, die ein mit Jochen versehenes Kauflächenmuster aufweisen. Vgl. lophodont. [30]

Zygoma (gr.) n: Jochbogen; nicht IANC. [9]

zygomaticus: das Jochbein (→ Os zygomaticum) betreffend. [9]

zygomatische Falte: vom Jochbein über die Wange um den Mundwinkel verlaufende doppelte oder auch dreifache Falte, die meist in die Kinnfurche ausläuft. [3]

Zygo|maxillare n: Abk. Zm; anthrop. → Meßpunkt, tiefster Punkt der Naht zwischen Oberkiefer und Jochbein (Sutura zygomaticomaxillaris).[5]

Zygo|maxillar|linie f: anthrop. Meßlinie, die beide → Zygomaxillare verbindet. [5]

Zygote (gr.) f: die durch eine Samenzelle befruchtete Eizelle. [22]

zyklische Verbindungen: Kohlenstoffverbindungen mit ringförmigem Molekülbau. Man spricht von isozyklischen oder karbozyklischen Verbindungen, wenn der Ring nur aus C-Atomen besteht (Beispiel: → Benzol), und von heterozyklischen Verbindungen, wenn auch O, S oder N als Ringglieder vorkommen (Beispiel: → Laktame). [23]

Zyklitis f: Entzündung des Ziliarkörpers des Auges, meist als → Iridozyklitis. [20]

zyklo|id: Bez. nach *E. Kretschmer* für eine Persönlichkeit, die phasisch schwankt und dabei Charakteristika einer manisch-depressiven Krankheit, aber von geringerer Intensität, aufweist. Vgl. affekte Psychose, zyklothym. [13]

zyklo|thym: Bez. für eine dem pyknischen Konstitutionstyp eigene Persönlichkeitsveranlagung mit periodischen Schwankungen zwischen heiterer und trauriger Grundstimmung. Vgl. affektive Psychose. [33]

Zylinder|epithel n: Epithel aus Zellen, deren Kontaktflächen größer sind als die freie Oberfläche. [9]

Zylinder|extensions|implantat n: zylinderförmiges enossales Implantat (→ Implantat, enossales) mit seitlichen Flügelfortsätzen zur Rotationssicherung. Heute nicht mehr gebräuchlicher Vorläufer des → IMZ-Implantats. [18]

Zylinder|implantat n: zylinderförmiges enossales Implantat (→ Implantat, enossales); vgl. Implantatformen. [4, 18]

Zylinder|test m: → Agar-Diffusionstest. [8]

Zylindrom (gr.) n: adenoid-zystisches Karzinom der Speichel- und Schleimdrüsen der Mundhöhle (5-10% aller Speicheldrüsentumoren), auch der Trachea und der großen Bronchien. Makroskop. scharf abgegrenzt, wächst es dennoch infiltrierend entlang der Nervenstränge. Histolog. netzartig verzweigte Epithelzüge mit zylindrischen Hohlräumen, in denen sich schleimig-hyaline Substanz findet. Klin. weitaus ernster als die klin. ähnlichen sog. → Mischtumoren durch destruierendes Wachstum sowie ausgeprägte Neigung zu Rezidiven und zu Metastasen in Lunge, Lymphknoten und Skelett. [2, 19]

Zymoplastin n: → Thromboplastin. [23]

Zyst|adeno|lymphom n: → Adenolymphom. [2]

Zyst|adenom n: → Adenozystom. [2. 32]

Zyste (gr.) f: patholog. Hohlraum, der von einer selbständigen Wand umgeben und von flüssigem oder breiigem Inhalt ausgefüllt ist. Die echten Zysten sind fibroepitheliale Gebilde, d.h., ihre Wand besteht aus einem bindegewebigen, mit Epithel ausgekleideten Balg. Sie zeigen ein gutartiges, rein expansives Wachstum. Im Kieferbereich häufig, vorwiegend ausgehend von den → *Malassez*-Epithelresten der schmelzbildenden Organe (→ Schmelzorgan) und einem entzündl., traumat. oder metabolischen Reiz, der die Proliferation auslöst. Die Kieferzysten machen sich meist als langsam wachsende, schmerzlose Auftreibungen im Mundvorhof bemerkbar. Die Schleimhaut ist unverändert und verschieblich. Auf Druck kann ein pergamentartiges Knittern (→ *Dupuytren*-Geräusch) wahrnehmbar sein. Die Zysten der Mundhöhle und ihrer Umgebung lassen sich nach ätiologischen Gesichtspunkten einteilen:

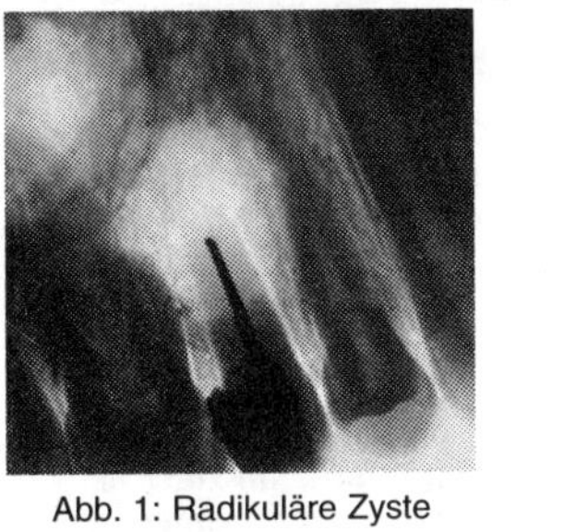

Abb. 1: Radikuläre Zyste

A. vom Schmelzepithel ausgehende Zysten: 1. radikuläre Zysten: Z.n, die sich in der Umgebung der Wurzelspitze aus *Malassez*-Epithelresten entwickeln und vom Granulationsgewebe einer Parodontitis apicalis chronica umschlossen sind (Abb. 1). Der Entzündungsprozeß wirkt als Wachstumsreiz. Das Entstehen einer radikulären Z. ist also i.a. vom Vorhandensein eines devitalen Zahnes abhängig, sie wächst aber nach dessen Entfernung weiter. Das vom Zystenbalg umschlossene Gewebe schmilzt ein und bildet zusammen mit den Produkten der Epithelzellen eine sterile, gelbliche, von Cholesterinkristallen durchsetzte Flüssigkeit, durch deren inneren (osmotisch bedingten) Druck das weitere Wachstum verursacht wird. Infektion einer Z. meist iatrogen durch Inzision oder Überimpfung gangränösen Wurzelinhaltes bei der Wurzelbehandlung durch das Foramen apicis dentis. Selten sind Milchzahnzysten; 2. follikuläre Zysten: um die Krone eines im Kieferkörper retinierten Zahnes durch Ausweitung des Zahnsäckchens entstehende Z.n (Abb. 2 und 3). Die Krone ragt in

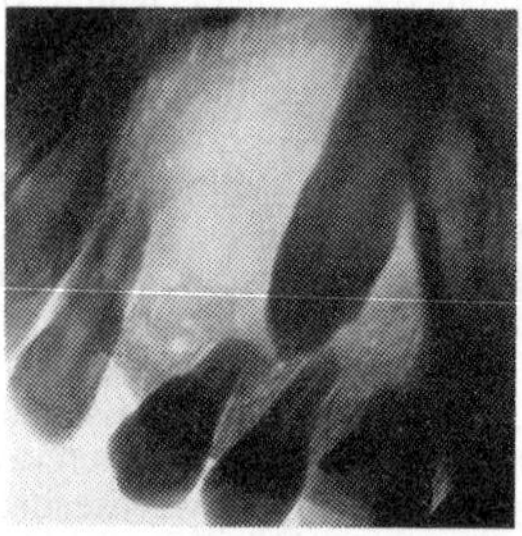

Abb. 2: Follikuläre Zyste

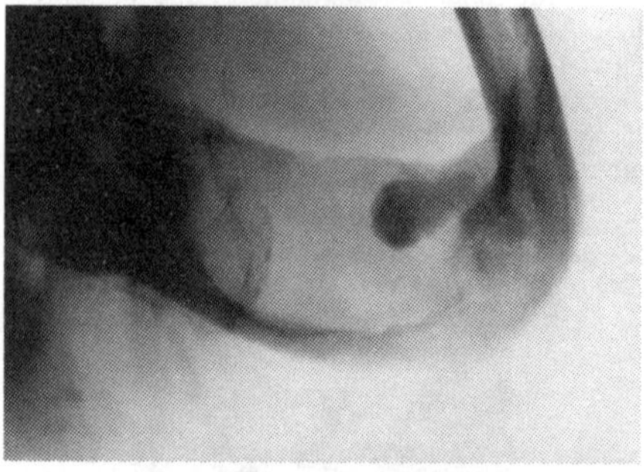

Abb. 3: Follikuläre Zyste

die Zystenhöhle hinein, während die Wurzel beim voll ausgebildeten Zahn zunächst von Knochen umgeben ist. Das Zystenepithel entstammt dem äußeren Blatt der Schmelzpulpa, daher setzt der Zystenbalg stets am Zahnhals an. Oft ist der Zahn nur unvollkommen entwickelt oder mißgebildet. Die follikuläre Z. enthält ebenso wie die radikuläre Z. eine gelbliche, von Cholesterinkristallen durchsetzte Flüssigkeit. Erheblich seltener als radikuläre Z.n (1 : 30); 3. primordiale Zysten: Kieferzysten, die in keinem direkten Kontakt zum Zahnsystem stehen. Sie gehen vom Epithel der Zahnanlage aus, vermutlich noch bevor dieses mit der Produktion des Schmelzes begonnen hat; 4. parodontale Zysten: meist distal von unvollständig durchgebrochenen unteren Weisheitszähnen liegende Z.n (Abb. 4), die

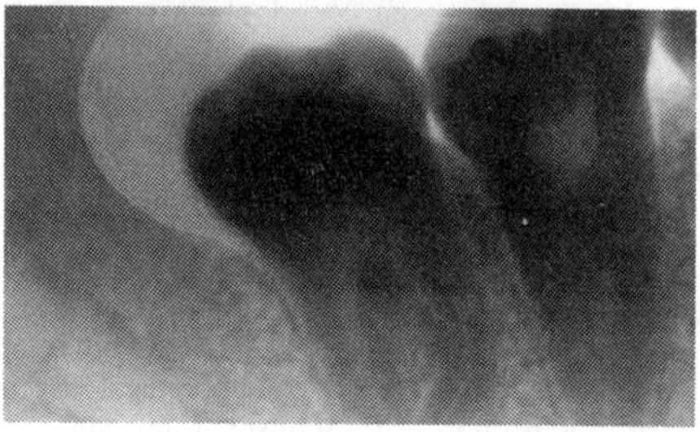

Abb. 4: Parodontale Zyste

von Resten der Schmelzpulpa ausgehen und wohl als eine Art unvollständige follikuläre Zysten (nach *Hofrath*) oder als Produkt einer entzündlichen Stauung innerhalb des Zahnsäckchens (nach *Waßmund*) anzusehen sind. Ferner von Seitenkanälen pulpatoter Zähne ausgehende Z.n, die ätiologisch den radikulären Z.n entsprechen; 5. gingivale Zysten: seltene Z.n im Zahnfleisch, bevorzugt in der bukkalen Eckzahn- bzw. Prämolarengegend des Unterkiefers. Treten als bläulich-transparente feste Knötchen zwischen den Zähnen auf, die dem Knochen aufliegen und ihn oft etwas eindellen. Sie rühren wahrscheinlich von versprengten Resten des schmelzbildenden Epithels her, zählen dann also zu den primordialen Z.n. Therapie: Ausschälung; 6. → Dentitionszysten; 7. → Residualzysten.

B. von epithelhaltigen embryonalen Gängen ausgehende Zysten: 1. nasopalatinale Zysten: Duktuszysten; zystische Gewächse von Birnenform in der Mittellinie des Gaumens hinter den Wurzeln der ersten Schneidezähne, ausgehend von Epithelresten des embryonalen Ductus nasopalatinus (Abb. 5). Ausgekleidet, je nachdem welchem Duktusabschnitt die Epithelreste entstammen, mit Platten- oder Flimmerepithel; 2. → Zungengrundzysten; 3. Halszysten: → Halszyste, mediane, → Halszyste, laterale.

C. dysontogenetische Zysten (von zurückgebliebenen Epithelresten embryonaler Gesichtsspalten ausgehende Z.n, Fissurenzysten): 1. mediane

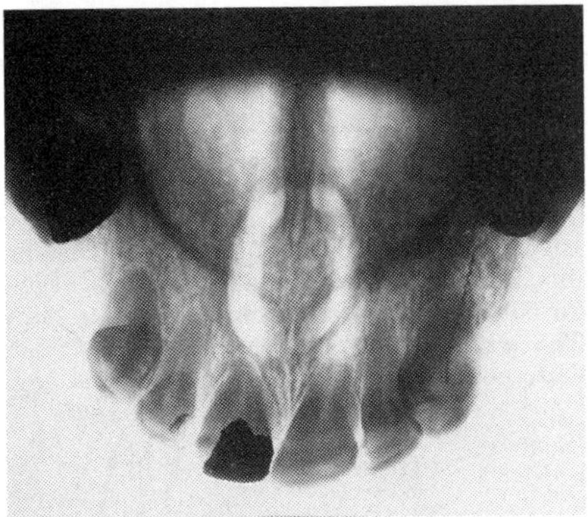

Abb. 5: Nasopalatinale Zyste

Fissurenzysten: Z.n in der Mittellinie des Oberkiefers oder, seltener, des Unterkiefers. Mit Plattenepithel, im Oberkiefer auch gelegentlich mit dem Flimmerepithel der Nasenhöhle ausgekleidet; 2. globulomaxilläre Fissurenzysten: seltene Z.n des Oberkiefers in typischer Lage zwischen seitlichem Schneidezahn und Eckzahn, deren Wurzeln auseinandergedrängt werden (Abb. 6). Mit Plattenepithel ausgekleidet; 3. palatinale Zysten: seltene Z.n in der Mittellinie des harten

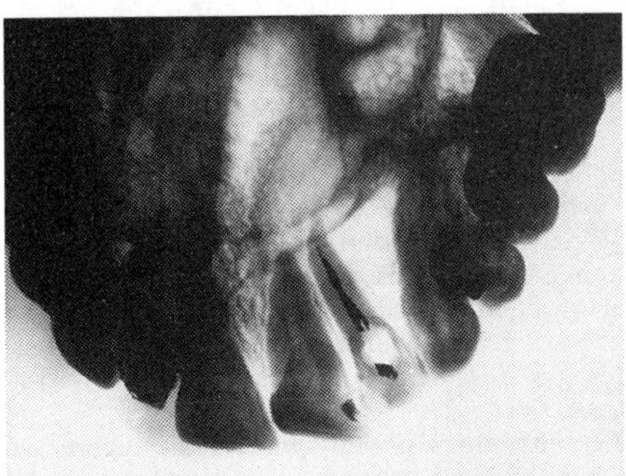

Abb. 6: Globulomaxilläre Fissurenzyste

Gaumens, entstanden durch Einschlüsse von (oralem) Platten- oder (nasalem) Zylinderepithel in die Nahtlinie der Gaumenfortsätze; 4. → Naseneingangszysten; 5. → Dermoidzysten; 6. → Epidermoidzysten.

D. traumatische Zysten: Kieferzysten, die durch Verlagerung von Epithelgewebe in andere Gewebe durch äußere Gewalteinwirkung, durch Operation u.ä entstehen. Sie können ihren Ausgang vom Epithel der äußeren Haut, der Schleimhaut sowie vom Flimmerepithel der Atmungswege (→ Mukozele) nehmen. Keine echten Z.n stellen die durch Sekretverhaltung entstandenen → Retentionszysten dar. Zu ihnen gehören das → Atherom, die → Ranula und die → Schleimzyste. Die Therapie der Kieferzysten besteht im allgemeinen darin, sie zu einer Nebenbucht der Mundhöhle, im Seitenzahnbereich des Oberkiefers evtl. auch der Kieferhöhle, umzugestalten (→ Zystostomie, → Marsupialisation) oder sie auszuschälen und die Wunde zu vernähen (→ Zystektomie). 2

Zyst|ektomie f: *Partsch*-II-Methode; nach Ausschälung des Zystenbalges wird die Schleimhaut über die Wundhöhle vernäht. Nur für kleinere Zysten (etwa bis Kirschgröße) geeignet, da sonst Gefahr einer Infektion des postoperativen Blutkoagulums zu groß. Evtl. Ausstopfen mit Gelantineschwamm (Gelastypt®, Gelita®-Tampon). Die Eröffnung der Zyste erfolgt in der

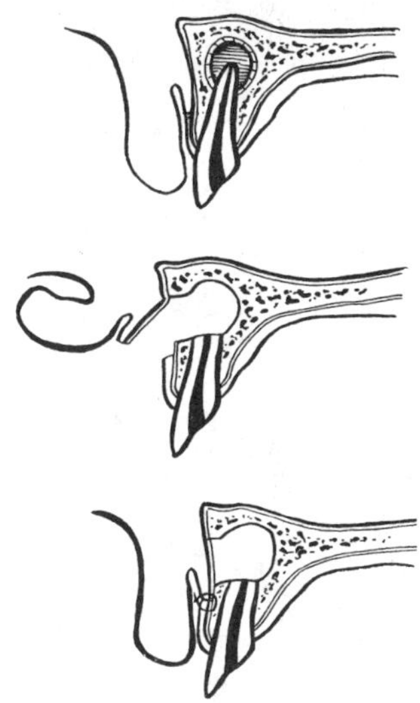

Kombination der Zystektomie mit Wurzelspitzenresektion. Das Zystenepithel wird entfernt.

Regel ebenso wie bei der → Wurzelspitzenresektion durch den Bogenschnitt nach *Partsch*. Dabei muß der Schnitt so geführt werden, daß die Naht später nicht über der Wundhöhle, sondern über dem Knochen liegt (Abb.). 2

Zysten|fensterung: → Fenestration. 2

Zysten|hygrom n: → Hygroma cysticum colli. 2

Zysten|operationen f pl: → Zystektomie, → Zystostomie. 2

Zysten|schäler: → *Partsch*-Löffel. 2

Zyste, par|odontale f: von → *Mallassez*-Epithelresten des Parodontiums ausgehende Zyste. Lage: laterales Parodontium. DD: radikuläre oder follikuläre Zyste. 6

Zystin (gr.) n: schwefelhaltige → Aminosäure. 23

Zystinose f: autosomal rezessiv erbliche Stoffwechselanomalie, Störung des Abbaus schwefelhaltiger Aminosäuren. Symptome: nach symptomfreiem 1. Lebenshalbjahr → Anorexie, Erbrechen, Obstipation, Polyurie, Polydipsie, schwere Dystrophie mit Minderwuchs und renaler, rachitisähnlicher Osteodystrophie, starke Knochendeformierungen, Zystinkristallablagerungen in Horn- und Bindehaut sowie Lichtscheu. Tod im 3.-8. Lebensjahr. 3

Zystizerkus (gr.) m: Finnenstadium bestimmter Bandwürmer. Eine mit Flüssigkeit gefüllte Blase, in die später der Bandwurmkopf eingestülpt ist. Lokalisation beim Menschen in Muskulatur (auch Zunge), aber auch in Organen und Gehirn. 8

Zystom n: → Adenozystom. 2

Zysto|skopie f: Blasenspiegelung; Besichtigung der Harnblase durch Zystoskop. Vgl. Endoskopie. 34

Zysto|stomie f: *Partsch*-I-Methode; weitgehende Eröffnung der Zyste zur Mundhöhle hin, nach *Partsch* unter Belassung des Zystenbalges. Heute

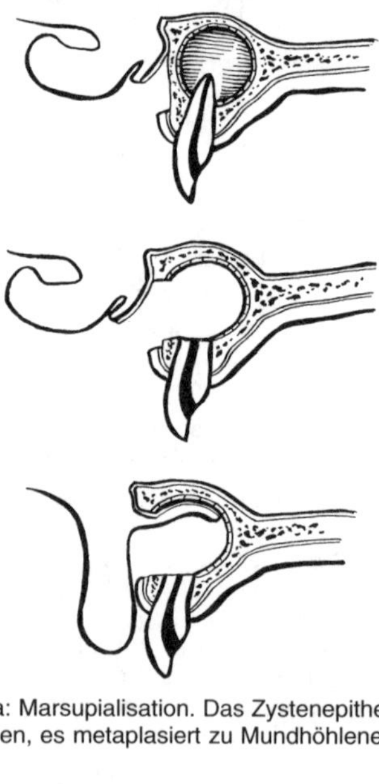

Abb. a: Marsupialisation. Das Zystenepithel wird belassen, es metaplasiert zu Mundhöhlenepithel.

wird der Balg meist wegen Tumorgefahr (→ Ameloblastom, selten auch Karzinom) total entfernt. Die Zyste wird dadurch zur Nebenbucht der Mundhöhle gemacht (Abb. a; → Marsupialisation). Wichtig ist das postoperative Offenhalten der Bucht durch Tamponade, später durch Obturator aus Kunststoff oder *Stents*-Masse, der entsprechend der Schrumpfung der Zystenhöhle allmählich zu verkleinern ist. Im Oberkiefer auch Anschluß an die Kieferhöhle (Methode nach *Waßmund*, Abb. b), im Prinzip wie bei der → Kieferhöhlenoperation nach *Caldwell* und *Luc*.

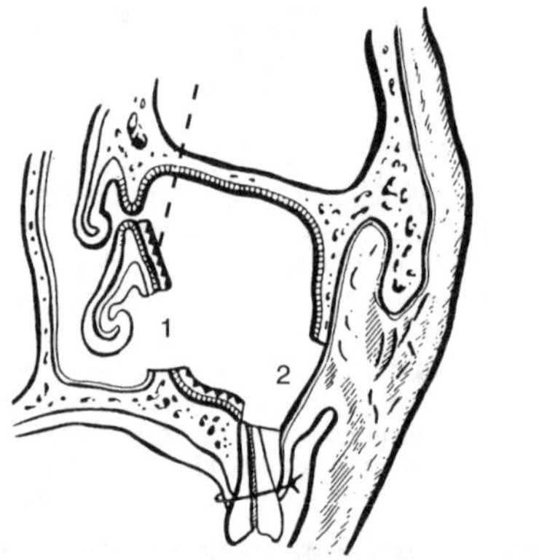

Abb. b: Methode nach *Waßmund*. Anschluß der Zyste an die Kieferhöhle. Die Zyste wird Nebenbucht der Kieferhöhle. (1: Fenster zur Nase; 2: operativer Zugang zur Kieferhöhle.)

Zyste und Kieferhöhle werden durch Entfernung der trennenden Wand aus Zystenbalg und Antrumschleimhaut zu einer Höhle vereinigt. Bei übergroßen Zysten des Unterkiefers empfiehlt sich wegen der Gefahr einer Fraktur ein zweizeitiges Vorgehen unter Vornahme einer → Fenestration. 2

Zytochrome n pl: im Organismus verbreitete Eisenverbindungen von → Redoxcharakter, die an der Zellatmung beteiligt sind. 23

Zyto|diagnostik f: mikroskop. Untersuchung von Zellen in Körperflüssigkeiten zur Diagnosestellung. 20

Zyto|logie (gr.) f: Lehre von der Zelle. 9

Zyto|lyse f: Auflösung von Zellen. 8

Zyto|lysine n pl: Antikörper, die die zugehörigen Zellen (Bakterien, Erythrozyten) auflösen; vgl. Ambozeptoren. 8

Zyto|megalie f: beim Erwachsenen fast immer latent verlaufende Virusinfektion, wird diaplazentar auf Fetus übertragen, bei dem ein erythroblastoseähnliches Krankheitsbild entstehen kann. Nachweis der intranukleären und zytoplasmatischen Einschlußkörperchen in großen, abgerundeten Zellen (Zytomegaliezellen) in Speichel, Liquor, Urin, auch bioptisch in Parotis- und Leberzellen. Erreger ist ein Virus der Herpesgruppe. [8]

Zyto|membranen f pl: 8 nm dicke Membranen, die sowohl das gesamte Plasma als auch die

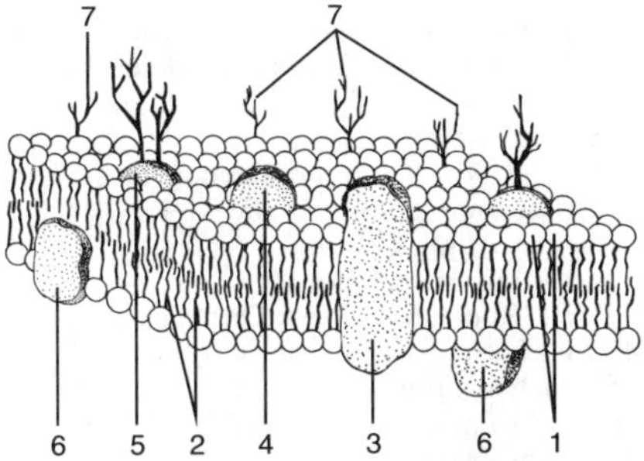

1: hydrophiler Pol; 2: hydrophobe Reste; 3: Transportproteine; 4: Rezeptorproteine; 5: Glykoproteine; 6: Enzymproteine; 7: Glykolipide.

einzelnen darin liegenden Kompartimente begrenzen (Abb.). Z. bestehen aus einer Lipiddoppelschicht mit auf- bzw. eingelagerten Proteinen, die u.a. für den selektiven Transport hydrophiler Substanzen zuständig sind (Tunnelproteine). [9]

zyto|pathischer Effekt m: Abk. CPE; zytopathogener Effekt, Veränderung der Zellen in der Gewebekultur durch intrazelluläre Vermehrung von Viren, führt unter charakteristischen Erscheinungen zum Zelltod. Diagnostisch bedeutungsvoll, da lichtmikroskop. zu erkennen, durch spezifische Antikörper neutralisierbar. [8]

Zyto|penie f: Verminderung der Zellenzahl, spez. der Blutzellen (→ Anämie, → Leukozytopenie, → Thrombopenie). [20]

Zyto|phagen m pl: → Phagozyten. [9]

Zyto|plasma n: Zelleib; der nicht vom Zellkern eingenommene Teil der Zelle, der ihre Gestalt bestimmt. Zum Z. gehören die → Zellorganellen. [9]

Zyto|plasma|membran f: → Plasmalemm. [9]

Zyto|skelett n: zytoplasmatische Bestandteile, die die Zellform bestimmen und die Zellbewegungen ermöglichen. Dazu gehören die → Filamente, die Mikrotrabekeln und die → Mikrotubuli. [9]

Zyto|statikum n: Chemotherapeutikum zur Behandlung bösartiger Tumoren. Blockiert die Zellvermehrung. [2]

Zyto|therapie f: → Zelltherapie. [2]

zyto|toxisch: zellschädigend, zellvergiftend. [32]

zyto|toxisches Serum n: Serum mit Immunstoffen, die Zellen durch → Zytolysine auflösen und abtöten. [8]

Zyto|toxizität f: **1.** Fähigkeit bestimmter Substanzen, Gewebszellen zu schädigen (z.B. → Zytostatika). **2.** immunol. die Zytolyse von Zielzellen mit bestimmten Oberflächenantigenen durch Antikörper oder zytotoxische Zellen (immunkompetente Zellen, die ohne Komplement über direkten Kontakt eine Zytolyse erwirken; dies sind außer sensibilisierten T-Lymphozyten insbes. Killer-Lymphozyten, Monozyten und Makrophagen). [32]

zyto|zid: zelltötend. [32]

[1] *Bengel, W.*: Die Photographie in Zahnmedizin und Zahntechnik. Quintessenz, Berlin 1984
[2] *Schumacher, G. H.*: Anatomie für Stomatologen. 1. Teil. J. A. Barth, Leipzig 1984
[3] *Schumacher, G. H.*: Odontographie. 4. Aufl. J. A. Barth, Leipzig 1983
[4] *Schumacher, G. H., Schmidt, H.*: Anatomie und Biochemie der Zähne. 3. Aufl. G. Fischer, Stuttgart, New York 1982
[5] nach *R. Wiedersheim*, 1909
[6] nach *A. H. Meckel, W. J. Griebstein* und *R. J. Neal*, 1965
[7] *Schumacher, G. H.*: Anatomie für Stomatologen. 2. Teil. J. A. Barth, Leipzig 1985
[8] nach *C. Röse*, 1891
[9] nach *Stellmach*
[10] nach *Feneis*
[11] *Schumacher, G. H.*: Kompendium und Atlas der Allgemeinen Anatomie. 2. Aufl. Thieme, Leipzig 1987
[12] DIN 6868, Teil 5
[13] nach *E. Mühlreiter*, 1870
[14] Fa. Filtrop
[15] Fa. Cine + Foto
[16] Sammlung Dr. *Wolf*, Zürich
[17] Fa. Kaiser Fototechnik
[18] *Bengel, W.*: Die Herstellung von Schriftdias. Teil 1: Funktion und Vorlagenerstellung. Photomed 1, 47 (1988)
[19] Fa. Polaroid
[20] nach *Müller-Seifert*
[21] *Van der Linden, F., Boersma, H.*: Diagnose und Behandlungsplanung in der Kieferorthopädie. Quintessenz, Berlin 1988
[22] *Hasund, A.*: Die Bergen-Technik. Kieferorthopädische Abteilung des Zahnärztlichen Instituts der Universität Bergen, 1975
[23] *Schulze, C.*: Lehrbuch der Kieferorthopädie. Bd. 2. Quintessenz, Berlin 1978
[24] *Tränkmann, J.*: Die Plattenapparatur in der Kieferorthopädie. Quintessenz, Berlin 1985
[25] nach *A. M. Schwarz*
[26] *Stockfisch, H.*: Rationelle Kieferorthopädie. Bd. 1. Quintessenz, Berlin 1985
[27] *Wirr, E., Gehrke, M.-E.*: Leitfaden der Kieferorthopädischen Technik. 2. Aufl. Quintessenz, Berlin 1988
[28] nach *U.-G. Tammoscheit*
[29] Fa. Dentaurum
[30] *Schopf, P. M.*: Herstellung und Auswertung von Handaufnahmen. Fortschr Kieferorthop 39, 302 (1978)
[31] *Schulze, C.*: Lehrbuch der Kieferorthopädie. Bd. 1. Quintessenz, Berlin 1975
[32] Fa. Forestadent
[33] nach *G. Korkhaus*
[34] *Ricketts, R. M.* et al.: Bioprogressive Therapie. 2. Aufl. Hüthig, Heidelberg 1988
[35] nach *L. J. Baume*, 1959
[36] nach *J. R. Jarabak*
[37] nach *Reichenbach-Brückl*
[38] *Stockfisch, H.*: Rationelle Kieferorthopädie. Bd. 2. Quintessenz, Berlin 1985
[39] nach *Peck*
[40] *Tammoscheit, U.-G.*: Die Bedeutung der Stützzonen und Störungen in deren Bereich. Der freie Zahnarzt 19, 8 (1975)
[41] Fa. Unitek
[42] *Stockfisch, H.*: Fernröntgendiagnose, Fernröntgenprognose für die kieferorthopädische Allgemein- und Fachpraxis. 2. Aufl. Hüthig, Heidelberg 1980
[43] Fa. Rocky Mountains Orthodontics
[44] nach *A. Jacobsen*
[45] nach *Whitby*
[46] nach *Patten*
[47] nach *Tessier*
[48] nach *Veau*
[49] nach *Meyer*
[50] *Endris, R.*: Praktikum forensische Odonto-Stomatologie. Kriminalistik Verlag, Heidelberg 1979
[51] *Endris, R.:* Forensische Katastrophenmedizin. Kriminalistik Verlag, Heidelberg 1982
[52] nach *Schuchardt*
[53] nach *Krüger, E.:* Lehrbuch der chirurgischen Zahn-, Mund- und Kieferheilkunde. Quintessenz, Berlin 1988
[54] nach *Stöcker*
[55] nach *Waßmund*
[56] nach *Laforgue*, 1802
[57] nach *Delabarre*, 1815
[58] nach *Langman*
[59] nach *Waßmund*
[60] *Schroeder, A.:* Endodontie - Leitfaden für Studium und Praxis. Quintessenz, Berlin 1981
[61] *Magnusson, B. O.:* Pedodontics - A Systematical Approach. Munksgaard, Kopenhagen 1981
[62] nach *Mühlemann*
[63] *Buddecke, E.:* Biochemische Grundlagen der Zahnmedizin. de Gruyter, Berlin, New York 1981
[64] *Newbrun, E.:* Cariology. Williams & Wilkins, Baltimore 1978
[65] *Schroeder, H. E.:* Pathobiologie oraler Strukturen. Karger, Basel 1983

[66] nach *Goldmann*
[67] nach *Franke*
[68] nach *Dalla Bona*
[69] nach *Eichner*
[70] nach *Richmond*
[71] nach *Stainton*
[72] nach *Leonhardt*
[73] nach *Corning*
[74] nach *Passavant*
[75] Bundeszentrale für politische Bildung (Hrsg.): Informationen zur politischen Bildung. 3. Quartal 1988, Heft 220, S. 7
[76] nach *Ganong*
[77] Dtsch Zahnärztl Z 42, 851 (1987)
[78] *Schumacher, G. H.:* Funktionelle Anatomie des orofazialen Systems. Hüthig, Heidelberg 1985
[79] *Clara, M.:* Das Nervensystem des Menschen. 3. Aufl. J. A. Barth, Leipzig 1959
[80] *Jahreiß, S.* et al.: Lehrbuch für die Zahnarzthelferin. Bd. 1. Quintessenz, Berlin 1983
[81] *Testut-Latarjet:* Anatomie humaine. 3. Bd. Doin, Paris 1949
[82] *Pannewig, R.:* Ausbildungsberuf Zahnarzthelferin. Quintessenz, Berlin 1994
[83] *Krüger, E., Schilli, W.:* Oral and Maxillofacial Traumatology. Vol. 1. Quintessence, Chicago 1982
[84] nach *Wildführ*
[85] nach *Straßburg*
[86] *Fallschüssel, G. K. H.:* Zahnärztliche Implantologie. Quintessenz, Berlin 1986
[87] Z Zahnärztl Implantol 6, 77-107 (1990)
[88] *Miethke, R.-R., Heyn, A.:* Die Bedeutung des ANB-Winkels und des WITS-Appraisals nach Jacobson zur Bestimmung der sagittalen Kieferrelation im Fernröntgenseitenbild. Prakt Kieferorthop 1, 165-172 (1987)
[89] *Ketterl, W.* (Hrsg.): Zahnerhaltung II. Urban & Schwarzenberg, München, Wien 1987
[90] *Schwenzer, N., Grimm, G.* (Hrsg.): Zahn-Mund-Kiefer-Heilkunde. Bd. 4: Konservierende Zahnheilkunde. Thieme, Stuttgart, New York 1985
[91] Fachlexikon abc Physik. Verlag Harri Deutsch, Frankfurt a. M. 1982
[92] Fa. Baisch Delta, Weinstadt
[93] Fa. Komet, Lemgo
[94] Fa. Siemens
[95] Fa. KAVo, Biberach
[96] *Körber, E., Schiebel, G.* (Hrsg.): Lexikon der dentalen Technologie. Quintessenz, Berlin 1986
[97] *Körber, E.:* Die prothetische Versorgung des Lückengebisses. Hanser, München 1987
[98] *Graber, G.* (Hrsg.): Partielle Prothetik. 2. Aufl. Thieme, Stuttgart, New York 1992
[99] *Lipp, M.:* Notfalltraining für Zahnärzte. Schlütersche Verlagsanstalt, Hannover 1992
[100] *Pingel, D.*, Zahnklinik, Münster
[101] *Ruelfs, C.*, Institut für Anatomie, Münster
[102] *Benninghoff, A.*: Makroskopische und mikroskopische Anatomie des Menschen. 3 Bde. 7. Aufl. Urban & Schwarzenberg, München, Wien 1957
[103] *Härle, F.*: Z Maxillofac Surg 3, 257 (1957)
[104] *Krüger, E.*: Lehrbuch der chirurgischen Zahn-, Mund- und Kieferheilkunde. Bd. 2. Quintessenz, Berlin 1988
[105] Fa. Dräger